Springer-Lehrbuch

Springer

Berlin
Heidelberg
New York
Barcelona
Hongkong
London
Mailand
Paris
Singapur
Tokio

H. Hahn · D. Falke · S. H. E. Kaufmann
U. Ullmann (Hrsg.)

Medizinische Mikrobiologie und Infektiologie

Vierte, korrigierte Auflage

Mitbegründet von Paul Klein
Unter Mitarbeit von Konstanze Vogt und Heinz Zeichhardt
Fachredaktion und Gestaltung: Klaus Miksits

Mit 354, überwiegend farbigen, Abbildungen und 158 Tabellen

Springer

Prof. Dr. med. Helmut Hahn
Institut für Infektionsmedizin,
Abteilung für Medizinische Mikrobiologie und Infektionsimmunologie,
Fachbereich Humanmedizin
Universitätsklinikum Benjamin Franklin, Freie Universität Berlin
Hindenburgdamm 27, 12203 Berlin

Prof. Dr. med. Dietrich Falke
Institut für Virologie, Johannes-Gutenberg-Universität Mainz,
Hochhaus am Augustusplatz, 55101 Mainz

Prof. Dr. rer. nat. Stefan H. E. Kaufmann
Max-Planck-Institut für Infektionsbiologie
Schumannstraße 21/22, 10117 Berlin

Prof. Dr. med. Uwe Ullmann
Institut für Medizinische Mikrobiologie und Virologie
Klinikum der Christian-Albrechts-Universität zu Kiel
Brunswiker Straße 4, 24105 Kiel

Dieses Buch ist in der 1. und 2. Auflage erschienen als: Hahn/Falke/Klein (Hrsg.) Medizinische Mikrobiologie

ISBN 3-540-67857-3 Springer-Verlag Berlin Heidelberg New York
ISBN 3-540-64484-9 Springer-Verlag Berlin Heidelberg New York, 3. Auflage

Die Deutsche Bibliothek – CIP-Einheitsaufnahme
Medizinische Mikrobiologie und Infektiologie/Begr. von Paul Klein. Hrsg.: Helmut Hahn... Unter Mitarb. von K. Vogt... – 4., korr.
Aufl. – Berlin; Heidelberg; New York; Barcelona; Hongkong; London; Mailand; Paris; Singapur; Tokio: Springer, 2001
(Springer-Lehrbuch)
ISBN 3-540-67857-3

Springer-Verlag Berlin Heidelberg New York
ein Unternehmen der BertelsmannSpringer Science+Business Media GmbH

© Springer-Verlag Berlin Heidelberg 1991, 1994, 1999, 2001

Die Wiedergabe von Gebrauchsnamen, Handelsnamen, Warenbezeichnungen usw. in diesem Werk berechtigt auch ohne besondere
Kennzeichnung nicht zu der Annahme, daß solche Namen im Sinne der Warenzeichen- und Markenschutz-Gesetzgebung als frei zu
betrachten wären und daher von jedermann benutzt werden dürften.

Produkthaftung: Für Angaben über Dosierungsanweisungen und Applikationsformen kann vom Verlag keine Gewähr übernommen
werden. Derartige Angaben müssen vom jeweiligen Anwender im Einzelfall anhand anderer Literaturquellen auf ihre Richtigkeit
überprüft werden.

Umschlagabbildung von Eye of Science, Reutlingen
Einbandgestaltung: de'blik, Berlin
Herstellung: PRO EDIT GmbH, Heidelberg
Satz: K+V Fotosatz GmbH, Beerfelden

Gedruckt auf säurefreiem Papier   SPIN 10765555   15/3130/So   5 4 3 2 1 0

Herausgeber, Autoren und Verlag freuen sich, 18 Monate nach Erscheinen der 3. Auflage die 4. Auflage präsentieren zu können. Den wichtigsten Veränderungen im Fach wurde Rechnung getragen; dies gilt vor allem für das ab 1.1.2001 geltende Infektionsschutzgesetz (IfSG), die Impfempfehlungen der Ständigen Impfkommission (STIKO) am Robert-Koch-Institut vom Februar 2000 und für zahlreiche Antibiotika, die zum Teil vom Markt genommen bzw. neu zugelassen wurden, oder deren Indikationen sich geändert haben. Auch wurden Veränderungen der Nomenklatur, soweit erforderlich, sowie neue Erkenntnisse in der Pathogenese von Infektionskrankheiten und der Immunologie berücksichtigt.

Wir danken allen Kolleginnen und Kollegen sowie den Studierenden, die als kritische Leser mit zahlreichen Anregungen und Korrekturen geholfen haben, dieses Buch noch besser zu machen. Besonders hervorzuheben sind Herr Dipl.-Biochem. Jens Kuhn, Berlin, der das gesamte Lehrbuch kritisch durchgesehen und mit seinen Verbesserungsvorschlägen aufgewertet hat, sowie Herr Dr. Florian Winau, Berlin, und Herr Dr. Jürgen Podlech, Mainz, des weiteren die Herren Professoren Spencker, Leipzig, Menzel, Greifswald und Schweinsberg, Tübin-

gen. Mein (H.H.) herzlicher Dank gebührt auch der langjährigen Oberärztin meines Instituts, Frau Dr. Jutta Wagner. Sie hat durch zahlreiche Hinweise das Buch bereichert, – in vielem bin ich ihr Schüler.

Dem Verlag mit seinen Mitarbeiterinnen, allen voran Frau Anne Repnow und Frau Ruth Abraham, sowie unserem Sekretariatsstab Frau Renate Scherner, Frau Gabi Prühs-Havemann (Kiel), Frau Jytte Krake und Herrn W. Kottlewski (Berlin), sowie Frau Feline Arndt, Frau Margarete Hoffmann und Frau Monika O'Malley, gebührt unser Dank für ihren unermüdlichen Einsatz bei der Erstellung dieser neuen Auflage.

Möge das Lehrbuch dazu beitragen, Studierenden der Medizin, der Zahnmedizin, Pharmazie und Biologie ein umfassendes Wissen auf unserem Fachgebiet zu vermitteln und ihnen im Berufsleben dazu dienen, ihre mikrobiologisch-infektiologischen Kenntnisse aufzufrischen.

Berlin, Mainz und Kiel, im Oktober 2000

H. Hahn   D. Falke
S. H. E. Kaufmann   U. Ullmann

Kaum ein medizinisches Fach bereitet dem angehenden Arzt im Hinblick auf den Zugang so viele Schwierigkeiten wie die Medizinische Mikrobiologie. Das liegt daran, daß das Spektrum der Problemstellungen bei dieser Disziplin extrem breit gefächert ist – reicht es doch von der Molekularbiologie bis zur klinischen Problematik. Die Student(inn)en verlieren sich beim Studium häufig in Einzelheiten der Erregereigenschaften und der Labormethoden; das Verständnis dafür, warum und wie pathogene Mikroorganismen Krankheiten erzeugen und wie der Körper sich gegen den Erreger zur Wehr setzt, kommt häufig zu kurz.

Herausgeber und Autoren waren dementsprechend bestrebt, der Darstellung von Kausalverhältnissen und -abläufen eine deutliche Vorrangstellung einzuräumen. Dabei sind die Belange der praktischen Zusammenarbeit zwischen Klinik und mikrobiologischem Laboratorium ausführlich berücksichtigt worden. Naturgemäß durfte die Beschreibung der wichtigsten Erregereigenschaften nicht zu kurz kommen. Wir hoffen jedoch, daß eine Überfrachtung des Textes mit zusammenhanglosen Detailinformationen vermieden werden konnte. Das Buch ist mithin nicht als Nachschlagewerk gedacht, sondern in erster Linie als Lernhilfe für die Studentin bzw. den Studenten.

Herausgeber und Autoren sind einer großen Zahl von Kolleginnen und Kollegen für kritische Stellungnahmen und Hinweise verpflichtet: Herr Professor F. Müller, Hamburg, las das Syphiliskapitel, Herr Professor Braun, Tübingen, gab Hinweise zum Kapitel „Aufbau von Bakterien", Herr Professor Menzel, Bad Saarow, las Korrektur der Abschnitte I–VI. Frau Dr. U. Janßen bemühte sich um die Organisation der Abbildungen; nützliche Hinweise stammen von Frau Dr. Wagner, Herrn Professor Fleischer sowie den Herren Dres Daeschlein, Liesenfeld und Herrn cand. med. Dobrick. Ihnen allen sei herzlich gedankt.

Sehr zu Dank verpflichtet sind wir den geduldigen Mitarbeiterinnen und Mitarbeitern des Springer-Verlags, allen voran Frau Anne Repnow, Frau Eva Blum, Frau Manuela Wolf und Herrn Klemens Schwind.

Besonderer Dank gebührt unseren Sekretärinnen: Frau Luise Northe, Frau Margarete Hoffmann, Frau Annelore Häusler, Frau Helga Frühauf, Frau Sonja Winkler, Frau Krüger sowie Herr Lothar Bernau haben sich unermüdlich der Arbeit des Manuskriptschreibens unterzogen, oft unter anstrengenden Bedingungen.

Berlin und Mainz, im September 1991

H. HAHN   D. FALKE   P. KLEIN

…„Sie müssen ein Lehrbuch schreiben!"… So klang an einem Frühsommertag 1983 der Anruf Paul Kleins, und damit war der Anstoß zu diesem Lehrbuch gegeben. Es sollte beim Leser Verständnis für die Pathogenese von Infektionskrankheiten wecken, um den zukünftigen Arzt, konfrontiert mit einer stetig zunehmenden Zahl von Krankheitserregern und neuen Erkenntnissen über das Wesen von Infektionen, mit einem soliden Rüstzeug auszustatten.

Paul Klein (1919–1998)

Wer war Paul Klein?

Klein wurde in Schäßburg (Siebenbürgen, Rumänien) in eine Lehrer- und Pfarrersfamilie hineingeboren. Er begann das Studium der Medizin in Klausenburg (1939). Unterbrochen durch Kriegsdienst und Gefangenschaft setzte er es in Tübingen und Heidelberg fort, wo er 1948 promovierte. Anschließend arbeitete Klein bei R. Böhmig in Karlsruhe bakteriologisch und pathologisch, bevor er an das Hygiene-Institut an der damaligen Medizinischen Akademie (heute Universität) Düsseldorf wechselte und sich bei W. Kikuth habilitierte. Es folgte ein dreijähriger USA-Aufenthalt am Cornell Medical College in New York City; 1961 erfolgte dann die Berufung als ordentlicher Professor für Medizinische Mikrobiologie an die Johannes-Gutenberg-Universität in Mainz. Hier wirkte er bis zu seiner Emeritierung im Jahre 1990.

Paul Kleins Wesen erklärt sich aus den geistigen Wurzeln seiner Jugend, tief verankert in der Tradition der österreichisch-ungarischen Monarchie: Deutsch war die Sprache des Elternhauses, Ungarisch die Sprache der Erzieherin, Rumänisch die Amtssprache. Das bedeute-

te Weltoffenheit, geistige Regsamkeit und Freude an der sprachlichen Gestaltung. Seine Redegewandtheit und feurige Überzeugungskraft waren sprichwörtlich: Als „Paukmann-Kapé" (P.K.) zog Paul Klein über 30 Jahre lang die Studentenschaft in seinen Bann und faszinierte sie für unser Fach. Jede Vorlesung war überfüllt, zur Emeritierung dankten die Studenten ihm mit der seltenen Geste eines akademischen Fackelzuges.

Klein war durch einen vorzüglichen Unterricht am Gymnasium zu streng naturwissenschaftlicher Denkweise erzogen. Aus der Pathologie kommend, verstand er Mikrobiologie als Krankheitslehre, als experimentelle Pathologie im Sinne einer strengen Kausalität. Er selbst hatte grundlegende Arbeiten über die stoffliche Natur des Komplementsystems publiziert, und groß ist die Zahl der Arbeiten seiner Schüler auf diesem Gebiet, in der Entzündungslehre und in der zellulären Infektionsimmunologie.

Aufzuwachsen in einer ethnischen Minderheit heißt: Notwendigkeit zu Zusammenhalt, zu gegenseitigem Vertrauen und Verläßlichkeit; es schult und stärkt aber auch Durchsetzungs- und Leistungswillen. Das formte den Führungsstil am Institut in Mainz: Hoch hing die Meßlatte: Wer sie schaffte, konnte Kleins großzügiger Unterstützung sicher sein: Da waren Sonderforschungsbereiche, USA-Aufenthalte, wissenschaftliche Reisen, Seminare; dazu im Innern kollegialer Wettbewerb, Korpsgeist nach außen. Mehr als 20 leitende Positionen in der Infektionsmedizin sind in Deutschland mit „Mainzern" besetzt.

Als Wissenschaftsorganisator erweiterte Klein unermüdlich die Grenzen unseres Faches: So begründete er zwei DFG-Sonderforschungsbereiche, gab Anstöße zu neuen Schwerpunktprogrammen der DFG, verfaßte eine Denkschrift zur Lage der Parasitologie. Als Mitbegründer der Gesellschaft für Immunologie und als Präsident der Deutschen Gesellschaft für Hygiene und Mikrobiologie (DGHM) gestaltete Klein beide Fächer in entscheidenden Phasen.

Hinter allen seinen Vorhaben und Unternehmungen stand die Sorge um eine niveaubestimmte und beispielhafte Pflege des wissenschaftlichen und ärztlichen Nachwuchses – auch bei der Mitgestaltung dieses Lehrbuches.

Wir werden ihn nicht vergessen.

H. Hahn   D. Falke

Ich (H.H.) danke Herrn Dr. Alexander Klein, Dresden, für Hinweise.

Inhaltsverzeichnis

XIII Grundlagen der antimikrobiellen Chemotherapie

XIV Spezielle antimikrobielle Chemotherapie

XV Infektionsdiagnostik

XVI Syndrome

Anhang

Frau Dr. med. MARDJAN ARVAND
Sigmaringer Str. 5
10713 Berlin

Prof. Dr. med. WERNER BÄR
Institut für Med. Mikrobiologie
Krankenhaus Cottbus
Thiemstraße 111
03050 Cottbus

Prof. Dr. med. SUCHARIT BHAKDI
Institut für Medizinische Mikrobiologie
Johannes-Gutenberg-Universität Mainz
Hochhaus am Augustusplatz
55101 Mainz

Prof. Dr. med. JOCHEN BOCKEMÜHL
Hygiene-Institut Hamburg
Bakteriologie
Marckmannstraße 129a
20539 Hamburg

Prof. Dr. med. ERIK CHRISTIAN BÖTTGER
Institut für Medizinische Mikrobiologie
Zentrum Laboratoriumsmedizin
Medizinische Hochschule Hannover
30623 Hannover

Dr. med. JÜRGEN BOHL
Institut für Pathologie, Abt. Neuropathologie
Johannes-Gutenberg-Universität Mainz
Langenbeckstraße
55131 Mainz

Prof. Dr. med. MANFRED P. DIERICH
Institut für Hygiene
Leopold-Franzens-Universität
Fritz-Pregl-Straße 3
6010 Innsbruck

Frau Dr. med. ELISABETH ENGELMANN
Institut für Infektionsmedizin, Abt. Virologie
Fachbereich Humanmedizin
der Freien Universität Berlin
Hindenburgdamm 27
12203 Berlin

Prof. Dr. med. DIETRICH FALKE
Institut für Virologie
Johannes-Gutenberg-Universität Mainz
Hochhaus am Augustusplatz
55101 Mainz

Prof. Dr. med. SÖREN GATERMANN
Institut für Medizinische Mikrobiologie
Ruhr-Universität Bochum
Universitätsstraße 150
44780 Bochum

Prof. Dr. med. GUIDO GERKEN
Universitätsklinikum Essen
Medizinische Klinik und Poliklinik
Abt. f. Gastroenterologie/Hepatologie
Hufelandstraße 55
45122 Essen

Prof. Dr. rer. nat. PETER GIESBRECHT
Boumannstraße 32
13467 Berlin

Prof. Dr. med. HELMUT HAHN
Institut für Infektionsmedizin
Abt. für Medizinische Mikrobiologie
und Infektionsimmunologie
Fachbereich Humanmedizin der Freien Universität Berlin
Hindenburgdamm 27
12203 Berlin

Dr. med. RALF IGNATIUS
Institut für Infektionsmedizin
Abt. Med. Mikrobiologie und Infektionsimmunologie
Fachbereich Humanmedizin der Freien Universität Berlin
Hindenburgdamm 27
12203 Berlin

Prof. Dr. med. vet. KLAUS JANITSCHKE
Robert-Koch-Institut P 14
Parasitologie und Mykologie
Nordufer 20
13353 Berlin

Prof. Dr. rer. nat. WOLF-DIETRICH KAMPF
Sponholzstraße 13
12159 Berlin

Prof. em. Dr. rer. nat. OTTO KANDLER
Botanisches Institut
Universität München
Menzinger Straße 67
80992 München

Prof. Dr. rer. nat. STEFAN H.E. KAUFMANN
Max Planck-Institut für Infektionsbiologie
Schumannstraße 21/22
10117 Berlin

MU Prof. Dr. Dr. sc. EMIL KMETY
Dept. of Epidemiology
Medical Faculty of the Komensky University
Spitáska 24
81108 Bratislava 3

Prof. Dr. med. AXEL KRAMER
Institut für Hygiene und Umweltmedizin
Ernst-Moritz-Arndt-Universität zu Greifswald
Hainstraße 26
17487 Greifswald

Dipl.-Biochem., Cand. med. JENS KUHN
c/o Institut für Infektionsmedizin
Abt. Medizinische Mikrobiologie
Fachbereich Humanmedizin
der Freien Universität Berlin
Hindenburgdamm 27
12203 Berlin

PD Dr. med. OLIVER LIESENFELD
Institut für Infektionsmedizin
Abt. Medizinische Mikrobiologie
und Infektionsimmunologie
Fachbereich Humanmedizin
der Freien Universität Berlin
Hindenburgdamm 27
12203 Berlin

Prof. Dr. med. REINHARD MARRE
Institut für Mikrobiologie und Hygiene
Abt. für Medizinische Mikrobiologie und Hygiene
Universität Ulm
Albert-Einstein-Allee 11
89081 Ulm

Prof. Dr. med. THOMAS F. MEYER
Max-Planck-Institut für Infektionsbiologie
Abt. Molekulare Biologie
Schumannstraße 21/22
10117 Berlin

Prof. Dr. med. MARTIN MIELKE
Robert-Koch-Institut FG 14
Angewandte Infektionshygiene
Nordufer 20
13353 Berlin

Dr. med. KLAUS MIKSITS
Institut für Infektionsmedizin
Abt. für Med. Mikrobiologie und Infektionsimmunologie
Fachbereich Humanmedizin der Freien Universität Berlin
Hindenburgdamm 27
12203 Berlin

Dr. rer. nat. KARIN MÖLLING
Institut für Medizinische Virologie
Universität Zürich
Gloriastraße 30
8028 Zürich 15

Prof. Dr. med. HILMAR PRANGE
Neurologische Universitätsklinik
Abt. Neurologie und Neurophysiologie

Georg-August-Universität
Robert-Koch-Straße 40
37075 Göttingen

Prof. Dr. med. ARNE RODLOFF
Institut für Medizinische Mikrobiologie
Universität Leipzig
Liebigstraße 24
04103 Leipzig

Prof. Dr. med. HENNING RÜDEN
Institut für Hygiene Fachbereich Humanmedizin
der Freien Universität Berlin
Hindenburgdamm 27
12203 Berlin

Prof. Dr. med. Dr. rer. nat. ROLF E. STREECK
Institut für Med. Mikrobiologie
Johannes-Gutenberg-Universität
Hochhaus am Augustaplatz
55101 Mainz

Prof. Dr. med. SEBASTIAN SUERBAUM
Institut für Hygiene u. Mikrobiologie
der Universität Würzburg
Josef-Schneider-Str. 2
97080 Würzburg

Prof. Dr. med. habil. CHRISTIAN TAUCHNITZ
Gotenstraße 1a
04299 Leipzig

Frau Prof. Dr. med. WALTRAUD THILO
Danziger Straße 239
10407 Berlin

Prof. Dr. med. MATTHIAS TRAUTMANN
Institut für Mikrobiologie und Hygiene
Abt. f. Medizinische Mikrobiologie und Hygiene
Universität Ulm
Steinhövelstraße 9
89075 Ulm

Prof. Dr. med. UWE ULLMANN
Inst. f. Med. Mikrobiologie und Virologie
Klinikum der Christian-Albrechts-Universität zu Kiel
Brunswiker Str. 4
24105 Kiel

Priv.-Doz. Dr. KONSTANZE VOGT
Institut für Mikrobiologie und Hygiene
Universitätsklinikum Charité
der Humboldt-Universität zu Berlin
Dorotheenstraße 96
10117 Berlin

Prof. Dr. rer. nat. HEINZ ZEICHHARDT
Institut für Infektionsmedizin, Abt. Virologie
Fachbereich Humanmedizin
der Freien Universität Berlin
Hindenburgdamm 27
12203 Berlin

Einleitung

EINLEITUNG

Die Medizinische Mikrobiologie als Teilgebiet der Medizin befaßt sich mit der ursächlichen Rolle von pathogenen (d. h. krankheitserzeugenden) Mikroorganismen bei der Entstehung von Störungen im Funktionsablauf des menschlichen Organismus. Störungen dieser Art entstehen durch Ansiedlung und Vermehrung von Mikroorganismen im Sinne des Parasitismus; sie treten als Infektionskrankheit in Erscheinung. Demgemäß betrachtet man die parasitierenden Mikroorganismen als Krankheitserreger; das befallene Individuum wird als „Wirt" oder als „Makroorganismus" bezeichnet.

Tatsächlich liefert das Gebiet der bakteriellen und viralen Infektionen unter Einschluß der Immunologie besonders klare und einprägsame Beispiele zur Darstellung von allgemeinen Gesetzlichkeiten. Es eignet sich daher in hohem Maße zur Einführung in die Lehre von den *Infektionskrankheiten*.

Die Krankheitserreger (Tabelle 1.1) stammen entweder aus der Umwelt oder aber aus der physiologischen Standortflora des betroffenen Individuums selbst.

- Ein großer Teil der Krankheitserreger gehört zu den einzelligen Mikroorganismen; es sind entweder *Bakterien*, *Pilze* oder *Protozoen*.
- Ein anderer Teil wird zu den subzellulären Partikeln gerechnet; dies gilt für die *Viren* und die *Prionen*.
- Schließlich können auch vielzellige Organismen (Metazoen) als Krankheitserreger in Erscheinung treten; hierher gehören die parasitischen *Würmer*.

Archaebakterien und Bakterien sind Prokaryonten. Pilze werden zum Pflanzenreich gerechnet, während Protozoen und Metazoen zum Tierreich gehören.

Metazoen sollten, wörtlich genommen, nicht zum Gegenstand der Medizinischen Mikrobiologie gehören. Man behandelt sie aber trotzdem im Rahmen dieses Faches; die von ihnen hervorgerufenen Krankheiten entstehen durch Infektion: Sie sind die Folge eines echten dauerhaften Parasitismus. Überdies beruht ihre Bekämpfung auf Prinzipien, die in gleicher Form für mikrobiell verursachte Krankheiten gelten.

Die in der Alltagssprache als *Ungeziefer* bezeichneten Arthropoden (Läuse, Wanzen, Zecken, Milben u. a.) können in diese Analogie nicht einbezogen werden: Von einer Infektionskrankheit im Sinne eines andauernden Parasitismus kann man allenfalls beim Milbenbefall sprechen. In der Dermatologie bezeichnet man deshalb die durch Biß oder Stich von Arthropoden hervorgerufenen Erscheinungen als *Epizoonosen*. Arthropoden spielen andererseits eine überaus wichtige Rolle als Überträger von Krankheitserregern. Die Kenntnis ihrer Biologie bildet vielfach die Grundlage zur wirksamen Bekämpfung von Infektionskrankheiten.

Tabelle 1.1. Eigenschaften der verschiedenen Erregerklassen

	Viren	Bakterien	Pilze	Protozoen	Würmer
DNS+RNS	– (DNS oder RNS)	+	+	+	+
Ribosomen	–	+	+	+	+
Zellkern	–	– (Kernäquivalent)	+	+	+
Größe	0,02–0,3 µm	0,2–10 µm	>0,7 µm	5–50 µm	60 µm–>10 m
ein-/mehrzellig (e/m)	–	e	e/m	e	m

1.1 Aufgabenstellung

Die Aufgabenstellung der Medizinischen Mikrobiologie wird von zwei Grundfragen bestimmt.
- Die eine bezieht sich auf die biologischen Besonderheiten der Krankheitserreger.
- Die andere betrifft diejenigen Vorgänge, welche im Wirtsorganismus ausgelöst und als Infektion bezeichnet werden; es sind dies Schädigungsprozesse und Abwehrreaktionen.

Die *Schädigungsprozesse* sind die direkte Ursache der Krankheit; in ihrer Gesamtheit werden sie als Pathogenese bezeichnet. Die *Abwehrreaktionen* können zur Milderung der Krankheit, zur Heilung und zur Immunität führen. Manchmal schädigen sie den Wirtsorganismus selbst; dann spricht man von Immunpathogenese.

Die Kenntnis von den biologischen Besonderheiten der Krankheitserreger, von der Natur der Schädigung und vom Wesen der Abwehrvorgänge ist von großer Bedeutung für die Bekämpfung der Infektionskrankheiten. Die zu diesem Zweck eingeleiteten Maßnahmen beziehen sich zu einem großen Teil auf das erkrankte Individuum, zum anderen Teil auf die gesamte Bevölkerung und deren Lebensraum.

Im einzelnen unterscheidet man die im folgenden aufgeführten Maßnahmen.

Erregerdiagnose. Das ist die exakte Bestimmung der Krankheitsursache, nämlich des Erregers.

Kausalbehandlung. Das ist die Behandlung des Kranken durch Bekämpfung der Krankheitsursache, des Erregers, mittels Antibiotika bzw. Antikörper oder Viruschemotherapeutika.

Prävention. Zur Infektionsverhütung gehören:
- Die Verminderung der Erreger-Emission vom Infizierten durch dessen Isolierung und durch Desinfektion seiner Ausscheidungen.
- Die Verkleinerung des Erreger-Reservoirs, z.B. durch Rattenbekämpfung bei der Pest.
- Die Unterbrechung des Übertragungsvorganges, durch die Überprüfung und Elimination von kontaminierten Lebens- und Arzneimitteln oder die gezielte Vernichtung von übertragungsfähigen Arthropoden (Vektoren), z.B. bei der Schlafkrankheit.
- Prophylaktische Schutzimpfung, z.B. gegen Hepatitis B, Poliomyelitis, Diphtherie.
- Prophylaktische Gabe von Chemotherapeutika bei Exponierten, z. B. bei Malariagefahr.

Epidemiologie. Die epidemiologische Analyse liefert die Möglichkeit, Vorkommen und Ausbreitung von Infektionskrankheiten innerhalb eines größeren Gebietes zu analysieren und daraus Gesetzlichkeiten abzuleiten.

Das Gebiet der Medizinischen Mikrobiologie überlappt sich mit einschlägigen Kapiteln aus der Parasitologie, der Immunologie, der Hygiene, der Pathologie, der Pharmakologie und der Klinik.

P. KLEIN

Die Geschichte der medizinischen Bakteriologie beginnt mit dem exemplarischen Beweis durch Robert Koch (1876), daß eine übertragbare Krankheit – der Milzbrand – durch Besiedlung des Organismus mit einer besonderen Bakterienspezies entsteht. Die anhand des Milzbrandes aufgefundene Kausalbeziehung zwischen Bakterien und Krankheit konnte schnell verallgemeinert werden: Innerhalb weniger Jahre erwies sich die bakterielle Infektion als Ursache zahlreicher Krankheiten. Die Rolle der nicht zu den Bakterien gehörenden Krankheitserreger ist in ihrer vollen Bedeutung erst erkannt worden, als die Lehre von den bakteriellen Infektionskrankheiten fest begründet war.

Robert Koch hatte Vorläufer: 1841 wies der Wiener Dermatologe Ferdinand v. Hebra (1816–1880) im Selbstversuch den ursächlichen Zusammenhang zwischen der Krätzmilbe und der Krätze nach.

Die Lehre von den Bakterien als Krankheitserregern konnte erst auf dem Boden einer vorher entwickelten Wissenschaft begründet werden. Diese hatte als vormedizinische Mikrobiologie nicht nur den Beweis für die Existenz einer bis dahin unbekannten Art von Lebewesen geliefert; ihre Vertreter hatten darüber hinaus die fundamentale Rolle der Mikroorganismen für die Vorgänge der Gärung, der Fäulnis und der Verrottung erkannt. Als *Gärung* bezeichnet man herkömmlicherweise die enzymatische Spaltung von niedermolekularen Kohlenhydraten; für Zellulose benutzt man das Wort *Verrottung*, während für den Abbau von Eiweißstoffen die Bezeichnung *Fäulnis* üblich ist. Der Ausdruck „Verwesung" bezieht sich auf tierisches Material schlechthin. Es war die Ähnlichkeit zwischen den Fäulnisvorgängen und den Erscheinungsbildern bei gewissen Krankheiten, die den entscheidenden Anstoß dazu gegeben hat, ansteckende Krankheiten mit Mikroorganismen in Verbindung zu bringen. In diesem Sinne kann man die Medizinische Mikrobiologie als Tochter der naturkundlich orientierten Mikrobiologie betrachten. Diese hat sich in der Folge, unabhängig vom medizinischen Anwendungsbereich, weiterentwickelt. Die naturwissenschaftlich-technische Mikrobiologie gliedert sich heute in zahlreiche Einzelgebiete; ihre Anwendung bei der Großproduktion organischer Stoffe (Antibiotika, Vitamine, Säuren, Enzyme), in der Landwirtschaft und beim Umweltschutz ist für die moderne Industriegesellschaft unentbehrlich.

Die vormedizinische Mikrobiologie hat ihren Ursprung in der Entdeckung der Kleinlebewesen durch Antonj van Leeuwenhoek (1632–1723). Der in Delft lebende Amateur-Linsenschleifer hat als erster Bakterien gesehen. Um 1670 konnte er mit einem selbstgebauten „Mikroskop" in Gestalt einer äußerst starken Lupe u.a. feststellen, daß in Wasser, Speichel und anderen Flüssigkeiten „kleine Tierchen" existieren; besonders reichlich waren sie im Zahnbelag anzutreffen. In den folgenden 170 Jahren sind die Beobachtungen von van Leeuwenhoek unter Beibehaltung ihres deskriptiven Charakters erweitert und systematisiert, aber nicht vertieft worden. So kannte man um 1840 einige Parasiten (Krätzmilbe, Muscardine, Trichomonaden, Favus- und Soorpilz); man hatte sie an ihren natürlichen Standorten gefunden, beschrieben und voneinander unterschieden. Bis in die Mitte des 19. Jahrhunderts glaubte man, daß sie durch „Urzeugung" (generatio spontanea) an ihrem Fundort entstünden.

Als *generatio spontanea* bezeichnet man eine Jahrhunderte alte, naiv-poetische Theorie zur Frage der Entstehung von Leben. Hiernach können Lebewesen jederzeit spontan und direkt aus totem Material entstehen (Abb. 2.1). Im Sinne dieser Vorstellung sollten aus Käse Maden entstehen; faulender Weizen sollte Mäuse erzeugen; Fleischsuppe sollte sich in Bakterien verwandeln. Um die Mitte des 19. Jahrhunderts waren zwar die offenkundigsten Fehlbeispiele für die Urzeugungslehre fallengelassen worden; so hatte man z.B. erkannt, daß sich in Fleisch Maden nur dann entwickeln, wenn darauf Fliegeneier abgelegt wurden. Für die Mikroorganismen aber galt die Urzeugungstheorie nach wie vor. Ihre endgültige Widerlegung ist nach Vorarbeiten des italienischen Geistlichen Lazzaro Spallanzani (1729–1799) schließlich durch den französischen Chemiker Louis Pasteur (1822–1895) erfolgt.

Abb. 2.1. Beispiel für Urzeugung: Spontane Entstehung von Fliegen aus eiternden Wunden. (Aus Wonnecke von Kaub, Hortus Sanitatis, 1517)

Spallanzani hatte in der Mitte des 18. Jahrhunderts bewiesen, daß eine organische Stoffe enthaltende Lösung (Medium) dann von Mikroorganismen frei bleibt, wenn sie gekocht und anschließend verschlossen gehalten wird. Pasteur zeigte um die Mitte des 19. Jahrhunderts, daß sich in einem gekochten Medium Mikroorganismen nur dann entwickeln, wenn sie von außen hineingebracht werden, sei es durch Verunreinigung der geöffneten Flasche aus der Luft oder aber durch künstliche Beimpfung mit Material aus einem bakterienhaltigen Medium. Damit ist um die Mitte des vorigen Jahrhunderts ein Lehrsatz begründet worden, der bis zum heutigen Tage für alle Lebensformen gleichermaßen gilt.

Er lautet: Leben kann nur weitergegeben werden, aber nicht „de novo" entstehen.

Dieser Satz hat in Verbindung mit der Entdeckung der Zelle als Grundelement organischen Lebens durch Schwann und Schleiden, 1839, zu dem berühmten Wort des deutschen Pathologen Rudolf Virchow (1821–1902) geführt: „Omnis cellula e cellula". Die heute diskutierte Frage, auf welche Weise

das Leben im Laufe der Erdgeschichte entstanden ist, hat mit der alten Lehre von der generatio spontanea nichts zu tun. Die in unseren Tagen vertretene Auffassung vom Lebensursprung aus unbelebtem Material als einem komplexen naturhistorischen Vorgang wird von den klassischen Arbeiten, die zur Widerlegung der alten Urzeugungslehre führten, nicht berührt.

In weiteren Arbeiten legte Pasteur den Grundstein für die Entwicklung der experimentellen Mikrobiologie mit naturwissenschaftlich-ökologischer Blickrichtung. Er entwickelte ein Verfahren zur Kultivierung und Fortzüchtung von Bakterien, insbesondere zur kulturellen Trennung verschiedener Bakterienspezies aus einem Keimgemisch. In den Jahren nach 1857 bewies er die kausale Bedeutung von Mikroorganismen (Bakterien und Hefen) für die Vorgänge der Fäulnis und der Gärung. Am Beispiel der Gärung zeigte er, daß verschiedene Arten von Mikroorganismen jeweils verschiedenartige Umsetzungen bewirken (alkoholische Gärung, Essiggärung, Milchsäuregärung). Er hat damit die artgebundene Charakteristik der biochemischen Leistung von Mikroorganismen entdeckt.

Die strikte Gebundenheit von biologischen Merkmalen an eine einzige Art (Spezies) wird mit dem Wort *Spezifität* zum Ausdruck gebracht: Seit Pasteur wissen wir, daß die Essigsäuregärung eine spezifische Leistung der Essigsäurebakterien ist. Der biochemisch gefaßte Spezifitätsbegriff ist von der medizinischen Bakteriologie später übernommen worden. Er taucht dort in Gestalt des Lehrsatzes von der pathogenetischen Spezifität auf.

Pasteur hat sich intensiv mit der Frage beschäftigt, ob man, in Analogie zu den Vorgängen der Gärung und der Fäulnis, die übertragbaren Krankheiten als Folge einer Besiedlung des Organismus mit Bakterien erklären könne. Die Beweispriorität kommt in dieser Hinsicht aber nicht ihm zu, sondern dem deutschen Landarzt Robert Koch (1843–1910). Auf den Erkenntnissen Kochs fußend, hat Pasteur später das Prinzip der *aktiven Immunisierung* mit lebenden, virulenzgedrosselten Bakterien entdeckt. Schließlich hat er am Beispiel der Tollwut als erster nach Edward Jenner (1749–1823) die Möglichkeit einer Schutzimpfung gegen Viruskrankheiten aufgezeigt.

Im Jahre 1876 konnte Robert Koch exakt beweisen, daß der *Milzbrand* der Haustiere nur dann entsteht, wenn diese mit einer besonderen Spezies von Bakterien infiziert werden. Er zeigte, daß sich die in den tierischen Organismus eingebrachten

Bakterien vermehren und daß erst diese Vermehrung zur Krankheit führt; er wies weiterhin nach, daß die für den Milzbrand verantwortlichen Bakterien aus erkrankten Tieren in künstliche Kulturmedien verbracht und dort über lange Zeit hindurch fortgezüchtet werden können, ohne daß sie ihre Fähigkeit, beim Tier Milzbrand zu erzeugen, einbüßen. Diese und spätere Arbeiten fußten auf einer gänzlich neuen Verfahrenstechnik, die von Koch ausgearbeitet worden war: Neben wesentlichen Verbesserungen der Färbemethodik hat Koch ein neuartiges System der *Reinkultur* geschaffen. Die von ihm inaugurierten Methoden bilden auch heute noch die Grundlage für das medizinisch-bakteriologische Arbeiten.

Die Erkennung des Milzbrandes als Infektionskrankheit hat das „Goldene Zeitalter der Bakteriologie" eröffnet. Man betrachtete die beim Milzbrand aufgeklärten Kausalverhältnisse als Paradigma für die Entstehung aller übertragbaren Krankheiten. Die nach dem Kochschen Muster angesetzten Arbeiten führten schnell zu einem breiten Erfolg. Koch selbst identifizierte in dieser Zeit die Erreger der *Tuberkulose* und der *Cholera*. Tabelle 2.1 veranschaulicht die schnelle Folge der Entdeckungen. Aufgeklärt wurde zwischen den Jahren 1876 und 1906 u. a. die Ursache der in Tabelle 2.1 erwähnten Krankheiten.

Die Frage, ob seuchenhaft auftretende Krankheiten durch ein übertragbares, vermehrungsfähiges Agens (Contagium animatum, lat. belebter Ansteckungsstoff) verursacht werden, ist schon vor Koch diskutiert worden, z. T. schon von van Leeuwenhoek. Angesichts der verschiedenartigen Verbreitungsmodi von Krankheiten wie Malaria, Pokken und Syphilis nahm man neben dem belebten Ansteckungsstoff noch andere, unbelebte Kausalfaktoren an, z. B. in Gestalt der *Miasmen* (Miasma, gr.: Verunreinigung). Als Miasmen bezeichnete man krankheitserzeugende, quasi-immaterielle Ausdünstungen aus dem Boden, aus Sümpfen oder von Leichen. Malaria (mala aria, ital.: schlechte Luft) schien durch Miasmen zustande zu kommen, während für die Syphilis eher ein Ansteckungsstoff in Betracht kam.

Nach einer kritischen Literaturauswertung zog Jakob Henle (1809–1885) den Schluß, daß bei der Übertragung von Krankheiten jeweils ein spezifischer Ansteckungsstoff vom Kranken auf den Gesunden gelange. Er folgerte, daß dieser Ansteckungsstoff reproduktionsfähig, also belebt sein müsse und verwies in diesem Zusammenhang auf die schon damals diskutierte Rolle von Pilzen bei der alkoholischen Gärung und bei der Muscardine-Krankheit der Seidenraupen; diese Beispiele brachte er in Verbindung mit dem Vorkommen von Milben bei Krätze und von Pilzen bei Favus. Aus Henles Arbeit ergeben sich für die Beweisführung einige Folgerungen. Diese sind von Koch aufgegriffen, verdeutlicht und mit Hilfe der inzwischen entwickelten Experimentalmethoden konkretisiert worden. Im Jahr 1882 formulierte Koch die Grundsätze seiner Beweisführung in allgemeiner Form. Hieraus sind die Lehrsätze entstanden, die als *Henle-Kochsche Postulate* weltweit bekannt geworden sind (s. S. 21).

Der österreichisch-ungarische Geburtshelfer Ignaz Semmelweis (1818–1865) hatte lange vor Kochs Arbeiten erkannt (1847), daß das *Kindbettfieber* (Puerperalsepsis) vom Leichnam der an dieser Krankheit verstorbenen Wöchnerin auf die gesunde Kreißende übertragen werden kann. Als Vehikel für die Übertragung des Krankheitsgiftes erkannte er die Hand des Arztes, der zuerst die Autopsie bei der verstorbenen Wöchnerin ausführt und anschließend die Gebärende vaginal untersucht. Semmelweis konnte diese Übertragungskette unterbrechen: Er machte es den Ärzten zur Pflicht, sich vor der vaginalen Untersuchung die Hände mit Chlorwasser (Hypochlorit) zu waschen. Diese Maßnahme senkte die Sterblichkeit an Kindbettfieber wesentlich. Damit ist Semmelweis zum Wegbereiter der modernen *Infektionsprophylaxe* geworden. Er wird von der Nachwelt als „Retter der Mütter" bezeichnet.

Der englische Chirurg Joseph Lister (1827–1912) übertrug um 1865 die Thesen Pasteurs über die mikrobielle Ursache der Fäulnis auf die postoperative *Septikämie* (Wundeiterung mit folgender Allgemeinerkrankung; Sepsis, gr.: Fäulnis; Septikämie, gr. (Kunstwort): ins Blut gelangte Fäulnis). Er faßte die hierbei auftretenden Wundveränderungen

Tabelle 2.1. Krankheiten, deren Erreger von 1876–1906 entdeckt wurden.

Milzbrand	1876	Tetanus	1884
Gonorrhoe	1879	Aktinomykose	1891
Typhus	1880/1884	Gasbrand	1892
Tuberkulose	1882	Pest	1894
Erysipel	1882/1883	Syphilis	1905
Cholera	1883	Keuchhusten	1906
Diphtherie	1884		

als Ausdruck von intravital ablaufenden Fäulnis-vorgängen auf. Durch reichlichen Gebrauch von bakterienabtötenden Stoffen (Desinfektionsmitteln) suchte er dem angenommenen Fäulnisvorgang und dessen Übertragung entgegenzuwirken: Er verordnete den Patienten Carbol-Kompressen und suchte durch Carbolsprays der Übertragung im Operationssaal entgegenzuwirken. Dieses Arbeitsprinzip war zu seiner Zeit sehr erfolgreich. Heute hat es nur noch historische Bedeutung. Lister nannte sein System *„Antiseptik"* (gr. (Kunstwort): gegen Fäulnis gerichtet). Als „antiseptisch" bezeichnet man z.T. heute noch solche Chemikalien, welche eine bakteriostatische Wirkung entfalten.

Mit dem Wort *„Aseptik"* (gr. (Kunstwort): etwa „frei von jeder Fäulnis") bezeichnet man das heute gültige Arbeitsprinzip zur Verhütung der Infektion von Operationswunden. Dabei wird durch **Sterilisation** alles, was mit der Wunde des Patienten in Berührung kommt, vorher gänzlich keimfrei gemacht, z.B. Instrumente, Gummihandschuhe, Wundtücher, Tupfer, Nahtmaterial. Das Ziel der Aseptik ist die absolute Ausschaltung jeder Infektionsmöglichkeit beim Setzen der Operationswunde (Prinzip der „Non-Infektion"). Dazu gehört das Bestreben, auch im engeren und weiteren Umkreis der Operationsstelle möglichst große Keimarmut zu erzielen und zu bewahren (Desinfektion der Haut, sterilisierte Kittel, Gesichtsmasken, Staubbekämpfung). Das System der „Aseptik" ist in der zweiten Hälfte des vorigen Jahrhunderts von Gustav Neuber (1850–1932) begründet und durch den Chirurgen Ernst von Bergmann (1836–1907) weiterentwickelt worden. Ziel der Aseptik ist die komplikationslose (ohne Eiterung, „steril") verlaufende Wundheilung [Heilung „per primam intentionem" (lat.: beim ersten Anlauf)].

EINLEITUNG

Das praktische Ziel jeder Systematik ist die Klassifizierung der Formenfülle einer Organismengruppe in systematische Einheiten (*Taxa*) und deren Anordnung nach einem Prinzip, das eine möglichst sichere Wiederauffindung und Identifizierung der verschiedenen Formen ermöglicht.

3.1 Grundprinzipien der Systematik (Taxonomie)

Art und Gewichtung der zur Klassifizierung verwendeten Merkmale sowie die Nomenklatur werden dabei durch Übereinkunft festgelegt. Die Gesamtheit der Verfahrensprinzipien, nach denen die Aufstellung eines Klassifizierungssystems erfolgt, wird zusammenfassend als *Taxonomie* bezeichnet. Die Klassifizierung aufgrund willkürlich festgelegter Merkmale führt zu „künstlichen Systemen", von denen im Laufe der Geschichte eine Reihe unterschiedlicher Varianten entwickelt wurde.

Den künstlichen Systemen steht das Ideal des „natürlichen Systems" gegenüber. Darunter versteht man die Ordnung der Organismen entsprechend ihrer genealogischen Verwandtschaft. Ein derartiges System entspricht dem Gang der Evolution und ergibt einen phylogenetischen Stammbaum. Da man bei Tieren und Pflanzen relativ leicht morphologische Entwicklungsreihen erkennen kann, die über weite Strecken hinweg dem Verlauf der Evolution entsprechen, wurden diese Organismen schon seit Mitte des vorigen Jahrhunderts, zumindest teilweise, nach einem natürlichen System geordnet. Dagegen fehlte bei den Bakterien bis vor kurzem nahezu jede Voraussetzung für die Aufstellung eines natürlichen Systems.

Grundlage der bakteriologischen Klassifizierung sind auch heute morphologische Merkmale; sie werden ergänzt durch charakteristische Wachstumsbedingungen, physiologische Leistungen und Inhaltsstoffe. Neuerdings werden auch serologische Methoden und die Struktur und chemische Zusammensetzung der Zellwand zur Charakterisierung der Taxa benützt.

Mit all diesen Methoden konnten im Grunde nur Ähnlichkeiten, aber keine genealogischen Verwandtschaften festgestellt werden. In vielen Fällen entsprach zwar eine hohe Ähnlichkeit auch einer genealogischen Verwandtschaft, aber man konnte nicht mit Sicherheit entscheiden, ob es sich tatsächlich um Verwandtschaft oder nur um zufällige Konvergenz handelte.

Heute stehen mit den Methoden der Sequenzierung von Proteinen und von Nukleinsäuren wesentlich aussagekräftigere Methoden zur Bestimmung der genealogischen Verwandtschaft und damit zur Aufstellung wenigstens von Teilstammbäumen zur Verfügung. Auf der Ebene der Art und Gattung tritt dazu die Methode der DNS/DNS- bzw. der DNS/RNS-Hybridisierung.

3.2 Hierarchische Ordnung und Nomenklatur am Beispiel der Bakterien

Jedes System, gleichgültig ob es sich um ein künstliches oder natürliches handelt, basiert auf einer Hierarchie von systematischen Einheiten (Tabelle 3.1) und auf bestimmten Nomenklaturregeln.

Für Bakterien sind sie niedergelegt im „*International Code of Nomenclature of Bacteria*", der vom Internationalen Komitee für die Systematik der Bakterien herausgegeben und fortgeschrieben wird. Die Nomenklatur entspricht den Prinzipien der von Linné 1753 erstmals konsequent angewandten binären Nomenklatur. Demnach trägt jede Art (Spezies) zwei Namen: den Gattungsnamen und den Artnamen. Beide sind nach den Regeln der lateinischen Sprache gebildet, z.B. Streptococcus pneumoniae, d.h. die Pneumonien verursachende Art (Spezies) der Gattung Streptococcus (der kettenbildenden Kugelbakterien). In der medizinischen Alltagssprache verwendet man häufig die sogenannten Trivialnamen. Statt „Streptococcus pneumoniae" sagt man „Pneumokokken", statt „Neisseria gonorrhoeae" sagt man „Gonokokken". Gegen den Gebrauch der Trivialbezeichnung ist nichts einzuwenden, wenn ihre Bedeutung feststeht.

Die Namen der höheren Taxa bis zur Ordnung werden jeweils nach dem Namen einer darin enthaltenen typischen Gattung gebildet und mit einer bestimmten Endung versehen (Tabelle 3.1). Für höhere Taxa als die Ordnung werden charakterisierende Substantive verwendet.

Die Grundeinheit des Systems ist die *Art*. Sie umfaßt alle Stämme, die in ihren wesentlichen Merkmalen, die in der Erstbeschreibung der betreffenden Art angegeben sind, übereinstimmen.

Als wichtige Merkmale werden in der Regel
- Zell- und Kolonienmorphologie,
- färberisches Verhalten,
- Vorkommen besonderer Organellen, z.B. Geißeln,
- Wachstumsbedingungen,
- gewisse Stoffwechseleigenschaften wie Anaerobiose,
- Art der Fermentationsprodukte usw. angegeben.

Der Typstamm der Art ist bei international zugänglichen Sammlungen hinterlegt und kann von dort bezogen werden, um im Zweifelsfall als Kontrollstamm zur Absicherung einer Bestimmung eingesetzt zu werden.

Die Festlegung der „wesentlichen" Merkmale unterliegt einer gewissen Willkür des Autors, und die Abgrenzung zwischen den einzelnen Arten ist häufig problematisch. Art und Gewichtung der Merkmale unterliegen außerdem dem Fortschritt der Methodenentwicklung, wodurch immer mehr chemische und molekularbiologische Merkmale zugänglich werden. Heute ist eine weitgehende Objektivierung der Artabgrenzung durch die oben erwähnten Nukleinsäure-Hybridisierungen möglich. In der Regel werden alle Stämme, die mit dem Typstamm einer Art eine *DNS/DNS-Ähnlichkeit* von 70 bis 100% aufweisen, zur gleichen Art gestellt. Das Kriterium „DNS/DNS-Ähnlichkeit" ersetzt damit innerhalb der Bakterien das zur Artabgrenzung im Tierreich übliche Merkmal „Kreuzbarkeit".

Stämme, die trotz hoher Ähnlichkeit in einigen wichtigen Eigenschaften vom Merkmalspektrum der Art abweichen, können als *Unterart* zusammengefaßt werden und erhalten dann zusätzlich zum Artnamen einen zweiten, die Unterart kennzeichnenden Namen, z.B. Treponema pallidum subsp. pertenue (s. S. 400). Man benützt diese Möglichkeit besonders dann, wenn die Unterscheidung auch von praktischer, z.B. biotechnologischer oder medizinischer Bedeutung ist.

Eine noch niedrigere infraspezifische Kategorie ist die *Varietät*. Man benützt sie für Stämme, die bei sonst weitgehender Übereinstimmung mit dem Typstamm nur in sehr speziellen Eigenschaften von der Art abweichen, z.B. durch Phagensensibilität, Toxinbildung usw. Je nachdem, welcher Art die abweichende Eigenschaft ist, werden die Bezeichnungen *Phagovar*, *Serovar*, *Pathovar* usw. (im medizinischen Schrifttum früher vielfach auch Phagotyp, Serotyp usw.) zur Charakterisierung der Varietäten verwendet.

Besteht die Abweichung in Wachstumseigenschaften, so ist die Bezeichnung *Biovar* (Biotyp) üblich. Zur Unterscheidung der Varietäten werden diese durch den Zusatz einer Nummer, einer Buchstabenkombination oder auch durch ein kennzeichnendes Wort charakterisiert, z.B. Salmonella Choleraesuis biovar kunzendorf.

Mehrere Spezies, bei denen sich die speziesbestimmenden Merkmale nur teilweise decken, werden zu einer *Gattung* zusammengefaßt, und in Fortführung dieses Prinzips werden jeweils die nächsthöheren Taxa (Tabelle 3.1) gebildet.

Im Vergleich zur Realität eines Stammes und der noch recht konkreten Faßbarkeit der Art nehmen die Taxa der höheren Kategorie eines künstlichen Systems einen immer abstrakteren Charakter

Tabelle 3.1. Die systematischen Kategorien der Bakteriologie

Kategorie	Taxon
Reich (Empire)	Prokaryotae
Domäne (Domain)	Bacteria
Abteilung = Stamm (Phylum)	Actinobacteria
Klasse (Class)	Actinobacteria
Ordnung (Order)	Actinomycetales
Familie (Family)	Mycobacteriaceae
Gattung (Genus)	Mycobacterium
Art (Species)	Mycobacterium tuberculosis

Tabelle 3.2. Übersicht über die in Bergey's Manual of Systematic Bacteriology, 2000, 2. Auflage, berücksichtigten höheren Kategorien des Systems der Bakterien

Reich:	Prokaryotae
Domäne:	Archaea
Phylum AI.	Crenarchaeota
Phylum AII.	Euryarchaeota
Domäne:	Bacteria
Phylum BI.	Aquificae
Phylum BII.	Thermotogae
Phylum BIII.	Thermodesulfobacteria
Phylum BIV.	„Deinococcus-Thermus"
Phylum BV.	Chrysiogenetes
Phylum BVI.	Chloroflexi
Phylum BVII.	Thermomicrobia
Phylum BVIII.	Nitrospira
Phylum BIX.	Deferribacteres
Phylum BX.	Cyanobacteria
Phylum BXI.	Chlorobi
Phylum BXII.	Proteobacteria
Phylum BXIII.	Firmicutes
Phylum BXIV.	Actinobacteria
Phylum BXV.	Planctomycetes
Phylum BXVI.	Chlamydiae
Phylum BXVII.	Spirochaetes
Phylum BXVIII.	Fibrobacteres
Phylum BXIX.	Acidobacteria
Phylum BXX.	Bacteroideles
Phylum BXXI.	Fusobacteria
Phylum BXXII.	Verrucomicrobia
Phylum BXXIII.	Dictyoglomi

an. Die Zweifel an der Aussagekraft der höheren Kategorien eines künstlichen Systems wurden daher in den letzten Jahrzehnten so stark, daß bereits in der 1974 erschienenen 8. Auflage von „Bergey's Manual of Determinative Bacteriology", dem internationalen Standardwerk der Bakteriensystematik, die konsequente Anwendung der höheren Kategorien unterblieb. In den meisten Fällen wurde nur noch die Kategorie bis zur Familie, vielfach sogar nur bis zur Gattung, verwendet. Auch die 1984 unter dem Titel *„Bergey's Manual of Systematic Bacteriology"* erschienene Fortsetzung dieses Werkes gab nur eine Übersicht über die, nun auf der Basis der Zellwandstruktur neu

definierten, Taxa der höchsten Kategorien. Für die weitere Detaildarstellung wurden sogenannte mit Trivialnamen bezeichnete **„Sektionen"** gebildet, die meist nur Taxa bis zum Rang der Gattung, nur selten bis zur Ordnung enthielten. Diese Jahre der Unsicherheit und des Umbruchs der Bakteriensystematik sind durch die Fortschritte der RNS- und DNS-Sequenzierung weitgehend überwunden (Tabelle 3.2).

3.3 Stellung der Bakterien innerhalb des Stammbaums der Organismen

Die Zellen der Bakterien und Cyanobakterien (früher Blaualgen genannt) weisen eine einfachere Organisation auf als die der Tiere, Pflanzen und auch vieler Einzeller; sie besitzen nur ein einfaches „Kernäquivalent", aber keinen hochdifferenzierten echten Zellkern und keine den Eukaryonten entsprechende Kernmembran. Deshalb werden sie unter dem Begriff „Prokaryonten" (gr.: Vorstufe von Zellkernträgern) zusammengefaßt und den als „Eukaryonten" bezeichneten Organismen mit echtem Zellkern (Eukaryont, gr.: echter Zellkernträger) gegenübergestellt (Abb. 3.1).

Nach heutiger Auffassung sind aus einer gemeinsamen primitiven Vorstufe drei Entwicklungslinien entsprungen, aus denen ein eukaryotischer und zwei prokaryotische Formenkreise hervorgingen (Abb. 3.1). Dementsprechend wurde vorgeschlagen, die Organismen in die drei Urreiche der Eukarya (Eukaryonten), Bacteria (Bakterien) und Archaea (Archaebakterien) zu gliedern.

Bakterien und Archaebakterien werden häufig unter dem Begriff „Prokaryonten" subsumiert.

Von den beiden Gruppen der Prokaryonten umfassen die bisher kultivierbaren und genauer bekannten Archaea nur einen zahlenmäßig beschränkten Formenkreis, der sich durch die Anpassung an extreme Umweltbedingungen (z.B. hohe Temperaturen bis zu 110 °C, gesättigte Salzlösungen) auszeichnet. Allerdings weisen RNS-Analysen von Sammelproben aus Gewässern auf eine sehr viel größere Formenfülle noch unkultivierbarer Archaeen hin. Auf pathogene Archaeen gibt es bisher keinen Hinweis.

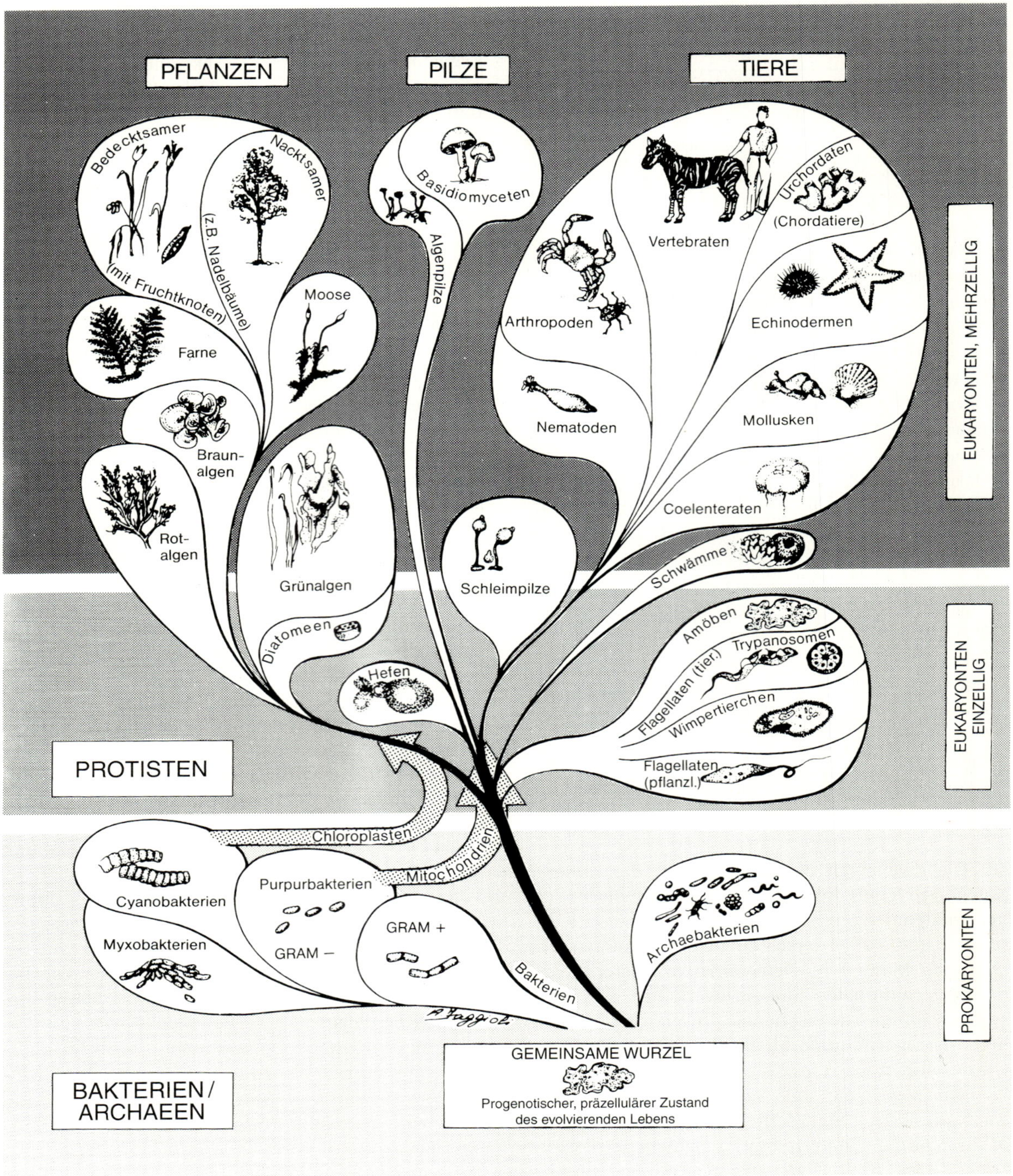

PFLANZEN **PILZE** **TIERE**

Bedecktsamer

Nacktsamer

(z.B. Nadelbäume)

(mit Fruchtknoten)

Moose

Farne

Braun-algen

Rot-algen

Grünalgen

Diatomeen

Basidiomyceten

Algenpilze

Schleimpilze

Hefen

Urchordaten

(Chordatiere)

Vertebraten

Arthropoden

Echinodermen

Nematoden

Mollusken

Coelenteraten

Schwämme

Amöben

Flagellaten (tier.) Trypanosomen

Wimpertierchen

Flagellaten (pflanzl.)

EUKARYONTEN, MEHRZELLIG

EUKARYONTEN EINZELLIG

PROTISTEN

Chloroplasten

Mitochondrien

Cyanobakterien

Purpurbakterien

GRAM +

Myxobakterien

GRAM −

Bakterien

Archaebakterien

B.Fagg 02

PROKARYONTEN

BAKTERIEN / ARCHAEEN

GEMEINSAME WURZEL

Progenotischer, präzellulärer Zustand des evolvierenden Lebens

Abb. 3.1. Schematische Wiedergabe der fünf Reiche des Lebendigen nach der Einteilung von Whittaker. Drei Organisationsebenen lassen sich unterscheiden: die der Prokaryonten, der einzelligen Eukaryonten und der mehrzelligen Eukaryonten (Pilze, Pflanzen, Tiere)

Der weitaus größte Teil der bisher bekannten Bakterienarten, einschließlich der zu oxigener Photosynthese befähigten Cyanobakterien und aller pathogenen Bakterien, gehört zu den Eubakterien, die in den folgenden Kapiteln behandelt werden.

ZUSAMMENFASSUNG: Stellung der Bakterien in der Natur

- Bakterien weisen einen einfacheren Aufbau auf als die höheren Organismen (Eukaryonten) und werden daher als Prokaryonten bezeichnet. Heute weiß man, daß schon sehr früh in der Evolution eine Aufspaltung in die beiden prokaryotischen Urreiche der Eubakterien und der Archaebakterien sowie in das eukaryotische Urreich der höheren Organismen (Eukaryonten) erfolgte.

  Alle pathogenen Bakterien gehören zu den Eubakterien.

- Zur Ordnung der Bakterien in ein übersichtliches System werden verschiedene morphologische und physiologische Eigenschaften benützt. Derartige Merkmale lassen die natürliche (genealogische) Verwandtschaft nur bruchstückweise erkennen; sie führen nur zu „künstlichen" Systemen. Diese erfüllen jedoch weitgehend den praktischen Zweck der Identifizierung von Arten und der Unterscheidung pathogener von apathogenen Bakterienformen.

  Die Sequenzanalyse von Nukleinsäuren läßt die genealogischen Verwandtschaftsbeziehungen erkennen; sie ermöglicht in zunehmendem Maße die Aufstellung eines „natürlichen" (phylogenetischen) Systems.

- Jedes System der Bakterien beruht auf einer Hierarchie von systematischen Einheiten (Taxa). Die oberste Kategorie von Taxa ist die der Reiche, die unterste die der Arten. Um pathogene von nahe verwandten apathogenen Bakterienformen abzutrennen, ist häufig eine Untergliederung der Art in Unterarten oder Varietäten (Pathovar, Serovar etc.) notwendig.

  Die Bezeichnung der Art erfolgt stets entsprechend der von Linné erstmals angewandten binären Nomenklatur (d. h. durch eine Kombination des Gattungs- und Artnamens). Die Regeln für die Bildung der Artnamen und die Bezeichnung der höheren Kategorien von Taxa sind im „International Code of Nomenclature of Bacteria" festgelegt.

  Das umfassendste Handbuch der Systematik der Bakterien ist „Bergey's Manual of Systematic Bacteriology".

Grundbegriffe der Infektionslehre

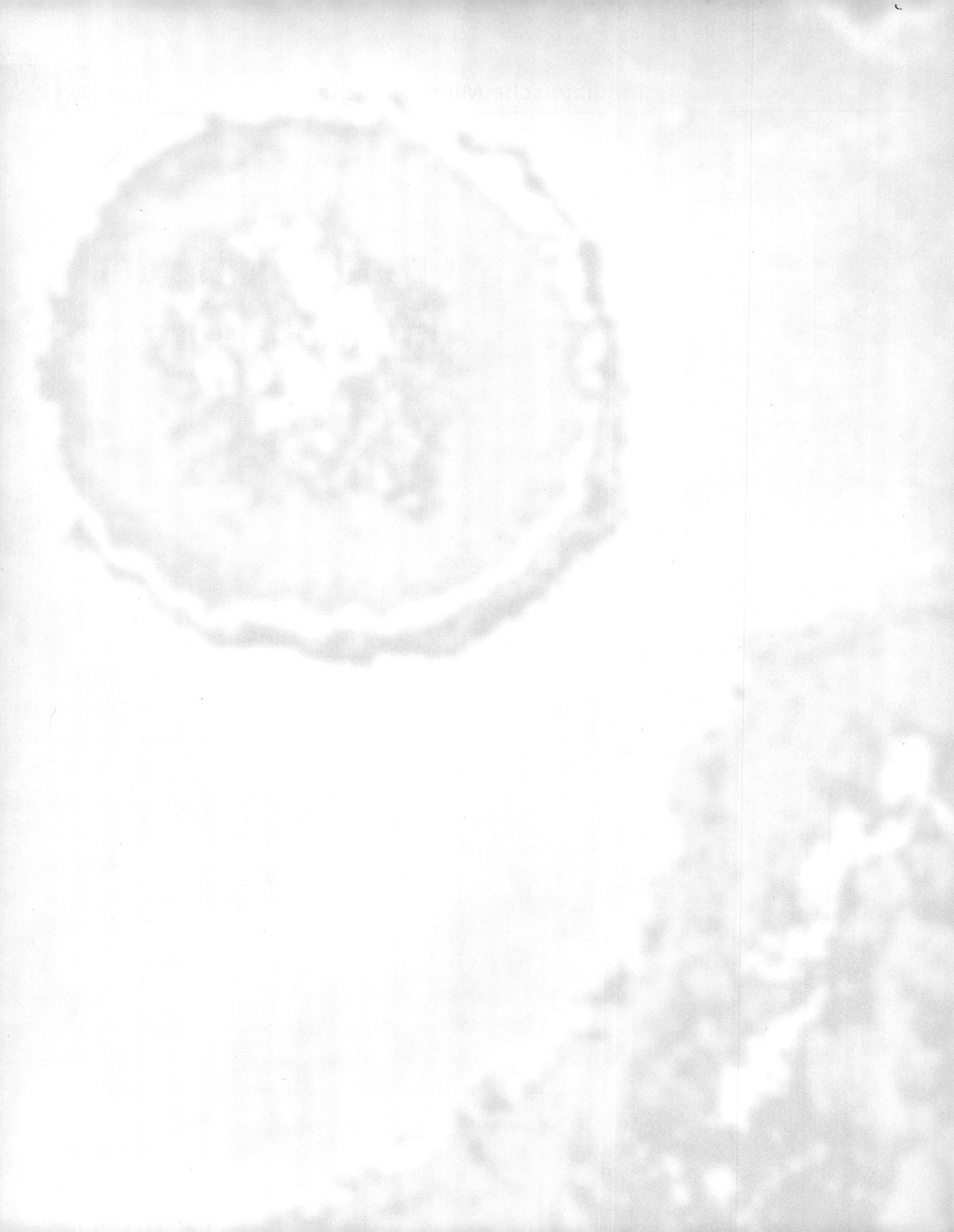

EINLEITUNG

Die Fähigkeit einer Spezies von Mikroorganismen, in einem Makroorganismus Krankheit zu erzeugen, heißt Pathogenität (Abb. 1.1).

Obligat pathogene Erreger. Diese Mikroorganismen haben das Vermögen, weithin unabhängig von der Abwehrlage des befallenen Individuums eine Infektion hervorzurufen (Abb. 1.1). Sie gehören nicht zur physiologischen Kolonisationsflora des Wirts (s. S. 37). Wenn obligat pathogene Bakterien bei einem Menschen vorkommen, bemüht man sich in jedem Falle um ihre Eliminierung. Dies gilt auch für Keimträger und Ausscheider (s. S. 33 f.).

Fakultativ pathogene Erreger (Opportunisten). Derartige Erreger bedürfen zur Auslösung von Krankheiten besonderer Gegebenheiten seitens des Makroorganismus, d.h. infektionsbegünstigende Faktoren müssen vorliegen (Abb. 1.1). Häufig sind diese Mikroorganismen Bestandteil der physiologischen Kolonisationsflora.

Staphylococcus epidermidis macht den Hauptanteil der physiologischen Hautflora aus. Beim Vorliegen infektionsbegünstigender Faktoren, z.B. dem Legen eines Venendauerkatheters, kann der Erreger in den Körper eindringen und Krankheiten, z.B. eine Sepsis, verursachen.

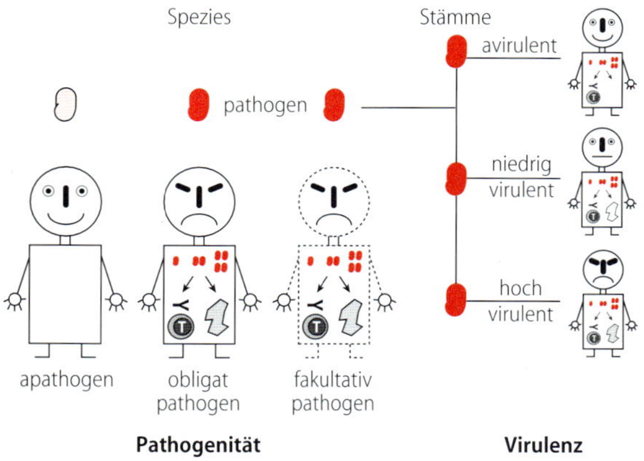

Wirtsspektrum. Die Aussage „pathogen" bezieht sich auf eine gegebene Wirtsspezies. Man spricht also von „menschenpathogenen", „mäusepathogenen" Erregern etc. So kommt der Erreger der Syphilis, Treponema pallidum, natürlicherweise nur beim Menschen vor, das gleiche gilt für das Poliomyelitisvirus oder HIV-1. Andere Erreger, wie z.B. das Tollwutvirus, rufen Krankheiten bei zahlreichen Wirtsspezies hervor: Der Umfang des Wirtsspektrums ist also erregerspezifisch; er kann breit oder eng sein.

Die Kenntnis des Wirtsspektrums eines Erregers ist für die Humanmedizin vor allem unter dem Gesichtspunkt der Seuchenbekämpfung bedeutsam; denn menschenpathogene Erreger, die unter natürlichen Verhältnissen auch bei anderen Wirtsspezies vorkommen, haben in dem entsprechenden Tierbestand u.U. ihr Infektionsreservoir. So ist z.B. die Ratte ein Reservoir für die Erreger der Trichinose, der Pest und der Leptospirosen; im gleichen Sinne stellt der Fuchs ein Hauptreservoir für das Virus der Tollwut dar.

Macht die Artzugehörigkeit des exponierten Makroorganismus eine Infektion unmöglich, so spricht man von *Unempfänglichkeit*: Die Maus ist unempfänglich für das Pockenvirus des Menschen, und der Mensch ist unempfänglich für das Mäusepockenvirus.

Organotropismus. Die Empfänglichkeit einer Spezies setzt sich in der Vorliebe eines Erregers für bestimmte Organe oder Zellen fort: Organotropismus. Bordetella pertussis bevorzugt das Flimmerepithel des Respirationstraktes, Neisseria gonorrhoeae adhäriert an zilienlosen, nicht aber an zilientragenden Zellen des Urogenitaltraktes.

Spezies   Stämme

pathogen

avirulent

niedrig virulent

hoch virulent

apathogen   obligat pathogen   fakultativ pathogen

Pathogenität   **Virulenz**

Abb. 1.1. Pathogenität und Virulenz

Disposition (lat.: Bereitstellung). Über artgebundene Eigenschaften hinaus spielen für die Empfänglichkeit eine Rolle: erbliche Veranlagung, Unterkühlung, Erschöpfung, Fehlernährung, konsumierende Grundkrankheiten. Für die im Individuum begründeten Eigenschaften verwendet man die Ausdrücke *Anfälligkeit* oder Disposition, wenn sie die Infektion begünstigen: Unterkühlung erhöht z.B. die Disposition für die Infektion mit Schnupfenviren, der Zuckerkranke ist vermehrt anfällig für Eitererreger.

EINLEITUNG

Mit dem Ausdruck Virulenz (lat. Giftigkeit) beschreibt man den Ausprägungsgrad der krankheitserzeugenden Eigenschaften bei einem gegebenen Stamm einer pathogenen Spezies (Abb. 1.1).

Parameter der Virulenz. Virulenz beruht auf dem Besitz von besonderen *Virulenzfaktoren*. Dies können Strukturelemente oder Stoffwechselprodukte des Erregers sein.

Beispielsweise ist das Diphtherietoxin der Virulenzfaktor des Diphtherie-Erregers Corynebacterium diphtheriae. Ein Stamm von C. diphtheriae ist

- **avirulent**, wenn er kein Toxin bildet,
- **wenig virulent**, wenn er wenig, und
- **hochvirulent**, wenn er viel Toxin produziert.

Pilustragende (P^+) Gonokokkenstämme sind virulent, da sie mittels ihrer Pili über Rezeptoren an den Säulenepithelzellen des Urogenitaltraktes adhärieren; piluslose (P^-) Stämme sind dazu nicht in der Lage: Sie sind avirulent.

Virulenz ist also ein Stammesmerkmal. Virulente Stämme kann es nur bei einer pathogenen Spezies geben: Der Virulenzbegriff ist dem Pathogenitätsbegriff untergeordnet.

Die Virulenz läßt sich mit Hilfe der LD_{50} (letale Dosis 50) messen. Die LD_{50} ist diejenige Dosis von Mikroorganismen, die bei 50% eines infizierten Versuchstierkollektivs den Tod der Tiere herbeiführt.

Virulenzsteigerung und -abschwächung. Man kann die Virulenz verändern, indem man einzelne Stämme in künstlichen Nährmedien, in Gewebekulturen oder Tierpassagen über viele Generationen zur Vermehrung bringt. Auf diesem Wege ist in der Regel ein Virulenzverlust bei erhaltener Immunogenität erreichbar. Dies Verfahrensprinzip wird zur Herstellung von Lebendimpfstoffen verwendet (Beispiele: BCG, Gelbfieber).

Die Virulenz ist genetisch bedingt: In einem genügend großen Klon befinden sich stets einzelne Mikroorganismen, die durch Spontanmutation (Wahrscheinlichkeit 10^{-6} bis 10^{-9}) abweichende Eigenschaften im Hinblick auf den „Ahnherrn" des Klons und dessen übrige Nachkommen entwickelt haben. Durch die Passagen werden die „Abweichler" angereichert. So verlieren Bakterien durch Passagen auf künstlichen Kulturmedien häufig deshalb ihre Virulenz, weil unter dieser Bedingung der „Virulenzfaktor" im Vergleich zu den Mikroorganismen, die diesen Faktor nicht besitzen, keinen Vorteil bietet; er kann jetzt sogar eine Belastung darstellen. Die virulenten Individuen wachsen in diesem Falle langsamer und werden im Verlaufe der Passagen ausgedünnt.

Infektion

H. HAHN, K. MIKSITS, S. BHAKDI

● ● ●

EINLEITUNG

Unter Infektion (lat.: inficere, etwas hineintun, vergiften) sind die Ansiedlung, das Wachstum und die Vermehrung von Mikroorganismen in einem Makroorganismus mit nachfolgenden Abwehr- und/oder geweblichen Schädigungsreaktionen desselben (Abb. 3.1).

Infektion ist nicht gleichbedeutend mit Krankheit. Eine Infektion kann *asymptomatisch* (symptomlos) oder *symptomatisch* verlaufen. Erst dann, wenn im Rahmen einer Infektion Symptome vorliegen, d. h. wenn der Patient Beschwerden verspürt und Veränderungen in der Funktion von Organen objektivierbar geworden sind, liegt eine Krankheit vor. Lebendimpfstoffe rufen die Bildung von humoralen Antikörpern und/oder spezifischen T-Zellen hervor. Diese Veränderungen sind meßbar; subjektiv bemerkt der Impfling aber nichts: Die Lebendimpfung hat eine asymptomatische Infektion ausgelöst, aber keine Krankheit. Die exakte Grenzziehung zwischen Infektion und Krankheit hängt daher vom Nachweis subjektiver und objektiver Krankheitszeichen ab.

Man grenzt *primäre* von *sekundären* Infektionen ab; letztere entstehen dann, wenn disponierende Faktoren beim Wirt vorliegen.

Von *Superinfektion* spricht man, wenn sich auf dem Boden einer bestehenden Infektion eine zweite aufpfropft: Eine bestehende Grippe (Influenza) schädigt den Respirationstrakt, so daß sich Eitererreger wie Haemophilus influenzae oder Staphylococcus aureus ansiedeln und eine Pneumonie verursachen können.

Infektiosität. Diese bezeichnet das Maß der Infektionstüchtigkeit bei einer gegebenen Erregerart. Diese Eigenschaft ist von Fall zu Fall verschiedenartig ausgeprägt. Die hochinfektiösen Erreger der Windpocken oder der Lassa-Krankheit führen schon nach flüchtigem Kontakt zur Infektion, während die Infektion mit Lepraerregern intimen und langdauernden Kontakt voraussetzt (s. a. Kontagiosität).

Minimale infektionsauslösende Dosis. Die minimale Dosis, die beim Menschen bzw. beim Tier eine bestimmte Infektion auslöst (ID), schwankt von Erreger zu Erreger. So kommen beim Menschen erst nach Kontakt mit relativ hohen Dosen von Typhus- oder Choleraerregern Infektionen zustande; andererseits kann schon ein einziges Tuberkulosebakterium eine Infektion auslösen. Die minimale infektionsauslösende Dosis hängt auch von Faktoren des Wirts ab. Beispielsweise sind zur Auslösung einer Cholera bei alkalisiertem Mageninhalt wegen der Säureempfindlichkeit von V. cholerae weit weniger Keime erforderlich als bei Patienten mit saurem Mageninhalt.

Kontagiosität (Ansteckungsfähigkeit). Dieser Begriff bezeichnet den Zustand des infizierten Makroorganismus, bei dem Erreger aktiv oder passiv nach außen verbreitet werden. In aller Regel ist eine Kontagiosität dort zu vermuten, wo das infizierte Gewebe Anschluß an die Außenwelt besitzt. Die Kontagiosität eines Infizierten ist typischerweise von Infektion zu Infektion unterschiedlich: Sie kann geringgradig oder hochgradig sein und unabhängig von Krankheitszeichen vorliegen.

Da sich die Krankheitserreger im Infizierten sowohl bei symptomatischen als auch bei asympto-

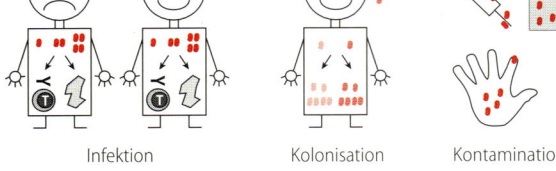

Infektion   Kolonisation   Kontamination

Abb. 3.1. Infektion – Kolonisation – Kontamination

matischen Verläufen im Körper ausbreiten, können sowohl symptomatisch als auch asymptomatisch Infizierte kontagiös sein. Die Kontagiosität asymptomatisch Infizierter (z. B. weibliche Gonorrhoe-Patienten, mit Chlamydien oder Hepatitis-B-Viren Infizierte) ist von großer praktischer Bedeutung, da asymptomatisch Infizierte den Arzt nicht aufsuchen, nicht saniert werden und daher eine wesentliche Quelle für die Verbreitung der Erreger darstellen können.

Auch die Kenntnis der Kontagiosität in der Inkubationszeit ist wichtig (z. B. bei Virushepatitis, Röteln). Sie erlaubt eine Schätzung der Zeiträume, während derer eine Isolierung des Patienten, eine Desinfektions- bzw. Chemoprophylaxe und die Gewinnung erregerhaltigen Untersuchungsmaterials sinnvoll sind. Auch die Entscheidung, wann eine Person Gemeinschaftseinrichtungen wieder betreten kann, ohne andere zu gefährden, basiert auf der Kenntnis der Kontagiositätsdauer. Ihr ist in den Vorschriften des Bundesseuchengesetzes – in Zukunft Infektionsschutzgesetz – Rechnung getragen.

Abgrenzungen

Kontamination. Unter Kontamination versteht man die Verunreinigung von Gegenständen, Untersuchungsproben und Körperteilen mit Erregern aus der belebten und unbelebten Umwelt (Abb. 3.1).

Verschiedene Beispiele:
- Spontanurin kann bei der Gewinnung mit den Schamhaaren in Kontakt geraten. Infolgedessen kann es zur Kontamination mit E. coli kommen.
- Die Hand des Arztes kann bei Palpation am Patienten mit S. aureus oder durch Berühren von Patientenblut mit Hepatitis-B-Viren kontaminiert werden.

Kolonisation. Mit dem Begriff Kolonisation bezeichnet man die Dauerbesiedlung der Haut und Schleimhaut mit Mikroorganismen (Abb. 3.1).

Bei der *physiologischen Kolonisation* handelt es sich um die dauerhafte Ansiedlung der Normal- oder Standortflora.

Bei der *pathologischen Kolonisation* handelt es sich um die Dauerbesiedlung von Haut und Schleimhäuten mit fakultativ pathogenen Keimspezies, die dort ortsfremd sind (Fremd- oder Sekundärbesiedlung). Verschiedene Beispiele:

- Pilzbesiedlung von Schleimhäuten nach Antibiotikagaben,
- Besiedlung des Nasen-Rachen-Raumes mit S. aureus bei Krankenhauspersonal.

3.1 Der Mikroorganismus als Erreger

Um den Kausalzusammenhang zwischen Mikroorganismus und Infektionsätiologie herzustellen, also um den Mikroorganismus als Erreger der Infektion festzustellen, bestehen die in den folgenden Kapiteln aufgeführten Möglichkeiten.

3.1.1 Die Henle-Koch-Postulate

Jakob Henle hatte im Jahre 1840 Postulate aufgestellt, die einen Mikroorganismus als Infektionserreger erkennbar machen sollten. Robert Koch erweiterte und modifizierte diese Forderungen zu den sogenannten Henle-Koch-Postulaten im Jahre 1882 folgendermaßen (Abb. 3.2):
- *1. Postulat (Optischer Nachweis)*: Um als Erreger einer Infektionskrankheit erwiesen zu werden, müssen die Mikroorganismen mikroskopisch regelmäßig nachweisbar sein; beim Gesunden müssen sie stets fehlen.
- *2. Postulat (Kultureller Nachweis)*: Die im Verdacht stehenden Mikroorganismen sollen vom Kranken auf einen unbelebten Nährboden übertragen werden; sie müssen sich dort unter Beibehaltung ihrer charakteristischen Eigenschaften über Generationen hinweg („in Passagen") fortzüchten lassen.
- *3. Postulat (Pathogenitätsnachweis)*: Die außerhalb des Wirtes fortgezüchteten Mikroorganismen müssen, wenn sie einem geeigneten Versuchstier einverleibt werden, eine typische Krankheit erzeugen. Die experimentell erzeugte Krankheit muß der natürlich vorkommenden Krankheit gleichen. Im Organismus der experimentell krank gemachten Tiere müssen die charakteristischen Mikroorganismen wiederum mikroskopisch und kulturell nachweisbar sein.

Die Henle-Koch-Postulate haben der klassischen Bakteriologie als Prüfstein für den Krankheitsbeweis gedient. Heute weiß man aber, daß sie nur

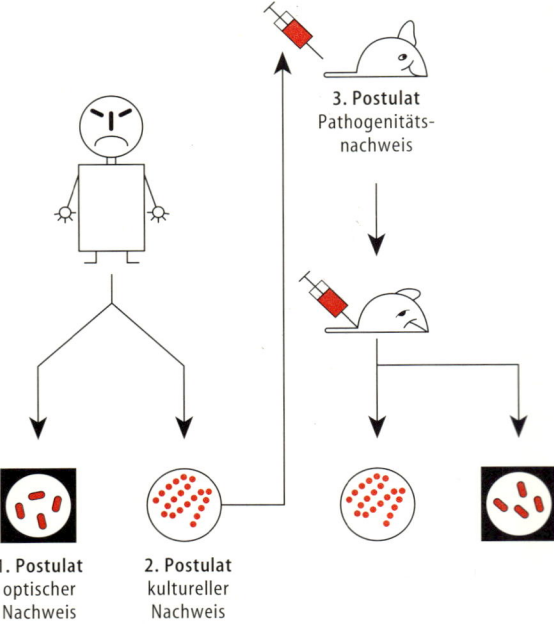

Abb. 3.2. Henle-Koch-Postulate

3. Postulat
Pathogenitäts-
nachweis

1. Postulat
optischer
Nachweis

2. Postulat
kultureller
Nachweis

für einen Teil der Infektionskrankheiten in Anspruch genommen werden können:

Die Gültigkeit des 1. Postulates wird durch die Tatsache eingeschränkt, daß es klinisch gesunde Träger bzw. Ausscheider von obligat pathogenen Erregern hoher Virulenz gibt. Außerdem kommen z. B. in der Mundhöhle, auf der Haut und auf vielen Schleimhäuten des Menschen physiologischerweise Erreger vor, die man heute als „fakultativ pathogen" bezeichnet (s. o.).

Das 2. Postulat gilt z. Z. nicht für die Erreger der Lepra und Syphilis; in beiden Fällen ist eine Züchtung auf unbelebten Kulturmedien noch nicht gelungen. Diese Einschränkung muß auch für die Chlamydien und Rickettsien gemacht werden. Diese Erreger vermehren sich nur in lebenden Zellen.

Das 3. Postulat gilt mit Einschränkung, wenn von Erregern mit engem Wirtsspektrum die Rede ist. So bleibt zum Beispiel der Tierversuch mit den exklusiv menschenpathogenen Gonokokken und Meningokokken auch heute noch unbefriedigend.

Für Protozoen- und Viruskrankheiten können die Postulate, wenn überhaupt, nur in stark modifizierter Form gelten.

3.1.2 Neuere Infektionsmarker

Durch Analyse der Erregereigenschaften und der Wirtsreaktion konnten weitere Infektionsmarker etabliert werden, um die Ätiologie einer Infektionskrankheit zu ermitteln (Abb. 3.3):

Nachweis spezifischer Immunprodukte. Der Wirt reagiert spezifisch auf einen Erreger. Die Träger der spezifischen Immunreaktion sind *Antikörper* oder *T-Lymphozyten*. Sind diese nachgewiesen, so kann geschlossen werden, daß eine Infektion mit dem korrespondierenden Erreger stattgefunden hat. Da ein Charakteristikum der Immunreaktion die Ausbildung eines immunologischen Gedächtnisses ist, kann aus dem Nachweis von Antikörpern oder spezifischen T-Zellen nicht direkt auf das Vorliegen einer gerade stattfindenden Infektion geschlossen werden. Die beginnende Antikörperantwort zeichnet sich durch eine zunehmende Menge erregerspezifischer Antikörper (meßbar als Titeranstieg; s. S. 905) und durch erregerspezifische Antikörper der Klasse IgM aus. Diese beiden Parameter weisen daher auf eine gerade stattgehabte Infektion hin.

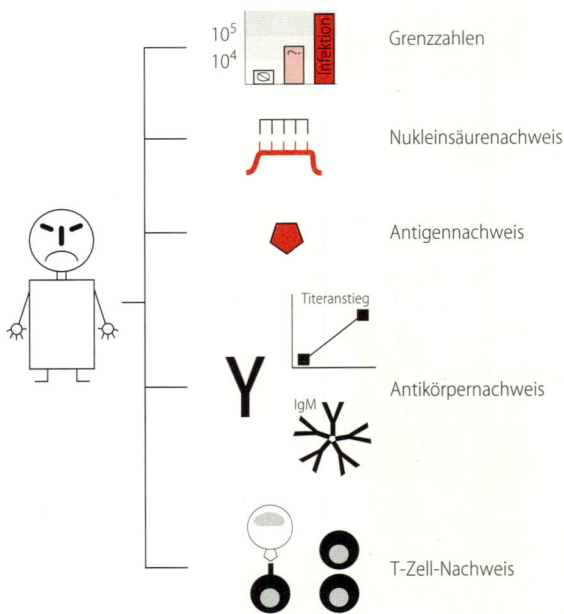

Grenzzahlen

Nukleinsäurenachweis

Antigennachweis

Titeranstieg

Antikörpernachweis

IgM

T-Zell-Nachweis

Abb. 3.3. Neuere Infektionsmarker

Nachweis von Erreger-Antigenen. Die Strukturen oder Produkte des Erregers, auf die der Wirt spezifisch reagiert, heißen *Antigene*. Werden diese im Wirt nachgewiesen, spricht dies für eine stattfindende Infektion mit dem Erreger.

Nachweis von Erreger-Nukleinsäure. Seit der Entdeckung der Nukleinsäuren als Träger der spezifischen Erbinformation und der Entwicklung von Techniken zu deren Nachweis (z.B. Gensonden, PCR) kann ein Erreger auch ohne Anzüchtung, an Hand seiner spezifischen Erbinformationen, in einem Wirt nachgewiesen werden.

Grenzzahlen. Bei Erkrankungen durch fakultativ pathogene Erreger der Kolonisationsflora werden diese in deutlich größerer Menge gefunden als bei Nichtinfizierten. Das hat zur Etablierung von Grenzzahlen geführt. Diese helfen, ein angezüchtetes Isolat als Kolonisierer oder als Erreger einzustufen. So wird z.B. für die Anzucht von fakultativ pathogenen Bakterien aus Mittelstrahlurin die Kass'sche Zahl verwendet (s. a. S. 958): Werden mehr als 10^5 pro ml Bakterien einer Art aus korrekt gewonnenem Mittelstrahlurin angezüchtet spricht dies dafür, daß es sich um den Erreger des Krankheitsprozesses handelt; Bakterienkonzentrationen von weniger als 10^3/ml sprechen dafür, daß es sich um Kolonisationsflora aus der vorderen Urethra handelt.

3.2 Ablauf einer Infektion: Pathogenese und Rolle der Virulenzfaktoren

Die Infektion beginnt nach der Übertragung des Erregers (s. S. 155 ff.). Bei endogenen Infektionen wird der Erreger von seinem Standort an den Infektionsort übertragen.

Die Pathogenese einer Infektion untergliedert sich aus Sicht des Erregers in vier Schritte:
- Adhärenz,
- Invasion,
- Etablierung,
- Schädigung (Abb. 3.4).

Diesen stehen auf der Seite des Wirts die Abwehrfunktionen der Resistenz und Immunität entgegen (s. S. 45 ff.).

3.2.1 Adhärenz – Adhäsine

Der erste Schritt in der Pathogenese einer Infektion ist die *Kolonisation*, die entweder auf der Haut oder auf Schleimhautoberflächen stattfindet. Die Kolonisation setzt voraus, daß der Mikroorganismus an der Oberfläche haften kann.

Die Haftung beruht auf einer spezifischen Wechselwirkung zwischen Adhäsinen des Erregers und *homologen Rezeptoren* auf den Zellen des Wirtsgewebes (Abb. 3.5).

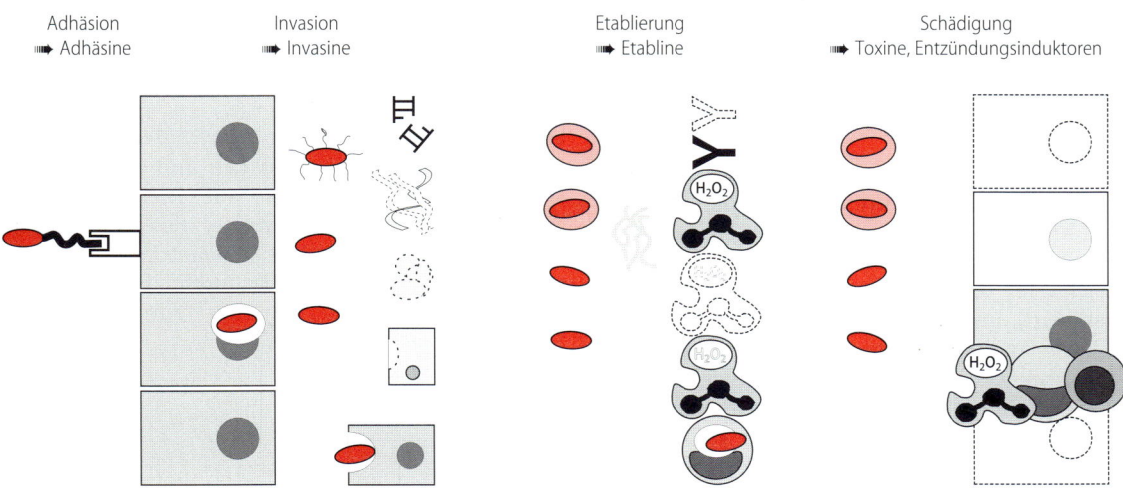

Abb. 3.4. Pathogenese einer Infektion

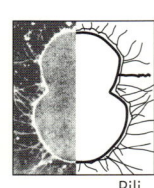
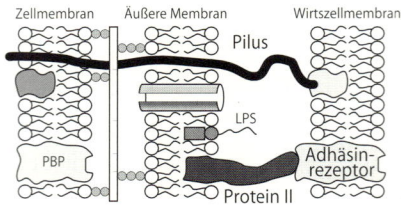

Abb. 3.5. Adhäsion und induzierte Phagozytose am Beispiel der Aufnahme von Gonokokken durch Epithelzellen der Urethra

Die besondere Bedeutung der Adhäsion besteht darin, daß beim Fehlen eines der beiden Reaktionspartner die Infektion nicht angeht: Fehlt der Rezeptor, ist der Makroorganismus unempfänglich; fehlen die Adhäsine, ist der Mikroorganismus avirulent.

Adhäsine. Von besonderer Bedeutung ist die Haftung von Bakterien an Epithelzellen. Viele gramnegative Bakterien wie beispielsweise enterotoxinbildende E.-coli-Stämme, Choleravibrionen, Salmonellen, Shigellen, Yersinien und auch Gonokokken sind mit haarförmigen Proteinstrukturen, den sogenannten *Fimbrien*, ausgestattet, die auch als Pili bezeichnet werden. Als Adhäsine ermöglichen diese die Anhaftung an die Rezeptoren der Epithelzellen der Darmschleimhaut bzw. des Urogenitaltrakts.

Rezeptoren auf Zielzellen. Die homologen Rezeptoren können von unterschiedlicher chemischer Struktur sein.

Je nachdem, ob die Adhärenz durch Mannose gehemmt wird, unterscheidet man mannosesensitive (MS) von mannoseresistenten (MR) Rezeptoren. Das Vorkommen der Rezeptoren bei einer Spezies bzw. die Verteilung auf bestimmte Organe oder Zellen ist die entscheidende Basis von Wirtsspektrum und Organotropismus eines Erregers.

Auswirkungen der Adhäsion. Die Adhäsion enteropathogener Erreger an das Darmepithel führt dazu, daß diese nicht durch die Peristaltik weggeschwemmt werden. Überdies werden die Enterotoxine besser mit Toxinrezeptoren der Zellmembran in Kontakt gebracht.

3.2.2 Invasion – Invasine

Neben Infektionen, die sich nur an Wirtsoberflächen abspielen (z. B. Cholera, s. S. 288), muß der Erreger in den Wirt eindringen. Dieser Vorgang, die Invasion, wird durch Invasine ermöglicht (Abb. 3.6).

Enzyme. Als Exoprodukt von A-Streptokokken, Pneumokokken, Staphylokokken und Gasbrandclostridien tritt *Hyaluronidase* auf. Dieses, auch als „Spreading factor" bezeichnete, Enzym baut die Hyaluronsäure der Bindegewebsmatrix ab. Die Gewebselemente verlieren hierdurch ihren Zusammenhalt. Die Auflockerung führt zur Bildung von Spalten („Invasionsstraßen").

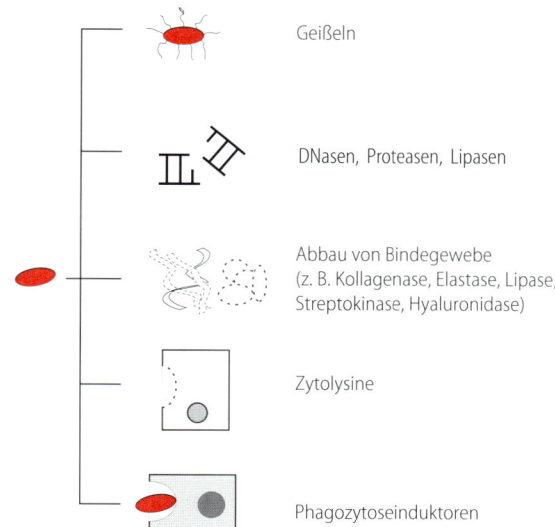

Geißeln

DNasen, Proteasen, Lipasen

Abbau von Bindegewebe
(z. B. Kollagenase, Elastase, Lipase,
Streptokinase, Hyaluronidase)

Zytolysine

Phagozytoseinduktoren

Abb. 3.6. Invasion – Invasine: Eindringen in den Wirt

Darüber hinaus haben verschiedene bakterielle Proteasen, Lipasen und DNasen eine Bedeutung als Invasivfaktoren.

Phagozytoseinduktoren. Opa-Proteine von pathogenen Neisserien veranlassen Epithelzellen, an denen sich die Erreger adhäriert haben, diese phagozytotisch aufzunehmen und durch die Zelle hindurch in das subepitheliale Bindegewebe zu schleusen (Abb. 3.5, s. S. 283 ff.). Analog hierzu bilden viele Darmpathogene (Salmonellen, Shigellen) Substanzen, welche die Aufnahme der Bakterien in Zellen des Darmtrakts induzieren.

Beweglichkeitsorganellen. Für einige Bakterien ist die Fähigkeit, sich aktiv fortzubewegen entscheidend für das Eindringen in den Wirt bzw. die Fortbewegung im Wirt.

3.2.3 Etablierung – Etabline

Um sich im Wirt ansiedeln und vermehren zu können, muß sich der Erreger gegen die Wirtsabwehr, bestehend aus Resistenz- und Immunitätsfaktoren, behaupten. Hierfür benötigt er als Virulenzfaktoren Etabline. Diese greifen hauptsächlich an der Phagozytose an, bewirken eine Inaktivierung von Immunitätsfaktoren, insbesondere von Antikörpern, oder führen zur Tarnung des Erregers, so daß er vom Immunsystem nicht erkannt wird (Abb. 3.7).

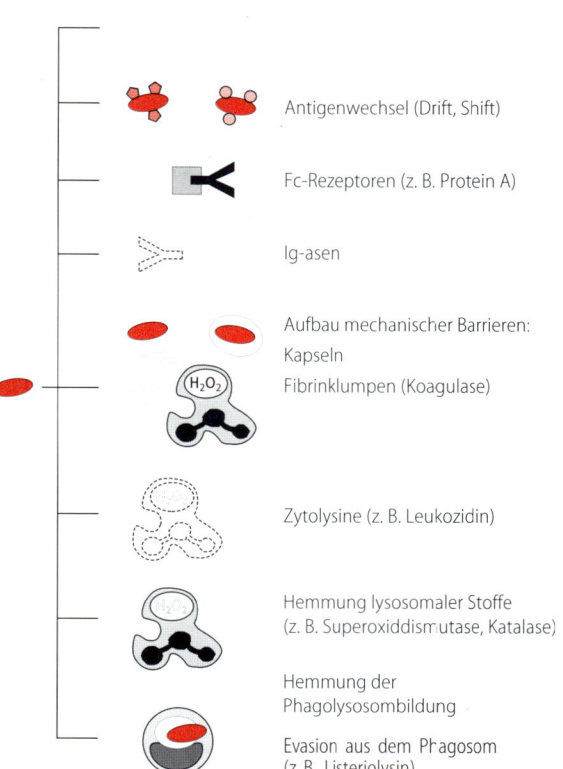

Antigenwechsel (Drift, Shift)

Fc-Rezeptoren (z. B. Protein A)

Ig-asen

Aufbau mechanischer Barrieren:
Kapseln
Fibrinklumpen (Koagulase)

Zytolysine (z. B. Leukozidin)

Hemmung lysosomaler Stoffe
(z. B. Superoxiddismutase, Katalase)

Hemmung der
Phagolysosombildung

Evasion aus dem Phagosom
(z. B. Listeriolysin)

Abb. 3.7. Etablierung – Etabline: wichtige mikrobielle Schutzstrategien

Störung der Phagozytenfunktionen. Eine Möglichkeit zum Schutz vor Phagozyten besteht im Aufbau einer *Barriere*. S. aureus bindet mit dem Clumping factor (s. S. 202) Fibrinogen, wodurch eine Fibrinogen-Schutzschicht entsteht. Darüber hinaus sezerniert S. aureus Koagulase, welches sich mit Prothrombin verbindet. Das Produkt Koagulothrombin spaltet Fibrinogen zu Fibrin. Die so entstandenen Fibrinschichten schützen Bakterien vor dem Angriff durch das Immunsystem und erschweren die Diffusion von Antibiotika in den Eiterherd.

Einige Bakterien besitzen Oberflächenstrukturen, um den Phagozytosevorgang durch Neutrophile und Makrophagen zu behindern, z. B. durch Abdeckung gebundener Opsonine; in diese Kategorie fallen die *Kapseln* und die Kapseläquivalente. Kapseln bestehen in der Regel aus hochpolymeren Zuckern. Sie kommen bei zahlreichen Erregern vor und zeigen morphologisch verschiedene Ausprägungen. Das klassische Beispiel für bekapselte Bakterien sind die Pneumokokken. In gleichartiger

Weise bewirkt das als M-Substanz bezeichnete Oberflächenprotein von A-Streptokokken einen Phagozytoseschutz.

Können Erreger die Phagozytose selbst nicht verhindern, so können manche immer noch der intraphagozytären Abtötung entgehen, z.B. durch die *Evasion* aus dem Phagosom (z.B. L. monocytogenes: s. S. 330 ff.), *Hemmung* der Phagolysosomverschmelzung oder Inaktivierung der intrazellulären Abtötungsfaktoren.

Der antiphagozytäre Mechanismus ist die Abtötung der Phagozyten. Dies wird von bakteriellen Exoprodukten, den *Leukozidinen*, bewirkt. Das Leukozidin von S. aureus und das Hämolysin von E. coli stellen zwei bekannte Beispiele dar. Auch die Lecithinase des Gasbranderregers (C. perfringens) wirkt als Leukozidin; sie ist für die extreme Leukozytenarmut der von Gasbrand betroffenen Gewebe ursächlich.

Immunsuppression. Diese kann die humorale oder die zelluläre Immunität betreffen.

Antikörper können abgebaut werden: IgAasen z.B. von N. gonorrhoeae spalten Antikörper der Klasse IgA und behindern damit die Schleimhautimmunität gegen den Erreger.

Antikörper können auch ihrer Opsonisierungsfunktion beraubt werden: Das Protein A von S. aureus bindet sich an das Fc-Stück von IgG-Antikörpern. Als Folge kann der Antikörper nicht mit dem Fc-Rezeptor der Phagozyten reagieren. Dadurch geht seine Funktion als Opsonin verloren, der Vorgang der Phagozytose ist gestört.

Antigenvariation. Die Abwandlung von Antigenen durch Antigendrift und Antigenshift führt dazu, daß dem Immunsystem das ausgebildete Gedächtnis nichts nützt und es wieder eine ganz neue Immunreaktion aufbauen muß. Das klassische Beispiel hierfür stellen Influenzaviren dar (s. S. 544 ff.).

3.2.4 Schädigung – Toxine

Die Gefährlichkeit von Infektionen besteht darin, daß der Wirt geschädigt wird. Dies kann auf zwei Wegen geschehen: der Erreger schädigt den Wirt direkt, z.B. durch intrazelluläre Vermehrung oder Exoprodukte (Exotoxine, Toxine im engeren Sinn), oder der Erreger induziert eine Entzündungsreaktion, die ihrerseits den Wirt schädigt.

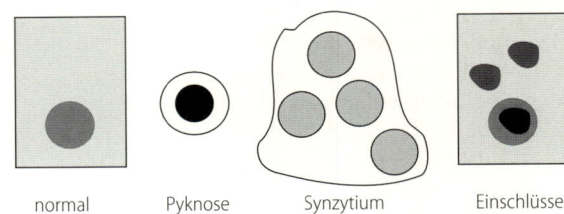

Abb. 3.8. Zytopathische Effekte (CPE)

normal Pyknose Synzytium Einschlüsse

Schädigung durch intrazelluläre Vermehrung

Die intrazelluläre Vermehrung von Erregern, insbesondere der obligat intrazellulären Viren und Chlamydien, kann zu einer massiven Beeinträchtigung der Wirtszelle führen. Diese kann in Form zytopathischer Effekte, z.B. Pyknose (durch Polioviren), Synzytienbildung (Parainfluenzaviren) oder Einschlüsse (Adenoviren) lichtmikroskopisch erkennbar werden (Abb. 3.8). Im schlimmsten Fall kommt es zur Lyse der Wirtszellen, z.B. durch Chlamydien oder Shigellen (Abb. 3.9).

Schädigung durch Exotoxine

Toxine sind gewebeschädigende Proteine des Erregers. Die meisten werden aktiv sezerniert (Diphtherietoxin), erst nach dem Tod des Erregers freigesetzt (Tetanustoxin, Botulinustoxine) oder bleiben an der Bakterienoberfläche fixiert (Kontaktzytolysin von Shigellen). Sie können lokal wirken oder nach hämatogener Verteilung toxische Wir-

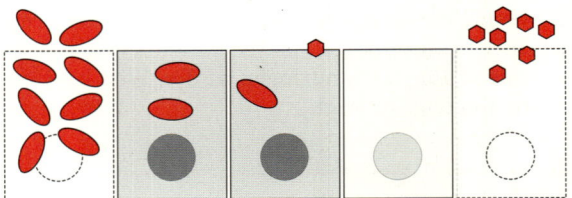

Zerstörung der Wirtszelle intrazelluläre Zweiteilung host-shut-off Wirtszell-Lyse

Abb. 3.9. Wirtszellzerstörung durch intrazelluläre Vermehrung
Einige Mikroorganismen können sich in Wirtszellen vermehren (z.B. Shigellen, Chlamydien, Toxoplasmen). Wenn die Zahl der Erreger eine kritische Grenze überschreitet, wird die Wirtszelle zerstört. Hierfür ist es unerheblich, ob der Erreger sich im Zytoplasma oder in einer Vakuole vermehrt. Viren penetrieren in die Zelle und schalten nach dem uncoating den Wirtszellstoffwechsel auf Virusproduktion um; schon dadurch kann die normale Zellfunktion beeinträchtigt werden; nach der Montage können die neu gebildeten Virionen durch Wirtszell-Lyse freigesetzt werden.

kungen auslösen. Manche Bakterien bilden nur ein, andere mehrere Toxine.

Unter natürlichen Verhältnissen werden nur wenige Exotoxine außerhalb des Wirtsorganismus gebildet, z. B. das Staphylokokken-Enterotoxin, die Botulinustoxine, das Enterotoxin des Bacillus cereus und das Aflatoxin von Aspergillus flavus. Vornehmlich in Nahrungsmitteln enthalten, gelangen diese Stoffe in den Darm; sie können eine Vergiftung auslösen, ohne daß es zur Infektion mit den giftbildenden Bakterien kommt.

Die übrigen Exotoxine werden unter natürlichen Verhältnissen von parasitisch lebenden Mikroorganismen, d.h. innerhalb des infizierten Wirtsorganismus, gebildet. Einige Bakterien synthetisieren ihr Exotoxin nur dann, wenn sie sich im Zustand der Lysogenie befinden, d.h. wenn ihr Genom einen Prophagen beherbergt, der das entsprechende Struktur-Gen enthält. Dies gilt sowohl für die Synthese des Diphtherietoxins als auch des Staphylokokken-Enterotoxins, des Botulinustoxins C und der Scharlachtoxine.

Abhängig von ihrem Angriffspunkt lassen sich die Exotoxine in extrazellulär und intrazellulär wirksame Toxine einteilen:

Extrazellulär wirksame Exotoxine.
Diese wirken an der Zellmembran der Wirtszelle und führen zu deren Schädigung.

Membranabbauende Exotoxine sind lipidspaltende Enzyme. Durch den Abbau von Zellmembran-Lipiden kann die Zelle schließlich zugrunde gehen. Der klassische Vertreter dieser Toxingruppe ist die *phosphatidylcholinspezifische Phospholipase C* (= α-Toxin, Lecithinase) von Clostridium perfringens, dem Erreger des Gasbrandes (Abb. 3.10; s. a. S. 357 ff.).

Porenbildende Exotoxine gehen eine sehr enge Interaktion mit der Membran ein und führen durch Bildung von transmembranösen Poren zu einer physikalischen Störung der Membranstruktur, die eine freie Passage von kleinen Molekülen erlaubt. Die Pore kann durch ringförmige Lateralaggregation von Toxinmonomeren entstehen: Typische Beispiele sind α-Toxin von S. aureus und Streptolysin O von S. pyogenes (Abb. 3.11, 3.12). Im Gegensatz dazu besitzt das Hämolysin von E. coli bereits als einzelnes Molekül Porenstruktur. Diese Pore wird in die Membran implantiert (Abb. 3.11)

Die meisten Zytolysine greifen nur bestimmte Zellarten an (zellulärer Tropismus). So stellen Thrombozyten, Monozyten und Endothelzellen be-

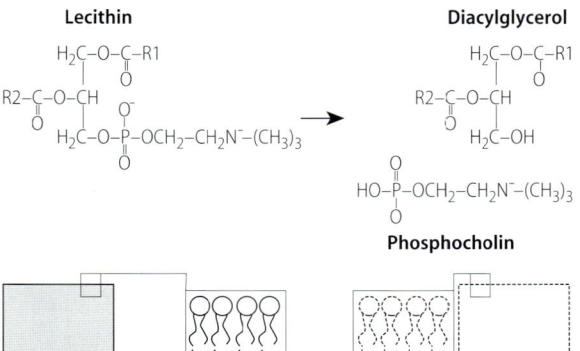

Abb. 3.10. Extrazelluläre Enzyme: Lecithinase (Phospholipase C): Spaltung von Lecithin

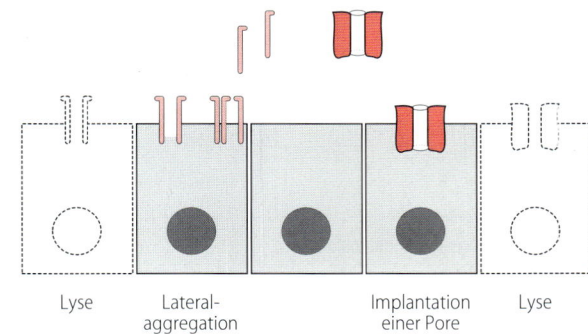

Abb. 3.11. Wirtszellzerstörung durch Porenbildung

vorzugte Angriffsziele für S.-aureus-α-Toxin dar, während das Hämolysin von E. coli bevorzugt Monozyten, polymorphkernige Neutrophile, Endothelzellen und Nieren-Tubulusepithelzellen schädigt.

Die Membranschädigung durch einen Porenbildner führt in der Regel zu sekundären zellulären Reaktionen, die u. a. durch den Influx von Kalziumionen ausgelöst werden. Toxingeschädigte Plättchen wirken gerinnungsfördernd, während Monozyten zu einer erhöhten Abgabe von Zytokinen (IL-1) stimuliert werden. Die leukozide Wirkung von E.-coli-Hämolysin bedingt, daß die lokale Phagozytose-Abwehrleistung des Wirtsorganismus empfindlich beeinträchtigt wird. Durch solche Beeinflussung von Zellfunktionen können Zytolysine schwerwiegende lokale und auch systemische Dysfunktionen verursachen.

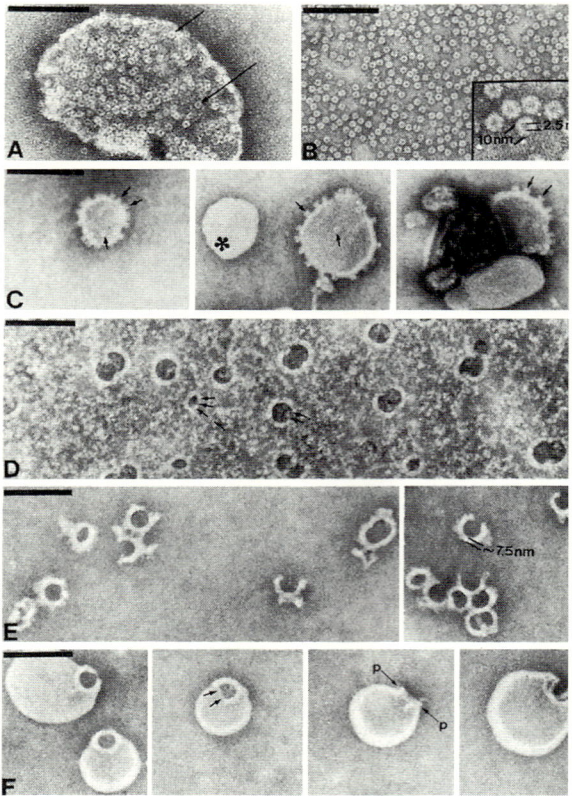

Abb. 3.12. Porenbildende Toxine

A: Rotes Blutkörperchen nach erfolgtem Angriff durch α-Toxin. Die Toxinporen sind als kleine Ringstrukturen auf der Oberfläche sichtbar. B: Isolierte α-Toxin-Poren; jede Ringstruktur besteht aus 7 Toxinmolekülen. C: Liposomen mit eingebauten α-Toxin-Poren. D: Membran nach Angriff durch Streptolysin O (SLO); große heterogene Toxinringe bzw. Teilringstrukturen stellen sich dar. E: Isolierte SLO-Poren. F: Liposomen mit eingebauten SLO-Poren; jede Pore besteht aus 25–80 Toxinmolekülen. (Balken = 100 nm)

Intrazellulär wirkende Exotoxine. Diese entfalten ihre Wirkung in der Wirtszelle; dazu müssen sie von der Wirtszelle aufgenommen werden. Dies hat zur Voraussetzung, daß die Wirtszelle einen spezifischen Toxin-Rezeptor an der Oberfläche besitzt. Die Toxine bestehen oft aus zwei Komponenten, einer toxisch aktiven Untereinheit (A) und einer Untereinheit (B), die die Bindung an den Toxin-Rezeptor bewirkt (AB-Toxine). Nach der Bindung an den Rezeptor wird das Toxin endozytiert. Um seine Wirkung entfalten zu können, muß es aus dem Endosom in das Zytosol transferiert werden. Auch hierbei spielt die B-Komponente eine wichtige, nicht vollständig aufgeklärte Rolle: es wird vermutet, daß sich die B-Komponente bei niedrigem pH (5,5–6) in die endosomale Membran einstülpt und einen Schlitz bildet, durch den die A-Komponente diffundieren kann.

Als **Proteasen** wirken die Botulinustoxine A, B, C1, D, E, F und G sowie das Tetanustoxin. An für jedes Toxin spezifischen Stellen spalten diese Neurotoxine Proteine, die an der Verschmelzung transmitterhaltiger synaptischer Vesikel mit der synaptischen Membran beteiligt sind; hierdurch werden die Transmitterausschüttung und damit die Signalübertragung gehemmt (Abb. 3.13).

Ein Hauptmechanismus intrazellulär wirksamer Toxine ist die **ADP-Ribosylierung** funktionell bedeutsamer Moleküle: das Toxin spaltet NAD in Nicotinamid und ADP-Ribose, die dann an das jeweilige Zielmolekül gebunden wird.

Wird der Elongationsfaktor 2 ribosyliert, führt dies zur Blockierung der Proteinbiosynthese und damit zum Zelltod (Diphtherietoxin, Pseudomonas-Exotoxin-A: Abb. 3.14, s. a. S. 296 ff., 343 ff.).

Wird das Gs-Protein (**Gsα**) der Adenylatzyklase ribosyliert, wird dessen GTPase-Aktivität ausgeschaltet, also seine Inaktivierungsfunktion. Dies führt zur Daueraktivierung der Adenylatzyklase und damit zu einer Vermehrung von cAMP, in deren Folge es zu einem massiven Verlust von Chloridionen aus der Zelle kommt (Choleratoxin: Abb. 3.15, s. a. S. 289 ff.).

Die Ribosylierung der **Giα-Komponente** inhibitorischer heterotrimerer Giαβγ-Proteine durch Pertussistoxin führt dazu, daß Giα nicht in Giα-GTP umgewandelt wird und damit abdiffundieren kann. Dadurch steht Gβγ nicht mehr zum Abfangen der stimulatorischen Komponente Gsα zur Verfügung. Diese kann nun ungebremst die Adenylatzyklase aktivieren. Pertussistoxin unterbricht auch die Signaltransduktion dadurch, daß ADP-ribosylierte G-Proteine nicht mehr funktionell ausreichend mit dem ihnen assoziierten Rezeptor interagieren (Abb. 3.16, s. a. S. 320 ff.).

Durch die Ribosylierung des „kleinen" G-Proteins **rho** durch Botulinustoxin C3 verliert die Zelle die Fähigkeit, Aktin zu polymerisieren, so daß z. B. der intrazelluläre Vesikelverkehr ausfällt, die Zelle sich abrundet und von der Unterlage ablöst. Die direkte Ribosylierung von monomerem Aktin durch Botulinustoxin C2 verhindert die Polymerisierung zu F-Aktin; in der Folge zerfällt das Zytoskelett, die Zelle rundet sich ab.

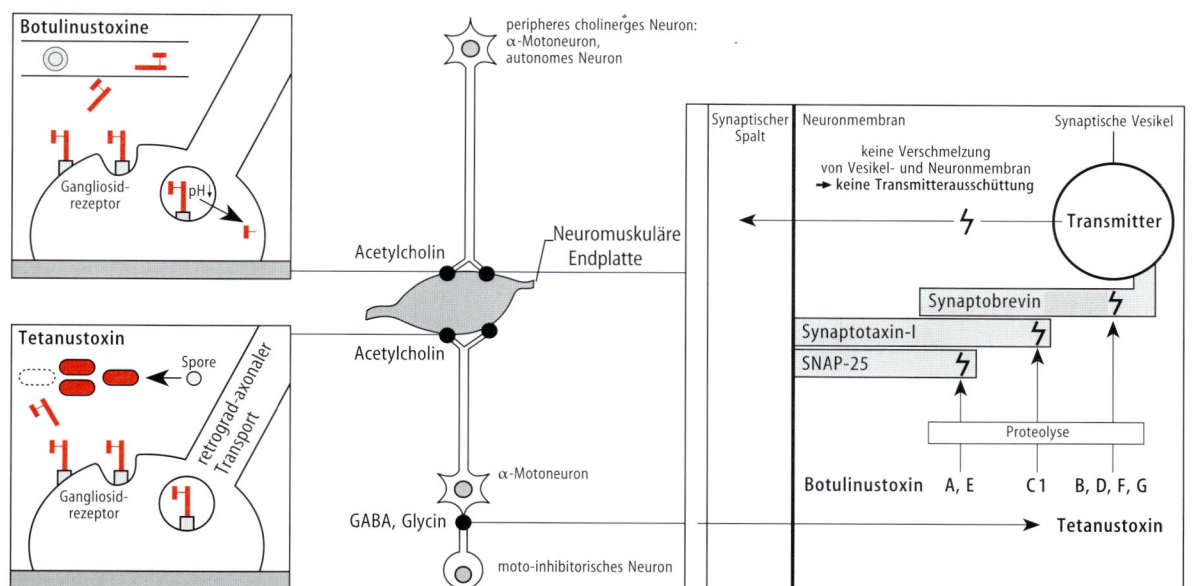

Abb. 3.13. Tetanustoxin, Botulinustoxine: Hemmung der Neurotransmitterausschüttung durch Peptidase-Spaltung der „Andock"-Proteine auf transmitterhaltiger Vesikel- und Neuronmembran

Die *Glykosylierung* funktioneller Moleküle kann ebenfalls zum Wirkungsverlust führen. Das C.-difficile-Toxin-A bindet Glukose an G-Protein *rho* (s. o.).

Ein weiterer Wirkungsmechanismus von Exotoxinen ist die **N-Glykosidase-Spaltung** von rRNS (Abb. 3.17). Durch die Abspaltung bestimmter Adenine aus der 28S-RNS des Ribosoms kommt es zur Hemmung der Proteinbiosynthese und in deren Folge zum Tod der Zelle. Diese Wirkung besitzen Shigatoxin aus S. dysenteriae und Shiga-like-Toxine, z. B. aus E. coli.

Schädigung durch Entzündungsinduktion

Entzündungsinduktoren können in einem erweiterten Sinn auch als Toxine bezeichnet werden, da sie auch eine Wirtsschädigung hervorrufen; diese ist aber indirekt, denn die eigentliche Schädigung entsteht durch die wirtseigene Entzündung.

Endotoxine (LPS). Die Endotoxine sind Lipopolysaccharide aus der äußeren Membran der Zellwand gramnegativer Bakterien (s. S. 177); sie gelangen durch Abgabe von Membranvesikeln durch lebende Bakterien oder beim Absterben der Bakterienzelle ins Milieu. Die toxische Komponente der Endotoxinmoleküle ist das *Lipid A*.

Fast alle Wirkungen von Endotoxinen lassen sich durch die Interaktion von Lipid A mit Rezeptoren auf Zellen des Immunsystems (v. a. Monozyten/Makrophagen) und des Endothels und mit der darauffolgenden Stimulation dieser Zellen erklären. Lipid A übt zunächst eine recht spezifische Wirkung auf die rezeptortragenden Zellen aus; in der Folge kann es aber über einen sogenannten Transsignalling-Mechanismus zur Ausweitung der LPS-Wirkung auf rezeptorlose Zellen kommen (Abb. 3.18). Zunächst bindet sich LPS an das *Lipopolysaccharid-Bindeprotein* (LBP) im Plasma; aus den LPS-LBP-Komplexen wird das LPS auf den Rezeptor *CD14* auf der Oberfläche der Monozyten/Makrophagen übertragen. Da CD14 ein GPI-verankertes Protein ohne Signaltransduktionswirkung ist, werden CD14-assoziierte signaltransduzierende Moleküle angenommen. Der *Transsignalling-Effekt* beruht darauf, daß die Stimulation der CD14-tragenden Zellen zur Aktivierung einer endogenen membranständigen Protease führt, die CD14 abspaltet. Das freigesetzte CD14 (sCD14) kann sich an solche Zellen binden, die den sCD14-Rezeptor tragen, z. B. Endothelzellen. Dadurch können diese auch auf LPS „reagieren", Endothelzellen exprimieren z. B. verstärkt Adhäsionsmoleküle.

Die Schädigung des Wirts erfolgt indirekt durch die ausgelösten Reaktionen (Abb. 3.19).

Die Wirkung auf **Monozyten/Makrophagen** führt zur Freisetzung von Zytokinen, vor allem IL-1, TNF-*α*, IL-6 und IL-12. Diese bewirken die **Akut-Phase-Reaktion** mit Fieber, Katabolismus und verstärkter Granulozytenproduktion und -ausschwemmung (Abb. 3.20). Es kommt zur verstärkten Expression von Adhäsionsmolekülen auf Endothelzel-

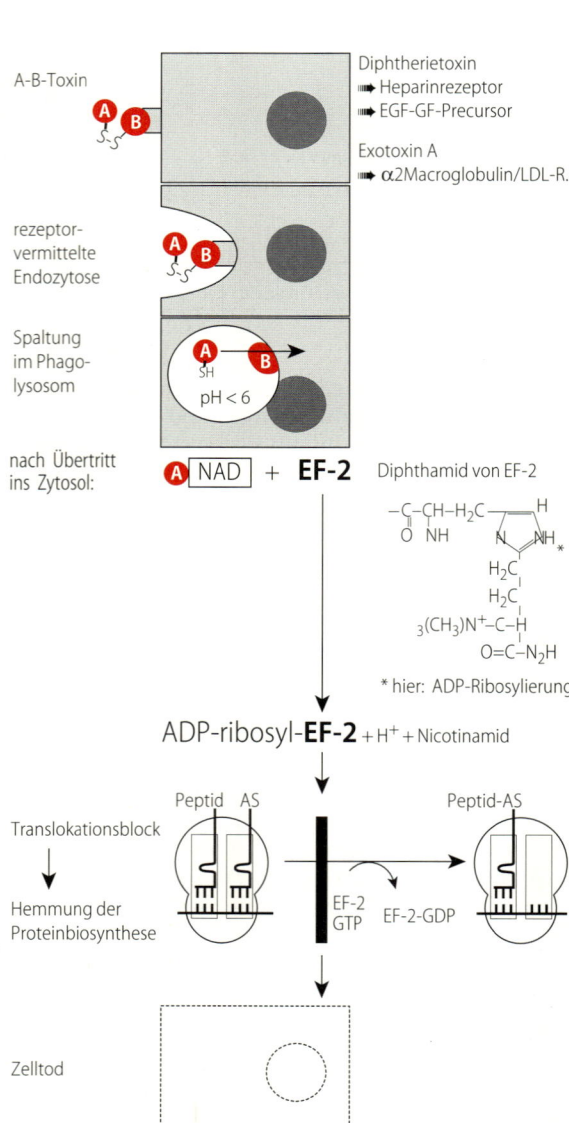

Abb. 3.14. Diphtherietoxin, Exotoxin A: Hemmung von EF-2

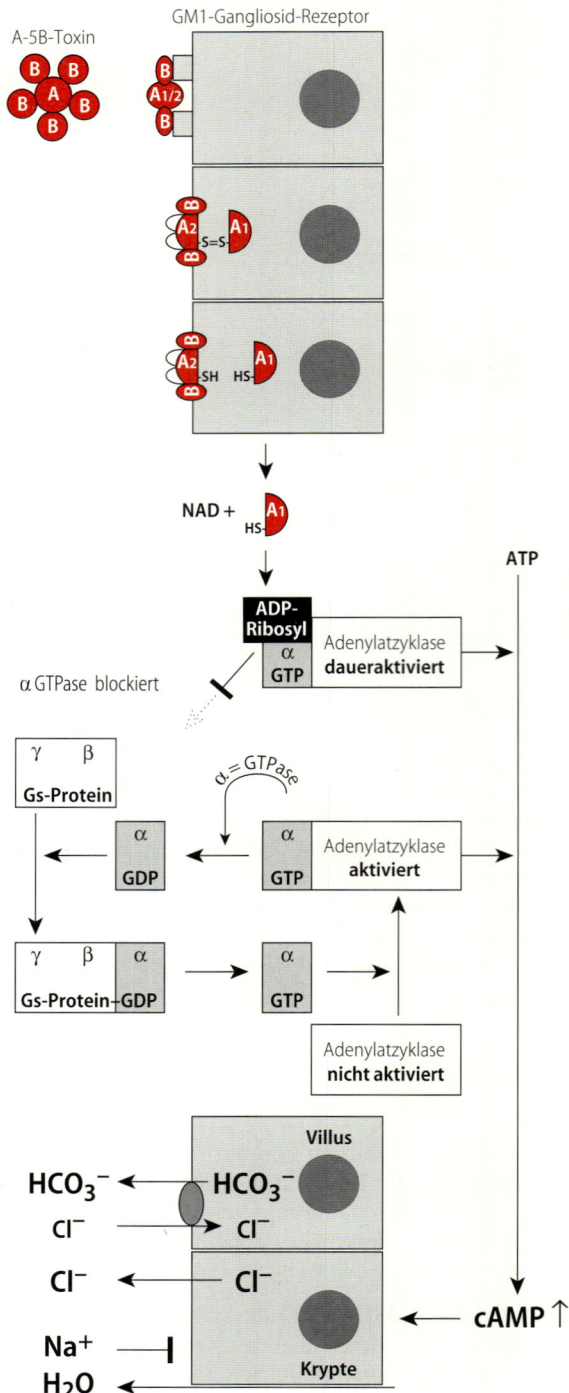

Abb. 3.15. Choleratoxin, Escherichia-coli-LT: ADP-Ribosylierung von Gs-Protein → Daueraktivierung der Adenylatzyklase

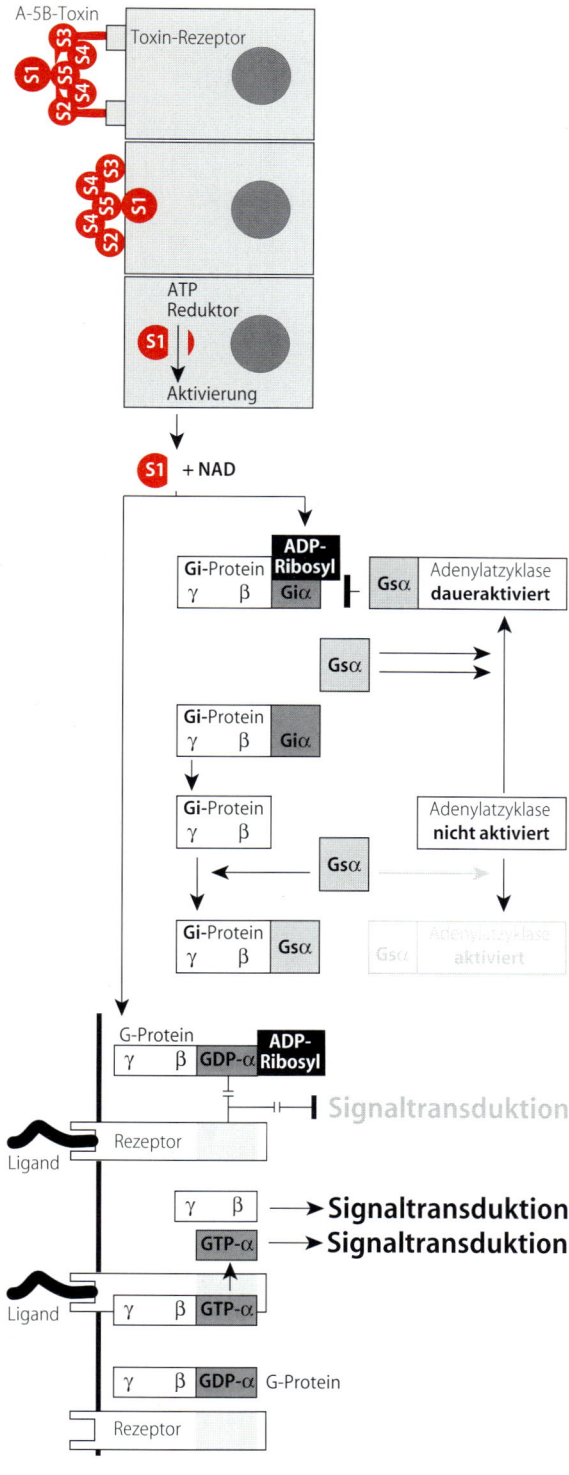

Abb. 3.16. Pertussistoxin: ADP-Ribosylierung von G-Proteinen

len, zuerst von Selektinen, dann von Integrinen und Mitgliedern der Immunglobulin-Superfamilie, wodurch Granulozyten an der Gefäßwand in Herdnähe adhärieren können; dies ist die Voraussetzung dafür, daß sie die Gefäßwand durchwandern und schließlich in den Infektionsherd gelangen (Abb. 3.21).

Die Aktivierung des *Komplementsystems* führt zur Freisetzung des chemotaktisch wirksamen C5a, durch das polymorphkernige Granulozyten entlang einem Konzentrationsgradienten in den Entzündungsherd gelockt werden (Abb. 3.19, 3.21).

Die eingewanderten Granulozyten phagozytieren den Erreger und töten diesen ab. Hierbei können jedoch gewebeschädigende Inhaltsstoffe aus den Phagozyten freigesetzt werden, so daß das Gewebe geschädigt wird (Abb. 3.22).

Besonders folgenschwer ist der Einfluß von Endotoxin auf das *Kinin-* und das *Blutgerinnungssystem*. Es erfolgt eine Aktivierung von Granulozyten und Endothelzellen. Die Aktivierung der Endothelzellen führt zur Erhöhung der Expression von Adhäsionsmolekülen und fördert damit die Anheftung von aktivierten Granulozyten und Thrombozyten vorwiegend an Endothelzellen der Mikrozirkulation. Es kommt hierdurch zur Aktivierung der Blutgerinnung, zur Bildung von Mikrothromben und zu Fibrinolyse-Kaskaden; lokale Gewebeschädigungen und eine Störung der Mikrozirkulation sind die Folge. Durch Freisetzung von Kininen kommt es zur

- Vasodilatation,
- zu Permeabilitätsstörungen und
- zur Kontraktion der glatten Muskelfasern.

Es entstehen die klassischen Entzündungszeichen Rubor (Rötung), Calor (Überwärmung), Tumor (Schwellung) und Dolor (Schmerz) (Abb. 3.21). Die Auswirkungen auf das Gerinnungssystem können eine schwere *Verbrauchskoagulopathie* mit diffusen Haut- und Schleimhautblutungen bewirken und die systemisch auftretenden Störungen der Mikrozirkulation schließlich Schock und Multiorganversagen nach sich ziehen (Abb. 3.19).

Superantigene. Diese werden vorwiegend von grampositiven Bakterien, insbesondere von S. aureus [Enterotoxine, TSST (s. S. 200 ff.)] und S. pyogenes [SPE-A, SPE-C (s. S. 213 ff.)] gebildet. Durch antigenunabhängige Vernetzung der Vβ-Kette des T-Zell-Rezeptors auf CD4+-T-Zellen mit MHC-II-Molekülen auf antigenpräsentierenden Zellen

A-5B-Toxin

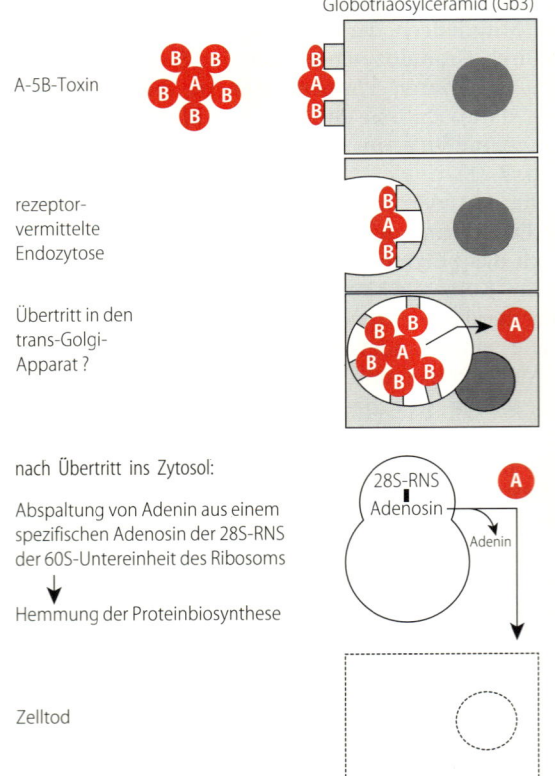

Globotriaosylceramid (Gb3)

rezeptor-
vermittelte
Endozytose

Übertritt in den
trans-Golgi-
Apparat ?

nach Übertritt ins Zytosol:

Abspaltung von Adenin aus einem
spezifischen Adenosin der 28S-RNS
der 60S-Untereinheit des Ribosoms

↓

Hemmung der Proteinbiosynthese

Zelltod

28S-RNS
Adenosin

A

Adenin

Abb. 3.17. Shigatoxin, Shiga-like Toxine: N-Glykosidase-Spaltung von rRNA

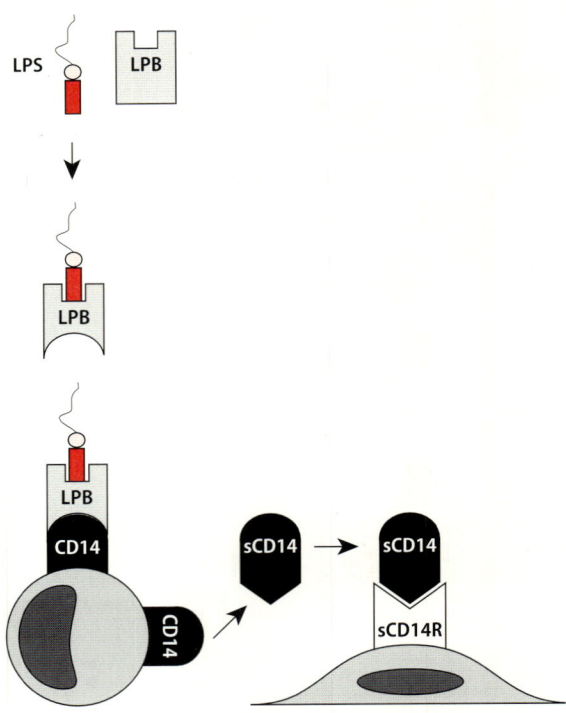

LPS   LPB

LPB

LPB
CD14
CD14

sCD14 → sCD14

sCD14R

Abb. 3.18. LPS: Primäre Bindung und Transsignalling

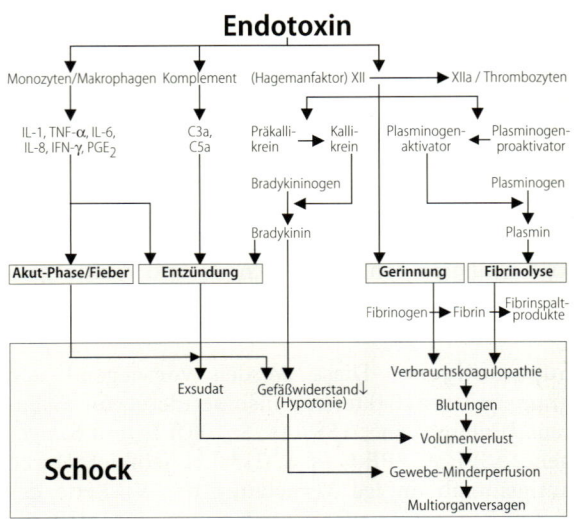

Endotoxin

Monozyten/Makrophagen Komplement (Hagemanfaktor) XII → XIIa / Thrombozyten

IL-1, TNF-α, IL-6,   C3a,   Präkalli-   Kalli-   Plasminogen-   Plasminogen-
IL-8, IFN-γ, PGE₂   C5a   krein   krein   aktivator   proaktivator

                                Bradykininogen   Plasminogen

                                Bradykinin   Plasmin

Akut-Phase/Fieber Entzündung   Gerinnung   Fibrinolyse

                            Fibrinogen → Fibrin   Fibrinspalt-
                                                  produkte

                  Exsudat   Gefäßwiderstand↓   Verbrauchskoagulopathie
                            (Hypotonie)
                                              Blutungen

Schock   Volumenverlust

                                              Gewebe-Minderperfusion

                                              Multiorganversagen

Abb. 3.19. Wirkungen von Endotoxin (LPS) (s. auch Abb. 3.26)

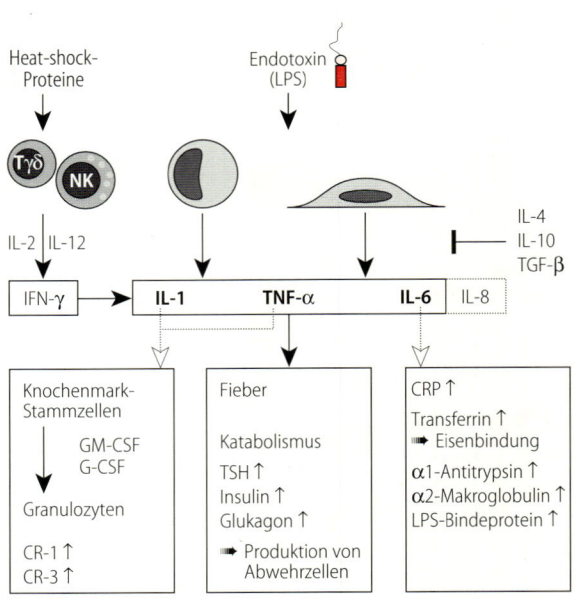

Heat-shock-
Proteine

Endotoxin
(LPS)

T γδ   NK

IL-2 IL-12   IL-4
                                              IL-10
IFN-γ → IL-1   TNF-α   IL-6 IL-8   ⊣ TGF-β

Knochenmark-   Fieber   CRP ↑
Stammzellen
                   Katabolismus   Transferrin ↑
        GM-CSF   ➡ Eisenbindung
        G-CSF   TSH ↑
                   Insulin ↑   α1-Antitrypsin ↑
Granulozyten   Glukagon ↑   α2-Makroglobulin ↑
                                       LPS-Bindeprotein ↑
                   ➡ Produktion von
CR-1 ↑   Abwehrzellen
CR-3 ↑

Abb. 3.20. Akut-Phase-Reaktion

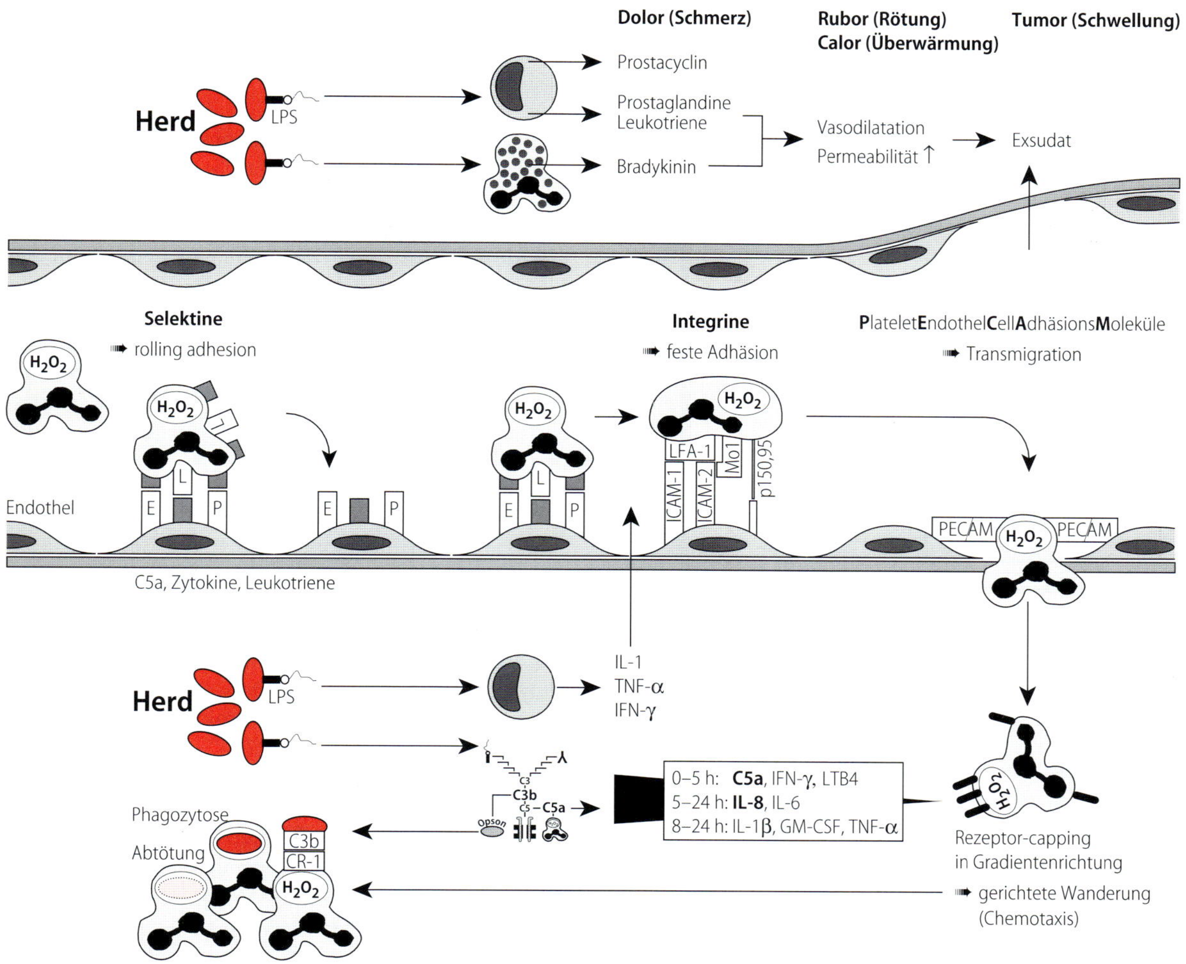

Herd LPS

Dolor (Schmerz)

Rubor (Rötung)
Calor (Überwärmung)

Tumor (Schwellung)

Prostacyclin

Prostaglandine
Leukotriene

Bradykinin

Vasodilatation
Permeabilität ↑

Exsudat

Selektine
➡ rolling adhesion

Integrine
➡ feste Adhäsion

Platelet**E**ndothel**C**ell**A**dhäsions**M**oleküle
➡ Transmigration

H_2O_2

Endothel

E P

E P

E P

LFA-1
ICAM-1 ICAM-2 MoT p150,95

H_2O_2

PECAM H_2O_2 PECAM

C5a, Zytokine, Leukotriene

Herd LPS

IL-1
TNF-α
IFN-γ

0–5 h:	**C5a**, IFN-γ, LTB4
5–24 h:	**IL-8**, IL-6
8–24 h:	IL-1β, GM-CSF, TNF-α

C3b
C5–C5a
Opson

Phagozytose

Abtötung

C3b
CR-1
H_2O_2

H_2O_2

Rezeptor-capping
in Gradientenrichtung

➡ gerichtete Wanderung
(Chemotaxis)

Abb. 3.21. Eitrige Entzündung: Schmerz (Dolor), Rötung (Rubor), Überwärmung (Calor), Schwellung (Tumor), Granulozytenakkumulation (Eiter)

kommt es zu einer polyklonalen Aktivierung der T-Zellen und zu einer unkontrollierten Überproduktion von Lymphokinen, insbesondere von TNF-α (Abb. 3.23).

Andere Entzündungsinduktoren. Bei grampositiven Bakterien scheinen Bestandteile der Mureinschicht ähnliche Wirkungen auszulösen wie Endotoxin. Das Pneumolysin beispielsweise von Pneumokokken, ein bei der Autolyse dieser Bakterien freigesetztes Protein, führt ebenfalls zu einer Entzündung.

Eine granulomatöse Entzündung, wie sie im Rahmen einer T-Zell-vermittelten Immunreaktion entsteht, wird im Abschnitt Immunologie besprochen (s. S. 45 ff.).

3.2.5 Ausgang der Infektion

Autosterilisation. Wird der Erreger nach überstandener Infektion völlig eliminiert, spricht man von Autosterilisation (Abb. 3.24).

Ausscheider. Wird demgegenüber nach durchgemachter Infektion der betreffende Erreger weiterhin von einem Herd aus über einen längeren Zeitraum ausgeschieden, spricht man bei der betreffenden Person von einem Ausscheider. Am bekanntesten sind die Ausscheider nach überstandener Typhuserkrankung. Der § 3 des Bundesseuchengesetzes regelt den Umgang mit Ausscheidern (Abb. 3.24).

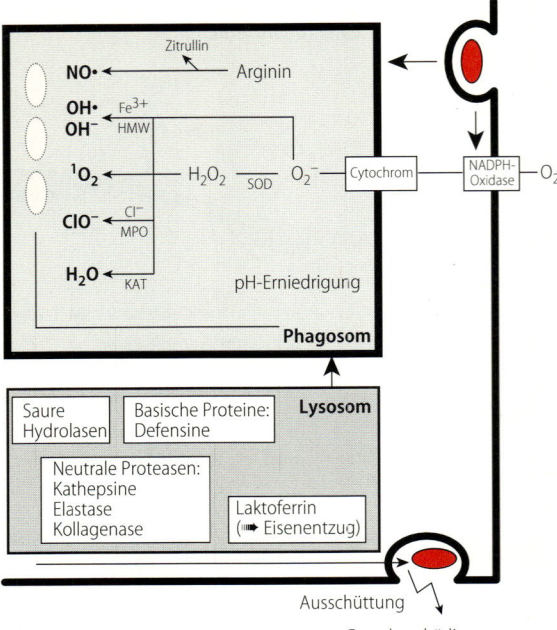

Abb. 3.22. Schädigung durch Granulozytenprodukte
Die Degranulation von Granulozyten kann bereits vor dem vollständigen Schluß des Phagosoms beginnen (unterer Pfeil). Dadurch gelangen granulozytäre Enzyme in das Gewebe, das sie dann schädigen.

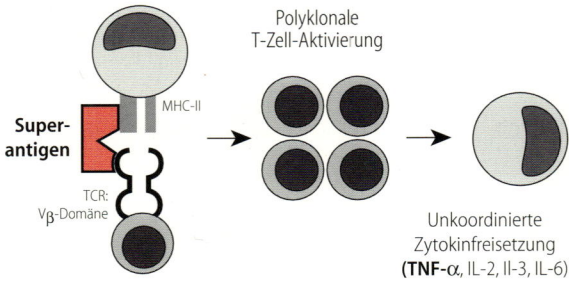

Abb. 3.23. Superantigene

Träger. Ein Träger ist eine Person, die Krankheitserreger beherbergt (pathologische Kolonisation), ohne jedoch Zeichen einer Infektion aufzuweisen. Die Infektionserreger werden in der Regel durch Kontakte mit Erkrankten akquiriert und können vom Träger weiterverbreitet werden. Der Trägerstatus kann die Vorstufe einer Infektion darstellen. Beispiele hierfür sind Meningokokken oder A-Streptokokken (Abb. 3.24).

3.3 Grundtypen erregerbedingter Krankheiten

Je nach Verhalten des Infektionserregers im Körper lassen sich die folgenden Grundtypen der Infektion unterscheiden (Abb. 3.25).

Lokalinfektion. Hier verbleibt der Erreger an der Eintrittsstelle, vermehrt sich und ruft lokal Krankheitserscheinungen hervor. Lokalinfektionen können von fakultativ pathogenen wie auch von obligat pathogenen Erregern ausgelöst werden. So verursachen beispielsweise sowohl E. coli (Zystitis) als auch Gonokokken (Gonorrhoe) Lokalinfektionen.

Selbst bei apparentem Verlauf hinterlassen sie häufig *keine* dauerhafte Immunität.

Wenn Lokalinfektionen von toxinbildenden Bakterien verursacht sind, können *toxische Fernwirkungen* von ihnen ausgehen, z.B. bei der Diphtherie. Lokalinfektionen können in Abhängigkeit von der Virulenz der Erreger und/oder der Abwehrleistung des Wirts in eine Sepsis übergehen, so z.B. ein Furunkel in eine Staphylokokken-Sepsis.

Sepsis. Sepsis (Synonym: *Septikämie*) ist der Sammelbegriff für alle „Infektionszustände, bei denen von einem Herd aus Bakterien oder Pilze konstant oder kurzfristig-periodisch in den Blutkreislauf gelangen und metastatische Absiedlungen erzeugen können, wobei die klinischen Folgen das Krankheitsbild beherrschen" (Höring u. Pohle 1981). Pathogenetisch besteht der Begriff Sepsis aus der Trias
- septischer Herd (Lokalinfektion),
- septische Generalisation und
- septische Absiedlung (Abb. 3.25, s. S. 915 ff.).

Die Sepsis ist stets ein Zweit- und Folgegeschehen. Sie tritt meist nach Lokalinfektionen auf. Typisches Beispiel ist die von einem Furunkel ausgehende Staphylokokkensepsis. Hier besteht der Sepsisherd als eitrige Thrombophlebitis im venösen Abflußgebiet des Ausgangspunktes. Im genannten Beispiel ist es meist eine Thrombose des Sinus cavernosus; von hier aus erfolgt die bakterielle Streuung, zuerst in die Lunge und von den Lungenabsiedlungen aus in den großen Kreislauf. Die klinischen Erscheinungen der Generalisation sind Schüttelfrost, Milztumor, erkennbare Hautabsiedlungen, Lungenherde. Im schwersten Falle kann es zum septischen Schock kommen.

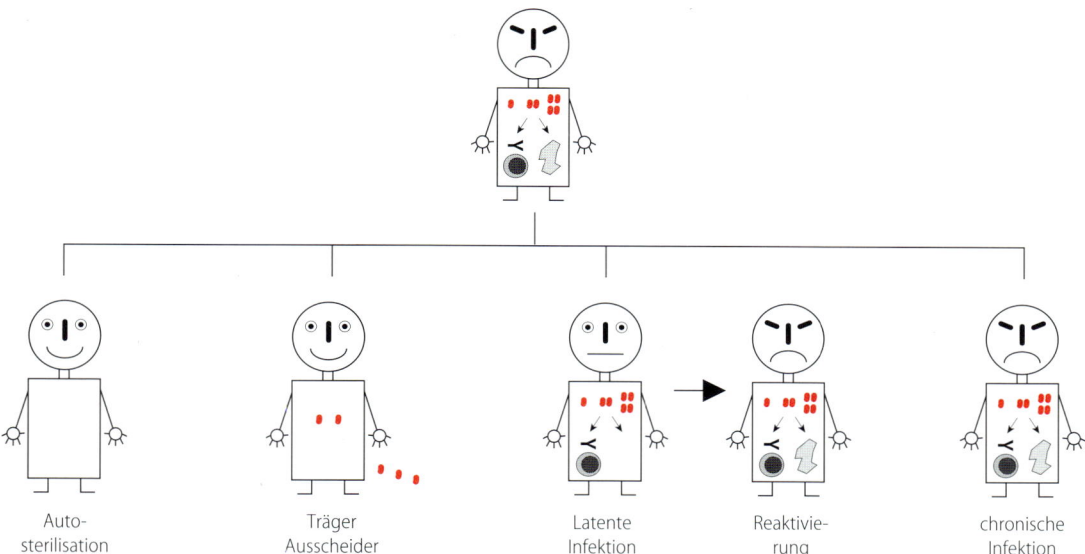

| Auto-sterilisation | Träger Ausscheider | Latente Infektion | Reaktivie-rung | chronische Infektion |

Abb. 3.24. Ausgang einer Infektion

Eine Sepsis ist von der häufig auftretenden ***passageren Bakteriämie***, wie sie bei Zahnextraktionen oder bei Verbandswechsel auftritt, zu unterscheiden. Hier bestehen weder Absiedlungen noch Krankheitssymptome. Es gibt keine Befundkonstellation, die zwingend zur Sepsis führt. Auch die Generalisation im Rahmen einer zyklischen Allgemeininfektion ist keine Sepsis, sondern stellt eine passagere (selbstlimitierende) Bakteriämie dar. Viren rufen definitionsgemäß keine Sepsis hervor.

Zyklische Allgemeininfektion (Infektionskrankheit im engeren Sinne). Bei einer zyklischen Allgemeininfektion gelangen die Erreger von ihrer Eintrittspforte aus zunächst in den lokalen Lymphknoten. Dort vermehren sie sich zu hohen Zahlen (***Inkubationsstadium*** oder ***Stadium 1***). Anschließend dringen sie über die efferenten Lymphbahnen in die Blutbahn ein und werden durch den Körper verschleppt (***Generalisation*** oder ***Stadium 2***), bevor sie in die typischen Zielorgane gelangen (***Stadium der Organmanifestation*** oder ***Stadium 3***).

Das Infektionsgeschehen läuft systemisch ab und ist immer von den Immunreaktionen des Wirtes mitgeprägt. Es liegt ein „gesetzmäßiger", normierter Ablauf vor. Die Erreger sind immer obligat pathogen, z.B. die Erreger von Masern, Röteln, Windpocken, Syphilis, Tuberkulose und Typhus.

Das Inkubationsstadium ist in der Regel klinisch ***asymptomatisch***. Der Patient kann trotz fehlender Symptome kontagiös sein und Erreger ausscheiden (Inkubationsausscheider bei Hepatitis A und Röteln). Dies erhöht die Gefahr der Übertragung.

Das Generalisationsstadium wird vom Kliniker auch als Prodromalstadium bezeichnet. In Abhängigkeit von der Erregerart oder der Disposition des Wirtes kann das Generalisationsstadium klinisch im Vordergrund stehen (z.B. bei Typhus abdominalis) oder unbemerkt (blande) verlaufen. Die klinischen Zeichen des Generalisationsstadiums sind meist uncharakteristisch (Fieber, Abgeschlagenheit, Gliederschmerz, Appetitlosigkeit).

Demgegenüber zeigt das Stadium der Organmanifestation lokalisierte klinische Symptome, wie z.B. Durchfall, Ikterus oder Pneumonie.

Zyklische Allgemeininfektionen weisen in einem je nach Erreger wechselnden Prozentsatz der Fälle asymptomatische Verläufe auf. Aber auch dann können sie eine ***dauerhafte Immunität*** hinterlassen. Serologische Verfahren sind wegen der regelmäßig stattfindenden Antikörperbildung häufig diagnostisch aussagekräftig.

Infektion mit postinfektiöser Immunreaktion. Einige Mikroorganismen besitzen Antigene, die mit körpereigenen Strukturen immunologisch kreuzreagieren. Die Immunreaktion gegen den Er-

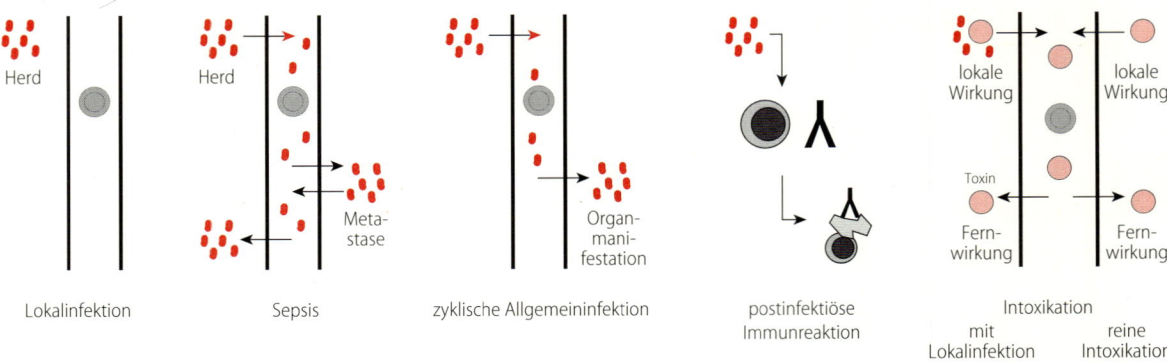

Abb. 3.25. Grundtypen erregerbedingter Krankheiten

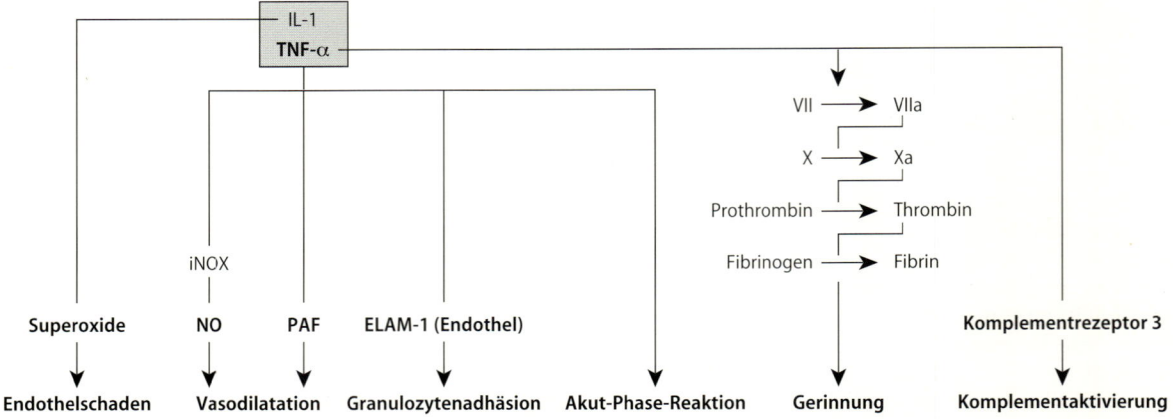

Abb. 3.26. Die Rolle von Tumornekrosefaktor alpha (TNF-α) und Interleukin-1 (IL-1) bei der Sepsis
iNOX = Stickoxidsynthase, NO = Stickoxid, PAF = platelet activating factor, ELAM-1 = E-Selektin, VII, X = Gerinnungsfaktoren

reger richtet sich dann auch gegen diese Wirts-
strukturen; durch die allergische Reaktion wird
der Wirt geschädigt („Nachkrankheit"). Typischerweise wird dies nach Infektionen mit S. pyogenes
(A-Streptokokken) beobachtet; als Nachkrankheit
entstehen akutes rheumatisches Fieber oder akute
Glomerulonephritis (Abb. 3.25, s. S. 213 ff.).

Intoxikationen. Mikroorganismen können einen
Wirt auch ohne Infektion schädigen, nämlich
wenn sie außerhalb des Wirts ihre Toxine produ-

zieren. Um zu erkranken, muß der Wirt nur das
Toxin, nicht aber den Erreger aufnehmen. Das typische Beispiel sind Botulinustoxine von C. botulinum (Abb. 3.25, s. S. 363).

Allergie. Antigene eines Mikroorganismus können
als Allergen wirken. Der Wirt wird durch die allergisch bedingte Entzündungsreaktion geschädigt.
Typisches Beispiel ist die Farmerlunge, ausgelöst
durch Aktinomyzetenantigen.

EINLEITUNG

Die äußere Haut, die Schleimhäute des Oropharynx, des oberen Respirationstraktes, des Dickdarms und des unteren Urogenitaltrakts sind von einer Bakterienflora besiedelt, die in ihrer Zusammensetzung von Individuum zu Individuum nur wenig schwankt und die als physiologische oder Normalflora bezeichnet wird.

Die physiologische Kolonisation des neugeborenen Kindes mit Bakterien beginnt unmittelbar nach der Geburt. Die Bakterien stammen von der Mutter und aus der Umwelt. Während der ersten Lebenswochen paßt sich die Bakterienflora des Neugeborenen derjenigen des Erwachsenen an (Tabelle 4.1).

4.1 Regulation der physiologischen Bakterienflora

4.1.1 Regulative von seiten des Wirtes

Menschliche und tierische Organismen stellen für Bakterien besonders günstige Habitate dar, da sie aufgrund ihrer komplexen Regelvorgänge den Bakterien besonders konstante Umweltbedingungen (z. B. gleichbleibende Temperatur) bieten. Gleichzeitig verfügt der Wirt über eine Reihe von Mechanismen, die dafür sorgen, daß er durch die kolonisierenden Mikroorganismen keinen Schaden erleidet. Man kann daher von seiten des Wirtes fördernde und unterdrückende Regulative im Hinblick auf das bakterielle Wachstum unterscheiden.

Temperatur. Die Temperatur des Menschen liegt zwischen 32 °C (äußere Hautoberfläche) und 37 °C (Körperkerntemperatur). Dementsprechend siedeln auf der Haut häufiger Mikroorganismen, deren Vermehrungsoptimum deutlich unter 37 °C liegt. Auf Schleimhäuten, die besser durchblutet sind, und auf inneren Oberflächen (Magen-Darm-Trakt,

Tabelle 4.1. Physiologische Kolonisationsflora (Standortflora) des Menschen

Körperstelle	Flora
Gewebe, Liquor, Blase, Uterus, Tuben, Mittelohr, Nasen- und Nasen-Nebenhöhlen	steril
Haut, distale Urethra, äußerer Gehörgang	Propionibakterien, koagulasenegative Staphylokokken, Korynebakterien
Mund: Zunge und Wangenschleimhaut	vergrünende Streptokokken, Neisseria-Arten, Moraxella, Hefen
Zahnfleisch, Tonsillenkrypten	Bacteroides, Fusobakterien, Peptostreptokokken, Aktinomyzeten, Spirochäten
Nasopharynx	Mikroorganismen der Mundhöhle, gelegentlich: Streptococcus pneumoniae, Haemophilus, Neisseria meningitidis, Anaerobier, Moraxellen
Ösophagus	Mundflora (transient)
Magen	transient nach Mahlzeiten
Dünndarm	obere Abschnitte steril, untere wie Kolon
Kolon	Bacteroidaceae, Eubakterien, anaerobe Kokken, Bifidobakterien, Clostridien, Laktobazillen, Enterokokken, Enterobacteriaceae
Kolon während der Stillperiode	Bifidobakterien, Laktobazillen, vergrünende Streptokokken
Vagina: präpubertär und postmenopausal	Haut- und Kolonflora
Vagina während des fortpflanzungsfähigen Alters	Laktobazillen, α-hämolysierende Streptokokken, Hefen, Gardnerella vaginalis, Mobiluncus spp., koagulasenegative Staphylokokken

Vagina) finden sich durchweg Mikroorganismen, deren Vermehrungsoptimum bei 37 °C liegt.

Feuchtigkeit. Bakterielle Vermehrung ist immer an ein bestimmtes Maß von Feuchtigkeit gebunden. Deshalb gedeihen Bakterien am besten auf den feuchten Oberflächen des Magen-Darm-Kanals und auf den bedeckten Oberflächen der äußeren Haut (Achselhöhle, intertriginöse Falten). Der geringe Feuchtigkeitsgehalt der Haut ist für Mikroorganismen ein limitierender Faktor. Daher birgt ein Abdecken der Haut mit luftdichten Materialien (Gummihandschuhe) ein erhöhtes Infektionsrisiko in sich, da eine *„feuchte Kammer"* entsteht.

Nährstoffe. Die den Bakterien zur Verfügung stehenden Substrate können entweder direkt mit der Nahrung zugeführt sein, oder sie entstammen dem wirtseigenen Metabolismus oder dem Stoffwechsel anderer Bakterien. Lebens- und Eßgewohnheiten beeinflussen die Besiedlung mit Mikroorganismen. Im Munde finden sich z. B. in hoher Zahl kohlehydratverwertende Bakterien. Bei hohem Zuckerkonsum fallen entsprechend große Mengen an Milchsäure an, die mit Plaquebildung und Kariogenese im Zusammenhang steht (s. S. 230). Proteolytische Bakterien im Mundbereich führen zur Alkalisierung und stellen somit einen antagonistischen Effekt zur Wirkung der saccharolytischen Bakterien her; sie bedingen auch den Mundgeruch.

Metabolite. Die Weiterverwertung von Metaboliten („mikrobielle Sukzession", s. S. 39), die bei der primären bakteriellen Nutzung von Nährstoffen anfallen, stellt ebenfalls ein mikroökologisches Kontrollprinzip dar. So wird z. B. das von Milchsäurebakterien gebildete Laktat von Propionibakterien zu Propionat und Essigsäure vergoren. Diese Produkte können dann weiter von Enterobakterien oder Bacteroides-Arten zu CO_2 und H_2 verstoffwechselt werden. Daraus können schließlich Methanbakterien Methangas bilden. Die aus der Proteolyse entstehenden Aminosäuren können von Clostridien oder Fusobakterien desaminiert und als kurzkettige Fettsäuren (Essigsäure, Buttersäure, Iso-Buttersäure etc.) ausgeschieden werden.

Sauerstoffpartialdruck. Für obligate Anaerobier stellen O_2-Folgeprodukte (O_2^-, H_2O_2 etc.) potente Zellgifte dar. Obwohl die Haut und Schleimhaut des Rachens ständig dem Luftsauerstoff ausgesetzt sind, findet sich hier eine reichhaltige anaerobe Flora, weil in den luftnahen Schichten die oxidati-

ve Tätigkeit aerober Bakterien ein tiefes Eindringen des Sauerstoffs verhindert. Im Darm nimmt nach kaudal der O_2-Partialdruck kontinuierlich ab, und damit steigt der Anteil der Anaerobier stetig an.

Wasserstoffionenkonzentration. Die Wasserstoffionenkonzentration (pH) hat an einigen Standorten eine herausragende regulatorische Bedeutung. Im *Magen* werden durch die Sekretion von HCl Werte bis zu pH 1 erzielt. Unter diesen Bedingungen ist auf Dauer kein bakterielles Leben möglich. In der *Vagina* der geschlechtsreifen Frau beträgt der pH 4–4,5 infolge der Milchsäurebildung durch Laktobazillen. Diese Keime behindern dadurch die Ansiedlung von pathogenen Erregern. Auf der *Haut* werden pH-Werte um 5,5 gefunden. Auch hier gedeihen nur relativ säureresistente Keime. Eine Alkalisierung führt zu Entzündungen durch andere Bakterien und Hefen.

4.1.2 Bakterielle Interaktionen

Bakterielle Interaktionen bestimmen die Zusammensetzung der mikrobiellen Flora wesentlich mit.

Substratkonkurrenz. Sie führt zu gegenseitiger Einschränkung von Bakterien im Wachstum.

Metabolithemmung. Einen ebenfalls antagonistischen Effekt stellt die Metabolithemmung dar. Hierbei werden von einer Spezies Abfallprodukte abgegeben, die für andere Spezies toxisch sind (z. B. H_2O_2, H_2S, kurzkettige Fettsäuren etc.).

Bacteriocine. Davon zu trennen sind toxische Produkte, die als Bacteriocine bezeichnet werden. Im Gegensatz zu den Metaboliten werden diese Substanzen aktiv gebildet und besitzen eine antibiotische Wirkung gegen artverwandte Arten.

Jeder Bakterienstamm, der ein *Colicin* produziert, bildet gleichzeitig ein dazu passendes Immunitätsprotein (*I-Protein*), welches das eigene Colicin bindet und unwirksam macht. Auf diese Weise schützt sich das Bakterium vor dem eigenen Geschoß.

Colicin E-1 wird von der Zelle abgegeben. Trifft es auf eine E.-coli-Zelle mit passendem Rezeptor, so wird E-1 gebunden und dringt nun durch die Bakterienwand hindurch bis zur inneren Membran. Dort induziert es kleine Kanäle (Poren), die

die Membranfunktion aufheben. Trifft E-1 auf eine E.-coli-Zelle des Produzentenstammes, wird es in der Membran durch die Bindung des I-1-Immunitätsproteins neutralisiert.

Colicin E-2 ist ein DNS-spaltendes Enzym. Es wird stets im Komplex mit dem Immunitätsprotein I-2 freigesetzt. E-2–I-2-Komplexe binden sich an Rezeptoren von anderen E.-coli-Zellen. In der Folge gelangt das E-2-Protein auf ungeklärte Weise in die Zelle; I-2 wird in oder an der Zellwand zurückgelassen. E-2 muß dabei die Zellwand und die innere Membran der Bakterien passieren.

Mikrobielle Sukzession. Synergistische Effekte zwischen verschiedenen Arten verschaffen den beteiligten Arten Vorteile. Nur durch mikrobielle Sukzession, d. h. den stufenweisen Abbau des Substrats durch verschiedene Arten gelingt die Mineralisierung.

Kreuzweise Entgiftung. Ein weiteres Prinzip basiert auf der kreuzweisen Entgiftung des Milieus mittels respiratorischer Entfernung des Sauerstoffs durch einen aeroben Keim (z. B. E. coli) und die Bildung einer β-Laktamase durch einen Anaerobier (z. B. Bacteroides). Dazu kommt dann noch in aeroben/aneroben Mischkulturen, daß sich die biologischen Eigenschaften der LPS von E. coli und B. fragilis unterscheiden: Das LPS von B. fragilis induziert weit geringer die Bildung von Immunmodulatoren (TNF, IL, IFN etc.) als das von E. coli. Daraus resultiert in einer Mischpopulation eine Repression der genannten immunologischen Wirtsfunktionen. Weitere wichtige Synergismen sind zu vermuten beim Transfer von Wachstumsfaktoren, plasmidgebundenen Resistenzfaktoren u. ä.

4.2 Wirkungen der Normalflora

Entwicklung des Immunsystems. Die Entwicklung des Immunsystems wird durch die physiologische Bakterienflora stimuliert. Dies läßt sich dadurch belegen, daß es bei keimfrei aufgezogenen Versuchstieren sowohl zu Immunmangelzuständen als auch zur unvollständigen Ausbildung der Peyerschen Plaques kommt.

Kolonisationsresistenz. Das „ökologische Gleichgewicht" der Normalflora ist ständig natürlichen Einflüssen ausgesetzt; es zeigt aber eine starke Tendenz, diesen Störfaktoren entgegenzuwirken und zum Optimum zurückzukehren. Daraus resultiert die sogenannte Kolonisationsresistenz. Sie bewirkt, daß die aus der Umwelt eingedrungenen Keime nicht oder nur vorübergehend im Wirt zur Ansiedlung gelangen. Die Normalflora leistet also einen wichtigen Beitrag bei der Abwehr von pathogenen Erregern (Bakterien, Pilze). Dieses Prinzip sollte bei jeder antibiotischen Therapie bedacht werden (s. S. 827).

Infektionsquelle. Die Normalflora kann sich auch negativ auswirken. So stammt bei *immunsupprimierten* Patienten die Mehrzahl der Infektionserreger aus der patienteneigenen Bakterienflora. Zudem können die Mitglieder der Normalflora nach vorausgegangener Schädigung (z. B. Blasenkatheter, Verbrennungen oder virale Infektion) eine *Superinfektion* bzw. *nosokomiale Infektion* hervorrufen (s. S. 996).

Kanzerogenese. Die Kanzerogenese wird im gastrointestinalen Trakt mit der Normalflora in Zusammenhang gebracht. Unter der Wirkung von Mikroorganismen werden einerseits Proteine bis zur Stufe der Aminosäuren abgebaut und andererseits Nitrat, das häufig zu Fleisch als Konservierungsstoff zugesetzt wurde, zu Nitrit reduziert. Diese beiden Komponenten reagieren spontan im sauren Milieu des Magens zu Nitrosaminen, die als potente Kanzerogene bekannt sind.

Bei ballaststoffarmer Kost mit einem hohen Anteil an tierischen Eiweißen und Fetten fallen vermehrt Steroide und Gallensäurederivate an, die unter der Wirkung von Darmbakterien zu kanzerogenen Substanzen (z. B. Cholanthrenderivaten) metabolisiert werden. Unter dieser Diät nimmt die intraluminale Verweildauer der Faezes zu; entsprechend höher ist die Inzidenz des Kolonkarzinoms.

4.3 Die bakterielle Normalbesiedlung im einzelnen

Haut. Die Haut ist mit bis zu 1000 Keimen/cm^2 Oberfläche Gewebe besiedelt (Tabelle 4.1). Koagulasenegative Staphylokokken, die man regelmäßig auf der Haut findet, haben verstärkte Beachtung als Erreger der Kathetersepsis gefunden.

Die Besiedlung des äußeren Gehörganges, der vorderen Nasenhöhle und der distalen Urethra entspricht derjenigen der Haut.

Konjunktiva. Die Konjunktiva Gesunder ist von wenigen coryneformen Bakterien und S. epidermidis besiedelt. Die Besiedlung ist deshalb dürftig, weil das Epithel durch den Lidschlag permanent gereinigt wird.

Oropharynx. Die Schleimhaut des Mundes und des Rachens ist von einer dichten Flora anaerober und aerober Bakterien besiedelt: Man schätzt, daß 1 ml Speichel ca. 10^8 Bakterien enthält. Vorherrschend sind α-hämolysierende Streptokokken und Neisserien.

Obligat anaerobe Bakterien finden sich in den Zahnfleischfalten um die Zähne herum und in den Tonsillen-Krypten. Die obligaten Anaerobier der Mundflora sind an der Pathogenese der *chronischen Parodontitis* beteiligt. Die Besiedlung der Zahnoberfläche wird stark von Ernährungsgewohnheiten und Zahnhygiene bestimmt. Es finden sich auch am gesunden Zahn Beläge und Plaques, die bei Progredienz zur Karies führen.

Im *Sulcus gingivalis* finden sich bis zu 10^{12} Keime/ml Exsudat, überwiegend Anaerobier. Dort sind verschiedene α-hämolysierende Streptokokken, Staphylokokken, Eikenella corrodens, verschiedene Vibrionen (Campylobacter sputorum, Selenomonas, Wolinella) sowie weitere besonders O_2-empfindliche Keime (Capnocytophaga, Leptotrichia und Treponemen).

Magen. Der Magen Gesunder ist wegen der Magensalzsäure bis auf die transiente Flora durch Nahrung und Speichel steril. Erst wenn der pH-Wert des Magens ansteigt, kann sich dort eine Bakterienflora etablieren, was dann als pathologisch zu werten ist.

Dünndarm. Der untere Dünndarm kann aufgrund seiner großen inneren Oberfläche in ein mehrstufiges „*Mikrohabitat*" untergliedert werden. Die Zusammensetzung der Mikroflora

- im Lumen,
- auf den Zotten und
- in den tiefen Krypten ist unterschiedlich.

Sie wird kontrolliert durch die sezernierten Gallensäuren, Pankreasenzyme, Schleime, intramurale Abwehrmechanismen („Gut-Associated"-lymphatic Tissue) und die Sauerstoffspannung, die kaudalwärts absinkt.

Beim Gesunden sind die oberen Anteile des Dünndarms bakterienfrei. Weiter kaudal finden sich grampositive anaerobe Stäbchen und Fusobakterien; nicht selten treten jetzt auch fakultativ anaerobe Stäbchen (Enterobacteriaceae) auf. Im *Lumen* halten sich hauptsächlich schnell wachsende, nicht adhärierende Bakterien auf (Laktobazillen, Clostridien). Auf den Oberflächen von *Zotten* adhärieren vermehrt gramnegative Stäbchen, und in der Tiefe der *Krypten* finden sich vermehrt stark bewegliche, nicht adhärierende, meist auch nicht obligat anaerobe Keime.

Unter *pathologischen Bedingungen* nehmen die Erregerzahlen zu. Auch die bakterienfreien Dünndarmabschnitte können dann besiedelt werden. Als Ursachen wirken sich häufig eine *Stase* bei Störungen der zuführenden Organsysteme (anazider Magen, Gallenwegserkrankungen) oder *operative Eingriffe* aus.

Bei Überwucherung treten die Bakterien in Konkurrenz zur Resorptionsleistung des Wirtes. Es erfolgt deshalb eine verminderte Aufnahme von *Vitamin B12* (Folge: Anämie) und Proteinen. Außerdem werden vermehrt *Gallensäuren* dekonjugiert, so daß durch die verminderte Mizellenbildung die Fettresorption sinkt. Es resultiert eine Steatorrhoe, begleitet von einer vermehrten Ausscheidung lipophiler Vitamine.

Dickdarm. Im Kolon findet sich die höchste Bakteriendichte (bis zu 10^{12}/g Faezes). Offensichtlich herrschen hier optimale Bedingungen für bakterielles Wachstum. Die kontrollierenden Faktoren liegen hier überwiegend bei der mikrobiellen Flora selbst. Die Konkurrenz um ökologische Nischen limitiert weitgehend die bakterielle Proliferation.

Die *luminale Mikroflora* der Faezes besteht aus bis zu 500 Arten. Davon entfallen etwa 99% auf obligat anaerobe Bakterien; den Rest bilden fakultativ anaerobe Bakterien und Hefen. Die obligat anaerobe Population setzt sich etwa zu 75% aus den drei Gattungen Bacteroides, Bifidobacterium und Eubacterium zusammen (Tabelle 4.2). Deutlich seltener finden sich Clostridien, anaerobe Kokken, Fusobakterien und Laktobazillen. An fakultativ anaeroben Vertretern finden sich regelmäßig Enterobakterien und Enterokokken.

Bei der *wandständigen Flora* verschiebt sich das Verhältnis infolge besserer Sauerstoffversorgung zugunsten der fakultativ anaeroben Flora. Es finden sich häufiger Bakterien mit adhäsiven Fähigkeiten (z. B. E. coli). An Anaerobiern werden re-

Tabelle 4.2. Dickdarmflora des Menschen

Anaerobier (99%)	75%	Bacteroides Bifidobakterien Eubakterien
	25%	Clostridien anaerobe Kokken Fusobakterien Laktobazillen
Fakultative Anaerobier (1%)		Enterobakterien Enterokokken
Transient		Pseudomonas spp. Hefen Bacillus spp. Protozoen

gelmäßig Bacteroides spp., Clostridium spp. und Eubacterium spp. isoliert.

Bei *fehlbesiedelten* Dickdärmen findet sich eine Zunahme an Aerobiern, wogegen sich die Artenzahlen der obligaten Anaerobier vermindern. Dagegen werden Bacteroides fragilis und Clostridium perfringens häufiger isoliert. In Einklang dazu steht, daß an infektiösen Bauchraumprozessen B. fragilis regelmäßig beteiligt ist.

Mit Muttermilch gestillte Säuglinge besitzen eine Dickdarmflora, die bis zu 99% aus anaerob wachsenden grampositiven Stäbchen der Gattung Bifidobakterien besteht. Diese vergären die in der Muttermilch reichlich vorhandene Laktose zu Essigsäure. Der resultierende pH-Wert von 5–5,5 ist für diese Bakterien optimal. Mit Kuhmilch oder Babynahrung aufgezogene Säuglinge weisen eine Bakterienflora auf, die derjenigen des Erwachsenen gleicht, da Kuhmilch eine größere pH-Pufferkapazität als Muttermilch hat.

Vagina. Der pH-Wert der Vagina spielt für die Stabilität der bakteriellen Vaginalflora eine ausschlaggebende Rolle. Das saure Milieu erlaubt eine Besiedlung durch nur wenige Bakterienarten. Ein Anstieg des pH-Wertes führt zu einer Verschiebung des physiologischen Gleichgewichts zugunsten anderer obligat anaerober Bakterien, die ein alkalisches Milieu bevorzugen.

Auch durch ärztliche Maßnahmen, Antibiotika-Therapie, bei chirurgischen Eingriffen, Instrumentation, Neoplasien, Bestrahlung, Östrogenbehandlung (s. u.) und immunsuppressiver Therapie wird die vaginale Bakterienflora beeinflußt. Die „Grundbesiedlung" der Vagina erfolgt hauptsächlich durch Laktobazillen („Döderlein-Flora"). Ihr Wachstumsoptimum liegt im sauren pH-Bereich. Der Hauptvertreter ist Lactobacillus acidophilus.

Durch ihre Tätigkeit wird das in den vaginalen Epithelzellen gespeicherte Glykogen zu Milchsäure metabolisiert und dadurch der pH-Wert bei 4,0–4,5 stabilisiert. Als Erreger von Infektionen kommen die Mitglieder der Döderlein-Flora kaum in Betracht. Weitere Anaerobier kommen auf der Vaginalschleimhaut nur in geringer Menge vor. Sie finden sich vermehrt bei Mädchen vor der Geschlechtsreife und bei Frauen nach der Menopause. *Östrogene*, physiologisch sezerniert oder appliziert („Pille"), behindern das Wachstum von Laktobazillen durch verminderte Glykogen-Sekretion. Die daraus resultierende Alkalisierung begünstigt das Wachstum fakultativ anaerober Bakterien und Hefen; dies wiederum führt zur weiteren Verdrängung der übrigen anaeroben Flora. In der *ersten Zyklushälfte* sind Anaerobier vermehrt nachweisbar; entsprechend hoch ist auch die Inzidenz von Posthysterektomie-Infektionen in diesem Zyklusabschnitt.

Infektionen, an denen obligate Anaerobier beteiligt sind, finden sich im Bauchraum und im Bereich des weiblichen Genitale. Daher kann Clostridium perfringens bei nicht sachgerecht durchgeführter Abruptio Gasbrand verursachen.

Daneben können in der Vaginalflora gesunder Frauen Bakterien vorkommen, die nicht zur physiologischen Standortflora gehören. Sie müssen als fakultativ pathogen angesehen werden, wenn man sie in entsprechend hoher Keimzahl aus dem Entzündungsherd isoliert.

Gerade bei der unspezifischen Vaginitis findet eine quantitative Verschiebung der Keimflora statt, die mit klinischen Symptomen assoziiert ist.

Besonders bei therapieresistenten Fällen ist auch zu prüfen, inwieweit Träger(innen) dieser Erreger als symptomlose Infektionsquellen für ihre Sexualpartner anzusehen sind. Im einzelnen handelt es sich bei diesen Erregern um: Enterokokken, S. aureus, β-hämolysierende Streptokokken der Gruppe B, Enterobakterien, Listeria monocytogenes, Sproßpilze und Gardnerella vaginalis.

4.4 Iatrogene Störungen der Mikroökologie

Operative Eingriffe. Der Einsatz chirurgischer Maßnahmen kann zu bakteriologischer Fehlbesiedlung, meist im Gastrointestinaltrakt, führen. Diese sind klar zu unterscheiden von chirurgischen Infektionen, die beim Durchtrennen anatomischer Barrieren (z.B. Hautinzision) entstehen.

Bei *Magenoperationen* mit Billroth-II-Anastomose kommt es zum Syndrom der zuführenden Schlinge; d.h. der prägastrale Anteil des Duodenums dilatiert mit Anstau von Nahrung und Duodualsaft. Dadurch kommt es hier zum verstärkten bakteriellen Wachstum. Bei Eingriffen am *Dünndarm* (z.B. Seit-zu-Seit-Anastomose oder Gastroenterotomie) kommt es zur Stagnation der Ingesta in ausgeschalteten und ausgesackten Darmanteilen. Es resultiert das Blindsacksyndrom.

Fehlbesiedelungen sind auch nach Operationen an *Galle* und *Pankreas* beobachtet worden. Offensichtlich führt hier die andersartige Zusammensetzung des Chymus auch zur Veränderung der Mikroflora.

Die *trunkuläre Vagotomie* bei Duodenalulkus führt zur Hypomobilität von Magen und Dünndarm. Durch die Stase des Nahrungsbreies wird eine brutkammer-ähnliche Situation erzeugt, die mit starker Bakterienvermehrung einhergeht.

Antibiotische Therapie. Bei jeder antibiotischen Therapie wird notwendigerweise auch die Normalflora in Mitleidenschaft gezogen. Sie führt zu einer Vermehrung einzelner, besonders resistenter Arten. Infolge der starken Besiedlung sind in diesem Zusammenhang die Störungen im Gastrointestinaltrakt von besonderer Bedeutung.

Eine Reihe von Antibiotika ist in der Lage, unter dem Bild einer *antibiotikaassoziierten Kolitis* (s. S. 364) eine Diarrhoe zu induzieren. Es kommt hierbei zu einer starken Vermehrung von toxinbildenden Stämmen von Clostridium difficile, welches auch unter physiologischen Bedingungen in geringen Mengen in der Normalflora gefunden wird.

Nach bauchchirurgischen Eingriffen kann es durch die begleitende antibiotische Therapie zur *postoperativen Enterokolitis* durch S. aureus kommen.

Es werden auch Überwucherungen des Darmes durch Pseudomonas, Klebsiellen und Proteus beobachtet. Ein besonders häufiges Phänomen ist der starke *Pilzbefall* nach antibiotischer Therapie. Es finden sich im Mund (Soor), Magen, Vagina und Darmtrakt dicke Beläge von Candidaarten.

Applikation auf der Haut führt dort zu einer Änderung der Flora: Die grampositiven Bakterien werden reduziert; dafür vermehren sich gramnegative Stäbchen und Sproßpilze.

Antitumor-Chemotherapie. Bei der antitumorösen Chemotherapie werden die schnell proliferierenden Epithelzellen am stärksten in Mitleidenschaft gezogen. Es kommt daher häufig zu einer entzündlichen Reaktion der Schleimhäute im gesamten Verdauungstrakt. Dadurch fallen im Darmlumen vermehrt tote Epithelien an, die zu einem erhöhten Nahrungsangebot für Bakterien und damit zu einer Fehlbesiedelung führen.

Gleichzeitig wird durch das vermehrte Abschilfern der Epithelzellen die mechanische Abwehrleistung der Darmmukosa unterbrochen, so daß eine Besiedlung des benachbarten Gewebes möglich wird.

Daneben zeigt die Chemotherapie eine stark *immunsuppressive* Wirkung. Ein weiterer Mechanismus der besonderen Infektionsgefährdung ist die durch Zytostatika bedingte Granulozytopenie mit der Gefahr schwerer Infektionen und septischer Generalisierungen. Man findet folglich bei Tumorpatienten häufig schwere Infektionen, die von der Kolonisationsflora ihren Ausgang nehmen. Besonders gefürchtet sind Infektionen durch Enterobakterien, Pseudomonaden, Streptokokken und Hefen.

4.5 Änderung der Mikroökologie aus therapeutischen Gründen

Totale und selektive Darmdekontamination. Patienten mit malignen hämatologischen Erkrankungen (z.B. akute Leukämie) neigen immer wieder zu schweren Infektionen durch Bakterien der wirtseigenen Flora, meist gramnegative Stäbchen aus dem Darm. Es ist daher sinnvoll, bei diesen Patienten mittels oral applizierter, nicht resorbierbarer Antibiotika eine selektive Darmdekontamination vorzunehmen. Dabei ergeben sich optimale Resultate, wenn eine anaerobe Restflora im Darm erhalten bleibt. Es entwickelt sich so eine Kolonisationsresistenz gegenüber potentiell pathogenen Keimen.

Die totale Darmdekontamination wird weiterhin bei der Knochenmarkstransplantation praktiziert, da sich hier durch diese Therapie das Risiko einer späteren Graft-versus-Host-Reaktion senken läßt.

Darmdekontamination bei Leberzirrhose. Bei finaler Leberzirrhose reicht die Leberfunktion nicht mehr aus, den infolge des bakteriellen Stoffwechsels im Darm anfallenden Ammoniak zu entgiften, und es entsteht die sog. „Hepatische Enzephalopathie".

Prophylaktisch wird deshalb einerseits ein nicht resorbierbares Antibiotikum (z. B. Paromomycin) zur Elimination der (proteolytischen) Enterobakterien appliziert; auf Anaerobier hat dieses Aminoglykosid keine Wirkung. Andererseits gibt man oral noch einen nicht resorbierbaren Zucker (Lactulose), der bakteriell abgebaut wird und zur Ansäuerung des Stuhles führt. Dadurch liegt der anfallende Ammoniak überwiegend als NH_4^+ vor, wodurch seine Resorbierbarkeit reduziert wird.

Perioperative Prophylaxe. Bei chirurgischen Eingriffen mit erhöhtem Infektionsrisiko ist es üblich, *eine* Dosis eines Antibiotikums vor Operationsbeginn zu geben (s. S. 829).

ZUSAMMENFASSUNG: Physiologische Bakterienflora

Regulation der Bakterienflora:
- durch Wirtsfaktoren: Temperatur, Feuchtigkeit, Nährstoffe, Metabolite, Sauerstoff und pH;
- durch bakterielle Interaktion: Antagonistische Effekte (Substratkonkurrenz, Metabolithemmung und Bacteriocine) und synergistische Effekte (mikrobielle Sukzession, kreuzweise Entgiftung des Milieus).

Wirkung der Normalflora:
- positive Auswirkungen (Kolonisationsresistenz);
  - negative Auswirkungen (Superinfektion, Kanzerogenese).

Normalbesiedlung:
- trockene Oberflächen (Haut): grampositive Mischflora;
- Schleimhäute:
  - Rachen und obere Atemwege: Aerobe und anaerobe Mischflora;
  - Magen und Dünndarm: steril;
  - Kolon: überwiegend anaerobe Mischflora, dazu Enterokokken und Enterobakterien;
  - Vagina: überwiegend Lactobazillen;
- übrige Körperareale (Liquor, Blut, Blase und innere Genitale): steril.

Iatrogene Störungen der Mikroökologie:
- Operative Eingriffe (z. B. Gallenoperation, trunkuläre Vagotomie);
- Antibiotische Therapie (Folge: z. B. antibiotikaassoziierte Kolitis, Pilzinfektion);
- Hormonelle Therapie (Folge: vaginaler Soor);
- Antitumor-Chemotherapie (Folge: Immunsuppression und Epithelzellschäden führen zu schweren Allgemeininfektionen).

Änderung der Mikroökologie aus therapeutischen Gründen:
- Darmdekontamination bei Immunsuppression;
- Darmdekontamination bei Leberzirrhose.

Immunologie

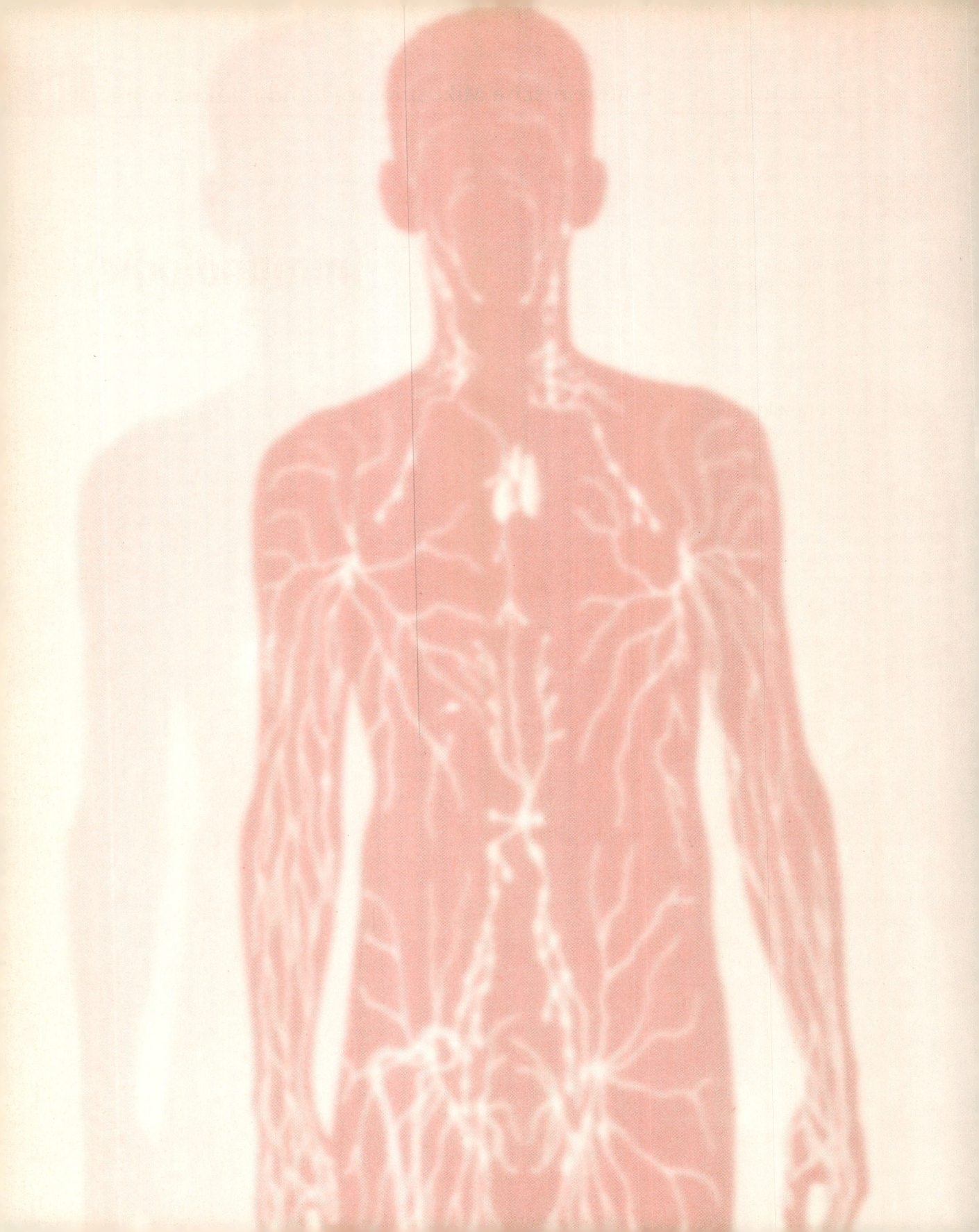

S. H. E. KAUFMANN

EINLEITUNG

Das Überstehen einer Infektionskrankheit verleiht dem Genesenen häufig **Schutz** vor deren Wiederholung. Wer einmal an Masern erkrankte, ist für den Rest seines Lebens masernunempfänglich. Diese Eigenschaft ist nicht angeboren, sondern **erworben**: Jeder Mensch ist nach seiner Geburt empfänglich für Masern; die Unempfänglichkeit entsteht erst durch die Krankheit selbst.

1.1 Immunreaktion

Die erworbene Unempfänglichkeit ist *spezifisch* (lat. arteigentümlich). Sie besteht nur gegen diejenige Erregerart oder -unterart, welche die Erkrankung verursacht hat. Der Schutz des Rekonvaleszenten ist also nicht allgemeiner Natur, sondern auf den Erreger der Ersterkrankung beschränkt. Man bezeichnet den Zustand der erworbenen und spezifischen Unempfänglichkeit als *„erworbene Immunität"* oder kurz *„Immunität"*. Der Vorgang, der zur Immunität führt, wird Immunisierung genannt. Die Immunisierung ist im betroffenen Organismus an die Tätigkeit eines besonderen Organs gebunden; man nennt es Immunorgan, *Immunsystem* oder auch Immunapparat. Das Immunorgan tritt nur dann in Tätigkeit, wenn es durch geeignete Reize stimuliert wird. Deshalb bezeichnet man die Vorgänge, die sich dort nach der Stimulation des Immunsystems abspielen, zusammenfassend als *Immunreaktion.*

Der materielle Träger des Immunisierungsreizes wird als *Antigen* bezeichnet. Antigene sind makromolekulare Stoffe mit spezifischer Struktur. Der Immunstimulus wird häufig als *Antigenreiz* bezeichnet.

Die Immunreaktion gliedert sich in 2 Phasen. In der *ersten Phase* entstehen, durch den Antigenreiz ausgelöst, die spezifischen *Immunprodukte*. Es sind besondere Moleküle (Antikörper, die von aktivierten B-Lymphozyten gebildet werden) oder besondere Zellen (aktivierte T-Lymphozyten). Diese besitzen kritische Abschnitte, die in ihrem Aufbau jeweils der Struktur des stimulierenden Antigens entsprechen. Im Hinblick auf dieses Antigen haben sie deshalb ein selektiv-exklusives Reaktionsvermögen. Da diese beiden Elemente die eigentlichen Träger des Schutzes sind, den die Immunisierung verleiht, nennt man sie auch *Effektoren*. Kurz gesagt: Das Immunsystem reagiert auf die induzierende Wirkung des Antigens mit der Bildung spezifischer Effektoren (nämlich Antikörpern und/oder T-Lymphozyten). Deshalb wird der erste Abschnitt der Immunreaktion zusammenfassend als *Induktionsphase* bezeichnet. Das komplexe Geschehen wird in den Kapiteln 8 und 9 erklärt.

Die *zweite Phase* der Immunreaktion wird eingeleitet, wenn die Immunprodukte mit dem Antigen in Berührung kommen. Die Effektoren erkennen das Antigen als dasjenige wieder, welches ihre Bildung veranlaßte und reagieren mit ihm. Diese Reaktion behindert die schädlichen Wirkungen des Antigens und leitet dessen Eliminierung ein. Die zweite Phase der Immunreaktion wird deshalb als *Abwehr-, Effektor-* oder *Leistungsphase* bezeichnet.

1.2 Epitope

Antigene bestehen aus Makromolekülen; auf deren Oberfläche befinden sich frei zugängliche Strukturelemente, die man *Epitope* oder *Determinanten* nennt. Als Epitope können zahlreiche Stoffgruppen dienen, z. B. einfache Zucker, Peptide aus 6–8 Aminosäuren oder organische Ringstrukturen wie Benzol. Die Dimensionen des Epitops liegen bei Werten wie 25×25×25 Å. Die chemischen Möglichkeiten der Epitop-Vielfalt sind kaum abschätzbar:

Die Zahl der denkbaren Epitopstrukturen ist wesentlich höher als 10^{12}.

1.3 Antigen-Antikörper-Reaktion

Die immunologische *Spezifität* des Antigens wird durch die Tatsache erkennbar, daß ein gegebenes Epitop den Immunapparat veranlaßt, *Immunprodukte* (Antikörper oder aktivierte T-Lymphozyten) zu bilden, die dem Epitop strukturkomplementär sind (Paratope), sich zu ihm also so verhalten wie das Schloß zum Schlüssel. Wir erkennen die strukturelle Komplementarität zwischen Paratop und Epitop z.B. durch die Bindung des Antikörpers an das Antigen. Es entsteht ein *Antigen-Antikörper-Komplex*; als Synonym verwendet man auch den Ausdruck *Immunkomplex*.

Die Reaktionsfähigkeit eines gegebenen Antikörpers gegenüber dem Epitop ist exklusiv: Ein bestimmter Antikörper reagiert im Prinzip nur mit derjenigen Epitopstruktur, die zu seiner Bildung Anlaß gab; mit Epitopen anderer Struktur reagiert er nicht. Der Antikörper kann also zwischen verschiedenen Epitopen dadurch unterscheiden, daß er sich selektiv mit dem für ihn komplementären Epitop verbindet. Man pflegt zu sagen, daß der Antikörper „sein" Epitop *erkennt*. Umgekehrt sagt man, das Antigen „erkenne" den ihm korrespondierenden Antikörper.

An Stelle des Ausdrucks „korrespondierend" benutzt man vielfach die Ausdrücke *„homolog"* oder *„strukturkomplementär"*. In diesem Sinne heißt es: „Ein Antikörper reagiert nur mit dem homologen Antigen" oder „Die erworbene Immunität gilt nur für den homologen Erreger". Die besondere Fähigkeit eines gegebenen Antikörpers, das homologe, aber kein anderes Antigen zu erkennen, wird durch das Wort „zuständig" zum Ausdruck gebracht. Man sagt: „Für die Erkennung des Epitops x ist der homologe Antikörper zuständig." Der Ausdruck „Zuständigkeit" bezieht sich auf die Frage, welcher Ausschnitt aus dem Riesenspektrum der Epitopstrukturen von einem Antikörper oder einer analogen Zellstruktur erkannt werden kann. (Der aus dem englischen Sprachgebrauch stammende Ausdruck „Kompetenz" hat eine andere Bedeutung: Er bezieht sich auf den funktionellen Reifegrad des Immunorgans bzw. der Immunzelle.)

Die Fähigkeit des Immunsystems, auf eine enorme Vielfalt von Epitopen stets spezifisch, also strukturadäquat zu antworten, galt bis in die fünfziger Jahre als eines der großen Rätsel. Heute kann man die Strukturvielfalt der möglichen Immunprodukte befriedigend erklären, und die Antikörperdiversität ist kein Geheimnis mehr.

1.4 Antigene

Die Epitopstruktur ist zwar für die unverwechselbaren Eigenschaften des Antigens, d.h. für dessen Spezifität, verantwortlich. Für sich allein ist ein Epitop jedoch nicht in der Lage, den Immunapparat zu stimulieren. Die immunisierende Wirkung entsteht erst dann, wenn das Epitop *Bestandteil eines Makromoleküls* ist. Stoffe, deren Molekulargewicht unter dem Wert von etwa 2000 liegt, bleiben gegenüber dem Immunsystem wirkungslos. Man trennt deshalb bei einem Antigen das Epitop von seinem makromolekularen *Träger* begrifflich ab: Der Träger ist maßgebend für die *Immunogenität* und das Epitop für die *Spezifität*. Immunogen ist ein Stoff dann, wenn er das Immunsystem stimuliert. So kann z.B. ein einfaches Disaccharid aus Glukuronsäure und Glukose für sich allein keine Immunreaktion auslösen. Koppelt man diese Zucker aber an ein Protein, so entsteht ein immunogenes Produkt, bei dem die Zuckermoleküle als Epitope wirken. Wir bezeichnen ein freies, nicht-makromolekulares Epitop als *Hapten* und das makromolekulare Kopplungsprodukt als *Voll-Antigen*. Gegenüber dem lebenden Organismus ist das Hapten für sich allein unwirksam; erst als Bestandteil des Voll-Antigens erlangt es seine immunisierende Wirksamkeit.

1.5 Zelluläre Immunität

Das Gesagte gilt für den Antikörper und sein homologes Antigen. T-Lymphozyten erkennen lediglich Proteinantigene. Die Antigendeterminanten dieser Proteine werden aber nicht direkt erkannt. Vielmehr muß das T-Lymphozyten-Antigen zuerst von einer Wirtszelle in geeigneter Weise verarbeitet werden. Es wird dann auf deren Oberfläche von Molekülen dargeboten, welche von einem bestimmten Gen-Komplex, dem *Haupt-Histokompatibilitäts-Komplex*, kodiert werden (s. Kap. 7). Man nennt diese Vorgänge auch *Prozessierung* und *Präsentation des Antigens*. Der T-Lymphozyt erkennt ein Peptid aus 8 bis 20 Aminosäuren, das vom Fremdantigen stammt, in Assoziation mit einem körpereigenen Molekül des Haupt-Histokompatibilitäts-Komplexes.

Auf diese Weise können T-Lymphozyten ihre Hauptaufgabe erfüllen, infizierte Wirtszellen zu erkennen. Bakterien, Protozoen oder Pilze, die im Inneren von Wirtszellen überleben können, sezernieren Proteine, die dann mit Hilfe der sog. Klasse II-Moleküle des Haupt-Histokompatibilitäts-Komplexes von Antigen-präsentierenden Zellen dargeboten werden. Dies führt zur Stimulation von *Helfer-T-Lymphozyten*. Diese produzieren lösliche Botenstoffe, sog. *Zytokine*, die andere Zellen des Immunsystems aktivieren. Dies wiederum führt zur Makrophagenaktivierung, zur Antikörperproduktion durch B-Lymphozyten und zur Aktivierung zytolytischer T-Lymphozyten. Die zytokinvermittelte Aktivierung mobilisiert die für die Abwehr von Bakterien, Pilzen und Protozoen verantwortlichen Immunmechanismen. Die zytokinproduzierenden Helfer-T-Lymphozyten tragen auf ihrer Oberfläche als charakteristisches Erkennungsmerkmal das CD4-Molekül. Die sog. Klasse I-Moleküle des Haupt-Histokompatibilitäts-Komplexes präsentieren in erster Linie Antigene viralen Ursprungs, die während der Virusneubildung durch infizierte Wirtszellen anfallen. Charakteristischerweise tragen die aktivierten T-Lymphozyten das Oberflächenmerkmal CD8. Ihre Hauptaufgabe liegt in der Lyse infizierter Wirtszellen; es handelt sich daher um *zytolytische T-Lymphozyten*.

1.6 Angeborene Resistenz

Die Widerstandsfähigkeit gegen Infektionen ist nicht ausschließlich an das Vorhandensein der erworbenen, spezifischen Immunität gebunden. Das Immunorgan verfügt über Teilsysteme, die dem Organismus ohne vorausgehende Infektion antimikrobiellen Schutz bieten. Die dadurch bewirkte Widerstandsfähigkeit ist *angeboren* (nicht erworben) und *unspezifisch*, d.h. prinzipiell unabhängig von der Erregerspezies. Sie dient als Basisabwehr.

Die Zellen der angeborenen Immunität erkennen Muster von Erregerbausteinen. Diese *Mustererkennung* führt zur Aktivierung der angeborenen Immunantwort während der frühen Phase der Infektion.

Die angeborene Immunität stellt einen Teil der *natürlichen Resistenz* dar. Zur natürlichen Resistenz gehören die verschiedenartigsten Schutz- und Abtötungsmechanismen. In diesem Sinne wirken z.B. die mit Flimmerepithelien ausgestatteten Schleimhäute des Respirationstraktes oder die Darmperistaltik, die den laufenden Weitertransport des Darminhalts mit seinen unzähligen Mikroorganismen bewirkt. Diese Mechanismen haben mit dem Immunsystem direkt nichts zu tun; sie werden an anderer Stelle behandelt.

Nach Überwindung der äußeren Barrieren treffen Krankheitserreger auf die zellulären und humoralen Träger der angeborenen Immunität. Die wichtigsten Vorgänge sind hier die Keimaufnahme (*Phagozytose*) und die darauf folgende Keimabtötung durch Freßzellen. Die Phagozytose obliegt in erster Linie den *Granulozyten* und den Zellen des *mononukleär-phagozytären Systems*. Eine besondere Funktion üben *Natural-Killer-Zellen* aus; sie sind in der Lage, virusinfizierte Zellen und Tumorzellen durch Kontakt abzutöten. Außerdem aktivieren die *Natural-Killer-Zellen* mononukleäre Phagozyten.

Unter den humoralen Faktoren ist das *Komplement* an erster Stelle zu nennen. Es lysiert Bakterien und neutralisiert Viren. Hochwirksam ist auch das **Interferon**, welches die intrazelluläre Virusvermehrung hemmt.

Am Ort der mikrobiellen Absiedlung kann es zusätzlich zu einer Entzündungsreaktion kommen, in deren Verlauf weitere Zellular- und Humoralfaktoren aktiviert werden. Die genannten Mechanismen werden bereits vor dem Beginn der erworbenen Immunantwort ausgelöst. Später wird ihre Aktivität durch die Faktoren der spezifischen Immunität verstärkt und reguliert; die Unterstützung und Verstärkung der angeborenen Immunität durch die erworbene Immunität ermöglicht die gezielte und kontrollierte Abwehr von Krankheitserregern.

Die Zellen des Immunsystems

S. H. E. KAUFMANN

EINLEITUNG

Das Immunsystem besteht aus verschiedenen Zellpopulationen, die sich aus einer gemeinsamen Stammzelle entwickeln. Im Blut eines Säugers findet man die Vertreter sämtlicher Populationen in Gestalt der weißen Blutkörperchen (Leukozyten).

2.1 Hämatopoese

Leukozyten entstehen aus *omnipotenten Stammzellen*, die beim Erwachsenen im Knochenmark angesiedelt sind. Zwei Wege der Differenzierung werden beschritten:

Myeloide Entwicklung. Es entstehen *Granulozyten* und *Monozyten*. Diese Zellen üben als *Phagozyten* wichtige Effektorfunktionen bei der Basisabwehr aus. Sie können Strukturunterschiede nur in beschränktem Maße erkennen.

Lymphoide Entwicklung. Es entstehen die Träger der spezifischen Immunantwort, die *T*- und *B*-

Lymphozyten. Ihre Fähigkeit, Strukturunterschiede zu erkennen, ist sehr groß.

Aus der einheitlichen Stammzelle entwickeln sich auch die übrigen Blutzellen, die Erythrozyten und Thrombozyten; diese Zellen tragen nur wenig zur Immunantwort bei. Die Entwicklung der Erythrozyten und Thrombozyten ist Teil der Myelopoese, da eine gemeinsame Stammzelle experimentell nachgewiesen werden konnte. Somit sind alle Blutzellen Abkömmlinge einer gemeinsamen omnipotenten hämatopoetischen Stammzelle. Die Hämatopoese ist schematisch in Abb. 2.1 dargestellt. Die Abbildungen 2.2 bis 2.8 zeigen die wichtigsten Zellen des Immunsystems.

2.2 Polymorphkernige Granulozyten

Die polymorphkernigen Granulozyten sind kurzlebige Zellen (Lebensdauer etwa 2 bis 3 Tage), die 60–70% aller weißen Blutkörperchen ausmachen. Granulozyten spielen bei der akuten Entzündungsreaktion eine vielfältige Rolle. Diese Zellen haben einen *gelappten Kern* und sind reich an *Granula* (Abb. 2.2–2.4). Die Granula sind zellbiologisch als eine besondere Ausprägung der Lysosomen aufzufassen. In diesen Granula findet man zahlreiche biologisch aktive Moleküle, welche die Granulozytenfunktionen vermitteln. Entsprechend den funktionellen Aufgaben unterscheidet sich der Inhalt der Granula von Zelltyp zu Zelltyp beträchtlich.

Dies kann man durch eine einfache Färbung nach *Giemsa* zeigen. Dabei wird ein Blutausstrich mit einer Mischung aus Methylenblau und Eosin gefärbt.

● Bei saurem Inhalt der Granula überwiegt die Reaktion mit dem basischen Methylenblau

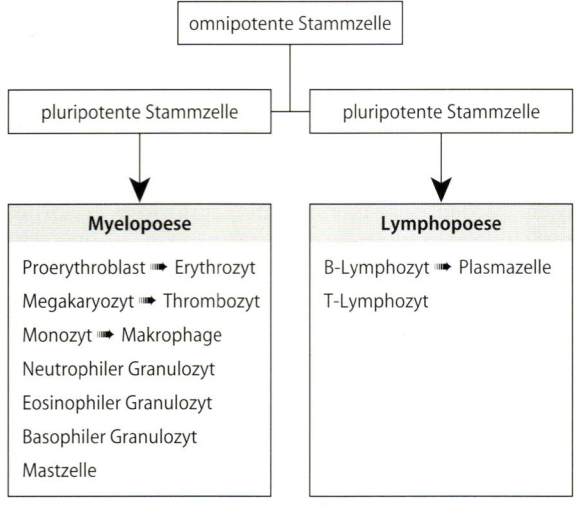

Abb. 2.1. Schema der Hämatopoese. Über die Myelopoese entstehen Erythrozyten, Thrombozyten, Granulozyten, Mastzellen und mononukleäre Phagozyten. Über die Lymphopoese entwickeln sich B- und T-Lymphozyten

(blaue Färbung): Wir haben es mit basophilen Granulozyten zu tun.

- Bei basischem Inhalt überwiegt die Reaktion mit dem sauren Eosin (rote Färbung): Es handelt sich um azidophile bzw. (gebräuchlicher) eosinophile Granulozyten.
- Besteht der Inhalt der Granula aus einer Mischung von basophilen und azidophilen Molekülen (schwach rosa Färbung), werden die Granulozyten als neutrophil bezeichnet.

Neutrophile polymorphkernige Granulozyten (Abb. 2.2).

Kurzbezeichnung: Neutrophile.

Sie bilden den überwiegenden Anteil (ca. 90%) der Granulozyten. Sie sind in der Lage, die verschiedensten Arten von Mikroorganismen zu phagozytieren und abzutöten; man kann sie als die Allroundzellen der akuten Entzündung bezeichnen (s. Kap. 9 und 10).

Neutrophile Granulozyten besitzen zwei Typen von Granula:

Primäre (azurophile) Granula machen etwa 20% der Granula aus. Sie enthalten u. a. verschiedene Hydrolasen, Lysozym, Myeloperoxidase (ein Schlüsselenzym bei der Bildung reaktiver Sauerstoffmetabolite) und kationische Proteine.

Die *sekundären Granula* enthalten hauptsächlich Lysozym und Laktoferrin. Nach der Phagozytose befinden sich die Mikroorganismen zunächst in den *Phagosomen*, welche anschließend mit den Granula (*Lysosomen*) verschmelzen. In den so entstandenen Phagolysosomen wirken dann die genannten Inhaltsstoffe der Granula auf die Mikroorganismen ein. Der Vorgang der Bakterienabtötung und die Rolle der Inhaltsstoffe wird im Kap. 9 genauer beschrieben.

Basophile polymorphkernige Granulozyten (Abb. 2.3).

Kurzbezeichnung: Basophile.

Sie machen weniger als 1% der Blutleukozyten aus. Bei diesen Zellen fallen besonders die prallgefüllten Granula auf. Sie enthalten hauptsächlich Heparin, Histamin und Leukotriene. Basophile zeigen eine geringe Phagozytoseaktivität. Nach geeigneter Stimulation geben sie ihre Inhaltsstoffe nach außen ab; auf diese Weise lösen sie die typischen Reaktionen der *Sofortallergie* aus (s. Kap. 10). Diese Ausschüttung geht mit einer mikroskopisch nachweisbaren *Degranulation* einher. Die Reaktion wird durch Antikörper der *IgE-Klasse* initiiert, die sich über entsprechende Rezeptoren an die Basophilen binden (s. Kap. 4).

Mastzellen.
Sie sind hauptsächlich in der Mukosa zu finden. Die Beziehung zwischen Mastzellen und Basophilen ist nicht völlig geklärt. Mastzellen haben ähnliche Funktion wie Basophile (s. Kap. 9).

Eosinophile polymorphkernige Granulozyten (Abb. 2.4).

Kurzbezeichnung: Eosinophile.

Sie stellen beim Gesunden etwa 3% der Granulozyten dar. Obwohl Eosinophile phagozytieren können, neigen sie eher dazu, ihren Granulainhalt an das umgebende Milieu abzugeben (Degranulation). Die Rolle der Eosinophilen ist nicht völlig geklärt; sie spielen bei der Abwehr von Infektionen mit *pathogenen Würmern* eine wichtige Rolle. Zusätzlich sind sie an der *Sofortallergie* beteiligt.

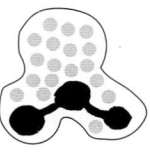

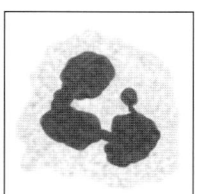 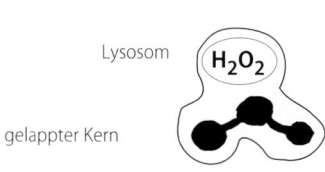

Lysosom

gelappter Kern

Abb. 2.2. Neutrophiler polymorphkerniger Granulozyt

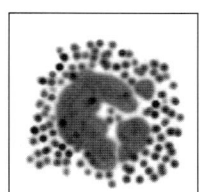 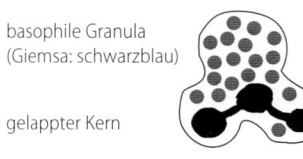

basophile Granula (Giemsa: schwarzblau)

gelappter Kern

Abb. 2.3. Basophiler polymorphkerniger Granulozyt

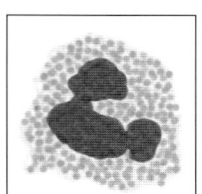  

eosinophile Granula (Giemsa: rot)

gelappter Kern

Abb. 2.4. Eosinophiler polymorphkerniger Granulozyt

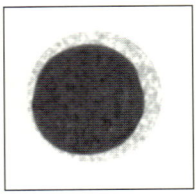

Abb. 2.5. Lymphozyt

2.3 Lymphozyten (Abb. 2.5)

Im Körper eines Erwachsenen befinden sich 10^{12} Lymphozyten; täglich werden 10^9 Lymphozyten neu gebildet. Die Vertreter der beiden Lymphozyten-Linien werden *T-Zellen und B-Zellen* genannt. Die Initialen T und B leiten sich von den primären Organen Thymus und Bursa Fabricii ab, in denen die Differenzierung in reife T- bzw. B-Zellen stattfindet. (Die Bursa Fabricii existiert allerdings nur bei Vögeln. Bei Säugern ist ein distinktes Organ, das für die B-Lymphozyten-Reifung allein zuständig wäre, nicht zu finden. Beim Menschen werden die Aufgaben der Bursa von der fetalen Leber und dem Knochenmark erfüllt.)

Im ruhenden Zustand zeigen beide Zelltypen die gleiche Morphologie. Sie besitzen einen runden Kern, der von einem dünnen agranulären Plasmasaum umgeben ist. Beide Populationen besitzen die Fähigkeit zur spezifischen Antigenerkennung. Die Art der Antigenerkennung und die daraus resultierenden Funktionen sind jedoch völlig verschiedenartig.

T- und B-Lymphozyten können aufgrund ihres Zellaufbaus unterschieden werden: Beide tragen in der Zellmembran Moleküle, welche für die beiden Populationen jeweils charakteristisch sind. Diese Moleküle wirken auch als Antigene; man kann gegen sie spezifische Antikörper herstellen. Mit deren Hilfe können die Zellen jeweils in eine Antikörperbindende und eine Antikörper-nichtbindende Population unterteilt werden. Die so dargestellten Moleküle werden auch als *Marker* oder *Differenzierungsantigene* bezeichnet. Differenzierungsantigene erfüllen im Idealfall folgende Bedingungen:

- Innerhalb der zu untersuchenden Zellmischung werden sie von der fraglichen Population exklusiv exprimiert;
- Sie sind stabil und auf allen Zellen der fraglichen Population vorhanden.

Die immunologisch unterscheidbaren Marker haben sich als äußerst nützliche Merkmale erwiesen. Sie erlauben die Aufgliederung der Zellen in Populationen und Subpopulationen, darüber hinaus ermöglichen sie die Charakterisierung bestimmter Differenzierungsstadien innerhalb einer Zellpopulation.

Für die Bezeichnung von definierten Leukozyten-Differenzierungsantigenen hat sich das CD-System (von „cluster of differentiation") durchgesetzt: Die einzelnen Antigene werden dabei fortlaufend numeriert. Tabelle 2.1 gibt eine Übersicht über die wesentlichen CD-Antigene. Der Leser wird vielen dieser CD-Antigene bei der Beschreibung der einzelnen Leukozytenklassen wieder begegnen.

T-Lymphozyten. Dies sind die Träger der *spezifischen Zellular-Immunität* (s. Kap. 8). Beim Menschen und dem wichtigsten Experimentaltier der Immunologen, der Maus, stellt das CD3-Molekül den wichtigsten T-Zellmarker dar; es wird auf allen peripheren T-Zellen exprimiert. Für reife T-Zellen gilt das Symbol CD3.

B-Lymphozyten. Dies sind die Träger der *spezifischen Humoral-Immunität* (s. Kap. 4). Sie tragen auf ihrer Oberfläche Immunglobuline (= Antikörpermoleküle). Nach Stimulation durch das Antigen differenzieren B-Lymphozyten zu *Plasmazellen* und sezernieren dann Antikörper in das umgebende Milieu (Abb. 2.6). Die zellständigen Immunglobuline sind ein wertvoller Marker (Differenzierungsantigen) für B-Zellen; sie werden auf allen B-Zellen exklusiv und stabil exprimiert.

Große granuläre Lymphozyten. Diese bilden neben den T- und B-Zellen die dritte Lymphozytenpopulation (Abb. 2.7). Die Kenntnis über ihren Aufbau und ihre Funktion ist noch lückenhaft. Die Zellen sind größer als B- und T-Lymphozyten. Sie besitzen zahlreiche Granula und einen bohnenförmigen Kern. Obwohl sie eine lymphoide Entwick-

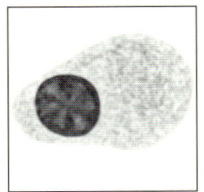

Radspeichen-Kern
exzentrisch gelegen

Abb. 2.6. Plasmazelle

Tabelle 2.1. Wichtige CD-Antigene

CD-Bezeichnung	Andere Bezeichnungen	Charakteristisches Merkmal
CD1	T6, Leu6	Gemeinsames Antigen auf Thymozyten
CD2	T11, Leu5, LFA-2	Rezeptor für Schafserythrozyten (Rosettenbildung)
CD3	T3, Leu4	Gemeinsames Antigen auf peripheren T-Zellen
CD4	T4, Leu3 (Maus: L3T4)	Charakteristisches Antigen für Helfer-T-Zellen
CD8	T8, Leu2 (Maus: Lyt2)	Charakteristisches Antigen für zytolytische T-Zellen
CD11a	α-Kette des LFA-1	Teil eines Zell-Interaktionsmoleküls auf zytolytischen T-Zellen und Natural-Killer-Zellen
CD11b	α-Kette des CR3, Mac1, Mol1	Teil des Rezeptors für C3b-Abbauprodukte auf Neutrophilen und mononukleären Phagozyten
CD11c	LeuM5, α-Kette des p150, 95 (CR4)	Teil eines Zell-Interaktionsmoleküls auf Makrophagen und Neutrophilen, welches auch als Rezeptor für C3dg fungiert
CD16	Leu11, Fc-γ-RIII	Fc-Rezeptor auf Neutrophilen, Makrophagen und NK-Zellen für IgG1 und IgG3
CD18	β-Kette des LFA-1, CR3, p150, 95	s. CD11a, CD11b und CD11c
CD21	CR2	Rezeptor auf B-Zellen für C3b-Abbauprodukte
CD23	Fc-ε-RII	Fc-Rezeptor auf Mastzellen und Basophilen für IgE
CD25	Tac	α-Kette des Rezeptors für IL-2
CD28		Ligand für B7 (CD80, CD86) auf T-Zellen
CD32	Fc-γ-RII	Fc-Rezeptor auf Neutrophilen und Monozyten für IgG1, IgG2a, IgG2b
CD35	CR1	Rezeptor auf mononukleären Phagozyten, Neutrophilen und B-Zellen für C3b und C4b
CD40		Kostimulatorisches Molekül für T-Zellen auf antigen-präsentierenden Zellen (B-Zellen, Makrophagen, dendritische Zellen)
CD45	T200, Leu18	Gemeinsames Antigen auf Leukozyten
CD80	B7.1	Kostimulatorisches Molekül für T-Zellen auf B-Zellen
CD86	B7.2	Kostimulatorisches Molekül für T-Zellen auf Makrophagen, dendritischen Zellen und B-Zellen
CD95	Fas, APO-1	vermittelt apoptotisches „Todessignal"
CD154	CD40L	Ligand für CD40 auf T-Zellen

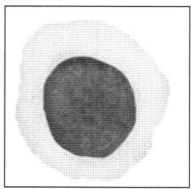

Abb. 2.7. Großer granulärer Lymphozyt

lung durchmachen, fehlen ihnen die klassischen Marker der T- und B-Lymphozyten. Bis vor kurzem waren überhaupt keine populationsspezifischen Oberflächenstrukturen bekannt. Dies führte zu der Bezeichnung *„Null-Zellen"*. Inzwischen hat sich herausgestellt, daß die großen granulären Lymphozyten einige T-Zell-Differenzierungsantigene tragen. Außerdem wurden Oberflächenmoleküle beschrieben, die für die großen granulären Lymphozyten charakteristisch sind. Die wichtigsten Marker sind CD16 und CD56.

Die großen granulären Lymphozyten produzieren lösliche Botenstoffe, die besonders Zellen des mononukleär-phagozytären Systems aktivieren. Eine weitere Funktion dieser Zellen ist die Abtötung von malignisierten bzw. virusinfizierten Zellen des eigenen Organismus. Die Aktion kann über zwei verschiedene Erkennungsmechanismen eingeleitet werden:

Die großen granulären Lymphozyten fungieren als sogenannte *Natural-Killer-(NK)-Zellen*. Sie besitzen einen Rezeptor, welcher es ihnen ermöglicht, Tumorzellen zu erkennen. Da die Wirksamkeit dieser Zellen unabhängig von einer vorausgehenden Immunisierung ist (also „natürlicherweise" vorkommt), wählte man bei ihrer Entdeckung den Namen NK-Zellen.

Die großen granulären Lymphozyten besitzen Rezeptoren zur Erkennung von besonderen Strukturelementen auf den Antikörpern der IgG-Klasse (*Fc-Rezeptoren*, s. Kap. 4 u. 9). Auf diese Weise können sie mit antikörper-markierten Zellen reagieren, ohne die Zell-Antigene direkt zu erkennen.

Zellen mit dieser Funktion wurden früher *Killer (K)-Zellen* genannt. Dieser Vorgang wird als Antikörper-abhängige zellvermittelte Zytotoxizität bezeichnet (im englischen Sprachgebrauch: antibody dependent cellular cytotoxicity, kurz ADCC).

Da die NK- und K-Funktion bekannt wurde, bevor die Zellen morphologisch charakterisiert waren, wurden sie früher zwei unterschiedlichen Zellpopulationen zugeordnet. Heute weiß man, daß beide Funktionen von ein und derselben Zelle vermittelt werden; man weiß ferner, daß diese Zelle unabhängige Rezeptoren besitzt, die für die K- und die NK-Funktion zuständig sind. Heute wird zur allgemeinen Beschreibung dieses Zelltyps die Bezeichnung „NK-Zellen" bevorzugt. Die Granula dieser Zellen enthalten Substanzen, die den eigentlichen Lyseprozeß bewirken (s. Kap. 8).

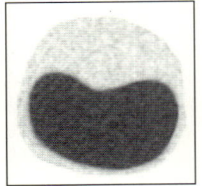 

bohnenförmiger Kern

Abb. 2.8. Blutmonozyt

2.4 Zellen des mononukleär phagozytären Systems

Die Zellen des mononukleär phagozytären Systems findet man im ganzen Körper verteilt, u.a. in der Leber, in lymphatischen Organen, im Bindegewebe, im Nervensystem und in den serösen Höhlen. Diese *Gewebsmakrophagen* oder *Histiozyten* entwickeln sich aus Blutmonozyten, die in das entsprechende Gewebe einwandern. Blutmonozyten haben einen bohnenförmigen Kern, einen gut ausgebildeten Golgi-Apparat und zahlreiche Lysosomen mit einer reichen Ausstattung an Enzymen (Abb. 2.8). Obwohl sich die Makrophagen der verschiedenen Organe morphologisch unterscheiden, gleichen sie sich in funktioneller Hinsicht: Alle sind in der Lage, Partikel zu phagozytieren und zu verdauen. Damit besitzen diese Zellen die Fähigkeit, zwei bedeutende Aufgaben der Immunantwort zu erfüllen. Es sind dies:

- Aufnahme, Verarbeitung (Prozessierung) und Präsentation von Proteinantigenen;
- Phagozytose, Abtötung und Verdauung von biologischen Fremdpartikeln, z.B. von Bakterien (s. Kap. 9 u. 11).

Die Fähigkeit zur Antigenpräsentation ist kein Monopol der Makrophagen. Die *Langerhans-Zellen* der Haut und die *dendritischen Zellen* der sekundären Lymphorgane sind ebenfalls präsentationstüchtig (ihre Beziehung zum mononukleär-phagozytären System ist unklar). In der Tat wissen wir heute, daß dendritische Zellen weit effektiver Antigene präsentieren als Makrophagen.

Außerdem verfügen z.B. auch B-Lymphozyten und Endothelzellen über das Vermögen zur Antigenpräsentation. Alle Zellen dieses Funktionstyps werden unter dem Begriff „Antigen-präsentierende Zellen" zusammengefaßt.

Die Antigenpräsentation stellt den ersten Schritt bei der spezifischen Stimulation von *Helfer-T-Zellen* dar. Diese T-Zellen nehmen eine zentrale Regulatorfunktion wahr, die in Kap. 8 ausführlich beschrieben wird. Hier sei nur erwähnt, daß sie die Abtötung und Verdauung von aufgenommenen Bakterien durch Makrophagen kontrollieren und somit das Vermögen haben, die biologische Leistung der Makrophagen zu steigern.

Damit üben die Makrophagen eine Doppelfunktion aus: Sie geben einerseits den Anstoß zur Antigenerkennung durch das T-Zellsystem, und sie beseitigen andererseits Fremdmaterial durch Phagozytose.

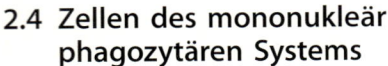

ZUSAMMENFASSUNG: Die Zellen des Immunsystems

Hämatopoese. Entwicklung der Blutzellen aus einer gemeinsamen Stammzelle im Knochenmark.

Myeloide Entwicklung. Granulozyten und mononukleäre Phagozyten, daneben auch Erythrozyten und Thrombozyten.

Lymphoide Entwicklung. T- und B-Zellen.

Polymorphkernige Granulozyten. 60–70% aller Leukozyten; mit gelapptem Kern und granulareich.

Aufgrund ihres Färbeverhaltens Unterscheidung in neutrophile, basophile und eosinophile Granulozyten.

Neutrophile. >90% der Granulozyten; professionelle Phagozyten bei der akuten Entzündung.

Basophile. <1% der Granulozyten; beteiligt an sofortallergischen Reaktionen und an der Helminthenabwehr.

Eosinophile. 3% der Granulozyten; beteiligt an der Helminthenabwehr und an sofortallergischen Reaktionen.

Mononukleäre Phagozyten. Blutmonozyten, Exsudatmakrophagen und Gewebsmakrophagen (Histiozyten).

Wichtige Fähigkeiten: Phagozytose, Abtötung und Verdauung von Krankheitserregern sowie Aufnahme, Verarbeitung und Präsentation von Antigenen für T-Zellen (s. Kap. 9).

Dendritische Zellen. Potente antigen-präsentierende Zellen.

Lymphozyten. Vermittler der spezifischen Immunität; B-Zellen für humorale (s. Kap. 4), T-Zellen für zelluläre Immunität (s. Kap. 8).

Außerdem große granuläre Lymphozyten, die als Natural-Killer-Zellen direkt oder durch Vermittlung von Antikörpern Tumorzellen abtöten.

S. H. E. Kaufmann

EINLEITUNG

Die lymphatischen Organe lassen sich in zwei Kategorien – primäre und sekundäre – einteilen. Als *primäre* Organe betrachtet man das Knochenmark und den Thymus. Als *sekundäre* gelten Milz, Lymphknoten und diffuses Lymphgewebe.

Im Knochenmark entstehen aus einer pluripotenten Stammzelle die unterschiedlichen Vorläuferzellen (s. Kap. 2). Die Differenzierung und Reifung der Lymphozyten erfolgt *antigenunabhängig*, und zwar reifen die T-Lymphozyten im Thymus und die B-Lymphozyten in der Bursa Fabricii bzw. deren Äquivalent. In den sekundär-lymphatischen Organen kommt es zum Kontakt zwischen Antigen und Lymphozyten und damit zur *antigenspezifischen* Lymphozyten-Stimulation und Differenzierung. Eine Übersicht über die wichtigsten lymphatischen Organe gibt Abb. 3.1.

3.1 Thymus

Der Thymus ist ein primär-lymphatisches Organ; hier findet die Differenzierung der T-Lymphozyten statt. Der Thymus wird von einer Bindegewebskapsel umgeben, von der aus zahlreiche Trabekel in das Innere ziehen; dadurch wird das Organ in Lobuli oder Follikel unterteilt. Innerhalb der einzelnen Lobuli kann man Kortex und Medulla unterscheiden.

Im *Cortex* liegen dicht gepackt unreife Thymozyten, die sich lebhaft teilen. Die Thymozyten der *Medulla* sind zum größten Teil ausdifferenziert und funktionstüchtig. Der Begriff Thymozyten umfaßt alle im Thymus vorhandenen Entwicklungsstufen der T-Lymphozyten vom Vorläufer bis zur reifen T-Zelle. Die T-Lymphozyten-Vorläufer wandern vom Knochenmark über das Blut in die kortikalen Thymusbereiche und von dort in die Medulla. Im Thymus vermehren und differenzieren sie sich. Der Großteil der Zellen stirbt ab (ca. 90 %); der Rest verläßt den Thymus als reife, immu-

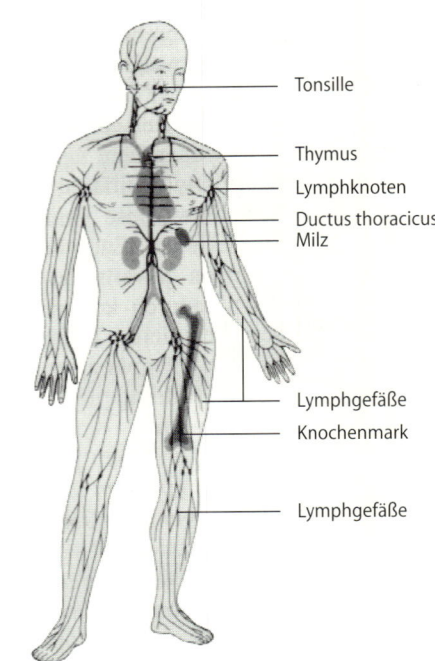

Tonsille

Thymus

Lymphknoten

Ductus thoracicus
Milz

Lymphgefäße

Knochenmark

Lymphgefäße

Abb. 3.1. Übersicht über die Organe des Immunsystems

nologisch kompetente T-Lymphozyten, die in der Lage sind, Antigen zu erkennen.

Das Thymusgewebe wird von einem mehr oder weniger dichten Netz aus Epithelzellen durchzogen, in das die Thymozyten eingebettet sind (Abb. 3.2). Dem Epithelnetz liegen sog. interdigitierende Zellen auf, die von Knochenmarksvorläuferzellen abstammen. Die Epithelzellen und die interdigitierenden Zellen exprimieren in großen Mengen die Antigene des *Haupt-Histokompatibilitäts-Komplexes* (s. Kap. 7). Die Einwirkung dieser Expressionsprodukte auf die Thymozyten stellt den entschei-

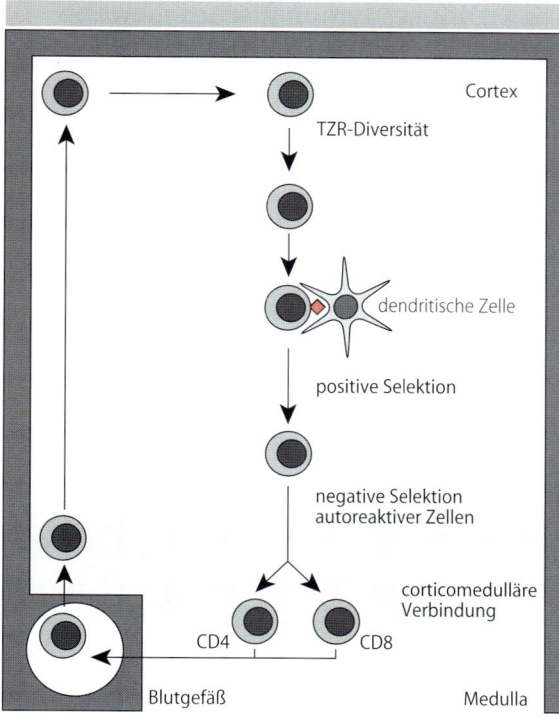

Abb. 3.2. Thymus

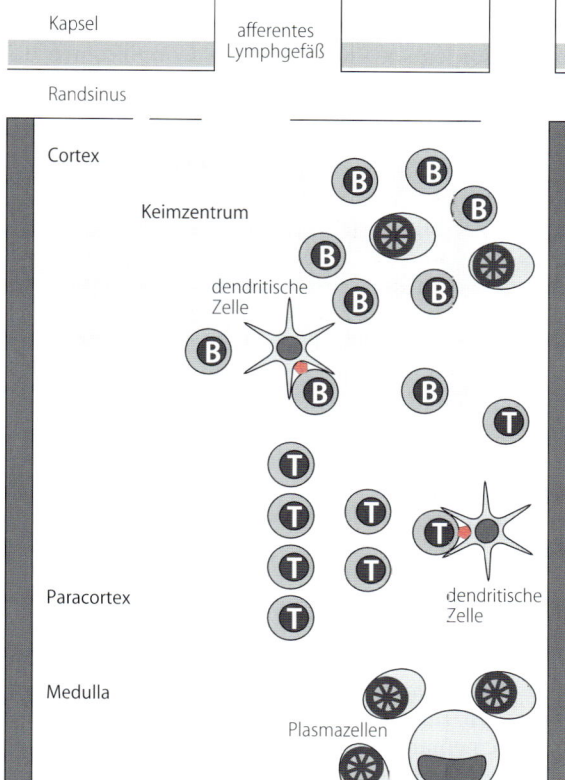

Abb. 3.3. Lymphknoten

denden Schritt bei der Ausformung des T-Zell-Erkennungsrepertoires dar. Als *Repertoire* bezeichnet man die Gesamtheit aller durch Lymphozyten erkennbaren Strukturen.

3.2 Bursa Fabricii und Bursa-Äquivalent

Die Bursa Fabricii ist ein primär-lymphatisches Organ; bei Vögeln findet hier die B-Zell-Differenzierung statt. Dieses Organ fehlt bei Säugern, und die B-Zell-Differenzierung läuft in weit verstreuten Bereichen ab, die zusammenfassend als Bursa-Äquivalent bezeichnet werden. Hierzu gehören beim Fetus die Leber und beim Erwachsenen das Knochenmark; in beiden Organen findet zudem auch die Hämatopoese statt (s. Kap. 2).

3.3 Lymphknoten

Menschliche Lymphknoten haben meist die Form und Größe einer Bohne. Sie finden sich, in Gruppen angeordnet, an den verschiedensten Stellen des Körpers. Ein Lymphknoten ist für die Drainage eines bestimmten Körperbereichs zuständig; er stellt den Ort dar, an dem die *spezifische Immunantwort* gegen diejenigen Antigene ausgelöst wird, welche in den jeweils drainierten Körperbereich eingedrungen sind.

Der Lymphknoten ist von einer Kapsel umgeben, von der aus Trabekel radiär in das Innere ziehen (Abb. 3.3). Eine große Zahl von *afferenten Lymphgefäßen* mündet in den Knoten ein. Mit der zufließenden Lymphe wird das Antigen aus der

Umgebung in den Lymphknoten transportiert. Im Hilus findet man das *efferente Lymphgefäß* und die versorgenden Blutgefäße. Ein Lymphknoten besteht aus einem Netz von Retikulumzellen, in das zahlreiche Lymphozyten eingebettet sind.

Die B-Lymphozyten finden sich in den kortikalen Primärfollikeln. Nach einem Antigen-Reiz entwickeln sich daraus *Sekundärfollikel*. Im Sekundärfollikel bildet sich ein Keimzentrum aus, welches bis hin zum Parakortex reichen kann. Hier differenzieren *antigenstimulierte B-Zellen* zu *Antikörper-produzierenden Plasmazellen*. Die Lymphozyten des interfollikulären Gebiets befinden sich zum großen Teil auf der Wanderung durch den Lymphknoten; es sind hauptsächlich T-Zellen. Dementsprechend wird die äußere Rinde, in der die Follikel dominieren, als *thymusunabhängig* bezeichnet, während die tiefere Rinde, in der das interfollikuläre Gewebe vorherrscht, als *thymusabhängig* angesehen wird.

Bei der Wanderung der Lymphozyten vom Blut in die Lymphe stellen die Lymphknoten eine entscheidende Übergangsstelle dar. Die Blutkapillaren münden in die postkapillären Venolen; diese sind von kubischen Endothelzellen ausgekleidet. Endothelzellen und T-Lymphozyten besitzen jeweils komplementäre Oberflächenmoleküle; dadurch können die beiden Zelltypen miteinander interagieren. Nach dieser Interaktion durchwandern die Lymphozyten das Endothel; sie gelangen in das interfollikuläre Gewebe und schließlich in die efferente Lymphe.

Ein Antigen, das zum erstenmal in einen Lymphknoten gelangt, wird von den Makrophagen und den dendritischen Zellen in der tiefen Rinde abgefangen, sodann verdaut und verarbeitet; schließlich wird es den Lymphozyten in geeigneter Form präsentiert. Damit ist der Anstoß zur Immunreaktion gegeben. Als deren Resultat entstehen Antikörper und T-Zellen, die im Hinblick auf das induzierende Antigen spezifisch sind. Obwohl wir heute in der Lage sind, die Induktion einer Immunantwort in vitro zu imitieren, wissen wir über den Ablauf in vivo nur wenig.

3.4 Diffuses lymphatisches Gewebe

An denjenigen Stellen des Körpers, welche dem Angriff von Mikroorganismen besonders ausgesetzt sind, findet man Anhäufungen von geringgradig organisiertem Lymphgewebe, z.B. im Gastrointestinaltrakt. Man zählt dazu die *Tonsillen* im Rachenbereich, die *Appendix* und die *Peyer'schen Plaques* im Dünndarm. Hier liegen Follikel mit plasmazell-reichem Keimzentrum, in denen insbesondere Antikörper der Klasse IgA produziert werden. Diese Effektoren sind Träger der lokalen Infektabwehr.

3.5 Die Milz

Die Milz hat die Aufgabe, Antigene aus dem Blutkreislauf abzufangen. Das Organ wird von einer Kapsel umgeben, von der aus Trabekel ins Innere ziehen. Das Milzgewebe wird in die *rote* und die *weiße* Pulpa unterteilt. Die rote Pulpa hat ihren Namen von den roten Blutkörperchen, die hier dominieren, während in der weißen Pulpa, die etwa 20% des Milzgewebes ausmacht, die weißen Blutkörperchen überwiegen. Die weiße Pulpa ist um die Arteriolen herum lokalisiert (Abb. 3.4). Die pe-

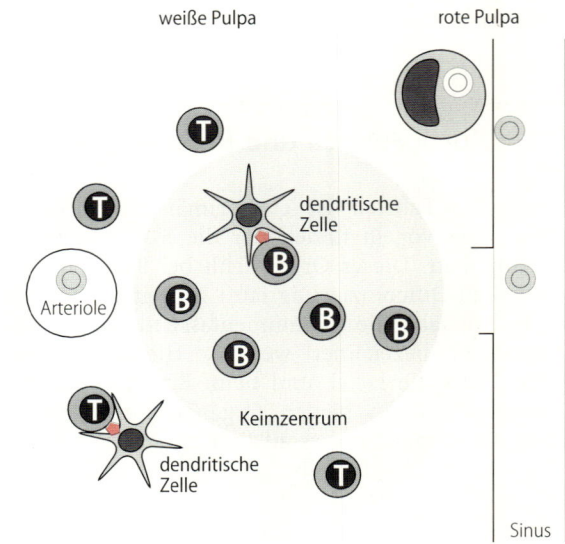

Abb. 3.4. Milz

riarteriellen Lymphozyten-Scheiden (PALS) sind reich an T-Lymphozyten. Die B-Lymphozyten-reichen Follikel schließen sich an die T-Zellbereiche an. In Abhängigkeit vom Stimulationszustand können primäre (unstimulierte) von sekundären (antigenstimulierten) Follikeln unterschieden werden. Nur diese zeigen ein deutliches Keimzentrum.

Neben Lymphozyten findet man in der weißen Pulpa die für die Antigen-Verarbeitung und -Präsentation notwendigen *Makrophagen* und *dendritischen Zellen*.

3.6 Lymphozyten-Rezirkulation

Reife T-Lymphozyten befinden sich auf einer kontinuierlichen Wanderung (Rezirkulation) zwischen den sekundär-lymphatischen Organen. Die T-Lymphozyten-Rezirkulation ist ein wichtiger Vorgang; das Immunsystem hat dadurch die Möglichkeit, die Antigene von eingedrungenen Krankheitserregern mit dem Großteil des reifen Lymphozyten-Pools in Berührung zu bringen und auf diese Weise die Lymphozyten die Antigene „mustern" zu lassen.

Die Gewebelymphozyten erreichen über die afferenten Lymphgefäße die drainierenden Lymphknoten; sie verlassen diese sodann über die efferenten Gefäße und erreichen über den *Ductus thoracicus* die Blutbahn (Abb. 3.5). Den Blutkreislauf verlassen die Lymphozyten durch das spezialisierte Endothel der postkapillaren Venolen (High endothelial venules); dadurch gelangen sie wieder in die Lymphe. Der Übergang vom Blut in die Lymphe findet in erster Linie in den Lymphknoten statt.

Die Zahl der T-Lymphozyten, die aus den Blutkapillaren in andere Gewebe einwandern, ist nor-

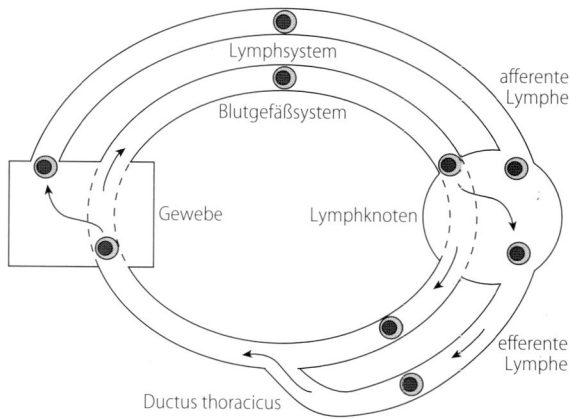

Abb. 3.5. Lymphozyten-Rezirkulation

malerweise klein. Dies ändert sich bei bestimmten Entzündungsreaktionen, z.B. bei der Absiedlung von intrazellulären Bakterien oder bei einer verzögerten allergischen Reaktion; in diesen Fällen verläßt eine große Zahl von Lymphozyten den Blutkreislauf abseits der Lymphknoten und wandert in das befallene Gewebe ein. Auf diese Weise entstehen bei chronischen Entzündungen *Granulome*, die in mehrfacher Hinsicht den lymphatischen Organen ähneln.

Die Anwesenheit von Antigen im Lymphknoten oder in der Milz eines bereits immunisierten Individuums bewirkt eine Verzögerung bei der Durchwanderung. Die Lymphozyten verweilen jetzt länger im lymphatischen Organ als sonst. Dies wird allgemein als „Trapping" (engl. für Abfangen) bezeichnet. Dieses Phänomen ermöglicht die Ausbildung einer effektiven Immunantwort gegen das eingedrungene Antigen. Es führt meist zu einer Vergrößerung des betroffenen Organs.

ZUSAMMENFASSUNG: Organe des Immunsystems

Primäre Organe. Knochenmark, Thymus, Bursa-Äquivalent; hier reifen Lymphozyten antigenunabhängig heran.

Sekundäre Organe. Milz, Lymphknoten, diffuses Lymphgewebe; hier kommt es zum Antigen-Kontakt und zur antigenspezifischen Lymphozyten-Aktivierung und -Differenzierung.

Thymus. Ort der T-Zell-Reifung und Ausprägung des Antigen-Repertoires der T-Zellen (Ausbildung der T-Zellen mit Spezifität für fremde Antigene und Ausschaltung von T-Zellen mit Spezifität für körpereigene Antigene).

Bursa-Äquivalent. Knochenmark, fetale Leber; Ort der B-Zell-Differenzierung und Ausprägung des Antigen-Repertoires der B-Zellen.

Lymphknoten. Für die Drainage eines bestimmten Körperbezirks zuständig; antigenspezifische B-Zell-Reifung in kortikalen Folli-keln mit Keimzentrum (thymusunabhängig); T-Zellen im interfollikulären Gewebe der tieferen Rinde (thymusabhängig).

Diffuses Lymphgewebe. Tonsillen, Appendix, Peyer'sche Plaques; gering organisierte Follikel mit Plasmazellen, die vornehmlich IgA sezernieren.

Milz. Rote Pulpa zur Blutfilterung mit überwiegend Erythrozyten; weiße Pulpa mit überwiegend Leukozyten. B-Zellen überwiegen in Follikeln mit Keimzentren, T-Zellen überwiegen in den periarteriellen Lymphozyten-Scheiden.

Lymphozyten-Rezirkulation. Ermöglicht die Musterung des Gewebes auf Antigenablagerung; Lymphozyten wandern vom Gewebe über afferente Lymphgefäße in Lymphknoten, von da über efferente Lymphgefäße und Ductus thoracicus in die Blutbahn, von dort über postkapilläre Venolen wieder in das Gewebe.

S. H. E. KAUFMANN

EINLEITUNG

Antikörper oder Immunglobuline sind die Vermittler der erworbenen humoralen Immunantwort. Sie werden von Plasmazellen gebildet. Eine Plasmazelle produziert Antikörper einer Spezifität und einer Klasse.

4.1 Antikörper

Serumproteine werden durch Fällung mit neutralen Salzen (z. B. Ammoniumsulfat) in eine lösliche und eine unlösliche Fraktion aufgetrennt. Das lösliche Material stellt die **Albumin**- und das unlösliche die **Globulinfraktion** dar. Die Globulinfraktion enthält u. a. die Antikörper, die etwa 20% der gesamten Plasmaproteine ausmachen. Um die Antikörper von den anderen Proteinen der Globulinfraktion sprachlich abzugrenzen, benutzt man den Ausdruck **„Immunglobuline"** (Abkürzung: Ig). Durch elektrophoretische Trennung werden die Globuline in drei Fraktionen aufgeteilt, die als α-, β-, γ-Globuline bezeichnet werden. Die Antikörper befinden sich weitgehend in der γ-Globulinfraktion.

4.1.1 Aufbau der Immunglobuline (IgG – Grundmodell)

Wir unterscheiden fünf Antikörperklassen, nämlich **IgG**, **IgM**, **IgA**, **IgD** und **IgE**. Der Aufbau der Antikörper kann für alle Klassen aus einem Grundmodell entwickelt werden.

Das Ig-Grundmodell hat die Form des Y: Es besteht aus zwei **leichten Ketten** (kurz: L-Ketten, Molekularmasse 25 000 Dalton) und zwei **schweren Ketten** (kurz: H-Ketten, von heavy = schwer, Molekularmasse 50 000 bis 70 000 Dalton je nach Ig-Klasse). In einem Ig-Molekül sind die leichten und die schweren Ketten jeweils miteinander identisch (Abb. 4.1). Sie werden durch kovalente Bindungen in Gestalt von **Disulfidbrücken** und durch physikochemische Kräfte zusammengehalten.

Es gibt zwei verschiedene Ausprägungen der leichten Ketten. Sie werden κ und λ genannt. Alle Antikörpermoleküle enthalten unabhängig von ihrer Klassenzugehörigkeit entweder L-Ketten vom κ-Typ oder λ-Typ. So enthält z. B. ein Ig-Molekül entweder 2 κ- oder 2 λ-Ketten.

Die schweren Ketten treten in fünf Formen auf; die Symbole sind γ, μ, α, ε und δ. Die H-Ketten-Charakteristik bestimmt die Ig-Klasse. IgG hat das H-Kettenmerkmal γ, IgM das Merkmal μ, für IgA gilt sinngemäß α, für IgE ε, für IgD δ. In jeder Ig-Klasse kommt also nur ein einziger H-Kettentyp vor. In diesem Sinne enthält IgG stets γ-Ketten, IgM μ-Ketten, IgA α-Ketten, IgE ε-Ketten und IgD δ-Ketten.

Da sich die schweren Ketten der Subklassen von IgG und IgA nochmals voneinander unterscheiden, werden sie für den Menschen als $\gamma 1$, $\gamma 2$, $\gamma 3$ und $\gamma 4$ sowie als $\alpha 1$ und $\alpha 2$ bezeichnet. Die Grundstruktur der einzelnen Ig-Klassen kann leicht in einer Kurzbezeichnung ausgedrückt werden. Beim IgG1 lautet die entsprechende Formel $\gamma 1 \kappa$ oder $\gamma 1 \lambda$; beim IgM lautet sie $\mu \kappa$ oder $\mu \lambda$.

4.1.2 Antikörperfragmente nach enzymatischem Abbau

Zur Aufklärung der Antikörperstruktur haben Abbau-Studien mit den Enzymen Papain und Pepsin entscheidend beigetragen (Abb. 4.1).

Papain spaltet das IgG-Molekül unter geeigneten Bedingungen in drei Fragmente. Zwei dieser Fragmente sind identisch; beide binden Antigen. Das dritte Fragment ist zur Antigenbindung unfähig. Bei Antikörpern ein- und derselben Klasse ist das Fragment homogen: Es kristallisiert leicht aus.

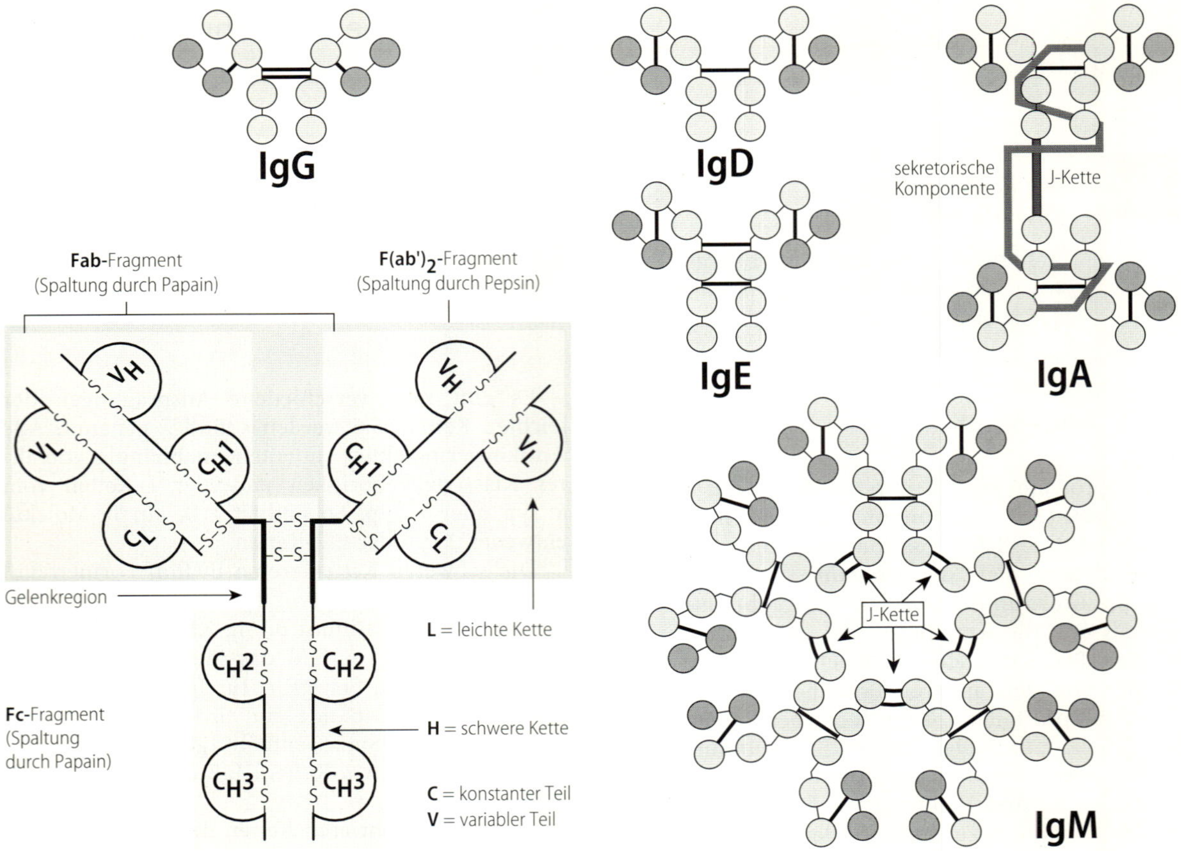

Abb. 4.1. Antikörper: Grundstruktur und Domänen

Das Fragment wird deshalb als *Fc-Stück* bezeichnet (von *f*ragment *c*rystallizable). Das Fc-Stück vermittelt beim intakten Antikörper verschiedene biologische Funktionen; diese sind bei allen Antikörpern einer Klasse, unabhängig von der Antigenspezifität, vorhanden. Beispielsweise aktiviert das Fc-Stück des IgG oder des IgM das *Komplementsystem*. Das Fc-Stück des IgE vermittelt die Bindung dieser Antikörper an Mastzellen.

Im Unterschied zum Fc-Stück sind die antigenbindenden Fragmente bei Antikörpern unterschiedlicher Spezifität heterogen: sie werden durch das Symbol *Fab-Fragment* (von *f*ragment *a*ntigen *b*inding) gekennzeichnet. Das Fab-Fragment ist somit für die Antigenspezifität verantwortlich, während das Fc-Fragment die biologische Funktion des Antikörpers vermittelt.

Durch Behandlung mit *Pepsin* wird das IgG-Molekül anders gespalten. Das antigenbindende

Fragment ist schwerer und enthält noch Disulfidbrücken; es besitzt zwei Antigenbindungsstellen und wird als F(ab')$_2$ bezeichnet. Der Fc-Abschnitt des Antikörpermoleküls zerfällt bei dieser Behandlung in mehrere Bruchstücke.

4.1.3 Antikörper-Domänen

Als Domänen bezeichnen wir Proteinabschnitte, die einen hohen Grad an Homologie aufweisen (Abb. 4.1). Hier bezieht sich der Ausdruck „Homologie" auf die Ähnlichkeit der Aminosäuren-Sequenz. Domänen sind wiederholt ausgeprägte (repetitive) Elemente einer Proteinkette; man führt ihre Abstammung auf eine gemeinsame Vorläufereinheit zurück. Bei Antikörpern umfaßt eine Domäne einen Abschnitt von ca. 110 Aminosäuren. Durch eine ketteneigene Disulfidbrücke erhält die Antikörper-Domäne die Struktur einer Schleife.

Domänen der leichten Ketten. Die leichten Ketten vom κ- oder λ-Typ bestehen aus etwa 220 Aminosäuren. Die aminoterminalen 110 Aminosäuren zeigen bei Antikörpern verschiedener Spezifität eine hohe Variabilität. Dieser Bereich wird deshalb als *variable Region* der leichten Kette bezeichnet (kurz V_L bzw. V_κ und V_λ). Dagegen sind die karboxyterminalen 107 Aminosäuren bis auf geringe Unterschiede gleich; sie bilden die *konstante Region* (kurz C_L bzw. C_κ und C_λ). Die variable und konstante Region der leichten Kette bestehen damit aus jeweils einer Domäne. Betrachtet man den Fc-Abschnitt des Antikörpermoleküls als dessen Zentrum, so liegt die konstante Region der L-Kette zentralwärts und die variable Region peripherwärts.

Domänen der schweren Ketten. Die schweren Ketten unterscheiden sich voneinander stärker als die L-Ketten; sie sind nicht nur für die Unterschiede zwischen den einzelnen Antikörperspezifitäten, sondern auch für die Zugehörigkeit zu den Ig-Klassen verantwortlich. Der allgemeine Bauplan gilt jedoch für alle schweren Ketten.

Eine schwere Kette ist aus ca. 440 oder 550 Aminosäuren aufgebaut. Die variable Region (V_H) am aminoterminalen Ende besteht auch hier aus einer Domäne von 110 Aminosäuren, während die konstante Region (C_H) in drei bzw. vier Domänen von jeweils ca. 110 Aminosäuren gegliedert ist.

Die Domänen im konstanten Teil der schweren Ketten werden mit C_H1, C_H2, C_H3 bezeichnet. Dies gilt für die Ketten des Typs γ, α und δ. Bei den Ketten des Typs μ und ε kommt noch eine vierte Domäne C_H4 hinzu. Will man die Zuordnung zu einer Ig-Klasse besonders genau herausstellen, so benutzt man die Bezeichnungen $C_{H\gamma}1$, $C_{H\gamma}2$, $C_{H\gamma}3$ etc. Hier steht die Formel $C_{H\gamma}1$ für die erste Domäne und nicht für die Subklasse $\gamma1$.

Je zwei leichte Ketten ein- und desselben Typs (also κ oder λ) sind mit zwei schweren Ketten ein- und desselben Typs (also γ, μ, α, ε oder δ) über Disulfidbrücken so verbunden, daß sich die homologen Domänen der leichten und der schweren Ketten gegenüberliegen. V_L ist also das vis-à-vis von V_H; und C_L das vis-à-vis von C_H1. Bei den Klassen IgG, IgD, IgE und IgA ist das so beschriebene (aus vier Ketten bestehende) Molekül mit

dem Antikörper identisch, bei den Polymeren IgM und dem sekretorischen IgA stellt es eine Untereinheit dar.

Zwischen der C_H1 und C_H2-Domäne liegen etwa 15 Aminosäuren. Hier befinden sich diejenigen Disulfidbrücken, welche die beiden schweren Ketten miteinander verbinden, und auch die Angriffspunkte für die Enzyme Papain und Pepsin. Dieses Gebiet zeigt keine Sequenz-Homologie mit den Domänen und ist für jede Ig-Klasse charakteristisch. Der Antikörper gewinnt durch diesen Abschnitt eine große Flexibilität und kann dadurch unterschiedlich weit entfernte Epitope gleichzeitig binden. Dieser Sequenzabschnitt wird deshalb als *Gelenk* oder *Scharnier-Region* (engl. Hinge-Region) bezeichnet.

Die Domänen der schweren Ketten tragen unterschiedlich viele Kohlenhydratreste. Die Kohlenhydratbindungsstellen sind bei den einzelnen Klassen und Subklassen unterschiedlich lokalisiert. Beim humanen IgG, bei dem der Kohlenhydratanteil 2–3% ausmacht, sind die Zucker lediglich an die C_H2-Domäne gebunden, während beim IgM, das einen Kohlenhydratanteil von 12% hat, in allen vier konstanten Domänen Kohlenhydratreste zu finden sind.

4.1.4 Antigenbindungsstelle und hypervariable Bereiche

Die Domänen V_H und V_L bilden zusammen die Antigenbindungsstelle. Die Tatsache, daß zwei verschiedene Polypeptidketten an der Bindungsstelle beteiligt sind, trägt zur Erhöhung der Antikörper-Vielfalt bei (s. u.). Genauere Untersuchungen ergaben, daß innerhalb der variablen Domänen nicht alle Aminosäuren gleichmäßig stark variieren: Neben konstanten und geringgradig variablen Bereichen (*Rahmenbezirken*) gibt es *hypervariable Bezirke*. Diese sind für die Spezifität des Antikörpers maßgebend: Der Antikörper kann mit dem kritischen Molekülabschnitt des Antigens (Epitop) nur dann reagieren, wenn die hypervariablen Abschnitte seiner H- und seiner L-Ketten eine dafür geeignete Aminosäure-Sequenz aufweisen. Ist dies der Fall, dann kann der Antikörper das Epitop binden. Man bezeichnet das für die Bindung geeignete Strukturverhältnis zwischen Antigen und Antikörper als *Komplementarität*.

Die leichten Ketten besitzen drei hypervariable Bereiche, die von den Aminosäuren 24 bis 34, außerdem von 50 bis 56 und schließlich von 89 bis 97 gebildet werden. Bei den schweren Ketten zeigen vier Regionen Hypervariabilität, sie liegen zwischen den Aminosäurenpositionen 31 bis 37, sodann zwischen 51 bis 68, weiterhin zwischen 86 und 91 und schließlich zwischen 101 und 109.

4.1.5 Die einzelnen Antikörperklassen

Eine Zusammenfassung über die wichtigsten Eigenschaften der einzelnen Antikörperklassen gibt Tabelle 4.1.

IgG. Antikörper der Klasse IgG sind Monomere mit einer Molekularmasse von 150 000 Dalton und einer Sedimentationskonstante von 7 S. Ihre Struktur kommt dem oben beschriebenen Grundmolekül am nächsten. IgG-Antikörper sind mit einem Anteil von ca. 75% am Gesamt-Ig die biologisch *wichtigste Antikörperklasse*. Sie kommen nicht nur im Serum, sondern auch in anderen Körperflüssig-keiten (u. a. Sekrete, Synovial-, Pleural-, Peritoneal-, Amnion-Flüssigkeit) vor. Die Klasse IgG enthält die für die *Sekundärantwort* typischen Antikörper (s. Kap. 4.6).

Die Klasse IgG kann aufgrund geringerer Unterschiede noch einmal in Subklassen unterteilt werden, die beim Menschen als IgG_1, IgG_2, IgG_3 und IgG_4 bezeichnet werden. Bei der Maus werden die IgG-Unterklassen durch die Symbole IgG_1, IgG_{2a}, IgG_{2b} und IgG_3 gekennzeichnet.

IgM. Antikörper der Klasse IgM haben eine Molekularmasse von 900 000 Dalton und eine Sedimentationskonstante von 19 S. Sie sind Pentamere und bestehen aus fünf identischen Untereinheiten mit einer Molekularmasse von je 180 000 Dalton. Die Untereinheiten sind über Disulfidbrücken miteinander verbunden. Für den Zusammenhalt der fünf Untereinheiten ist ein Polypeptid mit einer Molekularmasse von 15 000 Dalton mitverantwortlich; es wird als *J-Kette* bezeichnet (joining, engl. verbindend).

IgM macht etwa 10% des Gesamt-Ig aus. IgM repräsentiert in typischer Weise diejenigen Antikörper, welche bei der *Primärantwort* (s. Kap. 4.6)

Tabelle 4.1. Wichtige Charakteristika menschlicher Immunglobuline

	IgG	IgA	IgM	IgD	IgE
Schwere Ketten	$\gamma_1, \gamma_2, \gamma_3, \gamma_4$	α_1, α_2	μ	δ	ε
Leichte Ketten	κ, λ	κ, λ	κ, λ	κ, λ	κ, λ
Molekularmasse (kD)	150	150, 380	900	180	190
Serumkonzentration					
(mg/100 ml)	1100	250	100	3	0,03
(%)	75–85	7–15	5–10	0,3	0,003
Valenzen	2	2 oder 4	2 oder 10	2	2
Aktivierung des klassischen Komplementwegs	+(IgG_1, IgG_2, IgG_3)	–	+	–	–
Aktivierung des alternativen Wegs	+(IgG_4)	+	–	+	–
Plazentadurchgängigkeit	+	–	–	–	–
Zielzellen	Makrophagen, Neutrophile	–	–	?	Basophile, Eosinophile
Funktion	Präzipitierend Agglutinierend Opsonisierend Neutralisierend Sekundärantwort	Lokale Ig	Ähnlich wie IgG (nicht direkt opsonisierend) Natürliche Antikörper Primärantwort	Antigen-rezeptor auf B-Zellen	Reagine (Sofortallergie)

gegen ein Antigen entstehen und früh im Blut auftauchen. Da für die IgM-Antwort kein immunologisches Gedächtnis besteht, ist ein plötzlicher IgM-Titer-Anstieg ein gewichtiger Hinweis auf eine kürzlich durchgemachte **Erstinfektion.**

IgM-Monomere auf der Oberfläche von B-Lymphozyten (m-IgM = Membran-IgM) dienen als zellständige Antigen-Rezeptoren.

IgA. Dies kommt in monomerer und in dimerer Form, aber auch als höherwertiges Polymer vor. IgA-Monomere haben eine Molekularmasse von 150 000 Dalton; bei IgA-Dimeren ist der entsprechende Wert 380 000 Dalton. IgA machen im Serum ca. 15% des Gesamt-Ig aus.

Wichtiger ist jedoch das **sekretorische IgA**, welches in den externen Körperflüssigkeiten (u.a. im Tracheobronchial-, Intestinal- und Urogenital-Schleim sowie in Milch und Kolostrum) enthalten ist. Es stellt eine bedeutende Abwehrbarriere für Krankheitserreger dar. Das sekretorische IgA kommt stets als IgA-Dimer vor; es besteht aus zwei IgA-Monomeren, die durch eine J-Kette miteinander verbunden sind. Außerdem ist am Aufbau des sekretorischen IgA ein weiteres Polypeptid mit einer Molekularmasse von 70 000 Dalton beteiligt; es wird als **sekretorische Komponente** bezeichnet. Die sekretorische Komponente wird von Epithelzellen gebildet; sie ermöglicht den Transport des IgA-Dimers durch die Epithelzellen und schützt sie weitgehend vor proteolytischem Abbau.

Beim Menschen existieren zwei IgA-Subklassen, nämlich IgA_1 und IgA_2.

IgD. IgD-Moleküle sind Monomere mit einer Molekularmasse von 170 000 bis 200 000 Dalton. Weniger als 1% der Serum-Immunglobuline gehören dieser Klasse an. IgD wird in freier Form rasch abgebaut. Seine Hauptaufgabe ist es, bei ruhenden B-Zellen als **Antigenrezeptor** zu fungieren. IgD wird von Plasmazellen jedoch nicht sezerniert.

IgE. IgE-Antikörper sind Monomere mit einer Molekularmasse von 190 000 Dalton. Im Serum macht freies IgE nur einen verschwindend kleinen Anteil aus. Basophile Granulozyten, Mastzellen und eosinophile Granulozyten besitzen Rezeptoren mit hoher Affinität für das Fc-Stück des IgE-Antikörpers. Dies ist der Grund dafür, daß der weitaus größte Teil des IgE in zellgebundener Form vorliegt. Gebundenes IgE funktioniert auf Eosinophilen, Basophilen und Mastzellen wie ein Antigenrezeptor. Seine Reaktion mit Antigen bewirkt die Ausschüt-

tung von Mediatoren der **anaphylaktischen Reaktion.** IgE wird deshalb als Träger der **Sofortallergie** angesehen. IgE spielt auch bei der Infektabwehr gegen **pathogene Würmer** eine wichtige Rolle.

4.2 Antigene

Als Antigen bezeichnet man ein Molekül, welches in vivo und in vitro mit den Trägern der Immunkompetenz (T-Zellen und Antikörper) biologisch wirksam reagieren kann. An dieser Stelle sollen nur die Antigene der humoralen Immunantwort behandelt werden.

Chemisch gehören Antigene in erster Linie zu den Proteinen und Kohlenhydraten. Lipide und Nukleinsäuren besitzen, wenn überhaupt, nur eine schwache Antigenität.

Antikörper erkennen auf dem Antigen relativ kleine Molekülbereiche, die als **Epitope** oder **Determinanten** bezeichnet werden. Ein Antigenmolekül trägt in der Regel mehrere Determinanten. Die Epitope der Proteine bestehen aus sechs bis acht Aminosäuren; die Determinanten von Kohlenhydraten werden aus sechs bis acht Monosaccharidmolekülen gebildet. Man kann die Determinanten des Antigens isolieren oder künstlich herstellen. Freie Epitope dieser Art nennt man **Haptene.** Haptene können zwar mit Antikörpern reagieren; sie sind aber nicht in der Lage, für sich allein eine Immunantwort hervorzurufen. Durch Kopplung an ein großes Trägermolekül wird das Hapten zum Vollantigen. Dieses kann im Versuchstier eine (Hapten-)spezifische Immunantwort hervorrufen.

Biologisch hängt die Antigenität eines Moleküls vom Grad der Fremdheit zwischen Antigen und dem Organismus ab. I.a. haben körpereigene Moleküle für das Individuum, von dem sie abstammen, keine Antigenwirkung. Proteine verschiedener Individuen wirken innerhalb einer Spezies häufig nicht als Antigene. Menschen reagieren z.B. nicht auf Humanalbumin, während Rinderalbumin, welches sich chemisch nur geringfügig vom Humanalbumin unterscheidet, für den Menschen eine starke Antigenwirkung besitzt.

Es gibt jedoch Substanzen, deren Struktur bei verschiedenen Individuen einer Spezies unterschiedlich ausgeprägt ist; diese Stoffe wirken innerhalb der Spezies u.U. als Antigene. Beispiele hierfür sind die **Blutgruppensubstanzen** (s. Kap.

6), die *Ig-Allotypen* (s. u.) und die *Haupt-Histo-kompatibilitäts-Antigene* (s. Kap. 7).

Für die beschriebenen Beziehungen zwischen dem Grad der Fremdheit und der Antigenität haben sich die folgenden Begriffe eingebürgert:

Autologe Situation. Antigen und Antikörper stammen von dem selben Individuum ab. Normalerweise wirkt das entsprechende Molekül nicht als Antigen. Es gibt aber Zustände, bei denen autologe Antigene eine Immunreaktion hervorrufen und dadurch zur *Autoimmunerkrankung* führen können.

Syngene Situation. Antigen und Antikörper stammen von genetisch identischen Individuen ab. Syngene Verhältnisse existieren zwischen eineiigen Zwillingen und zwischen Inzuchttieren, wie sie für immunologische und genetische Untersuchungen gezüchtet wurden. Aus immunologischer Sicht ist die syngene mit der autologen Beziehung identisch (s. Kap. 7).

Allogene Situation. Antigene, welche bei Individuen einer Spezies in unterschiedlicher Form vorkommen, wirken als Alloantigene.

Xenogene Situation. Antigen und Antikörper stammen von verschiedenen Arten ab. Xenoantigene stellen die stärksten Antigene dar. Xenoantigene werden manchmal als heterologe Antigene oder Hetero-Antigene bezeichnet. Hetero-Antigene darf man nicht mit heterogenetischen (heterophilen) Antigenen verwechseln.

Als *heterogenetische* oder *heterophile Antigene* bezeichnet man immunologisch ähnliche oder identische kreuzreaktive Antigene, die bei verschiedenen Spezies vorkommen (s. Kap. 6). Die heterogenetischen Antigene von Darmbakterien werden für die Entstehung der natürlichen Antikörper gegen die Blutgruppenantigene des ABO-Systems verantwortlich gemacht (s. Kap. 6); heterogenetische Antigene mikrobieller Herkunft können zu Autoimmunerkrankungen führen (s. Kap. 10).

maßgeblichen Determinanten lassen sich in drei Kategorien einordnen.

Isotypen. Als Isotyp bezeichnet man die Merkmale im konstanten Teil der leichten und der schweren Ketten. Dementsprechend sind isotypische Determinanten für einen Kettentyp charakteristisch; sie sind bei allen Individuen einer Spezies gleich. Ein Antikörper gegen die isotypische Determinante der γ-Kette reagiert mit dem IgG aller Normalpersonen; ein Antikörper gegen eine isotypische Determinante der κ-Kette reagiert mit allen Antikörpern der Klasse IgG, IgA, IgM, IgD und IgE, sofern sie leichte Ketten vom κ-Typ tragen.

Die isotypischen Determinanten der schweren Ketten bestimmen die Antikörperklasse. Die isotypischen Determinanten der leichten Ketten bestimmen das Immunglobulin.

Allotypen. Einige Individuen zeigen in der schweren γ- oder α-Kette bzw. in den leichten Ketten eine Abänderung, die auf eine Aminosäuren-Substitution im konstanten Bereich zurückzuführen ist. So findet man bei einigen Individuen in Position 436 des IgG3 einen Aminosäurenaustausch, welcher zu einer allotypischen Antikörpervariante führt. Allotypen wirken gegenüber den Individuen, die davon frei sind, als Antigen.

Idiotypen. Antikörper mit unterschiedlichen Antigenspezifitäten unterscheiden sich in ihrem variablen Bereich. Wie oben beschrieben (s. Kap. 4.1.4), ist dies auf unterschiedliche Aminosäuresequenzen im Bereich der Antigen-Bindungsstelle zurückzuführen. Dadurch kommt es an der Antigen-Bindungsstelle zur Bildung von Determinanten, welche für die Antikörper einer bestimmten Spezifität jeweils charakteristisch sind. Diese Determinanten werden als Idiotypen bezeichnet. Sie können autoimmunogen wirken, d. h. sie können das Immunsystem, welches sie produziert hat, stimulieren. Weiterhin können Antikörper gegen den Idiotypen das Antigen „imitieren", welches dem Idiotyp-tragenden Antikörper homolog ist. Dies ist theoretisch für Impfungen nutzbar (s. Kap. 11).

4.3 Antikörper als Antigene

Als Glykoproteine üben Antikörper im Organismus einer anderen Art oder in einem fremden Individuum die Wirkung eines Antigens aus. Die dafür

4.4 Mitogene

Bestimmte Moleküle besitzen die Fähigkeit, Lymphozyten unabhängig von deren Antigenspezifität zu stimulieren; die Folge ist, daß eine große Zahl verschiedener Lymphozytenklone mit der Mitose beginnt. Derartige Moleküle heißen deshalb Mitogene. Ihre Hauptvertreter sind die Lektine.

Lektine sind Moleküle, die meist von Pflanzen stammen und mit bestimmten Kohlenhydraten spezifisch reagieren. Lektine können sich an Zellen binden, die den entsprechenden Zuckerbaustein auf ihrer Oberfläche tragen.

Das Lektin Concanavalin A (ConA) stimuliert T-Lymphozyten des Menschen und der Maus; das Lektin Pokeweed-Mitogen (PWM) stimuliert menschliche T- und B-Lymphozyten; die bei gramnegativen Bakterien vorkommenden Lipopolysaccharide (LPS) stimulieren B-Lymphozyten.

4.5 Adjuvantien

Adjuvantien (Einzahl: Adjuvans) erhöhen unspezifisch die biologische Wirkung eines Antigens, indem sie einen mehr oder weniger starken lokalen Gewebereiz hervorrufen; dies führt dazu, daß der Organismus auf das verabreichte Antigen intensiver reagiert. Außerdem besitzen Adjuvantien einen Depoteffekt: Sie verlangsamen die Diffusion des Antigens in das umgebende Gewebe.

Im Tierexperiment verwendet man vielfach das *inkomplette Freund'sche Adjuvans*. Es besteht aus Mineralöl und induziert in erster Linie die humorale Immunantwort. Das *komplette Freund'sche Adjuvans* enthält zusätzlich eine kleine Menge abgetöteter Mykobakterien und ruft eine zelluläre Immunantwort hervor. Beide Adjuvantien werden in Form einer Wasser-in-Öl-Emulsion appliziert. Die hervorgerufene Gewebs-Irritation ist so stark, daß die Freund'schen Adjuvantien für den Menschen nicht zugelassen sind.

In der Humanmedizin verwendet man als Adjuvans *Aluminiumhydroxid*, z. B. bei der Verabfolgung von Toxoid-Impfstoff.

Muramyldipeptid ist ein definierter Mykobakterienbestandteil, der als Adjuvans gute Wirkungen zeigt.

Beide Adjuvantien stimulieren die humorale Immunantwort. Adjuvantien, die eine zelluläre Immunantwort ohne Nebenwirkungen hervorrufen, fehlen leider noch. Einige Neuentwicklungen geben jedoch Anlaß zu Hoffnung (z. B. *Iscom*).

4.6 Verlauf der Antikörperantwort

Wenn der Säugerorganismus zum erstenmal mit einem Antigen „A" konfrontiert wird, so kommt es nach einiger Zeit und unter geeigneten Bedingungen zu einer meßbaren Antikörperproduktion, die als *Primärantwort* bezeichnet wird. I. a. steigt die Antikörperkonzentration im Blut (der „Serumtiter") nach einer Latenzperiode von etwa acht Tagen exponentiell an und erreicht dann ein Plateau. Anschließend fällt der Antikörpertiter wieder ab (Abb. 4.2).

Das Serum eines derart immunisierten Tiers wird als *Antiserum* bezeichnet. Die gebildeten Antikörper und damit auch das Antiserum sind spezifisch: Prinzipiell werden sie durch kein anderes Antigen als durch „A" hervorgerufen und reagieren auch mit keinem anderen Antigen als eben mit „A".

Die Antikörper der Primärantwort gehören hauptsächlich der IgM-Klasse an. Wird das Antigen A nach Abfall des Antikörpertiters ein zweites Mal verabreicht, dann ist die Latenzperiode sehr kurz; die Antikörper-Antwort fällt stärker aus und dauert länger an. Diese Besonderheiten werden durch den Ausdruck *Sekundärantwort* oder anamnestische Reaktion wiedergegeben. Bei der Sekundärantwort überwiegen stets Antikörper der IgG-Klasse (Abb. 4.2). Auch die Sekundärantwort ist antigenspezifisch. Dieser relativ einfache Sach-

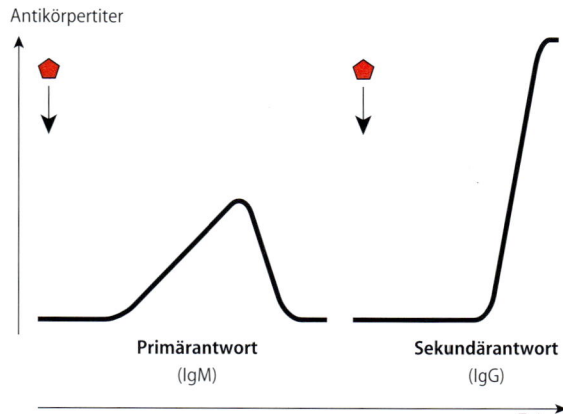

Antikörpertiter

Primärantwort (IgM) Sekundärantwort (IgG) Zeit

Abb. 4.2. Verlauf der Antikörperantwort. Die Serumantikörper der Primärantwort gehören der IgM-Klasse, die der Sekundärantwort der IgG-Klasse an. Während der Sekundärantwort ist der Serumtiter-Anstieg schneller und stärker als bei der Primärantwort

verhalt ist für das Verständnis der Immunantwort von großer Bedeutung; er stellt u.a. die Grundlage für die Impfung gegen Krankheitserreger dar.

4.7 Polyklonale, oligoklonale und monoklonale Antikörper

Wie in Kap. 4.11 ausführlich geschildert, werden Antikörper *einer* Spezifität von den Nachkommen *einer* Zelle gebildet und sind deshalb identisch (Klon). Die Antikörper-Antwort gegen komplexe Antigene setzt sich aber aus Antikörpern unterschiedlicher Spezifität zusammen. Die Begriffe „polyklonaler, oligoklonaler bzw. monoklonaler Antikörper" beziehen sich darauf, daß für die Synthese dieser unterschiedlichen Antikörper sehr viele verschiedene Klone (polyklonal), einige verschiedene Klone (oligoklonal) bzw. ein einziger Klon (monoklonal) zuständig sind.

Da ein Molekül eines Proteinantigens zahlreiche Determinanten von jeweils unterschiedlicher Struktur trägt, bildet der Organismus bei der Immunisierung gegen ein und dasselbe Antigenmolekül Antikörper von unterschiedlicher Spezifität (Abb. 4.3). Außerdem existieren für jede Determinante Antikörper mit verschieden großer Affinität. Dies bedeutet, daß die Antikörperantwort so gut wie immer polyklonal ist. Trägt das Antigen nur wenige Determinantentypen oder gar nur einen einzigen Strukturtyp, so kann die Antikörperantwort oligoklonal ausfallen.

Mit Hilfe der B-Zellhybridisierungstechnik können große Mengen identischer Antikörpermoleküle für eine gewünschte Spezifität produziert werden; diese Antikörper sind monoklonal (s. u.).

Monoklonale Antikörper unbekannter Spezifität werden beim **multiplen Myelom** gebildet. Bei dieser Krankheit produzieren die Nachkommen eines transformierten Plasmazell-Klons Antikörper einer einzigen Spezifität und Klasse. Im Urin findet man meist größere Mengen freier L-Ketten, die als **Bence-Jones-Protein** bezeichnet werden. Das Serum enthält in der Regel hohe Konzentrationen eines monoklonalen Antikörpers (Myelomprotein).

Produktion monoklonaler Antikörper durch B-Zellhybridome. Durch Verschmelzung Antikörper-produzierender Plasmazellen mit geeigneten Tumorzellen ist es möglich, Zwitterzellen oder Hybridome zu schaffen. Diese besitzen die Fähigkeit der B-Zelle zur Antikörperproduktion und zugleich die rasche und zeitlich unbegrenzte Vermehrungsfähigkeit der Tumorzelle. Einzelne Zellen eines Hybridoms können unter geeigneten Kulturbedingungen Klone liefern; dabei werden große Mengen identischer Nachkommen generiert. Die von diesen Klonen produzierten Antikörper haben alle die gleiche Spezifität. Sie werden **monoklonale Antikörper** genannt. Monoklonale Antikörper wurden erstmals von G. Köhler und C. Milstein hergestellt.

Die Möglichkeit, monoklonale Antikörper herzustellen, hat nicht nur die **klonale Selektionstheorie** (s. Kap. 4.11) von F.M. Burnet bestätigt; sie hat für zahlreiche biotechnologische Bereiche einen entscheidenden Fortschritt gebracht. In der Medizin finden monoklonale Antikörper bereits bei einer Fülle von diagnostischen Fragestellungen Verwendung; mit ihrem therapeutischen Einsatz wurde bei bestimmten Erkrankungen begonnen.

4.8 Stärke der Antigen-Antikörper-Bindung

Die Reaktion zwischen Antigen und Antikörper führt zur Bindung zwischen beiden Molekülen. Es entsteht ein Komplex, an dessen Zustandekommen lediglich physikochemische und keine chemischen Bindungskräfte beteiligt sind. Der Antigen-Antikörper-Komplex beruht somit auf **nicht-kovalenten Bindungen**; er ist daher reversibel. Die Bindung zwischen Antigen und Antikörper kann durch Änderung der physikochemischen Milieubedingungen gesprengt werden, etwa durch pH-Erniedrigung oder Erhöhung der Ionenstärke. Die Bindungsstärke eines Antikörpers an eine bestimmte Determinante wird als **Antikörper-Affinität** bezeichnet. Gegenüber verschiedenen, aber ähnlichen

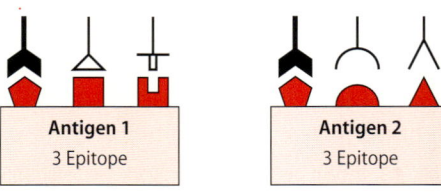

Abb. 4.3. Kreuzreaktivität verschiedener Antigene aufgrund eines gemeinsamen Epitops

Determinanten kann ein und derselbe Antikörper eine hohe oder niedrige Affinität besitzen.

Zur summarischen Charakterisierung der Bindungsstärke zwischen polyklonalen Antikörpern und ihrem homologen Antigen hat sich der Begriff *Avidität* eingebürgert. Die Avidität hängt unter anderem ab von der Affinität der verschiedenen Antikörper für die Antigendeterminanten und von der Konzentration der Antikörper und des Antigens.

4.9 Kreuzreaktivität und Spezifität

Es ist durchaus möglich, daß ein bestimmter Antikörper mit unterschiedlichen Antigenen reagiert (Abb. 4.3). Besitzen zwei ansonsten unterschiedliche Antigene A und B eine gemeinsame Determinante X, so werden sämtliche Antikörper, die für diese Determinante spezifisch sind, mit dem Antigen A und auch mit B reagieren. Hierbei spielt es keine Rolle, ob die X-Determinanten der beiden Antigene A und B identisch oder nur ähnlich sind. Im ersten Fall reagieren die Antikörper mit beiden Determinanten gleich stark, im zweiten Fall verschieden stark.

Die X-erkennenden Antikörper werden als *kreuzreaktiv* bezeichnet. Zwar ist bei monoklonalen Antikörpern gewährleistet, daß sie für eine einzige Determinante spezifisch sind, dennoch werden monoklonale Antikörper, die gegen eine gemeinsame Determinante zweier Antigene gerichtet sind, mit diesen beiden ansonsten unterschiedlichen Antigenen kreuzreagieren.

Polyklonale Antiseren bestehen häufig aus einer Mischung von antigenspezifischen und kreuzreaktiven Antikörpern. Aus einem polyklonalen Antiserum kann man die kreuzreagierenden Antikörper durch Adsorption weitgehend entfernen und dadurch dessen Spezifität erhöhen.

4.10 Folgen der Antigen-Antikörper-Reaktion in vivo

Die in vivo ablaufende Reaktion zwischen Antikörper und löslichen oder partikulären Antigenen hat für den Mikroorganismus beträchtliche Folgen. Wir unterscheiden die primären Wirkungen von den sekundären Effekten.

(Die Reaktion zwischen Antigen und homologen Antikörpern in vitro bewirkt zahlreiche Effekte. Diese werden in Kap. 6 gesondert besprochen.)

4.10.1 Toxin- und Virusneutralisation

Die spezifische Bindung von Antikörpern an bakterielle Toxine (z.B. Diphtherie-, Tetanus-, Botulinus-Toxin) verhindert die Bindung des Toxins an die zellulären Rezeptoren und blockiert auf diese Weise dessen Wirkung (s. Kap. 11). Bei bestimmten Viren führt die Reaktion mit Antikörpern ebenfalls zur Neutralisation. Man nimmt an, daß Antikörper die Bindung der Viren an ihre Zielzellen verhindern. Ein anderer Antikörpereffekt besteht darin, daß die Zahl der infektiösen Einheiten durch „Verklumpung" herabgesetzt wird. Diese „Antigen-Verklumpung" durch Antikörper wird als *Agglutination* bezeichnet (s. Kap. 6).

4.10.2 Opsonisierung

Da Phagozyten (neutrophile Granulozyten und Makrophagen) Rezeptoren für das Fc-Stück der IgG-Antikörper (Fc-Rezeptoren) besitzen, erleichtert die Bindung des Antikörpers an Partikel deren Phagozytose (s. Kap. 9). Dies spielt besonders bei solchen Krankheitserregern eine Rolle, die antiphagozytäre Strukturen besitzen, z.B. bei kapseltragenden Bakterien, etwa Pneumokokken, die so der Phagozytose doch noch zugänglich gemacht werden können (s. Kap. 11).

4.10.3 Antikörperabhängige zellvermittelte Zytotoxizität

Die großen granulären Lymphozyten besitzen Fc-Rezeptoren für IgG-Antikörper (s. Kap. 2). Sie können daher Antikörper-beladene Wirtszellen über das Fc-Stück des gebundenen Ig erkennen. Diese Reaktion bewirkt beim erkennenden Lymphozyten die Sekretion von zytolytischen Molekülen, welche die Antikörper-beladene Zelle abtöten. Als zytolytische Effektormoleküle werden Perforine, reaktive Sauerstoffmetabolite und Tumor-

Nekrose-Faktor diskutiert (s. Kap. 8). Die Antikörper-abhängige zellvermittelte Zytotoxizität (Antibody dependent cellular cytotoxicity, kurz ADCC) dürfte bei der Tumor- und Virusabwehr sowie bei bestimmten Parasitenerkrankungen eine Rolle spielen.

4.10.4 Komplementaktivierung

Die Antigen-Antikörper-Reaktion führt häufig zur Aktivierung des Komplementsystems. Dieser Vorgang wird in Kap. 5 geschildert, daher sei hier nur auf die Folgen der Komplement-Aktivierung hingewiesen. Es sind dies Bakteriolyse, Virusneutralisation, Opsonisierung und die Anlockung von Entzündungszellen.

4.10.5 Allergische Sofortreaktion

IgE-Moleküle, welche über ihren Fc-Teil an eosinophile oder basophile Granulozyten oder an Mastzellen gebunden sind, können mit dem homologen Antigen reagieren; dies führt zu einer allergischen Sofortreaktion (s. Kap. 10).

4.10.6 Immunkomplex-Bildung in vivo

In Antigen-Antikörper-Komplexen, die in vivo unter den Bedingungen der Äquivalenz oder des *Antikörperüberschusses* entstehen (s. Kap. 6), existieren zahlreiche Fc-Stücke. Dementsprechend können die Immunkomplexe über ihre Fc-Rezeptoren phagozytiert und abgebaut werden (s. Kap. 10).

Entstehen dagegen Antigen-Antikörper-Komplexe bei *Antigenüberschuß*, so ist die Phagozytosefähigkeit gering, da unter diesen Bedingungen jeder Komplex nur wenige Antikörpermoleküle trägt. Diese Komplexe werden schlecht abgebaut. Ihre Ablagerung in Haut, Nieren oder Gelenkräumen kann zu schwerwiegenden Entzündungsreaktionen und Gewebeschädigungen führen (s. Kap. 10).

4.11 Die klonale Selektionstheorie als Erklärung für die Antikörpervielfalt

Da sich der Säugerorganismus während seines Lebens mit einer Vielzahl verschiedener Antigene auseinanderzusetzen hat, muß er in der Lage sein, eine riesige Zahl unterschiedlicher Antikörper zu produzieren. Als Erklärung für die darin liegende Problematik wurden zwei Hypothesen entwickelt.

Nach der *Instruktionstheorie* (Haurowitz und Pauling) sollten die Antikörpermoleküle sämtlicher Spezifitäten aus ein und derselben Polypeptidkette aufgebaut sein. Diese legt sich um das Epitop und erlangt auf diese Weise ihre spezifische Konfiguration. Mit anderen Worten: Das Antigen wirkt quasi als Prägestempel für die Tertiärstruktur des Antikörpermoleküls. Mit der Erkenntnis, daß die Tertiärstruktur eines Proteins bereits durch dessen Primärstruktur festgelegt ist, mußte die Instruktionstheorie *verworfen* werden.

Die *klonale Selektionstheorie* (Burnet) verlagert das Problem der Antikörpervielfalt von der proteinchemischen auf die zelluläre Ebene.

In einer frühen Entwicklungsphase der B-Lymphozyten sollen demnach Zellen unterschiedlicher Spezifität entstehen. Die Diversität entwickelt sich *vor* der ersten Konfrontation mit dem Antigen ohne jeden Antigeneinfluß (s. Abb. 4.4). Die entstandenen Zellen exprimieren jeweils Rezeptoren einer einzigen Spezifität. Der spätere Erst-Kontakt mit dem komplementären Antigen bewirkt die selektive Vermehrung und Differenzierung der Zellen. Man kann sich diesen Sachverhalt so vorstellen, daß das Antigen unter den B-Zellen eine Wahl (Selektion) trifft, indem es mit den zuständigen Zellen reagiert (Abb. 4.4).

Unter dem Einfluß des Antigens entstehen zum einen Plasmazellen, welche Antikörper der ursprünglichen Spezifität produzieren; beim Erstkontakt mit dem Antigen bilden diese Zellen hauptsächlich Antikörper der IgM-Klasse. Zum anderen entstehen im Rahmen der Primärantwort Gedächtniszellen; diese sind dafür verantwortlich, daß sich nach Zweitkontakt mit dem gleichen Antigen Plasmazellen entwickeln, die jetzt Antikörper einer anderen Ig-Klasse sezernieren. Demnach existiert für jedes Antigen bereits vor dem Antigen-Erstkontakt eine bestimmte Anzahl zuständiger (komplementärer) Zellen. Die Nachkommen einer antigenspezifischen Zelle werden als Klon bezeichnet. Unter

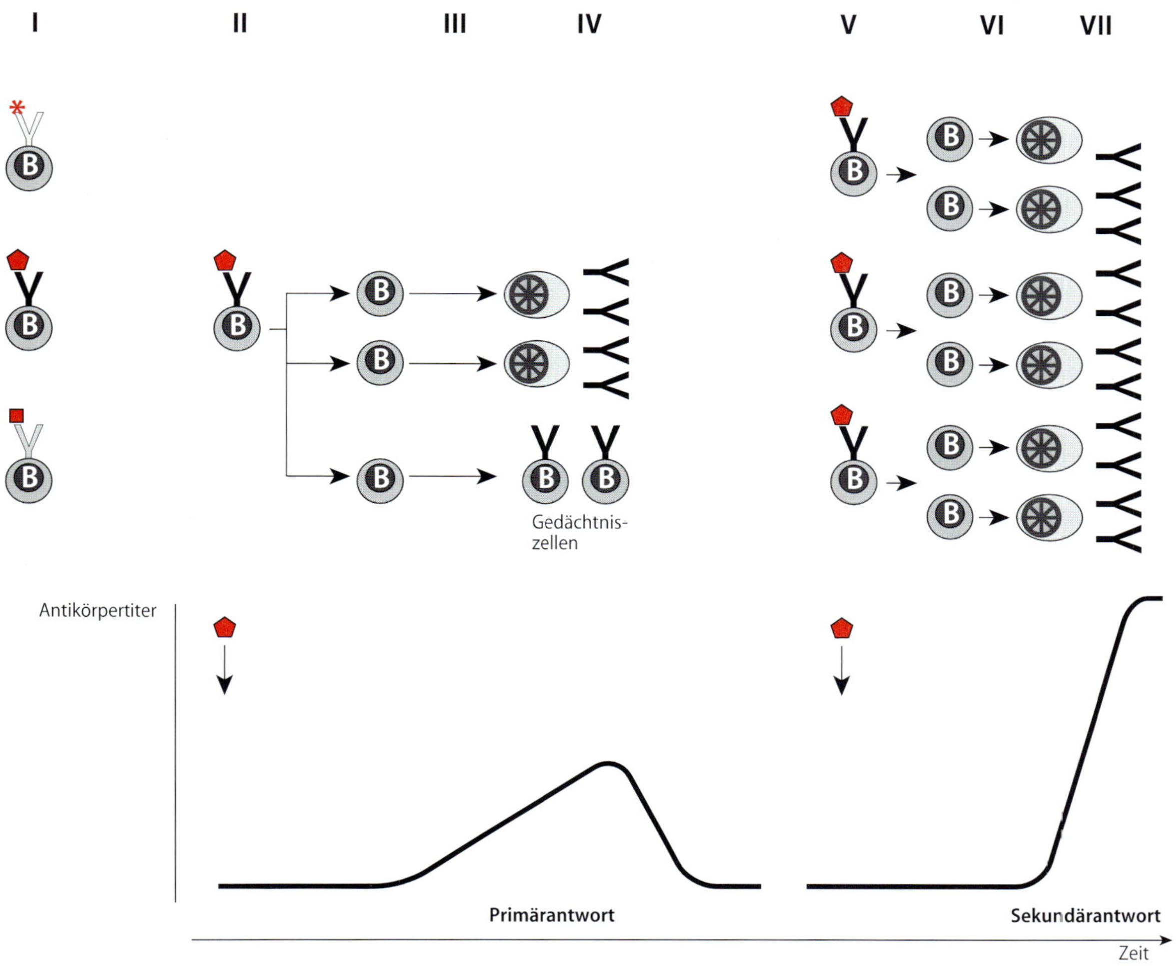

I   II   III   IV   V   VI   VII

Gedächtnis-
zellen

Antikörpertiter

Primärantwort   Sekundärantwort

Zeit

Abb. 4.4. Klonale Selektionstheorie und Verlauf der Antikörperant-wort. (*I*) Es sind 3 B-Zellen unterschiedlicher Spezifität und ihre korre-spondierenden Antigene dargestellt. (*II*) Eine B-Zelle trifft zum ersten Mal auf ihr homologes Antigen; (*III*) durch klonale Expansion entste-hen einige Gedächtniszellen und zahlreiche Plasmazellen; (*IV*) diese sezernieren Antikörper identischer Spezifität. (*V*) Beim zweiten Kon-takt mit demselben Antigen können die Gedächtniszellen besser rea-gieren; (*VI*) es entstehen rascher mehr Plasmazellen; (*VII*) daher ste-hen auch rascher mehr Antikörper dieser Spezifität zur Verfügung. Wie im unteren Teil der Abbildung dargestellt, steigt der Antikörperti-ter bei der Sekundärantwort entsprechend schneller und stärker an als bei der Primärantwort. Zusätzlich kommt es zwischen Primär- und Sekundärantwort zum Ig-Klassenwechsel, typischerweise von IgM zu IgG

dem Einfluß des Antigens kommt es zu einer *klona-len Expansion* und Differenzierung.

Die klonale Selektionstheorie konnte experimen-tell bestätigt werden; heute stellt sie ein Dogma der Immunologie dar. Im Prinzip gelten die geschilder-ten Vorgänge auch für die zelluläre Immunität.

Toleranz gegen Selbst und klonale Selektions-theorie. Während das Immunsystem in der Lage ist, alle möglichen Fremdantigene zu erkennen, ist es normalerweise unfähig, mit körpereigenen Mo-lekülen, also mit Autoantigenen, zu reagieren. Auf die Bedeutung dieser „Toleranz gegen Selbst" hatte bereits Paul Ehrlich hingewiesen und dafür den Begriff des „Horror autotoxicus" geprägt. Heute wis-sen wir, daß die Toleranz gegen Autoantigene *nicht* a priori festgelegt ist; sie wird während einer frühen Phase der Embryonalentwicklung erworben.

Vereinfacht läßt sich sagen: Das ursprüngliche Zuständigkeitsrepertoire erstreckt sich auch auf

Autoantigene. Während einer frühen Entwicklungsphase kommt es zum Kontakt zwischen den autoreaktiven B-Zell-Vorläufern und dem Auto-Antigen. Anders als bei der reifen B-Zelle bewirkt der Antigen-Kontakt in dieser Situation keine klonale Expansion und Differenzierung, sondern im Gegenteil die funktionelle Inaktivierung der erkennenden Zellen (s. Kap. 10). Dabei soll bewußt offen gelassen werden, ob es sich bei diesem Vorgang um die materielle Eliminierung oder nur um eine funktionelle Blockade der autoreaktiven Klone handelt.

Bestimmte Autoimmun-Erkrankungen scheinen allerdings darauf zurückzuführen zu sein, daß ein Klon mit Spezifität für ein Eigen-Antigen entblockt wird und anschließend expandiert. Der entzügelte Klon produziert dann Autoantikörper und verursacht autoaggressive Reaktionen (s. Kap. 10).

Im Experiment kann sogar bei erwachsenen Tieren mit einem Antigen, das sonst immunogen wirkt, Toleranz induziert werden. Somit kann ein und dasselbe Antigen je nach Art der Umstände entweder immunogene oder tolerogene Wirkung entfalten.

4.12 Genetische Grundlagen der Antikörperbildung

4.12.1 Einführung

Beim immunkompetenten Individuum ist die B-Zellpopulation uneinheitlich: Sie besteht aus einer großen Zahl von genetisch verschiedenartigen Klonen (etwa 10^{12}), die sich voneinander durch die Erkennungsspezifität des Antikörpers unterscheiden, den die Zelle synthetisiert. Ein gegebener Klon kann nur Antikörper einer einzigen Spezifität bilden; seine diesbezügliche Kompetenz ist unwiderruflich festgelegt (im englischen Sprachgebrauch wird der Ausdruck „committed cell" benutzt). Die enorme Vielfalt an Antikörperspezifitäten beruht somit auf einer entsprechenden Vielfalt an jeweils zuständigen Klonen. Da die Spezifität des Antikörpers von der Aminosäuresequenz im variablen Teil der H- und der L-Kette abhängt, muß das Syntheseprogramm des jeweils zuständigen B-Zellklons genetisch fixiert sein.

Die genetische Vielfalt der B-Zell-Population entsteht während der Embryonalentwicklung. In dieser Entwicklungsphase durchlaufen die genetisch einheitlichen B-Vorläuferzellen einen Differenzierungsprozeß, den man als **Diversifizierung** bezeichnet. An dessen Ende steht die genetische Vielfalt der polyklonalen Zellpopulation im reifen Immunsystem. Die genetischen Vorgänge, die zur Festlegung einer Vorläuferzelle auf eine bestimmte Spezifität führen, spielen sich beim Menschen in drei Chromosomen ab: Für die H-Ketten im Chromosom 14, für die κ-Kette im Chromosom 2 und für die λ-Kette im Chromosom 22; bei der Maus sind es die Chromosomen 12 (H-Ketten), 6 (κ-Kette) und 16 (λ-Kette). In der DNS dieser Chromosomen kommt es zu einer Reihe von **Gen-Rekombinationen**, die zusammenfassend als **Gen-Rearrangement** bezeichnet werden.

Die klassische Regel „Ein Gen – ein Polypeptid" gilt für Immunglobuline nicht. In der Keimbahn gibt es keine Gene für den variablen Teil der L- oder H-Ketten, sondern lediglich Gen-Segmente mit Fragmenten der dazu notwendigen Information. Die Gene entstehen erst während der Lymphozytenreifung durch Rekombination aus diesen Gen-Segmenten. Die Gene für den variablen Teil der L-Kette werden aus zwei, die Gene für den variablen Teil der H-Kette dagegen aus drei Segmenten gebildet. Bei der Synthese der Ketten wirken somit zwei Gene zusammen: Das Gen für den variablen Kettenteil und das Gen für den konstanten Kettenteil.

Wie die meisten Gene höherer Zellen, enthalten auch die Gene für die L- und die H-Ketten außer den Informationen tragenden Bereichen (**Exons**) noch nicht-kodierende Sequenzen (**Introns**). Die Introns werden nach der Transkription durch **Spleißen** eliminiert (spleißen, seemännischer Ausdruck für das Zusammenfügen zweier Tau-Enden), wodurch die kodierenden RNS-Sequenzen miteinander verknüpft werden. Durch diesen Prozeß entsteht aus der primären RNS die Boten-RNS (mRNS).

4.12.2 Gen-Rearrangement und Spleißen

κ-Kette. Die Nukleotidsequenzen für den variablen Teil der κ-Kette finden sich auf der DNS als eine größere Zahl von kodierenden Segmenten (Exons). Die Segmente bilden zwei voneinander

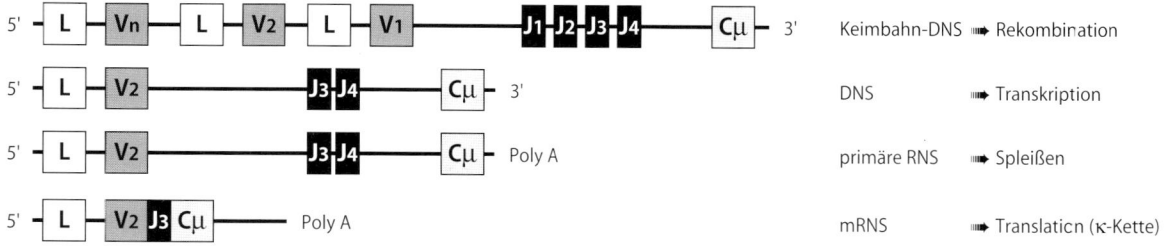

Keimbahn-DNS ➡ Rekombination	
DNS ➡ Transkription	
primäre RNS ➡ Spleißen	
mRNS ➡ Translation (κ-Kette)	

Abb. 4.5. Rekombination der leichten Kette vom κ-Typ (Maus). In der DNS befinden sich ca. 250 V_κ-Gensegmente (V_n, V_2, V_1) hinter je einer Leader-Sequenz (L) angeordnet. Weit davon entfernt liegen 4 funktionelle J_κ-Gensegmente (J_1, J_2, J_3, J_4) und dahinter ein C_κ- Gensegment. Durch Rekombination und Spleißen werden ein L, V_κ, J_κ und C_κ-Segment (z. B. L, V_2, J_3, C) zusammengeführt, die dann in eine κ-Kette translatiert werden

getrennte Gruppen, nämlich V_κ und etwas strom- abwärts davon J_κ [V = Variable (variabel), J = Joining (verbindend)]. Man rechnet bei der Maus mit etwa 250 V_κ-Fragmenten und mit 4 funktionellen J_κ-Fragmenten.

Der Informationsgehalt von jedem V_κ-Exon be- zieht sich auf die Aminosäure-Position 1 bis 95 im aminoterminalen Abschnitt des variablen κ-Ket- tenteils. Die konkrete Information ist aber von V_κ- Exon zu V_κ-Exon verschieden. (Für jedes V-Seg- ment existiert eine sog. Leader-Sequenz. Sie liegt jeweils stromaufwärts vom V-Segment und ist da- von durch ein Intron getrennt. Die Leader-Sequenz kodiert für einen Polypeptidbereich, der für den intrazellulären Transport der H- und der L-Ketten wesentlich ist, schlußendlich aber von der Kette abgespalten wird.)

Die Gruppe der V_κ-Segmente repräsentiert so- mit ein Sortiment von 250 verschiedenen Amino- säuresequenzen für die Positionen 1 bis 95. Für die 4 J_κ-Exons gilt sinngemäß das gleiche wie für die V_κ-Exons: Sie enthalten jeweils die Information für die Aminosäure-Positionen 96 bis 110, d. h. für die letzten 15 Aminosäuren im karboxyterminalen Abschnitt des variablen κ-Kettenteils. Strom- wärts von beiden Segmentgruppen V_κ und J_κ fin- det sich das Gen für den konstanten Teil der κ- Kette (C_κ-Gen)[1].

Bei der Differenzierung der B-Vorläuferzelle kommt es zu folgender Rekombination (Abb. 4.5): Aus der V_κ-Gruppe vereinigt sich ein durch Zufall bestimmtes V_κ-Gen-Segment mit einem durch Zu- fall ausgewählten J_κ-Gen-Segment. Die dazwischen liegende DNS wird herausgeschnitten und dele- tiert; die Schnittstellen von V_κ und J_κ werden ver-

---

[1] C = Constant (konstant).

einigt. Das so entstandene $V_\kappa J_\kappa$-Gen enthält die ge- samte Information für die Aminosäuresequenz des variablen Kettenteils. Damit ist das Gen-Rear- rangement für die κ-Kette abgeschlossen. Die Transkription erfaßt die gesamte DNS vom $V_\kappa J_\kappa$- Gen bis zum Ende des C_κ-Gens. Auf diese Weise entsteht die primäre RNS. In einem weiteren Schritt (Spleißen) werden daraus die nicht-kodie- renden Stücke herausgeschnitten und eliminiert; es sind dies die Introns sowie das Stück zwischen dem $V_\kappa J_\kappa$-Gen und dem Beginn des C_κ-Gens. Da- mit ist die mRNS für die komplette κ-Kette ent- standen, die anschließend in eine κ-Polypeptidket- te übersetzt wird.

λ-Kette. Das Rearrangement für die λ-Kette ver- läuft nach den gleichen Prinzipien wie bei der κ-Kette. Die Zahl der V_λ-Gensegmente ist aber wesentlich kleiner.

H-Ketten. Für den variablen Teil der H-Ketten gibt es drei Gruppen rekombinationsfähiger Gen- segmente: Sie werden durch die Symbole V, D und J bezeichnet, V = Variable (variabel); D = Diversity (Vielfalt); J = Joining (verbindend). Die V-Region der Maus enthält bis zu 1000 V_H-Segmente; strom- abwärts davon befindet sich die D-Region mit et- wa 15 D_H-Segmenten. Darauf folgt die J-Region mit 4 J_H Segmenten. Noch weiter stromabwärts liegt die C_H-Region. Sie enthält die Information für den konstanten Teil der H-Kette, und zwar je- weils einen Bereich für den H-Kettenteil C_μ, C_δ, C_γ, C_α und C_ε. (Aus Gründen der Darstellbarkeit wer- den die Unterklassen nicht berücksichtigt. Unbe- rücksichtigt bleibt auch die domänenbezogene Exonstruktur der C_H-Gene.)

Die V-Gensegmente kodieren für den größten Teil der aminoterminalen Position (etwa von 1 bis

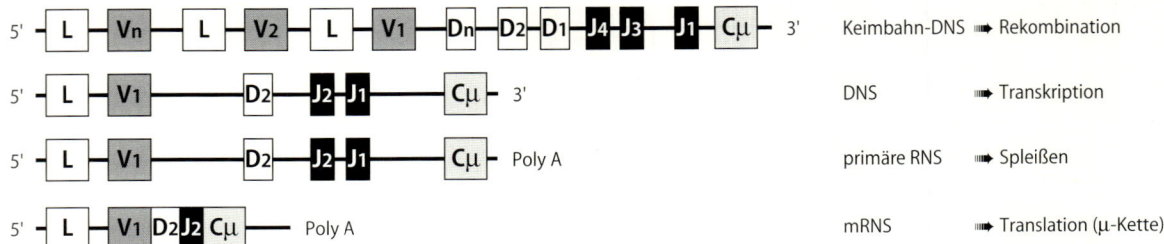

Abb. 4.6. Rekombination der schweren Ketten (Maus). In der Keimbahn-DNS befinden sich ca. 1000 V_H-Gensegmente (V_n, V_2, V_1) hinter je einer Leader-Sequenz (L) angeordnet. Weit davon entfernt liegen ca. 15 D_H-Gensegmente (D_n, D_2, D_1), 4 J_H-Gensegmente (J_1, J_2, J_3, J_4) sowie die C-Gensegmente (hier C_μ). Durch Rekombination und Spleißen werden ein L, V_H, D_H und J_H-Segment mit einem C_μ-Segment zusammengeführt, die dann in eine μ-Kette translatiert werden

97); die D_H-Segmente kodieren für den aminoterminalen Teil des Rests (etwa für 98 bis 107), während die J_H-Segmente die Information für den verbleibenden karboxyterminalen Restanteil liefern (etwa 108 bis 117).

Durch die Rekombination vereinigt sich je eines der V_H-, D_H- und J_H-Gen-Segmente (Abb. 4.6). Auf diese Weise entsteht ein $V_H D_H J_H$-Gen, das die Information für den variablen H-Kettenteil enthält. Damit ist das Gen-Rearrangement für die Spezifitätsfestlegung abgeschlossen. Weitere Umlagerungen der H-Ketten-DNS betreffen nicht mehr die Spezifität, sondern die Antikörperklasse (s. unten).

Die Transkription der H-Kette setzt beim $V_H D_H J_H$-Gen ein und wird entweder am Ende des $C_{H\mu}$-Gens oder des $C_{H\delta}$-Gens abgeschlossen. Die so entstandene Primär-RNS ist sehr lang. Durch Spleißen wird sie auf den kontinuierlichen Informationsgehalt für die H-Kette reduziert, z.B. entsprechend der Formel $V_H D_H J_H C_{H\mu}$. Die auf diese Weise entstandene mRNS wird sodann in die schwere Kette (hier des IgM) übersetzt.

4.12.3 Die Größe der Diversität

Nimmt man für die κ-Kette 250 V_κ-Gen-Segmente und 4 J_κ-Gen-Segmente an, ergeben sich $250 \times 4 = 1000$ verschiedene Möglichkeiten, ein $V_\kappa J_\kappa$-Gen herzustellen.

Für die H-Kette nimmt man bis zu 1000 V_H-Exons an. Daneben existieren ca. 15 D_H-Exons und 4 J_H-Exons. Daraus errechnen sich $1000 \times 15 \times 4 =$ bis zu 60 000 Kombinationsmöglichkeiten.

Da sich bei der Antikörperbildung die einmal gebildete κ-Kette mit einer unabhängig davon gebildeten H-Kette vereinigt, ergibt sich für die Kettenkombination κ/H die Zahl der verschiedenen Spezifitätsmöglichkeiten aus dem Produkt der Variantenzahl für die beiden Ketten: $1000 (\kappa) \times 60\,000 (H) = 6 \times 10^7$.

Die Rekombinationsmöglichkeiten für die λ-Kette sind bedeutend kleiner als die der κ- und der H-Kette. Deshalb ergeben sich für die Kettenkombination λ/H relativ niedrige Werte. Da sich die Gesamtzahl der Spezifitäten aus der Summe der Variantenzahlen für die Kombination κ/H und λ/H zusammensetzt, ändert sich wenig, wenn man die Kombination λ/H vernachlässigt.

Die Diversifikation wird durch zusätzliche Mechanismen erhöht:

- Die „Naht" zwischen den V-, J- und D-Segmenten wird ungenau ausgeführt. Auf diese Weise können von Fall zu Fall unterschiedliche Kodons entstehen.
- Weiterhin können während der Verknüpfung von V-, J- und D-Gensegmenten fremde Nukleotide eingefügt werden. Dieser Mechanismus wird als N-Region-Diversifikation bezeichnet.
- Schließlich wird der Informationsgehalt rekombinierter V-Regionen durch somatische Hypermutationsereignisse vergrößert.

Berücksichtigt man alle Faktoren der Variantenbildung, so liegt die Zahl der möglichen Antikörperspezifitäten bei 10^{10} bis 10^{11}.

Zusammenfassend können wir feststellen, daß die Diversität entscheidend durch Rekombination von Keimbahngenen erfolgt und zu einem weiteren Teil durch somatische Mutationen. Der „Diversitätsstreit" unter den Immunologen hatte in den sechziger Jahren zwei Lager geschaffen: Einerseits die Anhänger der *Keimbahntheorie*, andererseits die Vertreter der *somatischen Mutation*. Der Ausschließlichkeitsanspruch beider Parteien war, wie man heute weiß, falsch; Recht hatten bis zu einem gewissen Grad beide Seiten.

4.12.4 Allelen-Ausschluß

Die DNS-Rekombinationen, die in der B-Vorläuferzelle ablaufen und zur Festlegung der Erkennungsspezifität führen, spielen sich stets asymmetrisch ab. Von den sechs Chromosomen (die diploide B-Zelle enthält für jede der drei Ketten – H, κ, λ – zwei Informationsträger in Gestalt des väterlichen und mütterlichen Chromosoms), die in der diploiden Zelle für die Synthese von schweren und leichten Ketten in Betracht kommen, gelangen – wenn überhaupt – nur zwei zu einem biologisch wirksamen Rearrangement.

Die Rekombination beginnt bei einem Chromosom des Chromosomenpaares 14 (H-Kette). Mißlingt der Versuch, so wird das andere Chromosom des gleichen Paares ein Rearrangement versuchen. Mißlingt auch dieser Versuch, so ist die Zelle zur Antikörperbildung unfähig.

Ist in einem der beiden Chromosomen 14 der erste Umbauversuch erfolgreich, so wird das andere intakte Chromosom durch Hemmung vom Umbau ausgeschlossen. Der Umbau-Impuls geht dann an das Chromosomenpaar 2 (κ-Kette). Gelingt hier der Umbau in einem Chromosom, so werden die noch nicht einbezogenen Chromosomen am Umbau gehemmt. Mißlingt der Umbau in beiden Chromosomen 2, so geht der Impuls an das Chromosomenpaar 22 (λ).

In jeder B-Zelle werden die zur Antikörperbildung nicht benötigten Chromosomen entweder durch erfolglosen Umbau oder durch Umbau-Hemmung ausgeschaltet. Dabei gibt es eine Priorität von den Chromosomen 14 (H) über die Chromosomen 2 (κ) bis zu den Chromosomen 22 (λ). Offenbar werden λ-Ketten erst dann zur Antikörperbildung herangezogen, wenn die Bildung der κ-Kette mißlingt.

Die geschilderten Vorgänge bedeuten, daß in jeder Zelle nur ein einziges H-Ketten-Chromosom und nur ein einziges L-Ketten-Chromosom zum biologisch wirksamen Rearrangement gelangt. Die Allele der übrigen Chromosomen bleiben damit von der Informationsabgabe ausgeschlossen.

4.12.5 Membranständige und freie Antikörper

Eine junge B-Zelle, die noch nicht durch Antigen stimuliert wurde, synthetisiert Antikörper der Klasse IgM. Diese Antikörper erscheinen als Monomere mit zwei Antigenbindungsstellen. Sie werden in der Membran eingelagert und dienen als erkennungsspezifische Antigen-Rezeptoren. Dies beruht darauf, daß die H_μ-Kette am karboxyterminalen Ende etwa 20 **hydrophobe Aminosäuren** trägt. Diese hydrophobe H_μ-Kette wird als $m\mu$ (m = Membran) bezeichnet.

Wird die B-Zelle durch Antigen stimuliert, so wird der IgM-Antikörper in modifizierter Form synthetisiert: Anstelle der hydrophoben Sequenz trägt er am karboxyterminalen Ende der H-Kette eine etwa gleichlange Sequenz **hydrophiler Aminosäuren**. Der auf diese Weise modifizierte IgM-Antikörper kann die Zelle als Pentamer verlassen. Seine H-Kette wird als $s\mu$ (s = sezerniert oder Serum) bezeichnet.

Der Wechsel von der hydrophoben zur hydrophilen H-Kette erfolgt auf der RNS-Ebene durch Spleißen. Das $C\mu$-Gen enthält an seinem 3'-Ende ein Exon für die hydrophile Sequenz und darauf folgend ein Exon für die hydrophobe Sequenz. Für die Synthese der $H_{m\mu}$-Kette wird der ganze Bereich abgelesen. Durch Spleißen wird dann von der primären RNS die Sequenz für die hydrophilen Aminosäuren eliminiert. Der Cm-Bereich endet damit mit der Sequenz für die hydrophoben Aminosäuren der $H_{m\mu}$-Kette.

Soll dagegen eine $H_{s\mu}$-Kette synthetisiert werden, so hört die Transkription am Ende des Exons für die hydrophilen Aminosäuren auf. Das Primärtranskript braucht an dieser Stelle nicht gespleißt zu werden, da es mit der Sequenz für die $H_{s\mu}$-Kette endet.

4.12.6 Der Ig-Klassen-Wechsel (switch)

Nach Abschluß des Rearrangements enthält das für die H-Kette zuständige Chromosom das VDJ-Gen und 3'-stromabwärts davon konsekutiv die Informationsbereiche für C_μ, C_δ, C_γ, C_ε und C_α (die Ig-Unterklassen werden wegen der einfacheren Darstellung nicht berücksichtigt). In diesem Stadium (Abb. 4.7) beginnt die B-Zelle ohne Antigenstimulus mit der Synthese von antigenspezifischen Rezep-

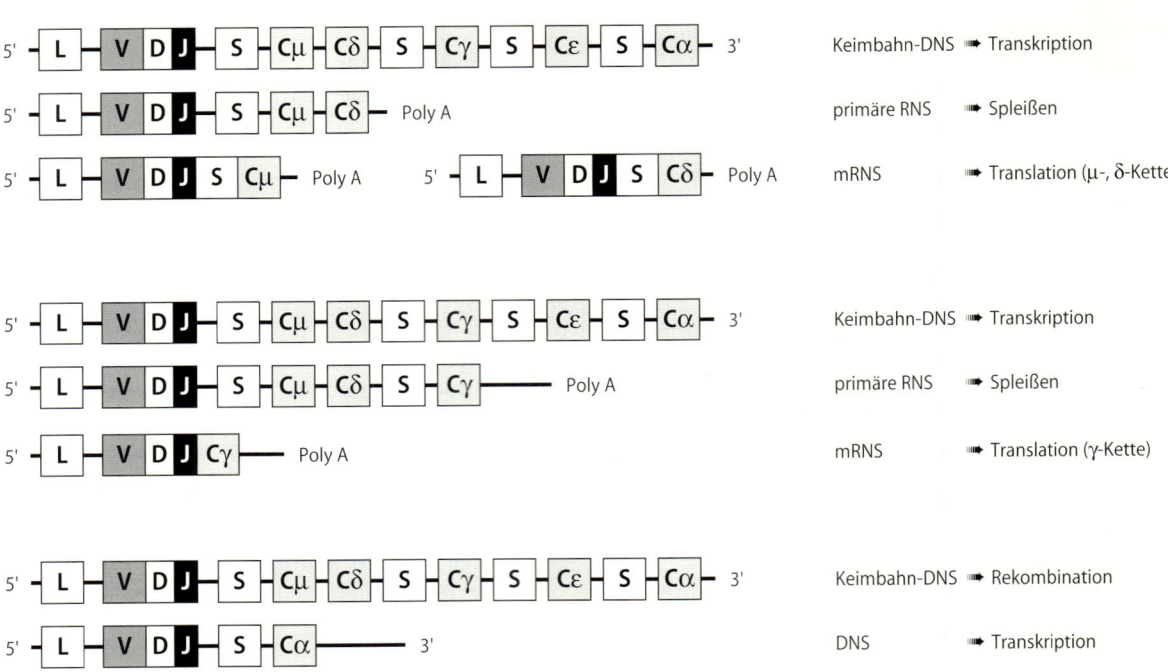

Abb. 4.7. Wechsel der Antikörper-Klasse. In der DNS liegen die Gensegmente für die verschiedenen schweren Ketten hintereinander. Davor befindet sich jeweils ein Start-Kodon. Durch Spleißen entsteht die μ- bzw. δ-Kette. Durch Rekombination und Spleißen werden die schweren Ketten der anderen Antikörper-Klassen gebildet. Beachte, daß die Ig-Unterklassen nicht berücksichtigt wurden

toren, d. h. von membranständigen Antikörpern der Klasse IgM (stets vorhanden) und IgD (teilweise vorhanden). Die Doppelproduktion erfolgt aufgrund von 2 verschiedenen Transkriptionsprodukten der gleichen DNS. Dabei entsteht ein kurzes und ein langes Transkript. Das kurze Transkript beginnt mit dem VDJ-Gen und schließt mit dem Ende des $C\mu$-Gens. Das lange Transkript beginnt ebenfalls mit dem VDJ-Gen, geht jedoch über das $C\mu$-Gen hinaus und enthält noch das ganze $C\delta$-Gen. Durch Spleißen entsteht aus der kürzeren Primär-RNS die mRNS für IgM. Die längere Primär-RNS liefert durch Spleißen die mRNS für IgD.

Wird die B-Zelle durch Antigen stimuliert, so bildet sie als erstes sezernierbare Antikörper der Klasse IgM. Einige B-Zellen können darüber hinaus auch membranständige und sezernierbare Antikörper der Klasse IgG, IgA und IgE bilden: Sie stellen entsprechend lange Transkripte her und spleißen sie in geeigneter Form.

Dieser Syntheseweg stellt aber nur einen Übergang dar. Im Verlaufe der Immunreaktion entstehen durch Antigenstimulation Abkömmlinge des betroffenen Zellklons, bei denen sich ein zweites Gen-Rearrangement abspielt. Dabei wird das VDJ-Gen durch Rekombination in die Nähe der Region C_γ oder C_α oder C_ε gebracht. Die dazwischenliegenden Regionen werden deletiert. Nach diesem Prozeß haben die Zellen das Vermögen verloren, H-Ketten der Klassen IgM oder IgD zu bilden: Sie sind auf IgG oder auf IgA oder auf IgE festgelegt. Diese Umstellung nennt man den Klassen-Wechsel („class switch").

Zwei Charakteristika dieser Erscheinung müssen hervorgehoben werden: Es ist einmal die Tatsache, daß bei absolut gleicher Spezifität lediglich die Antikörperklasse wechselt. Zum anderen ist es die doppelte Möglichkeit, den Klassenwechsel zu vollziehen, nämlich einmal – übergangsweise – auf RNS-Ebene und zum anderen – endgültig – auf DNS-Ebene.

ZUSAMMENFASSUNG: Antikörper und Antigene

Aufbau der Immunglobuline. Zwei identische schwere (H) und zwei identische leichte (L) Ketten sind über Disulfidbrücken verbunden; L-Ketten in zwei Formen möglich (κ, λ), schwere Ketten in fünf Formen (γ, μ, α, ε, δ), welche die Klasse bestimmen. H- und L-Ketten bestehen je aus einem konstanten und einem variablen Teil; der variable Teil der H- und L-Kette bildet die Antigen-Bindungsstelle. Papain spaltet IgG in ein Fc-Stück (konstanter Teil) und 2 identische Fab-Fragmente (variabler Teil). H- und L-Kette bestehen aus ähnlichen Untereinheiten von ca. 100 Aminosäuren (Domänen).

IgG. 150 kD, 75% der Gesamtserum-Ig, Träger der Sekundärantwort.

IgM. 900 kD, ca. 10% der Gesamtserum-Ig, Pentamere, Träger der Primärantwort, IgM-Monomere als Membranrezeptoren auf B-Lymphozyten.

IgA. Monomere (150 kD) oder Dimere (380 kD), ca. 15% der Gesamtserum-Ig, als sekretorisches IgA in den externen Körperflüssigkeiten.

IgD. 170–200 kD, Membranrezeptor auf B-Zellen.

IgE. 190 kD, <1% der Gesamtserum-Ig, durch Bindung an Mastzellen, Eosinophile und Basophile Vermittlung der Sofortallergie.

Antigen. Molekül, welches mit den Trägern der Immunantwort (T-Zellen und B-Zellen bzw. Antikörpern) biologisch wirksam reagiert. Antigene für B-Lymphozyten sind Proteine oder Kohlenhydrate, sehr selten Lipide oder Nukleinsäuren.

Epitop. Abschnitt eines Antigens, der vom Antikörper erkannt wird; besteht aus 6–8 Monosacchariden bzw. Aminosäuren.

Hapten. Isoliertes Epitop, das zwar mit Antikörpern reagiert, aber keine Immunantwort hervorruft.

Autologe Situation. Antigen und Antikörper desselben Individuums.

Syngene Situation. Antigen und Antikörper genetisch identischer Individuen.

Allogene Situation. Antigene, die in Individuen einer Spezies in unterschiedlicher Form vorkommen.

Xenogene Situation. Antigen und Antikörper sind von verschiedenen Arten.

Mitogen. Moleküle, welche Lymphozyten unabhängig von deren Antigenspezifität stimulieren; z.B. Concanavalin A, Phytohämagglutinin, Lipopolysaccharid.

Adjuvans. Material, welches die Immunogenität eines Antigens in vivo unspezifisch erhöht (z.B. Freund'sches Adjuvans, Aluminiumhydroxid, Muramyldipeptid, Iscom).

Antikörper-Determinanten:
Isotyp. Merkmal im konstanten Teil der L- bzw. der H-Kette, welches für den jeweiligen Kettentyp charakteristisch ist.

Allotyp. Merkmal, welches in den schweren γ- oder α-Ketten bzw. in den leichten Ketten bei einigen Individuen unterschiedlich vorkommt.

Idiotyp. Merkmal, welches in der Antigenbindungsstelle liegt und daher für Antikörper einer bestimmten Spezifität charakteristisch ist.

Verlauf der Antikörper-Antwort. Nach Erstkontakt mit einem Antigen kommt es nach etwa 10 Tagen zu einem Anstieg der Antikörper im Serum (Primärantwort); anschließend fällt der Antikörpertiter wieder ab. Die Antikörper gehören primär der IgM-Klasse an. Nach Zweitkontakt mit demselben Antigen, kommt es rasch zu einem erneuten Serum-Titeranstieg (sekundäre- oder anamnestische Antwort), es überwiegen Antikörper der IgG-Klasse.

Polyklonale und monoklonale Antikörper. Die Antikörper-Antwort gegen ein bestimmtes Antigen ist meist polyklonal, da ein Antigen normalerweise viele unterschiedliche Determinanten trägt und für jede Determinante Antikörper unterschiedlicher Affinität vorhanden sind. Antikörper, die von den Nachkommen einer einzigen B-Zelle produziert werden, sind völlig identisch, d.h. sie sind monoklonal. Die Technik der B-Zell-Hybridisierung erlaubt die Großproduktion monoklonaler Antikörper.

Die Stärke der Antigen-Antikörperbindung: Avidität. Summarischer Begriff zur Charakterisierung der Bindungsstärke zwischen polyklonalen Antikörpern und ihrem homologen Antigen.

Affinität. Bindungsstärke eines Antikörpers für eine bestimmte Determinante des Antigens.

Folgen der Antigen-Antikörper-Reaktion in vivo. Toxin-Neutralisation (z.B. Diphtherie-, Tetanus-, Botulinus-Toxin), Virusneutralisation, Opsonisierung (z.B. von Pneumokokken), antikörperabhängige zellvermittelte Zytotoxizität, Komplementaktivierung, allergische Sofortreaktion, Immunkomplexbildung.

Klonale Selektionstheorie (Burnet). Lymphozyten unterschiedlicher Spezifität entwickeln sich vor dem Erstkontakt mit Antigen; jede Zelle exprimiert Rezeptoren einer einzigen Spezifität; Antigenkontakt führt zur klonalen Expansion der entsprechenden Zelle. Da beim Zweitkontakt mit Antigen mehr spezifische Zellen zur Verfügung stehen, ist die Immunantwort nun deutlich stärker. Umgekehrt führt der Kontakt zwischen autoreaktiven B-Zell-Vorläufern und dem Auto-Antigen während einer frühen Entwicklungsphase zur Inaktivierung der erkennenden Zellen und damit zur Toleranz gegen „Selbst".

Genetische Grundlagen der Antikörperbildung. Für die genetische Vielfalt der B-Zell-Population sind in erster Linie Gen-Rekombinationen (Gen-Rearrangements) verantwortlich. κ-Kette: V_κ und J_κ sind auf getrennten DNS-Segmenten; ein V_κ-Gensegment verbindet sich mit einem J_κ-Gensegment durch Rekombination; das V_κ-J_κ-Gensegment wird mit dem C_κ-Gen transkribiert. Ähnliches gilt für die λ-Kette.
H-Kette: Aus einem V-, D-, J-Gensegment entsteht das VDJ-Gen, welches mit dem C-Gen transkribiert wird.
Größe der Diversität: $250\ V_\kappa \times 4\ J_\kappa = 1000$; $1000\ V_H \times 15\ D_H \times 4\ J_H = 60\,000$; $1000 \times 60\,000 = 6 \times 10^7$; Erhöhung durch weitere Variationsmöglichkeiten auf ca. 10^{11}.

Allelen-Ausschluß: In jeder Zelle kommt nur ein einziges H-Ketten-Chromosom und nur ein einziges L-Ketten-Chromosom zum Rearrangement. Die anderen Allele sind davon ausgeschlossen.
Ig-Klassen-Wechsel: Die B-Zelle produziert zuerst membranständiges IgM und IgD. Nach Antigenreiz bildet die B-Zelle entweder sezerniertes IgM, IgG, IgE oder IgA. Die ursprüngliche Spezifität bleibt unabhängig vom Klassenwechsel erhalten.

EINLEITUNG

Das Komplementsystem bildet das wichtigste humorale Effektorsystem der angeborenen Immunität. Zum einen wird es direkt von bestimmten Erregern aktiviert, zum anderen durch die Antigen-Antikörper-Reaktion.

5.1 Übersicht

Die Bindung von Antikörpern an lebende Krankheitserreger führt nicht direkt zu deren Abtötung und Elimination. Um dies zu bewirken, müssen besondere Systeme aktiviert werden. Die dazu führenden Signale haben nichts mehr mit der Antigenspezifität zu tun: Sie sind unspezifisch. Als Signalempfänger kennt man humorale Systeme und zelluläre Elemente. Unter den humoralen Systemen nimmt das Komplement einen besonderen Platz ein.

Das Komplementsystem besteht aus ca. 20 *Serumproteinen* (Komplementkomponenten). Im Serum liegen die Faktoren in ihrer inaktiven Form vor. Wird das System angestoßen, so kommt es zur konsekutiven (sequentiellen) Aktivierung seiner Komponenten. Dies führt zu drei Ergebnissen:

- direkte Lyse von Zielzellen,
- Anlockung und Aktivierung von Entzündungszellen und
- Opsonisierung von Zielzellen.

Prinzipiell kann die *Komplementkaskade* in drei Abschnitte unterteilt werden:

- den klassischen Aktivierungsweg,
- den alternativen Aktivierungsweg und
- den gemeinsamen Terminalabschnitt (Abb. 5.1).

Der klassische und der alternative Weg zur Komplementaktivierung stellen typische Beispiele für eine Reaktionskaskade dar, wie man sie bei den Systemen der Blutgerinnung und der Fibrinolyse kennt. Bei diesen Systemen aktiviert ein exogener Stimulus das erste Proenzym; dieses dient dann als Enzym für die Aktivierung des nächsten Proenzyms. Diese Abfolge kann sich mehrmals wiederholen.

Der klassische und der alternative Weg münden beide in einen gemeinsamen Terminalabschnitt ein. Die Reaktionen, die sich hier abspielen, führen zum Aufbau eines Multi-Komponentenkomplexes; dieser bildet in der Membran der Zielzelle eine Pore und führt deren Lyse herbei.

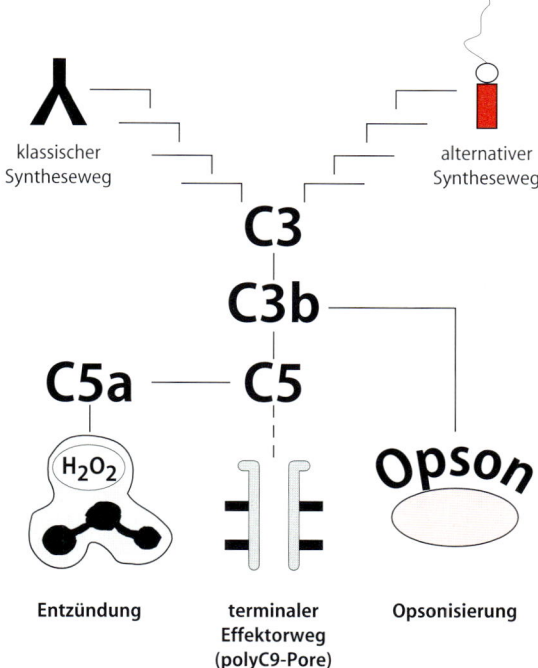

Abb. 5.1. Komplementsystem. Das Komplementsystem kann klassisch durch Antigen-Antikörper-Komplexe oder alternativ über bakterielle Strukturen (LPS, Murein, Lipoteichonsäure) aktiviert werden. Daraufhin können drei Effektorwege beschritten werden: die chemotaktische Komponente C5a führt zum Einstrom von Entzündungszellen, C3b opsonisiert Mikroorganismen und die terminale Endstrecke C5–C9 bildet Poren in der Zielzellmembran

Im Verlauf der Komplement-Aktivierung entstehen durch enzymatische Fragmentierung der nativen Komponenten mehrere Spaltprodukte. Ihr funktionelles Zusammenwirken löst die *Entzündungsreaktion* aus (s. Kap. 10). Andere Fragmente werden von der Zielzelle gebunden und treten dann in Wechselwirkung mit Phagozyten. Neutrophile Granulozyten und Monozyten besitzen u. a. Rezeptoren für das zentrale Komponentenbruchstück C3b. In gebundenem Zustand vermittelt das Fragment die Aufnahme von Fremdkörpern (*Opsonisierung*, s. Kap. 4 u. 9).

Da bei den Einzelschritten der Komplementsequenz jeweils ein Enzymmolekül eine große Menge von Substratmolekülen umsetzt, ist das Amplifikationspotential des Systems enorm. Die Aktivierung muß deshalb an kritischen Stellen durch Regulatorproteine kontrolliert werden; dies verhindert ein ungeregeltes Ausufern der Reaktion.

Die einzelnen Komponenten des klassischen Wegs und des terminalen Effektorwegs werden mit C1 bis C9 bezeichnet. Hierbei wird aus historischen Gründen an einer Stelle die numerische Reihenfolge nicht eingehalten. Die klassische Aktivierungsformel lautet: *C1, C4, C2, C3, C5, C6, C7, C8, C9.* Im folgenden sollen die einzelnen Abschnitte der Komplement-Aktivierung genauer besprochen werden.

5.2 Der klassische Weg

An dem klassischen Weg der Komplement-Aktivierung (Abb. 5.2) sind die Komponenten C1, C4, C2 und C3 beteiligt.

C3 stellt den Endpunkt des klassischen Weges und zugleich den gemeinsamen Knotenpunkt des klassischen und des alternativen Weges dar. Über C3 münden beide Aktivierungswege in den terminalen Sequenzabschnitt.

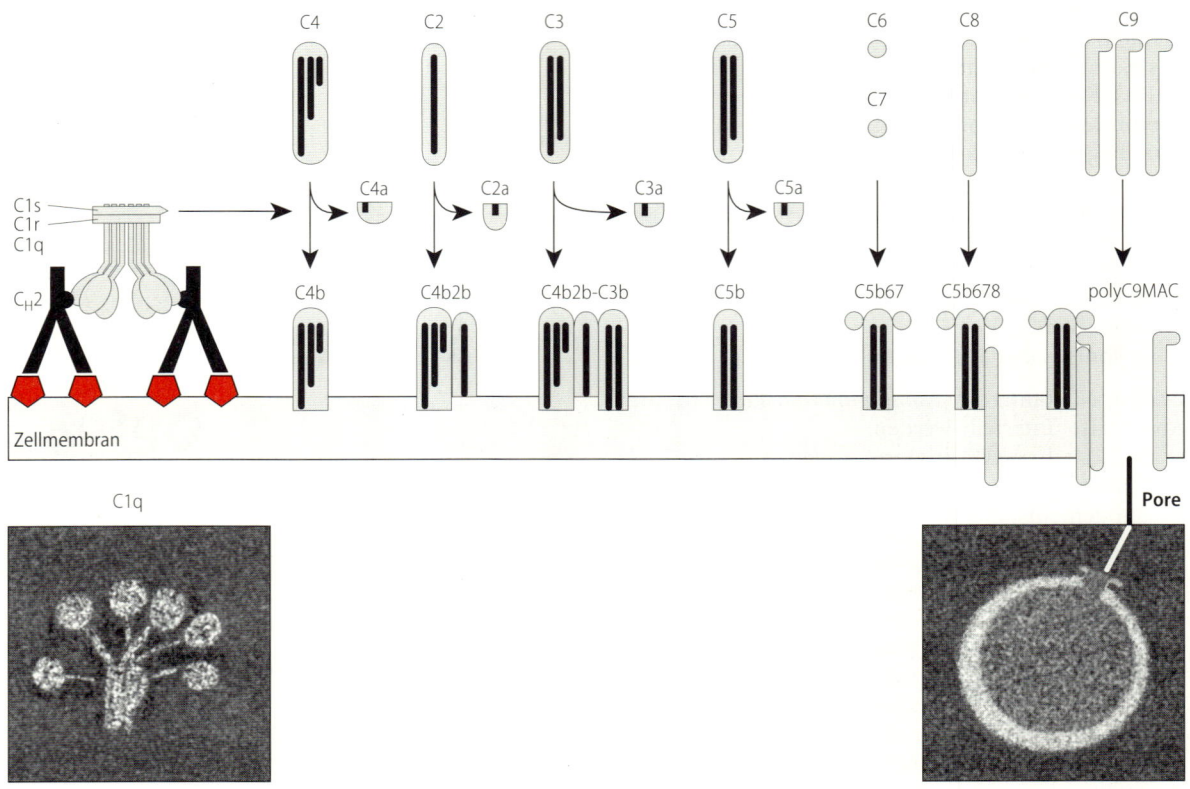

Abb. 5.2. Klassischer Weg und terminale Effektorsequenz der Komplementaktivierung

Die Komponente C1 besteht aus den drei Untereinheiten *C1q*, *C1r* und *C1s*. Der klassische Weg wird durch Antikörper der Klasse IgM und IgG eingeleitet. (Humane Antikörper der Klassen IgG1, IgG2 und IgG3 aktivieren Komplement über den klassischen Weg, dagegen nicht IgG4. Die murinen Antikörper der Klassen IgG2a, IgG2b und IgG3 aktivieren Komplement, dagegen nicht IgG1.)

Die Komplementkomponente C1q reagiert mit der C_H2 Domäne des IgG und der C_H3 Domäne des IgM. In beiden Fällen sind die reagiblen Domänen Bestandteile des Fc-Stücks. Die Reaktionsbereitschaft des Fc-Stücks ist erst gegeben, wenn der Antikörper mit „seinem" Antigen reagiert hat.

C1q besitzt 6 Bindungsstellen; es wird angenommen, daß seine Aktivierung erst nach Bindung an mehrere Antikörpermoleküle erfolgt. Die Bindungstüchtigkeit gegenüber C1q ist möglicherweise erst dann gegeben, wenn eine Gruppe von benachbarten Antikörpern ein geeignetes Muster bildet. Man kann aber auch annehmen, daß die Bindungsstelle des Fc-Stücks für C1q erst durch Reaktion des Antikörpers mit seinem Antigen freigelegt wird.

Die Reaktion von C1q mit den Antikörpern führt zu einer Konformationsänderung des C1q und dadurch zur Aktivierung von C1r und C1s; diese Komponenten sind in ihrer inaktiven Form mit C1q assoziiert. Aktiviertes C1qrs wirkt als Esterase; deren natürliche Substrate sind die Komponenten C4 und C2. C4 wird in ein kleineres (*C4a*) und ein größeres (*C4b*) Fragment gespalten. Das Fragment C4b, welches sich in der Nähe des Antikörper-C1qrs-Komplexes anlagert, führt die Komplementsequenz fort, indem es die Nativkomponente C2 bindet. Durch die Anlagerung an C4b exponiert das C2 seine enzymatisch spaltbare Stelle und wird durch die C1qrs-Esterase fragmentiert. Es entstehen damit der Komplex *C4b2b* und das kleine Fragment *C2a*. Das gebundene C2b-Fragment ist enzymatisch aktiv.

Der C4b2b-Komplex spaltet die native Komponente C3; er wird deshalb als C3-Konvertase des klassischen Wegs bezeichnet. Die C3-Spaltung ergibt das kleinere Polypeptid *C3a* und das größere, an der Komplement-Kaskade beteiligte Fragment *C3b*. C3b ist in statu nascendi hochreaktiv; es geht mit allen NH_2- oder OH-Gruppen kovalente Bindungen ein. Dementsprechend wird ein Teil des anfallenden C3b in der Nähe des C4b2b-Komplexes gebunden; es entsteht der *C4b2b3b-Komplex*. Dieser Komplex ist dazu befähigt, das native C5 zu spalten; er wird deshalb als C5-Konvertase bezeichnet. Die abseits vom Komplex C4b2b gebundenen einzelnen C3b-Moleküle exponieren eine Struktur, die mit einem Rezeptor reagieren kann, der sich auf neutrophilen Granulozyten und Makrophagen befindet (C3b-Rezeptor, s. Kap. 9). Diese Reaktion führt zur Phagozytose des C3b-beladenen Fremdpartikels (Opsonisierung). Gebundenes C3b ist also funktionell mit dem Fc-Stück des gebundenen IgG-Antikörpers vergleichbar: Beide besitzen opsonisierende Aktivität. Das bei der C3-Spaltung anfallende *C3a* wird als *Anaphylatoxin* bezeichnet; es bewirkt die Histaminfreisetzung aus Mastzellen.

Mehrere Kontrollproteine zügeln direkt und indirekt die Entstehung der C3-Konvertase. Zum ersten wird die Aktivität der C1-Esterase durch den natürlichen Inhibitor *C1INH* gehemmt.

Zum zweiten existieren Proteine, welche sich an C4 anlagern und dadurch die zur Spaltung notwendige Bindung des C2 verhindern. Dies sind einmal das im Serum vorhandene C4 Bindungsprotein und zum anderen ein Zelloberflächenprotein, das als *DAF* (engl.: *d*ecay *a*ccelerating *f*actor) bezeichnet wird.

5.3 Die terminale Effektorsequenz

An der Spaltung des C5 ist das in C2b enthaltene Aktivzentrum beteiligt: C2b spaltet neben C3 auch C5. Die Komponente C5 ist in freiem Zustand für das Enzym nicht zugänglich. Deshalb wird zuerst freies C5 an das C3b des Komplexes C4b2b3b gebunden. Dadurch wird die spaltbare Stelle des C5 exponiert und für das C2b-Enzym erreichbar (Abb. 5.2).

Bei der Spaltung des C5 entstehen zwei Fragmente. Das kleinere Bruchstück *C5a* bleibt in der flüssigen Phase. Es wirkt analog dem C3a als *Anaphylatoxin*, darüber hinaus kann es Leukozyten anlocken (*Leukotaxin*). Das größere Fragment *C5b* leitet die terminale Effektorsequenz ein. Dabei bildet sich schließlich ein Hetero-Polymer, welches als Membran-Angriffs-Komplex (*m*embrane *a*ttack *c*omplex, kurz: *MAC*) bezeichnet wird. Der MAC führt die Membranläsion mit anschließender Lyse herbei.

Der MAC entsteht in mehreren Phasen. Zunächst reagiert C5b spontan mit den nativen Komponenten C6 und C7. Der so entstandene *C5b67-Komplex* reagiert dann mit dem nativen C8. In diesem Stadium kann der Komplex bereits zur Zytolyse führen; die Wirkung ist jedoch wenig effizient. Die eigentliche Aufgabe des *C5b678-Komplexes* ist die Polymerisation von C9. *PolyC9*, das am Ort der C5b678 Ablagerung gebildet wird, bildet den funktionellen Kern des MAC. Der MAC stellt sich als ein amphiphiler Hohlzylinder mit Außenwülsten dar. Er ragt nach seiner Bindung an die Lipid-Doppelschicht durch die gesamte Zellmembran. (Als „amphiphil" bezeichnet man ein Makromolekül dann, wenn es regional getrennte Areale mit hydrophoben und mit hydrophilen Eigenschaften besitzt.) Seine Länge ist 150 Å, sein innerer Durchmesser 100 Å und der äußere Durchmesser 200 Å.

Der MAC schafft in der Membran eine Pore; dadurch bewirkt er den Influx von Na$^+$-Ionen in die Zelle und letztendlich deren Lyse. In der elektronenmikroskopischen Aufnahme imponieren die Läsionen als dunkle (elektronendichte) „Löcher", die von einem helleren Ring umgeben sind.

5.4 Der alternative Weg

Das Komplementsystem kann auch durch andere Signale als die des Antikörpers aktiviert werden (Abb. 5.3). Signale dieser Art gehen u.a. von verschiedenen mikrobiellen Bestandteilen aus, z.B. von *Zymosan* (Zellwandkohlenhydrate von Hefen), *Dextran* (Speicherkohlenhydrate von Hefen und einigen grampositiven Bakterien) oder *Endotoxin* (Lipopolysaccharid der Enterobakterien). Demzufolge hat der Makroorganismus die Möglichkeit, das Komplementsystem vor Einsetzen der spezifischen Immunantwort zu aktivieren.

Folgende Proteine sind am alternativen Weg beteiligt:
- Komponente C3,
- Faktoren B und D (Faktor D ist in seiner Nativ-Form ein aktives Enzym; sein natürliches Substrat ist der gebundene Faktor B),
- Properdin (P) sowie
- die regulatorischen Moleküle C3b-Inaktivator (Faktor I) und Faktor H (früher β_1H genannt).

Die Aktivierung beruht auf folgenden Voraussetzungen:

In geringem Umfang entsteht aus dem Serum-C3 spontan ein C3b-Äquivalent, ohne daß C3a frei-

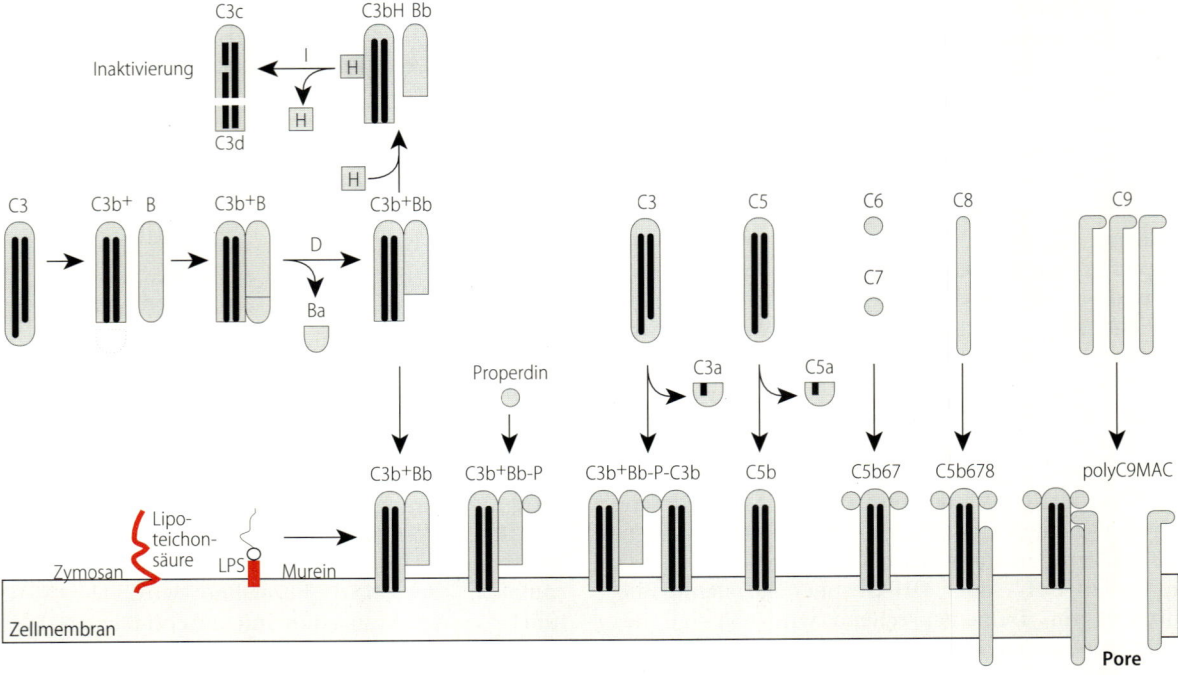

Abb. 5.3. Alternativer Weg und terminale Effektorsequenz der Komplementaktivierung

gesetzt wird. Das C3b-Äquivalent (**C3b⁺**) kann sich locker mit dem Faktor B assoziieren und dessen spaltbare Stelle zum Vorschein bringen. Unter der enzymatischen Einwirkung von Faktor D wird der gebundene Faktor B in die Bruchstücke Ba und Bb gespalten. Es entsteht der **C3b⁺Bb-Komplex**. Dieser Komplex ist nun seinerseits enzymatisch wirksam. Er spaltet die Nativ-Komponenten C3 und C5.

Das aktive Zentrum des Enzyms C3b⁺Bb ist in Bb enthalten. Der geschilderte Reaktionsweg läuft im Plasma unter normalen Verhältnissen dauernd ab. Sein Ausmaß ist aber sehr gering, da er unter Einwirkung der Kontrollfaktoren I und H steht und laufend gehemmt wird. Hierbei verdrängt der Faktor H Bb von dessen Bindungsstelle am C3b⁺. In dem so entstandenen Komplex **C3b⁺H** wird eine spaltbare Stelle des C3b⁺ exponiert und durch das Enzym I (C3b-Inaktivator) gespalten. Das Kontrollsystem aus H und I sorgt also dafür, daß der natürliche Anfall von reagiblem C3b⁺ sofort ausgeschaltet wird.

Mikrobielle Strukturen wie Zymosan haben das Vermögen, das natürlicherweise anfallende C3b⁺ in einer besonderen Form zu binden. Diese Form ist unfähig, mit H zu reagieren. Dies bedeutet, daß die von Zymosan gebundenen C3b⁺-Moleküle aus der I/H-Kontrolle geraten. Ohne Störung entwickelt sich das Enzym **C3b⁺Bb**; dieses wird durch P stabilisiert und generiert jetzt das enzymatische Spaltprodukt C3b, welches seinerseits wieder an Zymosan gebunden wird usw. Der Vorgang ist als Selbst-Amplifikation zu verstehen. Er mündet in eine stürmisch verlaufende, unkontrollierte C3-Spaltung. Der alternative Weg leitet somit die terminale Effektorsequenz ein. Da das C3b, welches durch die C3-Konvertase des klassischen Wegs gebildet wird, ebenfalls mit Faktor B und D reagieren kann, sind der alternative und klassische Weg des Komplementsystems miteinander verbunden. Der alternative Weg kann als Verstärkersystem des klassischen Aktivierungsmechanismus verstanden werden.

5.5 Anaphylatoxine

Die Spaltprodukte C4a, C3a und C5a werden als Anaphylatoxine bezeichnet, da sie *anaphylaktische Reaktionen* auslösen (s. Kap. 10). Sie regen Mastzellen an, Histamin auszuschütten. Außerdem bewirken sie die Kontraktion der glatten Muskulatur. C5a ist nicht nur ein potenteres Anaphylatoxin als C3a und C4a, es übt darüber hinaus eine chemotaktische Wirkung gegenüber neutrophilen Granulozyten aus (Leukotaxin). Schließlich stimuliert es auch die Bildung von reaktiven Sauerstoffmetaboliten und von Leukotrienen. Die Komplementspaltstücke C4a, C3a und C5a sind wichtige Mediatoren der Entzündung und der Überempfindlichkeit; sie werden in Kap. 10 besprochen. Anaphylatoxine werden durch eine Serum-Karboxypeptidase inaktiviert, die **Anaphylatoxin-Inaktivator** genannt wird.

ZUSAMMENFASSUNG: Komplement

Aktivierung des Komplementsystems führt zu: Lyse von Zellen; Anlockung von Entzündungszellen; Opsonisierung.

Klassischer Aktivierungsweg. Beteiligte Komponenten: C1, C4, C2, C3; Aktivierung durch Antigen-Antikörper-Komplexe: Es entsteht der C4b2b3b-Komplex und einzelnes C3b auf Zielzellen sowie freies C4a und C3a.

Alternativer Aktivierungsweg. Beteiligte Komponenten: C3, B, D, Properdin, I, H; Aktivierung durch mikrobielle Bestandteile. Es entsteht der C3b⁺Bb-Komplex und einzelnes C3b auf Zielzellen.

Gemeinsamer Terminalabschnitt. Beteiligte Komponenten: C5, C6, C7, C8, C9; Aktivierung durch den C4b2b3b oder den C3b⁺Bb-Komplex auf Zielzellen. Es entsteht ein amphiphiler Hohlzylinder auf der Zielzelle, der deren Lyse herbeiführt, sowie freies C5a.

Anaphylatoxine. C4a, C3a aus dem klassischen Weg sowie C5a aus dem terminalen Weg, die in Lösung bleiben, locken Entzündungszellen an. C5a ist das wirkungsvollste Anaphylatoxin.

Opsonisierung. Einzelnes C3b auf Zielzellen wird von Phagozyten über entsprechende Rezeptoren erkannt und vermittelt die Phagozytose.

6 Antigen-Antikörper-Reaktion: Grundlagen serologischer Methoden

S. H. E. KAUFMANN

EINLEITUNG

Der Nachweis von Antigenen oder Serumantikörpern spielt in der medizinischen Diagnostik eine bedeutende Rolle.

Folgende Erscheinungen zeigen eine abgelaufene Antigen-Antikörper-Reaktion an:

- Es bilden sich sichtbare Komplexe;
- es verändert sich die biologische Aktivität des Antigens bzw. der antigentragenden Zellen;
- zugesetztes Komplement wird aktiviert und verschwindet aus der flüssigen Phase;
- die Bindung des Antikörpers an das Antigen bedeutet einen Substanzzuwachs und
- durch geeignete Markierung von einem der beiden Partner wird die Reaktion nachweisbar.

6.1 Bildung sichtbarer Antigen-Antikörper-Komplexe

Antikörper sind mindestens *bivalent*: Jedes Antikörpermolekül besitzt 2 oder mehr Antigenbindungsstellen. Antigene sind in der Regel *polyvalent*: Auf einem Antigenmolekül befinden sich mehrere Epitope. Dementsprechend führt die Reaktion zwischen Antigen und homologen Antikörpern unter geeigneten Bedingungen (im Serum oder in Lösung) zur Bildung von sichtbaren *Antigen-Antikörper-Komplexen*. In Abhängigkeit von der Größe des Antigens ergibt sich das Bild der *Präzipitation*, der *Flocculation* oder der *Agglutination*. Die 3 Ausdrücke verwendet man jeweils, um die Größe des Antigenpartikels anzudeuten. Bei der Antikörper-Reaktion mit freien Antigenmolekülen spricht man von Präzipitation, bei der mit kleinen Partikeln von Flocculation und bei der mit großen Partikeln oder Zellen von Agglutination. Das zugrundeliegende Prinzip bleibt gleich: In allen Fällen handelt es sich um die Bildung eines Netzwerks aus Antigen und Antikörper.

6.1.1 Immunpräzipitation in löslicher Phase (Heidelberger-Kurve)

Treffen Antigen- und Antikörper-Moleküle in flüssiger Phase aufeinander, so kommt es zur Vernet-

zung: Jedes Antikörpermolekül kann mit den Determinanten von 2 oder mehreren Antigenmolekülen reagieren. Die Größe der entstehenden Komplexe hängt von der *Valenz* des Antigens und dem Mengenverhältnis von Antigen und Antikörper ab (Valenz bedeutet hier Zahl der Epitope pro Molekül bzw. pro Partikel). Unter geeigneten Bedingungen kommt es zur Ausbildung *unlöslicher Komple-*

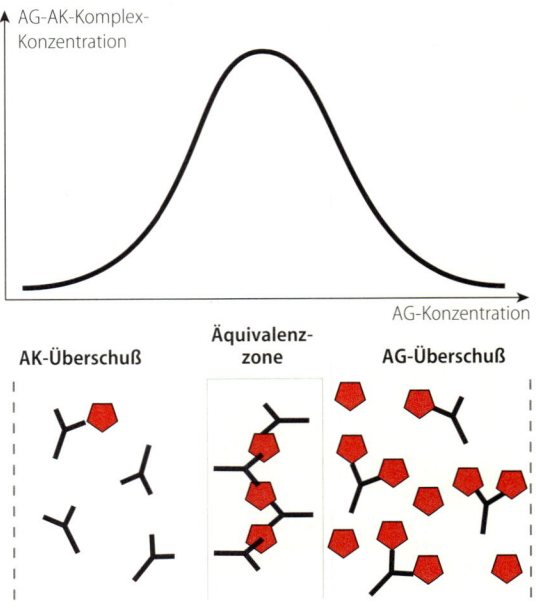

Abb. 6.1. Heidelberger-Kurve

xe, die in der wäßrigen Phase quantitativ ausfallen. Man kann die Bedingungen der Reaktion, wie M. Heidelberger zeigte, leicht ermitteln, indem man zu einer konstanten Antikörper-Menge ansteigende Mengen Antigen zufügt. Trägt man die Menge des zentrifugierbaren Präzipitats gegen die Mengen an zugefügtem Antigen auf, so ergibt sich eine charakteristische Kurve (Abb. 6.1). Der Scheitel dieser Kurve entspricht der Äquivalenz von Antigen und Antikörper: In dieser *Äquivalenz-Zone* kommt es zur **maximalen Präzipitatbildung**. Der vorhandene Antikörper wird ebenso wie das vorhandene Antigen vollständig in die Präzipitatbildung einbezogen. Nach Abschleudern des Präzipitats enthält der Überstand weder freien Antikörper noch freies Antigen und auch keine löslichen Komplexe. Der linke Schenkel der Kurve zeigt die Verhältnisse bei Antikörper-Überschuß: Das zugefügte Antigen wird vollständig präzipitiert; der Überstand zeigt nur freien, nicht-komplexierten Antikörper und weder Antigen noch lösliche Komplexe. Der rechte Schenkel schließlich zeigt an, daß sich bei Antigenüberschuß lösliche Immunkomplexe bilden: Hier enthält der Überstand freies Antigen und lösliche Komplexe, jedoch keinen freien Antikörper.

6.1.2 Immundiffusion im halbfesten Medium

Statt in der flüssigen Phase kann man die Immunpräzipitation in einem halbfesten Medium durchführen. Man läßt die beiden Reaktionspartner Antigen und Antikörper gegeneinander diffundieren. An einer bestimmten Stelle entsteht so eine sichtbare *Präzipitationsbande:* Hier hat sich das optimale Äquivalenzverhältnis zwischen Antigen und Antikörper ergeben. Diese Methode wurde ursprünglich von Oudin in Röhrchen durchgeführt; Ouchterlony und Elek haben sie unabhängig von einander zur *doppelten Immundiffusion* weiterentwickelt. Dieses Verfahren findet beim serologischen Vergleich zwischen verschiedenen Antigenpräparaten Anwendung. Hierzu gibt man in das zentrale Loch einer Agarplatte polyklonale Antikörper; die dazu radial angeordneten Löcher enthalten die zu untersuchenden Antigene (Abb. 6.2). 2 verschiedene Antigene Ag1 und Ag2 werden sich als 2 unabhängige Präzipitationsbanden darstellen, die sich kreuzen. Bei identischen Antigenen ver-

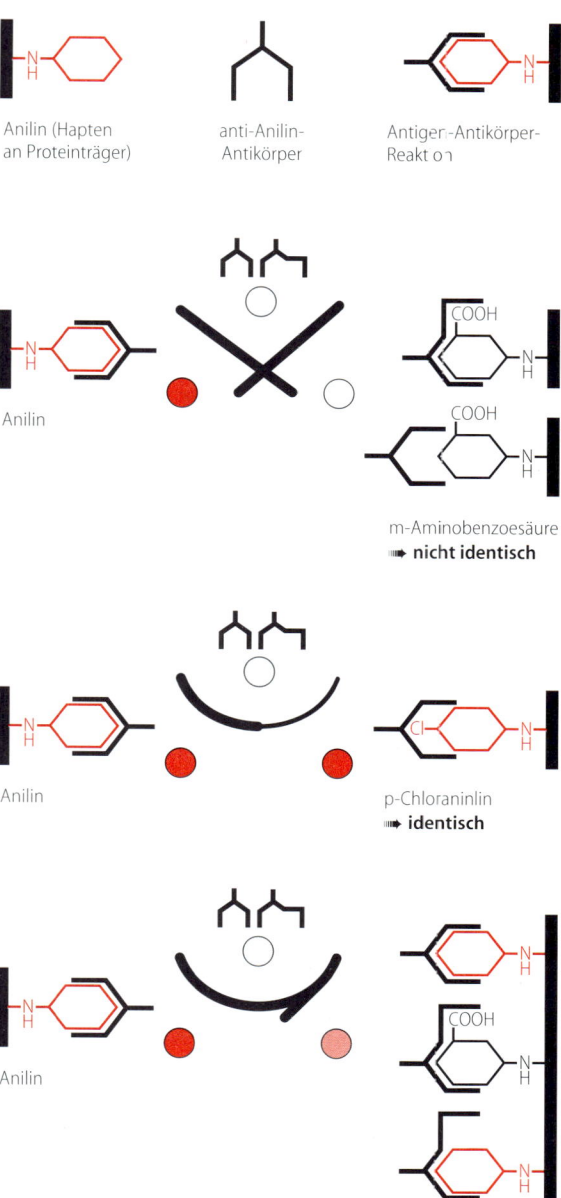

Abb. 6.2. Antigen: Identität, Teilidentität, Verschiedenheit in der Immundiffusion (Landsteiner)

schmelzen die beiden Banden miteinander zu einem *Bogen*. Ein besonderer Effekt tritt auf, wenn die Determinanten von Ag1 alle in Ag1′ enthalten sind und Ag1′ eine zusätzliche, in Ag1 nicht enthaltene Determinante besitzt. Es entsteht ein Bogen (identische Determinanten von Ag1 und Ag1′) mit einem *Sporn* (zusätzliche Determinante von Ag1′).

6.1.3 Vergleich der serologischen und chemischen Charakteristika von Antigenen

Karl Landsteiner zeigte 1930, daß die serologisch definierten Begriffe *„identisch"*, *„teilidentisch"* und *„nicht identisch"* (*„distinkt"*) auf der chemischen Struktur des Antigens beruhen. Durch kovalente Kopplung von definierten Haptenen an Protein stellte er Antigene mit neuen, bekannten Determinanten her. Koppelt man z. B. ein Protein mit Anilin (Aminobenzol), so führt dieses Produkt zur Bildung von Anilin-spezifischen Antikörpern (Abb. 6.2). (Da das Anilin über seine Aminogruppe an den Proteinträger gekoppelt wird, ist der homologe Antikörper eigentlich benzol-spezifisch. Der Ausdruck „anilinspezifisch" wird hier des leichteren Verständnisses halber benutzt.)

Die so hergestellten Antikörper reagieren auch – wenngleich schwächer – mit p-Chloranilin. Dieses Hapten unterscheidet sich von Anilin durch ein Chloratom in Para-Stellung; die Strukturabweichung kommt serologisch durch die schwächere Reaktion mit anilinspezifischen Antikörpern zum Ausdruck. Der Ouchterlony-Test zeigt einen durchgehenden Bogen mit unterschiedlicher Stärke; dies bedeutet eine *Kreuzreaktion* (s. Abb. 6.2). Dagegen wird das Hapten m-Aminobenzoesäure, bei dem das Anilin in Meta-Stellung eine Karboxylgruppe trägt, von den anilinspezifischen Antikörpern nicht erkannt; diese beiden Haptene sind *serologisch distinkt*, d. h. nicht identisch. Im Ouchterlony-Test entstehen in diesem Fall 2 Halbmonde, die sich überschneiden (s. Abb. 6.2). Koppelt man an das Protein sowohl Anilin als auch m-Aminobenzoesäure, so induziert dieses Antigen zum einen anilinspezifische Antikörper und zum anderen Antikörper, die in spezifischer Weise m-Aminobenzoesäure erkennen. Das Antiserum enthält beide Antikörper. Prüft man dieses Immunserum im

Ouchterlony-Test gegen das einfach und gegen das doppelt haptenisierte Protein, so findet man die Zeichen der *Teilidentität*: Es kommt zur Spornbildung. Bei den genannten Beispielen wurde in allen Fällen das gleiche Protein als Träger benutzt. Natürlich können nach der Immunisierung auch gegen das native Protein Antikörper entstehen, die aber hier nicht berücksichtigt werden. In der Praxis können derartige Antikörper durch Präabsorption entfernt werden.

6.2 Nachweis der Antigen-Antikörper-Reaktion durch markierte Antikörper

6.2.1 Immunfluoreszenz

Bei der Immunfluoreszenz dient ein fluoreszierender Farbstoff (z. B. Fluoreszein-Isothiozyanat) als Indikator. Die Immunfluoreszenz wird zum fluoreszenzmikroskopischen Nachweis von Antigenen oder Antikörpern eingesetzt. Für die mikrobiologische Diagnostik wichtig ist der *Fluoreszenz-Treponemen-Antikörper-Absorptions-Test (FTA-ABS-Test)*, er dient zum Nachweis von Lues-spezifischen Antikörpern. Dabei wird die Reaktion von präabsorbiertem Patientenserum mit abgetöteten Treponemen durch ein fluoreszenzmarkiertes Coombs-Serum nachgewiesen (das Coombs-Serum erkennt humanes Immunglobulin; s. Abschnitt 6.3.4).

Zum Nachweis von Tollwut-spezifischem Virus-Antigen in den Zellen des zentralen Nervensystems wird ein histologischer Hirnschnitt mit einem Fluoreszein-markierten, virusspezifischen Antikörper inkubiert. Mit einem analogen Ansatz kann man im Bindehautsekret nach Erregern des Trachoms suchen.

6.2.2 Moderne Methoden zum Antigennachweis mit Hilfe markierter Antikörper

Durch die Entwicklung monoklonaler Antikörper hat der Antigennachweis mit Hilfe markierter Antikörper einen enormen Aufschwung erfahren. Im Prinzip beruhen die verschiedenen Verfahren darauf, daß man zu einem Gemisch, welches das fragliche Antigen enthält, einen monoklonalen Antikörper gibt und den resultierenden Antigen-Antikörper-Komplex von der flüssigen Phase abtrennt. Anschließend wird der Komplex mit einem empfindlichen Nachweissystem identifiziert und, falls erwünscht, quantitativ erfaßt. Obwohl man hierbei den Indikator direkt an den monoklonalen Antikörper („*Primär-Antikörper*") koppeln könnte, bedient man sich bevorzugt indirekter Verfahren; dabei werden meist polyklonale Antikörper („*Sekundär-Antikörper*") verwendet, die den ersten Antikörper erkennen. Dies hat zwei Vorteile: Zum einen kann man für monoklonale Antikörper aller Spezifitäten das gleiche Indikator-Serum benutzen. Zum anderen reagieren mehrere Moleküle des sekundären Antikörpers mit einem einzigen Molekül des primären Antikörpers; dies stellt einen Verstärkereffekt dar, der die Empfindlichkeit des Systems erhöht.

ELISA.

Beim *enzymgekoppelten Immunosorbent-Assay* (Enzyme-Linked Immunosorbent-Assay, kurz ELISA) wird das Antigen an eine Festphase (z.B. den Boden einer Plastikplatte) kovalent gebunden; anschließend wird der primäre Antikörper zugegeben. Die entstandenen Antigen-Antikörper-Komplexe bleiben an die Festphase gebunden, die überschüssigen Antikörper werden abgewaschen. Darauf werden die sekundären Antikörper zugegeben; die ungebundenen Sekundär-Antikörper werden abschließend vom Komplex abgewaschen. Da an die sekundären Antikörper vorher ein geeignetes Enzym (z.B. Peroxidase oder Phosphatase) gekoppelt wurde, kommt es nach Zugabe des entsprechenden Testsubstrats zur Umsetzung in ein farbiges Produkt, dessen Menge mit Hilfe eines Photometers bestimmt werden kann. Die Produktmenge steht in direkter Beziehung zur Menge des nachzuweisenden Antigens.

Beim Sandwich-ELISA werden 2 Antikörper, die für 2 unterschiedliche Epitope eines größeren Antigens (typischerweise eines Proteins) spezifisch sind, eingesetzt. Der erste spezifische Antikörper ist an eine Festplatte gebunden und hat die Aufgabe, das Antigen festzuhalten. Der zweite Antikörper, an den ein geeignetes Enzym gekoppelt wurde, dient zum Antigennachweis. Zugabe des entsprechenden Testsubstrats führt zur Bildung eines meßbaren, farbigen Produkts.

ELISPOT Assay.

Mit Hilfe des *ELISPOT-Assays* (Enzyme-Linked Immunospot-Assay) können antigenproduzierende Zellen nachgewiesen werden. Als Antigene dienen in erster Linie von Plasmazellen produzierte Antikörper (s. Kap. 4) oder von T-Lymphozyten synthetisierte Zytokine (s. Kap. 8). Es handelt sich hier um eine Abwandlung des Sandwich-ELISA: Die produzierenden Zellen werden auf eine Filtermatte gesaugt, an die ein spezifischer Antikörper gebunden wurde. Der Antikörper bindet das freigesetzte Antigen. Nach Waschen wird ein zweiter Antikörper, der ebenfalls für das nachzuweisende Antigen spezifisch ist und mit einem geeigneten Enzym markiert wurde, hinzugegeben. In diesem Fall wird ein Substrat verwendet, das am Reaktionsort ausfällt. An den Stellen der Antigenbindung entstehen sichtbare Punkte, die ein Maß für die Zahl der produzierenden Zellen darstellen.

Durchflußzytometrie.

In letzter Zeit hat die fluoreszenzimmunologische Messung von Leukozyten und anderen Zellen im Durchflußzytometer breite Anwendung gefunden. Man benutzt dafür monoklonale Antikörper gegen solche Oberflächenantigene, die als Marker zur Katalogisierung der Zellen dienen (s. z.B. CD-Nomenklatur in Tabelle 2.1). Die Auswertung geschieht durch automatische Zählung der angefärbten Zellen mit einem Laserstrahl in computergesteuerten Durchflußzytometrie-Geräten (FACS engl. *F*luorescence-*A*ctivated-*C*ell-*S*orter).

FACS und MACS.

Mit Hilfe von FACS und MACS (*M*agnetic-*A*bsorbance-*C*ell-*S*orter) können Antikörper-markierte Zellen sortiert werden. Beim FACS werden die Nachweisantikörper mit einem Fluoreszenzfarbstoff und beim MACS mit magnetisierten Partikeln markiert. Beim FACS werden die gefärbten Zellen mit einem Laserstrahl aussortiert, während beim MACS die magnetisierten Zellen im Magnetfeld von den nichtmarkierten Zellen abgetrennt werden. Diese Geräte sind zur präparativen Gewinnung definierter Zellpopulationen geeignet.

6.3 Blutgruppenserologie

Erythrozyten tragen auf ihrer Oberfläche zahlreiche *Alloantigene*, die in verschiedenen Systemen zusammengefaßt werden. Der Besitzer eines be-

stimmten Antigens XY wird als Träger des Blut-
gruppenmerkmals XY bezeichnet. Die einzelnen
Antigene eines Blutgruppensystems sind genetisch
fixiert; sie können bei einzelnen Individuen ausgeprägt sein oder fehlen. Ihr Ensemble bildet ein
Mosaik, das von Individuum zu Individuum verschiedenartig sein kann. (Einer vergleichbaren Situation begegnet man in der Bakteriologie, wenn
eine Bakterien-Spezies aufgrund eines unterschiedlichen Antigenmosaiks serologisch in viele Serotypen unterteilt werden muß. Das bekannteste Beispiel stellt die Aufteilung der Salmonellen in mehr
als 2400 Serotypen im Kauffmann-White-Schema
dar.)

In der Blutgruppenserologie unterscheidet man
mehrere Systeme; die wichtigsten werden als **AB0**,
Rhesus (Rh), **Kell**, **Duffy**, **Lewis** und **Kidd** bezeichnet. AB0 und Rh stellen die weitaus wichtigsten
Blutgruppensysteme dar.

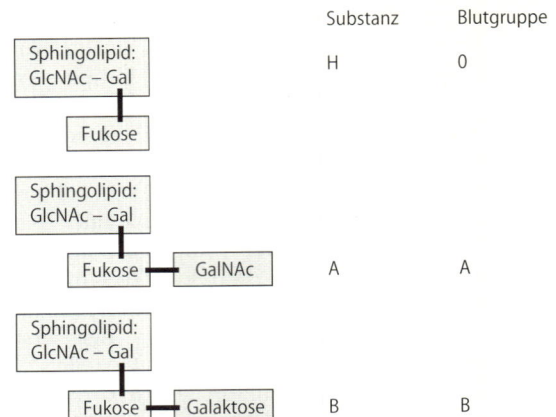

6.3. Chemischer Aufbau der Antigene des AB0-Systems. *GlcNAc* N-
Azetyl-Glukosamin, *GalNAc* N-Azetyl-Galaktosamin, *Gal* Galaktose

6.3.1 AB0-System

Im AB0-System kennt man 4 phänotypisch ausgeprägte Formen (**Allotypen**); sie werden mit den
Formeln **A, B, AB** oder **0** bezeichnet. Träger der
Blutgruppe A besitzen auf ihren Erythrozyten das
Antigen A, die der Gruppe B das Antigen B, die
der Gruppe AB beide Antigene und die der Gruppe 0 keines der beiden Antigene (Tabelle 6.1).

Die Antigene konnten biochemisch charakterisiert werden. Als chemische Grundstruktur fungiert
ein **Sphingolipid**, das **Fukose** trägt und als **H**-Sub-
stanz bezeichnet wird. Erythrozyten der Blutgruppe 0 besitzen lediglich diese Grundstruktur. Bei
der Blutgruppe A kommen zusätzlich N-Azetyl-Ga-
laktosamin-Moleküle hinzu; bei der Gruppe B sind
es Galaktose-Moleküle. Erythrozyten der Blutgruppe AB besitzen beide Zuckerformen (Abb. 6.3).

Die Anheftung des jeweiligen Zuckermoleküls
an die H-Substanz wird von Enzymen vermittelt,
die auf dem A- bzw. B-Allel des für das AB0-Sy-
stem zuständigen Gens kodiert sind. Die A- und
B-Merkmale werden kodominant und im Hinblick
auf das 0-Merkmal dominant vererbt. Der Phänotyp „A" kann daher auf jeweils 2 Genotypen beruhen, nämlich auf A/A (homozygot) oder A/0 (heterozygot). Für den Phänotyp „B" gilt entsprechend der Genotyp B/B oder B/0. Für die Phänoty-
pen 0 und AB existiert jeweils nur ein Genotyp,
nämlich 0/0 bzw. A/B (s. Tabelle 6.1).

Wie zu erwarten, wirken die Blutgruppensubstanzen A, B und AB für Individuen, die sie nicht
besitzen, als Alloantigene. Da das 0-Merkmal als
gemeinsame Struktur bei allen Menschen vorkommt, wirkt es in keinem Fall als Antigen.

Eine Besonderheit des AB0-Systems besteht darin, daß alle erwachsenen Individuen gegen diejenigen Antigene, welche sie nicht besitzen, Antikörper haben. Diese Antikörper werden als **physiologische Antikörper** bezeichnet. Individuen der
Gruppe A besitzen physiologischerweise Antikörper gegen Antigen B, Individuen der Gruppe B besitzen Antikörper gegen Antigen A und Individuen
der Gruppe 0 besitzen Antikörper gegen die Antigene A und B. Dagegen besitzen Individuen der
Gruppe AB weder Antikörper gegen A noch gegen
B, da für sie keines dieser beiden Antigene fremd
ist (s. Tabelle 6.1).

Neugeborene haben noch keine natürlichen Antikörper. Sie werden in den ersten Lebensmonaten
gegen heterogenetische Antigene gewisser Bakteri-

Tabelle 6.1. Das AB0-System

Genotyp	Antigen	Phänotyp (= Blut-gruppe)	Natürliche Serumanti-körper	Verteilung in Deutschland in %
A/A, A/0	A	A	Anti-B	43
B/B, B/0	B	B	Anti-A	13
0/0	H	0	Anti-A, Anti-B	39
A/B	A, B	AB	keine	5

en aus der Darmflora gebildet. Diese Antigene sind mit den Blutgruppenantigenen identisch oder teilidentisch (s. Kap. 4). Die physiologischen Antikörper gehören der *IgM-Klasse* an und sind daher nicht plazentagängig. In der Regel zeigen sie mit den korrespondierenden Erythrozyten eine deutliche Hämagglutination; sie werden deshalb als *Isohämagglutinine* bezeichnet.

Bereits bei der ersten *Transfusion einer fremden AB0-Blutgruppe* kommt es zu einer heftigen Reaktion, bei der die Isohämagglutinine mit den homologen Erythrozyten reagieren.

Bei Übertragung von Blut der Gruppe A auf ein Individuum der Gruppe B treten 2 getrennte Reaktionen auf. Einmal reagieren die A-spezifischen Antikörper des Empfängers mit den gespendeten A-Erythrozyten; zum anderen reagieren auch die B-spezifischen Antikörper im Spenderblut mit den B-Erythrozyten des Empfängers. Die erstgenannte, weitaus schwerwiegendere Reaktion wird als *Major-Reaktion* bezeichnet; die zweitgenannte, leichtere als *Minor-Reaktion*.

Bei der Transfusion von Blut der Gruppe AB auf einen Empfänger der Gruppe A oder B tritt nur eine Major-Reaktion ein, während es bei Übertragung von Blut der Gruppe 0 auf einen Empfänger der Gruppe A oder B oder AB lediglich zur Minor-Reaktion kommt.

Bei einem Empfänger der Gruppe AB kann niemals ein Major-Zwischenfall eintreten, ob man ihm nun Blut eines A-, eines B- oder eines 0-Spenders zuführt. Aufgrund dieser Verhältnisse bezeichnet man die Angehörigen der Blutgruppe 0 als *Universalspender* und die Angehörigen der Blutgruppe AB als *Universalempfänger*. Im Normalfall wird jedoch auf diese Möglichkeit nicht zurückgegriffen: Es wird nur *gruppengleiches* Blut übertragen. Deshalb muß vor jeder Bluttransfusion die *Blutgruppenbestimmung* mit zusätzlicher Absicherung durch die Kreuzprobe stehen.

6.3.2 Rh-System

Aufgrund seiner hohen Immunogenität ist das Rhesus-System für die Transfusionsmedizin von großer Bedeutung. Die Rhesusantigene werden mit den Buchstaben *C* bzw. *c*, *D* und *E* bzw. *e* bezeichnet. Diese Antigene werden durch zwei Genbereiche kodiert, die eng beieinander liegen und daher

meist zusammen vererbt werden. Der erste Genbereich ist für das Antigen *D* und der zweite für die Antigene *C,c,E,e* zuständig. Serologisch bestimmbar sind lediglich die Antigene *C, D, E, c* und *e*.

Für das Allelpaar „*C/c*" ergeben sich drei Expressionsmöglichkeiten: *CC*, *cc* (beide homozygot) und *Cc* (heterozygot). Das mit Abstand stärkste Rh-Antigen ist *D*; andererseits kann das Antigen *D* aufgrund einer vollständigen Deletion des kodierenden Gens ganz fehlen. Dementsprechend bedeutet bei *Transfusionsempfängern*, *Blutspendern* sowie in der *Schwangerschaftsvorsorge* die Kurzbezeichnung *Rh-pos* (*D pos*) das Vorhandensein des *D*-Antigens, während das Symbol *Rh-neg* (*D neg*) dessen Fehlen anzeigt. Da das Fehlen des *D*-kodierenden Gens molekularbiologisch noch nicht beweisbar ist, kann bei einem *Rh-pos* Individuum zwischen der homozygoten (*DD*) und heterozygoten (*Dd*) Form nicht unterschieden werden. Man verwendet für beide das Symbol *D..* (Der Punkt bedeutet, daß sowohl *DD* als auch *Dd* vorliegen kann.) Bleibt die serologische Reaktion mit Anti-*D* dagegen aus, so muß es sich um *dd* handeln (damit steht *d* für den deletierten Genort für Antigen *D*). Nach dem Antigen *D* ist Antigen *c* das zweitstärkste Antigen, gefolgt von Antigen *C*. Die Antigene *E* und *e* sind schwächer immunogen.

Im Gegensatz zum AB0-System kommen Antikörper gegen Rh-Antigene natürlicherweise nicht vor. Sie werden erst in pathologischen Situationen erworben. Diese Antikörper gehören der IgG-Klasse an. Sie sind *plazentagängig* und besitzen *unvollständig hämagglutinierende Aktivität* (s.u.).

Aufgrund der starken Immunogenität ist das Rhesus-System für die Bluttransfusion von ebenso großer Bedeutung wie das AB0-System. Bei der Bluttransfusion müssen Spender und Empfänger im Hinblick auf die summarische Bezeichnung **Rh-pos** oder **Rh-neg** gleich sein. Bei der Erstübertragung von **Rh-pos** Erythrozytenpräparaten auf einen **Rh-neg** Empfänger kommt es zu keiner Transfusionsreaktion. Der Empfänger wird aber dabei mit hoher (>80%) Wahrscheinlichkeit immunisiert und würde dann bei erneuter Übertragung von **Rh-pos** Erythrozyten eine Transfusionsreaktion erleiden.

Das Rh-System ist wegen der Plazentagängigkeit der D-spezifischen Antikörper von großer Bedeutung für die Schwangerschaftsvorsorge. Erwartet eine **Rh-neg** Mutter ein **Rh-pos** Kind, treten bei der ersten Gravidität keine Probleme auf. Während der Geburt wird aber Blut zwischen Mutter und

Neugeborenem ausgetauscht. Die Mutter wird gegen *D* sensibilisiert und bildet *Anti-D-Antikörper* der IgG-Klasse. Bei der zweiten Schwangerschaft passieren diese Antikörper die Plazenta und lysieren Erythrozyten des Fetus, wenn dieser **Rh-pos** ist. Dies führt in utero beim Fetus zur hämolytischen Anämie mit Hyperbilirubinämie und Kernikterus. Resultat ist der *Morbus haemolyticus neonatorum*.

Bei rechtzeitiger Diagnose kann die Erythroblastose verhindert werden. Die Gabe von *Anti-D-Antikörpern* (**Rhesus-Prophylaxe**) während der ersten Schwangerschaft und unmittelbar nach der Geburt eines **Rh-pos** Kindes durch eine **Rh-neg** Mutter unterbindet die Sensibilisierung der Mutter, d. h. die Bildung von D-spezifischen Antikörpern.

6.3.3 Antigene anderer Blutgruppensysteme

Es existieren noch weitere Blutgruppensysteme, deren Antigene sich bei jedem Menschen finden. Gegen diese Antigene werden nur selten Antikörper gebildet. Als Störfaktor treten sie nur selten in Erscheinung. Dies hat folgende Gründe:
- ihre Wirkung als Allo-Antigen ist schwach,
- natürliche Antikörper kommen entweder selten vor oder sind aufgrund ihrer geringen Reaktivität bedeutungslos,
- häufig tragen Spender und Empfänger gleiche Antigene.

Die hierher gehörigen Systeme können aber bei den zahlreichen Transfusionen, die einzelnen Patienten gelegentlich verabreicht werden müssen, zur Sensibilisierung führen. Dadurch werden die Auswahlmöglichkeiten unter den in Betracht kommenden Erythrozytenpräparaten eingeschränkt. Am ehesten sind für die Praxis die Kell-, Duffy- und Kidd-Antigene von Bedeutung.

6.3.4 Blutgruppenserologische Untersuchungsmethoden

Die Blutgruppenbestimmung beruht auf der *Hämagglutination*. Die Bestimmung der AB0-Merkmale ist im Prinzip einfach. Dabei werden in getrennten Untersuchungsgängen
- die *Erythrozytenmerkmale* und
- die Spezifität der *Isoagglutinine* bestimmt.

Als Reagenz zur Bestimmung der Erythrozytenmerkmale dienten früher menschliche Seren mit hohem Isoagglutinintiter gegen A und B. Heute verwendet man stattdessen monoklonale Antikörper gegen A und B. Als Reagenz zur Isoagglutinin-Bestimmung verwendet man vier Suspensionen menschlicher Erythrozyten mit den Merkmalen A_1, A_2, B und 0 (der 0-Ansatz gilt als Kontrolle). Die Agglutination wird auf einer speziellen Platte, im Röhrchen, im Gel oder in einer Mikrotiterplatte ausgeführt („Bed-Side-Test"). Die Serumbefunde müssen mit den Erythrozytenbefunden vereinbar sein.

Neben dem stark agglutinablen Merkmal A_1 (und bedingt A_2) gibt es mehrere schwach agglutinable Merkmale wie A_3, A_4, A_x oder A_m. Schwierigkeiten ergeben sich bei der Bestimmung des AB0-Systems dann, wenn ein Proband das Erythrozytenmerkmal A in dessen schwach- oder nicht-agglutinablen Form (z. B. A_3) besitzt. In diesem Fall beurteilt man die Erythrozyten als „frei von A" und sucht dann vergebens nach dem dazugehörigen Anti-A im Serum. Die Situation läßt sich durch Antikörper-Adsorption, durch Phytohämagglutinine oder neuerdings molekulargenetisch klären. Phytohämagglutinine sind pflanzliche Makromoleküle. Sie haben das Vermögen, gewisse Zucker zu binden.

Eine zweite Schwierigkeit ergibt sich beim Rh-System. Erythrozyten tragen auf ihrer Oberfläche eine starke Negativ-Ladung. In Suspension stoßen sie sich ab und geraten nie näher als 30 nm aneinander. Dies ist etwas mehr als die Spannweite eines IgG-Antikörpers. Dementsprechend werden die Rh-Antigene von den homologen Antikörpern der IgG-Klasse zwar erkannt, die Vernetzung der Erythrozyten bleibt jedoch aus. Gibt man aber zusätzlich einen Antikörper dazu, der humanes Immunglobulin erkennt (*Antihumanglobulin*), so stellt sich eine Agglutination ein. In der Blutgruppenserologie wird der erste, allein nicht agglutinierende humane Antikörper als *inkompletter Antikörper* bezeichnet. (Der Ausdruck ist strenggenommen falsch, da der so bezeichnete IgG-Antikörper voll funktionsfähig ist und sich nur in der Spezifität von anderen humanen IgG-Antikörpern unterscheidet.) Der zweite, indirekt agglutinierende Antikörper wird nach seinem Entdecker *Coombs-Antikörper* genannt.

Der Hämagglutination von Erythrozyten, die mit inkompletten Antikörpern beladen sind, kann auch durch Zugabe von Supplement (z. B. Low Ionic Strength Solution (LISS) oder Albumin) ermöglicht werden; Stoffe dieser Art reduzieren die negative Oberflächenladung der Erythrozyten. Schließlich kann man durch Vorbehandlung der Erythrozyten mit Enzymen (z. B. Papain) die Hämagglutinationsbereitschaft erhöhen.

Antikörper der IgM-Klasse (die natürlichen Antikörper des AB0-Systems) können Erythrozyten stets direkt agglutinieren. Sie werden deshalb als „komplette Antikörper" bezeichnet.

Zur Auswahl der geeigneten Erythrozytenpräparate für die Transfusion werden beim Empfänger folgende Untersuchungen durchgeführt:
- Bestimmung der AB0-Blutgruppe,
- Bestimmung des Antigens D,
- Suchtest nach irregulären Antikörpern (Duffy, Kell, Kidd etc.) und
- Kreuzprobe des Patientenserums mit den Spendererythrozyten.

Für das AB0-System wird die volle Übereinstimmung der Spender- und Empfängermerkmale gefordert.

Für das Rhesus-System wird Übereinstimmung hinsichtlich der summarischen Bezeichnungen **Rh-pos** und **Rh-neg** verlangt. Nach Auswahl des geeigneten Erythrozytenpräparats wird vor der Transfusion die Kreuzprobe durchgeführt. Die Kreuzprobe hat die Aufgabe, mögliche Fehler bei der Blutgruppen- und Serumantikörper-Bestimmung auszuschließen und mögliche Inkompatibilitäten (z. B. aufgrund seltener Blutgruppenantigene) zu erfassen.

Bei der Kreuzprobe werden Spendererythrozyten mit Empfängerserum zusammengebracht. Bei der Empfängerkontrolle werden Serum und Erythrozyten des Empfängers auf Eigenreaktivität (z. B. durch Kälteagglutinine, s.u.) überprüft. Um inkomplette Antikörper zu erfassen, werden Parallelansätze in Supplement und mit Coombs-Serum durchgeführt. Die natürlichen Antikörper des AB0-Systems treten bei Individuen der entsprechenden Blutgruppe immer auf (also Anti-A-Antikörper bei Blutgruppe B, etc.). Diese *regulären Antikörper* wurden bereits durch die Vorauswahl erfasst. Bei der Kreuzprobe können aber auch irreguläre Antikörper entdeckt werden (z. B. gegen Antigene der Rhesus- und anderer Faktoren oder gegen Merkmale seltener Blutgruppen), deren Vorkommen nicht voraussagbar ist.

Während die natürlichen Antikörper des AB0-Systems im allgemeinen bei Zimmertemperatur gut nachweisbar sind, reagieren die IgG-Antikörper der meisten Blutgruppensysteme bei Körpertemperatur besser; sie werden deshalb *Wärmeantikörper* (oder *Wärmeagglutinine*) genannt. Dagegen sind andere Antikörper, z. B. die Antikörper gegen Lewis-Antigene, nur bei 4°C auffindbar; sie heißen dementsprechend *Kälteantikörper* (oder *Kälteagglutinine*). Aus diesem Grund ist an die Kreuzprobe indirekt der *Coombs-Test* anzuschließen (s.u.). Zu achten ist weiterhin auf das Vorhandensein von hämolysierenden Antikörpern (Hämolysine), welche in Gegenwart von Serumkomplement eine Lyse herbeiführen und für Ablesefehler verantwortlich sein können.

Für die Schwangerschaftsvorsorge ist das Rh-System von besonderer Bedeutung. Beim *direkten Coombs-Test* (**DCT**) wird die Erythrozytensuspension mit Coombs-Antiserum gemischt. Kommt es zur Hämagglutination, so waren die Erythrozyten bereits in vivo mit inkompletten Antikörpern beladen. Ein Befund dieser Art ergibt sich z. B. beim **Rh-pos** Neugeborenen einer **Rh-neg** Mutter, die bereits Antikörper gegen das Antigen D gebildet hat.

Beim *indirekten Coombs-Test* (**ICT**) wird das Serum auf das Vorhandensein von Rh-spezifischen Antikörpern untersucht. Hierzu werden **Rh-pos** Erythrozyten der Gruppe 0 als Träger des Antigen D mit dem zu untersuchenden Serum inkubiert; nach Waschen wird der Suspension Coombs-Serum zugesetzt. Eine jetzt eintretende Hämagglutination weist auf das Vorhandensein von D-spezifischen Antikörpern im Serum hin. Der indirekte Coombs-Test dient zur Überwachung einer **Rh-neg** Schwangeren, die ein **Rh-pos** Kind erwartet.

Antigen-Antikörper-Komplexe. Reaktion der zumindest bivalenten Antikörper mit polyvalenten Antigenen; es kommt zur Präzipitation (Antigen als lösliches Molekül), Flocculation (Antigen auf kleinen Partikeln) oder Agglutination (Antigen auf großen Partikeln, z.B. Zellen).

Heidelberger Kurve. Bei Äquivalenz von Antigen- und Antikörper-Menge kommt es zu vollständiger Präzipitatbildung; bei Antikörperüberschuß wird das vorhandene Antigen unvollständig komplexiert, bei Antigenüberschuß werden die Antikörper nur unvollständig komplexiert, es entstehen lösliche Komplexe.

Immundiffusion. Bei Diffusion von Antigen und Antikörpern im halbfesten Medium gegeneinander entstehen Präzipitatbanden (Oudin; Ouchterlony und Elek).

ELISA. Nachweis von Antigen, das an eine Festphase gekoppelt wurde, durch Antikörper; ein primärer Antikörper bindet spezifisch an das Antigen und wird mit Hilfe eines sekundären Antikörpers nachgewiesen. Bei letzterem handelt es sich i.A. um ein Antiserum gegen den Primärantikörper, an das ein Enzym (Peroxidase oder Phosphatase) gekoppelt wurde. Nachweis durch Zugabe des entsprechenden Substrats.

Blutgruppenserologie

AB0-Systeme. Wichtigstes Blutgruppensystem; Gruppe A: Antigen A auf Erythrozyten, Antikörper gegen Antigen B im Serum vorhanden; Gruppe B: Antigen B auf Erythrozyten, Antikörper gegen Antigen A vorhanden; Gruppe AB: Antigen A und Antigen B auf Erythrozyten, keine Antikörper gegen die Antigene A und B; Gruppe 0: weder Antigen A noch B auf Erythrozyten, Antikörper gegen A und B vorhanden. Antikörper gegen A und B sind natürliche Antikörper der IgM-Klasse (nicht plazentagängig, deutliche Hämagglutination).

Rhesus System. Besteht aus den „starken" Antigenen D und c sowie den „schwachen" Antigenen C, E und e. Bei Deletion des Genorts für Antigen D fehlt dieses Antigen (=d). Rh-Antikörper werden erst nach Sensibilisierung gebildet.

Rh-pos. D-Antigen auf Erythrozyten.

Rh-neg. Fehlen von Antigen D (=d). Rh-Antikörper werden erst nach Immunisierung durch Schwangerschaft oder Transfusion gebildet und gehören zur IgG-Klasse [plazentagängig, inkomplett (s.u.)].

Rh-Transfusionsreaktion. Keine Probleme bei der Erstgeburt eines **Rh-pos** Kindes durch eine **Rh-neg** Mutter, aber Sensibilisierung der Mutter gegen D; bei weiterer Schwangerschaften passieren Antikörper gegen D die Plazenta; beim Neugeborenen kommt es zum *Morbus haemolyticus neonatorum*.

Major-Reaktion. Transfusionsreaktion, bei der Empfänger-Antikörper gegen Spender-Erythrozyten reagieren.

Minor-Reaktion. Transfusionsreaktion, bei der Spender-Antikörper gegen Empfänger-Erythrozyten reagieren.

Blutgruppenbestimmung

Agglutinierende („komplette") Antikörper. IgM können den Abstand zwischen 2 Erythrozyten überbrücken und diese agglutinieren.

Nicht agglutinierende („inkomplette") Antikörper. IgG können den Abstand zwischen 2 Erythrozyten nicht überbrücken und diese nicht agglutinieren. Durch Supplement (z. B. LISS, Albumin) wird der Abstand verringert; durch Coombs-Serum (Antikörper gegen humanes Immunglobulin) wird die „Antikörper-Brücke" vergrößert. Beides ermöglicht die Hämagglutination.

Kreuzprobe. Überprüfung der Verträglichkeit vor einer Bluttransfusion.

Coombs-Test. Rh-Überprüfung bei Schwangerschaftsvorsorge; indirekter Coombs-Test: Nachweis von Antikörpern gegen Rh im Blut einer Schwangeren mit Hilfe von **Rh-pos** Erythrozyten der Gruppe 0 in Gegenwart von Coombs-Serum; direkter Coombs-Test: Nachweis von **Rh-pos** Erythrozyten, die bereits mit Antikörpern gegen **Rh-pos** beladen sind, im Blut eines **Rh-pos** Neugeborenen einer **Rh-neg** Mutter durch Zugabe von Coombs-Serum.

7 Haupt-Histokompatibilitäts-Komplex

S. H. E. KAUFMANN

EINLEITUNG

Seit langem ist bekannt, daß bestimmte Antigene über Akzeptanz oder Abstoßung von Transplantaten entscheiden. Diese Antigene werden von einem Genkomplex kodiert, der als Haupt-Histokompatibilitäts-Komplex (engl. **m**ajor **h**istocompatibility **c**omplex, kurz: MHC) bezeichnet wird. Heute wissen wir, daß die Hauptaufgabe des MHC darin besteht, T-Zellen Antigene zu präsentieren. Der MHC des Menschen wird als *HLA-Komplex* bezeichnet. Bei der Maus wird die Bezeichnung H-2-Komplex verwendet. HLA ist die Abkürzung für **h**umane **L**eukozyten-**A**ntigene. Diese Antigene wurden beim Menschen als Transplantationsantigene erstmals auf Leukozyten gefunden. Das Symbol H-2 steht für das Antigen 2, welches schon früh bei Mäusen als besonders wichtig für die Abstoßungsreaktion erkannt worden war.

7.1 Übersicht

Der MHC besteht aus mehreren, zu einem Genkomplex zusammengefaßten Genen. Zwei Gengruppen interessieren hier besonders, nämlich die sog. Klasse-I- und die Klasse-II-Gene.

Die von den Klasse-I-Genen kodierten Proteine heißen Klasse-I-Moleküle. Man bezeichnet sie auch als klassische Transplantationsantigene, da sie aufgrund von Arbeiten über die Transplantatabstoßung zuerst entdeckt wurden.

Die von den Klasse-II-Genen kodierten Moleküle heißen Klasse-II-Moleküle oder auch Ia-Antigene (von *I*mmun-*A*ntwort-*a*ssoziierte *A*ntigene); man hat sie in später unternommenen Untersuchungen über die genetische Kontrolle der Immunantwort entdeckt.

Die Gene des MHC (und damit auch die von ihnen kodierten Moleküle) sind äußerst **polymorph**, d.h. sie unterscheiden sich bei den einzelnen Individuen einer Spezies beträchtlich.

Die hierhergehörigen Arbeiten haben schnell Fortschritte gemacht, als es gelang, Mäusestämme zu züchten, welche genetisch identisch sind. Mäuse eines derartigen Inzuchtstammes verhalten sich zueinander wie eineiige Zwillinge; man bezeichnet sie als *syngene* Tiere. Mäuse aus zwei unterschiedlichen Inzuchtstämmen verhalten sich dagegen wie zwei verschiedene, nicht verwandte Individuen, sie sind zueinander **allogen**.

Weiterhin konnten Mäusestämme gezüchtet werden, welche sich voneinander lediglich in einem definierten Bereich des Genoms unterscheiden. Diese Inzuchtstämme sind zueinander **kongen**. Mit Hilfe von kongenen Mäusestämmen, die sich lediglich im MHC unterscheiden, gelang der Beweis, daß Unterschiede im MHC für die Transplantatabstoßung ausschlaggebend sind. Umgekehrt ergab sich, daß die Übereinstimmung im MHC über das Angehen eines Transplantats entscheidet.

Lange Zeit prägten diese Befunde die Auffassungen über die biologischen Aufgaben des MHC. Danach sollte der MHC primär dafür zuständig sein, daß Gewebe anderer Individuen aus derselben Spezies als fremd erkannt wird. Heute weiß man, daß diese Deutung falsch ist. Man weiß, daß der MHC in erster Linie für die richtige Erkennung von Fremd-Antigenen jeder Art verantwortlich ist.

Fremde Antigene werden von T-Lymphozyten nicht als isolierte Einzelstruktur erkannt, sondern nur in Assoziation mit körpereigenen MHC-Strukturen. Die MHC-Proteine dienen als Leitmoleküle, sie ermöglichen es den T-Zellen, mit Fremdantigenen zu reagieren.

Dies gilt für fast alle Antigene, insbesondere aber für die Bestandteile von Krankheitserregern. Mit anderen Worten: T-Zellen können fremde Antigene nur in Assoziation mit MHC-kodierten Eigenstrukturen erkennen. Genauer gesagt handelt es sich dabei um Peptide fremder Proteine, die von den MHC-Molekülen dargeboten werden (s. S. 98). Eine gewisse Ausnahme hiervon stellt die Erkennung der Transplantationsantigene anderer Individuen dar, die auf nicht ganz verstandene Weise das normalerweise von T-Zellen erkannte Produkt Fremdantigen plus körpereigenes MHC-Molekül imitieren können. Sie werden gewissermaßen mit dem Komplex verwechselt, der aus Fremdantigen und körpereigenem MHC-Molekül entsteht. Die Funktion der MHC-Moleküle bei der Transplantatabstoßung muß heute als eine periphere Erscheinung verstanden werden.

Die Antigen-Assoziation mit MHC-Molekülen und ihre Erkennung durch T-Lymphozyten sowie die mögliche Ursache und Bedeutung dieser Vorgänge wird im Kap. 8 näher besprochen. Hier sollen nur die Genetik und die Biochemie der MHC-Moleküle dargestellt werden.

7.2 Genetik des MHC

Der MHC liegt bei der Maus auf dem Chromosom 17 zwischen Zentromer und Telomer und ist etwa 0,3 Centimorgan lang (Abb. 7.1). Der H-2-Komplex wird von den K- und D/L-Genen begrenzt. Diese Gene kodieren die *Klasse-I-Antigene*, sie werden koexprimiert. Die *Klasse-II-Antigene* werden von der I-Region kodiert; man unterscheidet in diesem Abschnitt verschiedene Subregionen. Wesentlich sind die I-A- und die I-E-Subregion.

Der MHC des Menschen liegt auf dem kurzen Arm des Chromosoms 6 (Abb. 7.1). Die Klasse-I-Antigene werden von der A-, B- und C-Region kodiert; die Gene dieses Abschnittes entsprechen der K-, D- und L-Region bei der Maus. Die Klasse-II-Antigene werden von der D-Region kodiert. Hier unterscheidet man die Subregionen DP, DQ und

DR. Beim Menschen und bei der Maus findet sich auf dem MHC noch die S-Region. In diesem Abschnitt sind die *Klasse-III-Gene* zusammengefaßt. Sie kodieren u. a. bestimmte Komplementkomponenten.

7.3 Biochemie der MHC-Moleküle

Klasse-I-Moleküle werden von fast allen Körperzellen exprimiert. Sie bestehen aus einer schweren Kette mit einem Molekulargewicht von etwa 45 000; mit dieser Kette ist das β_2-Mikroglobulin nichtkovalent assoziiert (Abb. 7.2). Das β_2-Mikroglobulin hat ein Molekulargewicht von 12 000. Es wird nicht vom MHC kodiert; das zuständige Gen liegt auf dem Chromosom 15 (Mensch) bzw. 2 (Maus). Es weist eine geringe Variabilität auf und trägt zur Klasse-I-Vielfalt nicht bei.

Der extrazelluläre Bereich der schweren Kette besteht beim Klasse-I-Molekül aus 3 Domänen mit jeweils etwa 90 Aminosäuren (zum Domänenkonzept s. Kap. 4). Daran schließt sich eine Transmembranregion aus etwa 40 Aminosäuren an, die hydrophob ist und der Verankerung in der Zellmembran dient. Die zytoplasmatische Region ist etwa 30 Aminosäuren lang. Die extrazelluläre Region trägt eine oder zwei Kohlenhydratseitenketten.

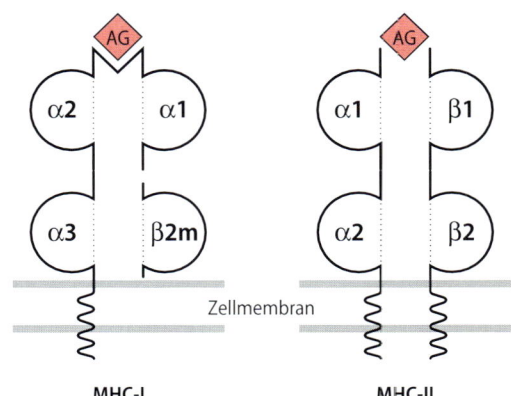

Abb. 7.2. MHC-Moleküle. Das MHC-Klasse-I-Molekül besteht aus einer α-Kette mit 3 Domänen und ist mit dem β2-Mikroglobulin (β2m) assoziiert. Die Domänen α1 und α2 bilden einen Spalt, in den ein antigenes Peptid aus 9 Aminosäuren paßt. MHC-Klasse-II-Moleküle bestehen aus einer α- und einer β-Kette mit jeweils 2 Domänen. Das antigene Peptid lagert sich in einen Spalt zwischen der α1- und β1-Domäne

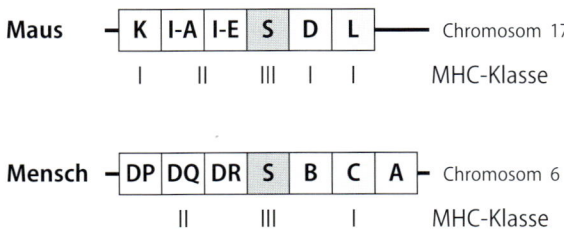

Abb. 7.1. MHC-Genkomplex bei Maus und Mensch

Obwohl zwischen den einzelnen Allelen eines Klasse-I-Gens eine ausgedehnte Homologie besteht (etwa 80%), gewährleisten die unterschiedlichen 20% des Moleküls den hohen Grad an Polymorphismus. Sie tragen die allogenen Klasse-I-Determinanten.

Die **Klasse-II-Moleküle** werden konstitutiv nur auf denjenigen Körperzellen exprimiert, welche an der Induktion einer zellulären Immunantwort beteiligt sind. Hierzu gehören u. a.:

- Die Zellen des mononukleär-phagozytären Systems und die dendritischen Zellen,
- B-Zellen,
- einige T-Zellen und
- Endothelzellen.

Die Klasse-II-Antigene bestehen aus zwei annähernd gleichgroßen, nicht-kovalent assoziierten Ketten, die beide vom MHC kodiert werden (Abb. 7.2). Die α-Kette hat ein Molekulargewicht von ca. 30 000 bis 33 000, das Molekulargewicht der β-Kette beträgt etwa 27 000 bis 29 000. Beide Ketten setzen

sich in der extrazellulären Region aus zwei Domänen von etwa 90 Aminosäuren zusammen. Die Transmembranregion besteht aus etwa 30 zum großen Teil hydrophoben Aminosäuren. Sie dient zur Verankerung des Moleküls in der Zellmembran. Die zytoplasmatische Region ist kurz und enthält etwa 10 Aminosäuren. Beide Ketten tragen Kohlenhydrate. Die Variabilität zwischen den einzelnen Allelen scheint bei den α-Ketten geringer zu sein als bei den β-Ketten. Die allogenen Klasse-II-Determinanten liegen zumeist auf den β-Ketten.

Die α_1- und die α_2-Domänen des Klasse-I-Moleküls bilden eine Spalte, in die ein Peptid aus ca. 9 Aminosäuren paßt. Eine ähnliche Spalte wird von den α_1- und β_1-Domänen der α- und der β-Kette des Klasse-II-Moleküls gebildet.

Die Spalte des MHC-Klasse-II-Moleküls ist jedoch an den Seiten offen, so daß Peptide unterschiedlicher Länge von ca. 10 bis 20 Aminosäuren präsentiert werden.

ZUSAMMENFASSUNG: Haupt-Histokompatibilitäts-Komplex

Moleküle des Haupt-Histokompatibilitäts-Komplexes (HLA beim Menschen, H-2 bei der Maus) weisen hohen Polymorphismus auf. Sie dienen als Leitmoleküle bei der Antigen-Erkennung durch T-Zellen und sind dadurch auch für die Transplantat-Abstoßung entscheidend.

Klasse-II-Gene. HLA-D beim Menschen, H-2I bei der Maus.

Klasse-I-Gene. HLA-A, -B, -C beim Menschen, H-2K, D und L bei der Maus.

S. H. E. Kaufmann

EINLEITUNG

Eine Gruppe von Lymphozyten erlangt ihre biologische Funktionsfähigkeit erst durch einen Reifungsprozeß im Thymus. Man bezeichnet diese Zellen als T-Lymphozyten. Die T-Lymphozyten stellen die zentrale Schaltstelle der erworbenen Immunantwort dar. Die wichtigsten, durch T-Zellen vermittelten Immunphänomene sind in Tabelle 8.1 dargestellt. Sie werden zusammenfassend als zellvermittelte oder **zelluläre Immunität** bezeichnet. Die Benennung soll darauf hinweisen, daß bei diesen Prozessen T-Zellen in entscheidendem Maße beteiligt sind, wenn auch eine untergeordnete Rolle von B-Lymphozyten und deren Antikörpern nicht ausgeschlossen wird. Andererseits wirken bei der **humoralen Antwort** in der Regel auch T-Lymphozyten mit. Eine scharfe Trennung zwischen humoraler und zellvermittelter Immunität ist deshalb nicht möglich. Die beiden Funktionsbereiche sind miteinander verzahnt.

8.1 T-Zell-abhängige Immunphänomene

Die T-Zell-abhängigen Immunphänomene haben ein gemeinsames Merkmal: Im Experiment können sie auf Empfängertiere niemals anders übertragen werden als durch den Transfer von lebenden Zellen. Mit löslichen Faktoren gelingt die Übertragung nicht. Im Gegensatz hierzu kann die humorale Immunität mit Antikörpern allein übertragen werden. Wir sprechen deshalb bei der Übertragung der zellulären Immunität von einem *adoptiven Transfer*, während die Übertragung der humoralen Immunität als *passiver Transfer* bezeichnet wird.

Beim adoptiven Transfer beruht die Unentbehrlichkeit der lebenden Zellen erstens auf der Tatsache, daß die für die Antigenerkennung benötigte Struktur als Rezeptor auf dem T-Lymphozyten fest verankert ist und in löslicher Form nicht vorkommt. Des weiteren werden zur Vermittlung sekundärer Prozesse lebende Zellen benötigt. Der Antigenrezeptor der T-Zelle ist der experimentellen Analyse sehr viel schwerer zugänglich als das Antikörpermolekül; dennoch ist es in letzter Zeit gelungen, seine Struktur weitgehend aufzuklären.

Bei der Vielzahl der in Tabelle 8.1 aufgeführten zellulären Immunmechanismen stellt sich die Frage, ob eine einzige pluripotente T-Zelle dafür zuständig ist, oder ob das T-Zellsystem in funktionell distinkte Untergruppen zerfällt. Heute wissen wir, daß die Vielzahl der T-Zell-Phänomene auf wenige Grundfunktionen zurückgeführt werden kann, für die verschiedene T-Zellpopulationen zuständig sind.

Dies sind:

- Helfer-T-Zellen vom Typ 1 (kurz TH1-Zellen) für Makrophagen und zytolytische T-Zellen,
- Helfer-T-Zellen vom Typ 2 (kurz: TH2-Zellen) für B-Lymphozyten und Eosinophile und
- zytolytische T-Zellen.

Möglicherweise treten als vierte Population Suppressor-T-Zellen hinzu, deren Existenz jedoch fraglich ist.

Tabelle 8.1. Von T-Lymphozyten vermittelte Immunmechanismen

Phänomen	Grundfunktion
Transplantatabstoßung	Lyse
Abtötung virusinfizierter Zellen	Lyse
Tumorüberwachung	Lyse, Hilfe
Abwehr intrazellulärer Keime	Hilfe, Lyse
Verzögerte Allergie	Hilfe
Humorale Immunität	Hilfe
Suppression	Suppression, Lyse, fehlgelenkte Hilfe

8.2 Antigenerkennung durch T-Lymphozyten

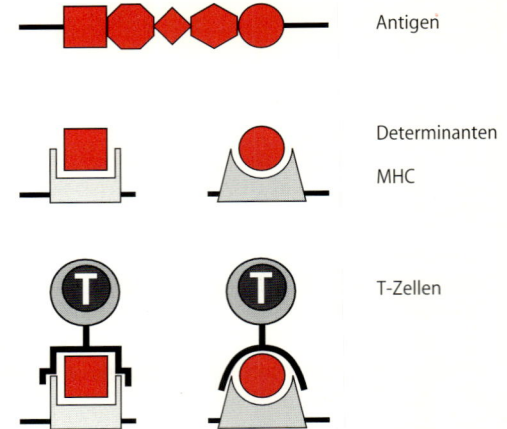

T-Lymphozyten erkennen Fremdantigen nicht in dessen Nativzustand. Das Antigen muß vielmehr auf der Oberfläche von Wirtszellen erscheinen und zwar in Assoziation mit körpereigenen Strukturen, die vom Haupt-Histokompatibilitäts-Komplex (MHC) kodiert werden (s. Kap. 7).

Als Antigene für T-Lymphozyten können i. allg. nur Proteine dienen. Diese werden von Wirtszellen in Peptide zerlegt, welche dann vom MHC-Molekül präsentiert werden. Dieses Peptid stellt daher die *antigene Determinante* (bzw. Epitop) dar. Die T-Zelle erkennt die antigene Determinante im Kontext mit der körpereigenen MHC-Struktur. Dies bedeutet, daß es für ein- und dieselbe Determinante des Fremdantigens zahlreiche Varianten der Erkennungsspezifität gibt. Deren Zahl wird durch den Polymorphismus des MHC-Genprodukts bestimmt. Eine T-Zelle kann somit nicht ein Fremdepitop schlechthin erkennen, sondern nur eine von dessen zahlreichen Ausprägungen auf der präsentierenden Zelle. Damit ist die Erkennungsspezifität der T-Zelle im Vergleich zum Antikörper eingeschränkt. Man spricht von der *MHC-Restriktion* der Antigen-Erkennung durch T-Zellen.

Hinzu kommt, daß die MHC-Moleküle verschiedener Individuen unterschiedliche Determinanten eines Antigens bevorzugen. Daher wird ein Individuum mit einem bestimmten HLA-Typ eine andere Determinante des gleichen Antigens erkennen als ein Individuum mit anderem HLA-Typ (Abb. 8.1).

Wie in Kap. 7 beschrieben, bilden die MHC-Moleküle jeweils eine Grube, in die das antigene Peptid paßt. Die Grube des MHC-Klasse-I-Moleküls ist an den Rändern geschlossen, so daß die Länge der präsentierten Peptide auf ca. neun Aminosäuren eingeschränkt ist. Die Spalte in den MHC-Klasse-II-Molekülen ist an den Seiten offen, so daß auch längere Peptide präsentiert werden können, die dann seitlich herausragen. Dadurch ist die Länge der präsentierten Peptide weniger eingeschränkt. Sie können zwischen 10 und 20 Aminosäuren lang sein. Bestimmte Aminosäuren, die den Boden der MHC-Grube bilden, treten mit entsprechenden Aminosäuren des antigenen Peptids über nichtkovalente Bindungen in Wechselwirkung. Diese Ankerstellen sind in den MHC-Molekülen

Abb. 8.1. Bevorzugte Erkennung zweier unterschiedlicher Determinanten eines Proteinantigens durch T-Zellen zweier verschiedener Individuen aufgrund des unterschiedlichen HLA-Typs. Das Antigen ist aus unterschiedlichen Abschnitten zusammengesetzt, von denen einige als Determinanten für T-Zellen dienen. Eine bestimmte Determinante wird von einem bestimmten MHC-Typ bevorzugt präsentiert. Deshalb erkennen T-Zellen verschiedener Individuen unterschiedliche Determinanten

verschiedener Individuen unterschiedlich. Entsprechend unterscheiden sich auch die Aminosäuresequenzen der in einem bestimmten Individuum präsentierten Peptide (Abb. 8.1). Man sagt auch, das präsentierte Peptid besitzt ein dem MHC-Molekül entsprechendes Motiv.

Andere Aminosäuren des antigenen Peptids ragen aus der Spalte des MHC-Moleküls nach oben hervor und dienen als Kontaktstellen für den T-Zellrezeptor. Der T-Zellrezeptor erkennt

- die seiner Spezifität entsprechenden Aminosäuren des präsentierten Peptids und
- bestimmte Strukturen des MHC-Moleküls.

Letztere sind individualspezifisch, d.h. der T-Zellrezeptor eines bestimmten Individuums ist auf MHC-Strukturen desselben Individuums beschränkt oder *restringiert*. Somit können alle T-Lymphozyten eines Individuums Antigene nur dann erkennen, wenn sie von Zellen präsentiert werden, die vom selben Individuum stammen.

8.3 T-Zellrezeptor

Die Frage, ob T-Lymphozyten überhaupt einen Rezeptor für Antigen besitzen, ist trotz intensivsten Interesses sehr lange unbeantwortet geblieben; sie konnte erst kürzlich geklärt werden. Da der Antigenrezeptor das wichtigste Rezeptormolekül der T-Lymphozyten darstellt, wird er allgemein als *T-Zellrezeptor* bezeichnet.

Erste Erfolge bei der Analyse des T-Zellrezeptors wurden mit monoklonalen Antikörpern erzielt, die den variablen, antigenbindenden Teil des T-Zellrezeptors erkannten. Diese Antikörper wurden durch Immunisierung mit T-Zellklonen gewonnen. Sie erwiesen sich als klonspezifisch (klonotypisch, mit idiotypischen Antikörpern vergleichbar – s. Kap. 4). Die Reinigung und Charakterisierung des Rezeptors erfolgte von diesem Punkt ab zügig. Heute sind der Aufbau des T-Zellrezeptors und dessen genetischen Grundlagen im Prinzip bekannt.

Der T-Zellrezeptor ähnelt hinsichtlich seines Aufbaus dem Antikörper-Molekül (Abb. 8.2). Er besitzt jedoch nur eine Bindungsstelle und ist daher *monovalent.* Im Prinzip entsteht die Spezifitätsvielfalt des T-Zellrezeptors durch dieselben genetischen Mechanismen wie beim Antikörper. Auch bei der T-Zelle führt die wechselnde Rekombination von V-, D- und J-Gensegmenten mit einem C-Gensegment zur Strukturdiversifizierung.

Hinzu treten – wie bei der Antikörper-Rekombination – weitere Mechanismen. Hierzu zählen

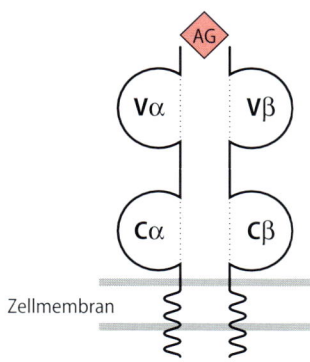

Abb. 8.2. Schematische Darstellung des T-Zell-Rezeptors. Der T-Zell-Rezeptor ist aus einer α- und einer β-Kette aufgebaut, die aus je einer variablen (*v*) und konstanten (*c*) Domäne bestehen. Die beiden variablen Domänen bilden die Bindungsstelle für „Antigen plus MHC"

die ungenaue Verknüpfung von V-, D- und J-Gensegmenten sowie der Einbau zusätzlicher Nukleotide an den Nahtstellen. Dagegen tragen somatische Hypermutationen zur Vielfalt der T-Zellrezeptoren *nicht* bei.

α/β T-Zellen. Chemisch betrachtet besteht der T-Zellrezeptor aus zwei Ketten, α und β. Die Ketten sind über Disulfid-Brücken miteinander verbunden. Die α- und die β-Kette haben beide eine ähnliche Molekularmasse von 43 000 bis 45 000 Dalton.

Jede Kette besteht aus einem variablen und einem konstanten Teil, ganz ähnlich, wie dies für die schweren und die leichten Ketten des Antikörpers gilt. Die variablen Bereiche beider Ketten sind an der Antigenbindung beteiligt.

γ/δ T-Zellen. Kürzlich wurde ein zweiter Typ von T-Zellrezeptor identifiziert. Er ist aus einer γ- und δ-Kette aufgebaut und wird von einer besonderen T-Zell-Klasse exprimiert.

Bei Normalpersonen machen α/β T-Zellen über 90% der Gesamt-T-Zellpopulation des peripheren Blutes aus und γ/δ T-Zellen stellen einen Anteil von weniger als 10% dar. Bei den meisten Normalpersonen sind es etwa 3–5%. Bei einigen Tierarten (z.B. Schafen) stellen γ/δ T-Zellen einen viel größeren Teil der peripheren T-Zellen dar. Es gibt bestimmte Immundefizienz-Erkrankungen, bei denen der Anteil von γ/δ T-Zellen weit größer ist, da hauptsächlich die α/β T-Zellen fehlen. Die Antigenerkennung, Aktivierung, biologische Funktion, etc. von α/β T-Zellen wird heute recht gut verstanden. Dagegen ist unser Wissen über γ/δ T-Zellen noch lückenhaft. Die bisherigen und folgenden Erläuterungen beschränken sich daher auf α/β T-Zellen, falls nicht ausdrücklich auf γ/δ T-Zellen hingewiesen wird.

8.4 T-Zellpopulationen und ihr Phänotyp

Reife T-Lymphozyten besitzen als charakteristisches Antigen das membranständige *CD3-Molekül.* Man bezeichnet sie als *CD3⁺.*

Das CD3-Molekül ist nicht nur ein bedeutendes Erkennungsmerkmal aller T-Lymphozyten, son-

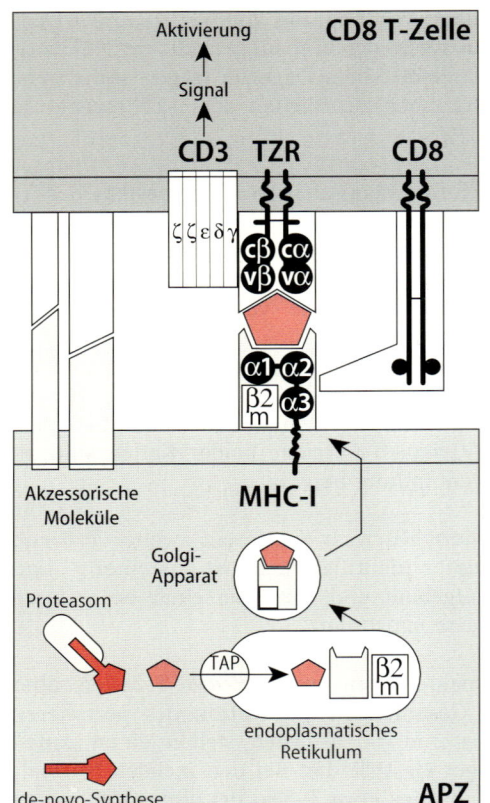

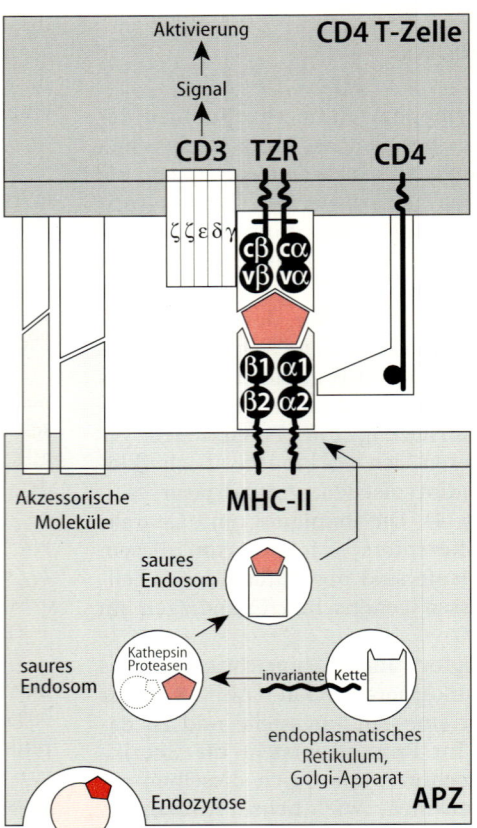

Abb. 8.3. Erkennung des MHC-Peptidkomplexes durch T-Zellen. *Links:* CD8-T-Zellen und MHC-Klasse-I-Präsentation; *rechts:* CD4-T-Zellen und MHC-Klasse-II-Präsentation. Der T-Zell-Rezeptor (*TZR*) ist für die Antigenerkennung zuständig, das CD3-Molekül vermittelt das Aktivie-rungssignal. Das CD3-Molekül besteht aus fünf Untereinheiten, nämlich den γ-, δ-, ε- und 2 ζ-Untereinheiten. *Unterer Teil der Abbildung:* Wichtige Schritte der Antigenprozessierung, die zur Peptidpräsentation durch MHC-I- bzw. MHC-II-Moleküle führen

dern übernimmt auch die wichtige Funktion der antigenspezifischen T-Zellaktivierung (Abb. 8.3). Der T-Zellrezeptor selbst ist nicht in der Lage, direkt die Antigenerkennung in die Zelle zu signalisieren. Er ist jedoch mit dem CD3-Molekül verbunden, welches die Fähigkeit zur intrazellulären Signaltransduktion besitzt.

Für die Bezeichnung von definierten Leukozyten-Differenzierungs-Antigenen hat sich das CD-System (von „Cluster of differentiation") durchgesetzt: Die einzelnen Antigene werden dabei fortlaufend numeriert (Kap. 2, Tabelle 2.1, s. S. 53).

Die Population der reifen T-Zellen (***CD3-Leukozyten***) kann in zwei gut definierte Subpopulationen von charakteristischem Phänotyp unterteilt werden.

Die ***CD4-T-Lymphozyten*** besitzen i.a. Helfer-Funktion, die ***CD8-T-Lymphozyten*** besitzen meist zytolytische oder aber Suppressor-Funktion.

Das CD4- und das CD8-Molekül binden an konstante Bereiche des MHC-Klasse-II- bzw. MHC-Klasse-I-Moleküls (Abb. 8.3). Sie verstärken damit die antigenspezifische Interaktion des T-Zellrezeptors mit dem MHC/Peptid-Komplex. Die Interaktion zwischen antigenpräsentierender Zelle und T-Lymphozyt wird durch weitere akzessorische Moleküle verstärkt.

Die γ/δ T-Zellen sind meist doppelt negativ, d.h. sie exprimieren weder das CD4- noch das CD8-Molekül.

8.5 Antigenpräsentation und T-Zell-Antwort

Helfer-T-Zellen und zytolytische T-Zellen unterscheiden sich nicht nur phänotypisch, sondern auch in der Art, wie sie Fremdantigen erkennen. Wie bereits ausgeführt, können T-Lymphozyten fremde Epitope nur im Kontext mit Genprodukten des MHC erkennen. Die entsprechenden Genregionen werden durch die Bezeichnungen „Klasse I" und „Klasse II" voneinander unterschieden. Diese Unterscheidung bezieht sich auf den unterschiedlichen Mitwirkungsbereich der entsprechenden Genprodukte.

Fremdantigene, welche von CD8-T-Zellen erkannt werden, müssen mit Klasse-I-Strukturen assoziiert sein; sollen Fremdantigene dagegen von CD4-T-Zellen erkannt werden, so müssen sie in Beziehung zu Klasse-II-Strukturen stehen.

Träger der Klasse-II-Strukturen sind beim Menschen die Genprodukte HLA-D (HLA-DR, HLA-DP und HLA-DQ). Bei der Maus sind es die Genprodukte H-2 I.

Das von der menschlichen CD4-T-Zelle erkennbare Objekt würde also beispielsweise der Formel „Fremdpeptid plus HLA-D" entsprechen.

CD8-T-Zellen erkennen das Fremdantigen in Zusammenhang mit HLA-A oder HLA-B oder mit HLA-C (Mensch) bzw. mit H-2K, H-2D oder H-2L (Maus). Als Restriktionselement für die Erkennung durch CD4-T-Zellen dienen somit die MHC-Klasse-II-Produkte; dagegen ist die Erkennung durch CD8-T-Zellen durch MHC-Produkte der Klasse I restringiert. Die Antigenerkennung durch CD4- und CD8-T-Lymphozyten ist in Abb. 8.3 dargestellt.

Die γ/δ T-Lymphozyten können ebenfalls Peptide erkennen, die von MHC-Produkten präsentiert werden. Als Präsentationselemente werden sog. unkonventionelle MHC-Moleküle benutzt, die weniger polymorph sind. Da γ/δ T-Zellen weiterhin weder CD4- noch CD8-Moleküle exprimieren, sind sie weit schwächer restringiert, d.h. sie können auch mit MHC-nichtidentischen Zellen interagieren.

Daneben können γ/δ T-Lymphozyten jedoch auch mit anderen Liganden reagieren. So wurde kürzlich gezeigt, daß humane γ/δ T-Lymphozyten von phosphorylierten Alkylderivaten stimuliert werden. Damit brechen γ/δ T-Zellen das Dogma, daß T-Lymphozyten ausschließlich MHC-Peptidkomplexe erkennen. In der Tat ist anzunehmen, daß die γ/δ T-Zellen bezüglich der Antigenerkennung eher mit Antikörpern als mit α/β T-Zellen vergleichbar sind.

8.6 Endogene, exogene Antigene und Superantigene

Das MHC-Klasse-I-Molekül stellt ein Transportsystem zwischen dem zytoplasmatischen Bereich und der Oberfläche der Zelle dar. Er kontaktiert daher in erster Linie Proteinantigene, die von der Zelle im endoplasmatischen Retikulum neu synthetisiert werden. Diese werden entsprechend als endogene Antigene bezeichnet. Hierzu gehören besonders körpereigene, virale und Tumor-Antigene, die von der Zelle selbst produziert werden. Den CD8-T-Zellen werden daher in erster Linie endogene Proteine dargeboten (s. Abb. 8.3).

Neu synthetisierte Moleküle werden im Zytoplasma der Zelle teilweise wieder abgebaut. Hierfür verantwortlich ist in erster Linie ein Komplex aus mehreren Proteasen, der als **Proteasom** bezeichnet wird. Im Proteasom werden Proteine in Peptidfragmente zerlegt, die anschließend durch spezialisierte Transportmoleküle aus dem Zytoplasma in das endoplasmatische Retikulum transportiert werden. Diese Transportmoleküle werden entsprechend als **TAP** bezeichnet (für *T*ransporter assoziiert mit *A*ntigen*p*rozessierung). Im endoplasmatischen Retikulum trifft das Peptid auf das MHC-Klasse-I-Molekül (die α-Kette des MHC-Klasse-I plus β_2-Mikroglobulin). Die Peptidbeladung bewirkt eine Umstrukturierung des MHC-Klasse-I-Moleküls, welche wiederum den Transport an die Zelloberfläche auslöst: Das endogene Peptid wird den CD8-T-Lymphozyten vom MHC-Klasse-I-Molekül dargeboten. In Abwesenheit von Peptiden werden die MHC-Klasse-I-Moleküle im endoplasmatischen Retikulum zurückgehalten.

Dagegen dient das MHC-Klasse-II-Molekül als Transportsystem zwischen Endosom und Zelloberfläche. Wie in Kap. 9 beschrieben, gelangen fremde Partikel und Proteine über einen Endozytoseprozeß in das Endosom. Dort kontaktiert das MHC-Klasse-II-Molekül die aufgenommenen Proteine, die entsprechend als exogene Antigene bezeichnet werden. Hierzu gehören in erster Linie Antigene von Bakterien, Pilzen und Protozoen sowie die verschiedensten löslichen Proteine. Den

CD4-T-Zellen werden daher in erster Linie exogene Proteine dargeboten (Abb. 8.3, s. S. 100).

Exogene Proteine werden in Endosomen mit saurem pH-Wert von lysosomalen Proteasen abgebaut (s. Kap. 9). Im endoplasmatischen Retikulum entstehen MHC-Klasse-II-Moleküle, die mit der sog. *invarianten Kette* assoziiert sind. Diese invariante Kette hat zwei Aufgaben:

- sie verhindert die Beladung der MHC-Klasse-II-Moleküle durch Peptide im endoplasmatischen Retikulum,
- sie unterstützt den Transport der leeren (d.h. Peptid-unbeladenen) MHC-Klasse-II-Moleküle in das saure Endosom.

Dort wird die invariante Kette abgebaut, so daß nun die Bindungsstelle des MHC-Klasse-II-Moleküls freigelegt und mit Peptid beladen wird. Die Peptid-beladenen MHC-Klasse-II-Moleküle gelangen an die Zelloberfläche und können dort das Peptid den CD4-T-Zellen anbieten (Abb. 8.3, s. S. 100).

Wie wir heute wissen, besitzen einige Mikroorganismen die Fähigkeit, aus dem Endosom in das Zytoplasma der infizierten Zelle überzuwechseln. Die von diesen Erregern in das Zytoplasma sezernierten Proteine werden dadurch zu „endogenen" Antigenen. Es wird somit verständlich, wie bestimmte bakterielle Proteine von CD8-T-Zellen erkannt werden. Umgekehrt können körpereigene, virale oder Tumor-Antigene, die von absterbenden Zellen freigesetzt werden, zu exogenen Antigenen umgewandelt werden, die CD4-T-Zellen stimulieren. Auch sezernierte körpereigene Proteine können wieder aufgenommen und im Kontext von MHC-Klasse-II-Molekülen präsentiert werden. Scheinbar erkennen die γ/δ T-Zellen sowohl exogene als auch endogene Antigene auf bislang weitgehend unverstandene Weise.

Kürzlich wurde gefunden, daß bestimmte bakterielle und virale Produkte (z. B. Exotoxine von Streptokokken und Staphylokokken) als Superantigene fungieren (s. Kap. 11). Sie verbinden das MHC-Klasse-II-Molekül auf der präsentierenden Zelle mit dem T-Zellrezeptor auf der T-Zelle, ohne daß eine Prozessierung vorausging. Da Superantigene mit verschiedenen T-Zellrezeptoren, denen bestimmte Eigenschaften gemeinsam sind, reagieren, kommt es zu einer oligoklonalen T-Zellaktivierung.

Diese Superantigene reagieren mit der β-Kette des T-Zellrezeptors von α/β T-Zellen. Superantigene aktivieren letztendlich α/β T-Lymphozyten durch „Verklammerung" des T-Zellrezeptors mit dem MHC-Molekül, unabhängig von der Antigenspezifität der T-Zelle und den für die antigenspezifische Erkennung notwendigen Ereignissen. Ein bestimmtes Superantigen erkennt Bereiche einer Gruppe von β-Ketten des T-Zellrezeptors. Somit aktivieren Superantigene einen großen Anteil der T-Zellen (bis zu 20%), aber nicht die gesamte T-Zellpopulation. Die oligoklonale T-Zellaktivierung durch Superantigene von Krankheitserregern führt zur Ausschüttung großer Mengen von Zytokinen, die letztendlich toxische Symptome hervorrufen. Möglicherweise existieren auch Superantigene, die mit der γ-Kette des T-Zellrezeptors von γ/δ T-Zellen reagieren.

8.7 Helfer-T-Zellen und Zytokin-Sekretion

Helfer-T-Zellen entsprechen i. a. dem Formelbild CD3$^+$, CD4$^+$, CD8$^-$. Sie sind Klasse-II-restringiert. Ihre besondere Leistung bei der Immunantwort besteht darin, daß sie in anderen Zellen eine neue Funktion induzieren.

Die Helfer-T-Zellen fallen in zwei Untergruppen:

- TH1-Zellen, welche für die funktionelle Reifung zytolytischer T-Zellen und für die Aktivierung von Makrophagen zuständig sind und
- TH2-Zellen, welche die Differenzierung von B-Zellen in antikörperbildende Plasmazellen und die Aktivierung von Eosinophilen kontrollieren.

Der induktive Stimulus wird von der Helfer-T-Zelle auf die Zielzelle durch lösliche Botenstoffe übertragen; diese werden als *Lymphokine* bezeichnet. Allgemein gesprochen, fassen wir durch den Begriff Lymphokine diejenigen Mediator-Substanzen zusammen, welche in löslicher Form von T-Lymphozyten produziert werden. Die von mononukleären Zellen produzierten Faktoren werden *Monokine* genannt (s. Kap. 9). Als übergeordneter Begriff für alle biologischen Mediatorstoffe, die interzelluläre Signale zwischen Leukozyten übermitteln, hat sich der Begriff *Interleukine* eingebürgert. Heute wird meist der Begriff *Zytokine* verwendet, um zu verdeutlichen, daß auch andere Zellen an der Kommunikation teilnehmen. Für die Benennung gut definierter Zytokine hat sich (ähnlich wie beim CD-System) die fortlaufend numerierte Bezeichnung Interleukin (IL) durchgesetzt (IL-1, IL-2 etc.).

8.8 Zytokine

Zytokine sind Antigen-unspezifisch. Sie wirken häufig auf unterschiedliche Wirtszellen (sie sind pleiotrop). Zytokine besitzen aber eine gewisse *Funktionsspezifität*, d.h. sie induzieren in ihren Zielzellen bestimmte Einzelfunktionen.

Viele Zytokine zeigen redundante Effekte, d.h. unterschiedliche Zytokine können die gleiche Funktion hervorrufen. In erster Linie lösen Zytokine in ihren Zielzellen entweder Zellteilung hervor, dienen also als Wachstumsfaktoren, oder sie lösen eine bestimmte Funktion aus. So mobilisieren sie Effektor- oder Regulatorfunktionen. Die produzierende Zelle kann gleichzeitig als Zielzelle

reagieren: Das Zytokin zeigt *autokrine* Wirkung. In anderen Fällen werden Zellen in der unmittelbaren Nähe der zytokinproduzierenden Zelle aktiviert: *parakrine* Wirkung.

Werden schließlich große Zytokinmengen gebildet, so gelangen diese in den Blutkreislauf und können an entfernten Stellen Zellen aktivieren: Das Zytokin zeigt *endokrine* Wirkung.

Sämtliche heute bekannten Zytokine wurden molekulargenetisch kloniert und exprimiert. Obwohl in diesem Kapitel Schwerpunkt auf die von Helfer-T-Zellen gebildeten Zytokine gelegt wird, müssen einige von Makrophagen gebildete Zytokine bereits hier erwähnt werden, da sie bei der T-Zellaktivierung wesentliche Funktionen einnehmen (Tabelle 8.2).

IL-1. IL-1 ist ein Monokin, das von Makrophagen gebildet und sezerniert wird. Es spielt bei der Stimulation von Helfer-T-Zellen eine Rolle. Daneben wirkt es als Entzündungsmediator und als endogenes Pyrogen (s. Kap. 9).

Tabelle 8.2. Wichtige Zytokine

Bezeichnung	Wichtige Funktion	Wichtiger Produzent	Wichtige Zielzelle
IL-1	Entzündungsmediator	Makrophagen	Endothelzellen
IL-2	T-Zellstimulation	T-Zellen	T-Zellen
IL-3	Hämatopoese	T-Zellen	Knochenmarkvorläuferzellen
IL-4	B-Zellaktivierung, Mastzellaktivierung Klassenwechsel zu IgE	Eosinophile, Basophile, NK T-Zellen, TH2-Zellen	B-Zellen, Mastzellen
IL-5	B-Zellreifung, Klassenwechsel zu IgA, Eosinophilenaktivierung	TH2-Zellen	B-Zellen Eosinophile
IL-6	Akutphasenreaktion, B-Zellreifung	T-Zellen, Makrophagen	Hepatozyten, B-Zellen
IL-8	Chemotaxis	Makrophagen	Neutrophile
IL-10	Immuninhibition	TH2-Zellen, Makrophagen	Makrophagen
IL-12	Aktivierung von TH1-Zellen und zytolytischen T-Zellen	Makrophagen	Makrophagen
INF-γ	Makrophagenaktivierung Klassenwechsel zu IgG2a und IgG3	T-Zellen, NK-Zellen	Makrophagen, B-Zellen
TNF	Entzündungsmediator Makrophagenaktivierung	Makrophagen	Endothelzellen Makrophagen
TGF-β	Immuninhibition Klassenwechsel zu IgA	T-Zellen, Makrophagen	T-Zellen, Makrophagen
GM-CSF	Granulozyten- und Makrophagen-Reifung	T-Zellen, Makrophagen	Knochenmarkvorläuferzellen

IL-2. IL-2 besitzt eine Molekularmasse von ca. 15 000 Dalton (Mensch) bzw. 25 000 Dalton (Maus). IL-2 wurde ursprünglich als ein Faktor beschrieben, der für die Langzeitkultur von T-Lymphozyten wesentlich ist. Als vorläufige Bezeichnung bürgerte sich der Ausdruck „**T-cell growth factor**" ein. Heute wissen wir, daß IL-2 nicht nur das Wachstum, sondern auch die Reifung von T-Lymphozyten bewirkt und darüber hinaus B-Zellen stimulieren kann. Die α-Kette des IL-2-Rezeptors erhielt in der CD-Nomenklatur die Bezeichnung CD25.

IL-3. IL-3 gehört zur Gruppe der koloniestimulierenden Faktoren und wird auch als *Multi-Kolonien-stimulierender Faktor* bezeichnet. Es ist an der Entwicklung verschiedener Leukozytenarten beteiligt. Interleukin 3 wird von einigen T-Zellen, in erster Linie aber von nicht-leukozytären Zellen, gebildet.

IL-4. IL-4, welches zur Familie der B-zellstimulierenden Faktoren gehört, ist ein typisches Produkt von TH2-Zellen. Daneben wird das Zytokin auch von Eosinophilen, Basophilen und Mastzellen gebildet. IL-4 besitzt sowohl wachstums- als auch differenzierungsfördernde Wirkung auf B-Lymphozyten. Es induziert in erster Linie Antikörper der Klassen IgG1 und IgE. Daneben wirkt IL-4 auf Mastzellen, und es fördert die Bildung von TH2-Zellen und hemmt die der TH1-Zellen.

IL-5. IL-5 gehört ebenfalls zur Familie der B-zellstimulierenden Faktoren. Es ist ebenfalls ein typisches TH2-Zellprodukt. Dieses Molekül wirkt auf reifere B-Lymphozyten und induziert in diesen die Entwicklung in antikörperproduzierende Plasmazellen. IL-5 induziert bevorzugt die Bildung von IgA-Antikörpern, daneben wirkt es auch auf Eosinophile.

IL-6. IL-6 wird von T-Lymphozyten, mononukleären Phagozyten und manchen anderen Zellen gebildet. IL-6 bewirkt die Reifung von B-Lymphozyten, ist an der T-Zellaktivierung beteiligt und induziert eine Akutphasereaktion.

IL-10. Dieses Zytokin besitzt hauptsächlich immuninhibitorische Wirkung. Insbesondere hemmt es die Aktivierung von TH1-Zellen und von Makrophagen. IL-10 wird nicht nur von TH2-Zellen, sondern auch von B-Zellen und Makrophagen gebildet.

IL-12. Dieses Zytokin wird hauptsächlich von Makrophagen gebildet (s. Kap. 9). Es ist für den Erwerb der zytolytischen Aktivität von T-Zellen und großen granulären Lymphozyten (NK-Aktivität) verantwortlich und fördert die Bildung von TH1-Zellen.

IFN-γ. Dieses Zytokin ist ein typisches Produkt von TH1-Zellen und wird auch von zytolytischen T-Zellen produziert. Das IFN-γ des Menschen hat eine Molekularmasse von 20 000 bis 25 000 Dalton. IFN-γ besitzt die Fähigkeit, in verschiedenen Zellen die Expression von Klasse-II-Molekülen zu induzieren. Darüber hinaus bewirkt IFN-γ in Makrophagen eine gesteigerte Leistung bei der Zerstörung von Tumorzellen und der Abtötung von intrazellulären Erregern. IFN-γ ist somit der wichtigste Makrophagen-aktivierende Faktor (MAF). Schließlich steigert IFN-γ die Aktivität von NK-Zellen und hemmt die Entwicklung von TH2-Zellen.

IFN-α und IFN-β. IFN-α wird hauptsächlich von Leukozyten gebildet; IFN-β ist ein Fibroblastenprodukt. Alle Interferone können in geeigneten Zielzellen mehr oder weniger stark die Virusreplikation hemmen.

TNF-β. Tumor-Nekrose-Faktor-β (auch Lymphotoxin genannt) hat auf Tumorzellen eine stark nekrotisierende Wirkung. TNF-β wird in erster Linie von T-Lymphozyten gebildet; eine ähnliche Substanz (TNF-α) wird primär von Makrophagen gebildet (s. Kap. 9).

TGF-β. Der transformierende Wachstumsfaktor (engl. *t*ransforming *g*rowth *f*actor) hat seinen Namen von der Beobachtung, daß bestimmte Tumorzellen Faktoren produzieren, die normale Zellen zum Wachstum anregen. Dennoch ist die primäre immunologische Wirkung von natürlich gebildetem TGF-β suppressiv. TGF-β hemmt die T-Zellproliferation und die Makrophagenaktivierung. Ein stimulierender Effekt von TGF-β liegt in seiner Fähigkeit, die Bildung von IgA zu unterstützen. TGF-β wird nicht nur von einigen T-Lymphozyten, sondern auch von mononukleären Phagozyten und anderen Zellen gebildet.

GM-CSF. Der Granulozyten/Makrophagen-Kolonien-stimulierende Faktor (GM-CSF), welcher u.a. von T-Lymphozyten gebildet wird, vermag die Reifung von Granulozyten und Makrophagen zu induzieren.

Helfer-T-Zellen bilden nicht alle Zytokine gleichzeitig. Vielmehr besteht eine Aufgabenteilung. Helfer-T-Zellen vom Typ 1 (sog. TH1-Zellen) produzieren in erster Linie IL-2 und IFN-γ, aber nicht IL-4, IL-5 und IL-10. Dagegen produzieren sog. TH2-Zellen IL-4, IL-5 und IL-10, aber nicht IL-2 und IFN-γ. Diese Dichotomie der Helfer-T-Zell-Funktion wird aber nicht von phänotypisch eindeutig distinkten T-Zellen getragen, und die beiden T-Zelltypen können lediglich über ihr Zytokin-Differenzierungsmuster unterschieden werden. Exklusive CD-Marker existieren nicht (beide Zelltypen sind also CD3$^+$, CD4$^+$, CD8$^-$).

8.9 Akzessorische Moleküle

Antigen-präsentierende Zellen exprimieren sogenannte kostimulatorische Moleküle. Die Interaktion dieser Moleküle mit entsprechenden Liganden auf T-Lymphozyten ist an deren Aktivierung entscheidend beteiligt. Hierzu zählen insbesondere das CD40/CD40L (CD154)-System und das B7 (CD80 und CD86)/CD28-System. Antigen-präsentierende Zellen exprimieren CD40- und B7-Moleküle, deren Interaktion mit CD40L bzw. CD28 die T-Zell-Aktivierung unterstützt.

8.10 Zytolytische T-Lymphozyten

Zytolytische T-Lymphozyten entsprechen i. a. dem Formelbild CD3$^+$, CD4$^-$, CD8$^+$; sie sind Klasse-I-restringiert. Ihre biologische Bedeutung liegt darin, daß sie durch antigenspezifischen Kontakt ihre Zielzellen zerstören (Abb. 8.4). Die zugrundeliegenden Mechanismen werden zur Zeit aufgeklärt. Man weiß, daß zur Zytolyse ein direkter Zellkontakt notwendig ist. Dieser Kontakt wird während der Erkennung des Antigens auf der Zielzelle vermittelt. Der Zellkontakt ist Mg^{2+}-abhängig, aber Ca^{2+}-unabhängig. Er stellt sich auch bei 0 °C ein. Die anschließend eintretende Lyse ist Ca^{2+}- und temperaturabhängig.

Aus zytolytischen T-Lymphozyten und NK-Zellen wurden Granula isoliert, die in der Lage sind, Zielzellen zu lysieren. Die dafür verantwortlichen Moleküle werden als *Zytolysine* oder *Perforine* bezeichnet, da sie in der Membran der Zielzelle die Bildung von Poren hervorrufen. Die Porenbildung durch Perforine ist äußerst effektiv und unabhängig von der ursprünglichen Erkennungs-Spezifität der zytolytischen T-Lymphozyten. Die entstandenen Läsionen ähneln denen, die durch Poly-C9 bewirkt werden (s. Kap. 5). Dies führte zur Annahme, daß der Membranlyse durch Komplement und durch zytolytische T-Zellen ein gemeinsames Wirkprinzip zugrunde liegt. Dieser Vorgang heißt *Zell-Nekrose*.

Schließlich enthalten die Granula der zytolytischen T-Lymphozyten auch verschiedene Proteasen, die gemeinsam als Granzyme bezeichnet werden. Obwohl Granzyme nicht direkt zytolytisch wirken, sind sie an der Abtötung von Zielzellen beteiligt. Nachdem die Zellmembran durch Perforine porös gemacht wurde, können Granzyme in das Innere der Zielzelle gelangen und dort *Apoptose* hervorrufen. Der Begriff Apoptose beschreibt einen Vorgang des Zelltods, der im Prinzip darauf beruht, daß die DNS in Fragmente zerlegt wird, die aus 200 Basenpaaren oder einem Vielfachen davon bestehen. An-

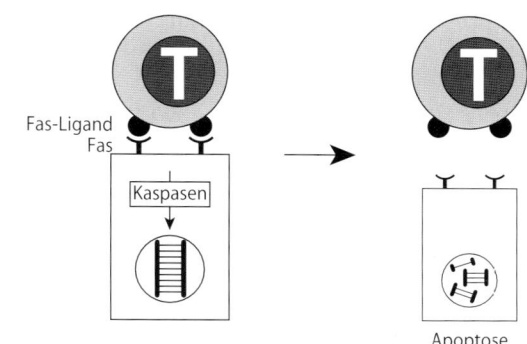

Abb. 8.4. Die wichtigsten Mechanismen der Zielzell-Lyse. *Links:* Perforin-vermittelte Zielzell-Lyse, die durch Granzym-vermittelte Apoptose unterstützt werden kann. Es kommt zu nekrotischem und apoptotischem Zelltod. *Rechts:* Fas-vermittelter Zelltod durch Apoptose

schließend kommt es zur Desintegration der Kernmembran. Apoptose wird nicht nur durch Granzyme hervorgerufen, sondern kann auch über einen weiteren Weg induziert werden. Viele Zellen tragen auf ihrer Oberfläche einen Rezeptor, der als **Fas** oder **APO-1** (CD95) bezeichnet wird. Zytolytische T-Zellen tragen den entsprechenden Liganden auf ihrer Oberfläche, der als Fas-Ligand bezeichnet wird. Die Interaktion zwischen Fas-Ligand auf der zytolytischen T-Zelle und Fas auf der Zielzelle induziert in letzterer Endonukleasen, die für die DNS-Desintegration verantwortlich sind. An der Aktivierung dieser Endonukleasen sind endogene Proteasen der Kaspase-Familie beteiligt. Der Fas-vermittelten Apoptose wird in erster Linie eine regulatorische Rolle zugesprochen, da angenommen wird, daß sie für bestimmte immunsuppressive Vorgänge verantwortlich ist (s. Kap. 8.11).

8.11 Suppressor-T-Lymphozyten

Unter dem Begriff „Suppression" versteht man die Unterdrückung einer Immunantwort durch spezifische Mechanismen. Hierfür wird manchmal eine gesonderte T-Zell-Population verantwortlich gemacht, deren Existenz jedoch fraglich ist.

Suppressor-T-Zellen entsprechen meist dem Formelbild CD3+, CD4−, CD8+. Aufgrund dieser Marker sind sie von zytolytischen T-Zellen nicht zu unterscheiden.

Im Unterschied zu zytolytischen T-Lymphozyten erkennen Suppressor-T-Zellen das Antigen aber nicht notwendigerweise in Assoziation mit Klasse-I-Molekülen.

Suppression kann auf verschiedenen Mechanismen beruhen. Als Phänomen wird die zelluläre Suppression allgemein anerkannt. Es wird ihr sogar eine überragende Bedeutung für die Funktion des Immunsystems zugeschrieben.

Anstelle einer gesonderten Suppressor-T-Zellpopulation, die über einen unklaren Suppressormechanismus die Immunantwort unterdrückt, kommen u. a. folgende Alternativen in Frage:

Zytolytische T-Zellen können andere T-Lymphozyten über Apoptose spezifisch ausschalten (s. Kap. 8.10).

Da sich TH1- und TH2-Zellen gegenseitig unterdrücken, kann eine fehlgeleitete Helfer-T-Zellstimulation (z. B. TH2- statt TH1-Aktivierung) die gewünschte Immunantwort unterdrücken (s. Kap. 8.12.5).

8.12 Die wichtigsten Wege der T-Zell-abhängigen Immunität

Im folgenden betrachten wir vier Hauptfunktionen des T-Zellsystems. Es sind dies:
- Stimulation der zytolytischen T-Zell-Antwort,
- Makrophagenaktivierung,
- Helferfunktion bei der humoralen Immunantwort,
- Aktivierung von Eosinophilen und Mastzellen.

Bei der Abwehr von Krankheitserregern, bei der Transplantatabstoßung und bei der Tumorüberwachung mag zwar der eine oder andere Weg überwiegen, meist werden jedoch mehrere Wege beschritten, wenn eine vollständige Immunantwort entwickelt werden soll.

8.12.1 Stimulation einer zytolytischen T-Zell-Antwort

Dieser Aktivierungsweg (Abb. 8.5) ist für die Infektabwehr gegen Viren, für die Transplantatabstoßung und für die Tumorüberwachung besonders wichtig. Auch bei der Abwehr bestimmter intrazellulärer Bakterien (z. B. Listerien) und Protozoen (z. B. Malariaplasmodien) spielt er eine Rolle. Das Zusammenspiel zwischen Antigen als erstem und Zytoki-

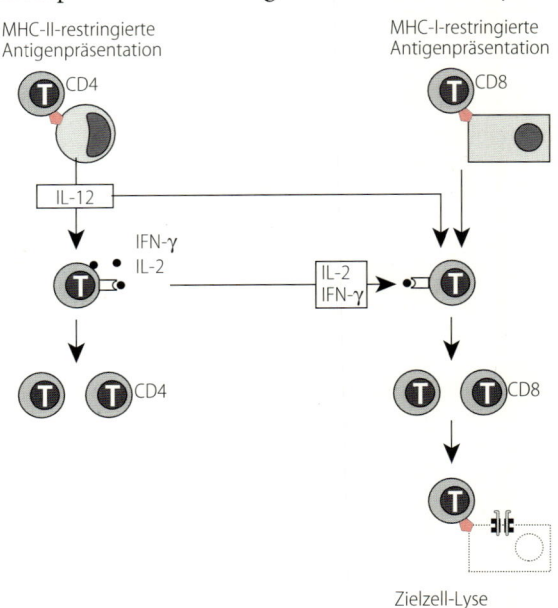

Abb. 8.5. Stimulation einer zytolytischen T-Zell-Antwort

nen und kostimulatorischen Molekülen als zweitem Stimulus wird hier besonders deutlich. Obwohl Zytokine mit Polypeptidhormonen verglichen werden können, wirken sie im Gegensatz zu diesen selten allein, sondern meist als *Co-Stimulatoren* zusammen mit dem Antigen. Dies bedeutet, daß beim Immunsystem neben der Antigenspezifität auch eine Funktions-Spezifität der Botenstoffe existiert. Beide spielen bei der Signalübermittlung eine Rolle.

Antigen wird von den antigen-präsentierenden Zellen (Makrophagen, Langerhans-Zellen, dendritische Zellen, B-Lymphozyten, s. Kap. 9) in Assoziation mit MHC-Klasse-II-Molekülen präsentiert. Die Vorläufer der antigenspezifischen CD4-Helfer-T-Zellen interagieren mit dem Komplex „Fremdantigen plus Klasse-II-Molekül". Gleichzeitig produzieren stimulierte Makrophagen Zytokine, welche die Aktivierung von CD4-T-Zellen fördern. Für die Aktivierung von TH1-Zellen ist IL-12 von besonderer Bedeutung. Zeitlich betrachtet, empfangen die Helfer-T-Zellen eine Sequenz von zwei Signalen: Die Antigenerkennung wirkt als erstes, und bestimmte Zytokine wirken gemeinsam mit kostimulatorischen Molekülen als zweites Signal. Die auf diese Weise aktivierten TH1-Zellen produzieren anschließend verschiedene Zytokine, von denen IL-2 für den hier besprochenen Aktivierungsweg von besonderer Bedeutung ist. Damit ist offensichtlich, daß die Aktivierung einer zytolytischen T-Zellantwort von TH1-Zellen kontrolliert wird.

IL-2 wirkt zum einen auf die Helfer-T-Zellen selbst und stimuliert deren Vermehrung. Zum anderen wirkt es auf die Vorläufer der zytolytischen CD8 T-Zellen als zweites Signal; als erstes Signal dient diesen Zellen die Erkennung des Fremdantigens in Assoziation mit dem körpereigenen MHC-Klasse-I-Molekül.

Diese in zwei Schritten vor sich gehende Stimulation führt bei den CD8-Vorläuferzellen zur Expression von zusätzlichen IL-2-Rezeptoren mit besonders hoher Affinität für diesen Botenstoff. Dies bedeutet, daß die Vorläuferzelle in zunehmendem Maße auf IL-2 reagiert. Sind die CD8-T-Zellen auf dem Höhepunkt ihrer IL-2-Ansprechbarkeit angelangt, so vermehren sie sich und reifen zu zytolytischen Effektorzellen aus. IL-2 wirkt auf antigenstimulierte CD8-T-Zellen somit als *Wachstums- und Differenzierungsfaktor.*

Die ausgereiften CD8-T-Zellen können nunmehr Zielzellen, die Fremdantigen in Assoziation mit Klasse-I-Molekülen exprimieren, zerstören (s. Kap. 8.10).

Bei der Aktivierung der zytolytischen T-Lymphozyten muß das Fremdantigen in zwei Formen präsentiert werden. Einmal muß es mit Klasse-II-Molekülen und zum anderen auch mit MHC-Klasse-I-Molekülen assoziiert werden. Dies ist notwendig, damit sowohl die CD4-T-Zellen als auch die CD8-T-Zellen ihr Antigen erkennen. Diese Situation ist bei Virusinfektionen gegeben: Virales Antigen kann sowohl mit Klasse-I- als auch mit Klasse-II-Molekülen assoziieren (s. Kap. 8.6).

Das gleiche gilt für die Lyse von Tumorzellen: Zytolytische T-Zellen werden nur wirksam, wenn die tumorspezifischen Antigene in doppelter Form präsentiert werden.

8.12.2 Makrophagen-Aktivierung

Die Aktivierung der mononukleären Phagozyten steht ebenfalls unter der Kontrolle von Helfer-T-Zellen (Abb. 8.6). T-Lymphozyten vom TH1-Typ werden – wie oben besprochen – durch das Doppelsignal Antigenerkennung plus IL-12 / kostimulatorische Moleküle angeregt, Zytokine zu sezernieren. Diese Botenstoffe wirken dann ihrerseits auf mononukleäre Phagozyten. Makrophagen, die durch bestimmte Zytokine aktiviert werden, zeigen in vitro eine Steigerung der Tumorizidie und der Mikrobizidie (s. Kap. 9). Das für die Makrophagen-Aktivierung wichtigste Zytokin ist das IFN-γ, die entscheidende Helfer-T-Zelle ist somit vom TH1-Typ.

Die Makrophagen-Aktivierung erfolgt antigenunspezifisch. Dennoch bedarf es zusätzlich zum IFN-γ-Stimulus eines zweiten Signals. Dieses kann von bakteriellen Bestandteilen, wie z.B. dem *Lipopolysaccharid* gramnegativer Bakterien, geliefert werden. Diese bakteriellen Produkte wirken nicht direkt. Vielmehr induzieren sie in Makrophagen die Sekretion von TNF-α, welches synergistisch mit IFN-γ wirkt. Dagegen wird die Makrophagen-Aktivierung durch IL-10 und durch TGF-β gehemmt.

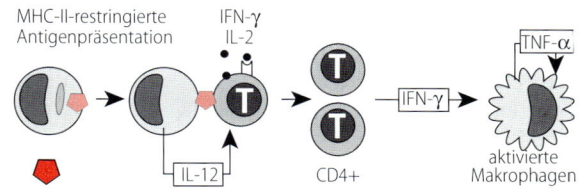

Abb. 8.6. Makrophagen-Aktivierung

Da zytolytische CD8$^+$-T-Zellen – zumindest nach Kostimulation durch „Antigen plus Klasse-I-Molekül" und IL-2 – ebenfalls IFN-γ produzieren, sind auch sie bis zu einem gewissen Grad zur Makrophagen-Aktivierung befähigt.

Die Makrophagen-Aktivierung ist für die Abwehr derjenigen Krankheitserreger von kritischer Bedeutung, welche die Phagozytose überleben und sogar intrazellulär wachsen. Dies sind die *intrazellulär persistenten Mikroorganismen* (s. Kap. 11). Zu ihnen zählen Mykobakterien, Salmonellen, Listerien und Leishmanien. Histologisch finden sich bei den Absiedlungen dieser Erreger Granulome, die zu einem wesentlichen Teil aus aktivierten Makrophagen bestehen.

Bei der Ausbildung der allergischen Reaktionen vom verzögerten Typ, etwa beim Tuberkulin-Test oder der Kontaktallergie, kommt es zur Zytokin-vermittelten Makrophagen-Aktivierung (s. Kap. 10).

Schließlich tragen aktivierte Makrophagen zur Tumorabwehr bei.

Bei der Infektabwehr spielen auch noch andere Zytokine als IFN-γ eine Rolle. So weiß man, daß die von Makrophagen gebildeten Chemokine sowie TNF-α die Anlockung und Ansammlung von Blutmonozyten an den Ort der mikrobiellen Absiedlung bewirken.

Bei dem hier beschriebenen Aktivierungsweg stellen sich die mononukleären Phagozyten in einer Doppelrolle dar: Sie sind zu gleicher Zeit Signal-Emittenten und Signal-Empfänger. Einerseits stimulieren sie durch Monokine die Helfer-T-Zellen zur Abgabe von Zytokinen, andererseits reagieren sie auf die Zytokine durch ihre eigene Aktivierung. Weiterhin übernehmen sie über die Sekretion von synergistisch (TNF-α) und antagonistisch (IL-10, TGF-β) wirkenden Zytokinen die Feinregulation ihrer eigenen Aktivierung. Das T-Zell-Makrophagen-System ist das einfachste Beispiel für einen immunologischen Regelkreis.

8.12.3 Hilfe bei der humoralen Immunantwort

Gegen *lösliche Proteinantigene* werden i. a. keine zytolytischen T-Lymphozyten gebildet, da diese Antigene sich normalerweise nicht mit Klasse-I-Molekülen, wohl aber mit Klasse-II-Molekülen assoziieren (Abb. 8.7).

Die Antigen-präsentierenden Zellen nehmen das Proteinantigen durch Endozytose auf und exponie-

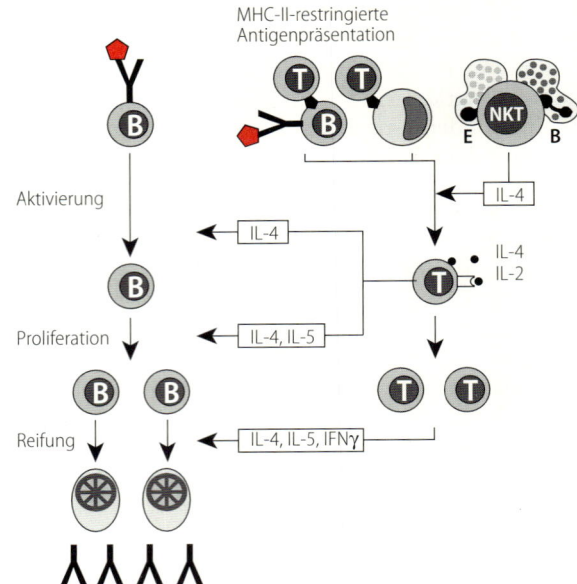

Abb. 8.7. Hilfe bei der humoralen Immunantwort

ren es auf ihrer Oberfläche zusammen mit Klasse-II-Molekülen. Außerdem werden Zytokine produziert, welche die Entwicklung von TH2-Zellen fördern. Dies ist in erster Linie IL-4, das von bislang ungenügend definierten Wirtszellen gebildet wird. Hierzu gehören Basophile, Eosinophile und Mastzellen sowie eine ungewöhnliche Lymphozytenpopulation, die sowohl T-Zell- als auch NK-Zellcharakteristika besitzt (sog. NK T-Zellen). Die Kostimulation durch Antigen und IL-4 führt zur Aktivierung der CD4-Helfer-T-Zellen des TH2-Typs. Die auf diese Weise aktivierten CD4-T-Zellen produzieren IL-4, IL-5 und IL-10. Für die humorale Immunantwort sind IL-4 und IL-5 von besonderer Bedeutung. Damit ist die Aktivierung der humoralen Immunantwort Aufgabe der TH2-Zellen.

IL-4 besitzt die Fähigkeit, ruhende B-Zellen zu aktivieren. Zur vollständigen Aktivierung bedarf es aber wieder der Kostimulation durch Antigen. Es kommt jetzt zur Vermehrung der antigenspezifischen B-Zelle (klonale Expansion, s. Kap. 4).

Damit nimmt IL-4 bei der B-Zellreifung in antikörperproduzierende Plasmazellen eine zentrale Rolle ein. Der Wechsel in die unterschiedlichen Antikörperklassen wird von verschiedenen Zytokinen kontrolliert. IL-4 induziert die Produktion von Antikörpern der Klasse IgE und IgG1. IL-5 und TGF-β sind am Wechsel zur IgA-Synthese beteiligt und IFN-γ stimuliert zumindest bei Mäusen den Wechsel zu IgG2a und IgG3. Obwohl daher die B-Zellaktivierung eine Domäne der TH2-Zellen darstellt, wird der Klassenwechsel entweder von Zytokinen des TH1- oder des TH2-Typs kontrolliert. IgE, dessen Bildung von IL-4 stimuliert wird, ist der Vermittler der Sofortallergie und der Abwehr von Wurminfektionen. Weiterhin aktivieren IL-4 und IL-5 Mastzellen bzw. Eosinophile. Somit sind Sofortallergie und Helminthenabwehr Aufgabenbereiche der TH2-Zellen. Auch Antikörperklassen, die lediglich neutralisierende, aber keine opsonisierende Wirkung besitzen, werden von Zytokinen des TH2-Typs stimuliert. Dagegen wird die Bildung opsonisierender Antikörperklassen zuerst von TH2-Zellen (B-Zellaktivierung durch IL-4) und anschließend von TH1-Zellen (Klassenwechsel durch IFN-γ) kontrolliert. Somit sind an der humoralen Abwehr zahlreicher Viren und Bakterien TH1- und TH2-Zellen beteiligt.

Bei der hier diskutierten Stimulation von B-Zellen muß das Fremdantigen sowohl von den B-Lymphozyten als auch von den Helfer-T-Zellen erkannt werden. Es konnte gezeigt werden, daß B-Lymphozyten und T-Lymphozyten verschiedene Abschnitte eines Antigens (Epitope oder Determinanten) erkennen. Weiterhin erkennt die B-Zelle ihre Determinante in freier, isolierter Form; die Helfer-T-Zelle erkennt ihre Determinante dagegen nur in Assoziation mit den körpereigenen MHC-Klasse-II-Strukturen.

Da B-Zellen die Fähigkeit haben, Klasse-II-Moleküle zu exprimieren, können sie auch als antigenpräsentierende Zellen fungieren. Die Reaktion des Fremdantigens mit dem Ig-Rezeptor auf der Oberfläche der B-Zelle induziert die Aufnahme und Präsentation des Antigens. Daher können B-Zellen den Helfer-T-Zellen das spezifische Antigen gezielt präsentieren. Die Immunantwort wird dadurch verstärkt.

Es sei aber darauf hingewiesen, daß Antikörper gegen *repetitive Kohlenhydratantigene* ohne die Mitwirkung von Helfer-T-Zellen gebildet werden. Man bezeichnet diese Antigene als *T-unabhängig* und stellt sie den Proteinen gegenüber, die *T-abhängig* sind.

8.12.4 Mastzell-, Basophilen- und Eosinophilen-Aktivierung

Die Aktivierung von Mastzellen, basophilen und eosinophilen Granulozyten steht unter der Kontrolle von TH2-Zellen (Abb. 8.8). Sie stellt den entscheidenden Schritt bei der Sofortallergie und der Helminthenabwehr dar. TH2-Zellen werden durch Wurmextrakte und Allergene stimuliert (s. Kap. 8.11.3). Diese produzieren IL-4, welches die IgE-Synthese induziert und IL-5, welches direkt eosinophile Granulozyten aktiviert. Mastzellen, Basophile und Eosinophile tragen auf ihrer Oberfläche Rezeptoren für IgE (FcϵR). Die Vernetzung des FcϵR durch IgE leitet die Aktivierung von Mastzellen und basophilen Granulozyten ein. Es kommt zur Sekretion von Prostaglandinen und zur Exozytose vorgebildeter Inhaltsstoffe, insbesondere vasoaktiver Amine, wie Histamin, und verschiedener

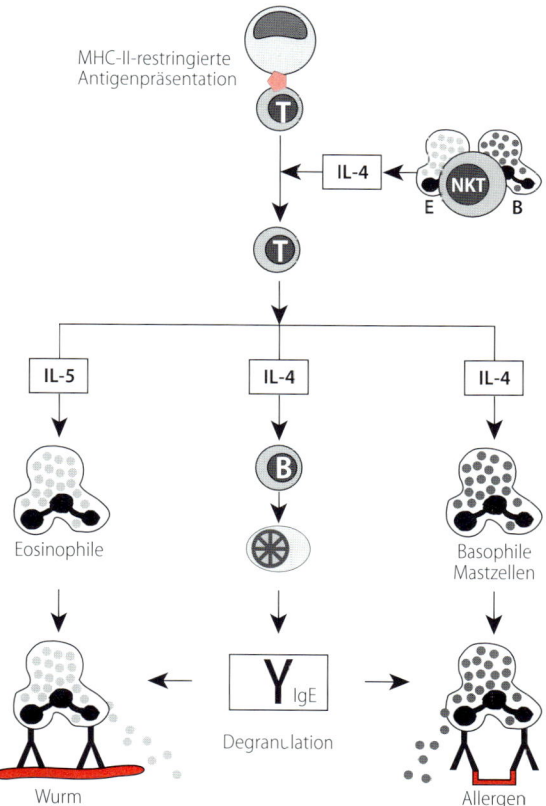

Abb. 8.8. Aktivierung von eosinophilen Granulozyten, basophilen Granulozyten und Mastzellen

Enzyme, wie Serinproteasen und Proteoglykane. Die eosinophilen Granulozyten werden durch IL-5 voraktiviert. Vernetzung der FcεR durch IgE führt dann zur Ausschüttung des Granulainhalts. Hierbei handelt es sich in erster Linie um basische Proteine, die auch für das saure Färbeverhalten gegenüber Eosin verantwortlich sind. IgE mit Spezifität für Helminthen lagern sich spezifisch an diese an. Über den FcεR werden die IgE-beladenen Helminthen von eosinophilen Granulozyten erkannt und abgetötet. Dieses Prinzip der antikörperabhängigen zellulären Zytotoxizität (engl. *a*ntibody-*d*ependent *c*ellular *c*ytotoxicity, kurz ADCC) stellt einen bedeutenden Schritt bei der Abwehr von Wurminfektionen dar, der durch Mastzellen und basophile Granulozyten verstärkt werden kann. Dagegen stehen Mastzellen und basophile Granulozyten im Mittelpunkt der sofortallergischen Reaktion (s. Kap. 10).

8.12.5 Wechselspiel zwischen TH1-Zellen und TH2-Zellen

Aus dem oben Gesagten wird klar, daß TH2-Zellen in erster Linie für die Aktivierung der humoralen Immunantwort verantwortlich sind, während TH1-Zellen hauptsächlich die Aktivierung der zellulären Immunität (zytolytische T-Zellen und Makrophagen) obliegt. Die Bildung opsonisierender Antikörper wird zwar wesentlich von TH2-Zellen gesteuert, der Klassenwechsel wird jedoch von IFN-γ, einem Zytokin vom TH1-Typ, reguliert. Neueren Untersuchungen zufolge verläuft die Stimulierung von TH1-Zellen und TH2-Zellen nicht unabhängig voneinander, vielmehr kontrollieren sich beide Aktivierungswege über Zytokine wechselseitig (Abb. 8.9). Diese wechselseitige Kontrolle kann auch zahlreiche Suppressionsphänomene erklären. Ausgangspunkt für beide T-Zellpopulationen ist eine Vorläuferzelle, die bereits das CD4-Merkmal trägt, IL-2 produziert und als TH0-Zelle bezeichnet wird.

Makrophagen, die mit Bakterien infiziert sind, produzieren IL-12, welches die Entwicklung von TH1-Zellen fördert. Lösliche Proteine bewirken diese IL-12 Sekretion nicht. Kontakt mit Allergenen, Helminthen und löslichen Proteinen bewirkt dagegen eher die Produktion von IL-4, welches bevorzugt die Entwicklung von TH2-Zellen stimuliert. Frühe IL-4-Produzenten sind nach derzeitigem Kenntnisstand Mastzellen, Basophile und Eosinophile sowie eine ungewöhnliche Lymphozytenpopulation, die Merkmale von T-Zellen und NK-Zellen besitzt (NK T-Zellen).

TH1-Zellen produzieren dann IL-2 und IFN-γ. IL-2 verstärkt die TH1-Zell-Entwicklung, während IFN-γ die TH2-Zell-Entwicklung hemmt. Schon vorher werden NK-Zellen und γ/δ T-Zellen von bestimmten bakteriellen und viralen Krankheitserregern stimuliert, IFN-γ zu produzieren. Sie verstärken auf diese Weise weiter die Entwicklung des TH1-Zell-Schenkels. Umgekehrt produzieren TH2-Zellen u.a. IL-4, welches die TH1-Zell-Entwicklung hemmt. Zuvor von verschiedenen anderen Zellen gebildetes IL-4 und IL-10 beeinflussen ebenfalls das Gleichgewicht zugunsten des TH2-Zellschenkels. Somit bestimmt das Wechselspiel zwischen den Zytokinen IFN-γ und IL-4 wesentlich den Verlauf einer Immunantwort in den humoralen (TH2-Zell-geprägten) oder den zellulären (TH1-Zell-geprägten) Schenkel.

Dieses Wechselspiel setzt sich in der Effektorphase fort. Das von infizierten Makrophagen produzierte TNF-α unterstützt die Makrophagen-Aktivierung durch IFN-γ, während das von B-Zellen und einigen Makrophagen produzierte IL-10 die Makrophagen-Aktivierung hemmt. Umgekehrt wirkt IFN-γ supprimierend auf die Bildung der Antikörperklassen (bei der Maus insbesondere IgE und IgG1), die von Zytokinen des TH2-Typs stimuliert werden.

Am Modell der experimentellen Leishmaniose der Maus konnte gezeigt werden, daß es abhängig vom genetischen Status der Maus entweder zu einer TH1- oder TH2-Zell-Antwort kommt. Während die TH2-Zell-Antwort mit einer Immunsuppression und einem malignen Krankheitsverlauf einhergeht, kommt es bei überwiegender TH1-Zell-Antwort zu einer starken zellulären Immunität, und die Krankheit heilt aus. Bei der Lepra des Menschen scheinen prinzipiell ähnliche Mechanismen über den Schweregrad der Erkrankung zu entscheiden: Hohe IL-2- und IFN-γ-Werte sind für die tuberkuloide (benigne) Form charakteristisch, während hohe IL-4- und IL-10-Werte auf die lepromatöse (maligne) Form hinweisen. Somit lassen sich viele Phänomene der Immunsuppression mit einer Verschiebung vom TH1 in das TH-2 Zytokinmuster erklären.

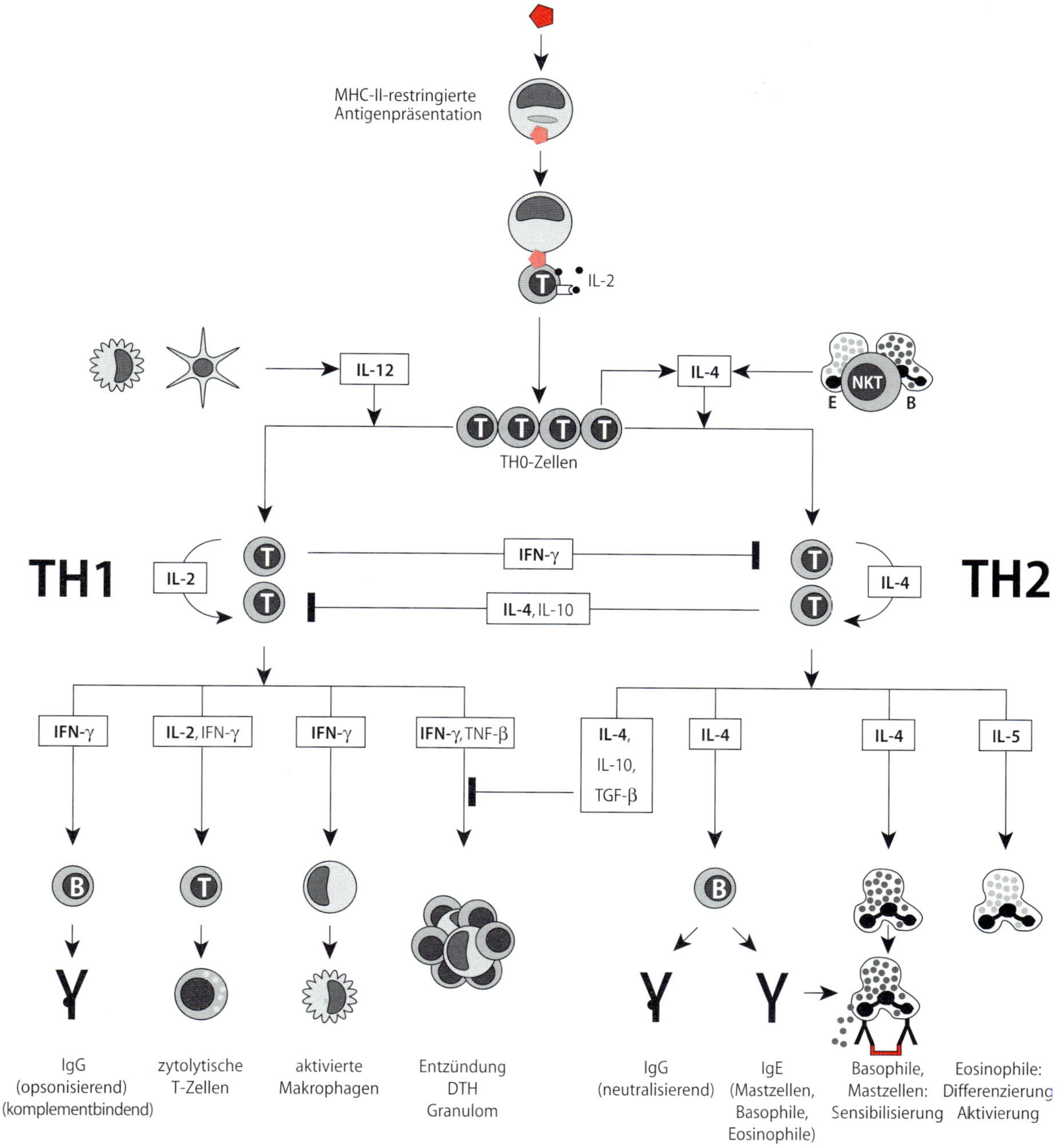

MHC-II-restringierte
Antigenpräsentation

IL-2

IL-12 IL-4

TH0-Zellen

E   NKT   B

TH1 IL-2   IFN-γ   IL-4   **TH2**

IL-4, IL-10

| **IFN-γ** | **IL-2**, IFN-γ | **IFN-γ** | **IFN-γ**, TNF-β | **IL-4**, IL-10, TGF-β | **IL-4** | **IL-4** | **IL-5** |

B   T

IgG
(opsonisierend)
(komplementbindend)

zytolytische
T-Zellen

aktivierte
Makrophagen

Entzündung
DTH
Granulom

IgG
(neutralisierend)

IgE
(Mastzellen,
Basophile,
Eosinophile)

Basophile,
Mastzellen:
Sensibilisierung

Eosinophile:
Differenzierung
Aktivierung

Abb. 8.9. Wechselspiel zwischen TH1- und TH2-Zellen bei der Immunantwort

ZUSAMMENFASSUNG: T-Zellen

T-Zell-abhängige Phänomene. Transplantatabstoßung, Abtötung virusinfizierter Zellen, Tumorüberwachung, Abwehr intrazellulärer Keime, verzögerte Allergie, Hilfe bei humoraler und zellulärer Immunantwort, Suppression der humoralen und zellulären Immunantwort.

T-Zellen. Sind durch das **CD3-Molekül** charakterisiert.

Antigen-Erkennung durch T-Zellen. Antigenpräsentierende Zellen prozessieren Proteinantigene und exprimieren auf ihrer Oberfläche Peptide mit körpereigenen MHC-Molekülen. T-Zellen erkennen über ihren T-Zell-Rezeptor das fremde Peptid plus körpereigenes MHC-Molekül. CD4 T-Zellen erkennen Antigen plus MHC-Klasse-II-Molekül; CD8 T-Zellen erkennen Antigen plus MHC-Klasse-I-Molekül. Die Antigen-Erkennung durch den T-Zell-Rezeptor vermittelt das 1. Signal bei der T-Zell-Aktivierung.

Kostimulatorische Moleküle. Vermitteln zusammen mit Zytokinen das 2. Signal bei der T-Zell-Aktivierung.

α/β T-Zellen und γ/δ T-Zellen. α/β T-Zellen machen >90% aller peripheren T-Zellen des Menschen aus; sie exprimieren einen T-Zell-Rezeptor aus einer α- und β-Kette und entweder das CD4- oder das CD8-Molekül; α/β T-Zellen werden gut verstanden. γ/δ T-Zellen sind <10% aller peripheren T-Zellen des Menschen; sie exprimieren einen T-Zell-Rezeptor aus einer γ- und δ-Kette und keine CD4- und CD8-Moleküle; γ/δ T-Zellen werden noch unvollständig verstanden.

Helfer-T-Zellen. Meist CD4[+], sezernieren Zytokine, die in ihren Zielzellen bestimmte Funktionen aktivieren. Wichtige Zytokine: IL-2 (Wachstums- und Differenzierungsfaktor für T-Zellen), IL-4 (Wachstums- und Differenzierungsfaktor für B-Zellen), IL-5 (Differenzierungsfaktor für B-Zellen), IFN-γ (Makrophagen-Aktivator).

TH1- und TH2-Zellen. CD4-T-Zellen lassen sich aufgrund ihres Zytokin-Sekretionsmusters in TH1-Zellen (IL-2 und IFN-γ) und TH2-Zellen (IL-4, IL-5 und IL-10) aufteilen.

Zytolytische T-Zellen. Meist CD8[+], lysieren ihre Zielzellen über direkten Zellkontakt.

Suppressor-T-Zellen. Häufig CD8[+], unterdrücken eine Immunantwort. Die Existenz einer eigenständigen Suppressor-T-Zellpopulation ist unwahrscheinlich.

Stimulierung zytolytischer T-Zellen. CD4-T-Zellen vom TH1-Typ werden durch Antigen plus MHC-Klasse-II-Molekül und IL-12 stimuliert, IL-2 zu bilden; in CD8-T-Zellen aktiviert IL-2 zusammen mit Antigen plus MHC-Klasse-I-Molekül die zytolytische Aktivität. Zytolytische T-Zellen sind an der Abwehr viraler Infekte, an der Tumorüberwachung und der Transplantatabstoßung beteiligt.

Makrophagen-Aktivierung. CD4-T-Zellen vom TH1-Typ werden durch Antigen plus MHC-Klasse-II-Molekül und IL-12 aktiviert, IFN-γ zu bilden; zusammen mit einem weiteren Stimulus bewirkt IFN-γ die Makrophagen-Aktivierung. Aktivierte Makrophagen besitzen die Fähigkeit zur Abtötung von intrazellulären Mikroorganismen und von Tumorzellen.

Hilfe bei der humoralen Immunantwort. CD4[+]-T-Zellen vom TH2-Typ werden durch Antigen plus MHC-Klasse-II-Molekül und IL-4 stimuliert, IL-4 und IL-5 zu bilden; diese bewirken die Differenzierung von B-Zellen in antikörperproduzierende Plasmazellen. Der Wechsel der Antikörperklasse wird durch unterschiedliche Zytokine vom TH2- oder TH1-Typ kontrolliert: IL-4 stimuliert IgG1 und IgE; IL-5 stimuliert IgA, IFN-γ stimuliert IgG2a und IgG3. Zur Rolle der Antikörper s. Kap. 4.

Aktivierung von Eosinophilen, Basophilen und Mastzellen. CD4-T-Zellen vom TH2-Typ werden durch Antigen plus MHC-Klasse-II-Molekül und IL-4 aktiviert, IL-4 und IL-5 zu bilden. IL-4 stimuliert die IgE-Produktion und regt Mastzellen und Basophile an, IL-5 aktiviert Eosinophile. Mastzellen, Basophile und Eosinophile tragen auf ihrer Oberfläche Fcε-Rezeptoren. Deren Vernetzung durch IgE führt zur Ausschüttung von Effektormolekülen. Eosinophile tragen in erster Linie zur Helminthenabwehr bei. Mastzellen und Basophile sind hauptsächlich für sofortallergische Reaktionen verantwortlich.

9 Mononukleäre Phagozyten und Antigen-präsentierende Zellen

S. H. E. KAUFMANN

EINLEITUNG

Die mononukleären Phagozyten nehmen bei der antimikrobiellen Abwehr Aufgaben von großer Bedeutung wahr. Diese Zellen sind äußerst anpassungsfähig und entsprechend formenreich. Ihre wichtigsten Einzelfunktionen sind:

- Phagozytose,
- intrazelluläre Keimabtötung,
- Sekretion biologisch aktiver Moleküle und
- Antigenpräsentation.

Die mononukleären Phagozyten stehen mit diesen Fähigkeiten nicht allein da. Auch andere Zellen können die eine oder andere Funktion übernehmen. In diesem Kapitel werden zuerst die Vorgänge der Phagozytose und der intrazellulären Keimabtötung behandelt. Die Beschreibung gilt sowohl für mononukleäre Phagozyten als auch für neutrophile Granulozyten. Im Anschluß daran werden diejenigen Funktionen behandelt, welche dem mononukleär-phagozytären System vorbehalten bleiben.

Die mononukleären Zellen spielen einerseits die Rolle von antimikrobiellen Effektoren, andererseits dienen sie bei der Induktion der Immunreaktion in gewissem Sinne als Signalzentrale.

9.1 Phagozytose

Zellen nehmen aus ihrer Umgebung Makromoleküle und Partikel auf, und zwar über einen Mechanismus, der als *Endozytose* bezeichnet wird. Die Plasmamembran stülpt sich unter dem aufzunehmenden Material ein und bildet anschließend einen Vesikel darum. Handelt es sich um die Aufnahme von Flüssigkeitströpfchen an einer beliebigen Stelle der Membran, so sprechen wir von *Pinozytose*. Dieser Prozeß dient in erster Linie der Nahrungsaufnahme. Die Aufnahme größerer Partikel wird *Phagozytose* genannt. Bei der *Rezeptor-vermittelten Endozytose* wird ein Molekül von einem spezifischen Oberflächenrezeptor erkannt und gebunden. Anschließend wird der Komplex aus Rezeptor und Ligand internalisiert. Dies geschieht in einem Membranbereich, der als „coated pit" bezeichnet wird. Die Phagozytose stellt eine Sonderform der Rezeptor-vermittelten Endozytose dar.

Zur Phagozytose sind v.a. die neutrophilen polymorphkernigen Granulozyten und die mononukleären Phagozyten befähigt. Diese Zellen werden daher auch unter dem funktionell geprägten Begriff professionelle Phagozyten zusammengefaßt. Gemeinsam mit der intrazellulären Keimabtötung, die darauf folgt, stellt die Phagozytose pathogener Mikroorganismen einen wichtigen Abwehrmechanismus dar. Die Aufnahme der Mikroorganismen wird durch deren Adhäsion an den Phagozyten eingeleitet. Hieran sind Rezeptoren beteiligt. Professionelle Phagozyten tragen auf ihrer Oberfläche zahlreiche Rezeptoren mit einem breiten Erkennungsspektrum. Die von diesen Rezeptoren erkennbaren Moleküle sitzen auf der Oberfläche von Mikroorganismen, z.B. in Form von einfachen Zuckern, etwa als Mannose oder Fukose. Die dafür zuständigen Rezeptoren werden entsprechend als Mannose-Fukose-Rezeptoren bezeichnet. Damit ist die Erkennung von Krankheitserregern durch professionelle Phagozyten im Sinne einer Rezeptor-Liganden-Reaktion als spezifisch anzusehen, obwohl dies mit der Antigenspezifität der erworbenen Immunität nicht vergleichbar ist. Man hat die frühe Erkennung von Eindringlingen durch das angeborene Immunsystem als Musterspezifität bezeichnet.

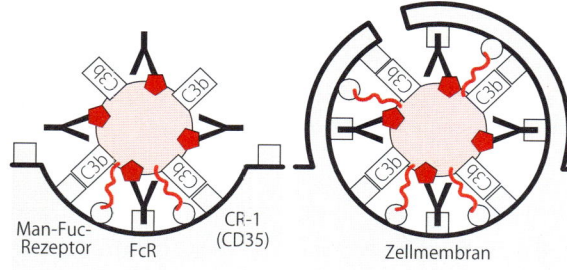

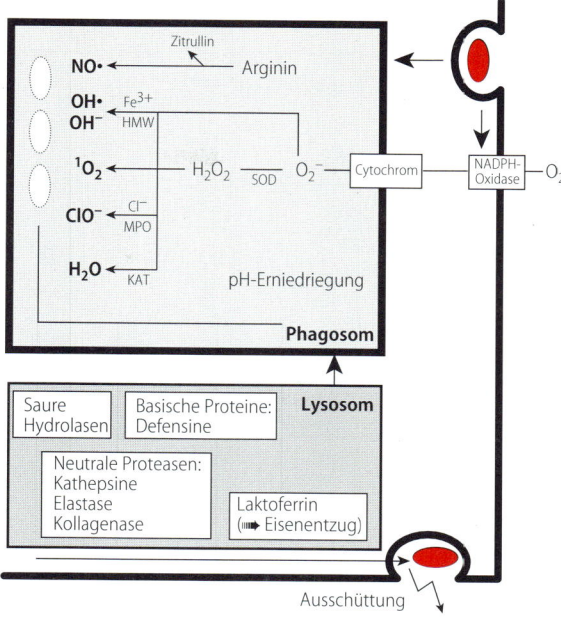

Abb. 9.1. Reißverschlußmodell der Phagozytose. Liganden auf dem aufzunehmenden Partikel werden über spezifische Rezeptoren vom Phagozyten erkannt. Diese Rezeptor-Liganden-Interaktion leitet die Phagozytose ein. Entweder werden mikrobielle Bestandteile (häufig Zuckerbausteine) über entsprechende Rezeptoren (z. B. Mannose-Fukose (*Man-Fuc*)-Rezeptor) direkt erkannt, oder es kommt nach Beladung mit IgG oder Komplementkomponenten zur Erkennung über die homologen Rezeptoren FcR bzw. CR

Sind die Liganden von einer mikrobiellen Kapsel maskiert, so wird die Phagozytose verhindert.

Professionelle Phagozyten besitzen u. a. auch Rezeptoren für das Fc-Stück von Antikörpern der Klasse IgG und für gewisse Fragmente der Komplementkomponenten. Dementsprechend erhöht die Beladung von Mikroorganismen mit spezifisch gebundenen Antikörpern und Komplement die Phagozytoseleistung. Dieser Vorgang wird als *Opsonisierung* bezeichnet.

Die Interaktion zwischen Membranrezeptoren und ihren Liganden löst bei der phagozytierenden Zelle eine lokale Reaktion aus, die durch das Reißverschlußmodell am besten beschrieben wird (Abb. 9.1). Um das membrangebundene Partikel schieben sich Pseudopodien nach oben, während sich gleichzeitig die Plasmamembran im Zentrum nach innen stülpt. Durch diesen Prozeß vergrößert sich die Kontaktfläche zwischen Membranrezeptoren und Liganden auf dem Bakterium laufend, so daß der Impuls für den Phagozytosevorgang ständig wächst. Schließlich ist das Bakterium völlig vom Zytoplasma umschlossen, die Enden der umschließenden Pseudopodien verschmelzen miteinander. Damit befinden sich die phagozytierten Keime in einem Membran-ausgekleideten *Phagosom.*

Die Membranbewegungen der Phagozytose werden durch Aktin- und Myosin-Mikrofilamente ausgeführt. Die Filamente reagieren auf einen Impuls über eine Struktur, die in der Plasmamembran sitzt und mit dem Aktin assoziiert zu sein scheint.

Abb. 9.2. Die wichtigsten Effektormechanismen aktivierter Makrophagen. *HMW* Hexose-Monophosphat-Weg, *SOD* Superoxid-Dismutase, *MPO* Myeloperoxidase, *KAT* Katalase

9.2 Intrazelluläre Keimabtötung und Verdauung

Der Kontakt zwischen Mikroorganismen und professionellen Phagozyten löst zelluläre Prozesse aus, die in der Abtötung und Verdauung der phagozytierten Erreger gipfeln (Abb. 9.2).

9.2.1 Reaktive Sauerstoffmetabolite

Der Kontakt zwischen Mikroorganismus und Phagozyt löst eine schnelle Zunahme der Stoffwechselaktivität aus. Diese Erscheinung wird als *respiratory burst* bezeichnet. Ihr wesentliches Endergebnis ist die Bildung von *reaktiven Sauerstoffmetaboliten.* Der Kontakt aktiviert eine NADPH-Oxidase in der Zellmembran, welche Sauerstoff (O_2) unter Verwendung von NADPH als Elektronendonor in Superoxid-Anionen ($^{\bullet}O_2^-$) nach Reaktion (1) umsetzt (Tabelle 9.1). NADPH wird durch Abbau von

Tabelle 9.1. Wichtige Reaktionen bei der Bildung reaktiver Sauerstoffmetabolite

$$(1) \quad NADPH + O_2 \xrightarrow{\text{NADPH-Oxidase}} NADP + {}^{\bullet}O_2^- + H^+$$

$$(2) \quad 2\,{}^{\bullet}O_2^- + 2H^+ \xrightarrow{\text{SOD}} O_2 + H_2O_2$$

$$(3) \quad H_2O_2 + Cl^- \xrightarrow{\text{MPO}} OCl^- + H_2O$$

$$(4) \quad H_2O_2 + {}^{\bullet}O_2^- \longrightarrow {}^{\bullet}OH + OH^- + O_2$$

$$(5) \quad 2\,H_2O_2 \xrightarrow{\text{Katalase}} 2\,H_2O + O_2$$

Glukose über den Hexose-Monophosphat-Weg bereitgestellt. ${}^{\bullet}O_2^-$ besitzt lediglich eine schwach antimikrobielle Wirkung und dient in erster Linie als Ausgangsmaterial für die Bildung von Wasserstoffsuperoxid (H_2O_2), von Singulett-Sauerstoff ($^1O_2$) und von Hydroxyl-Radikalen (${}^{\bullet}OH$). H_2O_2 wird durch die Superoxid-Dismutase (SOD) nach Reaktion (2) gebildet. H_2O_2 wirkt antimikrobiell. Dieser Effekt wird durch das *Myeloperoxidase-System (MPO)* im Sinne der Reaktion (3) deutlich verstärkt. Reaktion (3) erlaubt die für viele Mikroorganismen toxische Halogenierung von Proteinen. MPO befindet sich in den *primären* (oder *azurophilen*) *Granula* der neutrophilen Granulozyten. Das Enzym gelangt durch Degranulation in das Phagosom (s. u.), wo es mit H_2O_2 reagiert. Auch bei Monozyten, jedoch nicht bei Makrophagen, wurde MPO nachgewiesen. Durch eine Fe^{3+}-abhängige Reduktion entsteht aus H_2O_2 nach der modifizierten Haber-Weiss-Reaktion (4) freies ${}^{\bullet}OH$. Durch geeignete Energieabsorption kann über verschiedene Reaktionen $^1O_2$ aus ${}^{\bullet}O_2^-$ entstehen. $^1O_2$ und ${}^{\bullet}OH$ peroxidieren Fettsäuren und reagieren mit Nukleinsäuren; dadurch sind sie für Mikroorganismen äußerst toxisch.

Die genannten reaktiven Sauerstoffmetabolite wirken natürlich nicht nur auf mikrobielle Eindringlinge, sie können auch Wirtszellen in der Umgebung schädigen. Deshalb muß ihr gezielter Abbau gewährleistet werden. SOD fängt ${}^{\bullet}O_2^-$ ab und verhindert so die Bildung der hochtoxischen Metabolite ${}^{\bullet}OH$ und $^1O_2$ (Reaktion 2). Das bei dieser Reaktion entstehende H_2O_2 wird durch *Katalase* (Reaktion 5) und/oder über das *Glutathionsystem* abgebaut. Da zahlreiche Mikroorganismen Katalase besitzen, können sie die Reaktion (5) zu ihrem eigenen Schutz einsetzen.

9.2.2 Reaktive Stickstoffmetabolite

Neben den reaktiven Sauerstoffmetaboliten spielen auch reaktive Stickstoffmetabolite eine wesentliche Rolle bei der Keimabtötung. Während aber die Bedeutung der reaktiven Stickstoffmetabolite bei der Maus klar ist, besteht über ihre Rolle beim Menschen noch weitgehende Unklarheit. Die reaktiven Sticksoffmetabolite werden exklusiv aus L-Arginin gebildet (Abb. 9.2). Unter Mitwirkung einer NO-Synthase entstehen L-Zitrullin und $NO^{\bullet}$, welches dann weiter zu NO_2^-, NO_3^- oxidiert wird. Die reaktiven Stickstoffmetabolite inaktivieren die FeS-haltigen reaktiven Zentren zahlreicher Enzyme und unterstützen weiterhin die Wirkung reaktiver Sauerstoffmetabolite.

9.2.3 Lysosomale Wirkstoffe

Im Inneren der professionellen Phagozyten existieren zahlreiche *Vesikel*. Sie haben die Fähigkeit, nach der Keimaufnahme mit den entstandenen Phagosomen zu verschmelzen. Bei den polymorphkernigen neutrophilen Granulozyten werden die Vesikel als *Granula* und die Verschmelzungsvorgänge als Degranulation bezeichnet. Bei den mononukleären Phagozyten sprechen wir von *Lysosomen* und von Phagolysosomenbildung. Im wesentlichen handelt es sich aber um das gleiche. Die Granula bzw. Lysosomen enthalten zahlreiche Enzyme und Metabolite. Beide wirken nach der Verschmelzung auf die phagozytierten Mikroorganismen ein und verursachen gegebenenfalls deren Tod und/oder deren Abbau (Tabelle 9.2).

Kurz nach der Phagozytose sinkt der pH-Wert des Phagosoms in den sauren Bereich. Er steigt danach noch einmal auf pH 7,8 an, um anschließend wieder auf etwa pH 5 abzufallen. Der kurzzeitige pH-Anstieg könnte die Wirksamkeit der basischen Proteine erhöhen. Das saure Milieu ist für viele Mikroorganismen bereits wachstumshem-

Tabelle 9.2. Lysosomale Wirkstoffe

Wirkstoff	Substrat
Saure Hydrolasen:	
Phosphatasen	Oligonukleotide und andere Phosphorester
Nukleasen	DNS, RNS
β-Galaktosidase	Galaktoside
α-Glukosidase	Glykogen
α-Mannosidase	Mannoside
Hyaluronidase	Hyaluronsäuren, Chondroitinsulfat
Kathepsine	Proteine
Peptidasen	Peptide
Lipid-Esterasen	Fette
Phospholipasen	Phospholipide
Neutrale Proteasen:	
Kollagenase	Kollagen
Elastase	Elastin
Kathepsin G	Knorpel
Plasminogen-Aktivator	Plasminogen
Lysozym	Bakterienzellwand
Laktoferrin	Eisen
Peroxidasen	H_2O_2
Kationische Proteine und Peptide	Bakterienzellwand

Eisen ist für das Wachstum zahlreicher Mikroorganismen essentiell. *Laktoferrin* hat bei saurem pH eine hohe eisenbindende Aktivität und besitzt daher antimikrobielle Wirkung.

Kationische oder *basische Proteine* und Peptide sind reich an Arginin und Cystein. Sie besitzen bei neutralem bis schwach basischem pH eine stark antimikrobielle Wirkung. Deshalb muß man annehmen, daß ihre Wirkung im Phagosom sehr früh einsetzt und nur kurzfristig erhalten bleibt. Die kationischen Proteine stellen eine heterogene Gruppe mit unterschiedlichem Molekulargewicht dar. Zu ihnen gehören das Phagozytin und die als Defensine bezeichneten kationischen Peptide aus etwa 30 Aminosäuren.

Neutrale Proteasen haben ihr Optimum bei pH 7. Zu diesen zählen Kathepsin G, Elastase und Kollagenase. Diese Enzyme sind für den Abbau von Elastin, Knorpel, Proteoglykanen, Fibrinogen, Kollagen u. a. mitverantwortlich. Zu den neutralen Proteasen gehören auch die Plasminogen-Aktivatoren; sie aktivieren Plasminogen zu Plasmin. Diese Proteasen werden von der Zelle in das umgebende Milieu abgegeben. Dort wirken sie bei extrazellulären Abwehr- und Entzündungsreaktionen mit (s. S. 119 u. Kap. 10).

mend. Außerdem stellt dieses Milieu das pH-Optimum für den Großteil der *lysosomalen Hydrolasen* dar.

Hydrolasen spalten in Gegenwart von H_2O Polymere bis zu den monomeren Bausteinen. Die lysosomalen Hydrolasen greifen alle mikrobiellen Makromoleküle an, also Kohlenhydrate, Fette, Nukleinsäuren und Proteine. Sie bauen in erster Linie die bereits abgetöteten Mikroorganismen ab. Die Mehrzahl der lysosomalen Hydrolasen hat ein pH-Optimum um 5. Sie werden als saure Hydrolasen bezeichnet.

Peroxidasen haben das Vermögen, verschiedene Moleküle zu oxidieren. Dies geschieht in Gegenwart von H_2O_2. MPO wirkt durch die Halogenierung von Proteinen bakterizid (s. o.).

Lysozym spaltet die Bindung zwischen Azetylmuramylsäure und N-Azetylglukosamin in der Peptidoglykanschicht bakterieller Zellwände. Bevor Lysozym wirksam werden kann, müssen bei den meisten Bakterien schützende Zellwandschichten abgebaut werden. Lysozym dürfte eher am Abbau als an der Abtötung von Mikroorganismen beteiligt sein.

9.3 Das mononukleär-phagozytäre System

Zum mononukleär-phagozytären System gehören die mobilen Blutmonozyten, die freien Exsudatmakrophagen und die sessilen Gewebsmakrophagen.

Die sessilen Zellen sind an strategisch wichtigen Punkten verschiedener Körperregionen angeordnet. Sie unterscheiden sich entsprechend ihrer Lokalisation mehr oder weniger in Morphologie und Funktion. Wegen ihrer gestaltlichen und funktionellen Heterogenität hat man den Makrophagen eine Vielzahl von Namen gegeben (Tabelle 9.3). Aschoff faßte 1924 alle Zellen, die sich nach der Injektion von Tusche oder kolloidalen Farbstoffen als Partikel-beladen erwiesen, als *retikuloendotheliales System* zusammen. Wir wissen heute, daß das mononukleär-phagozytäre System einen großen Teil des retikuloendothelialen Systems ausmacht.

Makrophagen stammen von Blutmonozyten ab, die kontinuierlich in das Gewebe bzw. in Körper-

Tabelle 9.3. Organabhängige Bezeichnungen residenter Gewebsmakrophagen

Bezeichnung	Organ
Kupffer'sche Sternzellen	Leber
Alveolarmakrophagen	Lunge
Histiozyten	Bindegewebe
Osteoklasten	Knochenmatrix
Peritonealmakrophagen	Peritonealhöhle
Pleuramakrophagen	Pleurahöhle
Mikrogliazellen	ZNS
Langerhans-Zellen (?)	Haut
Dendritische Zellen (?)	Milz, Lymphknoten

höhlen einwandern. Die eingewanderten Blutmonozyten wandeln sich in residente Makrophagen um, die sich kaum mehr vermehren. Als langlebige Zellen können Makrophagen jedoch über einen längeren Zeitraum hinweg ihre Funktion ausüben. Ihre wichtigsten Aufgaben sind:

- Abbau von Makromolekülen und Zelltrümmern,
- Abtötung von eingedrungenen Krankheitserregern und von Tumorzellen als wesentliche Effektorfunktion der körpereigenen Abwehr und
- Mitwirkung bei der spezifischen Immunantwort, insbesondere die Präsentation von Fremdantigen und die Stimulation von Helfer-T-Zellen durch Zytokine (s. Kap. 8).

9.4 Rezeptoren und Oberflächenmarker

Mononukleäre Phagozyten tragen eine Garnitur von Rezeptoren, die es ihnen erlaubt, mit sehr verschiedenartigen Makromolekülen zu interagieren.

Einige Rezeptoren stellen darüber hinaus auch wichtige Oberflächenmarker dar. Diese Moleküle können mit monoklonalen Antikörpern nachgewiesen werden. Ihr Nachweis ist jedoch nicht spezifisch für das mononukleär-phagozytäre System: Entweder kommen sie auch auf anderen Zellen vor oder sie werden nicht von allen Vertretern des mononukleär-phagozytären Systems exprimiert.

Eine wichtige Gruppe von Rezeptoren erkennt das Fc-Fragment von Antikörpern der Klasse IgG. Andere Rezeptoren reagieren mit Bruchstücken der Komplementkomponente C3. Dies ist der Grund dafür, daß Mikroorganismen, die mit Antikörpern und C3-Bruchstücken beladen sind, besser phagozytiert werden (Opsonisierung).

Mononukleäre Phagozyten der Maus exprimieren zwei verschiedene Fc-Rezeptoren. Der eine bindet das Fc-Stück von IgG2a. Er ist resistent gegenüber Trypsin-Behandlung und heißt $Fc\gamma RI$. Der zweite Rezeptor bindet die Fc-Stücke von IgG1 und IgG2b. Dieser ist empfindlich gegenüber Trypsin-Behandlung und heißt $Fc\gamma RII$.

Beim Menschen stellt sich die Situation etwas komplizierter dar. Blutmonozyten binden die verschiedenen IgG-Subklassen mit unterschiedlicher Stärke. Am stärksten bindet IgG1; an zweiter Stelle steht IgG3. Während der Fc-Rezeptor auf Blutmonozyten monomeres IgG1 gut bindet und die Bezeichnung $Fc\gamma RI$ erhielt, bindet der Fc-Rezeptor der neutrophilen Granulozyten monomeres IgG schlecht ($Fc\gamma RIII$). Polymeres IgG (Immunkomplexe) wird dagegen sehr fest an Granulozyten und Makrophagen gebunden. Im CD-System erhielt der $Fc\gamma RIII$-Rezeptor die Bezeichnung CD16 und $Fc\gamma RI$ die Benennung CD64. $Fc\gamma RII$ (CD32) heißt ein weiterer Fc-Rezeptor, der auf neutrophilen Granulozyten und Monozyten vorkommt und IgG1 und IgG3 schwach bindet (Tabelle 2.1, s. S. 53).

Bei den Rezeptoren für C3-Bruchstücke unterscheidet man drei Erkennungsspezifitäten. Der CR1-Rezeptor, der auf Monozyten, Makrophagen, neutrophilen Granulozyten und einem Teil der dendritischen Zellen vorkommt, bindet C3b. Er trägt die CD-Bezeichnung CD35. Der CR2-Rezeptor bindet ein Abbau-Produkt von C3b (C3d). Er wird von B-Zellen und von einem Teil der dendritischen Zellen exprimiert, aber nicht von Monozyten, Makrophagen und neutrophilen Granulozyten; er determiniert den Phänotyp CD21. Der C3bi-Rezeptor erkennt ein weiteres Abbauprodukt des C3b (3bi). Er besteht aus zwei Ketten, die die Bezeichnung CD11b (α-Kette) und CD18 (β-Kette) tragen. Er ist auf Monozyten, Makrophagen und neutropilen Granulozyten zu finden (Tabelle 2.1, s. S. 53).

Mononukleäre Phagozyten exprimieren Rezeptoren für die aktivierenden Zytokine IFN-γ, TNF-α u. a.

Schließlich stellt auch das Klasse-II-Molekül des MHC eine wichtige Oberflächenstruktur dar. Seine Expression auf Makrophagen wird durch IFN-γ und möglicherweise andere Zytokine verstärkt. Wie in Kap. 8 bereits dargelegt, spielen Klasse-II-Moleküle bei der Stimulation von Helfer-T-Lymphozyten eine zentrale Rolle.

9.5 Sekretion

Makrophagen sind aktiv-sekretorische Zellen. Sie produzieren wichtige Mediatoren der Entzündungsreaktion und der spezifischen Immunantwort. Darüber hinaus sezernieren mononukleäre Phagozyten Substanzen, die auf mikrobielle Krankheitserreger und Tumorzellen toxisch wirken. Von diesen Faktoren werden viele erst nach adäquater Aktivierung abgegeben. Die wichtigsten Sekretionsprodukte sind in Tabelle 9.4 aufgeführt.

Lysosomale Enzyme. Bei der Phagozytose werden lysosomale Enzyme nicht nur in das Phagosom, sondern im Sinne einer aktiven Sekretion auch nach außen sezerniert. Zudem gelangen aus den noch nicht vollständig geschlossenen Phagolysosomen Enzyme passiv nach außen. Hierzu gehören saure Hydrolasen, Lysozym und neutrale Proteasen.

Monokine. Monokine gehören wie die Lymphokine zur Gruppe der Interleukine bzw. Zytokine. Wie der Name andeutet, werden sie von mononukleären Phagozyten gebildet (s. Kap. 8).

Tabelle 9.4. Sekretionsprodukte mononukleärer Phagozyten

Produkt	Wichtigste Funktion
Lysosomale saure Hydrolasen	Verdauung verschiedener Makromoleküle
Neutrale Proteasen	Zersetzung von Bindegewebe, Knorpel, elastischen Fasern etc.
Lysozym	Abbau bakterieller Zellwände
Komplementkomponenten	Komplementkaskade
IL-1	Entzündungsmediator, endogenes Pyrogen
IL-10	Hemmung der Aktivierung von Makrophagen und TH1-Zellen
IL-12	Aktivierung von zytolytischen Zellen und TH1-Zellen
Chemokine	Anlockung von Entzündungszellen
TNF-α	Tumorzell-Lyse, septischer Schock, Kachexie, Granulome
IFN-α	Virushemmung
Reaktive O_2-Metabolite	Antimikrobielle und tumorizide Wirkung
Reaktive N_2-Metabolite	Antimikrobielle und tumorizide Wirkung
Arachidonsäure-Metabolite	Entzündungsmediatoren, Immunregulation

IL-1. Interleukin-1 wirkt u.a. auf B-Lymphozyten, Hepatozyten, Synovialzellen, Epithelzellen, Fibroblasten, Osteoklasten und Endothelzellen. Als endogenes Pyrogen löst IL-1 im Hypothalamus die Fieberreaktion aus. Durch seine Wirkung auf Hepatozyten vermittelt es die Akutphasenreaktion. Schließlich induziert IL-1 die Sekretion von Fibrinogen, Kollagenase und Prostaglandinen. Viele dieser Faktoren sind am Zustandekommen der Entzündung beteiligt. IL-1 ist somit ein wichtiger Entzündungsmediator. IL-1 wird im übrigen nicht nur von mononukleären Phagozyten, sondern auch von anderen Zellen gebildet. Dazu gehören B-Lymphozyten, Endothelzellen, Epithelzellen, Gliazellen, Fibroblasten, Mesangialzellen und Astrozyten.

IL-6. Interleukin-6 wird nicht nur von mononukleären Phagozyten, sondern auch von T-Lymphozyten gebildet und wurde deshalb bereits in Kap. 8 besprochen.

IL-10. Dieses immunsuppressive Zytokin wurde in Kap. 8 besprochen, da es sowohl von Makrophagen als auch von T-Zellen produziert wird.

IL-12. Interleukin-12 aktiviert das zytolytische Potential von T-Lymphozyten und großen granulären Lymphozyten. Weiterhin stimuliert es die Differenzierung von TH1-Zellen. Somit stellt IL-12 ein Schlüssel-Zytokin bei der Aktivierung der von CD4-Zellen des TH1-Typs und von CD8 T-Zellen getragenen zellulären Immunität dar (s. Kap. 8).

Chemokine. Chemokine sind an der Anlockung von Entzündungszellen (Blutmonozyten, neutrophilen Granulozyten) aus dem Kapillarbett in das Gewebe beteiligt. Die außerordentlich große Familie der Chemokine besteht aus zahlreichen, strukturell sehr ähnlichen Zytokinen von etwa 8–10 kD. Viele Chemokine zeigen ein ähnliches Wirkspektrum, d.h. ihre Wirkung ist redundant. Zwei Untergruppen können aufgrund der Struktur und der biologischen Aktivität unterschieden werden. Die sog. *CC-Chemokine* sind dadurch charakterisiert, daß zwei aminoterminale Zysteinreste direkt nebeneinander liegen. Bei den *CXC-Chemokinen* werden die beiden Zysteinreste durch eine weitere Aminosäure getrennt. Die CXC-Chemokine wirken hauptsächlich auf neutrophile Granulozyten, während die CC-Chemokine in erster Linie Monozyten stimulieren. Chemokine werden nicht nur von mononukleären Phagozyten, sondern auch von anderen Zellen gebildet. Typischerweise sind dies Zellen, die an einem Entzündungsherd zu finden sind. IL-8 stellt ein charakteristisches CXC-Chemokin dar, während RANTES und MCP-1 typische Vertreter der CC-Familie sind.

TNF-α. Tumor-Nekrose-Faktor-α wirkt stark nekrotisierend auf Tumorzellen; der Faktor hat gewisse Ähnlichkeiten mit TNF-β (s. Kap. 8). TNF-α wurde ursprünglich im Serum von Mäusen nachgewiesen, die zuerst mit Mykobakterien und dann mit Lipopolysaccharid behandelt worden waren. In vielerlei Hinsicht wirkt TNF-α ähnlich wie IL-1; es induziert Fieber und wirkt immunregulatorisch. TNF-α ist mit Kachektin, welches für kachektische Zustände verantwortlich ist, identisch. Es ist entscheidend an der Ausbildung von Granulomen beteiligt (s. Kap. 11). Weiterhin ist TNF-α im wesentlichen für den septischen Schock zuständig. Diese Eigenschaft hat die Hoffnung auf einen therapeutischen Einsatz des TNF bei der Tumorbehandlung gedämpft.

M-CSF. Monozyten-Kolonien-stimulierender Faktor bewirkt die Reifung mononukleärer Phagozyten aus Stammzellen.

G-CSF. Granulozyten-Kolonien-stimulierender Faktor wird von Makrophagen, Endothelzellen und anderen Zellen gebildet und bewirkt in erster Linie die Reifung von Granulozyten.

TGF-β. TGF-β wird von mononukleären Phagozyten, einigen T-Lymphozyten und Blutplättchen gebildet (s. Kap. 8).

IFN-α. Interferon-α besitzt als Mitglied der IFN-Familie antivirale Aktivität (s. Kap. 8 und 11). Daneben hat es auch immunmodulatorische Wirkung.

Komplementkomponenten. Makrophagen sezernieren zahlreiche Komplementkomponenten. Hierzu gehören C1q, C2, C4, C3, C5, Faktor B, Faktor D, Properdin, Faktor H und Faktor I (s. Kap. 5).

Reaktive Sauerstoff- und Stickstoff-Metabolite. Makrophagen sezernieren nach entsprechender Stimulation reaktive Sauerstoff- und Stickstoffmetabolite (s. 9.2).

9.6 Makrophagenaktivierung

Mononukleäre Phagozyten sind äußerst anpassungsfähige Zellen. Sie können sich nach äußeren Reizen morphologisch und funktionell verändern. Man kann drei hierarchisch angeordnete Aktivitätsstufen unterscheiden.

Residente Gewebsmakrophagen. Diese besitzen bereits bestimmte Fähigkeiten: Sie können phagozytieren und sezernieren konstitutiv Lysozym. Durch das umliegende Gewebe werden die Eigenschaften und Fähigkeiten residenter Makrophagen wesentlich beeinflußt. So steht bei Alveolarmakrophagen die Phagozytoseaktivität im Vordergrund, während die Makrophagen der sekundär-lymphatischen Organe v.a. Antigen präsentieren.

Entzündungsmakrophagen. Lokale Entzündungsreize steigern verschiedene Makrophagenfunktionen. Diese beeinflussen dann ihrerseits den weiteren Verlauf der Entzündungsreaktion. Die sog. Entzündungsmakrophagen oder *inflammatorischen Makrophagen* entwickeln sich aus frisch in den Entzündungsherd eingewanderten Monozyten und z. T. auch aus Gewebsmakrophagen. Sie zeigen einen Anstieg in der rezeptor-vermittelten Endozytose sowie in der Bildung von $^\bullet O_2$. Außerdem sezernieren sie neutrale Proteasen, insbesondere den Plasminogen-Aktivator. Schließlich erlangen inflammatorische Makrophagen auch die Fähigkeit, auf Zytokin-vermittelte Stimuli zu antworten.

Aktivierte Makrophagen. Unter dem Einfluß von Zytokinen des TH1-Typs wandeln sich die inflammatorischen Makrophagen schließlich in aktivierte Makrophagen um. Aktivierte Makrophagen produzieren gesteigerte Mengen von H_2O_2. Sie besitzen die Fähigkeit zur Abtötung von Tumorzellen und von intrazellulären Krankheitserregern. IFN-γ induziert im Makrophagen eine gesteigerte Expression von Klasse-II-Molekülen, und der IFN-γ-stimulierte Makrophage besitzt eine erhöhte Fähigkeit, Antigen zu präsentieren.

Die hier geschilderte Verbreiterung des Funktionsspektrums vom residenten über den inflammatorischen bis zum aktivierten Makrophagen wird als Makrophagenaktivierung bezeichnet. Die Situation, bei der normalerweise sämtliche Aktivierungsschritte ablaufen, ist gegeben, wenn das Immunsystem auf eine Infektion mit intrazellulären Krankheitserregern reagiert.

9.7 Antigen-präsentierende Zellen im engeren Sinn

Unter Antigenpräsentation im engeren Sinne verstehen wir eine besondere Verarbeitung von Proteinen durch akzessorische Immunzellen. Die Präsentation macht das Antigen dazu fähig, Helfer-T-Zellen spezifisch zu stimulieren. Die Voraussetzungen dazu sind erfüllt, wenn die Zelle das Fremdantigen in Assoziation mit Klasse-II-Molekülen des MHC präsentiert sowie kostimulatorische Moleküle exprimiert und Zytokine sezerniert, welche bei der Stimulation von Helfer-T-Zellen als zweites Signal benötigt werden (s. Kap. 8).

Die Fähigkeit zur Antigenpräsentation ist nicht konstitutiv, sie wird vielmehr durch entsprechende Stimuli induziert. So ist die Expression von MHC-Klasse-II-Molekülen auf zahlreichen Gewebsmakrophagen äußerst gering. Sie nimmt erst nach geeigneter Stimulierung (z. B. durch IFN-γ) drastisch zu.

Da lösliche Proteinantigene durch Pinozytose ebenso aufgenommen werden können wie durch Rezeptor-vermittelte Endozytose, ist die Phagozytosefähigkeit für die Präsentation dieser Antigene nicht grundsätzlich notwendig. Dagegen hängt die Präsentation von Antigenen, die Bestandteile von größeren Partikeln sind (Bakterien, Pilze, Parasiten), meist von der Phagozytose, der Keimabtötung und der Verdauung ab. Andererseits geht aber die Fähigkeit einer Zelle zur Keimaufnahme und -abtötung nicht immer mit dem Vermögen zur Antigenpräsentation einher.

Aufgenommene Proteine werden von der Antigen-präsentierenden Zelle denaturiert und in Peptidfragmente zerlegt: Das Antigen wird prozessiert.

Anschließend werden bestimmte Peptidfragmente an das Klasse-II-Molekül gebunden und der Helfer-T-Zelle präsentiert. Hierbei können nur solche Peptide präsentiert werden, die gewisse Eigenschaften physikochemischer Art besitzen (s. Kap. 8).

Makrophagen besitzen prinzipiell das Potential zur Antigenpräsentation. In Abhängigkeit von ihrer Herkunft und ihrem Aktivierungszustand weisen sie in dieser Hinsicht aber beträchtliche Unterschiede auf.

Die Fähigkeit zur Antigenpräsentation ist nicht auf Makrophagen beschränkt. Ausgezeichnete Präsentatoren sind die *Langerhans-Zellen* der Haut und die *dendritischen Zellen* der sekundär-lymphatischen Organe. Diese Zellen besitzen bereits konstitutiv eine hohe Fähigkeit zur Präsentation löslicher Proteinantigene, die der von Makrophagen deutlich überlegen ist. Ihre Phagozytose-Aktivität ist dagegen gering. Zur Präsentation mikrobieller Antigene bedarf es daher häufig eines Zusammenwirkens mit mononukleären Phagozyten. Dies scheint tatsächlich der Fall zu sein.

Weitere Zellen mit der Fähigkeit, Antigen zu präsentieren, sind u. a. B-Lymphozyten (s. Kap. 8) und Endothelzellen sowie die Astrozyten des zentralen und die Schwann-Zellen des peripheren Nervensystems. B-Zellen nehmen ihr Antigen mit Hilfe membranständiger Antikörper spezifisch auf. Sie sind daher zur selektiven Antigenpräsentation befähigt. Dies könnte für die verstärkte T-Zellantwort bei Zweitimmunisierung (Impfung) von Bedeutung sein. Die für CD4-T-Zellen gültige Beschränkung der Antigenpräsentation auf spezialisierte Zellen gilt für CD8-T-Zellen nicht, da fast alle Körperzellen MHC-Klasse-I-Moleküle exprimieren.

ZUSAMMENFASSUNG: Mononukleäre Phagozyten und Antigen-präsentierende Zellen

Phagozytose und intrazelluläre Keimabtötung. Ausgeführt von neutrophilen Granulozyten und mononukleären Phagozyten.

Phagozytose. Rezeptorvermittelter Prozeß, entweder über direkte Erkennung der Fremdpartikel (via Mannose-Fukose-Rezeptor) oder nach Opsonisierung (via Fc-Rezeptoren oder Komplement-Rezeptoren).

Intrazelluläre Keimabtötung. Über sauerstoffabhängige Mechanismen (Bildung der reaktiven Sauerstoffmetabolite O_2^-; H_2O_2; $^\bullet OH$; $^1O_2$), stickstoffabhängige Mechanismen (NO_2^-; NO_3^-; $^\bullet NO$) und lysosomale Mechanismen (Ansäuerung des Phagosoms, Angriff durch lysosomale Enzyme nach Phagolysosomenfusion, kationische Peptide u.a.).

Wichtige von mononukleären Phagozyten sezernierte Produkte. IL-1 (Entzündungs- und Fiebermediator); IL-12 (Aktivierung von TH1-Zellen und zytolytischen Zellen); TNF-α (Entzündungs- und Fiebermediator); Chemokine (Anlockung von Entzündungszellen); Arachidonsäure-Produkte (Entzündungsmediatoren, unspezifische Immunsuppression); reaktive Sauerstoff- und Stickstoff-Metabolite (z.B. Tumorzellabtötung); Komplementkomponenten (s. Kap. 5); neutrale Proteasen (Bindegewebszersetzung).

Makrophagen-Aktivierung verläuft vom residenten Gewebsmakrophagen (bereits zur Phagozytose fähig) über den Entzündungsmakrophagen (gesteigerte Phagozytoseaktivität, Bildung von O_2^-) zum aktivierten Makrophagen (vollständige antimikrobielle und tumorzytotoxische Aktivität).

Antigen-Präsentation. Neben Makrophagen auch B-Zellen, Langerhans-Zellen und dendritische Zellen. Dendritische Zellen sind die potentesten Antigen-präsentierenden Zellen.

Unter dem Begriff Immunpathologie werden Schädigungen des Organismus durch fehlende, fehlgeleitete oder überschießende Immunreaktionen zusammengefaßt.

10.1 Entzündung und Gewebeschädigung

Entzündung und Gewebeschädigung sind häufig Begleiterscheinungen der Immunantwort. Sie stellen in vielen Fällen das Endergebnis von fehlgeleiteten Immunreaktionen dar. Als Beispiel kann die spezifische Überempfindlichkeit angeführt werden. In anderen Fällen wird die Entzündung ausgelöst und entwickelt sich, ohne daß der Immunapparat ursächlich beteiligt ist, z. B. bei Entzündungen durch bakterielle Besiedlung, etwa durch Staphylokokken. Was auch immer die auslösende Ursache sein mag – es gibt keine Entzündung ohne die Beteiligung von Zellen und Faktoren des Immunsystems.

Am Anfang jeder Entzündung steht die Freisetzung von Mediatoren. Die Empfänger dieser Wirkstoffe sind Blutgefäße, Bronchiolen, glatte Muskulatur und Leukozyten.

Mastzellen sind wichtige Produzenten von Entzündungsmediatoren, insbesondere von vasoaktiven Aminen und Lipidmediatoren (Arachidonsäureprodukte und Plättchen-aktivierender Faktor).

Im folgenden werden die wichtigsten Entzündungsmediatoren kurz besprochen.

Die vasoaktiven Amine *Histamin* (bei Mensch und Meerschweinchen) und *Serotonin* (bei Mensch, Ratte und Maus) bewirken die Konstriktion der Venolen und Dilatation der Arteriolen; sie erhöhen die Permeabilität der Kapillaren. Die dadurch entstehende Urtikaria ist ein klinisches Zeichen der *anaphylaktischen Reaktion*. Weiterhin rufen die Amine eine Kontraktion der glatten Muskulatur in Bronchien, im Uterus und im Darm hervor. Beim Menschen wird Serotonin aus den Blutplättchen freigesetzt.

Arachidonsäure-Produkte stellen die zweite wichtige Gruppe von Entzündungsmediatoren dar. Ihre Synthese und Funktion ist in Abb. 10.1 schematisch aufgeführt. Die *Leukotriene* C4, D4 und E4 werden auch unter dem Begriff „Slow reacting substance of anaphylaxis" (SRS-A) zusammengefaßt. Sie sind neben den vasoaktiven Aminen die wichtigsten Mediatoren der allergischen Sofortreaktion. Ihre Bildung setzt aber etwas langsamer ein. Aufgrund ihrer hohen bronchokonstriktiven Aktivität sind sie für das Bronchialasthma von besonderer Bedeutung.

Das *Bradykinin*, das von basophilen Granulozyten und Mastzellen gebildet wird, hat ebenfalls vasodilatatorische und permeabilitätssteigernde Wirkung.

Der *Plättchen-aktivierende Faktor* (PAF) ist ein niedermolekulares Ätherlipid. Er bewirkt die Aggregation der Blutplättchen und damit die Freisetzung von vasoaktiven Aminen. PAF wirkt außerdem auf neutrophile Granulozyten. Der Wirkstoff wird von neutrophilen und basophilen Granulozyten sowie von Monozyten gebildet.

Heparin ist ein Proteoglykan. Es hemmt die Blutgerinnung und sorgt auf diese Weise für einen verlängerten Einstrom von Entzündungszellen. Heparin hemmt die Komplement-Aktivierung und verstärkt die Histamin-Inaktivierung.

Chemotaktische Faktoren sind kleine Peptide. Sie werden von Granulozyten gebildet und locken weitere Granulozyten an den Entzündungsherd.

Die als *Anaphylatoxine* bezeichneten Komplementkomponenten C4a, C3a und C5a wurden bereits in Kap. 5 besprochen.

Die von mononukleären Phagozyten und neutrophilen Granulozyten gebildeten *reaktiven Sauerstoffmetabolite* üben nicht nur Abwehrfunktionen aus; sie schädigen auch das umliegende Gewebe.

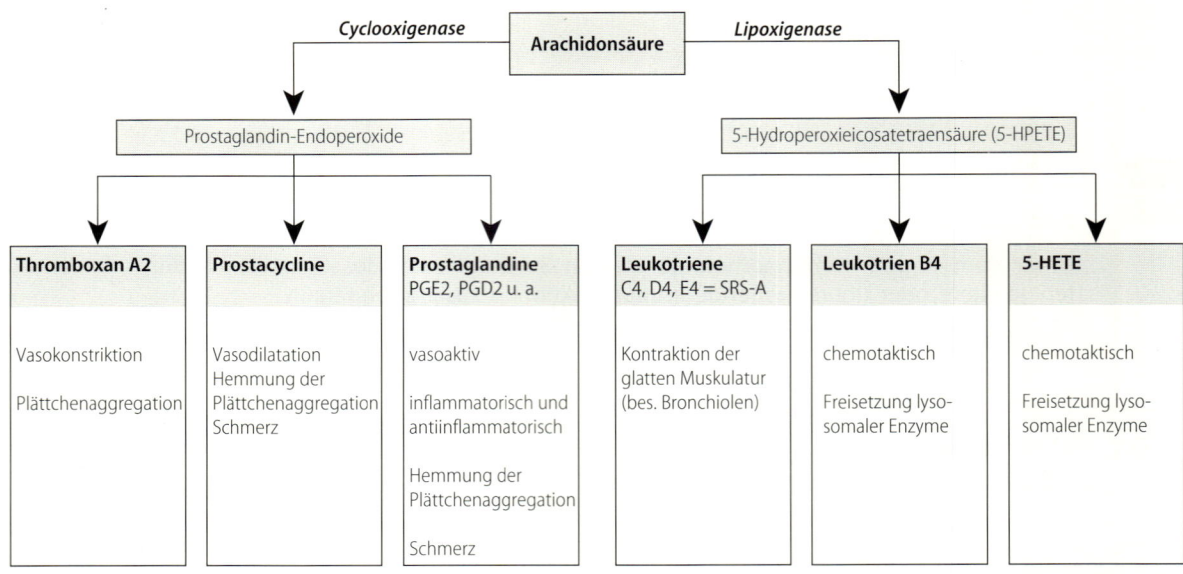

Abb. 10.1. Schema des Arachidonsäure-Metabolismus und Wirkmechanismus

Das gleiche gilt für die **sauren Hydrolasen** und die **basischen Peptide**. Auch die z. T. von mononukleären Phagozyten produzierten Faktoren TNF, IL-6 und IL-1 sind an Entzündungsreaktionen beteiligt. Die sog. Chemokine, die u. a. ebenfalls von mononukleären Phagozyten gebildet werden, locken weitere Zellen an den Ort der Entzündung. Diese Stoffe wurden in Kap. 8 und 9 behandelt.

Das **C-reaktive Protein** ist ein in der Leber gebildetes Akutphasenprotein, das bei akuten entzündlichen Prozessen markant erhöhte Serumwerte aufweist. Dies wird differentialdiagnostisch ausgenutzt (s. Kap. 6). Das C-reaktive Protein aktiviert das Komplementsystem über den klassischen Weg und hat regulatorische Wirkung auf die Entzündungsreaktion und die beteiligte Immunantwort. Die Produktion der Akutphasenproteine wird durch IL-6 und IL-1 ausgelöst.

10.2 Spezifische Überempfindlichkeit

Bei der spezifischen Überempfindlichkeit (Hypersensibilität) kommt es zu überschießenden Immunreaktionen, die das eigene Körpergewebe schädigen. Die Überempfindlichkeit beruht im Prinzip auf zwei Voraussetzungen:

- Vorhandensein eines geeigneten Antigens und
- Veranlagung zur übermäßigen Produktion einer bestimmten Klasse von Antikörpern oder von T-Zellen.

Bei der **Autoimmunität** sind körpereigene Strukturen (Autoantigene) das Ziel der spezifischen Immunantwort. Bei der **Allergie** sind es die in den Organismus aufgenommenen Umwelt-Antigene, die als Allergene bezeichnet werden.

Bei der Autoimmunität erfolgt die Schädigung der betroffenen Gewebe und Zellen durch die spezifischen Effektoren direkt. Bei der Allergie wird die Schädigung indirekt durch Entzündungszellen und -mediatoren hervorgerufen. Im Prinzip ist das Endergebnis von beiden Vorgängen ähnlich oder gleich. Man unterscheidet vier Typen von Überempfindlichkeitsreaktionen.

10.2.1 Typ I: Anaphylaktischer Reaktionstyp (Abb. 10.2)

Dieser Überempfindlichkeitstyp wird auch als **Sofortallergie** bezeichnet; die Prädisposition dazu heißt **Atopie**.

Zu diesem Typ zählen Heuschnupfen, Asthma, Nesselsucht sowie Überempfindlichkeit gegen In-

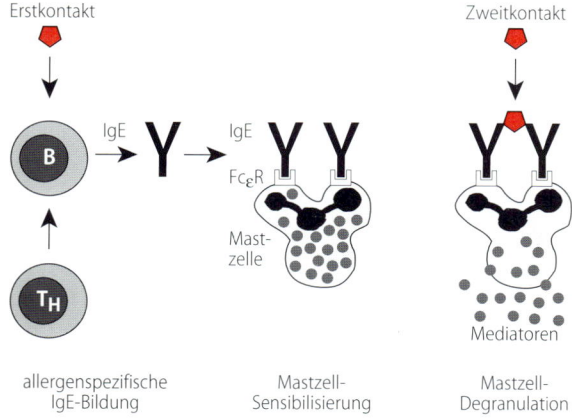

Erstkontakt   Zweitkontakt

IgE   IgE

Fc$_\varepsilon$R

Mast-
zelle

Mediatoren

allergenspezifische   Mastzell-   Mastzell-
IgE-Bildung   Sensibilisierung   Degranulation

Abb. 10.2. Anaphylaktische Reaktion (Typ I) oder Sofortallergie

sektengift, Nahrungsmittel und Arzneistoffe. Während der Sensibilisierungsphase werden gegen Umweltantigene wie Graspollen, Tierhaare oder Hausstaub Antikörper der IgE-Klasse gebildet. Die IgE-Bildung hängt von CD4-T-Zellen des TH2-Typs ab, die damit bei der Sofortallergie eine zentrale Rolle einnehmen (s. Kap. 8).

Da Mastzellen sowie basophile und eosinophile Granulozyten Fc-Rezeptoren für IgE-Antikörper tragen (Fc$_\varepsilon$R), können sie diese binden. Aufgrund ihrer Affinität für körpereigene Zellen werden die Antikörper der Klasse IgE als homozytotrope Antikörper oder **Reagine** bezeichnet.

Mastzellen stellen die wichtigsten Effektoren der anaphylaktischen Reaktion dar. Der verantwortliche Aktivierungsweg wurde in Kap. 8 beschrieben. Lange Zeit war unklar, warum sich eine derart schädliche Reaktion bis heute halten konnte. Man nimmt an, daß die Sofortallergie eine Unterart des Abwehrarsenals gegen Wurminfektionen darstellt. Wie in Kap. 8 beschrieben, sind die der Aktivierung von Eosinophilen, Basophilen und Mastzellen zugrundeliegenden Mechanismen in der Tat sehr ähnlich. Im Mittelpunkt stehen TH2-Zellen und ihre Zytokine (IL-4 und IL-5) sowie Antikörper der IgE-Klasse.

Kommt eine mit IgE-Antikörpern beladene Mastzelle mit dem homologen Allergen in Berührung, so werden zwei nebeneinanderliegende Antikörpermoleküle miteinander vernetzt. Dies löst die Degranulation der Zelle aus: Histamin, Serotonin, Heparin, PAF, SRS-A und Prostaglandine werden ausgeschüttet. Gemeinsam rufen diese Mediatoren die allergischen Zeichen (Ödem, Exanthem, Urtikaria) her-

vor. Bei vehementem Verlauf entsteht das Bild der Anaphylaxie oder des anaphylaktischen Schocks. Dabei wird häufig ein Organ besonders stark in Mitleidenschaft gezogen, man spricht vom Schock-Organ. Das Schock-Organ des Meerschweinchens ist die Lunge, beim Hund ist es die Leber. Typisch für die Schädigungen ist die Blähung der Lunge, die Blutüberfüllung der Leber oder bei örtlichem Ausbruch das seröse, zellfreie Ödem.

Anaphylaktische Schädigungen führen niemals zur Zell-Infiltration. Da IgE-Antikörper unfähig sind, Komplement zu binden, läuft die anaphylaktische Reaktion ohne die Mitwirkung des Komplementsystems ab. Die Latenzzeit ist kurz: Nach Einwirkung des Allergens beginnt die Reaktion innerhalb von 2–3 Minuten. Die Bezeichnungen „Sofort-Reaktion" und „Sofort-Allergie" tragen dem Rechnung.

10.2.2 Typ II: Zytotoxischer Reaktionstyp
(Abb. 10.3)

Zelluläre Antigene können allergische Reaktionen vom Typ II auslösen. Durch spezifische Bindung von Antikörpern der IgG- und gelegentlich der IgM-Klasse werden die körpereigenen Zellen zum Ziel für verschiedene Sekundärmechanismen der Abwehr. Folgende Situationen können entstehen:

Antikörper induzieren die Schädigung oder Phagozytose von Zielzellen durch neutrophile Granulozyten oder mononukleäre Phagozyten. IgG-Antikörper können direkt an den Fc-Rezeptor der professionellen Phagozyten binden. Bei IgM-Antikörpern erfolgt die Bindung über Komplementre-

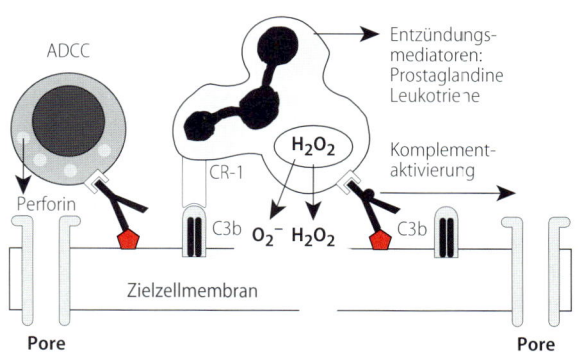

ADCC

Entzündungs-
mediatoren:
Prostaglandine
Leukotriene

Komplement-
aktivierung

H$_2$O$_2$

CR-1

Perforin

C3b   O$_2^-$ H$_2$O$_2$ C3b

Zielzellmembran

Pore   Pore

Abb. 10.3. Zytotoxische Reaktion (Typ II)

zeptoren (CR) nach Komplementaktivierung (s. Kap. 4, 5 u. 9).

Der IgG-Antikörper vermittelt über Fc-Rezeptorbindung die Zytolyse durch große granuläre Lymphozyten (ADCC, s. Kap. 2 u. 4).

IgG- oder IgM-Antikörper vermitteln über Fc-Rezeptoren die Lyse der Zielzellen durch Komplement (s. Kap. 5).

Die Reaktion dieses Typs tritt bei Bluttransfusionszwischenfällen und bei bestimmten Autoimmunerkrankungen ein und führt zur Zell- oder zur Gewebszerstörung.

Bei der autoimmunen hämolytischen Anämie werden Antikörper gegen die eigenen Erythrozyten gebildet; bei der Hashimoto-Thyreoiditis fungieren Thyreoglobulin und die mikrosomalen Thyreozytenbausteine als Auto-Antigene. Bei der sympathischen Ophthalmie bilden sich Auto-Antikörper gegen Material der Augenlinse und der Aderhaut. Bei der Myasthenia gravis wirken die Acetylcholinrezeptoren der motorischen Endplatte als Autoantigen. Ein Sonderfall ist die *Masugi-Nephritis* der Ratte. Sie entsteht, wenn sich zirkulierende Antikörper spezifisch an die Basalmembran des Nierenglomerulum binden. Dies geschieht im Experiment, wenn man beim Kaninchen durch Injektion von Gewebe der Rattenniere Antikörper induziert und diese dann einer Ratte intravenös injiziert. Folge ist v. a. eine Glomerulonephritis mit erhöhter Proteinurie und Blutdrucksteigerung. Beim Menschen entsteht durch Auto-Antikörper ein Analogon der Masugi-Nephritis: das Goodpasture-Syndrom.

10.2.3 Typ III: Immunkomplex-Typ
(Abb. 10.4)

Bei diesem Reaktionstyp entstehen im Serum und in der Lymphflüssigkeit kleine Immunkomplexe mit folgenden Eigenschaften: Sie sind schwer abbaubar, sie aktivieren Komplement, und sie können in die kleinen Blutgefäße eindringen. Injiziert man einem Menschen intramuskulär eine sehr große Menge eines Fremdantigens, z. B. Pferdeserum, so wird das Antigen im Blut und in der Lymphe über mehr als acht Tage persistieren. Die ersten Antikörper, die gebildet werden, treffen dann notwendigerweise auf die Bedingungen des Antigenüberschusses (vgl. Heidelberger-Kurve, Kap. 6). Es entstehen kleine, lösliche Antigen-Antikörper-

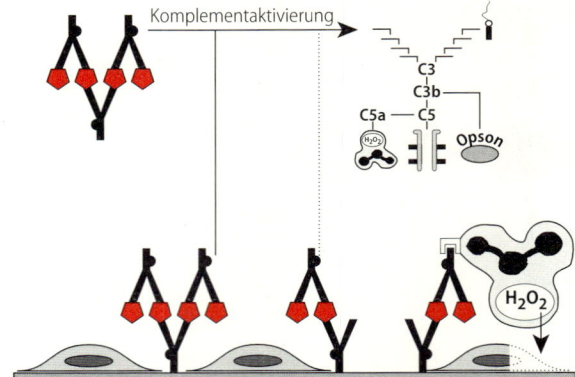

Abb. 10.4. Immunkomplexreaktion (Typ III)

Komplexe. Diese Komplexe dringen in das Subendothel der kleinen Blutgefäße ein und lagern sich in verschiedenen Organen ab, z. B. in der Niere oder in den Gelenken. Die klinische Folge sind Urticaria, Albuminurie, Ödeme der Respirationsschleimhaut und Arthritis. Diese generalisierte Immunkomplexerkrankung wird als **Serumkrankheit** bezeichnet. Injiziert man das Antigen einem immunisierten Individuum in die Haut, so kommt es am Applikationsort zur Bildung von Immunkomplexen. Die Komplexe lösen an den Gefäßwänden eine lokale Entzündung aus, die als **Arthus-Reaktion** bezeichnet wird.

Die Kennzeichen der Arthus-Reaktion sind:
- Eintritt nach 4–6 h (bei der anaphylaktischen Reaktion nach 2–3 min);
- Infiltration des Gewebes mit Granulozyten und Makrophagen (bei der anaphylaktischen Reaktion: keinerlei Zellen, nur seröses Exsudat);
- vermittelnde Antikörper gehören zu der Klasse IgG und IgM (bei der anaphylaktischen Reaktion IgE);
- die Komplementaktivierung trägt das Bild der Entzündung (an der Anaphylaxie ist Komplement nicht beteiligt).

10.2.4 Typ IV: Verzögerter Typ (Abb. 10.5)

Wie in Kap. 8 und 11 besprochen, stimulieren intrazelluläre Krankheitserreger bei der Primärreaktion bevorzugt T-Lymphozyten. Wird ein lösliches Antigen dieser Erreger später intrakutan injiziert,

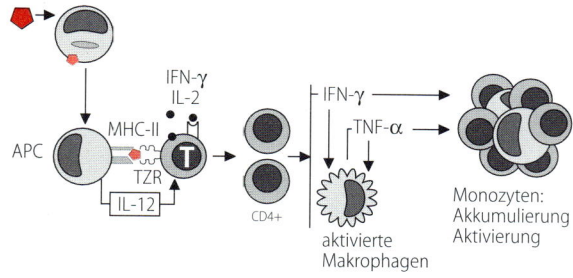

Abb. 10.5. Verzögerte Reaktion (Typ IV)

so entsteht am Applikationsort eine verzögerte Hautreaktion. Ihre Kennzeichen sind:

- Beginn nach etwa 24 h; Höhepunkt ungefähr nach 72 h;
- Infiltration mit mononukleären Zellen; keine oder nur wenige Granulozyten;
- Vermittlung durch CD4-T-Zellen vom TH1-Typ, nicht Antikörper.

Die allergische Reaktion vom verzögerten Typ dient als Test, um eine frühere Infektion mit intrazellulären Bakterien oder Parasiten nachzuweisen. Das bekannteste Beispiel ist die **Tuberkulin-Reaktion.** Entsprechende Tests werden auch bei der Diagnose der Echinokokkose und der *Lymphogranuloma inguinalis* verwendet.

Auch die Kontaktdermatitis beruht auf dem Prinzip der verzögerten Reaktion. Hierbei reagiert ein niedermolekularer Fremdstoff, z.B. ein *Nickelsalz* mit körpereigenem Protein und verfremdet dieses so, daß es nach Präsentation durch Langerhans-Zellen in der Haut T-Zellen induziert; diese vermitteln dann die spätallergische Reaktion. Typ-IV-Reaktionen vom verzögerten Typ, die von T-Zellen mit Spezifität für körpereigene Antigene vermittelt werden, sind für zahlreiche Autoimmunerkrankungen verantwortlich (s. Kap. 10.3).

10.3 Autoimmunerkrankungen

Autoimmunerkrankungen sind im Prinzip darauf zurückzuführen, daß das Immunsystem (in erster Linie Antikörper und Helfer-T-Zellen) mit körpereigenen Strukturen reagiert. Die Art der Autoimmunerkrankung wird im wesentlichen von zwei Faktoren geprägt: Zum einen vom Typ der Effektor-Reaktion und zum anderen vom Spektrum der betroffenen Organe.

Die Effektorreaktionen entsprechen auf der humoralen Seite hauptsächlich den Typen II und III. Fast immer tritt eine zelluläre Komponente vom Typ IV hinzu. Autoimmunerkrankungen können auf ein isoliertes Organ beschränkt oder aber organunspezifisch sein; dazwischen liegen verschiedene Übergangsformen. Im folgenden sollen einige Beispiele angeführt werden (Tabelle 10.1).

Organspezifische Autoimmunerkrankungen. Bei der *chronischen Thyreoiditis (Hashimoto)* werden Antikörper gegen Thyreoglobulin und mikrosomale Antigene gebildet. Diese bewirken in der Schilddrüse eine Entzündungsreaktion vom Typ II. Die Reaktion wird durch eine zelluläre Komponente vom Typ IV verstärkt.

Bei der *Basedowschen Krankheit* sind die Autoantikörper gegen den Rezeptor für das Thyreoidea-stimulierende Hormon gerichtet. Die Schilddrüse wird durch sie zu übermäßiger Hormonproduktion stimuliert.

Bei der *sympathischen Ophthalmie* führt die Reaktion von Autoantikörpern mit Material der Augenlinse und der Chorioiden zur Chorioiditis (Uveitis).

Beim *Typ I-Diabetes* (oder Insulin-abhängigen Diabetes mellitus, kurz: IDDM) greifen T-Zellen die β-Zellen des Pankreas an. Ein wesentliches Autoantigen scheint das Enzym Glutaminsäure-Decarboxylase zu sein.

Auch die *multiple Sklerose* ist als eine Autoimmunerkrankung anzusehen, bei der der Angriff von Gehirnzellen durch autoreaktive T-Lymphozyten die Demyelinisierung bewirkt. Als ein mögliches Zielantigen wird das basische Myelinprotein diskutiert.

Organunspezifische Autoimmunerkrankungen.

Beim *systemischen Lupus erythematodes* werden gegen Zellbestandteile (DNS, RNS, Histone) Antikörper und dann Immunkomplexe gebildet. Diese lagern sich an den Gefäßwänden besonders der Niere und Haut ab. Es kommt zur Glomerulonephritis und zur Erythembildung der Haut.

Bei der *primär-chronischen Polyarthritis* (rheumatoide Arthritis) werden gehäuft Antikörper gegen eine veränderte Konformation der eigenen Immunglobuline gebildet. Auf diese Weise entstehen Immunkomplexe, die sich vorwiegend in den Gelenkräumen ablagern. Die beteiligten Antikörper werden auch unter dem Begriff „*Rheumafaktor*" zusammengefaßt. Gleichzeitig werden die Synovialzellen durch Zytokine, die von T-Zellen und Makrophagen gebildet werden, angeregt, hydrolytische Enzyme zu bilden. Es kommt zu Entzündung, Gewebszerstörung und Knorpeldestruktion. Autoreaktive T-Zellen sind die wesentlichen Vermittler der rheumatoiden Arthritis. Eine Kreuzreaktivität zwischen Bestandteilen des Gelenks und bakteriellen Krankheitserregern gilt als wahrscheinlicher Auslöser. Aus dieser Sicht kann die rheumatoide Arthritis auch als organspezifisch bezeichnet werden.

Zwischenformen.

Beispiele hierfür sind Krankheitsbilder, bei denen die eigenen Blutzellen das primäre Ziel der Autoimmunreaktion darstellen.

- Bei der hämolytischen Anämie sind die Erythrozyten,
- bei der idiopathischen thrombozytopenischen Purpura die Blutplättchen und
- bei der idiopathischen Leukopenie die Leukozyten betroffen.

Mögliche Ursachen von Autoimmunerkrankungen.

Wie in Kap. 4 besprochen, kommt es während einer bestimmten Phase der Embryogenese zur Inaktivierung selbstreaktiver Immunzellen und damit zur Toleranzentwicklung gegen körpereigenes Gewebe. Das Wort „Inaktivierung" wird anstelle des Wortes „Eliminierung" deshalb verwendet, weil man weiß, daß das Potential der Immunantwort für bestimmte Autoantigene erhalten

bleibt. Bei den Autoimmunkrankheiten kommt es zu einer Umgehung oder Durchbrechung der Toleranz gegenüber bestimmten Autoantigenen.

Im Hinblick auf die zugrundeliegenden Mechanismen gibt es verschiedene Lehrmeinungen. Sie haben alle den Charakter von Hypothesen.

Sequestrierte Autoantigene.

Antigene, die während der Toleranzentwicklung gegen körpereigene Strukturen sequestriert sind und deshalb mit dem Immunsystem nicht in Kontakt gelangen, werden in die Eigentoleranz nicht einbezogen. Treten diese Antigene während des späteren Lebens aus ihrer Sequestrierung heraus, dann wirken sie auf das Immunsystem wie Fremdantigene: Es kommt zu einer Autoimmunantwort. Als Beispiel hierfür gilt die Pathogenese der *Thyreoiditis*.

Heterogenetische (kreuzreaktive) Antigene.

Antigene von Krankheitserregern, die mit körpereigenen Strukturen identisch oder diesen ähnlich sind, können Antikörper und T-Zellen induzieren, welche dann auch mit Autoantigenen reagieren (*immunologisches Mimikry*). Trypanosoma cruzi und bestimmte A-Streptokokken-Stämme weisen z. B. mit Autoantigenen des Herzens Kreuzreaktivität auf. Man nimmt an, daß die Kreuzreaktivität zwischen Mikroorganismen und körpereigenen Strukturen einen wichtigen Faktor bei der Entstehung von Autoimmunerkrankungen darstellt.

Durchbrechung der peripheren Toleranz.

Im Experimentalmodell ruft die Gabe von Organbrei oder Zellbestandteilen in geeigneter Form (meist in komplettem Freund'schen Adjuvans, s. Kap. 4) Autoimmunreaktionen gegen das betroffene Organ hervor. So führt die Verabreichung von Thyreoglobulin zu einer experimentellen Thyreoiditis, die der Hashimoto-Thyreoiditis ähnlich ist. Die Gabe von Hirngewebe induziert eine Encephalomyelitis, die mit der multiplen Sklerose gewisse Ähnlichkeiten besitzt.

Durch Gabe des Antigens in Adjuvans und/oder in schwach veränderter Form werden bevorzugt CD4-T-Lymphozyten vom TH1-Typ stimuliert, die dann die Autoimmunantwort induzieren. Man nimmt an, daß ähnliche Vorgänge bei der spontanen Entwicklung bestimmter Autoimmunerkrankungen des Menschen eine Rolle spielen.

Es ist denkbar, daß die Induktion von TH1-Zellen erfolgt, weil die stimulierenden Epitope durch Abbau des Autoantigens vermehrt frei gesetzt werden. Begünstigend könnte sich auch die vermehrte

Expression der Klasse-II-Moleküle des MHC in dem betroffenen Organ auswirken.

Hinzu tritt wahrscheinlich die verstärkte Bildung von Zytokinen, welche die Entwicklung von TH1-Zellen fördern und der Stimulation von TH2-Zellen entgegenwirken. Nach dieser Überlegung kommt TH2-Zellen eine wichtige Aufgabe bei der Kontrolle autoreaktiver T-Zellen zu. Als weitere Möglichkeit werden Störungen im Apoptoseverhalten autoreaktiver T-Lymphozyten diskutiert. Da über die Expression von Fas autoreaktive T-Lymphozyten eliminiert werden können (s. Kap. 8.10), sollte das Fehlen von Fas auf der Zelloberfläche die Entwicklung autoreaktiver T-Zellen erlauben.

Polyklonale Aktivierung. Bei verschiedenen Infektionskrankheiten kommt es zu einer polyklonalen B-Zell- und/oder T-Zell-Antwort: Klone mit verschiedenartiger Spezifität werden aktiviert. Da darunter auch Zellen mit Spezifität für Autoantigene sein können, kann sich auf diese Weise eine Autoimmunantwort entwickeln. Gleichzeitig erhöht sich durch die Proliferation von zahlreichen Klonen die Wahrscheinlichkeit, daß durch somatische Mutation ein autoreaktiver Klon neu entsteht. Autoantikörper kommen bei Infektionen mit *Mycobacterium leprae* und *Epstein-Barr-Viren* gehäuft vor. Im erstgenannten Fall ist die B-Zellproliferation auf bakterielle Mitogene, im zweiten Fall auf Transformation der B-Zellen zurückzuführen. Autoreaktive T-Zellen könnten durch T-Zell-Mitogene oder durch Superantigene (s. Kap. 8) stimuliert werden.

10.4 Transplantation

10.4.1 Die Spender-Empfänger-Konstellation

Bei der Transplantation von Organen, Geweben oder Zellen unterscheidet man vier Situationen; diese ergeben sich aus dem Verwandtschaftsgrad zwischen Spender und Empfänger (s. Kap. 4 u. 7).

Autologe Transplantation. Hierbei überträgt man körpereigenes Material, Spender und Empfänger sind identisch.

Beispiel: Hautübertragung vom Oberarm zur Deckung eines Defektes im Gesicht.

Isologe Transplantation. Hierbei fungiert ein Individuum als Spender und ein anderes als Empfänger; Spender und Empfänger sind genetisch gleich. Beispiel: Organübertragung zwischen eineiigen Zwillingen oder zwischen Inzucht-Tieren.

Allogene Transplantation. Hierbei gehören Spender und Empfänger der gleichen Spezies an; sie unterscheiden sich aber besonders im Hinblick auf die MHC-Genprodukte.

Beispiel: Hautübertragung zwischen zwei nicht-verwandten Menschen oder zwischen zwei Auszucht-Mäusen.

Heterologe Transplantation (Xeno-Transplantation). Hierbei gehören Spender und Empfänger verschiedenen Spezies an.

Beispiel: Hautübertragung von Ratten auf Mäuse.

Die autologe und die isologe Transplantation gelingt bei einwandfreier Technik stets. Das übertragene Organ heilt auf Dauer ein. Dagegen ist der Erfolg der Allo-Transplantation flüchtig. Das Organ heilt zwar kurzfristig ein; nach etwa zwei Wochen wird es aber durch eine demarkierende Entzündung abgestoßen. Bei der Hetero-Transplantation wird das überpflanzte Organ ebenfalls abgestoßen. Die zur Abstoßung führende Reaktion setzt aber früher ein und verläuft heftiger als bei der Allo-Transplantation.

10.4.2 Die Abstoßungsreaktion

Die Abstoßungsreaktion ist ein vom Immunsystem induzierter Vorgang, der von T-Lymphozyten (CD4-T-Zellen vom TH1-Typ und CD8-T-Zellen vom zytolytischen Typ) vermittelt wird. Der Beweis hierfür ergibt sich aus folgenden Versuchen (Abb. 10.6):

Zwischen zwei Elternmäusen (aa) sowie (bb) und dem F_1-Hybrid (ab) sind bleibende Hauttransplantationen nur in einer Richtung möglich, nämlich nur von den Eltern auf das F_1-Hybrid. Das Transplantat vom F_1-Hybrid auf die Eltern wird abgestoßen (1).

Überträgt man vom Tier (aa) ein Stück Haut auf Tier (bb), so erfolgt die Abstoßung nach etwa 12 Tagen. Überträgt man dem gleichen Empfängertier nach der Abstoßung ein zweites Mal ein Hautstück vom Tier (aa), so verkürzt sich die Zeit bis zur Abstoßung auf etwa fünf Tage (beschleunigte Absto-

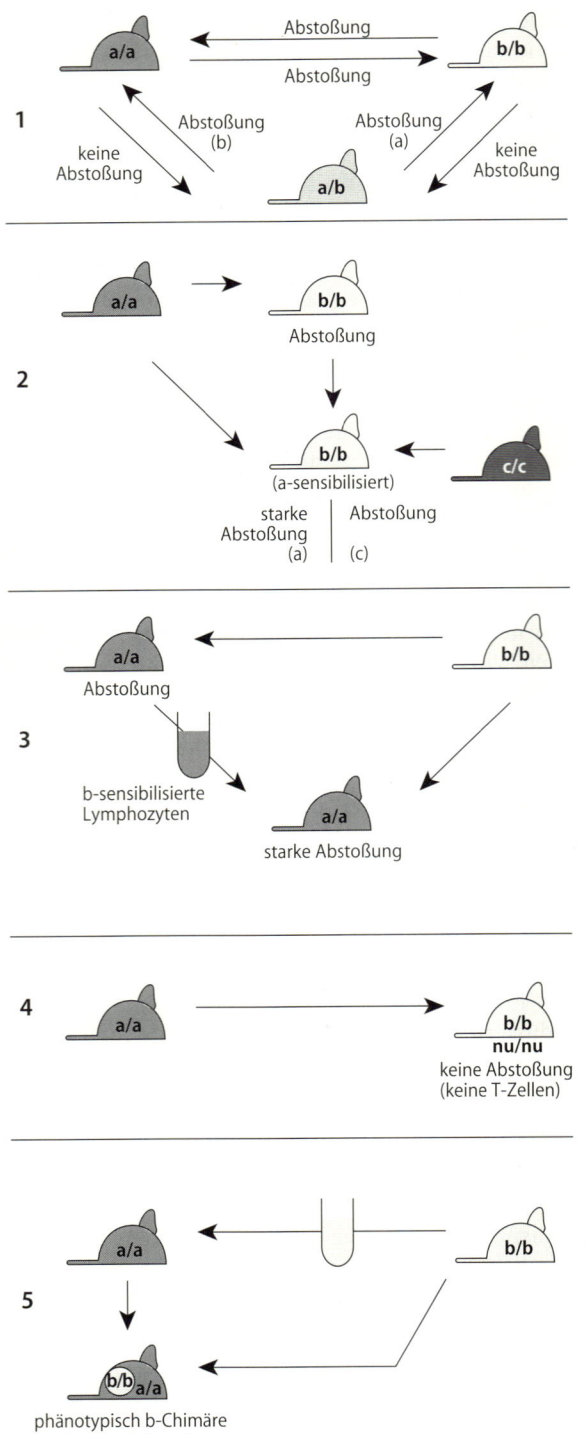

Abb. 10.6. Die verschiedenen Transplantationsmöglichkeiten

ßung). Nimmt man zur zweiten Transplantation jedoch ein Hautstück von einem anderen Spender (cc), so unterbleibt die Beschleunigung. Die Abstoßung tritt nach einer Frist von 12 Tagen auf (2).

Die Versuche zeigen, daß die Abstoßung dann erfolgt, wenn gegen die Genprodukte des Spendertieres beim Empfängertier keine Toleranz besteht (Versuch 1). Sie zeigen weiter, daß die beschleunigte Abstoßung auf einer erworbenen Fähigkeit beruht: Sie erfolgt nur dann, wenn das Empfängertier sensibilisiert ist. Schließlich zeigen die Versuche, daß die Sensibilisierung *spezifisch* ist: Das erste (sensibilisierende) und das zweite (beschleunigt abgestoßene) Transplantat müssen gleiche Eigenschaften besitzen.

Ein Tier (aa) erhält ein Hauttransplantat (bb); nach der Abstoßungsreaktion entnimmt man diesem Tier die Milz und überträgt deren Zellen auf ein neues Normaltier (aa). Dieses Tier erhält anschließend an die Zell-Übertragung ein Hauttransplantat (bb). Dieses Transplantat wird *beschleunigt* abgestoßen. Zusätzliche Versuche zeigen, daß die übertragenen Zellen von einem Tier stammen müssen, welches mit einer bb-Transplantation sensibilisiert worden ist. Ist dies nicht der Fall, so bleibt die Zellübertragung wirkungslos. Die Fähigkeit zur beschleunigten Abstoßung kann daher durch Zellen des sensibilisierten Tieres in spezifischer Form übertragen werden. Weitere Versuche zeigen, daß die Übertragung mit T-Zellen, aber nicht mit Antikörpern gelingt (3).

Thymusdefekte Inzuchtmäuse mit der Eigenschaft nu/nu (nude mice, Nacktmäuse) sind unfähig, kompetente T-Zellen zu bilden. Diesen Mäusen kann sowohl allogenetisches wie auch xenogenetisches Hautmaterial übertragen werden. Eine Abstoßung findet nicht statt, die Transplantate heilen endgültig ein. Dies ist ein weiterer Beweis dafür, daß T-Zellen für die Transplantat-Abstoßung entscheidend sind (4).

Einer Maus (aa) werden Lymphozyten und mononukleäre Zellen einer Maus (bb) übertragen. Erhält diese Maus später ein Hauttransplantat (bb), wird dieses beschleunigt abgestoßen (5). Durch die übertragenen Leukozyten (b/b) wurde das Tier (a/a) bereits immunisiert, so daß es bei späterer Hauttransplantation (b/b) zur beschleunigten Abstoßung kommt.

Die Abstoßungsreaktion ist gegen Antigene gerichtet, die beim Menschen „Humane Leukozyten Antigene" (HLA) und bei der Maus H-2-Antigene heißen (s. Kap. 7).

Die Abstoßung eines allogenetischen Transplantats ist somit Ausdruck einer Immunreaktion: Trägt das transplantierte Organ MHC-Produkte, die mit den MHC-Produkten des Empfängers nicht identisch sind, so wird in diesem eine spezifische T-Zell-Antwort induziert. Die Wahrscheinlichkeit, daß zwei nichtverwandte Menschen in der HLA-Formel volle Übereinstimmung zeigen, ist wesentlich kleiner als 10^{-6}. Dies liegt an der Kombination von zwei Umständen. Einmal enthält die HLA-Region des Menschen mindestens sieben Gene, von denen jedes für ein transplantationsrelevantes HLA-Antigen kodiert. Darüber hinaus aber gibt es für jedes dieser Gene eine große Zahl von Allelen; ein bestimmtes Genprodukt tritt also bei der Spezies Mensch in Form von 10–40 jeweils verschiedenartigen Ausprägungen auf.

Bei der Transplantat-Abstoßung erkennen die T-Lymphozyten des Empfängers das fremde MHC-Produkt auf den Zellen des Transplantats. Die CD4-T-Lymphozyten erkennen die MHC-Klasse-II-Moleküle, während die CD8-T-Lymphozyten mit den MHC-Klasse-I-Molekülen reagieren (s. Kap. 8). Beide T-Zellen induzieren eine Entzündung. Ist diese einmal eingeleitet, so spielen Effektorzellen, die das Fremdantigen nicht erkennen können, aber unspezifisch angelockt werden, die Hauptrolle (besonders mononukleäre Phagozyten, s. Kap. 9). Die Einleitung des Abstoßungsvorganges ist also antigenspezifisch, die demarkierende Entzündung selbst ist sekundär und unspezifisch.

Bei der Spender- und Empfänger-Untersuchung zur Organtransplantation testet man zum einen mit spezifischen Antiseren die Lymphozyten und stellt dann die entsprechende *Antigenformel* auf. Die Antiseren stammen von mehrgebärenden Frauen. Sie werden im *Zytotoxizitätstest* unter Zugabe von Komplement eingesetzt (gegen fremde Antigene ihres Neugeborenen bilden Mütter besonders bei der Geburt Antikörper und besitzen daher viele Antikörper gegen Transplantationsantigene). Zum anderen wird eine gemischte Leukozyten-Kultur eingesetzt (engl. Mixed Leukocyte Culture, MLC). Hierbei werden vitale Empfängerzellen mit bestrahlten Spenderzellen kultiviert. Nach einigen Tagen beurteilt man die Stärke der Empfängerreaktion durch Bestimmung der proliferativen Antwort der Empfängerzellen.

Schließlich untersucht man auch das Serum des Empfängers auf zytolytische Antikörper gegen die Lymphozyten des Spenders. Die Beurteilung des Verwandtschaftsgrades zwischen den HLA-For-

meln von Empfänger und Spender folgt empirisch gewonnenen Regeln. Dabei hat sich gezeigt, daß eine Übereinstimmung der MHC-Klasse-II-Antigene den Transplantationserfolg stärker beeinflußt als eine Übereinstimmung der MHC-Klasse-I-Antigene.

10.4.3 Knochenmarktransplantation

Besondere Probleme wirft die *allogene Knochenmarktransplantation* auf. Bei dieser Operation wird dem Empfänger ein Organteil überpflanzt, aus dem sich ein kompetentes Immunsystem entwickelt. Zum Problem der Abstoßung durch den Empfänger (*Host Versus Graft*, HVG) kommt in diesem Fall die Gefahr, daß das Transplantat eine gegen den Empfänger gerichtete Immunreaktion ausbildet (*Graft Versus Host,* GVH). Die folgenden Versuche sollen dies veranschaulichen.

Hybridmaus auf homozygotes Tier. Spendet eine erwachsene F_1-Hybridmaus (ab) einer Empfängermaus vom Typ (aa) Knochenmark, so reagiert das Immunsystem des Empfängers gegen das fremde Merkmal (b). Innerhalb von zwei Wochen kommt es im Sinne der HVG-Reaktion zur Vernichtung des Transplantats. Eine Reaktion des Transplantats gegen den Empfänger (GVH) findet nicht statt.

Man kann die Abstoßungsreaktion verhindern, indem man die Transplantation gleich nach der Geburt der Empfängermaus (aa) ausführt. Zu diesem Zeitpunkt ist das Immunsystem der Maus noch nicht entwickelt. Die unreife Maus wird gegen den fremden Baustein (b) tolerant. Damit existieren im Empfängertier zwei Arten von Immunzellen nebeneinander: Die eigenen Zellen des Empfängertiers tragen die Merkmale (aa), während die vom Spendertier stammenden Zellen die Merkmale (ab) tragen. Beide Zellarten bilden jeweils ein komplettes eigenständiges Immunsystem. Das empfängereigene Immunsystem toleriert das Merkmal (b) auf den Zellen des transplantierten Immunsystems. Andererseits ist das transplantierte Immunsystem von Haus aus tolerant gegen die Merkmale des Empfängers. Man nennt diesen Zustand *Chimärismus*.

Homozygotes Tier auf Hybridmaus. Eine erwachsene F_1-Hybridmaus (ab) erhält Knochenmark vom Typ (aa). Der Empfängerorganismus ist tolerant gegen (a), das Transplantat reagiert aber seinerseits gegen das Empfängermerkmal (b) im Sinne der GVH-Reaktion. Es kommt zu einer schweren Erkrankung des Empfängertiers mit Gewichtsverlust, Haarausfall und Tod (runt disease).

Man kann die GVH-Reaktion vermeiden oder reduzieren, indem man dem Empfängertier anstelle des gesamten Knochenmarks nur Knochenmark-Stammzellen zuführt. Die übertragenen Stammzellen entwickeln und differenzieren sich im Empfängertier und bilden schließlich ein kompetentes Immunsystem. Dabei wird aber Toleranz gegen das Empfängermerkmal (b) induziert. Im Endeffekt ergibt sich somit wieder eine Chimäre: Die Immunzellen des Empfängertiers haben die Merkmale (ab); sie tolerieren das Spendermerkmal (aa). Andererseits zeigen die aus dem Transplantat hervorgegangenen Immunzellen das Merkmal (aa). Von den Empfängermerkmalen tolerieren sie das Merkmal (a) natürlicherweise und das Merkmal (b) durch die im Empfängerorganismus erworbene Toleranz.

Die HVG-Reaktion, die sich im erwachsenen Empfängertier (ab) abspielt, kann auch verhindert werden, indem man das Empfänger-Immunsystem durch Bestrahlung und/oder Pharmaka vernichtet. Überträgt man jetzt Stammzellen des Spendertiers (aa), so entwickelt sich ein Chimärismus besonderer Art. Das Empfängertier besitzt kein eigenes Immunsystem; es beherbergt und toleriert lediglich ein aus fremden Zellen hervorgegangenes Immunsystem. Das Empfängertier (ab) ist somit zum „Gehäuse" für ein einziges Immunsystem geworden, dessen Zellen das Merkmal (aa) tragen und gegen das Empfängermerkmal (b) tolerant sind.

Die allogene Knochenmarktransplantation beim Menschen entspricht dem letztgenannten Beispiel. Das Immunsystem des Empfängers wird durch Strahlen und Pharmaka vernichtet (s.u.). Aus dem allogenetischen Knochenmark werden die Stammzellen isoliert und dem Empfänger verabreicht. Da die Eliminierung der kompetenten Spenderlymphozyten nicht vollständig gelingt, kommt es bei der Knochenmarktransplantation zu einer begrenzten GVH-Reaktion. Diese ist in der Mehrzahl der Fälle beherrschbar, sofern die Empfänger jünger als 15 Jahre alt sind. Bei Erwachsenen sind die Probleme weniger gut gelöst.

10.4.4 Verhinderung der Transplantatabstoßung

Zur Verhinderung der Transplantatabstoßung stehen verschiedene Therapiemaßnahmen zur Verfügung. Alle haben die Unterdrückung oder Ausschaltung der Immunantwort gegen das Transplantat zum Ziel.

Obwohl angestrebt wird, die Reaktion gegen das Transplantat selektiv zu unterdrücken, bewirken die derzeit zur Verfügung stehenden Maßnahmen durchweg eine allgemeine Schädigung des Immunsystems; dies bedeutet für den Transplantatempfänger ein hohes Infektionsrisiko. Da sich T- und B-Lymphozyten schnell teilen, beeinträchtigt eine *Ganzkörperbestrahlung* vorzugsweise diese Zellen. Dies wirkt sich als Suppression der spezifischen Immunantwort gegen das Transplantat aus. Heute nimmt man wegen der zahlreichen Nebeneffekte von dieser Maßnahme Abstand. Verschiedene Pharmaka wirken bevorzugt auf Lymphozyten und kommen deshalb für eine Immunsuppression in Frage. Als Mittel der Wahl zur Verhinderung von Transplantationszwischenfällen bietet sich heute *Cyclosporin A* an (ein makrozyklisches Peptid). Die Substanz hemmt die IL-2-Produktion der Helfer-T-Zellen. Ein zweites vielversprechendes Medikament, das sich zur Zeit in klinischer Testung befindet, ist *FK506* (ein makrozyklisches Lakton).

Obwohl nicht mit Cyclosporin verwandt, hemmt auch FK506 die IL-2-Synthese. Ein drittes, vielversprechendes Immunsuppressivum ist *Rapamycin*, welches die Reaktion auf IL-2 hemmt. Rapamycin ist mit FK506 verwandt und hebt dessen Hemmeffekte auf die IL-2-Produktion auf. Cyclosporin A und Rapamycin zeigen dagegen synergistische Wirkung, da ersteres die IL-2-Synthese und letzteres die IL-2-Effekte hemmt, ohne daß eine wechselseitige Hemmung stattfindet.

Die Beseitigung von Lymphozyten durch Gabe von *Anti-Lymphozyten-Serum* (ALS) beruht im Prinzip auf einer zytotoxischen Reaktion vom Typ II. Diese Methode ist durch Verwendung von monoklonalen Antikörpern mit geeignetem Isotyp und entsprechender Spezifität verbesserungsfähig. So wird bereits die Wirkung monoklonaler Antikörper gegen T-Lymphozyten sowie gegen CD4- und CD8-T-Zellpopulationen auf die Transplantatabstoßung erprobt. Zur Eliminierung von reifen T-Zellen aus dem zur Transplantation entnommenen

Spenderknochenmark verwendet man Strahlen, zytolytische Antikörper mit Spezifität für CD4- und CD8-T-Lymphozyten sowie spezielle Zentrifugationsmethoden.

10.5 Defekte des Immunsystems und Immunmangelkrankheiten

Individuen mit einem Defekt in einer Komponente des Immunsystems zeigen, je nach der Bedeutung der betroffenen Komponente, eine mehr oder weniger gestörte Immunantwort. Diese äußert sich in erster Linie als unzureichende Abwehr von Krankheitserregern oder als Autoimmunerkrankung.

Im folgenden sollen die wichtigsten Immunmangelkrankheiten kurz besprochen werden (Tabelle 10.2).

Das **Di-George-Syndrom** stellt sich in seiner kompletten Form als Aplasie oder Hypoplasie des Thymus dar. Die betroffenen Individuen besitzen keine oder nur wenige T-Lymphozyten. B-Lymphozyten sind zwar vorhanden, die primäre Antikörperantwort ist aber nur schwach. Wegen ihrer Abhängigkeit von Helfer-T-Zellen fehlt die Sekundärantwort gänzlich. Infektionen mit Erregern, die normalerweise über zelluläre Immunmechanismen bekämpft werden, treten gehäuft auf (s. Kap. 11). Die Ätiologie der Entwicklungsstörung bleibt in den meisten Fällen unklar. Das Syndrom ist zwar angeboren und ist in seltenen Fällen vererbbar. Meist wird es aber nicht vererbt, da es erst während der Embryonalentwicklung erworben wird. Zur Behandlung dienen die Thymustransplantation und die Gabe von Thymusextrakt.

Die **Bruton'sche Agammaglobulinämie** wird X-chromosomal vererbt; sie ist auf das männliche Geschlecht beschränkt. Den betroffenen Jungen fehlen sämtliche B-Lymphozyten und als direkte Folge auch die Thymus-unabhängigen Bereiche in den sekundären Lymphorganen (s. Kap. 3). T-Lymphozyten, Thymus und Thymus-abhängige Bereiche sind dagegen normal. Infektionen mit bakteriellen Eitererregern treten im HNO-Bereich gehäuft auf. Die Therapie besteht in der Verabreichung von Gammaglobulinen.

Die Ätiologie der **gemeinen variablen Agammaglobulinämie** ist unklar. Unterschiedliche Gendefekte, von denen verschiedene Antikörperklassen betroffen sein können, werden hierfür verantwortlich gemacht. Bei diesem Krankheitsbild sind B-Lymphozyten zwar vorhanden, sie reifen aber nicht zu Antikörper-produzierenden Plasmazellen heran. Die verschiedenen Antikörperklassen können unterschiedlich stark betroffen sein; in einigen Fällen fehlen auch funktionsfähige T-Lymphozyten. Das Infektionsspektrum und die Therapie verhalten sich wie bei der Bruton'schen Krankheit.

Bei der **Schweizer Agammaglobulinämie** (Severe Combined Immunodeficiency, SCID) fehlen die T-Lymphozyten und – bei einem Großteil der Fälle – auch die B-Lymphozyten. Verschiedene Gendefekte, von denen in erster Linie die Lymphozytendifferenzierung im Knochenmark betroffen ist, sind hierfür verantwortlich. Bei diesem Krankheitsbild kommt es zu chronischen Infektionen durch opportunistische Erreger mit letalen Folgen. Die Knochenmarktransplantation stellt bislang den einzigen Weg zur Behandlung dar. Eine Heilung durch Gentherapie ist – zumindest in einigen Fällen – seit kurzem in den Bereich des Möglichen gerückt.

Das **erworbene Immundefizienz-Syndrom** (Acquired Immunodeficiency Syndrome, AIDS) stellt das bekannteste Beispiel für eine erworbene Immundefizienz dar. Der Erreger, das humane Immundefizienz-Virus (HIV), benutzt das CD4-Molekül als Rezeptor und befällt daher in erster Linie die CD4-Helfer-T-Zellen. Als Folge kommt es zu einem Absinken des Verhältnisses von CD4/CD8-

Tabelle 10.2. Beispiele für primäre Immunmangelkrankheiten

Hauptsächlich durch Antikörpermangel
- Bruton'sche Agammaglobulinämie (geschlechtsgebundene Agammaglobulinämie)
- Geschlechtsgebundene Hypogammaglobulinämie mit Wachstums-Faktor-Defekt
- Immunglobulinmangel mit erhöhtem IgM
- IgA-Mangel

Hauptsächlich T-Zell-Defekt
- Di-George-Syndrom

Kombinierte Immunmangelkrankheiten
- Gemeine variable Agammaglobulinämie mit begleitendem T-Zell-Defekt
- Schweizer Agammaglobulinämie (schwere kombinierte Immundefizienz)
- Adenosin-Desaminase-Mangel
- Purin-Nukleosid-Phosphorylase-Mangel

Andere Immunmangelkrankheiten
- Chronische Granulomatose
- Wiskott-Aldrich-Syndrom
- Ataxia teleangiectatica
- Komplementkomponenten-Mangel

T-Zellen im peripheren Blut. Chronische Infektionen mit Opportunisten, die normalerweise von zellulären Immunmechanismen kontrolliert werden, treten regelmäßig auf.

Die *chronische Granulomatose* ist auf einen vererbten Defekt der NADPH-Oxidase zurückzuführen (s. Kap. 9). Die professionellen Phagozyten sind daher nicht in der Lage, die zur Keimabtötung benötigten reaktiven Sauerstoffmetabolite zu bilden. Bakterien, die normalerweise extrazellulär leben und Katalase produzieren, können sich in den Phagozyten ungestört vermehren. Sie induzieren die Bildung von Granulomen ohne die damit normalerweise verbundene Keimabtötung.

Für zahlreiche Komponenten des *Komplementsystems* wurden Defekte beschrieben. Je nach der Funktion der betreffenden Komponente (s. Kap. 5) kommt es zu unterschiedlichen Krankheitsbildern.

Defekte in den frühen Komplementkomponenten C1, C2 und C4 sowie in der C5-Komponente führen zu Immunkomplexerkrankungen und zu Autoimmunkrankheiten vom Typ des systemischen Lupus erythematodes.

Defekte der Komponenten C5, C6, C7 und C8 führen zu gehäuft auftretenden Infektionen mit Neisserien und zu deren Dissemination. Diese Komplikationen unterstreichen die Bedeutung der Komplement-vermittelten Bakteriolyse für die Kontrolle der Neisserien. Im Gegensatz dazu hat ein C9-Defekt keine derartigen Auswirkungen, da bereits der C5b678-Komplex Membranläsionen hervorrufen kann.

Entsprechend der zentralen Rolle, die das C3 im Komplementsystem einnimmt, kommt es bei C3-Defekten wiederholt zu disseminierten Infektionen mit Eitererregern. Fehlen des C1INH führt zu unkontrolliertem C4- und C2-Verbrauch mit Ödembildung. Der C1INH-Defekt ist mit dem vererbten angioneurotischen Ödem (Quincke-Ödem) vergesellschaftet.

ZUSAMMENFASSUNG: Immunpathologie

Entzündung und Gewebeschädigung

Wichtige Entzündungsmediatoren. Vasoaktive Amine (Venolen-Konstriktion, Arteriolen-Dilatation; Erhöhung der Kapillarpermeabilität; Kontraktion der glatten Muskulatur); Arachidonsäure-Produkte (bronchokonstriktiv); Bradykinin (vasodilatatorisch, permeabilitätssteigernd); Anaphylatoxine (s. Kap. 5).

Überempfindlichkeitsformen

Typ I (anaphylaktische Reaktion oder Sofortallergie). IgE gegen Umweltantigene stimulieren nach Antigenkontakt Degranulation von Mastzellen und basophilen Granulozyten.

Typ II (zytotoxische Reaktion). Durch Bindung von IgG an körpereigene Zellen wird deren Lyse oder Phagozytose induziert (z.B. Goodpasture-Nephritis durch Autoantikörper).

Typ III (Immunkomplex-Reaktion). Kleine, lösliche Antigen-Antikörper-Komplexe lagern sich in Organen ab, es kommt zu Urtikaria, Albuminurie, Ödembildung, Arthritis.

Typ IV (verzögerte Reaktion). T-Zellen aktivieren lokal Makrophagen, es kommt zur verzögerten Hautreaktion (z.B. Tuberkulin-Test, Kontaktdermatitis).

Autoimmunität

Träger der Autoimmunität. Antikörper und/oder T-Zellen gegen körpereigene Strukturen.

Organspezifische Autoimmunerkrankungen. Hashimoto-Thyreoiditis, Basedow'sche Krankheit, Typ I-Diabetes, Multiple Sklerose.

Organ-unspezifische Autoimmunerkrankungen. Systemischer Lupus erythematodes, rheumatoide Arthritis.

Mögliche Ursachen von Autoimmunerkrankungen. Sequestrierte Autoantigene bleiben bei der Toleranzentwicklung unberücksichtigt und wirken bei späterer Freisetzung wie Fremdantigene; kreuzreaktive Antigene von Mikroorganismen induzieren aufgrund von Antigenmimikry eine Immunantwort gegen körpereigene Strukturen; durch Umgehung oder Brechung der peripheren Toleranz kann eine Autoimmunerkrankung entstehen;

durch polyklonale Aktivierung können selbstreaktive Klone aktiviert werden.

Transplantation

Transplantationsarten. *Autologe Transplantation:* Überpflanzung körpereigenen Materials; *isologe Transplantation:* Überpflanzung genetisch identischen Materials; *allogene Transplantation*: Überpflanzung von genetisch unterschiedlichem Material der gleichen Spezies; *heterologe Transplantation*: Überpflanzung von Material unterschiedlicher Spezies.

Transplantatabstoßung. Primär von T-Zellen mit Spezifität für die Genprodukte des fremden Haupt-Histokompatibilitäts-Komplexes. „Host versus Graft"-Reaktion: Abstoßung des Transplantats durch den Empfänger. „Graft-versus-Host"-Reaktion: bei allogenen Knochenmarktransplantationen auftretende Reaktion des Transplantats gegen den Wirt. Verhinderung der Transplantatabstoßung: Bestrahlung; Gabe von monoklonalen Antikörpern gegen T-Zellen oder T-Zellsubpopulationen (CD3, CD4, CD8); Cyclosporin A, FK 506, Rapamycin.

Immundefekte

Di-George-Syndrom. Angeboren, defektes T-Zell-System, meist während der Embryonalentwicklung erworben; gehäuft Opportunisten-Infektionen.

Bruton'sche Agammaglobulinämie. Angeboren, defizientes B-Zell-System; Infektionen mit Eitererregern.

Gemeine variable Agammaglobulinämie. Angeboren, defektes B-Zell-System und manchmal auch T-Zell-System; Infektionen mit Eitererregern.

Schweizer Agammaglobulinämie (severe combined immunodeficiency, SCID). Angeboren, defizientes T-Zell-System und meist auch B-Zell-System; Opportunisten-Infektionen.

Chronische Granulomatose. Angeboren, defektes Phagozyten-System; Granulombildung ohne Keimabtötung.

Defekte im Komplementsystem. Angeboren, Defekte in den frühen Komponenten C1, C2, C4, C5: Immunkomplexerkrankungen; Defekte in den späten Komponenten C5, C6, C7, C8: Neisserien-Infektionen; defektes C3: Infektionen mit Eitererregern.

AIDS. Erworben, durch HIV hervorgerufen; defektes T-Zell-System; Opportunisten-Infektionen.

S. H. E. KAUFMANN

EINLEITUNG

Die Abwehr infektiöser Krankheitserreger ist die wichtigste Aufgabe des Immunsystems. Das Immunsystem hat sich in der ständigen Auseinandersetzung mit Krankheitserregern entwickelt.

11.1 Infektionen mit Bakterien, Pilzen und Protozoen

Stark vereinfacht kann man die pathogenen Bakterien, Pilze und Protozoen in insgesamt drei Gruppen einteilen, nämlich einmal in Toxinbildner, zum anderen in extrazelluläre Mikroorganismen und schließlich in intrazelluläre Erreger. In dieses Schema passen nicht alle Mikroorganismen; der Übergang zwischen den drei Gruppen ist überdies fließend. Trotzdem ist diese Aufteilung zur Orientierung brauchbar.

11.1.1 Toxinbildner

Fast alle Bakterien produzieren Toxine, die den Wirt mehr oder weniger schädigen und damit zur Entstehung des Krankheitsbildes beitragen. Bei einigen ist das produzierte Einzeltoxin für die Pathogenese weitgehend alleinverantwortlich: Das typische Krankheitsbild kann im Tierexperiment schon durch entsprechende Gabe von Toxin, d.h. ohne Infektion ausgelöst werden. Die hierzu gehörigen Erreger werden als Toxinbildner im engeren Sinn bezeichnet (Tabelle 11.1).

Exotoxine werden vom Erreger in die Umgebung sezerniert, während *Endotoxine* einen integralen Bestandteil der Bakterienzellwand darstellen. *Enterotoxine* sind Exotoxine, welche auf den Gastrointestinaltrakt einwirken. In vielen Fällen kommt es beim Menschen zur Toxinwirkung, ohne daß eine Infektion vorausgeht. So können Exotoxinbildner, welche in Nahrungsmitteln vorkommen, zur Ursache einer Vergiftung werden, ohne daß sie den Wirt infizieren. Beispiele hierfür sind

Tabelle 11.1. Typische Beispiele für Toxin-produzierende Mikroorganismen

Erreger	Toxin-Art Erkrankung	Wichtiger Wirkmechanismus
Bakterien		
Clostridium perfringens	Exotoxin Gangrän	Membran-Lyse
Clostridium tetani	Exotoxin Tetanus	Blockierung inhibitorischer Neuronen
Clostridium botulinum	Exotoxin Botulismus	Hemmung der Azetylcholin-Freisetzung
Vibrio cholerae	Enterotoxin Cholera (Exotoxin)	Beeinflussung des c-AMP-Systems
Enterotoxigene Escherichia-coli-Stämme	Enterotoxin Diarrhoe (Exotoxin)	Beeinflussung des c-AMP- und c-GMP-Systems
Enterotoxigene Staphylococcus-aureus-Stämme	Enterotoxin Diarrhoe (Exotoxin)	Neurotoxizität
Bordetella pertussis	Exotoxin und Endotoxin Keuchhusten	Zilien-Schädigung
Corynebacterium diphtheriae	Exotoxin Diphtherie	Blockierung der Proteinsynthese
Enterotoxigene Staphylococcus-aureus-Stämme	Superantigen (Enterotoxin) Schocksyndrom	Massive Zytokinausschüttung nach T-Zellaktivierung
Pilze		
Aspergillus flavus	Exotoxin Vergiftung	Hepatotoxizität, Kanzerogenität

Lebensmittelvergiftungen durch Clostridium botulinum, durch enterotoxigene S.-aureus-Stämme oder durch den Pilz Aspergillus flavus.

Die meisten Exotoxine sind stark immunogen. Sie rufen die Bildung spezifischer Antikörper hervor, die in der Lage sind, das homologe Toxin zu neutralisieren. Obwohl zur Toxinneutralisation Antikörperisotypen ausreichen, welche von TH2-Zellen kontrolliert werden, kommt es meist zur Bildung verschiedener Antikörperklassen, an deren Bildung sowohl TH2- als auch TH1-Zellen beteiligt sind.

Da sich die immunogenen Gruppen von den für die Toxinwirkung verantwortlichen toxophoren Gruppen abtrennen lassen, sind Immunisierungen mit unschädlichen Toxoiden möglich. Dieses Prinzip liegt z. B. der **Tetanus-** und **Diphtherie-Schutzimpfung** zugrunde. Ist für den Menschen die Dosis letalis minima des Toxins kleiner als die Dosis immunisatoria minima, so tritt der Tod ein, bevor das Immunsystem reagieren kann. Die Toxindosen, bei denen der Erkrankte eine Chance zum Überleben hat, sind in diesem Fall zu klein, um das Immunsystem zu stimulieren. So gibt es bei Tetanusrekonvaleszenten keine Immunität. Die künstliche Immunisierung von Pferden mit nativem Diphtherietoxin hat seinerzeit große Schwierigkeiten bereitet, da bei diesem Antigen die letale und die immunstimulatorische Wirkung dicht beieinander liegen. Im Fall der Endotoxin-Bildner ist die Gewinnung von nebenwirkungsfreien Impfstoffen aufwendiger und noch nicht zufriedenstellend gelöst (z. B. Bordetella pertussis).

Die *Superantigene* nehmen eine besondere Stellung unter den Toxinen ein. Bei bestimmten Exotoxinen von Staphylokokken und Streptokokken imponiert die direkte Aktivierung von T-Lymphozyten neben der eigentlichen Toxinwirkung. Die oligoklonale Aktivierung eines größeren Anteils der T-Zellpopulation führt zu einer massiven Zytokinausschüttung, so daß systemische Effekte überwiegen. Hierzu gehören u. a. verschiedene Enterotoxine sowie das toxische Schocksyndrom-Toxin bestimmter S. aureus-Stämme. Es kommt zu einem

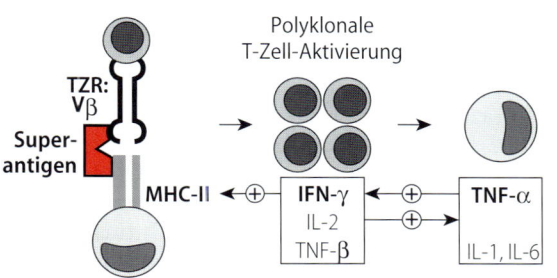

Abb. 11.1. Wirkmechanismen von Superantigenen

Schocksyndrom mit möglicher Todesfolge. Die zugrundeliegenden Mechanismen sind in Abb. 11.1 zusammengefaßt (s. a. Kap. 8).

11.1.2 Extrazelluläre Erreger

Als extrazelluläre Erreger bezeichnen wir Mikroorganismen, welche die Fähigkeit besitzen, sich im Wirtsorganismus außerhalb von Zellen zu vermehren (Tabelle 11.2).

Die Infektion kann auf die Eintrittspforte beschränkt bleiben oder aber nach Invasion und systemischer Ausbreitung andere Bereiche einbeziehen. Hierzu setzen die extrazellulären Erreger verschiedene Mechanismen ein, darunter auch die Wirkung ihrer Toxine.

Im Gegensatz zu den Verhältnissen bei den Toxinbildnern im engeren Sinne sind die Toxine der extrazellulären Mikroorganismen jedoch unfähig, das gesamte Krankheitsbild allein zu verursachen.

Im Verlauf der Infektion mit extrazellulären Mikroorganismen werden Antikörper gebildet, die in jedem Stadium der Infektion eingreifen können. Die durch die Krankheit erworbene Immunität wird in diesen Fällen von Antikörpern und nicht von T-Lymphozyten vermittelt. Die während des Immunisierungsvorganges aktivierten T-Zellen haben im wesentlichen nur Helferfunktion bei der Antikörpersynthese und keine Effektorfunktion.

Sowohl neutralisierende Antikörper, die lediglich von TH2-Zellen kontrolliert werden, als auch opsonisierende Antikörper, die sowohl von TH2- als auch von TH1-Zellen reguliert werden, sind an der Abwehr extrazellulärer Erreger beteiligt.

Während in einigen Fällen bestimmte Antigene bzw. Antikörper für den Schutz entscheidend sind (sog. Protektiv-Antigene bzw. Antikörper), scheint in anderen Fällen ein ganzes Antigen- bzw. Antikörper-Spektrum für die Immunität nötig zu sein.

Die **Adhärenz** von extrazellulären Erregern an wirtseigene Zellen wird in vielen Fällen durch **Fimbrien** vermittelt. Fimbrien-spezifische Antikörper haben deshalb einen schützenden Effekt; diese gehören meist der IgA-Klasse an. Interessanterweise haben einige Erreger wiederum die Fähigkeit entwickelt, IgA-Antikörper enzymatisch zu spalten und damit diesen Abwehrfaktor zunichte zu machen (s. u.).

Die Invasion wird durch verschiedene Faktoren ermöglicht. Bei Streptokokken erleichtern z. B. die

Tabelle 11.2. Typische Beispiele für extrazelluläre Erreger

Erreger	Wichtige Virulenzfaktoren	Erkrankung
Bakterien		
Streptococcus pyogenes	Fimbrien, Zytolysine, Kapsel, M-Protein[a]	Tonsillitis, Erysipel, Septikämie
Streptococcus pneumoniae	IgA-Protease, Kapsel[a]	Pneumonie, Otitis, Meningitis
Staphylococcus aureus	Div. Enzyme und Toxine, Protein A	Abszeß, Wundinfektion, Septikämie
Neisseria gonorrhoeae	Fimbrien, IgA-Protease, Kapsel, Opazitätsfaktor	Gonorrhoe
Neisseria meningitidis	Fimbrien, IgA-Protease, Endotoxine, Kapsel[a]	Meningitis
Escherichia coli	Kapsel (K1-Antigen), Fimbrien, Endotoxin[a]	Harnwegsinfektion, Septikämie
Klebsiella spp.	Kapsel[a]	Harnwegs- u. Wundinfektion, Pneumonie, Otitis, Meningitis
Pseudomonas aeruginosa	Exotoxin A[a], Zytolysin, Komplement-Protease	Harnwegs- u. Wundinfektion
Haemophilus influenzae	IgA-Protease, Kapsel[a]	Pneumonie, Meningitis
Pilze		
Cryptococcus neoformans	Kapsel[a]	Meningitis
Parasiten		
Entamoeba histolytica	Zytolysin	Amöben-Ruhr, Leber-Abszeß
Trichomonas vaginalis	Zellkontakt-abhängige Zytolyse	Urogenitalinfektion

[a] Antikörper gegen diese Virulenzfaktoren reichen für Schutz aus, diese Faktoren stellen daher Kandidaten für protektive Antigene dar

Hyaluronidase durch Gewebeauflockerung und die Streptokinase durch Fibrinolyse die Invasivität. Die Aktivität derartiger *Invasiv-Faktoren* kann durch Antikörper neutralisiert werden. Die Bedeutung dieser Faktoren und der entsprechenden Antikörper für Virulenz bzw. Schutz ist jedoch nicht klar, da nur solche Antikörper Schutz verleihen, die gegen die antiphagozytäre M-Substanz gerichtet sind.

Extrazelluläre Mikroorganismen sind i. a. gegen die intrazellulären Abtötungsmechanismen der professionellen Phagozyten, insbesondere der neutrophilen Granulozyten, empfindlich.

Ihre Überlebenschance besteht darin, der Phagozytose zu entgehen. Dies geschieht durch *antiphagozytäre Außenstrukturen*, wie Kapseln oder die M-Substanz. Durch opsonisierende Antikörper wird dieser Evasionsmechanismus jedoch wieder aufgehoben. Als Resultat des Zusammentreffens von extrazellulären Erregern mit professionellen Phagozyten entwickelt sich *Eiter*. Extrazelluläre Mikroorganismen werden deshalb als *Eitererreger* bezeichnet.

Schließlich können einige Bakterien – z.B. E. coli, Vibrio cholerae, Neisserien und Haemophilus influenzae – vom Komplement-System nach dessen Aktivierung über den klassischen oder den alternativen Weg direkt lysiert werden.

Diese Bakterizidie hat entscheidende Bedeutung für die Abwehr von Neisserien. Dies wird durch die Tatsache belegt, daß Träger von Komplementdefekten zwischen C5 und C9 häufig an Neisserien-Infektionen erkranken (s. Kap. 10).

11.1.3 Intrazelluläre Erreger

Der Besitz gewisser Mechanismen erlaubt es intrazellulären Erregern, im Innern von mononukleären Phagozyten zu persistieren und sich hier zu vermehren (Tabelle 11.3). Obwohl diese Erreger mononukleäre Phagozyten bevorzugen, können sie sich auch in einigen nicht-professionellen Phagozyten aufhalten. So findet man Mycobacterium leprae nicht nur in Makrophagen, sondern u. a. auch in Endothelien und in Schwann-Zellen.

Intrazelluläre Krankheitserreger sind gegen humorale Abwehrmechanismen wie Antikörper und Komplement geschützt. Antikörper sind daher für die Infektabwehr gegen diese Erreger von untergeordneter Bedeutung. Während der intrazellulären Vermehrung entstehen mikrobielle Peptide, die auf der Oberfläche des infizierten Makrophagen in Assoziation mit Haupt-Histokompatibilitäts-Produkten der MHC-Klasse-II (s. Kap. 7) präsentiert wer-

Tabelle 11.3. Typische Beispiele für intrazelluläre Krankheitserreger

Erreger	Evasionsmechanismus	Erkrankung
Bakterien		
Mycobacterium tuberculosis	Resistenz gegen lysosomale Enzyme und Sauerstoffmetabolite, Hemmung der Phagolysosomen-Bildung, Umgehung der Bildung von Sauerstoffmetaboliten	Tuberkulose
Mycobacterium leprae	Resistenz gegen lysosomale Enzyme	Lepra
Brucella spp.	Resistenz gegen lysosomale Enzyme	Brucellosen
Listeria monocytogenes	Evasion in das Zytoplasma	Listeriose
Salmonella Typhi	Resistenz gegen lysosomale Enzyme, Hemmung der Phagolysosomen-Bildung	Typhus
Legionella pneumophila	Hemmung der Phagolysosomen-Bildung, Umgehung der Bildung von Sauerstoff-metaboliten	Legionellose
Pilze		
Histoplasma capsulatum	Resistenz gegen Sauerstoffmetabolite	Histoplasmose
Parasiten		
Leishmania spp.	Resistenz gegen lysosomale Enzyme, Umgehung der Bildung von Sauerstoff-metaboliten	Leishmanniose
Toxoplasma gondii	Hemmung der Phagolysosomen-Bildung	Toxoplasmose

den und damit für T-Lymphozyten zugänglich sind. Auf diese Weise werden CD4-T-Zellen vom TH1-Typ zur Sekretion von Zytokinen angeregt. Dies hat wiederum zur Folge, daß mononukleäre Phagozyten angelockt und aktiviert werden. Wie in Kap. 8 und 9 beschrieben, erwerben Zytokin-aktivierte Makrophagen die Fähigkeit, intrazelluläre Erreger abzutöten.

Am Ort ihrer Absiedlung induzieren intrazelluläre Erreger die Ausbildung eines *Granuloms*. Dabei treten T-Lymphozyten und Makrophagen in engen Kontakt zueinander. Dies ist die Voraussetzung zur antimikrobiellen Kooperation dieser Zellen.

Appliziert man Antigene intrazellulärer Erreger einem Rekonvaleszenten intradermal, so entwickelt sich nach 24 h eine lokale Reaktion, die durch T-Zellen und mononukleäre Phagozyten vermittelt wird. Man bezeichnet sie als *verzögerte-allergische Reaktion* (s. Kap. 8 u. 10). Nicht alle Wirtszellen, die von intrazellulär vitalen Erregern befallen werden, sind in der Lage, nach Zytokin-Aktivierung ein ausreichendes Arsenal antimikrobieller Mechanismen zu mobilisieren. Unter diesen Umständen leisten auch CD8-zytolytische-T-Zellen einen schützenden Beitrag: Sie zerstören Wirtszellen, deren antimikrobielles Potential unzureichend ist, und machen die Erreger für professionelle Phagozyten höherer Abwehrkraft zugänglich. Daneben können zytolytische T-Zellen auch direkt mikrobizid wirken.

Bei intrazellulären Infektionen haben wir es häufig mit einem komplexen Gleichgewicht zwischen Erreger und Wirt zu tun: Einigen Mikroorganismen gelingt es, im Wirt für lange Zeit zu persistieren. Es kommt zu einer chronischen oder gar inapparent verlaufenden Infektion. Dieser Verlauf wird als *latente Infektion* bezeichnet. Durch Reaktivierung kann es zu einem späteren Zeitpunkt zum Ausbruch kommen.

11.2 Virusinfektion

11.2.1 Virusvermehrung

Das wesentliche Prinzip der Virusvermehrung ist die obligate Abhängigkeit des Erregers von der intakten Wirtszelle.

Die Tatsache, daß sich das Virus nicht extrazellulär vermehrt, sondern von der Wirtszelle vermehrt wird, hat auf die Art der Abwehrmechanismen einen entscheidenden Einfluß. Die humoralen Träger der Immunität – Antikörper und Komplement – können lediglich während der extrazellulären Phase wirken; die intrazelluläre Virusreplikation wird dagegen von Interferon und von zytolytischen CD8-T-Zellen kontrolliert. Dies führt zur Schädigung der körpereigenen Zellen.

Während der extrazellulären Phase sind Viren infektiös. Sie heften sich über spezifische Oberflächenrezeptoren an ihre Zielzelle (Tropismus). Vor und während dieser Phase können Antikörper und Komplement eingreifen. Antikörper können für sich allein die Adsorption an die Zielzelle verhindern. Dieser Vorgang wird *Virusneutralisation* genannt. Die Beladung mit Antikörpern und Komplement führt zur Virolyse oder zur nichtlytischen Virusneutralisation. Antikörper, die sehr bald nach der Infektion auf Viren einwirken, können den Krankheitsausbruch verhindern. Dies ist bei immunisierten Individuen die Regel. Bei viralen Infektionen des Respirations- und des Gastrointestinaltrakts spielen Antikörper der IgA-Klasse eine besonders wichtige Rolle.

Nach der Absorptions- und Penetrationsphase befinden sich die Viren im Zellinnern, wo sie repliziert werden. Schließlich werden die Viren ausgeschleust, was für die betroffene Wirtszelle häufig den Tod bedeutet. Bei der Virusausbreitung über das Blutsystem (*Virämie*) werden die Viren für Antikörper wieder angreifbar.

Die freigesetzten Viren können aber auch die umliegenden Zellen direkt befallen. Sie bleiben in diesem Fall vor der humoralen Antwort weitgehend geschützt. Das Immunsystem muß in dieser Situation auf Mechanismen zurückgreifen, die während der intrazellulären Phase wirksam sind: Interferon und zytolytische T-Zellen treten in Aktion. Hinzu kommen in bestimmten Fällen aktivierte Makrophagen und NK-Zellen.

11.2.2 Interferon

Wie in Kap. 8 beschrieben, unterscheidet man drei Interferon-Hauptklassen, nämlich das IFN-α, das IFN-β und das IFN-γ.

IFN wird von Virus-infizierten Zellen produziert und bewirkt in anderen Zellen eine Hemmung der Virusreplikation. Dies geschieht über die Aktivierung wirtseigener Enzyme, welche die Replikation der viralen RNS oder DNS verhindern.

Da IFN vor dem Einsetzen einer spezifischen Immunantwort gebildet wird, stellt es einen frühen Schutzmechanismus dar. Dies gilt natürlich nicht für IFN-γ, welches von Antigen-spezifischen T-Zellen produziert wird (s. Kap. 8). IFN-γ ist in der Lage, Makrophagen und NK-Zellen zu aktivieren, was ebenfalls zur Virusabwehr beiträgt.

11.2.3 Makrophagen und NK-Zellen

Die Aktivierung von Makrophagen durch IFN-γ ist in Kap. 8 beschrieben. Gegenüber bestimmten Erregerspezies entwickeln Makrophagen eine antivirale Aktivität. Dies geschieht vorwiegend intrazellulär, aber auch extrazellulär.

Die NK-Aktivität ist eine Eigenschaft, die durch die großen granulären Lymphozyten vermittelt wird. Zusätzlich üben diese Zellen noch die Antikörper-abhängige zellvermittelte Zytotoxizität aus (*antibody-dependent cellular cytotoxicity*, *ADCC*; s. Kap. 2 und 4). Dieser Mechanismus erfaßt auch Virus-infizierte Wirtszellen. An der Abwehr bestimmter Virusinfektionen ist sowohl die NK-Aktivität als auch die ADCC beteiligt.

11.2.4 Zytolytische CD8-T-Zellen

Die Generierung zytolytischer CD8-T-Zellen ist in Kap. 8 beschrieben. Die Zytolyse richtet sich gegen körpereigene Wirtszellen; dadurch wird die Virusvermehrung unterbrochen. Die Lyse der virusinfizierten Zellen erfolgt anscheinend vor dem Zusammenbau der Viruseinheiten. Dies bedeutet, daß durch die Lyse keine infektiösen Viruspartikel freigesetzt werden. Zytolytische CD8-T-Zellen sezernieren unter geeigneten Bedingungen auch IFN-γ. Sie tragen somit auf zweierlei Wegen zum antiviralen Schutz bei.

Auf der anderen Seite stellt die Lyse körpereigener Zellen ein autoaggressives Geschehen dar. Ihre Auswirkung auf die Pathogenese steht in direktem Zusammenhang mit der Bedeutung der betroffenen Zelle für den Wirtsorganismus.

11.3 Strategien der Erreger gegen professionelle Phagozyten

Wie in Kap. 9 bereits ausführlich diskutiert, stellen Aufnahme und intrazelluläre Abtötung von eingedrungenen Keimen durch professionelle Phagozyten einen entscheidenden Mechanismus der Infektabwehr dar. Störungen an irgendeinem Punkt dieses Geschehens führen in der Regel zu einem Überlebensvorteil für den Erreger. In diesem Falle spricht man von Evasion (lat. für heraustreten). Dem Ausdruck liegt die bildliche Vorstellung zugrunde, der Erreger trete aus der Kontrolle durch das Abwehrsystem heraus. Im Prinzip können wir drei Mechanismen unterscheiden, die mit der Abwehrfunktion der professionellen Phagozyten interferieren und damit zur Evasion beitragen:

- Abtötung der Phagozyten;
- Hemmung der Adhärenz und/oder Phagozytose;
- Intrazelluläre Vitalpersistenz.

11.3.1 Abtötung der Phagozyten

Der einfachste Weg zur Umgehung einer Phagozytose ist die Abtötung der Phagozyten. Einige Bakterien besitzen die Fähigkeit, Zytotoxine zu produzieren, welche auf Phagozyten lytisch wirken. Ein Beispiel dafür liefern die Gasbrandclostridien. Ihre Leukozidine töten Leukozyten aller Sorten ab. Bei anderen Zytotoxinen liegt das toxische Prinzip nicht in der direkten Lyse der Zielzellen. Es kommt in diesen Fällen zur Zerstörung der Lysosomen bzw. der Granula. Deren Inhaltsstoffe werden unkontrolliert in das Zytoplasma ausgeschüttet; dies führt zum Zelltod. Man spricht in diesem Zusammenhang von „Selbstmord" der Phagozyten. Beispiele für Wirkungen dieser Art liefern

- das Streptolysin der Streptokokken,
- das Leukozidin der Staphylokokken,
- das Exotoxin A von Pseudomonas aeruginosa und
- das Zytolysin von Entamoeba histolytica.

Gonokokken tragen auf ihrer Oberfläche eine Struktur, den sog. *Opazitätsfaktor*, welcher die Phagozytenmembran schädigt. Zytolysine mit der leicht nachweisbaren Fähigkeit, Erythrozyten zu lysieren, werden auch als Hämolysine bezeichnet.

11.3.2 Hemmung von Adhärenz und Phagozytose

Eine Reihe von Mikroorganismen bildet anti-phagozytäre Substanzen. Diese schützen den Erreger vor der Einverleibung durch professionelle Phagozyten. Durch den Besitz einer Polysaccharid-Kapsel können Streptococcus pneumoniae, Haemophilus influenzae und Cryptococcus neoformans der

Phagozytose entgehen. Einen ähnlichen Effekt hat das M-Protein der Streptokokken und die Schleimhülle von Pseudomonas aeruginosa. In den genannten Fällen kann der professionelle Phagozyt seine Funktion nicht erfüllen, da ihm die Mikroorganismen entgleiten. Erst die *Opsonisierung* (Beladung mit Antikörpern und/oder der Komplementkomponente C3b) ermöglicht es den Phagozyten, die Keime über die Fc- bzw. C3b-Rezeptor-vermittelte Endozytose aufzunehmen (s. Kap. 9). Bewegliche Krankheitserreger können ebenfalls den Phagozyten entweichen. Immobilisierende Antikörper gegen Geißelantigene erleichtern deshalb die Keimaufnahme. Ein besonderer Mechanismus ist bei S. aureus zu beobachten. Diese Bakterien produzieren Koagulase. Das Enzym bringt das wirtseigene Fibrin zur Gerinnung. Die Erreger werden dadurch von einem schützenden Fibrinwall umgeben.

11.3.3 Intrazelluläre Vitalpersistenz

Verschiedene Mikroorganismen besitzen die Fähigkeit, in professionellen Phagozyten zu überleben. Einige Erreger halten sich sogar bevorzugt im Inneren von Phagozyten auf. Die wichtigsten intrazellulären Mikroorganismen sind in Tabelle 11.3 (s. S. 139) aufgeführt. Die intrazelluläre Überlebensfähigkeit beruht auf einem oder mehreren der drei folgenden Mechanismen.

Hemmung der Phagolysosomen-Fusion. Im Phagosom befindet sich der aufgenommene Keim noch immer von extrazellulärem Milieu umgeben. Erst nach der Phagolysosomen-Bildung wird er der Wirkung von schädigenden Enzymen ausgesetzt. Manche Erreger, wie z. B. Mycobacterium tuberculosis, Legionella pneumophila und Toxoplasma gondii, haben das Vermögen, die Phagolysosomen-Fusion zu hemmen. Dadurch entgehen sie dem Angriff der lysosomalen Enzyme.

Resistenz gegen lysosomale Enzyme und/oder reaktive Sauerstoffmetabolite. Einige Mikroorganismen, wie z. B. Mycobacterium tuberculosis, Salmonella Typhi oder Leishmania sp., können sogar im Innern des Phagolysosoms überleben. Die Gründe dafür sind verschiedenartig. Einige Spezies sind durch den Besitz einer relativ inerten Zellwand oder einer Kapsel für lysosomale Enzyme nur schwer angreifbar. Andere Keime besitzen Enzyme, welche die antibakteriellen Produkte des Phagozyten abbauen.

Ein Beispiel hierfür ist der H_2O_2-Abbau durch Katalase-produzierende Bakterien. Einen weiteren Abwehrmechanismus stellt die Produktion basischer Ionen (z. B. NH_4^+) dar, welche das saure Milieu im Phagosom neutralisieren, so daß das pH-Optimum für die sauren Hydrolasen aus den Lysosomen nicht erreicht wird.

Eintritt in die Zelle ohne Aktivierung reaktiver Sauerstoffmetabolite.
Einige Mikroorganismen, wie z. B. Mycobacterium tuberculosis, Leishmania sp. oder Legionella pneumophila, benutzen die Oberflächenrezeptoren für Spaltprodukte der Komplementkomponente C3 (CR1 und/oder CR3), um in Makrophagen einzudringen. Dies geschieht entweder über eine direkte Bindung an CR3 oder über Aktivierung des alternativen Komplement-Synthesewegs. Die Bindung an CR1 bzw. CR3 induziert die Keimaufnahme, aber nicht die Bildung reaktiver Sauerstoffmetabolite, wie es bei Bindung an Fc-Rezeptoren der Fall ist. Daher stellen CR1 und CR3 eine relativ sichere Eintrittspforte für diese Keime dar.

Evasion in das Zytoplasma.
Ein biologisches Prinzip der intrazellulären Keimabtötung ist die Beschränkung der aggressiven Mechanismen auf das Phagolysosom. Erreger, denen es gelingt, aus dem Phagosom in das Zytoplasma zu gelangen, befinden sich dann innerhalb des Phagozyten in einer geschützten Nische. Diesen Weg benutzt Listeria monocytogenes.

Auch einige Viren halten sich bevorzugt und ohne Schaden in mononukleären Phagozyten auf. Im Vergleich zur Vermehrung in anderen Körperzellen scheinen hier aber keine prinzipiellen Besonderheiten zu bestehen.

Weitere Evasionsmechanismen

Inaktivierung von Antikörpern.
Wie weiter oben besprochen, können Antikörper bestimmte Funktionen der Krankheitserreger hemmen. Einige Mikroorganismen haben hierzu Gegenmechanismen entwickelt. So blockieren IgA-Antikörper die Adhäsion von Neisseria gonorrhoeae an Schleimhäute und verhindern dadurch deren Absiedlung im Urogenitaltrakt. N. gonorrhoeae sezerniert jedoch eine Protease, die selektiv IgA-Antikörper spaltet und damit inaktiviert. Auch N. meningitidis, Streptococcus pneumoniae und Haemophilus influenzae produzieren IgA-spaltende Proteasen. Einige Stämme von S. aureus produzieren Protein A. Dieses bindet sich an das Fc-Fragment von IgA-Antikörpern und verhindert damit die Bindung an den Fc-Rezeptor der professionellen Phagozyten.

11.3.4 Intrazelluläre Lebensweise

Eine Zwischenstellung zwischen den völlig Wirtszell-abhängigen Viren und den fakultativ intrazellulären Erregern (Tabelle 11.3, s. S. 139) nehmen solche Bakterien ein, die eine obligat intrazelluläre Lebensweise angenommen haben und sich bevorzugt oder ausschließlich in nicht-professionellen Phagozyten aufhalten. Hierzu zählen Chlamydia trachomatis, die sich bevorzugt in Epithelzellen vermehrt, und die verschiedenen Rickettsien-Arten, die sich hauptsächlich in Endothelzellen aufhalten.

Auch einige Protozoen leben hauptsächlich in nichtprofessionellen Phagozyten. So befällt der Erreger der Chagas-Krankheit, Trypanosoma cruzi, Herzmuskelzellen.

Ein extremes Beispiel ist durch Malaria-Plasmodien und Bartonellen gegeben. Diese Erreger benutzen Erythrozyten als Wirtszellen. Die roten Blutzellen besitzen keine Lysosomen und sind deshalb gegen die intrazellulären Parasiten wehrlos. Weiterhin fehlen den Erythrozyten die Haupt-Histokompatibilitäts-Moleküle, so daß sie nicht in der Lage sind, den T-Zellen die Parasiten-Antigene in erkennbarer Form anzubieten.

Es sei betont, daß die hier genannten Erreger im Inneren der Zelle v. a. überleben, weil sie „defekte" Wirtszellen benutzen, d. h. Zellen, denen die intrazellulären Abwehrmechanismen fehlen. Durch die Wahl der „defekten" Wirtszelle umgehen sie den für sie tödlichen Aufenthalt in aktivierten Makrophagen. Offensichtlich verfügen diese Erreger über Mechanismen, die es ihnen ermöglichen, aktiv in nicht-phagozytierende Wirtszellen einzudringen.

11.3.5 Antigenvariation

Die Erreger der Schlafkrankheit, Trypanosoma gambiense und T. rhodesiense haben die Fähigkeit entwickelt, der Immunantwort durch Antigenvariation zu entweichen. Nach der Infektion entwickelt sich eine zyklische Parasitämie. In jeder Phase des Zyklus überwiegt ein bestimmtes Antigen, gegen das schützende Antikörper gebildet werden. Die Antikörper induzieren im Erreger aber das Entstehen einer Antigenvariation; es entsteht ein neues, dominantes Antigen. Dies geschieht, bevor alle Erreger-Erstformen durch die Antikörper eliminiert werden können: Die Parasiten sind in der neuen Phase wieder unangreifbar geworden. Zwar werden Antikörper gegen das neue immundominante Antigen gebildet; dies führt aber wieder zu einer neuen Antigenvariante. Aufgrund des laufenden Antigenwechsels finden sich bei der Schlafkrankheit andauernd hohe IgM-Titer.

Borrelia recurrentis zeigt eine ähnliche Antigenvariation. Dieser Erreger ruft das Rückfall-Fieber hervor. Dabei entstehen wiederholt Fieberschübe, die jeweils von einer neuen Antigenvariante erzeugt werden. Auch Gonokokken und Meningokokken können ihre Oberflächenantigene variieren.

Die Antigenvariation einiger Virusarten stellt ebenfalls einen leistungsfähigen Evasionsmechanismus dar. Hier wirkt sich die Variation weniger auf das Überleben im ursprünglich induzierten Empfänger aus. Wichtiger ist die Möglichkeit der **Reinfektion** nach Überstehen der ersten Erkrankung.

Influenza-B- und Rhino-Viren verändern sich zwar schwach, aber kontinuierlich, bis nach einiger Zeit eine Variante selektioniert wird, die ausreichend verändert ist (**immunologischer Drift**). Bei Influenza-A-Viren treten in größeren Abständen stärkere Antigenveränderungen auf. Die neue Virusvariante trifft dann auf eine immunologisch unvorbereitete Population (**immunologischer Shift**).

11.3.6 Immunsuppression

Chronische Infektionen werden häufig von einer Immunsuppression begleitet. Zu unspezifischen Suppressionsphänomenen kommt es, wenn Erreger bevorzugt Zellen des Immunsystems besiedeln.

Beispiele hierfür sind Infektionen mit Masern-, Epstein-Barr-, Zytomegalie- und den humanen Immundefizienz-Viren (HIV).

M. leprae und Leishmania sp. rufen ein besonders breites Krankheitsspektrum hervor. Auf der einen Seite stehen Fälle, bei denen eine vollwertige Immunantwort den Verlauf zum Gutartigen hin bestimmt. Auf der anderen Seite stehen die partiell oder total immundefizienten Patienten; hier ist der Verlauf bösartig.

Man hat gute Hinweise dafür, daß an der Immunsuppression eine Verschiebung des Gleichgewichts zwischen TH1- und TH2-Zellen wesentlich beteiligt ist. Bei malignen Formen überwiegen die Zytokine des TH2-Typs (IL-4 und IL-10), während bei benignen Formen Zytokine des TH1-Typs (IFN-γ und TGF-β) dominieren (s. Kap. 8). Entsprechend kann durch Gabe von Zytokinen des TH1-Typs eine Verschiebung vom malignen zum benignen Pol erreicht werden.

11.3.7 Toleranz gegen protektive Antigene

Haemophilus influenzae, Neisseria meningitidis, Streptococcus pneumoniae und andere Keime besitzen eine Polysaccharid-Kapsel, gegen die der Erwachsene schützende Antikörper bildet. Die Kapsel trägt somit protektive Antigene. Kleinkindern vor dem 2. bis 5. Lebensjahr fehlt jedoch die Fähigkeit, Kohlenhydrat-spezifische Antikörper zu bilden; sie sind im Hinblick auf diese Antigene tolerant. Demzufolge können sie nach Absinken des mütterlichen Antikörpertiters keine schützende Immunität aufbauen. Diese Toleranz ist möglicherweise auf eine Kreuzreaktivität mit körpereigenen Strukturen zurückzuführen, die während der frühen Kindheitsentwicklung auftreten. So konnte gezeigt werden, daß die Kapsel bestimmter E.-coli- und N.-meningitidis-Stämme mit einem embryonalen Zell-Adhäsions-Molekül (N-CAM) kreuzreagiert.

Ein aufschlußreiches Beispiel für die biologische Bedeutung der Toleranz stellt die Infektion der Maus mit dem lymphozytären Choriomeningitis-Virus (LCMV) dar. Nach der Infektion von erwachsenen Mäusen werden zwar spezifische T-Zellen gebildet, gleichzeitig erkranken aber die Tiere. Durch rechtzeitige Eliminierung der T-Zellen läßt sich das Krankheitsbild erheblich mildern. Andererseits bildet sich bei neonataler Infektion eine Toleranz aus. Dadurch verläuft die Infektion ohne akutes Krankheitsbild, aber mit Viruspersistenz. Da das Krankheitsbild der LCMV-Infektion weniger auf den direkten Effekten des Virus, sondern vornehmlich auf einer *autoaggressiven T-Zellantwort* beruht, ist die Toleranzentwicklung bei den neonatal infizierten Tieren als Schutzmechanismus anzusehen.

11.3.8 Unterschiedliche Antigenerkennung durch T-Zellen als Folge unterschiedlicher Infektionsarten

Zytolytische CD8-T-Zellen erkennen ihr Antigen in Assoziation mit körpereigenen Haupt-Histokompatibilitäts (MHC)-Molekülen der Klasse I, während CD4-Helfer-T-Zellen ihr Antigen zusammen mit Klasse-II-Molekülen „sehen" (s. Kap. 7 u. 8).

Helfer-T-Zellen sind hauptsächlich für die Bekämpfung von intrazellulären Infektionen mit Bakterien, Protozoen oder Pilzen zuständig, während den zytolytischen T-Zellen in erster Linie die Virusabwehr obliegt. Auf diesen Erkenntnissen aufbauend, wurde eine teleologisch geprägte Hypothese zur MHC-abhängigen Antigenerkennung durch T-Zellen abgeleitet.

Viren können Wirtszellen unterschiedlicher Funktion befallen. Da die Virusvermehrung von körpereigenen Wirtszellen abhängt, kann die Virusreplikation nur durch deren Zerstörung wirkungsvoll unterbunden werden. Um eine Lyse der befallenen Wirtszelle zu ermöglichen, müssen die spezifischen Effektoren der Virusabwehr „ihr" Antigen zusammen mit einer ubiquitär vorhandenen MHC-Referenzstruktur erkennen. Dies ist durch die weitverbreitete Expression von MHC-Klasse-I-Molekülen auf fast allen körpereigenen Zellen gewährleistet.

Dagegen können sich die meisten intrazellulär-vitalen Bakterien, Pilze und Protozoen auch extrazellulär vermehren. Die Lyse von infizierten Zellen verliert dadurch an Bedeutung. Diese Erreger werden aber vorwiegend von mononukleären Phagozyten aufgenommen. In diesen Zellen werden unter dem Einfluß von Helfer-T-Zellen neue Funktionen aktiviert, die zur Erregerelimination führen. In diesem Fall muß somit die Aktivität der Helfer-

T-Zellen auf einen kleinen Kreis von Wirtszellen konzentriert werden. Die Einengung geschieht durch die MHC-Klasse-II-Strukturen: Diese Erkennungselemente werden nur von wenigen Zellen exprimiert. Unter ihnen sind die mononukleären Phagozyten.

11.4 Prinzipien der Impfstoffentwicklung

Die Schutzimpfung wird mit dem Ziel angewendet, den Empfänger-Organismus zur Ausbildung einer Protektiv-Immunität gegen einen oder mehrere Krankheitserreger anzuregen. Der Schutz soll lange anhalten, und die Nebenwirkungen sollen so gering wie möglich sein. Gegen zahlreiche Infektionskrankheiten existieren heute Impfstoffe, die weltweit mit großem Erfolg eingesetzt werden (Tabelle 11.4).

11.4.1 Impfstoffe aus definierten Erregerprodukten (Toxoid-Impfstoffe und Spaltvakzine)

Bei der Impfung gegen bestimmte Toxinbildner (Tabelle 11.1, s. S. 136) richtet sich die Immunantwort nicht gegen den Erreger, sondern gegen das Toxin. Beispiele für erfolgreich eingesetzte Vakzinierungen sind die Tetanus- und Diphtherie-Impfung. Dabei kommen *Toxoide* zur Anwendung, bei denen die toxophoren von den immunogenen Molekülgruppen dissoziiert wurden (s. o.). Diese Toxoide induzieren zwar neutralisierende Antikörper, haben aber ihre Toxizität verloren. Als *Spaltvakzine* bezeichnen wir Impfstoffe, die aus teilgereinigten Erregerbestandteilen bestehen. Als Beispiel hierfür sei der azelluläre Pertussis-Impfstoff genannt.

Probleme machten ursprünglich Kohlenhydratimpfstoffe gegen kapseltragende Bakterien, da die Zielgruppe für diese Impfungen – nämlich Kleinkinder – häufig keine ausreichende Immunität gegen Kohlenhydrate entwickelt. Konjugatimpfstoffe, bei denen Kohlenhydrate der Kapsel von Haemophilus influenzae Typ b mit Diphtherie- oder Tetanustoxin konjugiert wurden, haben jedoch gute Erfolge gezeigt. Konjugatimpfstoffe aus Kapselkohlenhydra-

Tabelle 11.4. Beispiele für eingesetzte Impfstoffe

Erreger	Impfstoff Resultat	Erkrankung
Corynebacterium diphtheriae	Toxoid; zufriedenstellend	Diphtherie
Clostridium tetani	Toxoid; zufriedenstellend	Tetanus
Bordetella pertussis	Azellulärer Impfstoff; zufriedenstellend	Keuchhusten
Vibrio cholerae	Abgetöteter Erreger; Verbesserung nötig	Cholera
Haemophilus influenzae Typ b	Konjugatimpfstoff; zufriedenstellend	Meningitis
Mycobacterium tuberculosis	BCG-Lebendimpfstoff; Verbesserung nötig	Tuberkulose
Salmonella Typhi/Paratyphi	galE-Lebendimpfstoff; Verbesserung nötig	Typhus
Masern-Virus	attenuierter Lebendimpfstoff; zufriedenstellend	Masern
Rubella-Virus	attenuierter Lebendimpfstoff; zufriedenstellend	Röteln
Mumps-Virus	attenuierter Lebendimpfstoff; zufriedenstellend	Mumps
Poliomyelitis-Virus	Salk-Totimpfstoff; zufriedenstellend	Kinderlähmung
Influenza-Virus	inaktivierter Erreger; Verbesserung nötig	Influenza
Hepatitis-A-Virus	inaktivierter Erreger; zufriedenstellend	Hepatitis A
Hepatitis-B-Virus	Spaltvakzine; zufriedenstellend	Hepatitis B
Hepatitis-B-Virus	Rekombinantes Antigen; zufriedenstellend	Hepatitis B

ten anderer Krankheitserreger befinden sich derzeit in klinischer Testung. Mit dem gereinigten Hämagglutinin des Influenzavirus kann man eine gute Schutzwirkung erzielen. Einem breiten Erfolg steht allerdings der Typenwandel entgegen.

11.4.2 Totimpfstoffe

Gegen extrazelluläre Bakterien (Tabelle 11.2, s. S. 138) werden gewöhnlich Impfstoffe aus abgetöteten, sonst aber intakten Erregern eingesetzt. Obwohl man in vielen Fällen die Antigene kennt, die zur Bildung von schützenden Antikörpern führen (sog. Protektiv-Antigene), verwendet man meist den ganzen, nicht aufgeschlossenen Erreger.

Als Beispiele hierfür kann der Cholera-Impfstoff angeführt werden.

Gegen zahlreiche Viruserkrankungen werden nicht infektiöse (abgetötete oder inaktivierte) Viruspartikel eingesetzt. Als Beispiel sei der Salk-Impfstoff gegen Poliomyelitis genannt. Obwohl derartige Impfstoffe ausreichende Mengen an schützenden Antikörpern induzieren, ist eine regelmäßige Auffrischung durch Booster-Impfung unumgänglich.

11.4.3 Lebendimpfstoffe

Dies sind Impfstoffe aus virulenzgedrosselten (attenuierten) lebenden Erregern. Sie bergen zwar ein erhöhtes Gefahrenpotential, dennoch sind sie am ehesten in der Lage, eine ausreichend starke Immunität zu induzieren. Dies gilt besonders dann, wenn der Schutz im wesentlichen von T-Zellen abhängt.

Zahlreiche Lebendimpfstoffe gegen Virusinfektionen werden mit Erfolg verwendet. So bestehen die Impfstoffe gegen Röteln, Masern und Mumps aus attenuierten Virusstämmen. Durch den massiven Einsatz des Vaccinia-Impfstoffs gelang weltweit die Ausrottung der Pocken.

In der Humanmedizin werden heute nur zwei bakterielle Lebendimpfstoffe verwendet. Der eine davon richtet sich gegen die Tuberkulose und ist als BCG bekannt. Er beruht auf einem attenuierten M.-bovis-Stamm, der ursprünglich von Calmette und Guérin gezüchtet wurde. Der andere Lebendimpfstoff richtet sich gegen Typhus. Er besteht aus einer stoffwechseldefekten Mutante natürlicher Typhusbakterien.

11.4.4 Entwicklung neuer Impfstoffe

Noch immer gibt es Infektionskrankheiten, gegen die ein zufriedenstellender Impfstoff nicht verfügbar ist. Das gilt besonders für die Erreger von Tropenkrankheiten, gegen die herkömmliche Impfstrategien unzulänglich sind.

Folgende Probleme können dem erfolgreichen Einsatz eines Impfstoffs entgegenstehen:

- Der attenuierte Impfstamm ist instabil und kann sich in einen virulenten Stamm rückverwandeln,
- der Impfstamm ist in vitro nicht anzüchtbar,
- der Impfstoff enthält gefährliche Bestandteile, die nicht entfernt werden können,
- der natürliche Erreger kann durch Antigenvariation den Impfschutz unterlaufen,
- der Impfstoff ist nicht in der Lage, die für die Erregerabwehr benötigten Immunmechanismen zu induzieren.

Um diese Probleme zu überwinden, müssen neue Strategien entwickelt werden. Folgende Möglichkeiten stehen im Prinzip zur Verfügung:

- synthetische Peptide,
- rekombinante Proteine,
- lebende Deletionsmutanten,
- lebende rekombinante Impfstämme,
- nackte DNS-Impfstoffe und
- Idiotyp-spezifische Antikörper.

Synthetische Peptide. Ein Antigen, welches protektiv wirksame Epitope trägt, kann zusätzlich noch toxische oder suppressive Wirkungen entfalten.

Darüber hinaus besteht die Möglichkeit, daß sich auf dem Antigenmolekül neben den protektiven Epitopen Determinanten befinden, die mit körpereigenen Bestandteilen kreuzreagieren. Man kann gegebenenfalls das protektive Epitop synthetisieren und in isolierter Form einsetzen. Hierbei handelt es sich einmal um Peptidepitope von Proteinantigenen, zum anderen um Zuckerepitope von Kohlenhydraten. Da diese Epitope allein nicht immunogen sind, müssen sie an ein *Trägermolekül* gekoppelt werden, dessen Eignung zuvor ermittelt werden muß. Der Einsatz synthetischer Peptide und Zucker ist für Infektionen gedacht, bei denen die Hauptlast der Erregerbekämpfung von Antikörpern getragen wird.

Ein entscheidender Nachteil von Peptidimpfstoffen ist die außerordentlich enge Spezifität der Immunantwort, die es dem Erreger erleichtert, der spezifischen Erkennung durch Mutation zu entgehen.

Hängt die protektive Immunität im wesentlichen von T-Lymphozyten ab, dann tauchen weitere Probleme auf. Zum einen reichen lösliche Antigene zur Stimulierung der T-Zell-vermittelten Immunität nicht aus. Zum anderen erkennen T-Zellen verschiedener Individuen auf einem gegebenen Proteinantigen unterschiedliche Epitope. Dies ist auf die unterschiedliche Präferenz der verschiedenen HLA-Haplotypen für bestimmte Aminosäuresequenzen zurückzuführen (s. Kap. 7 und 8). Deshalb wäre eine synthetische Peptidvakzine lediglich für einen Teil der Bevölkerung geeignet.

Rekombinante Proteine. Mit Hilfe der Gentechnologie können heute Polypeptide im Großmaßstab produziert werden. Dadurch können im Fall von schwer oder nicht anzüchtbaren Erregern ausreichende Antigenmengen bereitgestellt werden. Dies ist für viele Virus- und Protozoenerkrankungen sowie für die Lepra von großer Bedeutung. Weiterhin werden auf diese Weise Komplikationen durch schädliche Erregerstrukturen ausgeschlossen, es sei denn, daß diese vom gleichen Gen kodiert werden wie das Protektivantigen. Andererseits kann die Abtrennung des rekombinanten Moleküls von den Bestandteilen der produzierenden Zelle ein Problem darstellen. Ein rekombinanter Hepatitis-B-Impfstoff wird bereits erfolgreich eingesetzt. Hierbei handelt es sich um das Hepatitis-B-Oberflächenantigen (*H*epatitis *B* *s*urface *a*ntigen, HBsAg), das aus transfizierten Hefezellen gewonnen wird.

Deletionsmutanten. Es ist möglich, selektiv Gene eines Krankheitserregers auszuschalten, die für die Virulenz oder Überlebensfähigkeit im Wirt verantwortlich sind. Durch Transposon-Mutagenese wurden Verlustmutanten von Salmonella Typhi generiert, die die Fähigkeit verloren haben, im Wirt zu überleben und sich nicht mehr in den Wildtyp rückverwandeln können. Die Deletionsmutanten überleben aber lange genug, um eine protektive Immunantwort zu induzieren.

Rekombinante Stämme zur Lebendimpfung. Impfstoffe dieser Art sind in Erwägung zu ziehen, wenn das Protektiv-Antigen in rekombinanter Form vorliegt, für sich allein aber keinen Schutz induziert. Diese Situation ist vorwiegend in denjenigen Fällen gegeben, in welchen die T-Zell-vermittelte Immunität für den Impfschutz unerläßlich ist. In diesem Fall kann man das Gen für das Protektiv-Antigen auf einen geeigneten Träger übertragen; der Träger dient dann als Lebendimpfstoff.

Am weitesten fortgeschritten sind die Untersuchungen mit rekombinanten Vaccinia-Viren, mit rekombinantem BCG und mit den erwähnten Typhus-Mutanten. Auf diese Weise können polyvalente Vakzinen konstruiert werden.

Nackte DNS-Impfstoffe. Zur Verblüffung vieler Wissenschaftler war im Experimentalmodell die Impfung mit „nackter Plasmid-DNS", die ein Erregerantigen kodiert, erfolgreich. Diese nackten DNS-Impfstoffe bestehen aus einem bakteriellen Plasmid, welches zusätzlich einen viralen Promotor-/Verstärkerbereich sowie das Gen für das Impfantigen enthält. Die nackte DNS-Vakzinierung stimuliert bevorzugt eine T-Zellantwort, obwohl nach geeigneter Manipulation auch gute Antikör-

perreaktionen erzielt werden. Im Tiermodell konnte mit nackten DNS-Vakzinen u.a. Schutz gegen Grippe, Hepatitis B und Tollwut erzielt werden. Nach jetzigem Wissensstand ist anzunehmen, daß das von der nackten DNS kodierte Protein von Wirtszellen synthetisiert wird und dann nach entsprechender Prozessierung von MHC-Klasse-I- und MHC-Klasse-II-Molekülen präsentiert wird. Trotz dieser Erfolge im Experimentalmodell bleiben zahlreiche Fragen zur Sicherheit dieser neuen Impfstoffgeneration zu klären.

Idiotyp-spezifische Antikörper. Idiotyp-spezifische Antikörper erkennen den variablen Teil eines anderen Antikörpers (s. Kap. 4). Antikörper dieser Art sind im Experimentalmodell in der Lage, gegen den entsprechenden Erreger Schutz zu induzieren. Diese Impfstrategie wird derzeit jedoch nicht intensiv verfolgt.

ZUSAMMENFASSUNG: Infektabwehr

Bakterien, Pilze und Protozoen

Toxinbildner. Toxin für Pathogenese verantwortlich (z.B. Tetanus-Toxin, Cholera-Toxin, Enterotoxine bestimmter E.-coli- und S.-aureus-Stämme, Pertussis-Toxine); Schutz durch Toxin-neutralisierende Antikörper.

Extrazelluläre Erreger. Vermehren sich im extrazellulären Raum. Schutz durch Antikörper gegen Virulenzfaktoren; akute Infektion, Eiterbildung (z.B. grampositive und gramnegative Kokken, viele Enterobacteriaceae, Pseudomonas aeruginosa, Haemophilus influenzae).

Intrazelluläre Erreger. Vermehren sich intrazellulär, besonders in Makrophagen; Schutz durch T-Zellen, die Makrophagen aktivieren; chronische Infektionen, Granulombildung (z.B. Mycobacterium tuberculosis, Salmonella Typhi, Leishmanien).

Viren. Replikation durch infizierte Wirtszelle; Schutz durch Antikörper, die freie Viren lysieren oder neutralisieren bzw. die Adhäsion an die Wirtszelle inhibieren, sowie durch T-Zel-

len, die infizierte Zellen lysieren. Daneben auch Interferone (Hemmung der Virusreplikation) und NK-Zellen (Lyse virusinfizierter Zellen).

Evasionsmechanismen der Erreger

Phagozyten-Abtötung. Durch Leukozidine (z.B. Streptolysin der Streptokokken, Leukozidin der Staphylokokken, Exotoxin A von Pseudomonas aeruginosa).

Phagozytose-Hemmung. Durch Kapsel (z.B. Pneumokokken, Haemophilus influenzae), M-Protein (Streptokokken) oder Schleimhülle (Pseudomonas aeruginosa).

Intrazelluläre Vitalpersistenz. Hemmung der Phagolysosomenfusion (z.B. Mycobacterium tuberculosis); Resistenz gegen lysosomale Enzyme (z.B. Mycobacterium tuberculosis); Interferenz mit der Bildung reaktiver Sauerstoffmetabolite (z.B. Leishmanien); Evasion in das Zytoplasma (z.B. Listeria monocytogenes).

Befall von primär nicht phagozytierenden Wirtszellen. Z.B. Malariaplasmodien/Erythrozyten, Hepatozyten; Chlamydien/Epithelzellen.

Antigenvariation. Z.B. Trypanosoma gambiense und T. rhodesiense, Influenza-Viren, Rhino-Viren.

Toleranz gegen protektive Antigene. Kleinkinder bilden gegen Kohlenhydrate keine Antikörper und zeigen daher gegen Pneumokokken eine hohe Suszeptibilität.

Impfstoffe

Toxoid-Impfstoffe. Induktion von Antikörpern, die Toxin neutralisieren (z.B. Tetanus, Diphtherie).

Spaltvakzine. Gereinigte Erregerbestandteile (z.B.: Hämagglutinin von Influenza-Viren).

Konjugat-Impfstoffe. Kohlenhydrate der Kapsel, gebunden an Proteinträger (Haemophilus influenzae Typ b – Diphtherie- oder Tetanustoxinkonjugat).

Tot-Impfstoffe: abgetötete Erreger [z.B. Cholera, Poliomyelitis (Salk)].

Lebendimpfstoffe. Attenuierte Stämme [z.B. Röteln, Masern, Mumps, Tuberkulose (BCG)].

Rekombinante Antigene. Rekombinant hergestellte definierte Proteine (Hepatitis-B-Impfstoff).

Epidemiologie und Prävention

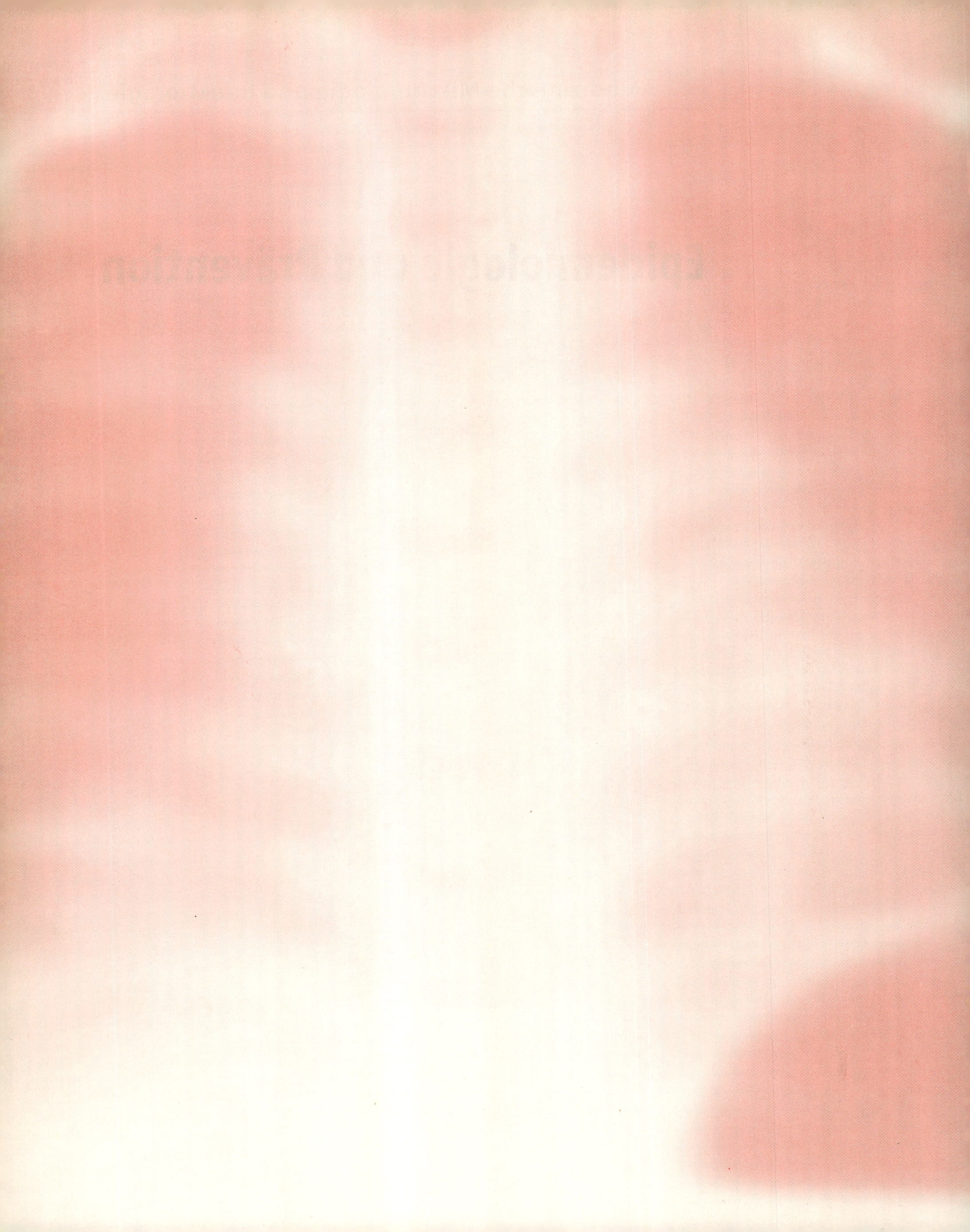

K. Miksits, A. Kramer

EINLEITUNG

Die Epidemiologie befaßt sich mit der Untersuchung der Häufigkeit, Verteilung, Dynamik und Ausprägung (phänomenologischer Aspekt) sowie den Ursachen bzw. Einflußfaktoren für Gesundheitsstörungen bzw. Erkrankungen (ursächlich-analytischer Aspekt) in einer definierten Bevölkerungsgruppe oder der gesamten Bevölkerung mit der Zielsetzung der Begründung von Präventions- und Versorgungsstrategien (praktischer Aspekt). Sie befaßt sich sowohl mit übertragbaren Krankheiten (Infektionsepidemiologie und Epidemiologie parasitärer Erkrankungen) als auch mit nicht übertragbaren Krankheiten (z. B. Umwelt-, Sozial-, Pharmakoepidemiologie, nosologische Epidemiologie), die in der Bevölkerung örtlich oder zeitlich gehäuft auftreten. Bei der Ursachenanalyse wird das Verhältnis zwischen einer Exposition (Hauptvariable), ggf. nachgeordneter Einflußfaktoren (Confounder) und dem daraus resultierenden Ergebnis untersucht. Hierfür stehen im wesentlichen drei Methoden zur Verfügung: Die deskriptive, die analytische und die experimentelle Epidemiologie.

1.1 Grundbegriffe

Epidemie. Vergrößerung einer Prävalenz innerhalb eines definierten Zeitraums mit expansivem Charakter; in der Infektionsepidemiologie gehäuftes, aber zeitlich und räumlich begrenztes Auftreten einer Infektionskrankheit in einer Bevölkerungsgruppe bzw. in einer räumlichen Struktur, z. B. Krankenhaus.

Die Epidemie kann als *Tardivepidemie* mit langsamem Verlauf (z. B. durch Kontakt ausgelöst) oder als *Explosivepidemie* mit steilem Anstieg der Erkrankungshäufigkeit (z. B. Lebensmittelinfektion) auftreten.

Endemie. Gehäuftes, räumlich begrenztes, aber zeitlich unbegrenztes Auftreten einer Krankheit in einer Region bzw. Struktur, von der ein bestimmter Anteil der Population regelmäßig erfaßt wird, wobei durch das vereinzelte und zeitlich verteilte, aber kausal zusammenhängende Geschehen (Infektions-)Krankheiten ohne expansiven Charakter verursacht werden.

Pandemie. Eine sich über Länder und Kontinente ausbreitende Epidemie.

Morbidität (Erkrankungsrate). Zahl der Erkrankungen an einer bestimmten Krankheit; als Morbiditätsziffer oder Erkrankungsrate wird sie auf eine bestimmte Anzahl von Personen bezogen, z. B. auf 10 000 oder 100 000 Einwohner.

Mortalität. Zahl der Sterbefälle einer bestimmten Krankheit, bezogen auf die Gesamtbevölkerung, ausgewählte Populationen (z. B. Säuglingssterblichkeit) oder spezielle Erkrankungen; als Mortalitätsrate wird sie auf 10 000 oder 100 000 Einwohner bezogen und i. allg. alters-, geschlechts- oder ursachenspezifisch berechnet.

Letalität. Zahl der Sterbefälle einer bestimmten Krankheit, bezogen auf die Zahl der Erkrankten an dieser Krankheit. Als Letalitätsrate wird sie in Abhängigkeit von der Häufigkeit der Erkrankung auf 10 000 oder 100 000 Erkrankte bezogen. Sie ist ein Maß für die Gefährlichkeit einer Krankheit.

Der Unterschied zwischen Letalität und Mortalität wird bei der Tollwuterkrankung besonders deutlich: Alle Patienten, die an Tollwut erkranken, sterben, die Letalität ist also 100%; mit einem gemeldeten Fall 1996 trägt die Tollwut nur minimal zu den Todesursachen der Bevölkerung bei, die Mortalität liegt weit unter 0,01%.

Inzidenz (Neuerkrankungsrate). Zahl derjenigen, die in einem bestimmten Zeitraum an einer bestimmten Krankheit, bezogen auf 1000, 10 000 oder 100 000 Probanden, *erstmals* erkranken.

Prävalenz. Bestandszahl einer Krankheit an einem Stichtag (point prevalence) oder in einem Intervall (period prevalence). Sie ist abhängig von der Krankheitsdauer. Die Prävalenzrate wird bezogen auf 10 000 oder 100 000 Einwohner.

Regression. Verringerung einer Prävalenz innerhalb eines definierten Zeitraums (z. B. durch Schutzimpfungen).

Ausbruch. Gehäuftes Auftreten einer erregerbedingten Erkrankung oberhalb der durchschnittlichen endemischen Infektionsrate, insbesondere in medizinischen und sozialen Einrichtungen.

1.2 Methoden

1.2.1 Falldefinition

Eine Falldefinition entsteht durch die Zusammenfassung charakteristischer Symptome, die ein Krankheitsbild von anderen abgrenzen soll. Sie wird durch Expertengruppen erstellt. Die Falldefinition bildet den Ausgangpunkt für alle weiteren Erhebungen.

Die Häufung von Arthritis-Fällen bei Kindern in Lyme und Old-Lyme (Connecticut, U.S.A.) im Oktober 1975 erforderte zur weiteren Aufklärung eine Falldefinition, da viele Leute an Arthritis leiden können. Die Befragung und Untersuchung der Patienten führte zur Falldefinition:

- Akut beginnende schmerzhafte Schwellung in einem Knie oder einem großen Gelenk, die Wochen bis Monate anhält,
- die Symptome treten in mehreren Attacken auf mit mehrmonatigen beschwerdefreien Intervallen,
- jeder zweite Patient hat Fieber und Krankheitsgefühl.

Anhand dieser Falldefinition konnten 51 Fälle gesammelt werden, deren Auswertung eine Zuordnung zum Erythema chronicum migrans und erste Hinweise auf eine zeckenassoziierte Genese erlaubten und so die Grundlage für die Identifizierung des Erregers der Lyme-Arthritis(-Borreliose), B. burgdorferi, ermöglichten.

1.2.2 Studiendesign

Krankheitsüberwachung (engl. frz. surveillance). Durch konsequente Meldung von Krankheiten, die für bestimmte Infektionskrankheiten festgelegt ist oder für Krebserkrankungen innerhalb des Krebsregisters erfolgt, können Daten über die Inzidenz gewonnen und davon abgeleitet Morbiditäts-, Mortalitäts- und Letalitätsstatistiken erstellt werden.

Die Surveillance ist Voraussetzung für das Erkennen einer Häufung oder einer Epidemie.

Querschnittstudien (Prävalenzstudien, engl. cross-sectional studies). Hierbei wird die Anzahl der Erkrankungen in der Beobachtungsgruppe zu einem Zeitpunkt oder in einem Zeitraum bestimmt, also die Prävalenz (point/period prevalence). Zur Ermittlung der Prävalenzrate, z. B. von nosokomialen Infektionen, werden alle Patienten, die sich an einem bestimmten Tag in einem Krankenhaus oder auf einer Station befinden, durch trainierte Prüfärzte auf das Vorhandensein einer nosokomialen Infektion beurteilt (point). Dabei ist eine Mindesthospitalisierungsdauer als Einschlußkriterium bei unzweideutiger Falldefinition festzulegen. Ein Vergleich von Prävalenz- mit Inzidenzstudien ist methodisch nicht zulässig. Die Feststellung der Häufigkeit einer Infektion kann auch durch Antikörperbestimmung erfolgen (Seroprävalenz).

Neben der Prävalenz einer Erkrankung können auch ihre klinischen Schwerpunkte, Letalität und Exposition untersucht und mit der Erkrankung in Beziehung gesetzt werden.

Prävalenzraten vermitteln nur einen unzulänglichen Eindruck über die tatsächliche Verbreitung einer Krankheit aufgrund einer Vielzahl von Störgrößen wie Neuzugänge, Heilungs-, Sterbe-, Verschwinderate, Bevölkerungsmigration.

Längsschnitt- oder Longitudinalstudie. Bei diesem Studientyp wird eine epidemiologische Situation über einen definierten Zeitraum i. a. prospektiv (ggf. auch retrospektiv) kontinuierlich beschrieben (z. B. durch Fortschreibung meldepflichtiger Infektionskrankheiten) mit der Zielsetzung der Erfassung des zeitlichen Verlaufs, der räumlichen Verteilung und bevölkerungsstruktureller Differenzen. Längsschnittstudien sind die optimale Studienform, mit der vorwiegend verschieden große Gruppen mit unterschiedlicher Exposition miteinander verglichen werden, um festzustellen, ob bestimmte Expositionen zu einer höheren Inzidenz einer Krankheit führen.

Fall-Beschreibung, Fall-Sammlung (engl. case report, case series). Diese machen auf interessante Aspekte einer Erkrankung aufmerksam, z. B. das neue Vorkommen oder gehäufte Auftreten bei bestimmten Patienten, veränderte Symptome oder neue Resistenzmuster eines Erregers. Sie können zur Aufdeckung weiterer Fälle führen und zum Kristallisationskern für neue Therapie- und Präventionsstrategien werden.

Fall-Kontroll-Studien (engl. case-control studies). Hierbei werden eine Beobachtungsgruppe mit einer Krankheit und eine passende Kontrollgruppe hinsichtlich einer möglicherweise krankheitsauslösenden Exposition bzw. Vorliegen von Risikofaktoren verglichen; Fall-Kontroll-Studien gehen von einer definierten Erkrankung aus und verfolgen die Hypothesenbildung über ätiologisch relevante Expositionen. Dieser Ansatz ist *retrospektiv*, da der Ausgang, nämlich das Entstehen der Krankheit, bereits bekannt ist. Fall-Kontroll-Studien stellen Übergänge zwischen Längs- und Querschnittsstudien mit meist nur einmaliger Probandenuntersuchung dar.

Hauptschwierigkeit ist die korrekte Zusammenstellung der Kontrollgruppe. Wesentliche Variable sind z. B. Alter, Geschlecht, sozioökonomischer Status, ethnische Zugehörigkeit und ggf. Grundkrankheiten. Die Herstellung einer weitgehenden Gleichheit von Kontroll- und Beobachtungs- (z. B. Behandlungs-)gruppe mit Ausnahme der Meßgröße (z. B. Exposition) wird als *„matching"* bezeichnet.

Ein Vorteil von Fall-Kontroll-Studien ist ihre Eignung zur Untersuchung von Krankheiten mit niedriger Prävalenz: Man hat bereits Fälle und muß nicht auf deren seltenes Auftreten warten.

Für Fall-Kontroll-Studien werden meist klinische Patienten ausgewählt, obwohl bevölkerungsbasierte Studien eine höhere Aussagekraft besitzen. Gewöhnlich werden einem Fall ein bis vier oder mehr Kontrollpersonen auf der Basis einer Paarbildung zugeordnet.

Kohortenstudien. Hierbei werden eine exponierte und eine gleichartige nicht exponierte Gruppe (Kohorten; z. B. Patientenkollektiv, Bevölkerungsstichprobe einer bestimmten geographischen Region sozialer Zugehörigkeit, Altersgruppe usw.) *prospektiv* oder *retrospektiv* auf das Entstehen einer Krankheit beobachtet.

Da beide Vergleichsgruppen zur selben Zeit gemessen werden, können gleiche Daten erhoben werden. Dauert die Datenerhebung lange, z. B. aufgrund niedriger Prävalenz oder langsamer Ausbildung von Krankheitszeichen, können Probanden aus den Gruppen ausscheiden: Dies kann zur Unterschreitung der statistisch notwendigen Mindestgruppengröße oder zu Vergleichbarkeitsdefiziten führen. Für seltene Krankheiten sind Kohortenstudien ineffektiv.

Interventionsstudien. Hierbei wird ein Behandlungs- oder Prophylaxeregime prospektiv randomisiert, doppelt blind und placebokontrolliert auf seine Wirksamkeit geprüft.

Es können ähnliche Probleme auftreten wie bei Kohortenstudien.

1.2.3 Statistische Methoden

Relatives Risiko. Das relative Risiko (RR) wird aus repräsentativen Längsschnittsstudien ermittelt und beschreibt die Anzahl der Erkankungen nach Exposition einer Einflußgröße im Verhältnis zu denen, die ohne Exposition aufgetreten sind:

$$RR = [A : (A+B)] : [C : (C+D)]$$

A = exponierte Erkrankte
B = exponierte Nichterkrankte
C = nichtexponierte Erkrankte
D = nichtexponierte Nichterkrankte

Ein expositionsbedingt erhöhtes Risiko besteht bei Werten >1.

Odds ratio. Die odds ratio (OR) beschreibt in der Gruppe der Exponierten das Verhältnis von Erkrankten zu Nichterkrankten im Vergleich zum

Verhältnis der Erkrankten zu Nichterkrankten in der Gruppe der Nichtexponierten. Sie schätzt das relative Risiko einer Gefährdung für eine bestimmte Expositionsfolge ab.

Die odds ratio wird folgendermaßen berechnet:

OR = (A : B) : (C : D)

Exponiert: A = Erkrankte und B = Nichterkrankte
Nichtexponiert: C = Erkrankte und D = Nichterkrankte

Bei einem Wert >1 tritt ein Faktor bei Erkrankten häufiger auf – er kann als ein Risikofaktor für die Entstehung der Krankheit vermutet werden.

Bei einer **Kohortenstudie** werden die Kohorten (A+B) und (C+D) anhand des Expositionsstatus vorgegeben, die Verteilung auf die Erkrankten (A oder C) bzw. Nichterkrankten (B oder D) wird erst durch die Studie retrospektiv oder prospektiv vorgenommen.

Liegt eine **Fall-Kontroll-Studie** vor, ist der Krankheitsstatus bekannt (also A+C und B+D) und die Exposition wird erst durch die Studie, i. a. retrospektiv, geklärt.

Lediglich bei einer alle Bevölkerungsgruppen umfassenden **repräsentativen Querschnittsstudie** werden alle Faktoren ausgewogen beobachtet.

Populationsabhängiges Risiko. Relatives Risiko und odds ratio geben nur Auskunft über den Einfluß der Exposition auf das Entstehen der Krankheit, lassen aber den Einfluß der Risikohäufigkeit unberücksichtigt. Das populationsabhängige Risiko setzt das relative Risiko (Exposition → Krankheit) in Beziehung zur Häufigkeit der Exposition:

(Prävalenz der Exposition/(Relatives Risiko−1))/ (1+(Prävalenz der Exposition/Relatives Risiko−1)).

Der Verzehr mit Shigellen kontaminierter Nahrungsmittel stellt auf Grund der niedrigen minimalen Infektionsdosis (1000 KBE) ein hohes relatives Risiko für das Entstehen einer bakteriellen Ruhr dar. Shigellenkontaminierte Nahrungsmittel sind jedoch in Deutschland selten, so daß hier das Risiko einer Ruhr infolge Lebensmittelinfektion gering ist.

Bias. I. a. bezeichnet der Terminus „bias" als Oberbegriff systematische Fehler bei epidemiologischen Erhebungen. Diese können entstehen durch mangelnde oder falsche Informationen durch unterschiedliche Merkmalserfassungsmethoden in verschiedenen Studiengruppen (sog. Beobachtungsbi-as, z. B. durch Fehlklassifizierung, Merkmalserfassungs- oder Antwortfehler), durch Nichtübereinstimmung von Studien- und Zielpopulation (sog. Selektionsbias), durch verschiedene Formen eines zeitlichen Bias oder durch Beeinflussung der Zielgröße (z. B. Lungenkrebs) durch eine Störgröße (z. B. Rauchen), die zu einer Verzerrung der Zielgröße führt (sog. confounding bias).

Confounder. Eine Variable wird als Confounder bezeichnet, wenn sie wesentliche Eigenschaften bzw. Einflußgrößen eines Untersuchungsobjekts bzw. einer Zielgröße (z. B. Krankheit) beschreibt, die jedoch nicht der Untersuchungsgegenstand der epidemiologischen Analyse ist und den Zusammenhang einer bestimmten Fragestellung verfälscht. Dazu müssen die Variablen einen von der Einflußgröße unabhängigen eigenen Effekt auf die Wirkung zeigen und mit der Einflußgröße assoziiert sein. Im Analyseprozeß sind die Variablen auszublenden, bei der Gesamteinschätzung ggf. jedoch zu berücksichtigen.

1.3 Infektionsepidemiologie

Die Epidemiologie der Infektionskrankheiten unterscheidet sich erheblich von der Epidemiologie nicht übertragbarer Krankheiten, weil bei Infektionskrankheiten in der Regel die Ursache (Erreger) nachweisbar und somit bekannt ist. Eine bedeutsame Untergruppe sind die Infektionskrankheiten, die von Mensch zu Mensch übertragen werden. Mit der Kenntnis des Erregers sind i. a. seine speziellen Eigenschaften wie z. B. Aufbau, biochemisches Verhalten, Vermehrung, bevorzugter Lebensraum, physiologischer Standort, Temperatur- und Ernährungsoptimum, Resistenzverhalten und diagnostische Nachweismethode bekannt. Diese sind für die Erkennung, Verhütung und Bekämpfung von Infektionskrankheiten von wesentlicher Bedeutung.

Die Infektionsepidemiologie befaßt sich damit, durch Untersuchungen über den Einzelfall hinaus die Ursachen (Infektionsquelle) und Gesetzmäßigkeiten für die Entstehung und Ausbreitung (Übertragungswege, Keimreservoire) erregerbedingter Krankheiten festzustellen und die Erkenntnisse für die Verhütung und Bekämpfung anzuwenden.

1.3.1 Infektionsquelle

Der Ursprung jeder Infektion ist eine Infektionsquelle. Die *primäre Infektionsquelle* ist der Ort, an dem sich der Erreger aufhält und ggf. vermehrt. Als *Keimreservoir* bezeichnet man den Standort, an dem sich ein Erreger häufig oder dauernd (endemisch) aufhält und von dem aus eine Infektion oder Kolonisation ihren Ursprung nehmen kann.

Selbst ohne Kenntnis eines Erregers kann eine solche Infektionsquelle mittels infektionsepidemiologischer Methoden aufgedeckt werden. Das klassische Beispiel ist die Pumpe in der Broad Street in London (Abb. 1.1).

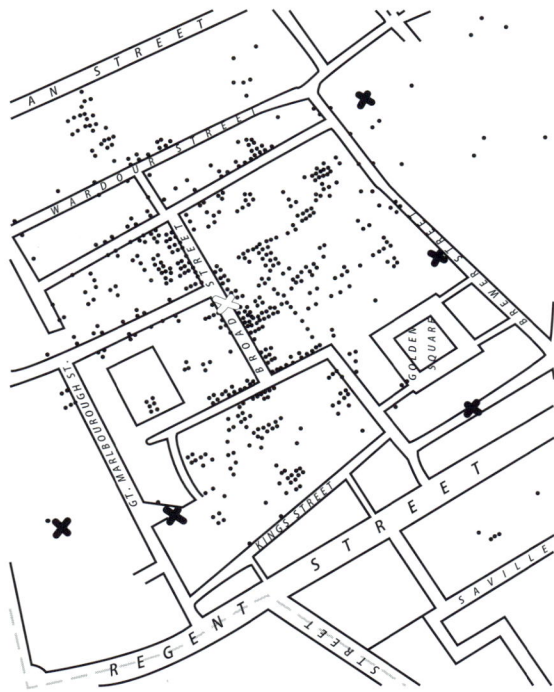

Abb. 1.1. John Snow: Die Pumpe in der Broad Street
Durch die Aufzeichnung aller Cholerafälle in einen Straßenplan gelang es dem Arzt John Snow, die Wasserpumpe in der Broad Street (rotes Kreuz) als Ausgangspunkt für die Cholera zu identifizieren; ein Schließen der Pumpe führte zum Sistieren der Epidemie. Dies geschah 1854, also 29 Jahre bevor der Erreger der Cholera, Vibrio cholerae, 1883 von Robert Koch entdeckt wurde. Später stellte sich heraus, daß diese Pumpe von einer anderen Wassergesellschaft aus anderen Quellen gespeist wurde als die Pumpen in der Umgebung.

1.3.2 Übertragungswege

Mikroorganismen werden direkt oder indirekt übertragen.

Direkte Übertragung. Hierbei ist der direkte Kontakt mit der Infektionsquelle erforderlich. Der Erreger kann durch Tröpfchen (Reichweite max. 1 m, eingetrocknete schwebende Tröpfchenkerne können jedoch >30 min aerogen weiterverbreitet werden), Bisse, Schmierinfektion, Geschlechtsverkehr (sexuell), unter der Geburt (natal) und transplazentar von der Mutter auf das Kind (vertikal) oder über Muttermilch übertragen werden.

Typischerweise durch Tröpfcheninfektion werden Erreger von Infektionen des oberen Respirationstraktes, z.B. Rhinoviren, Meningitis- oder Tuberkuloseerreger, verbreitet. Ein typischer Erreger von Wundinfektionen nach Hunde- und Katzenbissen ist P. multocida. Häufige sexuell übertragbare Erreger sind T. pallidum, N. gonorrhoeae, H. ducreyi, C. trachomatis, HIV und HBV (s. S. 961 ff.). Zu den unter der Geburt übertragenen Erregern gehören B-Streptokokken, N. gonorrhoeae, C. trachomatis und HSV; typische vertikal übertragene Erreger sind Rötelnvirus, T. gondii, CMV, L. monocytogenes, T. pallidum und Parvovirus B19 (s. S. 965).

Indirekte Übertragung. Von indirekter Übertragung wird gesprochen, wenn kein direkter Kontakt zwischen Infektionsquelle und potentiellem Wirt besteht. Der Infektionserreger gelangt über einen Zwischenträger zum Wirt. Man unterscheidet die Übertragung durch unbelebte Träger (engl. *vehicle-borne*), durch Vektoren (engl. *vector-borne*) und durch Stäube oder Aerosole (engl. *air-borne*).

Unbelebte Träger können sein: Wasser, Nahrungsmittel, Körpersekrete wie Stuhl, Urin, Serum, Plasma, Gewebe oder Organe und unzureichend aufbereitete Medizinprodukte, z.B. Endoskope.

Die vektorielle Übertragung erfolgt durch Arthropoden (Insekten und Spinnentiere). Hierbei vermehrt sich der Mikroorganismus üblicherweise im Vektor. Typische vektoriell übertragenen Erreger sind Rickettsien, Borrelien, Plasmodien, Leishmanien, Trypanosomen und Filarien (Tabelle 1.1).

In seltenen Fällen dienen Arthropoden, wie auch unbelebte Träger, nur der Weiterverbreitung, sind aber nicht obligat für die Vermehrung des Er-

IV

Tabelle 1.1. Beispiele medizinisch relevanter Vektoren

Vektor	Erreger
Zecken	Borrelien (B. burgdorferi, B. recurrentis) Rickettsien (R. rickettsii, R. conori, u.a.) Ehrlichia FSME-Virus Krim-Kongo-Hämorrhagisches-Fieber-Virus
Läuse	Borrelien (B. recurrentis) Rickettsien (R. prowazekii) Bartonella quintana
Milben	Rickettsien (R. akari, O. tsutsugamushi)
Flöhe	Rickettsien (R. typhi)
Wanzen	Trypanosoma cruzi
Fliegen	
Glossinen	Trypanosoma brucei
Chrysops	Filarien (Loa loa)
Simulium	Filarien (Onchocerca volvulus)
Mücken	
Anopheles	Plasmodien
Aedes	Gelbfieber-Virus Dengue-Virus Rift-Valley-Fieber-Virus kalifornisches Enzephalitis-Virus
Culex	Japanisches Enzephalitis-Virus Westnil-Virus St.-Louis-Enzephalitis-Virus
Sandmücken	Leishmanien (Phlebotomus, Lutzomyia)
verschiedene Arten	Filarien (Wucheria, Brugia)

Tabelle 1.2. Beispiele medizinisch relevanter Zoonose-Erreger

Erreger	Reservoirwirt
Arenaviren	Nager (LCMV: Maus, Lassa: Mastomys)
Bartonella henselae	Katzen
Borrelien	Nager (v.a. Mäuse), Hirsche, Katzen, Pferde, Schafe
Brucellen	Rinder (Büffel, Kamele): B. abortus, Ziegen, Schafe: B. melitensis]
Chlamydia psittaci	alle Vogelarten
Filoviren	Affen?
Francisella tularensis	Wildtiere (v.a. Kaninchen, Hasen), Carnivoren, Schaf, Fasan u.a.
Hantaviren	Nager (Mäuse)
Leishmanien	Nager, Carnivoren (z.B. Hunde)
Leptospiren	Nager (vor allem Ratten und Mäuse), Haustiere, Igel, selten Fische und Vögel
Rabiesvirus	Haus- und Wildtiere, Nager, Fledermäuse, Vögel, (keine Kaltblüter)
Rickettsien	Nager (Wild-, Klein-Nager), z.T. Hunde
Trypanosoma brucei rhodesiense	Wildtiere (z.B. Antilopen), Rinder
Trypanosoma cruzi	zahlreiche Arten (z.B. Nager, Hunde)
Toxoplasma gondii	Warmblüter, vor allem Schweine (Zwischenwirt) und Katzen (Endwirt: Ausscheidung von Oozysten)
Yersinia pestis	Ratten, andere Nager und Carnivoren
zoophile Dermatophyten	verschiedene Arten (s. S. 719 ff.)

regers. Shigellen können z.B. von Fliegen übertragen werden, die sich äußerlich mit shigellenhaltigem Stuhl kontaminieren.

Einige Mikroorganismen sind resistent gegenüber Umwelteinflüssen und können daher außerhalb eines Wirts infektiös bleiben. Durch Staub oder Aerosole gelangen sie an Eintrittspforten eines neuen Wirts. Legionellen überleben in nicht ausreichend heißen Heißwasserleitungen ($<60\,°C$) und Klimaanlagen. Durch deren Benutzung entstehen legionellenhaltige Aerosole, die bis in die Alveolen gelangen, in denen die Bakterien ideale Vermehrungsbedingungen vorfinden und eine Infektion auslösen können.

1.3.3 Infektionsketten

Infektionsketten bezeichnen den Weg der Übertragung von Krankheitserregern von einem Wirt auf einen anderen Wirt, unabhängig davon, ob es nach der Übertragung zu einer Erkrankung kommt oder nicht.

Homologe Infektionsketten. Hierbei wird der Erreger nur von Mensch zu Mensch bzw. zwischen Individuen derselben Spezies übertragen. Beim Menschen als Wirt spricht man auch von Anthroponosen.

Kreuzinfektion (engl. cross infection). Ausbreitung identischer Krankheitserreger von der primären Infektionsquelle direkt oder indirekt auf andere Wirtsorganismen und von dort aus erneute Übertragung, wobei sich die Infektionsketten mehrfach kreuzen; in erster Linie in Einrichtungen des Gesundheitswesens, z.B. als Infektionsübertragung in demselben Raum, derselben Pflegeeinheit oder auch in andere Krankenhäuser.

Heterologe Infektionsketten. Hierbei wird die Infektionskette von mehreren Spezies (in der Regel

Wirbeltiere) als Wirt und Infektionsquelle/Erregerreservoir gebildet, sog. Zoonosen (Tabelle 1.2). Bei Anthropozoonosen erfolgt die Übertragung vom Menschen auf Wirbeltiere, bei Zooanthroponosen umgekehrt. Die Kenntnis von Erregerreservoiren außerhalb des Menschen hat erhebliche Bedeutung für die Bekämpfung von Infektionskrankheiten.

1.3.4 Risikogruppen

Eine Risikogruppe ist ein Teil der Population mit erhöhtem Infektionsrisiko oder von dem eine erhöhte Infektionsgefahr ausgeht. Die Kenntnis von Risikogruppen hilft, eine Infektionsquelle und damit einen Erreger zu finden und Präventionsmaßnahmen gezielt und mit größerem Erfolg einzusetzen.

Im Verlauf der Zeit kann sich das Risikoprofil einer Infektion ändern, z.B. durch den erfolgreichen Einsatz von Präventionsmaßnahmen, wodurch Änderungen der Präventionsstrategie erforderlich werden. In der Folge treten andere Risikogruppen oder Erreger in den Vordergrund. So waren zu Beginn der HIV-Epidemie homosexuelle Männer die Hauptrisikogruppe für die Übertragung; jetzt sind es mehrheitlich I.-v.-Drogenabhängige.

Mit der zunehmenden Durchimpfungsrate gegen Hepatitis B sank deren Inzidenz, während diese für die Hepatitis C aufgrund eines bisher nicht verfügbaren Impfstoffs ansteigt.

1.3.5 Jahreszeitliche Häufung

Die Kenntnis über jahreszeitliche Häufungen kann Hinweise auf einen Erreger liefern oder die Durchführung von Präventionsmaßnahmen beeinflussen.

Infektionen durch Coxsackieviren treten v.a. in den Sommermonaten auf („Sommergrippe"), während die echte Virusgrippe (Influenza) ihren Häufigkeitsgipfel im Winter hat; letzterer Umstand bedingt die Empfehlung zur Grippeschutzimpfung im Herbst.

Weil virusbedingte Darminfektionen gehäuft im Sommer auftreten, wurde die Poliomyelitis-Schluckimpfung in den Wintermonaten durchgeführt. Hierdurch wurde vermieden, daß der Impferfolg durch Interferenz (s. S. 516) gefährdet wurde.

IV

ZUSAMMENFASSUNG: Epidemiologie

Morbidität. Zahl der Erkrankten an einer Krankheit, bezogen auf die Population.

Mortalität. Zahl der Verstorbenen an einer Krankheit, bezogen auf die Population.

Letalität. Zahl der Verstorbenen an einer Krankheit, bezogen auf die Erkrankten (Maß für die Gefährlichkeit).

Prävalenz. Zahl der Erkrankten zu einem Zeitpunkt bzw. in einem Zeitintervall.

Inzidenz. Zahl der Neuerkrankungen zu einem Zeitpunkt bzw. in einem Zeitintervall.

Endemie. Örtlich begrenzte, zeitlich unbegrenzte Häufung einer Krankheit.

Epidemie. Örtlich und zeitlich begrenzte Häufung einer Krankheit.

Falldefinition. Zusammenfassung charakteristischer Symptome, die ein Krankheitsbild von anderen abgrenzt.

Meldewesen. Erhebung von Inzidenzdaten und damit von Morbidität, Mortalität und Letalität (engl. surveillance).

Querschnittstudie: Erhebung von Prävalenzdaten.

Fall-Kontroll-Studie. Vergleich Fall-Gruppe (Erkrankte) vs. Kontroll-Gruppe (Nicht-Erkrankte) im Hinblick auf Risikofaktoren.

Kohortenstudie. Vergleich exponierte Gruppe vs. nicht exponierte Gruppe hinsichtlich Krankheitsentstehung.

Relatives Risiko, odds ratio. Maße für Risikofaktoren

Confounder. Bedeutsame Einflußgröße, die aber nicht Meßgröße der Studie ist.

Bias. Systematischer Fehler (fehlerhafte Datenerhebung).

2 Prävention

K. Miksits, A. Kramer

2.1 Grundbegriffe

Primäre Prävention. Ihre Zielsetzung ist die Ausschaltung von Krankheitsursachen. Sie beinhaltet alle direkt auf die Verhinderung von gesundheitlichen Beeinträchtigungen bzw. Erkrankungen gerichteten Maßnahmen.

Der klassische Ansatz zur Verhütung von Infektionskrankheiten sind Impfungen (s. S. 144 ff.). Durch *aktive Immunisierung* entwickelt der Organismus Immunität (Antikörper, T-Zellen), so daß ein Erreger so effektiv abgewehrt wird, daß keine Krankheitszeichen auftreten. Wird eine Impfung konsequent in der gesamten Bevölkerung durchgeführt, kann die Ausrottung des Erregers gelingen: Dies ist durch die Pockenschutzimpfung gelungen und wird mit der Polioschutzimpfung angestrebt.

Bei der *passiven Immunisierung* werden Antikörper verabreicht, so daß eine Eigenproduktion nicht abgewartet werden muß. Durch rechtzeitige Gabe von Diphtherie-Antitoxin wird Diphtherietoxin vor dem Eindringen in Zielzellen neutralisiert; damit werden die Krankheitszeichen der Diphtherie verhindert.

Ein weiteres Beispiel für Primärprävention ist die perioperative Chemoprophylaxe (s. S. 829). Durch die einmalige Antibiotikagabe vor einem chirurgischen Eingriff läßt sich das Auftreten von Wundinfektionen reduzieren. Durch Postexpositionsprophylaxe (z. B. Rifampicin bei Kontakten von Meningokokken-Meningitispatienten) soll die Ansteckung verhindert werden.

Sekundäre Prävention. Sie umfaßt alle Maßnahmen, die der *Früherkennung* prämorbider Zustände und Erkrankungen dienen. Hierdurch soll eine weitere gesundheitliche Verschlechterung bzw. im günstigsten Fall eine Wiederherstellung erreicht werden.

Typischerweise findet sie bei den Krebsvorsorgeuntersuchungen statt. Der Sekundärprophylaxe von Infektionskrankheiten dient die Untersuchung asymptomatischer Sexualpartner von Indexfällen sexuell übertragbarer Erkrankungen, das mikrobiologische Monitoring bei Intensivpatienten oder Umgebungsuntersuchungen z. B. beim Bekanntwerden von Keimträgern bzw. Erkrankten durch multiresistente Erreger.

Eine spezielle Form der sekundären Prävention ist das Screening nach bestimmten Krankheiten (aktive Fallfindung) mit i. a. wenig aufwendigen aber ausreichend sensitiven Methoden.

Tertiäre Prävention. Sie zielt auf die Verhinderung der Verschlechterung einer chronischen Krankheit bzw. die Veränderung oder die Reduktion von Spätschäden und Folgeerkrankungen bei bereits bestehenden Erkrankungen. Teil der tertiären Prävention ist die Rehabilitation als medizinische, berufliche, soziale und schulische.

Die tertiäre Prävention bezieht sich nicht nur auf chronische Erkrankungen wie Diabetes mellitus, Hypertonie und koronare Herzkrankheit, sondern auch auf Prophylaxemaßnahmen zur Vermeidung von Opportunisteninfektionen bei bestehender HIV-Infektion.

Präventionsebenen. Präventionsmaßnahmen können auf verschiedenen Ebenen einsetzen. Die erste Ebene betrifft den einzelnen Patienten. Dieser wird in der Regel von seinem Arzt über vorbeugende Maßnahmen beraten, die er für sich selbst durchführt.

Die nächste Ebene betrifft in Institutionen zusammengefaßte Populationen, z. B. Krankenhauspatienten und -personal. Hier müssen über den Einzelfall hinausgehende Prophylaxemaßnahmen organisiert werden, z. B. muß ein Hygieneplan erstellt oder das Personal regelmäßig hinsichtlich einer Hepatitis-B-Virus- oder HIV-Infektion untersucht werden. Solche Aufgaben werden von Krankenhaushygienikern, Ärzten oder Betriebsärzten durchgeführt.

Die letzte Ebene betrifft die gesamte Bevölkerung. Typischerweise liegt ein Schwerpunkt auf der Verhinderung von Infektionskrankheiten, z. B. von Enteritis infectiosa oder übertragbarer Menin-

gitis. Da hierbei Zwangsmaßnahmen erforderlich werden können, sind hierfür amtliche Stellen (Gesundheitsamt: Amtsarzt) zuständig. Weitere Beispiele in Deutschland sind die Ständige Impfkommission (STIKO) und die Kommission Krankenhaushygiene und Infektionsprävention am Robert-Koch-Institut Berlin, die Empfehlungen für Impfungen bzw. zur Prävention nosokomialer Infektionen geben.

Risiko, Praktikabilität, Kosten, Effektivität. Bei der Planung von Prophylaxemaßnahmen muß zunächst für die jeweilige Präventionsebene das Risiko ermittelt werden. Bei einem Individuum können Expositionswahrscheinlichkeit und abwehrschwächende Faktoren bestimmt werden: Bei <200 CD4$^+$-Zellen/µl Blut bei HIV-Infektion ist das Risiko für eine Pneumocystis-carinii-Pneumonie stark erhöht; bei einer Granulozytenzahl <100/µl Blut steigt das Risiko z. B. für eine invasive Aspergillose erheblich an. Auf der Ebene einer Population können *Risikogruppen* erkannt werden: Z. B. haben homosexuelle Männer und Drogenabhängige ein erhöhtes Risiko für eine Infektion mit HIV oder HBV.

Danach müssen Möglichkeiten der Risikominderung gefunden werden. Diese müssen praktikabel und bezahlbar sein; derjenige, der sie ausführen soll, muß dies können und auch tatsächlich tun (*Compliance*). Sind die ausgewählten Maßnahmen zu kompliziert oder zu belästigend, werden sie ohne Überwachung falsch oder unzuverlässig durchgeführt und verlieren ihre Wirksamkeit. Wird einem granulozytopenischen Patienten von der mehrmals täglich durchzuführenden Mykoseprophylaxe mit Amphotericinlösung ständig übel, wird er die Frequenz der Spülungen reduzieren und erhöht damit das Risiko einer Pilzinfektion.

Nach Risikoabschätzung und Auswahl geeigneter Maßnahmen muß geprüft werden, ob das gewählte Vorgehen effektiv ist, d. h. ob der Aufwand zu einer angemessenen Risikoreduktion führt (*Nutzen-Risiko-* und *Kosten-Nutzen-Analysen*). Durch die kostengünstige Pneumocystis-carinii-Pneumonie(PCP)-Prophylaxe mit Cotrimoxazol können die PCP-Inzidenz und die damit verbundenen teuren Therapiemaßnahmen (Krankenhausaufenthalt, Medikation) erheblich reduziert und die Lebensdauer und -qualität des AIDS-Patienten deutlich verbessert werden. Laminar-air-flow-Decken in Operationseinheiten vermindern das Risiko postoperativer Infektionen und sind daher un-

geachtet der hohen Primärinvestition zum Standard für bestimmte chirurgische Disziplinen geworden.

Asepsis. Diese umfaßt die Gesamtheit aller Maßnahmen zur Verhütung einer mikrobiellen Kontamination bzw. Einhaltung möglichst keimfreier Bedingungen mit der Zielsetzung der Infektionsverhütung. Wichtige Standbeine der Asepsis sind die korrekte Durchführung von Desinfektions- und Sterilisationsmaßnahmen, die Konservierung, die Distanzierung (farbliche Trennung) z. B. durch keimdichte Barrieren (Schutzkleidung, Matratzenüberzüge, Wundauflagen), bauliche Voraussetzungen (z. B. Schleusen) und die geeignete Organisation von Arbeitsabläufen einschließlich der Schulung der Mitarbeiter. Durch ordnungsgemäße Händedesinfektion kann die Rate nosokomialer Infektionen signifikant reduziert werden.

Antiseptik. Die Antiseptik umfaßt die Anwendung von Antiseptika am Ausgangsort, an der Eintrittspforte einer möglichen Infektion oder am Infektionsherd auf der Körperoberfläche (Haut, Schleimhaut, Wunden), in Körperhöhlen (durch Punktion oder Katheter) und auf chirurgisch freigelegten Körperregionen. Durch Abtötung, Inaktivierung und/oder Entfernung von Mikroorganismen bzw. Viren, ggf. auch nur durch Keimhemmung, sollen die Zahl der Krankheitserreger reduziert und die Vermehrung der nicht abgetöteten Erreger möglichst langanhaltend gehemmt werden, um einer unerwünschten Kolonisation oder Infektion vorzubeugen bzw. diese zu behandeln.

Antiseptika zur prophylaktischen Anwendung müssen mikrobiozid wirken. Eine lediglich mikrobiostatische Wirksamkeit stellt die erforderliche klinische Effektivität in Frage. Zur Therapie ist ggf. eine mikrobiostatische Wirkung ausreichend.

2.2 Amtliche Maßnahmen: Gesetze und Empfehlungen

Auf die Gefährlichkeit von Seuchen, also das plötzliche Erkranken einer großen Zahl von Lebewesen an einer ansteckenden Infektionskrankheit, wurde schon frühzeitig mit „staatlichen Maßnahmen" reagiert, selbst als über die zugrundeliegenden infektiösen Mikroorganismen weder theoretische Überlegungen noch nachprüfbare Erkenntnisse existierten.

Infektionsschutzgesetz

Das Infektionsschutzgesetz (IfSG) löst das Bundesseuchengesetz, das Gesetz zur Bekämpfung der Geschlechtskrankheiten und verschiedene zugehörige Verordnungen per 1. 1. 2001 ab.

Zweck des Gesetzes ist es, übertragbaren Krankheiten beim Menschen vorzubeugen, Infektionen frühzeitig zu erkennen und ihre Weiterverbreitung zu verhindern.

Information über Infektionsgefahren. Die Information über Infektionsgefahren und die individuellen Möglichkeiten zu deren Verhütung spielen eine überragende Rolle beim Schutz vor Infektionen. Dies haben besonders eindrucksvoll die Informationskampagnen zur Nutzung der Schluckimpfung gegen Kinderlähmung und die effektiven Aufklärungsanstrengungen bei der Eindämmung von AIDS gezeigt. Entsprechend der großen Bedeutung wird die Verpflichtung zur Aufklärung und Information als öffentliche Aufgabe festgeschrieben. Die sachgerechte Aufklärung schließt ein, daß die zuständigen Stellen gezielte und wirksame Präventionsstrategien entwickeln und diese regelmäßig auf Effizienz und Effektivität überprüfen. Diese Vorschrift richtet sich nicht nur an die Gesundheitseinrichtungen, sondern auch an Behörden wie Jugendamt oder Schulamt.

Robert-Koch-Institut. Das Robert-Koch-Institut (RKI, Nordufer 20, 13353 Berlin; www.rki.de) wird als zentrale koordinierende Institution bestimmt.

Es erstellt im Einvernehmen mit den jeweils zuständigen Bundesbehörden für Fachkreise als Maßnahme des vorbeugenden Gesundheitsschutzes Richtlinien, Empfehlungen, Merkblätter und sonstige Informationen zur Vorbeugung, Erkennung und Verhinderung der Weiterverbreitung übertragbarer Krankheiten. Des weiteren hat es entsprechend den jeweiligen epidemiologischen Erfordernissen Kriterien (*Falldefinitionen*) für die Übermittlung eines Erkrankungs- oder Todesfalls und eines Nachweises von Krankheitserregern zu erstellen sowie die zu erfassenden nosokomialen Infektionen und Krankheitserreger mit speziellen Resistenzen und Multiresistenzen festzulegen, in einer Liste im Bundesgesundheitsblatt zu veröffentlichen und fortzuschreiben.

Die nach diesem Gesetz übermittelten *Meldungen* werden im RKI zusammengeführt, um sie infektionsepidemiologisch auszuwerten. Die Zusammenfassungen und die Ergebnisse der infektionsepidemiologischen Auswertungen werden periodisch veröffentlicht.

Zur Erfüllung der gesetzlichen Aufgaben kann das RKI *Sentinel-Erhebungen* durchführen. Dies sind stichprobenartige Erfassungen der Verbreitung bestimmter übertragbarer Krankheiten und der Immunität gegen bestimmte übertragbare Krankheiten in ausgewählten Bevölkerungsgruppen, Restblutproben oder anderem geeigneten Material. Ermittelt werden sollen: (1) die Verbreitung übertragbarer Krankheiten, wenn diese Krankheiten von großer gesundheitlicher Bedeutung für das Gemeinwohl sind und die Krankheiten wegen ihrer Häufigkeit oder aus anderen Gründen über Einzelfallmeldungen nicht erfaßt werden können, und (2) der Anteil von Personen, der gegen bestimmte Erreger nicht immun ist, sofern dies notwendig ist, um die Gefährdung der Bevölkerung durch diese Krankheitserreger zu bestimmen.

Meldewesen. Die Neuordnung des Meldewesens berücksichtigt die Entwicklung aussagefähiger diagnostischer Tests und die Erfahrungen aus der Erfassung der HIV-Infektion. Dies hat zu einer erheblichen Ausweitung meldepflichtiger Laborbefunde geführt.

Bei der Auswahl der zu meldenden übertragbaren Krankheiten sind berücksichtigt: die Gefährlichkeit der Erkrankung gemessen an der Schwere des Krankheitsverlaufs, Häufigkeit eines tödlichen Ausgangs und akuter Gefahr der Ausbreitung in der Bevölkerung, das Erfordernis sofortiger Reaktionen durch die Gesundheitsbehörden und die Bedeutung der Krankheit als Indikator für Hygienemängel.

Namentlich ist zu melden:
1. der Krankheitsverdacht, die Erkrankung sowie der Tod an:
   - Botulismus,
   - Cholera,
   - Diphtherie,
   - humaner spongiformer Enzephalopathie (nicht hereditär),
   - akuter Virushepatitis,
   - enteropathischem hämolytisch-urämischen Syndrom (HUS),
   - virusbedingtem hämorrhagischen Fieber,
   - Masern,
   - Meningokokken-Meningitis oder -Sepsis,
   - Milzbrand,
   - Poliomyelitis (jede akute schlaffe Lähmung, die nicht traumatisch bedingt ist),
   - Pest,

- Tollwut,
- Typhus/Paratyphus
- sowie die Erkrankung und der Tod an einer behandlungsbedürftigen Tuberkulose, auch wenn ein bakteriologischer Nachweis nicht vorliegt.

2. Der Verdacht auf und die Erkrankung an einer mikrobiell bedingten Lebensmittelvergiftung oder an einer akuten infektiösen *Gastroenteritis*, wenn eine Person betroffen ist, die eine Tätigkeit im Lebensmittelbereich ausübt, oder zwei oder mehr gleichartige Erkrankungen auftreten, bei denen ein epidemischer Zusammenhang wahrscheinlich ist oder vermutet wird. Die Meldung beschränkt sich also auf die Fälle, in denen wegen der Häufung oder der besonderen Gefährdung Dritter durch die Tätigkeit im Lebensmittelbereich ein unverzügliches Handeln der zuständigen Gesundheitsämter erforderlich ist, um die Infektionsquelle zu ermitteln und/oder eine Weiterverbreitung der Erkrankungen zu verhindern.

3. Der Verdacht einer über das übliche Ausmaß einer *Impfreaktion* hinausgehenden gesundheitlichen Schädigung.

4. Die Verletzung eines Menschen durch ein *tollwut*krankes oder -verdächtiges Tier sowie die Berührung eines solchen Tieres oder Tierkörpers.

5. Soweit anderweitig nicht meldepflichtig, das Auftreten einer *bedrohlichen Krankheit* oder von zwei oder mehr gleichartigen Erkrankungen, bei denen ein epidemischer Zusammenhang wahrscheinlich ist oder vermutet wird, wenn dies auf eine *schwerwiegende Gefahr für die Allgemeinheit* hinweist und Krankheitserreger als Ursache in Betracht kommen.

Dem Gesundheitsamt ist mitzuteilen, wenn Personen, die an einer behandlungsbedürftigen *Lungentuberkulose* leiden, eine Behandlung verweigern oder abbrechen. Diese Ausweitung der Meldepflicht ist aus zwei Gründen erforderlich: Eine unbehandelte aktive Lungentuberkulose kann auch unter günstigen hygienischen Bedingungen eine Quelle zahlreicher weiterer Infektionen sein. Diese Gefahr kann nur durch eine ununterbrochene sachgerechte Behandlung der Erkrankung beseitigt werden. Zum anderen besteht bei nicht sachgerechter Behandlung oder vorzeitigem Abbruch der Behandlung die Gefahr der Resistenzbildung.

Das gehäufte Auftreten *nosokomialer Infektionen*, bei denen ein epidemischer Zusammenhang wahrscheinlich ist oder vermutet wird, ist unverzüglich als Ausbruch nichtnamentlich zu melden.

Des weiteren sind zahlreiche *direkte und indirekte Nachweise von Krankheitserregern* namentlich, einige nichtnamentlich, zu melden, soweit sie auf eine akute Infektion hinweisen (s. Anhang S. 1006).

Zur Meldung verpflichtet sind
- der feststellende Arzt (auch der leitende Arzt),
- Leiter von Medizinaluntersuchungsämtern/Laboratorien,
- Tierärzte,
- Angehörige eines anderen Heil- oder Pflegeberufs mit staatlich geregelter Ausbildung,
- Luftfahrzeugführer/Seeschiff-Kapitän,
- Leiter von Pflegeeinrichtungen, Justizvollzugsanstalten, Heimen oder ähnlichen Einrichtungen,
- Heilpraktiker.

Die namentliche Meldung muß unverzüglich, spätestens innerhalb von 24 Stunden nach erlangter Kenntnis, gegenüber dem für den Aufenthalt des Betroffenen zuständigen Gesundheitsamt bzw. gegenüber dem für den Einsender zuständigen Gesundheitsamt erfolgen. Nichtnamentlich zu meldende Erregernachweise sind innerhalb von 2 Wochen dem RKI mittels Formblatt zu melden.

Weitere amtliche Texte zum Schutz vor Infektionen sind z.B. die *Impfempfehlungen der Ständigen Impfkommission (STIKO)* am Robert-Koch-Institut (s. Anhang), Lebensmittelgesetze, das Medizinproduktegesetz oder Abfallgesetze.

2.3 Isolierungsverfahren

Unter Isolierung ist die Separierung einer infizierten Person oder eines Keimträgers für die Zeitspanne der Ansteckungsfähigkeit unter Umständen, die die direkte oder indirekte Übertragung des Erregers verhindert, zu verstehen.

Bei allen Isolierungsmaßnahmen ist die Information des Personals, des Patienten und der Besucher über den Erreger und die möglichen Übertragungswege und deren Vermeidung von entscheidender Bedeutung.

Standardisolierung. Die Standardisolierung dient dazu, die Übertragung von Krankheitserregern durch kontagiöse Patienten zu verhindern.

In der Regel sind die Patienten in Einzelzimmern unterzubringen. Bei Erkrankungen mit dem gleichen Erreger ist die gemeinsame Unterbringung der Betroffenen in einem Raum (Kohortenisolierung) möglich. Die Isolierungszimmer sind mit einem Piktogramm zu kennzeichnen, um den Zutritt von Unbefugten zu verhindern.

Beim Umgang mit infektiösem Material sind Handschuhe zu tragen; nach Kontakt mit potentiell erregerhaltigem Material ist eine hygienische Händedesinfektion nach Ablegen der Handschuhe durchzuführen. Kontaminierte Flächen und Materialien sind zu desinfizieren und im Anschluß ggf. zu sterilisieren. Versorgungsgüter, Nahrungsreste, Abfall, Instrumente u. ä. dürfen nur verpackt oder desinfiziert aus der Einheit ausgeschleust werden. Beim Verlassen der Einheit ist die Schutzkleidung abzulegen. Abhängig von den Übertragungswegen unterscheiden sich die Maßnahmen.

Bei *Kontaktinfektionen* müssen kontaminierte Flächen, Instrumente und Körperflüssigkeiten desinfiziert werden. Bei der Übertragung spielen insbesondere im Krankenhaus die kontaminierten Hände eine entscheidende Rolle: Daher ist die hygienische Händedesinfektion die wichtigste Präventionsmaßnahme.

Bei *Tröpfcheninfektionen* ist das Tragen einer Mund und Nase bedeckenden Maske bei direktem Patientenkontakt die wichtigste Schutzmaßnahme; eine gleichartige Maske muß der Patient tragen, wenn er aus wichtigem Grund das Zimmer verlassen muß. Die Notwendigkeit von Schutzkittel oder Handschuhen ist im Einzelfall zu entscheiden.

Bei Infektionen, die durch *Schmierinfektion* (z. B. fäkal-orale Übertragung) erworben werden, stehen das Tragen von Einmalhandschuhen und die anschließende Händedesinfektion beim Umgang mit Körperausscheidungen, Sekreten und bei direktem Patientenkontakt im Vordergrund. Das Tragen eines Schutzkittels ist zur Vermeidung einer Kontamination der Bereichskleidung angeraten, insbesondere bei direktem Kontakt mit dem Patienten. Eine dem Zimmer zugeordnete Sanitärzelle ist anzustreben; entscheidend ist die Desinfektion der Toilette, der potentiell kontaminierten sonstigen Flächen und der Hände nach jedem Toilettenbesuch.

Als ein wichtiges Beispiel der Standardisolierung sollen die Isolierung und antiseptische Sanierung bei Erkrankten oder Trägern Methicillin- (Oxacillin)-resistenter S.-aureus-Stämme (MRSA) zusammengefaßt dargestellt werden, weil bei Auftreten von MRSA sofortige Isolierungsmaßnahmen zur Verhinderung einer Weiterverbreitung zu treffen sind (Tabelle 2.1). Gleichzeitig ist das Personal auf

Tabelle 2.1. Hygienemaßnahmen bei MRSA-Patienten und -Trägern

Isoliermaßnahmen für MRSA-Patienten

Einzelzimmer mit Naßzelle, evtl. auch Kohortenisolierung (bei mehreren Infektionen mit identischen Erregerstämmen)

Information des Stationspersonals, schriftliche Hinweise für Besucher (Schild an der Zimmertür)

Einmalhandschuhe, Mund-Nasen-Schutz und Schutzkittel bei direktem Patientenkontakt und bei Umgang mit infektiösem Material

nach unmittelbarem Kontakt (auch vermutetem Kontakt) mit infektiösem Material hygienische Händedesinfektion (reichlich Benetzung der trockenen Hände, Einwirkzeit präparatabhängig 30 s bzw. 1 min)

mehrfach benutzte Utensilien (Stethoskop, Blutdruckmanschette) im Zimmer belassen, Entsorgung von Instrumenten und anderen Gegenständen einschließlich Wäsche nur in geschlossenen Behältern

Wechsel von Leib- und Bettwäsche sowie Utensilien zur Körperpflege während der antiseptischen Sanierung

tägliche Flächendesinfektion (Präparate aus der DGHM-Liste)

für Patiententransporte innerhalb der Einrichtung frisches Bett bzw. Trage verwenden, danach Desinfektion aller Kontaktflächen; bei aerogener Infektionsgefahr Maske für den Patienten, Schutzkittel für Begleitpersonal

Aufhebung der Isolierung, sobald an 3 aufeinanderfolgenden Tagen aus relevantem Material keine MRSA angezüchtet werden

Schlußdesinfektion des Zimmers einschließlich aller wiederzuverwendenden Materialien

Patient frühestmöglich entlassen und Keimträgertum im Krankenblatt vermerken, weiterbehandelnden Arzt sofort informieren

Sanierung von MRSA-Trägern

Ganzkörperwaschung (oder Wannenbad) mit antiseptisch wirksamen Präparaten auf der Basis von Polyhexamid (Sanalind®, Frekamed®), Octenidin (Octenisept®) oder Chlorhexidinseife (Hibiscrub®) einschließlich Haarwäsche (täglich, 3 Tage lang)

antiseptische Behandlung von Mundhöhle und Rachen durch Spülung oder Gurgeln

antiseptische Reinigung der äußeren Gehörgänge

lokalantibiotische Behandlung der Nasenvorhöfe mit Mupirocin-Salbe (Turixin®), zweimal täglich für 5 Tage

Desinfektion oder Austausch persönlicher Gebrauchsgegenstände (Brille, Zahnbürste, Zahnprothese, Deoroller, Bekleidung)

Sanierung von MRSA-Trägern unter dem Personal

lokalantibiotische Behandlung der Nasenvorhöfe mit Mupirocin-Salbe (Turixin®) dreimal täglich für mindestens 3 Tage

tägliche antiseptische Ganzkörperwaschung für 3 Tage

Wäschewechsel (einschließlich Bettwäsche), Wechsel von persönlichen Gegenständen, die als Erregerreservoir in Frage kommen

Durchführung von Kontrollabstrichen nach 3 und 10 Tagen sowie nach 1, 3 und 6 Monaten unabhängig von der epidemiologischen Situation

Trägertum zu untersuchen (Abstrich von Nasenvorhof, Axilla) und bei positivem Befund zu sanieren (Tabelle 2.1).

Strikte Isolierung. Intensive Isolierungsmaßnahmen werden bei leicht übertragbaren Erregern, besonders gefährlichen Infektionen, z. B. bei Rachendiphtherie, Lungenpest oder virusbedingtem hämorrhagischen Fieber erforderlich.

Alle Personen, die die Isoliereinheit betreten, müssen Schutzkittel, partikelfilternde Halbmaske der Schutzstufe FFP3 S, Haarschutz und Handschuhe tragen, die nur für diesen Raum bestimmt sind – die Umkleidung und Entsorgung erfolgt am besten in einer Schleuse. Besuche sind i. a. nicht gestattet.

„Umkehrisolierung" oder protektive Isolierung. Hier kehrt sich der Sinn der Isolierung um: Ein abwehrgeschwächter Patient (z. B. Verbrennungspatient oder Stammzellentransplantatempfänger) soll vor der Umgebung geschützt werden. Die Maßnahmen gleichen denen der strikten Isolierung. Vor jedem Betreten wird frische, ggf. sterile Schutzkleidung angelegt, die Patienten mit sterilen Materialien einschließlich Nahrung versorgt und die gebrauchte Schutzkleidung außerhalb des Zimmers entsorgt.

Quarantäne. Quarantäne bezeichnete eine auf 40 (quaranta) Tage befristete Isolierung Ansteckungsverdächtiger oder an bestimmten Infektionskrankheiten erkrankter Personen und beinhaltet die Absonderung zur Beobachtung, Kontrolle oder Spezialbehandlung einer Gruppe von Personen oder Tieren, um die Ausbreitung einer übertragbaren Infektion zu verhindern. Die zuständige Behörde hat Personen, die an Cholera, Pest oder an virusbedingtem hämorrhagischen Fieber erkrankt sind, *unverzüglich* in einem Krankenhaus oder einer für diese Krankheiten geeigneten Absonderungseinrichtung abzusondern. Sonstige Kranke sowie Krankheitsverdächtige, Ansteckungsverdächtige und Ausscheider *können* in einem geeigneten Krankenhaus oder in sonst geeigneter Weise abgesondert werden.

Absonderungsmaßnahmen sind besonders wirksam bei Krankheiten, die durch Tröpfcheninfektion verbreitet werden, oder für die es keine wirksamen Behandlungsmöglichkeiten zur schnellen Beseitigung der Ansteckungsfähigkeit gibt (z. B. alle Viruskrankheiten).

Ein generelles Vorgehen bei der Absonderung kann es nicht geben, weil es auf die Art der Erkrankung und ihre Verbreitungswege ankommt. In der Bundesrepublik Deutschland liegt die Entscheidung, ob ein Erkrankter abgesondert werden muß, bei der zuständigen Behörde. Diese ist in der Regel der für den Aufenthaltsort des Erkrankten zuständige Amtsarzt.

IV

ZUSAMMENFASSUNG: Prävention

Prävention: Typen

Primäre Prävention. Vorbeugung einer Erkrankung:
- Impfungen
- perioperative Chemoprophylaxe
- Postexpositionschemoprophylaxe: Erythromycin bei Pertussis-Kontakt, Rifampicin bei Meningokokken-Kontakt.

Sekundäre Prävention. Früherkennung → Verhinderung von Schäden:
- Krebs-Vorsorgeuntersuchung
- Partner-Untersuchung bei STD
- Aktive Fallfindung (Screening).

Tertiäre Prävention. Verhinderung von Folgekrankheiten
- Antiretrovirale Therapie der HIV-Infektion. Amtlich Maßnahme: Im Infektionsschutzgesetz (IfSG) geregelt.

Isolierung

Standardisolierung. → Verhinderung einer Übertragung auf andere Patienten: Einzelzimmer.
Kontakt mit infektiösem Material: Kittel, Handschuhe nach Kontakt: Hygienische Händedesinfektion
Gefahr von Aerosolen, Spritzern: Mundschutz, Schutzbrille bei Tröpfcheninfektion (Reichweite 1 m): Mundschutz.

Strikte Isolierung. Bei leicht übertragbaren Erregern. Möglichst Schleuse, ggf. Unterdruck. Einzelzimmer. Immer: Schutzkittel, Handschuhe, Spezialschutzmasken.

Umkehrisolierung. Schutz von abwehrgeschwächten Patienten vor Krankheitserregern: Einzelzimmer; Schutzkittel, Mundschutz, Händedesinfektion.

Quarantänepflichtig. Cholera, Pest, virusbedingtes haemorrhagisches Fieber.

Sterilisation und Desinfektion

R. Rüden, W.-D. Kampf

3.1 Grundbegriffe

Sterilisation. Sie beinhaltet die Abtötung oder Entfernung aller lebensfähigen Formen von Mikroorganismen.

Desinfektion. Sie impliziert eine Keimreduktion bzw. eine irreversible Inaktivierung eines erheblichen Teils der Mikroorganismenpopulation. Da es sich auch bei der Desinfektion um eine infektionsprophylaktische Maßnahme handelt, soll danach der Gegenstand frei von Krankheitserregern sein. Die Desinfektion richtet sich jedoch nicht nur selektiv gegen Krankheitserreger, sondern auch gegen die übrigen Mikroorganismen. Der Grad der Keimreduktion muß so groß sein, daß ein Infektionsrisiko ausgeschlossen ist.

Resistenzstufen

Wissenschaftlich gesehen kann auch die Sterilisation nur als ein Verfahren zur Keimreduktion angesehen werden, da – wie später gezeigt – die üblichen Sterilisationsverfahren nur die Sporen humanpathogener Bakterienarten, nicht hingegen die der thermophilen Bakterienarten erfassen, die für die Medizin nicht relevant sind.

Diese unterschiedliche Empfindlichkeit von Mikroorganismen hat daher innerhalb der Bakterien zu einer für die Praxis genügenden Einteilung in vier verschiedene, auf thermische Verfahren bezogene Resistenzstufen geführt. Gegenüber anderen Sterilisationsverfahren kann die Empfindlichkeit der einzelnen Arten anders sein.

Resistenzstufe 1. Bei Exposition mit strömendem Dampf (100°C) wird in der Resistenzstufe 1 innerhalb von 1–2 min eine Abtötung/Inaktivierung von Viren, Bakterien (vegetative Formen) und Pilzen einschließlich Pilzsporen erreicht.

Die Resistenzstufen 2, 3 und 4 betreffen nur noch die Dauerformen von Bakterien, die *Bakteriensporen.*

Resistenzstufe 2. Hierzu gehören die am wenigsten widerstandsfähigen Sporen z.B. der Spezies B. anthracis, zu deren Abtötung strömender Dampf mit einer Einwirkungszeit von 15 min erforderlich ist.

Resistenzstufe 3. Diese umfaßt Sporen der Gattung Clostridium wie C. tetani, C. botulinum oder C. perfringens bzw. sog. native Erdsporen. Um diese irreversibel zu schädigen, muß der strömende Dampf mehrere Stunden einwirken.

Resistenzstufe 4. Diese hat in der Medizin keine Bedeutung; hierzu zählen thermophile, nicht humanpathogene Bakteriensporen, die strömendem Dampf über Stunden widerstehen und zu deren Inaktivierung gespannter gesättigter Wasserdampf von mindestens 134°C über eine Dauer von mehr als 30 min erforderlich ist.

Der medizinische Einsatz determiniert das Verfahren. Werden Gegenstände invasiv eingesetzt, müssen diese sterilisiert sein. Eine Desinfektion ist ausreichend für nicht direkt mit dem Patienten in Kontakt kommende Gegenstände wie z.B. Narkosegrundgerät (ohne Schlauch- und Kreislaufsystem). Sowohl bei der Sterilisation als auch bei der Desinfektion ist den *physikalischen* vor den *chemischen Verfahren* der Vorzug zu geben, da die physikalischen Verfahren erstens ein größeres Maß an Sicherheit und Zuverlässigkeit bieten und zweitens umwelthygienisch und toxikologisch weniger bedenklich sind. Da jedoch auch die Materialverträglichkeit zu berücksichtigen ist, wird es nicht immer möglich sein, nur physikalische Verfahren einzusetzen (z.B. Händedesinfektion, Sterilisation und Desinfektion von thermolabilen Gütern).

3.2 Sterilisationsverfahren

Nach dem Deutschen Arzneibuch bzw. der Pharmacopoea Europaea können die Anforderungen der Sterilisation entweder durch physikalische Verfahren (Wärme: thermische Sterilisation; ionisie-

Tabelle 3.1. Sterilisationsverfahren

Verfahren	Parameter	Bemerkungen
Heißluftsterilisation	30 min 180 °C 10 min 200 °C	auch Resistenzstufe 3 erreicht
Autoklavierung	20 min 120,6 °C 1,901 bar (1 atü) 10 min 133,9 °C 2,943 bar (2 atü) 5 min 144,0 °C 3,923 bar (3 atü)	nur bei gesättigter Wasserdampfatmosphäre → Vakuum im Pendelverfahren
Strahlensterilisation	25 kGy = 2,5 Mrad (mittels ^{60}Co: γ-Strahler)	Lücken (höhere Radioresistenz): Micrococcus radiodurans Clostridium botulinum Typ A Viren: Polioviren, Enzephalitis-Viren
Ethylenoxidgassterilisation	bis 360 min 400–1200 g EO/m^3 25–55 °C	giftig, kanzerogen, hochexplosiv → genügend lange Auslüftung (Desorption)
Formaldehydgassterilisation	60 min (120 min für Resistenzstufe 3) 2% Formaldehydlösung bei 200 mbar, 60 °C und 70–100% Luftfeuchtigkeit	gleichmäßige Temperatur soll eine Kondensation des Formaldehydgases verhindern

rende Strahlen: Strahlensterilisation) oder den Einsatz von Gasen (chemische Sterilisation) erfüllt werden (Tabelle 3.1).

Die Abtötung der Mikroorganismen ist von den Faktoren Zeit, Temperatur und ggf. Wirkstoff (chemische Stoffe) oder Wirkungsprinzip (Strahlen) abhängig.

Reduktionsrate. Da die Anzahl der solche Prozesse überlebenden Zellen unter der Einwirkung dieser Faktoren nach dem Maßstab dekadischer Logarithmen kontinuierlich abnimmt (Reduktionsrate), ist die Anfangskeimzahl eine wichtige Größe für den Erfolg der Maßnahme. Die Reduktionsrate ist somit der Maßstab für die Wirksamkeit eines Verfahrens. Bei der Sterilisation wird in diesem Sinne die am weitesten gehende Keimzahlreduktion erreicht. In der Praxis wird eine Keimzahlreduktion um mindestens sechs Logarithmenstufen verlangt. Grundsätzlich sollen dabei ohne Einschränkung alle Mikroorganismenarten inaktiviert werden.

Auswahl des Verfahrens. Die Auswahl des Sterilisationsverfahrens wird in erster Linie von den Materialeigenschaften des Sterilisationsgutes bestimmt. Da das Druckkesselverfahren die beste Abtötungsmöglichkeit bietet, gilt der Grundsatz: „Alles in den Autoklaven, was möglich ist!"

Objekte von besonders hoher Thermostabilität werden im Heißluftgerät sterilisiert. Thermolabile Artikel können einer chemischen Sterilisation mit Ethylenoxidgas und mit Formaldehydgas unterzogen werden. Dieses Verfahren wird sowohl für industriell hergestellte Produkte zum einmaligen Ge-

brauch als auch in Kliniken und Laboratorien für wiederaufbereitbare Gerätschaften angewendet. Wegen des hohen technischen Aufwandes und der Problematik des Strahlenschutzes eignet sich der Einsatz energiereicher Strahlen nur im Bereich der Industrie.

Die *Heißluftsterilisation* eignet sich zur Sterilisation von Instrumenten aus Metall, von Geräten und Behältern aus Glas, für wasserfreie Flüssigkeiten oder anderes thermostabiles Material.

Mit der *Dampfdrucksterilisation* können Textilien, Geräte aus Gummi oder thermostabilen Kunststoffen, thermostabile Medikamente und Flüssigkeiten, selbstverständlich auch Geräte aus Glas und Metall im Autoklaven sterilisiert werden.

Die *Strahlensterilisation* ist ausschließlich für industriell gefertigte Produkte geeignet. So werden meistens Massenartikel zum einmaligen Gebrauch, wie Verbandstoffe, auch Alkohol-Tupfer, chirurgisches Nahtmaterial, Instrumente und Geräte aus Kunststoffen, aber auch aus Metall, wie Scheren, Skalpelle und Pinzetten, in Einzelpackungen mit energiereichen Strahlen sterilisiert.

Kunststoffartikel, thermolabile Werkstoffe, besonders auch industriell hergestellte Einmalprodukte, wie Spritzen, Infusions- und Transfusionsgeräte oder Katheter, sind mit *Ethylenoxidgas*, bedingt auch mit Formaldehydgas, sterilisierbar.

Verpackung des Sterilgutes. Das zu sterilisierende Gut muß so verpackt sein, daß es nach dem Sterilisationsvorgang nicht rekontaminiert werden kann. Je nach Einsatzbereich und Verwendungszweck kann dazu eine zweifache oder sogar dreifa-

IV

che Verpackung notwendig sein. Die Verpackung muß außerdem in der Weise erfolgen, daß das Wirkungsprinzip (Temperatur) oder der Wirkstoff (Luft, Dampf, Gas) alle Stellen des Objektes erreicht. Verschließbare Behälter müssen bei der Heißluftsterilisation während des Sterilisationsvorganges geöffnet sein. Anschließend ist der Zutritt keimhaltiger Luft zu verhindern.

Das Sterilisationsgut für die Heißluftsterilisation wird zweckmäßigerweise in Metallbehälter gebracht, die durch geeignete Öffnungen den ungehinderten Zutritt der Heißluft während der Sterilisation erlauben und danach verschlossen werden.

Die Verpackungsbehälter für die Sterilisation im Autoklaven müssen den Dampfzutritt gestatten, anschließend aber keimdicht verschließbar sein bzw. eine Rekontamination verhindern. Diese Forderungen erfüllen in der Praxis besonders konstruierte Behälter mit Filterflächen oder verschiedenartige Verpackungen aus sog. Sterilisationspapier. Die Feuchtigkeit läßt sich durch eine Vakuumphase am Ende des Sterilisationsvorganges weitgehend entfernen.

Bei der Strahlensterilisation stellt die Verpackung bezüglich der Durchdringbarkeit kein Problem dar.

Die Verpackungen für die Ethylenoxid- und Formaldehyd-Gassterilisation bestehen aus Kunststoffolien oder Sterilisationspapier, welche einerseits gasdurchlässig, andererseits keimdicht sind.

Prüfverfahren. Alle Sterilisationsvorgänge machen eine ständige Kontrolle erforderlich. Während des laufenden Betriebes werden die technischen Daten wie Temperatur, Druck, Zeit, Dosis (Strahlensterilisation) oder Konzentration (chemische Sterilisation) kontinuierlich überprüft oder aufgezeichnet. Die Validierung der Prozesse gewährleistet bereits eine relativ hohe Sicherheit.

Maximalthermometer zeigen die erreichte Temperatur an, Thermoelemente auch deren Verlauf mit Hilfe eines Linienschreibers.

Chemoindikatoren zeigen an, ob das Sterilisationsgut dem Verfahren ausgesetzt war. Auf der Verpackung angebracht, ändert sich ihre Farbe während des entsprechenden Sterilisationsvorgangs (sog. Behandlungsindikatoren).

Andere Chemoindikatoren können zwischen oder in die Packungen gebracht werden. Sie ändern den Farbton, wenn bei der thermischen Sterilisation die erforderliche Temperatur erreicht war. Graduell temperaturempfindliche Substanzen können auch Hinweise auf die Höhe und Dauer der erreichten Temperatur geben. Thermometer sind allerdings genauer.

Keimträger mit Mikroorganismen bestimmter Resistenz, an kritischen Stellen plaziert, sind die zuverlässigste Form der Kontrolle. Diese Bioindikatoren sind so im Sterilgut zu verteilen, daß Stellen erfaßt werden, an denen erfahrungsgemäß Sterilität besonders schwer zu erreichen ist. Die Überprüfung mit Bioindikatoren ist mindestens zweimal jährlich erforderlich. Sie muß außerdem nach größeren Reparaturen, Umbauten des Raumes oder Standortwechsel erfolgen.

Als Bioindikatoren werden Testkeime verwendet, deren Resistenz gegen die verschiedenen Wirkungsprinzipien oder Wirkstoffe der Sterilisationsverfahren eine solche Sicherheit bieten, daß unter praktischen Bedingungen und nach langjährigen Erfahrungen eine Reaktivierung vermehrungsfähiger Keime aus dem Sterilisationsgut ausgeschlossen ist. Als Testkeime dienen insbesondere Sporen von verschiedenen Bacillus-Arten (Dampfsterilisation: B. stearothermophilus, Heißluftsterilisation: B. subtilis, Ethylenoxidgas-Sterilisation: B. subtilis, Formaldehyd-Sterilisation: B. stearothermophilus) oder native Erdsporen, die für das jeweilige Verfahren ausgewählt und oft auf spezielle Weise präpariert worden sind (DIN 58946, Teil 4; DIN 58947, Teil 4; DIN 58948, Teil 8). Dabei ist zu beachten, daß die Träger der Testkeime bezüglich Material und Form dem Sterilisationsgut angepaßt sein müssen. Dies gilt in besonderem Maße für die Gassterilisation hinsichtlich der unterschiedlichen Durchlässigkeit der Kunststoffe.

3.3 Desinfektionsverfahren

Die Wirksamkeit eines Desinfektionsverfahrens wird neben den erwähnten desinfektionsspezifischen Parametern wie Temperatur, Einwirkungszeit und Konzentration und Art des Wirkstoffs durch weitere Faktoren bestimmt. So sind in Schmutzpartikeln wie Ausscheidungen oder Blut inkorporierte Mikroorganismen bei einer Desinfektion schlechter oder gar nicht erreichbar. Mikroorganismen sind im feuchten Zustand sehr viel besser für Desinfektionsverfahren zugänglich als im trockenen Zustand. Auch gibt es hinsichtlich der einzelnen Mikroorganismen Wirksamkeitsunterschiede (*Bakterizidie, Tuberkulozidie, Sporizidie, Viruzidie*).

Im Vergleich zur Sterilisation wird zur Desinfektion eine Keimzahlreduktion um 3 bis 5 Logarithmenstufen verlangt.

Tabelle 3.2. Desinfektionsverfahren

Verfahren	Parameter	Bemerkungen
thermisch	75–95 °C heißes Wasser 100 °C gesättigter Wasserdampf 105 °C oder 110 °C bei 1,2 oder 1,5 bar 75 °C bei −0,5 bar Unterdruck	niedrigere Temperaturen möglich bei Kombination mit chemischen Desinfektionsmitteln dann auch Resistenzstufe 2 erreicht
UV-Strahlen	UV C253,7 nm: 25–100 mWs/cm^2	Beeinträchtigung durch Schmutz- und Eiweißpartikel
Alkohol	nur wäßrige Lösungen: 60–80 Vol%: Ethanol 80%, n-Propanol 70%, Iso-Propanol 60% Einwirkzeit: 10–60 s	wirksam gegen: vegetative Bakterien und Pilze sowie behüllte Viren Lücken: Sporen, Viren ohne Hülle (z. B. Poliovirus)
Formaldehyd	Gebrauchsverdünnungen nach DGHM- oder RKI-Liste	wirksam gegen: Bakterien, Bakteriensporen, Pilze und Viren stark reizend, kanzerogen starker Eiweißfehler
Amphotenside	Gebrauchsverdünnungen nach DGHM- oder RKI-Liste	wirksam gegen: Bakterien und Pilze Lücken: Bakteriensporen und Viren starker Seifenfehler
chlorabspaltende Verbindungen	z. B. ClO$_2$, Cl$_2$, NaOCl (Natriumhypochlorit), Chlorkalk	wirksam gegen: Bakterien, Bakteriensporen, Pilze und mit Einschränkungen gegen Viren stark korrodierend, stark reizend
Jodabspaltende Verbindungen	Jodophore: z. B. Polyvinylpyrrolidon (PVP)	wirksam gegen: Bakterien, Bakteriensporen, Pilze und mit Einschränkungen gegen Viren starker Eiweißfehler großflächige Anwendung bei Schwerverbrannten. Bei Struma und bei Neugeborenen toxikologisch umstritten
Peroxidverbindungen	z. B. Peressigsäure, Ozon, Kaliumpermanganat, Wasserstoffperoxid	wirksam gegen: Bakterien, Bakteriensporen, Pilze und Viren Peressigsäure: stark korrodierend Peressigsäure, Ozon: Eiweißfehler
quaternäre Verbindungen		Lücken z. B. gegen gramnegative Bakterien, daher nur als Zusatzmittel
Schwermetallverbindungen	z. B. Silbernitrat	als Schleimhautantiseptikum (Credésche Prophylaxe)

Die gebräuchlichsten Verfahren sind in Tabelle 3.2 zusammengefaßt.

Auswahl des Verfahrens. Für die Anwendung in Krankenhaus und Praxis stehen für Deutschland zwei Listen über Desinfektionsmittel und -verfahren zur Verfügung:

- *DGHM-Liste*: Liste der nach den „Richtlinien für die Prüfung chemischer Desinfektionsmittel" geprüften und von der Deutschen Gesellschaft für Hygiene und Mikrobiologie (DGHM) als wirksam befundenen Desinfektionsverfahren – Stand 17.9.1997.
- *BGA-Liste, jetzt RKI-Liste*: Liste der vom Robert-Koch-Institut geprüften und anerkannten Desinfektionsmittel und -verfahren – Stand 15.6.1997.

Die DGHM-Liste, die die Anwendungsbereiche Händedesinfektion (chirurgisch/hygienisch), Flächendesinfektion, Instrumentendesinfektion und Wäschedesinfektion umfaßt, wird in der Regel zur Infektionsprophylaxe angewendet. Wenn jedoch die Voraussetzungen nach § 10a BSeuchG vorliegen, d.h. wenn durch an Gegenständen haftende Erreger meldepflichtiger übertragbarer Krankheiten eine Verbreitung der Krankheit zu befürchten ist, kann die zuständige Gesundheitsbehörde (z.B. Amtsarzt) zur Abwendung drohender Gefahren eine Desinfektion nach der RKI-Liste anordnen. Ein solches Vorgehen ist in der Regel aus seuchenrechtlichen Erwägungen nur im Entseuchungsfall zu erwarten. Aus diesem Grund werden in der RKI-Liste auch nur die Verfahren und die entsprechenden Anwendungsbereiche aufgeführt, die für die Seuchenbekämpfung von Bedeutung sind wie thermische Desinfektionsverfahren (Auskochen, Verbrennen, Dampfdesinfektion), chemische Mittel und Verfahren (Wäschedesinfektion, Desinfektion von Ausscheidungen, hygienische Händedesinfektion) und besondere Verfahren (Wäschedesinfektion in Waschmaschinen, Instrumentendesinfektion in Reinigungsautomaten, Raumdesinfektion).

Bezüglich der chemischen Mittel und Verfahren besteht der Unterschied zwischen beiden Listen darin, daß in der RKI-Liste sehr viel höhere Konzentrationen und erheblich längere Einwirkungszeiten vorgesehen sind.

Händedesinfektion.
Da bei der *hygienischen* Händedesinfektion die Beseitigung der *transienten Hautflora* („Anflugflora") wie z.B. S. aureus oder S. enteritidis im Vordergrund steht, erfolgt zuerst die Desinfektion mit einem vorzugsweise alkoholhaltigen Desinfektionsmittel bei einer Einwirkungszeit von 30 oder 60 sec. Anschließend erfolgt erst das Waschen, da bei umgekehrter Reihenfolge die noch lebenden Keime beim Waschvorgang in die Umgebung gestreut werden.

Es ist zu beachten, daß die hygienische Händedesinfektion die effizienteste Methode zur Vermeidung nosokomialer Infektionen darstellt: „Der größte Feind der Wunde ist die Hand des Arztes" [Bier].

Die *chirurgische* Händedesinfektion hat zum Ziel, die transiente ebenso wie die *residente Hautflora* (dazu zählen u.a. S. epidermidis, Propionibacterium spp., Peptostreptococcus spp.) zu erfassen. Deshalb wird der Desinfektionsphase ein gründliches Waschen der Hände mit Bürsten der Nagelfalze vorangestellt, um oberflächliche Verunreinigungen zu entfernen. Die Wasch- und die Desinfektionsphase betragen jeweils mindestens 5 min. Auch hier werden zur Desinfektion bevorzugt Alkohole verwendet.

Hautdesinfektion.
In Abhängigkeit von der Art des Eingriffs (z.B. Injektion, endoskopischer Eingriff, Operation) sind zur Hautdesinfektion Zeiten von 30 sec bis 5 min einzuhalten. Zur Desinfektion werden in der Regel Alkohole bzw. Kombinationspräparate angewandt – bestehend aus der Hauptwirkstoffbasis Alkohol und weiterer Wirkstoffgruppen wie PVP-Jod oder Quecksilbersalze. Das Desinfektionsmittel kann eingerieben oder aufgesprüht (mit anschließendem Nachreiben) werden.

Schleimhautdesinfektion.
Aufgrund der zahlreichen, die Desinfektionsmittelwirkung beeinträchtigenden Faktoren wie Vorhandensein von organischen Verbindungen, Absorption des Wirkstoffes in den oberflächlichen Schichten und einer geringen Keimreduktion von weniger als 3 Logarithmen-Stufen wird hier statt Desinfektion der Begriff Schleimhautantiseptik verwendet. Als Antiseptikawirkstoffe stehen *PVP-Jod* und *Chlorhexidindigluconat* zur Verfügung.

Flächendesinfektion.
Bei der mikrobiellen Dekontamination von Flächen werden bevorzugt Aldehyde, insbesondere *Formaldehyd*, eingesetzt. Das mechanische Vorgehen mit Wischen oder Scheuern ist dem Versprühen, Vernebeln oder Verdampfen vorzuziehen, da durch den Wischvorgang das Mittel gründlich aufgetragen wird und gleichzeitig die in Schmutzresten enthaltenen Mikroorganismen abgetötet und beseitigt werden.

Instrumentendesinfektion.
Die Desinfektion erfolgt entweder maschinell im Desinfektionsautomaten (thermisch oder chemothermisch) oder manuell im Tauchbadverfahren (chemisch).

Das maschinelle Verfahren ist gegenüber dem manuellen Verfahren als zuverlässiger zu beurteilen, sofern regelmäßige hygienisch-mikrobiologische Kontrollen des Desinfektionsautomaten durchgeführt werden. Auch aus Gründen der Infektionsprophylaxe für das Personal ist die maschinelle Aufbereitung zu bevorzugen, da hier die Desinfektion und Reinigung in einem Schritt erfolgen. Wenn jedoch nur die manuelle Aufbereitung von mikrobiell kontaminierten Gegenständen möglich ist (z.B. Thermostabilität nur unter 60 °C), sind wegen des bei der Aufbereitung bestehenden Infektionsrisikos für das Personal (z.B. für Hepatitis B) die Gegenstände erst zu desinfizieren und anschließend zu reinigen. Für die chemische Desinfektion sind bevorzugt aldehydhaltige Desinfektionsmittel wegen ihres breiten Wirkungsspektrums (einschl. Viruzidie) zu verwenden.

Bei maschineller Aufbereitung kann sich gegebenenfalls eine Sterilisation (z.B. für OP-Instrumente) anschließen. Bei manueller Aufbereitung muß im Anschluß an die Reinigung entweder eine Sterilisation (z.B. für OP-Instrumente) oder eine Desinfektion (z.B. für keine Sterilität erfordernde Gegenstände) erfolgen.

IV

Wäschedesinfektion. Die Wäsche wird thermisch oder chemothermisch in Geräten desinfiziert. Die manuelle Tauchbaddesinfektion ist nur bei hitzeempfindlicher Wäsche wie Wolle erforderlich. Als Wirkstoffgruppen werden Aldehyde und chlorabspaltende Verbindungen eingesetzt.

Desinfektion von Ausscheidungen. Eine Desinfektion von Ausscheidungen (Fäkalien, Urin, Sekrete, Exkrete) erfolgt mit chlor- oder phenolhaltigen Desinfektionsmitteln. Ihre Notwendigkeit ergibt sich bei meldepflichtigen übertragbaren Krankheiten, wenn bei einer anderen Art der Beseitigung von Ausscheidungen ein Infektionsrisiko ausgeht.

Raumdesinfektion. Desinfektion eines Raumes z. B. eines Patientenzimmers durch Vernebeln oder Verdampfen mit Formaldehyd (5 g/m^3) ist nur dann angezeigt, wenn eine hochkontagiöse und gefährliche Krankheit wie virusbedingtes hämorrhagisches Fieber (Ebola-, Lassa-Fieber, Marburg-Virus-Infektion), Pest oder offene Tuberkulose (hier nur nach Anordnung durch den Amtsarzt) aufgetreten ist. Bei anderen Erkrankungen, die nicht aerogen übertragen werden, so auch nach septischen Operationen (z. B. Gallenblasenempyem mit E. coli), ist eine Scheuer-Wischdesinfektion der kontaminierten Flächen ausreichend.

Prüfverfahren. Ebenso wie die Sterilisationsverfahren sind die Desinfektionsverfahren zu kontrollieren.

Für das Desinfektionsgerät sind bei jedem Desinfektionsvorgang die Einhaltung der physikalischen Parameter wie Temperatur und Einwirkungszeit zu prüfen. Chemoindikatoren stehen im Gegensatz zur Sterilisation noch nicht zur Verfügung.

Für die mikrobiologische Prüfung, die mindestens einmal jährlich erfolgen soll, werden je nach Desinfektionsverfahren unterschiedliche Prüfkörper aus Textil oder Metall verwendet, die mit Testorganismen unter Zusatz von Blut kontaminiert werden. Als sehr resistente Testorganismen werden bevorzugt E. faecalis oder E. faecium verwendet (s. Empfehlungen in der Richtlinie zu Krankenhausinfektionen und Infektionsprävention des RKI).

Für die chemischen Desinfektionsmittel stehen von der DGHM sowie vom ehemaligen Bundesgesundheits-Amt erlassene Prüfverfahren zur Verfügung, für die in umfassenden Versuchen die mikrobizide und – im Falle der RKI-Liste – auch die viruzide Wirksamkeit in vitro und in vivo belegt

sind. Eine solche Prüfung ist die Voraussetzung für die Aufnahme von Desinfektionsmittelpräparaten in die jeweilige Liste.

3.4 Weitere Verfahren zur Reduktion von Mikroorganismen

Tyndallisieren. Da verschiedene Materialien, insbesondere Kulturmedien, die Erhitzung auf die zur Abtötung bakterieller Sporen notwendige Temperatur nicht ohne Substanzveränderung vertragen, werden beim Tyndallisieren im ersten Arbeitsgang durch Erwärmung auf mindestens 70 °C zunächst die vegetativen Formen der Keime abgetötet. Darauf wird das Material bei 25 bis 30 °C etwa 24 h inkubiert, um den überlebenden Sporen Gelegenheit zum Auskeimen zu geben. Bei einem zweiten Arbeitsgang mit erneuter Erwärmung, soweit es das Material gestattet, werden dann die ausgekeimten Bakteriensporen abgetötet. Diese Vorgänge können auch mehrmals wiederholt werden.

Die Tyndallisierung ist zwar sehr zeitaufwendig, aber oft auch die einzige Möglichkeit, in temperaturempfindlichen Lösungen die Keimzahl wirksam zu reduzieren. Als Voraussetzung für einen ausreichenden Erfolg muß jedoch das Material für das Auskeimen der Sporen entsprechende Nährsubstanzen und darf darüber hinaus keine bakteriostatisch wirkenden Stoffe enthalten. Außerdem ist eine hohe Eingangskeimzahl zu vermeiden. Viren können mit diesem Verfahren nur bedingt inaktiviert werden.

Sterilfiltration. Aus Flüssigkeiten und Gasen können Mikroorganismen auch durch verschiedene Filtermaterialien mit entsprechend geringer Durchgangsmöglichkeit für Partikel entfernt werden. Wegen der geringen Durchflußrate ist die Anwendung von Druck bzw. Vakuum erforderlich.

Die Filter bestehen aus Kieselgur, Keramik, Zellulose- oder Glasfasern. Je nach der Art des Materials können dessen *Siebwirkung* und dessen *Adsorptionseffekt* genutzt werden. In erster Linie ist die *Porengröße* für die Wirksamkeit entscheidend. Auch bei größtmöglicher Gleichmäßigkeit des Materials treten einzelne sog. große Poren auf, durch die Keime hindurchschlüpfen können. Auch an ein Durchwachsen der Keime ist bei der Filtration von Flüssigkeiten zu denken.

I.a. werden Filter mit einer Porengröße von 0,45 bis 0,22 µm eingesetzt, die gegen Mikroorganismen bis zur Größenordnung von Bakterien gut wirksam sind. Bei kleineren Mikroorganismen, insbesondere natürlich Viren, treten bei der Sterilfiltration Schwierigkeiten auf. Durch Filter aus mehreren Schichten, bei denen sich die „großen Poren" gegenseitig blockieren, kann die Wirkung erheblich verbessert werden.

Eine Prüfung der Filterwirksamkeit wird mit Mikroorganismen entsprechender Größe vorgenommen. Als Testorganismen werden für 0,45-µm-Filter S. marcescens und für 0,22-µm-Filter P. diminuta eingesetzt.

ZUSAMMENFASSUNG: Sterilisation und Desinfektion

Sterilisation

Vorgang, bei dem ein Gegenstand von allen vermehrungsfähigen Mikroorganismen freigemacht wird (Abtötung, irreversible Inaktivierung).

Autoklavierung. 120°C, 1 atü, 15–20 min; 134°C, 2 atü, 5–10 min.

Hitzesterilisation. 180°C, 30 min
Ausglühen/Verbrennen
Gassterilisation (Ausgasungszeit!)
Strahlensterilisation.

Desinfektion

Gezielte Abtötung bzw. irreversible Inaktivierung bestimmter unerwünschter Mikroorganismen (Erreger) auf unbelebtem Material bzw. Haut oder Händen.

Formaldehyd[1]: Bakterizid, **Virozid**, Tuberkulozid, **Fungizid**, Sporozid
Alkohole[1]: B, (V), T, F
Chlor, Jod: B, V, T, F, S
Invertseifen: B, (V), F
Phenole: B, (V), T, F, S
Peressigsäure: B, V, T, F, S
Ampholytseifen: B, (V), T, F
[1] nur in wäßrigen Lösungen: Formaldehyd, Ethanol 70%, Iso-Propanol 60%

Seifenfehler. Wirkverlust durch Seifen (bei Invertseifen).

Eiweißfehler. Wirkverlust durch Eiweiß (bei Alkohol, Chlor, Invertseifen).

Anwendungen. Formaldehyd → Flächendesinfektion (Scheuer-Wisch)
Alkohole → Händedesinfektion:
hygienisch: 0,5–1 min (z.B. Ethanol 70%)
chirurgisch: 5 min (nach 5 min Waschen).

Allgemeine Bakteriologie

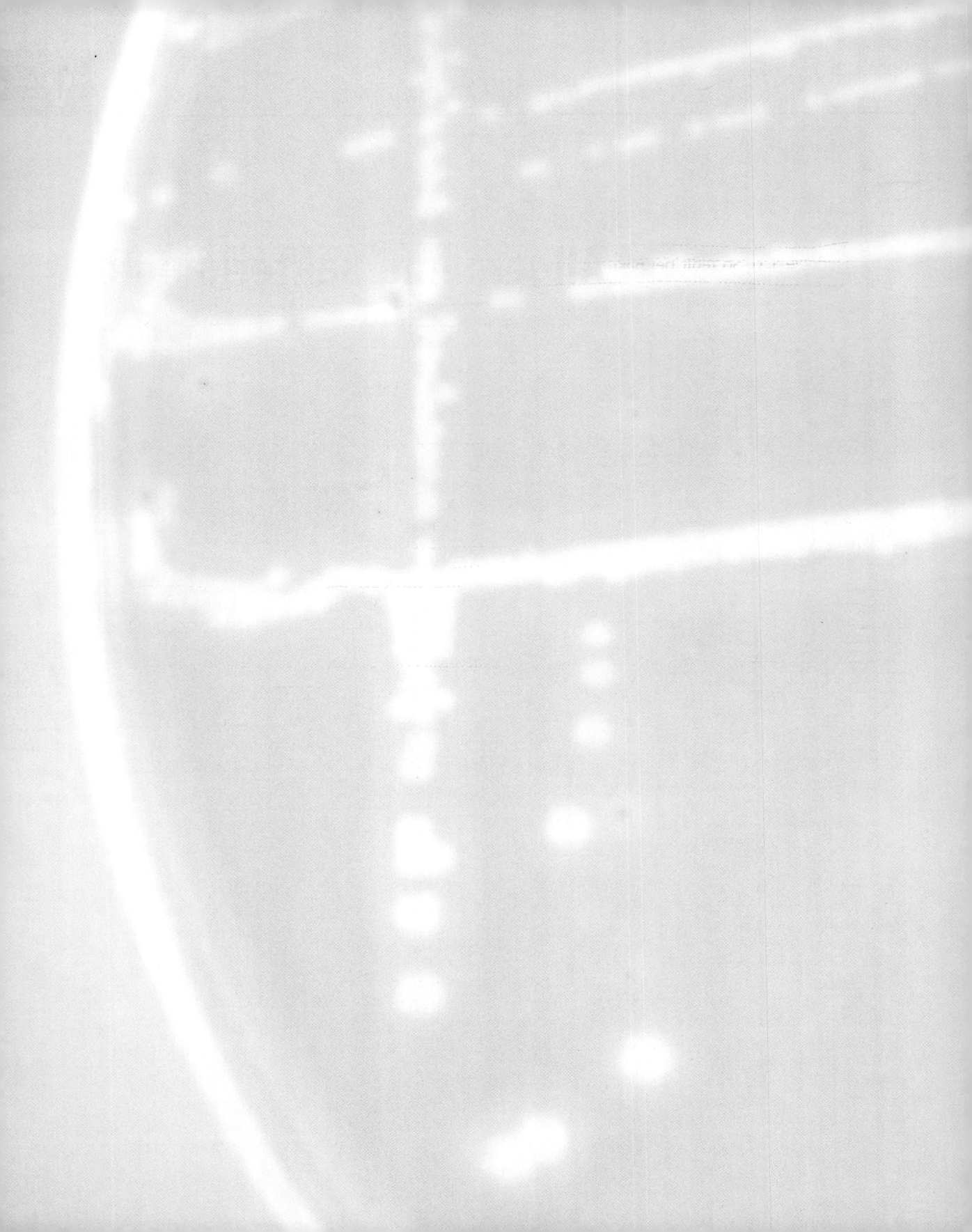

H. Hahn, P. Klein, P. Giesbrecht

EINLEITUNG

Bakterien sind einzellige Mikroorganismen mit einem für Prokaryonten typischen Zellaufbau (Tabelle 1.1). So fehlt bei Bakterien im Vergleich zu den eukaryonten Zellen die Kernmembran. Weiterhin fehlen Nukleolus, endoplasmatisches Retikulum, Golgi-Apparat, Lysosomen, Chloroplasten, Mitochondrien und Mikrotubuli. Andererseits besitzen Bakterien eine komplexe Zellhülle, die den Eukaryonten fehlt. Die Größe der meisten Bakterien liegt – bezogen auf den kleineren Durchmesser – zwischen 0,2 und 2 µm.

Tabelle 1.1. Funktionelle und strukturelle Differenzen zwischen Eukaryonten und Prokaryonten

Eigenschaften	Eukaryonten	Prokaryonten
Anwesenheit einer Kernmembran	+	–
Chromosomen enthalten Histone	+	–
Vorhandensein von:		
– Nukleolus	+	–
– endoplasmatisches Retikulum	+	–
– Golgi-Apparat	+	–
– Lysosomen	+	–
– Chloroplasten	+	–
– Ribosomen	80S und 70S	70S
– Mikrotubuli	+	–
– Peptidoglykan in der Zellwand	–	±
Phagozytose	+	–
Pinozytose	+	–
Zytoplasmafluß und amöboide Bewegung	+	–
Lysosomen	+	–
zytoplasmatische Membran	+	+
Sterole in der Membran	+	selten +

1.1 Morphologische Grundformen

Die gestaltliche Vielfalt der für die Medizin wichtigen Bakterien läßt sich auf die drei folgenden Grundformen zurückführen.

Kokken (gr. Kugeln, Beeren). Dies sind runde oder ovale Bakterien. Ihr Durchmesser liegt bei 1 µm. Aus der Bouillonkultur präpariert, zeigen Kokken häufig eine typische Lagerung zueinander. Sie können in Paaren (Diplokokken), in Vierergruppen (Tetraden), in Achtergruppen (Sarcinen), in größeren Haufen (Staphylokokken) oder in Kettenform (Streptokokken) gelegen sein.

Stäbchen. Bei diesen ist eine Achse länger als die andere. Die Achsenlängen liegen zwischen 0,5 und 5 µm. Man kennt plumpe (kokkoide) und schlanke Stäbchen; Escherichia (E.) coli ist z. B. plump, Mycobacterium tuberculosis schlank. An ihren Polen sind die Stäbchen entweder zugespitzt (z. B. fusiforme [lat. spindelförmige] Bakterien), abgerundet (z. B. E. coli) oder fast rechteckig (z. B. Milzbrandbazillen).

Hinsichtlich ihrer Lage zueinander bieten die Stäbchen entweder das Bild von isoliert liegenden Einzelzellen, z. B. bei Typhusbakterien, oder aber von typischen Ketten, z. B. bei Milzbrandbazillen. In anderen Fällen sieht man palisadenförmig aneinandergelagerte Stäbchen, z. B. Pseudodiphtheriebakterien oder aber Stäbchen, die miteinander spitze oder rechte Winkel bilden (Diphtheriebakterien).

Andere Stäbchen zeigen bei gewissen Färbemethoden zusätzlich eine zentrale Aufhellung; man spricht von bipolarer Färbung (Sicherheitsnadelform). Dieses Bild ist charakteristisch für den Pesterreger (Yersinia pestis).

Der Ausdruck Bazillen (bacillus, lat. Stäbchen) wird für sporenbildende, aerob wachsende Bakterien in Stäbchenform verwendet.

Von Clostridien spricht man im Falle von obligat anaerob wachsenden, sporenbildenden Stäbchen. Es muß also heißen: Milzbrand-Bazillen, Gasbrand-Clostridien.

Schraubenförmige Bakterien. Bei den schraubenförmigen Bakterien, die voll ausgebildete Windungen zeigen, unterscheidet man folgende vier Gruppen:
- **Spirillen** zeigen sich im Lebendpräparat als starre, sehr schlanke Gebilde mit mehreren weiten Windungen (Spirillum, gr. Windung).

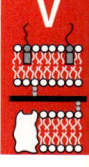

- **Borrelien** sind flexible, äußerst schlanke Gebilde mit mehreren weiten Windungen (Borrel, französischer Bakteriologe).
- **Treponemen** zeigen bei extremer Schlankheit zahlreiche enge Windungen (Korkenziehermuster) und sind zum blitzschnellen Abknicken in der Längsachse fähig. Prototyp ist der Syphiliserreger Treponema pallidum (treponema, gr. gedrehter Faden).
- **Leptospiren** sind aktiv-flexible, kleiderbügelförmige, extrem schlanke Fäden, die äußerst feine, kaum wahrnehmbare Primärwindungen und grobe Sekundärwindungen zeigen. Prototyp ist der Erreger der Leptospirosen, Leptospira interrogans (leptos, gr. klein, schmal, zart).

1.2 Aufbau

Die Architektur der Bakterienzelle unterscheidet sich in mehrfacher Hinsicht von den eukaryonten Zellen höherer Organismen. Für den Mediziner ist die Tatsache wichtig, daß der Bakterienzelle die als Organellen bezeichneten Bestandteile einer eukaryonten Zelle sowie eine Kernmembran fehlen. Andererseits weisen Bakterienzellen gewisse Bestandteile auf, die in der animalen Zelle, insbesondere bei Warmblütern, nicht vorkommen. So unterscheiden sich Bakterien von animalen Zellen durch den Besitz einer Zellwand.

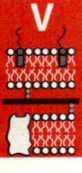

1.2.1 Zellkern-Äquivalent

Die merkmalkodierende DNS ist nicht, wie bei der eukaryonten Zelle, in einem membranumgebenen Zellkern (Eukaryont = „richtiger" Kern) lokalisiert, sondern liegt als zirkulärer „nackter" DNS-Faden vor. Dieser ist zu einer periodischen Struktur spiralisiert und gefaltet. Ein solches „Bakterienchromosom" ist direkt vom Zytoplasma umgeben und an einer Stelle mit der Zytoplasmamembran verbunden. Es stellt das Genom der Bakterienzelle dar und wird als *Kernäquivalent* oder Nukleoid bezeichnet.

1.2.2 Plasmide

Zusätzlich zum Kernäquivalent tragen viele Bakterien ringförmige DNS-Strukturen im Zytoplasma, die ebenfalls Erbinformation enthalten und als Plasmide bezeichnet werden. Sie haben große Bedeutung als Überträger von Resistenzmerkmalen gegen Antibiotika. In der Gentechnologie spielen sie eine wichtige Rolle als Überträgervehikel (Vektor) von künstlich eingebrachtem genetischem Material.

1.2.3 Zytoplasma

Im Zytoplasma der Bakterienzelle fehlen Mitochondrien und Chloroplasten. Die bei höheren Organismen mitochondrial lokalisierten Enzyme der biologischen Oxidation sind bei Bakterien Bestandteil der Zytoplasmamembran, die zur Photophosphorylierung und zur Photosynthese befähigten Enzyme sind in Membranstapeln (Thylakoiden) lokalisiert. Die membranös-kanalikuläre Grundstruktur des Zytoplasmas – bei der animalen Zelle als endoplasmatisches Retikulum bekannt – fehlt bei der Bakterienzelle weitgehend, desgleichen der Golgi-Apparat. Die Bakterienzelle besitzt spezielle Ribosomen für die Proteinsynthese (70S- statt der 80S-Ribosomen bei Eukaryonten). Die Ribosomen der Bakterienzelle weisen jedoch keinen Strukturzusammenhang mit den Grenzflächen des endoplasmatischen Retikulums auf, wie dies für höhere Organismen typisch ist. Wenn der Bakterienzelle intraplasmatische Membranstrukturen auch nicht gänzlich fehlen, so läßt sie doch den hohen Grad an Unterteilung in Kompartimente vermissen, wie ihn die Eukaryontenzelle aufweist.

1.2.4 Zytoplasmamembran (Zellmembran)

Die Zytoplasmamembran der Bakterienzelle entspricht in ihrem Aufbau dem typischen Bild einer sog. *Unit Membrane*, einer Doppelschichtstruktur aus Lipiden mit hydrophoben Fettsäureketten in der Mitte und den hydrophilen Lipidgrenzschichten nach außen (Abb. 1.1). Zahlreiche Membran-Proteinmoleküle sind in die Doppelschicht eingela-

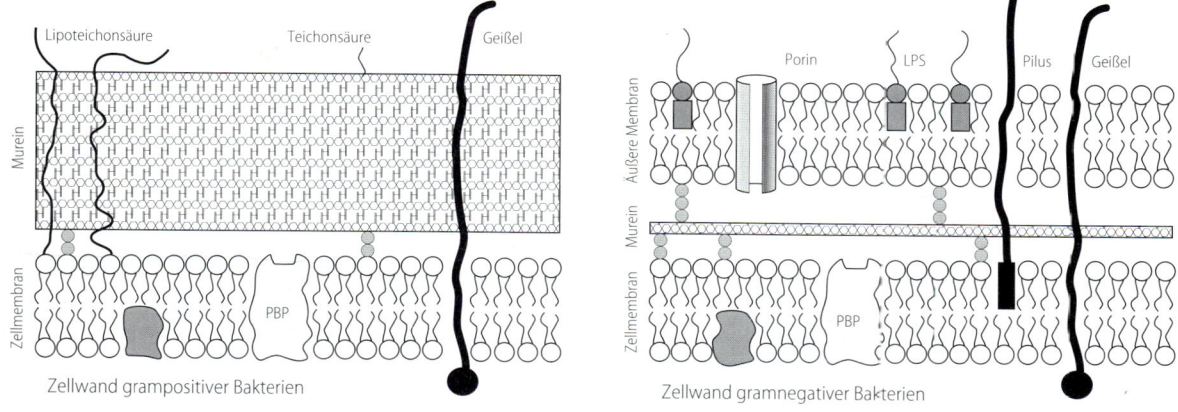

Abb. 1.1. Zellwandaufbau (*PBP* = Penicillin-Bindeproteine, *PS* = Lipopolysaccharide)

gert, die die Membran ganz durchqueren können (Transportproteine) oder ihr aufgelagert sind. Die bakterielle Zytoplasmamembran unterscheidet sich von derjenigen der Animalzelle in ihrer Lipid- und Proteinzusammensetzung. Sie ist Sitz der Enzyme für den Elektronentransport und für die oxidative Phosphorylierung. Die Zellmembran tritt damit gewissermaßen an die Stelle der Mitochondrien. Die Bakterien-Zytoplasmamembran kann sich an bestimmten Stellen, insbesondere im Bereich präsumptiver Querwände, zu komplexen Membrankörpern einfalten, die als **Mesosomen** (mesosoma, gr. Zwischenkörper) bezeichnet werden. Sie können autolytische Zellwandenzyme (Mureinhydrolasen) enthalten, die für die Zellteilung wichtig sind.

Penicillinbindende Proteine. Der Zytoplasmamembran aufliegend und durch einen Teil ihres Moleküls in ihr verankert, finden sich bakterienspezifische Enzyme. Einige weisen eine hohe Affinität für β-Laktamantibiotika auf. Man nennt sie daher penicillinbindende Proteine (PBP) (Abb. 1.1).

Enzymatische Funktionen der PBP sind Carboxypeptidase-, Transpeptidase-, Endopeptidase- und Transglykosylaseaktivität, also Enzymeigenschaften, die für die Synthese und die Modifizierung des Mureins bakterieller Zellwände von Bedeutung sind.

Die antibakterielle Wirkung der β-Laktamantibiotika setzt voraus, daß sie stabile, kovalente Komplexe mit den PBP bilden. Auf diese Weise kommt eine dauerhafte Blockierung der PBP zustande, die vor allem zur Hemmung der Transpeptidierung (s. Kap. 1.2.5) sowie zu charakteristi-

schen Fehlern in der Zellwandmorphogenese führen; diese Fehler sind die Ursache für den penicillinbedingten Tod der Bakterien. Resistenz gegen β-Laktamantibiotika kann daher – neben der Bildung von β-Laktamasen – auch darauf beruhen, daß Bakterien veränderte PBP bilden, deren Affinität gegenüber β-Laktamantibiotika gering ist. Dieser Mechanismus liegt der β-Laktamresistenz von MRSA-Stämmen (S. aureus; S. 200 ff.) bzw. der penicillinresistenten Pneumokokken zugrunde (s. S. 223 ff.).

1.2.5 Zellhülle

Peptidoglykan. Die Zellhülle der Bakterien enthält als wesentlichen Baustein ein netzwerkartig angelegtes und als Sack ausgebildetes Riesenmolekül (Sacculus), das entweder als Peptidoglykan oder als **Murein** (murus, lat. die Mauer) bezeichnet wird.

Beim Aufbau des Peptidoglykans werden Polymere aus Amino-Zuckern durch Peptid-Seitenketten querverbunden (Abb. 1.2). Das Peptidoglykan der Bakterienzellwand ist somit ein Heteropolymer: Die Zuckerketten enthalten zwei Grundeinheiten, die im Aufbau des Stranges alternieren: das N-Acetylglucosamin und dessen Milchsäureäther, die N-Acetylmuraminsäure. Die alternierende Folge dieser glykosidisch verbundenen Bausteine ergibt lineare Zuckerstränge, die in der Regel nur ca. 10–100 Disaccharideinheiten enthalten und damit zu kurz sind, um die gesamte Bakterienzelle zu umspannen. Für die Stabilität des Netzwerks ist es

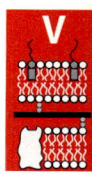

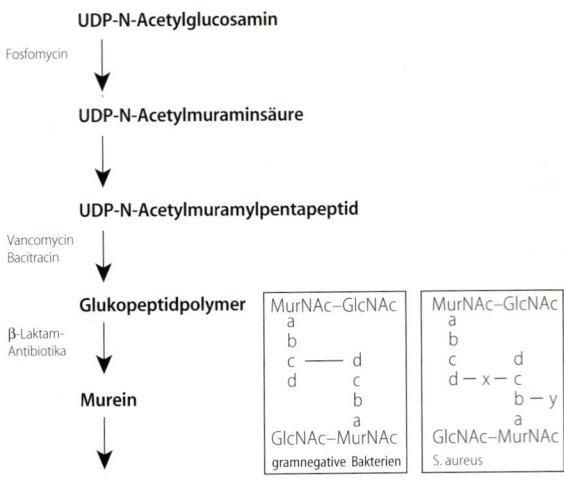

Abb. 1.2. Zellwand: Peptidoglykansynthese

Um einen Sacculus zu bilden, müssen Glukopeptidpolymere aus N-Acetyl-Muraminsäure (MurNAc) und N-Acetyl-Glucosamin (GlcNAc) untereinander vernetzt werden. Dies erfolgt an herausragenden Peptidketten (abcd). Bei gramnegativen Bakterien und Bacillus-Arten erfolgt die Quervernetzung direkt durch Peptidbindungen. Bei Staphylococcus aureus wird die Quervernetzung durch 5 Glycinmoleküle (x) und einen zusätzlichen Amid-Substituenten (y=NH₂) gebildet. Die Abb. zeigt gleichzeitig den Angriffspunkt verschiedener Antibiotika.

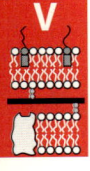

daher entscheidend, daß die einzelnen Zuckerketten untereinander durch Oligopeptide verbunden werden. Durch die Transpeptidierung dieser Oligopeptide entsteht ein Netzwerk aus miteinander verwobenen Mureinfäden. Es umschließt die Bakterienzelle als eine Art Riesenmolekül. Seine Form und die mechanische Stabilität gegenüber dem im Zellinnern herrschenden hohen osmotischen Druck (bis zu 25 atü!) sind für zahlreiche Eigenschaften der Bakterienzelle ausschlaggebend.

Chemisch gesehen ist der Ansatzpunkt für die quervernetzenden Oligopeptide an der Zuckerkette die Carboxylgruppe des Milchsäureäthers. Bei der Quervernetzung durch die Oligopeptide spielen die Diaminosäuren Lysin und Ornithin bzw. Diaminobuttersäure sowie die im Tier- und Pflanzenreich fehlende Diaminopimelinsäure eine besondere Rolle. Durch Bildung einer Peptidbindung mit dem C-terminalen D-Alanin eines benachbarten Peptidstranges bewirken sie die Querverbindung. D-Alanin fehlt bei allen Eukaryonten. Da die Energie für diesen Vorgang durch Abspaltung eines weiteren D-Alanins aus der gleichen Peptidkette aufgebracht wird, heißt dieser Vorgang auch Transpeptidierung.

Die Bakterienzellwand kann durch die Peptidoglykan-Hydrolasen abgebaut werden. Einige dieser Enzyme greifen an den Glykosidbindungen des Mureinfadens an (*Glukosaminidasen* und *Muraminidasen*), andere attackieren die Peptidbrücken (*Endopeptidasen*). Zum ersten Typ gehört das *Lysozym,* das in der Tränenflüssigkeit, dem Speichel und in Phagozyten des Menschen vorkommt. Es spielt eine Rolle bei der unspezifischen Abwehr des Organismus gegen Bakterien. Eine Endopeptidase ist das *Lysostaphin* von Staphylococcus simulans.

Funktionen der Zellhülle. Die Zellhülle ist das formgebende Stützelement (*Exoskelett*) der Bakterienzelle. Sie ist für die Tatsache verantwortlich, daß Bakterien durch Filter einer bestimmten Porengröße (0,2 μm) zurückgehalten werden. Zellhüllenlose Bakterien können Filter dieser Art passieren. – Die Zellhülle bietet *mechanischen Schutz* vor Schwankungen des osmotischen Druckes im Milieu und verhindert, daß die Bakterienzelle infolge des in ihrem Innern herrschenden hohen osmotischen Druckes platzt. Der hohe Innendruck ist auch für die Zelltrennung wichtig.

In gewissem Umfang kann die Zellhülle als *Permeabilitätsbarriere* für größere Moleküle wirken. Dies gilt besonders für die Zellhülle von gramnegativen Bakterien. Die geringe Permeabilität der äußeren Membran ist dafür ursächlich, daß manche Antibiotika, die gegenüber grampositiven Bakterien gut wirksam sind, gegen eine Reihe gramnegativer Bakterien überhaupt nicht oder nur in sehr hohen Konzentrationen zur Wirkung gelangen.

Die Zellhülle ist bei einigen Spezies als Träger von *Virulenzfaktoren* anzusehen. Hierher gehören vornehmlich solche Außenstrukturen, welche die Phagozytose behindern, aber auch die Endotoxine.

Die Zellhülle vermittelt im Falle einer Infektion den ersten und unmittelbaren Kontakt mit dem Wirtsorganismus und dessen Abwehrsystem. Es ist daher nicht erstaunlich, daß nahezu alle Zellhüllkomponenten die unspezifische Abwehr und das spezifische Immunsystem beeinflussen können. So leitet in vielen Fällen ihr Kontakt mit den Phagozyten die Phagozytose ein, und es wird das Komplementsystem aktiviert. Lipopolysaccharide sind hochwirksame Adjuvanzien: Sie stimulieren das B-Zell-System.

Die Zellhülle ist Sitz von Antigenen. Diese sind bei einigen Spezies für die Identifizierung maßgebend. Antikörper, die mit Zellhüllantigenen reagieren, sind spezifische Auslöseelemente für die humorale Keimvernichtung (Bakteriolyse, Serumbakterizidie).

Bei zahlreichen Bakterien ist die Zellhülle Sitz von Rezeptoren für Bakteriophagen. In manchen Fällen erlaubt das Rezeptormosaik eine von den Antigeneigenschaften unabhängige Feinst-Typisierung (*Lysotypie*, s. S. 897).

Grampositiv, gramnegativ. Die Peptidoglykanschicht der Zellhülle bindet je nach Dicke den Farbstoff Gentianaviolett mit unterschiedlicher Affinität und bestimmt auf diese Weise das Färbeverhalten der Bakterienzelle. Diesen Unterschied hat der dänische Arzt Hans Chr. J. Gram (1853 – 1938) ausgenutzt, als er an dem Friedrichshainer Krankenhaus in Berlin im Verlaufe eines Studienaufenthaltes bei Robert Koch die nach ihm benannte Gramfärbung entwickelte. Sie erlaubt es, die meisten medizinisch relevanten Bakterien je nach Dicke der Peptidoglykanschicht in zwei Gruppen einzuteilen: grampositiv und gramnegativ (Abb. 1.1). Diese Einteilung hat sich als von großem Nutzen für die medizinische Bakteriologie erwiesen, da grampositive und gramnegative Bakterien sich nicht nur in ihrem Färbeverhalten, sondern darüber hinaus in ihrer Pathogenität und in ihrer Antibiotika-Empfindlichkeit in deutlicher Weise voneinander unterscheiden.

Zellhülle gramnegativer Bakterien

Die Zellhülle der gramnegativen Bakterien (Abb. 1.1) zeigt einen mehrschichtigen Aufbau, der im folgenden beschrieben wird.

Einschichtige Mureinschicht. Die Mureinschicht besteht – im Gegensatz zu den grampositiven Bakterien – aus einer mono- oder oligomolekularen Schicht von Molekülen.

Äußere Membran. Der Mureinschicht ist eine äußere Membran aufgelagert. Sie ist im Vergleich zur Zytoplasmamembran hinsichtlich ihrer Lipidmatrix *asymmetrisch*. Während die innere Hälfte ihrer Doppelschicht analog zur Zytoplasmamembran aus *Phospholipiden* aufgebaut ist, liegen in der äußeren Lamellenhälfte die für den Mediziner hochinteressanten *Lipopolysaccharide* als typischer Bestandteil.

Lipopolysaccharide (LPS). Die Lipopolysaccharide lassen drei makromolekulare Anteile erkennen,

von außen nach innen als Region I bis III bzw. als O-Antigen, Kernpolysaccharid und Lipid A bezeichnet.

Die *O-Antigene* bestehen meist aus drei bis maximal 20 Hexosemolekülen. Sie weisen eine Individualstruktur auf, die nur bei besonderen Bakterienspezies vorkommt.

Die O-Antigene bedingen die Oberflächen-Hydrophilie der Bakterienzelle. Bakterien, die O-Antigene besitzen, bilden in flüssigen Kulturmedien eine gleichmäßige Suspension und auf festen Kulturmedien glänzende Kolonien. Man nennt O-antigentragende Stämme daher auch S-Formen (smooth, engl. glatt, glänzend). Deren O-Seitenketten sind lang und stellen einen passiven Schutz gegen immunologische Effektoren, insbesondere gegen das Komplementsystem, dar. Glatte Bakterienstämme sind somit in der Regel resistent gegen die Wirkung der terminalen Komplementsequenz (sog. *Serumresistenz*). Wenn die S-Formen durch Mutation ihre O-Antigene verlieren, so entstehen R-Formen. Diese Varianten exponieren neben der Kernpolysaccharidschicht das hydrophobe Lipid A. Sie wachsen daher in flüssigen Kulturmedien unter Zusammenballung und bilden auf festen Kulturmedien matte, „rauhe" (engl. rough) Kolonien (daher der Name R-Formen).

Die für den Mediziner interessanteste Eigenschaft der O-Antigene besteht darin, daß sie zur Bildung hochspezifischer Antikörper Anlaß geben. Diese Antikörper werden als Reagenz verwendet, um Unterschiede im Antigenaufbau gramnegativer Bakterienarten nachzuweisen. Sie spielen deshalb in der bakteriologischen Routinediagnostik eine Rolle, insbesondere bei der Salmonellendiagnostik.

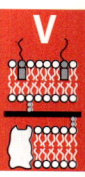

Das *Kernpolysaccharid* (*Core*) besteht aus zwei Untereinheiten. Der äußere Anteil des Kernpolysaccharids baut sich aus Galaktose und N-Acetyl-Glucosamin auf. Das innere Kernpolysaccharid enthält als Besonderheit einen LPS-spezifischen Zucker, das Keto-desoxy-oktonat (KDO). Es ist für die Funktion der äußeren Zellmembran unentbehrlich; sein Verlust ist mit dem Leben der gramnegativen Bakterienzelle nicht vereinbar. Das Kernpolysaccharid ist, im Gegensatz zu den O-Antigen-Seitenketten, bei vielen gramnegativen Bakterien weitgehend gleichartig aufgebaut. Es verfügt über keine bekannten biologischen Wirkungen, kann aber die Bildung von Antikörpern induzieren, die unter Umständen eine LPS-Neutralisation bewirken. Es ist über das KDO mit dem Lipidanteil des LPS, dem Lipid A, verbunden.

Die Struktur von *Lipid A* ist bei Enterobakteriazeen und anderen gramnegativen Bakterien weitgehend identisch. Lipid A ist für die meisten pathophysiologischen Wirkungen der LPS verantwortlich; darüber hinaus bildet es den „Membran-Anker" des LPS und trägt zu der Funktion der äußeren Membran als Permeationsbarriere entscheidend bei.

Die LPS werden auch als *Endotoxine* bezeichnet. Hierbei bedeutet die Vorsilbe Endo-, daß es sich um integrale Baubestandteile der Bakterienzellen handelt (endo, gr. innen), die in der Regel erst dann frei werden, wenn die Bakterienzelle zerfällt. Der Begriff Endotoxin hat sich für das gesamte LPS-Molekül eingebürgert, obwohl nur das Lipid A für die toxischen Wirkungen verantwortlich ist. Bei Infektionen durch opportunistische gramnegative Bakterien ist Endotoxin, im engeren Sinn also das Lipid A, der hauptsächliche Virulenzfaktor (s. S. 29).

Lipoprotein. Neben dem LPS enthält die äußere Zellmembran Lipoprotein und Proteine (Abb. 1.1, s. S. 175). Das Lipoprotein kann eine Brückenstruktur zwischen äußerer Membran und dem Mureinnetzwerk ausbilden, wenn es mit seiner Proteinkomponente an den Peptidteil (Diaminopimelinsäure) des Mureins gebunden vorliegt, während seine Lipidkomponente in die äußere Membran eingelagert ist.

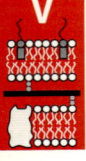

Porine. In der äußeren Membran findet man ferner Proteine mit Poren-Funktion. Sie werden als Porine bezeichnet (Abb. 1.1, s. S. 175) und spielen für die selektive Permeabilität der äußeren Membran eine besondere Rolle (s. u.).

Zellhülle grampositiver Bakterien

Mehrschichtige Peptidoglykanschicht. Bei grampositiven Bakterien ist die Peptidoglykanschicht dreidimensional, d. h. *mehrschichtig* angelegt (Abb. 1.1, s. S. 175). Ihre Dicke kann diejenige der Peptidoglykanschicht von gramnegativen Bakterien bis zum 40fachen übertreffen. Die Zellwand stellt in diesem Falle bis zu 70% des Trockengewichts dar. Den grampositiven Erregern fehlt andererseits die dem Peptidoglykan-Sacculus aufgelagerte äußere Membran.

Dennoch können ihrer Peptidoglykanschicht weitere Schichten aufgelagert sein: So ist der Peptidoglykan-Sacculus bei den A-Streptokokken nach außen hin von zwei aufeinanderfolgenden Schichten bedeckt: Unmittelbar auf dem Sacculus liegt das gruppenbestimmende Polysaccharid. Auf diesem liegt wiederum das typenbestimmende Protein M. Bei Staphylokokken trägt der Sacculus zusätzlich das Protein A.

Viele Zellwände grampositiver (und einiger gramnegativer) Bakterien sind von kristallinen Protein-Gittern bedeckt, die z. T. als Molekularsiebe fungieren.

Lipoteichonsäure. Ein funktionell bedeutsamer Bestandteil der Zellwand grampositiver Bakterien ist die Lipoteichonsäure (= Polyglycerolphosphatkette), die über ein Glykolipid in der Außenseite der Zytoplasmamembran verankert ist. Sie spielt bei der Adhärenz eine Rolle und kann durch Komplementaktivierung eine Entzündungsreaktion induzieren.

Zellhülle der Mykobakterien

Wachshülle. Die Zellwand der Mykobakterien und der Nocardien weist ein typisches Peptidoglykangerüst auf. Die Besonderheit des Zellhüllenaufbaues liegt hier aber in dem sehr hohen *Lipidgehalt*: Lipide stellen einen Gewichtsanteil von 60%, während ihr Anteil bei gramnegativen Zellhüllen nur 20% und bei grampositiven Zellhüllen nur 4% beträgt. Da ein großer Teil der Lipide von Mykobakterien als echte Wachse, d. h. als Fettsäure-Ester langkettiger Alkohole vorliegt, spricht man von der Wachshülle der Mykobakterien.

Säurefestigkeit. Die Wachshülle ist ursächlich dafür, daß sich Mykobakterien fast gar nicht nach Gram färben lassen, da der Farbstoff Gentianaviolett nicht bis zur Peptidoglykanschicht vordringen kann. Erst wenn die Wachshülle erhitzt wird, läßt sie Farbstoffe eindringen, z. B. Karbolfuchsin. Da sich der eingedrungene Farbstoff nach Erkalten der Wachshülle nicht mehr durch ein Säure-Alkohol-Gemisch entfernen läßt, heißen Mykobakterien auch säurefest. In Ausnutzung dieser Tatsache wurde die Ziehl-Neelsen-Färbung entwickelt.

Zellhüllenlose Bakterien

Ein Abbau der Zellhülle oder die Blockade ihrer Synthese führt bei Bakterien nicht unbedingt zum Zelltod: Bakterien können ohne Zellhülle leben, sich vermehren und sogar Sporen bilden, wenn sie entsprechende Milieubedingungen vorfinden.

Sphäroplasten und Protoplasten. Man bezeichnet Bakterien, bei denen die unvollständige (defekte) Zellhülle ihre formgebende Funktion verloren hat, als Sphäroplasten. Sphäroplasten tragen noch Zellwandreste auf ihrer Oberfläche. Läßt sich bei den Bakterien keinerlei Zellwandrest mehr nachweisen, so spricht man von Protoplasten. Die beiden Termini werden ohne Rücksicht darauf benutzt, ob die betreffenden Bakterien vermehrungsfähig sind oder nicht. Im Experiment kann man Sphäroplasten dadurch erzeugen, daß man die Züchtung in Gegenwart von Penicillin vornimmt. Eine Möglichkeit zur Herstellung von Protoplasten besteht darin, daß man grampositive Bakterien mit Lysozym behandelt.

L-Formen. Bei gewissen zellhüllentragenden Spezies (z. B. Meningokokken, Streptokokken) kommen vermehrungsfähige Spontanmutanten vor, die ihre Zellhülle verloren haben (L-Formen). Mit geeigneten Kulturmedien kann man die von diesen Mutanten abstammenden Populationen isolieren und weiterzüchten. Somit sind L-Formen natürlicherweise vorkommende, fortzüchtbare zellhüllenlose Varianten von zellhüllentragenden Bakterienarten.

Mykoplasmen. Es gibt Bakterien, bei denen die Zellhüllenlosigkeit genetisch fixiert und somit ein taxonomisch relevantes Merkmal ist. Die hierher gehörigen Spezies werden als Mykoplasmen bezeichnet (s. Kap. 3.2.1). L-Formen und Mykoplasmen sind gegen β-Laktamantibiotika primär resistent, da sie den Antibiotika keinen Angriffspunkt bieten.

1.2.6 Kapseln

Definition und Aufbau. Bei einigen Bakterienarten ist die Zellhülle außen von einer relativ scharf abgegrenzten, u. U. sehr dicken Schicht eines homogenen, stark lichtbrechenden, aber kaum färbbaren Materials umgeben. Diese Schicht wird als Bakterienkapsel bezeichnet. Das Material der Kapsel ist in der Regel ein hochviskóses, aus Zuckern oder Aminosäuren aufgebautes Polymer, das nichtkovalent an die Zellhülle gebunden ist. Die Kapsel ist für die Bakterien nicht lebenswichtig, auch kapsellose Mutanten sind vermehrungsfähig.

Kapseln als Virulenzfaktor. Die für den Mediziner instruktivsten Beispiele für die Kapselfunktion werden von den Pneumokokken und den Milzbrandbazillen geliefert. Die Pneumokokkenkapsel des Typs III besteht z. B. aus einem Polymer von Cellobiuronsäure, einem Disaccharid aus Glukose und Glukuronsäure. Das Kapselmaterial der Milzbrandbazillen ist ein Polymer aus Glutaminsäure.

Die Kapsel ist bei diesen Krankheitserregern entscheidend für deren Virulenz: Sie schützt die von ihr umschlossene Bakterienzelle vor der Phagozytose; kapsellose Pneumokokkenstämme sind stets avirulent.

Kapseln als Antigene. Bei den bekapselten Bakterien ist das Kapselmaterial in der Regel als starkes Antigen wirksam. Die gegen die Kapsel gerichteten Antikörper leiten nach ihrer Bindung an die Kapsel die Opsonisierung der betroffenen Bakterien ein und erleichtern somit die von der Phagozytose (s. S. 114 ff.) getragene Infektionsabwehr. Am eindeutigsten läßt sich dies für die Pneumokokken beweisen. Immunogen wirksame Kapseln sind ferner bei Haemophilus influenzae, bei Bordetella pertussis und bei Klebsiella pneumoniae sowie bei einigen Stämmen von E. coli vorhanden. Immunogene Außenstrukturen mit den Eigenschaften einer Kapsel findet man außerdem bei Meningokokken, Brucellen und Yersinien.

1.2.7 Geißeln

Definition und Aufbau. Bakteriengeißeln, fadenförmige Organellen der Bakterienzelle, erzeugen durch Rotation Vorwärtsbewegung. Sie bestehen aus Basalkörper, Haken und Filament. Der Basalkörper ist aus zahlreichen Proteinen zusammengesetzt und durchspannt die besamte Zellhülle. Er verankert die Geißel in der Zellhülle und enthält den Flagellenmotor, der einen Natrium- oder Protonengradienten in Rotation umsetzt. Der Haken, eine stark gebogene Struktur (ca. 55 nm Länge), verbindet Basalkörper und Filament. Letzteres ist ein steifer Faden, der eine Spirale bildet. Das Filament besteht aus polymerisierten Flagellinmolekülen.

Formen der Begeißelung. Manche Bakterien besitzen nur eine einzige Geißel; diese sitzt an einem Pol der Bakterienzelle, z.B. bei Vibrio cholerae (*polare* Begeißelung). Bei anderen Bakterien, z.B. bei Pseudomonas, entspringt an einem der beiden Pole ein einziges, aus mehreren Geißeln bestehendes Büschel (*lophotriche* Begeißelung). Sitzen Geißeln an jedem der beiden Pole, spricht man von bipolarer Begeißelung (*amphitrich*). Schließlich gibt es Bakterien, die rundum (*peritrich*) begeißelt sind: Salmonellen, E. coli.

Geißeln als H-Antigene. Die in den Geißeln der gramnegativen Stäbchen lokalisierten Antigene werden zusammenfassend als H-Antigene bezeichnet. Diese Bezeichnung leitet sich von der Tatsache ab, daß sich die besonders stark beweglichen Proteusbakterien bei Verimpfung auf feste Agarplatten auf deren Oberfläche ausbreiten und den Eindruck einer angehauchten Glasplatte hervorrufen. Man hat danach sämtliche Geißelantigene als H-Antigene (von Hauch) benannt, auch wenn die Beweglichkeit der anderen Spezies nicht so stark ausgeprägt ist wie bei Proteus. Analog dazu leitet sich die Bezeichnung O-Antigen von dem Befund „ohne Hauch" ab.

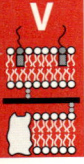

Träger der aktiven Motilität. Die Geißeln dienen der Bakterienzelle als Organellen der aktiven Bewegung. Mit Hilfe des Mikroskops ist die aktive Bewegung in flüssigem Milieu gut zu beobachten. Die Bakterien bewegen sich stetig und mit erkennbarer Richtung über längere Strecken des Gesichtsfeldes hinweg. Demgegenüber zeigen geißellose Bakterien lediglich ein durch die Brownsche Molekularbewegung hervorgerufenes Zittern (passive Bewegung).

Die Bewegung der Bakterien kommt bei der polaren Begeißelung durch eine schiffsschraubenähnliche Aktion der Geißeln zustande. Die Rotationsgeschwindigkeit der polaren Geißeln liegt bei 40 Umdrehungen pro Sekunde. Der Bakterienleib dreht sich dabei langsamer im Gegensinne. Die Bewegungsgeschwindigkeit der Bakterienzelle ist hoch. Sie liegt i.a. bei Werten bis zu 25 µm/s, also beim Mehrfachen ihrer Länge. Bei Vibrionen kann sie ausnahmsweise Werte von 200 µm/s erreichen. Dies liegt daran, daß sich gewundene Bakterien wie ein Korkenzieher durch das Medium schrauben.

Die bakterielle Beweglichkeit wird durch ein Chemotaxissystem gesteuert, das Gradienten von Lock- oder Schreckstoffen erkennt und diese Informationen über ein Signaltransduktionssystem an den Flagellenmotor weiterleitet.

1.2.8 Pili (Fimbrien)

Definition und Aufbau. Man bezeichnet als Pili dünne und im Vergleich zu Geißeln kurze und starre Gebilde, die an der zytoplasmatischen Membran der Bakterienzelle inserieren und durch die Zellhülle hindurch drahtartig ins Milieu hineinragen (Abb. 1.1). Die Pili haben mit den Geißeln nichts zu tun. Sie finden sich bei begeißelten Bakterien ebenso wie bei unbegeißelten. Sie sind röhrenförmig ausgebildet und bestehen aus einem als *Pilin* bezeichneten Protein. Ihr Durchmesser liegt bei ca. 5 nm (0,005 µm), ihre Länge zwischen 0,5 und 5 µm.

Zwei Funktionen werden den Pili zugeschrieben:
- Bei gewissen Arten sind die Pili als Haftungsorganellen (*Adhäsine*) für die Ansiedlung im Wirtsorganismus maßgebend. Bei Gonokokken reagieren sie z.B. spezifisch mit bestimmten Rezeptoren der Wirtszellmembran der Zielzellen und verankern die Bakterienzelle daran.
- Bei den primitiven Sexualvorgängen zwischen Bakterien (Konjugation) dienen spezialisierte, größere Pili (*Sex-Pili*) als Anhaftungsorganellen der Sexualpartner, möglicherweise aber auch als Verbindungsröhren zwischen dem „männlichen" (F^+) DNS-Spender und dem „weiblichen" (F^-) DNS-Empfänger. Der *F-Faktor* kodiert für die Sex-Pili; er ist plasmid-gebunden. F^+-Zellen besitzen jeweils nur ein bis zwei Sex-Pili.

1.2.9 Sporen

Sporen (Endosporen) sind Zellformen mit extrem herabgesetztem Stoffwechsel (hypometabolische Zellformen), die sich bei manchen Bakteriengattungen, den sog. Sporenbildnern, aus der teilungsfähigen Normalform der Bakterienzelle (der vegetativen Form) entwickeln. Sie sind im Gegensatz zu den vegetativen Formen gegen Austrocknung,

Hitze (z. B. mehrstündiges Kochen), Chemikalien und Strahlen widerstandsfähig (jedoch nur mäßig resistent gegen UV-Bestrahlung). Sporen lassen sich als *Dauer- und Überlebensformen* der Bakterienzelle ansehen. Für die Medizinische Mikrobiologie sind nur zwei sporenbildende Gattungen bedeutsam. Beide gehören zu den grampositiven Stäbchen: Es sind einmal die als *Bazillen* bezeichneten aeroben Sporenbildner und zum anderen die als *Clostridien* bezeichneten obligat anaeroben Sporenbildner.

Im Gegensatz zu den Sporen der Bakterien sind Pilzsporen keine Dauerformen. Sie dienen der Vermehrung und Verbreitung, sind also in dieser Hinsicht dem Samen der höheren Pflanzen gleichzusetzen. Bei Protozoen bezieht sich der Ausdruck „Sporulation" nicht auf die Bildung von Dauerformen, sondern auf infektiöse Stadien im Entwicklungszyklus.

Eigenschaften der Sporen. Die Produkte der Versporung fallen durch ihre Resistenz gegen feuchte Hitze deutlich aus dem Rahmen des in der Biologie Gewohnten. Während vegetative Formen bei 80 °C nach einer 10 min dauernden Exposition absterben, widerstehen alle Sporen dieser und anderen, weit höheren Temperaturbelastungen. Einige Sporen halten mehrstündiges Kochen aus. Bacillus stearothermophilus wird zum Testen von Autoklaven benutzt. Die Halbwertszeit einer Sporensuspension beträgt unter natürlichen Temperaturverhältnissen zumindest einige Jahrzehnte. Bei extrem niedrigen Temperaturen (flüssiger Stickstoff) verlängert sich die Lebensdauer vermutlich bis ins Unbegrenzte. Bakteriensporen können sich nicht unmittelbar vermehren. Sie müssen zuerst durch „Auskeimen" eine Zelle der Vegetativform bilden; erst diese ist dann vermehrungsfähig.

Für die Thermoresistenz werden folgende Faktoren als wichtig erachtet:
- Dipicolinsäure (Stabilisator),
- extreme Wasserarmut der Spore und
- auffallend niedriger Guanosin-Cytosin-Gehalt (ca. 25%).

Bakterielle Sporen sind nur mäßig resistent gegen UV-Licht.

Modus der Sporenbildung. Die Sporenbildung wird durch Knappheit an Nährstoffen oder durch Anhäufung von wachstumsbehindernden Metaboliten im Milieu ausgelöst. Die Versporung der Bakterienzelle wird durch eine Einschnürung der Zy-

toplasmamembran eingeleitet, die das Zytoplasma in zwei ungleiche Teile separiert. Der mit dem Zellgenom assoziierte Teil des Zytoplasmas retrahiert sich unter starkem Wasserverlust und bildet einen von der inneren und der äußeren Sporenmembran umgebenen runden Körper, die *Vorspore*. Die innere Sporenmembran bildet dann eine dünne Sporenzellwand, und die äußere Sporenmembran bildet die sog. Sporenrinde (*Cortex*). Sporenzellwand und Sporenrinde bilden die innere Sporenhülle. Der andere Teil des Zytoplasmas, der sich um die Vorspore herumgelegt hat, hüllt die Vorspore ein und synthetisiert die äußeren Sporenhüllen (*Exosporium*). Auf diese Weise entsteht in einer Bakterienzelle jeweils nur eine einzige Spore. Diese liegt als rundes oder ovales Gebilde in der Mitte (mittelständig) oder an einem Ende (endständig) der stäbchenförmigen Vegetativform. Deren Zellwand wird nach der Versporung enzymatisch abgebaut.

Die Spore besteht also aus einem *Zytoplasma-DNS-Konzentrat*, welches von mehreren festen Schichten umgeben ist. Sie enthält das gesamte Bakteriengenom und eine Reihe von Funktionsträgern des Zytoplasmas, z. B. Enzyme, in stabilisiertem Zustand.

Lage der Sporen. Bei Sporenbildnern kann die Sporenbildung, wie z. B. bei Milzbrandbazillen, mittelständig sein, während sie bei Tetanusclostridien endständig ist: Es entsteht das Bild des Trommelschlegels. Bei anderen sporenbildenden Bakterien setzt sich die endständige Spore nicht scharfgeknickt gegen die vegetative Mutterzelle ab, sondern allmählich geschweift: Es entsteht die Tennisschlägerform. Diese ist typisch für Clostridium perfringens, den Erreger des Gasbrandes, und C. botulinum, den Bildner des bakteriellen Konservengiftes.

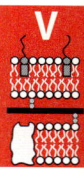

1.2.10 Intrazelluläre Depot-Granula

Im Zytoplasma der Bakterienzellen werden bei vielen Spezies Reservestoffe in Form von Granula eingelagert. Neben Glykogen und Stärke findet man Lipide meist in granulärer Form als Polyhydroxybuttersäure (PHB). Diese Substanz wird auch als „Bakterienfett" bezeichnet, da sie ausschließlich bei Prokaryonten vorkommt.

Die Speicherstoffe werden bei Knappheit des betreffenden Nahrungsstoffes aufgebraucht. Eine gewisse Sonderstellung nehmen Polyphosphatspeicher ein. Ihr morphologischer Ausdruck sind *metachromatische Granula*, die sog. Volutin-Granula.

Diese spielen als charakteristische Strukturelemente der Diphtheriebakterien eine bedeutende Rolle bei deren Diagnose (Polkörperchen oder Babes-Ernstsche-Granula, s. S. 343 ff.).

ZUSAMMENFASSUNG: Bakterien: Definition und Morphologie

Grundformen der Bakterien: Kokken, Stäbchen, Schraubenbakterien.

Aufbau: Kernäquivalent (keine Kernmembran), in einigen Fällen Plasmide. Zellhülle bestehend aus Zytoplasmamembran und Zellwand. Mitochondrien und endoplasmatisches Retikulum fehlen.

Zellwandtypen: Grampositiv: mehrschichtiger Mureinsacculus, Lipoteichonsäure; gramnegativ: einschichtiger Mureinsacculus, äußere Membran mit Porinen und Lipopolysaccharid; säurefeste Bakterien: Wachse in der Zellhülle.

Weitere Zellhüllenbestandteile: Kapseln, Geißeln, Pili (Fimbrien).

Lipopolysaccharid-Hauptwirkungen: (1) Stimulation von Monozyten/Makrophagen führt zur Ausschüttung von IL-1, IL-6 und TNF-α, woraus Fieber und die Akut-Phase-Reaktion resultieren, (2) die Aktivierung des Komplementsystems führt zu einer Entzündungsreaktion, (3) die Aktivierung des Bradykininsystems bedingt eine Vasodilatation, (4) die Aktivierung von Gerinnung und Fibrinolyse kann zur Verbrauchskoagulopathie führen. Als Ergebnis aller vier Hauptwirkungen kann ein Schock entstehen.

Zellwandlose Formen: Sphäroplasten, Protoplasten, L-Formen, Mykoplasmen.

Sporen: Hypometabolische Dauerformen (aerob: Bacillus spp., anaerob: Clostridium spp.).

EINLEITUNG

In der Genetik untersucht man den Zusammenhang zwischen den Eigenschaften von Organismen oder Zellen und ihren Genen. Seitdem durch die Arbeiten von G. Mendel, T.H. Morgan u.a. bekannt war, daß sich Merkmale von Pflanzen und Tieren auf bestimmte Elemente in ihren Chromosomen zurückführen lassen, die man Gene nannte, hat man versucht zu verstehen, woraus Gene bestehen und wie sie wirken. Die Beantwortung dieser Fragen gelang in den Jahren von 1940 bis etwa 1960, als man Bakterien und ihre Viren, die Bakteriophagen, zum Gegenstand genetischer Untersuchungen machte. Bakterien haben gegenüber Pflanzen und Tieren den Vorteil, daß sie sich leicht in Lösungen und auf Nährböden züchten lassen, eine kurze Generationszeit besitzen, haploid sind und daß man Veränderungen ihrer Gene leicht erkennen kann. Wir verdanken der Bakteriengenetik die grundlegenden Erkenntnisse über die Natur des Trägers genetischer Information, die DNS, über die Transkription der Gene in mRNS und ihre Translation in Protein und über die Regulation der Genexpression durch DNS-bindende Proteine. Auf der Grundlage der in der Bakteriengenetik gewonnenen Einsichten beginnt man heute, auch die Genetik der Pflanzen und Tiere auf molekularer Grundlage zu verstehen.

In den folgenden Kapiteln sind einige wesentliche Aspekte der Bakteriengenetik dargestellt. Sie beschränken sich zur Hauptsache auf E. coli und stellen die molekularen Grundlagen in den Mittelpunkt der Darstellung, soweit diese bekannt sind.

2.1 Struktur und Replikation von DNS

Die chemischen Bestandteile von DNS sind der Zucker Desoxyribose, Phosphorsäure und die Purin- bzw. Pyrimidinbasen Adenin (A), Guanin (G), Cytosin (C) und Thymin (T). Das Rückgrat der DNS wird von einer Kette alternierender Desoxyribose- und Phosphorsäure-Gruppen gebildet, die über 3'-OH- und 5'-OH-Gruppen aufeinanderfolgender Zucker miteinander verknüpft sind. Das eine Ende eines solchen DNS-Stranges hat eine 5'-Phosphat-Gruppe, das andere eine freie 3'-OH-Gruppe. Jede Desoxyribose ist N-glykosidisch am C-Atom Nr. 1 mit einer der vier Basen verknüpft. Das Desoxyribose-Phosphorsäure-Rückgrat ist in allen DNS gleich und trägt keine genetische Information. Diese beruht allein auf der Reihenfolge der Basen.

Die meisten natürlich vorkommenden DNS liegen in Form einer *Doppelhelix* vor. Sie besteht aus zwei sich um eine gemeinsame Achse windenden Einzelsträngen, die durch Wasserstoffbrücken-Bin-

dungen zwischen den im Inneren der Helix liegenden Basen zusammengehalten werden. Infolge der räumlichen Struktur der Basen und der Doppelhelix können nur A und T sowie G und C stabile Basenpaare bilden. A in einem Strang ist daher immer mit T im anderen Strang gepaart usw. Infolgedessen sind die beiden DNS-Stränge zueinander komplementär, d.h. die Reihenfolge der Basen in einem Strang legt auch die Reihenfolge der Basen im anderen Strang fest. Die beiden Einzelstränge der Doppelhelix winden sich mit einer Periodizität von 10 Basenpaaren um ihre gemeinsame Achse und haben entgegengesetzte 5'→3'-Orientierung (sog. B-Form).

Neben dieser am häufigsten anzutreffenden DNS-Form gibt es einige seltenere DNS-Strukturen. Eine Reihe von Bakteriophagen besitzt einzelsträngige DNS. Plasmide bestehen aus zirkulärer, doppelsträngiger DNS, die infolge zusätzlicher Verdrillung ein kompaktes „Superknäuel" bildet. Die rechtsgängige B-Form der DNS geht unter gewissen Bedingungen in eine linksgängige Doppelhelix über (sog. Z-Form). Die in der B-Form star-

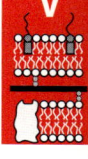

re, stäbchenförmige DNS kann an bestimmten Sequenzen geknickt sein.

Die genetische Information von Bakterien oder Viren muß im Laufe ihrer Vermehrung in Form identischer Kopien an die Nachkommen weitergegeben werden. Dies geschieht durch semikonservative Replikation der DNS. Hierbei werden die beiden Stränge der DNS-Doppelhelix aufgedrillt, und an jedem von ihnen wird ein komplementärer Strang Schritt für Schritt neu synthetisiert. Auf diese Weise entstehen zwei DNS-Doppelstränge, von denen jeder aus einem alten und einem neuen Strang besteht. An der DNS-Synthese sind mehrere Enzyme beteiligt, von denen **DNS-Polymerase** das wichtigste ist. DNS-Polymerasen katalysieren die Verknüpfung von Nukleosidtriphosphaten an einer DNS-„Vorlage" unter Abspaltung von Diphosphat. Darüber hinaus besitzt die E.-coli-DNS-Polymerase-I Nuklease-Aktivität, mit deren Hilfe falsch synthetisierte, d.h. nichtkomplementäre Basenpaare aus der neuen DNS-Sequenz wieder herausschnitten werden können („Korrekturlesen").

2.2 Träger genetischer Information in Bakterien

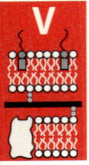

Bakterien-Chromosom. Genetische Information kann in Bakterien in verschiedenen DNS gespeichert sein. Die eigentliche bakterielle DNS, die die für das jeweilige Bakterium charakteristischen und für sein Überleben wichtigen Gene trägt, wird auch als Bakterien-Chromosom bezeichnet. Daneben können Bakterien extrachromosomale DNS enthalten, sog. **Plasmide**, die zusätzliche Gene besitzen. Schließlich können Bakterien von **Bakteriophagen** infiziert sein, deren genetische Information meistens die Zerstörung der Bakterienzellen herbeiführt.

Die Replikation eines Bakterien-Chromosoms beginnt immer an einer spezifischen Sequenz (ori) und ist mit der Vermehrung der Bakterien durch Zellteilung koordiniert. Das bisher am besten charakterisierte Bakterien-Chromosom ist das von Haemophilus influenzae. Es besteht aus einem einzigen, $1,8\times10^6$ Basenpaare langen, zirkulären DNS-Molekül, dessen komplette Nukleotidsequenz bekannt ist. Es enthält 1743 Gene. Etwa 1000 von ihnen konnten bekannten Funktionen zugeordnet

werden. Wozu die übrigen Gene dienen, ist noch unbekannt. Mittlerweile sind die Bakterien-Chromosomen von mehr als 25 Spezies sequenziert worden, darunter auch das $4,7\times10^6$ Basenpaare große Chromosom von E. coli.

Plasmide. Dies sind zirkulär-doppelsträngige DNS-Moleküle, deren Größe und Anzahl pro Bakterium sehr unterschiedlich sein können. Die kleinsten bekannten Plasmide sind nur 800 Basenpaare lang, die größten bis zu 300000 Basenpaare. Während die großen Plasmide häufig nur in einer Kopie pro Bakterienzelle vorliegen, können von den kleinen bis zu 100 und in Ausnahmefällen bis zu 1000 Kopien vorkommen. Die Replikation dieser kleinen Plasmide ist unabhängig von der der chromosomalen DNS. Bei der Zellteilung werden die vorhandenen Plasmide mehr oder weniger zufällig auf die beiden Tochterzellen verteilt.

Die genetische Information der Plasmide ist für das Überleben der Bakterien unter normalen Bedingungen i. a. entbehrlich. Man kann plasmidfreie Bakterien isolieren, die in geeignetem Milieu normal wachsen. Häufig tragen Plasmide Gene, die Bakterien in einer feindlichen Umgebung einen Selektionsvorteil gegenüber den plasmidfreien Bakterien verschaffen. Hierzu gehören

- Resistenz gegen Antibiotika und Schwermetalle,
- die Fähigkeit zur Produktion von Toxinen, die andere Bakterien abtöten,
- die Fähigkeit, auf ungewöhnlichen chemischen Verbindungen zu wachsen und diese abzubauen.

Viele der größeren Plasmide tragen zusätzlich Gene, die ihre Übertragung auf andere Bakterien derselben oder einer verwandten Spezies ermöglichen.

Zu den medizinisch bedeutsamsten Plasmiden gehören die sog. **Resistenztransfer-Faktoren (RTF)**. Sie tragen Gene, die Bakterien resistent gegen Antibiotika machen, wie z.B. Penicillin, Tetracyclin, Streptomycin, Sulfonamide. Häufig tragen die RTF Gene für mehrere dieser Resistenzen auf einmal. Resistenz-Gene kodieren für Enzyme, die die Antibiotika modifizieren und dadurch inaktivieren. So beruht z.B. die Resistenz gegen Penicilline auf der Synthese eines plasmid-kodierten Enzyms, das spezifisch den β-Laktam-Ring der Penicilline hydrolysiert. Auch durch Veränderungen in ihrer Membran können Bakterien Resistenz gegen Antibiotika erwerben, wenn hierdurch die Aufnahme der Antibiotika in die Bakterien unterbunden wird.

Bakteriophagen. Bakteriophagen sind die Viren der Bakterien. Sie sind im Grunde nichts anderes als genetische Information (in Form von DNS oder RNS) in einer Protein-Verpackung. Sie können nur in Bakterien vermehrt werden und sind hierfür auf den Proteinsynthese-Apparat der Bakterien angewiesen. Infiziert ein Phage ein Bakterium, so wird seine DNS oder RNS von der Bakterienzelle aufgenommen, während die oft recht komplexe Proteinhülle auf der Zellmembran zurückbleibt. Wird die genetische Information des Phagen in der Zelle abgelesen, kommt es zur Bildung neuer Phagen, die die Bakterien schließlich zerstören (lysieren). In der phageninfizierten Zelle wird zunächst die Phagen-DNS (oder RNS) repliziert, später werden die Proteine der Phagenhülle gebildet, die sich mit der DNS zu Phagenköpfen und schließlich zu kompletten Phagen assoziieren. Durch Lyse der Bakterien freigesetzte Phagen infizieren weitere Bakterien, und der ganze Vorgang wiederholt sich (s. a. Transduktion, Abb. 2.3).

Bakteriophagen kennt man für sehr viele Bakterien; am besten untersucht sind die von E. coli. Die einfachsten unter ihnen besitzen nur vier Gene. Zu den bekanntesten E.-coli-Phagen gehört der ***Bakteriophage Lambda*** (λ), dessen 48 502 Basenpaare lange DNS-Sequenz vollständig aufgeklärt wurde. Der Phage λ hat in der Geschichte der Genetik und der Molekularbiologie häufig als Paradigma für die Aufklärung der molekularen Mechanismen zahlreicher genetischer Grundphänomene gedient.

Der Phage λ kann E. coli nicht nur lytisch infizieren. Es kann auch vorkommen, daß nach einer Infektion die gesamte λ-DNS in das Bakterien-Chromosom integriert und dann wie ein normales E.-coli-Gen vererbt wird (***Prophage***). In diesem Zustand (***Lysogenie***) sind die Phagengene abgeschaltet, lediglich der sog. ***λ-Repressor*** wird synthetisiert. Werden solche Bakterien mit UV-Strahlen behandelt, so wird der Repressor inaktiviert und der Prophage „induziert". Die Phagen-DNS wird aus dem Bakterienchromosom ausgeschnitten, und es kommt erneut zu einem Zyklus lytischer Vermehrung. Die Umschaltung zwischen lysogener Integration von λ-DNS und lytischer Vermehrung von λ-Phagen wird durch mehrere genetische Kontrollen reguliert.

Man kennt Phagen, die sich ähnlich wie λ verhalten, auch bei anderen Bakterien. Ein Beispiel hierfür ist der Bakteriophage β, der das Gen für das Diphtherietoxin trägt. Er kann Corynebacterium diphtheriae entweder lytisch infizieren oder in den toxinproduzierenden Bakterien in Form eines Prophagen vorkommen.

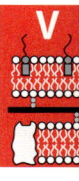

2.3 Austausch genetischer Information zwischen Bakterien

Konjugation. Gewisse Bakterienstämme besitzen die Fähigkeit, Kopien der eigenen DNS auf andere Bakterien zu übertragen. Für diesen Vorgang wurde der Begriff Konjugation geprägt (Abb. 2.1). Die Fähigkeit zur DNS-Übertragung durch Konjugation wird durch Plasmide vererbt. In E. coli wird das entsprechende Plasmid als ***F-Faktor*** bezeichnet. In den Spenderbakterien liegt der F-Faktor entweder in freier Form als Plasmid vor (F⁺) oder in integrierter Form als Bestandteil des Bakterienchromosoms (Hfr). Als Empfänger der DNS treten nur solche Bakterien auf, die selbst keinen F-Faktor besitzen (F⁻).

Kreuzt man F⁻ mit F⁺-Bakterien, so wird eine Kopie des F-Plasmids übertragen. In der Konjugation von F⁻ mit Hfr-Stämmen dagegen kommt es zur Übertragung des F-Faktors (oder eines Teils hiervon) mitsamt der daran hängenden chromosomalen DNS. Läuft die Konjugation ungestört ab, kann hierbei das gesamte E.-coli-Chromosom übertragen werden, ein Vorgang, der bei 37 °C 90–100 min benötigt. Kräftiges Schütteln der Bakterienkultur führt zum Abbruch der Konjugation, so daß nur ein Teil der Gene des Hfr-Stammes auf den F⁻-Stamm übertragen wird. Unterbricht man

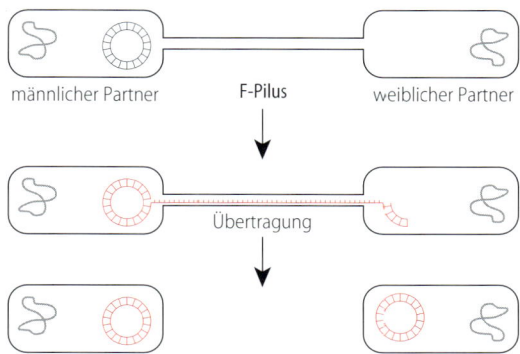

Abb. 2.1. Konjugation: Gen-Übertragung über F-Pili

Bakterien können über F-Pili Kontakt mit anderen Bakterien aufnehmen. Durch die hohlen Pili kann genetisches Material vom „männlichen" auf den „weiblichen" Partner übertragen werden. Dieser kann dadurch neue Eigenschaften erwerben, z.B. Antibiotikaresistenz.

die Konjugation zu verschiedenen Zeitpunkten und bestimmt die jeweils übertragenen Gene, so läßt sich hiermit eine *Genkarte* aufstellen: Die zeitliche Reihenfolge der Übertragung entspricht der Reihenfolge der Gene im Chromosom. Durch Verwendung von Hfr-Stämmen, in denen der F-Faktor an verschiedenen Stellen in das Bakterien-Chromosom integriert ist, läßt sich die Genauigkeit einer solchen Genkarte verbessern.

In der Konjugation wird die Verbindung zwischen F$^+$- oder Hfr- und F$^-$-Zellen durch einen sog. *F-Pilus* hergestellt, eine hohlzylinderförmige Ausstülpung der Donorzellen. Er besteht fast ausschließlich aus Untereinheiten eines einzigen Proteins (Pilin). F$^-$-Zellen, die ein F-Plasmid aufgenommen haben, werden hierdurch selbst zu F$^+$-Zellen. Mischt man daher die Kulturen eines F$^-$- und eines F$^+$-Stammes, so werden alle Bakterien der Kultur F$^+$.

Das integrierte F-Plasmid kann gelegentlich spontan aus dem Bakterienchromosom wieder freigesetzt werden, wodurch Hfr-Stämme in die F$^+$-Form übergehen. Hierbei können flankierende Bakteriengene mitausgeschnitten werden. Die dabei entstehenden F′-Plasmide sind mit transduzierenden Phagen zu vergleichen. Durch Übertragung eines solchen F′-Plasmids lassen sich partiell diploide Bakterien herstellen.

Plasmid-vererbte Konjugationssysteme sind unter gramnegativen und grampositiven Bakterien weit verbreitet. Während in gramnegativen Bakterien die Konjugation wie in E. coli durch Pili eingeleitet wird, scheint in grampositiven Bakterien ein „klebriges" Membranprotein der Donor-Zellen für die Paarbildung wichtig zu sein, dessen Synthese durch ein von Rezipienten-Zellen ausgeschiedenes Polypeptid induziert wird.

Zu den durch Konjugation übertragbaren Plasmiden gehören auch die Resistenztransferfaktoren (RTF). Sie tragen mehrere Gene für die Komponenten ihres eigenen Konjugationssystems. Die zunehmende Ausbreitung der Resistenzen gegen Antibiotika ist auf die Übertragung der RTF durch Konjugation und auf die Selektion der resistenten Stämme durch Antibiotika zurückzuführen.

Transformation. Bakterielle Gene können auch in Form freier DNS zwischen Bakterien ausgetauscht werden. Zahlreiche Bakterien können fremde DNS aus ihrer Umgebung aufnehmen und in ihre eigene DNS integrieren: Transformation (Abb. 2.2). Es war die Entdeckung dieses Phänomens, mit dessen Hilfe der Nachweis gelang, daß DNS, und nicht

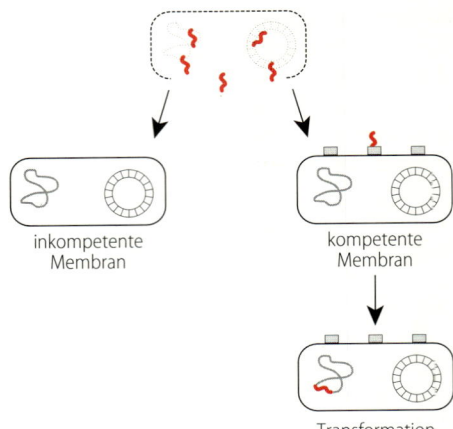

Abb. 2.2. Transformation: Aufnahme von Genmaterial aus der Umgebung

Durch den Untergang von Organismen wird deren DNS frei und kann von lebenden Organismen, z.B. Bakterien, aufgenommen werden. Hierzu muß die Membran kompetent für die DNS-Aufnahme sein. Dies kann durch Membranproteine vermittelt werden, die auch eine Auswahl der DNS-Fragmente durchführen können. Durch die neue DNS können die Mikroorganismen zusätzliche Eigenschaften erwerben, z.B. die Fähigkeit zur Kapselbildung.

Protein, materieller Träger der genetischen Information ist: Avirulente Stämme von Streptococcus pneumoniae wurden virulent, wenn sie mit Extrakten abgetöteter virulenter Stämme behandelt wurden (Griffith, 1928). Als aktives Prinzip dieser genetisch stabilen Transformation wurde 1944 von O. T. Avery und seinen Mitarbeitern die DNS der virulenten Bakterien identifiziert. Heute weiß man, daß Transformationen bei zahlreichen grampositiven und gramnegativen Bakterien vorkommen. Einige Bakterien, z.B. Haemophilus und Neisseria, besitzen besondere Membranproteine, die für die Aufnahme von DNS eine Rolle spielen und dafür sorgen, daß nur DNS verwandter Spezies aufgenommen werden kann. In Haemophilus bindet sich dieses Protein an spezifische Oligonukleotidsequenzen, die in Haemophilus-DNS besonders häufig sind.

Die Aufnahme freier DNS setzt einen besonderen Zustand der Bakterien voraus, als *Kompetenz* bezeichnet. Bei vielen Bakterien läßt sich Kompetenz künstlich erzeugen, wenn man sie mit Ca^{2+} behandelt. Auch E. coli läßt sich auf diese Weise transformieren, wenn die transformierende DNS sich in E. coli autonom vermehren kann, wie das für Plasmide und Phagen-DNS zutrifft. Alternativ kann die Aufnahme von DNS in Bakterien oft auch durch Elektroporation erreicht werden, d.h. durch das kurzfristige Anlegen hoher elektrischer Spannungen mit Hilfe spezieller Apparaturen. Diese Techniken bilden heute eine der Grundlagen der molekularen Genetik. Sie erlaubt es, jedes beliebige DNS-Stück nach Einbau in ein Plasmid oder Phagen-DNS in Bakterien einzuführen und somit die Wirkung einzelner Gene auf die Eigenschaften der Bakterien zu untersuchen.

Transduktion. Schließlich kann genetische Information auch mit Hilfe von Bakteriophagen zwischen Bakterien ausgetauscht werden. Hierzu kann es kommen, wenn beim Einpacken der Phagen-DNS in die Proteinhülle des Phagenkopfes bakterielle Gene miteingepackt werden und diese Phagen dann andere Bakterien infizieren. Dieser Vorgang heißt Transduktion (Abb. 2.3).

Es werden zwei Arten transduzierender Phagen unterschieden. Phagen wie λ, deren DNS als Prophage in das Bakterien-Chromosom eingebaut werden kann, können gelegentlich einige bakterielle Gene gegen eigene austauschen, wenn beim Herausschneiden des Prophagen der Schnitt nicht genau an den Enden der Phagen-DNS verläuft. Transduzierende λ-Phagen haben in der Entwicklung der molekularen Genetik eine große Rolle gespielt, da mit ihrer Hilfe erstmals einzelne E.-coli-Gene isoliert werden konnten.

Der Bakteriophage P1 kann E.-coli-Gene transduzieren, ohne als Prophage in das Bakterien-Chromosom integriert zu werden. Bei der lytischen Vermehrung dieser Phagen wird die bakterielle DNS durch Nukleasen zu kleineren Bruchstücken abgebaut. Solche Bruchstücke können in Phagenköpfe gepackt werden, wenn sie die passende Größe haben. Die entsprechenden Phagen sind defekt, weil ihnen eigene Gene fehlen; sie sind nicht mehr vermehrungsfähig. Da sie aber intakte Proteinhüllen besitzen, können sie Bakterien infizieren und dabei die Bruchstücke der DNS ihrer Wirtszellen transduzieren. Der Abbau der bakteriellen DNS in den P1-infizierten Zellen ist nicht auf bestimmte Regionen des Chromosoms beschränkt, so daß durch P1 das gesamte E.-coli-Chromosom in Form einzelner Bruchstücke transduziert werden kann. Die Analyse der DNS einzelner transduzierender Phagen kann somit darüber Aufschluß geben, welche Gene im E.-coli-Chromosom benachbart sind. Hiermit kann also die Reihenfolge von Genen festgestellt, eine Genkarte angelegt werden. Diese Methode ist eine wirkungsvolle Ergänzung der Aufstellung von Genkarten durch Konjugation.

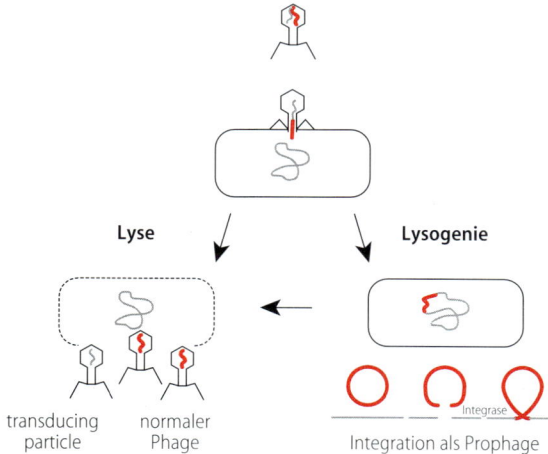

Lyse   **Lysogenie**

transducing particle   normaler Phage   Integrase   Integration als Prophage

Abb. 2.3. Transduktion: Gen-Übertragung durch Bakteriophagen

Bakteriophagen infizieren Bakterien. Sie übertragen ihr Genom. Dies kann zur Produktion neuer Phagen führen, die durch *Lyse* der Wirtszelle freigesetzt werden. Bei dieser Vermehrung können auch sogenannte transducing particles entstehen, die statt des Phagengenoms Teile des Wirtszellgenoms beinhalten (ca. 1‰ der Phagen). Die andere Möglichkeit ist der Einbau des Phagengenoms als Prophage in das Genom des Wirts ohne Neuproduktion von Phagen: *Lysogenie.* Die Integration von Phagen-DNS erfolgt mit einer Integrase. Dies kann zur Ausbildung neuer Eigenschaften durch die Wirtszelle führen: Resistenz gegen Antibiotika, Toxinproduktion (Diphtherietoxin von tox-Gen aus Prophage β).

2.4 Rekombination

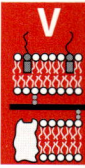

Wie von der Konjugation und der Transformation der Bakterien bekannt ist, können Gene aus der aufgenommenen DNS stabil in die bakterielle DNS eingebaut und an die Nachkommen vererbt werden. Hierzu müssen die DNS-Moleküle gespalten und neu verknüpft werden. Dieser Vorgang der Rekombination, der mit einem Austausch genetischer Information zwischen den DNS-Molekülen verbunden ist, spielt in der Genetik eine wichtige Rolle. Nahezu alle lebenden Zellen enthalten Rekombinationsenzyme. Rekombination wird nicht nur zwischen chromosomalen DNS beobachtet, sondern z. B. auch zwischen Phagen-DNS. Infiziert man E. coli mit zwei verschiedenen λ-Phagen, kann man nach der Lyse der Bakterien Phagen finden, die Gene von beiden Phagen besitzen. Auch intramolekulare Rekombination zwischen verschiedenen Regionen einer DNS ist möglich. Sie führen zu einem Platzwechsel von Genen innerhalb der DNS. Ein weiteres Beispiel für Rekombination ist die Integration eines Prophagen oder eines F-Plasmids in die chromosomale DNS.

Der Mechanismus der Rekombination in Bakterien ist nur in seinen Grundzügen bekannt. Voraussetzung für eine Rekombination zwischen verschiedenen DNS sind homologe Bereiche gleicher oder ähnlicher Nukleotidsequenz (*homologe Rekombination*). Liegen diese Bereiche in einzelsträngiger Form vor, so kann sich ein Strang der einen DNS an den komplementären Strangbereich der anderen DNS binden und hierdurch eine Rekombination einleiten. Die Ausbildung einer solchen Struktur hat ihren Ausgangspunkt in Unterbrechungen eines DNS-Stranges, wie sie infolge Beschädigung der DNS oder als Überbleibsel der Replikation gelegentlich vorkommen. In E. coli hat man ein Rekombinationsenzym charakterisiert (Rec A), das sich an solche einzelsträngigen Bereiche anheftet, dann ein anderes doppelsträngiges DNS-Molekül bindet und dies unter ATP-Verbrauch aufwindet, bis zufällig eine komplementäre Sequenz auftaucht. Im weiteren Verlauf der Rekombination entsteht eine überkreuzte Struktur. In den Chromosomen höherer Zellen ist sie als Crossing-over zu beobachten. Schließlich folgt an der Überkreuzungsstelle die Spaltung und Neuverknüpfung der DNS-Stränge.

Die Rekombination, durch die λ als Prophage integriert wird, verläuft nach einem anderen Mechanismus. Hier wird durch ein λ-Protein, Integrase, eine Rekombination zwischen einer definierten Oligonukleotidsequenz in der E.-coli-DNS und einer entsprechenden Sequenz in der λ-DNS herbeigeführt. Rekombination zwischen spezifischen DNS-Sequenzen gibt es auch in anderen Bakterien. Liegen solche Rekombinations-Sequenzen innerhalb desselben DNS-Moleküls, kann das zwischen ihnen liegende DNS-Segment umgedreht werden. Trägt das invertierte Segment regulatorische DNS-Sequenzen, z. B. einen Promotor (s. u.), wird die Genexpression hierdurch verändert. Ein Beispiel hierfür ist die sog. Phasenvariation in Salmonella, wo durch die Inversion eines DNS-Segments die Synthese eines Flagellen-Proteins ab- und die eines anderen angeschaltet wird.

Die Rekombination ist ein seltener Vorgang. Wäre dies nicht so, gäbe es keine stabilen Spezies. Wahrscheinlich hat die Rekombination aber im Sinne einer Beschleunigung der Evolution gewirkt, da durch Rekombination Gene oder Teile von Genen neu kombiniert oder mehrere Gene auf einmal neu in eine DNS eingefügt werden können.

Die Rekombination kann dazu benutzt werden, die Lage eines Gens auf der Genkarte festzulegen.

In erster Näherung ist die Häufigkeit der Rekombination zwischen zwei Genen ihrem Abstand proportional. Wenn die Brüche in der DNS, von denen ein Rekombinationsereignis seinen Ausgang nimmt, nach Zufallsgesetzen verteilt sind, dann nimmt die Wahrscheinlichkeit der Rekombination zwischen Genen um so mehr ab, je näher sie zusammenliegen. Im Prinzip können mit Hilfe der Rekombination auch verschiedene Mutationen (s. u.) innerhalb eines Gens kartiert werden. Dies gelingt aber nur, wenn eine wirkungsvolle Selektionsmethode zum Nachweis der sehr seltenen Rekombinanten zur Verfügung steht.

2.5 Transposons

In den DNS vieler Bakterien gibt es Segmente, die ihren Platz gelegentlich ändern und die sich in Nukleotidsequenzen einschieben, zu denen sie keine Homologien besitzen. Diese mobilen genetischen Elemente, die es auch in höheren Organismen gibt, heißen *Insertionssequenzen* (*IS*) oder *Transposons* (*Tn*). Alle IS- und Tn-Elemente besitzen ein Gen für ein Enzym, Transposase, das alle Schritte der Transposition katalysiert. Außerdem tragen sie charakteristische Sequenzen an ihren Enden. Transposons besitzen darüber hinaus weitere Gene, z. B. für Antibiotikaresistenzen, die bei der Transposition mitumgelagert werden.

Im Zuge der Transposition kann entweder eine Kopie des Transposons an einer neuen Stelle in die DNS inseriert werden – dann bleibt das ursprüngliche Transposon an seinem Platz – oder das Transposon selbst wechselt den Platz und hinterläßt eine Deletion an der alten Stelle. Welcher Mechanismus bevorzugt wird, hängt von dem jeweiligen Transposon ab. Transposons können auch zwischen verschiedenen DNS „springen", z. B. von einem Plasmid in eine Phagen-DNS oder in das Bakterienchromosom.

Große medizinische Bedeutung haben diejenigen Transposons, die Gene für Antibiotika-Resistenzen besitzen. Auf Grund ihrer Mobilität können sich solche Transposons in einer DNS ansammeln, was durch gleichzeitige Anwendung mehrerer Antibiotika in der medizinischen Therapie begünstigt wird. Dies erklärt, warum die Resistenztransferfaktoren meistens mehrere Resistenzgene tragen.

ZUSAMMENFASSUNG: Bakteriengenetik

Die meisten Gene der Bakterien liegen auf dem sog. Bakterienchromosom, einer zirkulären, doppelsträngigen DNS von einigen Millionen Basenpaaren, auf dem sie einen charakteristischen Platz haben (Genkarte). Einige wenige Gene können ihren Platz gelegentlich ändern (Transposon). Viele Bakterien besitzen zusätzlich Gene auf kleineren zirkulären DNS (Plasmide). Manche plasmid-kodierten Eigenschaften von Bakterien sind medizinisch wichtig (Virulenzfaktoren, Antibiotika-Resistenzen). Die Infektion von Bakterien durch Bakteriophagen kann zur Zerstörung der Bakterien (Lyse) und Freisetzung von Phagen führen oder zur Integration der Phagen-DNS in das Bakterienchromosom (Prophage). Manche Bakterien können freie DNS aufnehmen (Transformation), andere bestimmte Plasmide (F-, RT-Faktor) oder chromosomale DNS auf andere Bakterien übertragen, wenn durch bestimmte Oberflächenstrukturen (z.B. Pili) ein enger Kontakt hergestellt wird (Konjugation). Bakterielle DNS kann auch durch Phagen mitübertragen werden (Transduktion). Die Aktivität (Expression) der meisten bakteriellen Gene wird durch Proteine reguliert, die sich an spezifische DNS-Sequenzen binden. So verhindert ein Repressor (Protein) durch Bindung an seinen Operator (DNS) die Transkription der benachbarten Gene durch RNS-Polymerase. In der molekularen Genetik wird die Wirkung gezielter Veränderungen der DNS (Punktmutation, Insertion, Deletion) auf die Eigenschaften eines Proteins, einer Zelle oder eines Organismus untersucht. Die Klonierung und Mutagenese von Genen erlaubt die Herstellung neuartiger Proteine für die medizinische Diagnostik und Therapie.

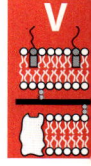

3.1 Bakterienvermehrung

Zweiteilung. Die Vermehrung der Bakterienzelle erfolgt bei der überwiegenden Mehrzahl der Spezies durch *binäre Zellteilung*. Unter entsprechenden Bedingungen teilt sich eine Mutterzelle in zwei Tochterzellen. Diese teilen sich nach einem gewissen Zeitintervall von neuem in jeweils zwei Zellen usw. Es entsteht auf diese Weise eine Anzahl gleicher Zellen, die sich von einer Stammzelle herleiten: Ein *Stamm* oder *Klon*.

Vermehrungskinetik: Vermehrungskurve

Vermehrungsfunktion. Unterstellt man, daß die durchgehend binäre Teilung sofort nach der Verimpfung beginnt und daß alle neu entstandenen Bakterienzellen sich wiederum teilen, sobald sie ein bestimmtes Alter erreicht haben, so ergibt sich als Idealfunktion eine *geometrische Progression* des Musters 1, 2, 4, 8, 16, 32 usw. Diese kann durch die Beziehung

$$Z_n = Z_o \, 2^n$$

ausgedrückt werden, wobei Z_n die nach n Generationen resultierende Bakterienzahl bedeutet, während Z_o die Zahl der in das Kulturmedium eingebrachten Keime angibt (**exponentielles Wachstum**). Bei regelmäßiger Generationsfolge ist die Beziehung zwischen der Bebrütungszeit t und der Zahl n durch die Beziehung $n = t \cdot c$ gegeben. Hierbei bedeutet *c* die Zahl der Verdoppelungen pro Zeiteinheit. Damit ergibt sich:

$$Z_n = Z \cdot 2^{t \cdot c}$$

$$\log Z_n = (c \cdot \log 2) \cdot t + \log Z_o$$

Dies bedeutet, daß sich der Logarithmus der Bakterienzahl als lineare Funktion der Zeit darstellen läßt, denn der Ausdruck $c \cdot \log 2$ ist eine von den Versuchsbedingungen abhängige Konstante. Damit ergibt sich für die Wachstumskurve eine Gerade, wenn man Z_n als Ordinatenwert und t als Abszissenwert in einem Koordinatensystem mit logarith-

misch geteilter Achse einträgt (halblogarithmische Darstellung); es liegt eine *Reaktion 1. Ordnung* vor.

Vermehrungskurve, Vermehrungsstadien. Verimpft man eine kleine Menge von reingezüchteten Bakterien in ein neues Kulturmedium und brütet dieses bei konstanter Temperatur, so ändert sich die Bakterienzahl in typischer Weise. Bestimmt man die Zahl der subkulturfähigen („lebenden") Zellen (koloniebildende Einheiten KBE) in regelmäßigen Zeitabständen, so ergibt sich, wenn man die Ergebnisse halblogarithmisch darstellt, eine Kurve, die sich als Abfolge von vier Stadien darstellt (Abb. 3.1).

Latenzphase (lag-Phase). Die beim Zeitpunkt Null eingeimpfte Zahl von Bakterien bleibt trotz günstiger Wachstumsbedingungen über einen gewissen Zeitraum hinweg unverändert (Latenzphase, lag-Phase). Um die im Milieu vorhandenen Nährstoffe verwenden zu können, müssen die Bakterien die dazu notwendigen Enzyme erst synthetisieren. Dies geschieht während des Kontaktes mit den zu verarbeitenden Substraten im Sinne der *Enzyminduktion* und benötigt Zeit.

Logarithmische Phase (log-Phase). In der logarithmischen oder *exponentiellen Phase* hat die Vermehrungsgeschwindigkeit ihr Maximum erreicht und verändert sich in dieser Phase nicht.

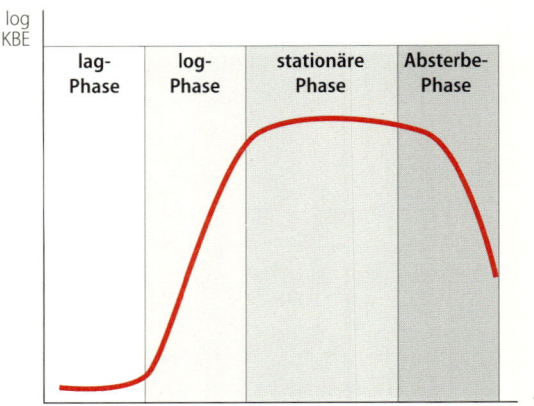

Abb. 3.1. Vermehrungskurve von Bakterien

Stationäre Phase. Nach der Vermehrungsphase wird die gemessene Vermehrungsgeschwindigkeit auf Null reduziert. Die Populationsgröße verändert sich nicht: stationäre Phase. Als Ursache des Wachstumsstillstands kommen verschiedene Faktoren in Betracht. In vielen Fällen wird derjenige Wuchsstoff, welcher in dem Kulturmedium durch Verzehr als erster verschwindet, zum wachstumslimitierenden Faktor. In anderen Fällen wird das Wachstum durch die Akkumulation von nicht abbaubaren Metaboliten im Milieu gehemmt. Hier sind v.a. die bei der Zuckervergärung anfallenden Säuren zu nennen.

Phase des Absterbens. In diesem Stadium verringert sich die Anzahl der Keime ständig. Die Ursache für das Absterben ist weitgehend unbekannt.

Vermehrungsgeschwindigkeit. Dieser Begriff bezeichnet die Zahl der pro Zeiteinheit neu gebildeten Zellen. Als Maß dafür dient die mit dem Symbol c bezeichnete Generationsrate; sie gibt die Zahl der Verdoppelungen pro Zeiteinheit an. Als Zeiteinheit dient meistens die Stunde. Der reziproke Wert der Generationsrate wird als Verdoppelungszeit ($1/c$) bezeichnet. Sie gibt an, wieviele Zeiteinheiten für die Verdoppelung der Keimzahl gebraucht werden. Graphisch imponiert die Wuchsgeschwindigkeit als Steigung (Neigung) der halblogarithmisch gezeichneten Wachstumskurve; sie kann zeichnerisch oder – durch Benutzung der Wachstumsformel – rechnerisch ermittelt werden.

Die Wuchsgeschwindigkeit in der logarithmischen Phase hängt von den folgenden drei Hauptfaktoren ab:

Die *Eigenheiten* der gezüchteten Bakterien, insbesondere die Generationszeit, beeinflussen die Vermehrungsgeschwindigkeit erheblich. In einer dextrosehaltigen Bouillon vermehren sich zahlreiche Bakterien sehr schnell. So kann die Generationsrate von E. coli oder von S. aureus dem Wert $c = 4$ zustreben, was einer Verdoppelungszeit von 15 min entspricht. – Im Gegensatz hierzu liegt die Generationsrate von Tuberkulosebakterien bei Werten von ca. 0,05, d.h. die Verdoppelungszeit beträgt ca. 20 h. – In der Mitte zwischen diesen Extremen liegen die relativ langsam wachsenden Gonokokken, Keuchhustenbakterien, Actinomyces israelii und Leptospiren.

Ebenso sind *Zusammensetzung* und *Beschaffenheit des Kulturmediums* von Bedeutung. In einem Minimalmedium ist das Wachstum stets langsamer als in einem Optimalmedium (s. S. 895). Die meisten Bakterien erreichen ihre maximale Wuchsgeschwindigkeit bei pH 7,4.

Die Wuchsgeschwindigkeit der Kultur hängt von der *Bebrütungstemperatur* ab. Für die meisten medizinisch relevanten Bakterien liegt das Temperaturoptimum zwischen 36–43 °C. Jenseits dieser Marken nimmt die Wachstumsgeschwindigkeit wieder ab. Bei Temperaturen von unter 4 °C und über 50 °C stellen die meisten Bakterien das Wachstum ein.

Einsaatgröße. Einige Bakterienspezies verlangen eine Minimaleinsaat, die nicht unterschritten werden darf, wenn die Verimpfung „angehen" soll. Typisch für diesen Fall ist die Situation der Leptospiren: Hier müssen auch bei Verwendung von Optimalmedien relativ hohe Einsaatmengen verimpft werden, wenn es zur Vermehrung kommen soll.

Ruhende Kultur. Die Bakterien einer wachsenden Kultur können durch Entzug der Aufbaustoffe am weiteren Wachstum gehindert werden, ohne daß sie absterben. Man entnimmt hierzu eine Probe, wäscht die darin enthaltenen Bakterien in der Zentrifuge und resuspendiert sie in einer glukosehaltigen Pufferlösung. Die Bakterien können durch Verwendung der angebotenen Glukose ihren *Betriebsstoffwechsel* notdürftig bestreiten, während der *Baustoffwechsel* ruht. Eine Population, die sich in diesem Zustand befindet, heißt ruhende Kultur. Die Keimzahl einer in Ruhe befindlichen Population verändert sich über längere Zeit kaum. Gibt man zu der ruhenden Kultur aber eine geeignete Lösung von Aufbaustoffen, so geht die Kultur aus dem Zustand der Ruhe schnell in die logarithmische Wachstumsphase über. Die ruhende Kultur ist gegenüber bakteriziden Antibiotika insgesamt weniger empfindlich als die wachsende Kultur.

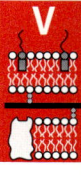

3.2 Stoffwechsel von Bakterien

3.2.1 Energiebeschaffung: Phototrophie und Chemotrophie

Die für die Lebenserhaltung notwendige Energie beziehen die Bakterien entweder durch direkte Verwertung von Licht mit Hilfe von Chlorophyll oder durch exoenergetische chemische Reaktionen in Gestalt von Elektronenübertragungen; im ersten Fall spricht man von **phototrophen** (phototroph, gr. durch Licht ernährbar), im zweiten Fall von **chemotrophen** (chemotroph, gr. durch chemische Stoffe ernährbar) Bakterien.

Energiegewinnung bei Krankheitserregern.
Die medizinisch bedeutsamen Bakterien sind chemotroph. Da sie als Elektronenquelle nur organisches Material verwerten können, gehören sie innerhalb der Chemotrophie zu den organotrophen Energieverwertern. Sie lassen sich somit als **chemo-organotroph** bezeichnen. Als letzten Elektronenakzeptor benutzen sie beim energieliefernden Abbau von organischen Stoffen entweder anorganische Verbindungen oder wiederum organische Stoffe.

- Im ersten Fall spricht man von respiratorischer Energiegewinnung (**Atmung**),
- im zweiten Fall von fermentativer Energiegewinnung (**Gärung**).

Beide Fundamentalprozesse liefern schließlich das energiereiche ATP. Wird O_2 als Elektronenakzeptor verwendet, so spricht man von **aerober** Atmung, bei Verwendung von anderen, anorganischen Elektronenakzeptoren (z. B. Nitrat) von **anaerober** Atmung.

So gut wie alle medizinisch wichtigen Bakterien können Glukose als Energiequelle verwerten. Die maximale Ausbeute an Energie ergibt sich durch die *Atmung* (aerober Abbau). Zahlreiche Bakterienspezies sind aber zur Atmung unfähig; sie müssen sich auf den anaeroben Abbau der Glukose (Glykolyse) beschränken. Es entsteht in diesem Falle als zentrales Zwischenprodukt zunächst Brenztraubensäure. Anschließend entstehen je nach Spezies Milchsäure, Ameisensäure, Essigsäure, Acetoin, Butylalkohol u. a. Dieser Prozeß wird als **Gärung** bezeichnet (Abb. 3.2).

Verfügt die Bakterienzelle neben dem zuckervergärenden Enzymsystem noch über das Zytochromsystem, so entstehen aus der im Zuge der Glykolyse anfallenden Brenztraubensäure unter Verwendung von O_2 als terminalem Elektronenakzeptor schließlich CO_2 und H_2O. Dieser Vorgang heißt **Zellatmung**. Die Energieausbeute ist bei der Atmung wesentlich höher als bei der Vergärung.

Außer der von allen Arten verwertbaren Glukose kommen als organische Energiequelle zahlreiche Kohlenhydrate in Betracht, u. a. auch höhere Alkohole und aliphatische Carbonsäuren; diese entstehen u. a. durch Desaminierung von Aminosäuren. Die Verwertungsmöglichkeit für solche

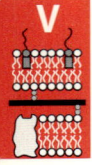

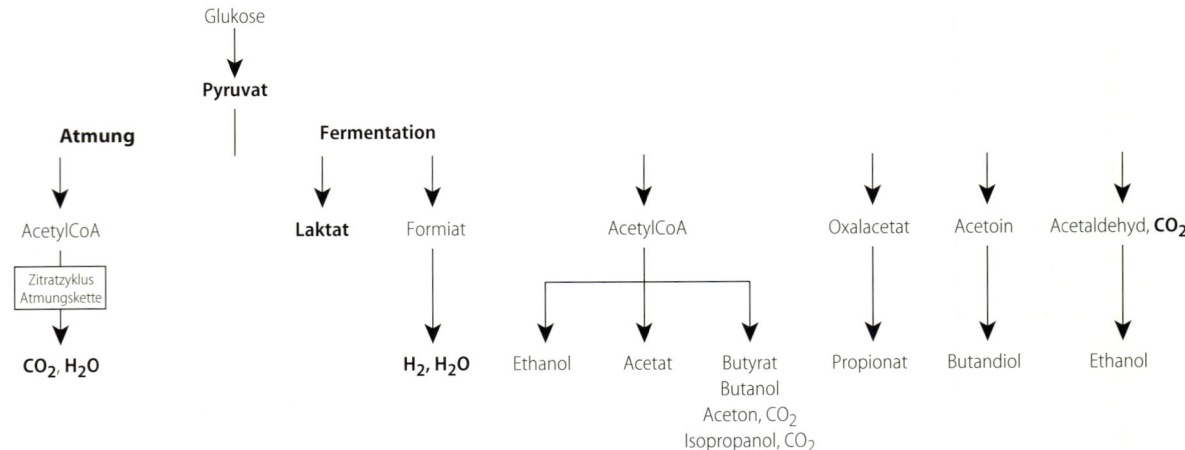

Abb. 3.2. Energiestoffwechsel: Assimilation und Fermentation

Bei der Assimilation dient Sauerstoff als terminaler Elektronenakzeptor, der Aufbaustoffwechsel kann nur unter aeroben Bedingungen stattfinden. Mit der Erzeugung von 36 Molekülen ATP beim Abbau von 1 Molekül Glukose ist die aerobe „Atmung" die ertragreichste Energiegewinnungsmethode: Sie liefert 18mal mehr ATP als die „anaerob" verlaufende Gärung. Bei der Fermentation werden andere Elektronenakzeptoren benutzt, sie kann daher auch ohne Sauerstoff ablaufen. Es werden unterschiedliche Stoffwechselwege beschritten,

die bei der Identifizierung genutzt werden. Das bei der Formiat-Fermentation entstehende H_2 ist im Gegensatz zu CO_2 nur wenig wasserlöslich und erscheint als *Gasblase* in einem Durham-Röhrchen. Acetoin kann in der *Voges-Proskauer-Reaktion* nachgewiesen werden und ist typisch für E. coli. Die Acetaldehyd-Fermentation wird nur selten von Bakterien, jedoch typischerweise von Pilzen benutzt. Die Laktat-Fermentation wird vor allem von industriell genutzten Bakterien, z. B. Lactobacillus casei, eingeschlagen (Käseherstellung).

Energieträger ist von Art zu Art verschieden ausgebildet.

Steht einer wachsenden Bakterienpopulation ein energetisch verwertbarer Zucker zur Verfügung, so wird dieser zunächst im Sinne der Glykolyse zu Säure abgebaut. Bei vielen Krankheitserregern verläuft der darauf folgende Oxidativ-Abbau sehr langsam, er ist unvollkommen oder er fehlt gänzlich. Es häufen sich dann die bei der Vergärung entstehenden Säuren an. Dies wird bei der Bestimmung von Merkmalen zum Zwecke der Speziesdiagnose ausgenutzt. So weiß man, daß Typhusbakterien typischerweise Laktose nicht verwerten, während E. coli dazu meistens in der Lage ist. Dieses Merkmal nutzt man für die Diagnose aus: Setzt man einer Nährlösung als einziges Kohlenhydrat Laktose mit einem säureanzeigenden Farbindikator zu, so bleibt beim Wachstum von Typhusbakterien der pH-Wert der Kultur unverändert. Beim Wachstum von E. coli zeigt der Farbumschlag des Indikators dagegen die Säurebildung an. E. coli kann durch ihre β-Galaktosidase den Milchzucker in zwei Hexosen, nämlich in D-Glukose und D-Galaktose spalten. Damit ergibt sich in Gestalt der Glukose zumindest ein weiter verwertbares Kohlenhydrat; dieses wird anoxidativ zu Säuren abgebaut. Den Typhusbakterien fehlt die β-Galaktosidase: Die Laktose wird nicht gespalten, und die Säurebildung bleibt aus. In Analogie zur Laktose verwendet man zur Merkmalsdifferenzierung noch zahlreiche andere Kohlenhydrate, z. B. Saccharose, Maltose, Mannitol u. a.

Im Zuge der Zuckerverstoffwechselung kann es zur *Gasbildung* kommen. Das in der oxidativen Zuckerabbau-Phase entstehende Kohlendioxid ist so stark wasserlöslich, daß es physikalisch nicht in Erscheinung tritt: Die Bildung von Gasblasen bleibt aus. Einige Bakterienspezies (meist aus der Familie der Enterobacteriaceae) haben jedoch das Vermögen, die beim anoxibiontischen Zuckerabbau anfallende Ameisensäure in CO_2 und H_2 zu überführen. Der hierbei anfallende Wasserstoff ist in der Nährbodenflüssigkeit kaum löslich, er läßt sich mit Hilfe eines Gasröhrchens als Gasblase nachweisen. Auf diese Weise kann man u. U. die Typhusbakterien von den übrigen Salmonellen abgrenzen, und diese wieder von der Mehrzahl der Ruhrbakterien. Charakteristischerweise bilden Gasbrand-Clostridien große Mengen von gasförmigem Wasserstoff. Dieser erscheint nicht nur als diagnostisch wichtiges Merkmal in der Kultur, sondern auch in vivo: In dem vom Gasbrand befallenen Gewebe entstehen zahllose Gasblasen. Diese werden bei der Palpation durch das charakteristische Knistern (crepitatio lat. Knarren) wahrgenommen. Im Darm des Menschen entsteht durch bakterielle Umsetzung ebenfalls Wasserstoffgas. Daneben entsteht durch Reduktion (Hydrierung) von Schwefelverbindungen gasförmiger Schwefelwasserstoff H_2S. Bei der Merkmalsbestimmung von Darmbakterien wird die Fähigkeit, H_2S zu bilden, diagnostisch bewertet: Salmonellen bilden z. B. fast immer H_2S, während Ruhrbakterien dazu nicht imstande sind.

3.2.2 Bedarf an Aufbaustoffen

Für den Aufbaustoffwechsel benötigen alle Bakterien die Zufuhr größerer Mengen an Hauptelementen. Es sind dies Wasserstoff, Sauerstoff, Kohlenstoff und Stickstoff. Daneben muß die Nährlösung Zusatzelemente (K, Fe, Ca, Mg, P, S und Cl) in Form anorganischer Ionen enthalten. Schließlich werden je nach Spezieseigentümlichkeit daneben noch die sog. Spurenelemente benötigt, wie Zink, Kobalt oder Mangan. Die Form, in der die Hauptelemente Stickstoff und Kohlenstoff angeboten werden müssen, ist von Spezies zu Spezies sehr verschiedenartig.

Autotrophie. Als eine Extremform der Bedürfnislosigkeit kann man die Lebensweise derjenigen Bakterien ansehen, welche Mineralien nicht nur als Energiequelle nutzen (Lithotrophie), sondern ihren Aufbaustoffwechsel gänzlich mit anorganischem Material bestreiten. Diese Bakterien begnügen sich mit anorganischem Kohlenstoff (CO_2) und mit anorganischem Stickstoff (z. B. als NH_4^+ oder gar als N_2).

Von den medizinisch wichtigen Bakterien gehört keine einzige Spezies in strengem Sinne zum autotrophen Ernährungstyp, wenn auch einige Spezies dessen Verhalten nahekommen. So ist E. coli dazu fähig, mit anorganischem Stickstoff in Gestalt von Ammoniak allein auszukommen; dieser Keim benötigt aber eine organische Kohlenstoffquelle, z. B. in Gestalt von Glukose.

Heterotrophie. Bakterien, welche die Zufuhr von organischen Verbindungen benötigen – sei es auch nur von einer einzigen – nennt man heterotroph (gr. heteros und trophein = andersartige Nahrung gebrauchend).

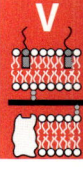

Heterotrophe Bakterien verfügen nicht über das breite Enzymarsenal der autotrophen; sie haben in ihrem Syntheseapparat „Fertigungslücken". Dies bedeutet, daß einige für den Aufbau des Protoplasmas unentbehrliche (essentielle) Verbindungen nicht synthetisiert werden können. Werden diese der Zelle nicht von außen zugeführt, so ist das Wachstum unmöglich.

Metabolite, Wuchsstoffe. Als Metabolit bezeichnet man jede Substanz, die im Stoffwechselprozeß verarbeitet wird oder anfällt; hierunter fallen u.a. alle Abbau- und Syntheseprodukte. *Essentiell* ist ein Metabolit, wenn er für den Ablauf der Stoffwechselprozesse unerläßlich ist. Für autotrophe Bakterien ist z.B. das selbstgefertigte Tryptophan ein essentieller Metabolit. Das gleiche gilt auch für die durch Abbau von Zucker anfallende Brenztraubensäure. Für zahlreiche Bakterien (Brucellen, Gonokokken, Streptokokken) ist CO_2 ein essentieller Metabolit. *Nicht essentielle* Metaboliten sind z.B. für Proteusbakterien Ammoniak, für Pneumokokken die Milchsäure oder für E. coli das Indol. Diese Substanzen fallen als Endprodukte (Schlacken) an und werden nicht weiterverwertet.

Als Wuchsstoff bezeichnet man unter Bezugnahme auf einen bestimmten Bakterienstamm einen essentiellen Metaboliten, zu dessen Herstellung die Zelle selbst nicht fähig ist. Die für den betreffenden Stamm als Wuchsstoff erkannte Verbindung muß im Milieu zur Verfügung stehen, wenn es zur

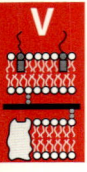

Vermehrung kommen soll. Für Diphtheriebakterien ist Tryptophan ein Wuchsstoff, dagegen nicht für E. coli. Für beide Spezies ist aber Tryptophan ein essentieller Metabolit. Der Begriff „essentieller Metabolit" ist hiernach dem Begriff „Wuchsstoff" übergeordnet: Nicht alle essentiellen Metaboliten sind Wuchsstoffe, aber alle Wuchsstoffe sind essentielle Metaboliten.

Der Wuchsstoffbedarf der medizinisch wichtigen Bakterien ist von Spezies zu Spezies und zuweilen von Stamm zu Stamm verschieden. Einige Bakterienspezies benötigen nur einen oder zwei Wuchsstoffe (anspruchslose Keime), andere verlangen dagegen ein Wuchsstoffangebot, welches neben dem größten Teil der Aminosäuren noch zahlreiche Verbindungen anderer Art (prosthetische Gruppen für Enzyme; Purine) umfaßt. Erreger dieser Art werden mit dem Ausdruck „anspruchsvoll" gekennzeichnet. Als Beispiel seien die Gonokokken und die Keuchhustenbakterien genannt. Bei einigen Erregern ist das Stoffwechselbedürfnis offenbar so beschaffen, daß es mit Hilfe der in der Praxis zur Verfügung stehenden Nährböden nicht gedeckt werden kann. Bakterien dieser Art sind *nicht züchtbar*. Hierher gehören z.B. die Erreger der Syphilis, der Lepra, der Chlamydien-Infektionen und des Fleckfiebers. Zur Vermehrung dieser Keime muß man sie in den lebenden Organismus bzw. auf lebende Zellen verimpfen.

ZUSAMMENFASSUNG: Vermehrung und Stoffwechsel

Die Vermehrung der Bakterienzelle erfolgt durch Zweiteilung. Die aus einer einzigen Zelle hervorgegangene Population wird als Klon bezeichnet. Unter konstanten Bedingungen verläuft die maximale Zunahme der Zellzahl in der Zeit als logarithmische Funktion. Vor der logarithmischen Vermehrungsphase liegt die Latenzphase. Nach der logarithmischen Phase kommt es zum Wachstumsstillstand. Die Wuchsgeschwindigkeit wird durch die mittlere Verdopplungszeit charakterisiert. Diese schwankt je nach den Wachtumsbedingungen und der Bakterienspezies zwischen 15 Minuten und 20 Stunden. Das Temperaturoptimum liegt zwischen 36° und 43°C.

Beim Stoffwechsel unterscheidet man zwischen Bau- und Betriebsstoffwechsel. Für beide ist die Energiegewinnung essentiell. Sie erfolgt bei den medizinisch wichtigen Bakterien durch Abbau von organischem Material, vornehmlich von Kohlenhydraten. Hierbei unterscheidet man die aerobe von der anaeroben Energiegewinnung. Im ersten Fall (Atmung) dient O_2 als finaler Elektronenakzeptor, im zweiten Fall (Gärung) sind es organische Stoffe. In beiden Fällen kommt es zur Bildung von energiereichem ATP. Der aerobe Weg liefert im Vergleich zum anaeroben Weg ein Vielfaches an Energieausbeute. Zahlreiche Bakterienspezies unterscheiden sich hinsichtlich ihrer Energiegewinnung. Dies wird zur Diagnose ausgenutzt.

Die medizinisch wichtigen Bakterien sind durchweg heterotroph, d.h. sie benötigen die Zufuhr von bestimmten organischen Stoffen (Wuchsstoffen) als Ausdruck von funktionellen Lücken in ihrem Syntheseapparat. Je nach der Breite dieser Lücken unterscheidet man „anspruchsvolle" von „anspruchslosen" Bakterien. Dementsprechend weisen die verwendeten Medien verschiedene Grade der Komplexität auf. In besonderen Fällen (z.B. bei den Erregern der Syphilis und der Lepra) ist eine Züchtung im unbelebten Kulturmedium nicht möglich. Hier kann die Züchtung nur in lebenden Zellen erfolgen.

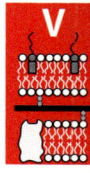

Spezielle Bakteriologie

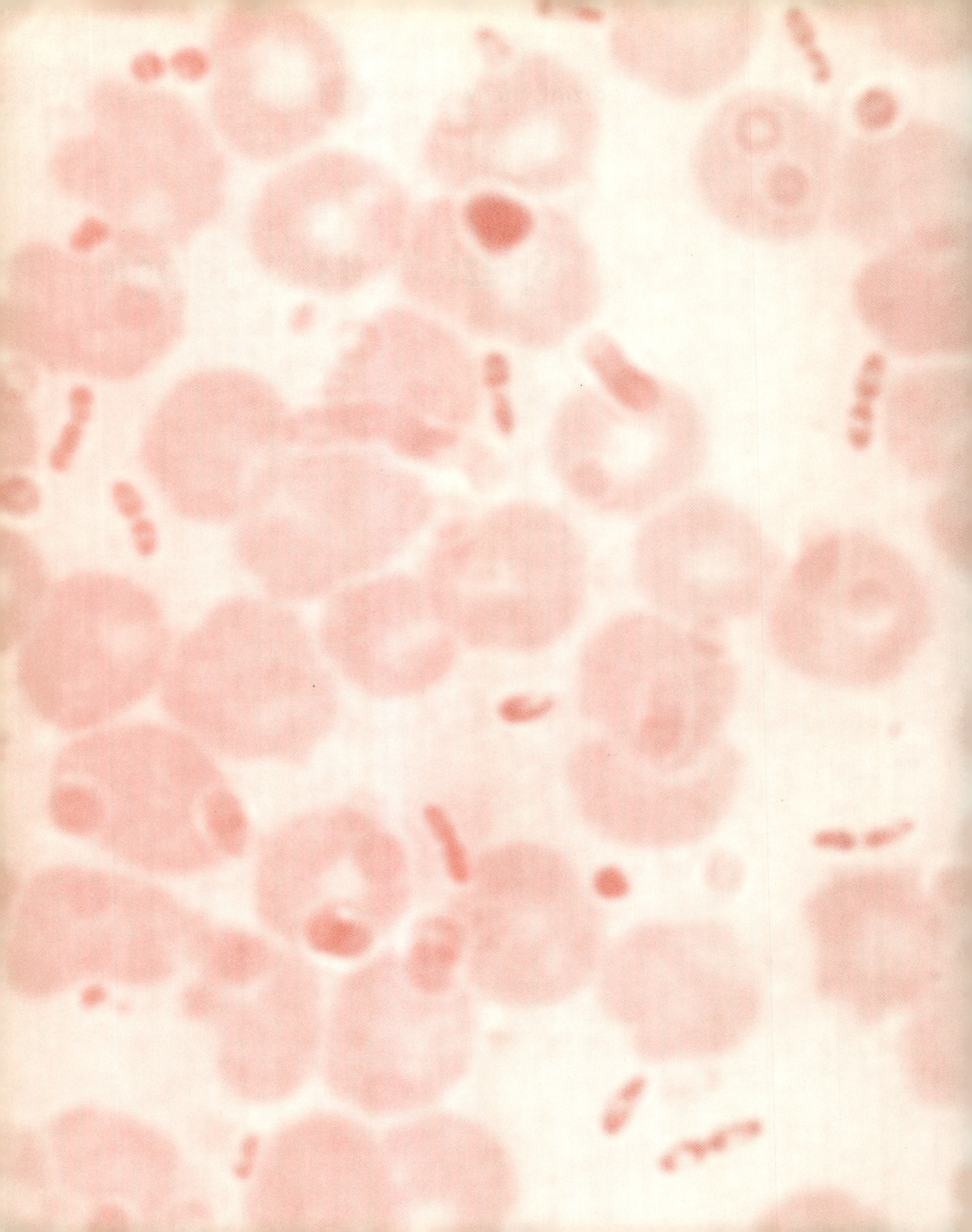

H. Hahn, K. Miksits, S. Gatermann

Tabelle 1.1. Staphylococcus: Gattungsmerkmale

Merkmal	Merkmalsausprägung
Gramfärbung	grampositive Kokken (Haufen)
aerob/anaerob	fakultativ anaerob
Kohlenhydratverwertung	fermentativ
Sporenbildung	nein
Beweglichkeit	nein
Katalase	positiv
Oxidase	negativ
Besonderheiten	Lysostaphin-Empfindlichkeit

Tabelle 1.2. Staphylokokken: Arten und Krankheiten

Arten	Krankheiten
Koagulasepositiv	
S. aureus	Lokalinfektionen
	oberflächlich-eitrig
	tief-invasiv
	Sepsis, Endokarditis
	toxinbedingte Syndrome
	SSSS (Scalded-Skin-Syndrom)
	TSS (Toxic-Shock-Syndrom)
	Nahrungsmittelintoxikation
Koagulasenegativ	
S.-epidermidis-Gruppe	
S. epidermidis	Endoplastitis
	Sepsis
	Peritonitis
S. hominis	
S. haemolyticus	
S. warneri	
S. capitis	
S.-saprophyticus-Gruppe	
S. saprophyticus	Harnwegsinfektionen
S. xylosus	
S. cohnii	

Staphylokokken sind grampositive Kugelbakterien, die sich in Haufen, Tetraden oder in Paaren lagern und sich sowohl aerob als auch anaerob vermehren (Tabelle 1.1).

Die Gattung untergliedert sich in zahlreiche Spezies, vor denen Staphylococcus aureus (S. aureus) diagnostisch aufgrund der Bildung von freier Koagulase (s. S. 200) von den übrigen, d.h. koagulasenegativen Staphylokokkenspezies (KNS) abgetrennt wird. Diese Unterscheidung ist von medizinischer Relevanz, weil die KNS-Spezies Krankheitsbilder hervorrufen, die sich in Pathogenese, Klinik, Diagnostik und Therapie von den durch S. aureus hervorgerufenen unterscheiden (Tabelle 1.2).

Die Bezeichnung leitet sich von dem griechischen Wort Staphyle (= Traube) ab; sie bezieht sich auf die traubenförmige Lagerung im mikroskopischen Präparat.

Christian Albert und Theodor Billroth (1829–1894) beschrieben 1874 Kokken in Eiterproben, desgleichen Robert Koch im Jahre 1878. Louis Pasteur züchtete Staphylokokken erstmals 1880 in flüssigen Kulturmedien an, und F.J. Rosenbach unterschied 1884 aufgrund der Pigmentierung S. aureus und S. albus (heute: KNS).

1.1 Staphylococcus aureus (S. aureus)

S. aureus verursacht oberflächliche und tief-invasive eitrige Infektionen, Sepsis und Endokarditis sowie Intoxikationen. Bei der Pathogenese wirken zahlreiche Virulenzfaktoren zusammen. Darüber hinaus bilden einige Stämme spezifische Toxine, die jeweils für Brechdurchfall, das Toxic-Shock-Syndrom (TSS) bzw. Staphylococcal-Scalded-Skin-Syndrom (SSSS) (dt. Schälblasensyndrom) verantwortlich sind.

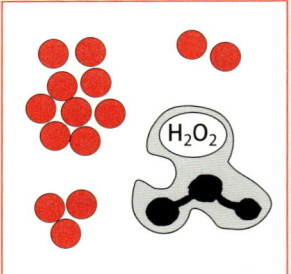

Staphylococcus aureus grampositive Haufenkokken in Eiter entdeckt 1878 von Robert Koch, abgegrenzt 1884 von F. J. Rosenbach

1.1.1 Beschreibung

Aufbau

Zellwand. Die Zellwand besteht aus einer dicken, vielschichtigen *Peptidoglykanschicht.* Ein zellwandständiges Protein ist der *Clumping Factor* (C.F.), der als Rezeptor für Fibrinogen wirkt. Als Virulenzfaktor vermittelt der C.F. die Bindung von Staphylokokken an Fibrinogen in verletztem Gewebe, auf medizinischen Implantaten sowie Kathetern, an die sich zuvor Fibrinogen angelagert hat.

Die meisten S.-aureus-Stämme bilden *Protein A,* das mit der Peptidoglykanschicht verbunden ist. Dieses bindet sich an das Fc-Stück insbesondere von Immunglobulinen der IgG-Unterklassen 1, 2 und 4. Dadurch können die Immunglobuline sich nicht mehr an den Fc-Rezeptor von Phagozyten binden: Protein A behindert als Virulenzfaktor die Opsonisierung und damit die Phagozytose (s. S. 114 ff.).

Kapsel. Einige Stämme von S. aureus bilden eine Kapsel aus Polymeren der Glukosaminuronsäure oder der Mannosaminuronsäure. Das Ausmaß der Kapselbildung hängt von den Wachstumsbedingungen ab: Sie erfolgt vorwiegend in vivo unter dem Selektionsdruck der Phagozytose. Die Kapsel behindert als Virulenzfaktor die Phagozytose.

Extrazelluläre Produkte

Freie Koagulase. Dieses Protein besitzt für sich allein keine Enzymaktivität. Es bindet sich an Prothrombin, und der entstandene Komplex wirkt proteolytisch. Er löst direkt, d. h. unter Umgehung der Thrombinbildung, die Umwandlung von Fibrinogen zu Fibrin aus. Auf diese Weise ist die freie Koagulase als Virulenzfaktor an der Bildung der charakteristischen Fibrinkapsel um Läsionen durch S. aureus herum beteiligt, v. a. beim Abszeß. Sie ist somit verantwortlich für die charakteristische Eigenschaft von S. aureus, lokalisierte Läsionen zu erzeugen. Diagnostisch ist die Koagulasebildung das Hauptmerkmal für die Speziesbestimmung von S. aureus.

Staphylokinase. Unter Einwirkung dieses Enzyms entsteht aus Plasminogen Plasmin (Synonym: Fibrinolysin). Plasmin lysiert die Fibrinkapsel, die sich in der frühen Phase um den Abszeß durch Koagulasewirkung gebildet hat. Sie ermöglicht als Virulenzfaktor die schubweise weitere Ausbreitung der Erreger im infizierten Gewebe.

DNase. Diese thermostabile Nuklease, die DNS und RNS spaltet, erleichtert die Ausbreitung der Erreger im Gewebe. Daneben kommt ihr eine diagnostische Bedeutung zu, da sie nur bei S. aureus und bei wenigen koagulasenegativen Staphylokokkenarten vorkommt.

Lipasen. Sie beteiligen sich wahrscheinlich an der Ausbreitung der Erreger im Gewebe.

Hyaluronidase. In ähnlicher Weise wie der „spreading factor" der A-Streptokokken (s. S. 213 ff.) bringt dieses Enzym die interzelluläre Hyaluronsäure zur Auflösung und trägt ebenfalls zur Ausbreitung der Staphylokokkeninfektion bei.

Hämolysine. Es sind vier membranschädigende Hämolysine bekannt: α-, β-, γ-, δ-Hämolysin (oder -Toxin). Ein Stamm kann 1 bis 4 dieser Hämolysine bilden. Als Virulenzfaktoren zerstören sie Erythrozyten, aber auch andere Säugetierzellen, und schädigen so das Gewebe. Das α-Hämolysin zerstört Phagozyten und behindert damit die Phagozytose.

Leukozidin. Dieser Virulenzfaktor zerstört polymorphkernige Granulozyten und Makrophagen und beeinträchtigt auf diese Weise ebenfalls die Phagozytose.

Staphylokokken-Enterotoxine (SE). Die Enterotoxine verursachen Durchfälle und Erbrechen. Enterotoxine sind untereinander homologe 30-kDa-Proteine, die als Superantigene wirken (s. S. 31 ff.). Sie werden durch Trypsin im oberen Magen-Darm-Trakt nur geringfügig abgebaut und durch Erhitzen bei 100 °C für 30 min nicht sicher inaktiviert. Es gibt elf immunologische Varianten (SEA, SEB, SEC1–SEC3, SED–SEJ), wobei SEA für die meisten Fälle von staphylokokkenbedingter Nahrungsmittelvergiftung verantwortlich ist. Der Wirkungsmechanismus der Enterotoxine ist nicht geklärt. Nach einer Hypothese schädigen sie die Endigungen des N. vagus im Magen, was den heftigen Brechreiz erklären würde.

Eine andere Hypothese führt die Wirkungen auf ihre Eigenschaft als Superantigene zurück. So könnten die SE in der Blutbahn über eine polyklonale T-Zell-Aktivierung die Freisetzung von IL-2 aus T-Zellen und von TNF-α aus Makrophagen auslösen. IL-2 verursacht ähnlich wie die SE Erbrechen, Übelkeit und Fieber. SE sind eng verwandt mit den pyrogenen Exotoxinen von Streptokokken (s. S. 214).

Toxic-Shock-Syndrom-Toxin-1 (TSST-1). Dieses Toxin wird von einzelnen, zur TSST-1-Bildung befähigten Stämmen insbesondere in aerobem Milieu und bei Mg^{2+}-Mangel produziert. Auch dieses Toxin ist ein Superantigen (s. S. 31 ff.), d.h. es bewirkt eine polyklonale CD4-T-Zell-Aktivierung mit unkoordinierter Freisetzung von TNF-α und IL-2 (Abb. 1.2, s. S. 204 ff.): Es resultiert das Toxic-Shock-Syndrom (TSS).

Exfoliatine. Die *Exfoliatine A* und *B* verursachen das Staphylococcal-Scalded-Skin-Syndrom (SSSS). Diese Serinproteasen binden sich an Zytoskelettproteine (Filaggrine) und lockern die Desmosomen: Innerhalb der Epidermis löst sich das Stratum corneum vom Stratum granulosum, und es entstehen die für das SSSS charakteristischen Blasen.

Resistenz gegen äußere Einflüsse

S. aureus gehört zu den widerstandsfähigsten humanpathogenen Bakterien überhaupt. Er übersteht Hitzeeinwirkung von 60 °C über 30 min; erst bei höheren Temperaturen bzw. längerer Expositionsdauer wird er abgetötet. S. aureus passiert den Magen und Darm und erscheint lebend im Stuhl. Aus getrockneten klinischen Materialien und aus Staub lassen sich die Erreger noch nach Monaten isolieren ("Trockenkeim"). Die hohe Tenazität ist ein Grund für die rasche Verbreitung von S. aureus im Krankenhaus, den *Staphylokokken-Hospitalismus* (s. S. 998 ff.).

Vorkommen

S. aureus kolonisiert bei 20–50% der gesunden Normalbevölkerung die Haut, insbesondere im Bereich des vorderen Nasenvorhofes und des Perineums, seltener das Kolon, Rektum und die Vagina. Häufig erfolgt die Besiedelung bereits in der Neugeborenenperiode.

Im Krankenhaus kann die Trägerrate bei Ärzten und beim Pflegepersonal über 90% betragen. Bei diesem Personenkreis findet sich der Erreger v.a. im Nasenvorhof, auf den Händen und im Perinealbereich.

Besondere Gefährlichkeit kommt dem Erreger deshalb zu, weil über 80% aller Stämme im Krankenhaus Penicillinase bilden und daher gegen Penicillin G und die meisten seiner Derivate resistent sind. Seit 1962 sind methicillinresistente S.-aureus-Stämme, sog. MRSA-Stämme aufgetaucht, die gegen alle β-Laktamantibiotika resistent sind (s. S. 206).

1.1.2 Rolle als Krankheitserreger

Epidemiologie

S. aureus verursacht 70–80% aller Wundinfektionen, 50–60% aller Osteomyelitiden, 15–40% aller Gefäßprotheseninfektionen, bis zu 30% aller Fälle von Sepsis und Endokarditis und 10% aller Pneumonien (ambulant und nosokomial). Er ist damit einer der häufigsten bakteriellen Erreger sowohl von ambulant erworbenen als auch von nosokomialen Infektionen.

Übertragung

Typischerweise wird S. aureus durch Schmierinfektion übertragen. Im Krankenhaus erfolgt die Übertragung von S. aureus zumeist durch den direkten Kontakt zwischen Patienten, Ärzten und Pflegepersonal über die Hand, z.B. bei der Versorgung von Wunden ("Der größte Feind der Wunde ist die Hand des Arztes." [Bier]). Häufig entstehen die Infektionen auch endogen, d.h. von Haut oder Schleimhaut des Patienten selbst ausgehend.

Pathogenese

Disponierende Faktoren. Infektionen durch S. aureus werden durch lokale und systemische disponierende Faktoren begünstigt. Neben Kathetern, Trachealkanülen und Fremdkörperimplantaten spielen verminderte Granulozytenzahl bei Patienten unter Chemotherapie oder funktionelle Phagozytendefekte, wie z.B. bei Diabetes mellitus oder der chronischen Granulomatose eine Rolle. Auch vorgeschädigte Haut, z.B. bei Psoriasis, atopischer Dermatitis oder Unterschenkelulkus, ist eine potentielle Eintrittspforte für S. aureus.

Zielgewebe. S. aureus kolonisiert primär die äußere Haut und die Schleimhäute.

Gewebsreaktion. S. aureus verursacht vorwiegend eitrige Lokalinfektionen der Haut und, von dort ausgehend, Sepsis mit Befall praktisch aller Organe (Abb. 1.1).

Adhärenz. Bei der Verankerung wirken hydrophobe Interaktionen und Adhäsine wie Teichonsäure, der fibrinogenbindende Clumpingfactor (s.o.), thrombin-, fibronektin-, kollagen- und lamininbindende Proteine zusammen. Die Häufigkeit von Wundinfektionen durch S. aureus resultiert daraus, daß in Wunden entsprechende Liganden in hohem Ausmaß vorhanden sind (Abb. 1.1 A).

Invasion. Dieser Vorgang wird durch DNase, Phospholipasen, Kollagenasen, Lipase und Hyaluronidase unterstützt: Der Erreger kann tiefer in das Gewebe eindringen und dort mehr Adhäsinliganden erreichen (Abb. 1.1 B).

Bestandteile der Zellwand, insbesondere Teichonsäure und Peptidoglykan (Murein), aktivieren Komplement (s. S. 79 ff.): Es entstehen die chemotaktischen Faktoren C3a und C5a, so daß in der Folge polymorphkernige Granulozyten in den Herd einwandern und die Eiterbildung in Gang bringen (Abb. 1.1 C).

Etablierung. Bei der Abwehr der Phagozytose im Gewebe kommt der Fibrinkapsel, die durch Koagulasewirkung entsteht, als mechanischer Barriere eine wesentliche Rolle zu. Zum anderen behindern die Zerstörung von Phagozyten durch Leukozidin und durch α-Toxin, die antiphagozytäre Kapsel sowie die Blockade des Fc-Rezeptors durch Protein A die Phagozytose (Abb. 1.1 D).

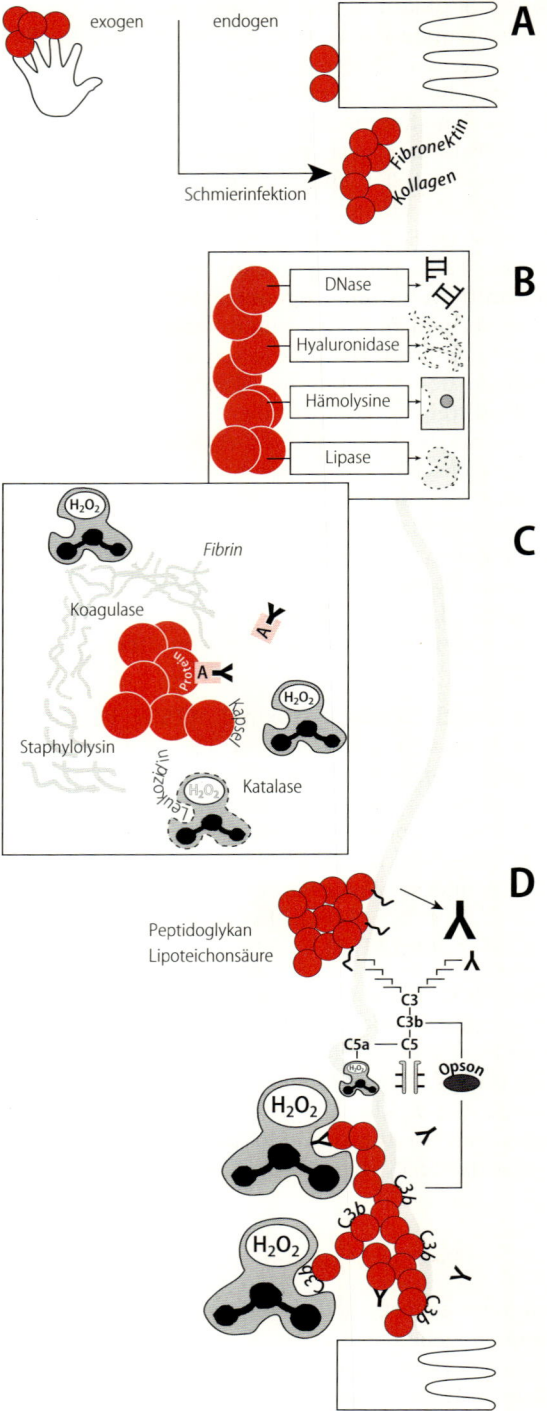

Abb. 1.1 A–D. Pathogenese der Staphylokokken-Eiterung. **A:** Adhärenz, **B:** Invasionsfaktoren, **C:** Etablierung; Abwehr der Phagozytose, **D:** Komplementaktivierung, Eiterbildung

Gewebeschädigung. Beispielhaft für eine lokal begrenzte S.-aureus-Läsion ist der *Abszeß*. Zunächst entsteht durch Koagulasewirkung die Fibrinkapsel, welche die Staphylokokken gegen die Umgebung abgrenzt. Granulozyten gruppieren sich um den Herd. Nach Verbrauch der Nährstoffe im Inneren des Herdes wird durch Staphylolysin die Fibrinkapsel wieder aufgelöst, so daß sich die Bakterien weiter ausbreiten können. Dies wiederum erlaubt den Granulozyten den Zugriff auf die freigesetzten Bakterien, die sich nun wieder vermehren können, da ihnen frische Nährstoffe im Gewebe zur Verfügung stehen. Gleichzeitig baut sich erneut eine Fibrinkapsel auf. Im Inneren des Herdes zerstören die bakteriellen Hämolysine, Leukozidin, DNase und Kollagenase sowie gewebeabbauende Substanzen aus den zerfallenden Granulozyten das Gewebe: Es resultiert die charakteristische *Abszeßhöhle*, wobei sich der Herd in Schüben vergrößert ("Stop and go").

Klinik

Infektionen durch S. aureus lassen sich in drei Gruppen einteilen, nämlich
- Lokalinfektionen, die oberflächlich-eitrig und tief-invasiv verlaufen,
- sowie Sepsis und
- toxinbedingte Syndrome (Tabelle 1.2):

Pyodermien. Häufig spielt sich die Infektion an der Haut oder ihren Anhangsorganen ab und tritt dann als *Abszeß* in Erscheinung. Wenn sich die Infektion an der Wurzel eines Haarbalgs entwickelt, entsteht ein *Furunkel*. Verschmelzen mehrere Furunkel miteinander, entsteht ein *Karbunkel*. Furunkel und Karbunkel finden sich v.a. an Nacken, Axilla oder Gesäß. Sitzt der Furunkel im Nasen- oder Oberlippenbereich, besteht wegen der anatomischen Verhältnisse die Gefahr einer lebensbedrohlichen eitrigen Thrombophlebitis der Vena angularis. Rezidivierende Furunkel und Karbunkel treten gehäuft bei Patienten mit konsumierenden Grunderkrankungen, Stoffwechselkrankheiten (z.B. Diabetes mellitus) und Immundefekten (z.B. Leukämie) in Erscheinung und können der erste Hinweis auf das Vorliegen solcher Erkrankungen sein.

Impetigo contagiosa (Borkenflechte). Diese, auch als kleinblasige Form der Impetigo (s.u. Pemphigus) bezeichnete hochkontagiöse oberflächliche Hautinfektion tritt vorwiegend bei Kindern auf. In 80% aller Fälle wird sie durch A-Streptokokken (s. S. 213 ff.) hervorgerufen, in etwa 20% durch S. aureus. Es können sich auch beide Erreger in den Herden finden. Typisch sind eitrige Hautbläschen, die sog. Impetigopusteln, die bald nach Entstehen unter Hinterlassung einer charakteristischen "honiggelben" Kruste platzen. Die Bläschen enthalten massenhaft Erreger.

Infektionen der Hautanhangsorgane. Gefürchtet wegen der Gefahr der schnellen Abszedierung, der Sepsis und der Gefahr der Neugeboreneninfektion ist die *Mastitis puerperalis* stillender Mütter, eine eitrige Entzündung der Milchgänge der laktierenden Brust.

Die eitrige *Parotitis* ist fast immer durch S. aureus ausgelöst, ebenso die *Dakryozystitis*, eine eitrige Entzündung der Tränendrüse, und das *Hordeolum* (Gerstenkorn), eine akute Infektion der Lidranddrüsen.

Postoperative und posttraumatische Wundinfektionen. Als postoperative Komplikationen sind sie in der Chirurgie gefürchtet. In erster Linie werden die Erreger durch Ärzte und Pflegepersonal übertragen. Kurze OP-Dauer und sachgerechtes Operieren tragen dazu bei, postoperative Wundinfektionen zu verhüten. Im Anschluß an intrakranielle Operationen können sich eine eitrige *Staphylokokkenmeningitis* oder *Hirnabszesse* entwickeln, ebenso durch Erregereinschleppung nach offenem Schädel-Hirntrauma.

Osteomyelitis. Die Osteomyelitis bei Neugeborenen entsteht meistens hämatogen über infizierte Katheter und befällt vorwiegend das Mark der langen Röhrenknochen der unteren Extremitäten. In 50% der Fälle läßt sich der Erreger aus Blutkulturen isolieren. Bei Erwachsenen ist eine Osteomyelitis häufig in den langen Röhrenknochen und in den Wirbelkörpern lokalisiert.

Pneumonie, Lungenabszeß, Pharyngitis. Dem Lungenabszeß und der Pneumonie gehen häufig Schädigungen durch Virusinfektionen, Aspiration, Immunsuppression oder Trauma voraus. Eine eitrige S.-aureus-Pharyngitis weist gelegentlich als erstes Symptom auf eine akute Leukämie hin.

Empyeme. Hierunter versteht man Eiteransammlungen in natürlichen Körperhöhlen. Am häufigsten sind Pleura-, Perikard-, Peritoneal-, Gelenk-, Nebenhöhlen- und Nierenbeckenempyem. Je nach Lage werden die Empyeme auch als eitrige Pleuritis, Perikarditis etc. bezeichnet.

Sepsis, Endokarditis. 30% aller Sepsisfälle werden von S. aureus hervorgerufen. Die Sepsis (s. S. 915 ff.) kann von primär extravasalen Herden (Abszesse, Wunden, Osteomyelitis, Pneumonie) ausgehen, sie kann ihren Ursprung aber auch in intravasalen Herden haben, wie sie nach Legen eines intravenösen Katheters oder durch kontaminiertes Injektionsbesteck bei i.v. Drogenabusus entstehen. Die Sepsis entwickelt sich bei Patienten mit intravasalen Kathetern fast immer aus einer sekundär entstandenen eitrigen Thrombophlebitis. Häufig besteht bei S.-aureus-Sepsis eine ulzerierende Endokarditis mit destruktiven Klappenveränderungen. Eine Endokarditis an der Trikuspidalklappe ist für i.v. injizierende Drogenabhängige typisch: ein dramatisches Krankheitsbild, da die Klappe von Zerstörung mit folgender akuter Herzinsuffizienz bedroht ist.

Staphylococcal-Scalded-Skin-Syndrom (SSSS). Im Anschluß an eine Otitis, Pharyngitis oder eitrige Konjunktivitis durch exfoliatinbildende S.-aureus-Stämme kann sich am ganzen Körper ein scharlachförmiges Exanthem, nach weiteren 24–48 h eine großflächige Blasenbildung intraepidermal zwischen Stratum corneum und Stratum granulosum ausbilden. Der Inhalt der Blasen ist zunächst klar und trübt sich nach Einwanderung von Zellen schnell ein. Die Blasen platzen, und die Haut löst sich ab (Epidermolysis acuta toxica, dt. Schälblasensyndrom, Dermatitis exfoliativa neonatorum Ritter von Rittershain). Scalded leitet sich ab von to scald (engl.) verbrühen, da die Läsionen verbrühter Haut ähneln. Die Erkrankung tritt im frühen Säuglingsalter auf. Die Blasen enthalten keine Erreger, weil sie durch Fernwirkung der Toxine entstehen (Ausnahme: Pemphigus neonatorum, s.u.). In seltenen Fällen werden auch immungeschwächte Erwachsene befallen. Als primäre Infektionsquellen kommen staphylokokkentragendes Pflegepersonal oder Patienten mit S.-aureus-Infektionen in Betracht, bei Neugeborenen auch die erregertragende Mutter.

Differentialdiagnostisch ist das SSSS vom Lyell-Syndrom abzugrenzen, das allergisch bedingt und daher ganz anders, d.h. mit Kortikosteroiden, jedoch nicht mit Antibiotika zu behandeln ist.

Pemphigus neonatorum (großblasige Impetigo). Wenn sich exfoliatinbildende Erreger primär in der Haut absiedeln und dort die Exfoliatine bilden, entstehen Schälblasen lokal an der Infektionsstelle. Der Pemphigus neonatorum ist eine Sonderform des SSSS mit der Besonderheit, daß die am Infektionsort entstandenen Blasen Erreger enthalten.

Toxic-Shock-Syndrom (TSS). Dieses schwere Krankheitsbild ist definiert durch drei Hauptsymptome:
- Fieber über 38,9 °C;
- Diffuses makuläres Exanthem, besonders an Handflächen und Fußsohlen, nach 1–2 Wochen übergehend in Hautschuppungen, die sich am ganzen Körper ausbilden können;
- Hypotonie (<100 mm Hg systolisch)

und des weiteren durch Beteiligung von mindestens drei der folgenden Organsysteme:
- Gastrointestinaltrakt: Erbrechen, Übelkeit, Diarrhoe;
- Muskulatur: Myalgien mit Erhöhung des Serumkreatinins bzw. der Phosphokinase;
- Schleimhäute: vaginale, oropharyngeale, konjunktivale Hyperämie;
- Nieren: Erhöhung von Harnstoff und/oder Kreatinin im Serum, Pyurie ohne Nachweis einer Harnwegsinfektion;
- Leber: Erhöhung von Transaminasen, Bilirubin und alkalischer Phosphatase;
- ZNS: Desorientiertheit, Bewußtseinsstörung (Abb. 1.2).

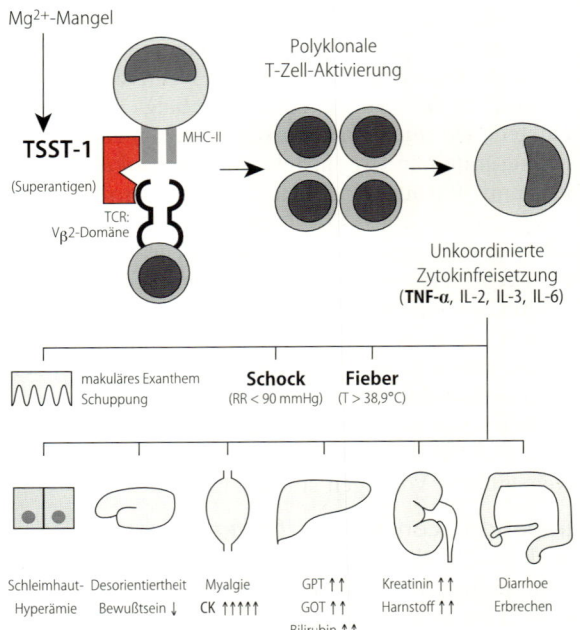

Abb. 1.2. Pathogenese des Staphylokokken-Toxic-Shock-Syndroms

Das TSS wurde 1978 in den USA bei jungen Frauen beschrieben, die neuartige, hochgradig saugfähige Vaginaltampons benutzt hatten, die nicht so oft gewechselt werden mußten wie bislang übliche Tampons.

Normalerweise findet sich S. aureus nur in geringen Mengen in der Vaginalflora, da der Erreger sich gegen die Laktobazillenflora nicht behaupten kann. Die Tampons bildeten jedoch eine Nische, in der sich S. aureus vermehren und, falls es sich um einen Produzenten des TSST-1 handelte, TSST-1 produzieren konnte. Das TSST-1 gelangte aus den Tampons in die Blutbahn und löste das TSS aus.

Nachdem die Tampons vom Markt genommen waren, verschwand das TSS jedoch nicht, sondern fand sich auch bei Patienten, die an anderen Stellen mit S. aureus infiziert waren. TSST-1-Produktion ist also nicht an den vaginalen Standort gebunden, sondern kann an jeder Körperstelle erfolgen, wenn ein Stamm die Fähigkeit der Toxinproduktion besitzt und die lokalen Gegebenheiten die Produktion des Toxins erlauben. Das TSST-1 löst als Superantigen (s. S. 31 ff.) „Hyperinflammation" durch die Freisetzung einer Kaskade inflammatorischer und proinflammatorischer Zytokine aus.

Staphylogene Nahrungsmittelvergiftung. Wenn enterotoxinbildende Stämme von S. aureus von Trägern in Metzgereien, Küchen oder Backstuben etc. in Nahrungsmittel, insbesondere Milch oder Milchprodukte, Eier, Fleisch und Soßen gelangen, können sie dort Enterotoxine produzieren.

4–6 h nach Aufnahme der toxinhaltigen Nahrungsmittel – am häufigsten ist Enterotoxin A verantwortlich – klagen die Patienten über Übelkeit, Erbrechen, Bauchschmerzen und Diarrhoe. Gewöhnlich bilden sich die Symptome innerhalb von 24 h zurück („Die Krankheit geht so schnell wie sie gekommen ist"). Fälle mit tödlichem Ausgang sind aber beschrieben.

Immunität

Als typischer Eitererreger wird S. aureus durch Phagozytose im Zusammenwirken mit spezifischen Antikörpern und Komplement bekämpft. Umgekehrt versteht es der Erreger, durch Leukozidin und α-Hämolysin die Phagozyten zu schädigen und sich der Phagozytose auf diese Weise oder aber durch Blokkade des IgG über Protein A und durch den Aufbau einer Fibrinkapsel mittels Koagulasewirkung zu entziehen. Eine Infektionsimmunität kommt daher nach

einer S.-aureus-Infektion trotz Vorhandenseins spezifischer Antikörper nicht zustande.

Labordiagnose

Der Schwerpunkt der Labordiagnose liegt in der Anzucht des Erregers, dem Nachweis der Koagulasebildung sowie im Antibiogramm.

Untersuchungsmaterialien. Je nach Lokalisation des Krankheitsprozesses eignen sich Eiter, Sputum, Abstriche, Blut bzw. Liquor cerebrospinalis sowie entnommene Katheterspitzen bzw. Endoprothesen.

Transport. Wegen der hohen Tenazität des Erregers sind keine besonderen Maßnahmen für den Materialtransport erforderlich.

Mikroskopie. Die mikroskopische Untersuchung der Proben erlaubt häufig schon eine Verdachtsdiagnose.

Anzucht. Das Material wird auf Blutagar angelegt und bei 37 °C für 18–24 h aerob bebrütet.

Differenzierung. Die Differenzierung erfolgt über den Nachweis der Bildung von freier Koagulase: In NaCl-Lösung aufgeschwemmte Staphylokokken werden in EDTA-Plasma von Kaninchen eingebracht. Im positiven Falle koaguliert das Plasma innerhalb von 4 h. Auch die DNase-Bildung wird diagnostisch herangezogen. Eine häufig genutzte Alternative ist der Nachweis des Fibrinogenrezeptors (Clumping Factor).

Brechdurchfall. Wenn sich mehr als 10^6 Erreger pro g in Lebensmitteln bei entsprechender Anamnese finden, gilt eine staphylokokkenbedingte Ätiologie der Nahrungsmittelvergiftung als gesichert. Die Nahrungsmitteluntersuchungen werden v. a. unter forensischen und seuchenhygienischen Gesichtspunkten durchgeführt.

Diagnose des TSS. Hier beruht die Diagnose in erster Linie auf der klinischen Symptomatik (s. o.) in Verbindung mit dem Nachweis von S. aureus im Blut, Vaginal- bzw. Zervixabstrich oder in sonstigem Material. Die Toxinbildung wird mittels Latex-Test nachgewiesen. Entscheidend ist, daß der Arzt die Verdachtsdiagnose klinisch stellt! Das TSS ist eine häufig nicht erkannte Krankheit.

Therapie

Antibiotikaempfindlichkeit. S. aureus ist primär empfindlich gegenüber β-Laktamantibiotika, also Penicillinen, Cephalosporinen (Ausnahme: Ceftazidim) und Carbapenemen, des weiteren gegenüber Makroliden sowie Clindamycin, Fosfomycin, Glykopeptiden (Vancomycin, Teicoplanin), Rifampicin und Fusidinsäure.

Unter dem Selektionsdruck der Penicilline haben sich penicillinasebildende Stämme durchgesetzt, so daß v.a. in Krankenhäusern bis zu 80% aller Stämme **Penicillinasen** bilden. Sie hydrolysieren sämtliche Penicillinabkömmlinge mit Ausnahme der Isoxazolylpenicilline (Oxacillin, Dicloxacillin, Flucloxacillin). Penicillinasebildung ist bei den meisten Stämmen plasmidkodiert. Anders als die R-Faktoren gramnegativer Stäbchen, die meistens Mehrfachresistenzen kodieren, übertragen die Penicillinaseplasmide von S. aureus nur die Fähigkeit zur Penicillinasebildung, allenfalls noch zur Ausbildung einer Erythromycinresistenz. Die Übertragung kann durch Transduktion oder Konjugation erfolgen. Im Gegensatz zu den β-Laktamasen gramnegativer Bakterien werden die Penicillinasen von S. aureus in das umgebende Medium abgegeben. Dies ist bei der Empfindlichkeitsbestimmung gegen Penicilline von Bedeutung. Die Penicillinasen von S. aureus lassen sich durch die Zugabe eines Penicillinaseblockers (z.B. Clavulansäure, Sulbactam, Tazobactam) blockieren, wodurch sich die Wirksamkeit der Penicilline gegen S. aureus und andere β-Laktamasebildner wiederherstellen läßt.

Ein weiterer Resistenzmechanismus beruht darauf, daß der Erreger zusätzlich ein durch Wirkung des mec-A-Gens verändertes **Penicillinbindeprotein 2** (**PBP 2a**) (s. S. 175) besitzt, an das sich β-Laktamantibiotika schwächer binden. Diese Form der Resistenz findet sich bei den sog. **MRSA** (**M**ethicillin-**R**esistente-**S**taphylococcus-**A**ureus)-Stämmen. Letztere sind neben Penicillinen auch gegen Cephalosporine und Carbapeneme resistent. MRSA-Stämme stellen wegen ihrer breiten Resistenz eine Gefahr in Krankenhäusern dar und erfordern strenge Hygienemaßnahmen und Isolierung der Patienten. Ihr Anteil liegt in Deutschland bei bis zu 10% aller Krankenhausisolate, wobei lokale Häufungen beobachtet wurden. In den USA erreichen sie in einzelnen Krankenhäusern bis zu 70%.

Bei Vorliegen von MRSA-Stämmen muß auf ein staphylokokkenwirksames Antibiotikum aus einer anderen Substanzklasse ausgewichen werden, so z.B. Clindamycin, Rifampicin oder – als letzte Reserve – Vancomycin bzw. Teicoplanin.

Therapie lokal-oberflächlicher Eiterungen. Die Therapie des Abszesses besteht primär in der chirurgischen Sanierung, d.h. Abszeßspaltung bzw. bei Wundinfektionen in der Fremdkörperentfernung; die antibiotische Therapie wirkt unterstützend. Eingesetzt werden Penicillin V, falls der Erreger gegenüber Penicillin G empfindlich ist, ein orales Cephalosporin (z.B. Cefuroxim-Axetil oder Cefaclor) oder eine β-Laktam-/β-Laktamaseinhibitor-Kombination.

Therapie tief-invasiver Infektionen. Diese bedürfen der systemischen Antibiotikatherapie.

Zur kalkulierten *Initialtherapie* (vor Erregernachweis und Antibiogramm) verordnet man, sofern eine Beteiligung von S. aureus vermutet wird, ein Cephalosporin der 3. Generation (z.B. Ceftriaxon, nicht aber Ceftazidim) in Kombination mit einem Aminoglykosid oder ein gegen β-Laktamase geschütztes Breitbandpenicillin oder ein Carbapenem. Zur *gezielten Behandlung* (nach Erregernachweis und Erstellung eines Antibiogramms) eignet sich ein Cephalosporin der 2. Generation (z.B. Cefotiam, Cefuroxim) bzw. ein penicillinasefestes Penicillin (Oxa-, Dicloxa-, Flucloxacillin). Für Infektionen durch MRSA-Stämme stehen als Reservemittel Rifampicin, Clindamycin, Fusidinsäure und Fosfomycin zur Verfügung. Vancomycin oder Teicoplanin sind nur als Mittel der *Reserve* einzusetzen.

Gezielte Therapie der Endokarditis. Hier besteht die Therapie der Wahl, sofern S. aureus nachgewiesen ist, in einer Kombination von Flucloxacillin (4–6 Wochen) und Gentamicin (3–5 Tage). Bei MRSA-Stämmen gelangen die Reserveantibiotika Vancomycin oder Teicoplanin zum Einsatz (4–6 Wochen).

Gezielte Therapie der Meningitis. Die Behandlung von S.-aureus-Meningitiden ist schwierig. Eine Kombinationstherapie enthält das gut liquorgängige Rifampicin. Geeignete Kombinationspartner können Fosfomycin oder Carbapeneme sein, bei MRSA-Infektion Vancomycin.

Therapie des SSSS. Eine antibiotische Therapie mit penicillinasefesten Penicillinen oder Cephalosporinen der 2. Generation (Cefotiam, Cefuroxim) bzw. als Reservemittel Vancomycin oder Teicoplanin (bei MRSA-Stämmen) ist unumgänglich!

Außerdem muß der zugrundeliegende Lokalinfektionsherd saniert werden.

VI

Therapie des TSS. Die Therapie des TSS besteht in

- Schockbekämpfung durch allgemeine Maßnahmen und
- chirurgischer Herdsanierung und Therapie mit einem penicillinasefesten Penicillin (z. B. Flucloxacillin i.v.) bzw. einem Cephalosporin der 2. Generation (z. B. Cefotiam i.v.) oder als Reserveantibiotikum (bei MSRA-Stämmen) Vancomycin oder Teicoplanin. Clindamycin soll in vitro die Produktion von TSST-1 unterdrücken und wird daher von einigen Autoren zusätzlich empfohlen.

Brechdurchfall. Eine Kausaltherapie gibt es nicht, die Antibiotika-Gabe ist sinnlos. Bei sehr alten oder sehr jungen Patienten können kreislaufstabilisierende Maßnahmen erforderlich werden.

Prävention

Allgemeine Maßnahmen. Träger von S. aureus (Ärzte und Pflegepersonal) sollten in Operationssälen, Neugeborenenstationen und beim Umgang mit abwehrgeschwächten Patienten besondere Vorsicht walten lassen. Auch Patienten mit Staphylokokken-Eiterungen, mit SSSS oder mit TSS müssen von Risikopatienten ferngehalten werden. Hygienische Händedesinfektion, Tragen eines Mundschutzes, Sprechdisziplin, Sorgfalt beim Verbandwechsel, Staubbekämpfung, Einwegwäsche und sauberes, rasches und gewebeschonendes Operieren tragen dazu bei, Infektionen durch S. aureus einzuschränken.

MRSA-Problematik. MRSA-Stämme stellen den Kliniker wegen ihrer multiplen Antibiotikaresistenz vor besondere Probleme.

MRSA-tragende Patienten sollten isoliert werden, bei nasaler Kolonisation kann mit Mupirocinsalbe eine (zeitweise) Elimination erreicht werden. Die Besiedlung der Haut wird durch tägliches Körperwaschen mit chlorhexidinhaltiger Seife reduziert.

Meldepflicht. Der Verdacht auf und die Erkrankung an einer mikrobiell bedingten Lebensmittelvergiftung oder an einer akuten infektiösen Gastroenteritis ist namentlich zu melden, wenn a) eine Person spezielle Tätigkeiten (Lebensmittel-, Gaststätten-, Küchenbereich, Einrichtungen mit/zur Gemeinschaftsverpflegung) ausübt oder b) zwei oder mehr gleichartige Erkrankungen auftreten, bei denen ein epidemischer Zusammenhang wahrscheinlich ist oder vermutet wird (§6 IfSG).

1.2 Koagulasenegative Staphylokokken: Staphylococcus epidermidis

Die koagulasenegativen Staphylokokken (KNS)-Arten (Tabelle 1.1, s. S. 199) unterscheiden sich von S. aureus dadurch, daß sie weder Koagulase bilden noch eine Reihe von Virulenzfaktoren exprimieren, die bei S. aureus vorkommen.

Von den zahlreichen KNS-Arten ist S. epidermidis v. a. als Erreger der Endoplastitis, d. h. von Infektionen im Zusammenhang mit der Verwendung von Kunststoffimplantaten gefürchtet (Tabelle 1.2, s. S. 199).

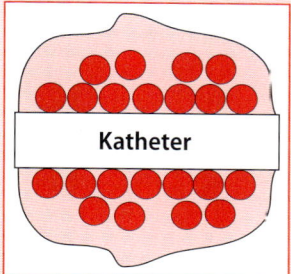

Staphylococcus epidermidis
grampositive Haufenkokken in einer Polysaccharidschleim-Matrix an einem Kunststoffkatheter

STECKBRIEF

1.2.1 Beschreibung

Aufbau

Murein. S. epidermidis besitzt wie S. aureus eine mehrschichtige Mureinschicht. Funktionell bedeutsam sind die oberflächlichen Polysaccharide PS/A, Ica, Proteine und Hämagglutinine; sie vermitteln die Adhärenz.

Resistenzplasmide. Von praktischer Bedeutung ist das häufige Vorkommen von Plasmiden, auf denen zahlreiche Antibiotika-Resistenzfaktoren kodiert sind. Diese Plasmide können durch Konjugation auf andere Staphylokokken inklusive S. aureus übertragen werden.

Extrazelluläre Produkte

Polysaccharidschleim. S. epidermidis sezerniert nach der Adhärenz an Kunststoffmaterialien Polysaccharide, die eine Schleimschicht im Sinne eines Biofilms bilden. In diesem bildet der Erreger Kolonien und wird vor Phagozyten geschützt.

Einige Arten (S. lugdunensis, S. schleiferi, S. intermedius, S. delphini, S. hyicus) können wie S.

aureus eine sezernierte Plasmakoagulase, eine thermostabile DNase oder Clumping Factor bilden. Dies kann bei der Labordiagnose zu Verwechslungen mit S. aureus führen.

Resistenz gegen äußere Einflüsse

S. epidermidis ist ebenso wie S. aureus hochresistent gegen äußere Einflüsse wie Austrocknung, Hitze, Trockenheit.

Vorkommen

S. epidermidis ist ein Hauptbestandteil der physiologischen Haut- und Schleimhautflora.

1.2.2 Rolle als Krankheitserreger

Epidemiologie

Die Fortschritte der modernen Medizin, die die Zahl abwehrgeschwächter Patienten stark vermehrt haben, und der Einsatz von Plastikmaterialien haben S. epidermidis zu einem gefürchteten fakultativ pathogenen Krankheitserreger im Krankenhaus werden lassen.

Er verursacht bis zu 40% der Endokarditiden durch kontaminierte künstliche Herzklappen. 10–30% aller gelegten Katheter werden von S. epidermidis besiedelt, was zur Infektion führen kann. Ebenso verursacht S. epidermidis 50% der shuntassoziierten Meningitiden, 50% der Peritonitiden bei Peritonealdialyse und 50% der Gelenkimplantatinfektionen.

Patienteneigene sowie die vom Krankenhauspersonal getragenen Stämme von S. epidermidis stellen das Erregerreservoir dar.

Übertragung

Die Übertragung der Erreger erfolgt beim Einbringen von Implantaten aus Kunststoff, z.B. Herzklappen, Gelenkprothesen oder von Kathetern. Transkutane Katheter können auch nach dem Legen von der physiologischen Flora an der Durchtrittsstelle besiedelt werden: Die Bakterien gelangen rasch entlang der Außenseite des Katheters in die Tiefe des Hauttunnels.

Pathogenese

Adhärenz. S. epidermidis adhäriert mittels verschiedener Oberflächenmoleküle, insbesondere mittels des Polysaccharids PS/A und des Proteins AtlE, an der Katheteroberfläche. Die Adhäsion wird durch Rauhigkeiten des Kathetermaterials begünstigt.

Etablierung. Binnen weniger Stunden bildet sich ein Biofilm aus Polysaccharidschleim, in dem sich die Staphylokokken vermehren (Abb. 1.3). Die Schleimschicht wirkt zum einen als physikalische Barriere gegen die Wirtsabwehr, zum anderen hemmt sie aktiv die Phagozytose, die T- und B-Zell-Proliferation sowie die Antikörperproduktion; außerdem behindert der Schleim den Zutritt von Antibiotika.

Invasion. Von dem besiedelten Implantat/Katheter können sich die Staphylokokken ablösen und sich ausbreiten. Liegt der Katheter in einer sterilen Körperhöhle (Liquor-Ventrikelsystem: AV-Shunt, Peritoneum: Intraperitonealkatheter bei kontinuierlicher ambulanter Peritonealdialyse = CAPD), entsteht dort eine eitrige Entzündung: *Meningitis* bzw. *Peritonitis* (CAPD-Peritonitis). Von intravasalen Kathetern und Implantaten aus kann der Erreger hämatogen generalisieren und septische Metastasen bilden: *Katheterassoziierte Sepsis*. Eine Generalisation wird bei bestehender Abwehrschwäche gefördert; besonders gefährdet sind Patienten mit malignen Erkrankungen und unter immunsuppressiver Therapie, v.a. in der neutrozytopenischen Phase, sowie unreife Neugeborene und Diabetiker.

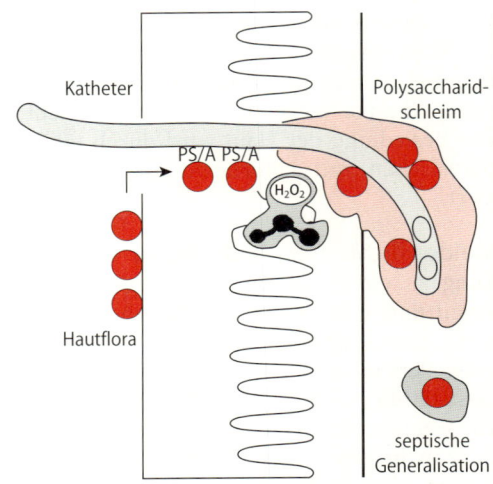

Abb. 1.3. Pathogenese der Staphylokokken-Endoplastitis

Gewebeschädigung. Die lokale Entzündungsreaktion wird wahrscheinlich durch Zellwandbestandteile der Staphylokokken (Murein, Teichonsäure) induziert. Implantate, z.B. künstliche Herzklappen, können aufgrund der Entzündungsreaktion abgestoßen werden.

Klinik

Die Durchtrittsstelle an der Haut weist Entzündungszeichen wie Rötung, Schwellung und Überwärmung auf. Infektionen um tiefer gelegene Implantate äußern sich durch Fieber und Schmerzen. Je nach Lokalisation des Entzündungsprozesses entstehen eine Shunt-Meningitis mit Kopfschmerzen und Meningismuszeichen, eine CAPD-Peritonitis mit Bauchschmerzen und Abwehrspannung, eine Endophthalmitis nach Linsenimplantation mit Schmerzen im Auge und Sehstörungen oder eine Arthritis/Osteomyelitis nach Gelenkimplantation mit Schmerzen, Schwellung und Fehlstellungen. Bei Sepsis und Endokarditis ist Fieber das Leitsymptom.

Immunität

Die Abwehr von koagulasenegativen Staphylokokken beruht auf der Phagozytose durch polymorphkernige Granulozyten, unterstützt durch die Opsonisierung durch Komplement und Antikörper.

Labordiagnose

Der Schwerpunkt liegt, wie bei S. aureus, in der Erregeranzucht.

Untersuchungsmaterial. Je nach Infektionsort gelangen Plastikmaterial (Katheterspitze, Implantat), Blutkulturen (durch transkutane Punktion und aus dem Katheter), Material vom Implantationsort (Wundabstriche, Peritonealdialysat, Liquor, Kammerwasser) oder Urin zur Einsendung an das Labor.

Anzucht. Die Erreger wachsen bei Übernachtbebrütung auf Basiskulturmedien zu sichtbaren Kolonien heran.

Differenzierung. Die Abgrenzung zu S. aureus erfolgt durch den fehlenden Nachweis von Clumping Factor, Protein A bzw. von Plasmakoagulase. Die Empfindlichkeit gegen Novobiocin unterscheidet die S.-epidermidis- von der S.-saprophyticus-Gruppe (s.u.).

Da einige KNS-Arten Plasmakoagulase, Protein A oder Clumping Factor bilden, müssen für die endgültige Abgrenzung zu S. aureus weitere biochemische Leistungen geprüft werden: z.B. Acetoinproduktion, Pyrollidonase-Aktivität.

Interpretation. Als Hauptbestandteil der Hautflora treten diese Bakterien häufig als Kontaminanten von Untersuchungsmaterial in Erscheinung, stellen also nicht den eigentlichen Erreger dar. Dies gilt sowohl für Wundabstriche, die bei der Gewinnung mit der Haut in Kontakt kommen, als auch für alle aseptisch, transkutan gewonnenen Punktate.

In enger Zusammenarbeit von Klinikern und Mikrobiologen ist zu klären, ob disponierende Faktoren vorliegen und ob der Patient entsprechende klinische Zeichen aufweist.

Für eine Erregerschaft eines Isolats von S. epidermidis sprechen:
- Isolierung des gleichen Isolats aus mehreren unabhängig voneinander gewonnenen Proben,
- Isolierung des gleichen Isolats aus Blutkulturen via Katheter und via Punktion,
- Anzucht großer Mengen des Isolats.

Therapie

Antibiotikaempfindlichkeit. S. epidermidis weist kein konstantes Antibiotika-Resistenzspektrum auf. Im Krankenhaus sind 80% aller Stämme penicillin- **und** oxacillinresistent. Fast immer ist S. epidermidis empfindlich gegenüber Glykopeptiden (Vancomycin, Teicoplanin), ebenfalls Rifampicin und Fosfomycin.

Therapeutisches Vorgehen. Mittel der Wahl zur kalkulierten Therapie bei lebensbedrohlichen Infektionen, bei denen Verdacht auf KNS-Beteiligung besteht, ist Vancomycin bzw. Teicoplanin.

Die gezielte Therapie erfolgt nach Antibiogramm, dessen Erstellung sich hier als besonders notwendig erweist, um einem ungerechtfertigten Einsatz des Reserveantibiotikums Vancomycin vorzubeugen. Aus dem gleichen Grund sei nochmals die besondere Bedeutung der sachgerechten Interpretation der Anzucht von S. epidermidis erwähnt.

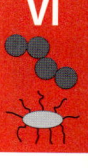

Prävention

Für die Verhütung von Infektionen durch KNS ist die sorgfältige Einhaltung der allgemeinen Regeln der Krankenhaushygiene erforderlich. Ebenso müssen die disponierenden Faktoren schnellstmöglich beseitigt oder mindestens reduziert werden.

1.3 Staphylococcus-saprophyticus-Gruppe

Harnwegsinfektionen. Über die Pathogenese bestehen nur bruchstückhafte Kenntnisse. Oberflächenproteine, z. B. Hämagglutinin, sind an der Adhärenz beteiligt, eine Urease an der Invasion.

Der Erreger besiedelt gelegentlich die vordere Urethra und das Rektum. Von dort gelangt er aszendierend in die Harnblase. Dies wird möglicherweise durch mechanische Einflüsse (Geschlechtsverkehr) und andere Faktoren beeinflußt.

Es können charakteristische Beschwerden einer Zystitis mit Dysurie und Pollakisurie sowie Leukozyturie auftreten. Typische Patienten sind junge, sexuell aktive Frauen, weshalb man auch von „Honeymoon-Zystitis" spricht. Darüber hinaus können das Urethralsyndrom oder eine unspezifische Urethritis mit ähnlichen Beschwerden, jedoch ohne signifikante Bakteriurie (s. S. 958 ff.) auftreten.

> **ZUSAMMENFASSUNG: Staphylokokken**
> **(S. aureus und KNS (S. epidermidis, S. saprophyticus))**
>
> **Bakteriologie.** Grampositive Haufenkokken, aerob und anaerob schnellwachsend, anspruchslos. Koagulasebildung grenzt S. aureus von KNS ab.
>
> **Resistenz gegen äußere Einflüsse.** Ausgeprägt gegen Hitze, Salze, Austrocknung.
>
> **Epidemiologie.** Ubiquitäres Vorkommen auf Haut und Schleimhäuten, S. aureus besonders bei Krankenhauspersonal (Hospitalismus).
> S. aureus: häufigster Erreger von Wundinfektionen (neben E. coli).
> S. epidermidis: Zweithäufigster Erreger von Sepsis (>30% aller Fälle): häufige Endoplastitis-Erreger bei immunsupprimierten Patienten.
>
> **Zielgruppe.** S. aureus: Patienten mit normaler Abwehr (eitrige Hautinfektionen) und immungeschwächte Patienten (tiefinvasive eitrige Infektionen, Sepsis, Endokarditis).
> S. epidermidis: Immunkompromittierte Patienten, Transplantatempfänger, Katheter- und Endoprothesenträger.
> S. saprophyticus: Junge Frauen („Honeymoon-Zystitis").
>
> **Pathogenese.** S. aureus: Lokal-oberflächliche und tief-invasive eitrige Entzündungen, Sepsis
>
> und Endokarditis, v.a. bei Abwehrgeschwächten, Brechdurchfall, Toxic-Shock-Syndrom, Staphylococcal-Scalded-Skin-Syndrom und Brechdurchfall durch spezifische toxinbildende Stämme.
> S. epidermidis: Ansiedlung auf Plastikmaterial im Körper mit Schleimbildung → Endoplastitis, Sepsis.
>
> **Pathomechanismen.** S. aureus: Zusammenwirken von zahlreichen Virulenzfaktoren, insbesondere Hämolysinen, Ausbreitungsfaktoren, antiphagozytären Faktoren und gewebeschädigenden Faktoren. Spezifisch wirksame Toxine: Toxic-Shock-Syndrom-Toxin-1, Exfoliatine A und B, SEA bis SEJ. TSST-1 und SE sind Superantigene.
> S. epidermidis: Besiedlung von Plastikoberflächen.
>
> **Labordiagnose.** Erregernachweis mikroskopisch und Anzucht, Koagulasebildung, ggf. Toxinnachweis.
>
> **Therapie.** Kalkulierte Initialtherapie schwerer Infektionen bei Verdacht auf S. aureus-Beteiligung: Cephalosporine der 3. Generation (z. B. Ceftriaxon) in Kombination mit einem Aminoglykosid oder ein Carbapenem. Nicht: Ceftazidim. Gezielte Weiterbehandlung bei nachgewiesener Empfindlichkeit: Penicillin G oder Cephalosporin der 2. Generation (z. B. Cefotiam).

VI

Bei penicillinasebildenden Stämmen (>80%): Penicillinasefeste Penicilline, Cephalosporine der 2. Generation, Erythromycin. Reservemittel bei Infektionen durch MRSA: Vancomycin, Teicoplanin oder Rifampicin, Clindamycin.
S. epidermidis: Rifampicin, Fosfomycin, Glykopeptide.

Immunität. Trotz Antikörpern, Komplement, Phagozytose keine wirksame Infektionsimmunität wegen antiphagozytärer Virulenzfaktoren.

Prävention. Persönliche Hygiene, v.a. beim Krankenhauspersonal. Vermeiden von Kontakt gefährdeter Patienten mit S.-aureus-Trägern oder HIV-infizierten Patienten.
KNS: Gründliche Hautdesinfektion, sauberes Operieren.

Vakzination. Keine.

Meldepflicht. Durch S. aureus verursachte Lebensmittelvergiftung (Verdacht, Erkrankung und Tod). Bei Impetigo contagiosa (Borkenflechte) dürfen Gemeinschaftseinrichtungen nicht besucht werden (§§ 33/34 IfSG).

2 Streptokokken

H. Hahn, K. Miksits, S. Gatermann

Tabelle 2.1. Streptococcus: Gattungsmerkmale

Merkmale	Merkmalsausprägung
Gramfärbung	grampositive Kokken (Ketten)
aerob/anaerob	fakultativ anaerob
Kohlenhydratverwertung	fermentativ
Sporenbildung	nein
Beweglichkeit	nein
Katalase	negativ
Oxidase	negativ
Besonderheiten	keine Vermehrung bei 6,5% NaCl Unterteilung nach Hämolyseart

Tabelle 2.2. Betahämolysierende Streptokokken: Arten und Krankheiten

Arten	Krankheiten
S. pyogenes (Gruppe A)	oberflächliche Eiterungen tiefe Eiterungen Sepsis Scharlach Nachkrankheiten
S. agalactiae (Gruppe B)	Meningitis (Neugeborenes) Sepsis (Neugeborenes) Eiterungen
Gruppen C, G, F	Eiterungen Sepsis

Die Gattung Streptococcus (S.) (Familie: Streptococcaceae) umfaßt zahlreiche Spezies grampositiver Kokken, die sich in Ketten oder Paaren lagern und die sich sowohl unter aeroben als auch unter anaeroben Bedingungen vermehren (Tabelle 2.1).

Von den Staphylokokken grenzen sie sich über die negative Katalase-Reaktion ab. Streptokokken sind typische Schleimhautparasiten.

Hämolyse. Auf hammelbluthaltigen festen Kulturmedien zeigen die einzelnen Streptokokkenarten ein unterschiedliches Hämolyseverhalten:

Die **β-Hämolyse** ist eine vollständige Hämolyse; d.h., wenn man den Hämolysehof unter dem Mikroskop betrachtet, finden sich im Hämolysehof keine intakten Erythrozyten mehr: Er ist klar durchsichtig („Man kann die Zeitung durch ihn hindurch lesen.").

Die **α-hämolysierenden Streptokokken** sezernieren H_2O_2, welches Fe^{2+} im Hämoglobin zu Fe^{3+} oxidiert. Dies ändert das Absorptionsspektrum des Hämoglobins, so daß die Kolonien von einem grünlichen Hof (biliverdinähnliches Abbauprodukt) umgeben sind, der noch einzelne intakte Erythrozyten enthält. Als **γ-Hämolyse** bezeichnet man fehlende Hämolyse.

Die Unterteilung der Streptokokken nach dem Hämolyseverhalten ist praktisch relevant, da die vergrünenden Arten mit Ausnahme der Pneumokokken zur physiologischen Schleimhautflora gehören und als Opportunisten Krankheiten auslösen,

während die β-hämolysierenden Streptokokken obligat pathogene Krankheitserreger darstellen.

Weitere Einteilung der β-hämolysierenden Streptokokken. Die β-hämolysierenden Streptokokken werden unter Ausnutzung der antigenen Unterschiede des C-Polysaccharids nach Rebecca Lancefield (1895–1981) weiter in Serogruppen unterteilt. Die einzelnen Serogruppen werden durch lateinische Großbuchstaben (A–H, K–V) unterschieden (Tabelle 2.2) (Lancefield-Schema). Von diesen besitzen die Spezies S. pyogenes (Serogruppe A) und S. agalactiae (Serogruppe B) die größte medizinische Bedeutung.

Einteilung der vergrünenden Streptokokken. Da die vergrünenden Streptokokken nur ausnahmsweise ein C-Polysaccharid tragen, entfällt die Einteilung in Serogruppen. Hier werden die einzelnen Arten aufgrund anderer Merkmale als das C-Polysaccharid bestimmt.

1874 belegten Theodor Billroth (1829–1894) und Paul Ehrlich (1854–1915) kettenbildende Kokken, welche sie in infizierten Wunden sahen, mit dem Namen Streptococcus (streptos, gr. gewunden). Die Auftrennung der Streptokokken nach dem Hämolyseverhalten erfolgte 1903 durch Hugo Schottmüller (1867–1937) und die Einteilung der β-hämolysierenden Streptokokken an Hand des C-Polysaccharids in Serogruppen durch Rebecca Lancefield (s.o.).

2.1 Streptococcus pyogenes (A-Streptokokken)

Die β-hämolysierenden Streptokokken der Serogruppe A (A-Streptokokken, S. pyogenes) erzeugen eitrige Lokalinfektionen (Angina, Pharyngitis, Pyodermien), Sepsis, toxinbedingte Erkrankungen (Scharlach, Streptokokken-Toxic-Shock-Syndrom) sowie immunpathologisch bedingte Folgeerkrankungen (akutes rheumatisches Fieber, akute Glomerulonephritis).

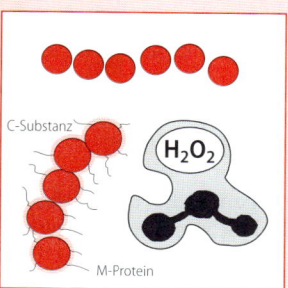

Streptococcus pyogenes
grampositive Kettenkokken
in Eiter entdeckt 1881 von
T. Billroth, benannt 1884
von F. Rosenbach

STECKBRIEF

2.1.1 Beschreibung

Aufbau

Mureinschicht. Als grampositive Bakterien besitzen A-Streptokokken eine mehrschichtige Zellwand aus Peptidoglykan.

C-Gruppen-Polysaccharid. Beiderseits der Peptidoglykanschicht lagert sich bei den β-hämolysierenden Streptokokken das gruppenspezifische C-Polysaccharid auf. Die C-Polysaccharide bestehen aus verzweigten Zuckerpolymeren und sind mit der Mukopeptidschicht kovalent verbunden. S. pyogenes besitzt das Gruppenantigen A.

Fimbrien: M-Protein und Lipoteichonsäure. Die Fimbrien der A-Streptokokken sind in der zytoplasmatischen Membran verankert und durchdringen die gesamte Zellwand. Sie bestehen aus M-Protein und Lipoteichonsäure und ragen aus der Oberfläche der A-Streptokokken wie ein feinfädiger Pelzbesatz heraus.

Das M-Protein wirkt antiphagozytär und ist damit ein wichtiger Virulenzfaktor, der das Überleben der Bakterien sicherstellt. M-Protein kommt fast ausschließlich bei A-Streptokokken vor. Es gibt über 80 serologisch unterscheidbare Varianten (Serovare) des M-Proteins, aufgrund derer eine

Einteilung der A-Streptokokken in Serotypen erfolgt. Die Typen werden mit arabischen Zahlen bezeichnet. Man spricht also z.B. von „β-hämolysierenden Streptokokken der Gruppe A, Typ 12" etc.

F-Proteine. Diese neuentdeckten Oberflächenproteine werden heute als die wichtigsten Adhäsine angesehen, die die Anheftung an die Epithelzellen des Rachens vermitteln. Sie binden sich an Fibronektin.

T-Antigen und R-Antigen. Die biologische Bedeutung dieser Proteinantigene ist unbekannt. T-Antigene werden gelegentlich bei der Typisierung von Streptokokken mitbestimmt.

Kapsel. Viele A-Streptokokken-Stämme tragen eine Kapsel aus Hyaluronsäure. Die Kapsel schützt die Erreger vor der Phagozytose, ist also ein Virulenzfaktor.

C5a-Peptidase. A-Streptokokken tragen an der Oberfläche eine C5a-Peptidase, die von der chemotaktischen Komplementkomponente C5a proteolytisch deren Bindungsstelle für polymorphkernige Granulozyten abtrennt. Dadurch werden die chemotaktische Wirkung von C5a zerstört und der Einstrom von Phagozyten in die Läsion gemindert. Die C5a-Peptidase ist also ein wichtiger antiphagozytärer Virulenzfaktor.

Extrazelluläre Produkte

Streptolysin O und Streptolysin S. Die β-Hämolyse durch A-Streptokokken geht auf Streptolysin O (SLO) und Streptolysin S (SLS) zurück.

Sauerstoff führt zu einer reversiblen Inaktivierung von SLO (O = ohne Sauerstoff), was bedeutet, daß dieses Exotoxin nur unter Sauerstoffabschluß rote Blutzellen zerstört. Im Patienten löst es die Bildung von Anti-Streptolysin-O-Antikörpern (ASO) aus. Die Bestimmung der ASO ist ein Hilfsmittel zur Diagnose einer abgelaufenen Infektion durch A-Streptokokken. Der ASO-Titer (AST) ist auch bei der Diagnostik des akuten rheumatischen Fiebers nach einer A-Streptokokkenerkrankung hilfreich. Der molekulare Wirkungsmechanismus des SLO ist auf S. 27 ff. beschrieben.

SLO ist ein Zytolysin. Es zerstört neben Erythrozyten auch andere Körperzellen, insbesondere Granulozyten, deren Granulamembranen sich auflösen, was zu einer Autophagie der Phagozyten führt.

SLS hämolysiert in Gegenwart von Sauerstoff (S = *Serum*, da das Toxin aus intakten A-Streptokokken durch Serum extrahiert werden kann). Das Peptid SLS wirkt nicht als Antigen, d.h. eine Antikörperbildung gegen SLS findet im Patienten nicht statt.

Ausbreitungsfaktoren. Die *Hyaluronidase* bringt die Hyaluronsäure als interzelluläre Kittsubstanz zur Auflösung. Die Desoxyribonukleasen A, B, C und D, auch *Streptodornasen* genannt, vermindern die Viskosität in Entzündungsexsudaten durch Hydrolyse der Nukleinsäuren.

Der serologische Nachweis von Antikörpern gegen Desoxyribonuklease B dient neben dem AST der Diagnose eines akuten rheumatischen Fiebers.

Streptodornasen werden therapeutisch zur Verflüssigung von Eiter in Empyemen eingesetzt, um die Wundheilung zu beschleunigen.

Streptokinase (SK). Die meisten A-Streptokokken-Stämme sowie einige Stämme der Serogruppen C und G bilden dieses Enzym, das den Plasminogenaktivator aktiviert. Dieser katalysiert die Umwandlung von Plasminogen zu Plasmin, und Plasmin baut Fibrin ab.

Streptokinase findet therapeutischen Einsatz zur Behandlung akuter Thrombosen, v.a. beim Koronargefäßverschluß.

Erythrogene Toxine (SPEs). Ist ein A-Streptokokken-Stamm durch den Prophagen β lysogenisiert, dann produziert er eines von drei Toxinen, welche das Exanthem und Enanthem bei Scharlach hervorrufen, nämlich die erythrogenen Toxine (ET, auch: SPE = streptococcal pyrogenic exotoxins). Es gibt drei antigene Varianten von ET:

ET-A (SPE-A) ist ein Superantigen (s. S. 31) und gleicht in seiner Wirkungsweise dem TSST-1 von S. aureus, d.h. neben seiner scarlatinogenen Wirkung ruft es das Streptokokken-Toxic-Shock-Syndrom hervor, indem es zu einer polyklonalen T-Zell-Aktivierung führt.

ET-C (SPE-C) besitzt ebenfalls Eigenschaften eines Superantigens, es ruft leichtere Scharlachformen hervor.

Bei *ET-B (SPE-B)* stellt sich die Funktion komplexer dar. Während ältere Präparationen sowohl Eigenschaften von Superantigenen als auch eine Proteinase-Vorläufer-Funktion aufweisen, ist es nun gelungen, drei Komponenten voneinander zu trennen: Den Proteinase-Vorläufer ET-B (Streptopain), der auch mit Anti-ET-B-Antikörpern reagiert, und die mitogenen Komponenten Ax und Bx. Es wird vermutet, daß ET-B durch Abspaltung des N-terminalen Arginins Ax in das 100fach stärker mitogene Bx umwandelt.

In jüngster Zeit wurden weitere Streptokokken-Exotoxine beschrieben (SPE-F, SSA), deren Funktion bisher jedoch nicht geklärt ist.

Bacteriocine. Einige A-Streptokokken-Stämme produzieren Bacteriocine (s. S. 38ff.). Wahrscheinlich tragen sie dazu bei, daß sich die A-Streptokokken im oberen Respirationstrakt in Konkurrenz mit anderen Bakterien behaupten können (bakterieller Antagonismus).

Resistenz gegen äußere Einflüsse

A-Streptokokken sind gegen äußere Einflüsse im Vergleich zu Staphylokokken weniger resistent. Sie halten sich einige Tage lang im Staub oder in der Bettwäsche vermehrungsfähig, wobei die Infektiosität von Erregern aus diesen Quellen gering ist.

Vorkommen

Der Mensch ist der einzige natürliche Wirt für A-Streptokokken. Hier siedeln sie sich v.a. auf der Schleimhaut des Oropharynx an.

2.1.2 Rolle als Krankheitserreger

Epidemiologie

A-Streptokokken gehören zu den häufigsten bakteriellen Erregern von Infektionen der Haut und des Respirationstraktes. So können sie bei Hautinfektionen in bis zu 50% aller Fälle nachgewiesen werden, und bei der Pharyngitis stehen sie mit 15–30% ebenfalls an der Spitze der Erregerhäufigkeit.

Bei Sinusitis und Otitis dagegen finden sich A-Streptokokken nur in etwa 3% aller Fälle.

Racheninfektionen durch A-Streptokokken überwiegen in den gemäßigten Zonen, während in tropischen Ländern den Hautinfektionen die größte Bedeutung zukommt (Tabelle 2.3).

Sowohl nach apparenten als auch nach inapparenten A-Streptokokkeninfektionen lassen sich die Erreger noch monatelang im Nasen-Rachenraum nachweisen, d.h. es bildet sich häufig ein Trägerstatus. Träger kommen als Infektionsquelle jedoch

Tabelle 2.3. Streptococcus pyogenes: Epidemiologische Unterschiede

Faktor	Pyodermie	Pharyngitis
Alter	1.–2. Lebensjahr	5.–7. Lebensjahr
Klima	warm, feucht	gemäßigt, kühl
Jahreszeit	Sommer/Herbst	Winter, Frühling
Disposition	Trauma Insektenstiche Hygienemängel	Virusinfektionen Resistenzschwäche
Übertragung	Kontaktinfektion	Tröpfcheninfektion
Inkubationszeit	Stunden–Tage	2–10 Tage
Nachkrankheiten		
Glomerulonephritis	ja	ja
rheumatisches Fieber	nein	ja

weniger häufig in Betracht als frisch erkrankte Patienten.

In den letzten Jahren ist eine Zunahme invasiver A-Streptokokkeninfektionen (z. B. nekrotisierende Fasziitis) mit toxischen Verlaufsformen (Streptokokken-Toxic-Shock-Syndrom) beobachtet worden.

Übertragung

Von den Schleimhäuten des Oropharynx aus werden die A-Streptokokken durch Tröpfcheninfektion übertragen. Die Übertragung von Pyodermien erfolgt über direkten Kontakt von Haut zu Haut (Schmierinfektion). Die Übertragung von A-Streptokokken wird durch enges Zusammensein von Menschen begünstigt, z. B. beim Aufenthalt in geschlossenen Räumen bei naßkaltem Wetter, in Kasernen oder Gefängnissen, oder durch starke körperliche Aktivität, z. B. Turnen in geschlossenen Räumen. Auch eine Übertragung durch kontaminierte Milch ist möglich.

Nosokomiale Infektionen durch A-Streptokokken kommen in erster Linie durch Tröpfcheninfektion zustande. Als Infektionsquelle kommen erregertragende Pflegepersonen in Betracht. Obwohl lebensfähige A-Streptokokken in Staub oder in Bettwäsche vorkommen, spielen diese Quellen für die Verbreitung der Erreger nur eine untergeordnete Rolle.

Pathogenese

Die Pathogenese von A-Streptokokkeninfektionen beruht auf dem Zusammenspiel zahlreicher zellgebundener und sezernierter Virulenzfaktoren.

Adhäsion. F-Proteine und andere Oberflächenbestandteile, z. B. Lipoteichonsäure, binden sich an Fibronektin, ein häufiges Wirtszellprotein, das z. B. auf Rachenepithelzellen vorkommt.

Etablierung. Obwohl A-Streptokokken von Makrophagen und neutrophilen Granulozyten leicht phagozytiert werden, überleben virulente Stämme im Körper, insbesondere in der Blutbahn, weil sie eine Reihe von antiphagozytären Mechanismen entwickeln:

Das *M-Protein* bindet Faktor H des Properdinsystems (s. S. 79 ff.) mit höherer Affinität als Faktor B, was zu einem Abbau von C3b führt. So werden die Opsonisierung der Bakterien und die Bildung von C3-Konvertase behindert. Darüber hinaus scheint die negative Ladung bestimmter Domänen des M-Proteins an der phagozytosehemmenden Wirkung beteiligt zu sein.

Die *C5a-Peptidase* (s. o.) hydrolysiert C5a (Anaphylatoxin), das chemotaktisch Granulozyten in die Läsion lockt. Es gelangen weniger Granulozyten an den Infektionsort, und die Phagozytose wird vermindert.

Die *Streptolysine O* und *S* zerstören die Granulamembran in den Granulozyten. Es treten granuläre Enzyme (s. S. 114 ff.) aus und bewirken eine Autophagie der Granulozyten.

Invasion. A-Streptokokken verursachen sich flächenhaft ausbreitende Infektionen in den Weichteilgeweben. Hierin werden sie von den Ausbreitungsfaktoren unterstützt:

Hyaluronidase hydrolysiert den interzellulären Gewebekitt Hyaluronsäure.

Desoxyribonukleasen vermindern die Viskosität in Entzündungsexsudaten, und

Streptokinase löst die Fibrinschicht um die Erreger auf.

In jüngster Zeit sind mehrere Ausbrüche von hochinvasiven A-Streptokokkeninfektionen (Fasciitis necroticans) mit toxischem Schock (Streptokokken-Toxic-Shock-Syndrom) beschrieben worden. Hier spielt das erythrogene Scharlachtoxin A (SPE-A) eine Rolle, das sowohl als Invasionsfaktor als auch als Superantigen wirkt.

VI

Gewebeschädigung. Bei der durch A-Streptokokken bedingten Gewebeschädigung spielen die Streptolysine O und S eine Rolle, da sie neben Erythrozyten auch andere Körperzellen schädigen. Ebenso ist die Hyaluronidase an der Zerstörung von Bindegewebe beteiligt.

Scharlach kommt durch die Wirkung eines der drei SPE (s.o.) zustande, und das Streptokokken-Toxic-Shock-Syndrom basiert auf der Superantigen-Wirkung des SPE-A bzw. SPE-C. Die Hauptwirkung von SPE-A und SPE-C besteht in einer polyklonalen T-Zell-Aktivierung mit unkoordinierter Zytokinfreisetzung, v.a. von TNF-α und IL-1 (s. S. 31 ff.), und, darauf basierend, Schock und Multiorganversagen. Darüber hinaus kann SPE-A direkt zytotoxisch auf Endothelzellen wirken.

Nachkrankheiten. Charakteristisch für A-Streptokokkeninfektionen ist ihre Neigung, Nachkrankheiten auszulösen. Diese beruhen auf immunologischen Reaktionen.

Bei der *akuten Glomerulonephritis* (Abb. 2.1) werden in den Glomerula Immunkomplexe aus A-Streptokokken-Antigen und Antikörpern abgela-

gert, Komplement wird aktiviert, und aus C3 und C5 entstehen die Fragmente C3a und C5a, die chemotaktisch Granulozyten anlocken. Die Granulozyten setzen beim Zerfall und bei der Phagozytose lysosomale Enzyme und Sauerstoffradikale frei, die eine Gewebeschädigung in den Glomerula verursachen. Die Kapillaren der Glomerula werden im Rahmen der Entzündung durchlässig für Proteine (Proteinurie!) und Erythrozyten (Mikrohämaturie!). In späteren Stadien wandern Mesangialzellen ein, woraus sich eine zunehmende Verminderung der filtrierenden Oberfläche der Glomerula und eine Minderung der Filtrationsleistung ergeben können.

Der Pathomechanismus des *akuten rheumatischen Fiebers* ist nicht voll aufgeklärt. Die Patienten bilden kreuzreagierende Antikörper, die einerseits mit verschiedenen Komponenten der A-Streptokokken, andererseits mit bestimmten Gewebselementen in Gelenken, Myokard, Endokard, Myokardsarkolemm, Gefäßintima und Haut reagieren, und man nimmt an, daß die gebildeten kreuzreagierenden Antikörper über eine Entzündung die Gewebeschädigung auslösen.

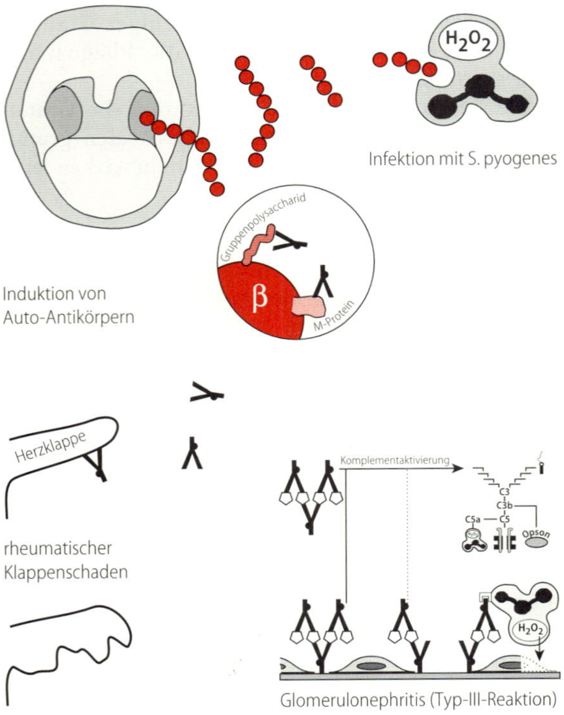

Abb. 2.1. Pathogenese der Streptokokken-Nachkrankheiten

Klinik

Tonsillitis (Angina lacunaris). Die Erkrankung beginnt nach einer Inkubationszeit von 2–4 Tagen mit Fieber, Schluckbeschwerden und Halsschmerzen. Die geschwollenen Gaumenmandeln tragen fleckförmige Eiterherde („Stippchen"), tief in die Tonsillen-Krypten reichende Eiteransammlungen, von denen wie bei einem tiefen See nur die Oberfläche sichtbar ist („Angina lacunaris", lacus, lat. See). Bei tonsillektomierten Personen besteht eine Pharyngitis. In der Regel heilt die Krankheit nach 5 Tagen ab; es können aber auch Komplikationen wie akute zervikale Lymphadenitis, Otitis media, Sinusitis, Mastoiditis und Peritonsillarabszeß entstehen.

Die Diagnose ist bei tonsillektomierten Personen nicht immer leicht zu stellen.

Differentialdiagnostisch kommen virale Pharyngitiden, insbesondere das Pfeiffersche Drüsenfieber (EBV; s. S. 646) in Betracht. (Beachte: 90% aller Infektionskrankheiten des Respirationstraktes sind virusbedingt!)

Erysipel. Das Erysipel (Wundrose) ist eine ödematöse Entzündung der Lymphspalten der Haut mit charakteristischer Ausbreitungstendenz, die durch die Invasiv-Faktoren der A-Streptokokken (Hyaluronidase, Desoxyribonukleasen) begünstigt wird. Die Erreger dringen meist über unauffällige Verletzungen (z.B. Rhagaden des Mundwinkels) in die Haut ein. Nach einer Inkubationszeit von 1–3 Tagen entsteht ein schubweise fortschreitendes, z.T. mit großen Schmerzen verbundenes Erythem. Die Haut ist ödematös gespannt und glänzend. Die Rötungen sind scharf begrenzt, und der betroffene Bereich zeigt kerzenflammenartige Ausläufer in die gesunden Hautpartien hinein.

Impetigo contagiosa (Eiter-, Krusten-, Pustelflechte, Blasengrind, feuchter Grind).
Dies ist eine Infektion der Epidermis, bei der sich nach umschriebener Rötung rasch Blasen bilden, die nach wenigen Stunden platzen. Der Blaseninhalt trocknet zu Krusten ein. Die Impetigo entwickelt sich im Kindesalter unter schlechten sozialen Verhältnissen („Krankheit des Elends"). Impetigo kann, wenn auch seltener, durch S. aureus hervorgerufen werden (s. S. 200 ff.). Die Blasen enthalten massenhaft Erreger.

Phlegmone.
Die Phlegmone ist eine diffuse Eiterung der Haut und des Subkutangewebes, die mit Schmerzen, Schwellung, Rötung und Fieber einhergeht. Phlegmonen sind, anders als Abszesse, nicht scharf begrenzt; sie breiten sich kontinuierlich aus. Besonders gefürchtet ist die Hohlhandphlegmone, die sich nach kleineren Finger- oder Handverletzungen über die Sehnenscheiden der Hohlhand rasch in alle Finger ausbreitet.

Andere Hautinfektionen.
Lymphangitiden, Infektionen nach Verletzungen oder von Verbrennungswunden und postoperative Infektionen können ebenfalls durch A-Streptokokken hervorgerufen werden. Gelegentlich entwickeln sich derartige Infektionen nosokomial.

Nekrotisierende Fasziitis.
Diese in den letzten Jahren häufiger beobachtete invasive A-Streptokokkeninfektion befällt die tieferen Schichten der Subkutis und die Faszien. Sie ist durch ein besonders rasches Fortschreiten der Kolliquationsnekrose (hämorrhagisch verflüssigtes Gewebe) von Haut und Weichteilen charakterisiert. Die Patienten haben hohes Fieber und zeigen Schocksymptome; die Haut löst sich in großen Fetzen vom Untergrund. Bei diesem Krankheitsbild finden sich besonders invasive Stämme im Blut oder in Körperflüssigkeiten, die auch das SPE-A bilden, das für die Schocksymptomatik und für die hohe Invasivität verantwortlich ist.

Sepsis.
Eine A-Streptokokken-Sepsis kann sich von jedem Streptokokken-Herd aus entwickeln.

Das *Puerperalfieber* (Kindbettfieber) entsteht als Sonderform der Sepsis, wenn A-Streptokokken (oder B-Streptokokken, s. u.) bei der Geburt in das Endometrium und die umgebenden Vaginalgewebe und von dort in die Lymphbahnen und die Blutbahn eindringen. Die Erreger werden hauptsächlich durch den Geburtshelfer übertragen. In den industrialisierten Ländern ist es dank Ignaz Semmelweis (s. S. 7) selten geworden, stellt aber in Ländern der Dritten Welt noch immer ein großes Problem dar.

Meningitis, Endokarditis, Pneumonien und Peritonitis durch A-Streptokokken können im Rahmen einer Sepsis, aber auch als isolierte Organerkrankungen auftreten.

Scharlach.
Wird die A-Streptokokkeninfektion durch einen lysogenen Stamm hervorgerufen, der eine von den drei Varianten (A, B, C) des erythrogenen Toxins SPE produziert, so kann sich ein Scharlach entwickeln. Die Fähigkeit zur Scharlachauslösung und die Fähigkeit, eine Eiterung hervorzurufen, sind also unabhängig voneinander.

Ein Scharlach muß nicht mit einer Angina assoziiert sein, sondern er kann auch andere A-Streptokokkeninfektionen, z.B. Impetigo oder Wundinfektionen, begleiten.

Etwa zwei Tage nach Beginn der Eiterung zeigt sich ein Exanthem zunächst am Hals, den oberen Brustpartien und am Rücken, das sich über den Rumpf, das Gesicht und die Extremitäten ausbreitet. Charakteristisch ist eine periorale Blässe. Das Exanthem wird von einem Enanthem begleitet. Die Zunge weist einen weißen Belag auf, aus dem rote hypertrophierte Papillen herausragen („Erdbeerzunge"). Am 4. bis 5. Krankheitstag verschwindet der Belag, und die geschwollenen geröteten Papillen imponieren nun als sog. „Himbeerzunge".

Toxic-Shock-like-Syndrom (STLS).
Das STLS wird vornehmlich durch das SPE-A ausgelöst, jedoch weniger häufig auch durch SPE-C (s.o.). Es ist mit einer 10fach höheren Letalität belastet als das Staphylokokken-Toxic-Shock-Syndrom (s. S. 204), nämlich 30%, weil die toxinbildenden Erreger in die Blutbahn gelangen, so daß das Toxin rascher ein Multiorganversagen auslösen kann. Die Symptome sind zu einer Falldefinition zusammengefaßt:

Neben dem Erregernachweis aus sterilen oder nichtsterilen Regionen, der Hypotonie (≤90 mmHg) und den Hautveränderungen (zunächst Exanthem, dann Schuppung) müssen die Kriterien für mindestens zwei Organschädigungen erfüllt sein: Weichteilnekrose, ARDS („adult respiratory distress syndrome"), Koagulopathie (<100 000 Thrombozyten/mm^3 oder disseminierte intravasale Gerinnung), Niereninsuffizienz (Kreatinin >177 μmol/l) oder Leberbeteiligung (Serum-Transaminasen- und Bilirubin-Konzentrationserhöhungen).

Akute Glomerulonephritis. Bei 3% aller eitrigen A-Streptokokken-Erkrankungen ist die eitrige Infektion von einer akuten, nichteitrigen Glomerulonephritis gefolgt. Im Gegensatz zum rheumatischen Fieber geht der akuten Glomerulonephritis eine Infektion mit einem der sog. nephritogenen Stämme voraus. Diese gehören meistens zur Serogruppe A, Typ 12.

Die Zeichen der akuten Glomerulonephritis – Hämaturie, Proteinurie, Ödem und Bluthochdruck – setzen etwa drei bis fünf Wochen nach Beginn der akuten Streptokokkeninfektion ein. Die Krankheit geht häufig spontan zurück; eine dialysepflichtige Schrumpfniere resultiert selten aus einer akuten Glomerulonephritis.

Merke: Die Läsionen der akuten Glomerulonephritis enthalten *keine* Erreger!

Akutes rheumatisches Fieber. Das Krankheitsbild setzt 2–3 Wochen nach Beginn einer A-Streptokokken-Pharyngitis ein. Andere eitrige A-Streptokokken-Infektionen ziehen wohl die akute Glomerulonephritis, aber kein akutes rheumatisches Fieber nach sich. Das akute rheumatische Fieber ist gekennzeichnet durch: Polyarthritis, Karditis (Endokarditis, Myokarditis, Perikarditis), Chorea minor, Erythema marginatum und subkutane Knötchen. Die Endokarditis führt häufig zu einer narbigen Veränderung der Herzklappen. Dies zieht eine veränderte Hämodynamik nach sich, was wiederum den Boden für eine Endocarditis lenta (s. S. 230 und 921 ff.) darstellt.

Im Gegensatz zur akuten Glomerulonephritis ist das Auftreten des akuten rheumatischen Fiebers nicht an die Vorerkrankung durch bestimmte A-Streptokokken-Typen gebunden.

Merke: Auch beim akuten rheumatischen Fieber enthalten die Läsionen *keine* Erreger!

Immunität

Eiterungen. Als typische Eitererreger, d.h. extrazelluläre Bakterien, werden A-Streptokokken nach der Phagozytose durch polymorphkernige Granulozyten und mononukleäre Phagozyten prompt abgetötet. Die erworbene Immunität basiert auf protektiven Antikörpern, die sich gegen die M-Substanz richten und im Zusammenwirken mit Komplement ihre antiphagozytäre Wirkung neutralisieren. Die erworbene Immunität ist somit typenspezifisch; sie kann jahrelang bestehen. Dies bedeutet, daß im Bereich einer einmal abgelaufenen Epidemie derselbe Serotyp nicht wieder auftritt.

Da es mehr als 80 Serotypen von A-Streptokokken gibt, kann man häufig an A-Streptokokkeninfektionen erkranken. Antikörper gegen die C-Substanz üben keinen Schutz aus, sie dienen der Gruppeneinteilung.

Scharlach. Die erworbene Immunität gegen die Scharlachtoxine basiert auf neutralisierenden Antikörpern und ist dauerhaft. Da es drei antigene Varianten von ET gibt, kann eine Person nur dreimal an Scharlach erkranken.

Wenn auch Antikörper gegen ET das Auftreten des Exanthems und des Enanthems verhindern, so verleihen sie doch keinen Schutz gegen die zugrundeliegende eitrige A-Streptokokkeninfektion.

Labordiagnose

Der Schwerpunkt der Labordiagnose der eitrigen A-Streptokokkeninfektionen liegt in der Anzucht der Erreger aus dem Herd und ihrer serologischen Gruppenbestimmung.

Untersuchungsmaterial. Ein sachgemäß entnommener Tonsillenabstrich ist die Voraussetzung für den kulturellen Nachweis von A-Streptokokken bei Angina. Bei andernorts lokalisierten A-Streptokokkeninfektionen kommen je nach Standort Blut, Punktate, Biopsiematerial oder Eiterabstriche zur Einsendung.

Transport. Der Transport von Abstrichen sollte in einem Transportmedium bei Umgebungstemperatur erfolgen. Eiter und andere Proben sollten gekühlt transportiert werden.

Mikroskopie. Der mikroskopische Nachweis der typischen Ketten aus dem Eiter oder aus der Bouillonkultur macht keine Schwierigkeiten. Allerdings ist zu beachten, daß sich manchmal nur kurze Ketten ausbilden, und daß die Kettenbildung ausbleiben kann, wenn die Erreger aus alten Kulturen stammen.

Anzucht. Die Wachstumsansprüche von A-Streptokokken werden am besten durch die Zugabe von Kohlenhydraten sowie von Fleischextrakt, Blut oder Serum zum Kulturmedium erfüllt. Um die β-Hämolyse zu erkennen, muß das Untersuchungsmaterial auf schafbluthaltigen Agarplatten ausgeimpft werden. Die Inkubation erfolgt bei 37 °C in 5 bis 10% CO_2; nach 16–24 h ist mit einer Koloniebildung zu rechnen.

Gruppenbestimmung. Die Abgrenzung der angezüchteten A-Streptokokken von anderen Serogruppen erfolgt mittels gruppenspezifischer Antikörper gegen das C-Polysaccharid. Hierfür gibt es kommerziell erhältliche Testsätze.

Die weitere Unterteilung der A-Streptokokken in Serotypen auf Grund des M-Proteins kommt nur für wissenschaftliche Zwecke in Frage.

Serodiagnostik des akuten rheumatischen Fiebers. Der Antistreptolysin-O(ASO)-Test dient der Diagnostik des akuten rheumatischen Fiebers. Ein hoch über der Norm liegender Titer weist auf eine kürzlich abgelaufene A-Streptokokkeninfektion hin. Zuverlässigste Ergebnisse liefert die Kombination mit dem Anti-DNase-Test.

Therapie

Antibiotikaempfindlichkeit. A-Streptokokken sind ausnahmslos hochempfindlich gegenüber Penicillin G und Cephalosporinen. Makrolide sind Alternativantibiotika, bei breitem Einsatz werden aber makrolidresistente Stämme selektiert.

Therapeutisches Vorgehen. Bei erwiesener symptomatischer A-Streptokokkeninfektion bzw. bei begründetem Verdacht aus dem klinischen Bild (Angina lacunaris) ist Penicillin G oder Penicillin V wegen der Gefahr möglicher Nachkrankheiten das Mittel der Wahl.

Patienten mit Penicillinallergie werden mit Makroliden behandelt.

Das Streptokokken-Toxic-Shock-Syndrom und andere invasive A-Streptokokkeninfektionen sind Notfallsituationen, die der intensivmedizinischen Behandlung bedürfen! Der Bakterienherd, sofern auffindbar, ist chirurgisch zu behandeln, um die Toxinproduktion zu verringern. Die Antibiotikatherapie dient der Erregereliminierung, während die Schockbehandlung zur Aufrechterhaltung der Organfunktionen entscheidend ist. Bei den immunologischen Nachkrankheiten ist eine antiphlogistische Therapie indiziert.

Prävention

Prophylaxe ist bei Risikopatienten indiziert, d. h. bei Personen, die eine oder mehrere Attacken von rheumatischem Fieber in ihrer Anamnese aufweisen; sie hat den Zweck, eine Besiedlung der Rachenschleimhaut durch A-Streptokokken zu verhindern und damit die Gefahr einer erneuten Antigenbelastung und eines Aufflackerns des rheumatischen Geschehens abzuwenden. Betroffene Patienten erhalten täglich Penicillin V oral oder Benzathin-Penicillin alle 3–4 Wochen i.m. über mindestens ein Jahr. Eine Schutzimpfung gibt es noch nicht.

ZUSAMMENFASSUNG: A-Streptokokken

Bakteriologie. Grampositive, fakultativ anaerobe Kettenkokken mit β-Hämolyse, dem Gruppenmerkmal A (Lancefield-Schema). Einteilung in Serotypen aufgrund des M-Proteins.

Resistenz gegen äußere Einflüsse. Vergleichsweise wenig resistent gegen Umwelteinflüsse.

Vorkommen. Haut und Schleimhaut des Menschen.

Epidemiologie. A-Streptokokken: Weltweit verbreitet, einziger natürlicher Wirt ist der Mensch.

Zielgruppe. Alle Altersgruppen.

Übertragung. Durch Haut und Schleimhautkontakt (Schmierinfektion) sowie aerogen (Tröpfcheninfektion).

Zielgewebe. Haut und Schleimhaut. Nacherkrankungen: Nieren, Herz, Gelenke.

Pathogenese. Haut- bzw. Schleimhautinfektion → lokale nichtabgegrenzte Eiterung (Phlegmone) → u. U. systemische Ausbreitung (Sepsis, Meningitis). Scharlachtoxinbildende Stämme (lysogen) verursachen Scharlach. Nachkrankheiten.

Virulenzfaktoren. Fimbrien, Leukozidine, Streptolysin, Scharlachtoxin, Streptodornase, Hyaluronidase.

Klinik. Kurze Inkubationszeit. Fieberhafte Manifestationsformen: Pharyngitis, Angina, Otitis, Pyodermie, Puerperalsepsis, Mastitis, Neugeborenensepsis und -meningitis, Erysipel, Impetigo, Phlegmone, Scharlach durch lysogene Stämme. Nacherkrankungen: Akute Glomerulonephritis und akutes rheumatisches Fieber.

Labordiagnose. Anzucht auf bluthaltigen Kulturmedien. Identifikation: Vollständige Hämolyse, serologische Gruppeneinteilung.

Therapie. Penicillin G, alternativ Makrolide.

Immunität. Ausbildung einer serotypenspezifischen anhaltenden Immunität. Kreuzinfektionen mit anderen Serotypen möglich. Scharlach nur 3× möglich.

Prävention. Scharlach: Isolierung erkrankter Personen. Rezidivprophylaxe mit Penicillin V oder Benzathin-Penicillin (1 Jahr). Vakzination: Keine.

2.2 Streptococcus agalactiae (B-Streptokokken)

Die β-hämolysierenden Streptokokken der Gruppe B (B-Streptokokken) bilden die Spezies S. agalactiae. Bei Kühen lösen B-Streptokokken eine eitrige Entzündung des Euters mit Versiegen der Milchproduktion (gelber Galt) aus. Beim Menschen verursachen sie eitrige Lokalinfektionen, v.a. im weiblichen Genitaltrakt, und Sepsis. Gefürchtet sind sie als Erreger peripartal übertragener Infektionen der Neugeborenen: Sepsis und Meningitis.

STECKBRIEF

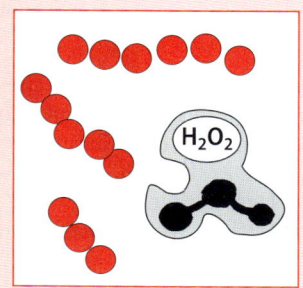

Streptococcus agalactiae
grampositive Kettenkokken in Eiter,
Gruppeneinteilung 1928 von R. Lancefield

2.2.1 Beschreibung

Aufbau

C-Polysaccharid. B-Streptokokken gleichen in ihrer Grundstruktur den A-Streptokokken. Wie diese besitzen sie ein C-Polysaccharid in ihrer Wand, das über die Gruppenzugehörigkeit entscheidet, jedoch fehlen bei ihnen das M-Protein sowie das T- und R-Antigen.

Kapsel. B-Streptokokken tragen eine antiphagozytäre Polysaccharidkapsel, die in serologisch verschiedener Typenausprägung (I–IV) vorkommt.

C5a-Peptidase. Wie A-Streptokokken trägt S. agalactiae eine C5a-Peptidase in der Zellwand. Sie inaktiviert die chemotaktische Komplementkomponente C5a durch proteolytische Spaltung und wirkt auf diese Weise dem chemotaktisch gesteuerten Einstrom von Phagozyten in die Läsion entgegen.

Extrazelluläre Produkte

CAMP-Faktor. B-Streptokokken sezernieren ein Protein (CAMP-Faktor), das zusammen mit dem β-Hämolysin von S. aureus auf bluthaltigen Kulturmedien eine synergistische Hämolyse verursacht (s.u.).

Resistenz gegen äußere Einflusse

B-Streptokokken sind weniger resistent gegen Umwelteinflüsse als A-Streptokokken. Versuche mit an Fäden getrockneten Eiterproben deuten auf einen längeren Erhalt der Infektiosität hin.

Vorkommen

B-Streptokokken kommen vorwiegend bei *Tieren* vor (s.o.). Beim Menschen besiedeln sie die Schleimhäute des Urogenital- und Intestinaltrakts.

2.2.2 Rolle als Krankheitserreger

Epidemiologie

Bis zu 40% aller schwangeren Frauen sind asymptomatische *Trägerinnen* von B-Streptokokken. Bei ca. 50% der Neugeborenen von Müttern mit positivem Nachweis läßt sich ebenfalls eine Besiedlung nachweisen. Die Inzidenz der „early-onset"-Erkrankung (s.u.) des Neugeborenen liegt bei 2 pro 1000 Lebendgeburten, diejenige der „late-onset"-Erkrankung (s.u.) bei 1,7 pro 1000 Lebendgeburten. Serotyp III dominiert bei Neugeboreneninfektionen.

Übertragung

Das Neugeborene infiziert sich beim Durchtritt durch den Geburtskanal der besiedelten Mutter; nosokomiale Infektionen sind selten. Die Übertragung erfolgt um so eher, je größer die Besiedlungsdichte bei der Mutter ist. Beim „late-onset"-Syndrom spielt zusätzlich eine postnatale horizontale Übertragung durch Schmierinfektion (z.B. über kontaminierte Hände) eine Rolle.

Klinik

Neugeboreneninfektion. Bei Neugeborenen verursachen B-Streptokokken *Sepsis* und *Meningitis*. Die Infektion des Neugeborenen kann sich in den ersten postnatalen Stunden bis fünf Tagen („early-onset") als Sepsis, Pneumonie oder Meningitis manifestieren. Sie kann sich auch erst nach einer Latenzzeit von sieben Tagen bis zu drei Monaten aus-

VI

bilden („late-onset") und äußert sich dann meist als Meningitis. Disponierend sind vorzeitiger Blasensprung, Frühgeburt, aufsteigende Infektion (Chorioamnionitis), Zervixinsuffizienz. Insbesondere sind solche Neugeborene gefährdet, deren Mütter bei gleichzeitiger Besiedlung des Geburtskanals mit B-Streptokokken einen niedrigen Spiegel von Antikörpern gegen B-Streptokokken aufweisen, so daß das Neugeborene nur über eine schwache Leihimmunität (s. u.) verfügt.

Erwachseneninfektionen. Bei Erwachsenen können B-Streptokokken neben den Puerperalinfektionen Endometritis und Sepsis auch eine Pyelonephritis, Arthritis, Osteomyelitis, Otitis media, Konjunktivitis, Impetigo, Pneumonie, Meningitis und Endokarditis auslösen.

Immunität

Als typische Eitererreger werden B-Streptokokken durch Phagozytose beseitigt. Kapselspezifische Antikörper kommen bei vielen Menschen vor; sie haben für die Abwehr offenbar eine besondere Bedeutung, denn Kinder von Müttern mit niedrigem Antikörpertiter („non-responder"), die vor der Geburt von ihrer Mutter keine typenspezifischen Antikörper übertragen bekommen haben („Leihimmunität"), sind besonders gefährdet, an einer B-Streptokokken-Infektion zu erkranken (s. o.).

Labordiagnose

Der Schwerpunkt der Labordiagnose liegt in der Anzucht des Erregers aus Untersuchungsmaterialien und der anschließenden Gruppenbestimmung.

Untersuchungsmaterialien. Je nach Lokalisation des Krankheitsprozesses gelangen Blut (Sepsis), Liquor (Meningitis), Eiter bzw. Vaginal- oder Zervikalabstriche zur Untersuchung.

Anzucht. Zur Anzucht dient bluthaltiger Columbia-Agar, auf dem die Erreger einen deutlichen β-Hämolysehof entwickeln.

Identifizierung. Die gewachsenen B-Streptokokken werden meist *serologisch* durch Nachweis des gruppenspezifischen Zellwandantigens mittels spezifischer Antikörper differenziert. Ebenso kann die bio-

chemische Leistungsprüfung zur Identifizierung herangezogen werden. Hierbei spielt das CAMP-Phänomen (nach den Erstbeschreibern **C**hristie, **At**kins, **M**unch, **P**etersen), die pfeilförmige Hämolyseverstärkung durch S. aureus, eine Rolle.

Therapie

Antibiotikaempfindlichkeit. Die Sensibilität der B-Streptokokken entspricht derjenigen von A-Streptokokken, d.h. es besteht ausnahmslos eine volle Empfindlichkeit gegen Penicillin G und gegen Cephalosporine.

Therapeutisches Vorgehen. Die kalkulierte Therapie der Sepsis/Meningitis des Neugeborenen wird entsprechend den Richtlinien der Meningitistherapie durchgeführt (s. S. 927 ff.), d.h. mit Cefotaxim oder Ceftriaxon. Nach Sicherung der Diagnose B-Streptokokkeninfektion wird gezielt mit Penicillin G (hochdosiert) und zur Wirkungsverstärkung mit Gentamicin weiterbehandelt.

Prävention

Antibiotikaprophylaxe. Die Prophylaxe der B-Streptokokkenerkrankung des Neugeborenen besteht bei Besiedlung der Mutter in der präpartalen oder intrapartalen Antibiotikagabe. Die Chemoprophylaxe wird bei kolonisierten Frauen (Prüfung in der 26.–28. SSW) durchgeführt, wenn einer der folgenden Risikofaktoren vorliegt: Frühgeburt (<37. Woche), vorzeitiger Blasensprung, Fieber unter der Geburt, Mehrlingsgeburt, mehrere vorherige Geburten. Die Sanierung einer B-Streptokokkenbesiedlung während der Schwangerschaft durch orale Antibiotikagabe ist mit einer Versagerquote von 20–70% behaftet. Im Gegensatz dazu kann die intravenöse Verabreichung von Ampicillin oder Penicillin G (bei Allergie Clindamycin oder Erythromycin) unter der Geburt eine Übertragung von B-Streptokokken auf das Kind erfolgreich verhindern. Da es zur Zeit weder eine aktive noch eine passive Immunisierung bei Mutter und Kind gibt, stellt die intravenöse Antibiotikagabe bei der Mutter während der Geburt bei gesichertem Vorkommen von B-Streptokokken die zur Zeit verläßlichste Prophylaxe dar.

ZUSAMMENFASSUNG: B-Streptokokken

Bakteriologie. Grampositive, kettenförmige Kokken, β-Hämolyse. Gruppenspezifisches Zellwandantigen B.

Vorkommen/Epidemiologie. Urogenital- und Intestinalschleimhaut. Bei Schwangeren sind bis zu 40% asymptomatische Trägerinnen. Übertragung durch Schleimhautkontakt (sexuell, während der Geburt).

Pathogenese. Infektion des Neugeborenen beim Durchtritt durch den Geburtskanal kann bei prädisponierenden Faktoren wie mütterlichem Antikörpermangel oder Frühgeburt zu Sepsis oder Meningitis führen.

Klinik. Infektionssymptomatik kann in den ersten fünf Tagen nach Geburt („early-on-set"), oder erst nach einer Latenzzeit von sieben Tagen oder länger („late-onset") auftreten. Manifestation als Sepsis bzw. Meningitis.

Labordiagnose. Anzucht auf bluthaltigen Kulturmedien; β-Hämolyse. Serologische Differenzierung von anderen β-hämolysierenden Streptokokken.

Therapie. Kalkuliert: Cefotaxim, Ceftriaxon; gezielt: Penicillin G, alternativ Erythromycin.

Immunität. Asymptomatische Infektion der Schleimhäute führt in der Regel zur Ausbildung einer auf das Neugeborene übertragbaren Immunität. Kinder von Non-Respondern sind stark infektionsgefährdet.

Prävention. Sanierung der Geburtswege präpartal. Bei Besiedlung der Mutter: Intrapartale Gabe von Penicillin G. Keine Immunisierung.

Meldepflicht. Keine.

2.3 Andere β-hämolysierende Streptokokken (C und G)

Streptokokken der Serogruppen C und G können Pharyngitis, Puerperalinfektionen, Sepsis und Endokarditis hervorrufen. Am häufigsten sind Haut- und Wundinfektionen (Tabelle 2.2, s. S. 212).

Da die Stämme dieser Serogruppen ebenfalls Streptolysin O produzieren, kann es auch nach Infektionen durch C- bzw. G-Streptokokken zu einem Anstieg des ASO-Titers und damit zu Verwechslung mit A-Streptokokkeninfektionen kommen.

Die Erreger werden durch eine Agglutinationsreaktion identifiziert.

Streptokokken der Serogruppen C und G sind Penicillin-G-empfindlich.

2.4 Streptococcus pneumoniae (Pneumokokken)

Pneumokokken bilden eine α-hämolysierende Spezies innerhalb der Gattung Streptococcus (Tabelle 2.1, S. 212). Sie unterscheiden sich von anderen α-hämolysierenden Streptokokkenspezies durch ihre Lagerung als Diplokokken, durch die Zusammensetzung des C-Polysaccharids in ihrer Wand und durch ihre Empfindlichkeit gegen Optochin und Galle.

Als typische Eitererreger erzeugen sie Lobär- und Bronchopneumonien, Meningitis und Sepsis sowie eitrige Infektionen im Hals-Nasen-Ohrenbereich und am Auge.

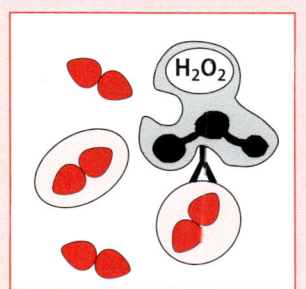

Streptococcus pneumoniae lanzettförmige grampositive Diplokokken mit/ohne Kapsel, entdeckt 1881 von G. Sternberg und L. Pasteur, isoliert 1885 von L. Fränkel

1881 isolierten Georg Miller Sternberg und Louis Pasteur unabhängig voneinander erstmals Pneumokokken. 1928 entdeckte Fred Griffith, daß abgetötete bekapselte Erreger, wenn zusammen mit lebenden unbekapselten Erregern in Mäuse injiziert, letzteren die Fähigkeit zur Kapselbildung übertragen. Er nannte dieses Phänomen Transformation. 1944 identifizierten Oswald Theodore Avery (1877–1955), C.M. MacLeod und Maclyn McCarty das transformierende Prinzip als DNS. Diese Entdeckungen stellten den Beginn der Molekulargenetik dar.

2.4.1 Beschreibung

Aufbau

C-Substanz. Die Zellwand der Pneumokokken enthält Peptidoglykan und Teichonsäure. Letztere heißt auch C-Substanz – wie bei β-hämolysierenden Streptokokken – und ist ein Antigen.

Im Serum von Patienten mit akuten Entzündungen tritt ein β-Globulin auf, das die C-Substanz der Pneumokokken ausfällt. Es wird als *C-reaktives Protein* (CRP) bezeichnet und gehört zu den „Akut-Phase-Proteinen" (s. S. 30 ff.). Bildungsort ist die Leber, wo es nach Stimulation durch Interleukin-1 gebildet wird. CRP ist ein empfindlicher Entzündungsparameter.

Kapsel. Frisch isolierte Pneumokokkenstämme tragen eine Kapsel aus Polysaccharid, von der mehr als 80 verschiedene Serotypen bekannt sind. Die Kolonien von bekapselten Stämmen zeigen einen schleimigen Glanz; sie werden deshalb als S-Formen (engl. smooth: glatt) bezeichnet.

Die Kapseln erschweren die Phagozytose der Pneumokokken: Nur S-Formen sind virulent. Die Virulenz der Pneumokokken ist der Dicke der Kapsel proportional. So sind Pneumokokken vom Kapseltyp III besonders reich an Kapselsubstanz und daher hochvirulent. Schwere Pneumokokkenerkrankungen werden durch Kapseltypen ausgelöst, die Komplement über den alternativen Weg nicht aktivieren: Sie entgehen der komplementvermittelten Phagozytose, was sich besonders nachteilig in der Frühphase der Infektion, d.h. vor der Antikörperbildung, auswirkt.

Kolonien unbekapselter Stämme sind glanzlos, sie wirken wie aufgerauht; man bezeichnet sie daher als R-Formen (engl. rough: rauh). R-Formen sind avirulent.

Autolysin (Muraminidase). Dieses Enzym ist nicht kovalent an Lipoteichonsäure gebunden. Es löst die Quervernetzung des Mureins auf und ist für die Trennung der einzelnen Bakterienzellen bei der Zellteilung sowie für die bei älteren Kulturen zu beobachtende Autolyse der Pneumokokken verantwortlich.

Extrazelluläre Produkte

Pneumolysin. Dieses intrazelluläre Hämolysin wird bei der Autolyse der Zellen frei.

Es wirkt als thiol-aktiviertes Zytolysin, das sich an Cholesterol von Zellmembranen bindet, sich in diese inseriert und durch Oligomerisierung von 20–80 Molekülen eine transmembranöse Pore bildet, was zum Zelltod führt. In sublytischen Dosen hemmt Pneumolysin die Funktion von Phagozyten und Lymphozyten. Es weist weitgehende Homologie mit Streptolysin O (s. S. 213) und Listeriolysin O (s. S. 331) auf.

Darüber hinaus aktiviert Pneumolysin das Komplement über den klassischen Weg, indem es sich an die Fc-Region von IgG bindet; aus Monozyten kann es IL-1β und TNF-α freisetzen.

Weitere Produkte. Pneumokokken können weiters Hyaluronidase und IgA1-Protease sezernieren.

Resistenz gegen äußere Einflüsse

Pneumokokken sind sehr empfindlich gegen Kälte, saure und alkalische pH-Werte sowie Austrocknung, weswegen das Untersuchungsmaterial schnell verarbeitet werden sollte. Die ausgeprägte Galle-Empfindlichkeit der Pneumokokken beruht darauf, daß Galle die Muraminidase (s.o.) aktiviert. Sie wird diffentialdiagnostisch im Labor ausgenutzt (s. S. 227).

Vorkommen

Pneumokokken kommen beim Menschen sowie bei Affen, Ratten und Meerschweinchen vor. Zwar kolonisieren sie die Rachenschleimhaut bei 40–70% aller gesunden Personen, wobei die Trägerrate in Kasernen und Kindergärten durch engen Kontakt besonders hoch ist. Die bei Trägern gefundenen Stämme sind i. a. jedoch unbekapselt, weswegen sie keine unmittelbare Infektionsgefahr darstellen.

VI

2.4.2 Rolle als Krankheitserreger

Epidemiologie

Bei Erwachsenen stehen Pneumokokken als Erreger der eitrigen Meningitis an erster Stelle. In Entwicklungsländern sind Pneumokokkenpneumonien eine häufige Todesursache. Alkoholiker und Milzexstirpierte sind besonders gefährdet, an generalisierenden Pneumokokkeninfektionen (Pneumonie, Sepsis, Meningitis) zu erkranken. Bei Kindern stehen Pneumokokken hinter Neisseria meningitidis als Erreger von eitriger Meningitis an zweiter Stelle. Die Meningitis entsteht meistens als Komplikation einer Otitis media.

Übertragung

Die Pneumokokkeninfektion wird selten von Mensch zu Mensch übertragen; i. a. dürfte es sich um endogene Infektionen handeln.

Pathogenese

Adhärenz. Nach Übertragung kolonisieren die Pneumokokken zunächst den oberen Respirationstrakt. Mittels bisher nur unzureichend beschriebener Oberflächenmoleküle (z. B. das Protein PsaA) bindet sich der Erreger an Glykokonjugatrezeptoren auf den Epithelzellen. Kürzlich beschriebene Neuraminidasen des Erregers könnten durch Sialinsäureabspaltung weitere Rezeptoren freilegen.

Die Freisetzung von Zellwandkomponenten induziert über die Ausschüttung von IL-1β und TNF-α die Ausbildung von PAF-Rezeptoren auf den Pneumozyten und Endothelzellen, an die sich die Pneumokokken ebenfalls binden können.

Invasion. Wie der Erreger vom oberen Respirationstrakt in tiefergelegene Regionen wie die Paukenhöhle (Otitis media), die Nasennebenhöhlen (Sinusitis) und die Lungen (Pneumonie) oder schließlich ins Blut (Sepsis, Meningitis) gelangt, ist nicht bekannt.

Etablierung. Im oberen Respirationstrakt muß sich der Erreger der zilienbedingten Elimination erwehren. Pneumolysin ist in der Lage, diesen Resistenzmechanismus zu hemmen und zilientragende Epithelzellen zu zerstören. Ebenso kann Pneumolysin Abwehrzellen wie Granulozyten und Lymphozyten funktionell beeinträchtigen und in höheren Dosen durch Porenbildung lysieren.

Die Polysaccharidkapsel wirkt phagozytosehemmend. Dies wird durch die Maskierung gebundener Komplementkomponenten erreicht, die dadurch nicht zur Opsonisierung führen – sie werden von entsprechenden Rezeptoren auf Phagozyten nicht mehr erkannt.

IgA1-Protease kann die Etablierung auf der Schleimhaut durch den Abbau von IgA-Antikörpern unterstützen.

Gewebeschädigung. Die Schädigung bei Pneumokokkeninfektionen wird entscheidend von der induzierten Entzündungsreaktion bedingt. Murein und Lipoteichonsäure sowie Pneumolysin können Komplement aktivieren und auch die Freisetzung von TNF-α und IL-1β induzieren.

Während die Bindung von Komplementkomponenten an der Zellwand der Pneumokokken aufgrund der Kapsel ohne opsonisierenden Effekt ist, bleibt die inflammatorische Wirkung des abgespaltenen C5a und des C3a voll erhalten.

Die besondere Bedeutung der Entzündungsreaktion zeigt sich an dem typischen Ablauf der **Lobärpneumonie** (Abb. 2.2). Im Stadium der Anschoppung sind die Blutgefäße prall gefüllt, es bildet sich in den Alveolen ein entzündliches Exsudat, in dem sich die Bakterien stark vermehren; die Flüssigkeit reduziert den Gasaustausch, woraus Atemnot und reflektorisch Tachypnoe resultieren. Da sich die Bakterien entlang der Kohnschen Poren ausbreiten, verbleibt die Entzündung in der Struktur des Lobus. Nach 2–3 Tagen strömen polymorphkernige Granulozyten und Erythrozyten ein; in den Alveolen finden sich massenhaft Bakterien, Erythrozyten und Fibrin, die Lunge verliert makroskopisch ihre Konsistenz und wirkt wie Lebergewebe: Rote Hepatisation. Am 4. und 5. Tag strömen weitere Granulozyten ein, die Farbe der Lunge wechselt ins Gräuliche: Graue Hepatisation. Gleichzeitig setzt die Bildung opsonisierender Anti-Kapsel-Antikörper ein, so daß die Pneumokokken jetzt von polymorphkernigen Granulozyten phagozytiert und abgetötet werden können; es entsteht Eiter. Allmählich strömen mononukleäre Phagozyten ein und phagozytieren die vorhandenen Zelltrümmer, die Heilungsphase setzt ein, der Prozeß löst sich auf: Lyse.

Das Pneumolysin hat auch direkte zytotoxische Wirkungen, indem es Poren in cholesterinhaltige Membranen implantiert. Die nach Pneumokokkenmeningitis und -otitis beobachtete Schwerhörigkeit

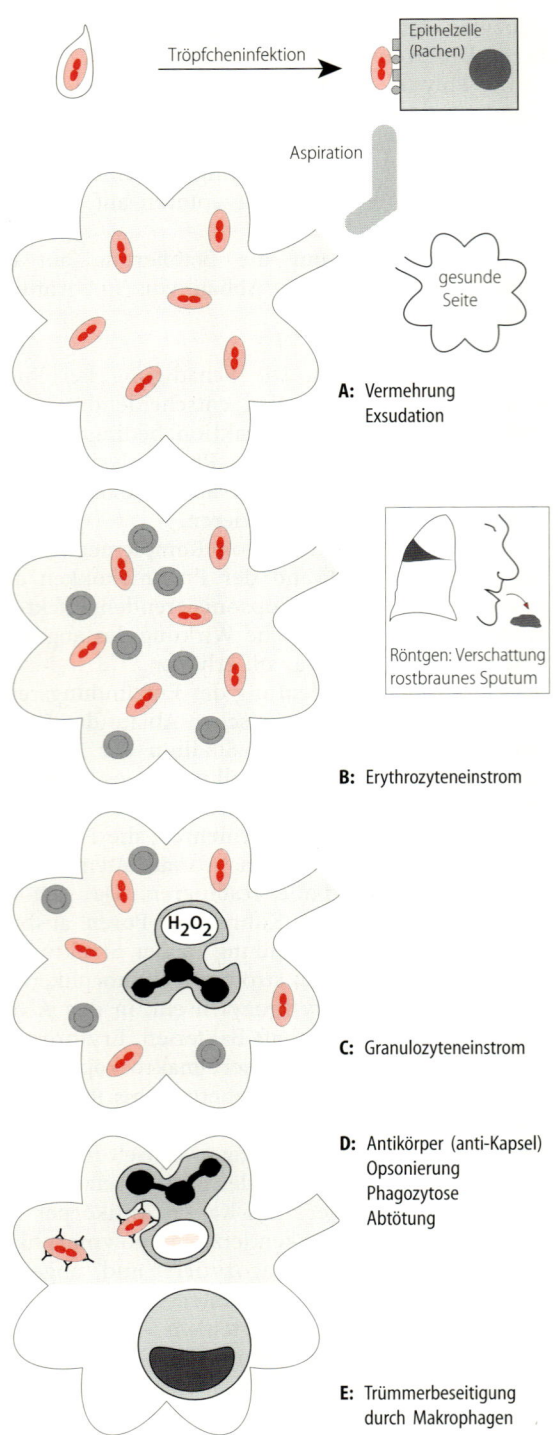

A: Vermehrung
Exsudation

Röntgen: Verschattung
rostbraunes Sputum

B: Erythrozyteneinstrom

C: Granulozyteneinstrom

D: Antikörper (anti-Kapsel)
Opsonierung
Phagozytose
Abtötung

E: Trümmerbeseitigung
durch Makrophagen

Abb. 2.2 A–E. Verlauf der Pneumokokken-Pneumonie

wird auf das Eindringen von Pneumolysin in die Scala tympani und den resultierenden Gewebeschaden zurückgeführt.

Klinik

Lobärpneumonie. Nach einer Inkubationszeit von 1–3 Tagen beginnt die Krankheit plötzlich mit Schüttelfrost, Fieber, schwerem Krankheitsgefühl, Husten, Atemnot und, bei einer begleitenden Pleuritis, mit Thoraxschmerzen. Das reichlich vorhandene Sputum ist rostbraun. Das Blutbild zeigt eine Linksverschiebung mit toxischer Granulation. Die Erkrankung erreicht nach etwa einer Woche ihren Höhepunkt und geht dann bei günstigem Verlauf in eine „Krise" mit Heilung über.

Bronchopneumonie. Die Bronchopneumonie ist heute in Deutschland häufiger als die Lobärpneumonie. Sie geht mit einem multiplen herdförmigen Befall des Lungengewebes einher; die einzelnen Herde sind bis zu kirschgroß.

Bronchopneumonien finden sich vorwiegend bei Kindern und bei Senioren, während die Lobärpneumonie charakteristischerweise Jugendliche befällt.

Weitere Pneumokokken-Erkrankungen. Pneumokokken sind die häufigsten Erreger von eitriger Meningitis (s. S. 927) bei Erwachsenen. Weitere Erkrankungen sind: Lungenabszeß, Pleura-Empyem, Perikarditis, Endokarditis, Sepsis und Gonarthritis.

Im Rahmen einer direkten Ausbreitung von Pneumokokken vom Nasopharynx aus können eine Otitis media, Sinusitis oder Mastoiditis entstehen.

Pneumokokken werden häufig als Konjunktivitiserreger bei Neugeborenen und Kleinkindern mit Tränenwegsstenosen gefunden. Die Pneumokokkenkonjunktivitis aller Altersklassen ist wegen ihres häufigen Übergangs in ein Ulcus serpens corneae gefürchtet. Dieses hat eine Tendenz zur Perforation binnen weniger Tage; die entstehende Endophthalmitis kann zur Erblindung führen.

Immunität

Als typische extrazelluläre Bakterien (s. S. 137) werden Pneumokokken durch Phagozyten abgetötet. Antikörper gegen Kapselsubstanz verbessern im Zusammenwirken mit Komplement (*C3b*) die Phagozytose. Antikörper gegen die Kapselsubstanz treten wenige Tage nach Infektionsbeginn auf; nach einer Woche sind hohe Titer erreicht. Zu diesem Zeitpunkt setzt die Phagozytose massiv ein; klinisch imponiert dieses Stadium als Krise. Für die Pneumokokkeninfektion ist demzufolge die spezifische humorale Abwehr entscheidend. Im Gegensatz zu Staphylokokkeninfektionen gibt es bei Pneumokokkeninfektionen eine Infektionsimmunität. Diese ist typenspezifisch, d.h. sie richtet sich gegen das jeweilige Kapselmaterial. Auch bildet sie die Grundlage für die Schutzimpfung (s. S. 144).

Labordiagnose

Der Schwerpunkt der Labordiagnose liegt in der Anzucht des Erregers, bei Meningitis in der Mikroskopie in Verbindung mit dem Direktnachweis von Kapselantigenen.

Untersuchungsmaterial. Als Untersuchungsmaterialien dienen bei Pneumonie Sputum und Blut, bei Sepsis Blut und Urin, bei Meningitis Liquor und Blut. Bei Lokalisationen in anderen Körperhöhlen gelangen Punktate oder Abstriche zur Untersuchung.

Blut, Liquor oder Gelenkpunktate müssen am Krankenbett in ein vorgewärmtes Medium gegeben werden (z.B. eine vorgewärmte Blutkulturflasche); diese soll bei 35 °C aufbewahrt werden, bis der Abtransport erfolgt. Zwischen Materialentnahme am Krankenbett und Anlage im Labor dürfen nicht mehr als 2 h vergehen. Bei allen Patienten mit schwerer Pneumonie sollten Blutkulturen zusätzlich zur Sputumprobe eingeschickt werden.

Mikroskopie. Nur einwandfrei gewonnenes Sputum (reichlich polymorphkernige Granulozyten, <25 Epithelzellen pro Gesichtsfeld) sollte zur Sputumuntersuchung angenommen werden. Ein Grampräparat aus dem Sputum kann erste Hinweise geben, wenn es massenhaft grampositive Diplokokken enthält. Die einzelnen Kokken sind nach einer Seite hin zugespitzt, vergleichbar einer Kerzenflamme oder einer Impflanzette. Da es sich jedoch hierbei auch um vergrünende Streptokokken handeln kann, muß die Mikroskopie durch Anzucht

und anschließende Identifizierung abgesichert werden. Sind Kapseln vorhanden, so umgeben sie jeweils ein Kokkenpaar.

Im Liquor cerebrospinalis finden sich mikroskopisch grampositive Diplokokken und polymorphkernige Granulozyten. Die Sensitivität der Mikroskopie liegt bei 25–50%.

Anzucht. Pneumokokken vermehren sich sowohl unter aeroben als auch unter anaeroben Bedingungen. Anzucht erfolgt auf Anreicherungsmedien, z.B. Rindfleischbouillon mit Zusatz von Serum, Plasma, Blut oder Aszites. Nach 24 h Bebrütungszeit zeigen sich die charakteristischen vergrünenden Kolonien. Auf Schaf- oder Pferdeblutagar erzeugen Pneumokokken eine α-Hämolyse. Pneumokokken wachsen besser bei einer CO_2-Spannung von 5%. Schon nach 48 h Bebrütung setzt bei den zerfallenden Kolonien eine Autolyse ein, die als zentrale Eindellung ins Auge fällt.

Biochemische Differenzierung. Die Optochin-Empfindlichkeit dient der Abgrenzung in Kultur gewachsener Pneumokokken von anderen vergrünenden Streptokokken. Optochin (Äthyl-Hydrocuprein) aktiviert die Muraminidase der Pneumokokken, die autolytisch die Mureinschicht der Zellwand zur Auflösung bringt. Bei Auflegen eines Optochinblättchens auf den beimpften Blutagar entsteht nach 24 h Bebrütung ein Hemmhof. Diesem Test steht die Prüfung auf Gallelöslichkeit gleichwertig gegenüber. Letztere ist nach 15 min ablesbar.

Serologische Identifizierung. Die Typenidentifizierung erfolgt mittels Antikörpern in verschiedenen Verfahren. Sie dient zur Klärung epidemiologischer Fragen. Bei der Neufeldschen Kapselquellungsreaktion wird das Untersuchungsmaterial mit polyvalenten Antiseren vermischt und nach Inkubation mikroskopiert: Die Antikörper führen typenspezifisch zu einem sichtbaren Aufquellen der Kapsel. Diese Reaktion erlaubt die Identifizierung des Serotyps.

Antigen-Direktnachweis. Der direkte Nachweis von Pneumokokken-Kapsel-Polysaccharid ist mit Agglutinationstests und mit der Gegenstromelektrophorese möglich. Untersucht werden Sputum, Urin und insbesondere Liquor. Beide Verfahren können zwar schnell die Erregerdiagnose liefern, aufgrund der mangelhaften Sensitivität (23–50%) sind sie aber kein Ersatz für die Anzucht bzw. Mikroskopie.

Therapie

Antibiotikaempfindlichkeit. Pneumokokken sind primär empfindlich gegen Penicilline und andere Betalaktam-Antibiotika sowie Makrolide, Clindamycin und Glykopeptide. In den letzten Jahren konnte eine zunehmende Zahl von Stämmen isoliert werden, die eingeschränkt empfindlich (MHK 0,1–1,0 mg/l) oder resistent (MHK≥2 mg/l) gegen Penicillin sind. Dies wurde durch leichte Zugänglichkeit und unkritischen Einsatz der Substanz begünstigt. Die Resistenzrate betrug 1996 in Frankreich 32%, in Spanien 23% und in den USA 16%, in Deutschland wurden dagegen bisher keine resistenten Stämme isoliert. Die Resistenz dieser Pneumokokken basiert auf der Veränderung von Penicillinbindeproteinen.

Die Resistenz gegen Tetracycline schwankt lokal zwischen 15% und 70%, makrolidresistente Stämme können bis zu 40% der Isolate ausmachen (Frankreich 41%, Italien 24%, Belgien 23%, Spanien 19%, USA 14%, Deutschland 3%).

Ciprofloxacin wirkt schlecht gegen Pneumokokken.

Therapeutisches Vorgehen. Die Otitis media und die Sinusitis werden kalkuliert mit Amoxicillin plus Betalaktamase-Inhibitor (dieser ist für andere Erreger des Spektrums notwendig) behandelt. Zur gezielten Therapie kann die hochdosierte Gabe von Penicillin G notwendig sein.

Das Mittel der Wahl zur Behandlung der Pneumokokken-Pneumonie ist Penicillin G, bei Penicillin-Allergie können Cephalosporine oder (bei zusätzlicher Cephalosporinallergie) Makrolide gegeben werden. Ist die Pneumonie durch penicillinresistente Stämme verursacht, wird Vancomycin in Kombination mit Rifampicin empfohlen. Bei nur eingeschränkter Penicillinempfindlichkeit kann Ceftriaxon eingesetzt werden – dieses wird auch zur kalkulierten Therapie der Pneumokokken-Pneumonie eingesetzt.

Zur kalkulierten Therapie der Pneumokokken-Meningitis eignet sich Ceftriaxon. Wenn penicillinresistente Pneumokokken epidemiologisch zu berücksichtigen sind, wird Ceftriaxon mit Vancomycin kombiniert; einige Autoren befürworten für Erwachsene die zusätzliche Gabe von Rifampicin. Die Meningitis durch penicillinempfindliche Stämme wird mit Penicillin G behandelt.

Prävention

Vakzine. Eine Vakzine für Risikogruppen (Aspleniker, alle Immunsupprimierten, alle Patienten mit chronischen Atemwegserkrankungen, Personen über 60 Jahre) aus Polysacchariden der häufigsten Kapseltypen (80% aller bakteriämischen Pneumokokkeninfektionen) steht zur Verfügung.

ZUSAMMENFASSUNG: Pneumokokken

Bakteriologie. α-hämolysierende, grampositive lanzettförmige Diplokokken; im Gegensatz zu anderen vergrünenden Streptokokken gallelöslich und optochinempfindlich. Fakultative Anaerobier.

Resistenz gegen äußere Einflüsse. Temperatur-, optochin-, gallen- und pH-sensibel.

Vorkommen. Rachenschleimhaut und Konjunktiva von Menschen.

Epidemiologie. Verursacher von Otitiden, Pneumonien und Meningitiden im Kindesalter. Auch bei Erwachsenen Erreger von eitrigen Meningitiden und Pneumonien.

Zielgruppe. Kinder und ältere Erwachsene, v.a. Alkoholiker und Aspleniker.

Übertragung. Selten Übertragung von Mensch zu Mensch. Meist endogene Infektion.

Pathogenese. Nach Adhäsion und Vordringen in tiefere Regionen (Nebenhöhlen, Paukenhöhle, Lunge, Blut, Liquor) Induktion einer eitrigen Entzündungsreaktion (Zellwand, Pneumolysin); Etablierung durch Antiphagozytenkapsel, Pneumolysin und IgAase.

Klinik. Lobärpneumonie, Bronchopneumonie, Otitis media, Ulcus serpens corneae. Bei jungen Erwachsenen: Lobärpneumonie; bei alten Patienten und Kindern: Bronchopneumonie, Meningitis.

Labordiagnose. Anzucht der Erreger aus Blut und Sputum, Antigennachweis im Liquor cerebrospinalis. Bei HNO- und Augeninfektionen Anzucht aus Abstrichmaterial.

Therapie. Otitis media, Sinusitis: kalkuliert mit Amoxicillin plus Betalaktamase-Inhibitor, gezielt mit Penicillin G; Pneumokokken-Pneumonie: kalkuliert mit Ceftriaxon, gezielt mit Penicillin G, bei Penicillinallergie Cephalosporine oder Makrolide, bei Penicillinresistenz Vancomycin plus Rifampicin; Pneumokokken-Meningitis: kalkuliert mit Ceftriaxon, gezielt mit Penicillin G, bei Penicillinresistenz Ceftriaxon plus Vancomycin, ggf. zusätzlich Rifampicin.

Prävention. Schutzimpfung.

2.5 Sonstige vergrünende Streptokokken (ohne Pneumokokken) und nichthämolysierende Streptokokken

Diese Spezies von α-hämolysierenden (Viridans-Streptokokken) und nichthämolysierenden Streptokokken gehören zur physiologischen Schleimhautflora des Menschen. Als fakultativ pathogene Erreger sind v. a. S. sanguis und S. mutans für Endocarditis lenta und Karies verantwortlich (Tabelle 2.4).

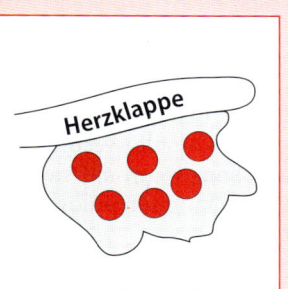

Vergrünende Streptokokken
grampositive Kokken in einer Vegetation an einer Herzklappe

Tabelle 2.4. Vergrünende Streptokokken: Arten und Krankheiten

Arten	Krankheiten
S.-bovis-Gruppe	Sepsis, Endokarditis
S.-mutans-Gruppe	Endokarditis, Karies
S.-sanguis-Gruppe	Sepsis, Endokarditis
S.-anginosus-Gruppe	Abszesse
	Sinusitis
	Meningitis

Resistenz gegen äußere Einflüsse

Viridans-Streptokokken lassen sich mit gängigen Desinfektionsmitteln leicht abtöten.

Vorkommen

S. sanguis und S. mutans sind Bestandteil der physiologischen Bakterienflora auf Haut und Schleimhäuten beim Menschen und bei gewissen Tierspezies. Beim Menschen finden sich S. mutans und S. sanguis v. a. auf der Zahnoberfläche und auf der Pharyngealschleimhaut. Ihre Fähigkeit zu anaerober Vermehrung erklärt, warum sie bis tief in die Zahntaschen hinein zu finden sind.

2.5.1 Beschreibung

Aufbau

Vergrünende Streptokokken sind einfacher aufgebaut als die β-hämolysierenden Streptokokken. So fehlt ihnen bis auf wenige Ausnahmen ein C-Polysaccharid, so daß eine Gruppenbestimmung nach Lancefield nicht vorgenommen wird.

Extrazelluläre Produkte

Als extrazelluläre Produkte bilden manche Spezies (i.e. S. mutans) Dextran, das als Matrix der Plaques bei der Kariogenese eine wichtige Rolle spielt.

2.5.2 Rolle als Krankheitserreger

Epidemiologie

Karies. Die Karies ist eine Volkskrankheit. Im Alter von 7 Jahren haben 95% der Kinder in Industriestaaten Karies. Ein auffallend kariesfreies Gebiß findet man bei Menschen mit Fruktoseintoleranz.

Endocarditis lenta. Endocarditis lenta und andere Infektionen durch vergrünende Streptokokken hingegen sind seltene Erkrankungen, weil sie prädisponierende Faktoren (Herzklappenschädigung usw.) voraussetzen.

Übertragung

Die Erreger werden von der Mutter auf das Kind bereits im 1. Lebensjahr übertragen.

Pathogenese

Karies. *S. mutans* und *S. sanguis* sind zu je 1/3 für das Krankheitsbild der Karies (Zahnfäule) verantwortlich.

Voraussetzung für die Entstehung der Karies ist die Bildung einer Plaque auf der Zahnoberfläche: Die Zahnoberfläche ist von einer dünnen Schicht aus Proteinen und Glykoproteinen, der Cuticula dentis (Schmelzoberhäutchen) überzogen, auf der sich S. sanguis und S. mutans ansiedeln. Sie produzieren Dextrane, die ihnen und anderen Bakterien als Matrix zum Anheften dienen. Nach wenigen Tagen siedeln sich auch Propionibakterien, Laktobazillen, Aktinomyzeten und Leptotrichia an. So entsteht in 10–20 Tagen durch deren Vermehrung eine dicke Schicht, die Plaque, wenn sie nicht durch mechanische Einwirkungen, wie Zahnseide, Interdentalbürsten oder Munddusche entfernt wird. Die Plaque kalzifiziert schnell und wird zum Zahnstein.

Dieses bakterielle Konglomerat zeigt einen überwiegend anaeroben Metabolismus und produziert Milchsäure, die den Zahnschmelz zur Auflösung bringt und damit die Kariogenese vorantreibt.

Die demineralisierende Milchsäure wird von den Plaquebakterien aus den Oligosacchariden der Nahrung gebildet. Auch Dextran und andere Polysaccharide spielen in der Kariogenese eine Rolle, nicht nur als mechanischer Faktor, der das Zusammenbacken der Bakterien erleichtert, sondern auch, indem die Polysaccharide als Substrat für die Produktion von Oligosacchariden und daraus entstehender Milchsäure dienen (Verlängerung der Azidogenese).

Die Plaquebildung ist dort am stärksten ausgeprägt, wo die Selbstreinigungsmechanismen der Mundhöhle nicht wirksam werden und wo die tägliche mechanische Reinigung nicht ausreicht, also auf Zahnhälsen, in Zahntaschen, Interdentalräumen und Fissuren.

Endocarditis lenta (Subakute Endokarditis). Bei dieser lebensbedrohlichen Erkrankung, auch als *Lenta-Sepsis* bezeichnet, siedeln sich vergrünende Streptokokken, die bei einer transitorischen Bakteriämie nach kleinen Verletzungen im Mundbereich, z. B. bei Zahnextraktionen oder bei Taschensanierung in die Blutbahn gelangt sind, auf vorgeschädigten Herzklappen an. Die Herzklappe ist in der Regel narbig verändert, meist auf Grund eines akuten rheumatischen Fiebers im Gefolge einer Infektion mit β-hämolysierenden Streptokokken der Gruppe A (s. S. 213). Durch Vernarbung kommt es zu Veränderungen der hämodynamischen Verhältnisse, Thrombozytenzerfall und infolgedessen zu Fibrinablagerungen auf der Klappe. Die vorbeiströmenden Erreger bleiben in dem Fibrinnetz hängen, wo sie sich vermehren können. Die Vermehrung wird begünstigt, weil die lokale Infektabwehr schwach ist, da die Phagozyten mit dem Blutstrom weggeschwemmt werden und weil die Fibrinschicht die Bakterien schützt. Die Erreger vermehren sich, es kommt zu weiteren Fibrinauflagerungen, und wenn sich der Zyklus oft genug wiederholt hat, entsteht ein als Vegetation bezeichneter Thrombus (Abb. 2.3).

Die Vegetationen können sich ablösen und als Thromben Embolien mit entsprechender Symptomatik in den Hirnarterien, den Koronararterien und den Arterien anderer Organe verursachen. Die Thromben enthalten dann, wenn sie sich von der äußeren Schicht der Vegetationen ablösen, selten Bakterien (Abb. 2.3).

Klinik

Karies. Klinisch ist die Karies durch Defekte im Zahnschmelz gekennzeichnet. Anfangs kommt es zu einer bräunlichen Verfärbung des Zahnschmelzes, der in der Folge aufweicht und das Vordringen der Karies in Richtung Zahnpulpa ermöglicht. Die Irritation der Pulpa (Pulpitis) führt zu Zahnschmerzen. Wird der Prozeß nicht sanierend behandelt, stirbt die Pulpa ab (Pulpagangrän).

Endocarditis lenta. Manchmal besteht ein anamnestischer Zusammenhang zu vorausgegangenen Zahnextraktionen, Tonsillektomie, Endoskopien oder Blasenkatheterisierungen.

Der klinische Verlauf der Endocarditis lenta ist gewöhnlich subakut. Charakteristisch sind Herzgeräusche und weicher Milztumor. Der Patient klagt über Abgeschlagenheit, Nachtschweiß und Gelenk-

VI

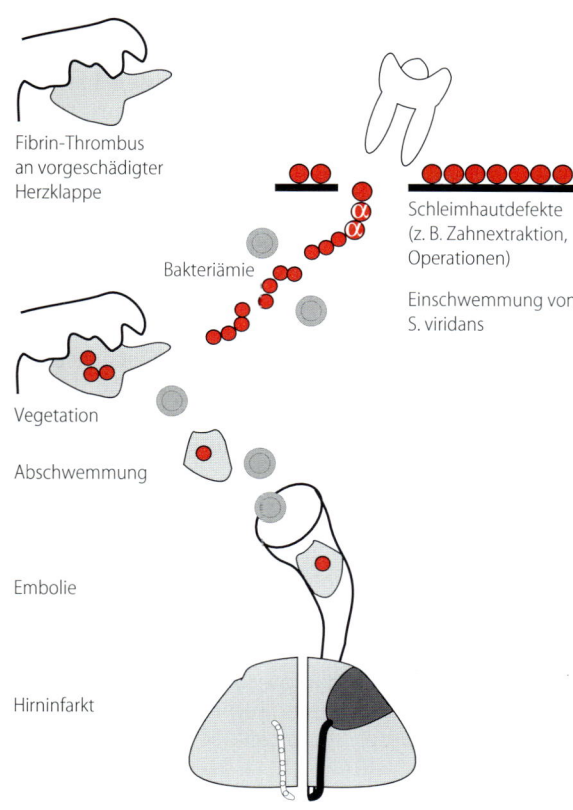

Fibrin-Thrombus
an vorgeschädigter
Herzklappe

Schleimhautdefekte
(z. B. Zahnextraktion,
Operationen)

Bakteriämie

Einschwemmung von
S. viridans

Vegetation

Abschwemmung

Embolie

Hirninfarkt

Abb. 2.3. Pathogenese der Endocarditis lenta

schmerzen. Die Körpertemperatur ist oft subfebril und hält wochenlang an. Bei der Untersuchung fallen Herzgeräusche und Pulsbeschleunigung auf, in der Haut petechiale Blutungen. An den Fingerspitzen können sich die sog. *„Oslerschen Knoten"* bilden, subkutane, erythematöse Papeln. Unter den Fingernägeln finden sich lineare, sog. Splitterblutungen. Oft besteht eine Splenomegalie. Das Gesicht kann eine bräunliche Färbung annehmen (*Café-au-lait-Gesicht*). Embolien im Hirn äußern sich in apoplektischen Insulten. Die zunehmende Klappendestruktion endet in einer Herzinsuffizienz.

An künstlichen Herzklappen sind vergrünende Streptokokken meist als Erreger der Spätendokarditis zu finden, d.h. mehr als 2 Monate nach Implantation der Kunstklappe.

Immunität

Gegen vergrünende Streptokokken gibt es keine Immunität, da sie zur körpereigenen Standortflora

gehören. Nach einer Endocarditis lenta bildet sich keine lokale Immunität aus, da die lokale Abwehr an den Herzklappen extrem schwach ausgebildet ist. Das beruht einmal darauf, daß Phagozyten an den Klappen fortgespült werden und keine Chance haben, sich festzusetzen und zu phagozytieren, zum anderen aber auch darauf, daß die Bakterien in der Vegetation vor dem Zugriff der Phagozyten geschützt sind.

Labordiagnose

Der Schwerpunkt der Labordiagnose bei Endocarditis lenta liegt in der Anzüchtung der Erreger aus Blutkulturen und der anschließenden biochemischen Differenzierung.

Untersuchungsmaterial. Es werden 4–6 Blutproben, optimal im Temperaturanstieg, innerhalb von 24 h entnommen und in vorgewärmten Blutkulturflaschen ins Labor gebracht.

Mikroskopie. Mikroskopisch erscheinen die vergrünenden Streptokokken als Kettenkokken.

Anzucht. Die Anzucht gelingt auf Basiskulturmedien, z. B. auf Blutagarplatten, die Schafblut enthalten. Dort bilden die vergrünenden Streptokokken kleine, 0,5 bis 1,0 mm im Durchmesser betragende Kolonien, die von einem α-Hämolyse-Hof umgeben sind.

Biochemische Differenzierung. Von den isolierten Kolonien wird zur Speziesidentifizierung eine „Bunte Reihe" angelegt. Hierfür gibt es kommerziell erhältliche Testsysteme (z. B. Api Strep). Differentialdiagnostisch wichtig ist die Abgrenzung von den Pneumokokken (Optochin-Empfindlichkeit oder Gallelöslichkeit) und den Enterokokken (Salzresistenz und Äskulinspaltung).

Therapie

Antibiotikaempfindlichkeit. Viridans-Streptokokken sind primär empfindlich gegenüber Penicillin G, Aminopenicillinen und Cephalosporinen. Gegenüber Aminoglykosiden sind sie, wenn nicht in Kombination mit β-Laktamantibiotika gegeben, unempfindlich.

Therapeutisches Vorgehen. Therapie der Wahl bei Endocarditis lenta ist die hochdosierte Gabe von Penicillin G über vier Wochen in Kombination mit einem Aminoglykosid in den ersten zwei Wo-

VI

chen. Damit wird ein synergistischer bakterizider Effekt erreicht: Penicillin G lockert die Peptidoglykanschicht auf, was den Einstrom von Aminoglykosiden in das Innere der Bakterienzelle erleichtert, so daß die Aminoglykoside nun ihren intrazytoplasmatischen Wirkort an den Ribosomen erreichen.

Prävention

Karies. Die wichtigste vorbeugende Maßnahme ist eine adäquate Mundhygiene (Zähneputzen, Entfernen der Plaques). Eine regelmäßige Entfernung der Plaques durch den Zahnarzt ist sinnvoll. Engmaschige zahnärztliche Kontrollen und ggf. Eingriffe sorgen dafür, daß ein kariöser Prozeß sich nicht zu sehr ausdehnt. Der Genuß freier Zucker sollte nach Möglichkeit eingeschränkt werden.

Ein Zusatz von Fluorid zu Zahnpasten hat sich bewährt; die allgemeine Fluoridierung von Trinkwasser ist in Deutschland aus Gesetzesgründen nicht möglich: Fluoridionen sind Arzneimittel im Sinne des Arzneimittelgesetzes und dürfen daher nicht dem Trinkwasser zugefügt werden!

Endocarditis lenta. Patienten mit künstlichen oder vorgeschädigten Herzklappen sollten vor jedem Eingriff, der eine Bakteriämie auslösen könnte, d. h. vor Zahnextraktionen, Taschensanierung, Operationen, aber auch vor endoskopischen Eingriffen und Katheterisierung prophylaktisch Amoxicillin, bei Penicillinallergie Erythromycin erhalten (s. S. 921).

ZUSAMMENFASSUNG: Vergrünende Streptokokken und nichthämolysierende Streptokokken

Bakteriologie. Grampositive, fakultativ anaerob wachsende Kettenkokken mit α-Hämolyse, ohne Gruppenantigen und ohne Kapsel.

Resistenz gegen äußere Einflüsse. Vergleichsweise empfindlich gegen Umwelteinflüsse.

Vorkommen. Als physiologische Bakterienflora auf Haut und Schleimhäuten des Menschen.

Epidemiologie. Weltweit verbreitet.

Rolle als Krankheitserreger. Erreger der Karies, der subakuten bakteriellen Endokarditis (E. lenta), dentogener Abszesse.

Zielgruppe. Karies: Menschen mit mangelnder Zahnhygiene (Plaquebildung).
Endocarditis lenta: Menschen mit vorgeschädigten Herzklappen (rheumatische Genese).

Pathogenese. Karies: Mangelnde Zahnhygiene → Plaquebildung → Erregerabsiedlung und Vermehrung → Matrixbildung → Ansiedlung sekundärer Erreger mit anaerobem Metabolismus → Milchsäureentstehung → Auflösung des Zahnschmelzes.

Endocarditis lenta: Verletzung im Mundbereich → transiente Bakteriämie → Absiedlung auf vorgeschädigter Herzklappe → Entstehung von Vegetationen → Embolien mit entsprechender Symptomatik.

Zielgewebe. Karies: Zahnlöcher, Fissuren, periodontale Taschen.
Endocarditis lenta: Vorgeschädigte Herzklappen.

Klinik. Karies: Zahnfäule, Schmelzdefekte, Pulpitis, Pulpagangrän.
Endocarditis lenta: Anamnestisch häufig Zahnextraktion, subakuter Verlauf, petechiale Hautblutungen, Herzgeräusch, weicher Milztumor.

Labordiagnose. Wiederholte Blutkulturen. Erregernachweis: Anzucht auf bluthaltigen Nährböden. Identifikation: Hämolyseverhalten und biochemische Leistungsprüfung.

Therapie. Karies: Zahnsanierung.

Endocarditis lenta: Hochdosierte Gabe von Penicillin G in Kombination mit einem Aminoglykosid (Synergismuseffekt).

Prävention. Endokarditis-Prophylaxe v.a. bei Zahnextraktion und schon bestehender Herzklappenschädigung mit Amoxicillin.

H. Hahn, K. Miksits, S. Gatermann

Tabelle 3.1. Enterococcus: Gattungsmerkmale

Merkmal	Merkmalsausprägung
Gramfärbung	grampositive Kokken
aerob/anaerob	fakultativ anaerob
Kohlenhydratverwertung	fermentativ
Sporenbildung	nein
Beweglichkeit	nein
Katalase	negativ
Oxidase	negativ
Besonderheiten	Vermehrung bei 6,5% NaCl
	Leucinaminopeptidase: +
	Pyrrolydonylarylamidase: +

Tabelle 3.2. Enterokokken: Arten und Krankheiten

Arten	Krankheiten
E. faecalis, E. faecium	Sepsis
	Endokarditis
	Harnwegsinfektionen
	Peritonitis
	Cholezystitis, Cholangitis
	Weichteilinfektionen
	Wundinfektionen (Brandwunden)
	katheterassoziierte Infektionen

Enterokokken bilden eine Gattung grampositiver Kettenkokken in der Familie der Streptococcaceae (Tabelle 3.1). Durch den Besitz des D-Polysaccharids in der Wand sind sie mit den D-Streptokokken nahe verwandt, verursachen aber keine β-Hämolyse. Die Gattung enthält die medizinisch relevanten Spezies Enterococcus (E.) faecalis und E. faecium (Tabelle 3.2). Enterokokken sind von zunehmender Relevanz wegen der Zunahme antibiotikaresistenter Stämme auf Intensivstationen und wegen der Problematik der Vancomycin-Resistenz bei E. faecium.

Von den Enterokokken sind andere katalasenegative grampositive Kokken abzugrenzen.

3.1 Enterococcus faecalis und Enterococcus faecium

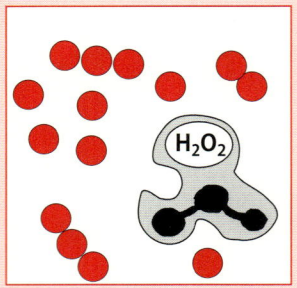

VI

STECKBRIEF

E. faecalis und E. faecium sind wichtige Erreger von Harnwegsinfektionen und von nosokomialen Infektionen wie Peritonitis und Sepsis sowie gelegentlich von Endokarditis (Tabelle 3.2).

Enterokokken
grampositive Kokken in Eiter,
entdeckt 1899 von Thiercelin (im Darm) und MacCallum und Hastings (bei Endokarditis), Abgrenzung von Streptokokken 1984 von K.H. Schleifer und R. Kilpper-Balz

3.1.1 Beschreibung

Aufbau

Murein. Enterokokken zeigen den typischen Wandaufbau der Streptokokken mit einer mehrschichtigen Peptidoglykanschicht.

Gruppe-D-Antigen. Die meisten Enterokokken besitzen eine Lipoteichonsäure (LTS), das Gruppe-D-Antigen nach Lancefield, wodurch Enterokokken mit den D-Streptokokken verwandt sind. Sie erzeugen aber *keine* β-Hämolyse.

Aggregationssubstanz (AS). Dieses Zellwandprotein bindet sich an Rezeptoren für Fibronektin und Integrine.

Extrazelluläre Produkte

Enterokokken sezernieren mehrere Enzyme, die bei Invasion, Etablierung und Schädigung eine Rolle spielen, so Gelatinase, Hyaluronidase, Zytolysin A.

Resistenz gegen äußere Einflüsse

Enterokokken widerstehen extremen Bedingungen wie Hitze (45 °C), hohem pH (9,6) und hohen Salzkonzentrationen (6,5% NaCl) sowie Galle. Die Resistenz gegen hohe Salzkonzentrationen wird diagnostisch genutzt.

Vorkommen

Enterokokken bilden einen Teil der physiologischen Dickdarmflora des Menschen und zahlreicher Säugetiere sowie von Vögeln. Sie überleben im Darm aufgrund ihrer Resistenz gegen Galle.

3.1.2 Rolle als Krankheitserreger

Epidemiologie

In 90% tritt E. faecalis und in 10% E. faecium als Krankheitserreger in Erscheinung. Durch die Zunahme abwehrgeschwächter Patienten in Krankenhäusern und aufgrund der Tatsache, daß sie durch die Therapie mit Cephalosporinen selektioniert werden, haben sie an Bedeutung gewonnen. Im ambulanten Bereich treten systemische Erkrankungen bei I.v.-Drogenabhängigen und bei Patienten mit rheumatisch vorgeschädigten Herzklappen auf; 5–15% aller Endokarditiden werden von Enterokokken verursacht.

Übertragung

Enterokokkeninfektionen entstehen endogen: Abdominalinfektionen sind nach Aszension bei Darmstillstand (Ileus), Darmverletzungen oder bei Spontanperforation möglich. Auch eine Übertragung von Patient zu Patient kann über die Hände des Krankenhauspersonals erfolgen.

Pathogenese

Enterokokken zählen zu den Eitererregern. An der Pathogenese der Enterokokkeninfektion ist eine Vielzahl von Virulenzfaktoren beteiligt, deren Zusammenspiel bisher nur unvollständig verstanden ist (Abb. 3.1). Die LTS der Zellwand ist an der Adhärenz sowie über eine Komplementaktivierung an der eitrigen Entzündung beteiligt.

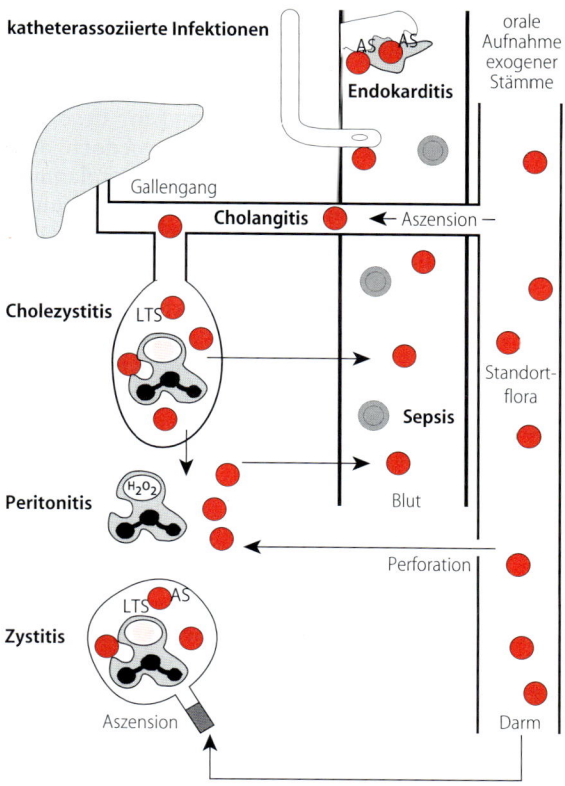

Abb. 3.1. Pathogenese der Enterokokken-Infektionen

Klinik

Harnwegsinfektionen. Enterokokken sind nach E. coli die zweithäufigsten Erreger von nosokomial erworbenen Harnwegsinfektionen.

Peritonitis. Durch ihren natürlichen Standort im Darm bedingt, sind Enterokokken bei Infektionen nach Darmtrauma oder -OP häufig mitbeteiligt. Gefürchtet sind Enterokokken als Verursacher einer Peritonitis bei *CAPD* (Chronic Ambulatory Peritoneal Dialysis)-*Patienten*.

Weichteilinfektionen. Enterokokken werden häufig aus Operationswunden, Dekubitalulzera und diabetisch bedingten Fußinfektionen isoliert, meist zusammen mit gramnegativen Stäbchen und obligaten Anaerobiern.

Sepsis. Die Sepsis durch Enterokokken entsteht meist urogen oder enterogen, selten tritt der Erreger aus dem Respirationstrakt ins Blut über. Bei unreifen Neugeborenen tritt die Sepsis gelegentlich

als „Early-Onset"-Syndrom auch mit Meningitis vergesellschaftet auf (s. S. 966).

Endocarditis lenta. Ähnlich wie vergrünende Streptokokken befallen Enterokokken bevorzugt vorgeschädigte Herzklappen, werden jedoch auch in zunehmendem Maße von Klappenimplantaten isoliert. Als Erregerquelle kommt der Gastrointestinaltrakt in Frage. Klinisch verläuft diese Form subakut als Endocarditis lenta.

Infektionen des Respirationstraktes. Enterokokken verursachen nur in seltenen Einzelfällen bei abwehrgeschwächten Patienten eine Pneumonie; weitaus häufiger werden die Enterokokken als Kolonisationsflora aus Sekreten des Respirationstraktes angezüchtet (s. u.).

Immunität

Die Phagozytose und Abtötung von Enterokokken durch neutrophile Granulozyten werden in vitro durch Antikörper gefördert. Eine dauerhafte Immunität wird in vivo nicht induziert, weil der Erreger zur physiologischen Bakterienflora gehört.

Labordiagnose

Der Schwerpunkt der Labordiagnose liegt in der Anzucht der Erreger und ihrer anschließenden biochemischen Differenzierung sowie in der Erstellung eines Antibiogramms.

Untersuchungsmaterialien. Es eignen sich je nach Lokalisation des Prozesses Urin, Blut, Peritonealexsudat oder Eiter.

Anzucht. Enterokokken lassen sich leicht anzüchten. Auf Schafblutagar machen sie keine bzw. nur eine leichte α-Hämolyse. Man verwendet folgende Kulturmedien: Äskulinagar zur Prüfung der Äskulinspaltung und Agar mit 6,5% NaCl zur Prüfung der Salz-Resistenz.

Identifizierung. Mikroskopisch imponieren Enterokokken als grampositive Kettenkokken. Anzuchtmerkmale sind das Wachstum bei 6,5%iger NaCl-Konzentration und die Spaltung von Äsculin.

Interpretation. Ähnlich wie bei koagulasenegativen Staphylokokken ist die richtige Interpretation eines Enterokokkenbefundes von entscheidender Bedeutung, weil es gilt, Kolonisationskeime von eigentlichen Erregern abzugrenzen. Insbesondere

von Intensivpatienten lassen sich Enterokokken häufig isolieren (z. B. aus Respirationstraktsekreten), da sie durch den Einsatz von Cephalosporinen und Aminoglykosiden selektioniert werden („Ersatzflora unter Antibiotikatherapie"). Dabei bleibt die Frage häufig ungeklärt, ob das Isolat pathogenetische Bedeutung hat. Erst im Zusammenhang mit dem Auftreten von Entzündungszeichen (Fieber, Rötung, Schwellung etc.) verdichtet sich der Verdacht auf eine pathogenetische Rolle.

Therapie

Antibiotikaempfindlichkeit. Enterokokken sind gegenüber Aminopenicillinen, Ureidopenicillinen und Glykopeptiden empfindlich. Zu beachten ist, daß alle Cephalosporine und Aminoglykoside gegen Enterokokken unwirksam sind („Enterokokkenlücke") und daß Penicillin G und Gyrasehemmer meist schlecht wirken. Unwirksam sind auch Clindamycin und Cotrimoxazol (nur in vivo!).

Therapeutisches Vorgehen. Mittel der Wahl zur Behandlung von Enterokokkeninfektionen sind Ampicillin oder Mezlocillin. Bei Endokarditis setzt man eine Kombination von Ampicillin mit einem Aminoglykosid (Gentamicin, Tobramycin) ein. Diese Kombination wirkt trotz der Primärresistenz von Enterokokken gegen Aminoglykoside synergistisch bakterizid, da das primär unwirksame Aminoglykosid in die Bakterienzelle eindringen kann, wenn die Wand durch die Wirkung des β-Laktams aufgelockert ist. Als Reservemittel bei lebensbedrohlichen Infektionen gelangen Vancomycin und Teicoplanin zum Einsatz.

VRE-Problematik. Durch die unkritische Gabe von Glykopeptid-Antibiotika, v. a. auch in der Tierzucht, haben sich *vancomycinresistente Enterokokken-Stämme* (*VRE*) entwickelt. Häufig sind diese Stämme auch gegen die anderen enterokokkenwirksamen Antibiotika resistent und stellen daher den Arzt vor schwer lösbare Therapieprobleme. Die Problematik ist vergleichbar mit der MRSA-Problematik (s. S. 206 f.), wobei aber bei MRSA-Stämmen Vancomycin als Reservemittel wirkt. VRE-Stämme müssen nach Antibiogramm behandelt werden, wobei mitunter Ampicillin noch wirksam ist. VRE-Stämme mit hochgradiger Vancomycin- und Ampicillinresistenz (ca. 5% aller Isolate in Deutschland) sind dagegen gegen *alle* enterokokkenwirksamen Antibiotika resistent und damit nicht therapierbar. In Deutschland liegt die Rate der VRE-Träger unter 1%, in den USA in manchen Zentren schon bei 30% der Isolate, wobei zu beachten ist, daß nicht jedes Isolat klinisch relevant ist.

Eine Übertragung der Vancomycinresistenz auf S. aureus, insbesondere MRSA (s. S. 206 f.), ist in Laborexperimenten beschrieben, aber noch nicht bei Patienten.

Prävention

Patienten mit vorgeschädigten Herzklappen müssen bei endoskopischen Maßnahmen einer Endokarditis-Prophylaxe mit Ampicillin unterzogen werden (s. S. 925).

VRE-Träger und -Patienten müssen wie MRSA-Träger/-Patienten strikt isoliert (s. S. 161 ff.) und konsequent überwacht werden.

3.2 Weitere grampositive Kokken

Neben Staphylokokken, Streptokokken und Enterokokken existiert noch eine Reihe weiterer grampositiver Kugelbakterien, die zur Haut- und Schleimhautflora gehören, aber gelegentlich als Krankheitserreger beim Menschen in Erscheinung treten können.

Hierzu zählen die **katalasenegativen** Gattungen
- Aerococcus (Endokarditis, Harnwegsinfektion),
- Gemella (Endokarditis, Meningitis),
- Lactococcus (Endokarditis) und
- die vancomycinresistenten Leuconostoc (Sepsis, Meningitis) und Pediococcus (Sepsis, Leberabszeß).

Katalasepositiv sind Alloiococcus (chronische Otitis media) (Rarität) und (häufig) Micrococcus.

ZUSAMMENFASSUNG: Enterokokken

Bakteriologie. Grampositive Kettenkokken. Häufigste medizinisch bedeutsame Arten: E. faecalis und E. faecium.

Vorkommen. Im Dickdarm von Mensch und Tier.

Resistenz gegen äußere Einflüsse. Primärresistenz gegen Cephalosporine („Enterokokkenlücke") und Aminoglykoside.
Wachstum in Gegenwart von 6,5% NaCl und bei pH 9,6.
Recht resistent gegenüber Umwelteinflüssen.

Epidemiologie. Weltweit vorkommend.

Zielgruppe. Abwehrgeschwächte, I.v.-Drogenabhängige.

Übertragung. Meist endogene Infektion. Nosokomiale Übertragung möglich.

Zielgewebe. Harntrakt, Herzklappen, Blutbahn.

Klinik. Harnwegsinfektionen, Abdominalinfektionen, Sepsis, Endokarditis.

Immunität. Enterokokken hinterlassen keine Infektionsimmunität, da endogene Infektion.

Diagnose. Anzucht, Äskulinspaltung.

Therapie. Aminopenicilline, Ureidopenicilline, bei Sepsis und Endokarditis in Kombination mit Aminoglykosiden, bei Resistenz: Vancomycin, Teicoplanin.

Prävention. Hygiene-Maßnahmen zur Verhinderung der Schmierinfektion. Patienten mit VRE müssen isoliert werden. Bei Patienten mit vorgeschädigter Herzklappe: Amoxicillinprophylaxe vor endoskopischen Eingriffen.

Vakzination. Nicht möglich.

Tabelle 4.1. Neisseria: Gattungsmerkmale

Merkmal	Merkmalsausprägung
Gramfärbung	gramnegative Kokken (diplo)
aerob/anaerob	aerob
Kohlenhydratverwertung	oxidativ
Sporenbildung	nein
Beweglichkeit	nein
Katalase	positiv
Oxidase	positiv
Besonderheiten	N. gonorrhoeae, N. meningitidis: Bedarf an Serum oder Blut

Tabelle 4.2. Neisserien: Arten und Krankheiten

Arten	Krankheiten
N. gonorrhoeae	Gonorrhoe
	DGI
	Arthritis
N. meningitidis	Meningitis
	Sepsis
	Waterhouse-Friderichsen-Syndrom
pigmentierte Neisserien	Schleimhautflora

Die Mitglieder der Gattung Neisseria (Neisserien) – Familie Neisseriaceae – sind gramnegative Diplokokken. Ihre gattungsbestimmenden Merkmale enthält Tabelle 4.1. Die Spezies Neisseria (N.) gonorrhoeae und Neisseria meningitidis sind für den Menschen pathogen (Tabelle 4.2).

4.1 Neisseria gonorrhoeae (Gonokokken)

STECKBRIEF

N. gonorrhoeae ist der Erreger der Gonorrhoe (GO, „Tripper") und anderer übertragbarer Erkrankungen wie der Gonoblennorrhoe des Neugeborenen, eitriger Gonarthritiden sowie von Sepsis und von aufsteigenden Genitalinfektionen (engl. Pelvic Inflammatory Disease, PID).

Der Breslauer Dermatologe Albert Neisser (1855–1916) führte 1879 den mikroskopischen Nachweis von Gonokokken im Harnröhreneiter eines Gonorrhoe-Patienten und im Konjunktivalabstrich bei der gonorrhoischen Säuglingskonjunktivitis.

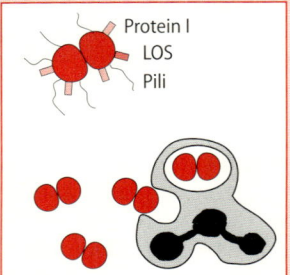

Neisseria gonorrhoeae semmelförmige gramnegative Diplokokken, z.T. intragranulozytär, entdeckt 1879 von A. Neisser

4.1.1 Beschreibung

Aufbau

Der Aufbau der Gonokokken entspricht demjenigen gramnegativer Bakterien (s. S. 177). Eine Besonderheit der Neisserien ist ihre variable Oberflächenbeschaffenheit. Mit Hilfe antigener Variation entziehen sich die Erreger der humoralen Immunantwort und passen sich optimal an die Bedingungen im menschlichen Wirt an.

Lipooligosaccharide. Die äußere Membran enthält variable Lipooligosaccharide (LOS), deren Endotoxinanteil an den entzündlichen Reaktionen der Gonorrhoe beteiligt ist. Bestimmte variante Formen des LOS können Sialinsäure binden und eine kapselartige Struktur ausbilden, die Serumresistenz vermittelt und für das extrazelluläre Überleben der Gonokokken wichtig ist. Allerdings fehlt den Gonokokken im Gegensatz zu den Meningokokken eine typische Polysaccharidkapsel.

Pili. Die Pili sind fädige polymere Anhängsel, mit deren Hilfe sich die Erreger auf den Epithelzellen der menschlichen Mukosa verankern. Durch antigene Variation der Hauptuntereinheit (Pilin) täuschen die Pili das Immunsystem und verhindern so eine Aggregation durch Antikörper.

Oberflächenadhäsine. Die variablen Opa-(opacity-)Proteine der äußeren Membran vermitteln direkten Kontakt der Erreger mit Wirtszellen und bereiten die Zellinvasion vor. Opa-Proteine binden sich an Heparansulfat-Proteoglykan-Rezeptoren oder Mitglieder der karzinoembryogenen Rezeptorfamilie (CD66) auf Epithelzellen, Fibroblasten, Endothelzellen und Phagozyten.

Weitere Oberflächenproteine. Rezeptoren für Transferrin und Laktoferrin sind für die Zufuhr von Eisen, das für die Gonokokken essentiell ist, aus der Umgebung notwendig. Auf dem Porin, dem Hauptprotein der äußeren Membran, beruht die Serotypisierung der Gonokokken. Porin ist außerdem ein wichtiger Virulenzfaktor.

Extrazelluläre Produkte

IgA1-Protease. Das Enzym vermag menschliche IgA1-Antikörper in der Gelenkregion zu spalten. Durch diesen Mechanismus wird die IgA-abhängige lokale Immunität der Schleimhäute gestört und die Etablierung des Erregers erleichtert.

Penicillinase. Mit zunehmender Häufigkeit, regional jedoch sehr unterschiedlich, finden sich penicillinasebildende Gonokokkenstämme. Die Penicillinase ist plasmidkodiert, es sind aber auch Fälle von chromosomal bedingter Penicillinresistenz bekannt.

Resistenz gegen äußere Einflüsse

Gonokokken sind gegen äußere Einflüsse sehr empfindlich. Bei pH-Werten oberhalb von 8,6 und bei Temperaturen über 41 °C sterben sie ab. Besonders empfindlich sind sie gegen Austrocknung. Zum Transport gonokokkenhaltigen Untersuchungsmaterials müssen nährstoffreiche Transportmedien verwendet werden.

Vorkommen

Der Mensch ist der einzige Wirt. Dort siedelt sich der Erreger auf Schleimhäuten an.

4.1.1 Rolle als Krankheitserreger

Epidemiologie

Gonokokkeninfektionen sind weltweit verbreitet. In Deutschland wurden 1995 4061 Fälle von Gonorrhoe gemeldet. Die Dunkelziffer liegt jedoch um ein Vielfaches höher. Die höchste Erkrankungsrate besteht bei jungen Erwachsenen.

In Ländern mit begrenzten Behandlungsmöglichkeiten und schlecht entwickeltem öffentlichen Gesundheitswesen kann die Krankheit alarmierende Ausmaße annehmen. So waren nach einer Studie in Uganda 17,5% der Frauen in einer Schwangerschaftsvorsorge-Klinik mit Gonokokken infiziert. In Ländern mit hoher Inzidenz ist die Gonorrhoe die häufigste Ursache der Infertilität. Bei 10% aller infizierten Männer und bei 30–40% aller infizierten Frauen verläuft die Infektion asymptomatisch. Dieser Personenkreis sucht den Arzt gar nicht auf, oder es werden uncharakteristische Beschwerden angegeben: Ein Großteil der Infektionen wird nicht diagnostiziert. Die Patienten können Gonokokken monatelang beherbergen und ihre Partner infizieren.

Übertragung

Gonokokken werden überwiegend durch engen Schleimhautkontakt, d.h. durch den Geschlechtsverkehr, übertragen. Die Neugeboreneninfektion der Konjunktiva (Ophthalmia neonatorum) wird beim Durchtritt durch den Geburtskanal einer infizierten Mutter erworben.

Pathogenese

Gewebereaktion. Die Gonokokkenerkrankung ist typischerweise eine eitrige Entzündung.

Adhäsion. Beim *Mann* heften sich die Gonokokken mittels ihrer Pili an die Rezeptoren der Plasmamembran der Säulenepithelzellen der Urethra; bei der *Frau* heften sie sich an Rezeptoren der Säulenepithelzellen der Endozervix, seltener der Urethra, beim *Neugeborenen* und bei der Schmierinfektion an die Rezeptoren der Konjunktivalzellen. Entsprechende Rezeptoren findet der Erreger auch an Schleimhautzellen des Rachens und des Mastdarms, die ebenfalls infiziert werden können (Abb. 4.1).

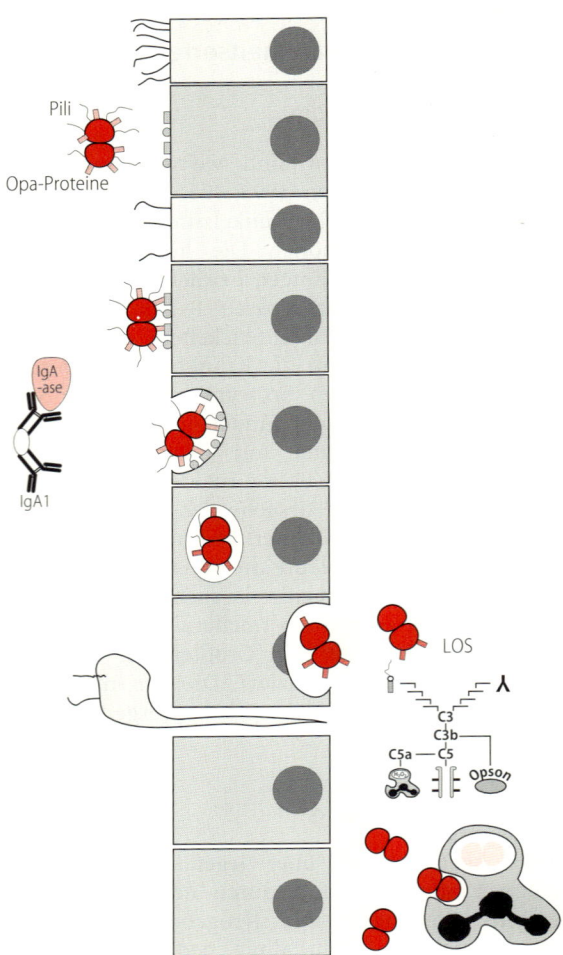

Abb. 4.1. Pathogenese der Gonorrhoe

Invasion. Die Gonokokken werden Opa-abhängig von den Epithelzellen endozytiert, in Vakuolen zur Basalmembran transportiert und dort durch Exozytose in die Lamina propria ausgestoßen (Abb. 4.1).

Gewebeschädigung. Durch die Freisetzung von Lipooligosaccharid beim Zerfall der Gonokokken in der Submukosa werden Komplement aktiviert, C3a und C5a freigesetzt und Granulozyten angelockt (Abb. 4.1). Es entwickelt sich eine eitrige Entzündung, in deren Verlauf die Gonokokken von den Granulozyten phagozytiert und abgetötet werden. Ein Rest kann allerdings intrazellulär überleben. Man sieht die Erreger bei frischen Infektionen daher typischerweise *intrazellulär* in Granulozyten.

Da Gonokokken sehr empfindlich gegen die bakteriolytische Wirkung von Komplement sind,

werden die meisten extrazellulär verbliebenen Gonokokken durch Komplementwirkung über den alternativen Weg der Komplementaktivierung (s. S. 79 ff.) abgetötet.

Klinik

Gonorrhoe des Mannes. 2–5 Tage nach Infektion tritt ein juckendes Gefühl in der Urethra auf. Stunden später stellen sich Schmerzen beim Wasserlassen und ein eitriger Ausfluß ein. Im Eiter liegen die gramnegativen Diplokokken im Innern der polymorphkernigen Granulozyten. Zeichen einer Allgemeininfektion, auch Leukozytose, fehlen.

Die Entzündung kann über die Schleimhaut aszendieren und die periurethralen Drüsen und Gänge befallen, mit der Folge einer Epididymitis, Vesikulitis oder Prostatitis. In diesen Fällen entwickeln sich Zeichen einer Allgemeininfektion, insbesondere eine Leukozytose.

Unbehandelt verschwindet die Gonorrhoe beim Mann im Verlauf einiger Wochen. Ein allmorgendlich auftretender eitriger Ausfluß kann über Monate bestehen bleiben („*Bonjour-Tröpfchen*").

Die Gonokokkenurethritis kann, insbesondere nach mehrfachen Infektionen, durch Vernarbung der Harnröhre eine Harnröhrenstriktur nach sich ziehen.

Die gonorrhoische Epididymitis führt häufig zur Infertilität.

Gonorrhoe der Frau. Bei der Frau entwickelt sich die Entzündung in der Submukosa der Endozervix. Vaginaler Fluor tritt im Mittel 8 (3–21) Tage nach Infektion auf.

Bei der gonorrhoischen Urethritis der Frau sind schmerzhafte Miktion und häufiger Harndrang die charakteristischen Symptome. Aus der Urethra läßt sich Eiter auspressen. Seltener befallen sind die Bartholinischen Drüsen und die Skenéschen Gänge, aus denen sich ebenfalls Eiter auspressen läßt.

Die typischen Beschwerden einer akuten Gonorrhoe treten nur bei 60% aller infizierten Frauen auf, die übrigen Fälle verlaufen subklinisch. Den Patientinnen mit subklinischer Gonorrhoe kommt als potentiellen Infektionsquellen eine große Bedeutung zu.

Aszendierende Genitalinfektion (PID, engl.: Pelvic inflammatory disease). Bei bis zu einem Viertel der Frauen mit endozervikaler Gonorrhoe steigt die Infektion von der Endozervix auf und kann eine Endometritis, Salpingitis, Oophoritis,

Parametritis oder Beckenperitonitis hervorrufen. Man spricht in diesem Zusammenhang von der *aszendierenden Genitalinfektion.*

Die akute PID kann durch Gonokokken allein oder durch eine Mischinfektion verursacht sein, an der sich Chlamydien und/oder Mykoplasmen beteiligen.

Die PID kann in ein chronisches Stadium übergehen, das durch Mischinfektionen mit weiteren, auch obligat anaeroben Erregern, gekennzeichnet ist. Die PID hinterläßt Fibrosierungen und Verwachsungen; es folgt häufig Tubensterilität: So werden nach einmaliger gonokokkenbedingter PID bis zu 20%, nach dreimaliger Erkrankung aber 75% der Patientinnen infertil.

Gonorrhoe und Schwangerschaft. Schwangere sind mit einem erhöhten Risiko einer disseminierten Gonokokkeninfektion (s. u.) belastet. Daneben besteht ein erhöhtes Risiko einer Endometritis und Salpingitis mit nachfolgender sekundärer Sterilität und Neigung zu ektopischer Schwangerschaft. Für das Kind kann eine DGI oder Chorioamnionitis der Mutter lebensbedrohlich sein (vorzeitiger Blasensprung, Frühgeburt, Untergewicht, Absterben der Frucht).

Bei vaginaler Gonorrhoe der Mutter kann das Kind sich unter der Geburt infizieren und sich eine Pharyngitis oder Ophthalmia neonatorum zuziehen, weswegen die Credésche Prophylaxe sinnvoll ist.

Extragenitale Manifestation. Bei beiden Geschlechtern kann sich die Gonokokkeninfektion extragenital manifestieren.

Die *gonorrhoische Pharyngitis* wird durch orogenitalen Verkehr übertragen. Sie verläuft entweder subklinisch oder geht mit Schluckbeschwerden, Halsschmerzen, Rötung des Pharynx und einem mukopurulenten Exsudat einher. Bei 20% der homosexuellen Männer und 10% der Frauen mit Gonokokkeninfektion finden sich Gonokokken in Kulturen von Rachenabstrichen.

Die *gonorrhoische Proktitis* kommt nach Analverkehr, bei Frauen auch durch Schmierinfektion zustande. Sie kann mit Schmerzen im Bereich des Perineums und rektalem Ausfluß einhergehen, aber auch subklinisch verlaufen. Ein Befall des Rektums läßt sich nie ausschließen, weshalb dieses Organ immer in die Diagnostik mit einbezogen werden sollte.

Die *gonorrhoische Konjunktivitis* entsteht bei Erwachsenen durch Schmierinfektion. Wenn das Neugeborene sich beim Durchtritt durch den Ge-

burtskanal der infizierten Mutter infiziert, entsteht eine eitrige Keratokonjunktivitis, die *Ophthalmia neonatorum* (*Gonoblennorrhoe*). Wenn nicht umgehend therapeutisch eingegriffen wird, kann die Gonoblennorrhoe eine Perforation der Kornea und Erblindung nach sich ziehen. Im 19. Jahrhundert war die Gonoblennorrhoe in Europa eine der Hauptursachen von Blindheit.

Disseminierte Gonokokkeninfektion (DGI). Es gibt komplementresistente (auch serumresistent genannte) Gonokokkenstämme. Diese sind für die disseminierte Gonokokkeninfektion verantwortlich. Hier breiten sich die Erreger über die Blutbahn aus und siedeln sich v. a. im Kniegelenk mit folgender Monarthritis und/oder Tendosynovitis ab. Infolge der Gonokokkensepsis treten oftmals hämorrhagische Exantheme und Petechien auf. Auch finden sich Endokarditis, Perimyokarditis, Meningitis und Pneumonie. Patienten mit Mangel an den späten Komplementkomponenten (C5–C9) können ebenfalls an der generalisierten Gonokokkeninfektion erkranken, auch wenn es sich bei den Erregern um komplementempfindliche Stämme handelt. Die DGI kommt bei 1–3% der Gonorrhoe-Patienten vor.

Doppelinfektion. In 20–50% aller Gonorrhoefälle liegt eine Doppelinfektion durch Gonokokken und Chlamydien bzw. mit Ureaplasma urealyticum (s. S. 439 ff.) vor. In einem solchen Fall können diese Erreger eine Urethritis aufrechterhalten, wenn die Therapie z. B. durch Penicillin G oder ein Cephalosporin lediglich die Gonokokkeninfektion beseitigt hat. Diese Form der Urethritis heißt postgonorrhoische Urethritis (PGU). Daher muß eine bakteriologische Diagnostik bei Gonorrhoeverdacht immer auch eine PGU ausschließen!

Auch eine Syphilis kann mit einer Gonorrhoe vergesellschaftet auftreten und sollte daher serologisch ausgeschlossen werden (s. S. 400 ff.).

VI

Immunität

Die Gonokokkeninfektion löst eine humorale und zelluläre Immunantwort aus. Gonokokken können jedoch aufgrund ihrer antigenen Variabilität, ihrer Fähigkeit, in Zellen einzudringen, und weiterer Evasionsmechanismen der Immunantwort des menschlichen Wirts widerstehen. Gonokokkeninfektionen hinterlassen daher keine schützende Immunität, und bei entsprechender Exposition sind wiederholte Infektionen möglich. So ist bisher auch kein wirksamer Impfstoff verfügbar.

Labordiagnose

Der Schwerpunkt der Labordiagnose liegt bei der Gonokokkenerkrankung im mikroskopischen Erregernachweis und der Anzucht des Erregers.

Untersuchungsmaterial. Beim *Mann* wird ein Urethralabstrich, ggf. ein Rektal-, bei Verdacht auf pharyngeale Gonorrhoe ein Rachenabstrich entnommen, bei der *Frau* Abstrichmaterial aus der Zervix, der Urethra, dem Rektum und ggf. von anderen entzündlich veränderten Stellen, z. B. dem Rachen. Die Kombination von zervikaler und rektaler Kultur ergibt die höchste Ausbeute an angezüchteten Gonokokken. Es wird daher empfohlen, auch ohne Vorliegen einer anorektalen Symptomatik Kulturen von Rektalabstrichen anzulegen.

Bei einer DGI werden Gelenkpunktat und Blut, ggf. auch Liquor cerebrospinalis gewonnen. Auch hier sollte man zusätzlich Untersuchungsmaterial aus Urethra, Zervix und Pharynx sowie aus dem Analkanal zur Kultur anlegen. Bei einer DGI lassen sich nur in 40% der Blutkulturen und nur aus 20% der Gelenkpunktate Gonokokken anzüchten.

Optimal ist die unmittelbare Verimpfung frisch gewonnenen Materials auf vorgewärmte Spezialnährböden, z. B. Thayer-Martin-Agar. Die gleichzeitige Entnahme von Blut für die Syphilisdiagnostik (s. S. 400 ff.) und eines Abstriches für die Chlamydiendiagnostik (s. S. 442 ff.) empfiehlt sich wegen der Gefahr von Doppelinfektionen.

Materialtransport. Da Gonokokken sehr empfindlich gegen Umwelteinflüsse sind, müssen Untersuchungsmaterialien in feuchten Kulturmedien bei 37 °C transportiert werden. Kommerzielle Transportmedien bestehen aus angereichertem Kochblut-Agar und einem CO_2-generierenden Prinzip.

Mikroskopie. Das mikroskopische Präparat sollte unmittelbar nach Materialentnahme vom behandelnden Arzt beurteilt werden. Im Gram- oder Methylenblaupräparat liegen Gonokokken typischerweise intrazellulär vor. Die gramnegativen Diplokokken besitzen einen Durchmesser von 0,6 bis 1,0 μm. Meistens sind die einander gegenüberliegenden Seiten der einzelnen Kokken abgeflacht („Semmel- oder Kaffeebohnenform").

Beim *Mann* erlaubt der Nachweis von gramnegativen intraleukozytär gelegenen Diplokokken im mikroskopischen Ausstrich die Diagnose einer Gonorrhoe.

Bei der *Frau* liefert die mikroskopische Untersuchung eines Zervixabstriches nur bedingt verwertbare Ergebnisse. Bei der urogenitalen Gonorrhoe der Frau sind Gonokokken nur in 60% mikroskopisch nachweisbar; der Erreger siedelt sich häufig in den Krypten der weiblichen Genitalschleimhaut an und entzieht sich dadurch dem mikroskopischen Nachweis.

Anzucht. Hierfür eignen sich besonders Thayer-Martin-Agar oder New-York-City-Agar, die Antibiotikazusätze zur Hemmung der Begleitflora enthalten. Für Blut, Liquor und Gelenkpunktat benutzt man Kochblutagar ohne Antibiotikazusatz. Die beimpften Kulturmedien werden bei 36 °C und 5–10% CO_2 für 48 h bebrütet. Verdächtige Kolonien (glasig und klein) werden nach Gram gefärbt und mikroskopiert sowie einem Oxidase- und einem Zuckerspaltungstest unterworfen (Tabelle 4.1).

Therapie

Antibiotikaempfindlichkeit. Die äußere Membran der Gonokokken ist im Gegensatz zu den gramnegativen Stäbchen für Penicillin G durchlässig, so daß die Erreger gegen Penicillin G empfindlich sind. Die Therapie der Gonorrhoe ist seit 1976 durch das Auftreten penicillinasebildender Stämme erschwert. Diese entstanden ursprünglich in Südostasien und Westafrika, inzwischen kommen sie, mit deutlichen Regionalunterschieden, auch in Europa vor. So sind in Amsterdam und London 20% und in Berlin 3–5% aller isolierten Gonokokkenstämme Penicillinasebildner. Mittlerweile sind bei Gonokokken auch Doppelresistenzen gegen Penicillin G und Spectinomycin bekannt. Auch tetracyclinresistente Stämme treten vereinzelt auf.

Therapeutisches Vorgehen. Wegen der Gefahr der penicillinasebildenden Gonokokkenstämme wird zur kalkulierten Therapie der unkomplizierten Gonorrhoe Ceftriaxon eingesetzt. Auch bei komplizierten Verlaufsformen (Pharyngitis, Proktitis, Gonoblennorrhoe, PID, DGI) wird Ceftriaxon verordnet. Wegen der Möglichkeit einer gleichzeitigen Chlamydieninfektion wird zusätzlich mit Doxycyclin oral behandelt. Eine Partnerbehandlung ist obligatorisch (s. u.). Zur Feststellung des Heilungserfolges werden eine Woche nach Behandlung erneut Abstriche entnommen und bakteriologisch untersucht.

Prävention

Expositionsprophylaxe. Bei Geschlechtsverkehr mit infizierten Personen verleihen Kondome einen hohen Grad an Schutz. Gonokokken werden sexuell übertragen, ohne Geschlechtsverkehr erfolgt keine Übertragung. Infizierte sollten daher bis zur vollständigen Heilung Enthaltsamkeit üben.

Partneruntersuchung. Die Sexualpartner der Patienten müssen unabhängig davon, ob sie klinische Symptome aufweisen oder nicht, untersucht und ggf. behandelt werden. Ansonsten besteht die Gefahr der wechselseitigen Reinfektion der Partner („*Ping-Pong-Gonorrhoe*").

Credésche Prophylaxe. Durch Eintropfen von 1% Silbernitratlösung in den Konjunktivalsack Neugeborener unmittelbar nach der Geburt wird der Gonoblennorrhoe vorgebeugt. Der Leipziger Gynäkologe Karl Siegmund Franz Credé (1819–1892) führte 1881 diese Prophylaxe ein. Sie ist zwar gesetzlich heute nicht mehr vorgeschrieben, wird aber von der WHO wegen ihrer Effektivität und geringen Kosten weltweit immer noch empfohlen.

Meldepflicht. Für die Gonorrhoe besteht nach dem Infektionsschutzgesetz keine Meldepflicht.

ZUSAMMENFASSUNG: Neisseria gonorrhoeae

Bakteriologie. Gramnegative, aerob wachsende, Oxidase-positive Diplokokken, anspruchsvoll. Fakultativ intrazellulär.

Aufbau und extrazelluläre Produkte. Variable Oberflächenstrukturen, darunter Pili (primäre Adhärenz), Opa-Proteine (Adhärenz und Zellinvasion) und Lipooligosaccharide (Modifikation durch Sialinsäure). Extrazelluläre IgA1-Protease.

Resistenz gegen äußere Einflüsse. Sehr empfindlich gegen Austrocknung und Temperaturschwankungen.

Vorkommen. Mensch als einziger Wirt. Symptomarmer Verlauf bei Frauen begünstigt Verbreitung.

Epidemiologie. Weltweit. In Deutschland im Jahre 1995 4061 gemeldete Fälle

Übertragung. Schleimhautkontakt, Geschlechtsverkehr, sub partu.

Pathogenese. Adhäsion durch Pili und Oberflächenproteine → zelluläre Invasion durch Opa-Proteine → lokale Gewebsinfiltration und eitrige Entzündung → Störung der lokalen Immunität durch antigene Variation und IgA1-Protease → Narbenbildung und Strikturen → eventuell Dissemination der lokalen Infektion (DIG).

Klinik. Urethritis mit eitrigem Ausfluß beim Mann, Zervizitis mit Aszensionstendenz (PID) bei der Frau → sekundäre Sterilität.

Cave. Doppelinfektion mit Chlamydien und Ureaplasmen → PGU nach β-Laktamtherapie. Proktitis und Pharyngitis als Begleiterkrankung möglich. Gonoblennorrhoe des Neugeborenen durch Übertragung sub partu → Keratokonjunktivitis mit hoher Perforationsgefahr. DGI durch komplementresistente Stämme mit Exanthemen und Organabsiedlung in 1% der Fälle. DGI auch bei Komplementdefekt.

Immunität. Keine.

Labordiagnose. Mikroskopie (gramnegative semmelförmige Diplokokken, intrazellulär) und Kultur (nährstoffhaltiger Agar).

Therapie. Ceftriaxon, Penicillin G, Spectinomycin. Eventuell zusätzlich Tetracycline wegen Doppelinfektionen. Partnerbehandlung!

Prävention. Kondome. Credésche Prophylaxe bei Neugeborenen.

Meldepflicht. Keine.

4.2 Neisseria meningitidis (Meningokokken)

Meningokokken verursachen eitrige Meningitis, Sepsis und in ihrer schwersten Ausprägung das Waterhouse-Friderichsen-Syndrom.

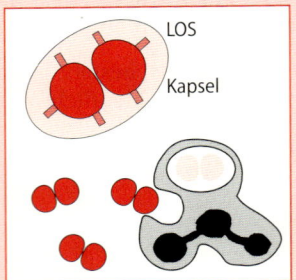

LOS
Kapsel

Neisseria meningitidis: semmelförmige gramnegative Diplokokken, z.T. intragranulozytär, entdeckt 1887 von A. Weichselbaum

4.2.1 Beschreibung

Aufbau

Der Aufbau der Meningokokken entspricht dem der Gonokokken, d.h. sie besitzen ein variables Lipooligosaccharid (LOS) und prägen für die Adhärenz an menschliche Zellen variable Pili und Oberflächenadhäsine (Opa, Opc) aus. Als Besonderheit, die den Gonokokken fehlt, tragen sie eine Polysaccharidkapsel. Die Kapselstruktur bestimmt die Serogruppe der Erreger.

Extrazelluläre Produkte

Eine IgA1-Protease wird wie auch bei Gonokokken gebildet.

Resistenz gegen äußere Einflüsse

Meningokokken sind sehr empfindlich gegen Kälte, Hitze und Austrocknung. Sie vertragen keine pH-Werte höher als 8,6 und müssen in flüssigen Anreicherungsmedien und körperwarm transportiert werden.

Vorkommen

Meningokokken kommen ausschließlich beim Menschen vor. Bei Gesunden können sie die Schleimhaut des Nasopharynx und der Genitalien besiedeln, ohne Krankheitserscheinungen auszulösen.

4.2.2 Rolle als Krankheitserreger

Epidemiologie

Meningokokkeninfektionen sind weltweit verbreitet, besonders häufig im sog. „*Meningokokken-Gürtel*", der sich in Zentralafrika von Obervolta über Nigeria, Tschad bis nach Äthiopien erstreckt. Auch in Brasilien sind Meningokokken-Erkrankungen häufig.

Weltweit werden mehr als 90% aller Meningokokken-Infektionen durch die Serotypen A, B, C und Y hervorgerufen, während sich die übrigen Serotypen zwar bei Trägern, jedoch selten bei Erkrankten finden. In Deutschland herrscht *Typ B* vor. Hier häufen sich Meningokokken-Erkrankungen im späten Winter und im Frühjahr. Sie treten meist sporadisch, selten endemisch auf. Etwa 15% aller Personen – bei Endemien bis zu 30% – sind symptomlose Meningokokken-Träger. In Gemeinschaftsquartieren, z.B. Kasernen, kann die Trägerrate auf über 90% ansteigen. Meningokokken-Träger finden sich am häufigsten unter jungen Erwachsenen, invasive Erkrankungen bei älteren Kindern und jungen Erwachsenen. Da die Manifestationsrate niedrig ist, bleibt der größte Teil der Infizierten klinisch unauffällig, bildet aber Antikörper – mit Ausnahme von Typ B, der keine Antikörperbildung auslöst.

Übertragung

Meningokokken werden durch Tröpfcheninfektion übertragen.

Pathogenese

Adhäsion. Die Erreger heften sich mit ihren Pili (Pilin, PilC) und anderen Oberflächenproteinen (Opa, Opc) an Epithelzellen der Nasopharyngealschleimhaut. Dort können sie wochen- oder monatelang verbleiben, ohne klinische Symptome zu verursachen (Trägerstatus).

Invasion. Wenn die adhärenten Meningokokken große Mengen Opc mit den passenden Varianten von Opa bilden, werden sie von der Epithelzelle über einen phagozytoseähnlichen Prozeß aufgenommen und durch die Zelle in das subepitheliale Bindegewebe transportiert (Abb. 4.2). Dieser Schritt gelingt jedoch nur dann, wenn nur sehr

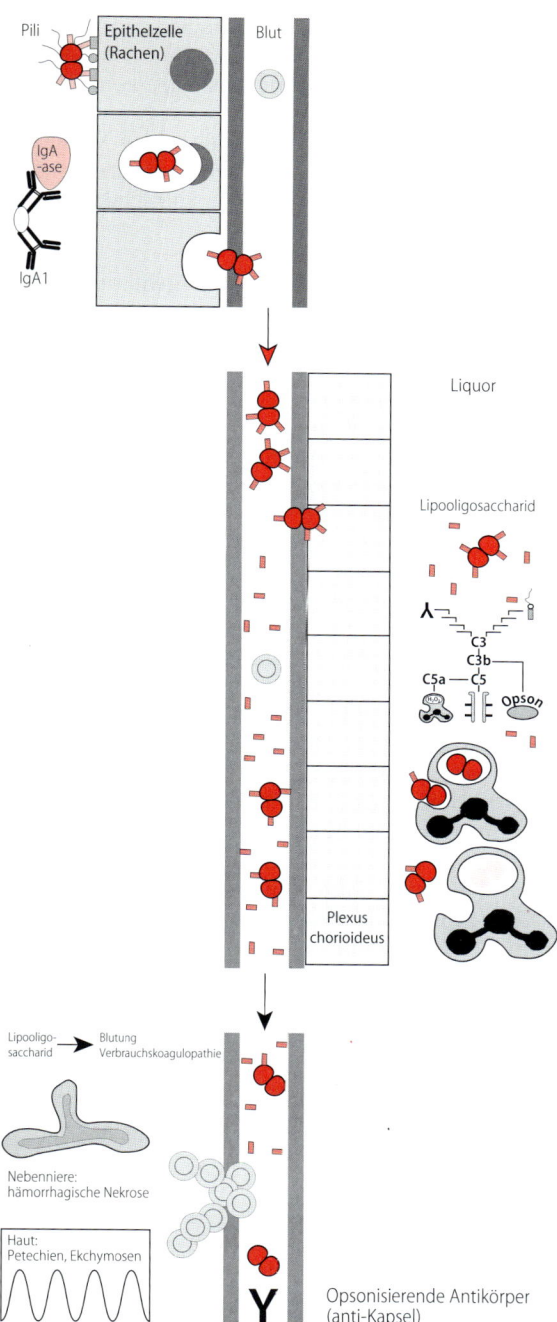

Pili

Epithelzelle (Rachen)

Blut

IgA-ase

IgA1

Liquor

Lipooligosaccharid

λ

C3
C3b
C5a — C5

Opson

Plexus chorioideus

Lipooligo-saccharid → Blutung Verbrauchskoagulopathie

Nebenniere: hämorrhagische Nekrose

Haut: Petechien, Ekchymosen

Opsonisierende Antikörper (anti-Kapsel)

Abb. 4.2. Pathogenese der Meningokokken-Infektion (Meningitis, Sepsis, Waterhouse-Friderichsen-Syndrom)

wenig oder keine Kapselsubstanz gebildet wird. Für eine nachfolgende hämatogene Dissemination müssen die Meningokokken die Ausbildung hochadhäsiver Pili einstellen und dafür Kapselsubstanz und sialinsäurebindendes LOS exprimieren.

Etablierung. Durch die Fähigkeit, die Zilien direkt zu schädigen, entzieht sich Neisseria meningitidis dem mukoziliären Transportmechanismus. Der Erreger schützt sich durch seine antiphagozytäre Kapsel vor der Phagozytose. Auch vermittelt die Kapsel Schutz gegen die Zerstörung des Erregers durch Komplement. Des weiteren schützen sich Meningokokken durch die von ihnen gebildete IgA1-Protease gegen die Abwehr durch das lokale IgA (Abb. 4.2). Darüber hinaus unterliegen die Pili und Opa-Proteine einer schnellen Phasen- und Antigenvariation.

Gewebeschädigung. Die Endothelzellen werden zerstört, die Gefäßwände entzünden sich, und es entwickeln sich Thrombosen und Zellwandnekrosen. Auf diese Weise entstehen die für Meningokokkeninfektionen typischen Fokal-Hämorrhagien im kutanen, subkutanen und submukösen Gewebe sowie in der Synovia. In schwersten Fällen (Waterhouse-Friderichsen-Syndrom) entwickeln sich eine Verbrauchskoagulopathie und ein septischer Schock.

Auf dem Blutweg gelangen Meningokokken in verschiedene Organe, wo sie Entzündungen hervorrufen. Die Lokalisation der entzündlichen Reaktion bestimmt den weiteren Krankheitsverlauf und die Symptomatik der Meningokokkenerkrankung:

Der Erreger gelangt nach Überwindung der Blut-Hirn-Schranke oder per continuitatem durch die Lamina cribrosa in den Subarachnoidalraum. Der Übertritt wird von seiner Fähigkeit begünstigt, sich an zerebrale Endothelzellen zu binden (Opc).

Wenn die Erreger einmal den Subarachnoidalraum erreicht haben, haben sie gute Überlebenschancen. In der normalen Zerebrospinalflüssigkeit ist die Konzentration von Immunglobulinen und Komplementfaktoren gering, und es gibt dort nahezu keine Phagozyten. Durch Endotoxinwirkung werden von Astrozyten, Makrophagen und Endothelzellen TNF-α und IL-1 freigesetzt, die eine meningeale Entzündungsreaktion induzieren.

Die Zytokine fördern die Expression von Adhäsionsmolekülen (ICAM 1, ICAM 2, GMP-140, ELAM-1) und auf Leukozyten von Selektinen und

VI

Integrinen (z. B. CDL-DC 18). Damit kommt es zur Einwanderung von Granulozyten in den Subarachnoidalraum und in das Hirngewebe. Im Subarachnoidalraum setzen die Granulozyten entzündungsaktive Substanzen frei wie Proteasen, freie Sauerstoffradikale und Arachidonsäure. Die Permeabilität der Blut-Liquorschranke wird gesteigert. Dies ist die pathophysiologische Grundlage des *vasogenen Hirnödems* bei der bakteriellen Meningitis. Im weiteren Verlauf entwickelt sich eine kapilläre Minderperfusion entweder auf dem Boden der Leukozytenadhäsion oder durch spasmolytische Gefäßveränderungen und Vasospasmen mit nachfolgender Ischämie mit zytotoxischem Hirnödem und Zellnekrosen.

Häufig steigt bei der bakteriellen Meningitis der intrakranielle Hirndruck an. Daran sind drei Mechanismen in unterschiedlichem Ausmaß beteiligt:

- Hirnödem,
- Liquorabflußbehinderung,
- zunächst Steigerung des Blutflusses, danach Abnahme der zerebralen Durchblutung mit sekundärer ischämischer Zellschädigung.

Die drei genannten Mechanismen rufen, wenn sie nicht rechtzeitig durchbrochen werden, irreversible neuronale Schädigungen hervor und können den Tod durch Atemlähmung zur Folge haben.

Klinik

Die Inkubationszeit der Meningokokkenerkrankung beträgt wenige Tage. Am Beginn stehen bei 50% der Erkrankungen in der Inkubationsphase Infektionen der oberen Luftwege, z. B. eine *Pharyngitis*. Die restlichen 50% der Patienten erkranken aus voller Gesundheit. Meningokokkenerkrankungen können so fulminant verlaufen, daß sie einen zuvor Gesunden binnen weniger Stunden ad exitum bringen.

Meningitis. Die eitrige Meningokokken-Meningitis entwickelt sich als klassische Manifestation bei 40% der apparenten Meningokokkeninfektionen, wobei die Eiterung sich hauptsächlich über die Konvexität der Hirnhaut erstreckt (Haubenmeningitis).

50–70% der Patienten mit Meningitis zeigen petechiale, purpuraähnliche oder sogar konfluierende Blutungen als Symptome einer hämatogenen Erregeraussaat. Häufig treten diese Effloreszenzen bei demselben Patienten nebeneinander auf. In den Läsionen befinden sich vermehrungsfähige Erreger. Die Patienten zeigen in 75% der Fälle Zeichen einer meningealen Reizung bis hin zum ausgeprägten Meningismus.

Unbehandelt beträgt die Letalität der Meningokokken-Meningitis 85%. Auf Grund intrakranieller Verklebung kommt es häufig zu Spätschäden (Demenz, psychische Schäden).

Sepsis. Die Meningokokkensepsis geht mit Schüttelfrost, Hypotonie, Übelkeit, Leukozytose und petechialem Exanthem einher. Die Läsionen in der Haut besitzen petechialen oder pupuraähnlichen Charakter und enthalten lebende Erreger. Sie sind unterschiedlich stark ausgeprägt, aber in etwa 75% aller Meningokokkenerkrankungen vorhanden.

Das *Waterhouse-Friderichsen-Syndrom* ist die fulminant verlaufende Form mit massiven Blutungen in Haut und Schleimhäuten sowie inneren Organen, septischem Schock und Verbrauchskoagulopathie. Typischerweise entwickeln sich Blutungen in beiden Nebennierenrinden mit nachfolgender Nekrose. Die Kombination von Extravasaten, septischem Schock und intravasaler Verbrauchskoagulopathie führt zum Tode. Todesursache neben dem septischen Schock und der Nebennierenrindeninsuffizienz sind eine Herzbeteiligung im Sinne einer akuten interstitiellen Myokarditis oder die Herzbeuteltamponade infolge einer Perikarditis.

Bei 15% aller Patienten verläuft die Meningokokken-Sepsis als Waterhouse-Friderichsen-Syndrom. Dieses ist mit einer Letalität von über 85% belastet.

Sonstige Formen. Die übrigen Manifestationen der Meningokokken-Erkrankung bzw. ihre Lokalisationen machen zusammen ca. 5% aller Meningokokkenerkrankungen aus.

Immunität

Da Meningokokken typische Eitererreger sind, beruht die Immunität auf der Phagozytose im Zusammenwirken von opsonisierenden Antikörpern und Komplement (s. S. 79 ff.). Mit Ausnahme des Typs B ist die Kapselsubstanz immunogen, und Antikörper gegen die Kapselsubstanz üben als Opsonine eine schützende Wirkung aus.

Die Antikörperbildung gegen das Kapselpolysaccharid B unterbleibt, weil dieses Antigen gemeinsame Epitope mit humanen Gewebebestand-

VI

teilen besitzt, gegen die eine natürliche Eigentoleranz besteht. Deshalb konnte bisher keine Schutzimpfung gegen den Kapseltyp B entwickelt werden, sondern nur gegen die in Deutschland nicht endemischen Serotypen A, C, Y und W135.

Komplement ist für die Abwehr von Neisserien von wesentlicher Bedeutung, und infolgedessen neigen Personen mit angeborenem Mangel an den späten Komplementkomponenten C5–C9 in besonderem Maße zu Meningokokkämien.

Gleiches gilt für Patienten mit *IgM-Mangel*. Deshalb empfiehlt sich eine Untersuchung auf angeborenen IgM-Mangel oder Komplement-Defekte, wenn bei einem Individuum oder in einer Familie gehäuft generalisierte Neisserien-Infektionen auftreten.

Postinfektiöse allergische Komplikationen. Bei etwa 7% entwickeln sich allergische postinfektiöse Komplikationen durch zirkulierende Antigen-Antikörperkomplexe. Sie äußern sich als Arthritis, Episkleritis, kutane Vaskulitis oder Perikarditis.

Labordiagnose

Der Schwerpunkt der mikrobiologischen Labordiagnose liegt im mikroskopischen Sofortnachweis, in der Anzucht und im Nachweis von Kapselantigen.

Die Diagnostik der eitrigen Meningitis ist eine *Notfalldiagnostik,* d.h. sie muß unmittelbar nach Einlieferung des Patienten in die Klinik erfolgen!

Untersuchungmaterial und Transport. Zum Erregernachweis eignen sich Blut und Liquor cerebrospinalis. Ein Teil der Liquorprobe wird in vorgewärmtes BK-Medium gegeben und umgehend (Notfall!) warm verpackt in das mikrobiologische Labor transportiert. Der Rest der Probe wird nativ für die mikroskopische Untersuchung und für den Antigennachweis in ein steriles Röhrchen gegeben und ebenfalls ins Labor transportiert.

Mikroskopie. Im Labor wird die Liquorprobe *sofort* zentrifugiert, nach Gram gefärbt und mikroskopiert. Die gramnegativen Kokken lassen sich nicht immer nachweisen.

Antigennachweis. Die Kapselantigene der Serogruppen A, B, C, Y und W135 lassen sich mittels Agglutinationstest binnen Minuten im Überstand zentrifugierten Liquors nachweisen.

Anzucht. Zur Anzucht wird die Liquorprobe auf Kochblut angelegt und bei 5% CO_2 und 35°C bebrütet. Auf Kochblutagar bilden Meningokokken glatte durchscheinende Kolonien von 2–3 mm Durchmesser.

Die gewachsenen Erreger werden mikroskopiert und einem Oxidasetest unterzogen. Fällt dieser positiv aus, folgt ein Zuckerspaltungstest (Bunte Reihe).

Die Nachweisrate aus dem Liquor (Mikroskopie und Anzucht) beträgt 80–94%, die Anzucht aus Blutkulturen gelingt in etwa 50% der Fälle.

Serologische Typenbestimmung. Eine weitere Differenzierung der angezüchteten Erreger in Serogruppen ist mit Hilfe spezifischer Antikörper gegen die Kapselpolysaccharide möglich. Die häufigste Serogruppe in Deutschland ist B.

Therapie

Antibiotikaempfindlichkeit. Meningokokken sind primär empfindlich gegenüber Penicillin G und dessen Derivaten sowie gegen Cephalosporine. Eine Penicillinase wird von Meningokokken im Gegensatz zu den Gonokokken selten gebildet.

Therapeutisches Vorgehen. Bei Verdacht auf eitrige *Meningitis* muß umgehend mit der kalkulierten Initialtherapie begonnen werden. Man verordnet Ceftriaxon i.v. über sieben Tage, weil dieses Mittel neben Meningo- und Pneumokokken auch H. influenzae und E. coli erfaßt.

Für die Behandlung bei der *Meningokokkensepsis* finden die Richtlinien der Sepsisbehandlung (s. S. 919) Anwendung: Als kalkulierte Initialtherapie ein Cephalosporin der 3. Generation (z.B. Ceftriaxon), ggf. in Kombination mit einem Aminoglykosid systemisch, oder ein Carbapenem. Für die gezielte Weiterbehandlung ist Penicillin G Mittel der Wahl.

Prävention

Isolierung. Der Erkrankte muß bis zu 24 h nach Therapiebeginn strikt isoliert werden.

Chemoprophylaxe. Die Chemoprophylaxe ist effektiv in der Umgebung sporadisch auftretender Erkrankungsfälle oder kleinerer, räumlich eng begrenzter Ausbrüche, wie sie in den europäischen Ländern üblich sind. Die Chemoprophylaxe verhütet durch die Sanierung bereits kolonisierter, aber noch gesunder Personen weitere Erkrankungsfälle (individuelle Indikation) und verhindert durch die Sanierung von unbekannten Meningokokkenträgern, die in der Umgebung Erkrankter vermehrt zu erwarten sind, gleichzeitig weitere Infektionen (epidemiologische Indikation).

Eine Therapie sollte ohne Zeitverzug bei dem Indexfall und eine Chemoprophylaxe bei den unmittelbaren Kontaktpersonen des Erkrankten eingeleitet werden.

Zur Prophylaxe wird Rifampicin eingesetzt. Zielgruppe für die chemotherapeutische Prophylaxe gegen Meningokokken-Meningitis sind exponierte Familienmitglieder, die mit dem Erkrankten in einem Haushalt leben, und andere enge Kontaktpersonen (täglicher Kontakt >4 h bis 1 Woche vor Krankheitsausbruch), Personen mit Intimkontakt zu dem Erkrankten, Kindergarten- oder Schulkontakte.

Eine Prophylaxe ist nicht erforderlich bei Routinekontakten mit hospitalisierten Patienten (z. B. bei Ärzten, Krankenschwestern), gelegentlichen Schulkontakten bei älteren Kindern, gelegentlichen Kontakten auf der Arbeitsstelle oder zu Hause.

Die Erfassung der Kontaktpersonen in der Familie und die Einleitung der Chemoprophylaxe für diesen Kreis erfolgt in der Regel durch den erstbehandelnden Arzt.

Schutzimpfung. Eine Vakzine, bestehend aus den Kapselpolysacchariden A und C bzw. A, C, W und Y hat sich zur Verhütung von Epidemien in den Ländern des Meningitisgürtels (s. o.) bewährt. Sie vermittelt aber keinen vollständigen Schutz (80–90%). Gegen den in Deutschland vorherrschenden Kapseltyp B gibt es keine Schutzimpfung.

Meldepflicht. Namentlich zu melden sind der Verdacht, die Erkrankung sowie der Tod an Meningokokken-Meningitis und -sepsis (§ 6 IfSG). Ebenso muß der direkte Nachweis von Neisseria meningitidis aus Liquor, Blut, hämorrhagischen Hautinfiltraten oder anderen normalerweise sterilen Substraten gemeldet werden.

ZUSAMMENFASSUNG: Neisseria meningitidis

Bakteriologie. Gramnegative, semmelförmige Diplokokken. Polysaccharidkapsel bestimmt Serogruppe. Wachstum auf reichhaltigen Kulturmedien.

Vorkommen. Ausschließlich humanpathogen. Trägertum möglich.

Resistenz gegen äußere Einflüsse. Empfindlich gegen Hitze, Kälte und Austrocknung.

Epidemiologie. Weltweite Verbreitung. In Deutschland vorwiegend Serotyp B. Epidemische Ausbreitung im „Meningitisgürtel".

Übertragung. Tröpfcheninfektion.

Pathogenese. Adhäsion an Nasopharynxepithel, Invasion, hämatogene Streuung oder Fortleitung durch Lamina cribrosa, Endothelschädigung (Hämorrhagie in Haut, inneren Organen), Induktion einer eitrigen Entzündungsreaktion (Meningitis), Sepsis.

Klinik. Inkubationszeit wenige Tage. Fieber, Meningismus, Vigilanzstörung, petechiale Hautblutungen.

Labordiagnose. Mikroskopischer Nachweis und Kapselantigennachweis in Liquorprobe. Kultureller Nachweis in Liquorprobe und Blut. Identifizierung durch Oxidasetest und Bunte Reihe.

Therapie. Gezielt mit Penicillin G. Kalkuliert mit Cephalosporin der 3. Generation (z. B. Ceftriaxon).

Immunität. Ausbildung schützender Antikörper gegen den jeweiligen Kapseltyp. Ausnahme: Typ B ist nicht immunogen.

Prävention. Isolierung. Chemoprophylaxe bei Indexpatient und engen Kontaktpersonen. Schutzimpfung zur Verhütung von Epidemien in Afrika (Serotypen A, C, W, Y). Keine Schutzimpfung verfügbar gegen in Deutschland verbreiteten Kapseltyp B.

Meldepflicht. Verdacht, Erkrankung und Tod sowie der direkte Erregernachweis aus sonst sterilen Substraten.

4.3 Übrige Neisseria-Arten

Andere Neisseria-Arten wie N. lactamica, N. cinerea, N. mucosa, N. flavescens finden sich als *Schleimhautkommensalen* auf den Schleimhäuten im Nasopharynx sowie im Urogenitaltrakt. Ihre Bedeutung liegt darin, daß sie mit obligat pathogenen Neisserien verwechselt werden können.

VI

Tabelle 5.1. Enterobacteriaceae (Enterobakterien): Familienmerkmale

Merkmal	Merkmalsausprägung
Gramfärbung	gramnegative Stäbchen
aerob/anaerob	fakultativ anaerob
Kohlenhydratverwertung	fermentativ
Sporenbildung	nein
Beweglichkeit	verschieden
Katalase	positiv
Oxidase	negativ
Besonderheiten	Nitratreduktion zu Nitrit

Die Familie der Enterobakterien (Enterobacteriaceae; enteron, gr. Darm) setzt sich aus zahlreichen Gattungen gramnegativer Stäbchen zusammen (Tabelle 5.1). Ihr gemeinsames Kennzeichen ist, daß sie sich sowohl unter aeroben als auch unter anaeroben Bedingungen in vitro vermehren und Glukose sowie andere Zucker unter Bildung von Säure nicht nur oxidativ, sondern auch fermentativ spalten.

Enterobakterien erweisen sich als besonders widerstandsfähig gegen oberflächenaktive Substanzen.

Einige Enterobakteriengattungen, insbesondere Escherichia, gehören zur physiologischen Bakterienflora des Darmes. Sie werden nur dann, wenn sie aus dem Darm in andere Körperregionen verschleppt werden oder von außen dorthin gelangen, zu Krankheitserregern, sind also fakultativ pathogen oder Opportunisten (Tabelle 5.2). Escherichia coli ist das meistbenutzte Bakterium in Forschung und Biotechnologie.

Von den fakultativ pathogenen Enterobakterien sind die obligat pathogenen Gattungen Salmonella, Shigella und Yersinia sowie die darmpathogenen Stämme von Escherichia coli zu unterscheiden. Sie gehören nicht zur physiologischen Bakterienflora des Darms, sondern verursachen entweder zyklische Allgemeininfektionen, oder sie verbleiben im Darm und lösen Enteritiden aus.

Tabelle 5.2. Enterobakterien: Arten und Krankheiten

Arten	Krankheiten
Escherichia coli (fakultativ pathogen)	Sepsis Harnwegsinfektionen Meningitis Wundinfektionen Peritonitis Cholezystitis/Cholangitis
EPEC	Säuglingsenteritis
EAggEC	persistierende Enteritis (Kinder)
ETEC	Reisediarrhoe
EIEC	ruhrartige Enterokolitis
EHEC	Enteritis hämorrhagische Kolitis hämolytisch-urämisches Syndrom thrombotisch-thrombozytopenische Purpura
Klebsiellen (K. pneumoniae)	Pneumonie, Atemwegsinfektionen Sepsis Harnwegsinfektionen
K. ozaenae	Stinknase (Ozaena)
K. rhinoscleromatis	Rhinosklerom
Proteus mirabilis P. vulgaris	Harnwegsinfektionen Sepsis Wundinfektionen
Enterobacter cloacae E. agglomerans	Atemwegsinfektionen Sepsis Harnwegsinfektionen Wundinfektionen
Serratia marcescens	Atemwegsinfektionen Sepsis Harnwegsinfektionen Wundinfektionen
Salmonella Typhi	Typhus
S. Paratyphi (A, B, C)	Paratyphus
S. Enteritidis S. Typhimurium (und weitere ca. 2400 Enteritis-Salmonellen)	Gastroenteritis Sepsis Abszesse
Shigella dysenteriae S. flexneri S. boydii S. sonnei	Ruhr
Yersinia enterocolitica Y. pseudotuberculosis	Enterokolitis, Infektarthritis Pseudoappendizitis, Infektarthritis
Y. pestis	Pest

5.1 Escherichia coli (fakultativ pathogene Stämme)

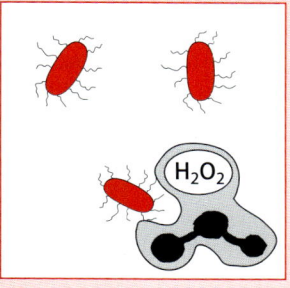

STECKBRIEF

Die Spezies Escherichia (E.) coli enthält sowohl fakultativ pathogene Stämme als auch obligat pathogene Stämme, die sich von den ersteren durch den Besitz besonderer Virulenzfaktoren abheben (s. u.). Die fakultativ pathogenen Stämme von E. coli finden sich als regelmäßiger Bestandteil der physiologischen Darmflora. Sie können Lokalinfektionen wie Eiterungen und Harnwegsinfektionen sowie Sepsis und Meningitis und gelegentlich nosokomiale Pneumonie hervorrufen, wenn sie aus dem Darm in die entsprechenden Körperregionen gelangen.

Escherichia coli
gramnegative Stäbchen
in Eiter,
entdeckt 1885 von
T. Escherich

Der deutsche Pädiater Theodor Escherich (1857–1911) isolierte den Keim 1885 erstmals aus dem Stuhl von Kleinkindern.

5.1.1 Beschreibung

Aufbau

Lipopolysaccharide (LPS). Wie im Abschnitt VI Allgemeine Bakteriologie ausgeführt (s. S. 177), stellen die Lipopolysaccharide bei allen gramnegativen Bakterien Strukturbestandteile der äußeren Membran dar, die erst beim Zerfall der Bakterienzellen frei werden. Die Lipopolysaccharide heißen auch *Endotoxine*. Das Lipid A ist Träger der toxischen Wirkung. Endotoxine sind der hauptsächliche Virulenzfaktor bei Infektionen durch opportunistische Enterobakterien. Ihre wichtigsten Wirkungen sind:

- Fieber,
- Komplementaktivierung,
- hypotoner Schock,
- Verbrauchskoagulopathie und
- Induktion von Entzündungsfaktoren (TNF-α, Interleukine) (s. S. 29 ff.).

K-Substanz. E. coli bildet K (= Kapsel-) Antigene, bestehend aus sauren Polysacchariden. Die K-Antigenschicht ist bei den meisten Stämmen sehr dünn. Es gibt aber auch Stämme mit viel K-Substanz, die als loser Schleim die Zelle umgeben kann. Die Kolonien dieser Stämme besitzen ein schleimiges Aussehen. Die K-Antigene wirken antiphagozytär.

Bestimmte K-Typen werden gehäuft bei Infektionen isoliert. So findet sich der Typ K1 bei der Neugeborenen-Sepsis und -Meningitis sowie bei Pyelonephritis durch E. coli. Das K1-Antigen ist mit dem B-Gruppenantigen von Meningokokken identisch. Der Mensch ist gegen dieses Antigen tolerant, d. h. es werden keine Antikörper gebildet.

Geißeln. E. coli ist peritrich begeißelt und damit beweglich.

Fimbrien (Pili). Die meisten Stämme von E. coli tragen Fimbrien, die in vitro eine *Hämagglutination* (HA) verursachen. Mit Hilfe der HA lassen sich Fimbrien vom Typ 1 und Typ 2 unterscheiden. Die HA durch Typ-1-Fimbrien wird durch Zugabe von Mannose gehemmt, Typ-1-Fimbrien sind also mannosesensitiv (MS). Die HA durch die Typ-2-Fimbrien wird durch Mannose nicht gehemmt, sie sind also mannoseresistent (MR). Anders ausgedrückt: Typ-1-Fimbrien erkennen Mannose, Typ-2-Fimbrien nicht.

Die Typ-1-Fimbrien (MS) finden sich vorwiegend bei Stämmen aus der physiologischen Bakterienflora des Darms.

Die Typ-2-Fimbrien (MR) heißen auch *F-Antigene* oder *Kolonisationsfaktoren*. Sie finden sich bei den obligat pathogenen E.-coli-Stämmen sowie bei opportunistischen E.-coli-Stämmen aus extraintestinal gelegenen Krankheitsherden.

Die P-Pili, die bei Harnwegsinfektionen eine Rolle spielen, sind auf S. 180 beschrieben.

Spezielle Pili, die sog. *Sex-Pili*, vermitteln die Übertragung von Plasmiden (s. S. 185).

Die Gene für die Bildung der Pili sind entweder im Bakterienchromosom (Typ-1-Fimbrien) oder in Plasmiden enthalten (Typ-2-Fimbrien); Sex-Pili werden immer von Plasmiden kodiert.

VI

Extrazelluläre Produkte

Hämolysine. Die Hämolyseeigenschaft findet sich vorwiegend bei Stämmen aus Krankheitsherden außerhalb des Darmes. Sie ist mit dem Vorkommen anderer Virulenzfaktoren assoziiert. Die Hämolyse beruht auf der Produktion verschiedener Hämolysine.

Colicine. Wie einige andere gramnegative Stäbchenbakterien kann E. coli Colicine freisetzen.

Die Fähigkeit zur Colicinbildung wird zur Typisierung mit herangezogen. Die Colicinproduktion ist plasmidkodiert. Colicine wirken auf verschiedene Bakterienarten hemmend.

β-Laktamasen. E. coli produziert zahlreiche β-Laktamasen, die bei der Antibiotikaresistenz eine Rolle spielen. Sie befinden sich im periplasmatischen Spalt (s. S. 175).

Resistenz gegen äußere Einflüsse

Ihre Wachstumsansprüche und Resistenz gegenüber Hitze entsprechen denen der übrigen Enterobakterien. Der Wachstumsbereich liegt zwischen 4 und 46 °C. Die Abtötung bei hoher Substratfeuchte erfolgt bei Temperaturen über 60 °C innerhalb von Minuten, bei über 70 °C innerhalb von wenigen Sekunden.

Vorkommen

Als konstanter Bestandteil der Standortflora machen die opportunistischen E.-coli-Stämme im Darm höchstens 1% der gesamten Bakterienmasse aus. Da E. coli regelmäßig und in relativ großen Mengen (10^6 bis 10^8 pro g Stuhl) im Darm von Mensch und Tier vorkommt und leicht anzuzüchten ist, gilt der Nachweis von E. coli im Trinkwasser oder in Lebensmitteln als Hinweis für fäkale Kontamination (*Indikatorkeim*).

5.1.2 Rolle als Krankheitserreger

Epidemiologie

E. coli ist der häufigste Erreger von Harnwegsinfektionen; bis zu 80% der Fälle gehen auf diesen Erreger zurück. Daneben steht E. coli mit einem Anteil von 30% an der Spitze der Ursachen von Sepsis durch gramnegative Bakterien. Bei Neugeborenen ist E. coli der häufigste Erreger von Sepsis und Meningitis.

Übertragung

E. coli gelangt aus dem Darm in den extraintestinalen Bereich. Infektionen mit opportunistischen Stämmen von E. coli sind also meistens endogenen Ursprungs oder entstehen durch Schmierinfektion (Abb. 5.1).

Pathogenese

Disponierende Faktoren. Harnwegsinfektionen durch E. coli finden sich häufig bei Kleinkindern und bei Patienten, bei denen der normale Harnfluß durch anatomische Abnormalitäten (Reflux, Prostata-Adenom), durch Schwangerschaft oder durch Instrumentalbehandlung (Katheter) gestört ist.

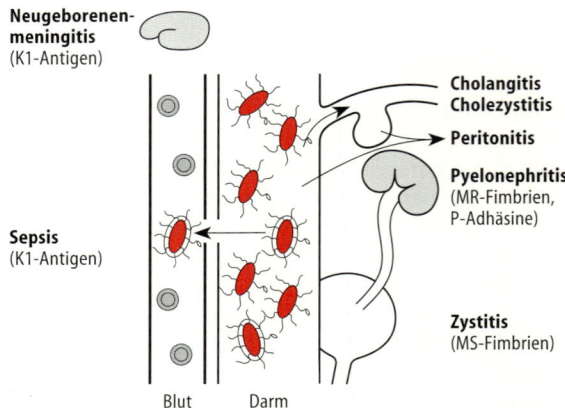

Abb. 5.1. Pathogenese der Infektionen durch fakultativ pathogene Escherichia coli

Adhäsion. Stämme, die eine Pyelonephritis auslösen, besitzen mannoseresistente (MR) Fimbrien. Stämme mit Affinität für die Epithelzellen des oberen Harntrakts tragen P-Adhäsine oder *P-Pili*. Diese binden sich an die Blutgruppensubstanz P. Für den unteren Urogenitaltrakt besteht bei diesen Stämmen eine geringere Affinität. Umgekehrt werden Infektionen der unteren Harnwege (Zystitiden) vorwiegend durch Stämme hervorgerufen, die mannosesensitive Pili tragen. Diese binden sich an die Blasen-Epithelzellen (uropathogene Stämme).

Etablierung. Häufig tragen sepsisverursachende Stämme das Kapselantigen K1, das antiphagozytär wirkt.

Invasion. Die Invasion wird durch die disponierenden Faktoren ermöglicht. Unterstützend könnte die Beweglichkeit des Erregers wirken.

Gewebeschädigung. Die Schädigung wird hauptsächlich durch die durch Lipid A induzierte eitrige Entzündungsreaktion bewirkt. Hämolysine als zytotoxische Produkte könnten weiterhin zur Schädigung des Gewebes beitragen (Abb. 5.1).

Klinik

Durch fakultativ pathogene E. coli verursachte Infektionen verlaufen häufig in der Nachbarschaft des Darmes: Peritonitis, Cholangitis, Appendizitis und Cholezystitis sowie Harnwegsinfektionen. Eitrige Wundinfektionen sind ebenfalls häufig; oft werden sie durch fäkale Kontamination verursacht. Von dort kann eine Sepsis ausgehen, am häufigsten von einer Gallenwegs- oder Harnwegsinfektion. Die Erreger können auch nach diagnostischen oder chirurgischen Eingriffen bzw. nach Traumen im Bereich des Bauchraumes oder des Urogenitaltraktes in die Blutbahn gelangen. Neugeborene können sich beim Durchtritt durch den Geburtskanal mit E. coli infizieren und eine Sepsis sowie eine Meningitis entwickeln.

Labordiagnose

Fakultativ pathogene E. coli werden durch Anzucht und biochemische Identifizierung diagnostiziert.

Untersuchungsmaterial. Als Untersuchungsmaterialien eignen sich Proben aus dem jeweiligen lokalen Herd, also z.B. Urin oder Liquor, bei Sepsis sind Blutkulturen zu gewinnen.

Anzüchtung. E. coli kann auf einfachen Kulturmedien angezüchtet werden; die Verwendung von Selektiv- und Differentialkulturmedien, z.B. MacConkey- oder Endo-Agar, kann die Diagnostik beschleunigen.

Biochemisch. Die biochemische Leistungsprüfung ist die Methode der Wahl, um die einzelnen Enterobakterien-Gattungen und -Arten voneinander abzugrenzen.

Serologisch. Eine Typisierung an Hand der verschiedenen O-, H- und Kapsel-Antigene wird im Rahmen epidemiologischer Untersuchungen durchgeführt, ist aber nur Speziallaboratorien vorbehalten.

Therapie

Antibiotikaempfindlichkeit. E. coli ist meist empfindlich gegen Cephalosporine der 2. und 3. Generation, Carbapeneme, Gyrasehemmer und Cotrimoxazol. Gegen Ampicillin, und in etwas geringerem Maße Piperacillin, sind zahlreiche Stämme resistent. Viele β-Laktamasen von E. coli (s. o.) können durch β-Laktamaseinhibitoren (s. S. 843) gehemmt werden.

Therapeutisches Vorgehen. Bei Harnwegsinfektionen eignet sich Cotrimoxazol zur kalkulierten Therapie unkomplizierter Fälle, Gyrasehemmer bei komplizierten Fällen.

Die kalkulierte Sepsistherapie richtet sich nach den Empfehlungen der Paul-Ehrlich-Gesellschaft (s. S. 919).

Prävention

Da die Hauptinfektionsquelle der Darm ist und der Erreger durch Schmierinfektion übertragen wird, stehen allgemeine Hygienemaßnahmen im Vordergrund.

Die schnellstmögliche Beseitigung oder Reduzierung disponierender Faktoren ist von hoher Bedeutung.

VI

5.2 Säuglingspathogene Escherichia-coli-Stämme (EPEC)

STECKBRIEF

EPEC (enteropathogene E. coli) sind die am längsten bekannten darmpathogenen E.-coli-Typen. Bei Säuglingen unter einem Jahr führen sie zur wäßrigen Enteritis.

5.2.1 Beschreibung

Aufbau

Aufgrund epidemiologischer Beobachtungen wurden EPEC über Jahrzehnte bestimmten serologischen O-Gruppen zugeordnet, zu denen die Gruppen O20, O26, O44, O55, O86, O111, O114, O119, O125a,c, O126, O127, O128, O142 und O158 zählen. Spätere Untersuchungen zeigten ein unterschiedliches Adhärenzverhalten bei EPEC und erlaubten eine Unterscheidung in Stämme mit lokalisierter Adhärenz (*Klasse-I-EPEC*) und solche, die diffus an der Oberfläche von Epithelzellen adhärieren (*Klasse-II-EPEC* oder „Diffus adhärierende E. coli, DAEC"). Während Klasse-I-EPEC gesicherte Krankheitserreger sind, ist die pathogene Bedeutung der DAEC nicht gesichert.

Bei Klasse-I-EPEC ist für die Adhärenz ein genetisch sowohl chromosomal als auch auf einem 70 MDa großen EPEC-Adhärenz-Faktor-Plasmid (EAF) determinierter „Bundle-forming Pilus" (BFP) von Bedeutung sowie weiterhin ein auf einer chromosomalen Pathogenitätsinsel lokalisiertes eae-Gen, das für ein Intimin genanntes Protein kodiert.

Extrazelluläre Produkte

In die Umgebung ausgeschüttete Faktoren, z.B. Enterotoxine, sind bei EPEC bisher nicht beschrieben.

Resistenz gegen äußere Faktoren

Die Tenazität entspricht der anderer Enterobakterien; insbesondere sind EPEC bei Temperaturen über 70 °C innerhalb weniger Sekunden abtötbar, was bei der Zubereitung von Lebensmitteln zu berücksichtigen ist.

Vorkommen

Der Mensch ist das einzig bekannte Erregerreservoir.

5.2.2 Rolle als Krankheitserreger

Epidemiologie

EPEC sind weltweit verbreitet. In Deutschland waren sie bis in die 60er Jahre gefürchtete Erreger von Ausbrüchen auf Säuglingsstationen und in Kinderkrippen. Heute sind Ausbrüche mit diesen Keimen selten geworden, und Erkrankungen treten meist sporadisch auf. In den Ländern der Dritten Welt sind EPEC weiterhin von großer Bedeutung, und sie werden dort in über 10% der Fälle von Säuglingsenteritis nachgewiesen.

Übertragung

Die Infektionen werden durch direkten Kontakt (Schmierinfektionen) oder durch Kontamination der Säuglingsnahrung übertragen.

Pathogenese

EPEC adhärieren an den Epithelzellen des Dünndarms in drei Schritten.
- Im ersten Schritt wird eine lose Verbindung über den BFP hergestellt, was
- eine Kaskade von intrabakteriellen Signalen mit Phosphorylierung eines intrazellulären Proteins auslöst, das an der Epithelzellmembran als Rezeptor für das bakterielle Adhäsin Intimin fungiert (sog. Typ III-Sekretionssysstem).
- Im letzten Schritt wird über das Intimin eine sehr feste Bindung erzielt, die an der Anhaftungsstelle zur Konglomeration der Aktinfasern des Zytoskeletts der Epithelzellen mit Zerstörung der Bürstensaumstruktur führt. Die nachfolgende Diarrhö ist das Ergebnis komplexer Vorgänge mit Änderung des Ionentransportes, Stimulation der Chloridsekretion, Entzündung unter Beteiligung

VI

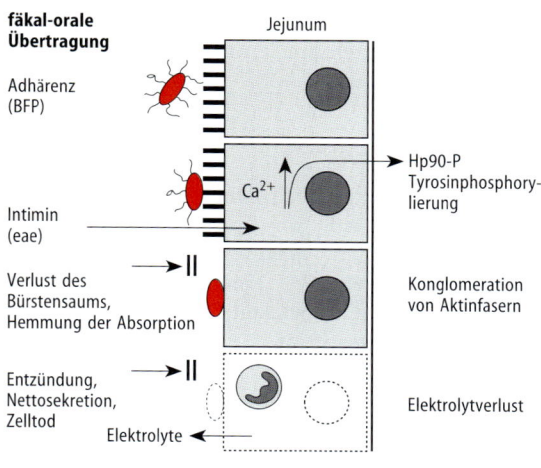

fäkal-orale Übertragung

Jejunum

Adhärenz (BFP)

Intimin (eae)

Verlust des Bürstensaums, Hemmung der Absorption

Entzündung, Nettosekretion, Zelltod

Ca^{2+}

→ Hp90-P Tyrosinphosphory-lierung

Konglomeration von Aktinfasern

Elektrolytverlust

Elektrolyte ←

Diarrhoe

Abb. 5.2. Pathogenese der EPEC-Infektion

polymorphkerniger Leukozyten und Hemmung der Absorption infolge Zerstörung des Bürstensaums (Abb. 5.2).

Klinik

EPEC verursachen bei Säuglingen unter einem Jahr eine breiige bis profus wäßrige Enteritis, die bis zur Exsikkose der Patienten führen kann. In den tropischen Ländern sind, wie bei allen Darminfektionen des Kindesalters, Mangelernährung und Begleitinfektionen (Malaria, Darmparasitosen) disponierende Faktoren. Erwachsene erkranken nicht an EPEC.

Labordiagnose

Die Gene für den BFP sowie das eae-Gen können mit molekularbiologischen Methoden nachgewiesen werden (PCR, Kolonieblothybridisierung). Da diese Methoden nur in Speziallaboratorien verfügbar sind, wird in den meisten Fällen die Diagnose EPEC weiterhin durch Bestimmung der oben aufgeführten E.-coli-O-Gruppen gestellt. Hierbei ist jedoch zu berücksichtigen, daß nicht jeder zu diesen Gruppen gehörige Stamm virulent ist und daß darüber hinaus auch zusätzliche O-Gruppen EPEC enthalten können.

Therapie

Ersatz von Flüssigkeit und Elektrolyten ist wesentlich. Eine antibiotische Behandlung, z. B. mit Cotrimoxazol (nach Testung), richtet sich nach dem Schweregrad der Erkrankung.

Prävention

Die Verbreitung von EPEC-Infektionen kann durch hygienische Nahrungsmittelzubereitung und die Beseitigung disponierender Erkrankungen bei Kindern eingedämmt werden.

5.3 Enteroaggregative Escherichia-coli-Stämme (EAggEC)

STECKBRIEF

EAggEC sind eine erst seit wenigen Jahren definierte Gruppe von darmpathogenen E.-coli-Stämmen, die bei Säuglingen und Kleinkindern eine persistierende, mit Gewichtsverlust einhergehende Enteritis verursachen.

5.3.1 Beschreibung

Aufbau

EAggEC sind den EPEC verwandt. Für die Adhärenz werden vier Fimbrientypen diskutiert, darunter die sog. „Aggregative Adhärenz vermittelnden Fimbrien I" (AAF/I). Diese sind dem BFP der EPEC sehr ähnlich. Im Zellkulturtest adhärieren sie klumpenförmig wie geschichtete Ziegelsteine.

Extrazelluläre Produkte

EAggEC induzieren die Sekretion von Schleim und produzieren ein auch bei EHEC (s. u.) vorkommendes hitzestabiles und Flüssigkeit sezernierendes Enterotoxin (EAST), das plasmidkodiert ist. Weiterhin wurde ein zytotoxisches Protein nachgewiesen.

Resistenz gegen äußere Einflüsse

Wie EPEC kann auch EAggEC leicht durch Kochen (der kontaminierten Nahrung) abgetötet werden.

VI

Vorkommen

Der Mensch ist das einzig bekannte Erregerreservoir.

5.3.2 Rolle als Krankheitserreger

Epidemiologie

EAggEC sind vorwiegend in den warmen Ländern verbreitet. Einzelne Berichte belegen aber, daß auch hierzulande mit ihnen zu rechnen ist.

Übertragung

Die Übertragung erfolgt vermutlich durch Schmierinfektion und über Lebensmittel.

Pathogenese

Die Anhaftung an den Dünndarmepithelien mittels spezifischer Fimbrien ist gefolgt von einer massiven Sekretion von zähem Schleim auf der Darmoberfläche. Ursächlich für die nachfolgende Diarrhö wird die Wirkung von EAST sowie eines Zytotoxins diskutiert (Abb. 5.3).

Klinik

Die Krankheit tritt in erster Linie bei Säuglingen und Kleinkindern auf. Sie verläuft wäßrig, gelegentlich blutig und ist häufig durch einen sich über Wochen hinziehenden Verlauf mit Gewichts-

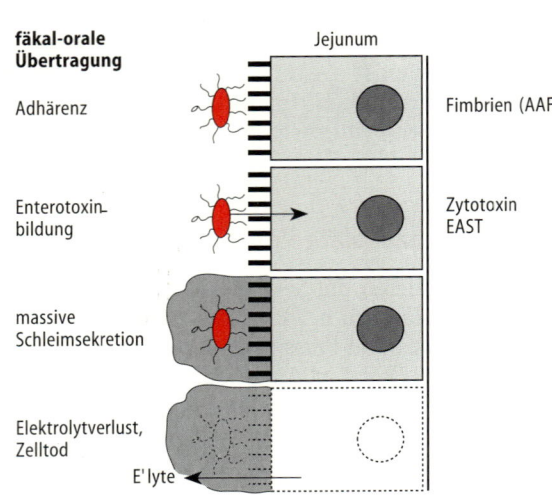

Abb. 5.3. Pathogenese der EAggEC-Infektion

abnahme und Entwicklungsstörung gekennzeichnet. Ob auch Erwachsene erkranken können, wird kontrovers diskutiert.

Labordiagnose

Der Nachweis erfolgt nach Anzucht aus dem Stuhl im Zellkulturtest z.B. an Ep-2–Zellen (Nachweis der klumpenartigen, „aggregativen" Adhärenz). Darüber hinaus wurden eine DNS-Probe sowie eine PCR-Methode entwickelt, die Sequenzen der EAST-Gene berücksichtigt.

Therapie

Neben Flüssigkeits- und Elektrolytsubstitution sollte im Hinblick auf die Persistenz der Erkrankung eine antibiotische Therapie, z.B. mit Cotrimoxazol (nach Testung), durchgeführt werden.

Prävention

Eine Prävention ist durch hygienisches Verhalten, insbesondere bei der Lebensmittelzubereitung, möglich.

5.4 Enterotoxinogene Escherichia-coli-Stämme (ETEC)

ETEC rufen bei Reisen in südliche Länder Durchfälle hervor; sie sind die häufigsten Erreger der Reisediarrhoe in vielen Ländern („Turista", „Montezumas Rache", „Inca Quickstep"). In tropischen Ländern zählen sie zu den häufigsten bakteriellen Erregern der Säuglingsdiarrhoe.

STECKBRIEF

5.4.1 Beschreibung

Aufbau

ETEC-Stämme besitzen meist Fimbrien vom MR-Typ, die als Adhärenzfaktoren dienen. Eine Anzahl verschiedener Fimbrienantigene ist bekannt, von denen die „Colonization Factor Antigens" CFA I und CFA II am wichtigsten sind. Diese sind, ebenso wie die Gene für die von ETEC gebildeten Enterotoxine, auf Plasmiden lokalisiert.

Extrazelluläre Produkte

ETEC sind zur Bildung zweier Exotoxine befähigt, des hitzelabilen (LT) und des hitzestabilen (ST) Toxins.

LT. Das LT ist dem Choleratoxin eng verwandt (75% Aminosäurenhomologie), aber biologisch weniger aktiv. Nach Bindung an den Rezeptor, das Gangliosid GM_1, kommt es zur Einschleusung des Toxins, gefolgt von der ADP-Ribosylierung eines G-Proteins und Aktivierung des membrangebundenen Enzyms Adenylatzyklase. Hierdurch wird cAMP angereichert, was eine Netto-Sekretion von Chloridionen und Wasser durch die Kryptenzellen des Jejunum und des Ileum bei gleichzeitiger Hemmung der Rückresorption von Natriumionen aus dem Darmlumen nach sich zieht. Die Folge ist eine Diarrhoe mit Flüssigkeits- und Elektrolytverlusten (Abb. 5.4; s. a. S. 291 u. 968).

ST. ST ist ein hitzestabiles ($100\,°C$, 30 min), bei Mensch und Tier leicht unterschiedliches Peptid von 17–19 Aminosäuren, das intrazellulär durch Aktivierung der Guanylatzyklase zu einem Anstieg von cGMP führt. Die Folge ist ebenfalls eine Elektrolyt- und Wassersekretion.

Resistenz gegen äußere Einflüsse

Während der Erreger selbst und das LT bei ausreichender Erhitzung inaktiviert werden, bleibt das ST noch wirksam (s. o.).

Vorkommen

ETEC kommen bei Mensch und warmblütigen Tieren vor, allerdings sind die Stämme verschieden. Für die menschliche Erkrankung ist der Mensch das einzige Erregerreservoir.

5.4.2 Rolle als Krankheitserreger

Epidemiologie

ETEC kommen vorwiegend in warmen Ländern vor. Dort sind sie an rund 25% der Fälle von Enteritis im Säuglings- und Kleinkindalter beteiligt. In Mittel- und Nordeuropa sind sie aufgrund der hygienischen Verhältnisse selten; sie werden dort in etwa 1% der Durchfallerkrankungen nachgewiesen. Bei Touristen in warmen Ländern erzeugen sie am häufigsten die Reisediarrhoe. Deren weite geographische Verbreitung geht aus der Vielfalt der Benennungen hervor (s. a. Tabelle 5.2, S. 250).

Übertragung

ETEC werden durch fäkal kontaminierte Lebensmittel oder durch Wasser auf fäkal-oralem Weg übertragen.

Pathogenese

ETEC-Stämme zeichnen sich im Gegensatz zu den fakultativ pathogenen E.-coli-Stämmen der physiologischen Darmflora durch einen Tropismus für den proximalen, normalerweise bakterienarmen Abschnitt des Dünndarmes aus. Nach oraler Aufnahme durchdringen sie die schützende Schleimschicht und heften sich mittels spezifischer fimbrialer Adhärenzfaktoren, v.a. CFA I und CFA II (Colonisation Factor Antigen), an die Rezeptoren der Epithelzellen im proximalen Abschnitt des Dünndarmes. Hier bilden sie LT und ST (Abb. 5.4). Diese Toxine verursachen über eine Störung des intestinalen Elektrolyt- und Wasser-Transportes (s.o.) Durchfälle, die etwa 24 h nach Aufnahme der Bakterien einsetzen. Die Erreger dringen nicht in die Epithelzellen ein und gelangen nicht bis zur

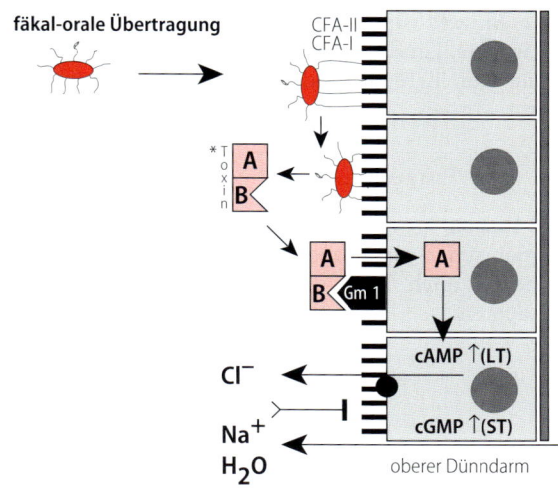

Abb. 5.4. Pathogenese der ETEC-Infektion

Lamina propria. Der Stuhl enthält demzufolge keine Granulozyten und wenig Protein, jedoch reichlich Schleim: Die Diarrhoe ist vom sekretorischen Typ (s. S. 968).

Klinik

Die klinischen Symptome reichen in Abhängigkeit von der Virulenz der Stämme (Adhärenzfimbrien, Toxinexpression) und der aufgenommenen Erregermenge von Durchfällen mit geringem Krankheitsgefühl bis zu Cholera-ähnlichen Diarrhoen. Die Symptome dauern in der Regel bis zu fünf Tagen an und sind selbstlimitierend.

Labordiagnose

ETEC werden durch phänotypischen oder genotypischen Nachweis ihrer Enterotoxine diagnostiziert. Da LT bzw. ST oftmals nur allein von einem Stamm produziert werden, müssen bei der Diagnostik stets beide Toxine berücksichtigt werden. Der Nachweis der Gene für LT und ST erfolgt mittels Koloniebloythybridisierung oder PCR, die Toxine können mittels Enzym-Immunoassay nachgewiesen werden.

Therapie

Infektionen durch ETEC sind in der Regel selbstlimitierend. Die Therapie besteht insbesondere bei Säuglingen und Kleinkindern in einer Flüssigkeits- und Elektrolytsubstitution. Eine antibiotische Therapie (2–3 Einzeldosen von Cotrimoxazol) oder eine Einzeldosis eines Chinolons kann bei Reisen in warme Länder hilfreich sein, da die Ausscheidung der Erreger und die Krankheitsdauer verkürzt werden.

Prävention

Bei Reisen in warme Länder ist auf die Einhaltung hygienischer Grundregeln nicht nur bei Speisen, sondern auch bei Getränken (Wasser, Eiswürfel) zu achten.

5.5 Enteroinvasive Escherichia-coli-Stämme (EIEC)

5.5.1 Beschreibung

Aufbau

Die Zellinvasivität und die intrazelluläre Vermehrung werden von einem großen Plasmid sowie chromosomal kodiert. Es handelt sich häufig um Stämme bestimmter O-Serogruppen: O28, O32, O112, O115, O124, O136, O143, O144, O147, O152 sowie O164.

Extrazelluläre Produkte

Die von EIEC plasmidkodierten Proteine haben funktionelle Ähnlichkeit mit sekretorischen Shigella-Proteinen (Shigella-„Enterotoxin", Sen). Weiterhin werden von einem sog. Typ-III-Sekretionssystem intrazellulär verschiedene Proteine gebildet, die für die volle Virulenz des Erregers notwendig sind.

Resistenz gegen äußere Einflüsse

Im Gegensatz zu Shigellen zeigen EIEC keine kurzzeitige Säuretoleranz.

Vorkommen

Der Mensch ist das einzige bisher bekannte Erregerreservoir.

5.5.2 Rolle als Krankheitserreger

Epidemiologie

EIEC-Stämme kommen vorwiegend in warmen Ländern vor. Angaben über die Häufigkeit sind lückenhaft.

Übertragung

Die Übertragung erfolgt in der Regel über kontaminierte Lebensmittel und Trinkwasser.

VI

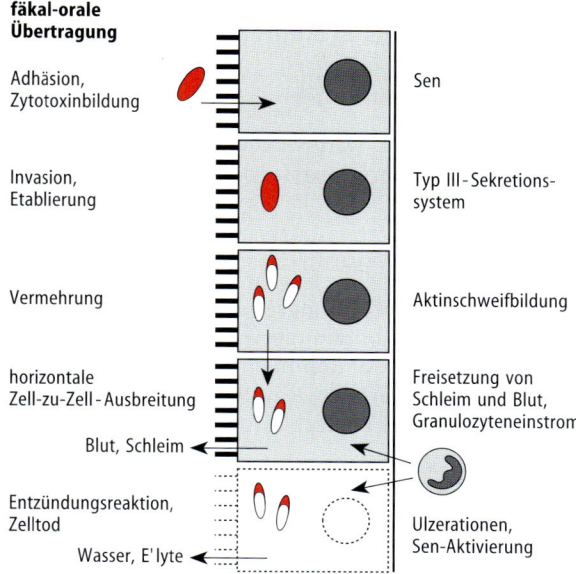

fäkal-orale Übertragung

Adhäsion, Zytotoxinbildung — Sen

Invasion, Etablierung — Typ III-Sekretionssystem

Vermehrung — Aktinschweifbildung

horizontale Zell-zu-Zell-Ausbreitung — Freisetzung von Schleim und Blut, Granulozyteneinstrom

Blut, Schleim

Entzündungsreaktion, Zelltod — Ulzerationen, Sen-Aktivierung

Wasser, E'lyte

Abb. 5.5. Pathogenese der EIEC-Infektion

Pathogenese

Nach oraler Aufnahme dringen EIEC in die Epithelzellen des Kolons ein. Dort vermehren sie sich in einer Vakuole, die sie auflösen. Sie breiten sich dann horizontal auf benachbarte Epithelzellen aus, indem sich hinter der Bakterienzelle ein „Schweif" von polymerisiertem Aktin bildet, der die Erreger voranschiebt (Abb. 5.5). Nach Zerstörung der Enterozyten mit entzündlicher Reaktion bilden sich Ulzerationen mit Absonderungen von Blut, Schleim und Granulozyten (Abb. 5.5). Bildung von sekretorischen Proteinen (Sen) führt zur Sekretion von Elektrolyten und Wasser.

Klinik

Das klinische Bild kann demjenigen der Ruhr (s. S. 276) mit Fieber, wäßrigen und blutig-schleimigen Durchfällen ähneln, verläuft aber meist leichter als wäßrige Diarrhoe.

Labordiagnose

Der Stuhl enthält reichlich Schleim, oft Blut.

Mikroskopisch. Im mit Methylenblau gefärbten Nativpräparat lassen sich Eiterzellen (Granulozyten) nachweisen.

Anzüchtung. Die bakteriologische Diagnostik beruht auf der Anzüchtung der Erreger aus dem Stuhl und Nachweis der Invasionsfähigkeit im Zellkulturtest bzw. genotypisch durch Nachweis der Invasionsgene mittels Kolonieblothybridisierung und PCR. EIEC sind in der Regel unbeweglich und negativ im Lysindekarboxylasetest; sie können daher leicht mit Shigellen verwechselt werden. Diese Eigenschaften in Kombination mit dem Vorkommen in bestimmten O-Gruppen (s.o.) ermöglichen einen alternativen Nachweis mit hoher Richtigkeitsquote.

Therapie

Die Therapie besteht im prompten Ausgleich der Flüssigkeits- und Elektrolytverluste, erforderlichenfalls parenteral. Für die orale Anwendung steht die von der WHO empfohlene Elektrolyt- und Glukoselösung zur Verfügung (s. S. 293). Kleinkinder und Säuglinge erhalten eine Antibiotikatherapie mit Ampicillin oder Cotrimoxazol; gleiches gilt für komplizierte Fälle bei Erwachsenen.

Prävention

Die Prävention erfolgt über hygienische Zubereitung von Speisen und Einhalten der Kühlkette.

5.6 Enterohämorrhagische Escherichia-coli-Stämme (EHEC)

Enterohämorrhagische E.-coli-Stämme sind Ursache einer oft hämorrhagischen Kolitis (HC); zusätzlich können das hämorrhagisch-urämische Syndrom (HUS), die thrombotisch-thrombozytopenische Purpura (TTP) sowie neurologische Symptome auftreten.

STECKBRIEF **VI**

5.6.1 Beschreibung

Aufbau

EHEC sind eine phänotypisch unterschiedliche Gruppe von E. coli. Über 160 verschiedene Serovare mit EHEC-Eigenschaften sind bisher beim Menschen nachgewiesen worden. Chromosomal kodiert ist das Adhärenzprotein Intimin (kodiert durch das auf einer Pathogenitätsinsel lokalisierte eae-Gen). Plasmidkodierte Strukturbestandteile beinhalten ein Peroxidase-Katalase-System, eine Serinprotease und ein EHEC-spezifisches Hämolysin.

Extrazelluläre Produkte

EHEC produzieren Zytotoxine, die aufgrund eines zytopathischen Effektes auf Verozellen früher als Verotoxine (VT) und heute wegen ihrer Verwandtschaft mit dem Exotoxin von Shigella dysenteriae Typ 1 als **Shiga-Toxine** (**Stx**) bezeichnet werden. Zwei Toxingruppen sind bekannt: Stx 1 mit einer identischen Aminosäuresequenz zum Shigella-Zytotoxin und Stx 2 mit etwa 55–57% Aminosäurehomologie. Von Stx 2 sind zwei weitere Varianten bekannt, das beim Menschen vorkommende Stx 2c und das nur bei Schweinen vorkommende Stx 2e. Die Stx-Typen können in einem Stamm einzeln oder in Kombination vorkommen. Die Shiga-Toxine werden von einem integrierten lambdoiden Phagen kodiert.

Das plasmidkodierte EHEC-Hämolysin ist ein porenbildendes Zytotoxin, das von etwa 75% der EHEC-Stämme gebildet wird. Weiterhin wird von vielen EHEC, insbesondere der O-Gruppe O157, das ebenfalls bei EAggEC vorkommende hitzestabile, sekretorisch wirksame Enterotoxin EAST gebildet.

Resistenz gegen äußere Einflüsse

EHEC sind durch eine ausgeprägte, stammabhängige Säuretoleranz charakterisiert; sie überstehen einen pH von 2,5 über 5 h. Dagegen ist die Hitzeresistenz vergleichbar der der fakultativ pathogenen E.-coli-Stämme.

Vorkommen

Das für den Menschen wichtigste Reservoir sind Wiederkäuer, insbesondere Rinder. Die bei Schweinen vorkommenden EHEC scheinen für den Menschen keine Bedeutung zu haben.

5.6.2 Rolle als Krankheitserreger

Epidemiologie

Die Erreger sind weit verbreitet und haben eine ausgeprägte Ausbreitungstendenz.

Übertragung

Wichtigster Übertragungsweg für EHEC ist die Aufnahme von kontaminierten Lebensmitteln, v.a. von Rohmilch und Rohmilchprodukten sowie unzureichend gegartem Rindfleisch. Eine direkte Übertragung von Mensch zu Mensch ist häufig.

Pathogenese

Die EHEC-Erkrankung ist charakterisiert durch eine sehr enge Anhaftung der Erreger an den Darmenterozyten mit lokaler Veränderung der Struktur und nachfolgender toxinbedingter Sekretion von Flüssigkeit und Elektrolyten.

Bei Vorhandensein der chromosomalen Pathogenitätsinsel LEE („Locus of Enterocyte Effacement") erfolgt im ersten Schritt die bei EPEC (s. S. 254) beschriebene Kaskase intrabakterieller Signale mit Aktivierung des Typ III-Sekretionssystems und enger Adhärenz der Erreger an der Membran der Enterozyten durch das Protein Intimin. Die Enterozyten bilden an dieser Stelle einen becherförmig eingestülpten Sockel aus, unter dem

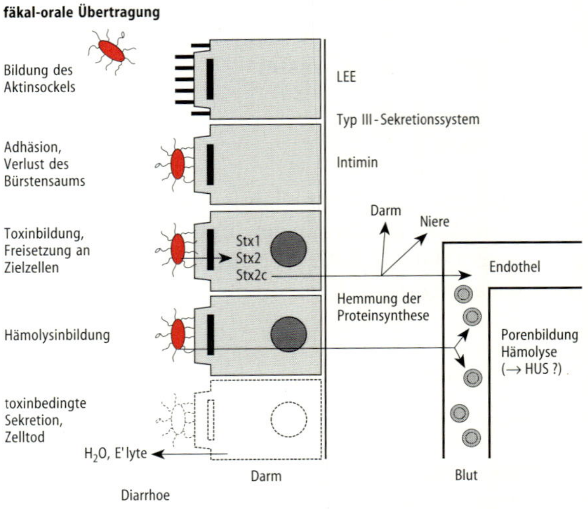

Abb. 5.6. Pathogenese der EHEC-Enteritis und des HUS

das aus Aktin bestehende Zytoskelett konglomeriert; der Bürstensaum der befallenen Darmzellen wird aufgelöst (Abb. 5.6).

Die von EHEC gebildeten Shiga-Toxine Stx 1, Stx 2 und Stx 2c wirken in gleicher Weise zytotoxisch durch Hemmung der Proteinsynthese der Zielzellen (Darmepithel-, Nieren- und Endothelzellen) (Abb. 5.6). Ob sie darüber hinaus eine direkte sekretorische Wirkung haben, ist ungeklärt. Die für EPEC (s. S. 254) beschriebenen Folgen der Läsion der Bürstensaumstruktur und anderer durch LEE vermittelter Vorgänge gelten in gleicher Weise für EHEC.

Das von vielen Stämmen gebildete EHEC-Hämolysin führt nach Kontakt mit Erythrozyten zur Porenbildung und Hämolyse. Ihm kommt möglicherweise eine Bedeutung beim hämolytisch-urämischen Syndrom (HUS) zu, da HUS-Patienten eine spezifische Immunantwort auf dieses Hämolysin ausbilden.

Klinik

Etwa 2–5 Tage nach oraler Infektion treten wäßrige Durchfälle mit schmerzhaften Darmkoliken mit oder ohne leichtem Fieber und Erbrechen auf. Bei 20% der Erkrankten geht der Durchfall in eine profuse hämorrhagische Diarrhoe über, die ein Risikofaktor für anschließende Komplikationen ist. Der wäßrige Durchfall heilt in leichteren Fällen unbehandelt innerhalb einer Woche ab.

Bei Kindern unter 6 Jahren, seltener auch bei Erwachsenen, kann sich etwa eine Woche nach Erkrankungsbeginn, d.h. nach Rückgang der Darmsymptome, in ca. 5–10% der Infektionen ein hämolytisch-urämisches Syndrom (HUS) entwickeln. Es ist gekennzeichnet durch eine hämolytische Anämie, Fragmentation der Erythrozyten und Thrombozytenabfall. Durch glomeruläre Nierenschädigung kommt es oft zum dramatischen Anstieg der harnpflichtigen Substanzen, häufig zur Anurie sowie Elektrolytentgleisungen. Die Schädigung kapillärer Endothelzellen mit Bildung intravaskulärer Mikrothromben kann auch in anderen Organen auftreten und zur thrombotisch-thrombozytopenischen Purpura des Erwachsenen, zu zerebralen Krampfanfällen mit bleibenden neurologischen Schäden, zu Pankreatitis mit Ausbildung eines Diabetes mellitus oder zu toxischem Myokardschaden führen. Etwa 10% der akuten Komplikationen führen zum Tode, weitere 10–30% zu dauerhaftem Nierenschaden mit Hypertonie, Niereninsuffizienz oder Dialyse- bzw. Transplantationspflicht. Im Anschluß an eine klinische EHEC-Infektion werden die Erreger noch für etwa drei Wochen mit dem Stuhl ausgeschieden; eine verlängerte Ausscheidung über mehrere Monate ist beschrieben.

Labordiagnose

Wie bei allen darmpathogenen E. coli ist der kulturelle Nachweis durch die äußere Ähnlichkeit der Erreger mit den fakultativ pathogenen E.-coli-Stämmen der normalen Darmflora sowie die relativ geringe Zahl der ausgeschiedenen Erreger erschwert. Die diagnostische Strategie ist auf den Nachweis der Shiga-Toxine mittels Zellkultur- oder immunologischer Tests (z.B. ELISA) oder den Nachweis ihrer Gene mittels PCR oder Kolonieblothybridisierung ausgerichtet.

Bei HUS mit bereits überstandener Ausscheidung von EHEC kann der Nachweis von Antikörpern gegen Lipopolysaccharidantigene der wichtigsten EHEC-Serogruppen (z.B. O157, O26 u.a.) retrospektiv zur Sicherung der Ursache beitragen.

Therapie

Trotz guter Empfindlichkeit der EHEC ist eine antibiotische Therapie der Erkrankung kontraindiziert, da sie die Toxinfreisetzung verstärkt und extraintestinale Komplikationen begünstigt. Die Behandlung beschränkt sich deshalb auf einen Ersatz von Flüssigkeit und Elektrolyten sowie bei renaler Beteiligung auf Dialyse und Korrektur von Blutelektrolyten und harnpflichtigen Substanzen.

Hemmer der Darmmotilität sind kontraindiziert.

Prävention

Wesentlich ist die Hygiene bei der Herstellung von Lebensmitteln und Speisen tierischer Herkunft, insbesondere vom Rind, sowie von anderen landwirtschaftlichen Produkten, die fäkal kontaminiert sein können (z.B. Gemüse von fäkal gedüngten Anbauflächen). Vor dem Verzehr von Rohmilch und unzureichend gegartem oder rohem Rindfleisch (Tatar!) muß gewarnt werden. Die hochgradige Säureresistenz der Erreger mit ungehinderter Magenpassage bedingt eine sehr niedrige minimale Infektionsdosis von unter 100 EHEC-Bakterien. Bei Kontakt mit Infizierten ist deshalb strikte Händehygiene notwendig.

Meldepflicht. Der Verdacht auf und die Erkrankung an einer mikrobiell bedingten Lebensmittelvergiftung oder an einer akuten infektiösen Gastroenteritis ist namentlich zu melden, wenn a) eine Person spezielle Tätigkeiten (Lebensmittel-, Gaststätten-, Küchenbereich, Einrichtungen mit/ zur Gemeinschaftsverpflegung) ausübt oder b) zwei oder mehr gleichartige Erkrankungen auftreten, bei denen ein epidemischer Zusammenhang wahrscheinlich ist oder vermutet wird (§ 6 IfSG).

Der Krankheitsverdacht, die Erkrankung sowie der Tod an enteropathischem hämolytisch-urämischem Syndrom (HUS) ist ebenfalls namentlich zu melden (§ 6 IfSG).

Darüber hinaus ist der direkte oder indirekte Nachweis von EHEC-Stämmen und anderen darmpathogenen E. coli namentlich zu melden.

ZUSAMMENFASSUNG: Escherichia coli (obligat pathogene Stämme)

Bakteriologie. Morphologisch und in den Wachstumsansprüchen kein Unterschied zu den fakultativ pathogenen Stämmen von E. coli. Aufgrund ihrer Pathomechanismen Einteilung in fünf Gruppen:

- Enteropathogene (EPEC),
- Enteroaggregative (EAggEC),
- Enteroinvasive (EIEC),
- Enterotoxinogene (ETEC),
- Enterohämorrhagische (EHEC) E.-coli-Stämme.

Vorkommen. Gehören nicht zur physiologischen Darmflora des Menschen. Weltweit verbreitet, EAggEC und ETEC vorwiegend in Entwicklungsländern. Hauptreservoir ist der Mensch, für EHEC Rinder und andere Wiederkäuer.

Epidemiologie. EPEC: Säuglingsenteritis (Dritte Welt). EAggEC: Wäßrige, gelegentlich blutige, persistierende Enteritis im Kleinkindalter. EIEC: Ruhrähnliches Krankheitsbild. ETEC: Diarrhoen im Kleinkindesalter und bei Touristen (Reisediarrhoe) in südlichen Ländern. EHEC: Alle Altersgruppen in den Industrienationen.

Übertragung. Schmierinfektionen und über kontaminierte Nahrungsmittel.

Pathogenese. EPEC: Adhärenz und Zerstörung des Bürstensaums. EAggEC: Adhärenz, Schleimbildung, Schädigung der Enterozyten mit Diarrhoe. EIEC: Invasion der Epithelzellen des Kolon → Zerstörung der Epithelzellen → blutig-schleimige und wäßrige Diarrhoe. ETEC: Anheftung an proximale Dünndarmepithelien (keine Invasion) → Toxinbildung mit Störung des intestinalen Elektrolyt- und Wassertransportes → sekretorische Diarrhoe. EHEC: Toxinvermittelte wäßrige oder hämorrhagische Kolitis, bei Kleinkindern häufiger systemische Komplikationen (HUS).

Virulenzfaktoren. EPEC: Adhäsine, sekretorische Proteine. EAggEC: Adhäsine, Zytoxin, Enterotoxin.

EIEC: Invasine, sekretorische Proteine. ETEC: Fimbrien und plasmidkodierte Toxinbildung (LT und ST). EHEC: Adhäsine, Shiga-Toxine 1 und 2, Hämolysin, sekretorische Proteine.

Klinik. Diarrhoen, die (mit den pathophysiologischen Folgen der Dehydratation und Malabsorption) je nach Virulenzmechanismus des Erregers, vom sekretorischen oder blutig-schleimigen (ruhrähnlichen) Typ sein können.

Labordiagnose. Untersuchungsmaterial: Stuhl bzw., bei dünndarmbesiedelnden Stämmen (EPEC, ETEC), mit Dünndarmsonde gewonnenes Material. Erregernachweis durch Anzucht auf laktosehaltigen Indikatornährböden. Identifizierung der E. coli mittels „Bunter Reihe". Differenzierung der säuglingspathogenen und enteroinvasiven Stämme durch serologische Bestimmung der O-Antigene. Toxinnachweis mittels ELISA-Methoden, Zellkulturen oder molekularbiologischer Methoden.

Therapie. Flüssigkeits- und Elektrolytsubstitution. Antibiotika nur in Ausnahmefällen. Motilitätshemmer bei invasiven/blutigen Formen kontraindiziert.

Prävention. Vermeidung fäkaler Kontamination von Nahrungsmitteln und Wasser. Abkochen von Speisen und – zwecks Vermeidung nachträglicher Kontamination – rascher Verzehr (cave Kühlketten!)

Meldepflicht. Verdacht, Erkrankung an akuter Gastroenteritis (spezielle Voraussetzungen): namentlich; Verdacht, Erkrankung und Tod an enteropathischem hämolytisch-urämischem Syndrom: namentlich; direkter oder indirekter Nachweis von EHEC oder anderen darmpathogenen E. coli: namentlich.

5.7 Klebsiellen

Klebsiellen sind gefürchtete Erreger von eitrigen Lokalinfektionen und Sepsis. Diese Gattung ist nach dem Bakteriologen Edwin Klebs (1834–1913) benannt. Der Pathologe Carl Friedländer (1847–1887) beschrieb 1883 Klebsiella (K.) pneumoniae als Erreger der postoperativen Pneumonie, daher die alte Bezeichnung Friedländer-Bakterien. Sie teilen viele Gemeinsamkeiten mit Enterobacter und Serratia und werden mit diesen zur **KES-Gruppe** zusammengefaßt.

Klebsiellen besitzen keine Geißeln und sind daher unbeweglich, die meisten Stämme indes tragen Fimbrien und bilden eine dicke Polysaccharidkapsel, das K-Antigen, welches antiphagozytär wirkt.

Klebsiellen kommen in der Erde, auf Pflanzen und im Wasser vor; bei 10% der gesunden Bevölkerung finden sie sich auch im Darm und im oberen Respirationstrakt.

Klebsiella pneumoniae, Klebsiella oxytoca.

Diese Erreger werden häufig aerogen vom Körper aufgenommen, z. B. wenn zur Luftbefeuchtung Klimaanlagen eingesetzt werden, bei denen die Keimfreiheit des verwendeten Wassers nicht kontrolliert wird. Es entstehen dann *Atemwegsinfektionen* und u. U. die gefürchtete *Klebsiellen-* (früher Friedländer-) *Pneumonie*. Ein Teil der Pneumonien entsteht aber auch endogen.

Zwischenfälle treten auf, wenn mit Klebsiellen kontaminierte Infusionen oder Blutkonserven verabreicht werden. Als Quelle für die Kontamination derartiger Materialien kommen erregertragende Personen (Krankenhauspersonal) in Betracht. Klebsiella-Infektionen können auch über pflanzliche Lebensmittel, z. B. Salate, zustandekommen.

K. pneumoniae und K. oxytoca befallen als Hospitalismuserreger v. a. abwehrgeschwächte Personen (z. B. Patienten auf Intensivstationen und in onkologischen Abteilungen). Sie rufen Sepsis, Harnwegsinfektionen und Pneumonien hervor. Neben der Pneumonie können Klebsiellen Exazerbationen von chronischen Bronchitiden hervorrufen.

Klebsiella ozaenae.

K. ozaenae wird häufig bei einer chronisch-atrophischen Rhinitis mit starker Borkenbildung und übelriechendem Sekret, der sog. *Stinknase (Ozaena)*, isoliert. Vermutlich spielt der Erreger dort die Rolle eines sekundären Eindringlings, da er auch bei Patienten ohne Ozaena isoliert wird. Häufig findet er sich im Sputum von Patienten mit chronisch verlaufenden bronchopulmonalen Erkrankungen.

Klebsiella rhinoscleromatis.

Diese Art verursacht das *Rhinosklerom*, eine chronisch granulomatöse Erkrankung der Nase. Ähnliche klinische Zeichen treten bei Erkrankungen der Nasennebenhöhlen, des Pharynx, des Mittelohrs und der Epithelschicht des Respirationstraktes auf.

5.8 Enterobacter

Sie unterscheiden sich von den Klebsiellen im wesentlichen durch ihre Begeißelung, die ihnen Beweglichkeit verleiht. Darüber hinaus bilden sie weniger Kapselsubstanz aus. Hinsichtlich der Differenzierung, der Identifizierung und des Krankheitsspektrums ähneln sie ebenfalls den Klebsiellen.

Problematisch ist die hohe Rate der Ausbildung sekundärer Antibiotikaresistenzen bei der gesamten KES-Gruppe, die sie zu gefürchteten Erregern nosokomialer Infektionen macht.

5.9 Serratia

Auch Serratiaarten ähneln hinsichtlich Ansprüchen an das Kulturmedium und des Krankheitsspektrums den Klebsiellen.

Sie unterscheiden sich von allen anderen Enterobakterien in ihrer Fähigkeit zur Produktion dreier hydrolytischer Enzyme, nämlich DNase, Gelatinase und Lipase.

Serratia (S.) rubidaea und einige Stämme von S. marcescens produzieren bei Lichtabschluß ein rotes Pigment, Prodigiosin. Dieses konnte sich auf kontaminierten Hostien im Tabernakel bilden und wurde als „Blutstropfen Jesu" verehrt („*Hostienphänomen*").

Serratia-Arten kommen in der Erde, auf Pflanzen und in Wasserproben vor. Gelegentlich, jedoch seltener als Klebsiellen oder Enterobacter, werden sie aus dem menschlichen Darm oder aus dem Respirationstrakt isoliert.

Bei abwehrgeschwächten Patienten im Krankenhaus und bei Drogenabhängigen verursacht S. marcescens Sepsis, Endokarditis, Infektionen der

Harnwege und des Respirationstrakts, Wundinfektionen, Meningitis sowie Infektionen bei Endoprothesen-Operationen. S. marcescens neigt besonders dazu, multipel antibiotikaresistente Stämme auszubilden. Die übrigen Serratia-Arten sind weit seltener für Krankheitsprozesse verantwortlich.

5.10 Proteus

Proteus ist im Vergleich zu den anderen Enterobakterien besonders stark begeißelt und damit außerordentlich beweglich. Proteusstämme besitzen Fimbrien und sind nicht bekapselt. Charakteristisch ist die Bildung von Urease.

Auf festen Kulturmedien können Proteusstämme schwärmen: Einige Bakterienzellen fusionieren zu einem großen Synzytium mit mehreren Kernäquivalenten, das sich durch eine bis zu 500mal stärkere Geißelexpression und entsprechend größere Beweglichkeit auszeichnet; ein Auslöser für diese Umwandlung von der Schwimmer- in die Schwärmer-Form scheint die Beeinträchtigung der freien Geißelbeweglichkeit zu sein. Das Vorkommen als sehr kurze, aber auch sehr lange Stäbchen führte zur Benennung nach dem Meergreis der griechischen Sage, Proteus; dieser wechselte seine Gestalt häufig.

Proteus findet sich als Fäulniserreger massenhaft in Erdproben, in Abwässern, auf Tierkadavern und in manchen Lebensmitteln, z. B. in überreifem Käse. Nicht selten kommt Proteus in der Darmflora von gesunden Personen vor.

Proteusarten rufen extraintestinale Opportunisten-Infektionen, v. a. Harnwegsinfektionen, aber auch systemische Infektionen hervor (Tabelle 5.2, s. S. 250).

Harnwegsinfektionen. Harnwegsinfektionen durch Proteus finden sich bei Patienten mit obstruktiven Veränderungen oder nach operativen Eingriffen der Harnwege, sowie bei länger liegenden Blasenkathetern. Die für Proteus charakteristische Ureasebildung scheint bei Harnwegsinfektionen als Virulenzfaktor eine Rolle zu spielen: Urease spaltet Harnstoff in CO_2 und Ammoniak. Hierdurch kommt es zu einem Anstieg des pH-Wertes im Gewebe. Dies kann zur Etablierung der Bakterien beitragen und spielt bei der Nierensteinbildung eine Rolle.

Meistens kommt es erst dann zum Auftreten von Proteus-Infektionen, wenn bereits mehrmals ein Erregerwechsel stattgefunden hat.

Andere Proteus-Infektionen. Sepsis und Endokarditis, Meningitis und Infektionen von Verbrennungswunden können ebenfalls durch Proteus verursacht werden.

5.11 Sonstige wichtige fakultativ pathogene Enterobakterien

Auch andere fakultativ pathogene Enterobakterien (Tabelle 5.2, s. S. 250) können, insbesondere bei stark abwehrgeschwächten Patienten, Opportunisten-Infektionen hervorrufen. Meistens entstehen diese nosokomial. Relativ häufig sind Morganellen, Providencia- und Citrobacter-Arten.

Citrobacter freundii kann auch durch Bildung von plasmidkodiertem hitzestabilen Enterotoxin (ST, weitgehend identisch mit E.-coli-ST) oder phageninduziertem Shiga-Toxin Enteritiden verursachen.

5.12 Typhöse Salmonellen: Salmonella Typhi, Salmonella Paratyphi A, B, C

Salmonellen sind eine Gattung obligat pathogener, beweglicher gramnegativer Stäbchen aus der Familie der Enterobakterien.

Die typhösen Salmonellen verursachen Typhus und Paratyphus. Sie werden von den über 2400 anderen Serovaren abgegrenzt, die Lokalinfektionen des Darms (Enteritis) verursachen, den enteritischen Salmonellen.

Salmonellen sind nach dem nordamerikanischen Bakteriologen D. E. Salmon benannt, in dessen Labor Theobald Smith 1886 die Enteritis-Salmonellen entdeckte.

VI

Die typhösen Salmonellen Salmonella (S.) Typhi sowie S. Paratyphi A, B und C verursachen beim Menschen die zyklischen Allgemeininfektionen Typhus abdominalis bzw. Paratyphus A, B und C. Der Pathologe Eberth (Zürich) beschrieb 1880 in Zürich S. Typhi in Gewebsschnitten. Der Koch-Schüler Gaffky züchtete S. Typhi 1884 in Reinkultur.

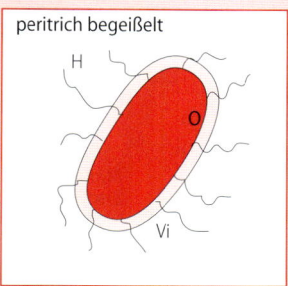

peritrich begeißelt

Salmonella Typhi
gerade gramnegative Stäbchen mit Körper(O)-, Geißel(H)- und Kapsel(Vi)-Antigen,
entdeckt 1884 von
G. Gaffky

5.12.1 Beschreibung

Aufbau

S. Typhi und die Paratyphussalmonellen folgen in ihrem Aufbau dem allgemeinen Bauplan der Enterobakterien.

Vi-Antigen. Zusätzlich zu den allen Salmonellen gemeinsamen O- und H-Antigenen tragen gewisse Stämme von S. Typhi, von S. Paratyphi C und von S. Dublin das Kapselantigen Vi (Vi: ursprünglich von Virulenz). Vi entspricht den K-Antigenen anderer Enterobakterien; es ist ebenfalls ein Polysaccharid.

Extrazelluläre Produkte

Pathogenetisch relevante Exoprodukte sind bisher nicht bekannt.

Resistenz gegen äußere Einflüsse

S. Typhi kann lange Zeit im Wasser überleben. Praktisch bedeutsam ist seine Resistenz gegen Galle. Dagegen kann der Erreger durch Kochen oder Pasteurisieren sowie mit den gebräuchlichen Desinfektionsmitteln sicher abgetötet werden.

Vorkommen

S. Typhi findet sich nur beim Menschen. Dauerausscheider, bei denen sich die Erreger noch in der Gallenblase aufhalten, und subklinisch Infizierte stellen das Erregerreservoir dar.

5.12.2 Rolle als Krankheitserreger

Epidemiologie

Typhus befällt jährlich weltweit mehr als 10 Millionen Menschen, vorwiegend in Entwicklungsländern; hier erkranken hauptsächlich Kinder und junge Erwachsene. In den industrialisierten Ländern tritt Typhus überwiegend bei Reisenden auf, die aus Entwicklungsländern zurückkehren. Von den Paratyphuserregern ist nur S. Paratyphi B in Deutschland endemisch. S. Paratyphi A und C kommen hier sehr selten als importierte Infektionen vor. Im Jahre 1998 wurden in Deutschland 78 Fälle von Typhus abdominalis und 61 Fälle von Paratyphus gemeldet.

Übertragung

S. Typhi gelangt durch fäkal kontaminierte Nahrungsmittel oder kontaminiertes Wasser in den Gastrointestinaltrakt; die Ausscheidung erfolgt über den Stuhl und auch über den Urin. Die minimale Infektionsdosis ist kleiner als bei Enteritis-Salmonellen. Deshalb kommen direkte Trinkwasserinfektionen vor.

Die Zahl der aufgenommenen Bakterien ist entscheidend für die Erkrankungsrate und beeinflußt die Länge der Inkubationszeit: So riefen in Untersuchungen an Freiwilligen 10^8 bis 10^9 KBE (koloniebildende Einheiten) von S. Typhi bei 85% bis 98% der Versuchspersonen Typhus hervor; bei 10^5 KBE entwickelten sich nur bei 28% bis 55% der Probanden klinische Krankheitserscheinungen, während bei Aufnahme von 10^3 KBE keine Krankheitssymptome auftraten. Bei Trinkwasserinfektionen und bei resistenzgeschwächten Personen können aber auch geringe Keimzahlen eine Erkrankung verursachen.

Pathogenese

Der Typhus abdominalis ist im Gegensatz zu den Infektionen durch Enteritis-Salmonellen eine zyklische Allgemeininfektion, die in Stadien abläuft (Abb. 5.7). Zielzellen von S. Typhi sind die Zellen des mononukleär-phagozytären Systems (MPS)

VI

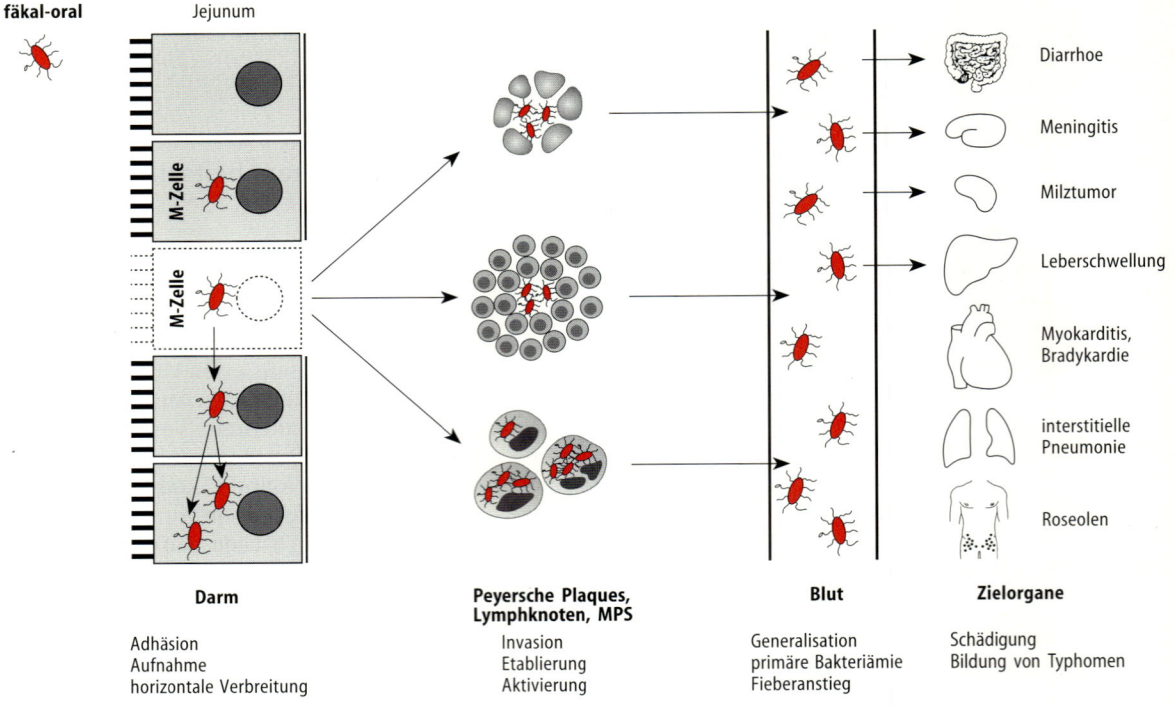

fäkal-oral Jejunum

M-Zelle

M-Zelle

Darm | **Peyersche Plaques, Lymphknoten, MPS** | **Blut** | **Zielorgane**

Diarrhoe

Meningitis

Milztumor

Leberschwellung

Myokarditis, Bradykardie

interstitielle Pneumonie

Roseolen

Adhäsion
Aufnahme
horizontale Verbreitung

Invasion
Etablierung
Aktivierung

Generalisation
primäre Bakteriämie
Fieberanstieg

Schädigung
Bildung von Typhomen

Abb. 5.7. Pathogenese des Typhus abdominalis

derjenigen Organe, in denen sich die Erreger nach hämatogener Ausbreitung ansiedeln.

Adhäsion und Invasion (Inkubation). Nachdem S. Typhi in den Dünndarm gelangt sind, durchdringen die Erreger die M-Zellen der Mukosa über den Peyerschen Plaques und erreichen die Lamina propria. Ein Eindringen über das lymphatische Gewebe des Rachenringes gilt ebenfalls als möglich.

In der Lamina propria wird ein Teil der Bakterien von den lokalen Makrophagen aufgenommen. Andere durchdringen die M-Zellen und gelangen in die Retikulumzellen der Peyerschen Plaques, während ein weiterer Anteil über die Lymphbahnen in die Mesenteriallymphknoten und von dort in die Blutbahn vordringt und eine geringgradige primäre Bakteriämie verursacht, so daß Erreger hämatogen in verschiedene Organe gelangen.

Etablierung. Sie werden von Zellen des mononukleär-phagozytären Systems aufgenommen und vermehren sich dort während der 10- bis 21-tägigen Inkubationszeit (Abb. 5.7)

Generalisation. Wenn die Erreger in den mononukleären Zellen der Organe eine kritische Zahl überschritten haben, sterben die Phagozyten ab. Freigesetzte Bakterien treten erneut in die Blutbahn über, und es entwickelt sich eine sekundäre Bakteriämie, in deren Verlauf die Bakterien sich in den mononukleären Phagozyten von Leber, Milz, Knochenmark, quergestreifter Muskulatur, Herz, Gehirn, Haut, Nieren, Gallenblase sowie erneut in den Peyerschen Plaques des Dünndarms ansiedeln (Abb. 5.7, s. S. 266). Die sekundäre Bakteriämie ist im Vergleich zur ersten Einschwemmung stärker ausgeprägt und die Zahl der in die Organe gelangenden Bakterien höher. Diese Phase, die Generalisationsphase, hat eine Dauer von etwa einer Woche und ist mit klinischen Erscheinungen vergesellschaftet.

Gewebeschädigung. Gegen Ende der ersten Woche nach Krankheitsbeginn erscheinen Antikörper im Blut. Diese verbessern die Phagozytose, so daß die Bakterien im Verlauf der 2. Krankheitswoche aus der Blutbahn verschwinden und sich nur noch in den Makrophagen der Organe finden. In den befallenen Organen entwickeln sich Granulome aus Makrophagen und Lymphozyten (sog. Typhome).

Die Makrophagen in den Typhomen sind vakuolisiert, und in ihrem Inneren finden sich zahlreiche Typhuserreger. Solche Zellen heißen „Typhuszellen" oder auch nach ihrem Erstbeschreiber, dem Pathologen Rindfleisch, „Rindfleischzellen".

Die Typhome entstehen immunologisch (s. S. 138 ff.). Sie können einschmelzen, wenn Makrophagen in den Granulomen unter der Wirkung der zellulären Immunreaktion aktiviert werden, und überschießend TNF-α ausschütten. Dies führt zu lebensgefährlichen Komplikationen.

Die Heilungsphase ist also besonders kritisch: Immunvorgänge, die zur Heilung führen, können andererseits auch bedrohliche Komplikationen auslösen („zweischneidiges Schwert" der Immunität).

Klinik

Inkubationszeit. Krankheitszeichen bestehen während der Inkubationszeit nicht, auch die primäre Bakteriämie verläuft in der Regel unbemerkt. Es finden sich weder Erreger im Stuhl noch in der Blutbahn.

Generalisationsstadium. Im Stadium II treten zum ersten Mal Krankheitserscheinungen auf. Der Patient entwickelt während der 1. Krankheitswoche ein staffelförmig ansteigendes hohes Fieber mit Bewußtseinstrübung (Typhos, gr. Nebel). Die Fieberkurve geht dann in ein gleichbleibendes Fieberniveau über, sog. *Kontinua*, die 7–14 Tage andauert.

Der Puls ist langsamer als es die Höhe des Fiebers erwarten ließe („relative Bradykardie"). Die Milz schwillt an und wird tastbar, das Blutbild ist leukopenisch. S. Typhi ist aus dem Blut anzüchtbar.

Organmanifestation. In den befallenen Organen entwickeln sich in der 2. Krankheitswoche die *Typhome*.

Typhome oder ähnliche Strukturen finden sich in verschiedenen Organen: In der quergestreiften Muskulatur entwickeln sich lymphozytäre Infiltrate, am Herzen entsteht die lymphozytäre Typhusmyokarditis, im Knochenmark zeigen sich Granulombildung oder Nekrosen, in der Lunge eine interstitielle Pneumonie, im ZNS eine Meningitis.

In der Haut entstehen in den Kapillarschlingen bakterienhaltige Embolien, die lokale Hautrötungen verursachen, die sog. *Roseolen*.

Es entwickeln sich breiige Durchfälle. Gegen Ende des Organmanifestations-Stadiums fällt die Fieberkurve ab. Der Patient nimmt wieder Anteil an seiner Umgebung, die verlangsamte Pulsrate normalisiert sich, der Milztumor geht zurück: Der Patient erholt sich.

Die Typhome können in diesem Stadium einschmelzen, was zu lebensgefährlichen Komplikationen führt. Eine Perforation der Peyerschen Plaques zieht u. U. eine tödliche Peritonitis oder eine Darmblutung nach sich.

Die dargestellte Symptomatik gilt für die typische Typhus-Erkrankung. Besonders bei früh begonnener Antibiotikatherapie werden atypische und abgeschwächte Verläufe beobachtet.

Rezidive. Rezidive können nach fieberfreien Intervallen auftreten und die voll ausgebildete Symptomatik der Primärinfektion zeigen.

Immunität

S. Typhi sowie S. Paratyphi A, B und C gehören zu den fakultativ intrazellulären Bakterien, d.h. ein Teil dieser Bakterien wird nach Phagozytose nicht abgetötet, sondern überlebt im Innern von Makrophagen. Die Immunität gegen Typhuserreger beruht auf antikörperabhängigen (humoralen) und T-Zell-abhängigen (zellulären) Mechanismen, wobei mindestens drei unabhängige Mechanismen beteiligt sein dürften.

IgA. Ein lokaler, durch IgA-Antikörper auf der Darmschleimhaut beruhender Schutz behindert das Eindringen der Typhuserreger vom Darm aus in den Körper.

IgG. IgG-Antikörper in der Blutbahn fördern die Phagozytose und sind dafür verantwortlich, daß die Erreger im Verlauf der zweiten Krankheitswoche von den Makrophagen verschiedener Organe phagozytiert werden und daher aus der Blutbahn verschwinden.

T-Zellen. Gleichzeitig mit der Antikörperbildung setzt die T-Zell-Immunität ein. Sie ist dafür verantwortlich, daß in den befallenen Organen die Typhome entstehen. Diese entsprechen den Granulomen bei anderen Infektionen mit fakultativ intrazellulären Bakterien: Sie enthalten mononukleäre Phagozyten und Lymphozyten und entstehen aufgrund der Ausschüttung von MCP-1 (Makrophagenchemotaktischer Faktor 1) und TNF-α (s. S. 138 ff.). In den Typhomen werden die Typhuserreger „eingemauert" und an der Ausbreitung gehindert. Die Makrophagen im Inneren der Typhome werden unter dem Einfluß von IFN-γ (s. S. 107 ff.) aktiviert, so daß sie die phagozytierten Erreger abtöten können. Damit beginnt der Heilungsprozeß. Aber auch die Komplikationen (s. o.) gehen auf zelluläre Immunreaktionen zurück, wenn aktivierte Makrophagen in den Typhomen TNF-α ausschütten und die Granulome einschmelzen.

Eine Typhus-Erkrankung hinterläßt eine begrenzte Immunität von ca. einem Jahr Dauer.

Labordiagnose

Der Schwerpunkt liegt in der Erregeranzucht aus Blutkulturen, Urin, Stuhl und befallenen Organen während der akuten Infektion.

Der Antikörpernachweis bei Typhus in Serum (Widalsche Reaktion) hat bestätigenden Charakter.

Untersuchungsmaterialien. Der Nachweis von Typhus- oder Paratyphuserregern setzt voraus, daß der behandelnde Arzt den Stadienablauf der Erkrankung kennt. Die richtige Beantwortung der Frage „Wann finde ich den Erreger wo?" ist beim Typhus bzw. Paratyphus der Schlüssel zur erfolgreichen mikrobiologischen Diagnose. Die höchste Wahrscheinlichkeit, den Erreger im Blut nachzuweisen, besteht im Stadium der Generalisation (s. Abb. 5.7, S. 266). Die Ausbeutequote kann bis 90% betragen, wenn Blutkulturen in engmaschigem Abstand angelegt werden. Da die Erreger nur in geringer Zahl im Blut vorkommen, sollten 10 ml Blut pro Blutkultur entnommen werden. Knochenmarkspunktate (Sternum) liefern ähnlich hohe Nachweisraten wie Blutkulturen, sind aber schmerzhaft. Stuhlkulturen werden ab Ende der 1. Woche nach Krankheitsbeginn positiv, wenn eine Besiedlung der Peyerschen Plaques im Rahmen der Organmanifestationen erfolgt ist und Typhusbakterien im Stuhl ausgeschieden werden. Positive Stuhlkulturen finden sich bei etwa 50% aller Typhuskranken und können über mehrere Wochen nach Krankheitsbeginn positiv bleiben. Bei typischer Symptomatik reicht der Erregernachweis im Stuhl für die Diagnose eines Typhus oder Paratyphus aus. Das gilt aber nur für Länder, in denen Typhus nicht endemisch ist.

Anzucht. Im Laboratorium müssen die Salmonellen aus der zahlenmäßig weit überwiegenden Normalflora des Stuhls isoliert werden. Zur Anreicherung werden die Proben direkt auf Selektivnährböden, z.B. auf Wismutsulfit-Agar oder auf Salmonellen-Shigellen-(SS-)Agar überimpft. Auf Wismutsulfit-Agar erscheinen die Salmonellenkolonien schwarz verfärbt („fischaugenartig"). Gleichzeitig erfolgt eine Anreicherung in einer Selenit-F-Bouillon. Dieses Kulturmedium unterdrückt die Vermehrung der physiologischen Darmflora zugunsten der Salmonellen.

Identifizierung. Die Identifizierung auf Gattungsebene (Salmonella) erfolgt durch biochemische Leistungsprüfung und durch Serotypisierung auf Serovar-Ebene nach dem Kauffmann-White-Schema (s. S. 897).

Serodiagnose. Die *Widalsche Reaktion* weist Antikörper gegen die O- und H-Antigene im Patientenserum durch Agglutination nach. Ein vierfacher Titeranstieg während der Erkrankung oder ein Ti-

VI

ter von mehr als 160 werden als Hinweis auf eine bestehende Infektion angesehen.

Die Aussagefähigkeit der Widalschen Reaktion ist beschränkt. So lassen sich nach Vakzination jahrelang erhöhte Anti-H-Antikörper nachweisen. Auch in Endemiegebieten finden sich oft hohe Titer von Anti-H- und Anti-O-Antikörpern. Wenn eine Therapie frühzeitig eingeleitet wird, kann ein Antikörpertiter-Anstieg ausbleiben. Die Widalsche Reaktion ist deshalb nur als Ergänzung zum bakteriologischen Erregernachweis anzusehen; sie ersetzt ihn keinesfalls.

Therapie

Antibiotikaempfindlichkeit. S. Typhi ist, wie die anderen Salmonellen auch, empfindlich gegenüber Ampicillin, Chloramphenicol, Cotrimoxazol sowie Ciprofloxacin und Ceftriaxon.

Therapeutisches Vorgehen. Mittel der Wahl bei Typhus ist Ciprofloxacin oder Ceftriaxon. Rückfälle lassen sich durch angemessene Dosierung und ausreichend lange Behandlungszeiten verhindern. Durch die Antibiotikatherapie ist die Letalität des Typhus von 15% auf 1% abgesunken.

Prävention

Allgemeine Maßnahmen. Die wichtigsten allgemein-hygienischen Maßnahmen zur Verhütung von Typhus und Paratyphus sind: Erfüllung der Hygienevorschriften bei der Lebensmittelzubereitung, Nahrungsmittelverteilung sowie v.a. bei der Wasserversorgung und Abwasserbeseitigung.

Gesetzliche Vorschriften. § 37 des BSeuchG schreibt vor, daß an Typhus abdominalis Erkrankte bzw. Erkrankungsverdächtige in einem Krankenhaus abzusondern sind.

Ausscheider dürfen in gefährdeten Betrieben so lange nicht beschäftigt werden, bis drei Stuhlproben, im Abstand von drei Tagen entnommen, eindeutig negativ waren; hierzu gibt es allerdings individuelle Länderregelungen. Ausscheider müssen dann abgesondert werden, wenn sie andere Schutzmaßnahmen nicht befolgen oder nicht befolgen können.

Schutzimpfung. Zwei neuere Typhus-Impfstoffe stehen zur Verfügung:

- Ein Lebendimpfstoff mit dem abgeschwächten Stamm Ty 21 von S. Typhi, der in drei Dosen, am 1., 3. und 5. Tag oral verabreicht wird und einen etwa 60–90%igen Impfschutz für 1 (–3) Jahre verleiht. Eine Auffrischimpfung nach einem Jahr wird empfohlen.
- Eine parenterale Impfung (i.m., s.c.) existiert mit Vakzine aus gereinigtem Vi-Kapselpolysaccharid vom S. Typhi-Stamm Ty 2 als einmalige Dosis bei Erwachsenen und Kindern über 2 Jahren. Der Impfschutz soll etwa drei Jahre anhalten.

Die Schutzimpfung verhindert nicht die Infektion, sondern mildert die Heftigkeit der Erkrankung.

Dauerausscheider. Typhusbakterien können ebenso wie die Erreger von Paratyphus A, B oder C über lange Zeit in der Gallenblase verbleiben. Dies gilt nicht für Erreger der Salmonellen-Enteritis. Die Galle ist für Salmonellen ein günstiges Medium; außerdem sind die Bakterien in der Gallenblase dem Zugriff der Immunabwehr entzogen. Nach überstandenem Typhus scheiden 2–6% der Patienten z.T. lebenslang Typhuserreger mit dem Stuhl aus. Diese Dauerausscheider haben zwar eine normale Lebenserwartung; sie sind jedoch kontagiös und stellen für ihre Umgebung eine Infektionsgefährdung dar und dürfen daher in bestimmten Berufen, z.B. in der Nahrungsmittelbranche, nicht tätig sein. Dauerausscheider müssen im BSeuchG vorgeschriebene Vorschriften einhalten, die in einem vom Bundesgesundheitsministerium herausgegebenen Merkblatt für Dauerausscheider zusammengefaßt sind.

Bei Dauerausscheidern sollte immer eine Sanierung versucht werden. Bei chronischer Gallenblasenentzündung erhalten sie eine Ciprofloxacin-Therapie (1 g/Tag über drei Wochen). Dauerausscheider weisen fast immer Gallensteine auf, die eine medikamentöse Sanierung verhindern und eine Cholezystektomie erfordern. Auch der Status des Dauerausscheiders gilt als beendet, wenn drei Stuhlproben, im Abstand von drei Tagen entnommen, ein negatives Ergebnis erbracht haben.

Meldepflicht. Namentlich ist der Krankheitsverdacht, die Erkrankung sowie der Tod an Typhus bzw. Paratyphus (§ 6 IfSG) sowie der direkte Nachweis von Salmonella Typhi oder Salmonella Paratyphi zu melden (§ 7 IfSG).

VI

ZUSAMMENFASSUNG: Typhöse Salmonellen

Bakteriologie. Peritrich begeißelte, gramnegative, laktosenegative Stäbchen. Neben der typischen Antigenstruktur von Enterobakterien (O-, K- und H-Antigen) tragen gewisse Stämme ein sog. Vi-Antigen (entspricht dem K-Antigen anderer Enterobakterien). Das H-Antigen kann in zwei Phasen exprimiert werden.

Rolle als Krankheitserreger. Typhöse Salmonellen verursachen als zyklische Allgemeininfektionen den Typhus abdominalis, S. Paratyphi A, B und C den Paratyphus A, B und C.

Vorkommen. Tritt nur beim Menschen auf. Kein tierisches Erregerreservoir.

Epidemiologie. Weltweit erkranken mehr als 10 Millionen Menschen jährlich. Hohe Inzidenz in den Entwicklungsländern.

Übertragung. Fäkal-orale Infektionswege, vor allen Dingen über fäkal verunreinigtes Trinkwasser und Nahrungsmittel.

Zielgewebe. Mononukleär-phagozytäres System (Leber, Milz, Peyersche Plaques).

Pathogenese. Zyklische Allgemeininfektion. Inkubationszeit: Invasion der Erreger und Absiedlung im mononukleär-phagozytären System (MPS). Generalisation: Nach Vermehrung der Erreger im MPS Bakteriämie mit Streuung in Organe. Organmanifestation, Peyersche Plaques: Elimination der Erreger durch humorale Abwehrreaktion und durch T-Zell-Wirkung.

Virulenzmechanismus: Invasivität, fakultativ intrazellulärer Parasitismus mit Granulombildung und Einschmelzung.

Klinik. Ein- bis dreiwöchige Inkubationszeit. Zu Beginn der Generalisation: langsamer Fieberanstieg und Entwicklung der 1 bis 2 Wochen dauernden Fieberkontinua. Nach 7–14tägiger Fieberkontinua langsame Entfieberung. Bis zu 5% der Kranken werden zu Dauerausscheidern. Besonders bei frühzeitiger Antibiotikabehandlung werden abgemilderte und atypische Verläufe beobachtet.

Labordiagnose. Inkubationszeit: Nachweis in Blutkulturen und Urin. Zweite Krankheitswoche: Nachweis im Blut und Gewebe; ab der zweiten Krankheitswoche: Nachweis im Stuhl. Antikörperanstieg im Verlauf der Erkrankung.

Anzüchtung auf Selektivkulturmedien und anschließende biochemische Identifizierung und Serotypisierung nach dem Kauffmann-White-Schema.

Therapie. Mittel der Wahl ist Ciprofloxacin. Bei Typhus abdominalis und Paratyphus kann auch Ceftriaxon gegeben werden. Cotrimoxazol und Ampicillin ebenfalls wirksam.

Immunität. Drei unabhängige Immunmechanismen:
- Lokale Immunität durch IgA,
- Systemische humorale Immunität durch IgG und
- T-zell-vermittelte Immunität.

Prävention. Trinkwasser- und Nahrungsmittelhygiene, keine Beschäftigung von Ausscheidern im nahrungsmittelverarbeitenden Gewerbe.

Vakzination. 60–90%iger Impfschutz durch oralen Lebendimpfstoff mit attenuiertem Typhus-Impfstamm. Alternativ parenterale Schutzimpfung mit Vakzine aus gereinigtem Vi-Kapselpolysaccharid. Die Schutzimpfung schützt nicht vor Infektion, sondern mindert die Erkrankungsheftigkeit.

Meldepflicht. Verdacht, Erkrankung und Tod, direkte Erregernachweise; namentlich.

5.13 Enteritis-Salmonellen

Die Enteritis-Salmonellen führen zu lokalen Infektionen des Darms. Sie rufen Diarrhoe, vor allem bei Abwehrgeschwächten, hervor. Die über 2000 Serotypen werden nach dem Kauffmann-White-Schema eingeteilt.

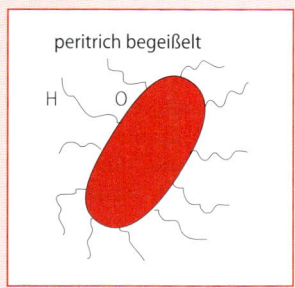

peritrich begeißelt

H   O

Salmonella Enteritidis
gramnegative Stäbchen mit Körper(O)- und Geißel(H)-Antigen entdeckt 1886 von T. Smith (Labor C. D. Salmon); Serotypeneinteilung 1929 von Kauffmann

5.13.1 Beschreibung

Aufbau

Enteritis-Salmonellen zeigen die für Enterobakterien typischen Strukturbestandteile, insbesondere Lipopolysaccharid mit den Bestandteilen O-Antigen, Kernpolysaccharid und Lipid A. Es gibt zwei Spezies, S. enterica und S. bongori, mit 2400 Serotypen. Korrekt heißt es z. B. Salm. enterica ssp. enterica Serovar Enteritidis. Daraus wird der Einfachheithalber S. Enteritidis gemacht.

Geißeln (H-Antigene). Die Erreger sind meist peritrich begeißelt (Ausnahmen: S. Gallinarum, S. Pullorum und einige andere) und daher gut beweglich.

Eine Eigentümlichkeit der H-Antigene von Salmonellen ist ihre Phasenvariation: Eine H-tragende Bakterienzelle kann alternativ zwei unterschiedlich aufgebaute Geißelproteine ausbilden, die sich durch entsprechende Antikörper voneinander unterscheiden lassen. Die Zelle prägt entweder Phase 1 oder Phase 2 aus.

Fimbrien. Ihre Fimbrien sind vom mannosesensitiven Typ 1 (s. S. 251). Gelegentlich wird aber auch, insbesondere bei Stämmen aus der Umwelt, eine dichte Hülle hydrophober, mannoseresistenter Fimbrien ausgebildet, die die Zelle vor Austrocknung schützt. Eine O-Agglutination (s. u.) kann bei diesen Stämmen unmöglich sein.

Aerobactin. Einige Serovare, wie S. Wien, S. Isangi, S. Typhimurium, S. Enteritidis u. a. tragen häufig ca. 150 kbp große Plasmide, die die Bildung von Aerobactin, einem Siderophor, kodieren und den Erregern ein Überleben unter eisenarmen intrazellulären oder extrazellulären Bedingungen ermöglichen.

Extrazelluläre Produkte

Salmonellen besitzen zwei Typ-III-Sekretionssysteme, von denen das erste, auf der Salmonella-Pathogenitätsinsel 1 (SP1) kodierte, nach Anhaften an Darmepithelzellen oder Makrophagen Effektorproteine in die Zellen injiziert, die für die Erregerpenetration erforderlich sind. „Klassische" Exotoxine sind bei Salmonellen nicht beschrieben worden.

Resistenz gegen äußere Einflüsse

Salmonellen vermehren sich bei Temperaturen zwischen 4–45 °C, einzelne Stämme bis zu 54 °C. Die Überlebensdauer in Abwasser liegt in Abhängigkeit von der Temperatur bei mehreren Wochen bis Monaten, in Schlamm und Erdboden mehrere Monate bis Jahre. Im trockenen Milieu, z. B. in Staub oder in Lebensmitteln (Trockenmilch, Gewürze u. a.), können Salmonellen über Monate bis mehrere Jahre überleben. Bei pH unter 4 werden Salmonellen temperaturabhängig abgetötet, z. B. bei +20 °C binnen 1–6, bei +4 °C erst nach 10–40 Tagen. Bei Temperaturen über 60 °C sterben Salmonellen bei hoher Substratfeuchte innerhalb von Minuten, bei über 70 °C innerhalb von Sekunden ab.

Vorkommen

Salmonella-Enteritiden sind Zoonosen: Der Mensch ist für sie nur ein Zufallswirt. Als tierische Wirte kommen sowohl wild lebende als auch Nutz- und Haustiere, sowie Amphibien und Reptilien in Frage. Praktisch bestehen unbegrenzte Infektionsmöglichkeiten, da jedes rohe Lebensmittel mit tierischen Ausscheidungen kontaminiert sein kann und somit als Erregerquelle in Frage kommt. Kontaminiertes Fleisch und Geflügel sowie kontaminierte Roheiprodukte sind für die Aufnahme von Enteritis-Salmonellen besonders gefährlich.

VI

STECKBRIEF

5.13.2 Rolle als Krankheitserreger

Epidemiologie

Enteritis-Salmonellen kommen weltweit vor. In Deutschland wurden im Jahre 1998 98352 Fälle von Salmonellen-Enteritis gemeldet. Bei einer 10fachen Dunkelziffer und damit einer Zahl von ca. 1 Million menschlichen Infektionen ist jährlich allein in Deutschland zu rechnen.

Die Ausbreitung der Enteritis-Salmonellen wird durch Massentierhaltung, Gemeinschaftsverpflegung im weitesten Sinne, z.B. in Hotels, Kindertagesstätten, Altersheimen, Kantinen, Restaurants oder Konditoreien, aber auch durch große Produktionschargen der Lebensmittelindustrie, „verkümmerte" Eßkultur und Fehler in der Weiterverarbeitung im Haushalt (unzureichende Kühlung, mangelhafte Erhitzung) begünstigt. Salmonellosen können endemisch gehäuft auftreten. Am häufigsten erkranken Kinder unter 6 Jahren.

Übertragung

Enteritis-Salmonellen gelangen mit kontaminierter Nahrung in den Magen-Darmtrakt („Salmonellen ißt und trinkt man"). Die zur Infektion notwendige Erregermenge ist für Erwachsene i.d.R. hoch (ca. 10^6 KBE), so daß die direkte Übertragung durch Schmierinfektion bei diesen Personen kaum in Frage kommt. Bei Säuglingen und Kleinkindern oder bei abwehrgeschwächten Patienten sind dagegen Erkrankungen bei Aufnahme von weniger als 100 Salmonellen beobachtet worden, das gleiche gilt für die Infektion durch Trinkwasser. Infizierte Patienten scheiden u.U. große Mengen von Enteritis-Salmonellen mit dem Stuhl aus. Die Aerobactin-tragenden Stämme mit ihren 150 kbp großen Plasmiden werden nosokomial von Mensch zu Mensch übertragen.

Pathogenese

Adhäsion. Salmonellen adhärieren mittels ihrer Fimbrien an M-Zellen des unteren Dünndarms.

Invasion. Durch das auf der Pathogenitätsinsel SP1 kodierte Typ-III-Sekretionssystem werden Effektor- und Regulationsproteine in die Darmzellen injiziert, die die Penetration der Salmonellen in einer Vakuole ermöglichen. Sie werden durch die Zellen hindurch zur Lamina propria transportiert

und von Makrophagen aufgenommen. Dies wird erleichtert, indem das PagC die Bildung eines Antigenrezeptors stimuliert. Im Innern von Makrophagen vermehren sich die Bakterien und setzen chemotaktische Reaktionen in Gang.

Daneben wird der Invasionsvorgang von wirtszell-kontrollierten Funktionen (Tyrosin-Protein-Kinase) bestimmt. Auch erfolgt dabei eine Auflockerung der Mukosa und eine Erhöhung der Permeabilität, was offenbar aber parallel durch ein Zot-like-Toxin erfolgt. Nach Ingestion liegen die Salmonellen im Makrophagen durch eine Doppelmembran umschlossen in einer Vakuole vor, in der eine intrazelluläre Vermehrung und ein Anfüllen der Vakuole mit Keimen stattfinden, ohne daß die Makrophagen nennenswert zerstört werden. Bei diesem Vorgang ist ein zweites, intrazellulär aktives und auf der Salmonella-Pathogenitätsinsel 2 (SP2) kodiertes Typ-III-Sekretionssystem beteiligt.

Das Auswandern der Salmonellen aus dem Bereich der Peyerschen Plaques muß als zweiter Schritt des Invasionsvorganges gewertet werden. Es gibt gute Gründe anzunehmen, daß Salmonellen den befallenen Makrophagen als Vehikel für eine systemische Verbreitung dienen, daß sie sich aber dann zu einem bestimmten Zeitpunkt aus der mit der Doppelmembran umschlossenen Vakuole befreien können.

Gewebeschädigung. Ausgelöst durch die entzündliche Reaktion in der Lamina propria, kommt es zu Störungen des Flüssigkeits- und Elektrolyttransports im unteren Dünndarm. Die dort ausgeschiedenen hohen Flüssigkeitsmengen übersteigen das Rückresorptionsvermögen des Dickdarms, so daß es zu einem Nettoverlust von Wasser und Elektrolyten kommt (Abb. 5.8). Die Stühle enthalten weder Eiterzellen noch Blut; es finden sich aber Makrophagen.

Bei einer bestehenden Abwehrschwäche, z.B. bei alten Menschen oder AIDS-Patienten, kann der Erreger hämatogen generalisieren und eine Sepsis auslösen. Hierbei kommt bei wirtsadaptierten Serovaren (z.B. S. Choleraesuis, S. Dublin, S. Gallinarum, S. Typhimurium und S. Enteritidis, nicht aber S. Typhi!) einem serovarspezifischen, evolutionsgenetisch identischen Plasmid vermutlich eine Verstärkerfunktion zu.

Klinik

Enteritis. Die Salmonellenenteritis beginnt 5–72 h nach Aufnahme der Erreger mit Durchfall, Brech-

VI

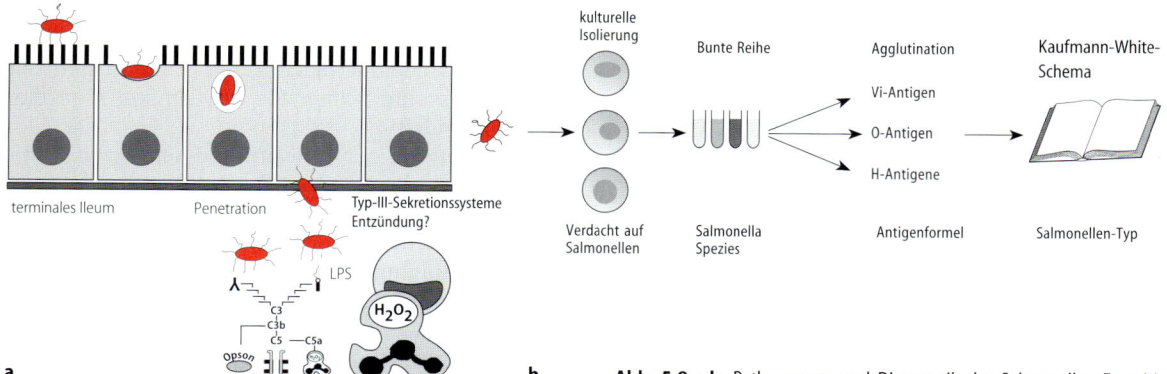

a

b

Abb. 5.8 a, b. Pathogenese und Diagnostik der Salmonellen-Enteritis

reiz oder Erbrechen und mäßigem Fieber. Der Durchfall ist meist wäßrig, selten auch schleimig-blutig. Das Krankheitsbild hält 4–10 Tage lang an. Bei geschwächten Patienten (v. a. alten Menschen) kann die Krankheit zum Tode führen. Die Bakterien können in der Regel noch 4–6 Wochen nach Beendigung der Krankheit im Stuhl nachgewiesen werden, bei Säuglingen auch über Monate.

Extraintestinale Manifestationen. Bei etwa 5% der Fälle gelangen Enteritis-Salmonellen über die Lamina propria hinaus in den Blutkreislauf. Risikogruppen sind Neugeborene und alte Menschen, abwehrgeschwächte Patienten, Patienten mit kardiovaskulären Erkrankungen oder Sichelzellanämie. Die Symptomatik extraintestinaler Salmonellen-Infektionen unterscheidet sich nicht von derjenigen bei Infektionen durch fakultativ pathogene Enterobakterien. Auch bei extraintestinal verlaufenden Formen stellt der Darm die ursprüngliche Eintrittspforte für die Salmonellen dar. Der Erregernachweis aus dem Darm gelingt in diesen Fällen aber nicht immer; eine Blutkultur sollte versuchsweise abgenommen werden.

Immunität

Eine Salmonellenerkrankung bewirkt nur eine begrenzte, auf den Serovar bezogene Immunität, die aber durch Infektionen mit hoher Infektionsdosis jederzeit durchbrochen werden kann.

Labordiagnose

Der Schwerpunkt der Labordiagnose der Enteritis-Salmonellosen liegt in der Anzucht der Erreger aus Stuhlproben und ihrer anschließenden biochemischen sowie serologischen Differenzierung.

Untersuchungsmaterial. Stuhl ist das geeignete Untersuchungsmaterial bei Enteritis. Bei extraintestinal lokalisierten Infektionen lassen sich Enteritis-Salmonellen aus Blut oder aus extraintestinal gelegenen Herden (Gelenkempyem, Osteomyelitis, Meningitis, Pleuritis, Abszesse, Harnwegsinfektion) isolieren.

Transport. Der Transport der Proben erfordert keine über das übliche Maß hinausgehenden Vorkehrungen. Ein spezieller Wärmetransport ist unnötig, da Wärme das Wachstum aller Enterobakterien fördert und die Selektion bei der Isolation erschwert. Die Transportgefäße müssen den geltenden Vorschriften für den Versand von bakterienhaltigen Untersuchungsmaterialien entsprechen (s. S. 888 ff.).

Anzucht. Die Proben werden parallel auf Selektiv- und Differentialnährböden ausgestrichen sowie in Anreicherungsbouillon überimpft und 18–48 h bei 36 °C bebrütet. Auf MacConkey-Agar erscheinen ihre Kolonien laktosenegativ; auf Wismutsulfit-Agar sind sie schwarz verfärbt, was ihnen ein „fischaugenartiges" Aussehen verleiht. Salmonellen sind gegenüber Brillantgrün resistenter als die fakultativ pathogenen Enterobakterien: Sie vermehren sich noch bei solchen Konzentrationen des Farbstoffs, die das Wachstum anderer Enterobakterien hemmen. Brillantgrünhaltige feste Kulturmedien werden deshalb nicht nur als Indikatornährböden, sondern auch zur selektiven Anreicherung der Salmonellen aus Stuhlproben eingesetzt.

Biochemische Differenzierung. Verdächtige Kolonien werden einer biochemischen Leistungsprüfung (Bunte Reihe) unterzogen.

VI

Serologische Differenzierung (Kauffmann-White-Schema). Der endgültigen Differenzierung der Salmonellen unter diagnostischen und epidemiologischen Gesichtspunkten dient die serologische Typisierung. Es werden O- und H-Antigene sowie das Vi-Antigen mittels Objektträgeragglutination bestimmt. Hierbei läßt sich ein Salmonellen-Serovar aufgrund eines einzelnen Antigens nicht identifizieren, da ein gegebenes Antigen bei mehreren Serovaren vorkommen kann. Serovarspezifisch ist erst die Kombination mehrerer Antigene. Die Feststellung der sog. Antigenformel ist somit Voraussetzung für eine einwandfreie Bestimmung.

Alle bislang bekanntgewordenen Antigenformeln der Salmonellen werden im Kauffmann-White-Schema zusammengefaßt. Dieses enthält mittlerweile mehr als 2400 Serovare, und ihre Zahl vermehrt sich durch die Entdeckung weiterer Serovare ständig.

Die genaue Diagnose der Serovare ist für den Hygieniker und aus forensischen Gründen wichtig, da sie Rückschlüsse auf die Infektionsquelle erlaubt bzw. Ausscheider identifiziert.

Lysotypie. Bei der Suche nach dem Ausgangspunkt einer Infektion wird bei den häufigsten Serovaren neben der serologischen Typenbestimmung auch die Lysotypie verwendet (s. S. 897). In der Routinediagnostik findet die Lysotypie keine Anwendung.

Therapie

Antibiotikaempfindlichkeit. Im Antibiogramm erweisen sich Salmonellen als meist empfindlich gegenüber Ampicillin, Mezlocillin, Ceftriaxon, Chloramphenicol, Cotrimoxazol und Ciprofloxacin.

Therapeutisches Vorgehen. Patienten mit Salmonellaenteritiden ohne weitere Risikofaktoren werden, wenn es zu starkem Flüssigkeitsverlust gekommen ist, lediglich durch Substitution mit oraler oder parenteraler Gabe von Elektrolytlösungen behandelt.

Eine Antibiotikatherapie der unkomplizierten Salmonellenenteritis wird von vielen Autoren als nachteilig angesehen, da sie die Ausscheidungsdauer nach der Genesung verlängern kann.

Lediglich bei Risikogruppen wird zur Verhütung einer septischen Generalisation bzw. des Meningenbefalls eine Antibiotika-Therapie durchgeführt.

Bei Kindern kommen Ampicillin oder Cotrimoxazol, bei Erwachsenen Ciprofloxacin zum Einsatz.

Dauerausscheider nach einer Salmonellen-Gastroenteritis sind selten. Sie werden mit Ciprofloxacin behandelt.

Im Gegensatz zur Enteritis müssen extraintestinale Formen der Salmonellen-Infektion unbedingt antibiotisch behandelt werden. Bei Erwachsenen kommen Ceftriaxon oder Ciprofloxacin, bei Kindern in Abhängigkeit von der Empfindlichkeit Ampicillin oder Cotrimoxazol zum Einsatz.

Prävention

Allgemeine Maßnahmen. Lebensmittel, insbesondere Fleisch, Eier oder Teigwaren mit Cremefüllung, sollten gut abgekocht und auch in gekochtem Zustand nicht über mehrere Stunden bei Raumtemperatur aufbewahrt werden; aufgetautes Geflügel oder Fleisch sofort kochen oder braten! Nach Hantieren mit rohem Geflügelfleisch Hände waschen, bevor andere Küchenarbeiten begonnen werden! Auftauwasser auf einem Teller oder in einer Schüssel auffangen und in die Toilette entleeren. Für bestimmte Lebensmittelzubereitungen (Mayonnaise), die in Gaststätten oder im Handel angeboten werden, ist der Zusatz von bakteriostatischen Stoffen oder die Verwendung pasteurisierter Eier, Milch, Sahne o. a. vorgeschrieben. Salmonellenerkrankte und -ausscheider dürfen berufsmäßig nicht mit Lebensmitteln umgehen. Dieses Verbot wird erst aufgehoben, wenn drei aufeinander folgende Stuhlproben negativ sind.

Meldepflicht. Der Verdacht auf und die Erkrankung an einer mikrobiell bedingten Lebensmittelvergiftung oder an einer akuten infektiösen Gastroenteritis ist namentlich zu melden, wenn a) eine Person spezielle Tätigkeiten (Lebensmittel-, Gaststätten-, Küchenbereich, Einrichtungen mit/ zur Gemeinschaftsverpflegung) ausübt oder b) zwei oder mehr gleichartige Erkrankungen auftreten, bei denen ein epidemischer Zusammenhang wahrscheinlich ist oder vermutet wird (§ 6 IfSG).

Ebenso sind der direkte und indirekte Nachweis von Salmonella sp. namentlich meldepflichtig, soweit dies auf eine akute Infektion hinweist (§ 7 IfSG).

VI

ZUSAMMENFASSUNG: Enteritis-Salmonellen

Bakteriologie. Peritrich begeißelte, gramnegative, laktosenegative Stäbchen aus der Familie der Enterobakterien mit O- und H-Antigenen.

Rolle als Krankheitserreger. Enteritis-Salmonellen verursachen als obligat pathogene Erreger Lokalinfektionen des Darmes, können bei Abwehrgeschwächten jedoch auch systemische Infektionen auslösen.

Vorkommen. Ubiquitäre Zoonosen, Erregerreservoir im Tierreich, Infektionsmöglichkeiten über mit tierischen Ausscheidungen kontaminierte Nahrungsmittel.

Epidemiologie. Weltweite Verbreitung. Ausbreitung durch Massentierhaltung begünstigt. Gemeinschaftsverpflegung und küchentechnische Fehler.

Übertragung. („Salmonellen ißt und trinkt man"): Durch kontaminierte Nahrungsmittel.

Pathogenese. Ansiedlung im unteren Dünndarm. Entzündliche Reaktion in der Lamina propria mit Störung des Elektrolyt- und Flüssigkeitstransportes.

Klinik. Kurze Inkubationszeit (5–72 h), dann Durchfall, Erbrechen und u.U. Fieber. Im Gegensatz zum Typhus/Paratyphus i.d.R. keine Dauerausscheider.

Labordiagnose. Erregernachweis aus dem Stuhl: Anzucht auf Selektiv- und Differentialkulturmedien. Identifizierung mittels biochemischer Leistungsprüfung und Serotypisierung (Kauffmann-White-Schema).

Therapie. Flüssigkeits-Substitutionstherapie. Bei Immungeschwächten und anderen Risikopersonen zusätzlich Antibiotika (Kinder: Ampicillin, Cotrimoxazol, Erwachsene: Ciprofloxacin). Bei extraintestinaler Manifestation sofortige antibiotische Therapie, z.B. mit Ceftriaxon oder Ciprofloxacin.

Prävention. Lebensmittel- und Küchenhygiene. Beschäftigungsverbot für Ausscheider in Lebensmittelberufen.

Meldepflicht: Verdacht, Erkrankung, Tod, direkte und indirekte Erregernachweise; namentlich.

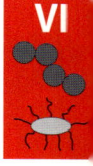

5.14 Shigellen

Shigellen sind eine Gattung (s. Tabelle 5.2, S. 250) obligat pathogener Bakterien aus der Familie der Enterobakterien.

Die Gattung läßt sich aufgrund serologischer Unterschiede in die Spezies Shigella (S.) dysenteriae, S. flexneri, S. boydii und S. sonnei unterteilen, die alle die Ruhr, eine auf Invasion der Dickdarmschleimhaut beruhende, geschwürige Kolitis, hervorrufen. Der Begriff Ruhr kommt von dem altdeutschen Wort „ruora" = heftige Bewegung.

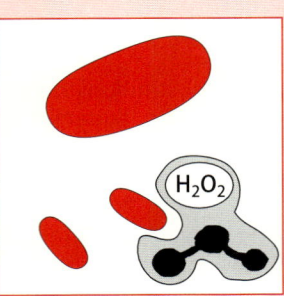

Shigellen
unbegeißelte gramnegative Stäbchen in blutig-schleimigem Stuhl mit zahlreichen polymorphkernigen Granulozyten,
entdeckt 1898 von K. Shiga sowie 1900 von W. Kruse und S. Flexner

STECKBRIEF

S. dysenteriae wurde von dem japanischen Bakteriologen Kiyoshi Shiga (1870–1957) entdeckt.

5.14.1 Beschreibung

Aufbau

Shigellen besitzen keine Geißeln und sind daher unbeweglich. Sie haben meist keine Fimbrien, können diese aber im flüssigen Milieu ausbilden. Obwohl sich bei einigen Stämmen K-Antigen nachweisen läßt, bilden sie keine sichtbaren Kapseln.

Virulente Shigellen besitzen ein großes Plasmid, auf dem einige für die Virulenz wichtige Gene kodiert sind; weitere Virulenzfaktoren sind chromosomal kodiert. Bei Verlust des Plasmids ändern weniger virulente Stämme ihre serologische Spezifität. Sie bilden ein „Rauh-" oder Phase-II-Antigen aus.

Extrazelluläre Produkte

Shiga-Toxin. S. dysenteriae Typ 1 produziert das Shiga-Toxin, ein Neurotoxin. Es handelt sich um ein zytotoxisches AB_5-Toxin, das mit dem Shiga-Toxin 1 der EHEC identisch ist (s. S. 259) und durch Spalung der 28S-rRNS die Proteinbiosynthese unterbindet. Es hat auch eine enterotoxische

Komponente; diese erzeugt eine Hypersekretion von Flüssigkeit durch die Darmepithelzellen.

Alle Shigella-Arten bilden auf dem Virulenzplasmid kodierte sekretorisch wirksame Proteine, die überwiegend Teil eines Typ-III-Sekretionssystems sind und in die Wirtszellen (Epithelien, Makrophagen) injiziert werden.

Resistenz gegen äußere Einflüsse

Shigellen zeigen eine ausgeprägte Säureempfindlichkeit und überleben einen pH von etwa 2,5 nur über wenige Stunden. Dies ermöglicht eine weitgehend ungehinderte Magenpassage und bedingt eine geringe minimale Infektionsdosis von 10–200 Bakterien. Bei längerer Einwirkung erweisen sich Shigellen als säureempfindlich und sterben in Stuhlproben, Lebensmitteln und Umweltmaterialien mit pH-Absenkung schnell ab. In der Außenwelt können sie unter optimalen, d.h. kühlen, dunklen und feuchten, Bedingungen für Wochen überleben.

Vorkommen

Shigellen finden sich nur beim Menschen und bei höheren Affenarten, wo sie als Krankheitserreger im Stuhl vorkommen.

5.14.2 Rolle als Krankheitserreger

Epidemiologie

Die Shigellenruhr tritt bei schlechten hygienischen Bedingungen durch direkte Übertragung auf, wenn viele Individuen auf engem Raum zusammenleben oder -treffen, wie z.B. in Kindergärten, Heimen, Heil- und Pflegeanstalten, Gefängnissen, Kasernen und unter Lagerbedingungen. In Deutschland kommt es gelegentlich zu Ausbrüchen mit S. sonnei. Betroffen sind in erster Linie Kinder. In der Dritten Welt sind Shigellen weit verbreitet. Hier sind nur S. sonnei und S. flexneri endemisch, die übrigen Arten sind importiert.

Übertragung

Die Erreger verbreiten sich durch Schmierinfektion, wobei den „4 F": Finger, Futter, Fliegen, Fäzes die größte Bedeutung zukommt. Die fäkale Kontamination von Lebensmitteln und Trinkwasser ist

VI

in den Ländern der Dritten Welt von Bedeutung, die Kontamination durch Fliegen von Faeces auf Wasser und Lebensmittel ist sehr verbreitet. In Speisen vermehren sich Shigellen nicht. Rekonvaleszenten und asymptomatische Träger sind die einzigen Erregerreservoire.

Pathogenese

Nach der Passage durch den Magen gelangen die Shigellen in den Dünn- und Dickdarm. Zunächst vermehren sie sich im Dünndarm, wo sie hohe Keimzahlen erreichen (10^7 Keime/ml). Im Kolon gelangen sie über die M-Zellen in die Darmwand, von wo sie anschließend durch einen phagozytoseähnlichen Prozeß lateral über Vakuolen in das Innere der Kolon-Epithelzellen eintreten. Wichtigster Virulenzfaktor ist ihre Fähigkeit, die Kolon-Epithelzelle zur aktiven Aufnahme der Bakterien zu veranlassen. Die Invasion wird von verschiedenen Genen kodiert; diese sitzen zum Teil auf dem Virulenzplasmid. Weiterhin sind verschiedene chromosomal lokalisierte Regulatorgene beteiligt. Die Evasion aus dem Phagosom wird durch plasmidkodierte Faktoren vermittelt. Die Bakterien treten nach der Zerstörung der Vakuolenmembran in das Zytosol über und vermehren sich dort. Die freigesetzten Bakterien können die benachbarten Zellen infizieren; hierbei kommt es zu einer Umwandlung der Aktinfasern der Wirtszelle, die nach Art eines „Kometenschweifs" die Bakterien weitertransportieren. Die befallenen Zellen werden schließlich zerstört (Abb. 5.9). In einem späteren Stadium wird das Kolon-Epithel geschädigt, wodurch es zu den typischen Symptomen der Bakterienruhr kommt. Die sekretorischen Proteine und ggf. das Shiga-Toxin tragen zur Diarrhoe bei.

Wenn die Shigellen in die Lamina propria gelangt sind, induzieren sie dort über die Aktivierung von Komplement Entzündungsprozesse. Entzündungszellen, Makrophagen und polymorphkernige Granulozyten, strömen in die Nekroseherde ein; es bilden sich im gesamten Kolon geschwürige, eitrige, zu Blutungen neigende Läsionen. Die Geschwüre sind von einer Pseudomembran bedeckt. Die Entzündung erstreckt sich bis in die Submukosa und die Muscularis.

Klinik

Nach einer Inkubationszeit von 1–4 Tagen beginnt die bakterielle Ruhr mit plötzlich einsetzenden Tenesmen, heftigen kolikartigen Bauchschmerzen, Diarrhoe und Fieber. Die Stühle sind zunächst wäßrig, werden aber bald schleimig-blutig.

Die Dauer der Erkrankung variiert zwischen einem Tag und einem Monat; im Durchschnitt beträgt sie sieben Tage. Die Letalität liegt unter 1%, jedoch gab es auch Epidemien durch S. dysenteriae mit einer Letalität von 25–50%. Als Komplikation können Kolon-Perforationen auftreten; dadurch entsteht eine lebensbedrohliche Peritonitis. Der Rekonvaleszent kann Ausscheider bleiben, ein Status, der im Regelfall nur wenige Wochen lang anhält. Als Folge der Shigella-Infektion kann es zur Infektarthritis und bei S. dysenteriae Typ 1 durch Bildung von Shiga-Toxin zum hämolytischurämischen Syndrom (HUS) kommen (s. S. 259 ff.)

Immunität

Die Immunität gegen Shigellen beruht auf Antikörpern der IgA-Klasse auf der Darmschleimhaut. Adhäsin-spezifische IgA-Antikörper verhindern die Anheftung der Keime an die Dickdarmepithelzellen; im Serum werden sie erst nach Überwindung der Krankheit nachweisbar. Der Nachweis von Antikörpern gelingt auch nach typischer Erkrankung nicht immer. Eine Shigellose hinterläßt keine dauerhafte Immunität.

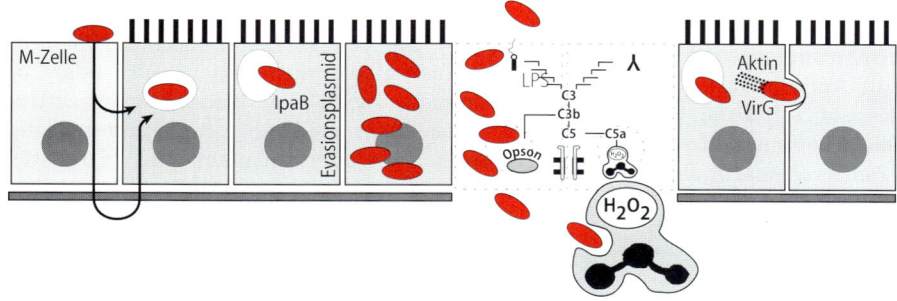

Abb. 5.9. Pathogenese der Shigellen-Ruhr

Labordiagnose

Der Schwerpunkt der mikrobiologischen Labordiagnose liegt in der Anzucht des Erregers aus dem Stuhl und in seiner nachfolgenden biochemischen Bestimmung.

Untersuchungsmaterial und Transport. Als Untersuchungsmaterial eignen sich neben frischem Stuhl auch frisch entnommene Rektalabstriche. Shigellen überleben wegen ihrer Säureempfindlichkeit im abgesetzten Stuhl bzw. Rektalabstrich nur für kurze Zeit; daher müssen die Proben in gepuffertem Transportmedium transportiert und im Labor umgehend verarbeitet werden.

Anzucht. Als feste Kulturmedien für die Anzüchtung eignen sich Salmonellen-Shigellen-Agar oder Xylose-Lysin-Desoxycholat-Agar (XLD), für die Anreicherung aus Stuhlproben die Selenit-Bouillon nach Leifson mit verkürzter Bebrütung (6 h).

Auf indikatorhaltigen, festen Kulturmedien bilden Shigellen nach 18–24stündiger Bebrütung farblose, glatte oder ausgefranste Kolonien mit charakteristischem Geruch. Sie stellen keine besonderen Ansprüche an das Kulturmedium.

Stuhlkulturen ergeben einen positiven Shigellen-Nachweis in mehr als 90% aller Shigellose-Fälle.

Identifizierung. Die Identifizierung der Shigellen als Gattung erfolgt über die Prüfung biochemischer Leistungen. V. a. ist die fehlende Beweglichkeit ein Gattungsmerkmal. Aufgrund biochemischer Reaktionen und unterschiedlicher O-Antigene läßt sich die Gattung in vier Arten unterteilen:
- Shigella dysenteriae
- Shigella flexneri
- Shigella boydii
- Shigella sonnei.

Therapie

Antibiotikaempfindlichkeit. Shigellen sind empfindlich gegenüber Ampicillin, Chloramphenicol, Tetracycline, Cotrimoxazol, Chinolone und Colistin. Schneller als die meisten anderen Bakterien entwickeln Shigellen multiple Antibiotika-Resistenzen. Diese beruhen auf Resistenz-Transfer-Faktoren. So kann es zu Ausbrüchen kommen, die durch multiresistente Shigella-Stämme verursacht sind.

Therapeutisches Vorgehen. Antibiotikabehandlung wird ausdrücklich empfohlen. Sie verkürzt die Krankheit, reduziert die Ausscheidung der Erreger und mindert die Resistenzentwicklung. Für Kinder wird Cotrimoxazol, für Erwachsene werden Chinolone empfohlen. Bei geschwächten Patienten kann es zu Flüssigkeitsverlusten kommen, die eine Substitution erforderlich machen.

Prävention

In Deutschland ist die Direktübertragung von Mensch zu Mensch die häufigste Infektionsursache, während in tropischen Ländern und an Bord von Schiffen auch Übertragungen durch kontaminiertes Wasser und Lebensmittel beschrieben worden sind. Trinkwasser-, Abwasser- und Lebensmittelhygiene sind allgemeine und hierzulande ausreichend etablierte Präventivmaßnahmen. Bei Ausbrüchen in Gemeinschaftseinrichtungen müssen Erkrankte und Ausscheider abgesondert und behandelt werden. Besondere Bedeutung kommt der Händedesinfektion beim Umgang mit den Infizierten zu.

Im Krankenhaus sind folgende Maßnahmen zu beachten:
- Einzelzimmer erforderlich, möglichst mit eigener Toilette.
- Das betreuende Personal muß einen Schutzkittel tragen, der im Zimmer verbleiben muß.
- Haut und Hände müssen nach jedem Kontakt mit dem infizierten Patienten desinfiziert werden.
- Sämtliche Gegenstände (Geräte, Wäsche, Essensreste, Müll, Kosmetika, etc.), mit denen der Patient Kontakt hatte, müssen vor der Entsorgung desinfiziert werden.

Schutzimpfung. Eine orale Lebendvakzine befindet sich in Entwicklung.

Meldepflicht. Der Verdacht auf und die Erkrankung an einer mikrobiell bedingten Lebensmittelvergiftung oder an einer akuten infektiösen Gastroenteritis ist namentlich zu melden, wenn a) eine Person spezielle Tätigkeiten (Lebensmittel-, Gaststätten-, Küchenbereich, Einrichtungen mit/ zur Gemeinschaftsverpflegung) ausübt oder b) zwei oder mehr gleichartige Erkrankungen auftreten, bei denen ein epidemischer Zusammenhang wahrscheinlich ist oder vermutet wird (§ 6 IfSG).

Ebenso sind der direkte und indirekte Nachweis von Shigella sp. namentlich meldepflichtig, soweit dies auf eine akute Infektion hinweist (§ 7 IfSG).

Bakteriologie. Gramnegative unbewegliche Stäbchen. Erreger der bakteriellen Ruhr (Dysenterie).

Vorkommen. Menschen, Menschenaffen.

Resistenz. Kurzzeitig (Stunden) sehr säureresistent, bei längerer Einwirkung einer pH-Absenkung sehr säureempfindlich.

Epidemiologie. Rasche Ausbreitung unter schlechten hygienischen Bedingungen durch direkte Übertragung. In den warmen Ländern weitverbreitet und häufig, in Deutschland selten.

Zielgruppe. Menschen, insbesondere Kinder unter 6 Jahren (Kindergärten).

Übertragung. Schmierinfektion mittels der „vier F": Finger, Futter, Fliegen, Fäzes.

Pathogenese. Infektion → Adhärenz an Kolon-Epithel-Zellen → intrazelluläre Vermehrung, Entzündung, lokale Ausbreitung der Erreger.

Pathomechanismen. Virulenzfaktoren sind: Kurzzeitige Säureresistenz, Invasivität, intrazelluläre Vermehrungsfähigkeit, Induktion von Entzündung, horizontale Ausbreitung in Kolonepithelzellen, aktives Eindringen in tiefere Schichten durch Aktinfaserbündel und, bei S. dysenteriae Typ 1, Shiga-Toxinbildung.

Klinik. Lokalinfektion des Darmes. Inkubationszeit: 1–4 Tage. Symptome: Tenesmen, schleimig-blutige Diarrhoe, Fieber. Erkrankungsdauer: durchschnittlich 1 Woche. Evtl. Ausscheider oder postinfektiöse Erkrankung (Arthritis, HUS).

Labordiagnose. Untersuchungsmaterial: Stuhl und Rektalabstriche, Transport in gepuffertem Medium. Erregernachweis: Anzucht auf Selektivnährboden.

Therapie. Spontanheilung bei gutem Allgemeinzustand. Chemotherapie mit Cotrimoxazol (Kinder), Chinolonen (Erwachsene).

Immunität. Lokale Abwehr wird humoral über IgA vermittelt, ist aber nicht dauerhaft.

Prävention. Allgemeinhygienische Maßnahmen, Isolierung Erkrankter und Ausscheider. Vakzine in Entwicklung.

Meldepflicht. Verdacht, Erkrankung, Tod, direkte und indirekte Erregernachweise; namentlich.

VI

5.15 Yersinia enterocolitica und Yersinia pseudotuberculosis

Yersinien bilden eine Gattung kokkoider gramnegativer Stäbchenbakterien aus der Familie der Enterobakterien (Tabelle 5.2, s. S. 250). Charakteristischerweise wird eine Reihe von Virulenzfaktoren und anderen Merkmalen in Abhängigkeit von der Umgebungstemperatur exprimiert.

Yersinien sind Zoonosenerreger. Die Erreger befallen das mononukleär-phagozytäre System (MPS). Die Gattung Yersinia enthält 11 Arten, von denen nur Yersinia (Y.) enterocolitica, Y. pseudotuberculosis und Y. pestis (Tabelle 5.2, s. S. 250) humanpathogen sind.

Yersinien sind nach dem Schweizer Bakteriologen Alexandre John Emile Yersin (1863–1943) benannt.

Y. enterocolitica und Y. pseudotuberculosis rufen Erkrankungen am Dünndarm (Enteritis, Pseudoappendizitis) hervor und befallen die zugehörigen Lymphknoten. Es besteht eine charakteristische Altersabhängigkeit der Krankheitserscheinungen.

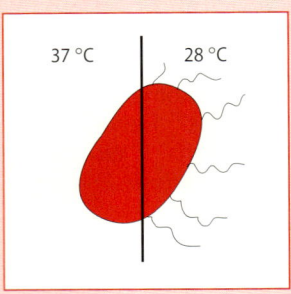

37 °C   28 °C

Yersinien
gramnegative Stäbchen mit temperaturabhängiger Begeißelung, entdeckt 1889 von Richard Pfeiffer (Y. pseudotuberculosis)

5.15.1 Beschreibung

Aufbau

Yersinien sind grundsätzlich aufgebaut wie alle Enterobakterien. Dies gilt auch für ihre Lipopolysaccharide. Sie tragen nur selten Kapseln (Y. enterocolitica).

Geißeln. Geißeln bilden sich nur bei einer Wachstumstemperatur zwischen 22 und 28 °C.

Virulenzplasmid-Produkte. Die beiden Yersinia-Arten besitzen ein 70–75 kbp Virulenzplasmid mit einer Reihe von Genen, deren Produkte für die Virulenz von Bedeutung sind. Das Protein YadA ist Bestandteil fibrillärer Strukturen an der Zelloberfläche, die primär für die Adhärenz von Bedeutung sind. Die sezernierten Proteine YopE, YopH und YopM haben antiphagozytäre Eigenschaften. Weitere Proteine sind bei der Bildung und Exkretion der Yops beteiligt (Ysc) bzw. haben regulatorische Funktionen (Lcr). Der Verlust des Virulenzplasmids vermindert die pathogenen Eigenschaften der enteropathogenen Yersinien und verhindert ihre systemische Ausbreitung.

Invasine. Chromosomal determinierte Faktoren wie Inv (Invasin) und Ail sind bei der Penetration der Darmwand beteiligt.

Yersiniabactin. Ein auch bei vollvirulenten Pestbakterien vorkommendes Siderophor, das Yersiniabactin, fördert die Eisenzufuhr der Erreger; es wird nur von bestimmten Stämmen gebildet, die in Nordamerika vorkommen.

VI

Extrazelluläre Produkte

Diese umfassen die vorher genannten sezernierten Proteine (Yops). Y.-enterocolitica-Stämme bilden meist ein chromosomal kodiertes, hitzestabiles Enterotoxin.

Resistenz gegen äußere Einflüsse

Ein besonderes Kennzeichen der Yersinien ist ihre Fähigkeit, sich auch bei niedrigen Temperaturen, d.h. bei 4 °C, zu vermehren. Diese Eigenschaft wurde früher zur selektiven Anreicherung der Erreger aus Stuhlproben genutzt. Im Erdreich können sie bis zu sechs Monaten vermehrungsfähig bleiben. Gefürchtet ist ihr Vorkommen in Blutprodukten trotz Kühlschranklagerung.

Vorkommen

Y. enterocolitica und Y. pseudotuberculosis finden sich v. a. im Darm von Säugetieren, seltener bei Insekten, Amphibien und anderen Tierarten. Ihre geographische Verbreitung beschränkt sich weitgehend auf die gemäßigten und subtropischen Klimazonen. In den Tropen sind sie sehr selten.

5.15.2 Rolle als Krankheitserreger

Epidemiologie

In Mitteleuropa gehen knapp 1% aller akuten Durchfallerkrankungen auf Y. enterocolitica zurück. Hier herrschen die Serotypen 0:3, 0:9 und 0:5,27 vor, während in den USA 0:8 und 0:3 überwiegen.

Erkrankungen durch Y. pseudotuberculosis sind seltener als Erkrankungen durch Y. enterocolitica.

Übertragung

Als Infektionsquellen für den Menschen kommen fäkal kontaminierte Nahrungsmittel tierischer Herkunft, fäkal kontaminiertes Wasser sowie infizierte Personen in Frage.

Pathogenese

Die Erreger gelangen oral in den Magen-Darm-Trakt und durchwandern die M-Zellen des terminalen Ileums, selten des aszendierenden Kolons. In der Schleimhaut und in den Peyerschen Plaques können geschwürige Läsionen entstehen. Der Erreger dringt in die mesenterialen Lymphknoten vor, die sich dann stark vergrößern. Bei immungeschwächten Patienten, bei chronischen Lebererkrankungen, neoplastischen Prozessen und bei hämolytischer Anämie kann er bis in die Blutbahn gelangen und eine Sepsis verursachen.

Klinik

Enteritis, Enterokolitis. Y. enterocolitica ruft eine akute Enteritis oder eine Enterokolitis hervor. Die Erkrankung beginnt nach einer Inkubationszeit von 4–7 Tagen und ist durch dünnbreiige Durchfälle, Fieber und Bauchschmerzen gekennzeichnet. Der Stuhl enthält mononukleäre Leukozyten, selten Blut und Schleim. Die Dauer der Krankheit beträgt zwischen wenigen Tagen und 1–2 Wochen. Typischerweise tritt diese Manifestation bei Säuglingen und Kindern bis zum 10. Lebensjahr sowie bei Erwachsenen über 30 Jahre auf.

Y. pseudotuberculosis verursacht sehr selten eine akute Enteritis bei jungen Erwachsenen über 18 Jahren.

Akute terminale Ileitis, mesenteriale Lymphadenitis, Pseudoappendizitis. Die Infektion durch Y. enterocolitica kann auch eine mesenteriale Lymphadenitis und eine akute terminale Ileitis nach sich ziehen, die eine Appendizitis vortäuscht. Anders als die Enterokolitis tritt diese Manifestation am häufigsten bei Patienten zwischen dem 10. und dem 30. Lebensjahr auf.

Ähnliche Krankheitserscheinungen finden sich bei Y.-pseudotuberculosis-infizierten Patienten, bei denen dies die häufigste Verlaufsform ist, insbesondere bei männlichen Patienten zwischen dem 6. und dem 18. Lebensjahr.

Nach mehrtägiger Inkubationszeit entwickelt sich eine schmerzhafte Lymphadenitis (Pseudoappendizitis), die unter Umständen das Bild des akuten Abdomens vortäuscht.

Sepsis. Bei den obengenannten Risikopersonen können sowohl Y. enterocolitica als auch Y. pseudotuberculosis eine Sepsis erzeugen.

Andere Infektionen. Meningitis und Harnwegsinfektionen durch Y. enterocolitica sind vereinzelt beschrieben worden.

Nachkrankheiten. Infektionen mit Y. enterocolitica und Y. pseudotuberculosis können zu Nachkrankheiten wie Arthralgie, Arthritis, Myokarditis, Erythema nodosum und Morbus Reiter führen. 85 bis 95% aller Patienten mit Folgearthritis weisen den HLA-Typ B27 auf. Die Krankheitserscheinungen setzen wenige Tage bis zu einem Monat nach Auftreten der akuten Krankheit ein. Interessanter ist, wann sie nach der vermeintlichen Heilung auftreten.

Immunität

Die spezifische Immunität hängt von T-Zellen ab. Diese aktivieren Makrophagen und induzieren eine Granulombildung. Antikörper werden wenige Tage nach Infektion gebildet und verschwinden zwei bis sechs Monate später. Sie spielen bei der Infektabwehr offenbar eine untergeordnete Rolle, sind aber für die serologische Diagnose stattgehabter Yersinien-Infektionen von Nutzen.

Labordiagnose

Der Schwerpunkt der Labordiagnose enteraler Yersiniosen liegt in der kulturellen Anzucht. Bei extraintestinalen Folgekrankheiten (Arthritis u.a.) ist nur noch der Antikörpernachweis möglich.

Untersuchungsmaterial. Zur bakteriologischen Diagnostik eignen sich Stuhl bei enteritischen Symptomen, Resektionsmaterial aus Lymphknoten oder Appendizes von Patienten mit Appendizitis bzw. mit Lymphadenitis. Bei Sepsis sollte neben Blut auch der Stuhl bakteriologisch untersucht werden.

VI

Anzüchtung. Zur Anzüchtung der Yersinien dienen Selektivkulturmedien mit einer Bebrütung bei 28–30 °C. Bei Lymphadenitis und Arthritis kann die Kälteanreicherung (4 °C) mit anschließender Subkultur auf Selektivkulturmedien versucht werden. Bei Infektionen durch Y. enterocolitica gelingt der Erregernachweis im Stuhl nur während der ersten beiden Krankheitswochen. Bei Infektionen durch Y. pseudotuberculosis ist der Erregernachweis im Stuhl nur selten möglich, häufiger dagegen aus Resektionsmaterial (Lymphknotenresektion).

Identifizierung. Die Identifizierung erfolgt anhand biochemischer Leistungsprüfung und Serotypisierung aufgrund der O-Antigene.

Antikörpernachweis im Serum. Zum Antikörpernachweis wird ein Agglutinationstest nach Widal mit hitzeinaktivierten und formalinbehandelten Bakterien und Patientenserum durchgeführt. Zum Nachweis beider enteropathogener Yersinia-Arten in einem Ansatz eignet sich der ELISA bzw. Immunoblot für Antikörper (IgG, IgA) gegen die sezernierten Virulenzproteine (Yops).

Therapie

Eine antibiotische Therapie erübrigt sich bei den enteritischen und lymphadenitischen Verlaufsformen, sofern sich die Patienten in gutem Allgemeinzustand befinden. Bei chronischem oder besonders heftigem Krankheitsverlauf oder bei Patienten mit einer Sepsis muß eine Chemotherapie durchgeführt werden. Es eignen sich Aminoglykoside, Tetracycline, Cephalosporine der 3. Generation sowie Ciprofloxacin und Cotrimoxazol.

Prävention

Da die enteralen Yersiniosen bezüglich Infektionsquellen und Verlauf den Salmonellosen ähneln, entsprechen auch die hygienischen Maßregeln im wesentlichen denjenigen, die bei der Verhütung der Salmonellosen zu beachten sind (s. S. 274).

Allgemeine Maßnahmen. Allgemeine hygienische Maßnahmen im Umgang mit Nahrungsmitteln dürften den besten Schutz vor Yersinia-Infektionen darstellen. Zusätzlich an das Überleben von Yersinien bei Kühlschranktemperatur denken!

Meldepflicht. Der Verdacht auf und die Erkrankung an einer mikrobiell bedingten Lebensmittelvergiftung oder an einer akuten infektiösen Gastroenteritis ist namentlich zu melden, wenn a) eine Person spezielle Tätigkeiten (Lebensmittel-, Gaststätten-, Küchenbereich, Einrichtungen mit/zur Gemeinschaftsverpflegung) ausübt oder b) zwei oder mehr gleichartige Erkrankungen auftreten, bei denen ein epidemischer Zusammenhang wahrscheinlich ist oder vermutet wird (§6 IfSG).

Ebenso sind der direkte und indirekte Nachweis von Yersinia enterocolitica (darmpathogen) namentlich meldepflichtig, soweit dies auf eine akute Infektion hinweist (§7 IfSG).

ZUSAMMENFASSUNG: Yersinia enterocolitica/Yersinia pseudotuberculosis

Bakteriologie. Gramnegative bei Temperaturen unter 30°C bewegliche Stäbchen. Wachstum auf einfachen Kulturmedien. Optimale Wachstumstemperatur 22–28°C. Kälteanreicherung bei 4°C möglich.

Vorkommen/Epidemiologie. Verbreitete Zoonose. Hauptinfektionsquelle für den Menschen sind durch tierische Fäkalien verunreinigte tierische Nahrungsmittel.

Resistenz. Vermehrungsfähigkeit bleibt im Erdreich bis zu sechs Monate erhalten. Widerstandsfähig gegen niedrige Temperaturen, d.h. Vermehrung noch bei 4°C.

Pathogenese. Orale Aufnahme der Erreger. Invasion der Ileum-Mukosa und der mesenterialen Lymphknoten. Ausbildung geschwüriger Läsionen. Selten Vordringen der Erreger bis in die Blutbahn. Virulenz an Plasmid- und chromosomal kodierte Virulenzfaktoren gebunden.

Zielgewebe. Mesenteriale Lymphknoten, terminales Ileum, Appendix vermiformis.

Klinik. Primärerkrankungen: Enteritis, Enterokolitis, akute terminale Ileitis, mesenteriale Lymphadenitis, Pseudoappendizitis. Nachkrankheiten: Arthritiden, Arthralgien, Morbus Reiter.

Immunität. Granulombildung und Makrophagenaktivierung. IgA- und IgG-Antikörper werden gebildet und diagnostisch genutzt.

Labordiagnose. Untersuchungsmaterial: Stuhl. Anzucht: auf Selektivnährböden. Differenzierung: „Bunte Reihe". Bei Folgekrankheiten (Arthritis u.a.) serologischer Antikörpernachweis.

Therapie. Antibiotische Therapie nur bei besonders heftigem Verlauf und bei Sepsis. Aminoglykoside, Tetracycline, Cephalosporine der 3. Generation, Ciprofloxacin, Cotrimoxazol.

Meldepflicht: Verdacht, Erkrankung, Tod, direkte und indirekte Erregernachweise; namentlich.

5.16 Yersinia pestis

H. HAHN, K. VOGT, J. BOCKEMÜHL

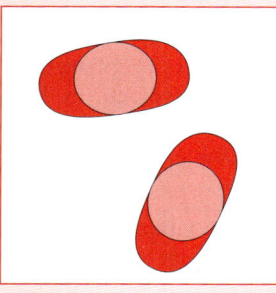

Yersinia (Y.) pestis ruft als einzige Krankheit die Pest hervor; diese gehört zu den drei Quarantänekrankheiten der WHO (Pest, Cholera, virusbedingtes hämorrhagisches Fieber).

Yersinia pestis
unbegeißelte gramnegative Stäbchen, bipolar anfärbbar in der Wayson-Färbung (Sicherheitsnadelform), entdeckt 1894 von A. Yersin

Geschichte. Keine Infektionskrankheit hat im Laufe der Geschichte so viel Angst und Schrecken verbreitet wie die Pest. Bekannt und gefürchtet seit der Antike, hat die Seuche im Verlauf etlicher Pandemien mehrfach große Teile der Bevölkerung Europas und des Orients ausgelöscht.

Die erste faßbare Pandemie grassierte im 6. Jahrhundert n. Chr. (542–594) und vernichtete im Byzantinischen Reich die Hälfte der Bevölkerung.

Die zweite Pandemie wütete von 1347–1349 in Europa und im Nahen Osten; sie rottete etwa ein Drittel der Bevölkerung, d.h. rund 25 Millionen Menschen, aus („Der Schwarze Tod").

Pestepidemien suchten 1679 Wien und 1710–1711 die Mark Brandenburg heim (215 000 Tote); 1710 wurde die Charité in Berlin als Pestkrankenhaus gegründet. Die 3. Pandemie begann 1855 in China und breitete sich durch ganz Asien, Europa, Afrika, Australien, Nord- und Südamerika aus. 1898 wütete die Pest in Indien und forderte allein in Bombay 6 Millionen Tote; 1911 grassierte sie in der Mandschurei und 1964 in Vietnam. 1994 gab es erneut einen Ausbruch in Indien.

Der Schweizer Alexandre Yersin (1863–1943) entdeckte 1894 das Pestbakterium.

5.16.1 Beschreibung

Aufbau

Y. pestis entspricht im Aufbau anderen Yersinien, besitzt aber eine Kapsel. Die Erreger sind grundsätzlich unbegeißelt. Drei Plasmide tragen verschiedene Virulenzgene.

Kapsel (Fraktion 1). Diese Kapsel, auch Fraktion 1 (F 1) genannt, wird bei 37°C, also erst im Säugerwirt, ausgebildet, nicht aber bei 28°C, der für Yersinien optimalen Vermehrungstemperatur. Die Kapsel besteht aus einem einzigen Protein und ist immunogen.

V-Antigen. Das von Y. pestis produzierte V-Antigen ist ein Protein mit einem Molekulargewicht von 40 kD. Es wirkt antiphagozytär; Antikörper gegen V sind protektiv.

W-Antigen. Dieses entspricht dem Endotoxin anderer gramnegativer Bakterien.

Yersiniabactin. Ein Eisentransportsystem sowie ein häminbindendes System (Hms) sind chromosomal auf einer Pathogenitätsinsel kodiert (sog. Pgm-Locus).

Extrazelluläre Produkte

Plasminogen-Aktivator-Protein (Pla). Diesem plasmidkodierten Protein wird eine Rolle bei der generalisierten Ausbreitung des Erregers im Wirt zugeschrieben. Es wirkt weiterhin fibrinolytisch.

Mausletales Toxin. Dieses plasmidkodierte Toxin, dessen Bedeutung nicht geklärt ist, ist toxisch für Mäuse.

Yops. Weiterhin werden auch von Y. pestis Proteine mit antiphagozytären Eigenschaften sezerniert.

Resistenz gegen äußere Einflüsse

Y. pestis hält sich in eingetrocknetem Sputum oder in den Fäkalien von Flöhen bei Raumtemperatur, aber auch in Nagerbauten über längere Zeit am Leben. Im Körperinnern verhält sich Y. pestis als fakultativ intrazelluläres Bakterium, d.h. die Bakterien überleben und vermehren sich nach Phagozytose durch nichtaktivierte Makrophagen.

Vorkommen

In Pestgebieten befällt Y. pestis vorwiegend Nager. Der natürliche Kreislauf ist: Nager → Ektoparasit (Flöhe) → Nager. Ohne Nagerpest keine Menschenpest!

Pestepidemien traten in früheren Zeiten vorwiegend in Verbindung mit Hausratten auf. Zunächst wurde die Pest durch Flöhe von Ratte zu Ratte übertragen. Wenn viele Hausratten an Pest verendet waren, wichen die Flöhe auf den Menschen aus.

Heute wird der Mensch akzidentiell infiziert, wenn er in Gegenden gelangt, in denen Y. pestis enzootisch vorkommt.

5.16.2 Rolle als Krankheitserreger

Epidemiologie

Nachdem in der ersten Hälfte dieses Jahrhunderts die Zahl der Pestfälle abgenommen hatte, macht sich seit etwa 1960 wieder eine langsame Zunahme bemerkbar. Zwischen 1991 und 1995 wurden weltweit 21 087 Pestkranke gemeldet; von diesen verstarben – regional unterschiedlich – rund 10%. Die Zahl der Erkrankten dürfte in Wirklichkeit weit höher liegen. Zoonotische Herde bestehen in den südwestlichen Staaten der USA, in Südost- und Nordasien, Südamerika, Zentral- und Südafrika. Dort muß jederzeit mit Pestfällen gerechnet werden.

Übertragung

Y. pestis wird durch den Biß (sic, nicht Stich!) des infizierten orientalischen Rattenflohs (Xenopsylla cheopis) von der Ratte auf den Menschen übertragen. Die Bakterien vermehren sich nach der Blutmahlzeit bei einer Ratte im Proventriculus (Vormagen) des Flohs und können dort solche Zahlen erreichen, daß dessen oberer Zugang unpassierbar wird. Diese Verstopfung wird durch die Koagulase des Erregers begünstigt. Wenn der infizierte Floh einen Nager oder einen Menschen befällt, regurgitiert er Pestbakterien; diese gelangen über die Bißstelle in den neuen Wirt. Dort bildet der Erreger bei 37 °C die Kapsel (F1) und sezernierte Proteine (Yops) aus, was ihm eine besondere Virulenz verleiht.

Eine aerogene Übertragung von Mensch zu Mensch gibt es nur bei der Lungenpest (s. u.).

Pathogenese

Primäraffekt. An der Bißstelle, die sich meist an den oberen oder unteren Extremitäten befindet, entwickelt sich der Pest-Primäraffekt. Er besteht aus einem Bläschen, in dem sich die Pestbakterien zu hohen Zahlen vermehren. Vom Primäraffekt aus gelangen die Erreger über die afferenten Lymphbahnen zu den lokalen Lymphknoten der Leiste bzw. der Axilla (Abb. 5.10). Auf diese Weise entsteht die *Pestbeule*, der sog. Bubo (gr. Leistendrüse, Unterleib).

Auch die Tonsillen und die oropharyngeale Schleimhaut kommen als Eintrittspforte in Frage; es entsteht dann eine zervikale Bubonenpest.

Die befallenen Lymphknoten schwellen schmerzhaft an und vereitern.

Generalisierung. Wenn die Filterkapazität der Lymphknoten erschöpft ist, bricht diese Abwehrbarriere zusammen: Die Erreger treten in die Blutbahn über und lösen ein schweres Krankheitsbild mit intravasaler Verbrauchskoagulopathie aus. Hierfür ist das W-Antigen (Endotoxin) verantwortlich. Hämatogen werden Leber und Milz, die Lungen und gegebenenfalls auch die Meningen befallen. In den infizierten Organen, insbesondere auch in der Haut, entwickeln sich Hämorrhagien. Es entwickelt sich häufig ein septischer Schock (s. S. 915 ff.).

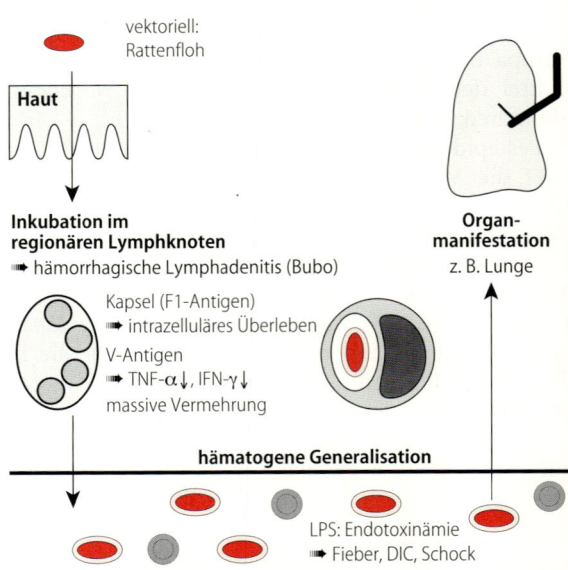

Abb. 5.10. Pathogenese der Pest

Pestpneumonie. Die *sekundäre* Pestpneumonie ist besonders häufig. Sie stellt eine überaus gefährliche Infektionsquelle dar, weil die Erreger ausgehustet und durch Tröpfcheninfektion direkt auf andere Menschen übertragen werden. Die Pestbakterien gelangen auf diese Weise direkt in die Lunge der Kontaktperson. Es entwickelt sich bei diesen eine *primäre* Pestpneumonie.

Klinik

Nach einer Inkubationszeit von 2–6 Tagen beginnt die Krankheit plötzlich mit Unwohlsein, Kopfschmerzen und Schüttelfrost. Einen Tag nach Einsetzen dieser Symptome bilden sich die schmerzhaften Pestbeulen (Bubonen) aus, daher der Name Bubonen- oder Beulenpest.

Bei Generalisation kann es durch die Verbrauchskoagulopathie zu Purpura und massiven Ekchymosen kommen. Wenn im Rahmen der hämatogenen Ausbreitung die Lunge befallen wird, entwickelt sich innerhalb von 1–3 Tagen eine sekundäre Pneumonie. Der Patient leidet an Atemnot und Husten; das Sputum ist hell, blutig gefärbt und purulent. Typischerweise zeigen die Patienten Purpura, die in der Folge nekrotisch werden und zur Gangrän führen kann. Diese Veränderung hat im Verein mit den Ekchymosen zur Bezeichnung „Schwarzer Tod" geführt. Der Tod tritt 3–5 Tage nach Auftreten der ersten Symptome ein.

Die primäre Lungenpest endet nach einer Inkubationszeit von zwei Tagen und einer Krankheitsdauer von weiteren zwei Tagen tödlich, sofern nicht rechtzeitig therapeutisch eingegriffen wird.

Die Letalität beträgt bei unbehandelten Patienten mit Beulenpest 30–60%, bei unbehandelter Lungenpest liegt sie bei 100%.

Immunität

Da Y. pestis ein fakultativ intrazelluläres Bakterium ist, stellen aktivierte Makrophagen einen wichtigen Abwehrfaktor dar. Diese Fähigkeit wird den Makrophagen durch antigenspezifische T-Lymphozyten vermittelt.

Bei der Immunität sind auch Antikörper beteiligt. Antikörper gegen die Kapsel (Fraktion 1) sowie gegen Endotoxin (W-Antigen) vermitteln einen nachweisbaren Schutz.

Die Immunität gegen Y. pestis stellt demnach einen Mischtyp dar: Es sind sowohl Antikörper als auch antigenspezifische T-Zellen beteiligt. Die Immunität verleiht Überlebenden einen langdauernden, aber nicht absoluten Schutz gegen Reinfektionen.

Labordiagnose

Der Schwerpunkt der Labordiagnose liegt in der Erreganzucht. Wegen der hohen Infektiosität sind für die Verarbeitung im Labor besondere Sicherheitsrichtlinien vorgeschrieben; daher muß der klinische Verdacht auf Pest dem Laborarzt unbedingt mitgeteilt werden. Die Primäranzucht und Weiterverarbeitung von Y. pestis dürfen nur in Speziallaboratorien der Sicherheitsstufe 3 erfolgen.

Untersuchungsmaterial. Für die bakteriologische Untersuchung eignen sich, je nach Lokalisation des Krankheitsprozesses: Lymphknotenaspirat bei Beulenpest, Sputum bei Lungenpest oder Blut bei Pestsepsis. Bei der Sektion Verstorbener entnimmt man Teile der Milz, Blut oder – bei nichtobduzierten Leichen – Milzpunktat.

Vorgehen im Labor. Y. pestis präsentiert sich im Grampräparat als kokkoides, gramnegatives Stäbchen. Bei Anfärbung nach Wayson (Methylenblau und Karbolfuchsin) oder mit Methylenblau alleine zeigt Y. pestis eine bipolare Struktur: Eine zentrale, nicht anfärbbare Vakuole ergibt ein Bild, welches an Sicherheitsnadeln erinnert (s. Steckbrief). Diese polare Anfärbbarkeit fehlt den anderen Yersinien.

Häufig läßt sich die Diagnose bereits durch Anfärbung von Lymphknotenaspirat oder Sputum mit fluoreszierenden Antikörpern gegen das Kapselantigen stellen. In vielen Fällen führt auch die Anfärbung von Lymphknotenaspirat, Sputum bzw. Blutausstrichen nach Wayson oder mit Methylenblau zum Erfolg. Wenn im Präparat bipolar angefärbte Bakterien zu sehen sind, läßt sich im Zusammenhang mit dem klinischen Bild die Verdachtsdiagnose Pest rechtfertigen. Der Erreger vermehrt sich auf Blutagar, auf dem er nach 24–48 h Bebrütung braune, nichthämolysierende Kolonien bildet. Die optimale Vermehrungstemperatur beträgt, wie bei anderen Yersinien auch, 28 °C. Da Y. pestis bei dieser Temperatur keine Kapsel exprimiert, erscheinen die Kolonien rauh; bei 37 °C wird reichlich Kapselsubstanz produziert, die Kolonien sind dann glatt.

Biochemisch. Die biochemische Identifizierung von Y. pestis erfolgt durch die „Bunte Reihe".

Therapie

Streptomycin ist das Mittel der Wahl; daneben sind Tetracycline und Chloramphenicol gegen Y. pestis wirksam. Bei prompt einsetzender Behandlung läßt sich die Letalität der Bubonenpest von 30–60% auf 1–5% senken. Der Behandlungserfolg bleibt aus, wenn die Behandlung später als 15 Stunden nach Fieberbeginn einsetzt.

Prävention

Allgemeine Maßnahmen. Hier steht die Rattenbekämpfung im Vordergrund. Meist kommen aber auch andere Reservoire in Frage, so daß in Endemiegebieten eine Ausrottung des Erregers nicht möglich ist.

Vakzination. Für die Schutzimpfung stehen zwei Totvakzinen aus formalinisierten Bakterien zur Verfügung: Die Haffkine-Vakzine und die Cutler-Vakzine. Eine Lebendvakzine wird aus attenuierten Pest-Bakterien hergestellt; sie vermittelt einen wirksameren Schutz als die Totvakzinen. Der Le-

bendimpfstoff enthält das Kapselantigen F1 sowie die Antigene V und W und muß bei –20°C gelagert werden. Dieser Umstand macht eine Kühlkette erforderlich, was gerade in solchen Ländern, in denen die Pest endemisch ist, schwer zu lösen ist. Der Impfschutz ist nicht sicher, v.a. verhindert er nicht die pneumonische Form.

Quarantäne. Die Pest gehört neben dem virusbedingten hämorrhagischen Fieber zu den quarantänepflichtigen Krankheiten, deren Abwehr in den Artikeln 49–94 der Internationalen Gesundheitsvorschriften geregelt wird. Jeder Pestfall muß an die Weltgesundheitsorganisation (WHO) gemeldet werden.

Absonderung im Krankenhaus. § 30 IfSG schreibt die Absonderung der an Lungenpest und von Mensch zu Mensch übertragbarem hämorragischen Fieber Erkrankten in einem Krankenhaus vor.

Meldepflicht. Pest ist bei Verdacht, Erkrankung und Tod namentlich zu melden (§ 6 IfSG), ebenso der direkte oder indirekte Nachweis von Yersinia pestis (§ 7 IfSG).

VI

ZUSAMMENFASSUNG: Yersinia pestis

Bakteriologie. Gramnegatives unbewegliches Stäbchen. Bipolare Anfärbung, „Sicherheitsnadelformen" nach Wayson- oder Methylenblaufärbung.

Vorkommen. Enzonotisch in Asien, Afrika, Nord- und Südamerika verbreitet bei Nagern. Mensch über Ektoparasiten infiziert.

Resistenz. Lange Persistenz in eingetrockneten Sputen oder in Fäkalien von Ektoparasiten.

Epidemiologie. Endemisch in USA, Südost- und Nordasien, Südamerika, Zentral- und Südafrika. Befallen werden Bewohner der Endemiegebiete, Soldaten, Jäger, Geologen, Archäologen, Abenteuer-Touristen.

Übertragung. Vom Tier durch: Ektoparasiten (Flohbisse). Vom erkrankten Menschen durch Sputum (Tröpfcheninfektion) oder Hautkontakt.

Pathogenese. Fakultativ intrazellulärer Erreger, der durch Kapselbildung einen hohen Virulenzgrad erreicht und die natürlichen Abwehrbarrieren nahezu ungehindert durchbricht. Infektion → Primärkomplex → (schmerzhafte Lymphadenopathie) → Sepsis.

Klinik. Septische Verlaufsform (Bubonenpest): Infektion durch Vektor (z.B. Floh), Inkubationszeit 2–6 Tage, Fieber, Lymphadenopathie, Sepsis, Pneumonie, Meningitis. Primär pneumonische Verlaufsform: Tröpfchen-Infektion durch kontaminiertes Sputum, Inkubationszeit zwei Tage, fulminanter Verlauf.

Immunität. Die erworbene Immunität ist weitgehend, aber nicht absolut. Mischtyp, an dem Antikörper und T-Zellen beteiligt sind.

Labordiagnose. Erregernachweis: Biochemische Differenzierung. Anzucht unter S-3-Bedingungen.

Therapie. Streptomycin, Tetracycline, Chloramphenicol.

Prävention. Eliminierung des Erregerreservoirs (Rattenbekämpfung), Schutzimpfung, Quarantäne.

Quarantäne. Die Pest ist eine quarantänepflichtige Krankheit.

Vakzination. Aktive Impfung durch Tot- oder Lebendimpfstoffe. Immunität nach Schutzimpfung nur sechs Monate anhaltend, Impfschutz nicht immer gewährleistet.

Meldepflicht. Verdacht, Erkrankung und Tod, direkte und indirekte Erregernachweise; namentlich.

VI

Tabelle 6.1. Vibrio: Gattungsmerkmale

Merkmale	Merkmalsausprägung
Gramfärbung	gramnegative Stäbchen
aerob/anaerob	fakultativ aerob
Kohlenhydratverwertung	fermentativ
Sporenbildung	nein
Beweglichkeit	ja
Katalase	positiv
Oxidase	positiv
Besonderheiten	Nitratreduktion, halophil (benötigt NaCl)

Tabelle 6.2. Vibrionen: Arten und Krankheiten

Arten	Krankheiten
Vibrio cholerae Vibrio El Tor	Cholera
NAG-Vibrionen	selten Gastroenteritis
Vibrio parahaemolyticus	Gastroenteritis
Vibrio vulnificus	Wundinfektionen Sepsis

Vibrionen sind eine Gattung gramnegativer, hochbeweglicher Stäbchen, die aerob und fakultativ anaerob wachsen. Von den Enterobakterien unterscheiden sie sich durch ihre Krümmung und dadurch, daß sie eine einzige polare Geißel tragen und das Enzym Oxidase bilden. Weitere gattungsbestimmende Merkmale enthält Tabelle 6.1.

Die für die Medizin wichtigste Spezies sind Vibrio (V.) cholerae Biovar cholerae und der weniger virulente Vibrio cholerae Biovar El Tor, Erreger der Cholera. Weitere Spezies können beim Menschen gelegentlich eine Gastroenteritis hervorrufen (Tabelle 6.2).

Die Cholera ist seit dem 6. Jahrhundert v. Chr. in Indien bekannt. Von dort ausgehend, hat sich die Krankheit seit dem Beginn des 19. Jahrhunderts über Europa verbreitet. Die erste Pandemie begann 1817 und erreichte Osteuropa. Durch die Dampfschiffahrt begünstigt, verbreitete sich die Cholera seit 1826 weltweit und erreichte 1831/32

Deutschland. Der letzte große Ausbruch in Deutschland war 1892 in Hamburg (9000 Tote).

Filippo Pacini beschrieb 1854 als erster die gekrümmten, kommaförmigen und hochbeweglichen Bakterien bei der Cholera. Bereits während der zweiten Pandemie (1840 bis 1862) konnte der Londoner Arzt John Snow 1849 einen fäkal verunreinigten Pumpbrunnen als Infektionsquelle identifizieren. 1883 gelang es Robert Koch zusammen mit seinen Assistenten Bernhard Fischer und Georg Gaffky in Ägypten, den Erreger aus dem Darm an Cholera verstorbener Patienten in Reinkultur anzuzüchten.

Von dem deutschen Bakteriologen F. Gotschlich wurde 1905 der Biotyp El Tor in El Tor, einer Quarantäne-Station am Golf von Suez, isoliert.

Die Bezeichnung Vibrio stammt von dem dänischen Naturforscher Otto-Frederik Müller (1730–1784). Sie bezieht sich auf die vibrierenden Bewegungen der Vibrionen in Wassertröpfchen.

6.1 Vibrio cholerae, Biovar cholerae und Vibrio cholerae, Biovar El Tor

Vibrio cholerae, Biovar cholerae und weniger virulente Vibrio cholerae, Biovar El Tor, sind die Erreger der Cholera.

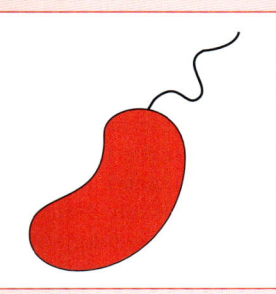

Vibrio cholerae/El Tor
gekrümmte gramnegative Stäbchen mit monotrich polarer Begeißelung, entdeckt 1883 von Robert Koch

6.1.1 Beschreibung

Aufbau

Lipopolysaccharid. Wie alle gramnegativen Bakterien enthalten Choleravibrionen in ihrer äußeren Hülle Lipopolysaccharide. Das O-Antigen hat diagnostische Bedeutung, da nur das O-Antigen der Serogruppe 1 (O1) für den Choleraerreger charakteristisch ist. Neuerdings ist ein bislang unbekannter Serotyp, O139, als weiterer Choleraerreger identifiziert worden.

Geißel. Für Vibrionen charakteristisch ist der Besitz einer einzigen polaren Geißel. Diese ist für die rasche Beweglichkeit der Erreger verantwortlich. Sie erleichtert dem Erreger das Durchdringen der Schleimschicht über der Dünndarmepithelzelle.

Fimbrien. Stämme des klassischen Choleraerregers (V. cholerae) bilden drei serologisch trennbare Fimbrientypen (A, B, C) aus, während die El-Tor-Stämme zwei Fimbrientypen (B und C) tragen.

Extrazelluläre Produkte

Muzinase. Dieses Enzym hydrolysiert die Schleimschicht über der Dünndarmepithelzelle und hilft dem Erreger, die Schleimschicht zu durchdringen. Sie erleichtert ihm damit den direkten Kontakt mit der Dünndarmepithelzelle.

Neuraminidase. Die von V. cholerae und V. El Tor produzierte Neuraminidase setzt aus Gangliosiden auf der Dünndarmepithelzelle Neuraminsäure frei. Dadurch werden zusätzliche Toxinrezeptoren freigelegt, so daß sich vermehrt Toxin an die Zielzellen binden kann.

Choleragen. Dieses Toxin, auch Choleratoxin genannt, ist der hauptsächliche Virulenzfaktor von V. cholerae, indem es die Störung des Ionen/Wasser-Transports in der Dünndarmepithelzelle verursacht. Sein molekularer Wirkungsmechanismus ist auf S. 290 beschrieben. Es ist ein AB-Toxin.

Resistenz gegen äußere Einflüsse

Gegenüber sauren pH-Werten sind Choleravibrionen sehr empfindlich; in Kulturmedien, die fermentierbare Kohlenhydrate enthalten, sterben sie schnell ab. Wegen ihrer pH-Abhängigkeit können sich Choleravibrionen nur in den alkalischen Abschnitten des oberen Dünndarms halten; im sauren Milieu des Magens und des Kolons gehen sie schnell zugrunde. Diese Resistenz gegen alkalische pH-Werte nutzt man bei der Primärisolierung von Choleravibrionen durch Einsatz hochalkalischer Selektiv-Kulturmedien.

Gegen Gallensalze sind Choleravibrionen weniger empfindlich als Enterobakterien.

Vorkommen

Choleravibrionen kommen im Süßwasser und in salzhaltigem Brackwasser vor; die Kontamination erfolgt durch den Stuhl von Erkrankten. Die Überlebenszeit der Choleravibrionen beträgt 4–7 Tage; in salzhaltigem Brackwasser werden längere Überlebenszeiten beobachtet als in Süßwasser.

6.1.2 Rolle als Krankheitserreger

Epidemiologie

Die Cholera befällt nur den Menschen. Sie tritt als Massenerkrankung bei Armut, Mangelernährung und niedrigem Hygiene-Standard auf, wobei der ungenügenden Trennung von fäkal kontaminiertem Abwasser und Trinkwasser eine besondere Bedeutung zukommt. Träger, d.h. subklinisch Infizierte, kommen bei Cholera-Epidemien häufiger vor als Erkrankte. Sie stellen eine wichtige Infektionsquelle dar, Dauerausscheider sind selten. Die Krankheit ist im *Gangesdelta* (Bangladesch) endemisch und breitet sich westwärts entweder auf dem kontinentalen Weg über Rußland oder auf dem Seeweg aus. Im Gangesdelta hat V. El Tor seit 1969 den klassischen Biotyp verdrängt; mit einer weiteren Zunahme der El-Tor-Cholera ist zu rechnen. Insgesamt wird die Cholera heute häufiger durch V. El Tor als durch V. cholerae verursacht. Auch die derzeit ablaufende 7. Pandemie ist durch V. El Tor verursacht. Sie nahm ihren Ursprung in Celebes. Im Verlauf dieser Pandemie kam es in den 70er Jahren in Südeuropa, in den 80er Jahren in Afrika zu Ausbrüchen. Seit 1991 breitet sich die Cholera, von Peru ausgehend, in Südamerika aus. Ende 1992 wurde erstmalig in Bangladesch und Indien das epidemische Auftreten von Cholera-Erkrankungen durch Cholera-Vibrionen einer neuen Serogruppe, O139, beschrieben. Diese scheinen jedoch keine pandemische Tendenz zu haben.

1998 wurden der Weltgesundheitsorganisation (WHO) 293 121 Cholera-Erkrankungen gemeldet, 10 586 der Infizierten verstarben. Die meisten Erkrankungen traten in Afrika auf (211 748), gefolgt von Südamerika (57 106) und Asien (24 212). Wetterveränderungen, v. a. verursacht durch das El-Nino-Phänomen, haben einen großen Einfluß auf die Epidemiologie der Cholera. In Europa treten nur vereinzelt, überwiegend importierte Cholera-Fälle auf.

Übertragung

Choleravibrionen gelangen mit fäkal kontaminiertem Wasser, selten mit kontaminierter Nahrung in den Gastrointestinaltrakt des Menschen.

Pathogenese

Zielgewebe. Zielzellen sind die Epithelzellen des Dünndarms.

Gewebliche Reaktion. Es kommt zu sekretorischer Diarrhoe, Zielzellen werden nicht zerstört.

Etablierung. Die Salzsäure des Magens stellt eine wirksame Abwehrschranke dar, denn ein Großteil der säureempfindlichen Choleravibrionen wird durch sie abgetötet. Erst wenn die aufgenommene Erregerzahl 10^8–10^{10} beträgt, kommt es zur Infektion. Bei Hypoazidität sinkt die minimale Infektionsdosis auf 10^3–10^4 Erreger ab. Die Erreger, welche die Säurebarriere des Magens überwinden und den oberen Dünndarm erreichen, finden wegen des dort herrschenden alkalischen pH gute Ver-

mehrungsbedingungen vor. Die in den sauren Dickdarm gelangenden Erreger sterben schnell ab.

Adhäsion. Im Dünndarm durchdringen die Choleravibrionen die Schleimschicht über den Darmepithelzellen. Hierbei werden sie durch ihre geißelbedingte Beweglichkeit und die von ihnen produzierte Muzinase unterstützt. Sie heften sich mittels ihrer *Fimbrien* an Rezeptoren der Epithelzellen und produzieren hier das Choleratoxin (Abb. 6.1).

Sekretionsschädigung. Das Choleratoxin bindet sich mit seiner Untereinheit B an die GM1-Rezeptoren der Epithelzelle. Unterstützend wirkt die Neuraminidase, die aus Gangliosiden Neuraminsäure freisetzt, wodurch es zur Freilegung von zusätzlichen Toxinrezeptoren und dadurch zu vermehrter Toxinbindung kommt.

Nach der Bindung der B-Anteile wird die Untereinheit A in die Zelle aufgenommen und dort in die Untereinheiten A 1 und A 2 gespalten. *A 1* setzt ADP-Ribose aus NAD frei und ribosyliert das Regulatorprotein G der Adenylatzyklase (Abb. 6.1; s. a. S. 30). Dieses wird durch die Ribosylierung blockiert und kann die Adenylatzyklase nicht mehr regulieren. So verbleibt die Adenylatzyklase dauernd in aktiviertem Zustand, und es entsteht vermehrt cAMP. Der erhöhte cAMP-Spiegel bedingt, daß Chlorid, Bikarbonat und Kalium vermehrt aus den Krypten der Villi in das Dünndarmlumen sezerniert werden (Abb. 6.1). Außerdem wird die Na^+-Rückresorption an den Spitzen der Villi gehemmt. Den Ionen folgt deren Lösungswasser. Damit strömt ein erhöhtes Flüssigkeitsvolumen aus dem Dünndarm in den Dickdarm, was dessen Rückresorptionsvermögen übersteigt, so daß sich eine Diarrhoe vom *sekretorischen Typ* entwickelt (s. S. 968).

Sowohl die Dünndarm-Epithelzellen als auch die Endothelzellen der Kapillaren in der Lamina propria bleiben am Leben und zeigen keinerlei histopathologische Veränderungen. Der Intravasalraum und der Extrazellularraum trocknen infolge des Flüssigkeitsverlustes aus; es kommt zu Exsikkose, zum hypotonen *Schock* und ggf. zum Tod des Patienten.

Klinik

Nach einer Inkubationszeit von 2–5 Tagen beginnt die Erkrankung mit Übelkeit und Erbrechen. Es treten „*reiswasserartige" Durchfälle* auf, d. h. es entleert sich eine leicht getrübte, farblose Flüssigkeit, in der kleine Schleimflocken schwimmen. Die ausgeschiedenen Flüssigkeitsmengen können 25 l/

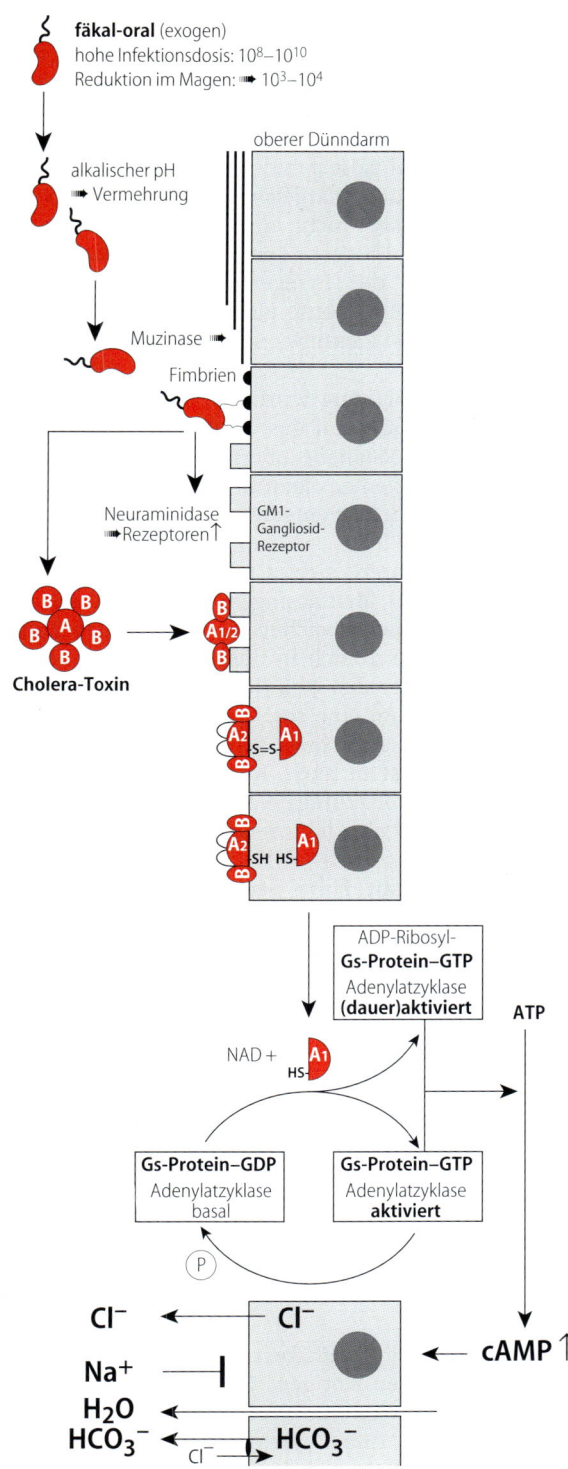

fäkal-oral (exogen)
hohe Infektionsdosis: 10^8–10^{10}
Reduktion im Magen: ⟹ 10^3–10^4

oberer Dünndarm

alkalischer pH
⟹ Vermehrung

Muzinase ⟹

Fimbrien

Neuraminidase
⟹ Rezeptoren↑

GM1-
Gangliosid-
Rezeptor

B B
B A B
B

Cholera-Toxin

B
A1/2
B

A2 A1
S=S
B B

A2 A1
SH HS
B B

ADP-Ribosyl-
Gs-Protein–GTP
Adenylatzyklase
(dauer)aktiviert

ATP

NAD + A1
HS

Gs-Protein–GDP
Adenylatzyklase
basal

Gs-Protein–GTP
Adenylatzyklase
aktiviert

P

Cl⁻ ← Cl⁻

Na⁺ ⊣

H₂O ←

HCO₃⁻ ← HCO₃⁻
Cl⁻ →

← cAMP↑

Abb. 6.1. Pathogenese der Cholera

Tag erreichen. Die Folge ist eine Dehydratation mit *Exsikkose* und *Elektrolytverlust*. Heiserkeit ist häufig das erste Symptom der Austrocknung. Es folgen Muskelkrämpfe in den Waden, Oligurie und Kollaps. Der Patient zeigt neben den Zeichen eines extrazellulären Flüssigkeitsdefizits

- Azidose,
- Hyponatriämie,
- Hypokaliämie und
- Hypoglykämie.

Das Blut kann so eingedickt sein, daß kein Serum mehr zu gewinnen ist. In schwersten Fällen kann der Patient schon innerhalb einer Stunde nach Einsetzen der Symptome eine Hypotonie entwickeln und innerhalb von 2–3 Stunden versterben (*Cholera siderans*). Manchmal versterben die Patienten, bevor sich die Diarrhoe entwickelt (*Cholera sicca*).

Bei Infektionen durch Vibrio El Tor verläuft die Cholera abgemildeter als bei der klassischen Cholera. Der Pathomechanismus der durch El Tor erzeugten Cholera ist im übrigen identisch mit demjenigen der klassischen Cholera.

Die Letalität liegt in unbehandelten Fällen der klassischen Cholera bei 60%, bei der durch V. El Tor verursachten Form bei 15–30%. Adäquate Behandlung senkt die Letalität unter 1%.

Immunität

Es bildet sich eine lokale Immunität aus. Spezifische IgA-Antikörper behindern die Anheftung der Adhäsine in der äußeren Membran der Cholera-Vibrionen an deren Rezeptoren. Andere IgA-Antikörper wiederum hemmen die Bindung des Choleratoxins an seine Rezeptoren.

Im Zuge der Erkrankung treten auch Agglutinine und vibriolytische IgG-Antikörper im Serum auf. Klinisch sind sie ohne Bedeutung, weil die Choleraerreger nicht ins Blut vordringen; wissenschaftsgeschichtlich spielen sie aber eine Rolle, da die Komplementwirkung mit ihrer Hilfe aufgeklärt wurde: Choleravibrionen gehören zu den wenigen Bakterienspezies, die durch Antikörper und Komplement lysiert werden. Richard Friedrich Pfeiffer injizierte 1890 Choleravibrionen in die Peritonealhöhle eines cholera-immunen Meerschweinchens. Die Vibrionen wurden lysiert. Später erkannte Jules Bordet, daß Antikörper zur Lyse der Choleravibrionen allein nicht ausreichen, sondern daß ein zusätzlicher

VI

Faktor erforderlich ist, den er Alexin nannte. Paul Ehrlich prägte hierfür den Begriff Komplement.

Labordiagnose

Der Schwerpunkt der Choleradiagnose liegt in der Mikroskopie des Stuhls und in der Anzucht des Erregers aus dem Stuhl mit nachfolgender Identifizierung mittels spezifischer Anti-O-Antikörper.

Benachrichtigung des Labors. Bei Choleraverdacht ist vom behandelnden Arzt das Labor telefonisch zu benachrichtigen, damit *umgehend* eine Diagnostik in Gang gebracht werden kann.

Cholera-Notfall-Besteck. Jedes bakteriologische Labor muß wegen der Möglichkeit der Einschleppung von Cholera jederzeit ein Cholera-Notfall-Besteck bereithalten, bestehend aus:
- alkalischem Peptonwasser,
- Thiosulfat-Citrat-Gallensalz-Saccharose-Agar (TCGS) oder Choleramedium,
- polyvalentem Cholera-Anti-O-Antiserum.

Untersuchungsmaterial. Zur bakteriologischen Labordiagnose eignen sich *Stuhl* und *Erbrochenes* sowie *Duodenalsaft.* Diese Materialien sollten nicht später als 24 h nach Krankheitsbeginn entnommen und im bakteriologischen Labor verarbeitet werden.

Transport. Da Choleravibrionen gegen Austrocknung sehr empfindlich sind, muß die entnommene Stuhlprobe in einem Transportmedium ins Labor verbracht werden. Am besten eignet sich dafür das Transportmedium von Cary und Blair.

Mikroskopie. Die mikroskopische Betrachtung des Stuhls ermöglicht eine Verdachtsdiagnose: So enthält im Gegensatz zur Ruhr der Stuhl des Cholerakranken kein Blut und keine polymorphkernigen Granulozyten.

Im *Dunkelfeld* zeigen sich massenhaft kommaförmige exzessiv bewegliche Stäbchen, die einzeln oder in kurzen Ketten angeordnet sind. Auch lassen sich die Erreger im Stuhl mit fluoreszein-markierten Antikörpern anfärben.

Im *hängenden Tropfen* bietet sich das Bild eines „Schwarms von tanzenden Mücken". Zugabe von O:1-spezifischem Antiserum zu einer in Nährbouillon eingerührten Stuhlprobe immobilisiert die Vibrionen; es kann in diesem Fall die Diagnose Cholera als gesichert angesehen werden.

Anzucht. Das Vermehrungsoptimum liegt bei pH 8, üppiges Wachstum erfolgt noch bei pH 9–9,6 und bei Temperaturen zwischen 20 und 40 °C. Bei diesen pH-Werten vermehren sich die meisten anderen Bakterien nicht mehr, auch nicht die Enterobakterien. Dementsprechend benutzt man zur primären Anzüchtung *alkalisches Peptonwasser* von pH 8,6. Dieses trägt nicht nur dem Bedürfnis nach einem hohen pH-Wert, sondern auch der Anspruchslosigkeit der Erreger Rechnung, da ihm hier als Wachstumsfaktor nur Na^+-Ionen angeboten werden. Das Peptonwasser dient als Selektivkulturmedium.

Nach 6 h Bebrütung wird das Peptonwasser auf TCGS-Medium oder auf das Cholera-Medium nach Felsenfeld und Watanabe überimpft und gleichzeitig das vom Patienten stammende Material direkt auf geeigneten Selektivmedien, z. B. TCGS, ausgestrichen.

Zwar vermehren sich Choleravibrionen auch unter anaeroben Bedingungen; in einem sauerstoffreichen Milieu erreichen sie aber höhere Zahlen. Hier entwickelt sich in flüssigen Kulturmedien unmittelbar unter der Oberfläche durch besonders üppiges Wachstum eine sog. *Kahmhaut.* Auf laktosehaltigen Indikatornährböden bilden Choleravibrionen zunächst farblose Kolonien, die sich erst nach längerer Bebrütung leicht rot färben; Choleravibrionen sind also laktosenegativ.

Biochemisch. Mit Hilfe der biochemischen Leistungsprüfung läßt sich lediglich die Gattungsdiagnose „Vibrio" stellen. Die wichtigsten Unterschiede zwischen Vibrionen und Enterobakterien betreffen die bei Vibrionen positive Oxidasereaktion sowie deren Vermögen, Saccharose zu spalten und Ornithin und Lysin zu decarboxylieren.

Serologisch. Der endgültigen Entscheidung, ob es sich um Choleravibrionen handelt, dient die Agglutination gewachsener Erreger durch Antiserum gegen O1 bzw. O139.

Die nicht zur Serogruppe O1 bzw. O139 gehörenden Vibrionen heißen *nichtagglutinierbare Vibrionen* (*NAG*) oder *Nicht-Cholera-Vibrionen.*

Vibrio El Tor. Vibrio El Tor trägt wie Vibrio cholerae das Gruppen-Antigen O1. Er unterscheidet sich von Vibrio cholerae durch die Unempfindlichkeit gegenüber dem Vibrio-cholerae-Phagen IV, durch seine Fähigkeit zur β-Hämolyse und durch die positive Voges-Proskauer-Reaktion.

VI

Therapie

Flüssigkeits- und Elektrolyt-Substitution. An erster Stelle in der Therapie der Cholera steht der rasche Ersatz der verlorenen Flüssigkeit und Elektrolyte sowie von Glukose durch i.v.-Infusion. Für die Therapie in Endemiegebieten hat die WHO eine *oral* zu verabreichende wäßrige Salz- und Glukoselösung entwickelt („Salzstangen und Coca Cola"):

- Glukose: 20,0 g/l
- Na^+-Bikarbonat: 2,5 g/l
- Na^+-Chlorid: 3,5 g/l
- K^+-Chlorid: 1,5 g/l.

Mit dieser Lösung ist es möglich, Flüssigkeits- und Glukoseverluste durch den Dünndarm auszugleichen, nachdem zunächst der hypovolämische Schock durch intravenöse Flüssigkeitsgabe ausgeglichen worden ist. Durch adäquate Behandlung sinkt die Letalität von 60% auf unter 1% ab.

Antibiotische Therapie. Zusätzlich zur Substitutionstherapie gibt man Tetracyclin oder Ciprofloxacin. Die antibiotische Therapie eliminiert zwar die Bakterien aus dem Darm, sie ersetzt jedoch *nicht* die Substitutionstherapie.

Prävention

Seuchenhygienische Maßnahmen. Vorbeugend sind Feststellung der Infektionsquelle, d.h. Quellenerfassung und Quellensanierung. V.a. gilt es zu verhindern, daß vibrionenhaltige Ausscheidungen von Patienten in das Trinkwasser gelangen. Patienten und Ausscheider müssen isoliert und gegebenenfalls hospitalisiert, ihre Ausscheidungen desinfiziert werden. Die Gefahr der Erregeremission gilt bei einem Träger oder einem Kranken erst dann als beseitigt, wenn drei bakteriologische Stuhluntersuchungen, im Abstand von je 24 h durchgeführt, negativ ausfallen.

Die Cholera gehört zu den drei *Quarantänekrankheiten* der WHO (Cholera, Pest, Gelbfieber). Die Quarantäne ist bei Verdacht auf Cholera auf fünf Tage festgesetzt.

Schutzimpfung. Eine Vakzine aus abgetöteten Choleravibrionen verleiht einen auf 3–6 Monate begrenzten Schutz, wobei die Schutzrate nur bei ca. 50% bis 60% liegt. Eine antitoxin-induzierende Vakzine existiert nicht. Die besser verträgliche Lebendschluckimpfung ist in Deutschland nicht zugelassen.

Meldepflicht. Cholera ist bei Verdacht, Erkrankung und Tod namentlich zu melden (§ 6 IfSG), ebenso der direkte oder indirekte Nachweis von Vibrio cholerae O1 und O139 (§ 7 IfSG).

6.2 Nichtagglutinierbare (Non-Cholera-)Vibrionen

Die durch Antiserum gegen O1 bzw. O139 nicht-agglutinierbaren Vibrionen (NAG-Vibrionen) oder Non-Cholera-Vibrionen (NC-Vibrionen) kommen in Oberflächenwässern vor und wurden bis vor etwa 20 Jahren als harmlos angesehen. Gelegentlich können sie ein choleraähnliches Krankheitsbild verursachen.

6.2.1 Vibrio parahaemolyticus

Die Spezies V. parahaemolyticus ist ein häufiger Erreger von akuten Gastroenteritiden in Japan („Salmonelle Japans"). V. parahaemolyticus gelangt mit rohen Meeresfischen und Muscheln in den Darm. Dort dringt er in das Kolonepithel ein. Die Krankheit dauert in der Regel drei Tage an. V. parahaemolyticus ist ein „Fischkeim", d.h. bei Japanern mit Gastroenteritis zunächst an V. parahaemolyticus denken!

Auch in anderen Teilen der Welt sind Gastroenteritiden durch V. parahaemolyticus im Zusammenhang mit der Aufnahme von Meerestieren beschrieben worden.

6.2.2 Vibrio vulnificus

V. vulnificus kommt selten auch in Mitteleuropa während der Sommermonate in Süß- und Brackwasser vor, wenn die Wassertemperatur mindestens 20 °C beträgt. Der Keim befällt meist immunsupprimierte Patienten, wo er nach Aufnahme über kleine Hautwunden schwere septische Infektionen verursachen kann.

6.3 Aeromonas

Aeromonas. Aeromonasarten bilden eine Gattung gramnegativer, beweglicher Stäbchen mit einer

einzigen polaren Geißel. Sie sind fakultativ anaerob, d. h. sie metabolisieren Glukose respiratorisch und fermentativ und besitzen das Enzym Oxidase.

Von den drei bekannten Aeromonas-Arten kann **Aeromonas hydrophila** beim Menschen Durchfallerkrankungen hervorrufen, die auf die Wirkung eines Enterotoxins zurückgehen. Das Toxin ist mit dem Choleratoxin serologisch verwandt; es wird durch cholera-spezifisches Antitoxin neutralisiert. Gelegentlich verursacht Aeromonas hydrophila Sepsis,

Osteomyelitis, Harnwegsinfektionen, Hautgeschwüre und eine rasch progrediente Myonekrose.

Plesiomonas. Auch dieses gramnegative, fakultativ anaerobe polar begeißelte Stäbchen ist oxidase-positiv. Es kommt bei Fischen und anderen im Wasser lebenden Tieren vor. Die Gattung Plesiomonas enthält nur eine Art, **Plesiomonas shigelloides**. Plesiomonas shigelloides kann vermutlich beim Menschen Durchfallerkrankungen hervorrufen.

ZUSAMMENFASSUNG: Vibrionen, Aeromonas und Plesiomonas

1. Vibrionen:

Bakteriologie. Gramnegative, kommaförmige Stäbchen; schnell beweglich; unipolar begeißelt. Alkalisches, sauerstoffreiches Milieu. Exotoxinbildner.

Vorkommen. Durch Kontamination mit Stuhl in Süßwasser und salzhaltigem Brackwasser.

Resistenz gegen äußere Einflüsse. Überlebenszeit außerhalb des Dünndarms 4–7 Tage. Gegenüber sauren pH-Werten und Gallensalzen empfindlich.

Epidemiologie. Reservoir: Unbekannt. Wirt: Für V. cholerae nur der Mensch. Wandel der Biotypen: V. El Tor verdrängt V. cholerae. Neue Epidemie durch V. cholerae non O1, Serogruppe O139.

Übertragung. Fäkal kontaminiertes Wasser oder verunreinigte Lebensmittel.

Pathogenese. Orale Aufnahme von mindestens 10^8–10^{10} Erregern → Anheftung an Epithelzellen → Produktion des Choleratoxins → Anstieg intrazellulärer cAMP-Spiegel durch Blockade des G-Regulatorproteins der Adenylatzyklase → isotonischer Flüssigkeitsverlust → hypovolämischer Schock.

Zielgewebe. Dünndarmepithelien.

Klinik. Kurze Inkubationszeit. Massiver Flüssigkeitsverlust durch Reiswasser-Stühle.

Pathomechanismen. Produktion einer schleimauflösenden Neuraminidase, Adhärenzfaktoren und Produktion von Enterotoxin.

Labordiagnose. Untersuchungsmaterial: Stuhl und Erbrochenes. Nachweis: Mikroskopisch im Dunkelfeldpräparat („Mückenschwarm"). Anzucht auf Selektivnährböden (Cholera-Notfall-Besteck). Identifikation: Serologisch durch Agglutination mit polyvalentem Cholera-Anti-O1-Antiserum, biochemische Leistungsprüfung.

Therapie. Substitution von Flüssigkeit, Glukose und Elektrolyten („Salzstangen und Coca-Cola"). Zusätzlich Elimination des Erregers durch Antibiotikagabe: Tetracyclin oder Ciprofloxacin.

Immunität. Lokalinfektion des Dünndarms; Abwehr hauptsächlich getragen von IgA-Antikörpern. Diese verhindern die Adhärenz des Erregers und die Andockung des Toxins an die Zellmembran.

Prävention. Seuchenhygienische Maßnahmen: Trinkwasser abkochen; Abwassersanierung. Erfassen der Infektionsquellen. Quarantäne.

Vakzination. Vakzine mit abgetöteten Choleravibrionen verleiht einen 50–60%igen Schutz für 3–6 Monate. Lebendvakzine in Deutschland nicht zugelassen.

Meldepflicht. Verdacht, Erkrankung und Tod, direkte und indirekte Erregernachweise; namentlich. WHO-Quarantänekrankheit.

2. Aeromonas: Durchfallerreger über Toxinwirkung.

3. Plesiomonas: Vermutl. Durchfallerreger.

Tabelle 7.1. Pseudomonas: Gattungsmerkmale

Merkmal	Merkmalsausprägung
Gramfärbung	gramnegative Stäbchen
aerob/anaerob	obligat aerob
Kohlenhydratverwertung	oxidativ
Sporenbildung	nein
Beweglichkeit	ja
Katalase	positiv
Oxidase	positiv
Besonderheiten	einige Arten: Pigmentbildung

Tabelle 7.2. Nonfermenter: Arten und Krankheiten

Arten	Krankheiten
P. aeruginosa	Endokarditis
	Pneumonien,
	bes. bei Mukoviszidose
	Sepsis
	Meningitis
	Otitis externa
	Keratitis
	Endophthalmitis
	Wundinfektionen
	Harnwegsinfektionen
	Hautinfektionen
P. fluorescens	nosokomiale Infektionen
P. putida	nosokomiale Infektionen
P. stutzeri	nosokomiale Infektionen
P. vesicularis	nosokomiale Infektionen
Burkholderia (B.) cepacia	Pneumonien, Sepsis
	Infektionen bei Mukoviszidose
B. pseudomallei	Melioidose
B. mallei	Rotz
Comamonas (Delftia) acidovorans	nosokomiale Infektionen
Shewanella putrefaciens	Sepsis, Wundinfektionen
Sphingomonas paucimobilis	Sepsis
Stenotrophomonas maltophilia	Pneumonien, Sepsis
Acinetobacter (A.) baumannii	nosokomiale Infektionen
A. calcoaceticus	nosokomiale Infektionen
A. lwoffii	nosokomiale Infektionen
A. haemolyticus	nosokomiale Infektionen
A. junii	nosokomiale Infektionen
A. johnsonii	nosokomiale Infektionen

Nonfermenter sind Bakterien, die nicht in der Lage sind, Kohlenhydrate fermentativ abzubauen – die medizinisch bedeutsamste Spezies ist Pseudomonas (P.) aeruginosa (Tabelle 7.1).

Allen Vertretern gemeinsam sind ihre Anspruchslosigkeit und hohe Umweltresistenz, die zu einer weiten Verbreitung besonders in Feuchträumen führt („Pfützenkeim").

Dadurch sind diese Nonfermenter – v.a. P. aeruginosa – als Erreger nosokomialer Infektionen gefürchtet (Tabelle 7.2).

VI

7.1 Pseudomonas aeruginosa

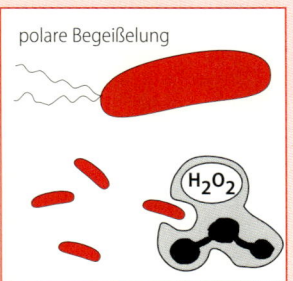

STECKBRIEF

P. aeruginosa ist eine Spezies obligat aerober, oxidasepositiver, gramnegativer Stäbchen aus der Familie der Pseudomonaden (Tabelle 7.1). Charakteristisch sind seine Anspruchslosigkeit und seine ausgeprägte Antibiotikaresistenz. P. aeruginosa verursacht eitrige und invasive Lokalinfektionen, die septisch generalisieren können. Als opportunistischer Krankheitserreger besitzt er große Bedeutung im Krankenhausbereich und ist als Erreger nosokomialer Infektionen gefürchtet.

Pseudomonas aeruginosa
gramnegative Stäbchen in Eiter (blaugrün durch bakterielle Farbstoffe), entdeckt 1882 von Gessard

7.1.1 Beschreibung

Aufbau

Wie andere gramnegative Stäbchen besitzt P. aeruginosa in der äußeren Membran Lipopolysaccharide. Der Erreger ist polar begeißelt und trägt Fimbrien, die als Adhäsine wirken.

Extrazelluläre Produkte

Alginat. P. aeruginosa produziert Alginat, ein Polymer aus Mannuron- und Guluronsäure. Dies bildet eine Schleimschicht um die Bakterien und kann sich zu einem Biofilm auf Oberflächen ausdehnen. Es inhibiert die Phagozytose und bewirkt eine Aktivitätssteigerung der Neutrophilen-Elastase.

Pigmente. Die meisten P.-aeruginosa-Stämme bilden Pigmente: Häufig die gelbgrünen *Pyoverdine* (Fluoreszeine) und die blaugrünen *Pyocyanine*, selten die rötlichen Pyorubine und die bräunlichen Pyomelanine. Diese Pigmente führen zu der typischen grünlichen Eiterfarbe, der der Erreger seinen Namen verdankt (aerugo, lat. Grünspan; früher Bacillus pyocyaneus). Sie werden auch von anderen Pseudomonasarten gebildet.

Duftstoff. Charakteristisch ist auch die Bildung eines Duftstoffes, des *o-Aminoacetophenons*. Die Kulturen weisen einen süßlich-aromatischen Geruch auf, der an Lindenblüten erinnert und P. aeruginosa vom Geruch der Enterobakterien deutlich unterscheidet.

Hämolysine. P. aeruginosa produziert die Phospholipase C und ein hitzestabiles Rhamnolipid. Beide Substanzen wirken auf Schafblutagar als Hämolysine.

Proteasen. P. aeruginosa bildet drei Proteasen: Elastase, alkalische Protease und eine allgemeine Protease. Die elastolytische Aktivität wird durch zwei Enzyme vermittelt: LasB, eine Zink-Metalloprotease, die auch Elastin spalten kann, und die Serinprotease LasA, die Elastin so verändert, daß LasB besser wirkt. Die Proteasen inaktivieren IFN-γ und TNF-α.

Exotoxin A. Das Exotoxin A ist wahrscheinlich der wichtigste **Virulenzfaktor** von P. aeruginosa. Es bewirkt wie Diphtherietoxin (s. S. 30) eine Hemmung der Proteinbiosynthese durch ADP-Ribosylierung des Elongationsfaktors 2 (EF-2), wird aber von anderen Rezeptoren als denen für das Diphtherietoxin erkannt.

Exoenzym S. Dieses Enzym ist eine ADP-Ribosyltransferase, die die Virulenz des Erregers steigert. Exotoxin A und Exotoxin S sind AB-Toxine.

Resistenz gegen äußere Einflüsse

Pseudomonaden gehören zu den widerstandsfähigsten und anspruchslosesten Bakterien überhaupt. Diese Eigenschaften sichern ihnen in nahezu jeder Umgebung eine Überlebenschance. Dementsprechend ist P. aeruginosa weit verbreitet.

Gegen P. aeruginosa sind auch einige Desinfektionsmittel, wie z. B. quarternäre Ammoniumverbindungen, nicht ausreichend wirksam; diese können sogar wachstumsfördernd wirken. Auch in trockenem Milieu weist P. aeruginosa eine beträchtliche Überlebensfähigkeit auf. Darüber hinaus ist der Erreger gegen viele gebräuchliche Antibiotika resistent.

Vorkommen

Als typischer *„Naß- oder Pfützenkeim"* findet sich P. aeruginosa an feuchten Stellen, an denen organische Substanz vorkommt, auch wenn diese nur in Spuren vorhanden ist.

Typische Standorte von P. aeruginosa sind Waschbecken, Luftbefeuchter, Schläuche von Beatmungs- und Infusionsgeräten, Baby-Inkubatoren, Desinfektionsmittel, aber auch Blumenvasen, Seifen, Waschlappen, Salben, Kosmetika und Flüssigkeiten zum Aufbewahren von Kontaktlinsen. Sogar in destilliertem Wasser gedeiht P. aeruginosa, sofern es Spuren von organischen Substanzen enthält.

Im **Krankenhaus** steigt die Zahl der Patienten, die von P. aeruginosa kolonisiert werden, parallel zu der Dauer des Aufenthaltes. P. aeruginosa besiedelt bei Patienten und Personal besonders häufig die Haut der Axilla, der Leistenbeuge, des Perineums und des äußeren Ohrs, bei Intensivpatienten auch oft den oberen Respirationstrakt.

7.1.2 Rolle als Krankheitserreger

Epidemiologie

P. aeruginosa ist als **Hospitalismuserreger** zu einem der meistisolierten Erreger von nosokomialen Infektionen geworden. In den USA gehen 11% aller Krankenhausinfektionen auf P. aeruginosa zurück. P. aeruginosa ist der häufigste Erreger von nosokomialen Pneumonien, der zweithäufigste aus Verbrennungswunden isolierte Erreger und der dritthäufigste Erreger nosokomial erworbener Harnwegsinfektionen. Die **Sepsis** durch P. aeruginosa ist mit der höchsten Letalität unter allen Sepsisformen belastet.

P.-aeruginosa-Infektionen entwickeln sich vorwiegend bei **abwehrgeschwächten Patienten**. Die Fälle häufen sich dementsprechend auf Intensivstationen, in Verbrennungszentren und onkologischen Kliniken. Auch **Drogenabhängige** gehören zur typischen Risikogruppe für Pseudomonas-Infektionen.

Übertragung

Iatrogen. Erregerquellen sind in diesen Fällen intravenös oder intrathekal applizierte Flüssigkeiten, Wund- oder Blaseninstillationen oder Aerosole aus medizinischen Geräten wie Beatmungsgeräten, Absauganlagen, Inkubatoren, Luftbefeuchtern.

Patient zu Patient. Diese Form der Übertragung findet v.a. auf Verbrennungs-, Intensivstationen oder in hämatologischen Abteilungen statt. Die Übertragung erfolgt häufig durch die Hände des Pflegepersonals oder durch gemeinsam benutzte Geräte, Toiletten oder Waschbecken.

Nahrungsaufnahme. Sporadische Infektionen in Krankenhäusern beginnen häufig damit, daß P. aeruginosa mit der Nahrung aufgenommen wird, den Darm besiedelt und von dort aus in den Organismus gelangt.

Endogen. Die Infektionen nehmen entweder vom Respirationstrakt, insbesondere bei langzeitbeatmeten Patienten auf Intensivstationen, oder von der Haut ihren Ausgang.

Pathogenese

Disponierende Faktoren. Abwehrgeschwächte Patienten, insbesondere hämatologische, onkologische und Verbrennungspatienten, haben ein hohes Risiko für P.-aeruginosa-Infektionen. Die Abwehrschwäche kann darin bestehen, daß die Kontinuität der Haut oder Schleimhäute unterbrochen ist, oder sie ist durch Neutropenie, Hypogammaglobulinämie, Komplementdefizienz oder eine medikamentöse Immunsuppression bedingt. Auch Früh- oder Neugeborene sind immungeschwächt und deshalb für Infektionen durch P. aeruginosa prädisponiert.

Die Pathogenität von P. aeruginosa beruht auf dem Zusammenwirken einer Reihe von Virulenzfaktoren (Abb. 7.1):

Adhäsion. **Fimbrien** vermitteln die Adhäsion von P. aeruginosa an Zielzellen. Eine Vorschädigung der Zielzellen, z.B. durch Virusinfektionen oder durch Instrumentation, erleichtert die Adhäsion.

Invasion und Gewebeschädigung. **Elastase** (LasA/LasB) und **alkalische Protease** erleichtern die Invasion. Diese Enzyme bringen die interzellulären Verbindungen des Zielorgans im Wirtsorganismus zur Auflösung; sie zerstören Haut-, Lungen- und Kornealgewebe. Vermutlich sind sie auch dafür verantwortlich, daß beim Ecthyma gangraenosum die elastische Lamina der Blutgefäße zerstört wird. Die Wirkung der von P. aeruginosa gebildeten Hämolysine, insbesondere der **Phospholipase C**, unterstützt die Wirkung der Proteasen. Pyocyanin kann als Phenazinderivat die Umwandlung von Sauerstoff in Superoxid und Peroxid katalysieren. Das Pseudomonas-Siderophor Pyochelin bindet Eisen, welches an der Umwandlung von Superoxiden und Peroxiden in Hydroxylradikale beteiligt ist. Durch diese können Endothelien geschädigt werden.

Die Hämolysine spalten Lipide und Lecithin und zerstören auf diese Weise die Zellen. Durch

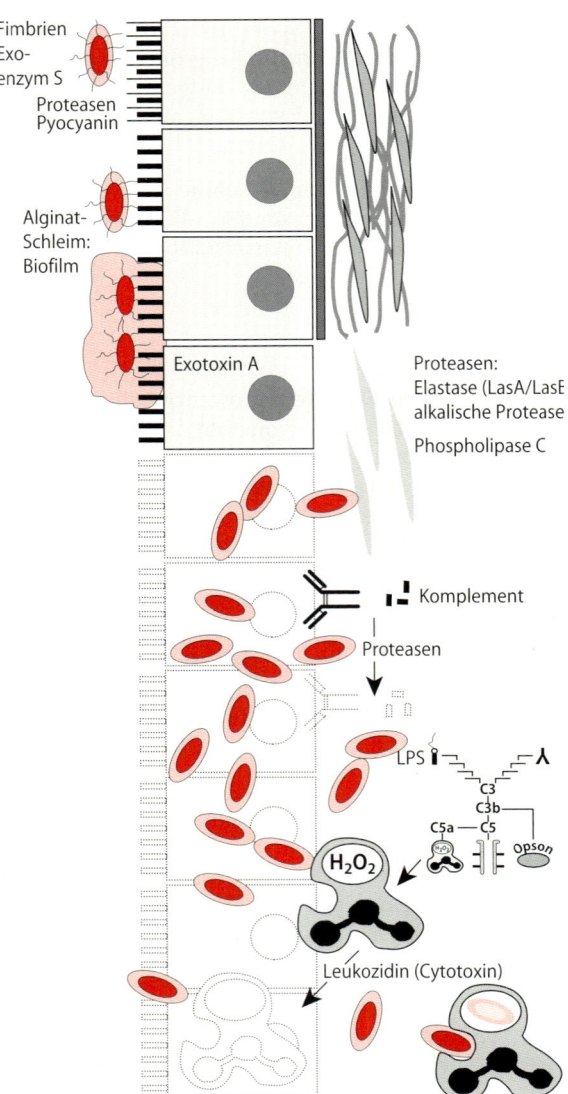

Fimbrien
Exo-
enzym S
Proteasen
Pyocyanin

Alginat-
Schleim:
Biofilm

Exotoxin A

Proteasen:
Elastase (LasA/LasE
alkalische Protease

Phospholipase C

Komplement

Proteasen

LPS

C3
C3b
C5a — C5

Opson

H₂O₂

Leukozidin (Cytotoxin)

Abb. 7.1. Pathogenese der P.-aeruginosa-Infektion

Schädigung von polymorphkernigen Granulozyten wird die Phagozytose erschwert.

Das Endotoxin von P. aeruginosa hat die gleiche Wirkung wie dasjenige von anderen gramnegativen Bakterien: Fieber, Akut-Phase-Reaktion, Hypotonie, Oligurie, Leukopenie und disseminierte Koagulopathie, septischer Schock (s. S. 29 ff.).

Exotoxin A wirkt bei der lokalen Gewebeschädigung mit; hierdurch entstehen Hautnekrose, Keratitis, Perforation der Kornea und Schäden im Lungengewebe. Möglicherweise löst das Exotoxin A auch systemische Wirkungen aus: So ist bei Sepsis-

patienten die Überlebensrate höher, wenn sie hohe Antikörpertiter gegen Exotoxin A besitzen.

Elastase zerstört IgG und Komplement; die Glykokalix erschwert die Phagozytose. Exoenzym S beeinträchtigt die lokale Wirtsabwehr.

Klinik

Respirationstraktsinfektionen. Die P.-aeruginosa-Infektionen des Respirationstrakts sind folgenschwer; sie entstehen nach endogener oder exogener Besiedlung der Atemwege. Häufig entwickeln sich *Pneumonien*, die in eine Sepsis übergehen können. Diese Form findet sich häufig bei hämatologisch-onkologischen Patienten sowie bei Patienten unter zytostatischer Behandlung. Sie endet fast immer tödlich. Bei *Mukoviszidose-Patienten* ist der Sekretabfluß aus der Lunge wegen der abnormalen Zusammensetzung des Schleims gestört. Daher erkranken sie besonders häufig an P.-aeruginosa-Infektionen des Respirationstrakts durch Stämme, die besonders viel Alginat produzieren.

Harnwegsinfektionen. P. aeruginosa ist der dritthäufigste Erreger nosokomialer Harnwegsinfektionen bei Patienten, die Dauerkatheter tragen oder eine urologische Operation bzw. eine Nierentransplantation hinter sich haben. Von den Harnwegen aus kann sich die gefürchtete *Urosepsis* entwickeln.

Hautinfektionen. Bei Patienten mit großflächigen Hautdefekten (Ulcera cruris, Defekte nach Brandverletzungen) entwickeln sich häufig eitrige Pseudomonas-Infektionen. Charakteristisch ist der *blaugrüne Eiter*. Von den Infektionen der Haut kann eine Sepsis ihren Ursprung nehmen.

Ecthyma gangraenosum. Vornehmlich bei Patienten mit alteriertem Immunsystem findet sich das Ecthyma gangraenosum, ein scharfrandig begrenztes Ulkus.

Früh- und Neugeboreneninfektionen. Hier manifestiert sich eine nosokomiale P.-aeruginosa-Infektion als Sepsis, Meningitis, Nabelinfektion oder als nekrotisierende Bronchitis bzw. Pneumonie.

Auch eine Enterokolitis kann durch P. aeruginosa verursacht werden. Diese entsteht aufgrund einer massiven pathologischen Besiedlung des Darmes.

Augeninfektionen. P. aeruginosa kann oberflächliche Infektionen der Kornea verursachen. Besonders gefährdet sind Kontaktlinsenträger. Die Infektion geht häufig auf die Kontamination der Aufbe-

VI

wahrungsflüssigkeit oder auf minimale Hornhauterosionen zurück. Eine Keratitis durch P. aeruginosa kann nach Ulkusbildung und Perforation der Hornhaut in eine Endophthalmitis übergehen, die selbst unter antibiotischer Therapie zum Verlust des Auges führt.

Otitis. Die akute Otitis externa wird fast ausschließlich durch P. aeruginosa verursacht. Der Erreger wird dabei durch längeren Kontakt mit kontaminiertem Wasser, z. B. im Whirlpool, erworben („Schwimmer-Ohr").

Bei älteren Diabetikern kann P. aeruginosa eine progressive Otitis externa hervorrufen; sie breitet sich in das Mastoid, die Schädelbasis und an den Hirnnerven entlang aus. Die Erkrankung verläuft meist tödlich.

Des weiteren ist P. aeruginosa der häufigste bakterielle Erreger der chronischen Otitis media. Hier findet er sich oft mit Proteus sp. oder Anaerobiern im Rahmen bakterieller Mischinfektionen vergesellschaftet.

Sepsis. Die P.-aeruginosa-Sepsis entsteht meist endogen. Sie unterscheidet sich in ihrem pathophysiologischen Ablauf nicht von der Sepsis durch andere gramnegative Bakterien. Sie ist die dritthäufigste Form der Sepsis durch gramnegative Bakterien, steht jedoch bezüglich der Letalität an erster Stelle. Als Ausgangsherde kommen Pseudomonas-Infektionen des Urogenitalsystems, der Haut, insbesondere bei Verbrennungspatienten und bei solchen mit Ulcera cruris oder der Atemwege in Betracht.

Immunität

Pseudomonas aeruginosa gehört zu den *extrazellulären Bakterien*, d. h. die Infektionen sind durch Eiterbildung charakterisiert, die Phagozytose wird durch Antikörper gegen Oberflächenantigene und durch Komplement verbessert. Eine Schutzwirkung von Antikörpern gegen das Exotoxin A wird angenommen.

Labordiagnose

Der Schwerpunkt der Labordiagnose liegt in der Anzucht des Erregers.

Untersuchungsmaterialien. Geeignete Patientenmaterialien sind Eiter, Haut-, Augen-, Ohrabstriche, Trachealabsaugungen und Blut.

Anzucht. Diese Materialien werden auf Blut- und MacConkey-Agar sowie in flüssige Kulturmedien verimpft.

Differenzierung. Die Diagnose „P. aeruginosa" ist durch die typische Pigmentbildung und den charakteristischen Geruch eine Anhiebsdiagnose, die im Routinelabor durch den positiven Oxidasetest und das typische Antibiogramm bestätigt wird.

Therapie

Antibiotikaempfindlichkeit. Die meisten Stämme von P. aeruginosa sind gegenüber Aminoglykosiden (Gentamicin, Tobramycin, Netilmicin, Amikacin) sowie gegenüber Chinolonen empfindlich. Unter den β-Laktamantibiotika sind nur Azlocillin, Piperacillin, Cefsulodin und Ceftazidim sowie die Carbapeneme wirksam. Die Resistenz von P. aeruginosa gegenüber den übrigen β-Laktamantibiotika beruht auf konstitutiver β-Laktamase-Bildung.

Therapeutisches Vorgehen. Zur Therapie lebensbedrohlicher Infektionen, bei denen P. aeruginosa als Erreger vermutet wird, sollte nach den Empfehlungen der PEG entweder mit Piperacillin/Tazobactam, Ceftazidim plus Aminoglykosid, Carbapenem oder Ciprofloxacin behandelt werden. Bei bekannter Pseudomonas-Infektion kommen die Kombinationen Piperacillin plus Aminoglykosid oder Ceftazidim plus Aminoglykosid zum Einsatz. Die Kombinationstherapie minimiert die Resistenzbildung. In Einzelfällen kann hier auch Ciprofloxacin gegeben werden.

Bei langzeitbeatmeten Patienten gelingt die Elimination von P. aeruginosa meist nicht, so daß mit einem β-Laktam-Antibiotikum die Erregermenge lediglich reduziert wird. Besiedelte Mukoviszidosepatienten erhalten Ciprofloxacin oral. Lokale Antibiotika versagen in der Regel bei Haut- und Ohrinfektionen, so daß auch hier eine orale Ciprofloxacintherapie häufig erfolgreich ist.

Prävention

Allgemeine Maßnahmen. An erster Stelle steht die strikte Einhaltung von Hygienevorschriften in Klinikbereichen mit gefährdeten Patienten. Schläuche, Katheter und Instrumente müssen sorgfältig desinfiziert werden. Eine besondere Bedeutung kommt der Achtsamkeit des Personals zu, da dieses als Überträger in erster Linie in Betracht kommt.

Schutzimpfung. Eine Vakzine für die *aktive Schutzimpfung* gegen P.-aeruginosa-Infektionen aus abgetöteten Bakterien verschiedener Serotypen ist in Erprobung. Bei Verbrennungspatienten hat sie sich klinisch bewährt.

Versuche mit einem *Toxoidpräparat* aus dem Exotoxin A haben ebenfalls erfolgversprechende Ergebnisse erbracht.

Eine *passive Immunisierung* läßt sich mit Sammel-Immunglobulinen von solchen Individuen durchführen, die mit P.-aeruginosa-Vakzine hyperimmunisiert worden sind.

7.2 Burkholderia

Wie Pseudomonas aeruginosa sind Burkholderia-Arten gramnegative Stäbchen, die nicht zur Fermentation von Kohlenhydraten befähigt sind: Nonfermenter (Tabelle 7.2).

Burkholderia (B.) cepacia. Der ubiquitär vorkommende Erreger der Zwiebelfäule ist in den letzten Jahren als einer der Haupterreger bei Patienten mit *Mukoviszidose* (zystischer Fibrose) erkannt worden. B. cepacia ist auch als nosokomialer Erreger beschrieben. Typische Infektionsquellen hierbei sind kontaminierte Geräte, Medikamente und v. a. Desinfektionsmittel. Letztere können sog. Pseudobakteriämien bedingen, wenn der wenig virulente Desinfektionsmittelkontaminant bei der Entnahme in Blutkulturen gelangt; ein solcher Verdacht ergibt sich, wenn B. cepacia bei verschiedenen nicht disponierten Patienten auf derselben Station isoliert wird.

Die Übertragung erfolgt aerogen, wobei andere kolonisierte Mukoviszidosepatienten und kontaminierte Vernebler wichtige Erregerquellen darstellen.

B. cepacia besiedelt den Respirationstrakt und führt zu einer erheblich gesteigerten Letalität. Mittels Pili und anderer Oberflächenmoleküle adhäriert der Erreger an den Respirationstraktsschleim und an Respirationsepithelzellen. Er dringt in letztere ein und vermehrt sich intrazellulär im Phago-

som, eine Phagolysosombildung wird nicht beobachtet.

Klinisch zeichnet sich die Infektion durch hohes Fieber und fortschreitendes Lungenversagen aus, eine hämatogene Ausbreitung wird häufig beobachtet.

Der Erregernachweis erfolgt durch Anzucht aus Respirationstraktssekret, die Identifizierung durch biochemische Leistungsprüfung. Aus infektionsepidemiologischen Gründen sollte ein Nachweis bei hospitalisierten Patienten versucht werden.

B. cepacia zeichnet sich durch eine ausgedehnte Resistenz gegen Antibiotika aus. Selbst in vitro wirksame Ureidopenicilline und Drittgenerationscephalosporine versagen in der therapeutischen Anwendung bei Mukoviszidosepatienten. Eine Erregerelimination aus dem Respirationstrakt gelingt praktisch nicht. Die wichtigste Maßnahme ist eine konsequente Bronchialtoilette. Therapieversuche mit Chloramphenicol, Tetracyclinen oder Polymyxin B (lokal) können erwogen werden.

Im Krankenhaus müssen mit B. cepacia kolonisierte Mukoviszidosepatienten unbedingt von nicht kolonisierten isoliert werden, um deren Besiedlung zu verhindern.

Burkholderia pseudomallei. Dieser obligat pathogene Erreger ruft die *Melioidos*e, eine Krankheit tropischer und subtropischer Regionen, hervor, die auch in gemäßigten Regionen beobachtet werden kann, durch Reaktivierung des Erregers sogar noch Jahre nach der Übertragung.

Der Erreger wird aerogen oder durch Schmierinfektion übertragen. Durch die Produktion von Exotoxin und einer nekrotisierenden Protease verursacht er meist multiple granulomatöse oder abszeßartige Läsionen in Organen mit retikuloendothelialem Gewebe (Lunge, Leber, Milz, Lymphknoten) sowie in Haut, Weichteilen und Knochen.

Die Krankheit kann asymptomatisch verlaufen, aber auch als fulminant verlaufende Sepsis mit sehr hoher Letalität (90%). Typischerweise manifestiert sich die Melioidose als fieberhafte Pneumonie mit Kavernenbildung. Diffentialdiagnostisch ist an Tuberkulose, Mykosen und Pest zu denken.

Der Erreger läßt sich auf üblichen Kulturmedien anzüchten und biochemisch identifizieren; im mikroskopischen Präparat (Methylenblau-, Wright-Färbung) zeigt der Erreger eine charakteristische bipolare Anfärbung (Sicherheitsnadel), ähnlich wie Y. pestis. Unterstützend kann der Antikörpertiteranstieg in Speziallabors bestimmt werden.

VI

Als Therapie der Wahl, insbesondere bei schweren Verlaufsformen, wird eine Kombination aus Ceftazidim und Cotrimoxazol über zwei Wochen, danach eine orale Weiterbehandlung mit Cotrimoxazol für mindestens sechs Monate empfohlen.

Burkholderia mallei. Dies ist der Erreger des Rotz, einer Erkrankung von Pferden und Mulis, die beim Menschen in der westlichen Hemisphäre seit Jahrzehnten nicht mehr vorgekommen ist. B. mallei ist unbeweglich. Pathogenetisch wirksam ist das Endotoxin Mallein.

7.3 Stenotrophomonas maltophilia

Ebenfalls ein Nonfermenter, ruft dieser Erreger nosokomiale Infektionen hervor (Tabelle 7.2, s. S. 295). Insbesondere auf Intensivstationen wird er durch die Antibiotikatherapie mit Carbapenemen (Imipenem) selektiert, denn gegen diese Antibiotika ist der Erreger primär resistent. Stenotrophomonas maltophilia verursacht dann schwer therapierbare Infektionen des Respirationstrakts, der Harnwege und von Wunden. Die Diagnose erfolgt durch Anzucht und biochemische Identifizierung. Die Therapie muß nach Antibiogramm erfolgen, meist ist Cotrimoxazol wirksam.

7.4 Acinetobacter

Acinetobacter (A.) sind unbewegliche gramnegative nichtfermentierende Stäbchen. Die Spezies A. calcoaceticus und A. baumannii besitzen die größte medizinische Bedeutung (Tabelle 7.2, s. S. 295).

Acinetobacter verursacht ambulante und nosokomiale Pneumonien, v. a. bei beatmeten Intensivpatienten. Weitere Erkrankungen sind Sepsis, Urogenitaltrakts-, Weichteil-, Augen- und intrakranielle Infektionen. Die Diagnose wird durch Anzucht und biochemische Identifizierung gestellt und ist zur Abgrenzung saprophytärer Arten anzustreben. Die Einordnung eines Isolats als Erreger oder als Kolonisationskeim kann schwierig sein.

Die Therapie wird durch die breite Antibiotikaresistenz erschwert und sollte daher nach Antibiogramm durchgeführt werden. Während Penicilline und Cephalosporine meist unwirksam sind, ist mit Imipenem oder Aminopenicillin-β-Laktamaseinhibitor-Kombinationen ein Therapieerfolg zu erwarten.

Pseudomonas

Bakteriologie. Gramnegatives Stäbchen, obligat aerob, oxidasepositiv, Pigmentbildung, typischer Geruch, sehr anspruchslos.

Vorkommen. Ubiquitär, v.a. in feuchter Umgebung (Waschbecken, Schwimmbad).

Resistenz. Hohe Resistenz gegen äußere Einflüsse.

Epidemiologie. Hospitalismus! Nosokomiale Infektionen.

Pathogenese. Fakultativ pathogener Erreger von nosokomial erworbenen Infektionen.

Zielgruppe. Immunsupprimierte, v.a. Verbrennungspatienten, Dauerbeatmete, Katheterträger; Kontaktlinsenträger.

Krankheiten. Eiterungen der Haut, Atemwegsinfektionen, Harnwegsinfektionen, Otitis externa, Ecthyma gangraenosum, Sepsis, Keratitis, Ulcus corneae.

Pathomechanismus. *Invasivität:* Elastase, Protease, Hämolysin (Phospholipase C). *Toxizität:* Exotoxin A (Zellschädigung), Endotoxin (Schock).

Immunität. Keine.

Labordiagnose. Erregernachweis.

Therapie. Resistent gegen viele gängige Antibiotika, empfindlich gegen Piperacillin, Azlocillin, Ceftazidim, Aminoglykoside, Imipenem, Chinolone.

Prävention. Schutzimpfung im Versuchsstadium (nur für ausgewählte Patientengruppen).

Burkholderia

Bakteriologie. Gramnegatives Stäbchen, obligat aerob, oxidasepositiv, grünliches Pigment bei B. cepacia. B. mallei unbeweglich.

Vorkommen. Ubiquitär in Erdboden und Wasser, B. mallei bei Pferden.

Resistenz. Hohe Resistenz gegen äußere Einflüsse.

Epidemiologie. B. mallei und B. pseudomallei in Asien, Afrika und Australien, B. cepacia weltweit.

Pathogenese. Obligat pathogen: B. mallei, B. pseudomallei. Fakultativ pathogen: B. cepacia.

Zielgruppe. B. mallei, B. pseudomallei: Personen mit Pferdekontakt. B. cepacia: Immunsupprimierte, v.a. Mukoviszidosepatienten.

Krankheiten. B. mallei: Rotz, B. pseudomallei: Melioidosis, B. cepacia: Atemwegsinfektionen.

Pathomechanismus. B. mallei: Mallein (Endotoxin); B. pseudomallei: Exotoxin (Letalfaktor), nekrotisierende Protease; B. cepacia: Toxischer Komplex → pulmonale Nekrose.

Immunität. Keine.

Labordiagnose. Erregernachweis.

Therapie. Sehr resistent, auch gegen Aminoglykoside. Therapie nach Antibiogramm.

Prävention. Vorsicht bei Tierkontakt wegen B. mallei und B. pseudomallei. Hygienische Maßnahmen und konsequente Bronchialtoilette bei Mukoviszidosepatienten.

VI

Stenotrophomonas

Bakteriologie. Gramnegatives Stäbchen, obligat aerob, oxidasenegativ, grünliches Pigment, anspruchslos.

Vorkommen. Ubiquitär, v. a. Krankenhausbereich.

Resistenz. Hohe Resistenz gegen äußere Einflüsse.

Epidemiologie. Hospitalismuskeim.

Pathogenese. Fakultativ pathogen.

Zielgruppe. Immunsupprimierte, v. a. Dauerbeatmete und Dauerkatheterträger.

Krankheiten. Atemwegsinfektionen, Harnwegsinfektionen, Sepsis.

Pathomechanismus. *Invasivität:* Elastase, RNase, Hämolysin. *Toxizität:* Endotoxin (Schock).

Immunität. Keine.

Labordiagnose. Erregernachweis.

Therapie. Multipel resistent, auch gegen Carbapeneme. Therapie nach Antibiogramm.

Prävention. Hygienische Maßnahmen.

Acinetobacter

Bakteriologie. Gramnegatives Stäbchen, unbeweglich, oxidasenegativ.

Vorkommen. Ubiquitär.

Resistenz. Hohe Resistenz gegen äußere Einflüsse.

Epidemiologie. Hospitalismuskeim.

Pathogenese. Fakultativ pathogen.

Krankheiten. Atemwegsinfektionen, Harnwegsinfektionen, Sepsis.

Immunität. Keine.

Labordiagnose. Erregernachweis.

Therapie. Nach Antibiogramm wegen multipler Resistenz.

Prävention. Hygienische Maßnahmen.

Campylobacter

K. Vogt, S. Suerbaum, H. Hahn, K. Miksits

Tabelle 8.1. Campylobacter: Gattungsmerkmale

Merkmal	Merkmalsausprägung
Gramfärbung	gramnegative Stäbchen: helikal
aerob/anaerob	mikroaerophil
Kohlenhydratverwertung	nein!
Sporenbildung	nein
Beweglichkeit	ja
Katalase	positiv
Oxidase	positiv
Besonderheiten	Nitratreduktion

Tabelle 8.2. Campylobacter: Arten und Krankheiten

Arten	Krankheiten
C. jejuni (subsp. jejuni)	Enteritis
C. coli	Pseudoappendizitis
	hämorrhag. Kolitis bei Neugeb.
	Sepsis
	Meningitis
	Endokarditis
	reaktive Arthritis
	Guillain-Barré-Syndrom
C. fetus (subsp. fetus)	Sepsis Enteritis
	Endo-/Perikarditis
	Thrombophlebitis
	septischer Abort
	Meningitis
C. upsaliensis	Enteritis
C. lari	Enteritis
C. hyointestinalis	Enteritis
C. sputorum	Abszesse
C. concisus	Periodontitis

Die Gattung Campylobacter (C., Familie: Campylobacteriaceae) umfaßt gramnegative, spiralig gebogene Stäbchen. Von den Enterobakterien unterscheiden sie sich durch die positive Oxidase- und Katalasereaktion (Tabelle 8.1). Sie verursachen in erster Linie Durchfallerkrankungen (Tabelle 8.2).

8.1 Campylobacter jejuni

STECKBRIEF

Campylobacter jejuni ist mit Abstand die häufigste Campylobacterart und verursacht in erster Linie Durchfallerkrankungen, v. a. in Entwicklungsländern. Postinfektiös können sich Nachkrankheiten, z. B. ein Guillain-Barré-Syndrom entwickeln.

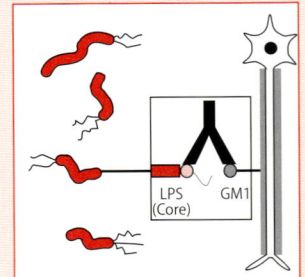

Campylobacter jejuni
gramnegative spiralig gekrümmte Stäbchen mit polaren Geißeln. Induktion kreuzreagierender Antikörper gegen LPS-Core und GM1-Gangliosid von Myelin

8.1.1 Beschreibung

Aufbau

C. jejuni trägt eine polare Geißel an einem oder beiden Zellpolen und verfügt daher über eine charakteristische spiralenartige Beweglichkeit. Die Lipopolysaccharide der äußeren Zellmembran zeigen die typische Endotoxinaktivität gramnegativer Bakterien; der Core-Anteil des LPS weist eine gleichartige Struktur auf wie GM1-Ganglioside der Schwannschen Scheiden.

Extrazelluläre Produkte

C. jejuni produziert ein Zytotoxin (cytolethal distending toxin), das nach tierexperimentellen Untersuchungen an der Pathogenese beteiligt zu sein scheint. Ob weitere Toxine existieren, ist umstritten.

Resistenz gegen äußere Einflüsse

Campylobacter kann in der Umwelt gut überleben, weswegen neben Haustieren auch der Erdboden und verunreinigtes Trinkwasser ein permanentes Reservoir darstellen. In kalter Milch kann C. jejuni bei 4 °C wochenlang überleben, durch Pasteurisieren wird er effektiv abgetötet.

Vorkommen

Campylobacter ist weltweit verbreitet, wobei alle Arten auch tierpathogen sind. Als Kommensalen des Gastrointestinaltraktes von Haus- und Wildtieren können sie auch bei Rindern, Schafen, Schweinen und Vögeln eine Gastroenteritis auslösen.

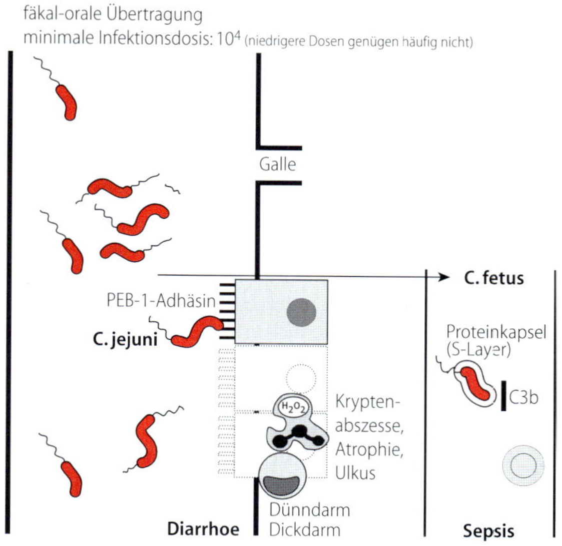

fäkal-orale Übertragung
minimale Infektionsdosis: 10^4 (niedrigere Dosen genügen häufig nicht)

Galle

PEB-1-Adhäsin

C.jejuni

C. fetus

Proteinkapsel (S-Layer)

C3b

H_2O_2

Krypten-abszesse, Atrophie, Ulkus

Diarrhoe

Dünndarm Dickdarm

Sepsis

Abb. 8.1. Pathogenese und Rolle der Virulenzfaktoren bei Campylobacter-Infektionen

8.1.2 Rolle als Krankheitserreger

Epidemiologie

Die Campylobacterinfektion ist eine weltweit verbreitete Zoonose und wird von Haustieren leicht auf den Menschen übertragen. Gerade Geflügel ist eine häufige Infektionsquelle. Auch die Übertragung von Mensch zu Mensch (fäkal-oral) ist möglich. Campylobacter ist weltweit die häufigste bakterielle Ursache von Enteritiden. So wird er für 80% aller Durchfallerkrankungen in den Entwicklungsländern verantwortlich gemacht.

Übertragung

Die Übertragung erfolgt fäkal-oral, aber auch über kontaminierte Nahrung und Trinkwasser. Die Infektionsdosis ist gering; freiwillige Versuchspersonen erkrankten schon nach Aufnahme von 500 Keimen. Die Infektionsdosis verringert sich, wenn die Infektion über kontaminierte Lebensmittel, v. a. Milch, geschieht.

Pathogenese

Zielgewebe. Nach Überwinden der Magenpassage vermehrt sich C. jejuni in der Gallenflüssigkeit und im oberen Dünndarm. Die Gewebeschädigung

geschieht im Jejunum, Ileum und Kolon gleichermaßen (Abb. 8.1).

Gewebliche Reaktion. Makroskopisch präsentiert sich eine blutige-ödematöse exsudative Enteritis, die mikroskopische Untersuchung zeigt eine unspezifische entzündliche Infiltration mit neutrophilen Granulozyten, mononukleären Zellen und Eosinophilen in der Lamina propria; im späteren Stadium kommt es zur Degeneration, Atrophie der Darmschleimhaut und zur Entwicklung von Kryptenabszessen, die zu Ulzerationen des Epithels führen können.

Adhäsion. C. jejuni adhäriert an Epithelzellen und besiedelt so den Darm. Das oberflächliche Antigen PEB-1, welches das Hauptadhäsin zu sein scheint, ist zugleich Angriffsziel der Immunantwort.

Etablierung. Für die Ausbreitung und Etablierung des Erregers ist die Motilität von entscheidender Bedeutung. Neben der Endotoxinaktivität des LPS wurde ein extrazelluläres Toxin nachgewiesen, das zytopathische Aktivität aufweist.

Invasion. Die Invasivität von C. jejuni konnte im Tierexperiment nachgewiesen werden. Beim Durchtritt durch die Lamina propria kann eine systemische Infektion entstehen.

VI

Guillain-Barré-Syndrom. Hierbei findet man zunächst perivenuläre Infiltrate mit mononukleären Zellen. Im Bereich der entzündlichen Infiltrate entsteht eine segmentale Demyelinisierung, beginnend an den Ranvierschen Schnürringen, und schließlich axonale Degenerationen. Insbesondere bei schweren Formen des Syndroms findet man Antikörper gegen GM1-Ganglioside des Myelins, die mit dem Core des LPS von C. jejuni kreuzreagieren; es sind aber auch andere Antikörper gegen Myelinganglioside nachweisbar, deren Titer ebenfalls mit der Krankheitsaktivität korrelieren.

Klinik

Nach oraler Aufnahme von C. jejuni beginnt die Erkrankung nach einer unspezifischen Prodromalphase von 1–2 Tagen als akute Enteritis, die 1–7 Tage anhält. Klinisch imponieren anfangs wäßrige, später blutige Durchfälle und abdominale Schmerzen. Die Campylobacterinfektion hat eine hohe Spontanheilungsrate; allerdings treten bei 10–20% der Patienten protrahierte Verläufe auf, und in 5–10% kommt es zu Rückfällen. Durch Übertritt in die Blutbahn kann C. jejuni septisch generalisieren.

Gelegentlich entwickelt sich als Spätfolge der Infektion eine postinfektiöse reaktive Arthritis, wie sie auch nach Yersinien-, Salmonellen- und Shigelleninfektionen gesehen wird. Die postinfektiösen Beteiligungen des Nervensystems nach einer Campylobacterinfektion manifestieren sich als *Guillain-Barré-Syndrom*, einer peripheren überwiegend motorischen Polyneuropathie, die mit Lähmungen, aber auch mit Hirnnervenschäden einhergehen kann, oder als *Bickerstaff-Enzephalitis*.

Immunität

Im Rahmen einer Infektion mit C. jejuni werden spezifische IgG-, IgM- und IgA-Antikörper gebildet; allerdings kommt es nicht zu einer dauerhaften Immunität.

Labordiagnose

Der Schwerpunkt der Labordiagnose liegt in der Anzucht des Erregers. C. jejuni hat hohe Nährstoffansprüche und benötigt eine mikroaerobe Atmosphäre. Er wird daher nur bei gezielter Suche gefunden (spezielle Anforderung!). Als Untersuchungsmaterial eignen sich Stuhlproben, die auf Selektivnährböden ausgestrichen werden, die die Begleitflora unterdrücken. Auch die Fähigkeit von C. jejuni, bei 42 °C anzuwachsen, wird diagnostisch genutzt.

Differenzierung. Campylobacter bildet kleine, weißliche Kolonien, die oxidase-, katalase- und nitratpositiv sind. Die Empfindlichkeit gegenüber Nalidixinsäure und Cephalothin wird als differentialdiagnostisches Kriterium eingesetzt.

Therapie

Im Vordergrund steht die Wasser- und Elektrolytsubstitution, da die Enteritis meistens selbstlimitierend ist. Lediglich systemische Campylobacterinfektionen und Infektionen bei Immunsupprimierten machen eine Chemotherapie erforderlich. Hierbei sind Makrolide oder Gyrasehemmer Mittel der Wahl; Ciprofloxacin, Tetracycline, Clindamycin, Chloramphenicol und Gentamicin sind ebenfalls wirksam.

Prävention

Vorrangig sind hygienische Maßnahmen, um den fäkal-oralen Übertragungsweg zu unterbinden.

Meldepflicht. Der Verdacht auf und die Erkrankung an einer mikrobiell bedingten Lebensmittelvergiftung oder an einer akuten infektiösen Gastroenteritis ist namentlich zu melden, wenn a) eine Person spezielle Tätigkeiten (Lebensmittel-, Gaststätten-, Küchenbereich, Einrichtungen mit/zur Gemeinschaftsverpflegung) ausübt oder b) zwei oder mehr gleichartige Erkrankungen auftreten, bei denen ein epidemischer Zusammenhang wahrscheinlich ist oder vermutet wird (§6 IfSG).

Ebenso sind der direkte und indirekte Nachweis von Campylobacter jejuni namentlich meldepflichtig, soweit dies auf eine akute Infektion hinweist (§7 IfSG).

8.2 Übrige Campylobacterarten

Die übrigen Campylobacterspezies verursachen zum einen *Enteritiden* (C. coli, C. lari, C. hyointestinalis), zum anderen *systemische* oder *lokalisierte Infektionen* v.a. bei Immunsupprimierten (C. fetus, C. sputorum, C. concisus) (Tabelle 8.2, s. S. 304).

VI

Auch die übrigen Campylobacterarten tragen eine polare Geißel, die ihnen eine ausgeprägte Beweglichkeit vermittelt. Zusätzlich ist C. fetus von einer kapselartigen Proteinhülle (S-Layer) umgeben, die die Bindung von C3b verhindert und C. fetus so Serumresistenz verleiht. Die Kapsel von C. fetus scheint die systemische Ausbreitung zu unterstützen (Abb. 8.1, s. S. 305). Extrazelluläre Produkte sind bei den übrigen Campylobacterspezies nicht bekannt. C. coli und C. fetus können ebenfalls bei Haustieren isoliert werden; C. fetus ist für Spontanaborte bei Rindern und Schafen ursächlich.

Die übrigen Campylobacterarten kommen ebenfalls weltweit vor und werden fäkal-oral auf den Menschen übertragen. C. coli verursacht eine akute Enteritis, kommt aber weit seltener vor als C. jejuni. C. lari und C. hyointestinalis lösen meist nur milde Diarrhöen aus. C. fetus befällt vorwiegend abwehrgeschwächte Patienten und Neugeborene, bei denen er als opportunistischer Infektionserreger septische Infektionen und Enteritiden hervorrufen kann. C. sputorum wurde aus Abszessen, C. concisus aus periodontalen Entzündungsprozessen isoliert (Tabelle 8.2, s. S. 304). Zur Diagnostik eignen sich Stuhlproben, Wundabstriche und Blutkulturen, wobei für die Anzucht eine CO_2-angereicherte Atmosphäre vonnöten ist. Therapeutisch wird Erythromycin als Mittel der Wahl eingesetzt. Zur Prävention eignen sich lebensmittelhygienische Maßnahmen.

ZUSAMMENFASSUNG: Campylobacter

Bakteriologie. Gramnegatives, begeißeltes Stäbchen, mikroaerophiles Wachstum.

Resistenz. Umweltresistent, überlebensfähig in Nahrung, Erdboden, Trinkwasser.

Epidemiologie. Weltweite Verbreitung, häufigster bakterieller Durchfallerreger.

Zielgruppe. Haus- und Wildtiere; Mensch.

Pathogenese. Invasion der Darmschleimhaut, Enterotoxin-, Zytotoxin- und Endotoxinbildung.

Klinik. Akute Enteritis; selten systemische Infektionen. Postinfektiöses Guillain-Barré-Syndrom.

Labordiagnose. Anzucht aus Stuhl, Blut, Eiter auf Selektivnährböden.

Therapie. Nur bei Schwangeren, Immunsupprimierten und systemischen Infektionen: Erythromycin, Ciprofloxacin.

Immunität. Keine.

Prävention. Hygienische Maßnahmen.

Meldepflicht. Verdacht, Erkrankung, Tod, direkte oder indirekte Erregernachweise; namentlich.

Helicobacter

K. Vogt, S. Suerbaum

Tabelle 9.1. Helicobacter: Gattungsmerkmale

Merkmal	Merkmalsausprägung
Gramfärbung	gramnegative Stäbchen: helikal
aerob/anaerob	mikroaerophil
Kohlenhydratverwertung	nein
Sporenbildung	nein
Beweglichkeit	ja
Katalase	positiv
Oxidase	positiv
Besonderheiten	H. pylori: Urease stark positiv

Tabelle 9.2. Helicobacter: Arten und Krankheiten

Arten	Krankheiten
H. pylori	Gastritis (Mensch)
	Ulkuskrankheit (Mensch)
	Magenkrebs (Mensch)
H. heilmannii	Gastritis (Hund, Katze, Mensch)
H. felis	Gastritis (Katze, Hund)
H. mustelae	Gastritis (Frettchen)
H. hepaticus	Leberkrebs (Maus)

Die Gattung Helicobacter umfaßt gramnegative, mikroaerophile, gebogene oder spiralförmige Stäbchen (Tabelle 9.1). Die meisten der ca. 20 bekannten Helicobacter-Spezies zeichnen sich durch starke Produktion von Urease aus. Der humanmedizinisch wichtigste Vertreter ist Helicobacter (H.) pylori; andere Helicobacterarten sind in erster Linie tierpathogen (Tabelle 9.2).

Die Spezies H. pylori wurde 1982 erstmals angezüchtet. Da zunächst bezweifelt wurde, daß die häufigsten Magenkrankheiten auf eine bakterielle Infektion zurückzuführen sein könnten, bewies einer der Erstbeschreiber (Barry Marshall) 1983 durch einen Selbstversuch, daß der Erreger eine akute Gastritis auslösen kann.

9.1 Helicobacter pylori

H. pylori löst eine chronische Gastritis aus. Er ist wesentlicher Mitverursacher der Ulkuskrankheit. Außerdem gilt er als Kokarzinogen von malignen Erkrankungen des Magens. Der Name H. pylori leitet sich von helix – Schraube und pylorus – Magenausgang her.

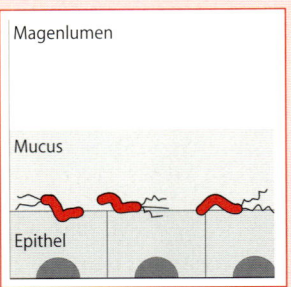

Helicobacter pylori
gramnegative gekrümmte Stäbchen mit polaren Geißeln, entdeckt 1982 von Robin Warren und Barry Marshall

9.1.1 Beschreibung

Aufbau

H. pylori ist ein gebogenes oder spiralförmiges, stark bewegliches gramnegatives Stäbchen, das an einem Pol 4–7 Geißeln trägt. Unter ungünstigen Umwelt- oder Kulturbedingungen nehmen die Bakterien eine kokkoide Form an.

Molekularbiologie. H. pylori hat ein relativ kleines Genom (1,6 Mio. Basenpaare), dessen Nukleotidsequenz vollständig bekannt ist. Die meisten Stämme, die von Patienten mit Ulkuskrankheit oder Malignomen isoliert werden, haben in ihrem Genom eine sog. Pathogenitätsinsel, eine DNS-Region von ca. 40 000 Basenpaaren, die wahrscheinlich für ein System zur Sekretion von Virulenzfaktoren kodiert. Die genetische Variabilität innerhalb der Spezies H. pylori ist sehr hoch, so daß sich von unterschiedlichen Patienten isolierte Stämme mit genetischen Methoden wie der Pulsfeldgel-elektrophorese voneinander unterscheiden lassen (DNS-Fingerprinting). Plasmide kommen vor, über ihre Funktion ist nichts bekannt. Die Gene für alle bekannten Virulenzfaktoren und Antibiotikaresistenzen sind auf dem Chromosom lokalisiert.

Extrazelluläre Produkte

Neben der charakteristischen starken Ureaseproduktion, die auch diagnostisch genutzt wird, produzieren manche H.-pylori-Stämme ein Zytotoxin (VacA-Toxin), das wahrscheinlich an der Ulkusentstehung beteiligt ist. Patienten, die mit toxinbildenden Stämmen infiziert sind, entwickeln häufiger eine Ulkuskrankheit als mit nicht toxinbildenden Stämmen Infizierte.

Resistenz gegen äußere Einflüsse

H. pylori ist sehr empfindlich gegen Kälte, Austrocknung und Sauerstoffeinwirkung. In nicht ausreichend desinfizierten Endoskopen kann der Erreger kurzfristig überleben und daher durch Endoskope von Patient zu Patient übertragen werden.

Vorkommen

Der wichtigste Wirt von H. pylori ist der Mensch, bei dem er sich in der Schleimhaut des Magenepithels ansiedelt. Selten wurden die Erreger auch bei einigen Affenarten gefunden. Ein Umweltreservoir ist nicht bekannt.

9.1.2 Rolle als Krankheitserreger

Epidemiologie

Mehr als die Hälfte der Menschheit ist mit H. pylori infiziert. Die Infektion wird meist im Kindesalter erworben und persistiert lebenslang, wenn keine Therapie erfolgt. Die meisten Infektionen verlaufen symptomlos oder mit unspezifischen Oberbauchbeschwerden („nicht-ulzeröse Dyspepsie"). Nur bei ca. 10–20% der Infizierten kommt es zu Folgekrankheiten (Gastritis, Ulkuskrankheit, Magenmalignome). Patienten mit Ulcus duodeni sind zu fast 100% mit H. pylori infiziert, Patienten mit chronisch-atrophischer Gastritis zu 80%, mit Ulcus ventriculi zu 70%, und beim Magenkarzi-nom liegt in 60% der Fälle eine H.-pylori-Infektion vor.

Übertragung

Es wird eine fäkal-orale und/oder oral-orale Übertragung von Mensch zu Mensch angenommen, da innerhalb von Familien häufig derselbe Stamm gefunden wird und die Erreger in Einzelfällen im Stuhl (Kultur und PCR) und in Zahnplaque (nur durch PCR) nachgewiesen werden konnten. Einzelheiten zum Übertragungsmechanismus sind nicht bekannt.

Pathogenese

Kolonisation. Die Urease ermöglicht es H. pylori, durch Freisetzung von Ammoniak aus Harnstoff die Magensäure in seiner Mikroumgebung zu neutralisieren. Der Erreger kann durch seine Beweglichkeit und seine Spiralform in den hochviskösen Magenschleim eindringen und sich mittels mehrerer Adhäsine fest an Magenepithelzellen anheften. Die Fähigkeit zu jahrzehntelanger Persistenz ist wahrscheinlich darauf zurückzuführen, daß ein Teil der Bakterien ein Reservoir im Magenschleim bildet und ein anderer Teil fest an die Epithelzellen gebunden bleibt.

Entzündungsreaktion und Gewebsschädigung. Invasion der Bakterien in Epithelzellen wird nur selten beobachtet. Die Schleimhautschädigung ist das Resultat einer direkten toxischen Wirkung bakterieller Produkte und der chronischen Entzündungsreaktion der Magenschleimhaut. Die Freisetzung von Urease, VacA-Zytotoxin und wahrscheinlich noch anderer extrazellulärer Produkte (z. B. Phospholipasen) bewirkt eine direkte toxische Schädigung der Epithelzellen (Abb. 9.1). Cag + Stämme können nach Anheftung an Epithelzellen das Protein CagA in diese Zellen injizieren. Das erfolgt durch eine „molekulare Spritze", deren Komponenten ebenfalls durch auf der Pathogenitätsinsel lokalisierte Gene kodiert werden. Der Kontakt mit H. pylori bewirkt außerdem eine vermehrte Produktion von Interleukin 8 (IL-8) im Magenepithel, die zum Einstrom von Granulozyten in die Lamina propria führt. Urease scheint daneben selbst chemotaktische Wirkung auf Granulozyten und Monozyten auszuüben. Außer IL-8 werden auch andere Entzündungsmediatoren wie Tumornekrosefaktor α und Interleukin 1 verstärkt gebildet. Bei H.-pylori-Infi-

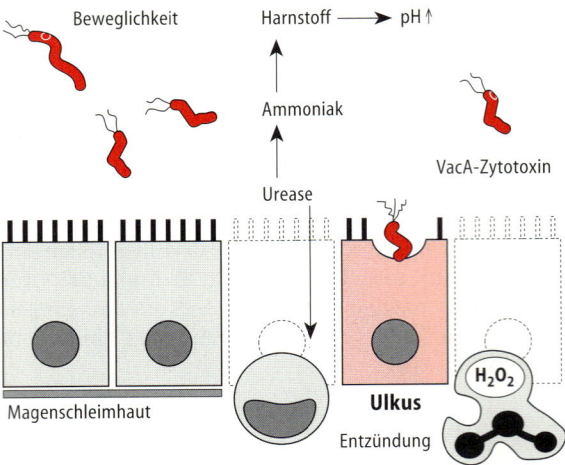

Abb. 9.1. Pathogenese und Rolle der Virulenzfaktoren bei der Helicobacter-pylori-Infektion

zierten werden außerdem häufig Autoantikörper gegen Parietalzellen gebildet. Diese Autoimmunität spielt möglicherweise bei der Entwicklung der chronisch-atrophischen Gastritis, einer Vorstufe des Magenkarzinoms, eine Rolle.

H.-pylori-Infektion und Magenphysiologie. Die akute Infektion mit H. pylori führt zunächst zu einer Verminderung der Magensäuresekretion (Hypochlorhydrie), die über einige Wochen bis Monate anhält und sich dann bei den meisten Patienten normalisiert. Bei der chronischen H.-pylori-Infektion können Patientengruppen mit erhöhter Säuresekretion (häufig bei Ulkuspatienten) und solche mit verminderter Säuresekretion (häufig bei Karzinompatienten) identifiziert werden.

Klinik

Die akute Infektion mit H. pylori äußert sich durch Erbrechen, Übelkeit und Oberbauchbeschwerden. Da die Symptome uncharakteristisch sind und die akute Infektion in der Regel in der Kindheit erfolgt, wird sie selten diagnostiziert. Die Beschwerden bilden sich auch ohne Behandlung innerhalb einer Woche zurück. Der Keim persistiert bei den meisten Patienten und löst eine (häufig symptomlose) Entzündungsreaktion der Magenschleimhaut aus, die vorwiegend im Magenantrum lokalisiert und durch ein Infiltrat aus Granulozyten, Lymphozyten und Plasmazellen gekennzeichnet ist (chronisch-aktive Gastritis). Im

Duodenum kann H. pylori nur Bereiche besiedeln, in denen eine gastrische Metaplasie (Ersatz des Duodenalepithels durch gastrisches Epithel, meist als Folge peptischer Läsionen) vorliegt. Auf dem Boden der Gastritis können verschiedene Folgekrankheiten entstehen: Die häufigste Komplikation der H.-pylori-Infektion ist die gastroduodenale Ulkuskrankheit. Duodenalulzera sind praktisch immer mit H. pylori assoziiert, während Magenulzera auch ohne H.-pylori-Infektion entstehen können (30–40% der Fälle, z.B. als Folge der Einnahme nichtsteroidaler Antiphlogistika). Zu den möglichen Langzeitfolgen der H.-pylori-Infektion gehört das Einwachsen von mukosaassoziiertem lymphatischen Gewebe (MALT), welches Ausgangspunkt für die Entstehung des niedrig malignen MALT-Lymphoms des Magens sein kann. Für die unterschiedlichen klinischen Manifestationen der H.-pylori-Infektion sind wahrscheinlich einerseits Virulenzfaktoren des Erregers, aber auch genetische Prädisposition und Umwelteinflüsse (Ernährung, Stress) relevant. Die H.-pylori-Infektion induziert eine lokale und systemische spezifische Immunantwort, die aber nicht zur Elimination des Erregers führt. Der Nachweis von IgG-Antikörpern kann zur serologischen Diagnose der Infektion genutzt werden; die diagnostische Bedeutung von IgM- und IgA-Nachweis ist gering.

Labordiagnose

Ureasenachweis. Die Diagnose einer H.-pylori-Infektion wird in der Regel schon während der Endoskopie durch einen Urease-Schnelltest gestellt: Hierzu wird eine Biopsie in ein Urease-Testmedium eingebracht; wegen der hohen Ureaseaktivität der in der Schleimhaut vorhandenen Erreger kommt es bei Vorliegen einer Infektion meist innerhalb einer Stunde zu einem Farbumschlag des Indikators.

Anzucht. Die Anzucht erfolgt aus Magenbiopsien, die unmittelbar nach Entnahme auf Spezialkulturmedien überimpft oder in ein spezielles Transportmedium eingebracht werden müssen. Die Bebrütung wird 5–7 Tage in mikroaerober Atmosphäre vorgenommen. H. pylori wächst in kleinen, glasigen Kolonien, die oxidase- und katalasepositiv sind. Ausreichend zur Bestätigung sind das Grampräparat und die Ureasereaktion, die binnen Minuten positiv wird.

Verlaufskontrolle. Zur Verlaufskontrolle bietet sich der ^{13}C-Atemtest an, der den von H. pylori umgesetzten markierten Harnstoff als CO_2 in der Ausatmungsluft nachweist.

Alternativ kann ein H. pylori-Antigennachweis aus dem Stuhl durchgeführt werden.

Therapie

Zur Therapie der H.-pylori-Infektion werden Antibiotika mit Säuresekretionshemmern kombiniert. Ein effektives Therapieschema ist die Kombination von Clarithromycin mit Metronidazol (alternativ Amoxicillin) und einem Protonenpumpenhemmer (Omeprazol, Pantoprazol oder Lansoprazol). Diese „Tripeltherapie" wird über 7–10 Tage verabreicht. Die Therapie führt praktisch immer zu einer kurzfristigen Elimination, die dauerhafte „Eradikation" von H. pylori kann frühestens vier Wochen nach Ende der Therapie festgestellt werden. Mit den zur Zeit verfügbaren Therapieschemata gelingt die Era-

dikation in ca. 90% der Fälle. Wenn eine komplette Eradikation von H. pylori gelingt, beträgt die Reinfektionsrate unter 1% pro Jahr. Die Eradikation der H.-pylori-Infektion führt zur Abheilung der Gastritis und zu einer drastischen Verminderung der Ulkusrezidive. Ob das Magenkarzinomrisiko durch frühzeitige H.-pylori-Therapie reduziert werden kann, ist noch nicht geklärt. Frühe Stadien des H.-pylori-assoziierten MALT-Lymphoms konnten durch Eradikation der H.-pylori-Infektion in eine Remission gebracht werden. Ob dies zu einer dauerhaften Heilung der Tumoren führt, wird noch untersucht.

Prävention

Hygienische Maßnahmen zur Verhinderung der Fäkalübertragung sowie Hygiene im Endoskopiebereich sind zu empfehlen.

ZUSAMMENFASSUNG: Helicobacter pylori

Bakteriologie. Gramnegatives, bewegliches, spiralförmiges oder einfach gebogenes Stäbchen, mikroaerophil, starke Ureaseaktivität, einzige humanpathogene Art: H. pylori.

Resistenz gegen äußere Einflüsse. Gering. *Cave:* Übertragung durch ungenügend desinfizierte Gastroskope möglich.

Epidemiologie. Weltweites Vorkommen. Infektion vorwiegend im Kindesalter. Höhere Prävalenz in Regionen mit niedrigem Hygienestandard (wahrscheinlich fäkal-orale und/oder oral-orale Übertragung)

Zielgruppe. Alle Menschen.

Pathogenese. Urease und Beweglichkeit essentiell für Etablierung der Infektion (Kolonisation). Adhärenz an Epithelzellen. Direkte Epithelschädigung durch Urease, VacA-Zyto-

toxin. Induktion von Autoantikörpern gegen Parietalzellen. Beeinflussung der Magenphysiologie (Gastrinspiegel, Magensäuresekretion).

Klinik. Akute und chronische B-Gastritis, Ulcus ventriculi, Ulcus duodeni, Magenkarzinom und -lymphom.

Diagnose. Biopsie-Ureasetest, ^{13}C-Harnstoff-Atemtest, Erreganzucht aus Magenbiopsien, Antigen-Nachweis aus dem Stuhl.

Therapie. Kombinationstherapie von zwei Antibiotika (z.B. Clarithromycin + Metronidazol) mit Säuresekretionshemmern.

Immunität. Keine

Prävention. Hygienische Maßnahmen, besonders im Endoskopiebereich.

9.2 Helicobacter heilmannii

H. heilmannii, früher als „Gastrospirillum hominis"
bezeichnet, unterscheidet sich von H. pylori morphologisch durch eine regelmäßig gewundene Spiralform („Korkenzieherform"). Die Bakterien sind
in der Magenbiopsie aufgrund ihrer charakteristischen Form und gruppenweisen Lagerung leicht mikroskopisch nachweisbar, konnten bisher aber noch
nicht auf künstlichen Nährböden angezüchtet werden. Bei der H.-heilmannii-Gastritis handelt es sich
wahrscheinlich um eine primäre Zoonose, die von
Hunden und Katzen auf den Menschen übertragen
wird (Tabelle 9.2, s. S. 308). H.-heilmannii-Infektio-
nen sind sehr viel seltener als H.-pylori-Infektionen
(Prävalenz unter 1%) und nur von einer sehr leichten Gastritis begleitet. Die Assoziation mit der Ulkuskrankheit ist seltener als bei H. pylori. Eine ero-
sive Gastritis wird bei der H.-heilmannii-Infektion
nur beobachtet, wenn gleichzeitig Salicylate oder
nichtsteroidale Antirheumatika eingenommen werden.

Tabelle 10.1. Haemophilus: Gattungsmerkmale

Merkmal	Merkmalsausprägung
Gramfärbung	gramnegative Stäbchen (zart)
aerob/anaerob	fakultativ anaerob
Kohlenhydratverwertung	fermentativ
Sporenbildung	nein
Beweglichkeit	nein
Katalase	verschieden
Oxidase	verschieden
Besonderheiten	Bedarf an Wuchsfaktoren (X, V) Nitratreduktion

Tabelle 10.2. Haemophilus: Arten und Krankheiten

Arten	Krankheiten
H. influenzae (bekapselt: Typ B)	Meningitis Sepsis Epiglottitis Arthritis (Pneumonie)
H. influenzae (unbekapselt)	Otitis media Sinusitis Konjunktivitis Tracheobronchitis Pneumonie
Biotyp aegyptius (Koch-Weeks)	Konjunktivitis
H. parainfluenzae	HNO-Infektionen Endokarditis
H. ducreyi	Ulcus molle
H. aphrophilus	Endokarditis
H. paraphrophilus	Endokarditis

Die Gattung Haemophilus (hämophile Bakterien) umfaßt fakultativ anaerobe, kapnophile, zarte gramnegative Stäbchenbakterien. Charakteristisch ist der Bedarf an Wuchsfaktoren [X = Hämin, V = NAD (Nikotin-Adenin-Dinukleotid) bzw. NADP (NAD-Phosphat)] (Tabelle 10.1). Beide Faktoren sind in Erythrozyten, aber auch in anderen Zellen vorhanden und können z.B. durch Erhitzen von Blut freigesetzt werden („Kochblutagar").

Haemophilus (H.) influenzae und H. ducreyi sind die wichtigsten Krankheitserreger der Gattung, jedoch ist in den letzten Jahren auch die Pathogenität von Haemophilus-Arten aus der physiologischen Kolonisationsflora des oberen Respirationstraktes (H. parainfluenzae, H. aphrophilus, H. paraphrophilus) deutlich geworden (Tabelle 10.2).

Haema (gr.) bedeutet Blut und Philos (gr.) der Freund. Der Begriff Haemophilus bezieht sich auf die Tatsache, daß die Wachstumsfaktoren der hämophilen Bakterien in Erythrozyten enthalten sind.

H. influenzae wurde durch Richard Friedrich Pfeiffer (1858–1945) 1892 bei Grippekranken isoliert und zunächst irrtümlich als der Erreger der Grippe angesehen, bis 1933 das Grippevirus entdeckt wurde. Agosto Ducrey (1860–1940) entdeckte 1889 H. ducreyi.

VI

10.1 Haemophilus influenzae

STECKBRIEF

H. influenzae ist als typischer Vertreter der Gattung ein zartes gramnegatives Stäbchen. Zur Vermehrung benötigt er beide Wuchsfaktoren X und V. Unbekapselte Stämme verursachen Infektionen des Respirationstraktes (Otitis, Sinusitis, Bronchitis, Pneumonie), bekapselte Stämme systemische Infektionen wie Sepsis, eitrige Meningitis und Epiglottitis.

Haemophilus influenzae
bekapselte oder unbekapselte zarte gramnegative Stäbchen in Eiter, entdeckt 1892 von R. Pfeiffer

10.1.1 Beschreibung

Aufbau

Endotoxin. Der Aufbau von H. influenzae entspricht dem anderer gramnegativer Stäbchen. Die Zellwand enthält Endotoxin.

Kapsel. Manche Stämme von H. influenzae tragen Kapseln aus Polysaccharid. Es lassen sich die Serotypen A bis F unterscheiden, von denen der Kapseltyp B (HiB) am gefährlichsten ist, da er Sepsis und Meningitis verursacht. Die Kapsel behindert die Phagozytose. Die Kapselsubstanz wird beim Wachstum in die Umgebung abgegeben, was für den Antigennachweis in Körperflüssigkeiten ausgenutzt wird.

Fimbrien. H. influenzae besitzt Fimbrien, die Adhäsionsfunktionen ausüben, ebenso H. aegyptius.

Extrazelluläre Produkte

IgAse. Einige Stämme von HiB produzieren eine IgAse. Diese behindert die lokale, IgA-abhängige Immunität durch Spaltung der IgA-Antikörper.

Penicillinase. In zunehmendem Ausmaß werden penicillinasebildende Stämme isoliert. Die Chemotherapie muß diesem Umstand Rechnung tragen.

Resistenz gegen äußere Einflüsse

Hämophile Bakterien sind gegen äußere Einflüsse wie Kälte, Austrocknung oder Einwirkung von Desinfektionsmitteln sehr empfindlich. Außerhalb ihrer natürlichen Umgebung überleben sie daher nur kurze Zeit.

Vorkommen

Unbekapselte Stämme von H. influenzae finden sich vorwiegend auf der Pharyngealschleimhaut von klinisch gesunden Trägern (bis zu 80%).

Bekapselte Stämme werden nur nach Kontakt mit Patienten oder Trägern von HiB isoliert.

10.1.2 Rolle als Krankheitserreger

Epidemiologie

Erkrankungen durch H. influenzae treten sporadisch auf.

Die durch HiB hervorgerufene Meningitis war bei Kindern bis zum 10. Lebensjahr die häufigste eitrige Meningitis, da sich bei diesem Lebensalter auf Grund fehlender Kontakte noch kein Antikörperspiegel aufgebaut hat. Seit Einführung der Schutzimpfung ist sie stark zurückgegangen (s. u., Abb. 10.4).

Übertragung

Infektionen durch unbekapselte Stämme sind meist endogenen Ursprungs bei Personen, die den Erreger schon auf ihrer Rachenschleimhaut tragen. Andererseits besteht ein 500fach höheres Erkrankungsrisiko, insbesondere für Kinder unter 2 Jahren, wenn diese in engen Kontakt mit HiB-Trägern kommen. Angesichts der Respirationstraktkolonisation ist eine aerogene Übertragung wahrscheinlich.

Pathogenese

Zielgewebe. Die Schleimhaut des oberen Respirationstraktes und seiner Anhangsorgane sowie die Konjunktivalschleimhaut sind die primären Zielgewebe des Erregers, von denen aus er sich ausbreiten kann.

Gewebliche Reaktion. Es sind zwei Arten von Infektionen durch H. influenzae zu unterscheiden: Die bekapselten HiB-Stämme verursachen invasive, systemische Infektionen, d.h. eitrige Meningitis, Sepsis und Epiglottitis, unbekapselte Stämme verursachen eitrige Lokalinfektionen (Abb. 10.1, 10.2).

Adhärenz. Der Erreger kolonisiert den oberen Respirationstrakt, wobei er mittels seiner Fimbrien an Schleimhautzellen adhäriert.

Etablierung. Durch Bildung von IgA-Proteinase schützt sich H. influenzae gegen die IgA-vermittelte lokale Schleimhautimmunität, unterstützend wirkt eine ziliostatische Wirkung des Endotoxins. Die Polysaccharidkapsel schützt den Erreger vor der Phagozytose, die deshalb nur bei Vorliegen opsonisierender Antikörper effektiv abläuft.

Invasion. Auf bislang unbekannte Weise durchdringen die Bakterien die Schleimhaut und gelangen ins Blut. Dort können sie eine Sepsis auslösen und/oder nach Überwindung der Blut-Liquor-Schranke in den Liquorraum gelangen, wo sie sich nahezu unbehelligt von der Infektionsabwehr vermehren können. Das Endotoxin aus der Zellwand induziert über Freisetzung von IL-1 und TNF-α aus Makrophagen Fieber. Eine eitrige Entzündungsreaktion entwickelt sich bei Meningitis in der Leptomeninx, die sich vorwiegend an der Konvexität abspielt. Im Rahmen der Entzündung entwickelt sich eine Perivaskulitis kleiner Gefäße des äußeren Kortex; sie führt zu deren Verengung, in deren Folge Infarkte auftreten können.

Auch bei der Epiglottitis ist HiB nahezu immer im Blut nachweisbar; deshalb muß auch hier von einer systemischen Infektion ausgegangen werden. Im Gegensatz zu der HiB-Meningitis sind bei der Epiglottitis häufig Antikörper gegen das B-Kapselpolysaccharid nachweisbar, weshalb bei der Pathogenese der Epiglottitis eine Mitbeteiligung allergischer Vorgänge diskutiert wird.

Lokalinfektionen durch unbekapselte Stämme gehen vom oberen Respirationstrakt aus. Bei einer Schwächung der lokalen Abwehr, z.B. durch vorausgehende Virusinfektionen des Respirationstraktes, aber auch durch allergische Reaktionen und inhalative Noxen (z.B. Rauchen), können sich un-

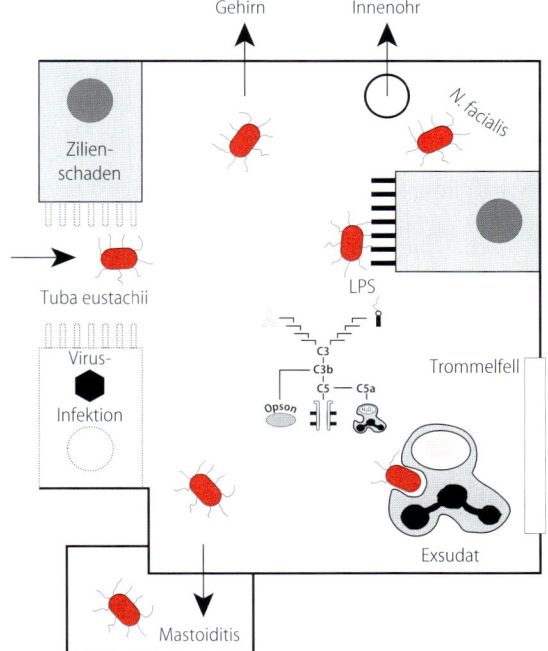

Abb. 10.1. Pathogenese der Haemophilus-influenzae-Typ-B-Infektionen

Abb. 10.2. Pathogenese der Haemophilus-influenzae-Otitis

bekapselte Erreger per continuitatem ausbreiten. Die eitrige Entzündungsreaktion wird durch das LPS der Zellwand induziert.

Klinik

Sepsis. Bei der durch HiB hervorgerufenen Sepsis können durch hämatogene Streuung entstehen: Arthritis, Osteomyelitis, Perikarditis; selten kommt es zur Pneumonie oder zur Peritonitis.

Meningitis. Die Symptome setzen akut ein, am häufigsten sind Fieber und Bewußtseinsstörungen, die für Meningitiden charakteristische Nackensteifigkeit (Meningismus) kann bei kleinen Kindern fehlen. Die Krankheit kann fulminant fortschreiten und schnell zum Tode führen. Wenn nicht prompt und hochdosiert antibiotisch behandelt wird, erreicht die Letalität 80%, ansonsten liegt sie bei 5%. Häufig entsteht ein subdurales Exsudat, das eine Hemiparese verursachen kann.

In etwa 25% der Fälle werden Krampfanfälle beobachtet. In 5% der Fälle entwickelt sich ein Schock, in dessen Verlauf Petechien wie bei einer Meningokokkenmeningitis auftreten können.

Epiglottitis. Diese Erkrankung befällt typischerweise Kinder im Alter von 2–10 Jahren, jedoch kommt sie auch bei Erwachsenen vor. Sie ist nahezu immer von einer Bakteriämie begleitet.

Die Erkrankung beginnt plötzlich und verläuft fulminant.

Initial zeigen sich „Halskratzen" und Atemnot, es folgen rasch Schluckbeschwerden, vermehrte Speichelbildung und Speichelfluß. Die dunkelrot verfärbte Epiglottis ist ödematös geschwollen, so daß sich eine Larynxstenose mit nachfolgender Verlegung der Atemwege entwickelt. Innerhalb weniger Stunden kann es aufgrund von Atemwegsobstruktion zum Tode kommen.

Als Behandlung kommt die Tracheotomie in Betracht, wenn eine Intubation nicht möglich ist.

Lokale Infektionen. Die Symptome der eitrigen Infektionen des Respirationstraktes sind durch die Lokalistion des Entzündungsprozesses bedingt: So können bei Otitis Ohrenschmerzen und Hörminderung, bei Sinusitis Kopfschmerzen und Verschattung der Nebenhöhlen, bei akuter Exazerbation einer chronischen Bronchitis sowie Pneumonie Husten und eitriger Auswurf im Vordergrund stehen. Die Konjunktivitis ist durch ein „rotes Auge" und ggf. eitrige Beläge gekennzeichnet.

Immunität

Die Immunität gegen Infektionen durch HiB beruht auf spezifischen Antikörpern gegen die Kapselsubstanz B, die die Phagozytose unterstützen. Eine Schutzimpfung gegen das Kapselantigen B erbringt deshalb gute Erfolge.

Labordiagnose

Der Schwerpunkt der Labordiagnose liegt in der Erregeranzucht, dem Antigennachweis und ggf. bei der Mikroskopie.

Untersuchungsmaterialien. Je nach Infektionsort kommen Blut, Liquor, Sputum, Sinuspunktat, Eiter oder Konjunktivalabstriche in Betracht. Bei Epiglottitis sollten auch Blutkulturen angelegt werden, da sich die Erreger bei diesem Krankheitsbild häufig im Blut nachweisen lassen.

Transport. Da hämophile Bakterien sehr empfindlich gegen äußere Einflüsse sind, sollte man sich bei Einsendung von Abstrichmaterial eines Transportmediums bedienen. Blut und Liquor müssen wegen der Gefahr des Kälteschocks in vorgewärmte Medien gegeben und körperwarm transportiert werden. Sputum, Abstrichmaterialien und Eiter werden gekühlt transportiert, da hier die Gefahr der Überwucherung durch andere Bakterien größer ist als die Gefahr des Kälteschocks.

Mikroskopie. Bei Meningitis-Verdacht muß ein Grampräparat aus dem Liquorpunktat angefertigt werden. Finden sich feine pleomorphe gramnegative Stäbchen und polymorphkernige Granulozyten, so ist die Verdachtsdiagnose auf HiB-Meningitis gegeben, insbesondere wenn es sich bei den Patienten um Kinder unterhalb des zehnten Lebensjahres handelt. Der behandelnde Arzt ist umgehend telefonisch zu informieren, da jede eitrige Meningitis einen Notfall darstellt.

Anzucht. Das Patientenmaterial wird auf Kochblutagar und auf einer Ammenplatte (s. u.) ausgestrichen und bei 37 °C in 10% CO_2 inkubiert. Zur Anreicherung wird eine Fildes- oder Hirn-Herz-Bouillon inokuliert. Die Fildes-Bouillon enthält X- und V-Faktor in Form von peptisch angedautem Blut. In Kulturmedien dieser Art gedeihen hämophile Bakterien unter aeroben und anaeroben Bedingungen. Optimales Wachstum erfolgt bei 37 °C in einer Atmosphäre mit 10% CO_2.

VI

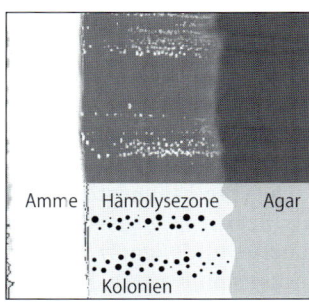

Abb. 10.3. Ammenphänomen

Satelliten- oder Ammenphänomen. Auf Blutagarplatten setzt β-hämolysierender S. aureus den X- und den V-Faktor aus Erythrozyten frei und produziert darüber hinaus auch selbst den V-Faktor. Wenn man auf Blutagarplatten Kolonien des β-hämolysierenden S. aureus mit hämophilen Bakterien gemeinsam verimpft, so gedeihen die hämophilen Bakterien nur in den Hämolysehöfen der Staphylokokkenkolonien. Man bezeichnet dieses Phänomen als Satelliten- oder Ammenphänomen (Abb. 10.3). H. influenzae benötigt sowohl den X- als auch den V-Faktor zum Wachstum, andere Haemophilus-Arten nur einen von beiden (s.u.).

Serologisch. Mit Hilfe von Antikörpern gegen die Kapselsubstanz ist H. influenzae in die Serotypen A–F typisierbar.

Antigennachweis in Körperflüssigkeiten. Kapselantigen läßt sich im Liquor oder Blut mit Hilfe von *Agglutinationstests* nachweisen; dabei werden Latexpartikel eingesetzt, die mit kapselspezifischen Antikörpern beladen sind. Das Antigen, falls vorhanden, bewirkt eine Vernetzung der Partikel, was als sichtbare Agglutination ablesbar wird. Die Antigennachweismethode hat den Vorteil, daß sie – neben der Schnelligkeit – auch dann positive Ergebnisse erbringt, wenn die Erreger vermehrungsunfähig und damit nicht mehr anzüchtbar sind, z.B. nach antibiotischer Behandlung. Außerdem eignet sie sich für die Notfalldiagnostik bei eitriger Meningitis.

Therapie

Antibiotikaempfindlichkeit. H. influenzae ist empfindlich gegenüber Amino- und Ureidopenicillinen, Cephalosporinen und Chloramphenicol.

Betalaktamasebildende Stämme sind in Zunahme begriffen: in einigen Studien bis zu 40% der Stämme.

Therapeutisches Vorgehen. Für die kalkulierte Initialtherapie der *Meningitis* bei unbekanntem Erreger wird Ceftriaxon empfohlen (7 Tage), das auch bei gesicherter H.-influenzae-Genese gegeben wird. Bei Allergie gegen β-Laktamantibiotika kommt Chloramphenicol zum Einsatz. Da die entzündungsbedingte Schädigung (speziell Taubheit) bei der Haemophilus-Meningitis besonders ausgeprägt ist, wird vor Einleitung der Antibiotikatherapie eine Dexamethason-Therapie begonnen.

Für die kalkulierte Initialtherapie der *Sepsis* gilt das für die Sepsistherapie Gesagte (s.S. 919), d.h. es kommt Ceftriaxon plus Aminoglykosid zum Einsatz. Gezielt wird mit einem gegen β-Laktamase geschützten Penicillin, z.B. Augmentan, weiterbehandelt.

Eine unkomplizierte eitrige *Bronchitis* bedarf keiner Antibiotikatherapie. Bei akuten Schüben einer chronischen Bronchitis verordnet man Amoxicillin allein oder in Kombination mit einem β-Laktamasehemmer.

Für die Therapie der *Infektionen der Anhangsorgane* des Respirationstraktes, d.h. der Sinusitis oder Otitis media wird geschütztes Aminopenicillin (z.B. Augmentan) oder als orales Cephalosporin Cefaclor empfohlen.

Prophylaxe

Umgebungsprophylaxe. Eine Umgebungsprophylaxe wird ebenso wie bei Meningokokkenmeningitis auch bei HiB-Meningitis empfohlen: 20 mg/kg Körpergewicht Rifampicin täglich für vier Tage.

Schutzimpfung. Hierzu gibt es einen Konjugatimpfstoff. Die Ständige Impfkommission des Bundesgesundheitsministeriums (STIKO) empfiehlt die Schutzimpfung aller Kinder: 1. Impfung zu Beginn des 3. Lebensmonats mit weiterer Verabreichung im 5. und 13. Monat. Neue Zahlen belegen die große Wirksamkeit der Impfung: Seit Einführung des Impfstoffes ist die Inzidenz der HiB-Meningitis drastisch abgefallen (Abb. 10.4).

Meldepflicht. Der direkte Nachweis von Haemophilus influenzae aus Liquor oder Blut ist namentlich meldepflichtig (§7 IfSG).

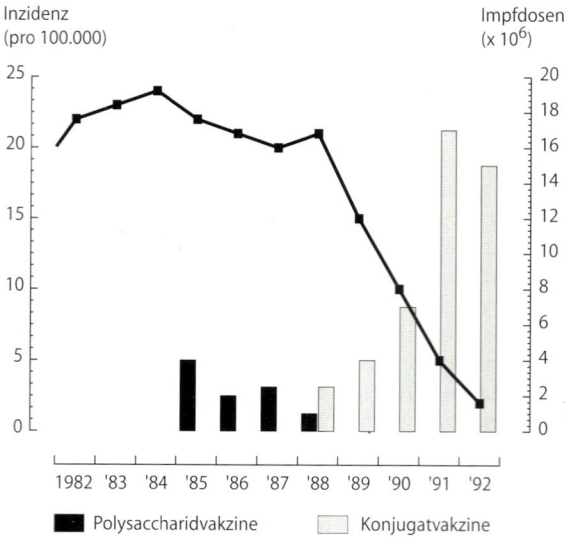

Inzidenz (pro 100.000) — Impfdosen (x 10^6)

■ Polysaccharidvakzine   ▫ Konjugatvakzine

Abb. 10.4. HiB-Impfung: Senkung der Inzidenz

10.2 Haemophilus parainfluenzae

H. parainfluenzae gehört zur Standortflora des oberen Respirationstraktes. Aufgrund dieser Lokalisation muß er von H. influenzae abgegrenzt werden; er unterscheidet sich von diesem dadurch, daß er nur den Wachstumsfaktor V benötigt, von Faktor X jedoch unabhängig ist.

Als Krankheitserreger tritt H. parainfluenzae selten in Erscheinung, kann dann jedoch wie H. influenzae eitrige Lokalinfektionen, insbesondere im Respirationstrakt, und systemische Infektionen wie Sepsis, Meningitis und Endokarditis verursachen. Zusammen mit H. aphrophilus und H. paraphrophilus macht H. parainfluenzae 5% aller Endokarditiserreger aus.

Das Mittel der ersten Wahl zur Behandlung von Infektionen mit H. parainfluenzae ist Ampicillin, das im Fall der Endokarditis mit einem Aminoglykosid kombiniert wird. In den letzten Jahren sind zunehmend β-laktamasebildende ampicillinresistente Stämme isoliert worden. Diese können mit Zweit- und Drittgenerations-Cephalosporinen oder mit Gyrasehemmern behandelt werden.

10.3 Haemophilus aphrophilus und Haemophilus paraphrophilus

Beide Arten verursachen Endokarditiden. Die Letalität der Haemophilus-Endokarditis gilt als hoch, wobei dies z. T. auf die schlechte Diagnostizierbarkeit und die gleichzeitige Resistenz gegen Penicillin G (Hauptmittel bei Endocarditis lenta) zurückzuführen sein dürfte. H. aphrophilus und H. paraphyrophilus werden zur sog. *HACEK-Gruppe* gezählt, zu der auch die gleichfalls schlecht anzüchtbaren Endokarditiserreger Actinobacillus actinomycetemcomitans, Cardiobacterium hominis, Eikenella corrodens und Kingella kingae gehören (s. S. 452 f.).

Die Endokarditis durch beide Arten wird mit einer Kombination aus Ampicillin und Aminoglykosid behandelt.

10.4 Haemophilus ducreyi

H. ducreyi ist der Erreger des *Ulcus molle*, einer der vier meldepflichtigen Geschlechtskrankheiten (s. S. 961 ff.).

Das Ulcus molle ist insbesondere in tropischen Ländern sehr häufig, häufiger auch als Syphilis und Gonorrhoe.

Der Erreger erreicht über Mikroläsionen das subepitheliale Gewebe. Dort adhäriert er mittels seiner Pili an Zellen und an extrazellulären Substanzen. Durch das Endotoxin des gramnegativen Stäbchens wird eine Entzündung induziert, die schließlich in ein Ulkus übergeht; an der Schädigung ist möglicherweise ein Zytotoxin beteiligt.

Hauptsächlich werden Männer befallen (90%). Nach sexueller Übertragung bildet sich an der Eintrittsstelle nach einer Inkubationszeit von 3–5 Tagen eine Papel aus, die nach einigen Tagen geschwürig zerfällt. Das entstehende Ulkus ist weich und sehr schmerzhaft, infizierte Frauen sind jedoch in 40% der Fälle asymptomatisch. Häufig sind mehrere Geschwüre vorhanden, diese sind zum Teil durch Autoinokulation entstanden. In der Hälfte der Fälle kommt es zur Entzündung der regionären Lymphknoten, die eitrig einschmelzen können. Differentialdiagnostisch muß stets an eine Syphilis gedacht werden, deren Primäraffekt als schmerzloses hartes Ulkus (Ulcus durum) in gleicher Lokalisation auftritt.

VI

Die *Labordiagnose* wird mikroskopisch und durch Anzucht und Differenzierung gestellt. Im Grampräparat vom Abstrich unter dem Ulkusrand lassen sich fischzugartig angeordnete zarte gramnegative Stäbchen erkennen. Eine Differenzierung durch Anfärbung mit fluoreszeinmarkierten Antikörpern kann versucht werden. Die Anzucht gelingt nur auf angereicherten Spezialkulturmedien, stellt jedoch die definitive Diagnosemethode dar; der Erreger ist nur vom Faktor X abhängig. Differentialdiagnostisch wichtig ist, daß gleichzeitig eine Syphilisdiagnostik betrieben wird (s. S. 400 ff.).

Mittel der Wahl zur *Therapie* sind Makrolide (z. B. Erythromycin oral für 7 Tage). Die früher eingesetzten Tetracycline sind wegen der hohen Resistenzraten, z. B. in Thailand 99%, heute nicht mehr geeignet. Hohe Kosten und schlechte Compliance, bedingt durch tägliche mehrfache Medikamentengabe und mehrtägige Therapiedauer, haben zur Entwicklung kürzerer Therapieschemata geführt, von denen die hochdosierte Behandlung mit Ciprofloxacin über ein oder drei Tage derzeit in 95–100% der Fälle zur Heilung führt.

ZUSAMMENFASSUNG: Haemophilus

Bakteriologie. Fakultativ anaerobe gramnegative Stäbchen. Wachstum abhängig von Hämin (X-Faktor) und NADP (V-Faktor).

Vorkommen. H. influenzae: Pharyngealschleimhaut klinisch Gesunder. Weltweit. H. ducreyi: Tropen und Subtropen.

Resistenz. Sehr empfindlich gegen Umwelteinflüsse.

Epidemiologie. Sporadisches Auftreten von H.-influenzae-Erkrankungen, vornehmlich bei Kindern. H.-ducreyi-Infektionen in tropischen und subtropischen Ländern teilweise häufiger als Syphilis und Gonorrhoe.

Übertragung. H. influenzae: meist endogene Infektion. H. ducreyi: Geschlechtsverkehr.

Pathogenese. H. influenzae: antiphagozytäre Polysaccharidkapsel, IgAse-Bildung → Sepsis, Meningitis und Epiglottitis. H. ducreyi: Invasion des Erregers durch Mikroläsionen im Genitalbereich → Ulcus molle → eitrige Lymphadenitis.

Klinik. H. influenzae: Invasive Infektionen durch bekapselte Stämme (meist Typ B) hervorgerufen: Sepsis, Meningitis, Epiglottitis. Nicht bekapselte Stämme: Bei lokaler Abwehrschwäche eitrige Infektionen im HNO-Bereich. H. ducreyi: Inkubationszeit 3–5 Tage.

Entstehung eines schmerzhaften weichen Ulkus mit regionärer Lymphadenitis.

Labordiagnose. Erregernachweis H. influenzae: anspruchsvolle Nährböden, „Ammenphänomen", Wachstumsfaktorabhängigkeit (X- und V-Faktor). H. ducreyi: Klinische Diagnosestellung! Mikroskopisch „fischzugartige" gramnegative kokkoide Stäbchen aus dem Ulkusrand.

Therapie. H. influenzae: Ampicillin, Ceftriaxon. H. ducreyi: Amoxicillin mit β-Laktamasehemmer, Ciprofloxacin, Makrolide.

Immunität. H. influenzae: Wird humoral durch IgG verschiedener Klassen und Komplement vermittelt. H. ducreyi: Hinterläßt keine bleibende Immunität.

Prävention. H. influenzae: Aktive Immunisierung liefert zur Zeit noch keinen verläßlichen Schutz. H. ducreyi: Expositionsprophylaxe.

Meldepflicht. Direkter Erregernachweis aus Liquor oder Blut, namentlich.

H. parainfluenzae: Gelegentlich (5%) Erreger von Lokal- und systemischen Infektionen.

H. aphrophilus und H. paraphrophilus: Als Mitglied der HACEK-Gruppe Erreger von Endokarditis.

Tabelle 11.1. Bordetella: Gattungsmerkmale

Merkmal	Merkmalsausprägung
Gramfärbung	gramnegative Stäbchen
aerob/anaerob	obligat aerob
Kohlenhydratverwertung	nein
Sporenbildung	nein
Beweglichkeit	verschieden
Katalase	positiv
Oxidase	verschieden
Besonderheiten	B. pertussis: benötigt komplexe Kulturmedien

Tabelle 11.2. Bordetella: Arten und Krankheiten

Arten	Krankheiten
B. pertussis	Pertussis (Keuchhusten)
B. parapertussis	mildere Verläufe
B. bronchiseptica	selten, mildere Verläufe
B. avium	nur tierpathogen

Bordetellen sind eine Gattung kokkoider gramnegativer (Familie: Alcanigenaceae, einzeln oder paarweise liegender Stäbchen, die sich unter strikt aeroben Bedingungen vermehren. Sie oxidieren Aminosäuren; Zucker werden nicht gespalten (Tabelle 11.1). Alle Spezies tragen Pili (Fimbrien).

Von den vier bekannten Arten (Tabelle 11.2) sind Bordetella (B.) pertussis und B. parapertussis unbeweglich; B. bronchiseptica und B. avium sind peritrich begeißelt und daher beweglich.

Bordetellen werden mit den Alcaligenes-Arten in der neuen Familie Alcaligenaceae zusammengefaßt.

11.1 Bordetella pertussis

11.1.1 Beschreibung

Aufbau

Kapsel. B. pertussis ist von einer Kapsel bzw. einer Schleimschicht umgeben.

O-Antigen. Wie alle Bordetellen-Spezies besitzt B. pertussis ein gemeinsames hitzestabiles O-Antigen, das ein Bestandteil der äußeren Membran ist.

K-Agglutinogen. Von den 14 bekannten hitzelabilen K-Agglutinogenen der Bordetellen sind sechs für B. pertussis spezifisch. Die K-Agglutinogene werden für die Serotypisierung der Bordetellen herangezogen. Das Agglutinogen 2 ist mit Fimbrien assoziiert und besteht aus sich wiederholenden Untereinheiten von Proteinen (Molekulargewicht 22 kD).

Bordetella pertussis verursacht den Keuchhusten (Pertussis).

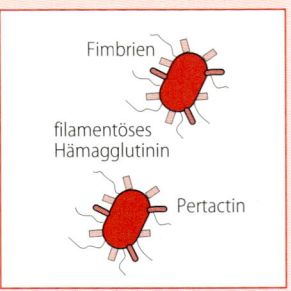

Bordetella pertussis gramnegative Stäbchen, entdeckt 1900 von Bordet und Gengou

Filamentöses Hämagglutinin (FHA). Das filamentöse Hämagglutinin ist ein Protein mit einem Molekulargewicht von 220 kD. Es agglutiniert Erythrozyten.

Pertactin. Das Pertactin ist ein Proteinbestandteil der äußeren Membran von B. pertussis (Molekulargewicht 69 kD). Es ist ein potentes Immunogen; spezifische Antikörper gegen dieses Protein können im experimentellen Mausinfektionsmodell Schutz gegen die letale Wirkung von B. pertussis vermitteln.

Extrazelluläre Produkte

Pertussistoxin. Das Pertussistoxin (Ptx) ist, ähnlich dem Diphtherietoxin und dem Choleratoxin, eine *ADP-Ribosyl-Transferase*. Es besteht aus einem B-Anteil, der die Bindung an die Zielzelle vermittelt, und einem A-Anteil, der nach Eindringen in die Zelle enzymatisch aktiv wird. In der Folge werden hemmende G-Proteine ADP-ribosyliert und auf diese Weise in ihrer Funktion (Signalübertragung) behindert (s. S. 30).

Das Pertussis-Toxin besitzt eine Reihe weiterer biologischer Wirkungen: Es
- ruft eine Lymphozytose hervor (lymphocytosis promoting factor, LPF);
- sensibilisiert den Makroorganismus gegenüber Histamin;
- verstärkt die Insulin-Sekretion und erzeugt Hypoglykämie.

Trotz der Vielfalt der Effekte des PT ist nicht bekannt, wie die pertussigene Wirkung zustandekommt.

Adenylat-Zyklase-Toxin (ACT). Es fördert als Virulenzfaktor das Angehen der Infektion durch Hemmung der Phagozytose und anderer immunologischer Reaktionen. ACT tritt in die Zielzellen ein und wird durch das eukaryonte Enzym Calmodulin aktiviert. ACT induziert einen Anstieg von cAMP in Granulozyten, Lymphozyten und in Monozyten. Ferner besitzt ACT hämolytische Aktivität und ist für die Hämolysezone, die auf Blutagar um B.-pertussis-Kolonien entsteht, verantwortlich.

Tracheales Zytotoxin (TCT). Dieses wirkt auf das zilienbesetzte respiratorische Epithel. Es kommt zur Ziliostase und zur Schädigung der zilientragenden Zellen zur Ausschüttung von IL-1.

Dermonekrotisches Toxin. Dieses Toxin ist hitzelabil und verursacht nach intradermaler Injektion Entzündung und nekrotische Läsionen im Mausinfektionsmodell. Es ruft eine Kontraktion der glatten Muskulatur hervor, die eine ischämische Nekrose induziert.

Resistenz gegen äußere Einflüsse

Bordetellen sind mäßig empfindlich gegen Austrocknung und Kälte. Sie können über 3–5 Tage im Staub, auf Plastikmaterial und auf Kleidern ihre Infektiosität behalten. Bordetellen sind sehr empfindlich gegen Fettsäuren.

Vorkommen

B. pertussis befällt den Respirationstrakt des Menschen, der den einzigen natürlichen Wirt darstellt.

Obwohl es keinen Beweis für einen chronischen Trägerstatus gibt, kann B. pertussis von symptomfreien Personen isoliert werden, die schutzgeimpft worden sind, selbst erkrankt waren oder Kontakt mit Erkrankten gehabt haben.

11.1.2 Rolle als Krankheitserreger

Epidemiologie

Zu Beginn dieses Jahrhunderts waren Morbidität und Mortalität der Pertussis-Erkrankung in Westeuropa sehr hoch. Seit Anfang der 50er Jahre gibt es nur noch sporadische Epidemien, da seitdem die Pertussis-Vakzine weite Anwendung findet. Keuchhusten tritt das ganze Jahr über auf, besonders häufig aber im späten Winter und Frühjahr.

Die Krankheit zeichnet sich durch die hohe Letalität bei Kindern unter sechs Monaten aus. Jugendliche und Erwachsene mit atypischer oder typischer, nicht erkannter Erkrankung können wichtige Erregerreservoire für Säuglinge und Kleinkinder darstellen.

Übertragung

Die Übertragung erfolgt in der Regel bei Hustenstößen durch Tröpfcheninfektion über eine Distanz von höchstens zwei Metern. Nur Patienten im katarrhalischen Stadium und im frühen Konvulsivstadium, also in Stadien vor Auftreten des typischen Keuchhustens, wirken als Infektionsquelle.

Auch Patienten mit einer subklinischen Erkrankung sind kontagiös.

Pathogenese

Adhäsion. B. pertussis bzw. B. parapertussis haften und vermehren sich an den Zilien des Respirationstraktes (Kolonisation); sie dringen nicht weiter ein (Abb. 11.1).

Die Fimbrien auf der Oberfläche der Bordetellen und Pertactin sind an der initialen Anheftung an das Epithel beteiligt. Auch das filamentöse Hämagglutinin beteiligt sich an der initialen Anheftung und Adhärenz von B. pertussis an das Epithel. Es übt keine toxische Aktivität aus, scheint jedoch ein wichtiges Immunogen zu sein.

Etablierung. An der Etablierung des Erregers sind durch Ausschaltung von Resistenzmechanismen das Adenylat-Zyklase-Toxin (Phagozytosehemmung) und das tracheale Zytotoxin (Ziliostase) beteiligt.

Gewebeschädigung. Hauptsächlicher Schädigungsfaktor von B. pertussis ist das *Pertussis-Toxin*; es löst die meisten systemischen Wirkungen aus. Allerdings scheint es für den Keuchhusten nicht allein ursächlich zu sein, da B. parapertussis, die kein Pertussistoxin produziert, ebenfalls Keuchhusten verursachen kann (Abb. 11.1).

Klinik

Stadienablauf. Die *Inkubationszeit* dauert 7–14 Tage. Darauf folgt ein ebenso langes Prodromalstadium (*Stadium catarrhale*) mit Schnupfen, erhöhter Temperatur und Abgeschlagenheit.

Das daran anschließende *Stadium convulsivum* ist durch die typischen Hustenattacken gekennzeichnet. Diese steigern sich bis zum apnoischen Intervall: Der Husten hört auf, und es erfolgt eine jähe, hörbare Inspiration. Nach einigen Sekunden beginnt dann die Reprise in Gestalt eines zweiten Hustenanfalls; diese endet mit starkem Schleim- und Speichelfluß und evtl. mit Erbrechen.

Die Anfälle sind nachts häufiger und schwerer als am Tage; im Extremfall können 40–50 Anfälle pro Tag auftreten. Zu Beginn dieses Stadiums zeigt sich ein typisches Blutbild mit deutlicher Leukozytose und relativer Lymphozytose. Es folgt das *Stadium decrementi*, in dem die Anfälle allmählich an Intensität abnehmen. Dieses Stadium dauert ca. 3–6 Wochen an.

Komplikationen. *Sekundärinfektionen*, wie Pneumonie und Otitis media, treten am häufigsten in Erscheinung. *Zerebrale Anfälle* kommen bei 2% der stationär aufgenommenen infizierten Kinder vor, in 0,3% kommt es zu einer Enzephalopathie. Auch Todesfälle sind bekannt.

Immunität

Im Verlauf der Infektion werden antibakterielle und antitoxische Antikörper gebildet. Immunglobulin A als Schleimhautantikörper dient der direk-

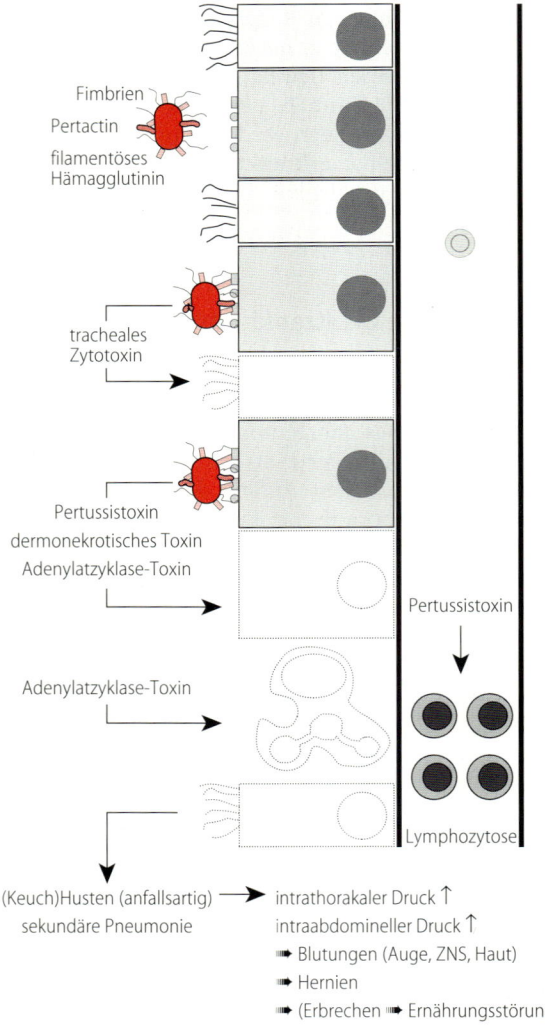

Fimbrien
Pertactin
filamentöses Hämagglutinin

tracheales Zytotoxin

Pertussistoxin
dermonekrotisches Toxin
Adenylatzyklase-Toxin

Adenylatzyklase-Toxin

Pertussistoxin

Lymphozytose

(Keuch)Husten (anfallsartig) → intrathorakaler Druck ↑
sekundäre Pneumonie   intraabdomineller Druck ↑
→ Blutungen (Auge, ZNS, Haut)
→ Hernien
→ (Erbrechen → Ernährungsstörung)

Abb. 11.1. Pathogenese des Keuchhustens (Pertussis)

VI

ten Abwehr der Bakterien im Respirationstrakt, indem es der Anheftung der Erreger am Ziliarepithel entgegenwirkt. IgM und IgG als zirkulierende Antikörper entfalten antibakterielle und antitoxische Wirksamkeit, wobei der hauptsächliche Schutz auf antitoxischen Antikörpern beruht. Zirkulierende Antikörper gegen B. pertussis werden während der Erkrankung erst ab dem 15. bis 25. Tag nach Beginn der klinischen Symptomatik gefunden. Sie erreichen ihre höchsten Werte in der 8. bis 10. Woche nach Krankheitsbeginn. Eine IgA-Antwort auf B. pertussis kommt offensichtlich nur bei natürlicher Infektion zustande, nicht aber nach aktiver Impfung. Die durch eine natürliche Infektion erworbene Immunität hält jahrzehntelang an, die durch aktive Schutzimpfung erworbene kürzer. Zweiterkrankungen kommen gelegentlich vor.

Labordiagnose

Der Schwerpunkt der Labordiagnose liegt in der Anzucht des Erregers und seiner anschließenden biochemischen Differenzierung.

Untersuchungsmaterial. Material der Wahl ist heute der *Nasopharyngealabstrich* mittels Kalziumalginattupfer, der die herkömmliche sog. Hustenplatte abgelöst hat. Hierbei ist zu beachten, daß der Erreger nur im Stadium catarrhale angezüchtet werden kann. Im Stadium convulsivum, in dem die typischen Hustenattacken auftreten, kann der Erreger hingegen nur noch selten kulturell nachgewiesen werden.

Anzucht. Die Anzucht erfolgt auf Selektivkulturmedien. Das Kulturmedium der Wahl zur Erstisolierung ist Kartoffel-Glycerin-Blutagar nach Bordet-Gengou mit Zusatz von Aktivkohle und Cefalexin. Die Inkubation erfolgt bei 37 °C unter aeroben Bedingungen bei erhöhter CO_2-Spannung. Die Bebrütungsdauer beträgt bis zu sieben Tagen.

Die Kolonien von B. pertussis werden vom 3. Tag der Bebrütung an für das bloße Auge sichtbar. Sie haben ein zartes, tautropfenartiges Aussehen und einen Durchmesser von weniger als 1 mm.

Mikroskopie. Die kleinen, gramnegativen Bakterien lagern sich einzeln, paarweise oder in kleinen Zusammenballungen; ihre Länge beträgt weniger als 1 mm. Bei der Gramfärbung erfolgt eine langsame Aufnahme des Gegenfarbstoffes Safranin; eine schwache Anfärbung ist daher für Bordetellen charakteristisch.

Es gibt einen mikroskopischen Erregernachweis mittels *direkter Immunofluoreszenz* (*DIF*), der sowohl vermehrungsfähige als auch abgestorbene Erreger nachweist und daher auch dann positive Ergebnisse zu liefern vermag, wenn die Anzucht nicht mehr gelingt. Die Sensitivität dieses Verfahrens liegt bei optimaler Durchführung bei ca. 60%.

Biochemische Differenzierung. Die Mitglieder der Gattung Bordetella metabolisieren die üblichen Zucker nicht; Gelatine wird nicht verflüssigt, Indol und H_2S werden nicht produziert, und die meisten Stämme sind schwach katalase-positiv. Die Oxidasereaktion ist bei B. pertussis positiv und bei B. parapertussis negativ.

Serologie. Der Antikörpernachweis wird mittels ELISA oder KBR geführt. Antikörper der IgG-, IgM- und IgA-Klasse können mit Hilfe der ELISA-Technik bestimmt werden. Da IgA-Antikörper nur bei der natürlichen Infektion gebildet werden, sind sie meist nicht länger als sechs Monate nachweisbar und werden daher zur Diagnostik einer frischen Infektion herangezogen. Zu berücksichtigen ist, daß Säuglinge in den ersten Lebensmonaten nicht zuverlässig oder nur in geringem Umfang IgA bilden. Hier muß der IgM-Antikörpernachweis parallel geführt werden. IgM und IgG können auch im Rahmen einer Schutzimpfung erhöht sein.

Insgesamt ist der diagnostische Wert der Serologie wegen der verzögerten Antikörpersynthese gering. Bei epidemiologischen Untersuchungen kann sie jedoch hilfreich sein.

Therapie

Antibiotikaempfindlichkeit. B. pertussis ist gegen Cotrimoxazol und Aminopenicilline sowie Makrolide empfindlich.

Therapeutisches Vorgehen. Bei frühzeitiger Gabe, d.h. während der Inkubationszeit, während des Stadium catarrhale sowie früh im Stadium convulsivum, vermögen *Makrolide* als Mittel der Wahl die Erkrankung abzuschwächen. Makrolide eliminieren B. pertussis innerhalb weniger Tage. Die Patienten sind dann nicht mehr kontagiös. Makrolide eignen sich auch als Prophylaxe für exponierte Personen.

Wenn sie im Stadium convulsivum gegeben werden, haben Antibiotika keinen Einfluß mehr auf den klinischen Verlauf des Keuchhustens, wohl deshalb, weil sie die Wirkung bereits produzierter Toxine nicht beeinflussen.

Für eine sichere Schutzwirkung eines Anti-Pertussis-Immunglobulins fehlt bisher jeder Anhalt.

Prävention

Schutzimpfung. Seit 1995 ist in Deutschland der *azelluläre Impfstoff* gegen Pertussis für die Grundimmunisierung ab dem 3. Lebensmonat zugelassen. Dieser ist ein Mehrkomponenten-Impfstoff und enthält inaktiviertes oder genetisch verändertes Pertussistoxin, filamentöses Hämagglutinin, Pertactin und ggf. einen Fimbrienanteil. Der azelluläre Impfstoff weist gegenüber dem früher üblichen Vollbakterienimpfstoff eine geringere Nebenwirkungsrate (Lokal- und Fieberreaktion) und eine höhere Effektivität auf.

Die Grundimmunisierung umfaßt drei i.m.-Injektionen im Abstand von 4–6 Wochen, meist als Kombinationsimpfung Diphtherie-Pertussis-Tetanus (DPT). Sie soll unmittelbar nach vollendetem 2. Lebensmonat eingeleitet werden. Eine Auffrischungsimpfung erfolgt ein Jahr nach Beendigung der Grundimmunisierung. Der Impfschutz beginnt in der Regel nach der zweiten Injektion und erreicht 4–8 Wochen nach der dritten Injektion seinen Höhepunkt. Drei Wochen später tritt ein Abfall ein, wenn nicht eine Auffrischung oder eine natürliche Infektion für die Aufrechterhaltung des Impfschutzes sorgen. Der durch Impfung erworbene Schutz läßt im Laufe der Zeit nach, daher können in der Jugend geimpfte Personen im Erwachsenenalter an Pertussis erkranken.

Die Ständige Impfkommission (STIKO) der Bundesregierung empfiehlt seit 1995 eine Grundimmunisierung aller Säuglinge und Kleinkinder gegen Pertussis.

Chemoprophylaxe. Eine Chemoprophylaxe mit Makroliden ist bei Familienmitgliedern und engen Kontaktpersonen möglich.

11.2 Andere Bordetellen

B. parapertussis befällt den Respirationstrakt des Menschen, der den einzigen natürlichen Wirt darstellt. Dort verursacht B. parapertussis mildere Verlaufsformen des Keuchhustens.

B. bronchiseptica ist ein primär tierpathogener Erreger, der nur selten aus menschlichem Untersuchungsmaterial isoliert wird. In seltenen Fällen wird sie als Keuchhustenerreger angesehen.

B. parapertussis und B. bronchiseptica besitzen zwar das für das Pertussistoxin kodierende Gen, das Toxin wird jedoch infolge einer Mutation in der Promotorregion des Gens nicht gebildet.

B. avium ist nur tierpathogen.

ZUSAMMENFASSUNG: Bordetellen

Bakteriologie. Obligat aerobes, gramnegatives Stäbchen mit besonderen Ansprüchen an Nährböden und Kulturbedingungen. Drei Arten beim Menschen: B. pertussis, B. parapertussis und B. bronchiseptica.

Vorkommen. Weltweit verbreitet. B. pertussis und parapertussis finden im Menschen ihren einzigen natürlichen Wirt, B. bronchiseptica in erster Linie im Tierreich.

Resistenz. Infektiosität der Erreger bleibt in Staub und auf Kleidern 3–5 Tage lang erhalten. Bordetellen sind mäßig empfindlich gegen Umwelteinflüsse (Kälte, Austrocknung).

Epidemiologie. Weltweite Verbreitung. Hoher Kontagiositätsindex. Endemisches Auftreten in größeren Städten, besonders im Winter und Frühling.

Zielgruppe. Säuglinge und Kleinkinder.

Übertragung. Durch Tröpfcheninfektion im katarrhalischen und frühen Konvulsivstadium.

Pathogenese. Adhärenz an Flimmerepithelien des Respirationstraktes → Vermehrung auf den Epithelien → Produktion von Exotoxinen → Beeinflussung intrazellulärer cAMP-Spiegel und der Signaltransduktion.

Virulenzfaktoren. Fimbrien, Hämagglutinine, Pertactin, Exotoxine.

Zielgewebe. Respiratorisches Flimmerepithel. Toxinwirkung auf mononukleäre Zellen nachgewiesen.

Klinik. Inkubationszeit 1–2 Wochen. Stadium catarrhale ebenfalls ca. 1–2 Wochen; anschließend Stadium convulsivum (ca. 3–6 Wochen); Stadium decrementi. Gesamtkrankheitsdauer 6–12 Wochen. Komplikationen: Bronchopneumonie, Otitis media, neurologische Komplikationen.

Labordiagnose. Untersuchungsmaterial: Nasopharyngealabstrich. Erregernachweis: Kulturell durch Anzüchtung auf Spezialnährböden, mikroskopisch durch direkte Immunfluoreszenz. Antikörpernachweis durch ELISA oder KBR.

Therapie. Mittel der Wahl: Makrolide. Mit Beginn des Stadium convulsivum kann der Krankheitsverlauf durch Antibiotika nicht mehr beeinflußt werden. Toxinwirkung kann noch nicht beeinflußt werden.

Immunität. Bildung antibakterieller und antitoxischer Antikörper. Immunität ist nach überstandener Erkrankung von jahrzehntelanger Dauer, Zweiterkrankungen können jedoch vorkommen.

Prävention. Aktive Impfung: Neuer azellulärer Impfstoff seit kurzem verfügbar. Laut neuer Impfempfehlungen der STIKO ist bei allen Säuglingen und Kleinkindern ab dem 3. Lebensmonat eine Grundimmunisierung gegen Pertussis durchzuführen. Chemoprophylaxe: Makrolide bei engen Kontaktpersonen.

H. Hahn, K. Miksits

Tabelle 12.1. Legionella: Gattungsmerkmale

Merkmal	Merkmalsausprägung
Gramfärbung	gramnegative Stäbchen
aerob/anaerob	aerob, kapnophil
Kohlenhydratverwertung	nein
Sporenbildung	nein
Beweglichkeit	ja
Katalase	positiv
Oxidase	verschieden
Besonderheiten	Bedarf an Cystein

Tabelle 12.2. Legionellen: Arten und Krankheiten

Arten	Krankheiten
L. pneumophila	Legionärskrankheit
	Pontiac-Fieber
	(Enzephalopathie)
	(Endokarditis)
L. micdadei	Pittsburgh-Pneumonie
	Pontiac-Fieber
L. feeleii	Pontiac-Fieber
L. anisa	

Legionellen (Gattung: Legionella, Familie: Legionellaceae) sind gramnegative unbekapselte Stäbchenbakterien, die weder unter aeroben noch unter anaeroben Bedingungen Zucker verwerten können und Cystein als Wachstumsfaktor benötigen (Tabelle 12.1).

Der Name leitet sich aus der Entdeckungsgeschichte des Erregers ab: Im Juli 1976 brach nach einem Jahrestreffen der Kriegsveteranenorganisation „American Legion" in Philadelphia bei 182 der 4400 Teilnehmer eine schwere Allgemeininfektion mit dominierender Lungensymptomatik auf, an der schließlich 29 Personen starben (Tabelle 12.2).

Anschließende bakteriologische Untersuchungen durch das CDC führten nach wenigen Monaten zur Entdeckung des Erregers.

12.1 Legionella pneumophila

Legionella (L.) pneumophila ist der typische Vertreter der Gattung Legionella (Tabelle 12.1); er verursacht die Legionellose (Legionärskrankheit), eine schwere Pneumonie (Tabelle 12.2).

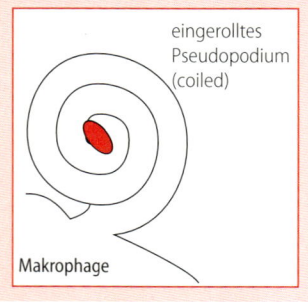

eingerolltes Pseudopodium (coiled)

Makrophage

Legionella pneumophila
Stäbchenbakterien mit „coiled macrophage", entdeckt 1977 von J. E. McDade et al.

12.1.1 Beschreibung

Aufbau

Zellwand. L. pneumophila zeigt den typischen Wandaufbau gramnegativer Bakterien. Charakteristisch ist der hohe Gehalt an verzweigten Fettsäuren, Phosphatidylcholin und Phospholipiden in der äußeren Membran.

Geißeln. Legionellen sind monotrich oder lophotrich begeißelt.

Plasmide. Umweltisolate besitzen Plasmide, die zu epidemiologischen Zwecken analysiert werden können.

Extrazelluläre Produkte

L. pneumophila bildet verschiedene Enzyme und Hämolysine; deren Funktion in der Pathogenese ist jedoch bislang nicht geklärt.

Resistenz gegen äußere Einflüsse

Gegen äußere Einflüsse sind Legionellen vergleichsweise unempfindlich.

Vorkommen

Legionellen kommen im Wasser und in Erdproben vor. Sie werden aus Kühltürmen, Klimaanlagen, aus fließenden und stehenden Gewässern, Wasserleitungen, Wasserhähnen und Abwässern isoliert. Hier sind die Infektionsquellen für den Menschen zu suchen. In der freien Natur sind Legionellen mit autotrophen Mikroorganismen, z. B. mit Eisen-Mangan-Bakterien, vergesellschaftet, auf die sie als Kohlenstoff- und Energiequelle angewiesen sind, oder sie vermehren sich in freilebenden Protozoen, wie z. B. Acanthamoeben oder Naegleria-Arten.

12.1.2 Rolle als Krankheitserreger

Epidemiologie

Legionellosen treten sowohl sporadisch als auch epidemisch und als nosokomiale Infektionen auf. Ihre Häufigkeit wird in den USA auf 12 bis 58 Erkrankungsfälle pro 100000 Einwohner geschätzt. Vermutlich gehen etwa 15% aller Pneumonien auf Legionellen zurück.

In den Sommermonaten tritt die Legionellen-Pneumonie gehäuft auf.

Übertragung

Der Erreger wird aerogen erworben, eine Übertragung von Mensch zu Mensch findet jedoch nicht statt.

Pathogenese

Nach der Übertragung geht die Legionellen-Infektion an, wenn disponierende Faktoren vorliegen; die Manifestationsrate wird auf 1–9 % geschätzt.

Nach pilusvermittelter Adhärenz wird der Erreger in besonderer Weise phagozytiert (coiling pha-

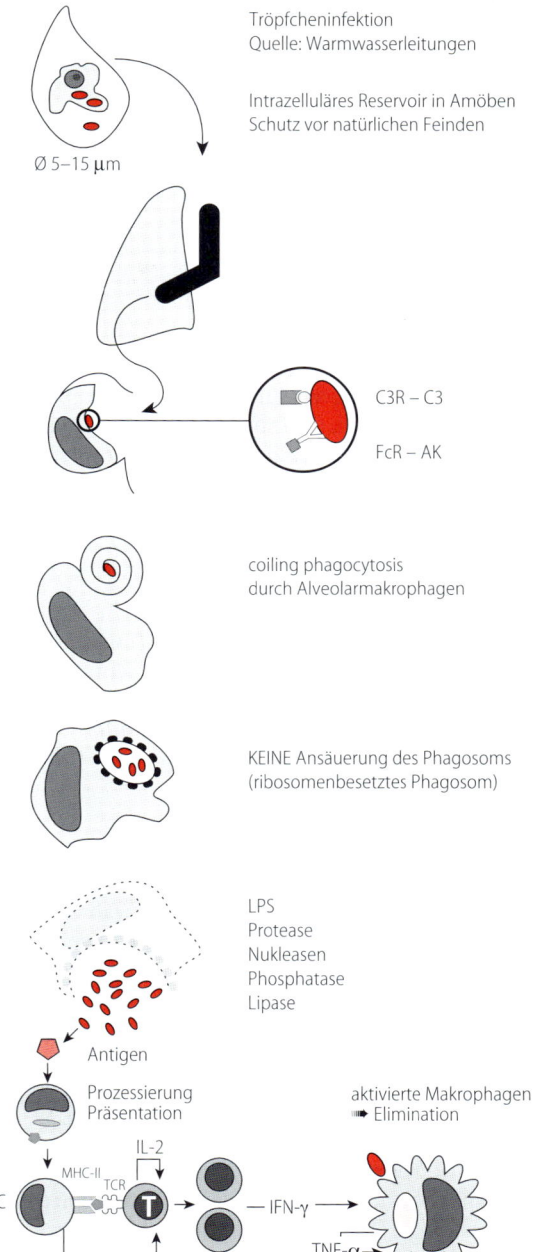

Tröpfcheninfektion
Quelle: Warmwasserleitungen

Intrazelluläres Reservoir in Amöben
Schutz vor natürlichen Feinden

Ø 5–15 µm

C3R – C3

FcR – AK

coiling phagocytosis
durch Alveolarmakrophagen

KEINE Ansäuerung des Phagosoms
(ribosomenbesetztes Phagosom)

LPS
Protease
Nukleasen
Phosphatase
Lipase

Antigen

Prozessierung
Präsentation

aktivierte Makrophagen
Elimination

APC   MHC-II   TCR   T   IL-2   — IFN-γ →

IL-1   CD4+   TNF-α

Abb. 12.1. Pathogenese der Legionellenpneumonie

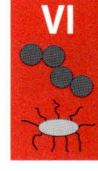

gocytosis), entgeht jedoch der intrazellulären Abtötung (Abb. 12.1). Der Erreger induziert eine Entzündungsreaktion, in deren Verlauf sich an den Absiedlungsherden Akkumulationen von neutrophilen Granulozyten und Makrophagen bilden; diese Nekroseherde finden sich in den Alveolen und Alveolarsepten, nicht jedoch in den Bronchien.

Aus dem primären Herd in der Lunge kann der Erreger septisch metastasieren und sich in der Haut und in tiefen Organen, z.B. Herz, Leber, Pankreas, Darm, absiedeln.

Klinik

Legionellen-Pneumonie (Legionärskrankheit). Die Erkrankung beginnt nach einer Inkubationszeit von 2–10 Tagen mit Fieber und Kopfschmerzen. Verwirrtheitszustände, Desorientiertheit sowie Lethargie deuten auf eine Beteiligung des ZNS hin. Gelegentlich können auch Durchfälle auftreten. Meistens sind die Patienten älter als 50 Jahre und abwehrgeschwächt, Raucher oder Alkoholiker. Unbehandelt führt die Erkrankung in 5–15 % der Fälle zum Tode.

Pontiac-Fieber. Nach einer Inkubationszeit von 1–2 Tagen entwickeln sich Husten, Schnupfen und Halskratzen. Viele Patienten klagen über Schwindel, Photophobie, Verwirrtheit oder Muskelschmerzen. Die Körpertemperatur ist erhöht. Die Krankheit dauert 2–5 Tage.

Immunität

Die Abwehr von Legionellen hängt wahrscheinlich wesentlich von einer intakten T-Zell-Abwehr ab.

Labordiagnose

Die Erregersicherung erfolgt durch Antigennachweis im Urin sowie durch mikroskopische Darstellung und Anzucht aus Respirationstraktsekret.

Untersuchungsmaterial. Geeignet sind für die Mikroskopie und Anzucht bronchoalveoläre Lavageflüssigkeit (BAL) und für den Antigennachweis Urin.

Transport. Die Materialien sollen rasch ins Labor geschickt werden. Dieses muß über die Verdachtsdiagnose Legionellose informiert werden, damit bei der Anzucht geeignete Spezialkulturmedien

verwendet und die Bebrütungsdauer angepaßt werden können.

Mikroskopie. Nach Anfärbung mit fluoreszeinmarkierten Antikörpern lassen sich die Erreger direkt in BAL-Präparaten mikroskopisch darstellen (direkter Immunfluoreszenztest).

Anzucht. Für die Anzucht sind cysteinhaltige Spezialkulturmedien (BCYE-Agar) erforderlich; diese werden 10 Tage lang unter kapnophilen Bedingungen bebrütet. Die Identifizierung eines Isolats erfolgt durch direkte Immunfluoreszenz (s.o.).

Serologische Diagnostik. Der Antigenbestimmung im Urin erfolgt mittels ELISA (derzeit nur L. pneumophila Serotyp 1). Für epidemiologische Zwecke können Antikörper im Serum bestimmt werden.

Therapie

Mittel der Wahl zur Behandlung der Legionellose sind Makrolide, z.B. Erythromycin, in schweren Fällen mit Rifampicin kombiniert.

Auch Chinolone sollen eine gewisse Wirksamkeit gegen Legionellen haben; Cephalosporine sind dagegen unwirksam. Die Beachtung der „Legionellen-Lücke" hat praktische Bedeutung angesichts der breiten Anwendung von oralen Cephalosporinen bei Atemwegsinfektionen, insbesondere bei ambulant erworbenen Pneumonien.

Prävention

Allgemeine Maßnahmen. Angesichts des ubiquitären Vorkommens ist ein umfassender Schutz der Bevölkerung nicht möglich. Im Vordergrund stehen die Beseitigung von Infektionsquellen durch eine geeignete Wasserversorgung, eine sachgerechte Installation und Wartung von Leitungssystemen und Klimaanlagen sowie die Vermeidung legionellenhaltiger Aerosole. Bei gefährdeten Personen ist die Beseitigung der disponierenden Abwehrschwäche anzustreben.

Meldepflicht. Der direkte oder indirekte Nachweis von Legionellen sp. ist namentlich meldepflichtig, soweit der Nachweis auf eine akute Infektion hinweist (§ 7 IfSG).

ZUSAMMENFASSUNG

Bakteriologie. Gramnegatives Stäbchen-Bakterium mit hohen Ansprüchen an das Kulturmedium (Cystein).

Vorkommen. Im Wasser, speziell in freilebenden Amöben, Duschen, Klimageräten etc.

Übertragung. Wasser-Aerosole.

Pathogenese. Ansiedlung in der Lunge, granulomatöse Entzündung.

Klinik. Pneumonie (Legionärskrankheit), Pontiac-Fieber.

Immunität. T-zell-vermittelte Immunität.

Labordiagnose. Antigennachweis im Urin, Mikroskopie und Anzucht aus Bronchiallavage; Differenzierung im Referenzlabor.

Therapie. Makrolid, ggf. in Kombination mit Rifampicin.

Prävention. Wasser- und Klimaanlagenhygiene, Beseitigung der Abwehrschwäche.

Meldepflicht. Direkter und indirekter Erregernachweis.

12.2 Andere Legionellen

Zu diesen zählen neben einer Vielzahl anderer Arten L. micdadei, der Erreger der Pittsburgh-Pneumonie und von Pontiac-Fieber-Ausbrüchen sowie L. feeleii und L. anisa, die ebenfalls bei Pontiac-Fieber-Ausbrüchen isoliert werden konnten (Tabelle 12.2, s. S. 326).

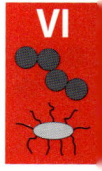

M. Mielke, H. Hahn

Tabelle 13.1. Anthropozoonoseerreger: Arten und Krankheiten

Arten	Krankheiten
Listeria monocytogenes	Listeriose
	Sepsis
	Granulomatosis infantiseptica
	Meningoenzephalitis
Brucella abortus	Morbus Bang
B. melitensis	Malta-Fieber
B. suis	
B. canis	
Francisella tularensis	Tularämie
F. novocida	
Erysipelothrix rhusiopathiae	Erysipeloid (Schweinerotlauf)
	Endokarditis

In diesem Kapitel werden vier Gattungen von Bakterien zusammengefaßt, die z.Z. taxonomisch nicht einer Familie zugeordnet werden und deren gemeinsames Merkmal die Verursachung von Anthropozoonosen ist (Tabelle 13.1).

13.1 Listerien

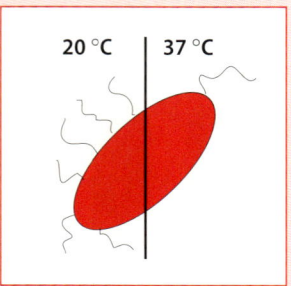

Von den sieben bekannten Arten verursacht die bedeutendste humanpathogene Spezies, Listeria (L.) monocytogenes, Allgemein- und Lokalinfektionen bei Tieren und Menschen, v.a. bei abwehrgeschwächten Erwachsenen, aber auch bei Schwangeren, Ungeborenen (intrauterin) und Neugeborenen.

20 °C | 37 °C

Listeria monocytogenes
grampositive Stäbchen, temperaturabhängige Begeißelung, entdeckt 1926 von Murray bei Tieren und 1929 von Nyfeldt beim Menschen

bei neugeborenen Zwillingen" beschrieben. Das Bakterium wurde 1926 von E. G. D. Murray und Mitarbeitern in Cambridge als Erreger einer Sepsis bei Kaninchen und Meerschweinchen isoliert. 1929 beobachtete Nyfeldt die gleichen Bakterien als Krankheitserreger beim Menschen. Die heute gültige Bezeichnung erfolgte zu Ehren des englischen Chirurgen Joseph Lister (1827–1912), des Begründers der Antiseptik. Monocytogenes bedeutet monozytoseerzeugend und drückt aus, daß die septischen Formen der Listeriose bei Nagern und gelegentlich

Tabelle 13.2. Listeria: Gattungsmerkmale

Merkmal	Merkmalsausprägung
Gramfärbung	grampositive Stäbchen
aerob/anaerob	fakultativ anaerob
Kohlenhydratverwertung	fermentativ
Sporenbildung	nein
Beweglichkeit	ja
Katalase	positiv
Oxidase	negativ
Besonderheiten	Wachstum bei 4 °C
	Acetoin-Produktion (VP-Reaktion
	Äsculinspaltung)

Listerien sind eine Gattung grampositiver, beweglicher, nicht-sporenbildender Stäbchenbakterien, die sich aerob und anaerob vermehren (Tabelle 13.2). Die von Listeria (L.) monocytogenes hervorgerufene Listeriose wurde in Unkenntnis des Erregers erstmalig von Henle 1893 als „Pseudotuberkulose

auch bei Menschen von einer Monozytose begleitet werden.

13.1.1 Beschreibung

Aufbau

Listerien bilden Geißeln aus, jedoch keine Sporen oder Kapsel. Bei einer Wachstumstemperatur von 20 °C sind die Geißeln peritrich angeordnet, was eine charakteristische End-über-End-Beweglichkeit zur Folge hat. Bei 37 °C hingegen entwickeln sich die Geißeln nur polar, und die Beweglichkeit ist lediglich schwach ausgebildet.

Extrazelluläre Produkte

L. monocytogenes sezerniert ein porenbildendes Toxin, das Listeriolysin O (LLO). Es ruft die β-Hämolyse auf bluthaltigen Nährböden hervor, die virulente von avirulenten Spezies oder Stämmen zu unterscheiden erlaubt. In der Pathogenese ist es für das Überleben der Bakterien im Inneren von Phagozyten und anderen Zellen entscheidend. LLO ist homolog zum Streptolysin O von A-Streptokokken (s. S. 213) und zum Pneumolysin von Pneumokokken (s. S. 224).

Resistenz gegen äußere Einflüsse

Listerien sind sehr widerstandsfähig gegen äußere Einflüsse. So überleben sie in Kulturmedien bei 4 °C für 3–4 Jahre; in Heu, Erde, Stroh, Silofutter und Milch halten sie sich über mehrere Wochen oder Monate. Auch gegenüber Hitze sind die Erreger relativ resistent. Diese Eigenschaft ist bei der Pasteurisierung von Milch bedeutsam, da sie die Infektion über Milchprodukte (insbesondere Käse) erklärt. Die Fähigkeit zum Wachstum bei niedrigen Temperaturen (z. B. 4 °C) hat darüber hinaus zur Folge, daß sich L. monocytogenes in kontaminierten Speisen (Käse, Salat, kontaminiertes Fleisch) auch im Kühlschrank vermehren kann.

Vorkommen

Listerien kommen im Darm von Haus- und Wildtieren sowie des Menschen vor. Sie lassen sich darüber hinaus ubiquitär aus Erdproben, aus Wasser, aus Abfällen und aus pflanzlichem Material isolieren. Häufig finden sie sich in Milch und Milchprodukten.

13.1.2 Rolle als Krankheitserreger

Epidemiologie

Listerien verursachen typischerweise Infektionen bei beruflich Exponierten (Metzger, Landwirte, Veterinäre), bei Personen mit einer geschwächten Immunität sowie bei Schwangeren und deren Frucht.

Die Listeriose tritt i. a. sporadisch auf; nach Genuß kontaminierter Nahrungsmittel können aber auch lokale Ausbrüche entstehen. In Deutschland liegt die Prävalenz der Listeriose bei etwa 2–4 Fällen pro 1 Million Einwohner und Jahr. Hier und in Frankreich ist die Listeriose neben Röteln und Toxoplasmose die häufigste pränatale Infektion. Neben der Sepsis bzw. Meningitis durch B-Streptokokken und der E.-coli-Meningitis ist sie auch die häufigste schwere bakterielle Infektion des Neugeborenen.

Übertragung

Erwachsene infizieren sich entweder beim Umgang mit infizierten Tieren oder durch Aufnahme kontaminierter Tierprodukte wie Milch oder Käse. Daneben ist auch eine Aufnahme durch kontaminierte pflanzliche Nahrungsmittel möglich. Die Infektion geht daher in der Regel vom Darm aus.

Da Listerien ubiquitär vorkommen, ist es im Einzelfall schwierig, die Quelle einer Infektion ausfindig zu machen. Laborinfektionen sind beschrieben, ebenso Infektionen bei Ärzten und Hebammen anläßlich der Geburt eines listerieninfizierten Kindes.

Erfolgt die Infektion während der Schwangerschaft, so ist eine transplazentare Übertragung auf den Fötus bzw. Embryo möglich.

Pathogenese

Je nach Eintrittsort und Immunstatus des Patienten unterscheidet man:

Lokale Listeriose. Patienten mit lokaler Listeriose infizieren sich, meist berufsbedingt, beim Umgang mit kontaminierten Tiermaterialien. Der Erreger gelangt über kleine Verletzungen der Haut oder über die Konjunktiva in den Körper und ruft an der Eintrittsstelle eine eitrige Entzündung hervor. Der lokale Lymphknoten wird in das Geschehen

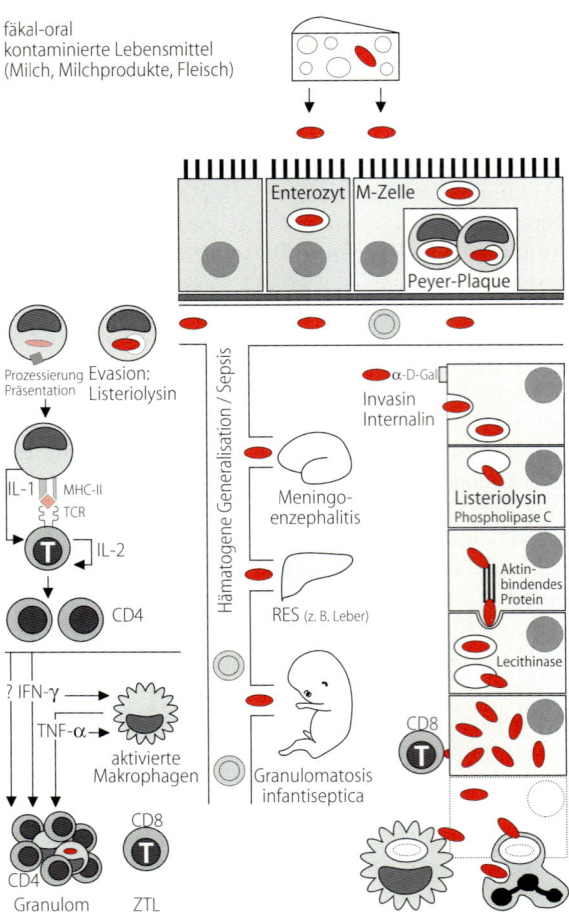

fäkal-oral
kontaminierte Lebensmittel
(Milch, Milchprodukte, Fleisch)

Enterozyt M-Zelle

Peyer-Plaque

Prozessierung Evasion:
Präsentation Listeriolysin

Hämatogene Generalisation / Sepsis

α-D-Gal
Invasin
Internalin

IL-1 MHC-II
TCR

Meningo-
enzephalitis

Listeriolysin
Phospholipase C

IL-2

Aktin-
bindendes
Protein

CD4

RES (z. B. Leber)

Lecithinase

? IFN-γ

TNF-α

CD8

aktivierte
Makrophagen

Granulomatosis
infantiseptica

CD4 CD8

Granulom ZTL

Abb. 13.1. Pathogenese und Rolle der Virulenzfaktoren bei der Listeriose

einbezogen und schwillt an (z. B. okulo-glanduläre Form). Da die Patienten über eine normale Abwehr verfügen, kann die Infektion auf dieser Stufe begrenzt werden, und die Erreger gelangen nicht in nennenswerten Mengen in die Blutbahn.

Systemische Listeriose. Patienten mit systemischer Listeriose sind typischerweise immungeschwächt: Alte Patienten, Feten und Neugeborene, Alkoholiker oder Patienten unter medikamentöser Immunsuppression, wie Transplantatempfänger oder Tumorpatienten. Kortison ist bei medikamentös Immungeschwächten der wesentliche prädisponierende Faktor. Der Darm stellt die hauptsächliche Eintrittspforte dar. Die Aufnahme der Erreger erfolgt mit kontaminierter Nahrung (Milch, Käse, Gemüse).

Vom Darm ausgehend dringt L. monocytogenes meist über die M-Zellen der Peyerschen Plaques im Dünndarm oder direkt durch Invasion von Enterozyten in den Wirtsorganismus ein (Abb. 13.1). Entweder frei oder in infizierten Makrophagen erreichen sie über die Lymphbahnen des Mesenteriums die regionären (mesenterialen) Lymphknoten. Da die unspezifische Infektabwehr bei Abwehrgeschwächten zur Eradikation der Bakterien unfähig ist, dringen die Erreger über den Ductus thoracicus in die Blutbahn vor. Bei ihrer Passage durch Milz und Leber werden freie Listerien von residenten Makrophagen aufgenommen. Mittels des porenbildenden Toxins Listeriolysin, das sich an das Cholesterol von Zellmembranen anlagert, verlassen die Bakterien das Phagosom und dringen in das Zytoplasma vor, wo sie sich ungehemmt vermehren. Die Infektion der Wirtszellen führt zur Ausschüttung chemotaktischer Faktoren mit der Akkumulation von neutrophilen Granulozyten in kleinen Abszessen. Die angelockten Phagozyten können die infizierten Zellen erkennen und lysieren. Die darauf folgende Vermehrung und Aktivierung von spezifischen T-Zellen, die die folgenden vier Tage in Anspruch nimmt, führt über die Effektivierung der Antigenerkennungsmechanismen sowie der phagozytären Effektormechanismen zur endgültigen Überwindung der Infektion. Diese ist typischerweise mit einer Allergie vom verzögerten Typ und Granulombildung verbunden. Patienten, die an einer Listeriose versterben, zeigen als Ausdruck der mangelhaften Immunantwort überwiegend Mikroabszesse und *keine* Granulome in den infizierten Organen. Ist die bakteriämische Phase ausgeprägt, z.B. bei mangelhafter Funktion der residenten Makrophagen in der Leber bei Leberzirrhose, so kommt es zum direkten Befall von Leberzellen sowie zu einem Übergang der Bakterien im Plexus chorioideus in die Liquorräume des Gehirns und schließlich zur Meningitis/Meningoenzephalitis.

Ein Sonderfall von temporärer Immunsuppression ist die Schwangerenlisteriose mit nachfolgender Infektion des Föten bzw. des Neugeborenen. Dabei kommt es bei der Mutter in den meisten Fällen nur zu einer symptomarmen Bakteriämie. Nach diaplazentarer Übertragung auf das Ungeborene entwickelt dieses jedoch eine schwere Sepsis, die *Granulomatosis infantiseptica.*

Rolle der Virulenzfaktoren. Der bedeutsamste Virulenzfaktor von L. monocytogenes ist das *Liste-*

riolysin. Es erzeugt Poren in der Membran der Phagosomen und bahnt dem Bakterium freien Zugang zum Zytoplasma. Auf diesem Mechanismus basiert der intrazelluläre Parasitismus der Listerien. Nach Eintritt in das Zytoplasma führt die polare Bildung eines aktinbindenden Proteins zur Anhäufung wirtszellulären Aktins. Es bildet sich ein Schweif aus polymerisiertem Aktin, der die Erreger im Zytoplasma voranschiebt. Mittels dieses Mechanismus formt das Bakterium Ausstülpungen der Wirtszelle und induziert die Aufnahme durch die Nachbarzelle. So breiten sich die Bakterien von Zelle zu Zelle aus, ohne jeden Kontakt mit extrazellulären Abwehrmechanismen wie Komplement oder spezifischen Antikörpern.

Klinik

Lokale Listeriosen. Je nach Eintrittspforte des Erregers kommen folgende Formen der lokalen Listeriose vor:

- Die zerviko-glanduläre Form entsteht, wenn die Erreger oral aufgenommen werden. Es entwickeln sich Lymphknotenschwellungen im Hals- und Rachenbereich.
- Die okulo-glanduläre Form äußert sich als eitrige Konjunktivitis und entwickelt sich dann, wenn die Erreger mit der Augenschleimhaut in Kontakt gelangen.
- Bei der lokalen Listeriose der Haut kommt es zu einer eitrig-pustulösen Erkrankung mit Lymphangitis.

Sepsis. Patienten mit Listerien-Sepsis zeigen die allgemeinen Symptome einer Sepsis (Fieber, Milztumor, Hypotonie und Schock mit Multiorganversagen). Listerien lassen sich in diesen Fällen häufig aus dem Blut anzüchten. Die Erkrankung ist mit einer Letalität von über 50% belastet.

Meningitis. Im Rahmen einer bakteriämischen Streuung kann sich eine Meningitis entwickeln, die sich klinisch nicht von anderen Formen bakterieller Meningitis unterscheidet. Der Erreger läßt sich aus dem Liquor anzüchten. Die Letalität schwankt zwischen 12 und 43%. Entscheidend ist ein frühzeitiges Einleiten einer Ampicillintherapie. In seltenen Fällen kommt es im Rahmen einer Listeriose zu einer *Rhombenzephalitis* oder zu einem *Hirnabszeß*.

Listeriosen anderer Organe. Neben dem ZNS können im Rahmen einer systemischen Listeriose auch andere Organe befallen werden. Es resultieren Hepatitis, Bronchitis, Pneumonie, Glomerulonephritis, Orchitis, Epididymitis, Peritonitis, Cholezystitis oder Endokarditis.

Schwangerenlisteriose. Die Schwangerenlisteriose ist die häufigste Ausprägung der Listerieninfektion. Sie ist deshalb von besonderer Bedeutung, weil sie für den Fötus tödlich sein kann. Listerieninfektionen können in jeder Phase der Schwangerschaft entstehen; sie häufen sich aber im 3. Trimenon.

Bei der Mutter entwickeln sich häufig lediglich Fieber und Rückenschmerzen, so daß diese Symptome als „grippaler Infekt" oder als andere Bagatellinfektion abgetan werden. Fieber und Schmerzen können ohne Therapie abklingen. Eine positive Blutkultur ist der einzige Beweis für diese Form der Listerieninfektion, wird aber, weil die Verdachtsdiagnose selten gestellt wird, nur selten durchgeführt.

Die Listerieninfektion der Schwangeren kann sich als *Plazentitis* oder *Endometritis* äußern, die ihrerseits einen Abort nach sich ziehen kann.

Transplazentare Listerieninfektion (Granulomatosis infantiseptica). Erfolgt die Infektion der Schwangeren nach dem 3. Schwangerschaftsmonat, d.h. wenn der Plazentarkreislauf ausgebildet ist, kann es transplazentar zur Listeriose des Fötus kommen.

Die betroffenen Föten entwickeln ein typisches Krankheitsbild, die Granulomatosis infantiseptica. Es bilden sich multiple Infektionsherde in Leber, Milz, Lungen, Nieren und Hirn, die zum Teil eitrig, zum Teil granulomatös imponieren.

Ein durch Infektion in utero vorgeschädigtes Neugeborenes kann nach der Geburt Läsionen im Schlund und in der Haut in Form von Papeln oder Ulzerationen aufweisen. Auch Konjunktivitis oder Meningitis bzw. Meningoenzephalitis kommen vor. Die Letalität beträgt fast 100%; Heilungen bei frühzeitig einsetzender Therapie sind jedoch beschrieben worden.

Perinatale Listerieninfektion. Wenn der mütterliche Geburtskanal mit L. monocytogenes besiedelt ist und perinatale Komplikationen aufgetreten sind, die eine Infektion des Neugeborenen begünstigen (z.B. vorzeitiger Blasensprung), kann sich das Neugeborene unter der Geburt infizieren und eine Sepsis und/oder Meningitis entwickeln. Diese Erkrankungen treten unmittelbar nach der Geburt auf („early onset").

Postnatale Listerieninfektion. Bei der postnatalen Neugeborenen-Listeriose stammen die Erreger aus der Umgebung. Es kommt bei dieser Form in der Regel zu einer Meningitis. Die Erkrankung setzt in diesen Fällen einige Tage nach der Geburt ein („late onset").

Immunität

Die Fähigkeit, in Epithelzellen einzudringen und sich von Zelle zu Zelle auszubreiten, ohne das intrazelluläre Milieu zu verlassen, hat zur Folge, daß Antikörper bei der Überwindung der Infektion ohne Bedeutung sind. Die strenge Abhängigkeit der Erregerabwehr von spezifischen T-Zellen hat die Infektion zu einem Modell für die Analyse T-zell-vermittelter Mechanismen werden lassen. Unspezifische Abwehrmechanismen in Form einer Mikroabszeßbildung setzen zwar schon 24 h nach Infektion ein, sind jedoch lediglich zu einer Hemmung des exponentiellen Wachstums der Bakterien in Milz und Leber in der Lage. Ohne die Entwicklung spezifischer T-Zellen, die mindestens vier Tage benötigt, kommt es regelhaft zu akut letalen oder chronischen Infektionen. Erst die Aktivierung von Makrophagen durch CD4$^+$-T-Zellen sowie die Lyse infizierter parenchymaler Zellen durch CD8$^+$-T-Zellen führt zur Überwindung der Infektion und langandauernder Immunität gegen eine Zweitinfektion. Die Aktivierung von CD4$^+$-T-Zellen geht mit der Ausschüttung von TNF-α und IFN-γ einher, welche über die Aktivierung von Chemokinsekretion und Hochregulierung von Adhäsionsmolekülen auf der Oberfläche benachbarter Endothelzellen zur Akkumulation von Monozyten in den Granulomen führen.

Labordiagnose

Die Diagnose der Listeriose beruht auf dem Erregernachweis mittels Anzucht.

Untersuchungsmaterialien, Transport. Geeignete Untersuchungsmaterialien sind, je nach Lokalisation des Krankheitsprozesses: Liquor, Blut, Fruchtwasser, Mekonium, Plazenta, Lochien, Menstrualblut, Eiter oder Gewebeproben (Knochenmark, Lymphknoten). Beim Transport sind außer der Verwendung eines Transportmediums keine besonderen Maßnahmen zu beachten, um das Überleben von L. monocytogenes zu sichern.

Anzucht. Listerien vermehren sich unter aeroben und anaeroben Bedingungen. Die optimale Wachstumstemperatur liegt zwischen 30–37 °C, Vermehrung kann jedoch auch bei 4 °C erfolgen. Bei der Isolierung von Listerien aus Materialien, die eine Mischflora enthalten, nutzt man diese Eigenschaft aus (Kälte-Isolierung).

Listerien gedeihen am besten auf bzw. in komplex zusammengesetzten Kulturmedien, wie Blutagar oder Tryptikase-Soja-Bouillon. Auf Blutagar bilden Listerien innerhalb von 24 h kleine weißliche Kolonien. Die Kolonien virulenter Stämme sind von einem kleinen β-Hämolysehof umgeben. In flüssigen Kulturmedien zeigen Listerien bei Zimmertemperatur eine charakteristische Beweglichkeit, bei der sich die Bakterien aufgrund der peritrichen Begeißelung „purzelbaumartig" bewegen (Nachweis im hängenden Tropfen).

Mikroskopie. Die grampositiven Stäbchen sind 1–3 µm lang und haben einen Durchmesser von 0,5 µm. In frischen Patientenisolaten erscheinen Listerien oft kokkoid und sind in Paaren gelagert, so daß sie mit Pneumokokken oder Enterokokken verwechselt werden können. Die Gefahr der Verwechslung mit Enterokokken besteht umso mehr, als beide Gattungen resistent gegen Cephalosporine sind. Weitere Verwechslungen sind mit Korynebakterien, Erysipelothrix rhusiopathiae und Streptokokken möglich.

Biochemische Leistungsprüfung. Typisch für die Gattung Listeria ist die Spaltung von Äsculin. Eine Differenzierung zwischen den Arten der Gattung Listeria wird aufgrund des Hämolyseverhaltens sowie der biochemischen Leistungsprüfung vorgenommen (Bunte Reihe), die sich v. a. auf das Zuckerspaltungsmuster stützt.

Serologische Gruppenbestimmung. Mit Hilfe von Antiseren gegen somatische und Geißel-(H)-Antigene läßt sich L. monocytogenes in Serogruppen einteilen. Die Bedeutung der Serotypisierung für epidemiologische Fragestellungen ist jedoch gering, da die überwiegende Zahl klinischer Isolate nur drei weitverbreiteten Serotypen (1/2a, 1/2b und 4b) angehört.

Serologie. Serologische Methoden zum Nachweis einer Listerieninfektion haben keinen allgemeinen Eingang in die Routine-Diagnostik gefunden.

Therapie

Aminopenicilline (Ampicillin) sind die Mittel der Wahl. Auch die Ureidopenicilline sind wirksam. In schweren Fällen sollte bei der Therapie ein Aminopenicillin mit einem Aminoglykosid kombiniert werden. Bei Penicillinallergie kann mit TMP/SMZ behandelt werden. Die Dauer der Behandlung richtet sich nach dem Krankheitsbild. Sie sollte bei Enzephalitis sechs Wochen betragen.

Prävention

Allgemeine Maßnahmen. Angesichts der ubiquitären Verbreitung von Listerien sind Maßnahmen zur Erregereradikation in der Umwelt wenig erfolgreich. Schwangere sollten ungekochte Milch und Weichkäse meiden. Es empfiehlt sich auch, ungekochte Lebensmittel, Milch oder Käse nicht über längere Zeit im Kühlschrank zu halten. In Krankenhäusern besteht die Gefahr eines Hospitalismus bei Geburt eines listerieninfizierten Kindes. In einem solchen Fall müssen Wöchnerin und Neugeborenes isoliert und die üblichen Desinfektionsmaßnahmen durchgeführt werden.

Meldepflicht. Der direkte Nachweis von Listeria monocytogenes aus Liquor, Blut oder anderen normalerweise sterilen Substraten sowie aus Abstrichen von Neugeborenen ist namentlich meldepflichtig (§ 7 IfSG).

ZUSAMMENFASSUNG: L. monocytogenes

Bakteriologie. Grampositives, bewegliches, nicht-sporenbildendes Stäbchen. Fakultativ anaerob, Wachstum bei 37 °C, aber auch bei 4 °C.

Vorkommen. Ubiquitär in der Umwelt und im Darm von Mensch und Tier.

Resistenz gegen äußere Einflüsse. Hoch.

Übertragung. Oral mit kontaminierten Lebensmitteln bzw. endogen vom Darm ausgehend. Von der infizierten Mutter diaplazentar auf den Fötus oder perinatal (vaginal) auf das Neugeborene.

Epidemiologie. Inzidenz 2–4 pro 1 Million Einwohner in Deutschland. Einer der häufigsten bakteriellen Erreger perinataler Infektionen. Zielgruppe: Schwangere, Föten, Neugeborene, beruflich Exponierte (Veterinäre), Immunsupprimierte.

Pathogenese. Lokale oder systemische Allgemeininfektion, die durch zunächst eitrige, später granulomatöse Reaktionen in befallenen Organen gekennzeichnet ist.

Virulenzfaktoren. Ausgeprägte Invasivität und Fähigkeit zur Evasion aus der Phagozytosevakuole und Ausbreitung von Zelle zu Zelle aufgrund der Bildung von Invasin, Listeriolysin und aktinbindendem Protein.

Zielgewebe. Makrophagenreiche Organe wie Milz, Leber, Knochenmark.

Klinik. Uncharakteristische Symptome einer Allgemeininfektion, Sepsis, Meningitis, Abort, Früh- und Totgeburten.

Immunität. T-zell- und makrophagenabhängig.

Diagnose. Erregernachweis durch Anzucht.

Therapie. Aminopenicilline oder Ureidopenicilline, ggf. in Kombination mit einem Aminoglykosid.

Prävention. Expositionsprophylaxe durch Vermeidung erregerhaltiger Nahrungsmittel (Milch, Milchprodukte).

Meldepflicht. Direkter Erregernachweis aus sterilen Substraten oder Abstrichen von Neugeborenen.

13.2 Brucellen

Brucellen sind eine Gattung gramnegativer kurzer Stäbchen; sie sind unbeweglich und bilden keine Sporen (Tabelle 13.3).

Die Gattung Brucella (B.) umfaßt eine Spezies, B. melitensis, mit verschiedenen Biovaren, denen aus historischen Gründen der Rang einer Spezies mit bestimmten, jeweils bevorzugten Wirten (Rinder, Schafe, Ziegen, Schweine, Hunde) eingeräumt wird.

Die Brucellose wurde, in Unkenntnis des Erregers, 1859 erstmalig als Entität beschrieben. Der Erreger des „Maltafiebers", B. melitensis, wurde 1887 von dem australischen Bakteriologen Sir David Bruce (1855–1931) aus der Milz eines verstorbenen britischen Soldaten auf Malta isoliert. Der dänische Bakteriologe Bernhard Lauritz Frederik Bang (1848–1932) entdeckte 1896 B. abortus bei Kühen, die an seuchenhaftem Verkalben erkrankt waren. B. suis wurde 1914 aus einem Schweinefötus angezüchtet.

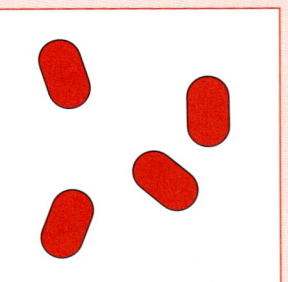
Tabelle 13.3. Brucella: Gattungsmerkmale

Merkmal	Merkmalsausprägung
Gramfärbung	gramnegative Stäbchen (kurz)
aerob/anaerob	aerob, kapnophil
Kohlenhydratverwertung	oxidativ
Sporenbildung	nein
Beweglichkeit	nein
Katalase	positiv
Oxidase	positiv
Besonderheiten	Urease-Produktion

13.2.1 Beschreibung

Aufbau

Brucellen folgen dem allgemeinen Bauplan gramnegativer Bakterien. Geißeln, Fimbrien oder eine Kapsel fehlen. Sie tragen in ihrer äußeren Membran Antigene, die dem Endotoxin der Enterobakterien weitgehend entsprechen, deren toxische Potenz jedoch geringer ist.

Extrazelluläre Produkte

Bisher sind keine von Brucellen aktiv sezernierten Produkte bekannt. Während des Wachstums werden jedoch lösliche Bestandteile mit antigenen Eigenschaften, wie z.B. die im periplasmatischen Spalt lokalisierte Superoxiddismutase, an das Milieu abgegeben.

Resistenz gegen äußere Einflüsse

Brucellen sind gegen die Einwirkung von Hitze und Desinfektionsmitteln empfindlich. Sie werden in wäßriger Suspension durch Temperaturen von mehr als 60 °C innerhalb von 10 min abgetötet. Bei Umgebungstemperaturen überleben sie allerdings Tage bis Wochen in Urin, Staub, Wasser und Erde. Ebenso halten sie sich lange in Milch und Milchprodukten. Diese Tatsache ist epidemiologisch bedeutsam, da die Bakterien von infizierten Tieren über die Brustdrüse in der Milch, bzw. mit der Plazenta ausgeschieden werden.

Vorkommen

Die Brucellose ist eine Zoonose. Die Bakterien finden sich insbesondere im Urogenitaltrakt von Rindern (B. abortus), Schweinen (B. suis), Ziegen und Schafen (B. melitensis). Dort verursachen sie eine Plazentitis mit Abort bzw. Sterilität. Die Plazenta dieser Tiere begünstigt das Wachstum der Brucellen durch den Gehalt an Erythritol. Die Tiere können eine chronische Infektion mit lebenslanger Persistenz der Erreger, insbesondere in den Brustdrüsen und folglich langdauernder Ausscheidung in der Milch aufrechterhalten. Durch tierische Ausscheidungen kann auch der Boden kontaminiert sein.

13.2.2 Rolle als Krankheitserreger

Epidemiologie

Weltweit werden jährlich etwa 500 000 Fälle von Brucellose des Menschen erfaßt. Infektionen durch B. melitensis kommen vorwiegend in den Anrainerländern des Mittelmeeres, in Lateinamerika und in Asien vor. Infektionen durch B. abortus waren früher in Mitteleuropa häufig; heute sind sie dank effektiver Kontrollmaßnahmen und Tötung brucellenverseuchter Rinderbestände nahezu verschwunden. In Deutschland entstehen die Brucellosefälle (1999: 21 gemeldete Fälle) im wesentlichen durch importierte Milchprodukte aus solchen Ländern, in denen die Brucellose noch endemisch ist (z. B. Ziegen- oder Schafskäse aus Bulgarien, Griechenland oder der Türkei). Voraussetzung für die Kontamination ist, daß nicht-pasteurisierte Milch zur Verarbeitung kommt.

Die endemische Brucellose findet sich expositionsbedingt vorwiegend bei Landwirten, Metzgern, Veterinären, Molkerei- und Schlachthausarbeitern. Bei diesem Personenkreis erfolgen Schmierinfektionen beim Umgang mit infizierten Tieren.

Übertragung

Brucellen werden von infizierten Tieren mit der Milch (wichtigster Übertragungsweg für den Menschen), dem Urin, den Fäzes oder mit der Plazenta bei Geburt oder Abort ausgeschieden. Durch letztere erfolgen eine Kontamination der Umwelt und eine Übertragung auf andere Tiere, aber auch auf Landwirte und Veterinäre. Alle Infektionen des Menschen lassen sich direkt oder indirekt (Verzehr kontaminierter Speisen) auf Tierkontakt zurückfüh-

ren. Eine Übertragung von Mensch zu Mensch findet nicht statt. Laborinfektionen sind beschrieben.

Pathogenese

Brucellosen sind zyklische Allgemeininfektionen.

Invasion. Die Erreger gelangen durch kleine Hautverletzungen, durch die Konjunktiven oder über den Magen-Darm-Trakt, in seltenen Fällen auch nach Inhalation über die Lunge, in den Körper. Dort werden sie zunächst von polymorphkernigen Granulozyten und insbesondere Makrophagen aufgenommen und zu den nächstgelegenen Lymphknoten transportiert. Von dort können Brucellen über die Lymphe in die Blutbahn gelangen und sich hämatogen in makrophagenreiche Organe wie Milz, Leber, Knochenmark und Lungen ausbreiten. Auch die Testes, die Gallenblase und die Prostata sowie das ZNS können befallen werden. Im Gegensatz zu den Haustieren zeigen Brucellen beim Menschen keinen Tropismus für den Urogenitaltrakt. Normales Serum zeigt aufgrund des Gehaltes an Komplement antibakterielle Aktivität gegen Brucellen, wobei B. melitensis weniger empfindlich ist als die anderen Spezies, was zur höheren Virulenz dieses Erregers beitragen könnte.

Gewebeschädigung. In den befallenen Organen bilden sich durch Aktivierung spezifischer T-Zellen entzündliche Granulome aus Makrophagen und Lymphozyten. Insgesamt ähnelt die Pathogenese der Brucellosen derjenigen anderer durch fakultativ intrazelluläre Bakterien hervorgerufener Krankheiten, wie Tuberkulose, Typhus oder Tularämie.

Klinik

Die Brucellosen, und zwar sowohl Morbus Bang als auch das Maltafieber, sind zyklische Allgemeininfektionen, die jedes Organ betreffen und die subklinisch, akut oder chronisch verlaufen können. Häufig sind die Symptome uncharakteristisch.

Subklinisch verlaufende Brucellosen. Bis zu 90% aller Infektionen mit Brucella verlaufen subklinisch. Sie lassen sich nur über den Nachweis spezifischer Antikörper beim Patienten erkennen und sind Ausdruck erfolgreicher humoraler und zellulärer Abwehrreaktionen des Wirtsorganismus.

Akute bis subakute Brucellosen. Bei klinisch apparenten Verläufen beginnen die Symptome nach einer Inkubationszeit von 2–3 Wochen bis zu einigen Monaten entweder schleichend (meist bei B. abortus) oder abrupt (häufiger bei B. melitensis). Krankheitszeichen sind Fieber, Übelkeit, Müdigkeit, Kopfschmerzen, Nachtschweiß. Der Fieberverlauf erstreckt sich über 7–21 Tage und kann von 2–5tägigen fieberfreien Intervallen unterbrochen sein. Dieser Fiebertyp hat zur Bezeichnung *„febris undulans"* (undulierendes Fieber) geführt. Häufig besteht eine psychische Veränderung im Sinne einer Depression. Objektivierbare Krankheitszeichen wie Lymphknoten-, Milz-, Leberschwellung sind bei dieser Form gering ausgeprägt.

Chronische Brucellosen. Etwa 5% aller Patienten mit einer symptomatischen Brucellose erleiden nach Abklingen der akuten Krankheitserscheinungen einen Rückfall. Rückfälle können bis zu zwei Jahren nach primärer Erkrankung auftreten. Auch in chronischen Fällen (Krankheitsdauer länger als ein Jahr) zeigen die Patienten häufig nur uncharakteristische Symptome. Beobachtet werden Affektlabilität, Depression und Schlaflosigkeit. Gelegentlich verkennt der Arzt derartige Fälle und tut sie unter der Fehldiagnose einer Hypochondrie ab. Bei chronischen Verläufen besteht häufig eine Hepatosplenomegalie.

Lokalisierte Infektionen. Chronische Verläufe können sich auch als persistierende Infektionsfoki in Knochen, Leber oder Milz manifestieren. Obwohl die Leber nahezu immer betroffen ist, fehlen meist Zeichen einer deutlichen Leberschädigung. Eine Leberzirrhose resultiert aus der Infektion in der Regel nicht. In sehr seltenen Fällen können Brucellen auch eine Cholezystitis, Pankreatitis oder Peritonitis auslösen. Häufiger ist der Befall von Knochen und Gelenken, insbesondere in Form einer Sacroiliitis. Andere Manifestationen sind Arthritis und Bursitis. Neurologische Komplikationen treten in weniger als 5% der symptomatischen Patienten als Meningitis mit lymphozytärer Pleozytose auf. Kardiovaskuläre Komplikationen (<2% der symptomatischen Patienten) manifestieren sich als Endokarditis. In seltenen Fällen (<2% der symptomatischen Patienten) kommt es zu einer Epididymo-Orchitis. Bei Befall des Knochenmarks resultieren Anämie, Leukopenie und Thrombopenie.

Der Befall der Lunge kann mit Husten und Dyspnoe einhergehen. Die hilären und paratrachealen Lymphknoten können anschwellen. Meist handelt es sich um eine interstitielle Pneumonie. Pleuraexsudate gehören gelegentlich zum Bild der pulmonalen Brucellose. Todesfälle an M. Bang kommen fast nie vor, während B.-melitensis-Infektionen aufgrund der Endokarditis zum Tode führen können.

Immunität

Die Wirtsreaktion auf Brucellen ist zunächst unspezifisch und später sowohl humoraler als auch zellulärer Natur, wobei den T-Zellen die entscheidende Rolle bei der Überwindung der Infektion zukommt. T-Zellen sind für die Bildung der Granulome verantwortlich. Im Verlauf der Infektion werden Antikörper der Klassen IgM, IgA und IgG gebildet, wobei IgM-Antikörper mit Spezifität für Brucellen-LPS während der ersten Woche nach Infektion auftreten. Der IgM-Titer fällt anschließend ab und gibt nach weiteren 7–14 Tagen einem ansteigenden spezifischen IgG-Spiegel Raum. Bei chronischen Brucellosen bestehen erhöhte IgG-Titer über lange Zeit, während der persistierende Nachweis von IgM-Antikörpern auch bei gutartigen Verläufen vorkommen kann. Die Antikörper haben einen opsonisierenden Effekt und bewirken eine verstärkte Phagozytose durch die Kupfferzellen der Leber. Bei Zweitinfektion hat dies einen bevorzugten Befall der Leber zur Folge.

Die Antikörper sind unter anderem gegen freigesetzte Antigene von Brucella sowie überwiegend gegen die O-Antigene des LPS gerichtet. Eine Besonderheit von Brucellen besteht in ihrer ausgeprägten Fähigkeit, T-zell-unabhängig Antikörper zu induzieren. Hierfür ist die besondere Struktur der O-Antigene des Brucellen-LPS verantwortlich.

Die Ausbildung eines protektiven immunologischen Gedächtnisses läßt sich anhand des Schutzes gegenüber einer Zweitinfektion demonstrieren, in deren Verlauf die Granulombildung und Typ-IV-Allergie rascher als bei der Erstinfektion erfolgen.

Unmittelbar nach Infektion lassen sich Monokine (IL-1, MIP-1α u. β, IL-6, TNF-α, IL-12) sowie IFN-γ in der Milz und Leber infizierter Tiere nachweisen. Die Zytokinproduktion erreicht mit dem Gipfel der Erregerlast in Milz und Leber ihr Maximum, danach fällt sie rasch ab. Die von spezifischen T-Zellen produzierten Zytokine entsprechen einem Th1-Muster (viel IFN-γ, kein IL-4).

Labordiagnose

Die Diagnose einer Brucellose beruht auf der Anzucht der Erreger sowie dem Nachweis spezifischer Antikörper.

Untersuchungsmaterialien. Zur Diagnostik eignen sich, je nach Lokalisation des Infektionsprozesses, Blut, Knochenmark, Liquor, Urin oder Gewebeproben bzw. Serum.

Anzucht. Brucellen benötigen für die Anzucht komplex zusammengesetzte Kulturmedien, z.B. Tryptikase-Soja-Bouillon oder -Agar. Sie vermehren sich langsam unter aeroben Bedingungen bei Temperaturen zwischen 20–40 °C; das Optimum liegt bei 37 °C. Fünf bis 10% CO_2 in der Atmosphäre können das Wachstum begünstigen. Bei Verdacht auf eine Brucellose sollte die Kultur nicht vor Ablauf von vier Wochen beendet werden. Sichtbare Kolonien sind frühestens nach zweitägiger Bebrütung zu erwarten. Im Grampräparat frisch angezüchteter Bakterien finden sich gramnegative kokkoide Stäbchen.

Eine Gattungsdiagnose kann durch Agglutination abgetöteter Erreger mit Antiseren gegen Brucella-Antigene gestellt werden. Die Artendiagnose beruht auf biochemischen Tests (Bunte Reihe).

Serologie. Ein Agglutinationstest unter Verwendung von schonend abgetöteten Brucellen dient dem Nachweis von Antikörpern im Patientenserum (Brucellen-Widal). Mit dieser Methode sind Antikörper frühestens zwei Wochen nach Infektion nachzuweisen. Ein sensitiverer Nachweis bedient sich des ELISA.

Brucellergen-Test. In der Veterinärmedizin kommt ein intradermaler Hauttest mit Brucellenantigen (Brucellergen) zur Auslösung einer spezifischen Typ-IV-Allergie zur Anwendung. Eine positive Reaktion beweist das Vorhandensein spezifischer T-Helfer-Zellen und damit eine vorausgegangene Infektion.

Antibiotikaempfindlichkeit. Brucellen sind empfindlich gegen Streptomycin, Gentamicin, Tetracycline, Ampicillin, Rifampicin, Cotrimoxazol und Chinolone. Gegen Penicillin G sind sie resistent.

Therapeutisches Vorgehen. Therapie der Wahl ist die orale Applikation von Doxycyclin (200 mg/d) und Rifampicin (600 mg/d) für sechs Wochen, um Rückfälle zu vermeiden. Beide Medikamente haben eine gute Penetrationsfähigkeit in befallene Zellen. Bei Kindern und Schwangeren ist eine Therapie mit Cotrimoxazol sowie mit Rifampicin möglich. Obwohl Chinolone eine gute In-vitro-Wirksamkeit zeigen, ist ihre alleinige Anwendung mit einer hohen Rückfallrate belastet. Befall der Knochen oder der Herzklappen kann eine chirurgische Therapie erforderlich machen.

Prävention

Allgemeine Maßnahmen. Bei der Bekämpfung der Brucellose stehen allgemeine Maßnahmen, wie Tötung infizierter Tierbestände, Kadaververnichtung und Importkontrolle von Tieren und Tierprodukten im Vordergrund. Damit kommt der Diagnose in der Veterinärmedizin eine besondere Bedeutung zu. Eine wichtige lebensmittelhygienische Maßnahme ist das Pasteurisieren von Milch.

Impfung. Es stehen zwei verschiedene Lebendimpfstoffe für die Verwendung in der Veterinärmedizin, B. abortus Stamm 19 und B. melitensis Stamm Rev-1, zur Verfügung. Da die Brucellose in Deutschland nicht vorkommt, findet diese Schutzimpfung hier keine Anwendung.

Meldepflicht. Der direkte oder indirekte Nachweis von Brucella sp. ist namentlich meldepflichtig, soweit der Nachweis auf eine akute Infektion hinweist.

ZUSAMMENFASSUNG: Brucellen

Bakteriologie. Gramnegative, kokkoide, unbewegliche und aerob wachsende Stäbchen. Benötigen für die Anzucht komplexe Kulturmedien und gegebenenfalls CO_2-haltige Atmosphäre. Werden durch biochemische Reaktionen identifiziert. Drei wichtige humanpathogene Arten: B. abortus, B. melitensis, B. suis.

Resistenz gegen äußere Einflüsse. Hohe Resistenz gegen Austrocknung, lange Überlebenszeit in Erde, Wasser, Faezes, Kadavern, Milchprodukten, aber hitzeempfindlich.

Vorkommen. Urogenitaltrakt von trächtigen Schafen, Rindern, Ziegen. Brustdrüse chronisch infizierter Tiere, kontaminierter Boden.

Epidemiologie. Weltweit verbreitete Zoonose. In einigen Ländern endemisch, in Deutschland selten (1999: 21 Fälle).

Übertragung. In Deutschland hauptsächlich durch importierte Milchprodukte und bei Touristen in Mittelmeer-Anrainerländern durch Milch, Schafs- und Ziegenkäse.

Bei beruflich Exponierten (Bauern, Veterinäre, Schlachthausarbeiter, Metzger, Laborpersonal) Umgang mit Geweben oder Ausscheidungen infizierter Tiere.

Pathogenese. Fakultativ intrazelluläre Erreger. Vom Primäraffekt aus Vordringen in Lymphknoten, danach Generalisation und Befall innerer Organe. Dort granulomatöse, bei B. melitensis auch eitrige Reaktionen.

Virulenzfaktoren. Weitgehend unbekannt; Endotoxin.

Zielgewebe. Makrophagenreiche Organe (Milz, Leber, Knochenmark).

Klinik. Generalisierte Infektion mit verschiedenen Organmanifestationen. Undulierendes Fieber. Akute, chronische und subklinische Verlaufsformen, letztere am häufigsten (90%).

Immunität. Überwiegend T-zell-abhängig, langanhaltend.

Diagnose. Erregeranzucht aus Blut, Gewebebiopsiematerial. Immunologischer Hauttest (Brucellergen-Reaktion), Serologie (z.B. Agglutinationsreaktion mit Patientenserum, Brucellen-Widal).

Therapie. Aminoglykoside, Tetracycline, Rifampicin.

Prävention. Allgemeine Hygienemaßnahmen: Überwachung und Ausrottung infizierter Tierbestände, Kadaververnichtung, Importaufsicht, Pasteurisierung von Milch.

Meldepflicht. Direkter oder indirekter Erregernachweis.

13.3 Francisellen

Tabelle 13.4. Francisella: Gattungsmerkmale

Merkmal	Merkmalsausprägung
Gramfärbung	gramnegative Stäbchen
aerob/anaerob	aerob
Kohlenhydratverwertung	fermentativ
Sporenbildung	nein
Beweglichkeit	nein
Katalase	schwach positiv
Oxidase	negativ
Besonderheiten	benötigt Cystein H_2S-Bildung

Die Vertreter der Gattung Francisella (F.) sind kleine pleomorphe, gramnegative, geißel- und sporenlose Stäbchenbakterien mit besonderen Ansprüchen an das Kulturmedium (Tabelle 13.4).

Francisella (F.) tularensis ist der obligat pathogene Erreger der Tularämie (Hasenpest), die in der nördlichen Hemisphäre verbreitet ist.

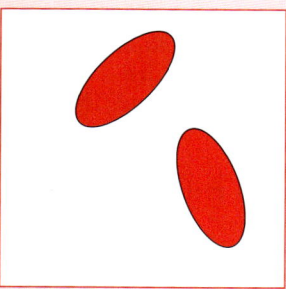

Francisella tularensis
gramnegative Stäbchen, entdeckt 1911/12 von G. W. McCoy und C. W. Chapin; bei Menschen 1914 von Wherry und Lamb (Auge) und 1921 von Francis (Tularämie)

Der Name F. tularensis kommt von Tulare County, Kalifornien, dem Ort der Erstentdeckung 1912, und von Edward Francis, der 1921 den ätiologischen Zusammenhang mit der Hasenpest entdeckte.

F. tularensis wurde von mehr als 100 verschiedenen Wild-Säugetieren und von verschiedenen Haustierarten und Arthropoden isoliert. Die für den Menschen wichtigsten Reservoire sind Kaninchen, Hasen und Zecken.

Der Erreger ist, außer in Australien und der Antarktis, weltweit verbreitet. Vorwiegend kommt er jedoch in den USA und im südlichen Rußland vor.

In den USA ist die jährliche Inzidenz auf wenige hundert Fälle/Jahr zurückgegangen; in China, wo wildlebende Kaninchen gejagt und verzehrt

werden, ist die Krankheit stärker verbreitet. In Deutschland ist die Tularämie eine Rarität: 1999 wurden 2 Fälle gemeldet.

Der Mensch infiziert sich meistens durch Kontakt mit infizierten Säugetieren oder durch den Stich eines infizierten Insekts, seltener durch Tierbisse, ferner durch Inhalation von Aerosolen, kontaminiertes Wasser oder unzureichend gekochtes Fleisch.

Die Übertragung von Mensch zu Mensch ist sehr selten.

F. tularensis ist sehr invasiv und in der Lage, die intakte Haut zu durchdringen. Normalerweise benutzt sie als Eintrittspforten kleine Hautläsionen, die Konjunktiven, den Mund und die Atemwege. Die Ausbreitung im Körper kann lymphogen, hämatogen oder bronchogen erfolgen.

Nach einer Inkubationszeit von 3–5 (1–10) Tagen erscheint eine **Hautpapel** an der Eintrittsstelle, gefolgt von **Ulkusbildung**. Das Erscheinen der Papel ist von abruptem Fieberbeginn und Lymphknotenschwellung begleitet.

Nach Inhalation kommt es zu Fieber, Kopfschmerzen, Krankheitsgefühl und trockenem Husten mit oder ohne radiologische Zeichen der Pneumonie.

Orale Aufnahme kann eine Entzündung der Rachenschleimhaut hervorrufen, oder es kommt zu einer uncharakteristischen fieberhaften Erkrankung.

Die lokale Tularämie (75–85%) zeigt den entzündlichen **Primäraffekt** mit regionalen Lymphknotenschwellungen, die eitrig einschmelzen können (**Primärkomplex**).

Die generalisierende Tularämie zeigt vielfältige Symptome, je nach Befall der Organe im Generalisationsstadium.

Das Hauptgewicht der Abwehr liegt auf einer T-zell-abhängigen Immunität, die ähnlich wie bei Listeria- und Brucella-Infektionen über Granulombildung und Makrophagenaktivierung die Abwehrleistung erbringt.

In der Diagnostik liegt das Hauptgewicht auf dem Antikörpernachweis beim Patienten.

Die erhebliche Infektionsgefährdung des Laborpersonals erfordert die Einhaltung besonderer Schutzmaßnahmen. Die Anzucht sollte daher nur in Speziallaboratorien erfolgen.

Mittel der Wahl in der Therapie der Erkrankung ist Streptomycin oder Gentamicin.

Der direkte oder indirekte Nachweis von Francisella tularensis ist namentlich meldepflichtig, soweit der Nachweis auf eine akute Infektion hinweist (§ 7 IfSG).

13.4 Erysipelothrix rhusiopathiae

STECKBRIEF

Erysipelothrix rhusiopathiae ist ein grampositives, unbewegliches, nichtsporenbildendes, aerob und anaerob wachsendes Stäbchen (Tabelle 13.5). Der Erreger verursacht den Schweinerotlauf, eine Zoonose, die sich beim Menschen als Erysipeloid (eine Hautinfektion) manifestiert, in seltenen Fällen auch als Sepsis und Endokarditis. Infiziert werden vorzugsweise Metzger und Köche, die mit dem Fleisch infizierter Schweine arbeiten.

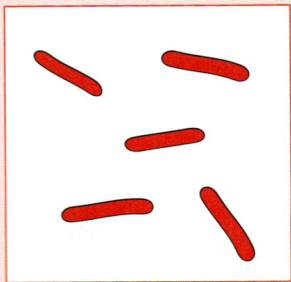

Erysipelothrix rhusiopathiae
grampositive Stäbchen, entdeckt 1878 von R. Koch

Tabelle 13.5. Erysipelothrix: Gattungsmerkmale

Merkmal	Merkmalsausprägung
Gramfärbung	grampositive Stäbchen
aerob/anaerob	fakulativ anaerob, mikroaerophil
Kohlenhydratverwertung	fermentativ
Sporenbildung	nein
Beweglichkeit	nein
Katalase	negativ
Oxidase	negativ
Besonderheiten	H_2S-Bildung

Erysipelothrix kommt v. a. im landwirtschaftlichen und veterinärmedizinischen Bereich vor. Erysipelothrix findet sich in Materialien tierischer Herkunft, auch in den Fäkalien gesunder Schweine.

Der Schweinerotlauf des Menschen ist vorwiegend eine Berufsinfektion bei Landwirten, Veterinären, Fischern bzw. Fischhändlern, Metzgern und Hausfrauen, bei denen er durch direkten Kontakt auf den Menschen übertragen wird.

Nach Infektion bildet sich lokal ein entzündliches epidermales Ödem (Erysipeloid), in seltenen Fällen kommt es zur hämatogenen Streuung mit Endokarditis.

Die Erkrankung hinterläßt eine erregerspezifische Immunität. Die Diagnose erfolgt durch Anzucht und Differenzierung des Erregers.

Bei Endokarditis- oder Sepsisverdacht werden Blutkulturen entnommen.

Für die Therapie stehen β-Laktamantibiotika sowie Erythromycin, Clindamycin und Doxycyclin zur Verfügung.

Die Prävention besteht im hygienischen Umgang mit Tieren bzw. deren Produkten.

Eine Schutzimpfung mit lebenden attenuierten Keimen des Stammes von Pasteur und Thuillier ist möglich. Sie kommt für gefährdete Personengruppen in Betracht.

Die Erkrankung ist nicht meldepflichtig.

Tabelle 14.1. Corynebacterium: Gattungsmerkmale

Merkmal	Merkmalsausprägung
Gramfärbung	grampositive Stäbchen
aerob/anaerob	fakultativ anaerob
Kohlenhydratverwertung	fermentativ oder nicht
Sporenbildung	nein
Beweglichkeit	nein
Katalase	positiv
Oxidase	negativ
Besonderheiten	metachromatische Granula (Polkörperchen)

Tabelle 14.2. Korynebakterien: Arten und Krankheiten

Arten	Krankheiten
Corynebacterium diphtheriae	Diphtherie
C. ulcerans	diphtherieartige Symptome
C. jeikeium	Sepsis, Endokarditis Weichteilinfektionen
C. urealyticum	Zystitis (alkalisch-inkrustierte Steine)
C. pseudodiphtheriticum	fakultativ pathogene
C. xerosis (neu: C. amycdatum)	Haut-/Schleimhautflora
C. striatum	
C. minutissimum	
C. matruchotii	(Augeninfektionen)

Zur Gattung Corynebacterium (C.) gehören grampositive, unbewegliche, nichtsporenbildende Stäbchenbakterien von leicht gekrümmter, aber auch gerader Form. An einem Ende oder auch beidseitig können sie etwas aufgetrieben sein, was ihnen ein keulenförmiges Aussehen verleiht (daher auch der Name „coryne", gr. Keule).

Die gattungsbestimmenden Merkmale enthält Tabelle 14.1.

Die medizinisch bedeutsamste Spezies ist Corynebacterium diphtheriae (Tabelle 14.2).

Andere Spezies dieser Gattung („Diphtheroide") können als Saprophyten Haut und Schleimhaut besiedeln. Als opportunistische Krankheitserreger gewinnen sie zunehmend an Bedeutung (Tabelle 14.2). Insbesondere bei abwehrgeschwächten Menschen sind sie als Erreger von Wundinfektionen, Endokarditis oder gar Sepsis gefürchtet.

14.1 Corynebacterium diphtheriae

Der Erreger der Diphtherie, Corynebacterium (C.) diphtheriae, bildet als Stoffwechselprodukt ein Toxin, dessen zytotoxische Wirkung tödlich sein kann.

Die Krankheit war als Folge der Impfprogramme in vielen entwickelten Ländern weitestgehend zurückgegangen und ist dort in Vergessenheit geraten. Erst seit ihrer Wiederkehr ab 1990 mit größtem epidemischen Ausmaß in Rußland, der Ukraine und anderen Nachfolgestaaten der ehemaligen UdSSR wurde man weltweit auf die keineswegs gebannte Gefahr der Diphtherie aufmerksam.

STECKBRIEF

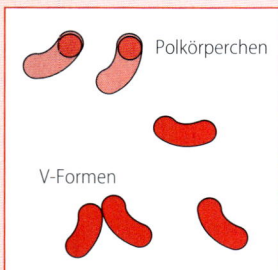

Polkörperchen

V-Formen

Corynebacterium diphtheriae
grampositive gekrümmte Stäbchen, Polkörperchen in der Neisser-Färbung, entdeckt 1883 von Klebs, 1888 Entdeckung des Toxins durch Roux und Yersin, 1890 Antitoxin durch von Behring und Kitasato

Geschichte. Die Bezeichnung Diphtherie hat 1826 Brétonneau in Tours (basierend auf „diphthera", gr. Haut, Membran) eingeführt. Er definierte die Pseudomembran als typisches Kriterium der Rachendiphtherie und grenzte die Diphtherie damit als eigenständige Krankheit von anderen Formen eitriger Entzündungen des Rachenraumes ab. Weitere historische Meilensteine:

- 1883: Klebs erkennt den Erreger als Stäbchen in diphtherischen Membranen.
- 1884: Löffler gelingt die Reinkultur mit dem nach ihm benannten „Löffler-Serum".
- 1888: Roux und Yersin, Pasteur-Institut, Paris, entdecken das Diphtherie-Toxin in keimfreien Kulturfiltraten; sie schaffen damit die Voraussetzung für die aktive Diphtherie-Schutzimpfung.
- 1890: von Behring und Kitasato beobachten, daß Antikörper (Antitoxin) die Wirkung des Diphtherie-Toxins neutralisieren. Mit dieser Entdeckung wurde die Immunitätslehre eingeleitet.

VI

- 1894: von Behring führt das „Diphtherie-Heilserum" ein.
- 1900: Ehrlich entgiftet das Toxin durch Wärmebehandlung.
- 1913: von Behring immunisiert Kinder mit einem Toxin-Antitoxin-Gemisch.
- 1924: Ramon stellt Diphtherie-Toxoid (damals Anatoxin genannt) durch Behandlung des Toxins mit Wärme und zusätzlich mit Formalin her; damit beginnt die Ära der Schutzimpfung.
- 1960 bis 1970: Collier, Gill und Pappenheimer klären die molekulare Wirkungsweise des Diphtherie-Toxins auf.

14.1.1 Beschreibung

Aufbau

Korynebakterien zeigen den Aufbau grampositiver Bakterien, allerdings enthält die Zellwand Mykolsäure, die sonst nur bei Mykobakterien (s. S. 377 ff.) und Nocardien vorkommt. Sie besitzen keine Kapsel und keine Geißeln. Die meisten Stämme tragen Pili.

Extrazelluläre Produkte

Diphtherietoxin. Einige Biovare von C. diphtheriae besitzen das tox$^+$-Gen. Nur diese produzieren das Diphtherietoxin, den einzigen Virulenzfaktor des C. diphtheriae. Das tox$^+$-Gen wird von dem Prophagen β durch Transduktion übertragen und in das Bakterienchromosom integriert. Das tox$^+$-Gen ist ein Teil des Prophagen β: Alle toxigenen Stämme von C. diphtheriae sind lysogen. Das Toxin ist ein hitzelabiles Protein mit einem Molekulargewicht von 62 kD und serologisch einheitlich. Alle toxinbildenden Stämme produzieren in mehr oder weniger starkem Ausmaß das gleiche Toxin. Es wird nur bei Eisenmangel gebildet; bei hohen Eisenkonzentrationen wird die Expression des tox$^+$-Gens unterdrückt. Sein Wirkungsmechanismus ist auf S. 345 beschrieben.

Resistenz gegen äußere Einflüsse

Korynebakterien werden durch Hitze (10 min bei 58 °C) und durch handelsübliche Desinfektionsmittel zuverlässig abgetötet. Sie sind gegen Austrocknung relativ resistent.

Vorkommen

C. diphtheriae kommt ausschließlich beim Menschen vor. Andere Korynebakterien, wie C. pseudotuberculosis und C. ulcerans, sind auch tierpathogen (Schafe, Pferde, Kühe).

14.1.2 Rolle als Krankheitserreger

Epidemiologie

Die Diphtherie ist eine seit dem Altertum bekannte Seuche. Sie gehört zu den sog. klassischen Infektionskrankheiten. Noch zu Beginn des 20. Jahrhunderts war sie als „Würgeengel der Kinder" gefürchtet. In Europa grassierte die letzte große Diphtherieepidemie im Zweiten Weltkrieg mit 3 Millionen Erkrankungen.

Nach dem Krieg kam es in den mitteleuropäischen Ländern zu einem starken Morbiditätsrückgang durch die zunehmend häufiger durchgeführte Schutzimpfung. Die seit etwa 1960 in allen europäischen Ländern etablierten umfangreichen Impfprogramme haben dazu geführt, daß die Diphtherie nur noch als Einzelerkrankung vorkommt. Sie wird – wenn auch sehr selten – durch Reisende aus Gebieten mit Diphtherierisiko eingeschleppt.

In den Entwicklungsländern ist die Diphtherie jedoch noch immer ein großes Problem. 1974 startete die Weltgesundheitsorganisation (WHO) das „Erweiterte Immunisierungsprogramm" (EPI), das auch den weltweiten Kampf gegen die Diphtherie umfaßt.

Die Gefahr einer epidemischen Ausbreitung der Diphtherie ist besonders groß, wenn in Zeiten der Not viele Mißstände zusammentreffen, wie kritischer werdende soziale und hygienische Verhältnisse, Unterernährung und Schwächung des Immunsystems bei vielen Menschen, und nicht zuletzt dann, wenn die Impfvorsorge nicht mehr gewährleistet ist.

Seit etwa 1990 erlebte die Diphtherie eine dramatische Wiederkehr in Rußland, der Ukraine und anderen Nachfolgestaaten der ehemaligen UdSSR. Im Verlauf der Umbruchsituation nahmen dort Not und Mängel zu. Das einst gut funktionierende Impfprogramm brach zusammen (1976 wurden aus diesen riesigen Regionen nur 198 Diphtherieerkrankungen an die WHO gemeldet). Große Bevölkerungsbewegungen und das Vorherrschen

eines Diphtherieerregers mit besonders starker Toxinbildung trugen zur Verbreitung und Schwere der Epidemie bei.

1990 wurden der WHO 1700 Diphtheriefälle gemeldet, 1994 war die Zahl auf 47 251 gestiegen und 1995 auf 50 464.

Umfangreiche antiepidemische Maßnahmen und großangelegte Impfkampagnen verhinderten eine noch größere Ausbreitung der Diphtherieepidemie: In den ersten sechs Monaten des Jahres 1996 wurde aus den Ländern der GUS ein Rückgang um 54% im Vergleich zu den ersten sechs Monaten des Vorjahres gemeldet. Das unterstreicht den besonderen Wert der Impfprophylaxe, zumal sich die sozialen und die ökonomischen Verhältnisse in diesen Ländern bis dahin wohl kaum verbessert haben.

Auch außerhalb dieser Epidemieregion zirkulieren Diphtheriebakterien noch in vielen Ländern, so in weiten Gebieten Afrikas und Asiens.

Übertragung

C. diphtheriae wird am häufigsten aerogen durch Tröpfchen auf enge Kontaktpersonen übertragen. Als enge Kontaktperson ist jede Person aufzufassen, die während der Ansteckungsfähigkeit eines Diphtherie-Kranken (in der Regel 2–5 Tage) „face-to-face"-Kontakt zu diesem hatte. Die erste Ansiedlungsstelle sind meist die Tonsillen.

C. diphtheriae kann auch durch klinisch gesunde Bakterienträger übertragen werden.

Diphtherische Infektionen von Auge, Nase, Vagina und Nabelschnurstumpf sind möglich.

In tropischen Regionen ist die Wunddiphtherie verbreitet. Ursächlich dafür sind Hautverletzungen (z.B. Kratzwunden als Folge von Insektenstichen), die durch Schmierinfektion mit C. diphtheriae infiziert werden.

Pathogenese

Adhäsion. Über die Faktoren, die für die Kolonisation der Rachenschleimhaut verantwortlich sind, ist wenig bekannt. Die Erreger können auch die Rachenschleimhaut von immunen Trägern kolonisieren, wo sie zwar adhärieren, aber keine Pseudomembranbildung auslösen.

Invasion. C. diphtheriae ist von geringer Invasivität. Der Erreger verbleibt in der Regel an der Ansiedlungsstelle und bildet dort das Exotoxin.

Zytotoxische Schädigung. Nur toxinbildende Biovare von C. diphtheriae können die Diphtherie verursachen (Abb. 14.1). Das beim Stoffwechsel des Erregers gebildete Toxin gelangt über den Kreislauf an seine Zielzellen. Das sind v. a. die Zellen des Herzens, der Nieren und der peripheren Nerven. Die Auswirkungen der Toxinwirkung sind lokale und systemische Gewebeschäden. Infolge lokaler Einwirkung zerstört das Diphtherietoxin die Epithelzellen in der Umgebung der Ansiedlungsstelle. Es bildet sich ein dicker grauer Belag, die sog. *Pseudomembran*. Die Pseudomembran besteht aus einem Fibrinnetz, in das Bakterien, Leukozyten und Zelltrümmer eingelagert sind; darunter ist das Gewebe nekrotisch. Bei der Rachendiphtherie kann sich die Pseudomembran im gesamten Nasen-Rachenraum (Tonsillen, Uvula, Gaumen, hintere Pharynxwand und Larynx) ausbreiten. Bei absteigender Pseudomembranbildung kann der Larynx verlegt werden (Krupp), so daß die Patienten in Erstickungsgefahr geraten, wenn nicht durch Intubation oder Tracheotomie die Zufuhr der Atemluft ermöglicht wird.

Die systemische Wirkung des Toxins betrifft alle Zellen des Körpers. Die ausgeprägtesten Effekte zeigen sich jedoch bei Zellen mit hoher Stoffwechselrate. Durch die Zerstörung von Herzmuskelzellen wird eine interstitielle Myokarditis verursacht; die Folge sind Störungen in der Erregungsbildung und -ausbreitung und die Einschränkung der Herzmuskelfunktion. In der Niere kommt es zu Tubulusnekrosen und damit zu einem Funktionsverlust. Die Wirkung auf die Nervenzellen besteht in einer Demyelinisierung und damit in einer erheblichen Störung der Weiterleitung von Nervenimpulsen.

Molekulare Wirkungsweise des Diphtherietoxins. Das Diphtherietoxin ist ein A-B-Toxin, das die ADP-Ribosylierung des für die Proteinsynthese essentiellen Elongationsfaktors 2 (E F2) katalysiert. Es besteht aus einer A-Kette und einer B-Kette, die über eine Disulfidbrücke verbunden sind.

Das Toxin hat drei Funktionsbereiche:

- eine Rezeptorbindungsstelle (R-Domäne), die sich an ein Rezeptorprotein auf der Zielzelle bindet,
- eine Region (T-Domäne), die die Translokation des Enzymanteils des Toxinmoleküls in die Zelle hinein vermittelt und

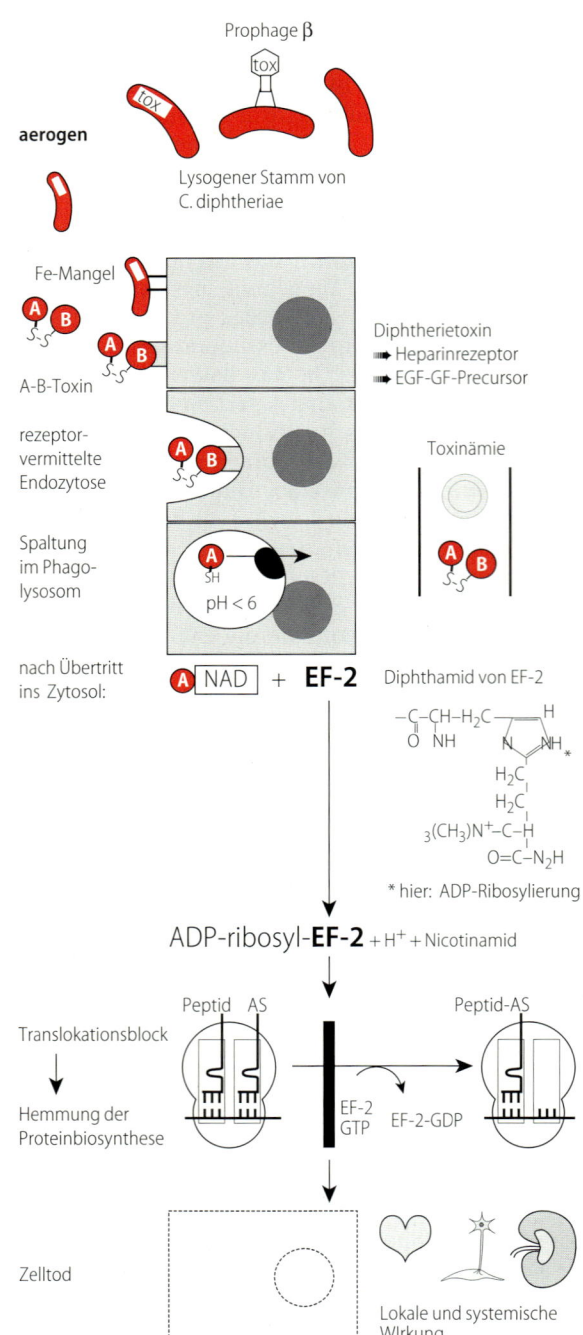

Prophage β

aerogen

Lysogener Stamm von
C. diphtheriae

Fe-Mangel

A-B-Toxin

rezeptor-
vermittelte
Endozytose

Spaltung
im Phago-
lysosom

SH
pH < 6

Diphtherietoxin
➡ Heparinrezeptor
➡ EGF-GF-Precursor

Toxinämie

nach Übertritt
ins Zytosol:

A NAD + **EF-2**   Diphthamid von EF-2

$-C-CH-H_2C-$
$\quad \parallel \quad \mid$
$\quad O \quad NH$

H_2C

H_2C

$_3(CH_3)N^+-C-H$

$O=C-N_2H$

* hier: ADP-Ribosylierung

ADP-ribosyl-**EF-2** + H⁺ + Nicotinamid

Peptid AS   Peptid-AS

Translokationsblock

⬇

Hemmung der
Proteinbiosynthese

EF-2   EF-2-GDP
GTP

Zelltod

Lokale und systemische
Wirkung

Abb. 14.1. Pathogenese und Rolle der Virulenzfaktoren bei Diphtherie

- einen enzymatischen Anteil (C-Domäne), der die ADP-Ribosylierung des Zielmoleküls katalysiert.

Die C-Domäne ist auf der A-Kette und die R- und T-Domänen sind auf der B-Kette lokalisiert.

Abb. 14.1 zeigt die einzelnen Schritte bei der Bindung, der endozytotischen Aufnahme und der Translokation des Toxins.

Die B-Kette tritt über die C-Domäne in Kontakt mit dem Rezeptor auf der Zelloberfläche.

Zelloberflächenrezeptor für das Diphtherietoxin ist der heparinbindende Epidermal-Wachstumsfaktor-Vorläufer [engl. heparin-binding epidermal growth factor precursor (HB-EGF-precursor)]. Der epidermale Wachstumsfaktor liegt, bevor er von der ihn bildenden Zelle als Hormon ausgestoßen wird, als Präkursormolekül in der Zellmembran. Diese Form wird von der B-Kette als Rezeptor erkannt. HB-EGF findet sich auf vielen Zellen, aber in unterschiedlicher Dichte, was die Neigung von C. diphtheriae erklärt, bestimmte Zellen (Herz, Nieren) bevorzugt zu befallen. Somit bietet HB-EGF ein Beispiel dafür, wie es Mikroorganismen verstehen, sich unter Ausnutzung vorgeprägter essentieller Zelloberflächenmoleküle an die Zelle zu binden und sich in die Zelle einschleusen zu lassen. (Ein anderes Beispiel: Bindung des HI-Virus an den T-Zellrezeptor.)

Wenn das Toxin gebunden ist, wird es von der Wirtszelle in einer endozytotischen Vakuole aufgenommen. In dieser Vakuole entwickelt sich ein niedriger pH-Wert, der den Translokationsvorgang ermöglicht. Bei pH 5 wird das ursprünglich kugelförmige Toxinmolekül aufgefaltet, und es werden hydrophobe Anteile exponiert, die sich in die Membran der endozytotischen Vakuole inserieren, so daß der A-Anteil der Kette zum Zytoplasma hin exponiert wird. Durch Reduktion der Disulfidbrücke wird jetzt der A-Kettenanteil freigesetzt und gelangt in das Zytoplasma, wo er eine enzymatische Wirkung entfaltet.

Die A-Kette katalysiert die Anbindung von Ribose an den Histidinteil des Elongationsfaktors 2 und inaktiviert ihn.

$$NAD + EF2 \rightarrow$$
$$ADP\text{-Ribosyl-}EF2 + Nikotinamid + H^+$$

ADP-Ribosyl heftet sich an einen ungewöhnlichen Histidinabkömmling, genannt Diphthamid, der nur am Elongationsfaktor 2 und an keinem anderen zellulären Protein vorkommt. Diese Histidin-

VI

struktur dient als Zielstruktur für die katalytische Wirkung der A-Kette. Sie erklärt, warum das Diphtherietoxin spezifisch den EF2 inaktiviert.

Das Diphtherietoxin ist sehr potent: Ein A-Kettenmolekül kann eine Zelle abtöten. Obwohl das Toxin auf jede Säugetierzelle einwirkt, bestehen deutliche Unterschiede in der Empfänglichkeit: Diese beruht auf der unterschiedlichen Zahl von Rezeptoren auf der Zelloberfläche. Herz- und Nervenzellen tragen die größte Rezeptordichte auf der Oberfläche und sind für die Wirkung des Diphtherietoxins am empfänglichsten: Herzversagen und Lähmung peripherer Nerven sind die Hauptsymptome bei schwerer Diphtherie.

Klinik

Nach einer Inkubationszeit von zwei bis vier, selten bis zu sechs Tagen setzt die Rachendiphtherie plötzlich mit Halsschmerzen und Schluckbeschwerden ein. Die Schleimhaut ist gerötet und geschwollen, es bilden sich eitrig aussehende Stippchen, die zu einem membranartigen Belag konfluieren, der, ausgehend von den Tonsillen, auf Gaumen und Rachen übergreift. Es entsteht die *Pseudomembran*. Sie haftet relativ fest auf der darunter liegenden Schleimhautschicht. Beim Versuch, sie zu lösen, kann es zu Blutungen mit nachfolgender bräunlicher Verfärbung kommen (früher wurde die Diphtherie auch als Rachenbräune bezeichnet). C. diphtheriae verbleibt am Ort der Ansiedlung, und zwar unter den Belägen, was bei der Entnahme von Untersuchungsmaterial für die bakteriologische Diagnostik zu beachten ist.

Fieber kann zu Beginn der Erkrankung fehlen, jedoch klagen die Patienten über ein allgemeines schweres Krankheitsgefühl. Diese starke Abgeschlagenheit (Prostration) wird durch die Toxinämie verursacht. Die Patienten sind lethargisch und blaß. Möglich ist die Ausbildung eines peritonsillären Ödems im Bereich der submandibularen und zervikalen Lymphknoten mit starker teigiger Schwellung des Halses (*Cäsarenhals*). Der früher stets angeführte charakteristische fad-süßliche Mundgeruch wird nicht mehr als ein stets vorhandenes Leitsymptom der Rachendiphtherie angesehen. Bei weiterer Deszendenz der Membranen entwickelt sich die Kehlkopfdiphtherie mit zunehmender inspiratorischer Atemnot (*Diphtheriekrupp*). Myokarditis und akutes Nierenversagen können als Spätkomplikationen bis zu acht Wochen nach Krankheitsbeginn auftreten. Zu beobachten sind

verschiedene Schädigungen des peripheren Nervensystems. Charakteristisch für die Rachendiphtherie ist z. B. eine schlaffe Lähmung des weichen Gaumens (Gaumensegelparese) und der Schlundmuskulatur, die sich innerhalb der ersten Krankheitstage entwickeln kann. Der Tod erfolgt durch Herzversagen als Folge der toxischen Schädigung der Herzmuskelzellen oder durch Ersticken in Folge der mechanischen Verlegung der Atemwege bei Membranbildung im Kehlkopf.

Immunität

Antitoxin (toxinspezifische Antikörper) wird nach Ablauf der ersten Krankheitswoche gebildet. Es vermittelt einen gewissen Schutz vor weiterer Schädigungen. Antitoxin bildet mit dem Toxin der Erreger einen Immunkomplex, der über die Kupferschen Sternzellen der Leber aus dem Organismus eliminiert wird. Die antitoxische Immunität wird im Verlauf der Erkrankung nur zu einem geringen Grad ausgeprägt und hält nur wenige Monate an. Die Immunität nach der Erkrankung ist daher unsicher, darum müssen Patienten nach der Rekonvaleszenz gegen eine erneute Infektion mit C. diphtheriae geimpft werden.

Zur Schutzimpfung s. S. 349.

Labordiagnose

Die Diagnose Diphtherie ist primär klinisch zu stellen. Die Therapie ist bereits bei klinischem Verdacht zu beginnen. Ein zeitlicher Verzug des Therapiebeginns verschlechtert die Prognose des Krankheitsverlaufs. Wichtig ist, daß bei entzündlichen Erkrankungen im Nasen-Rachen-Raum (z. B. Tonsillitis, Nasopharyngitis, Laryngitis) auch die Diphtherie in die Differentialdiagnose mit einbezogen wird.

Die bakteriologische Diagnose hat bestätigenden Charakter. Sie zielt darauf ab, den Erreger anzuzüchten und den Nachweis zu erbringen, daß es sich um einen toxinbildenden Stamm handelt.

Untersuchungsmaterial. Die ersten Untersuchungsproben sind vor Behandlungsbeginn zu entnehmen. Bei Diphtherieverdacht und Diphtherieerkrankung sind grundsätzlich Rachen- und Nasopharyngealabstriche zu entnehmen, weil dadurch die Isolierungsrate von C. diphtheriae eindeutig erhöht wird. Bei der Materialentnahme ist die Berührung von Lippen, Zunge und Wangenschleim-

VI

haut möglichst zu vermeiden. Die Pseudomembran ist vorsichtig am Rand abzuheben, und mit einem Abstrichtupfer ist das Material von der Unterseite zu entnehmen, um die vorzugsweise unter der Membran gelegenen Korynebakterien zu erreichen. Die Abstrichtupfer sind unverzüglich dem Laboratorium zuzuleiten. Sollte sich der Transport verzögern, sind die Abstrichtupfer in ein Transportmedium (z. B. nach Stuart) einzubringen.

Mikroskopie. Vom Originalmaterial und von der Reinkultur werden Präparate angefertigt und nach Neisser gefärbt.

Das von der Reinkultur (Löffler-Nährboden) gefertigte Präparat zeigt die stäbchenförmigen, gelbbraun gefärbten Bakterien in charakteristischer V- oder Y-förmiger Lagerung, die an chinesische Schriftzeichen oder an das Muster erinnert, das von aus der Schachtel geschütteten Streichhölzern gebildet wird. Charakteristisch sind die im Zytoplasma eingeschlossenen metachromatischen Pol-Körperchen (Babes-Ernst-Körperchen), die sich mit saurem Methylenblau anfärben lassen. In der Phase der Zellteilung sind die Pol-Körperchen besonders deutlich ausgebildet. Die Neissersche Färbemethode zielt auf die Darstellung der schwarzblau gefärbten Pol-Körperchen ab, die ein diagnostisches Merkmal darstellen.

Das mikroskopische Präparat allein reicht zur Diagnostik der Diphtherie nicht aus!

Anzucht. C. diphtheriae läßt sich bei 37 °C in atmosphärischer Luft mit einem Zusatz von 10% CO_2 auf Blutagar und auf serumhaltigen Kulturmedien leicht anzüchten. Das Kulturmedium der Wahl ist der Löffler-Serum-Nährboden; er ermöglicht üppiges Wachstum von C. diphtheriae und bringt die charakteristische Morphologie besonders gut zur Ausprägung.

Die Vermehrung erfolgt bei Temperaturen zwischen 15 und 40 °C; sichtbare Kolonien entstehen nach 18–24 h Bebrütungsdauer. Auf tellurithaltigen Kulturmedien wird Tellurit zu metallischem Tellur reduziert. Dieses wird von den Korynebakterien intrazellulär angereichert, so daß sich die Kolonien schwarz anfärben. Das Merkmal der Tellurspeicherung ist ein wichtiges Hilfsmittel, um die Gattung Corynebacterium zu erkennen. (Die Toxinbildung von C. diphtheriae ist damit jedoch nicht bewiesen!) Außerdem unterdrückt Tellurit in Konzentrationen von 100 mg/ml das Wachstum anderer Bakterien aus der Rachenflora; das Tellu-

rit-Medium besitzt also auch Eigenschaften eines Selektiv-Kulturmediums.

Biotypisierung. Mit Hilfe der Biotypisierung lassen sich die epidemiologisch bedeutsamen Biovare „gravis" und „mitis" von C. diphtheriae sowie die anderen Spezies der Gattung Corynebacterium unterscheiden.

Toxinnachweis. Der Nachweis der Toxinbildung erfolgt im Elek-Test (Abb. 14.2). Es handelt sich dabei um einen Immunodiffusions-Test. Präzipitationslinien im Agar-Gel zeigen die Antigen-Antikörper-Reaktion zwischen dem Diphtherietoxin

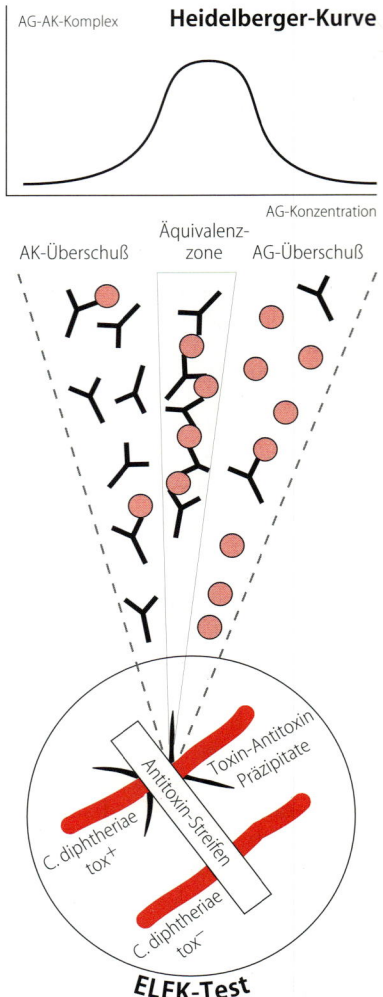

Abb. 14.2. ELEK-Test zum Nachweis von Diphtherietoxin

des zu testenden Bakterienstammes und dem zugegebenen Diphtherieantitoxin an.

Therapie

Antitoxin. Diphtherie-Antitoxin ist bereits bei klinisch begründetem Verdacht oder bei Erkrankung unverzüglich anzuwenden. Das Ergebnis der bakteriologischen Untersuchung darf nicht abgewartet werden. (Diphtherie-Antitoxin wird nicht bei Kontaktpersonen eines Diphtheriekranken, bei Keimträgern und auch nicht bei Patienten mit Wunddiphtherie angewendet.)

Da nur Diphtherie-Antitoxin vom Pferd zur Verfügung steht, ist vor der Anwendung die mögliche Allergie des Patienten durch einen Intrakutan- oder Konjunktivaltest mit einer 1:10 verdünnten Lösung des Diphtherie-Antitoxins durchzuführen.

Antibiotika. Zeitgleich mit der Gabe von Diphtherie-Antitoxin ist ebenso unverzüglich die antimikrobielle Therapie einzuleiten. Sie ist wirksam gegen den Erreger, aber nicht gegen dessen Toxin. Die Antibiotikatherapie ersetzt deshalb niemals die Antitoxintherapie. Zur Behandlung werden Penicillin G oder Erythromycin (insbesondere für Patienten mit Penicillin-Allergie) empfohlen.

Sonstige Maßnahmen. Bei Krupp ist die Durchgängigkeit der Atemwege durch Intubation oder durch Tracheotomie sicherzustellen. Die Kreislaufstabilisierung ist erforderlich.

Prävention

Schutzimpfung. Wegen der besonderen Gefährlichkeit der Diphtherie und auch des Tetanus wird generell empfohlen, die Grundimmunisierung gegen beide Krankheiten bereits im Säuglingsalter ab Beginn des 3. Lebensmonats mit Kombinationsimpfstoffen zu beginnen. Je eine Auffrischimpfung erfolgt ab dem 6. und im 11.–18. Lebensjahr. Die Immunität ist in 10jährigen Intervallen mit je einer Dosis eines kombinierten Diphtherie-Tetanustoxoidimpfstoffs aufzufrischen.

Mit der Impfung wird die antitoxische Immunität stimuliert.

Das protektive Antigen des Impfstoffs ist das Toxoid. Es wird aus dem Toxin durch Formalininaktivierung gewonnen. Bei diesem Prozeß wird der Teil B des Toxins denaturiert, seine Fähigkeit, sich an Zellrezeptoren anzuheften – als Voraussetzung für die zytotoxische Wirkung – geht dadurch verloren. Die immunogene Eigenschaft, d.h. die Stimulierung der spezifischen Antitoxinbildung, bleibt jedoch erhalten. Diphtherietoxin kann den Organismus nicht mehr schädigen, es wird durch das Antitoxin neutralisiert.

Der Serumgehalt an Diphtherieantitoxin wird z.B. mit dem Zellkultur-Neutralisationstest oder mit der ELISA-Methode bestimmt.

Mindestens 0,1 Internationale Einheiten (IE) Diphtherieantitoxin/ml Serum sind für den Individualschutz erforderlich.

Der 1913 von Schick zur Beurteilung des Antitoxinschutzes eingeführte Intrakutantest ist durch die o.g. In-vitro-Verfahren abgelöst worden.

Die Impfung schützt nicht gegen die Besiedlung des Nasen-Rachenraums mit Diphtheriebakterien, diese können auch bei gesunden Menschen vorkommen.

Sonstige Maßnahmen. Personen, die mit Diphtheriekranken oder mit Trägern toxinbildender Stämme von C. diphtheriae engen, d.h. „face-to-face"-Kontakt hatten, müssen mindestens sieben Tage isoliert und auf klinische Zeichen einer Diphtherie beobachtet werden.

Bei allen engen Kontaktpersonen werden Rachen- und Nasopharyngealabstriche für die mikrobiologischen Untersuchungen abgenommen. Unabhängig von ihrem Impfstatus wird bei allen engen Kontaktpersonen eine präventive antimikrobielle Therapie durchgeführt, ebenso bei Keimträgern. In der Regel sind Patienten bzw. Keimträger 24 h nach Beginn der antimikrobiellen Behandlung nicht mehr kontagiös.

Bei Diphtherieverdacht oder -erkrankung ist der Patient in einer Abteilung für Infektionskrankheiten zu isolieren, bis in je zwei Proben (jeweils Nasen- und Rachenabstriche) C. diphtheriae nicht mehr nachgewiesen wird.

Das Pflegepersonal muß über einen Impfschutz gegen Diphtherie verfügen.

Personen, die eine Diphtherie durchgemacht haben, dürfen Schule, Kindergarten oder andere Gemeinschaftseinrichtungen erst nach Vorlage einer ärztlichen Bescheinigung wieder besuchen, in der bestätigt wird, daß in drei Untersuchungsproben (jeweils Nasen- und Rachenabstriche im Abstand von jeweils zwei Tagen) keine toxinbildenden Diphtheriebakterien nachgewiesen wurden. Die erste Probe ist frühestens 24 h nach Absetzen der antimikrobiellen Therapie zu entnehmen.

Meldepflicht. Namentlich zu melden sind der Krankheitsverdacht, die Erkrankung sowie der Tod an Diphtherie (§ 6 IfSG). Direkte oder indirekte Nachweise von toxinbildendem Corynebacterium diphtheriae sind ebenfalls namentlich meldepflichtig, soweit der Nachweis auf eine akute Infektion hinweist (§ 7 IfSG).

14.2 Andere Korynebakterien

Andere Korynebakterien als C. diphtheriae werden auch als „coryneform" oder „diphtheroid" bezeichnet. Einige dieser Spezies (Tabelle 14.1, s. S. 343) gehören zur physiologischen Standortflora der Haut und der Schleimhäute. Sie werden daher oft aus klinischen Proben angezüchtet. Früher wurden sie als Kontaminationskeime abgetan. Heute weiß man, daß sie als fakultativ pathogene Erreger verschiedene Infektionen verursachen können. So wird z. B. C. ulcerans gelegentlich aus dem Nasen-Rachenraum Gesunder isoliert, aber auch bei diphtherieähnlichen Entzündungen des Pharynx. C. jeikeium kann als Haut- und Schleimhautbesiedler insbesondere bei abwehrgeschwächten und bei langzeitig antibiotisch vorbehandelten Patienten vorkommen und bei diesen septische Infektionen auslösen. Diese Korynebakterien, die in der Regel nur gegen Vancomycin und Rifampicin empfindlich sind, bereiten bei der antibiotischen Therapie erhebliche Schwierigkeiten. Allerdings sollte der alleinige Nachweis von multiresistenten Korynebakterien nicht automatisch mit einer Erkrankung gleichgesetzt werden. Ihre Isolierung, z. B. aus Wundabstrichen und Blutkulturen, sollte in engem Zusammenhang mit dem klinischen Bild bewertet werden.

ZUSAMMENFASSUNG: Korynebakterien

Bakteriologie. Grampositive, keulenförmige Stäbchen. Wachstum unter aeroben und anaeroben Bedingungen. Reduktion von Tellurit zu metallischem Tellur.

Vorkommen. Obligat pathogen: C. diphtheriae.
Fakultativ pathogen: Einige Spezies, z.B. C. jeikeium.
   Verschiedene Spezies sind Bestandteil der physiologischen Haut- und Schleimhautflora des Menschen.

Resistenz gegen äußere Einflüsse. Hitzeempfindliche Bakterien, die gegen Austrocknung relativ resistent sind.

Epidemiologie. Weltweite Verbreitung. Lokale Diphtherieausbrüche und Epidemien in Regionen mit schlechten sozioökonomischen Bedingungen und mangelndem Impfschutz.

Übertragung. Tröpfcheninfektion.

Pathogenese. Infektion → lokale Erregeransiedlung → Exotoxinbildung → Hemmung der Proteinbiosynthese → Pseudomembranbildung, Myokarditis, Nierenschädigung, periphere Nervenlähmungen.

Zielgewebe. Schleimhaut des oberen Respirationstraktes, Toxinwirkung auf Herzmuskel, Nieren, periphere Nerven.

Klinik. Inkubationszeit 2–6 Tage. Plötzlicher Krankheitsbeginn mit Halsschmerzen, Angina, Fieber (kann bei Beginn der Erkrankung fehlen) und ödematös verdicktem Halsbereich (Cäsarenhals). Pseudomembranbildung an der Ansiedlungsstelle der Erreger, zumeist Tonsillen, übergreifend auf Pharynx.

Pathomechanismus. Geringe Invasivität. Entscheidender Virulenzfaktor ist das Exotoxin. Es hemmt die Proteinbiosynthese durch Blockierung des Elongationsfaktors 2.

Labordiagnose. Nasen- und Rachenabstrich, Isolierung auf tellurithaltigen Kulturmedien, Identifizierung durch Biotypisierung, Toxinnachweis.

Therapie. Neutralisation des Toxins durch unverzügliche Gabe von 20 000–40 000 IE Diphtherie-Antitoxin i.m.
   Erregerelimination durch Penicillin G oder Erythromycin.

Immunität. Erkrankung hinterläßt geringe, oft nur Monate anhaltende Immunität. Nur die Impfung verleiht sichere Immunität.

Prävention. Isolierung der Erkrankten. Sanierung von Keimträgern, Überwachung von engen Kontaktpersonen, Schutzimpfung.

Schutzimpfung. Bei allen Kindern ab 3. Lebensmonat Grundimmunisierung mit Diphtherietoxoid-Impfstoff in Kombination mit anderen Impfstoffen für das Kindesalter, je eine Auffrischimpfung ab 6. und ab 11. Lebensjahr. Weitere Auffrischimpfungen lebenslang alle 10 Jahre.

Meldepflicht. Verdacht, Erkrankung und Tod, direkter und indirekter Nachweis (toxinbildende C.-diphtheriae-Stämme).

VI

K. Vogt, H. Hahn

Tabelle 15.1. Bacillus: Gattungsmerkmale

Merkmal	Merkmalsausprägung
Gramfärbung	grampositive Stäbchen
aerob/anaerob	fakultativ anaerob
Sporenbildung	ja
Kohlenhydratverwertung	verschieden
Beweglichkeit	verschieden
Katalase	positiv
Oxidase	verschieden
Kapselbildung	verschieden

Tabelle 15.2. Bacillus: Arten und Krankheiten

Arten	Krankheiten
B. anthracis	Milzbrand (Anthrax)
B. cereus	Lebensmittelvergiftung
	Wundinfektionen
	Endophthalmitis
	Pneumonie
	Endokarditis
B. subtilis	Lebensmittelvergiftung
	Kathetersepsis

Bakterien der Gattung Bacillus und verwandte Gattungen sind aerob wachsende, sporenbildende Stäbchen, die überwiegend grampositiv, selten gramvariabel sind (Tabelle 15.1). Bacillus-Arten sind sehr umweltresistent und kommen häufig als Kontaminanten vor. Einige Arten können durch Toxinbildung zu ernsthaften Erkrankungen führen (Tabelle 15.2). Obligat pathogen ist Bacillus (B.) anthracis, der Erreger des Milzbrandes.

15.1 Bacillus anthracis

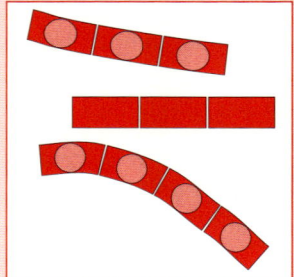

B. anthracis verfügt durch die Bildung von Endosporen über eine hohe Umweltresistenz. Er löst die Milzbranderkrankung bei Menschen und Tieren aus.

Bacillus anthracis
große grampositive Stäbchen, kettenförmig aneinandergereiht mit beginnender Sporenbildung, entdeckt 1850 von P. Rayer, 1876 Pathogenitätsnachweis von R. Koch

B. anthracis wurde 1850 von P. Fr. Rayer aus dem Blut infizierter Schafe isoliert. 1876 gelang es Robert Koch, die Krankheit experimentell auf Versuchstiere zu übertragen und den Erreger aus diesen wieder rückzuisolieren. Erstmals konnten damit für einen Erreger die Kochschen Postulate (s. S. 21 ff.) erfüllt werden. Pasteur immunisierte 1881 Versuchstiere mit attenuierten Stämmen und verhinderte dadurch eine Milzbrandinfektion. Der Name B. anthracis kommt von anthrax = gr. Kohle, da die Milz befallener Tiere nekrotisch zerfällt und schwarz, wie verbrannt, aussieht.

15.1.1 Beschreibung

Aufbau

Kapsel. B. anthracis weist eine Kapsel aus D-Glutaminsäure auf, die kulturell nur auf Nähragar bei erhöhter CO_2-Spannung ausgebildet wird.

Sporen. Die meist zentralen, selten subterminalen Endosporen werden unter ungünstigen Kulturbedingungen gebildet.

Extrazelluläre Produkte

Exotoxin. B. anthracis produziert ein Exotoxin (Anthraxtoxin), das plasmidkodiert ist. Es besteht aus drei Anteilen: Ödemfaktor, protektives Antigen und Letalfaktor.

Resistenz gegen äußere Einflüsse

Die Milzbrandsporen sind äußerst umweltresistent und können Jahrzehnte keimfähig bleiben. Milzbrandverseuchte Weideflächen werden in den USA als „bad fields" seit Generationen gemieden. Einige unbewohnte Atlantikinseln, die im 2. Weltkrieg bei B-Waffenversuchen mit Milzbrandsporen verseucht wurden, sind bis heute unbewohnbar; die Schafe, die dort regelmäßig ausgesetzt werden, verenden innerhalb kurzer Zeit an Milzbrand.

Vorkommen

Die umweltresistenten Sporen sind ubiquitär verbreitet. Das Reservoir von B. anthracis ist der Erdboden, wobei eine lokale Milzbrandepidemie durch die verwesenden Tierkadaver ganze Flächen auf Jahre hinaus kontaminiert.

15.1.2 Rolle als Krankheitserreger

Epidemiologie

Die Milzbrandinfektion ist weltweit zurückgegangen: Zwischen 1972 und 1981 wurden in den USA nur noch 17 Fälle gemeldet. Dennoch treten fokale Ausbrüche auf: 1979 starben mehrere hundert Menschen in der russischen Stadt Swerdlowsk (Jekaterinburg) in der Umgebung eines Labors zur B-Waffen-Produktion, nachdem bei einem Zwischenfall ein Aerosol aus Milzbrandsporen freigesetzt worden war. 1988 verstarben 88 Menschen bei einem Ausbruch im Tschad.

Übertragung

Die Milzbrandinfektion ist eine Zoonose. Die Sporen werden von Weidetieren aufgenommen. Menschen infizieren sich über den direkten Kontakt mit erkrankten oder verstorbenen Tieren sowie indirekt durch tierische Rohstoffe (Wolle, Ziegenhaar, Knochenmehl), aber auch durch Fertigpro-

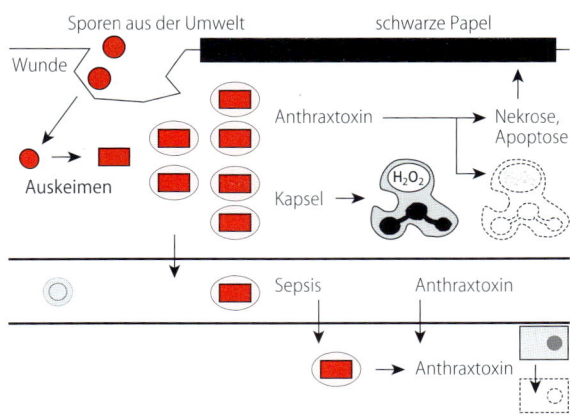

Abb. 15.1. Pathogenese und Rolle der Virulenzfaktoren bei Milzbrand

dukte (Rasierpinsel, Satteldecken etc.: Woolsorter's disease), die mit Sporen kontaminiert sind.

Pathogenese

Invasion. Die Aufnahme der Sporen erfolgt am häufigsten über Hautläsionen, seltener durch Ingestion oder Inhalation. An der Infektionsstelle gehen die Sporen in das vegetative Stadium über und sezernieren das Anthraxtoxin (Abb. 15.1).

Gewebeschädigung. Unter dem Schutz des protektiven Antigens dringen Ödemfaktor und Letalfaktor in die an der Infektionsstelle angesammelten polymorphkernigen Leukozyten ein und induzieren eine Erhöhung der cAMP-Konzentration, wodurch die Phagozytose behindert wird. So können die Bakterien sich massiv vermehren, dringen in die lokalen Lymphgefäße und später in die Blutbahn ein. Die Schädigung der polymorphkernigen Leukozyten äußert sich darin, daß das befallene Gewebe „reaktionslos" erscheint. Das toxische Geschehen entsteht nur durch die Kombination aller drei Toxinanteile; erst die Bildung des Letalfaktors führt zur Nekrose von Granulozyten und Gewebezellen.

Klinik

Hautmilzbrand. Zu 95% manifestiert sich die Erkrankung als Hautmilzbrand. Die Inkubationszeit beträgt 2–5 Tage. Danach entwickelt sich innerhalb von 24–48 h an der Infektionsstelle eine auffallend schmerzlose, aber juckende Papel mit stark ödematösem Randsaum (*Pustula maligna*). Das

Zentrum zerfällt schwarz-nekrotisch, am Rand entstehen seröse Bläschen. Häufige Lokalisationen sind Hände, Unterarme und Gesicht. Die Infektion verläuft unbehandelt in 20% der Fälle tödlich (Toxinämie und Bakteriämie).

Lungenmilzbrand. Nach zwei- bis dreitägigen grippeähnlichen Symptomen kommt es schlagartig zu einer Pneumonie mit hohem Fieber und Dyspnoe. Es entsteht ein massives Ödem im Nacken-, Thorax- und Mediastinalbereich. Die Erkrankung verläuft rasch tödlich.

Darmmilzbrand. Die perorale Infektion führt zu einer schweren Enteritis, seltener zur oropharyngealen Infektion. Beide enden durch Toxinämie meist tödlich.

Milzbrandsepsis. Alle drei Milzbrandformen können zur Milzbrandsepsis führen, die binnen weniger Stunden zum Tode führt.

Immunität

Nach einer Hautmilzbrandinfektion entwickelt sich eine humorale Immunität, deren Dauer allerdings unbekannt ist. Darm- und Lungenmilzbrand hat noch kaum ein Mensch lebend überstanden.

Labordiagnose

Schwerpunkt. Der Schwerpunkt der mikrobiologischen Labordiagnose liegt in der Anzucht des Erregers und anschließender Mikroskopie.

Untersuchungsmaterial. B. anthracis kann aus serösem Bläscheninhalt (Hautmilzbrand), Sputum (Lungenmilzbrand), Stuhl (Darmmilzbrand) oder Blut (Milzbrandsepsis) isoliert werden; häufig kommen die Untersuchungsmaterialien allerdings bereits aus der Pathologie. Milzbrandverdächtiges Material darf nur unter besonderen Sicherheitsvorkehrungen untersucht werden.

Vorgehen im Labor. Der Keim wächst auf einfachen Kulturmedien aerob in Form rauher Kolonien mit lockigen Randausläufern („*Medusenhaupt*").

Die Bakterien sind charakterischerweise unbeweglich. Mikroskopisch erscheinen sie als grampositive kastenförmige Stäbchen. Die angezüchteten Bakterien ordnen sich in langen Ketten an („*Bambusstab*"). B. anthracis bildet überwiegend zentrale Endosporen, die den Zelleib nicht auftreiben.

Therapie

Antibiotikaempfindlichkeit. B. anthracis ist empfindlich gegen Penicillin G, Ciprofloxacin und Tetracycline.

Therapeutisches Vorgehen. Antibiotikatherapie ist die Therapie der Wahl, jegliche chirurgische Therapie der Milzbrandläsion ist streng kontraindiziert (Noli me tangere = Rühr' mich nicht an!). Bei Lungen- und Darmmilzbrand kommen Diagnose und Therapie meist zu spät. Wegen der ungünstigen Prognose ist die sofortige und hochdosierte Therapie bereits bei Verdacht auf Milzbrand von grundlegender Bedeutung. Penicillin G tötet den Keim innerhalb von Stunden zuverlässig ab, alternativ können Ciprofloxacin oder Doxycyclin verabreicht werden.

Prävention

Schutzimpfung. Die Kontrolle der Milzbrandinfektion im Tierbereich durch die Anwendung der verfügbaren Milzbrandimpfung steht im Vordergrund. Für exponierte Personen (Tierärzte, Abdecker) existiert ein Lebendimpfstoff aus attenuierten B.-anthracis-Stämmen.

Sonstige Maßnahmen. Der Kontakt mit infizierten und verstorbenen Tieren muß vermieden werden; Tierkadaver sind zu verbrennen.

Meldepflicht. Namentlich zu melden sind der Krankheitsverdacht, die Erkrankung sowie der Tod an Milzbrand (§ 6 IfSG). Direkte oder indirekte Nachweise von Bacillus anthracis sind ebenfalls namentlich meldepflichtig, soweit der Nachweis auf eine akute Infektion hinweist (§ 7 IfSG).

ZUSAMMENFASSUNG: B. anthracis

Bakteriologie. Grampositives, kastenförmiges Stäbchen mit Endosporen; unbeweglich.

Resistenz. Hohe Umweltresistenz durch Sporenbildung.

Epidemiologie. Ubiquitär vorhanden, fokale Epidemien möglich, ansonsten seltene Infektion.

Zielgruppe. Personen mit Tierkontakt.

Pathogenese. Anthraxtoxin → Letalfaktor → Zellnekrose.

Klinik. Hautmilzbrand – Pustula maligna; Lungenmilzbrand – perakute Pneumonie; Darmmilzbrand – massive Enteritis oder oro-pharyngeale Infektion; Milzbrandsepsis – Toxinämie mit hoher Letalität.

Labordiagnose. Mikroskopie, Erregeranzucht.

Therapie. Penicillin G – sofort und hochdosiert.

Immunität. Dauer unbekannt.

Prävention. Verbrennen von Tierkadavern, Schutzimpfung für Exponierte.

Meldepflicht. Verdacht, Erkrankung, Tod, direkter und indirekter Nachweis.

15.2 Bacillus cereus

B. cereus ist ein grampositives Stäbchenbakterium, das wie andere Bacillus-Arten die Fähigkeit zur Bildung thermoresistenter Sporen besitzt. Diese Fähigkeit bedingt eine große Resistenz gegen Umwelteinflüsse wie Hitze und Strahlung und ermöglicht die ubiquitäre Verbreitung des Bakteriums.

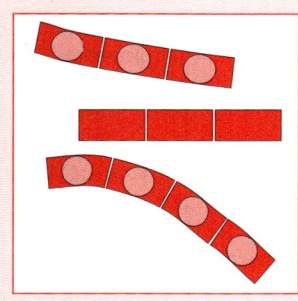

Bacillus cereus
grampositive Stäbchen mit mittelständigen Sporen

Beschreibung. B. cereus produziert drei Toxine, die mit Lebensmittelvergiftungen assoziiert sind: Ein emetisches Toxin und zwei Enterotoxine.

Das emetische Toxin ist hitzestabil, säurefest und kann nicht durch Proteolyse inaktiviert werden. Bei Versuchstieren induziert es in 50% der Fälle Erbrechen.

Die Diarrhoetoxine sind hitzelabil und proteolytisch inaktivierbar. Sie verursachen eine verstärkte Flüssigkeitsanreicherung, die ggf. eine intravenöse Substitution erfordert, sowie Nekrosen in ligierten Kaninchendarmschlingen. Durch die erhöhte Gefäßpermeabilität wirken sie zytotoxisch und sind für Mäuse letal.

Darüber hinaus produziert B. cereus eine Vielzahl von Exotoxinen, z.B. Lecithinase (Phospholipase C), die Zellen und Bindegewebsfasern zerstören können.

Rolle als Krankheitserreger. B. cereus verursacht invasive Lokalinfektionen und selbstlimitierende Lebensmittelintoxikationen (Abb. 15.2).

Die Lebensmittelvergiftung durch B. cereus untergliedert sich in ein emetisches und ein Diarrhoe-Syndrom.

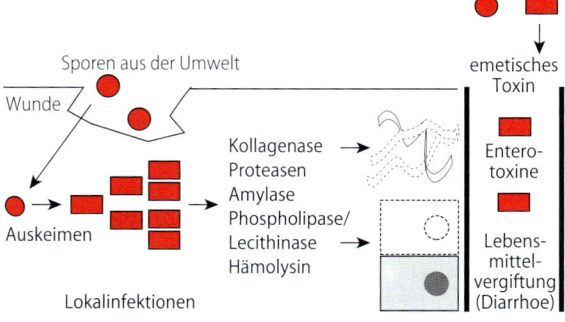

Abb. 15.2. Pathogenese und Rolle der Virulenzfaktoren bei Infektionen und Intoxikationen durch Bacillus cereus

Das Leitsymptom der Lebensmittelintoxikation ist Erbrechen, das 1–6 h nach Aufnahme der kontaminierten Nahrung, insbesondere von gekochtem Reis, beginnt.

Die Diarrhoe beginnt 10–12 h nach Nahrungsaufnahme (v.a. Fleisch und Gemüse). Sie ist durch Bauchschmerzen, profuse wässrige Durchfälle, Tenesmen und Übelkeit gekennzeichnet, die etwa 24 h anhalten.

Invasive Lokalinfektionen entstehen, wenn die ubiquitären Sporen in Wunden oder in Augenverletzungen gelangen und dort auskeimen (Abb. 15.2). Die zahlreichen gewebezerstörenden Virulenzfaktoren ermöglichen ein rasches Vordringen des Erregers. Es können gasbrandähnliche Myonekrosen und fulminante Endophthalmitiden entstehen. Während beim Gasbrand jedoch meist tiefere Gewebe betroffen sind, bleibt die Infektion durch B. cereus i.d.R. lokal-oberflächlich.

Die Labordiagnostik basiert auf der Anzucht des Erregers aus Stuhl und Nahrungsmitteln bzw. aus den Läsionen und der biochemischen Differenzierung (Beweglichkeit: Abgrenzung gegen B. anthracis).

Die Lebensmittelintoxikationen sind i.a. selbstlimitierend und werden nur symptomatisch durch Substitutionstherapie behandelt (s. S. 968 ff., Gastroenteritis). Sie müssen gemäß Infektionsschutzgesetz unter bestimmten Bedingungen gemeldet werden (s. S. 160 f.). Die Lokalinfektionen werden primär chirurgisch versorgt, eine unterstützende Antibiotikagabe muß nach Antibiogramm erfolgen.

15.3 Übrige Bacillus-Arten

Die übrigen Arten der Gattung Bacillus zeichnen sich durch ihre Pleomorphie aus: Sie wachsen überwiegend aerob, variieren aber stark in Größe, Gramverhalten und Sporenbildung. Sie können v.a. bei Immunsupprimierten ernsthafte lokale und systemische Infektionen auslösen. Einige Bacillus-Arten produzieren extrazelluläre Produkte, z.B. Hämolysine, Kollagenasen, Proteasen und Lecithinasen. Die Sporen von B. stearothermophilus werden zur Überprüfung von Autoklaven benutzt.

Bacillus-Arten sind in Luft, Boden und Wasser ubiquitär anzutreffen; das Hauptreservoir ist der Erdboden.

Infektionen mit Bacillus-Arten sind in erster Linie opportunistisch. Die Übertragung erfolgt hierbei durch die Aufnahme der ubiquitär vorhandenen Sporen. Am Infektionsort gehen die Bakterien in das vegetative Stadium über. B. subtilis, B. licheniformis und B. sphaericus können wie B. cereus Lebensmitteltoxine produzieren. Die Bacillus-Infektion kann lokalisiert (Wundinfektion, Endophthalmitis) oder systemisch (Sepsis, Meningitis, Endokarditis) verlaufen. Es entsteht keine Immunität.

Die Diagnose erfolgt durch Erregeranzucht und Differenzierung aus Abstrichen, Blut- und Stuhlkulturen. Obwohl Bacillus-Arten über eine mehrschichtige Mureinhülle verfügen, erscheinen sie mitunter nur in jungen Kulturen grampositiv, später gramlabil. Die Befundbewertung ist durch die ubiquitäre Verbreitung von Bacillus äußerst schwierig und muß vom behandelnden Arzt in enger Zusammenarbeit mit dem Mikrobiologen durchgeführt werden.

Im Gegensatz zu B. anthracis produzieren die übrigen Bacillus-Arten häufig β-Laktamasen. Man behandelt daher kalkuliert mit Vancomycin oder Clindamycin. Wegen der multiplen Resistenzen sollte unbedingt ein Antibiogramm erstellt werden. Durch Sporenbildung sind Bacillus-Arten hochgradig widerstandsfähig gegen Hitze, Bestrahlung, Austrocknung und Desinfektionsmittel. Eine Schutzimpfung existiert nicht. Es besteht keine Meldepflicht.

VI

Tabelle 16.1. Clostridium: Gattungsmerkmale

Merkmal	Merkmalsausprägung
Gramfärbung	grampositive Stäbchen
aerob/anaerob	obligat anaerob
Kohlenhydratverwertung	fermentativ
Sporenbildung	ja
Beweglichkeit	ja, außer C. perfringens
Katalase	negativ
Oxidase	?

Tabelle 16.2. Clostridien: Arten und Krankheiten

Arten	Krankheiten
Clostridium perfringens	Gasbrand
	Lebensmittelvergiftung (Typ A)
	Nekrotisierende Enterokolitis (Typ C)
	Peritonitis
Clostridium novyii	Gasbrand
Clostridium septicum	Gasbrand, Enterokolitis
Clostridium histolyticum	Gasbrand
Clostridium botulinum	Botulismus
Clostridium tetani	Tetanus
Clostridium difficile	Antibiotika-assoziierte Kolitis
Clostridium bifermentans	Wundinfektionen
Clostridium sporogenes	
Clostridium fallax	
Clostridium ramosum	

Obligat anaerobe grampositive Stäbchen, die Endosporen bilden, sind in der Gattung Clostridium zusammengefaßt (Tabelle 16.1). Sie sind in der Natur ubiquitär verbreitet und auch häufig im Intestinaltrakt des Menschen zu finden.

Durch Clostridien (closter, gr. Spindel) hervorgerufene Erkrankungen waren bereits im Altertum bekannt. Sie verursachen eine Reihe von schweren Krankheitsbildern, wie z.B. Botulismus, Tetanus und Gasbrand (Clostridien-Myositis), sie können aber auch an eiterbildenden Infektionen beteiligt sein oder intestinale Infektionen verursachen, z.B. die Antibiotika-assoziierte Kolitis (Tabelle 16.2).

16.1 Clostridium perfringens

STECKBRIEF

Clostridium (C.) perfringens ist der hauptsächliche, aber nicht der einzige Erreger der clostridialen Myonekrose (Gasbrand). Da die Sporen im Erdboden ubiquitär verbreitet sind, ist die Gasbrandinfektion besonders in Kriegszeiten sehr gefürchtet. Daneben kann dieser obligat anaerobe Sporenbildner an eitrigen Infektionen beteiligt sein sowie verschiedene Infektionen des Darms hervorrufen.

Ziegelsteinform

Clostridium perfringens kastenförmige grampositive Stäbchenbakterien (Sporen nicht sichtbar!) OHNE Granulozyten bei Gasbrand, entdeckt 1892 von W.H. Welch und G.H.F. Nutall, umbenannt 1898 von Veillon und Zuber

C. perfringens (lat. durchbrechen; alter Name: Welch-Fraenkelscher Gasbazillus) wurde 1892 von W.H. Welch und G.H.F. Nuttall, Baltimore, beschrieben.

16.1.1 Beschreibung

Aufbau

Clostridien folgen dem allgemeinen Wandaufbau grampositiver Bakterien. Für einzelne Arten sind spezielle Peptidoglykanbausteine beschrieben. Etwa 75% aller C.-perfringens-Isolate weisen eine Polysaccharidkapsel auf. Während die übrigen Clostridien peritrich begeißelt und somit beweglich sind, fehlt C. perfringens diese Eigenschaft.

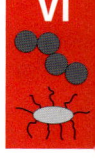

Extrazelluläre Produkte

Die für das Krankheitsgeschehen verantwortlichen Virulenzfaktoren sind die zahlreichen von C. perfringens gebildeten Toxine, die allerdings nicht von allen Stämmen gleichermaßen produziert werden. So werden je nach Vorhandensein der wesentlichsten Toxine (α, β, ε, ι) die C.-perfringens-Typen A–E unterschieden. Andere Clostridien bilden z. T. ähnliche, z. T. in der Wirkung unterschiedliche Toxine.

Resistenz gegen äußere Einflüsse

Clostridien haben die Eigenschaft, während ihres Wachstums *Endosporen* zu bilden. Geht die Zelle unter, so bleibt die Spore als Dauer(Überlebens-)form bestehen. Sie ist sehr resistent gegen Hitze und Austrocknung. Die Sporenbildung erlaubt den Clostridien, auch außerhalb eines anaeroben Milieus zu überleben.

Vorkommen

Clostridien sind in der Natur ubiquitär verbreitet. Ihre Sporen bzw. vegetativen Formen finden sich im Erdboden, im Staub, im Wasser und als Standortflora im Intestinaltrakt von Säugetieren einschließlich des Menschen.

16.1.2 Rolle als Krankheitserreger

Epidemiologie

Clostridiale Wundinfektionen (einschließlich Tetanus) sind meist exogener Natur. In der vorantiseptischen Zeit wurden die Erreger häufig iatrogen von Wunde zu Wunde verschleppt. Heute erfolgt eine Übertragung von Patient zu Patient in der Regel nicht, so daß entsprechende Infektionen in Industrieländern auf Einzelfälle beschränkt bleiben. Im Jahr 1997 wurden in Deutschland 122 Fälle von Gasbrand gemeldet.

Übertragung

Clostridien sind ubiquitär in der Umwelt vorhanden, besonders aber im Erdboden. Dementsprechend treten Infektionen vor allem bei verschmutzten Wunden auf.

Pathogenese

Clostridiale Myonekrose (Gasbrand). Ursächlich für den Gasbrand sind meist C.-perfringens-Stämme vom Typ A. Ihr Alphatoxin, eine Lecithinase, spaltet membranständiges Lecithin in Phosphorylcholin und Diacylglycerol und wirkt dadurch membranzerstörend (Abb. 16.1, s. a. S. 27).

Die Kontamination einer Wunde mit Clostridien oder Clostridiensporen kann exogen aus der Umwelt, z. B. aus dem Staub oder endogen durch Clostridien der physiologischen Bakterienflora, entstehen. Voraussetzung für das Auskeimen der Sporen bzw. die Vermehrung der Clostridien in der Wunde ist eine Absenkung des Redoxpotentials des Gewebes, z. B. durch Durchblutungsstörungen, Sekretansammlungen oder Nekrosen. Mischinfektionen mit anderen Erregern sind nicht selten. Toxine bestimmen dann das weitere Krankheitsgeschehen.

Ähnlich wie bei anderen Anaerobiern können Infektionen durch Clostridien nur dann auftreten, wenn die Erreger anaerobe Bedingungen vorfinden. Entsprechend sind schlecht durchblutete Wunden (Quetschung), verschmutzte Wunden (Schürfung im Straßenstaub), große Wundhöhlen (Amputation) oder Fremdkörper im Gewebe (Pfählung) prädisponierende Faktoren für eine Infektion.

Intestinale Infektionen. Im Intestinaltrakt finden Clostridien ausreichend anaerobe Bedingungen, so daß sie hier als Saprophyten vorkommen. Besitzen sie jedoch bestimmte Virulenzfaktoren, Enterotoxin von C. perfringens Typ A bzw. das porenbildende β-Toxin von C. perfringens Typ C, kann

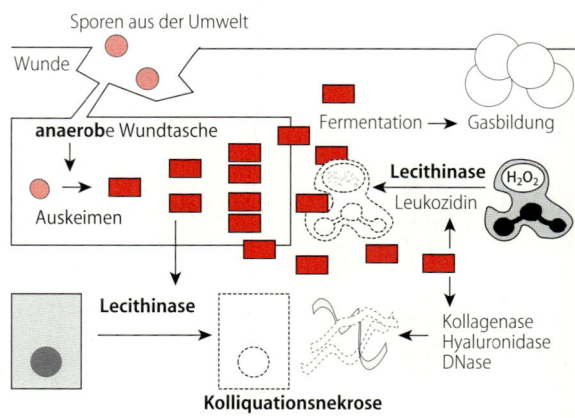

Abb. 16.1. Pathogenese und Rolle der Virulenzfaktoren bei Gasbrand

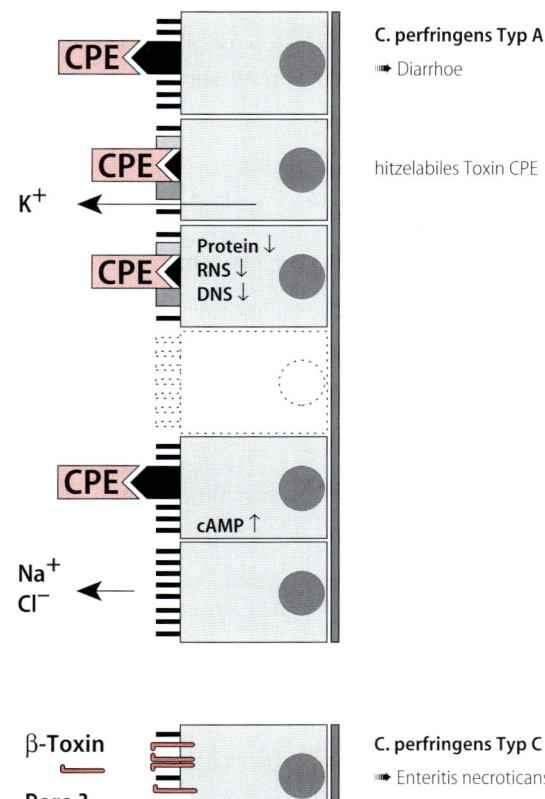

C. perfringens Typ A
➡ Diarrhoe

hitzelabiles Toxin CPE

CPE
K⁺

Protein ↓
RNS ↓
DNS ↓

CPE

cAMP ↑

Na⁺
Cl⁻

β-Toxin

Pore ?

C. perfringens Typ C
➡ Enteritis necroticans

Abb. 16.2. Pathogenese und Rolle der Virulenzfaktoren bei enteralen Clostridium-perfringens-Infektionen

eine Schädigung der Darmwand entstehen (Abb. 16.2).

Klinik

Clostridiale Myonekrose (Gasbrand). Die schwerste Form der Wundinfektion ist die Clostridien-Myositis/Myonekrose (Gasbrand). Sie entwickelt sich nach Verletzungen, z.B. im Garten und im landwirtschaftlichen Bereich. Sie tritt meist nach einer Inkubationszeit von ca. 2 Tagen perakut mit heftigen Schmerzen, Unruhe des Patienten und Blutdruckabfall auf. Das Infektionsgebiet ist geschwollen und bräunlich-livide verfärbt. Bei der Palpation kann ein Knistern (Crepitatio, Gasbildung im Gewebe) festgestellt werden. Aus der Wunde entleert sich meist eine stinkende (flüchtige Fettsäuren!), u.U. Bläschen enthaltende, seröse Flüssigkeit. Die chirurgische Exploration der Wun-

de ergibt einen nekrotischen Zerfall der befallenen Muskulatur. Unbehandelt kann die Infektion aufgrund eines toxininduzierten Schocks innerhalb von Stunden zum Tod des Patienten führen.

Eiterbildende Infektionen. C. perfringens kann auch an nicht gasbildenden eitrigen Infektionen beteiligt sein. Meist handelt es sich um Mischinfektionen mit Enterobakterien und anderen obligat anaeroben Bakterien.

Intestinale Infektionen. Intestinale Toxin infektionen können durch C.-perfringens-Stämme vom Typ A hervorgerufen werden. Die Übertragung erfolgt meist durch Fleisch (Geflügel) und Fleischprodukte. Das Enterotoxin verursacht Übelkeit, krampfartige Beschwerden und wäßrige Diarrhoen; Fieber und Erbrechen sind selten.

Der Darmbrand (Enteritis necroticans) ist eine schwere nekrotisierende Infektion des Jejunums, die durch β-toxinbildende C.-perfringens-Stämme vom Typ C hervorgerufen werden kann. Die Erkrankung verläuft häufig tödlich. Die tatsächlichen Pathomechanismen, insbesondere der Zusammenhang mit ungenügend gegartem Schweinefleisch, sind noch weitgehend unklar.

Immunität

Es wird keine Immunität ausgebildet.

Labordiagnose

Clostridiale Myonekrose (Gasbrand). Die Diagnose „Gasbrand" ist zunächst *klinisch* zu stellen. Allerdings können auch andere Erreger (z.B. Streptokokken, Enterobakterien, Bacteroides-Spezies) ähnliche Erscheinungen hervorrufen. Aufgrund der eingreifenden chirurgischen Therapie (s.u.), die meist nur beim „echten" Gasbrand erforderlich ist, sollte eine möglichst schnelle (notfallmäßige!) mikrobiologische Sicherung der klinischen Diagnose angestrebt werden. Dazu ist die sofortige mikroskopische Untersuchung von klinischen Materialien (Wundsekret, Muskelexzisat) mittels Gramfärbung geeignet, mit der sich die morphologisch typisch aussehenden Erreger (dicke, grampositive Stäbchen) innerhalb von Minuten nachweisen lassen. Ein histologisches Präparat zeigt charakterischerweise die nekrotische, durch Gasbildung aufgelockerte („gefiederte") Muskulatur. Ca. 80% der Gasbrandfälle werden

durch C. perfringens, die übrigen 20% durch C. novyi und C. septicum, selten durch andere Clostridien hervorgerufen (vgl. Tabelle 16.2, S. 357). Die α-Toxinbildung läßt sich in vitro mit Hilfe des sog. Nagler-Tests nachweisen. Für diesen Test werden die Clostridien auf einem eigelbhaltigen Nährboden angezüchtet, der die Lecithinasebildung als Trübung rund um die Bakterienkolonie anzeigt. Bestreicht man einen Teil des Kulturmediums mit einem gegen das α-Toxin gerichteten Antikörper (Antitoxin), so bleibt die Trübung aus.

Kultur. Clostridien stellen erhebliche Ansprüche an das Kulturmedium, so daß für ihre Anzucht meist bluthaltige Medien oder nährstoffreiche Bouillons (z.B. Leberbouillon) eingesetzt werden. C. perfringens vermehrt sich bei pH-Werten zwischen 5,5 und 8, bei Temperaturen zwischen 20 und 50°C (Temperaturoptimum bei 45°C) und ist relativ aerotolerant. Unter geeigneten Bedingungen beträgt die Generationszeit nur 30 min; es bilden sich bereits nach 8 bis 10stündiger Kultur sichtbare Kolonien.

Andere Clostridien sind hinsichtlich der Kulturbedingungen empfindlicher (strikte Anaerobier, Temperaturoptimum bei 37°C); sie benötigen mindestens 48 h zur Koloniebildung (C. tetani, C. botulinum u.a.).

Morphologisch. Die Form der Bakterienzellen ist sehr unterschiedlich. Während C. perfringens dicke, plumpe Zellen (*Ziegelsteinform*) aufweist, imponiert C. tetani durch lange, schlanke Zellen, die durch Sporen terminal ausgeweitet sein können (*Tennisschlägerform*). Die Stellung der Sporen (mittel- oder endständig) kann einen Hinweis auf die Clostridien-Art geben.

Biochemisch. Wie bei anderen Anaerobiern werden auch für die Identifizierung der Clostridien sowohl biochemische Leistungsprüfungen als auch die gaschromatographische Analyse der gebildeten Fettsäuren herangezogen. Von großer diagnostischer Bedeutung ist der Nachweis der von den Organismen gebildeten Toxine.

Intestinale Infektionen. Der Nachweis, daß es sich bei einer entsprechenden Krankheit um eine clostridienbedingte Toxininfektion handelt, ist schwierig zu führen, da (semi-)quantitative Stuhlkulturen erforderlich sind und die Enterotoxinproduktion demonstriert werden sollte.

Therapie

Aufgrund des perakuten Verlaufs muß die Therapie des Gasbrands ohne Verzögerung eingeleitet werden. Sie besteht v.a. in einer chirurgischen *Wundrevision* mit Entfernung aller Nekrosen. Nicht selten kann bei peripheren Infektionen eine Amputation erforderlich werden. Daneben werden hohe Dosen von Penicillin G verabreicht, um verbliebene Clostridien abzutöten. Diese adjuvante Chemotherapie kann aber nur in vitalem Gewebe zur Wirkung kommen, weil nekrotische Bezirke von der Zirkulation ausgeschlossen sind und damit keine ausreichenden Antibiotikaspiegel erreicht werden. Bei Mischinfektionen müssen auch die weiteren Erreger erfaßt werden. Weiterhin kann der Patient ggf. einer hyperbaren Sauerstofftherapie (in einer Druckkammer) zugeführt werden.

Bei Darminfektionen steht der Flüssigkeits- und Elektrolytersatz im Vordergrund, bei einer nekrotisierenden Enterokolitis ist u.U. ein chirurgisches Eingreifen erforderlich.

Prävention

Patienten mit stark verschmutzten Wunden (z.B. Zustand nach Verkehrsunfall) sind besonders häufig von Clostridieninfektionen betroffen. Bei ihnen ist daher eine entsprechende Wundrevision sowie eine prophylaktische Gabe von Antibiotika unerläßlich (Gasbrand-Prophylaxe).

Meldepflicht. Der Verdacht auf und die Erkrankung an einer mikrobiell bedingten Lebensmittelvergiftung oder an einer akuten infektiösen Gastroenteritis ist namentlich zu melden, wenn a) eine Person spezielle Tätigkeiten (Lebensmittel-, Gaststätten-, Küchenbereich, Einrichtungen mit/zur Gemeinschaftsverpflegung) ausübt oder b) zwei oder mehr gleichartige Erkrankungen auftreten, bei denen ein epidemischer Zusammenhang wahrscheinlich ist oder vermutet wird (§6 IfSG).

VI

16.2 Clostridium tetani

C. tetani ist der Erreger des Tetanus (Wundstarrkrampf). Der Erreger ist in der Natur (Erdboden) ubiquitär verbreitet; es existiert eine wirksame Schutzimpfung.

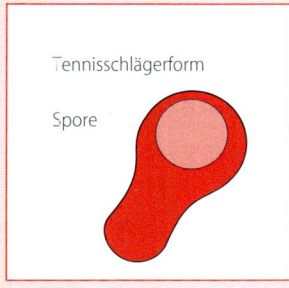

Tennisschlägerform

Spore

Clostridium tetani
tennisschlägerförmige grampositive Stäbchen mit endständigen Sporen, entdeckt 1890 von Kitasato (Reinkultur), 1884 Übertragung mit Wundsekret durch Carle und Rattone bzw. mit Erde (und mikroskopischer Nachweis) durch Nicolaier

In den 80er Jahren des vorigen Jahrhunderts wurde C. tetani (tetanos, gr. Krampf) als Erreger des Wundstarrkrampfs entdeckt (Carle und Rattone, Nicolaier, Rosenbach, Kitasato).

16.2.1 Beschreibung

Aufbau

C. tetani ist wie alle anderen Clostridien aufgebaut und bildet Endosporen.

Extrazelluläre Produkte

Der Erreger produziert das Tetanustoxin, das für die Krankheitserscheinungen ursächlich ist.

Resistenz gegen äußere Einflüsse

Durch die Sporenbildung ist C. tetani sehr umweltresistent.

Vorkommen

Tetanussporen kommen ubiquitär im Erdboden vor.

16.2.2 Rolle als Krankheitserreger

Epidemiologie

Tetanus ist in Ländern mit hoher Durchimpfungsrate selten geworden; 1997 wurden in Deutschland 11 Fälle gemeldet. Bei mangelhaftem Impfstatus, v.a. in Entwicklungsländern, ist er noch immer eine häufige Todesursache nach Verletzungen und bei Neugeborenen. Weltweit wird die Zahl der Tetanus-Toten auf 1 Million pro Jahr geschätzt.

Übertragung

Der Erreger ist in der Natur weitverbreitet und gelangt als exogene Kontaminante in die Wunde.

Pathogenese

Die Erreger vermehren sich lediglich lokal an der Eintrittspforte und produzieren dort das **Tetanospasmin** (Abb. 16.3). Es wird durch Autolyse freigesetzt und erreicht retrograd entlang den Nervenbahnen oder hämatogen die Vorderhornzellen der grauen Substanz des Rückenmarks, um dort seine Wirkung zu entfalten. Das Toxin spaltet proteolytisch Synaptobrevine (VAMP). Diese sind für die Ausschüttung des für die hemmenden Neurone essentiellen Neurotransmitters Gammaamino-Buttersäure (GABA)2 in den synaptischen Spalt beteiligt. Hierdurch wird an inhibitorischen Synapsen der spinalen Motoneuronen die Signalübertragung der hemmenden Neuronen blockiert: Es entsteht eine spastische Lähmung mit strychninartigen, tonisch-klonischen Krämpfen (s. a. S. 29).

Klinik

Der Tetanus stellt eine durch C. tetani hervorgerufene Wundinfektion dar, bei der die toxische Schädigung des Nervensystems im Vordergrund steht. Infektionen treten bereits im Rahmen von verschmutzten Bagatellverletzungen, insbesondere bei im Gewebe verbliebenen kleinsten Fremdkörpern (z.B. Holzsplitter, Dornen) auf. Eine besonders gefürchtete Form des Tetanus kann nach Kontamination der Nabelschnur (z.B. durch unsterile Instrumente) beim Neugeborenen entstehen (Tetanus neonatorum).

Klinische Krankheitszeichen treten nach einer Inkubationszeit von wenigen Tagen bis zu drei Wochen auf. Sie beginnen mit Kopfschmerzen und

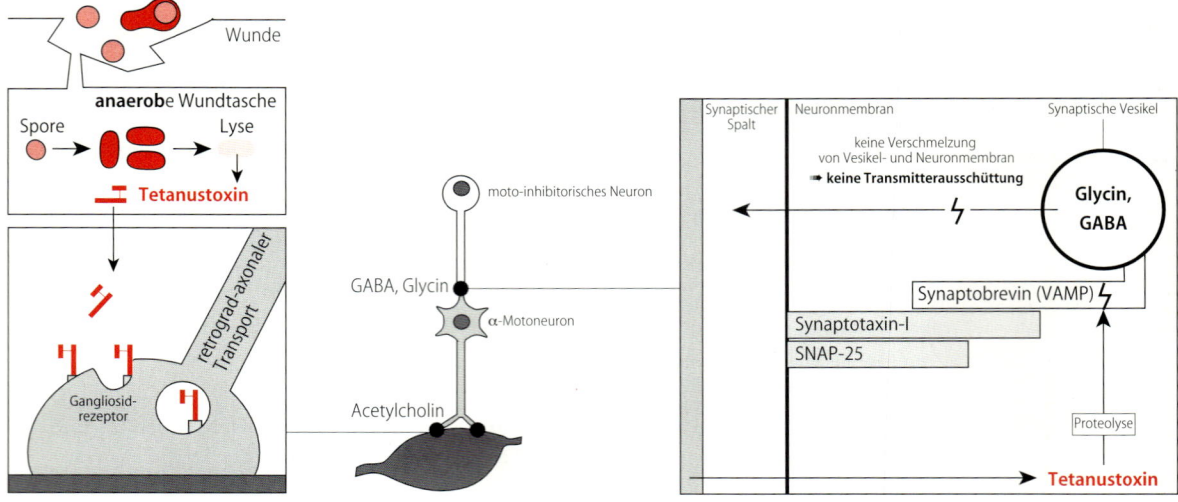

Abb. 16.3. Pathogenese des Tetanus

gesteigerter Reflexauslösbarkeit. Charakteristischerweise kommt es zur Ausbildung des sog. *Trismus* (Tonuserhöhung der Kaumuskulatur, die zu einer Kieferklemme führt). Die Kontraktion der mimischen Muskulatur führt zu einem Gesichtsausdruck, der als *Risus sardonicus (Teufelsgrinsen)* bezeichnet wird. Im weiteren Verlauf entwickeln sich tonisch-klonische Krampfzustände, die auch die Atmungsmuskulatur erfassen können und damit lebensbedrohlich werden.

Immunität

Als Folge eines Tetanus bildet sich eine unsichere antitoxische Immunität aus. Eine sichere Immunität kann nur durch eine aktive Schutzimpfung erreicht werden, die alle 10 Jahre aufgefrischt werden muß.

Labordiagnose

Eine Anzucht des Erregers mißlingt häufig. Die Diagnose erfolgt aufgrund des klinischen Bildes sowie durch Nachweis des Tetanustoxins im Patientenserum.

Mäuseschutzversuch. Zum Toxinnachweis ist ein Tierversuch erforderlich. Der Nachweis gilt als geführt, wenn Mäuse, die mit unterschiedlichen Mengen an Patientenserum inokuliert wurden (meist 0,5 und 1 ml), in „Robbenstellung" (Starrkrampf der Hinterbeine) versterben, während die Mäuse der Kontrollgruppe, die Patientenserum und Antitoxin erhalten, überleben.

Therapie

Die Therapie des Tetanus besteht aus symptomatischen Maßnahmen wie z. B. der Gabe krampflösender Medikamente, u. U. auch von Muskelrelaxantien, ggf. künstlicher Beatmung bei Lähmung der Atemmuskulatur, der Verabreichung von Antitoxin (humane Anti-Tetanustoxin-Antikörper) sowie aus der Herdsanierung (chirurgisch und antibiotisch).

Prävention

Schutzimpfung. Da die Therapieerfolge beim vollausgebildeten Krankheitsbild des Tetanus auch heute noch schlecht sind, ist die Impfprophylaxe von größter Bedeutung. Die aktive Schutzimpfung gegen Tetanus beruht auf der immunisierenden Wirkung des formalinisierten Toxins (Toxoid). Sie wird meist in Verbindung mit der Schutzimpfung gegen Diphtherie (Zweifachimpfung DT) oder zusätzlich mit der Anti-Pertussisimpfung (Dreifachimpfung DTP) durchgeführt. Ggf. kann der Impfstatus bzw. die Notwendigkeit zur Wiederimpfung durch Bestimmung des Antikörpertiters im Serum ermittelt werden.

16.3 Clostridium botulinum

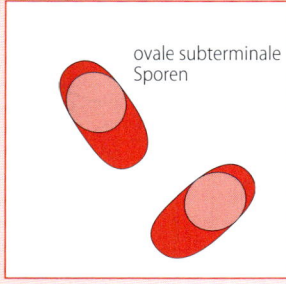

C. botulinum verursacht toxinvermittelt den Botulismus. Die Toxine werden meist mit Lebensmitteln aufgenommen, die nicht ausreichend sterilisiert wurden. Hochgiftige Botulinustoxine verursachen motorische Lähmungen und führen rasch zum Tode.

ovale subterminale Sporen

Clostridium botulinum
grampositive Stäbchen,
entdeckt 1896 von
van Ermengem

STECKBRIEF

C. botulinum wurde zuerst von van Ermengem 1896 im Zusammenhang mit einer tödlichen Lebensmittelvergiftung isoliert und mit dem Namen Bacillus botulinus (botulus, lat. Wurst) versehen.

16.3.1 Beschreibung

Aufbau

C. botulinum ist wie andere Clostridien aufgebaut und hat die Fähigkeit zur Endosporenbildung.

Extrazelluläre Produkte

C. botulinum kann jeweils eines von sieben immunologisch verschiedenen Neurotoxinen (A, B, C1, D, E, F, G) aufweisen und nach Autolyse freisetzen. Humane Botulismusfälle werden durch die Typen A, B, E und selten F verursacht.

Resistenz gegen äußere Einflüsse

Wegen der Endosporenbildung ist C. botulinum äußerst umweltresistent.

Vorkommen

Der Botulismus kommt heute nur noch selten vor, wird aber bei älteren Patienten leicht mit neurologischen Erkrankungen verwechselt.

16.3.2 Rolle als Krankheitserreger

Epidemiologie

Der Botulismus tritt sporadisch oder in Form von Kleinepidemien auf. 1997 wurden in Deutschland neun Fälle gemeldet.

Übertragung

Der Botulismus entsteht nach enteraler Aufnahme von botulinustoxinhaltigen Lebensmitteln. Fehlerhaft sterilisierte Konserven und unsachgemäß haltbar gemachte Fleischprodukte (Wurst, Schinken) können für das C. botulinum ideale Bedingungen hinsichtlich der Anaerobiose und des Nährstoffangebots bieten.

Pathogenese

Die Bakterien produzieren beim Wachstum Toxine, die dann mit dem Nahrungsmittel aufgenommen werden (Abb. 16.4). Eine Kolonisation oder gar eine Infektion mit dem Erreger ist nicht notwendig. Somit handelt es sich beim Botulismus nicht um eine Infektion im eigentlichen Sinne, sondern um eine Intoxikation. Im Unterschied dazu entsteht der Säuglingsbotulismus durch eine Kolonisation des Intestinaltrakts mit C. botulinum mit anschließender Toxinproduktion und Resorption. Auch Wundinfektionen mit C. botulinum können zum Botulismus führen.

Die Toxine sind AB-Toxine und für den Menschen außerordentlich giftig: Bereits 1 ng/kg wirkt letal. Ähnlich dem Tetanustoxin spalten sie Synaptobrevine und andere Proteine, die an der Verschmelzung transmitterhaltiger (Acetylcholin) synaptischer Vesikel mit der synaptischen Membran beteiligt sind. Hierdurch wird die Acetylcholinfreisetzung z.B. an der motorischen Endplatte gehemmt, so daß schlaffe Lähmungen entstehen (Abb. 16.4, s.a. S. 29).

Klinik

12–36 h nach Aufnahme des Toxins kommt es zunächst zu Funktionsstörungen der Augenmuskulatur (Augenflimmern, Doppeltsehen, Akkommodationsstörungen durch Abduzens- bzw. Okulomotoriuslähmung). Es treten dann durch Lähmung weiterer Hirnnerven Mundtrockenheit, Sprach- und Schluckstörungen hinzu. Später werden auch periphere Nerven erfaßt, so daß es u.a. zum Atemstillstand kommen kann.

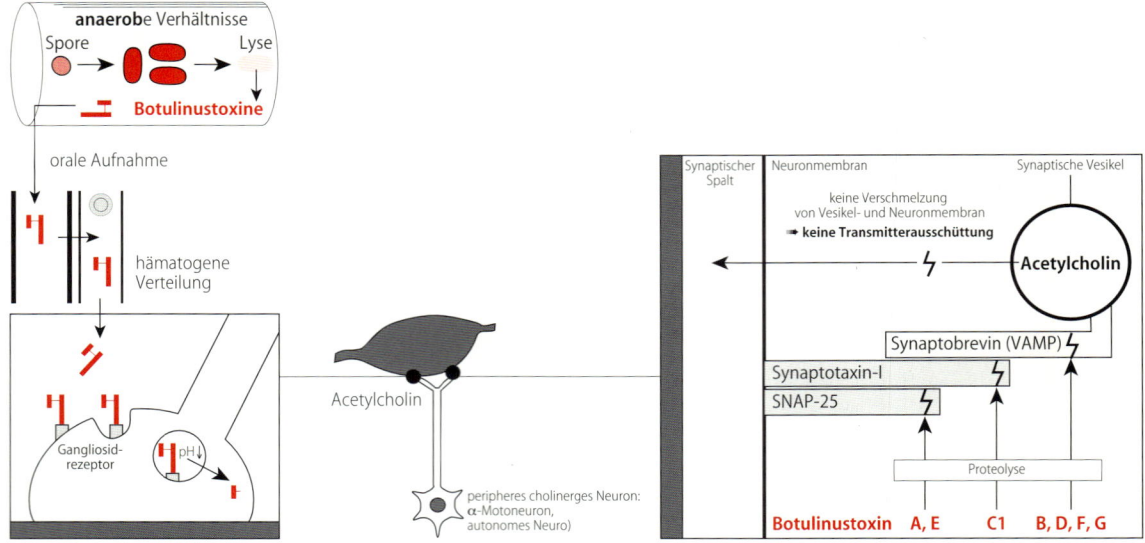

Abb. 16.4. Pathogenese des Botulismus

Immunität

Es entsteht keine Immunität.

Labordiagnose

Die Diagnose wird durch Nachweis des Toxins in Patientenmaterialien (Serum, Mageninhalt, Erbrochenes) oder ggf. im kontaminierten Nahrungsmittel gestellt. Dazu ist ein Tierversuch erforderlich, der ähnlich dem zum Nachweis von Tetanospasmin durchgeführt wird.

Therapie

Die Therapie besteht aus symptomatischen Intensivmaßnahmen (bis hin zur künstlichen Beatmung und Anlage eines Herzschrittmachers) und der Verabreichung von Antitoxin.

Prävention

Dringend zu warnen ist vor Konserven, die durch Gasbildung ausgebeult („bombiert") sind. Zu warnen ist u. U. auch vor eingewecktem Gemüse (Bohnen, Spargel) aus häuslicher Eigenproduktion. Auch geräucherter Fisch (z. B. Lachs) kann mit Botulismussporen kontaminiert sein. Da das Botulinustoxin hitzelabil ist, wird es durch 10 min Kochen zerstört.

Meldepflicht. Namentlich zu melden sind der Krankheitsverdacht, die Erkrankung sowie der Tod an Botulismus (§ 6 IfSG). Direkte oder indirekte Nachweise von Clostridium botulinum oder von Botulinustoxinen sind ebenfalls namentlich meldepflichtig, soweit der Nachweis auf eine akute Infektion hinweist (§ 7 IfSG).

16.4 Clostridium difficile

C. difficile ist der Erreger der antibiotika-assoziierten Kolitis. Seine ätiologische Rolle wurde 1977 von Bartlett und Mitarbeitern aufgedeckt.

Voraussetzung ist eine vorangegangene antibiotische Therapie, die die Vermehrung von C. difficile begünstigt hat. Es gibt Hinweise darauf, daß der Erreger fäkal-oral übertragen werden kann. Die Krankheitserscheinungen werden durch die beiden gebildeten Toxine A (Enterotoxin) und B (Zytotoxin) bedingt. Die Erreger können aus dem Patientenstuhl isoliert und die Toxinbildung an Zellkulturen oder mit immunologischen Methoden nachgewiesen werden. Die Therapie besteht im Absetzen der ursächlichen Antibiotikatherapie und in der oralen Gabe von Metronidazol oder, in schweren Fällen, von Vancomycin. Präventiv wirken die strenge Indikationsstellung für eine Antibiotikatherapie, die Einhaltung allgemeiner Hygienemaßnahmen, allen voran die hygienische Händedesinfektion.

ZUSAMMENFASSUNG: Obligat anaerobe sporenbildende Stäbchen (Gattung Clostridium)

Bakteriologie. Endosporen bildende grampositive, obligat anaerobe Stäbchen, die zur Toxinbildung befähigt sind. Peritriche Begeißelung (außer C. perfringens). Kulturelles Wachstum nur auf bluthaltigen Nährmedien unter anaeroben Bedingungen. Lange Generationszeit. Erreger von Wundinfektionen, Tetanus, Botulismus und enteralen Toxiinfektionen.

Resistenz. Durch Endosporenbildung sehr resistent gegen äußere Einflüsse.

Epidemiologie. In der Natur ubiquitär verbreitet.

Zielgruppe. Patienten mit verschmutzten Wunden (Gasbrand, Tetanus) oder nach Antibiotikatherapie (pseudomembranöse Colitis).

Gasbrand

Pathogenese. Wunde → vermindertes Redoxpotential im Wundbereich → exogene Kontamination → Keimvermehrung und Toxinbildung → Nekrose → toxininduzierter Schock → Tod.

Klinik. Inkubationszeit ca. 2 Tage. Schwerstes toxisches Krankheitsbild. Perakute Schwellung mit bräunlicher Verfärbung und Entleerung einer stinkenden Flüssigkeit; Gewebeknistern.

Tetanus

Pathogenese. Wunde → exogene Kontamination → Vermehrung an der Eintrittspforte → Toxinbildung (Tetanospasmin) → Dissemination des Toxins ins ZNS → Blockade der Dämpfung spinaler Motoneurone → Krampferscheinungen → Tod.

Klinik. Nach Kontamination einer Bagatellverletzung Inkubationszeit von wenigen Tagen bis zu drei Wochen. Anfänglich gesteigerte Reflexauslösung geht über in Krampferscheinungen mit generalisierten tonisch-klonischen Krampfzuständen.

Botulismus und andere enterale Toxinfektionen

Pathogenese. Kontamination von Lebensmitteln mit C. botulinum → Toxinproduktion (z.B. in Konserven) → enterale Aufnahme des Toxins → Blockade der Acetylcholinfrei-setzung an den motorischen Endplatten → schlaffe Lähmung der quergestreiften Muskulatur → Atemlähmung → Tod.

Klinik. 12 bis 36 h nach Aufnahme des Toxins zunächst leichte Lähmungserscheinungen der Augenmuskulatur, Mundtrockenheit, Sprach- und Schluckstörungen. Später Lähmung der Atemmuskulatur und Atemstillstand.

Labordiagnose. Mikroskopisch dicke gramlabile Stäbchen im Wundabstrich. Anzucht von C. perfringens innerhalb von 8–10 h möglich. Identifikation durch biochemische Leistungsprüfung und Gaschromatographie.
Tetanus: Toxinnachweis aus Patientenserum im Tierversuch.
Botulismus: Toxinnachweis aus Serum und Lebensmitteln im Tierversuch.
Antibiotika-assoziierte Kolitis: Toxinnachweis aus Stuhlfiltrat im ELISA.

Therapie. Chirurgische Wundrevision, Antibiotika (Mittel der Wahl Penicillin G), hyperbare O_2-Therapie bei Gasbrand.
Krampflösende Medikamente, Muskelrelaxantien, mechanische Beatmung, humane Anti-Tetanustoxin-Antikörper, chirurgische Herdsanierung bei Tetanus.
Symptomatisch, Antitoxingabe bei Botulismus.
Metronidazol bei Antibiotika-assoziierter Kolitis, in schweren Fällen (pseudomembranöse Kolitis) Vancomycin.

Immunität. Unsichere antitoxische Immunität bei Tetanus.

Prävention. Wundrevision und prophylaktische Antibiotikagabe bei Gasbrand, Impfprophylaxe gegen Tetanus.
Strenge Einhaltung hygienischer Vorschriften bei der Herstellung von Nahrungsmittelkonserven.

Meldepflicht. Clostridienbedingte Lebensmittelvergiftung: Verdacht, Erkrankung, Tod, wenn ein epidemischer Zusammenhang bei mindestens zwei Fällen vermutet wird oder eine Tätigkeit im Lebensmittelbereich ausgeführt wird. Botulismus: Verdacht, Erkrankung und Tod sowie direkte und indirekte Nachweise des Erregers oder der Toxine (namentlich).

A. C. RODLOFF

17.1 Obligat anaerobe gramnegative Stäbchen (Bacteroidaceae)

STECKBRIEF

Bacteroidaceae sind eine Familie gramnegativer Stäbchenbakterien, die zum Wachstum eine sauerstoffarme Atmosphäre benötigen (obligat anaerobe Bakterien). Sie stellen einerseits einen erheblichen Teil der physiologischen Standortflora des Menschen, andererseits sind sie häufige Infektionserreger.

Bereits 1898 beschrieben Veillon und Zuber Bacteroides (B.) fragilis („Bacillus fragilis") als Erreger von Appendizitis. Eine genauere Beschreibung erfolgte jedoch erst 1922 durch Knorr. Seither hat die Taxonomie der Bacteroidaceae häufige Veränderungen erfahren; eine Auflistung der medizinisch bedeutsamen Spezies ist in Tabelle 17.1 gegeben.

Tabelle 17.1. Übersicht über die obligat anaeroben gramnegativen Stäbchen

Gattungen und Arten
Bacteroides
fragilis, caccae, capillosus, coagulans, eggerthii, forsythus, gracilis, levii, merdae, ovatus, pneumosintes, putredines, stercoris, tectum, thetaiotaomicron, uniformis, ureolyticus, vulgatus
Prevotella
melaninogenica, bivia, buccae, buccalis, denticola, disiens, intermedia, heparinolytica, loeschii, nigrescens, oralis, oris, oulorum, veroralis, zoogleoformans
Porphyromonas
asaccharolytica, canoris, circumdentaria, endodontalis, gingivalis, salivosa
Fusobacterium
nucleatum, gonidiaformans, mortiferum, naviforme, necrogenes, necrophorum, pseudonecrophorum, varium, ulcerans
Weitere Gattungen
Anaerobiospirillum, Anaerorhabdus, Anaerovibrio, Butyrivibrio, Centipeda, Desulfomonas, Dichelobacter, Fibrobacter, Leptotrichia, Megamonas, Mitsuokella, Rikenella, Sebaldella, Selenomonas, Succinovibrio, Succinimonas, Tissierella

17.1.1 Beschreibung

Aufbau

Obwohl der Zellwandaufbau aller gramnegativen Bakterien sich grundsätzlich ähnelt, unterscheiden sich die Lipopolysaccharide (LPS) der Bacteroides-Arten in ihrem Aufbau erheblich von denen der Enterobakterien. Dies dürfte ein Grund dafür sein, daß das LPS von Bacteroides im Wirtsorganismus geringere Wirkungen (Toxizität) entfaltet als das LPS aerob wachsender gramnegativer Stäbchen.

Kapsel. Bacteroidaceae, die als Erreger aus Infektionsprozessen isoliert werden, tragen häufig eine Polysaccharidkapsel. Die Ausprägung dieser Kapsel korreliert mit der Virulenz der Bakterien.

Extrazelluläre Produkte

Enzyme. In Bacteroidaceae sind eine Reihe von Enzymen nachgewiesen worden (Hämolysin, Fibrinolysin, Heparinase, Leukozidin, Mucopolysaccharidasen, Kollagenasen u.a.).

Weiterhin sind einzelne enterotoxinbildende Stämme beschrieben worden.

Resistenz gegen äußere Einflüsse

Aufgrund ihrer Sauerstoffempfindlichkeit sind gramnegative, nichtsporenbildende Anaerobier gegenüber Umwelteinflüssen empfindlicher als viele andere Bakterien. Deshalb müssen bei der Materialgewinnung, beim Transport und bei der Bearbeitung im Labor besondere Vorsichtsmaßnahmen eingehalten werden.

Vorkommen

Bacteroidaceae und andere Anaerobier stellen den vorherrschenden Teil der physiologischen Bakterienflora von Mensch und Tier.

Man schätzt, daß ein Mensch (ca. 10^{13} körpereigene Zellen) gleichzeitig ca. 10^{14} Anaerobier auf Haut- und Schleimhäuten beherbergt. Die Gesamtzahl der Anaerobier beträgt zwischen dem 5fachen (Vagina) und 1000fachen (Dickdarm) der dort vertretenen fakultativ anaeroben Standortflora; so ist z.B. B. vulgatus im Stuhl in viel größeren Mengen vorhanden als E. coli. Im Dickdarm werden bis zu 10^{13} Anaerobier pro Gramm Stuhl gefunden. Außerhalb ihrer natürlichen Standorte sind die Bacteroidaceae aufgrund ihrer Sauerstoffempfindlichkeit selten zu finden.

17.1.2 Rolle als Krankheitserreger

Epidemiologie

Die Häufigkeit der Beteiligung von Anaerobiern bei verschiedenen Infektionen ist in Tabelle 17.2 zusammengefaßt. Den Erregern der Bacteroidesfragilis-Gruppe kommt dabei die größte Bedeutung zu.

Tabelle 17.2. Häufigkeit einer Beteiligung von nichtsporenbildenden Anaerobiern bei verschiedenen Infektionskrankheiten. (Mod. nach Sutter et al. 1980)

Krankheit	Häufigkeit [%]
Sepsis	5–10
Hirnabszeß	90
otolaryngologische Infektionen	30–50
dentogene Infektionen	>90
Aspirationspneumonie	>90
Lungenabszeß, Pleuraempyem	50–90
Leberabszeß	50–90
Appendizitis	50–80
Peritonitis	>80
Wundinfektion nach Bauchoperationen	30–60
Adnexitis	25–50
Endometritis, septischer Abort	60
Vaginose	>50

Übertragung

Die Übertragung erfolgt meist endogen.

Pathogenese

Als typische Opportunisten sind Bacteroidaceae an ihren physiologischen Standorten für den Menschen nicht pathogen. Vielmehr dürfte die Kolonisation von Haut- und Schleimhäuten mit Anaerobiern der Ansiedelung von pathogenen Mikroorganismen vorbeugen (Kolonisationsresistenz). Zu Infektionserregern können sie erst dann werden, wenn sie aus ihrem normalen Habitat in üblicherweise sterile Bereiche verschleppt werden. Dies setzt in der Regel eine Störung der Integrität der Haut/Schleimhautbarriere z.B. durch eine Nekrose, ein Trauma oder einen chirurgischen Eingriff voraus.

Eine Vermehrung der Anaerobier im Gewebe ist erst möglich, wenn die Sauerstoffversorgung beeinträchtigt und damit das normalerweise hohe Redoxpotential von ca. +120 mV vermindert wird. In diesem Sinne können eine Hypoxie, eine Hämostase oder das Eindringen von Fremdkörpern ins Gewebe für eine Infektion prädisponieren.

Im Falle von polybakteriellen Infektionen wird angenommen, daß es zunächst zur Vermehrung der aerob wachsenden Erreger kommt. Diese können durch Sauerstoffverbrauch das Redoxpotential im betroffenen Gewebe so weit senken, daß auch Vermehrung von Anaerobiern möglich wird.

Andere für Anaerobierinfektionen prädisponierende Faktoren sind Diabetes mellitus, Angiopathien mit Durchblutungsstörungen, Malignome, Alkoholismus sowie immunsuppressive Therapieformen (z.B. Zytostatika, Kortikosteroide).

Der am häufigsten vorkommende anaerobe Infektionserreger ist B. fragilis. Im Unterschied zu anderen (aeroben) gramnegativen Bakterien scheint das Lipopolysaccharid (LPS) von B. fragilis keine entscheidende Bedeutung für die Pathogenese zu haben, da die biologische (toxische) Aktivität dieses Endotoxins im Vergleich zu LPS anderer Herkunft (z.B. Salmonella Enteritidis) erheblich geringer ist.

Von pathogenetischer Relevanz ist die von verschiedenen Bacteroides-Arten gebildete **Polysaccharidkapsel**. Sie wird in ausgeprägter Weise meist bei aus Infektionsprozessen isolierten Erregern gefunden, während ihre Ausbildung nach mehreren Subkulturen im Labor zurückgeht.

typische (schleimhautnahe) Infektionslokalisation

Zustand nach Verletzung oder Operation

Zustand nach Aspiration (Verschleppung von Standortflora)

Gestörte Blutzirkulation

ausgedehnte Nekrosen, Gangränbildung (Sauerstoffversorgung ↓)

übelriechende Sekretionen (fötider Eiter; Fettsäuren der Anaerobier)

Knistern im Gewebe (Gasbildung)

schwarze Verfärbung (pigmentbildende Bacteroides-Arten)

septische Thrombophlebitis (gerinnungsfördernde Enzyme)

Sepsis mit Gelbsucht (Leberabszeß durch Anaerobier)

Über die Rolle der extrazellulären Enzyme von Bacteroidaceae als Virulenzfaktoren ist bisher wenig bekannt.

Klinik

Obligat anaerobe gramnegative Stäbchen sind als *Opportunisten* an der Ätiologie verschiedener Krankheitsbilder beteiligt. Sie treten meist gemeinsam mit anderen Anaerobiern (z. B. beim Hirnabszeß) und mit fakultativ anaeroben Bakterien auf.

Etwa 5–10% der von gramnegativen Stäbchen verursachten Sepsisfälle werden durch Bacteroides-Arten hervorgerufen.

Anaerobierinfektionen sind in der Regel *nicht* übertragbar (Ausnahme: Infektionen durch Clostridien, s. dort), sie entstehen vielmehr „endogen", d. h. durch Verschleppung von physiologischer Standortflora in normalerweise sterile Körpergebiete.

Bacteroidaceae sind häufig im Zusammenhang mit nekrotisierenden Infektionen (z. B. diabetische Gangrän) bzw. nekrotisierend/gasbildenden Weichteilinfektionen (Gasphlegmone, nicht identisch mit Gasbrand!) zu finden.

Ein Verdacht auf Beteiligung von Anaerobiern sollte immer dann aufkommen, wenn die in Tabelle 17.3 genannten Faktoren eine Rolle spielen. Bacteroidaceae treten als Erreger nur selten allein auf (z. B. bei Sepsis, Leberabszeß), meist sind sie Teil einer polybakteriellen Mischinfektion.

Immunität

Eine erworbene Immunität nach Infektionen mit Bacteroidaceae entwickelt sich nicht, obwohl häufig spezifische Antikörper gebildet werden. Diese finden sich jedoch auch bei Gesunden – möglicherweise als Ausdruck der ständigen Auseinandersetzung mit der Fäkalflora. In der Diagnostik haben Antikörpernachweise keine Bedeutung.

Neuere Befunde lassen vermuten, daß die *zelluläre Immunität* bei der Abwehr von Anaerobierinfektionen eine Rolle spielt. Es konnte gezeigt werden, daß experimentell übertragene, spezifisch reagible T-Lymphozyten in der Lage sind, vor Abszeßbildung durch B. fragilis zu schützen. Andererseits scheinen Bacteroides-Spezies die zelluläre Immunität des Wirtes zu beeinträchtigen und so die Abwehr auch gegen andere Erreger zu stören.

Labordiagnose

Der Nachweis einer Infektion mit Bacteroidaceae wird durch die Anzucht der Erreger geführt.

Untersuchungsmaterial. Viele Materialproben wie z. B. Sputum, Vaginalsekret u. ä. enthalten Anaerobier der physiologischen Standortflora, so daß eine eindeutige Bewertung der ätiologischen Bedeutung der angezüchteten Bacteroidaceae oft nicht möglich ist. Geeignete Materialien müssen daher durch Punktion (Eiter, Blut, Liquor) oder intraoperativ (z. B. bei Peritonitis, Adnexitis) gewonnen werden.

Transport. Wegen der begrenzten Sauerstofftoleranz der Anaerobier müssen Kulturen unmittelbar nach der Entnahme des Untersuchungsmaterials angelegt werden. Ist ein Transport der Probe unvermeidlich, so kann die Überlebenszeit der Erreger durch die Verwendung eines Transportmediums verlängert werden. Beträgt die Transportzeit mehr als 6 h, muß mit dem Absterben von besonders empfindlichen Spezies (z. B. Prevotella bivia) gerechnet werden. Transportmedien erhalten die Vitalität von Anaerobiern nicht nur durch ihre reduzierenden Eigenschaften, sie verhindern auch, daß die Anaerobier durch schnell wachsende fakultativ anaerobe Keime verdrängt werden.

Anzucht. Zur Kultur von obligat anaeroben Bakterien eignen sich flüssige und feste Kulturmedien, vorausgesetzt, sie werden den besonderen Nährstoffansprüchen der Anaerobier gerecht.

Als flüssige Medien finden z. B. Rosenow-, Schaedler- oder supplementierte Thioglykolatbouillon Verwendung. Als feste Kulturmedien kommen z. B. Schaedler-, Columbia- oder Glukose-Hefeextrakt-Cystein-Agar jeweils mit Zusatz von 10% Blut in Betracht. Die Medien sollten Hämin

VI

und Vitamin K enthalten; diese Substanzen beschleunigen das Wachstum gewisser Anaerobier.

Medien zur selektiven Anzucht von obligat anaeroben gramnegativen Stäbchen enthalten häufig Antibiotika wie Kanamycin (hemmt gramnegative Aerobier), Vancomycin (hemmt grampositive Bakterien) und evtl. Nystatin (hemmt Pilze).

Die Inkubation muß unter anaeroben (sauerstoffreduzierten) Bedingungen erfolgen. Hierzu eignen sich spezielle Brutschränke, in denen die Luft durch ein Gasgemisch aus N_2, H_2 und CO_2 ersetzt ist; brauchbar sind auch luftdicht schließende Gefäße (Anaerostaten), in denen das anaerobe Milieu durch einen Sauerstoff verbrauchenden chemischen Prozeß herbeigeführt wird.

Anaerobe Kulturen müssen für mindestens 48 h bebrütet werden. Einige Bakterien benötigen sogar bis zu fünf Tagen Inkubationszeit, bis sichtbare Kolonien entstehen.

Mikroskopisch. Im Grampräparat fällt bei Bacteroidaceae ihre Pleomorphie auf; Fusobakterien erscheinen im Grampräparat häufig als lange, fusiforme (spindelförmige) Bakterien, die u. U. Auftreibungen des Zelleibs aufweisen.

Für alle obligat anaeroben gramnegativen Erreger gilt, daß sie sich nur schwach anfärben.

Ein Schnellnachweis der häufig vorkommenden Keime der Bacteroides-fragilis-Gruppe und von P. melaninogenica kann im mikroskopischen Präparat durch Immunfluoreszenz (Verwendung von fluoreszenzmarkierten gruppenspezifischen Antikörpern) versucht werden.

Biochemisch. Die biochemische Leistungsprüfung umfaßt Reaktionen wie Äskulinspaltung, Indolbildung, Nitratreduktion und Kohlenhydratspaltung (Fermentation verschiedener Zucker). Die Testmethodik erfordert Inkubationszeiten von 48 h bis zu 12 Tagen.

Anaerobier bilden als Stoffwechselendprodukte verschiedene Fettsäuren und Alkohole, die gaschromatographisch nachgewiesen und ebenfalls zur Identifizierung herangezogen werden können. Solche Untersuchungen sind v. a. dann von Nutzen, wenn der zu identifizierende Erreger keine oder nur wenige Kohlenhydrate spaltet (z. B. Porphyromonas asaccharolytica).

Einige Bacteroidaceae bilden typischerweise ein schwarzes Pigment (Prevotella melaninogenica).

Tabelle 17.4. Wirksamkeit verschiedener Antibiotika gegen Bacteroidaceae

	Bacteroides-Arten	Porphyromonas/ Prevotella-Gruppe	Fusobacterium-Arten
Metronidazol	+++	+++	+++
Clindamycin	+++	+++	+++
Imipenem	+++	+++	+++
Piperacillin/Tazobactam	+++	+++	+++
Cefoxitin	++	+++	+++
Tetracyclin	+	++	++
Penicillin G	−	++	++

Wirkung: +++ sehr gut, ++ gut, + mäßig, − unzuverlässig

Therapie

Antibiotikaempfindlichkeit. Gegen eine Reihe von Antibiotika sind Anaerobier primär *resistent*. Dies gilt v. a. für die Aminoglykosid-Antibiotika.

Darüber hinaus bilden verschiedene Bacteroidaceae potente β-Laktamasen, die v. a. Cephalosporine, aber auch Penicilline abbauen.

Antibiotika mit guter Wirkung gegen Bacteroidaceae sind Nitroimidazole (z. B. Metronidazol), Clindamycin, Carbapeneme (z. B. Imipenem) sowie durch β-Laktamaseinhibitoren geschützte Penicilline (z. B. Piperacillin/Tazobactam). Die Beurteilung der einzelnen Antibiotika hinsichtlich ihrer Aktivität gegen Bacteroidaceae ist zusammenfassend in Tabelle 17.4 dargestellt.

Therapeutisches Vorgehen. Aufgrund des meist erheblichen Zeitbedarfs für die bakteriologische Diagnostik von Anaerobiern muß eine gegen Anaerobier wirksame Therapie bereits bei entsprechendem klinischen Verdacht eingeleitet werden.

Chirurgische Maßnahmen. Voraussetzung für eine erfolgreiche Chemotherapie kann insbesondere bei Anaerobierinfektionen eine chirurgische Revision des Infektionsgebietes sein. Dies gilt v. a. dann, wenn ausgedehnte Nekrosen oder abgekapselte Abszesse die Diffusion der Antibiotika behindern und somit ausreichende Wirkspiegel im Infektionsgebiet nicht erreicht werden würden.

Prävention

Ein erheblicher Teil der Anaerobierinfektionen ist in der Vergangenheit nach bestimmten operativen Eingriffen entstanden. Eine dramatische Senkung dieser postoperativen Infektionen konnte durch den prophylaktischen Einsatz von Antibiotika erzielt werden. Häufig reicht eine einmalige perioperative Gabe aus, um im Operationsgebiet Wirkspiegel zu erreichen, die die kontaminierenden Mikroorganismen erfassen und damit das Entstehen der Infektion verhindern.

Meldepflicht. Es besteht keine Meldepflicht.

Anhang: Gattung Capnocytophaga

Capnocytophaga-Spezies sind gramnegative Stäbchen, die in anaerober aber auch mikroaerophiler (kapnophiler), d.h. CO_2-angereicherter, Atmosphäre wachsen. Sie sind damit keine obligat anaeroben Bakterien und wurden daher von den Bacteroidaceae abgegrenzt. Sie treten im Rahmen von anaeroben Mischinfektionen, insbesondere im HNO-Bereich sowie bei Lungeninfektionen, auf. Monobakterielle septische Infektionen durch Capnocytophaga ochracea sind v.a. bei granulozytopenischen Patienten beschrieben worden. Capnocytophaga-Spezies sind gegen Penicilline, Clindamycin und Metronidazol empfindlich.

ZUSAMMENFASSUNG: Obligat anaerobe gramnegative Stäbchen

Bakteriologie. Pleomorphe schwach anfärbbare gramnegative Stäbchen. Wachstum nur unter anaeroben Bedingungen. Lange Generationszeit.

Resistenz. Gegenüber Umwelteinflüssen (insbesondere O_2) sehr empfindlich.

Epidemiologie. Opportunistische Krankheitserreger, die sich aus der physiologischen Schleimhautflora rekrutieren und bei eitrigen und/oder abszedierenden Infektionsgeschehen beteiligt sein können. Zielgruppe sind immunsupprimierte Patienten.

Pathogenese. Veränderung des physiologischen Standortmilieus oder Verschleppung in normalerweise sterile Bereiche → opportunistische Proliferation, wenn O_2-Spannung und Redoxpotential vermindert sind → Eiterbildung → Abszedierung.

Klinik. Beeinträchtigte O_2-Zufuhr z.B. nach Trauma oder Thrombophlebitis begünstigt Anaerobierinfektionen. Symptomatik: Nekrotisierende übelriechende Weichteilinfektionen mit schwärzlicher Verfärbung und/oder Gasbildung. Meist polybakterielle Mischinfektion.

Pathogenese. Polysaccharidkapsel: Bedeutendster Virulenzfaktor. Lipopolysaccharide: Im Gegensatz zu anderen gramnegativen Bakterien spielt das LPS der Bacteroides-Arten in der Pathogenese eine untergeordnete Rolle.

Labordiagnose. Untersuchungsmaterial: Eiter, Blut, Liquor, Peritonealflüssigkeit. Transport muß in geeigneten Medien stattfinden. Kulturelle Anzucht ist die Methode der Wahl, direkte Immunfluoreszenz möglich. Identifikation: Biochemische Leistungsprüfung, Gaschromatographie.

Therapie. Wirksame Antibiotika: Nitroimidazole, z.B. Metronidazol; Clindamycin, Imiperum. Chirurgische Wundrevision Voraussetzung für erfolgreiche Antibiotikatherapie.

Immunität. Keine.

Prävention. Allgemein-hygienische Maßnahmen. Perioperative Antibiotikaprophylaxe.

Meldepflicht. Keine.

17.2 Obligat anaerobe und mikro-aerophile nichtsporenbildende grampositive Stäbchen

STECKBRIEF

Obligat anaerob und mikroaerophile nichtsporenbildende grampositive Stäbchen sind für den Menschen v.a. als physiologische Standortflora im Oropharynxbereich, im Intestinaltrakt und auf der Genitalschleimhaut von Bedeutung. Propionibacterium-Arten stellen den Hauptanteil der Hautflora.

17.2.1 Beschreibung

Aufbau

Anaerobe und mikroaerophile nichtsporenbildende Stäbchen weisen einen für grampositive Bakterien typischen Zellwandaufbau auf.

Extrazelluläre Produkte

Auch diese Bakterien bilden Fettsäuren in unterschiedlichem Ausmaß.

Resistenz gegen äußere Einflüsse

Wegen der Sauerstoffempfindlichkeit sterben anaerobe und mikroaerophile grampositive Stäbchen unter aeroben Verhältnissen rasch ab, können sich aber in anaeroben Mischinfektionen (Aktinomykose, Cholesteatom) gut vermehren. Im Vergleich zu anderen Anaerobiern (z.B. Tetanusclostridien) sind die grampositiven Stäbchen relativ aerotolerant.

Vorkommen

Die obligat anaeroben und mikroaerophilen nichtsporenbildenden grampositiven Stäbchen stellen einen erheblichen Teil der physiologischen Bakterienflora des Menschen. Actinomyces-Arten finden sich regelmäßig in der Mundhöhle, gelegentlich auch im Verdauungs- oder Genitaltrakt.

Eubacterium- und Bifidobacterium-Arten gehören zur Stuhlflora, während Propionibacterium den überwiegenden Teil der Hautflora ausmacht.

Lactobacillus-Arten kommen im Oropharynx und im Intestinaltrakt vor; als sog. „Döderleinsche Stäbchen" beherrschen sie die normale Vaginalflora. Sie sind verantwortlich für die Umsetzung des unter Hormoneinfluß angereicherten Glykogens zu Laktat und damit für das saure Scheidenmilieu, welches wiederum der Ansiedelung anderer pathogener Bakterien vorbeugt. Mobiluncus spp. finden sich im Genitaltrakt von Menschen und Primaten.

17.2.2 Rolle als Krankheitserreger

Epidemiologie

Obligat anaerobe und mikroaerophile nicht-sporenbildende grampositive Stäbchen sind physiologischer Bestandteil der menschlichen Haut und Schleimhaut.

Übertragung

Die Übertragung erfolgt in der Regel endogen. Lediglich die Erreger der Aktinomykose werden offenbar auch aerogen akquiriert.

Pathogenese

Über die Virulenzfaktoren dieser Gruppe von Bakterien ist wenig bekannt.

Klinik

Mit Ausnahme der Actinomyces-Arten sind die in diesem Kapitel besprochenen Bakterien nur selten an Infektionsprozessen beteiligt.

Bifidobacterium- und Lactobacillus-Arten werden von vielen Autoren als apathogen angesehen.

Eubakterien und v.a. Propionibakterien sind als Erreger von Endokarditiden in Erscheinung getreten und gewinnen in diesem Zusammenhang zunehmend an Bedeutung. Propionibacterium acnes wird bei der Entstehung der Akne vulgaris eine Rolle zugeschrieben. Außerdem ist es mit dem echten SAPHO-Syndrom (Synovitis, Akne, Pustulose, Hyperostose und Osteomyelitis) assoziiert. Einige humanmedizinisch wichtige Gattungen sind in Tabelle 17.5 zusammengestellt.

VI

Obligat anaerob:	
Gattung	Bifidobacterium (>20 Arten)
Gattung	Eubacterium (>30 Arten)
Gattung	Mobiluncus
Gattung	Butyrivibrio
Gattung	Lachnospira
Obligat anaerob bis aerotolerant:	
Gattung	Propionibacterium (8 Arten)
Anaerob bis mikroaerophil:	
Gattung	Lactobacillus
Gattung	Actinomyces

Aktinomykose. Actinomyces israelii ist zusammen mit anderen Anaerobiern ätiologisch an der Aktinomykose beteiligt. Diese Infektionen treten häufiger bei Männern als bei Frauen auf, Kinder unter 10 Jahren sind nicht betroffen. Der Infektion geht häufig eine Verletzung oder eine lokale Infektion mit anderen Erregern voraus. Alle diese Krankheitsbilder entstehen in der Regel endogen, sofern prädisponierende Faktoren vorliegen; sie sind nicht übertragbar. Bei der Prädisposition spielen vorausgehende Infektionen besonders dann eine Rolle, wenn ihre Erreger ein negatives Redoxpotential erzeugen; dies begünstigt das Angehen der Actinomycesinfektion („Die Keime der Vor-Infektion sind Quartiermacher der eigentlichen Infektion").

Die Aktinomykose verläuft meist als subchronischer bis chronischer Infektionsprozeß, der durch infiltratives Fortschreiten, multiple Abszeßbildung, Fistelungen und Bildung eines vielkammerigen Höhlensystems gekennzeichnet ist. Aus den Fisteln entleert sich typischerweise dünnflüssiger Eiter, der stecknadelkopfgroße derbe Körnchen (**Drusen**, „Schwefelkörnchen") enthält. Über 95% der Erkrankungen betreffen die Zervikofazialregion, während ein Befall der Lunge oder der Abdominalorgane selten vorkommt. Neuerdings wird auch über Aktinomykosen des Uterus berichtet, die mit der Anwendung von intrauterinen Pessaren einhergehen.

Der klinische Verdacht einer Aktinomykose kann bereits durch die mikroskopische Untersuchung der Drusen bestätigt werden. Charakteristischerweise findet sich im nach Gram gefärbten Quetschpräparat ein dickes Konvolut aus grampositiven Stäbchen, z.T. in Fadenform („Druse").

Der kulturelle Nachweis kann einige Wochen benötigen, da die Primärkultur u.U. erst nach 14 Tagen Wachstum zeigt. Darüber hinaus handelt es sich bei der Aktinomykose immer um eine Mischinfektion, so daß Subkulturen zur Isolierung der einzelnen Bakterienarten notwendig werden.

Anzumerken ist, daß neben Actinomyces israelii in seltenen Fällen auch andere Actinomyces-Arten sowie Propionibacterium propionicum (eng verwandtes, aber fakultativ anaerob wachsendes grampositives Stäbchen) als Erreger in Frage kommen.

Ein fakultativ anaerobes bzw. mikroaerophiles gramnegatives Stäbchen, welches häufig Teil der polymikrobiellen Ätiologie der Aktinomykose ist, heißt aufgrund dieser Tatsache Actinobacillus actinomycetemcomitans.

Immunität

Es entsteht keine Immunität.

Labordiagnose

Der Schwerpunkt der Labordiagnose liegt auf der Anzucht und biochemischen Identifizierung des Erregers.

Anzucht. Die Kultur der obligat anaeroben und mikroaerophilen Stäbchen erfolgt meist auf Optimalnährböden mit Blutzusatz. Es finden aber auch Selektivmedien (für Lactobacillus und Bifidobacterium) Verwendung. Die Primärkultur muß unter anaeroben Bedingungen erfolgen, für die Subkultur reicht häufig ein CO_2-angereichertes Milieu aus.

Der kulturelle Nachweis von Bifidobacterium, Eubacterium, Propionibacterium oder Lactobacillus ist meist auf eine Verunreinigung des Untersuchungsmaterials mit physiologischer Flora, mithin auf einen Fehler bei der Materialgewinnung zurückzuführen. Erst wenn diese Keime wiederholt aus sorgfältig entnommenen klinischen Materialien isoliert werden, ist eine ätiologische Bedeutung zu diskutieren. Dies gilt auch für Propionibakterien, die aus Blutkulturen von endokarditisverdächtigen Patienten isoliert werden.

Morphologie. Obwohl die Bakterien der hier zu besprechenden Gattungen zu den grampositiven Organismen gehören, sind sie im mikroskopischen Präparat häufig gramlabil, d.h., es finden sich sowohl rot als auch blau angefärbte Keime. Eubacterium- und Lactobacillus-Arten erscheinen meist als gerade, Propionibacterium-Arten als gebogene Stäbchen, Bifidobacterium- und v.a. Actinomyces-Arten weisen häufig Verzweigungen auf.

Biochemie. Die Identifizierung erfolgt aufgrund der biochemischen Leistungsprüfung (Katalase-, Indolbildung, Nitratreduktion, Äskulinspaltung, Kohlenhydratfermentation) sowie mit Hilfe des gaschromatographischen Nachweises von gebildeten Fettsäuren.

Die Gattungen Actinomyces, Arachnia, Bifidobacterium und einige andere (z.T. obligat aerobe) Gattungen wurden früher zu der Ordnung Actinomycetales (Strahlenpilze) zusammengefaßt. Der Name entstand im vorigen Jahrhundert, als man die Aktinomyzeten wegen ihrer Verzweigungen für Fadenpilze (Hyphomyzeten) hielt. Dies hat zu dem irreführenden Namen geführt. Aktinomyzeten sind im Gegensatz zu Pilzen jedoch Prokaryonten.

Therapie

Die in Tabelle 17.5 genannten grampositiven Stäbchen sind in der Regel gegen Penicillin G empfindlich.

Bei der Therapie der Aktinomykose ist zu berücksichtigen, daß die Begleitkeime häufig nicht von Penicillin G erfaßt werden. Daher sollten Penicillinderivate mit erweitertem Spektrum wie z.B. Ampicillin in Kombination mit einem β-Laktamaseinhibitor eingesetzt werden. Darüber hinaus können chirurgische Maßnahmen (Abszeßdrainage) notwendig werden.

Prävention

Die Prävention besteht in der Anwendung allgemein-hygienischer Maßnahmen.

Meldepflicht. Es besteht keine Meldepflicht.

ZUSAMMENFASSUNG: Obligat anaerobe und mikroaerophile nichtsporenbildende grampositive Stäbchen

Bakteriologie. Zellwandaufbau entspricht dem für grampositive Bakterien typischen Muster. Hohe Anforderungen an Kulturbedingungen und Kulturmedien.

Resistenz. Gering wegen Sauerstoffempfindlichkeit.

Epidemiologie. Teil der physiologischen Haut- und Schleimhautflora.

Zielgruppe. Immunsupprimierte Patienten.

Pathogenese. Nicht bekannt.

Klinik. Bifidobacterium- und Lactobacillusarten: apathogen. Eubakterien und Propionibakterien: Erreger von Endokarditiden. Actinomyces: Aktinomykose. Mit Ausnahme der Actinomyces-Arten spielen diese Keime als Krankheitserreger eine untergeordnete Rolle.

Aktinomykose: Subakut bis chronischer, eitriger Infektionsprozeß der Zervikofazialregion, gekennzeichnet durch Abszeßbildung und Fistelung.

Labordiagnose. Aktinomykose: Mikroskopisch im Fisteleiter fädige, verzweigte Bakterienzellen. Kulturelles Wachstum kann bis zu einigen Wochen benötigen. Kultureller Nachweis von Bifidobakterien, Eubakterien, Propionibakterien oder Laktobazillen läßt nur bei wiederholten Isolierungen eine ätiologische Bedeutung dieser Erreger zu.

Therapie. Mittel der Wahl ist Penicillin G.

Immunität. Keine.

Prävention. Hygienische Maßnahmen.

Meldepflicht. Keine.

17.3 Obligat anaerobe und mikroaerophile Kokken

STECKBRIEF

Die obligat anaeroben und mikroaerophilen (kapnophilen) Kokken stellen eine recht heterogene Gruppe von Bakterien dar (Tabelle 17.6). Gemeinsam ist ihnen, daß sie in Gegenwart von O_2 auf festen Nährböden keine Kolonien ausbilden.

Die meisten anaeroben und mikroaerophilen Kokken können Teil der physiologischen Flora des Menschen sein; viele sind aber auch im Rahmen von mono- oder polybakteriellen Infektionen in Erscheinung getreten.

17.3.1 Beschreibung

Aufbau

Über den Aufbau der gramnegativen anaeroben Kokken (Veillonellaceae) ist wenig bekannt. Ihre Zellwände enthalten Endotoxin (Lipopolysaccharide) mit entsprechender biologischer Aktivität.

Die Zellwände der grampositiven anaeroben oder mikroaerophilen Kokken entsprechen dem grundsätzlichen Bauplan der grampositiven Bakterien.

Extrazelluläre Produkte

Fast alle anaeroben und mikroaerophilen Kokken produzieren unterschiedliche Fettsäuren, die den typischen Geruch der Anaerobier verursachen.

Resistenz gegen äußere Einflüsse

Sauerstoff ist für anaerobe Kokken toxisch; ihre Überlebensfähigkeit außerhalb ihrer natürlichen Standorte ist dementsprechend limitiert.

Vorkommen

Obligat anaerobe und mikroaerophile Kokken gehören zur physiologischen Standortflora von Haut und Schleimhäuten des Menschen. Im Stuhl kommen sie in Keimzahlen von 10^{10} bis 10^{11}/g vor.

17.3.2 Rolle als Krankheitserreger

Anaerobe und mikroaerophile Kokken kommen physiologisch auf der Haut und Schleimhaut sowie im Gastrointestinal- und Urogenitaltrakt vor. Von hier aus können sie Infektionen auslösen oder mitverursachen.

Besonders häufig werden sie im Rahmen von
- gynäkologischen Infektionen,
- bei Lungenabszessen (nach Aspiration) und
- bei Hirnabszessen gefunden,
- sie kommen aber auch als Erreger von Endokarditiden und Weichteilinfektionen vor.

Peptostreptococcus anaerobius wird insgesamt am häufigsten aus klinischen Materialien isoliert.

Epidemiologie

Anaerobe und mikroaerophile Kokken lösen endogene Infektionen aus, da sie dem Milieu der körpereigenen physiologischen Flora entstammen. Besonders betroffen sind Patienten nach Operationen im Oropharynx sowie im Bauchraum oder nach gynäkologischen Eingriffen und Geburten.

Übertragung

Die Übertragung erfolgt endogen aus der körpereigenen Standortflora.

Pathogenese

Voraussetzung für die Infektion sind meist prädisponierende Faktoren wie Trauma, Abwehrschwäche u.ä. Die Bakterien verhalten sich damit als *Opportunisten*. Polymikrobielle Assoziationen unter Beteiligung von Bacteroidaceae, aber auch aerob/anaerobe Mischinfektionen sind häufig: So laufen etwa 25% der durch Anaerobier (mit)bedingten Infektionen unter Beteiligung der hier beschriebenen Kokken ab.

Klinik

Die klinischen Zeichen der Infektionen durch obligat anaerobe oder mikroaerophile Kokken sind meist uncharakteristisch. In Mischinfektionen können sie zusammen mit Eitererregern zu nekrotisierenden Weichteilinfektionen mit Gasbildung führen. Sie müssen deshalb von dem durch Clostridien verursachten Gasbrand abgegrenzt werden.

Immunität

Es entsteht keine Immunität.

Labordiagnose

Während die mikroaerophilen Kokken zum Wachstum lediglich eine erhöhte CO_2-Konzentration (5–10%) in der Atmosphäre benötigen, können die obligat anaeroben Kokken in Gegenwart von Luftsauerstoff nicht wachsen.

Das Untersuchungsmaterial, Wundsekret oder gynäkologische Abstriche, muß in speziellen Transportmedien eingeschickt werden, die die Keime vor dem Einfluß von Sauerstoff schützen. Die Überimpfung auf Spezialnährböden sollte zügig erfolgen. Die Bebrütung erfolgt in anaerober Atmosphäre.

Aufgrund der langsamen Generationszeit ist die Ausbildung sichtbarer Kolonien erst nach 2- bis 5tägiger Bebrütungsdauer zu erwarten. Peptococcus niger kann dunkel pigmentierte Kolonien ausbilden. Zur Identifizierung ist das Grampräparat unerläßlich.

Veillonellaceae sind gramnegative Kokken mit unterschiedlichen Durchmessern (Veillonella 0,3–0,5 μm, Acidaminococcus 0,6–1,0 μm, Megasphaera um 2 μm), die meist als Diplokokken gelagert sind. Die grampositiven Kokken können zwischen 0,5 und 2 μm groß und einzeln, in Haufen oder in Ketten gelagert sein.

Die obligat anaeroben und mikroaerophilen Kokken ähneln sich z. T. so sehr in ihrer Enzymausstattung, daß sie durch biochemische Leistungsprüfung allein nicht differenziert werden können. Die gaschromatographische Untersuchung der in Flüssigkulturen gebildeten Fettsäuren ist daher von besonderer Bedeutung.

Die verschiedenen Veillonella-Arten sind mit herkömmlichen Methoden überhaupt nicht zu unterscheiden, eine sichere Artenzuordnung kann nur aufgrund von DNS/DNS-Hybridisierung erfolgen. Die anaeroben Kokken sind unbeweglich.

Die Taxonomie der obligat anaeroben Kokken ist häufig geändert worden; auch der gegenwärtige Stand ist nicht unumstritten und läßt zukünftige Änderungen erwarten. Eine Übersicht der medizinisch wichtigen Arten der obligat anaeroben und mikroaerophilen Kokken ist in Tabelle 17.6 gegeben.

Tabelle 17.6. Übersicht über medizinisch wichtige obligat anaerobe und mikroaerophile Kokken

Obligat anaerobe gramnegative Kokken
Familie Veillonellaceae
Gattung Veillonella
V. parvula
V. atypica
V. dispar
Gattung Acidaminococcus
A. fermentans
Gattung Megasphaera
M. elsdenii
Obligat anaerobe grampositive Kokken
Familie Peptococcaceae
Gattung Peptococcus
P. niger
Gattung Peptostreptococcus
P. anaerobicus
P. asaccharolyticus
P. magnus
P. micros
P. prevotii
P. productus
P. indolicus
P. lactolyticus
P. vaginalis
P. lacrimalis
P. hydrogenalis
P. tetradius
Gattung Ruminococcus
Gattung Coprococcus
Gattung Sarcina
Gattung Streptococcus
S. morbillorum [a]
S. parvulus [b]
S. pleomorphus
Mikroaerophile grampositive Kokken
Gattung Streptococcus
S. milleri [c]
S. intermedius [c]
S. constellatus [c]
S. mutans [c]
Gattung Aerococcus

[a] Die Gattung enthält obligat anaerobe, mikroaerophile und aerobe Arten.
[b] Einige Stämme sind aerotolerant.
[c] Ein Teil der Stämme wächst ausschließlich mikroaerophil, andere auch aerob.

Therapie

Penicillin G ist in aller Regel gegen obligat anaerobe oder mikroaerophile Kokken wirksam und daher Therapeutikum der Wahl. Cephalosporine und Clindamycin sind ebenfalls meist wirksam, Vancomycin ist gegen Veillonellaceae unwirksam. Gegen Tetracycline bestehen mittlerweile erhebliche Resistenzen, sie sind daher zur Therapie nicht geeignet. Mikroaerophile Kokken sind gegen Imidazolderivate (z. B. Metronidazol) resistent; ob anaerobe Kokken Resistenzen aufweisen, ist umstritten.

Prävention

Endogene Infektionen infolge von iatrogenen Eingriffen können durch allgemein-hygienische Maßnahmen weitgehend vermieden werden.

Meldepflicht. Es besteht keine Meldepflicht.

ZUSAMMENFASSUNG: Obligat anaerobe und mikroaerophile Kokken

Bakteriologie. Heterogene Gruppe von sowohl grampositiven (z. B. Peptostreptokokken) als auch gramnegative Kokken (z. B. Veillonellaceae), denen die Unfähigkeit, auf festen Nährböden in Gegenwart von O_2 Kolonien auszubilden, gemeinsam ist.

Bestandteil der physiologischen Schleimhautflora des Menschen.

Resistenz. Gering wegen Sauerstoffempfindlichkeit.

Epidemiologie. In der Regel endogene, opportunistische Infektionen.

Zielgruppe. Patienten nach gastrointestinalen und gynäkologischen Operationen.

Pathogenese. Prädisponierende Faktoren (z. B. Trauma) → Standortverschiebung mit Veränderung des mikrobiellen Environments → opportunistische Vermehrung → eitrige, meist abszedierende Entzündung. Mischinfektion häufig.

Klinik. Meist unspezifische Infektionszeichen. Nekrotisierende Weichteilinfektionen mit Gasbildung durch Mischinfektionen mit anaeroben und/oder mikroaerophilen Kokken müssen differentialdiagnostisch vom „echten" Gasbrand (Clostridien) aufgrund der unterschiedlichen Therapieerfordernisse abgegrenzt werden.

Labordiagnose. Untersuchungsmaterial: Wundabstriche, Abszeßmaterial, Blut. Erregernachweis: Anzucht auf komplexen Nährböden in sauerstoffarmer Atmosphäre. Identifizierung: Biochemisch, gaschromatographisch, DNS/DNS-Hybridisierung.

Therapie. Mittel der Wahl: Penicillin. Veillonellaceae sind gegen Vancomycin resistent. Mikroaerophile Kokken sind gegen Metronidazol resistent.

Immunität. Keine.

Prävention. Hygienische Maßnahmen.

Meldepflicht. Keine.

Tabelle 18.1. Mykobakterien: Gattungsmerkmale

Merkmal	Merkmalsausprägung
Gramfärbung	schwach positiv
aerob/anaerob	obligat aerob
Kohlenhydratverwertung	oxidativ
Sporenbildung	nein
Beweglichkeit	nein
Katalase	verschieden (M. tuberculosis: positiv)
Oxidase	negativ
Besonderheiten	Säurefestigkeit
	keine Verzweigungen
	kein Luftmyzel

Tabelle 18.2. Mykobakterien: Arten und Krankheiten

Arten	Signifikanz	Krankheiten
M. tuberculosis (M. africanum) (M. bovis)	immer	Tuberkulose
M. leprae	immer	Lepra
MOTT: nicht chromogen		
M. avium/intracellulare	häufig	Lymphadenitis (s. AIDS)
M. haemophilum	häufig	Hautinfektionen
M. malmoense	immer	Lungeninfektionen
M. ulcerans	immer	Hautinfektionen (z. B. Buruli-Ulkus)
MOTT: photochromogen		
M. kansasii	häufig	Lungeninfektionen
M. marinum	häufig	Schwimmerulkus
M. simiae	häufig	Lungeninfektionen
MOTT: skotochromogen		
M. scrophulaceum	häufig	Lymphadenitis
M. szulgai	immer	Lungeninfektionen
M. xenopii	häufig	Lungeninfektionen
MOTT: schnellwachsend		
M. chelonae	häufig	Abszesse (iatrogen)
M. fortuitum	häufig	Abszesse (iatrogen)

MOTT: Mycobacteria Other Than Tuberculosis

Mykobakterien [Mycobacterium, (M.)] sind eine Gattung unbeweglicher, nicht sporenbildender Stäbchen aus der Familie der Mycobacteriaceae, die sich von den meisten anderen Bakterien wegen ihres Gehaltes an Wachsen in der Zellwand durch eine hohe Festigkeit gegen Säuren und Basen unterscheiden. Sie müssen deshalb mit besonderen Färbemethoden (Ziehl-Neelsen, Auramin) angefärbt werden. Mykobakterien vermehren sich nur in Gegenwart von Sauerstoff, d.h. sie sind obligate Aerobier (Tabelle 18.1).

Den Erregern der klassischen, „typischen" Mykobakterien-Infektionen, M.-tuberculosis-Komplex, Erreger der Tuberkulose (Tbc), und M. leprae, Erreger der Lepra, werden die „atypischen" Mykobakterien oder Mycobacteria Other Than Tuberculosis (MOTT) gegenübergestellt (Tabelle 18.2). Diese meist fakultativ pathogenen Bakterien kommen in der Umwelt vor und werden daher heute auch Potentiell Pathogene Umwelt-Mykobakterien (PPUM) oder engl. Potentially Pathogenic Environmental Mycobacteria (PPEM) genannt.

Die Vorsilbe Myko bezeichnet eigentlich eine Zugehörigkeit zu Pilzen (mykes, gr. Pilz). Der Begriff Mykobakterien wurde gewählt, weil sich M. tuberculosis wegen seiner hydrophoben Lipidschicht auf der Oberfläche flüssiger Kulturmedien vermehrt, wodurch der Eindruck eines schimmelpilzähnlichen Bewuchses entsteht. In der Folge wurde die Bezeichnung auf alle Bakterien dieser Gattung ausgedehnt, auch wenn sie auf flüssigen Kulturmedien nicht schimmelpilzartig wachsen.

Geschichte. Den Begriff *Phthisis* (Schwindsucht) prägte Hippokrates (ca. 460–375 v. Chr.), um damit eine Krankheit zu kennzeichnen, die mit einem allgemeinen Verfall einhergeht. 1689 verwendete der englische Arzt Thomas G. Morton in seiner „Phthisiologia" für die charakteristischen Läsionen der Lungenschwindsucht den Ausdruck „Tuberkel" (Höcker, Knötchen), wovon wiederum Johann Lucas Schönlein (1793–1864) im Jahre 1832 den Begriff „Tuberkulose" ableitete. Als „Skrofulose" wurde die damals häufige Form der tuberkulösen Lymphadenitiden bezeichnet.

VI

Im 16./17. Jahrhundert ging ein Viertel aller Todesfälle bei Erwachsenen in Europa auf die Tbc zurück. Besonders stark breitete sich die Krankheit im 19. Jahrhundert aus, eine Folge der Urbanisierung im Rahmen der industriellen Revolution. Als *„Weiße Pest"* war sie die häufigste Todesursache in Europa. Bei einer Mortalität von mehr als 1000 pro 100 000 Menschen hat damals die Tbc etwa 30% der erwachsenen Bevölkerung dahingerafft, und es verstarben 65% aller Patienten mit offener Lungen-Tbc innerhalb von vier Jahren nach der Diagnosestellung. Die Entdeckung des Tbc-Erregers (1882) ist mit dem Namen des deutschen Arztes Robert Koch (1843–1910) untrennbar verbunden, der unter Befolgung der Henle-Kochschen Postulate den zwingenden Nachweis der Erregernatur von M. tuberculosis führte.

Seit der Entwicklung des Thiosemikarbazons 1943 durch Gerhard Domagk (1895–1964, Nobelpreis 1939), des Streptomycins 1946 durch Selman Abraham Waksman (1888–1973, Nobelpreis 1952) und des Isoniazids 1952, wiederum durch Domagk, kann der Großteil aller Fälle chemotherapeutisch behandelt werden: Die Therapie der Tbc hat sich von den Lungensanatorien hin zum Allgemeinkrankenhaus, ja sogar zur Praxis des niedergelassenen Arztes verlagert.

18.1 Mycobacterium tuberculosis

Mycobacterium tuberculosis ist ein obligat aerobes säurefestes Stäbchenbakterium. Es ist der Erreger der Tbc, einer zyklischen Allgemeininfektion, die durch Knötchenbildung und Gewebezerstörung (Kavernen) in der Lunge und in anderen Organen gekennzeichnet ist.

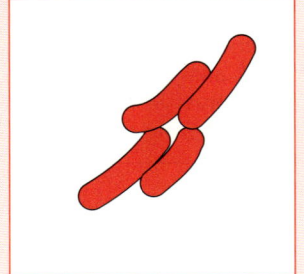

Myobacterium tuberculosis
säurefeste Stäbchen mit Cordfaktor, entdeckt 1882 von Robert Koch

18.1.1 Beschreibung

Aufbau

Peptidoglykanschicht. Die Zellwand der Mykobakterien besitzt wie diejenige anderer Bakterien eine Peptidoglykanschicht.

Lipide. Die Zellwand ist besonders lipidreich; etwa 60% des Zellwandtrockengewichtes sind Lipide. Die Lipidschicht ist der Grund für die besonders stark ausgeprägte Resistenz der Mykobakterien gegenüber äußeren Einflüssen. Die wichtigsten Lipide der Mykobakterien sind:
- Mykolsäuren, langkettige gesättigte Fettsäuren, bestehend aus 60–90 C-Atomen, und
- Mykoside, mykolsäurehaltige Glykolipide oder Glykolipid-Peptide.

Ein für die Virulenz der Tuberkulose-Bakterien wichtiges Mykosid ist das *Trehalose-6,6-Dimykolat*, auch Cordfaktor genannt. Hierauf geht die Neigung dieser Bakterien zurück, sich in Kultur zu zopfartigen Strängen aneinander zu lagern. Nach Extraktion des Trehalose-6,6-Dimykolats verlieren virulente Stämme ihre Virulenz.

Glykolipide, z. B. Lipoarabinomannan, bestehen, ähnlich wie die Lipopolysaccharide gramnegativer Bakterien, aus Lipid- und Zuckerbausteinen. Sie besitzen eine hohe immunmodulatorische Aktivität.

Wachs D enthält Mykolsäure, Peptide und Polysaccharide. Das Wachs D mit seinen Varianten ist medizinisch interessant, weil es als Adjuvans die humorale und zelluläre Immunantwort steigert. Die für die Adjuvanswirkung verantwortliche Komponente ist das N-acetyl-muramyl-Dipeptid (MDP).

Polypeptid- und Proteinantigene. Neben den Lipiden tragen Mykobakterien zahlreiche Polypeptid- und Proteinantigene. Diese können bei typischen und atypischen Mykobakterien gleicherweise vorkommen. Deshalb können gelegentlich Personen, die mit MOTT infiziert sind, eine Tuberkulinallergie entwickeln, wodurch eine Infektion durch M. tuberculosis vorgetäuscht werden kann.

Resistenz gegen äußere Einflüsse

UV-Licht. Mykobakterien sind gegen UV-Licht unterhalb von 300 nm Wellenlänge ebenso empfindlich wie andere Bakterien. Die UV-Empfindlichkeit wird bei der Abtötung von Mykobakterien auf Oberflächen ausgenutzt, so z. B. bei der UV-Desinfektion von Laborflächen.

Andererseits zeichnen sich Mykobakterien wegen des hohen Lipidgehaltes ihrer Wand durch eine ausgeprägte Widerstandsfähigkeit gegenüber zahlreichen äußeren Einflüssen aus.

Säure. Mykobakterien werden durch die Magensalzsäure nicht abgetötet, so daß sie sich lebend im Magensaft von Tbc-Patienten nachweisen lassen, wenn letztere im Schlaf das aufgehustete Sputum geschluckt haben. Deshalb gewinnt man den Magensaft für die bakteriologische Diagnostik.

Desinfektionsmittel. Grundsätzlich sind alle Klassen von Desinfektionsmitteln, wenn auch in unterschiedlichem Ausmaß, gegen M. tuberculosis wirksam. Die Resistenz gegen kationische Detergentien ist höher als bei anderen Bakterien. Es eignen sich Desinfektionsmittel mit aktivem Chlor und Aldehyde, für die Händedesinfektion Alkohol. Desinfektionsmittel müssen ausdrücklich als wirksam gegen Tbc-Erreger bezeichnet sein.

Austrocknung. M. tuberculosis ist gegen Austrocknung hochresistent. Daher können die Erreger im Staub monatelang überleben.

Temperatur. Mykobakterien sind gegen Kälte unempfindlich; sie überleben beispielsweise im Labor jahrelang bei –70 °C. Dagegen sind sie gegen Hitze relativ empfindlich, d. h., bei längerer Einwirkung (>30 min) von Temperaturen über 65 °C sterben sie ab, was die Grundlage des Pasteurisierens der Milch ist.

Körpereigene Abwehr. Mykobakterien werden durch die antibakteriellen Mechanismen der polymorphkernigen Granulozyten und ruhender, nichtstimulierter Makrophagen nicht abgetötet. Sie können nach Aufnahme im Innern dieser Zellen weiterleben und sich dort vermehren, sind also fakultativ intrazelluläre Bakterien.

Vorkommen

M. tuberculosis kommt natürlicherweise nur beim Menschen vor. Der natürliche Wirt von M. bovis ist das Rind.

18.5.2 Rolle als Krankheitserreger

Epidemiologie

In Mitteleuropa ist die Tbc seit der Jahrhundertwende im Rückgang begriffen. Die Morbidität ist in den Industrieländern durch die verbesserte Hygiene und die Letalität durch die Chemotherapie und die BCG-Schutzimpfung zurückgegangen.

Im Jahre 1995 wurden in Deutschland ca. 12 000 Neuerkrankungen an Tbc gemeldet. Das entspricht einer Inzidenz von 15 pro 100 000 Einwohner, davon entfallen 71% auf Einheimische und 28% auf Ausländer. Die Letalität liegt in Deutschland gegenwärtig bei 8%, d.h. bei ca. 1500 Todesfällen pro Jahr. Damit gehört Deutschland weltweit noch immer zu der Gruppe von Ländern mit mittlerer Tbc-Häufigkeit!

In den Entwicklungsländern stellt die Tbc ein medizinisches Problem ersten Ranges dar. Der WHO-Report von 1999 weist 20 Millionen Erkrankte, 8 Millionen Neuerkrankungen/Jahr und 1,8 Millionen Todesfälle/Jahr aus, und das dürfte eine Minimalschätzung sein.

In Entwicklungsländern ist die Tbc eine der häufigsten Infektionskrankheiten überhaupt und weltweit eine der häufigsten Todesursachen durch einen Krankheitserreger. In den Ländern der früheren Sowjetunion ist die Krankheit in Zunahme begriffen.

In Deutschland war die Erkrankung durch M. bovis (Milchinfektion) früher häufig; heute ist sie extrem selten geworden (0,1% aller Tbc-Fälle). Dies geht auf die Rinder-Tbc-Eradikationsprogramme und das Pasteurisieren der Milch zurück. In Ländern mit hoher Inzidenz an Rinder-Tbc sind Erkrankungen des Menschen durch M. bovis häufiger. In vielen Ländern kam es infolge von AIDS zu einer deutlichen Zunahme an Tbc-Fällen. Etwa 500 000 Menschen sind mit M. tuberculosis und HIV doppelt infiziert.

In vielen Ländern, auch in Deutschland, nimmt das Auftreten multiresistenter M.-tuberculosis-Stämme beängstigend zu. In Estland sind z. B. knapp 20% aller M.-tuberculosis-Isolate multiresistent.

Übertragung

Zwei Faktoren bestimmen die Ausbreitung der Tbc: Enges Zusammenleben mit daraus resultierender Gelegenheit zur Tröpfcheninfektion einerseits und die natürliche Resistenz der Bevölkerung andererseits. Gelangt M. tuberculosis aus dem Erkrankten nach außen, so spricht man von einer *offenen Tbc*.

Grundsätzlich ist jeder Patient mit einer offenen Tbc kontagiös.

Die Ausscheidung erfolgt mit dem Sputum bei Lungen-Tbc, mit dem Urin bei Harnwegs-Tbc und mit dem Stuhl bei Darm-Tbc. Auch die Kehlkopf-Tbc, die Haut-Tbc sowie die Gebärmutter-Tbc stellen offene, kontagiöse Formen dar. Die massivste Ausscheidung erfolgt aus Kavernen, die Anschluß an das Bronchialsystem gefunden haben.

Etwa die Hälfte aller frisch diagnostizierten Fälle mit aktiver Tbc ist offen und damit kontagiös. In Deutschland dürfte jeder kontagiöse Patient mit offener Tbc 2 bis 10 neue Infektionen verursachen; in Ländern mit hoher Prävalenz und Inzidenz liegt diese Zahl wesentlich höher.

Die Übertragung erfolgt vorwiegend durch Tröpfcheninfektion innerhalb der Wohngemeinschaft, aber auch am Arbeitsplatz, in Schulen, in öffentlichen Verkehrsmitteln etc. In 95% aller Fälle gelangt M. tuberculosis durch *Inhalation* erregerhaltiger Sputumtröpfchen oder erregertragender Staubpartikel (Durchmesser von weniger als 10 µm) in die Alveolen aller Lungenabschnitte. Größere Partikel spielen für die Übertragung eine geringe Rolle, da sie durch das mukoziliäre System der oberen Luftwege abgefangen und nach außen transportiert werden. Die Tröpfchen stammen von einem hustenden oder niesenden Patienten mit offener Lungen- oder Kehlkopf-Tbc. Schon wenige Erreger können eine Infektion verursachen.

Pathogenese

Die Tbc ist eine chronische, in Zyklen (Stadien) ablaufende Allgemeininfektion (s. S. 35). Man trennt die *Primär-Tbc* einerseits von der *Postprimär-Tbc* (Reaktivierungskrankheit), wobei die letztere in den meisten Fällen bei Erwachsenen die eigentliche Krankheit darstellt, während bei Immundefizienz (Kleinkinder, AIDS-Patienten) die Erkrankung auch im Rahmen der Primär-Tbc auftreten kann. Die Krankheitserscheinungen sind die Folge immunologischer Reaktionen zwischen den spezifischen T-Lymphozyten des infizierten Wirts und den Antigenen des Erregers (Abb. 18.1).

Primär-Tbc. Die Erreger werden nach Inhalation in erregerhaltigen Aerosoltröpfchen in den Lungenalveolen von den Alveolar-Makrophagen phagozytiert. Da diese die Erreger wegen deren dicker Lipidschicht zunächst nicht abtöten können und die Erreger überdies die Phagosomen-Ansäuerung sowie die Verschmelzung von Lysosomen und Phagoso-

men verhindern, vermehren sie sich zunächst im Innern der Makrophagen. Wenn die bakterienhaltigen Makrophagen absterben, werden die Bakterien freigesetzt und von anderen Makrophagen phagozytiert. Beim Zerfall geben die Makrophagen entzündungsfördernde Stoffe in die Umgebung ab: Es entwickelt sich ein lokaler Entzündungsherd, *Primäraffekt (PA)* genannt. Der PA entwickelt sich innerhalb von 10–14 Tagen nach Aufnahme des Erregers. Aus dem PA gelangen Tbc-Bakterien über die ableitenden Lymphbahnen zu den *regionalen Lymphknoten,* d.h. im Falle der Lunge zu den Hiluslymphknoten.

Die in den lokalen Lymphknoten gelangten Erreger vermehren sich und stimulieren eine zelluläre Immunantwort, in deren Gefolge T-Lymphozyten mit Spezifität gegen Antigene der Tbc-Bakterien entstehen. Als direkte Folge der T-Zellvermehrung schwillt der Lymphknoten an.

Der PA und der lokale, in die Infektion einbezogene Lymphknoten, bilden zusammen den *Primärkomplex (PK)*, auch Ghonscher PK genannt.

Zeitgleich mit der Bildung des PK kommt es charakteristischerweise zur Bildung von Granulomen, zur Aktivierung von Makrophagen und zur Ausbildung einer Tuberkulinallergie.

Diese Veränderungen sind das Ergebnis spezifischer Reaktionen zwischen den Antigenen der Tbc-Bakterien einerseits und den neugebildeten spezifischen T-Zellen, d.h. es beginnt jetzt die von der Immunreaktion determinierte Phase der Primär-Tbc (zwischen der 6. und der 14. Woche nach Infektion).

Bei über 90% aller Infektionen bleibt die Infektion im Stadium des PK stehen; PA und PK vernarben und verkalken. Es besteht keine Krankheit im klinischen Sinne, denn durch die bestehende Immunität werden die Vermehrung und die Ausbreitung der Erreger verhindert. Nichtsdestoweniger können die verkalkten und vernarbten Herde lebenslang vermehrungsfähige Tbc-Bakterien enthalten und Ausgangsherde für eine Postprimär-Tbc (s. u.) darstellen.

Sonderfälle der Primär-Tbc. In Ausnahmefällen nimmt die Primär-Tbc unmittelbar einen fortschreitenden Verlauf:

Bei schlecht ausgebildeter zellulärer Immunität kann sich bald nach Infektion ein primär verkäsender (nekrotisierender) Prozeß entwickeln, ohne daß sich ein PK ausbildet. Ein solches Ereignis sieht man gelegentlich bei Kindern und jungen Erwachsenen. Man nennt diesen Prozeß *Progressive Primär-Tbc der Lunge*.

VI

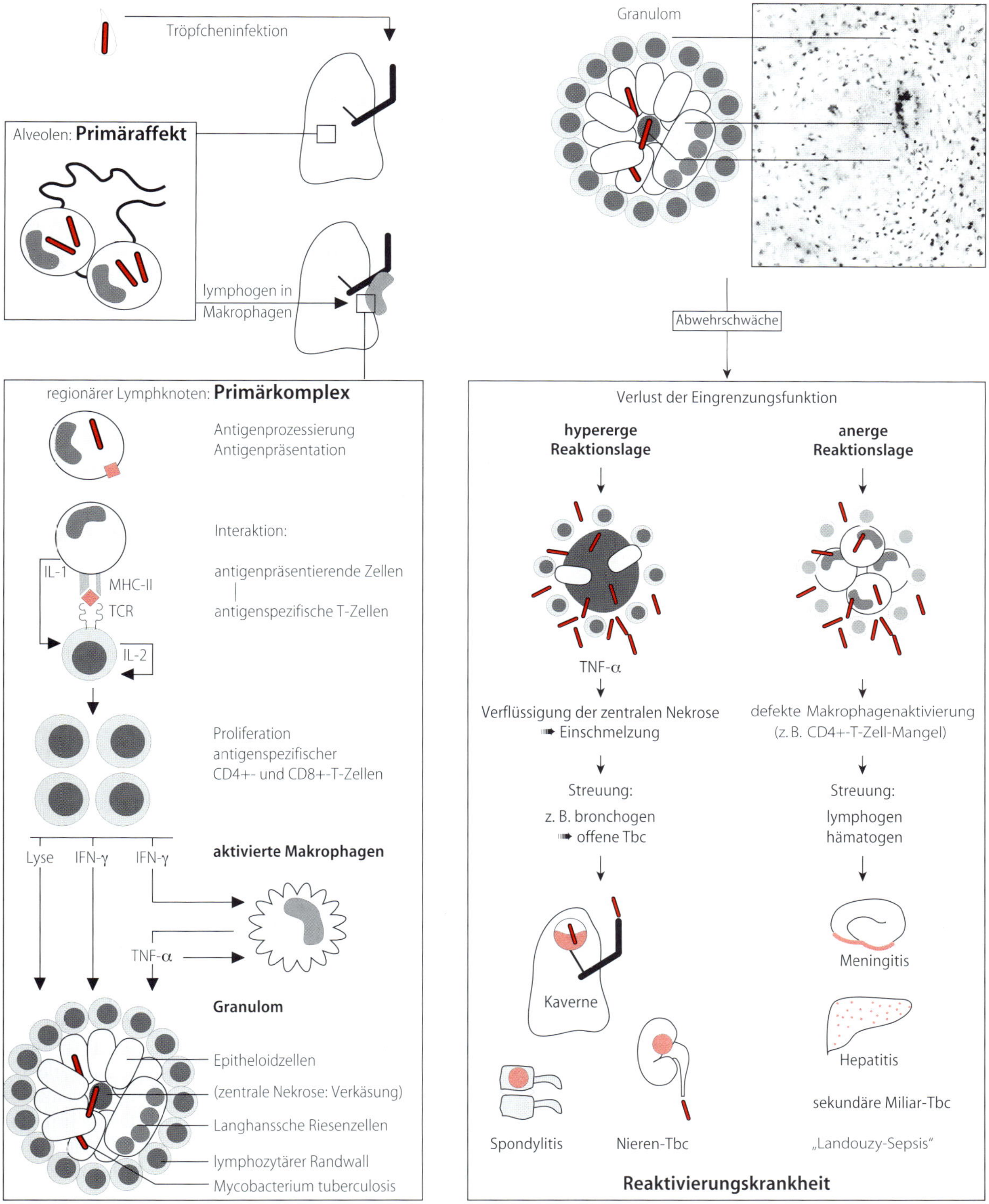

Tröpfcheninfektion

Alveolen: **Primäraffekt**

lymphogen in Makrophagen

regionärer Lymphknoten: **Primärkomplex**

Antigenprozessierung
Antigenpräsentation

Interaktion:

antigenpräsentierende Zellen
|
antigenspezifische T-Zellen

IL-1

MHC-II
TCR

IL-2

Proliferation
antigenspezifischer
CD4+- und CD8+-T-Zellen

Lyse   IFN-γ   IFN-γ   **aktivierte Makrophagen**

TNF-α

Granulom

Epitheloidzellen

(zentrale Nekrose: Verkäsung)

Langhanssche Riesenzellen

lymphozytärer Randwall
Mycobacterium tuberculosis

Granulom

Abwehrschwäche

Verlust der Eingrenzungsfunktion

**hypererge
Reaktionslage**

**anerge
Reaktionslage**

TNF-α

Verflüssigung der zentralen Nekrose
➡ Einschmelzung

defekte Makrophagenaktivierung
(z. B. CD4+-T-Zell-Mangel)

Streuung:
z. B. bronchogen
➡ offene Tbc

Streuung:
lymphogen
hämatogen

Kaverne

Meningitis

Hepatitis

sekundäre Miliar-Tbc

Spondylitis   Nieren-Tbc   „Landouzy-Sepsis"

Reaktivierungskrankheit

Abb. 18.1. Pathogenese der Tuberkulose: Primäre Tuberkulose (>90%) und Reaktivierungskrankheit (<10%) bei Abwehrschwäche

Bei abwehrschwachen Patienten entsteht, vom PA ausgehend eine massive lymphogen-hämatogene Aussaat, die sog. *primäre Miliar-Tbc*. Die befallenen Organe sind mit zahlreichen kleinen knötchenförmigen Herden durchsetzt, deren Aussehen sich mit Hirsekörnern vergleichen läßt (milium, lat. Hirsekorn). Häufig sind die Meningen, die Leber und das Knochenmark befallen. Es werden zwar Granulome gebildet, ihre große Zahl und weite Ausbreitung sind aber Ausdruck der geringen Eingrenzungskapazität des Immunsystems. Die Tuberkulinreaktion (s. u.) fällt in einem Viertel aller Fälle negativ aus. Die Erkrankung entwickelt sich meistens innerhalb von drei Monaten nach Primärinfektion. Die primäre Miliar-Tbc ist ein schweres, ohne Behandlung tödlich endendes Krankheitsbild.

Bei besonders immungeschwächten Patienten kann sich eine akute sepsisartige Verlaufsform entwickeln, die sog. *Landouzy-Sepsis*. Hier findet überhaupt keine Granulombildung mehr statt, so daß die Ausbreitung der Tbc-Bakterien ungehemmt vonstatten geht. Sie wird heute gelegentlich bei AIDS-Patienten beobachtet.

Im Rahmen der Primär-Tbc können auf hämatogenem Wege die Meningen befallen werden und sich eine Meningitis entwickeln, die *primäre tuberkulöse Meningitis*. Diese Komplikation tritt vorwiegend im Kleinkindesalter auf. Charakteristisch ist der allmähliche Beginn. Im Liquor finden sich vermehrt Lymphozyten. Im Unterschied zu den eitrigen Meningitiden (Haubenmeningitis) ist nicht die Konvexität, sondern die Schädelbasis befallen.

Primäre Streuherdbildung. Bereits im Stadium des PA kann ein kleiner Teil der Erreger den Lymphknoten passieren, über die Lymphwege die Blutbahn erreichen und sich in verschiedenen inneren Organen ablagern. Dieser Vorgang wird als primäre Streuherdbildung bezeichnet. Nierenparenchym, Knochenepiphysen, Milz und apikale Lungenabschnitte sind dabei bevorzugte Stellen. Sie enthalten, oft über Jahre, persistierende Bakterien. Die im apikalen Lungenabschnitt entstandenen primären Streuherde heißen **Simonsche Spitzenherde**. Sie sind für den weiteren Verlauf der Erkrankung von Bedeutung, denn sie können noch nach Jahrzehnten reaktiviert und dann zum Ausgangspunkt des Postprimärstadiums (s. u.) werden.

Reaktivierungskrankheit (Postprimär-Tbc). Bei knapp 10% der Infizierten bricht das Gleichgewicht zwischen den Tbc-Bakterien und der Abwehr nach Entwicklung des PK zusammen. Es entwickelt sich dann die eigentliche Krankheit, die Postprimär-Tbc, auch *Reaktivierungskrankheit* genannt. In der Regel nimmt die Postprimär-Tbc von einem Simonschen Spitzenherd im apikalen Lungenabschnitt ihren Ausgang, seltener von einem PK.

Bei ca. 5% der Infizierten entwickelt sich die Postprimär-Tbc in den ersten zwei Jahren nach Entwicklung des PK, bei den anderen 5% später. Der Postprimär-Tbc liegt eine Schwächung der Immunität zugrunde, die durch zahlreiche Faktoren verursacht sein kann: Unterernährung, Streß, starke körperliche Belastungen und Masern, weitere Umstände sind Kortison- und Strahlenbehandlung, Diabetes mellitus, Alkoholismus, Drogenabusus, Silikose, hohes Alter, aber auch Pubertät und eine erworbene Immunschwäche im T-Zell-Bereich. Gerade bei der HIV-Infektion wird ein PK reaktiviert, weswegen bei einer frischen Tbc-Erkrankung entsprechender Altersgruppen immer eine HIV-Infektion mit in Betracht gezogen werden muß!

Auch die Superinfektion einer Primär-Tbc mit Tbc-Bakterien kann zu einer Postprimär-Tbc führen.

Die Postprimär-Tbc beginnt mit einer *käsigen Nekrotisierung* der Granulomzentren. Die käsige Nekrose kann sich verflüssigen; dabei entsteht eine mit Flüssigkeit teilweise gefüllte Höhle, die *Kaverne*. Die Nekrose entsteht als Folge einer Reaktion zwischen T-Zellen und Antigenen von M. tuberculosis: Spezifisch stimulierte T-Zellen aktivieren über IFN-γ Makrophagen, die ihrerseits Tumornekrose-Faktor α (TNF-α, s. S. 120) und andere Zytokine freisetzen, die schließlich die Nekrosen erzeugen.

Kavernenbildung. M. tuberculosis produziert keine Faktoren, denen sich mit Sicherheit eine Rolle bei der Gewebeschädigung, insbesondere der Kavernenbildung, zuschreiben ließe. Die Gewebeschäden bei der Tuberkulose sind *indirekt* bedingt, d. h. sie sind Folgen überschießender Reaktionen der T-Zellen auf die Antigene von M. tuberculosis.

Wenn es zu einer Überaktivierung der Makrophagen im Granulom durch eine verstärkte Immunreaktion kommt, setzen die aktivierten Makrophagen verstärkt TNF-α und die aktivierten T-Zellen IFN-γ frei. Dies kann z. B. der Fall sein bei einer erneuten Antigenbelastung im Rahmen einer Reinfektion oder bei einer durch Unachtsamkeit durchge-

VI

führten BCG-Schutzimpfung bei bereits Infizierten. Die in großer Menge freigesetzten Zytokine zerstören die Zellen im Granulom. Das Granulom nekrotisiert („verkäst") und verflüssigt sich. Es bildet sich so eine Kaverne mit einem Flüssigkeitsspiegel. Die Kavernenflüssigkeit wiederum stellt ein hervorragendes Vermehrungsmedium für die Tbc-Bakterien dar, was zu einer weiter verstärkten Antigenbelastung führt, so daß der einmal in Gang gekommene Prozeß sich weiter aufschaukelt.

- Findet der nekrotisierende Prozeß Anschluß an einen Bronchus, so breiten sich die Erreger bronchogen in der Lunge aus und werden nach außen abgehustet: Offene Lungen-Tbc.
- Wenn der Prozeß ein Blutgefäß in Mitleidenschaft zieht, so streuen die Erreger hämatogen und verursachen Metastasierungen in verschiedenen Organen: Organ-Tbc.
- Das aus dem arrodierten Blutgefäß in die Läsion gelangte Blut wird abgehustet: Hämoptysen.

Klinik

Wenn die Granulome in Streuherden verschiedener Organe einschmelzen, spricht man von einer *Organ-Tbc.*

Lungen-Tbc. Die Postprimär-Tbc der Lunge ist mit 85% die häufigste klinische Manifestation. Sie beginnt häufig mit chronischem Fieber, Gewichtsverlust, Nachtschweiß, Husten, ggf. mit Hämoptysen (Bluthusten), wenn ein Blutgefäß durch den tuberkulösen Prozeß in Mitleidenschaft gezogen wurde.

Nieren-Tbc. Bei der Nieren-Tbc steht häufig eine Hämaturie im Vordergrund, wenn im Rahmen der Kavernenbildung ein Blutgefäß geschädigt wird.

ZNS-Tbc. Bei der Tbc des ZNS können neurologische Symptome vorliegen, wenn eine subakute basale Meningitis oder ein Granulom im Hirn bestehen.

NNR-Tbc. Die Tbc der Nebennierenrinde zieht ein Versagen der Produktion der Nebennierenrindenhormone (Kortikosteroide) nach sich (Morbus Addison).

Weitere Formen. Weitere Formen von Organ-Tbc sind Haut-, Augen- oder Hirn-Tbc sowie die Tbc der weiblichen Geschlechtsorgane. Die Tbc der weiblichen Genitalorgane hinterläßt häufig eine Sterilität. Die tuberkulöse Meningitis findet sich häufig im Kleinkindesalter.

Auch durch lokale Ausbreitung können Organ-Tbc entstehen: Wenn durch Einschmelzung eine Ka-

verne Anschluß an ein kanalikuläres System gewinnt, z. B. in der Lunge an das Bronchialsystem oder bei einer Nieren-Tbc an die ableitenden Harnwege, es entleert sich die Kaverne, und die Erreger können sich nun intrakanalikulär ausbreiten und weitere Herde in der Lunge setzen. Auf diese Weise entstehen z. B. eine Lungen-Tbc in anderen Lungenabschnitten, eine Kehlkopf-Tbc mit Schleimhautherden und – über ein Verschlucken von Tbc-Bakterien, die nachts aus einem Herd einer Lungen-Tbc hochgehustet worden sind – eine Darm-Tbc.

Immunität

Mykobakterien sind typische fakultativ intrazelluläre Bakterien. Wegen ihres dicken Lipidpanzers werden sie nach Phagozytose von den phagozytierenden Makrophagen zunächst nicht abgetötet, sondern persistieren intrazellulär in diesen und vermehren sich dort.

Nach Infektion bilden sich sowohl *T-Zellen* als auch *spezifische Antikörper* mit Spezifität gegen M. tuberculosis. Die T-Zellen sind entscheidend für die Abwehr und für die Gewebeschädigung, während Antikörper keinen protektiven Effekt ausüben. Dabei handelt es sich in erster Linie um CD4+ T-Zellen vom TH-1-Typ, obwohl auch CD8+ T-Zellen mit zytolytischer Aktivität und γ/δ T-Zellen am Schutz beteiligt sind.

Granulombildung. Das Granulom ist die typische Gewebereaktion bei Infektionen durch M. tuberculosis. Angelockt durch Chemokine und proinflammatorische Zytokine, wandern Blutmonozyten aus der Blutbahn in den Infektionsherd ein. Dort gelangen sie unter den Einfluß makrophagenstimulierender Faktoren, insbesondere des IFN-γ (s. S. 104), das von spezifisch stimulierten T-Zellen im Verlauf der Immunreaktion freigesetzt wird, und differenzieren sich zu Makrophagen. Vereinzelt finden sich in den Herden auch T-Lymphozyten. Die zunächst lockeren Anhäufungen von Makrophagen und T-Lymphozyten verfestigen sich zu Granulomen, ein Vorgang, an dem TNF-α beteiligt sein dürfte. Im Laufe der Zeit verschmelzen im Granulom mehrere Makrophagen miteinander zu vielkernigen Riesenzellen, den *Langerhansschen Riesenzellen*. Makrophagen in der Randzone eines Granuloms entwickeln sich zu sog. *Epitheloidzellen* (Abb. 18.1, s. S. 381).

Makrophagenaktivierung. Im Granulom werden die Makrophagen wiederum unter dem Einfluß

von IFN-γ aus antigenstimulierten T-Lymphozyten aktiviert. Die Aktivierung der Makrophagen (s. S. 107) äußert sich in einer Steigerung ihrer physiologischen Aktivitäten. Insbesondere die antibakterielle Aktivität ist gesteigert, so daß die aktivierten Makrophagen nun die phagozytierten Tbc-Bakterien an der Vermehrung hindern und einige von ihnen abtöten (s. Abb. 18.1, S. 381). Darüber hinaus setzen aktivierte Makrophagen TNF-α frei.

Granulombildung und Makrophagenaktivierung sind also entscheidende Vorgänge bei der Abwehr von M. tuberculosis. Dies wird insbesondere dann klar, wenn diese Vorgänge durch Verlust der CD4-T-Lymphozyten versagen, z.B. bei AIDS. Es kommt zu insuffizienter Granulombildung und unzureichender Makrophagenaktivierung, und die Patienten können an einer unkontrolliert verlaufenden, generalisierten Tbc unter dem Bild einer sog. Landouzy-Sepsis (s.o.) versterben.

Im Granulom ist die Makrophagenaktivierung am stärksten ausgeprägt; gleichzeitig werden die Tbc-Bakterien an der Ausbreitung gehindert. Überdies ist die Sauerstoffspannung im Granulom niedrig; es kommt zur Bildung toxischer Stoffwechselprodukte sowie reaktiver Sauerstoff- und Stickstoffmetabolite durch aktivierte Makrophagen. Alles dies hemmt die Vermehrung von M. tuberculosis. Das Granulom stellt somit den eigentlichen Ort der Auseinandersetzung zwischen den Erregern und den Abwehrfunktionen des infizierten Wirts dar. Die Immunität ist **lokal begrenzt**, d.h. auf das Granulom beschränkt.

Weitere T-Zellaktivitäten. Neben der Makrophagenaktivierung spielen auch zytolytische T-Zellaktivitäten eine wichtige Rolle bei der Tuberkuloseabwehr. Diese werden in erster Linie von CD8+ T-Lymphozyten getragen. Erstens können CD8+ T-Zellen Makrophagen lysieren. Zweitens besitzen sie die Fähigkeit, Mykobakterien direkt abzutöten. Für die Makrophagenlyse ist hauptsächlich Perforin, für die Bakterienabtötung in erster Linie Granulysin verantwortlich. Dadurch gelingt die Vernichtung von Mykobakterien in Makrophagen durch das Zusammenspiel dieser beiden Moleküle.

Tuberkulinallergie. Als Tuberkulin bezeichnete Robert Koch den durch Kochen eingedickten gefilterten proteinhaltigen Überstand aus Flüssigkulturen von Tbc-Bakterien (**Alttuberkulin**). Die durch Behandlung des Alttuberkulins mit Ammoniumsulfat ausgefällten Proteine heißen **gereinigtes Tu-**

berkulin (**G.T.**). G.T. wird als Testantigen bei der Tuberkulosediagnostik eingesetzt:

Injiziert man einer mit Tbc-Bakterien infizierten Person nach Entwicklung des PK, also 6–14 Wochen nach Infektionsbeginn, geringe Mengen von G.T. intrakutan, so weist die Injektionsstelle 24–72 h später eine Schwellung mit Rötung auf.

Im Reaktionsherd finden sich mononukleäre Phagozyten und T-Lymphozyten in vorwiegend perivaskulärer Anordnung.

Es handelt sich hierbei um eine allergische Reaktion vom Typ IV oder verzögerten Typ (engl. Delayed Type Hypersensitivity = DTH), und die Fähigkeit zur Ausbildung einer verzögerten Reaktion heißt **Tuberkulinallergie**. Träger der Tuberkulinallergie sind tuberkulinspezifische CD4+ T-Zellen vom TH1-Typ.

Die Erlangung dieser Fähigkeit ist die **Konversion** oder allergische Umstimmung. Eine Konversion kann sowohl aufgrund einer natürlichen Infektion als auch aufgrund einer Schutzimpfung mit BCG (s. S. 387) erfolgen.

Sie entsteht zeitgleich mit der Granulombildung und der Ausbildung eines PK.

G.T. wird mit folgenden Methoden in die Haut eingebracht:

- Mittels einer tuberkulinhaltigen Salbe (**Moro-Test**). Dieser Test wird bei Säuglingen und Kleinkindern bis zum Beginn der Schulzeit durchgeführt.
- Mittels eines Nadelstempels, dessen vier Spitzen mit G.T. beschickt sind (Tubergen-Test, **Tine-Test**). Dieser Test findet bei Reihenuntersuchungen als Suchtest Anwendung.
- Durch i.c.-Injektion von 10 internationalen Einheiten G.T. (**Mendel-Mantoux-Test**). Dieser Test dient der semiquantitativen Bestimmung der Tuberkulinallergie. Dosiert wird nach Tuberkulin-Einheiten. Eine Tuberkulin-Einheit G.T. (1 I.E.) entspricht hierbei einer Menge von 0,00014 mg Protein.

Wenn kein Verdacht auf Tbc besteht, wird zunächst der Stempeltest durchgeführt. Muß eine Infektion mit Sicherheit ausgeschlossen werden, z.B. vor BCG-Impfung, wird bei negativem Ausfall des Tubergen-Tests eine Testung nach Mendel-Mantoux angeschlossen, zunächst mit 10 I.E. i.c., bei negativem Ausfall anschließend mit 100 I.E.

Durch dieses vorsichtige Herantasten wird der Gefahr vorgebeugt, daß eine zu hoch dosierte Tuberkulininjektion eine Reaktivierung bestehender Herde auslöst.

Die Ablesung der Tuberkulinreaktion erfolgt 48–96 h nach Injektion des G.T. Wenn beim Mendel-Mantoux-Test an der Reaktionsstelle eine Induration von mehr als 10 mm Durchmesser auftritt, gilt der Test als positiv.

Die einmal erlangte Fähigkeit zur Ausbildung einer Tuberkulinreaktion, d.h. die Tuberkulinallergie, besteht sehr lange, oft jahrelang.

Eine positive Tuberkulinreaktion besagt, daß ein Individuum mit Tbc-Bakterien infiziert ist oder mit BCG (s.u.) aktiv immunisiert wurde. Andererseits besteht die Möglichkeit, daß das Individuum mit MOTT (s.o.) infiziert ist. Ein frisch Infizierter in der Inkubationszeit, der noch keinen PK und damit noch keine spezifischen T-Zellen ausgebildet hat, ist zur Ausbildung einer Tuberkulinreaktion noch nicht befähigt.

Eine Tuberkulinallergie sagt nichts darüber aus, ob eine Person klinisch an Tbc erkrankt ist, ob sie sich lediglich infiziert hat, oder ob der positive Ausfall der Reaktion aufgrund einer BCG-Schutzimpfung oder Sensibilisierung durch atypische Mykobakterien erfolgte. Der eigentliche Krankheitsbeweis beruht auf klinischen und röntgenologischen Befunden in Verbindung mit dem Nachweis des Erregers. Da sowohl die Tuberkulinallergie als auch der antibakterielle Schutz von T-Zellen vermittelt werden, ist eine tuberkulinallergische Person gleichzeitig *geschützt* – durch den Besitz von spezifischen T-Zellen – und *gefährdet* – durch die bestehende Infektion.

Bleibt die Tuberkulinallergie bei einem Infizierten oder bei einem BCG-Immunisierten aus, so spricht man von *Anergie*. Es stehen in dieser Situation keine tuberkulinspezifischen T-Zellen zur Ausbildung einer Tuberkulinreaktion zur Verfügung. Die Anergie kann durch „Verbrauch" der spezifischen T-Lymphozyten oder durch deren Schädigung (z.B. durch Infektion mit HIV oder Masern-Viren), aber auch durch eine angeborene oder erworbene Immundefizienz verursacht sein. So verschiebt sich bei der HIV-Infektion das Verhältnis von CD4+T- zu CD8+T-Zellen, und es kommt dadurch zu einer CD4+T-Zell-Insuffizienz. Eine Anergie gilt als prognostisch ungünstiges Zeichen.

Labordiagnose

Schwerpunkt. Der Schwerpunkt liegt bei der Erregeranzucht. Seit wenigen Jahren hat sich auch der molekularbiologische Nachweis von DNS mittels PCR als zuverlässige Methode durchgesetzt.

Untersuchungsmaterialien. Da Materialien von Tbc-Patienten meistens eine relativ geringe Erregerzahl enthalten, muß eine deutlich größere Materialmenge als bei schnellwachsenden Bakterien zur Untersuchung gelangen. Je nach Lokalisation des Prozesses kommen verschiedene Untersuchungsmaterialien in Betracht.

Materialtransport. Auf M. tuberculosis verdächtiges Material sollte *gekühlt* transportiert werden, da sonst die kontaminierende, zahlenmäßig meist weit überwiegende Begleitflora schnellwachsender Bakterien die wenigen in einer Probe vorhandenen Tbc-Bakterien überwuchert.

Die Verwendung von Transportmedien ist nicht erforderlich.

Mikroskopie. Zunächst wird von dem eingesandten Material (Ausnahmen: Stuhl, Urin) ein Präparat nach Ziehl-Neelsen oder mit Auramin (Fluoreszenzfärbung) gefärbt. Diese Methoden nutzen die Säurefestigkeit der Mykobakterien aus: Bei der Ziehl-Neelsen-Färbung dringt der Farbstoff Karbolfuchsin erst nach Erhitzen in die Zellwand ein, der Farbstoff Auramin, ein fluoreszierender Farbstoff, ohne Erhitzen der Zellwand. Die Farbstoffe werden durch Säurebehandlung nicht aus der Zellwand entfernt. Das Ziehl-Neelsen-Präparat sollte mindestens 5 min, das Auramin-Präparat 2 min lang mikroskopiert werden. Diese Zeit wird benötigt, um 100 Gesichtsfelder durchzumustern. Der mikroskopische Nachweis säurefester Stäbchen ist wegen einer möglichen Verwechslung mit MOTT (s.u.) nicht beweisend für Tbc-Bakterien; er erlaubt aber eine Verdachtsdiagnose.

Typische Mykobakterien sind leicht gekrümmte schlanke Stäbchen von ca. 3 μm Länge und 0,5 μm Dicke. Bei massenhaftem Vorkommen in den Ausscheidungen von Patienten und auch in Kultur lagern sich virulente Stämme von M. tuberculosis zu *zopfartigen Strängen* aneinander. Diese Form der Lagerung geht auf den Besitz des *Cordfaktors* zurück.

Die Färbemethode nach Gram ist wegen des hohen Lipidgehalts der Mykobakterien nicht geeignet; färbt man sie trotzdem nach Gram, so erscheinen sie schwach positiv.

Eine negative mikroskopische Untersuchung besagt nicht, daß keine Tbc-Bakterien in dem Material vorhanden sind, da erst ab einer Konzentrati-

VI

on von 10^5 Bakterien pro ml Untersuchungsmaterial ein Erreger pro Gesichtsfeld zu erwarten ist, d.h. die Mikroskopie erst dann Erfolgsaussichten bietet.

Anzucht. Zunächst erfolgt eine Homogenisierung des Untersuchungsmaterials. Dann muß die Begleitflora durch Alkali- oder Säurebehandlung abgetötet werden.

Anschließend werden die Tbc-Bakterien durch Zentrifugieren (20 min bei 3000 U/min) angereichert und mindestens auf drei verschiedene Kulturmedien verimpft. Diese enthalten Eigelb oder eine andere Lipidquelle sowie Substanzen, welche das Wachstum der Begleitflora unterdrücken, z.B. Malachitgrün. Bei Anzüchtung in flüssigen Kulturmedien kann letzteren eine oberflächenaktive Substanz (z.B. Tween 80) beigefügt werden, um die Bakterien leichter in Suspension zu halten.

Die Bebrütung erfolgt bei 37 °C in einer feuchtigkeitsgesättigten Atmosphäre.

Da Tbc-Bakterien sich langsam vermehren, kann frühestens nach einer Bebrütungsdauer von 2–3 Wochen mit sichtbaren Kolonien gerechnet werden. Umgekehrt gilt das Ergebnis der Kultur als negativ, wenn nach 6–8 Wochen Bebrütungsdauer kein Wachstum erfolgt ist. Die Typisierung und die gleichzeitige Erstellung eines Antibiogramms erfordern weitere sechs Wochen. Somit nimmt die bakteriologische Sicherung einer offenen Tbc samt Erstellung eines Antibiogramms etwa 12–14 Wochen in Anspruch (s. aber unten – Schnellverfahren).

Differenzierung. Zur Unterscheidung zwischen M. tuberculosis, M. bovis und atypischen Mykobakterien werden verschiedene Stoffwechselleistungen herangezogen. So unterscheidet sich M. tuberculosis von M. bovis und von MOTT durch die Fähigkeit zur Bildung von Nikotinsäure (Niacin). Diese erzeugt mit Bromcyanid und Anilin einen gelben Anilin-Farbkomplex (*Niacintest*).

Der Nitratreduktionstest nutzt die Tatsache aus, daß M. tuberculosis im Gegensatz zu M. bovis Nitratreduktase bildet; dieses Enzym reduziert Nitrat zu Nitrit. Auch einige MOTT bilden Nitratreduktase.

Seit einiger Zeit sind spezifische DNS-Sonden zur Differenzierung von mykobakteriellen Isolaten verfügbar.

Schnellverfahren. In jüngster Zeit haben Schnellverfahren Eingang in die Diagnostik gefunden, die eine wesentlich kürzere Diagnosezeit ermöglichen:

Das *Bactec-Verfahren* beruht auf dem Prinzip, daß stoffwechselaktive Tbc-Bakterien aus radioaktiv markierter Palmitinsäure das Isotop ^{14}C freisetzen, das sich radiometrisch messen läßt. Das Verfahren ermöglicht einen Erregernachweis innerhalb einer Woche. Es ist allerdings durch die Notwendigkeit der Entsorgung radioaktiven Abfalls belastet.

Seit wenigen Jahren hat die PCR (s. S. 899 ff.) Eingang in die Diagnostik der Tbc gefunden. Sie erlaubt einen Erregernachweis innerhalb von zwei Tagen.

Therapie

Indikation. Bei mikroskopischem Nachweis säurefester Stäbchen im Rahmen eines klinischen Verdachts wird mit der kalkulierten Initialtherapie begonnen, ohne das Ergebnis weiterer diagnostischer Versuche abzuwarten. Ein Patient mit offener Tbc mußte früher stationär behandelt werden. Heute läßt sich bei guter Mitarbeit des Patienten und entsprechendem Risikoausschluß eine ambulante Behandlung rechtfertigen. Das gleiche gilt für eine geschlossene Tbc, solange ein röntgenologisch aktiver Prozeß besteht. Die Indikation zu einer Chemotherapie ist also nicht vom Erregernachweis abhängig.

Die Chemotherapie muß folgenden Anforderungen genügen:
- Rasche Sanierung offener Läsionen und damit Ausschaltung der Infektionsquelle.
- Rasche und vollständige Erregervernichtung in den befallenen Organen.
- Vernichtung auch von langsam in Vermehrung begriffenen Erregern (Persister).
- Vernichtung sowohl extrazellulärer als auch intrazellulär liegender Erreger durch Verwendung von Antituberkulotika, die auch in Makrophagen eindringen.
- Wirksamkeit der Antituberkulotika im neutralen *und* sauren pH-Bereich (intrazellulär herrscht ein saurer pH-Wert vor!).
- Verhinderung oder Verzögerung einer Resistenzentwicklung durch Mehrfachkombination.
- Möglichst kurze, aber ausreichend lange Behandlungszeiten, um die individuelle Belastung

des Patienten und die Quote der Therapieabbrecher möglichst gering zu halten.

Antituberkulotika. Als erstes Antituberkulotikum fand das von Waksman entdeckte Streptomycin im Jahre 1946 therapeutischen Einsatz. Heute werden v. a. Isoniazid (INH), Rifampicin, Ethambutol, Streptomycin und Pyrazinamid verwendet.

Um der Resistenzentwicklung unter einer Chemotherapie vorzubeugen, gibt man mehrere Antituberkulotika gleichzeitig (Kombinationstherapie), und zwar initial in den ersten 2–3 Monaten nach Erkrankung 3–4 Mittel und in der Stabilisierungsphase, d. h. ab dem 4. Monat nach Krankheitsbeginn, zwei Mittel, z. B. INH und Rifampicin.

Kontrolle des Therapieerfolges. Der Therapieerfolg wird durch monatliche bakteriologische Kontrollen abgesichert. Um eine ursprünglich offene Tbc als geschlossen erklären zu können, wird gefordert, daß in drei sukzessive gewonnenen Sputumproben mikroskopisch und durch Kultur keine Erreger nachgewiesen werden. Bei unkompliziertem Verlauf ist eine zweijährige Überwachung ausreichend.

Eine wichtige Voraussetzung für eine erfolgreiche Therapie stellt die Mitarbeit der Patienten (Compliance) dar.

In den letzten Jahren sind multiresistente Stämme von M. tuberculosis aufgetaucht, die nicht mehr therapierbar sind. Der Umgang mit ihnen darf nur unter Hochsicherheitsbedingungen erfolgen!

Prävention

BCG-Schutzimpfung. Bei der Schutzimpfung gegen Tbc setzt man einen virulenzgeschwächten lebenden Stamm von M. bovis, den Stamm BCG, ein.

BCG ist die Abkürzung von *Bacille Calmette-Guérin,* zwei französische Bakteriologen, die einen Stamm von M. bovis auf Kartoffel-Glycerin-Medium mit Rindergalle durch jahrelange Passagen (1908–1920) für Impfzwecke dauerhaft attenuierten.

Die BCG-Impfung erfolgt intrakutan. Sie wurde in Deutschland im Säuglingsalter durchgeführt, wird aber von der STIKO derzeit nicht empfohlen (s. Impfplan S. 999).

Nebenwirkungen der BCG-Schutzimpfung sind:
- Ungewöhnlich heftige Reaktionen und länger dauernde Gewebsreaktionen an der Impfstelle;
- Zur Abszedierung neigende regionale Lymphadenitis (in 0,5 bis 3% der Säuglingsimpfungen);
- Osteomyelitis (etwa 1:100 000);
- Lupus;
- Generalisierte Aussaat mit tödlichem Ausgang bei angeborenen oder erworbenen Immundefekten.

Obwohl BCG im Kleinkind einen gewissen Schutz gegen Tbc, vor allem die tuberkulöse Meningitis, bewirkt, ist der Tbc-Schutz im Erwachsenen ungenügend.

Allgemeine Maßnahmen. Personen mit einer nicht diagnostizierten offenen Lungen-Tbc stellen die wichtigste Ansteckungsquelle dar. Besonders gefährlich kann sich eine offene Tbc der Lungen bei Säuglingsschwestern, Kindergärtnerinnen und Lehrern auswirken. Patienten mit offener Tbc müssen unverzüglich einer Therapie zugeführt werden. Eine Kontrolluntersuchung ihrer ständigen Kontaktpersonen ist erforderlich. Im Haushalt sind gesondertes Bettzeug und Eßgeschirr für Tbc-Kranke nicht notwendig.

Desinfektion. Da Tbc-Bakterien sehr widerstandsfähig gegen Austrocknung sind, muß der Desinfektion besondere Aufmerksamkeit gewidmet werden. Sie sind gegen viele Desinfektionsmittel widerstandsfähiger als andere Bakterien; daher dürfen nur solche Desinfektionsmittel eingesetzt werden, deren Wirksamkeit gegen Tbc-Bakterien gesondert geprüft worden ist. Diese Mittel sind in der Desinfektionsmittelliste des Robert-Koch-Instituts bzw. der Deutschen Gesellschaft für Hygiene und Mikrobiologie gesondert ausgewiesen [Bundesgesundheitsblatt 1997 (Sonderdruck), Carl Heymanns Verlag Köln].

Meldepflicht. Erkrankung und Tod an Tuberkulose sind namentlich zu melden, auch ohne Erregernachweis (§6 IfSG). Ebenso sind Personen zu melden, die an einer behandlungsbedürftigen Tuberkulose erkrankt sind und die Behandlung abbrechen oder verweigern. Namentliche Meldepflicht besteht ferner für den direkten Nachweis von Mycobacterium tuberculosis/africanum sowie Mycobacterium bovis inkl. der nachfolgenden Resistenzbestimmung und vorab der Nachweis säurefester Stäbchen im Sputum (§7 IfSG).

ZUSAMMENFASSUNG: Mycobacterium tuberculosis

Bakteriologie. Obligat aerobes, langsam wachsendes, säurefestes Stäbchen mit Vorliebe für lipidhaltige Nährböden. In flüssigen Nährmedien „schimmelpilzähnliches" Oberflächenwachstum mit Klumpenbildung.

Vorkommen. Einziges Reservoir ist der Mensch.

Resistenz. Vermehrungsfähigkeit in feuchtem oder ausgetrocknetem Sputum kann bis zu sechs Wochen erhalten bleiben.

Epidemiologie. Begünstigend für eine rasche Krankheitsausbreitung sind: Beengte Wohnraumverhältnisse, Übertragung durch Aerosole und eine niedrige Resistenzlage in der Bevölkerung. Weltweit ca. 2 Millionen Todesfälle/Jahr. In Deutschland jährlich 12 000 Neuerkrankungen und ca. 1500 Tote.

Übertragung. Von Mensch zu Mensch über Tröpfcheninfektion.

Pathogenese. Inhalation des Erregers → Phagozytose in den terminalen Bronchioli und Alveolen durch Alveolarmakrophagen → intraphagozytäre Vermehrung und Persistenz → Infiltration lokaler hilärer und mediastinaler Lymphknoten → Ausbildung einer zellulären Immunität. Konsolidierung des Primärkomplexes. Bei mangelnder Immunabwehr Dissemination und Manifestation in verschiedenen Organsystemen → Reaktivierung des Primärkomplexes möglich (z. B. durch Immunsuppression etc.).

Pathomechanismen. Intrazellulär persistierender Erreger. Pathologie primär immunologisch bedingt. Tumornekrosefaktor (TNF) wahrscheinlich an Gewebeschädigung beteiligt.

Klinik. Chronisch verlaufende, zyklische Infektionskrankheit. Inkubationszeit 4–6 Wochen. Verlauf: Primärstadium, Postprimärstadium. Manifestationsformen: Lungen-Tbc, Darm-Tbc, Nieren-Tbc, Miliar-Tbc etc.

Immunität. Zelluläre Immunität: Begleitet von einer Allergie vom verzögerten Typ. Ausbildung einer antigenspezifischen T-Lymphozytenpopulation, die über die Aktivierung mononukleärer Phagozyten via Zytokine, insbesondere IFN-γ, zur Riesenzell- und Granulombildung führt.

Labordiagnose. Untersuchungsmaterial: Sputum, Magensaft, Bronchialsekret, Urin. Erregernachweis: Lichtmikroskopisch in der Ziehl-Neelsen-Färbung. Fluoreszenzmikroskopisch in der Auramin-Färbung. Kultur: Nach Anreicherung und Abtötung der Begleitkeime Wachstum auf eihaltigen soliden Nährmedien innerhalb von 2–8 Wochen. Identifizierung: Biochemische Reihe, Resistenzbestimmung. Raschere (molekularbiologische) Diagnoseverfahren stehen zur Verfügung.

Therapie. Erstbehandlung (d. h. bis zur definitiven Erregerisolierung, Identifizierung und Resistenzbestimmung): Vierfachkombination aus Isoniazid (INH), Rifampicin (RMP), Ethambutol (EMB) und Pyrazinamid (PZA). Anschließend Zweifachkombination nach Antibiogramm.

Prävention. Epidemiologische Prophylaxe: Adäquate Wohnraumverhältnisse, natürliche Resistenzlage innerhalb der Bevölkerung. Immunprophylaxe: BCG-Schutzimpfung (aber häufig ungenügend).

Vakzination. BCG-Impfung möglich, aber nicht empfohlen.

Meldepflicht. Erkrankung und Tod, Behandlungsabbruch bzw. -verweigerung, direkter Erregernachweis inkl. mikroskopischer Nachweis säurefester Stäbchen und Resistenzbestimmung.

18.2 Atypische Mykobakterien (MOTT)

Die verschiedenen Spezies der MOTT-Gruppe werden nach Runyon in vier Gruppen eingeteilt (Tabelle 18.2, s. S. 377). Zur Gruppe I gehören langsam wachsende Mykobakterien, die bei Lichtexposition, nicht aber in der Dunkelheit, Farbstoffe bilden (photochromogene Mykobakterien). Die skotochromogenen Mykobakterien der Gruppe II bilden Farbstoffe, auch dann, wenn die Anzucht im Dunklen erfolgt. Die Gruppe III umfaßt die langsam wachsenden MOTT, die keine Farbstoffe bilden. In der Gruppe IV werden die schnell wachsenden (Koloniebildung innerhalb einer Woche) Mykobakterien eingeordnet.

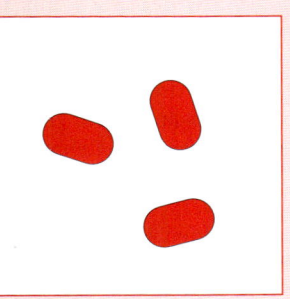

STECKBRIEF

Atypische Mykobakterien MOTT sind fakultativ pathogen. Sie verursachen zum Teil tuberkuloseartige Krankheitsbilder, die sich klinisch von der Tbc nicht unterscheiden lassen, zum Teil auch geschwürige Veränderungen. M. avium und das sehr ähnliche M. intracellulare (auch zusammengefaßt als M.-aviumintracellulare-Komplex) treten bei AIDS-Patienten als Sepsiserreger in Erscheinung.

M. avium/intracellulare
kurze säurefeste Stäbchen

18.2.1 Beschreibung

Aufbau

Der Aufbau der MOTT unterscheidet sich nicht grundsätzlich von dem der bereits besprochenen Mykobakterien.

Extrazelluläre Produkte

Pathogenetisch relevante Sekretionsprodukte wurden bisher nicht identifiziert.

Resistenz gegen äußere Einflüsse

Mykobakterien sind gegen Umwelteinflüsse außergewöhnlich resistent. So kann z.B. M. phlei bei 60 °C vier Stunden überleben. Häufig besteht eine erhebliche Resistenz gegenüber Desinfektionsmitteln.

Vorkommen

Viele MOTT kommen in der Natur ubiquitär vor. Oft können sie in Boden- oder Wasserproben gefunden werden. Häufungen kommen in Endemiegebieten vor. Andere Mykobakterien sind auf bestimmte Standorte begrenzt; z.B. ist M. ulcerans nur in Afrika und im südöstlichen Pazifik verbreitet.

18.2.2 Rolle als Krankheitserreger

Epidemiologie

Die epidemiologischen Daten unterscheiden sich von Spezies zu Spezies; M. avium/intracellulare ist einer der bedeutsamsten bakteriellen Erreger bei AIDS.

Übertragung

Im Gegensatz zu M. tuberculosis werden MOTT nicht von Mensch zu Mensch übertragen. In der Regel sind prädisponierende Faktoren, wie eine Vorschädigung der Lunge, kleinere Verletzungen o. ä., Voraussetzung für das Auftreten einer Infektion. Auch Immunsupprimierte (z.B. Transplantationspatienten) sind anfällig für MOTT-Infektionen.

VI

Pathogenese

Die Pathogenese der Infektionen durch MOTT unterscheidet sich je nach Erreger. Für die Symptomatik scheint die induzierte granulomatöse Entzündung bedeutsam.

Klinik

Die klinischen Zeichen einer MOTT-Infektion können sehr unterschiedlich sein. Eine Reihe dieser Erreger kann insbesondere bei vorgeschädigten Patienten pulmonale Infektionen verursachen, die klinisch nicht von einer klassischen Tbc unterschieden werden können (z. B. M. aviumintracellulare, M. kansasii, M. fortuitum, M. szulgai, M. xenopi).

Andere Mykobakterien verursachen granulomatöse Infektionen der Haut bzw. Lymphangitiden (z. B. M. scrofulaceum, M. haemophilum). Häufig sind Halslymphknoten betroffen. M. marinum ist als Erreger des „Schwimmbadgranuloms" bekannt geworden, einer Infektion, die nach Baden in kontaminiertem Wasser auftritt. Nach einer Inkubationszeit von 2–3 Wochen entstehen an der Eintrittspforte (oft Ellenbogen, Knie, Finger) Granulome, die nach einiger Zeit ulzerieren können. M. ulcerans verursacht chronische, mit Ulzerationen und erheblichen Nekrosen einhergehende Hautinfektionen (z. B. Buruli-Ulkus).

Disseminierte Infektionen mit Beteiligung insbesondere des Gastrointestinaltrakts, werden bei immunsupprimierten Patienten, v. a. bei Patienten mit AIDS, gefunden. In den USA ist diese Komplikation des AIDS besonders häufig. Meist ist M. aviumintracellulare die Ursache, es kommen aber auch andere Erreger (z. B. M. kansasii) vor.

Labordiagnose

Die Labordiagnose erfolgt durch Anzüchtung auf geeigneten Kulturmedien; zur Identifizierung dienen die biochemische Leistungsprüfung sowie neuere molekularbiologische Methoden.

Anzucht. Die Kulturmedienansprüche der meisten Mykobakterien sind komplex. Mit wenigen Ausnahmen gelingt die Anzucht der MOTT auf den gleichen Nährböden, die auch für M. tuberculosis geeignet sind (z. B. Löwenstein-Jensen-Medium).

Schnell wachsende Mykobakterien können nach 3–4 Tagen Kolonien ausbilden, langsam wachsende benötigen eine Woche oder länger. MOTT sind in der Regel nicht pathogen für Meerschweinchen, so daß ein Tierversuch negativ bleibt.

Mikroskopie. MOTT sind Stäbchenbakterien, deren mikroskopisches Erscheinungsbild sehr verschiedenartig sein kann (Pleomorphie). Es kommen Ketten, palisadenartige Lagerung und Verzweigungen vor. Die Säurefestigkeit kann unterschiedlich stark ausgeprägt sein. Spezies-spezifische Unterschiede können mikroskopisch nicht erkannt werden.

Identifizierung. Die Identifizierung der MOTT erfolgt v. a. aufgrund der Wachstumsgeschwindigkeit, des Temperaturoptimums, der Pigmentbildung und der Kulturmorphologie. Daneben können biochemische Leistungen, wie z. B. Niacinproduktion, Nitratreduktion, Tweenhydrolyse, Harnstoffabbau oder Amidaseaktivität zur Differenzierung genutzt werden.

Einige Spezies sind so schlecht voneinander zu unterscheiden, daß üblicherweise auf eine Differenzierung verzichtet wird und die Spezies zu „Komplexen" zusammengefaßt werden (M.-aviumintracellulare-Komplex, M.-fortuitum-chelonae-Komplex).

Neuere Verfahren, wie der Gensondennachweis mittels RFLP (= Restriktions-Fragment-Längen-Polymorphismus), ergänzen die Differenzierung.

Therapie

Die Therapie von Infektionen durch MOTT ist äußerst schwierig, da sich viele dieser Mikroorganismen als hoch resistent gegenüber den Tuberkulostatika erweisen. Darüber hinaus kann aufgrund des langsamen Wachstums mit dem Ergebnis der Resistenzbestimmung meist erst nach Wochen gerechnet werden. Je nach Erreger und Art der Infektion werden daher zwischen drei und sechs (M. aviumintracellulare) Tuberkulostatika für die initiale Therapie kombiniert. Für die Behandlung der M. aviumintracellulare Infektion wird eine Kombination von Clarithromycin + Ethambutol + Rifabutin empfohlen. In einzelnen Fällen kann sich die chirurgische Sanierung des Infektionsherds als hilfreich erweisen. Bei der Festlegung der Therapiedauer ist zu beachten, daß viele der betroffenen Patienten als prädisponierenden Faktor einen Immundefekt aufweisen.

Prävention

Aufgrund des ubiquitären Vorkommens und der Unempfindlichkeit der Erreger sind Präventionsmaßnahmen schwierig. Bei den opportunistischen Arten sollte eine schnellstmögliche Beseitigung der disponierenden Abwehrschwäche angestrebt werden.

VI

Bakteriologie. Säurefeste Stäbchen, Unterteilung in 4 Gruppen nach Pigmentbildung und Wachstumsgeschwindigkeit.

Vorkommen. Ubiquitär in Boden und Wasser, einige Spezies nur in den Tropen.

Epidemiologie. Überwiegend weltweit. M. avium/intracellulare Leitkeim bei HIV-Infektion.

Übertragung. Selten von Mensch zu Mensch. Prädisposition (Immunsuppression) notwendig für Infektion.

Pathogenese. Induktion einer granulomatösen Entzündung.

Klinik. Lunge, Haut, Verletzungen. Disseminierte Form häufig bei HIV-Infizierten.

Klinik. Tbc-ähnlicher Befall der Lunge, granulomatöse Hautinfektionen (Schwimmbadgranulom) mit Lymphangitis, M. avium/intracellulare: Generalisierte Infektion mit besonderem Befall des Gastrointestinaltrakts bei AIDS.

Diagnose. Anzucht auf Spezialnährböden, biochemische Differenzierung, molekularbiologischer Nachweis.

Therapie. Wegen häufiger Multiresistenz Kombination von 3–6 Antituberkulotika notwendig, z.B. Clarithromycin, Ethambutol und Rifabutin.

Prävention. Nicht möglich wegen ubiquitären Vorkommens.

Meldepflicht. Keine.

18.3 Mycobacterium leprae

Der Norweger G. Armauer Hansen (1841–1912) entdeckte 1869 den Erreger.

M. leprae ist ein leicht gebogenes, 0,3 µ breites, 1–5 µm langes, säurefestes Stäbchen. Es ruft die Lepra (gr. Aussatz) hervor.

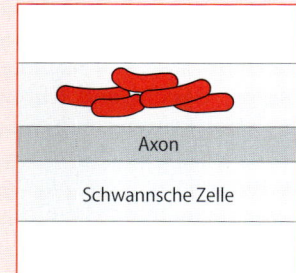

Axon

Schwannsche Zelle

Mycobacterium leprae säurefeste Stäbchen in Bündeln innerhalb Schwannscher Scheiden, entdeckt 1869 von G. A. Hansen

Die Lepra war bereits im Altertum bekannt. Als früheste Hauptherde gelten Ägypten, Ostasien und Indien. Durch römische Soldaten, Völkerwanderung und Kreuzzüge wurde die Lepra nach Europa eingeschleppt.

18.3.1 Beschreibung

Aufbau

Ähnlich M. tuberculosis enthält M. leprae in der Zellwand reichlich Lipide und Wachse, außerdem die für Mykobakterien typischen Mykolsäuren. Wie andere Mykobakterien besitzt M. leprae auf seiner Oberfläche eine Art Netz aus Peptido-Glykolipidfilamenten. Diese können freie Radikale einfangen und ermöglichen neben anderen Faktoren das intrazelluläre Überleben des Erregers.

Extrazelluläre Produkte

Sezernierte Produkte sind bisher nicht isoliert worden.

Resistenz gegen äußere Einflüsse

M. leprae kann mehrere Tage außerhalb des Wirts infektiös bleiben, unter tropischen Bedingungen bis zu neun Tagen.

Vorkommen

Einziges Erregerreservoir ist nach bisherigen Erkenntnissen der unbehandelte leprakranke Mensch. Eine echte Lepra im Tierreich ist nicht bekannt; das neunbändige Gürteltier (Armadillo) ist der einzige bekannte nichtmenschliche natürliche Wirt.

18.3.2 Rolle als Krankheitserreger

Epidemiologie

Anfang 1997 wurden weltweit ca. 1 Million Leprakranke geschätzt, wovon 890 000 für Behandlungszwecke registriert sind. Weltweit nehmen die Lepra-Inzidenzen aber deutlich ab. In Indien, Indonesien und Burma finden sich 70% aller Leprafälle, hohe Prävalenzen gibt es auch in Brasilien, Nepal und Mosambique. In Europa wurden 1996 insgesamt nur 37 Fälle gemeldet.

Übertragung

Übertragen wird der Erreger vorwiegend durch engen Kontakt von Haut zu Haut, wobei auch erregerhaltiges Nasenschleimhautsekret eine Rolle spielen dürfte. Eine andere Infektionsquelle stellt die stark erregerhaltige Brustmilch leprakranker Frauen dar. Allgemein gilt, daß für die Infektion und Weiterverbreitung der Seuche enges und länger dauerndes Zusammenleben eine wichtige Voraussetzung darstellt. Am häufigsten sind Länder mit niedrigem Lebensstandard betroffen.

Pathogenese

M. leprae ist ein obligat intrazellulärer Erreger, der sich in Makrophagen und Schwann-Zellen vermehrt. Der antibakteriellen Aktivität der Makrophagen entzieht er sich u.a. dadurch, daß er in Makrophagen die Verschmelzung der Lysosomen mit Phagosomen hemmt. Das Erscheinungsbild der Erkrankung steht und fällt mit der Ausprägung einer protektiven zellvermittelten Immunität.

Dementsprechend existiert bei fehlgeleiteter Immunität eine „anergische" Form, die lepromatöse, sog. maligne Lepra als Gegenstück zu der tuberkuloiden, benignen Lepra der Patienten mit einer zum Schutz gerüsteten Immunität.

Lepromatöse Lepra. Bei der anergischen Form finden sich im befallenen Gewebe keinerlei Entzündungszeichen; die Makrophagen sind prall mit Erregern gefüllt. In den Läsionen fehlen CD4-T-Zellen weitgehend, und es finden sich fast ausschließlich CD8-T-Zellen. Diese T-Zellverteilung läßt sich auch im peripheren Blut nachweisen. Die CD8-T-Zellen sezernieren Zytokine, die die schützenden Immunmechanismen unterdrücken: Es kommt zur Suppression der Abwehrlage. Die lepromatöse Lepra läßt sich bezüglich des Immunstatus mit der Miliartuberkulose vergleichen. Im Gegensatz zur tuberkuloiden Lepra besteht bei der lepromatösen Lepra keine Tendenz zur Selbstheilung.

Tuberkuloide Lepra. Bei der tuberkuloiden Form finden sich in den Läsionen organisierte Epitheloid- und Riesenzellgranulome mit einzelnen Erregern oder deren Fragmenten bei Überwiegen der CD4-T-Zellpopulation. Hierbei handelt es sich fast ausschließlich um IFN-γ-produzierende CD4-T-Zellen vom TH1-Typ als Ausdruck weitgehend effizienter Zellular-Abwehr. Diese Form läßt sich mit der Primärtuberkulose vergleichen.

Die tuberkuloide Form hat eine starke (bis 90% der Fälle) Selbstheilungstendenz.

Klinik

Lepromatöse Lepra. Im Vordergrund der Symptomatik stehen knotige Infiltrate, die sog. Leprome, an Ellenbogen, Knien, Gesicht und Ohren. Die Lepraherde befinden sich vorzugsweise an kühlen Körperpartien. Die Infiltrationen im Gesichtsbereich zusammen mit beidseitiger Keratokonjunktivitis bedingen das charakteristische Bild der *facies leonina* (Löwengesicht). Fast stets ist die Nasenschleimhaut befallen mit chronischem Schnupfen und Nasenbluten. Durch Destruktionen kommt es zur charakteristischen Kleeblattnase. Die Augen sind häufig betroffen unter dem Bild der Konjunktivitis, Iridozyklitis und Keratitis. Im Vergleich zur tuberkuloiden Lepra stehen Nervenbeteiligung mit Paralysen und Muskelatrophien eher im Hintergrund. Der Lepromintest fällt schwach oder negativ aus.

Tuberkuloide Lepra. Diese Form verläuft im Vergleich zur lepromatösen Lepra langsamer und ohne systemische Beteiligung bei Tendenz zur spontanen Regression. Verstümmelnde Hautveränderungen können jedoch vorkommen. Die tuberkuloide Lepra betrifft fast ausschließlich Haut und periphere Nerven. Die Hauterscheinungen zeigen sich als Papeln oder Maculae, die unter Hinterlassung depigmentierter Herde zentral abheilen. Sensibilitätsstörungen sind häufig. Eine *Nervenbeteiligung* bei der tuberkuloiden Lepra ist meist schwerwiegend. Die befallenen peripheren Nerven sind als verdickte Stränge tastbar, sie werden paretisch, wobei es zu Muskelatrophien kommt; diese führen im Gesicht durch Fazialisparese und Ptosis zur charakteristischen sog. *facies antonina* (Mönchsgesicht). An den Füßen imponieren ulzeröse Läsionen als sog. „mal perforant". Beteiligung der inneren Organe kommt nicht vor. Der Lepromintest fällt positiv aus.

Untersuchungen in Indien und den Philippinen haben eine Selbstheilungsrate von 77–90% bei tuberkuloider Lepra gezeigt.

Borderline-Lepra. Die dritte Haupterscheinungsform der Lepra, die Borderline-Lepra, stellt einen Zustand zwischen den beschriebenen Formen dar. Sie kann sich in eine der beiden Formen weiterentwickeln.

Lepra-Umkehr-Reaktionen („Reversal Reactions"). Diese Reaktionen bezeichnen akute Änderungen der klinischen Symptomatik der Lepra, die auf Änderungen im Gleichgewicht zwischen Erreger und Immunabwehr basieren:

Beim seltenen *„Downgrading"* von unbehandelten Patienten bewegt sich der Patient in Richtung lepromatöser Form; die Granulome verlieren ihre Kompaktheit.

Bei den *reaktiven Schüben* entstehen entzündliche Herde und Fieber. Aufgrund der heftigen Entzündung fühlt sich der Patient schlecht. Die Bakterienlast sinkt, es entstehen Epitheloidzellen. Es besteht aber die Gefahr irreversibler Nervenschädigungen. Die reaktiven Schübe werden primär von T-Zellen und proinflammatorischen Zytokinen (bes. TNF) vermittelt.

Das *Erythema nodosum leprae* (ENL) kann unter Therapie entstehen. Als Ausdruck einer Arthus-Reaktion auf Antigene, die beim Absterben der Bakterien freigesetzt werden, entstehen Fieber und rötliche Papeln in der Haut, die nach einigen Tagen ulzerieren können. Man findet Hepato- und Splenomegalie, Lymphknotenschwellungen, Arthritiden, Iridozyklitis und Nephritiszeichen (Immunkomplexnephritis).

Das ENL ist ein primär von Antikörpern vermitteltes Ereignis.

Immunität

Entscheidend für die Abtötung der Bakterien und für eine schutzvermittelnde Immunantwort ist eine intakte zelluläre Immunität, die von IFN-γ-produzierenden TH1-Zellen getragen wird. Sie ist bei der tuberkulösen Lepra stark, bei der lepromatösen Lepra schwach ausgebildet. Dies geht auf eine Hemmung der protektiven T-Zell-Antwort durch CD8+ T-Zellen, die Zytokine vom TH2-Typ bilden, zurück. Zwar werden Antikörper gegen M. leprae massiv gebildet, jedoch sind diese nicht in der Lage, eine wirksame Immunität aufzubauen.

Labordiagnose

Da die Lepraerreger bisher nicht in vitro angezüchtet werden können, liegt der Schwerpunkt nach wie vor beim mikroskopischen Erregernachweis aus Läsionen.

Untersuchungsmaterial. Die Abstriche werden aus ulzerierenden Lepromen besonders an der Nasenschleimhaut des Septums gewonnen.

Mikroskopie. Lichtmikroskopisch stellen sich die Erreger im Ausstrich nach Ziehl-Neelsen oder Fite-Faraco gefärbt als 0,3–1,5 µm lange, typischerweise in Bündeln gelagerte Stäbchen dar. Die histologische Untersuchung von Hautbiopsien (inkl. subkutanem Fettgewebe) ist für die richtige Klassifizierung und damit für die Therapieplanung und Prognosestellung unerläßlich.

Tierversuch. Bisher ist es nicht gelungen, M. leprae in vitro zu züchten. Die Bakterien vermehren sich in immunsupprimierten Mäusen (Ohr und Fußsohle) sowie in Gürteltieren (Armadillo).

Lepromintest. Der Lepromintest dient der Unterscheidung von tuberkuloider und lepromatöser Form. 0,1 ml eines Lepromextraktes werden intrakutan in nicht betroffene Haut injiziert. Es werden zwei Reaktionen unterschieden:
- Die Frühreaktion (Fernandez) zeigt sich nach 48 h durch Rötung und Infiltrat an der Inokula-

VI

tionsstelle; sie entspricht einer Tuberkulinreaktion und ist daher bei der tuberkuloiden Lepra besonders stark ausgeprägt.

- Die Spätreaktion (Mitsuda) entsteht nach 4–5 Wochen und ist durch eine ulzerierende Papel gekennzeichnet. Sie ist ebenfalls bei der tuberkuloiden Lepra stark, bei der lepromatösen Lepra schwach oder gar nicht ausgeprägt.

Eine positive Reaktion spricht für eine bessere Prognose.

IgM-Bestimmung. Seit neuestem besteht die Möglichkeit, spezifische Antikörper vom IgM-Typ bei Patienten mit unbehandelter lepromatöser Lepra nachzuweisen. Diese Antikörper lassen sich bei tuberkuloider Lepra sowie bei atypischen Mykobakteriosen nicht nachweisen.

Therapie

Mittel der Wahl ist Dapson (Diaminodiphenylsulfon). Ein weiteres Mittel mit direkter Aktivität gegen die Erreger bei gleichzeitiger Aktivierung der antimikrobiellen Makrophagenaktivität ist Clofazimin. Ein anderes wichtiges Therapeutikum ist Rifampicin. Da eine zunehmende Resistenz gegen Dapson beobachtet worden ist, wird heute für Erwachsene eine Dreifachtherapie (MDT, von der WHO 1982 eingeführt), bestehend aus Rifampicin, Dapson und Clofazimin (Lampren) empfohlen; letzteres wird bei Kindern und niedriger Bakterienlast weggelassen. Die Einnahme der Medikamente soll zum Teil unter Aufsicht erfolgen. Die konsequente

Durchführung der MDT in der Endemie seit 1982 hat zu einer entscheidenden Senkung der Prävalenz um ca. 85% geführt (1982 Hochstand 10–20 Mio., 1991 5,5 Mio., 1997 1 Mio.).

Weitere wirksame Antibiotika sind Clarithromycin und verschiedene Gyrasehemmer (z. B. Ofloxacin). Zur Behandlung des Erythema nodosum können Prednison oder Thalidomid (nicht bei Schwangeren!) eingesetzt werden. Nicht-teratogene Thalidomid-Derivate befinden sich in der Erprobung.

Prävention

Allgemeine Maßnahmen. Allgemeinprophylaktisch sind Verbesserungen der hygienischen Lebensverhältnisse bei ausreichender Ernährung wichtig. Eine genaue Beobachtung durch Verletzungen gefährdeter Körperteile bei Infizierten und Kontaktpersonen soll eine frühzeitige Therapie ermöglichen. Exponierte Kinder unter 16 Jahren erhalten Dapson, falls sie nicht in ein Beobachtungsprogramm übernommen werden können. Isolierungsmaßnahmen sind für tuberkuloid Erkrankte nicht erforderlich, ebenso wenig für lepromatös Erkrankte, sobald die Therapie (mit Rifampicin) begonnen hat.

Eine Schutzimpfung mit BCG zeigte bisher keine sicheren Erfolge.

Meldepflicht. Namentlich zu melden sind direkte und indirekte Nachweise von Mycobacterium leprae (§ 7 IfSG).

ZUSAMMENFASSUNG: Mycobacterium leprae

Bakteriologie. Säurefestes Stäbchen mit dem für Mykobakterien typischen Zellwandaufbau. In-vitro-Anzüchtung des Erregers bisher noch nicht gelungen. Anzucht nur in immunsupprimierten Mäusen und Gürteltieren.

Vorkommen. Einziges Erregerreservoir ist der Mensch.

Epidemiologie. Weltweit ca. 1 Million Leprakranke.

Übertragung. Erfolgt überwiegend durch engen, langdauernden Haut- und Schleimhautkontakt.

Pathogenese. Obligat intrazellulärer Erreger → Persistenz in Makrophagen und Schwann-Zellen → Aktivierung der zellvermittelten Immunität → lympho-histiozytäre Infiltration infizierter Gewebe → je nach Resistenzlage des Patienten tuberkuloide Form (günstige Prognose) oder lepromatöse Lepra (schlechte Prognose).

Pathomechanismen. Obligat intrazellulärer Erreger, der den intraphagozytären Destruktionsmechanismen widersteht und sich intrazellulär vermehrt. Immunologisch induzierte Gewebezerstörung. Erregerinduzierte Immunsuppression führt zu unkontrolliertem Erregerwachstum (lepromatöse Lepra).

Zielgewebe. Haut- und Schleimhaut, Nervengewebe, Makrophagen, Schwann-Zellen der Nervenscheiden.

Klinik. Sehr variable Inkubationszeit, oft jahrelang. Je nach Resistenzlage Manifestation als tuberkuloide, Borderline- oder lepromatöse Lepra.

Diagnose. Mikroskopischer Nachweis aus ulzerierenden Lepromen. Kultureller Nachweis in vitro nicht möglich. Lepromintest (Serologie).

Therapie. Dreifachkombination mit Dapson, Clofazimine und Rifampicin.

Immunität. T-Zell-abhängig. Bei der lepromatösen Form Induktion supprimierender Immunmechanismen durch M. leprae.

Prävention. Allgemeine Verbesserung der hygienischen und sozialen Verhältnisse insbesondere in Entwicklungsländern. Individuelle Expositionsprophylaxe v. a. im Kindesalter. Immunisierung nicht möglich.

Meldepflicht. Direkte und indirekte Erregernachweise, namentlich.

Nocardien und aerobe Aktinomyzeten

K. MIKSITS

Tabelle 19.1. Aerobe Aktinomyzeten: Arten und Krankheiten

Arten	Krankheiten
Nocardia[1] asteroides	Bronchopneumonien
N. brasiliensis	Hirnabszesse
N. caviae	Abszesse
N. farcinica	Fisteln
	Myzetom
	Augeninfektionen
	Peritonitis
	Mediastinitis
	Karditiden
	Arthritis
Rhodococcus[1] equi	Hautinfektionen
	invasive Pneumonie (AIDS)
	Sepsis (auch katheterassoziiert)
	Malakoplakie
Gordona[1]	Hautinfektionen
	Pneumonie
	Katheterassoziierte Sepsis
Tsukamurella[1] paurometabola	Sepsis (katheterassoziiert)
	Meningitis
	Pneumonie
	Peritonitis (bei Peritonealdialyse)
	nekrotisierende Fasziitis
Dermatophilus congolensis	exsudative Dermatitis
Oerskovia	Sepsis, Meningitis, Endophthalmitis
Actinomadura madurae	Myzetom, Pneumonie
Nocardiopsis	Myzetom
Streptomyces	Myzetom, Sepsis, Hirnabszeß
Saccharopolyspora rectivirgula	allergische Alveolitis (Farmerlunge)
Saccharomonospora viridis	allergische Alveolitis (Farmerlunge)

[1] nocardioforme aerobe Aktinomyzeten-Gattungen

Tabelle 19.2. Nocardien: Gattungsmerkmale

Merkmal	Merkmalsausprägung
Gramfärbung	grampositive Stäbchen: verzweigt
aerob/anaerob	obligat (?) aerob
Kohlenhydratverwertung	oxidativ
Sporenbildung	nein
Beweglichkeit	nein
Katalase	positiv
Oxidase	negativ
Besonderheiten	partiell säurefest
	Luftmyzel

Aktinomyzeten sind Bakterien, die in der Lage sind, filamentöse Zellen mit echten Verzweigungen auszubilden, und sich durch Fragmentierung der Zellen vermehren können. Die medizinisch relevanten aeroben Aktinomyzeten sind in Tabelle 19.1 zusammengefaßt, anaerobe Aktinomyzeten werden in Kap. 17 besprochen (s. S. 371 ff.).

19.1 Nocardien

STECKBRIEF

Nocardien sind eine Gattung aerob wachsender Aktinomyzeten (Tabelle 19.2); es sind grampositive filamentöse Bakterien mit echten Verzweigungen. Einige Arten neigen dazu, in stäbchenförmige oder kokkoide Elemente zu zerfallen, einige Spezies bilden ein Luftmyzel, aber keine Konidien. Nocardien können Hirnabszesse bei Immunsupprimierten verursachen.

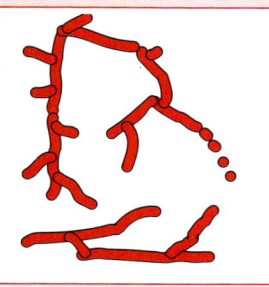

Nocardien
verzweigte grampositive
Stäbchen,
entdeckt 1888 von
E. Nocard bei Rindern
und 1890 von N. Eppinger
beim Menschen

Nocard beschrieb 1888 eine aerobe Aktinomyzete als Erreger des „farcin du boeuf", einer konsumierenden Erkrankung von Rindern mit pulmonalen Läsionen und multiplen Abszessen, insbesondere in der Haut. 1891 wurde der Erreger erstmals beim Menschen isoliert.

19.1.1 Beschreibung

Aufbau

Nocardien enthalten Mykolsäuren, was sie mit den Mykobakterien verwandt macht; im Gegensatz zu diesen enthalten sie aber Nocardomykolsäure. Nocardien haben den Zellwandtyp IV.

Extrazelluläre Produkte

Extrazelluläre Produkte sind bisher nicht charakterisiert worden.

Resistenz gegen äußere Einflüsse

Gegen äußere Einflüsse sind Nocardien vergleichsweise unempfindlich. Sie weisen sogar eine partielle Säurefestigkeit auf.

Vorkommen

Nocardien finden sich ubiquitär in der Umwelt, besonders im Staub.

Ob sie beim Menschen saprophytär sein können, ist nicht abschließend geklärt; es gibt Hinweise für ein saprophytäres Vorkommen auf der Haut und im oberen Respirationstrakt.

19.1.2 Rolle als Krankheitserreger

Epidemiologie

Insgesamt sind Nocardiosen in Deutschland selten. Eine Zunahme ihrer Zahl kann mit der Zunahme immunsupprimierter Patienten in Verbindung gebracht werden.

Nocardien können Hirnabszesse bei Immunsupprimierten verursachen.

Übertragung

Wahrscheinlich wird der Erreger aerogen erworben. Weder eine Übertragung durch Tiere noch von Mensch zu Mensch ist nachgewiesen, obwohl es Hinweise für letztere Möglichkeit gibt.

Pathogenese

Bis in die sechziger Jahre war die Nocardiose eine primäre Infektion. Heute entwickelt sie sich fast ausschließlich auf dem Boden konsumierender Grundkrankheiten, besonders bei abwehrgeschwächten Patienten (z.B. zytostatisch behandelte Tumorpatienten und Transplantatempfänger). Diese werden durch die Nocardien aus der Umwelt kolonisiert.

Invasion. Die Eintrittspforte für die Erreger ist in den meisten Fällen der Respirationstrakt, des weiteren Läsionen der Haut oder Schleimhäute, z.B. bei Zahnbehandlungen oder Keratitis (Abb. 19.1). Gelegentlich wurde eine Penetration des Gastrointestinaltrakts, speziell der Appendix, beobachtet. Die Erreger werden von mononukleären Phagozyten aufgenommen; der intrazellulären Abtötung entgehen sie mittels Superoxiddismutase, Katalase und verschiedener Zellwandbestandteile.

VI

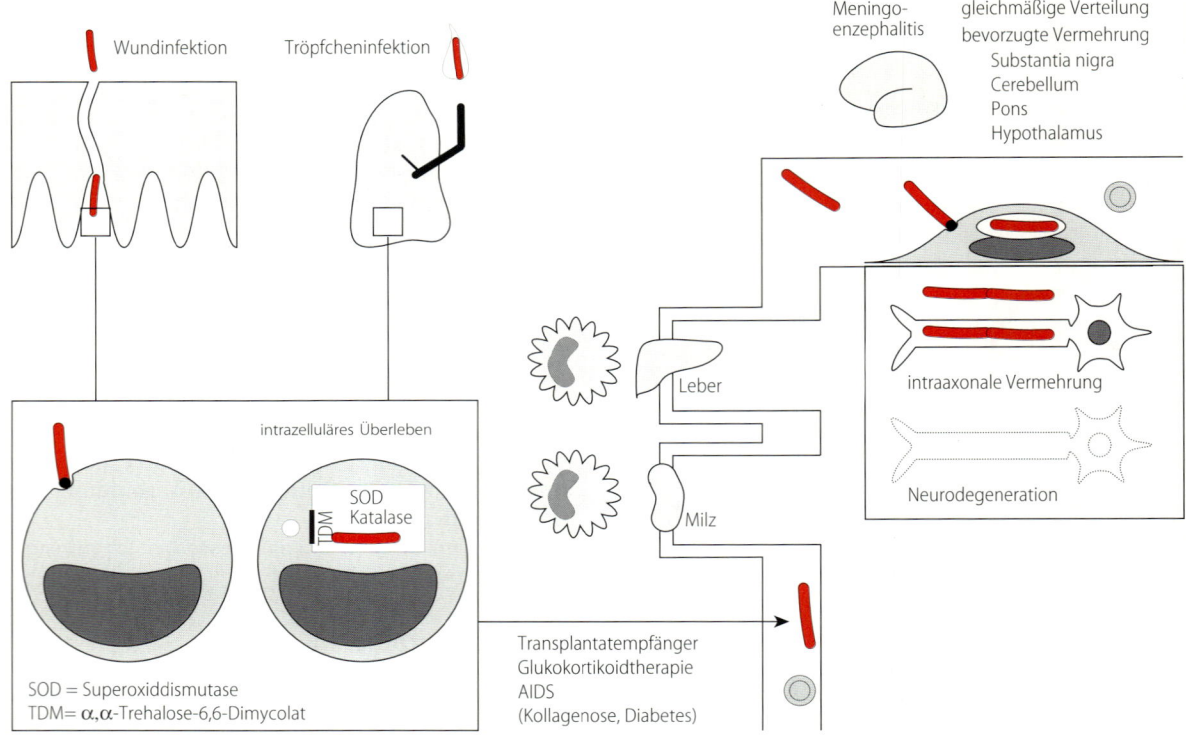

Abb. 19.1. Pathogenese der Nocardiose

Die Ausbreitung des Erregers im Körper erfolgt hämatogen. Ein bevorzugter Absiedlungsort ist das zentrale Nervensystem (Abb. 19.1).

Gewebeschädigung. Histologisch bildet sich bei der Nocardiose eine eitrige Läsion mit akuter Nekrose und Abszeßbildung. Nur selten wird eine Granulombildung beobachtet. Die Bildung von Granulationsgewebe ist im Gegensatz zur Aktinomykose nur schwach ausgeprägt. Die Abszesse neigen, insbesondere vor Therapiebeginn, zum Konfluieren.

Klinik

Bronchopneumonie. Bei pulmonaler Manifestation können die Patienten über Husten und grünlich-schleimigen Auswurf, atmungsabhängige Schmerzen (Pleuraschmerz) und über Atemnot klagen. Gelegentlich wird über Hämoptysen berichtet.

Unbehandelt verläuft die Erkrankung chronisch. Häufig bestehen nur leichte oder passagere Beschwerden.

Hirnabszesse. Gelangt der Erreger hämatogen in das Gehirn, entstehen an verschiedenen Stellen Hirnabszesse.

Weitere Erkrankungen. Des weiteren sind beschrieben: Tracheitis, Bronchitis, pleuropulmonale Fisteln, Perikarditis, Peritonitis, Iliopsoasabszesse, Ischiorektalabszesse, Keratokonjunktivitis, Endophthalmitis, Sinusitis, Endokarditis, Mediastinitis, septische Arthritis und subkutane Abszesse mit Fistelbildung.

Immunität

Nocardien können durch polymorphkernige Granulozyten im Wachstum gehemmt, aber nicht abgetötet werden. Verschiedene Tierexperimente zeigen eine Rolle der T-Zellen bei der Elimination der Erreger und bei der Verhinderung der Dissemination.

Labordiagnose

Schwerpunkt ist der Erregernachweis durch Anzucht aus Sputum, Trachealsekreten, bronchoalveolärer Lavageflüssigkeit, Liquor, Blut, Eiter und Gewebeproben (Ulkusabschabungen, Biopsien, Autopsiematerial). Abstriche sind nicht geeignet.

Transport. Die Materialien sollen kühl und geschützt vor Austrocknung ins Labor geschickt werden. Dieses muß über die Verdachtsdiagnose Nocardiose informiert werden, damit die Bebrütungsdauer geeignet verlängert wird.

Vorgehen im Labor. Anzucht und Identifizierung der Spezies sollten in einem Referenzlabor erfolgen.

Therapie

Zur antimikrobiellen Chemotherapie wird Cotrimoxazol eingesetzt. Die Therapie muß mindestens sechs Wochen lang durchgeführt werden, meist sind aber mehrere Monate notwendig, um Rückfälle oder metastatische Abszeßbildung sicher zu verhindern.

Multiresistente N.-farcinica-Stämme sind meist nur gegen Imipenem, Amikacin und Aminopenicillin-β-Laktamaseinhibitor empfindlich; diese Mittel werden zur Therapie kombiniert.

Prävention

Angesichts des ubiquitären Vorkommens steht die Beseitigung der disponierenden Abwehrschwäche im Vordergrund.

Eine Meldepflicht besteht nicht.

ZUSAMMENFASSUNG: Nocardien

Bakteriologie. Grampositive filamentöse Bakterien mit echten Verzweigungen; Zellwandtyp IV; intermediär komplexe Mykolsäuren, partiell säurefest.

Vorkommen. Ubiquitär im Erdboden.

Übertragung. Wahrscheinlich aerogen.

Pathogenese. Ansiedlung in der Lunge, Bronchopneumonien, hämatogene Generalisierung insbesondere bei Immunsupprimierten, Absiedlung im Gehirn mit Ausbildung multipler Abszesse möglich.

Klinik. Bronchopneumonie, Hirnabszesse.

Immunität. Wachstumshemmung durch polymorphkernige Granulozyten, T-zell-vermittelte Immunität.

Labordiagnose. Anzucht aus Respirationstraktsekreten, Liquor oder Biopsiematerial; Differenzierung im Referenzlabor.

Therapie. Cotrimoxazol, Amikacin, Carbapenem, Amoxicillin-Clavulansäure.

Prävention. Beseitigung der Abwehrschwäche, keine Meldung.

19.2 Andere aerobe Aktinomyzeten

Zu diesen zählen opportunistische Erreger v. a. bei Immunsupprimierten und solchen, die bevorzugt in tropischen Ländern Infektionen verursachen (Myzetom) sowie Aktinomyzeten, die nicht als Infektionserreger, sondern als Allergen wirken und die Farmerlunge, eine extrinsische allergische Alveolitis auslösen (Tabelle 19.1, s. S. 396).

Tabelle 20.1. Treponema: Gattungsmerkmale

Merkmal	Merkmalsausprägung
Gramfärbung	Spezialfärbung
aerob/anaerob	Anaerob oder mikroaerophil
Kohlenhydratverwertung	?
Sporenbildung	?
Beweglichkeit	ja
Katalase	?
Oxidase	?
Besonderheiten	Maße: ∅: 0,18 µm, L: 6–20 µm, Windungen: 6–14, Amplitude: 0,3 µm, Wellenlänge: 1,1 µm

Tabelle 20.2. Treponemen: Arten und Krankheiten

Arten	Krankheiten
T. pallidum, subsp. pallidum	Syphilis
T. pallidum, subsp. endemicum	Bejel
T. pallidum, subsp. pertenue	Frambösie
T. carateum	Pinta

Der Name Treponema (trepomai, gr. sich drehen; nema, gr. der Faden) nimmt auf die besondere Beweglichkeit dieser Mikroorganismen Bezug: Die Bewegung aller Spirochäten erfolgt als Rotation um die Längsachse aufgrund des Besitzes von Endoflagellen (s. S. 174). Das Attribut pallidum (lat. blaß) wurde dem Erreger von seinen Entdeckern Fritz Richard Schaudinn (1871–1906) und Erich Hoffmann (1868–1959) verliehen, weil er sich im Lichtmikroskop wegen seines geringen Durchmessers und der geringen Färbbarkeit schlecht darstellen läßt.

Treponemen sind eine Gattung (Tabelle 20.1) besonders dünner Schraubenbakterien in der Familie Spirochaetaceae. Die wichtigste humanpathogene Art ist Treponema (T.) pallidum mit ihren Subspezies (Tabelle 20.2).

20.1 Treponema pallidum, subsp. pallidum

STECKBRIEF

T. pallidum, subsp. pallidum ist der Erreger der Syphilis (Lues), einer zyklischen Allgemeininfektion.

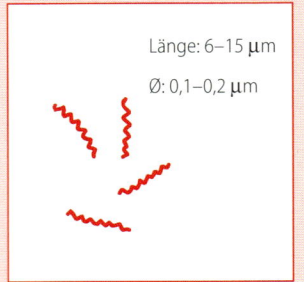

Länge: 6–15 µm
∅: 0,1–0,2 µm

Treponema pallidum
dünne Schraubenbakterien, entdeckt 1905 von F. Schaudinn und E. Hoffmann

20.1.1 Beschreibung

Aufbau

T. pallidum, subsp. pallidum (kurz: T. pallidum) zeigt gleichmäßige Windungen und eine Amplitude von 0,3 µm.

An der äußeren Oberfläche liegt eine Schicht aus sauren, wasserlöslichen Mukopolysacchariden (Hyaluronsäure), die von Wirtsmukopolysacchariden (Hyaluronsäure, Chondroitinsulfat) ergänzt wird. Am distalen Ende ist eine Mukopolysaccharidase-Aktivität feststellbar.

Extrazelluläre Produkte

Extrazelluläre Produkte sind bisher nicht entdeckt worden.

Resistenz gegen äußere Einflüsse

T. pallidum ist empfindlich gegenüber Trockenheit, Kälte, Hitze, pH-Schwankungen, oxidierenden Substanzen und hoher Sauerstoffspannung. Wenn treponemenhaltige Blutkonserven länger als 24 h bei 4 °C gelagert werden, sterben die Treponemen ab. Die hohe Empfindlichkeit von T. pallidum ist der Grund dafür, daß der Erreger nur durch Direktkontakt oder Frischblut übertragen werden kann.

Vorkommen

Der Mensch ist der einzige natürliche Wirt von T. pallidum und seinen Subspezies. Dort besiedelt der Erreger die Schleimhäute.

20.1.2 Rolle als Krankheitserreger

Epidemiologie

Die Syphilis ist weltweit verbreitet.

Nach Einführung des Penicillins sanken die Neuerkrankungsraten zunächst ab; zu Beginn der sechziger Jahre galt ein Primäraffekt als Rarität. Für den erneuten Anstieg der Erkrankungshäufigkeit wird eine veränderte Einstellung zur Sexualität verantwortlich gemacht. So findet sich die Syphilis vorwiegend bei Personen mit häufig wechselnden Sexualpartnern. Die Infektionshäufigkeit ist bei Männern höher als bei Frauen. Dieser Unterschied beruht in der Hauptsache auf Infektionen bei homosexuellen Männern. In Deutschland wurden im Jahre 1995 etwa 1000 Fälle von Syphilis gemeldet, wobei die Dunkelziffer ein Mehrfaches betragen dürfte.

Übertragung

Da T. pallidum außerhalb des Körpers rasch zugrundegeht, setzt eine Infektion den unmittelbaren Übergang von einem Organismus auf den anderen voraus. Dies erfolgt durch Schleimhautkontakte jeder Art, am häufigsten durch Geschlechtsverkehr. Hierbei kann der Erreger durch die unverletzte Schleimhaut in den neuen Wirt gelangen. Ein Schleimhautkontakt von weniger als einer Minute dürfte für eine Infektion ausreichen. Auch über die verletzte Haut kann der Erreger eindringen, während ein Eindringen durch die unverletzte Haut als unwahrscheinlich gilt.

Hauptinfektionsquellen sind der Primäraffekt und die nässenden Papeln des frühen Sekundärstadiums beim erkrankten Sexualpartner. Eine extragenitale Übertragung ist möglich, so z.B. durch Kuß, auch berufsbedingt bei Geburtshelfern und Dermatologen. Diaplazentar und durch Bluttransfusion kann der Erreger ebenfalls übertragen werden. Hier ist entscheidend, daß lebende Treponemen im Blut der Mutter bzw. des Spenders kreisen. Dies kann auch der Fall sein, bevor klinische Erscheinungen vorliegen, bzw. bevor die Seroreaktionen positiv werden. Für eine Infektion genügt wahrscheinlich eine einzige Syphilisspirochäte.

Pathogenese

Die *Syphilis* ist eine zyklische Allgemeininfektion, die in den Stadien Inkubation, Generalisation und Organmanifestation abläuft (Abb. 20.1).

Adhäsion. Es gibt Hinweise darauf, daß der Erreger mittels einer Mukopolysaccharidase an seinem distalen Ende an Mukopolysaccharide des Wirts adhäriert. Diese finden sich insbesondere in der Haut und in den kleinen Gefäßen, was den Tropismus von T. pallidum erklären könnte. Möglicherweise muß der Erreger die Wirtsmukopolysaccharide für den Aufbau eigener Mukopolysaccharide abbauen.

Invasion. Nach Übertragung dringt der Erreger aufgrund seiner Beweglichkeit aktiv ins Gewebe ein und breitet sich sehr schnell hämatogen im ganzen Körper aus.

Es wird vermutet, daß der Erreger mittels einer Mukopolysaccharidase die Endothelverbindungen in den kleinen Arterien auflockert, so daß das bewegliche Treponema in das Gefäßbindegewebe gelangen kann.

Etablierung. Obwohl T. pallidum in den Läsionen typischerweise extrazellulär anzutreffen ist und von professionellen Phagozyten aufgenommen und abgetötet werden kann, persistieren dennoch einige Treponemen intrazellulär in Endothelzellen, Fibroblasten, Epithelzellen, aber auch in Granulozyten und Makrophagen. Hierbei bleibt die Virulenz

des Erregers vollständig erhalten. Faktoren, die das intrazelluläre Überleben vermitteln, sind bisher nicht bekannt.

Gewebeschädigung. Die pathologischen Veränderungen bei Syphilis basieren hauptsächlich auf einer *Endarteriitis obliterans* und Periarteriitis der kleinen Arterien (Abb. 20.1). Der in das perivaskuläre Gewebe eingedrungene Erreger induziert eine Entzündungsreaktion. Es kommt zur Verengung des Gefäßlumens und damit Minderversorgung befallener Gewebe mit Sauerstoff, was schließlich in der Nekrose des versorgten Gewebes endet. Der

Abbau von Gefäßmukopolysacchariden könnte zu der Gefäßschädigung beitragen.

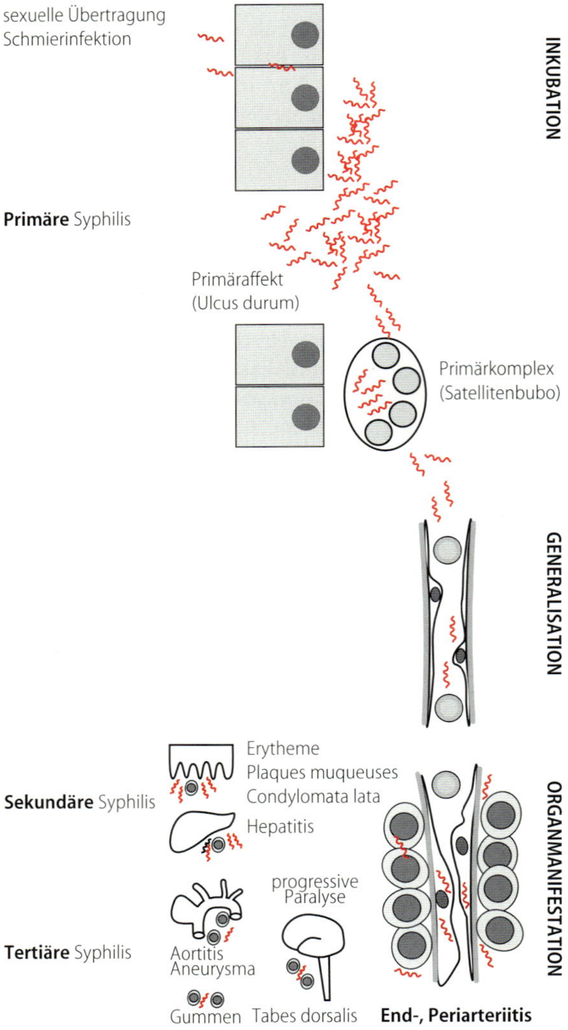

Ein weiterer Schädigungstyp ist das *Gumma* des Tertiärstadiums. Es ist dies ein Granulom, das sich aufgrund einer T-zell-abhängigen Immunreaktion entwickelt. Durch die Raumforderung der Gummen entsteht Gewebeschädigung (Abklemmung der Blutversorgung, Druckschäden, v.a. im Gehirn).

Klinik

Der Kliniker teilt die Syphilis in das Primär-, Sekundär- und Tertiärstadium sowie die Latenz ein.

Primärstadium. Die Inkubationszeit zwischen Infektion und dem Auftreten der ersten Krankheitserscheinungen beträgt im Mittel drei Wochen (10–90 Tage). In dieser Zeit vermehrt sich der Erreger am Eintrittsort bis zu einer Konzentration von ca. 10^7/g Gewebe.

Die klinischen Erscheinungen beginnen an der Eintrittsstelle der Treponemen mit einer harten, schmerzlosen Papel, die sich in ein schmerzloses Geschwür mit derber Randzone umwandelt, den harten Schanker oder Ulcus durum, auch *Primäraffekt* (*PA*) genannt. Er ist bis zu kleinfingernagelgroß und findet sich meist im Genitalbereich, kann aber, je nach Infektionsstelle, auch extragenital an jeder anderen Körperstelle auftreten. In solchen Fällen wird der PA leicht übersehen oder falsch gedeutet. Findet er sich an den Tonsillen, so liegt eine Angina specifica vor.

Der PA ist hochkontagiös, d.h. enthält zahlreiche lebende Erreger. Etwa eine Woche nach Auftreten des PA vergrößert sich der regionale Lymphknoten. Er fühlt sich hart an, ist leicht verschiebbar und schmerzlos. Man bezeichnet ihn als *Satellitenbubo*. Der Komplex aus PA und Satellitenbubo heißt Primärkomplex (PK).

Der PA heilt 3–6 Wochen nach Auftreten unter Narbenbildung ab, während die Schwellung des lokalen Lymphknotens monatelang bestehenbleiben kann.

Vom Ulcus durum muß differentialdiagnostisch das schmerzhafte Ulcus molle, verursacht durch H. ducreyi, abgegrenzt werden (s. S. 318).

Sekundärstadium. Die sekundäre Syphilis entwickelt sich aufgrund einer hämatogenen Ausbreitung (Generalisation) der Erreger. Sie besteht aus Organmanifestationen, die durch eine große Erreger-

Abb. 20.1. Pathogenese der Syphilis

zahl und eine hohe Kontagiosität gekennzeichnet sind. Die Abwehrlage ist eher schwach ausgeprägt.

In diesem Stadium bietet die Syphilis ein vielgestaltiges Erscheinungsbild, v.a. an der Haut: *„Die Syphilis ist der Affe unter den Hautkrankheiten"*, d.h. sie kann nahezu jede Hautkrankheit vortäuschen. Es finden sich nichtjuckende Erytheme am Stamm und proximal an den Extremitäten; manchmal werden sie mit Arzneimittel-Exanthemen verwechselt. Die Lymphknoten sind generalisiert geschwollen; es kann ein leichtes Fieber bestehen, ebenso Halsentzündung oder Arthralgien.

Besonderer Erwähnung bedürfen die *Condylomata lata* und die *Plaques muqueuses*. Erstere bilden sich als papulös veränderte, nässende Hautbereiche in intertriginösen Zonen (Genitalgegend, unter der Brust und zwischen den Fingern und Zehen). Die Plaques muqueuses finden sich als weiße Papeln auf der Schleimhaut. Die feuchten Haut- und Schleimhauteffloreszenzen, aber auch die austretende Lymphe, enthalten reichlich Syphilisspirochäten; im Gegensatz zu den trockenen Hautläsionen sind sie hochkontagiös.

Die Erscheinungen der Sekundärsyphilis klingen 2–6 Wochen nach Auftreten ab. Sie können rezidivieren, wenn die Krankheit unbehandelt bleibt. Die serologischen Reaktionen, d.h. der Nachweis von IgM- und IgG-Antikörpern, fallen immer positiv aus.

Latenz. Latenz heißen diejenigen Perioden nach Abheilen des PA, in denen keine klinischen Symptome vorliegen. Der Erreger ist auch während der Latenz im Körper vorhanden, auch in deren späteren Abschnitten: *„Die Syphilis schläft, aber sie stirbt nicht."* Die Seroreaktionen im Serum fallen während der Latenz positiv aus, im Liquor dagegen negativ.

Diese Definition der Latenz setzt voraus, daß nach der Infektion ein PA entstanden war und Antikörper gebildet wurden. Die Inkubationszeit fällt also nicht unter den Latenzbegriff!

Die Latenz kann weniger als ein Jahr andauern oder auch lebenslang bestehen. Sie unterteilt sich in die *Frühlatenz*, d.h. die erscheinungsfreie Zeit in den ersten vier Jahren nach Krankheitsbeginn, und die *Spätlatenz*, d.h. die erscheinungsfreie Zeit danach.

Dieser Unterteilung entspricht die Kontagiosität des Patienten, die im 1. Jahr nach Krankheitsbeginn hoch ist und dann stark absinkt. In der Spätlatenz ist der Patient nicht mehr kontagiös – mit folgenden Ausnahmen: Da in der Blutbahn des Patienten während der Latenz lebende Syphilisspirochäten kreisen können, kann eine Schwangere auch in der Spätlatenz den Föten infizieren. Aus dem gleichen Grund – Gefahr zirkulierender Spirochäten – darf das Blut eines Syphilitikers sowohl in der Früh- als auch in der Spätlatenz nicht zur Blutspende verwendet werden.

Die Latenz kann jederzeit unterbrochen werden, und zwar durch Krankheitssymptome des Sekundärstadiums oder des Tertiärstadiums.

Tertiärstadium. Wird die Spätlatenz durch das Auftreten von syphilitischen Krankheitserscheinungen unterbrochen, so liegt eine Spät- oder Tertiärsyphilis vor. In diesem Stadium hat die Abwehr die Oberhand, und in den Läsionen sind nur noch wenige Erreger vorhanden.

Bis zu 35% aller unbehandelten Syphilisfälle treten in das Tertiärstadium ein, das durch die im folgenden beschriebenen Erscheinungen gekennzeichnet ist:

Die *tuberonodösen Syphilide* der Haut bestehen aus braunroten, derben, deutlich über das Hautniveau erhabenen Knötchen von Linsen- bis Bohnengröße. Sie können an jeder Stelle des Körpers auftreten, bevorzugen aber die Streckseiten der oberen Extremitäten, den Rücken und das Gesicht befallen und verursachen keine Beschwerden.

Die *kardiovaskulären Veränderungen* beim Tertiärstadium beruhen auf einer *Endarteriitis obliterans*. Diese befällt v.a. die Vasa vasorum der Aorta. Das von den Vasa vasorum versorgte Wandgewebe geht unter, und es verschwinden die elastischen Fasern in der Aortenwand. Es entsteht eine Dilatation der Aorta, die bis zum *Aneurysma* gehen kann. Die Ruptur eines Aneurysmas ist meist tödlich. Oft handelt es sich um Patienten, die Jahrzehnte vorher eine Syphilis durchgemacht haben.

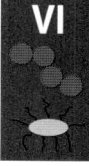

Die *Neurosyphilis* tritt in zwei Hauptformen auf:

Bei der meningovaskulären Form werden vorwiegend die Blutgefäße der Meningen, des Hirngewebes und des Rückenmarks befallen. Die resultierende Minderdurchblutung erzeugt eine Schädigung des Nervensystems, wobei ein großes Spektrum von Ausfallerscheinungen wie Halbseitenlähmungen, generalisierte und fokale Anfälle möglich ist.

Typische Erscheinungsbilder der parenchymatösen Form sind die *progressive Paralyse* und die *Tabes dorsalis*. Die progressive Paralyse beruht auf Nervenzellzerstörung (bevorzugt im Gehirn) und

Hirnatrophie. Besonders betroffen ist der Stirnlappen, es entwickeln sich Demenz, Größenwahn, Halluzinationen und Sprachstörungen. Die Tabes dorsalis befällt überwiegend das Rückenmark. Die Patienten leiden an „lanzinierenden" (blitzartigen) Schmerzen sowie Blasenentleerungsstörungen, Impotenz, Verlust des Temperatur- und Vibrationsempfindens und ataktischen Gangstörungen.

Bei Liquorveränderungen (Pleozytose und Eiweißvermehrung) ohne klinische Erscheinungen liegt eine **asymptomatische Neurosyphilis** vor, sofern eine intrathekale Synthese von T.-pallidum-spezifischen Antikörpern nachgewiesen ist.

Die **Gummen** sind eine charakteristische Manifestation des Tertiärstadiums. Es handelt sich um Granulome aus Makrophagen, Epitheloidzellen, Lymphozyten und Fibroblasten um eine zentrale Nekrose herum. Sie bilden sich aufgrund T-zellabhängiger Immunreaktionen. Ihre Entstehung ist an die Anwesenheit lebender Syphilisspirochäten im Innern gebunden, wenn auch deren Zahl gering ist. Die Gummen finden sich am häufigsten in Knochen, Haut und Schleimhäuten.

Ihre klinische Bedeutung liegt in der lokalen Gewebezerstörung; diese äußert sich je nach Lokalisation als Hepatitis, Knochenbruch, Perforation des Nasenseptums oder des Gaumens. Differentialdiagnostisch müssen syphilitische Gummen von anderen Granulomen, z. B. bei Tbc, oder von Tumoren abgegrenzt werden.

Angeborene Syphilis (Lues connata). Bei einer syphilitischen, unbehandelten Schwangeren können Erreger aus der Blutbahn diaplazentar in den Fötus gelangen, sobald der Plazentarkreislauf ausgebildet ist, d.h. ab dem 4. Schwangerschaftsmonat. Eine adäquate Behandlung der Mutter vor dem 4. Schwangerschaftsmonat verhindert eine Infektion des Föten, während eine Behandlung der Mutter nach dem 4. Schwangerschaftsmonat eine Behandlung des Föten wegen des Übertritts vom Antibiotikum auf den Föten mit einschließt.

Die angeborene Syphilis läßt ein Frühstadium und ein Spätstadium unterscheiden.

Beim *Frühstadium* treten die Krankheitserscheinungen vor dem Ende des 1. Lebensjahres auf. Es finden sich Hautbläschen an den Handtellern und Fußsohlen (Pemphigus syphiliticus) und/oder Hepato-Splenomegalie. Die Kleinkinder sind hochkontagiös. Das Krankheitsbild entspricht der Sekundärsyphilis beim Erwachsenen.

Das *Spätstadium* (Lues connata tarda) entspricht dem Tertiärstadium Erwachsener: Das Kind wird erscheinungsfrei geboren, Krankheitszeichen entwickeln sich erst nach vier und mehr Jahren. Es bestehen Epiphysenwachstumsstörungen mit Erscheinungen an der Tibia, Labyrinthschwerhörigkeit, Armplexuslähmung (Erbsche Lähmung) und die sog. Hutchinsonsche Trias: Sattelnase, Keratitis parenchymatosa, die zur Erblindung führen kann, und tonnenförmig gerundete, eingekerbte Schneidezähne.

Der Patient ist nicht kontagiös; die Reaktionen auf Antikörper fallen aber positiv aus.

Immunität

Erregerspezifische Antikörper. Eine Woche nach Infektion lassen sich IgM-Antikörper nachweisen, sie verschwinden rasch. IgG-Antikörper treten zwei Wochen nach Infektion auf; im Gegensatz zu den IgM-Antikörpern bleiben sie jahrelang nachweisbar, auch nach klinischer Heilung.

Lipidspezifische Antikörper. Neben den T.-pallidum-spezifischen Antikörpern werden bei der Syphilis auch kreuzreagierende Antikörper gebildet, die nicht nur mit T. pallidum reagieren, sondern auch mit lipidhaltigen Antigenen von Mitochondrien. Sie werden dann gebildet, wenn Gewebe zerfällt, so auch bei Kollagenosen (z. B. Lupus erythematodes), Tumoren, Malaria oder Tbc, ebenso bei der Schwangerschaft. Derartige Antigene heißen heterogenetisch, weil sie seit Urzeiten im Laufe der Entwicklungsgeschichte konserviert worden sind und bei verschiedensten Spezies, auch bei Bakterien, vorkommen. Das Auftreten von Antikörpern gegen heterogenetische Antigene ist also nicht an eine Syphilis gebunden, d.h., sie sind nicht spezifisch, sondern charakteristisch. Sie verschwinden innerhalb weniger Monate nach Abheilung des gewebezerstörenden Prozesses. Sie haben, obwohl nicht spezifisch, einen festen Stellenwert in der Diagnostik der Syphilis, da sich mit ihrer Hilfe der Erfolg einer Antibiotikatherapie bestimmen läßt (s. u.).

Verlauf der Immunität. An der Immunität gegen Syphilis sind sowohl Antikörper als auch T-Zellen beteiligt. Ihr jeweiliger Anteil an der Abwehrleistung unterliegt im Verlauf der Erkrankung Schwankungen.

Im Primärstadium bildet sich schnell eine Immunität aus. Sie bietet dem Kranken offensichtlich schon in dieser Phase einen gewissen Schutz vor Reinfektionen, denn während des Primärstadiums treten Reinfektionen nur selten auf.

Im Sekundärstadium verstärkt sich der Schutz; Reinfektionen sind in diesem Abschnitt praktisch ausgeschlossen. Dennoch ist die Immunität auch im Sekundärstadium nicht vollständig ausgebildet: Die Erreger breiten sich trotz hoher Antikörpertiter aus und vermehren sich in den Läsionen.

Ihre stärkste Ausprägung erreicht die Immunität im Latenzstadium. In dieser Phase werden die Erreger so wirksam eingegrenzt, daß die Patienten nicht mehr kontagiös sind. Ausschlaggebend für diese Leistung ist die T-Zell-Reaktion.

Bei den pathologischen Veränderungen der Tertiärsyphilis dürften T-zell-abhängige Mechanismen die Hauptrolle spielen. Gummen stellen typische Granulome dar, wie sie auch bei anderen T-Zell-Reaktionen vorkommen. Außerdem zeigen die entzündlichen Prozesse in den Gefäßwänden lymphozytäre Infiltrate, die für die T-zell-abhängige Reaktion typisch sind. In den Gummen finden sich nur wenige Treponemen, obwohl die Gummen sehr ausgeprägte Gewebsreaktionen darstellen. Wahrscheinlich wirken die Treponemen der Gummen als Antigenstimulus. Dadurch würde sich auch die Tatsache erklären lassen, daß einige Testreaktionen, wie der TPHA- und der FTA-ABS-Test, lebenslang positiv bleiben. Die Gummen schließen die Erreger wirksam ein: Die Patienten sind auch im Tertiärstadium nicht kontagiös.

Labordiagnose

Der Schwerpunkt der Labordiagnose liegt im Antikörpernachweis beim Patienten. Eine Anzucht von T. pallidum auf künstlichen Kulturmedien ist bisher nicht gelungen, zum Zweck der Antigenherstellung kann T. pallidum in Kaninchenhoden vermehrt werden.

Untersuchungsmaterialien. Für die Dunkelfeldmikroskopie wird Sekret aus den Läsionen („Reizsekret") auf einen Objektträger gebracht.

Für die Serodiagnose genügen 5–10 ml Blut, ggf. zusätzlich Liquor.

Mikroskopie. Der dunkelfeldmikroskopische Nachweis von T. pallidum im Nativpräparat ist nur beim PA und bei Vorliegen nässender Läsionen im Sekundärstadium erfolgversprechend. Sind Treponemen in Genitalläsionen mikroskopisch nachweisbar, so wird dies als positiver Ausfall gewertet. Ein negativer Befund ist ohne Aussagekraft. Schwieriger wird die Interpretation eines positiven Dunkelfeldbefundes bei Verdacht auf orale Syphilis, da hier Treponemen der lokalen Standortflora von T. pallidum abgetrennt werden müssen. Neben dem typischen Aufbau ist die schnelle Abknick- und Streckbewegung in der Mitte des Treponemenkörpers charakteristisch.

Antikörpernachweise. Humanpathogene Treponemen tragen Antigene auf ihrer Oberfläche, die bei den nichtpathogenen Arten fehlen. Auf dem Nachweis von Antikörpern gegen diese „Exklusivantigene" beruht die serologische Diagnose der Syphilis. Von den Erregern der Frambösie und der Pinta (s. S. 409) läßt sich der Syphiliserreger serologisch nicht unterscheiden. Auch lassen bei diesen Erkrankungen die nachgewiesenen Antikörper keine Rückschlüsse auf die infizierende Treponemensubspezies zu.

Mit Hilfe der serologischen Nachweisreaktionen auf Syphilis werden folgende Fragen beantwortet:
- Ist eine Person überhaupt infiziert?
- Wenn ja, liegt eine behandlungsbedürftige Syphilis vor?
- Hatte eine ggf. durchgeführte Therapie Erfolg?

Die heute gebräuchlichen Methoden leisten diesen Erfordernissen Genüge. Die „Hierarchie" der serologischen Nachweisreaktionen ist standardisiert (Tabelle 20.3):

Als **Suchtest** dient der **TPPA-Test** (T.-pallidum-Partikelagglutinationstest, früher: TPHA-Test). Das Prinzip besteht darin, daß im positiven Falle Patientenserum Latexpartikel agglutiniert, die mit exklusiven T.-pallidum-Antigenen beladen sind. Der TPPA-Test erfaßt sowohl IgG- als auch IgM-Antikörper. Er wird in der 2. Woche nach Infektion positiv und bleibt es für viele Jahre auch nach Ausheilung der Erkrankung („**Seronarbe**"). Er ist von hoher Sensitivität sowie Spezifität und einfach durchzuführen. Daher wird er nicht nur zur Diagnose der Infektion des Patienten eingesetzt, sondern auch bei der Untersuchung von Blutkonserven.

Tabelle 20.3. Serologische Diagnostik der Syphilis

Tag	Untersuchung[1]	Ergebnis (Titer)	Befund	Bewertung
1	TPPA-Test	<80	nicht reaktiv	Kein Nachweis von Antikörpern gegen T. pallidum Möglichkeiten: (1) Patient hatte niemals eine Infektion mit T. pallidum (2) Der Patient ist mit T. pallidum infiziert, die Antikörper sind aber noch nicht in nachweisbaren Konzentrationen vorhanden (diagnostisches Fenster). Bei klinischem Verdacht: Verlaufskontrolle. (3) Der Patient kann keine Antikörper bilden.
		≥80	reaktiv mit Titerangabe	Der Patient hat(te) wahrscheinlich eine Infektion mit T. pallidum. Es sind weitere Untersuchungen notwendig.
2	FTA-ABS-Test	nicht reaktiv	nicht reaktiv	Keine Bestätigung des TPPA. Da dies nicht kongruente Daten sind, muß eine Kontrolle (mit neuer Serumprobe) durchgeführt werden. In seltenen Ausnahmefällen kann der Befund mit einer „Seronarbe" bei niedrigem Antikörpertiter im TPPA vereinbar sein.
		reaktiv	reaktiv	Bestätigung des TPPA. Der Patient hat(te) eine Infektion mit T. pallidum. Über den Zeitpunkt der Infektion lassen sich mit Hilfe dieser beiden Tests keine Aussagen machen. Zur Feststellung einer Behandlungsbedürftigkeit oder Therapiekontrolle sind zusätzliche Tests erforderlich.
	VDRL-Test[2, 3]	nicht reaktiv	nicht reaktiv	Der Patient hatte eine Infektion mit T. pallidum, es besteht aber keine Behandlungsbedürftigkeit: „Seronarbe" (bei positivem TPPA- und FTA-ABS-Test). Die Untersuchung ist mit diesem Ergebnis abgeschlossen.
		≥16	reaktiv mit Titerangabe	Der Patient ist behandlungsbedürftig. Ausnahme: Der Patient ist erst vor kurzem ausreichend behandelt worden.
		2, 4, 8	reaktiv mit Titerangabe	Eine eindeutige Aussage ist nicht möglich. Es sind zusätzliche Untersuchungen notwendig. Geeignet sind eine Verlaufskontrolle (nach ca. 10–14 Tagen) oder eine Bestimmung spezifischer IgM-Antikörper.
	IgM-Nachweis	nicht reaktiv	kein Nachweis von spezif. IgM	Der Patient hatte eine Infektion mit T. pallidum, es besteht aber keine Behandlungsbedürftigkeit: „Seronarbe". Ausnahme: Bei länger bestehender Syphilis (z. B. Neurolues).[4]
		reaktiv	Nachweis von spezif. IgM	Der Patient hat eine frische Infektion und ist behandlungsbedürftig. Ausnahme: Der Patient ist erst vor kurzem ausreichend behandelt worden. Die Untersuchung ist mit diesem Ergebnis abgeschlossen.
Verlaufskontrolle zur Diagnostik mit neuer Probe: 10–14 Tage nach Erstuntersuchung				
	TPPA-, FTA-ABS, VDRL-Test	s. o.	Titeranstieg (mindestens 3 Titerstufen) kein Titeranstieg	Der Patient hat eine frische Infektion und ist behandlungsbedürftig. Ausnahme: Der Patient ist vor kurzem mit einer ausreichenden Dosis Penicillin behandelt worden. Der Patient hatte eine Infektion mit T. pallidum, es besteht aber keine Behandlungsbedürftigkeit: „Seronarbe". Ausnahme: Bei länger bestehender Syphilis (z. B. Neurolues).[4]
Überprüfung des Therapieerfolges: 3, 6 und 12 Monate nach Therapieende, danach jährlich.				
	VDRL-Test	s. o.	Titerabfall (mindestens 3 Titerstufen)	Der Patient ist erfolgreich therapiert. Ausnahme: Der Patient kann keine Antikörper bilden.

VI

Bei positivem TPPA-Test schließt sich als Bestätigungsreaktion der *FTA-Abs-Test* (Fluoreszenz-Treponema-Antikörper-Absorptions-Test) an. Bei diesem Test müssen zunächst solche Antikörper aus dem Patientenserum entfernt werden, die sich gegen körpereigene Treponemen richten. Dies wird durch Absorption des Patientenserums mit Treponemen erreicht, die sämtliche auch auf T. pallidum vorkommenden speziesübergreifenden Antigene tragen, nicht aber die speziesexklusiven Antigene von T. pallidum. Man benutzt für die Absorption abgetötete Treponemen des avirulenten Reiter-Stammes.

Das absorbierte Patientenserum wird mit abgetöteten, auf einem Objektträger fixierten Treponemen des virulenten Nichols-Stammes zusammengebracht. (Der Nichols-Stamm wurde von einem Syphilitiker aus auf die Hoden von Kaninchen übertragen und wird seither in Passagen fortgezüchtet). Wenn das Patientenserum Antikörper gegen die Exklusiv-Antigene von T. pallidum enthält, binden sich die Antikörper an die fixierten Nichols-Treponemen. Die gebundenen Antikörper werden nach Abwaschen der nichtgebundenen Serumproteine mit einem fluoreszeinmarkierten Antihumanglobulin nachgewiesen (Sandwich-Technik). Unter dem Fluoreszenzmikroskop erscheinen die Treponemen dann als helle, grün fluoreszierende Strukturen.

Der FTA-ABS-Test ist, ebenso wie der TPPA-Test, von hoher Sensitivität und Spezifität. Er wird gleichfalls in der 2. Woche nach Infektion positiv. Auch der FTA-Nachweis von IgG-Antikörpern bleibt Jahre nach klinischer Ausheilung im Sinne einer Seronarbe positiv, während der Titer nachweisbarer IgM-Antikörper innerhalb weniger Monate zurückgeht.

Der Nachweis T.-pallidum-spezifischer Antikörper beweist eine Infektion. IgM-Antikörper zeigen grundsätzlich an, daß eine Infektion frisch bzw. aktiv ist, während das Vorliegen spezifischer IgG-Antikörper bei Fehlen von spezifischen IgM-Antikörpern anzeigt, daß keine frischen Läsionen mehr vorliegen. Eine IgM-positive Infektion bedeutet daher Therapiebedürftigkeit, eine IgG-„Seronarbe" ohne nachweisbares IgM nicht. Lediglich bei der Tertiärsyphilis kommt es zu therapiebedürftigen Krankheitserscheinungen, ohne daß IgM-Antikörper auftreten.

Zur Therapie- und Verlaufskontrolle wird der Kardiolipin-Mikroflockungstest (*VDRL-Test:* Venereal-Disease-Research-Laboratory-Test) eingesetzt. Er dient dem Nachweis lipidspezifischer Antikörper. Diese bilden sich zurück, wenn die syphilitischen Läsionen abheilen.

Kardiolipin ist ein aus Rinderherz extrahiertes Lipidantigen, ein sog. heterogenetisches Antigen. Das Antigen ist an Cholesterin-Partikel gebunden. Die beladenen Partikel werden mit dem nicht absorbierten Patientenserum zusammengebracht. Im positiven Fall ergibt sich eine Agglutination (Flokkung). Dieser Test wird 4–6 Wochen nach Infektion bzw. 1–3 Wochen nach Auftreten des Primäraffektes positiv. Da der Titer der lipidspezifischen Antikörper dann rasch abfällt, wenn die Läsionen abheilen, eignet sich der VDRL-Test zur Therapiekontrolle. Fällt der Titer innerhalb von 6–18 Monaten nach Therapie bei einer frischen Erkrankung um drei oder vier Stufen, so zeigt dies an, daß die Therapie erfolgreich war. Ein geringerer Titerabfall deutet auf eine nicht oder unzureichend behandelte Syphilis.

Da der VDRL-Test auch bei anderen mit Gewebezerfall einhergehenden Erkrankungen positiv ausfallen kann, ist die VDRL-Reaktion charakteristisch, aber nicht spezifisch. Sie eignet sich deshalb nicht zum Nachweis der Infektion an sich.

Serologische Liquorreaktionen. Ein besonderes Problem stellt die serologische Diagnose einer Neurosyphilis dar. Im Rahmen der Syphilis können Antikörper aus dem Serum in den Liquor übertreten; andererseits können sich bei einer Neurosyphilis im Liquor auch solche Antikörper finden, die in den entzündlichen Herden des ZNS selbst gebildet worden sind. Die Definition der

---

[1] Bei allen serologischen Untersuchungen ist zu beachten, daß eine Titerschwankung von einer Titerstufe nicht als relevant zu bewerten ist. Ein mindestens dreifacher Titeranstieg spricht für eine frische Infektion, ein zweifacher Anstieg ist verdächtig (Kontrolle). Desweiteren muß bedacht werden, daß insbesondere „Nichtnachweise" bei Immunkompromittierten keine Entscheidung darüber zulassen, ob der Betreffende keinen Kontakt mit dem Erreger hatte oder trotz Kontakt keine Antikörper bilden kann.

[2] Der VDRL-Test wird meist innerhalb eines Jahres nach erfolgreicher Therapie nicht reaktiv. Ein Titerabfall um mindestens 3 Titerstufen innerhalb von 6–18 Monaten nach Therapie zeigt die erfolgreiche Behandlung an.

[3] Der VDRL-Test kann auch bei anderen Erkrankungen, bei denen es zu einem Zellzerfall kommen kann (z.B. Malignome, Lupus erythematodes) und in der Schwangerschaft erhöhte Titer anzeigen. Dies muß differentialdiagnostisch berücksichtigt werden.

[4] In diesen Fällen ist dann aber in der Regel ein deutlich erhöhter Titer im VDRL-Test nachweisbar.

Neurosyphilis beinhaltet, daß spezifische Antikörper im ZNS selbst gebildet worden sind.

Bei Verdacht auf Neurosyphilis muß deshalb festgestellt werden, ob die im Liquor gefundenen Antikörper gegen T. pallidum im ZNS gebildet wurden oder nicht. Man bestimmt hierzu den Intrathekalen T.-pallidum-Antikörper-Index (ITPA-Index). Zur Berechnung des Index bestimmt man mit dem FTA-Abs-Test den Titer der treponemenspezifischen IgG-Antikörper im Serum und im Liquor und setzt den erhaltenen Wert in Beziehung zu dem Gesamt-IgG im Serum und im Liquor. Die entsprechende Formel lautet:

$$\frac{\text{T.-pall.-spez. IgG-Titer pro mg Gesamt-IgG (Liquor)}}{\text{T.-pall.-spez. IgG-Titer pro mg Gesamt-IgG (Serum)}}$$

Übersteigt der Index einen Wert von 2, so weist dies auf eine intrathekale Synthese von T.-pallidum-spezifischen Antikörpern hin, was für die Diagnose „Neurosyphilis" spricht. Bei einem ITPA-Index von über 2,0 sollte die Neurosyphilis behandelt werden, da jederzeit die Möglichkeit des Fortschreitens einer noch asymptomatischen hin zu einer symptomatischen Neurosyphilis gegeben ist. Eine „asymptomatische Neurosyphilis" liegt vor, wenn bei bestehender Seropositivität des Liquors keine neurologischen Ausfallserscheinungen bestehen.

Lues connata. Die Diagnostik umfaßt die Untersuchung der Mutter und des Neugeborenen; der Nachweis T.-pallidum-spezifischer IgM-Antikörper beim Kind (z. B. aus Nabelschnurblut) beweist, daß eine intrauterine Infektion erfolgte.

Therapie

Antibiotikaempfindlichkeit. Sämtliche Stämme von T. pallidum sind gegenüber Penicillin G empfindlich. Auch Tetracycline, Makrolide und Cephalosporine wirken gegen T. pallidum.

Therapeutisches Vorgehen. Bei der Therapie der Frühsyphilis (die Infektion liegt weniger als zwei Jahre zurück) muß ein Spiegel von mindestens 0,03 I.E./ml Penicillin G im Serum über 14 Tage oder mehr aufrechterhalten werden. Als Minimaltherapie, die nur bei Frühsyphilis indiziert ist, injiziert man täglich 2,4 Mio E. Depot-Penicillin. Wird die Therapie der Frühsyphilis über zwei Wochen hinaus ausgedehnt, so verbessert dies die Heilungsaussichten nicht.

Bei konnataler Syphilis und Neurosyphilis sind tägliche Einzelgaben notwendig, weil hier Depotpräparate keine ausreichend hohen Spiegel gewährleisten. Empfohlen werden 50 000 I.E. Penicillin G pro kg Körpergewicht i.m. oder i.v. tgl. auf zwei Dosen verteilt über 10 Tage.

Auch bei Schwangeren ist Penicillin G das Mittel der Wahl. Eine Behandlung der Mutter und ggf. des Neugeborenen ist in allen Zweifelsfällen indiziert; dazu gehören nicht deutbare serologische Befunde, Verdacht auf ungenügende Therapie und Anstekkung kurz vor dem Geburtstermin. Erythromycin als Base oder Stearat passiert die Plazenta nur ungenügend. Eventuell können Cephalosporine gegeben werden; die Verträglichkeit muß vorher am Patienten ausgetestet werden (Hauttest). Tetracycline sind bei Schwangeren und bei konnataler Syphilis kontraindiziert, da sie Nebenwirkungen in der Schwangerschaft und bei Kindern auslösen (s. S. 830).

Nach der Therapie einer Frühsyphilis werden 3, 6 und 12 Monate nach Beendigung der Therapie Kontrollen durchgeführt (VDRL-Test, s. o.: Abfall um 3–4 Stufen innerhalb von 6–18 Monaten bei erfolgreicher Therapie). Es schließen sich jährliche Kontrollen über einige Jahre an. Eine vierteljährliche Kontrolle ist bei Patienten geboten, die zu einer Risikogruppe für sexuell übertragbare Krankheiten gehören.

Bei Spätsyphilis müssen drei Jahre lang Serum und Liquor in halbjährlichen Abständen auf IgG- und IgM-Antikörper kontrolliert werden. Dies gilt besonders dann, wenn zur Therapie der Primär- oder Sekundärsyphilis kein Penicillin G eingesetzt wurde.

Jarisch-Herxheimer-Reaktion. Als seltene Komplikation der Syphilisbehandlung mit Penicillin G tritt die Jarisch-Herxheimer-Reaktion (s. S. 835) auf. Mit ihr ist besonders bei Erstbehandlung während einer treponemenreichen Phase (Lues I und II, Lues connata) zu rechnen. Durch den raschen massiven Erregerzerfall unter Penicillineinwirkung werden große Mengen toxischer Bakterienbestandteile frei. Es entwickeln sich Fieberzustände (bis zu 40 °C) und eine Verstärkung der syphilitischen Exantheme, eventuell dekompensiert der Kreislauf. Die Symptome können durch Glukokortikoidgaben gemildert werden.

Prävention

Expositionsprophylaxe. Kondome bieten einen Schutz vor der Übertragung. Symptomatische Patienten sollten keinen Geschlechtsverkehr ausüben. Da der Erreger sehr leicht auch durch Schmierinfektionen von Läsionen des 1. und 2. Stadiums übertragen wird, ist das Tragen von Handschuhen bei der Untersuchung durch Ärzte erforderlich. Einer Lues connata wird durch die rechtzeitige Behandlung der Mutter vorgebeugt. Eine Schutzimpfung gegen T. pallidum gibt es nicht. Alle Schwangeren und alle Blutspender werden auf Antikörper gegen T. pallidum untersucht.

Meldepflicht. Nicht-namentlich zu melden ist der direkte oder indirekte Nachweis von Treponema pallidum (§ 7 IfSG).

20.2 Andere Treponemen

T. pallidum, subsp. endemicum. T. pallidum, subsp. endemicum, ist der Erreger der *endemischen Syphilis* (Bejel). Diese Form kommt im ehemaligen Jugoslawien vor. Sie wird nicht nur durch Sexualverkehr, sondern auch durch gemeinsam benutzte Gegenstände übertragen und findet sich dementsprechend auch häufig bei Kindern.

T. pallidum, subsp. pertenue. T. pallidum, subsp. pertenue, ist der Erreger der *Frambösie*, einer Erkrankung in den Tropen. Sie verläuft ähnlich wie die Syphilis in drei Stadien. Die Übertragung erfolgt durch Schmierinfektion. Nach einer Inkubationszeit von 3–4 Wochen entsteht an der Eintrittsstelle des Erregers eine schmerzlose, gerötete Papel (framboise, frz. Himbeere), die im weiteren Verlauf ulzerieren kann und schließlich abheilt. Das 2. Stadium beginnt 6–12 Wochen später und ist durch das schubweise generalisierte Auftreten gleichartiger Läsionen wie bei der Syphilis gekennzeichnet. Im Tertiärstadium bilden sich gummenartige Läsionen und tiefe, chronische Ulzerationen, die zu Entstellungen besonders im Gesicht führen können. Das Mittel der Wahl ist Penicillin G.

T. carateum. T. carateum ist der Erreger der *Pinta*, einer Erkrankung, die ebenfalls primär in den Tropen auftritt. Besonders an den Händen, Füßen und auf der Kopfhaut entstehen nichtulzerierende, erythematöse Läsionen, die schubweise wiederkehren. Diese sind anfangs hyperpigmentiert, verlieren aber im Verlauf der Erkrankung die Pigmentierung und werden hyperkeratotisch. Das Mittel der Wahl ist Penicillin G.

Apathogene Treponemen. Auf den Schleimhäuten des Menschen lassen sich apathogene Treponemen nachweisen. Sie müssen differentialdiagnostisch von T. pallidum abgegrenzt werden.

ZUSAMMENFASSUNG: Treponemen

Bakteriologie. Gattung besonders dünner, in der Gramfärbung nicht darstellbarer Schraubenbakterien. Anzucht humanpathogener Treponemen auf künstlichen Kulturmedien nicht möglich. Mikroskopisch nach Färbung mit Spezialmethoden darstellbar.

Resistenz gegen äußere Einflüsse. Hochempfindlich gegenüber Umwelteinflüssen (Austrocknung, Temperatur, pH etc.).

Vorkommen. Mensch ist der einzige natürliche Wirt für T. pallidum und seine Subspezies.

Epidemiologie. Weltweit verbreitet. Prävalenz: ca. 1000 Fälle von Syphilis in Deutschland im Jahr. Bei Männern häufiger als bei Frauen.

Zielgruppe. Personen mit häufig wechselnden Geschlechtspartner/innen.

Übertragung. Horizontale (Schleimhautkontakt) und vertikale (transplazentar) Infektionswege möglich.

Pathogenese. Chronisch-zyklische Infektionskrankheit mit Verlauf in Stadien. Durch Befall der Endothelzellen von kleinen Blutgefäßen Entstehung einer Endarteriitis obliterans und Periarteriitis mit konsekutiver Verengung des Gefäßlumens und Minderperfusion befallener Gewebe. Neben der humoralen Immunantwort ist die T-zell-vermittelte zelluläre Immunreaktion wesentlich an der Entstehung der Gummen beteiligt.

Zielgewebe. Schleimhaut, lymphatisches Gewebe, ZNS, Haut, Gefäßsystem.

Klinik. Drei Formen: Erworbene Syphilis; angeborene Syphilis; nicht-venerisch übertragene Syphilis. Verlauf in drei Stadien: Primärstadium, Latenzphase, Sekundärstadium, Latenzphase und Tertiärstadium mit unterschiedlicher Organmanifestation, z.B. tuberonodöse Hautsyphilide, kardiovaskuläre Syphilis, Neurosyphilis, Gummen.

Labordiagnose. Untersuchungsmaterial: Material aus Läsionen im Primär- und Sekundärstadium (Reizsekret), Serum. Erregernachweis: Mikroskopischer Direktnachweis im Dunkelfeldpräparat aus Läsionen des Primär- und Sekundärstadiums. Serologisch: TPPA, FTA-Abs, VDRL und spezifischer IgM-Nachweis.

Therapie. Mittel der Wahl ist Penicillin G (CAVE: Jarisch-Herxheimer-Reaktion).

Prävention. Kondome, Enthaltsamkeit, Screening von Schwangeren und Blutspendern.

Meldepflicht. Direkter und indirekter Erregernachweis (nicht-namentlich).

Tabelle 21.1. Borrelia: Gattungsmerkmale

Merkmal	Merkmalsausprägung
Gramfärbung	Schraubenbakterien, gramnegativ
aerob/anaerob	mikroaerophil
Kohlenhydratverwertung	Glucose zu Laktat
Sporenbildung	nein
Beweglichkeit	positiv
Katalase	–
Oxidase	–
Besonderheiten	Maße: ∅: 0,2–0,5 µm, L: 10–30 µm, Form der Windungen: Locker

Tabelle 21.2. Borrelien: Arten und Krankheiten

Arten	Krankheiten
Borrelia burgdorferi sensu lato	Lyme-Borreliose
– Borrelia burgdorferi sensu stricto	Erythema chronicum migrans Lyme-Arthritis
– Borrelia garinii	Polymeningoradikulitis (M. Bannwarth)
– Borrelia afzelii	Acrodermatitis chronica atrophicans
Borrelia recurrentis, duttonii	Rückfallfieber

Borrelien sind eine Gattung gramnegativer, flexibler und beweglicher Schraubenbakterien aus der Familie der Spirochäten (Tabelle 21.1). Von den Treponemen unterscheiden sie sich durch die größere Länge, die lockeren irregulären Windungen und die lichtmikroskopische Darstellbarkeit nach Anfärbung mit Anilinfarben. Bei ausreichendem Serumangebot lassen sie sich unter mikroaerophilen Bedingungen auf künstlichen Kulturmedien anzüchten.

Borrelien verursachen vektoriell übertragene Zoonosen. Humanmedizinisch bedeutsam sind Borrelia (B.) burgdorferi, der Erreger der Lyme-Borreliose sowie Borrelia recurrentis und B. duttonii, die das Rückfallfieber auslösen (Tabelle 21.2).

Ihr Name leitet sich von dem französischen Bakteriologen Amédée Borrel (1867–1936) ab.

21.1 Borrelia burgdorferi

B. burgdorferi sensu lato, jetzt unterschieden in mindestens drei Genospezies (sensu stricto, afzelii und garinii), ist der Erreger der Lyme-Borreliose, einer in Stadien ablaufenden, der Syphilis vergleichbaren zyklischen Allgemeininfektion (Tabelle 21.2).

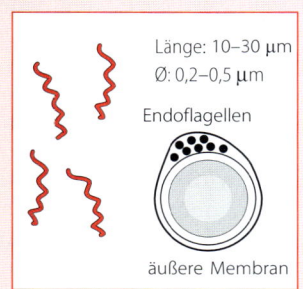

Länge: 10–30 µm
∅: 0,2–0,5 µm
Endoflagellen

Borrelien
Schraubenbakterien, entdeckt 1873 von O. Obermeier (B. recurrentis) und 1982 von W. Burgdorfer (B. burgdorferi)

äußere Membran

STECKBRIEF

In den Ortschaften Lyme und Old Lyme, Connecticut (USA), häuften sich 1974 und 1975 Fälle von Arthritis bei Kindern, die zunächst als juvenile rheumatoide Arthritis gedeutet wurde. Die auf Druck besorgter Mütter eingeleiteten epidemiologischen Untersuchungen erbrachten einen auffälligen Zusammenhang mit vorausgegangenen Zeckenstichen. Schließlich fiel auf, daß viele Patienten mit „Lyme-Arthritis" auch über charakteristische Hauterscheinungen sowie über neurologische und kardiale Beschwerden berichteten, die der Gelenkerkrankung vorausgegangen seien. Darüber hinaus fiel die jahreszeitliche Häufung der Hauterscheinungen im Sommer zwischen Juni und September auf. Insbesondere in waldreichen Gebieten war eine deutlich erhöhte Erkrankungsrate zu verzeichnen. Tatsächlich gelang 1981 Willy Burgdorfer zunächst aus Schildzecken und später aus Krankheitsherden befallener Patienten die Anzucht einer bis dahin unbekannten Spirochäte, die heute ihm zu Ehren B. burgdorferi genannt wird. Die Beobachtung, daß Patienten mit Lyme-Arthritis Antikörper gegen das isolierte Bakterium besaßen, erhärtete den vermuteten kausalen Zusammenhang. Bald erkannte man, daß B. burgdorferi auch den Erreger einer vielgestaltigen Systemerkrankung darstellt, deren einzelne Manifestationen wie z. B. das Erythema chronicum migrans und die Meningopolyneuritis zwar zuvor bereits beobachtet wurden (Afzelius, 1909; Garin u. Bujadoux, 1922; Bannwarth, 1941), die man jedoch bis dahin nicht in einen nosologischen Zusammenhang gebracht hatte.

21.1.2 Beschreibung

Aufbau

Borrelien sind gramnegative Schraubenbakterien von 10–30 µm Länge und einer Dicke von 0,3 µm. Die Spiralen sind unregelmäßig und haben einen Windungsabstand von 2–4 µm. Sie sind flexibel und beweglich. Durch die Flexibilität unterscheiden sie sich von den Spirillen. Die Windungen entstehen durch Flagellen, die den Protoplasmazylinder umgeben und an beiden Enden verankert sind. Durch sie werden die stäbchenförmigen Bakterien wie durch ein Gummiband zusammengezogen. Protoplasmazylinder und Flagellen werden von einer Membran umhüllt (Endoflagellen).

Extrazelluläre Produkte

Sezernierte Produkte sind bisher nicht bekannt.

Resistenz gegen äußere Einflüsse

B. burgdorferi ist empfindlich gegen Umwelteinflüsse, so daß das Bakterium nicht außerhalb seiner Wirte beobachtet wird.

Vorkommen

Reservoirwirte. B. burgdorferi hat sein Hauptreservoir bei Rotwild und kleinen wildlebenden Nagern (Mäuse und Igel). Bei diesen infizieren sich Zecken, die den Erreger von Tier zu Tier bzw. auf den Menschen übertragen.

Zecken. Von den zahlreichen Arten stellen die Schildzecken Ixodes ricinus in Europa und Ixodes scapularis (früher Ixodes dammini) sowie Ixodes pacificus in Nordamerika und Ixodes persulcatus in Asien die Hauptvektoren für Infektionen des Menschen dar, da diese Arten euryphag, d. h. an einer Vielzahl von unterschiedlichen Wirbelwirten parasitierend, sind. Die einheimischen Schildzeckenarten sind dreiwirtig, d. h. daß Larven, Nymphen und adulte Zecken nacheinander insgesamt drei verschiedene Wirtsorganismen befallen. Je nach Region sind bis zu 30%, in wenigen Endemiegebieten mehr als 50% der Zecken mit B. burgdorferi infiziert.

Die drei Genospezies weisen ein unterschiedliches Vorkommen auf: B. burgdorferi sensu stricto ist die einzige in Nordamerika dokumentierte Spezies, B. garinii und B. afzelii herrschen in Europa vor.

21.1.2 Rolle als Krankheitserreger

Epidemiologie

Die Lyme-Krankheit kommt weltweit vor. Sie ist in gemäßigten Breiten die häufigste durch Arthropoden übertragene Infektionskrankheit. In Deutschland kommt es jährlich schätzungsweise zu ca. 60 000 Neuerkrankungen.

Da Zecken als Überträger wirken, findet sich die Erkrankung in wald- und damit zeckenreichen Gegenden; im deutschsprachigen Raum also vorwiegend in Süddeutschland, in Brandenburg und in Österreich. Waldarbeiter, Förster, zeltende Touristen und Wanderer sind besonders gefährdet.

Übertragung

Der Erreger wird vektoriell durch Zecken übertragen, wobei nicht jeder Zeckenstich zur Infektion und nicht jede Infektion zu klinischen Manifestationen führt.

Die Larven haben aufgrund ihrer geringen Körpergröße von nur 0,5 mm einen geringen Aktionsradius und befallen im wesentlichen Kleinsäuger. Die Mehrzahl der Patienten wird von Ende Mai bis Ende Juli von den nur 1–2 mm großen Ixodes-Nymphen infiziert. Weitaus seltener erfolgt die Infektion im Herbst oder sogar an warmen Wintertagen, wenn adulte Zecken ihre Blutmahlzeit neh-

VI

men. Bei Temperaturen von unter 7 °C sind die Zecken inaktiv.

Ganz selten wird B. burgdorferi transplazentar übertragen.

Pathogenese

Der Stich der Zecke wird zunächst meist nicht bemerkt, da die Zecken sehr klein sind und im Speichel über eine lokal anaesthetisch wirksame Substanz verfügen, was ihrer frühzeitigen Entfernung vorbeugt. Die Borrelien wandern während der Blutmahlzeit der Nymphen oder der reifen Zecken aus deren Mitteldarm in die Speicheldrüsen ein und gelangen dann mit dem Speichel in die Haut der Wirte. Die Übertragungswahrscheinlichkeit steigt nach 24 h deutlich an, bis dahin ist sie gering, so daß eine Entfernung der Zecken innerhalb dieser Zeit anzustreben ist.

In der Haut kommt es zunächst zu einer lokalen Ausbreitung der Erreger, später disseminieren die Spirochäten über den Blutweg und besiedeln verschiedene Organe (Abb. 21.1). Klinische Manifestationen der Lyme-Borreliose sind in der Regel mit der Anwesenheit lebender Erreger am Ort der Entzündung (Gehirn, Leber, Milz, Gelenke, Haut) verbunden. Das dominierende pathologisch-anatomische Korrelat der Erkrankung sind perivaskuläre mononukleäre (lympho-plasmazelluläre) Infiltrate. Das Krankheitsbild erinnert so an eine Immunkomplexvaskulitis. Bei der Lymphadenosis cutis benigna nehmen die lymphohistiozytären Infiltrate einen lymphknotenartigen Aufbau an. Die beteiligten Virulenzfaktoren des Erregers sind bisher nur unzureichend bekannt.

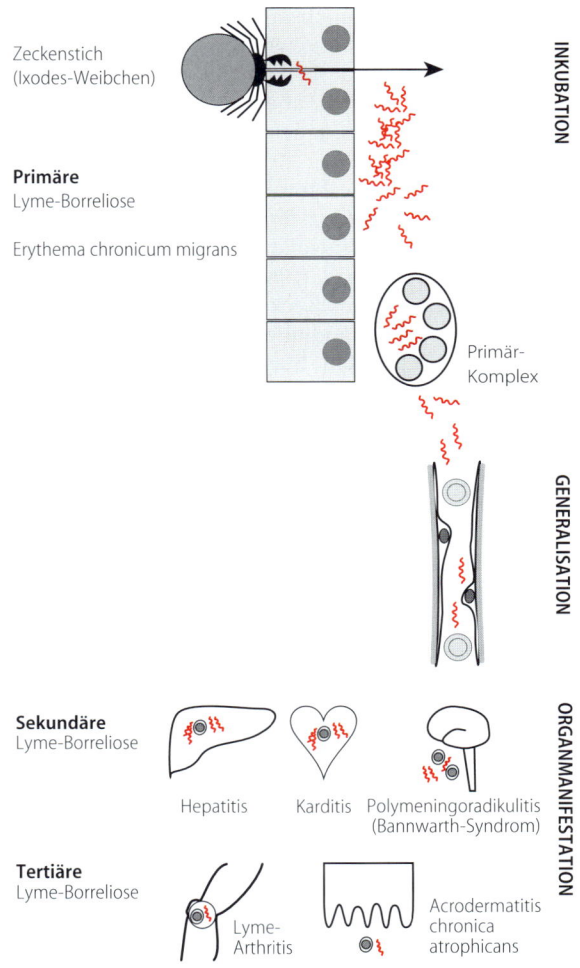

Abb. 21.1. Pathogenese der Lyme-Borreliose

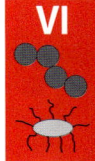

Klinik

Der klinische Verlauf der Lyme-Borreliose kann, ähnlich dem der Syphilis, in Stadien eingeteilt werden. Frühstadien der Erkrankung können spontan ausheilen, aber auch in eine chronische Infektion mit Erregerpersistenz münden. Die Spontanheilungsrate ist viel höher als bei der Syphilis. Zwischen der Infektion und der klinischen Manifestation können Tage bis Jahre vergehen.

Stadium I. Wenige Tage (>2) bis Wochen nach Infektion bildet sich eine von der Eintrittsstelle ausgehende und in die Umgebung vordringende konzentrische Hautrötung mit zentraler Abblassung, das Erythema migrans, aus. Das betroffene Hautareal

kann schmerzhaft oder überempfindlich sein. Die Hauterscheinung bildet sich meist spontan zurück, kann aber auch über Wochen persistieren (*Erythema chronicum migrans*). Eine weitere Manifestation des ersten Stadiums stellt neben multiplen Erythemen die *Lymphadenosis benigna cutis* dar. Hierbei handelt es sich um eine seltene Hautmanifestation, bei der bevorzugt an Ohrläppchen oder Mamille kleine Knötchen derber Beschaffenheit mit bläulich-rötlicher Verfärbung beobachtet werden.

Das erste Stadium kann folgenlos ausheilen oder primär symptomlos bleiben, so daß sich die Erkrankung erst im Stadium II oder III manifestiert.

Stadium II. Vornehmlich sind die Haut, das zentrale und periphere Nervensystem, das Herz sowie der Bewegungsapparat betroffen. Im Rahmen der Generalisierung können aber auch die Leber, die Milz, die Nieren, die Lungen und die Hoden befallen werden.

In Europa stellt die lymphozytäre *Meningopolyneuritis Garin-Bujadoux-Bannwarth (Neuroborreliose)* die häufigste klinische Manifestation der disseminierten Infektion dar. Wochen bis Monate (1–16 Wochen) nach dem Zeckenstich ist das Krankheitsbild geprägt von anhaltenden, den übrigen Erscheinungen in diesem Stadium vorausgehenden, radikulären (ausstrahlenden) Schmerzen, v. a. nachts. Differentialdiagnostisch ist an einen Bandscheibenvorfall oder eine Gürtelrose zu denken. In der Folgezeit werden zumeist asymmetrische Polyneuritiden mit Hirnnervenausfällen, vornehmlich des Nervus facialis, beobachtet. Kinder zeigen in der Regel Facialisparese sowie Meningitiszeichen und weniger eine radikuläre Symptomatik. Im Zusammenhang mit der Facialisparese kann eine borrelienbedingte Keratitis des Auges auftreten. Weitere ophthalmologische Manifestationen treten zumeist als Aderhautentzündungen in Erscheinung. Auch Hörstörungen können im Verlauf einer Borreliose auftreten.

Eine Beteiligung des Herzens (Karditis) kann sich klinisch in Rhythmusstörungen in Form von atrioventrikulären Blockierungen unterschiedlichen Grades äußern.

Symptome seitens des Bewegungsapparates sind in dieser Phase typischerweise flüchtig. Gelenkschwellungen werden nur selten beobachtet, häufig kommt es dagegen zu wandernden, zum Teil heftigen und anhaltenden Gelenk- und Muskelschmerzen.

Müdigkeit und ein deutliches Krankheitsgefühl sind meist vorhanden. Ebenso können Fieber und generalisierte Lymphknotenschwellungen auftreten. Im Rahmen der Generalisation kann es bei Schwangeren auch zum Befall der Plazenta und zur Dissemination der Bakterien im Fetus kommen.

Stadium III. Das chronische Krankheitsbild tritt Monate bis Jahre nach der Infektion in Erscheinung und ist v. a. durch die pathognomonische *Acrodermatitis chronica atrophicans (ACA)* und durch rheumatologische Beschwerden in Form von Gelenkentzündungen mit Ergußbildung gekennzeichnet. Die chronische Neuroborreliose zeichnet

sich durch eine chronische Meningitis oder Enzephalomyelitis mit lymphozytärer Pleozytose im Liquor von mehr als sechs Monaten Dauer aus.

Etwa die Hälfte der unbehandelten Patienten mit Erythema migrans entwickelt im weiteren Krankheitsverlauf Gelenkentzündungen (*Lyme-Arthritis*), typischerweise rezidivierende Mono- und Oligoarthritiden der großen Gelenke im Bereich der unteren Extremität. Eine Beteiligung des Kniegelenkes fehlt selten. In der Gelenkflüssigkeit ist B. burgdorferi nachweisbar. Darüber hinaus sind auch Entzündungen des Schulter- oder Ellenbogengelenkes, sowie gerade in Europa polyartikuläre Verläufe mit Befall der kleinen Fingergelenke beschrieben worden. Myositiden, Bursitiden und Tenosynovitiden ergänzen das rheumatologische Beschwerdebild der persistierenden Infektion.

Immunität

Die Infektion hinterläßt nicht zuverlässig eine Immunität, so daß Reinfektionen vorkommen.

Im Laufe der Erkrankung werden sowohl spezifische Antikörper als auch T-Zellen gebildet. Während den Antikörpern eine eindeutige Rolle bei der Diagnostik zugewiesen werden kann, ist der Beitrag, den T-Zellen bzw. Antikörper bei der Abwehr leisten, noch nicht abschließend geklärt. Antikörper mit Spezifität für Oberflächenproteine, insbesondere das äußere Membranprotein A (Osp A) haben protektive Potenz (s. Prävention). Es gibt jedoch Anhaltspunkte dafür, daß sich der Erreger durch Befall von Fibrozyten und Endothelzellen dem Zugriff von Antikörpern entziehen kann.

Labordiagnose

Die Labordiagnose der Lyme-Borreliose beruht im wesentlichen auf dem Nachweis von spezifischen Antikörpern. Ein Erregernachweis ist möglich.

Untersuchungsmaterial. Für die Diagnostik ist Serum, bei Verdacht auf Neuroborreliose zusätzlich Liquor zu gewinnen. Bei fehlendem Antikörpernachweis ist es sinnvoll, weitere Proben im Abstand von 1–2 Monaten zu gewinnen.

Antikörpernachweis. Der Nachweis spezifischer Antikörper erfolgt durch indirekte Immunfluoreszenz und ELISA sowie den bestätigenden Immunoblot. Die Antikörper zeigen zahlreiche Kreuzreaktionen mit anderen Borrelien (z. B. B. recurrentis) und auch mit T. pallidum, allerdings ist bei Patienten mit Lyme-Krankheit der VDRL-Test (s. S. 407) immer negativ. Die kreuzreagierenden Antikörper können zum großen Teil durch Vorabsorption mit T. phagedenis eliminiert werden. IgM-Titer sind 3–6 Wochen nach Krankheitsbeginn am höchsten, während der IgG-Titer nur langsam ansteigt und erst Monate nach Krankheitsbeginn seinen Gipfel erreicht. Eine Verlaufsbeurteilung erfordert daher häufig größere Zeitabstände (Monate). Nach frühzeitig erfolgter Therapie kann ein IgM-IgG-switch ausbleiben und das spezifische IgM nach einiger Zeit (1–2 Jahre) völlig verschwinden. 50% der Patienten mit Erythema migrans bleiben seronegativ, insbesondere wenn sie keine weiteren Symptome ausbilden. Auch Neuroborreliose-Patienten können während der ersten Wochen seronegativ sein. Patienten, bei denen der Verdacht auf eine Neuroborreliose besteht und die Symptome einer Erkrankung von weniger als drei Monaten Dauer zeigen, sollten daher zwecks Untersuchung des Liquor cerebrospinalis einer Lumbalpunktion unterzogen werden. Die Borrelien-Ätiologie wird dann in der Regel durch den Nachweis einer intrathekalen Antikörperproduktion belegt. Bei Neuroborreliose-Patienten ist eine intrathekale Antikörperproduktion durch lokale Plasmazellanreicherung bei gleichzeitiger Seronegativität, insbesondere in frühen Krankheitsstadien, nichts Ungewöhnliches. Umgekehrt kann bei isolierten Hirnnervenausfällen eine intrathekale Antikörpersynthese fehlen. Unbehandelte Patienten mit Manifestationen des Stadium II zeigen innerhalb von zwei Monaten B.-burgdorferi-spezifische Antikörper. Keine serologische Methode, auch nicht der Westernblot, ist in der Lage, zwischen einer chronischen Infektion und einem persistierenden Antikörpertiter, der aufgrund eines vorausgegangenen, folgenlos ausgeheilten Kontakts zustande gekommen ist, zu unterscheiden. Unspezifische Laborparameter eines chronisch-entzündlichen Prozesses sind bei der Lyme-Borreliose mit Ausnahme der Veränderungen im Liquor nur selten zu beobachten.

Anzucht. Obwohl es grundsätzlich möglich ist, B. burgdorferi aus den Läsionen in Haut, Herz, ZNS (Liquor) und Gelenken zu isolieren, gelingt der Nachweis nur selten. Die relativ besten Erfolgsaussichten bieten Biopsate aus dem Rand des Erythema chronicum migrans. Ein sensitiveres Verfahren zum Erregernachweis bedient sich der Amplifikation erregerspezifischer DNS mittels PCR.

Therapie

Antibiotikaempfindlichkeit. B. burgdorferi ist empfindlich gegen β-Laktamantibiotika und Tetracycline, mit Einschränkungen auch gegen Makrolide.

Therapeutisches Vorgehen. Eine „prophylaktische" Therapie nach Zeckenstich ohne Krankheitssymptome ist nicht angezeigt.

Doxycyclin ist im Stadium I Mittel der Wahl, in den Stadien II und III kommen Penicillin G oder Cephalosporine der 3. Generation (z. B. Ceftriaxon) zur Anwendung. Kann Doxycyclin nicht angewendet werden, z. B. in der Schwangerschaft oder bei Kindern, können zur oralen Therapie Amoxicillin oder Roxithromycin für 14–28 Tage eingesetzt werden. Neurologische Manifestationen machen eine intravenöse Therapie über 2–4 Wochen mit einem liquorgängigen Cephalosporin, z. B. Ceftriaxon, erforderlich. Ein Therapieerfolg oder -versagen sollte nicht vor Ablauf von zwei Monaten nach Abschluß der Therapie beurteilt werden. Serologische Untersuchungen sind zur Therapiekontrolle meist nicht geeignet.

Prävention

Allgemeine Maßnahmen. Da die erregerübertragenden Zecken in der bodennahen Vegetation leben, sollte beim Durchstreifen von Wäldern auf eine Bedeckung der Haut der Unterschenkel geachtet werden. Meist wandern die Zecken von dort zu warmfeuchten Stellen des Körpers (Achsel, Leistengegend, Mammae), so daß sich eine sorgfältige Untersuchung des eigenen Körpers auf Zecken, insbesondere nach Wanderungen, Aufenthalt im Garten etc., empfiehlt.

Eine Schutzimpfung existiert in den U.S.A.

Meldepflicht. Keine.

21.2 Borrelia recurrentis

STECKBRIEF

B. recurrentis ist einer der Erreger des Rückfallfiebers, einer in allen Erdteilen vorkommenden Infektionskrankheit, die durch mehrfach wiederkehrende Fieberanfälle nach einer Reihe jeweils fieberfreier Tage gekennzeichnet ist.

21.2.1 Beschreibung

Aufbau

B. recurrentis und duttonii zeigen den gleichen grundsätzlichen Aufbau wie B. burgdorferi (s.o.).

Extrazelluläre Produkte

Extrazelluläre Produkte sind nicht bekannt.

Resistenz gegen äußere Einflüsse

Wie auch B. burgdorferi sind B. recurrentis u. duttonii empfindlich gegen äußere Einflüsse und auf eine vektorielle Übertragung sowie ein Tierreservoir angewiesen.

Vorkommen

B. recurrentis befällt ein breites Spektrum wildlebender Säugetiere, insbesondere Nagetiere, bei denen die Infektion in der Regel asymptomatisch verläuft. Aus diesem Reservoir infizieren sich Zecken und Läuse.

21.2.2 Rolle als Krankheitserreger

Epidemiologie

Das epidemische, durch Läuse übertragene Rückfallfieber tritt im Zusammenhang mit Armut und schlechten Hygieneverhältnissen z.B. im Zusammenhang mit Kriegen und Sammelunterkünften auf. In Deutschland gab es zuletzt 1868–1880, in Osteuropa während des 1. und 2. Weltkrieges, größere Epidemien. Heute kommt Rückfallfieber in Deutschland nicht mehr vor, wird aber noch in Afrika, insbesondere in Äthiopien, angetroffen. In Nordafrika, Nordamerika, Bolivien, Peru und in Ostindien kommt die Infektion endemisch sporadisch vor. Dort wird die Infektion mit B. duttonii vorwiegend von Zecken (Ornithodorus-Arten) übertragen.

Übertragung

B. recurrentis wird vektoriell von Mensch zu Mensch oder vom Tier auf den Menschen übertragen. Bei der Übertragung von Mensch zu Mensch, der epidemischen Form, fungiert die Kleider- und Kopflaus als Vektor. Die Übertragung vom Tier auf den Menschen bei der endemischen Form erfolgt durch Lederzecken (Ornithodorus spp.).

Pathogenese

Bei der durch *Läuse* (Pediculus humanus) übertragenen Form des Rückfallfiebers werden die Borrelien mit dem Läusekot auf der Haut abgelagert. Wenn der Patient sich kratzt, werden die Erreger über kleine Schrunden und Risse in die Haut eingerieben. Bei der durch *Zecken* übertragenen Form wird der Erreger direkt in die Haut injiziert. Eine bis zwei Wochen nach Infektion entwickelt sich, ohne Prodromalerscheinungen, eine Bakteriämie mit hohem rekurrierenden Fieber, die zum Befall fast sämtlicher Organe führt. Die Krankheitserscheinungen beruhen im wesentlichen auf der Wirkung des Zellwand-Endotoxins.

Der Grund für die rezidivierenden Fieberattacken liegt darin, daß Antikörper gegen ein variables Oberflächenantigen von B. recurrentis gebildet werden. Durch deren Wirkung werden die Borrelien mittels Phagozytose zunächst aus der Blutbahn eliminiert. Die Oberflächenantigene von B. recurrentis unterliegen jedoch einem raschen Wechsel (*Antigenvariation*), und der Rückfall kommt zustande, wenn sich neue Borrelien gebildet haben, deren Oberflächenantigene von den bereits gebildeten Antikörpern nicht erkannt werden. Es müssen dann erst wieder Antikörper gegen die neu aufgetretenen Antigene gebildet werden, bis

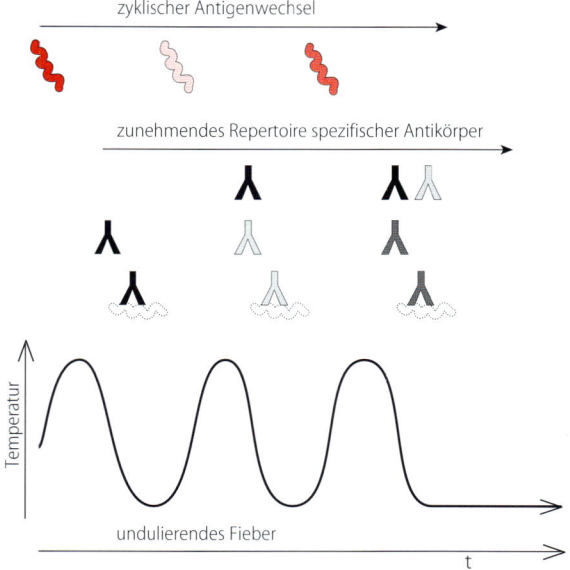

zyklischer Antigenwechsel

zunehmendes Repertoire spezifischer Antikörper

Temperatur

undulierendes Fieber

t

Abb. 21.2. Pathogenese des Rückfallfiebers

der neue Anfall zurückgeht (Abb. 21.2). Dieses Geschehen setzt sich über mehrere Wochen fort. Analoge Verhältnisse liegen bei der Schlafkrankheit vor. Ist das Antikörperrepertoir des Wirtes umfangreich, nehmen die Krankheitserscheinungen an Heftigkeit ab, bis die Erkrankung vollständig überwunden wird.

Klinik

Im Vordergrund stehen schwere Fieberanfälle (Temperaturen von 39–41 °C) mit Schüttelfrost, starke Kopf-, Gelenk- und Muskelschmerzen und allgemeiner Kräfteverfall. Die Fieberanfälle halten durchschnittlich 3–6 Tage an und sind von fieberfreien Intervallen von 6–10 Tagen Dauer unterbrochen. In der Regel kommt es unbehandelt zu 2 oder 3 Rückfällen, daher der Name „Rückfallfieber". Während der Fieberschübe ist die Leukozytenzahl mit Werten zwischen 15 000 und 30 000/mm^3 erhöht. Milz- und Leberschwellungen kommen häufig vor. Es kann zu konjunktivalen Einblutungen, Petechien und Ekchymosen kommen. Der Krankheitsverlauf kann durch Beteiligung der Lunge (Bronchopneumonie), des Herzens (Endomyokarditis), der Gelenke (Arthritis), der Nieren (Nephritis) und des ZNS (meningeale Reizungen, Facialisparese) kompliziert werden. Bei Schwangeren kann es zum Abort kommen. Die Patienten versterben unter dem Bild einer Sepsis mit disseminierter intravasaler Gerinnung (DIC) und Multiorganversagen oder an den Folgen einer Herzinsuffizienz aufgrund einer Myokarditis.

Immunität

Immunität gegen die Erkrankung beruht auf der Bildung protektiver Antikörper. Ein tragfähiger Schutz setzt allerdings ein umfangreiches Repertoire von spezifischen B-Zellen voraus, da sich B. recurrentis durch Antigenvariation dem Angriff von Antikörpern entziehen kann (s. Pathogenese).

Labordiagnose

Der Schwerpunkt der Diagnostik liegt auf dem mikroskopischen Nachweis des Erregers im Blut.

Mikroskopie. Die Diagnose des Rückfallfiebers beruht auf der mikroskopischen Betrachtung eines nach Giemsa, Wright oder mit Acridinorange gefärbten, während eines Fieberanstiegs gewonnenen Blutausstriches. Man sieht zwischen den Erythrozyten die gewundenen Stäbchen (bei Acridinorange hellorange bei grünen Wirtszellen).

Anzucht. Borrelien lassen sich in künstlichen Kulturmedien unter mikroaerophilen Wachstumsbedingungen zur Vermehrung bringen. Als Untersuchungsmaterial eignet sich Blut. Die Identifikation des Erregers kann fluoreszenzmikroskopisch mittels spezifischer Antikörper erfolgen.

Serologie. Eine serologische Diagnose hat sich nicht durchgesetzt. Es ist aber anzumerken, daß Kreuzreaktionen mit Antigenen von B. burgdorferi zu positiven Resultaten in der Lyme-Borreliose-Serologie führen können.

Therapie

Tetracycline sind Mittel der Wahl. Läuse-Rückfallfieber ist mit einer Einmalgabe von Doxycyclin oder Erythromycin behandelbar. Die Behandlung des Zecken-Rückfallfiebers erfordert die Gabe von 2×100 mg Doxycyclin oder 4×500 mg Erythromycin über 10 Tage.

Prävention

Allgemeine Maßnahmen. Die Verhütung der Krankheit beruht auf der Bekämpfung von Läusen

und der Gewährleistung eines guten Hygienestandards. Erkrankte müssen isoliert und entlaust werden. Schutz vor endemischem Rückfallfieber setzt die konsequente Vermeidung von Zeckenbefall voraus. Hierfür gelten die gleichen Maßnahmen wie bei der Lyme-Borreliose (s. dort).

Meldepflicht. Namentlich zu melden sind direkte und indirekte Nachweise von Borrelia recurrentis (§ 7 IfSG).

ZUSAMMENFASSUNG: Borrelien

Bakteriologie. Schraubenbakterien; zwei medizinisch bedeutsame Spezies (B. burgdorferi, Erreger der Lyme-Borreliose; B. recurrentis, Erreger des Rückfallfiebers). Anzucht in Spezialkulturmedien unter mikroaerophilen Bedingungen möglich.

Vorkommen/Epidemiologie. Anthropozoonose. Reservoir: Säugetiere (v. a. Nagetiere). Lyme-Erkrankung: Weltweite Verbreitung, besonders in waldreichen Gebieten. Rückfallfieber: Epidemien in Krisenzeiten (Krieg, Massenlager etc.), in einigen Ländern sporadisch endemisch.

Übertragung. Zecken (Ixodes-Arten) bei B. burgdorferi. Läuse (Pediculus humanus) und Lederzecken (Ornithodorus spp.) bei B. duttonii.

Pathogenese. Lyme-Borreliose: Infektion über die Haut > Ausbreitung in der Haut, lymphohämatogene Dissemination > Organbefall (Gehirn, Leber, Herz, Gelenke), Ausheilung oder chronischer Infektionsprozeß.

Rückfallfieber: Infektion > Borreliämie mit Freisetzung von Endotoxin > Fieber > Sequestrierung der Erreger in verschiedenen Organen > afebrile Periode mit Antigenvariation > erneute Bakteriämie mit antigenetisch modifizierten Borrelien > zyklische Wiederholung dieses Prozesses bis zur Bildung eines breiten Antikörperrepertoires.

Klinik. Lyme-Borreliose: Wie bei anderen durch Spirochäten verursachten Erkrankungen Verlauf in Stadien. Stadium I: Erythema chronicum migrans. Stadium II: neurologische und kardiale Störungen. Stadium III: Arthritis, Acrodermatitis, Enzephalitis.

Rückfallfieber: Inkubationszeit schwer zu ermitteln. Remittierendes Fieber mit fieberfreien Intervallen von mehreren Tagen. Hauterscheinungen, Myocarditis.

Virulenzmechanismen. B. burgdorferi: Initiierung und Aufrechterhaltung eines chronisch entzündlichen Prozesses durch zur Zeit noch unbekannte Mechanismen.

B. recurrentis: Endotoxinproduktion, Antigenvariation.

Labordiagnose. B. burgdorferi: Nachweis spezifischer Antikörper durch Immunfluoreszenz, ELISA und Immunoblot.

B. recurrentis: Mikroskopie des nach Giemsa oder Wright gefärbten Blutausstriches.

Therapie. Lyme-Borreliose: Tetracycline im Stadium I, danach Penicillin G oder Cephalosporine der 3. Generation.

Rückfallfieber: Tetracycline.

Prävention. Vermeidung von Zeckenkontakt bzw. rasche Entfernung; Rückfallfieber: Hygiene; Vermeidung von Lausbefall.

Vakzination. Gegen B. burgdorferi Impfstoff in Erprobung; keine gegen B. recurrentis.

Meldepflicht. Direkte und indirekte Erregernachweise, namentlich.

Tabelle 22.1. Leptospira: Gattungsmerkmale

Merkmal	Merkmalsausprägung
Gramfärbung	Schraubenbakterien, schwach grampositiv
aerob/anaerob	aerob
Kohlenhydratverwertung	nein
Sporenbildung	nein
Beweglichkeit	ja
Katalase ⎱ Oxidase ⎰	Reaktionen nicht durchgeführt
Besonderheiten	Maße: ∅: 0,1 μm, L: 6–20 μm, Windungen: >18

Stimson sah 1907 erstmalig Leptospiren in den Nierentubuli eines Mannes, der an einer fieberhaften Erkrankung mit Ikterus gestorben war. Hübner und Reiter (1915, 1916) sowie Uhlenhuth und Fromme (1915, 1916) übertrugen den Erreger vom Menschen auf Meerschweinchen und erzeugten dadurch ein Krankheitsbild mit den typischen Symptomen der Leptospirose.

Leptospira heißt „zarte Windung" (leptos, gr. zart). Das Beiwort „interrogans" soll zum Ausdruck bringen, daß die Form der Leptospiren einem Fragezeichen ähnelt.

22.1 Leptospira interrogans

STECKBRIEF

Leptospira (L.) interrogans ist die wichtigste pathogene Spezies in der Familie Leptospiraceae (Noguchi, 1917), obligat aerobe flexible Schraubenbakterien der Ordnung Spirochaetales (Tabelle 22.1). Sie wird in über 200 Serovare in 23 Serogruppen untergliedert. Beim Menschen erzeugt sie die hochfieberhafte Leptospirose, die meist als „seröse" Meningitis, in schweren Fällen (M. Weil) mit Ikterus, Hämorrhagien und Nierenschädigung verläuft.

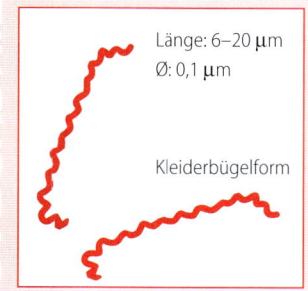

Länge: 6–20 μm
∅: 0,1 μm

Kleiderbügelform

Leptospiren
kleiderbügelförmige Schraubenbakterien, entdeckt 1915 von Inaba und Ido bzw. 1916 von Uhlenhuth

22.1.1 Beschreibung

Aufbau

Leptospiren sind enggewundene Schraubenbakterien mit einem Durchmesser von 0,1 μm und einer Länge von 6–20 μm. Sie haben mehr als 18 Windungen und weisen oft abgebogene Enden auf, was ihnen die Form eines Kleiderbügels verleiht. Der Erreger trägt auf der Oberfläche zahlreiche Antigene, die sich serologisch voneinander abtrennen lassen und die Grundlage der Einteilung der Leptospiren in Serotypen bilden.

Unter der Oberflächenmembran sind elektronenmikroskopisch zwei axiale Fäden zu sehen, die die typische Beweglichkeit der Leptospiren vermitteln (Endoflagellen, s. S. 174).

Extrazelluläre Produkte

Einige Serovare (L. grippotyphosa, L. pomona) bilden ein Hämolysin, das Erythrozyten von Wiederkäuern zerstört und damit eine Hämoglobinurie bei Kälbern hervorruft. Die pathogenetische Bedeutung beim Menschen ist bisher nicht geklärt.

Resistenz gegen äußere Einflüsse

L. interrogans bleibt in Gewässern mit einem pH-Wert über 7,0 wochenlang vermehrungsfähig. Unter Säureeinwirkung, z. B. in leicht saurem Urin, wird der Erreger schnell abgetötet. Auch gegen Austrocknung und gegen Desinfektionsmittel sind Leptospiren sehr empfindlich.

Vorkommen

Das natürliche Reservoir für L. interrogans sind v. a. Ratten, Rinder, Schweine und Hunde. In den Nierentubuli dieser Tiere persistiert der Erreger oft lebenslang, ohne Krankheitserscheinungen hervorzurufen. Er wird mit dem Urin ausgeschieden. Mit Leptospiren kontaminiertes Wasser ist für den Menschen die wichtigste Infektionsquelle.

22.1.2 Rolle als Krankheitserreger

Epidemiologie

Leptospirosen sind Anthropozoonosen mit weltweiter Verbreitung. Sie treten dort gehäuft auf, wo landwirtschaftliche Flächen künstlich bewässert werden (z. B. Reisanbau in Asien). Die Infektionen treten v. a. in der Badesaison auf. In Deutschland wurden im Jahre 1996 25 Fälle gemeldet.

Übertragung

Menschen infizieren sich, wenn sie mit Urin infizierter Tiere oder mit Wasser, das mit Urin infizierter Tiere kontaminiert ist, in Hautkontakt kommen.

Bei der Serogruppe L. canicola kann eine Kontaktübertragung vom Hund auf den Menschen erfolgen.

Pathogenese

Invasion. Der Erreger dringt über kleinste Hautverletzungen in den Organismus ein; die Infektion kann auch über die Konjunktiva erfolgen oder nach oraler Aufnahme durch die Schleimhaut des oberen Gastrointestinaltraktes. Von dort gelangt er in die regionalen Lymphknoten, wo er sich vermehrt. Dann bricht er in die Blutbahn ein. Im Verlauf der Generalisierungsphase gelangen Erreger in den Liquorraum sowie in Leber, Nieren und in andere Organe, wo sie z. T. wochenlang persistieren können (z. B. im Kammerwasser). In diesen Organen liegen sie im interstitiellen Raum. Bei der Ausbreitung scheinen Hyaluronidase und die Beweglichkeit der Leptospiren eine Rolle zu spielen.

Gewebeschädigung. Die Infektion verläuft in zwei Phasen:
- In der 1. Woche findet sich der Erreger z. B. im Liquor, ohne daß eine Entzündungsreaktion nachweisbar ist.
- In der 2. Phase spielt die Immunreaktion wahrscheinlich die pathogenetische Rolle, denn erst in dieser Phase, mit dem Auftreten erregerspezifischer Antikörper, entsteht eine Entzündung.

Die antimikrobielle Therapie bringt in der 2. Phase keinen Nutzen; auch lassen sich in Fällen klinischer Meningitis in dieser Phase aus dem Liquor keine Erreger anzüchten. Die Schädigung der Leber wird auf eine nicht-nekrosebedingte Beeinträchtigung der Hepatozyten zurückgeführt; Nierenschädigungen betreffen v. a. die Tubuli, in späteren Stadien kann eine Immunkomplex-Glomerulonephritis entstehen.

Klinik

Obwohl die Krankheitsverläufe der durch die verschiedenen Serogruppen hervorgerufenen Erkrankungen Besonderheiten zeigen, benutzt man für alle den Oberbegriff der **Leptospirose**. Die Leptospirosen sind zyklische Allgemeininfektionen. Sie beginnen nach einer Inkubationszeit von 7–13 Tagen mit perakutem Fieber und Muskelschmerzen (Fehldiagnose: „Grippe"). In diesem Stadium lassen sich Leptospiren aus Blut und Liquor anzüchten. Häufig finden sich Erreger im Liquor, ohne daß Symptome einer Meningitis bestehen. Oft fehlt auch die zelluläre Reaktion im Liquor.

Ohne sofortige Antibiotikatherapie verläuft die Fieberkurve zweigipflig. Das Fieber läßt nach 3–8 Tagen nach, tritt danach aber wieder auf. In dieser zweiten Phase können Kopfschmerzen, Uveitis, Meningitis, Muskelschmerzen, Vaskulitis, Hepatosplenomegalie, Hautexanthem und erythematöse Läsionen an der Tibia auftreten. Oft weisen die klinisch-chemischen Laborwerte auf eine Mitbeteiligung von Leber und Nieren hin (hepato-renales Syndrom). Nierenversagen kommt vor, ist aber meist reversibel. Den anikterischen, meist milderen Verlaufsformen steht der ikterische, schwere Verlauf durch den Serotyp L. icterohaemorrhagica (früher Morbus Weil) gegenüber.

Es bildet sich eine kombinierte Schädigung der Leber und der Niere mit Ikterus, Albuminurie sowie Petechien und subkonjunktivalen Blutungen. Die Erkrankung hält drei Wochen oder länger an. Ihre Letalität kann 10% erreichen.

Immunität

Antikörper werden in der ersten Woche nach dem Auftreten von Krankheitserscheinungen gebildet; die höchsten Titer sind in der zweiten und dritten Woche nachweisbar. Eine frühe Antibiotikatherapie kann die Antikörperbildung hemmen. Über die Rolle von Antikörpern und T-Zellen bei der Abwehr ist wenig bekannt. Immunpathologische Mechanismen scheinen in der 2. Phase der Krankheit eine Rolle zu spielen.

Labordiagnose

Der Schwerpunkt der Labordiagnose einer Leptospirose beruht auf dem Nachweis von Antikörpern im Serum. Der Erregeranzucht kommt sekundäre Bedeutung zu.

Untersuchungsmaterial. In der ersten Krankheitswoche findet sich der Erreger im Blut und im Liquor cerebrospinalis; von der zweiten Krankheitswoche an läßt sich der Erreger aus frischem Urin isolieren. Für die Antikörperbestimmung wird Serum eingeschickt. Agglutinierende Antikörper treten im Verlauf der ersten Woche nach Einsetzen der klinischen Symptome auf.

Serologie. Die bekannten Serotypen von L. interrogans werden mit positivem Patientenserum agglutiniert, und die Agglutination wird unter dem Mikroskop im Dunkelfeld betrachtet (mikroskopischer Agglutinationstest: MAT). Ein Agglutinin-Titer von 100 oder höher weist auf eine Infektion hin; ein vierfacher Titeranstieg beweist eine frische Infektion.

Anzucht. Die Anzucht aus Blut, Liquor oder Urin erfordert flüssige Spezialkulturmedien und aerobe Bedingungen. Die notwendige Mindesteinsaat ist sehr hoch. Die optimale Vermehrungstemperatur liegt bei 28–30 °C, der optimale pH-Wert zwischen 7,2 und 7,6. L. interrogans ist ein langsam wachsendes Bakterium; seine Generationszeit beträgt 7–16 h, d.h. eine Kultur muß mehrere Wochen lang bebrütet werden. Eine Typisierung des angezüchteten Stammes ist für epidemiologische Zwecke unerläßlich.

Therapie

Penicillin G und Tetracycline beeinflussen den Krankheitsverlauf günstig und helfen, Spätfolgen zu vermeiden. Leichter verlaufende Infektionen können oral mit Doxycyclin behandelt werden. Bei schweren Infektionen wird Penicillin G verabreicht.

Prävention

Allgemeine Maßnahmen. Individuelle Maßnahmen bestehen im Schutz vor Kontakt mit Urin von Tieren oder kontaminiertem Wasser (Gummistiefel, Spritzdecken, kein Baden in stehenden Gewässern mit Zutritt von Tieren, Vorsicht beim Umgang mit rohem Schweinefleisch).

Allgemeine Maßnahmen betreffen v.a. den Kampf gegen Nager (Ratten, Mäuse) an Orten mit erhöhter Exposition.

Meldepflicht. Namentlich zu melden sind direkte und indirekte Nachweise von Leptospira interrogans (§7 IfSG).

22.2 Weitere Leptospiren

Die saprophytären Leptospiren werden dem Spezieskomplex L. biflexa zugeordnet und in derzeit 63 Serovare unterteilt.

Hierzu gehören auch die Gattungen Leptonema und Turneria.

ZUSAMMENFASSUNG: Leptospira

Bakteriologie. Gewundene, schlecht anfärbbare Bakterien. Wachstum in flüssigen Kulturmedien unter aeroben Bedingungen. Temperaturoptimum: 28–30 °C. Eine humanpathogene Art: L. interrogans.

Vorkommen/Epidemiologie. Anthropozoonose, Erregerreservoir: Nagetiere und Tiere. Ausscheidung mit dem Urin. Infektionsquelle: Kontaminiertes Wasser, Urin infizierter Tiere.

Resistenz gegen äußere Einflüsse. Empfindlich für pH-Schwankungen und Austrocknung.

Pathogenese. Zyklische Allgemeininfektion. Aufnahme des Erregers über kleinste Hautverletzungen → Vermehrung in den regionalen Lymphknoten → Bakteriämie → Organabsiedlung im interstitiellen Raum.

Zielgewebe. Niere, Leber, ZNS.

Klinik. Inkubation 7–13 Tage. Zweiphasiger Fieberverlauf. 1. Phase: „Grippale" Symptome. 2. Phase: Iktero-hämorrhagische Symptomatik (M. Weil).

Labordiagnose. Direkter Erregernachweis aus Blut und Liquor in der ersten Krankheitswoche, aus frischem Urin in der zweiten Woche. Serologisch: Nachweis von agglutinierenden Antikörpern im Serum. Identifizierung: Mikroskopisch im Dunkelfeld oder mit der Immunfluoreszenz.

Therapie. Penicillin G oder Tetracycline.

Prävention. Kontrolle des Erregerreservoirs, Vakzination von Haustieren.

Meldepflicht. Direkte und indirekte Erregernachweise, namentlich.

Tabelle 23.1. Rickettsiazeen: Gattungsmerkmale

Merkmal	Merkmalsausprägung
Gramfärbung	gramnegative kokkoide Stäbchen
aerob/anaerob	–
Kohlenhydratverwertung	–
Sporenbildung	–
Beweglichkeit	–
Katalase	–
Oxidase	–
Besonderheiten	Vermehrung nur in Zellkulturen

Tabelle 23.2. Rickettsiazeen: Arten und Krankheiten

Arten	Krankheiten
Rickettsia prowazekii	Epidemisches Fleckfieber Morbus Brill-Zinsser
R. typhi	Endemisches Fleckfieber (murines Fleckfieber)
R. rickettsii	Felsengebirgsfleckfieber (Rocky-Mountains-Spotted-Fever: RMSF)
R. akari	Rickettsienpocken
Orientia tsutsugamushi	Tsutsugamushi-Fieber
Coxiella burnetii	Q-Fieber
Ehrlichia chaffeensis	Humane monozytäre Ehrlichiose (HME)
HGE-Ehrlichia [1] E. ewingii	Humane granulozytäre Ehrlichiose (HGE)
E. sennetsu	Sennetsu-Ehrlichiose

[1] Ehrlichia-phagocytophilia-Gruppe: E. phagocytophilia, E. egu, HGE-Ehrlichia

Angehörige der Gattungen Rickettsia, Orientia, Coxiella und Ehrlichia sind kleine pleomorphe gramnegative Bakterien, die sich außerhalb lebender Zellen nicht vermehren können (Tabellen 23.1, 23.2 und 23.3).

Sie rufen Krankheiten hervor, die sich hinsichtlich der Pathogenese ähneln, und werden deshalb hier zusammenfassend besprochen.

Die Rickettsien wurden nach dem US-amerikanischen Bakteriologen H.T. Ricketts (1871–1910) benannt, der 1906 die Übertragungsweise und den Erreger des Felsengebirgsfleckfiebers (Rocky-Mountains-Spotted-Fever) entdeckte.

23.1 Rickettsia prowazekii

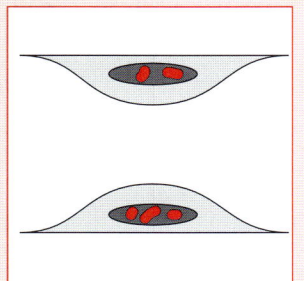

STECKBRIEF

Rickettsia (R.) prowazekii ist der Erreger des epidemischen Fleckfiebers (Flecktyphus). Diese, auch als Hunger- oder Kriegstyphus bezeichnete, Krankheit tritt unter schlechten hygienischen Bedingungen auf. Sie ist eine Begleiterscheinung von Kriegszeiten und Hungersnöten und war oft kriegsentscheidend.

Rickettsien
pleomorphe gramnegative Stäbchen in Endothelzellen,
entdeckt 1906 von H.T. Ricketts (Erreger und Übertragung des RMSF); Abgrenzung des Fleckfiebers von Pest und Typhus abdominalis 1546 von Fracastoro

23.1.1 Beschreibung

Aufbau

Rickettsien sind echte Bakterien. Als solche besitzen sie RNS und DNS sowie Ribosomen und Enzyme für die Synthese von Proteinen. Sie sind abhängig von der ATP-Produktion der Wirtszelle und können Glukose nicht verwerten. In ihrem Aufbau folgen sie dem Bauplan gramnegativer Bakterien.

Extrazelluläre Produkte

Extrazelluläre Produkte werden nicht gebildet, da die Erreger obligat intrazellulär leben.

Resistenz gegen äußere Einflüsse

Rickettsien sind sehr empfindlich gegen Hitze, Feuchtigkeit und Desinfektionsmittel, jedoch relativ resistent gegen Kälte und Trockenheit.

VI

Tabelle 23.3. Übertragung von Rickettsiazeen

Spezies	Vektor	Reservoir	Vorkommen
R prowazekii	Körperlaus	Mensch	weltweit
R. typhi	Läuse, Flöhe	Nager	weltweit (Tropen, Subtropen)
R. rickettsii	Zecken	Hund, Vögel, Hasen, Nager	USA
R. akari	Milben	Maus	weltweit
Orientia tsutsugamushi	Milben	Nager	Asien, Südpazifik
C. burnetii	Zecken (auch AEROGEN)	Rinder, Schafe	weltweit
E. chaffeensis	Zecken	Nager	Osteuropa
E. ewingii	Zecken	Hunde	USA
HGE-Ehrlichia	Zecken	Pferde, Hunde	Europa u. USA
E. sennetsu	roher Fisch?	?	Japan, Malaysia

Vorkommen

Rickettsien leben als obligate Zellparasiten in Zellen des Verdauungstrakts von **Arthropoden**, v.a. von Läusen, Flöhen, Zecken und Milben; gelegentlich findet man sie frei im Darmlumen. Von Arthropoden werden sie durch Stich bzw. Biß auf den Menschen übertragen.

23.1.2 Rolle als Krankheitserreger

Epidemiologie

Der epidemische Flecktyphus ist in Osteuropa heimisch. Während des 1. Weltkrieges wütete das **epidemische Fleckfieber** im osteuropäischen Raum. In den Jahren zwischen 1918 und 1920 dürften in Rußland 25 Mio Menschen, das sind knapp ein Fünftel der damaligen Bevölkerung, an Fleckfieber erkrankt sein, von denen ca. 3 Mio starben. Während des 2. Weltkrieges grassierte die Erkrankung v.a. in den Kriegsgefangenenlagern der östlichen Kriegsschauplätze.

Übertragung

Die **Kleiderlaus** (Pediculus humanus corporis vestimenti) nimmt mit ihrer Blutmahlzeit bei einem bakteriämischen Rickettsienträger den Erreger auf. Man findet im Läusekot nach 5–10 Tagen eine große Anzahl Rickettsien. Wird eine gesunde Person von einer infizierten Laus gebissen, so gelangen rickettsienhaltige Faezes auf die Haut; beim Kratzen werden die Erreger in die Bißwunde eingerieben (Tabelle 23.3).

Pathogenese

Die Erreger dringen durch einen phagozytoseähnlichen Prozeß in die Endothelzellen der kleinen Blutgefäße ein. Von dort gelangen sie durch die Wirkung einer Phospholipase A aus der phagozytotoxischen Vakuole ins Zytoplasma und in den Kern, wo sie sich vermehren. Die Wirtszelle wird direkt durch Radikale sowie Phospholipase-A2 und Proteasen geschädigt. Durch die Zerstörung der Endothelzellen entstehen Gefäßwandschädigungen (Abb. 23.1). Der Befall des Gefäßendothels im Gehirn löst zerebrale Blutungen mit Bewußt-

VI

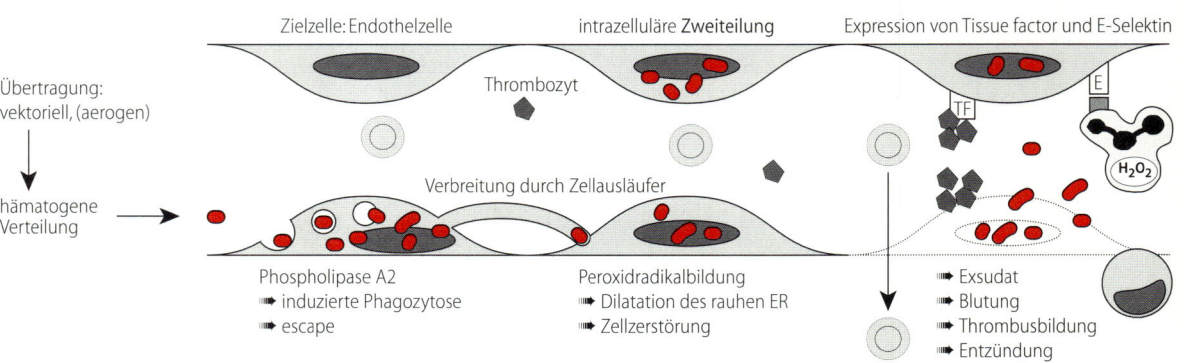

Abb. 23.1. Pathogenese von Rickettsiosen

seinsstörungen aus. In der Haut entwickeln sich Ekchymosen oder fleckförmige Exantheme. In der Folge hyperplasieren die Endothelzellen; es entstehen Entzündungsherde und Thrombosen und daraufhin Durchblutungsstörungen.

Klinik

Flecktyphus. Nach einer Inkubationszeit von 10–14 Tagen beginnt die Krankheit mit raschem Fieberanstieg, Kopf-, Muskel- und Gliederschmerzen sowie Atemwegs- und Herzsymptomen; Gedunsenheit des Gesichts und Bindehautentzündung sind weitere Symptome. 2–4 Tage später entwickelt sich eine Fieberkontinua, die 8–10 Tage anhält. Vom 4.–7. Krankheitstag an findet sich ein makulopapulöses petechiales Exanthem, die sog. *Fleckfieberroseolen*. Die zerebralen Gefäßschädigungen äußern sich in Bewußtseinstrübung bis hin zu Fleck„typhus" (typhos, gr. Nebel), bulbärer Lähmung, Koma und Kreislaufversagen.

Brill-Zinssersche Krankheit. Noch Jahre nach der Primärinfektion kann es zu einem Rückfall eines Fleckfiebers kommen. Man nennt diese späten Rückfälle Brillsche Krankheit. Sie ist in den USA und in Australien bei Einwanderern aus Osteuropa beobachtet worden. Die Patienten hatten sich während des 2. Weltkrieges infiziert. Die Erreger persistierten in Endothelzellen und vermehrten sich wieder, wenn die Immunität des Wirtes z. B. altersbedingt nachließ. Wegen der bestehenden Restimmunität verläuft die Brill-Zinssersche Erkrankung milder als das Fleckfieber.

Immunität

Das epidemische Fleckfieber hinterläßt keine lebenslange Immunität. Bei nachlassender Immunitätslage kann es zu Rückfallerkrankungen (s. o., Brillsche Krankheit) kommen. Bei den Zeckenstichfiebern hinterläßt die Erkrankung eine Kreuzimmunität zu anderen Spezies dieser Gruppe.

Labordiagnose

Der Schwerpunkt der Labordiagnose liegt in der Bestimmung von Antikörpern. Eine Anzucht des Erregers ist in Zellkulturen, Dottersackkulturen oder im Versuchstier möglich.

Untersuchungsmaterial. Es sind zwei Serumproben im Abstand von 2–3 Wochen zu gewinnen und gekühlt ins Labor zu transportieren.

Anzüchtung. Eine Anzüchtung von Rickettsien sollte wegen der hohen Gefahr einer Laborinfektion nur in Hochsicherheitslaboratorien stattfinden. Eine Isolierung läßt sich aus Gewebe mit Hilfe von Zellkulturen oder Dottersackkulturen (bebrütetes Hühnerei) durchführen. Es werden auch Mäuselungen und Mäusedarmpräparate verwendet. Eine Speziesidentifizierung in Gewebekultur gelingt dann mit markierten Antikörpern.

Obwohl es möglich ist, R. prowazekii in Versuchstieren (z. B. im Meerschweinchen) anzuzüchten, wird der Tierversuch wegen der damit verbundenen Gefahr von Laborinfektionen nur in wenigen Spezialinstituten durchgeführt.

Weil-Felix-Reaktion. Im Verlauf eines Fleckfiebers werden kreuzreagierende Antikörper gebildet, die die Proteus-Serotypen OX19 und OX2 agglutinieren. Diese Erscheinung läßt sich bei der Diagnose des Fleckfiebers ausnutzen. Die Reaktion ist nach ihren Erstbeschreibern Weil und Felix (1920) benannt.

Verbesserte Testmethoden sind der indirekte Immunfluoreszenztest, die Komplementbindungsreaktion (hohe Spezifität, geringe Sensitivität) und der ELISA, als IgM-Capture-ELISA zur Frühdiagnostik.

Therapie

Eine während der ersten Krankheitswoche durchgeführte Therapie mit Tetracyclinen und Chloramphenicol führt zum Erfolg. Wenn erst einmal massive Gefäßschäden mit intravasaler Koagulation aufgetreten sind, verliert die Therapie an Effektivität.

Prävention

Hygiene. Wirksame Maßnahmen sind Entlausung und häufiger Kleiderwechsel („Wäschewechsel ist den Läusen ein Greuel").

Schutzimpfung. Es existieren eine Totvakzine und neuerdings eine Lebendvakzine. Die Schutzimpfung beschränkt sich auf Risikopersonen (Ärzte, Krankenschwestern).

Meldepflicht. Namentlich zu melden sind direkte und indirekte Nachweise von Rickettsia prowazekii (§ 7 IfSG).

VI

23.2 Coxiella burnetii

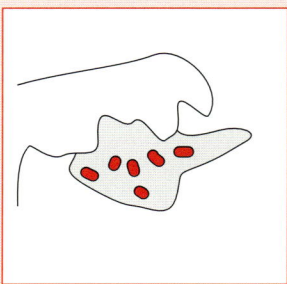

Coxiella (C.) burnetii verursacht Q-Fieber (Q von Queensland oder query = unklar), eine fieberhafte Pneumonie (Balkangrippe).

Coxiella burnetii
pleomorphe gramnegative Stäbchen in einer Herz-klappenvegetation, entdeckt 1937 von Burnet und Freeman und benannt nach dem Rickettsien-forscher Cox

Der Erreger wurde erstmals 1937 von dem australischen Immunologen MacFarlane Burnet im Blut von Patienten und kurz darauf von dem Amerikaner Herold R. Cox in Zecken nachgewiesen. Er wird aus historischen Gründen bei den Rickettsien abgehandelt.

23.2.1 Beschreibung

Aufbau

C. burnetii ist ein pleomorphes kokkoides gramnegatives Stäbchen (0,3–0,7 µm lang).

Extrazelluläre Produkte

Extrazelluläre Produkte sind nicht bekannt.

Resistenz gegen äußere Einflüsse

Im Gegensatz zu den Gattungen aus der Familie der Rickettsiaceae erweist sich C. burnetii als äußerst resistent gegen Austrocknung, Hitze, Kälte und Sonnenlicht. Diese Resistenz beruht möglicherweise auf der Ausbildung eines sporenähnlichen Stadiums, welches in vitro nachgewiesen werden kann.

Vorkommen

Wichtigste Erregerreservoire sind Paarhufer (Rinder, Schafe, Ziegen), Zecken, Fische und Vögel. C. burnetii findet sich in Urin, Kot, Milch und in hoher Konzentration in Plazentagewebe und Amnionflüssigkeit infizierter Tiere.

23.2.2 Rolle als Krankheitserreger

Epidemiologie

In Mitteleuropa muß mit dem weltweit (Ausnahme: Neuseeland) verbreiteten Q-Fieber gerechnet werden. In manchen Regionen, unter anderem in Süddeutschland, tritt C. burnetii endemisch in sog. Naturherden auf, wobei der Erreger zwischen Zecken und Säugetieren (vorwiegend Rindern und Schafen) zirkuliert. Betroffen sind vorwiegend Personen, die beruflich mit Tieren umgehen. So kam es 1992 in Berlin nach Sektion infizierter Schafe zu einem Q-Fieber-Ausbruch, bei dem ca. 80 Mitarbeiter und Studenten eines veterinärmedizinischen Instituts erkrankten.

Übertragung

Der Mensch wird durch Inhalation kontaminierter Staubpartikel oder Aerosole infiziert. Eine Übertragung von Mensch zu Mensch findet nicht statt.

Pathogenese

Nach lokaler Vermehrung in der Lunge kommt es zur Coxiellämie. Über die Pathogenese der verschiedenen beim Menschen hervorgerufenen Krankheitsbilder ist wenig bekannt.

Das histologische Bild der Q-Fieber-Pneumonie entspricht weitgehend demjenigen anderer bakterieller Pneumonien, abgesehen davon, daß vorwiegend Lymphozyten und Makrophagen anstelle von Granulozyten im Exsudat zu finden sind.

Bei Befall von Leber oder Knochenmark finden sich Granulome, die bei einem Teil der Patienten eine charakteristische Form aufweisen (sog. doughnut-Granulom).

Bei der Q-Fieber-Endokarditis entstehen multiple Vegetationen v. a. auf Aorten- und Mitralklappe.

Aus In-vitro-Untersuchungen ist bekannt, daß C. burnetii passiv in die Wirtszelle gelangt, sich im Phagolysosom, wo sie verbleibt, vermehrt und zum Zelltod führt.

Klinik

Q-Fieber ist zu 50% asymptomatisch. Apparent äußert es sich als systemische Infektion mit oder ohne Pneumonie. Die Q-Fieber-Pneumonie tritt in der akuten Phase der Infektion auf und wird zu

den „atypischen Pneumonien" gezählt. Bei chronischen Verläufen (ca. 1%) kommt es in erster Linie zur Endokarditis.

Die Endokarditis findet sich vorwiegend bei Männern mit vorgeschädigten oder künstlichen Herzklappen. In 50% der Fälle ist die Aortenklappe, seltener sind die Mitralklappe oder beide Klappen betroffen. Sowohl in der akuten als auch in der chronischen Infektion kann es zur Hepatitis kommen. Selten tritt eine Meningoenzephalitis auf.

Immunität

Die Infektion hinterläßt eine solide Immunität. Eine stille Feiung ist häufig.

Labordiagnose

Die Diagnose erfolgt über den Nachweis von Antikörpern gegen C. burnetii oder über PCR. Bei der Q-Fieber-Pneumonie ist ein vierfacher KBR-Titeranstieg gegen Phase-II-Antigen wegweisend, bei der Q-Fieber-Endokarditis ein Titer von 200 gegen Phase-I-Antigen. Ein serologischer Test auf coxiellaspezifische Antikörper sollte bei Endokarditis durchgeführt werden, wenn kein Erreger angezüchtet werden kann. Anzucht hat unter Hochsicherheitsbedingungen zu erfolgen.

Therapie

Mittel der Wahl sind Tetracycline. Alternativ wurde Chloramphenicol in Einzelfällen erfolgreich eingesetzt. In vitro sind auch Ciprofloxacin und Cotrimoxazol wirksam. Die medikamentöse Therapie der Endokarditis ist in der Regel nicht ausreichend, so daß häufig ein Klappenersatz erforderlich wird.

Prävention

Präventive Maßnahmen werden dadurch erschwert, daß die Erreger häufig von asymptomatischen Tieren ausgeschieden werden, die zum Teil zudem seronegativ sind. Durch Impfung von Tierbeständen kann das Übertragungsrisiko vermindert werden. Eine gutverträgliche wirksame Vakzine für den Menschen steht zur Zeit nicht zur Verfügung.

Meldepflicht. Namentlich zu melden sind direkte und indirekte Nachweise von Coxiella burnetii (§ 7 IfSG).

23.3 Ehrlichia

Ehrlichia-Arten sind obligat intrazelluläre gramnegative Bakterien aus der Familie der Rickettsiaceae (Tabelle 23.1, s. S. 423). Die humanpathogenen Arten verursachen vektoriell übertragene fieberhafte Allgemeininfektionen (Tabelle 23.2, s. S. 423).

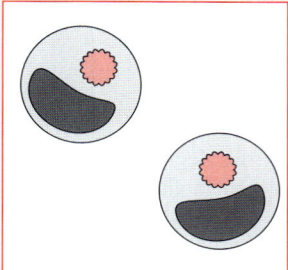

Ehrlichia
morulaförmige Einschlüsse in Monozyten und Makrophagen,
entdeckt 1935 von Donatien und Lestoquard (bei Tieren), 1986 von Tachibana beim Menschen (E. sennetsu)

23.3.1 Beschreibung

Aufbau

Ehrlichia-Arten besitzen eine dreischichtige Zellhülle wie andere gramnegative Bakterien. Die äußere Membran ist jedoch erheblich dünner und enthält kein LPS oder LOS.

Extrazelluläre Produkte

Extrazelluläre Produkte sind bisher nicht bekannt.

Resistenz gegen äußere Einflüsse

Extrazellulär werden Ehrlichien sehr schnell inaktiviert.

Vorkommen

Ehrlichia-Arten sind bei Tieren weit verbreitet. Ein Reservoir für Ehrlichia (E.) chaffeensis könnte der Hund sein, für die anderen humanpathogenen Arten gibt es Hinweise auf ein Nagerreservoir. Darüber hinaus scheinen Hirsche Reservoirwirte zu sein.

23.3.2 Rolle als Krankheitserreger

Epidemiologie

In den amerikanischen Endemiegebieten (Südstaaten) liegt die Durchseuchung bei etwa 11%. Ähnliche Raten können auch in Europa gefunden werden und hängen von dem Verbreitungsgebiet des jeweiligen Zeckenvektors zusammen.

Übertragung

Die Ehrlichiosen werden durch Zecken und vermutlich Trematoden (Fischverzehr!) übertragen. Amblyomma americanum ist der Vektor für E. chaffeensis, den Erreger der humanen monozytären Ehrlichiose (HME), Ixodes scapularis und evtl. Ixodes pacificus übertragen den Erreger der humanen granulozytären Ehrlichiose (HGE). Auch Dermacentor variabilis ist als Vektor beschrieben worden.

Pathogenese

Nach der Übertragung gelangt der Erreger lymphogen und hämatogen in Leber, Milz, Lymphknoten und Knochenmark. Die Bakterien werden von Monozyten/Makrophagen bzw. Granulozyten durch rezeptorvermittelte Endozytose aufgenommen, verhindern jedoch die Endolysosomenverschmelzung. In der Endosomen-Vakuole, die große Mengen bakteriell induzierter Transferrinrezeptoren (TfR) enthält, vermehren sich die Erreger durch Zweiteilung: Es entsteht eine Morula (Mikrokolonie) mit bis zu 40 Bakterien. Diese schädigt die Wirtszellen. Die Morula wird entweder exozytiert oder beim Tod der Wirtszelle freigesetzt, so daß weitere Zellen befallen werden können (Abb. 23.2).

Es wird eine granulomatöse Entzündungsreaktion induziert, der ein wesentlicher Beitrag zur Gewebeschädigung zugeschrieben wird.

Klinik

Über 80% der Patienten sind Männer. Die Leitsymptome umfassen Fieber, Krankheitsgefühl, Muskelschmerzen, Kopfschmerzen, Übelkeit, Erbrechen und Husten. Bei der HME weist mehr als ein Drittel der Patienten ein makulopapulöses Exanthem auf, bei der HGE zeigt sich häufig ein Rigor.

Es entstehen eine progressive Leukozytopenie, Thrombozytopenie und Anämie; gleichzeitig sind die Transaminasen (GOT, GPT) und die LDH im Serum erhöht.

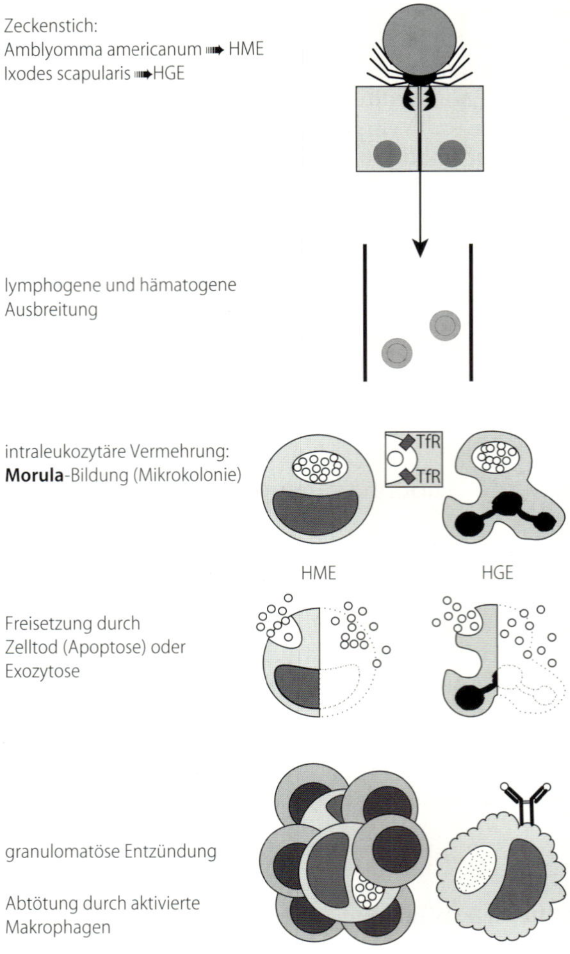

In etwa 15% der Fälle können schwere Komplikationen auftreten: Akutes Nierenversagen, Lungenversagen, disseminierte intravasale Gerinnung (DIC), Kardiomegalie, Opportunisten-Infektionen, Krampfanfälle und Koma; die Letalität liegt zwischen 2 und 5%.

Immunität

Der Erreger induziert eine granulomatöse Entzündungsreaktion; (IFN-γ-)aktivierte Makrophagen können den Erreger eliminieren. Ebenso werden Antikörper gebildet.

Zeckenstich:
Amblyomma americanum ➡ HME
Ixodes scapularis ➡HGE

lymphogene und hämatogene Ausbreitung

intraleukozytäre Vermehrung: **Morula**-Bildung (Mikrokolonie)

HME   HGE

Freisetzung durch Zelltod (Apoptose) oder Exozytose

granulomatöse Entzündung

Abtötung durch aktivierte Makrophagen

Abb. 23.2. Ehrlichiose: Pathogenese

VI

Labordiagnose

Die mikrobiologische Sicherung der Diagnose erfolgt durch den Nachweis von Antikörpern (94%) mittels IFT (HME: E.-chaffeensis-IFT, HGE: E.-equi-IFT). Der PCR-gestützte Erregernachweis kann schnell zur Diagnose führen (75%), ist aber nur in Speziallabors verfügbar.

Therapie

Antibiotikaempfindlichkeit. In vitro ist der HGE-Erreger empfindlich gegen Tetracycline, Ciprofloxacin und Ofloxacin sowie Rifampicin; resistent jedoch gegen β-Laktam-Antibiotika, Makrolide, Cotrimoxazol und Chloramphenicol.

Therapeutisches Vorgehen. Das Mittel der Wahl ist Doxycyclin. Rifampicin und Chloramphenicol scheinen ebenfalls in einigen Fällen erfolgreich einsetzbar zu sein.

Prävention

Die wirksamste Maßnahme besteht in der Vermeidung von Zeckenstichen, z.B. durch Tragen heller langer Kleidung.

23.4 Andere Rickettsien

Weitere Rickettsiosen sind das murine oder endemische Fleckfieber (R. typhi), das Rocky-Mountains-Spotted-Fever in den USA (R. rickettsii), das Tsutsugamushi-Fieber (Orientia tsutsugamushi) und das Boutonneuse-Fieber (Mediterranes Fleckfieber, R. conorii).

Von diesen Formen besitzt das Rocky-Mountains-Spotted-Fever in den Hochgebirgsstaaten der USA mit ca. 1000 gemeldeten Erkrankungsfällen pro Jahr eine gewisse Bedeutung. Es wird durch Zecken übertragen.

Bakteriologie. Obligat intrazelluläre Bakterien. Kein Wachstum auf künstlichen Nährmedien.

Vorkommen. Verdauungstrakt von Arthropoden.

Resistenz. Geringe Widerstandsfähigkeit gegen Umwelteinflüsse und Desinfektionsmittel.

Epidemiologie. Verbreitung je nach Spezies unterschiedlich. Vektor: Arthropoden (Läuse, Zecken etc.). Reservoir: Säugetiere, Mensch. In Kriegszeiten und Hungersnöten.

Zielgruppe. Ländliche Bevölkerung in Endemiegebieten. In Kriegszeiten und bei Hungersnöten rasche Ausbreitung.

Übertragung. Durch Arthropodenbiß/-stich oder Aufnahme rickettsienhaltigen Staubes über die Schleimhäute.

Pathogenese. Rickettsien: Eindringen der Erreger durch Biß bzw. Stich → Aufnahme in Gefäßendothelien → intrazelluläre Keimvermehrung → Vaskulitis mit Infiltration mononukleärer Zellen → Nekrose, Ödem, Thrombose → klinische Manifestation (ZNS, Lunge etc.).

Coxiella burnetii: Inhalation des Erregers → lokale Vermehrung → Rickettsiämie → granulomatöse Hepatitis mit lympho-monozytären Infiltraten und Riesenzellbildung → interstitielle (atypische) Pneumonie.

Ehrlichia: Zeckenstich → hämatogene Ausbreitung → Befall von Monozyten oder Granulozyten → Morulabildung → Zellzerstörung, granulomatöse Entzündung, Orientia tsutsugamushi = Tsutsugamushi-Fieber.

Klinik. Fleckfieber: Inkubation: 10–14 Tage. Fieberanstieg, Kontinua, Exanthem, Symptome bedingt durch Gefäßschäden.

Brill-Zinssersche Krankheit: Rückfall einer ehemals durchgemachten Fleckfiebererkrankung.

Q-Fieber: Inkubation ca. 20 Tage. Atypische Pneumonie, Hepatitis, Endokarditis.

Ehrlichiose: Fieberhafte Allgemeininfektion, Exanthem, Rigor, progressive Leukozytopenie, Thrombozytopenie, Anämie.

Immunität. Fleckfieber: Bei nachlassender Immunität Rückfallerkrankung.

Q-Fieber: Solide Immunität. Stille Feiungen häufig.

Ehrlichiose: Humorale und zelluläre Immunreaktion.

Labordiagnose. Fleckfieber: Serologie (Weil-Felix-Reaktion).
Q-Fieber: Serologie.
Ehrlichiose: Serologie.

Therapie. Tetracycline, Chloramphenicol.

Prävention. Epidemiologisch: Vektorsanierung. Impfprophylaxe möglich bei exponierten Personen.

Meldepflicht. Direkte und indirekte Erregernachweise von Rickettsia prowazekii und Coxiella burnetii, namentlich.

Tabelle 24.1. Bartonella: Gattungsmerkmale

Merkmal	Merkmalsausprägung
Gramfärbung	gramnegative Stäbchen
aerob/anaerob	microaerophil
Kohlenhydratverwertung	nein
Sporenbildung	nein
Beweglichkeit	ja
Katalase	negativ
Oxidase	negativ
Besonderheiten	hauptsächlich molekularbiologische Differenzierung

Bartonellen (Gattung Bartonella) sind kleine, z.T. leicht gebogene, gramnegative Stäbchen. Die Anzucht der meisten Arten ist schwierig und gelingt nur nach längerer Bebrütung unter speziellen Kulturbedingungen. Einige Bartonella-Arten wurden früher als Rickettsia- bzw. später als Rochalimaea-Spezies bezeichnet (Tabelle 24.1).

Tabelle 24.2. Bartonellen: Arten und Krankheiten

Arten	Krankheiten
B. henselae	Katzenkratzkrankheit bazilläre Angiomatose bazilläre Peliose Fieber, Bakteriämie Endokarditis
B. quintana	Wolhynisches Fieber, Schützengrabenfieber, bazilläre Angiomatose, bazilläre Peliose, Fieber, Bakteriämie, Endokarditis
B. elizabethae	Endokarditis
B. bacilliformis	Oroya-Fieber Verruga peruana

Als humanpathogene Arten sind bisher Bartonella (B.) henselae, B. quintana, B. elizabethae und B. bacilliformis bekannt (Tabelle 24.2). Weitere Bartonellenspezies kommen im Tierreich vor.

24.1 Bartonella henselae

B. henselae (früher Rochalimaea henselae) wurde erstmalig 1987 aus der Blutkultur eines HIV-infizierten Patienten mit Fieber und Bakteriämie angezüchtet und wenig später mit Hilfe der PCR im Hautgewebe von HIV-infizierten Patienten mit bazillärer Angiomatose nachgewiesen. B. henselae ist der erste humanpathogene Erreger, dessen Entdeckung und anschließende taxonomische Einordnung im wesentlichen auf molekularbiologischen Methoden (PCR, 16S-rRNS-Gensequenzanalyse und DNS-DNS-Hybridisierung) beruht.

Beim immunsupprimierten Wirt manifestiert sich die Infektion als bazilläre Angiomatose, bazilläre Peliose, Fieber und Bakteriämie, während beim immunkompetenten Wirt die Katzenkratzkrankheit im Vordergrund steht.

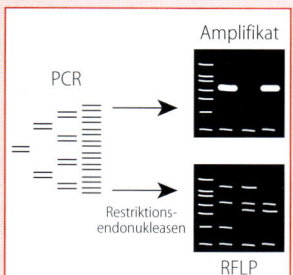

Bartonella henselae erster Erreger, der mittels PCR und DNS-Sequenzierung charakterisiert wurde, entdeckt 1990 von Relman et al. und Slater et al.

STECKBRIEF

24.1.1 Beschreibung

Aufbau

B. henselae ist ein kleines (0,3–0,5×1,0–1,7 µm), leicht gebogenes Stäbchen mit gramnegativer Zellwand. Es zeigt eine kreiselnde Beweglichkeit, die durch Pili vermittelt wird.

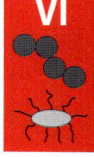

Extrazelluläre Produkte

Sekretionsprodukte sind bisher nicht charakterisiert.

Resistenz gegen äußere Einflüsse

Hierüber gibt es nur unzureichende Daten.

Vorkommen

B. henselae wurde bisher beim Menschen, der Katze und beim Katzenfloh isoliert. Katzen stellen das natürliche Erregerreservoir dar. Die infizierten Katzen, vorwiegend streunende und junge Tiere, durchlaufen eine über Monate anhaltende Bakteriämie mit B. henselae, sind jedoch asymptomatisch.

24.1.2 Rolle als Krankheitserreger

Epidemiologie

B. henselae wurde bisher in den USA, Europa und Australien isoliert. Vermutlich kommt der Erreger weltweit vor.

Übertragung

B. henselae wird durch von Katzen verursachte Kratz- oder Bißwunden auf den Menschen übertragen. Die Übertragung zwischen Katzen erfolgt vermutlich über den Katzenfloh.

Pathogenese

Über die Pathogenese ist wenig bekannt. Im histologischen Präparat findet man B. henselae häufig mit Endothelzellen assoziiert, so daß diese die Zielzellen darstellen dürften.

Klinik

Bazilläre Angiomatose. Bazilläre Angiomatose ist eine endothelproliferative Erkrankung, die vorwiegend bei HIV-infizierten Patienten im Spätstadium auftritt. Sie manifestiert sich meist an der Haut (kutane bazilläre Angiomatose). Die Läsionen beginnen meist als kleine, rötliche Papeln und können sich im weiteren Verlauf zu exophytisch wachsenden, z.T. ulzerierenden Knötchen entwickeln. Differentialdiagnostisch sind sie vom Kaposisarkom, dem pyogenen Granulom, und, in entsprechenden Endemiegebieten, von der Verruga peruana abzugrenzen. Gelegentlich sind die Läsionen subkutan lokalisiert. Für bazilläre Angiomatose charakteristische Veränderungen sind in der Milz und anderen inneren Organen beschrieben worden.

Bazilläre Peliose. Als bazilläre Peliose (Synonym: bazilläre Peliosis hepatis) wird der Befall innerer Organe, vorwiegend der Leber und Milz, mit B. henselae bezeichnet. Sie betrifft vorwiegend HIV-infizierte Patienten und geht meist mit unspezifischen Symptomen wie Fieber, Übelkeit, Bauchschmerzen und Diarrhoe einher. Histologisch lassen sich im betroffenen Gewebe unterschiedlich große, blutgefüllte Hohlräume (Zysten), ein entzündliches Infiltrat und zahlreiche Bakterien nachweisen.

Fieber und Bakteriämie. Bei HIV-infizierten und anderen immunsupprimierten Patienten kann B. henselae Fieber und Bakteriämie hervorrufen. Das Fieber ist rekurrierend oder chronisch und von zunehmender Höhe und Dauer. Allgemeinsymptome wie Abgeschlagenheit, Kopf- und Gliederschmerzen sowie Gewichtsverlust kommen häufig vor.

Katzenkratzkrankheit. Hierbei handelt es sich um eine chronische Lymphadenitis, die häufig im Kindes- und jungen Erwachsenenalter auftritt. Als Eintrittspforte dient eine von Katzen verursachte Kratz- oder Bißwunde, wo häufig eine kleine rötliche Papel entsteht. Nach ca. zwei Wochen kommt es zur allmählichen Schwellung eines Lymphknotens proximal zur Eintrittspforte. Am häufigsten sind der Kopf-Hals-Bereich und die Achselregion betroffen. Unspezifische Symptome wie leichtes Fieber, Abgeschlagenheit, Kopfschmerzen, Konjunktivitis und Exanthem können auftreten. Nach 3–6 Monaten bildet sich die Lymphadenitis meist spontan zurück. In 10% der Fälle kommt es zur Einschmelzung, die ein Drainieren bzw. Entfernen des Lymphknotens erfordern kann. Seltenere Symptome bzw. Komplikationen sind Neuroretinitis, Enzephalitis, Osteomyelitis und ein disseminierter Verlauf mit hohem Fieber und Befall innerer Organe (systemische Katzenkratzkrankheit).

Die Diagnose wurde klinisch-histologisch gestellt, wenn mindestens drei der folgenden vier Kriterien erfüllt waren:

- Katzenkontakt und Nachweis einer Primärläsion distal vom geschwollenen Lymphknoten in der Anamnese,
- positiver Hauttest mit einem Antigen, das aus dem Lymphknotenpunktat von Patienten mit Katzenkratzkrankheit gewonnen wurde,
- histologischer Nachweis einer granulomatösen Lymphadenitis,
- Ausschluß anderer Ursachen einer Lymphadenitis (Tuberkulose, Toxoplasmose, EBV-, CMV-, und HIV-Infektion, etc.).

Heute kann der Erreger direkt im betroffenen Lymphknotengewebe mittels PCR nachgewiesen werden. Ferner stehen serologische Tests zum

VI

Nachweis von spezifischen Antikörpern im Patientenserum zur Verfügung.

Immunität

In Abhängigkeit von der Immunitätslage des Wirts werden Antikörper gegen B. henselae gebildet. Über die Rolle der zellulären Abwehr ist bisher wenig bekannt, jedoch läßt das häufige Auftreten von B.-henselae-Infektionen bei HIV-Infizierten auf die wichtige Rolle der T-zell-vermittelten Immunität schließen.

Labordiagnose

Molekularbiologische Methoden (PCR, 16S-rRNS-Gensequenzanalyse und RFLP) bilden den Schwerpunkt der Labordiagnose.

Untersuchungsmaterial. Gewebeproben und Blut eignen sich als Untersuchungsmaterial und können für den molekularbiologischen Nachweis und für die Anzucht des Erregers herangezogen werden.

Mikroskopie. B. henselae kann im Gewebe mit Hilfe der Warthin-Starry-Färbung (Silberfärbung), lichtmikroskopisch dargestellt werden.

Anzucht. B. henselae wächst auf Spezialkulturmedien, die u.a. Blut und Hämin enthalten, nach längerer Bebrütung (bis zu 12 Wochen) unter erhöhter CO_2-Spannung. Die Anzucht gelingt am ehesten aus Blut und anderen primär sterilen Untersuchungsmaterialien.

Antikörpernachweis. Für den Antikörpernachweis steht derzeit ein Immunfluoreszenztest zur Verfügung.

Therapie

Für die Behandlung der B.-henselae-Infektionen des Immunsupprimierten sind Makrolide (Erythromycin) und Doxycyclin erfolgreich eingesetzt worden. Eine längere Behandlungsdauer (1–3 Monate bzw. lebenslang) wird zur Vermeidung von Rezidiven empfohlen. Tetracyclin, Chloramphenicol, Azithromycin und Clarithromycin sind ebenfalls für die Therapie eingesetzt worden.

Die Katzenkratzkrankheit ist bei Immunkompetenten in der Regel nicht behandlungsbedürftig.

Prävention

Sie besteht in Expositionsprophylaxe.

24.2 Bartonella quintana

B. quintana (früher Rickettsia quintana bzw. Rochalimaea quintana) ist der Erreger des Schützengrabenfiebers, einer seit dem Ersten Weltkrieg bekannten fieberhaften Erkrankung, die unter schlechten hygienischen Bedingungen endemisch auftritt. In der letzten Dekade wurde B. quintana mit Hilfe molekularbiologischer Methoden als Erreger von bazillärer Angiomatose und Peliose, Fieber und Bakteriämie bei HIV-Infizierten und von Endokarditis bei alkoholkranken bzw. obdachlosen Patienten identifiziert.

B. quintana kommt weltweit vor. Sie wird von der Kleiderlaus (Pediculus humanus) übertragen. Der Mensch ist das einzige natürliche Reservoir. Während Schützengrabenfieber früher die wichtigste durch B. quintana verursachte Infektion darstellte, sind heute die Erkrankungen des immunsupprimierten Wirts in den Vordergrund gerückt.

Schützengrabenfieber. Das Schützengrabenfieber (Fünf-Tage-Fieber, Wolhynisches Fieber) tritt vorwiegend unter hygienischen und sozialen Bedingungen auf, die den Befall des Menschen mit der Kleiderlaus als Vektor begünstigen. Die Inkubationszeit beträgt 15–25 Tage, anschließend setzen Fieber, Kopf- und Knochenschmerzen akut ein. Die Fieberphasen sind von unterschiedlicher Dauer und Intensität und treten häufig periodisch auf. Die Länge des fieberfreien Intervalls beträgt durchschnittlich 5 Tage (daher die Bezeichnung „Fünf-Tage-Fieber"). Die Höhe und Dauer des Fiebers nimmt von einer Phase zur nächsten ab; nach 4–6 Wochen kommt es in der Regel zur Spontanheilung. Die Letalität ist praktisch null.

Bazilläre Angiomatose und Peliose. B. quintana kann, ähnlich wie B. henselae, bei HIV-infizierten Patienten bazilläre Angiomatose und Peliose hervorrufen.

Endokarditis. B. quintana ist ein Erreger der sog. „kulturnegativen" Endokarditis. Der Erreger wurde zunächst mittels PCR im Herzklappengewebe nachgewiesen; später gelang auch die Anzucht aus

dem Klappengewebe bzw. der Blutkultur. Meist sind Patienten mit chronischem Alkoholabusus und Obdachlose, die mit Kleiderläusen infestiert sind, von der Erkrankung betroffen.

24.3 Bartonella elizabethae

B. elizabethae wurde bisher einmal als Erreger der Endokarditis beim Menschen isoliert.

24.4 Bartonella bacilliformis

STECKBRIEF

Bartonella bacilliformis wurde als erste Bartonellenspezies im Jahre 1909 von A. L. Barton beschrieben. Er wies den Erreger in Erythrozyten von Patienten mit Oroya-Fieber nach. In einem Selbstversuch infizierte sich der peruanische Medizinstudent D. A. Carrion mit dem Hautgewebe von an Verruga peruana erkrankten Patienten; er erkrankte und verstarb an Oroya-Fieber. Dadurch wurde der ätiologische Zusammenhang der bis dahin als unabhängige Erkrankungen angesehenen Entitäten bewiesen.

24.4.1 Beschreibung

Aufbau

B. bacilliformis besitzt eine gramnegative Zellwand, ist polar begeißelt und beweglich.

Resistenz gegen äußere Faktoren

Hierüber gibt es noch keine systematischen Untersuchungen.

Extrazelluläre Produkte

Der erythrozytendeformierende Faktor (Deformin) mit einem Molekulargewicht von 67 kD führt zur Deformation der Erythrozyten.

VI

Vorkommen

B. bacilliformis wurde bisher beim Menschen und bei der südamerikanischen Sandmücke nachgewiesen. Erkrankte Menschen und asymptomatische Träger stellen das wichtigste Erregerreservoir dar.

24.4.2 Rolle als Krankheitserreger

Epidemiologie

B. bacilliformis ist in Peru und angrenzenden Andenregionen endemisch. Ausbrüche treten gelegentlich auf, meist während der warmen Jahreszeit.

Übertragung

B. bacilliformis wird durch die südamerikanische Sandmücke (Lutzomyia verrucarum und einige andere Lutzomyia-Arten) übertragen.

Pathogenese

B. bacilliformis dringt in menschliche Erythrozyten ein, wo sie sich vermehrt. Die befallenen Erythrozyten haben eine stark verkürzte Lebensdauer (Halbwertszeit im Schnitt 6 Tage) und hämolysieren. Zusätzlich sind das mononukleär-phagozytäre System und die Endothelzellen betroffen.

Klinik

Oroya-Fieber. Es ist die akute Verlaufsform der Bartonellose. Der Erreger wird durch den Stich der infizierten Sandmücke übertragen. Nach einer Inkubationszeit von ca. 3 Wochen kommt es zum akuten Einsetzen von allgemeinem Krankheitsgefühl, Gelenk- und Knochenschmerzen und Fieber. Das Fieber ist unregelmäßig und remittierend. Im Blutbild ist eine ausgeprägte hypochrome Anämie, meist begleitet von einer mäßigen Leukozytose, nachweisbar. In 10–40% der Fälle verläuft das Oroya-Fieber innerhalb von 2–3 Wochen tödlich. Im weiteren Verlauf nehmen die Intensität und Häufigkeit der Fieberattacken allmählich ab. Häufig erfolgt nach einer Latenzphase der Übergang in das chronische Stadium der Verruga peruana.

Verruga peruana. Das chronische Stadium der Bartonellose tritt meist mit einer Latenz von 30–40 Tagen nach Oroya-Fieber auf und manifestiert sich in Form von pleomorphen Hautläsionen. Bei der miliaren Form entstehen Papeln und Eruptionen im Bereich des Gesichts und der Extremitäten, die Schleimhäute können ebenfalls betroffen sein. Bei der nodulären Form treten hämangiomartige Knoten im Ellenbogen- und Kniebereich auf. Nach 2–3 Monaten bilden sich die Symptome meist spontan zurück. Die Letalität ist praktisch null.

Immunität

Die Infektion mit B. bacilliformis hinterläßt, sofern sie überlebt wird, eine bleibende Immunität, die mit der Ausbildung von spezifischen Antikörpern einhergeht.

Labordiagnose

Die Labordiagnose beruht auf dem mikroskopischen Nachweis des Erregers innerhalb von Erythrozyten oder im befallenen Hautgewebe.

Untersuchungsmaterial. Antikoaguliertes Blut und Gewebeproben von Hautläsionen eignen sich als Untersuchungsmaterial.

Mikroskopie. Der Erreger läßt sich im nach Giemsa gefärbten Präparat lichtmikroskopisch nachweisen.

Anzucht. B. bacilliformis wächst auf Blutagar nach 5–6tägiger Bebrütung unter aeroben Bedingungen. Das Temperaturoptimum liegt bei 25–30 °C.

Antikörpernachweis. Agglutinierende Antikörper können im Serum von Patienten mit Oroya-Fieber und Verruga peruana nachgewiesen werden.

Therapie

Chloramphenicol in einer täglichen Dosis von 4 g ist das Antibiotikum der Wahl. Penicillin, Tetracyclin, Streptomycin und Cotrimoxazol sind ebenfalls erfolgreich eingesetzt worden.

Prävention

Ihr dienen die Expositionsprophylaxe und die Vektorenbekämpfung.

ZUSAMMENFASSUNG: Bartonellen

Bakteriologie. Bartonellen sind zarte gramnegative, z. T. gebogene Stäbchen. Sie sind meist schwer anzüchtbar.

Vorkommen. Außer beim Menschen kommen B. henselae bei der Katze und dem Katzenfloh, B. quintana bei der Kleiderlaus und B. bazilliformis bei der Sandmücke vor.

Übertragung. B. henselae wird von der Katze, B. quintana durch die Kleiderlaus, und B. bacilliformis durch die südamerikanische Sandmücke übertragen.

Klinik. Bazilläre Angiomatose, bazilläre Peliose, Fieber und Bakteriämie: Vorwiegend bei HIV-Infizierten, durch B. henselae und B. quintana verursacht.
  Endokarditis: Bei Obdachlosen und Alkoholikern, vorwiegend durch B. quintana verursacht.

Katzenkratzkrankheit: Bei Immunkompetenten, vorwiegend Kindern und Jugendlichen, durch B. henselae verursacht.
  Schützengrabenfieber: Früher endemisch im Krieg aufgetreten, durch B. quintana verursacht.
  Oroya-Fieber und Verruga peruana: In Peru und angrenzenden Regionen endemisch, Oroya-Fieber ist die akute und Verruga peruana die chronische Phase einer Erkrankung.

Labordiagnose. Schwerpunkt liegt für B. henselae, B. quintana und B. elizabethae bei molekularbiologischen Nachweismethoden (PCR) und Serologie, Anzucht schwierig. Mikroskopischer Nachweis im Blutausstrich bei B. bacilliformis.

Therapie. Mittel der Wahl für Infektionen des Immunsupprimierten sind Makrolide bzw. Tetracycline, für B.-bacilliformis-Infektionen Chloramphenicol.

VI

Tabelle 25.1. Mycoplasma und Ureaplasma: Gattungsmerkmale

Merkmal	Merkmalsausprägung
Gramfärbung	– (fehlende Zellwand)
aerob/anaerob	(fakultativ) anaerob
Kohlenhydratverwertung	fermentativ
Sporenbildung	nein
Beweglichkeit	nicht testbar
Katalase	?
Oxidase	?
Besonderheiten	Mykoplasma: Spiegelei-Kolonie
	Ureaplasma: Urease

Tabelle 25.2. Mykoplasmen, Ureaplasmen: Arten und Krankheiten

Arten	Krankheiten
Mycoplasma pneumoniae	atypische Pneumonie
	Tracheobronchitis
	Pleuritis
	Otitis media
	Myringitis
	Stevens-Johnson-Syndrom, (Arthritis),
	(Karditis), (Meningoenzephalitis),
	(Hämolyse)
M. hominis	Vulvovaginitis
	Zervizitis
	aszendierende Genitalinfektionen
	Prostatitis
	Pyelonephritis, (Meningitis), (Sepsis)
M. fermentans	fulminante systemische Infektion?
Ureaplasma urealyticum	Zervizitis
	Urethritis
	Fertilitätsstörungen
	Chorioamnionitis
	Abort, Frühgeburt
	Neugeborenen-Pneumonie
	Neugeborenenmeningitis, -sepsis

Mykoplasmen und Ureaplasmen sind die zwei Gattungen zellwandloser Bakterien aus der Familie der Mycoplastaceae (Tabelle 25.1). Mykoplasmen und Ureaplasmen verfügen über ein im Vergleich zu anderen Bakterien besonders kleines Genom (<600 kbp) und sind die kleinsten außerhalb lebender Zellen vermehrungsfähigen Bakterien (0,2–0,3 μm, bis zu 2,0 μm bei M. pneumoniae). Sie vermehren sich als extrazelluläre Parasiten auf der Oberfläche von Epithelzellen, da sie eine Reihe von Stoffwechselreaktionen nicht durchführen können. Von dort beziehen sie die nötigen Wuchsstoffe wie Cholesterin, Fettsäuren, einige Aminosäuren und Nukleotide. Sie besitzen weder eine Zellwand noch Mesosomen, Geißeln, Pili oder Kapseln. Auch die Enzymausstattung ist reduziert: Es fehlen Cytochrome. Im Gegensatz zu den L-Formen (s. S. 179) ist die fehlende Zellwand ein genetisch stabiles Merkmal. Die Zellmembran der Mykoplasmen und der Ureaplasmen enthält Cholesterin, das in der Zellmembran anderer Bakterien nicht vorkommt.

Aus dem Fehlen einer Zellwand leiten sich wichtige Eigenschaften der Mykoplasmen und der Ureaplasmen ab. So sind Mykoplasmen filtrierbar, gegen zellwandwirksame Antibiotika (z. B. Penicilline und Cephalosporine) unempfindlich, besonders empfindlich gegen Schwankungen des osmotischen Druckes, gegen Austrocknung und gegen homologes Antiserum, sowie imstande, eine Vielfalt morphologischer Formen auszubilden (Pleomorphie).

Die wichtigsten humanpathogenen Arten sind in Tabelle 25.2 zusammengefaßt.

In Zellkulturen und -medien können Mykoplasmen als störende Kontaminanten vorkommen, weshalb in der experimentellen Medizin Gewebekulturen stets auf Mykoplasmenfreiheit geprüft werden müssen. Wegen ihrer Kleinheit und der dadurch bedingten Filtrierbarkeit entziehen sie sich leicht dem Nachweis, wenn nicht gezielt nach ihnen gesucht wird.

1937 isolierten Dienes und Edsall die ersten Mykoplasmen von Menschen und gaben ihnen den Namen „Pleuro-Pneumonia-Like-Organisms", abgekürzt PPLO.

1942 wurde die „Primär atypische Pneumonie" von der „typischen" durch Pneumokokken hervorgerufenen Lobärpneumonie radiologisch abgetrennt.

1944 isolierte Eaton das „Eaton-Agent", einen der Erreger von atypischer Pneumonie des Menschen.

1945 wies Shepard bei der nichtgonorrhoischen Urethritis Ureaplasma urealyticum nach, und 1962 gelang es Chanock und Mitarbeitern, das „Eaton-Agent" auf einem zellfreien Kulturmedium anzuzüchten und als Mykoplasma zu identifizieren.

25.1 Mycoplasma pneumoniae

Mycoplasma (M.) pneumoniae ist der Erreger der primär atypischen Pneumonie (PAP), einer bei Jugendlichen vorkommenden Pneumonie mit Kälteagglutininbildung.

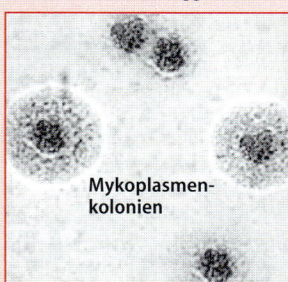

Mykoplasmen
spiegeleiförmige Kolonien auf pferdeserumhaltigen Kulturmedien, entdeckt 1898 von Nocard und Roux bei Rindern, 1937 von Dienes und Edsall beim Menschen

Mykoplasmen-kolonien

25.1.1 Beschreibung

Aufbau

Der Aufbau folgt dem Bauplan der Mykoplasmen.

Extrazelluläre Produkte

Mykoplasmen können Proteasen, Ureasen und Nukleasen freisetzen; deren Rolle in der Pathogenese ist allerdings unklar. Von größerer Bedeutung scheint die Produktion von H_2O_2 zu sein.

Resistenz gegen äußere Einflüsse

Mykoplasmen sind sehr austrocknungsempfindlich, so daß sie nur auf direktem Weg übertragen werden.

Vorkommen

Der Mensch ist das einzige Reservoir von M. pneumoniae. Dort besiedelt der Erreger die Epithelzellen des Respirationstraktes.

25.1.2 Rolle als Krankheitserreger

Epidemiologie

Infektionen durch M. pneumoniae sind weltweit verbreitet. Sie werden dort begünstigt, wo Menschen auf engem Raume zusammenleben, so in Schülerheimen, Flüchtlingslagern oder Notwohnungen.

Am häufigsten sind 5–15jährige betroffen, d.h. Schulkinder und Jugendliche; bei Kindern unter 5 Jahren verlaufen die Infektionen mit M. pneumoniae meist subklinisch. Der Anteil von mykoplasmenbedingten Pneumonien an der Gesamtzahl der Lungenentzündungen in der genannten Altersgruppe beträgt etwa 15 %.

Übertragung

M. pneumoniae wird durch Tröpfcheninfektion übertragen.

Pathogenese

Zielgewebe. Zielzellen sind die Flimmerepithelzellen des Respirationstraktes, die zerstört werden.

Adhäsion. Mittels eines 168 kD-Proteins am terminalen Ende des filamentösen Erregers bindet sich M. pneumoniae an einen neuraminsäurehaltigen Glykoproteinrezeptor an der Zilienbasis von Respirationsepithelzellen (Abb. 25.1).

Etablierung, Invasion. Der Erreger dringt in der Regel nicht in die Zelle ein, sondern verbleibt entweder auf der Zelloberfläche oder befällt den Interzellularraum.

Gewebeschädigung. Die von M. pneumoniae produzierten Superoxidmoleküle gelangen in die Wirtszellen und hemmen dort die Katalase. Demzufolge reichern sich Peroxide intrazellulär an und hemmen zusammen mit den Superoxiden die Superoxiddismutase. Diese Prozesse verursachen eine Ziliostase und eine Zerstörung der Zelle. Darüber hinaus interferiert M. pneumoniae auf verschiedene Weise mit dem Immunsystem, so durch Induktion von Kälteagglutininen, polyklonale B-Zell-Aktivierung, zirkulierende Immunkomplexe, Unterdrückung einer Tuberkulinreaktion und T-Zell-Stimulation, so daß eine Autoimmunkomponente bei der Pathogenese diskutiert wird (Abb. 25.1).

Klinik

Pneumonie. M. pneumoniae ruft die primär atypische Pneumonie (PAP), eine interstitielle Pneumonie, hervor. Nach einer Inkubationszeit von 12–20 Tagen beginnt die Erkrankung mit Fieber, Kopfschmerzen und Hustenreiz. Es werden geringe

STECKBRIEF

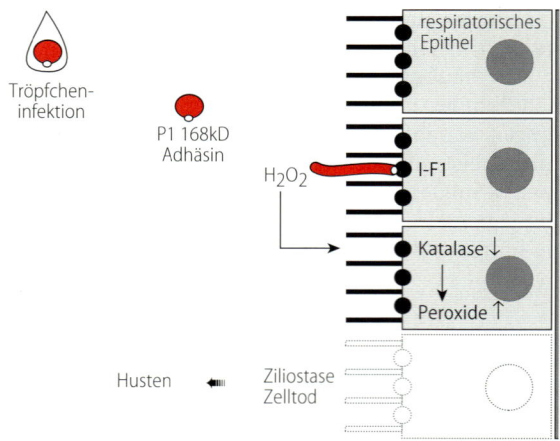

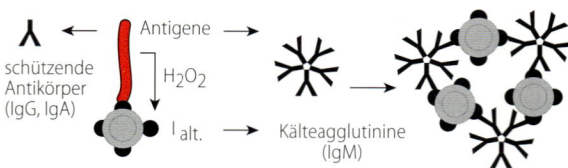

Abb. 25.1. Pathogenese der Mycoplasma-pneumoniae-Infektion

schwerwiegende Verläufe zeigen und zum Teil mit der Induktion von Kälteagglutininen und anderen immunpathologischen Prozessen in Verbindung gebracht werden: Raynaud-Phänomen, Karditis, Meningitis (Enzephalitis), Myelitis, Arthritis.

Immunität

Hauptträger der Immunität bei Mykoplasma-Infektionen sind lokale IgA-Antikörper auf den Schleimhäuten des Respirations- bzw. des Urogenitaltraktes. Daneben finden sich zunächst IgM-, dann IgG-Antikörper im Serum. Für den Infektionsschutz sind diese unwesentlich; sie sind für die KBR (s. u.) von diagnostischem Nutzen. Eine Schutzimpfung gegen M.-pneumoniae-Infektionen gibt es nicht.

Bei 50% der Patienten mit Infektionen durch M. pneumoniae finden sich Kälteagglutinine. Es handelt sich um Autoantikörper, die mit dem I-Antigen der autologen Erythrozyten reagieren. Die Entstehungsweise dieser Kälteagglutinine ist noch unbekannt; sie sind nicht auf Mykoplasmeninfektionen beschränkt.

Labordiagnose

Der Schwerpunkt der Labordiagnose liegt beim Antikörpernachweis.

Untersuchungsmaterial. Bei Infektionen des Respirationstraktes entnimmt man Rachenabstriche oder Sputum.

Vorgehen im Labor. Die Anzucht gelingt auf Spezialkulturmedien, deren entscheidender Bestandteil Pferdeserum als Cholesterinquelle ist. Die Bebrütung erfolgt unter mikroaerophilen Bedingungen über 2–3 Wochen. Es bilden sich charakteristische „Spiegeleikolonien" (s. Steckbrief). Aufgrund ihrer Membranantigene und biochemischen Leistungen lassen sich die einzelnen Mykoplasmenarten voneinander unterscheiden. Derartige Untersuchungen werden nur in Speziallaboratorien durchgeführt.

Als serologisches Verfahren zum Antikörpernachweis beim Patienten steht eine KBR mit Mykoplasmen-Antigen für die Diagnostik der Mykoplasmen-Pneumonie zur Verfügung.

In letzter Zeit sind die Diagnostikmöglichkeiten durch Gensondenverfahren und Antigennachweise erweitert worden.

Mengen Sputum produziert. Das entzündliche Exsudat enthält Epithelzellen, polymorphkernige Granulozyten und Makrophagen. Peribronchial finden sich Lymphozyten und Plasmazellen.

Die Krankheit heilt innerhalb von 2–6 Wochen ab, tödliche Verläufe sind selten. Differentialdiagnostisch sind Ornithose, Q-Fieber, Legionellen-Infektionen und Viruspneumonien zu berücksichtigen.

Andere Erkrankungen des Respirationstraktes. Bei ca. 7% der M.-pneumoniae-Infektionen tritt ein Stevens-Johnson-Syndrom, Erythema multiforme maius, auf. Es ist charakterisiert durch erythematöse Bläschen, Blasen und Plaques, v. a. an den Übergängen von Haut zu Schleimhaut. Weitere Läsionen können an der Bindehaut, dem Gastrointestinal- und dem Urogenitaltrakt beobachtet werden. Die Läsionen klingen nach 1–2 Wochen wieder ab. Differentialdiagnostisch muß an Infektionen mit Legionellen, Adenoviren und Influenza-B-Virus gedacht werden.

Weitere Manifestationen. Im Rahmen von M.-pneumoniae-Infektionen wird eine Reihe weiterer Krankheiten beschrieben, die gelegentlich sehr

Therapie

Mykoplasmen sind gegen Tetracycline und Makrolide empfindlich. Als Mittel der ersten Wahl gelten Makrolide (z. B. Erythromycin), bei Erwachsenen können auch Tetracycline eingesetzt werden. β-Laktamantibiotika sind wegen des Fehlens einer Zellwand als Angriffspunkt unwirksam.

Die Therapie verkürzt die symptomatische Phase, jedoch lassen sich die Erreger noch wochenlang nach Therapieende aus dem Respirationstrakt anzüchten; der Erfolg der Therapie auf extrapulmonale Manifestationen ist unbekannt.

Prävention

Da die M.-pneumoniae-Infektion durch Tröpfcheninfektion übertragen wird, sind präventive Maßnahmen wirkungslos. Eine Schutzimpfung existiert nicht; im Gegenteil, bisherige Schutzimpfungen haben bei Reexposition eher zu stärkeren Krankheitsbildern geführt.

25.2 Mycoplasma hominis, Ureaplasma urealyticum

Im Gegensatz zu M. pneumoniae sind M. hominis und Ureaplasma (U.) urealyticum fakultativ pathogene Krankheitserreger (Tab. 25.2). Besondere Virulenzfaktoren sind nicht bekannt. Man muß sie als ursächliche Krankheitserreger in Betracht ziehen, wenn sie wiederholt in größeren Mengen nachweisbar sind, die physiologische Standortflora reduziert ist und entsprechende klinische Symptome vorliegen.

U. urealyticum unterscheidet sich von Mykoplasmen durch seine Fähigkeit zur Harnstoffspaltung. M. hominis und U. urealyticum besiedeln den Urogenitaltrakt, wo sie den Epithelzellen aufsitzen. M. hominis und U. urealyticum werden sexuell oder bei der Geburt übertragen. Bei häufigem Partnerwechsel kann die Häufigkeit, mit der M. hominis von der Urogenitalschleimhaut isoliert wird, bis zu 60% ansteigen.

M. hominis und U. urealyticum sind an Erkrankungen des Urogenitaltraktes ursächlich beteiligt, die sich als Urethritis beim Mann bzw. als Zervizitis bei der Frau manifestieren. Ca. 20–30% aller Fälle von nichtgonorrhoischer Urethritis beim Mann und etwa 15% der Fälle von chronischer Prostatitis sind durch U. urealyticum hervorgerufen. Bei 10–15% aller Pyelonephritis-Fälle finden sich Mykoplasmen im Harntrakt; die gefundenen Zahlen liegen allerdings meist unter den signifikanten Grenzwerten (s. u.).

Ureaplasmen-Infektionen des Neugeborenen. In den letzten Jahren konnte U. urealyticum als bedeutsamer Erreger von Neugeboreneninfektionen erkannt werden. Bei 40–80% der jüngeren Frauen kann der Erreger aus Vagina oder Zervix, in 3% der Fälle sogar aus dem Endometrium isoliert werden. Von diesen Quellen ausgehend, kann sich eine oft asymptomatische Chorioamnionitis entwickeln, die schließlich zur Infektion des Kindes führt, und zwar sowohl perinatal als auch intrauterin (IgM-Nachweis beim Kind).

Die Infektion des Kindes kann zum Abort oder zur Frühgeburt führen. Es kann eine Pneumonie entstehen und der hierdurch bedingte erhöhte Bedarf an Sauerstoff die Entwicklung einer bronchopulmonalen Dysplasie (chronische Lungenkrankheit des unreif Geborenen) begünstigen.

Des weiteren konnte U. urealyticum als Erreger von neonataler Meningitis und Sepsis isoliert werden.

Die Diagnostik beruht auf dem Nachweis der Erreger aus Abstrichen oder Sekreten aus dem Urogenitaltrakt. Sie lassen sich auf pferdeserumhaltigen Spezialkulturen innerhalb von vier Tagen unter anaeroben Bedingungen anzüchten; die Identifizierung erfolgt im Routinelabor aufgrund der Mikrokolonienmorphologie (Spiegelei) und des Ureasenachweises bei M. hominis (Farbumschlag im Medium) bei U. urealyticum.

Zum Schutz des Neugeborenen sollten die Geburtswege präpartal saniert werden. Es besteht keine Meldepflicht.

ZUSAMMENFASSUNG: Mykoplasmen, Ureaplasmen

Bakteriologie. Zellwandlose Bakterien, benötigen cholesterinhaltige Kulturmedien zum Wachstum.

Vorkommen. Extrazellulär auf Schleimhautzellen verschiedener Wirtsspezies sowie in Gewebekulturmedien.

Resistenz gegen äußere Einflüsse. Empfindlich gegenüber osmotischen Druckschwankungen und Austrocknung.

Epidemiologie. Weltweit.

Zielgruppe. Keine besondere Zielgruppe.

Übertragung. Tröpfcheninfektion (M. pneumoniae), Geschlechtsverkehr und intrapartal (M. hominis, U. urealyticum).

Pathogenese. Infektionen des Respirationstrakts (M. pneumoniae) bzw. des Urogenitaltrakts und von Neugeborenen. H_2O_2-Bildung ↑ durch M. pneumoniae auf Flimmerepithelzellen. Bei M. hominis und U. urealyticum keine besonderen Virulenzfaktoren bekannt.

Klinik. Primär atypische Pneumonie (PAP), nichtgonorrhoische Urethritis, Zervizitis, Neugeboreneninfektionen.

Diagnose. Erregeranzüchtung, KBR bei PAP.

Therapie. Tetracycline, Makrolide.

Tabelle 26.1. Chlamydia: Gattungsmerkmale

Merkmal	Merkmalsausprägung
Gramfärbung	–
aerob/anaerob	–
Kohlenhydratverwertung	–
Sporenbildung	–
Beweglichkeit	–
Katalase	–
Oxidase	–
Besonderheiten	obligat intrazellulär Elementar-, Initialkörperchen

Tabelle 26.2. Chlamydien: Arten und Krankheiten

Arten	Krankheiten
C. trachomatis	
Serotypen A–C	Trachom
Serotypen D–K	Urethritis
	Zervizitis
	aszendierende Genitaltraktinfektionen
	Konjunktivitis, Ophthalmia neonatorum
	Pneumonie (Neugeborene)
Serotypen L1–L3	Lymphogranuloma venereum
C. psittaci	Psittakose (Ornithose)
C. pneumoniae	Pneumonie
	Assoziation mit koronarer Herzkrankheit und Herzinfarkt?

Chlamydien sind eine Gattung sehr kleiner, obligat intrazellulärer Bakterien. Ihre obligat intrazelluläre Vermehrung beruht auf der fehlenden Eigensynthese von Nukleotiden (Tabelle 26.1).

Chlamydia ist die einzige Gattung der Familie der Chlamydiaceae. Es werden die 3 humanpathogenen Spezies Chlamydia (C.) trachomatis, C. pneumoniae und C. psittaci voneinander abgegrenzt (Tabelle 26.2.). Die Schaffung der neuen Bezeichnungen Chlamydiophila pneumoniae und Chlamydiophila psittaci sowie Definition der neuen Spezies Simkania negevensis ist in Diskussion.

Chlamydien enthalten, wie andere Bakterien auch, DNS und RNS, Ribosomen, eine zytoplasmatische Membran und eine Zellwand, die im Aufbau der Wand gramnegativer Bakterien entspricht; es fehlt jedoch die bei gramnegativen und grampositiven Bakterien vorhandene Peptidoglykanschicht. Da den Chlamydien Enzyme für die Synthese von ATP, GTP, UTP fehlen, sind sie auf eukaryonte Wirtszellen als Nukleotid-Quelle angewiesen: Sie verhalten sich als *Energieparasiten*. Chlamydien liegen in einer extrazellulären und in einer intrazellulären stoffwechselaktiven Form vor:

Elementarkörperchen. Die extrazelluläre Form (Elementarkörperchen) ist ein kugelförmiges Bakterium von 0,25–0,3 μm Durchmesser, das von einer dreischichtigen Zellwand umgeben wird, die grundsätzlich ähnlich aufgebaut ist wie die Zellwand anderer gramnegativer Bakterien. Allerdings ist die Endotoxin-Aktivität deutlich geringer. Dies ist möglicherweise darauf zurückzuführen, daß die Fettsäu-

ren des Lipid-A-Moleküls länger und stärker verzweigt sind als sonst üblich. Das Elementarkörperchen ist die *infektiöse Form* der Chlamydien.

Initialkörperchen. Hierbei handelt es sich um die intrazelluläre Form. Der Durchmesser beträgt 1 μm. Es wird von einer flexiblen dreischichtigen Zellwand umgeben. Das Initialkörperchen ist *nicht infektiös*.

Einschlußkörperchen. Vermehren sich die Chlamydien intrazellulär zu hohen Zahlen, so bilden sie das Einschlußkörperchen. Es ist von einer Vakuolen-Membran umgeben und häufig kernnah lokalisiert.

Vermehrung. Für die intrazelluläre Vermehrung der Chlamydien in vitro eignen sich Kulturen von McCoy-Zellen oder Hep2-Zellen.

Der Vermehrungszyklus der Chlamydien nimmt ca. 48 h in Anspruch. Er beginnt mit der Anheftung des Elementarkörperchens an die Membran der Zelle (Abb. 26.1). Ein cysteinreiches Membranprotein von Chlamydien wirkt als Adhäsin. Dann senkt sich das Elementarkörperchen durch Invagination in die eukaryonte Zelle ein. Im Inneren der Zelle sind die Chlamydien in einer Vakuole eingeschlossen; die Fusion mit Lysosomen unterbleibt (Abb. 26.1).

Etwa 1–2 h nach der Infektion bilden sich die eingedrungenen Elementarkörperchen zu Initialkör-

VI

perchen um, und 12 h nach Infektion beginnen diese, sich durch Teilung zu vermehren. Es entsteht eine in rascher Ausdehnung begriffene Vakuole voller Chlamydien unterschiedlicher Entwicklungsstadien, die bei perinukleärer Lage den Kern eindellen kann (Abb. 26.1). 2–3 Tage später rupturiert die befallene Zelle, die durch Kondensation entstandenen Elementarkörperchen werden freigesetzt und können wiederum andere Zellen befallen.

Der Begriff Chlamydien leitet sich von chlamys (gr. der Mantel) ab. 1907 wies v. Prowazek Einschlußkörperchen in Konjunktival-Epithelzellen von Trachom-Patienten nach, und drei Jahre später wurden derartige Einschlußkörperchen auch bei der Säuglings-Blennorrhoe und bei der nichtgonorrhoischen Urethritis gesehen. Während der Epidemie von 1929–1930 entdeckte Levinthal in Geweben von infizierten Papageien charakteristische Einschlußkörperchen. Den ursächlichen Zusammenhang mit der Ornithose bewies Bedson (1930).

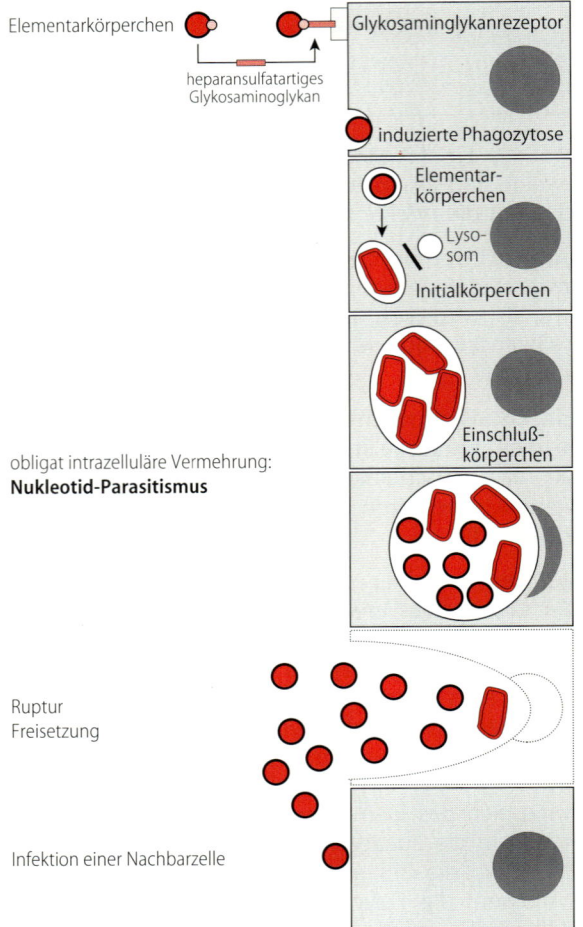

Abb. 26.1. Pathogenese der Chlamydieninfektion

26.1 Chlamydia trachomatis, Serotyp A–C

Die Serotypen A–C von C. trachomatis sind verantwortlich für das Trachom, eine chronisch-granulomatöse Entzündung der Augenbindehaut, die weltweit die häufigste Ursache der Erblindung ist.

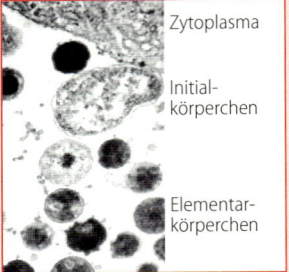

Chlamydien
intrazelluläre Elementar- und Initialkörperchen, entdeckt 1907 von Ludwig Halberstädter und Stanislaus von Prowazek (C. trachomatis), 1930 von Levinthal und Bedson (C. psittaci)

26.1.1 Beschreibung

Aufbau

C. trachomatis zeigt den oben beschriebenen Aufbau der Chlamydien und vermehrt sich gemäß dem Vermehrungszyklus.

Extrazelluläre Produkte

Sezernierte Produkte sind bisher nicht charakterisiert, jedoch sind Gene für ein Sekretionssystem nachgewiesen worden.

Resistenz gegen äußere Einflüsse

Die Erreger des Trachoms sind gegen Einflüsse aus der Umgebung sehr empfindlich; sie überleben außerhalb von lebenden Zellen nur für sehr kurze Zeit. Ihre Ausbreitung erfolgt durch direkten Kontakt (Schmierinfektion).

Vorkommen

Das Vorkommen der Serotypen A–C ist auf den Menschen beschränkt. Der Erreger findet sich im Konjunktivalepithel des Auges.

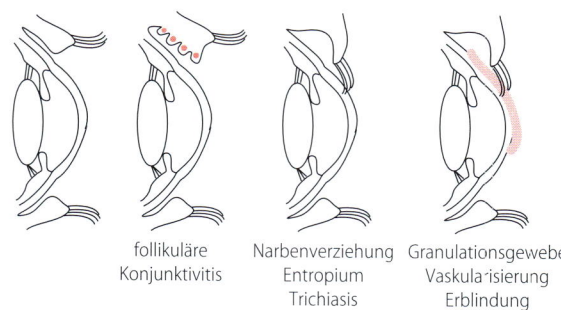

Abb. 26.2. Pathogenese des Trachoms

follikuläre Konjunktivitis · Narbenverziehung Entropium Trichiasis · Granulationsgewebe Vaskularisierung Erblindung

26.1.2 Rolle als Krankheitserreger

Epidemiologie

Weltweit sind ca. 500 Mio Menschen am Trachom erkrankt. Die Krankheit ist in Ägypten, China und Indien endemisch; dort stellt sie die häufigste Ursache der Erblindung dar. Sie tritt bereits im Kindesalter auf. Die Verbreitung des Trachoms wird durch mangelnde Hygiene bei gleichzeitig niedrigem Lebensstandard gefördert.

Übertragung

Die Übertragung erfolgt durch Schmierinfektion innerhalb enger Lebensgemeinschaften, insbesondere der Familie.

Pathogenese

Zielgewebe der Serotypen A–C von C. trachomatis sind die Konjunktivalzellen. Der Erreger vermehrt sich intrazellulär und tötet die Zelle ab (Abb. 26.1). Da die Abwehr auf T-zell-abhängigen Immunreaktionen beruht, sind aktivierte Makrophagen involviert, die beim Absterben lysosomale Enzyme freisetzen. Diese wiederum verstärken die entzündliche Reaktion. Es kommt zur *Follikelbildung* (Abb. 26.2).

Klinik

Das Trachom (gr. Rauheit; Synonyme: Granulose, Körnerkrankheit der Bindehaut, Ägyptische Augenentzündung) ist eine schwere, chronisch verlaufende Keratokonjunktivitis, die häufig zur Erblindung führt.

Nach Erstinfektion bildet sich innerhalb von 5–7 Tagen eine akute eitrige Konjunktivitis aus. Dabei entwickeln sich in der Konjunktiva des Oberlids die typischen Follikel, grauglasige, bis zu 1 mm große Körner, die sich aus Makrophagen und Lymphozyten zusammensetzen (Abb. 26.2). Die Entzündung chronifiziert und führt zur Vernarbung der Lider, die sich augenwärts verziehen (Entropium); die Wimpern reiben auf der Hornhaut (Trichiasis) (Abb. 26.2). Dies führt zu schmerzhaften kornealen Erosionen mit Sekundärinfektionen durch eitererregende Bakterien. Die Kornea wird durch eine dünne Schicht von Granulationsgewebe (Pannus) überzogen, das allmählich vaskularisiert (Abb. 26.2). Sie trübt ein, was schließlich zur Erblindung führt. Hierbei ist die Kornea porzellanweiß-opak verändert.

Immunität

C. trachomatis induziert die Bildung von Antikörpern und von spezifischen T-Zellen. Bei der Pathogenese des Trachoms spielen T-zell-abhängige Immunreaktionen sicherlich eine Rolle. Aus tierexperimentellen Studien geht hervor, daß nur die Kombination von CD4- und CD8-Zellen einen Schutz gegen C. trachomatis aufbaut. Invasive Infektionen führen zur Produktion von spezifischen IgG- bzw. IgM-Antikörpern, deren protektive Bedeutung vermutlich gering ist.

Labordiagnose

Der Schwerpunkt der mikrobiologischen Diagnose liegt in der Anfärbung des Erregers mittels markierter Antikörper und in der Anwendung molekularbiologischer Verfahren.

Untersuchungsmaterial. Bei der Materialgewinnung muß darauf geachtet werden, daß Epithelzellen gewonnen werden, was für den Patienten schmerzhaft ist.

Mikroskopie. Da den Chlamydien die Peptidoglykanschicht fehlt, sind sie nach Gram nicht anfärbbar; außerdem sind sie als obligat intrazelluläre Bakterien auf künstlichen Nährböden nicht anzüchtbar.

Ein direkter mikroskopischer Nachweis ist dagegen möglich mittels Immunfluoreszenz, wobei die Chlamydien mit fluoreszenzmarkierten, monoklonalen Antikörpern angefärbt und sichtbar gemacht werden.

Molekulare Nachweisverfahren. Aufwendiger und teurer, aber sensitiver ist der Nachweis mittels Gensonde oder DNA-Amplifikationsverfahren (z. B. Ligasekettenreaktion oder PCR). Bei beiden Methoden kann man zwischen vermehrungsfähigen und abgestorbenen Chlamydien nicht unterscheiden.

Zellkultur. Zur Überprüfung der Vermehrungsfähigkeit kann man Chlamydien in Zellkulturen anzüchten und dann mittels Immunfluoreszenz mikroskopisch sichtbar machen.

Therapie

Die WHO empfiehlt eine lokale Therapie mit Tetracyclinen. Die Therapiemöglichkeiten des Trachoms sind wegen des sozio-ökonomischen Standards in den betroffenen Ländern sehr eingeschränkt.

Prävention

Allgemeine Maßnahmen. Eine effektive Prophylaxe in betroffenen Regionen kann nur in der persönlichen Hygiene bestehen. V. a. gilt es, Kinder vor der Infektion zu schützen. Bei bereits Erkrankten liegt das Schwergewicht auf der Verhinderung von Progression mit Pannusbildung und Erblindung. Eine Schutzimpfung gegen das Trachom gibt es nicht.

Meldepflicht. Keine.

26.2 Chlamydia trachomatis, Serotypen D–K

Die Serotypen D–K von C. trachomatis besitzen eine große Bedeutung als Erreger unspezifischer Genitalinfektionen. Die Organlokalisation ähnelt den Verhältnissen bei Gonorrhoe; systemische Infektionen, wie sie gelegentlich bei N.-gonorrhoeae-Infektionen auftreten, fehlen aber. Unter der Geburt kann das Neugeborene infiziert werden.

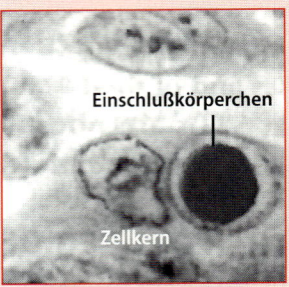

Chlamydia trachomatis
Einschlußkörperchen und eingedellter Zellkern, entdeckt 1907 von Ludwig Halberstädter und Stanislaus von Prowazek

STECKBRIEF

26.2.1 Beschreibung

Aufbau

C. trachomatis zeigt den oben beschriebenen Aufbau der Chlamydien und vermehrt sich gemäß dem Vermehrungszyklus (Abb. 26.1, s. S. 442).

Extrazelluläre Produkte

Sezernierte Produkte sind bisher nicht charakterisiert.

Resistenz gegen äußere Einflüsse

Auch diese Chlamydien sind nicht umweltresistent und sterben in der Außenwelt schnell ab.

Vorkommen

Auch die Serotypen D–K kommen nur beim Menschen vor.

26.2.2 Rolle als Krankheitserreger

Epidemiologie

Die genitale Chlamydieninfektion gehört zu den häufigsten sexuell übertragenen Infektionen. Beim

Mann werden ca. 50% aller nicht-gonorrhoischen Urethritiden durch die Serotypen D–K von C. trachomatis verursacht. Bei Frauen verläuft die Infektion symptomärmer als beim Mann, so daß Frauen als mögliche Infektionsquellen oft unerkannt bleiben.

Übertragung

Serotyp D–K von C. trachomatis wird auf das Neugeborene beim Durchtritt durch den Geburtskanal, bei Erwachsenen durch Schmierinfektion bzw. durch Geschlechtsverkehr übertragen.

Pathogenese

Ähnlich wie beim Trachom hat die genitale Chlamydieninfektion eine starke Tendenz zur Narbenbildung und ist daher eine häufige Ursache der sekundären Sterilität.

Klinik

Genitale Infektion. Nach einer Inkubationszeit von 2–6 Wochen entwickelt sich beim Mann eine akut bis chronisch verlaufende eitrige Urethritis; Nebenhoden sind nur selten, Prostata vermutlich nicht beteiligt.

Bei der Frau ruft C. trachomatis eine akute oder subakute eitrige Urethritis, eine Entzündung der Bartholinischen Drüsen und in der Folge aufsteigend Zervizitis und Salpingitis hervor. Häufig verlaufen die Infektionen bei Frauen subklinisch. Salpingitiden durch C. trachomatis gehen oft einer aufsteigenden Genitalinfektion (PID, engl. pelvic inflammatory disease) voraus und sind damit eine häufige Ursache der erworbenen Sterilität.

Reiter-Syndrom. Als Folge einer C.-trachomatis-Infektion entstehen in 4–5% reaktive Arthritiden oder ein Symptomenkomplex aus Urethritis, Arthritis und Konjunktivitis (Reiter-Trias). Insbesondere werden die kleineren, distalen Gelenke und die kleinen Wirbelgelenke befallen. Der Verlauf der chlamydienbedingten reaktiven Arthritis ist i. a. gutartig.

Neugeboreneninfektionen. Eine Übertragung unter der Geburt führt bei Neugeborenen zu Konjunktividen oder Pneumonien. Während die interstitielle Pneumonie bei reifen Neugeborenen verhältnismäßig gutartig verläuft, sind Frühgeborene durch die Pneumonie aufs höchste gefährdet. Die Credésche Prophylaxe verhindert okuläre Chlamydieninfektionen nicht. Die Einschlußkörperchen-Konjunktivitis nimmt in der Regel einen gutartigen Verlauf; sie heilt nach 3–16 Monaten spontan, bei Therapie jedoch innerhalb von 2–3 Tagen aus.

Diagnostik

Schwerpunkte der mikrobiologischen Labordiagnose sind der Genom- bzw. der Antigennachweis.

Untersuchungsmaterialien. Im Falle einer genitalen Chlamydieninfektion gewinnt man bei der Frau einen Zervixabstrich, beim Mann einen Urethralabstrich. Zum Nachweis des Erregers bei okulären Chlamydieninfektionen dienen Konjunktivalabstriche.

Anzucht. Als Goldstandard des Nachweises einer C.-trachomatis-Infektion gilt der kulturelle Nachweis in einer Zellkultur. Dieser setzt jedoch voraus, daß Patientenmaterial in Spezialtransportmedien eingeimpft wird und gekühlt innerhalb von vier Stunden oder tiefgefroren in das mikrobiologische Labor geschickt wird. Da diese Vorbedingungen häufig nicht einzuhalten sind, ist der kulturelle Nachweis speziellen Fragestellungen vorbehalten. Die innerhalb von 2–3 Tagen gewachsenen Chlamydien lassen sich mit Hilfe von markierten monoklonalen Antikörpern darstellen.

Antigen-Nachweis. Zum Nachweis von Elementarkörperchen im Abstrichmaterial eignen sich monoklonale Antikörper gegen den hitzestabilen Lipid-Kohlenhydratkomplex (LPS) in der Zellwand, der überwiegend genusspezifische Epitope enthält; eine Speziesdifferenzierung erlaubt der Nachweis dieser Antigene daher nicht. Daneben enthält die Zellwand Typenantigene, im wesentlichen äußere Membranproteine, die sowohl zur Spezies- als auch zur Typenidentifikation eingesetzt werden. Die immunologische Methode hat den Vorteil, daß neben lebenden auch abgestorbene Chlamydien erfaßt werden. Die monoklonalen Antikörper sind entweder fluoreszenz- oder enzymmarkiert.

Gen-Nachweis. Zum Gen-Nachweis ist für C. trachomatis eine Gensonde etabliert. Diese reagiert weder mit C. pneumoniae noch mit C. psittaci. Bei Einsatz der PCR oder der Ligasekettenreaktion werden Abschnitte aus dem Bereich der Gene für das Hauptmembranprotein oder aus dem kryptischen Plasmid verwendet. Ihr Vorteil liegt in der hohen Sensitivität und Spezifität. Auf Grund der hohen Sensitivität eignet sich als Untersuchungsmaterial auch Urin.

Antikörper-Nachweis. Der Stellenwert der serologischen Diagnostik von genitalen Chlamydieninfektionen ist strittig. Sicher ist, daß es bei invasiven Chlamydieninfektionen wie z.B. der Pneumonie oder einer reaktiven Arthritis bzw. beim Reitersyndrom nach einer Chlamydieninfektion zu einem Antikörperanstieg kommt. Bei Erstinfektionen sind IgM-Antikörper nachweisbar, bei Reinfektionen ein IgG-Titeranstieg. Bei der Interpretation des Antikörpernachweises muß eine mögliche Kreuzreaktivität gegenüber C. pneumoniae und C. psittaci berücksichtigt werden. Mikroimmunfluoreszenztests haben den Vorteil einer verbesserten Spezies-Spezifität, sind jedoch in der Beurteilung aufwendig.

Therapie

Zur Therapie okulogenitaler Infektionen eignen sich Tetracycline (z.B. Doxycyclin) oder Makrolide (z.B. Erythromycin). Letztere kommen dann zum Einsatz, wenn die Anwendung von Tetracyclinen wie z.B. bei Schwangeren oder Kindern kontraindiziert ist. Bei genitalen Infektionen ist die Therapie des Partners zur Verhütung von Reinfektionen erforderlich. Als Therapiedauer genügt eine Woche. Besonders vorteilhaft ist Azithromycin.

Prävention

Eine sexuelle Übertragung läßt sich durch Expositionsprophylaxe, z.B. durch Kondome, verhindern; zur Vermeidung von Ping-Pong-Infektionen ist die Behandlung aller infizierten Sexualpartner erforderlich. Schmierinfektionen können durch allgemeine Hygienemaßnahmen reduziert werden.

26.3 Chlamydia trachomatis, Serotypen L1–L3

STECKBRIEF

Die Serotypen L1–L3 von C. trachomatis verursachen das Lymphogranuloma inguinale (venereum), eine der vier meldepflichtigen „Geschlechtskrankheiten". Die Krankheit ist hierzulande selten.

26.3.1 Beschreibung

Aufbau

Der Aufbau und der Vermehrungszyklus entsprechen dem von C. trachomatis (s. S. 441).

Extrazelluläre Produkte

Sezernierte Produkte sind bisher nicht charakterisiert.

Resistenz gegen äußere Einflüsse

Auch diese Chlamydien sind nicht umweltresistent und sterben in der Außenwelt schnell ab.

Vorkommen

Der Mensch ist das einzige natürliche Reservoir für die Serotypen L1–L3 von C. trachomatis.

26.3.2 Rolle als Krankheitserreger

Epidemiologie

Das Lymphogranuloma inguinale kommt in Mitteleuropa selten, jedoch häufig in Asien und Afrika vor.

Übertragung

Die Krankheit wird durch Sexualkontakt übertragen.

Pathogenese

Die klinischen Zeichen beruhen auf der chlamydienbedingten Zellschädigung und der induzierten granulomatösen Entzündungsreaktion.

Klinik

Nach 3–21 Tagen Inkubationszeit beginnt die Erkrankung mit einem Genitalulkus, das oft unbemerkt bleibt. 2–6 Wochen später schwellen die Lymphknoten an, verschmelzen miteinander durch entzündlich verändertes Bindegewebe und vereitern schließlich. Das äußere Genitale und das Perineum zeigen häufig schwere granulomatöse Veränderungen. Bei homosexuellen Männern kann es bei Infektion des Rektums zur Kolitis kommen.

Immunität

Die Immunität nach überstandener Erkrankung ist nicht von Dauer, so daß es zu wiederholten Infektionen kommen kann. Allerdings bilden sich serologisch nachweisbare Antikörper aus.

Labordiagnose

Neben dem serologischen Nachweis von Antikörpern gegen C. trachomatis, der keine Differenzierung zwischen den unterschiedlichen Serotypen erlaubt, läßt sich der Erregernachweis direkt mittels Immunfluoreszenz (Anfärbung mit monoklonalen Antikörpern), Genomnachweis oder Anzucht in Zellkulturen führen.

Therapie

Zur Antibiotikatherapie des Lymphogranuloma venereum wird Doxycyclin verwendet, alternativ Makrolide bei Schwangeren und Kindern.

Prävention

Da die Krankheit sexuell übertragen wird, bieten Kondome einen Schutz beim Verkehr mit infizierten Personen.

26.4 Chlamydia psittaci

STECKBRIEF

C. psittaci ist der Erreger der Ornithose (Psittakose), einer Pneumonie, die typischerweise bei Ziervögelhaltern auftritt.

26.4.1 Beschreibung

Aufbau

Aufbau und der Vermehrungszyklus entsprechen dem von C. trachomatis (s. S. 441 ff.).

Extrazelluläre Produkte

Sezernierte Produkte sind bisher nicht charakterisiert.

Resistenz gegen äußere Einflüsse

Im Gegensatz zu C. trachomatis und C. pneumoniae können die Elementarkörperchen von C. psittaci über mehrere Wochen außerhalb des Körpers infektiös bleiben.

Vorkommen

Vögel, besonders Papageien, Tauben und Wellensittiche, stellen das natürliche Reservoir für C. psittaci dar. Daneben erkranken auch Mäuse, Katzen, Hunde, Rinder, Schafe und andere Säugetierarten an Ornithose.

26.4.2 Rolle als Krankheitserreger

Epidemiologie

Die Häufigkeit der Ornithose wird in Deutschland mit 200 Fällen pro Jahr angegeben. Im Regelfall handelt es sich um Einzelerkrankungen. Ausbrüche von Psittakose betreffen hauptsächlich Personen, die berufsbedingt oder hobbymäßig mit Vögeln umgehen.

Übertragung

Infizierte Tiere scheiden die Chlamydien mit respiratorischen Sekreten oder Fäkalien aus. Die Übertragung erfolgt aerogen und wird durch engen Kontakt erleichtert. Da gerade die erkrankten Ziervögel vom Tierhalter besonders intensiv gepflegt werden und sich häufiger direkte Mund-zu-Schnabel-Kontakte ergeben, besteht hier ein besonders hohes Infektionsrisiko.

Die Übertragung von Mensch zu Mensch ist eine Rarität.

Pathogenese

Zur Pathogenese der Ornithose ist wenig bekannt. Aufgrund histologischer Befunde ist zu vermuten, daß durch Befall der Epithelien der Bronchiolen und durch Infektion der Alveolen eine eitrige interstitielle Reaktion ausgelöst wird.

Klinik

Die Ornithose beginnt mit plötzlich auftretendem Fieber, Kopfschmerzen, Husten und den röntgenologischen Zeichen einer beidseitigen interstitiellen Pneumonie, die aufgrund eines chronifizierenden Verlaufes mit Gewichtsabnahme gelegentlich ein Karzinom imitiert. Vorübergehend kann ein feinfleckiges Exanthem nachgewiesen werden. Hepatosplenomegalie, systemische Komplikationen mit Befall des Herzens (Myokarditis), des ZNS (Enzephalitis) und der Leber (Hepatitis) sind beschrieben.

Immunität

Da bei der Ornithose im Gegensatz zu den Infektionen durch C. trachomatis die Erreger in die Blutbahn gelangen, finden sich im Serum Antikörper der Klassen IgM, IgG und IgA, die auch diagnostisch verwertbar sind. Parallel dazu entsteht vermutlich eine zelluläre Immunität. Es ist jedoch davon auszugehen, daß sich eine dauerhafte Immunität gegenüber der Ornithose nicht aufbaut.

Labordiagnose

Untersuchungsmaterialien. Als Untersuchungsmaterialien kommen Sputum, Trachealsekret und bronchoalveoläre Lavage für die Anzucht und den Gen-Nachweis sowie Blut für den Antikörper-Nachweis in Frage.

Vorgehen im Labor. Die Anzucht von C. psittaci aus respiratorischen Sekreten durch Zellkulturen ist möglich, darf jedoch wegen der Gefahr einer Laborinfektion nur in Speziallaboratorien der Sicherheitsstufe L3 erfolgen.

Antikörper gegen Chlamydien lassen sich durch eine KBR nachweisen, jedoch soll bei einem signifikanten Antikörpertiter eine Kreuzreaktivität mit C. pneumoniae bedacht werden. Durch Nichtbeachtung dieser Möglichkeit wurden fälschlicherweise einige C.-pneumoniae-Infektionen zunächst als Ornithose-Fälle identifiziert. Der Nachweis spe-zies-spezifischer Antikörper mittels Mikroimmunofluoreszenz ist möglich, jedoch nur in wenigen spezialisierten Laboratorien durchführbar.

Der Nachweis von C. psittaci mittels PCR ist grundsätzlich möglich, jedoch derzeit noch nicht ausreichend evaluiert und etabliert.

Therapie

Doxycyclin ist bei der Ornithose wirksam. Erythromycin als Alternative bei Schwangeren und Kindern ist in seiner Effektivität umstritten.

Prävention

Der Bekämpfung der Ornithose dienen die Ausrottung infizierter Tierbestände und strikte Einfuhrkontrollen bei Vögeln, insbesondere bei Papageien und Wellensittichen. Näheres ist in einer Psittakose-Verordnung festgelegt. Problematisch ist jedoch die Bekämpfung der Psittakose deshalb, weil Wildtiere die Infektionen wieder einschleppen können.

Meldepflicht. Namentlich zu melden sind direkte und indirekte Nachweise von Chlamydia psittaci (§7 IfSG).

26.5 Chlamydia pneumoniae

C. pneumoniae (früher: TWAR) ist der Erreger respiratorischer Infektionen, wie z.B. Bronchitis, Tracheitis und Pneumonie. Typischerweise findet sich die Infektion bei Jugendlichen.

26.5.1 Beschreibung

Aufbau

Aufbau und Vermehrungszyklus entsprechen denen von C. trachomatis (s.o.).

Extrazelluläre Produkte

Sezernierte Produkte sind bisher nicht charakterisiert.

Resistenz gegen äußere Einflüsse

Die Elementarkörperchen von C. pneumoniae sind wie bei C. trachomatis sehr empfindlich und sterben außerhalb der Wirtszelle schnell ab.

Vorkommen

Der Mensch stellt vermutlich das natürliche Reservoir dar.

26.5.2 Rolle als Krankheitserreger

Epidemiologie

Infektionen durch C. pneumoniae kommen sowohl endemisch als auch epidemisch vor. Die Durchseuchung beginnt im Kindesalter und erreicht, wie seroepidemiologische Daten belegen, bereits im Alter von 20 Jahren mit ca. 60% ihr Maximum.

Übertragung

Die Übertragung erfolgt aerogen, eine Kontagiosität besteht vermutlich auch noch in der symptomfreien Ausheilungsphase.

Pathogenese

Zur spezifischen Pathogenese von C. pneumoniae liegen keine gesicherten Erkenntnisse vor. Seit 1992 ist eine Diskussion darüber entbrannt, ob C. pneumoniae ursächlich an der koronaren Herzkrankheit beteiligt ist. Auslöser waren serologische Befunde, die eine statistische Assoziation zwischen erhöhten Antikörper-Titern gegen C. pneumoniae und der Atherosklerose belegten. In den folgenden Jahren gelang es, C. pneumoniae mittels PCR, Immunzytochemie und in wenigen Fällen auch kulturell aus atheromatösen Plaques nachzuweisen, so daß Therapiestudien zur Behandlung einer möglichen vaskulären Chlamydien-Infektion initiiert wurden. Wegen der Widersprüchlichkeit der publizierten Befunde ist zum Zeitpunkt der Druckle-

gung dieses Buches eine abschließende Bewertung noch nicht möglich.

Klinik

Die Symptomatik wird vom Ort der Infektion bestimmt. Es handelt sich entweder um eine Konjunktivitis, Tracheitis mit Heiserkeit als Hauptsymptom, Bronchitis oder um eine Pneumonie. Viele Infektionen zeigen einen milden Verlauf, die aufgrund der Laborwerte und des häufigen Fehlens typischer Entzündungszeichen (Leukozytose, Blutsenkungserhöhung) einer viralen Erkrankung ähneln und somit antibiotisch nicht therapiert werden. Anders als C. trachomatis löst C. pneumoniae vermutlich keine reaktive Arthritis aus. Infektionsbegleitend können passagere Arthralgien beobachtet werden.

Immunität

Bei der C.-pneumoniae-Infektion entstehen diagnostisch verwertbare Antikörper. In Analogie zu anderen Chlamydienerkrankungen kann vermutet werden, daß auch hier die zelluläre Immunität eine Rolle spielt. Diese Immunität ist jedoch nicht dauerhaft.

Labordiagnose

Der Schwerpunkt der Labordiagnose liegt im serologischen Antikörpernachweis.

Untersuchungsmaterialien. Als Untersuchungsmaterial kommt im wesentlichen Blut in Frage. Verfahren zum kulturellen oder Gen-Nachweis aus respiratorischen Sekreten sind wenig etabliert und nur in Speziallaboratorien verfügbar.

Anzucht. Sofern eine Anzucht von C. pneumoniae aus respiratorischem Sekret versucht werden soll, muß durch Verwendung von Transportmaterialien und Aufrechterhaltung der Kühlkette dafür gesorgt werden, daß die Chlamydien vermehrungsfähig das Labor erreichen. Der kulturelle Nachweis von C. pneumoniae ist sehr aufwendig und aufgrund methodischer Probleme wenig ergiebig.

Serologie. Antikörper der Klassen IgA, IgG und IgM lassen sich durch einen gattungsspezifischen Enzym-Immunoassay nachweisen, mit Hilfe der Mikroimmunfluoreszenz ist eine Speziesidentifika-

VI

tion möglich. Bei Erstinfektion findet man IgM-Titer von mehr als 16, bei Zweitinfektionen kommt es lediglich zu einem IgG-Antikörpertiteranstieg auf Werte von über 256.

Therapie

Tetracycline oder Makrolide werden bei der C.-pneumoniae-Infektion eingesetzt. Moderne Chinolone wie z.B. Ciprofloxacin sind vermutlich ebenfalls wirksam. Es gibt jedoch keine zuverlässigen Therapiestudien.

Prävention

Spezifische Maßnahmen einer Prävention sind nicht etabliert.

Meldepflicht. Keine.

ZUSAMMENFASSUNG: Chlamydien

Bakteriologie. Echte Bakterien, denen die Enzyme für Nukleotid-Synthese fehlen (Energieparasiten). Besitzen Zellwand, DNS und RNS; sind gegen Antibiotika empfindlich.

Vorkommen. Spezies-spezifisches Wirkspektrum, optimale Anpassung an den Wirt, nur intrazellulär.

Resistenz. Außerhalb lebender Zellen gering; Ausnahme: C. psittaci.

Epidemiologie. Unspezifische Genitalinfektionen: Weltweit. Trachom: Insbesondere Indien, Ägypten, Afrika. Lymphogranuloma venereum: Asien und Afrika. C.-pneumoniae-Infektionen und Ornithose: Weltweit.

Zielgruppe. Berufsbedingt: C. psittaci. Personen mit häufig wechselndem Geschlechtspartner: C. trachomatis. Kinder und Jugendliche: C. pneumoniae.

Zielgewebe. Auge, Genitalien, Lunge.

Übertragung. Enger Kontakt (C. trachomatis und vermutlich auch C. pneumoniae), Staub oder Tröpfchen (C. psittaci).

Klinik. Auge: Trachom, Konjunktivitis durch C. trachomatis. Konjunktivitis durch C. pneumoniae.

Urogenitalsystem: Nur C. trachomatis. Lymphogranuloma inguinale, nichtgonorrhoische Urethritis, Epididymitis, Zervizitis, Endometritis, Salpingitis, PID.
Lunge: Pneumonitis des Neugeborenen durch C. trachomatis. Pneumonien durch C. pneumoniae und C. psittaci (Ornithose).

Diagnose. Kultureller Nachweis nur in Speziallaboratorien, Antigen- und Gen-Nachweis bei C. trachomatis aus Patientenmaterial, Antikörpernachweis durch KBR (genusspezifisch) oder Mikroimmunfluoreszenztest (spezies-spezifisch).

Therapie. Doxycyclin, Erythromycin.

Immunität. Antikörper werden gebildet, und eine zelluläre Immunität entsteht, die Belastbarkeit der Immunität ist jedoch unbekannt.

Prävention. Allgemeine Maßnahmen: Persönliche Hygiene (Trachom), „safe sex" (Genitalinfektionen), Kontrolle von Vogelbeständen (Ornithose).

Vakzination. Nicht möglich.

Meldepflicht. Direkte und indirekte Erregernachweise von Chlamydia psittaci, namentlich.

27.1 Tropheryma whippelii

Tropheryma whippelii (von trophe, gr. Ernährung und eryma, gr. Barriere) ist ein kleines (0,2×1–2 μm) grampositives Stäbchen. Mit Hilfe molekularbiologischer Methoden wird der Erreger als Aktinomyzete ohne nähere Verwandtschaft zu bisher bekannten Gattungen eingestuft. Die Struktur der bakteriellen Zellwand ist auffällig, sie besteht aus einer dreischichtigen Plasmamembran, einer ca. 20 nm dicken Zellwand und einer dreischichtigen äußeren Membran, deren Aufbau demjenigen gramnegativer Bakterien gleicht. Die Anzucht auf künstlichen Nährböden ist bisher nicht gelungen. Der Erreger konnte in IL-4-behandelten deaktivierten Makrophagen propagiert und einige Male passagiert werden. Die Übertragung der Erkrankung auf Tiere ist bisher nicht gelungen.

Morbus Whipple wurde erstmalig 1907 von dem amerikanischen Pathologen George H. W. Whipple beschrieben. Er beobachtete Ablagerungen von Fett und Fettsäuren in mesenterialen und intestinalen lymphatischen Geweben. Histologisch imponieren große, schaumige Makrophagen mit charakteristischen Periodic-Acid-Schiff (PAS-)positiven Einschlüssen, die sich im Elektronenmikroskop als intakte und degenerierte Bakterien darstellen. Typischerweise sind diese Makrophagen in der Lamina propria des oberen Dünndarms, in mesenterialen und retroperitonealen Lymphknoten, im Herz und im ZNS zu finden.

Klinik. Klinisch manifestiert sich die Erkrankung als intermittierende Arthralgien über mehrere Jahre, gefolgt von Diarrhoe (Malabsorption), Gewichtsverlust und abdominellen Beschwerden. Weitere häufige Symptome sind abdominelle und periphere Lymphadenitis, Hyperpigmentierung der Haut und leichtes Fieber. Seltener finden sich zentralnervöse Störungen (Ophthalmoplegie, Demenz, Ataxie, Paresen, Hör- und Sehstörungen) oder eine Endokarditis. Überwiegend betroffen sind Männer im mittleren Alter.

Diagnose. Klinisch wird die Verdachtsdiagnose aufgrund der Leitsymptome Gewichtsverlust, Diarrhoe, Polyarthritis und Bauchschmerzen gestellt. Röntgenologisch kann bei der Magen-Darm-Passage ein unregelmäßiges Schleimhautrelief im Dünndarmbereich nachgewiesen werden, ähnlich wie bei der Zöliakie. Die Diagnose wird durch Endoskopie und Duodenalbiopsie gesichert. Hierbei kommen Histologie (PAS-Färbung), Elektronenmikroskopie und in der letzten Zeit vermehrt die PCR-Amplifikation von T.-whippelii-DNS zum Einsatz. Extraintestinale Manifestationen werden ebenfalls durch Biopsie diagnostiziert, wobei in den meisten Fällen der Gastrointestinaltrakt zusätzlich betroffen ist.

Therapie. Mittel der Wahl ist Cotrimoxazol in einer Dosierung von 2×0,96 g/d p.o. über ein Jahr, auch bei ZNS-Beteiligung; alternativ wird Penicillin V in einer Dosierung von 4×250 mg/d p.o. über ein Jahr, bei ZNS-Befall initial 20 Mio IE Penicillin G/d über 15–30 d i.v. empfohlen. Chloramphenicol und Ceftriaxon sind, auch bei Patienten mit ZNS-Beteiligung, erfolgreich eingesetzt worden; ebenso Tetracyclin, jedoch nur bei fehlender ZNS-Beteiligung.

27.2 Pasteurella multocida

Pasteurellen sind kurze gramnegative Stäbchen, die typischerweise unbeweglich, oxidasepositiv und penicillinsensibel sind. Der häufigste Vertreter dieser Gattung ist Pasteurella (P.) multocida, der weltweit bei Menschen und Tieren vorkommt. Infektionen des Menschen erfolgen meist durch Bisse von Haus- und Wildtieren. Es kommt zu einer lokalisierten, abszedierenden oder phlegmonösen Entzündung mit möglicher Generalisation (bis hin zu Osteomyelitis und Meningitis). Durch aerogene Übertragung (selten) kann es – besonders bei vorbestehender Lungenerkrankung – zu einer chronischen Lungeninfektion kommen. Die Diagnose geschieht durch den kulturellen Nachweis. P.

multocida ist auf einfachen Nährböden anzüchtbar. Kapselbildende Stämme mit schleimiger Koloniemorphologie kommen vor. Häufig ist eine zarte Hämolyse.

Falls eine antimikrobielle Chemotherapie erforderlich ist, so ist Penicillin G das Mittel der Wahl.

Zur Prävention ist eine sofortige Wundtoilette nach Tierbiß und Kratzverletzungen ratsam. Eine Meldepflicht besteht nicht.

27.3 Branhamella catarrhalis

Branhamella (B.) catarrhalis (auch: Moraxella catarrhalis) ist ein mehr kugelförmiges, den Neisserien verwandtes gramnegatives Bakterium, dessen taxonomische Einordnung noch unsicher ist; dies zeigt sich in der alternativen Einordnung als Moraxella catarrhalis. Ungeachtet dessen ist dieses Bakterium ein bedeutsamer Krankheitserreger von eitrigen Lokalinfektionen und Sepsis.

Als gramnegatives Bakterium besitzt B. catarrhalis eine äußere Membran mit Lipooligosaccharid, dessen Lipid A Endotoxinaktivität aufweist. Desweiteren trägt der Erreger Fimbrien, die die Adhärenz vermitteln, sowie verschiedene Oberflächenproteine, die als Porine oder durch Eisenakquisition an der Pathogenese beteiligt sind.

B. catarrhalis konnte bisher nur beim Menschen gefunden werden. Bei 1–5% der Erwachsenen ist der Respirationstrakt kolonisiert. Die Kolonisationsrate steigt an, wenn jener z.B. durch eine chronische Bronchitis vorgeschädigt ist. Bei Kindern ist die Kolonisationsrate viel höher und beträgt 60–100%.

Typischerweise verursacht der Erreger eitrige Lokalinfektionen, v.a. Otitis media; hierbei gilt B. catarrhalis nach Pneumokokken und H. influenzae als der dritthäufigste bakterielle Erreger (ca. 15% der Fälle). Desweiteren gilt er als Erreger von Infektionen des unteren Respirationstrakts, insbesondere wenn Vorschädigungen wie eine chronisch obstruktive Lungenerkrankung vorliegen. Die Respirationstraktinfektionen sind zwar meist ambulant erworben, jedoch wurden auch vereinzelt nosokomiale Ausbrüche beschrieben.

Ebenso findet sich der Erreger bei Sinusitiden und Konjunktivitiden, und er kann auch Sepsis und Endokarditis verursachen.

Die Diagnosesicherung erfolgt durch Anzucht und biochemische Identifizierung (keine Zuckerfermentation, aber Nitratreduktion).

Da zahlreiche Stämme β-Laktamasen bilden, sind Penicilline für die Therapie allein nicht geeignet. Es muß auf eine Aminopenicillin-β-Laktamaseinhibitor-Kombination oder auf Basiscephalosporine zurückgegriffen werden.

27.4 HACEK-Gruppe

Unter der HACEK-Gruppe werden die gramnegativen Stäbchen Haemophilus aphrophilus, Actinobacillus actinomycetemcomitans, Cardiobacterium hominis, Eikenella corrodens und Kingella kingae zusammengefaßt. Die Gruppierung gründet auf der Tatsache, daß diese Erreger alle eine Endokarditis hervorrufen können und aufgrund ihrer hohen Ansprüche an die Kulturbedingungen leicht der Diagnostik entgehen können. Zur Therapie einer Endokarditis durch die HACEK-Gruppe wird Ceftriaxon empfohlen.

Haemophilus aphrophilus. Noch zur Gattung Haemophilus zugeordnet (s. S. 313), zeigt der kapnophile Erreger auch Gemeinsamkeiten mit Actinobacillus actinomycetemcomitans. Er verusacht Endokarditis und Hirnabszesse.

Actinobacillus actinomycetemcomitans. Diese gramnegativen Stäbchen sind katalasepositiv und meist oxidasenegativ. Sie wurden zuerst aus Aktinomykoseläsionen bei Rind und Mensch isoliert. Heute gilt die Art als Erreger von Endokarditis, Periodontitis und Wundinfektionen nach Tierbissen. Gegen Penicillin G und Ampicillin ist das Bakterium häufig resistent, gegen Cephalosporine, Azithromycin, und Chloramphenicol sowie gegen Ciprofloxacin empfindlich.

Cardiobacterium hominis. Dieser oxidasepositive, katalasenegative Erreger hat seinen natürlichen Standort im oberen Respirationstrakt. Außer bei Endokarditis ist er als Erreger intraabdomineller Abszesse beschrieben worden. Penicillin G oder Cephalosporine sind zur Therapie geeignet.

Eikenella corrodens. Dieser oxidasepositive, katalasenegative unbewegliche Erreger gehört zur Mundschleimhautflora des Menschen. Er verursacht Endokarditis, Wundinfektionen nach Menschenbissen und eine Reihe weiterer Lokalinfektio-

nen einschließlich Meningitis, Pneumonie und Chorioamnionitis. Er ist gegenüber zahlreichen Antibiotika empfindlich, z.B. gegenüber Penicillinen, Chinolonen und Tetracyclinen, nicht jedoch gegen Clindamycin.

Kingella kingae. Auch diese Art ist oxidasepositiv, katalasenegativ und in der Regel unbeweglich. Die kokkoiden Stäbchen gehören zur Standortflora des oberen Respirationstraktes. Als fakultativ pathogener Erreger verursacht Kingella kingae neben der Endokarditis auch eitrige Arthritiden, Osteomyelitiden und kann aus Hornhautulzera isoliert werden. Die meisten Stämme sind gegen viele Antibiotika inkl. Penicillin G empfindlich.

27.5 Streptobacillus moniliformis, Spirillum minus

Diese beiden Bakterien verursachen das ***Rattenbißfieber*** (Sodoku).

Streptobacillus moniliformis. Dies ist ein pleomorphes, nicht-bewegliches, nicht-sporenbildendes, nicht-bekapseltes gramnegatives Stäbchenbakterium, das bei 37 °C unter mikroaerophilen und kapnophilen Bedingungen innerhalb von 3 Tagen auf angereicherten Spezialkulturmedien angezüchtet werden kann.

Das Erregerreservoir stellen Nager, insbesondere Ratten, dar.

Die Übertragung erfolgt durch Biß oder Kratzer, jedoch ist auch eine Penetration durch die intakte Haut möglich.

Nach einer Inkubationszeit von durchschnittlich 10 Tagen beginnt die Symptomatik mit plötzlichem Fieberanstieg und Schüttelfrost, Kopfschmerzen, Übelkeit, Erbrechen und wandernden Arthralgien und Myalgien. Die Bißverletzung ist in der Regel bereits abgeheilt, nur selten wird eine Lymphadenitis beobachtet. Nach 2–4 Tagen entwickeln sich ein morbilliformes (masernähnliches) Exanthem oder petechiale Effloreszenzen besonders an den Extremitäten, den Handflächen und an den Fußsohlen. In etwa der Hälfte der Fälle entstehen eine asymmetrische Polyarthritis oder aber eine septische Arthritis überwiegend der großen Gelenke (Knie!). Nach 3–5 Tagen fällt das Fieber spontan wieder ab, und innerhalb der nächsten 2 Wochen bilden sich auch die übrigen Krankheitszeichen zurück. Als

Komplikationen können Endo-, Myo-, und Perikarditiden, Pneumonien sowie Abszesse in verschiedenen Organen (Gehirn) auftreten. Gelegentlich kann das Fieber relabieren.

Die Sicherung der klinischen Verdachtsdiagnose erfolgt durch Anzucht des Erregers aus Blut, Gelenkflüssigkeit oder Eiter. Unterstützend können agglutinierende Antikörper bestimmt werden. In 25% der Fälle kann ein falsch-positiver Nachweis von Antikörpern gegen T. pallidum festgestellt werden (Differentialdiagnose Syphilis!).

Mittel der Wahl ist Penicillin G (Therapiedauer 2 Wochen, bei Endokarditis 4 Wochen). Mögliche L-Formen können mit Streptomycin behandelt werden.

Spirillum minus. Dies ist ein kurzes, dickes Schraubenbakterium (2–6 Windungen), das sich nicht auf künstlichen Kulturmedien anzüchten läßt. Die terminal-polytriche Begeißelung ermöglicht eine charakteristische schleudernde Beweglichkeit.

Das Hauptreservoir sind Ratten.

Die Übertragung erfolgt durch Biß.

Nach spontaner Abheilung der Bißwunde entwickelt sich 1–4 Wochen später eine schmerzhaft-geschwollene Rötung des Gebiets mit regionärer Lymphangitis und Lymphadenitis. Im Verlauf kommt es zu Fieber, Übelkeit und Kopfschmerzen sowie zur Ulzeration der lokalen Läsion. Nur selten werden Arthralgien oder Myalgien beschrieben. Die Fieberperiode dauert etwa 3–4 Tage, wiederholt sich aber in regelmäßigen Abständen von 3–9 Tagen. Während der ersten Krankheitswoche bildet sich ein makuläres Exanthem aus, das im weiteren Verlauf wieder verschwindet. Nach üblicherweise 1–2 Monaten enden die Fieberschübe. Die gefährlichste Komplikation der Erkrankung ist eine Endokarditis.

Die Sicherung der klinischen Verdachtsdiagnose erfolgt durch mikroskopische Darstellung der Erreger in Blut, Exsudat und Lymphknotengewebe mittels Dunkelfeld-, Giemsa- oder Wright-Präparaten. In 50% der Fälle ergeben sich falsch-positive Nachweise von Antikörpern gegen T. pallidum.

Therapeutikum der Wahl ist Penicillin G.

27.6 Gardnerella vaginalis

Hierbei handelt es sich um ein kokkoides gramlabiles Stäbchenbakterium, das unbeweglich und unbekapselt ist. Es vermehrt sich auf komplex zusammengesetzten bluthaltigen Kulturmedien unter kapnophilen Bedingungen.

Gardnerella (G.) vaginalis läßt sich aus dem Scheidensekret isolieren. Bei unspezifischer Vaginose (Leitsymptom: Fluor vaginalis) ist die Konzentration des Erregers erhöht, und es lassen sich mikroskopisch sog. *Clue cells* (Schlüsselzellen) nachweisen. Dies sind Plattenepithelzellen, die massenhaft mit G. vaginalis bedeckt sind.

Der therapeutische Erfolg von Metronidazol bei unspezifischer Vaginitis läßt auf einen Synergismus von G. vaginalis mit obligat anaeroben gramnegativen Stäbchen, insbesondere Bacteroides-Arten, schließen.

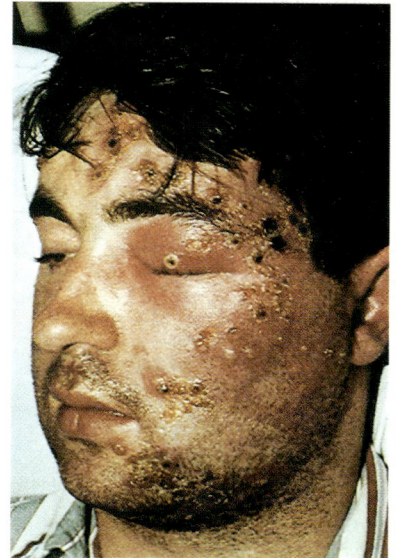

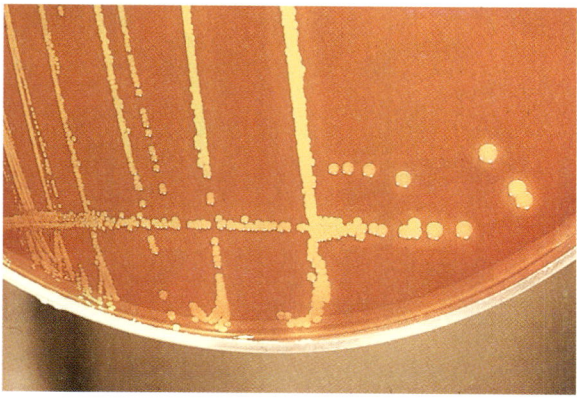

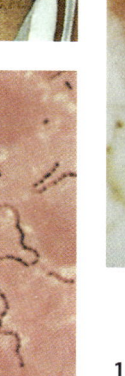

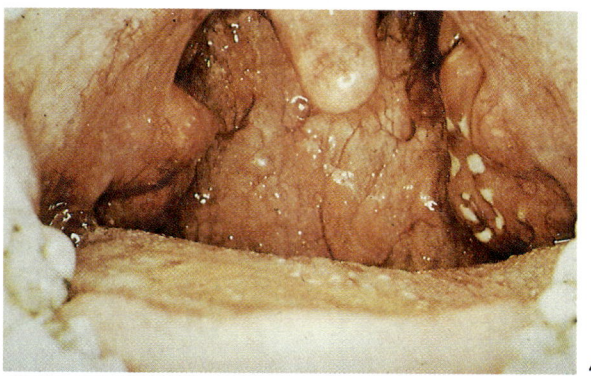

1. Staphylococcus aureus – Follikulitis; **2.** Staphylococcus aureus – auf Blutagar; **3.** Streptococcus pyogenes – Angina lacunaris; **4.** Streptococcus pyogenes – Streptokokken im Eiter

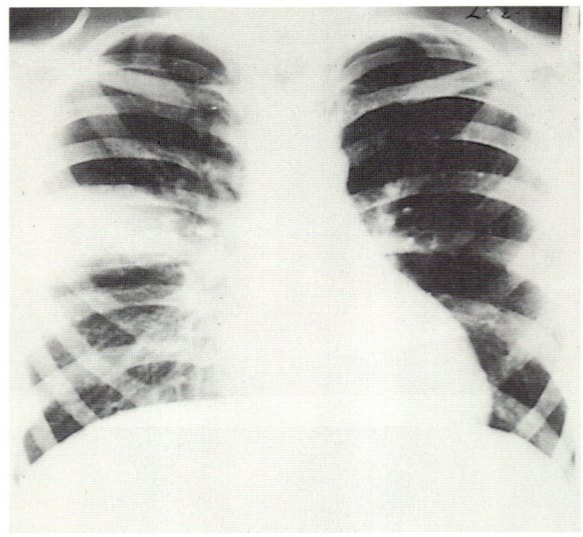

5

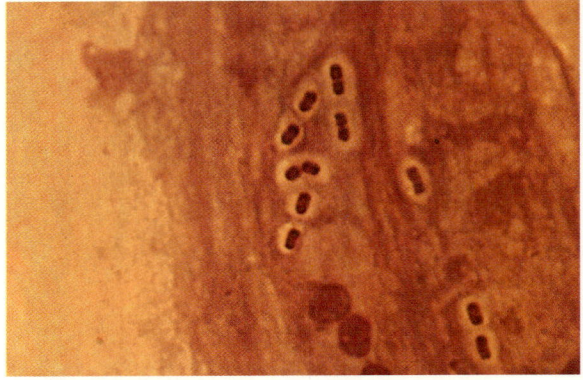

6

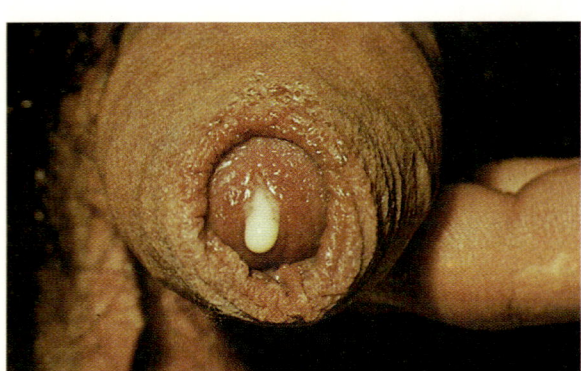

7

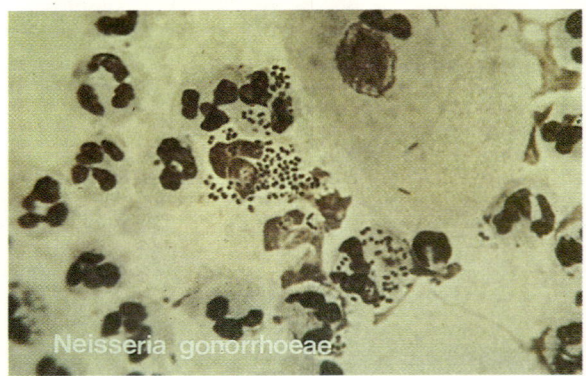

Neisseria gonorrhoeae

8

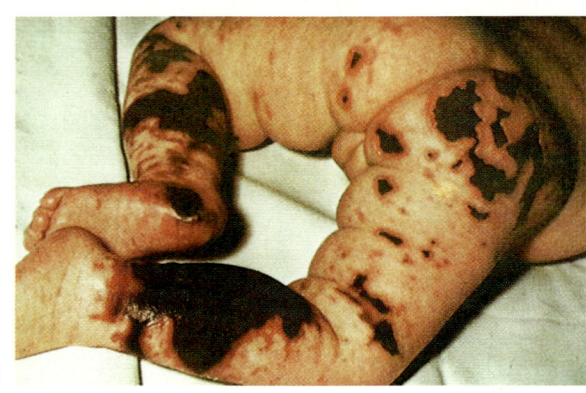

9

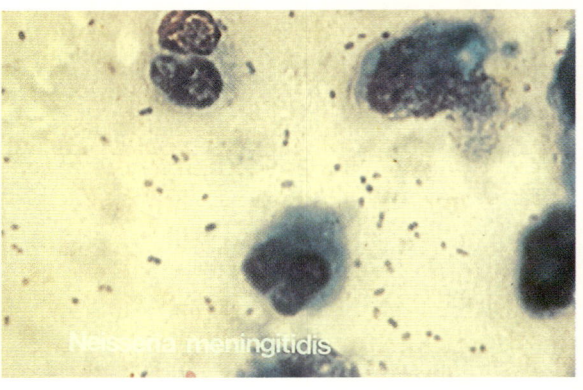

Neisseria meningitidis

10

5. Streptococcus pneumoniae – Lobärpneumonie; **6.** Streptococcus pneumoniae – bekapselte Diplokokken im Eiter; **7.** Neisseria gonorrhoeae – eitrige Urethritis; **8.** Neisseria gonorrhoeae – gramnegative Diplokokken im Eiter; **9.** Neisseria meningitidis – Waterhouse-Friderichsen-Syndrom; **10.** Neisseria meningitidis – gramnegative Diplokokken im Eiter

VI

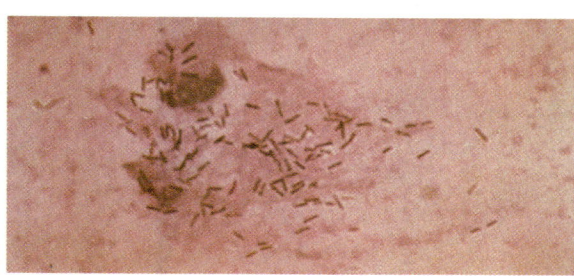

11

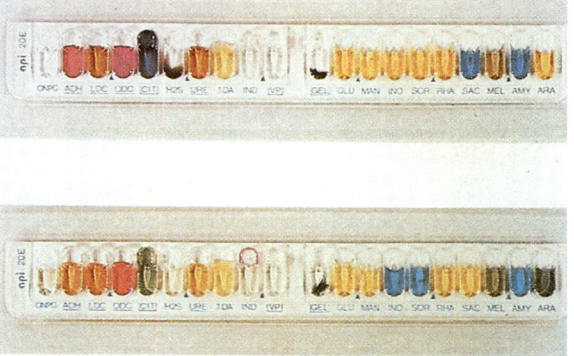

12

13

15

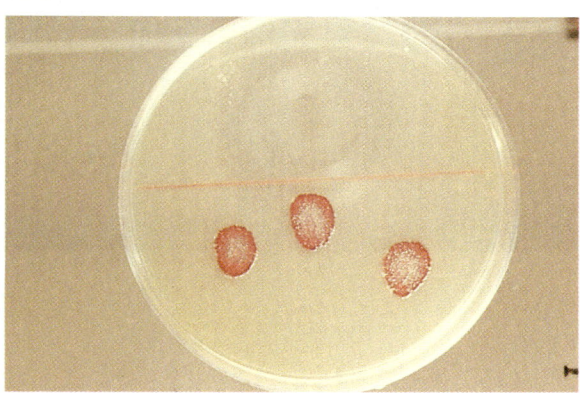

14

11. Enterobakterien – gramnegative Stäbchen; **12.** Enterobakterien – schwärmender Proteus mirabilis auf Blutagar; **13.** Enterobakterien – Identifizierung mittels „Bunter Reihe"; **14.** Enterobakterien – Serratia marcescens mit Prodigiosin-Bildung; **15.** Serratia marcescens – Wilsnacker-Blutwunder

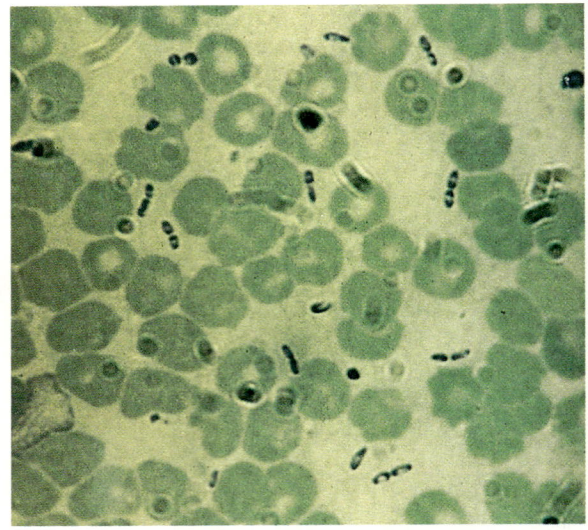

16

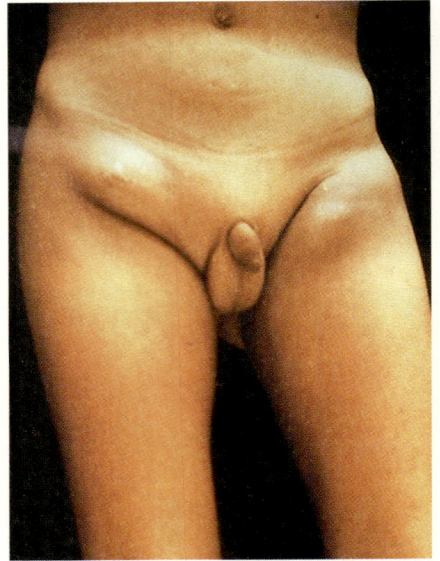

17

18

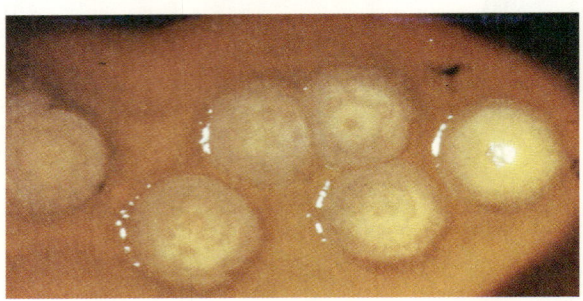

19

VI

16. Yersinia pestis – sicherheitsnadelförmige Erreger im Blutausstrich bei generalisierender Pest; **17.** Yersinia pestis – Bubonen in der Leistenbeuge; **18.** Vibrio cholerae – Behelfsbett mit Durchlaß für Diarrhoe; **19.** Pseudomonas aeruginosa – schleimige Kolonien auf Blutagar

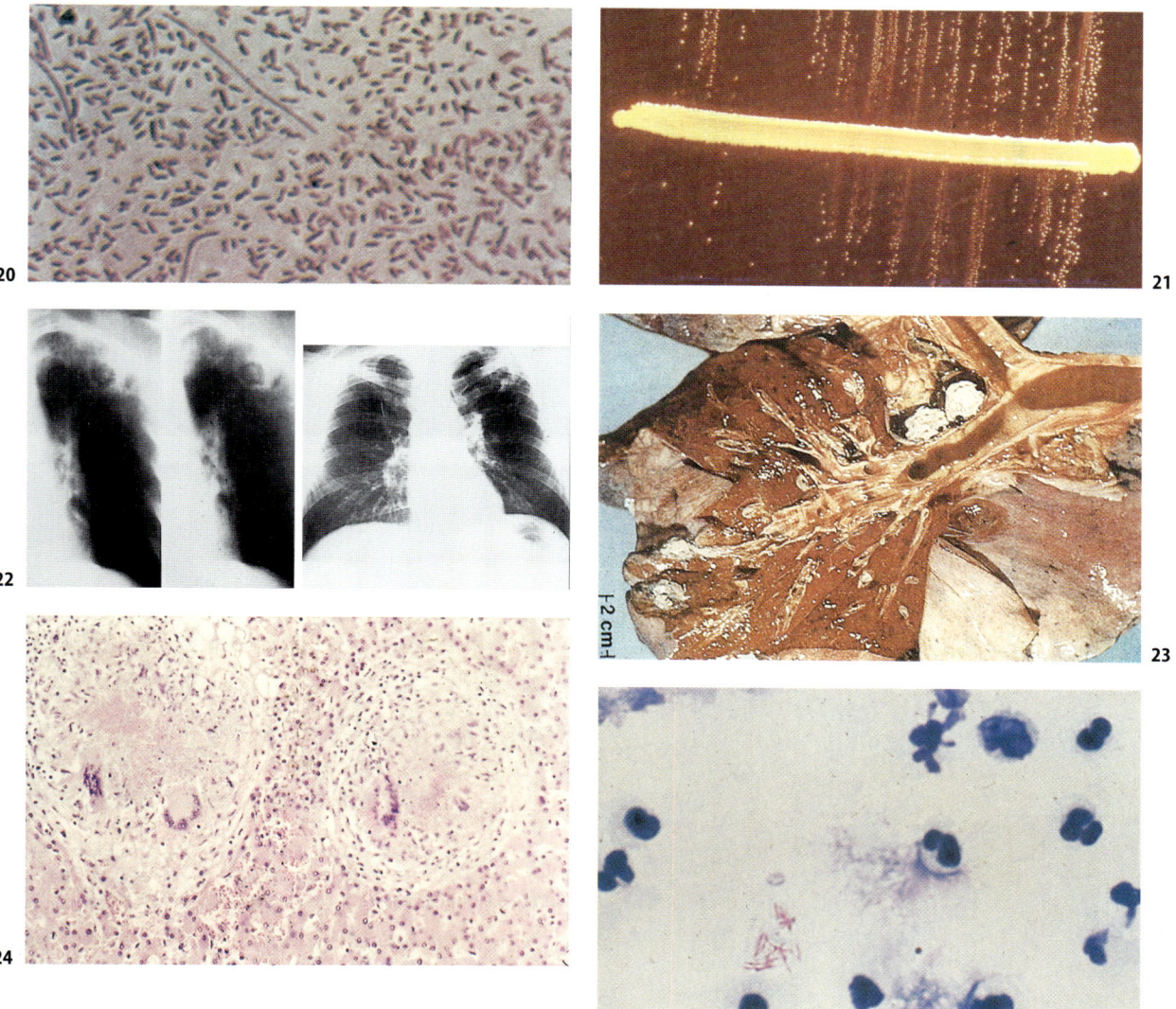

20. Haemophilus influenzae – gramnegative Stäbchen, Filamentbildung; **21.** Haemophilus influenzae – Ammenphänomen; **22.** Mycobacterium tuberculosis – Kavernenbildung in der Lunge, **23.** Mycobacterium tuberculosis – verkalkter Lymphknoten an der Bifurcatio; **24.** Mycobacterium tuberculosis – Granulombildung mit Riesenzellen in der Leber; **25.** Mycobacterium tuberculosis – säurefeste Stäbchen (Ziehl-Neelsen-Färbung)

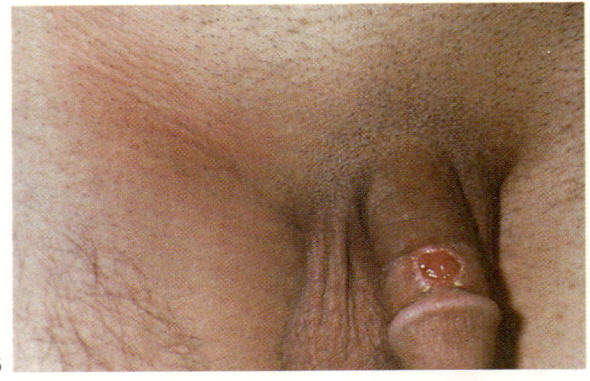

26

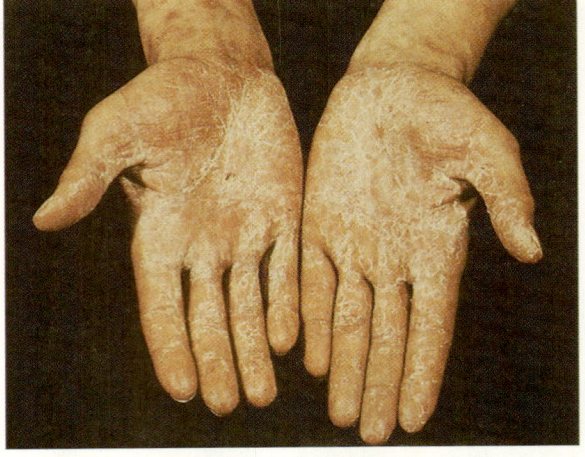

28

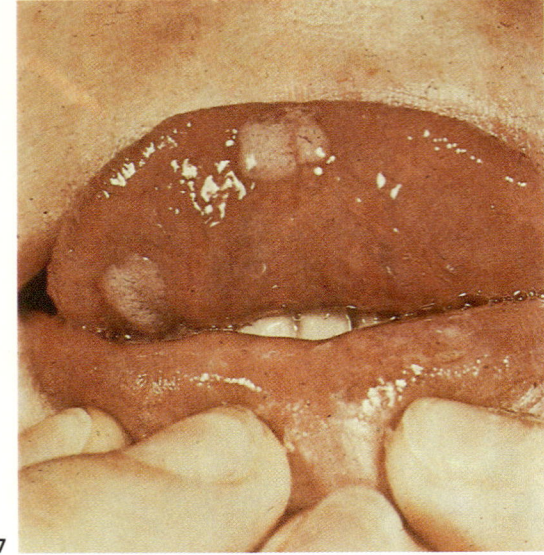

27

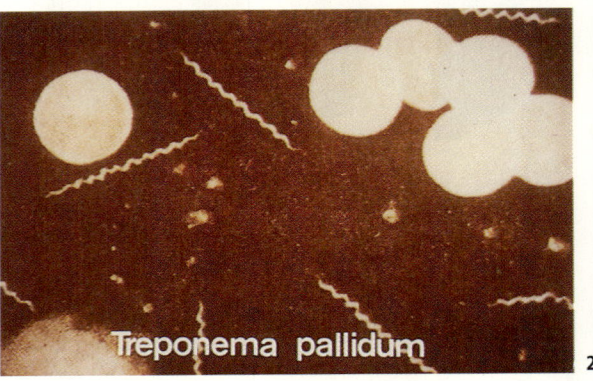

Treponema pallidum

29

26. Treponema pallidum – Primäraffekt; **27.** Treponema pallidum – Plaques muqueuses; **28.** Treponema pallidum – Palmareffloreszenzen; **29.** Treponema pallidum – Schraubenbakterien im Nativpräparat

VI

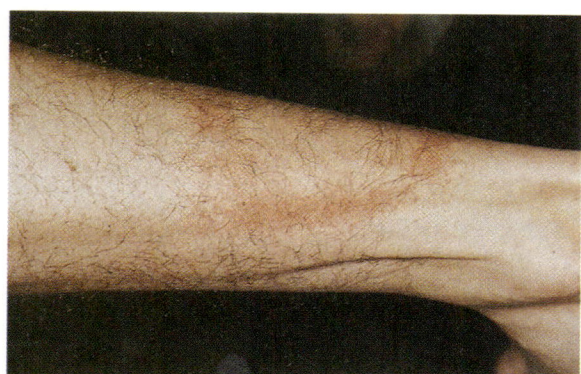

30

31

32

30. Borrelia burgdorferi – Erythema migrans; 31. Borrelia burgdorferi – Stichwerkzeuge der Zecke (Ixodes); 32. Borrelia burgdorferi – Antikörperbestimmung mittels Western-Blot

Allgemeine Virologie

Ein Verzeichnis wichtiger Abkürzungen findet sich auf S. 1007.

EINLEITUNG

Viren sind vermehrungsfähige Komplexe aus Nukleinsäuren mit Proteinen und z.T. Lipiden in definierter Partikelform. Sie vermehren sich nur innerhalb von lebenden Zellen. Sie besitzen das Vermögen, in die Zelle einzudringen und deren Stoffwechselapparat zur eigenen Replikation zu verwenden. Sie sind in langen Zeitspannen in Wechselwirkung mit ihren Wirten entstanden.

Viroide erzeugen Krankheiten bei Pflanzen, während Bakteriophagen Bakterien befallen.

Prionen sind nur aus Protein bestehende Moleküle, die die übertragbaren spongiformen Enzephalopathien (Creutzfeldt-Jakob-Krankheit u.a.) hervorrufen.

STECKBRIEF

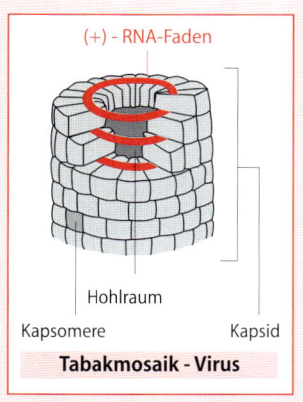

(+) - RNA-Faden

Hohlraum

Kapsomere   Kapsid

Tabakmosaik - Virus

- Viren sind **obligate Zellparasiten**: Sie können sich außerhalb lebender Zellen nicht vermehren.
- Die **Vermehrung** der Viren erfolgt ausschließlich durch anabolische Leistungen der Wirtszelle; dabei liefert das eingedrungene Viruspartikel der Zelle nur Syntheseprogramme. Die Virusvermehrung erfolgt dadurch, daß in einer frühen Phase alle benötigten Virusbausteine vorgefertigt werden. Der Zusammenbau erfolgt dann in einer später ablaufenden „Montagephase".

Viren liegen in vier Zustandsformen vor:
- Dynamisch bei der Replikation,
- statisch als Partikel oder als
- Provirus integriert oder
- episomal in der Latenz.

1.1 Merkmale von Viren

- Viren sind **filtrierbare Partikel**. Ihre Größe liegt zwischen 22 (Parvo-Virus B 19) und 300 nm (Pocken-Viren). Der Ausdruck „filtrierbar" bedeutet, daß Viren bakteriendichte Filter passieren können („Ultrafiltrat").
- Viren sind **einfach aufgebaut**. Sie enthalten zwar Nukleinsäure, Proteine und Lipide, aber kein einziges der komplexen Strukturelemente, welche für den Aufbau der Zelle typisch sind, wie Kern, Mitochondrien, Ribosomen u.ä.
- Viren enthalten **DNS oder RNS**, nicht aber beide Nukleinsäuretypen. Einige Viren sind mit Enzymen ausgestattet.

1.2 Das Virion

Das vollständig (komplett) aufgebaute, reife Viruspartikel wird als Virion bezeichnet. Inkomplette, d.h. „unreife" Partikel sind als Vorstufe des ausgereiften Virions oder als Überschußmaterial (z.B. HBsAg) in bestimmten Phasen der Virussynthese intrazellulär oder extrazellulär nachweisbar. Im Gegensatz zu den infektionstüchtigen, kompletten Partikeln sind die inkompletten Partikel nicht infektiös. Sie können nur elektronenoptisch, biochemisch (durch Enzyme) oder serologisch (z.B. das HBsAg), nicht aber durch den klassischen Infekti-

VII

onsversuch mit Plaquebildung (s. S. 526) nachgewiesen werden. Sie sind jedoch von großer Bedeutung für chronische Infektionsverläufe.

1.2.1 Bestandteile des Virions

Von den drei Bauelementen der Viruspartikel sind zwei stets vorhanden; ein drittes ist nur gelegentlich zu finden. Die Bestandteile sind:

- Die *Nukleinsäure* (DNS oder RNS) als Träger der genetischen Information. RNS oder DNS ist stets vorhanden. Die DNS ist linear oder ringförmig und meist doppelsträngig. Die RNS ist meist einzelsträngig und linear, bei einigen Viren ist die RNS segmentiert.
- Das *Kapsid* als Schutzmantel der Nukleinsäure. Es besteht aus Protein, wirkt antigen und ist aus Kapsomeren zusammengesetzt. Der Komplex aus Nukleinsäure und Kapsid wird als Nukleokapsid bezeichnet.
- *Kapsomere* sind die Bausteine des Kapsids. Sie wirken als Antigene. So setzt sich z. B. das einem Hohlzylinder gleichende Kapsid des TMV aus kugelähnlichen Kapsomeren zusammen.
- Eine *Hülle* („envelope") kommt nur bei einigen Virusarten vor und umgibt das Kapsid von außen. Das Hüllmaterial besteht in der Regel aus Proteinen, Glykoproteinen und Lipiden; es wirkt ebenfalls antigen. Die Glykoproteine der Hülle werden als „spikes" bezeichnet.

1.2.2 Strukturprinzipien des Virions

Die Struktur der Viren wird mit dem Elektronenmikroskop (EM) und der Röntgenstrukturanalyse untersucht. Man unterscheidet einfach-symmetrisch und komplex-symmetrisch aufgebaute Viruspartikel.

Von den einfach-symmetrischen Viruspartikeln werden vier Grundformen als Modell betrachtet.

Tabakmosaik-Virus (Abb. 1.1). Dieses ist stäbchenförmig (20×300 nm) und besteht aus einer (+)-Strang-RNS im zylindrischen Kapsid, das man mit einem Maiskolben vergleichen kann (s. S. 465). Die den Maiskörnern vergleichbaren Untereinheiten entsprechen den Kapsomeren. Die RNS

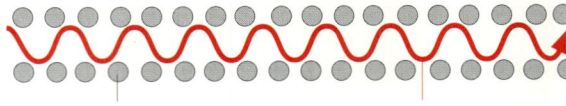

Abb. 1.1. Fadenförmiges Kapsid wie beim Tabakmosaik-Virus (TMV)

Kapsid

Kapsomer   RNS

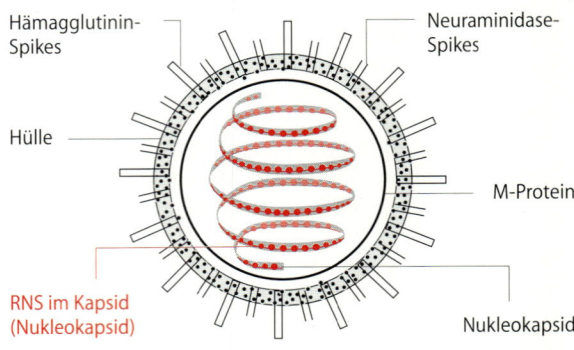

Hämagglutinin-Spikes

Neuraminidase-Spikes

Hülle

M-Protein

RNS im Kapsid (Nukleokapsid)

Nukleokapsid

Abb. 1.2. Ortho- und Paramyxo-Viren

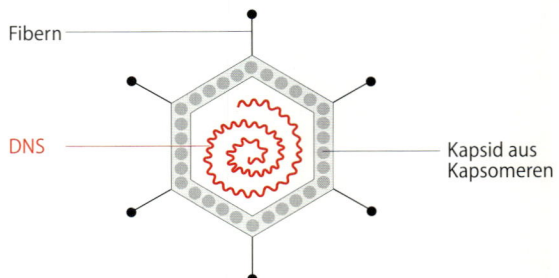

Fibern

DNS

Kapsid aus Kapsomeren

Abb. 1.3. Adeno-Virus

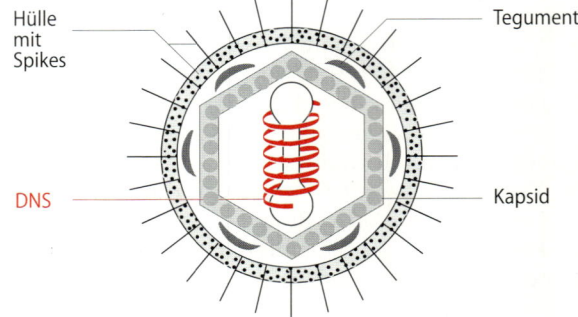

Hülle mit Spikes

Tegument

DNS

Kapsid

Abb. 1.4. Herpes-Virus

verläuft innerhalb des aus Kapsomeren bestehenden Kapsidzylinders wie in einer Wendeltreppe.

Ortho- und Paramyxo-Viren (Abb. 1.2). Sie sind kugelig (80–150 nm Durchmesser) und bestehen im inneren Teil aus einem aufgeknäuelten, helikalen Nukleokapsid, das die RNS enthält (s. TMV). Das Nukleokapsid-Knäuel ist seinerseits von einer Hülle umgeben. Unter der Hülle befindet sich eine Matrix (M-Protein). In der Hülle befinden sich Spikes. Bei den Orthomyxo-Viren liegt das RNS-Genom segmentiert ebenso in (–)-Strangpolarität vor.

Adeno-Virus (Abb. 1.3). Dieses ist kugelig (80 nm Durchmesser) und besteht aus einem kugeligen DNS-„Kern" (Innenkörper, „core"), der von einem Kapsid umgeben wird. Im Unterschied zum Influenza-Virus ist beim Adeno-Virus lediglich die DNS verknäuelt. Das Kapsid ist in die Verknäuelung nicht einbezogen; es umschließt die DNS wie eine Schale. Aus dem Kapsid ragen 12 feine Stäbchen antennenartig heraus. Die Kapsomeren sind so angeordnet, daß die Kapsidoberfläche aus 20 Dreiecken zusammengesetzt erscheint (Ikosaeder, 20-Flächner).

Herpes-Viren (Abb. 1.4). Diese sind kugelig (Durchmesser 180 nm) und bestehen aus einem Kern von DNS, die auf ein Trägerprotein aufgewickelt ist. Dieser Kern wird von einem schalenförmigen Kapsid (Ikosaeder, s.o.) in der gleichen Art umschlossen wie bei den Adeno-Viren. Zum Unterschied ist jedoch das Kapsid außen noch von einer Hülle (envelope) umgeben. Die DNS der Herpes-Viren ist somit von zwei übereinander liegenden Schutzschichten eingehüllt. Zwischen Kapsid und Hülle liegt das Tegument (s. S. 473 u. 629 ff.); die Hülle trägt Spikes.

1.2.3 Symmetrieformen des Virions

Die Symmetrieverhältnisse der Virusteilchen entsprechen – vereinfacht gesehen – zwei Grundformen. Die Angaben über die Symmetrie beziehen sich stets auf das Nukleokapsid.

- *Einfache Symmetrie*: Die Spiegelbildlichkeit ist hierbei in allen Achsen vorhanden.
  - *Translationssymmetrie*: Eine Achse des Kapsids ist länger als die andere. Diese Form der Symmetrie wird mit der Bezeichnung helixförmig (helikal) versehen. Die Kapside sind polar aufgebaut, ihre Montage erfolgt von einem bestimmten Ende aus. Beispiel: TMV.
  - *Rotationssymmetrie*: Alle drei Achsen der Ikosaeder sind etwa gleich lang. Das Nukleokapsid nähert sich der kugeligen Form. Beispiel: Adeno- und Herpes-Virus.
- *Komplexe Symmetrie*: Die Achsen sind entweder alle ungleich lang oder es existiert innerhalb einer oder mehrerer Achsen keine Spiegelbildlichkeit.

Beispiel: Pocken-Virus.

1.3 Einteilung der Viren

Eine grobe Einteilung der Viren ist die in pflanzenpathogene Viren (z.B. TMV), in menschen- und tierpathogene Viren („animale Viren") sowie Bakteriophagen.

1.3.1 Einteilungskriterien

Folgende Einteilungskriterien (Tabelle 1.1) liegen der heute üblichen Virussystematik zugrunde:

- Der *Typ der Nukleinsäure*. Danach werden DNS-Viren und RNS-Viren unterschieden. Die Nukleinsäure kann Negativ (–)- oder Positiv (+)-Polarität besitzen und einsträngig oder doppelsträngig sein. Meist ist die RNS der Viren einsträngig. Dagegen ist die DNS bei Viren überwiegend doppelsträngig.
- Die *Symmetrie* des Nukleinsäure-Kapsid-Komplexes (z.B. stäbchenförmig oder kugelig bzw. helikal oder ikosaedrisch).
- Das Vorhandensein oder Fehlen einer *Hülle* (envelope).
- Die *serologischen Eigenschaften* des Kapsids und der Glykoproteine der Hülle (spikes); mit diesem Kriterium werden Differenzierungen vorgenommen. Eine verfeinerte Einteilung läßt sich erreichen, wenn man mit monoklonalen Antikörpern einzelne Antigen-Determinanten nachweist.
- Das Vorhandensein gewisser *Enzyme* im Virus, wie Neuraminidase, Polymerase, reverse Transkriptase.
- *Ätherempfindlichkeit*; Viren mit einer Hülle werden durch Äther in Untereinheiten zerlegt.

Tabelle 1.1. Nukleinsäure, Struktur und Eigenschaften von Viren

Nukleinsäure	Kapsid	Hülle	Enzyme	Virusgruppe oder Virus	Durchmesser (nm)
+ - ∫-RNS	(helikal)	–	–	• TMV	20×300
+ - ∫-RNS	(Ikosaeder)	–	–	• Picorna (Polio, Coxs, ECHO, HAV, Rhino), Calici, HEV	30
– ∫-RNS	(helikal)	+	+	• Masern, Parainfluenza, Influenza (8)	80–200
+ ∫-RNS	(Ikosaeder)	+	–	• Gelbfieber, Röteln, HCV, FSME	70
– ∫-RNS^y	(helikal)	+	+	• Arena (LCM, Lassa) (2), Bunya (3)	100–150
– ∫-RNS	(helikal)	+	+	• Tollwut, Marburg, Ebola	50×200
∫∫-RNS	(Ikosaeder)	–	+	• Reo (10), Rota (11)	80
+ ∫-RNS	(helikal + Ikosaeder)	+	+	• HIV 1,2; HTLV 1,2	100
– ∫-RNS	(Ikosaeder)	Helferhülle	–	• HDV	35
DNS	(Ikosaeder)	–	–	• Parvo (B 19) [+ oder – DNA]	22
∫∫-DNS		–	–	• Adeno, Papova (ohne „Fibern")	80; 50
∫∫-DNS	(Ikosaeder)	+	–	• Herpesgruppe (HSV, VZV, ZMV, EBV, HHV 6, 7, 8)	180
∫∫-DNS	(Ikosaeder)	+	+	• Hepadna (HBV)	42
∫∫-DNS	(helikal)	++	+	• Variola (V. vera, V. minor), Vaccinia	100×200×300

+ - ∫-RNS = Positiv-Strang-RNS; – ∫-RNS = Negativ-Strang-RNS; ∫∫ = Doppelstrang; ∫ = Einzelstrang; ^{y} = ambisense RNS (s. S. 474); (11) = Anzahl der RNS-Segmente; ⬡ = Kapsid (Ikosaeder); ▭ = Kapsid (helikal)

Aufgrund der geschilderten Kriterien kann man für die beiden großen Gruppen der RNS- und der DNS-Viren charakteristische Strukturprototypen aufstellen. Diese werden jeweils durch ein besonders charakteristisches Virus („Prototyp") repräsentiert. Obwohl veraltet, dienen Wirtsspezifität und der Organotropismus in klinischen Lehrbüchern z.T. auch heute noch als Einteilungskriterien. Diese Eigenschaften besitzen für die Laborpraxis noch immer Bedeutung, z.B. dann, wenn man für die Serodiagnose (z.B. KBR) diejenigen Virus-Antigene auswählt, die nach dem klinischen Bild am ehesten einen Treffer versprechen. Die einzelnen Virusspezies werden im speziellen Teil der Virologie beschrieben.

1.4 Viroide und Prionen

In den letzten zwei Jahrzehnten hat sich die Existenz von virusähnlichen Partikeln beweisen lassen, die mit einem Minimum an genetischer Ausstattung Krankheiten erzeugen. Die Mitglieder dieser Erregerklassen werden als Viroide und Prionen („subviral particles") bezeichnet.

Viroide. In der Natur kommen typische Virusnukleinsäuren in freier Form nicht vor. Die weitverbreiteten Enzyme RNase bzw. DNase würden sie sofort zerstören. Andererseits werden gewisse Erkrankungen im Pflanzenbereich durch infektiöse Partikel hervorgerufen, die aus reiner RNS bestehen; diese liegt jedoch in einer nicht abbaufähigen Ringform vor. Derartige Partikel heißen Viroide, ihr Informationsgehalt ist sehr gering. *Virusoide* enthalten neben RNS 1–2 Proteine (HDV, Hepatitis Delta-Virus).

Viroide sind die Erreger der Exocortis-Krankheit von Zitrusbäumen, von Erkrankungen der Kartoffeln, der Tabakpflanzen u.a. Ihre RNS ist ein ringförmiges Molekül aus 200–400 Basen, das sich zu einer Kleeblatt-ähnlichen Struktur zusammenfaltet. Es ist weder durch ein Kapsid noch durch ein Protein geschützt. Eine Wirtszellpolymerase repliziert die RNS. Viroide sind sehr stabil gegenüber Erhitzung und organischen Lösungsmitteln, lassen sich aber durch Ribonukleasen zerstören.

Prionen. Prion ist eine Bezeichnung für „*pr*oteinaceous *i*nfectious *p*articles". Prionen enthalten möglicherweise *keine* Nukleinsäuren, sondern bestehen nur aus Protein. Dies hätte weitreichende Folgen für die Vorstellungen über die Replikation dieses Agens und die Pathogenese der Krankheit.

Sie sind die Erreger der übertragbaren, spongiformen Enzephalopathien wie Scrapie von Schafen und Ziegen sowie des Kuru und der Creutzfeldt-Jakob-Krankheit des Menschen sowie des Rinderwahnsinns (BSE). Das Protein hat ein MG von 27–30 kDa. Vorläufig gibt es über ihre Entstehung, ihre Replikation und pathogene Wirkung nur Hypothesen. Die Infektiosität des Scrapie-Agens (s. S. 683) sedimentiert mit dem Prion-Protein (PrP), aggregiert und verhält sich im Gewebe wie „Amyloid". Das Protein wird auch im gesunden Gehirn gefunden, im infizierten Material jedoch viel mehr. – Sollte das Prion aber doch Nukleinsäure enthalten, müßte diese sehr gut gegen Inaktivierungsmittel geschützt sein.

1.5 Bakteriophagen

Definition. Bakteriophagen sind Viren, die ausschließlich Bakterien befallen. I. a. gehören die Bakteriophagen zu den DNS-Viren; es gibt aber auch RNS-Phagen. Die Wirtsspezifität ist für Bakteriophagen besonders eng: Sie sind in der Regel nur für eine einzige Bakterien-Subspezies infektiös. Nach Befall durch einen virulenten Bakteriophagen zerfällt die Bakterienzelle innerhalb von 15 min (Lyse) und gibt die Nachkommenschaft des Bakteriophagen frei.

Züchtung. Sprüht man Bakteriophagen als dünne Suspension auf einen geeigneten Bakterienrasen, so entstehen überall dort, wo geeignete Bakterienzellen durch Phagen infiziert worden sind, lochar

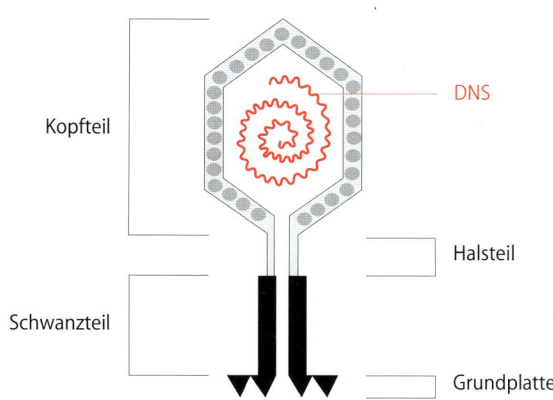

Kopfteil

DNS

Halsteil

Schwanzteil

Grundplatte

Abb. 1.5. T-Phage

tige Aussparungen des Rasens. Der Phage erzeugt in der Wirtszelle etwa 200 Nachkommen; diese infizieren die benachbarten Zellen im Rasen. Die Infektion und damit der Lyseprozeß schreiten somit von der Stelle der primären Infektion zentrifugal fort (Infektionsausbreitung per continuitatem).

Grundformen der Phagen. Die Bakteriophagen unterscheidet man wie die übrigen Viren nach ihrem Aufbau. Man kennt drei morphologische Typen:

- Stäbchenförmige Phagen: Sie sind 750 nm lang und 7 nm breit. Beispiel: der fd-Phage. Er enthält eine Doppelstrang-DNS, seine Struktur ähnelt der des TMV.
- Kugelförmige Phagen: Ihr Durchmesser beträgt ca. 25 nm. Im Elektronenmikroskop sehen sie wie eine Maulbeere (Ikosaeder) aus. Beispiel: Der Phage φx174 enthält eine Einzelstrang-DNS.
- Phagen mit komplexer Symmetrie: Sie besitzen einen kugeligen Kopfteil (80×125 nm) und einen Schwanzteil (100 nm) mit Grundplatte. Das bekannteste Beispiel liefern die T-Phagen (Abb. 1.5). Im Kopfteil der T-Phagen liegt die von einem Eiweißmantel umschlossene DNS. Der Schwanzteil ist als Röhre ausgebildet. Er trägt an seinem Ende eine Platte mit Strukturen, die sich zu dem Zellwandrezeptor des Wirtes komplementär verhalten.

Infektionsmodus der Phagen. Trifft die Grundplatte mit dem homologen Rezeptor der Wirtszelle zusammen, so wird der Phage spezifisch gebunden. Es kommt dadurch zu zwei nacheinander ablaufenden Vorgängen: Zuerst entsteht durch Enzymwirkung unter der Endplatte ein Loch in der Zellwand; anschließend kontrahiert sich die Eiweißhülle und injiziert die Phagen-DNS durch den röhrenförmigen Schwanzteil in das Zytoplasma der befallenen Bakterienzelle. Im Unterschied zu den übrigen Viren erfolgt bei den T-Phagen das Uncoating (s. nächstes Kap.) bereits außerhalb der Wirtszelle. Das Zellplasma nimmt also nicht das gesamte Phagenpartikel auf, sondern nur dessen DNS. Beim Studium der Bakteriophagen wurden viele Eigenschaften und Vorgänge entdeckt, z. B. das Uncoating, Früh- und Spätproteine, Integration als *Prophage* und Prophagenentstehung („Lysogenie"), die als Modell für die gesamte Virologie gelten.

ZUSAMMENFASSUNG: Virusbegriff – Struktur – Einteilung

Definition. Viren sind filtrierbare Partikel ohne eigenen Stoffwechsel. Es sind obligate Zellparasiten. Sie enthalten RNS oder DNS, die durch ein Kapsid und z.T. durch die Hülle geschützt ist.

Vorkommen in vier Zustandsformen: Aktiv in Zelle bzw. Organismus, als inaktives Partikel (bzw. als Kristall), integriert als Provirus oder episomal in der Latenz.

Bestandteile. Nukleokapsid rotationssymmetrisch (Ikosaeder) oder helikal. Sie bestehen aus Kapsomeren und Nukleinsäuren; einige Viren haben eine Hülle mit Spikes.

TMV. Helikales Nukleokapsid, in der „Wendeltreppe" RNS.

Myxo-Viren. Segmentiertes (Influenza) oder kontinuierliches (Masern) helikales Nukleokapsid (mit RNS im Inneren). Von einer Membran und einer Spikes-tragenden Hülle zusammengehalten.

Adeno-Viren. Ikosaeder mit Fibern an den 12 Ecken. Die „nackte" DNS im Inneren.

Herpes-Viren. Ikosaeder – Nukleokapsid mit nackt verknäuelter DNS, von einem Tegument mit Regulatorproteinen und einer Hülle mit Spikes umgeben.

Einteilungskriterien. DNS oder RNS, Einzel- oder Doppelstrang. (+)- oder (–)-Strang-Nukleokapside in der Form eines Ikosaeders (20-Flächner) oder helikal (fadenförmig). Vorhandensein oder Fehlen einer Hülle mit Spikes. Serologische Eigenschaften.

Viroide. RNS-haltige Partikel, die vorzugsweise bei Pflanzen vorkommen und dort Krankheiten hervorrufen. Ihre RNS liegt in Kleeblatt-Ringform vor.

Virusoide. RNS und 1–2 Proteine (HDV).

Prionen. Die „Partikel" bestehen nur aus Protein und sind infektiös. Prionen erzeugen Krankheiten bei Tieren (Scrapie, BSE) und beim Menschen (Kuru, Creutzfeldt-Jakob-Krankheit etc.).

EINLEITUNG

Die Replikation der Viren in der Zelle erfolgt auf unterschiedliche Weise. Jedes Virus hat sich optimal in den Zellstoffwechsel eingepaßt, um sich möglichst effektiv zu vermehren. Im Einstufen-Vermehrungsversuch lassen sich 5 Replikationsphasen abgrenzen. Virus-Chemotherapeutika blockieren jeweils eine bestimmte Phase der Replikation.

STECKBRIEF

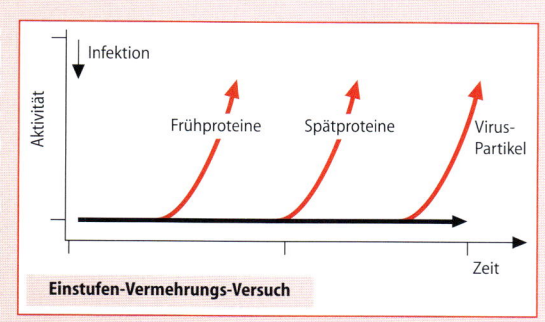

Einstufen-Vermehrungs-Versuch

2.1 DNS und RNS als Informationsträger

Die Nukleinsäuren der Viren sind Informationsträger, die im Verlauf von langen Zeitspannen in Wechselwirkung mit dem Wirt gewonnene „Erfahrung" gespeichert haben. Der Informationsgehalt wird in kb (= Kilobasen) bei Einzelstrang- und in kbp (= Kilobasenpaaren) bei Doppelstrangmolekülen bestimmt; er variiert von 2–250 bp (kbp). Der Genbestand der Viren unterliegt genotypischen Veränderungen: Die Evolution der Viren schreitet fort. Die Verfahren der Molekularbiologie erlauben z. B. das Studium der Regulation der Genaktivität und die Konstruktion von neuen Impfstoffviren.

2.2 Einstufen-Vermehrungsversuch

Mit der Infektion durch ein Virus wird in der Zelle eine Vielzahl von Prozessen in Gang gesetzt. Sie en-

den mit der Entstehung von neuen Viruspartikeln. Das Studium der Virusreplikation erfolgt mittels des sog. *Einstufen-Vermehrungsversuchs*. Hierbei werden alle Zellen einer Kultur gleichzeitig mit mindestens einem aktiven Viruspartikel infiziert. Die Virussynthese in der Kultur läuft dann synchron ab, sie erfolgt bei allen Zellen sozusagen im Gleichschritt. Nur unter dieser Voraussetzung lassen sich alle durch das Virus ausgelösten Veränderungen biochemischer oder morphologischer Art optimal erfassen und in bestimmte Stadien einteilen.

2.3 Replikationszyklus von Viren

Die Phasen des Replikationszyklus (Beispiel Polio-Virus) werden wie folgt benannt (Abb. 2.1 und 6.1):

- Adsorption;
- Penetration;
- Eklipse: Uncoating und Synthesephase:
  - Synthese von Sofort- und Frühproteinen;
  - Replikation der Virusnukleinsäure;
  - Synthese der Spätproteine (Kapsid- und Hüllproteine);
- Montage der Virusbausteine;
- Ausschleusung (Freigabe).

2.3.1 Adsorption

Bei der Adsorption reagiert ein außen liegendes Strukturelement der Viruspartikel (Kapsid oder Hüllglykoprotein) als *Ligand* mit einem oder zwei *Rezeptoren* der Zellmembran animaler Zellen. Da-

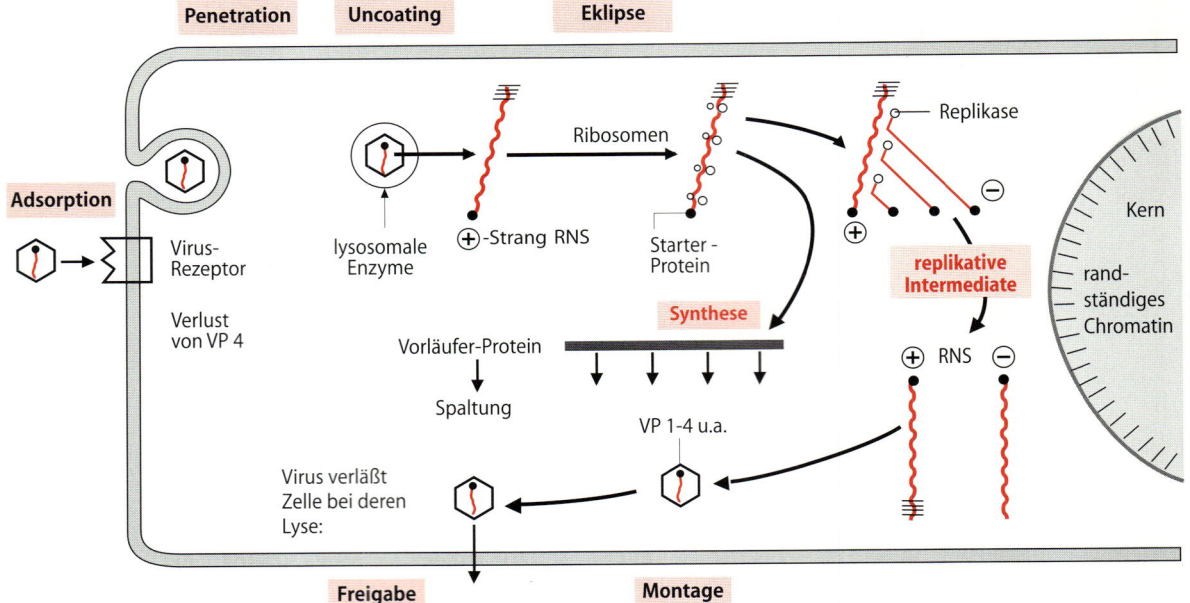

Abb. 2.1. Die Replikation des Polio-Virus. Nach der Adsorption des Polio-Virus an die entsprechenden Rezeptoren (Moleküle der Immunglobulin-Superfamilie) erfolgt die Aufnahme (Penetration) in die Zellen durch Endozytose und das Uncoating bei saurem pH in den Endosomen. In der Eklipse verbindet sich (+)-Strang-RNS in der nicht kodierenden Region mit Ribosomen, um zunächst die Replikase zu bilden. Es erfolgt dann von einem kovalent gebundenen Starter-

protein (VPg) aus die Synthese über „replikative Intermediate", das zur Translation abgespalten wird. Die mRNS wird zunächst zu einem Vorläuferprotein translatiert, dieses wird dann durch eine eigene Protease gespalten (VP 1–4 u. a.). Die Montage der Strukturproteine zum Kapsid erfolgt in mehreren Zwischenstufen. Die Virionen werden beim Zerfall der Zellen freigesetzt (Freigabe). Die mRNS ist polyadenyliert (☰)

durch werden die Partikel an die Zelle gebunden. Beispiele sind der C3d-Rezeptor (s. S. 67 ff.) als Anheftungsstelle für das Epstein-Barr-Virus und das CD4-Antigen sowie die Rezeptoren für Chemokine als Adsorptionsstelle für HIV1 und HIV2. Während der Adsorptionsphase liegt das Virus frei und kann durch Antikörper neutralisiert werden.

2.3.2 Penetration

Die Penetration des adsorbierten Virus in die Zelle erfolgt jeweils nach Virusart und Wirtsspezies durch verschiedene Mechanismen:

Endozytose. Dieser Modus gilt beim Befall von animalen Zellen. Die Endozytose ist in Analogie zur Phagozytose eine aktive Leistung der Zelle. Dabei wird das Viruspartikel im Anschluß an seine Adsorption durch Einstülpung der Membran in das Innere der Zelle befördert. Es befindet sich

dann in einem Endosom im Zytoplasma. Die Einstülpung der Zellmembran erfolgt auf ein Signal, dessen Abgabe durch die Adsorption ausgelöst wird. Während der Penetrationsphase kann das Virus durch Antikörper so lange neutralisiert werden, wie es vom äußeren Milieu her erreichbar ist.

Fusion der Virushülle mit der Zellmembran. Bei Viren mit Hülle kann der Prozeß der Hüllbildung quasi umgekehrt werden. Während bei der normal ablaufenden Virussynthese die Hülle aus der Matrix der Zell- oder Kernmembran entsteht, kommt es bei der Aufnahme der Viruspartikel durch die befallene Zelle zu einer Fusion der Virushülle mit der Zellmembran, wobei das Kapsid ins Zytoplasma eingeschleust wird. Die Zellmembran wird dadurch heterogen: Sie enthält jetzt neben den eigenen Bauelementen auch Material der Virushülle mit deren Glykoproteinen (Beispiel: Herpes-Virus).

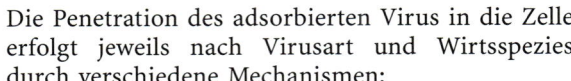

2.3.3 Eklipse

Die Eklipse (ek-leipein, gr. verschwinden) umfaßt diejenigen Stadien der Virusvermehrung, während derer innerhalb der befallenen Zelle keine infektionstüchtigen Partikel nachweisbar sind. Die in die Zelle eingedrungenen, ursprünglich infektionstüchtigen Partikel verlieren diese Fähigkeit bei Beginn der Eklipse.

Erst dann, wenn die voll ausgereiften Nachkommen der infizierenden Partikel auftauchen, ist es wieder möglich, infektionstüchtiges Virus in der Zelle nachzuweisen. Während der Eklipse enthält die Zelle lediglich die „nackte" Nukleinsäure des infizierenden Virus bzw. unreife, nicht-infektiöse Viruspartikel, ferner neugebildete Enzyme und die noch nicht zusammengefügten Proteinbausteine der Tochterviren. Eine nackte Nukleinsäure ist im Prinzip zwar infektiös, jedoch sind die für die einzelnen Moleküle existierenden Chancen, eine Infektion auszulösen, sehr gering; die Infektion erfolgt deshalb nicht nach den Gesetzen der Treffer-Kinetik. Die Nukleinsäure der DNS-Viren ist im Virion zumeist mit Histonen komplexiert.

Um die Information der Virusnukleinsäure freizusetzen und zu nutzen, muß zunächst die „Verpackung" (Kapsid und gegebenenfalls Hülle) aufgelöst werden. Dies geschieht bei den Viren, die von der Zelle endozytiert werden, durch enzymatischen Abbau. Der gesamte Prozeß wird als *Uncoating* (Entkleidung) der Virusnukleinsäure bezeichnet. Bei Picorna- und Adeno-Viren sinkt das pH in den Endosomen auf einen Wert von 5,0 ab, so daß die Kapside zerfallen bzw. enzymatisch abgebaut werden können. Beim HSV wird nach dem Auspacken der DNS ein Protein frei, welches die Transkription viruskodierter Sofort-Proteine in Gang setzt. Dieses Protein wird als ein *transaktivierendes Protein* (im Tegument, S. 467) bezeichnet.

Die zum Uncoating notwendigen Enzyme sind für einfach gebaute Viren in den Endosomen der Wirtszelle vorhanden; sie werden permanent synthetisiert (konstitutive Enzyme).

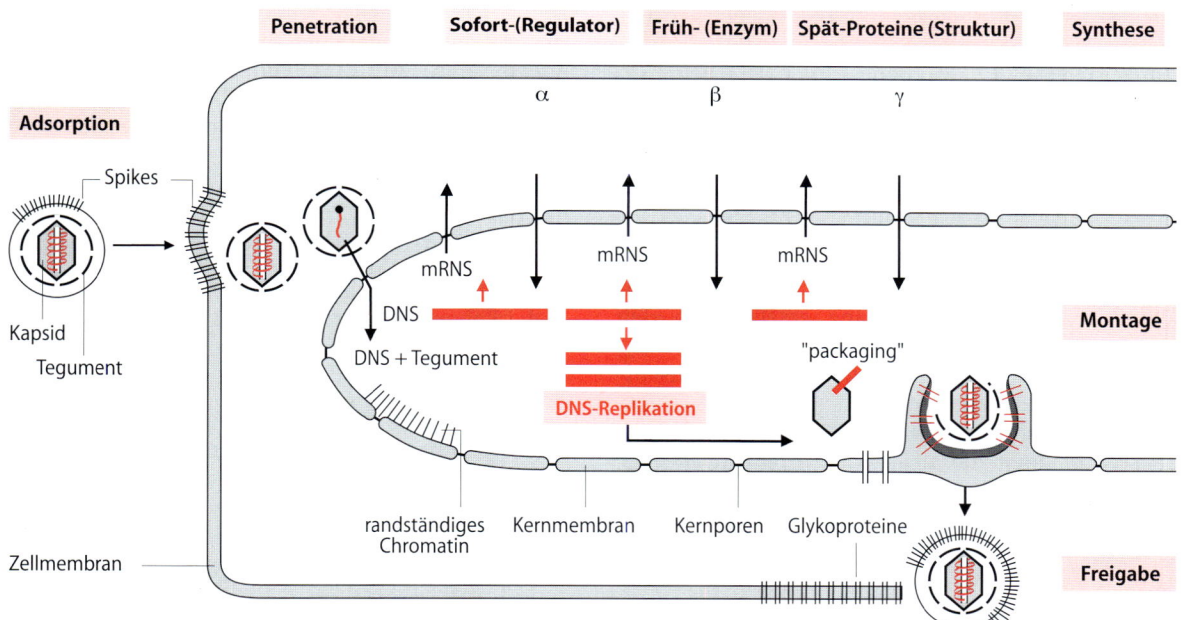

Abb. 2.2. Die Replikation des Herpes-simplex-Virus. Nach der Adsorption und Penetration erfolgt im Zytoplasma der Abbau des Kapsids. Die DNS tritt wahrscheinlich durch die Kernporen (zugleich mit dem Transaktivatorprotein) in den Kern ein. Dort beginnt die in drei Kaskaden erfolgende Transkription (α-, β- und γ-Proteine); die Proteine werden im Zytoplasma synthetisiert und in den Kern zurück transportiert. Die Montage der Virionen erfolgt in zwei Stufen: Zuerst bilden sich Kapside, von denen die DNS aufgenommen wird. In die innere Lamelle der Kernmembran werden – ebenso wie in die Zellmembran („Verfremdung") – herpeskodierte Glykoproteine eingebaut. Durch Bildung von Einstülpungen und Abschnürung der Partikel erfolgt die Endmontage unter Einschluß des transaktivierenden Proteins. Die Freigabe des Virus erfolgt durch das endoplasmatische Retikulum und beim Zerfall der Zelle

Frühphase bei DNS-Viren

Nach Beendigung des Uncoating beginnt die freigelegte Virusnukleinsäure mit der für die Synthese notwendigen Informationsabgabe (Abb. 2.2). Bei Herpes-Viren wird ein transaktivierendes Protein aus dem Virion frei, welches sogleich die Transkription der Sofortproteine und damit die Virussynthese einleitet. Die Sofortproteine lassen sich zu Beginn des Viruszyklus nur unter besonderen Bedingungen nachweisen; sie spielen bei der Virusreplikation eine wichtige Rolle, da sie die Transkriptionsvorgänge steigern.

Der Informationsfluß geht in dieser frühen Phase von der viralen Eltern-DNS aus: Es beginnt die Transkription und Translation der sog. *Frühproteine*. Zu dieser Kategorie rechnet man diejenigen Enzyme, welche zur Replikation der Virus-DNS unentbehrlich sind. Zu den Frühproteinen werden v. a. die *Polymerasen* gezählt, aber auch andere Enzyme, wie z. B. die Thymidin-Kinase und die Ribonukleotid-Reduktase. Die Frühphase der Virussynthese ist unter dem Aspekt der Chemotherapie wichtig. Da es sich bei den Frühproteinen um viruskodierte Enzyme handelt, bietet sich hier ein wichtiger Ansatzpunkt für die Entwicklung von antiviralen Chemotherapeutika. Die Frühproteine der Adeno- und Papillom-Viren wirken als Transformationsproteine (s. S. 495).

Frühphase bei RNS-Viren

Auch bei RNS-Viren wird die Synthese der Frühproteine (*Replikasen*, s. u.) sogleich nach dem Abschluß des Uncoating in Gang gesetzt. In vielen Fällen wird die Information vom Virusgenom direkt den Ribosomen übermittelt (direkte Translation). Man bezeichnet eine zur Translation befähigte RNS als *Positiv (+)-Strang-RNS*. Bei (+)-Strang-RNS-Viren dient die Virus-RNS direkt als mRNS. Das Polio-Virus und das Röteln-Virus gehören zu dieser Gruppe.

In anderen Fällen ist die Virus-RNS zur Translation unfähig. Eine RNS dieses Typs wird als *Negativ (–)-Strang-RNS* bezeichnet. Es muß in diesen Fällen zuerst eine Transkription erfolgen. Erst hierdurch entsteht eine translationstüchtige (+)-Strang-RNS. Dieser Vorgang wird durch eine in das Viruspartikel eingebaute Polymerase katalysiert. Die Viren dieser Gruppe werden als (–)-Strang-RNS-Viren bezeichnet. Beispiele sind Myxo-Viren und das Tollwut-Virus.

Ambisense-RNS. Die Expression dieser (–)-Strang RNS erfolgt in 2 Stufen. Zunächst wird vom (–)-Strang eine (+)-mRNS abgelesen und translatiert. Dann wird komplementärer (+)-Strang gebildet und dieser erneut abgelesen (z. B. Arena-Viren).

Bausteine der Nukleinsäuresynthese

Mit der Bereitstellung der Sofort- und der Frühproteine sind wichtige Voraussetzungen für die Replikation der Virusnukleinsäure gegeben.

Für die Synthese neuer Virusnukleinsäure müssen folgende Elemente zur Verfügung stehen:

Energiereiche Nukleotide. Diese werden von der Zelle, z. T. unter Mithilfe viruskodierter Enzyme (Thymidin-Kinase), geliefert.

Nukleinsäure-Muster. Des weiteren wird ein Muster (Matrix) benötigt, nach dessen Bauplan die Herstellung der Kopien erfolgt. Diese Aufgabe wird von der nackten Virusnukleinsäure wahrgenommen. Viele DNS-Viren benötigen dabei ein Stück RNS; diese RNS wird als Starter-RNS bezeichnet (s. S. 476). Einige RNS- und DNS-Viren benötigen ein kovalent gebundenes Starterprotein (Picorna-, Adeno-Viren) für die Replikation. Andere Viren besitzen am 5′-Ende ihrer mRNS eine „cap"-Struktur (Toga-, Myxo-Viren) in Gestalt eines kovalent gebundenen 7-Methylguanidins. Diese „caps" dienen zum Auffinden der optimalen Bindungsstelle für das Ribosom (Translation). Am 3′-Ende der mRNS befindet sich eine Polyadenosin-Sequenz.

Enzyme. Hierzu gehören
- die Polymerase für die DNS-Synthese,
- die Replikase für die RNS-Synthese und
- die Reverse Transkriptase bei den Retro-Viren.

Bei kleinen RNS-Viren ist die Replikase ein viruskodiertes Enzym. Bei DNS-Viren ist die Information zur Synthese der Polymerase häufig im Virusgenom enthalten. Fehlt sie, so wird eine zelleigene DNS-Polymerase verwendet. Lediglich das Vaccinia-Virus besitzt eine viruskodierte, partikelgebundene Transkriptase.

Frühphase der Virussynthese

In der Frühphase der Virussynthese wird der Stoffwechsel der Zelle tiefgreifend beeinflußt.

Die zelleigene RNS wird quasi durch die virale RNS von den Ribosomen verdrängt (virus-host-

VII

shut-off, vhs = „Abschaltung" der Wirtszelle). Insgesamt werden die zellulären Vorgänge der DNS-, der RNS- und der Proteinsynthese aber *selektiv* blockiert. Die Konkurrenz zwischen dem viralen und dem zelleigenen Informationsfluß ist bei den einzelnen Viren verschieden stark ausgeprägt und wird durch unterschiedliche Mechanismen bewirkt. Bei der *Transformation* wird dagegen die zelluläre DNS-Synthese nicht abgeschaltet, sondern verstärkt, und die Abschaltungsmechanismen bleiben unwirksam (s. S. 501).

Man kennt Proteine von Viren, die direkt DNS-Synthese, Transkription und Translation der Zelle hemmen (Polio- und Adeno-Virus, HSV). Bei Polio zerstören z. B. viruseigene Proteasen bestimmte Initiationsfaktoren für die Translation.

Viruskodierte Glykoproteine werden in die Zellmembran eingebaut, abgebaut oder als Oligopeptide präsentiert. Dies wirkt immunologisch als „Verfremdung" der Zellmembran gegenüber dem Immunapparat, so daß letzterer die virusinfizierten Zellen erkennt und gegen sie Immunmechanismen in Gang bringen kann. Allerdings wird durch die Virussynthese auch die Transkription und/oder Translation der MHC-Gene abgeschaltet (HIV, HSV), z. T. wird sogar der Transport der Oligopeptide zur Zellmembran blockiert (HSV, HPV), auch werden „kostimulatorisch" wirkende Signalgeber abgeschaltet (s. S. 100). Die Zellen können also durch ZTL nicht erkannt werden. Andere Viren steigern die MHC-Expression. Viren kodieren auch für Zytokine (= Virokine), z. B. das ZMV und das HHV-8.

Spätphase der Virussynthese

Mit dem Beginn der *Nukleinsäuresynthese* ist die Frühphase des Vermehrungszyklus abgeschlossen. Es folgt die Synthese- bzw. Spätphase der Virussynthese. Diese Abschnitte sind dadurch gekennzeichnet, daß Nukleinsäuren und Strukturproteine gebildet werden und daß der Informationsfluß nicht mehr ausschließlich vom Virus-Elterngenom, sondern auch von den Tochternukleinsäuren ausgeht.

Die Replikation der Nukleinsäure erfolgt durch unterschiedliche Mechanismen.

(+)-Strang-RNS-Viren. RNS-Viren mit einem (+)-Strang dringen in die Zelle ein; ihre RNS wird freigesetzt und verbindet sich als messenger-RNS (mRNS) mit den Ribosomen in der nichtkodierenden Region. Diese Komplexe synthetisieren zuerst eine Replikase, die dann ihrerseits mit der Synthese von (–)-Strang-RNS vom Starterprotein aus beginnt. An den neugebildeten (–)-Strängen werden (+)-Stränge synthetisiert. Die Komplexe, die sich aus (+)- bzw. (–)-Strängen, ferner aus Replikasemolekülen und schließlich aus unterschiedlich langen Strängen der neugebildeten RNS zusammensetzen, werden als *„replicative intermediates"* bezeichnet. Als Nebenprodukt fallen *Doppelstrang-RNS-Moleküle* an, die ihrerseits als Interferon-Induktoren wirken. Das Zahlenverhältnis zwischen (+)- und (–)-Strang-RNS-Molekülen ist auf den Verbrauch abgestimmt; es gibt mehr (+)- als (–)-Stränge, weil die (+)-Stränge in neue Virionen ein-

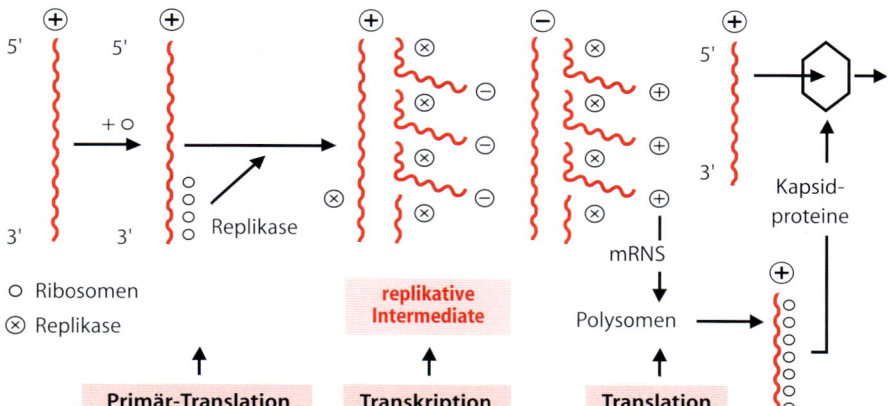

Abb. 2.3. (+)-Strang-RNS-Viren. Nach dem Eindringen in die Zelle kann sich die freigesetzte (+)-Strang-RNS direkt mit den Ribosomen verbinden, so daß neue Replikase-Moleküle entstehen können. Am (+)-Strang bilden sich (–)-Strang-Moleküle und umgekehrt. Die Proteinsynthese erfolgt an den (+)-Strängen, die auch in neue Virionen eingebaut werden. Die Komplexe aus (+)- und (–)-RNS-Strängen werden als replikative Intermediärformen bezeichnet (Polio-Virus). Am 5'-Ende der RNS ist das Starterprotein nicht gezeigt

gebaut werden müssen und zugleich als mRNS-Moleküle benötigt werden (Abb. 2.3).

Die Virus-RNS unterscheidet sich in ihrer Grundstruktur nicht von der zellulären RNS. Sie besitzt jedoch im Gegensatz zur Zell-RNS die Fähigkeit zur Autoreduplikation, während die zelluläre RNS von der Zell-DNS abgelesen wird. Die Abschaltung der Transkription der Zell-mRNS nach der Infektion erfolgt auf sehr unterschiedliche, aber selektive Weise (s. o.).

(–)-Strang-RNS-Viren.
RNS-Viren mit (–)-Strang-RNS enthalten eine Replikase. Die Synthese der (+)-Strang-RNS wird durch dieses Enzym am Molekül der Virus-RNS vorgenommen. Anschließend

verläuft die RNS-Synthese wie bei den (+)-Strang-Viren. Es gibt aber einen quantitativen Unterschied: Bei den (–)-Strang-Viren wird relativ mehr (–)-Strang-RNS gebildet als bei den (+)-Strang-Viren, weil die (–)-Stränge in das Virion eingebaut werden (Abb. 2.4).

DNS-Viren: Rolling-Circle-Weg.
Der Rolling-circle-Weg der DNS-Replikation wird bei den Herpes-Viren beschritten. An einem „rotierenden" DNS-Ring von (–)-Polarität wird laufend neue (+)-DNS als Einzelstrang nachgebildet. Die neugebildete DNS drängt ihrerseits das 5'-Ende des neuen Stranges vom Mutterstrang ab. Der freie Einzelstrang wird durch den sog. „Okazaki"-Mechanis-

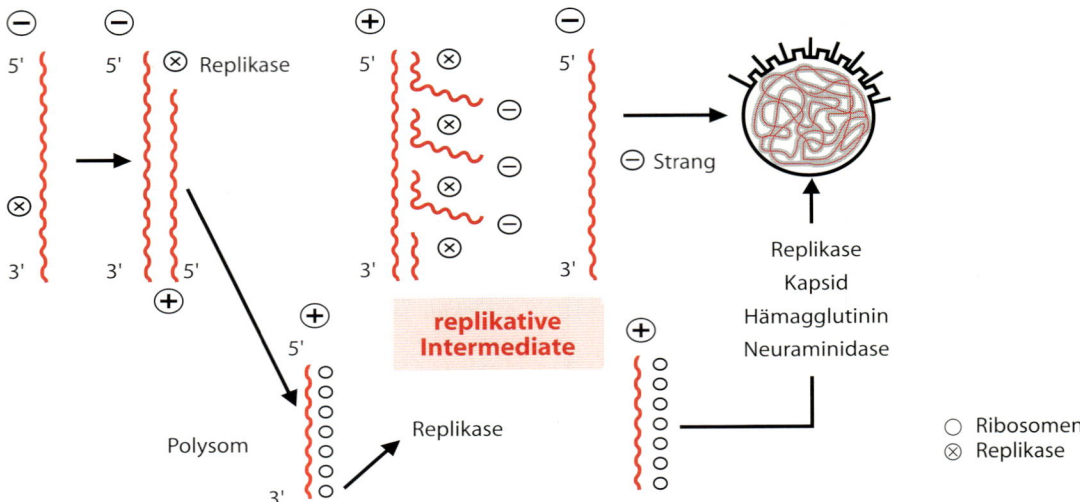

Abb. 2.4. (–)-Strang-RNS-Viren. Ein (–)-RNS-Strang kann sich nicht mit den Ribosomen verbinden. Die im Viruspartikel mitgeführte Replikase muß also zunächst einige (+)-Stränge synthetisieren, ehe die Replikation wie bei den (+)-Strang-RNS-Viren weiterlaufen kann

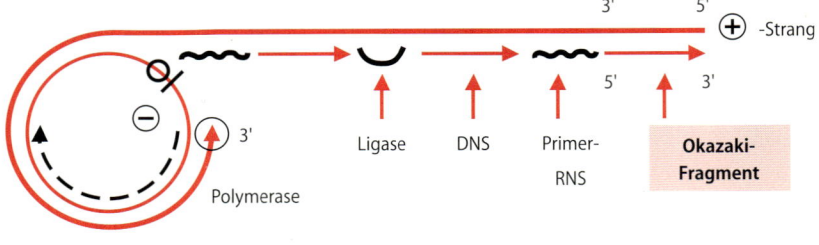

Abb. 2.5. Der „rolling circle". Zunächst wird der inkomplette (+)-DNS-Strang vervollständigt. Der (–)-Strang „dreht" sich dann sozusagen weiter: Am 3'-Ende synthetisiert die DNS-Polymerase (+)-Strang-DNS, während am 5'-Ende der gleiche Strang gleichsam abgerollt wird. Die Synthese des (–)-Strangs erfolgt dann durch Bildung von Okazaki-Fragmenten und Ligierung der Lücken. Als Starter (Primer) dienen kurze RNS-Sequenzen

mus zum Doppelstrang: Zuerst wird ein RNS-Star-ter(Primer) synthetisiert. An diesem Ausgangs-punkt beginnt die Synthese des Komplementär-stranges in 5′→3′-Richtung. Nach dem Abbau des Primers durch eine Ribonuklease wird die Lücke zum nächsten Okazaki-Fragment durch eine Ligase ausgefüllt. Die DNS wird anschließend in Stücke mit Einheitslänge für den Einbau in die Virionen zerschnitten (Abb. 2.5).

Reverse Transkription. Die Umschreibung der *Retro-Virus-RNS* in DNS erfolgt durch die reverse Transkriptase in mehreren Schritten (Abb. 2.6).

Zuerst wird ein (–)-DNS-Strang gebildet, der mit dem (+)-Strang der Virus-RNS ein Hybrid-Mole-kül (RNS/DNS) bildet. Die RNS wird dann abge-baut und der zweite DNS-Strang angefertigt. Die jetzt vorliegende DNS-Doppelhelix wird zu einem Ringmolekül umgeformt; dieses eignet sich beson-ders gut für die Integration in das Zellgenom.

Die Replikation des Virus beginnt erst dann, wenn das reverse DNS-Transkript in das Zellgenom integriert worden ist. Dies gilt für alle Retro-Viren. Das integrierte DNS-Transkript wird als *„Provirus"* bezeichnet, von ihm wird mRNS abgelesen.

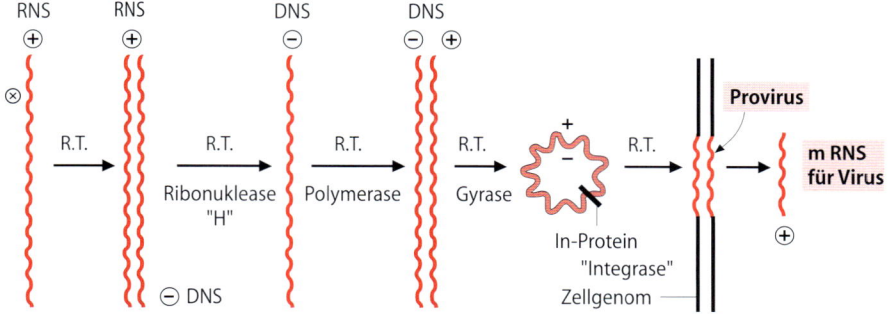

Abb. 2.6. Die Replikation der RNS der Retro-Viren. Nach dem Uncoating der RNS wird mittels der reversen Transkriptase (R.T., ⊗) ein (–)-DNS-Strang gebildet. Der RNS-Strang wird abgebaut (Ribonuklease H), der (+)-DNS-Strang synthetisiert und mittels der R.T. in eine Pseudoringform (durch das „In"-Protein zusammengehalten) um-gewandelt, die schließlich durch das gleiche Enzym integriert wird, so daß das Provirus entsteht. Als Starter dient eine Transfer RNS. Neue Viruspartikel entstehen durch Transkription des Provirus

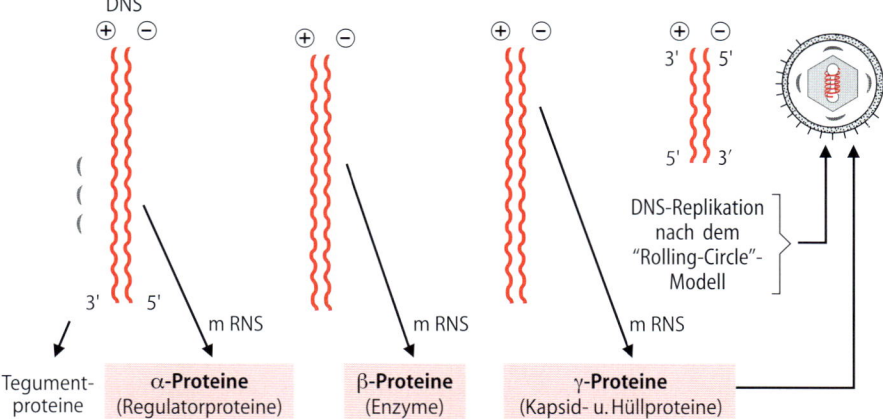

Abb. 2.7. Die Replikation der großen DNS-Viren (Herpes-Gruppe). Nach der Freisetzung der Doppelstrang-DNS erfolgt die Replikation der DNS nach dem Rolling-Circle-Modell. Die Proteine werden in drei Kaskaden abgerufen (α-, β- und γ-Proteine), wobei jeweils die ent-sprechenden mRNS-Moleküle entstehen. Die α-Proteine sind zumeist Regulatorproteine, die β-Proteine Enzyme und die γ-Proteine Struk-turproteine. Das Transaktivator-Protein entsteht als Spätprotein, wird in die Tegumentschicht eingebaut und sorgt für den Beginn der Bil-dung von α-Phasen-mRNS

Das *HBV* enthält ebenso eine Polymerase mit den Eigenschaften einer reversen Transkriptase. Sie synthetisiert aus dem Prägenom (+)-Strang-RNS eine (–)-Strang-DNS (s. S. 661). Die Integration in das Zellgenom als Provirus erfolgt offenbar schon während der Replikation durch die Polymerase. Im Gegensatz zu den Retro-Viren ist diese Integration jedoch nicht Voraussetzung für die Replikation. Man kann sie als „zytogenetischen Unglücksfall" bezeichnen.

Replikation der Herpes-simplex-Virus-DNS. Die Replikation der Herpes-simplex-Virus-DNS erfolgt nach dem Rolling-Circle-Modell in einem komplizierten Prozeß. Die Transkription geht in drei Schritten vonstatten (Abb. 2.7). Zuerst werden die Sofort-Proteine gebildet, welche die weitere Transkription steuern. In einem zweiten Transkriptionsschritt wird die mRNS für Früh-Proteine synthetisiert. Zuletzt entstehen die Spät-Proteine in einem dritten Transkriptionsschritt als Bausteine des Virions; hierzu gehört auch das in die Virionen eingebaute transaktivierende Protein.

Synthese von Kapsid- und Hüllmaterial. Die Synthese von Kapsid- und Hüllmaterial erfolgt aufgrund der im Virusgenom enthaltenen Information. Sie beginnt erst dann, wenn die Synthese von Frühproteinen abgeschlossen und die Synthese der Virusnukleinsäure in Gang gekommen ist. Auch hier gilt, daß DNS-Viren ihr Kapsid- bzw. Hüllmaterial über eine mRNS synthetisieren lassen, während die RNS-Viren ihre eigenen Nukleinsäure-Kopien (Tochter-RNS) oder entsprechende Teile davon als mRNS benutzen. Die Synthese der Proteine erfolgt an Polysomen.

2.3.4 Zusammenbau der Viren (Montage)

Der Zusammenbau der Viren erfolgt in der Zelle entweder im Kern oder im Zytoplasma, oder aber im Kern *und* im Zytoplasma. Die Montage beginnt an bestimmten Erkennungsstellen von Nukleinsäure und Kapsidprotein, z.B. beim HSV, oder mittels der strukturgebenden Wirkung von **Chaperonen**.

Beim **HSV** kodiert ein besonderes Gen für ein Matrizenprotein, an das sich außen die Kapsomeren zur Kapsidbildung anlagern. Anschließend zerstört eine Protease desselben Proteins die Matrize. Beim **HBV** erfolgt die Montage des Kapsids in en-

ger Wechselwirkung mit dem Prägenom. Das fertige Kapsid wird in zytoplasmatischen Vakuolen mit Hilfe von Chaperonen mit einer Hülle versehen und das fertige Virion ausgeschleust.

Die *Hüllbildung* erfolgt bei den Viren der Herpesgruppe mit Material der inneren Kernlamelle, beim Tollwut-Virus wird die Hülle aus dem endoplasmatischen Retikulum abgeleitet, während beim Influenza-Virus und bei HIV die Bildung der Virushülle mit Material der Zellmembran erfolgt (budding, engl. Knospung).

Die Anzahl der von einer einzigen Zelle synthetisierten neuen infektiösen Viruspartikel variiert beträchtlich. Pro Zelle werden z.B. 1000 neue Polio-Viren, aber nur 50–100 Herpes-simplex-Viren gebildet.

2.3.5 Ausschleusung

Die Ausschleusung des Virus ist vielfach eine aktive Leistung der Wirtszelle. Hier spielen sich Vorgänge ab, die man als Umkehrung der Endozytose (*Exozytose*) bezeichnen kann.

Bei Viren, die eine Hülle besitzen, erfolgt die Ausschleusung zugleich und in enger Verbindung mit der Hüllenmontage. Elektronenmikroskopisch sieht man dann oft eine Art Knospungsvorgang (budding) an der Kern- oder Zellmembran. Knospung aus dem Zellkern sieht man bei Herpes-Viren. Knospung aus der Zellmembran ist typisch für die Myxo- und Retro-Viren, während die Montage des Pocken- und des Tollwut-Virus im Zytoplasma erfolgt.

In anderen Fällen geht die Zelle nach Beendigung der Montage zugrunde, und die Viren werden passiv durch Zell-Lyse entlassen (Picorna-Viren).

2.4 Abortiver Zyklus und Quasispezies

Ein abortiver Zyklus liegt dann vor, wenn in der Zelle inkomplette Virionen entstehen. Dies kann zustandekommen, wenn bei der Montage der eine oder andere Baustein fehlt, durch Mutationen fehlerhaft wird oder die Replikation nicht vollständig abläuft.

Dies ist bei HIV-infizierten, ruhenden Lymphozyten der Fall, in denen z.T. das Genom integriert

VII

ist. Erst nach der Aktivierung der Lymphozyten beginnt die Virussynthese (s. S. 598).

Die Regulation der Virussynthese kann auch unter die Kontrolle des Zellgenoms geraten, z.B. beim HSV, welches dann in den Neuronen latent wird. Erst hormonelle Einflüsse oder andere Faktoren reaktivieren das Genom des HSV.

Ein abortiver Zyklus liegt auch dann vor, wenn zwar alle Bausteine in der Zelle gebildet werden, die für die Montage erforderlichen Transportmechanismen in einer bestimmten Zellart aber nicht wirksam werden.

Defekte, interferierende Partikel entstehen dann, wenn viele Viren der gleichen Spezies in eine Zelle gelangen, die Replikation zwar beginnt, aber wegen „Überlastung" der Zelle nicht zu Ende

geführt werden kann, oder wenn Regulator- oder Strukturgene durch Mutationen oder Deletionen verändert sind. In diesem Falle wird trotzdem ein Interferenzmechanismus in Gang gesetzt. Diese unvollständigen Replikationszyklen spielen bei der Pathogenese von Viruskrankheiten eine wichtige Rolle (HBV, HDV, Masern u.a.).

Quasispezies entstehen z.B. beim HIV durch häufige Mutationen der Strukturproteine. Hierher lassen sich Immunescape-Varianten zählen, die infolge der Einwirkung des humoralen oder zellulären Immunsystems aus dem Mutantenspektrum selektioniert werden. Dies gilt auch für die Chemotherapie. Der Grund für diese hohen Mutationsraten ist im Fehlen einer „proof-reading"-Funktion der Polymerase der RNS-Viren zu suchen.

ZUSAMMENFASSUNG: Replikation der Viren

Der Informationsträger. DNS oder RNS. Die Information dient für die
- Synthese der Polymerasen und Replikasen,
- Beeinflussung der Zellmaschinerie und Regulation der Replikation,
- Synthese von Kapsid- und Hüllmaterial.
- Der Informationsgehalt variiert von 2 kbp bis zu 250 kbp. Viren kodieren für etwa 5–100 Proteine.

Einstufen-Vermehrungszyklus dient dem Studium der Replikationsphasen.

Die *Replikation* läßt sich einteilen in:
- Adsorption von Ligand (d.h. Virus) an ein oder zwei Rezeptoren,
- Penetration durch Fusion oder durch Endozytose mit anschließendem Uncoating bei saurem pH.
- In der Eklipse lassen sich keine infektiösen Partikel mehr nachweisen – es existiert nur noch infektiöse DNS oder RNS.

Die *Synthesephase* wird bei (+)-Strang-RNS-Viren und kleinen DNS-Viren eingeteilt in
- eine Frühphase (Enzyme) und

- eine Spätphase (Strukturproteine).

Bei den (–)-Strang-RNS-Viren muß zunächst (+)-Strang gebildet werden. Bei den großen DNS-Viren (Herpesgruppe) ist eine *Regulatorphase* vorgeschaltet.

Nukleinsäurereplikation erfolgt nach verschiedenen Modellen.
- In der Montagephase werden die Partikel zusammengesetzt (Kern, Plasma, oder in Kern *und* Plasma).
- Die Freigabe ist eine aktive oder passive Leistung der Zelle.

Bei den Retro-Viren wird die RNS in DNS umgeschrieben und als Provirus integriert. Bei der Replikation gibt es inkomplette Partikel (abortive Vermehrung), v.a. gibt es bei den RNS-Viren viele Mutationen (Quasispezies) und defekte, interferierende Partikel. Die Virusreplikation bewirkt einen Zellschaden (ZPE, „host-shut-off") in verschiedener Form; außerdem wird der Zellstoffwechsel umgesteuert (Zytokin-Sekretion u.a.).

EINLEITUNG

Die Pathogenität von Viren ist die Voraussetzung für die Entstehung von Krankheiten. Sie kommt durch vielfältige Eigenschaften des Wirtes und des Virus zustande. Im Brennpunkt stehen der virusbedingte primäre Zellschaden und die Entzündung mit sekundären immunpathologischen Zellschädigungen. Die experimentelle Abschwächung der Pathogenitätsmerkmale eines Virus erlaubt die Herstellung von Lebendimpfstoffen.

Die Ausbreitung eines Virus im Organismus folgt bestimmten Regeln; dabei werden jeweils verschiedene Funktionen des Wirtes und des Virus aktiv. Es gibt akute, persistierende und latente Virusinfektionen. Störungen der Ontogenese bewirken Embryopathien. Mittels der Basisabwehr und der adaptiven Immunität blockiert der Wirtsorganismus die Virusausbreitung, dies gilt für die Primärinfektionen. Bei einer Zweitreaktion reagiert die adaptive Immunität blitzschnell („Gedächtnis") fast ohne Entzündungen. Polymorphismen des Wirtes oder des Virus beeinflussen den Ablauf der Infektion.

STECKBRIEF

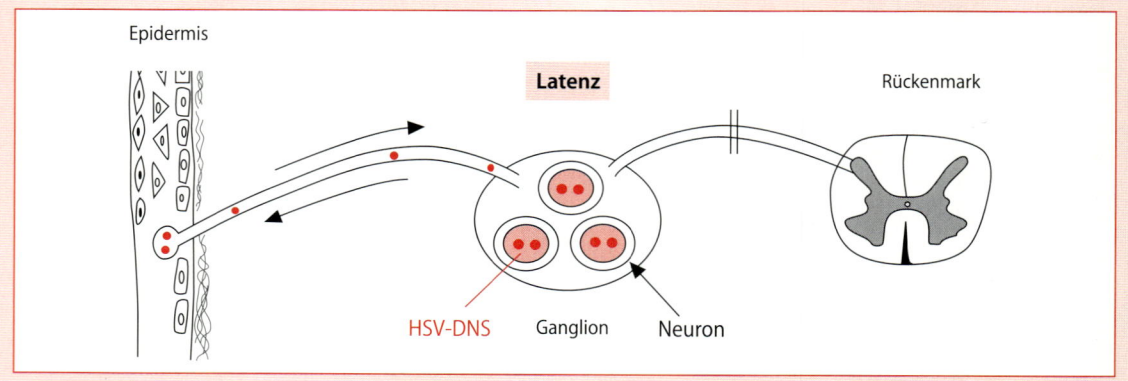

3.1 Pathogenität und Virulenz

Die *Pathogenität* eines Virus für eine bestimmte Tier- und Pflanzenspezies ist an eine Reihe von Voraussetzungen gebunden:

- Das Virus muß von der Zelle adsorbiert und einverleibt werden.
- Es muß sich nach der Penetration in der Wirtszelle vermehren oder ggf. seine Nukleinsäure wirksam in das Zellgenom integrieren.
- Das Virus oder seine Bestandteile müssen in der Synthesephase Rückwirkungen auf den Zellstoffwechsel ausüben.

Der Begriff *Virulenz* hingegen kennzeichnet den unterschiedlichen Grad der krankmachenden Wirkung von Virus-Varianten, Deletanten oder Quasispezies.

Als *Maß für die Pathogenität* gibt man für einen bestimmten Virusstamm bei festgelegtem Wirt die ID_{50} oder LD_{50} an, d.h. diejenige Zahl lebender Viren, die, pro Tier verabreicht, innerhalb eines Kollektivs bei 50% der Individuen eine Infektion hervorruft oder die Tiere tötet (infektiöse oder letale Dosis 50%).

Der Begriff Pathogenität kann in dem eben erläuterten Sinne nur im Hinblick auf das lebende Tier benutzt werden. Bei Arbeiten mit virusempfänglichen Zellkulturen nimmt man in der Regel eine maximale Pathogenität an. Man weiß, daß u. U. ein einziges Viruspartikel genügt, um pro Zelle eine Infektion zu setzen (s. Plaque-Test, S. 526).

In der Natur kommen bei ein und derselben Virusart zahlreiche Varianten mit sehr verschiedenartiger **Virulenz** vor. So unterscheiden sich die Subtypen der Influenza A hinsichtlich ihrer Virulenz in erheblichem Maße. Dem hochvirulenten A1-Subtyp der Pandemie 1918 steht der relativ schwach virulente Subtyp A2 (Asia) aus der Pandemie 1957 gegenüber. Beim HIV entstehen im Organismus zahlreiche „Quasispezies" mit unterschiedlichen Eigenschaften.

3.2 Wirtsspektrum

Die Rezeptoren für ein Virus sind z. T. weit verbreitet, kommen also bei zahlreichen Spezies vor. Ein Beispiel ist das Tollwut-Virus, das praktisch alle Warmblüter infiziert: Das Virus besitzt ein breites Wirtsspektrum.

Extrem eng ist das Wirtsspektrum des HBV und des menschlichen Zytomegalie-Virus; beide sind nur für den Menschen infektiös. Auch das Polio-Virus befällt spontan nur den Menschen.

3.3 Organotropismus

Neben der Wirtsspezifität kommt den Viren noch eine zweite Selektivqualität zu: Wird ein Wirtsorganismus infiziert, so bevorzugen die Viren im Hinblick auf ihre pathogene Wirkung vielfach bestimmte Organe bzw. Organsysteme. Es gibt z. B. neurotrope und viszerotrope Varianten von ein- und derselben Virusart. Diese **Organspezifität** wird durch eine besonders gute oder geringe Replikationsmöglichkeit in verschiedenen Zellarten bestimmt, sie hängt ab vom Vorkommen von Rezeptoren bzw. bestimmten Ligand-Eigenschaften der Wirtszelle und des Virus (Kapsid- oder Hüllglykoproteine). Man weiß heute aber auch, daß bestimmte nicht für Proteine kodierende Regionen des Virusgenoms (Non-coding-regions) der Anlagerung zellulärer und viraler Transkriptionsfaktoren bedürfen, um die Transkription eines Virusproteins zu gewährleisten. Diese Faktoren werden

auch als **Transaktivatoren** bezeichnet. Die von der Zelle zu liefernden Voraussetzungen für die Virusreplikation kennt man kaum; in den Lymphozyten z. B. ist die Replikation nur dann produktiv, wenn die Lymphozyten aktiviert sind (s. S. 598).

Das Wirtsspektrum des Tollwut-Virus ist sehr breit, während der **Organotropismus** eng ist: Immer werden bevorzugt die Zellen des ZNS geschädigt.

Umgekehrt gibt es Viren, die bei engem Wirtsspektrum in nahezu allen Organen des infizierten Wirtsorganismus Schäden setzen können, so z. B. bei der Zytomegalie und dem Herpes-neonatorum der Neugeborenen. Dies gilt v. a. beim Vorliegen von Immundefekten. Schließlich kennt man eine Kombination von engem Wirtsspektrum und engem Organotropismus, z. B. bei der Virushepatitis. Der Organotropismus eines Virus wird durch viele verschiedene Zelltypen eines Organes bestimmt.

Die Eigenschaft der **Neuroinvasivität** erlaubt es den Viren, sich an Endothelzellen der ZNS-Kapillaren anzuheften, zu vermehren oder die Bluthirnschranke als „blinder Passagier", z. B. in Makrophagen zu passieren. Der Begriff **Neurovirulenz** bezeichnet den Schweregrad der zellschädigenden Wirkung des Virus im ZNS.

Außer dem lokalen Prozeß können auch sekundär-systemische Entzündungen ausgelöst werden: **Virus-Antikörper-Komplexe** können sich in der Niere ansiedeln und eine Glomerulonephritis (s. LCMV, S. 586; HBV, S. 663) oder **Autoimmunprozesse** auslösen (s. HCV, S. 673).

3.4 Faktoren der Pathogenität

Nicht alle Viren richten die Zelle dadurch zugrunde, daß sie deren Syntheseapparat für die eigene Vermehrung in Anspruch nehmen. Wir unterscheiden **zytozide** (zellabtötende) und **nicht-zytozide** Replikationsvorgänge. Bei den letzteren zeigt sich die Zelle der doppelten Belastung, die sich aus dem Anabolismus zur Selbsterhaltung einerseits und der Virussynthese andererseits ergibt, gewachsen. Sie produziert das Virus gewissermaßen „nebenbei". Es hat sich allerdings herausgestellt, daß in solchen persistent infizierten Zellen einzelne Funktionen, z. B. die Hormonproduktion, beeinträchtigt sein kann.

Zweckmäßigerweise unterscheidet man die direkten, durch den Virusbefall bedingten Schädigungen der infizierten Zelle als *Primärschäden* (Nekrose mit oder Apoptose ohne Entzündung) von den *Sekundärschäden*, d.h. von den indirekten Auswirkungen der Virusinfektion auf den Gesamtorganismus. Die Sekundärschäden sind immunologisch bedingt, diese manifestierten sich als **Entzündung**.

3.4.1 Primärschäden

Ein Primärschaden kann durch folgende Ursachen ausgelöst werden:

Rückwirkungen der Virussynthese auf den Zellstoffwechsel. Sobald die Virusnukleinsäure nackt vorliegt, gehen zwei Informationsströme zum Ribosom: Der eine kommt vom Zellgenom, während der zweite vom Genom des infizierenden Virus ausgesandt wird (mRS, Virus-Elterngenom). In dieser Phase kommt es durch selektive Repression zu einer fortschreitenden Drosselung des Informationsflusses vom Zellgenom zum Ribosom, während der Informationsfluß vom Virusgenom zum Ribosom anschwillt: Die zelleigene mRNS wird quasi durch die neugebildete virale RNS verdrängt (host-shut-off, s. S. 474). Insgesamt werden die zellulären Vorgänge der DNS-, der RNS- und der Protein-Synthese aber selektiv blockiert. Die Konkurrenz zwischen dem viralen und dem zelleigenen Informationsfluß ist bei den einzelnen Viren verschieden stark ausgeprägt und wird durch unterschiedliche Mechanismen bewirkt.

Weitere Wirkungen der Replikation. Einige Glykoproteine der Herpes-Viren wirken nach dem Einbau in die Zellmembran als Fc-Rezeptoren für Antikörper (s. S. 62) oder binden das C3b-Fragment des Komplementes und machen es unwirksam. Andere Virusproteine werden sezerniert und wirken als Inhibitoren für Komplementfaktoren. Das EBV kodiert für ein IL-10-ähnliches Protein (s. S. 647). Im Verlauf der Replikation kann auch die Expression von Zytokinen oder Chemokinen, z.B. in dendritischen Zellen, in Endothelzellen oder Organzellen gesteigert oder verringert sein. Insbesondere wird die Synthese von *Interferon* angeregt. Das EBV regt z.B. die Ausbildung von Differenzierungsantigenen auf der Membran von B-Lymphozyten an. Das LCM-Virus reduziert andererseits die Bildung von *Wachstumshormonen.*

Fusionierende Viren (z.B. HSV) besitzen das Vermögen, die Bildung von Interzellularbrücken (Mikrofusion) anzuregen. Sie breiten sich über diese Brücken aus und entziehen sich so dem Zugriff der Antikörper.

In der Frühphase werden v.a. die Signale für die Form des zytopathischen Effektes (Fusion oder Zell-Lyse, Transformation) abgegeben.

Frühe Gene der Adeno-Viren oder HPVs sind z.B. auch für zytogenetische Veränderungen als Mutationen, Chromosomenbrüche oder Deletionen verantwortlich (*Genotoxizität*).

Zytopathischer Effekt (ZPE). Im histologischen Schnittpräparat kann man in besonderen Fällen den Primärschaden als Zelluntergang erkennen, z.B. bei der Poliomyelitis. Wesentlich ergiebiger ist die Direktbeobachtung der lebenden Zellkultur mit dem Mikroskop. Hier können als Folge der Virusinfektion typische Veränderungen der Zellmorphologie auftreten. Sie werden als zytopathischer Effekt bezeichnet (Abb. 3.1). Man darf annehmen, daß die Erscheinungen des ZPE, wie sie in der Zellkultur auftreten, ein Spiegelbild der Verhältnisse im infizierten Organismus liefern. Tatsächlich treten Riesenzellen auch in vivo bei Masern- und RS-Virus-, bei VZV-, HIV- und HSV-Infektionen auf.

Nachfolgend sind typische Erscheinungen beschrieben.

Zellabkugelung. Die in der nicht infizierten Kultur polygonal oder sternförmig aussehenden, mit Fortsätzen versehenen Zellen runden sich ab.

Beispiel: Mit Polio-Virus infizierte Affennierenzellen. Die Plaquebildung wird auf S. 526 beschrieben.

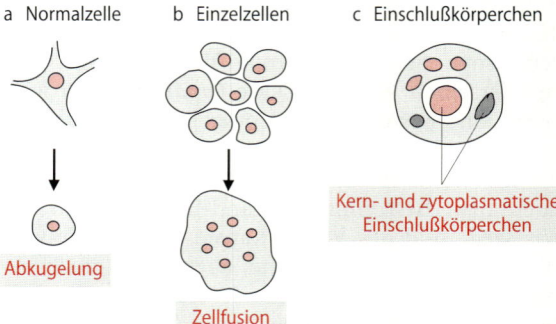

a Normalzelle   b Einzelzellen   c Einschlußkörperchen

Abkugelung

Zellfusion

Kern- und zytoplasmatische Einschlußkörperchen

Abb. 3.1. Der zytopathische Effekt. Die Infektion von Zellen kann zu Abkugelung und Lyse (**a**), zur Fusion von Zellen (**b**) oder zur Bildung von eosino- oder basophilen Einschlußkörperchen (**c**) führen

VII

Riesenzellbildung. Die einkernigen Zellen fusionieren und bilden zusammen sehr große, mehrkernige Gebilde; diese werden als Riesenzellen oder Polykaryozyten bezeichnet.

Beispiel: Kaninchennierenzellen nach Infektion mit HSV oder von CD4-(+)-Zellen mit HIV.

Einschlußkörperchen. Es treten im Kern und/ oder im Zytoplasma der befallenen Zelle rundliche Strukturen auf, die in typischer Weise färbbar sind (Einschlußkörperchen). Sie können lichtmikroskopisch leicht wahrgenommen werden. Ihre Größe liegt zwischen 2 und 10 μm. Die Einschlußkörperchen sind als Aggregate von inkompletten Viria zu verstehen. Ihre Lokalisation entspricht den Montageorten in der Spätphase des Vermehrungszyklus.

Beispiele: Die Guarnieri-Körperchen (basophil) bei Pocken; die Negri-Körperchen bei Tollwut; Einschlußkörperchen im Kern bei Masern und bei den Viren der Herpesgruppe (eosinophil) (s. Farbtafel S. 690).

Chromosomenbrüche. Diese sind mit spezifischen Methoden der Lichtmikroskopie darstellbar. Sie werden bei vielen Virusinfektionen sowohl in vitro als auch in vivo beobachtet.

Beispiel: Menschliche Leukozyten nach Masern-Infektion. Translokationen von Teilen der Chromosomen erfolgen z.B. bei der Entstehung des Burkitt-Lymphoms (s. S. 649). Genotoxische Effekte treten nach Integration des Virusgenoms auf, und zwar bei HSV, HBV und HPVs. Die Folge sind Mutationen, Deletionen u.a., die eine große Bedeutung für die Tumorentstehung besitzen (s. S. 502).

Apoptose. Sie spielt als Folge einer Virusinfektion neben der **Nekrose** (Oncose) eine wichtige Rolle bei der Entstehung des virusinduzierten Zellschadens. Sie wird durch komplexe Mechanismen nach der Anlagerung des Fas-Liganden (Fas-L) an den Fas-Rezeptor ausgelöst (u.a.) und dient der Limitierung der Virusausbreitung im Organismus.

Maligne Transformation. Sie ist eine Sonderform des ZPE (s. S. 496).

3.4.2 Sekundäre Pathogenitätsmechanismen

Bei einer Virusinfektion können pyrogene Stoffe (wie IL-1, TNFα u.a.) freigesetzt und wirksam werden. Bei Röteln wird das freigesetzte Interferon als besonderer Pathogenitätsfaktor wirksam. Es hemmt die Zellteilung und führt bei intrauteriner Infektion zu einer Störung des Extremitätenwachstums. Hierher gehören auch Lymphokine, Chemokine und Zytokine, deren Blutpegel oder Freisetzbarkeit aus Blutzellen verändert ist. Sie können die Funktionen des Immun-Netzwerkes stören. Interferone haben eine große Bedeutung für die Limitierung der Virusreplikation im Frühstadium einer Infektion.

Zu den sekundären Pathogenitätsfaktoren gehören v.a. immunpathologische Prozesse, welche bei vielen Virusinfektionen ablaufen, z.B. bei der Herpes-Gruppe, den Myxo-Viren, bei der LCM und bei der Hepatitis A und B. Die Ursache liegt in einer „Verfremdung" der Zellmembran (s. S. 475), die sie für ZTL angreifbar machen.

3.5 Impfstoffe

Die Pathogenität für einen bestimmten Wirt ist bei Viren eine genetisch bestimmte Größe. Von besonderer Bedeutung ist die Tatsache, daß bei einem gegebenen Virus die Pathogenitätsmerkmale für verschiedene Wirtsorganismen durch jeweils verschiedene Gene kontrolliert werden können. Wird beispielsweise die Mäusevirulenz eines Gelbfieber-Virusstammes durch Mäusepassagen gesteigert, so segregieren u.U. die Virulenzmerkmale für andere Wirtsspezies, z.B. für den Menschen. Die schließlich erhaltene Variante zeigt eine gesteigerte Mäusevirulenz, aber eine herabgesetzte Menschenvirulenz. Die auf diese Weise erzielte Virulenzdrosselung ist die Grundlage für die Herstellung von **Lebendimpfstoffen** für den Menschen mit abgeschwächten (attenuierten) Viren. Als Beispiele für Virusimpfstoffe dieser Art seien genannt die Lebendimpfstoffe gegen Poliomyelitis, Gelbfieber, Masern, Mumps, Röteln und Varizellen.

Die attenuierten Viren behalten ihre Antigenstruktur. Ihre Fähigkeit, in bestimmte Zellen einzudringen und sich dort zu vermehren, hat sich jedoch geändert. Die Abschwächung hat also lediglich die Fähigkeit zur primären und sekundären Schädigung besonders sensibler Zellen herabgesetzt: Der Impfling macht eine künstlich hervorgerufene, klinisch inapparente Infektion durch, eine sog. *stille Feiung.*

Scheidet der Impfling das verimpfte Virus in großen Mengen aus, so kann seine Umgebung damit infiziert werden. Dies wirkt sich z.B. bei der Polio günstig auf die Gesamtzahl der geschützten Personen aus. Theoretisch besteht aber die Gefahr, daß bei Passagen des Impfvirus von Mensch zu Mensch die Virulenz im Sinne einer Selektion von Rückmutanten wieder ansteigt. Die ersten Impfungen mit dem Lebendimpfstoff gegen die Polio sind unter diesem Risiko unternommen worden. Glücklicherweise erwies sich in praxi eine Virulenzsteigerung des Impfvirus als seltenes Ereignis. – Totimpfstoffe s. S. 535.

Aktive Impfstoffe werden in unterschiedlichen Situationen bzw. zu bestimmten Zwecken eingesetzt:

- Expositionsprophylaxe (HBV, Tollwut),
- Infektionsprophylaxe (Masern, Röteln),
- Abschwächung einer Erkrankung (HSV),
- Therapeutische Impfung (HBV).

3.6 Infektionsverlauf

Die als Primär- und Sekundärschädigung bezeichneten Auswirkungen der Virusinfektion müssen keineswegs als obligate Begleiterscheinungen jeder angegangenen Virusinfektion betrachtet werden. Welches Ausmaß die Schädigung erreicht, hängt von den Eigenschaften des Virus ebenso ab wie von den Eigenschaften des befallenen Wirtsorganismus. So gibt es eine große Reihe von Virusinfektionen, bei denen die Sekundärschäden fehlen oder gering sind. In anderen Fällen fehlt die primäre Zellschädigung völlig: Die Zelle produziert Virus und bleibt dabei intakt, der Schaden wird aber immunpathologisch ausgelöst (s. S. 490).

Das Häufigkeitsverhältnis zwischen apparenter und inapparenter Infektion variiert beträchtlich:

- Die Masern sind fast immer apparent,
- die Poliomyelitis zu mehr als 99% inapparent.
- Die primäre Herpes-Infektion ist nur bei etwa 5–10% der Fälle apparent,
- während Mumps- und Influenza-Infektionen zu etwa 50% apparent verlaufen.

Die Spielarten des Infektionsverlaufes von Viren lassen sich durch die in den folgenden Abschnitten beschriebenen Prototypen repräsentieren.

3.6.1 Akute Infektion mit Viruselimination

Es entsteht hierbei eine erkennbare, zeitlich begrenzte, klinisch apparente Krankheit. Es kommt zur Virusvermehrung und zur Ausscheidung von infektiösen Viruspartikeln. Die Infektion kann im Sinne einer *Lokalinfektion* auf die Eintrittspforte und deren Umgebung beschränkt bleiben, wie beim banalen Schnupfen, oder sich über den gesamten Organismus ausbreiten und eine *zyklische Infektionskrankheit* wie die Polio hervorrufen. In beiden Fällen treten Antikörper auf: Der Patient erwirbt eine Immunität. Am Ende der Krankheit enthält der Wirtsorganismus kein infektiöses Virus mehr, d.h. das Virus ist eliminiert.

Die Infektion kann auch *klinisch inapparent* (stumm) verlaufen. Es kommt zu einem objektiv und subjektiv symptomfreien (subklinischen) Virusbefall von begrenzter Dauer. Während des Ablaufs vermehrt sich das Virus und erscheint in den Ausscheidungen. Es werden Antikörper gebildet. Der Patient erwirbt unbemerkt eine Immunität (*stille Feiung*). Die Infektion endet mit der Viruselimination. Die inapparente Infektion gleicht also, wenn wir von der klinischen Wahrnehmbarkeit absehen, in jeder Hinsicht der apparenten Infektion.

Beispiel: Die klinisch nicht faßbaren Fälle von Polioinfektionen.

3.6.2 Latente oder persistierende Infektionen

Nach der apparent oder inapparent verlaufenden Primärinfektion wird das Virus nicht immer vollständig aus dem Organismus eliminiert: Adeno- und Herpes-Viren, Papova-Viren, Hepadna- und Retro-Viren. Die Viren bleiben latent (nicht produktiv) oder persistieren (produktiver Replikationszyklus mit geringer Replikation in bestimmten Organen). Aus dem latenten Zustand kann das Virus reaktiviert werden. Man unterscheidet deshalb *Erkrankungen während der akuten und der reaktivierten Infektion*. Die latenten oder persistierenden Virusinfektionen beruhen auf bestimmten Viruseigenschaften, die es dem Virus erlauben, dem Zugriff des Immunapparates zu entgehen. Hierzu haben die Viren offenbar besondere Strategien entwickelt. Die latenten oder persistierenden Zustände beziehen sich dabei jeweils nur auf bestimmte Zelltypen. Z.B. bleibt das HSV in den Neuronen latent, während das HBV in den Leberzellen persistiert.

Beim *Epstein-Barr-Virus* (EBV) wurde ein Translationsprodukt des Zebra-Gens nachgewiesen, das in B-Zellen die Transkription des latenten, episomal-ringförmigen Genoms anschaltet und den lytischen Zyklus einleitet. Das gleiche Virus durchläuft jedoch in den Epithelzellen der Mundhöhle eher persistierende Zyklen mit geringer Replikation.

Papillom-Viren scheinen in den Basalzellen des Hautepithels als episomale DNS latent zu bleiben. Das *HBV* persistiert in den Leberzellen (chronisch-persistierende bzw. chronisch-aktive Hepatitis) und setzt Antigene in einem komplexen Zell-Virus-System bei z.T. integrierter DNS frei. Das *HIV* macht in der klinisch stummen Phase der Infektion offenbar z.T. defekte, nicht-produktive Replikationszyklen durch, die nach der Aktivierung der CD4-Lymphozyten in produktiv-lytische Replikationen übergehen. Hier wirkt der NFκB-Faktor aktivierend auf die LTR-Sequenzen des HIV ein. Das *Zytomegalie-Virus* persistiert in den Epithelzellen der Speicheldrüsen und der Niere, verbleibt jedoch latent im Knochenmark und in der Lunge. Auch die subakute sklerosierende Panenzephalitis (SSPE) kann man zu den persistierenden Virusinfektionen zählen (s. S. 561).

Das *Adeno-Virus* persistiert in den Tonsillen noch mehrere Jahre nach der Primärinfektion, ohne klinische Symptome auszulösen. Man kann von einer verlängerten, subklinisch ablaufenden Form der Infektion sprechen. Es kommt dabei zu einer geringen Virusvermehrung und zur Immunstimulation. Zwischen Virus und Wirt stellt sich ein langdauerndes Gleichgewicht über einige Jahre hin ein. Der latent Infizierte ist meist keine Ansteckungsquelle. Er gibt infektiöses Virus nur dann an die Umgebung ab, wenn ein Immunschaden vorliegt. Über den Status des Adeno-Virus bzw. seiner DNS in den Tonsillarzellen ist nichts bekannt (s. S. 626).

Insgesamt sind die Kenntnisse über die Molekularbiologie des Komplexes Latenz-Persistenz noch sehr gering. Im Brennpunkt des Interesses steht die Frage, wie eine latente (HSV) oder persistierende (langsame) Replikation geregelt wird bzw. wie die Aktivierung des latenten Genoms erfolgt. Es wird diskutiert, ob die Zelle das Virusgenom kontrolliert (Repressor-Modell) oder ob ein Fehlen von positiven Regulationssignalen den latenten Zustand des Virusgenoms bedingt. Bezüglich des Immunapparates interessiert, auf welche Weise das Virus den Immunapparat hintergeht, d.h. wie weit die Expression des Virus reduziert ist. Der Grad der Expression des Genoms mag bestimmen, ob eine „reine Latenz" vorliegt (HSV, Minimal-expression, nur LATs) oder eine „Persistenz" mit unterschiedlichem Grad der Expression (EBV).

3.6.3 Latente Infektion im engeren Sinne

Der Organismus ist und bleibt lebenslang infiziert, jedoch ohne klinische Symptome zu zeigen und ohne daß Virus im direkten Infektionsversuch nachweisbar ist: Das Virus „ist in den Untergrund gegangen" (z.B. HSV in den Neuronen der Spinalganglien oder das EBV in den B-Lymphozyten); die Anwesenheit des gesamten Virusgenoms ist zwingend. Das latente HSV läßt sich in vitro durch Ko-Kultivierung aktivieren, so daß infektiöses Virus entsteht. Neutralisierende und komplementbindende Antikörper sowie virusspezifische T-Zellen sind nachweisbar. Das latente Stadium der Infektion wird jedoch gelegentlich unterbrochen von einem *Rezidiv*. Dabei erfolgt eine Reaktivierung des Virus. Es kann jetzt durch den Infektionsversuch direkt nachgewiesen werden. Klassisches Beispiel: Herpes-simplex-recidivans (s.a. VZV, ZMV). Der HSV- und VZV-Infizierte kann auch subklinisch verlaufende Reaktivierungen aufweisen.

3.6.4 Viruspersistenz im Organismus

Gewisse Virusinfektionen erfolgen vor der immunologischen Reifung (vertikale Infektion in utero), sie befallen also einen immunologisch inkompetenten Organismus. Es entsteht hierdurch eine Toleranz vom high-dose-Typ, die auch als *periphere Toleranz* bezeichnet wird. Das Virus vermehrt sich lebenslang im Organismus. Trotzdem tritt keine Erkrankung auf. Das beste Beispiel hierfür ist die intrauterin mit dem LCM-Virus infizierte „Carrier"-Maus, die lebenslang Virus ausscheidet (s. S. 585). Vermutlich trifft diese Vorstellung auch für die perinatal erworbene Hepatitis B zu (Tabelle 3.1).

Tabelle 3.1. Embryopathien, Fetopathien und perinatale Infektionen

Virus	Art der Schädigung	Besonderes
Röteln	Embryopathie	Selten „SSPE"[a] und Diabetes mellitus (IDDM)[d] bei überlebenden Kindern
ZMV	Embryopathie	Selten bei Reaktivierung
HSV[b]	Embryopathie	Wegen hoher Durchseuchungsrate seltene Konstellation; Embryopathogenität ist selten, Herpes neonatorum[c]
VZV[b]	Embryopathie	Geringe Embryopathogenität (selten); Varizellen der Neugeborenen
EBV	Fraglich	–
Hepatitis B	–	Am Ende der Gravidität erfolgt *perinatale Infektion!* Impfungen!
Hepatitis A	–	–
Parvo B19	Abort	Embryopathie nicht bewiesen. Hydrops fetalis
Masern	–	Keine Embryopathie, jedoch Aborte und Totgeburten. Perinatal: Masern, 30% letal
Mumps	–	Keine Embryopathie bewiesen, Aborte im ersten Trimester. Mutter: Pneumonie, Meningitis
Toxoplasmose[b]	Embryopathie	–
Vaccinia	Abort/Totgeburt	–
HIV1	–	5–20% der Kinder während der späten Gravidität und perinatal infiziert sowie durch Stillen
Coxsackie	–	Neugeborenen-Myokarditis, selten
ECHO	Perinatal	Allgemeininfektion
HPV	Perinatal	Später juvenile Kehlkopfpapillome
HEV	Mutter	Letalität der Graviden 20%
HCV	Unbekannt	Übertragung möglich

[a] Subakute sklerosierende Panenzephalitis (s. S. 561).
[b] Embryopathien nur bei Primär-Infektionen.
[c] Herpes neonatorum: Bei Primär-Infektionen, Rezidiven und Rekurrenzen.
[d] IDDM = Insulin-abhängiger Diabetes mellitus.

Die intrauterine Infektion mit dem *Röteln-Virus* (Embryopathie) erzeugt nur eine partielle Toleranz. Je früher die Infektion erfolgt, desto mehr rötelnspezifisches IgM läßt sich nach der Geburt als Anzeichen einer Infektion und eines Immunschadens nachweisen. Außerdem ist die Lymphozytenproliferation nach Mitogengabe gestört. Auch in diesem Fall persistiert das Virus und wird jahrelang mit Speichel und Urin ausgeschieden. Im Gegensatz zum LCM-Virus ist das Röteln-Virus jedoch zytopathogen, so daß auch virusbedingte Zellschäden auftreten.

Zytomegalie- und *Epstein-Barr-Virus* werden normalerweise im menschlichen Organismus immunologisch ausreichend kontrolliert, so daß trotz Latenz oder Persistenz keine Krankheitssymptome vorhanden sind. Auch wird Virus ausgeschieden und stammt dann aus immunologischen Nischen (Epithelien der Speicheldrüsen, Nieren und Mundhöhle). Beim Auftreten eines Immunschadens steigt die Ausscheidung und es kann zur Erkrankung kommen.

Die *HIV-Infektion* kann im menschlichen Organismus jahrelang trotz starker Replikation persistieren, ehe das Gleichgewicht zwischen Wirt und Virus nachhaltig gestört wird und der entsprechende Schaden am Immunsystem zu opportunistischen Infektionen führt.

Latenz und Persistenz von Viren kommen also durch Verbleiben des Virus in immunologisch unangreifbaren Nischen oder infolge eines Immun-Mangelzustandes (Toleranz) zustande. Bei der HIV-Infektion besteht die Persistenz so lange, bis der Immunschaden manifest wird. Viren können sich einerseits in immunkompetenten Zellen vermehren und dadurch immunsuppressiv wirken (Masern-Virus, HIV, s. S. 559, 602). Von seiten des Virus steuern andererseits verringerte Vermehrungseigenschaften zur Persistenz bei (verminderte Genexpression, abortive Replikationszyklen und Mutantenbildung mit geändertem Zelltropismus).

3.6.5 Immunkrankheiten

Viruskrankheiten kommen durch zwei unterschiedliche Mechanismen zustande:
- Primärschäden sind virusbedingt, während
- Sekundärschäden durch den Immunapparat verursacht werden (s. S. 490).

Fehlt einem Virus die Zytopathogenität, oder ist sie gering und gelangt das Virus in einen immunologisch reifen und nicht immungeschädigten Organismus, so kann die Krankheit allein durch den Immunapparat ausgelöst sein, sobald die zellvermittelten Mechanismen wirksam werden (Immunkrankheit). Das Hauptbeispiel ist die lymphozytäre Choriomeningitis (LCM) der Maus sowie die Hepatitis A und B des Menschen. Bei vielen Viruskrankheiten liegt eine Kombination von Primär- und Sekundärschäden vor.

3.6.6 Slow Virus Diseases

Bei extremer Verlängerung des Zeitabstandes zwischen Infektion und Krankheitsausbruch wurde früher von slow virus diseases gesprochen. Man versteht darunter einen chronischen Krankheitsprozeß, der erst mehrere Monate oder Jahre nach der Infektion einsetzt. Typisch sind gewisse Erkrankungen des ZNS, z.B. die subakute sklerosierende Panenzephalitis (SSPE). Immunologische Reaktionen spielen bei der Pathogenese offenbar häufig eine Rolle. Konventionelle Viren (Masern-Virus, HIV) und „subviral particles" (Prionen bei Scrapie der Schafe und Kuru des Menschen) können slow virus diseases auslösen (s. S. 683).

3.6.7 Pränatale und perinatale Infektionen

Eine besondere Situation liegt vor, wenn eine Virusinfektion auf den Embryo oder den Fötus übertritt. Dies ist z.B. bei ZMV, beim Röteln- und beim Parvo-Virus der Fall. Embryopathien werden durch Viren ausgelöst, wenn die Infektion auf bestimmte sensible Differenzierungsstadien der Organe einwirken kann: Die Folgen sind Mißbildun-

gen (ZMV, Röteln-Virus). Perinatale Infektionen liegen vor, wenn die Infektion kurz vor, unter oder kurz nach der Geburt erfolgt (HIV, HSV, HBV, VZV, Coxsackie-Viren) (Tabelle 3.1, s. S. 486).

3.6.8 Onkogene Situation

Die infizierte Zelle wird transformiert (s. S. 495) und vermehrt sich *autonom* weiter: Es kommt zur Tumorkrankheit. Hierbei kann das Virus von der transformierten Zelle weiterhin synthetisiert werden (Rous-Sarkom-Virus des Geflügels), in anderen Fällen wird das Virusgenom ganz oder in Teilen integriert, es wird aber nicht repliziert. Zusammenhänge zwischen Viren und Tumorentstehung werden auf den Seiten 495 ff. eingehender besprochen.

3.7 Ausbreitungswege von Viren im Organismus

Virusinfektionen des Menschen oder der Tiere können auf die Region der Eintrittspforte begrenzt bleiben (Lokalinfektion, z.B. bei Rhino- und Adeno-Viren).

Viren können aber auch in den Organismus vordringen (Abb. 3.2) und eine zyklische Infektionskrankheit auslösen (Röteln, Masern). Ihr weiteres Verbleiben wird durch die Basisabwehr und spezifische Immuneffektoren begrenzt. Schließlich werden sie eliminiert.

Diese Vorstellungen vom Ablauf von Viruskrankheiten wurden in ihrer Allgemeingültigkeit erstmals in Frage gestellt, als man feststellte, daß der „Herpes recidivans" trotz Vorhandenseins von neutralisierenden Antikörpern auftrat („Immunologisches Herpes-Paradoxon"). Als Ursache erkannte man die Tatsache, daß das HSV als latentes Virus lebenslang in den Spinalganglien persistiert. Inzwischen haben sich weitere Virusspezies als *lebenslang persistierend* herausgestellt (EBV, ZMV u.a.), nicht nur im normalen Ablauf, sondern auch bei den Masern mit Spätmanifestation (SSPE).

Eine Infektion kann sich auch nach monate- oder jahrelanger Inkubationsperiode als Erkrankung bemerkbar machen (slow virus diseases, s. S. 682).

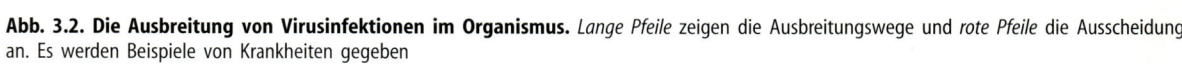

Infektion

Epithel

Influenza (respiratorisch)
Rota-Viren (intestinal)
HPV (Haut), Herpes

Herpes (primär, recidivans),
Zoster

Lymphknoten

HSV

Rückenmark   Ganglion

Blut

Primär Virämie

Leber   Milz   Blutgefäße
                             (Endothel)

Darm

Sekundär Virämie

Blut

VZV

**Hepatitis B
Arbo-Viren
im Blut**

Organmanifestation

**Darm
Rota-Virus**

Gehirn   Nasal-, Rachenschleimhaut   Haut   Gehirn   Lunge, Speicheldrüsen, Niere

**Herpes
Tollwut**

**Inf. Mononukleose
Varizellen
Röteln
Masern**

**Varizellen
Röteln
Masern**

**Poliovirus
Masern
FSME**

**Masern
Mumps
Zytomegalie**

Speicheldrüsen

Abb. 3.2. Die Ausbreitung von Virusinfektionen im Organismus. *Lange Pfeile* zeigen die Ausbreitungswege und *rote Pfeile* die Ausscheidung an. Es werden Beispiele von Krankheiten gegeben

Viren treten in den Organismus über die Konjunktiven, die Mundhöhle, den Nasen-Rachenraum, den Gastrointestinaltrakt oder das Genitale ein. Primärer Ansiedlungsort für Papillom-Viren ist das Epithel der Haut, Toga-Viren gelangen z. T. durch den Stich eines Insekts direkt in das Blut.

An den *Eintrittspforten* kann sich das Virus vermehren, in die regionalen Lymphknoten wandern oder Zugang zu den Nervenendigungen finden (HSV, Tollwut). Warzen entstehen direkt im Epithel der Haut, das HSV erzeugt bei der Primärinfektion Bläschen in der Mundschleimhaut. Viele Viren erzeugen lokale Erkältungskrankheiten (Schnupfen, Pharyngitis u. a. m.).

Über die Lymphknoten gelangt das Virus in die Blutbahn und verursacht eine *primäre Virämie*, wodurch es in die Zellen des RES und auch in das Knochenmark gelangt und sich vermehren kann. Von dort aus erzeugt es eine *sekundäre Virämie*, die schließlich zur Organmanifestation (Gehirn, Meningen, Haut, Schleimhäute, Speicheldrüsen, B-Zellen u. a.) führt. Diese Zweigipfligkeit der Virusausbreitung bedingt den biphasischen Verlauf der Erkrankung (s. S. 569, 616). Die Ausbreitung des Virus kann frei oder zellgebunden erfolgen. Dies gilt auch für die Ausbreitung nach *Reaktivierungen*.

Exantheme (Masern, Röteln) sind die Folge von Immunreaktionen.

Modifikationen dieses Grundschemas existieren in vielfacher Weise: Das HSV wandert von der Eintrittspforte axonal in die sensorischen Ganglien, das VZV gelangt virämisch in die Haut und von dort axonal in die Spinalganglien. Das Tollwut-Virus wandert von den Wunden aus via Nervenfasern in das Rückenmark und weiter in das Gehirn.

Virusinfektionen der oberen Luftwege können sich von der Eintrittspforte per continuitatem in den Bronchialbaum und die Lunge ausbreiten.

Die *Ausscheidung* schließlich kann vom Ort der Primäransiedlung oder vom Manifestationsort der Haut (Pocken, Masern, Varizellen) aus erfolgen. Das HAV gelangt über die Gallenwege in den Darm, Entero- und Rota-Viren werden nach der Infektion im Darm mit dem Stuhl ausgeschieden. Das HBV wird aus der Leber in großen Mengen in das Blut abgegeben und läßt sich dort nachweisen (Tabelle 3.2).

3.8 Abwehrmechanismen bei Virusinfektionen

3.8.1 Allgemeines

Im Verlauf der Evolution haben sich Erreger und Wirt wechselseitig anpassen müssen, um zu überleben. Der Erreger hat sich die optimalen Ausbreitungswege und die vorteilhaftesten Standorte (Replikationsnischen) ausgewählt, während im Wirtsorganismus besonders geeignete Schutzmechanismen der Basisabwehr und der spezifischen Immunreaktion weiterentwickelt und zu virustypischen Ablaufmustern zusammengefaßt worden sind: Der Wirt kann auf die vielfältigen Eigenschaften der Erreger mit einem jeweils adäquaten Repertoire von Abwehrmaßnahmen antworten. So stehen bei der Poliomyelitis humorale Abwehrvorgänge im Vordergrund, während bei Infektionen mit Herpes- oder Masern-Virus die T-Zell-abhän-

Tabelle 3.2. Virusinfektionen des Menschen mit intermittierender oder persistierender Ausscheidung

Virus	Ort der Ausscheidung
Herpes-simplex-Virus 1 und 2	Wiederholte Ausscheidung im Speichel, Genitalsekret und aus den Herpesbläschen[1]
Humanes Zytomegalie-Virus	Intermittierende Ausscheidung in Urin, Speichel, Samen[1], Muttermilch[1]
Epstein-Barr-Virus	Lebenslange Ausscheidung im Speichel[1]
Adeno-Viren	Intermittierend (Rachen, Stuhl, Urin)[1]
Papillom-Viren	Freigabe aus Warzen etc., Kondylomata acuminata und Genitalsekreten[1]
Polyoma-Viren (BK, JC)	Urin[1], Stuhl
Hepatitis B-Virus	Persistierendes HBV, HBs- und HBe-Ag im Blut, sowie HBV in Samen, Speichel, Körpersekreten, Urin und Speichel von kongenital infizierten Kindern
Retro-Viren (HIV 1/2)	Persistierende Virämie; Samen, Speichel, Körpersekrete[1]

[1] Bei Reaktivierung infolge Immunschaden verstärkte Ausscheidung.

gigen Mechanismen mit der Sezernierung bestimmter Zytokinmuster überwiegen.

Bei Neugeborenen und Säuglingen sind diese Mechanismen aber noch nicht ausgereift, sie sind deswegen für einige Viren (HSV, Masern, Coxsackie) besonders empfindlich. Aber auch besondere Eigenschaften des Wirtes (Polymorphismen von Chemokinrezeptoren (s. S. 602) oder besondere HLA-Konstellationen) beeinflussen im Einzelfall den Verlauf von Viruskrankheiten positiv oder negativ.

Das angeregte Immunsystem vermittelt aber nicht nur Schutz und Heilung; es kann selbst zur Ursache von Störungen werden: Neben den Schäden, die im Wirtsorganismus *direkt* durch den Virusbefall von Zellen hervorgerufen werden – etwa bei der Polio oder der Tollwut – treten pathologische Prozesse auf, die nur *indirekt* mit der Virusinfektion zusammenhängen. Sie entstehen durch Reaktionen des Immunsystems. Man spricht demgemäß von *immunpathologischen Reaktionen*. Typische Beispiele finden sich bei den Hepatitiden A und B, bei virusinduzierten Autoimmun-Prozessen, z.B. bei der para- und postinfektiösen Enzephalitis; ferner bei der chronischen Myokarditis, beim virusbedingten Diabetes mellitus (IDDM) und beim Guillain-Barré-Syndrom. Diesen Krankheitsbildern liegt eine übersteigerte Reaktion des Immunsystems auf einen viralen Infekt zugrunde. Es gibt aber auch Fälle, bei denen die Virusinfektion immunsuppressiv wirkt, z.B. bei Masern-, EBV-, ZMV-, LCMV- und HIV-Infektionen. Auch schwere Operationen wirken immunsuppressiv.

Die Gesamtheit der antiviralen Abwehr- und Schutzmaßnahmen läßt sich in zwei Komplexe gliedern:
- Zum einen existiert ein Apparat, dessen Leistungsfähigkeit von Geburt an bei jedem Individuum sofort verfügbar ist, die sog. *Basisabwehr*. Seine Leistungen erfassen zahlreiche Erregerspezies, sie sind Antigen-unspezifisch, d.h. nicht auf bestimmte Erreger-Arten oder -Typen beschränkt.
- Zum anderen kann der Organismus auf erblich-*adaptive Leistungen des Immunsystems* gegen einzelne Viren zurückgreifen. Diese sind erst nach einer gewissen Zeit verfügbar und beziehen sich ausschließlich auf die Antigene des auslösenden Virus, d.h. sie sind Antigen-spezifisch.

Im Hinblick auf den Verlauf einer erstmaligen Infektion weist man der Frühphase eine besondere

Stellung zu: Für die Dauer einer knappen Woche ist die Basisabwehr die einzige Defensivmaßnahme, über die der Organismus verfügt. Danach treten die Effektoren der spezifischen Immunreaktion hinzu (s. a. Abschnitt Immunologie).

3.8.2 Unspezifische Mechanismen der Basisabwehr

Nach einer Primärinfektion werden die unspezifischen Abwehrmechanismen sofort wirksam, es entsteht eine *Entzündung*. Die Intensität und Art ihrer Ausprägung sind genetisch (Wirt und Virus) bestimmt. Dies bedeutet, daß Entzündungen bei Virusinfektionen ein sehr unterschiedliches Bild bieten.

Makrophagen. Dies sind bewegliche Freßzellen, die Viren abbauen können. In ihnen können sich andererseits Viren mehr oder weniger stark replizieren. Teilweise wird der Makrophage abgetötet. Es gibt aber auch Beispiele, bei denen Viren in Makrophagen über längere Zeit persistieren (HIV- und LCM-Virus). In diesen Fällen kann der infizierte Makrophage als Vehikel die Ausbreitung des Virus im Organismus fördern. Im Gefolge seiner Infektion gibt der Makrophage Interferon α/β ab, er sezerniert IL-1 (endogenes Pyrogen) und präsentiert Antigene (MHC-II).

Ein infizierter Makrophage kann Stoffe (z.B. TNFα) abgeben, die das Vermögen haben, virusinfizierte Zellen zu lysieren. Makrophagen werden durch lösliche Botenstoffe, z.B. durch γ Interferon aktiviert, sie verstärken dadurch die virusinaktivierende Fähigkeit. Insbesondere wird durch Interferone die Expression von MHC-Antigenen gesteigert, auch in Zellen, die diese normalerweise nicht exprimieren (Leberzellen, Gliazellen). Auf diese Weise werden Makrophagen zu einem wichtigen Instrument der Infektionsabwehr, z.B. bei Neugeborenen (Herpes neonatorum, s. S. 634).

Natürliche Killerzellen (natural killer cells). Diese sind große, granuläre Lymphozyten mit der Fähigkeit zur Zytolyse. Sie werden durch Interferon γ zusätzlich aktiviert. Bereits kurze Zeit nach der Aktivierung beginnen sie, nach der Anlagerung an bestimmte Rezeptoren, virusinfizierte Zellen zu lysieren; dies gilt auch für Tumorzellen.

Polymorphkernige Leukozyten. Ebenso wie Makrophagen sind polymorphkernige Leukozyten befähigt, Viren aufzunehmen und abzutöten. Infizierte Granulozyten können aber auch als Vehikel für die Ausbreitung von Viren im Organismus dienen. In dieser Hinsicht gleichen sie ebenfalls den Makrophagen: Sie sind kurzfristig häufig die ersten ins Gewebe eingewanderten Zellen. Eosinophile sind z. B. wichtig bei Pseudokrupp durch RS-Virus (s. S. 557 ff.) und sezernieren Chemokine. Granulozyten sezernieren „Defensine", die virusinfizierte Zellen zerstören. TNF α- und IL-1-produzierende Zellen, die von Makrophagen und Gliazellen abstammen, treten im virusinfizierten Gewebe auf.

Dendritische Zellen. Diese professionellen Antigen-präsentierenden Zellen werden z. B. im Verlauf einer HIV-Infektion zerstört, die Folge ist ein schwerer Immunschaden (z. B. HIV, Masern- und LCM-Virus). Hierdurch fällt als zentrales Immunstimulans das IL-12 aus (Abb. 3.4). Im Blut bilden die Vorläufer dieses Zelltyps enorme Mengen von IFN α/β. Sie werden in (prä) DC1- und (prä) DC2-Zellen eingeteilt (Abb. 3.4); der Typ 1 aktiviert ZTL (CD8-(+)), der Typ 2 die T-Helferzellen (CD4-(+)).

Komplement. Es kann über den klassischen und den alternativen Weg aktiviert werden. Komplement bewältigt im Zusammenwirken mit Antikörpern, Neutrophilen, Makrophagen und mit Lymphozyten eine Vielzahl von Einzelaufgaben (s. Kap. III, Immunologie). Viren exprimieren aber auch Komplementinhibitoren.

Interferone. Sie sind die Hauptakteure der angeborenen Resistenz; sie und weitere Zytokine werden zu Beginn und im Verlauf von Virusinfektionen im Organismus freigesetzt. Die Interferone α/β sind die ersten antiviralen Substanzen, die im Organismus wirksam werden. Sie werden von Makrophagen und verwandten Zellen sezerniert. Interferon γ (Immun-Interferon) wird von T-Zellen nach deren Antigenstimulation gebildet. Der Tumornekrosefaktor (TNF α) stammt aus Makrophagen, seine antiviralen Wirkungen sind erst in jüngster Zeit bekannt geworden. Neue, wichtige Substanzen sind **Chemokine**, wie RANTES, Mip 1 α und β u. a. Sie werden von Granulozyten und T-Lymphozyten gebildet und sind für Zell- oder Organresistenz gegenüber Viren verantwortlich, sie lösen Entzündungen aus (Pneumonie!). In „Knock-out"-Mäusen ohne Mip 1 α-Gen fehlt die Entzündung gegenüber Coxsackie-Viren.

3.8.3 Spezifische Abwehrmechanismen

Die spezifischen Abwehrmechanismen (s. a. S. 47) werden bei der Primärinfektion erst 3–5 Tage nach der Erkennung der Antigene durch den Immunapparat wirksam.

Die Erinnerungsreaktion („booster") setzt dagegen sofort bei der Zweitbegegnung mit dem Erreger ein. Sie ist nach wenigen Stunden voll wirksam. Virusantigene nehmen sowohl bei der Induktion der Immunreaktion als auch beim Effektoren-Einsatz eine besondere Stellung ein. Die wichtigsten Besonderheiten betreffen die nachfolgenden Punkte:

Induktionsreaktionen. Für Virusantigene gelten bestimmte Regeln hinsichtlich der Präsentation (s. S. 492, Abb. 3.3). Dabei muß man zwei Situationen unterscheiden. Zum einen kennt man die Antigene von nicht-replikationsfähigen (inaktivierten) Viren, z. B. bei Totimpfstoffen (exogener Weg). Auch gibt es Virusantigene, die im Zuge einer Infektion von Zellen des Organismus neu gebildet werden (endogener Weg).

Die Antigene der inaktivierten Viren werden von den antigenpräsentierenden Zellen (s. S. 114) oder von B-Zellen im Zusammenhang mit den MHC-Produkten der Klasse II (s. a. S. 94 ff.) präsentiert. Dieser Präsentationsmodus aktiviert ausschließlich **T-Helfer-Zellen** mit dem Marker CD4.

Die neugebildeten Virusantigene werden dagegen in doppelter Form präsentiert, nämlich sowohl im Zusammenhang mit MHC-Produkten der Klasse II als auch mit MHC-Produkten der Klasse I. Virale Antigene, die im Zusammenhang mit den MHC-Produkten der Klasse I präsentiert werden, sprechen T-Zellen an, die den Marker CD8 (s. a. S. 97) tragen, d. h. vorwiegend potentiell **zytolytische Zellen** (Killerzellen). Dies bedeutet, daß sich bei Verabreichung von Totimpfstoffen eine T-Zell-vermittelte Immunität vom zytolytischen Typ nicht ausbilden kann: Das präsentierte Antigen wird nur von T-Helfer-Zellen erkannt und nur diese Zellen expandieren. Sie ermöglichen den B-Zellen die **Antikörperbildung.** Dagegen entstehen bei der Infektion mit replikationsfähigen Viren nicht nur virusspezifische Helfer-Zellen, sondern auch virusspezifische Killerzellen. Mit anderen Worten: Das Effektorensortiment ist bei der Lebendimpfung oder bei der Infektion reichhaltiger. Es enthält neben den Antikörpern auch virusspezifische T-Zellen vom zytolytischen Typ.

Viren können prinzipiell alle bei der Induktionsreaktion beteiligten Zellpopulationen befallen und gegebenenfalls zerstören oder funktionell ausschalten oder beeinflussen. Dies gilt für die akzessorischen Langerhans-Zellen ebenso wie für T-Zellen und für B-Zellen. Einen Sonderfall stellt z. B. die Immortalisierung der B-Zellen durch EBV-Infektion dar (s. S. 649). Ein weiterer Sonderfall beim HIV ist durch die Tatsache gegeben, daß bei latent-persistent HIV-infizierten CD4-Zellen die Erkennung des zuständigen Antigens durch die T-Zelle (Aktivierung) zur Aufhebung der Virus-Latenz führt und dieses mit der Virussynthese beginnt.

Effektorwirkung. Im Verlaufe der Virusinfektion entstehen überwiegend Antikörper der Klassen IgM, IgG und IgA. Die Antikörper reagieren spezifisch mit den zugänglichen Epitopen des Virions. Sie neutralisieren das Virus und besorgen durch *Opsonisierung* die Beseitigung der Viren aus den Lymph- und Blutwegen. Antikörper der Klasse IgE werden u. a. bei Infektionen mit Parainfluenza-Viren im Bronchialsekret vermehrt gebildet. Sie können Bronchospasmen auslösen und zum Pseudo-Krupp führen (s. S. 553).

Antikörper treten im Serum, in der Lymphe, auf Schleimhäuten und in der Milch auf. In Serum und Lymphe findet man IgM, IgG und IgA. Auf den Schleimhäuten tritt nur sekretonisches IgA auf. Die auf den Schleimhäuten (Nasenrachen und Magen-Darm) befindlichen IgA-Antikörper vermitteln die lokale Schleimhautimmunität, d. h. *Individualschutz* vor Ansiedlung bzw. vor Infektion der Oberflächenzellen. Dies ist im Hinblick auf Erkrankungen des Respirations- und Intestinaltraktes von großer Bedeutung. Demgegenüber bieten die Serumantikörper der Klassen IgM und IgG in erster Linie einen *Generalisationsschutz.* IgG sind auch wichtig für die Immunität in Bronchial- und Lungengewebe.

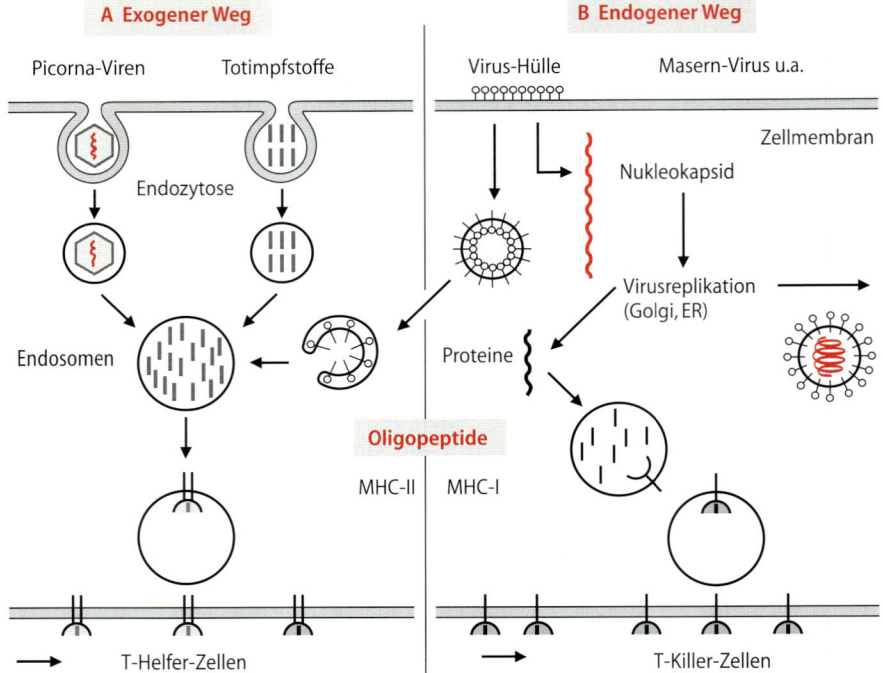

Abb. 3.3. Antigenprozessing und -präsentation. Man unterscheidet zwischen einem „exogenen Weg" (A) für z. B. Picorna-Viren, Totimpfstoffe und nicht vermehrungsfähige Antigene, und einem „endogenen" Weg für replizierende Viren (B). Bei (A) werden die Antigene durch Endozytose aufgenommen, in Endosomen bei niedrigem pH zu Oligopeptiden (optimal 14–16 Aminosäuren) abgebaut, auf MHC-II-Moleküle aufgelagert und auf der Zelloberfläche für Helfer-Zellen präsentiert. Die Hüllen von Viren, die durch Fusion in die Zelle gelangen, werden nach (A) prozessiert, während die Nukleokapside mit der RNS oder DNS die Replikation der Viren einleiten. Die Kapsid- und Hüllproteine werden zur Virusreplikation verwendet, ein Teil jedoch wird im Golgi-Apparat und Endoplasmatischen Retikulum prozessiert und zu Oligopeptiden (7–9 Aminosäuren) gespalten. Diese werden durch MHC-I-Moleküle für ZTL präsentiert (B)

Antikörper müssen Viren nicht in jedem Fall neutralisieren. In einigen Fällen bindet sich der Antikörper an das Virus und erleichtert diesem durch sein Fc-Stück den Einlaß in bestimmte Zellen, z.B. in Makrophagen. Dadurch breitet sich die Infektion schneller und stärker aus („antibody enhancing effect", z.B. bei Dengue- und HIV-Infektion). Viren, die zusammen mit Antikörpern Immunkomplexe bilden, können bei der Entstehung von Immunkomplex-Krankheiten eine Rolle spielen, z.B. bei der LCM (Immunkomplex-Nephritis) und Hepatitis B (Arteriitis nodosa).

ADCC („antibody dependent cellular cytotoxicity").
Eine besondere Situation liegt der Antikörper-abhängigen Zell-Zytotoxizität zugrunde. Dabei binden sich virusspezifische Antikörper an virusbefallene Zellen. Die Fc-Stücke der Antikörper werden dadurch exponiert und dienen als Liganden für die großen, granulären Lymphozyten, die früher als K-Zellen bzw. als NK-Zellen bezeichnet wurden. Diese Zellen sind mit Fc-Rezeptoren ausgestattet. Dabei kommt es zur Lyse der virusbefallenen Zelle.

T4-Helferzellen (CD4). Dieser Zelltyp wird in TH1- und TH2-Zellen aufgeteilt (s. S. 110), sie sind füreinander „Gegenspieler" und stehen normalerweise in einem Gleichgewicht. TH1-Zellen werden vorwiegend durch IL-12, TH2-Zellen durch IL-1 und IL-4 stimuliert. Infolge von Virusinfektionen wird dieses Gleichgewicht oft virustypisch verschoben, auch die Virusmenge bestimmt die TH1-/TH2-Relation. Autoimmunprozesse (IDDM), eine postinfektiöse Enzephalitis sowie die Multiple Sklerose gehen mit einem Überwiegen der TH1-Reaktion, die Progression der HIV-Infektion zu AIDS, Atopien und allergische Reaktionen (s. RS-Virus, S. 557) mit TH2-Präponderanz einher. CD4-Zellen können von Viren (HIV u.a.) befallen oder latent mit Provirus, lytisch oder transformierend infiziert sein.

T8-Zellen (CD8). Diese Zellen erscheinen im Verlaufe von Virusinfektionen als *T-Killer-Zellen* oder als *Suppressor-Zellen* mit Regulatorfunktion für die Immunantwort. CD4- und CD8-Zellen treten bei vielen Virusinfektionen in wechselnder Zahl im Gewebe auf. Sie können virusinfizierte Zielzellen durch die Bildung porenbildender Proteine (Perforine) direkt zerstören, durch Freisetzung von TNF-α schädigen oder durch Freigabe des Fas-Liganden Apoptose auslösen. Auch Granzym A und B der CD8-Lymphozyten wirken zytolytisch. Auch dieser Zelltyp kann transformiert, lysiert oder in seiner Funktion dereguliert werden.

Blutgefäße

Granulozyten, T-Lymphozyten, Monozyten

D.C.-Präkursoren (1.2)

prä DC1   prä DC2

+ Virus Antigen   Wanderung

In Lymphorganen

IL-12   DC1   DC2   IL-4

TH1   TH2

IL-2, IFNγ   IL-4, -6, -10

ZTL   Antikörper

Abb. 3.4. Differenzierung der dendritischen Zellen. Im Blut befinden sich u.a. die Präkursoren der dendritischen Zellen (prä DC1/prä DC2). Auf welche Weise die Differenzierung in prä DC1 oder prä DC2 erfolgt, ist unklar. Wird dieser Zelltyp mit Viren infiziert oder nimmt er anderweitig Antigene auf, so beginnt die Differenzierung, dabei wandert die DCs in die Lymphorgane und reifen bei diesem Prozeß. Dort aktivieren sie TH1- oder TH2-Zellen durch Zytokinproduktion (s. S. 97)

Pathogenität. Eigenschaft einer Virusspezies, in einer Wirtsspezies eine Krankheit zu erzeugen.

Virulenz. Verstärkung oder Abschwächung der pathogenen Eigenschaften eines Virus infolge von Mutationen eines oder mehrerer Virus-Gene. Die Organ- und Zellspezifität (Tropismus) wird durch Eigenschaften des Virus und der Wirtszelle hervorgerufen.

Primärschäden. Host-shut-off in selektiver Weise. ZPE, Chromosomenschäden, genotoxische Schäden, Apoptose oder Nekrose/Oncose.

Sekundärschäden. Infolge immunologischer Verfremdung der Zellmembran. Zellschädigung durch das Immunsystem. Beeinflussung der Zytokinsynthese. ADCC und Antikörper-Komplementlyse.
   Immunkomplexe bewirken Arteriitis und Glomerulonephritis.

Virusinduzierte Autoimmunprozesse. Werden im Verlauf von akuten und chronischen Krankheiten ausgelöst (IDDM, Guillain-Barré-Syndrom, Multiple Sklerose).

Lebendimpfstoffe. Durch Selektion von Mutanten mit geringer Virulenz. **Totimpfstoffe** durch Inaktivierung von Virusmaterial.

Infektionsverläufe
- Lokalinfektion oder zyklische Infektionskrankheit mit Elimination.
- Persistenter oder latenter Verlauf ohne Elimination.
- Immunologisch bedingte Krankheiten.
- Autoimmunologisch bedingte Krankheiten (sekundär immunpathologisch).
- Slow Virus Diseases (lange Inkubationsperiode).
- Pränatale Infektionen als Embryopathien und peri-postnatale Infektion.

Ausbreitungswege
- Eintrittspforten: Nase, Mundhöhle, Konjunktiven, Gastrointestinaltrakt, Genitale, Hautläsionen, Blutbahn.
- Ausbreitung: Replikation an Eintrittspforte, Eindringen in Lymphknoten und Lymphbahnen: *Primäre Virämie*. Dadurch erfolgen Ansiedelung in Endothelien, RES und erneute Replikation: *Sekundäre Virämie*. Es folgt die
- Organmanifestation. Von der Haut aus kann axonale Wanderung zu den Spinalganglien erfolgen (VZV).
- Ausscheidung: Nase/Rachen, Stuhl, Urin, Tränenflüssigkeit, Speicheldrüsen, Sperma, Zervixsekret.
- Vorkommen im Blut.

Abwehrmechanismen bei Virusinfektionen
- Basisabwehr (unspezifisch): Interferone, Zytokine, Makrophagen, dendritische Zellen, NK-Zellen.
- Adaptativ-spezifische Abwehr: Antikörper, B-Zellen, CD4-Zellen und CD8-Zellen.

D. Falke, K. Mölling

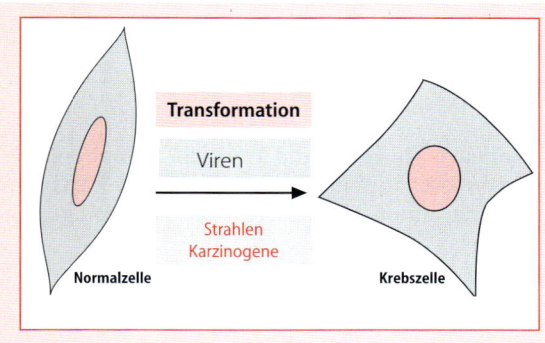

STECKBRIEF

Transformation

Viren

Strahlen
Karzinogene

Normalzelle

Krebszelle

EINLEITUNG

Bösartige Tumoren sind neben Kreislauferkrankungen die häufigste Todesursache des Menschen. In Deutschland sind etwa 25% aller Todesfälle auf Tumorbildungen zurückzuführen. Die gedanklichen und experimentellen Modelle für die Tumorentstehung hat die virologische Forschung geliefert. Man schätzt, daß etwa 25% aller Tumorformen durch Viren hervorgerufen werden.

4.1 Grundlagen

In Tierexperimenten konnten die Grundlagen für die kausale Ursache von bösartigen Tumoren durch Viren aufgeklärt werden. Dabei haben sich drei Ansätze als besonders fruchtbar erwiesen.

Erzeugung von Tumoren im lebenden Tier. Ellermann und Bang haben 1908 gezeigt, daß die spontan auftretende Hühnerleukämie durch ein ultrafiltrierbares Agens auf gesunde Tiere übertragen werden kann. Drei Jahre später demonstrierte Rous die Übertragbarkeit des Hühnersarkoms durch zell- und bakterienfreie Filtrate aus Tumorgewebe (1911). In Analogie zu den Versuchen von Rous konnte Shope (1933) aus Kaninchenpapillomen einen Extrakt gewinnen, der beim Normaltier zur Bildung der gleichen Tumoren führte. Aus den experimentell erzeugten Papillomen entwickelten sich nach einiger Zeit Karzinome. Daraus wurde gefolgert, daß Papillome und Karzinome zwei kon-

sekutive Stufen des gesamten Malignisierungsprozesses darstellen. 1935 wies Bittner nach, daß gewisse Brustdrüsenkarzinome bei der Maus nur dann entstehen, wenn das betroffene Tier als Neugeborenes einen in der Muttermilch vorhandenen Essentialfaktor aufgenommen hat. Der „Bittnersche Milchfaktor" wurde als Virus angesehen. Schließlich hat Gross 1951 nachgewiesen, daß auch bei der Maus Leukämien und Lymphome durch zellfreie Tumorextrakte übertragen werden können.

In der Folge haben sich die Möglichkeiten, Tumoren im Tierexperiment zu erzeugen, vervielfacht: Eine große Vielfalt von Tumoren ließ sich mit Hilfe experimenteller Virusinfektionen erzeugen. Drei Entdeckungen haben hierzu die Voraussetzungen geliefert:

- Die Erkenntnis, daß bei Säugetieren die Übertragung von onkogenen Viren nur dann regelmäßig zur Tumorbildung führt, wenn immunologisch unreife, neugeborene Tiere verwendet werden.
- Die Beobachtung, daß die genetische Konstitution des Versuchstieres für die Tumorbildung eine entscheidende Rolle spielt. Es gibt z.B. Mäusestämme, in denen in einem hohen Prozentsatz, andere, in denen keine Tumoren entstehen.
- Die Erfahrung, daß die Bereitschaft, einen virusinduzierten Tumor zu bilden, durch Hormone gesteigert werden kann.

Diese Entdeckungen haben die entscheidende Rolle der Individualdisposition für die onkogene Wirkung von Viren erwiesen.

Transformation von Zellen in vitro. Mit Hilfe der Zellkultur konnte man um 1960 beweisen, daß normale, in der Kultur gehaltene Zellen durch die Infektion mit geeigneten Viren zu Tumorzellen werden. Zellen, die durch eine Virusinfektion in vitro umgewandelt worden waren, erwiesen sich als fähig, im lebenden Tier Tumoren hervorzurufen. Für diese Umwandlung ist die Bezeichnung „Transformation" geprägt worden. Die Entdeckung der In-vitro-Transformation hat die Möglichkeit eröffnet, den Mechanismus der Tumorentstehung auf der zellulären Ebene zu studieren.

Experimentelle Manipulation des viralen und zellulären Genoms. Eine neue Betrachtungsebene wurde erschlossen, als die Lysogenisierung von Bakterienzellen entdeckt und die Integration der Phagen-DNS als Modell für einen besonderen Ablauf der Virusinfektion begriffen wurde (s. S. 469). Der entscheidende Schritt ergab sich, als es gelang, das Rous-Sarkom-Virus zu mutagenisieren: Es stellte sich heraus, daß es Mutanten gibt, die wohl noch infektiös sind, aber nicht mehr transformieren können. Zwei weitere Entdeckungen haben diesen Vorstoß ergänzt. Einmal die Auffindung der *reversen Transkriptase* und zum anderen der Nachweis, daß die tumorerzeugenden RNS-Viren ein DNS-Retroskript liefern, welches in das Genom der befallenen Zelle als *Provirus* integriert wird. Mit ihrer Hilfe läßt sich der Mechanismus der Tumorentstehung auch dort verstehen, wo andere Ursachen maßgebend sind: Es war notwendig, die Tumorviren zu studieren, um zu verstehen, daß bei Mensch und Tier eine große Zahl von DNS-Abschnitten als normale Bestandteile des Zellgenoms existieren, deren Aktivierung oder Ausschaltung zur Tumorentstehung führt.

Diese Genombereiche werden als *Proto-Onkogene*, eine weitere Gruppe als *Suppressorgene* (s.u.) bezeichnet. Die Aktivierung bzw. die Ausschaltung kann durch vielfältige Ereignisse (Integration von Retro-Viren, Mutationen, Chromosomenbrüche u.a.) erfolgen; die Infektion mit onkogenen RNS-Viren stellt dabei einen Sonderfall dar. Bei lymphatischen Tumoren finden sich mehrheitlich Translokationen, bei epithelialen Tumoren Mutationen, Deletionen u.a. des Genoms. Während bei Tieren die meisten Tumoren durch Viren ausgelöst werden, ist der Nachweis des Virusgenoms von RNS-Viren bei menschlichen Tumoren bisher nur für die Erwachsenen-Leukämien gelungen. Anders bei den DNS-Viren: Sie sind an der Entstehung von vielen

Tabelle 4.1. Tumor-Viren des Menschen

Nukleinsäure	Virus	Tumortyp
DNS	Papillom	Warzen, Kondylome Papillome, Karzinome
	Herpes simplex	?
	Zytomegalie	?
	Epstein-Barr	Burkitt-Lymphom Nasopharynx-Karzinom Hodgkin-Lymphom Mund-Karzinom, u.a.
	HHV8	Kaposi-Sarkom Bauchhöhlen-Lymphom Castleman's Disease
	Hepatitis B und C	Leberzellkarzinom
	Polyoma (BK)	Meningeome (?)
	Adeno	?
RNS	HTLV1/2	Erwachsenen-Leukämie Haarzell-Leukämie

Tumorarten (Burkitt- und Hodgkin-Lymphom, Nasopharynx-Karzinom, primäres Leber-Karzinom, Zervix-Karzinom u.a.) direkt kausal beteiligt (Tabelle 4.1).

4.2 Grundbegriffe

4.2.1 Transformation in vitro

Man kann die vielfältigen, vom Normalzustand abweichenden Eigenschaften der Tumorzelle erklären, wenn sie auf Änderungen der DNS-Sequenz zurückgeführt werden. Innerhalb einer Population von Normalzellen entsteht eine Tumorzelle durch Mutationen ihrer Basensequenz. Dieses Ereignis kann das Resultat von einem oder von mehreren Schritten sein.

Für Transformationsversuche verwendet man entweder primäre Zellkulturen von Nagetieren oder vom Menschen, oder aber Zell-Linien, die sich beliebig oft in Passagen weiterzüchten lassen.

Werden humane Zellen direkt aus dem Gewebe angezüchtet, so lassen sie sich nur über eine begrenzte Zahl von Generationen fortführen. Nach etwa 50 Zellverdopplungen sterben sie unweigerlich ab. Hingegen geraten Zellen von Nagetieren (Mäuse, Goldhamster, Ratten) nach anfänglich stärkerer Replikation in eine kritische, teilungsarme Phase.

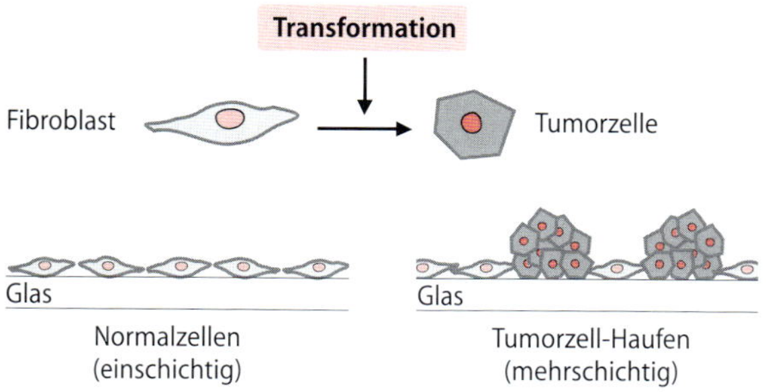

Transformation

Fibroblast → Tumorzelle

Glas — Normalzellen (einschichtig)

Glas — Tumorzell-Haufen (mehrschichtig)

Abb. 4.1. Unterschiede zwischen Normalzelle und Tumorzelle

Aus dieser „Krisis" gehen dann oft immortalisierte Zellen hervor, die sich unbegrenzt fortzüchten lassen und damit zu Linien werden (s. S. 520).

4.2.2 Phänotypisches Verhalten der Tumorzelle

Die transformierte Zelle unterscheidet sich von der Normalzelle in Funktion und Gestalt (Abb. 4.1).

Immortalisierung. Immortalisierung bedeutet die unbegrenzte Fähigkeit, in Passagen fortgeführt zu werden. Diese Eigenschaft bedeutet aber für sich allein noch keine Bösartigkeit. Die Infektion des Menschen mit dem Epstein-Barr-Virus (EBV) liefert dafür ein Beispiel (s. S. 649). Das EBV befällt u. a. die B-Lymphozyten. Die Zellen werden nach der Infektion kontinuierlich fortzüchtbar, sie sind immortalisiert. Untersucht man solche Zellen, so stellt man fest, daß sie sich weniger anspruchsvoll verhalten als Normalzellen: Sie sind von der Zufuhr sonst essentieller Wachstumsfaktoren unabhängig geworden. Die Immortalisierung der B-Zellen durch EBV hat für den menschlichen Träger keinerlei nachteilige Folgen, solange der Immunapparat abnormale Zellen erkennt und eliminiert.

Morphologische Transformation. Die einzelne Tumorzelle zeigt eine charakteristische Veränderung ihrer Gestalt. Typisch ist z. B. die Umgestaltung der normalen Fibroblastenzelle durch ein Tumor-Virus: Aus der länglichen Zelle wird ein *polygonales* oder *abgerundetes* Gebilde. Dies erfolgt durch einen Umbau des Zellskeletts, vorzugsweise wird das Mikrofilament-System zerstört. Transformierte Lymphozyten bilden in vitro Aggregate, weil auf der Oberfläche Antigene (CD-Antigene) exprimiert werden, die Aggregatbildung auslösen.

Schrankenloses Wachstum. Für die Verhältnisse in vivo ist das unkontrollierte, autonome Wachstum der spontan entstehenden Tumoren wohlbekannt. Tumorzellen, die von einem Spendertier unter geeigneten Umständen auf ein gesundes Empfängertier übertragen werden, vermehren sich im neuen Wirt ungehemmt. Sie sind gegenüber regulativen Einflüssen offenkundig „blind".

In der *Kultur* hören bei normalen Zellen die Vorgänge des Wachstums, der Teilung und der Bewegung auf, sobald sich zwei benachbarte Zellen mit ihren Membranen berühren (*Kontaktinhibition*); der Zellrasen bleibt stets einschichtig. Verantwortlich hierfür ist das *Kontaktinhibin* der Zellmembran, ein Glykoprotein, das sich an seinen Rezeptor anlagert und eine Signalkette für die Hemmung der Zellreplikation anregt.

Demgegenüber zeigen Tumorzellen in vitro keine Kontakthemmung. Sie teilen sich nach der Membranberührung weiter und schieben sich dadurch übereinander. Es bilden sich dabei charakteristische, aus mehreren ungeordneten Schichten bestehende Haufen (Foci). Dies wird deshalb möglich, weil die Tumorzellen die Fähigkeit erworben haben, in einem halbfesten Agar ohne feste Verbindung mit der Unterlage zu wachsen: Sie haben ihre „Verankerungsabhängigkeit" verloren. Dies ist das wichtigste In-vitro-Merkmal für die Erkennung von transformierten Zellen.

Als Ausdruck einer durch äußere Einflüsse nicht mehr steuerbaren Zellproliferation kann auch die Tatsache gewertet werden, daß transformierte Zellen auch dann noch wachsen, wenn der Serumgehalt im Nährmedium stark herabgesetzt wird. Normalzellen stellen unter diesen Bedingungen ihr Wachstum ein. Die Ursache dieser Erscheinung liegt darin, daß im Serum Wachstumsfaktoren enthalten sind, die für die Proliferation von Normalzellen essentiell sind, während Tumorzellen in dieser Hinsicht autonom geworden sind. Hierher gehört auch die *autokrine Schleife*:

In vielen Fällen zeigt sich, daß Tumorzellen das Vermögen erworben haben, wachstumsstimulierende Faktoren mitsamt den dazugehörigen Membranrezeptoren in eigener Regie zu synthetisieren. Damit können sie sich die notwendigen Wachstumssignale selbst geben. Andererseits haben transformierte Zellen das Vermögen verloren, auf inhibitorisch wirksame Botenstoffe zu reagieren, die das Wachstum der Normalzelle zügeln.

VII

Auftreten neuer Antigene. Eng verknüpft mit der morphologischen Transformation ist das Auftreten neuer Antigene auf der Zelloberfläche, im Zytoplasma oder im Kern. Die *Tumorantigene* spielen bei der Charakterisierung von Geschwulstzellen eine wichtige Rolle. Man unterscheidet zellulär und viral kodierte Antigene. Zu den letzteren zählen die T-(Tumor-)Antigene der DNS-Tumor-Viren; bei ihnen handelt es sich um *Frühproteine* im Kern.

T-Antigene werden nach der Infektion mit Polyoma-Viren, dem SV40-Virus und den Adeno-Viren gebildet. Das EBNA (Epstein-Barr-nuclear-antigen) genannte Antigen läßt sich im Kern der B-Lymphozyten nach der Infektion mit dem EBV nachweisen.

Als *transplantationsaktiv* werden diejenigen Antigene bezeichnet, welche eine zelluläre Immunreaktion induzieren, die der Transplantat-Abstoßungsreaktion analog ist. Beim Menschen sind es Antigene bei vielen Tumoren (Melan, Mage, Bage etc.), die eine ZTL-Reaktion (zytotoxische Lymphozytenreaktion) auslösen. Ihre Funktion ist die Auslösung zellteilungsregulierender Signale.

Andererseits ist in Epithel- und Bindegewebszellen nach der Transformation die Expression der als Differenzierungsantigene (CD-Antigene) bezeichneten Zelloberflächenmarker weitgehend verändert, z.B. fallen die Ko-Signale (s. S. 100) für die ZTL-Erkennung aus. Auf Lymphozyten bilden sich z.B. nach der Infektion mit dem EBV bestimmte neue CD-Antigenmuster aus. Auch durch Punktmutationen im Zellgenom kommen neue Antigenspezifitäten der Zellmembran zustande (Mum1, β-Catenin).

Außerdem werden in besonderen Fällen die Rezeptoren für Wachstumsfaktoren mutativ verändert; diese Rezeptoren werden damit zu konstitutiv-permanenten Signalemittenten der Zellteilungsmaschinerie. In anderen Fällen ändern die Zellen ihren Membranaufbau, wenn das mikrofilamentöse Zellskelett infolge der Wirkung des Virus zerfallen ist. Zugleich zerfallen die Adhäsionsplaques (Zellfüßchen). Das Fibronektin, welches der Zelle aufgelagert ist, und andere Zellmatrixsubstanzen sowie Adhärenz-Moleküle (Cadherin, ICAM's) gehen verloren oder ihre Expression sinkt.

Transplantierbarkeit. Als schärfstes Kriterium der Transformation gilt nach wie vor die Fähigkeit der behandelten Kulturzellen, nach Übertragung auf ein syngenes Tier dort selbst zum Tumor auszuwachsen. Dies gelingt nicht bei allen Zellen, die in vitro die Zeichen einer Transformation zeigen.

Bei Versuchen dieser Art spielen nackte Mäuse (nu/nu) eine wichtige Rolle, da sie keine T-Zell-abhängige Immunität aufbauen. Mit ihrer Hilfe lassen sich u.a. auch menschliche Lymphozyten auf Transplantierbarkeit testen:

Durch EBV immortalisierte B-Zellen wachsen in diesen Mäusen nicht zu einem Tumor aus, wohl aber Zellen aus den EBV-haltigen Burkitt-Lymphomen oder Nasopharynx-Karzinomen. Durch EBV immortalisierte B-Zellen sind also „unvollständig" transformiert. Man muß aus diesen Versuchen schließen, daß im lebenden Tier eine Transformation im Sinne der Fähigkeit zur Tumorbildung in zwei oder mehreren Stufen zustande kommt. Dies gilt ganz besonders für die zur Metastasenbildung befähigten Zellen.

Metastasenbildung. Die Fähigkeit zur Bildung von Metastasen ist ein Hauptcharakteristikum bösartiger Tumorzellen. Der krebskranke Mensch stirbt meist an der Metastasierung. Bei Tieren treten Absiedlungen nur nach der Übertragung von vollständig transformierten Zellen (Abb. 4.2) auf. Die Fähigkeit zur Metastasenbildung entsteht im Primärtumor durch eine komplexe Serie von aufeinanderfolgenden Schritten, d.h. Mutationen. Dabei werden die Eigenschaften der Tumorzellen und ihrer Sekretionsprodukte schrittweise verändert. Absiedlungstüchtige Zellen müssen mit Eigenschaften ausgerüstet sein, die es ihnen erlauben, in eine neue Umgebung vorzudringen, z.B. durch die Basalmembran eines Epithels in das darunterliegende Gewebe. Dieses Vermögen nennt man *Invasivität*. Bei der Steigerung der Invasivität spielt die vorherige Vaskularisierung des Tumors eine wichtige Rolle. Die Vaskularisierung wird durch Faktoren ausgelöst, die der Tumor in das umliegende Gewebe abgibt (Angiogenese-Faktoren) (s.a. HHV-8). Aber nicht jeder vaskularisierte Tumor (Basaliom) metastasiert.

Metastasierungsfähige Tumorzellen müssen die Fähigkeit besitzen, sich über den Blutweg in einer anderen Umgebung anzusiedeln. Sie sezernieren oder aktivieren verstärkt Proteasen, Kollagenasen, Elastase, Proteoglykanasen, Motilitätsfaktoren u.a. Das CD44-Merkmal ist bei einigen Tumorformen für die Metastasenbildung verantwortlich. Eine besondere Bedeutung kommt der Fähigkeit zu, den Einwirkungen des Immunsystems zu entgehen. So haben einige Tumorzellen die Eigenschaft verloren, MHC-Antigene zu exprimieren, bei anderen werden Antigene exprimiert, die ihnen ein normales Aussehen verschaffen („Wolf im Schafspelz").

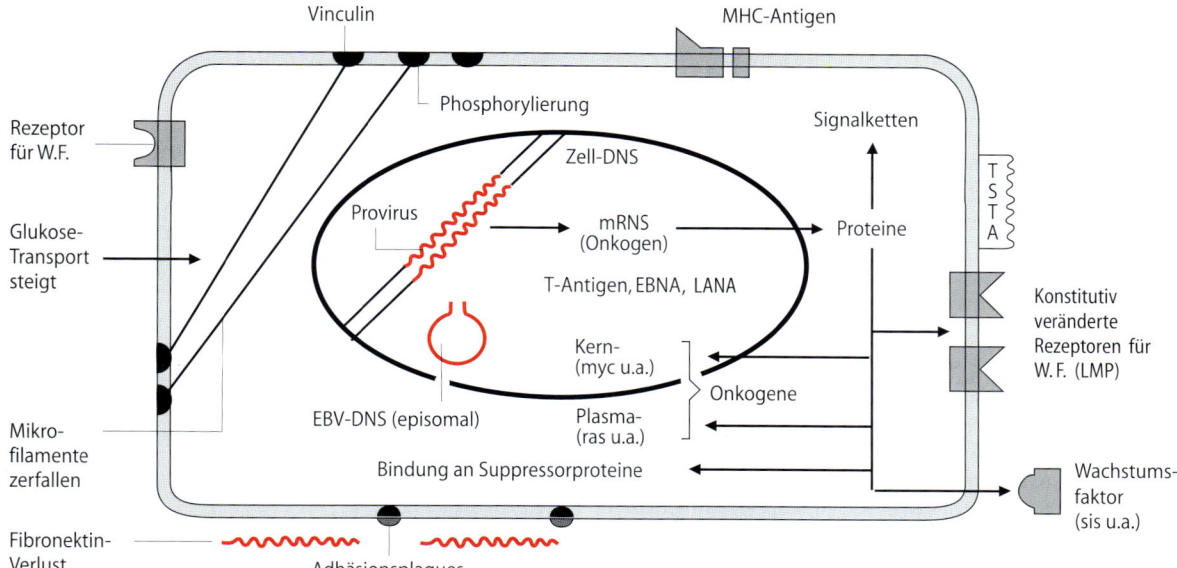

Abb. 4.2. Die transformierte Zelle. Nach der Transformation sind die Eigenschaften der Zelle in vielerlei Hinsicht verändert: Die Veränderung der Zellgestalt erfolgt durch Zerfall der Mikrofilamente, Verlust von Fibronektin und Adhäsionsplaques ("Zellfüßchen", focal contacts) sowie von MHC-Molekülen. Der Verlust der Kontakthemmung der Mitose und der Bewegung erfolgt durch die Wirkung von Onkogenen und Ausfall von Suppressorgenprodukten. "Verfremdung" der Zellmembran (im immunologischen Sinne) erfolgt durch das tumorspezifische Transplantationsantigen (TSTA), Rezeptoren, andere viruskodierte und zellkodierte Antigene. Die Aufnahme von Glukose steigt. Es entstehen nukleäre Onkogenproteine für die Immortalisierung sowie zytoplasmatische für die morphologische Transformation. Sie sind DNS-bindend oder wirken im Zytoplasma durch Beeinflussung von Signalketten. Sie wirken als Wachstumsfaktoren (W. F.) oder deren Rezeptoren. Der Informationsfluß geht vom Provirus oder von der episomalen DNS des EBV aus

Die Chromosomen der Tochtergeschwülste unterscheiden sich von denen der Normalzellen und von den Zellen des Primärtumors durch das Vorkommen von aneuploiden Chromosomensätzen. Diese entstehen z. T. durch Mutationen infolge von Störungen der Teilungsphase während der Mitose. Hierdurch werden weitere zellteilungshemmende Gene ausgeschaltet oder -fördernde exprimiert. In gewebetypischen Tumoren finden sich oft bestimmte Veränderungen der Chromosomen ("stemlines"). Man beobachtet auch Translokationen von bestimmten Teilen der Chromosomen (s. S. 649): "Instabilität der Chromosomen".

4.3 Transformierende Noxen

Als Auslöser für die zur Transformation führende(n) Genomänderung(en) kommen in Betracht:

Spontane Mutationen. Diese können Tumorgene betreffen und Zellteilungen fördern oder aber Gene verändern, die hemmend auf die Zellteilungsmaschinerie einwirken. Im ersten Fall wird ein potentielles Tumorgen aktiviert, im zweiten Fall wird die Wirkung eines Suppressorgens (*Anti-Onkogen*) aufgehoben (s. S. 502).

Physikalisch oder chemisch induzierte Mutationen (Strahlen, mutagene Stoffe). Die biophysikalisch entstandenen Mutationen spielen bei der Krebsentstehung ebenso eine bedeutende Rolle. Krebserzeugende Stoffe, die sog. *Karzinogene*, müssen in der Regel aktiviert werden, bevor sie auf die DNS durch Bindung an Nukleotidbasen mutativ wirken können. So bewirkt ein System von Enzymen in mehreren Schritten die Aktivierung von Benzpyren. Fehlen diese Enzyme, so ergibt sich eine Resistenz gegen Tumorbildung. Für diese Stoffe wäre mithin der Ausdruck "Prokarzinogen" korrekter. Es gibt aber auch metabolische Wege, auf denen Karzinogene unschädlich gemacht werden oder Zellgifte zerstört werden ("Entgiftung"

z. B. durch Glutathiontransferase). Asbest (Asbestose, Lungenkarzinome) bewirkt z. B. Chromosomenaberrationen und eine Steigerung der NFκB-Aktivität und damit Zellproliferation und Entzündungen.

Reparatursysteme der Zell-DNS können karzinogeninduzierte Mutationen der DNS rückgängig machen. Fehlen diese Reparatursysteme im Sinne eines genetischen Defektes, so werden Tumoren gehäuft beobachtet (Xeroderma pigmentosum). Chemische Karzinogene werden durch ihre mutative und amplifizierende Wirkung von Zell-DNS bzw. Zellgenen zu Initiatoren der Karzinomentstehung. Hier treffen sich die Wirkungen der chemischen Karzinogene mit denjenigen der mutagen und DNS-amplifizierend wirkenden Viren. UV-B-Strahlung wirkt in den Keratinozyten der Haut mutagenisierend – am p53. Außerdem werden dort Langerhans'sche Zellen zerstört, so daß die Ag-Präsentation verringert wird. Durch freigesetzten TNF-*a* kommt außerdem eine Immunsuppression zustande. Andererseits bewirkt das Vorliegen des HLA-Typs A11 z. B. eine Minderung des Risikos für die Entstehung der Hauttumoren.

Befall durch transformierende Viren. Hierbei sind zwei prinzipiell verschiedene Situationen denkbar:

- Einmal kommt es durch die Virusinfektion zu einer dauernden Vergrößerung des Informationsgehaltes im Zellgenom: Das Virusgenom wird ganz oder teilweise integriert.
- Andererseits gibt es Fälle, in denen ein Tumorvirus seine transformierende Wirkung nur kurzzeitig ausübt und dann aus der Zelle verschwindet ("hit-and-run"-Mechanismus).

Beide Mechanismen sind experimentell bewiesen: Werden Wirtszellen durch hitzeempfindliche Mutanten eines Tumor-Virus transformiert, so verhalten sie sich nur bei niedrigen Temperaturen wie Tumorzellen; bei höheren Temperaturen sind sie phänotypisch normal. In diesem Fall ist also die dauernde Wirksamkeit des Virusgenoms für den malignen Status unerläßlich (Rous-Sarkom-Virus, RSV). Das Genom des HSV wird dagegen nur kurzzeitig integriert. Während dieser Phase wirkt es mutagenisierend und DNS-amplifizierend auf das Zellgenom ein (Integrationsmutagenese der DNS-Viren). Schnell aufeinander folgende Zellpassagen in vitro bewirken Mutationen im Zellgenom mit der Folge der Autonomisierung der Zelle

(HPV); das EBV und HPV wirken als Initiatoren der Karzinogenese (s. u.).

Wachstumshormone und Zytokine. Auch *epigenetische Einflüsse* können zur Transformation bzw. zur Tumorbildung beitragen oder diese blockieren. Man versteht darunter das Auftreten von Tumoren infolge einer Umsteuerung der Wachstums- und Differenzierungsregulation durch Wachstumshormone, die von außen auf die Zelle einwirken. Eine Situation dieser Art liegt vor, wenn erwachsene Tiere Transplantate von embryonalem Gewebe erhalten: Die implantierten Zellen wachsen in der unphysiologischen Umgebung zu Tumoren aus (Teratome). Der TGF-*β* u. a. kann andererseits aus der Normalzellumgebung die Tumorzellen durch Apoptoseinduktion zerstören.

4.4 Stufen der Karzinogenese

Karzinogene Noxen können sich gegenseitig unterstützen. Die krebserregende Substanz wird als *Initiator* bezeichnet, während die fördernde Substanz *Promotor* genannt wird. Ein Beispiel für Initiatoren sind z. B. ein Tumor-Virus (RSV), UV-Strahlen oder ein chemisches Karzinogen. Ein Promotor ist z. B. das Krotonöl, aus dem die Promotor-aktiven Phorbolester isoliert werden. Auch Viren wirken als Promotoren:

SV40 und Adeno-Viren hemmen u. a. die Expression der Glutathiontransferasen und damit Entgiftungsreaktionen. Die Wirkungsweise von Initiatoren und von Promotoren ist stets verschiedenartig. Die experimentelle Tumorforschung bei Maus und Kaninchen hat gezeigt, daß die Wirkung einer karzinogenen Substanz oder eines Virus durch einen per se nicht karzinogenen Promotor beträchtlich verstärkt werden kann. Dies wird als *Ko-Karzinogenese* bezeichnet.

Zwei krebserregende Agentien (Initiatoren) können sich in ihrer Wirkung gegenseitig fördern: *Syn-Karzinogenese*. Ein Beispiel ist der Synergismus zwischen Aflatoxin B1 und dem HBV bei der Entstehung des Leberzellkarzinoms. Tumoren entstehen dadurch häufiger als bei alleiniger Gabe eines der beiden Agentien.

Die Transformation ist meist die Folge mehrerer Veränderungen in der Zelle. Manche Tumoren entstehen zwar durch ein molekulares Einzelgeschehen, z. B. durch Infektion mit dem RSV. Ein großer

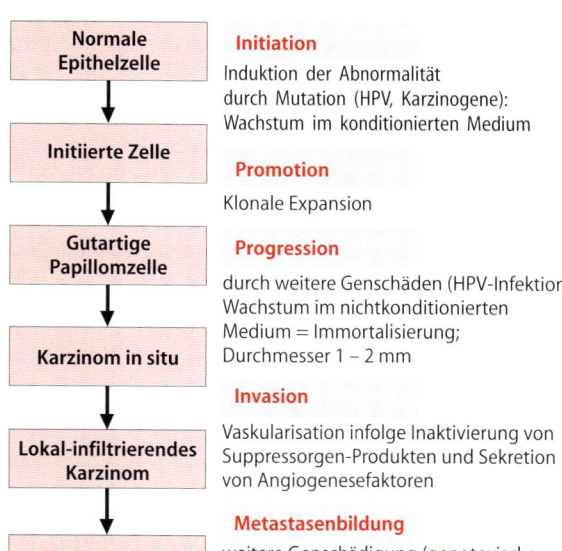

	Initiation
Normale Epithelzelle	Induktion der Abnormalität durch Mutation (HPV, Karzinogene): Wachstum im konditionierten Medium
↓	
Initiierte Zelle	**Promotion**
	Klonale Expansion
↓	
Gutartige Papillomzelle	**Progression**
	durch weitere Genschäden (HPV-Infektion) Wachstum im nichtkonditionierten Medium = Immortalisierung; Durchmesser 1 – 2 mm
↓	
Karzinom in situ	
↓	**Invasion**
Lokal-infiltrierendes Karzinom	Vaskularisation infolge Inaktivierung von Suppressorgen-Produkten und Sekretion von Angiogenesefaktoren
↓	
Metastasenbildung	**Metastasenbildung**
	weitere Genschädigung (genotoxische Effekte, Aneuploidie), Enzymbildung, Ansiedlung in Organen und Geweben

Abb. 4.3. Die Stadien der Tumorentstehung. Die Entstehung bösartiger Epithelzellen wird durch exogene oder endogene Faktoren in Gang gebracht. Sie beruht auf verschiedenen genetischen Elementen und komplexen biochemischen Prozessen. Die *Initiation* ist dosisabhängig und wird durch mutative Agentien ausgelöst, z. B. durch HPV. Bis zur *Promotion* können mutierte Epithelzellen „latent" bleiben (Einflüsse normaler Zellen?). Infolge *Progression* durch weitere Genschädigungen am p53 nimmt die autonome Vermehrung der Zellen zu, es entwickelt sich ein Karzinom in situ. Die *Invasion* erfolgt nach der Vaskularisierung. Die sich anschließende *Metastasenbildung* ist die Folge vieler weiterer Mutationen

Teil der Tumoren wird aber durch eine Sequenz von ursächlich wirksamen Ereignissen hervorgerufen.

- Im ersten Fall spricht man von Einstufen-Transformation,
- im zweiten Fall von Mehrstufen-Transformation (Abb. 4.3).

Im Falle der Zweistufen-Transformation wird die Zelle durch das erste Ereignis so verändert, daß sie für das zweite Ereignis empfänglich wird. So kann man z. B. mit gewissen Onkogenen, die aus menschlichen Tumoren isoliert worden sind, eine transformierende Wirkung nur bei solchen Zellen erzielen, die vorher immortalisiert worden sind.

In anderen Fällen ist eine komplizierte Kooperation mehrerer Faktoren notwendig, wenn eine voll transformierte Zelle entstehen soll. Die genetischen Veränderungen der Einzelfaktoren, d. h. der

Onkogene oder Suppressorgene, lassen sich in vivo in einer bestimmten Sequenz nachweisen; sie ist offenbar tumorspezifisch. Sehr wahrscheinlich ist sie die Folge von Selektionsprozessen und spiegelt nicht die zeitliche Abfolge der Mutationsereignisse wider. Man rechnet z. B. mit 20–30 Mutationsschritten bei der Entstehung des kleinzelligen Lungenkarzinoms, während bis zur Vaskularisierung nur 5–6 Mutationsereignisse geschätzt werden. Neuerdings testet man bis zu mehr als tausend Genaktivitäten und erhält im Verlauf der Tumorbildung bestimmte typische Expressions-Muster der mRNS („molekulares Expressionsporträt").

Einstufen-Transformanten und die daraus entstehenden Tumoren sind *polyklonal*: Das zur Transformation führende Ereignis ist häufig. Beispiel: Lymphoproliferative Tumoren durch EBV bei AIDS.

Dagegen sind Mehrstufen-Transformanten oder -Tumoren *monoklonal*: Das transformierende Ereignis ist selten, z. B. beim Burkitt-Lymphom infolge Translokation (s. S. 649).

Transformation durch Virusbefall

Der Vermehrungszyklus von *nicht-onkogenen Viren* kann zu zwei Endzuständen der Zelle führen:
- Die Zelle synthetisiert die Virusnachkommenschaft und geht zugrunde (zytozider Zyklus).
- Die Zelle synthetisiert Viruspartikel, ohne Schaden zu erleiden. Sie produziert intakte Virionen (nicht-zytozider Zyklus, LCM-Virus).

Eine Transformation durch Virusbefall kann nur dann erfolgen, wenn der Vermehrungszyklus nach dem nicht-zytoziden Typ verläuft. Hinsichtlich der Virusvermehrung können sich zwei Zustände herausbilden. Sie werden durch die Bezeichnungen „permissiv" und „nicht-permissiv" charakterisiert.

Permissive (produktive) Transformation. Die Zelle produziert in Permanenz intakte, infektiöse Viruspartikel und schleust sie aus, ohne daß ihre Lebens- und Vermehrungsfähigkeit darunter leidet. Sie zeigt im übrigen alle Merkmale der Tumorzelle.

Nicht-permissive (nicht-produktive) Transformation. Das eingeschleuste Virus verschwindet mit dem Beginn der Eklipse und taucht nicht wieder auf („Eklipse ohne Ende"). Die Zelle produziert keine Viruspartikel. Sie besitzt die typischen Kennzeichen der Tumorzelle.

4.5 Onkogene, Suppressorgene und Genotoxizität

Tumorbildung resultiert aus der Störung von homöostatischen Mechanismen, die Zellteilung und Zelltod regulieren.

Viren sind Mördern zu vergleichen, wie im Kap. 3 über die zellzerstörende Wirkung gezeigt wurde. Viren kann man aber auch Dieben und Diktatoren gleichsetzen: Sie stehlen dabei zellteilungsfördernde Gene (c-onc) aus der Zelle und gemeinden diese dem Virusgenom ein (Beispiel: v-src des Rous-Sarkom-Virus). Gelangen diese dann durch Infektion in einen Organismus, so benutzen sie die gestohlene Information, um die Zelle diktatorisch auf Dauerzellteilung zu schalten. Diese Gene werden als *Onkogene* bezeichnet. So erzeugt das RSV in kurzer Zeit polyklonale Sarkome.

In der Tat haben sich auf diese Weise etwa 100 solcher Onkogene im Genom von RNS-Tumorviren nachweisen lassen. Bei der Suche nach weiteren Onkogenen hat man eine Vielzahl von Zellgenen entdeckt, die redundant und hochgradig komplex die Zellteilungsmechanismen positiv beeinflussen. In der normal regulierten Zelle liegen Onkogene indessen als *Protoonkogene* (c-onc) vor. Sind sie dagegen in das Virus eingemeindet, so spricht man von Virus-Onkogenen (v-onc). Sie haben im Vergleich mit ihrem zellulären Gegenstück genetische Veränderungen infolge Spleissen, Mutationen, Deletionen durchgemacht und fungieren als

- Wachstumsfaktoren oder deren Rezeptoren (v-sis; LMP-1),
- konstitutiv aktive Glieder von Signalketten (c-ras)
- Transkriptionsfaktoren am Zellgenom (c-myc).

RNS-Tumorviren bedienen sich also zellteilungsfördernder Gene, um die Zellproliferation bei der Tumorbildung zu steigern (Abb. 4.4). *DNS-haltige Tumorviren* haben einen anderen Weg gewählt, um diktatorisch die Zellproliferation anzuregen: Sie schalten *zellteilungshemmende Gene* (*Suppressorgene*) der Zelle aus. Beispiele dafür sind das pRb- und das p53-Gen. Vom pRb ist bekannt, daß es im Retinoblastom polymorph mutiert vorkommt und daß auf diese Weise die zellteilungshemmende Wirkung dieses Proteins fortfällt. Personen mit diesem Polymorphismus bekommen tatsächlich frühzeitig ein Retinoblastom. Adeno-Viren und HPV's sind dabei als Erfinder tätig gewor-

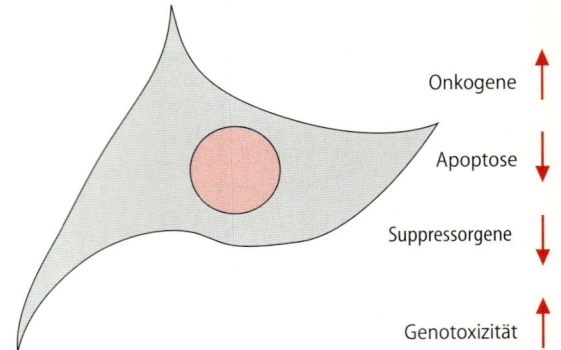

Abb. 4.4. Aktivierung von Onkogenen, Inaktivierung von Suppressorgenen, Hemmung der Apoptose und Auftreten von Genotoxizität in der transformierten Zelle

den: Sie haben Proteine entwickelt (die Frühproteine E1A und E1B sowie E6 und E7), die sich an eben diese Suppressorgene binden und sie funktionell oder durch Abbau ausschalten. Dabei ist allerdings zu bemerken, daß sich die Wirkung dieser Suppressorgenprodukte nur über hochkomplizierte Signalketten manifestieren kann. Diese Suppressorgene bzw. ihre Produkte fallen aber aus, wenn sie mutieren (s. u.) oder durch das HTLV phosphoryliert werden und dann nicht mehr zellteilungsblockierend wirken können. Auch hier ist der Endzustand eine gesteigerte Proliferationsrate der Zelle. Proliferierende Zellen sind wiederum die Grundvoraussetzung für die Replikation der HPVs. Das HPV schafft sich auf diese Weise selbst die Möglichkeit für eine erfolgreiche Vermehrung (s. S. 619).

Wie läßt sich nun die Wirkung der exogen auf den Menschen einwirkenden *Karzinogene* (z. B. im Tabakrauch, Aflatoxine oder UV-Strahlen) mit der Wirkung der jeweiligen Virusgene kombinieren? Karzinogene Noxen erzeugen Mutationen, und zwar an den Protoonkogenen, Suppressorgenen und Entgiftungsgenen, die nun ihre regelrechten Funktionen nicht mehr ausüben können; sie werden dann konstitutiv aktiv oder inaktiv. Zum Beispiel ist in 50–70% aller menschlichen Tumoren ein mutiertes, also inaktives p53 nachgewiesen worden; in den HPV-bedingten bösartigen Tumoren ist es zu 90% mutiert und inaktiv.

Das p53-Suppressorsystem und seine Verwandten werden auch als *„Wächter der Zellteilungen"* bezeichnet. Diese Proteine entpuppten sich als Transkriptionsfaktoren, die die Aktivität von Erb-

anlagen steuern und besitzen außer der Regulierung der Zellteilungen noch eine andere, wichtige Funktion. Ist am Genom z. B. durch UV-Bestrahlung oder ein Karzinogen ein Schaden an der DNS entstanden, wird das p53 exprimiert und aktiviert, indem es bei geringem Schaden die Zellteilungen stoppt, um eine Reparatur der DNS zu ermöglichen. Das p53 zieht sozusagen die Notbremse. Bei starken Schädigungen wird es dagegen sehr stark aktiv und löst dann über andere Signalketten Apoptose aus. Das mutierte p53-Produkt ist hierzu jedoch nicht mehr in der Lage – die Zellen teilen sich ungehemmt weiter (weil sie nicht mehr apoptotisch ausgeschaltet werden) und es erfolgt eine Anreicherung von DNS-Schäden, die zu der bei Tumoren beobachteten Aneuploidie und den Chromosomenanomalien beiträgt (*Genotoxizität*).

Diese Tatsache birgt einen wichtigen Aspekt: Ist nämlich das p53 noch aktiv (also nicht mutiert oder das Protein nicht durch transformierende Frühproteine der Viren gebunden etc.), so kann es Apoptose auslösen und in den Frühstadien der Krebskausalkette Apoptose und damit die Zerstörung von Frühstadien der Tumoren einleiten. Dies erklärt auch das häufige Verschwinden von Mikrotumoren. Um dies zu verhindern, hat sich das EBV ein Apoptose-verhinderndes Gen (Bcl) einverleibt.

Der Ausfall der p53-Wirkung hat auch therapeutisch wirksame Konsequenzen: Tumorchemotherapeutika wirken häufig DNS-schädigend – es wird deshalb bei aktivem p53 Apoptose ausgelöst und die Tumorzellen werden zerstört. Ist das p53 hingegen mutiert und ausgeschaltet, so erscheinen die Tumorzellen „resistent" gegenüber dem Chemotherapeutikum, weil keine Apoptose mehr ausgelöst werden kann, der Tumor wächst weiter.

Mutationen des Gens der adenomatösen Polyposis des Kolons (APC), einem Suppressorgen, haben zu einem Stufenmodell der Tumorentstehung geführt: Zu allererst mutiert das APC-Gen, wobei viele Darmpolypen entstehen. Dann erfolgt die mutative Aktivierung des Onkogens mit der Bezeichnung ras. Der mutative Verlust von zwei Antionkogenen (pRb, p53) führt schließlich zu konsekutiven Entwicklungsstadien des Tumors; mit steigender Malignität werden dabei jeweils die am stärksten malignen Zellen herausselektioniert und teilen sich ungehemmt weiter. Im Endzustand ergibt das dann *monoklonale Tumoren*.

Schließlich soll erwähnt werden, daß auch der Integrationsprozeß der RNS- und DNS-Viren selbst eine „*Insertionsmutagenese*" zur Folge hat – mit al-

len oben beschriebenen Konsequenzen an zellteilungsaktiven Genen. Unter Umständen kann auch die Spindelfunktion bei der Trennung der Chromosomen bei der Mitose geschädigt sein. Es entstehen quasi „Chromosomen-Monster", d. h. Aneuploidie bzw. generell Anomalien, die ihrerseits Genaktivitäten stören und weitere Anomalien auslösen. Pathohistologisch ergibt sich das altbekannte Bild der Chromosomenanomalien von Tumorzellen.

4.6 Der Tumor im Organismus

Ist im Organismus eine einzelne Zelle transformiert worden, so entsteht deshalb nicht notwendigerweise ein Tumor. Andererseits haben Tumorzellen eine Vielzahl von *Strategien entwickelt, um das Immunsystem zu unterlaufen:* ZTL können keine Tumorzellen erkennen, weil die Expression von MHC-Antigenen fehlt, oder sie werden nicht aktiviert, weil Ko-Signale abgeschaltet sind; im letzten Fall folgt eine „Anergie". Tumorzellen bilden Escape-Mutanten mit der Folge einer Unangreifbarkeit durch ZTL. Mutationen im p53 befördern auch die Resistenz gegenüber Tumor-Chemotherapeutika (s. links). Resistenzen gegen Chemotherapeutika entstehen auch durch Verstärkung von „Säuberungsmechanismen" der Zelle („multiple drug resistance", MDR), weil diese aus der Zelle sofort nach dem Eindringen eliminiert werden. Tumorzellen können aber auch Proteine bilden (Fas-Ligand), die sich an die Fas-Rezeptoren (APO-1, CD95) der ZTL anlagern und bei ihnen Apoptose auslösen. Die *Normalzellumgebung* der Tumorzellen zerstört andererseits diese durch Abgabe von Apoptose-induzierenden Zytokinen (TNF-α, TGF-β, s. S. 118, 119). Aller Wahrscheinlichkeit nach ist die Transformation einzelner Zellen im lebenden Organismus sogar ein relativ häufiges, aber meistens folgenloses Ereignis. Die entgleisten Zellen werden nämlich durch das *zelluläre Immunsystem* in der Regel als fremd, d. h. als nicht-konform erkannt und vernichtet. Dies gilt auch für die In-situ-Karzinome der Stadien CIN I–II–III, die häufig folgenlos verschwinden (Apoptose!). Die Kontroll- und Eliminierungsfunktion des Immunsystems (tumor surveillance system, natural killer cells) versagt andererseits dann, wenn sich abseits des immunologischen Zugriffbereiches (immunologische Nische) eine kritische Masse von

Tumorzellen bildet, wenn das Humoralsystem die Tumorzellen vor den zellulären Abwehrelementen schützt (enhancing effect) oder wenn das Immunsystem durch einen virusbedingten Zellschaden (HIV1 und 2) in seiner Aktivität blockiert wird. Bei immunologisch unreifen Tieren besteht sogar die Möglichkeit, daß sich gegen die Tumorantige-ne eine *Toleranz* ausbildet. Dies ist vermutlich der Grund, warum die Tumorinduktion mit Viren bei neugeborenen Tieren leichter vonstatten geht als bei erwachsenen Individuen: Durch Toleranzinduktion unterläuft der Tumor die immunologische Überwachung.

ZUSAMMENFASSUNG: Grundbegriffe der Onkologie

Transformation. Umwandlung einer Normalzelle in eine maligne Zelle erfolgt in mehreren Stufen.

Eigenschaften der transformierten Zelle. Immortalisierung; morphologische Transformation; autonomes, schrankenloses Wachstum (autokrine Schleife), Verlust der Kontakthemmung, Metastasenbildung. Wachstum in Agar. Auftreten von EBNA, T-Antigen, LANA und TSTA-Antigen; Transplantierbarkeit.

Transformierende Noxen. Spontanmutationen, Einwirkung von chemischen Karzinogenen, γ-Strahlen, UV-B-Licht, Virusinfektionen.

Transformierende Viren. Retro-Viren, Einbau von HPVs, HBV in das Zellgenom. Wirkung durch Onkogene, Anschaltung von Protoonkogenen, Ausschaltung von Suppressorge-nen oder Mutationsinduktion mittels genotoxischer Effekte. Permissive-nicht permissive Transformation. HSV: Hit-and-run-Effekt.

Stufen der Karzinogenese. Initiation, Promotion, Progression, Invasion, Metastasierung. Polyklonale und monoklonale Tumoren.

Onkogene, Suppressorgene, Genotoxizität. Onkogene der Viren (v-onc). Aktivierung durch Mutationen, Folge ist Steigerung der Zellteilungsrate. Suppressorgene werden mutativ oder funktionell ausgeschaltet; bei p53 auch die Apoptoseinduktion. Die Integration von Virusgenen löst Genotoxizität aus.

Tumor im Organismus. Entstehung in immunologischen Nischen; Kontrolle durch zytotoxische Lymphozyten, natürliche Killerzellen sowie Makrophagen und deren Zytokine.

EINLEITUNG

Epidemiologie im Sinne der Virologie ist die Lehre vom Auftreten, der Verbreitung und vom Verschwinden von Viruskrankheiten in der Gesamtbevölkerung oder in bestimmten Risikogruppen. Sie zeigt die Notwendigkeit von Impfungen auf und erfaßt die Wirkung von Impfmaßnahmen oder der Virus-Chemotherapie. Sie liefert auch Hinweise für das Auftreten von bestimmten Viruskrankheiten und definiert Übertragungsrisiken.

STECKBRIEF

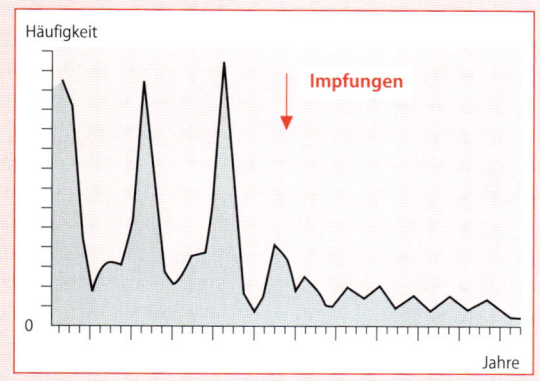

chung mittels Antikörper- oder Antigennachweis oder Virusisolierung in Abwässern oder Ausscheidungen sowie der Nachweis von Nukleinsäure mittels der PCR.

5.1 Definition

Epidemiologie behandelt z. B. die Verbreitung von Viren nach ihrer Freisetzung aus dem Organismus, gleichgültig, ob der Organismus erkrankt oder nicht. Sie verfolgt den Übergang der Viren in die unbelebte Umwelt einerseits (Wasser, Staub, Luft, Lebensmittel, sog. Vektoren und alle denkbaren „Vehikel") sowie die Rückübertragung in tierische und menschliche Organismen andererseits. Aus den Ergebnissen werden die Empfehlungen für Impfungen und deren Folgen abgeleitet.

Die epidemiologischen Grundbegriffe sind auf S. 151 ff. dargestellt, sie gelten auch für Virusinfektionen.

Methoden der Epidemiologie sind statistische Erhebungen und Auswertungen über das Auftreten von Viruskrankheiten, das Studium der Durchseu-

5.2 Interepidemischer Verbleib der Viren

Trotz jahrzehntelanger Untersuchungen sind der Verbleib von Viren in den interepidemischen Zeiten und die Quelle des Wiederauftauchens bei vielen Viren nur unvollständig geklärt. Klar ist die Situation bei den Herpes-Viren: Die lebenslange Persistenz mit dauernder oder intermittierender Ausscheidung ermöglicht jederzeit erneute Infektionen. Diese Viren dürften zu den phylogenetisch alten und gut an den Menschen angepaßten Viren zählen.

Anders hingegen muß man die Infektionen mit Polio-, Masern-, Mumps- oder Röteln-Virus betrachten. Sie werden einige Wochen nach der Infektion aus dem Organismus eliminiert. Das Polio-Virus wird heute nur noch gelegentlich in eine Bevölkerung „eingeschleppt" und kann dann bei nicht geimpften Personen eine Polio-Infektion oder -Erkrankung hervorrufen. Diese Viren würden eine kleine Gruppe Menschen durch Einschleppung infizieren können; ein geringer Prozentsatz würde erkranken. Schließlich würde das Virus aber „aussterben", da keine empfänglichen Personen in der Gruppe mehr vorhanden sind. Polio, Masern u. a. dürften also relativ junge Virus-

krankheiten des Menschen sein, deren Etablierung im Menschen an die Urbanisation geknüpft war.

Früher wurden im Sinne des zyklischen Ablaufes von Infektionskrankheiten mit Infektion, Erkrankung und Elimination nur relativ kurzdauernde Ausscheidungsperioden angenommen. Dies ist bei einer Vielzahl von Virusinfektionen tatsächlich der Fall (Polio, Masern, Mumps). Es hat sich jedoch gezeigt, daß es Virusinfektionen gibt, die monate- und jahrelang mit einer *intermittierenden* oder *persistierenden* Ausscheidung z.T. nach Reaktivierung einhergehen (Herpes-Viren, HPV).

5.3 Übertragung

Die Übertragung eines Virus kann *vertikal* oder *horizontal* erfolgen. Eine vertikale Infektion liegt vor, wenn mit den Keimzellen integrierte Virus-Nukleinsäure (Retro-Viren) auf den Organismus übergeht. Eine vertikale Infektion kann aber auch durch infektionstüchtiges Virus zustande kommen, wenn es z.B. transovariell oder mit dem Sperma übertragen wird. In erweitertem Sinne erfolgt auch die Infektion des Embryos in der Pränatalperiode – mit oder ohne besondere Infektionsfolgen – vertikal. Als horizontal wird eine Übertragung immer dann bezeichnet, wenn ein Organismus nach der Geburt infiziert wird, gleichgültig auf welche Weise.

Der Übertragungsmodus kann *direkt* oder *indirekt* sein. Direkte Übertragung erfolgt z.B. durch hetero- oder homosexuellen Kontakt oder durch Kuß. Als Vehikel bei der indirekten Übertragung können Staubpartikel, Aerosole, Handtücher, Hände, mit Blut kontaminierte Kanülen oder ärztliche Geräte sowie Vektoren dienen (Tabelle 5.1).

Tabelle 5.1. Die Übertragung von Viren

Übertragungsweg	Virus/Krankheit
Kuß	EBV, HSV 1, ZMV
Sexualverkehr	HIV 1/2, HBV, ZMV, HSV 2, HPV's, HCV, HHV 8
Tröpfchen, Speichel	Influenza, Masern, EBV, HSV 1, Corona, ZMV, Polio, Röteln
Schmutz- und Schmierinfektion	Picorna, Rota, HAV, HEV
Lebensmittel, Trinkwasser	Polio, Rota, Norwalk-Agens, HAV
Schwimmbäder	Polio, PLT-Gruppe, HPV's
Staub, Handtücher	LCM, PLT-Gruppe, Q-Fieber, VZV
Instrumente, Tonometer, Endoskope	Adeno, HBV, HIV 1/2, HCV unkonventionelle Viren!
Berührung, Händedruck, Türklinke	Rhino-, Papillom-Viren
Organe, Blutproben	ZMV, HIV 1/2, HBV, HCV, HDV, HTLV 1, EBV
Kanülen	HBV, HIV 1/2, HCV, HDV
Vektoren	Gelbfieber, FSME, Bunya-Viren, Dengue
Perinatal	HBV, HSV, Coxsackie-Viren, VZV
Intrauterin	ZMV, Röteln, Toxoplasmose, Parvo, VZV, HIV 1/2, HSV 2
Biß	Tollwut

5.4 Infektketten

Man unterscheidet *homologe* und *heterologe Infektketten*: Als homolog bezeichnet man die Infektion von Mensch zu Mensch, als heterolog diejenige vom Tier auf den Menschen. In die Infektkette kann ein *Vektor* eingeschaltet sein, z.B. beim Gelbfieber verschiedene Aedes-Spezies oder bei der Frühsommer-Meningo-Enzephalitis (FSME) die Zecke (s. S. 568). Die Tollwut wird durch den Biß eines Tieres (Hund, Katze, Fuchs) auf den Menschen übertragen. Das Erregerreservoir für die FSME sind kleine, wildlebende Nagetiere, für die Tollwut (sylvatische Form) Füchse und Dachse. Änderungen der Umweltbedingungen durch Klimaschwankungen, Änderung der landwirtschaftlichen Produktionsmethoden und Einschleppung von Vektoren (z.B. Aedes albopictus als Vektor für Dengue-Virus in die USA) können neue epidemiologische Situationen für die Übertragung von Viren schaffen. Besonders wichtig sind Risikogruppen für die Ausbreitung von HIV und HBV (Drogenabhängige, Homosexuelle und Prostituierte sowie neuerdings Teenager).

5.5 Herdimmunität

Der Begriff *Herdimmunität* beschreibt den Grad der Gesamtimmunität einer Bevölkerung. Immunbiologisch liegt ihm der Prozentsatz der Antikörperträger sowie die Höhe der Antikörperspiegel bzw. der zellulären Immunität zugrunde.

Im Verlauf der Schwangerschaft treten mütterliche IgG-Antikörper auf das sich entwickelnde Kind über. Sie verhelfen ihm zu einer Leihimmunität bzw. zu einer Art „Nestschutz" nach der Geburt. Sie ergänzt die in den ersten Lebensmonaten noch nicht voll wirksame Basisresistenz und die adaptative Immunität (s. S. 47 ff.) und erlaubt in den ersten Lebensmonaten die „Durchseuchung" mit einer Vielzahl von Viren ohne Gefahren für den Säugling und damit den Aufbau einer aktiven Immunität.

Herdimmunität kommt sowohl durch natürliche Infektionen als auch durch Impfungen zustande. Sie sollte möglichst hoch sein, um das Angehen und die Ausbreitung eines eingeschleppten Virus zu verhindern. Z. B. ist gegen ein neues pandemisches Influenza-Virus die Herdimmunität fast gleich Null; nur die über 60jährigen Personen sind in geringem Grade geschützt, weil sie von früheren Epidemien her noch Antikörper besitzen. Im Verlauf von Influenza-Pandemien und -Epidemien wird *Übersterblichkeit* beobachtet. Mit diesem Begriff wird die über das langjährige Mittel hinausgehende Sterblichkeit der Gesamtbevölkerung bezeichnet.

Der Grad der Herdimmunität, der einen wirksamen oder gar vollständigen Schutz der Bevölkerung verursacht, umfaßt neben dem Individualschutz auch den Schutzgrad der Gesamtbevölkerung. Bei den Röteln müssen die Antikörperträger

über 95% der Gesamtbevölkerung ausmachen, um das Auftreten von Embryopathien unwahrscheinlich zu machen.

5.6 Spezielle epidemiologische Aspekte bei Virusinfektionen

Entero-Virusinfektionen treten zumeist in der warmen Jahreszeit auf. Die Infektionsausbreitung wird durch Abwasserverunreinigung von Schwimmbädern erleichtert. Im Winter breiten sich vorzugsweise diejenigen Viren aus, die durch engen Kontakt übertragen werden (Abb. 5.1).

Inapparente Infektionen, längerfristige Ausscheidung und sporadische Fälle sind wahrscheinlich die Herde für neue epidemische Wellen. Das Respiratory-synzytial-Virus erzeugt regelmäßig in jedem Winterhalbjahr neue Erkrankungen, während die Röteln-Viren trotz sporadischer Fälle nur alle 4–6 Jahre, d.h. nach dem Heranwachsen einer genügend großen Zahl empfänglicher Personen, größere Epidemien auslösen.

Die klassischen Viruskrankheiten (Polio, Masern, Röteln) rufen eine lebenslange Immunität hervor, jedoch wird sie durch Reinfektionen häufig

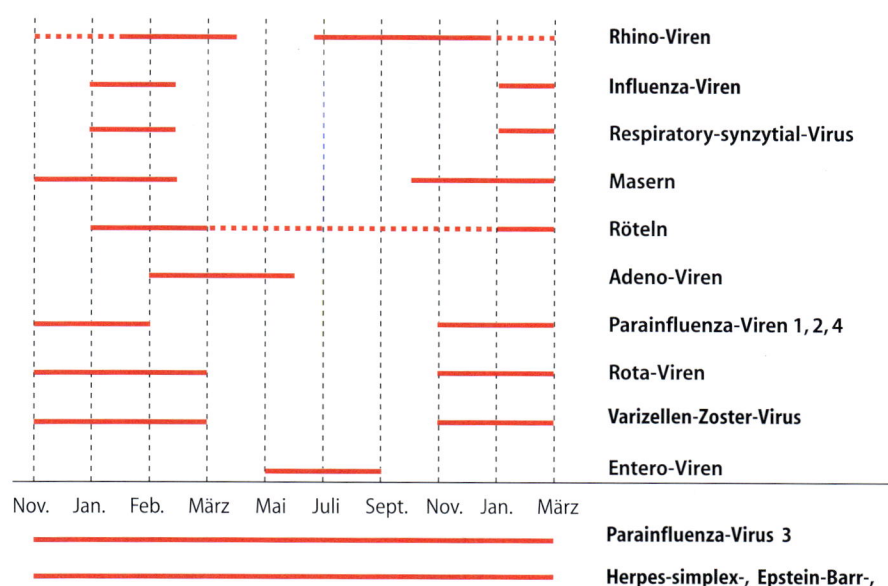

Abb. 5.1. Jahreszeitliche Häufung von Virusinfektionen

geboostert. Im Gegensatz hierzu bewirken regelrecht durchgeführte Lebendimpfungen (Masern, Mumps, Röteln) nur einen etwa 10–15 Jahre dauernden Individualschutz; es muß also nachgeimpft werden. Die typenspezifische Immunität nach Rhino-Virusinfektionen dauert hingegen nur 2–3 Monate. Totimpfstoffe erzeugen nicht immer einen mehrjährigen Schutz.

Viele Affen- und Nagetierspezies haben sich schließlich als Quelle für menschenpathogene Viren herausgestellt: Marburg-Virus, Ebola-Virus, Affenpocken-Virus, HIV 1 und 2 sowie Bunya- und Arena-Viren.

Schließlich sind *nosokomiale* und *iatrogene* Virusinfektionen von großer Bedeutung (Tabelle 5.2). Sie erfolgten früher durch nicht vorgeprüfte Blutproben für Transfusionen, durch Wiederverwendung ungenügend sterilisierter Kanülen und Spritzen sowie durch nicht sterilisierte Instrumente. Die Übertragung von ZMV-Infektionen durch Organtransplantate läßt sich einschränken (Tabelle 7.14).

Nosokomiale Infektionen kommen in Kliniken und Krankenhäusern durch die Übertragung von Viren von Mensch zu Mensch zustande. Dabei ist eine Übertragung von Patient zu Patient ebenso möglich wie vom Vater oder der Säuglingsschwester auf das Neugeborene (HSV). Adeno-Viren werden in Augenkliniken oftmals durch ungenügend sterilisierte Gerätschaften übertragen; dabei kommt es zu epidemischen Ausbrüchen von Konjunktivitis. Nichtimmune Ärzte oder Pflegepersonal können sich außerhalb der Klinik eine Infektion zuziehen (Röteln, VZV, Coxsackie-Viren) und Patienten in der Klinik anstecken. Das gesamte Personal sollte daher auf Antikörper gegen Virusinfektionen geprüft werden, gegen die ein Impfstoff zur Verfügung steht (Röteln, Windpocken, Hepatitis A und B). In Kinderstationen breiten sich auch leicht Rota-Virusinfektionen aus.

Immungeschwächte Patienten (Personen unter zytostatischer oder immunsuppressiver Therapie mit genetisch bedingten oder erworbenen Defekten sowie nach Operationen) sind einem besonders großen Infektionsrisiko ausgesetzt: Ein varizellenkrankes Kind kann eine kortisonbehandelte Mutter anstecken, Patienten mit Knochenmarktransplantaten müssen vor bakteriellen und viralen Infekten geschützt werden. Immundefiziente Personen (AIDS) haben ein größeres Ansteckungspotential (Adeno-Viren, ZMV, Tbc).

Tabelle 5.2. Nosokomiale Virusinfektionen

Übertragungsmodus	Infektionsquelle	Virus	Erkrankung	Wo?
Parenteral	Blut	HBV	Hepatitis	Dialyse-Station
	Blutprodukte	HIV 1/2	AIDS	
		HCV	Hepatitis	Intensivstation,
		HDV	Hepatitis	Dialyse-Station
	EBV			Transfusions-Mononukleose
Fäkal-Oral	Stuhl	HAV	Hepatitis	Psychiatrie
		HEV	Hepatitis	Pflegeheime
		Rota	Diarrhoe	Pädiatrie
		Adeno 40, 41		
Tröpfcheninfektion	Sekrete des Respirationstraktes	RS, Rhino	Bronchitis, Bronchiolitis	
		VZV	Windpocken	Pädiatrie
		Masern	Masern	
		Mumps	Mumps	
		Röteln	Röteln-(Embryopathie)	
		Influenza	Influenza	überall
Indirekter Kontakt	Geräte	Adeno, Entero 70	Konjunktivitis	Augenheilkunde
	Inhalatoren	Viren des Respirationstraktes	Infektionen der oberen Luftwege	überall
Endogene Reinfektion	Latent-persistierendes Virus im Körper	HSV	Generalisierter Herpes	Transplantationspatienten
		ZMV	Pneumonie-(Embryopathie)	Tumorpatienten
		VZV	Windpocken, Zoster	
Transplantation	Organe	ZMV, unbekannte Viren!	Pneumonie	

Personen mit früher durchgemachten Infektionskrankheiten können zu Überträgern werden, wenn die Immunität im Verlauf der Jahre nachgelassen hat. Sie infizieren sich dann inapparent und werden gegebenenfalls zu Überträgern des Virus. Berüchtigte Beispiele waren Ärzte mit lange Zeit zurückliegenden Pocken-Impfungen, die sich bei Patienten infiziert hatten und nur eine uncharakteristische Infektion, Variolois genannt, durchmachten und auf diese Weise viele ihrer Patienten angesteckt haben. Ein weiteres Beispiel sind unerkannte HBs-Antigen-Träger. Ein großes Infektionsrisiko besteht für Ärzte und Pflegepersonal hinsichtlich HBV, HCV und HIV auf Intensiv- und Dialyse-Stationen.

In Anbetracht der großen Gefährlichkeit der Übertragung von Retro-Viren und von unkonventionellen Viren sollte man die Verwendung von Blut und Blutpräparaten streng überwachen, ebenso wie die Verwendung von Organen, die zur Transplantation vorgesehen sind. Dies gilt auch für den Umgang mit Körperflüssigkeiten und Sekreten sowie für die Anwendung von zahlreichen medizinischen Routinemethoden (Endoskopie, Augendruckmessung etc.). Durch Kornea- und Meningen-Transplantationen wurde die Tollwut und die Creutzfeldt-Jakob'sche Erkrankung übertragen, durch künstliche Besamung HBV und HIV. Man muß außerdem damit rechnen, daß Viren existieren, die wir noch nicht kennen (emerging viruses).

In Tabelle 7.14 (S. 528) sind die Prüfungen zur Verhinderung der Übertragung von Viren durch Bluttransfusionen zusammengefaßt.

ZUSAMMENFASSUNG: Epidemiologie

Epidemiologie. Lehre von der Ausbreitung von Krankheitserregern. Pandemie, Epidemie, Endemie und sporadische Fälle.

Übersterblichkeit. Geht über das langjährige Mittel der Sterblichkeit hinaus (bei Influenza und RS-Virus).

Herdimmunität. Die Gesamtimmunität (humoral und zellulär) einer Bevölkerung gegen ein Virus.

Übertragung. Vertikal oder horizontal. Übertragungsmodus: Direkt oder indirekt. Übertragung: Direkt fäkal-oral, durch Aerosole, Kuß, Sexualverkehr. Indirekte Übertragung durch Staub, Handtücher, Türklinken, Trinkwasser und Lebensmittel. Ärztliche Geräte und Instrumente können kontaminiert sein.

Organe und Blutproben. Diese haben sich als kontagiös erwiesen. Eine Übertragung kann intrauterin oder perinatal sein. Eine Infektion kann durch Biß (Hund, Fuchs) oder Stich (Mücken, Zecke) erfolgen.

In Krankenhäusern können nosokomiale oder iatrogene Infektionen erfolgen. „Risikogruppen" sind einigen Virusspezies besonders ausgesetzt.

Immungeschwächte Patienten. Sie sind einem besonders großen Infektionsrisiko ausgesetzt: Ein varizellenkrankes Kind kann eine kortisonbehandelte Mutter anstecken, Patienten mit Knochenmarktransplantaten müssen vor bakteriellen, viralen und Pilzinfekten geschützt werden. Immundefiziente Personen besitzen auch ein größeres Ansteckungspotential.

Bedauerlicherweise ist in Deutschland die „Impfmüdigkeit" besonders groß: Wie in Indien werden **„Nationale Immunisierungstage"** benötigt, die dort zur Ausrottung der Pocken und der Polio beigetragen haben.

6 Virus-Chemotherapie

D. FALKE

...

EINLEITUNG

Viren sind intrazelluläre Parasiten und können lebensbedrohende Krankheiten erzeugen. Ein Virus-Chemotherapeutikum muß selektiv die Replikation blockieren, ohne den Zellstoffwechsel zu beeinträchtigen. Es werden zunehmend neue Substanzen mit großer Wirkung entwickelt, die bei AIDS und Transplantationen mit Immunmangelzuständen die Virusreplikation blockieren. Das Resistenzproblem ist die Achillesferse der Viruschemotherapie, das durch Kombinationsbehandlung z. T. umgangen werden kann.

STECKBRIEF

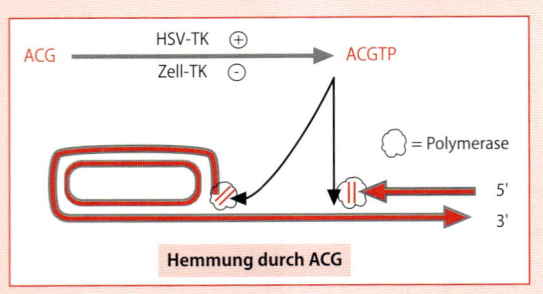

6.1 Allgemeines

Als obligate Zell-Parasiten sind Viren hinsichtlich ihrer Replikation überwiegend auf Stoffwechselleistungen der befallenen Zelle angewiesen. Die Selektivität eines antiviralen Chemotherapeutikums ist aber nur dann gegeben, wenn die Substanz ausschließlich viruskodierte Proteine, Enzyme oder Prozesse bindet oder ihre Aktivität hemmt, ohne daß z. B. die zellulären Polymerasen behindert werden. Als Angriffspunkte für eine selektiv wirkende Chemotherapie sind vorstellbar:

- Prozesse des Uncoating,
- Enzyme (Replikasen, Reverse Transkriptase, Polymerasen, Ribonukleotid-Reduktase, Integrase),
- Prozesse der Virusmontage (Proteasen) und
- eine spezifische Blockade der Virusadsorption an die Rezeptoren der Zelle (Abb. 6.1).

Möglicherweise gibt es auch weitere Möglichkeiten, in den Replikationszyklus der Viren einzugreifen, z. B. „Tat"-Inhibitoren bei HIV.

Als therapiebedürftig sind alle diejenigen Viruskrankheiten einzustufen, die sich durch eine Impfprophylaxe nicht verhüten lassen, aber lebensbedrohlich sind oder mit Folgekrankheiten einhergehen (z. B. Hepatitis B, Herpes-Enzephalitis, HIV-Infektionen, Lassa-Fieber).

Voraussetzung für eine effektive Virus-Chemotherapie ist die Kenntnis des Erregers durch Schnelldiagnose. Diese ist unentbehrlich, weil eine Virus-Chemotherapie nur gegen jeweils bestimmte Viren möglich erscheint. Eine Schnelldiagnose (IFT, PCR) kann aber bislang nur bei einem kleinen Teil der Viruskrankheiten durchgeführt werden. Wenn die virologische und klinische Differenzierung versagen oder unsicher sind, z. B. bei der lebensbedrohlichen Herpes-Enzephalitis, muß deshalb schon bei Verdacht, also „blind", mit der Chemotherapie begonnen werden; die virologische Diagnose wird dann gegebenenfalls nachgeliefert (PCR). Solch ein Vorgehen ist von entscheidender Bedeutung für den Erfolg:

„Ein verzögerter Beginn erhöht das Risiko von Spätschäden oder Tod."

Einige Chemotherapeutika haben sich bei Viruserkrankungen bewährt, sie erlangen auch bei Virusinfektionen mit Immun-Mangelzuständen infolge einer HIV-Infektion, bei Tumoren oder nach Transplantationen zunehmende Bedeutung. Es sind meist strukturanaloge Abkömmlinge der Nukleoside; ihre Triphosphate wirken als Polymerase-Hemmstoffe

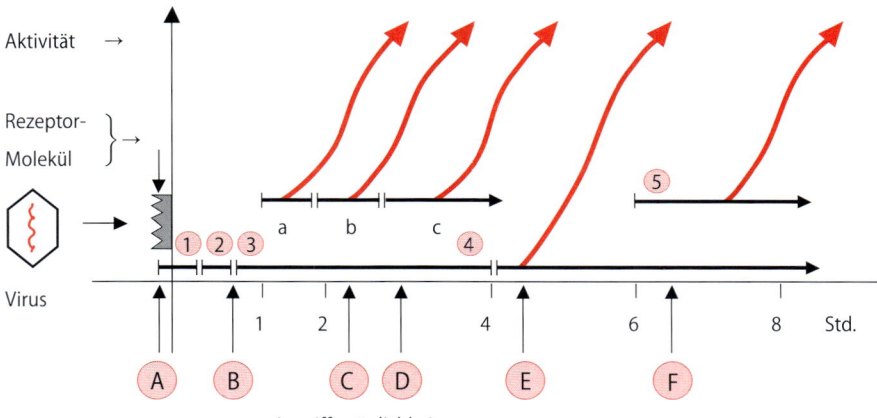

Abb. 6.1. Phasen der Virusreplikation: (1) Adsorption; (2) Penetration; (3) Eklipse, (a) Sofortphase (Regulatoren), (b) Enzymphase („Frühphase"), (c) Synthesephase von RNS, DNS und Strukturproteinen („Spätphase"); (4) Montage („packaging"); (5) Freigabe.

Angriffsmöglichkeiten der Chemotherapeutika: (A) CD4-Rezeptor; (B) Adamantanamin; (C) Basenanaloge (IdU etc., Ribavirin); (D) Protease-Inhibitoren; (E) Montage-Inhibitoren; (F) Hemmung der Freigabe

der Nukleinsäuresynthese. Neuerdings erlangen Protease-Inhibitoren große Bedeutung.

6.2 Kombinationstherapie

Bei der Herpes-Enzephalitis wirkt eine Kombination von Adenosin-Arabinosid (AraA, Vidarabin) und Acicloguanosin (ACG, s. S. 512) systemisch besser als jede Substanz für sich. Man setzt auch die Kombination von Ganciclovir mit ZMV-Immunglobulin bei ZMV-Reaktivierungen ein. Wegen der Resistenzentwicklung bei HIV-Infizierten sind Kombinationen von drei oder mehr Substanzen mit verschiedenen Angriffspunkten in Gebrauch (HAART).

6.3 Resistenzentwicklung

Die Möglichkeit, daß resistente Mutanten auftreten, besteht z.B. bei der ACG-Behandlung eines HSV-Rezidivs, der HSV-Enzephalitis und der HSV-Keratitis. Praktisch gesehen, hat sich diese Erscheinung bisher nicht negativ ausgewirkt, weil die Mutanten relativ avirulent sind („loss of fitness"). Insgesamt sind alle Chemotherapeutika restriktiv anzuwenden, wenn es sich um einfache HSV-Rezidi-

ve oder leichte Varizellen-Zoster-Erkrankungen handelt.

Die Gefahr, daß in der Peripherie resistent gewordene Mutanten des HSV die Spinalganglien des Patienten besiedeln, besteht nicht. Das beim nächsten Rezidiv auftretende HSV erweist sich wieder als sensibel für das Medikament. Für die Möglichkeit, daß solche Mutanten seronegative Personen infizieren, gibt es bisher keine Anhaltspunkte.

Bei der langdauernden Behandlung von Patienten mit Immunschäden ist die Situation anders: Die Anwendung von Ganciclovir z.B. bewirkt auch hier Resistenzen des ZMV, das resistente Virus breitet sich dann aber im Organismus aus und verstärkt das Krankheitsgeschehen. Die Indikation für die Behandlung muß hier also streng gestellt werden. Besonders rasch entstehen bei HIV-Infizierten nach Chemotherapie Resistenzen (Quasispezies). Resistenzteste erweisen sich für einige Virusspezies als notwendig, z. Z. werden geno-bzw. phänotypische Teste eingesetzt (HIV).

6.4 Selektivität

Um selektiv zu wirken, müssen Virostatika besondere Eigenschaften aufweisen. Ihre Affinität z.B. gegenüber den Virus-Polymerasen muß möglichst hoch und gegenüber den zellulären Polymerasen möglichst gering sein.

Diese Eigenschaften werden z. Z. nur von wenigen Substanzen erfüllt, z. B. von ACG. ACG und seine Derivate werden zudem ausschließlich durch die herpeskodierte Thymidin-Kinase phosphoryliert und somit virusspezifisch zum Triphosphat aktiviert, also nur in herpesinfizierten Zellen. Die dazu notwendige Thymidin-Kinase ist viruskodiert; sie kommt nur bei HSV, EBV, HHV 6 und VZV vor. Beim ZMV existiert ein analoges Enzym.

Die meisten Chemotherapeutika für Viruserkrankungen sind **Inhibitoren *der Nukleinsäuresynthese*.** Beim HIV sind *Protease-Inhibitoren* vielversprechend, bei der Influenza setzt man jetzt **Neuraminidase-Inhibitoren** ein. Nukleosidanaloge können in Zell-DNS eingebaut werden ("Nukleophilie"); durch mutative Veränderungen am Zellgenom kann bei Langzeitanwendung im Tierversuch Krebsentstehung ausgelöst werden (z. B. durch DHPG).

6.5 Antiviral wirksame Substanzen und ihre Wirkungsmechanismen

Amantadin (1-Aminoadamantan-HCl). Dieses blockiert selektiv das Uncoating der Influenza A-Viren (Abb. 6.2). Es hemmt das Uncoating durch Blockade der Ionenkanalfunktion des M2-Proteins. Es kann bei einer drohenden Influenza A2-Pandemie über längere Zeit prophylaktisch und therapeutisch eingenommen werden (Tabelle 6.1). Resistenzen entstehen leicht. Ein Derivat ist das *Rimantidin* (a-Methyl-1-Adamantan-methylamin-HCl), es wirkt ähnlich.

Joddesoxyuridin (IdU). Es ist ein Basenanalogon des Thymidins. Es wird in der infizierten Zelle durch die zelluläre und die viruskodierte Thymidin-Kinase phosphoryliert. Das Triphosphat hemmt dann die zellulären DNS-Polymerasen ebenso wie die HSV-kodierte DNS-Polymerase.

Trifluormethylthymidin (TFT). Es ist ebenso ein Thymidinderivat, wirkt ähnlich, aber besser als IdU. Es besteht keine Selektivität. Beide Substanzen wirken zwar toxisch, sind aber in Geweben mit geringer Zellteilungsrate (Kornea) therapeutisch bei der Keratitis dendritica wirksam.

Acicloguanosin (ACG; Aciclovir). Dieses wird selektiv durch die HSV-kodierte Thymidin-Kinase phosphoryliert; es kann deshalb nur in HSV-infizierten Zellen wirksam werden. Das Triphosphat hemmt dann die HSV-DNS-Polymerisation. Es erfolgt nach dem Einbau ein "Kettenabbruch" der DNS-Synthese, weil die 3'OH-Gruppe fehlt. Valyl-ACG ("*Valaciclovir*") wirkt oral besser als ACG. Es ist ein "Prodrug" (Valylester des ACG), dessen Valylrest in der Leber abgespalten wird. Es ist für die Behandlung des Herpes genitalis zugelassen.

Dihydropropoxymethylguanosin (DHPG, Ganciclovir). Es ist eine Fortentwicklung des ACG und wird bei Retinitis, Kolitis und Pneumonie infolge von Zytomegalie-Infektionen bei Personen mit Immundefekten angewendet. DHPG wird durch ein ZMV-kodiertes Enzym selektiv phosphoryliert.

Phosphonoformat (PFA, Foscarnet, Foscavir). Es ist ein selektiver Hemmstoff der HSV- und VZV-kodierten DNS-Polymerase. Die Substanz wirkt nicht kompetitiv. Alle anderen genannten Basenanaloge wirken kompetitiv. PFA wird lokal und systemisch wie DHPG eingesetzt. Es wirkt bei DHPG-resistenter Zytomegalie und erstaunlicherweise auch bei HIV. Orale Prodrugs werden entwickelt.

Ribavirin. Dieses ist ein Antimetabolit des Guanosins. Die Substanz hemmt nach ihrer Phosphorylierung vorwiegend die mRNS-Synthese; sie hat eine relativ hohe Halbwertszeit. Die Substanz liegt in der Zelle als Triphosphat vor und behindert die Cap-Bildung an der RNS. [Bei der Synthese von mRNS wird deren 5'-Ende physiologischerweise methyliert. Dies führt zu einer kurzen Schleife (Cap) am endständigen Guanosin (z. B. bei Myxo-, aber nicht bei den Picorna-Viren).] Ribavirin wirkt deshalb toxisch. In vitro wird eine Vielzahl von Viren gehemmt. Die **Immunmodulation** durch Ribavirin wirkt durch Verstärkung der TH1-Antwort. Die Indikation zur Anwendung ist auf schwere Erkrankungen beschränkt (Lassa-Fieber, RS-Virus-Bronchiolitis, Masern, Influenza), seine Wirkungen sind nicht unumstritten.

Famciclovir. Es ist ein *oral* anwendbares Prodrug des Penciclovirs und wird zu diesem metabolisiert. Die Phosphorylierung erfolgt analog zu ACG. Es bewirkt nur wenig Kettenabbruch der DNS-Synthese und wirkt stärker als ACG bei Zoster und Neuralgien. Seine Halbwertszeit ist erheblich länger und die Dosierung niedriger als bei ACG. Es eignet sich gut für die Behandlung des Zoster und

VII

Tabelle 6.1. Zusammenfassung der Chemotherapeutika zur Behandlung von Viruskrankheiten

Substanz	Krankheit	Anwendung	Nebenwirkungen
Amantadin	Influenza A	pr, th, oral	
Joddesoxyuridin in DMSO	Herpes-Keratitis	th, top	
Trifluormethylthymidin	Herpes-Keratitis	th, top; bei oberfl. Keratitis kombiniert mit IFN	
BvdU (Brivudin, Helpin®)	Zoster (auch bei IΔ) HSV 1 bei IΔ	oral	bei 125 mg 4 ×/die, keine Tox.
Acicloguanosin (Aciclovir, Zovirax®[a])	Herpes-Enzephalitis	th, sys, Niere (5%)	
	Herpes neonatorum	th, sys	
	Primärer Herpes genitalis[a]	th, sys, oral	
	rez. Herpes genitalis	th, sys, oral, pr	
	Herpes-Keratitis	th, top	
	Herpes rezidivans	th, top	
	Zoster (bei Immunmangel)	th, sys	
	VZV-Pneumonie	th, sys	
DHPG (Ganciclovir) (Cymeven®)	ZMV-Retinitis	th, sys ⎫ Wirkung während	y
	ZMV-Pneumonie	th, sys ⎬ der Dauer der	
	ZMV-Kolitis	th, sys ⎭ Anwendung	
Ribavirin	Lassa-Fieber	th, sys	
	RS-Virus	th (Aerosolspray)	
Phosphonoformat (Foscarnet)	Zoster (s. ACG), AIDS	th, sys, top	z
	ZMV-Retinitis	th, sys, intravitreal	
	ZMV-Pneumonie	th, sys	
	ZMV-Kolitis	th, sys	
Azidothymidin (Zidovudin®)	HIV Beginn der 3–4fach-Therapie im Stadium der Latenz	th, ⎫ Wirkung während der oral ⎬ Dauer der Anwendung	α
Dideoxyinosin (Didanosin)		oral	β
Protease-Inhibitoren (Saquinavir, Indinavir; Nelfinavir, Ritonavir)	HIV	oral	Lipodystrophie
Non-Nukleosid-Inhibitoren (Nevirapin)	HIV	oral	
Zanamivir u. Oseltamivir	Influenza	Nasalspray/oral	Übelkeit, Erbrechen[b]
Cidofovir (HPMPC)	Papillome, Moll. contagiosum	sys, top	
Imiquimod	Kondylome	top	Lokale Entzündungen

[a] ACG wirkt bei primären Infektionen besser als bei Rezidiven. [b] Kleine Mahlzeiten!
IΔ = Immundefekt.
DMSO: Dimethylsulfoxid, Lösungsmittel für IdU, *pr:* prophylaktisch, *top:* topisch, *th:* therapeutisch, *sys:* systemisch.
[x] Nephrotoxizität, Kopfschmerzen, Diarrhoe.
[y] Neutropenie, Kopfschmerzen, Lebertoxizität.
[z] Nephrotoxizität, Diarrhoe, Fieber, Kopfschmerzen, Netzhautablösung.
α Knochenmark, Neurotoxizität, Fieber, Myopathie.
β Pankreatitis, nephrotoxisch, periph. Neuropathie, Lebertoxizität.

der -schmerzen sowie bei Herpes genitalis. Penciclovir wird auch lokal als Creme eingesetzt.

Bromvinyldesoxyuridin (BvdU, Brivudin). Dies ist ein Antimetabolit des Thymidins. Die Selektivität dieser Substanz ist groß: Die Wirkung richtet sich nur gegen HSV 1 und VZV. Es wirkt durch Hemmung der Polymerase. Es wird oral eingesetzt zur Behandlung des Zoster und der -schmerzen, sowie bei HSV 1- und VZV-Infektionen bei Immunsupprimierten.

Bromvinylarauridin (BvaraU, Sorivudin). Es ist strukturmäßig mit BVdU verwandt und wirkt ähnlich. Es ist jedoch lebertoxisch, weil es die Mitochondrienmembran schädigt; es wird deswegen nicht mehr eingesetzt (wie auch Lobucavir).

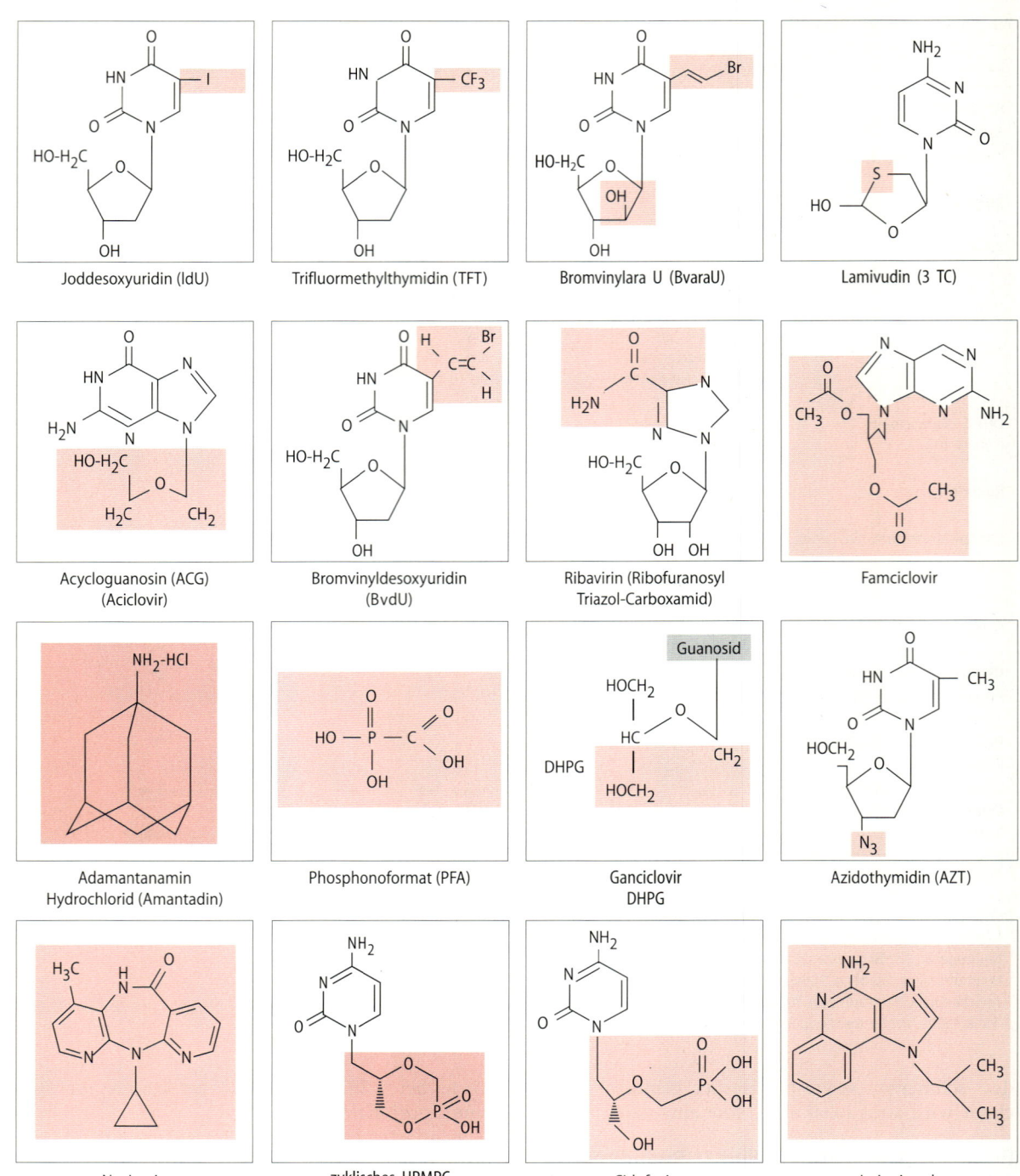

Joddesoxyuridin (IdU)

Trifluormethylthymidin (TFT)

Bromvinylara U (BvaraU)

Lamivudin (3 TC)

Acycloguanosin (ACG)
(Aciclovir)

Bromvinyldesoxyuridin
(BvdU)

Ribavirin (Ribofuranosyl
Triazol-Carboxamid)

Famciclovir

Adamantanamin
Hydrochlorid (Amantadin)

Phosphonoformat (PFA)

Ganciclovir
DHPG

Azidothymidin (AZT)

Nevirapin

zyklisches HPMPC

Cidofovir

Imiquimod

Abb. 6.2. Strukturformeln wichtiger Virus-Chemotherapeutika. Die unterlegten Stellen geben Modifikationen der Moleküle an

Lamivudin (*β*-L-1-2′-3′-dideoxy-3′ thiacytidin/ 3TC). Es bewirkt nach dem Einbau in Nukleinsäure infolge Fehlens der 3′-Hydroxylgruppe einen Kettenabbruch (s. ACG, S. 512). Es wird durch die HBV-Polymerase sowie die Reserve-Transkriptase des HIV in die DNS eingebaut. Es wird jetzt klinisch oral bei HIV und HBV (Standard-Therapie) eingesetzt.

Azidothymidin (AZT, Zidovudin). Diese Substanz bzw. sein Triphosphat ist ein Inhibitor für die Reverse Transkriptase des HIV 1 und 2. Es wirkt kompetitiv; seine Wirkung beruht auf einem Kettenabbruch nach dem Einbau infolge Fehlens der 3′OH-Gruppe. Das Provirus wird nicht beeinflußt. Die Substanz reduziert während der Dauer ihrer Applikation die Virussynthese bei HIV-Patienten; eine nachhaltige Wirkung fehlt, jedoch wird die Lebensqualität je nach Stadium der HIV-Infektion verbessert. Es treten bald AZT-resistente Mutanten auf. Eine weitere vielversprechende Substanz mit Wirkung gegen HIV ist das *2,3-Dideoxycytidin* und das *2,3-Dideoxyinosin*.

Nevirapin. Es ist ein nicht-nukleosidischer Inhibitor (NNRTI) der HIV-Reversen-Transkriptase, weitere Substanzen dieser Gruppe sind *Delavirdin*, *Efavirenz* und *Lovirid*. Sie wirken nicht kompetitiv.

Phosphonylmethoxypropylcytosin (HPMPC). **Cidofovir** wirkt gegen viele DNS-Viren inhibitorisch, es hemmt auch ACG-resistentes HSV. HPMPC wirkt ähnlich wie ACG in kompetitiver Weise (s. a. Famciclovir). HPMPC hat sich bei Patienten mit Kehlkopf- und Anogenital-Papillomen als wirksam erwiesen, wenn es direkt in den Tumor injiziert wird; es läßt sich auch lokal als Gel anwenden; für die i. v.-Behandlung der ZMV-Chorioretinitis ist es zugelassen. Adefovir dipiroxil (= prodrug) wird bei der Hepatitis B eingesetzt.

Antisense-RNS. Ein neues Produkt stellt antisense-RNS dar. Die kurzen Oligonukleotid-Ketten sind antisense zur mRNS, sie binden sich sehr fest und verhindern die Ablesung. Ein Präparat ist *Fomivirsen* gegen die ZMV-Retinitis (intravitreal).

Zanamivir. Es ist ein Inhibitor für die Neuraminidase des Influenza-Virus. Seine Wirkung besteht darin, die Spaltung des ersten Rezeptors für das Virus zu hemmen; infolgedessen kann dieses nicht näher an die Zellmembran herangelangen, so daß die Bindung an den zweiten Rezeptor unmöglich wird. Es handelt sich chemisch um ein Neuraminsäureanalogon; es wird als Nasenspray verwendet („Relenza"). **Oseltamivir**, ein anderer Inhibitor der Neuraminidase, wird oral für die Dauer der Erkrankung oder auch prophylaktisch (4–6 Wochen lang) eingesetzt. Nebenwirkungen wie Brechreiz etc. lassen sich durch eine kleine Mahlzeit verhindern. Beide Substanzen sind hochgradig selektiv (1:100 000).

Imiquimod. Dies ist ein (1-(2-methylpropyl)-1H-imidazol[4,5-c]quinolin-2-amin (R-837). Es induziert als Creme lokal Interferon u. a. Zytokine und wird erfolgreich zur Behandlung von Kondylomen, Moll. contagiosum und Warzen eingesetzt. Seine Wirksamkeit beruht auf einer Entzündung, die nicht zu stark werden sollte. Gaben: 3 × pro Woche, 3 Wochen lang.

Protease-Inhibitoren. Die Kapsid-Proteine (p24, p18 u. a.) des HIV entstehen aus einem Vorläuferprotein (abgelesen vom gag-Gen) durch proteolytische Spaltung. Dieses Enzym läßt sich durch „Protease-Inhibitoren" blockieren, so daß Viruspartikel nicht gebildet werden können. Solche Protease-Inhibitoren werden jetzt auch zur Behandlung von HIV-Infektionen eingesetzt: *Saquinavir, Indinavir, Nelfinavir* und *Ritonavir*. Die Wirkungen dieser Substanzen sind sehr gut. Da jedoch auch bei ihnen Resistenzen des HIV entstehen, hat man z. B. Saquinavir mit AZT und Didanosin kombiniert. Auf diese Weise sind Resistenzen erst viel später als bei alleiniger Verabreichung aufgetreten, v. a. aber hat sich erstmals eine *deutliche* Lebensverlängerung der AIDS-Patienten zeigen lassen. Beim HIV ist eine 3–4-fach-Therapie erforderlich, um die Entstehung von Resistenzen hinauszuzögern: Man spricht von HAART („highly active antiretroviral therapy").

Anstelle des Saquinavir sollte jetzt das besser wirksame *Fortovase* angewandt werden. Eine wichtige Nebenwirkung dieser Wirkstoffgruppe ist eine Lipodystrophie infolge Umverteilung des Körperfetts.

ZUSAMMENFASSUNG: Chemotherapie

Allgemeines. Viren replizieren sich nur in lebenden Zellen, sie sind auf die Zellmaschinerie in bezug auf ihre Replikation angewiesen. Darauf beruht die Schwierigkeit, selektiv auf die Virussynthese einwirkende Substanzen zu finden, ohne die Zellprozesse zu stören.

Angriffspunkte. Virusspezifische Prozesse in der Zelle:
- Adsorption,

- Uncoating,
- Nukleinsäure-Synthese,
- Virusmontage,
- Regulatorproteinbindung an Nukleinsäure,
- Proteolytische Spaltung der Proteine und weitere.

Es sind Inhibitoren der Adsorption, des Uncoating, der Nukleinsäuresynthese sowie der Proteinspaltung in Gebrauch. Bei HIV: Kombinationstherapie: HAART.

EINLEITUNG

Interferone sind regulatorische Proteine der Zellphysiologie mit antiviralen, immunstimulierenden und tumorhemmenden Eigenschaften. Sie haben eine wichtige Funktion bei der Basisabwehr zur Blockade der Virusausbreitung im Organismus.

STECKBRIEF

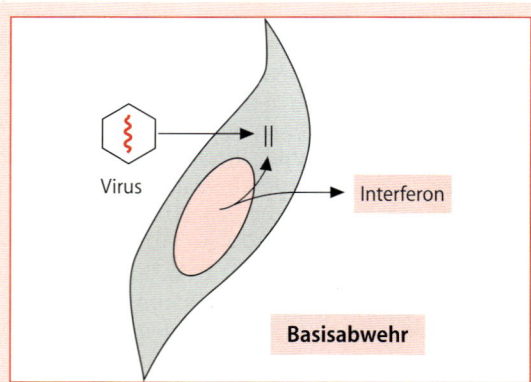

Virus

Interferon

Basisabwehr

VII

6.6 Anhang: Interferon

Interferenz und Interferon

Man versteht unter Interferenz die Beeinflussung der Wirtsempfänglichkeit für das virulente Virus „A" durch eine vorhergehende Infektion mit einem avirulenten Virus „B": Die Infektion mit B schützt den Organismus (oder dessen Zellen) vor dem Angehen von A. Dieser Effekt hat nichts mit Antikör-

pern oder anderen Faktoren der erworbenen Immunität zu tun, vielmehr geht die Interferenz auf die Produktion eines Stoffes zurück, den Isaacs und Lindenmann 1957 erstmals nachgewiesen und **Interferon** genannt haben. Interferone (IFN) sind die ersten Vertreter einer großen Gruppe von Wirkstoffen (Zytokine, s. S. 119/120 und 140).

Interferonbildung wird in der infizierten Zelle von Virus-RNS-Doppelstrangmolekülen ausgelöst, seine Synthese wird in komplizierter Weise in der Zelle geregelt. IFN bewirkt die Synthese von translationshemmenden Proteinen:

- Sie wirken als RNS-asen, indem sie mRNS abbauen. Diese werden durch Oligo $2',5'$-Adenosin-Nukleotide aktiviert.
- Initiationsfaktoren der Translation werden durch Proteinkinasen phosphoryliert und damit unwirksam.
- Interferon stimuliert das Mx-System, bei dem es sich um GTP-spaltende Enzyme handelt.

Die Interferone werden in α-, β- und γ-Interferone eingeteilt, sie wirken antiviral, antitumoral und immunmodulierend. Sie sind der erste und der Hauptfaktor der Basisabwehr bei Viruskrankheiten.

Therapeutische Anwendung von Interferon

Interferon wird heute für die Therapie einiger Viruserkrankungen eingesetzt (HBV, HCV). Interferone können auch die Entstehung von Tumoren verhindern, gleichgültig, ob es sich um virusinduzierte Tumoren handelt oder nicht. Diese Effekte der Interferone lassen sich z. T. auf die Hemmung der Virussynthese und z. T. auf die Hemmung der Zellvermehrung zurückführen (Apoptose-Induktion?). Allerdings müssen sehr hohe Dosen gegeben werden, weil die Halbwertszeit kurz ist. Der Abbau erfolgt in der Leber und der Niere. IFN passiert kaum die Blut-Liquor-Schranke. IFN läßt sich auch mit Erfolg direkt in den Tumor injizieren. IFN reduziert die Schwere von HSV- oder VZV-Infektionen bei Krebspatienten. Desgleichen wird der Schweregrad der ZMV-Exazerbationen bei immunsupprimierten Patienten herabgesetzt. IFNα2 hat sich bei der Behandlung der chronischen Hepatitis B und C (mit Ribavirin) bewährt. Ein weiteres Anwendungsgebiet von IFN liegt in der Kombination mit antiviralen Substanzen (TFT, s. S. 512). Es wird als „Konsensus-Interferon" zur Behandlung der multiplen Sklerose eingesetzt.

Der Hauptvorteil der Anwendung von Interferonen gegenüber den Nukleosidanaloga beruht darauf, daß (fast) keine Resistenzen entstehen. Aus diesem Grund hat man die Entwicklung der Interferone vorangetrieben. Bisher wurde IFN in höheren Dosen von 5–10 Mio E 3–4 mal pro Woche eingesetzt. Eine tägliche Dosis von 2–3 Mio E hat jedoch einen gleichmäßigeren Blutspiegel bewirkt. Durch Kupplung von IFN an Polyäthylenglykole entstandenes PEG-IFN ist sozusagen ein „Depot-IFN" (Anwendung 1mal pro Woche). – Insgesamt existieren mehr als 20 verschiedene Varianten von IFNα. Deren Konsensus-Sequenzen hat man in eine c-DNA zusammengefaßt, deren rekombinantes Produkt („Kons. IFN") die Eigenschaften aller IFNe vereinigt (Anwendung bei der M.S.). – Bei Hepatitis C wird IFNα in Kombination mit Ribavirin, bei der Hepatitis B in Kombination mit Lamivudin verwendet.

Die Interferon-Wirkung ist nicht sehr selektiv.

Nebenwirkungen. „Grippe", Fieber, Abgeschlagenheit, Diarrhoe, Exantheme, Lethargie, Polyneuropathie, Depression, Störungen der Blutbildung. Ferner Auslösung von Autoimmunkrankheiten.

ZUSAMMENFASSUNG: Interferon

Interferenz. Wird in vitro und in vivo durch Viren ausgelöst und durch Interferon bewirkt. Das Interferonsystem gehört zu einem Netzwerk von Regulatorproteinen der Zellphysiologie. Man unterscheidet α-(Leukozyten), β-(Fibroblasten) und γ-IFN (aus T-Lymphozyten).

Wirkung. Interferone wirken antiviral, antizellproliferativ und immunstimulierend. Die Wirkung gegen Viren ist nicht selektiv (Nebenwirkungen!). Sie wirken bezüglich der Zellen Spezies-spezifisch, aber Virus-unspezifisch.

Wirkung im Organismus. IFNα/β ist der erste Arm der Basisabwehr und blockiert die Virusreplikation, die Gabe von Anti-IFN steigert die pathogene Wirkung der Viren.

Therapeutische Anwendung

Antiviral. Bei chronischer Hepatitis B und C (mit Ribavirin). Bei der Herpes-Keratitis IFNα mit ACG.

Antiproliferativ. Chronische myeloische Leukämie, Haarzelleukämie, Melanome, Papillome, Basaliome, Kondylome, Haut- und Zervix-Karzinome, lebensbedrohliche Hämangiome bei Kindern u.a.

Immunmodulierend. Bei der Multiplen Sklerose.

7 Labormethoden der Virologie

D. FALKE

EINLEITUNG

Die Labordiagnostik der Viruskrankheiten beruht auf:
- Züchtung und Identifizierung des Virus, seiner Nukleinsäure oder viruskodierter Antigene.
- Nachweis von virus- bzw. krankheitsspezifischen Antikörpern im Serum, Liquor, Gewebe oder in Ausscheidungen des Kranken.

Zu jeder Isolierungsprobe gehört das korrespondierende Antiserum des Patienten!

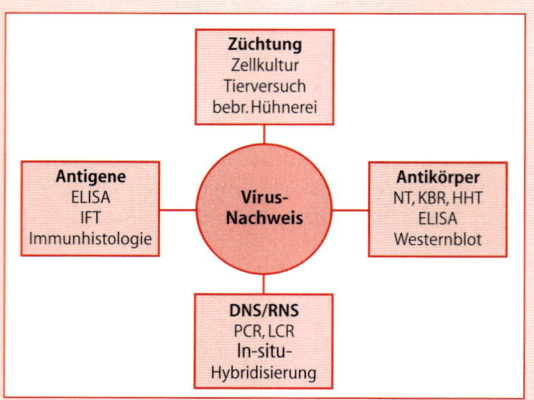

7.1 Isolierung, Züchtung und Identifizierung des Virus

Züchtung, Isolierung und Identifizierung erfolgen für die in Verdacht stehende Virusart jeweils mit den speziell dafür entwickelten Methoden. Eine allgemein anwendbare, alle Virusarten umfassende Methode gibt es nicht: Deshalb ist es ohne klinische Verdachtsdiagnose *nicht* möglich, geeignete Nachweisverfahren auszuwählen und anzuwenden.

Viele Virusspezies können nahezu identische Symptome hervorrufen, z. B. Enzephalitis, Meningitis, Hepatitis u. a. Beim Einsatz der jeweiligen diagnostischen Hilfsmittel müssen diese *differentialdiagnostischen Möglichkeiten* in Betracht gezogen werden. Tabellen hierfür finden sich auf den Seiten 526–528.

Die Isolierung oder Züchtung eines Virus gelingt aus Stuhl, Urin, Rachenspülwasser, Bronchiallavage, Konjunktivalspülflüssigkeit, aus Liquor, Blut, Hauteffloreszenzen (Bläschen) oder Zellen (T-Lymphozyten) und Geweben. Man unterscheidet *transportstabile* und *-labile Virusspezies.* Transportstabil sind z. B. Entero- und Adeno-Viren, transportlabil Myxo- oder Herpes-Viren. Zwecks Virusisolierung müssen die Proben also sehr schnell und eisgekühlt in ein Viruslabor gebracht oder bei –70 °C (nicht bei –20 °C) transportiert werden.

Die Virusisolierung ist nicht immer erforderlich und zudem aufwendig, es wird deshalb zunehmend der Antigen-ELISA oder die PCR eingesetzt.

Die Möglichkeit einer alsbaldigen Diagnosestellung durch *Schnelldiagnostik* z. B. bei der Influenza und dem RS-Virus eröffnet chemo- oder immuntherapeutische Chancen. Von größter Bedeutung ist aber der Nachweis des Erregers bei *Enzephalitisverdacht* durch die *PCR* oder die *LCR*, weil sofort mit der Behandlung begonnen werden muß. Der quantitative Nachweis viraler Nukleinsäure eines Virus ist auch bei einigen Viruserkrankungen für die *Verlaufskontrolle* erforderlich (ZMV, HBV, HCV, HIV).

7.1.1 Züchtung von Viren

Zur Züchtung von Viren benötigt man lebende Zellen. Diese müssen innerhalb des für das Virus charakteristischen Pathogenitätsspektrums liegen.

STECKBRIEF

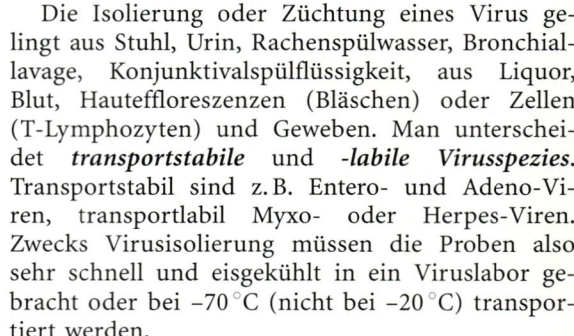

Die Züchtung kann auf verschiedenen Wegen erfolgen:

Versuchstier. Zur Anzüchtung und zur Fortzüchtung ist für einige Viren das Tier der bestgeeignete Wirt.

Die Isolierung von Coxsackie-Viren vom Typ A (die sich nicht in der Zellkultur vermehren) sowie von einigen Toga-Viren kann in der Saugmaus erfolgen. Die erwachsene Maus wird zur Isolierung des Virus der Lymphozytären Choriomeningitis und des Tollwut-Virus verwandt.

Bei manchen Viren ergeben sich im Tierversuch charakteristische Verlaufssymptome und bestimmte pathohistologische Gewebsveränderungen, die eine Identifizierung erlauben.

Bebrütetes Hühnerei. Das bebrütete Hühnerei hat drei mit einer einheitlichen Zellschicht ausgekleidete Höhlen (Abb. 7.1). Die Zellschichten dieser Höhlen sind für die Vermehrung zahlreicher Virusarten geeignet. Amnion- und Allantoishöhle werden für die Isolierung bzw. Züchtung von Influenza-Viren verwendet. Das Pocken-Virus und das HSV vermehren sich in den Zellen der Chorioallantois-Membran unter Ausprägung charakteristischer Veränderungen (Plaques).

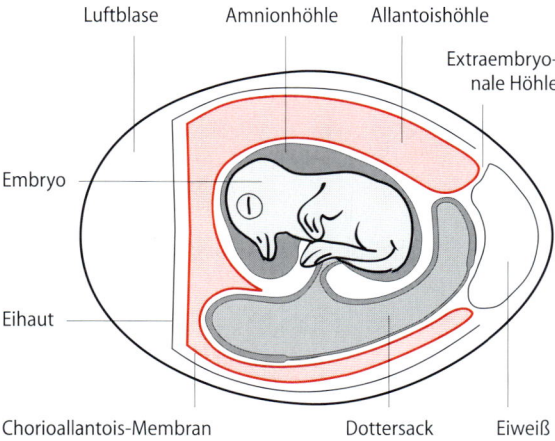

Luftblase   Amnionhöhle   Allantoishöhle

Extraembryonale Höhle

Embryo

Eihaut

Chorioallantois-Membran   Dottersack   Eiweiß

Abb. 7.1. Das bebrütete Hühnerei. Für Züchtungszwecke werden etwa 9–10 Tage bebrütete Hühnerembryonen benutzt. Sie dienen zur Isolierung und Züchtung von Viren und Rickettsien: 1) die Amnionhöhle für die Isolierung des Influenza-Virus, 2) die Allantoishöhle zur Mengenzüchtung von Influenza-Virus, 3) der Dottersack für die Züchtung von Rickettsien, 4) auf der Chorioallantois-Membran lassen sich das Pocken- bzw. Vaccinia-Virus und das HSV züchten

Zellkultur. Die Zellkultur ist das wichtigste Handwerkszeug des Virologen. Sie hat die molekularbiologische Betrachtungsweise des Parasitismus von animalen Viren erst möglich gemacht.

Die in der Kultur gehaltenen Zellen verändern sich nach der Explantation morphologisch, biochemisch und bezüglich ihrer Membran. Man spricht von „Entdifferenzierung". Für den Virologen wichtig ist die Tatsache, daß einige Zellspezies, die in vivo für gewisse Viren unempfänglich sind, diese Eigenschaften in der Kultur verändern. So können die in vivo unempfindlichen Affennierenzellen nach der Züchtung in der Kultur mit Polio-Virus infiziert werden.

Es gibt zwei Grundformen der Zellkultur: Die *primäre* und die *permanente* Kultur.

Primäre Zellkulturen. Primäre Zellkulturen werden jedesmal direkt vom lebenden Tier aus hergestellt.

Beispiele sind: Affennierenzellen, Hühnerfibroblasten, menschliche Amnionzellen.

Man zerschneidet die Organe in kleine Stückchen und behandelt diese kurzdauernd in isotonischer Trypsin-Lösung. Dadurch löst sich der Gewebsverband auf, und die Zellen werden einzeln ins Milieu entlassen. Man wäscht dann das Trypsin aus und transferiert die Zellen in ein mit gepufferter, isotonischer Nährlösung (Aminosäuren, Vitamine, Glukose) mit Zusatz von Wachstumsfaktorhaltigem Kälberserum (Kulturmedium) versetztes Gefäß, auf dessen Boden sie sedimentieren; die Zellen haften schnell auf dem Glas oder dem Kunststoff und wachsen dann zum Monolayer aus. Der größte Teil der Primärkulturen läßt sich in vitro nur über wenige Passagen weiterzüchten: Sie degenerieren schnell und sterben ab. Eine Affennierenzelle z. B. ist empfänglich für Polio-Viren, Coxsackie-Viren Typ B, ECHO- und Masern-Viren. Die Verwendung frischer Organe oder Gewebe für die Anlegung von Zellkulturen birgt aber die Gefahr der Isolierung von Viren aus dem Gewebe als „blinde Passagiere", die das Versuchsergebnis verfälschen.

Diploide Zellkulturen. Die meisten Vertebratenzellen sterben in vitro nach etwa 50–100 Passagen ab. Es handelt sich dabei z. B. um menschliche Lungenfibroblasten oder Hautfibroblasten. Diese Zellen sind bei guten Züchtungsbedingungen diploid, also mit dem normalen Chromosomensatz

ausgestattet. Auf WI-38-Zellen und embryonalen Lungenzellen des Menschen lassen sich Rhino-Viren sowie Tollwut-Virus, Varizellen-Virus, Zytomegalie-Virus und HSV züchten.

Permanente Zellkulturen. Bei einigen, ursprünglich zur Primärkultur verwendeten Zellen hat sich herausgestellt, daß sie sich über Jahrzehnte hinweg züchten lassen. Bei ihnen überträgt man die ausgewachsene Kultur mit einem dichten Zellrasen nach dem Ablösen durch eine trypsinhaltige Lösung in neues Kulturmedium. Auch diese Flüssigkeit muß Kälberserum mit seinen Wachstumsfaktoren enthalten. Bevor diese Zellen jedoch zu einer *Zellinie* anwachsen, machen sie eine Krisenphase durch, ehe sie stabil bleiben und z. T. bereits über drei Jahrzehnte in Gebrauch sind (Vero-Zellen). Auch diese Zellen besitzen ein charakteristisches Empfänglichkeitsspektrum für Viren.

Die Zellen der permanenten Kultur weisen fast immer Abweichungen im Hinblick auf den normalen (euploiden) Chromosomensatz auf. Die Aberrationen sind entweder von Anfang an vorhanden (z. B. bei Tumorzellen), oder sie entstehen im Verlaufe der Kultur als *Aneuploidie* aus ursprünglich diploiden Zellen. Die Ursache der Dauerzüchtbarkeit ist in verschiedenen Mutationsschritten unabhängig von Onkogenen und Suppressorgenmutationen zu suchen, die die Wachstumskontrolle regulieren, u. a. von einer Telomerase.

Ko-Kultivierung. Sie wird zumeist für die Isolierung und den Nachweis von latenten Viren angewendet, die sich durch den klassischen Isolierungsversuch nicht feststellen lassen. Das virushaltige Gewebe (z. B. Spinal-Ganglien) wird dabei in kleine Stücke geschnitten und in einem Kulturgefäß mit einer Zellart, z. B. Vero-Zellen, kultiviert, in der das vermutete Virus einen typischen zytopathischen Effekt (ZPE) erzeugt. Nach längerer Zeit (2–4 Wochen bei HSV) tritt beim Vorhandensein des vermuteten Virus der ZPE auf.

7.1.2 Nachweis der erfolgreichen Züchtung

Der gelungene *Infektionsversuch* zeigt sich in der Kultur vielfach durch charakteristische Veränderungen an. Diese können entweder durch direkte Beobachtung der Kultur im Mikroskop (schwache Vergrößerung) oder mit Hilfe von besonderen Laboratoriumsmethoden festgestellt werden.

Folgende Methoden sind gebräuchlich:
- Mikroskopische Darstellung des zytopathischen Effektes und die Plaquebildung;
- Nachweis von virusspezifischem Antigen auf der Zelloberfläche oder innerhalb der Zelle, z. B. in Einschlußkörperchen (IFT);
- Nachweis von virusspezifischem Antigen in der Kulturflüssigkeit („Antigen-ELISA").

Die Isolierungsrate läßt sich steigern, wenn aus der Isolierungsflüssigkeit das jeweilige Virus auf den Zellrasen zentrifugiert wird.

Zytopathischer Effekt

Der zytopathische Effekt tritt in mehreren Erscheinungsformen auf (s. S. 482):
- Zellabkugelung; Beispiel: Polio-Virus, Herpes-Virus.
- Riesenzellbildung; Beispiel: RS-Virus, Masern-Virus, HIV 1 und 2 (Abb.; s. S. 690).
- Einschlußkörperchen (EK); Beispiel: Negri-Körperchen bei Tollwut (fluoreszenzserologische Darstellung); Guarnieri-Körperchen bei Pocken; EK im Kern infizierter Zellen bei Herpes und bei Masern (Abb.; s. S. 690).

  EK treten auch in vivo auf, sie sind wichtige Indizien, z. B. bei der Diagnose der Tollwut.
- Chromosomenbrüche; z. B. bei Masern; Translokationen beim Burkitt-Lymphom (s. S. 649).

Nicht alle Viren induzieren einen zytopathischen Effekt. Beispielsweise verläuft die Vermehrung des Influenza- und des LCM-Virus in der Zellkultur ohne erkennbare Veränderung der befallenen Zellen.

Darstellung virusspezifischer Antigene in infizierten Zellen

Die Darstellung von virusspezifischen Antigenen in infizierten Zellen ermöglicht es schon vor Auftreten des ZPE (z. B. bei ZMV), die befallen von den nicht-befallenen Zellen zu unterscheiden. Außerdem kann man auf diese Weise virusspezifische Antigene in den befallenen Zellen darstellen, z. B. in transformierten Zellen die sog. Tumor-Antigene (s. S. 498).

Die im folgenden beschriebenen Methoden sind in Gebrauch:

Fluoreszenz-Färbung von viruskodiertem Antigen mit markierten Immunseren. Dabei werden der auf einem Objektträger oder Deckgläschen gewachsene, infizierte Zellrasen oder Ausstriche zellhaltiger Sekrete fixiert und dann mit einem bekannten virusspezifischen Immunserum behandelt und gewaschen. Anschließend wird das Präparat mit einem fluoreszeinmarkierten Antiimmunglobulin überschichtet, wobei sich die Spezifität des Antiglobulins gegen das Antikörpermaterial des unmarkierten, virusspezifischen Immunserums richtet. Das Präparat wird im UV-Licht mikroskopiert (IFT). So ist der Antigennachweis in Zellen von Bronchialsekreten etc. oder in Gewebeschnitten möglich (ELISA).

Hämadsorption. Hierbei wird nach Antigenen in der Zellmembran gefahndet, die unmittelbar mit Erythrozyten reagieren und diese binden (Beispiel: Hüll-Antigen der Myxo-Viren). Man setzt der Zellkultur Erythrozyten (Mensch, Schaf) zu und stellt fest, ob diese an den infizierten Zellen verankert werden; ist dies der Fall, so erscheinen nach vorsichtigem Abspülen charakteristische Erythrozytenhaufen (Rosetten). Die mit IgG beladenen Erythrozyten (gegen bestimmte Oberflächenantigene) lassen sich auch zum Nachweis von viruskodierten Fc-Rezeptoren benutzen.

Nachweis von virusspezifischen Antigenen in der Kulturflüssigkeit

In den Fällen, bei denen der ZPE ausbleibt, kann man die „symptomlos" verlaufende Virusvermehrung durch den Nachweis des ausgeschleusten Virusmaterials im Kulturüberstand beweisen. Der Nachweis erfolgt in vielen Fällen durch die **Komplementbindungsreaktion** unter Verwendung eines virusspezifischen Immunserums als Reagenz. In anderen Fällen nutzt man die **hämagglutinierende Wirkung** der Virionen direkt, d.h. ohne Antiserum, aus.

Bei einigen Viren läßt sich die Außenstruktur mit bestimmten Oberflächenstrukturen (Rezeptoren) von Warmblütererythrozyten zur Reaktion bringen. Es kommt dann zur Bindung des Virus an den Erythrozyten. Da das Virion mehrere Haftstrukturen besitzt, bildet es eine Verbindung zwischen jeweils zwei Erythrozyten:

Es kommt durch Vernetzung zur Bildung von Aggregaten. Diese Erscheinung wird Hämagglutination genannt. Mischt man den Kulturüberstand mit Erythrozyten, so werden diese bei Anwesenheit von hämagglutinierendem Virus vernetzt. Nicht alle Viren sind zur Hämagglutination befähigt. Diagnostisch besonders wichtig ist die hämagglutinierende Wirkung der Myxo-Viren und des Röteln-Virus. Daneben zeigen aber auch Arbo-Viren, Adeno- und Pocken-Viren eine Hämagglutination.

7.1.3 Identifizierung der gezüchteten Viren

Bereits das Spektrum der Zellen, in denen sich ein Isolat vermehrt, erbringt Hinweise auf die Gruppenzugehörigkeit; so repliziert sich z.B. das Polio-Virus in Affennierenzellen, aber nicht in Kaninchennierenzellen.

Die Identifizierung des in der Zellkultur oder im Hühnerei gezüchteten Virus erfolgt serologisch oder molekularbiologisch (PCR, LCR). Das virushaltige Kulturmaterial wird als unbekanntes Antigen betrachtet und mit Hilfe von virusspezifischen Antiseren als authentischen Reagentien untersucht.

Es kommen die Methoden
- der Neutralisation,
- der Komplementbindung,
- der Präzipitation sowie
- der Immunfluoreszenz und
- des Antigen-ELISA zur Anwendung.

Die größte Bedeutung kommt der Komplementbindungsreaktion und den verschiedenen Formen des ELISA-Prinzips zu.

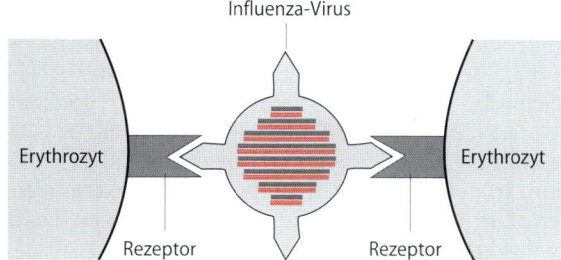

Virus-Hämagglutination

Influenza-Virus

Erythrozyt   Erythrozyt

Rezeptor   Rezeptor

Abb. 7.2. Die Hämagglutination. Einige Viren besitzen die Eigenschaft, bestimmte Erythrozyten zu agglutinieren. Das Virus bindet sich an je einen Rezeptor zweier Erythrozyten, so daß schnell sedimentierende Agglutinate entstehen. Diese Bindung läßt sich durch Zugabe von Immunseren hemmen (Hämagglutinationshemmung)

Neutralisation. Beim Neutralisationstest, wie er zur Virusidentifizierung ausgeführt wird, stellt man im Prinzip fest, ob der zytopathische Effekt eines bestimmten Virusisolates gegenüber einer Zellkultur durch vorherige Bebrütung des Virus mit einem homologen Immunserum aufgehoben wird.

Komplementbindungsreaktion (KBR). Auch mit der KBR lassen sich viruskodierte Antigene identifizieren. Es werden zu diesem Zweck bekannte Seren eingesetzt.

Hämagglutination. Einzelne Viren haben die Eigenschaft, Erythrozyten von bestimmten Spezies zu agglutinieren (z.B. Influenza-, Masern-, Röteln-, Mumps-, Adeno-Viren). Diese Eigenschaft läßt sich zu ihrer Identifizierung ausnutzen. Die Hemmung der Hämagglutination erlaubt eine Bestätigung des Ergebnisses.

Will man ein hämagglutinierendes Virus identifizieren, so bringt man mehrere Ansätze einer hämagglutinierenden Virusverdünnung jeweils mit Antiseren gegen die in Betracht kommenden Viren zusammen. Man bebrütet die Mischung und stellt nach der Zugabe der als Indikator dienenden Erythrozyten fest, welches der eingesetzten und bekannten Antiseren die hämagglutinierende Eigenschaft blockiert hat (= Hämagglutinationshemmung). Das Virus ist dann diesem Serum homolog.

Antigen-ELISA. Ein häufig benutztes Verfahren zum Nachweis von Viren in Körperausscheidungen (Rota-Virus im Stuhl) oder Virus-Antigenen im Serum (HBsAg oder HBeAg im Serum) ist der Antigen-ELISA. Die Anwendung wird auf S. 525 beschrieben.

Analyse der Virus-DNS durch Restriktionsenzyme. Seit einigen Jahren benutzt man zur Feindifferenzierung von Viren (HSV, VZV, CMV, Adeno-Virus) die Analyse der Virus-DNS durch Restriktionsenzyme (RE; Abb. 7.3).

Man kann z.B. feststellen, ob das HSV eines Neugeborenen mit einer Herpes-Sepsis von der Mutter, vom Vater oder von der Säuglingsschwester auf das Kind übertragen wurde. Damit wird es möglich, eine *Fein-Typisierung* zu betreiben, wenn andere Verfahren keine Unterscheidung mehr zulassen. Auch die PCR-vermittelte Amplifikation bestimmter, charakteristischer Genabschnitte und anschließende Sequenzierung dient diesem Ziel.

In-situ-Hybridisierung. Der Nachweis von DNS oder RNS im Gewebe kann durch In-situ-Hybridisierung erfolgen. Dieses Verfahren wird z.B. bei der Hepatitis-Diagnostik (HBV oder HCV) angewandt. Es läßt sich auch bei entsprechenden gerichtsmedizinischen Problemen auf DNS im Gewebe und durch Immunhistologie ergänzen.

Polymerase- und Ligase-Kettenreaktion. Sie findet Anwendung für diagnostische Zwecke (z.B. Herpes-Enzephalitis-Verdacht) oder als Routine-Diagnostik bei der Tumordiagnostik, bei der Verlaufskontrolle der Zytomegalie oder der Hepatitis B und C. Bei HIV-Infizierten gelingt sogar der RNS-Nachweis, wenn noch keine Antikörper gebildet worden sind. Die Methode der PCR ist auf S. 902 geschildert. Die Ligase-Kettenreaktion (s. S. 903) kann in der allgemeinen Diagnostik eingesetzt werden. Die RT-PCR und die PCR werden jetzt auch quantitativ eingesetzt.

PCR und LCR dienen zum Nachweis kleinster Mengen an DNS oder RNS bis in den Femtogrammbereich (10^{-15} g), wenn die klassischen Nachweismethoden für Virusinfektionen nicht mehr ansprechen. Sie lassen sich auch bei Fragen

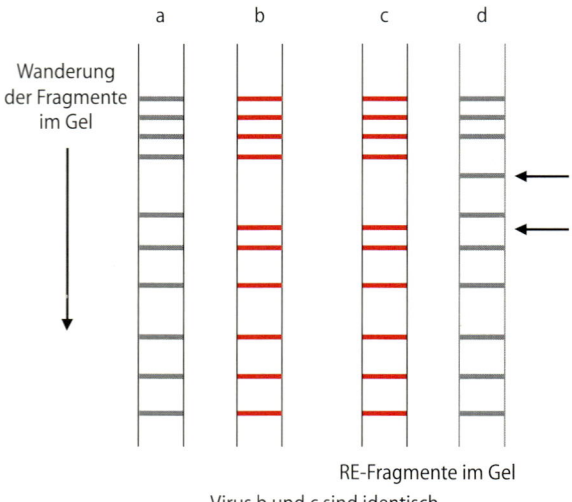

Wanderung der Fragmente im Gel

RE-Fragmente im Gel
Virus b und c sind identisch

Abb. 7.3. Restriktionsenzymanalyse der DNS von Viren. Restriktionsenzyme schneiden Virus-DNS an unterschiedlichen Sequenzen mit variabler Häufigkeit. Dabei entstehen kleinere und größere DNS-Fragmente, die im Agarose-Gel unterschiedlich weit wandern. So ist eine Feinanalyse der DNS eines Virustypes möglich

der Gerichtsmedizin oder bei eingebettetem Sektionsmaterial anwenden. Bei Knochenmarkstransplantationen strebt man wegen der Gefahr einer ZMV-Pneumonie (s. S. 643) zur Frühdiagnose eine quantitative PCR an; sie wird auch bei der Bestimmung der Zahl der RNS-Moleküle eingesetzt bei: HIV, ZMV, HCV und HBV zur Bestimmung der **Viruslast** beim **Therapiemonitoring**.

7.2 Serologische Verfahren zum Nachweis von virusspezifischen Antikörpern

Das Repertoire der klinischen Virusserologie umfaßt:

- Neutralisationstest (NT),
- Komplementbindungsreaktion (KBR),
- Hämagglutinations-Hemmungstest (HHT),
- ELISA,
- Immunoblotting,
- Immunfluoreszenztest (IFT).

Die Verfahren dienen zum Nachweis von virusspezifischen Antikörpern im Patientenserum.

Die Antikörper treten zunächst als IgM-Typ auf, später werden die IgG- und IgA-Typen gebildet. Die Antikörper gegen die verschiedenen Antigene der Viren treten in einem bestimmten Ablaufmuster auf (s. HIV, EBV, ZMV). Bei den kompliziert gebauten Viren (Herpesgruppe, HIV) werden zunächst nicht-neutralisierende Antikörper gegen Regulator- und Funktionsproteine gebildet, ehe die neutralisierenden auftauchen (z. B. ZMV).

Grundsätzlich ist für alle serologischen Untersuchungen zu fordern, daß sie gleichzeitig an zwei Serumproben desselben Kranken quantitativ ausgeführt werden. Die erste Serumprobe soll unmittelbar nach dem Erscheinen der klinischen Symptome entnommen werden, die zweite Serumprobe etwa 10–14 Tage danach (Abb. 7.4). Die Untersuchung des Serumprobenpaares erfolgt quantitativ stets am gleichen Tag. Die nach der Untersuchung übrig bleibenden Serumreste sollten eingefroren und aufbewahrt werden (Röteln).

Die Zahl der Antigene oder Testverfahren, die bei einem klinischen Symptomenkomplex zur Untersuchung herangezogen werden, kann bis zu 15 betragen (Tabelle 7.1) (s. Differentialdiagnose, S. 526–528 f., z. B. bei der Verdachtsdiagnose Hepatitis oder Meningitis).

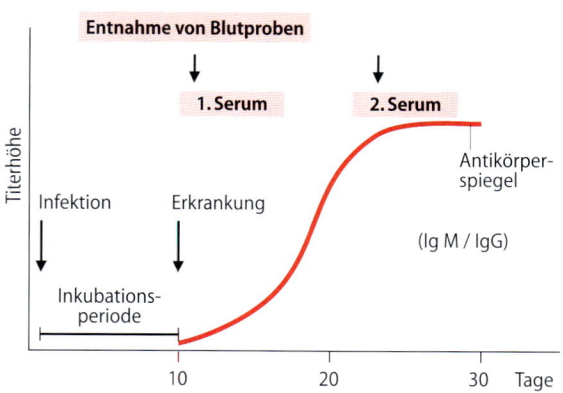

Abb. 7.4. Darstellung für den Zeitpunkt der Entnahme von Blutproben zur Antikörperbestimmung. Erst nach Ablauf der Inkubationsperiode werden Antikörper in das Blut abgegeben. Zur Bestimmung des Antikörperpegels nach Infektionskrankheiten benötigt man zwei Blutproben. Die erste Blutprobe soll möglichst frühzeitig nach Beginn der Erkrankung, die zweite 10–14 Tage später entnommen werden

7.2.1 Neutralisationstest (NT)

Prinzip des Neutralisationstests. Treffen homologe Antikörper mit den außenliegenden Epitopen des Virions zusammen, so entsteht ein Virus-Antikörper-Komplex, an den sich u. U. noch Komplement anlagert. Hierdurch werden die Außenstrukturen, mit deren Hilfe sich das Virus an die Wirtszellmembran bindet, sterisch blockiert: Das betreffende Virion büßt seine Infektiosität ein (Virusneutralisation). Erkennt der Antikörper nur solche Epitope, die in der Tiefe des Virions liegen, so ist er zur Neutralisation unfähig. Nicht jeder virusspezifische Antikörper ist somit neutralisierend. Als *Neutralisationstiter* wird der Verdünnungsfaktor derjenigen Serumprobe angegeben, welche die Virusvorlage im Hinblick auf ihre Infektiosität unwirksam macht, d. h. wo der ZPE ausbleibt. Die Infektiosität des Virus wird in der Regel mit der Zellkultur geprüft. Findet man zwischen den beiden Serumproben des Patienten eine Titerdifferenz von mindestens dem Vierfachen (zwei Verdünnungsstufen), so ist der Schluß auf eine *akute Erkrankung* berechtigt.

Die neutralisierenden Antikörper sind noch lange nach der Genesung im Serum nachweisbar. Sie eignen sich deshalb als Indikator für Untersuchungen, in denen der Durchseuchungsgrad der Bevölkerung festgestellt werden soll (serologischer Kataster). Die neutralisierenden Antikörper spiegeln

Tabelle 7.1. Diagnostik der Viruserkrankungen

Virus	Isolierung bzw. Nachweis des Virus aus	Isolierung des Virus auf	Methoden zum Ak-Nachweis	ELISA IgM	ELISA IgG	Ag-Nachweis bzw. Sonderdiagnostik
Entero-[a]	Stuhl, Urin, Liquor	Zellkultur (Coxsackie A: Babymaus)	NT, (KBR)	–	–	PCR
Rhino-	RSW	Zellkultur (32 °C)	(NT)	–	–	
Influenza-	RSW	Brutei, Zellkultur	KBR, HHT	–	–	IFT-Schnelltest, Antigen-ELISA
Parainfluenza-	RSW	Zellkultur	KBR, HHT			
RS-	RSW	Zellkultur	KBR, HHT			IFT-Schnelltest, Antigen-ELISA
Adeno-[a]	RSW, ASW	Zellkultur	KBR, HHT	–	–	
Masern-	RSW	Zellkultur	KBR, HHT	+	+	
Mumps-	RSW	Zellkultur	KBR, HHT	+	+	
Röteln-	RSW Nabelschnurblut	Zellkultur	HHT	+	+	PCR, Störfaktor beim IgM-Nachweis![b]
Ringelröteln-	Blut	–	–	+	+	PCR
HSV	Bläschen, Liquor, ASW	Zellkultur	KBR	+	+	PCR mit Liquor
VZV	Bläschen, Liquor	Zellkultur	KBR	+	+	
ZMV[a]	Speichel, Urin, Blut, Bronchiallavage	Zellkultur	KBR	+	+	PCR, IFT auf pp65 Avidität der AK
EBV	Blutzellen	Ko-Kultivierung	IFT (IgM, IgG)	+	+	Avidität der AK AK gegen EBNA, EA, VCA
HHV 6	Blutzellen	Ko-Kultivierung	IFT	+	+	PCR
HHV 8	Blutzellen	Züchtung	IFT	+	+	LANA-AK, PCR
FSME-*	Liquor	Zellkultur	NT	+	+	
LCM-	Liquor	Maus	NT	–	–	
Tollwut-[a]	Gewebe	Maus, Zellkultur	–	–	–	Negri-Körperchen im ZNS, Hautstanzen und Konj.-Tupfpräparaten, IFT in ZK
Hepatitis A	Stuhl	–	ELISA	+	+	Virus im Stuhl (ELISA)
Hepatitis B	Blut	–	ELISA, RIA (HBs, HBe, HBc)	+	+	HBs-Ag, Transaminasen HBe-Ag, DNS (PCR)
Hepatitis C	Blut	–	ELISA		+	PCR, Transaminasen
Hepatitis D	Blut	–	ELISA		+	PCR (+ HBV-Diagnostik)
Hepatitis E	Stuhl	–	–	+	+	
Hepatitis G	Blut	–	–	–	–	PCR
HIV 1/2	Blut	Ko-Kultivierung	IFT		+	PCR, Transaminasen, p24
	Sekrete		ELISA			Westernblot, CD4/CD8-Quotient
	Gewebe					
Rota-[a]	Stuhl	–	HHT	–	–	Virus im Stuhl (ELISA)
Adeno 40+41[a]	Stuhl	–	–	–	–	Virus im Stuhl (ELISA)
Norwalk-Agens[a]	Stuhl	–	–	–	–	EM, PCR
Papillom-	Warzen, Kondylome, Karzinomen	–	–	–	–	PCR, DNS-Hybridisierung

[a] Nur bei diesen Viren ist Isolierung nach Postversand möglich. Sonst: Direkt-Verimpfung oder –70 °C.
[b] Untersuchung eines Serumpaars in einem Ansatz. Seren ggf. aufbewahren (Schwangerschaft).

KBR: Komplementbindungsreaktion, *HHT:* Hämagglutinations-Hemmungstest, *NT:* Neutralisationstest, *RSW:* Rachenspülwasser, *ASW:* Augenspülwasser, *EM:* Elektronenmikroskop, *IFT:* Immunfluoreszenz-Test, *RIA:* Radio-immun-assay, *PCR:* Polymerase-Kettenreaktion, ZK: Zellkultur, AK: Antikörper, Ag: Antigen.
* Die frühen primär-IgG-Antikörper besitzen eine geringe Avidität (s. FSME, EBV und ZMV).

In allen Zweifelsfällen ist die PCR die Methode der Wahl! Die Diagnostik wird durch In-situ-Hybridisierung und Immunhistochemie ergänzt.

die effektive Abwehrbereitschaft des Patienten bzw. des Rekonvaleszenten wider: Sie sind ein Indikator für das Vorhandensein oder das Fehlen einer humoralen Immunität.

7.2.2 Komplementbindungsreaktion (KBR)

Komplementbindende Antikörper im Patientenserum werden mit einem Virusantigen als authentischem Reagenz nach den Prinzipien der Komplementbindungsreaktion (Wassermann-Reaktion) erfaßt. Die Reaktion muß immer *quantitativ* angesetzt und sollte an einem Serumprobenpaar vorgenommen werden. Auch hier muß für die Diagnose einer akuten Infektion der Titerunterschied mindestens zwei Verdünnungsstufen betragen. Bei einigen Virus-Antigenen ergibt die KBR auch bei manifesten Erkrankungen nur niedrige Titer. Dies gilt z. B. für Coxsackie- und für die Polio-Erkrankungen. Hier besteht die Möglichkeit, die KBR durch den Einsatz des ELISA-Prinzips zu ersetzen.

Die komplementbindenden Antikörper erscheinen und verschwinden schnell. Sie spiegeln die *akute Krankheitsphase* wider und lassen keine Rückschlüsse auf die belastbare Immunität zu. Für Durchseuchungsstudien sind sie ungeeignet.

7.2.3 Hirst-Test oder Hämagglutinations-Hemmungstest (HHT)

Die als Hirst-Test bezeichnete, klinisch-serologische Form des Hämagglutinations-Hemmungstests wird vornehmlich zur Stützung der klinischen Verdachtsdiagnose „Röteln", „Influenza" u. a. verwendet. Der HHT wird auch zur Identifizierung von entsprechenden Virusisolaten benutzt.

Prinzip des HHT. Versetzt man hämagglutinierende Viren mit einem Immunserum, welches außenliegende Epitope des Virions erkennt, wird der Antikörper an das Viruspartikel gebunden. Der gebundene Antikörper behindert dann sterisch die für die Hämagglutination maßgebenden Außenstrukturen des Virions; dadurch verliert das Virus seine hämagglutinierende Fähigkeit. Mit diesem System

kann man bei hämagglutinierenden Viren das Oberflächenantigen untersuchen und es identifizieren. Der Hämagglutinations-Hemmungstest, auch nach seinem Erstbeschreiber Hirst-Test genannt, kann zur Antikörperbestimmung bei Influenza, Mumps, Masern und Röteln verwendet werden (Abb. 7.2).

Man stellt fest, in welcher Verdünnung das geprüfte Serum die Hämagglutination noch völlig verhindert, d. h. bis zu welcher Serumverdünnung die durch Antikörper bedingte Hämagglutinationsblockade reicht. Zur Positivbewertung ist eine Differenz von mindestens zwei Titerstufen notwendig. Unspezifische Inhibitoren im Serum können Antikörper vortäuschen, z. B. bei den Röteln. Ihre sachgerechte Entfernung ist deshalb wichtig.

Die hämagglutinationshemmenden Antikörper spiegeln die belastbare Immunität wider, sie bleiben noch lange nach Überstehen der Krankheit nachweisbar. Ihr Nachweis ist bei Durchseuchungsuntersuchungen z. B. im Hinblick auf Influenza oder Röteln von großem Wert.

7.2.4 ELISA

Der ELISA dient zum Nachweis von virusspezifischen Antikörpern und Antigenen:
- Antikörper-ELISA;
- Antigen-ELISA.

Die Methodik ist auf S. 907 beschrieben.

Antikörper-ELISA. Er erlaubt den Nachweis von IgM-, IgG- und IgA-Antikörpern.

Der *IgM-Nachweis* in einer Serumprobe gestattet die Diagnose akute Infektion, z. B. bei Röteln, Masern und Hepatitis B. Es muß allerdings beachtet werden, daß gelegentlich IgM-Antikörper mehr als 2–3 Monate persistieren, z. B. nach Röteln-Schutzimpfungen.

Der *IgG-ELISA* ist ein allgemein gebräuchliches Verfahren.

Der *Antigen-ELISA* wird zum *Sofortnachweis von Viren* im Stuhl (Rota, Adeno 40, 41 oder Hepatitis A) eingesetzt. Auch gelingt der Nachweis von z. B. HBsAg im Serum bei Hepatitis-Patienten.

Störquellen. Hier ist vornehmlich der μ-kettenhaltige *Rheumafaktor* zu nennen. Er bindet sich u. U. an Patienten-Antikörper der Klasse IgG (s. S. 64), sofern dieser seinerseits vom Antigen gebunden wird. Bei Anwendung eines Anti-μ-Ketten-Serums

für den IgM-ELISA entstehen dann falsch-positive Reaktionen. Diese Fehlerquelle läßt sich ausschalten, wenn man über Ionenaustauscher-Säulen oder durch Ultrazentrifugation die IgM-Fraktion des Patientenserums abtrennt. Beispiele sind Röteln-, ZMV und Hepatitis-Viren.

ELISA, HHT, KBR, IFT und NT. Diese werden in der Klinik zur Feststellung von *Titeranstiegen* benutzt (Primärerkrankungen, Boosterungen). Der IgM-Nachweis im ELISA oder IFT ergänzt diese Diagnosemöglichkeit.

Durchseuchungsstudien sollten nach Möglichkeit mit einem IgG-ELISA angestellt werden. Dieser Test spiegelt die belastbare Humoralimmunität wider. Die KBR hingegen gibt nur Auskunft über die akute Infektion (Titeranstieg). Der IFT ist empfindlicher als der ELISA, er bürgert sich immer mehr ein (EBV, HIV).

7.2.5 Immunoblotting ("Westernblotting")

Das Immunoblotting zum Nachweis von Antikörpern gegen bestimmte Antigene ist für die diagnostische Virologie sehr wichtig geworden. Allgemeine Anwendung hat dieses Verfahren als Bestätigungstest für HIV-Infektionen gefunden (s. S. 907).

7.2.6 Plaque-Methode

Man bezeichnet die Anzahl der infektiösen Viruspartikel, die ausreicht, um einen Plaque zu erzeugen, als eine „Plaque-forming-unit" (PFU); im Idealfall entspricht sie einem einzigen Viruspartikel: Nach Adsorption und Penetration einer verdünnten Viruslösung werden die Zellen gewaschen und der infizierte Zellrasen mit flüssigem Agar (45 °C) überschichtet. Durch den festgewordenen Agar bleibt die Infektion auf die Umgebung der primärinfizierten Zelle beschränkt, die dem ZPE anheimfällt. Nach wenigen Tagen färbt das dann zugefügte Neutralrot („Vitalfärbung") die noch lebenden Zellen an und die Plaques erscheinen hell in dem rötlich gefärbten Zellrasen.

7.3 Differentialdiagnose

Hier sind die *differentialdiagnostischen Tabellen* zusammengestellt, da nur die Kenntnis der möglichen Erreger aufgrund der *Anamnese* einer Krankheit, eines *Hauptsymptoms*, z.B. Meningoenzephalitis oder eines *Syndroms* an den zutreffenden Erreger denken läßt. Diese Tabellen dienen auch zur Orientierung für die Auswahl der Laborreaktionen bei den verschiedenen Krankheiten oder Krankheitsgruppen. Die Differentialdiagnose der „Erkältungskrankheiten" ist auf S. 548 u. 943 dargestellt. Die Testungen von Blutproben finden sich auf S. 528 (Tabelle 7.13). Das Motto lautet: *„Immer daran denken."* S.a. www.cdo.gov; www.who.int.

Tabelle 7.2. Virusbedingte Läsionen der Mund- und Rachenhöhle

• **HSV:**	primär, rezidivierend
• **EBV:**	Angina, Burkitt-Lymphom, Nasopharynx-Karzinom
• **HIV:**	Haarleukoplakie der Zunge (EBV), Kaposi-Sarkom bei AIDS
• **Masern:**	Koplik'sche Flecken, Enanthem
• **Coxsackie:**	Herpangina
• **VZV:**	Zoster, Varizellen
• **Mumps:**	Parotitis
• **Papova:**	Papillome, Karzinome, orale Kond. acuminata bei AIDS

Tabelle 7.3. Ätiologie der Virus-Meningitis

• Häufig:	Mumps-Virus (20%, Zahl sinkend) Coxsackie- und ECHO-Viren (Polio-Viren)
• Selten:	Adeno-Viren LCM-Virus Herpes (HSV 2)-Virus FSME
• Ätiologisch ungeklärt	50%

Tabelle 7.4. Ätiologie der Virus-Enzephalitis/Enzephalopathie

• 50% der menschlichen Enzephalitiden werden durch **HSV 1** hervorgerufen (sehr selten HSV 2)
• Arbo-Viren (FSME); Dengue
• Masern-Virus
• Influenza-Virus
• Varizellen-Zoster-Virus (Zahl steigend)
• Malaria
• Prion-Krankheiten
• Entero-Viren
• HIV; JC-Virus

Tabelle 7.5. Virusbedingte Erkrankungen des Auges

Erkrankung	Verantwortliches Virus
• **Keratitis herpetica**	HSV, VZV
• **Keratokonjunktivitis epidemica**	Adeno-Virus Typ 8, 19 u. a.
• **Akute, hämorrh. Konjunktivitis**	Entero-Virus 70 Coxsackie A 24
• **Pharyngokonjunktivales Fieber**	Adeno-Virus, 3, 4, 7 u. a.
• **Chorioretinitis**	ZMV
• **Konjunktivitis**	VZV, Masern-Virus

Tabelle 7.6. Mögliche Ursachen des Guillain-Barré-Syndroms

- EBV, HBV
- ZMV
- Influenza-Virus
- VZV (HSV)
- u. v. a. Viren, Bakterien

Tabelle 7.7. Virale u. a. Ursachen von Lähmungen (schlaffe Paralysen)

- (Polio-Virus), HSV, EBV, VZV, HHVG
- Lyme-disease (B. burgdorferi)
- Entero-Virus 70, 71

Tabelle 7.8. Virale Ursachen von Myokarditis-Perikarditis

- Coxsackie-Virus (25% aller Fälle von dil. Myokarditis (Biopsie)), ECHO-Viren
- EBV
- ZMV (12% aller Fälle von dil. Myokarditis (Biopsie))
- Influenza-Virus (Polio-Virus)
- Adeno-Virus (15%)

Tabelle 7.9. Virusinfektionen mit Arthralgien

- Röteln
- Parvo B19-Virus
- HBV, HAV, HCV
- EBV, Coxsackie-Viren

Tabelle 7.10. Virusinfektionen u. a. mit Chorioretinitis

- ZMV (v. a. bei AIDS)
- Toxoplasmose
- HIV (?)
- konnatales Röteln-Syndrom

Tabelle 7.11. Differentialdiagnose der Hepatitis

• *Stets vorhanden bei* (Klinisches Hauptsymptom)	Gelbfieber Hepatitis A Hepatitis B Hepatitis D, C, E Autoimmun-Hepatitis
• *Häufig bei* • *Selten bei*	Infektiöser Mononukleose (EBV) Zytomegalie-Infektion Herpes-simplex-Virus, VZV
• *Sehr selten bei*	Kongenitalen Röteln Coxsackie-Virus, ECHO-Virus Mumps
• *Fulminante Hepatitis* *(sehr selten)*	HAV, HBV, HCV, HEV

Tabelle 7.12. Virusbedingte Veränderungen der Haut

• **Bläschenartig**	Varizellen-Zoster Herpes-simplex-Virus Vaccinia-Virus Herpangina (Coxsackie-Viren) Hand-, foot- and mouth-disease (Coxsackie-Viren)
• **Knötchenartig**	Warzen Molluscum contagiosum Melkerknoten Kuhpocken
• **Infiltrate**	Kaposi-Sarkom
• **Exantheme** (ohne Bläschenbildung)	Masern Röteln Erythema infectiosum (Parvo B-19) Exanthema subitum (HHV-6) (Roseola infantum, 5. Krankheit) ECHO-Viren Coxsackie-Viren EBV, HBV
• **Tumoren**	Erwachsenenleukämie, Kondylomata acuminata und plana u. a.

Tabelle 7.13. Import- und Reisekrankheiten (Anamnese!)

Erkrankung (Virus)	Hauptsymptomte
Lassa-Fieber	Fieber, Hämorrhagien, Exanthem, Schock
Dengue-Fieber	Fieber, Knochenbruch-Schmerzen, Hämorrhagien, Schock, Hepatitis
Gastroenteritis	Übelkeit, Erbrechen, Diarrhoe
Ebola-Fieber	s. Lassa-Fieber
Marburg-Krankheit	s. Lassa-Fieber
Gelbfieber	Fieber, Hepatitis, Hämorrhagien
Japan B-Enzephalitis	Fieber, Erbrechen, Enzephalitis
Toskana-Fieber	Meningitis, „Grippe"
Tollwut	Enzephalitis, Hydrophobie, Erbrechen
Hanta-Viren	Fieber, Oligurie, Hämorrhagien, Pneumonie
Hepatitis A–E	Hepatitis

Tabelle 7.14. Untersuchungen von Blutproben vor Verwendung für Transfusionen

Antigen/Antikörper	Richtlinien Deutschland	Europa	Empfehlung Mainz	PCR, obligat	Bemerkungen, Restrisiko
Lues	+	+	+		
HBs Ag	+	+	+ PCR[1]		1:110 000 (63 000)
Anti-HCV	+	+	+	RT-PCR	1:113 000, PCR 1:370 000
Anti-HIV1/2	+	+	+		1:1–2 Mio. (493 000)
Anti-HAV	–	–	–[3]		
Anti-HBs	–	–	+		PCR, Therapiemonitoring
Anti-HBc	–[4]	+	+		
Anti-HTLV1	–[2]	(+)	+[5] PCR		1:80 000–1:100 000
Anti-HEV	–	–	–[6]		
HIV1/2	+	+	+		RT-PCR, Verlaufskontrolle
Anti ZMV	+	+[7]	+[7]		1:20 000[z]; PCR, IFT
Parvo B19	Testung noch nicht vorgeschrieben (Schwangere bei Immundefizienz?)				
ALT	f<45 U/l	+[9] m<68 U/l	→30 U/l[8]		
HGV	Keine Testung				Apathogen; AK-Test; RT-PCR
CJK	Periphere Übertragung: Kein Hinweis; intracerebral: Übertragung![y]	–			
TTV	Keine Testung	–			Apathogen, PCR

[1] Bei Risiko empfehlenswert.
[2] Nicht in allen Ländern vorgeschrieben.
[3] Bei Bedarf (Reise, Risiko).
[4] Generelle Testung wird diskutiert.
[5] Einmal testen, nach Risiko fragen.
[6] Risiko-Reise? (London: 2–4% Sero+).
[7] Entfernung der Leukozyten (Granulozyten, Monozyten, B- und T-Zellen) durch Leukozytenfilter reduziert Infektionsübertragung um 4 Größenordnungen, Blut gilt dann als ZMV ∅; dito bei EBV). Patienten mit Immunrisiko erhalten ZMV-getestete (=Antikörper-negative) zelluläre Blutprodukte oder Leukozyten depletierte zelluläre Blutprodukte. Bei Plasma gilt der ZMV-Status als umstritten.
[8] 25–30 U/l, Verlaufskontrolle.
[9] Einige Länder testen.

f = Frauen; m = Männer.

[x] PCR: 1–2% der Normalbevölkerung positiv. Bei Multitransfundierten, Hämophilen, Dialysepatienten und Drogenabhängigen zwischen 18–55%; 10–12% der Patienten mit chron. HBV- bzw. HCV-Infektion sind PCR-positiv.

[y] In England wird die Entfernung der Leukozyten aus dem Blut diskutiert!

[z] 47% der Plasmapools sind DNS-positiv.

EBV, HHV 6–8 keine Testung, es wird die Übertragung von leukozytenfreien Präparaten angestrebt.

ZMV: Alle Patienten mit Immunrisiko (Neugeborene, Transplantierte) erhalten entsprechend ZMV-Status das entsprechende Blut, bei Organtransplantationen ist die Testung obligat.

Für die Übertragung der Creutzfeld-Jakob-Krankheit durch Blutprodukte gibt es bisher keine Anhaltspunkte (Tierversuch positiv!).

Spezielle Virologie

Ein Verzeichnis wichtiger Abkürzungen findet sich auf S. 1007.

EINLEITUNG

Picorna-Viren sind kleine RNS-haltige Viren (pico=klein, rna=Ribonukleinsäure) mit einem Durchmesser von etwa 30 nm. Sie sind weltweit verbreitet und rufen die gefürchtete Kinderlähmung, Meningitis, Herz- und Skelettmuskelerkrankungen, Exantheme und Hepatitis hervor. Sie haben sich aus einem gemeinsamen Vorfahren entwickelt und weisen viele Gemeinsamkeiten, aber auch viele Unterschiede auf.

STECKBRIEF

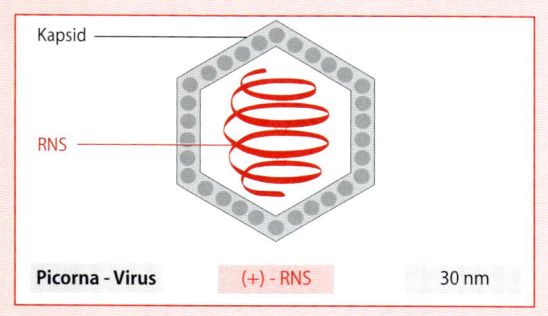

Kapsid

RNS

Picorna - Virus | (+) - RNS | 30 nm

Genom

Die RNS liegt im Virion als *(+)-Strang-RNS* vor, sie besteht aus einer nicht-kodierenden Region am 5′-Ende, einer kodierenden Region für Struktur- und Nichtstruktur-Proteine sowie am 3′-Ende des Moleküls eine poly-Adenosin-Sequenz. Sie enthält etwa 7,5 Kb. Am 5′-Ende der (+)- und (–)-RNS-Stränge sitzt jeweils ein kovalent gebundenes Protein, das als Primer für die Replikation erforderlich ist.

Morphologie

Alle Picorna-Viren bestehen aus einem Kapsid in Ikosaederform und einem zentral gelegenen RNS-Knäuel. Bei der Translation entsteht zunächst ein Vorläufer-Protein; es wird für den Aufbau des Kapsids in vier Virusproteine (VP 1–4) sowie Nichtstruktur-Proteine durch Virusproteasen gespalten. Die VP 1, 2 und 3 sind die wichtigsten immunisierenden Proteine, das VP 1 dient als Ligand für den Rezeptor auf der Wirtszelle. Das VP 4 liegt im Inneren des Kapsids. Die Kapsomeren bilden ein Ikosaeder-Kapsid mit einem Durchmesser von etwa 30 nm.

Züchtung

Polio-Virus läßt sich gut auf Affennieren-Zellen züchten, ebenso ECHO- und Entero-Viren. Coxsackie-Viren werden auf Baby-Mäusen isoliert und auf Zellkulturen passagiert. ECHO-Viren sind zytopathogen, aber nicht pathogen für Mäuse.

Resistenz

Die *Entero-Viren* sind empfindlich gegen Austrocknen, gegen UV-Strahlen und gegen mäßiges Erhitzen (50 °C), sie sind jedoch sehr säurestabil (Magenpassage) und ätherresistent. In den Abwässern lassen sie sich lange Zeit nachweisen, v. a. bei Anwesenheit von organischen Stoffen. Na-Hypochloritlösung ist ein gutes Inaktivierungsmittel. Durch Formalin kann Polio-Virus unter Erhaltung der Kapsid-Antigenität inaktiviert werden.

Rhino-Viren sind im Gegensatz zu den Entero-Viren nur bei pH 6,0–7,5 stabil und sehr temperaturempfindlich.

Einteilung

Man unterscheidet bei den menschenpathogenen Picorna-Viren vier Genera:
- Entero-Viren,
- Rhino-Viren,
- Hepato-Viren (s. S. 657)
- Parecho-Viren.

VIII

Zu den Entero-Viren gehören die Spezies:

- Virus der Poliomyelitis (Polio-Virus) mit drei Typen,
- Coxsackie-Viren mit den Untergruppen A und B,
- ECHO-Viren,
- Entero-Viren 68–71.

Die Viren dieser Gruppe vermehren sich vorzugsweise in den Zellen des Dünndarms und werden mit den Fäzes ausgeschieden. Der natürliche Wirt für die Entero-Viren ist der Mensch.

1.1 Polio-Viren

STECKBRIEF

Das Polio-Virus ist der Erreger der spinalen Kinderlähmung oder Poliomyelitis (Polio); in den Entwicklungsländern ist sie nach wie vor häufig. Viele Infektionen verlaufen inapparent. Es gibt zwei Impfstoffe: IPV und OPV (s.u.), die die Ausrottung des Virus ermöglichen sollen.

Geschichte

Die Kinderlähmung wurde 1840 als Heine-Medin'sche Krankheit beschrieben. 1909 wurde von Landsteiner und Popper das Virus auf Affen übertragen. 1920 erkrankte der frühere Präsident der USA, Franklin D. Roosevelt, an einer Polio. Ihm ist die Gründung einer Stiftung zu verdanken, die für die Bekämpfung der Polio und darüber hinaus für die Entwicklung der Virologie entscheidende Bedeutung erlangt hat.

1949 gelang es den späteren Nobelpreisträgern Enders, Weller und Robbins, Polio-Virus in nicht-neuralen Zellen zu züchten und erstmals den „zytopathischen Effekt" (ZPE) nachzuweisen. Erst diese Entdeckung machte die Züchtung der Viren in vitro und die Entwicklung von Impfstoffen möglich.

Vor der Einführung der Schluckimpfung war das Polio-Virus in der Bevölkerung weit verbreitet. Die Furcht vor der Polio war so groß, daß Mütter ihre Kinder im Sommer nicht in die Schwimmbäder gehen ließen, oder sie aus Furcht vor einer Ansteckung sogar ganz zu Hause hielten. Inzwischen ist in den Industrieländern das voll pathogene Wildvirus vom attenuierten Impfvirus weitgehend verdrängt worden. Ziel der WHO ist die Ausrottung des Virus.

Maßgebend für die Motivation zur Bekämpfung sind die schwerwiegenden Folgen der zerebrospinalen Komplikation für den betroffenen Einzelnen: Die Lähmungen können zum Tode oder zum Krüppeltum führen. Patienten mit Atemlähmung durch Polio überleben u. U. die Krankheit als Dauergäste der Eisernen Lunge; ihr trauriges Schicksal macht die Poliomyelitis (jetzt nur noch in den Entwicklungsländern) zu einer gefürchteten Krankheit.

1.1.1 Beschreibung

Das Polio-Virus kommt in drei serologisch distinkten Typen vor. Die als Prototypen dienenden Stämme tragen die Namen

- „Brunhilde" für Typ 1,
- „Lansing" für Typ 2 und
- „Leon" für Typ 3.

1.1.2 Rolle als Krankheitserreger

Vorkommen

Virusreservoir und alleinige Infektionsquelle sind der Nasenrachenraum und der Darmkanal von Menschen. Entsprechend der Ausscheidung des Virus in Fäkalien findet sich das Virus in Abwässern und gelegentlich in Freibädern.

Epidemiologie

Sommer und Frühherbst sind bei der Ausbreitung des Polio-Virus die bevorzugten Jahreszeiten. Die Polio ist das Musterbeispiel einer Krankheit mit einer hohen Quote an stiller Durchseuchung.

Wegen des großen Anteils an klinisch inapparenten Infektionen sind Infektketten nur schwer nachzuweisen. Die hohe Verbreitungspotenz ist v. a. durch Isolierungsversuche an solchen Familien erkannt worden, in welchen ein Mitglied mit der Lebendvakzine geimpft worden war. In Ländern mit niedrigem Hygienestandard und ohne Schutzimpfung werden bereits die Kleinkinder voll durchseucht. Bei besseren Lebensverhältnissen verschiebt sich das Lebensalter der Erstbekanntschaft mit dem Virus zur Adoleszenz hin; die Durchseuchung der Kinder ist nicht mehr vollständig, und die von der Infektion verschonten Kinder können als Erwachsene erkranken. – Diese Tatsache gilt für viele virusbedingte Infektionskrankheiten. Bei den Röteln steigt damit das Risiko der Embryopathie.

Durch die Anwendung des Salk-Impfstoffes sank die Inzidenz in den Jahren 1955–1960 von 13,9 auf 0,5 Fälle pro 100 000 Einwohner. Die Epidemiologie der Polio hat sich dann in den Industrieländern durch die Einführung der Schluckimpfung grundsätzlich gewandelt. Bei dem Rückgang der Polio hat auch die Tatsache mitgewirkt, daß der Anteil der Kinder an der Bevölkerung kleiner geworden ist. 1992 hat es auf der Welt 150 000, 1999 noch 7000 Erkrankungen gegeben.

Übertragung

Die Übertragung erfolgt direkt von Mensch zu Mensch durch Schmierinfektion *fäkal-oral*. Als Vehikel dienen verunreinigte Hände, Gebrauchsgegenstände, Wasser und Fliegen. Die Verbreitungspotenz des Virus ist sehr groß: Auch bei strengster Sauberkeit und guten hygienischen Verhältnissen ist eine Übertragung im Familienmilieu praktisch unvermeidbar. Neben der Übertragung durch Fäkalmaterial spielt die Infektion durch *Speichel* im Sinne der Schmierinfektion und der *Tröpfcheninfektion* eine wichtige Rolle. Die Ausscheidung des Virus im Stuhl dauert nach apparenter und inapparenter Infektion etwa 6–8 Wochen, gelegentlich auch mehrere Monate, Dauerausscheider gibt es jedoch nicht.

Pathogenese

Die Polio ist das Musterbeispiel für die Entstehung einer Viruskrankheit durch einen direkten virusbedingten Zellschaden: Die Immunreaktion des befallenen Organismus spielt für die Zellschädigung keine Rolle.

Das Polio-Virus ist primär enterotrop, es infiziert nur selten das ZNS. Seine Rezeptoren auf der Zellmembran hat man als Moleküle der Immunglobulinsuperfamilie der Zellen identifiziert. Der Host-shut-off (s. S. 474) wird durch eine viruskodierte Protease ausgelöst, die einen Initiationsfaktor für die Translation zerstört, die Zelle stirbt durch Apoptose.

Hinsichtlich der Virusausbreitung im Organismus kann man fünf Stadien des Infektionsverlaufes unterscheiden:

- *Lokale Ansiedelung* und Vermehrung des Virus in den Zellen der Rachen- und Darmschleimhaut sowie in den Tonsillen und den Peyerschen Plaques. Es wird von den Schleimhäuten ausgeschieden.
- *Invasion* durch Einbruch des Virus in die Lymphknoten und dann in die Blutbahn (primäre Virämie): „Vorkrankheit". Hierbei werden viele Viren vom RES abgefangen und abgebaut. Das Virus gelangt auf diesem Weg in die Lymphknoten und das braune Fett und vermehrt sich dort. In einem zweiten Schub gelangt es erneut in die Blutbahn (sekundäre Virämie) und besiedelt die entsprechenden Organe.
- *Befall des „Erfolgsorgans"* mit erneuter Vermehrung. Das Virus gelangt durch die Blut-Liquorschranke (Plexus chorioideus?) in den Meningealraum. Über die Endothelien kleiner Gefäße infiziert es die motorischen Vorderhornzellen des Rückenmarkes und vermehrt sich darin. Dies kann zur Schädigung oder zum Untergang der Zellen („Neuronophagie") und damit zu schlaffen Lähmungen führen. Eine Besonderheit ist das Wandern des Virus entlang der Axone von Nerven. Wunden im Rachenraum (Tonsillektomie) ermöglichen den Eintritt in die Nervenfasern und können die gefürchteten Bulbärparalysen hervorrufen. In seltenen Fällen kann das Hinterhorn der grauen Rückenmarkssubstanz und aszendierend das Gehirn befallen werden. Auch hat man eine Beteiligung des Myokards bei der Polio beobachtet.
- *Elimination* des Virus in der Rekonvaleszenz. Dies geschieht bei der Polio und den übrigen Picorna-Infektionen vollständig. Hierfür sind neben dem Interferon v. a. humorale Antikörper verantwortlich. Ihre Bedeutung geht aus dem mangelhaften Impfschutz bei Agammaglobulinämie hervor.
- *Persistierende Infektionen* (Polio-, Coxsackie-, ECHO-Viren) hat man bei Patienten mit und ohne Defekt des humoralen Immunsystems festgestellt. – Pathohistologisch findet man in den befallenen Bezirken des ZNS perivaskuläre Infiltrate. Die nekrotischen Ganglien-Zellen sind von Infiltraten monozytärer Zellen umgeben.

Sehr selten ist das *Post-Polio-Syndrom*, d.h. fortschreitende Lähmungen viele Jahre nach der Erstlähmung (s. Anhang).

Klinik

Die Inkubationszeit beträgt für die klinisch manifesten Fälle 5–10 Tage.

Nach dem Schweregrad des Krankheitsbildes unterscheidet man vier Verlaufsformen:

- Inapparenter Verlauf: Weitaus am häufigsten (99%).
- Abortiver Verlauf: Katarrhalische Symptome („minor illness"). Hier finden sich leichte, uncharakteristische Symptome einer „Indisposition".
- Meningitis ohne Lähmungen: Im klaren Liquor findet sich eine lymphozytäre Zellvermehrung („aseptische Meningitis"); meningitische Erscheinungen treten relativ selten auf.
- Paralytische Form: Charakteristisch sind schlaffe Lähmungen, vornehmlich an der Extremitätenmuskulatur, aber auch den Atemmuskeln. In schweren Fällen verläuft die Polio als Meningo-Enzephalo-Myelitis. Der Kortex wird dabei nicht befallen. Der Tod kann durch Atemlähmung oder Herzversagen eintreten. Die Lähmungen bilden sich, sofern der Patient überlebt, häufig zurück. Primäre Infektionen verlaufen bei Erwachsenen schwerer als bei Kindern (Abb. 1.1).
- Post-Polio-Syndrom: Nach Jahrzehnten tritt eine Verstärkung der Lähmungen auf (selten).

Immunität

Die im Gefolge einer natürlichen Infektion auftretende Immunität gegen Poliomyelitis ist **humoral** und **typenspezifisch**. Humorale Antikörper werden vorwiegend gegen das Kapsid, aber auch gegen Nichtstrukturproteine gebildet. Vor Einführung der Schutzimpfung hat in Mitteleuropa ein großer Teil der Bevölkerung eine inapparente Infektion mit Wildstämmen durchgemacht und dadurch eine „stille Feiung" erworben.

Im ersten Lebenshalbjahr schützt mütterliches IgG gegen eine Erkrankung. Die durch Infektion mit Wildstämmen erworbene Immunität kann auf zweierlei Weise wirksam werden:

- IgA: Lokal. Im Idealfalle wird bereits die Besiedelung der Schleimhaut verhindert. Hierfür sind Antikörper der Klasse IgA verantwortlich.
- IgG: Systemisch. Bei schwächer ausgeprägter Immunität wird die Schleimhaut zwar besiedelt, die Invasion des ZNS wird aber durch Neutralisation des Virus verhindert. Dies geschieht in der Blutbahn durch IgG-Antikörper. Die lange Dauer der Polio-Immunität beruht vermutlich darauf, daß beim Nachlassen der Immunität unbemerkt verlaufende Neuinfektionen als „Booster" wirken. Über die Beteiligung zellulärer Effektoren bei der Immunität (T-Zellen) ist kaum etwas bekannt.

Labordiagnose

Die Laboratoriumsdiagnose der Poliomyelitis erfolgt
- durch Isolierung und Identifizierung des Virus aus Patientenmaterial (ggf. durch PCR) sowie
- durch Nachweis der spezifischen Antikörper im Patientenserum mit Anstieg.

Isolierung. Aus Fäzes oder Rachenspülwasser macht man einen NaCl-Extrakt. Die begleitenden Bakterien werden abzentrifugiert und das Material auf eine *Affennieren-Zellkultur* verimpft. Dann beobachtet man, ob sich ein zytopathischer Effekt in Form von Abkugelung und Ablösung zeigt. Ist dies der Fall, so legt man von der positiven Kultur eine Passage an. Die Isolierung des Polio-Virus aus dem Blut oder dem Liquor gelingt nur selten.

Identifizierung. Der so gezüchtete Stamm muß sich anschließend durch ein typenspezifisches Anti-Polio-Serum 1, 2 oder 3 neutralisieren lassen.

Nachweis von Polio-spezifischen Antikörpern im Patienten-Serum. Zwei im Abstand von 14 Tagen entnommene Serumproben werden mit dem Neutralisationstest oder der KBR gleichzeitig getestet. Ein Titeranstieg um das Vierfache oder mehr spricht für eine akute Polio-Infektion. Die KBR liefert bei Polio nicht sehr aussagekräftige Resultate, weil sie relativ unempfindlich ist. Ein ELISA ist noch nicht verfügbar.

Prävention

Impfstoffe. Für die Schutzimpfung stehen zwei Impfstoffe zur Verfügung, die Salk-Vakzine und die Sabin-Vakzine. In Deutschland wird in Zukunft vorzugsweise der Salk-Impfstoff angewendet.

Salk-Impfstoff. Die Salk-Vakzine ist ein *Totimpfstoff*. Der Impfstoff besteht aus Formalin-inaktiviertem Polio-Virus der drei Typen (IPV, *i*nakti-

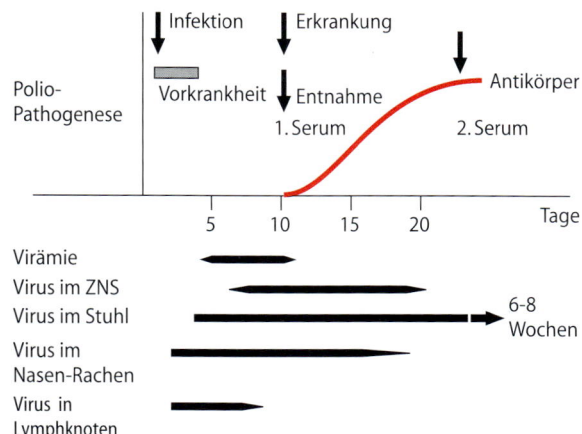

Abb. 1.1. Ablauf einer Polio-Infektion

In der Abbildung:
- Polio-Pathogenese
- Infektion / Erkrankung / Antikörper
- Vorkrankheit
- Entnahme / 1. Serum / 2. Serum
- 5 / 10 / 15 / 20 / Tage
- Virämie
- Virus im ZNS
- Virus im Stuhl — 6-8 Wochen
- Virus im Nasen-Rachen
- Virus in Lymphknoten

vierte Polio-Vakzine). Die Viren werden jeweils in der Zellkultur gezüchtet und vor der Inaktivierung gereinigt.

Die Anwendung der Salk-Vakzine erfolgt durch Injektion des trivalenten Totimpfstoffes. Die Impflinge sollen 3–6 Monate alt sein und erhalten die Impfung 3× i.m. in Abständen von mehreren Wochen. Die Salk-Impfung wird in Kombination mit anderen Totimpfstoffen angewendet. Sie muß später in größeren Zeitabständen wiederholt werden.

Die Salk-Vakzine war drei Jahrzehnte lang zugunsten der Sabin-Vakzine in den Hintergrund getreten. Neue Herstellungsverfahren haben ihre Antigenität gesteigert, so daß nach der Impfung IgM-, IgG- und auch IgA-Antikörper entstehen. Die Salk-Vakzine wird seit langem mit gutem Erfolg angewendet. Auch in Deutschland wird sie jetzt zur Primär- und Auffrischungsimpfung ausschließlich eingesetzt (s. Impftabelle).

Sabin-Impfstoff. Der Sabin'sche Lebendimpfstoff ist seit 1961 als „Schluckimpfung" in Gebrauch. Er besteht aus lebenden, durch Mutation und Selektion abgeschwächten („*attenuierten*") Polio-Viren (OPV, orale Polio-Vakzine). Die Abschwächung erfolgt für jeden der drei Typen durch Passagen in geeigneten Wirtszellen. Bei den so selektionierten Varianten ist die Neurovirulenz stark reduziert, während die Infektiosität und die Antigenität erhalten bleiben. Die Viren des Impfstammes werden vom Impfling über den Magen-Darm-Kanal aufgenommen. Sie führen zu einer inapparenten Infektion.

Die Sabin'sche Impfung wird mit trivalenten Impfstoffen vorgenommen. Die Applikation erfolgt oral. In der Zukunft soll sie reserviert bleiben für Polio-Ausbrüche als Abriegelungsimpfung.

Die WHO hofft, die Polio ausrotten zu können. Eine Gefahr erwächst aus der *Impfmüdigkeit* der Eltern und der Einschleppung von neuem Wildvirus, etwa durch Gastarbeiter oder Auslandsreisende. Die Infektion mit dem Wildvirus führt zu dessen Ausscheidung im Stuhl und damit ggf. zur Infektion nicht geimpfter Personen.

Therapie

Die Therapie ist symptomatisch. Es wird künstlich beatmet, früher: Eiserne Lunge. Notwendig sind langdauernde Rehabilitationsmaßnahmen.

Meldepflicht. Bei Verdacht, Erkrankung oder Tod an Poliomyelitis. Erregernachweis, alle Erkrankungen mit schlaffen Lähmungen.

Anhang

Post-Polio-Syndrom (PPS). In den USA traten bis 1960 große Polioepidemien auf, dank der „Eisernen Lunge" überlebten viele Patienten. Ab 1980 klagten viele von ihnen über Müdigkeit, Muskelschwäche, Erschöpfung u. a. Symptome. In Deutschland schätzt man 10–50 000 solcher Patienten.

Die Entstehung des PPS stellt man sich folgendermaßen vor: Die Funktion der abgestorbenen Motoneuronen wurde durch die verbliebenen Zellen übernommen. Offenbar sind die neuen Nervenverbindungen nicht so stabil. Auch muß jedes erhaltene Motoneuron 5–10 mal so viel Muskelzellen versorgen; dies führte auf die Dauer zu einer Überlastung und dadurch zu den beschriebenen Symptomen.

VIII

ZUSAMMENFASSUNG: Polio-Viren

Virus. Genus Entero-Virus, Spezies Polio-Virus. (+)-Strang-RNS-Virus, Typ 1, 2 und 3. Ikosaeder mit 30 nm Durchmesser. Ätherresistent. Virus in Umwelt sehr stabil, transportstabil.

Vorkommen. Virusreservoir ist der Nasenrachenraum und der Darmkanal. Ausscheidung als Aerosol sowie im Stuhl und Urin. Virus in Abwässern und Badegewässern. Meist nur im Sommerhalbjahr.

Epidemiologie. Jetzt Einschleppung aus Entwicklungsländern, Ausbreitung wegen Impfmüdigkeit.

Übertragung. Schmutz- und Schmierinfektion, Aerosolübertragung, Virus in Abwässern.

Pathogenese. Virusbedingte Zellschäden an den motorischen Vorderhornzellen. Ausbreitung von Magen- und Darmschleimhaut über Lymph- und Blutgefäße mit dem Blut, Eindringen ins und Replikation im Rückenmark und Gehirn (zwei Virämiephasen). Inkubationsperiode 5–10 Tage. Weniger als 1% erkranken mit Lähmungen, Infektionen meist inapparent.

Klinik. Abortive Verläufe, Meningitis und schlaffe Lähmungen mit Meningitis, Atemlähmungen. Post-Polio-Syndrom.

Immunität. IgM-, IgG-, Humoral- und IgA-Schleimhaut-Antikörper. Keine Kreuzimmunität zwischen den Typen. Zelluläre Immunität?

Diagnose. Virusisolierung aus Liquor, RSW, Stuhl, Urin (und Blut) in Zellkulturen. Antikörperbestimmung im Neutralisationstest.

Therapie. Keine spezifische Therapie, symptomatisch, künstliche Beatmung, Rehabilitationsmaßnahmen.

Prävention. Basisimmunisierung mit Salk-Impfstoff, alle späteren Auffrischungen jetzt auch nur noch mit Salk- (IPV-) Impfstoff.

Meldepflicht. Verdacht, Erkrankung, Tod. Erregernachweis, schlaffe Lähmungen!

1.2 Coxsackie-Viren

STECKBRIEF

Coxsackie ist der Ort im US-Staat New York, in dem die Erstisolierung erfolgte. Das Spektrum der Virus-Wirt-Beziehungen reicht von asymptomatischen Verläufen bis zu tödlichen Erkrankungen: Erkältungskrankheiten, Meningitis, Myo-Perikarditis, Myositis und Exantheme. Insulin-abhängiger Diabetes mellitus (wahrscheinlich).

VIII

1.2.1 Beschreibung

Die Coxsackie-Viren (CV) sind serologisch nicht mit den Polio-Viren verwandt; ihre Struktur, der Modus ihrer Replikation und ihr Verhalten in der Umwelt sind jedoch weitgehend identisch.

Man unterscheidet nach den typischen Läsionen im Babymaus-Versuch:

- Die Untergruppe A mit 23 Serotypen. Diese erzeugen bei der Babymaus eine diffuse Myositis.
- Die Untergruppe B mit sechs Typen erzeugt eine herdförmige Myositis, daneben aber auch noch zahlreiche Organ- und Gewebsschädigungen: Eine Enzephalomyelitis mit spastischen Lähmungen, eine nekrotisierende Fettgewebsentzündung sowie Pankreatitis, Myokarditis und Endokarditis.

1.2.2 Rolle als Krankheitserreger

Epidemiologie

Coxsackie-Viren (CV) sind in der ganzen Welt verbreitet und kommen nur beim Menschen vor.

Innerhalb eines Haushaltes ist eine Ausbreitung unvermeidlich, sobald sich ein Familienmitglied infiziert. Bei nicht-immunen Kindern zirkulieren mehrere Typen gleichzeitig. Diese Gruppe stellt das Hauptreservoir für Coxsackie-Viren dar.

Übertragung

Die Viren werden mit dem Stuhl ausgeschieden, ihre Übertragung erfolgt von Mensch zu Mensch auf *fäkal-oralem* Wege oder durch *Tröpfcheninfektion*.

Pathogenese

Eintrittspforte der Coxsackie-Viren sind der Nasen-Rachenraum und der Dünndarm. Es kommt hier wie bei der Polio zur lokalen Vermehrung, anschließend zur Generalisation und zur sekundären Ansiedelung und Vermehrung in den Zielorganen (Muskeln, Meningen, Pankreas, Herz und Haut). Coxsackie-Virusinfektionen sind für die Entstehung einer **Kardiomyopathie** bedeutsam. Mehrere Regionen der CV-RNS sind für die Kardiovirulenz verantwortlich. Durch Hybridisierung hat man persistierende RNS des Coxsackie-Virus in Herzmuskelzellen des Menschen nachgewiesen. TNF-α, IFN-γ, NO sowie CD4- und CD8-Zellen limitieren die Infektion. Die Persistenz der Coxsackie-Viren in Herzmuskelzellen ist wahrscheinlich durch eine Verschiebung der Relation der (+)- zu den (–)-RNS-Strängen bei der Replikation bedingt. Die kardiale Persistenz der RNS bleibt über längere Zeit nach Abklingen der akuten Infektion bestehen. CV replizieren sich auch im Glomerulum der Niere.

Klinik

Die Mehrzahl der Erkrankungsfälle verläuft symptomlos oder wird nicht diagnostiziert. Die Inkubationsperiode variiert von einem Tag bis zu 2–3 Wochen. Die klinisch wahrnehmbare Infektion mit Coxsackie-Viren verläuft stets fieberhaft und manchmal mit Exanthem. Folgende Symptomenkomplexe sollten den Verdacht auf eine Coxsackie-Infektion entstehen lassen (Tabelle 1.1):

Tabelle 1.1. Krankheiten durch Coxsackie-, ECHO- und Entero-Viren

Symptom	Virustyp
Zentralnervensystem	
Meningitis	Coxsackie-, ECHO-, Entero-Viren
Lähmung	Entero-Virus 70, 71; ECHO Coxsackie A7, A9, B2–5
Enzephalitis	Entero 71 und andere
Chron. Meningo-Enzephalitis	ECHO-Viren u.a.
Skelett- und Herzmuskel	
Myokarditis und Perikarditis	Coxsackie B, einige Coxs. A, ECHO
Pleurodynie (Bornholm'sche Krankheit)	Coxsackie B
Haut und Schleimhaut	
Herpangina	Coxsackie A 1–10, 16, 22, B1–5
Hand-Fuß- u. Mundkrankheit	Coxsackie A4, 5, 9 u. 16, B 2, 5, Entero-71, andere
Makulo-papulöses Exanthem	ECHO 9 u. 16, u.v.a., Coxs. A
Obere Luftwege	
Schnupfen	Coxsackie A 21 u. 24,
Sommergrippe	ECHO 11, 20, Coxs. B 1–5
Auge	
Akute hämorrh. Konjunktivitis	Entero 70, Coxs. A 24
Perinatal	
Myokarditis, Hepatitis, Enzephalitis	Coxsackie A und B, ECHO 11, u.a.

Herpangina. Eine mit Bläschen einhergehende fieberhafte Rachenentzündung. Der Patient hat Schluckbeschwerden. Die Herpangina wird vornehmlich durch die Viren der Untergruppe A verursacht (Abb. S. 687).

Schnupfen und Pharyngitis. Einige Coxsackie-Viren, z.B. A21, erzeugen ein Krankheitsbild, welches als banaler Schnupfen oder als fieberhafte Pharyngitis auftritt.

„Sommergrippe". Eine unter dem Bilde einer Erkältungskrankheit verlaufende fieberhafte Infektion im Frühjahr, Sommer und Frühherbst. Hier kommen alle Typen in Betracht.

Pleurodynie. (Synonyme: Bornholm'sche Erkrankung, epidemische Myalgie). Die Patienten klagen über plötzlich auftretendes Unwohlsein mit Fieber und heftigen Thoraxschmerzen, z.T. auch über Leibschmerzen. Dieses Krankheitsbild wird v.a. durch Viren der Untergruppe B hervorgerufen.

Abakterielle Meningitis. Es kommt zu Meningismus mit Fieber, Nackensteifheit, Kopfschmerzen, Erbrechen, geringgradiger Zellvermehrung (Lymphozyten) im Liquor; gelegentlich beobachtet man lokale Pseudoparesen aufgrund von myalgischer Muskelschwäche. Die „Paresen" bilden sich vollkommen zurück. Bei der Meningitis sind vornehmlich die Viren der Untergruppe B beteiligt; Viren der Untergruppe A findet man seltener.

Das myokarditische Bild. Beim Neugeborenen und bei Säuglingen verursachen die Viren der Gruppe B eine Myokarditis mit hoher Letalität (sog. *Säuglingsmyokarditis)*. Tritt der Tod nicht ein, so erholen sich die Kinder vollständig. Die Symptome sind Zyanose, Dyspnoe und Tachykardie.

Beim Erwachsenen kommt es durch Viren der Untergruppe A und B zu einer akuten Myokarditis bzw. Myo-Perikarditis, deren Bild manchmal an einen Herzinfarkt erinnert. Man schätzt, daß 5% aller apparent verlaufenden Infektionen durch Coxsackie-Viren mit Beteiligung des Herzens einhergehen. Die Prognose der Erkrankung beim Erwachsenen ist besser als beim Neugeborenen. Pro Jahr beobachtet man in der Bundesrepublik etwa 10 000 neue Fälle mit einer dilatativen Kardiomyopathie, davon 1/4 durch Coxsackie-Viren; auch Adeno-Viren und das ZMV sind beteiligt. Man vermutet auch die Auslösung von Aborten (bei Primärinfekten).

Exantheme. Generalisiert, Röteln-ähnlich und das sog. „hand-foot-and-mouth-disease" (Bläschen auf Handinnenfläche, Fußsohle und Mundschleimhaut) (Abb. s. S. 687).

Akuter IDDM. Coxsackie B4- und B5-Infektionen sind in Beziehung zur Entstehung eines „insulinabhängigen Diabetes mellitus" (IDDM) gebracht worden. In einigen Fällen ist tatsächlich dieses Virus in den Inselzellen nachgewiesen worden. Die Serokonversion von Autoantikörpern gegen Inselzellantigene ist mit Coxsackie-Virusinfektionen korreliert; die PCR erlaubt jetzt häufig bei diesen Fällen den Nachweis von Coxsackie-Viren im Blut.

Für die Entstehung des Diabetes vom Typ 1 macht man Autoimmunprozesse in Verbindung mit bestimmten MHC-Konstellationen (DR1, 3, 4 sowie selten 2 und 5) verantwortlich. Die epidemiologischen Daten sprechen für einen Infektionsprozess nach dem *Hit und Run-Prinzip*, dem sich immunpathologische Vorgänge infolge Molekularmimikry (Glutaminsäuredecarboxylase und Inselzellen mit dem Virus) anschließen. Aus Monozyten wird dabei TNFα, IFNα sowie IL-1 freigesetzt, die ZTL aktivieren und den Prozeß unterhalten. In den Inselzellen steigt dadurch auch die MHC-Expression. Im Tiermodell (EMC-Virus in der Maus) ist ein primärer Virusschaden mit einem sekundären Autoimmunprozeß verknüpft.

Hämorrhagische Konjunktivitis. Das Coxsackie A24-Virus erzeugt ausgedehnte Epidemien von akuter, hämorrhagischer Konjunktivitis ohne neurologische Symptome.

Immunität

Die durch Überstehen der Krankheit erworbene Immunität ist relativ dauerhaft, so daß ältere Personen seltener infiziert werden.

Es gibt innerhalb der Coxsackie-Gruppe eine Vielzahl von serologischen *Kreuzreaktionen*, die sich im Neutralisationstest und in der KBR nachweisen lassen. Die Aussagefähigkeit der Seroreaktionen ist deshalb beschränkt; die Typendiagnose gelingt im Neutralisationstest.

Labordiagnose

Züchtung. In der akuten Phase der Coxsackie-Infektionen werden Stuhl, Rachenspülwasser und Liquor untersucht. In der Rekonvaleszenz ist nur die Stuhluntersuchung sinnvoll. Die primäre Verimpfung des infektiösen Materials erfolgt auf *Babymäuse* und auf *Affennieren-Zellkulturen*. Mit der *PCR* lassen sich jetzt bei unklaren Fällen mit Meningitis und Fieber viel häufiger Entero-Viren nachweisen. Biopsien erfolgen bei unklarer Herzbeteiligung.

Nachweis von Antikörpern. Typenspezifische Antikörper lassen sich durch den Neutralisationstest bestimmen. Die KBR ist wenig empfindlich; neuerdings wird ein ELISA (IgG und IgM) mit Gruppenreaktivität angeboten.

Therapie, Schutzimpfung, allgemeine Maßnahmen

Es gibt weder eine spezifische Therapie noch eine Schutzimpfung. Allgemeine Maßnahmen sind nicht erforderlich. *Meldepflichtig* sind Erkrankung und Tod an Meningitis/Enzephalitis.

ZUSAMMENFASSUNG: Coxsackie-Virus

Virus. Entero-Virus, Genus der Picorna-Viren. (+)-RNS-Virus wie Polio; Gruppe A mit 23 und Gruppe B mit sechs Serotypen. Transportstabiles Virus.

Vorkommen. Virusreservoir ist der Nasen-Rachenraum und der Darmkanal des Menschen. Ausscheidung als Aerosol sowie im Stuhl und Urin. Virus in Abwässern und Freibädern. Meist im Sommerhalbjahr.

Epidemiologie. Weltweite Verbreitung und frühzeitige Durchseuchung. Virusreservoir ist nur der Mensch.

Übertragung. Ausscheidung mit dem Stuhl, fäkal-orale Übertragung sowie Tröpfcheninfektion.

Pathogenese. Ausbreitung im Organismus wie Polio. Gruppe A erzeugt in der Babymaus eine diffuse, Gruppe B eine herdförmige Myositis. Myokardbefall kann zu Kardiomyopathie führen.

Klinik. Inkubationsperiode 6–12 Tage. Herpangina, Schnupfen, Pharyngitis, „Sommergrippe", Bornholm'sche Erkrankung, Myo-Perikarditis, dilatative Kardiomyopathie, Meningitis, Exantheme, Konjunktivitis, Säuglingsmyokarditis, IDDM. DD: Herzinfarkt.

Immunität. Relativ dauerhafte Immunität, serologische Kreuzreaktionen.

Diagnose. Isolierung in der Babymaus und Zellkulturen aus Rachenspülwasser, Stuhl, Liquor. Typisierung im Neutralisationstest. Herzmuskelbiopsie.

Therapie. Symptomatisch.

Prävention. Keine. *Cave:* Nosokomiale Infektion (Säuglinge).

Meldepflicht. Meningitis, Lähmungen.

1.3 ECHO-Viren

STECKBRIEF

ECHO-Viren kommen nur beim Menschen vor, sie erzeugen eine Vielzahl von Krankheitsformen. Sie wurden erst nach und nach bekannt, als die Viren bereits lange Zeit als ECHO-(Enteric, Cytopathogenic, Human, Orphan [engl. Waisen])-Viren isoliert und typisiert worden waren.

1.3.1 Beschreibung

ECHO-Viren werden zur Familie der Picorna-Viren gezählt. Innerhalb der ECHO-Gruppe gibt es 32 verschiedene Serotypen. Im Unterschied zu den Coxsackie-Viren sind die ECHO-Viren nicht infektiös für Säuglingsmäuse. ECHO-Viren kommen nur beim Menschen vor und werden wie die anderen Entero-Viren übertragen, ihre Epidemiologie gleicht derjenigen der Coxsackie-Viren.

1.3.2 Rolle als Krankheitserreger

Pathogenese

Die Ausbreitung im Organismus erfolgt wie die der Coxsackie-Viren lymphogen-hämatogen. ECHO-Viren befallen viele verschiedene Zellspezies.

Klinik

Die Inkubationszeit beträgt von 12 Stunden bis zu einem Monat, meistens 6–12 Tage. Die Infektion mit ECHO-Viren verläuft in der überwiegenden Mehrzahl der Fälle inapparent. In relativ wenigen Fällen kommt es zu fieberhaften Erkrankungen

mit einem gelegentlichen Ausbruch von papulo-makulösen Exanthemen. Es können sich dabei die folgenden Symptome herausbilden: Meningitis, Myalgie, Pharyngitis, Schnupfen, fieberhaftes Exanthem („Boston"-Exanthem), übertragbare hämorrhagische Konjunktivitis, „hand-foot-and-mouth-disease". Perinatale Infektionen bewirken lebensbedrohende Allgemeinerkrankungen (Blutungen, Apnoe, Hepatosplenomegalie, Hypothermie; s. a. Tabelle 1.1, S. 537).

Immunität

Die Humoralimmunität wird durch IgM- und IgG-Antikörper hervorgerufen, IgA-Antikörper schützen die Schleimhäute. Während bei Erstinfektionen typenspezifische Antikörper entstehen, bilden sich bei Reinfektionen zunehmend kreuzreagierende Antikörper. ZTL bewirken die Elimination des Virus, bei neonatalen Infektionen sind sie häufiger als Antikörper zu finden.

Labordiagnose

Während der akuten Phase untersucht man Rachenspülwasser, Liquor und Stuhl (Analabstriche) auf die Anwesenheit des Virus. In der Rekonvaleszenz ist nur die Stuhluntersuchung aussichtsreich. Die Züchtung gelingt auf Zellkulturen von Mensch und Affe.

Die Identifizierung erfolgt nach Angehen des Virus durch Neutralisation mit bekannten Seren. Nicht selten werden Virusgemische isoliert. Hier ist eine Klonierung durch Abimpfung einzelner Plaques notwendig (s. S. 526).

Die serologische Untersuchung der Kranken ist wegen der stillen Durchseuchung und der Typenvielfalt ohne diagnostischen Wert. In Zweifelsfällen wird die RT-PCR eingesetzt

1.4 Parecho-Viren (ECHO 22 und 23)

Sie lassen sich durch ihre RNS-Sequenz abgrenzen, das „cleavage" des Vorläuferproteins ist unvollständig. Prototyp ist das ECHO 22-Virus. Ein naher Verwandter (Ljunga-Virus) wurde von Wühlmäusen in Nordschweden isoliert. Dort korreliert die Zahl der Nagetiere (Maximum alle 3–4 Jahre) mit der Häufigkeit des Auftretens von GBS, IDDM und Myokarditis beim Menschen. Diese Viren sind außerdem für Gastroenteritis, Erkältungen, Myokarditis und Enzephalitis verantwortlich.

1.5 Entero-Viren 68, 69, 70, 71 und 72

Diese Viren sind erst im letzten Jahrzehnt isoliert worden. Das *Entero-Virus 70* ruft eine akute, hämorrhagische Konjunktivitis sowie Paralysen und Meningoenzephalitis hervor. Die Erkrankungen treten pandemisch-epidemisch vorzugsweise in übervölkerten tropischen Städten (Nord- und Südamerika, Japan, Indien und südpazifische Inselwelt) auf. Die Konjunktiven sezernieren ein seromuköses Sekret. Kurzfristige Titer von IgM-Antikörpern sind im Serum festgestellt worden. Während die Infektionen bei Kindern häufig asymptomatisch sind, führt die Infektion der Erwachsenen zur akuten hämorrhagischen Konjunktivitis (Tabelle 1.1, S. 537).

Der *Typ 71* ruft Fieber, Meningoenzephalitis, schlaffe Paralysen und das Hand-Fuß-Mund-Syndrom hervor. Schwere Fälle verlaufen lokal-epidemisch zusätzlich mit einem neurogenen Lungenödem bzw. -hämorrhagien sowie Myokarditis. Pathohistologisch bieten die ZNS-Erkrankungen das Bild einer Hirnstammenzephalitis (ggs. Polio: Bulbärparalyse!).

Die *Typen 68 und 69* erzeugen Infektionen der oberen und unteren Luftwege, einschließlich Bronchiolitis und Pneumonie. Das Entero-Virus *72* ist mit dem Hepatitis A-Virus identisch (s. S. 657), gehört jetzt zum Genus Hepato-Virus.

ZUSAMMENFASSUNG: ECHO-, Parecho- und Entero-Viren

Virus. Entero-Virus, Genus der Picorna-Viren. (+)-RNS-Virus, wie Polio. Mehr als 30 Typen, sowie Entero-Viren 68–71, Parecho-Viren. Transportstabil.

Vorkommen. Virusreservoir ist der Nasenrachenraum und der Darmkanal. Ausscheidung als Aerosol sowie im Stuhl und Urin. Virus in Abwässern und Freibädern. Meist im Sommerhalbjahr.

Epidemiologie. Weltweite Verbreitung und frühzeitige oder auch spätere Durchseuchung.

Übertragung. Ausscheidung und Übertragung wie Polio- und Coxsackie-Viren.

Pathogenese. Keine Babymaus-Pathogenität. Ausbreitung im Organismus lympho-hämatogen.

Klinik. Inkubationsperiode 6–12 Tage. ECHO-Viren: Fieberhafte Infekte der oberen und unteren Luftwege, makulo-papulöse Exantheme, Meningitis, Myalgie, Myokarditis, Pharyngitis, hämorrhagische Konjunktivitis (Entero-Virus Typ 70), hand-foot-and-mouth-disease (Typ 71), Pneumonie, z.T. schlaffe Paralysen und Enzephalitis (Typ 70 und 71) G.B.S. und IDDM.

Immunität. Die Immunität ist humoral bedingt. Hinzu kommt Schleimhautimmunität durch sekretorisches IgA.

Diagnose. Rachenspülwasser, Liquor, Stuhl zur Isolierung auf Zellkulturen; Identifizierung im Neutralisationstest. PCR. Antikörpernachweis ist ungebräuchlich.

Therapie. Symptomatisch.

Prävention. Keine.

Meldepflicht. Enzephalitis, Meningitis, Lähmungen, Erregernachweis.

1.6 Rhino-Viren

STECKBRIEF

Die Rhino-Viren sind neben anderen Viren die Haupterreger des Schnupfens („common cold") mit etwa 30–50%. Sie sind trotz ihrer Harmlosigkeit für einen hohen Anteil an Arbeitsausfällen verantwortlich. Die Replikation erfolgt bei 33°C im Epithel. Das Sekret ist sero-mukös mit vielen Granulozyten.

1.6.1 Beschreibung

Sie gleichen im Aufbau den anderen Picorna-Viren, besiedeln jedoch vorwiegend den Nasenrachenraum; ihre Virulenzeigenschaften differieren beträchtlich. Es gibt über 100 Serotypen; sie lassen sich im Hinblick auf ihre Bindung an bestimmte Zellrezeptoren (interzelluläres Adhäsionsmolekül „ICAM") in zwei Gruppen einteilen; nur eine Gruppe (90 Rhino-Viren) bindet sich an ICAM's.

1.6.2 Rolle als Krankheitserreger

Vorkommen, Übertragung und Epidemiologie

Sie kommen nur beim Menschen vor, und zwar während des ganzen Jahres. Die Übertragung erfolgt überwiegend indirekt durch virusverunreinigte Hände oder Gegenstände, aber nur zu einem kleinen Teil durch Aerosol-Infektion. Rhino-Viren treten epidemisch im Frühjahr und Herbst auf, die Durchseuchung ist hoch.

Pathogenese

Rhino-Viren befallen nur die *Epithelzellen* des Nasenrachenraumes. Sie rufen i. allg. nur begrenzte Schädigungen hervor. Im Elektronenmikroskop er-

kennt man einzelne, abgestoßene Zellen. Es kommt fast nie zu einer Generalisation; andere Schleimhäute werden nicht befallen. Dies ist u. U. für die klinische Differentialdiagnose gegenüber Adeno-, Coxsackie- und ECHO-Viren wichtig. Schnupfen durch Rhino-Viren und durch Corona-Viren läuft in der gleichen Weise ab. Man nimmt daher an, daß ihnen ein gleichartiger Entzündungsmechanismus zugrunde liegt (vasoaktive Amine, Vasokine). Die Symptome beruhen auf einer Hyperämie mit Hypersekretion von sero-murösem Schleim sowie einer akuten Entzündung der Schleimhaut. Die größte Menge an Virus läßt sich immer dann feststellen, wenn die wäßrige Sekretion am größten ist. Bei Rhino-Virusinfektionen wird IL-1 freigesetzt, das die Adhärenz der Granulozyten erhöht und diese wie auch T-Lymphozyten anlockt. Infolge der gesteigerten Gefäßdurchlässigkeit treten Albumin und andere Serumbestandteile in das Sekret über. Histamin wird nicht gefunden. Mit einiger Sicherheit werden auch die Nebenhöhlen in die „Erkältung" einbezogen; dies bedeutet aber noch keineswegs eine mit Antibiotika behandlungsbedürftige Sinusitis!

Klinik

Nach einer Inkubationsperiode von 1–3 Tagen entwickeln sich typische Symptome: Ausfluß aus der Nase, Niesen, Husten, Kopfdruck, verstopfte Nase und rauher Hals. Die Beteiligung von pharyngealen und bronchitischen Symptomen wechselt mit dem Serotyp und von Person zu Person. Innerhalb von 2–3 Tagen werden die Symptome ausgeprägter, sie bleiben dann 2–3 Tage im Maximum und gehen im Anschluß daran schnell zurück. Fieber fehlt meistens. Häufig werden die Nebenhöhlen einbezogen. Bei Rauchern treten Rhino-Virusinfektionen nicht gehäuft auf; die Krankheit dauert aber durchschnittlich länger und verläuft schwerer.

Bei Rauchern ist die Phagozytosefähigkeit der Makrophagen herabgesetzt. Komplikationen: Otitis media und Sinusitis.

Immunität

Die Antigenität der Rhino-Viren ist gering, so daß keine dauerhafte Immunität entsteht. IgG- und IgA-Antikörper bewirken den Immunschutz; es gibt zwischen den Typen keine Kreuzimmunität. Auch spezifisch sensibilisierte TH1-Lymphozyten treten auf und produzieren IL-2 und IFN-γ.

Labordiagnose

Rhino-Viren können in menschlichen embryonalen Zellen bei 32 °C gezüchtet werden. Die Züchtung gelingt nur, wenn man die Temperatur und den pH-Wert der Kultur den Verhältnissen der Nasenschleimhaut beim Lebenden angleicht. Die zahlreichen Typen lassen sich durch den Neutralisationstest unterscheiden. Eine Routinediagnostik gibt es nicht.

Therapie

Rhino-Virusinfektionen sind eher unangenehm als bedrohlich. Man hat mit Erfolg versucht, ihr Angehen durch Gaben von α-Interferon zu hindern. Eine Dauerbehandlung mit Interferon verbietet sich, da Nebenwirkungen (Nasenbluten und Verstopfung der Nase) auftreten. Eine kausale Therapie gibt es noch nicht.

Prävention

Die beste Präventivmaßnahme ist die Befolgung allgemeiner Hygieneregeln, oftmaliges Händewaschen und die Benutzung von Einmaltaschentüchern.

VIII

ZUSAMMENFASSUNG: Rhino-Viren

Virus. Picorna-Virus. Mehr als 100 Typen von (+)-RNS-haltigen Viren, relativ temperaturempfindlich.

Vorkommen. Ganzjährig, nur beim Menschen.

Übertragung. Durch virushaltige Hände (Nasensekret), seltener Tröpfcheninfektion.

Epidemiologie. Mehrere Infektionen pro Jahr (4–6), gehäuft im Herbst und Frühjahr.

Pathogenese. ICAM's dienen z.T. als Rezeptoren auf der Zelle. Lokale Schleimhautinfektionen, kaum Generalisierung. Zerstörung einzelner Schleimhautzellen.

Klinik. Banaler Schnupfen, 1–3 Tage nach Ansteckung. Komplikationen.

Immunität. Kurzdauernde Immunität durch IgA-Antikörper. Keine Kreuzimmunität.

Diagnose. Züchtung in Zellkulturen bei 32 °C (nicht gebräuchlich).

Therapie. Symptomatisch.

Prävention. Händewaschen. Hygienisches Verhalten bei Schnupfen.

...

EINLEITUNG

Orthomyxo-Viren rufen beim Menschen die Influenza („Grippe") hervor, das als Hauptvertreter dieser Virusfamilie gilt, 3 Genera (Influenza A, B und C). 1918 hat die Pandemie der „Spanischen Grippe" 20 Mio Todesopfer gefordert. Das Influenza-Virus bewirkt bei Pan- und Epidemien Übersterblichkeit. Bei diesem Virus hat man als Grund seines besonderen epidemiologischen Verhaltens den Antigendrift und -shift entdeckt und als Ursache Punktmutationen und Reassortment festgestellt. Orthomyxo-Viren besitzen die Eigenschaft der Hämagglutination.

STECKBRIEF

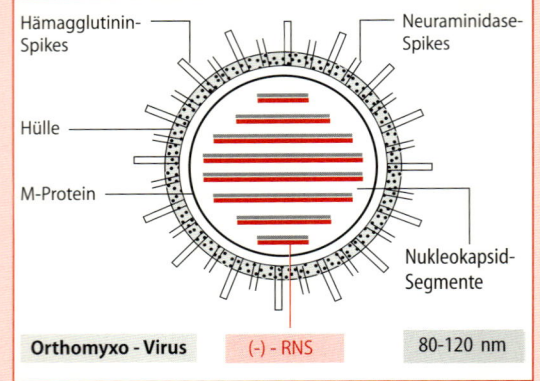

Hämagglutinin-Spikes · Neuraminidase-Spikes · Hülle · M-Protein · Nukleokapsid-Segmente

Orthomyxo - Virus · (-) - RNS · 80-120 nm

2.1 Beschreibung

Genom

Die RNS der Orthomyxo-Viren besteht aus (−)-Strang-RNS; sie kann sich deshalb nicht mit den Ribosomen verbinden. Ein (+)-Strang dieser RNS wird gleich zu Beginn der Replikation durch eine im Virion enthaltene Replikase synthetisiert. Erst dann kann die Synthese von RNS und Proteinen beginnen. Das Genom enthält 13,0 Kb.

Die RNS der Influenza-Viren ist *segmentiert*. Beim Influenza-Virus A und B gibt es jeweils acht Segmente, bei Influenza C sieben Segmente. Im Kern erfolgt die RNS-Replikation, die Montage erfolgt an der Zellmembran.

Morphologie

Das 80–120 nm große Influenza-Virus besteht aus einem helikalen, segmentierten Ribonukleokapsid, das von einer Hülle mit Spikes umgeben ist. Diese sitzen auf der Außenseite der lipidhaltigen Hülle. Sie entstehen aus dem als HA bezeichneten Hämagglutinin. Durch enzymatische Spaltung des Gesamtmoleküls HAO entstehen zwei getrennte Abschnitte der Proteinkette, nämlich HA1 und HA2; ihr Zusammenhalt wird aber noch durch eine S-S-Brücke gesichert. Durch die Spaltung gewinnt das Molekül eine neue, pathogenetisch wirksame Eigenschaft – es wird infektiös.

Außerdem gibt es kleinere, Spikes-ähnliche Strukturen, die aus Neuraminidase bestehen. Unter der Lipid-Hülle befindet sich das sog. Matrixprotein (M-Protein).

Schüttelt man intakte Partikel des Influenza-Virus mit Äther, so kann man elektronenoptisch und serologisch folgende Partikelfragmente nachweisen:

Hämagglutininpartikel. Sie sind ca. 30 nm groß und entstehen durch Zusammenlagerung einzelner Hüllenteile, auch der Neuraminidase. Diese Partikelbestandteile haben die gleiche Antigenspezifität wie im intakten Virion.

Nukleokapsid. Es sind fädige Bruchstücke von 10 nm Durchmesser und 60 nm Länge. Die Nukleokapsid-Fragmente bestehen aus einer „RNS-Seele" und einem diese „Seele" einhüllenden „Kapsidschlauch".

VIII

Aus der Ätherphase lassen sich Lipide gewinnen, die beim intakten Viruspartikel das Hämagglutinin und die Nukleokapsid-Segmente zusammenhalten.

Die Bauelemente des Influenza-Virus sind biologisch in verschiedener Hinsicht wirksam:

- Die hämagglutinierenden Strukturen (H) mit den Antigendeterminanten, die für die Neutralisation und für die Hämagglutinationshemmung maßgebend sind. Sie bestimmen die serologische Spezifität der Subtypen und deren Varianten (V-Ag).
- Die Neuraminidase-Aktivität (N). Sie ist in der Hülle des Virions neben den Hämagglutinin-Spikes in Form kleinerer Spikes lokalisiert. Sie ist für die Immunität nur von untergeordneter Bedeutung.
- Das Nukleokapsid ist der Sitz der typenspezifischen Kapsid-Antigene. Diese haben keine Beziehung zur Neutralisation und auch nicht zur Hämagglutinationshemmung (S-Antigen).
- Das M-Protein wird weder in der diagnostischen KBR noch im Hämagglutinationstest erfaßt. Es ist ein typenspezifisches Antigen.

Eine Zusammenstellung der *Eigenschaften* des Virus findet sich in Tabelle 3.1 (s. S. 552).

Typen und Subtypen des Influenza-Virus

Man bezeichnet die Virusstämme, welche das gleiche Kapsid-Antigen haben, als Typ (A, B oder C). Nur der Typ A weist bei konstantem Kapsid-Antigen hinsichtlich seiner Hülle wesentliche Strukturverschiedenheiten auf: Die Spikes der Hülle kommen in Form mehrerer, serologisch distinkter Subtypen vor (z.B. H1, H2 oder H3).

Das Hüllmaterial wird mit Hilfe bekannter, subtypenspezifischer Antikörper charakterisiert. Man verwendet dazu den Hämagglutinations-Hemmungstest. Das Kapsidmaterial wird mit Hilfe von bekannten typenspezifischen Antikörpern in der Komplementbindungsreaktion bestimmt.

Die Bezeichnung eines Influenza-Virus ergibt sich aus einer Formel, z.B. A/Hongkong/1/68 (H3N2). Dabei ist A die Typenbezeichnung; der Ortsname bezieht sich auf den Fundort. Die Ziffer 1 gibt die Nummer des jeweils isolierten Stammes an; die Zahl 68 bezieht sich auf das Isolierungsjahr. H3N2 gibt die Nummern von H oder N an.

Antigenwandel

Der *Typ A* des Influenza-Virus zeigt das Phänomen des Antigenwandels. Dieser Antigenwandel führt zu einem periodischen, alle 10–20 Jahre zu beobachtenden Auftauchen von neuen Subtypen, was sich im Auftreten einer neuen Pandemie zeigt. Die dabei auftretenden Veränderungen des Genoms werden als „*antigenic shift*" bezeichnet. Unabhängig von dem in langen Zeitabständen erfolgenden „großen" Antigenwandel kommen zwischenzeitlich kleinere Antigenveränderungen vor; sie führen nicht zu neuen Subtypen, sondern nur zu Abwandlungen des alten Subtyps (Subtypenvarianten). Die Tendenz zur Entstehung der Subtypenvarianten wird „*antigenic drift*" genannt. Ihr Auftauchen ist für die Herstellung der Influenza-Totimpfstoffe von großer Bedeutung.

Der Antigenshift ist die Folge eines „*reassortment*": Es erfolgt zwischen zwei Genomen verschiedener Subtypen ein Austausch von funktionell homologen RNS-Segmenten. So ist 1968 das Reassortment zwischen einem Asia-Virus der Antigenformel H2N2 und einem tierischen Virus der Formel H3Nx erfolgt. Das Ergebnis dieser Rekombination war das Hongkong-Virus, das eine Pandemie auslöste; es entsprach der Formel H3N2. Wegen des neuen H3 besaß das Hongkong-Virus einen starken Selektionsvorteil gegenüber dem Asia-Virus. Viren mit der Antigenformel H3Nx hatte man bereits Jahre vorher z.B. bei Puten und Enten isoliert. Wahrscheinlich erfolgte diese Rekombination im Schwein, da sich in dieser Spezies sowohl tierische als auch menschliche Influenza-Viren replizieren können.

Der Antigendrift ist die Folge von *Punktmutationen* in den Epitopen; das Hämagglutinin und die Neuraminidase werden dadurch so verändert, daß sich der „neuen" Variante im Sinne der Selektion neue Überlebenschancen bieten. Die „Entwicklungsgeschichte" eines Subtyps mit seinen Varianten läßt sich anhand der Punktmutationen rekonstruieren. Der Typ B zeigt nur Antigendrift.

Züchtung

Das Influenza-Virus läßt sich im bebrüteten Hühnerei isolieren und züchten, ebenso wie auch in Affennierenzellen. Experimentell läßt es sich auf Frettchen übertragen. Es besitzt kein Hämolysin, Zellfusion wird nicht hervorgerufen und läßt sich durch Hämadsorption im Zellrasen nach Zugabe von Erythrozyten nachweisen.

2.2 Rolle als Krankheitserreger

Epidemiologie

Die Influenza ist eine hochkontagiöse Krankheit. Die Virusquellen sind in Epidemiezeiten der Kranke und der subklinisch infizierte Mensch, vorzugsweise Kinder und Jugendliche. Die Übertragung erfolgt durch *Tröpfcheninfektion*. Haupterkrankungszeit ist der Winter. Die Hälfte der Infizierten macht die Krankheit symptomlos durch. Kontagiosität: 6–10.

Der Aufenthaltsort des Influenza-Virus zwischen den großen Pandemien ist im einzelnen nicht bekannt; jedoch weiß man, daß das in Ostasien gehaltene Hausschwein sowie Pferde, Enten, Puter und Seevögel Influenza-Virus aufnehmen, über längere Zeitspannen beherbergen und ausscheiden können. Als erwiesen gilt inzwischen, daß das Influenza-Virus vom Schwein auf den Menschen und Vogelspezies und umgekehrt übertragen werden kann.

Für den Subtypenwandel spielt das Schwein eine wichtige Rolle: Als Träger von Doppelinfektionen dient es quasi als „Mischgefäß" für die rekombinierenden RNS-Segmente von aviären und/oder humanen Influenza-Viren.

Die Virulenz des Influenza-Virus ist polygenisch bestimmt, d.h. durch die 8 Segmente. Bestimmte Nukleoproteine des Influenza-Virus bestimmen das pathogene Wirtsspektrum. Sie entscheiden darüber, ob sich das Virus beim Menschen oder in den Zellen bestimmter Tierspezies vermehren kann oder nicht. Alle existierenden Hämagglutinine und Neuraminidasen können in die menschenpathogenen Influenza-Viren eingebaut werden. Man kennt 15 verschiedene Hämagglutinine und 9 Neuraminidasen (H 1–15, N 1–9). Die Antigenformeln der Pandemie-Stämme sind in Tabelle 2.1 aufgeführt. Ein H5N1-Virus vom Geflügel infizierte zwar den Menschen, breitete sich aber nicht weiter aus.

Epidemiologisch unterscheiden sich die Influenza-Typen A, B und C in dreierlei Hinsicht:
- Der Typ A breitet sich typischerweise pandemisch und epidemisch aus, während
- die Typen B und C vornehmlich epidemisch oder sporadisch auftreten.

In den letzten 100 Jahren haben drei Subtypen der A-Influenza fünf Pandemien verursacht; der Ausgangspunkt lag häufig in China. Die Antigenformel der Subtypen wird durch die serologische Spezifität des Hämagglutinins (H) und der Neuraminidase (N) bestimmt.

Aus Tabelle 2.1 und Abb. 2.1 läßt sich entnehmen, daß in längeren Zeiträumen Influenza-Viren oder einige ihrer Komponenten wiederkehren.

Die Subtypen der Influenza kommen zeitlich gesehen in einem typischen Nacheinander vor: Sie lösen sich gewissermaßen ab. Hat ein gegebener Subtyp in einem bestimmten Jahr eine Pandemie verursacht, so folgen periodisch, und zwar im Abstand von 1–3 Jahren, Epidemien mit wesentlich geringerer Erkrankungszahl („Nachwellen"). Hierbei erkranken solche Personen, die während der Pandemie nicht oder nur schwach immunisiert worden sind. Die Nachwellen erfassen sukzessive immer weniger Personen; sie treten zunächst als Seuchenherd und schließlich nur noch in Gestalt von sporadischen Fällen auf. Ein Subtyp erfaßt im Laufe seiner 15–20 Jahre währenden „Amtszeit" bis zu 70% der Weltbevölkerung; bei dieser Durchseuchungsquote ist die Immunität so weit verbreitet, daß der Subtyp praktisch verschwindet: Die Seuche ist damit als Pandemie erloschen.

Die von kleineren Epidemien ausgefüllte Zeitspanne währt so lange, bis ein neuer Subtyp entsteht (Antigenshift, s.o.). Dieser „debütiert" dann mit einer Pandemie, da er in der Lage ist, die Massenimmunität, wie sie durch den vorigen Subtyp hervorgerufen worden ist, zu unterlaufen.

Pathogenese

Eintrittspforte und zugleich Ansiedlungsort ist der *Respirationstrakt*, insbesondere die Bronchialschleimhaut. Die im Virion enthaltene Neuraminidase kann den Bronchialschleim verflüssigen. Auf diese Weise dringt das Viruspartikel leichter zu den Bronchialepithelzellen vor; es kann dort nach seiner Adsorption an die Membranrezeptoren den Vermehrungszyklus einleiten.

Tabelle 2.1. Pandemien durch Influenza-Viren

Virussubtyp	Pandemiebeginn	Antigenformel	Bemerkungen
A3 Hongkong-ähnlich	1889	H3N8	
A1 Swine-ähnlich	1918	H1N1	„Spanische Grippe"
A2 Asia	1957	H2N2	„Asiatische Grippe"
A3 Hongkong	1968	H3N2	kommen seit 1977
A1 UdSSR	1977	H1N1	gleichzeitig vor

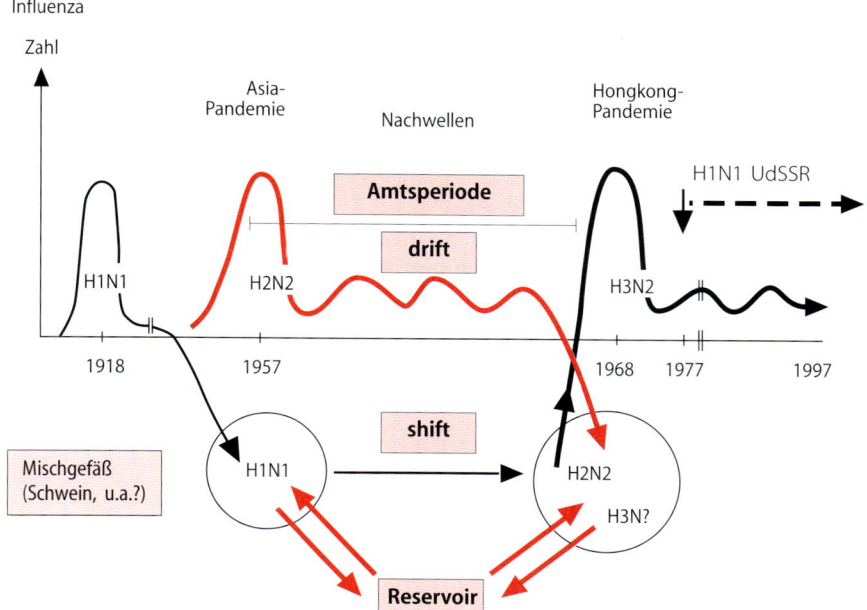

Influenza

Zahl

Asia-Pandemie

Nachwellen

Hongkong-Pandemie

H1N1 UdSSR

Amtsperiode

drift

H1N1

H2N2

H3N2

1918   1957   1968   1977   1997

Mischgefäß
(Schwein, u.a.?)

shift

H1N1   H2N2

H3N?

Reservoir

Abb. 2.1. Die Epidemiologie der Influenza. Die „Amtsperiode" beginnt mit einer Pandemie infolge Rekombination („shift") im „Mischgefäß"; es folgen Punktmutationen („drift") des Hämagglutinins.

Als Mischgefäß dient das Schwein, das Influenza-Viren vom Menschen und aus dem Reservoir (Vogelspezies) aufnimmt

Bei der Adsorption bindet sich das enzymatisch gespaltene Hämagglutinin mit dem Anteil HA1 an den Neuraminsäure-haltigen ersten Rezeptor der Zellmembran und spaltet diesen ab (Hemmung durch Zanamivir). Dann erfolgt die Bindung des Virions über den HA2-Teil an den zweiten Rezeptor der Zelle. Dabei stülpt sich das virusbesetzte Membranstück ein; es bildet zunächst ein endozytotisches Bläschen, in dem sich das Virion befindet. Erst anschließend verschmilzt die Hülle des Virions mit der Bläschenmembran. Das auf diese Weise freigelegte Nukleokapsid wird dann vom Zytoplasma aufgenommen.

Die Influenza-Viren bleiben während der Krankheit vorwiegend im *Bronchialbaum* lokalisiert. Sie führen zu einer Epithelschädigung mit Transsudation, Nekrose und Desquamation; hierdurch wird die örtliche Resistenz gegenüber bakteriellen Infektionen vermindert. Dementsprechend wird die Influenza oft durch sekundäre Infektionen in Form von bakteriellen Bronchopneumonien kompliziert. Diese sind häufig die Todesursache.

Erreger der Bronchopneumonie sind Häm. influenzae, Staph. aureus und Str. pyogenes. Der Häm. influenzae wurde so bezeichnet, weil man diese Bakterienspezies in zahlreichen Fällen von

Influenza nachweisen konnte und damals für den Erreger der Grundkrankheit hielt.

Beim Studium der Vorgänge im Bronchialepithel haben sich wichtige Befunde ergeben. Als erstes Zytokin wird aus Schleimhautzellen und Makrophagen α/β-Interferon, IL-1, -6, -10 sowie MIP-1 α/β und TNF-α gebildet, die natürliche Killerzellen stimulieren. Diese bilden Interferon-γ und bewirken hierdurch ein Überwiegen des TH1-Lymphozyten-Kompartments. Influenza-Viren vermindern die Phagozytose-Kapazität der Makrophagen gegenüber Staph. aureus; die gleiche Wirkung wird in späteren Phasen der Infektion durch Virus-Antikörperkomplexe hervorgerufen. Systemisch wird eine Minderung der zellulären Immunität beobachtet.

Von besonderem Interesse ist die Tatsache, daß sich zwischen Influenza-Viren und gewissen Proteasen des Staph. aureus eine Kooperation herausbilden kann. Influenza-Virus ist nur dann „pathogen", wenn das Vorläufer-Hämagglutinin (HA) in die Fragmente HA1 und HA2 gespalten wird. Dann kann der oben geschilderte Mechanismus der Adsorption/Penetration ablaufen. Die Besiedlung des Bronchialbaumes mit Staph. aureus kann eine Protease liefern, die zu dieser Spaltung befähigt ist. Hierdurch läßt sich der besonders schwere

Verlauf der Influenza-Erkrankung beim Vorhandensein von Staph. aureus erklären.

Bei vielen Infektionskrankheiten des Respirationstraktes setzt das Virus einen Primärschaden am Flimmerepithel, der dann seinerseits die Vorbedingung für die sekundär-bakterielle Besiedlung schafft. Bei der Influenza fördert die bakterielle Besiedlung wiederum die krankmachende Wirkung des Virus. Möglicherweise ist die häufig beobachtete Wirksamkeit von Antibiotika bei Influenza durch die Behinderung der „Helferbakterien" bedingt.

Klinik

Während man als „Grippe" oder „grippalen Infekt" relativ mild verlaufende Erkrankungen durch die „respiratorischen Viren" (Tabelle 2.2) bezeichnet, ist die Influenza („echte Grippe") eine schwere Erkrankung. Influenza-Infektionen verursachen eine statistisch erfaßbare *Übersterblichkeit*. I. allg. nimmt die Influenza nur bei älteren oder geschwächten Personen einen tödlichen Verlauf; vorzugsweise bei zusätzlich bestehenden Lungen- oder Herzkrankheiten.

Die Influenza ist eine lokale Erkrankung des Bronchialbaums mit systemischem Charakter. Sie tritt nach einer Inkubationsperiode von 1–5 Tagen auf. Die akute Krankheit dauert etwa 8–10 Tage. Es werden hohes Fieber, Kopfschmerzen, Schüttelfrost, Glieder- und Muskelschmerzen sowie allgemeine Hinfälligkeit beobachtet. Oftmals tritt eine *Myokarditis* mit z. T. lang anhaltender Kreislaufschwäche hinzu. Rauher Hals und Reizhusten treten ebenfalls auf. Eine verstopfte und laufende Nase ist untypisch. Typisch ist hingegen eine hochfieberhafte *Bronchitis*. In allen Altersgruppen kann es zur Laryngo-Tracheitis und selten zu einer durch das Influenza-Virus verursachten Pneumonie kommen. Als Komplikation wird bei Kindern *Pseudokrupp* beobachtet. Weitere Komplikationen sind Otitis media, Meningitis, Enzephalitis und das Reye- sowie das Guillain-Barré-Syndrom. Häufig entstehen durch bakterielle Superinfektionen mit Staphylokokken, Streptokokken oder Hämophilus influenzae hämorrhagische *Sekundärpneumonien* (Bronchopneumonien). Diese Komplikationen sind zumeist die Todesursache vornehmlich bei alten Menschen.

Influenza-Pandemien oder -Epidemien variieren hinsichtlich ihres Schweregrades beträchtlich. Die „Spanische Grippe", ursprünglich aus den USA kommend, forderte 1918/19 etwa 20 Mio Todesopfer. Als Folgekrankheit trat die nach v. Economo benannte „postinfektiöse" Enzephalitis auf. Die „Asien"-Influenza von 1957 hingegen verlief viel leichter; allerdings hat man hier neben vereinzelten Pneumonien auch foudroyante Verläufe mit tödlichem Ausgang beobachtet.

Immunität

Maßgebend für die Entstehung der Humoral-Immunität gegen das Influenza-Virus ist das außensitzende Hämagglutinin: Es induziert die Bildung von Antikörpern, die zugleich neutralisierend und hämagglutinationshemmend wirken. Die Schleimhaut-Immunität ist der bestimmende Faktor gegen

Tabelle 2.2. Erkrankungen der Atemwege und ihre Erreger

Virus	Banaler Schnupfen[1]	Pharyngitis[2]	Tracheo-bronchitis[3]	Pneumonie[4]	Bronchiolitis	Pseudokrupp[a]
Rhino	++	++	–			
Influenza A	–	+	++	+		(+)
Influenza B	–	+	++	+		
Corona	++	++	(+)	(+)		
Adeno	+	++	(+)	++		
Parainfluenza 1–4	++	+	+	+	+	++
Respiratory-syncytial	++	+	++	++	++	(+)
Herpes-simplex		(+)				

[1, 2, 3, 4] Seltene Fälle bei den genannten Krankheitsformen durch Infektionen mit folgenden Viren: Influenza C-, Epstein-Barr-, Coxsackie A- und B-, ECHO-Virus.

[a] In den USA: Croup.

++ Großer Anteil, + mittlerer Anteil an allen Infektionen bei Erwachsenen oder Kindern, (+) geringer Anteil.

Reinfektion. Der lokale und humorale Immunschutz ist subtypenspezifisch und an die Anwesenheit von IgA- und IgG-Antikörpern gebunden. Das Kapsid regt zwar ebenfalls die Bildung von Antikörpern an; da es jedoch im Innern des Partikels liegt, liefert es für die Neutralisation keinen Ansatzpunkt. Das Hämagglutinin induziert somit die Bildung von protektiven Antikörpern, während das Kapsid zur Bildung von nicht-protektiven Antikörpern stimuliert. Die zelluläre Immunität wird durch mehrere Virusproteine stimuliert, sie sorgt für die Eliminierung des Virus.

Labordiagnose

Die Isolierung der Influenza-Viren erfolgt nach wie vor über das bebrütete *Hühnerei* (Amnionhöhle). Die Isolierung gelingt nur in den ersten Tagen auf empfänglichen Affennierenzellen; der Nachweis des Befalls erfolgt hier mittels Hämadsorption (s. S. 545), da das Virus keinen ZPE erzeugt.

Routinemäßig wird das Virus nur in Speziallaboratorien isoliert, es ist transportlabil. Die *Serodiagnose* wird zumeist mit dem S-Antigen (typenspezifisch) oder mit dem V-Antigen (subtypenspezifisch) durch die KBR vorgenommen. Als positiv gelten nur Serumpaare mit mehr als dem vierfachen Titeranstieg. Der Hämagglutinations-Hemmungs-Test (HHT) ist Speziallaboratorien vorbehalten, wie auch die Variantendiagnose. Als *Schnelltest* dient ein Antigen-IFT in Bronchialepithelzellen und ggf. die PCR. Blutbild: Lymphopenie.

Therapie

Für Prophylaxe und eine frühzeitige Therapie der pandemischen und der epidemischen Influenza A eignen sich Amantadinpräparate; 2×100 mg/d sind wirksam und verträglich. Neuerdings werden Neuraminidase-Inhibitoren verwendet (s. S. 515). Relenza® wird als Spray und Tamiflu® oral eingesetzt, u. z. therapeutisch und prophylaktisch. Wichtig ist auch hier ein frühzeitiger Beginn der Therapie (<36 Std. nach Beginn der Symptome). Die Medikamente verkürzen und erleichtern den Verlauf.

Prävention

Die spezifische Prophylaxe ist mit einem *Totimpfstoff* („Spaltimpfstoff") möglich. Seine Anwendung verleiht in 50% der Fälle einen vollen Schutz gegen die Erkrankung; bei den übrigen Impflingen ist die Schwere der Krankheit abgemildert. Der Impfstoff enthält Hüllmaterial des Influenza-Virus A und B. Die Dauer der Wirkung beträgt etwa ein Jahr. Dann muß mit einem neuen, „aktualisierten" Impfstoff weitergeimpft werden. Der neue Impfstoff muß das Hüllenmaterial der zuletzt aufgetauchten Subtypvariante (Antigendrift) enthalten. Im Falle von Pandemien bildet das neue, pandemische Virus die Hauptkomponente des Impfstoffs. Indiziert ist die Impfung für alle Personen mit einem Grundleiden (Diabetes, HKL) und bei Senioren. Im Sinne eines „Immunitätsherdes" innerhalb der Population läßt sich durch Impfung die Ausbreitung des Virus hemmen, sofern möglichst viele Personen geimpft werden und als Überträger ausfallen. Zur Zeit wird ein Lebendimpfstoff (Nasalspray) geprüft. Risikogruppen sind HKL-Kranke u. a., besonders gefährdet sind medizinisches Personal und dasjenige der öffentlichen Verkehrssysteme.

Meldepflicht. Der Tod an Influenza ist meldepflichtig.

Anhang: Das Reye-Syndrom

Die ersten Fälle wurden um 1930 beschrieben. Um 1970 traten in den USA hunderte von Fällen auf. Die Krankheit befällt vorwiegend Kleinkinder und Schulkinder; sie geht mit **hoher Letalität** einher. Das Reye-Syndrom ist die direkte oder indirekte Folge von verschiedenartigen Virusinfektionen (Herpes-Viren, Picorna-Viren, Röteln, Masern u. a.) wird aber vorwiegend *im Verlauf von Influenza-B-Infektionen beobachtet*. Die Symptomatik dieser Krankheit erscheint als Kombination einer *Enzephalopathie* mit einer *Hepatitis*. Die zerebralen Symptome treten längere Zeit nach dem Abklingen der grippalen Krankheitssymptome auf, das Syndrom wird relativ häufig bei jungen Kindern nach Einnahme von Azetylsalizylsäure beobachtet. Es wird jetzt seltener beobachtet, weil das Medikament seltener eingenommen wird.

VIII

ZUSAMMENFASSUNG: Influenza-Viren

Virus. Orthomyxo-Virus. (–)-Strang-RNS-Virus, acht Segmente mit Replikase im helikalen Nukleokapsid mit umgebendem M-Protein. Zusammengehalten von Hülle mit Spikes (Hämagglutinin, Neuraminidase). Etwa 80–120 nm Durchmesser. Typen A, B, C sowie Subtypen und Varianten. Ätherempfindlich.

Vorkommen. Mensch, Schwein, Pferd und Vogelspezies.

Epidemiologie. Nach Reassortment im Schwein kann eine Pandemie in Abständen von 10–20 Jahren erfolgen (Antigenshift). Epidemien eines Subtyps in kurzen Abständen infolge Punktmutationen (Antigendrift). Etwa 50% der Infektionen verlaufen inapparent.

Übertragung. Durch Aerosol-Infektion von Mensch zu Mensch. Wechselseitige Übertragungen zwischen Schwein, Vogelspezies und Mensch, dabei erfolgt Reassortment.

Pathogenese. Ausbreitung von Rachen und Kehlkopf in den Bronchialbaum und die Lunge. Zerstörung der Schleimhaut bis zu Hämorrhagien. Staph. aureus-Protease spaltet zusätzlich HA in HA1 und HA2, dadurch Steigerung der Infektiosität, oft bakterielle Bronchopneumonien.

Klinik. Die Influenza ist eine schwere Erkrankung (mit Inkubationsperiode von 1–3 Tagen) der mittleren und unteren Luftwege, mit Viruspneumonie, oft sek. bakteriell bedingte Bronchopneumonien (H. influenzae, Staph. aureus, S. pyogenes). Kreislaufkollaps, Myokarditis, lang anhaltendes Postinfektions-Syndrom und Übersterblichkeit. Komplikationen sind Pseudokrupp, Otitis media, Meningitis, Meningoenzephalitis, *Reye-Syndrom*.

Immunität. IgA-Antikörper der Schleimhaut, humorale Antikörper und zelluläre Immunmechanismen sind für die erworbene Immunität verantwortlich.

Diagnose. Isolierung des Virus im bebrüteten Hühnerei sowie der PCR und Antikörper-Bestimmung in der KBR und im HHT.

Therapie. Symptomatisch, bei Influenza A gibt man Amantadin-Präparate für die Prophylaxe bei Pandemien und zur Therapie. Zanamivir (nasal) und Tamiflu (oral).

Prävention. Influenza-Schutzimpfung mit Spaltimpfstoff bei Personen mit Grundleiden, Senioren und Kindern mit Herzfehlern u.a. Nach Möglichkeit Aufbau einer Herdimmunität.

Meldepflicht. Tod, Erregernachweis.

••• EINLEITUNG

Paramyxo-Viren sind mittelgroße Viren mit einem Durchmesser von 100–200 nm. Die einsträngige RNS, die mit Replikasemolekülen assoziiert ist, liegt in Form eines helikalen Nukleokapsids vor. Dieses bildet seinerseits ein kugeliges Knäuel. Außen ist das Virion von einer lipidhaltigen Hülle („envelope") umgeben. Zwischen dem Envelope und dem Nukleokapsidknäuel befindet sich eine Matrix (M-Protein), das „budding" erfolgt an der Zellmembran (Tabelle 3.1).

STECKBRIEF

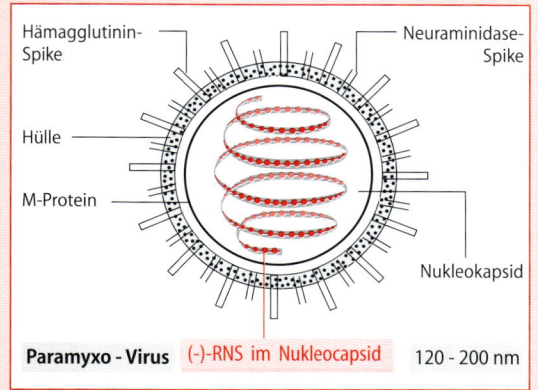

Hämagglutinin-Spike

Neuraminidase-Spike

Hülle

M-Protein

Nukleokapsid

Paramyxo - Virus   (–)-RNS im Nukleocapsid   120 - 200 nm

Einige *Unterscheidungsmerkmale* und Eigenschaften dieser Viren sind in Tabelle 3.1 zusammengefaßt.

Einteilung

Einige Paramyxo-Viren enthalten im Partikel Neuraminidase. Man unterscheidet in der Systematik daher Neuraminidase-haltige von Neuraminidase-freien Viren. Sie binden sich – ausgenommen das RS-Virus – an Erythrozyten und vernetzen diese; auf diese Weise kommt es zur Hämagglutination.

Zur Familie der Paramyxo-Viren zählt man die Genera der
- Parainfluenza-Viren,
- das Mumps-Virus,
- das Masern-Virus.

Das Respiratory-Syncytial-(RS-)Virus bildet die Subfamilie der Pneumoviren.

3.1 Parainfluenza-Viren

STECKBRIEF

Parainfluenza-Viren sind Neuraminidase-haltige Paramyxo-Viren, die häufig Erkältungskrankheiten mit Bronchitis, Pseudokrupp und Pneumonie verursachen. Serologisch kennt man 4 Typen. Das Parainfluenza-Virus vom Typ 2 wurde ursprünglich als „croup-associated"-(CA)-Virus bezeichnet.

3.1.1 Beschreibung

Genom

Parainfluenza-Viren enthalten eine (–)-Strang-RNS mit Replikase. Ihre RNS besteht aus einem Molekül im helikalen Nukleokapsid und enthält 16 kb.

Morphologie

Parainfluenza-Viren sind größer als Influenza-Viren (∅ 150 nm). Das RNS-Molekül ist in einem durchgehenden helikalen Kapsid eingeschlossen; das Kapsid wird wie das des Influenza-Virus von einer Matrix umgeben (M-Protein) und zusätzlich von einer Hülle. Die Parainfluenza-Viren hämagglutinieren mit anschließender Dissoziation. Das

VIII

Tabelle 3.1. Eigenschaften der Ortho- und Paramyxo-Viren

Eigenschaft	Influenza-	Parainfluenza-	Mumps-	Masern-	RS-Virus
Genom	Segmente	1 Strang	1 Strang	1 Strang	1 Strang
Reassortment	+	–	–	–	–
Replikation	K+Z	Z	Z	Z	Z
Serotypen	3	4	1	1	1*
Hämagglutination	+	+	+	+	–
Neuraminidase	+	+	+	–	–
Hämadsorption	+	+	+	+	–
Zellfusion	–	+	+	+	+
Wirtsspezies	Mensch, Schwein, Vogelspezies	Mensch, Maus, Rind	Mensch	Mensch	Mensch, Affe
Ätherempfindlichkeit	+	+	+	+	+
Umweltstabilität	gering	gering	gering	mittel	hoch

K Kern; *Z* Zytoplasma; * zwei Subtypen.

Hämagglutinin kommt in vier serologisch distinkten Varianten (Typen 1–4) vor. Außer dem Hämagglutinin und der Neuraminidase besitzen diese Viren ein Fusionsprotein (F-Protein). Parainfluenza-Viren besitzen zwei Arten von Spikes.

HN-Spikes. Diese enthalten das Hämagglutinin und die Neuraminidase-Aktivität. Antikörper gegen das Hämagglutinin neutralisieren das Virus und blockieren dessen Adsorption bzw. die Penetration.

F-Spikes. Diese wirken hämolysierend und zellfusionierend; ihr Protein spielt die Rolle eines Ausbreitungsfaktors im Gewebe. Nur Antikörper gegen das Fusionsprotein (F-Protein) hemmen die Ausbreitung der Virus-Infektion im Gewebe: Antikörper gegen die HN-Proteine sind dazu nicht in der Lage. Durch Behandlung mit Formalin wird das F-Protein zerstört. Totimpfstoffe auf dieser Basis sind deshalb unwirksam.

Züchtung

Diese Viren vermehren sich in mehreren Zellinien und in kleinen Nagetieren sowie Kälbern.

3.1.2 Rolle als Krankheitserreger

Vorkommen

Die Parainfluenza-Viren sind bei Mensch und Tier weit verbreitet.

Epidemiologie

Parainfluenza-Viren verursachen keine größeren Krankheitsausbrüche; sie führen besonders im Winter zu epidemisch auftretenden Erkrankungen. Ein großer Teil der Erkältungskrankheiten geht auf das Konto der Parainfluenza-Viren.

Die Typen der Parainfluenza unterscheiden sich epidemiologisch. Die meisten Kinder machen in den ersten Lebensjahren eine Infektion mit dem Typ 3 durch. Die Durchseuchung mit den anderen Typen erfolgt später; sie erfaßt den Großteil der Kinder bis zum 10. Lebensjahr. Während die Primärinfektionen mit Parainfluenza-Viren meist schwer verlaufen, bleiben die späteren Reinfektionen durch die Restimmunität abgeschwächt.

Übertragung

Die Übertragung erfolgt vorwiegend durch Tröpfchen und durch Kontakt mit Nasensekret.

Pathogenese

Eintrittspforte ist der Nasenrachenraum. Dort kommt es zunächst zur lokalen Virusvermehrung auf dem Flimmerepithel der oberen Atemwege. Beim Erwachsenen entsteht das Bild der katarrhalischen Entzündung. Bei Kleinkindern breitet sich die Infektion jedoch in die Tiefe des Bronchialbaums aus, wobei peribronchioläre Infiltrate und Ödem entstehen. Bei der Pathogenese spielt das Zusammenwirken von primär virusbedingtem Epithelschaden und darauf folgenden Staphylokokkeninfektionen eine wichtige Rolle.

Viele, aber nicht alle Fälle von Laryngo-Tracheitis führen zum Pseudokrupp (Differentialdiagnose: Epiglottitis durch H. influenzae!). Die besonderen Verhältnisse bei dieser Komplikation zeigen sich durch einen erhöhten Gehalt an IgE-Antikörpern und an Histamin im Bronchialsekret. Hieraus kann man für den Pseudokrupp eine immunpathogenetische Komponente ableiten. Man hat aber auch Gründe für die Annahme, daß psychosoziale Faktoren eine Rolle spielen. Bei der Pneumonie entsteht eine Hyperplasie des Alveolarepithels; Erythrozyten und Makrophagen treten im Sekret auf.

Klinik

Die Inkubationsperiode beträgt 2–4 Tage. Bei Kleinkindern führt die Infektion zu Laryngo-Tracheitis, zum Pseudokrupp und zur interstitiellen Pneumonie. Dagegen bewirkt die Infektion beim Erwachsenen relativ milde Katarrhe der oberen Luftwege.

Der Typ 3 ist für die schweren Fälle von Pneumonie und Bronchiolitis im Kleinkindesalter verantwortlich. Da die protektive Immunität trotz vorhandener Serum-Antikörper nur wenig ausgeprägt ist, sind wiederholte, milde verlaufende Infektionen mit dem gleichen Typ die Regel (Tabelle 2.2).

Immunität

Die Immunität hat *lokalen* Charakter: Träger sind die im Bronchialschleim ausgeschiedenen Antikörper der Klasse IgA. Eine Ausschaltung der T-Zellen im Modelltier führt zu Pneumonien. Interferon wird sehr frühzeitig gebildet.

Labordiagnose

Das Virus läßt sich durch Züchtung auf humanen Zellkulturen isolieren und im *Hämagglutinations-Hemmungstest* oder mit dem Neutralisationstest typisieren.

Als Material wird Rachenspülwasser oder Sputum aus der akuten katarrhalischen Phase benötigt.

Die Serodiagnose der akuten Erkrankung kann dann durch die Untersuchung von zwei Serumproben mit Hilfe der Komplementbindungsreaktion erfolgen. Der Hämagglutinations-Hemmungstest ist in der Labordiagnostik nicht gebräuchlich; er wird vornehmlich für Durchseuchungsstudien verwendet. Bei der *Komplementbindungsreaktion* ist aber zu beachten, daß wegen Antigenverwandtschaften zwischen den 4 Parainfluenza-Viren *Mitreaktionen* auftreten. Das Virus läßt sich in den Zellen der Rachen- oder Bronchialsekrete durch einen Schnelltest nachweisen. Das Verfahren beruht auf dem IFT bzw. auf dem ELISA-Prinzip.

Prävention

Ein abgeschwächter Lebendimpfstoff mit Temperatur-Abhängigkeit befindet sich in der Erprobung. Es gibt keine spezifische Therapie.

ZUSAMMENFASSUNG: Parainfluenza-Virus

Virus. Paramyxo-Virus. (–)-Strang-RNS in einem helikalen Kapsidschlauch. Umgeben von M-Protein und Hülle mit Spikes. Vier Serotypen unterscheiden sich im Hämagglutinin; Hämagglutinin zusammen mit Neuraminidase: HN-Spikes; Fusionsprotein: F-Spikes.

Vorkommen und Übertragung. Beim Menschen (und verwandte Typen beim Kalb); Tröpfcheninfektion.

Epidemiologie. Erkrankungen während des gesamten Jahres, zuerst erfolgt die Durchseuchung mit dem Typ 3.

Pathogenese. Primärer Epithelschaden am Flimmerepithel mit sekundären Staphylokokken-Infektionen. Lokalerkrankung.

Klinik. Katarrhalische Entzündungen der oberen und unteren Luftwege mit Fieber, Laryngitis, Pseudokrupp, Bronchitis und interstitielle Pneumonie.

Immunität. Schleimhautimmunität mit typenkreuzenden sekretonischen IgA-Antikörpern. Zellvermittelte Immunität. Lokal tritt Interferon sehr frühzeitig auf.

Diagnose. Antikörperbestimmung mit der KBR. Virusisolierung in der Zellkultur aus Rachenspülwasser.

Therapie. Symptomatisch.

Prävention. Keine.

Meldepflicht: Keine

3.2 Mumps-Virus

STECKBRIEF

Mumps wurde bereits im 5. Jhdt. v. Chr. von Hippokrates als einheitliches Krankheitsbild beschrieben. Das Mumps-Virus, ein Neuraminidase-haltiges Paramyxo-Virus ist der Erreger des Mumps oder des Ziegenpeters („epidemische Parotitis"). Wichtige Komplikationen sind die Orchitis und die Meningitis. Ein Kombinationsimpfstoff für Mumps, Masern und Röteln wirkt gut.

3.2.1 Beschreibung

Genom

Das Mumps-Virus enthält eine (–)-Strang-RNS als durchgehendes Einzelstrangmolekül. Sie enthält 15 kb im helikalen Kapsid.

Morphologie

Das Mumps-Virus mißt etwa 150 nm und gehört zu den Neuraminidase-haltigen Paramyxo-Viren.

Züchtung

Man kann es auf den Affen übertragen und im bebrüteten Hühnerei sowie in Zellkulturen züchten. Das Mumps-Virus erzeugt Zellfusionen und Zellabkugelung.

3.2.2 Rolle als Krankheitserreger

Vorkommen

Der Mensch ist der einzige natürliche Wirt des Virus.

Übertragung

Kontagiös ist der Mumpskranke vier Tage vor und sieben Tage nach dem Auftreten der Erstsymptome. Mumps ist jedoch bei weitem nicht so kontagiös wie die Masern oder die Influenza: Der Kontakt zwischen der Infektionsquelle und dem Exponierten muß relativ eng sein. Das Mumps-Virus wird durch Speicheltröpfchen oder Nasensekret von Mensch zu Mensch übertragen, man findet es auch im Urin.

Epidemiologie

Das Virus ist auf der ganzen Welt verbreitet. Man findet bei etwa 80% der Erwachsenen komplementbindende Antikörper gegen das Mumps-Virus. Durch den höheren Lebens- und Hygienestandard hat sich in den Industriestaaten das Lebensalter, bei dem wir frühestens mit der maximalen Durchseuchung rechnen konnten, zugunsten älterer Jahrgänge verschoben. Deshalb steigt die Zahl der nicht-immunen Erwachsenen an. Dies ist ein wichtiger Grund, die *Impfung* zu empfehlen. Immunsupprimierte Personen sind nosokomialen Mumps-Infektionen ausgesetzt. Eine saisonale Häufung besteht nicht: Sporadische Fälle findet man das ganze Jahr über. Etwa 30–50% der Infektionen verlaufen inapparent. Todesfälle durch Mumps gibt es kaum. Es gibt symptomatische Reinfektionen.

Pathogenese

Das Mumps-Virus dringt in die Mundhöhle und den Nasenrachenraum ein, vermehrt sich dort und gelangt über die Lymphknoten hämatogen in die *Parotis*. Dort vermehrt es sich u.a. in den Parenchymzellen. Im Rahmen einer Generalisation kann das Virus die Hoden bzw. die Ovarien, das Pankreas, die Schilddrüse, die Mammae und das Gehirn besiedeln. Man nimmt heute an, daß mit der pubertären Reifung im Hoden eine Zellart auftritt, die den Replikationsprozeß des Mumps-Virus und damit den Virusbefall ermöglicht.

Klinik

Die Inkubationszeit der Mumps-Infektion beträgt im Durchschnitt 18 Tage.

Parotitis. Die Krankheit beginnt stets mit Fieber und in der überwiegenden Mehrzahl der Fälle mit einer einseitigen Parotisschwellung. Diese ist an der Abhebung des Ohrläppchens leicht zu erkennen; die andere Seite wird in 2/3 der Fälle meist etwas später befallen. Es gibt aber auch Mumpsfälle ohne klinisch erkennbaren Parotisbefall, zuweilen ist nur die Submaxillaris und Sublingualis betroffen.

Pankreatitis und Diabetes mellitus. Die Bauchspeicheldrüse wird nicht selten mit ergriffen. Die Symptome einer Mumps-Pankreatitis sind Erbrechen, Druckschmerz, Enzym-Anomalien, Hyperglykämie.

Nach einer Mumps-Erkrankung entwickelt sich in sehr seltenen Fällen das Bild eines Insulin-abhängigen Diabetes mellitus.

Orchitis. Eine klinisch erkennbare Orchitis tritt als Komplikation bei etwa 20% der Kranken auf, die älter als 15 Jahre sind. Sie ist meist einseitig. Tritt sie doppelseitig auf, so kommt es wegen der daraus resultierenden Hodenatrophie zur Sterilität. Bei Frauen bleibt der Befall der Ovarien (5%) dagegen ohne Folgen.

Meningoenzephalitis. In 10% der Mumps-Fälle tritt, vorwiegend im ersten Lebensjahrzehnt, eine meistens gutartige Meningitis auf. Die Enzephalitis ist sehr selten; Taubheit als Folge ist selten.

Schwangeren-Mumps. Bei Schwangeren kann eine Mumps-Infektion innerhalb der ersten drei Schwangerschaftsmonate zu Aborten führen. Embryopathien sind aber nicht bekannt geworden. Perinatale Infektion durch die seronegative Mutter bewirkt Pneumonie und Meningitis.

Labordiagnose

Die klinische Diagnose ist nur dort schwierig, wo die Parotisbeteiligung nicht erkennbar ist. Bei nicht-bakteriellen Meningoenzephalitiden sollte man stets auch an Mumps denken. Für die Diagnose ist es wichtig, daß Mumps eine Krankheit der Kinder und der jungen Menschen ist, in höherem Alter kommt sie nur selten vor.

Die Virusisolierung kann aus dem Speichel des Kranken vorgenommen werden. Die Züchtung erfolgt auf Affennierenzellen und in embryonierten Hühnereiern. Für die Praxis ist die Virusisolierung entbehrlich. Für die Labordiagnose sind geeignet: Die Pankreas- bzw. Speicheldrüsen-(α-Amylase-!) Funktionstests, die KBR, der IgM- und der IgG-ELISA sowie die PCR. Die Hämagglutinationsreaktion braucht wegen des einheitlichen Serotyps nicht angewendet zu werden. Die Bestimmung der Antikörper wird in zwei nacheinander entnommenen Serumproben vorgenommen. Als Erreger einer „Parotitis" gelten auch andere Viren (Coxsackie, ECHO, EBV, Parainfluenza und Influenza A).

Immunität

Die Immunität wird durch eine manifeste Erkrankung ebenso erworben wie durch die inapparente Infektion. Der Immunschutz dauert praktisch das ganze Leben an. Es gibt keine manifesten Zweiterkrankungen, wohl aber inapparente Reinfektionen; diese treiben die Immunität jeweils wieder hoch. Die diaplazentar übertragenen Antikörper der Mutter schützen den Säugling während der ersten 6 Monate nach der Geburt vor der Infektion. Bei einer frischen Infektion kann man IgM-Antikörper nachweisen. Die zellvermittelte, zytotoxische Immunität scheint an der Pathogenese der Mumps wesentlichen Anteil zu haben.

Prävention und Therapie

Schutzimpfung. Die Schutzimpfung wird allgemein empfohlen. Sie wird mit einem Lebendimpfstoff (MMR) ausgeführt. Der Impfstoff ergibt eine Konversionsrate von 95%. Die Impfung kommt für Kinder und für exponierte Erwachsene in Betracht (Krankenhauspersonal, Laborpersonal u. a.), bei denen der Antikörpertest negativ ist. Eine spezifische Therapie gibt es nicht.

Meldepflicht. Bei gehäuften Erkrankungen in Gemeinschaften.

ZUSAMMENFASSUNG: Mumps-Virus

Virus. (–)-Strang-RNS-Virus. Typisches Paramyxo-Virus mit Neuraminidase; ätherempfindlich.

Vorkommen und Übertragung. Virusreservoir ist der Nasenrachenraum des Menschen. Tröpfcheninfektion.

Epidemiologie. Das Virus ist weltweit verbreitet, etwa 50% der Infizierten erkranken.

Pathogenese. Das Virus dringt aus dem Nasenrachenraum hämatogen in die Speicheldrüsen (u. a.), bei Männern in die Testes ein.

Klinik. Inkubationszeit 2–3 Wochen. Ein- oder beidseitige Parotitis, Meningoenzephalitis, Meningitis auch ohne Parotitis, meist einseitige Orchitis, bei beidseitigem Befall Sterilität. Im ersten Trimenon Aborte. Oophoritis ohne Folgen.

Immunität. Lebenslange Immunität durch zytotoxische Lymphozyten; IgA-, IgM- und IgG-Antikörper.

Diagnose. KBR oder IgM- und IgG-ELISA, HHT, Virusisolierung.

Therapie. Symptomatisch.

Prävention. Mumps-Schutzimpfung. Meldepflicht: Gruppenerkrankungen.

3.3 Respiratory-Syncytial-Virus (RS-Virus)

STECKBRIEF

Das Respiratory-Syncytial-Virus (RS-Virus) wird aufgrund der Zellveränderungen benannt, die es in Kulturzellen verursacht: Riesenzellen. Bei Säuglingen und Kleinkindern verlaufen die Infektionen häufig sehr schwer. Beim Infizierten entstehen Pseudokrupp, Bronchitis, Bronchiolitis und Pneumonie. Übersterblichkeit bei Senioren. Infekte in der Kindheit disponieren zu Asthmazuständen.

Das RS-Virus gehört zur Familie der Paramyxo-Viren (Genus Pneumo-Virus) ohne Neuraminidase, es besitzt weder hämagglutinierende noch hämolysierende Eigenschaften (s. Tabelle 3.1, S. 552).

3.3.1 Beschreibung

Genom

Das Genom ist ein (–)-Einzelstrang-RNS-Molekül mit 15 kb.

Morphologie

Die Hülle enthält ein Protein (F-Protein), welches die *Fusion* der befallenen Zellen zu Synzytien (Riesenzellen) vermittelt, aber *kein* Hämagglutinin. Die Adsorption wird durch das Glykoprotein (G) vermittelt. Unter der Hülle befindet sich das Matrix-Protein, im Inneren das helikale Nukleokapsid mit der Polymerase.

Züchtung

Der Nachweis des Virus gelingt in Zellkulturen, ist aber in der Laborpraxis nicht üblich. In der Zellkultur entstehen Riesenzellen.

3.3.2 Rolle als Krankheitserreger

Epidemiologie

Neben den Masern gehört die Infektion mit dem RS-Virus zu den wichtigsten Viruskrankheiten des Kindes und ist ein Hauptanlaß für Hospitaleinweisungen. Auch bei älteren Erwachsenen und bei Senioren ist es ein wichtiger Erreger von Bronchitis und interstitieller Pneumonie.

Das Virus breitet sich in jedem Winter epidemisch aus. Dieses Verhalten steht im Gegensatz zur Influenza, bei der es nur alle 2–3 Jahre zu einer Epidemie kommt, und auch zur Parainfluenza, bei der die Erkrankungen das ganze Jahr über vorkommen. Die Durchseuchung steigt sehr früh an, so daß am Ende des 2. Lebensjahres alle Kinder Antikörper tragen. Die häufigen Zweitinfektionen verlaufen milder. Asymptomatische Primärinfektionen gibt es kaum.

Übertragung

Als Überträger dienen Erkrankte und Personen mit abgeklungenem Immunschutz. Das Virus ist hochinfektiös und wird bis zu drei Wochen lang ausgeschieden. Die Übertragung erfolgt durch Tröpfcheninfektion und Kontakt mit Nasenrachensekret, auch von kontaminierter Bettwäsche aus.

Pathogenese

Das Virus repliziert sich in den Epithelzellen der Trachea, der Bronchien, der Bronchiolen und der Alveolen, bei Säuglingen findet es sich im Blut. Dabei entsteht besonders in den Bronchiolen eine Entzündung: Die Zellen runden sich ab oder fusionieren; zusätzlich entstehen interstitielle Infiltrate und Ödeme. Das RS-Virus bewirkt aus den Bronchialepithelzellen und Makrophagen die Freigabe eines IL-1-Inhibitors, von wenig IFN-γ, aber viel IL-4, -5 und -10. Das Resultat ist eine vorzugsweise Stimulation des TH2-Kompartments der Lymphozyten. Die Vielzahl der Eosinophilen produziert das Chemokin RANTES und das kationische Eosinophilenprotein. Kinder mit Bronchiolitis haben virusspezifische IgE-Antikörper im Bronchialsekret; das Sekret enthält zudem viel Histamin. Die Lymphozyten reagieren auf RS-Virus-Antigen mit verstärkter Proliferation. Kinder mit einer abgelaufenen Bronchiolitis haben eine erhöhte Wahrscheinlichkeit, später im Leben eine „allergische Bronchitis" oder Asthma zu bekommen.

Klinik

Nach einer Inkubationsperiode von 4–5 Tagen entsteht bei Kindern eine leichte Rachenentzündung und anschließend eine Bronchiolitis. Die Krankheit ist durch Zyanose, Fieber, keuchenden Husten

und zunehmende Dyspnoe gekennzeichnet. Die Bronchiolitis befällt vornehmlich Säuglinge, aber auch Kleinkinder. Besonders gefährlich ist der Verlauf bei Kindern, die sechs Wochen bis neun Monate alt sind; die Bronchiolitis führt dann häufig zu einer Pneumonie. Ein Drittel aller kranken Kinder entwickelt eine Otitis media, die durch bakterielle Superinfektionen kompliziert wird. Bei älteren Kindern und Erwachsenen verläuft die Infektion als Schnupfen bzw. als milde Erkältungskrankheit. Bei Senioren kommt es zu schweren Pneumonien. Achtung: Übersterblichkeit!

Immunität

Der Gehalt an IgA-Antikörpern im oberen Respirationstrakt geht mit einem Schutzzustand einher, in der Lunge schützen IgG. Andererseits scheiden Kinder, die an einem angeborenen T-Zell-Defekt leiden, das Virus monatelang aus: Die eliminatorische Immunität ist T-Zell-abhängig. Antikörper gegen das F-Protein hemmen die Zellfusion und damit die Ausbreitung der Infektion im Gewebe und wirken schützend.

Labordiagnose

Das Virus ist serologisch nicht in strengem Sinne einheitlich: Es gibt 2 Subtypen, die untereinander Antigenverwandtschaft zeigen. Die Labordiagnose fußt auf der Komplementbindungsreaktion. Ein kommerzieller IFT erlaubt den Nachweis von RS-Antigen in Zellen des Respirationstraktes. Die Schnell-Diagnose im Speichel oder der Lavage ist die wichtigste Voraussetzung für den gezielten Einsatz von humanisierten Antikörpern gegen RSV.

Therapie und Prävention

Allgemeine Maßnahmen. Gute Betreuung in der Intensiv-Abteilung kann den letalen Ausgang der Bronchiolitis-Pneumonie bei Säuglingen und Kleinkindern verhindern, wichtig ist **O_2-Beatmung**.

Die i.v.-Zufuhr eines „humanisierten", monoklonalen Antikörpers der Maus gegen das RS-Virus hat sich zur Therapie bei einer begrenzten Zahl von Erkrankungen mit bronchopulmonaler Dysplasie als wirksam erwiesen, die Indikation wird jetzt erweitert.

Ribavirin (s. S. 512): Die Wirksamkeit ist umstritten, vielleicht wirkt eine kombinierte Gabe mit humanisierten AK besser. Ein Impfstoff fehlt.

Meldepflicht. Bei gehäuftem Auftreten.

ZUSAMMENFASSUNG: RS-Virus

Virus. (–)-Strang-RNS-Virus, typisches Paramyxo-Virus (Genus Pneumovirus) ohne Neuraminidase, ätherempfindlich. Die Hülle enthält F- und G-Protein-Spikes, eine Matrix aus M-Protein, aber kein Hämagglutinin.

Vorkommen und Übertragung. Tröpfcheninfektion vom Nasensekret im oberen und unteren Respirationstrakt des Menschen.

Epidemiologie. Erkrankungen vorwiegend im Winter. Durchseuchung bis zum Ende des 2. Lebensjahres hoch.

Pathogenese. Replikation im mittleren und unteren Respirationstrakt. Riesenzellen durch F-Protein-Spikes. Schwere Flimmerepithelschäden am Kehlkopfepithel. Bronchiolitis.

Klinik. Gehört zu den wichtigen Kinderkrankheiten: Bronchitis, Laryngitis, Pseudokrupp, lebensbedrohliche Bronchiolitis-Pneumonie; Otitis media.

Immunität. Langandauernd; ZTL; Antikörper gegen F-Protein verhindern Virusausbreitung infolge Zellfusion; IgA im oberen, IgG im unteren Respirationstrakt wirksam.

Diagnose. KBR, Virusisolierung in Zellkulturen: Riesenzellen. IFT-Schnelltest auf RS-Virusantigen.

Therapie. Humanisierte Antikörper bei schweren Fällen. Ribavirin-Spray. O_2-Inhalation.

Prävention. Bisher keine Impfung möglich. Meldepflicht bei gehäuftem Auftreten.

3.4 Masern-Virus

STECKBRIEF

Das Neuraminidase-freie Paramyxo-Virus erzeugt die Masern mit einer Immunsuppression und vielen Komplikationen. In den Entwicklungsländern sterben jährlich mehr als 1 Mio Kinder an den Masern. Altbekannte nahe Verwandte sind das Hundestaupe- und das Rinderpest-Virus. 1994 hat ein Masern-ähnliches Virus (Hendra-Virus) bei Pferden und Menschen schwere Pneumonien und 1 Jahr später eine schwere Enzephalitis erzeugt. 1998 wurde in Malaysia von Schweinen das Nipahvirus auf den Menschen übertragen (hohes Fieber, Meningoenzephalitis und Pneumonie). Letalität: 37,5%. Die Evolution geht weiter.

3.4.1 Beschreibung

Genom

Das Masern-Virus ist ein (–)-Strang-RNS-Virus, die RNS liegt als durchgehender Einzelstrang mit 15,9 kb vor.

Morphologie

Das Virus mißt etwa 150 nm im Durchmesser; es besitzt eine hämagglutinierende Hülle und ein fusionsaktives Protein. Unter der Hülle befindet sich das M-Protein und im Inneren das helikale Nukleokapsid (Eigenschaften s. Tabelle 3.1, S. 552).

Züchtung

Die Züchtung in vitro gelingt auf verschiedenen Zellarten, es entstehen Riesenzellen und Chromosomen-Schäden, außerdem wird der G1/S-Phasen-Übergang gehemmt. Zur Züchtung in vivo läßt sich das Masern-Virus auf Affen übertragen.

3.4.2 Rolle als Krankheitserreger

Vorkommen

Einziges Reservoir ist der Masern-kranke Mensch. Die Virusausscheidung ist im katarrhalischen Vorstadium maximal und verschwindet nach dem Ausbruch des Exanthems, Dauerausscheider gibt es nicht. Demzufolge kann die Ansteckung nur vom katarrhalisch erkrankten Kind her und vom inapparent Reinfizierten erfolgen.

Übertragung

Die Übertragung geht aerogen von katarrhalisch erkrankten Kindern oder inapparent Reinfizierten aus.

Epidemiologie

Das Masern-Virus ist leicht übertragbar, und die Empfänglichkeit des Menschen ist sehr hoch. Dementsprechend ist die Krankheit *hochkontagiös*, sie kann durch allgemein-hygienische Maßnahmen nicht bekämpft werden. Die Exposition von nicht immunen Personen führt so gut wie immer zur Ansteckung; die Krankheit verläuft dabei fast stets manifest und selten inapparent (Manifestationsindex fast 100%). Dies bedeutet, daß die Bevölkerung bis zum 10. Lebensjahr fast vollständig durchseucht ist. Häufigkeitsgipfel im Winter.

Pathogenese

Das Virus dringt aerogen in den Respirationstrakt ein und vermehrt sich zunächst in dessen Epithelzellen. Die weitere Ausbreitung erfolgt per continuitatem in den Bronchialbaum und auf dem Lymph- und Blutweg (primäre und sekundäre Virämie) in die Haut (Exanthem); außerdem befällt das Virus Zellen des Immunsystems (Lymphknoten, Milz) sowie Endothelzellen und v.a. Makrophagen und vermehrt sich in ihnen; das ZNS ist aber vielleicht ausgespart. Durch Replikation in und Zerstörung (Apoptose) der dendritischen Zellen resultiert ein Mangel an IL-12, der ein Überwiegen der TH2-Zellen (s. S. 110) bewirkt: Mangel an IL-2 und IFN-γ sowie Überwiegen von IL-4. Die 2 Glykoproteine des Masern-Virus stören zudem im T-Lymphozyten die Signalkette des IL-2-Rezeptors. Hieraus resultiert eine Unterfunktion der NK- und T-Zellabwehr. Hier ist die Ursache der allgemeinen Abwehrschwäche von Masernkranken zu suchen. Die T-Zellen reagieren auf mutagene Stimuli (Lektine, Masernantigen) nur wenig, die DTH (s. S. 126) fehlt.

Das Exanthem geht auf eine Entzündung im Bereich der Hautkapillaren zurück, wo sich Endothelzellen zu Warthin-Finkeldey'schen Riesenzellen umbilden, von denen die Entzündung auf die Epi-

dermis übergreift. Bei Gesunden kann das Masern-Virus-Genom in Blutlymphozyten persistieren. Der Bronchialbaum wird hämatogen (wie die Haut) und per continuitatem vom Rachen aus besiedelt.

Pneumonien sind als Komplikation häufig; sie entstehen überwiegend sekundär-bakteriell. Wegbereiter ist – analog der Influenza – der primär virusbedingte Zellschaden am Bronchialepithel. Bei Immundefizienz tritt die Hecht'sche Riesenzellpneumonie auf.

Gleichzeitig oder im Anschluß kann es zu der *para-* oder *postinfektiösen Enzephalitis* kommen, bei denen Entmarkungen die Ursache sind; der Immunapparat zerstört vorwiegend die Markscheiden. Die seltene *subakute Einschlußkörperchen-Enzephalitis* tritt vorwiegend wenige Monate nach den Masern beim Vorliegen eines Immundefektes auf („measles-inclusion body-encephalitis", MIBE).

Klinik

Die Inkubationszeit beträgt 10–14 Tage. Die ersten Erscheinungen sind katarrhalisch: Fieber, Husten, Schnupfen, Konjunktivitis mit Lichtscheue. Typisch und als Frühsymptom wertvoll sind die *Koplik'schen Flecken* an der Wangenschleimhaut der Mundhöhle; es sind weißliche, 1–2 mm messende flache Bläschen mit nekrotischer Oberfläche.

Dieses präexanthematisch-katarrhalische Krankheitsstadium dauert etwa vier Tage. Dann tritt der *Ausschlag* auf; er beginnt hinter den Ohren und breitet sich in 1–2 Tagen über den ganzen Körper aus. Im Gegensatz zum Scharlach ist das Masern-Exanthem grobfleckig-erhaben (makulo-papulös): Zwischen den z. T. konfluierenden, linsengroßen Herden ist unveränderte Haut wahrnehmbar; dies ist für die Unterscheidung von Scharlach wichtig. 1–2 Tage nach dem Auftreten des Exanthems gehen Fieber und Schnupfen zurück. Das Exanthem selbst persistiert bis zu 10 Tagen. Die Symptome sind fast stets charakteristisch ausgeprägt, so daß die Diagnose leicht zu stellen ist (Abb. S. 687).

Die durch das Virus selbst bedingten *Komplikationen* treten als kindlicher Pseudokrupp, als schwere Bronchitis oder als Bronchopneumonie auf. Oft tritt eine Otitis media hinzu. Beim Vorliegen zellulärer Immundefekte (z. B. bei Leukämien) beobachtet man das Bild der Hecht'schen Riesenzellpneumonie und die „MIBE".

Die folgenschwerste Komplikation der Masern ist die Enzephalomyelitis. Sie tritt zumeist nach dem Abklingen der akuten Symptome als postinfektiöse Komplikation auf. Es kommt nach der ersten Abfieberung zu einem zweiten Fieberanstieg mit Benommenheit und u. U. mit Krämpfen. Auf 1000 Masernfälle kommt ein Fall von Enzephalomyelitis. Die Letalität beträgt etwa 15%. Die Überlebenden zeigen häufig psychotische Persönlichkeitsveränderungen und Lähmungen. Das EEG zeigt im übrigen bei 50% der komplikationslos verlaufenden Masern reversible Veränderungen; dies deutet darauf hin, daß das ZNS häufiger als bisher angenommen in Mitleidenschaft gezogen wird (Zytokine?).

Die stets tödlich verlaufende subakute sklerosierende Panenzephalitis (SSPE, s. S. 561) wird als seltene Verlaufsform der Masern betrachtet.

Immunität

Das Masern-Virus ist immunbiologisch einheitlich und zeigt keine Antigenvarianten. Die durch die Krankheit erworbene Immunität ist sehr dauerhaft; sie wird durch inapparente Reinfektionen immer wieder hochgetrieben.

Das Masern-Virus ist das erste Virus, bei dem man immunsuppressive Wirkungen festgestellt hat. IgG-Antikörper verhindern die Generalisation, IgA-Antikörper schützen vor Reinfekten und ZTL bewirken die Elimination des Virus.

Labordiagnose

Während der Initialphase kann man das Virus aus dem Nasopharynx und dem Blut sowie den Leukozyten isolieren. Verwendet werden Kulturen von menschlichen Zellen. Die Virusisolierung wird nur zu wissenschaftlichen Zwecken vorgenommen.

Antikörper tauchen beim Kranken früh auf; sie sind durch Neutralisation, durch Hämagglutinationshemmung oder durch Komplementbindung nachzuweisen. Am besten eignen sich die KBR und der IgM- und IgG-ELISA. Differentialdiagnostisch sind alle exanthembildenden Krankheiten in Betracht zu ziehen.

Therapie

Seit der Einführung der Masern-Schutzimpfung sind die Masern wie auch die schwerwiegenden Komplikationen (Enzephalitis und SSPE) stark zurückgegangen. Eine Chemotherapie für die Masern-Infektion gibt es noch nicht. Möglicherweise

erweist sich die Chemotherapie mit Ribavirin als brauchbar. Die sekundär-bakteriellen Infektionen (eitrige Otitis und Bronchopneumonie) werden mit Antibiotika behandelt.

Prävention

Allgemeine Maßnahmen. Die Masern waren in Europa weit verbreitet. Ihre Bekämpfung durch allgemein-hygienische Maßnahmen ist nicht möglich, weil die Infektion aerogen vor sich geht. Für das einzelne Kind ist eine *Expositionsprophylaxe* wirksam, aber nur zeitweise: Das Kind darf dabei nur von Erwachsenen umgeben sein. Die Expositionsprophylaxe ist indiziert, wenn bei einem ungeimpften Kind eine latente Tuberkulose besteht. Die gleiche Indikation gilt auch für Kinder, die sich in einem schlechten Ernährungszustand befinden, sowie für Diabetiker.

Passive Immunisierung. Ist ein Kind zu einem festlegbaren Zeitpunkt exponiert gewesen, so kann man den Ausbruch der Masern durch die Gabe von Human-Gammaglobulin verhindern oder den Krankheitsverlauf mildern. Gibt man das Globulin innerhalb von zwei Tagen nach der Exposition, so wird die Krankheit verhindert; gibt man das Globulin zwischen dem 3. und 6. Tag, so wird der Verlauf der Krankheit abgemildert ("mitigiert"). Die auf diese Weise erworbene Passiv-Immunität dauert aber höchstens drei Wochen. Indikationen: Noch nicht geimpfte Kinder mit latenter Tuberkulose oder mit Stoffwechselkrankheiten. Die versäumte Aktiv-Impfung ist in diesem Fall unverzüglich nachzuholen!

Aktive Immunisierung. Es wird ein *Lebendimpfstoff* verwendet. Zur Verfügung steht ein Masernstamm, der durch Passagen abgeschwächt ist. Der Impfstoff wird i.m. injiziert. Der Stamm führt bei einigen Impflingen zwar zu leichtem Fieber und gelegentlich zu einem schwachen Exanthem, ernste Komplikationen sind jedoch nicht bekannt geworden; insbesondere fehlen bei Impflingen EEG-Veränderungen. Die durch Impfung erworbene Immunität dauert offenbar nur etwa 20 Jahre. Die gelegentlich auftretenden Impf-Masern können durch gleichzeitige subkutane Gabe von Gammaglobulin weitgehend vermieden werden. Das Gammaglobulin wird an einer anderen Stelle injiziert als der Impfstoff. Die Lebendimpfung sollte erst dann durchgeführt werden, wenn die mütterlichen Masern-Antikörper aus dem kindlichen Organismus verschwunden sind. Die Masern-Impfungen erfolgen (mit Mumps und Röteln) im 12.–15. Lebensmonat, die Boosterimpfungen ab dem 6. Lebensjahr (s. S. 999).

Die Masernimpfung ist aus folgenden Gründen gerechtfertigt und zur breiten Anwendung zu empfehlen:

Fast jede Infektion mit Masern-Virus führt zur Krankheit.

Masern sind wegen der relativ häufigen Komplikationen alles andere als eine "leichte Krankheit": Pneumonie, Enzephalitis, EEG-Veränderungen, Immunsuppression.

Jeder Mensch wird bis zu seinem 10. Lebensjahr mit dem Wildvirus angesteckt. Dieser Tatbestand ist nicht zu ändern. Die Isolierung kann ein Einzelkind nur für einen begrenzten Zeitraum vor der Infektion schützen.

Die Zahl der Erkrankungen an Enzephalomyelitis und SSPE nimmt seit Einführung der Schutzimpfung ab.

Durch die Anwendung der Lebendimpfung ist in einigen Staaten Europas das Wildvirus nahezu verschwunden. Im Unterschied zum Polio-Lebendimpfvirus ist das Masern-Impfvirus aber nicht übertragbar; es erscheint nach der Impfung weder im Rachenraum noch im Blut. Die Dauer des Impfschutzes beträgt etwa 20 Jahre, danach können Masern erneut auftreten.

Meldepflicht. Verdacht, Erkrankung, Tod, Erregernachweis.

3.4.3 Subakute sklerosierende Panenzephalitis (SSPE)

Allgemeines. Die subakute, sklerosierende Panenzephalitis (SSPE) ist eine Viruskrankheit, die sich nach einer Zwischenperiode von 2–10 Jahren nach einer normal verlaufenen Maserninfektion entwickelt. Das Virus persistiert dabei im ZNS ohne Zeichen einer Erkrankung. Sie ist sehr selten.

Pathogenese. Pathohistologisch zeigen sich perivaskuläre Infiltrate mit Lymphozyten und Plasmazellen. Die Veränderungen sind über das ganze Gehirn verteilt; in den Basalganglien und in der Rinde treten sie gehäuft auf. Das Masern-Virus *persistiert* offenbar über Jahre in defekter Form, man

vermutet eine gestörte Transkription und Translation des M-Proteins infolge von Mutationen, die zu einer Imbalance der Immunabwehr infolge M-Protein-Mangels führt; hierdurch entsteht ein defektes, aber virulentes Virus. 50% der SSPE-Fälle haben ihre Masern vor dem 2. Lebensjahr durchgemacht. Es könnte sein, daß auf diese Weise die Einnistung des Erregers in einen immunologisch nicht ausgereiften Organismus erleichtert wird. Das SSPE-Masern-Virus hat sich auch als interferon-resistent erwiesen. In der Umgebung der Masern-infizierten Astrozyten findet sich gehäuft das Mx-Effektorprotein des Interferons.

Klinik. Das Krankheitsbild tritt bei Kindern oder Jugendlichen Jahre nach einer abgelaufenen Maserninfektion auf. Der Beginn ist *schleichend*; man beobachtet motorische Störungen und einen Abbau der geistigen Leistungsfähigkeit. Auffallend sind Unaufmerksamkeit und Gefühlslabilität. Im Endstadium treten Konvulsionen und komatöse Zustände auf. Die Prognose ist schlecht. Eine Therapie gibt es nicht.

Labordiagnose. Im Serum und Liquor lassen sich schon frühzeitig exzessiv hohe Titer an komplementbindenden, hämagglutinationshemmenden und neutralisierenden Antikörpern nachweisen; es fehlen jedoch die Antikörper gegen das M-Protein sowie eine IgM-Reaktion. Die Reaktion der Lymphozyten auf Lektine ist normal. Im Gewebe der befallenen Bezirke lassen sich Antigene des Masern-Virus zwar nachweisen, nicht aber infektiöse Viria; die Infektion breitet sich trotzdem im Gewebe aus. Um infektiöse Partikel zu isolieren, muß man die Verfahren der Zell-Kokultivierung (s. S. 520) anwenden.

ZUSAMMENFASSUNG: Masern-Virus

Virus. (–)-Strang-RNS-Molekül, helikales Nukleokapsid. Typisches Paramyxo-Virus, ohne Neuraminidase, ätherempfindlich. M-Protein unter der Spike-tragenden Hülle (Hämagglutinin, F-Protein).

Vorkommen. Nur beim Menschen, Nasenrachenraum, Bronchialbaum, Konjunktiven.

Epidemiologie. Hohe Kontagiosität, kaum inapparente Infektionen, bis zum 10. Lebensjahr vollständige Durchseuchung.

Übertragung. Tröpfcheninfektion, ausgehend vom Nasenrachenraum, von Konjunktiven.

Pathogenese. Systemische Infektion mit hämatogener Ausbreitung: Exanthem ist immunbiologisch bedingt. Durch Flimmerepithelschäden schwere Bronchitis, Masern-Virus-Pneumonien.

Klinik. Inkubationsperiode 10–14 Tage. Schwere Kinderkrankheit. Exanthem, Konjunktivitis, Otitis media, Bronchitis, primäre (Virus-) und sek. bakterielle Pneumonie, EEG-Veränderungen, para- und postinfektiöse Enzephalitis, MIBE, SSPE. Bei Immunschaden: Hecht'sche Riesenzellenpneumonie.

Immunität. Dauerhafte Immunität, ZTL, Antikörperbildung, allgemeine Suppression der zellulären Immunität.

Diagnose. KBR, IgM- und IgG-ELISA. Virusisolierung. PCR im Liquor.

Therapie. Symptomatisch.

Prävention. Schutzimpfung.

Meldepflicht. Verdacht, Erkrankung, Tod, Erregernachweis.

D. Falke

EINLEITUNG

Corona-Viren erzeugen Schnupfen und wahrscheinlich Gastroenteritis. Corona-Viren sind streng artspezifisch. Ihren Namen tragen diese Viren wegen ihrer Spikes, die weit aus dem envelope herausragen und an den Enden kleine Knöpfchen tragen; diese umgeben das Virion wie eine „Corona". Sie bilden die Familie der Corona-Viren.

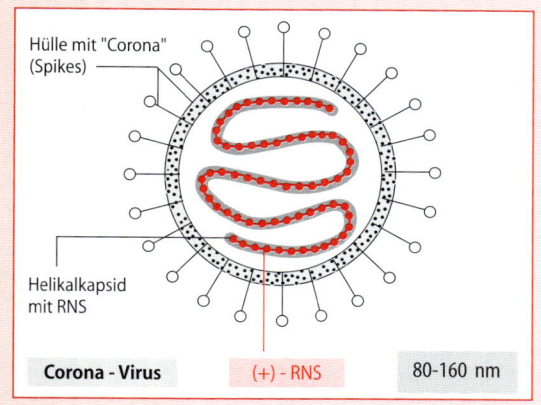

Hülle mit "Corona" (Spikes)

Helikalkapsid mit RNS

Corona - Virus | (+) - RNS | 80-160 nm

4.1 Beschreibung

Genom

Die Corona-Viren sind (+)-Strang-RNS-Viren mit 30 kb. Das Virus repliziert sich bei 32 °C. Es gibt zwei Serotypen.

Morphologie

Corona-Viren besitzen eine Hülle; das Virus hat einen Durchmesser von 80–160 nm. Im Inneren der Hülle befindet sich ein helikales Kapsid mit der RNS, auf der Hülle sitzen Spikes. Das Virus ist ätherempfindlich.

4.2 Rolle als Krankheitserreger

Epidemiologie und Übertragung

Die Durchseuchung ist hoch (90–100%), sie beginnt im Säuglingsalter. Die Erkrankungen treten im Winter und Frühjahr, v. a. bis zum 12. Lebensmonat infolge von Aerosol- oder Schmutz- und Schmierinfektionen auf. Zwischen den zwei Typen besteht keine Kreuzimmunität. Replikation in den oberen Luftwegen.

Klinik

Die Inkubationsperiode beträgt 2–5 Tage bei einer Krankheitsdauer bis sieben Tage. Corona-Viren werden für 10–25% aller Schnupfenfälle verantwortlich gemacht; gelegentlich rufen sie Bronchitis und Pneumonie hervor. Sie erzeugen auch eine Gastroenteritis und als Rarität eine nekrotisierende Enterocolitis bei Frühgeborenen.

Die Immunität ist nicht sehr dauerhaft; es treten deshalb Reinfektionen auf, die bei Erwachsenen oft inapparent verlaufen.

Labordiagnose

Zur Organkultur wird ein Explantat von kleinen Trachea-Stückchen verwendet. Als „zytopathischer Effekt" wird das Sistieren der Zilienbewegung auf den Epithelzellen registriert. Antikörper gegen Corona-Viren lassen sich im Hämagglutinationshemmungstest und in der KBR nachweisen; ein Routinetest existiert noch nicht. Zur Zeit laufen Versuche, das Virus im Rachen- oder Bronchialsekret

durch einen Schnelltest nachzuweisen (IFT, ELI-SA). Der Virusnachweis gelingt im Stuhl mit dem EM.

Prävention

Bisher gibt es keine wirksamen Maßnahmen zur Prophylaxe abgesehen von Allgemein-Hygiene.

ZUSAMMENFASSUNG: Corona-Viren

Virus. (+)-Strang-RNS-Virus aus helikalem Kapsid und Hülle mit Spikes: „Corona". Das Virus ist ätherempfindlich; Replikation bei 32°C.

Epidemiologie. Hohe Durchseuchung durch Aerosol- sowie Schmutz- und Schmierinfektion. Zwei Serotypen.

Klinik. Erkältungskrankheiten, gelegentlich Bronchitis und Pneumonie sowie Gastroenteritis.

Immunität. Nicht dauerhaft, Reinfektion.

Diagnose. Noch kein Routine-Test, HHT und KBR. Virus im Stuhl mit EM.

Therapie. Symptomatisch.

Prävention. Keine.

EINLEITUNG

Die Gruppe der Toga-, Flavi- und Bunya-Viren ist außerordentlich heterogen: Ihre Replikation und die ausgelösten Krankheitserscheinungen variieren außerordentlich. Sie können Hepatitis, Meningitis, Nephritis, Hämorrhagien, Arthritis und Exantheme erzeugen. In den Tropen haben sie eine große Bedeutung. Auch das Virusreservoir ist unterschiedlich: Affen und wildlebende Nagetiere oder nur der Mensch. Die Übertragung erfolgt z.T. durch Aedes-Spezies (Gelbfieber).

5.1 Übersicht über die Toga-, Flavi- und Bunya-Viren

Charakteristika und Krankheitsformen

Die *Charakteristika* dieser Viren lassen sich in fünf Punkten zusammenfassen:

- Es sind RNS-Viren von sehr unterschiedlicher Größe (50–140 nm) und enthalten 10–22 kb Information.
- Toga- und Flavi-Viren enthalten (+)-Strang-RNS als Einzelmolekül in einem Ikosaeder-Kapsid, während Bunya-Viren drei (–)-Strang-RNS-Moleküle in drei Helikal-Kapsiden mit der Polymerase aufweisen. Die Kapside sind von einer außen liegenden Hülle mit Spikes umgeben.
- Alle Viren replizieren sich im Zytoplasma und werden dort oder an der Zellmembran montiert. Der Replikationsmechanismus der RNS-Moleküle ist sehr unterschiedlich.
- Sie befallen verschiedenartige Vertebraten. Ihre Übertragung erfolgt durch Arthropoden. Das Röteln-(Rubi-)Virus wird durch Aerosolinfektion von Mensch zu Mensch, das HCV durch Blut und sexuell übertragen. Bunya-Viren: Hanta-Viren werden durch Staub von Nagetierkot- und Urin, das Pappataci- und das Toskana-Fieber durch Sandfliegen übertragen.
- Sie sind nur z.T. zur Hämagglutination befähigt, aber alle ätherempfindlich.

Krankheitsformen. Bei den Erkrankungen durch Toga-, Flavi- und Bunya-Viren kann man hinsichtlich der klinischen Symptomatik sieben Syndrome herausschälen. Allen gemeinsam ist der *hochfieberhafte Charakter*:

- Schädigung von Leber und Niere mit Gelbsucht und Albuminurie sowie, in wechselndem Ausmaße, Hämorrhagien (Haut, Niere, Magen). Beispiel: Das Gelbfieber (s. S. 566).
- Gelenkschmerzen und/oder Exanthem. Beispiel: Das Dengue-Fieber in Südostasien (s. S. 567); in seiner bösartigen Form tritt es als Folge einer Superinfektion mit einem heterologen Typ des Dengue-Virus als hämorrhagisches Dengue-Fieber z.T. mit Schock auf.
- Benommenheit, Schlafsucht, Krämpfe, Meningoenzephalitis. Beispiel: Die in Ost- und Südosteuropa vorkommende Frühsommer-Meningoenzephalitis (FSME) (s. S. 568).
- Nephropathie, Pneumonie und Hämorrhagien. Beispiele: Das Puumala-, das Hantaan- sowie das Sin-Nombre-Virus der Bunya-Viren (s. S. 571).
- Hämorrhagien (mit Fieber) stehen bei dem sog. „Hämorrhagischen Fieber" im Vordergrund (Hämorrhagisches Fieber der Krim).
- Exanthem, Embryopathien und selten Arthralgien. Beispiel: Das ubiquitäre Röteln-Virus (s. S. 573).
- Hepatitis durch das Hepatitis C-Virus (s. S. 672).

Viele Infektionen verlaufen inapparent oder milde, bei einigen Virusspezies dagegen sehr schwer.

Differentialdiagnostisch ist bei **Reisenden** aus Zentralafrika und Südamerika mit Fieber und Hämorrhagien an die **Marburg-Krankheit** oder das **Ebola-Fieber** (Filo-Viren, s. S. 685) zu denken; ebenso ist das **Lassa-Fieber** (Arena-Virus, s. S. 584) in Betracht zu ziehen.

Einteilung

Die drei Familien von Viren umfassen mehr als 1000 verschiedene Erregerspezies; im Hinblick auf die jeweils entstehenden Krankheitsbilder, auf die Antigenität und auf die Virusstruktur sind sie äußerst heterogen.

Toga-Viren. Sie umfassen folgende Genera:
- *Alpha-Virus* (Arbo-Virusgruppe): Sindbis-Virus sowie Pferde-, Venezuela-Enzephalitis-Virus, Semliki-Forest-Virus und Ross-River-Virus;
- *Rubi-Virus:* Röteln-Virus (s. Kap. 5, S. 573).

Flavi-Viren. Diese umfassen folgende Genera:
- *Flavi-Virus:* Gelbfieber, Dengue-Virus, Japan B-Enzephalitis, Zeckenenzephalitis (FSME) u. a.;
- *Hepatitis C-Virus* (HCV; s. Kap. 14, S. 672).

Bunya-Viren. Sie umfassen fünf Genera: Bunya-, Hanta-, Nairo-, Phlebo- und Tospo-Virus (s. S. 571).

Namensgebung

Die Bezeichnung „Toga" leitet sich von der im Vergleich zum Kapsid sehr groß ausgebildeten Hülle ab (die „schlotternde Toga"). „Flavi" (gelblich) deutet auf den Ikterus hin. Das Präfix „Arbo" – einige Viren werden auch als Arbo-Viren bezeichnet – bezieht sich auf die Tatsache, daß die Viren durch Arthropoden übertragen werden (*ar*thropod-*bo*rne). Die Viren der „Bunya"-Gruppe tragen ihren Namen nach dem Prototyp-Virus, dem Bunyamvera-Virus.

Vorkommen

Als Reservoir für die Viren dienen Säugetiere (Affen, kleine Nagetiere), die das Virus lange Zeit beherbergen. Die Säugetiere werden von Arthropoden gestochen. Diese nehmen während der virämischen Phase Viren auf; sie können es dann auf andere Wirte (Mensch u. a.) durch Stich übertragen. In **Arthropoden** kann sich das Virus nicht nur vermehren und „überwintern", sondern kann auch transovariell übertragen werden; auf diese Weise erhält es sich jahrelang unabhängig vom Vertebraten-Reservoir. Im Falle der Genus Hanta-Viren erfolgt die Übertragung auf den Menschen auch direkt von kleinen Nagetieren aus durch Staub.

Arbo-Viren sind besonders in den Tropen weit verbreitet. Einige von ihnen kommen auch in Europa endemisch vor.

Übertragung

Im Falle der hier dargestellten Arbo-Viren kommen als Vektoren drei Arthropoden in Betracht:
- Übertragung durch Mücken: Virus des Dengue-Fiebers und des Gelbfiebers.
- Übertragung durch Sandmücken: Virus des Pappataci-Fiebers (Bunya-Gruppe).
- Übertragung durch Zecken: Virus der russischen und der zentraleuropäischen Frühsommer-Meningoenzephalitis (FSME).

Toga-Viren

Die Viren der Alpha-Gruppe mit dem Sindbis-Virus als Prototyp spielen in Mitteleuropa keine Rolle.

Flavi-Viren

Wichtige humanpathogene Viren dieser Familie sind das Gelbfieber-Virus, das Dengue-Virus und die Viren der Zeckenenzephalitis; in Japan, Indien und Ostasien ist die Japan-B-Enzephalitis bedeutsam.

5.2 Gelbfieber-Virus

Das Gelbfieber war ursprünglich nur in Afrika heimisch. Von dort ist es mit Handels- und Sklavenschiffen (mitsamt den Vektoren) nach Amerika transportiert worden und hat dort zu großen Epidemien geführt. Das bekannteste Beispiel sind die Gelbfieber-Ausbrüche beim Bau des Panama-Kanals. Bei diesen Ausbrüchen sind die nicht immunisierten Fremdarbeiter mit Gelbfieber infiziert worden und zu Tausenden gestorben. Walter Reed wies 1900 das Gelbfieber-Virus im Blut Infizierter nach und zeigte die Übertragung durch Aedes aegypti.

5.2.1 Rolle als Krankheitserreger

Epidemiologie

Gelbfieber tritt in Afrika sowie Süd- und Mittelamerika, aber nicht in Asien endemisch und epidemisch auf. In Afrika und Südamerika breitet es

STECKBRIEF

sich verstärkt aus, weil die Vektoren sich an neue Biotope anpassen.

Übertragung

Als Überträger für den Menschen dient Aedes aegypti (Gelbfieber-Mücke). Die Krankheit kann von Mensch zu Mensch („urbanes" Gelbfieber) oder vom Tier (Affen, Vögel u.a.) auf den Menschen übertragen werden. Im ersten Fall spricht man von einer *homogenen Infektkette*, im zweiten Fall von einer *heterogenen Infektkette.* In den tropischen Wäldern kennt man eine Seitenlinie der im Urwald ablaufenden Infektkette „Affe-Mücke-Affe" („Dschungel-Gelbfieber").

Klinik

Das Gelbfieber läuft in *zwei Phasen* ab. Einige Tage nach der Infektion treten Fieber, Schüttelfrost, Ikterus und Kopfschmerzen auf. Hinzu gesellen sich Muskelschmerzen, Brechreiz und Erbrechen. Nach einigen Tagen verschwinden bei einigen Patienten diese Symptome. Bei anderen folgt nach einer Besserung ein heftiger Relaps mit Fieber, Bradykardie und Hämorrhagien infolge des Leberschadens. Bis zu 50 % der so Erkrankten sterben.

Labordiagnose

Die Labordiagnose erfolgt durch Isolierung aus dem Blut, den HHT und ELISA. Mittels der PCR läßt sich die RNS nachweisen.

Prävention

Mückenbekämpfung. Durch gezielte Mückenbekämpfung sind im Hinblick auf die Gelbfieber-Prophylaxe schon sehr früh große Erfolge erzielt worden, z.B. beim Bau des Panama-Kanals.

Impfstoffe. Der D-17-Stamm von Theiler wird in Deutschland verwendet. Die durch Impfung erworbene Immunität hält etwa 10 Jahre an.

Meldepflicht. Verdacht, Erkrankung und Tod. Erregernachweis

5.3 Dengue-Fieber-Virus

Das Dengue-Fieber wurde erstmals 1780 beschrieben. Das Dengue-Fieber-Virus in Südostasien bis zur Karibik ist das am weitesten verbreitete Virus der Flavi-Virusfamilie; es kommt in vier Serotypen vor. Es erzeugt Fieber, Kopfschmerzen, „Knochenbruch-Fieber" und z.T. Hämorrhagien und/oder Schock-Symptome; es breitet sich jetzt weiter aus. 40–80 Mio Menschen erkranken pro Jahr. Der Krankheitskomplex stellt sich mit 3 überlappenden Syndromen dar: „Grippe", Hämorrhagisches Fieber und Schock. Das DHF wird seit 1950 beobachtet.

STECKBRIEF

5.3.1 Rolle als Krankheitserreger

Epidemiologie und Übertragung

In den letzten Jahren wurden große Dengue-Epidemien beobachtet, das gefürchtete „Schock-Syndrom" tritt häufiger als in früheren Jahrzehnten auf.

Dengue-Fieber wird durch Aedes aegypti u.a. Stechmücken übertragen.

Durch den Import von alten Autoreifen ist jüngst ein Vektor (Aedes albopictus) und das Dengue-Virus selbst in die USA importiert worden. Verbreitet in Südostasien, Afrika und Mittel-/Südamerika.

Pathogenese

Pathologisch-anatomisch treten im Bereich des Exanthems Schwellungen der Endothelien, perivaskuläre Ödeme und Monozyteninfiltrate auf. Die zentralen Elemente des Dengue-Hämorrhagischen Fiebers (DHF) sind Blutungsneigung, Komplementverbrauch und Zytokinfreigabe aus Makrophagen und Endothelien infolge gesteigerter Aufnahme von Virus-Ak-Komplexen via Fc-Stück: „Antibody-dependant enhancement". Der Dengue-Schock tritt meist bei Personen auf, die nicht neutralisierende Antikörper von vorhergehenden Infektionen mit anderen Dengue-Typen haben; er wird jetzt auch bei Primärinfektionen mit Viren gesteigerter Virulenz beobachtet. Im Schock sind große Mengen an RANTES und IL-8 im Plasma und Exsudat.

Klinik

Die Inkubationsperiode beträgt 7–10 Tage. Es werden drei Verlaufsformen (mit Übergängen) unterschieden:

- Das milde 3tägige Dengue-Fieber (Grippe-ähnlich, meist Kinder),
- das Dengue-hämorrhagische Fieber (4–10 Tage; DHF) und
- kombiniert mit Schock-Syndrom (auch ohne DHF).

Das DHF ist Grippe-ähnlich mit zweigipfeligem Fieber bis zu 40 °C sowie heftigen Kopf-, Retroorbital-, Gelenk- und Knochenschmerzen, zweiphasigem Erythem-Exanthem und generalisierten Lymphknotenschwellungen sowie Hepatomegalie; Tod ist selten. Dauer 4–10 Tage. Nach 2–4tägiger Besserung oder vom 6. Tag ab kann eine Verschlechterung des Zustandes erfolgen: Schwitzen, Hypotension mit spontanen Hämorrhagien, Abfall der Granulo- und Thrombozyten sowie Temperaturabfall, dabei steigt der Hämatokrit an. Bildet sich der **Schock** aus, gesellen sich Exsudate in Perikard, Thorax und Abdomen hinzu; unbehandelt sterben 50% der Patienten. Der Schock kann ohne hämorrhagische Diathese plötzlich auftreten. Er manifestiert sich durch plötzlichen Austritt von Plasma in die Körperhöhlen. Dies deutet auf einen besonderen „Tropismus" des ursächlichen Effektorenmechanismus für die Gefäße der serösen Häute hin (IL-8). Wird der Schock überstanden, erfolgt alsbaldige Erholung. Die Therapie ist symptomatisch mit Infusionen und Kreislaufstützung.

Labordiagnose

Die Labordiagnose erfolgt durch Isolierung des Virus in Moskito-Zellinien oder durch die PCR. Die Serodiagnose der vier Typen erfolgt durch den HHT oder einen IgM- und IgG-ELISA vom 8.–10. Tag an. DD: Hanta-Viren, Leptospiren, Malaria.

Prävention

Bekämpfung des Vektoren-Reservoirs. Ein Impfstoff wird erprobt.

Meldepflicht

Verdacht, Erkrankung, Tod, Erregernachweis.

5.4 Virus der Frühsommer-Meningoenzephalitis (FSME)

Das FSME-Virus ruft die Frühsommer-Meningoenzephalitis hervor. Das Virus kommt in Deutschland endemisch vor, wird durch Zecken übertragen und ist somit ein wichtiger Krankheitserreger. Das FSME-Virus ist ein (+)-Strang-RNS-Virus der Flavi-Viren.

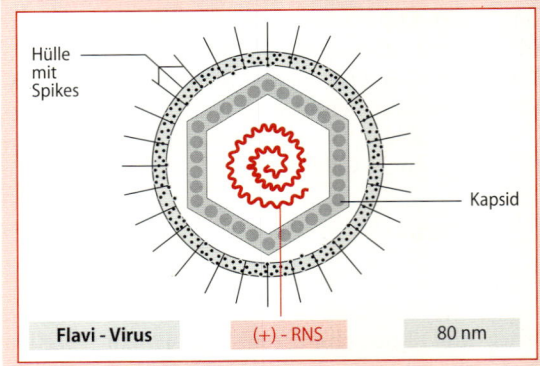

Hülle mit Spikes · Kapsid · Flavi - Virus · (+) - RNS · 80 nm

STECKBRIEF

5.4.1 Rolle als Krankheitserreger

Vorkommen

Erreger-Reservoir sind wildlebende, kleine Nagetiere, Rehe, Igel, Schafe u. ä., wobei die *Zecke* (Ixodes ricinus, Holzbock) den Hauptüberträger darstellt. Das Virus kann auf die Zecke nur beim Saugen auf einem virämischen Wirt übergehen. Es kann in den Zecken längere Zeit persistieren und sogar überwintern, da die Möglichkeit eines transovariellen Überganges auf die Zeckeneier besteht.

Epidemiologie

In Zentraleuropa kommt das FSME-Virus v. a. in der Slowakei und im südlichen Teil von Österreich vor. In Deutschland gibt es v. a. am Oberrhein und in Bayern im Bereich der Donau und Altmühl endemische Virusherde, insgesamt werden etwa 150–300 Fälle pro Jahr beobachtet. Die meisten Erkrankungen treten nach Freizeitaktivitäten auf.

Von den Personen, welche von virushaltigen Zecken gestochen worden sind, erkranken 30%. Die virusverseuchten Naturherde sind z. T. sehr klein. Im Wiener Wald ist 1 unter 50, im Schwarzwald 1 unter 2000 Zecken virushaltig. In Naturherden ist die Durchseuchung bei Waldarbeitern höher als bei Stadtbewohnern; sie liegt bei 1–5%. Es gibt Jahre mit verstärktem Zeckenbefall.

Übertragung

Die infizierten Zecken sitzen auf Gräsern und Büschen; sie lassen sich auf den Wirt fallen, setzen sich durch Stich auf der Haut fest und saugen Blut. Dabei wird das Virus übertragen. In Hochendemieregionen kann sogar durch die Milch von Rindern u. a. das Virus auf den Menschen übertreten.

Pathogenese

Nach dem Zeckenstich vermehrt sich das FSME-Virus zunächst lokal und gelangt dann ins Blut. Es wird lokal zuerst durch Makrophagen, Langerhans-Zellen und Granulozyten sowie Endothelzellen aufgenommen und vermehrt sich dort. Durch virämische Ausbreitung entsteht nach 7–10 Tagen ein erster Krankheitsgipfel. Im Anschluß daran erfolgt eine zweite Virämie, die zu den Organmanifestationen in den Meningen und im Gehirn führt. Diese Zweigipfligkeit des Verlaufs kann mit dem Verlauf der Polio verglichen werden. Im Rückenmark werden vorwiegend die motorischen Vorderhornzellen befallen.

Klinik

Die Inkubationszeit beträgt 7–14 Tage. Nur 30% der Infektionen verlaufen apparent (Abb. 5.1).

Bei den apparent verlaufenden Formen unterscheidet man zwei Phasen.

Primärstadium. Im Primärstadium entwickelt sich in 90% der Erkrankten ein uncharakteristisches Krankheitsbild in Form eines grippalen Infektes mit Kopf-, Kreuz- und Gliederschmerzen. Gelegentlich werden gastrointestinale Symptome beobachtet. Die Körpertemperatur übersteigt selten 38 °C. Dieses erste Stadium dauert 2–4 Tage, gefolgt von einem fast beschwerdefreien Intervall.

Sekundärstadium. Die zweite Phase beobachtet man bei 10% aller Erkrankten. Sie ist durch den Befall des ZNS gekennzeichnet und kann sich als Meningitis, Meningoenzephalitis, Meningoenzephalomyelitis oder als Meningitis mit Radikuloneuritis manifestieren. Meningitis wird bei ihnen in 60%, die Formen der Enzephalitis in etwa 40% der Fälle beobachtet. Beim Vorliegen einer Meningitis treten heftige Kopfschmerzen auf, die häufig mit Fieber bis 40 °C einhergehen. Bei Mitbeteiligung des Gehirns treten Hyperkinesien, Bewußtseinstrübungen, Bewußtlosigkeit und Sprachstörungen auf. In einem geringen Prozentsatz der Fälle werden Paresen im Bereich des Okulomotorius und des Fazialis sowie Blasenlähmungen festgestellt; außerdem treten Sensibilitätsstörungen auf. Die schlaffen Spätlähmungen können im Bereich von Hals, Schultergürtel und oberen Extremitäten auftreten; sehr selten gehen sie in eine Landry'sche Paralyse über. Bei Kindern überwiegt die meningitische, bei Erwachsenen die enzephalitische Form. Die Letalität beträgt etwa 1%. Die Meningitis heilt ohne Folgen aus, nach dem enzephalitischen Verlauf bleiben bei etwa 5–7% der Fälle Restzustände mit geringen Lähmungen zurück, gut 90% heilen komplett aus.

Immunität

Das Glykoprotein der Hülle regt die Bildung von neutralisierenden und hämagglutinationshemmen-

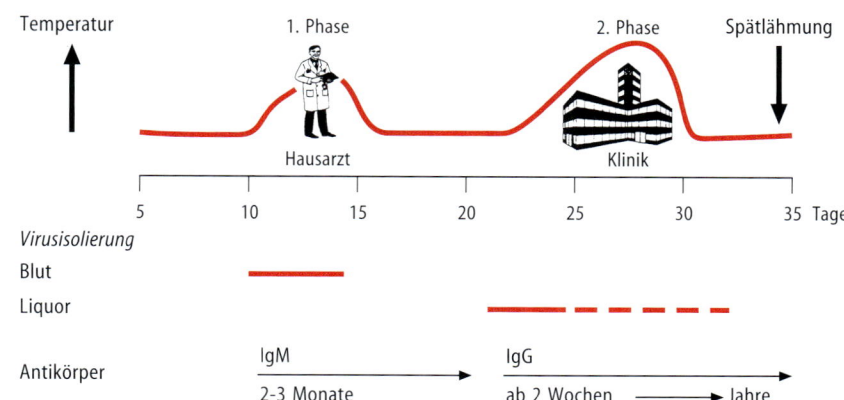

Abb. 5.1. Ablauf einer FSME-Infektion: Zweiphasige Fieberkurve und Spätlähmung, Virusnachweis und Antikörperbildung

den Antikörpern an. Es entstehen im Verlauf der Infektion zuerst IgM- und dann IgG-Antikörper. Die Frühdiagnose gelingt auch durch den Nachweis von gering aviden IgG-Antikörpern. Die Entstehung einer zellulären Immunität ist wahrscheinlich.

Labordiagnose

Die Diagnose erfolgt durch Nachweis des Antikörper-Anstiegs mit Hilfe eines μ-Ketten-spezifischen IgM-ELISAs, die RT-PCR erlaubt den Nachweis des Virus in der Zecke. Differentialdiagnostisch ist die ebenfalls durch Zecken übertragene Lyme-Krankheit zu nennen, die 20× häufiger vorkommt als die FSME. Die Frühdiagnose gelingt auch durch den Nachweis gering avider IgG-Antikörper.

Therapie

Keine spezifische Therapie.

Prävention

Allgemeine Maßnahmen. Für Wanderer in Endemiegebieten sind Mittel zur Abwehr blutsaugender Ektoparasiten zu empfehlen („Repellents").

Schutzimpfung. Als Impfstoff gegen die FSME dient ein *Totimpfstoff,* der gut wirksam und verträglich ist; die Wirksamkeit der Impfung hält 2–3 Jahre an. Eine Empfehlung zur Schutzimpfung besteht insbesondere für Waldarbeiter in bekannten Endemiegebieten. Die ständige Impfkommission (StiKo) klassifiziert die aktive Schutzimpfung gegen FSME als eine „Risikoimpfung" bzw. eine „Reiseimpfung". Die Grundimmunisierung erfolgt durch drei Impfungen, zwei Impfungen werden in 1–3monatigem Abstand appliziert; nach Ablauf eines Jahres verabfolgt man eine Booster-Impfung. Zur Auffrischung wird alle drei Jahre eine weitere Impfung empfohlen. Bei *Zeckenstichen* in Endemiegebieten ist bei Ungeimpften unter 14 Jahren eine **passive Immunprophylaxe nicht** ratsam. Der Verlauf soll dann schwerer als normal sein. Passive Immunisierung innerhalb von 1–2 Tagen nach Stich. Infolge der aktiven Schutzimpfung ist die Zahl der Fälle in Österreich von etwa 600 auf 100 pro Jahr zurückgegangen.

Meldepflicht. Verdacht, Erkrankung und Tod; Erregernachweis.

ZUSAMMENFASSUNG: Zeckenenzephalitis-(FSME-)Virus

Virus. (+)-Strang-RNS-Virus, Ikosaeder-Kapsid mit spikestragender Hülle.

Vorkommen. Einzelne Regionen in Deutschland, Südösterreich, Slowakei.

Epidemiologie. Weniger als 1% der Zecken in Endemiegegenden sind infiziert. Weniger als 30% der gestochenen Personen erkranken. Höhere Durchseuchung bei Waldarbeitern u.a.

Übertragung. Durch Zecken von kleinen Nagetieren auf den Menschen übertragen.

Pathogenese. Zuerst Virämie nach dem Stich der virushaltigen Zecke mit grippalem Infekt, dann Virämie mit Organmanifestation im ZNS.

Klinik. Inkubationsperiode 7–14 Tage. Primärstadium mit grippalem Infekt (90%) von 2–4 Tagen, nach Intervall (10%) Meningitis oder Meningoenzephalitisformen.

Immunität. Lebenslange humorale und zelluläre (?) Immunität.

Diagnose. Anamnese: Zeckenstich in bestimmten Regionen (Oberrhein, Donau), IgG- und IgM-Bestimmung, ggf. Virusisolierung. DD: Lyme-Krankheit, die etwa 20× häufiger auftritt.

Therapie. Symptomatisch.

Prävention. Aktive Schutzimpfung, Gabe von IgG (bei Kindern unter 14 Jahren nicht mehr empfohlen), Verwendung von Repellents.

Meldepflicht. Verdacht, Erkrankung und Tod. Erregernachweis.

5.5 Bunya-Viren

In Mitteleuropa haben zwei Virustypen Bedeutung: Das Puumala-Virus und das *Dobrava-Virus*. Sie werden durch Nagetiere verbreitet und rufen die Nephropathia epidemica (NE) und das Hämorrhagische Fieber mit dem Renalen Syndrom (HFRS) hervor. In den USA hat jüngst ein neuer Typ, das Sin-Nombre-Virus und seine Verwandten, das „Hantavirus-Pulmonary-Syndrom" (HPS) bewirkt; dieses schwere Syndrom ist auch in Deutschland aufgetreten. Weltweit erkranken pro Jahr etwa 200 000 Personen, 4000–12 000 von ihnen sterben.

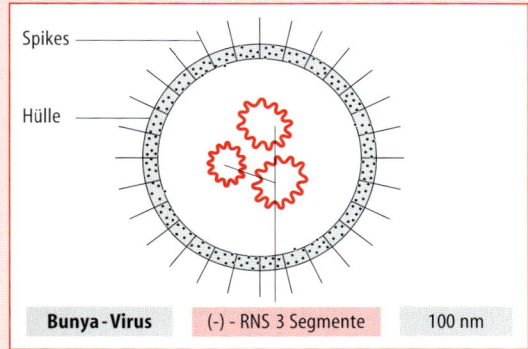

Spikes

Hülle

Bunya-Virus | (–)-RNS 3 Segmente | 100 nm

Geschichte

Während des Korea-Krieges wurde bei den US-amerikanischen Truppen ein hochfieberhaftes Krankheitsbild mit starken Schmerzen im Rumpf beobachtet. Typisch für die epidemisch-endemisch auftretenden Erkrankungen sind Hämorrhagien und eine Nephropathie. Später kamen einschlägige Berichte aus vielen Regionen der Welt. Im Norden Skandinaviens war während des 2. Weltkrieges unter finnischen und deutschen Soldaten eine „Nephropathia epidemica" beobachtet worden; auch in Bosnien-Herzegovina sind solche Erkrankungen durch Hanta-Viren bekannt.

5.5.1 Beschreibung des Virus

Genom und Morphologie

Bunya-Viren enthalten (–)-Strang-RNS, die in drei verschieden großen Segmenten vorkommt; sie enthalten etwa 20 kb. Die Hülle des Virus trägt Spikes, im Innern befinden sich drei helixartige, ringartige Nukleokapside und die Polymerase. Der Durchmesser beträgt etwa 100 nm.

Einteilung

Die Familie der Bunya-Viren enthält fünf Genera (s. S. 566) mit mehr als 300 verschiedenen Virusspezies. Hierzu zählen die Viren der California-Gruppe, das La-Crosse- und Tahyña-Virus (Enzephalitis). Die infektiologisch wichtigen Typen in Deutschland sind das Puumala- und das Dobrava-Virus. Sie sind an bestimmte Nagetierspezies gut angepaßt und rufen in ihren Biotopen Infektionen des Menschen hervor. – In Afrika ist das Rift-Valley-Fieber wichtig (Fieber, Gelenkschmerzen, Hepatitis, hämorrhagische Pneumonie, Meningoenzephalitis). Es wird durch Aedes sp. übertragen; das Reservoir bilden Wiederkäuer.

5.5.2 Rolle als Krankheitserreger

Vorkommen, Epidemiologie, Übertragung

Die Epidemiologie der weltweit verbreiteten Hanta-Viren des Menschen beruht auf der geographischen Verteilung der persistent infizierten Nagetierspezies, an die sich das jeweilige Virus angepaßt hat. Infolge dieser Anpassung haben sich verschiedene Virulenzmerkmale herausgebildet. Der Mensch wird mit den **Hanta-Viren** durch Speichel und Ausscheidungen von Ratten und Mäusespezies direkt durch Staubpartikel oder durch kontaminierte Lebensmittel infiziert. In Deutschland kommen die Serotypen Hantaan- und Puumala-Virus vor; betroffen sind v. a. Wald- und Landarbeiter, die Durchseuchung liegt bei 1,7%. Infektionen von Mensch zu Mensch gibt es wahrscheinlich. In Serbien kommt das Belgrad- und das Dobrova-Virus vor.

Pathogenese

Diese systemische Viruserkrankung wird wahrscheinlich vorwiegend durch Zytokinfreigabe aus infizierten Endothelien der Niere oder der Lunge verursacht.

Klinik

Die Inkubationsperiode beträgt 12–24 Tage. Das Krankheitsbild läßt sich durch plötzlichen Beginn und einen biphasischen Verlauf (1. Phase: Fieber und Stirn-Retrobulbärkopf- sowie Muskelschmerzen; 2. Phase: Nephropathie, auch kombiniert mit

VIII

Hämorrhagien (HFRS)) sowie Pneumonie mit „Schock" diagnostizieren.

- **Nephropathie:** Die Nephropathie geht mit Oligurie und N_2-Retention, aber ohne Blutdruckerhöhung, einher. Für den Beginn der Krankheit ist eine Oligurie typisch (Puumala-Virus), die später in eine Polyurie übergeht. Dies ist eine leichte Erkrankungsform (NE, Nephropathia epidemica). Die Letalität beträgt $\ll 1\%$.
- **Hämorrhagien:** Sie kommen durch erweiterte Blutgefäße, Thrombozytopenie und Extravasate zustande. Die Nierenschäden und Rumpfschmerzen sind Folge der Gefäßschädigungen mit Endothelbefall (Hantaan-, Seoul- und Dobrava-Virus): Hämorrhagisches Fieber mit renalem Syndrom (HFRS). Mittelschwerer Verlauf, Letalität: 5–25%.
- **Interstitielle Pneumonie** (Sin-Nombre-Virus u. a.) mit Lungenödem, Pleuratranssudat, Herzversagen, Endothelbefall mit Thrombozytopenie: „Hantavirus-Pulmonary-Syndrom" (HPS) mit schwerem Verlauf; die Letalität beträgt bis 60%, es finden sich kaum Hämorrhagien (Tropismus!).

Toskana- und Pappataci-Fieber

Das **Toskana-Fieber** wurde verschiedentlich nach Mitteleuropa eingeschleppt. Es kommt in der Toskana, in Sizilien, Neapel und Mittelmeerländern vor. Von Springmäusen wird es durch Phlebotomen (Sandfliegen) auf den Menschen übertragen. Die Inkubationsperiode beträgt 2–6 Tage, es folgt (selten) eine „Grippe", dann eine Remission von 7 Tagen mit anschließender Meningitis (gutartig) von 7 Tagen Dauer. Das **Pappataci-Fieber** tritt auf dem Balkan auf. Die Inkubation beträgt 2–6 Tage nach der Übertragung von Schafen, Rindern und Nagetieren durch Phlebotomen. Das klinische Bild manifestiert sich mit 3–7tägiger Dauer durch hohes Fieber, Kopf- und Gliederschmerzen, Photophobie, Konjunktivitis bds., Erbrechen, Diarrhoe und Exanthem. Der Verlauf ist gutartig. Der Nachweis beider Viren erfolgt durch den IFT oder den ELISA sowie die PCR. Es gibt 3 Serotypen. DD: Influenza, Dengue-Fieber, West-Nile-Fieber und Rift-Valley-Fieber. Anamnese: Reise in welche Region?

Labordiagnose

Zum Nachweis der Antikörper dient ein Immunfluoreszenz-Test; zur Bestätigung lassen sich ein Immunoblot und die PCR heranziehen. Die Erkrankung soll eine lebenslange Immunität hinterlassen.

Prävention und Therapie

Die Bekämpfung von Infektionsmöglichkeiten (Nagetierplage) ist das beste Mittel zur Verhütung der Erkrankungen. Ribavirin wurde offenbar mit Erfolg gegeben, es wirkt jedoch gegen die Infektion, nicht aber gegen den Schock. Dobutamin bekämpft den Schock. Im Korea-Krieg hat Kortison bei hämorrhagischem Schock die Symptome gebessert. In Mäuseversuchen hat jetzt ein Antikörper gegen den TNF-β-Rezeptor den Schock aufgehoben.

Meldepflicht. Verdacht, Erkrankung und Tod. Erregernachweis

ZUSAMMENFASSUNG: Bunya-Viren

Virus. (–)-Strang-RNS, drei Segmente, Hantaan-Virus, wenig- und hochvirulente Stämme.

Vorkommen, Übertragung, Epidemiologie. Weltweit, Ausscheidung mit Kot und Urin von Ratten und Mäusen, Staubinfektion, Durchseuchung etwa 1%.

Klinik. Inkubationsperiode 12–24 Tage. 1. Phase: Fieber, Kopf- und Muskelschmerzen; 2. Phase: Nephropathie, Hämorrhagien, Pneumonie. „Hanta-Virus-Pulmonary-Syndrom" (HPS), Nephropathia epidemica (NE), Hämorrhagisches Fieber mit Renalem Syndrom (HFRS).

Diagnose. Immunfluoreszenz-Test, Westernblot, PCR. Hochsicherheitstrakt.

Prävention. Bekämpfung von Ratten und Mäusen.

Therapie. Ribavarin.

Meldepflicht. Verdacht, Erkrankung und Tod. Erregernachweis.

EINLEITUNG

Das Röteln-Virus erzeugt die Röteln und kann Embryopathien hervorrufen. Es wurde 1938 durch Ultrafiltrate aus Rachenspülwasser von Erkrankten auf Affen und Menschen übertragen. 1941 wurde von dem australischen Augenarzt Sir Norman Gregg beobachtet, daß nach einer Röteln-Epidemie gehäuft Embryopathien aufgetreten waren, die er auf während der Früh-schwangerschaft durchgemachte Rötelnerkrankungen zurückführen konnte. 1962 gelang Weller die Züchtung in vitro.

Seit der Einführung der Schutzimpfung im Jahre 1969 ist die Zahl der Röteln-Erkrankungen ständig zurückgegangen. Obwohl man seit über 20 Jahren einen Impfstoff zur Verfügung hat, gibt es pro Jahr in Deutschland immer noch etwa 100 Embryopathien.

STECKBRIEF

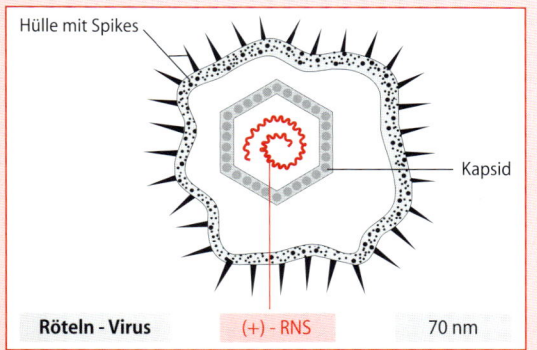

Hülle mit Spikes

Kapsid

Röteln - Virus | (+) - RNS | 70 nm

Glykoproteinen, das Kapsid wird durch 1 Protein gebildet. Es gibt nur einen einzigen Serotyp.

Züchtung

Die Züchtung ist in Zellkulturen möglich. Das Virus erzeugt einen ZPE und repliziert sich im Plasma der Zelle, die Montage erfolgt an der Zellmembran.

Resistenz

Das Virus ist außerhalb des Körpers wenig beständig und ist ätherempfindlich.

6.1 Beschreibung des Virus

Genom

Das Röteln-Virus ist ein (+)-Strang-RNS-Virus mit einem 9,75 kb Genom. Auf Grund seiner Genomstruktur wird es als Genus Rubi-Virus zur Familie der Toga-Viren gezählt.

Morphologie

Das Röteln-Virus mißt etwa 70 nm. Das Virion besteht aus einem kugeligen RNS-Knäuel, welches von einem Ikosaeder-Kapsid und einer weiten, faltigen Hülle („schlotternde Toga") umschlossen ist. Die Hülle trägt hämagglutinierende Spikes aus 2

6.2 Rolle als Krankheitserreger

Epidemiologie

Die Röteln treten vornehmlich im Frühjahr auf. Epidemische Häufungen von Röteln beobachtet man alle 3–5 Jahre. In Mitteleuropa sind z.Z. etwa 10% der Frauen im gebärfähigen Alter seronegativ. Dieser Durchseuchungsgrad reicht keineswegs aus, um sporadische und epidemische Rötelnfälle bei Frauen zu verhindern.

Etwa 40% der Röteln-Infektionen verlaufen inapparent. Inapparente Verläufe können bei Schwangeren genauso zur Embryopathie führen wie klinisch manifeste Verläufe.

Übertragung und Vorkommen

Die Infektion erfolgt nur bei engem Kontakt von Mensch zu Mensch, in der Hauptsache durch *Tröpfchen*- und *Schmierinfektion*. Das Virus findet sich auch im Zervix-Sekret von Schwangeren, hat aber im Hinblick auf den Befall des Embryos durch eine Infektion keine Bedeutung. Infektiös sind das Sputum, das Blut, aber auch der Urin, der Stuhl und das Konjunktivalsekret der Kranken und Infizierten. Das Röteln-Virus kommt nur beim Menschen vor.

Als *Infektionsquelle* kommen in Betracht:

- Kranke, die sich als Kleinkinder oder später infiziert haben und akute Röteln durchmachen. Die Infektiosität beginnt sieben Tage vor Ausbruch des Exanthems. Klinisch bedeutsam ist die Tatsache, daß seronegative Krankenschwestern die Röteln bekommen und dann auch übertragen können. Das gesamte Krankenhauspersonal sollte vor Dienstantritt auf Röteln-Antikörper getestet und ggf. geimpft werden (s. S. 508).
- Kinder gelten als dauernde Quelle, wenn sie pränatal infiziert waren und deshalb eine chronische Rötelnerkrankung entwickeln. Die Kinder sind über mehr als zwei Jahre nach der Geburt kontagiös; sie können seronegative Personen aus ihrer Umgebung, z.B. Säuglingsschwestern, anstecken.
- Erwachsene im Verlauf von flüchtigen (inapparenten) Reinfektionen.

Pathogenese

Als Eintrittspforte des Virus dient der Nasen-Rachenraum. Das Virus vermehrt sich zunächst im Epithel der oberen Luftwege. Es kommt zu einer Generalisation auf dem Lymph- und Blutweg mit Virämie und zu multipler Organlokalisation. Das Virus ist u.a. in den Lymphknoten und in der Haut nachweisbar. Die Röteln-Infektion verläuft, wenn sie post partum erworben wird, stets *zyklisch*; der Infizierte wird nach Ablauf der Krankheit virusfrei. Ob das Exanthem durch eine Immunkomplex-Vaskulitis zustandekommt, ist nicht klar; der Ausschlag tritt auf, wenn die Virämie endet. Virusantigen läßt sich bei Arthralgien auch in der Synovialflüssigkeit nachweisen. Bei der pränatalen Infektion verläuft die Infektion hingegen *chronisch*; es kommt zur Embryopathie und nach der Geburt zu ausgeprägt protrahiertem Verlauf mit massiver Virus-Produktion und -Ausscheidung. In diesen Fällen liegt ein Immunschaden vor, der sich in einer persistierenden IgM-Produktion äußert (gestörter IgM→IgG-switch). Das gestörte Längenwachstum der großen Extremitäten-Knochen führt man auf das in den Epiphysen vorhandene Röteln-Virus zurück; die ablaufenden Zellteilungsvorgänge werden durch die Produktion von Interferon und die Induktion von Apoptose unter Mitwirkung von p53 behindert (Abb. 6.1).

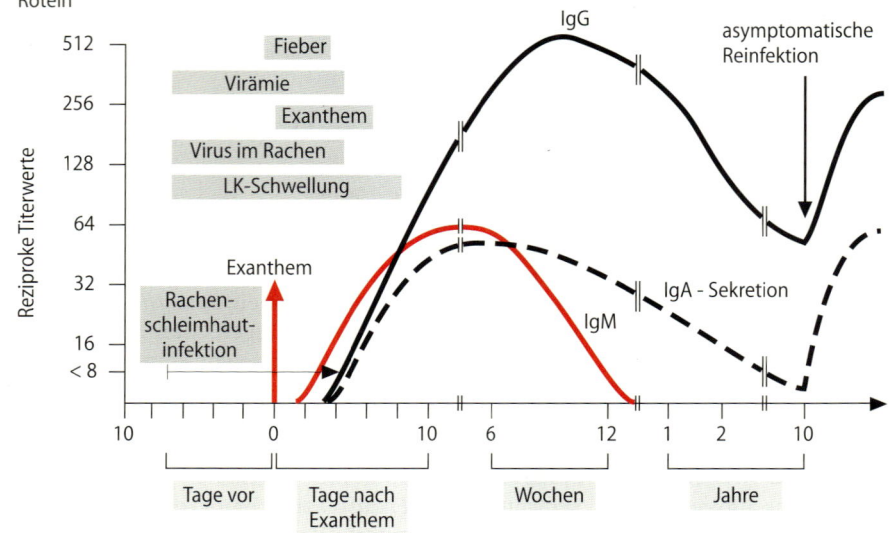

Abb. 6.1. Ablauf einer Röteln-Infektion mit Antikörperverlauf, Reinfektion, sowie Exanthem und klinischen Daten

Klinik

Röteln. Die manifeste Krankheit der Röteln beginnt nach einer Inkubationsperiode von etwa 2–3 Wochen mit einer **katarrhalischen Initialphase** von etwa zwei Tagen bei nur geringfügiger Temperaturerhöhung. Charakteristisch sind dabei die Schwellung der zervikalen und okzipitalen Lymphknoten. In 50% der Fälle ist die Milz geschwollen. Nicht selten werden rheumatoide Gelenkschmerzen beobachtet, besonders wenn Erwachsene an Röteln erkranken. Der Ausschlag beginnt hinter den Ohren und dehnt sich auf Brust und Bauch aus. Die Flecken sind kleiner als bei Masern, aber größer als bei Scharlach und konfluieren nicht; das Exanthem ist kurzdauernd. Es ist etwa 2–3 Tage sichtbar, oft aber auch nur Stunden (Abb., s. S. 687).

Die Abgrenzung von Erythema infectiosum (Ringelröteln durch Parvo-Virus B19), von Exanthema subitum (HHV-6), von Scharlach und von Masern ist nicht leicht. Differentialdiagnostisch sind Picorna-Viren, das EBV sowie flüchtige Arzneimittelexantheme zu berücksichtigen. Für die Diagnose wichtig ist die Leukopenie mit Lymphozytose bei auffallend vielen monozytoiden jugendlichen Zellen.

Komplikationen sind bei den akuten postnatalen Röteln sehr selten. Es wurde über postinfektiöse Enzephalitis, hämolytische Anämien, Myo- und Perikarditis, Thrombopenie sowie Arthralgien bei Frauen berichtet.

Embryopathie: Auge, Ohr, Gehirn, Herz.

Wenn eine Schwangere an Röteln erkrankt oder eine inapparente Infektion durchmacht, so kann das Virus im Zuge der Generalisation auf den Embryo übertragen werden; es verursacht dort eine chronische Infektion. Die Infektion des Embryo wirkt zytolytisch (ZPE) und behindert vermutlich die Zellteilungsvorgänge; sie verursacht besonders in den ersten drei bis vier Schwangerschaftsmonaten Schädigungen. Die Schädigung des Embryo führt entweder zum Abort oder zum konnatalen Röteln-Syndrom des Neugeborenen. Die postnatalen Erscheinungen der Embryopathie sind vielfältig: Katarakt, Glaukom, Retinopathie, Taubheit, Mikrozephalie, geringe Körperlänge bei der Geburt, angeborene Herzfehler (persistierender Ductus Botalli), Verlangsamung des Wachstums, Zahndefekte, Hepatosplenomegalie mit Stauungsikterus, thrombozytopenische Purpura, hämolytische Anämie. Man hat auch einen insulinabhängigen Diabetes mellitus (IDDM) und eine subakute sklerosierende Panenzephalitis (SSPE) beobachtet.

Das **Risiko der Embryopathie** ist während des ersten Schwangerschaftsmonats am höchsten (60%); es fällt bis zum 3./4. Monat progressiv auf 10–15% ab. In den späteren Schwangerschaftsmonaten ist das Risiko zwar geringer, es kann aber doch zu Sprach- und Hörstörungen kommen, die erst nach einigen Jahren auffallen. Als Folge der Röteln-Embryopathie sterben einige der betroffenen Kinder vor Abschluß des ersten Lebensjahres. Eine Röteln-Infektion kurz vor der Konzeption birgt kein Risiko. Die Reinfektion einer Graviden, die über natürlich erworbene Antikörper verfügt, ist ohne Gefahr für den Embryo, wenn der hämagglutinationshemmende Titer bei 1:16 oder höher liegt.

Immunität

Das Röteln-Virus ist immunologisch einheitlich. Das Überstehen der Krankheit hinterläßt eine lange, wahrscheinlich sogar lebenslange humorale und zelluläre Immunität. Diese verhindert zwar erneute Erkrankungen, schützt aber nicht vor lokalen Reinfektionen des Nasenrachenraumes. Die Immunität des Erwachsenen beruht auf Antikörpern der Klasse IgG und IgA. IgG-Antikörper sind das ganze Leben hindurch nachweisbar; sie werden von der Mutter auf das Kind übertragen und verleihen diesem über einen Zeitraum von 3–6 Monaten Schutz. Die in der Frühschwangerschaft mit Röteln-Virus infizierten Neugeborenen weisen keine voll ausgebildete Immuntoleranz gegen das Virus auf; sie bilden vielmehr über lange Zeit eigene Antikörper der Klasse IgM. Die Wahrscheinlichkeit, IgM-Antikörper beim Kind nach der Geburt aufzufinden, ist umso größer, je früher die Infektion in der Schwangerschaft erfolgt ist.

Labordiagnose

Isolierung des Virus. Am besten eignet sich Rachenspülwasser. Die Isolierung erfolgt in Zellkulturen.

Antikörpernachweis beim akuten Fall (auch bei rötelnexponierten Graviden). Er erfolgt in zwei separat im Abstand von 10 Tagen entnommenen Serumproben. Man untersucht die beiden Proben im Hämagglutinations-Hemmungstest (Hirst-Test) und im IgM- und im IgG-ELISA gleichzeitig.

IgM-Antikörper hat man bis zu sechs bis neun Monaten nach der Infektion nachgewiesen.

Anamnestischer Antikörpernachweis. Er erfolgt im Hirst-Test mit einer einzigen Serumprobe. Man findet Titer zwischen 1:16 und 256. Bei akuten Infektionen beträgt der Titer bis zu 1:1024 und mehr. Nach Schutzimpfungen liegen die Titerwerte generell niedriger als bei der natürlichen Durchseuchung. Sie sinken auch schneller ab. Niedrige Titerwerte im HHT von 1:8 und 1:16 bedeuten keinen sicheren Schutz vor der Embryopathie. Dementsprechend gilt, daß alle Frauen mit Kinderwunsch beim Vorhandensein von niedrigen Werten (1:8, 1:16) erneut getestet und ggf. geimpft werden und weiter überprüft werden. Die IgM- und IgG-Antikörper steigen nach Schutzimpfungen langsamer an als bei der natürlichen Röteln-Infektion. IgM-Antikörper hat man bis zu 6 Monaten nach der Impfung nachgewiesen.

Antikörpernachweis im *Blut des Neugeborenen* bei Verdacht auf Embryopathie erfolgt in der IgM-Fraktion (Auftrennung über eine Austauscher-Säule oder im Saccharose-Gradienten). Man setzt einen IgM- und einen IgG-ELISA an, nur der IgM-Wert ist beweisend für eine frische Infektion.

Antikörpernachweis im *Nabelschnurblut in utero* bei Verdacht auf Röteln-Infektion: Besteht bei einer seronegativen Graviden solch ein Verdacht, wird ihr Serum untersucht (s. o.). Im Nabelschnurblut erfolgt der Test auf das nicht plazentagängige IgM wie üblich. Ist er positiv, ist ein Abbruch zu erwägen, die Entscheidung liegt bei den Eltern. Mütterliche Blutbeimengungen lassen sich durch Erythrozytenkontrolle ausschließen. Kindliches IgM wird von der 22. Woche ab gebildet; ist es nicht vorhanden, liegt keine Infektion des Föten bzw. keine Embryopathie vor. Zur Sicherung des Befundes soll die **PCR** angesetzt werden. Sie erlaubt eine Diagnose in den Chorionzotten oder im Fruchtwasser ab der 12. Schwangerschaftswoche.

Prävention

Schutzimpfung. Der Lebendimpfstoff ist sehr wirksam, er wird weltweit mit gutem Erfolg angewendet. Wegen des relativ baldigen Absinkens der Antikörper ist *vor jeder* Schwangerschaft eine Titerbestimmung erforderlich. Die Impfung sollte auch Jungen erfassen; die Herdimmunität wird dadurch verstärkt und eine geringere Gefahr für seronegative Gravide resultieren. Heute erfolgt die erste Impfung mit 12–15 Monaten, die zweite im 5.–6. Lebensjahr als 3-fach-Impfstoff: MMR (Masern-Mumps-Röteln und ggf. Varizellen) und vor der Menarche (nur Röteln) sowie später bei Bedarf (Anhang, s. S. 999 ff.).

Als Nebenwirkung der Impfung ergeben sich nur gelegentlich Arthralgien. Die Impfprophylaxe zielt auf die Verhinderung der Embryopathie.

Während der Gravidität ist die Impfung kontraindiziert. Nach einer Schutzimpfung ist eine Karenzzeit von drei Monaten bis zur nächsten Konzeption einzuhalten. Allerdings sind bisher keine durch das Impf-Virus hervorgerufenen Embryopathien bekannt geworden.

Gammaglobulin-Prophylaxe. Hat eine seronegative und schwangere Frau mit Rötelnkranken Kontakt gehabt, wird *Human-Röteln-Gammaglobulin* verabreicht. Die Wirkung ist nur dann sicher, wenn das Gammaglobulin innerhalb von 1–2 Tagen nach der Exposition gegeben wird. Die passiv zugeführten Antikörper machen sich serologisch bemerkbar. Zur Überprüfung der Wirksamkeit der passiven Schutzimpfung muß bis zum Ende der gefährdeten Phase kontrolliert werden, ob eine Serokonversion erfolgt oder nicht. Erfolgt ein Titeranstieg, muß mit einer Embryopathie gerechnet werden.

Schwangerschaftsabbruch

Ist bei Schwangeren vor dem 4. Monat ein Ausbruch von Röteln klinisch, serologisch und durch die PCR auch beim Kind festgestellt worden, so ist ein Abbruch der Schwangerschaft indiziert. Dies erfolgt nur in Absprache mit den Eltern. Stellt man während einer Schwangerschaft fest, daß eine Frau für Röteln seronegativ ist, so muß sie fortlaufend auf Antikörper kontrolliert werden; die aktive Schutzimpfung sollte nachgeholt werden (Impfung im Wochenbett).

Meldepflicht. Röteln-Embryopathien sind meldepflichtig.

ZUSAMMENFASSUNG: Röteln-Virus

Virus. (+)-Strang-RNS-Virus, bestehend aus Ikosaeder-Kapsid und Hülle, gehört als Rubi-Virus zur Toga-Familie; nur 1 Serotyp.

Vorkommen und Übertragung. Weltweit, alleiniger Wirt ist der Mensch. Tröpfcheninfektion durch Erkrankte, Kinder mit Embryopathie, inapparent Infizierte und reinfizierte Personen.

Epidemiologie. Kinderkrankheit, bei Primärinfektion einer seronegativen Schwangeren besteht das Risiko der Entstehung einer Embryopathie. Frauen sollten zu mehr als 95% Antikörperträger sein!

Pathogenese. Zyklische Viruskrankheit mit Elimination des Virus. 40% der Infektionen verlaufen inapparent.

Klinik. Inkubationsperiode 14–21 Tage. Kinderkrankheit mit Exanthem und kaum Nebensymptomen. Gefahr der Embryopathie (Auge, Ohr, Gehirn, Herz!) im 1.–4. Schwangerschaftsmonat, abnehmend von 60% auf 10% (Mittel: 30–40%).

Immunität. Lebenslange Immunität gegen die Röteln, bei Antikörpertitern im HHT unter 1:32 bei der Schwangeren Gefahr der Rötelnembryopathie. Bei Titern von 1:8/16 Test wiederholen, ggf. Impfung und Test.

Diagnose. Klinisch nicht möglich, deswegen HHT sowie IgM- und IgG-ELISA, ggf. PCR. Störfaktoren: Cave! DD: Masern, Scharlach, Arzneimittelexantheme, Picorna-Infektionen, Exanthema subitum, infektiöse Mononukleose, Erythema infectiosum.

Therapie. Symptomatisch.

Prävention. Schutzimpfung, Impfung im Wochenbett. Bei Mädchen: dreimalige Schutzimpfung, auch Jungen impfen: Aufbau einer Herdimmunität! Impfung von medizinischem Personal mit ungenügendem Antikörpertiter (unter 1:32).

Meldepflicht. Bei Embryopathie.

• • •

EINLEITUNG

Die zur Familie der Rhabdoviren gehörige Spezies Rabies-Virus erzeugt die Tollwut (Genus Lyssa). Die Tollwut ist seit dem Altertum bekannt. In Indien wurden 1992 500 000 Personen geimpft. 1985 erkrankten dort 25 000 Personen. In Deutschland wird das Reservoir (Füchse) erfolgreich mit einem Köder-Lebendimpfstoff bekämpft.

STECKBRIEF

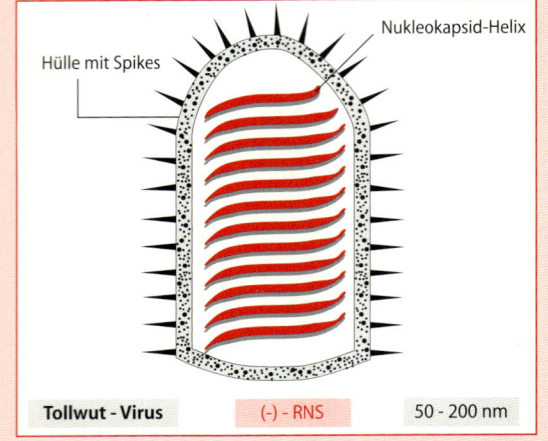

| Tollwut - Virus | (–) - RNS | 50 - 200 nm |

7.1 Beschreibung

Genom

Das Tollwut-Virus zählt zu den (–)-Einzelstrang-RNS-Viren. Das Genom enthält 12,0 kb.

Morphologie

Das Virus besitzt eine patronenförmige Gestalt: Länge 200 nm und Durchmesser 50 nm. Die RNS ist in einem schraubenförmig angeordneten Helikal-Kapsid enthalten; das Nukleokapsid ist von einem M-Protein umgeben und in eine Hülle mit Spikes eingebettet. Die Montage des Virus erfolgt im endoplasmatischen Retikulum.

Züchtung

Das Tollwut-Virus läßt sich züchten und passagieren:

- im Gehirn des Kaninchens und der Maus,
- im bebrüteten Ei (Enteneier),
- in der Zellkultur aus humanen Diploid-Zellen u. a.

Man unterscheidet beim Tollwut-Virus die in Passagen gehaltenen Laborstämme von dem in der Natur vorkommenden Wildvirus; dieses wird auch als *„Straßenvirus"* bezeichnet. Als Prototyp der Laborstämme gilt das sog. *„Virus fixe"*. Damit wird ein Stamm bezeichnet, der durch intrazerebrale Inokulation in Kaninchen-Passagen fortgeführt wird; hierdurch hat er seine ursprüngliche Virulenz verloren. Der von Pasteur seinerzeit adaptierte und als Virus fixe bezeichnete Stamm ist heute nur noch als „Hempt"-Impfstamm in den Entwicklungsländern in Gebrauch; Gefahr: Impfenzephalitis!

Resistenz

Das Virus verliert durch Ätherbehandlung, Seifenlösungen und Detergentien sehr bald seine Infektiosität.

7.2 Rolle als Krankheitserreger

Vorkommen

Die Tollwut ist eine weitverbreitete Tierkrankheit (Zoonose), die den Menschen nur ausnahmsweise

befällt. Es ergeben sich permanente Infektketten innerhalb des Tierbestandes; diese verleihen der Krankheit endemischen Charakter. Die Infektion des Menschen erfolgt fast immer durch den Biß eines Tieres.

In Deutschland sind **Füchse**, **Rehwild**, **Marder** und **Dachse** das Virusreservoir, in den USA sind es die Waschbären und Skunks (**sylvatische Tollwut**). Von hier aus werden Rinder, Katzen, Schafe und Hunde in abnehmender Häufigkeit infiziert, die dann neue Infektketten unter sich oder in Kombination mit anderen Tierspezies bilden können. Eine „epidemiologische Sackgasse" stellt die relativ häufige Infektion des Rindes dar: Das auf der Weide durch Bißverletzungen infizierte Rind überträgt die Infektion so gut wie niemals weiter. Der Mensch wird in Deutschland in der Regel durch Hunde oder Katzen infiziert (**urbane Tollwut**). Anstelle des Hundes können Wölfe (Osteuropa) oder Schakale (Südafrika) die Krankheit auf den Menschen übertragen. In Südamerika wird das Virusreservoir durch blutsaugende Fledermäuse (Vampire) unterhalten; von hier aus wird das Virus auf das Rind und auf andere Tiere übertragen.

Die Infektion verläuft bei Tier und Mensch stets manifest und endet *immer* tödlich. Eine Ausnahme bilden in dieser Hinsicht lediglich die Fledermäuse: Sie erkranken inapparent oder sie überleben die manifeste Krankheit und sind dann in gesundem Zustand als „Dauerausscheider" infektiös.

An der Nord- und Ostseeküste zwischen Holland und Finnland gibt es eine Variante mit abweichendem Antigenverhalten (ähnlich dem Duvenhage-Virus); sie verursacht die Tollwut der Fledermäuse (Eptesicus serotinus und Myotis dasycneme).

Epidemiologie

Seit dem Ende des 2. Weltkriegs breitete sich die sylvatische Tollwut westwärts von Rußland bis nach Frankreich mit einer Geschwindigkeit von etwa 30 km pro Jahr aus. Hunderte von Tieren haben sich jedes Jahr als tollwutinfiziert erwiesen. In den schutzgeimpften Gebieten ist die Fallzahl praktisch auf Null abgesunken, Menschen sind nur ausnahmsweise erkrankt. Der letzte Fall in Deutschland ist 1996 aufgetreten; der Patient war in Indien von einem Hund gebissen worden. Von 1981–1997 gab es in Deutschland 4 Fälle. In England und Spanien gibt es nur die Fledermaustoll-

wut. In Dänemark ist jüngst ein Schaf von einer Fledermaus infiziert worden.

Übertragung

Keimreservoir ist das erkrankte Tier; die Infektion erfolgt durch Biß mit virushaltigem Speichel von Tier zu Tier. Das infizierte Tier wird erst kurz vor Beginn der klinischen Erscheinungen kontagiös: Vom Auftreten des Virus im Speichel bis zum Auftreten der typischen Symptome vergeht höchstens eine Woche und bis zum Tode des Tieres höchstens eine weitere Woche. Dies bedeutet, daß ein Hund, der 10 Tage lang in Isolierung gehalten wird und keine klinischen Erscheinungen zeigt, als Infektionsquelle nicht in Betracht kommen kann.

Die Tollwut wird nur durch den Biß übertragen. Hantieren mit virusbehaftetem Material führt nur beim Vorhandensein von Hautverletzungen zur Infektion (Gummihandschuhe!).

Als Eintrittspforte beim Menschen dienen Hautwunden; in Betracht kommen vornehmlich *Bißwunden*, aber auch oberflächliche *Abschürfungen*. Das Virus kann auch durch die unverletzte Schleimhaut der Lippen, der Nase und (extrem selten) der Augen eindringen. Als extreme Seltenheit werden Infektionen durch Aerosole beschrieben (Fledermaushöhlen). – In Endemieregionen sind Übertragungen beim Nächtigen im Freien beschrieben.

Pathogenese

Wirtsspektrum und Organotropismus. Das Tollwut-Virus hat ein extrem breites Wirtsspektrum. Dieses erstreckt sich auf alle Warmblüter und reicht vom Rind bis zur Fledermaus. Das Virus ist hinsichtlich seiner pathogenen Wirkung *neurotrop*: Die Tollwut verläuft als bösartige Enzephalitis. Bezüglich seiner Vermehrungsfähigkeit ist das Tollwut-Virus jedoch neuro-viszerotrop: Es befällt neben dem ZNS v. a. die Speicheldrüsen und z. B. auch die Drüsen der Haarfollikel.

Während das Straßenvirus im Hinblick auf seine Vermehrungsfähigkeit neuro-viszerotrop ist, verhält sich das Virus fixe dagegen exklusiv neurotrop: Es hat durch die Passagen die viszerotrope Eigenschaft des Straßenvirus eingebüßt. Das Strassenvirus wird im Speichel massenhaft ausgeschieden, während das Virus fixe im Speichel nicht erscheint. Diese Eigenschaften des Virus fixe in Kaninchenpassagen beruhen auf einer Anreicherung derjenigen Varianten, welche „hohe Neurovirulenz

bei geringer Invasivität für das ZNS und fehlender Viszerotropie" besitzen. Die Neurovirulenz wird durch Eigenschaften des Glykoproteins bestimmt.

Ausbreitung. An der Infektionsstelle vermehrt sich das Virus zunächst in den Muskelzellen (sowie Makrophagen und Lymphozyten), ehe es Zugang zu den Nervenendigungen findet; vermutlich wandert das Virus als Nukleokapsid mit Überspringen der Synapsen axonal zum ZNS, vermehrt sich dort und gelangt dann zentrifugal in die Speicheldrüsen, das Pankreas, die Haarbalgdrüsen u. a., in denen eine starke Vermehrung erfolgt. Da sich das Virus fast exklusiv im Nervensystem aufhält, wird das Immunsystem erst dann stimuliert, wenn sich das Virus in großen Mengen vermehrt hat, d. h. am Ende der klinisch manifesten Erkrankung.

Die pathologisch-anatomische Schädigung. Die pathologisch-anatomische Schädigung betrifft nur das *ZNS*, und zwar vornehmlich die Gegenden des Hippokampus (Ammonshorn), der Medulla und des Kleinhirns. Später werden aber auch die übrigen Regionen der Großhirnrinde und der Pons betroffen. Die Virusvermehrung erfolgt nur in den Neuronen. Sie führt zum Auftreten von Einschlußkörperchen (*Negri-Körperchen*), auch in den Epithelzellen der Speicheldrüsen und den Konjunktivalzellen. Später kommt es zum Untergang des Neurons, zur Neuronophagie und zur herdförmigen Zellinfiltration mit Gliawucherung. Die histologischen Veränderungen erscheinen im Vergleich zur Schwere des Krankheitsbildes geringfügig. Man vermutet Zytokine als Ursache der Funktionsstörungen. Im Endzustand findet man ausgedehnte Zerstörungen der grauen und der weißen Substanz. Die späten Lähmungen sind immunologisch bedingt. In der z. T. sehr langen Inkubationszeit verbleibt das Virus zunächst lokal und wandert dann schnell (400 mm/Tag) zum ZNS (Abb., s. S. 690).

Klinik

Beim Menschen verläuft die Tollwut in drei Stadien. Zwischen den ersten Symptomen und dem tödlichen Ausgang liegen höchstens sieben Tage. Die Einweisungen erfolgen oft in eine HNO-Klinik.

Inkubationszeit. Die Inkubationszeit beträgt durchschnittlich 1–3 Monate, in Extremfällen kann sie aber 10 Tage oder auch 10 Monate dauern. Neben der Virusmenge beeinflußt die räumliche Entfernung der Bißstelle vom ZNS die Dauer der Inkubationszeit: Bei Kopfverletzungen ist mit einer kürzeren Inkubationszeit zu rechnen als bei Extremitätenverletzungen.

Prodromalstadium. Beim Menschen besteht eine Hyperästhesie in der Gegend der Bißwunde: Der Patient klagt über lokales Brennen und Jucken. Es tritt Fieber mit uncharakteristischen Krankheitsbeschwerden (Kopfschmerzen, Appetitlosigkeit) auf.

Exzitationsstadium ("rasende Wut"). Der Patient bekommt Angstgefühle und wird motorisch unruhig. Es beginnen Krämpfe der Schluckmuskulatur, die jeweils durch den Schluckakt ausgelöst werden. Der Patient vermeidet dementsprechend das Schlucken: Er hat Angst, zu trinken und läßt aus Furcht vor den schmerzhaften Krämpfen den Speichel lieber aus dem Mund tropfen, als ihn zu verschlukken. Zu der motorischen Unruhe kommen abwechselnd aggressive und depressive Zustände der Psyche. Charakteristisch ist die Wasserscheue: Die optische oder akustische Wahrnehmung von Wasser führt zu Unruhe und zu Krämpfen, die sich auf die gesamte Muskulatur erstrecken können. Zum Unterschied von Tetanus besteht aber kein Trismus.

Paralyse ("stille Wut"). Einige Stunden vor dem Tod lassen die Krämpfe und die Unruhezustände nach. Es kommt zu Paresen, zu fortschreitenden Lähmungen und schließlich zum Exitus.

Erkrankung beim Tier. Beim Hund beobachtet man verändertes Benehmen, blinde Aggressivität, Herumstreunen, Verschlingen ungenießbarer Gegenstände, heiseres Bellen und Heulen. Es besteht beim Hund jedoch keine Wasserscheu. Beim Wild fällt das Fehlen der natürlichen Scheu in Kombination mit Aggressivität auf.

Immunität

Es gibt sieben serologische Typen, davon sechs in Fledermäusen. In Europa kann man weiterhin mit der serologischen Einheitlichkeit des klassischen Tollwut-Virus rechnen, die Fledermausviren differieren antigenetisch.

Der Mensch entwickelt während der Rabies weder neutralisierende noch komplementbindende Antikörper, da der Tod vorher eintritt. Neutralisierende IgM- und IgG-Antikörper können nur durch die Schutzimpfung entstehen.

Labordiagnose

Die Labordiagnose „Tollwut" wird durch Nachweis der Antigene bzw. der Negri-Körperchen im IFT gestellt. In Zweifelsfällen muß ein Tierversuch angesetzt oder die Zellkultur infiziert werden (s. u.), in Zweifelsfällen wird die PCR im Liquor eingesetzt.

Morphologischer Virusnachweis durch Fluoreszenzserologie. Hierbei wird in den Zellen des verdächtigen Tieres oder des menschlichen Falles nach Virus-Antigen gesucht. Die Darstellung geschieht mit einem Anti-Tollwutserum im IFT. Folgende Tests sind im Gebrauch:

Nachweis der Negri-Körperchen im ZNS. Post mortem werden mehrere Schnitte aus der Gegend des Hippokampus, speziell des Ammonshorns, angefertigt und im Sandwichverfahren gefärbt. Zusätzlich färbt man Schnitte nach Giemsa. Die Negri-Körperchen erscheinen im Zytoplasma als 2–10 µm messende eosinophile Einschlüsse.

Kornealtest. Vom lebenden Tier oder vom Patienten werden Kornealzellen durch Abklatschen auf ein Deckglas gebracht, fixiert und fluoreszenzserologisch gefärbt. Im positiven Falle sieht man mikroskopisch Antigenanhäufungen in den Pflasterepithelzellen.

Haut-Biopsien. Neuerdings stellt man die Diagnose der Tollwut beim Lebenden auch durch Untersuchung von Haut-Biopsien (Hautstanzen) aus dem Nackengebiet. Auch hier geht es um den Nachweis von Tollwut-Antigen durch den IFT. Das Virusantigen ist in den Zellen der Haarfollikeldrüsen enthalten.

Isolierung des Virus. Früher erfolgte die Isolierung des Virus durch intrazerebrale Verimpfung des verdächtigen Materials auf Mäuse; sie zeigten ggf. typische Symptome, und im ZNS fanden sich Negri-Körperchen. Heute wird das Tollwut-Virus nach 1–2 Tagen in Neuroblastom-Zellen mit dem IFT nachgewiesen. RT-PCR.

Prävention

Prophylaktische Impfungen von Waldarbeitern und Reisenden in den Orient und nach Indien sind ratsam.

Vorgehen nach dem Biß durch ein tollwutverdächtiges Tier. Nach jeder Bißverletzung durch einen Hund ist das Tier nach Möglichkeit einzufangen und zu isolieren. Das Tier muß mindestens sieben Tage lang durch einen Veterinär beobachtet werden. Treten nach sieben Tagen keine Symptome der Tollwut auf, so ist der Hund als gesund anzusehen; eine Exposition des gebissenen Patienten ist in diesem Fall nicht anzunehmen. Unabhängig davon muß mit den aktiv-prophylaktischen Maßnahmen sofort nach der Bißverletzung dann begonnen werden, wenn das Tier als tollwutverdächtig anzusehen ist. Zeigt der Hund deutliche Symptome der Tollwut, so wird er getötet und virologisch untersucht. Ist der Hund nach dem Biß unauffindbar, so besteht für den Patienten in jedem Fall Expositionsverdacht. Schwierig wird die Beurteilung, wenn der Hund sofort nach dem Biß getötet worden ist. Hier wird man das Hirn und die Speicheldrüsen zum Isolierungsversuch verwenden müssen.

Bei Verdacht auf Tollwut-Exposition unter Berücksichtigung der epidemiologischen Situation muß die nächste amtlich zugelassene *Wutschutzstelle* konsultiert werden. Ist eine Exposition anzunehmen, so sind folgende Maßnahmen indiziert:

Es wird eine lokale und allgemeine Wundbehandlung durchgeführt. Man exzidiert die Wunde und spült mit starken Seifenlösungen oder mit Detergentien. Zusätzlich umspritzt man die Wunde mit *Anti-Tollwut-Hyperimmunglobulin.* Nach wie vor bleibt die aktive Tetanusprophylaxe notwendig.

Der Exponierte erhält möglichst noch am Tage der Exposition eine intramuskuläre Gabe von Anti-Tollwut-Hyperimmunglobulin.

Man verabreicht dem Exponierten einen Tag nach der Gabe des Immunserums (und später mehrmals) die vorgeschriebene Dosis des amtlich empfohlenen *Totimpfstoffes.* Dieses Vorgehen erstreckt sich auch auf Verletzungen nach Kontakt mit Fledermäusen (in Europa hat es in drei Jahrzehnten drei solcher menschlichen Fälle gegeben), obwohl nur eine geringe Kreuzreaktion besteht.

Schutzimpfung. Die lange Inkubationszeit der Tollwut eröffnet die Chance, infizierte Personen durch Verabfolgen von Virus-Antigen aktiv zu immunisieren und das in der Wunde befindliche Virus passiv vor dessen Ankunft im peripheren Nervensystem durch spezifische Neutralisation zu inaktivieren. Dies gelingt, sofern die Immunisierung früh genug erfolgt, d. h. spätestens innerhalb von drei Tagen nach der Exposition. Die virusspezifischen Antikörper reagieren dann mit Virionen in der Wunde und deren Umgebung. Damit sind die

betroffenen Partikel unfähig, die peripheren Nerven und damit die zentralen Neuronen zu befallen, die Infektion wird kupiert.

Für den Diploidzell-Impfstoff für den Menschen wird das Tollwut-Virus in der Zellkultur (humane diploide Stämme) gezüchtet und inaktiviert. Diese Vakzine hat sich sehr bewährt.

Der *Embryofibroblasten-Impfstoff* wird in Deutschland seit sechs Jahren mit gutem Erfolg eingesetzt. Die Indikation zur Impfung kann großzügig gestellt werden.

Verschiedene attenuierte Stämme für die *Lebendimpfung* werden als Abkömmlinge des Flury-Stammes verwendet. Die Impfung eignet sich aber nur für die Anwendung bei *Tieren*. Sie wird z. B. für den Schutz der Rinder in Südamerika und für die Impfung von freilebenden Füchsen angewendet. In der Schweiz, in Deutschland u. a. o. haben sich die Impfungen der Füchse mit infizierten Ködern sehr bewährt. Die Zahl der Tollwutverdachtsfälle geht stark zurück. In den USA setzt man einen Vaccinia-Hybridimpfstoff ein.

Verkleinerung des Virusreservoirs.
Die Bekämpfung der Tollwut erfolgt durch Verringerung des Bestandes an Übertragertieren durch Köderimpfungen. In Deutschland beseitigt man außerdem streunende Hunde und Katzen. In den USA bekämpft man Fledermäuse und impft alle Hunde. Zeitweise ist *Hundesperre* notwendig, u. U. Maulkorbzwang. Eine Impfpflicht für Katzen und Hunde besteht in Deutschland nicht.

Prophylaktische Immunisierung von Tieren.
In Betracht kommen v. a. Hunde, Füchse und Katzen.

Meldepflicht.
Der Verdacht besteht im Sinne der Meldepflicht dann, wenn Kontakte mit tollwutkranken oder tollwutverdächtigen Tieren nachgewiesen werden. Neben dem Hund kommt als Infektionsquelle für Jäger, Waldarbeiter und Metzger auch Wild in Betracht (Rehe, Hasen, Füchse). Die Infektion kann in diesen Fällen durch Hantieren mit infektiösen Organen (Ausweiden) zustandekommen. Beim erkrankten Tier müssen alle Organe als kontagiös angesehen werden, da sich das Virus auch außerhalb des ZNS in vielen Organen, z. B. den Speicheldrüsen, vermehrt. Eine indirekte Infektion kann durch Hundespeichel zustandekommen, wenn der Maulkorb oder die Hundeleine als Vehikel dienen.

Nach dem Infektionsschutzgesetz (2000) sind der Krankheitsverdacht, die Erkrankung und der Tod an Tollwut zu melden. Darüber hinaus ist jede Verletzung eines Menschen durch ein tollwutkrankes oder ansteckungsverdächtiges Tier sowie die Berührung eines solchen Tieres oder Tierkörpers meldepflichtig; ebenso der Erregernachweis.

Amtstierarzt benachrichtigen! S. a.:www.yellowfever.rki.de/INFEKT/RATGEBER/RAT8.HTM

VIII

Zusammenfassung: Tollwut-Virus

Virus. (–)-Strang-RNS-Virus mit helikalem Kapsid in einer Hülle mit Spikes. Geschoßähnliche Gestalt.

Vorkommen. Zoonose, bei vielen Tierspezies, u.a. Füchse, Katzen, Skunks, Wölfe, Fledermäuse: „Strassen-Virus"; attenuiertes Virus heißt „Virus fixe".

Übertragung. Durch den Biß eines tollwütigen Tieres, Infektiosität des Tieres bereits einige Tage vor Ausbruch der Symptome. Isolierung des Tieres 8–10 Tage zur Beobachtung zwecks Nachweis von Negri-Körperchen.

Epidemiologie. Tollwut ist eine Zoonose mit gelegentlichem Übergang auf den Menschen. Fortschreiten in Ost-West-Richtung, jetzt Eindämmung durch Fuchslebendimpfung mit Ködern. „Sylvatische" und „urbane" Tollwut.

Pathogenese. Inkubationsperiode 1–3 (–10) Monate. Primäre Replikation des Virus in Muskelzellen an der Bißstelle, erst dann Eindringen in Nervenfasern, Rückenmark und Gehirn; von dort Wanderung in Speichel- und Hautdrüsen.

Klinik. Jucken und Schmerzen an der Bißstelle, Fieber. Ausbruch mit „rasender" und Übergang in „stille" Wut. Hydrophobie, motorische Unruhe; vor dem Tod Nachlassen der Krämpfe und beginnende Lähmungen.

Immunität. Antikörper entstehen erst zum Zeitpunkt der Erkrankung, keine Bedeutung für Sero-Diagnose. Die Lähmungen entstehen immunpathogenetisch.

Diagnose. Ohne Biß-Anamnese gibt es keine Tollwut. Nachweis von Negri-Körperchen im ZNS; beim Menschen Hautbiopsien und Konjunktivaltupfpräparate zum IFT, ggf. PCR im Liquor.

Therapie. Symptomatisch, Impfung möglichst frühzeitig in der Inkubationszeit.

Prävention. Schutzimpfung mit Totimpfstoff als Prophylaxe (Waldarbeiter und Orient-Reisende) und als aktive *und* passive Exponierten-Impfung. Säuberung der Wunde(!) und Tetanusimpfung. Schutzimpfung der Füchse und der Haustiere mit Lebendimpfstoff.

Meldepflicht. Verdacht, Erkrankung und Tod. Erregernachweis. Amtstierarzt!

D. Falke

••• EINLEITUNG

Die Gruppe der Arena-Viren umfaßt das LCM-Virus (Meningitis des Menschen) und das Virus des Lassa-Fiebers, einer nur in den Tropen vorkommenden Allgemeinerkrankung mit Hämorrhagien. Hierher gehören auch das Virus des Bolivianischen und Argentinischen hämorrhagischen Fiebers bzw. deren Erreger das Machupo- und Junin-Virus (u.a.).

STECKBRIEF

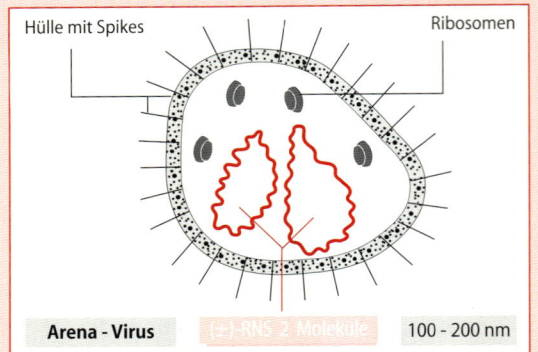

Hülle mit Spikes — Ribosomen

Arena - Virus | (±)-RNS 2 Moleküle | 100 - 200 nm

8.1 LCM-Virus

STECKBRIEF

Der Prototyp der Arena-Viren ist das Virus der **Lymphozytären Chorio-Meningitis** (LCM). Seine klinische Bedeutung ist relativ gering; am Beispiel der LCM wurde jedoch die Existenz der zytotoxischen Lymphozyten entdeckt und deren MHC-Restriktion bewiesen. Es ist außerdem ein wichtiges Modell zum Studium der virusbedingten Immuntoleranz und der Immun-Komplex-Krankheiten sowie der HIV-Infektion. Das **Lassa-Fieber** ist eine seltene, aber wichtige Importkrankheit.

VIII

8.1.1 Beschreibung

Genom

Das LCM-Virus zählt zu den ambisense (+/–)-RNS-Viren, d.h. das Genom enthält (+)- und (–)-Strangabschnitte. Das Genom besteht aus einem hantelförmigen großen und einem kleinen Molekül. Das Genom enthält 11,0 kb.

Morphologie

Das annähernd kugelförmige Viruspartikel mit einem Durchmesser von etwa 100–150 nm besitzt eine lipoproteinhaltige Hülle mit Spikes; es zeigt im Inneren in charakteristischer Weise elektronendichte Körner („*Pantherfellzeichnung*"). Die Hülle des Virus trägt zwei Glykoproteine. Im Innern des Virus kann man einen Nukleoprotein-Komplex nachweisen, der ein Protein, die RNS und eine Replikase enthält.

Züchtung

Das LCM-Virus läßt sich in BHK- und Affennierenzellen züchten und auf Mäuse übertragen. Die Replikation erfolgt im Plasma der Zelle. Merkwürdigerweise enthält das Virion Ribosomen, die durch Mitnahme aus der Zelle in das Virion gelangen. Bei der Ausschleusung aus der Wirtszelle bilden sich charakteristische Knospen in Form einer Membranausstülpung, die das Virusmaterial umgibt. Alle Arena-Viren sind in der Zellkultur *nicht zytopathogen*. Bei der Replikation des Virus entstehen in großer Zahl defekte Virionen.

Resistenz

Arena-Viren sind außerhalb des Wirtes relativ stabil, sie sind aber ätherempfindlich.

8.1.2 Rolle als Krankheitserreger

Vorkommen

Reservoir für das LCM-Virus sind Ulus musculus, die Labormaus und der Goldhamster („*Hamsterkrankheit*"). Innerhalb eines betroffenen Mäusebestandes hat der Befall mit LCM-Virus endemischen Charakter. Die *Mäuse* infizieren sich untereinander entweder horizontal, d.h. von Tier zu Tier, oder vertikal, d.h. von der Mutter auf die immunologisch unreife Nachkommenschaft in frühen Stadien der Embryogenese. Die vertikal infizierten Mäuse entwickeln nach der Infektion eine „Immuntoleranz" (s. u.) und werden zu Trägermäusen. Die horizontale Übertragung von Tier zu Tier erfolgt wahrscheinlich durch Aerosole, wobei eingetrockneter Kot und Urin die Hauptrolle spielen dürften.

Epidemiologie

Im Verhältnis zur Häufigkeit der LCM-Infektion bei Mäusen ergreift die Krankheit den Menschen selten; USA: 8% aller Meningitiden sind durch das LCM-Virus verursacht.

Übertragung

Wahrscheinlich wird das Virus auf den Menschen durch kontaminierte Nahrungsmittel oder kothaltigen Staub von virusausscheidenden Trägermäusen übertragen.

Pathogenese und Immunität

Die LCM-Infektion der Maus ist ein Paradigma für alle Infektionskrankheiten, deren Verlauf überwiegend von den Abwehrreaktionen des Wirtes und weniger von der direkten Wirkung des Erregers bestimmt wird. Für die Pathogenese der LCM-Infektion ist so gut wie ausschließlich die *Immunreaktion* gegen ein nicht direkt zytopathogenes Virus maßgebend. Pathohistologisch finden sich perivaskuläre Infiltrate der Hirnhäute mit vielen Lympho- und Monozyten (daher „LCM") in den Meningen.

Die Virulenz der verschiedenen LCM-Stämme variiert beträchtlich, verantwortlich hierfür sind Mutationen im Hüllglykoprotein.

Wird eine *erwachsene Maus* mit dem LCM-Virus erstmals infiziert, so erkrankt sie unter dem Bilde einer schweren *Meningitis*. Die Krankheit geht mit hohen Virustitern in allen Organen einher und führt bei einem Teil der Tiere zum Tode; die überlebenden Tiere erweisen sich nach der Rekonvaleszenz als virusfrei und zeigen keine Krankheitsfolgen. Zuerst wird Interferon-α/β gebildet, und NK-Zellen werden aktiv, dann treten neutralisierende Antikörper und spezifisch-reagible T-Lymphozyten auf; diese sind für die Immunität verantwortlich. Werden Mäuse dagegen *in utero* oder kurz nach der Geburt infiziert, so entwickelt sich in der Mehrzahl der Fälle trotz massiver Virusvermehrung kein erkennbares Krankheitsbild. Erst nach 10–12 Monaten kommt es zu einer „Spätkrankheit"; bei dieser dominiert eine chronisch-entzündliche Nierenschädigung (s. u.). Die im Stadium der immunologischen Unreife infizierte Maus scheidet lebenslang Virus aus; sie wird als *Carrier-Maus* bezeichnet. Die für diesen Zustand verantwortliche virusspezifische Immuntoleranz, eine sog. periphere Toleranz, erstreckt sich v. a. auf die zellvermittelte Immunität; Antikörper werden zwar gebildet, aber verzögert und in verringerter Menge.

Die Erklärung für diese Verhältnisse liegt in der Erkenntnis, daß die LCM-Infektion als solche die befallenen Wirtszellen nicht schädigt: Das Virus kann von der Zelle gewissermaßen „nebenbei", d.h. ohne Nachteil, vermehrt werden, lediglich „luxury-functions" werden abgeschaltet (Wachstumsfaktoren etc.). Ein schädigendes Moment entsteht aber dann, wenn der vom Virus befallene Organismus eine Immunreaktion gegen die im Virion enthaltenen Antigene produziert. Hierbei sind folgende Situationen zu unterscheiden: Bei der akuten Krankheit, wie sie nach Infektionen des erwachsenen, immunologisch reifen Tieres auftritt, wird Virus-Antigen von der Membran befallener Zellen präsentiert. Dementsprechend dient sie als Ziel für virusspezifische ZTL, wie sie als Antwort auf den viralen Antigenreiz vom thymusabhängigen Immunorgan der Maus gebildet werden. Durch diese Situation entstehen schwere Zellschädigungen. Dies gilt aber nicht für die virushaltigen Neuronen, weil diese kein MHC bilden und kein

Antigen präsentieren. Daneben bildet die akut erkrankte Maus virusspezifische Antikörper, die zur Neutralisation befähigt sind. – Die zweigleisig erfolgende Immunantwort schädigt somit nicht nur die Viren, sondern auch den Wirtsorganismus. Angelpunkt der Schädigung ist das in die Wirtszellmembran eingebaute oder präsentierte Virus-Antigen.

Wird das Tier hingegen vor Erlangung seiner immunologischen Reife infiziert, so entwickelt sich eine *periphere Toleranz* (infolge „Anergie" und anderer Phänomene) gegen Virus-Antigene. Die Toleranz hält im Hinblick auf die zellvermittelte Immunität das ganze Leben an. Im Hinblick auf das B-Zell-System ist die Toleranz unvollständig. Es entstehen Antikörper gegen Virusmaterial; diese sind unfähig, das Virus zu eliminieren und die Infektion zu überwinden. Sie bilden aber mit Antigenkomponenten des Virions und Komplement *Immunkomplexe*, die im Glomerulum abgelagert werden, Komplement binden und eine Entzündung auslösen und so zu einer Nierenschädigung (= Spätkrankheit) führen (*Immunkomplex-Nephritis*). Überdies wirkt das LCM-Virus suppressiv auf die humorale und T-Zell-Immunantwort gegenüber dem Virus selbst, so daß z. B. auch dendritische Zellen zerstört werden; dadurch wird zusätzlich die Antigenpräsentation blockiert. Die Toleranz geht nicht mit einer kompletten Eliminierung der T-Zellen im Thymus einher; sie können vielmehr ihre Aktivität unter experimentellen Bedingungen wieder entfalten, indem aus dem Knochenmark neue T-Lymphozyten hervorgehen.

Folgende Befunde sind dabei besonders bedeutsam:
- Immunsuppressive Maßnahmen verhindern nach Infektion der erwachsenen Maus den Ausbruch der akuten Krankheit. Wirksam sind Röntgenstrahlen, Immunsuppressiva und Antilymphozytenseren.
- Bei neonatal thymektomierten Tieren bleibt die akute Krankheit nach der Infektion aus.
- Die T-Zellen von infizierten und akut erkrankten Erwachsenen-Tieren zeigen Killeraktivität gegenüber syngenetischen Zellen von pränatal infizierten Tieren.

Klinik

Von den Infektionen des Menschen verlaufen viele inapparent. Die manifeste Erkrankung (Inkubationsperiode 5–15 Tage) erweist sich zunächst als grippeähnlicher, mild, aber fieberhaft verlaufender Infekt (erste Krankheitsphase). In einer zweiten Phase tritt als häufigste Komplikation eine aseptische Meningitis mit erhöhten Lymphozytenzahlen im Liquor auf. Sie ist durch einen neuen Fieberschub und durch heftige Kopfschmerzen gekennzeichnet. Die Prognose der Meningitis ist gut. Sehr selten kommt es im Verlauf der menschlichen LCM-Infektion zu anderen Organerkrankungen (Enzephalitis, Orchitis, Myokarditis u. a.) oder gar zu einer tödlichen Allgemeininfektion. Während der Schwangerschaft kann die Infektion sehr selten Aborte oder aber Gehirnschäden (Hydrozephalus, Chorioretinitis) beim Neugeborenen herbeiführen.

Labordiagnose

Virusisolierung. Die virologische Diagnose stützt sich auf die Virusisolierung aus dem Liquor und dem Blut mittels Zellkultur (Nachweis des Antigens durch den IFT) oder besser in der lebenden Maus. PCR.

Antikörpernachweis. Daneben untersucht man auf neutralisierende und komplementbindende Antikörper. Ein ELISA zum Nachweis von IgM- und IgG-Antikörpern ist verfügbar.

Prävention

Die hygienischen Maßnahmen zur Prophylaxe konzentrieren sich auf die Bekämpfung der Hausmaus. Eine Schutzimpfung und eine spezifische Therapie existieren nicht.

Meldepflicht. Bei Meningitis und Tod.

8.2 Lassa-Fieber-Virus

Zu den Arena-Viren gehört auch das Lassa-Fieber-Virus. Das Lassa-Fieber rückte durch drei nach Deutschland eingeschleppte Fälle in den Blickwinkel der Öffentlichkeit. In Westafrika treten jedes Jahr etwa 200 000 Fälle auf, von denen mehrere tausend tödlich ausgehen. Natürlicher Wirt für das Virus ist die persistent infizierte Ratte Mastomys natalensis, die das Virus mit dem Urin ausscheidet. Durch engen Kontakt infiziert sich der Mensch. Sekundärfälle verlaufen leichter als der Indexfall. Nach

3–14tägiger Inkubation beginnt die Krankheit schleichend mit den Zeichen einer „Grippe" (Pharyngitis, 70 %). Hauptsymptome sind dann Erbrechen, Diarrhoe, Brust- und Leibschmerzen, Blutungen (Konjunktiven) und Transaminasenerhöhung. Schwere Fälle gehen mit Hypotension, ausgedehnten Hämorrhagien und Enzephalitis einher. Weiterhin wurde Hörverlust, Orchitis, Perikarditis und Uveitis beobachtet. Die Letalität beträgt 5–20% der hospitalisierten Fälle. 90–95% der Infektionen verlaufen sonst mild oder inapparent.

Bei der **Anamneseerhebung** sind Reisen, Tierkontakte, Aufenthaltsweise und Impfungen(!) zu erfragen.

Labordiagnose. Arbeiten im Sicherheitslabor Klasse 4! Züchtung, RT-PCR, IgM- und IgG-Antikörper im IFT oder ELISA.

Differentialdiagnose (s. S. 527). Influenza, Gelbfieber, Dengue-Fieber, Hanta-Viren, Marburg-Ebola-Viren, Leptospiren, Japan B-Enzephalitis. Ribavirin hat sich als wirksames Chemotherapeutikum bewährt.

Meldepflicht. Bei Verdacht, Erkrankung und Tod; Erregernachweis.

ZUSAMMENFASSUNG: Arena-Viren (Lymphozytäre Chorismeningitis)

Virus. Ambisense RNS-Virus, pleomorphe Hülle mit Spikes, kein Kapsid, zwei Moleküle RNS, Ribosomen im Partikel: „arenosus" (lat. körnig).

Vorkommen. Das **LCM-Virus** ist endemisch bei wildlebenden Mäusen, Ausscheidung mit Urin und Kot. Goldhamster, Labormäuse.

Übertragung. Von Mäusen und Hamstern erfolgt durch Aerosole und Staub die Infektion des Menschen. Carrier-Mäuse übertragen das Virus vertikal auf Nachkommen.

Epidemiologie. Carrier-Mäuse scheiden das Virus lebenslang aus, hochgradige Anpassung des Virus an den Wirt ohne Beeinträchtigung der Lebensdauer.

Pathogenese und Immunologie. Inkubationsperiode 15 Tage. *Mensch*: Akute Viruskrankheit, sehr selten, häufig inapparent, ist immunologisch bedingt, kein primärer Viruszellschaden. *Maus*: Trägermaus in utero infiziert, lebenslang Virus in vielen Organen, T-Zell-Immun-Toleranz, nur wenig Antikörper, diese bewirken Immunkomplex-Nephritis. Virus wirkt immunsuppressiv. *Erwachsene Maus*: Akute Immunkrankheit durch ZTL.

Klinik. Meist grippaler Infekt, selten Meningitis mit Enzephalitis.

Diagnose. Anamnese! IgM- und -IgG-ELISA. Virusisolierung. RT-PCR.

Therapie. Symptomatisch.

Prävention. Sanierung von Tierzuchten.

Meldepflicht. Lassa: Verdacht, Erkrankung und Tod, Erregernachweis.

9 Virus-Gastroenteritis

D. Falke

EINLEITUNG

Die Gastroenteritis wird beim Menschen durch Viren und durch Bakterien verursacht. Die viral bedingte Gastroenteritis ist die Hauptursache der hohen Säuglings- und Kleinkindersterblichkeit in den Tropen. Man schätzt, daß dort pro Jahr etwa 1–2 Mio Kinder an einer Virus-Gastroenteritis sterben. Zu den Viren, die eine Gastroenteritis verursachen, zählt man die Rota- und Adeno-Viren. Epidemiologische Studien haben aber gezeigt, daß dafür noch weitere Virusspezies in Frage kommen, die man als „kleine, runde Viruspartikel" zusammenfaßt; es sind Calici-Viren (Norwalk-Agens u.a.), Astro- und wahrscheinlich Corona-Viren (s. S. 563).

9.1 Rota-Viren

STECKBRIEF

Rota-Viren rufen bei Säuglingen und Kleinkindern Gastroenteritis hervor. 1943 wurde gezeigt, daß sich die menschliche Gastroenteritis durch Ultrafiltrate übertragen läßt. 1973/74 wurden dann bei der elektronenmikroskopischen Direktuntersuchung des Stuhlmaterials von erkrankten Säuglingen und Kleinkindern Viruspartikel, bestehend aus zwei konzentrisch angeordneten Kapsiden, beobachtet.

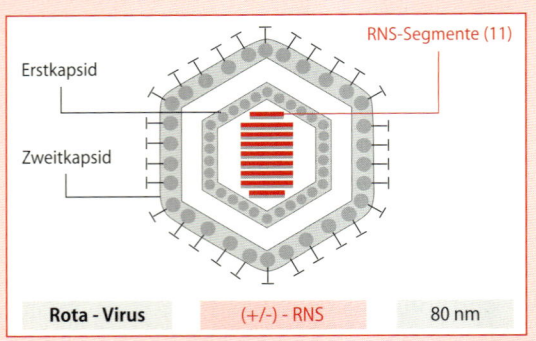

9.1.1 Beschreibung

Genom

Rota-Viren enthalten Doppelstrang-RNS. Sie liegt in 11 Segmenten in einem „core" vor und enthält 24 kbp. Jedes Segment kodiert für ein Protein, zwei Proteine sind glykosiliert. Das Virion enthält eine RNS-abhängige Replikase.

Morphologie

Das Virus besteht aus zwei ineinander verpackten Kapsiden. In der Negativkontrastierung ergibt sich das Bild eines *Rades mit Speichen*, daher der Name. Es trägt kurze, dicke „Spikes". Der Durchmesser des Virus beträgt etwa 80 nm. Das äußere Kapsid besitzt hämagglutinierende Eigenschaften.

Züchtung

Rota-Viren replizieren sich im Zytoplasma. Die menschlichen Rota-Viren lassen sich nur bei niedrigem Serumgehalt in vitro züchten.

Einteilung

Das Genus der Rota-Viren wird in Gruppen (A, B, C–G) und Subgruppen (AI, II, III) sowie Typen A (1, 2, 3, 4 und 5) eingeteilt. Die Gruppen- und Untergruppenspezifität wird durch die inneren, die Typenspezifität durch die äußeren Kapsidantigene bestimmt. Alle Typen sind Umwelt-stabil. Ferner kennt man G- und P-Serotypen.

9.1.2 Rolle als Krankheitserreger

Vorkommen

Rota-Viren sind im Tierreich weit verbreitet, u.a. bei Kälbern und Rhesusaffen.

Die meisten der bisher bei Mensch und Tier isolierten Rota-Viren gehören zu der Gruppe A.

Die Gruppe B stammt vom Schwein und ist jetzt beim Menschen heimisch geworden.

Epidemiologie

Die **Kontagiosität** des Virus ist sehr hoch, so daß im Alter von drei Jahren fast alle Kinder Antikörper tragen. Die Infektionen erfolgen meist in der kalten Jahreszeit (enger Kontakt). In den Tropen sind Infektionen mit Rota-Viren weit verbreitet und die Hauptursache für die hohe Kindersterblichkeit. Infektionen bis zum Alter von drei Monaten verlaufen meist asymptomatisch. Jugendliche und Erwachsene werden erneut infiziert; sie erkranken aber nur selten; zumeist fungieren sie als gesunde Ausscheider und Überträger. Die Ausscheidung des Virus dauert bei primären Infektionen 8–14 Tage, bei inapparenten Reinfekten nur einige Tage und bei Immundefizienz Monate.

Infektionen bei alten Menschen verlaufen oftmals schwer. Es werden Kindergarten-, Krankenhaus- und Altenheim-Epidemien beobachtet.

Die Viren der Gruppe B (Schweinerota-Viren) wurden zunächst bei durchfallkranken Erwachsenen (Bergarbeiter in China) isoliert, ehe man sie später auch bei Säuglingen feststellte.

Die serologische und genetische Variabilität der Rota-Viren ist groß. Innerhalb einer Epidemie ändern sich die Subgruppen- und Typenspezifitäten sehr schnell. Diese Erscheinung geht wahrscheinlich auf Punktmutationen (Antigendrift) sowie auf einen Austausch von RNS-Segmenten (Reassortment) oder Teilen davon zurück: Rearrangements.

Übertragung

Infektionsquelle sind der Stuhl (bis 10^{11} PFU/ml) und verunreinigtes Trinkwasser. 10^2 Partikel wirken krankheitserzeugend. Es gibt aber auch Hinweise auf eine Übertragung durch Tröpfcheninfektion. Außerhalb des Menschen ist das Virus sehr stabil.

Pathogenese

Unsere Kenntnisse über die gewebliche Veränderungen bei Rota-Virusinfektionen stammen aus Freiwilligenversuchen und aus der experimentell erzeugten Infektion von Kälbern. In den Epithelzellen der Dünndarmzotten läßt sich Rota-Antigen nachweisen. Das Epithel der Zotten wird durch die Infektion zerstört; es regeneriert sich jedoch schnell. Man findet Verkürzungen der Zotten und monozytäre Infiltrate bis zur Lamina propria. Dieser Prozeß setzt sich von kranial nach kaudal fort. Ein Nichtstrukturprotein (NSP4) wirkt als Enterotoxin. Der Schaden entsteht an den Mitochondrien und dem endoplasmatischen Retikulum; es tritt eine Ca^{++}-Anreicherung und ein Cl^--Verlust auf.

Die Infektion bleibt meist auf den Dünndarm beschränkt. Diese Tatsache ist wahrscheinlich durch Proteasen bedingt, die nur in diesem Darmabschnitt vorkommen. Die Proteasen spalten ein virales Glykoprotein in zwei Untereinheiten und erhöhen damit die Infektiosität des Virus: Analogie zum Influenza-Virus (s. S. 547).

Pathophysiologisch beobachtet man eine Malabsorption: D-Xylose und Fette werden nicht absorbiert. Der starke Wasserverlust bewirkt eine Dehydratation; in Tierversuchen ließ er sich durch Inhibitoren von Neurotransmittern verhindern. – Invaginationen entstehen nicht.

Klinik

Die Inkubationsperiode beträgt 1–3, die Erkrankung dauert etwa 4–7 Tage. Ein Häufigkeitsgipfel besteht im Winter. In den Tropen erfolgen die Infektionen ganzjährig. Befallen werden vorwiegend Säuglinge und Kleinkinder im Alter von 3–36 Monaten. Andere Altersgruppen sind seltener betroffen (Tabelle 9.1).

Das Krankheitsbild ist durch eine Trias aus *Diarrhoe*, *Erbrechen* und *Fieber* gekennzeichnet. Bauchschmerzen sind selten, eine Dehydratation wird in der Hälfte der Fälle beobachtet. Gelegentlich lassen sich Infekte des oberen Respirationstraktes feststellen, die zeitlich mit der Gastroenteritis korreliert sind. Ganz selten sind Fieberkrämpfe, Enzephalitis sowie hämorrhagischer Schock.

Auch asymptomatische Infektionen werden im ersten Lebenshalbjahr beobachtet. Sie entstehen vermutlich unter dem Einfluß von passiv übertragenen Antikörpern der Mutter und erzeugen nur eine geringgradige Aktiv-Immunität.

Bei immungeschädigten Personen verläuft die Infektion chronisch und gelegentlich mit Hepatitis; die Virusausscheidung hält über Monate an.

Immunität

IgA-Antikörper. Verantwortlich für die Immunität sind sekretorische IgA-Antikörper; sie vermitteln

eine Schleimhautimmunität. Bei Säuglingen werden sie durch die Muttermilch aufgenommen. Sie reduzieren den Schweregrad der Erkrankung und die Dauer der Ausscheidung, aber auch noch unbekannte Faktoren werden vermutet. ZTL sind von geringer Bedeutung.

IgG-Antikörper. Im Gegensatz zu IgA-Antikörpern verleihen intrauterin übertragene IgG-Antikörper keinen Schutz. Bei abgestillten Kindern findet man IgA-Antikörper bereits eine Woche nach Beginn der Erkrankung im Darm. IgM-, IgA- und IgG-Antikörper treten später im Serum auf und mit niedrigen Titern. Es ist bisher nur wenig über die Dauer, den Mechanismus und die Typenspezifität der postinfektiösen Immunität bekannt.

Labordiagnose

ELISA. Bei Rota-Viren ist mittels ELISA eine Schnelldiagnose im Stuhl möglich. Bei diesem Test werden die Viren durch gruppenspezifische Antikörper, die an die feste Phase gebunden sind, aus den Stuhlextrakten „herausgefischt": „Antigen-ELISA".

Immun-Elektronenmikroskopie. Im Gebrauch ist auch die Immun-Elektronenmikroskopie für die Identifizierung der Rota-Viren (u. a.).

HHT. Für die serologische Typendiagnose eignet sich ein Hämagglutinations-Hemmungstest. Die KBR ergibt keine brauchbaren Ergebnisse.

Therapie und Prävention

Die Prognose der Erkrankungen ist in den Industriestaaten meist gut. Entscheidend ist die **Substitution von Wasser mit Elektrolyten.** In den Entwicklungsländern sind die Rota-Infektionen in Verbindung mit der mangelhaften Ernährung und der ungenügenden Pflege die Hauptursache für die hohe Säuglingssterblichkeit. Die fäkal-orale Übertragung deutet auf den besten Weg zur Verhütung: Optimale Allgemeinhygiene. In den Entwicklungsländern gilt das Motto: Zu allererst sauberes Trinkwasser. Die Chlorierung des Trinkwassers gegenüber dem Virus ist wirkungslos. Ein Impfstoff vom Rhesus-Rota-Virus mit einer Human-Komponente wurde aus dem Verkehr gezogen, weil Darminvaginationen auftreten (s. Adeno-Viren). Ein rein humaner Impfstoff von einem Kind mit einer leichten Diarrhoe befindet sich jetzt in der Erprobung. Die beste Vorbeugung besteht in allgemeiner Hygiene, sauberem Trinkwasser und Stillen der Säuglinge.

Meldepflicht. Verdacht und Erkrankungen, Erregernachweis.

ZUSAMMENFASSUNG: Rota-Viren

Virus. Doppelstrang-RNS-Virus (11 Segmente) im core mit Doppelkapsid und Enzymen: „Rad mit Speichen". Replikation im Plasma der Zelle.

Vorkommen und Übertragung. Rota-Viren im Tierreich weit verbreitet, beim Menschen meist Gruppe A mit mehreren Typen. Schmutz- und Schmierinfektion, verunreinigtes Trinkwasser; Ausscheidung 8–14 Tage. Vor allem im Winter.

Epidemiologie. Vorwiegend bei Kleinkindern, sonst sporadisch, erwachsene Viruszwischenträger. Reassortment, Rearrangement und Antigendrift als Ursache von Epidemien und Endemien.

Pathogenese. Enteritis aboral fortschreitend, gestauchte und verbreitete Dünndarmzotten mit Epithelverlust, schnelle Regeneration.

Klinik. Inkubationsperiode 2–3 Tage. Diarrhoe, Fieber, Erbrechen, Wasserverlust, Malabsorption.

Immunität. Sekretorische IgA-Antikörper.

Diagnose. Virus im Stuhl durch Antigen-ELISA, sowie ggf. durch EM.

Therapie. Symptomatisch, Flüssigkeits-, Glukose- und Salz-Infusionen.

Prävention. Allgemeine Hygiene, sauberes Trinkwasser, Stillen der Säuglinge. Human-Rota-Impfstoff.

Meldepflicht. Verdacht, Erkrankungen. Erregernachweis.

VIII

9.2 Enteritische Adeno-Viren (Typ 40 und 41)

Erstmals wurden 1975 Adeno-Viren als Ursache einer Gastroenteritis beschrieben. Adeno-Viren vom Typ 40 und 41, aber auch die Typen 12, 18 und 31 können eine Gastroenteritis auslösen.

Genom, Morphologie, Resistenz. Die enterischen Adeno-Viren gleichen den übrigen Adeno-Viren in vieler Hinsicht (s. S. 625). Die Viren sind Umwelt-stabil.

Züchtung. Sie lassen sich nur in bestimmten Zellstämmen bei niedrigem Serumgehalt züchten.

9.2.1 Rolle als Krankheitserreger

Epidemiologie und Pathogenese

Die enteritischen Adeno-Viren kommen nur beim Menschen vor. Sie werden mit dem Stuhl ausgeschieden. Die Übertragung erfolgt fäkal-oral durch Schmierinfektion. Die Durchseuchung erfolgt frühzeitig bei Säuglingen und Kleinkindern.

Über die Pathogenese ist kaum etwas bekannt.

Klinik

Adeno-Viren werden in 4–12% aller Stuhlproben von Säuglingen, Kleinkindern und Kindern mit akuter Gastroenteritis nachgewiesen. Die Infektionen kommen ganzjährig vor. Sie betreffen vorwiegend Säuglinge und Kleinkinder; bei Jugendlichen und Erwachsenen sind Erkrankungen seltener.

Leitsymptome sind *Diarrhoe* und seltener Erbrechen und Fieber. Die Diarrhoe kann bis zu 10 Tage andauern. Zusätzlich werden respiratorische Symptome beobachtet. Eine Dehydratation ist selten.

Labordiagnose

Die Züchtung ist bisher nur in einigen Labors möglich. Ein Antigen-ELISA zum Nachweis der Viruspartikel im Stuhl hat sich in die Routinediagnostik eingebürgert. Für wissenschaftliche Zwecke werden Antikörper mit dem IFT auf infizierten Zellkulturen nachgewiesen. Nachweis durch EM.

Therapie, Prävention

Es gibt keine spezifische Therapie; ein Impfstoff ist in der Entwicklung. Flüssigkeits- und Salzinfusionen bei Dehydratation. Zur Prävention dienen allgemein-hygienische Maßnahmen.

Meldepflicht. Verdacht, Erkrankung und Erregernachweis.

ZUSAMMENFASSUNG: Adenotypen 40 u. 41

Virus. Wie Adeno-Viren. Schlecht züchtbare, stabile Viren.

Vorkommen und Übertragung. Beim Menschen im Stuhl, ganzjährig. Die Übertragung erfolgt fäkal-oral als Schmutz- und Schmierinfektion.

Epidemiologie. Frühzeitige Durchseuchung bei Säuglingen und Kleinkindern.

Klinik. Diarrhoe, Erbrechen und Fieber.

Diagnose. Antigen-ELISA. Züchtung nur in Speziallabors.

Therapie. Symptomatisch, Flüssigkeits- und Salzinfusionen.

Prävention. Allgemeine Hygiene.

Meldepflicht. Verdacht, Erkrankung und Erregernachweis.

9.3 Calici-Viren

STECKBRIEF

Das Norwalk-Agens und seine Verwandten gelten als Erreger der Gastroenteritis beim Menschen. Sie werden mit weiteren Viren (Snow-Mountain-Virus, Hawaii-Virus und Sapporo-Virus) zur Familie der Calici-Viren (Calix, lat. Kelch) gezählt.

Die Identifizierung des Virus als „kleine, runde Viruspartikel" erfolgte 1972 durch Immun-Elektronenmikroskopie. Die Benennung des Virus erfolgte nach dem Ort Norwalk, Ohio (USA) unter Bezugnahme auf einen dort beobachteten Ausbruch von Gastroenteritis.

9.3.1 Beschreibung

Genom

Die Nukleinsäure der Calici-Viren und ihrer Verwandten ist eine Einzel-(+)-Strang-RNS, sie enthält 7,7 kb. Man kennt 2 Genus (Norwalk- und Sapporo-like viruses).

Morphologie

Diese Viren haben einen Durchmesser von 27–30 nm; ihre Kapsomeren sind derart angeordnet, daß in der Negativkontrastierung ein Muster entsteht, welches an eine kreisförmige Anordnung von nach außen gerichteten Tassen erinnert. Die U-förmigen „Tassen" des Norwalk-Agens sind allerdings kleiner als die der typischen Calici-Viren. Im Innern erkennt man die Ikosaedersymmetrie. Der Durchmesser beträgt 30 nm.

Züchtung

Die Züchtung ist bisher noch nicht gelungen, Calici-Viren sind Umwelt-stabil.

Vorkommen

Die Viren kommen im Stuhl des Menschen in sehr großer Menge vor; man bedient sich für viele Studien dieser Quelle. Sie sind weltweit verbreitet.

9.3.2 Rolle als Krankheitserreger

Epidemiologie

Ein wichtiges Merkmal der Calici-Gastroenteritis ist die Tatsache, daß Infektionen und Erkrankungen kaum in den ersten Lebensjahren vorkommen; diese treten vielmehr erst bei Jugendlichen und Erwachsenen auf. Die Kontagiosität ist also geringer als die der Rota-Viren.

Außerdem sind die Calici-Viren sehr häufig die Ursache von kleinen Lokal-Epidemien in Familien, Heimen, Lagern, Schulen u.ä.; es gibt dabei typische *Explosiv-Epidemien*. Auch dies steht im Gegensatz zur Epidemiologie der Rota-Viren.

Das Virus ist auch als Ursache von Gastroenteritis-Fällen anzusehen, die durch kontaminierte Lebensmittel ausgelöst werden. So sind Salat, Muscheln, Krabben und Austern die Ausgangspunkte von Epidemien gewesen. Auch verunreinigte Wasserversorgungssysteme waren die Ursache von Calici-Virusepidemien. Eine jahreszeitliche Häufung von Infektionen gibt es nicht – ein weiterer Unterschied im Vergleich zu den Rota-Viren. In den USA sind im Erwachsenenalter 2/3 oder mehr aller Personen Antikörperträger.

Übertragung

Die Übertragung des Virus erfolgt fäkal-oral, häufig durch kontaminiertes Trinkwasser oder Lebensmittel.

Pathogenese

Magen und Kolon der Erkrankten sind normal. Die Zotten des Jejunums erscheinen jedoch „gestaucht", die Mucosa ist nur teilweise zerstört. Monozytäre Zellen und segmentierte Leukozyten werden in der Lamina propria festgestellt. Die interzellulären Spalten sind erheblich verbreitert; dies wird bereits 24 h nach der experimentellen Infektion beobachtet. Nach zwei Wochen sind alle Veränderungen verschwunden.

Klinik

Calici-Viren erzeugen nach einer Inkubationsperiode von 1–3 Tagen eine typische Diarrhoe, die häufig mit Erbrechen, Magen-Darm-Krämpfen und Fieber verbunden ist, das Auftreten der Neben-

VIII

symptome variiert jedoch. Calici-Viren gelten neben dem Rota-Virus als eine der häufigsten Ursachen für die Reise-Diarrhoe. Die Stühle sind wäßrig, aber nicht schleimig oder blutig. Malabsorption von Fett und D-Xylose ist häufig.

Immunität

Im Verlaufe von Infektionen entstehen Antikörper, die sich durch Immun-Elektronenmikroskopie oder im ELISA mit definiertem Virusmaterial nachweisen lassen. Es handelt sich dabei jedoch nicht um protektive Antikörper. Ob im Jejunum schützende Schleimhaut-Antikörper auftreten, ist nach den bisherigen Erkenntnissen ungewiß. Die Immunität gegen eine Reinfektion scheint nur etwa zwei Monate anzudauern. Offenbar gibt es aber auch unspezifische Mechanismen, die eine Reinfektion verhindern.

Labordiagnose

Eine Labordiagnose ist routinemäßig noch nicht möglich, eine spezifische *Therapie* gibt es nicht, es werden jedoch Routinetests entwickelt. EM und RT-PCR.

Prävention

Prophylaktisch ist die Allgemein-Hygiene wichtig: Gemeinschaftseinrichtungen, Krankenhäuser.

Meldepflicht. Verdacht, Erkrankung, Erregernachweis. Gruppenerkrankungen.

ZUSAMMENFASSUNG: Calici-Viren

Virus. RNS-haltiges, kleines Virus. Bisher nicht züchtbar.

Vorkommen. Nur beim Menschen im Stuhl in großen Mengen, während des ganzen Jahres.

Epidemiologie. Erkrankungen treten erst bei Jugendlichen und Erwachsenen auf. Lokale Kleinepidemien.

Übertragung. Schmutz- u. Schmierinfektionen, Lebensmittel-Epidemien, verunreinigtes Leitungswasser.

Pathogenese. Epithelnekrose, die Zotten des Jejunums erscheinen gestaucht, Malabsorption. Nach zwei Wochen spätestens Regeneration der Schleimhaut.

Klinik. 1–3tägige Inkubationsperiode: Vorwiegend Diarrhoe, seltener Fieber und Erbrechen.

Immunität. Nachweis der Antikörper durch Immun-Elektronenmikroskopie oder ELISA.

Labordiagnose. Nicht routinemäßig, RT-PCR.

Therapie. Symptomatisch.

Prävention. Allgemeine Hygiene.

Meldepflicht. Verdacht, Erkrankung, Erregernachweis. Gruppenerkrankungen.

9.4 Weitere Enteritis-erzeugende Viren

9.4.1 Astro-Viren

Astro-Viren sind seit 1975 bekannt. Die Viruspartikel tragen ihren Namen von ihrer „Stern"-ähnlichen Struktur mit vier oder sechs Strahlen. Sie haben einen Durchmesser von 28 nm und bestehen nur aus dem Kapsid.

Das (+)-Strang-RNS-Genom enthält 7,2 kb. Das Virus vermehrt sich im Zytoplasma, es gibt sieben Serotypen, von denen Typ 1 am wichtigsten ist. Man kennt bisher nur 1 Genus; Astro-Viren sind nur wenig untersucht.

Die Epidemiologie gleicht z. T. der des Norwalk-Agens, v. a. sind aber junge Kinder befallen. Im Alter von einem Jahr sind 50% der Kinder seropositiv (London); das Virus ist verantwortlich für 5–10% aller Gastroenteritis-Fälle. Die Infektion wird fäkal-oral übertragen, auch innerhalb von Familien. 4–5% der Gastroenteritisfälle werden durch Astro-Viren hervorgerufen. Die Ausscheidung dauert 1–4 Tage.

Klinik

Nach einer Inkubationsperiode von 1–4 Tagen macht sich eine leichte Erkrankung mit wäßriger Diarrhoe, Erbrechen und wenig Fieber von 1–4 Tagen Dauer bemerkbar. Sie tritt vorwiegend bei Säuglingen und Kleinkindern auf.

Labordiagnose

Der Nachweis gelingt mit einem Antigen-ELISA im Stuhl, die reverse PCR ist jedoch empfindlicher. Ein kommerzieller Antikörper-Test existiert noch nicht, jedoch ist ein Antigen-ELISA verfügbar.

9.4.2 Corona-Viren (s. S. 563)

Die zwei Genus der Corona-Viren rufen Respirations- oder/und Gastrointestinalinfektionen hervor. Dies gilt auch für das 2. Genus der Coronaviridae, die **Toro-Viren.** Es gibt leichte und schwere Verlaufsformen. Der Stuhl kann wäßrig oder blutig sein. Betroffen sind vorwiegend Kinder. Bei gestorbenen Kindern wurde pathohistologisch eine nekrotisierende Enterokolitis festgestellt. In den Zellen waren Viruspartikel zu erkennen; man hat Anhaltspunkte dafür, daß – wie bei der Cholera – das cAMP in seiner Aktivität beeinflußt wird und der Elektrolyttransport gestört wird.

Einzelheiten über die Corona-Viren finden sich im Kap. 4 (s. S. 563) auch hier gibt es weitere Viren, die noch kaum untersucht sind. Differentialdiagnostisch wichtig: Akutes Abdomen.

9.4.3 Weitere Gastroenteritis-Viren

Die oben beschriebenen Viren (Rota-, Adeno-, Ca-lici- und Astro-Viren) sind im „Hauptberuf" Ga-stroenteritis-Erreger. Hinzu treten weitere Viren. Außer den oben beschriebenen Adeno-Viren der Typen 40 und 41 rufen auch andere Adeno-Virus-typen eine Gastroenteritis hervor. Es sind dies die Typen 12, 18, 31 u. a. Bei ihnen ist allerdings die Gastroenteritis nur Nebensymptom. Dies gilt z. B. auch für Picorna- und Parvo-Viren.

Auch weitere, „kleine, rundliche Viruspartikel", die man zu den Calici- und Astro-Viren zählt, so-wie Corona-Viren rufen eine Gastroenteritis her-vor. Man vermutet, daß man bisher nur einen Teil der Viren kennt, die eine Gastroenteritis erzeugen. Relativ häufig werden auch mit dem Antigen-ELI-SA oder dem Elektronenmikroskop Viruspartikel festgestellt, ohne daß eine Erkrankung vorliegt; sehr wahrscheinlich handelt es sich um asympto-matische Infektionen (Tabelle 9.1).

Tabelle 9.1. Klinisch wichtige Daten von Rota-, Adeno-, Calici-, Astro- und Corona-Virus-Erkrankungen

	Rota-Virus	Adeno-Virus	Calici-Virus	Astro-Virus	Corona-Vurs
Inkubationsperiode	1–3 Tage	8–10 Tage	1–3 Tage	1–4 Tage	?
Virusausscheidung	14 Tage	10–14 Tage	3–5 Tage	3–5 Tage	?
Dauer der Krankheit	4–7 Tage	7–10 Tage z. T. länger oder chronisch	2–3 Tage	2–4 Tage	?
Häufigkeit	Winter,	Ganzjährig Tropen: ganzjährig	Ganzjährig	Winter	Ganzjährig
Säuglinge und Kleinkinder	Häufig	Häufig	Selten	Häufig	Häufig
Kinder, Jugendliche, Erwachsene	Selten	Selten	Häufig	Selten	
Symptome	Diarrhoe Erbrechen (88%) Fieber (77%) Bauchschmerzen (selten)	Diarrhoe Erbrechen Fieber Dehydratation respiratorische Symptome	Diarrhoe Erbrechen Fieber Dehydratation Krämpfe	Diarrhoe Erbrechen aber leicht Magen-Darm-	Diarrhoe
Züchtbarkeit	Begrenzt	Begrenzt	Sehr begrenzt	+	(+)
Virus-Diagnose	Antigen-ELISA	Antigen-ELISA	EM	Antigen-ELISA RT-PCR, EM	ELISA, EM, RT-PCR
Diarrhoe	wäßrig	wäßrig	wäßrig	wäßrig	wäßrig
Anteil	70%	12%	8%	8% (bei Kindern)	?

Nicht entzündlich (s. a. ETEC, Cholera) Kein Blut im Stuhl. **Entzündlich:** Shigellen, Salm. typhi, Amöben, EHEC u. a.

D. FALKE, G. GERKEN

EINLEITUNG

Retro-Viren sind eine Gruppe von RNS-Viren, bei denen die Integration des Retrotranskripts als DNS in das Wirtszellgenom (Provirus) Voraussetzung für die Replikation ist. Sie transformieren z.T. in vitro Zellen und sind die Ursache für viele Tumorarten beim Tier. Die Transformationsgene der Viren sind aus der Zelle „gestohlene" Regulatorgene des Zellzyklus. Sie haben die Spur zu den „Krebsgenen" des Menschen freigelegt. Beim Menschen sind Retro-Viren (HIV) die Erreger von AIDS („*A*cquired *I*mmundeficiency *S*yndrom") und einer Leukämie des Erwachsenen (HTLV).

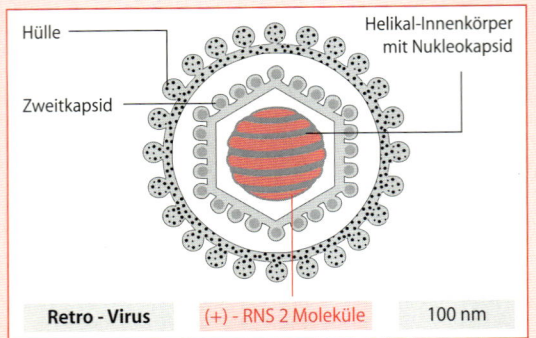

STECKBRIEF

Hülle — Helikal-Innenkörper mit Nukleokapsid

Zweitkapsid

Retro - Virus | (+) - RNS 2 Moleküle | 100 nm

10.1 Gruppe der Retro-Viren

10.1.1 Genom

Die Retro-Viren zählen zu den (+)-Einzelstrang-RNS-Viren. Die Gene der Retro-Viren kodieren für *Strukturproteine* und *Funktionsproteine* (Reverse Transkriptase und Regulatorproteine). Einige transformierende Viren enthalten außerdem ein Transformationsgen. Das Genom der Retro-Viren neigt zu Mutationen, Rearrangements und Defektbildungen, auch sind Rekombinationen zwischen verschiedenen Vertretern dieser Gruppe beschrieben worden. Es gibt auch endogene, aber defekte Retro-Viren des Menschen ohne (?) pathogenetische Bedeutung. Veränderungen der Genomstruktur und Mutationen beeinflussen die Virulenz.

Im einzelnen unterscheidet man folgende Gene (s. Abb. 10.1):
- Das gag-Gen (group specific antigen),
- das Polymerase-Gen (pol),
- das Envelope-Gen (env),
- Das v-onc-Gen (virus-oncogen);
- LTR-Sequenzen: Am 5′- und 3′-Ende des Genoms befinden sich „long terminal repeats".

10.1.2 Einteilung

Retro-Viren werden nach ihrer Gestalt (A-, B-, C-, D-Partikel sowie Lenti-Viren) und der Genomstruktur eingeteilt (HIV s. S. 597).

Sie kommen bei Kaltblütern ebenso vor wie bei Vögeln und Säugetieren einschließlich des Menschen. Retro-Viren werden horizontal sowie vertikal als Provirus übertragen.

Spuma- oder Foamy-Viren

Spuma- (oder Foamy-)Viren tragen ihren Namen von der Vielzahl an zytoplasmatischen Vakuolen in Polykaryozyten. Es handelt sich um Auftreibungen des Golgi-Apparates und des endoplasmatischen Retikulums, in denen die Replikation erfolgt. Die Virionen sind morphologisch charakterisiert durch lange Spikes sowie durch ein kugelartig angeordnetes, helikales Erstkapsid. Das Genom ist als Provirus dauernd integriert. Vertreter der Spuma-Viren hat man in vielen Säugetieren festgestellt, speziell bei Primaten, von denen sie gele-

VIII

gentlich auf den Menschen übertreten (asympto-matisch). Beim Menschen kennt man jedoch endo-gene Retro-Viren in Teratomen und der Plazenta. Defekte Retro-Viren und „Transposons" sind offen-bar ohne pathogenetische Bedeutung.

Lenti-Viren

Lenti-Viren erzeugen v.a. das AIDS des Menschen (HIV). In die Familie der Lenti-Viren gehören u.a. das Virus der Pferdeanämie, die Viren der Im-mundefizienz bei Affen (SIV), bei Katzen (FIV) und bei Rindern (BIV) sowie das Maedi- und das Visna-Virus. Bisher kennt man im Bereich der Hu-manmedizin zwei pathogene AIDS-Viren, HIV1 und HIV2. Das HIV1 kommt in 3 Subtypen vor: M(ajor), N(ew) und O(utlier). Sie sind jeweils vom Schimpansen auf den Menschen übergetreten. Der Subtyp M umfaßt die Varianten A–I. Von allen Aufspaltungen entstehen „Quasispezies".

10.2 Human-Immundefizienz-Virus (HIV)

STECKBRIEF

HIV1 und 2 sind die Erreger des erworbenen Immundefektsyn-droms (**a**cquired-**i**mmune-**d**eficiency-**s**yndrome, AIDS). Es überzieht die Erde in einer Pandemie. Infolge der Immunschwäche treten opportunistische Infektionen auf. Die Erkrankung verläuft fast im-mer tödlich. 2 Mio Kinder sind bereits mit dem HIV infiziert. Insgesamt schätzt man 1999 etwa 40 Mio Infizierte und AIDS-Kranke. 1998 waren 2,5 Mio Personen gestorben.

10.2.1 Beschreibung

Genom

Die Nukleinsäure hat einen Informationsgehalt von etwa 9 Kb. In jedem Partikel gibt es zwei identische (+)-Strang-RNS-Fäden. Durch die hohe Mutations-rate können „Quasispezies" entstehen. Das DNS-Re-troskript des Virusgenoms wird in das Genom der Wirtszelle als Provirus an beliebiger Stelle inte-griert. Die RNS für neue Viria entsteht ebenso wie die mRNS durch Transkription des Provirus.

Genfunktionen

Außer den zwei Strukturgenen und dem Polyme-rase-Gen existieren regulationsaktive Gene. Die gag-, pol- und env-Vorläuferproteine werden nach ihrer Entstehung durch eine Protease in verschie-dene Untereinheiten gespalten.

Das Genom des HIV besteht im Detail aus den folgenden Regulationssequenzen und Genen (Abb. 10.1).

LTR-Abschnitt (5′-Ende). Er enthält Promotoren der Genexpression und Enhancer-Elemente; es sind dies Bindungsstellen für zelluläre und virale Regulatorproteine (z.B. für NFκB und Tat).

Gag-Gen. Das primäre Genprodukt (p 55) wird in Untereinheiten gespalten (cleavage) (p 25, 17, 9 und 6). Die Spaltprodukte werden zum Aufbau der beiden Kapside verwendet. Sie sind für die Grup-penspezifität verantwortlich.

Pol(ymerase)-Gen. Es kodiert für die reverse Transkriptase (p 65, p 51), für eine Protease und für die Endonuklease (Integrase, p 32). Die Pro-tease bewirkt die Spaltung der Vorläuferproteine.

Env-Gen. Die Genprodukte Glykoprotein (gp) 120 und gp 41 werden in die Hülle eingebaut. Das gp 41 ist für die Zellfusion verantwortlich, das gp 120 für Bindung an die Rezeptoren. Es soll toxisch für Neuronen wirken und besitzt Typen bzw. Sub-typenspezifität. Der Präkurser ist das gp 160.

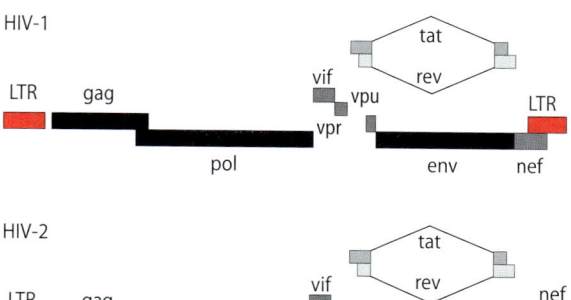

Abb. 10.1. Die Gene des HIV1- und 2-Genoms. Das Genom wird von einem 5′- und 3′-LTR eingefaßt. In 5′-3′-Richtung sind das gag-, das pol- und das env-Gen angeordnet. Die Regulatorgene entstehen durch Spleißen in der env-Region

Tat-Gen. Das Gen entsteht durch Zusammenfügen zweier Regionen des Virus-Genoms (*trans*activation *t*ranscription) durch Spleißen. Das Genprodukt verstärkt im Sinne einer positiven Rückkopplung die Transkription durch „Transaktivierung" (Abb. 10.2) aller Gene des HIV am 5′-LTR; es wird auch aus der Zelle abgegeben.

Rev-Gen. Regulator der Expression der Virusproteine, das die Expression der Virus-mRNS und den Transport nicht gespleißter mRNS reguliert.

Vif (Virus-Infektions-Faktor). Er steigert die Infektiosität bei Adsorption und Penetration.

Nef (am 3′-Ende, „negativer" Faktor). Er steigert die virale mRNS-Synthese. Man vermutet, daß dieses Protein toxisch für Glia-Zellen und Astrozyten wirkt. Es reduziert die Expression von MHC- und CD4-Faktoren auf der Zellmembran.

Vpu und vpr. Sie verstärken die Replikation sowie die Virusfreigabe und schalten die MHC-Synthese ab. Vpr ist ein Zytokinregulator und erzeugt Apoptose. Es existiert noch ein *tev-Gen* (s. Abb. 10.1).

LTR-Abschnitt. (3′-Ende) (s. o.).

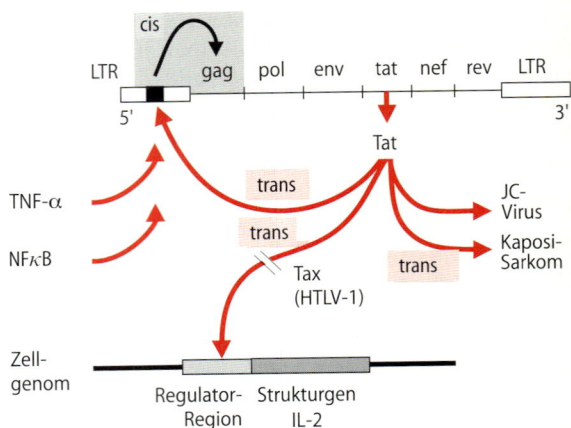

Abb. 10.2. Gen-Regulation durch HIV. Das Tat-Protein wirkt in „trans", d. h. entfernt auf der Regulator-Region (LTR) des HIV auf einer bestimmten Basensequenz transkriptionssteigernd; es steigert auch die Replikation des JC-Virus und die Teilung von Kaposi-Zellen. Das Tax-Protein des HTLV bindet an die Regulatorregion des IL-2-Gens. „Cis"-Aktivierung erfolgt von einer Promotor-Region aus („down-stream" in 3′-Richtung) und wirkt transkriptionssteigernd. Der NFκB-Faktor ist ein zentraler Transkriptionsfaktor. Schreibweise: tat = Gen; Tat = Protein

Morphologie

Das Virus besteht aus einem helikalen Kapsid, das in Form eines stumpfen Kegels vorliegt und von einem isometrischen Zweitkapsid eingeschlossen ist. Dieses ist zusätzlich von einer Hülle mit „spikes" umgeben (Abb. 10.3). Innen befindet sich die RNS mit einigen Molekülen an p9 und p6 und reverser Transkriptase sowie Integrase und Protease. Die Montage des HIV erfolgt an der Zellmembran („budding"), seine Reifung erst nach der Freigabe durch die Proteasespaltung der gag-Proteine.

Die Replikation des HIV

Die *Adsorption* erfolgt durch Anlagerung des gp 120 an den CD4- und an CCR5- bzw. CXC-Chemokin-Rezeptoren der Zelle (s. S. 603), das HIV wird dann durch Fusion von der Zelle aufgenommen (*Penetration*). Nach dem Uncoating erfolgt im Zytoplasma die reverse Transkription (Angriffspunkt für Inhibitoren der reversen Transkriptase) und der Transport der DNS in den Kern mit der *Integration* (Provirus). Zelluläre Transkriptasen produzieren mRNS und Genom-RNS. Nach der *Translation* an den Polysomen erfolgt die Spaltung der Vorläuferproteine in kleinere Moleküle. Die Wirkung der Protease hat sich als wichtiger Angriffspunkt für die Chemotherapie (s. S. 515) herausgestellt. Dann erfolgt die Montage neuer Viruspartikel an der Zellmembran, die durch *Knospung* („budding") frei werden. Das Tat-Protein bewirkt verstärkte Ablesung des Genoms (Abb. 10.4).

Züchtung

Das Virus läßt sich in CD4-Zellen (T-Helferzellen) und in Makrophagen züchten. Die Züchtung des Virus in peripheren Blutlymphozyten gelingt nur, wenn Wachstumsfaktoren (IL-2) und Mitogene zur Stimulierung der T-Helferzellen zugegeben werden.

Tierpathogenität

Das HIV1 läßt sich auf Schimpansen übertragen; es verursacht hier zunächst eine persistierende, aber inapparente Infektion. Die Zahl der CD4-Zellen ändert sich dabei anfangs nicht. Erst Jahre später treten erste Zeichen einer Erkrankung auf.

VIII

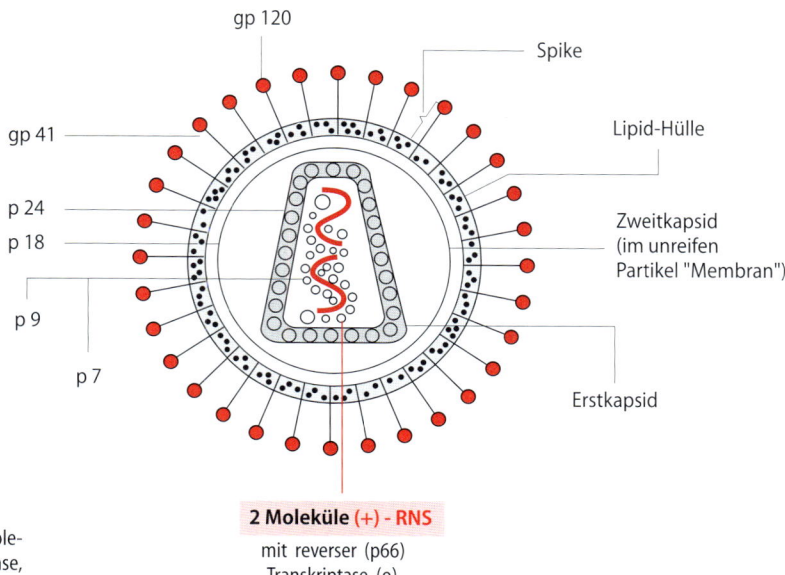

Abb. 10.3. Das HIV, bestehend aus zwei Molekülen (+)-Strang-RNS, reverser Transkriptase, Erst- und Zweit-Kapsid und Hülle mit Proteinen

Replikation des HIV

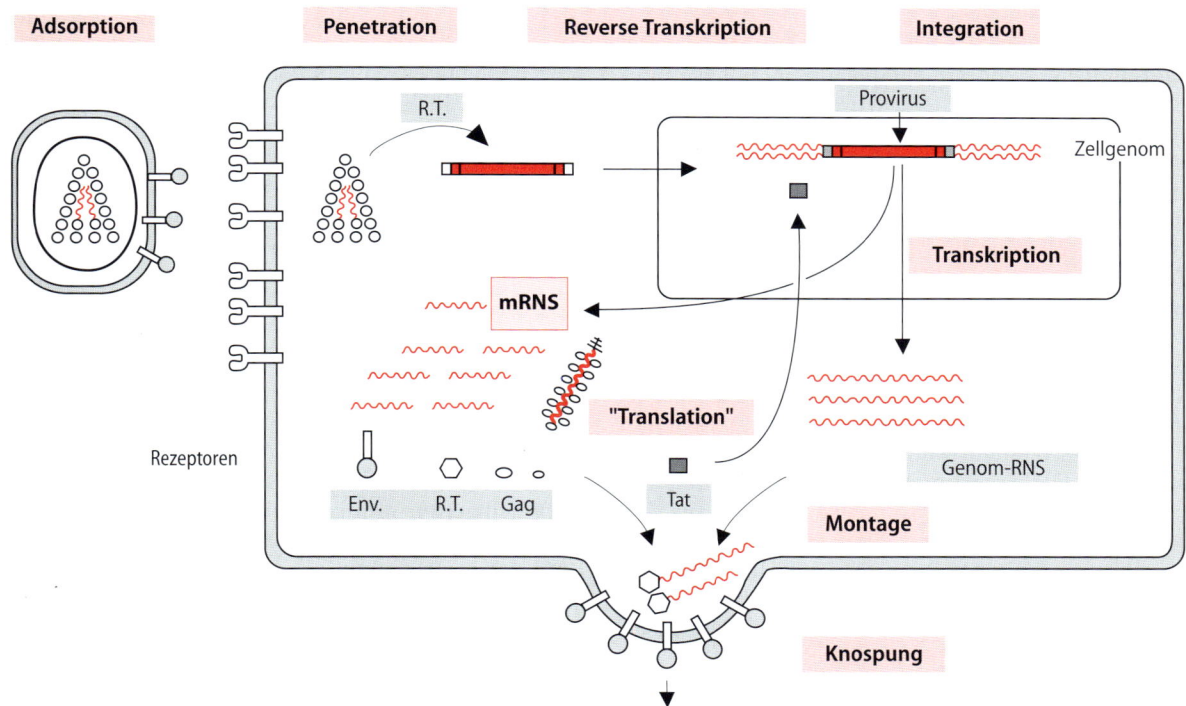

Abb. 10.4. Replikation des HIV. Die Adsorption erfolgt an den CD4- und Chemokin-Rezeptoren, Penetration durch Fusion der Virushülle mit der Zellmembran, reverser Transkription in DNS und Integration in das Zellgenom (Provirus). Transkription und Translation der env-, gag- und pol- sowie Regulatorgene, Cleavage der Vorläufer-Proteine, Montage und Knospung des neuen Virus. RT = Reverse Transkriptase

Inaktivierung des HIV

Das HIV ist wegen seiner lipidhaltigen Hülle sehr empfindlich für Lipidlösungsmittel. Außerhalb des Organismus verliert es durch Austrocknen nach mehreren Stunden 90–99% seiner Infektiosität; bei hoher Konzentration kann dies einige Tage dauern. In zellfreien Kulturflüssigkeiten hält sich das Virus bei Raumtemperatur bis zu 15 Tagen. Die Inaktivierbarkeit bei 56 °C und 60 °C hängt vom Eiweißgehalt der Flüssigkeit ab. In Anwesenheit von 10% fetalem Kälberserum oder 50–90% menschlichen Serums erfolgt Infektiositätsverlust bei 56 °C nach 8–30 min. Bei 60 °C und Anwesenheit von 10% fetalem Kälberserum erfolgt die Inaktivierung innerhalb von 2 min. **Desinfektion:** Desinfektionsmittelliste der DGHM. Stand 1. 3. 2000 mhp-Verlag, Wiesbaden.

10.2.3 Rolle als Krankheitserreger

Geschichte und Herkunft

1981 wurde in San Francisco und Los Angeles bei fünf jungen Männern ein bis dahin unbekanntes Krankheitsbild festgestellt: AIDS. Die Patienten litten an Pneumocystis-carinii-Infektionen, bei jungen Personen damals ein ganz ungewöhnliches Ereignis. In New York hatte man außerdem vier junge Männer mit einem Kaposi-Sarkom beobachtet, das bis dahin nur bei Senioren bekannt war. Bereits vorher war in der Gruppe der Homosexuellen eine Zunahme von Geschlechtskrankheiten in Verbindung mit einer atypischen Lokalisation von Infekten („Gay bowel syndrome", Entzündungszustände des Enddarms), festgestellt worden. Serologisch konnten retrospektiv in Afrika Infektionen ab 1960 festgestellt werden. Erst ab 1979 haben sich dann HIV-Infektionen verstärkt ausgebreitet.

Das HIV1 ist in Zentralafrika dreimal auf den Menschen übergetreten. Sein natürlicher Wirt scheint der Schimpanse zu sein, da HIV1 und die Schimpansen-Viren genetisch eng verwandt sind.

HIV2 ist in Westafrika von Mangaben-Affen (Cercocebus atys) wahrscheinlich mehrfach auf den Menschen übergetreten. Die genetische Verwandtschaft zu den Affenviren ist jedenfalls sehr eng. Während in den natürlichen Wirten keine Erkrankungen zustande kommen, diese aber lebenslang persistent infiziert bleiben, erkrankt der Mensch, wenn er infiziert wird. Interessanterweise verläuft die HIV2-Infektion langsamer als die mit HIV1; auch der Verlauf ist leichter.

In Afrika wurden aus gesunden, aber persistent infizierten Grünen Meerkatzen (Cercopithecus aethiops) und Mangaben-Affen Retro-Viren isoliert, die man als SIV (Simian immune-deficiency virus) bezeichnete. In Gefangenschaft gehaltene Rhesus-Affen (Macaca mulatta) hingegen, die kein entsprechendes Virus beherbergen, erkrankten jedoch nach der Infektion an SAIDS (Simian-AIDS). Sie lassen sich also als Versuchstiere verwenden. Auch gilt die SCID-Maus (severe-combined-immune-deficiency) nach Rekonstitution mit Knochenmark des Menschen als erfolgversprechendes Versuchstier. Auf jeden Fall deuten die Befunde bei Affen darauf hin, daß es angeborene Eigenschaften eines Wirtes gibt, die die Entstehung von (S)AIDS verhindern (Simian).

Allgemeines über AIDS und HIV

AIDS ist ein Krankheitskomplex, der mit einer Letalität von fast 100% einhergeht, die Inkubationsperiode beträgt 1–15 Jahre. Man beobachtet Gewichtsabnahme, Schwächezustände, Fieber sowie zahlreiche opportunistische Infektionen (z. B. Pneumonie, orale Haarleukoplakie, HSV-bedingte Ulzera der Haut sowie Chorioretinitis und Magendarm-Ulzera durch ZMV). Auch tritt das Kaposi-Sarkom auf. In Afrika verläuft die Erkrankung wegen der extremen Magersucht unter der Bezeichnung „slim-disease" (Tabelle 10.2, „Marker-Krankheiten").

Als konstanter Befund ergab sich eine starke Reduktion der T-Helfer-Zellpopulation; dies deutete auf eine Beteiligung des Immunapparates beim Krankheitsgeschehen hin. Anfangs wurden v. a. männliche Homosexuelle betroffen; dazu gesellten sich später Prostituierte, männliche und weibliche Drogenabhängige, Hämophile, Empfänger von Blutkonserven und schließlich auch Kinder von HIV-infizierten Müttern: Die Übertragung des Virus erfolgt sexuell sowie durch kontagiöses Blut und dessen Produkte.

HIV1

Bereits 1983 gelang Montagnier und seiner Arbeitsgruppe am Institut Pasteur in Paris die Isolierung eines Retro-Virus aus den Lymphozyten eines jungen Homosexuellen mit den Krankheitszeichen des Lymphadenopathie-Syndroms (III. AIDS-

Stadium). 1984 haben Gallo und seine Arbeitsgruppe in den USA ähnliche Retro-Viren von Patienten isoliert, die das voll ausgebildete Krankheitsbild AIDS aufwiesen. Die isolierten Viren werden jetzt als HIV1 (Human-Immundefizienz-Virus) bezeichnet.

HIV-2

Nachdem 1983 und 1984 das HIV1 isoliert worden war, wurde 1986 in Westafrika das HIV2 von AIDS-Patienten isoliert. Hier läßt sich die Spur des Virus bis Anfang der 70er Jahre zurückverfolgen. Das HIV2 ist verwandt, aber nicht identisch mit dem HIV1. Im Gegensatz zu HIV2 war HIV1 überwiegend in Zentralafrika festgestellt worden. Bei den Kreuztesten zeigte sich, daß die Glykoproteine der Virushülle bei HIV1 und 2 völlig verschieden waren, die Polymerase und die Kapsid-Antigene ließen jedoch eine Verwandtschaft zwischen HIV1 und HIV2 erkennen. HIV1 und HIV2 gehören also zu derselben Gruppe von Viren; sie unterscheiden sich aber bezüglich ihrer Typenspezifität.

Epidemiologie

Im globalen Maßstab läßt sich die Pandemie als Zerfallen in viele Einzelepidemien beschreiben, die ihre eigenen Genom-Eigenschaften besitzen (Subtypen). Zu Beginn der Epidemie erfolgte in den Industrieländern die Weitergabe meist durch Homosexuelle; jetzt überwiegen intravenös Drogenabhängige, wobei zunehmend mehr Frauen und Kinder infiziert werden.

Sogar innerhalb einer Person liegt das HIV als „Quasispezies" vor oder als Schwarm von nahe verwandten Viren; sie sind dem Selektionsdruck des Immunsystems ausgesetzt und ggf. dem einer Chemotherapie, es treten also „Escape"-Mutanten in großer Häufigkeit auf. Pro Replikationszyklus erfolgt pro Genom 1 Basenaustausch!

Während es 1981 in den USA 219 Todesfälle an AIDS gab, waren es 1985 bereits 2469 Todesfälle und 7531 Erkrankte. Die Hauptrisikogruppe in den USA, die Homosexuellen, sind in den großen Metropolen zu fast 100% durchseucht. Die Durchseuchung in der Bundesrepublik Deutschland mit HIV1 ist bei Homosexuellen und Prostituierten mit i.v. Drogenabhängigkeit besonders hoch. Deshalb besteht die Gefahr, daß auf diese Weise – etwa durch bisexuelle Männer und drogenabhängige Prostituierte – die Infektion in die heterosexuell

lebende Bevölkerung hineingetragen wird. Besonders tragisch ist die Durchseuchung der Hämophilen, die durch kontaminierte Faktor-VIII-Präparate infiziert wurden. Weltweit rechnet man für das Jahr 2000 mit 40 Mio oder mehr Infizierten. Das Zahlenverhältnis zwischen Männern und Frauen betrug in den Industrieländern zu Anfang der Pandemie 14:1, jetzt werden relativ mehr Frauen infiziert. Die Zahl der klinisch Kranken steigt dramatisch: Sie verdoppelt sich etwa alle 3–5 Jahre. In Deutschland waren bis Ende 1996 15 682 AIDS-Fälle gemeldet und über 10 000 Gestorbene bekannt. Die Gesamtzahl der Infizierten in Deutschland wird auf 50 000–60 000 geschätzt (weltweit etwa 40 Mio). Die Zahl der Neuinfektionen pro Jahr beträgt 2000–2500, davon sind 55% Homosexuelle, 15% Drogenabhängige, 13% Heterosexuelle, 17% Personen aus Hochrisikoländern (südliches Afrika, Südostasien), <1% Säuglinge. HIV2-Antikörper wurden bei 194 Personen festgestellt, HIVO bei einer Person aus Kamerun.

Das HIV1 Variante M ist in die verschiedenen Regionen des Erdballs zu unterschiedlichen Zeitpunkten verschleppt worden, HIVO dagegen findet sich bevorzugt in Kamerun; die fünf Subtypen A–E des HIV2 sind vorwiegend in Westafrika verbreitet. Je nach Besiedlungsdauer haben sich in den Regionen unterschiedlich viele Quasispezies angereichert. Hauptvermehrungsgegenden sind heute Afrika, Indien und Südostasien, während in den Industrieländern die Gesamtzahl der Seropositiven kaum noch steigt.

Übertragung

Das HIV wird durch homo- oder heterosexuellen *Geschlechtsverkehr*, sowie durch *Blut* oder *Blutprodukte* übertragen. Sperma und Vaginalsekret sind ebenfalls Infektionsquelle. Die Viruslast ist der Hauptfaktor für das Risiko der sexuellen Übertragung unterhalb von 1500 Kopien RNS/µl ist es gering. Nach Schätzungen ist beim Vaginalverkehr die Übertragungsgefahr geringer als beim Analverkehr. Andererseits wird das Virus offenbar leichter vom Mann auf die Frau übertragen als umgekehrt, obwohl der Virusgehalt im Vaginalsekret oft hoch ist. Der Grund für diesen Unterschied dürfte darin bestehen, daß beim Analverkehr häufig Mikrotraumen entstehen, durch die das Virus leicht in den Körper gelangt. Je geringer die CD4-Zahl ist, desto mehr HIV läßt sich im Vaginalsekret nachweisen. Speichel ist viel weniger virushaltig als Blut. Durch

den Biß seropositiver Personen wurde das HIV in einem von 600 Fällen übertragen. Für die Übertragung durch Kuß gibt es keine epidemiologischen Hinweise, es sei denn, daß entzündliche Veränderungen in der Mundhöhle vorliegen. Orale Übertragung durch Speichel erfolgt, wenn dessen Hypotonie durch Milch oder Sperma aufgehoben wird, auch gibt es unspezifische Inhibitoren des HIV. Auch Muttermilch, Tränen, Schweiß und Urin enthalten Virus.

Die Infektion der *Neugeborenen* (etwa 8%) durch seropositive Mütter erfolgt vorwiegend perinatal, aber auch durch Stillen. Die Faktoren, die die Übertragung auf Embryo oder Säugling bestimmen, sind unbekannt. Die Übertragung erfolgt umso häufiger, je höher die Viruslast der Mutter ist.

Insgesamt gesehen ist die *Kontagiosität* des HIV geringer als die des Hepatitis B-Virus. Bisher sind nur wenige Infektionen durch kontaminierte Kanülen bei ärztlichem Personal bekannt geworden. Durch Verletzungen beim „recapping" von kontaminierten Kanülen erfolgen Übertragungen mit einer Rate von 1:300. Die gemeinsame Benutzung von Spritzen bei Drogenabhängigen bildet jedoch einen Hauptausbreitungsweg. Endoskope etc. sind peinlich genau zu reinigen. 3–5%ige Na-Hypochloritlösung, 20% Alkohol oder Formalin wirken viruzid. Infektionsgefahr besteht auch beim Tätowieren, bei der Akupunktur und bei der Beschneidung. Unbedingt sollte verhindert werden, daß Blut von Seropositiven auf die unbedeckte Haut gerät (kleine Wunden lassen sich nie ausschließen). Bisher sind vier Fälle von Serokonversion bekannt geworden, bei denen eine größere Virusmenge auf die ungeschützte Haut gelangte. Bei Ekzematikern besteht eine erhöhte Infektionsgefahr, weil die bei ihnen im Epithel vorhandenen Langerhans-Zellen vermehrt CD4-Rezeptoren u.a. ausbilden.

Eine Ansteckung innerhalb von Wohngemeinschaften, durch pflegerischen Umgang mit Seropositiven oder AIDS-Kranken durch Händeschütteln ist nicht beschrieben. Die Desinfektion von Räumlichkeiten, in denen ein AIDS-Kranker gestorben ist, ist nicht erforderlich; allgemeine hygienische Regeln sollten jedoch beachtet werden.

In Afrika, der Karibik und in Südostasien wird die HIV-Infektion vorwiegend durch heterosexuellen Verkehr in Verbindung mit Promiskuität übertragen. Das Verhältnis von infizierten Männern zu Frauen beträgt dort etwa 1:1. In den großen Städten Zentralafrikas sind bis zu 20% oder mehr der Einwohner durchseucht.

Während der gesamten Latenz- und Krankheitsphase ist der Mensch potentiell als kontagiös anzusehen. Die Infektionsgefahr ist umso größer, je geringer die Zahl der CD4-Zellen und je größer die Primärlast durch HIV-RNS-Moleküle ist.

Pathogenese

Die Infektion erfolgt durch Makrophagen-tropes HIV. Die ersten infizierten Zellen im Organismus sind dendritische Zellen der Darmschleimhaut (mit oder ohne besonderen Rezeptor), die das HIV in die Lymphknoten transportieren, wo es sich vermehrt. Makrophagen/Monozyten des Blutes verschleppen das Virus in das ZNS.

Der Infektions- und Krankheitsverlauf (Abb. 10.5) von AIDS wird dann durch einen progredienten virusbedingten Eingriff in das Wirkungsnetz des Immunapparates bezüglich seiner zellulären und humoralen Komponenten einschließlich der Zytokine bestimmt. Hinzu tritt der Befall von Zellen des ZNS. Die Interaktion des Virus mit den verschiedenen Zelltypen hat sich als variabel erwiesen, z. T. bedingt durch die hohe Mutationsrate (*Quasispezies*) des Virus. HIV1 und 2 infizieren vorzugsweise T-Helferzellen, die das CD4-Molekül tragen. HIV-1 ist aber auch in CD8-Zellen, in Makrophagen, dendritischen und Langerhans'schen Zellen, in Enddarmschleimhautzellen sowie in der Mikroglia nachgewiesen worden. Der Grad der Immundefizienz wird nach dem Wert des CD4/CD8-Quotienten beurteilt; die Situation wird kritisch, wenn die CD4-Zellzahl unter 200/µl absinkt. Die Zahl der HIV-RNS-Moleküle im Plasma, die *„Plasmaviruslast"*, ist – als Faustregel – umgekehrt proportional zur Zahl der CD4-Zellen; die Zahl der RNS-Moleküle etwa 1/2 Jahr nach der Infektion läßt Voraussagen über die Progressivität der Infektion zu. Liegt sie unter 10^3, so ist mit einer sehr langen Latenz zu rechnen, liegt sie zwischen 10^3 und 3×10^4, ist mit einer Latenz von 4–6 Jahren, liegt sie über 10^5, ist mit einer kurzen Latenz von 1–2 Jahren zu rechnen. Als Folge der Immundefizienz treten dann opportunistische Infektionen und schließlich AIDS auf.

Ein Teil der Langzeitüberlebenden von HIV-Infizierten besitzt außer einer hohen Zahl von TH1-Zellen einen Defekt in einem Chemokinrezeptor: Das HIV kann nicht penetrieren und die CD4-Zellen überleben. Dies ist ein interessantes Beispiel einer „angeborenen Resistenz" gegenüber einem Virus; aber auch bestimmte HLA-Konstellationen verleihen Schutz gegen die Infektion.

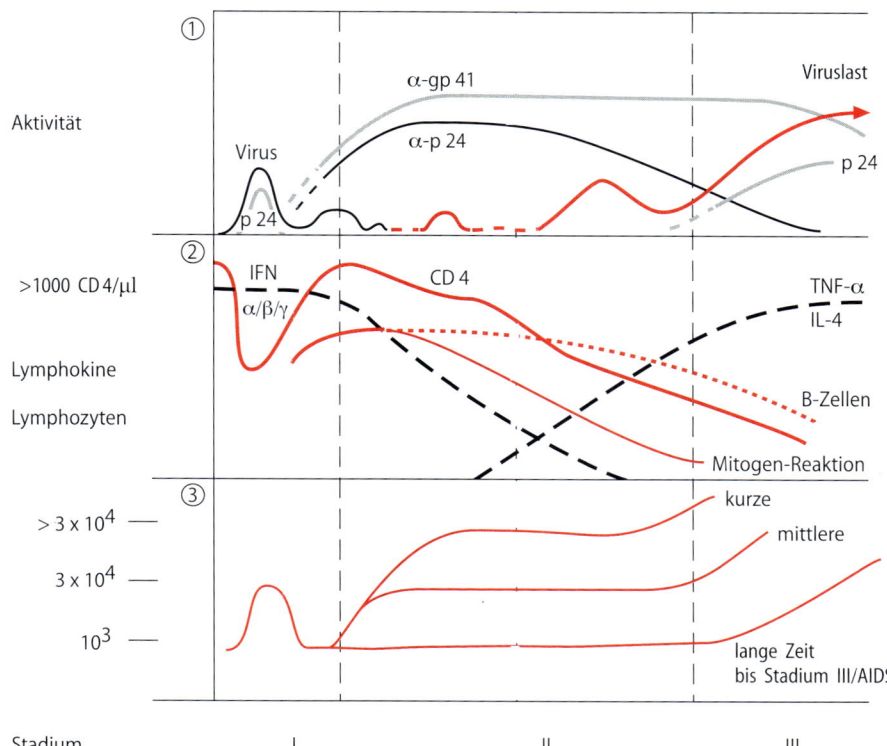

Abb. 10.5. Pathogenese des AIDS. In *1* ist Virusreplikation und Antikörperbildung, in *2* ist das Verhalten der Lymphozyten und Lymphokine, in *3* die Viruslast und die Dauer der „Latenzphase" dargestellt

Die *Infektiosität für CD4-Zellen* wird durch Eigenschaften des env-Gens, des HIV und der CXC-Chemokine (s. S. 119) bestimmt. Infizierte Lymphozyten können das Virusgenom als Provirus längere Zeit latent beherbergen; z.T. liegt aber auch eine abortive Replikation mit defekter DNS vor. Erst durch Antigenerkennung erfolgt die Aktivierung und der Beginn des produktiv-lytischen Synthesezyklus.

Durch die Virusreplikation wird offenbar nur ein Teil der CD4-Lymphozyten direkt zerstört (direkter Zellschaden). Die Berührung von CD4-Zellen durch bereits infizierte Zellen (mit Tat, Env) kann außerdem direkt Apoptose auslösen. Neuerdings weiß man, daß auch CD8-Zellen (nach CD4-Expression) infiziert und zerstört werden.

Die *Zytopathogenität für Makrophagen* ist geringer als für CD4-Lymphozyten. Makrophagen tragen CCR5-Rezeptoren und fungieren als produktiv-nicht lytische Zielzellen und dauerhaftes Virusreservoir und zugleich als immunregulatorische Elemente, die die Virusreplikation und das Ausmaß des CD4-Zellschadens bestimmen. So steigt die *Lymphokinproduktion* von Monozyten und Makropha-

gen (Interferon, IL-1 und 6, Tumornekrosefaktor u. a.). Der Makrophage kann, ohne Schaden zu nehmen, lange Zeit als Virusreservoir dienen und das Virus bei seiner Wanderung im Organismus verbreiten. Die Montage des Virus erfolgt im Zytoplasma, in dem sich große Mengen an Virus ansammeln und nicht an der Zellmembran. Aus Makrophagen stammendes Virus kann CD4-Lymphozyten infizieren und damit zerstören, aber nicht umgekehrt. Aus den Makrophagen stammt das HIV in den Endstadien, wenn die CD4-Zellen zerstört sind und kein Virus mehr bilden können.

Bei den *B-Zellen* kann man bereits im Stadium I („Mononukleose") eine polyklonale Stimulation beobachten: Die Serum-Immunglobulinspiegel sind erhöht. Man beobachtet auch Autoantikörper und Immunkomplexe. HIV-Antigen-präsentierende B-Zellen und dendritische Zellen werden von CD8-positiven ZTL erkannt und zerstört.

Antikörper gegen neue Antigene werden kaum noch gebildet. Im fortgeschrittenen Stadium der Erkrankung werden die B-Zellen inaktiv, so daß die Antikörper-Pegel gegen das HIV zurückgehen.

Die zytopathogene Eigenschaft des HIV variiert im Verlauf der Infektion:

- Im Stadium I („Mononukleose") wird kurzfristig synzytiumbildendes Virus (= Primärphase),
- in der sog. klinischen „Latenzphase" lediglich langsam replizierendes Makrophagen-tropes Virus ohne Befähigung zur Riesenzellbildung festgestellt.
- Erst beim Übergang von Stadium II zu III steigt die Menge des schnell replizierenden Virus mit Synzytiumbildung erneut an (= AIDS-Phase).

Die zentrale Frage der AIDS-Forschung ist es, warum nach einer symptomfreien, aber variablen klinischen „Latenzperiode" von einigen Jahren der Krankheitsprozeß zu einem beliebigen Zeitpunkt einsetzt. Jede infektions- und impfbedingte Stimulation des Immunsystems aktiviert infizierte CD4-Zellen und induziert dadurch Virusproduktion.

In der Latenzphase finden sich viele dendritische Zellen mit Virus-AK-Komplexen beladen in den Lymphknoten und der Milz; im AIDS-Stadium ist dann die Architektur des Gewebes zerstört, das Netzwerk der dendritischen Zellen und die Keimzentren fehlen. Die dadurch verursachte mangelhafte Antigenpräsentation mit dem IL-12-Mangel steuert ihren Teil zur Immundefizienz bei. Im Laufe der Jahre hat sich ergeben, daß dabei eine Vielzahl von Einzelprozessen verändert wird. So verschiebt sich die Relation der TH1- und TH2-Zellen zu Ungunsten des TH1-Anteils. Die verstärkte Sekretion von IL-4 und IL-10 durch TH2-Zellen beeinträchtigt auch die Zahl und die Funktion der TH1-Zellen, wodurch ein Mangel an IL-2 und IFN-γ resultiert. Andererseits steigt der Pegel von TNF-α im Blut an, der durch Apoptoseinduktion zytolytisch für infizierte Zellen wirken kann.

Bei Personen mit lang anhaltender Latenzphase überwiegen hingegen die TH1-Zellen und die von ihnen produzierten Zytokine (IL-2, IFN-γ).

ZTL (CD8-positiv) tragen nach den heutigen Vorstellungen die Hauptlast der Elimination der infizierten CD4-Zellen. Die Zerstörung von infizierten CD4-Zellen bewirkt einen Mangel an IL-2 und IFN-γ. Über lange, aber wechselnde Zeitspannen hinweg kann das Knochenmark trotzdem den Verlust von 5×10^9 HIV-produzierenden CD4-Zellen pro Tag aus dem Pool von 10^{11} latent infizierten Zellen ausgleichen, obwohl 10^9 infektiöse RNS-Moleküle pro Tag entstehen. Aus welchem Grund der Nachschub von CD4-Zellen letztendlich erlischt, ist unklar. Man vermutet u.a. einen zytotoxischen Effekt des HIV für gewisse Zellpräkursoren.

CD8-Zellen wirken nicht nur als ZTL, vielmehr können Subpopulationen auch Stoffe abgeben, die die Virusreplikation verhindern. Auch Chemokine (RANTES, MIP 1-α und -β u.a.) blockieren die Adsorption. Versagen aber diese virushemmenden Mechanismen, fallen zu viele CD4-Zellen aus und können kein IL-2 und IFN-γ mehr abgeben, so versagt die ZTL-Abwehr schließlich ganz. Ein multikausaler Prozeß führt im Lauf der Zeit zum Versagen der Immunabwehr. So machen sich dann opportunistische Infektionen bemerkbar: Zuerst die Haarleukoplakie der Zunge und orale Candidiasis, dann Zoster, Tuberkulose und Zytomegalie. Auch tritt verstärkt Molluscum contagiosum auf und schließlich ulzerativer Herpes, das Kaposi-Sarkom sowie Zervix-Karzinome u.a.

Das *Kaposi-Sarkom* (s. S. 610) wird vorwiegend bei seropositiven Homosexuellen, selten bei HIV-Transfundierten, aber nicht bei Hämophilen mit HIV-Infektion beobachtet. Offenbar wird die Zahl der Kaposi-Sarkome bei den Erstmanifestationen jetzt geringer (12,5% gegen 20% früher). Im Gegensatz hierzu steigt die Zahl der malignen Lymphome an (s. S. 610).

Ist die Krankheit genügend weit fortgeschritten, so setzt u.a. nahezu regelmäßig die immunsuppressorische Wirkung des exazerbierten Zytomegalie-Virus auf Vorläufer-Zellen des Knochenmarkes ein und verstärkt die allgemeine Immunschwäche.

Klinik

Der Verlauf der HIV-Infektion wird anhand der klinischen Stadieneinteilung der CDC/WHO von 1993 (Tabelle 10.1) bestimmt. Auch wurde die pulmonale Tuberkulose, das invasive Zervix-Karzinom und rezidivierende bakterielle Infektionen sowie das Vorliegen von weniger als 200 CD4-Lymphozyten/µl Blut als AIDS-definierende Krankheiten in die revidierte Stadieneinteilung der CDC aufgenommen (Tabelle 10.1).

Diese Stadieneinteilung berücksichtigt die klinischen Symptome mit den AIDS-definierenden Krankheiten sowie die immunologischen Veränderungen, die im Verlauf der HIV-Infektion auftreten.

Akute HIV-Infektion. (I, Abb. 10.5). Nach 3–12 Wochen kommt es zu einer Virämie und bei 20–30% der Betroffenen tritt ein Krankheitsbild auf, das klinisch der „Infektiösen Mononukleose" des

VIII

Tabelle 10.1. HIV: Klassifikation der HIV-Infektion und AIDS-Falldefinition für Erwachsene (1993) (MMWR (1997) 46:1–19)

CD4+T-Zellen/µl	Klinik		
	A	B	C
(1) >500	A1	B1	**C1**
(2) 200–499	A2	B2	**C2**
(3) <200	**A3**	**B3**	**C3**

A: asymptomatische HIV-Infektion; persistierende generalisierende Lymphadenopathie; akute, primäre HIV-Infektion
B: symptomatische HIV-Infektion ohne AIDS-definierende Krankheiten, jedoch solchen, die auf einen Defekt in der zellulären Abwehr inkl. HIV-Infektion schließen lassen oder durch eine HIV-Infektion erschwert werden
C: AIDS-definierende Krankheiten
AIDS-Fall: **A3, B3, C1, C2** und **C3**

EBV ähnelt. Zusätzlich treten Diarrhoen, Exantheme, Muskelschmerzen und eine leichte Meningo-Enzephalitis auf. Statt der Lymphomonozytose sind bei der akuten HlV-Infektion die Gesamtleukozyten normal oder erniedrigt. Es kommt zu einem raschen Anstieg und einem raschen Abfall der HIV-RNS mit einer disseminierten Verteilung des HIV in das lymphatische Gewebe. HIV-spezifische Antikörper sind etwa ab der dritten Woche nach Infektion nachweisbar. Der Verlauf der akuten HIV-Infektion ist partiell selbstlimitierend.

Klinisch asymptomatische HIV-Infektion. (II, Abb. 10.5). Nach Infektion bzw. nach Abklingen der akuten HIV-Infektion folgt eine asymptomatische Phase, „Latenz". Klinisch kann eine persistierende Lymphadenopathie auftreten. Es kommt dann zu einem langsamen Abfall der Zahl der CD4-Lymphozyten. Der zeitliche Verlauf des Fortschreitens bis zum Endstadium AIDS ist eng mit der Menge der HIV-RNS 6–12 Monate nach der Infektion korreliert (s. S. 602/603).

Der weitere Verlauf ist gekennzeichnet durch das Auftreten unspezifischer Symptome wie Abgeschlagenheit, ungeklärtes anhaltendes Fieber oder eine chronische Diarrhoe ohne Erregernachweis. Daneben kommt es zu Episoden von oralem Soor (C. albicans), der oralen Haarleukoplakie (Epstein-Barr-Virus) oder gehäuftem Auftreten bakterieller Infektionen durch z. B. Streptococcus pneumoniae oder Salmonella sp. Es kann zu Rezidiven der latenten Infektion wie dem Auftreten eines Herpes Zoster oder einer Lungentuberkulose kommen. Die Zahl der RNS-Moleküle steigt dabei langsam an (s.

Abb. 10.5). Insgesamt ist der „AIDS"-Fall (A3, B3, C1–3) unterschiedlich definiert.

AIDS. (III, Abb. 10.5). AIDS ist das Endstadium der HIV-Infektion. Es tritt nach einer Inkubationszeit von 1–14 Jahren auf und ist charakterisiert durch viele und generalisierte opportunistische Infektionen oder typische Tumoren wie das Kaposi-Sarkom oder Morbus Hodgkin und Non-Hodgkin-Lymphome u. a. (Tabelle 10.2).

Die absolute Zahl der CD4-Lymphozyten ist ein wichtiger Parameter zur Bestimmung des Ausmaßes der HIV-induzierten Immundefizienz. Sinkt die Zahl der CD4-Lymphozyten unter 200/µl Blut (Normalwert: >1000/µl Blut) muß mit dem Auftreten AIDS-definierender opportunistischer Infektionen gerechnet werden. Das Kaposi-Sarkom, die

Tabelle 10.2. HIV: AIDS-definierende Krankheiten (MMWR (1997) 46:1–19); „Marker"-Krankheiten

Viren (vor allem Herpesviren: Reaktivierung)
ZMV: Retinitis, Enzephalitis, Pneumonie, Kolitis
HSV: chronisches Herpes-Simplex-Ulkus (>1 Monat), Pneumonie, Bronchitis, Ösophagitis
HHV8: Kaposi-Sarkom, Castleman-Syndrom
JC Virus: progressive multifokale Leukoenzephalopathie
HIV-bedingtes Wasting-Syndrom
HIV-Enzephalopathie
VZV-Zoster (generalisatus)

Protozoen
Cryptosporidium parvum: chronische Diarrhoe (>1 Monat)
Isospora belli: chronische Diarrhoe (>1 Monat)
Toxoplasma gondii: Enzephalitis
Pneumocystis carinii: Pneumonie

Bakterien
PPEM z. B. MAI: Mykobakteriose (disseminiert, extrapulmonal)
Mycobacterium tuberculosis: Tuberkulose
Sepsis durch Salmonellen, auch rekurrierend
Rekurrierende Pneumonie

Pilze
Candida: Ösophagitis, Pneumonie, Bronchitis
Histoplasma capsulatum: Histoplasmose (disseminiert, extrapulmonal)
Crytococcus neoformans: Kryptokokkose (disseminiert, extrapulmonal)
Coccidioidis immitis: Kokzidiomykose (disseminiert, extrapulmonal)

Tumoren
Non-Hodgkin-Lymphome (EBV-assoziiert), M. Hodgkin
Kaposi-Sarkom (HHV8 assoziiert s. o.)
Invasives Zervix-Karzinom (HPV-assoziiert), Cond. acuminata

HIV-Enzephalopathie und auch das maligne Non-Hodgkin-Lymphom können sich auch bei höheren Zahlen der CD4-Lymphozyten manifestieren. Die Zahl der HIV-RNS-Moleküle ist der wichtigste Parameter für den Verlauf.

Prognose

Die Prognose der Kranken mit AIDS ist jetzt besser geworden, neue Substanzen (ABT378/Ritonavir) bewirken trotz Resistenz des HIV eine Lebensverlängerung. Die Infektion muß z. T. als Geschlechtskrankheit angesehen werden; Verhütungsmaßnahmen müssen dies berücksichtigen. Zur Verhinderung einer weiteren Ausbreitung ist eine intensive Aufklärungsarbeit vonnöten (Drogenabhängige!). Eine soziale Ausgrenzung der Infizierten oder Erkrankten muß vermieden werden.

Labordiagnose

Die Ansteckungsfähigkeit beginnt schon kurze Zeit nach der Infektion. Die Virusisolierung aus Blut oder Lymphozyten sowie aus dem Liquor ist routinemäßig nicht möglich. Die ersten Antikörper lassen sich beim Menschen etwa 3 Wochen nach der Infektion nachweisen. Bereits vorher kann man die Virus-RNS und -DNS in den Lymphozyten feststellen. Im menschlichen Körper werden vorwiegend Antikörper gegen Hüllantigene (gp 120, gp 41), gegen Kapsid-Antigene und gegen die Polymerase gebildet. Es gibt Personen, die erst längere Zeit (mehrere Monate) nach der Infektion Antikörper bilden, ihre ZTL lassen sich aber bereits frühzeitig spezifisch stimulieren.

Die serologisch-virologische Diagnose erfolgt zunächst durch einen Antikörper-Screening-ELISA mit dem core- und env-Antigen. Dies gilt auch für die Untersuchung von Blutspendern. Jeder Verdachtsfall wird dann durch einen „Bestätigungstest" mit mindestens zwei Banden abgeklärt (Westernblotting), ggf. auch IFT. Die Screening-Tests der 3. Generation sind sehr spezifisch und empfindlich, sie erfassen alle Subtypen, eine Wiederholung ist an einem 2. Serum erforderlich, um Versehen auszuschließen.

Die serologische Diagnostik wird später nicht wiederholt, vielmehr wird alle 3–5 Monate die Zahl der HIV-RNS-Moleküle im Plasma bestimmt und daraus die Wirksamkeit der Therapie geprüft.

Zur Diagnose der Infektion beim Säugling wird die RT-PCR eingesetzt, da selten Antikörper auftreten.

Diagnose der HIV-Infektion

- Screening auf HIV (ELISA)
- Bestätigungstest (IFT, Westernblot)
- Bestimmung der Viruslast (RT-PCR)
- Therapie (Resistenzbestimmung)
- Alle 3–5 Monate Kontrolle der Viruslast.

Therapie (z. B.)

Die alleinige Therapie mit AZT (Nukleosid-Reverse-Transkriptase-Inhibitor, NRTI) hat keine Verlängerung der Überlebenszeit erbracht. Erst die Kombination von z. B. AZT mit Nevirapin (Nonnukleosid-Hemmstoff, NNRTI) und einem Protease-Inhibitor (PI) hat deutliche Fortschritte gebracht: HAART („highly active antiretroviral therapy").

Therapie

- Dreifach: $NRTI_1+NRTI_2+PI$
  $NRTI_1+NRTI_2+NNRTI$
- Vierfach: $PI_1+PI_2+NRTI_1+NRTI_2$
  $NRTI_1+NRTI_2+NNRTI+PI$

Man unterscheidet eine **Initialtherapie** von **Umstellungsoptionen**, die sich je nach Resistenz, Verträglichkeit, Überschneiden von Nebenwirkungen und Liquorgängigkeit unterscheiden. Zur Auswahl stehen zur Verfügung: 5 PI's, 3 NNRTI's und 6 NRTI's.

Die Therapie wird jetzt möglichst frühzeitig nach der Infektion mit einer 3- oder 4fach-Kombination begonnen und die Zahl der RNS-Moleküle mit der PCR alle 3–5 Monate bestimmt. Da auch bei dieser Vorgehensweise inhibitorresistente Mutanten auftreten, ist es angezeigt, in den gleichen Zeitabständen Resistenzteste durchzuführen. Sollte das HIV gegen eine Substanz resistent sein, kann die Substanz durch eine geeignete andere ersetzt werden, um volle Empfindlichkeit zu gewährleisten. Ist die Viruslast unter die Nachweisgrenze gesunken, steigt die Zahl der CD4-Zellen.

Die Behandlung von schwangeren Frauen mit AZT hat eine Reduktion der Zahl der infizierten Babys von HIV-positiven Müttern um 60% erbracht. Die Kombination von AZT und 3TC sowie frühzeitiger Kaiserschnitt haben die Übertragungshäufigkeit auf unter 2% (von etwa 30%) gesenkt. Indinavir wirkt toxisch. S. a. www.rki.de/GESUND/GESUND.HTM

Prävention

Unbedingt muß darauf geachtet werden, daß im klinischen Alltag bei Blutentnahmen Einmalgeräte etc. benutzt werden. Auf den Gebrauch von *Gummi-*

VIII

handschuhen ist strengstens zu achten. Beim Stechen mit Kanülen durch nicht erlaubtes „recapping" erfolgt in 1 von 300 Fällen Übertragung. Dann innerhalb von 30 min antiretrovirale Therapie (auch bei Schnittverletzungen). WEB-Seite: www.RKI.de.

Impfstoffe. Es sind noch keine Impfstoffe in Sicht. Die Schwierigkeiten liegen darin, daß mehrere HIV-Typen, Subtypen und Varianten vorkommen; außerdem gibt es Quasispezies. Bei ein und demselben Patienten lassen sich gleichzeitig Viren isolieren, die serologisch verschiedenartig sind.

Schutzimpfungen bei Seropositiven. Lebendimpfstoffe und Totimpfstoffe aktivieren Lymphozyten! Trotzdem sollte auf notwendige Impfungen nicht verzichtet werden.

Meldepflicht. Anonyme Meldepflicht für bestätigten Verdacht, Erkrankung und Tod an das Robert-Koch-Institut (RKI). Erregernachweis.

ZUSAMMENFASSUNG: HIV1 und 2

Virus. Lenti-Viren, zwei Typen mit Subtypen, zwei Moleküle (+)-Strang-RNS mit Reverser Transkriptase in konischem Kapsid, umgeben von Zweitkapsid und Hülle mit Spikes. p 17, 25, 40 und gp 41, 120. Strukturgene, Funktionsgene und Regulatorgene. Integration der Nukleinsäure ist Voraussetzung für Replikation. Auftreten von Quasispezies.

Vorkommen. HIV1 in Zentralafrika, USA, Karibik und weltweit. HIV2 vorwiegend in Westafrika. Nur beim Menschen. Bei Affen nahe verwandte Viren als Reservoir und Ursprung des menschlichen Virus.

Übertragung. Durch homo- und heterosexuellen Verkehr, i.v. Drogenmißbrauch, Prostitution, infolge Infektion mit virushaltigen Faktor-VIII-Präparaten, intrauterine und konnatale Infektion, Verletzungen etc. bei ärztlichem Personal. *Cave:* Intensivstationen, Blutproben, ärztliche Geräte, Blut und Blutprodukte, Samen, Speichel und Körpersekrete. Eintrittspforten sind kleine Hautverletzungen, Wunden; die Übertragung erfolgt auch durch Injektionen, Bluttransfusionen.

Epidemiologie. Das Virus ist weltweit verbreitet, man schätzt 30–40 Mio Infizierte. Risikogruppen: Homosexuelle, i.v. Drogenabhängige, Prostituierte und Hämophile.

Pathogenese. Adsorption des Virus an CD4- und Chemokin-Rezeptor-positive Zellen, Integration, durch Aktivierung der Lymphozyten erfolgt Virusreplikation. Defekte Replikation, Virus-Mutanten, langsame Replikation. Zellfusion bei der produktiven Replikation. Zerstörung von T-Helferzellen. Makrophagen mit langsamer Replikation verbreiten das Virus, Ansiedlung in Glia-Zellen im ZNS. Durch Ausschaltung des Immunsystems opportunistische Infektionen (Viren und Bakterien), Pilze, Protozoen.

Klinik. Drei Stadien: I. „Infektiöse Mononukleose", II. Latenz mit Lymphadenopathie sowie Absinken von CD4-Zellen und III. AIDS mit opportunistischen Infektionen. Kaposi-Sarkome. „Marker-Infektionen" (s. S. 608 ff.).

Immunität. Bildung von Antikörpern erst ab 6–12 Wochen, später starke Immunsuppression durch CD4-Zellbefall.

Diagnose. Screening-ELISA, IFT, Westernblot, quantitativer Nachweis von HIV-RNS durch die PCR. CD4/CD8 $\leqslant 1$; kritischer Wert <200 CD4$^+$-Zellen/µl.

Therapie. Symptomatisch, Therapie opportunistischer Infektionen. NRTI, Nonnukleosid- sowie Protease-Inhibitoren versprechen Lebensverlängerung: HAART. Kontrolle der Zahl der RNS-Moleküle durch RT-PCR. Resistenzteste.

Prävention. Verhütung der Übertragung des HIV beim Geschlechtsverkehr, Verringerung der Drogenabhängigkeit, Screening von Blutkonserven, Reinigung ärztlicher Geräte, Verwendung von Einmalspritzen etc.

Meldepflicht. Bestätigter Verdacht, Erkrankung, Tod an das Robert Koch-Institut.

10.3 AIDS-definierende Infektionen durch opportunistische und obligat pathogene Erreger

Das klinische Vollbild AIDS ist durch die auftretenden Infektionen und ihre Folgen bestimmt. Die frühzeitige Diagnostik, Therapie und Prävention dieser Infektionen hat entscheidend zur Lebensverlängerung bei Patienten mit AIDS beigetragen. Weitere Angaben über Epidemiologie, Übertragung, Pathogenese sowie Diagnose, Therapie und Prophylaxe finden sich in den jeweiligen Kapiteln.

Bei der Mehrzahl der opportunistischen Infektionen im Rahmen von AIDS handelt es sich um die Exazerbation persistierender oder latenter Infektionen, die normalerweise durch das zelluläre Immunsystem kontrolliert werden, bis dieses zusammenbricht. Die wichtigsten AIDS-assoziierten Krankheitsbilder sind in Tabelle 10.3 zusammengefaßt.

Außer den opportunistischen Erregern können auch bestimmte obligat pathogene Erreger, v. a. Mycobacterium tuberculosis und Salmonellen, bei HIV-seropositiven Patienten schwere Erkrankungen verursachen. Typisch sind rasch progrediente und häufiger disseminierte Infektionsverläufe. Es kommt zu ungewöhnlichen Verläufen, etwa der Landouzy-Sepsis durch M. tuberculosis oder durch Salmonella typhimurium.

Beim HIV-seropositiven Patienten kann es in jedem Organsystem zu unspezifischen Symptomen kommen. Ursache dafür sind meist opportunistische Infektionen. Das HIV ist auch Ursache für eigenständige Krankheitsbilder wie die HIV-Enzephalopathie oder das Wasting-Syndrom.

In der Tabelle 10.4 sind häufige Erreger HIV-assoziierter Infektionen zusammengestellt. Die bakteriologischen und parasitären Erkrankungen finden sich in den entsprechenden Kapiteln. Im folgenden werden die Besonderheiten von Viruserkrankungen und Tumorbildungen abgehandelt.

Zytomegalie

Klinik. Die häufigste Erkrankung ist die nekrotisierende *ZMV-Chorioretinitis* (Abb. S. 689). Die *ZMV-Pneumonie* stellt sich als interstitielle Pneumonie dar und führt unbehandelt schnell zum Tod. Die *gastrointestinale Manifestation* einer ZMV-Erkrankung äußert sich im Ösophagus und Magen mit starken retrosternalen Schmerzen und im Kolon mit persistierenden Durchfällen.

Im Spätstadium von AIDS (<50 CD4/µl) kommt es bei vielen Patienten zu einem Befall vieler Organe mit ZMV generalisata.

Tabelle 10.3. HIV-assoziierte Krankheitsbilder und ihre Symptome nach Organsystemen

Organsystem	Symptome	Krankheitsbild/Erreger
ZNS	Krampfanfall	ZNS-Toxoplasmose, primäres ZNS-BZL, progressive multifokale Leukenzephalopathie
	Wesensveränderung	ZNS-Toxoplasmose, Kryptokokkenmeningitis, PML
	Demenz	HIV-Enzephalopathie, periphere Neuropathie, PML
Lunge	Pneumonie	Pneumocystis-carinii-Pneumonie, Lungentuberkulose, bakterielle Pneumonie, Pilz-Pneumonie, Kaposi-Sarkom
Gastrointestinal-Trakt	Mundschleimhaut-Läsionen	Soor, ZMV, HSV, orale Haarleukoplakie, BZL, Kaposi-Sarkom
	Diarrhoe	Salmonellen, Shigellen, Kryptosporidien, Mykobakterien, Amöben, Clostridien, Campylobacter, ZMV, HIV, BZL, Kaposi-Sarkom
	Oberbauchschmerz	Kryptosporidiose der Gallenwege, Pankreatitis (ZMV, Medikamente)
	Schluckbeschwerden	Soor-Ösophagitis, ZMV-Ösophagitis
Haut	Exantheme, Bläschen, Ulzera	Kaposi-Sarkom, HSV, VZV, Medikamenten-Allergie
Knochenmark	Leuko-/Thrombopenie	Mykobakterien, BZL-Infiltration des Knochenmarkes, Medikamente (Zidovudin, Cotrimoxazol, Pyrimethamin, Interferon, Ganciclovir)
Immunologie		Hypersensitivität auf Medikamente
Gelenke	Arthralgien	HIV-Arthropathie
Augen	Sehverschlechterung	ZMV-Retinitis, ZNS- oder Retina-Toxoplasmose, ZNS-BZL
systemisch	Fieber	Pneumocystis-carinii-Pneumonie, Tuberkulose, MAC
	Gewichtsabnahme	infektiöse Enteritis, HIV-Wasting

Tabelle 10.4. Häufige Erreger AIDS-assoziierter Infektionen

Bakterien	
PPUM (Umwelt-Mykobakterien)	s. S. 377
Mycobacterium tuberculosis	s. S. 377
Salmonellen	s. S. 265
Viren (vor allem Herpesviren: Reaktivierung)	
ZMV	s. S. 641
HSV	s. S. 630
VZV	s. S. 637
EBV	s. S. 646
JC-Virus	s. S. 622
Pilze	
Candida	s. S. 701
Histoplasma capsulatum	s. S. 726
Cryptococcus neoformans	s. S. 706
Coccidioides immitis	s. S. 731
Protozoen	
Cryptosporidium parvum	s. S. 778
Isospora belli	s. S. 780
Toxoplasma gondii	s. S. 784
Pneumocystis carinii	s. S. 733

Herpes-simplex-Virus-Infektionen

Klinik. Die häufigste Manifestation einer Erkrankung durch das HSV sind ausgedehnte Schleimhautläsionen, die sehr schmerzhaft sein können. Bei Patienten mit ausgeprägtem Immundefekt können sich aus den kleinen Läsionen ständig vergrößernde, mukokutane Ulzera entwickeln, die bis in die Subkutis reichen, der sog. nekrotisierende Herpes. Befallen sind außerdem die Genital-/Analregionen. Auch kennt man schwere HSV-Pneumonien (Abb., s. S. 688).

Varizellen-Zoster-Virus-Infektionen

Klinik. Bei Patienten mit schwerem Immundefekt können mehrere Hautsegmente befallen sein (Zoster multiplex). Auch ein Zoster generalisatus wird gelegentlich beobachtet. Eine schwere Erkrankung durch das VZV sind Pneumonie und Enzephalitis (s. S. 639).

Ein Zoster bei Patienten unter 30 Jahren sollte Anlaß zur HIV-Testung sein.

Orale Haarleukoplakie

Klinik. Am Rand der Zunge lassen sich dichte, weiße, nicht abwischbare Beläge feststellen. Differentialdiagnostisch ist der Soor zu beachten (S. 648).

HIV-Enzephalopathie

Epidemiologie. Bei 5% der Patienten manifestiert sich das Stadium AIDS mit einer HIV-Enzephalopathie. 30% der Patienten, die länger als 18 Monate das Stadium AIDS überleben, haben Zeichen einer HIV-Enzephalopathie.

Pathogenese. Die Infektion des ZNS durch HIV erfolgt bereits während der initialen „Mononukleose" durch an eine bestimmte Makrophagen-Fraktion gebundenes HIV. Infiziert wird zuerst die Mikroglia, in der inkomplette Zyklen ohne integrierte DNS beobachtet wurden. Freigesetzte Lymphokine (TNF-α, IFN-γ) induzieren auf der Mikroglia (und Neuronen?) MHC-I- und -II-Antigene und machen diese für das HIV suszeptibel; zytopathische und zelltoxische Effekte (gp 120, TNF-α, IL-1β) schädigen die Makroglia bzw. die Neuronen. Die ausgeprägte Demenz ist pathohistologisch durch Riesenzellen der Mikroglia gekennzeichnet. Astrozyten und Mikroglia sind vermehrt, im Hirnstamm finden sich Gliazellknötchen. Die AIDS-bedingte PML (s. S. 623) infolge einer Reaktivierung des JC-Virus läßt sich durch die PCR im Liquor nachweisen (s. S. 623).

Klinik. Die HIV-Enzephalopathie beginnt häufig bereits bei HIV-seropositiven Patienten ohne nennenswerten Immundefekt. Die ersten Symptome sind Leistungsminderung, Beeinträchtigung des Gedächtnisses sowie Konzentrationsstörungen. Dazu kommen Störungen der Motorik, bevorzugt mit Schwierigkeiten bei schnellen Bewegungen. Es entwickelt sich im weiteren eine langsam progrediente **Demenz** mit Abfall der intellektuellen und sozialen Fähigkeiten. Neuropathie mit Kribbeln, Zuckungen u. a.

Diagnose. Im EEG sieht man eine Verlangsamung der elektrischen Hirnaktivität. CT und Kernspintomographie zeigen eine äußere und innere Hirnatrophie, die im Verlauf zunimmt. Der typische Liquorbefund ist eine Vermehrung der Gesamtproteine bei normaler oder nur leicht erhöhter Zellzahl. Es lassen sich autochthone Antikörper gegen HIV nachweisen. Differentialdiagnose: PML (s. S. 526).

Therapie. Nach einer Therapie mit NRTI und NNRTI sowie Proteaseinhibitoren bessert sich die Symptomatik. Die Therapie ist sonst symptomatisch orientiert. Eine wirksame HIV-Therapie mit Anstieg der CD4-Zellen hat eine Besserung der ZNS-Symptomatik und der Neuropathie zur Folge.

Wasting-Syndrom (AIDS-Kachexie-Syndrom, Slim-disease)

Epidemiologie. Das Wasting-Syndrom kommt als AIDS-Manifestation etwa gleich häufig wie die HIV-Enzephalopathie in Afrika vor. In Europa ist es jetzt infolge HAART selten geworden (hochaktive anti-Retrovirus-Therapie).

Pathogenese. Als Ursache für den progredienten Gewichtsverlust wird eine ungenügende enterale Resorption von Nährstoffen diskutiert.

Klinik. Die meisten Patienten mit Wasting-Syndrom leiden unter immer wiederkehrenden Durchfallepisoden. Es lassen sich keine Erreger nachweisen. Die Patienten haben einen progredienten Gewichtsverlust, der bis zu einer ausgeprägten Kachexie führen kann. Der Gang der Patienten ist langsam und schleppend, die Haltung gebückt, die Patienten wirken vorgealtert, die Haut ist trocken, das Haar schütter.

Diagnose. Die Diagnose ergibt sich aufgrund des klinischen Bildes und der Gesamtkonstellation. Patienten mit Wasting-Syndrom haben eine weit fortgeschrittene HIV-Infektion mit sehr niedrigen CD4-Lymphozytenwerten ($<100/\mu l$).

Therapie. Die Therapie besteht in hochkalorischer Ernährung sowie Substitution von Vitaminen und Spurenelementen. Da die Resorption gestört ist, empfiehlt sich parenterale Ernährung. Bei einigen Patienten bessert sich das Krankheitsbild unter Steroid-Behandlung oder Behandlung mit Anabolika.

Kaposi-Sarkom (KS)

Klinik. Das KS beginnt meist an der Haut, seltener an der Mundschleimhaut oder in Lymphknoten. Die Flecken können zu Beginn mit anderen Effloreszenzen verwechselt werden. Sie sind klein, rötlich-livide, länglich nach den Spaltlinien der Haut angeordnet. Sie können einzeln oder von Anfang an disseminiert auftreten. Nicht selten ulzeriert das KS.

Bei Befall des Lymphsystems kann es zu ausgeprägten peripheren Ödemen kommen. Alle Organe mit Ausnahme des ZNS können befallen sein. Die klinischen Symptome sind Atemnot bei Lungen-KS, gastrointestinale Blutungen und gelegentlich Ileussymptomatik beim intestinalen KS (HHV8; S. 654).

B-Zell-Lymphome (BZL)

Epidemiologie. In Europa manifestierten sich bei AIDS etwa 5 (–20)% BZL. Sie sind mono- oder polyklonal und man unterscheidet 4 Formen, etwa 50% sind EBV-positiv.

Klinik. Die BZL können sich im Abdomen, in den Lymphknoten, im ZNS und als „Burkitt-Lymphom" manifestieren. Schmerzen, Inappetenz und Zeichen eines Ileus können bei gastrointestinalen BZL im Vordergrund stehen. Auf ein primäres BZL des Zentralnervensystems weisen je nach Lokalisation sehr unterschiedliche Symptome wie Antriebsstörungen, Krampfanfälle, Gangstörungen und Lähmungserscheinungen hin. Auch verdächtige Hautläsionen sollten bioptisch abgeklärt werden. Nicht selten zeigen sich zunächst nur Allgemeinsymptome wie Fieber, Nachtschweiß, progredienter Gewichtsverlust und Anämie. Grundsätzlich sollte bei jeder Lymphknotenvergrößerung auch an ein BZL gedacht werden.

Diagnostik. Beweisend ist der histopathologische Nachweis aus verdächtigem Gewebe. Bei Verdacht auf ein gastrointestinales oder zerebrales BZL sollte eine Endoskopie mit Biopsie verdächtiger Herde bzw. ein CT des Schädels die Diagnose sichern. Lymphknotenvergrößerung im CT von Thorax und Abdomen sowie BZL-Infiltration in der Beckenkammbiopsie ergeben das Stadium des BZL.

Die Zahl der CD4-Lymphozyten kann normal oder erniedrigt sein; in der Mehrzahl der Fälle ist sie $<250/\mu l$.

Therapie. Unter der Behandlung mit Chemotherapeutika (z.B. CHOP-Schema), ggf. mit reduzierter Dosis oder Einsatz von hämatologischen Wachstumsfaktoren (G-CSF) ist auch bei vielen AIDS-Patienten mit einer Remission zu rechnen.

Bei primärem ZNS-Lymphom kommt eine Bestrahlungsbehandlung in Frage.

Zervix-Karzinom

Epidemiologie. 60% der HIV-infizierten Frauen haben einen dysplastischen Zervix-Abstrich. Die Inzidenz des invasiven Zervix-Karzinoms beträgt 5–10%, ist aber steigend.

Diagnostik. Die Diagnose einer zervikalen Dysplasie oder eines Zervix-Karzinoms wird durch den Abstrich nach Papanicolaou sowie den HPV-DNS-Nachweis gestellt. Dieser sollte bei allen HIV-

VIII

infizierten Frauen alle 6 Monate durchgeführt werden. Verdächtige Befunde sollten durch eine Kolposkopie kontrolliert werden.

Therapie. Die Therapie besteht wie bei den nicht HIV-infizierten Frauen primär in der chirurgischen Exzision, evtl. gefolgt von Radio- oder Chemotherapie.

10.4 Human-T-Zell-Leukämie-Virus1 (HTLV1)

STECKBRIEF

In Japan wurde 1980 bei Erwachsenen mit aggressiven, fatalen T-Zell-Leukämien erstmals ein menschenpathogenes Retro-Virus isoliert. In den USA wurde dann ein nahe verwandtes Virus festgestellt.

Man bezeichnete das Virus als HTLV1 (**H**umanes **T**-Zell-**L**eukämie-**V**irus). Kurze Zeit danach isolierte man ein Virus aus Haarzelleukämien, welches HTLV2 benannt wurde.

HTLV1 und 2 waren damit die ersten beim Menschen nachgewiesenen Retro-Viren. Sie heften sich an das CD4-Molekül der T-Helferzellen. Das Virus erzeugt beim Menschen Lymphome und Leukämien; es wirkt immunsuppressiv.

10.4.1 Beschreibung

Genom

Das (+)-Einzelstrang-RNS-Genom (8,0–8,8 kb) des Virus besitzt außer den typischen Retro-Virus-Genen ein Zell-immortalisierendes Gen, das sog. tax-Gen, das bezüglich seiner Wirkung neuartig ist. Die Besonderheit des Virusgenoms besteht darin, daß es an beliebiger Stelle in das Wirtszellgenom integriert werden kann; von dort aus wirkt das tax-Gen über sein Genprodukt „trans"-aktivierend (s. Abb. 10.2, S. 598) auf das am 5′-Ende des Genoms gelegene LTR-Element ein und verstärkt damit die Replikation des Virus. Ein weiteres, als „rex" bezeichnetes Regulatorgen, wirkt ähnlich wie das rev-Gen beim HIV.

Morphologie

Das Virus besteht aus einem helikalen Erst- und einem Ikosaeder-Zweitkapsid (s. S. 599) innerhalb der Hülle.

Züchtung und Replikation

Die Isolierung erfolgte durch Kokultivierung der Lymphozyten mit virusfreien Nabelschnur-Lymphozyten in Gegenwart von IL-2 und Mitogenen. Hauptziel sind CD4-Zellen, die immortalisiert werden. Die Montage des HTLV1 erfolgt ausschließlich an der Zellmembran durch Knospung („budding").

10.4.2 Rolle als Krankheitserreger

Epidemiologie

Die T-Zell-Leukämie der Erwachsenen kommt hauptsächlich in Japan, Afrika, in der Karibik und den USA sowie in Melanesien vor; aber auch in Europa wird diese Krankheit jetzt häufiger beobachtet, v. a. bei Drogenabhängigen. In Deutschland sind etwa 0,02% der Blutspender seropositiv (s. Tabelle 7.14, S. 528). Alle erwachsenen Leukämiepatienten in Japan sind seropositiv für HTLV1. In Japan gibt es regionale Häufungen; dort sind die Familienangehörigen der Kranken bis zu 40% seropositiv. In Endemie-Gebieten sind etwa 1–5% der Bevölkerung als Antikörperträger anzusehen, während in anderen Gegenden seropositive Individuen selten sind. Von 2000 Seropositiven erkrankt einer an Leukämie, die übrigen sind also inapparent infiziert. Es wird geschätzt, daß von den 15–25 Mio weltweit Infizierten 1–5% eine Leukämie entwickeln.

Übertragung

Das Virus wird wahrscheinlich durch Intimkontakt von Männern auf Frauen und seltener umgekehrt *ausschließlich* zellgebunden übertragen. Mütter geben es mit den T-Zellen der Muttermilch an Kinder weiter, vielleicht wird es auch transplazentar übertragen. 1/2 Jahr nach der Geburt steigt die Durchseuchung. Bei der Häufigkeit der heute vorgenommenen Bluttransfusionen sind diese sehr wahrscheinlich eine weitere Infektionsquelle. Insgesamt ist der Infektionsweg stets horizontal.

Man vermutet, daß das HTLV aus Afrika, wo es vermutlich von Affen auf den Menschen übertragen wurde, durch den Sklavenhandel in die Karibik, nach Südamerika und die USA verschleppt wurde. Es gibt ferner Hinweise, daß HTLV1 mehrfach von Affenspezies auf den Menschen übertragen wurde: Die sechs Hauptverbreitungsgebiete

decken sich mit den sechs Subtypen des HTLV1. Bei afrikanischen und asiatischen Makaken sowie Schimpansen hat man Verwandte des HTLV1 entdeckt, sog. S(imian)TLV1-Viren.

Pathogenese

Das tax-Gen-Produkt (s. S. 598) wirkt immortalisierend auf die T-Zellen ein, u. z. wirkt es als Initiator, es kontrolliert den Zellzyklus und soll mutativ wirken. In tax-transgenen Mäusen entstehen Leukämien. Angesichts der langen Inkubationsperiode ist es wahrscheinlich, daß zur Leukämieentstehung weitere Faktoren hinzutreten müssen. Die Entstehung der Leukämie verläuft klinisch in mehreren Stadien:

- Präleukämisches Stadium (nur Provirus);
- „Smoldering", beginnende Leukämie (Lymphome, aber normale Leukozytenzahl);
- Chronische, manifeste Leukämie (Haut-Lymphome und Leukozytenanstieg);
- Akute Leukämie (Lymphome generalisiert, Leukozyten sehr hoch).

Die ersten beiden Stadien, die in 50% zurückgehen, sollen polyklonal, die späten Stadien monoklonal sein; die Zellen werden wegen des Aussehens der Kerne als „Flower-cells" bezeichnet.

Alle Tumorzellinien enthalten das gesamte Virusgenom. Die DNS läßt sich auch in Lymphozyten von Seropositiven nachweisen, freies Virus im Blut gibt es jedoch nicht. Keine Quasispeziesbildung! Das HTLV1-Provirus ist auch in seronegativen Blutspendern gefunden worden.

Die Immortalisierung der T-Zellen wird von einer gesteigerten Expression z. B. der Gene des IL-2 und seines Rezeptors begleitet, die durch das Tax-Protein ausgelöst wird. Die Malignisierung erfolgt dann infolge stufenweise auftretender Genomveränderungen mit Selektion von hochmalignen Zellvarianten. Alle Tumorzellen eines Individuums enthalten das Virusgenom an der gleichen Integrationsstelle. Diese Stelle variiert aber bei jedem der befallenen Individuen. Die Tumorzellen eines Kranken sind somit monoklonal. Die Zellinien tragen meist den CD4-Marker, nur wenige sind CD8-positiv, sehr selten sind es B-Zellen. Außer den Lymphozyten werden auch Endothelzellen und Fibroblasten befallen. Die immunbiologische Funktion der befallenen Zellen (Helfer-Zellen) ist gestört; insgesamt gesehen ist die schädigende Wirkung dieses Virus im Vergleich mit dem HIV gegenüber dem Immunsystem gering. Die Hauptproteine, gegen die der Mensch Antikörper bildet, sind das p 24 (Kapsid) und das gp 42 (Hüllprotein).

Klinik

Man schätzt die Inkubationsperiode nach einer Infektion mit HTLV1 auf 10–20 Jahre. Die T-Zell-Leukämie kommt in vier Krankheitsformen vor:

- T-Zell-Leukämie i. e. S. des Erwachsenen (ATL);
- Lymphosarkom mit begleitender T-Zell-Leukämie;
- Kutane Form der T-Zell-Lymphome;
- Auch die Mycosis fungoides sowie das Sézary-Syndrom werden vermutlich durch das HTLV hervorgerufen, ebenso Arthropathien.
- Es gibt auch Entzündungsprozesse (Alveolitis, Polymyositis, infektiöse Dermatitis u. a.) als Folge der immunsuppressiven Wirkung der HTLV-Infektionen.

Man vermutet, daß die in Afrika, in der Karibik und in Indien vorkommende tropische *spastische Paraparese* mit Entmarkungen ebenfalls auf die Infektion mit dem HTLV1 zurückzuführen ist. Bei ihr entstehen viele ZTL, die jedoch bei der ATL fehlen; man vermutet deswegen eine Immunpathogenese. In Japan kennt man eine HTLV-assoziierte *Myelopathie* (HAM) mit Uveitis. Im Verlaufe der Tumorentstehung erfolgt eine polyklonale B-Zellstimulation; außerdem machen sich opportunistische Infektionen bemerkbar. Die Diagnose und das Blutprobenscreening erfolgt durch ELISA, Westernblot und RT-PCR. Durch Verhinderung der sexuellen Übertragung läßt sich die Zahl der Infizierten reduzieren.

Therapie. Wirksam sind nicht Inhibitoren der reversen Transkriptase, aber monoklonale Antikörper gegen den IL-2-Rezeptor.

10.5 HTLV2

In den USA beobachtet man eine andere Form der Leukämien: Die sog. Haarzell-Leukämie; sie trägt ihren Namen nach der Form der Lymphozyten mit langen, haarartigen Ausläufern. 2000 Fälle werden dort pro Jahr festgestellt. IFN-a ist als Therapeutikum von der FDA zugelassen. Als Erreger der Leukämie gilt das HTLV2. Es tritt vorwiegend bei Indianern und Pygmäen auf (Prävalenz 3–20%). Die Übertragung erfolgt wie bei HTLV1. Mit 1–18% wird es bei Drogenabhängigen beobachtet.

VIII

ZUSAMMENFASSUNG: HTLV1/2

Virus. Retro-Virus (s. HIV), zwei Typen, transaktivierendes tax-Gen.

Vorkommen. HTLV1 in Japan, Neuguinea, Afrika und Westindien, sporadisch weltweit. Bei i.v. Drogenabhängigen: HTLV2: USA.

Übertragung. Intimkontakte, Muttermilch, Bluttransfusionen. Vektoren?

Epidemiologie. Erwachsene mit T-Zell-Leukämie haben Antikörper, Familienangehörige dann bis 40%, sonst ≪1%.

Pathogenese. Immortalisierung der Lymphozyten durch tax-Genprodukte, monoklonaler Tumor durch stufenweise auftretende Chromosomenabnormalitäten. Kein freies HTLV1 im Blut, nur zellgebunden.

Klinik. 10–20jährige Inkubation; HTLV1: T-Zell-Leukämie des Erwachsenen, die in vier Stadien entsteht. HTLV2: „Haarzell-Leukämie".

Immunität. HTLV wirkt immunsuppressiv.

Diagnose. Klinisch, pathohistologisch, ELISA, Westernblot, ggf. PCR in Blutzellen.

Therapie. Bei HTLV2: Interferon.

Prävention. Ausschaltung von positiven Blutspendeproben und Vermeidung der sexuellen Übertragung.

D. FALKE

EINLEITUNG

Infektionen mit dem Parvo-Virus B19 (Genus Erythro-Virus) verursachen beim Menschen die Ringelröteln; bei Infektionen in utero können sie Hydrops fetalis und Abort auslösen. Persistierende Infektionen sind die Ursache von Arthritis, Arthropathie und aplastischer Anämie. Die pathogene Wirkung wurde 1983 durch intranasale Infektion von seronegativen gesunden Normalpersonen bewiesen.

STECKBRIEF

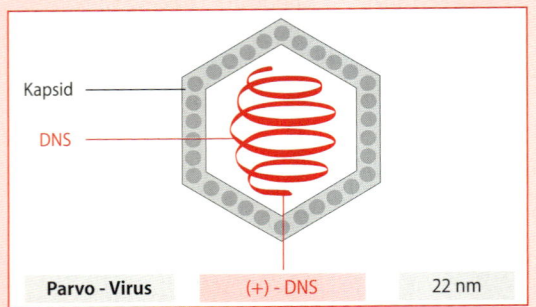

Kapsid

DNS

| Parvo - Virus | (+) - DNS | 22 nm |

11.1.1 Beschreibung

Genom. Das Parvo-Virus B19 ist ein kleines DNS-haltiges Virus. Die lineare Einzelstrang-DNS enthält 5,6 kb. Der Informationsgehalt der Virus-DNS ist so gering, daß das Virus für seine Replikation im Kern der Zelle gewisse Funktionen der Wirtszelle während der S-Phase der Zelle in Anspruch nehmen muß. Man kennt sechs Genotypen.

Morphologie. Das Virus besitzt einen Durchmesser von 22 nm, die Ikosaeder-Kapside bestehen aus zwei Proteinen (VP1 und 2).

Resistenz gegen äußere Einflüsse. Das Parvo-Virus B19 ist ätherresistent und in der Außenwelt sehr stabil; es überlebt 60 min bei 56 °C, läßt sich jedoch durch Formalin und β-Propiolacton inaktivieren. Es ist pH-stabil von 3–9.

11.1.2 Rolle als Krankheitserreger

Vorkommen

Das Parvo-Virus B19 kommt nur beim Menschen vor; ein ähnliches Virus erzeugt bei Rhesusaffen identische Symptome.

Epidemiologie

Eine saisonale Häufung ist alle 3–5 Jahre im Frühjahr zu verzeichnen, dann nämlich, wenn eine genügend große Anzahl empfänglicher Kinder (4–10 Jahre alt) herangewachsen ist. Parvo-Viren erreichen in der Weltbevölkerung eine Durchseuchung von 50–90%. In Familien, Kindergärten, Kinderheimen und Schulen erfolgt die Ausbreitung schnell. Inapparente Infektionen liegen in etwa 30% vor, auch abortive Verläufe sind häufig. Etwa in 33% der Infektionen von seronegativen Frauen mit einer Schwangerschaft wird das Virus auf den Embryo/Fötus übertragen. Ein Hydrops fetalis tritt in 5–9%, intrauteriner Frühtod in 9–13% aller Infektionen der Mutter auf. Das Parvo-Virus B19 ist die Ursache von 10–15% aller Fälle von Hydrops fetalis. Es gibt Mehrfachinfektionen.

Übertragung

Sie erfolgt wahrscheinlich durch *Tröpfcheninfektion.* Kinder mit Exanthem sind nicht mehr infektiös für ihre Umgebung. Das Virus wird über die Sekrete des Nasenrachenraums ausgeschieden und ist im Urin nachweisbar. Auch Blutkonserven und Plasma-

produkte können das Virus übertragen, man schätzt eine Übertragung auf 20 000 Transfusionen.

Pathogenese

Die Replikation der Parvo-Viren erfolgt nur im Kern von Zellen, die sich in der S-Phase des Zellzyklus befinden. Als Rezeptor wurde die Blutgruppen-P-Substanz (s. S. 87) identifiziert. Man findet das Virus deshalb vorwiegend in den *Erythroblasten*, d. h. in den unreifen Vorstufen der roten Blutzellen. Ob die DNS des Virus in das Zellgenom integriert wird, ist noch nicht bekannt, es persistiert jedoch bei vielen Personen im Knochenmark.

Die Replikation der Viren verursacht eine *Hemmung der Erythropoese.* Pro ml Blut wurden bis zu 10^{11} Viruspartikel gezählt, Virus-DNS ist aber bereits vor Ausbruch des Exanthems nachweisbar. Die Erythropoese ist für die Dauer von 7–11 Tagen gehemmt. Die Entstehung des Exanthems ist wahrscheinlich durch Virus-Antikörper-Komplexe bedingt, da es am Ende der Virämie auftritt. Die *Arthralgien* (8% aller Kinder, 80% der Erwachsenen) sollen ebenso durch Immunkomplexe zustande kommen, bei ihnen findet man B19-DNS lange Zeit nach der akuten Infektion in den Synovialmembranen und Persistenz im Blut. Durch die Infektion entsteht keine Embryopathie, sondern ein **Hydrops fetalis**. Durch elektronenmikroskopische Untersuchungen und durch die PCR wurde beim Vorliegen des virologisch bedingten Hydrops fetalis in zahlreichen Organen des Fötus mit Erythropoese (Leber, Milz, Lunge) Virus-DNS nachgewiesen. Im Fruchtwasser findet man auch dann noch Virus-DNS, wenn die Mutter hohe IgG-Antikörperspiegel aufweist. Auch in Abortmaterial läßt sich Virus-DNS nachweisen. Neben der Hemmung der Erythropoese tritt beim Föten auch eine starke Hämolyse auf. Infolge Erythrozytenzerfalls und Anämie ist O_2-Mangel das zentrale pathogenetische Element. Nach pränatalen Infektionen vermutet man eine Persistenz des Virus.

Klinik

Die Inkubationsperiode bis zum Auftreten der ersten Symptome beträgt 5–10 Tage. Etwa 20–30% der Infektionen verlaufen inapparent. In einer *1. Phase* der Krankheit bilden sich plötzlich hohes Fieber, Kältegefühl, Kopf- und Muskelschmerzen sowie Anämie aus – es entsteht das Bild eines grippalen Infektes. Einige Tage danach, in der *2.*

Phase, tritt erneut Fieber auf. Es bildet sich ein (manchmal fehlendes) Exanthem; es ist an den Wangen in Schmetterlingsform und, später auftretend, am übrigen Körper in Girlandenform ausgebildet: Das namengebende **Erythema infectiosum** (**Ringelröteln, 5. Krankheit**) (Abb., s. S. 687 u. 688). Zum Exanthem gesellen sich Erbrechen, Arthralgien, Kopfschmerzen, Enzephalopathie (Genotyp 5), starker Pruritus sowie eine Lymphadenopathie hinzu. Sehr selten ist eine fulminante Hepatitis. Leuko- und Lymphopenie, **Thrombozytopenie**, Retikulozytopenie sowie Eosinophilie wurden ebenfalls beobachtet. Bei Kindern tritt die Arthralgie seltener auf als bei Erwachsenen (Frauen!). Die Arthropathie kann Monate, z. T. Jahre andauern. Sehr selten manifestiert sich die Infektion mit Vaskulitis, Uveitis, Pneumonie, Hepatitis, Myokarditis oder Enzephalitis. Bei der Infektion von gesunden Personen wird nur eine passagere Störung der Erythropoese beobachtet, die endet, sobald die Antikörperantwort einsetzt (Abb. 11.1).

Parvo-Virus B19 kann bei der Primärinfektion von Personen mit einer Sichelzellen-Anämie eine transitorische *aplastische Krise* auslösen. Wahrscheinlich führt das Virus auch bei chronisch hämolytischen Anämien zu aplastischen Krisen (Agranulozytose?). Bei Immungeschädigten (AIDS) kann die Infektion chronisch werden: Man beobachtet eine persistierende Anämie und eine chronische Arthritis. Sie soll sich durch Antikörperzufuhr bessern lassen.

Fetale Komplikationen sind v. a. im 2. und 3. Trimenon zu befürchten. Dies steht im Gegensatz zu den Fruchtschäden nach Infektionen mit dem Röteln- und dem Varizellen-Zoster-Virus: Bei diesen Infektionen besteht für die Frucht nur während der ersten 3–4 Schwangerschaftsmonate Gefahr. Der Abbruch einer Schwangerschaft wegen einer Gefährdung durch eine Infektion mit Parvo-Viren gilt als nicht indiziert. Bei allen Fällen von Erythema infectiosum während der Schwangerschaft erlaubt die Ultraschalluntersuchung eine sichere Erkennung des Hydrops fetalis und damit die Durchführung einer intrauterinen Austauschtransfusion. Bei der Mutter ist die Konzentration an α-Fetoprotein erhöht. Je höher der Gehalt ist, desto größer soll die Gefahr für das Kind sein.

Immunität

IgM-Antikörper lassen sich für die Dauer von drei Monaten nachweisen. IgG-Antikörper vermitteln

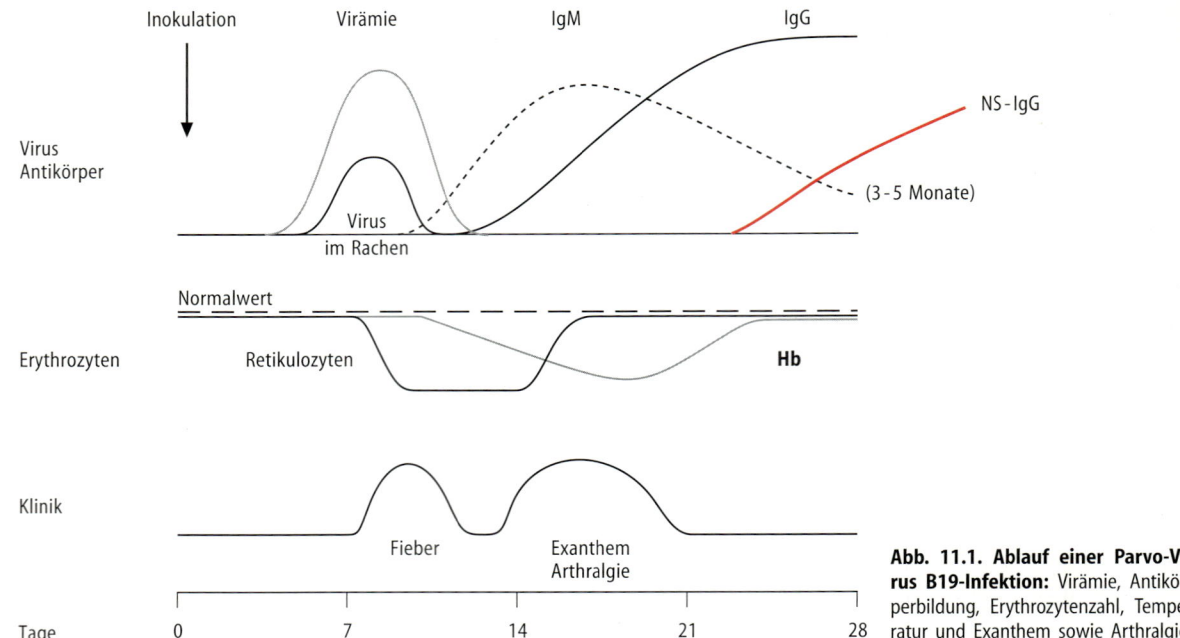

Abb. 11.1. Ablauf einer Parvo-Virus B19-Infektion: Virämie, Antikörperbildung, Erythrozytenzahl, Temperatur und Exanthem sowie Arthralgie

eine lebenslange Immunität. Boosterungen des Antikörperpegels – wie bei den Röteln – haben sich bislang nicht nachweisen lassen. Bei chronisch-schweren Infektionsverläufen haben sich Antikörper gegen Nichtstrukturproteine (NS-IgG) in 80% ab der 5. Woche nachweisen lassen, auch entstehen ZTL. Gesunde oder Rekonvaleszenten zeigen diese in 22%.

Labordiagnose

Die Züchtung von Parvo-Viren in vitro ist in Knochenmarkzellen mit Zugabe von Erythropoetin gelungen. Der ELISA und der Westernblot dienen zum Nachweis von IgM- und IgG-Antikörpern, die PCR zum Virusnachweis im Speichel, Blut oder Gewebe. Das Parvo-Virus B19 läßt sich elektronenmikroskopisch im Biopsiematerial von exanthematischen Regionen darstellen. Differentialdiagnostisch sind alle anderen exanthembildenden Erkrankungen bzw. Viren (Masern, Röteln, Coxsackie-, ECHO-Viren, HHV 6, infektiöse Mononukleose, Arzneimittelexantheme) zu beachten, da das Exanthem oft nicht typisch ist.

Gegebenenfalls kann Nabelschnurblut des Föten zur Antikörper-Diagnose herangezogen werden. Parvo-B19-DNS kann mit der PCR z.B. auch im Fruchtwasser nachgewiesen werden. U.S.-Kontrolle bei Graviden!

Prävention und Therapie

Über eine Immunprophylaxe durch passive Zufuhr von Antikörpern liegen bisher keine Daten vor. Durch intrauterine Bluttransfusionen des infizierten Fötus wurde die Letalität von 50% auf 25% (U.K.) reduziert. Ringelröteln treten oft epidemisch in Kindergärten etc. auf. Deshalb sollten sich Schwangere dort nicht aufhalten.

11.2 Adeno-assoziierte Viren (AAV)

Adeno-assoziierte Viren sind defekte Viruspartikel; sie benötigen Adeno- oder Herpes-Viren u. a. für ihre Replikation. Man rechnet sie zum Genus der *Dependo-Viren* der Parvoviridae. Serologische Studien haben gezeigt, daß die Viren weit verbreitet sind; man kennt aber noch keine Krankheit, die sie verursachen. Das Virus ist in embryonalem Gewebe und in Uterusgewebe nachgewiesen worden, AAV-DNS wurde wie HPV-DNS in Zervix-Biopsien nachgewiesen, das Virus wirkt Transformationshemmend. Das Genom persistiert als integrierte Doppelstrang-DNS in den infizierten, aber unveränderten Zellen. Die Integration erfolgt an einer bestimmten Stelle im Chromosom 19. Im

Labor kann man das Virus u. U. entdecken, wenn man eine als virusfrei angesehene Zellkultur mit Adeno-Viren überinfiziert. Das defekte Virus wird dann frei (das Adeno-Virus wirkt als „Helfer"). Die Durchseuchung beginnt bereits in der Kindheit und erreicht bei 10jährigen 70%, Schwangere sind in 80% positiv. Auch Neugeborene können bereits IgM positiv sein. Beim Menschen kennt man die Typen 2, 3 und 6. Bei Müttern mit AAV-DNS-positiven Amnionflüssigkeiten, vorzeitigem Blasensprung und vorzeitigen Wehen war AAV-DNS signifikant häufiger nachweisbar.

AAV-Infektionen können in frühen und späten Stadien der Schwangerschaft erfolgen. Die Rolle der AAV in der Schwangerschaft bedarf weiterer Untersuchungen.

Anhang. Vor kurzem wurde ein neues, aber differentes Parvo-Virus bei einem Kind entdeckt. Es ruft eine Anämie und eine Lympho-Neutropenie hervor. Die Durchseuchung beginnt in der Kindheit und erreicht bei 10-Jährigen 70%, Schwangere sind in 80% seropositiv. Neugeborene können IgM-positiv sein.

ZUSAMMENFASSUNG: Parvo-Viren

Virus. Parvo-Virus B19: Kleines, DNS-haltiges Virus (Einzelstrang); 5,6 kb. Ikosaeder.

Vorkommen und Übertragung. B19 nur beim Menschen, bei vielen Spezies andere Parvo-Viren. Durch Tröpfcheninfektion, Blutkonserven und Plasmaprodukte übertragbar. Intrauterine Transmission auf den Embryo oder den Fötus möglich (5–9%).

Epidemiologie. Durchseuchung hoch, epidemisch in Familien, Kindergärten, Heimen etc.

Pathogenese. Replikation nur in schnell proliferierenden Zellen der kernhaltigen Erythrozyten-Vorstufen. Hemmung der Erythropoese in zahlreichen Organen des Embryo bzw. des Föten. Transitorische aplastische Krise.

Klinik. Inkubationsperiode 5–10 Tage.
- Grippaler Infekt, mit Fieber.
- Schmetterlingserythem im Gesicht und Erythema infectiosum (Ringelröteln),

- aplastische Krise, z. T. Foudroyanz,
- Hydrops fetalis, Abort oder Totgeburt,
- selten Pneumonie.

Immunität. Wahrscheinlich durch Antikörper und ZTL bedingt.

Diagnose. PCR zum DNS-Nachweis. Antikörpernachweis durch IgM- und IgG-ELISA sowie Westernblot. Ultraschalluntersuchung des Embryos bei nachgewiesenen Primär-Infektionen. Differentialdiagnose: Röteln und andere exanthematische Krankheiten sowie Arzneimittelexantheme.

Therapie. Symptomatisch, ggf. intrauterine Austauschtransfusion, wenn das Hb <10 g/dl beträgt.

Prävention. Vermeidung der Exposition von Schwangeren in Kindergärten etc. bei Erythema infectiosum.

Keine Meldepflicht.

Papova-Viren

D. FALKE

EINLEITUNG

Papova-Viren (Papillom, Polyoma, Vacuolating Agent) sind im Tierreich weit verbreitete DNS-Viren. Sie besitzen wegen ihrer Tumorerzeugenden Wirkung eine große Bedeutung: Beim Menschen rufen sie gut- oder bösartige Tumoren hervor. Bei Immundefizienz lösen sie eine Enzephalopathie (PML) aus. In neugeborenen Mäusen und Hamstern bilden sich nach der Inokulation Tumoren.

Die Papova-Viren werden eingeteilt in:

- Gruppe A: Menschliche Papillom-Viren (HPV) sowie Rinder- und Kaninchenpapillom-Virus.
- Gruppe B: Polyoma-Virus der Maus, das vakuolisierende Virus (Simian Virus (SV) 40) des Affen sowie das BK- und JC-Virus des Menschen.

STECKBRIEF

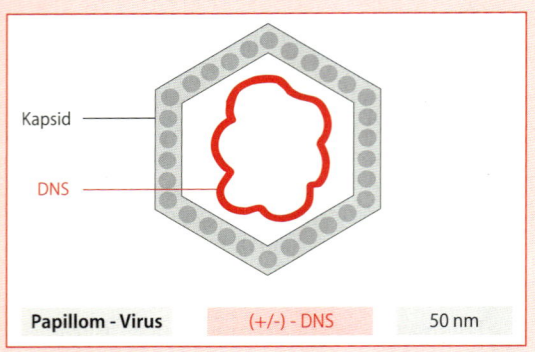

| Kapsid | |
| DNS | |

| **Papillom - Virus** | (+/-) - DNS | 50 nm |

12.1 Papillom-Viren des Menschen

STECKBRIEF

VIII

Die Papillom-Viren erzeugen beim Menschen zahlreiche, z.T. gutartige, z.T. selten oder auch häufig malignisierende Tumoren. Die Pathobiologie und Virologie der menschlichen Papillom-Viren (Human Papilloma Virus, HPV) ist heute ein intensiv bearbeitetes Gebiet, von dem man sich wichtige Einsichten in die Entstehung von gutartigen Zellproliferationen (Papillome, „Warzen") und den Übergang zur bösartigen Zelle (Transformation, Transplantierbarkeit und autonomes Wachstum) verspricht. Die Transformationsproteine der HPVs haben die Entdeckung der „Antionkogene" oder „Suppressorgene" ermöglicht. Insbesondere ist die Beteiligung der HPV bei der Entstehung des menschlichen Zervixkarzinoms, u.a. Tumoren, wichtig. Sie lösen im Epithel keine Entzündungen aus.

Geschichte

Die Warzen des Menschen sind seit altersher bekannt. Ihre Übertragbarkeit von Mensch zu Mensch wurde durch Variot bereits 1893 und durch Jadassohn 1896 gezeigt. Die Ultrafiltrierbarkeit wurde 1907 bewiesen. Heute wird die Epidemiologie dieser Tumorviren, die Tumorentstehung und die prospektive Erkennung von Frauen mit einem Krebsrisiko studiert.

12.1.1 Beschreibung

Genom

Die DNS liegt als zirkuläres Doppelstrangmolekül (+/–) vor. Es enthält 8 kbp (Papillom-Viren) bzw. 5 kbp (Polyoma-Viren). Man kennt **Früh**- bzw. **Spät-Gene**, die für Regulator- bzw. Strukturproteine kodieren; die Frühproteine werden als E1, 2, 4, 5, 6 und 7, die Spätproteine als L1 und 2 bezeichnet. Die Information der menschlichen Papillom-Viren enthält außer den Strukturproteinen solche für die episomale Persistenz, für vier Transformationsproteine (v.a. E6 und 7), außerdem sind beim HPV-16 u.a. Regulatorsequenzen für die Bindung von Hormonen auf der DNS vorhanden. Es werden gutartige Viren (HPV1, 3, 10 u.a.), **Niedrigrisiko**- (HPV6, 11 u.a.) sowie **Hochrisikoviren** (HPV16, 18, 31 u.a.) bzgl. der Tumorbildung unterschieden.

Morphologie

Die Viruspartikel haben einen Durchmesser von 50 nm und bestehen aus einem Ikosaeder-Kapsid, das eine histonverpackte DNS enthält.

Resistenz

Die HPV's sind umweltstabil und Äther-resistent.

Einteilung

Man kennt mehr als 80 verschiedene Typen des menschlichen Papillom-Virus. Bislang läßt sich das Virus nur begrenzt in Gewebe- ("raft"-) Kulturen züchten. Die Gruppen- bzw. Typeneinteilung der HPVs beruht daher auf dem Grad der Kreuz-Hybridisierbarkeit ihrer DNS; gentechnologisch hergestellte Kapside reagieren serotypspezifisch. Das Vorkommen von bestimmten HPV-Typen in bestimmten Tumoren (Tabelle 12.2) läßt hoffen, daß man einen Impfstoff herstellen kann.

12.1.2 Rolle als Krankheitserreger

Epidemiologie

Die Entstehung der Zervix-Karzinome beginnt mit der Sexualaktivität.

Die Durchseuchung der Haut mit den HPVs ist nicht genau bestimmbar, da die Antikörper bald wieder verschwinden. Hautwarzen sind jedenfalls bei Kindern und Jugendlichen häufig, viele Infektionen verlaufen inapparent.

Die Durchseuchung mit den Hochrisiko-HPVs beträgt bei 18–24jährigen Frauen 8–12%, bei über 35jährigen 2–5%. Dies bedeutet transiente Infektionen bei jungen Frauen, bei älteren ist die Durchseuchung stabiler und offenbar eng mit der Entstehung des Zervixkarzinoms verknüpft. Pro Jahr gibt es in Deutschland ca. 6000 neue Fälle von Zervixkarzinom, weltweit 500 000; 2500 bzw. 300 000 Frauen sterben. Bei Immunsupprimierten (bei AIDS oder nach Transplantationen) werden gehäuft HPV-Ausscheidung (Haut, Sekrete), Warzen und Zervixkarzinome festgestellt.

Bei jungen Frauen läßt sich im Zervixmaterial in Abhängigkeit von der Sexualaktivität HPV-DNS nachweisen. Die Antikörperbildung erfolgt verzögert und geht zurück, wenn das Virus eliminiert wird. Man vermutet bei einer Persistenz der Antikörper auch eine Persistenz des Virus. Wahrscheinlich sind häufige inapparente Infektionen für die Verbreitung der Infektion mitverantwortlich.

Die Genitalwarzen weisen eine Altersverteilung wie auch andere venerische Infektionen auf. Prostituierte lassen eine Häufung von Genitalwarzen und Zervixkarzinom erkennen. Auch bei Promiskuität ist dies Risiko erhöht. Die Bowen'sche Papillomatose und das Peniskarzinom des Mannes (HPV-16) bilden z. B. das Reservoir für die Übertragung des HPV-16 auf die Frau. Frauen mit dem HLA Typ DQw3 sowie B7 u.a. haben ein höheres Risiko für die Entstehung des Zervixkarzinoms.

Übertragung

Die Übertragung erfolgt durch direkten Hautkontakt, indirekt durch Kleider oder z. B. durch Fußböden in Waschräumen. Die juvenile Papillomatose des Kehlkopfes (HPV-6 und -11) wird sehr wahrscheinlich beim Durchtritt durch den Geburtskanal (perinatal) übertragen; dies gilt auch für die Typen 16 und 18. Hierfür spricht, daß man in den flachen Kondylomen der Frau die DNS eben dieser Typen nachweisen kann. HPVs können sich auch in Wunden ansiedeln. Die Übertragung der Typen 6, 11, 16, 18, 31 u.a. erfolgt besonders durch Intimverkehr. Kinder übertagen HPVs mit den Handwarzen zum Genitale.

Pathogenese

Warzen haben Inkubationsperioden von bis zu zwei Jahren. HPVs gelangen durch Mikrotraumen etc. in das Epithel: oral, genital oder durch die Haut, in der das HPV latent wird. In den Basalzellen erfolgt eine Expression der Frühproteine und die Replikation des episomalen Genoms; auf diese Weise erfolgt eine Proliferation: *Akanthose* (Verdickung). Nur in den differenzierten Epithelzellen erfolgt eine komplette Replikation und verstärkte Keratinbildung (Hyperkeratose). Im Stratum granulosum bilden sich *Koilozyten*, d.h. große vakuolisierte Zellen (= „ZPE"). Dies führt nach Monaten zur Warzenbildung.

In diesen *Papillomen* findet sich infektiöses Virus nur in den differenzierten Keratinozyten, in den Basalzellen dagegen findet man nur episomale Virus-DNS. Die *Karzinome* sind hingegen frei von Virus, enthalten aber HPV-DNS. Ihre Entstehung stellt man sich folgendermaßen vor: Papova-Viren vermehren sich vorzugsweise in differenzierten Epithelzellen der Haut oder Schleimhäute. Infolge

der geringen Stoffwechselaktivität dieser Zellen, die den Viren nur eine geringe Replikationsrate ermöglichen würde, haben die genannten Viren einen Mechanismus entwickelt, die Zellen zu vermehrten Teilungen anzuregen. Dies erfolgt durch funktionelle Inaktivierung von Suppressorgen-Proteinen (s. S. 502) sowie durch weitere Störungen der Regulation der Zellteilung durch die Produkte der Transformationsgene (E4–7). Die Folge ist eine verstärkte Proliferation der Keratinozyten zugleich mit einer Behinderung der Differenzierung des Epithels. Das Resultat ist die Entstehung von Papillomen, aus denen HPV frei wird.

Papillom-Viren und Zervixkarzinom. Das Hauptproblem der HPV-Forschung betrifft die Beteiligung der HPVs bei der Entstehung des Zervixkarzinoms: In Zellatypien und in der zervikalen intraepithelialen Neoplasie (CIN) I und II stellt man vorwiegend HPV-6 und -11 fest. Hingegen lassen sich im Stadium CIN III und im metastasierenden Karzinom bis zu 90% die Typen 16 und 18 u. a. nachweisen. Man schätzt die „Inkubationsperiode" zumindest auf 10 bis 20 Jahre. In den USA unterscheidet man nur gering- und hochgradige squamöse, intraepitheliale Läsionen (SIL). I. allg. liegt die DNS der HPVs in den Frühstadien (Zellatypien, CIN I, II und M. Bowen) in episomaler Form vor, während sie in den Spätstadien der Neoplasie und in den Karzinomen in das Zellgenom integriert ist und exprimiert wird.

Die Analyse der Tumorentstehung hat ergeben, daß HPV 16 und 18 u. a. immortalisierend wirken. Für den kompletten Transformationseffekt ist zusätzlich ein aktiviertes c-ras- oder c-fos-Gen erforderlich; das c-myc-Gen ist diesbezüglich unwirksam (s. S. 499). Durch die Integration der Hochrisiko-Virus-DNS steigt die Synthese der Frühproteine E6 und E7 beträchtlich, die Suppressorgenprodukte (p 53, Rb 105 u. a.) binden und ausschalten. Außerdem wirkt die Integration der HPV-DNS genotoxisch, d. h. mutagenisierend (s. S. 502) auf viele, nur z. T. identifizierte zellteilungsregulierende Gene ein. Auch wird z. B. die Zahl der Rezeptoren für Wachstumsfaktoren gesteigert (durch E5), aber die Expression der MHC-Proteine verringert, so daß die Immunerkennung erschwert wird. E7 aktiviert auch die für Metastasenbildung wichtigen Proteasen. Die Niedrigrisikotypen 6, 11 u. a. hingegen integrieren nicht, die E6/7-Proteine binden auch nur schwach an das p 53, das also aktiv bleibt. Das p 53 (Suppressorgen) ist beim Menschen polymorph; es kodiert in Position 72 für Prolin oder Arginin. Liegt ein homozygoter Argininpolymorphismus vor (Arg-Arg), so kann das p 53 weitaus leichter durch das E6-Protein (Transformationsprotein) abgebaut werden. Dies wirkt sich offenbar nur dann auf das Karzinomrisiko aus, wenn im E6 in Position 350 ebenso ein Polymorphismus vorliegt.

HPVs kommen in einem hohen Prozentsatz von Zervixkarzinomen vor. Integrierte HPV-DNS wird regelmäßig in fast allen Tumorzellen eines Zervixkarzinoms festgestellt.

Zervixkarzinome entstehen wahrscheinlich durch das Zusammenwirken von zwei oder mehr Faktoren: Außer den hochonkogenen HPVs sind HSV oder ZMV im Zervix-Sekret nachgewiesen. Außerdem verstärken chemische Karzinogene aus Verbrennungsprodukten des Tabaks und Hormone in einer vorläufig noch nicht bekannten Weise die Genotoxizität der HPVs bei der Entstehung des Zervixkarzinoms. Andererseits vermutet man „interferierende" Faktoren der Normalzellumgebung eines Proliferationsherdes (Zytokine, s. S. 500), die dem Dysplasie-Prozeß entgegenwirken und Apoptose hervorrufen; auf diese Weise erklärt man sich heute das häufige Verschwinden von kleinen intraepithelialen Tumoren. HLA-Faktoren wirken prädisponierend.

Zusammenfassend unterscheidet man also intrazelluläre, extrazelluläre sowie immunologische Kontrollmechanismen bei der Entstehung der Zervixkarzinome. – HPVs sind auch bei der Entstehung von Kopf- und Nackenkarzinomen beteiligt.

Klinik

Es werden drei Lokalisationen der Ausprägungsformen unterschieden (Tabelle 12.1 und 12.2):
- Haut: Vulgäre Warzen, EV, Plantarwarzen und filiforme Warzen;
- Schleimhaut: Mundhöhle, Kehlkopf mit Leukoplakien, Papillomen und Karzinomen;
- Anogenitalbereich: Kondylome, M. Bowen, Karzinome der Vulva, des Penis, der Zervix und im Bereich des Anus.

Gemeine Warzen und Konjunktival-Papillom. Unterschiedliche HPV-Typen bewirken die Entstehung verschiedener Tumortypen, die sich morphologisch, histologisch und bezüglich ihrer Lokalisation am Körper unterscheiden. Virusarten, deren DNS Homologien aufweisen, besitzen ähnliche pathobiologische Eigenschaften. Die gemeinen War-

Tabelle 12.1. Gruppen, Typen und Läsionen durch HPV

Gruppe	Typ	Läsionen
A	HPV 1	Verruca plantaris und vulgaris
B	HPV 2, 27	Verruca vulgaris, Karzinom in Mundhöhle
	HPV 3, 10, 28, 41, 49	Verruca plana
C	HPV 4	Verruca vulgaris, plantaris
D	HPV 5 bei 85%	EV mit Hautkarzinom
	HPV 9, 12, 14, 15, 47, 50	EV
	HPV 8, 17, 19–25, 36–38, 46–50	EV mit Hautkarzinom
E	HPV 6 u. 11	In 80% aller Kehlkopfpapillome, Kond. acuminata und plana,
	HPV 2, 6, 11, 16	Orale Papillome und Leukoplakien
	HPV 6, 11	Konjunktival-Papillom, CIN I und II
F	HPV 7	Verruca vulgaris, butchers warts
G	HPV 16, 18, 31, 33, 35, u. a.	M. Bowen, Kond. acuminata, CIN III, Zervix-, Penis-, Anus-Karzinom, Kehlkopf-Karzinom, Karzinom in der Mundhöhle; Plattenepithel der Haut

CIN (cervikale intraepitheliale Neoplasie, Stadium I, II, III)
EV (Epidermodysplasia verruciformis)

Tabelle 12.2. Die Beziehung zwischen den Papillom-Virus-Typen des Menschen und Lokalisation des Tumors

Typ	Lokalisation
HPV 1, 2, 3, 4, 7, 10, 28, 29, 32, 41	Warzen der Haut
HPV 5, 8, 9, 12, 14, 15, 17, 19–25, 36–38, 46–50	EV
HPV 13, 6, 11, 32, 7, 16	Mundschleimhaut
HPV 6, 11, 30	Kehlkopf, Genitale
HPV 16, 18, 31, 33, 34, 35, 39, 40, 42–44, 45, 51, 51, 53–55, 6, 11 u. a.	Genitale
HPV 6, 11	Konjunktiven

zen sind *gutartig*, ebenso das Konjunktival-Papillom. Die gemeinen Warzen treten häufig mit der Pubertät auf und verschwinden später oft ohne Zutun. Die Inkubationsperiode beträgt 2–3 Monate. Diese gutartigen Tumoren sind epithelial oder fibroepithelial und können ebenso wie Zervix-Neo-

plasien nach unterschiedlich langer Zeit spontan zurückgehen.

Epidermodysplasia verruciformis. Infolge eines angeborenen Defektes der zellulären Immunität entstehen familiär gehäuft bei den betroffenen Kindern flache Warzen, die aber persistieren und allmählich die ganze Hautoberfläche überziehen (ausgenommen sind Kopfhaut, Fußsohlen und Handinnenflächen). Die HPV-Typen 5 und 8 erzeugen flache Warzen, rötliche Plaques und Pityriasis-versicolor-ähnliche Veränderungen. Die Histologie ist typisch, daher der Name Epidermodysplasia verruciformis (EV). Nach einer Inkubationsperiode von 10–20 Jahren entwickeln sich in 25–50% der Fälle Karzinome. Für die *Malignisierung* macht man die zusätzliche Einwirkung von *UV-Licht* verantwortlich. Bei der EV kommt die DNS episomal vor; in den Karzinomen läßt sich keine integrierte Virus-DNS nachweisen.

Bösartige Tumoren. Nur aus bestimmten Papillomformen – infiziert mit bestimmten HPV-Typen – können nach langen Inkubationsperioden (10–20 Jahre) Karzinome hervorgehen, nämlich aus den Kondylomata acuminata und den flachen Kondylomen, der Epidermodysplasia verruciformis sowie aus den Kehlkopfpapillomen der Erwachsenen. Die juvenilen Kehlkopfpapillome sind nicht im eigentlichen Sinne bösartig, jedoch bilden sie sich nach der Exstirpation bald wieder neu. Ein Drittel der Erkrankungen beginnt jenseits des 20. Lebensjahres; von ihnen malignisieren 20%.

Immunität

Der Mensch reagiert auch auf HPV-Infektionen immunologisch. Typspezifische Antikörper gegen die Kapside (L1) treten während der akuten Durchseuchung auf, bei Karzinomträgerinnen stellt man vermehrt Antikörper gegen L1, sowie gegen die Frühantigene E4 und E7 fest, die möglicherweise einen prognostischen Wert für die Entstehung des Zervixkarzinoms haben. E7-Antikörper korrelieren mit der Tumorlast.

Da Warzen und Zervixkarzinome bei immunsupprimierten Personen gehäuft vorkommen, denkt man an die Mitwirkung der zellulären Immunität bei der Elimination des Virus. Man beobachtet dabei aktivierte Langerhans-Zellen sowie Infiltrate aus Makrophagen und CD4-Lymphozyten in den Tumoren gegen Peptide des E7. Bei humo-

VIII

ralen Immundefekten wurde keine Häufung von Warzen festgestellt.

Labordiagnose

Die meisten Warzenarten lassen sich klinisch diagnostizieren. Schwierigkeiten bereitet die Diagnose der EV und der flachen Kondylome. Der Nachweis der Antikörper zur Diagnose hat sich bislang nicht durchgesetzt.

Der Nachweis viraler DNS durch Hybridisierung und PCR ist nur in Speziallabors durchführbar. Die Hybridisierung mit Biotin-markierter DNS findet jetzt aber allgemeine Anwendung. Dies gilt ganz besonders für die Vorsorgeuntersuchungen von Frauen beim Vorliegen von Epithelatypien im Rahmen der üblichen Untersuchung der Zellabstriche oder besser von Biopsien.

Der Nachweis der HPVs (16, 18. u. a.) im Zervixmaterial ist wegen der hohen Rate an falsch-negativen Resultaten (bis zu 50%) bei der Untersuchung mit der herkömmlichen Papanicolaou-Methode als Ergänzung wichtig. Optimal scheint die Kombination beider Verfahren zu sein.

Bei der Beurteilung des Nachweises von HPV-DNS im Zervixmaterial muß jedoch auch die Menge der DNS berücksichtigt werden: Während der Durchseuchungsphase ist nur wenig DNS vorhanden, nach Beginn der Malignisierung enthalten jedoch viele Tumorzellen viele integrierte Kopien des Genoms.

Therapie

Warzen verschwinden oft spontan oder nach Suggestivmaßnahmen. Der Arzt kann Silbernitratstifte, Salizylsäurepräparate oder die Kryotherapie anwenden oder chirurgisch vorgehen. Die juvenilen Kehlkopfpapillome lassen sich durch Behandlung mit Interferon α oftmals zum Verschwinden bringen. Rezidive sind jedoch häufig. Auch bei Patienten mit malignisierter EV hat sich Interferon als wirksam erwiesen. Kleine Tumoren der Art des M. Bowen sprechen gut an, während große invasive Karzinome refraktär gegen α-Interferon sind.

Auch HPMPC (Cidofovir, s. S. 515) hat sich bei lokaler Anwendung von anogenitalen Kondylomen und direkt in juvenile Kehlkopfpapillome injiziert als dauerhaft wirksam erwiesen. Imiquimod- (Aldara-)Creme (s. S. 515) hat infolge lokaler Zytokininduktion bei 56% der Kondylome völlige Abheilung erbracht, es wirkt auch im CIN III-Stadium.

Prävention

Die Wirksamkeit eines geeigneten Impfstoffes würde das wichtigste Beweisstück für die Mitwirkung der HPVs bei der Entstehung der Zervix-Karzinome sein. In Tierversuchen haben sich rekombinante Impfstoffe aus Kapsiden („virus-like particles") oder E 6/E 7-Protein als wirksam erwiesen.

12.2 JC-Virus. Virus der progressiven multifokalen Leukoenzephalopathie (PML)

Das JC-Virus ist der Erreger der progressiven multifokalen Leukoenzephalopathie des Menschen (PML), es wurde 1971 aus dem Gehirn von PML-Kranken isoliert. Die PML tritt bei immungeschädigten Patienten auf (Transplantationsempfänger, Tumorpatienten, Personen mit angeborenem Immunmangelsyndrom und v. a. bei AIDS-Patienten). In geeigneten Tierspezies induziert das Virus die Bildung von Tumoren. Beim Menschen wurde es in Medulloblastomen festgestellt. Man unterscheidet einen „Archetyp" in der Niere sowie einen „rearrangierten Typ" im ZNS, auch beim BK-Virus.

STECKBRIEF

12.2.1 Beschreibung

Der Erreger ist ein DNS-haltiges Virus von 45 nm Durchmesser. Das Virion besteht aus einem Ikosaeder-Kapsid, das eine Doppelstrang-DNS umschließt. Das Virus gehört zur Gruppe B der Papova-Viren und wird als **JC-Virus** bezeichnet. Die Namensgebung erfolgte nach den Initialen des Patienten. Bisher kennt man fünf Genotypen.

Man kennt die Replikationsweise, die DNS und die Proteine des Virus gut. In den mit dem JC-Virus infizierten Zellkulturen werden *nukleäre Einschlußkörperchen* beobachtet. Die Kulturflüssigkeit enthält hämagglutinierende Viruspartikel. Ein zytopathischer Effekt wird erst nach mehr als 10 Tagen beobachtet; er tritt in Primärkulturen menschlicher Fötal-Gliazellen sowie in Astrozyten auf. Die Virus-DNS liegt episomal vor oder ist in die DNS der befallenen Zelle integriert.

12.2.2 Rolle als Krankheitserreger

Epidemiologie

Die Durchseuchung mit diesem Virus ist sehr hoch; bereits im 4. Lebensjahr beträgt sie 50%, im 10. 70–100%. Trotzdem ist die PML sehr selten; sie kann im Rahmen einer Primärinfektion oder als Reaktivierung einer zurückliegenden Infektion bei Immundefekten auftreten.

Vorkommen und Übertragung

Die Viren sind artspezifisch. Der Übertragungsmodus ist aerogen oder eine Schmierinfektion. Das JC-Virus wird mit dem Urin ausgeschieden, übertragen wird der Archetyp.

Pathogenese

Die Primärherdreplikation erfolgt in den Lymphozyten und Stromazellen der Tonsillen. Nach der Primärinfektion mit Virämie (Archetyp-Virus) wird das JC-Virus mit dem Urin ausgeschieden und persistiert dann symptomlos lebenslang in der Niere, den Lymphknoten und den B-Zellen sowie wahrscheinlich im ZNS. Reaktivierungen gibt es bei Graviden, bei AIDS-Patienten und in 10–40% der Empfänger von Organtransplantaten; das Virus wird dann erneut im Urin ausgeschieden. Der Genotyp 2 wird häufig bei PML-Patienten gefunden. Bei diesen Patienten wird der Rearrangement-Typ festgestellt; bei ihm sind in der nichtkodierenden Region Deletionen oder Duplikationen erfolgt, wodurch die Regulation der Replikation in Wechselwirkung mit zellulären Transkriptionsfaktoren verändert wird.

Vorwiegend sind Oligodendrogliazellen, seltener Astrozyten befallen, Neuronen bleiben ausgespart. Die Zeichen der Infektion sind Vergrößerung der Kerne, nukleäre Einschlußkörperchen und Pyknose. Das *Hauptelement der Pathogenese* ist die zytozide Infektion der myelinproduzierenden Oligodendroglia, der sich multifokale Entmarkungen anschließen. Diese Verteilung wird durch eine hämatogene Besiedlung erklärt. – Das exprimierte T-Antigen des JC-Virus wurde in Kolon-Karzinom- (und Normal-)Zellen nachgewiesen. Man vermutet eine Genom-destabilisierende Wirkung bei der Entstehung dieses Tumors.

Klinik

Die PML ist eine seltene Entmarkungskrankheit des Menschen, sie tritt gehäuft bei Personen bei Immun-Mangelzuständen auf, bei AIDS in 5–10% der Patienten; sie ist also die Folge einer Reaktivierung.

Die ersten klinischen Anzeichen sind Sprachstörungen und Demenz. Lähmungen, Sensibilitätsstörungen und Rindenblindheit bestimmen das sonst variable, zum Tode führende klinische Bild. Im Gefolge der HIV-Therapie bessert sich auch die PML. Eine spezifische Therapie gibt es nicht.

Labordiagnose

Das Virus läßt sich züchten und IgM- und IgG-Antikörper nachweisen. Die PCR im Liquor und im Biopsiematerial ist die Diagnostik der Wahl. Ohne Biopsie kann eine Diagnostik nur neurologisch und radiologisch betrieben werden.

12.3 BK-Virus

Das zur Gruppe der Polyoma-Viren gehörende BK-Virus wurde 1971 erstmals nach einer Nierentransplantation im Urin nachgewiesen. Die Bezeichnung BK leitet sich von den Anfangsbuchstaben des Patientennamens ab, bei dem das Virus isoliert wurde.

75%–100% der Weltbevölkerung besitzen Antikörper. Die Infektion des Menschen erfolgt früher als die mit dem JC-Virus. Sie verläuft subklinisch, das BK-Virus persistiert dann lebenslang.

Man hat Anhaltspunkte dafür, daß das BK-Virus leichte Infekte der Atemwege, Zystitis bei Kindern sowie bei Knochenmarktransplantat-Empfängern eine hämorrhagische Zystitis hervorrufen kann. Bei Allograft-Patienten kennt man eine Nephropathie.

Das Virus wird v. a. von Immunsupprimierten mit dem Urin ausgeschieden. Eine vermehrte Ausscheidung läßt sich auch während der Gravidität beobachten; dabei werden häufig IgM-Antikörper gebildet.

Die unterschiedlichen Tropismen werden wahrscheinlich durch zellspezifische unterschiedliche Transkriptionsfaktoren für Promoter und Enhancer bewirkt. Exprimiert wird das T(umor)-Antigen, aber nicht die Spätantigene. Diese Antigene

binden an das pRB und das p53. Die T-Antigene beider Viren (JCV und BKV) erzeugen in vitro chromosomale Aberrationen. Das T-Antigen des SV40 war in Mesotheliomen, Osteosarkomen und Gehirntumoren exprimiert. Vielleicht ist das SV40 sogar ein Parasit des Menschen.

Das BK-Virus läßt sich in embryonalen Nierenzellen des Menschen züchten. In vitro transformiert es menschliche Zellen, die im Versuchstier Tumoren bilden.

Der Nachweis der DNS erfolgt durch die PCR, Antikörper lassen sich durch einen ELISA und den HHT feststellen.

ZUSAMMENFASSUNG: Papova-Viren des Menschen

Virus. DNS-Viren mit zirkulärem Doppelstrang. Ikosaeder, mehr als 80 Typen, Typisierung durch Hybridisierung. Virus ist stabil.

Vorkommen und Übertragung. Artspezifische Viren bei Mensch und Tier. Weltweit. Durch Hautkontakt (direkt, indirekt), im Geburtskanal, Intimverkehr.

Epidemiologie. Durchseuchung mit Warzen-Viren hoch. Typ 16 und 18 bis 50%.

Pathogenese. Gutartige Tumoren (gemeine und flache Warzen); andere zunächst gutartige können entarten (E. verruciformis, Kondylomata plana und acuminata). Zervixdysplasien (Typ 6 u. 11) können entarten. Die hochtumorigenen Typen 16 und 18 u.a. findet man in 90% der Zervixtumoren, die DNS der niedrigtumorigenen Typen 6 und 11 in den Kondylomen.

Klinik. Gemeine und flache Warzen, Papillome im Mund, im Kehlkopf und den Konjunktiven; Kondylome, E. verruciformis, M. Bowen, Zervixdysplasien, Penis- und Zervixkarzinom. Stadien CIN I–III, metastasierendes Karzinom.

Immunität. Antikörperbildung gegen Kapside und Frühproteine; zytotoxische Immunität durch T-Lymphozyten. Im Verlauf der Infektion entstehen typspezifische Antikörper gegen Kapside. ZTL sind für die Immunität verantwortlich.

Labordiagnose. Bisher keine Züchtung möglich. Hybridisierung; PCR zum Nachweis.

Therapie. Chirurgie, Silbernitrat, Salizylsäure zur Keratolyse, IFNα bei juvenilen Kehlkopfpapillomen, Imiquimod.

JC- und BK-Virus. Weite Verbreitung, das JC-Virus ist der Erreger der PML bei immungeschädigten Personen. Mit großer Wahrscheinlichkeit sind sie bei der Entstehung von Tumoren beteiligt. Nachweis durch ELISA, HHT oder PCR. Ausscheidung mit dem Urin. Unterscheidung von Archetyp des JCV und Rearrangement-Typ.

EINLEITUNG

Adeno-Viren erzeugen Erkältungskrankheiten, Konjunktivitis, Keratitis, Meningitis und Gastroenteritis. Sie persistieren lange Jahre in den Tonsillen und können bei Immundefekten reaktiviert werden. Ob sie beim Menschen Tumoren erzeugen können, ist noch nicht ausgeschlossen.

Das Virus wurde erstmals 1954 in Explantaten von Tonsillengewebe anhand seines zytopathischen Effekts nachgewiesen. 1956 erhielten die Isolate die Bezeichnung „Adeno-Viren" (Tonsillen = adenoides Gewebe). Der Typ 12 war das erste Human-Virus, bei dem man Tumorigenität im Tier beobachtete.

STECKBRIEF

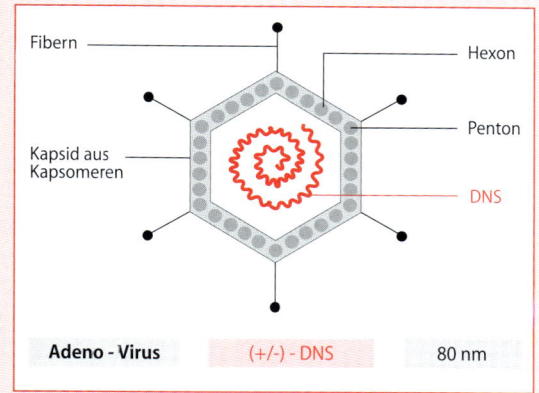

| Adeno - Virus | (+/-) - DNS | 80 nm |

13.1 Beschreibung

Genom

Die DNS des Adeno-Virus ist ein lineares Doppelstrangmolekül (+/–) mit 36–38 kbp. Am 5′-Ende der beiden Stränge sitzt jeweils ein kovalent gebundenes Proteinmolekül, das Virus besitzt Transformationsgene.

Morphologie

Der Durchmesser des Virions beträgt 80 nm. Das Ikosaeder-Kapsid besteht aus 252 Untereinheiten (Kapsomeren). Hiervon zeigen 240 eine sechseckige Form; diese „Hexone" tragen das bei allen Adeno-Viren vorkommende gruppenspezifische Antigen. 12 Kapsomere sind fünfeckig; sie enthalten in Gestalt der „Pentone" und der daran inserierenden „Fibern" das typenspezifische Antigen. Die DNS befindet sich im Innern des Kapsids.

Züchtung

Adeno-Viren lassen sich in Human-Zellkulturen gut züchten. Die Vermehrung erfolgt im Zellkern. In Mäuse- oder Hamsterzellen wirken einige Typen der Adeno-Viren transformierend, man unterscheidet im Tierversuch niedrig- und hochtumorigene Viren.

Einteilung

Die Mehrzahl der Adeno-Viren agglutiniert Erythrozyten bestimmter Tierspezies, obwohl Adeno-Viren keine Hülle besitzen. Man kennt jetzt 47 Typen, sie zeigen untereinander Antigenverwandtschaft. Die Hämagglutination kann zur serologischen Typisierung verwendet werden, steht aber an Bedeutung dem Neutralisationstest nach; sie wird durch Antikörper gegen die Fibern und die Pentone bewirkt.

Eine Feindifferenzierung der Adeno-Viren gelingt durch vergleichende Analyse der DNS mit Hilfe von Restriktionsenzymen (RE-Analyse) oder durch die Sequenzierung.

Resistenz

Das Virus ist außerhalb des Menschen relativ stabil; seine Infektiosität wird durch Äther nicht zerstört.

VIII

13.2 Rolle als Krankheitserreger

Vorkommen

Adeno-Viren kommen bei Mensch und Tier vor, sie sind jedoch streng artspezifisch: Nur menschliche Adeno-Viren sind humanpathogen.

Epidemiologie

Im Alter von zwei Jahren haben viele Kinder eine Adeno-Infektion durchgemacht. Etwa 50% der Infektionen im Kindesalter verlaufen inapparent.

Übertragung

Adeno-Viren werden ausschließlich von Mensch zu Mensch übertragen, und zwar vorwiegend durch *Tröpfcheninfektion* in der kalten Jahreszeit. Es kann die Übertragung aber auch durch Stuhl und Urin erfolgen (Schmutz- und Schmierinfektion). Die Ansteckung erfolgt leicht und schnell.

Als Infektionsquelle kommt der akut Erkrankte, und möglicherweise der latent Infizierte, in Betracht. Beim akut Erkrankten wird das Virus im Speichel bzw. im Stuhl ausgeschieden. Beim latent Infizierten gelangt das Virus nur fluktuierend in den Speichel.

Einige Typen der Adeno-Viren treten auch im Stuhl auf, z.B. Adeno-Virus 31. Als typische Gastroenteritis-Erreger erscheinen die Typen 40 und 41 im Stuhl (s. S. 591).

Gefürchtet sind bei Augenärzten, in *Augenkliniken* und bei Betriebsärzten nosokomiale Infektionen mit den Typen 3, 7, 8, 11, 19 und 37. Die Infektionen breiten sich schnell aus, wenn Tropfpipetten mehrfach benützt werden. In den Augenkliniken sind ungenügend sterilisierte Geräte, z.B. Tensiometer, eine weitere Ansteckungsquelle, v.a. aber der untersuchende Finger.

Pathogenese

Eintrittspforten für die Adeno-Viren sind der Nasenrachenraum und die Konjunktiven. Sie replizieren sich vorwiegend auf den Schleimhäuten der Luftwege (Nase, Rachen, Larynx, Konjunktiven, Bronchien) bzw. im Gastrointestinal-Trakt und in den dazugehörigen Lymphknoten sowie selten in den Meningen.

Im Sinne einer latenten Infektion beherbergt ein Teil der Menschen in den Tonsillen („adenoides Gewebe") und im Urogenitaltrakt Adeno-Viren über lange Zeit, ohne klinische Erscheinungen zu zeigen und meist ohne infektiöses Virus auszuscheiden. In den letzten Jahren hat sich ergeben, daß latente Adeno-Virusinfektionen reaktiviert werden können, z.B. im Verlauf von Masern-Infektionen oder bei Knochenmarktransplantationen. Dementsprechend fluktuiert die Virusausscheidung. Krankheitssymptome werden aber nicht immer beobachtet. – Die latente Infektion bleibt trotz der Anwesenheit von humoralen Antikörpern und ZTL bestehen, vermutlich werden keine MHC-Antigene auf der Zellmembran exprimiert. Adeno-DNS hat man in Blutlymphozyten festgestellt. Für das Ausmaß der Lungenveränderungen bei der Pneumonie scheinen frühe Proteine (E1B, Bcl-2-ähnlich) verantwortlich zu sein, die die Wirkung des TNF-α aufheben und damit den Zelltod (Apoptose) verhindern, das Virus vermehrt sich dann stärker.

Klinik

Die Inkubationsperiode beträgt 2–6 Tage. Adeno-Viren verursachen eine Vielfalt von Krankheitsbildern. Die Symptomatik ist nicht streng typgebunden. Folgende Krankheitsbilder werden beobachtet (Tabelle 13.1):

Akute fieberhafte Pharyngitis. Sie wird vorzugsweise bei Kindern beobachtet. Die Symptome sind Husten, verstopfte Nase, entzündeter Rachen und geschwollene Zervikal-Lymphknoten. Die Adeno-Viren der Typen 1, 2, 3, 5, 6 und 7 sind für diese meist sporadischen Infektionen verantwortlich.

Pharyngokonjunktival-Fieber. Dieses Krankheitsbild tritt epidemisch in Schulen und Kindergärten auf. Die Symptome sind Pharyngitis, Fieber und allgemeines Krankheitsgefühl. Bei den Typen 3 und 7 (und weiteren) steht als charakteristisches Symptom eine follikuläre *Konjunktivitis* im Vordergrund. Die Infektion erfolgt in diesen Fällen häufig in Schwimmbädern durch nicht-gechlortes Wasser („Schwimmbadkonjunktivitis" – diese Konjunktivitis ist jedoch nicht zu verwechseln mit der durch Chlamydien erzeugten Krankheit, die ebenfalls als „Schwimmbadkonjunktivitis" bezeichnet wird).

Tabelle 13.1. Krankheiten durch Adeno-Viren

Krankheit	Alter	Häufige Typen	Seltene Typen	Isolierung
Respirationstraktinfekte				
Pharyngitis	Junge Kinder	1, 2, 5	3, 6, 7	Rachen
Akutes resp. Syndrom	Jugendliche	4, 7	3, 14, 21	Rachen
Pneumonie	Jugendliche,	4, 7		Rachen
	Junge Kinder	3, 7	1, 2, 4, 5	Rachen
Augeninfekte				
Pharyngo-konjunktival-Fieber	Kinder	3, 4	1, 2, 6, 7	Rachen Auge
Epidemische Kerato-Konjunktivitis	Alle Altersstufen	8, 37	19, 11	Auge
Genital/Urogenital-Infekte				
Zervizitis	Erwachsene	37	19	Genitalsekrete
Urethritis	Erwachsene	37		
Hämorrh. Zystitis	Junge Kinder	11	21	Urin
Enteritische Infekte				
Gastroenteritis	Junge Kinder	40, 41	31	Stuhl
Infekte bei Immundefekten				
Enzephalitis-Meningitis	alle Altersgruppen	11, 34, 35	7, 12	Liquor
Pneumonie	vor allem bei AIDS			Lunge
Gastroenteritis			43–47	Stuhl
Generalisation			2, 5	Blut

Die Typen 19 und 37 werden auch genital übertragen. Die Typen 42–47 wurden bei Patienten mit AIDS isoliert. 90% aller Isolate werden von den Serotypen 1–8 gestellt (abgesehen von den Typen 40 und 41). Die Typen 3, 7, 11, 14 u.a. werden mit dem Urin ausgeschieden. Eine Meningoenzephalitis ist selten.

Keratokonjunktivitis. Die Typen 8, 11, 19 und 37 nehmen eine Sonderstellung ein. Nach einer Inkubationsperiode von 8–10 Tagen verursachen sie eine schmerzhafte Keratokonjunktivitis. Die Schmerzhaftigkeit der Adeno-Erkrankung ist ein differentialdiagnostisches Merkmal: Die Herpes-Keratitis verläuft demgegenüber schmerzlos. Es treten im Verlauf der Entzündung Hornhauttrübungen auf, die trotz ihrer längeren Dauer gutartig sind. Typisch für dieses Krankheitsbild ist die Schwellung der präaurikulären Lymphknoten. Diese Keratokonjunktivitis tritt bei Metallarbeitern („shipyard eye") und als nosokomiale Infektion in Augenkliniken auf (Abb., s. S. 688).

Akutes respiratorisches Syndrom. Dieses Syndrom ist durch Fieber, Pharyngitis, Bronchitis, Husten, Krankheitsgefühl und Lymphadenitis colli charakterisiert. Es tritt in epidemischer Form bei Adoleszenten, und bei Soldaten (USA, Typ 4 und 7) auf. Man findet vorwiegend die Typen 3, 4, 7, 14, 21 und 24. Die Erkrankungen sind i. allg. gutartig und bleiben auf die oberen Luftwege beschränkt. Die Infektion kann sich aber bis zur interstitiellen Virus-Pneumonie steigern. Bei Kindern verläuft die Pneumonie in seltenen Fällen tödlich.

Otitis media. Als Folge einer Adeno-Virusinfektion kann es schließlich auch zu einer Otitis media kommen. Auch hier gilt, daß Viren zumeist die Wegbereiter einer bakteriellen Superinfektion sind.

Meningitis. Eine Meningitis durch Adeno-Viren (Typen 3, 4, 7, 12) ist selten.

Hämorrhagische Zystitis. Eine hämorrhagische Zystitis ist bekannt (Typen 11, 21). Adeno-Viren kommen auch als Erreger einer Urethritis und einer Zervizitis vor, meist bei Immundefekten.

Mesenterial-Adenitis. Eine durch Adeno-Virus bedingte Mesenterial-Adenitis täuscht eine Appendizitis vor. Die Adeno-Viren der Typen 1, 2, 3 und 5 können Invaginationen des Darmes hervorrufen.

Gastroenteritis. siehe S. 591.

Pneumonie. Besonders gefährlich ist eine Pneumonie bei immundefizienten oder immunsupprimierten Personen. Auch im Gefolge einer durch eine Masern-Erkrankung hervorgerufenen Immunsuppression kann eine Adeno-Virus-Pneumonie auftreten.

Generalisierte Infektionen. Generalisierte Infektionen v.a. bei Immundefekten werden als obliterierende Bronchiolitis, als Meningoenzephalitis, als Hepatitis, als Myokarditis, z.T. mit Exanthemen, beobachtet (Typen 4, 7, 34, 35); sie sind aber selten. 15% der Myokardbiopsien bei dilatativer Myokarditis sind positiv für Adeno-Viren.

Immunität

Adeno-Virusinfektionen verursachen eine relativ dauerhafte Immunität. Kinder zeigen wegen der geringen Anzahl der vorausgehenden Infekte eher typenspezifische Seroreaktionen als Erwachsene. Es bilden sich neutralisierende und nicht-neutralisierende Antikörper, Monozyten und NK-Zellen werden aktiviert und ZTL entstehen.

Labordiagnose

Die Labordiagnose von Adeno-Virusinfektionen läuft über eine Isolierung des Virus selbst, die nur in einigen Speziallabors durchgeführt wird. Die Isolierung der Adeno-Viren bei der akuten Infektion gelingt aus Rachenspülwasser, Konjunktivalsekret, aus dem Liquor und dem Stuhl. Bei Gastroenteritis-Verdacht wird ein Antigen-ELISA in Stuhlextrakten eingesetzt (s. S. 591). In der Latenzphase ist die Isolierung des Virus aus den Tonsillen nur durch Langzeitkultivierung des Gewebes möglich; im Direkt-Extrakt erweist sich das Gewebe meist als virus-negativ. Durch die PCR kann man den direkten Virusnachweis aber auch in diesen Fällen führen. – Antikörper lassen sich mit der gruppenspezifischen KBR und dem eher typenspezifischen HHT oder IgM/IgG-ELISA nachweisen, die Typisierung erfolgt durch den Neutralisationstest.

Durchseuchungsstudien lassen sich mit der KBR nur bedingt durchführen, weil die Antikörper nach einigen Jahren verschwinden. Bei der Pneumonie durch Adeno-Viren fehlen die Kälteagglutinine; dies steht im Gegensatz zu den Infektionen mit M. pneumoniae.

Prävention

Allgemeine Maßnahmen. Schmutz- und Schmierinfektionen lassen sich durch Allgemeinhygiene reduzieren. In Schwimmbädern verhindert Chlorierung des Wassers lokale Epidemien. In Augenkliniken ist strengste Hygiene einzuhalten. Das gehäufte Auftreten von Infektionen in Kindergärten etc. läßt sich durch gezielte Hygienekontrollen verhindern oder zumindest reduzieren. Ein Chemotherapeutikum gibt es nicht.

Vakzination. Zur Verhütung der akuten Atemwegserkrankungen wurde in den USA ein Lebendimpfstoff entwickelt. Man verwendet Adeno-Virus vom Typ 3, 4, 7 und 21. Das Impf-Virus wird in menschlichen Zellen gezüchtet; man appliziert es in Gelatine-Kapseln. Auf diese Weise kann ein Angehen der Infektion im Nasenrachenraum verhindert werden; erst im Magen wird das Virus frei und stimuliert den Immunapparat.

Meldepflicht. Erregernachweis bei epidemischer Kerato-Konjunktivitis.

ZUSAMMENFASSUNG: Adeno-Viren

Virus. Doppelstrang-DNS-Viren in Ikosaeder-Kapsid mit Fibern an 12 typspezifischen Pentonen; 240 gruppenspezifische Hexone; 47 Typen. ZPE in menschlichen Zellen, Transformation tierischer Zellen und Tumorbildung.

Vorkommen. Bei vielen Tierspezies und beim Menschen vorkommend, streng artspezifisch.

Epidemiologie. Weit verbreitet, frühzeitige Durchseuchung.

Übertragung. Tröpfcheninfektion, Konjunktival-, Nosokomialinfektion, Virus ist relativ stabil.

Pathogenese. Akute Erkrankung durch primären Zellschaden. Adeno-Viren persistieren latent für Jahre in den Tonsillen ohne Erkrankung.

Klinik. 2–6tägige Inkubationsperiode: Fieberhafte Pharyngitis, Pharyngokonjunktivalfieber, akutes respiratorisches Syndrom, schmerzhafte Keratokonjunktivitis, Meningitis, Pneumonie u.a.

Immunität. Relativ dauerhaft.

Labordiagnose. Virusisolierung in einigen Labors, HHT zur Typendifferenzierung, KBR wegen Kreuzreaktionen unbefriedigend. RE-Analysen, PCR.

Therapie. Keine spezifische Therapie.

Prävention. Verhütung von nosokomialen Infektionen, Impfstoff nicht gebräuchlich.

Meldepflicht. Erregernachweis bei epidemischer Kerato-Konjunktivitis.

EINLEITUNG

Die Herpes-Viren sind klinisch außerordentlich bedeutsam. Sie erzeugen eine Vielzahl ganz unterschiedlicher Symptome bzw. Krankheiten: Enzephalitis, Pneumonie, Exantheme, Hepatitis u. v.a. Gemeinsam ist ihnen die Eigenschaft der Reaktivierbarkeit aus der Latenz. Alle Viren der Herpes-Gruppe persistieren trotz der Anwesenheit von neutralisierenden Antikörpern und von zytolytischen Gedächtniszellen lebenslang im Organismus. Die Infektionsfolgen bei Immundefizienz sind gefürchtet und oft lebensbedrohlich. Das EBV und das HHV 8 sind an der Entstehung von vielen Tumorarten beteiligt. Einen Lebendimpfstoff gibt es gegen die Windpocken. Akute Infektionen lassen sich jetzt durch Chemotherapeutika behandeln.

STECKBRIEF

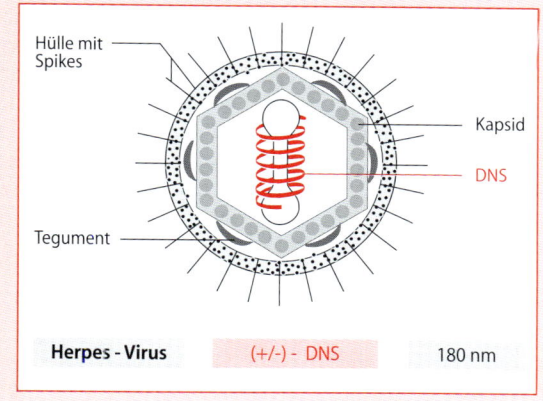

Herpes - Virus | (+/-) - DNS | 180 nm

Genom

Die Doppelstrang-DNS (+/−) besitzt ein Molekulargewicht von 125–220 kbp. Die isolierte DNS ist selbst infektiös. Ein Vergleich der DNS-Eigenschaften von verschiedenen Herpes-Viren erlaubt Aussagen über die phylogenetische Verwandtschaft innerhalb der Herpes-Virus-Gruppe.

Morphologie

Die Erreger der Herpes-Gruppe besitzen einen zentralen DNS-Innenkörper. Dieser ist in ein ikosaederförmiges Kapsid mit 162 Kapsomeren eingebaut. Das Virion mißt etwa 180 nm im Durchmesser. Außen ist das Kapsid von einer lipidhaltigen Hülle umgeben. In diese Hülle sind verschiedene

Glykoproteine eingebaut, die unterschiedlich lange Spikes bilden. Zwischen Hülle und Kapsid befindet sich das Tegument.

Einteilung

Die Herpes-Gruppe umfaßt folgende Erreger:
- Herpes-simplex-Virus:
  α-Herpes-Virus (HSV, Typ 1 und 2);
- Varizellen-Zoster-Virus: α-Herpes-Virus (VZV);
- Zytomegalie-Virus: β-Herpes-Virus (ZMV);
- Epstein-Barr-Virus: γ-Herpes-Virus (EBV);
- Humanes Herpes-Virus 6:
  β-Herpes-Virus (HHV 6);
- Humanes Herpes-Virus 7:
  β-Herpes-Virus (HHV 7);
- Humanes Herpes-Virus 8:
  γ-Herpes-Virus (HHV 8).

Resistenz

Die Viren der Herpes-Gruppe sind in der Außenwelt relativ stabil, wegen ihrer Lipidhülle jedoch ätherempfindlich.

Vorkommen

Der Mensch beherbergt zwei Typen des Herpes-simplex-Virus sowie die anderen menschenpathogenen Herpes-Viren.

Bei verschiedenen Affenarten treten Tumoren der weißen Blutkörperchen auf, die man auf Infek-

tionen mit Viren der Herpes-Gruppe (H. saimiri, H. ateles u.a.) zurückführt. Tumoren treten in den natürlichen Wirten nicht auf, nur bei der experimentellen Infektion anderer Affenspezies.

Das Virus der als Marek'sche Geflügellähme bezeichneten Tumorkrankheit ist ebenso ein Herpes-Virus. Durch Immunisierung mit dem nicht tumorigenen, aber kreuzimmunisierenden Puten-Herpes-Virus kann man das Entstehen der Geflügellähme verhindern. Das Herpes-Virus des Frosches erzeugt das Lucké'sche Adeno-Karzinom der Niere. Cynomolgus- und Rhesusaffen beherbergen das für den Menschen hochpathogene Herpes-B-simiae-Virus.

14.1 Herpes-simplex-Virus

STECKBRIEF

Der Typ 1 des Herpes-Virus wird als „Oraltyp" bezeichnet, weil die Primärinfektion vorwiegend über die Mundhöhle erfolgt. Bis zum 6.–10. Lebensjahr werden viele Kinder mit dem Typ 1 infiziert. Der Typ 2 wird als „Genitaltyp" bezeichnet. Er ist seltener und verursacht vornehmlich bei Jugendlichen und Erwachsenen herpetische Erkrankungen am Genitale.

Die Infektion mit dem HSV 1 verläuft in etwa 90% bis 95% der Fälle inapparent und bleibt das ganze Leben über als latente Infektion bestehen. Aus dieser Situation entwickeln sich wiederholt kurzdauernde Exazerbationen, meistens als bläschenförmige, harmlose Hauteruptionen: Herpes recidivans. In Einzelfällen aber verursacht das Herpes-simplex-Virus lebensbedrohliche Krankheiten (Enzephalitis, Herpes neonatorum), sei es als direkte Folge der Primärinfektion (Primärerkrankung) oder als Rezidiv, besonders bei Immundefekten (AIDS).

14.1.1 Beschreibung

Genom

Das Virusgenom kodiert für etwa 90 Proteine; diese werden in „Sofort"-Proteine, „Früh"-Proteine und „Spät"-Proteine bzw. α-, β- und γ-Proteine eingeteilt. Ihre Synthese wird vom Genom in einer 3-Stufen-Kaskade abgerufen. Die Sofortproteine üben Regulationsfunktionen aus, während die Frühproteine zumeist Enzyme der DNS-Synthese sind (DNS-Polymerase, Thymidin-Kinase, Ribonukleotid-Reduktase u.a.). Als Spätproteine werden diejenigen Genprodukte bezeichnet, die relativ spät nach der Infektion auftreten und vorzugsweise als

Strukturproteine des Virus dienen; zu ihnen gehört ein transaktivierendes Protein (s. S. 467).

Replikation

Das Virus wird im Kern der Zelle montiert, wobei ein Teil der Kernmembran die Matrix für die Virushülle abgibt (s. Schema S. 473). Diese Matrix enthält 12 Glykoproteine, die beim Befall humorale und zelluläre Immunreaktionen auslösen. Sofortproteine, Kapsid und Enzyme regen gleichermaßen die Bildung von Antikörpern an. Unter der Hülle läßt sich ein „Tegument" nachweisen; es enthält ein Protein (pp 65), das zwar als Spätprotein gebildet wird, aber nach dem Eindringen des Virus in die Zelle die Wirkung der Sofortproteine verstärkt („Transaktivator"-Wirkung). „Latency associated transcripts" (LATs) treten im Kern von latent infizierten Zellen (Neuronen) auf. Einige Gene induzieren die Fusion der befallenen Zellen, ein anderes blockiert die Präsentation der Oligopeptide. HSV 1 besitzt ein Gen mit zelltransformierenden Eigenschaften, bei HSV 2 sind es zwei. Die DNS des HSV wirkt außerdem mutagenisierend, DNS-Synthese-steigernd und DNS-amplifizierend auf die Zelle. HSV 2-DNS kooperiert in vitro nach Transfektion mit HPV 16-DNS bei der Transformation von Epithelzellen.

Züchtung

- Auf der Chorioallantois-Membran des bebrüteten Hühnereies.
- Auf der Kornea des lebenden Kaninchens.
- In der Zellkultur. Hierzu sind zahlreiche Zellspezies geeignet.

Der zytopathische Effekt besteht in Abkugelung mit nachfolgender Lyse und in Chromosomenschäden sowie in einer synzytialen Verschmelzung (Fusion) der vom Virus befallenen Zellen (Polykaryozyten). Man beobachtet Riesenzellen sowohl in vitro als auch im Organismus. In den Kernen der infizierten Zellen befinden sich typische **Einschlußkörperchen**.

Einteilung

Das HSV kommt in zwei Typen, Typ 1 und Typ 2, vor, die sich durch ihre biologischen und pathogenetischen Eigenschaften beträchtlich unterscheiden. Die Typen 1 und 2 enthalten die typspezifischen Glykoproteine G1 bzw. G2 sowie typspezifische Epitope der Glykoproteine C1 und C2.

Resistenz

Das HSV ist bei höherer Temperatur sehr empfindlich; dagegen hält es sich längere Zeit im Kühlschrank und ist bei –70 °C stabil. Seine Infektiosität wird durch Lipidlösungsmittel und durch Na-Hypochlorit schnell zerstört.

14.1.2 Rolle als Krankheitserreger

Vorkommen

Das Wirtsspektrum des HSV ist breit; es umfaßt neben dem Menschen als natürlichem Wirt zahlreiche Nagetiere, darunter das Kaninchen.

Epidemiologie

Die Durchseuchung mit HSV 1 steigt in den Entwicklungsländern durchweg viel früher an als in den Ländern mit hohem Lebensstandard, diejenige mit HSV 2 ist v. a. in einigen Risikogruppen (Prostituierte, Homosexuelle) hoch. Die RE-Analyse von HSV-Stämmen aus Japan und aus den USA hat ergeben, daß es Kontinent-spezifische DNS-Sequenzen gibt. Die **Herpes-Enzephalitis** ist mit 50% Hauptrepräsentant aller Enzephalitiserkrankungen in unseren Breiten. In Deutschland kommen bei einer Durchseuchung von mehr als 95% etwa 200 Fälle von Herpes-Enzephalitis pro Jahr vor; die ebenfalls gefürchtete Herpes-*Sepsis* der Neugeborenen erbringt 100–500 Fälle, die Zahl steigt an. In den USA sind z. Z. 25% aller Frauen HSV 2 positiv.

Übertragung

Die Infektion durch das HSV erfolgt von Mensch zu Mensch; sie zeigt endemischen Charakter: 10–15% aller Menschen, die älter sind als 6 Jahre, scheiden während ihres Lebens das HSV in der Tränenflüssigkeit, im Speichel oder im Genitalsekret für kürzere oder längere Zeit aus. Prostituierte beherbergen im Genitale oft den Typ 2. Die Durchseuchung mit dem HSV 2 steigt seit zwei Jahrzehnten deutlich an; sehr wichtig sind asymptomatische Ausscheider für die Übertragung. Bei der Primärinfektion wird das Virus etwa drei Wochen lang durch den Speichel, durch den Stuhl oder durch Genitalsekrete ausgeschieden, bei Rezidiven nur einige Tage.

Die Kontagiosität ist nicht sehr hoch: Ein intimer Kontakt im Sinne der **Schmierinfektion** ist notwendig. In Betracht kommt die Infektion von Mund zu Mund, durch Direktkontakt oder als Schmierinfektion über ein Vehikel (Finger), ferner die Infektion durch Geschlechtsverkehr (für Typ 2 und 1) sowie die Infektion während der Geburt. Die Herpes-Sepsis tritt auch bei den Neugeborenen von symptomfreien Graviden auf. Es gibt selten auch nosokomiale Infektionen, z.B. durch Säuglingsschwestern, durch kontaminierte Hände. Der Ursprung der nosokomialen Infektionen läßt sich durch RE-Analysen der HSV-DNS aufklären (s. S. 522).

Pathogenese

Allgemeines. Die Besonderheit der Wirts-Virus-Beziehungen beim HSV besteht darin, daß nach der Primärinfektion das Virus – dies gilt für alle Herpes-Viren – *dauernd* im Organismus verbleibt. Seit 1930 ist bekannt, daß Herpes-Rezidive nur bei denjenigen Personen auftreten, welche bereits neutralisierende Antikörper aufweisen. Man sprach vom „immunologischen Herpes-Paradoxon". Diese Erscheinung läßt sich durch die Tatsache erklären, daß das latente Virus in den Neuronen der Spinalganglien keine Proteine bildet und dadurch dem Zugriff der humoralen und der zellulären Immunabwehrfaktoren entzogen ist. Die Situation wird noch komplizierter, wenn man bedenkt, daß bei schon vorhandener Typ 1-Infektion eine genitale Superinfektion mit dem Typ 2 erfolgen kann (Abb. 14.1).

Die latente Infektion. Nach der Übertragung auf die Haut oder die Schleimhäute sowie der Replikation gewinnt das Virus alsbald Zugang zu den sensorischen Nervenendigungen des zuständigen Dermatoms; es erreicht nach einer axonalen Wanderung von 1–2 Tagen das **sensorische Ganglion**; im Falle einer oralen oder genitalen Infektion werden meist das Trigeminus-Ganglion bzw. die Lumbosakralganglien besiedelt. Dort vermehrt sich das Virus etwa 6–8 Tage lang. Das Virus wird aber *nicht* eliminiert. Vielmehr persistiert die Virus-DNS lebenslang. Sie bildet einen Ring und verbleibt in nicht-integriertem Zustand im Neuron, wobei nur das Gen für die LAT's (*l*atency-*a*ssociated *t*ranscripts) transkribiert wird. Damit hat sich das Stadium der **Latenz** herausgebildet. Infektiöses Virus läßt sich jetzt nicht mehr nachweisen. Die Anwesenheit des Virusgenoms läßt sich aber durch Ko-

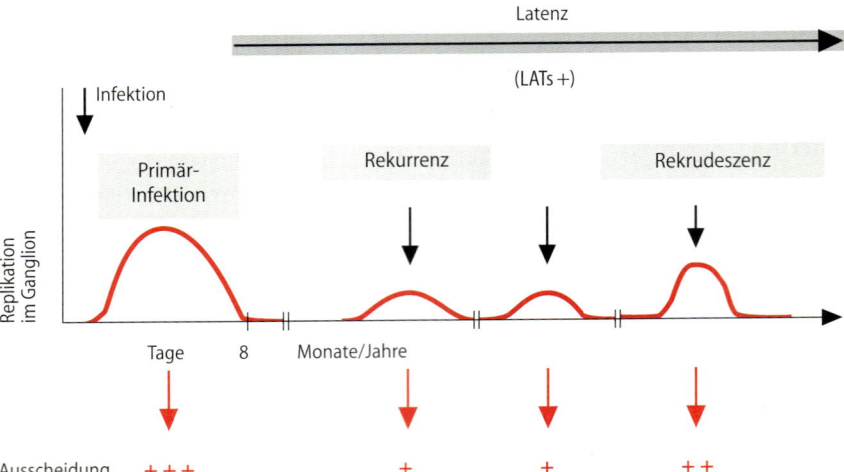

Abb. 14.1. Latenz des Herpessimplex-Virus: Primärinfektion, Rekurrenz und Rekrudeszenz, Virusreplikation im Ganglion, Ausscheidung sowie Anwesenheit der LATs in den Neuronen

kultivierung und Hybridisierung beweisen. Es gibt Anhaltspunkte dafür, daß HSV-DNS auch im ZNS und in den Neuronen des Frankenhäuser'schen Plexus der Vagina persistiert bzw. latent bleibt.

Reaktivierung. In welcher Weise exogene Noxen (Fieber, Menstruation u. a.) die Reaktivierung des HSV-Genoms bewirken, ist noch nicht klar. Man vermutet ein Nachlassen der zellgebundenen Immunität und zieht hormonale Einflüsse in Betracht. Im Tierexperiment hat sich zeigen lassen, daß bei Mäusen eine *UV-Bestrahlung* der Haut die Entstehung von Suppressorzellen hervorruft. Nach einer Reaktivierung wird HSV im Spinalganglion in relativ großen Mengen gebildet. Das Virus wandert dann über das Axon zurück zur Peripherie. Es verläßt die Nervenendigungen und gewinnt Zugang zu den Epithelzellen der Haut und vermehrt sich dort (s. u.). Damit ist das Stadium der Rekurrenz erreicht. Man bezeichnet als *Rekurrenz* das symptomlose Wiederauftreten von infektiösen Herpes-Partikeln in der Peripherie (s. S. 480 u. 483).

Treten bei der Reaktivierung der persistenten Herpes-Infektion klinische Symptome auf, so spricht man von *Rekrudeszenz* oder gleichsinnig vom *Rezidiv*. Die Rekurrenz tritt häufiger auf als die Rekrudeszenz. Bei immundefizienten und immunsupprimierten Personen kann die Reaktivierung des Virus und seine Ausscheidung mit oder ohne klinische Symptome erfolgen. Rezidive sind bei manchen Menschen häufig, bei anderen selten; bei der Hälfte der Virusträger treten keinerlei Rezidive auf. Bei häufigen Rezidiven an der gleichen Stelle kann sich

nach längerer Zeit eine Störung der Sensibilität infolge Ausfalls von Neuronen ergeben.

Die Rolle von Immuneffektoren in der Pathogenese. Vor dem Eintritt in die Epithelzellen der Haut (s. o.) ist das Virus kurze Zeit (im Experiment) durch Antikörper neutralisierbar. Sobald es sich aber erst in den Epithelzellen repliziert, induziert es Mikrofusionen zwischen benachbarten Zellen und breitet sich über Zellverbindungen aus. Zuerst treten im Epithel Chemokine auf, die CD4-Zellen anlocken und IFN-γ produzieren. Die weitere Ausbreitung der lokalen Infektion in den Bläschen kann jetzt durch das Austreten von Antikörpern und zellulären Elementen (ADCC und ZTL) blokkiert werden. Bei T-Zell-Defekten gibt es andererseits große Ulzera der Haut, z. B. bei AIDS (s. S. 609).

Das HSV ist ein Schulbeispiel für die immunologische Verfremdung der Zellmembranen durch Virus-kodierte Glykoproteine. Diese werden membranständig und haben das Vermögen, IgG über dessen Fc-Stück zu binden. Auf diese Weise kann sich die befallene Zelle gegen die zytolytische Wirkung von T-Lymphozyten schützen. Das Glykoprotein C bindet die C3b-Komponente des Komplements und schützt die infizierte Zelle somit vor der C-Lyse.

Infektionen durch HSV 2. Die Primärinfektion erfolgt bei HSV 2 meist über die *Genitalorgane*. Oft werden Kopfschmerzen und Nackensteifigkeit beobachtet. Die HSV 2 bedingte Meningitis kann primär und als Rezidiv entstehen. Ein beträchtlicher Anteil der Meningitiden verläuft ohne Auftreten

eines Haut-Rezidivs. Die Fazialis-Lähmung (Bell's palsy) wird z. T. durch HSV 2 hervorgerufen.

Enzephalitis. Die Enzephalitis wird fast immer durch HSV 1 verursacht. Sie befällt die temporalen, orbitoparietalen Gebiete des ZNS und wird als nekrotisierende Enzephalitis manifest. Unbehandelt sterben etwa 70% der Erkrankten; der Rest überlebt mit neurologischen Abnormitäten. Der Grund für die Lokalisation sind möglicherweise HSV-empfängliche Astrozyten des primären Neurons des Bulbus olfactorius („empfängliches Fenster"). Die Fasern des Bulbus olfactorius sind mit den Regionen des limbischen Systems im Parietallappen verbunden. Man schätzt in etwa 1/3 der Fälle, daß diese zusätzliche Infektion mit Propagation über den N. olfactorius die Ursache ist. In anderen Fällen sind Exazerbationen selbst die Ursache der Enzephalitis; man vermutet ein vom Trigeminus-Ganglion ausgehendes Wandern des Virus oder die Aktivierung von bereits im ZNS vorhandener HSV-DNS.

HSV-Keratitis. Es ist bislang nicht sicher, ob eine rezidivierende HSV-Keratitis die Folge einer primären Kornealinfektion ist; sie könnte auch im Ganglion auf weitere Neuronen überspringen, die die Kornea versorgen. Zwar sprechen Tierversuche für die erste Annahme, sie geben aber auch Hinweise dafür, daß das HSV oder sein Genom in der Peripherie, z. B. auf der Haut oder der Kornea persistieren kann. Auch beim Menschen gibt es neuerdings solche Befunde.

Die Fähigkeit des HSV, sich vom Epithel der Kornea in das Stroma auszubreiten, ist durch „Virulenzgene" bedingt. Dies gilt auch für das Vordringen des HSV vom Spinalganglion ins Rückenmark oder in das ZNS (Neuroinvasivität, Neurovirulenz). Während die Keratitis dendritica durch das HSV selbst verursacht wird, stehen ursächlich Chemokine und immunpathologische sowie Autoimmunitäts-Prozesse bei der Keratitis disciformis des Stromas im Vordergrund (Abb., s. S. 689).

Herpes neonatorum. Die „Herpes-Sepsis" der Neugeborenen ist wahrscheinlich die Folge einer ungenügenden Funktion der dendritischen Zellen und Makrophagen (IL-12-Mangel?, TH-2-Reaktivität!). Mütterliche Antikörper verleihen einen gewissen Schutz vor der Infektion und Erkrankung. Meist sind es Infektionen mit HSV-2, die schwerer verlaufen als mit HSV-1 und sich weniger gut behandeln lassen.

Klinik

Bei einem Großteil der HSV-bedingten Erkrankungen dominiert **Bläschenbildung** auf der Haut und den Schleimhäuten (Mund, Genitale). Hinzu gesellen sich Erscheinungen am Auge, am peripheren und zentralen Nervensystem, an den inneren Organen und im Gastrointestinaltrakt.

Grundsätzlich muß zwischen *Primärerkrankungen* und *Rezidiven* unterschieden werden; die letzteren werden auch als Rekrudeszenz bezeichnet. Die Inkubationsperiode beträgt bei der Primärinfektion 2–12 Tage (im Mittel sechs Tage).

Primärerkrankungen

Ein Großteil der Primärerkrankungen durch Herpes-Viren sind *Kinderkrankheiten*. Obwohl etwa 90% der Herpes-Infektionen symptomlos bleiben, sieht man die manifeste Primärerkrankung durch Typ 1 relativ häufig, da praktisch alle Kinder infiziert werden. Demgegenüber tritt die Primärerkrankung bei Erwachsenen wegen der relativen Seltenheit der hier in Betracht kommenden Infektionen mit Typ 2 in den Hintergrund.

Gingivostomatitis herpetica. Die Gingivostomatitis herpetica ist eine mit Bläschenbildung einhergehende Entzündung der Mundschleimhaut und des Zahnfleisches im Bereich der vorderen Mundhöhle. Die Bläschen mazerieren und ulzerieren leicht und zeigen dann einen blutigen Grund. Die Primärinfektion kann sich als Rhinitis, als Tonsillitis oder als Pharyngitis mit Lymphknotenschwellungen und Fieber manifestieren. Zur Differentialdiagnose müssen die Herpangina und Stomatitiden anderer Genese (Stomatitis aphthosa, Agranulozytose) in Betracht gezogen werden (Abb., s. S. 688).

Vulvovaginitis herpetica. Es kommt zu einer Entzündung des weiblichen Genitale einschließlich der Zervix mit weißen, scharf abgegrenzten plaqueartigen Herden. Die Herde erinnern an Aphthen. Auch am Penis gibt es Bläschenbildungen. Die Affektionen kommen bei Jugendlichen und Erwachsenen meist nach Infektion mit dem HSV 2 vor (90%). Liegt bereits eine orale HSV 1-Infektion vor, so verläuft eine genitale Primärinfektion i. allg. etwas leichter. Nur etwa 20–40% aller genitalen HSV-2-primär-Infektionen sind apparent.

Keratokonjunktivitis herpetica. Es entsteht eine Hornhauttrübung mit Bläschenbildung auf der Kornea und auf der Bindehaut. Auf der Kornea kann es zu verschiedenartig geformten dendritischen Ulzera kommen; die Infektion kann auch in die Tiefe vordringen, bereitet aber keine Schmerzen (Abb., s. S. 689).

Ekzema herpeticum. In Hautgebieten mit atopischen Ekzem-Effloreszenzen breitet sich die sonst lokal verbleibende bläschenförmige Herpes-Effloreszenz diffus aus und ergreift ausgedehnte Hautbezirke. Bei der Abheilung bilden sich dicke Krusten. Es ist eine bedrohliche Erkrankung: Gabe von Aciclovir (Abb., s. S. 688).

Meningitis und Meningoenzephalitis. Die primäre Herpes-Meningitis wird durch den Typ 2 verursacht. Sie ist gutartig, zeigt eine anfängliche Vermehrung der Neutrophilen; später finden sich nur noch Lymphozyten im Liquor. Dagegen ist die primäre, durch HSV 1 verursachte Meningoenzephalitis herpetica eine ernste Krankheit, die tödlich ausgehen kann; Häufigkeit $2,3 \times 10^6$/Jahr. Sie bildet klinisch die allgemeinen Symptome einer Enzephalitis aus (Erbrechen, Krämpfe, Bewußtseinstrübung, Fieber, Kopfschmerzen, Koma, Lähmungen).

Generalisierter Herpes der Neugeborenen (Herpes neonatorum). Die Infektion durch HSV 2 (selten Typ 1) erfolgt meist im Geburtskanal; selten ist die Infektion nosokomial bedingt (Vater, Säuglingsschwester). Besonders gefährdet sind frühgeborene Kinder. Es gibt drei Formen:
- Bläschen auf der Haut, im Munde und am Auge;
- Enzephalomyelitis;
- Generalisierte „Herpessepsis" mit Splenomegalie, Ikterus, Bläschen, Enzephalomyelitis; oft auch ohne Bläschen. Sie entwickelt sich z.T. aus der erstgenannten Form.

Oft sind Herpesläsionen im Bereich des Genitale der Mutter zu finden, die Infektionen erfolgen aber in etwa 70% ohne erkennbare Bläschen. Übertragungen treten auch dann auf, wenn in der Vorgeschichte (Partner!) kein Anhalt für eine symptomatische Genitalinfektion vorhanden ist. Das Risiko für die Übertragung des HSV auf das Neugeborene beträgt bei einem Primärherpes etwa 50%, weil der Immunapparat noch nicht stimuliert ist, bei einem Rezidiv aber (apparent oder inapparent) nur etwa 5%.

Der Herpes neonatorum führt unbehandelt in 80% zum Tode, Infektionen mit dem Typ 2 haben eine schlechtere Prognose als die mit dem Typ 1. Glücklicherweise ist die Krankheit selten (ein Fall auf 3000–12 000 Geburten).

Seltene Erkrankungen. Seltenere Formen der primären Herpesinfektion sind *Bläschenbildungen* am Stamm oder an den Fingern, z.B. bei Schwestern und Krankenpflegern sowie Ringkämpfern (herpetic whitlow, herpetisches Panaritium). Selten ist auch die *Hepatitis* mit oder ohne Immundefekt (ACG!), die Ösophagitis und der Befall des Duodenums. Bei Homosexuellen beobachtet man eine Herpes-Proktitis und eine Herpes-Urethritis.

Primärinfektionen in der Frühschwangerschaft sind wegen der hohen Durchseuchung selten, deswegen treten nur ganz selten Embryopathien auf.

Rezidive

Auslösende Momente für Rezidive sind: Fieberhafte Infekte, Sonnenbrand, Röntgenbestrahlung, Menstruation, akute Gastritis. Die Bezeichnung „Schreckblase" deutet auch auf die Möglichkeit hin, eine Herpes-Exazerbation durch psychische Einwirkungen auszulösen.

Herpes simplex. Meist tritt die Exazerbation als Herpes simplex „recidivans" auf. Es treten – meistens an Übergangsstellen zwischen Haut und Schleimhaut – juckende Papeln auf, die sich schnell zu prallen Bläschen entwickeln (Abb., s. S. 688). Die Bläschen sind 1–3 mm groß und haben einen klaren Inhalt. Sie heilen unter Krustenbildung ab. Betroffen ist die Nasolabialgegend (Herpes labialis, Herpes facialis) und zunehmend häufiger der Genitalbereich (Herpes genitalis). Oftmals werden beim Rezidiv Kopfschmerzen, Fieber und lokale Lymphknotenschwellungen sowie Meningismus beobachtet. Sehr schwer verlaufen Rezidive mit Generalisation bei AIDS-Patienten. Genitale Infektionen rezidivieren bei ihnen häufiger als orale.

Herpes-Keratitis. Eine weitere Manifestation ist die Herpes-Keratitis. Diese ist wegen der Bläschenbildung und der Korneatrübung leicht zu erkennen; die Bläschen können ulzerieren. Die Krankheit ist langwierig und dauert oftmals einige Monate. Die Prognose ist nicht immer gut, weil der Entzündungsprozeß in das Stroma der Kornea vordringen kann und bei häufiger Wiederholung bleibende Trübungen der Hornhaut auftreten. Schmerzen werden nicht verspürt.

Herpes-Meningitis. Als ernste Form der Exazerbation kann auch eine Herpes-Meningitis auftreten. Sie bietet das gleiche Krankheitsbild wie die primäre Herpes-Meningitis, meist durch HSV 2 verursacht.

Polyneuritis. Eine Polyneuritis (Guillain-Barré-Syndrom) kommt wahrscheinlich ebenso im Gefolge von Rezidiven vor.

Immunität

Im Verlaufe einer primären HSV-Infektion entstehen zunächst IgM-Antikörper. Sie treten wenige Tage nach der Erkrankung auf. Die Glykoproteine des HSV spielen dabei eine wichtige Rolle. Sie reagieren weitgehend typenüberkreuzend.

Nach einer Primärinfektion entstehen neutralisierende und komplementbindende Antikörper der Klasse IgG sowie IgA-Antikörper. Die IgG-Antikörper lassen sich lebenslang nachweisen. Ihr Titer im Serum (KBR) ist weitgehend stabil; man nimmt an, daß wiederholte Boosterungen durch Rekurrenzen oder Rekrudeszenzen auftreten. Größere Titerschwankungen lassen sich jedoch kaum beobachten. IgM-Antikörper treten während eines Rezidivs nur sehr selten auf. Im Gegensatz zu den Verhältnissen bei HSV sinken die Antikörper (KBR) nach primären VZV-Infektionen im Laufe der Jahre ab; bei einem Zoster lassen sich in diesem Fall aber kräftige Titersteigerungen feststellen.

Zelluläre Immunreaktionen (ADCC, CD4- und CD-8-Lymphozyten sowie die Helferzell-abhängige Antikörperbildung) spielen die wichtigste Rolle bei der Limitierung der HSV-Infektion in den Organen und den Schleimhäuten. IgA-Antikörper-Anstiege bzw. hohe Titer werden sowohl nach genitalen Primärinfektionen mit HSV 2 als auch nach Rekurrenzen oder Rekrudeszenzen regelmäßig beobachtet, während die IgA-Antikörper nach Rekurrenzen mit HSV 1 kaum ansteigen.

Klinische Differentialdiagnose

In die klinische Differentialdiagnose zwischen primärem und rezidivierendem Herpes sind folgende Überlegungen mit einzubeziehen:
- Die extragenitale Primärinfektion kommt praktisch nur bei kleinen Kindern vor. Bei Erwachsenen tritt der orale Herpes nur als Exazerbation auf.

- Die genitale Primärinfektion tritt vornehmlich nach dem 15. Lebensjahr auf. Auch hier gibt es Rezidive.

Diagnose der Herpes-Enzephalitis

Die Herpes-Enzephalitis wird durch Elektro-Enzephalogramm, Computer-Tomogramm, NMR-Spektrum sowie evozierte Potentiale diagnostiziert. Die Diagnostik der Wahl ist die PCR im Liquor.

Die wichtigsten Symptome sind Kopfschmerzen, Fieber, Somnolenz, Sprachschwierigkeiten und Lähmungen. Tritt Bewußtlosigkeit (Koma) hinzu, so sind die Wirkungsmöglichkeiten der Chemotherapie gering.

Labordiagnose

Die Labordiagnose der HSV-Infektionen umfaßt Virusisolierung aus den Bläschen und Antikörpernachweis. Bei Primärinfektionen läßt sich HSV in Blutmonozyten nachweisen.

Isolierung des HSV

Die Isolierung des HSV wird in Zellkulturen vorgenommen. Als Untersuchungsmaterial dienen Rachenspülwasser, Rachenabstriche, Bronchiallavage, Liquor, Tränenflüssigkeit und Bläschenflüssigkeit; bei Autopsien entnimmt man Gewebeproben aus Gehirn und Leber. Typisch sind die nukleären Einschlußkörperchen in der Zellkultur oder im Gewebe. Der endgültige Nachweis erfolgt durch Neutralisation mit bekannten Seren. Die Typisierung des Virus gelingt im ELISA mit typenspezifischen, monoklonalen Antikörpern auf der festen Phase. Bei Knochenmarktransplantierten ist die Isolierung des HSV aus Rachenabstrichen zur Beurteilung der Immunitätslage wichtig. Methode der Wahl ist die PCR.

Serologische Diagnose

Die serologische Diagnose erfaßt im Neutralisationstest, in der KBR und im ELISA Antikörper der Klasse IgM, IgG und IgA. Nur deutliche Titeranstiege dürfen verwertet werden; sie kommen fast nur bei Erstinfektionen vor. Hinweise auf vorliegende genitale HSV 2-Infektionen sollen sich durch hohe IgA-Antikörper erbringen lassen. Eine Differenzierung der HSV 1- und 2-Antikörper ist bisher nicht routinemäßig möglich, sie gelingt jedoch bei der Verwendung der Glykoproteine G oder C als Antigen.

Liquordiagnose

Bei der Diagnose der Herpes-Enzephalitis gelingt der Nachweis des Virus im Liquor nur durch die PCR.

Serologisch versucht man, lokal gebildete IgG-Antikörper im Liquor nachzuweisen: Der Liquor wird isoelektrisch fokusiert und auf eine Folie mit Antigenen (affinitäts-) geblottet. Die gebundenen Antikörper werden nach dem ELISA-Prinzip nachgewiesen.

Therapie

Mit der Behandlung ist bereits bei *Verdacht* auf eine HSV-Enzephalitis zu beginnen.

Die Folgen einer HSV-Enzephalitis lassen sich durch rechtzeitigen Beginn der Behandlung deutlich abschwächen, dabei ist vorzugsweise Acycloguanosin (ACG, Aciclovir) angezeigt. Auch die meist tödliche Herpes-Sepsis der Neugeborenen und das Ekzema herpeticum läßt sich durch Acycloguanosin behandeln; die HSV 1-infizierten Kinder haben nach der Behandlung eine bessere Prognose als HSV 2-infizierte.

Die Keratitis herpetica kann lokal mit Trifluormethylthymidin (TFT) oder mit Acycloguanosin behandelt werden. Keinesfalls darf Kortison im frühen Stadium angewandt werden; es ist nur bei bestimmten tiefliegenden Prozessen indiziert (K. disciformis).

Schwere Primär- und häufige Rezidiv-Erkrankungen (z. B. bei AIDS) werden oral durch ACG, Valaciclovir oder Famciclovir behandelt, lokal kann Penciclovir-Creme (Cidofovir, „Vectavir") oder ZnSO$_4$-Gel benutzt werden. Bei ACG-Resistenz oder bei HSV-2-Infektionen kommt auch eine topische Behandlung mit Foscarnet in Betracht.

Prävention

Allgemeine hygienische Maßnahmen. Nosokomiale Infektionen in Krankenhausabteilungen für Neugeborene und für Immunsupprimierte sollten sich durch allgemeine Hygiene vermeiden lassen. Auf entsprechende Fürsorge haben auch Leukämiekranke und Zytostatika-behandelte Patienten Anspruch. Schließlich sollten auch Ekzemträger vor Herpes-Infektionen geschützt werden (Eczema herpeticum).

Maßnahmen unter der Geburt. In der Geburtshilfe ist u. U. eine gezielte Prophylaxe notwendig: Zeigt eine Schwangere die Zeichen einer primären oder rezidivierenden genitalen Herpeserkrankung (in Form der Vulvovaginitis herpetica), so ist die *Schnittentbindung* angezeigt. Das Neugeborene kann durch die Gabe von *Gamma-Globulin* zusätzlich Schutz erfahren; besonders indiziert ist diese Maßnahme dann, wenn ein frühgeborenes Kind auf natürlichem Weg zur Welt gekommen ist und die Mutter Herpesbläschen zeigt: Zusätzliche Gabe von Acicloguanosin an das Neugeborene.

Schutzimpfung. Die bisher angebotenen Impfstoffe zur Verhütung von Primärinfektionen oder von HSV-Rezidiven sind im Sinne eines spezifischen Immunschutzes wirkungslos; sie lösen allenfalls Plazebo-Effekte aus.

Chemoprophylaxe. Eine Chemoprophylaxe von rezidivierenden Genitalinfektionen läßt sich längerfristig durch orale Gaben von Acicloguanosin oder besser von Valaciclovir betreiben. Das in den Ganglien befindliche Virus wird aber nicht eliminiert. Alle Herpeseffloreszenzen (HSV 1 und 2) können *frühzeitig* mit einer der genannten Substanzen behandelt werden.

Meldepflicht. Enzephalomyelitis.

Anhang

Erythema exsudativum multiforme. Dieses Exanthem in typischer klinischer Ausprägung tritt oft nach HSV-, seltener nach VZV-Rezidiven auf. Häufig wird es sonst nach Infektionen mit Mycoplasma pneumoniae, Adeno-Viren, EBV und Mycobacterium tuberculosis beobachtet. Es soll etwa 10 Tage nach den Virusrezidiven auftreten, man vermutet eine Überempfindlichkeitsreaktion; das Virus läßt sich jedoch nicht nachweisen. Die rechtzeitige Behandlung des Rezidivs mit Acicloguanosin verhindert das Auftreten.

14.2 Varizellen-Zoster-Virus

14.2.1 Beschreibung

Morphologie und Genom

Das VZV ist ein typisches Herpes-Virus. Die RE-Analyse (s. S. 522) ergibt deutliche Unterschiede zwischen dem VZV und den übrigen Herpes-Viren, das Genom enthält 125 kbp.

Züchtung

In vitro ist das Virus nur schwer züchtbar: Man benötigt dazu menschliche Embryonalzellen. In der Zellkultur und den Vesikeln der Haut produziert es typische, im Zellkern lokalisierte Einschlußkörperchen.

14.2.2 Rolle als Krankheitserreger

Epidemiologie

Der weitaus größte Teil der Kinder macht die Windpocken bis zum 15. Lebensjahr durch, die Infektion verläuft stets apparent. Eine primäre Empfänglichkeit ist stets vorhanden: Die Infektion besitzt eine hohe Kontagiosität. Das Ansteckungsmaximum liegt bei 2- bis 6jährigen Kindern, bereits junge Erwachsene sind zu >95% seropositiv. Varizellen treten endemisch-epidemisch auf; hierbei sind der Winter und das Frühjahr die Haupterkrankungszeiten.

Übertragung

Die Infektion erfolgt von Mensch zu Mensch als Tröpfcheninfektion oder durch direkten Kontakt. Virus-Emittent ist der akut an Varizellen Erkrankte. Oftmals sind der Zoster der Eltern oder Großeltern eine Ansteckungsquelle für die Kinder und Enkel. Varizellen sind wahrscheinlich die kontagiöseste Krankheit, die wir kennen: Die Übertragung von infektiösem Virus durch Luftzug über verschiedene Räume hinweg („fliegender Infekt") ist verschiedentlich beobachtet worden; die Bezeichnung „Windpocken" spiegelt diese Beobachtung wider. Die Kontagiosität der Varizellen ist größer als diejenige der Pocken. Der Infizierte wird 1–2 Tage vor Ausbruch der Erkrankung kontagiös und scheidet dann für etwa eine Woche das Virus massiv aus. Die Kontagiosität erlischt erst mit dem völligen Abheilen des Exanthems, d.h. mit dem Abfall der Borken. Man kennt auch exogene Reinfektionen, die einen Zoster auslösen.

Pathogenese

Das Virus wird nicht eliminiert, sondern persistiert nach der Primärinfektion lebenslang und kann später Rezidive hervorrufen. Unter diesen ist die sporadisch als Zoster auftretende Neuritis der Erwachsenen (Zoster, *Gürtelrose*) die wichtigste Erscheinungsform. Die Latenz des VZV ist ein Analogon zur Latenz des HSV.

Eintrittsporten sind der Nasenrachenraum und die Konjunktiven. Das Virus gelangt von der Eintrittspforte in einer virämischen Phase auf dem Blutweg in die Haut und in die Schleimhäute; dort verursacht es das typische Exanthem und Enanthem.

Wahrscheinlich gelangt das Virus während der akuten Erkrankung von der Haut neurogen in die Spinalganglien: Es läßt sich in den Neuronen und der Glia nachweisen. Besiedelt werden die sensorischen Ganglien entlang der Wirbelsäule bzw. die Ganglien der Gehirnnerven. Im Gegensatz zum HSV persistiert das VZV-Genom wahrscheinlich in den Neuronen *und* den Glia-Satellitenzellen, wobei die Transkription mehrerer Genregionen erfolgt; das Genom läßt sich durch Hybridisierung nachweisen. Das latente Virus vermehrt sich nach der *Reaktivierung* in Gliazellen und Neuronen und zerstört – im Gegensatz zum HSV – einen größeren Teil des Ganglions. Die Entzündung im Verein mit Narbenbildungen kann lange Monate andauern und starke postzosterische Schmerzen (5–10% aller Zosterfälle) auslösen.

Klinik

Die Inkubationszeit beträgt 2–3 Wochen. Danach bilden sich zunächst kleine Papeln und dann Streichholzkopf-große, einzeln stehende, nicht-gekammerte Bläschen mit anfänglich wäßerig-klarem, später trübem Inhalt, die große Mengen an Virus enthalten. Die Bläschen der Haut und auf der Zunge (Abb., s. S. 689) sind von einem roten Saum umgeben; sie jucken und werden von Patienten oft zerkratzt. In späteren Stadien zeigen die unverletzten und größeren Bläschen eine zentrale Delle. Die Bläschen entstehen in Schüben; d. h. nicht gleichzeitig: Man findet auf der Haut nebeneinander die verschiedenen Entwicklungsstadien der Effloreszenz von der Papel bis zur Borke („Sternenhimmel") (Abb., s. S. 689). Einzelne Bläschen können nach Verletzung durch Kratzen bakteriell superinfiziert werden und vereitern. Dann entstehen kreisrunde Narben von etwa 2–3 mm Durchmesser.

Die Infektion verläuft stets manifest, aber häufig afebril. Der Verlauf ist häufig so milde, daß die übrigen Symptome nicht beachtet werden („Spielplatz-Varizellen"). Bei Erwachsenen und Schwangeren verlaufen die Varizellen dagegen oft schwer und hämorrhagisch, z.T. mit Pneumonie.

Komplikationen. In seltenen Fällen entstehen als Komplikationen der Varizellen eine VZV-Otitis, eine Pneumonie oder eine Nephritis. Als schwerwiegende Weiterung imponiert die Meningoenzephalitis, meist als Zerebellitis mit Ataxie. Sie heilt aber meist ohne Folgen aus. Selten ist eine Polyradikuloneuritis vom Typ Guillain-Barré. Eine schwere Neurodermitis kann durch VZV infiziert werden: ACG!

VIII

Bei Kortison-behandelten Kindern und Erwachsenen, bei Leukämiepatienten, bei immunsupprimierten Transplantat-Empfängern und bei AIDS-Kranken verläuft die Krankheit oft bösartig-generalisiert im Sinne einer hämorrhagischen Allgemeininfektion. Die hierbei auftretenden VZV-Pneumonien (Schwangerschaft!) sind gefürchtet. Bei immunsupprimierten oder -defekten Patienten (M. Hodgkin, HIV, Leukämien, Knochenmarktransplantierten) tritt in 30–50% ein schwerer Zoster mit einer Letaliät von 3–5% auf

Eine Varizellenerkrankung von Graviden tritt wegen der frühzeitigen, hohen Durchseuchung nur in 0,1–0,7‰ auf, die Übertragung auf den Embryo erfolgt in 25%, das Risiko für die Embryopathie (hypoplastische Gliedmaßen, Hautläsionen, ZNS- und Augenschäden) beträgt bis zur 13. SSW <1%, in der 13.–20. SSW 2% und ist danach negativ. Gegen Ende der Schwangerschaft auftretende Primärinfektionen der Mutter können das Kind in utero infizieren (Risiko 20% für perinatale Varizellen, die Letalität beträgt dabei 20%). Es kann dann mit Narben oder Bläschen geboren werden.

Herpes Zoster (Gürtelrose). Nach Abheilung der Varizellen bleibt eine mit der Viruslatenz verbundene lebenslange Immunität bestehen. Das latente Virus kann bei Nachlassen der Immunität Rezidive verursachen. Diese entwickeln sich meist ohne erkennbare Ursache; in einzelnen Fällen kann man dafür Kachexien, Tumoren, Abwehrinsuffizienz – etwa durch Leukämie (5–10% aller Fälle) oder durch zytostatische Therapie – verantwortlich machen. Die Rezidive verlaufen, durch die noch bestehende Teilimmunität bedingt, nicht als generalisiertes Exanthem, sondern als lokal begrenzte Neuroradikulitis mit Bläschen (Zoster, Gürtelrose). In aller Regel treten die Rezidive entlang den Austrittsstellen eines Nerven in der Haut auf, die beim Trigeminus-Befall im Gesicht, als Zoster ophthalmicus oder oticus am Auge bzw. am Ohr, bei Befall von Interkostalnerven als Gürtelrose entsprechend dem Innervationssegment eines Nerven auftritt (Abb., s. S. 689). Für den Zoster kommen überwiegend ältere Kinder, Erwachsene und Senioren in Betracht. Bei stärker reduzierter Immunitätslage (Kortison!) kann ein generalisierter Herpes Zoster mit Pneumonie auftreten (Lebensgefahr!) (s. S. 609). Heftige „postherpetische" Schmerzen sind bei Senioren häufig. Man kennt auch periphere Fazialislähmungen „sine herpete".

Immunität

Im Verlauf der Varizellen-Infektion entstehen IgM- und dann IgG-Antikörper, die sich im ELISA oder in der KBR nachweisen lassen. IgG-ELISA-Antikörper persistieren lebenslang, komplementbindende Antikörper verschwinden einige Jahre nach der Infektion. Durch eine Exazerbation in Form des Zosters erfolgt ein sehr deutlicher „Booster" der Antikörperbildung mit IgM-Reaktion. Bestimmend für den Schutz ist die T-Zell-vermittelte Immunität. Je höher der Lymphozyten-Stimulationsindex ist, desto geringer ist die Zoster-Gefahr.

Labordiagnose

Die klinische Diagnose bereitet i. allg. keine Schwierigkeiten. Die Virusisolierung ist nicht üblich. Für die affirmative Varizellendiagnose dient der Antikörpernachweis. Er wird mit der KBR oder besser mit einem IgM- und IgG-ELISA vorgenommen. Für epidemiologische Untersuchungen wird der IgG-ELISA eingesetzt. Bei pränatal infizierten Kindern lassen sich nie IgM-Antikörper nachweisen. Die Plazenta zeigt keine Hinweise auf eine VZV-Infektion (Ggs. Röteln, ZMV).

Therapie

Zwei Krankheitsbilder bedürfen der antiviralen Therapie: Der Zoster und die schweren Varizellen-Komplikationen der Immunsupprimierten. I. allg. verabreicht man systemisch hohe Dosen von Aciclguanosin (ACG) oder oral Brivudin (BvdU) in Kombination mit „ZIG" (Zoster-Immun-Globulin). Famciclovir und BvdU wirken deutlich besser beim Zoster als ACG. Zoster und Postzosterneuralgien werden frühzeitig mit Valaciclovir, Famciclovir oder Brivudin behandelt. Beim Vorliegen einer Immundefizienz ist die Behandlung dringlich. Bei einem leichten Zoster ohne Schmerzen erübrigt sich eine Therapie. Beim Auftreten von Varizellen bis 5 Tage vor der Geburt ZIG für Mutter und Kind; treten diese bis 2–4 Tage nach der Geburt auf, sollten Mutter und Kind Aciclguanosin sowie das Kind ZIG erhalten. Eine Pneumonie in der >20. SSW erfordert vom Tage des Exanthems ab ACG hochdosiert oral oder i.v.

Prävention

Allgemeine Maßnahmen. Als gezielte Maßnahme der Hygiene empfiehlt sich die Testung aller Säug-

lingsschwestern u.a. ärztlichen Personal auf das Vorhandensein von Antikörpern gegen das VZV zur Verhinderung von Infektion und Übertragung. Varizellenkranke Kinder müssen isoliert oder ggf. aus der Klinik entlassen werden.

Immunglobulin-Prophylaxe bei Schwangeren. Der Nachweis einer frischen (IgM-positiven) VZV-Infektion in der Frühschwangerschaft ist keine Indikation zu einer Interruption, da nur 1–2% der Schwangeren mit einer primären VZV-Infektion Schäden beim Kind zeigen. Die gesund geborenen Kinder sollten jedoch serologisch kontrolliert und hinsichtlich ihrer geistigen Entwicklung beobachtet werden. Um das Risiko möglichst ganz auszuschalten, betreibt man die spezifische Prophylaxe mit Immunglobulin: Ist eine seronegative Schwangere mit einem Varizellen-Kranken in Kontakt gekommen, ist so schnell wie möglich nach der Exposition die Verabfolgung von VZV-Immunglobulin („ZIG") angezeigt. Dies gilt für die gesamte Dauer der Gravidität. Das Immunglobulin soll dem Kind eine Varizellen-Erkrankung ersparen. Der Antikör-perpegel muß kontrolliert werden, ob die Infektion auch tatsächlich verhindert wurde.

Erfolgt eine Exposition gegen Ende der Schwangerschaft oder perinatal (–5 Tage bis +2–4 Tage), so ist die Gabe von ZIG so schnell wie möglich erforderlich; dies gilt auch für Neugeborene von Müttern mit perinatalen Varizellen.

Schutzimpfung. Es wird eine generelle VZV-Impfung angestrebt (mit MMR kombiniert). Die Vakzine ist bei gesunden und bei immundefizienten Kindern sicher (Konversionsrate 80%) und gut wirksam. Das Impfvirus wird latent und kann nach Jahren als leichter Zoster in Erscheinung treten. Bei 5% der Impflinge treten wenige Bläschen auf (sehr geringe Kontagiosität). Wichtig ist sie bei Neurodermitikern. Sie wird empfohlen bei Kindern mit Immundefekten und deren Familien sowie vor Graviditäten von Seronegativen.

Meldepflicht. Meldepflicht besteht bei Erkrankungen in größeren Gemeinschaften und bei Enzephalitis.

ZUSAMMENFASSUNG: Varizellen-Zoster-Virus

Virus. Typisches Virus der Herpes-Gruppe; nur ein Sero-Typ.

Vorkommen. Nur beim Menschen.

Epidemiologie. Sehr hohe und frühzeitige Durchseuchung.

Übertragung. Von Bläschen (Windpocken, Zoster) auf Empfängliche, Aerosol („Windpocken").

Pathogenese. Analog HSV, lebenslange Latenz in Spinalganglien; Zoster ist ein Rezidiv einer früheren Windpocken-Infektion im Bereich eines Dermatoms.

Klinik. Inkubationsperiode 13–17 Tage. „Windpocken" mit sternkartenartig verteilten Bläschen, Zoster (Stamm, Extremitäten, Auge, Ohr).

Immunität. Humorale Antikörper, wichtig sind zellvermittelte Immunreaktionen (ADCC und ZTL). Bei Nachlassen: Zoster.

Labordiagnose. IgM- und IgG-Antikörperanstieg im ELISA, KBR. Unklare Fälle: PCR.

Therapie. Bei schwerem Zoster und Zosterschmerzen: Acicloguanosin, Valaciclovir, Famciclovir oder Brivudin ebenso bei der VZV-Pneumonie der Immunsupprimierten.

Prävention. Ein Impfstoff wirkt gut, prophylaktisch Immunglobuline bei Immungeschädigten und bei Schwangerschaftsinfektionen.

Meldepflicht. Erkrankungen in größeren Gruppen; Enzephalitis.

VIII

14.3 Virus der Zytomegalie

STECKBRIEF

Der Pathologe Ribbert hat 1881 auf große Zellen mit Einschluß-körperchen in den Speicheldrüsen hingewiesen. Goodpasture prägte 1921 die Bezeichnung Zytomegalie. Für den Menschen ist nur das humane Zytomegalie-Virus (ZMV) (Speicheldrüsenvirus-Krankheit) pathogen; es erzeugt Embryopathien, Mononukleose-ähnliche Krankheitsbilder und bei AIDS Chorioretinitis, ulzeröse Kolitis, Gastritis sowie Pneumonie und Enzephalitis. Das ZMV ist daher bei Immundefekten (AIDS und Transplantationen) von gro-ßer Bedeutung. Das ZMV geht in Latenz und wird intermittierend ausgeschieden.

14.3.1 Beschreibung

Morphologie und Genom

Das serologisch einheitliche menschliche Zytomegalie-Virus ist ein typisches Virus der Herpesgruppe. Seine DNS umfaßt 235 kbp. Die vier Genotypen (Glykoprotein B) determinieren den Tropismus des ZMV (Lymphozyten, Knochenmark etc.).

Das Partikel enthält 4 Moleküle RNS.

Züchtung

Es vermehrt sich nur in menschlichen Fibroblasten (Lunge, Vorhaut), die Replikation erfolgt langsam. Die Synthese der Proteine des ZMV wird in einer Sequenz von drei Stufen vom Genom abgelesen.

14.3.2 Rolle als Krankheitserreger

Epidemiologie

Die Infektion kann **horizontal** nach der Geburt, aber **vertikal** vor der Geburt erfolgen.

Die Ansteckung hat bis zum 35. Lebensjahr etwa 50–80% der Menschen erfaßt. Die Durchseuchungsrate variiert jedoch je nach dem Lebensstandard bzw. dem sozialen Status; in Deutschland sind 40–70% der Bevölkerung infiziert.

Im Gegensatz zu den Verhältnissen bei Masern und bei Röteln findet man sogar auf entlegenen Inseln mit geringer Bevölkerungszahl ständig ZMV-Infektionen.

Übertragung

Die Übertragung erfolgt als *Tröpfcheninfektion* über den Respirationstrakt und bei engem Kontakt als Schmierinfektion und beim Stillen. Die Übertragung kann außerdem als iatrogene oder nosokomiale Infektion, z.B. auf Kinderstationen und schließlich auch durch Geschlechtsverkehr (Mehrfachinfektionen!), erfolgen.

Eine **Primärinfektion** kann auch durch Bluttransfusionen oder durch transplantierte Organe erfolgen. Die Ausscheidung erfolgt oftmals monate- und jahrelang mit variabler Stärke, die Ausscheidungsfrequenz und Stärke nimmt bei einer Gravidität zu.

Als **postnatale Infektionsquellen** kommen v.a. gesunde Kleinkinder, Kinder und Jugendliche in Betracht. Innerhalb eines halben Jahres infizieren sich 50% aller Familienangehörigen, wenn ein Mitglied das Virus in die Familie hineingetragen hat.

Bei **Neugeborenen** wird das intrauterin übertragene Virus in 0,3–2,5% mit dem Urin ausgeschieden; bei Kindern bis zu 5 Jahren ist die Ausscheidungsquote mit 10–30% besonders hoch; im Alter zwischen 5–15 Jahren liegt die Ausscheidungsquote bei 10–20%, bei Erwachsenen bei 0–2,5%. Außer im Urin und im Speichel findet sich das Virus auch im Sperma, in den Zervixsekreten, in der Muttermilch (Reaktivierung!) und in der Tränenflüssigkeit. Bei Immungeschädigten ist das ZMV auch im Stuhl gefunden worden. 90% aller immunsupprimierten Personen scheiden das ZMV mit dem Urin aus.

Pathogenese

Primäre Replikation. Die primäre Virusreplikation erfolgt vermutlich in den Epithelzellen des Oropharynx. Man hat Virus-DNS auch in den Leukozyten der Tonsillen festgestellt. Im Kern der infizierten Zelle stellt man „eulenaugenartige" Einschlußkörperchen fest.

Ausbreitung. Im Organismus breitet sich der Erreger der Zytomegalie hämatogen als intrazelluläres Virus in viele Organe aus (Leukovirämie). Hierbei befindet sich das Virus in Granulozyten, Monozyten, T-Lymphozyten und zirkulierenden Endothel-Zellen, aber nicht in B-Zellen.

Persistenz und latente Infektion des Virus. Das ZMV führt bei Kindern und jungen Menschen zu Infektionen, die in der Regel inapparent verlaufen.

Alle Infektionen gehen in Latenz über: Sie bewirken lebenslanges Virusträgertum, Reaktivierungen sind häufig (Persistenz).

Hauptpersistenzorte sind Speicheldrüsen, Lunge, Brustdrüsen und Nieren. Das Virus kommt vorzugsweise in den Epithelien vor, welche die Ausführungsgänge der Speicheldrüsen („Speicheldrüsen-Virus") auskleiden, niemals aber in Bindegewebszellen. In der Niere befindet sich das Virus in den Zellen der Tubuli sowie ebenso latent persistierend in Monozyten, Gefäßendothelien sowie im Knochenmark. Ein Drittel der Seropositiven hat ZMV-DNS im Knochenmark. Bei Autopsien werden oft Zytomegalie-Einschlußkörperchen (Speicheldrüsen, Nieren) als Folge der persistierenden Infektion festgestellt.

Je schwerer die Infektion verläuft, desto mehr Organe sind betroffen. Beim Neugeborenen sind zahlreiche Organsysteme befallen. Bei Jugendlichen oder Erwachsenen treten eher organtypische Infektionen auf.

Status der DNS in der Latenz.
Ein typisches Latenzstadium in Zellen der myeloischen Reihe und der Lunge (Maus) erscheint gesichert, das latente Genom wird stufenweise reaktiviert (Maus). Bezüglich der Persistenz erfolgt vermutlich eine langsame Replikation mit einem primären Zellschaden, die Zelle stirbt dann vermutlich nach einiger Zeit ab (Einschlußkörperchen). Die Infektion geht vorher auf andere Zellen über. Das Virus besitzt zelltransformierende Eigenschaften, wenn es nach UV-Inaktivierung auf Zellen verimpft wird; es ist gelungen, eine zelltransformierende Region auf dem Virusgenom zu identifizieren. Das Protein bindet an p53 und steigert die Zellteilungsrate.

Pathologische Auswirkungen der Infektion.
Schwerwiegende Auswirkungen der Infektion treten bei Neugeborenen nach intrauteriner Infektion auf: Die Zytomegalie ist z.Z. die häufigste Ursache von embryo-fetalen Schädigungen; sie rangiert vor den Röteln und vor der Toxoplasmose. Bei Immundefekten ist die Zytomegalie gefürchtet (s.u.).

Klinik

Die vielfältigen Infektionsmöglichkeiten des Menschen mit dem ZMV machen eine Einteilung der klinischen Bilder nach dem Lebensalter erforderlich. Grundsätzlich unterscheidet man Primärinfektionen einerseits und Reaktivierungen einer persistent-latenten Infektion andererseits. Beide Situationen unterscheiden sich im Hinblick auf die Dauer der Virusausscheidung. Nach der Primärinfektion dauert die Virusausscheidung länger als nach Rezidiven.

Die Inkubationszeit bei der Primärinfektion schwankt zwischen 4 und 12 Wochen. Ihre Dauer wird durch die Infektionsdosis und den Immunitätszustand des Infizierten bedingt, bei Reaktivierungen ist sie kürzer.

Kinder, Jugendliche, Erwachsene.
Bei Kindern, Jugendlichen und Erwachsenen verlaufen nur etwa 1% der primären ZMV-Infektionen apparent.

Die Symptomatik läßt sich als *Mononukleose-ähnliches Syndrom* (EBV-negativ) mit Fieber, leichter Hepatitis, allgemeinem Krankheitsgefühl und atypischer Lymphozytose charakterisieren. Im Unterschied zur EBV-Infektion ist die Tonsillitis und die Lymphadenopathie im Halsbereich seltener.

Die Infektion kann zusätzlich mit einer interstitiellen *Virus-Pneumonie* einhergehen, v.a. bei Kleinkindern. Die Pneumonie ist durch Husten, Atemnot und inspiratorische Einziehungen des Thorax gekennzeichnet. Seltenere Krankheitsbilder sind eine Polyradikulitis (Guillain-Barré), eine hämolytische Anämie, Chorioretinitis und selten Vaskulitis und Purpura. Es wurden auch Fälle mit Gastritis, Ösophagitis, Pankreatitis, ulzerativer Kolitis, Meningoenzephalitis und Perimyokarditis (12% aller Myokardbiopsien bei dilatativer Myokarditis) festgestellt. Die genannten Erscheinungen können sich über Wochen und Monate erstrecken.

Beim Erwachsenen kommt es zur manifesten Erkrankung meist nur dann, wenn bei allgemeiner Abwehrschwäche die latent-persistierende Infektion reaktiviert wird. In der Praxis muß man besonders nach Transplantationen, Tumoren und AIDS mit einer Reaktivierung rechnen. Die Symptomatik richtet sich nach dem jeweils befallenen Organ.

Intrauterine Infektionen.
Diese erfolgen zumeist nach primären Infektionen der Mütter; nur selten entstehen sie durch Reaktivierung einer persistierenden Infektion durch die Schwangerschaft. Aber auch bei intrauteriner Übertragung verläuft ein Teil der Infektionen inapparent; das Virus wird trotzdem von Mutter und Kind ausgeschieden.

Je nach dem Durchseuchungsgrad der Bevölkerung muß man für 1–3% aller Neugeborenen annehmen, daß sie intrauterin mit dem ZMV infi-

ziert worden sind. Die Schädigungsrate liegt bei 2–4‰ aller Neugeborenen.

Etwa 2–4% aller seronegativen Schwangeren machen eine primäre Infektion durch, bei etwa 10–20% der seropositiven Schwangeren wird die latente Infektion reaktiviert, v.a. im 2. und 3. Trimenon. Etwa 20% aller seropositiven Schwangeren scheiden das Virus während der Schwangerschaft im Zervixsekret aus. Bei Primärinfektionen beträgt die Übertragungsrate auf das Kind 35–50%, bei Reaktivierungen 0,2–2%. Schäden am Embryo treten v.a. bei Infektionen im 1. und 2. Trimenon auf.

Etwa 1% aller Neugeborenen haben konnatale ZMV-Infektionen (USA; 1990). Von diesen sind 7% symptomatisch, von ihnen sterben 12%. Die restlichen Kinder haben bleibende Schäden. Zusätzlich treten Spätfolgen (s.o.) bei 15% der Kinder auf, die anfangs symptomfrei waren. Die Schädigungsrate der Infektionen liegt in der ersten Hälfte der Gravidität bei 40%, später weit niedriger.

Die *intrauterin erworbene Infektion* zeigt Entwicklungsstörungen und Entzündungsprozesse. Bei der transplazentaren Infektion kann es zur Totgeburt kommen. Beim lebend geborenen kranken Kind findet man Mikrozephalie, Optikusatrophie, Katarakte, intrazerebrale Verkalkungen und geistige Retardierung. Entzündungsprozesse sind Hepatosplenomegalie, thrombozytopenische Purpura, Chorioretinitis, hämolytische Anämie und Ikterus. Leichte Schädigungen machen sich oft erst später bemerkbar; sie treten als Entwicklungsstörungen (Gehör, Sprache) oder als Beeinträchtigung der Motorik auf. Beim Vorliegen einer gesicherten Primärinfektion im ersten Drittel der Gravidität ist ein Abbruch der Schwangerschaft in Erwägung zu ziehen (s. Röteln, S. 575). Wird eine Reaktivierung in späteren Stadien der Schwangerschaft festgestellt, so ist zu empfehlen, das Kind auszutragen. Nach der Geburt sollte das Kind regelmäßig auf etwaige Defekte untersucht werden.

Perinatale Infektionen. Als Infektionsquellen für die perinatalen Übertragungen kommen v.a. die infizierten Geburtswege der Mutter und die Muttermilch in Betracht. Etwa 1/3 aller seropositiven Frauen scheiden das Virus mit der Milch aus. Die Virus-Ausscheidung der Mutter durch den Pharynx und durch den Urin hat dagegen nur eine geringe Bedeutung für die Übertragung.

Die perinatale Infektion bleibt für das Kind selbst meist folgenlos: Nur ganz selten wird bei sonst gesunden Neugeborenen eine Pneumonie (evtl. in Mischinfektion mit Pneumocystis carinii) oder eine Hepatosplenomegalie mit Hepatitis und Thrombozytopenie beobachtet, vor allem bei Frühgeborenen.

Transfusions-Infektionen. Eine Transfusion mit ZMV-positivem Blut („Perfusionssyndrom") führt bei einem seronegativen Kind zu schweren, häufig tödlichen Erkrankungen, v.a. bei Frühgeborenen. Bei seronegativen Erwachsenen, die durch eine Bluttransfusion infiziert wurden, etwa bei Herzoperationen oder bei Transplantationen, entsteht in etwa einem Viertel aller Fälle ein Mononukleose-artiges Krankheitsbild („Transfusions-Mononukleose"). Heute wird nur noch Blut transfundiert, das dem Serostatus des Patienten entspricht.

Zytomegalie bei Immungeschädigten. Bei Immungeschädigten verläuft die ZMV-Infektion schwerer als bei Normalpersonen. Primärinfektionen verlaufen dabei in jedem Fall schwerer als Reaktivierungen. Als allgemeine Regel gilt: Je stärker die Immunsuppression, desto schwerer der Verlauf der Infektion. Deshalb ist die laufende Beurteilung der Abwehrlage beim Kranken von großer Bedeutung.

Man kontrolliert laufend den Antikörperpegel und die Virusausscheidung. Als Ursache des Immunschadens kommen in Betracht: Immunsuppression bei Transplantationen (Niere, Pankreas, Herz, Leber, Knochenmark), Chemotherapie von Tumoren (Leukämie, Karzinome) und AIDS. Die ZMV-Infektion dieser Patienten bleibt bis zu 2/3 asymptomatisch; in 1/3 der Fälle werden schwere Verläufe (Fieber, Hepatitis, Pneumonie u.a.) beobachtet. Die ZMV-Infektion ist die häufigste opportunistische Infektion bei AIDS. Ein prognostisch schlechtes Zeichen bei AIDS-Patienten ist die Vergesellschaftung der ZMV-Infektion mit Pneumocystis carinii.

Bei immunschwachen Patienten (AIDS) verläuft die ZMV-Infektion mit Fieber, Nachtschweiß, allgemeinem Krankheitsgefühl, Appetitlosigkeit, Muskelschmerzen, Gelenkbeschwerden, Ulzerationen im Gastrointestinaltrakt, Hepatosplenomegalie, Hepatitis, Enzephalopathie, Polyradikulopathie und Chorioretinitis. In 75% ist die Nebenniere befallen. Als Hauptsymptom tritt die gefürchtete interstitielle ZMV-Pneumonie hinzu. Diese Pneumonie ist bei Empfängern von Knochenmarktransplantaten und bei 20% der AIDS-Patienten die unmittelbare Todesursache. Die Chorioretinitis fehlt bei Knochenmarktransplantationen oder ist sehr selten.

Immunität

Die Infektion mit dem ZMV wird normalerweise durch zellvermittelte und durch humorale Immunreaktionen unter Kontrolle gehalten. Nach einer Primärinfektion entstehen IgM-, IgA- und IgG-Antikörper. Erkrankungen und Virämie bei Reaktivierung erfolgen trotz hoher Titer an neutralisierenden Antikörpern. Bei einer Primärinfektion entstehen zunächst Antikörper gegen Sofortproteine und Frühproteine. Die neutralisierenden Antikörper treten erst 2–5 Monate später auf. Bei Reaktivierungen werden neutralisierende Antikörper sofort gebildet. Gesunde Personen haben ein individualspezifisches Muster von Antikörpern gegen die Epitope der ZMV-Antigene.

Infektionen des Neugeborenen sind ungeachtet der mütterlichen IgG-Antikörper abgeschwächt möglich. Neutralisierende Antikörper gegen Glykoproteine reduzieren den Schweregrad einer ZMV-Pneumonie, während bei fehlenden Antikörpern oftmals der Tod eintritt.

Für die Induktion der zellvermittelten Immunität sind zunächst Sofortproteine verantwortlich. Infektionen mit dem und Reaktivierungen des ZMV wirken selbst *immunsuppressiv,* wenn auch in geringerem Grade als bei HIV-Infektionen; dabei ist die Stimulierbarkeit der Lymphozyten durch Mitogene gestört.

Das ZMV kodiert für Proteine, die die Präsentation viraler Oligopeptide für ZTL fast ganz unterbinden, die infizierte Zelle wird durch ZTL nicht mehr erkannt. Ein Fc-Rezeptor-ähnliches Glykoprotein schützt die Zelle vor der Antikörperwirkung, indem es diese am Fc-Stück bindet.

Die Bedeutung der *zellvermittelten Immunität* für die Kontrolle der Infektionen wird durch die Tatsache bewiesen, daß bei immunsupprimierenden Maßnahmen oft schwere Verläufe festgestellt werden. Die Basis-Resistenz des Organismus, wie z.B. die Makrophagen-Funktion, spielt bei der ZMV-Infektion – im Gegensatz zu den Listerien- und den Mykobakterien-Infektionen – nur eine untergeordnete Rolle. Die Verminderung der zellvermittelten Immunität – etwa durch Zytostatika – führt zu einer erhöhten Virusausscheidung. Wichtig für die Prognose ist der Lymphozyten-Quotient CD4/CD8; eine Verringerung der CD4-Zellen deutet auf eine Minderung der Immunitätsleistung hin. Bei ZMV-Streuungen infolge Immundefekt sind die TH2-Zellen verringert. Hierzu gehört auch die hormonelle Umstellung während der Gravidität.

Während einer ZMV-Infektion können *immunologische Abnormitäten* auftreten: Es werden zirkulierende Immunkomplexe, Kälte-Hämagglutinine, Rheumafaktoren, antinukleäre Antikörper, ein positiver Coombstest u. a. beobachtet. Diese Erscheinungen gehen zurück, wenn die Primärinfektion oder die Reaktivierung immunologisch beherrscht wird.

Therapie

Bei Chorioretinitis, ulzeröser Kolitis und Hepatitis hat sich eine Dauertherapie mit Ganciclovir (DHPG) oder Foscarnet bewährt. Bei längerer Verabreichung besteht die Gefahr der Resistenzentstehung; bei Absetzen der Medikation erfolgen Rezidive; jetzt wird auch Cidofovir (HPMPC) eingesetzt.

Bei Knochenmarktransplantationen gibt man bei Einsetzen der Virämie (PCR) und wenn der pp 65-Antigen-Nachweis positiv wird, Ganciclovir und zusätzlich IgG, um das Auftreten einer Pneumonie zu verhindern. Dies gilt auch, wenn mit der quantitativen PCR in den Blutzellen eine bestimmte DNS-Menge überschritten wird. Bei Chorioretinitis empfehlen sich Foscarnet, Fomivirsen und Ganciclovir intravitreal.

Labordiagnose

Klinisch läßt sich eine ZMV-Infektion meist nicht diagnostizieren: Man ist auf den Virusnachweis (Isolierung oder PCR) sowie auf den IgM- und IgG-Antikörpernachweis angewiesen.

Die Virusisolierung wird durch die Tatsache erleichtert, daß Materialgewinnung, -versand und -aufbewahrung keine Schwierigkeiten bieten: Das ZMV ist relativ transportlabil; es hält sich aber mehrere Tage lang bei +4°C. Bei –70°C ist es sehr lange haltbar, nicht aber bei –20°C. Das Virus läßt sich auf diploiden, permanenten menschlichen Zellen (Vorhaut-Zellen) gut züchten, wenn es auf die Zellen zentrifugiert wird. Die Zeitspanne bis zum Auftreten des zytopathischen Effekts kann 3–4 Wochen betragen. Die Anwesenheit des Virus in der Zellkultur kann aber schon nach 1–2 Tagen durch den immunspezifischen Nachweis der Frühantigene erkannt werden (Färbung mit markierten Antikörpern). Wichtig ist die baldige Verimpfung des Probenmaterials, das möglichst steril oder wenigstens keimarm abgenommen werden sollte (Blasenpunktion, Katheter-Urin, Lungenspülwasser,

Speichel, Genitalsekrete, Amnionflüssigkeit). Im Urin gelingt bei schweren Fällen der Nachweis von Einschlußkörperchen in Nierenepithelzellen. Bei der Beurteilung von Totgeburten spielt die Darstellung der Einschlußkörperchen eine entscheidende Rolle. Bei Autopsien sollte man stets versuchen, das Virus aus geeigneten Organen zu isolieren und den Antigennachweis zu führen.

Wichtig ist die Verlaufskontrolle der Virusmenge in Urin, Rachenspülwasser und Granulozyten v. a. bei Transplantationspatienten und bei Immunsupprimierten. Bei Knochenmarktransplantierten zeigt die positive PCR in etwa 50% eine folgende Erkrankung an. Ein positiver Virusnachweis im Urin ist aber nicht gleichbedeutend mit einer Erkrankung; man kann ihn auch nicht zur Unterscheidung zwischen einer Primärinfektion, einer Reinfektion oder einer aktiven Infektion (z. B. nach Knochenmarktransplantation) heranziehen.

Zwecks Diagnose einer aktiven ZMV-Infektion mit Pneumoniegefahr wird getestet:

- ZMV-Ausscheidung im Bronchialsekret und im Speichel.
- Nachweis des pp 65 Antigens in Granulozyten des Blutes durch IFT oder die APAAP-Methode.
- ZMV-DNS oder RNS der α-Proteine in Blutmonozyten. PCR jetzt auch quantitativ.

pp 65 ist ein γ-Protein und befindet sich im Tegument des ZMV. ZNS-Erkrankungen werden durch die PCR und ihre Varianten auf ZMV-DNS im Liquor diagnostiziert. – Die verschiedenen ZMV-Stämme lassen sich durch Sequenzierung unterscheiden.

Für die Diagnose einer Primärinfektion sind der Nachweis eines Titeranstiegs (ELISA, KBR) und der IgM-Nachweis im Serum der Schwangeren wichtig. Bei einem Verdacht auf die primäre Infektion einer Graviden ist nach Möglichkeit eine Probe von fetalem Blut und Amnionflüssigkeit zu gewinnen und ein kompletter Anti-ZMV-Status zu erstellen und die PCR durchzuführen. Die Unter-suchung der Kombination von IgM-Nachweis im fetalen Blut, ZMV-PCR und Ultraschalldiagnostik liefert z. Z. die besten Ergebnisse. Bei Reaktivierungen kann man häufig den IgM-Nachweis bei der Mutter führen, während die KBR und der ELISA für IgG nur geringe Titerbewegungen zeigen, das IgG ist jedoch hochavide.

Prävention

Allgemeine hygienische Maßnahmen. Durch die Regeln der Hygiene läßt sich die menschliche Zytomegalie nicht unter Kontrolle bringen.

Vom gegenwärtigen Standpunkt aus erscheint die Auswahl von Blut- bzw. Organspendern für Säuglinge und Knochenmarktransplantationen bezüglich ihrer Seronegativität wichtig. Nach Möglichkeit sollten nur Knochenmarkzellen von Seronegativen übertragen werden.

Schwangerenvorsorge. Im Rahmen der Schwangerschaftsvorsorge sollten alle Frauen auf das Vorhandensein von ZMV-Antikörpern getestet werden (ELISA). Dieser Test sollte obligatorisch werden, bis ein geeigneter Impfstoff vorliegt. Da die Zahl der seronegativen Frauen mit Gravidität infolge sinkender Durchseuchung zunimmt, steigt die Gefahr einer Primärinfektion mit Embryopathiefolge.

Schutzimpfung. Ein Lebendimpfstoff befindet sich in Erprobung. Zu Bedenken gibt jedoch die Transformationsaktivität des ZMV Anlaß, sowie die Möglichkeit, daß auch das Impfvirus latent wird (s. VZV, S. 640). Man sieht deshalb die Zukunftschancen in einem abgeschwächten ZMV-Lebendimpfstoff, der Reaktivierungen zulassen würde. Immerhin hat ein ZMV-Impfstoff bei Immunsupprimierten gegen Pneumonie geschützt, jedoch nicht gegen eine exogene Reinfektion.

Meldepflicht. Besteht bei Embryopathie.

ZUSAMMENFASSUNG: Zytomegalie-Virus

Virus. Typisches Herpes-Virus (s. HSV, S. 629), langsame Replikation in einigen Zellarten, nach UV-Bestrahlung transformationsaktiv.

Vorkommen. Zytomegalie-Viren sind artspezifisch.

Epidemiologie. Hohe Durchseuchung bis zum Erwachsenenalter. Ausscheidung durch Kinder für Wochen, Monate und Jahre. Bei Immungeschädigten in 90% Ausscheidung. Bei Graviden vermehrte Ausscheidung im Genitale. Virus in Muttermilch.

Übertragung. Bei engem Kontakt über Tröpfchen-Kuß-Infektion. Iatrogen durch Blut und Organe. Nosokomiale Infektionen. Virus im Speichel, Urin, Sperma, Zervix-Sekreten. Übertragung durch Geschlechtsverkehr; intrauterin, perinatal und durch Stillen.

Pathogenese. Typische Einschlußkörperchen in den Kernen und Persistenz/Latenz des Virus in Epithelzellen von Speicheldrüsen, Niere, Lunge u.a. Bei Immunschäden gibt es Reaktivierungen.

Klinik. Einteilung nach dem Lebensalter: Intrauterine Infektion bewirkt Embryopathie, perinatale Infektion meist ohne Folgen.

Transfusion. Transfusionsmononukleose. Immunschäden bewirken Organ-Zytomegalie (Retinitis, Kolitis, Pneumonie u.a.), bei immungesunden Erwachsenen meist inapparent, selten Zytomegalie einzelner Organe. Dilatative Myokarditis (12%). Die Inkubationsperiode dauert einige Wochen.

Immunität. Lebenslange Immunität durch Antikörper und Lymphozyten, bei Immundefekten Reaktivierung und schwere, generalisierte Erkrankung sowie bakterielle Superinfektionen, diese auch bei Gesunden.

Labordiagnose. IgM- und IgG-ELISA, KBR. Virusnachweis aus Urin, Sekreten u.a. in Zellkulturen („Frühantigene") und pp 65-Antigen in Granulozyten (IFT, ELISA) und PCR.

Therapie. Bei Chorioretinitis, Kolitis, Pneumonie: Ganciclovir (DHPG), Cidofovir (HPMPC), Foscarnet und ggf. IgG.

Prävention. Impfstoff in Entwicklung. Testung von Blut- und Organspendern auf Durchseuchung. Allgemeine Hygiene.

Meldepflicht. Embryopathie.

14.4 Epstein-Barr-Virus

STECKBRIEF

Das Epstein-Barr-Virus ist der Erreger der infektiösen Mononukleose (Pfeiffer'sches Drüsenfieber). Bei der Entstehung des Burkitt-Lymphoms, des lympho-epithelialen Nasopharynx-Karzinoms, bestimmter Formen des Hodgkin-Lymphoms sowie von Muskelsarkomen und B-Zelltumoren im ZNS bei AIDS-Patienten ist das EBV der bestimmende ätiologische Faktor. Die Tumor-induzierende Wirkung des EBV wurde durch die Übertragung auf Affenarten erwiesen; dabei entstehen gutartige proliferative Zustände bis zu oligoklonalen bösartigen Tumoren. Bei Patienten mit Agammaglobulinämie entsteht keine latente Infektion der B-Zellen, weil die Hauptwirtszelle fehlt.

Geschichte

1889 hat Pfeiffer das nach ihm benannte *Pfeiffer'sche Drüsenfieber* mit Angina, Lymphknotenschwellungen und gelegentlicher Hepatosplenomegalie beschrieben. Erst 30 Jahre später wurden die atypischen Lymphozyten entdeckt, die dem Krankheitsbild zur Bezeichnung „infektiöse Mononukleose" verholfen haben. 1932 entdeckten Paul und Bunnell die heterophilen Antikörper. 1964 beobachteten Epstein und Barr in kultivierten Burkitt-Lymphomzellen ein „herpes-ähnliches" Virus. Schließlich wurde 1968 durch Werner und Gertrude Henle der Beweis erbracht, daß die infektiöse Mononukleose durch das EBV hervorgerufen wird.

14.4.1 Beschreibung

Morphologie und Genom

Das EBV ist ein typisches Virus der Herpes-Gruppe und enthält eine Doppelstrang-DNS aus 176 kbp. Die DNS hat eine Kodierungskapazität für etwa 100 Proteine. Ein Gen kodiert für IL-10. Infizierte Zellen enthalten massenhaft EBERs (d.h. kurze, EBV-kodierte RNS-Moleküle im Kern von B-Zellen).

Proteine

Wie bei allen Herpes-Viren wird die Synthese der Proteine in drei Stufen kaskadenartig abgerufen. Für die serologische Diagnose der infektiösen Mononukleose, des Burkitt-Lymphoms sowie des Nasopharynx-Karzinoms ist die Verwendung bestimmter Antigene bzw. Antigen-Komplexe von Bedeutung. Man unterscheidet

- die frühen Antigene EA (early antigen),
- die Kernantigene EBNA 1–3 (*EBV-n*uclear-*a*ntigen),
- das Viruskapsidantigen VCA (virus-capsid-antigen) und
- das Membran-Antigen (MA).

EBNA-Antigene und die zwei LMP (Latenz-Membran-Protein-Antigene) sind für die Immortalisierung der Zellen verantwortlich.

Züchtung

Der Rezeptor für das EBV auf den B-Lymphozyten ist identisch mit dem für das Cd3-Fragment aus dem Komplementsystem. Das Virus läßt sich durch Kokultivierung auf Nabelschnurlymphozyten übertragen. Die B-Zellen werden dabei immortalisiert. In vitro produziert nur ein kleiner Teil der infizierten B-Zellen infektionstüchtige Viruspartikel und erliegt dem ZPE. Die Züchtung des Virus ist deshalb schwierig. Die Virusproduktion läßt sich jedoch induzieren, wenn der Kultur Phorbolester zugefügt werden.

Beim Übergang aus der Latenz in die lytische Form wird aus der zirkulär-episomalen DNS eine lineare DNS. Man nimmt jetzt an, daß beim Switch von Latenz zu Replikation ein „Zebra" genanntes Gen ein Protein liefert, das die Synthese der frühen Gene anschaltet. Es wirkt dabei als „Transaktivator".

Einteilung

Das Epstein-Barr-Virus gehört zur Herpes-Gruppe, ist serologisch einheitlich, umfaßt aber zwei Subtypen, die sich durch ihre tumorbildende Potenz unterscheiden.

14.4.2 Rolle als Krankheitserreger

Epidemiologie

Entsprechend der Übertragung des EBV (s.u.) tritt die Krankheit am häufigsten bei jungen Leuten zwischen 15 und 30 Jahren auf. Bei etwa 50% der Angesteckten verläuft die Infektion inapparent. Bei Kindern unter fünf Jahren ist Inapparenz die Regel. Der Durchseuchungsgrad ist sehr hoch: Bis zum 30. Lebensjahr ist praktisch die ganze Bevölkerung infiziert worden.

In den unterentwickelten Ländern erfolgt die Durchseuchung mit dem EBV bereits in den ersten 2–5 Lebensjahren. Mit steigendem Lebensstandard verschiebt sich das Durchseuchungsalter zu späteren Lebensjahren hin. In Deutschland ist das Maximum der Durchseuchung etwa im 15.–25. Lebensjahr erreicht. Bei Jugendlichen beginnt die Durchseuchung mit dem Beginn der sexuellen Aktivität.

Die Häufigkeit des *Burkitt-Lymphoms* wird in Malariagebieten mit 8–10 pro 100 000 Personen pro Jahr angegeben; der Tumor tritt vorwiegend bei Kindern auf. Andererseits werden in China pro Jahr mehr als 100 000 Fälle von *Nasopharynx-Karzinom* festgestellt, hier aber vorwiegend bei Personen im Alter von 35–50 Jahren. In diesem Lebensalter ist das endemische Burkitt-Lymphom sehr selten.

Übertragung

Die Übertragung des nur beim Menschen vorkommenden EBV erfolgt oral, meist durch kontaminierten Speichel, z.B. beim Küssen (College-Krankheit, „kissing disease").

Während und nach der infektiösen Mononukleose scheiden fast alle Patienten das EBV wochen- und monatelang aus. Eine *Dauerausscheidung* stellt man bei 20–30% von sonst gesunden Erwachsenen fest. Bei AIDS-Patienten ist die Ausscheidung erhöht.

Pathogenese

Die primäre Vermehrung des Virus erfolgt im Epithel der Mundhöhle (Pharyngitis). Nach der Primärinfektion wird das Virus in den Epithelzellen der Ohrspeicheldrüse, der Mundhöhle und der Zunge bei vielen Patienten lebenslang gebildet und ausgeschieden. Der Mensch wird also ein Dauerausscheider. In den Tonsillen werden im Verlauf der *akuten Mononukleose* B-Lymphozyten infiziert und verbreiten im lytischen Zyklus das EBV in den Organismus (Genitaltrakt u.a.). Die B-Zellen werden polyklonal stimuliert und exprimieren die mRNS für heterophile Antikörper, es gibt ein „immunologisches Chaos". Da sie außerdem alle virusspezifischen Antigene exprimieren (LMPs, EBNAs), werden sie von ZTL (den großen, atypischen Monozyten) erkannt und lysiert. In der Latenz verhindert das LMP durch Anschaltung des bcl-Gens (u.a.) die Apoptose und damit die Ausrottung der Zellen, so daß immer latent infizierte B-Zellen vorhanden sind (etwa 1 unter 10 000 B-Zellen). Beim Übergang in die Latenz wird die Virussynthese fast völlig abgeschaltet, so daß die ZTL keine Zielantigene finden. In diesem Stadium ist fast nur das EBNA-1 exprimiert, das Virus-DNS-Synthese bewirkt.

B-Lymphozyten von seropositiven Personen sind in vitro unbegrenzt fortzüchtbar (d.h. immortalisiert). Einige B-Zellen werden nach und nach lytisch, dabei werden alle EBNAs und die LMPs synthetisiert und Virionen gebildet. EBV blockiert die Antigen-Expression, und durch Bildung von viruskodiertem IL-10 wird die Aktivität der NK-Zellen und der ZTL gehemmt. Das neu gebildete Virus immortalisiert weitere B-Zellen, die beim Durchwandern das Epithel der Mundhöhle reinfizieren. Infizierte B-Lymphozyten verteilen sich in die Organe und sind die Auslöser der Symptomatik, sie fehlen bei der Agammaglobulinämie.

Klinik

Infektiöse Mononukleose (Pfeiffer'sches Drüsenfieber). Die Inkubationszeit beträgt bei Jugendlichen 10–14 Tage und bei Erwachsenen 4–8 Wochen. Als Symptome treten auf:
- Fieber,
- Angina mit „rauhem Hals" (Pharyngitis),
- Lymphdrüsenschwellung mit Milztumor,
- Atypische Lymphozyten im Blut.

Die *Angina* ist oft flächenhaft und führt auf den Tonsillen zu graugelben Belägen und gelegentlich auch zu Ulzera (Abb., s. S. 690). Es kann sich aber auch eine vorwiegend katarrhalische Pharyngitis bilden. Häufig ist ein starker Foetor ex ore vorhanden. Die *Lymphknotenschwellungen* finden sich zunächst am Hals, dann in der Achsel, in der Leistengegend, aber auch im Hilus. Der Milztumor ist weich; es besteht die Gefahr einer Milzruptur. Im Blutbild findet man typischerweise eine große Zahl von großen, atypischen Lymphoidzellen. Sie werden im Gegensatz zu den segmentkernigen Neutrophilen als „*mononukleäre Zellen*" bezeichnet; es handelt sich um aktivierte T-Lymphozyten (CD8-Zellen).

Weitere Erscheinungen der infektiösen Mononukleose sind Hepatitis mit Ikterus, Meningitis, Meningoenzephalitis, Myalgie, Polyneuritis, Guillain-Barré-Syndrom, Exantheme, Thrombozytopenie, Myokarditis, Perikarditis, interstitielle Pneumonie und Glomerulonephritis. Die Hepatitis ist relativ häufig das einzige Symptom der Erkrankung. Ob das EBV eine Embryopathie hervorrufen kann, läßt sich bisher nicht ausschließen. Differentialdiagnostisch ist auch die „Mononukleose" durch das ZMV und die Toxoplasmose in Betracht zu ziehen.

Eine besondere Form der EBV-Infektion ist die *Transfusionsmononukleose*. Sie wird bei EBV-Seronegativen nach Bluttransfusionen oder Organtransplantationen mit EBV-positivem Material beobachtet (selten).

EBV-Infektionen bei Immunsupprimierten. Im Verlaufe von AIDS (<300 CD4-Zellen/µl) beobachtet man gehäuft Burkitt-Lymphome, B- und T-Zell-Lymphome, Zervix-Karzinome sowie die Haarleukoplakie der Zunge („Marker"-Symptom in 24–34% bei AIDS). Auch bei Transplantatempfängern und bei Kindern mit primären Immundefizienzen oder bei immunsupprimierten Personen beobachtet man progressive, polyklonal-lymphoproliferative Zustände der B-Zellen, die auf das EBV zurückgeführt werden, auch gibt es Myosarkome.

Chronisch aktive EBV-Infektion. Auffallenderweise gibt es bei sonst Gesunden Infektionsverläufe, die sich monatelang hinziehen. Neuerdings glaubt man, eine besondere Verlaufsform der EBV-Infektion abgrenzen zu können: Die „chronisch-aktive EBV-Infektion". Sie ist durch rezidivierendes Fieber, Splenomegalie, Hepatitis, Viruspneumonie, Lymphknotenschwellungen, Arthralgien infolge In-

filtration von EBV-haltigen B-Lymphozyten charakterisiert. Serologisch fallen hohe Titer gegen das Kapsid- und Early-Antigen (R(estricted)-Form) auf.

X-linked lymphoproliferatives Syndrom.

Beim angeborenen Syndrom der Männer beobachtet man häufig schwere Verläufe einer EBV-Infektion, andere Virusinfektionen sind unauffällig. Es kommt zu Hypogammaglobulinämie, zur aplastischen Anämie und zu malignen Lymphomen. Die Sterblichkeit im akuten Stadium beträgt bei diesen Verlaufsformen etwa 70%. Die Immunität gegen das EBV ist zwar normalerweise reguliert, hier liegt jedoch eine mutationsbedingte Überproliferation der T-Zellen vor, die Leberzellnekrosen (u. a.) bewirkt aber die B-Zellproliferation nicht mehr kontrolliert.

EBV-induzierte Tumoren.

Nach einer vorhergehenden Infektion mit dem EBV kann es – v. a. in Afrika – zum endemischen Auftreten des Burkitt-Lymphoms kommen. Möglicherweise spielt dabei die schädigende Wirkung der Malaria auf das Immunsystem eine wichtige Rolle.

Das Auftreten des EBV ist mit dem in China weit verbreiteten Nasopharynx-Karzinom (s. u.) eng korreliert, wobei als Kofaktor der häufig in China genossene Salzfisch (Salzverunreinigungen?) in Betracht kommt. Diese beiden Tumorformen sind monoklonal und ein gutes Beispiel für das Zusammenwirken von Viren mit bestimmten Kofaktoren bei der Karzinogenese.

Der *Burkitt-Tumor* wird als bösartiges Lymphom des Kindesalters vorzugsweise in stark malariaverseuchten Gegenden Afrikas beobachtet; es ist dort der häufigste maligne Tumor. Kinder haben bis zu 1% Burkitt-Lymphome. Im Tumor läßt sich nur Virus-DNS nachweisen, nach Züchtung in vitro werden auch Kapside gebildet. In den Tumorzellen liegt die DNS episomal in Ringform vor. In den USA und in Europa kommt es sporadisch vor; hier werden vorzugsweise Erwachsene befallen. Bei diesen sporadischen Fällen ist EBV-DNS nur in 20% vorhanden, die Zellen zeigen aber Translokationen (s. u.).

Heute stellt man sich die Entstehung des afrikanischen Burkitt-Lymphoms folgendermaßen vor: Infolge der Malaria-Infektion proliferieren die B-Zellen sehr stark. Eine EBV-Infektion verstärkt die Proliferation noch zusätzlich (Immortalisierung). Während bei der Malaria die Proliferation der B-Lymphozyten polyklonal ist, treten bei den zusätzlichen Proliferationsreizen durch das EBV – möglicherweise durch Infektion von unreifen B-Zellen – fehlerhafte Umlagerungen im Bereich der Immunglobulingene auf, so daß monoklonale Burkitt-Lymphome zustande kommen.

Es kommt hierbei zur reziproken Translokation zwischen dem Chromosom 8 (Träger des c-myc-Onkogens) und dem Chromosom 14, 2 oder 22; (Träger der Gen-Garnitur für H-, K- und L-Ketten) der B-Zellen. Man kann diese Ereignisse als „zytogenetische Unglücksfälle" bezeichnen. Hierdurch gerät das c-myc-Onkogen unter den Einfluß der transkriptions- und translationsaktiven Gengruppierung im Chromosom 14 (2, 22). Als Folge steigt die Expression des c-myc-Onkogens und damit die Zahl der Zellteilungen. Dies führt außerdem zu einer Intensivierung der Expression von EBV-spezifischen Membran-Antigenen; gleichzeitig wird das Expressionsmuster der MHC-Antigene und der interzellulären Adhäsionsmoleküle reduziert.

Das *Nasopharynx-Karzinom* ist ein lympho-epithelialer Tumor; er wird vorwiegend bei der chinesischen Bevölkerung Südostasiens beobachtet. Seine Inzidenz beträgt weltweit 0,3/100 000/Jahr. In China wird eine jährliche Fallzahl von etwa 100 000 angegeben. In der Bundesrepublik Deutschland sind 4% aller bösartigen Tumoren im HNO-Bereich Nasopharynx-Karzinome (Schmincke-Tumor).

Im Nasopharynx-Karzinom enthalten nur die epithelialen Tumorzellen EBV-DNS, nicht aber die Lymphozyten. Das EBV wirkt bei der Tumorentstehung als „Initiator" (s. S. 501). Das LMP ist ein konstitutiv aktiver „Rezeptor" und induziert die Bildung von Oberflächenproteinen (CD-Antigene) und blockiert indirekt die Apoptose.

Beide Tumorformen entstehen in ihrer epidemischen Form durch das Zusammenwirken des EBV mit anderen Zellschädigungen. B-Lymphozyten des Burkitt-Tumors, die Epithelzellen des Nasopharynx-Karzinoms sowie die Reed-Sternberg-Zellen des Hodgkin-Lymphoms (= B-Zellen) enthalten die EBV-DNS in episomal-zirkulärer Form, jedoch keine Kapside. Auch Karzinome der Speicheldrüsen und der Mundhöhle führt man auf das EBV zurück.

B-lymphoproliferatives Syndrom.

Kinder mit angeborenen oder Erwachsene mit erworbenen Störungen des zellulären Immunsystems (AIDS, Transplantationen) können das B-lymphoproliferative Syndrom entwickeln. Auch verschiedene Formen des **Morbus Hodgkin** werden durch das EBV hervorgerufen.

Immunität

Die verschiedenen Antigene des EBV stimulieren den humoralen und den zellulären Immunapparat. Die Besonderheiten der Antikörper-Produktion (heterophile Antikörper u. a.) kommen durch die polyklonale Stimulation der B-Zellen mit dem EBV zustande. Viele EBNA-positive Zellen sezernieren Immunglobuline, deren Spezifität aber weitgehend unbekannt ist.

Antikörper gegen die Antigene des EBV treten in einer typischen Reihenfolge auf. Zu Beginn der klinischen Erkrankung sind meistens schon IgM-Antikörper nachweisbar (Tabelle 14.1, Abb. 14.2).

Labordiagnose

Allgemeines. Die Züchtung des EBV ist für die Diagnose nicht gebräuchlich, der Paul-Bunnell-Test ist durch empfindlichere Verfahren ersetzt worden. Wichtig sind für eine Diagnose das Differential-blutbild und die Teste für Transaminasen. Im Gewebe lassen sich infizierte Zellen gut durch die Anwesenheit der EBER-RNS (analog LATs) nachweisen (In-situ-Hybridisierung).

Henle-Test. Als wichtigstes Nachweisverfahren für Antikörper gegen das EBV muß der Henle-Test angesehen werden. Durch die Wahl entsprechender Antiseren kann er zum Nachweis von IgM-, IgA-oder IgG-Antikörpern herangezogen werden.

Tabelle 14.1. Antikörper-Entwicklung bei der infektiösen Mononukleose

Infektionsstatus	Anti-EBV-VCA (IgG)	Anti-EBV-VCA (IgM)	Anti-EBV-VCA (IgA)	Anti-EBV-EA (IgG)	Anti-EBNA-(IgM)	Anti-EBNA-(IgG) 1	2	Anti-MA-(IgG)
Durchseuchungstiter (90% der erwachs. Bevölkerung)	+	–	–	–	–	+	–	+
Frische Infektion	++	+	(+)	+	+ spät	–	+	+
Protrahiert verlaufende Infektion	+	+/–	–	+[a]	–	+	–	+
Reaktivierung bei geschwächter Immunitätslage	+	(+)	–	+	–	+	–	+
Burkitt-Lymphom	++	–		+	–	+	–	+
Karzinom des Nasopharynx	++		++	++				

[a] R-Form des EA (nicht D-Form)
VCA Virus-Kapsid-Antigen, *EA* Early-Antigen, *MA* Membran-Antigen, *EBNA* Epstein-Barr-nuclear-antigen.

Antikörpertiter

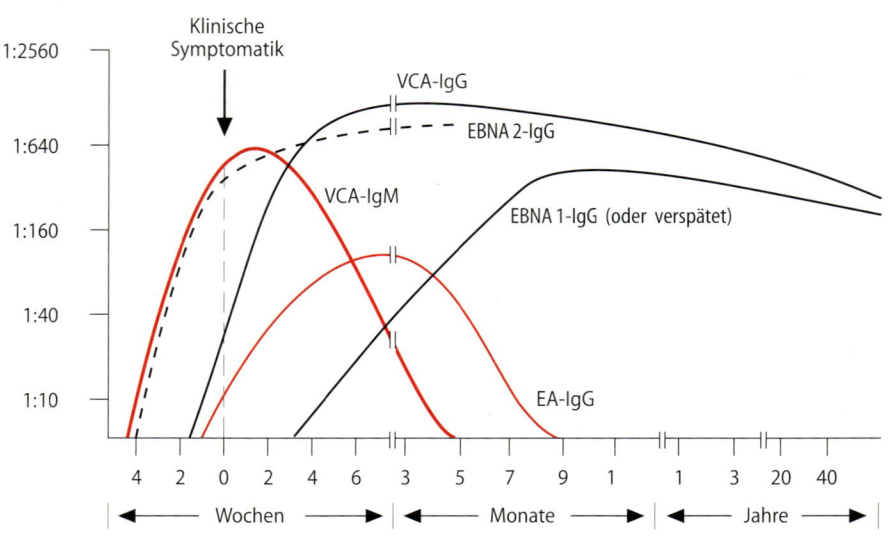

Abb. 14.2. Ablauf einer EBV-Infektion: Es ist das Auftreten der VCA-(Viruskapsid), EBNA1- und 2 sowie EA-Antikörper dargestellt

Als Henle-Test bezeichnet man einen Sandwich-Fluoreszenz-Test mit dem Serum des Kranken oder des Rekonvaleszenten; als Antigen dienen die Antigene des Epstein-Barr-Virus. *Kapsidantigene* befinden sich in 1–10% der Zellen aus lymphoblastoiden Linien. Man gewinnt die Ausgangszellen aus Burkitt-Tumoren, führt sie über längere Zeit in vitro fort und streicht sie schließlich auf dem Objektträger aus: Das gleiche Kapsidmaterial kommt auch in Lymphozyten von Mononukleose-Kranken vor, sofern die Zellen in vitro kultiviert worden sind und mehrere Generationen durchlaufen haben (Tabelle 14.1).

Viele Zellinien verlieren nach längerer Züchtung in vitro die Fähigkeit, EBV zu produzieren. Sie enthalten aber noch ringförmige DNS als Episom und produzieren auch noch virale Antigene; diese sind im Kern (EBNA, EA) oder auf der Zellmembran (MA) lokalisiert. Durch geeignete Verfahren lassen sich diese Antigene induzieren.

Antikörper gegen das EBNA 2 lassen sich ebenso wie gering avide IgG-Antikörper gegen das VCA frühzeitig nachweisen. EBNA 1-Antikörper entstehen zuletzt. Zur Diagnose einer chronischen Form der Mononukleose hat sich das EA im Kern in seiner R-Form (restricted) bewährt, während es sonst diffus (D-Form) im Kern verteilt ist.

Ein wichtiger Prospektiv-Marker für das Entstehen des Burkitt-Lymphoms und des Nasopharynx-Karzinoms ist die Bestimmung der Antikörper gegen das Kapsid- und das Early-Antigen. Beim Burkitt-Tumor sind IgG und beim zweiten IgA prospektiv erhöht. Zwar sind bei verschiedenen Malignomen der weißen Blutzellen, bei Immunsupprimierten, bei alten Personen und in der Gravidität die Ak gegen die EA und das Kapsid-Antigen auch erhöht; die Titer erreichen aber selten die hohen Werte, wie sie bei den EBV-assoziierten Tumorformen festgestellt werden.

Therapie, Prävention

Die Therapie einer EBV-Infektion kann bisher nur symptomatisch erfolgen. Für die chronisch aktive EBV-Infektion sind Interleukin 2 und hohe Dosen von Aciclovir in der Erprobung. Die Haarleukoplakie der Zunge spricht gut auf ACG an (s. S. 609). Macrolide als Immunsuppressoren hemmen die B-Zellproliferation und damit die Entstehung von Lymphomproliferationen (1–10% aller Patienten) nach Transplantationen.

Schutzimpfung. Eine Impfung gegen EBV steht noch nicht zur Verfügung; sie ist jedoch in hohem Maße wünschenswert. Dabei geht es weniger um die Verhütung der infektiösen Mononukleose als um die Verhütung EBV-assoziierten Tumorarten.

Im Vergleich zu der angestrebten Herpes-Impfung ist das Ziel der EBV-Impfung einfacher: Während das Ziel eines Herpes-simplex-Impfstoffes in der Verhinderung der Primärinfektion und in der Milderung der Rezidive liegt, soll sich der EBV-Impfstoff nur gegen die Primärinfektion richten. Ein Hybrid-Impfstoff (Vaccinia-Virus mit einem EBV-Glykoprotein) wird gegenwärtig am Menschen geprüft.

Tabelle 14.2. Tumorbildung durch EBV

Tumor	Assoziation mit EBV (%)
Burkittlymphom (BL)	
• Endemisch in Afrika	100
• Nichtendemisch	15–85
Hodgkin-Lymphom (HD)	
• Gemischter Zelltyp	32–96
• Nodulär, sklerotisierend	10–50
• Lymphozytenarm	–
• Lymphozytenreich	–
T-Zell-Lymphome (Non HD)	40–100
• T-Zell-Lymphozytose	(alle ohne Unterschied)
• T-Zell-Lymphom, Nasalbereich	
• T-Zell-Lymphom (angioimmunoblastisch, Lymphadenopathie-ähnlich)	
B-Zell-Lymphome (Non HD)	
• Plasmozytische Hyperplasie	–
• Polymorphe Hyperplasie Polyklonales B-Zell-Lymphom	–
• Immunoblastisches Lymphom	70–100
NK-Zell-Lymphom (Nasal)	–
Gliomyosarkom	–
Nasopharynxkarzinom (NPC)	
• Hochrisikogebiet	100
• „Rest der Welt"	100
Magen-Karzinom	EBER-1 +
• Japan 6,7%+	EBNA-1 + Monoklonal

VIII

ZUSAMMENFASSUNG: Epstein-Barr-Virus

Virus. Typisches Herpes-Virus, infiziert Epithelien und B-Lymphozyten; schlecht züchtbar; immortalisiert B-Lymphozyten, das Virus wird dabei latent, ist aktivierbar mit lytischem Zyklus. Replikation in drei Phasen.

Vorkommen. Beim Menschen weltweit.

Epidemiologie. Durchseuchung hoch, abhängig vom hygienischen Standard.

Übertragung. Durch Kuß („kissing disease"), Speichel infektiös, lebenslange Ausscheidung.

Pathogenese. Primäre Infektion von Epithelzellen im Nasenrachenraum, in Tonsillen von Hauptzielzellen, den B-Lymphozyten. Epithelzellen scheiden das Virus lebenslang aus. Das EBV ist der Auslöser von Burkitt-Lymphom, Nasopharynx-Karzinom und einigen Formen des Hodgkin-Lymphoms sowie von Lymphoproliferationen (s. Tab. 19.2).

Klinik. Infektiöse Mononukleose mit Fieber, Lymphknotenschwellungen mit Milztumor, „buntem" Blutbild, Angina, häufig Hepatitis, Meningitis, Exanthem u.a. Inkubationsperiode 20–50 Tage.

Immunität. Dauerhafte Immunität durch ZTL, Antikörper gegen Kapsid, EBNA, Early- u. Membranantigene.

Labordiagnose. Henle-Test: IFT (IgM und IgG) gegen VCA-, EA-, EBNA-Antigene zur Verlaufsbestimmung der Erkrankung.

Therapie. Symptomatisch. ACG bei Haarleukoplakie.

Prophylaxe. Impfstoff wird entwickelt.

14.5 Humane Herpes-Viren 6, 7 und 8 (HHV 6, 7 und 8)

Einleitung

Nach dem Auftreten der AIDS-Pandemie und der Isolierung des HIV 1 und 2 durch Montagnier und Gallo wurde wegen vieler Unklarheiten der Pathogenese von AIDS nach krankheitsfördernden Kofaktoren gefahndet. 1986 gelang es der Arbeitsgruppe von Gallo, ein bisher unbekanntes Virus zu isolieren; es fand sich bei AIDS-Patienten und bei Personen mit Sarkom, Leukämie und Lymphom. Der gemeinsame Nenner des Auftretens dieses Virus schien ein Schaden des Immunsystems zu sein. 1988 wurde dann in Japan ein ähnliches Virus aus den Blutlymphozyten von Kindern mit Exanthema subitum isoliert und auf Grund seiner Eigenschaften als HHV 6 bezeichnet. 1990 wurde bei der Züchtung von nicht beimpften CD4-Zellen eines Gesunden ein weiteres zytopathogenes Agens – quasi ein blinder Passagier – isoliert. Es wurde als zur Gruppe der Herpes-Viren gehörig erkannt und HHV 7 benannt.

Kaposi-Sarkome (K.S.) traten bis 1980 sporadisch im Bereich des Mittelmeeres bei Senioren und Juden in Osteuropa auf oder wurden endemisch in Zentralafrika bei jüngeren Personen beobachtet. Nach dem Auftreten von AIDS wurde das K.S. bei 20–30% von AIDS-Kranken, also jüngeren Personen, festgestellt; es wird jetzt als AIDS-definierende Krankheit angesprochen (s. S. 610).

Chang und Moore gelang es 1994 mit der PCR, im K.S. und in B-Zell-Lymphomen des Abdomens eine Virus-DNS nachzuweisen, die ebenfalls zur Gruppe der Herpes-Viren gehörig erkannt wurde. Man schreibt sie jetzt dem K.S.-assoziierten HHV 8 zu.

Einteilung

Die Isolate des HHV 6 lassen sich in die *Subtypen A* und *B* einteilen (Tabelle 14.2). Sie gehören ebenso wie das HHV 7 zu den β-Herpes-Viren. Durch RE-Analysen, die PCR und serologisch lassen sie sich voneinander abgrenzen. Das beim K.S. nachgewiesene Agens wird als HHV 8 bezeichnet; auf Grund der Eigenschaften seiner DNS gehört es zu den γ-Herpes-Viren. Rhesusaffen beherbergen ein analoges Virus.

Tabelle 14.3. Eigenschaften von HHV 6 (A und B), 7 und 8

	HHV-6		HHV-7	HHV-8
	A	B		
Krankheit	Roseola (selten)	Ex. subitum (oft atypisch)	Roseola (selten)	Kaposi-Sarkom, Peritoneallymphom
Durchseuchung	<2 Jahre	<2 Jahre	>2 Jahre	gering, bei AIDS 30%
Ausscheidung	Speichel	Speichel	Speichel, Muttermilch	Speichel, Urin, sexuell
Rezeptor	?	?	CD4	?
Replikation in				
CD4-Zellen	+	+	+	Endothelzellen
CD8-Zellen	+	+	–	
NK-Zellen, MΦ	+	Epithel	Epithel	
Knochenmark-Toxizität		+		

14.5.1 Humanes Herpes-Virus 6

STECKBRIEF

Das HHV 6B ist der Erreger des Exanthema subitum oder der Roseola infantum. Es wird auch für krankheitsbegleitende Fieberkrämpfe verantwortlich gemacht. Bei Reaktivierungen infolge von Schäden des Immunsystems steigt die Ausscheidung. Das HHV 6A ließ sich bisher nicht einem bestimmten Krankheitsbild zuordnen. Beide Viren bleiben nach der Primärinfektion latent und persistierend im Organismus und können reaktiviert werden. Allerdings lassen sich der Reaktivierung noch keine pathogenetischen Folgen zuschreiben.

Beschreibung

Morphologie und Genom. Als typische Herpes-Viren enthalten HHV 6A und B eine Doppelstrang-DNS mit etwa 160–170 kbp.

Züchtung. Kernpunkt für die Züchtung ist die Stimulierung von Nabelschnurlymphozyten mit IL-2 und Mitogenen. Auf diese Weise gelingt die Übertragung auf CD4-Zellen durch Kokultivierung; dabei wird in den latent infizierten Spenderzellen des Menschen das Virus reaktiviert und kann auf die frischen Zellen übergehen. Die Integration erfolgt in das Chromosom 17, nahe den Telomeren, der Karyotyp soll instabilisiert werden; der Mechanismus der Reaktivierung ist unbekannt.

Die Kapside entstehen im Kern und erhalten dort das Tegument; in den Membransystemen der Zelle erfolgt die Montage zum reifen Virus. Die Viren lassen sich auf CD4-Zellen übertragen und erzeugen einen zytopathischen Effekt vom Typ der Zellfusion. Einschlußkörperchen lassen sich im Kern und Zytoplasma nachweisen. Es werden Integration, Immortalisierung und Latenz beobachtet. In vivo läßt sich das Virus reaktivieren (Tabelle 14.3). Im Epithel der Speicheldrüsen persistiert das HHV6 und 7 mit Replikation.

Rolle als Krankheitserreger

Übertragung und Epidemiologie. Die Durchseuchung mit dem HHV-6A und B beginnt mit dem Verschwinden der mütterlichen Antikörper 5–6 Monate nach der Geburt, also viel früher als mit dem EBV. Bald danach steigt die Durchseuchung drastisch an. Die Übertragung erfolgt durch Speichel und Aerosole sowie durch engen Kontakt mit der Mutter. In der akuten Phase läßt sich das Virus in Blutmonozyten, im Speichel und Stuhl nachweisen. Die Erkrankung ist also vorzugsweise die Folge von Infektionen im Säuglings- und Kleinkindesalter. Im Alter von 2 Jahren sind etwa 50%, im Alter von fünf Jahren 80% der Kinder oder mehr durchseucht. Bei Erwachsenen wurden 85–100% Antikörperträger festgestellt. Bei Seropositiven kann HHV6-DNS aus Blutzellen isoliert werden. Bei seronegativen Graviden hat man im Falle von Infektionen konnatale Infektionen festgestellt. Bei Erwachsenen wird das Virus mit der PCR im Speichel und Zervixsekret nachgewiesen.

Klinik. Das HHV6B ist der Erreger des *Drei-Tage-Fiebers* (Exanthema subitum oder Roseola infantum). Das Exanthem tritt gegen Ende der Fieberphase auf. Man kennt auch Fälle ohne Exanthem

VIII

nur mit Fieber und inapparente Verläufe sowie eine „infektiöse Mononukleose" bei Jugendlichen und Erwachsenen. Die Erkrankung heilt ohne Folgezustände aus. HHV 6 wurde in Entmarkungsherden der Multiplen Sklerose nachgewiesen. HHV 6 ist auch für Enzephalitis, Fieberkrämpfe, Pneumonie, Meningitis, Lymphadenopathie und Knochenmarkschäden verantwortlich. Schließlich bringt man das Virus in Beziehung zur Entstehung von Tumoren des lymphatischen Systems. Es persistiert im Lymphsystem, in den Speicheldrüsen und im ZNS. Inkubationsperiode 7–14 Tage.

Labordiagnose. Bei Immunmangelzuständen wird das HHV 6B reaktiviert: 1–3 Monate danach machen sich Fieber, Exantheme, Pneumonie und Enzephalitis bemerkbar. Antikörper der Klassen IgM und IgG im Gefolge einer Infektion lassen sich in einem Immunfluoreszenztest auf infizierten T-Lymphozyten nachweisen (s. Henle-Test). Der Test wird empfindlicher, wenn auf den Antikörper Komplement gegeben wird und ein Fluoreszein-markiertes Antikomplement verwendet wird (Anti-Komplement-Immunfluoreszenz, ACIF). Es existiert auch ein ELISA. Im Blutbild sind Granulozyten und Lymphozyten vermindert. Bei Fieberkrämpfen wurde HHV 6B-DNS mittels PCR im Liquor nachgewiesen. Reaktivierungen gehen mit einer IgM-Reaktion einher. Therapie: Ganciclovir.

14.5.2 Humanes Herpes-Virus 7

Das HHV 7 ist „in search of disease"; es wurde gelegentlich bei Exanthema subitum, z. T. mit Hepatitis und Enzephalitis nachgewiesen. Auch Mononukleose-ähnliche Krankheitsbilder und unklare Fieberzustände sind sehr selten. Bei Immundefekten gibt es oft Reaktivierungen. Seine DNS enthält 145 kbp. Der zytopathische Effekt, die Züchtung des Virus in CD4-Zellen und die Isolierung aus Monozyten des peripheren Blutes gleichen dem des HHV 6. Die Durchseuchung steigt später als beim HHV 6 an. Einige Eigenschaften von HHV 6A und B sowie HHV 7 sind vergleichsweise in Tabelle 14.3 zusammengefaßt.

Die Übertragung des HHV 7 beginnt nach derjenigen mit HHV 6, also nach dem 2. Lebensjahr, und erreicht bei 11–13jährigen 60%, bei Erwachsenen 80–90%. Die Übertragung erfolgt durch den Speichel (PCR: 95% positiv).

14.5.3 HHV 8, Kaposi-Sarkom-Virus

Auf dem langen Wege zur Aufklärung der Ätiologie des Kaposi-Sarkoms (K.S.) gelang 1994 die Entdeckung von „herpesähnlicher DNS" im K.S. von AIDS-Patienten; die DNS dieses γ-Herpes-Virus enthält etwa 250 kbp. Sie läßt sich in K.S.-Zellen von AIDS-Patienten sowie im endemischen afrikanischen und mediterranen K.S. der älteren Männer nachweisen. HHV 8 ist der Hauptfaktor bei der Entstehung des K.S., Nebenfaktoren sind Immunmangel und das Tat-Protein. Beim endemischen K.S. wirkt die Malaria als Kofaktor. Das Genom enthält 4 Onkogene.

Rolle als Krankheitserreger

Übertragung und Epidemiologie. Die Übertragung des HHV 8 erfolgt offenbar sexuell, bei den meisten Hämophilen und bei Kindern mit AIDS ist es dagegen nicht nachweisbar; AIDS-Kranke haben bis zu 30% K.S.-Antikörper. Antikörper lassen sich bei K.S.-Trägern in 90–100% nachweisen. Bei Gesunden wurden in England 0–3%, in den USA 0–5% Seropositive entdeckt. Insgesamt ist die Durchseuchung mit dem HHV 8 viel geringer als mit dem EBV; in Afrika wird HHV 8-DNS bereits in der Kindheit im Blut festgestellt, dementsprechend ist die Durchseuchung hoch (30–100%). Auch im Sputum und in Rachenabstrichen wird es nachgewiesen, wahrscheinlich erfolgt präpubertär die Übertragung durch Speichel. Es findet sich häufiger bei Männern als bei Frauen. Etwa 4% der Blutspender sollen seropositiv sein (USA). Insgesamt ähnelt die Epidemiologie der des HSV 2.

Pathogenese. In den B-Zellen und den Monozyten des peripheren Blutes ist HHV 8 oder seine DNS bei Patienten mit K.S. nachweisbar. Tritt es bei HIV-positiven Patienten im peripheren Blut auf, läßt sich ein K.S. vorhersagen. Auch bei Immunsupprimierten mit Transplantationen wird es gefunden. Sein Nachweis auch in B-Zell-Lymphomen des Abdomens sowie in Angiosarkomen war überraschend. Das Genom enthält die Information für ein zellzyklusregulierendes Protein (Cyclin-D-ähnlich), für Zytokine (IL-6 und -8) und ein Apoptose-blockierendes Gen („bcl-like"). Insgesamt enthält es 18 (von 83!) aus der Zelle „gestohlene" Gene (Chemokine, Komplement-Rezep-

VIII

tor, sowie fünf Gene, die die Synthese von Interferon abschalten). Beim Gesunden wird der Latenzstatus immunologisch streng kontrolliert. In den K.S.-Zellen ist das Virus latent und episomal, in den monozytoiden Zellen ist die Replikation permissiv mit Lyse der Zellen.

Kaposi-Sarkom. Der Tumor besteht aus spindelzellartigen Elementen, die sich von Endothel-Zellen, Fibroblasten oder monozytoiden Zellen ableiten. Das K.S. tritt auf der Haut, den Schleimhäuten, in Organen und im Lymphgewebe multizentrisch auf und ist monoklonal. Weitere HHV 8-bedingte Tumorformen sind die Castleman-Krankheit und Körperhöhlen-Lymphome der B-Zellen.

Labordiagnose. Das HHV 8 ließ sich anfangs nur durch die PCR nachweisen. 1996 ist die Züchtung des Virus in verschiedenen Zellarten (ZPE+) gelungen. Zum Antikörpernachweis verwendet man einen IFT oder ELISA für lytische Antigene und einen „latency associated nuclear antigen"-Test (LANA, analog EBNA); die Teste sind noch nicht ausgereift. Man kennt jetzt drei Varianten des Virus.

Therapie. Es gibt Anhaltspunkte, daß die Anwendung von IFN α/β oder von Foscarnet Verkleinerung der K.S. bewirken, Nukleosidanaloge (Ganciclovir und Ciclofovir) sowie Protease-Inhibitoren eliminieren HHV 8 aus dem Blut.

ZUSAMMENFASSUNG: HHV 6 und 7

Virus. Typische Herpes-Viren. Züchtung der Viren durch Kokultivierung auf Nabelschnur-CD4-Lymphozyten.

Vorkommen und Übertragung. Nur beim Menschen, Übertragung durch engen Kontakt (Speichel) und Aerosole.

Epidemiologie. Beginn der Durchseuchung im 6. Lebensmonat nach Verschwinden der mütterlichen Antikörper. Hohe Durchseuchung nach zwei Jahren.

Pathogenese. Wahrscheinlich Latenz in Lymphozyten.

Klinik. Drei-Tage-Fieber (Exanthema subitum), Mononukleose-ähnliches Krankheitsbild, Fieberkrämpfe, Pneumonie (?) und Enzephalitis. Inkubationsperiode 3–15 Tage. Möglicherweise Tumoren des lymphatischen Systems. Bei HHV 6A und HHV 7 noch keine Krankheit sicher nachgewiesen.

Immunität. Wahrscheinlich lebenslang mit inapparenten Reaktivierungen.

Labordiagnose. Routinediagnostik (IFT, ELISA). Virusisolierung durch Kokultivierung. PCR im Liquor. DD: Exanthematische Viruserkrankungen, Arzneimittel-Exantheme, ZMV.

Therapie. Eine spezifische Therapie gibt es nicht.

Prävention. Keine.

ZUSAMMENFASSUNG: HHV 8

Herpes-Virus DNS mit 250 kbp im Kaposi-Sarkom, polyklonal-monoklonaler, multizentrischer Tumor aus endothelartigen Zellen meist bei Immungeschädigten. Übertragung durch Sexualverkehr. PCR für DNS-Nachweis, IFT, ELISA und LANA-Test für Antikörper.

18 von 83 HHV 8-Genen stammen ursprünglich aus der Zelle: Komplexer Transformationsprozeß.

VIII

D. Falke, G. Gerken

EINLEITUNG

Die Erreger der virusbedingten Hepatitis gehören in verschiedene Gruppen von Viren. Nach der Entdeckung der Erreger der Hepatitis A und B blieben NonA/NonB-Hepatitiden zurück. Inzwischen wurden weitere Hepatitis-Viren nachgewiesen oder postuliert [C, D, E, G und TTV]. Die Durchseuchung mit den Viren ist hoch. Die Krankheiten bestehen in akuten und z.T. chronischen Verlaufsformen. Folgekrankheiten sind Leberzirrhose und Leberzellkarzinom. Wichtig ist, daß bei der Hepatitis B, C und D Mutantenbildung bei chronischen Verläufen die Art des Krankheitsbildes beeinflussen.

15.1 Übersicht

Definition

Als Virushepatitis wird unter Ausschluß der Gelbfieber-Hepatitis ein Krankheitsbild bezeichnet, bei dem sich aufgrund einer Infektion mit „hepatotropen" Viren ein Krankheitsprozeß entwickelt, der sich primär auf die Leber beschränkt und nur sekundär andere Organsysteme in Mitleidenschaft zieht.

Epidemiologie

Die verschiedenen Formen der Virushepatitis sind weltweit verbreitet; in Deutschland gehört die Virushepatitis zu den wichtigsten Infektionskrankheiten. Auch in der Häufigkeitsstatistik der Virusinfektionen ist ihre Stellung prominent: Sieht man von den exanthematischen Viruskrankheiten (Masern, Röteln u.a.) und den Viruskrankheiten des Respirationstraktes ab, so erweist sich die Virus-Hepatitis als die häufigste Viruskrankheit. Sie steht in der Statistik der infektiös bedingten Berufskrankheiten nach der Tuberkulose an zweiter Stelle. Ihre Auswirkungen auf die Volksgesundheit sind ebenso gravierend wie die durch sie bedingten wirtschaftlichen Folgen. Deshalb stellt die Virushepatitis z.Z. neben AIDS das wichtigste Seuchenproblem dar. In den Entwicklungsländern mit endemisch auftretender Hepatitis B und C ist diese Infektion der wichtigste Faktor für die Entstehung des Leberkarzinoms; man zählt das HBV und HCV deshalb zu den krebserzeugenden Viren. Nach Entwicklung der Diagnosemöglichkeit für HAV und HBV blieben Hepatitiserkrankungen zurück, die man als NonA/NonB-Hepatitis bezeichnete. Die meisten dieser Hepatitiden (85–90%) lassen sich auf das HCV zurückführen, der Rest beinhaltet HEV; das HGV und TTV sind asymptomatisch.

Formen der Hepatitis

Aufgrund des jeweils typischen Übertragungsmodus und der Inkubationszeit kann man bei der Virushepatitis trotz Befall eines einzigen Organs, nämlich der Leber, drei Krankheitsformen unterscheiden. Jede Hepatitisform zeigt neben der unterschiedlichen Ätiologie und Klinik ein typisches pathologisches Gewebebild (nekrotisierende Leberparenchym-Erkrankung).

Der größte Teil der akuten und inapparenten Hepatitisinfektionen heilt folgenlos aus. Bei einem kleineren Teil entsteht ein *lebenslanges* Trägertum. Das Trägertum kann ohne Dauerschäden der Leber vorkommen; in anderen Fällen tritt bei chronischen Verläufen als Spätfolge eine Zirrhose auf, aus der sich ein primäres Leberkarzinom entwickeln kann (HBV, HCV). Man kennt auch fulminant tödlich verlaufende Erkrankungen.

Man unterscheidet folgende Prozesse:
- Übergang in ein symptomloses Trägertum.
- Übergang in eine chronische Hepatitis. Diese kann als milder, nicht aggressiver Prozeß verlaufen (chronisch-persistierende, wenig replizierende Hepatitis); sie tritt aber auch als chro-

nisch-aktive Hepatitis (sog. stark replikativ-aggressiver Histotyp) in Erscheinung. Die chronisch-persistierende Hepatitis hat eine gute Prognose, während die chronisch stark replikative Hepatitis zur Selbstperpetuierung neigt und in der Mehrzahl der Fälle zu Leberzirrhose und zu Karzinom führt.

- Direkter Übergang in eine Zirrhose innerhalb von Monaten.

Leitsymptome und -befunde der akuten Hepatitis

Ikterus, Juckreiz, Übelkeit, Appetitlosigkeit, Oberbauchschmerzen bzw. Hepatomegalie, Splenomegalie, Lymphknotenschwellungen, Arthralgie u. a.

Differentialdiagnose

Die Differentialdiagnose eines akuten Hepatitis-Falles umfaßt den Nachweis des HAV, des HBV, des HDV, des HCV und HEV, des HGV und TTV. Hierher gehören auch bakterielle Infektionen, ZMV, EBV und HSV bzw. die entsprechenden Antikörper; bei ihnen sind jedoch andere Begleitsymptome vorhanden. Auch werden die Transaminasen bestimmt und Biopsien gewonnen.

Meldepflicht. Verdacht, Erkrankung, Tod, Erregernachweis der akuten Hepatitis.

15.2 Hepatitis A-Virus (HAV)

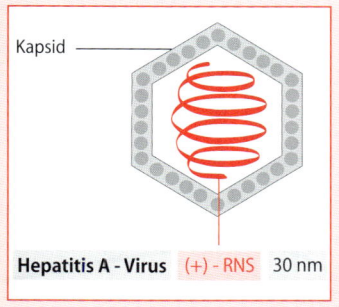
15.2.1 Beschreibung

Genom

Das Virion besitzt eine (+)-Strang-RNS mit einem kovalent gebundenen Protein am 5′-Ende. Das Genom enthält 8,0 kb.

Morphologie

Das Kapsid (Durchmesser 27 nm) besteht aus Kapsomeren, die jeweils vier Proteine enthalten.

Züchtung

In bestimmten Zellinien vermehrt es sich, ohne einen ZPE hervorzurufen. Das Hepatitis-A-Virus läßt sich auf Affen (Marmosets und Schimpansen) übertragen.

Resistenz gegen äußere Einflüsse

Das HAV bleibt unter durchschnittlichen Umweltbedingungen außerhalb des Menschen mehr als vier Wochen infektiös.

Das Virus ist ätherstabil und etwas hitzestabiler als die übrigen Picorna-Viren: Es wird erst durch fünfminütiges Erhitzen auf 100 °C zerstört, es übersteht 30 min bei 60 °C (Tabelle 15.1).

15.2.2 Rolle als Krankheitserreger

Epidemiologie

In den Entwicklungsländern ist die Durchseuchung sehr stark ausgeprägt; die Infektionen erfolgen im frühen Kindesalter; in dieser Entwicklungsperiode verlaufen die Infektionen meist asymptomatisch. Man rechnet mit etwa 25 000 apparenten Infektionen pro Jahr in Deutschland, auch lassen sich sporadische Krankheitsfälle nach Auslandsreisen feststellen. Die Durchseuchung bei Kindern und Jugendlichen bis zu 20 Jahren ist insgesamt gering.

Übertragung

Verunreinigte *Lebensmittel* (Muscheln, Salat etc.) und v. a. *Trinkwasser* sind die wichtigsten Anstek-

Tabelle 15.1. Die Hepatitis-Viren und ihre Eigenschaften

Eigenschaft	Hepatitis						
	A	B	D	C	E	G	TTV
Erreger	HAV	HBV	HDV	HCV	HEV	HGV	TTV
Nukleinsäure	RNS(+)	DNS +/–	RNS(–)	RNS(+)	RNS(+)	RNS(+)	DNS (–)
Genom (kb)	7,8	3,2 kbp	1,7	9,4	7,5	9,4	3,8 kb
Durchmesser (nm)	28	42	36	60–70	34	?	?
Hülle	-	+	+ (HBV)	+	–	+	–
Virusfamilie	Picorna	Hepadna	Virusoid	Flavi	„Hepatitis E"	Flavi	Circino
Züchtung in vitro	+	(+)	–	(+)	–	?	?
Stabilität –20°C	+	+	?	?	sehr gering	?	?
Stabilität 60°C/1 h	stabil	stabil	fast inaktiv	fast inaktiv	?	?	?
Stabilität 100°C/20'	inaktiviert	inaktiviert	inaktiviert	inaktiviert	?	?	?

kungsquellen. Eine Übertragung durch Aerosole ist nicht festgestellt worden.

Man hat größere Epidemien beobachtet, die durch verunreinigtes Trinkwasser entstanden sind, v.a. in Kriegs- und Notzeiten oder bei Naturkatastrophen. In Kinderheimen, Lagern und dergleichen erfolgt die Ausbreitung fäkal-oral schnell. Durch mit Abwässern verunreinigte Schwimmbäder oder Teiche können Explosiv-Epidemien zustandekommen. Durch Bluttransfusionen wird das HAV nur in Ausnahmefällen übertragen. Man hat Hepatitis A-Fälle jetzt auch vermehrt bei Drogensüchtigen festgestellt.

Pathogenese

Man nimmt an, daß das Virus nach einer *fäkal-oralen* Übertragung in den Magen-Darmtrakt gelangt. Bisher hat sich kein Hinweis auf eine Replikation im Epithel des Intestinums finden lassen. Das HAV gelangt wahrscheinlich über eine kurzdauernde Virämie in die Leber. Nach einer anderen Hypothese soll der Transport in die Leber durch Lymphozyten erfolgen. Die Leberzellen und Kupffer-Zellen enthalten viel Antigen. HAV-Antigen wird aber auch in der Milz und in den Lymphknoten beobachtet. Die Virusvermehrung kann für sich allein keine Zellschädigung bewirken. Der Zellschaden bei der Hepatitis A ist *indirekt*: Er wird durch *zytotoxische Lymphozyten* verursacht. Das im Stuhl erscheinende Virus stammt aus den Gallenwegen; es wird bereits 14 Tage *vor* dem Auftreten des Ikterus nachweisbar. Auf dem Höhepunkt der Ausscheidung enthält der Stuhl et-

wa 10^9 Viren pro Gramm. Bereits vor Beginn der Erkrankung geht die Virus-Ausscheidung drastisch zurück. Man vermutet, daß bereits in dieser Phase IgA-Antikörper auf der Schleimhaut erscheinen und die Ausscheidung von infektiösem Virus reduzieren. Bereits zu Beginn der klinischen Erkrankung lassen sich im Serum IgM-Antikörper nachweisen. IgM- und IgG-Antikörper wirken Virusneutralisierend (Abb. 15.1).

Zellinfiltrate sind vorwiegend portal und periportal zu finden, es sind meist CD8-Zellen. Die Schädigung der Hepatozyten erfolgt unter dem Bild einer herdförmigen Nekrose. Die Herde liegen in der Umgebung der Zellinfiltrate, aber auch im Zentrum der Läppchen. Bei Kindern sind die Läsionen viel weniger ausgeprägt als bei Erwachsenen.

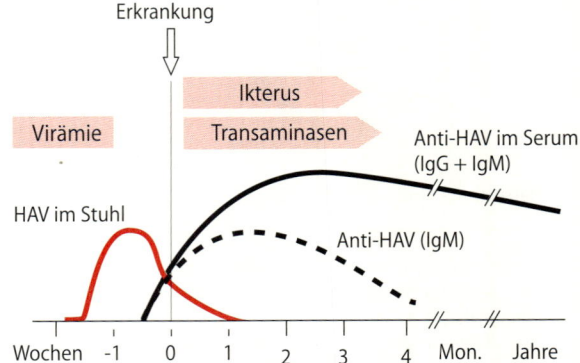

Abb. 15.1. Ablauf einer Hepatitis A-Infektion. Vor Beginn der Erkrankung tritt das HAV im Stuhl auf, zu Beginn der Erkrankung sind bereits IgM-Antikörper nachweisbar

Klinik

Die Inkubationsperiode beträgt 2–6 Wochen. Die klinischen Symptome gleichen denen der Hepatitis B. Der Ausbruch ist abrupt, aber leicht; Fieber wird häufiger als bei Hepatitis B beobachtet. Die Infektionen verlaufen bei Kindern meist anikterisch; bei Erwachsenen wird der *Ikterus* häufiger beobachtet. Es gibt nur wenige schwer verlaufende Fälle. 15% aller klinisch-ikterischen Fälle verlaufen protrahiert, z. T. mit Cholestase. Die Letalität beträgt 0,1–0,2% der hospitalisierten (!) Fälle. Es entstehen keine Virusträger; als Folgezustand kann eine Autoimmun-Hepatitis zustandekommen.

Immunität

Das Überstehen der Hepatitis A hinterläßt eine *lebenslange Immunität.* Spätfolgen (wie bei Hepatitis B) gibt es nicht. Selten werden Autoantikörper gebildet (ANA, ASGPR; s. S. 676).

Labordiagnose

Im Stuhl läßt sich das Virus bereits 14 Tage vor der klinischen Erkrankung mit dem Antigen-ELISA feststellen. Die Nachweisrate für das Virus sinkt bei Beginn der klinischen Erkrankung jedoch stark ab. Die Diagnose erfolgt durch einen Antikörper-ELISA und die Bestimmung der Transaminasen. Bereits zu Beginn der Erkrankung lassen sich IgM-Antikörper nachweisen; der Befund bleibt für etwa 3–4 Monate positiv. Frühzeitig sind auch bereits IgG-Antikörper vorhanden. Der Virusnachweis gelingt durch die PCR (nicht Routine).

Prävention

Allgemeine Hygiene-Maßnahmen. Der beste Weg zur Verhütung der Hepatitis A ist eine gute Allgemeinhygiene. In Hospitälern haben sich unter guten hygienischen Bedingungen keine Sekundärfälle feststellen lassen. Deshalb erscheinen strenge Isolierungsmaßnahmen kaum lohnend, zumal die Virusausscheidung zum Zeitpunkt der Hospitalisierung bereits reduziert ist.

Prophylaxe. Ein Totimpfstoff aus menschlichen diploiden Zellen ist sehr gut wirksam. Bei Risikogruppen und vor Tropenreisen ist eine Impfung mit einem Totimpfstoff sehr zu empfehlen, die Konversionsrate ist sehr hoch.

Ein Impfschutz kann durch Schnellimmunisierung in zwei Wochen erzielt werden, eine Auffrischung ist nach ca. 10 Jahren erforderlich.

ZUSAMMENFASSUNG: Hepatitis A

Virus. Das (+)-Strang-RNS-Virus gehört zu den Picorna-Viren. Nur ein Serotyp. Ätherstabil, in der Außenwelt sehr haltbar.

Vorkommen. Sehr weit verbreitet. Bei gutem Hygienestandard verschwindet das Virus aus der Bevölkerung (Industrieländer).

Epidemiologie. Hohe Durchseuchung in den Entwicklungsländern, häufig asymptomatisch, vorzugsweise bei Kindern.

Übertragung. Schmutz-Schmier-Infektion, durch Lebensmittel und Trinkwasser sowie im Freibad.

Pathogenese. Nach oraler Infektion durch eine Virämie in die Leber. Das Stuhlvirus stammt aus den Gallenwegen. Das Virus selbst wirkt nicht zytolytisch, ZTL zerstören die Leberzellen.

Immunität. Die Infektion erzeugt eine lebenslange Immunität, wahrscheinlich inapparente Booster-Infektionen.

Klinik. Inkubationsperiode 2–6 Wochen. Fieber, Ikterus, Hepatitis, viele subikterische Fälle, sehr selten Todesfälle, keine Zirrhosen, kein Leberkarzinom, kein Trägerstatus.

Labordiagnose. Virusausscheidung bereits 10–14 Tage vor Erkrankung, nimmt vor Krankheitsbeginn schnell ab: Antigen-ELISA, IgM- und IgG-Antikörper, Transaminasen.

Therapie. Keine spezifische Therapie.

Prävention. Allgemein-hygienische Maßnahmen. Aktive Impfung vor Tropenreisen: Totimpfstoff, sehr gute Konversionsrate.

Meldepflicht. Verdacht, Erkrankung, Tod, Erregernachweis.

15.3 Hepatitis B-Virus (HBV)

STECKBRIEF

Das Virus ruft die Hepatitis B hervor. Diese Hepatitis wird auch als „Serumhepatitis", „Transfusionshepatitis", „Fixer-Hepatitis" oder „Hippie-Hepatitis" bezeichnet. Sie kann in chronische Verlaufsformen einmünden und zur Leberzirrhose und zu Leberkarzinom führen. – Das HBV wird zu den Hepadna-Viren gerechnet. Viren dieser Gruppe finden sich auch bei Schimpansen, Waldmurmeltieren und Enten. Auf der Erde gibt es 300 Mio HBV-Träger.

Der Impfstoff mit dem HBsAg verhindert Erkrankung, Zirrhose und Leberzellkarzinom.

Geschichte

Bereits 1885 wurde von Lürmann eine „Ikterus-Epidemie" beschrieben, die im Gefolge einer Pokken-Impfaktion aufgetreten war. Rückschauend lassen sich diese Fälle und auch des „Salvarsan"-Ikterus der Syphilitiker auf eine Übertragung des Hepatitis-B-Virus zurückführen. Vorkommnisse dieser Art legten bereits frühzeitig den Gedanken nahe, in menschlichen Seren befinde sich ein infektiöses Agens, das Hepatitis verursache. 1938 wurde klar, daß durch die Anwendung von Masern-Rekonvaleszenten-Serum eine infektiöse Hepatitis entsteht: Der „homologe Serum-Ikterus". Diese Er-

kenntnis wurde auf die Hepatitis-Fälle übertragen, die nach Bluttransfusionen ebenso auftraten wie nach ärztlichen Eingriffen mit ungenügend sterilisierten Geräten. 1963 entdeckte dann Blumberg in den Seren der Ureinwohner Australiens ein Antigen, das mit den Seren von multitransfundierten Hämophilen präzipitierte, das sog. „Australia"-Antigen; es wurde später in HBs-Antigen umbenannt. 1970 wurde die Bezeichnung Hepatitis B eingeführt.

15.3.1 Beschreibung

Genom

Das HBV enthält eine Doppelstrang-DNS, bestehend aus einem kompletten (–)- und einem inkompletten (+)-Strang. Am 5′-Ende des (–)-Strangs sitzt ein kovalent gebundenes Protein, das als Primer für die Synthese dieses Strangs benötigt wird. Der Gegenstrang (+) ist am 3′-Ende inkomplett (Abb. 15.2). Man unterscheidet vier Gene: HBs-, Polymerase-, Core- (C-) und HBx-Gen.

Morphologie

DANE-Partikel. Das HBV wird in seiner infektiösen Form als DANE-Partikel bezeichnet (Durchmesser 42 nm). Es besteht aus einem Nukleokap-

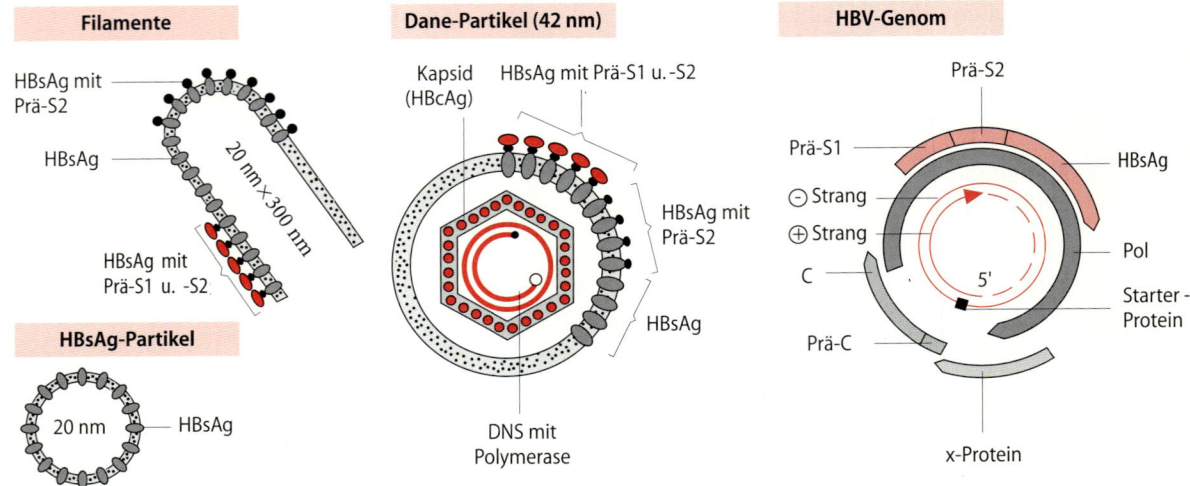

Abb. 15.2. DANE-Partikel, HBsAg und filamentöse Formen des Hepatitis B-Virus, sowie das Genom mit den Pol-, Core-, X- und HBs-Genen. Aus dem Core-Gen entsteht das HBcAg für das Kapsid und das lösliche HBeAg. Das HBs-Gen umfaßt Prä-S1, Prä-S2 und das HBsAg

sid aus Hepatitis B-Core-Antigen (*HBcAg*) sowie der lipidhaltigen Hülle mit dem Surface-Antigen (*HBsAg*). Im Kapsid befindet sich eine doppelsträngige DNS und eine Polymerase mit den Eigenschaften einer reversen Transkriptase. Außerdem beobachtet man im Blut Infizierter noch rundliche, 22 nm messende, nicht infektiöse Partikel sowie filamentöse Formen (20×200 nm); beide bestehen aus HBsAg. Das *HBeAg* ist ein lösliches Protein, das aus der Zelle sezerniert wird und im Serum auftritt (Abb. 15.3).

HBs-Antigen.
Das HBsAg ist das immunisierende Antigen. Es wird im Zytoplasma gebildet und läßt sich dort durch fluoreszierende Antikörper nachweisen. In der Leber wird es im Überschuß gebildet und in das Blut sezerniert. Ein typischer Virusträger (s. S. 666) hat etwa 10^8 DANE-Partikel, 10^9 Filamente und 10^{13} HBsAg-Partikel pro ml im Blut. Das Determinantenmuster des HBsAg ist komplex. Jeder Komplex trägt die immunisierende Komponente „a". Andere Komponenten werden mit den Buchstaben d, w, y, r, q bezeichnet; sie kommen in Kombination vor, wie z. B. ayw, adr, ayr und adw. Diese Formeln bezeichnen Markerantigene für die Feinepidemiologie. Das Gen des Gesamt-HBs-Antigens besitzt drei aneinandergereihte Abschnitte: Prä-S1, Prä-S2 und HBs. Sie werden zu einem großen, einem mittleren und kleinem HBsAg translatiert. DANE-Partikel und Filamente enthalten neben HBsAg auch das große und mittlere, die 20 nm HBs-Partikel aber nur das kleine HBsAg.

HBe-Antigen.
Das HBeAg läßt sich durch den IFT im Kern der Zelle und in der Zellmembran demonstrieren. Das HBeAg läßt sich ebenso wie das HBsAg, die DNS-Polymerase und Virus-DNS im Serum nachweisen. HBeAg und DNS sind wichtige Marker für die Infektiosität des Serums bzw. des Patienten. Fehlt das HBeAg im Serum beim Vorhandensein von HBV-DNS und Anti-HBe, können Mutationen in der Regulator-Region des HBc-Gens die Ursache dieser besonderen Marker-Konstellation sein (s. u.) oder das HBeAg ist eliminiert.

HBc-Antigen.
HBcAg läßt sich in den Kernen von Leberbiopsiematerial durch den IFT nachweisen. Im Serum wird HBcAg nicht gefunden. HBcAg und HBeAg weisen keine serologischen Kreuzreaktivitäten auf, besitzen aber gemeinsame Epitope für ZTL.

Das gesamte HBc-Gen besteht aus der PräC-Region am NH_2-Terminus und dem Struktur-HBc-Gen. Wird nur ein Teil des Prä-Core am NH_2-Terminus abgespalten, so entsteht das membranständige HBeAg (p 23); erfolgt auch am COOH-Terminus eine Abspaltung, liegt das sezernierte HBeAg (p 18/20) vor. Tritt im Präcore-Bereich eine Mutation auf, so kann eine HBeAg-negative, aber HBV-DNS-positive fulminante Hepatitis entstehen.

HBx-Protein.
Das HBx-Gen ist eine Proteinkinase und wirkt als „Transaktivator" (s. S. 598) für virale und zelluläre Promotoren, es beeinflußt dabei verschiedene Signalwege; die Wirkung ist zelltypisch, aber nicht artspezifisch. So verstärkt es die Replikation des HBV nur in der Leberzelle und sensibilisiert Zellen für die Apoptose oder hemmt diese. Seine Mitwirkung bei der Entstehung des primären Leberzellkarzinoms wird durch einen Einfluß auf die Proteinkinase C und die Bindung an das p 53 zurückgeführt.

Replikation

Nach der Bindung des Prä-S1 an einen noch nicht definierten Rezeptor (Annexin?) wird das Virus durch Endozytose aufgenommen (Abb. 15.3). Nach dem Uncoating erfolgt im Kern die Komplettierung des unvollständigen (+)-DNS-Stranges durch die Viruspolymerase. Dann bilden sich ringförmige Nukleosomen sowie verknäuelte Superhelices. Die Transkription durch eine Zellpolymerase wird an dem (−)-Strang vorgenommen. Dabei entsteht informative (+)-RNS, die in zwei Formen auftritt. In linearen Abschnitten (2,1 und 2,4 kb) dient sie als mRNS für die Translation, in Ringform (3,5 kb) als (+)-Prägenom. Die Ringform kommt durch etwa 200 RNS-Basen zustande, die sich am 3'- und 5'-Ende überlappen.

Im Zytoplasma lagert sich das Prägenom mit der neugebildeten reversen Transkriptase und neusynthetisiertem Kapsid-Protein (HBcAg) zu Kapsiden zusammen. Das Prägenom wird in DNS umgesetzt und nach der reversen Transkription sofort abgebaut. Erst dann erfolgt die Synthese des meist inkompletten DNS(+)-Stranges. Als Enzym dient die DNS-Polymerase des HBV. Im endoplasmatischen Retikulum und im Golgiapparat erhält das Kapsid seine Hülle und wird durch Exozytose ebenso wie das HBeAG freigesetzt. Eine Integration an beliebiger Stelle im Zellgenom ist als zytogenetischer Unglücksfall anzusehen: Sie ist nicht Voraussetzung für die Replikation. In den Hepatozyten von chronisch Infizierten findet man inte-

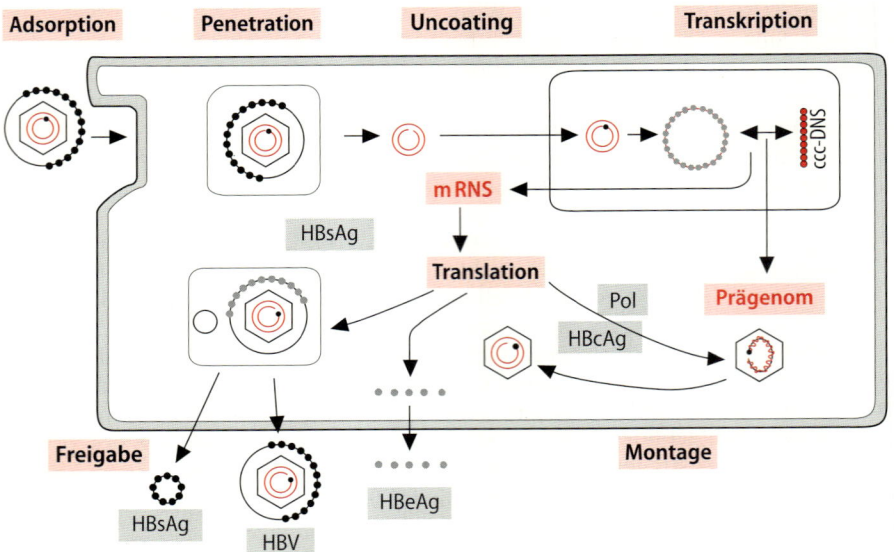

Abb. 15.3. Die Replikation des HBV. Adsorption, Aufnahme durch Endozytose, Komplettierung des (+)-DNS-Strangs, Entstehen des „closed supercoiled circle" (ccc) und von ringförmigen Nukleosomen. Transkription des Prägenoms sowie der mRNS und Translation, Montage und Freigabe von DANE-Partikeln, HBsAg und HbeAg

grierte, aber defekte Virus-DNS. Im floriden Stadium liegt die DNS episomal frei in der Zelle vor.

Züchtung

Das HBV läßt sich routinemäßig noch nicht züchten. In Schimpansen erzeugt es eine Hepatitis B.

Resistenz

Das Virus ist relativ stabil, auch gegen Ätherbehandlung. Es übersteht z.B. eine 30-minütige Behandlung bei 50 °C, eine einstündige Behandlung bei 60 °C und wird erst nach 10 stündiger Behandlung bei dieser Temperatur inaktiviert. Bei 100 °C ist es nach 20 min inaktiv (Tabelle 15.1, s. S. 658).

15.3.2 Rolle als Krankheitserreger

Epidemiologie

Man schätzt, daß etwa 300 Mio Menschen an einer chronischen Hepatitis B erkrankt sind. In Deutschland gibt es etwa 50 000 Infektionen pro Jahr.

Die Verbreitung ist weltweit. In den USA sind 0,1–0,5% der Bevölkerung *chronische Träger*; die Durchseuchung in den Entwicklungsländern beträgt 10–40%. In Griechenland z.B. liegt die Zahl der HBsAg-Träger bei 5%, die Zahl der Träger von anti-HBc bei 20–50%. In Deutschland sind weniger als 0,5% HBsAg-positiv. In einer gesunden Population junger Erwachsener in Deutschland sind Antikörper gegen das HBcAg in 2–4% zu finden. Diese Antikörper stellen einen verläßlicheren Indikator für eine früher erfolgte Durchseuchung dar als Antikörper gegen das HBsAg. In Taiwan spielt die *perinatale Infektion* für die Durchseuchung eine bedeutende Rolle. Dieser Übertragungsweg ist in Ostasien besonders häufig.

Bei bestimmten Risikogruppen (Homosexuelle, Prostituierte, i.v. Drogensüchtige und Personen mit häufig wechselnden Geschlechtspartnern) ist die Durchseuchung ebenfalls hoch. *Heterosexueller Intimverkehr* ist im übrigen ein wichtiger Übertragungsmodus. AIDS-Patienten sind zu fast 100% durchseucht. Die perinatale Infektion in Ostasien erfolgt wahrscheinlich kurz vor, unter oder nach der Geburt. Perinatal infizierte Kinder haben deshalb bei der Geburt nur in 6% HBsAg im Serum, einen Monat später in 90%. Das Risiko der Übertragung auf das Kind ist bei HBs- und HBeAg-positiven Müttern sehr hoch (85%). Auch HBsAg-

positive, aber HBeAg-negative Mütter infizieren ihre Kinder (6%). In Deutschland schätzt man 550 Risikogeburten pro Jahr. Die Infektion trifft dabei auf einen immunologisch unreifen Organismus, so daß wahrscheinlich durch eine „high-dose" Toleranz infolge Anergie eine chronische Infektion entsteht. Immer noch stellt die Hepatitis B eine häufige *Nosokomial-Infektion* dar. Besonders gefährdet sind Mitarbeiter auf Dialyse- und Intensiv-Stationen, ärztliches und zahnärztliches Personal, Laborpersonal sowie Familienangehörige von HBsAg-positiven Personen. Übertragungen sind u.a. durch die Benutzung gemeinsamer Zahnbürsten möglich.

Durch die vorgeschriebene Untersuchung der Blutkonserven ist die HBV-Transfusionshepatitis stark zurückgegangen. Im Diagnostiklabor muß jede Blutprobe als kontagiös angesehen werden. Eingetrocknete Blutproben haben sich mehr als eine Woche lang als infektiös erwiesen. Die Übertragung durch blutsaugende Insekten (Mücken und Wanzen) ist eher unwahrscheinlich. Eine Übertragung durch Aerosole ist extrem selten; Spritzer HBsAg-haltigen Blutes in die Augen haben Infektionen bewirkt.

Übertragung

Die Übertragung der Hepatitis B erfolgt v.a. durch kontaminiertes *Blut* bzw. Blutprodukte. Unter experimentellen Bedingungen kann die Übertragung von 1×10^{-8} ml virushaltigen Blutes zu einer Infektion führen. Außerdem sind Sperma und Zervix-Sekret sowie Speichel und Tränenflüssigkeit virushaltig, so daß HBV *oral* und *sexuell* übertragen werden kann. Besonders wichtig ist die Mutter-Kind Übertragung („*perinatal*"). Eine Übertragung kommt v.a. durch ungenügend sterilisierte Instrumente (Kanülen, Spritzen, Endoskope) oder durch Tätowierungs- und Ohrstichgeräte zustande.

Pathogenese

Die Hepatitis B eine Krankheit, bei der die *Immunreaktion* das bestimmende pathogenetische Element darstellt. Der überwiegende Teil der Infektionen verläuft inapparent, wird also immunologisch frühzeitig beherrscht; bei den apparenten Verläufen hingegen zerstört das Immunsystem nach Ablauf der Inkubationsperiode zunächst die eigenen Leberzellen, erst dann erfolgt die komplette Elimination des HBV durch ZTL. Vorwiegend virusspezifisches HBc- und HBeAg wird in der Zellmembran exprimiert, das das Zielantigen für die immunreaktiven T-Lymphozyten darstellt. Besonders häufig werden chronische Verläufe bei Kindern nach perinataler Infektion beobachtet, deren Immunapparat das Virus nicht eliminieren kann (s. S. 666, s. a. Abb. 15.5). Das HBeAg findet sich sogar schon bei Neugeborenen im Blut, wenn die Mütter HBeAg-positiv sind. Bei Immunmangelzuständen erfolgen oftmals Reaktivierungen einer chronischen Hepatitis B, weil ZTL den Prozeß nicht mehr kontrollieren. Hauptgrund der chronischen Hepatitis ist eine Unterfunktion der ZTL und T-Helferzellen, deren spezifische Stimulierbarkeit gestört und deren Zahl reduziert ist. Verantwortlich scheint ein Mangel an IL-12 infolge einer virusbedingten Schädigung der dendritischen Zellen zu sein. Das HBV wurde außer in Leberzellen auch in Pankreas-Zellen sowie in Makrophagen und Lymphozyten nachgewiesen. Man weiß jetzt, daß in diesen Zellen das HBV exprimiert wird.

Im Verlauf der akuten HB entstehen Antikörper gegen HBc, HBe sowie gegen die Polymerase und gegen das x-Protein. Zunächst erscheinen Anti-Prä-S1 und Anti-Prä-S2. Anti-HBe und Anti-HBc treten ebenso frühzeitig auf, während HBs-Antikörper erst viel später erscheinen (Abb. 15.4). Bei Patienten, die eine chronische Hepatitis B entwickeln, bleiben beide Antigene im Blut nachweisbar. Prä-S1- und Prä-S2-Antikörper sind wahrscheinlich neutralisierend und liefern auch B- und T-Zellepitope der Virushülle. Die ZTL sind vorwiegend gegen HBe- und HBcAg gerichtet. Das ZTL stimulierende IFN-γ kann nur in Anwesenheit von IL-12 gebildet werden; das HBeAg wirkt immunsuppressiv.

Pathogenetische Bedeutung kommt den im Serum nachgewiesenen *HBsAg/Ak-Komplexen* (und HBeAg/Ak) zu. Sie sind für die Periarteriitis nodosa, die Glomerulonephritis und die Kryoglobulinämie verantwortlich, vielleicht auch für die gelegentlich beobachteten Gelenkbeschwerden sowie für Exantheme. Das HBV verursacht keine Embryopathien.

Pathohistologisch sind die sinusoidalen Zellen aktiviert; man findet reichlich Lymphozyten. Die Zellzerstörungen sind über das gesamte Leberläppchen verteilt. In schweren Fällen findet man zusätzlich eine ausgeprägte Zerstörung der zentrolobulären Areale. Die Lymphozyten findet man oftmals im ganzen Läppchen in enger Nachbarschaft mit den Leberzellen.

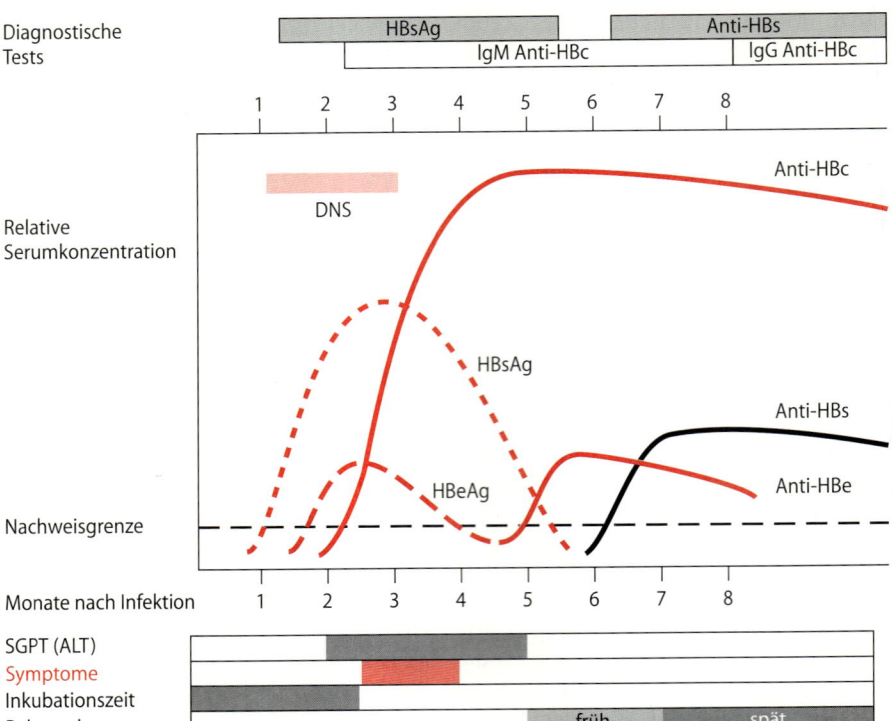

Abb. 15.4. Ablauf einer Infektion mit dem HBV. Auftreten der DNS, der Ag-Marker, der Antikörper sowie Symptome und Transaminasen

Klinik

Die akute Phase der Hepatitis durch HBV entwickelt sich nach einer Inkubationsperiode von 2–6 Monaten (Abb. 15.4). Die Dauer der Inkubationsperiode hängt von der Infektionsdosis ab: Je höher die Dosis an HBV, desto kürzer ist die Inkubationsperiode und umgekehrt. Gegen Ende der Inkubationsperiode, aber noch im präikterischen Zustand, stellt sich Krankheitsgefühl ein, es entwickeln sich Abneigung gegen Speisen, Schwindel, Erbrechen und Abdominalbeschwerden. Bei etwa 10–20% der Patienten kommt es in diesem Stadium zu Erscheinungen, die auf die Krankheit hinweisen: Fieber, Exantheme und rheumatoide Gelenkbeschwerden, Panzytopenie, Myalgien und Guillain-Barré-Syndrom. Zwei bis 14 Tage später wird der Ikterus bemerkt; die Leber ist dann fest und vergrößert. Die Patienten fühlen sich in diesem Stadium jedoch besser. Bei langdauernder Gelbsucht entwickelt sich eine Cholestase, verbunden mit Pruritus. Die Rekonvaleszenzphase kann Wochen dauern. Je jünger die Personen sind, desto leichter ist der Verlauf. Mutationen im Präcore-Be-

reich des HBc-Gens werden oft bei fulminanten Verläufen beobachtet.

Differentialdiagnose

Eine ikterische oder anikterische Begleit-Hepatitis kann bei zahlreichen Infektionskrankheiten auftreten. Typisch ist die Leberbeteiligung für den Morbus Weil, für die konnatale Syphilis, für Hämorrhagische Fieber und das Gelbfieber; eine Hepatitis kann aber auch bei Infektionen mit Picorna-Viren, Viren der Herpesgruppe, bei Bruzellosen, Rickettsiosen und bei der Malaria vorkommen, wichtig ist auch die toxische und die Autoimmun-Hepatitis.

Immunität

Das zelluläre Immunsystem dürfte die Hauptlast bei der Beherrschung der HBV-Infektion tragen; hierfür spricht, daß nach der Infektion von Neugeborenen häufig chronische Verläufe auftreten. Man kann deshalb folgern, daß eine partielle „high-dose"-Toleranz durch große Mengen an Vi-

rusantigen für chronische Verläufe verantwortlich ist.

Labordiagnose

Eine bedeutsame Rolle für die Diagnose (Tabelle 15.2) und Prognose der akuten und chronischen Hepatitis spielen die verschiedenen Antigene, die im Serum auftauchen oder in Biopsie-Material nachgewiesen werden können, desgleichen die entsprechenden Antikörper und die Transaminasen; die Interferontherapie wird durch die PCR kontrolliert.

Bereits in der zweiten Hälfte der Inkubationsperiode läßt sich HBsAg mit Prä-S1- und -S2-Ag im Serum feststellen. Dies gilt auch für HBeAg, DNS, die virale DNS-Polymerase und für die elektronenmikroskopisch nachweisbaren DANE-Partikel. Das wichtigste Zeichen für den Beginn der Ausheilung ist das Absinken der HBs- und der HBe-Menge im Serum, spätestens 10–14 Tage nach Beginn der Erkrankung. Innerhalb von 8–12 Wochen sinkt die DNS unter die Nachweisgrenze.

Wenn nur Anti-HBc positiv ist, sollte auch Anti-HBc-IgM und Anti-HBs bestimmt werden. Wenn HBsAg positiv ist, empfiehlt sich eine Bestimmung von HBeAg und, wenn möglich, der HBV-DNS. Zur Kontrolle des Verlaufes werden diese Parameter mehrmals bestimmt. Chronische Verlaufsformen werden in Abständen von sechs Monaten kontrolliert. Bei gesunden HBsAg-Trägern genügt im Prinzip eine Untersuchung, im Falle einer Im-

munsuppression muß jedoch mit Reaktivierungen gerechnet werden. Die Durchseuchung mit dem HBV wird anhand der HBc-Antikörper festgestellt.

Akute Infektion

Bei einer akuten Infektion tauchen frühzeitig IgM- und dann auch IgG-Ak gegen das HBcAg auf. Anti-HBc-IgM lassen sich bis etwa sechs Monate nach einer akuten Hepatitis B nachweisen. Zwischen dem Verschwinden des HBe-Antigens und dem Auftreten des Anti-HBe klafft öfter eine zeitliche Lücke. Dies gilt in viel stärker ausgeprägter Weise für das HBsAg/Anti-HBs-System. In jüngster Zeit hat man im Serum von Patienten Antikörper gegen das x-Protein und gegen die DNS-Polymerase festgestellt. Das HBV kann auch nach der Ausheilung lebenslang im Organismus verbleiben; transplantierte Lebern werden erneut infiziert.

Chronische Hepatitis

Bei der chronischen Hepatitis persistiert das HBsAg mehr als 6 Monate. Die Persistenz kann Jahre oder das ganze Leben lang andauern. 10% der sonst gesunden Erwachsenen mit akuter Hepatitis B werden chronisch, bei Kleinkindern sind es 50% und bei perinataler Infektion 90% (meist asymptomatisch, aber erhöhte Transaminasen, Abb. 15.5). Bei etwa 60% der Patienten mit chronischer Hepatitis fehlen anamnestische Angaben über eine akute Hepatitis B. Ein direkter Übergang

Tabelle 15.2. Labordiagnose von HBV-Infektionen

Krankheitsstadium	HBsAg	HBeAg	Polymerase/ DNS	Anti-HBs	Anti-HBc-IgM	Anti-HBc-IgG	Anti-HBe	Infektiosität des Blutes	Besonderheiten
Inkubationsperiode	+	+/–	+/–	–	–	–	–	+++	
Akute Hepatitis	+	+	+	–	+	–	–	+++	
Rekonvaleszenz:									
früh	+	–	–	–	+	+/–	+/–	(+)	
spät	–	–	–	+	–	+	+	–	
Jahre nach Erkrankung	–	–	–	+/–	–	+	–	–	Anti-HBc sicherster Marker für Durchseuchung
Chronisch aktive Hepatitis	++	+	+	–	+	+	–	++	Hochinfektiös
Chronisch aktive Hepatitis	+	+/–	–	–	+	+	–/+	+	Mäßig infektiös
„Relaps"	+	+/–	+	–	–	+	–/+	+	Infektiös
Persistierende Hepatitis	+	–	–	–	–	+	+/–	+	Gering infektiös
HBsAg-Träger	+	–	–	–	–	+	–	(+)	Wenig infektiös „gesund"
Nach Impfung	–	–	–	+	–	–	–	–	

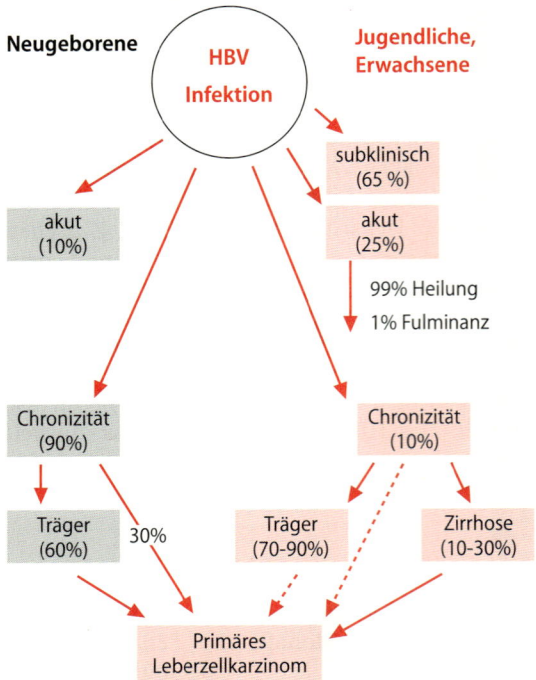

Verlaufsformen der HBV-Infektion

Neugeborene — HBV Infektion — Jugendliche, Erwachsene

subklinisch (65 %)

akut (10%)

akut (25%)

99% Heilung
1% Fulminanz

Chronizität (90%)

Chronizität (10%)

Träger (60%) 30%

Träger (70–90%)

Zirrhose (10–30%)

Primäres Leberzellkarzinom

Abb. 15.5. Verlaufsformen der HBV-Infektion. Die Infektion von Neugeborenen wird in 90%, diejenige von Kindern im Vorschulalter zu 50%, bei Jugendlichen und Erwachsenen in 10% chronisch. Aus den chronischen Formen kann ein primäres Leberzellkarzinom entstehen

in die chronische Infektion wird oft bei perinatal infizierten Neugeborenen und bei immungeschädigten Personen beobachtet (Toleranz?). Man schätzt 6–7 inapparente Infektionen auf einen klinischen Verlaufsfall. Todesfälle werden vorwiegend durch die chronischen Formen hervorgerufen, in 1% verläuft die akute HB fulminant tödlich.

Träger

Der *gesunde Träger* ist durch das Vorhandensein von HBsAg, Anti-HBc-IgG sowie durch weitgehend normale histologische Befunde gekennzeichnet. Der Gehalt des Serums an HBsAg ist gering (bis 10–20 µg/ml), jedoch können in 2/3 der Fälle Spuren von HBV-DNS im Blut nachgewiesen werden. Das Risiko für ein PLK (s. S. 667) ist ebenfalls erhöht.

Chronisch-persistierende und chronisch aktive Hepatitis

Wichtig ist die Unterscheidung zwischen der chronisch-persistierenden und der chronisch-replikativen Hepatitis: Beide Formen der Hepatitis lassen sich vom „gesunden" oder asymptomatischen Trägerstatus durch den histologischen Befund bei der Biopsie und durch die Transaminasenpegel unterscheiden. Während im Serum des gesunden Trägers wenig HBsAg und keine erhöhten Transaminasen vorhanden sind, werden bei anderen Verlaufsformen bis zu 500 µg/ml HBsAg im Serum und hohe Transaminasenwerte beobachtet. Die Persistenz von HBeAg, von DNS und von DANE-Partikeln spricht für eine chronisch-aktive Form. HBeAg kann bei dieser Form verschwinden. Dies ist prognostisch ein gutes Zeichen: Spontanheilungsrate 1–5% pro Jahr. Histologisch läßt sich vorübergehend oft eine verstärkte entzündliche Aktivität nachweisen; die HBV-DNS geht dabei allmählich im Serum zurück. Ist die Entzündung abgeklungen, so fehlt die DNS. Es gibt jedoch Fälle, bei denen trotz Auftretens von Anti-HBe eine Reaktivierung der HBV-DNS-Synthese erfolgt (Tabelle 15.2).

Transaminasen

Die Transaminasenkonzentration im Serum (SGOT, SGPT) ist ein guter Gradmesser für das Ausmaß der jeweiligen *Leberzellzerstörung*. Bei niedrigen Werten findet sich histologisch (Biopsie) das Bild eines gesunden HBsAg-Trägers oder eine inaktive Fibrose oder aber eine Zirrhose.

Therapie

Zur Prophylaxe müssen hochtitrige *HB-Immunglobulin-Präparate* (HBIG), z.B. bei Lebertransplantationen und bei Neugeborenen verwendet werden. Als Chemotherapeutika sind Famciclovir und Lamivudin mit Interferon kombiniert in der Erprobung; chronisch-replikative Verlaufsformen werden mit Erfolg (25%) mit Interferon α2 und Lamivudin behandelt oder erhalten Lamivudin, ein Zytokin und HBsAg therapeutisch.

Prävention

Überprüfung der Blutspender. Die wichtigste Maßnahme zur Verhinderung der Übertragung ist die Überprüfung aller Blutspender auf HBsAg (Tabelle 7.14, S. 528); auch auf peinlich genaue Sterilisation aller ärztlichen Instrumente ist zu achten. Insbesondere sollte die Übertragung des HBV durch Blutreste an Kanülen etc. durch entsprechende Vorsichtsmaßnahmen verhindert werden. Bei Verletzungen von Seronegativen mit Kontakt von HBV-haltigem Blut muß *sofort* aktiv und passiv geimpft werden u. z. innerhalb von 6–12 Stunden (s. S. 999 ff).

Schutzimpfung. Seit einigen Jahren ist die aktive Immunisierung mit einem *Totimpfstoff* möglich. Das Impfantigen besteht aus gentechnologisch hergestelltem HBs-Antigen. Drei Dosen, meist im Abstand von null und sechs Wochen sowie sechs Monaten erzeugen einen fast 100%igen Schutz. Der Impferfolg sollte kontrolliert werden; bei niedrigem Anti-HBs (≤ 10 U) ist eine alsbaldige Auffrischung angezeigt, ansonsten wird entsprechend den erzielten Impftitern verfahren. Bei Kontakt mit virushaltigem Blut: s. o.!

Nach der *Geburt* eines Kindes, dessen Mutter HBsAg-positiv ist, ist innerhalb von 12 Stunden eine passive Immunisierung angezeigt, außerdem ist die dreimalige aktive Immunisierung des Kindes erforderlich (0-1-6 Monate). Auf diese Weise läßt sich das Angehen einer Infektion (s. o.) und damit lebenslanges Trägertum verhindern. Die Untersuchung der schwangeren Frau auf HBsAg gehört daher zur *Mutterschaftsvorsorge*; sie sollte auf jeden Fall bei Müttern aus Endemiegebieten und Risikogruppen vorgenommen werden. Frühere Studien mit dem HB-Impfstoff haben gezeigt, daß die passiv-aktive Impfung auch nach bereits erfolgter Exposition wirksam ist. Es gibt „non-responder" nach 3maliger Impfung bei 5–10% aller Geimpften, bei Dialysepatienten sind es etwa 40%. Die Ansprechrate läßt sich steigern, wenn die Dosis erhöht wird, oder besser, wenn der Impfstoff intradermal injiziert wird, das HBsAg gelangt auf diese Weise besser an die dendritischen Zellen. Es gibt auch Anhaltspunkte dafür, daß die Zahl der Nonresponder nach Injektion eines Impfstoffes mit Prä S1 und 2 gesenkt wird. Ursächlich vermutet man, daß bestimmte HLA-Typen für diese Erscheinung verantwortlich sind. Es sollte jedoch beachtet werden, daß sich die Berichte über Escape-Mutanten nach der HBsAg-Impfung mehren.

Das HBV und das primäre Leberzellkarzinom

Das primäre Leberzellkarzinom (PLK) macht in Westeuropa und den USA etwa 2–3% aller Karzinome aus. Bei Männern ist das Risiko größer als bei Frauen. In Teilen von Afrika, Südostasien, in Alaska und den Mittelmeerländern stellt dieses Karzinom jedoch 20–40% aller Krebsfälle. Seit langem bereits hat man die posthepatitische Leberzirrhose in Beziehung zum PLK gebracht, das etwa 10–20 Jahre nach der HBV-Infektion auftritt. In Japan bekommen 23% aller Patienten mit posthepatitischen Zirrhosen ein PLK. In Taiwan wurde gezeigt, daß das Risiko, ein PLK zu bekommen, bei HBsAg-positiven Personen 300mal größer ist als bei Normalpersonen. Die geographische Verteilung des PLK deckt sich weitgehend mit der Verteilung der persistierenden HBV-Infektionen. Man schätzt, daß weltweit 250 000 Personen pro Jahr ein PLK bekommen.

Im PLK ist die DNS des HBV in das Zellgenom integriert. Dies ist ein wichtiger Hinweis auf die besondere Beziehung der HBV-Infektion zum Auftreten des PLK. Zumeist ist das Virus-Genom deletiert, invertiert, rearrangiert oder verdoppelt. In den monoklonalen Zellen der primären Leberzellkarzinome wird fast immer HBsAg, relativ häufig HBxAg, aber nur selten HBcAg exprimiert. Für die transformierende Wirkung des HBV ist u. a. das x-Gen verantwortlich, das Reparaturmechanismen ausschaltet. Das HBx-Gen löst hierdurch mutative Wirkungen am Zellgenom aus und schaltet auf diese Weise Suppressorgene aus. Aflatoxine wirken auf das Zellgenom ebenso mutationsauslösend. Die Promotoren des HBsAg wirken transformierend. Auch der Integrationsprozeß des HBV-Genoms selbst löst mutative Wirkungen am Zellgenom aus und schaltet wahrscheinlich Suppressorgene (s. S. 502) aus. Insgesamt nimmt die Entstehungsweise des PLK verschiedene Wege.

Die HBV-Infektion ist der wichtigste Risikofaktor für die Entstehung des PLK. In bezug auf alle Krebserkrankungen folgt die HBV-Infektion sofort auf den Risikofaktor Rauchen. Die PLK sind monoklonal (s. EBV und Burkitt-Lymphom), die Zellen wachsen in der nu/nu-Maus (ohne T-Zellen) zu einem Tumor aus. Der affirmative Beweis für die Beteiligung des HBV an der Entstehung des PLK ist der Rückgang desselben nach Massenimpfungen. Dies zeichnet sich in Taiwan tatsächlich bereits ab.

ZUSAMMENFASSUNG: Hepatitis B

Virus. DANE-(42 nm), HBsAg-Partikel und fadenförmiges HBsAg. Vertreter der Hepadna-Viren mit ringförmiger Doppelstrang-DNS in Kapsid mit Hülle. Im Partikel DNS-Polymerase, HBs- und HBc-Antigen. HBeAg nur im Serum. Züchtung bisher nicht möglich; HBs besteht aus Determinanten a, d, w, y, r, q.

Vorkommen. Weltweit verbreitet nur beim Menschen; bei Tieren verwandte Hepadna-Viren.

Epidemiologie. Durchseuchung in Griechenland, Asien, Taiwan, Afrika sehr hoch. 300 Mio chronische HBV-Patienten, 300fach größeres Risiko für primäres Leberkarzinom bei chronischer Hepatitis B; hohe Durchseuchung bei i.v. Drogenabhängigen, Homosexuellen, Prostituierten.

Übertragung. Durch kontagiöses Blut und Blutprodukte, ungenügend sterilisierte ärztliche Geräte (Spritzen, Kanülen etc.), Geschlechtsverkehr. Sperma, Sekrete sind virushaltig, ebenso Speichel und Tränenflüssigkeit; Zeichen für Infektiosität des Blutes ist HBeAg, HBV-DNS und HBsAg. Perinatale Übertragung.

Pathogenese. Infektion der Leber auf dem Blutweg. Die Immunreaktion des Organismus löst das Krankheitsgeschehen aus. Chronische Verläufe v.a. bei perinatal infizierten Kindern oder bei Defekt der Interferonbildung. HBc und HBe sind Zielantigene für ZTL. Immunkomplexbildung (HBsAg/Ak) bewirkt Periarteriitis nodosa u.a.

Klinik. Inkubationsperiode 2–6 Monate, 2/3 inapparenter Verlauf. 10% der Erwachsenen werden chronisch. Zunächst unklare Abdominalbeschwerden, dann Fieber, Gelenkbeschwerden. Exantheme und Ikterus. Wochenlanger Verlauf. Übergang in chronische Hepatitis mit aktivem oder persistierendem Verlauf. Bei Verschwinden von HBeAg und Polymerase sowie HBV-DNS-Übergang in persistierende Hepatitis. Außerdem sind asymptomatische Träger (mit HBsAg im Serum) und HBV-Mutantenträger möglich.

Immunität. Eine durchgemachte Hepatitis B hinterläßt lebenslange Immunität, akute IgM- und IgG-Antikörper gegen HBs, HBe und HBc (Polymerase u.a.). Schützende Antikörper HBs, zur Bestimmung der Durchseuchung – HBc-Antikörper.

Labordiagnose. Nachweis je nach Stadium und Form der Erkrankung: Antigene HBs, HBe, HBV-DNS sowie IgM oder IgG gegen HBs, HBe und HBc. Differentialdiagnose: Hepatitis A, C, D, TTV und E, Gelbfieber, M. Weil, ZMV, EBV, HSV, Brucellosen, Rickettsiosen und Malaria. Pathohistologie, Transaminasen. Blutproben testen!

Therapie. Symptomatisch. Einzelne chronische Formen: Interferon-α2. In der klinischen Prüfung befindet sich Famciclovir und Lamivudin mit Interferon sowie IL-2.

Prävention. Impfung, Prüfung der Blutproben etc., Sterilität der ärztlichen Geräte, Hygienemaßnahmen bei Trägern.

Expositionsprophylaxe. Bei Perinatalinfektionen und Verletzungen: HBIG und aktive Impfung (0–1–6 Monate).

Meldepflicht. Verdacht, Erkrankung, Tod. Erregernachweis.

15.4 Hepatitis DELTA-Virus (HDV)

STECKBRIEF

Das Virus der Hepatitis D ist ein defektes RNS-Virus. Es benötigt für seine Replikation ein Helfer-Virus in Gestalt des HBV, das letztere liefert die Hülle mit dem Prä S1 und 2 sowie dem HBsAg für das HDV-Kapsid.

Die Hepatitis D kann nur dann auftreten, wenn bereits eine Hepatitis B vorliegt oder wenn die Infektion mit dem HBV und HDV gleichzeitig erfolgt. Das HDV verstärkt die Hepatitis-Situation.

Die Impfung mit dem HBsAg schützt gegen das HDV.

Geschichte

1977 wurde in den Leberzellen von Patienten mit Hepatitis B ein neues Antigen durch Rizzetto entdeckt, das als δ-Antigen bezeichnet wurde. Das gleiche Antigen wurde später als Bestandteil von „kompletten" Viruspartikeln identifiziert.

Das D-Antigen wurde stets nur im Serum solcher Patienten festgestellt, die mit dem HBV infiziert waren. Es lag nahe, ein defektes Virus zu postulieren, welches auf die Zulieferung von Hüllmaterial durch ein Helfer-Virus (HBV) angewiesen ist: Versuche mit Schimpansen haben dies bestätigt.

15.4.1 Beschreibung des Virus

Genom

Die Nukleinsäure dieses Virus ist eine (–)-Strang-RNS mit 1678 Nukleotiden. Die RNS gleicht derjenigen von Virusoiden. Sie liegt als stäbchenförmiger Ring vor, es gibt eine genomische und eine antigenomische Form. Im Virion kommt nur die erste Form vor. Ihre Replikation erfolgt nach dem rolling circle Modell. Die Replikation erfolgt durch eine Wirtszellpolymerase. Man kennt bisher drei Genotypen, sie sind serologisch aber identisch.

Morphologie

Die Viren haben einen Durchmesser von 36 nm; sie reagieren mit einem HBsAg-spezifischen Antiserum. Das Viruspartikel ist ein pathogenes „Hy-brid"-Virus: Sein Kapsid und die RNS stammen vom HDV; die Hülle wird jedoch vom HBV geliefert.

Die verfügbaren Antiseren reagieren mit 2 Proteinen (24 kDa und 27 kDa). Beide Proteine befinden sich im Kapsid, das 24 kDa-Protein bindet sich an RNS. Beide Proteine werden vom Antigenom kodiert. Das gemeinsame Präkursorprotein besitzt ein M.G. von 68 kDa.

Züchtung

Es ist bisher nicht gelungen, das HDV zu züchten. Es ist übertragbar auf Schimpansen und Waldmurmeltiere mit endogener Hepatitis B. Das HDV repliziert sich in den infizierten Leberzellen außerordentlich stark.

15.4.2 Rolle als Krankheitserreger

Epidemiologie

In Süditalien, in Zentralafrika und im vorderen Orient sowie bei i.v. Drogenabhängigen ist die Infektion weit häufiger als in Mitteleuropa; die Durchseuchung bei HBsAg-Trägern beträgt in den genannten Gegenden bis zu 90%. Dagegen liegt sie in Norditalien bei 5,5%, in den USA bei 7% und in Deutschland weit unter 1%. Die *i.v. Drogenabhängigen* in Deutschland sind zu 40% durchseucht. Zeichen einer HDV-Infektion findet man bei 0,4% der Dialysepatienten, bei 1,7% der chronisch HBV-Kranken, aber kaum je bei akut HBV-Kranken. Als Hauptinfektionsquelle müssen in Deutschland die Drogenabhängigen angesehen werden.

Übertragung

Sie erfolgt ähnlich wie bei der Hepatitis B. Eine Übertragung durch Intimkontakt ist nicht selten. Das HDV wird wie das HBV auch perinatal übertragen. HIV-Infizierte und Drogenabhängige sind oft mit dem HDV infiziert. Die Blutproben für Transfusionszwecke müssen nur auf das Vorkommen von HBV geprüft sein, nicht aber auf HDV-Antikörper.

Pathogenese

Das HDV ist vermutlich direkt zytopathogen. Inapparenz oder milder Verlauf der Infektion korreliert

zu geringer Durchseuchung der HDV-positiven Personen, Chronizität und schwerer Verlauf zu hoher Durchseuchung. Je schwerer der Verlauf, desto häufiger findet man Mutanten. Offenbar gibt es auch asymptomatische Verläufe. In Biopsiematerial läßt sich das HDV-Antigen im Kern von Leberzellen feststellen. Eine Superinfektion mit HDV bei bestehender HBV-Infektion bewirkt sehr schwere Läsionen mit Überwiegen der Viruszytotoxizität gegenüber Lymphozytotoxizität. Eine primäre Doppelinfektion mit HBV und HDV bewirkt dagegen relativ geringe Läsionen, verglichen mit dem Gewebsbild bei der Superinfektion.

Klinik

Die HDV-Erkrankung beginnt akut mit Krankheitsgefühl, Appetitlosigkeit und Druck im rechten Oberbauch; dann tritt Gelbsucht auf. Patienten mit einer *Primär-Doppelinfektion* „HDV plus HBV"

weisen oft eine chronisch-aktive Hepatitis und Zirrhose auf; sie sterben eher als Patienten mit einer alleinigen HBV-Infektion. Bei Doppelinfektionen ist das Krankheitsgeschehen besonders schwer, heilt aber meistens aus, wenn es nicht zur Lebernekrose kommt (Fulminanz). Bei besonders schweren Verläufen der Hepatitis B muß an eine unerkannte zusätzliche HDV-Infektion gedacht werden, von denen 5–10% chronisch werden. Hinweise darauf kann die Anamnese liefern (Drogensüchtige, Homosexuelle, Prostituierte). *Superinfektionen* von HBsAg-Trägern mit dem HDV verursachen eine Phase mit akuter Hepatitis und relativ kurzer Inkubationsperiode und bewirken oft chronisch-aktive Verläufe der HDV-Infektion (bis zu 70–90%) mit Zirrhose und häufig fulminantem Verlauf; die HBV-DNS-Menge wird reduziert, es erfolgt eine zeitweise Konversion von HBsAg positiv zu HBsAg negativ (Abb. 15.6). Fulminanz ist beim HDV 10×häufiger zu beobachten als bei HBV und HCV,

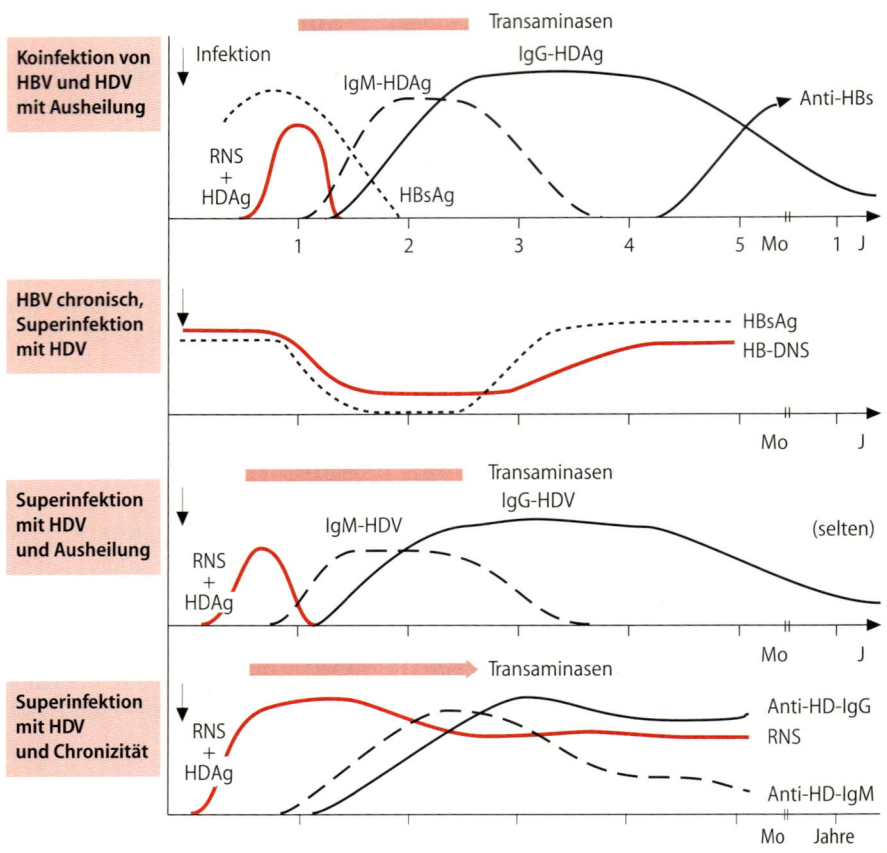

Abb. 15.6. Koinfektionen mit HBV und HDV bzw. Superinfektion mit HDV. Es ist Ausheilung und Chronizität dargestellt

sie ist durch zusätzliche Zeichen einer Enzephalopathie charakterisiert. Die Inkubationsperiode der Hepatitis D beträgt 2–6 Monate.

Immunität

Eine Immunität gegen HBV (durch natürliche Infektion oder durch Totimpfstoff erworben) schützt gegen die Infektion mit HBV, aber auch gegen HDV. Im Verlauf einer akuten, selbstlimitierenden HDV-Infektion treten virusspezifische IgM- und IgG-Antikörper auf; geht hingegen die akute in eine chronische Infektion über, persistieren die Anti-HDV-IgG mit hohen Werten. Außerdem können Autoantikörper gegen Mitochondrien (AMA) auftreten.

Labordiagnose

Mit einem ELISA lassen sich IgM-Ak gegen eine frische HDV-Hepatitis noch bis etwa 6–8 Wochen nach Beginn der Erkrankung nachweisen. Zur Abrundung der Diagnose ist aber auch der Nachweis der HBV-Marker zu fordern. Nach einer abgelaufenen D-Hepatitis läßt sich HDV-spezifisches IgG lebenslang in geringer Menge feststellen; hingegen bleibt bei chronischen HDV-Infektionen das Anti-HDV-IgG hoch positiv.

Die Persistenz der HDV-Infektion läßt sich noch besser durch den Nachweis der HDV-RNS im Serum zeigen (PCR), die Transaminasen sind oft erhöht. Mit dem IFT ist im biopsierten Lebergewebe der HDV-Antigennachweis möglich. Im Serum kann man das HDV-Antigen durch das Immunoblot-Verfahren nachweisen; dies gilt auch für Leberextrakte aus Biopsiematerial.

Die Untersuchung auf Anti-HBc-IgM erlaubt die Entscheidung, ob bei bestehender HBV-Infektion eine Superinfektion mit HDV vorliegt, oder ob es sich um eine von Anfang an bestehende Doppelinfektion mit beiden Viren handelt. Im erstgenannten Fall fehlt das Anti-HBc-IgM, im zweiten Fall ist es stark positiv.

Therapie

IFN-α2 wirkt dauerhaft nur in 10% der Fälle. Die Anwendung von Lamivudin und IL-2 befindet sich im Versuchsstadium.

Prävention

Zur Verhütung spielt die Erkennung und Aussonderung von HBV-positiven Blutspendern die größte Rolle. Die Prophylaxe erfordert die gleichen Maßnahmen wie bei der Hepatitis B. Die Umweltresistenz des HDV gleicht der des HBV. Postexpositionell wird eine aktive und passive Impfung gegen die Hepatitis B empfohlen.

ZUSAMMENFASSUNG: Hepatitis D

Virus. Defektes RNS-Virus (36 nm) mit Genom und Antigenom, als Helfer wirkt HBV, dessen HBsAg als Hülle. Ähnlichkeit der RNS zu den Virusoiden. RNS in Ringform.

Vorkommen. In Süditalien und Rumänien weit verbreitet, ebenso Zentralafrika, Orient, nördliches Südamerika.

Epidemiologie. In den gleichen Regionen und gleiche Risikogruppen wie bei HBV.

Übertragung. Analog wie HBV: Entweder zugleich mit HBV als Primärinfektion oder als Superinfektion; selten durch Intimkontakt.

Pathogenese. HD-Ag im Kern von Leberzellen nachweisbar. RNS und Antikörper im Blut.

Klinik. Asymptomatische und leichte Verläufe, Superinfektion von chronischer HB verursacht akuten Schub und Fulminanz; Doppelinfektion mit HBV und HDV: Schweres Krankheitsbild mit Übergang in chronisch aktive Hepatitis und Zirrhose.

Immunität. Die Immunität gegen HBV schützt gegen HDV.

Labordiagnose. Im ELISA Ag- und Antikörper-Nachweis. PCR. Biopsie.

Therapie. IFN-α2 nur wenig wirksam.

Prävention. s. Hepatitis B.

Meldepflicht. Verdacht, Erkrankung, Tod, Erregernachweis.

15.5 Hepatitis C-Virus (HCV)

STECKBRIEF

Nachdem HAV und HBV entdeckt waren, blieben immer noch viele sog. NonA/NonB-Hepatitisfälle zurück. 1989 wurde dann das HCV entdeckt. Es ist der Erreger einer leicht verlaufenden Hepatitis, die aber oft chronisch wird und in Zirrhose und Leberzellkrebs übergehen kann. Auf der Erde gibt es 400–600 Mio HCV-Träger.

Seit 1999 läßt sich das HCV nach einem komplizierten Verfahren züchten.

Geschichte

1987 wurde erstmals die Übertragung auf den Schimpansen beschrieben, bei dem leichte Krankheitssymptome mit Transaminasenerhöhung beobachtet wurden. Da die herkömmlichen Verfahren zum Virusnachweis jedoch keine Resultate erbrachten, wurde zwecks Isolierung einer komplementären DNS aus dem Plasma eines frisch infizierten Schimpansen Nukleinsäure isoliert und verarbeitet. Dann wurde nach DNS-Klonen gefahndet, die in Expressionssystemen ein Antigen produzierten, das mit den Seren von menschlichen Rekonvaleszenten und chronisch Infizierten mit Non A/Non B-Hepatitis im ELISA reagierten. Die entsprechende cDNS wurde sequenziert und das Virus schließlich als neues Genus der Flaviviridae identifiziert. Antikörper gegen dieses Virus wurden bei Patienten in aller Welt festgestellt.

15.5.1 Beschreibung des Virus

Genom

Das Virus besitzt eine (+)-Einzelstrang-RNS mit 9,4 kb. Sie enthält am 5′-Ende eine nicht-kodierende Region, gefolgt vom Kapsid- und zwei Hüll-Genen sowie fünf Nichtstrukturgenen (Polymerase, Protease u.a.). Die Replikation erfolgt im Zytoplasma. Man kennt jetzt 12 Genotypen mit jeweils weiteren Varianten, die im Verlauf der chronischen Infektionen entstanden sind.

Morphologie

Das Virus besitzt einen Durchmesser von 60–70 nm. Es besteht aus einem Kapsid und trägt eine Hülle mit Spikes; es ist noch nicht sicher dargestellt worden. Vom Genom wird ein Vorläuferprotein mit etwa 3000 Aminosäuren gebildet, das durch Proteasen des HCV in Struktur- und Nichtstrukturproteine gespalten wird.

Züchtung

Das HCV läßt sich auf Schimpansen übertragen und in vitro züchten. Bester Nachweis: RT-PCR mit Typenbestimmung.

15.5.2 Rolle als Krankheitserreger

Epidemiologie und Übertragung

Die Epidemiologie ähnelt der des HBV in vieler Hinsicht (Tabelle 15.3). Risikogruppen sind i.v. Drogenabhängige, Dialysepatienten, Homosexuelle, Insassen von Gefängnissen. HCV-Träger sind weit verbreitet: In Deutschland sind etwa 0,6%, in den USA 1,5–4,4% der Gesamtbevölkerung seropositiv, in Europa etwa 10% aller Dialysepatienten. In Deutschland werden pro Jahr etwa 20 000–50 000 frische HCV-Infektionen beobachtet.

Als Infektionsquelle kommen v.a. Blutspender aus sozial niedrigen Schichten sowie (meist i.v.-) Drogenabhängige in Betracht. Wahrscheinlich wird das Virus auch durch Intimkontakt (v.a. bei AIDS) und kleine Hautverletzungen übertragen; es wurde im Sperma festgestellt. Es gibt eine perinatale Übertragung von der Mutter auf den Säugling (< 5%), inapparente Familieninfektionen sind nicht selten.

Pathogenese

Das HCV läßt sich im Serum und in Blutlymphozyten (v.a. B-Zellen) nachweisen, zu Beginn der akuten Infektion erfolgt eine Schädigung des Knochenmarks. In Blut, Speichel und Urin findet sich RNS des HCV. In der Leber wird eine diffuse, periportale Zerstörung der Leberzellen mit geringem Periportal-Infiltrat festgestellt, man findet eine abundante Verfettung und portal Pseudolymphfollikel. Man vermutet, daß der Zellschaden immunpathogenetisch ausgelöst wird. Ein TNF-α-Polymorphismus

VIII

Tabelle 15.3. Wichtige Merkmale der Hepatitiden

Eigenschaft	Hepatitis						
	A	B	D	C	E	G	TTV
Ink.-periode	2–6 Wochen	2–6 Monate	2–6 Monate	2–10 Wochen	6 Wochen (2-8)	?	?
Übertragung	Fäkal-oral (Nahrungsmittel, Wasser, Stuhl)	Parenteral Intimverkehr Perinatal	Parenteral Intimverkehr (?) Perinatal	Parenteral Sexuell Sporadisch	Fäkal-oral Trinkwasser	Parenteral Sexuell	Parenteral Fäkal-oral Sexuell (+)
Infektiöses Material	Stuhl	Blut und Blutprodukte, Speichel, Sperma, Exsudate	Blut und Blutprodukte, Speichel, Exsudate	Blut und Blutprodukte, Speichel, Sperma, Exsudate	Stuhl, Trinkwasser	Blut und Blutprodukte	Blut Stuhl
Verlauf	Kurz, gutartig	Schwer Chronizität Leberzirrhose	Schwerer als HB „Akute Schübe" Leberkarzinom	Leichter als HB Chronizität einer Hepatitis B Leberkarzinom	Gutartig Kurz Zirrhose	Fraglich	?
Auftreten	Endemisch Epidemisch	Risikogruppen Endemisch Sporadisch Lokal-epidemisch	Risikogruppen Endemisch Sporadisch	Endemisch Sporadisch Risikogruppen	Epidemisch Sporadisch	Sporadisch Endemisch Risikogruppen	Endemisch
Prophylaxe	Hepatitis A-IgG Aktive Impfung	Hepatitis B-IgG Aktive Impfung	Hepatitis B-IgG Aktive Impfung	?	?	?	? +
Inapparenz	etwa 50%	60–80%	+	Sporadisch 10–50% Posttransfusional 60%	?	+	
Chronizität	–	10%	60–80%	etwa 60–80%	–	persistent	+?
Fulminanz	0,6% von Hospitalisierten	Wildtyp 1% Mutanten 30%	Koinfektion 1–2% Superinfektion bis 50%	<1%	Männer 2–3% Gravide 22%	+(?)	+?

soll mit einer chronisch-replikativen Hepatitis C korreliert sein. Auffallendes Kennzeichen der Biopsie ist eine Aktivierung der Sinusoidal-Rand-Zellen. Die Hauptlast der Viruselimination tragen CD8-Zellen. 20–40% heilen aus, 60–80% aller HCV-Infektionen werden chronisch, 20% von ihnen gehen in eine chronisch aktive Hepatitis mit Zirrhose über. Das Risiko für die Entstehung eines PLK ist stark erhöht.

Es sind 12 Genotypen mit weiteren Subtypen des HCV bekannt. Superinfektionen mit dem HAV verlaufen sehr schwer: Schutzimpfungen!

Klinik

Die Inkubationsperiode beträgt 2–20 Wochen. Der apparente Verlauf der Hepatitis C ist meist leichter als bei anderen Hepatitiden und wird nur bei 5% der Infizierten beobachtet. Die akute Hepatitis C kann voll ausheilen (15%), es gibt aber auch fulminante Verläufe. Eine chronische Hepatitis C entwickelt sich mild und schleichend auch ohne erhöhte Transaminasen in ca. 60–80% *aller* Infizierten. Rezidive der Erkrankung sind häufig, auch gibt es Superinfektionen mit HCV (Abb. 15.7).

Immunität

Im Verlaufe der Erkrankung entwickeln sich IgM- und IgG-Antikörper; auch ZTL gegen infizierte Leberzellen wurden nachgewiesen. Im Serum treten Immunkomplexe auf; trotz Anwesenheit von Antikörpern persistiert bei chronischen Fällen die Virämie (RT-PCR für RNS!), die Transaminasen sind jedoch meist nicht erhöht. Es ist vorläufig unbekannt, ob passiv verabfolgtes IgG einen Schutz verleiht. Häufig sind Kryoglobulinämie und verschiedene Spezifitäten von Autoantikörpern. Diabetes vom Typ I, Polyarteriitis nodosa und Thrombozytopenie sieht man als Folgen einer HCV-Infektion

VIII

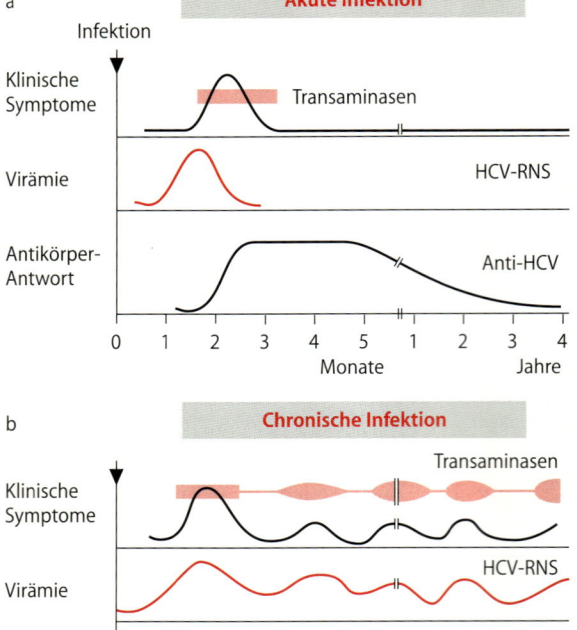

a

Infektion

Akute Infektion

Klinische Symptome

Transaminasen

Virämie

HCV-RNS

Antikörper-Antwort

Anti-HCV

0 1 2 3 4 5   1 2 3 4
Monate   Jahre

b

Chronische Infektion

Klinische Symptome

Transaminasen

Virämie

HCV-RNS

Antikörper-Antwort

Anti-HCV

0 1 2 3 4 5   1 2 3 4
Monate   Jahre

Abb. 15.7. Ablauf der akuten und chronischen HCV-Infektion. Als Marker sind HCV-RNS, Anti-HCV und Transaminasen dargestellt

an. Rheumafaktoren lassen sich in 70% nachweisen.

Labordiagnose

Die Diagnose der Erkrankung wird durch einen IgG-ELISA gegen Struktur- und Nichtstruktur-Antigene (C 100, C 33 und C 22) gestellt, auch IgM läßt sich nachweisen. Die RNS läßt sich im Serum mit der PCR nachweisen. Bei Schwangeren aus Risikogruppen sollte die PCR angestellt werden! Transaminasenwerte geben den Krankheitsverlauf weniger gut an als die PCR.

Resistenz, Prävention und Therapie

Das HCV ist empfindlich gegenüber Formalin, Hitze und Chloroform. Wichtig ist die Prüfung von Blut für Transfusionszwecke auf Antikörper im ELISA und der Nachweis der RNS mit der PCR. Bei Patienten aus Risikogruppen (Dialysepatienten) ist wegen der Übertragungsgefahr sorgfältige Hygiene zu beachten. Der besonders häufig vorkommende Subtyp 1b ist relativ resistent gegen die Wirkung von IFN $\alpha2$, das in 20% v.a. beim Vorliegen des Subtyps 2 eine Ausheilung erbringt. Standard ist die Therapie mit Ribavirin und Interferon. Indikation für die Therapie ist die Leberbiopsie; das Ansprechen und der Therapieerfolg wird durch Biopsie und HCV-Viruslastbestimmung geprüft.

ZUSAMMENFASSUNG: Hepatitis C

Virus. Das HCV ist ein Erreger der NonA/NonB-Hepatitis. Eigenes Genus der Flaviviridae. RNS-haltig mit Hülle, chloroformsensibel.

Vorkommen. Weltweit, v.a. bei Bluttransfusionen.

Epidemiologie. Hohe Durchseuchung bei Risikogruppen (Drogenabhängige, Homosexuelle u.a.), sonst unter 1%, perinatale Infektion.

Übertragung. Parenteral durch Blut, Intimverkehr, ungenügend sterilisierte Geräte, geringere Übertragungsgefahr als bei HBV. Perinatalinfektion ist selten.

Pathogenese. Zellschaden durch das Virus ausgelöst, oftmals Übergang (60–80%) in Chronizität, leichte Verläufe.

Klinik. Akute Hepatitis und chronische Formen sind ein Risikofaktor für Zirrhose und Leberkrebs.

Immunität. Wahrscheinlich lebenslang, meist aber Chronizität.

Labordiagnose. Pathohistologie, ELISA für Antikörpernachweis, RT-PCR für Virämie.

Therapie. Symptomatisch, IFN-$\alpha2$ bringt z.T. Besserung (20%), Kombination mit Ribavirin.

Prävention. RT-PCR-Screening in Risikogruppen und bei Blutspendern sowie bei Schwangeren.

Meldepflicht. Verdacht, Erkrankung, Tod. Erregernachweis.

15.6 Hepatitis E-Virus (HEV)

Das HEV besitzt einen Durchmesser von etwa 27–34 nm (7,5 kb, (+)-Strang-RNS, ohne Hülle, drei Ableserahmen, nicht-kodierende Region) und bildet ein eigenes Genus. Es ist sehr stabil und wurde in großen Epidemien auf dem indischen Subkontinent, ferner in Mexiko und Afrika beobachtet, Antikörper werden aber auch in den Industrieländern (1–2%) nachgewiesen. Die *Übertragung* erfolgt durch verunreinigtes Trinkwasser. Die Inkubationsperiode beträgt 18–64 Tage. Die Erkrankungen treten vorwiegend bei Jugendlichen und Erwachsenen auf. Neben dem Hauptsymptom (Gelbsucht) wird weniger häufig Anorexie, Hepatomegalie, Fieber, Erbrechen und Schmerzen beobachtet, der Verlauf ist schwerer als bei HAV. Infektionen durch HAV, HBV, HCV und durch HDV lassen sich epidemiologisch und serologisch oder durch die PCR ausschließen. Die Infektion wird auch auf Familienangehörige übertragen. Auffallend ist, daß die Krankheit bei graviden Frauen im 3. Trimenon einen sehr schweren Verlauf nimmt; die Letalität der Frauen betrug hier etwa 20%. Häufig erfolgt die Übertragung von der Mutter perinatal auf das Kind bei hoher Sterblichkeit der Kinder. Chronische Fälle gibt es nicht (Tabelle 15.3, s. S. 673), jedoch Reinfektionen. Es gibt einen IgM- und IgG-ELISA für die Diagnostik. Die Virämie dauert 2–3 Wochen. Pathologisch-anatomisch bewirkt das HEV Einzel- oder fleckförmige Leberzellnekrosen, die Läsionen ähneln der bei der Hepatitis A: Portale und periportale Zerstörungen, viele aktivierte Kupffer- und NK-Zellen werden beobachtet, im Gegensatz zur Hepatitis A aber weniger Lymphozyten. HEV-Antigene finden sich im Zytoplasma. Das HEV läßt sich auf Schimpansen und Rhesusaffen sowie Ratten übertragen, bei Schweinen gibt es nahe Verwandte (Zoonose?).

ZUSAMMENFASSUNG: Hepatitis E

Virus. Das HEV ist ein „Hepatitis E-like Virus" mit einer (+)-Strang-RNS in einem Ikosaeder-Kapsid; Kapsomere wie Tassen nach außen gerichtet.

Vorkommen. Epidemisch und endemisch in Asien, Südamerika und Afrika. Selten in Deutschland.

Übertragung. Schmutz- und Schmierinfektion, Trinkwasser, Lebensmittel (?). Übertragung auch auf Familienangehörige.

Pathogenese. Bei Infektion von Graviden oft tödliche Verläufe (20%).

Klinik. I. allg. leichter Verlauf, Inkubationsperiode 18–64 Tage. Keine Chronizität.

Labordiagnose. ELISA oder PCR, hierzulande sehr selten.

Meldepflicht. Verdacht, Erkrankung, Tod. Erregernachweis.

15.7 Hepatitis G-Virus (HGV)

Auch nach der Entdeckung des HCV blieben noch Non-A-E-Hepatitiserkrankungen zurück: 3% der akuten und 17% der chronischen Hepatiden in den USA ließen sich keinem dieser Viren zuordnen. Bereits 1971 war ein Virus von einem infizierten Chirurgen (GB) auf Tamarin-Affen übertragen worden. Das aufbewahrte Material ließ sich auch noch 1995 weiterpassagieren, wobei sich drei Viren, nämlich GB-A, -B und -C abgrenzen ließen.

Im Gegensatz zum HCV war die Pathogenität für Schimpansen gering. Auch aus Patienten mit Non-A-E-Hepatitis konnte 1996 direkt ein neues Virus isoliert werden: das HGV. Es ist nahezu identisch mit dem HGB-C-Virus.

Es handelt sich um ein (+)-RNS-Strang-Virus, das zur Flavi-Gruppe gezählt wird. Das Genom enthält 9,4 kb, an Proteinen sind eine Helikase, zwei Proteasen und die Polymerase identifiziert. Es ist mit dem HCV relativ nah verwandt.

Die Übertragung erfolgt durch Bluttransfusionen und sexuell, dabei enthält das Sperma das HGV. Mit

der RT-PCR wurde es bei Blutspendern in 1–2% der Fälle, bei Hämodialysepatienten in 3–4% und bei Drogenabhängigen in 35–50% nachgewiesen; auch kommt es oft mit HCV gemeinsam vor. Offenbar persistiert das HGV im Organismus ohne Krankheitserscheinungen. Man vermutet, daß es aplastische Anämien erzeugen kann und vielleicht fulminante Verläufe verursacht. Vorläufig läßt es sich nur durch die RT-PCR nachweisen. Es kann auch von der Mutter auf das Neugeborene übertragen werden (60%). Antikörper (und ZTL?) bewirken die Elimination des Virus und wirken schützend.

ZUSAMMENFASSUNG: Hepatitis G

Virus. Das HGV gehört als eigenes Genus zu den Flavi-Viren. Es besteht aus (+)-Strang-RNS in einem Ikosaeder-Kapsid mit Hülle. Ätherempfindlich.

Vorkommen. Beim Menschen weltweit verbreitet, weniger als 1–2% infiziert.

Übertragung. Durch Bluttransfusionen und bei i.v. Drogenabhängigen, oft sexuell; es wird oft mit HCV und seltener mit HIV übertragen.

Pathogenese. Leichter Verlauf, keine Transaminasenerhöhungen.

Klinik. Bisher keine Erkrankungen beobachtet. Virus persistiert bis zu 10 Jahren oder länger im Blut.

Labordiagnose. RT-PCR, Antikörperteste sind unzuverlässig.

Meldepflicht. Keine.

15.8 TT-Virus (TTV)

1997 wurde ein neues Hepatitis-Virus entdeckt, das TTV (nach den Initialen des Patienten). Es handelt sich um ein Einzelstrang-DNS-Virus mit negativer Polarität ohne Hülle mit etwa 3,8 kb und 2 ORF; die DNS liegt in Ringform vor (Circino-Virus). Man kennt viele Genotypen, dies erschwert die Diagnostik mit der PCR. Es wird durch Bluttransfusionen übertragen, mit dem Stuhl ausgeschieden und wahrscheinlich fäkal-oral übertragen. Die Virämie dauert Monate und Jahre. Bei Blutspendern findet es sich zu 14% im Blut (PCR), bei Patienten im Endstadium von Lebererkrankungen bis zu 55%, auch in der Muttermilch soll es vorkommen. Bei akuten und chronischen Infektionen sind die Transaminasen auch längerfristig erhöht. Im Gallensaft tritt es in 10–100fach höherer Konzentration auf als im Serum. Die lange Dauer der Virämie (Jahre) könnte auf einen Immundefekt hindeuten. Wahrscheinlich repliziert es sich in der Leber, ob es eine Hepatitis auslöst, ist eher ungewiß. – Auch jetzt kennt man die Ätiologie nicht aller Virushepatitiden: Man erwartet ein weiteres Virus.

15.9 „Autoimmun-Hepatitis"

Außer den Virus-Hepatitiden A, B, C, D, E und G sowie TTV gibt es Hepatitis-Fälle, bei denen ätiologisch kein Virus angenommen werden kann. Wie bei vielen Virusinfektionen gibt es auch bei der Hepatitis im Anschluß an die primäre Virusphase sekundäre, „autoaggressiv" bedingte Phasen.

„Autoimmun"-Hepatitisfälle sind gekennzeichnet durch Hypergammaglobulinämie, Präponderanz bei Frauen, oftmaliges Vorkommen von HLA-A1, -DR3 und -DR4 sowie -B8 sowie durch verschiedene Autoantikörper. Zur Charakterisierung dieser Hepatitis untersucht man das Spektrum der *Autoantikörper*: Antikörper gegen Nukleinsäuren (ANA), glatte Muskulatur (SMA), Leber, Niere, Mikrosomen (LKM), lösliches Leberantigen (SLA), Asialoglykoproteinrezeptor (ASGPR) und gegen Mitochondrien (AMA).

Die Unterscheidung zwischen autoimmunen und viralen Formen ist wichtig: Die autoimmune Form ist einer immunsuppressiven Therapie zugänglich, während es bei den viralen Hepatitiden bei immunsuppressiver Therapie zu einer Verschlechterung kommt.

EINLEITUNG

Die Pocken waren die seit Jahrtausenden am meisten gefürchtete Krankheit des Menschen. Jenner hat um 1800 die Impfung gegen die Pocken ausgearbeitet und eingeführt. Durch ein gezieltes Impfprogramm der WHO wurde diese Krankheit 1977 ausgerottet. Heute spielen nur noch das Molluscum contagiosum (Moll. cont.) und einige tierpathogene Spezies der Pocken-Viren eine Rolle.

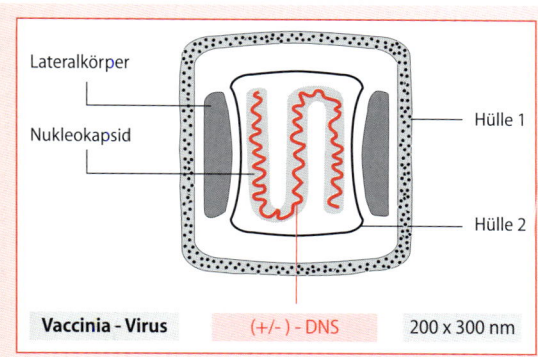

STECKBRIEF

Lateralkörper		
Nukleokapsid		Hülle 1
		Hülle 2
Vaccinia - Virus	(+/-) - DNS	200 x 300 nm

- Mäusepocken-Virus (Affen, Mensch) Squirrelreservoir? u.a. (s. S. 680).

Genus Parapox-Viren. Das Melkerknoten-Virus ist für den Menschen pathogen: Es erzeugt die Melkerknoten-Krankheit. Das Orf-Virus erzeugt papulo-vesikuläre Läsionen am Finger.

Weitere Pocken-Viren. Hierzu gehören zahlreiche für den Menschen apathogene Viren, z.B. die Geflügelpocken, das Myxom-Virus des Kaninchens und die Schweinepocken-Viren. Weitere Subgruppen sind die *Ta*na- und *Ya*bapocken-Viren (Genus Yatapocken) der Affen sowie das Virus des Molluscum contagiosum.

16.1 Die Gruppe der Pocken-Viren

Man faßt unter der Bezeichnung „Pocken-Viren" eine Familie von großen Doppelstrang-DNS-Viren (130–375 kbp) mit komplexer Struktur zusammen. Sie treten als Erreger von Krankheiten bei Mensch und Tier auf.

Die Pocken-Gruppe gliedert sich nach dem jeweiligen Wirtsspektrum ihrer Glieder in Untergruppen. Hiervon sind nur drei für die Humanmedizin bedeutsam; die übrigen Erreger kommen bei Tieren vor und werden nur selten auf den Menschen übertragen.

Genus Orthopox-Viren

- Menschenpocken-Virus (Mensch); Variola vera;
- Vaccinia-Virus (Rind, Mensch, s. S. 679);
- Kuhpocken-Virus (Rind, Mensch, Nagetierreservoir);

16.2 Molluscum contagiosum

STECKBRIEF

Das Molluscum contagiosum (Dellwarze) ist eine Infektionskrankheit des Menschen, es führt zu gutartigen, proliferativen Hauttumoren. Es wurde 1814 zum ersten Mal beschrieben. 1941 wurde der Erreger erstmals experimentell von Mensch zu Mensch übertragen. Das Genom des Virus enthält etwa 160 Gene.

VIII

Beschreibung

Morphologie. Die Morphologie des Virus entspricht dem der Pocken-Viren.

Einteilung. Da die Züchtung des Virus in vitro bisher nicht gelungen ist, basiert die Typeneinteilung auf der Restriktionsenzymanalyse: Drei Genotypen. Genus Molluscipoxvirus.

Rolle als Krankheitserreger

Epidemiologie. Das Molluscum contagiosum tritt bei Kindern zumeist vereinzelt auf, man hat jedoch auch kleine Epidemien in Kindergärten und Schulen beobachtet.

Übertragung. Die Infektion wird *direkt* von Mensch zu Mensch weitergegeben, erfolgt aber auch indirekt; so wurde bei Besuchern von Schwimmbädern gehäuft Molluscum contagiosum festgestellt.

Pathogenese. Das Molluscum contagiosum ist auf die Haut beschränkt. Die Knötchen enthalten große Mengen an Virus. Die epithelialen Veränderungen sind „Epitheliosen", keine Adenome oder Epitheliome. Sie entstehen durch Proliferation der basalen Schichten (Akanthom) des Plattenepithels und weisen zentral eine Vertiefung auf, aus der sich zerfallende Epithelmassen entleeren. Die Basalmembran wird nicht durchbrochen, die Basalzellen nehmen aber an den Proliferationsvorgängen teil. Das Virus repliziert sich – wie alle Pocken-Viren – im Zytoplasma, die Einschlußkörperchen entsprechen den Syntheseorten. Bestimmte Proteine des M.c. binden IL-18 und verhindern auf diese Weise die Stimulierung des Immunsystems durch Mangel an IFN-γ, deswegen auch die lange Dauer der Effloreszenzen. Andere Proteine verhindern die Apoptose. Je weniger CD4-Zellen vorhanden sind, desto häufiger ist das M.c.

Klinik. Das Molluscum contagiosum tritt nach einer Inkubationszeit von wenigen Wochen im Gesicht, aber auch am Hals, an den Armen, am Rücken und an den Genitalien in Form von Knötchen auf. Die Hauttumoren sind fleischfarbig; sie stellen sich als perlenartige, feste und genabelte Knötchen dar. Oftmals sind auch die Augenlider befallen; dabei werden eine Konjunktivitis und eine Keratitis beobachtet. Die Knötchen vergrößern sich nur sehr langsam; sie wachsen im Verlauf von Monaten, verschwinden dann aber meist *spontan* (zelluläre Immunreaktion) (Abb. S. 690). Bei AIDS-Patienten finden sich verstreut über die Körperoberfläche Anhäufungen von Dellwarzen. Mit einem IgG-ELISA haben sich Antikörper gegen das M.c.-Virus nachweisen lassen. Die Antikörper zeigen eine mit steigendem Alter ansteigende Durchseuchung an; liegen Dellwarzen vor, lassen sich bis zu 70% Antikörper feststellen.

Therapie. Zumeist lassen sich die Knötchen mit dem scharfen Löffel entfernen. Anwendung von flüssigem N_2, Jodlösungen oder Cantharidin. Laserbehandlung. Cidofovir-Gel, Imiquimod-Gel lokal.

ZUSAMMENFASSUNG: Molluscum contagiosum

Virus. Struktur wie Pocken-Virus, bisher nicht züchtbar, drei DNS-Typen.

Vorkommen. Nur beim Menschen, v.a. bei Kindern und Jugendlichen.

Epidemiologie. Meist sporadisch, kleine Epidemien.

Übertragung. Direkt von Mensch zu Mensch, auch indirekt.

Pathogenese. Die Knötchen sind virushaltig. Proliferation des Plattenepithels. Einschlußkörperchen.

Klinik. Inkubationsperiode einige Wochen. Genabelte Knötchen der Haut, vorzugsweise im Gesicht. Entleerung von zerfallendem Epithel.

Labordiagnose. RE-Analyse der DNS.

Therapie. Laserbehandlung, Cidofovir-Gel, Imiquimod-Gel.

16.3 Pocken- und Vaccinia-Virus

STECKBRIEF

Das Pocken-Virus ist für den Menschen hochvirulent und als Erreger der Pocken (Blattern, Variola major, Variola vera, „smallpox") bekannt: Es kommt nur beim Menschen vor. Im Gegensatz dazu ist das Vaccinia-Virus für den Menschen nur schwach virulent; es diente als Impfvirus gegen die echten Pocken. Heute dient das Vaccinia-Virus in stark attenuierter Form als Vektor für den Einbau von Virus- oder Tumorantigenen.

Geschichte

Die Pocken sind als endemisch auftretende Seuche bis ins 19. Jahrhundert hinein eine der am meisten gefürchteten Krankheiten gewesen. Sie waren bis in die Mitte des 19. Jahrhunderts eine Hauptursache für das Stagnieren der Bevölkerungszahl in Europa trotz hoher Geburtenziffer. Die nach dem 2. Weltkrieg registrierten Infektketten waren von eingeschleppten Einzelfällen ausgegangen: v. a. vom Luftverkehr. Seit 1977 sind die Pocken durch weltweite Impfprogramme ausgerottet. Dies ist das erste Beispiel für die gezielte Eliminierung einer seuchenhaften Infektionskrankheit.

16.3.1 Beschreibung des Virus

Morphologie

Pocken-Viren sind quaderförmig gebaut (100×200×300 nm). Die Doppelstrang-DNS des Virions ist in ein fadenförmiges Kapsid eingebaut. Es trägt zwei ineinanderliegende Hüllen und dazwischen zwei Polkörperchen in Gestalt von je einer „Polscheibe".

Vermehrungszyklus

Der Vermehrungszyklus der Pocken-Viren ist am Beispiel des Vaccinia-Virus studiert worden. Die für die allgemeine Virologie grundlegenden Erkenntnisse über Adsorption, Penetration, Uncoating, Enzyminduktion, Bausteinsynthese und Mon-
tage sind zum großen Teil am Modell des Vaccinia-Virus gewonnen worden. Die Vermehrung der Pocken-Viren erfolgt an Synthesezentren im Zytoplasma. Das Vaccinia-Virion enthält eine viruskodierte DNS-abhängige RNS-Polymerase u. a. Enzyme; die Virus-DNS enthält außerdem Gene, deren Produkte als Wachstumsfaktor für Epithelzellen wirken oder die Komplementkaskade hemmen. Das Vaccinia-Virus verhindert durch Expression eines IL-1-Inhibitors die Entstehung von Fieber – im Gegensatz zur Variola vera-Virusinfektion, die mit hohem Fieber einhergeht.

Charakteristisch für die Morphologie der vom Vaccinia- und vom Variola-Virus befallenen Zelle sind die Guarnieri'schen Einschlußkörperchen. Sie färben sich im Zytoplasma als basische Gebilde gut an. Sie enthalten Ansammlungen aus reifen und unreifen Viruspartikeln.

Resistenz gegen äußere Einflüsse

Die Pocken-Viren sind außerordentlich resistent gegen Austrocknung und können sowohl durch Staub als auch durch Tröpfchen über mehrere Meter hinweg übertragen werden.

Züchtung ist möglich im lebenden Tier, im bebrüteten Hühnerei und in der Zellkultur.

16.3.2 Rolle als Krankheitserreger

Übertragung

Das Virusreservoir für die echten Pocken sind ausschließlich kranke Menschen; gesunde Träger sind nicht bekannt. Die Kontagiosität beginnt mit dem Auftreten des Rachenkatarrhs und hört mit dem Abheilen der verschorften Pusteln auf. Die Übertragung erfolgt in der ersten Krankheitsperiode durch *Tröpfcheninfektion* vom Rachen aus und durch Einatmen von eingetrocknetem Pustelmaterial. Nach Erscheinen der Pusteln und Krusten ist die Haut des Kranken und dessen Bettwäsche kontagiös. Eintrittspforte ist der Nasenrachenraum.

Klinik

Die Inkubationszeit beträgt ca. zwei Wochen (12–13 Tage). Man beobachtet bei Beginn der klinischen Erscheinungen schweres Krankheitsgefühl, hohes Fieber und heftige Kreuzschmerzen sowie

einen Rachenkatarrh. In diesem Stadium ist der Kranke hochinfektiös. Nach 1–5 Tagen sinkt das Fieber ab und steigt nach einem Intervall von etwa einem Tag wieder an (*biphasischer Fiebertyp*). Zugleich treten Hauteffloreszenzen auf. Die Lymphknoten sind vergrößert. Bevorzugt sind die Extremitäten und das Gesicht, während der Stamm weniger befallen ist. Das Exanthem besteht anfangs aus roten Flecken, die sich zu Knötchen umbilden: Diese werden in virushaltige Bläschen umgewandelt, die sich bald eintrüben, sodann eintrocknen und schließlich verschorfen. Nach der Abheilung bleibt eine Narbe zurück. Vom Auftreten der ersten Krankheitserscheinungen bis zum Abfallen der Krusten vergehen 4–6 Wochen. Die Letalität beträgt 20–30%. – Infektionen mit dem Vaccinia-Virus beim Vorliegen von zellulären Immundefekten bewirken lokale Nekrosen.

Immunität

Nach einer durchgemachten Pocken-Erkrankung bleibt eine langdauernde Immunität zurück. Der Schutz wird durch zytotoxische Lymphozyten hervorgerufen; „nebenbei" entstehen Antikörper.

Prävention

Edward Jenner hat 1790/96 erstmals Schweinepockenmaterial auf seinen fast einjährigen Erstgeborenen und später Kuhpockenmaterial von einer infizierten Melkerin auf James Phipps übertragen. Als Impfstoff, als Vakzine, diente seit der Mitte des vorigen Jahrhunderts eine Suspension von Vaccinia-Virus mit einem festgelegten Virusgehalt. Das Impfverfahren bot jedoch für den einzelnen Impfling nur für etwa 1–2 Jahre sicheren Schutz. Der relative Schutz war mit 10–15 Jahren zu veranschlagen. Meldepflicht von Verdacht, Erkrankung und Tod bei echten Pocken. Erregernachweis.

16.4 Anhang

Gibt es ein natürliches Reservoir für Pocken-Virus?

Die Ausrottung der Pocken (Variola major) beim Menschen wirft die Frage auf, ob es bei in freier Wildbahn lebenden Tieren Verwandte des Pocken-Virus gibt, die gelegentlich auf den Menschen übertreten und zum Ausgangspunkt einer Epide-

mie werden könnten. Ein solches Ereignis hätte verheerende Folgen, weil es auf eine immunologisch völlig ungeschützte Weltbevölkerung treffen würde.

In der Tat existieren bei wildlebenden Affen *„Monkeypox"-Viren*, die gelegentlich auf den Menschen übertreten. Die Infektion des Menschen durch verschiedenartige Affen-Viren ist also kein ungewöhnliches Ereignis. In Zaire hat man z.B. von 1980–1985 282 Patienten mit Pockenerkrankungen durch das Monkeypox-Virus festgestellt. 1996 folgten weitere Erkrankungen. Weitere Fälle wurden seit 1970 in Liberia, Nigeria, Sierra Leone und an der Elfenbeinküste festgestellt. Serologisch erwies es sich als nahe verwandt mit dem Vaccinia-Virus. In Ländern mit dieser Zoonose gibt es seither spezielle Überwachungsdienste.

Das Krankheitsbild des auf den Menschen übertragenen Monkeypox-Virus ist dem der echten Pocken sehr ähnlich. Nur eine sehr frühzeitig auftretende Lymphadenopathie erlaubt die Abgrenzung gegen die echten Pocken und die Windpocken. Lymphknotenschwellungen traten bei ungeimpften Personen in 84% auf, bei vakzinierten Personen in 53%. Bei vakzinierten Personen verlief die Krankheit viel leichter. Die Prognose war abhängig vom Schweregrad der Komplikationen. Unter den vakzinierten Personen traten keine Todesfälle auf, bei den nicht vakzinierten Erwachsenen betrug die Mortalität 11%, bei Kindern 15%.

In Deutschland sind in den letzten Jahren verschiedentlich *„Kuhpocken"-Erkrankungen* vorgekommen, v.a. scheinen Katzen die Überträger zu sein. Tatsächlich sind wildlebende kleine Nagetiere der Ursprung dieser „Kuhpocken-ähnlichen" Viren, von denen sie auf Kamele, Rinder, Büffel, Elefanten, Katzen etc. und selten auf den Menschen im Sinne von Endgliedern der Infektkette übergehen. Hier können sie bei Immunschwachen lebensbedrohliche Krankheiten hervorrufen. Mit dem Absinken des Impfschutzes gegen die echten Pocken – und damit auch gegen diese Tierpocken der Orthopoxgruppe – ist daher mit einem vermehrten Auftreten dieser Infektionen zu rechnen. Die Büffelpocken in Indien sind eine Subspezies des Vaccinia-Virus; sie werden gelegentlich von Mensch zu Mensch weitergegeben.

Eine sehr wichtige Frage ist es, ob die Möglichkeit besteht, daß sich aus diesem (oder einem anderen) Virus ein für den Menschen hochpathogenes Virus wie das Variola-Virus entwickeln kann. Dafür gibt es bisher nur wenig Anhaltspunkte. Im

Gegensatz zu den echten Pocken werden diese Viren nur selten an Familienangehörige und andere Personen weitergegeben; es hat sich jedoch gezeigt, daß bei den neuen Ausbrüchen die Affenpocken wesentlich häufiger von Mensch zu Mensch weitergegeben werden als früher beobachtet. Variola minor (= Alastrim) ist eine wenig pathogene, aber stabile Einheit des Variola-vera-Virus.

Heute befürchtet man die Verwendung des Pocken-Virus im Rahmen eines Bioterrorismus und setzt die lange unterbrochene Suche nach Chemotherapeutika fort. Cidofovir schützt Mäuse vor Kuhpocken-Infektionen. – Die Arbeiten mit dem Variola-vera-Virus und den Monkeypox-Viren erfolgen im Hochsicherheitslabor.

ZUSAMMENFASSUNG: Pocken-Virus

Virus. Doppelstrang-DNS-Virus mit helikalem Kapsid und zwei Hüllen.

Vorkommen. Früher weltweit, jetzt ausgerottet.

Epidemiologie. Alle Infizierten erkranken. Durch gezielte Schutzimpfung ausgerottet.

Übertragung. Tröpfcheninfektion, Staubinfektion, Virus ist sehr resistent.

Pathogenese. Replikation im Nasenrachenraum, zweiphasische, systemische Ausbreitung; hämatogen, „Pocken" auf der Haut.

Klinik. Inkubationsperiode 12–13 Tage: Variola vera. Schwere, fieberhafte Erkrankung mit knötchen-/bläschenförmigem Exanthem. Variolois als abgeschwächter Verlauf bei Teilimmunität (nach V. vera oder Impfung), dabei gefürchtete Ausscheidung des Virus.

Immunität. Nach Variola vera einige Jahre, dann partiell. Nach Impfung dauert der absolute Schutz nur 1–2 Jahre. Bei zellulärem Immundefekt: Nekrotisierende Entzündung als Impfkomplikation.

Labordiagnose. Partikelnachweis im EM. Züchtung in Zellkultur, im bebrüteten Hühnerei und auf der Chorioallantois-Membran.

Therapie. Symptomatisch. Chemotherapeutika?

Prävention. Schutzimpfung mit Vaccinia-Virus, dies gilt auch für die Kontrolle von Affenpocken-Erkrankungen und ebenso für gentechnologische Arbeiten mit dem Vaccinia-Virus. Die allgemeine Pflicht zur Pockenschutzimpfung ist aufgehoben.

Meldepflicht. Verdacht, Erkrankung und Tod. Erregernachweis.

D. Falke, J. Bohl

EINLEITUNG

"Slow virus diseases" (SVD) sind Erkrankungen verschiedener Ätiologie, die sich durch eine sehr lange Inkubationsperiode und einen überaus langsamen Verlauf des Krankheitsprozesses von anderen Viruskrankheiten unterscheiden.

Einige subakut oder langsam progredient bzw. chronisch verlaufende Infektionskrankheiten des ZNS sind auf konventionelle Viren zurückzuführen, z.B. die SSPE auf das Masern-Virus und die PML auf das JC-Virus.

Zu den "Slow virus diseases" werden auch die Prion-Krankheiten gezählt. Ihre Auslösemechanismen unterscheiden sich grundsätzlich von den Infektionen durch Viren: Die übertragenen Eiweißmoleküle vermehren sich nicht selbst; sie induzieren vielmehr nur durch Umfaltung die vermehrte Bildung von Prion-Proteinen des Wirtsorganismus "subviral particles". Auf diese Weise wird das Immunsystem unterlaufen.

STECKBRIEF

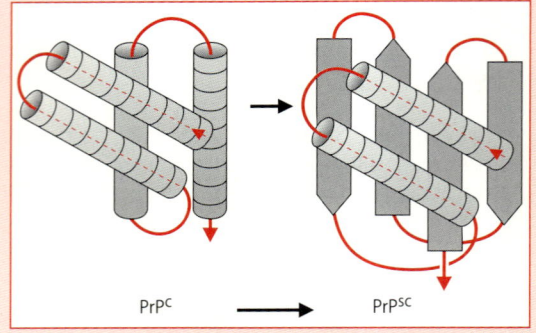

PrP^C → PrP^{SC}

17.1 Allgemeines

Die Masern-Virus-Infektion führt gelegentlich zu einem langsam progredienten enzephalitischen Krankheitsbild, welches SSPE genannt wird: Subakute Sklerosierende Panenzephalitis (s. S. 561). Eine zweite Masern-Virus-Enzephalitis der chronischen Art stellt die Masern-Virus-Einschlußkörperchen-Enzephalitis (MIBE) dar, welche vorwiegend bei Immundefekten beobachtet wurde. Als Ursache der Progressiven Multifokalen Leukoenzephalopathie (PML) wirkt das JC-Virus (s. S. 622). Auch die AIDS-Enzephalopathie, welche oft ein dementielles Krankheitsbild erzeugt, ist als Folge der chronischen HIV-Infektion aufzufassen. Ob und auf welche Weise bei der Entstehung einer Multiplen Sklerose (MS) oder einer amyotrophen Lateralsklerose (ALS) eine Virus-Infektion beteiligt sein könnte, ist noch unklar. Auch bei chronischen psychischen Erkrankungen im weitesten Sinn wird eine chronische Borna-Virus-Infektion als auslösender Faktor diskutiert.

Zu den SVD im engeren Sinne, zu den humanen Prion-Krankheiten, werden z. Z. gerechnet:
- Creutzfeldt-Jakob-Krankheit (CJK),
- Gerstmann-Sträussler-Scheinker-Syndrom (GSS),
- Kuru, eine Krankheit der Eingeborenen auf Neu-Guinea,
- tödliche Schlaflosigkeit (FFI: Fatale Familiäre Insomnie),

sowie bei Tieren:
- Scrapie, die Traber-Krankheit der Schafe und Ziegen,
- Rinderwahnsinn ("mad cow disease") oder auch BSE genannt (Bovine Spongiforme Enzephalopathie),
- vergleichbare Erkrankungen bei anderen Huftieren, bei Katzenartigen (Feliden) und vielleicht sogar auch bei Vögeln (Strauße in England).

Erläuterung: z.B. steht D178N für eine Mutation in Position 178 von D (Asparaginsäure) in N (Asparagin).

17.2   Prion-Krankheiten

Kuru

Eine seit 1900 bei einem Eingeborenenstamm auf Neu-Guinea (Stamm der Fore) endemisch auftretende Krankheit wurde von jenen „Kuru" genannt (d.h. „trembling with cold fear": also Zittern in kalter Furcht). Die Krankheit wurde offensichtlich bei rituellen Trauerzeremonien, welche mit kannibalistischen Praktiken einhergingen, auf andere Stammesmitglieder übertragen. Nach einer Inkubationszeit von mindestens vier Jahren traten Ataxien auf sowie Tremor, Verhaltensanomalien und schließlich Kachexie und Demenz. Die Kuru-Krankheit konnte experimentell auf Schimpansen und auch auf andere Affenspezies übertragen werden. Nachdem diese Art von „Kannibalismus" eingestellt wurde, nahm die Zahl der Neuerkrankungen kontinuierlich ab und die Krankheit konnte bis heute fast verschwinden.

Creutzfeldt-Jakob-Krankheit (CJK)

Das klinische Krankheitsbild der CJK wird gekennzeichnet durch einen raschen zur Demenz führenden zerebralen Prozeß, welcher oft mit einer zerebellären Symptomatik (Ataxie), einem Myoklonus und Pyramidenzeichen einhergeht. Die Krankheit tritt meist im höheren Lebensalter, im 30.–85. Jahr, auf und führt in etwa 9–18 Monaten zum Tode. Sie kann auf Primaten und viele Säugetiere experimentell übertragen werden.

Auch iatrogene Übertragungen auf andere Patienten sind beschrieben worden, z.B. nach Hornhauttransplantationen, durch Verpflanzung von lyophilisierter Dura mater und v.a. durch Wachstumshormonpräparate, gewonnen aus Hypophysen von Leichen. Die Prävalenz der CJK beträgt etwa 1×10^{-6}/Jahr. Sie kommt in vier Varianten vor:
- Sie kann sporadisch entstehen (85%).
- Sie tritt als hereditäre Krankheit gehäuft in Familien auf, welche bestimmte Mutationen auf dem Prion-Gen im 20. Chromosom haben, z.B. D178N, E200K, V210I (15%).
- Die Krankheit kann erworben werden durch iatrogene Übertragung oder akzidentelle Inokulation von kontaminiertem Material.
- Die neue Variante der CJK (vCJK), in Aminosäure 129 ist sie homozygot für Methionin.

Gerstmann-Sträussler-Scheinker-Syndrom (GSS)

Das GSS-Syndrom ist eine seltene, familiär auftretende, chronische, degenerative Erkrankung des ZNS, welche mit ataktischen Störungen einhergeht und schließlich in eine Demenz mündet. Die Prävalenz beträgt 1×10^{-8} pro Jahr. Im Prion-Gen auf dem 20. Chromosom wurden mehrere Mutationen bei den verschiedenen Familien gefunden: P102L, P105L, A117V, Y145Stop, V180I, F198S und Q217R.

Familiäre Fatale Insomnie (FFI)

Das klinische Bild der FFI ist durch Schlaflosigkeit, Unfähigkeit zu essen sowie auch durch Ataxien, Myoklonien und Pyramidenbahndegeneration gekennzeichnet. Auch bei dieser seltenen Krankheit ist eine Mutation auf dem kurzen Arm des 20. Chromosoms nachgewiesen worden (D178N), zusätzlich besteht Homozygotie im M129M.

Scrapie

Die Scrapie der Schafe kann auf Mäuse und Hamster übertragen werden und manifestiert sich durch Zuckungen, Kratzen sowie schließlich Paralyse und Tod der Tiere nach 1–4jähriger Inkubationszeit. Sie ist seit 250 Jahren bekannt.

Bovine Spongiforme Enzephalopathie (BSE)

Seit 1986 wurde in England in zunehmendem Maße eine übertragbare spongiforme Enzephalopathie (TSE: Transmissible Spongiforme Enzephalopathy) bei Rindern beobachtet: BSE (Bovine Spongiforme Enzephalopathie). Diese Epidemie des „Rinderwahnsinns" ist vermutlich durch die Verfütterung von mit Scrapie infiziertem Schaffleisch in Form von Fleischmehl an Rinder ausgelöst worden. BSE konnte bisher sowohl akzidentell als auch experimentell auf viele andere Spezies übertragen werden. Orale (?) Aufnahme von Rindermaterial durch den Menschen ist die Ursache der neuen Variante der CJK (vCJK). Zur Eindämmung der Seuche wurden in England 2,7 Mio Rinder verbrannt. Auf dem Höhepunkt erkrankten etwa 200 000 Rinder pro Jahr, jetzt sind es noch etwa 2000.

17.2.1 Prion-Protein

Prion-Krankheiten sind im Tierreich weit verbreitet. Spontane Prion-Krankheiten gibt es bei Menschen, Schafen, vielleicht auch bei Rindern (BSE). Alle Prion-Krankheiten, sowohl die sporadischen als auch die hereditären sowie die iatrogen entstandenen lassen sich experimentell auf andere Spezies übertragen, meist auf Nager, aber nur, wenn diese Tiere ein eigenes Prion-Protein-Gen besitzen.

Erreger und Pathogenese

Der Erreger aller dieser Krankheitsformen ist das Prion-Protein (PrP); ob es Nukleinsäure enthält, ist unwahrscheinlich. Es ist sehr resistent gegen UV-Bestrahlung sowie Hitze und Formalinbehandlung. Das M.G. des PrP^c beträgt 33–35 kDa. Das PrP^c besteht aus vier α-Helices, das PrP^{sc} aus zwei α-Helices und vier β-Faltblättern (vereinfachtes Modell). Das PrP^c der Zelle läßt sich in der Membran von normalen Neuronen nachweisen. Es besitzt 254 Aminosäuren, und sein Gen ist beim Menschen auf dem Chromosom 20 lokalisiert. Das PrP^c besitzt eine große Ähnlichkeit mit dem Aktivator für den Azetylcholin-Rezeptor; sein Rezeptor ist der Lamininpräkursor (?). Im ZNS von kranken Organismen wird das PrP^{sc} (von *Sc*rapie) nachgewiesen, das in „ausgefällter“ Form als „Amyloid“ außerhalb der Zelle abgelagert ist. Amyloid – in unterschiedlichem Ausmaß entstanden – ist pathognomonisch für alle Prion-Krankheiten (Farbtafel S. 690). Im Gegensatz zum PrP^c ist das PrP^{sc} infolge der Konformationsänderung des Moleküls *proteaseresistent* und *unlöslich*. Unterschiedliche Grade der Resistenz beruhen auf der differierenden Struktur der PrP^{sc}-Moleküle infolge der unterschiedlichen Wirkung der Mutationen auf die Proteinstruktur.

Erbliche Formen der CJK und des GSS zeigen bestimmte Mutationen des PrP-Gens. Der Grad der Umfaltbarkeit des PrP-Moleküls bestimmt auch die Inkubationsperiode, den Verlauf und die Pathohistologie der CJK, u. z. sowohl beim Menschen als auch im Tier. Spontane Umfaltungen des PrP^c sind die Ursache der sporadischen CJK.

Wird ein PrP^{sc} übertragen, so bewirkt es quasi autokatalytisch mit Hilfe von Chaperonen die Umformung des bereits vorhandenen, normalen PrP^c des Menschen in die krankheitserzeugende PrP^{sc}-Form. In „Knock-out“-Mäusen für das PrP-Gen entsteht nach der Infektion keine Erkrankung, weil das PrP^c fehlt. Antikörper gegen das PrP treten nicht auf, Entzündungszeichen werden nicht beobachtet, Hauptmerkmal ist die *spongiöse Degeneration* des ZNS, die durch Vakuolisierung und apoptotischen Zerfall der Neuronen sowie Mikroglia- und Astrozyten-Poliferation zustande kommt. Man unterscheidet histologisch verschiedene Formen. Die **neue Variante der CJK** (vCJK) ist bisher bei 50 Patienten beobachtet worden. Diese neue Variante der CJK ist durch frühzeitigen Beginn (ab 12 Jahre), langsamen Verlauf und herdförmige Verteilung von vakuolisierten Neuronen mit starker Ablagerung von Amyloid in der Umgebung gekennzeichnet. Die Einheitlichkeit von BSE der Rinder und der neuen Variante der CJK wird nahegelegt durch das Vorkommen von drei unterschiedlich glykosilierten Formen des PrP^{sc} nach Auftrennung im Gel (Westernblot, M.G. 27–30 kDa). Die Übertragung von BSE- und von vCJK-Material auf verschiedene Tierspezies hat Krankheit und identische Bandenmuster des PrP^{sc} ergeben. Man vermutet, daß die Vermehrung von Zytokinen (TNF-α, IL-1 u. a.) in den befallenen Zellen pathogenetisch wichtig ist. Das PrP selbst kann neurotoxisch wirken und Apoptose auslösen. Die Wanderung des PrP^{sc} von der Peripherie (z. B. vom Magendarm-Trakt) in das ZNS erfolgt mit Beteiligung des lymphatischen Systems, wobei dendritische Zellen, B- und T-Zellen erforderlich sind.

Diagnose, Prophylaxe und Resistenz

Mit monoklonalen Antikörpern läßt sich im Gewebe das krankheitsspezifische PrP^{sc} darstellen. Das vCJK-Material breitet sich in viele Gewebe aus (Tonsillen, Appendix) und läßt sich zu diagnostischen Zwecken nachweisen. Im Liquor ist die neuronenspezifische Enolase erhöht. Im EEG finden sich 3-Phasen-Komplexe, und mit der Positronen-Tomographie läßt sich ein lokaler Hypometabolismus nachweisen. An Surrogatmarkern im Liquor kennt man das Tau-Protein, das S100- und das 14-3-3-Protein (MG 30 kDa). In 5–7% sprechen sie auch bei Enzephalitis, M. Alzheimer u. a. an. Erhitzung für 120 min auf 200 °C zerstört die Infektiosität sicher.

17.3 Marburg- und Ebola-Virus

Marburg- und Ebola-Virus werden zu den Filo-Viren gezählt. Sie erzeugen schwere, oft tödlich verlaufende *Hämorrhagische Fieber*. Beide Viren wurden durch spektakuläre Krankheitsausbrüche bekannt.

1967 traten in Marburg, Frankfurt und Belgrad schwere Erkrankungen bei Tierpflegern von Grünaffen (Cercopithecus aethiops) aus Uganda auf; von 38 erkrankten Personen starben sieben. 1976 wurden in Zaire ähnliche Symptome beobachtet: Ebola-Virus; die Mortalität lag bei 89%. 1989 bekamen 14% von gesund gebliebenen Tierpflegern, die respiratorisch kranke Makaken (Macaca mulotta) von den Philippinen betreuten, Antikörper gegen das Reston-Virus (USA). 1994 wurde eine Ethnologin krank, die einen gestorbenen Schimpansen seziert hatte.

Das Marburg-Virus wurde 1967 von Slenczka und Siegert in Marburg isoliert und von Peters elektronenmikroskopisch dargestellt: Es ist ein fadenförmiges Gebilde von 80×1000 nm, bestehend aus helikalem Kapsid, Matrixprotein und Hülle mit Spikes. Das Genom besteht aus (–)-Strang-RNS und enthält 19,1 kb.

Die Übertragung erfolgt durch engen Kontakt (Blutspritzer, Verletzungen, Hautkontakt). Das Erregerreservoir in Afrika ist noch nicht bekannt (Fledermäuse?), das beim Menschen asymptomatische Reston-Virus stammt von Makaken aus Ostasien. Alle drei Isolate (Marburg-, Ebola- und Reston-Virus) sind mehr oder weniger serologisch verwandt, die Erreger sind offenbar weit verbreitet. Auch bestehen starke Virulenzunterschiede. In der Milz, den Lymphknoten, der Leber und der Lunge befindet sich bereits frühzeitig viel Virus. In den Geweben, vor allem in der Leber, finden sich fokale Nekroseherde, aber nur wenig Entzündungszellen. Erst spät im Verlauf treten Hämorrhagien im Gastrointestinaltrakt, im Mund und in den serösen Häuten auf. Hämorrhagien finden sich darüber hinaus in vielen Organen, einschließlich des ZNS. Infizierte Endothelien und Makrophagen setzen viel TNF α frei. IFN $\alpha/\beta/\gamma$ ist stark reduziert. Klinisch wichtig ist ein schweres Schock-Syndrom.

Die Inkubationsperiode beträgt sieben Tage. Die Symptome sind Schüttelfrost, Muskelschmerzen, Exanthem, Erbrechen, Blutungen, Hypotension und Apathie. Antikörper lassen sich im IFT sowie im Westernblot nachweisen, im Gewebe gelingt der Antigennachweis durch Immunhistologie, im Blut der Virusnachweis durch das EM. Die Isolierung und Züchtung in Affennierenzellen ist möglich. In Monozyten wird die RNS durch die RT-PCR nachgewiesen. Therapie: Keine. Im Mäuseversuch schützen Antikörper vor der Infektion. *Meldepflicht* bei Verdacht, Erkrankung und Tod. Erregernachweis, Hochsicherheitslabor!

Differentialdiagnose. S. 527.

17.4 Guillain-Barré-Syndrom (GBS)

Das Guillain-Barré-Syndrom ist eine meist akut auftretende entzündliche demyelinisierende Erkrankung des peripheren Nervensystems. Diese Auto-Immunerkrankung manifestiert sich etwa 1 bis 2 Wochen nach Infektion mit EBV, ZMV, Influenza oder (seltener) durch HSV oder auch HIV. Die schwersten Formen entstehen nach Infektion mit Campylobacter jejuni (s. S. 304). Möglicherweise kommt es im Verlauf dieser Erkrankungen zu einer Auto-Immunisierung gegen Bestandteile des *peripheren Myelins*, wodurch eine Polyradikulitis, Polyganglionitis und eine Polyneuritis zustande kommt. Im schlimmsten Fall resultiert eine rasch aufsteigende Paralyse: Landry'sche Paralyse (erstmals beschrieben 1859) mit vollständiger Tetraplegie. Die Erkrankung kann sich klinisch auch als Bell'sche Paralyse (Fazialis-Lähmung) oder als Paraplegie manifestieren. Das zentrale Nervensystem bleibt hierbei immer unversehrt.

Pathohistologisch sieht man im peripheren Nervensystem perivaskuläre Ödeme, lymphomonozytäre, z.T. perivaskuläre Infiltrate und Entmarkungen. In den Nervenscheiden des Biopsie-Materials läßt sich polyklonales IgM und IgG nachweisen. Die Isolierung des auslösenden Virus (ZMV, HSV u.a.) gelingt meist nicht; durch serologischen Ausschluß der in Betracht kommenden Viren, gelegentlich auch durch IgM-Nachweis, läßt sich gegebenenfalls auf ein Virus als spezifische Ursache schließen. Influenza- (u.a.) Impfungen besitzen allenfalls ein Risiko von 1 Fall auf 10^6 Impfungen, wahrscheinlich nur bei Patienten mit GBS oder Polyneuropathien. HBsAg-, die jetzigen Influenza-Impfstoffe sowie Masernimpfungen lösen kein GBS aus. Therapie: Austauschtransfusion.

17.5 Borna-Krankheit

Die *Borna'sche Krankheit der Pferde* ist seit dem 17. Jahrhundert bekannt. Der Name geht auf das seuchenhafte Auftreten Ende des 19. Jahrhunderts um die Stadt Borna bei Leipzig zurück. Die Symptome der Enzephalomyelitis sind Hyperästhesien, Schluckstörungen, Schlafsucht oder Aggression und Ataxie; dann folgen Lethargie, Lähmungen und Koma, so daß nach 2–3 Wochen der Tod eintritt.

Beim prädisponierten Menschen werden im Verlauf von Infektionen mit dem Borna-Disease-Virus Zusammenhänge mit psychiatrischen Erkrankungen, vor allem endogenen Depressionen, vermutet.

Das Virus enthält eine (–)-Strang-RNS mit 8,9 kb, sein Durchmesser beträgt etwa 90 nm (Ikosaeder mit Hülle). In der Zellkultur läßt es sich zwar züchten, erzeugt aber keinen ZPE. Im ZNS der befallenen Tiere ist vor allem das limbische System befallen. Pathognomonisch sind die Joest-Degen'schen Einschlußkörperchen in den Neuronen. Zum Nachweis von Virusmarkern und Antikörpern im Serum oder Liquor eignet sich ein IFT, ein ELISA oder ein Westernblot. In Blutmonozyten sind Virusmarker vor allem über die PCR nachgewiesen worden. Kürzlich wurden auch Isolate von psychiatrischen Patienten und dem Gehirn eines Schizophrenie-Patienten gewonnen. Die Beziehungen der Borna-Viren der Tiere zu den menschlichen Erkrankungen bzw. deren Isolate sind offen.

17.6 Multiple Sklerose

Die Ätiologie der Multiplen Sklerose (MS) ist ungeklärt. Man betrachtet sie u. a. als eine durch Viren induzierte sekundäre Autoimmunkrankheit, möglicherweise mit einem genetischen Hintergrund. Die genetische Disposition betrifft vor allem Menschen mit der HLA-Kombination HLA-A3 und -B7, am häufigsten assoziiert mit -Dw2 und -DRw2. Die bisher vorliegenden Erhebungen haben ein epidemiologisches Verhalten ergeben, das an die Verhältnisse bei der Polio erinnert. Die Prävalenz steigt mit der geographischen Breite nordwärts (ab 40° Nord) und auch mit dem Lebensstandard. Wahrscheinlich wird die Krankheit in den ersten 15 Lebensjahren erworben und manifestiert sich erst nach einer mehr oder weniger langen Latenzperiode. Offensichtlich fungieren bestimmte Bestandteile des zentralen Myelins (z. B. das basische Myelin-Protein, Glykolipide und Cerebroside) als Antigene, initiiert durch eine Virusinfektion. Es könnte sich um Masern-Viren handeln, oder auch Paramyxo-Viren, Retro-Viren oder das HHV 6. RNA von Masern-Viren und von Parainfluenza-Viren konnte in einigen MS-Fällen im ZNS nachgewiesen werden; jedoch muß dies nicht ursächlich mit der Entmarkungskrankheit verbunden sein. Jüngere Beobachtungen favorisieren das HHV 6 als auslösenden Faktor. IgM-Antikörper gegen das p38/41 treten bei Patienten mit chronischem schubförmigen Verlauf gehäuft auf. Bei drei von sieben Patienten mit aktiven MS-Läsionen und akuten Entmarkungen konnten Strukturproteine des HHV 6 nachgewiesen werden. Diese Beobachtungen hätten weitreichende Bedeutung, da sich neue Krankheitsschübe chemotherapeutisch durch die Gabe von Acicloguanosin verhindern ließen. Therapeutisch wird u. a. IFN β gegen die MS eingesetzt.

Der klinische Verlauf und pathologisch-anatomische Befunde zeigen mehrere Erscheinungsformen der Multiplen Sklerose: chronische MS, akute MS, Neuromyelitis optica, konzentrische Sklerose u. a. Am häufigsten ist die chronische Verlaufsform der MS, die meist in Schüben zu immer massiveren neurologischen Ausfallerscheinungen führt.

Bei der Neuromyelitis optica stehen Entmarkungsprozesse im Vordergrund. Auch die chronische MS beginnt zuweilen mit einer Sehnervenerkrankung. Die konzentrische Sklerose ist ein seltenes Krankheitsbild.

Neuropathologisch-anatomische Veränderungen bei der chronischen MS sind multiple Entmarkungsherde im Großhirn, im Hirnstamm, im Kleinhirn und vor allem auch im Rückenmark. Diese Entmarkungsherde kommen jedoch auch im Bereich der grauen Substanz vor. Der immunologisch initiierte Entzündungsprozeß führt zunächst zu einer Zerstörung der Myelinscheiden; jedoch führt er auch zu einer axonalen Schädigung bis zu einer vollständigen Zerstörung des Gewebes.

Die autoimmunologische Encephalomyelitis disseminata bewirkt nur eine Zerstörung des zentralen Myelins, peripheres Myelin wird hierbei nicht angegriffen. – Differentialdiagnostisch ist an ein zerebrales Tumorleiden zu denken.

In akuten Krankheitsphasen kommen außer Makrophagen und lymphoiden Zellen auch Granulozyten vor; in chronischen Episoden überwiegen lympho-plasmazelluläre Infiltrate. Im Bereich alter abgeheilter Entmarkungsherde ist eine deutliche reaktive Vermehrung faserbildender Astrozyten zu finden (daher der Name: Multiple Sklerose).

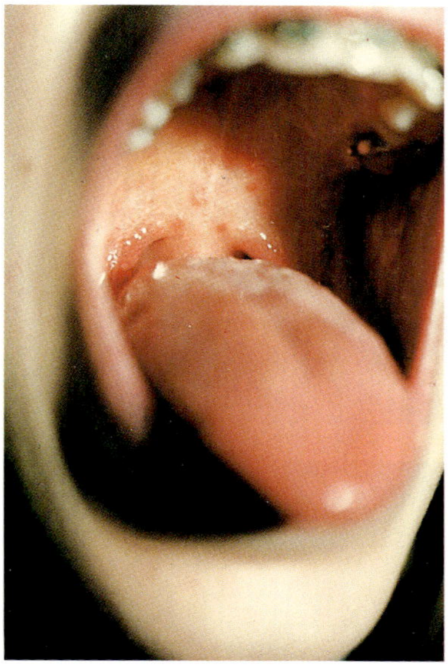

1

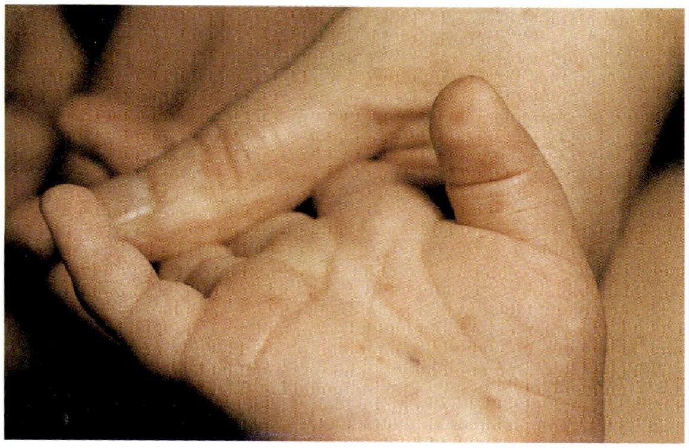

2

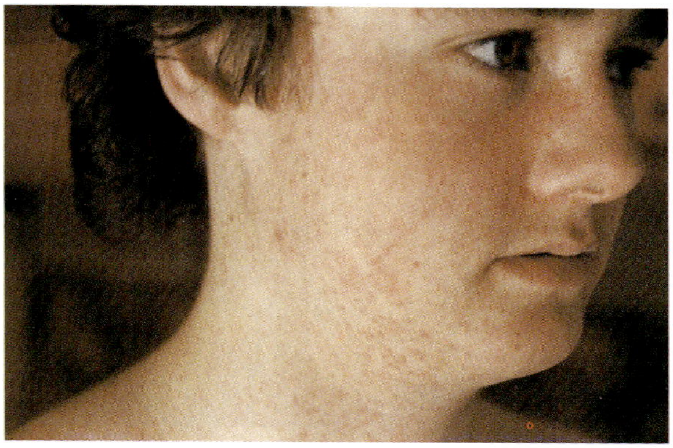

4

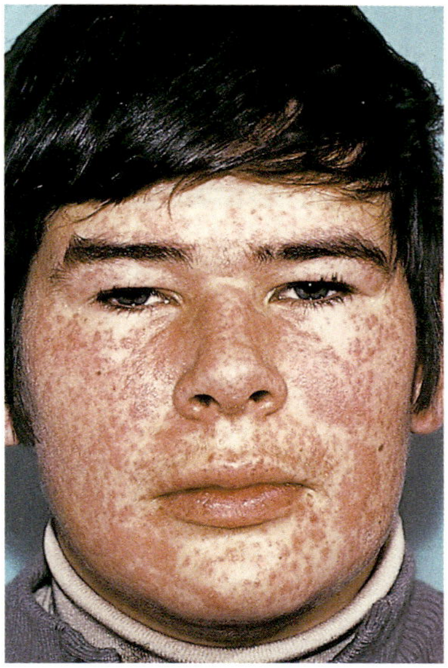

3

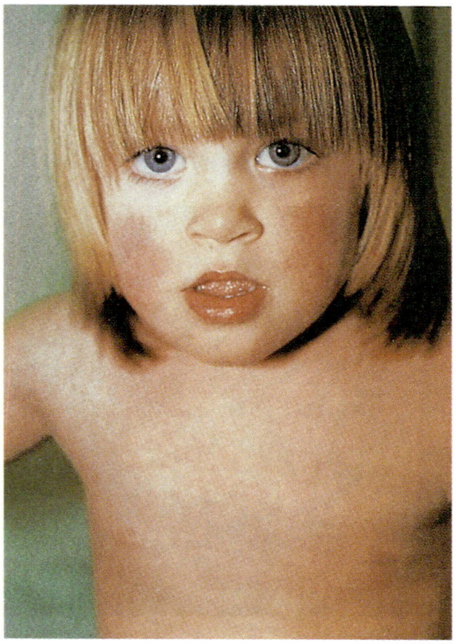

5

1. Herpangina (Coxsackie-Viren); **2.** Hand-Fuß-Mundkrankheit – Bläschen auf der Handinnenseite (Coxsackie-Viren); **3.** Masernexanthem mit Lichtscheue; **4.** Rötelnexanthem; **5.** Schmetterlingsexanthem bei Ringelröteln (Parvo-Virus B19)

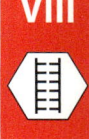

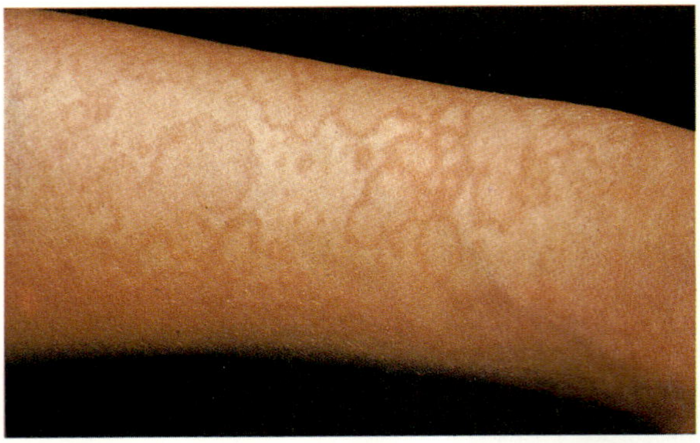
6

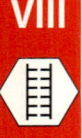

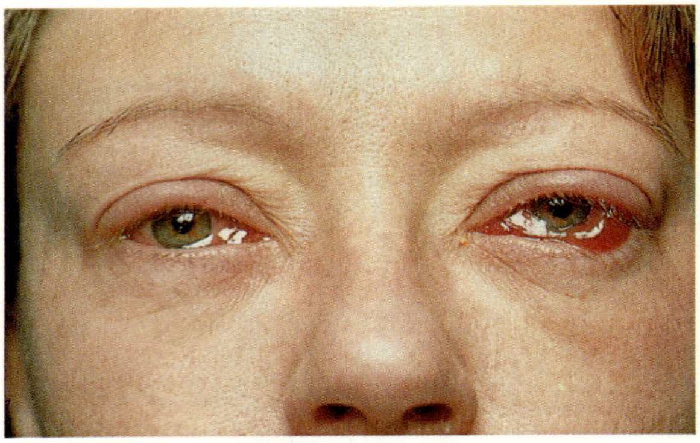
7

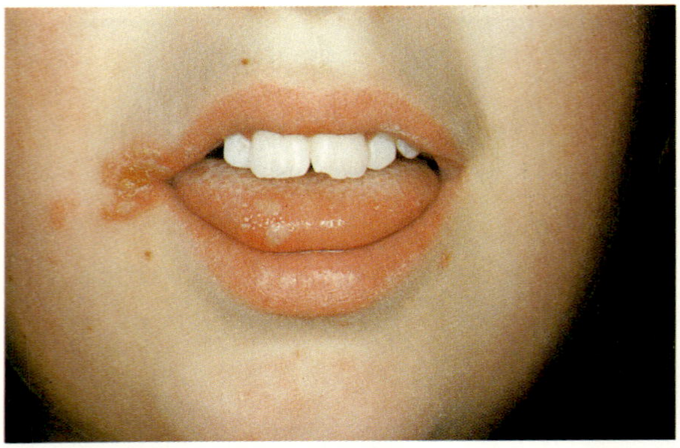
8

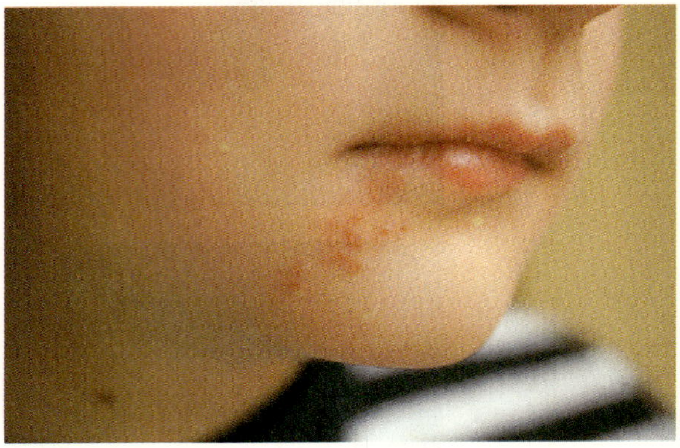
9

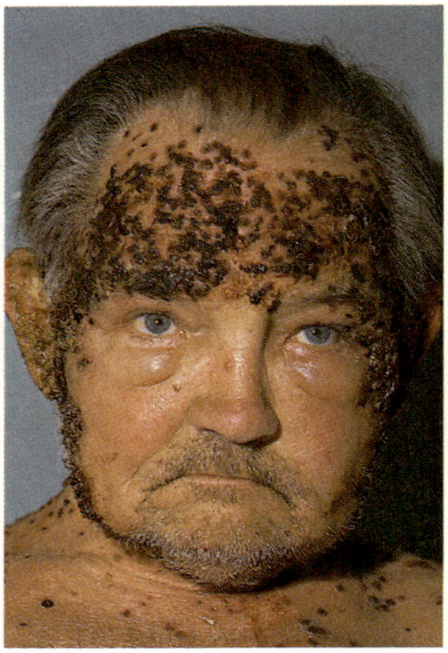
10

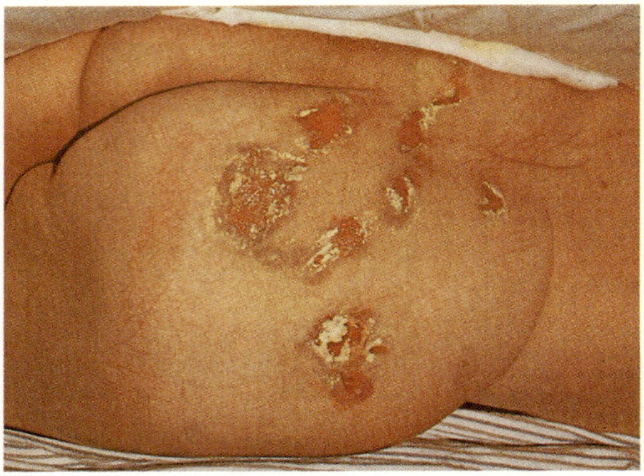
11

6. Ringelröteln am Arm (Parvo-Virus B19); **7.** Keratokonjunktivitis epidemica durch Adeno-Viren; **8.** Gingivostomatitis aphthosa durch Herpes-simplex-Virus; **9.** Herpes labialis rezidivans; **10.** Eczema herpeticum; **11.** Herpes ulzera bei AIDS

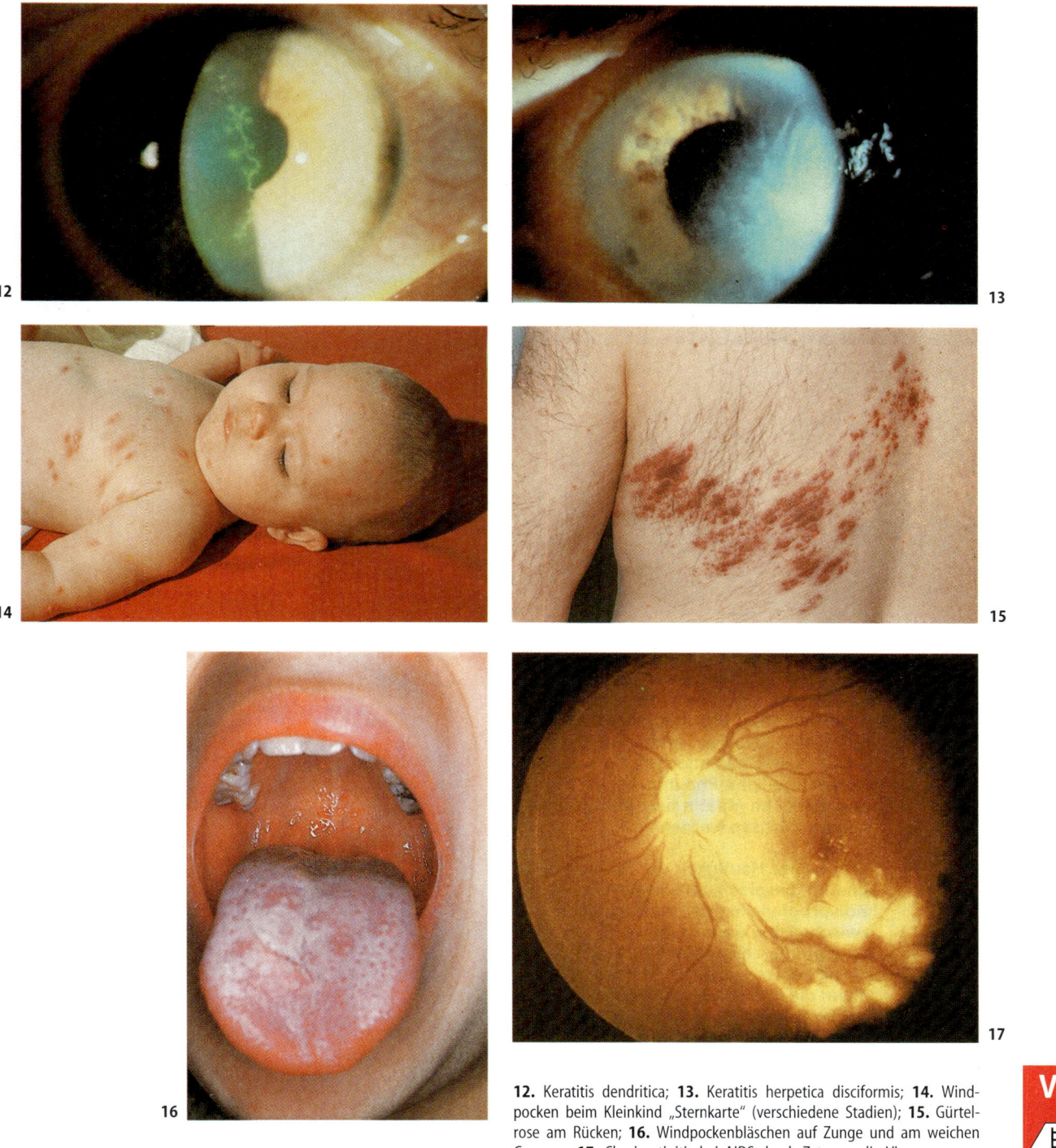

12. Keratitis dendritica; **13.** Keratitis herpetica disciformis; **14.** Windpocken beim Kleinkind „Sternkarte" (verschiedene Stadien); **15.** Gürtelrose am Rücken; **16.** Windpockenbläschen auf Zunge und am weichen Gaumen; **17.** Chorioretinitis bei AIDS durch Zytomegalie-Virus

VIII

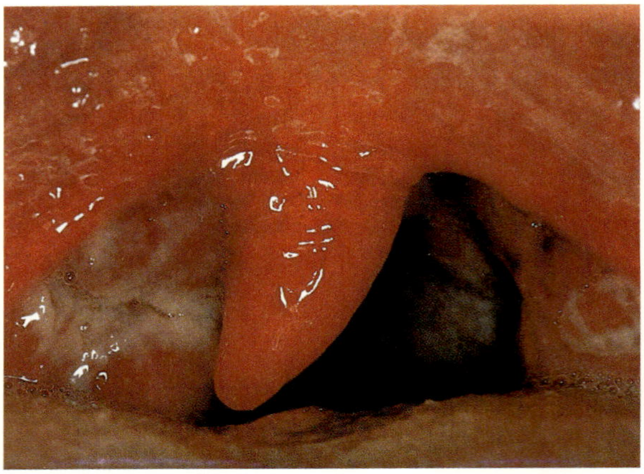

18

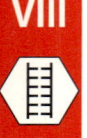

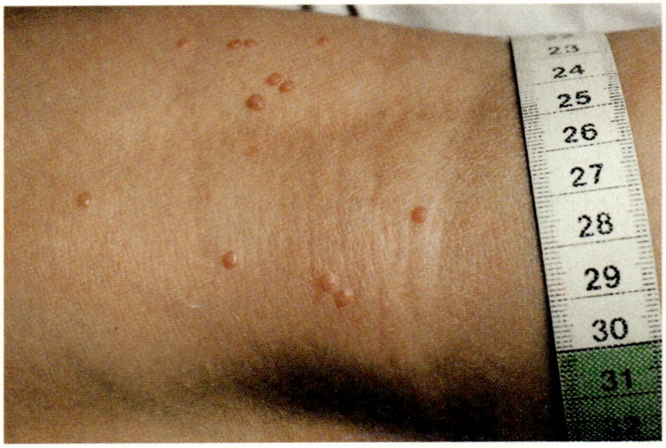

19

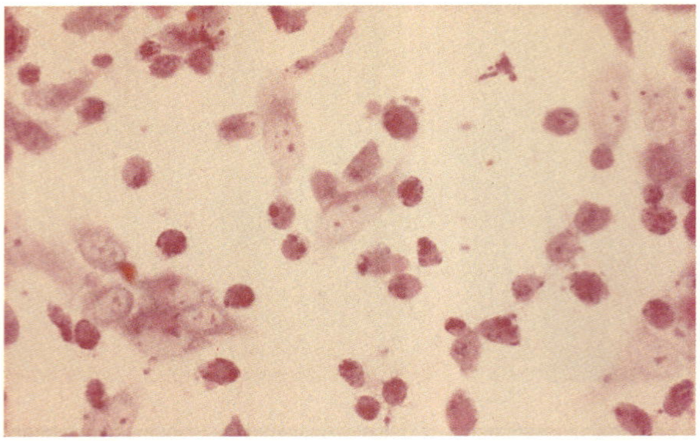

20

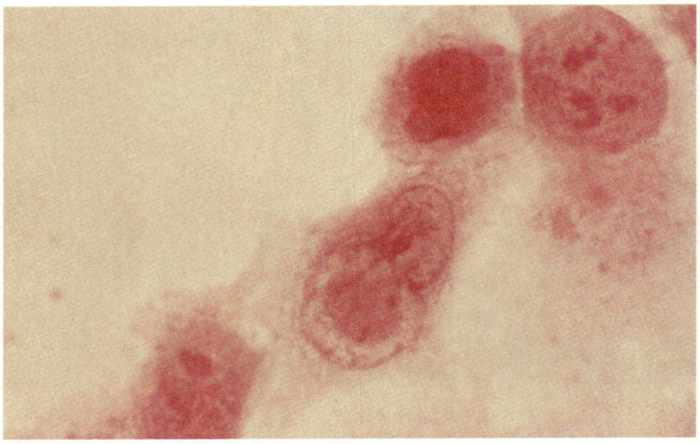

21

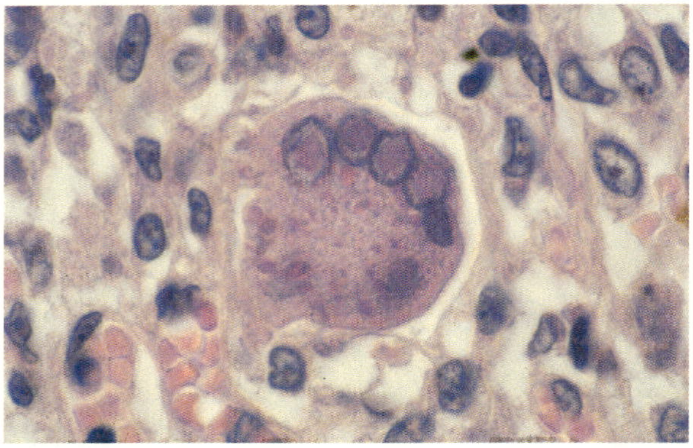

22

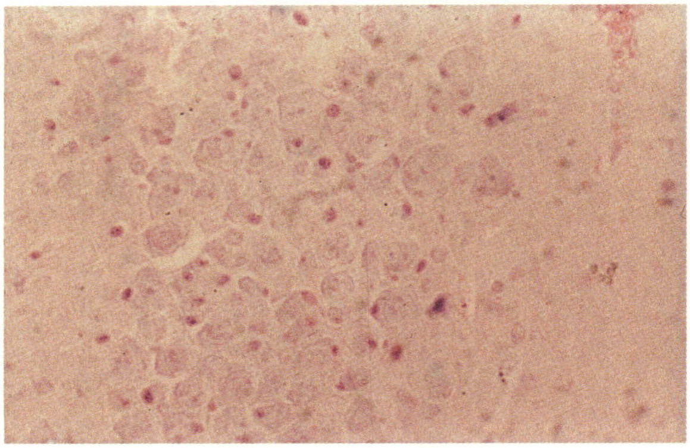

23

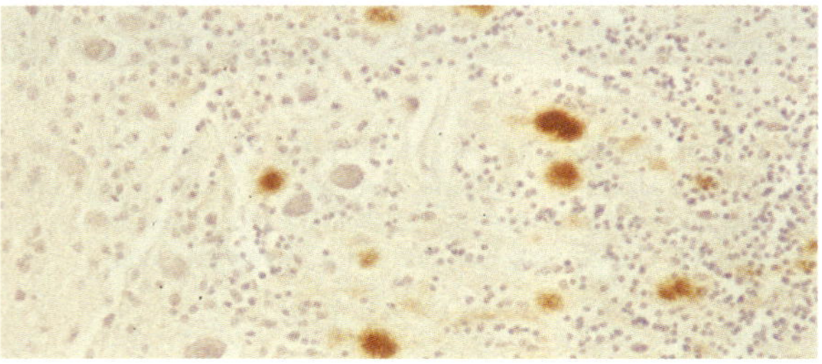

24

VIII

18. Mononukleose-Angina durch Epstein-Barr-Virus; **19.** Molluscum contagiosum; **20.** Zellabkugelung durch ECHO 12-Virus in FL-Zellen; **21.** Kerneinschlußkörperchen mit hellem Hof durch Herpes-simplex-Virus; **22.** Warthin-Finkeldey'sche Riesenzelle bei Masern mit Immundefekt; **23.** Negri-Körperchen bei Tollwut. Castañeda-Färbung; **24.** Amyloid im Gehirn bei Creutzfeldt-Jakob-Krankheit

Allgemeine Mykologie

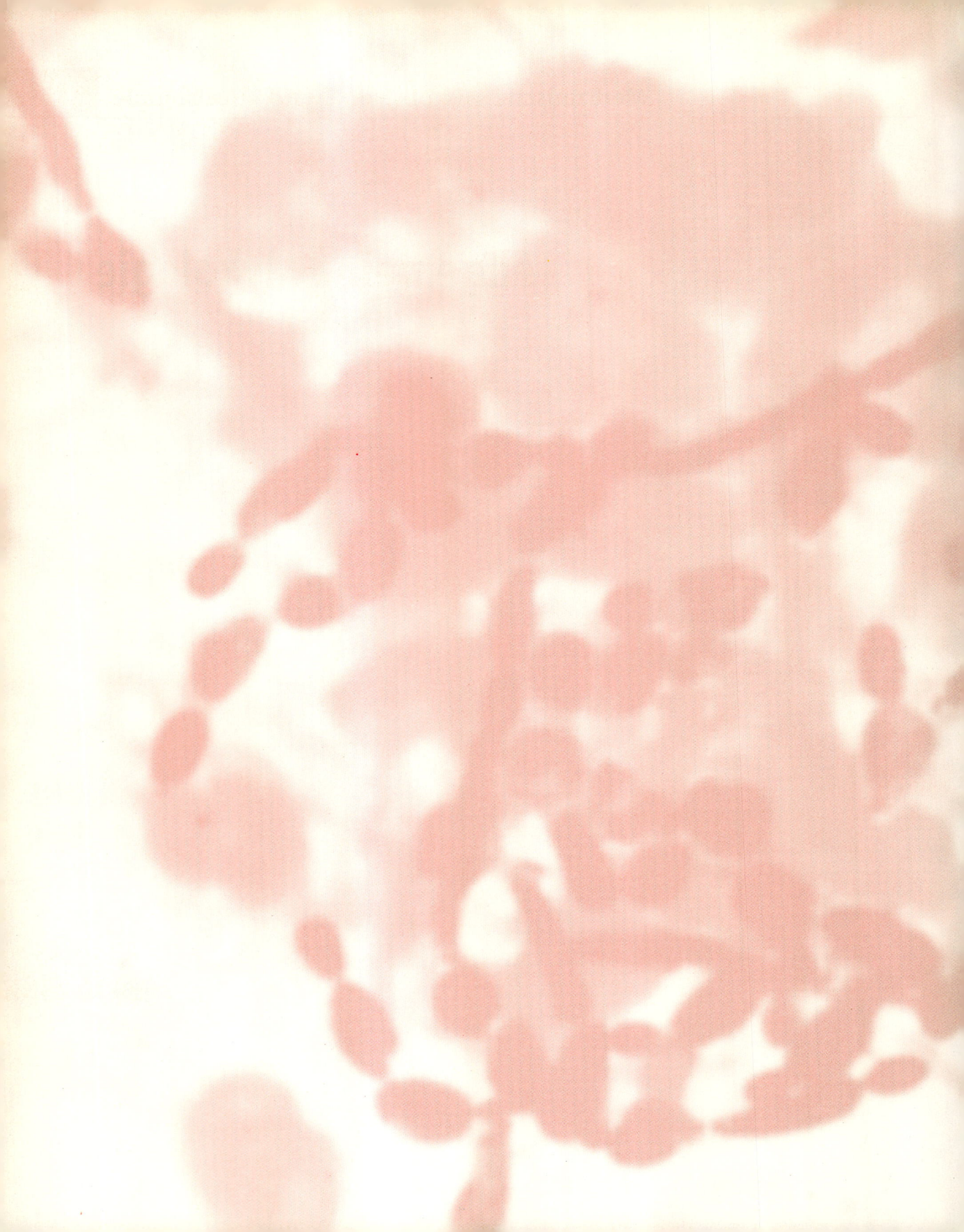

E. Engelmann

EINLEITUNG

Pilze sind heterotrophe Eukaryonten, die auf oder in organischem Material leben und sich asexuell und sexuell fortpflanzen können.
In der Botanik bilden die Pilze ein eigenes Reich.

1.1 Definition

Einteilung. Die biologische (botanische) Nomenklatur der Pilze gründet sich auf Charakteristika der sexuellen Fortpflanzung (Tabelle 1.1). Bei den meisten medizinisch bedeutsamen Pilzen ist aus klinischem Material nur die asexuelle (= imperfekte = anamorphe) Form auf künstlichen Kulturmedien anzüchtbar. Daher existiert neben der taxonomischen (biologischen) Nomenklatur eine artifizielle Einteilung nach der Art der Fortpflanzung. So heißen die Pilze, deren sexuelle Form bekannt ist, *fungi perfecti* oder *Eumyzeten* und die bisher nur in ihrer asexuellen Form bekannten Pilze *fungi imperfecti* oder *Deuteromyzeten*.

Die sexuelle (perfekte) Form eines Pilzes trägt einen anderen Namen als die asexuelle (imperfekte) Form, obwohl es sich um den gleichen Pilz handelt. So ist z. B. Filobasidiella neoformans die perfekte (teleomorphe) Form von Cryptococcus neoformans (anamorphe = imperfekte Form). Im Klinikalltag kommt üblicherweise nur die Bezeichnung der asexuellen Form zur Verwendung, da praktisch immer nur diese angezüchtet wird. Daneben existiert eine klinische Unterteilung nach Sproß- und Fadenpilzen, bei der die Fadenpilze wiederum nach ihrer unterschiedlichen Affinität zum Gewebe in Dermatophyten und Schimmelpilze unterteilt werden: das sog. D(Dermatophyten)-H(Hefen)-S(Schimmelpilze)-System. Das Kapitel der speziellen Mykologie folgt diesem System.

Tabelle 1.1. Biologische Einteilung der Pilze. (Nach G. S. de Hoog und J. Guarro, Atlas of Clinical Fungi, 1. Aufl. 1995)

Abteilungen (-mycota)	Klassen (-mycetes)	Ordnungen (-ales)
I Myxomycota (Schleimpilze)		
II Chytridiomycota		
III Oomycota		Saprolegniales
		Peronosporales
IV Zygomycota	(Zygomycetes)	Mucorales
		Entomophthorales
V Ascomycota (Schlauchpilze)	Endomycetes	
	Euascomycetes	Onygenales
		Eurotiales
		Microascales
		Ophiostomatales
		Sordariales
		Dothideales
		Polystigmatales
		Hypocreales
VI Basidiomycota (Ständerpilze)	Heterobasidiomycetes	Filobasidiales
		Ustilaginales
	Holobasidiomycetes	

1.2 Aufbau

1.2.1 Zellbestandteile

Als Eukaryonten besitzen Pilze einen echten Zellkern mit Kernmembran, Nucleolus und Chromatin, das sich während der Teilung zu Chromosomen kondensiert. Im Gegensatz zu den Pflanzen enthalten sie kein Chlorophyll, sind somit nicht zur Photosynthese befähigt und können daher unter Lichtabschluß leben. Die meisten Pilze ernähren sich von organischem Material durch Abgabe von Enzymen in die Umgebung und anschließende Aufnahme der Zersetzungsprodukte, d.h. sie sind heterotroph. Pilze besitzen eine äußere Zellwand aus Chitin, Glukanen und Zellulose. Die Zytoplasmamembran enthält Ergosterol.

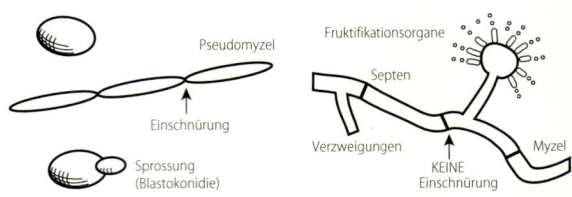

Abb. 1.1. Morphologische Charakteristika von Sproß- (links) und Fadenpilzen (rechts)

1.2.2 Morphologie

Pilze sind Einzeller, einzelne Zellen können sich aber unterschiedlich spezialisieren. Morphologisch werden Sproßpilze (Blastomyzeten) und Fadenpilze (Hyphomyzeten) unterschieden. Daneben gibt es die Gruppe der dimorphen Pilze, die je nach Umweltbedingungen in Form von Sproß- oder Fadenpilzen vorkommen.

Fadenpilze. Diese bestehen aus fadenartigen Zellen, den sog. Hyphen. Die einzelnen Hyphen können Querwände (Septen) aufweisen oder auch unseptiert sein. Pilzarten, die aus weitgehend unseptierten Hyphen aufgebaut sind, sind entwicklungsgeschichtlich älter und werden als niedere Pilze bezeichnet. Die jüngeren, höheren Pilze haben dagegen stets septierte Hyphen. Die Septen erlauben den Austausch von Nährstoffen. Bei manchen Pilzarten besitzen die Septen eine zentrale Pore, die den Durchtritt von Zytoplasma und Kernen gestattet.

Ein Geflecht von mehreren Hyphen heißt *Myzel*. Je nach Funktion lassen sich unterschiedliche Formen von Myzelien unterscheiden. Das in den Nährboden vordringende Myzel ist das vegetative oder *Substratmyzel*. Das Reproduktions- oder *Luftmyzel* dehnt sich vom Substrat weg in den freien Raum (die Luft) aus. Innerhalb des Luftmyzels werden spezielle Reproduktionsorgane ausgebildet, in denen Fortpflanzungselemente (Sporen) entstehen. Ein Myzel, dessen sämtliche Hyphen von einer einzigen Zelle abstammen, ist der *Thallus* (Vegetationskörper).

In bestimmten Stadien des Lebenszyklus eines Pilzes, häufig beim Übergang zu Phasen der sexuellen oder asexuellen Vermehrung, bildet das Myzel gewebeartige Verbände, sog. *Plektenchyme*. Diese Plektenchyme stellen das dar, was in der Umgangssprache unter einem Pilz, z.B. einem Speisepilz, verstanden wird.

Sproßpilze. Diese bestehen aus einzelnen ovalen Zellen (Durchmesser maximal 10 µm), die sich durch Sprossung, d.h. Abschnürung einer Tochterzelle von der Mutterzelle, vermehren. Die Sproßpilzzellen werden auch als Blastosporen oder Blastokonidien bezeichnet. Die einzelnen Sproßpilzzellen können eine längliche Form annehmen, so daß ein *Pseudomyzel* entsteht. Morphologisch unterscheidet sich ein Pseudomyzel von einem echten Myzel durch eine Einschnürung an der Kontaktstelle zweier Zellen (Abb. 1.1). Gelegentlich werden auch bei Sproßpilzen echte Myzelien gebildet. Im klinischen Sprachgebrauch werden die Sproßpilze auch als Hefen bezeichnet. Eine Sproßpilzart, Saccharomyces cerevisiae, findet bei der Herstellung von Lebensmitteln (Bäcker-, Bier- oder Weinhefe) Verwendung.

Dimorphe Pilze. Dimorphismus ist die Eigenschaft eines Pilzes, in Abhängigkeit von Milieubedingungen wie z.B. der Temperatur oder der CO_2-Spannung entweder die Sproßpilz- oder die Fadenpilzform auszuprägen. In der parasitären, d.h. im Körper bei 37 °C vorkommenden Phase, liegt der Pilz als Sproßpilz vor. In der Umwelt bzw. unter Kultivierungsbedingungen bei niedrigeren Temperaturen geht der Pilz in seine saprophytäre Phase über; er liegt dann in Fadenpilzform vor. Die saprophytäre Phase des Pilzes (Fadenpilzform) ist durch die Ausbildung inhalierbarer Sporen besonders infektiös.

Genetik 2

E. ENGELMANN

IX

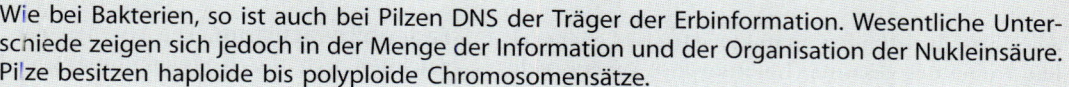

EINLEITUNG

Wie bei Bakterien, so ist auch bei Pilzen DNS der Träger der Erbinformation. Wesentliche Unterschiede zeigen sich jedoch in der Menge der Information und der Organisation der Nukleinsäure. Pilze besitzen haploide bis polyploide Chromosomensätze.

Gene. Die Gene der eukaryonten Pilze sind, anders als die der Prokaryonten, in Introns und Exons untergliedert. Exons sind die Genanteile, die den Zellkern verlassen und translatiert werden, während Introns nicht translatiert werden. Bei der Transkription wird jedoch die gesamte genetische Information in RNS umgesetzt, d.h. die nukleäre RNS ist heterogen (enthält Introns und Exons). Daher ist eine posttranskriptionelle Modifikation der RNS erforderlich: das RNS-splicing. Dabei werden noch im Zellkern die Introns herausgeschnitten. Am Ende des splicings liegt der mRNS-Strang vor, der zur Proteinsynthese in das Zytoplasma geschleust wird.

mRNS. Die eukaryonte mRNS der Pilze ist fast immer monocistronisch, d.h. es existiert nur ein Startcodon, so daß auch nur eine Polypeptidkette translatiert wird. Die prokaryonte mRNS enthält dagegen mehrere Start- und Stoppsignale, d.h. sie ist polycistronisch, und es werden verschiedene Peptide translatiert.

Evolution. Bei Pilzen kommt es während der Meiose, wie bei höheren Lebensformen auch, zu einer Neukombination des genetischen Materials. Daneben läuft bei den Pilzen außerdem ein sog. parasexueller Zyklus ab, bei dem sich durch Fusion zweier somatischer Zellen genetisches Material ohne Kernverschmelzung austauscht.

3.1 Fortpflanzung

Alle Pilze durchlaufen charakteristische Lebenszyklen, wobei der gesamte (holomorphe) Lebenszyklus aus einem asexuellen (anamorphen) und einem sexuellen (teleomorphen) Teil besteht.

3.1.1 Asexuelle Fortpflanzung

Während des ungeschlechtlichen (anamorphen) Zyklus entstehen im Rahmen einer Mitose des Ausgangszellkernes asexuelle Sporen, die Konidien. Sie sind mit ihren Eltern erbgleich. Je nach Pilzart können einzellige Mikrokonidien von größeren, mehrzelligen, septierten Makrokonidien und Blastokonidien unterschieden werden.

3.1.2 Sexuelle Fortpflanzung

Während des geschlechtlichen (teleomorphen) Zyklus entstehen (sexuelle) Sporen durch Verschmelzung des genetischen Materials zweier Zellkerne (Karyogamie) und anschließende Meiose zur Wiederherstellung des haploiden Chromosomensatzes.

Hierbei lassen sich homothallische und heterothallische Pilze unterscheiden. Bei ersteren verschmelzen Zellkerne desselben Thallus miteinander, d.h. das kombinierte Erbmaterial ist identisch. Bei den heterothallischen Pilzen vereinigen sich hingegen Zellkerne verschiedener Thalli, so daß das kombinierte Erbmaterial nicht identisch ist.

3.1.3 Wachstum

Fadenpilzwachstum. Die Hyphen der Fadenpilze zeichnen sich durch ein eindimensionales Wachstum nur an ihrer Spitze (apikal) aus. Ein Breitenwachstum findet dagegen kaum statt. Außerdem werden zahlreiche Seitenverzweigungen gebildet, so daß ein Geflecht (Myzel) entsteht, das bis zu einer sichtbaren runden Kolonie heranwächst. In einer Kolonie finden sich die aktiven weiter wachsenden Hyphenspitzen am Rand, wo noch Nährstoffe vorhanden sind. Das ältere Myzel befindet sich in einem Ruhestadium im Zentrum der Kolonie. Außerdem unterliegen Pilze im Gegensatz zu den Bakterien bestimmten Wachstumsrhythmen. Es besteht eine Periodizität, die im Thallus von Fadenpilzen in Form von konzentrischen Ringen sichtbar wird.

In vivo werden diese Eigenschaften anhand der Wirtsreaktion ebenfalls sichtbar. Dermatophyten bilden auf der Haut typische Rundherde, in denen sich schmale entzündliche Zonen mit breiteren entzündungsärmeren Intervallen regelmäßig abwechseln. Das junge noch vermehrungsfähige Myzel ist dabei am Rand der Läsion zu finden, während im Zentrum die Myzelien bereits abgestorben sind und daher dort eine Abheilung der Haut stattfindet.

Bei den meisten Pilzen ist jeder Teil des Myzels potentiell wachstumsfähig, so daß die Überimpfung eines kleinen Myzelstückes ausreicht, eine neue Kolonie entstehen zu lassen. Andererseits geht die Bildung eines neuen Thallus auch von den asexuellen oder sexuellen Sporen aus, wenn diese sich auf organischem Material ansiedeln und geeignete Bedingungen für ihre Vermehrung (Feuchtigkeit, Temperatur) vorfinden.

Sproßpilzwachstum. Sproßpilze vermehren sich durch Sprossung, d.h. es kommt zu einer Ausstülpung der Zellwand der Mutterzelle. Gleichzeitig findet eine Zellkernmitose statt, und der neu entstandene Kern wandert in die Tochterzelle. Hat die Tochterzelle die Größe der Mutterzelle erreicht, so trennt sie sich und beginnt ihrerseits mit der Sprossung.

3.2 Stoffwechsel

Stoffwechselwege. Pilze können sich durch Fermentation und Assimilation ernähren. Die Fähigkeit der Fermentation und Assimilation verschiedener Substrate nutzt man zur Differenzierung der morphologisch sehr homogenen Sproßpilze und zur Speziesidentifizierung bei Dermatophyten.

Stoffwechselprodukte. Einige Pilze sind in der Lage, bestimmte Substanzen zu synthetisieren, die für den Menschen schädlich sein können (Mykotoxine), z.B. das Phalloidin des Knollenblätterpilzes oder Aflatoxine aus verschimmeltem Brot, das beim Menschen mit dem Auftreten eines hepato-zellulären Karzinoms in Zusammenhang steht. Claviceps purpurea produziert Mutterkornalkaloide. Früher war das Mehl aufgrund ungünstiger Lagerbedingungen häufig mit diesem Pilz kontaminiert, so daß die Alkaloide über das Mehl in den Menschen gelangten. Dort entfalteten die Alkaloide ihre vasokonstriktorische Wirkung mit der Folge einer akralen Ischämie und Nekrose (Antoniusfeuer).

Eine andere, nützliche Eigenschaft mancher Pilze besteht in der Fähigkeit zur Produktion von Antibiotika. A. Fleming entdeckte 1928 in Penicillium-notatum-Kulturen das Penicillin. Auch andere Penicillium-Arten wie beispielsweise Penicillium chrysogenum produzieren Penicillin.

4 Glossar

E. ENGELMANN

anamorph	imperfekt = asexuelle Form
Arthrospore	von Hyphen abgeschnürte Gliederspore
Assimilation	Abbau von organischen Substraten in Gegenwart von Sauerstoff zur Energiegewinnung und dem Aufbau pilzeigener Bestandteile
Blastospore	Blastokonidie = Sproßpilzzelle
Chlamydospore	dickwandige Mantelspore
Deuteromyzeten	Pilze, von denen nur die asexuelle Form bekannt ist (fungi imperfecti)
Eumyzeten	Pilze, deren sexuelle Form bekannt ist (fungi perfecti)
Fermentation	Abbau organischer Substrate in Abwesenheit von Sauerstoff
fungi imperfecti	Pilze, von denen nur die asexuelle Form bekannt ist (Deuteromyzeten)
fungi perfecti	Pilze, deren sexuelle Form bekannt ist (Eumyzeten)
höhere Pilze	Pilze mit septiertem Myzel
Hefe	Sproßpilz, der zur alkoholischen Gärung (Fermentation) fähig ist
Hyphe	fädiges Vegetationsorgan eines Pilzes
Konidie	asexuelles Fortpflanzungselement
Meiospore	Fortpflanzungselement, das im Rahmen einer Meiose entstanden ist
Mitospore	Fortpflanzungselement, das im Rahmen einer Mitose entstanden ist
Myzel	Geflecht von Hyphen
niedere Pilze	Pilze, deren Hyphen keine oder nur wenige Quersepten besitzen
Sporangiospore	im Innern von spezifischen Behältern (Sporangien) gebildete Sporen
Sporangium	Behälter, in dem Sporangiosporen gebildet werden
Spore	Fortpflanzungselement allgemein, bzw. bei höheren Pilzen sexuelles Fortpflanzungselement im Gegensatz zur Konidie
teleomorph	perfekt = sexuelle Form
Thallus	Myzel, dessen Hyphen alle von einer einzigen Zelle abstammen

X

Spezielle Mykologie

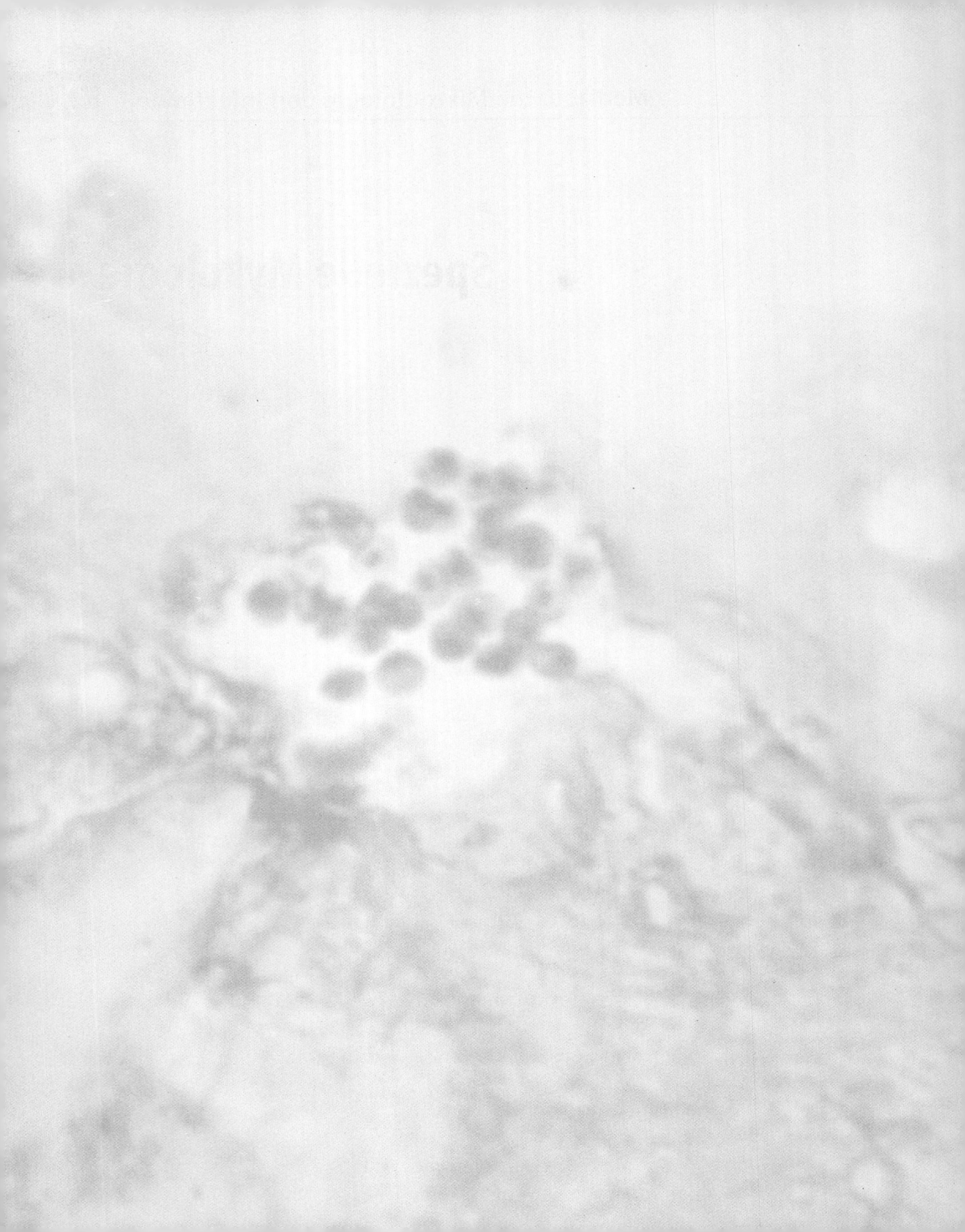

1.1 Candida albicans

Candida (C.) albicans (teleomorphe Form: unbekannt) ist ein fakultativ pathogener Sproßpilz. Er verursacht oberflächliche Haut- und Schleimhautmykosen, tiefe Organmykosen, katheterassoziierte Infektionen und Sepsis. Er ist der häufigste Mykoseerreger beim Menschen und ein Leiterreger bei AIDS.

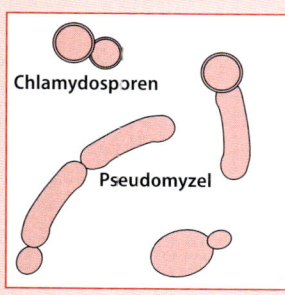

Candida albicans
Sproßpilzzellen, Pseudomyzel und Chlamydosporen, entdeckt 1841 von F. T. Berg, beschrieben 1853 von C. Robin

1.1.1 Beschreibung

Aufbau

Die Zellwand von C. albicans enthält Mannan, Glukan, Mannoproteine, Chitin und Proteine. Während Chitin und Glukan keine antigenen Eigenschaften besitzen, sind Mannane immunogen. Mannoproteine der Zellwand vermitteln die Adhärenz der Pilzzellen sowohl an Epithel und Endothel als auch an Plastikmaterialien.

Extrazelluläre Produkte

Candida-Arten produzieren verschiedene Proteinasen, denen eine bisher nicht eindeutig geklärte Rolle in der Pathogenese zugeschrieben wird: Möglicherweise tragen sie zur Ausbreitung des Pilzes im Gewebe bei, oder sie schützen den Pilz vor der Abwehr des Wirtes.

Resistenz gegen äußere Einflüsse

C. albicans ist empfindlich gegen Austrocknung und daher nur in feuchter Umgebung nachweisbar.

Der Nachweis von C. albicans in der Umwelt macht eine Kontamination durch Mensch oder Tier wahrscheinlich.

Vorkommen

Hauptreservoire von C. albicans sind Tiere und der Mensch selbst, bei dem der Erreger als Saprophyt auf den Schleimhäuten des Gastrointestinaltrakts und Urogenitaltrakts vorkommt. Andere Sproßpilzarten sind ubiquitär verbreitet und finden sich vorzugsweise in zuckerhaltigem feuchten Milieu, z. B. auf reifen Früchten oder auch in Milch.

1.1.2 Rolle als Krankheitserreger

Epidemiologie

C. albicans ist der am häufigsten aus klinischem Material anzüchtbare Sproßpilz. Die Candidose unterliegt keiner geographischen Begrenzung, da sie meistens bei Patienten vorkommt, die für eine Überwucherung durch die eigene Sproßpilzflora disponiert sind. Begünstigende Faktoren für eine Candidose sind HIV-Infektion, Immunsuppression, intravasale Katheter, Breitband-Antibiotikatherapie, antineoplastische Chemotherapie, Granulozytopenie, Verbrennungen, Drogenabusus und hämatologische Erkrankungen.

Übertragung

Die meisten Infektionen sind endogen ausgelöst, jedoch ist eine Übertragung von Mensch zu Mensch durch Schmierinfektion möglich.

Pathogenese

C. albicans verursacht Infektionen der Körperoberfläche (Haut, Schleimhaut) und tiefe, invasive Infektionen bis hin zur Sepsis. Einer Infektion mit C. albicans oder verwandten Arten stehen vier Barrieren entgegen:

- Die Haut und Schleimhaut als mechanische Barriere,
- die Kolonisationsresistenz durch die bakterielle Schleimhautflora,
- die zelluläre Immunität sowie
- humorale Abwehrmechanismen.

Kommt es zur Mazeration der Haut infolge einer Erhöhung ihres Flüssigkeitsgehaltes (z.B. in Hautfalten), so ist die mechanische Barriere gestört, und Sproßpilze können sich ansiedeln. Eine Breitspektrum-Antibiotikatherapie stört die Kolonisationsresistenz, begünstigt damit die ungehemmte Vermehrung von Pilzen und kann somit ebenfalls zur oberflächlichen Infektion führen. Eine tiefe Invasion des Pilzes wird durch Defekte der zellulären Immunität oder eine mechanische Überwindung der natürlichen Abwehrmechanismen, beispielsweise durch Katheter, begünstigt (Abb. 1.1).

Klinik

Pilzerkrankungen durch Candida-Arten heißen *Candidose*. Betrifft die Erkrankung die Haut oder die Schleimhäute (z.B. Mundhöhle, Ösophagus, Vagina), so bezeichnet man sie auch als *Soor*. Klinisch läßt sich die oberflächliche Candidose der Haut, Schleimhaut und Nägel von der tiefen Candidose abgrenzen.

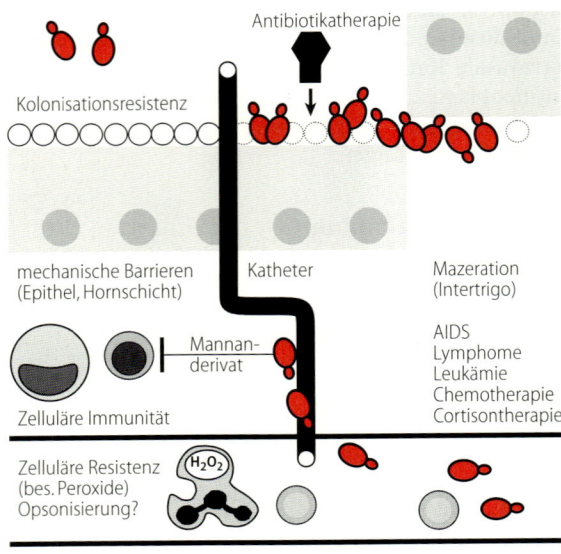

Abb. 1.1. Pathogenese der Candidiasis

Mazeration
(Intertrigo)

AIDS
Lymphome
Leukämie
Chemotherapie
Cortisontherapie

Antibiotikatherapie

Kolonisationsresistenz

mechanische Barrieren
(Epithel, Hornschicht)

Katheter

Mannan-
derivat

Zelluläre Immunität

Zelluläre Resistenz
(bes. Peroxide)
Opsonisierung?

H₂O₂

Soor. Betrifft die Candida-Infektion die Haut, so sind vorwiegend Areale befallen, die einen erhöhten Flüssigkeitsgehalt aufweisen, d.h. beispielsweise Hautfalten unterhalb der Mamma oder im Inguinalbereich (Intertrigo). Die befallenen Hautareale zeigen scharf begrenzte, nässende Erytheme mit leichter oberflächlicher Schuppung und einzelnen Maculae in der weiteren Umgebung. Die Patienten klagen über Juckreiz und Brennen. Finden sich außerdem eitrige, d.h. pustulöse Veränderungen, so handelt es sich in der Regel um eine bakterielle Superinfektion. Eine häufige Manifestation einer Candida-Infektion der Haut ist die Windeldermatitis (Windelsoor) der Säuglinge.

Candida-Nagelmykose. Häufiges Waschen und mangelhaftes Abtrocknen oder eine berufliche Exposition der Hände oder Füße mit Wasser können eine Candidose des Nagelwalls (Paronychie) hervorrufen. Es kommt zu einer schmerzhaften Rötung, Schwellung und Entleerung von eitrigem oder serösem Sekret. Eine Ausbreitung auf die Nagelplatte (Candidaonychomykose) ist ebenfalls möglich. Sind auch die Finger- oder Zehenzwischenräume betroffen, so kommt es zu einer Mazeration der Oberhaut, und es entsteht eine Erosion (erosio interdigitalis blastomycetica = interdigitale Candidose).

Vaginalsoor. Eine wichtige Manifestation ist die vulvovaginale Candidose. Klinische Symptome sind ein weißlicher, cremiger oder krümeliger Fluor und Juckreiz oder Brennen. Die Vaginalschleimhaut ist gerötet und zeigt weiße abwischbare Beläge. Es finden sich außerdem eine ödematöse Schwellung und Rötung der Vulva. Betroffen sind besonders junge Frauen, Patientinnen mit Diabetes mellitus und Schwangere im dritten Trimenon. Orale Kontrazeptiva begünstigen ebenfalls eine Vaginal-Candidose. Durch sexuelle Übertragung entsteht beim Mann eine Candida-Balanitis mit weißlichen Belägen sowie Rötung der Eichel und Vorhaut.

Mundsoor. Die Candida-Infektion der Mundschleimhaut wird auch als Mundsoor bezeichnet und dehnt sich meist auch auf den Pharynx aus (oropharyngeale Candidose). Klinisch lassen sich vier Formen unterscheiden:
- Die pseudomembranöse Form mit weißen, abstreifbaren Belägen auf geröteter Schleimhaut;

- die atrophische (erythematöse) Form mit roten, scharf begrenzten Läsionen, v. a. am harten Gaumen und Zungengrund;
- die chronisch-hyperplastische Form mit weißen, hyperkeratotischen, nicht abstreifbaren Bezirken, v. a. im Bereich der Wangenschleimhaut;
- die anguläre Cheilitis (Perlèche), bei der die Mundwinkel mitbetroffen sind und Fissuren mit Auflagerungen zeigen.

Die oropharyngeale Candidose kommt besonders bei kleinen Kindern, Patienten mit Diabetes mellitus, unter Breitband-Antibiotikatherapie und in den fortgeschrittenen Stadien der HIV-Infektion vor.

Candida-Ösophagitis. Breitet sich die Infektion weiter aboral aus, so entsteht die Soor-Ösophagitis, die entweder asymptomatisch verläuft oder aber mit Schluckbeschwerden und retrosternalem Brennen einhergeht. Ösophagoskopisch finden sich Rötung und Schwellung der Schleimhaut mit weißen Auflagerungen. Die Diagnose läßt sich durch eine Schleimhautbiopsie sichern. 70% der Patienten leiden gleichzeitig an Mundsoor. Die Candida-Ösophagitis tritt insbesondere bei Patienten mit fortgeschrittener, gelegentlich auch akuter HIV-Infektion und bei Patienten mit hämatologischen Erkrankungen auf. Eine Candidose des Magens (Gastritis) bei solchen Patienten kommt ebenfalls vor.

Harnwegsinfektionen. Der Nachweis von Candida im Urin ist entweder Folge einer Kontamination mit Vaginalsekret oder aber Zeichen einer in der Regel asymptomatischen Kolonisation der Harnblase. Er kann auch ein Hinweis auf eine disseminierte Candidainfektion (Sepsis) sein, bei der immer eine Ausscheidung der Sproßpilze mit dem Urin erfolgt. Eine Invasion der Pilze in die Submucosa der Harnblase mit resultierender Entzündung entsteht nur dann, wenn die Blasenschleimhaut z. B. durch Irritationen (Steine, Bestrahlung, Chemotherapie) oder Erkrankungen der Blase (Blasenkarzinom) geschädigt ist. Eine Kolonisation der Blase findet sich insbesondere bei Patienten mit Dauerkatheter unter Antibiotikatherapie, Patienten mit Diabetes mellitus oder Harnabflußstörungen.

Pneumonie. Der häufige Nachweis von Candida im Sputum, insbesondere bei Patienten unter Antibiotikatherapie, ist zunächst nur Ausdruck einer Besiedlung des Respirationstraktes. Eine Candida-

Pneumonie ist ein sehr seltenes Krankheitsbild, das im Rahmen einer Candida-Sepsis bei immunsupprimierten Patienten entstehen kann. Sie manifestiert sich als lokale oder diffuse Bronchopneumonie mit feiner, diffuser, nodulärer Infiltration des Lungenparenchyms. Die eindeutige Diagnose kann nur durch den histologischen Nachweis der Gewebeinfiltration mit Sproßpilzen in Lungenbiopsien gestellt werden.

Peritonitis. Eine Candida-Peritonitis durch Perforation im Bereich des Magen-Darm-Trakts (z. B. bei Magenulkus oder perforierender Divertikulitis) ist eine häufige Komplikation nach abdominalchirurgischen Eingriffen und meistens Folge einer postoperativen antibiotischen Therapie einer zunächst vorliegenden Mischinfektion mit Bakterien. Eine weitere Ursache der Candida-Peritonitis ist eine Besiedlung des Peritonealkatheters mit Candida-Arten bei Patienten unter chronischer Peritonealdialyse.

Endokarditis. Eine Candida-Endokarditis entsteht wie die bakterielle Endokarditis meistens bei Patienten mit vorgeschädigter oder künstlicher Herzklappe. Sie ist am häufigsten Folge einer Herzoperation, da solche Patienten durch postoperative Antibiotikatherapie und intravenöse Katheter zusätzlich Risikofaktoren für eine Fungämie aufweisen. Weitere disponierende Faktoren sind intravenöser Drogenabusus, Chemotherapie bei Malignom sowie eine bakterielle Endokarditis. Die Candida-Endokarditis verläuft wie die subakute bakterielle Endokarditis mit Fieber, Herzinsuffizienz und ggf. Embolien in Lunge oder Gehirn.

Katheterassoziierte Infektionen. Candida-Arten können ähnlich wie koagulasenegative Staphylokokken eine besondere Affinität zu Kunststoffen besitzen und intravasale oder auch fest implantierte Katheter besiedeln. Im Rahmen einer solchen Besiedlung entsteht eine Fungämie, die bei immungesunden Patienten meist ohne weitere Folgen bleibt. Bei Patienten mit Neutropenie entwickelt sich hingegen eine Pilzsepsis, die meistens letal verläuft. Die wichtigste therapeutische Maßnahme ist die Entfernung bzw. der Wechsel des Katheters, da die am Kunststoff haftenden Pilze durch eine antimykotische Therapie nicht zu eliminieren sind.

Candida-Sepsis. Eine Candida-Sepsis folgt auf eine Einschwemmung der Erreger in die Blutbahn

(Fungämie). Insbesondere bei Patienten mit Neutropenie siedelt sich der Erreger in allen Organen ab, und es entstehen multiple Mikroabszesse. Besonders betroffen sind die Nieren, das Gehirn, das Myokard, das Auge sowie Milz und Leber (hepatolienale Candidose), jedoch ist auch jede andere Organmanifestation möglich. Disponiert sind Patienten mit intravenösen Kathetern, Urinkathetern, Verbrennungen, intraabdominellen Operationen, unter Breitspektrum-Antibiotikatherapie und mit Mukosaschädigung infolge antineoplastischer Chemotherapie. Das Auftreten septischer Temperaturen unter Antibiotikatherapie legt das Vorliegen einer generalisierten Sproßpilzinfektion nahe.

Meningitis. Diese entsteht entweder im Rahmen einer disseminierten Candidose, insbesondere bei Neugeborenen und hämatologischen Patienten, oder als Folge einer Besiedlung von intrakraniellen Kathetern (z. B. ventrikuloperitonealer Shunt). Sie verläuft meistens subakut mit nur milden Kopfschmerzen bei leichtem oder ohne Fieber. Im Liquor besteht eine Pleozytose, vorwiegend mit Lymphozyten, einem erhöhten Protein- und erniedrigten Glukosegehalt. Eine Infektion des Hirnparenchyms mit Bildung von Mikroabszessen ist möglich.

Andere Manifestationen. Hierzu zählen die Osteomyelitis, die Arthritis und die Keratokonjunktivitis bzw. Endophthalmitis. Die Osteomyelitis entsteht hämatogen oder als Komplikation einer Operation. Die Arthritis tritt besonders bei Patienten mit Gelenkprothesen hämatogen oder exogen (Gelenkpunktion) auf.

Die Keratokonjunktivitis ist eine Komplikation einer lang anhaltenden Therapie mit kortisonhaltigen Augentropfen, während die Endophthalmitis meist hämatogen entsteht. Bis zu einem Drittel aller Candida-Endophthalmitiden geht auf abdominalchirurgische Eingriffe zurück.

Immunität

Polymorphkernige Granulozyten können Pseudomyzel und Blastosporen phagozytieren und abtöten. Neutropenische Patienten sind daher für eine systemische Candidose besonders disponiert. Die Phagozytoserate wird durch Opsonisierung mit candidaspezifischen Antikörpern und Komplement verstärkt. Bei Patienten mit systemischer Candidose sind daher hohe Candida-Antikörpertiter nachweisbar.

Eine gestörte T-Lymphozytenfunktion disponiert zur Entstehung einer mukokutanen Candidose (oraler Mundsoor oder Candida-Ösophagitis bei AIDS), jedoch kommt es bei diesen Patienten in der Regel nicht zur hämatogenen Ausbreitung. T-Lymphozyten sind also für die Schleimhautimmunität gegenüber Candida-Arten verantwortlich.

Labordiagnose

Die Diagnose von Candida aus klinischem Untersuchungsmaterial erfolgt durch mikroskopischen Nachweis von Sproßpilzzellen im Gram- oder Nativpräparat und anschließende Anzucht.

Untersuchungsmaterial. Zum kulturellen Nachweis von Candida eignen sich je nach Krankheitsprozeß Punktate, Abstriche, Respirationssekrete, Urin, Blut und Liquor sowie entnommene Fremdkörper (Katheter, Prothesen) oder Biopsien. Ein serologischer Nachweis von Candida-Antigen und -Antikörpern bei Verdacht auf eine systemische Candidose ist ebenfalls möglich.

Vorgehen im Labor. Die Anzucht erfolgt auf Sabouraud-Glukose-Agar bei 37 °C, wobei sich nach ein bis zwei Tagen sichtbare Kolonien ausbilden. Besonders auf nährstoffarmen Kulturmedien (z. B. Reis- oder Kartoffelwasseragar) bilden sich Pseudomyzelien und die für C. albicans charakteristischen Chlamydosporen. Dabei handelt es sich um angeschwollene, dickwandige, runde Zellen, die der Austrocknung besser widerstehen. Das wichtigste Differenzierungskriterium von Sproßpilzen ist deren artgebundene Fähigkeit, bestimmte Zucker und Stickstoffverbindungen zu fermentieren bzw. zu assimilieren, so daß die eindeutige Identifizierung anhand einer biochemischen Leistungsprüfung erfolgt. Candida-Antikörper im Serum können mittels indirekten Hämagglutinationstests, indirekten Immunfluoreszenztests, indirekten Agglutinationstests oder auch eines Candida-Präzipitationstests nachgewiesen werden. Ein serologischer Nachweis von Candida-Antigen ist ebenfalls mit Hilfe eines indirekten Latexagglutinationstests möglich. Diese Tests erfassen wegen Antigengemeinschaften Antikörper gegen Antigene nicht nur von C. albicans, sondern auch von C. tropicalis, C. parapsilosis und C. glabrata.

Therapie

Oberflächliche Candidose. Die Therapie einer kutanen Candidose besteht in der Beseitigung des feuchten, zu der Infektion disponierenden Milieus (z. B. häufiger Windelwechsel bei Windelsoor) und lokaler Applikation von Nystatin- oder Clotrimazol-haltiger Salbe oder Puder. Der Mundsoor wird mit Nystatin- oder Amphotericin-B-haltigen Suspensionen behandelt. Eine Candida-Ösophagitis erfordert insbesondere bei HIV-Patienten eine systemische Therapie mit Fluconazol oder – seltener – Ketoconazol. Bei der vulvovaginalen Candidose werden Suppositorien oder Cremes, die Amphotericin B, Nystatin, Clotrimazol, Tioconazol, Isoconazol oder andere Azolderivate enthalten, appliziert. Eine orale Einmaltherapie mit Fluconazol oder Ketoconazol ist ebenfalls möglich. Eine zusätzliche Stabilisierung des physiologischen Milieus der Vagina durch lokale Applikation von Laktobazillen (Suppositorien) wird häufig begleitend angewandt.

Organmykosen und Candidasepsis. Katheterassoziierte Infektionen wie eine Peritonitis bei chronischer Peritonealdialyse erfordern die Entfernung des Katheters, da eine medikamentöse Sanierung ohne diese Maßnahme in der Regel nicht möglich ist. Die Candidasepsis erfordert eine systemische Therapie mit Amphotericin B oder Ambisome (liposomal verkapseltes Amphotericin B) ohne oder ggf. in Kombination mit 5-Flucytosin. Eine systemische Therapie mit Fluconazol ist wegen der Resistenz von C. krusei und C. glabrata nur bei anderen Sproßpilzarten und daher erst bei gesichertem Erregernachweis möglich.

Prävention

Oral verabreichte Nystatin- oder Amphotericin-B-haltige Suspensionen können einer Candidainfektion durch Eliminierung der Sproßpilze aus dem Magen-Darm-Kanal vorbeugen. Eine solche Maßnahme ist z. B. bei Patienten mit Breitspektrum-Antibiotikatherapie, bei Neutropenie oder bei Transplantierten sinnvoll.

ZUSAMMENFASSUNG: Candida albicans

Mykologie. Aerob und fakultativ anaerob wachsend. Auf Reisagar Bildung von Pseudomycel und Chlamydosporen.

Vorkommen. Auf der Haut und Schleimhaut des Menschen.

Epidemiologie. Häufigster aus klinischem Material isolierter Sproßpilz.

Zielgruppe. Immunsupprimierte Patienten, Patienten mit Diabetes mellitus und unter Antibiotikatherapie.

Übertragung. Meist endogene Infektion, selten Schmierinfektion.

Pathogenese. Durch Störung oder Überwindung der natürlichen Abwehrmechanismen oberflächliche Infektionen der Haut und Schleimhaut, septische Generalisierung mit verschiedenen Organmykosen, katheterassoziierte Infektionen. Proteinasen sind möglicherweise an der Ausbreitung im Gewebe beteiligt.

Klinik. Mundsoor, Intertrigo, Ösophagitis, Vulvovaginitis, Endokarditis, Harnwegsinfektionen, katheterassoziierte Infektionen, Sepsis, Endophthalmitis.

Immunität. Antikörper, Phagozytose, T-Lymphozyten.

Diagnose. Erregernachweis, serologischer Antigen- bzw. Antikörpernachweis.

Therapie. Lokal mit Nystatin, Amphotericin B, Clotrimazol, Miconazol oder anderen Azolderivaten, systemisch mit Amphotericin B, ggf. in Kombination mit 5-Flucytosin, Fluconazol, Ketoconazol.

Prävention. Antimykotika oral bei disponierten Patienten.

1.2 Andere Candida-Arten

Andere pathogenetisch bedeutsame Candida-Arten wie C. tropicalis, C. parapsilosis, C. krusei und C. glabrata finden sich häufiger in der Umgebung des Menschen, besonders in Lebensmitteln, auf organischem Material und im Wasser, während C. albicans seinen Standort bei Mensch und Tier hat.

C. tropicalis verursacht vor allem bei Patienten mit hämatologischen Erkrankungen disseminierte Infektionen. Der wiederholte Nachweis im Trachealsekret oder Urin solcher Patienten sollte daher an eine Pilzsepsis denken lassen.

C. parapsilosis ist nach C. albicans und C. tropicalis der häufigste aus Blutkulturen isolierte Sproßpilz. Aufgrund seiner hohen Affinität zu Plastikmaterialien wird er häufig im Zusammenhang mit katheterassoziierten Infektionen gefunden. C. parapsilosis wird außerdem häufig als Erreger einer Pilzendokarditis speziell bei Drogenabhängigen nachgewiesen.

C. glabrata wird als Saprophyt häufig bei urogenitalen Pilzinfektionen gefunden. C. glabrata kann auch tiefe Organmykosen, meist im Rahmen einer Fungämie, verursachen. C. glabrata wird aufgrund steigender Resistenz gegenüber Fluconazol gehäuft bei Patienten unter Fluconazol-Therapie nachgewiesen.

C. krusei findet sich gehäuft auf den Schleimhäuten von Patienten mit Granulozytopenie und kann bei solchen Patienten schwere systemische Mykosen verursachen. C. krusei ist resistent gegenüber Fluconazol und demzufolge ebenfalls gehäuft unter Fluconazol-Therapie nachweisbar. C. krusei kann auch einer Therapie mit Amphotericin B schlecht zugänglich sein und daher bei Therapiebedürftigkeit Probleme bereiten.

1.3 Cryptococcus neoformans

Man unterscheidet die beiden Varietäten:
- Cryptococcus (C.) neoformans var. neoformans (teleomorphe Form: Filobasidiella neoformans) und
- Cryptococcus neoformans var. gattii (teleomorphe Form: Filobasidiella bacillispora).

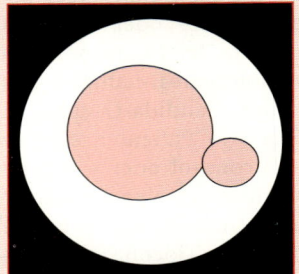
1.3.1 Beschreibung

Aufbau

C. neoformans ist ein bekapselter Sproßpilz. Die Kapsel besteht aus verschiedenen Polysacchariden, d.h. unverzweigten Mannoseketten, die mit Xylosyl- oder β-Glucuronyl-Gruppen besetzt sind. Der Hauptanteil der Kapsel wird von Glucuronoxylomannan gebildet. Daneben finden sich geringe Anteile von Galaktoxylomannan. Anhand von geringen Unterschieden im Glucuronoxylomannan-Anteil lassen sich vier Serotypen A, B, C und D unterscheiden. Die Serogruppen A und D gehören zur Varietät neoformans, während die Serogruppen B und C der Varietät gattii angehören. Die Zellwand von C. neoformans besteht aus β-Glukan mit einem geringen Anteil von Chitin.

Extrazelluläre Produkte

Bisher sind von C. neoformans keine extrazellulären Produkte im Sinne von Exotoxinen bekannt. Im Blut des Patienten zirkulierende Kryptokokkenantigene besitzen eine immunsuppressive Wirkung, deren Mechanismus jedoch bisher ungeklärt ist.

Resistenz gegen äußere Einflüsse

C. neoformans ist sehr resistent gegen Austrocknung und kann daher lange Zeit im Staub überleben. Im Schmutz lebende Bakterien, Milben und die Amöbe Acanthamoeba polyphaga sind in der Lage, C. neoformans abzutöten.

Vorkommen

C. neoformans var. neoformans kommt insbesondere bei Tauben, aber auch bei anderen Vögeln wie Hühnern, Kanarienvögeln und bestimmten Papageien-Arten vor. Möglicherweise ist Holz, das von den Vögeln gefressen wird, der natürliche Standort des Pilzes. Die Tiere tragen den Pilz, ohne selbst zu erkranken, und scheiden ihn mit ihren Exkrementen aus. C. neoformans findet sich daher weltweit in mit Taubenkot kontaminiertem Schmutz oder Staub. Die Varietät gattii findet sich ausschließlich auf Eukalyptusbäumen der Art Eucalyptus camaldulensis während der Blütezeit. Ob der Pilz zur normalen Flora des Baumes gehört oder pflanzenpathogen ist, ist bisher ungeklärt. Die Varietät gattii findet sich demzufolge nur in tropischen und subtropischen Ländern wie z. B. Australien, wo Eucalyptus camaldulensis wächst.

1.3.2 Rolle als Krankheitserreger

Epidemiologie

Da C. neoformans weltweit vorkommt, ist eine Exposition gegenüber dem Erreger häufig. Infektionen mit C. neoformans kommen gehäuft bei AIDS-Patienten, Patienten unter Kortikosteroidtherapie, bei Sarkoidose und bei Patienten mit lymphoretikulären Malignomen wie dem Hodgkin-Lymphom vor. Nach Infektionen mit Pneumocystis carinii, Zytomegalievirus und Mykobakterien ist die Kryptokokkose die vierthäufigste lebensbedrohliche Infektion bei HIV-Patienten und gehört zu den AIDS-definierenden Infektionen. Die Infektion kann auch bei Patienten ohne disponierende Faktoren auftreten. Seit der AIDS-Ära ist die Häufigkeit von Infektionen mit der Varietät gattii deutlich zurückgegangen, da HIV-Patienten unabhängig von der geographischen Lage praktisch immer mit der Varietät neoformans infiziert werden. Die Gründe hierfür sind unbekannt.

Übertragung

Die Übertragung von C. neoformans erfolgt durch Inhalation von erregerhaltigem Staub. Eine Übertragung von Mensch zu Mensch ist bisher nicht nachgewiesen worden.

Pathogenese

Durch Inhalation gelangt der Erreger in den Alveolarraum und bildet die **Kapsel** (Abb. 1.2). Stämme ohne Fähigkeit zur Kapselbildung sind avirulent. Die Kapsel schützt den Pilz vor Phagozytose, ihre Antigene stimulieren die humorale und zelluläre Immunität. Mit der **Phenoloxidase** kann der Pilz Katecholamine (z. B. Dopamin, Noradrenalin) zu Melanin abbauen. Das gebildete Melanin kann oxidative Abtötungsmechanismen von Granulozyten und Makrophagen hemmen. Liegen Defekte der T-Zell-abhängigen Abwehr vor (z. B. AIDS), kann der Pilz in die Blutbahn übertreten und hämatogen streuen. Das bevorzugte Absiedlungsorgan ist das Gehirn mit den Hirnhäuten. Die Absiedlung der Pilze in peripheren Organen und in den Meningen wird von einer granulomatösen Entzündungsreaktion eingegrenzt (Abb. 1.2). Es finden sich Makrophagen und Riesenzellen, die Kryptokokken enthalten. Im Hirnparenchym finden sich dagegen zystische, gelatinöse Pilzhaufen ohne nennenswerte entzündliche Reaktion, besonders im Bereich der Basalganglien und der kortikalen grauen Substanz. Das Vorkommen von Katecholaminen im ZNS wird mit diesem Gewebetropismus des Erregers in Zusammenhang gebracht (Abb. 1.2).

Klinik

Pneumonie. Die pulmonale Kryptokokkose ist asymptomatisch oder zeigt uncharakteristische Symptome. Die Infektion verläuft chronisch über Monate bis Jahre und heilt bei Immunkompetenz meist spontan aus. Ausgehend von der chronischen pulmonalen Infektion kann es zur Disseminierung mit ZNS-Befall kommen, jedoch zeigen nur 1/3 der Fälle mit Meningoenzephalitis gleichzeitig eine Kryptokokkose der Lunge.

Meningoenzephalitis. Die Meningoenzephalitis verläuft meist schleichend über Wochen bis Monate mit symptomlosen Intervallen. Leichte Persönlichkeits- und Verhaltensveränderungen fallen meist den Angehörigen des Patienten auf. Gelegentlich sind die Hirnnerven beteiligt mit entsprechender neurologischer Symptomatik (Doppelbilder, Visusverlust, verminderte Mimik). Die Patienten zeigen meist keine Nackensteifigkeit und sind sub- bis afebril, manche haben gesteigerte Reflexe. Die Meningoenzephalitis ist die häufigste Manifestation und Todesursache einer Infektion mit C. neoformans.

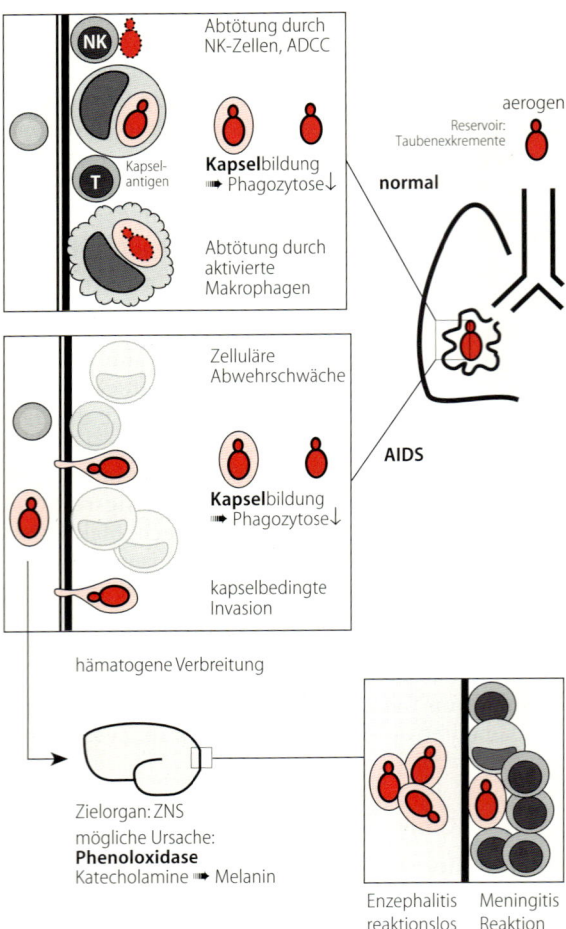

Abb. 1.2. Pathogenese der Kryptokokkose

Andere Manifestationen. In 10% der Fälle mit disseminierter Kryptokokkose kommt es zur Hautmanifestation mit einer einzelnen oder mehreren schmerzlosen Läsionen meist im Bereich des Kopfes. Zunächst entsteht eine Papel, die später ulzeriert und ein Exsudat bildet, in dem Kryptokokken nachweisbar sind. Die Hautmanifestation tritt gehäuft bei immunsupprimierten Patienten auf. In ca. 5% der Fälle entstehen Absiedlungen im Skelett, vorzugsweise im Bereich des Beckens, der Wirbelsäule und des Schädels. Im Röntgenbild zeigen sich Osteolysen. Weitere seltene Formen der Kryptokokkose sind eine Endophthalmitis, Myo-, Peri- oder Endokarditis, Hepatitis, Sinusitis, Ösophagitis, Pyelonephritis und Prostatitis.

Immunität

Die Erreger werden nach Inhalation durch bronchoalveoläre Makrophagen phagozytiert und anschließend durch oxidative Mechanismen abgetötet. Sind die Erreger bekapselt, so können sie sich der Phagozytose entziehen. In diesem Fall werden die Erreger von Makrophagen eingemauert, und es entstehen polynukleäre Riesenzellen um die Kryptokokken, so daß eine weitere Ausbreitung der Pilze, insbesondere auch ins ZNS, verhindert wird. Hierfür ist eine intakte Funktion von CD4+-T-Zellen erforderlich, da diese die Entstehung von Riesenzellen induzieren. Dies erklärt das gehäufte Auftreten der Kryptokokkose bei Patienten mit einer gestörten T-Zell-Funktion. Der Kontakt mit C. neoformans führt außerdem zur Produktion von Antikörpern gegen Antigene der Polysaccharidkapsel und zur Aktivierung des alternativen Weges des Komplementsystems. Die Antikörper und die Komplementkomponenten C3b und C3bi wirken opsonisierend, reichen jedoch allein als Schutz vor Infektion nicht aus. Auch NK-Zellen sind in der Lage, Kryptokokken abzutöten.

Labordiagnose

Untersuchungsmaterial. Zum kulturellen Nachweis von C. neoformans eignen sich Blut, Liquor, Bronchialsekrete, Sputum, Urin und Biopsien.

Vorgehen im Labor. Die Diagnose von C. neoformans aus Liquor kann zunächst durch Darstellung der Kapsel im Tuschepräparat erfolgen. Die Sensitivität dieser Methode ist gering und daher nur bei hohen Erregermengen (mindestens 10^5/ml) erfolgversprechend. C. neoformans wächst am besten bei 30 °C auf Sabouraud-Glukose-Agar in Form von kleinen weißen Kolonien. Es ist zu beachten, daß im Gegensatz zur Varietät neoformans die Varietät gattii *nicht* bei 37 °C wächst. Bei Materialien wie Urin oder Sputum, die mit anderen Sproßpilzen kontaminiert sein könnten, ist die zusätzliche Anzucht auf Negersaat (Guizotia-abyssinica-)Agar nach Staib zur Abgrenzung gegenüber anderen Sproßpilzarten erforderlich. Auf diesem Nährboden bildet der Pilz mit Hilfe der Phenoloxidase aus phenolischen Bestandteilen des Negersaatsamens Melanin und wächst in braunen Kolonien. Biochemisch unterscheidet sich C. neoformans von den Candida-Arten durch die Unfähigkeit, Zucker zu fermentieren, und durch die Bildung von Urease. Eine Unterscheidung der Varietäten kann epidemiologisch bedeutsam sein. Die sicherste und schnellste Nachweismethode einer Kryptokokkose ist der Nachweis von Cryptococcus-Antigen im Serum oder Liquor. Dabei werden mit Antikörpern gegen C. neoformans beladene Latexpartikel durch lösliches C.-neoformans-Antigen agglutiniert. Bei einer Kryptokokkeninfektion kommt es zu einer massiven Ausschüttung von Antigen (Antigen-Überschuß), das nur sehr langsam abgebaut wird, so daß es noch über Jahre nach der Infektion persistieren kann. Daher ist das Vorkommen von Antigen nicht beweisend für eine ablaufende Infektion: Erst der Nachweis lebender Erreger erlaubt den Rückschluß auf eine floride Infektion.

Dem Antikörpernachweis kommt keine diagnostische Bedeutung zu, da Antikörper meist erst nachweisbar sind, wenn durch erfolgreiche Chemotherapie der Antigentiter bereits deutlich abgenommen hat.

Therapie

Jede Kryptokokkeninfektion erfordert eine systemische Therapie mit Amphotericin B bzw. der Kombination von Amphotericin B mit 5-Flucytosin über mindestens sechs Wochen. Neuere Therapieversuche mit einer Dreierkombination von Amphotericin B, 5-Flucytosin und Fluconazol haben sich als überlegen gegenüber der klassischen Kombination oder der Monotherapie erwiesen. Der Therapieerfolg sollte durch wöchentliche Liquoruntersuchungen kontrolliert werden. Ein kultureller Nachweis bedeutet dabei Persistenz lebender Erreger und somit keinen Therapieerfolg. Demgegenüber bedeutet der Nachweis von Antigen bei negativem kulturellen Nachweis die Persistenz von Erregerbestandteilen (Totantigen) und ist als Therapieerfolg zu deuten. Sind im Liquor kulturell keine lebenden Kryptokokken mehr nachweisbar, muß die Therapie trotzdem noch mindestens 4 Wochen weitergeführt werden.

Prävention

Besonders innerhalb des ersten Jahres nach überstandener Infektion kann es zu einem Rezidiv kommen. Ein erneuter kultureller Erregernachweis geht dabei dem Auftreten einer klinischen Symptomatik weit voraus. Daher werden regelmäßige Kontrolluntersuchungen von Liquor, Urin und Sputum empfohlen. Immunsupprimierte bzw. AIDS-Patienten erhalten außerdem eine lebenslange Rezidiv-Prophylaxe mit Fluconazol. Durch Persistenz der Kryptokokken in der Prostata kann insbesondere von diesem Organ ein Rezidiv ausgehen.

1.4 Andere humanpathogene Sproßpilze

Malassezia furfur. Dieser gehört zur normalen Hautflora und kann bei besonderer Disposition wie Hyperhidrosis und Immunsuppression durch starke Vermehrung eine seborrhoische Dermatitis verursachen. Die als *Pityriasis versicolor* bezeichnete Dermatitis ist vermutlich eine allergische Reaktion auf Pilzbestandteile und äußert sich in Form von zunächst hypopigmentierten, später bräunlichen, schuppenden, juckenden Flecken. Malassezia furfur ist eine lipophile Hefe, die nur in Gegenwart von Olivenöl anzüchtbar ist. Die Pityriasis wird durch lokale Applikation von Selendisulfid oder Azol-Antimykotika wie Clotrimazol oder Ketoconazol therapiert. Auch eine systemische Therapie mit Itraconazol ist möglich. Die Therapie einer systemischen Infektion besteht in der Entfernung des infizierten Katheters und ggf. systemischer Gabe von Amphotericin B oder Itraconazol.

Trichosporon. Hefepilze der Gattung Trichosporon (T.) kommen im Boden und Wasser vor und finden sich auch gelegentlich auf der Haut und Schleimhaut des Menschen. Es gibt einige humanpathogene Arten, von denen T. asahii und T. mucoides insbesondere bei Leukämiepatienten systemische Infektionen hervorrufen können. Andere Arten wie T. cutaneum, T. inkin und T. ovoides verursachen oberflächliche Mykosen des Haarschaftes, die als weiße Piedra bezeichnet werden und in Abhängigkeit vom Erreger am Kopf, in der Achsel oder dem Genitalbereich lokalisiert sind. Klinisch finden sich an den Haarschäften steinharte Knoten, die aus Pilzelementen bestehen und zum Abbrechen der Haare führen. Die weiße Piedra wird durch Rasur der befallenen Haare und lokale Applikation von Clotrimazol therapiert, während eine systemische Trichosporoninfektion eine systemische Amphotericin-B-Therapie, ggf. in Kombination mit 5-Flucytosin, erfordert.

2.1 Aspergillus fumigatus

Aspergillus (A.) fumigatus (teleomorphe Form: unbekannt) ist ein ubiquitär vorkommender Schimmelpilz mit septiertem Myzel aus der Abteilung Ascomycota. Als fakultativ pathogener Erreger verursacht er Aspergillome (in präformierten Höhlen), unterschiedliche allergische Erkrankungen (z. B. allergische bronchopulmonale Aspergillose), Pneumonien und Lokalinfektionen sowie die lebensbedrohliche invasive Aspergillose (speziell bei Granulozytopenie und unter hochdosierter Kortisontherapie).

STECKBRIEF

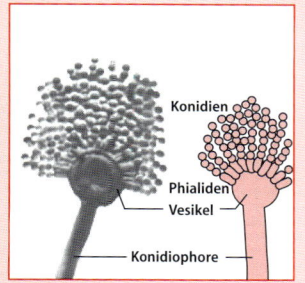

Aspergillus fumigatus
Typisches Fruktifikationsorgan, als Erreger entdeckt 1863 von Fresenius, Pathogenitätsnachweis 1881 durch R. Koch

2.1.1 Beschreibung

Aufbau

Aspergillen gehören zu den höheren Pilzen, d.h. sie bilden ein septiertes Myzel. Typisch für Aspergillen ist die dichotome (Winkel von 45°) Verzweigung der Hyphen beim Nachweis im Untersuchungsmaterial. Die Zellwand von Aspergillen enthält Mannane und Glukane. Galaktomannan von A. fumigatus läßt sich im Blut und Urin von Patienten mit invasiver Aspergillose nachweisen.

Extrazelluläre Produkte

Aspergillen produzieren verschiedene extrazelluläre Proteasen, die Kollagen und Elastin abbauen. Weitere extrazelluläre Produkte sind Katalasen, Phospholipasen und Ribonuklease. A. fumigatus und A. flavus produzieren außerdem einen komplementinhibierenden Faktor, der Phospholipide enthält. A. fumigatus produziert zytotoxische, die zelluläre

Immunität inhibierende Metaboliten wie z. B. Gliotoxin. Die genaue Bedeutung der unterschiedlichen extrazellulären Produkte von Aspergillen als Virulenzfaktoren ist bisher nicht vollständig geklärt.

Resistenz gegen äußere Einflüsse

Aspergillussporen (Konidien) sind weitgehend unempfindlich gegen Austrocknung und können daher lange Zeit im Staub bzw. in der Luft überleben. Eine potentielle Infektionsquelle sind Baustellen, wo sich hohe Konzentrationen von Aspergillussporen im Baustaub finden können. A. fumigatus ist im Gegensatz zu anderen Aspergillusarten unempfindlich gegen Temperaturen bis zu 55 °C. Sein Temperaturoptimum liegt jedoch bei 37 °C. Diese Eigenschaft bedingt die Fähigkeit der Infektion innerer Organe von Warmblütern.

Vorkommen

Aspergillen sind die am häufigsten in der Umgebung des Menschen vorkommenden Pilze. Sie finden sich weltweit als Saprophyten besonders auf organischen Abfällen, Lebensmitteln wie Getreide oder Nüssen und in der Erde von Topfpflanzen. Aufgrund seiner Thermotoleranz findet sich A. fumigatus in hohen Konzentrationen in Komposthaufen bzw. Kompostieranlagen. Die höchsten Konzentrationen von Aspergillussporen in der Luft bestehen in den Wintermonaten. Als Quelle werden die im Herbst gefallenen Blätter angenommen.

2.1.2 Rolle als Krankheitserreger

Epidemiologie

Die Aspergillose ist eine weltweit verbreitete Erkrankung. Die am häufigsten in klinischem Untersuchungsmaterial nachweisbare Spezies ist A. fumigatus, gefolgt von A. flavus und A. niger. Invasive Infektionen entstehen bei abwehrgeschwächten Patienten, insbesondere bei Patienten mit Leukopenie und unter langdauernder Kortisontherapie, aber auch bei Patienten mit chronischen granulomatösen Erkrankungen. Aufgrund der zunehmenden Zahl solcher Patienten ist die Inzidenz der invasiven Aspergillose deutlich angestiegen (Verzehnfachung von 1966–1985).

Übertragung

Die Infektion erfolgt durch Inhalation von Aspergillussporen (Konidien), die wegen ihrer geringen Größe (2,5–3 µm) bis in die Alveolen eindringen können. Eine Übertragung von Mensch zu Mensch ist selten.

Pathogenese

Aspergillen können unterschiedliche Krankheitsbilder auslösen, wobei sich
- die saprophytische Aspergillose (*Aspergillom*),
- die allergische bronchopulmonale Aspergillose und
- die invasive Aspergilluspneumonie bei immunsupprimierten Patienten

unterscheiden lassen.

Die inhalierten Sporen haben die Fähigkeit, an Fibrinogen und Laminin zu adhärieren. Nach Absiedlung in der Lunge oder auch in den Nasennebenhöhlen können die Sporen zu Hyphen auskeimen. Bei intakter Abwehr werden die Sporen von Makrophagen und die Hyphen von Granulozyten phagozytiert und abgetötet.

Gelangen Aspergillussporen in primär vorbestehende Kavitäten wie die Nasennebenhöhlen oder in sekundäre Veränderungen in der Lunge wie Bronchiektasen, Kavernen oder Zysten als Folge von vorbestehenden Lungenerkrankungen, können sie auskeimen und zu einem *Aspergillom* auswachsen. Dabei handelt es sich um einen kompakten, aus Myzelien bestehenden „Pilzball", der sich in der präformierten Höhle ausdehnt, ohne in das umgebende Gewebe einzudringen. Das Aspergillom entspricht also einer Kolonisation und kann einen Durchmesser von mehreren Zentimetern erreichen.

Bei allergisch disponierten Patienten entsteht durch Inhalation von Aspergillussporen eine allergische bronchopulmonale Aspergillose von komplexer Pathogenese. Nach Inhalation der Sporen kommt es zu einer Besiedlung des Bronchialsystems mit massiver Erregervermehrung im zähen Bronchialschleim. Die antigene Wirkung der Aspergillussporen führt zu einer komplexen immunologischen Reaktion, die eine Kombination von allergischen Reaktionen der Typen I, III und IV darstellt. Es kommt zur vermehrten Produktion von aspergillusspezifischen IgE- und IgG-Antikörpern sowie spezifischen T-Lymphozyten.

Sind die natürlichen Abwehrmechanismen geschädigt (schwere Neutropenie), können genügend Sporen auskeimen und die Hyphen in das Gewebe eindringen, d.h. es entsteht eine invasive pulmonale Aspergillose oder eine invasive Aspergillose der Nasennebenhöhlen. Die Pilzhyphen dringen dabei bevorzugt in Blutgefäße ein (Abb. 2.1). Als Invasine werden Proteinasen des Pilzes vermutet. Durch die Schädigung der Gefäßwände entstehen Blutungen (Hämoptysen). Proteasen der Pilze aktivieren außerdem die Blutgerinnung, wodurch Thromben entstehen, die eine Nekrose des abhängigen Gewebes bewirken (hämorrhagische Infarzierung). Durch Anschluß der Erreger an die Blutbahn kommt es zu einer hämatogenen Aussaat mit Absiedlung und anschließender Invasion in andere Organe (z.B. Gehirn).

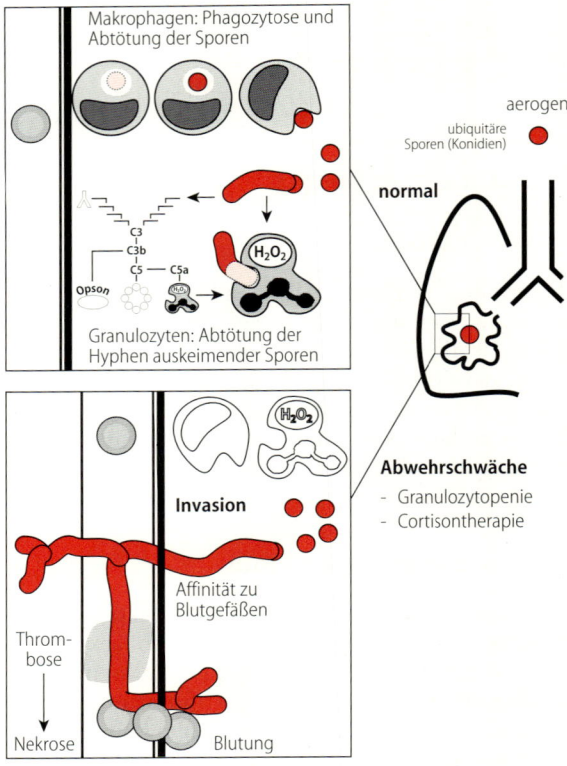

Abb. 2.1. Pathogenese der invasiven Aspergillose

Klinik

Aspergillom. Ein Aspergillom der Nasennebenhöhlen betrifft meist Patienten mit vorbestehender chronischer Sinusitis und ist am häufigsten im Sinus maxillaris lokalisiert. Klinisch unterscheidet sich das Aspergillom nicht von den bereits aufgrund der Sinusitis bestehenden Beschwerden wie Druckgefühl und Schmerzen im Bereich des betroffenen Sinus sowie einer chronisch behinderten Nasenatmung. Das Aspergillom begünstigt aufgrund der chronischen Verlegung des Ausführungsganges der Nebenhöhle eine rezidivierende bakterielle Superinfektion. Bei Patienten mit eingeschränkter Granulozytenfunktion kann der Erreger in den Knochen eindringen und sich weiter ins Gehirn ausbreiten.

Ein Aspergillom der Lunge findet sich bei Patienten mit vorbestehenden Lungenerkrankungen wie z.B. Karzinom, Tuberkulose, rezidivierenden bakteriellen Pneumonien, Lungenabszeß oder Sarkoidose, in deren Verlauf es zur Ausbildung einer Kavität gekommen ist, die nicht mit Bronchialschleimhaut ausgekleidet ist. Trotz fehlender Invasion ins umgebende Gewebe kommt es beim Aspergillom der Lunge häufig zu Hämoptysen, deren Entstehungsweise ungeklärt ist. Die klinische Symptomatik und die Prognose eines solchen Aspergilloms sind ausschließlich vom Verlauf der Grunderkrankung bestimmt.

Allergische bronchopulmonale Aspergillose. Die allergische bronchopulmonale Aspergillose ist charakterisiert durch akutes Asthma bronchiale mit flüchtigen pulmonalen Infiltraten, als Ausdruck von Atelektasenbildung infolge Verlegung der Bronchien mit zähflüssigem Schleim. Die Patienten zeigen eine kutane Allergie gegenüber intrakutan appliziertem Aspergillusantigen. Chronisch rezidivierende allergische Reaktionen der Bronchialschleimhaut aufgrund häufiger Exposition gegenüber Aspergillusantigenen führen zu Bronchiektasenbildung der proximal gelegenen Bronchienabschnitte und schließlich zu einer fibrotischen Veränderung der Lunge mit resultierender Funktionseinschränkung.

Invasive pulmonale Aspergillose. Die invasive Aspergillose entsteht bei Patienten mit hämatologischen Erkrankungen, bzw. nach Kortison- oder zytotoxischer Chemotherapie infolge der Neutropenie. Sie manifestiert sich zunächst mit Fieber, gefolgt von radiologisch nachweisbaren pulmonalen Infiltraten mit variabler Symptomatik wie Husten, ggf. mit Sputumproduktion oder auch pleuralen Schmerzen. Durch invasives Wachstum der Pilze ins Gewebe und Eindringen in die Gefäße bilden sich Infarzierungen, die sich klinisch durch Hämoptysen äußern können. Per continuitatem können die Pilze in benachbarte Organe wie beispielsweise Leber oder Herz eindringen. In einem Drittel der Fälle streuen sie hämatogen, was sich am Auge als schmerzlose Endophthalmitis oder aber als einseitiger Sehverlust als Ausdruck einer ischämischen Opticus-Neuropathie manifestiert. Daneben finden sich zerebrale Infarkte oder Abszesse, die je nach Lokalisation als neurologische Ausfallserscheinungen in Erscheinung treten. Auch metastatische Hautveränderungen sowie Schmerzen im Bereich der Wirbelsäule infolge einer vertebralen Osteomyelitis kommen vor. Drogenabhängige können sich durch Gebrauch verunreinigter Spritzen primär eine hämatogene Infektion mit Aspergillen zuziehen.

Aspergillose bei AIDS. Patienten im Endstadium der HIV-Infektion, meist mit CD4-Zellen <50/µl, haben ein erhöhtes Risiko, an einer invasiven Aspergillose zu erkranken. Dabei sind insbesondere Patienten mit weiteren Risikofaktoren wie Kortisontherapie oder Leukopenie betroffen. Die Patienten zeigen entweder pulmonale Symptome oder aber Zeichen einer disseminierten Infektion.

Otitis externa. Durch Kolonisation des äußeren Gehörganges mit Aspergillen entsteht eine Entzündung, die sich durch Juckreiz, Schmerzen, Hörverlust und Sekretion aus dem Gehörgang äußert. Die Otitis externa wird am häufigsten durch A. niger, aber auch von A. fumigatus oder flavus verursacht.

Andere Manifestationen. Eine Aspergillen-Endokarditis kann entweder bei Drogenabhängigen oder aber als Folge einer Infektion im Rahmen einer Herzoperation entstehen. Eine Aspergillen-Keratitis oder -Endophthalmitis ist meistens Folge einer Verletzung oder einer Augenoperation. Wundinfektionen insbesondere bei Patienten mit Verbrennungen sowie eine Besiedlung von intravasalen Kathetern kommen ebenfalls vor.

Immunität

Die Phagozytose und Abtötung von inhalierten Aspergillus-Konidien durch Alveolarmakrophagen

sind die ersten entscheidenden Schritte in der Abwehr einer Aspergillus-Infektion. Werden die Konidien nicht vollständig beseitigt, können sie auskeimen und Hyphen bilden. Eine Komplementaktivierung über den alternativen Weg durch die Konidien sowie über den klassischen Weg durch Hyphen führt zu einer chemotaktischen Anlockung von Makrophagen und Granulozyten, die in der Lage sind, die Pilzhyphen, jedoch nicht die Konidien zu phagozytieren und abzutöten. Weitere Folgen der Komplementaktivierung sind eine Opsonisierung mit Verstärkung der Phagozytoseleistung sowie die Entstehung einer entzündlichen Reaktion durch C5a. Eine Kortisontherapie ist wahrscheinlich ein wesentlicher disponierender Faktor für eine Aspergillose. In Tierexperimenten konnte gezeigt werden, daß Kortikosteroide durch Hemmung der Phagolysosomen-Bildung die Abtötung der Konidien durch die Alveolarmakrophagen behindern. Patienten mit chronischer Granulomatose sind ebenfalls für eine invasive Aspergillose disponiert. Ursache hierfür ist offensichtlich ein Defekt der oxidativen Abtötungsmechanismen der Monozyten, wodurch Aspergillus-Konidien nicht beseitigt werden können. Verschiedene Aspergillusantigene induzieren die Bildung von Antikörpern, besonders beim Aspergillom (IgG) und bei der allergischen Aspergillose (IgG und IgE).

Labordiagnose

Untersuchungsmaterial. Zum kulturellen Nachweis von Aspergillen eignen sich Respirationstraktsekrete, Abszeßpunktate, Biopsien und Abstriche. Auch bei massiver hämatogener Aussaat bleiben Blutkulturen, Liquorproben oder Knochenmarkaspirate meistens negativ. Im Serum ist der Nachweis von Aspergillus-Antigen und Aspergillus-Antikörpern möglich.

Vorgehen im Labor. Da Schimmelpilze ubiquitär vorkommen, ist beim Nachweis von Schimmelpilzen im Untersuchungsmaterial immer die Frage zu klären, ob es sich um eine Kontamination oder wirklich um den ätiologisch relevanten Krankheitserreger handelt. Verdächtig auf eine Infektion sind wiederholte kulturelle Nachweise in verschiedenen Sputumproben. Die Diagnose wird durch den direkten mikroskopischen Nachweis von Myzelien in der Sputumprobe erhärtet. Die Anzucht gelingt auf einfachen Kulturmedien nach zwei bis drei Tagen. A. fumigatus wächst in Form wattiger bis pudriger Kolonien, die je nach Alter weiß bis blaugrün (fumi-

gatus) gefärbt sind. Die Identifizierung erfolgt anhand der mikroskopischen Beurteilung der Fruktifikationsorgane und der Koloniefarbe auf Czapek-Agar. Ein Differenzierungskriterium für A. fumigatus ist außerdem der Nachweis der Thermotoleranz durch Subkultivierung bei 45 °C. Der kulturelle Nachweis von Aspergillen aus Gewebeproben wird durch den gleichzeitigen histologischen Nachweis von Aspergillushyphen im Gewebe erhärtet.

Antigennachweis. Ein serologischer Nachweis von Aspergillus-Antigen mit Hilfe eines Enzymimmunoassays ist bei Patienten mit Verdacht auf eine invasive Aspergillose sinnvoll. Zur Früherkennung der Infektion bei Risikopatienten ist dabei eine häufige Antigen-Kontrolle (mindestens alle 2 Tage) erforderlich, da die Antigenausschüttung diskontinuierlich erfolgt. Der indirekte Latexagglutinationstest zum Aspergillus-Antigen-Nachweis hat eine geringere Sensitivität und liefert erst in fortgeschrittenem Krankheitsstadium positive Ergebnisse.

Antikörpernachweis. Der Nachweis von aspergillusspezifischen IgG- und IgE-Antikörpern erfolgt mittels indirekten Hämagglutinationstests oder radiärer Immundiffusionstests und weist auf das Vorliegen einer allergischen Aspergillose hin. Außerdem findet sich bei der allergischen Aspergillose eine allergische Reaktion vom Soforttyp nach intrakutaner Applikation von Aspergillusantigen. Beim Aspergillom sind aspergillusspezifische IgG-Antikörper im Serum ebenfalls stark erhöht, jedoch beruht die Diagnose hier im wesentlichen auf bildgebenden Verfahren wie Röntgenaufnahmen oder Computertomographie. Für die Diagnose einer invasiven Aspergillose ist der Antikörper-Nachweis ungeeignet.

Therapie

Aspergillom. Die Therapie eines Aspergilloms besteht in dessen operativer Entfernung. Die chirurgische Therapie eines Lungenaspergilloms kann jedoch durch eine in Folge der Grunderkrankung bereits stark eingeschränkte Lungenfunktion kontraindiziert sein. Eine antimykotische Therapie ist zur Sanierung eines Aspergilloms ungeeignet, jedoch kann eine Itraconazol-Therapie zur Vermeidung einer Exazerbation sinnvoll sein.

Allergische Aspergillose. Die Therapie der allergischen Aspergillose erfolgt wie bei jeder anderen Form der Allergie symptomatisch durch Inhalation und systemische Gabe von bronchodilatatorisch wirksamen Substanzen. Pneumonische Infiltrate infolge chronischer Obstruktion der Bronchien durch Schleim können durch kurzzeitige Gabe von Kortikosteroiden gebessert werden. Darüber hinaus ist eine Expositionsprophylaxe gegenüber Aspergillussporen ratsam.

Invasive Aspergillose. Die invasive Aspergillose erfordert eine systemische Therapie mit Amphotericin B, die jedoch bei stark immunsupprimierten Patienten häufig keine Besserung bewirkt. Bei solchen Patienten sind hohe Dosen bis 1,5 mg/kg/Tag erforderlich, die meistens nur durch Gabe von liposomalem Amphotericin B, das weniger nephrotoxisch ist, erreicht werden können (bis 5 mg/kg/Tag). Eine zusätzliche Besserung der Neutropenie kann für den Verlauf der Erkrankung entscheidend sein. Liegt als Quelle der Infektion ein Aspergillom vor, ist eine zusätzliche chirurgische Therapie erforderlich. Die systemische Gabe von Itraconazol kann bei Patienten mit geringgradiger Immunsup-

pression erfolgreich sein. Itraconazol eignet sich außerdem zur Fortsetzung einer oralen Behandlung nach erfolgreicher intravenöser Amphotericin-B-Gabe. Fluconazol ist gegen Aspergillen unwirksam und daher zur Therapie nicht geeignet.

Prävention

Die Inhalation oder nasale Instillation von Amphotericin B oder auch eine orale Itraconazol-Prophylaxe bei Patienten mit Neutropenie führt zu einer Senkung der Inzidenz invasiver Aspergillosen bei dieser Patientengruppe. Als weitere prophylaktische Maßnahmen wird eine Expositionsprophylaxe durch Umkehrisolierung von gefährdeten Patienten durchgeführt. Darüber hinaus sind eine Vermeidung von potentiellen Infektionsquellen wie beispielsweise Topfpflanzen sowie eine regelmäßige Kontrolle und Wartung der Filter von Klimaanlagen im Krankenhaus notwendig.

ZUSAMMENFASSUNG: Aspergillus fumigatus

Mykologie. Zu den Askomyzeten gehörender Fadenpilz mit typischen Fruktifikationsorganen, der auf einfachen Nährmedien aerob und anaerob wächst.

Vorkommen. Ubiquitär, besonders auf organischen Materialien wie Lebensmitteln, der Erde von Topfpflanzen, in Komposthaufen und auf Baustellen.

Epidemiologie. Häufigster aus klinischem Material isolierter Fadenpilz.

Zielgruppe. Patienten mit Neutropenie infolge von Kortisontherapie, hämatologischen Erkrankungen, Zytostatikatherapie oder chronisch granulomatösen Erkrankungen sowie Patienten mit Vorschädigung der Lunge.

Übertragung. Meist aerogen, durch Inhalation von Aspergilluskonidien.

Pathogenese. Durch Absiedlung in präformierten Höhlen Auswachsen zum Aspergillom, bei Disponierten Auslösung eines Asthma bronchiale, bei neutropenischen Patienten Pneumonie mit Gewebeinvasion und ggf. septischer Generalisation. Verschiedene

Faktoren wie Thermotoleranz, geringe Konidiengröße, eine besondere Adhärenz der Konidien an Bindegewebsbestandteile sowie verschiedene Proteinasen sind wahrscheinlich gemeinsam für die Pathogenität verantwortlich.

Klinik. Aspergillom, allergische bronchopulmonale Aspergillose, invasive Aspergillose.

Immunität. Phagozytose durch Alveolarmakrophagen und Granulozyten, Bildung von IgG- und IgE-Antikörpern bei der allergischen Aspergillose und beim Aspergillom (nur IgG).

Diagnose. Mikroskopischer Nachweis von Pilzhyphen im Sputum oder Gewebeproben, kultureller Erregernachweis, serologischer Antigen- und Antikörpernachweis.

Therapie. Chirurgisch beim Aspergillom, symptomatisch bei der allergischen Aspergillose, und antimykotisch mit Amphotericin B bei der invasiven Aspergillose.

Prävention. Expositionsprophylaxe, Umkehrisolierung von Patienten mit Neutropenie.

2.2 Andere humanpathogene Aspergillus-Arten

Aspergillus flavus. Die am zweithäufigsten aus klinischem Untersuchungsmaterial isolierte Aspergillenart ist einer der häufigsten Auslöser einer allergischen Aspergillose. A. flavus ist außerdem bei Nasennebenhöhlenaspergillom oder Otitis externa nachweisbar. Bei Patienten mit Leukämie verursacht A. flavus systemische Infektionen. Der Pilz ist aufgrund der Produktion von *Aflatoxin*, einem kanzerogenen Mykotoxin, als Kontaminante von Lebensmitteln, insbesondere von Erdnüssen, gefürchtet.

Aspergillus niger. Die am dritthäufigsten in klinischem Untersuchungsmaterial nachweisbare Aspergillenart findet sich besonders häufig bei *Otitis externa*. Invasive Infektionen oder Aspergillome sind vereinzelt beschrieben.

2.3 Andere humanpathogene Fadenpilze

Zygomyzeten. Zygomyzeten sind niedere Fadenpilze mit unseptiertem oder nur gering septiertem Myzel. Die häufigste durch Zygomyzeten der Gattung Rhizopus, Mucor und Rhizomucor verursachte Erkrankung beim Menschen ist die *Mucormykose*. Mucorazeen sind ubiquitär (z. B. auf verschimmeltem Brot) vorkommende Fadenpilze von geringer Virulenz. Mucormykosen entstehen als opportunistische Infektionen bei Patienten mit Diabetes mellitus, hochdosierter Kortisontherapie, Leukopenie und Störungen des Eisenstoffwechsels. Die Mucormykose ist am häufigsten durch Rhizopus oryzae verursacht und manifestiert sich als Sinusitis mit ausgeprägter Gewebsinvasion und Anschluß ans Gehirn (rhinozerebrale Mucormykose), Pneumonie oder Infektion der Haut meist nach Verletzung. Eine hämatogene Aussaat mit Absiedlung im Gehirn ist möglich. Für Mucormykosen ist eine Invasion der Pilze in Blutgefäße mit Infarzierung und resultierender Gewebsnekrose typisch. Blutige Sekretionen aus der Nase sind daher verdächtig auf das Vorliegen einer Mucormykose. Aufgrund des ubiquitären Vorkommens von Mucorazeen ist für die Diagnose der Nachweis der charakteristischen Hyphen im Gewebe bzw. z.B. in Sputumproben neben dem kulturellen Nachweis entscheidend. Mucorazeen sind auf einfachen Kulturmedien anzüchtbar und wachsen innerhalb von 2–3 Tagen in Form von wattigen Kolonien mit ausgedehntem Luftmyzel, das bis an den Deckel der Petrischale heranreicht. Die Identifizierung erfolgt durch Nachweis charakteristischer mikromorphologischer Strukturen. Die Therapie der Mucormykose besteht in einer aggressiven chirurgischen Entfernung des gesamten infizierten Gewebes und einer zusätzlichen systemischen Gabe von Amphotericin B. Der Ausgleich einer entgleisten diabetischen Stoffwechsellage wie Hyperglykämie oder Ketoazidose ist für den Verlauf ebenfalls entscheidend.

Penicillium. Fadenpilze der Gattung Penicillium kommen ubiquitär vor und sind die häufigsten Kontaminanten im Labor. P. notatum und P. chrysogenum werden zur Produktion von Penicillin benutzt. Bei Vorliegen von Grunderkrankungen wie z. B. Tuberkulose oder Bronchiektasen kann es zu einer Besiedlung mit Penicillium-Arten mit wiederholtem Nachweis in Respirationstraktsekreten kommen. Eine Penicillinose mit Infiltration des Gewebes ist äußerst selten und erst durch histologischen Nachweis der Pilze im Gewebe definiert.

Fusarium. Fusarien sind weltweit im Schmutz vorkommende Saprophyten, die Lokalinfektionen wie Keratitis, Endophthalmitis, Nagelmykosen und Verletzungsmykosen von Haut und Knochen verursachen können. Bei Patienten mit Neutropenie können Fusarien disseminierte Infektionen mit Fieber und multiplen Hautläsionen auslösen. Eine hämatogene Aussaat geht nicht selten von infizierten implantierten Kathetern aus. Fusarien wachsen auf Sabouraud-Glukose-Agar in Form von wattigen Kolonien, die sich mit dem Alter rosa bis lavendelfarbig färben können. Sie bilden charakteristische bananenförmige Makrokonidien. Die Fusariose wird trotz primärer Resistenz der Erreger mit Amphotericin B behandelt, wobei die immunologische Abwehr des Patienten für die Überwindung der Infektion entscheidend ist.

Pseudallescheria boydii (teleomorph). Anamorphe Form: Scedosporium apiospermum. P. boydii ist ein im Schmutz und verunreinigtem Wasser vorkommender saprophytischer Pilz, der auch aus klinischem Material meistens in seiner teleomorphen Form anzüchtbar ist. Ein potentieller Infektionsmechanismus ist der Kontakt mit Biotopen des Pilzes, so z. B. die Aspiration von verunreinigtem Wasser bei „Fast-Ertrinkungsunfällen". Solche Patienten entwickeln eine fatal verlaufende, schwere P.-boydii-Pneumonie häufig mit hämatogener Aussaat und sekundärer Absiedlung im Gehirn mit Ausbildung von Hirnabszessen. P. boydii verursacht außerdem Verletzungsmykosen (Myzetome: s. u.) der Haut, Gelenke, Knochen oder der Hornhaut. Ähnlich wie Aspergillen kann P. boydii eine Kolonisation oder auch einen Pilzball in den Nasennebenhöhlen oder einer vorgeschädigten Lunge hervorrufen. Bei Immunsupprimierten kann der Pilz rasch progredient verlaufende Infektionen wie Sinusitis, Pneumonie, Arthritis mit Osteomyelitis, Endophthalmitis oder Hirnabszesse hervorrufen, die unbehandelt letal verlaufen. Mittel der Wahl zur Therapie einer Pseudallescheriose sind die Imidazole Miconazol, Ketoconazol oder Itraconazol. Trotz nur geringer Wirksamkeit von Amphotericin B finden sich in der Literatur einige Fälle mit Therapieerfolg. Lokalinfektionen werden durch chirurgische Entfernung des infizierten Gewebes behandelt.

Seltene andere Hyalo- und Phaeohyphomykosen. Neben den bisher beschriebenen Fadenpilzen gibt es Fadenpilze, deren Zellwände Melanin enthalten, so daß sich alle Pilzstrukturen in mikroskopischen Kulturpräparaten und histologischen Gewebeschnitten braun bis schwarz darstellen. Diese Pilze heißen *Schwärzepilze* oder *Dermatiazeen*. Anhand des histologischen Erscheinungsbildes werden Infektionen, bei denen sich gefärbte Pilzelemente im Gewebe finden, auch als Phaeohyphomykosen (phaios, gr. grau, schwärzlich) bezeichnet und von den Hyalohyphomykosen (hyalos, gr. Glas), die durch Fadenpilze mit ungefärbten Zellwänden hervorgerufen werden, abgegrenzt. Beide Begriffe dienen also der Beschreibung einer histologisch gestellten Diagnose, bei der der kulturelle Erregernachweis noch aussteht. Bei bekanntem Erreger sollte die Erkrankung genauer, d. h. unter Einbeziehung des Erregernamens, bezeichnet werden („Fusariose" als Beispiel einer Hyalohyphomykose oder „Hirnabszeß durch Cladophialophora bantiana" als Beispiel einer Phaeohyphomykose). Als opportunistische Erreger können prinzipiell alle ubiquitär vorkommenden Pilze bei immunsupprimierten Patienten systemische Infektionen hervorrufen. In Tabelle 2.1 sind einige seltene Phaeohyphomyzeten mit den am häufigsten durch sie verursachten Infektionen aufgeführt.

Tabelle 2.1. Erreger und Klinik von Phaeohyphomykosen

Erreger	Klinik
Cladophialophora bantiana (Cladosporium trichoides)	neurotropisch: Hirnabszesse
Exophiala dermatitidis	Besiedlung bei Mukoviszidose Pneumonie, Sinusitis neurotropisch: Hirnabszesse lokal-traumatisch disseminiert, nicht neurotropisch
Ramichloridium mackenziei	Hirnabszesse
Phialophora richardsiae	zystische Phaeohyphomykose: abgekapselte kutane und subkutane Prozesse

2.4 Erreger von Verletzungsmykosen

Verletzungsmykosen sind lokale, durch traumatische Inokulation des Erregers entstehende Infektionen, die häufig chronisch verlaufen und teilweise zu stark entstellenden Veränderungen der betroffenen Region führen. Die meisten Verletzungsmykosen kommen in tropischen und subtropischen Regionen vor und werden häufig durch Schwärzepilze verursacht. Ein weiterer wichtiger Erreger von Verletzungsmykosen ist Sporothrix schenckii (s. Kap. 4.2, S. 731). Anhand des klinischen Erscheinungsbildes lassen sich verschiedene Formen von Verletzungsmykosen unterscheiden:

Chromoblastomykose (Chromomykose). Die Chromoblastomykose ist eine chronische Infektion der Haut und Subkutis, die häufig an den Extremitäten auftritt. Nach Inokulation des Erregers zeigt sich eine primäre Hautläsion in Form einer kleinen, in einigen Fällen eitrigen, Papel. Im Verlauf von Monaten bis zu mehreren Jahren entstehen im Bereich der Eintrittspforte durch Verdickung der Hornschicht (Hyperkeratose) und Schwellung der Subkutis (Akanthose) zunächst multiple warzenartige Hautveränderungen, die schließlich zu großen, blumenkohlartigen Tumoren heranwachsen. Die Läsionen sind in der Regel schmerzlos, verursachen jedoch häufig einen Juckreiz. Durch Kratzen kommt es zur weiteren Streuung und Ausbreitung sowie zu bakteriellen Superinfektionen im Bereich von Fissuren. Häufig kommt es zur Lymphostase mit Anschwellung der gesamten Extremität und Entwicklung einer Elephantiasis.

Im Gewebe finden sich einzeln oder in Haufen liegende, runde dunkelbraune septierte Pilzzellen, die auch als „*sclerotic bodies*" oder „*muriforme Zellen*" bezeichnet werden und für die Chromoblastomykose charakteristisch sind.

Die Therapie besteht in frühen Stadien in einer chirurgischen oder kryochirurgischen Exzision der Läsionen, wobei Rezidive bei nicht vollständiger Abtragung häufig sind. Für große Läsionen im fortgeschrittenen Stadium bleibt nur die systemische Antimykotikatherapie, die jedoch häufig unbefriedigend ist. Zum Einsatz kommt hierfür Flucytosin in Kombination mit Amphotericin B oder Ketoconazol oder auch Itraconazol als Monotherapie.

Myzetom. Das Myzetom ist eine chronisch progressive Infektion der Haut und Subkutis, die durch traumatische Inokulation verschiedener Pilze (Tabelle 2.2), aber auch Bakterien (Aktinomyzeten) entsteht. Das durch Pilze verursachte Myzetom wird zur Abgrenzung gegenüber dem bakteriellen Myzetom auch als *Eumyzetom* bezeichnet. Die Infektion ist unter anderem in Madura in Indien endemisch und wird daher auch als Maduramykose oder *Madurafuß* bezeichnet.

Nach Aufnahme des Erregers in die Haut entsteht dort zunächst ein kleiner schmerzloser Knoten, der langsam anschwillt und schließlich rupturiert. Im weiteren Verlauf entstehen immer wieder neue Läsionen, während ältere Läsionen unter Narbenbildung abheilen. Innerhalb von Monaten bis Jahren breitet sich die Infektion entlang den Faszien in tiefere Gewebeschichten, auf Muskulatur und Knochen aus. Es entstehen Ulzerationen und ausgedehnte, mit Eiter gefüllte Höhlen, die durch zahlreiche Fisteln drainiert werden. Der Eiter ent-

Tabelle 2.2. Verletzungsmykosen: Chromoblastomykose und Eumyzetom

Erreger	Vorkommen
Chromoblastomykosen	
Phialophora verrucosa Fonsecaea pedrosoi	feucht-tropische Regionen in Südamerika und Japan
Cladophialophora (Cladosporium) carrionii	trockene Wüstengebiete in Südamerika, Südafrika, Australien
Fonsecaea compacta	tropisches Zentral-, Nordamerika
Eumyzetom	
Acremonium spp. Exophiala jeanselmei Leptosphaeria senegalensis Madurella spp. Neotestudina rosatii Pseudallescheria boydii Pyrenochaeta romeroi	feucht-tropische Regionen weltweit, vor allem in Indien, Afrika, Südamerika

hält typischerweise Granula, die je nach Erregerart unterschiedlich gefärbt sind und eine Anhäufung von Erregern darstellen. Häufig findet sich das Myzetom am Fuß (Barfußlaufen) oder einer Hand, durch Verletzung mit Holzsplittern oder Dornen. Myzetome am Hals oder Rücken entstehen durch das Tragen von kontaminierten Gegenständen.

Die Therapie des Eumyzetoms besteht bei kleinen, abgekapselten Läsionen in der chirurgischen Exzision. Ausgedehnte Läsionen können nur mit einer systemischen Antimykotikatherapie behandelt werden, die jedoch häufig unbefriedigend ist. Zum Einsatz kommen Ketoconazol oder Itraconazol für mindestens 10 Monate. Als ultima ratio bleibt für sehr fortgeschrittene Infektionen nur die Amputation.

E. ENGELMANN

EINLEITUNG

Dermatophyten sind Fadenpilze aus der Abteilung der Askomyzeten, die aufgrund ihrer Keratinophilie Haut, Haare und Nägel infizieren. Dermatophyten unterteilen sich in die Gattungen Epidermophyton, Microsporum und Trichophyton. Die primär humanpathogenen (anthropophilen) Arten sind die häufigsten Erreger von Dermatomykosen beim Menschen; sie verursachen etwa 2/3 der Fälle. Die zoophilen Arten sind primär tierpathogen, können aber, insbesondere bei Tierkontakt, den Menschen infizieren (etwa 30% der Fälle). Geophile, d. h. im Erdboden vorkommende Arten, infizieren nur selten den Menschen. Einige Dermatophyten-Arten sind weltweit verbreitet, während andere nur in bestimmten Ländern oder Regionen vorkommen. Klinisch werden Dermatomykosen unabhängig vom auslösenden Erreger als Tinea (lateinische Bezeichnung für die Kleidermotte, deren Läsionen in wollener Kleidung den durch Dermatophyten verursachten Hautläsionen ähneln) bezeichnet, wobei die jeweilig betroffene Körperregion dem Wort Tinea angehängt wird (Beispiel: Tinea manuum – Dermatomykose der Hände).

3.1 Trichophyton rubrum

Trichophyton (T.) rubrum (teleomorphe Form: unbekannt) ist der häufigste Erreger von Dermatomykosen und befällt hauptsächlich Haut und Nägel, während Infektionen der Haare selten sind. Die meisten chronisch verlaufenden Dermatomykosen werden von T. rubrum verursacht.

STECKBRIEF

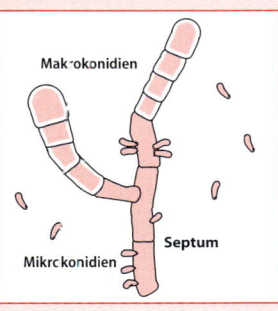

Trichophyton rubrum
Myzel mit Mikro- und Makrokonidien,
entdeckt 1911 von
Castellani. T. schoenleinii
entdeckt 1839 von
J. L. Schoenlein in Favus-
borken

3.1.1 Beschreibung

Aufbau

Die Zellwand von Dermatophyten besteht im wesentlichen aus Chitin und Glukan. Sie enthält darüber hinaus verschiedene Glykopeptide, die als Antigene wirken. Das von T. rubrum gebildete Mannan scheint die entzündliche Reaktion der Haut zu unterdrücken. Dies ist neben anderen Ursachen möglicherweise ein Grund für chronische und rezidivierende Verlaufsformen von T.-rubrum-Infektionen.

Extrazelluläre Produkte

T. rubrum produziert Proteinasen mit unterschiedlichem pH-Optimum, die als Keratinase, Elastase und Kollagenase wirken und offensichtlich für die Invasion des Pilzes in keratinhaltige Zellen und damit als Virulenzfaktoren von Bedeutung sind.

Resistenz gegen äußere Einflüsse

T. rubrum, wie auch andere Dermatophyten, bildet Arthrosporen, die auf Grund einer dicken Zellwand sehr widerstandsfähig und hitzeresistent sind. Sie ermöglichen den Pilzen eine lange Überlebenszeit außerhalb des Wirtes, z. B. in oder auf abgeschilferten Epithelzellen. Anthropophile Dermatophyten wie T. rubrum haben im Gegensatz zu zoophilen oder geophilen Arten nur eine geringe Salztoleranz.

Vorkommen

T. rubrum gehört zur Gruppe der anthropophilen Dermatophyten, d.h. er kommt nur beim Menschen vor und ist eine besonders an den Menschen adaptierte Dermatophyten-Art.

3.1.2 Rolle als Krankheitserreger

Epidemiologie

Früher war T. rubrum in Ostasien und Teilen von USA endemisch. Durch Zunahme der Mobilität der Menschen ist T. rubrum heute weltweit verbreitet und ist neben T. mentagrophytes der am häufigsten nachweisbare Dermatophyt weltweit. Insbesondere Patienten mit jahrelang persistierender Nagelmykose durch T. rubrum sind ein ständiges Erregerreservoir.

Übertragung

Wie bei anderen menschenpathogenen Dermatophyten erfolgt die Übertragung in der Regel indirekt durch Haare, Haut- oder Nagelschuppen, an denen Arthrokonidien haften. Eine direkte Übertragung von Mensch zu Mensch ist dagegen selten. Mögliche Übertragungswege von Tinea capitis sind z.B. kontaminierte Kämme oder Rasierapparate beim Friseur. Die häufigste Übertragung von Tinea pedis bzw. Fußnagelmykosen erfolgt im Schwimmbad durch abgeschilferte Epithelzellen. Die warme und feuchte Umgebung im Schwimmbad fördert das Überleben der Pilze.

Pathogenese

Adhärenz. Sporen (Arthrokonidien) von Dermatophyten adhärieren z.B. mit Zellwandmannanen an Keratinozyten und keimen zu Hyphen aus, die in die keratinhaltigen Zellen eindringen (Abb. 3.1). Lokale Faktoren der Haut bestimmen die Empfänglichkeit für eine Dermatophyteninfektion. Fungistatisch wirksame Lipide, Sphingosine und fungistatische Proteine können das Angehen einer Infektion verhindern. Infektionsbegünstigend wirken dagegen ein erhöhter Feuchtigkeitsgrad der Haut (z.B. Schweißfüße, „Sportlerfuß") und eine erhöhte CO_2-Spannung (geschlossenes Schuhwerk).

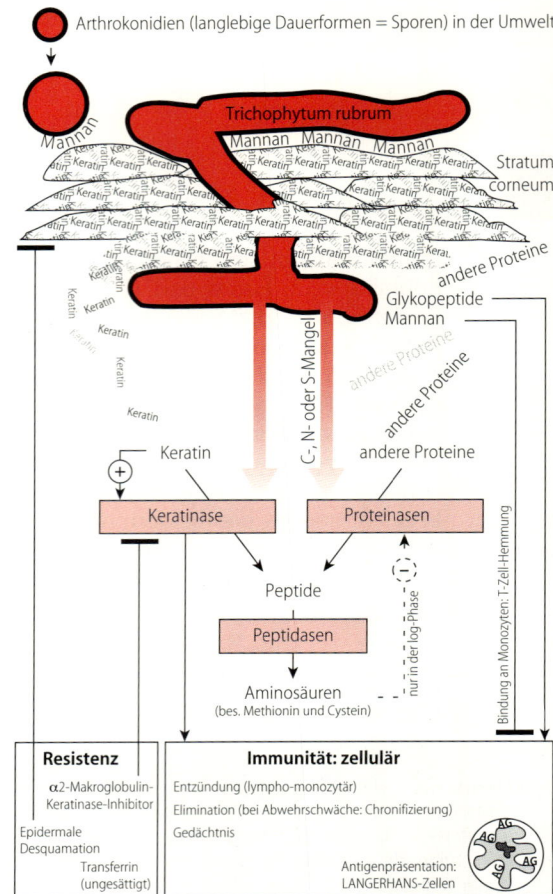

Abb. 3.1. Pathogenese der Dermatophytose

Invasion. Dermatophyteninfektionen bleiben in der Regel auf das Stratum corneum der Haut und auf die Hautanhangsgebilde (Haare, Nägel) beschränkt. Die Erreger sind nicht in der Lage, in tiefere vitale Hautschichten einzudringen. Von wesentlicher Bedeutung sind hierbei ungesättigtes Transferrin, das mit den Erregern um die Aufnahme von lebensnotwendigem Eisen konkurriert, und verschiedene Serumproteine wie Komplementfaktoren.

Schädigung. Die von dem Pilz sezernierten Keratinasen, Proteinasen und Peptidasen bauen das Keratin und andere Proteine des Stratum corneum zu Aminosäuren ab, die der Erreger für den eigenen Stoffwechsel nutzt (Abb. 3.1). Der wesentliche Teil der Schädigung ist durch die Wirtsreaktion geprägt, wobei die Stärke der vom Pilz induzierten Entzündungsreaktion von der Art des Pilzes, der

Immunantwort des Wirtes und der Lokalisation der Infektion abhängt. Die Infektion führt zu einer gesteigerten Desquamation (Schuppung) der Haut und zu einer Hyperkeratose. Infektionen mit anthropophilen Dermatophyten wie T. rubrum zeigen geringe entzündliche Veränderungen; diese sind aber chronisch und mit langer Erregerpersistenz verbunden. Zoophile oder geophile Arten verursachen dagegen eine akute Entzündungsreaktion mit rascher Erregerelimination.

Klinik

Hautinfektionen mit T. rubrum zeigen nur geringe entzündliche Veränderungen wie eine leichte Rötung, Verdickung der Haut, Schuppenbildung und Hyperkeratose.

Tinea pedis. Sie äußert sich durch Juckreiz und Brennen insbesondere im Bereich der Zehenzwischenräume, die entzündliche Veränderungen wie Rötung, Schuppung, Fissurenbildung und Mazeration zeigen. Bei Befall der Fußsohle bestehen eine Hyperkeratose und Schuppung, die sich häufig auf die seitlichen Fußränder ausdehnt. Dies wird auch als „Mokassin"- oder „Sandalen"-Tinea bezeichnet. Der Fußrücken mit Ausnahme der Zehenrücken bleibt in der Regel ausgespart.

Tinea manuum. Die klinischen Veränderungen beschränken sich meist auf nur eine Handinnenfläche und gleichen denen der Tinea pedis. Häufig liegt gleichzeitig eine beidseitige Tinea pedis vor („Eine-Hand-zwei-Füße"-Syndrom). Dies dient der differentialdiagnostischen Abgrenzung gegenüber einem Ekzem der Hand, bei dem in der Regel beide Hände, die Füße aber nicht befallen sind.

Tinea corporis. Unter Tinea corporis versteht man eine Dermatophyteninfektion der unbehaarten Haut, die im wesentlichen das Gesicht, den Rumpf und angrenzende Extremitätenanteile befällt. Klinisch äußert sich eine Dermatomykose der unbehaarten Haut durch runde Läsionen, in denen sich schmale entzündliche Zonen mit breiteren entzündungsärmeren Zonen abwechseln. Dieses Erscheinungsbild wird im englischen Sprachgebrauch auch als „ringworm" bezeichnet. Am Rand der Läsionen, der erhaben ist, befinden sich vitale Pilzzellen, die eine entzündliche Reaktion der Haut auslösen, während im Zentrum eine Abheilung der Haut stattfindet, da die Pilzzellen bereits abgestorben sind. Solche Läsionen können vereinzelt oder

multipel auftreten und ggf. konfluieren. In gemäßigten Klimazonen sind am häufigsten Kinder und Jugendliche betroffen.

Tinea faciei. Hierunter versteht man den ausschließlichen Befall der unbehaarten Gesichtshaut. Die klinischen Veränderungen bei Trichophyton-rubrum-Infektionen sind äußerst diskret und schwer erkennbar, so daß diese Infektion auch als Tinea incognito bezeichnet wird.

Tinea cruris. Die Dermatomykose der Schenkel und Leistenregion beginnt meist in der Leistenregion mit Schuppenbildung und Rötung und dehnt sich auf die Oberschenkel, das Perineum, die Analregion und das Skrotum aus. Männer sind häufiger betroffen als Frauen. Veränderungen wie bei Tinea cruris können auch in anderen intertriginösen Bereichen wie der Axilla, submammär oder periumbilical, insbesondere bei übergewichtigen Patienten, auftreten.

Tinea unguium. Eine Nagelmykose betrifft häufiger die Fußnägel als die Fingernägel (Verhältnis 5:1) und geht meist mit einer Tinea pedis bzw. Tinea manuum einher. Der entscheidende disponierende Faktor für die Manifestation einer Nagelmykose ist eine Vorschädigung des Nagelorgans entweder durch kleine Traumen oder als Folge von Durchblutungsstörungen oder Neuropathien. Die distale subunguale Onychomykose, bei der die Nagelplatte von den distalen und seitlichen Rändern invadiert wird, ist mit ca. 90% die häufigste Form der Tinea unguium. Es kommt zu einer Verdickung der Nagelplatte und einer Farbveränderung, die weißlich, gelblich oder bräunlich sein kann. Insbesondere T.-rubrum-Nagelmykosen sind sehr langwierig und betreffen meist die gesamte Nagelplatte. In seltenen Fällen beginnt die Infektion am proximalen Teil des Nagels und ist meist Ausdruck eines Rezidivs nach Therapie. Eine sog. oberflächliche weiße Onychomykose, bei der die Pilze in die Nageloberfläche eindringen, kann bei manchen T.-rubrum-Infektionen mit der distalen, subungualen Form vergesellschaftet sein. Sie wird jedoch am häufigsten durch T. mentagrophytes und gelegentlich durch andere Pilze, wie beispielsweise Fusarien, verursacht.

Tiefe Dermatomykose. Meist im Zusammenhang mit schwerer Immunsuppression kann es in sehr seltenen Fällen zu einer Invasion der Pilze in die Lymphbahnen mit subkutaner Gewebsinfektion kommen. Es entstehen Granulome, Lymphödeme und Fistelgänge (*Dermatophyten-Myzetom*). Eine weitere Ausbreitung der Infektion über die Lymphknoten und hämatogene Streuung mit Befall der Leber und des Gehirns ist möglich und verläuft in der Regel letal.

Immunität

Die Abwehr von Dermatophyten wie T. rubrum untergliedert sich in unspezifische Resistenzmechanismen und spezifische Immunreaktionen. Wesentliche Resistenzfaktoren sind die kontinuierliche epidermale Desquamation, also die Abschuppung abgestorbener keratinhaltiger Zellen, Keratinase-Inhibitoren der Haut, die die Stoffwechselaktivität der Pilze verhindern, und ungesättigtes Transferrin, das dem Erreger Eisen vorenthält (Abb. 3.1, s. S. 720). Entscheidend für die Elimination eines Dermatophyten ist eine intakte zelluläre Immunreaktion. Zellwandantigene des Pilzes (Glykopeptide, Peptide, Kohlenhydrate) werden von Langerhans-Zellen der Haut prozessiert und nach deren Auswanderung in die drainierenden Lymphknoten dort T-Zellen präsentiert. Die aktivierten T-Zellen wandern zurück in die Dermis und Epidermis. Die entstehenden entzündlichen Infiltrate bestehen im wesentlichen aus $CD4^+$-Zellen. Man kann zwei Reaktionsformen beobachten, die mit dem Modell der TH1- und TH2-Antwort vereinbar sind (Abb. 8.9). Die eine Form (TH1-Antwort) ist charakterisiert durch eine starke Entzündungsreaktion und die Ausbildung einer Allergie vom verzögerten Typ (Typ IV: DTH) gegen Trichophytin; es kommt zu einer Erregerelimination. Bei der anderen Form (TH2) findet sich eine nur schwach ausgeprägte Entzündungsreaktion. Es entsteht eine durch antitrichophytin-spezifisches IgE vermittelte Sofortallergie (Typ I); die Entzündung chronifiziert, und der Erreger persistiert über lange Zeit. Welcher Antworttyp ausgebildet wird, hängt sowohl von Erreger- als auch von Wirtsfaktoren ab. Welche Faktoren dies im einzelnen bei einer T.-rubrum-Infektion sind, ist bisher nicht ausreichend geklärt. Antikörper werden zwar in geringer Menge gebildet, sind jedoch für die Abwehr praktisch ohne Bedeutung.

Labordiagnose

Untersuchungsmaterial. Zum kulturellen Nachweis von Dermatophyten eignen sich je nach befallener Region Hautgeschabsel, Nagelspäne oder infizierte Haare. Nach vorsichtiger Alkoholdesinfekti-on der Haut müssen die Proben vom Rand der Läsion, wo sich vitale Pilzzellen finden, gewonnen werden. Auch Nagelspäne müssen im Grenzbereich zum noch gesunden Nagel abgenommen werden.

Vorgehen im Labor. Die Diagnose einer Dermatophyteninfektion kann zunächst durch mikroskopischen Nachweis von Pilzmyzel versucht werden. Dazu wird das Material zunächst je nach Dicke 30–60 Minuten in 30%ige Kaliumhydroxidlösung eingelegt und sehr dickes Material erwärmt (Kalilaugepräparat). Durch die resultierende Auflösung der Hornsubstanz wird das Präparat transparent, so daß Pilzelemente erkennbar werden. Wie bei allen mikroskopischen Direktnachweisen ist die Sensitivität der Methode gering, so daß eine zusätzliche Anzucht des Erregers erforderlich ist. Zur Anzucht von T. rubrum, wie auch für alle anderen Dermatophytenarten, eignet sich Sabouraud-Glukose-Agar, dem Gentamicin zur Hemmung von Begleitbakterien sowie Cycloheximid zur Unterdrückung einer Überwucherung mit Schimmelpilzen zugesetzt ist. Mit Hilfe eines peptonhaltigen Dermatophyten-Test-Mediums (DTM-Agar) können Dermatophyten von anderen Pilzen abgegrenzt werden. Die Identifizierung erfolgt anhand der mikroskopischen Beurteilung der Fruktifikationsorgane. Trichophyton rubrum bildet kleine tränenförmige Mikrokonidien und nur vereinzelt glattwandige, zylindrische Makrokonidien mit 4–9 Kammern.

Therapie

Die Therapie lokal begrenzter T.-rubrum- oder anderer Dermatophyten-Infektionen der Haut erfolgt durch mehrwöchige lokale Applikation von Salben oder Lotionen, die Antimykotika aus der Gruppe der Azole enthalten (Miconazol, Econazol, Clotrimoxazol, Ketoconazol und Isoconazol). Ausgedehnte Dermatomykosen der Haut sowie Nagelmykosen und Infektionen der Haare erfordern eine systemische Therapie mit Griseofulvin, Itraconazol oder Terbinafin. Ketoconazol sollte aufgrund der Gefahr von Leberschäden nur noch als Mittel der 2. Wahl verwendet werden.

Onychomykosen sollten zunächst lokal durch Okklusionsverbände mit azolhaltigen Salben oder mit Nagellacken, die Ciclopirox oder Amorolfin enthalten, behandelt werden (Heilungsraten: 50–75%). Bei Therapieversagern oder ausgedehntem Nagelbefall ist eine orale Therapie mit Ketoconazol oder Itraconazol erforderlich.

Prävention

Eine sorgfältige Fußhygiene wie regelmäßiges Waschen, sorgfältiges Abtrocknen, das Benutzen von Puder und das Tragen von offenem, luftdurchlässigem Schuhwerk schützt vor einer Tinea pedis. Kleine Traumata durch Tragen von zu engen Schuhen sollten vermieden werden. Patienten mit Tinea pedis sollten öffentliche Schwimmbäder, Duschen und Ähnliches meiden und Schuhe und Strümpfe nicht an andere Personen ausleihen. Desinfektionsmittelhaltige Fußduschen in Schwimmbädern können das Infektionsrisiko mindern.

Tinea corporis kann durch Kleidung oder Handtücher übertragen werden, so daß diese desinfiziert und nicht von anderen Personen mitbenutzt werden sollten. Das gleiche gilt für Kämme und Bürsten bei Infektionen der Haare und Kopfhaut.

ZUSAMMENFASSUNG: Trichophyton rubrum

Mykologie. Keratinophiler Fadenpilz aus der Abteilung der Askomyzeten. Auf Sabouraud-Glukose-Agar kultivierbar.

Vorkommen. Nur beim infizierten Menschen (anthropophiler Dermatophyt).

Epidemiologie. Weltweit verbreitet, häufigster Erreger von Dermatomykosen der Haut und Nägel.

Zielgruppe. Menschen, die Schwimmbäder und öffentliche Duschen benutzen, oder geschlossenes, enges Schuhwerk tragen („Sportlerfuß"); unabhängig vom Immunstatus.

Übertragung. Indirekt durch infizierte abgeschilferte Haut- und Nagelbestandteile z.B. im Schwimmbad.

Pathogenese. Adhärenz von Pilzsporen an Keratinozyten mit anschließender Auskeimung zu Hyphen. Die Infektion bleibt auf das Stratum corneum der Haut oder die Nagelplatte beschränkt. In der Regel keine Invasion in tiefe Haut- oder Gewebeschichten. Keratinasen und Proteinasen ermöglichen den Abbau von Keratin und Proteinen des Stratum corneum der Haut oder von Nagelmaterial zu Aminosäuren.

Klinik. Hautinfektionen wie Tinea pedis, Tinea manuum, Tinea corporis und Tinea cruris mit häufig chronischem Verlauf. Langwierige, chronisch rezidivierende Nagelinfektionen.

Diagnose. Mikroskopischer und kultureller Erregernachweis.

Immunität. Zelluläre Immunabwehr durch CD4$^+$-T-Lymphozyten nach Antigenpräsentation durch Langerhans-Zellen der Haut. Zwei verschiedene, von Erreger- und Wirtsfaktoren abhängige Reaktionsformen, die mit dem Modell der TH1- und TH2-Antwort übereinstimmen.

Therapie. Bei isolierten Hautinfektionen lokal mit antimykotikahaltigen Salben und Lotionen. Bei Nagelinfektionen oder ausgedehnten Hautinfektionen systemisch mit Griseofulvin, Itraconazol oder Terbinafin.

Prävention. Fußhygiene, offenes, luftdurchlässiges Schuhwerk; Infizierte sollen Schwimmbäder und öffentliche Duschen meiden.

3.2 Andere Trichophyton-Arten

T. mentagrophytes. Der Pilz ist weltweit verbreitet und neben T. rubrum der häufigste Erreger von Dermatomykosen. Er verursacht Tinea pedis, Tinea corporis und in seltenen Fällen Tinea unguium. Im Gegensatz zu T. rubrum verursacht T. mentagrophytes neben anderen Dermatophytenarten auch eine Infektion der behaarten Kopfhaut, die als Tinea capitis bezeichnet wird. Hierbei kommt es auch zu einem Befall der Haare, wobei die Pilze je nach Erregerart Sporen an der Außenseite des Haarschaftes bilden (Ectothrix, Abb. 3.2) oder in den Haarschaft eindringen und sich darin durch Sporenbildung vermehren (Endothrix, Abb. 3.2). Infektionen mit T. mentagrophytes gehören zur Ectothrix-Form. Klinisch finden sich bei Tinea capitis juckende, kreisförmige Herde, die eine Schuppung und unterschiedlich starke entzündliche Reaktionen der Kopfhaut aufweisen. Bei Ectothrix-Infektionen brechen die Haare kurz oberhalb der Kopfhaut ab, und es entsteht eine partielle Alopezie. Tinea capitis tritt gehäuft im Kindesalter auf und findet sich selten bei Erwachsenen. Die Therapie von T. mentagrophytes ist analog der oben beschriebenen Therapie von T.-rubrum-Infektionen. Die Tinea capitis erfordert eine 4–6-wöchige systemische Therapie z. B. mit Griseofulvin.

T. verrucosum. Dies ist eine weltweit verbreitete zoophile Dermatophytenart, die Rinder befällt. Infektionen des Menschen erfolgen durch Tierkontakt und verlaufen mit starker entzündlicher Reaktion. Die Infektion manifestiert sich am häufigsten als Tinea barbae, d. h. im Bereich der behaarten Gesichtshaut, aber auch als Tinea capitis.

T. schoenleinii. Diese anthropophile Dermatophytenart kommt hauptsächlich in Afrika und dem Mittelmeerraum vor und ist der Erreger des *Favus*. Dabei dringt der Pilz in den Haarschaft ein und keimt anschließend zu Hyphen aus, so daß lufthaltige Tunnel entstehen (Abb. 3.2). Die Haarfollikel werden ebenfalls befallen, und die resultierende Vernarbung bedingt irreversiblen Haarausfall. Auf der Kopfhaut entstehen gelbe, schalenförmige Krusten, die mit den Haaren verkleben, aus neutrophilen Granulozyten und serösem Exsudat bestehen und einen charakteristischen mausartigen Geruch ausströmen. Favus kann auch an jeder anderen Körperregion einschließlich der Nägel auftreten.

T. concentricum. Dieser Pilz verursacht eine spezielle, chronische Form der Tinea corporis, die *Tinea imbricata*. Es findet sich eine regelmäßige, konzentrische, ringförmige Schuppung, die sich auf den ganzen Körper ausdehnen kann. Haare werden nicht befallen. T. concentricum ist anthropophil und endemisch in Südostasien und einigen Teilen Südamerikas.

T. megninii. Dieser Dermatophyt ist anthropophil und endemisch in Afrika und in Europa, besonders in Portugal und Sardinien. Er verursacht meist eine Tinea barbae vom Ectothrix-Typ, seltener Tinea corporis oder capitis.

T. violaceum. Diese anthropophile Art ist im Nahen Osten, Osteuropa, Afrika, Mexiko und Südamerika endemisch. Der Erreger verursacht am häufigsten eine Tinea capitis vom Endothrix-Typ, bei der die Sporenbildung innerhalb des Haarschaftes stattfindet. Die Haare platzen auf, kräuseln sich dadurch und brechen typischerweise in Höhe der Kopfhaut ab. Die Kopfhaut ist nur gering entzündlich verändert.

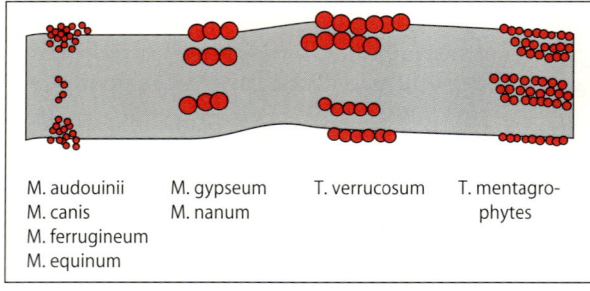

M. audouinii M. gypseum T. verrucosum T. mentagro-
M. canis M. nanum phytes
M. ferrugineum
M. equinum

Ectothrix

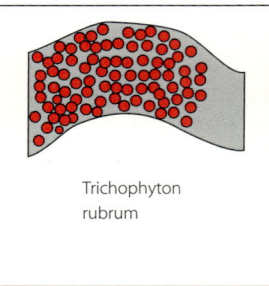

Trichophyton rubrum

Endothrix

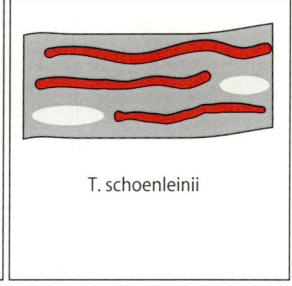

T. schoenleinii

Favus

Abb. 3.2. Haarbefall durch Dermatophyten

3.3 Andere humanpathogene Dermatophyten

Epidermophyton. Epidermophytonarten unterscheiden sich von Trichophytonarten durch fehlende Mikrokonidien und die Bildung zahlreicher glattwandiger Makrokonidien mit zwei bis fünf Kammern. Epidermophyton floccosum ist die einzige klinisch bedeutsame Art und verursacht am häufigsten Tinea pedis, gelegentlich Tinea corporis oder Tinea unguium. Eine Infektion der Haare kommt nicht vor.

Microsporum. Microsporumarten bilden zahlreiche Makrokonidien mit rauher Oberfläche und zahlreichen Kammern. Mikrokonidien kommen bei den meisten Arten nur sporadisch vor.

Microsporum canis ist weltweit verbreitet und die häufigste zoophile Dermatophytenart, die den Menschen infiziert. Er verursacht nach Tierkontakt (Katzen, Hunde) Tinea capitis (Ectothrix), Tinea corporis und gelegentlich Tinea unguium, insbesondere bei Kindern. Es bestehen starke Entzündungsreaktionen, und der Verlauf ist akut und selbstlimitierend.

Microsporum audouinii ist dagegen anthropophil und kann Epidemien von Tinea capitis bei Kindern verursachen. Dabei handelt es sich um die Ectothrix-Form der Haarinfektion. Eine grüne Fluoreszenz befallener Haare bei UV-Bestrahlung ist für diese Infektion charakteristisch.

Microsporum gypseum verursacht als geophile Art nur gelegentlich Infektionen beim Menschen („Gärtnermikrosporie") in Form einer Tinea capitis oder Tinea corporis mit großknotigen entzündlichen Veränderungen, die als **Kerion** bezeichnet werden.

4 Dimorphe Pilze

E. ENGELMANN

EINLEITUNG

Dimorphe Pilze wachsen in Abhängigkeit von Umgebungsbedingungen in Sproß- oder Fadenpilzform. Entscheidend ist dabei die Umgebungstemperatur. Bei Temperaturen unter 30 °C liegt die saprophytäre Myzelform, bei 37 °C die parasitäre Hefepilzform vor.

4.1 Histoplasma capsulatum

Histoplasma (H.) capsulatum var. capsulatum (teleomorphe Form: Ajellomyces capsulatus) ist ein obligat pathogener dimorpher Askomyzet aus der Familie der Onygenazeen. Er ist der Erreger der Histoplasmose, einer intrazellulären Mykose, die sich bei Immungesunden als akute oder chronische pulmonale Infektion äußert. Bei Patienten mit Immunsuppression (z. B. HIV-Infektion) breitet sich die Infektion durch hämatogene Streuung auf das gesamte monozytär-phagozytäre System aus. Charakteristisch ist das fast ausschließliche endemische Vorkommen im Südosten der USA. Die in Afrika vorkommende Varietät duboisii verursacht Haut- und Knocheninfektionen.

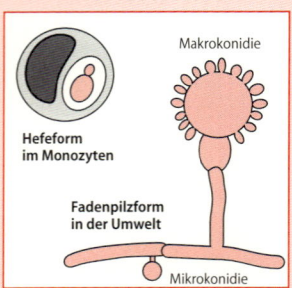

Histoplasma capsulatum
Dimorpher Pilz; im Körper als Hefe, in der Umwelt als Fadenpilz, entdeckt 1906 von S. T. Darling

4.1.1 Beschreibung

Aufbau

Die Zellwand von H. capsulatum besteht aus Chitin, α- und β-Glukanen, Galaktomannan sowie geringen Mengen von Proteinen und Lipiden. Spezielle Galaktomannan-Anteile sowie zwei verschiedene hitzestabile Glykoproteine (H- und M-Antigen) sind als Antigene von Bedeutung.

Extrazelluläre Produkte

Die Sproßzellform von H. capsulatum produziert ein oder mehrere Proteine, die für das Überleben der Zellen innerhalb der Phagosomen von Makrophagen entscheidend sind. Werden infizierte Makrophagen mit einem Proteinsynthesehemmer inkubiert, sterben die Pilzzellen schnell ab.

Resistenz gegen äußere Einflüsse

Die Überlebensfähigkeit von H. capsulatum ist offensichtlich eng mit dem Vorhandensein von Vogel- oder Fledermausguano assoziiert. Gegenden, in denen H. capsulatum nachweisbar ist, zeigen erhöhte Konzentrationen von Nitrat und Phosphor sowie eine hohe Feuchtigkeit und bleiben über Jahre potentielle Infektionsquellen, auch wenn sie bereits lange Zeit von den Tieren verlassen sind.

Vorkommen

Die Myzelform von H. capsulatum findet sich in warmen feuchten Regionen im Erdboden, der Vogel- und Fledermausexkremente enthält. Während Vögel mit H. capsulatum nicht infiziert werden, führt der Erreger bei Fledermäusen zu einer Infektion mit intestinalen Läsionen. Solche infizierten Tiere sind ein wesentlicher Faktor für die Verbreitung des Erregers.

4.1.2 Rolle als Krankheitserreger

Epidemiologie

Die Histoplasmose ist die häufigste systemische Pilzerkrankung in den USA. Die Varietät capsulatum ist endemisch im Südosten der USA, besonders in den Einzugsgebieten des Ohio, Mississippi und Missouri. Sporadisch tritt der Erreger in Zentral- und Südamerika, Südostasien, Australien und Afrika auf. Vereinzelte Fälle wurden auch in Europa, und hier am häufigsten in Italien, beobachtet.

Übertragung

Die Infektion mit H. capsulatum erfolgt durch Inhalation von Mikrokonidien der Fadenpilzform in erregerhaltigem Staub. Eine Übertragung von Mensch zu Mensch kommt praktisch nicht vor, so daß eine Isolierung erkrankter Personen nicht erforderlich ist.

Pathogenese

Die aerogen aufgenommenen Partikel werden von Alveolarmakrophagen und neutrophilen Granulozyten phagozytiert (Abb. 4.1). Innerhalb von Stunden bis Tagen wandeln sich die phagozytierten Konidien oder Myzelien intrazellulär in die pathogene parasitäre Sproßpilzform um. Anschließend vermehren sich die Hefezellen in den Phagosomen. In der Lunge entstehen einzelne bronchopneumonische Infiltrate. Von dort können die Hefezellen über die Lymphwege zu den Lymphknoten sowie über die Blutbahn in Leber und Milz, aber auch in andere Organe streuen. Bei immunkompetenten Patienten bildet sich nach 7–18 Tagen eine zelluläre Immunreaktion aus, die schließlich zur Abtötung der Pilzzellen im Innern der Makrophagen führt. Es finden sich granulomatöse Entzündungsherde aus Makrophagen, Lymphozyten, Epitheloidzellen und mehrkernigen Riesenzellen. Die Zentren der Granulome schmelzen ein und kalzifizieren. Bei Patienten mit T-Zell-Defekten (z. B. AIDS) ist die Gewebsreaktion nur diskret; es finden sich Aggregate von Makrophagen, die massenhaft Hefezellen enthalten und nur vereinzelt Lymphozyten. Eine Granulombildung findet hier nicht statt.

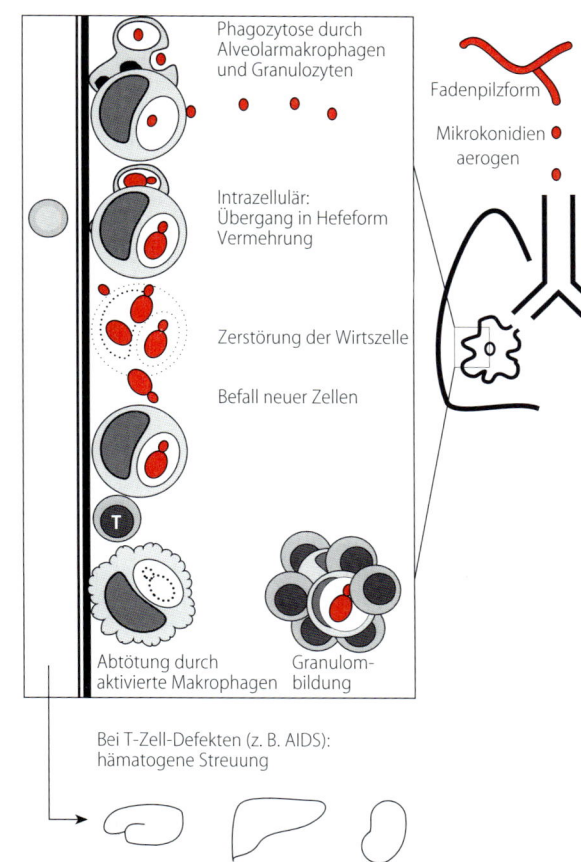

Abb. 4.1. Pathogenese der Histoplasmose

Klinik

Akute pulmonale Histoplasmose. In den meisten Fällen (bis 90%) verläuft die akute pulmonale Histoplasmose asymptomatisch. Die meisten klinisch apparenten Infektionen zeigen nur leichte unspezifische Symptome wie Fieber, Kopfschmerzen, Krankheitsgefühl, Myalgie, Übelkeit, Gewichtsverlust und einen trockenen, nicht produktiven Husten. Bei schwerer Infektion kann sich in seltenen Fällen eine Lobärpneumonie ausbilden. Der Schweregrad des Krankheitsbildes hängt einerseits von der Infektionsdosis und andererseits vom Immunstatus des Wirtes ab. Neugeborene und Kleinkinder mit noch unreifem Immunsystem sowie immunsupprimierte Erwachsene zeigen stark ausgeprägte klinische Erscheinungen und gegebenenfalls Komplikationen wie ein akutes Lungenversagen (ARDS). Durch lymphogene Ausbreitung entsteht eine hiläre bzw. mediastinale Lymphadenitis, die meist noch lange Zeit nach Abheilung der Pneumonie persistiert und sich klinisch inapparent oder in Form von trockenem Husten äußert. Größere pulmonale Läsionen können sich nach Abheilung im Röntgenbild als kreisrunde Verschattungen („*coin lesions*") darstellen. Sie werden als **Histoplasmom** bezeichnet, sind in der Regel asymptomatisch und können nur schwer von neoplastischen Veränderungen der Lunge abgegrenzt werden.

Chronische pulmonale Histoplasmose. Bei Patienten mit vorbestehenden Lungenerkrankungen entsteht diese Form entweder durch exogene Reinfektion oder durch endogene Reaktivierung bereits existierender Läsionen einer älteren Infektion. Es entstehen zunächst interstielle Infiltrate in den apikalen Lungenabschnitten, die sich auf bereits existierende emphysematische Bullae ausdehnen, in denen sich dann seröse Flüssigkeit ansammelt. Im weiteren Verlauf kommt es entweder zur Nekrose mit anschließender Fibrosierung und ausgedehnter Narbenbildung oder zu Kavernen.

Disseminierte Histoplasmose. Die disseminierte Histoplasmose entsteht durch hämatogene Streuung von H. capsulatum und Infektion multipler Organe (ZNS, Leber, Milz, Nebennieren, Endokard). Sie tritt bei immunsupprimierten Patienten mit hämatologischen Erkrankungen, HIV-Infektion oder Kortisontherapie, aber auch bei Kindern unter einem Jahr und Erwachsenen über 50 Jahren auf. In Abhängigkeit von der Funktionsfähigkeit des T-Zell-Systems reicht die klinische Symptomatik von akuten, fulminanten über subakute bis zu chronischen Verlaufsformen. Bei der akuten Form, die bei kleinen Kindern und immunsupprimierten Patienten auftritt, ist das gesamte retikuloendotheliale System betroffen. Unbehandelt führt die Infektion nach einigen Wochen zum septischen Schock mit letalem Ausgang. Die disseminierte Histoplasmose gehört zu den AIDS-definierenden Erkrankungen und erreicht in Endemiegebieten nahezu die Häufigkeit der systemischen Kryptokokkose.

Immunität

Die inhalierten Pilzsporen der Fadenpilzform werden nach Opsonisierung von neutrophilen Granulozyten, aber auch von Makrophagen, ohne vorherige Opsonisierung phagozytiert. Während die Granulozyten in der Lage sind, die intrazellulär entstandenen Hefezellen abzutöten, können sich die Erreger in Makrophagen vermehren. Die Abtötungsfähigkeit der neutrophilen Granulozyten beruht offenbar auf dem Vorhandensein antimykotischer Proteine innerhalb der azurophilen Granula. Für die Abtötung der in den Makrophagen persistierenden Erreger sind CD4$^+$-T-Zellen erforderlich. Durch Freisetzung von Zytokinen induzieren sie eine Aktivierung der Makrophagen, die schließlich zu einer Abtötung der Erreger im Innern der Makrophagen führt. Die zellvermittelte Immunreaktion korreliert mit einer Allergie vom verzögerten Typ (Typ IV) gegenüber Histoplasmin, das aus Fadenpilzkulturen des Erregers durch Filtration gewonnen wird. Bei Patienten mit defekter T-Zell-Funktion (z.B. AIDS) bleibt eine Hautreaktion gegenüber Histoplasmin dagegen aus (Anergie).

Labordiagnose

Schwerpunkt der mikrobiologischen Labordiagnostik ist die Anzucht mit nachfolgender mikroskopischer Identifizierung.

Untersuchungsmaterial. Es eignen sich Sputum, Bronchiallavage, Lymphknoten-, Leber- und Milzbiopsien, Knochenmark, Blut und Abstriche z.B. von oropharyngealen Läsionen. Zum Nachweis von Antigen sind Urin oder Serum erforderlich.

Anzucht. Die Anzucht von H. capsulatum erfolgt auf angereicherten Medien wie Hirn-Herz-Agar mit Blutzusatz oder Sabouraud-Glukose-Hirn-Herz-Agar bei 22 und 37 °C, die wegen des langsamen Wachstums für 4–6 Wochen bebrütet werden. Die Erfolgsaussichten des kulturellen Nachweises variieren mit dem klinischen Bild und sind am höchsten bei AIDS-Patienten und bei Patienten mit Kavernenbildung bei chronischer pulmonaler Histoplasmose aus Respirationstraktsekreten sowie aus oropharyngealen Läsionen. Die endgültige Identifizierung erfolgt mikroskopisch durch Darstellung von Makrokonidien der Myzelphase mit typischen kleinen keulenförmigen Ausstülpungen. Kulturen, die keine Makrokonidien bilden (z.B. nach Antimykotikatherapie), können mit Hilfe einer kommerziellen Gensonde innerhalb von Stunden identifiziert werden.

Antigennachweis. Bei Verdacht auf disseminierte Infektion ist der Nachweis eines hitzestabilen Histoplasma-Polysaccharid-Antigens in Serum und Urin mit Hilfe eines Radioimmunoassays sinnvoll. Der Test eignet sich auch zur Verlaufs- und Therapiekontrolle bei AIDS-Patienten.

Hauttest. Die intradermale Hauttestung mit Histoplasmin eignet sich für epidemiologische Untersuchungen, da eine Durchseuchung der Bevölkerung nach asymptomatischer primärer Infektion festgestellt werden kann. Die Reaktivität bleibt nach solchen Infektionen über mehrere Jahre erhalten.

Therapie

Akute pulmonale Histoplasmose. Die akute pulmonale Histoplasmose erfordert meist keine Therapie. Bei schwerer Symptomatik ist eine orale Therapie mit Ketoconazol oder Itraconazol für 3–6 Wochen sinnvoll. Bei Auftreten von Komplikationen wie schwerer Hypoxie oder ARDS ist eine intravenöse Amphotericin-B-Therapie erforderlich.

Chronische pulmonale Histoplasmose. Die chronische pulmonale Histoplasmose sollte insbesondere bei persistierenden Lungenveränderungen und Kavernenbildung über 10 Wochen mit Amphotericin B i.v. behandelt werden. Eine chirurgische Sanierung kommt in solchen Fällen gegebenenfalls in Betracht. Eine orale Therapie der chronischen Histoplasmose mit Ketoconazol oder Itraconazol über 6–12 Monate ist ebenfalls möglich.

Disseminierte Histoplasmose. Die disseminierte Histoplasmose erfordert immer eine systemische Antimykotikatherapie. Bei immunsupprimierten Patienten ist eine intravenöse Amphotericin-B-Therapie erforderlich.

Prävention

Bei AIDS-Patienten liegt die Rückfallrate nach Absetzen der Therapie bei über 50%, so daß eine lebenslange Rezidivprophylaxe mit intravenöser zweimal wöchentlicher Amphotericin-B- oder täglicher oraler Itraconazolgabe erforderlich ist.

Mykologie. Dimorpher Pilz, d.h. bei 30 °C saprophytäre Fadenpilzform, bei 37 °C parasitäre Sproßpilzform, Wachstum auf angereicherten Hirn-Herz-Nährmedien je nach Temperatur als Fadenpilz oder Sproßpilz. Identifizierung morphologisch oder mit Gensonden.

Vorkommen. In warmen und feuchten Regionen im Erdboden, der Vogel- und Fledermausexkremente enthält.

Epidemiologie. Varietät capsulatum endemisch im Südosten der USA.

Zielgruppe. Menschen in Endemiegebieten, immunsupprimierte Patienten, AIDS-Patienten.

Übertragung. Aerogen durch Inhalation von erregerhaltigem Staub.

Pathogenese. Inhalation von Mikrokonidien der Fadenpilzform, die sich nach Phagozytose durch Makrophagen intrazellulär in die Hefeform umwandeln und vermehren. Interstitielle Pneumonie mit granulomatöser Entzündungsreaktion. Insbesondere bei T-Zell-Defekten (z.B. AIDS) Dissemination mit Befall des gesamten retikuloendothelialen Systems.

Klinik. Akute pulmonale Histoplasmose häufig asymptomatisch, aber auch mit Komplikationen wie ARDS, chronische pulmonale Histoplasmose bei vorbestehenden Lungenerkrankungen, disseminierte Histoplasmose insbesondere bei Immunsuppression wie AIDS.

Diagnose. Erregernachweis, Antigennachweis, Mikroskopie.

Immunität. Phagozytose und Abtötung durch neutrophile Granulozyten, intrazelluläre Erregerpersistenz und -vermehrung in Makrophagen; Granulombildung durch CD4$^+$-T-Zellen.

Therapie. Bei immungesunden Patienten meist selbstlimitierend. Schwere Verlaufsformen sowie Infektionen bei Immunsupprimierten erfordern eine systemische Therapie mit Amphotericin B oder ggf. Itraconazol oder Ketoconazol.

Prävention. Lebenslange Rezidivprophylaxe bei AIDS-Patienten mit Amphotericin B i.v. oder Itraconazol oral.

4.2 Andere dimorphe Pilze

Blastomyces dermatitidis (teleomorph: Ajellomyces dermatitidis). Dieser Erreger ist endemisch in den Einzugsgebieten des Mississippi- und Ohio-Flusses, im Süden von Kanada und in Südafrika und verursacht die *nordamerikanische Blastomykose*. Die Infektion entsteht durch Inhalation von Sporen und führt zunächst zu einer meist subklinischen Infektion der Lunge.

Klinisch manifeste Formen der Blastomykose äußern sich als lobäre oder segmentale Pneumonie, als Läsionen und Osteolysen, die sich in Form von Abszessen ins Weichteilgewebe ausbreiten. Am Urogenitaltrakt manifestiert sich die Infektion bei Männern als Prostatitis und Epididymitis. Ein Befall des zentralen Nervensystems findet sich bei AIDS-Patienten in Form von Abszessen oder als Meningitis.

Die Diagnose erfolgt durch mikroskopischen und kulturellen Nachweis des Erregers aus Eiter, Sputum oder Gewebeproben. Serologische Untersuchungen haben eine geringe Spezifität, können aber ggf. zusätzlich hilfreich sein.

Klinisch manifeste Formen der Blastomykose erfordern immer eine Therapie. Bei schwerem Verlauf und bei Patienten mit Immunsuppression ist Amphotericin B das Mittel der Wahl. Milde Verlaufsformen können mit Itraconazol oder Ketoconazol behandelt werden.

Paracoccidioides brasiliensis. Dieser Erreger verursacht die südamerikanische Blastomykose oder *Parakokzidioidomykose*, die in Lateinamerika besonders bei der Landbevölkerung vorzugsweise Männer über 30 Jahren betrifft. Die Infektion erfolgt vermutlich durch Inhalation von Pilzsporen, die sich zunächst in der Lunge ansiedeln, sich dort in die Hefeform umwandeln und zu einer meist subklinischen Infektion führen. Generalisiert der Erreger lymphogen oder hämatogen, so entsteht die typische Symptomatik v. a. durch Befall der Schleimhäute. Bei ausgedehnter hämatogener Dissemination kommt es zum Befall von Leber, Milz, Gastrointestinaltrakt, Knochen und ZNS.

Die Diagnose erfolgt durch direkten mikroskopischen und kulturellen Nachweis des Erregers aus Sputum, Gewebeproben, Haut- und Schleimhautgeschabsel und Lymphknotenaspiraten. Der kulturelle Nachweis erfolgt wie bei den anderen dimorphen Pilzen.

Die Parakokzidioidomykose erfordert immer eine systemische Therapie mit Amphotericin B, bei leichteren Verlaufsformen und im Anschluß an eine Amphotericin-B-Therapie wird mit Ketoconazol oder Miconazol behandelt.

Coccidioides immitis. Dieser ist endemisch in trockenen Gebieten Amerikas, besonders in den Südweststaaten der USA. Der Erreger kommt vorzugsweise in Wüstenregionen vor und findet sich in trockenem alkalischen Erdboden. Die saprophytäre Fadenpilzform bildet unter diesen Bedingungen Arthrokonidien aus, die bei Inhalation zur Infektion beim Menschen, aber auch bei verschiedenen Tierspezies führen.

Bei immungesunden Patienten verläuft die Infektion in 60% der Fälle asymptomatisch oder wie eine leichte Infektion des oberen Respirationstraktes. In ca. 40% kommt es zur Ausbildung eines bronchopneumonischen Krankheitsbildes mit Husten, Sputumproduktion, Krankheitsgefühl, Fieber, Thoraxschmerzen, Nachtschweiß und Arthralgien. Bei Immunsupprimierten kommt es zu einer Dissemination der Erreger mit extrapulmonalen Manifestationen in Skelett und Haut mit entsprechender Symptomatik. Im Rahmen der Dissemination kann auch eine basale Meningitis auftreten. Die disseminierte *Kokzidioidomykose* gehört zu den AIDS-definierenden Infektionen, die sowohl als primäre oder auch als reaktivierte Infektion entstehen kann.

Die Diagnose der Kokzidioidomykose erfolgt zunächst durch direkten mikroskopischen Nachweis von Sphärulen im Sputum, Eiter, Exsudaten, Gewebeproben oder Hautgeschabseln. Hierbei handelt es sich um die parasitäre Gewebeform des Pilzes. Der kulturelle Nachweis auf angereicherten Nährböden gelingt nur für die Fadenpilzform durch Anzucht bei 25–30 °C für 3–4 Tage.

Die Kokzidioidomykose erfordert bei Patienten mit intaktem Immunsystem keine Therapie, da sie selbstlimitierend verläuft. Schwere Verlaufsformen der pulmonalen Kokzidioidomykose sowie alle Formen der disseminierten Infektion erfordern eine systemische Therapie mit Amphotericin B.

Sporothrix schenckii. Dieser Pilz ist weltweit verbreitet, jedoch besteht eine endemische Häufung in tropischen und subtropischen Gebieten Amerikas. Der Erreger findet sich im Erdboden, auf Pflanzen, im Stroh oder auf Hölzern.

Sporothrix (S.) schenckii verursacht in erster Linie *Verletzungsmykosen* beim Umgang mit kontaminiertem Material (Dornen, Holzsplitter), z. B. bei der Gartenarbeit. Durch kleine Verletzungen der Haut kommt es zur Inokulation des Erregers mit anschließender Infektion der Haut und des subkutanen Gewebes. An der Eintrittspforte entstehen zunächst schmerzlose papulöse, knotige Veränderungen, die von einem Erythem umgeben sind und später ulzerieren. Durch lymphogene Ausbreitung können entlang der Lymphbahnen Sekundärherde entstehen. Ohne Therapie kommt es zu einem chronischen Verlauf, wobei die Läsionen zeitweise verschwinden und dann wieder erneut auftreten. Extrakutane Manifestationen der Sporotrichose betreffen am häufigsten das Skelett und die Gelenke der Extremitäten. Eine pulmonale *Sporotrichose* kommt insbesondere bei Alkoholikern, Patienten mit Grunderkrankungen wie Diabetes, Tuberkulose oder Sarkoidose, aber auch bei gesunden Personen vor. Auch eine Meningitis durch S. schenckii mit subakutem Verlauf kommt in seltenen Fällen vor. Bei Immunsupprimierten entsteht eine generalisierte Infektion.

Die Diagnose der Sporotrichose beruht auf kulturellem Nachweis des Erregers aus Abstrichen oder subkutanen Gewebeproben, Gelenkflüssigkeit, Sputum, Liquor oder Blut. Die Anzucht erfolgt auf angereicherten Medien bei 25–30 °C für 2–7 Tage, die Identifizierung der Fadenpilzform zunächst mikroskopisch und nach Umwandlung in die Hefeform bei Bebrütungstemperaturen von 35–37 °C, durch anschließende mikroskopische Darstellung typischer zigarrenförmiger Sproßzellen.

Die kutane Sporotrichose kann durch orale Gabe von Kaliumjodid über 6–12 Wochen behandelt werden. Extrakutane Manifestationen erfordern eine systemische Amphotericin-B- oder Itraconazol-Therapie und gegebenenfalls chirurgische Sanierungsmaßnahmen. Die generalisierte Infektion bei Immunsupprimierten ist auch mit Amphotericin B nur schwer therapierbar und verläuft häufig letal.

5.1 Pneumocystis carinii

STECKBRIEF

Pneumocystis (P.) carinii ist ein Erreger, der teils Eigenschaften von Pilzen, teils von Protozoen aufweist. Aufgrund seiner Nukleinsäuresequenzen, z.B. der 16S-like-RNS-Gene, und des Besitzes des Elongationsfaktors 3 wird P. carinii heute als Pilz klassifiziert. Er kommt vorwiegend in der Lunge vor. Die Infektion verläuft entweder latent, oder, v.a. bei Patienten mit Immunschwäche verschiedener Genese, als Pneumonie (Pneumocystis-carinii-Pneumonie, PcP).

Neue Befunde sprechen dafür, daß Pneumocystis von Menschen und von Tieren verschiedenen Arten zuzuordnen sind.

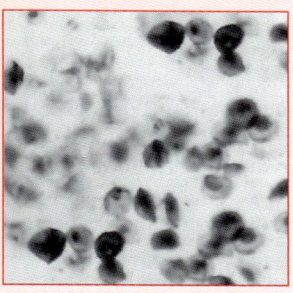

Pneumocystis carinii
Zysten in Bronchiallavage, entdeckt 1909 von Carlos Chagas

5.1.1 Beschreibung

Um einen Zugang zur alten Literatur mit der parasitologisch geprägten Nomenklatur zu gewährleisten, werden deren Begriffe hier noch verwendet.

Morphologie und Aufbau

Zwei Formen sind zu unterscheiden. Die *„Trophozoiten"* sind länglich bis rundlich, von 2 μm Durchmesser und von einer Schleimhülle von 7–10 μm Durchmesser umgeben. Diese vegetativen Formen besitzen eine flexible, fragile äußere Hülle, die Glykoprotein und β-Glukan enthält (die Hemmung der β-Glukan-Synthetase führt im Tiermodell zur Abheilung einer PcP).

Bei den *„Zysten"* handelt es sich um 6 μm große, runde Gebilde, die bis zu acht Kernen (intrazystische Körperchen) enthalten; morphologisch ähneln sie den Asci von Askomyzeten.

Im Gegensatz zu anderen Pilzen fehlt Ergosterol in der Zellwand, dafür besitzt P. carinii ein abgewandeltes Cholesterol.

Entwicklung

Die Erreger leben in den Lungenalveolen und lagern sich an die Epithelzellen (Pneumozyten) an. Während der Zweiteilung der Trophozoiten schnüren sich auch die Schleimhüllen ab. Bei der Zystenbildung bleibt der Zellkörper erhalten, und der

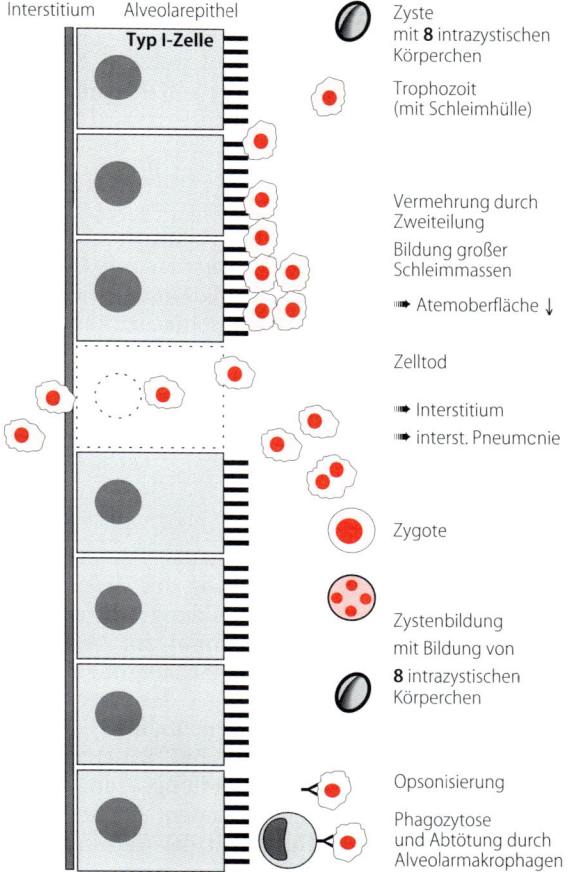

Interstitium | Alveolarepithel
Typ I-Zelle

Zyste
mit **8** intrazystischen Körperchen

Trophozoit
(mit Schleimhülle)

Vermehrung durch Zweiteilung
Bildung großer Schleimmassen
➡ Atemoberfläche ↓

Zelltod
➡ Interstitium
➡ interst. Pneumonie

Zygote

Zystenbildung
mit Bildung von
8 intrazystischen Körperchen

Opsonisierung
Phagozytose und Abtötung durch Alveolarmakrophagen

Abb. 5.1. Pathogenese der Pneumocystis-carinii-Pneumonie

Kern teilt sich in bis zu acht intrazystische Körperchen. Durch Dickenzunahme der Zystenhülle wird aus der Präzyste die Zyste. Nach Aufgehen der Zyste entstehen aus den intrazystischen Körperchen wieder Trophozoiten (Abb. 5.1).

Resistenz gegen äußere Einflüsse

Hierüber sind nur unzureichende Daten bekannt.

Vorkommen

Pneumocystis kommt beim Menschen und bei Tieren weltweit vor.

5.1.2 Rolle als Krankheitserreger

Epidemiologie

Befunde deuten darauf hin, daß weltweit ein großer Teil der Bevölkerung Träger von Pneumocystis ist.

Übertragung

Wie Tierexperimente zeigen, scheint die Übertragung *aerogen* zu erfolgen. Patienten mit Immunschwäche (u.a. AIDS), mit Malignomen bzw. unter immunsuppressiver und zytostatischer Therapie (z.B. Transplantationen) sind besonders gefährdet. Die früher häufigen Ausbrüche auf Früh- und Neugeborenenstationen werden heute selten beobachtet.

Pathogenese

Die Trophozoiten lagern sich an die Pneumozyten an. Durch die starke Vermehrung der Parasiten in den Alveolen kommt es zur Bildung von erregerhaltigen Schleimmassen und somit zur Verhinderung des Gasaustausches. Nach Schädigung des Alveolarepithels befallen die Erreger das Interstitium (interstitielle, plasmazelluläre Pneumonie). Die Erkrankung führt insbesondere bei Patienten mit Immunschwäche ohne Behandlung zum Tode. Auch eine Dissemination in andere Organe (z.B. Niere) wird beobachtet und mit der Verhinderung starker Ansiedlung in der Lunge unter Pentamidin-Aerosolprophylaxe erklärt (Abb. 5.1).

Klinik

Das klinische Bild ist uncharakteristisch. Es ist v.a. geprägt durch Dyspnoe, Fieber, trockenen Husten, Zyanose und im Röntgenbild durch bilaterale, diffuse Infiltrate.

Immunität

Die Infiltration der Lunge mit Plasmazellen sowie der Nachweis von Immunglobulinen auf den Parasiten sprechen für humorale Immunmechanismen. Eine T-Lymphozyten-Dysfunktion beim Erkrankten zeigt, daß auch zelluläre Mechanismen für die Unterdrückung der Parasiten notwendig sind. Wird die Immunabwehr beeinträchtigt, so kommt es zur starken Vermehrung der opportunistischen Erreger.

Labordiagnose

Für die Laboratoriumsdiagnostik kann verschiedenes Material herangezogen werden. Am geeignetsten ist bronchoalveoläre Lavage. Sie wird v.a. in den Lungenbereichen vorgenommen, in denen Herde vermutet werden. Geeignet ist auch Biopsiematerial aus der Lunge. Sputum ist ungeeignet, sofern es sich nicht um induziertes handelt, d.h. nach Inhalation von Kochsalzlösung gewonnenes Sputum. Mit der Grocott-Silberfärbung können Zysten und mit der Giemsa-Färbung Trophozoiten und intrazystische Körperchen nachgewiesen werden. Der Nachweis kann auch mittels fluoreszierender Antikörper vorgenommen werden. Diese können als monoklonale Antikörper gegen Zysten oder Trophozoiten gerichtet sein, oder man verwendet polyklonale Antikörper. Vor der Fluoreszenzfärbung ist eine enzymatische Behandlung (Trypsin, Pronase) des Materials vorteilhaft, weil danach eine wesentlich bessere Fluoreszenz erreicht wird.

Therapie

Das Mittel der Wahl zur Therapie einer Pneumocystis-carinii-Infektion ist Trimethoprim-Sulfamethoxazol (Cotrimoxazol); es muß sehr hoch dosiert über 21 Tage gegeben werden. Als Alternativmittel, z.B. bei Cotrimoxazol-Unverträglichkeit, kann Pentamidin intravenös verabreicht werden. Weitere, neuere Therapiemöglichkeiten sind Trimetrexat in Kombination mit Leukovorin (Folinsäure) und Atovaquone (für leichte bis mittelstarke Infektionen).

Prävention

Bei AIDS-Patienten ist eine Chemoprophylaxe indiziert, wenn die CD4-Zellzahl unter 200/mm^3 liegt, wenn sie rasch abfällt oder ein nicht erklärbares Fieber länger als 2 Wochen anhält, sowie nach dem Auftreten einer Pneumocy^stis-carinii-Pneu-

monie. Das Mittel der Wahl ist Cotrimoxazol; es kann ab dem 2. Monat nach Geburt gegeben werden. Als Alternativmedikamente, z.B. bei Cotrimoxazol-Unverträglichkeit stehen Dapson oder Pentamidin-Inhalationen zur Verfügung.

Räumliche Konzentrationen von Patienten mit Immunschwäche sind zu vermeiden.

Patienten unter spezifischer Therapie sollten in den ersten fünf Behandlungstagen in einem Einzelraum untergebracht werden.

ZUSAMMENFASSUNG: Pneumocystis carinii

Mykologie. Pneumocystis carinii ist ein Pilz unsicherer systematischer Stellung, in der Lunge vorkommend.

Pathogenese. Schädigung des Alveolarepithels, Verhinderung des Gasaustausches.

Klinik. Dyspnoe, Fieber, Husten, v.a. bei Patienten mit Immunsuppression (insbesondere AIDS).

Labordiagnose. Bronchoalveoläre Lavage nach Giemsa (Trophozoiten), Grocott (Zysten) und mit Immunfluoreszenz färben.

Therapie. Trimethoprim-Sulfamethoxazol, Pentamidin, Trimetrexat plus Leukovorin.

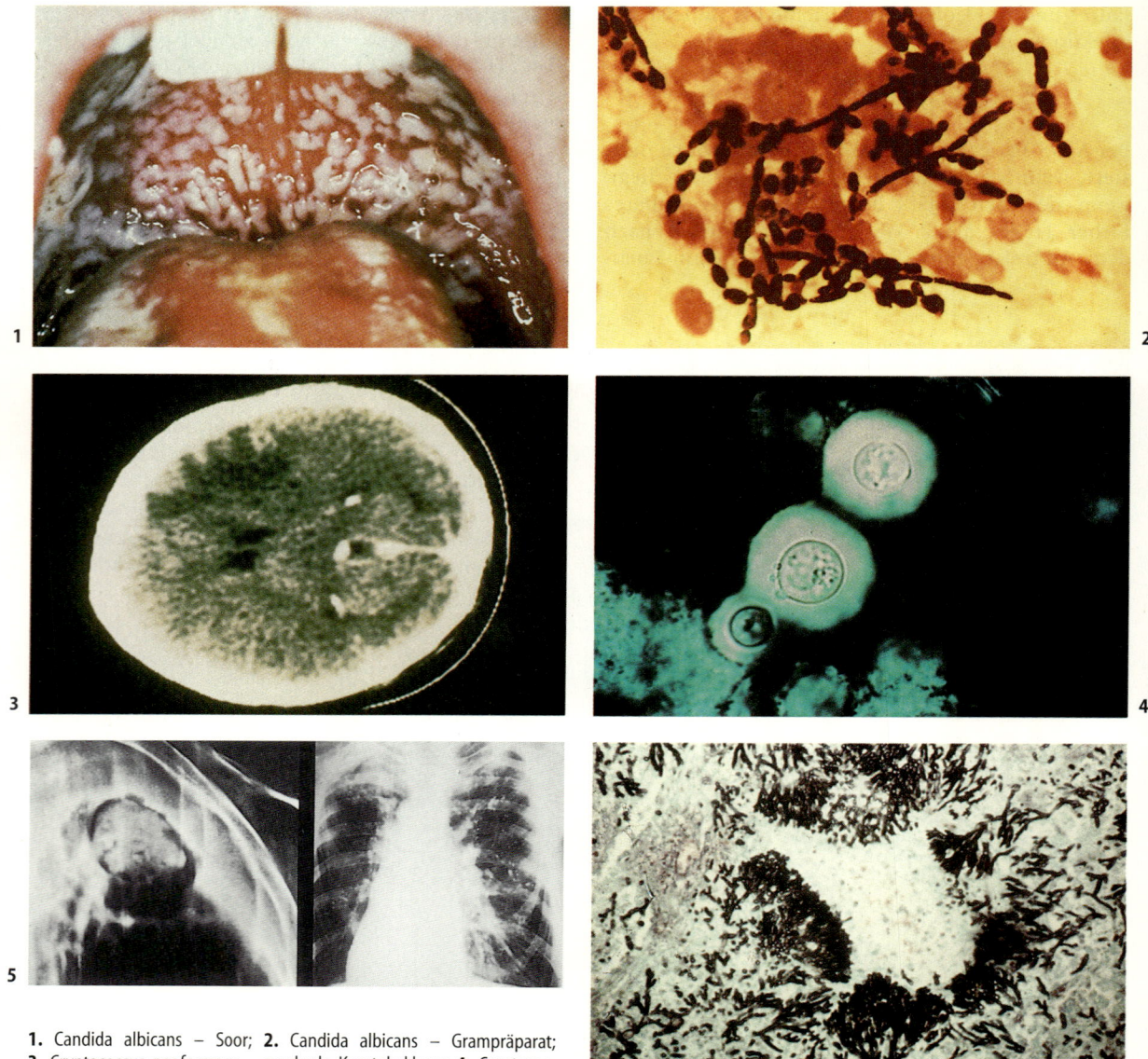

1. Candida albicans – Soor; **2.** Candida albicans – Grampräparat;
3. Cryptococcus neoformans – zerebrale Kryptokokkose; **4.** Cryptococcus neoformans – Hefezellen mit Schleimkapseln; **5.** Aspergillus fumigatus – Aspergillom in der Lunge; **6.** Aspergillus fumigatus – invasive Aspergillose

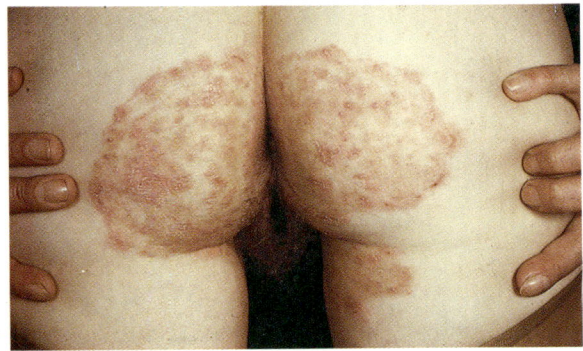

7

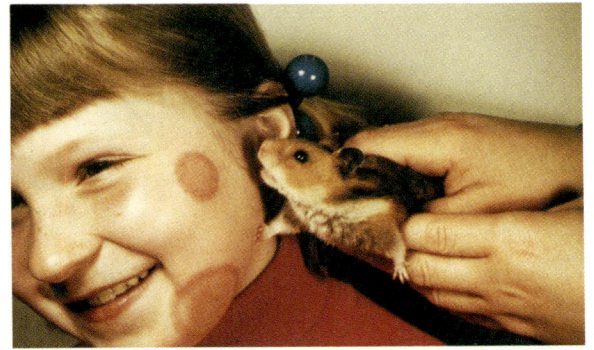

8

9

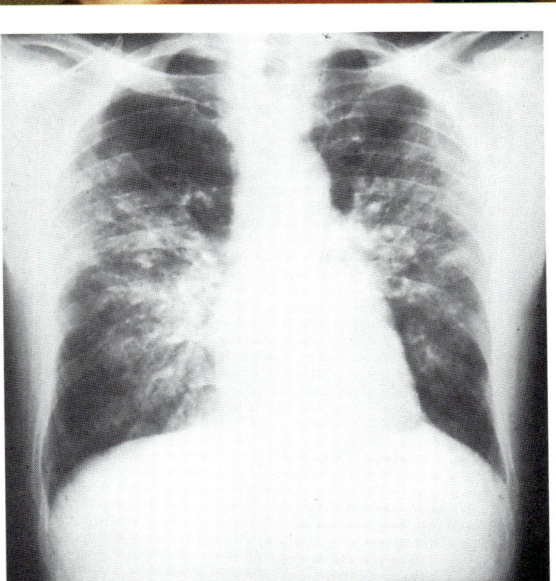

10

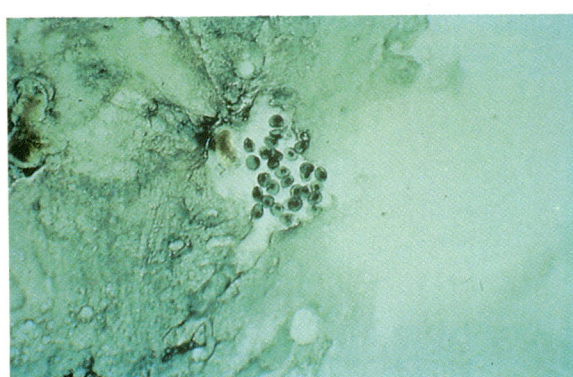

11

7. Dermatophyten – Tinea corporis; 8. Dermatophyten – Mikrosporie; 9. Dermatophyten – Kultur von Trichophyton cutaneum; 10. Pneumocystis carinii – interstitielle Pneumonie; 11. Pneumocystis carinii – Grocott-Färbung

Allgemeine Parasitologie

••• EINLEITUNG

Im medizinischen Sinne versteht man unter Parasiten die zum Tierreich gehörenden ein- oder mehrzelligen eukaryontischen Organismen, die ganz oder teilweise auf Kosten eines anderen Lebewesens existieren. Sie unterteilen sich in Protozoen (Einzeller), Helminthen (Würmer) und Arthropoden (Insekten, Spinnentiere) und können Menschen oder Tiere als Endo- oder Ektoparasiten besiedeln. Parasiten des Menschen sind weltweit verbreitet.

Ihre Häufigkeit und gesundheitliche Bedeutung nehmen von Norden nach Süden zu. Das ist einerseits dadurch bedingt, daß viele Parasitenarten und ihre Zwischenwirte nur in wärmeren Gebieten leben können und andererseits der Stand der Hygiene und Gesundheitsvorsorge in den entwickelten Ländern die Ausbreitung von Parasiten einengt oder sie dort sogar ausgerottet worden sind. Parasitäre Erkrankungen aber stellen für die Entwicklungsländer ein enormes Problem dar. Allein in Afrika muß pro Jahr mit 81 Mio klinisch apparenten Plasmodium-Infektionen gerechnet werden, etwa eine Million Kinder sterben daran. Etwa 200 Mio der Weltbevölkerung gelten als mit Schistosomen infiziert. Ziel der Weltgesundheitsorganisation ist nicht mehr die Ausrottung der Seuche, sondern die Senkung der Zahl schwerer Erkrankungen. Durch den internationalen Reiseverkehr werden häufig Parasiten in die gemäßigten Zonen mitgebracht, z. B. Malaria und Amöbiasis, aber nicht eingeschleppt, da es in der Regel nicht zu einer Ausbreitung kommt.

Auch in den nördlichen Breiten ist eine Reihe von Parasitenarten von medizinischer Bedeutung. In den sog. entwickelten Ländern der gemäßigten Zone Europas ist die Toxoplasmose in der Schwangeren- und Kindervorsorge von aktueller Bedeutung. In Verbindung mit der Immunsuppression (HIV, Transplantation) hat diese Parasitose einen neuen Stellenwert erlangt, wie auch Cryptosporidium und die Mikrosporidien.

1.1 Definition

Die hier benutzte Einteilung der Parasiten (Tabelle 1.1) entspricht der von Frank (1976).

Protozoen. Diese Gruppe besteht aus einzelligen Eukaryonten, die sich in ihrem Wirt vermehren können. Die vielen unterschiedlichen Arten lassen sich u. a. protozoologisch oder nach ihrem Absiedlungsort einteilen (Tabelle 1.1 und 1.2).

Helminthen. Würmer sind mehrzellige Organismen (Metazoen), die mit einer äußeren Hülle umgeben sind; diese hat Schutzfunktionen und ist an aktiven Stofftransportvorgängen (z. B. Wasser, Elektrolyte) beteiligt. Im Wirt findet in der Regel keine Vermehrung der Einzelorganismen statt. Die Einteilung der Helminthen erfolgt anhand morphologischer Kriterien. Man unterscheidet Rundwürmer (Nematoden) und Plattwürmer (Plathelminthen). Diese werden weiter untergliedert in Saugwürmer (Trematoden) und Bandwürmer (Cestoden) (Abb. 1.1).

Nematoden. Rundwürmer oder Nematoden sind runde, nichtsegmentierte Helminthen. Sie besitzen einen vollständigen Verdauungstrakt mit subterminalem Anus; ein Kreislauf- und ein Atmungssystem fehlen dagegen. Der adulte Wurm kann männlich oder weiblich sein. Die sexuelle Fortpflanzung findet in der Regel im Menschen statt. Sie sind extraintestinal im Gewebe oder im Darm angesiedelt (Tabelle 1.2).

Tabelle 1.1. Medizinisch bedeutsame Parasiten

Protozoen	Trypanosoma
	Leishmania
	Trichomonas
	Giardia (Lamblien)
	Entamoeba
	Plasmodium
	Toxoplasma
	Cryptosporidium
	Sarcocystis
	Isospora
	Cyclospora
Metazoen: Helminthen (Würmer)	
Platyhelminthes (Plattwürmer)	
• Trematoden (Egel)	Schistosoma u. a. Trematoden
• Cestoden (Bandwürmer)	Diphyllobothrium
	Taenia
	Hymenolepis
	Echinococcus
Nemathelminthes (Rundwürmer)	
• Nematoden	Trichuris
	Trichinella
	Strongyloides
	Ancylostoma, Necator
	Enterobius
	Ascaris
	Toxocara
	Filarien: Onchocerca, Wuchereria, Brugia, Loa
	Dracunculus

(Mikrosporidien, z.B. Encephalitozoon, Pleistophora, Enterocytozoon: Neue Untersuchungen legen eine Zuordnung zu den Pilzen nahe)

Tabelle 1.2. Einteilung medizinisch wichtiger Parasiten nach Absiedlungsort

Hauptabsiedlungsort	Protozoen	Helminthen
Blut/Gewebe	Trypanosoma	Schistosoma
	Leishmania	Clonorchis
	Plasmodium	Fasciola
	Babesia	Paragonimus
	Toxoplasma	Echinococcus
		Filarien
		Trichinella
		(Taenia: Zystizerkus)
Darm	Giardia	Fasciolopsis
	Balantidium	Taenia
	Entamoeba	Diphyllobothrium
	Cryptosporidium	Ascaris
	Isospora	Enterobius
	Cyclospora	Hakenwürmer
	Microsporidium	Strongyloides
		Trichuris

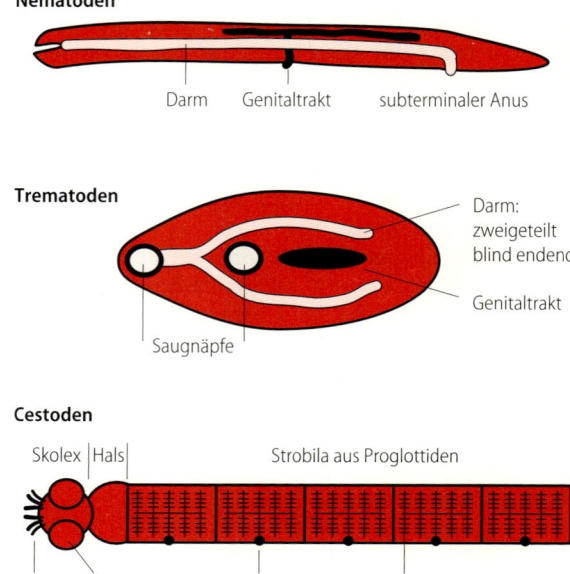

Nematoden

Darm — Genitaltrakt — subterminaler Anus

Trematoden

Darm: zweigeteilt blind endend

Genitaltrakt

Saugnäpfe

Cestoden

Skolex | Hals — Strobila aus Proglottiden

Haken Saugnäpfe — Genitalpore — Uterus (mit Eiern)

Abb. 1.1. Grundstruktur von Helminthen

Trematoden. Saugwürmer oder Egel sind nicht-segmentierte Plattwürmer mit einem Saugnapf an der Mundöffnung, einem Bauchsaugnapf und einem blind endenden, meist zweischenkligen Darm. Mit Ausnahme der Schistosomen sind sie hermaphrodit (Zwitter). Im Menschen finden die sexuelle Fortpflanzung und Eiablage statt; die Eier gelangen in die Ausscheidungsorgane des Wirts (Darm, Harnblase) und werden ausgeschieden. In der Umwelt schlüpfen Larven, die von Schnecken (Zwischenwirt) aufgenommen werden. Hier entwickeln sie sich zu infektiösen Larven. Bei einigen Arten kann die Passage durch einen zweiten Zwischenwirt notwendig sein, um die Infektiosität für den Endwirt zu erreichen.

Cestoden. Bandwürmer sind segmentierte Plattwürmer, die aus Skolex (Kopf), Hals (Produktion der Proglottiden) und einem Band aus Proglottiden (Strobila) bestehen. Der kleine Kopf besitzt spezifische Festhalteorgane wie Saugnäpfe oder -gruben oder Haken. Ein Verdauungstrakt fehlt, der Reproduktionsapparat liegt in jeder Proglottide, ebenso die gebildeten Eier. Cestoden sind hermaphrodit, die einzelnen Proglottiden enthalten männliche und weibliche Anteile. Die Befruchtung erfolgt meist zwischen benachbarten Segmenten, jedoch sind auch eine Selbstbefruchtung des Segments und eine Befruchtung zwischen Segmenten zweier Würmer möglich. Die Eiablage erfolgt entweder durch Apolyse, Ablösung eihaltiger intakter Proglottiden (Taenien), oder durch Austritt aus einer Uterusöffnung (Diphyllobothrium). Der Mensch kann in Abhängigkeit von der Bandwurmart als Endwirt, Zwischenwirt oder gleichermaßen als End- und Zwischenwirt dienen.

Arthropoden. Dies sind Gliederfüßler, die zu den Insekten (Läuse, Flöhe, Wanzen, Mücken, Fliegen) oder den Spinnentieren (Milben, Zecken) gehören. Sie können entweder selbst Krankheitserscheinungen auslösen (Tabelle 1.3) oder auch Erreger auf den Menschen übertragen (Vektoren) (Tabelle 1.4).

Tabelle 1.3. Medizinisch wichtige Nicht-Vektor-Ektoparasiten

Ektoparasit	Erkrankung
Läuse	Pedikulose
Milben (Sarcoptes scabiei)	Scabies = Krätze
Fliegenlarven	Myiasis

Tabelle 1.4. Medizinisch wichtige Vektoren

Vektor	Erreger	Krankheit
Zecken	Borrelia burgdorferi	Lyme-Borreliose
	Borrelien	Rückfallfieber
	FSME-Virus	FSME
	Rickettsia rickettsii	Fleckfieber
Milben	Rickettsien	Fleckfieber
Läuse	Borrelia recurrentis	Rückfallfieber
	Rickettsia prowazekii	Fleckfieber
Mücken (Anopheles)	Plasmodien	Malaria
Sandmücken (Phlebotomen)	Leishmanien	Leishmaniose
Kriebelmücken (Simulium)	Onchocerca	Onchozerkose
Stechmücken (Aedes [1])	Wuchereria, Brugia	Filariose
	Gelbfiebervirus	Gelbfieber
	Dengue-Virus	Dengue-Fieber
Fliegen (Chrysops)	Loa loa	Filariose
Fliegen (Glossinen: Tse-Tse)	Trypanosoma brucei	Schlafkrankheit
Raubwanzen (z. B. Triatoma)	Trypanosoma cruzi	Chagas
Flöhe (Rattenfloh)	Yersinia pestis	Pest

[1] weitere Mückenvektoren sind Culex-, Anopheles- und Mansonia-Arten

1.2 Aufbau

Parasiten bestehen aus eukaryontischen Zellen. Während bei den Protozoen alle Funktionen von der Einzelzelle geleistet werden müssen, verteilen die Metazoen verschiedene Funktionen auf unterschiedliche Organe.

Der Aufbau ist für die einzelnen Spezies charakteristisch und wird daher zur taxonomischen Einteilung und zur Labordiagnostik herangezogen.

1.2.1 Protozoen

Zellhülle. Die Zellen sind von einer ca. 10 nm dicken Zytoplasmamembran (Plasmalemma, Einheitsmembran) umgeben, der eine oberflächliche Mukopolysaccharidschicht als integraler Bestandteil aufgelagert ist. Bei einigen Parasiten können unter dem Plasmalemma eine oder mehrere Membranen mit speziesspezifischen Oberflächen liegen, so daß eine Pellikel entsteht. Die Zellhülle, speziell die oberflächliche Mukopolysaccharidschicht, fungiert als Barriere, vermittelt die Erkennung von Zielzellen und die Adhärenz und enthält Antigene. Ihre Bestandteile können aber auch Schutz vor der

Wirtsabwehr vermitteln: Antigene, die mit wirtseigenen Strukturen übereinstimmen (molecular mimicry); wechselnde Antigenzusammensetzung (variable antigen types, VAT); Fc-Rezeptoren zur falschen Antikörperbindung (analog dem Protein A von S. aureus, 200 ff.).

Zytoplasma. Das Zytoplasma der Protozoenzelle wird in eine äußere lichtmikroskopische helle Zone, Ektoplasma, und eine innere, dunkle Zone, Endoplasma, unterteilt. Letztere enthält die Organellen: Mitochondrien, endoplasmatisches Retikulum, Ribosomen (als Cluster: Polysomen), Golgiapparat, Lysosomen, verschiedene Einschlüsse (z.B. wallforming bodies bei zystenbildenden Arten).

Das Zytoplasma ist durch ein Zytoskelett aus Mikrofilamenten (Ø 4–10 nm) strukturiert. Einige dieser Filamente gehören zur Aktomyosin-Familie. In einigen Fällen sind Teile des Zytoskeletts lichtmikroskopisch erkennbar, z.B. der Achsenstab von Trichomonas vaginalis.

Zellkern. Je nach Entwicklungsstadium enthält die Protozoenzelle einen oder mehrere Zellkerne. Diese sind mit einer porenhaltigen Kernmembran umgeben. Im Karyoplasma können ein oder mehrere Nukleoli liegen.

Bewegungsapparat. Alle Protozoen sind beweglich und werden dementsprechend taxonomisch eingeteilt (Tabelle 1.5). Dies wird durch kurze Zilien oder lange Flagellen ermöglicht. Sie bestehen aus neun äußeren und einem zentralen Mikrotubuli-Paar. Diese sind im sog. Basalkörperchen (Kinetosom) verankert, das aus neun Mikrotubuli-Tripleten besteht.

Auch Zytoskelettelemente können Bewegung vermitteln: Der Achsenstab von Trichomonaden, Pseudopodienbildung durch das Aktomyosinsystem bei Amöben.

1.2.2 Metazoen

Oberfläche. Die oberflächliche Abgrenzung von Metazoen kann in zwei Typen untergliedert werden (Abb. 1.2 und 1.3).

Bei Nematoden findet sich eine azelluläre filamentöse Kutikula aus kollagenartigen Proteinen, die die gesamte Oberfläche inklusive des Verdauungstrakts, der äußeren Vagina und des Exkretionsgangs bedeckt. Sie besteht aus mehreren Schichten (kortikal, medial, basal) und ist nach außen von einer dünnen Epikutikula abgeschlossen. Die Kutikula wird von einer darunterliegenden Hypodermis sezerniert, die durch eine Basalmembran von tieferliegenden Organen abgegrenzt wird (Abb. 1.2).

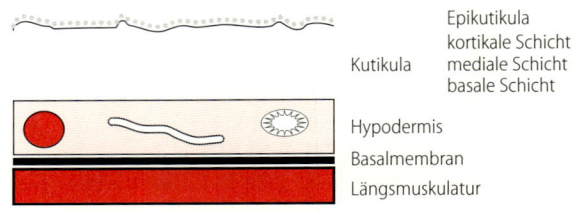

Abb. 1.2. Tegument von Rundwürmern (Nematoden)

Tabelle 1.5. Einteilung medizinisch wichtiger Protozoen (protozoologisch; nach Bewegungsorganellen)

Sporozoen	Flagellaten		Rhizopoden	Ziliaten
	mit Kinetoplast	ohne Kinetoplast		
Plasmodium	Leishmania	Trichomonas	Acanthamoeba	Balantidium
Babesia	Trypanosoma	Giardia (Lamblien)	Naegleria	
Toxoplasma			Entamoeba	
Cryptosporidium				
Isospora				
Cyclospora				

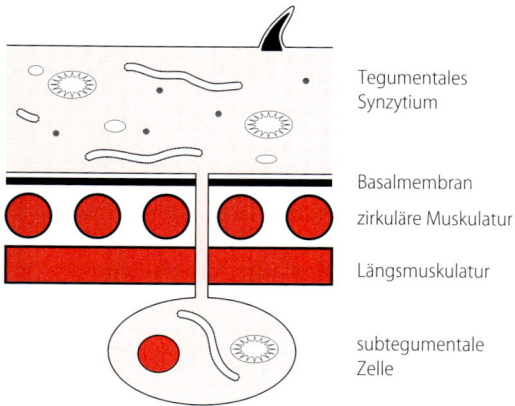

Tegumentales
Synzytium

Basalmembran

zirkuläre Muskulatur

Längsmuskulatur

subtegumentale
Zelle

Abb. 1.3. Tegument von Plattwürmern (Platyhelminthes)

Bei Plattwürmern (Cestoden, Trematoden) besteht die Grenzfläche aus einem synzytialen, zytoplasmatischen Tegument. Sie wird durch eine Basalmembran von der darunterliegenden Muskel-schicht abgegrenzt und geht von subtegumentalen Zellen unter der Muskelschicht aus. Das Tegument kann spezifische Ausformungen, z.B. Dornen oder Haken, enthalten (Abb. 1.3).

Bewegungsapparat. Metazoen besitzen entweder glatte oder quergestreifte Muskelzellen. Erstere findet man vorrangig bei Würmern mit relativ weicher Körperoberfläche (Plattwürmer), während Parasiten mit steifem Exoskelett eher quergestreifte Muskulatur aufweisen. Nematoden haben eine longitudinale Muskelschicht unmittelbar unter der Hypodermis. Plattwürmer besitzen eine äußere, zirkuläre und eine innere longitudinale Muskelschicht direkt unter der tegumentalen Basalmembran.

Organe. Metazoen besitzen differenzierte Verdauungs-, Sekretions- und Reproduktionsorgane und ein Nervensystem, deren Beschreibung der Spezialliteratur zu entnehmen ist.

K. Janitschke, K. Miksits

Eukaryonten. Da Parasiten aus eukaryonten Zellen bestehen, ist ihr Genom wie das der Pilze in Introns und Exons untergliedert. Aufgrund ihrer höheren Organisation besitzen sie jedoch deutlich mehr Gene als Pilze.

Gleiches gilt für die Transkription, posttranskriptorische Modifikation und die Translation des Genoms.

Chromatinverminderung. Bei Nematoden findet man den Prozeß der Chromatinverminderung in der präsomatischen Zelle. Dieser besteht aus dem Zerfall zentraler Chromosomenabschnitte in mehrere Fragmente und der Elimination endständiger Abschnitte.

Methodische Probleme. Bei einigen Parasiten (z. B. Trypanosomen, Plasmodien) findet während Meiose oder Mitose keine Chromosomenkondensation statt. Zytologische Untersuchungen müssen daher durch biochemische Methoden (z. B. Pulsfeld-Gelelektrophorese) ersetzt werden, um Chromosomen zu identifizieren.

Die genetische Untersuchung der Metazoen wird durch deren Hermaphroditismus erheblich erschwert. Bei Infektionen, bei denen nur eine Selbstbefruchtung des Parasiten stattfindet, stellt sich sehr rasch (ca. fünf Zyklen bei Hymenolepis nana) eine Degeneration ein.

3.1 Fortpflanzung

Je nach Evolutionsstadium können sich Parasiten asexuell vermehren/wachsen oder zusätzlich sexuell fortpflanzen.

3.1.1 Wirte

Um einen vollständigen Zyklus zu durchlaufen, kann ein Wirt ausreichen, in anderen Fällen können ein oder mehrere zusätzliche Wirte erforderlich werden. Ist der Parasit zur sexuellen Fortpflanzung fähig *und* benötigt er mehrere Wirte für einen vollständigen Lebenszyklus, unterscheidet man folgende zwei Wirtstypen:

- Im *Endwirt* erfolgt die sexuelle Fortpflanzung. Daneben kann auch eine asexuelle Vermehrung oder Wachstum stattfinden.
- Im *Zwischenwirt* erfolgt nur eine asexuelle Vermehrung durch Zweiteilung oder die Umwandlung in eine für den Endwirt infektiöse Form.

Abhängig von dem jeweiligen Erreger kann der Mensch Endwirt, Zwischenwirt oder gleichzeitig End- und Zwischenwirt sein.

3.1.2 Lebenszyklen (Formen)

Die Lebenszyklen von Parasiten lassen sich nach der Anzahl der Wirte einteilen. Man kann unterscheiden:

- Zyklen, für die der Mensch als alleiniger Wirt hinreichend ist und
- Zyklen, für deren Komplettierung weitere Wirte erforderlich sind.

Bei letzteren kann der Bekämpfung der zusätzlichen Wirte eine wesentliche Bedeutung in der Prävention zukommen.

Mensch als alleiniger Wirt. Bei diesen Zyklen kann der Parasit in verschiedenen Formen in Erscheinung treten:

Der Erreger tritt nur in einer *vegetativen Form* auf. Eine Übertragung erfolgt durch direkten Kontakt von Mensch zu Mensch. Der Prototyp-Erreger ist Trichomonas vaginalis.

Der Erreger kommt in *zwei asexuellen Formen* vor: Einer vegetativen Form (z. B. Trophozoiten), die Krankheitserscheinungen hervorruft, und einer z. B. Zystenform. Diese kann ausgeschieden werden und dient der Übertragung auf einen neuen Wirt. Zur Erlangung der vollständigen Infektiosität kann eine extrakorporale Reifung notwendig sein; dauert diese Reifung nur kurz, ist eine Selbstinfektion des Wirts möglich. Diesen Zyklus durchläuft z. B. Entamoeba histolytica.

Der Parasit pflanzt sich im Menschen *sexuell* fort, produziert Larven oder Eier. In letzteren entwickeln sich Larven, die schließlich aus dem Ei schlüpfen. Zur Erlangung der vollständigen Infektiosität der Larve ist eine Reifung erforderlich. Diese kann noch im Menschen vervollständigt werden (Strongyloides → Autoinfektion) oder erfolgt in der Umwelt. Bei kurzer Reifungsperiode infiziert sich der Mensch an von ihm selbst ausgeschiedenen Eiern (z. B. Enterobius). Die Infektion erfolgt schließlich durch embryonierte Eier, die eine infektiöse Larve enthalten (Enterobius, Askariden, Trichuris) oder durch die infektiöse Larve selbst (Strongyloides).

Mensch als Wirt neben anderen. Hierbei entsteht im Menschen eine Parasitenform, die üblicherweise nicht auf andere Menschen übertragen werden kann. Die Infektion eines weiteren Menschen kann nur dann erfolgen, wenn ein zweiter Wirt diese Form aufnimmt und in diesem die Umwandlung in die für den Menschen infektiöse Form begonnen oder sogar abgeschlossen wird. In einigen Fällen kann eine „Nachreifung" in der Umwelt erforderlich sein. Protozoen, die nur asexuelle Formen ausbilden, sind Trypanosoma cruzi und Leishmanien, die infektiöse Form (metazyklisch-trypomastigot, promastigot) ist begeißelt, die virulente Form trägt keine Geißeln (amastigot).

Sexuelle Fortpflanzungsstadien werden von Toxoplasma gondii und Plasmodien gebildet (der Mensch ist dabei Zwischenwirt).

Würmer bilden im Endwirt Mensch Eier, aus diesen schlüpfen Larven, die den Zwischenwirt infizieren. In diesem entwickelt sich die Parasitenform (Larve), die wieder den Endwirt infiziert und dort zum geschlechtsreifen Wurm wird. Die typischen Helminthen dieses Vermehrungszyklus sind Taenien und Schistosomen.

Eine Besonderheit stellt der Echinokokkus dar: Eier aus dem Endwirt (Hund, Fuchs) werden aufgenommen, die sich im Zwischenwirt Mensch entwickelnden Larven in Leber oder Lunge verlassen diesen nicht selbständig – der Mensch ist normalerweise ein Blindwirt.

3.1.3 Protozoen

Bei der Zellteilung von Protozoen lassen sich die zwei folgenden Grundtypen unterscheiden.

Zweiteilung. Eine Mutterzelle teilt sich in zwei Tochterzellen. Unterschiedlich große Tochterzellen entstehen z. B. bei Mikrosporidien. Eine gleichmäßige Zweiteilung kann durch Längs-, Schräg- oder Querteilung erfolgen (Abb. 3.1). Letztere findet sich bei Ziliaten (Balantidium coli). Die Längsteilung wird von Flagellaten (z. B. Trypanosomen, Trichomonaden) und Sporozoen (bes. zystenbildenden Kokzidien, z. B. Toxoplasma gondii) vollzogen.

Mehrfachteilung. Finden zunächst mehrere Kernteilungen statt, bevor es zur Aufteilung des Zytoplasmas kommt, so entstehen gleichzeitig mehrere Tochterzellen (Abb. 3.2). Dies findet man z. B. bei Entamoeba histolytica und Plasmodien.

Gameten und Zygote. Einige Protozoen (z. B. Plasmodien, Toxoplasma gondii) sind auch zur sexuellen Fortpflanzung fähig. Hierzu werden männliche und weibliche Gameten gebildet, die durch vollständige Syngamie zu einer Zygote verschmelzen. Zu welchem Zeitpunkt dieses Prozesses diploide bzw. haploide Chromosomensätze vorliegen und wann Meiose stattfindet, ist weitgehend ungeklärt.

Einen ähnlichen Vorgang findet man bei Ziliaten: Es verschmelzen zwei gleich aussehende Individuen temporär und tauschen dabei einen wandernden Zellkern aus: Konjugation.

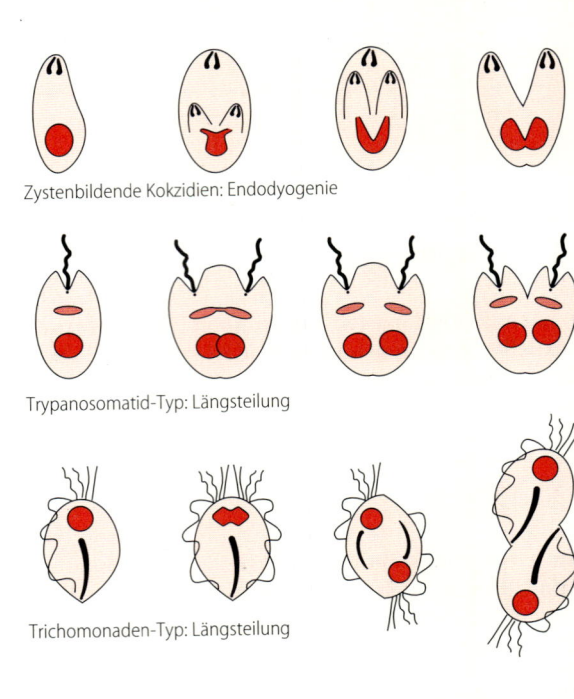

Zystenbildende Kokzidien: Endodyogenie

Trypanosomatid-Typ: Längsteilung

Trichomonaden-Typ: Längsteilung

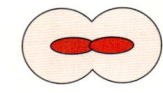

Amöben-Typ: Ohne feste Achse

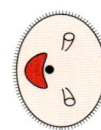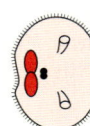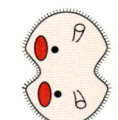

Ziliaten-Typ: Querteilung

Abb. 3.1. Zweiteilung von Protozoen

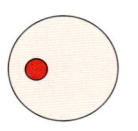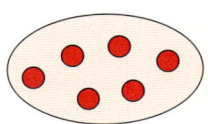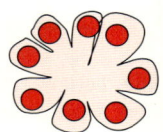

Amöbentyp: Trophozoitenbildung nach Exzystation

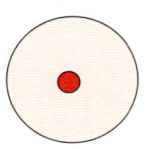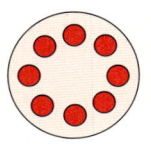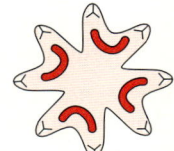

Schizogonie: Merozoitenbildung im Schizonten

Abb. 3.2. Mehrfachteilung von Protozoen

Tabelle 3.1. Entwicklungsstadien von Helminthen

Stadium	Nematoden	Trematoden	Cestoden			
Ei	Ei	Ei	Ei			
Larve	Larve L1	Mirazidium	Onkosphäre			
	Larve L2					
	Larve L3	Zerkarie[1]	Hydatide (mit Protoskolizes)	Prozerkoid	Zystizerkus	Zystizerkoid
	Larve L4			Plerozerkoid		
		Metazerkarie				
Wurm	Wurm	Wurm	Wurm			

[1] Zerkarien durchlaufen weitere Reifungsschritte zum Wurm, diese haben jedoch keine eigenen Namen

3.1.4 Metazoen

Sexuelle Fortpflanzung. Als mehrzellige Organismen besitzen Würmer einen differenzierten Sexualapparat. Es werden Ei- und Samenzellen gebildet. Ei- und Samenzelle verschmelzen zur Zygote. Diese entwickelt sich zum Ei, in dem sich eine Larve bildet. Die Larve schlüpft und entwickelt sich häufig über mehrere Stadien zum adulten, eierproduzierenden Wurm. Der prinzipielle Ablauf ist also: Wurm → Ei → Larve → Wurm.

Wurm und Ei werden jeweils als solche benannt, für die Larven gibt es, abhängig von Wurmart und Stadium, eine Vielzahl verschiedener Bezeichnungen (Tabelle 3.1).

Asexuelle Vermehrung. Eine asexuelle Vermehrung durch Sprossung findet bei Würmern nur ausnahmsweise statt, z. B. bei Echinokokken in den Metazestoden.

kretion von Enzymen in die Umgebung oder in einem Verdauungstrakt erfolgen.

Protozoen. Sie verwenden hauptsächlich Glukose zum Energiestoffwechsel und können ihre Proteinbiosynthese in ausreichendem Maße selbst durchführen. Zur De-novo-Purin-Nukleotid-Synthese sind sie jedoch nicht fähig und müssen diese Komponenten aus der Umgebung aufnehmen. Ebenso ist die De-novo-Lipid-Synthese stark eingeschränkt.

Metazoen. Sie nehmen Nährstoffe über die Körperoberfläche und, falls vorhanden, über den Verdauungstrakt auf, wobei aktiven Transportvorgängen eine Hauptrolle zukommt, während eine Endozytose nur ausnahmsweise eingesetzt wird. Hauptenergiequelle sind Kohlenhydrate, insbesondere Glukose. Purin- und Pyrimidinbasen werden aus der Umgebung aufgenommen. Die De-novo-Fett-Synthese ist erheblich eingeschränkt und erfordert daher die Aufnahme aus der Umwelt.

3.2 Stoffwechsel

3.2.1 Nährstoffbedarf

Parasiten sind auf die Zufuhr von Nährstoffen durch den Wirt angewiesen. Hierbei müssen sie sich im Laufe ihres Zyklus verschiedenen äußeren Bedingungen anpassen.

Die Aufnahme von Nährstoffen erfolgt durch Diffusion, aktiven Transport oder Endozytose. Vor der Aufnahme kann eine Verdauung von Makromolekülen erforderlich sein; dies kann durch Se-

3.2.2 Stoffwechselleistungen

Energiegewinnung. Parasiten sind zur aeroben und anaeroben Energiegewinnung befähigt; einige Parasiten können jedoch nicht alle Optionen einsetzen. Die Möglichkeiten werden je nach Stadium und äußeren Bedingungen genutzt.

Viele Protozoen bevorzugen den fermentativen Glukoseabbau, einige Formen verfügen jedoch auch über eine Atmungskette.

Adulte Helminthen besitzen vorwiegend eine anaerobe Kohlenhydratverwertung, während Larven Zucker in der Regel aerob verstoffwechseln.

Nukleotid-Synthese. Alle Parasiten sind unfähig, Purin-Nukleotide zu synthetisieren. Die Fähigkeit zur Pyrimidin-Synthese ist unterschiedlich ausgebildet: Während Lamblien und Trichomonaden diese Eigenschaft fehlt, sind Entamöben, Plasmodien, Toxoplasmen und die meisten Helminthen dazu in der Lage.

Proteinbiosynthese. Parasiten besitzen alle notwendigen Voraussetzungen für ihre eigene Proteinbiosynthese. Sie findet im wesentlichen in gleicher Weise statt wie in anderen Eukaryonten.

Fettstoffwechsel. Bei Parasiten sind der anabole und der katabole Fettstoffwechsel substantiell limitiert, insbesondere fehlt die Fähigkeit zur Synthese langkettiger Fettsäuren.

Spezielle Parasitologie

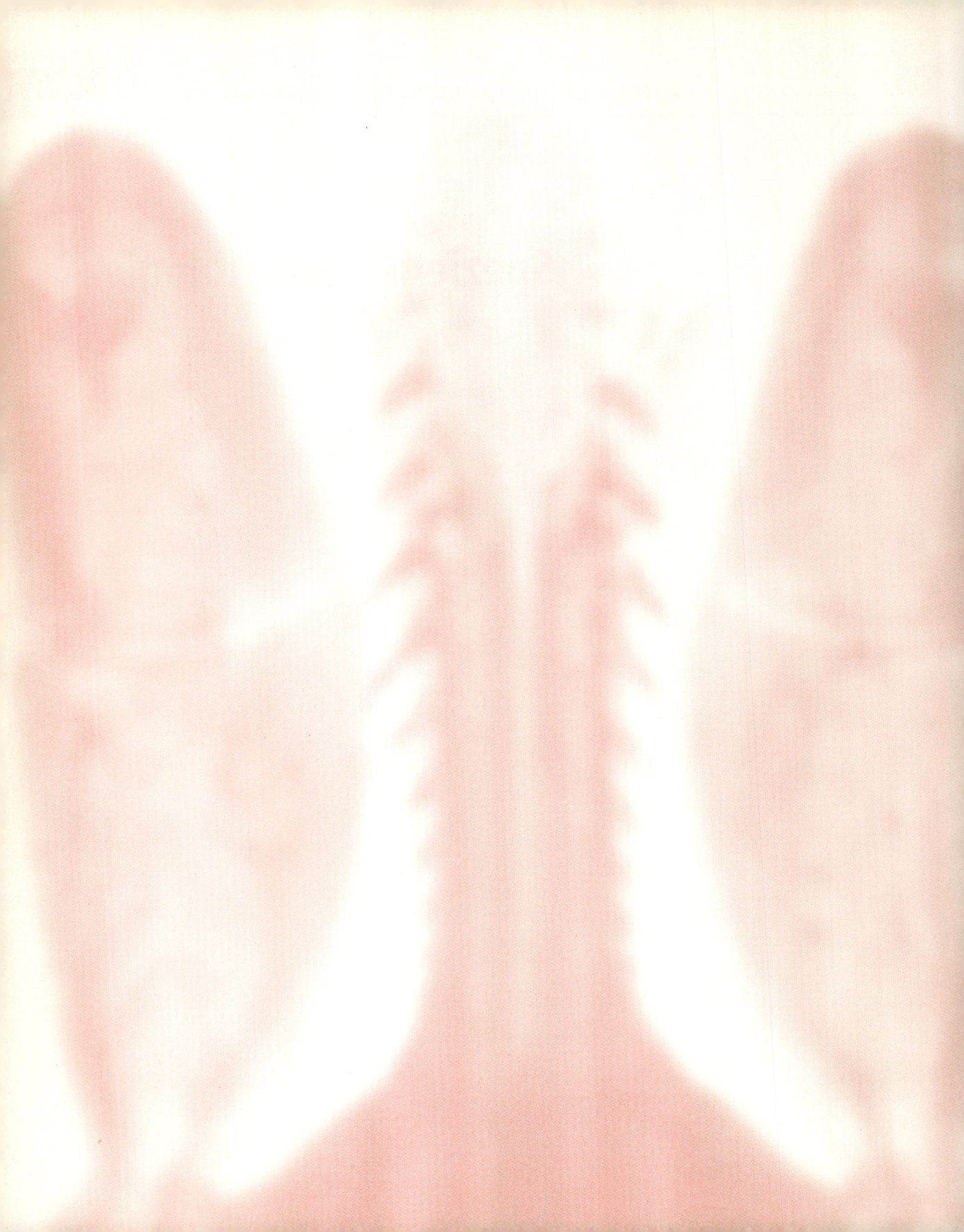

1.1 Trypanosomen

R. Ignatius, K. Janitschke

STECKBRIEF

Trypanosomen sind Protozoen, die je nach Art und Stadium im Menschen begeißelt und/oder unbegeißelt vorkommen. Diese Parasiten werden durch Insekten übertragen.

Im System der Protozoa gehören die Trypanosomen zur Überklasse der Flagellata. Trypanosoma (T.) brucei gambiense und T. brucei rhodesiense sind die Erreger der Schlafkrankheit in Afrika. Sie wurden 1901 entdeckt, der Entwicklungszyklus der Tsetsefliege wurde durch Kleine (Mitarbeiter Robert Kochs) beschrieben. T. cruzi verursacht die Chagaskrankheit in Mittel- und Südamerika. Der Erreger wurde 1907 von Carlos Chagas in Raubwanzen, später auch im Blut von Kindern nachgewiesen.

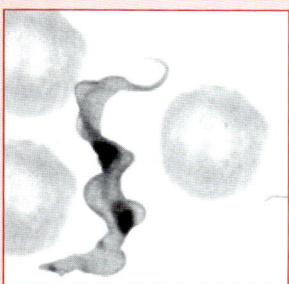

Trypanosomen
im Blut,
T. brucei wurde 1895 von
Sir David Bruce, T. cruzi
1907 von Carlos Chagas
entdeckt

1.1.1 Beschreibung

Morphologie und Aufbau

Die im strömenden Blut auftretenden Formen der Trypanosomen (*trypomastigote Form*) sind 16–35 µm lang und weisen einen mittelständigen Kern und einen endständigen Kinetoplast auf. Aus dem mit diesem assoziierten Basalkörper entspringt eine Geißel, die zunächst mit der Zelloberfläche über Mikrotubuli verbunden ist (als Häutchen, sog. undulierende Membran erscheinend) und dann als freie Geißel das Vorderende überragt. Bei T. cruzi gibt es daneben eine unbegeißelt erscheinende, rundliche Form im Gewebe, bei der lichtmikroskopisch Kern und Kinetoplast nachweisbar

sind (die rudimentäre Geißel tritt kaum aus). Diese wird als *amastigote Form* bezeichnet.

Entwicklung

T. brucei gambiense und T. brucei rhodesiense. Die Erreger der Schlafkrankheit werden mit dem Speichel von Tsetse-Fliegen als trypomastigote Formen (metazyklische Stadien) beim Blutsaugen auf den Menschen übertragen bzw. von den Fliegen aufgenommen. In ihnen wandern die Erreger dann vom Darm in die Speicheldrüse, vermehren sich dabei durch Zweiteilung und wandeln sich über die epimastigote in die infektiöse (metazyklische) trypomastigote Form um.

T. cruzi. Der Erreger der Chagaskrankheit wird durch den Kot blutsaugender nachtaktiver Raubwanzen auf den Menschen übertragen. Beim Blutsaugen scheiden die Wanzen Kot aus, und die darin enthaltenen Erreger (metazyklische Stadien) werden vom Menschen über den Stichkanal, durch Mikroläsionen oder Schleimhäute (besonders Konjunktiven) eingerieben. Sie halten sich als begeißelte (trypomastigote) Form in der Blutbahn auf, im Gewebe erfolgen die Umwandlung in die intrazelluläre amastigote geißellose Form und die Vermehrung durch Zweiteilung.

Resistenz gegen äußere Einflüsse

Außerhalb von Wirt und Vektor kommt T. brucei nicht vor. T. cruzi wird auch nur unmittelbar im Zusammenhang mit der vektoriellen Blutmahlzeit übertragen, so daß anzunehmen ist, daß der Erreger im Wanzenkot nicht lange infektiös bleibt.

Vorkommen

T. brucei gambiense kommt in Zentral- und Westafrika vor, als Hauptreservoir gilt der Mensch. Als Nebenwirte fungieren verschiedene Säugetiere (Schwein, Hund). T. brucei rhodesiense tritt in Ostafrika auf, Wildtiere sind dort hauptsächliche Wirte.

XII

T. cruzi kommt in Mittel- und Südamerika vor, Reservoire für die Erreger sind Menschen sowie Haus- und Wildtiere, wobei die nachtaktiven Raubwanzen (Panstrongylus, Triatoma, Rhodnius) als wechselseitige Überträger fungieren.

1.1.2 Rolle als Krankheitserreger

Epidemiologie

In den Endemiegebieten liegt die Durchseuchung mit T.-brucei-Unterarten bei 0,1–2%, sie kann bei Ausbrüchen auf über 80% ansteigen. Die Inzidenz wird auf 25 000 Fälle geschätzt.

Die Chagaskrankheit gilt in Mittel- und Südamerika als Volkskrankheit. Man schätzt die Zahl der Infizierten auf bis zu 18 Mio Menschen, die Inzidenz beträgt etwa 1 Mio; 1996 meldete die WHO 45 000 Todesfälle.

Übertragung

Beide T.-brucei-Unterarten werden vektoriell, durch den Stich männlicher und weiblicher tagaktiver Tsetsefliegen (Glossina), übertragen.

T. cruzi wird vektoriell bei der Blutmahlzeit der Raubwanzen übertragen, indem diese erregerhaltigen Kot absetzen, der in die Haut oder Schleimhaut eingerieben wird. Infektionen durch erregerhaltige Blutkonserven und pränatale Infektionen sind möglich; Laborinfektionen wurden häufiger beschrieben und sind wegen der Virulenz des Erregers und der schlechten Therapierbarkeit der Erkrankung gefürchtet.

Pathogenese

Schlafkrankheit. Pathologische Veränderungen im Rahmen der Schlafkrankheit betreffen das hämolymphatische und Immunsystem und Entzündungsreaktionen in verschiedenen Organen (z. B. Myokard, ZNS). Diese sind durch perivaskuläre Infiltrate aus Monozyten, Lymphozyten und Plasmazellen gekennzeichnet (Abb. 1.1). Pathognomonisch ist darin der Nachweis besonders großer Plasmazellen, sog. Mottscher Zellen. Die oft bestehende Anämie und Thrombozytopenie sind wahrscheinlich auf vermehrten Abbau und verminderte Neubildung der betroffenen Zellen zurückzuführen. Die Immunantworten auf die immer wie-

der wechselnden Erregervarianten führen zur ausgeprägten B-Zellproliferation und Bildung von unspezifischem IgM durch Mitogene. Daneben sind die Proliferation von T-Zellen und die Fähigkeit von Makrophagen, Antigen an T-Zellen zu präsentieren, supprimiert. Es existieren Hinweise, daß von den Parasiten sezernierte Moleküle direkt mit dem Immunsystem interagieren und dadurch sowohl zur Immunsuppression beitragen als auch das Überleben der Trypanosomen begünstigen. Die generalisierte Immunsuppression ist Grundlage der häufig auftretenden Sekundärinfektionen. Die entzündlichen ZNS-Veränderungen, wiederum durch perivaskuläre Infiltrate gekennzeichnet und hervorgerufen durch das Eindringen der Erreger, gehen einher mit einer Störung der Blut-Hirn-Schranke. Die Ablagerung von Immunkomplexen mit Aktivierung von Komplement mag ebenfalls zur Gewebeschädigung beitragen. Auch ZNS-spezifische Autoantikörper können im Serum von Patienten nachweisbar sein. Im Spätstadium wird eine Aktivierung der Astrozyten beobachtet, die durch die Sekretion von schlafregulierenden Substanzen möglicherweise direkt das klinische Bild beeinflussen. Eine akute, oft tödlich verlaufende Myokarditis mit Ausbreitung auf alle Herzwand-

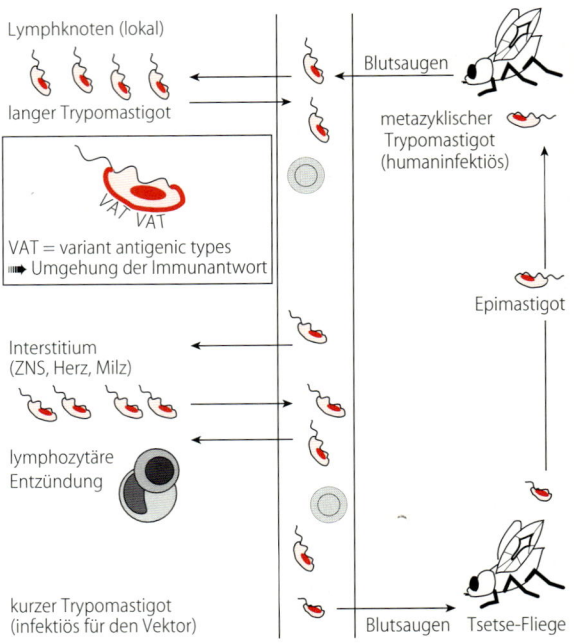

Abb. 1.1. Pathogenese der Schlafkrankheit (T. brucei)

XII

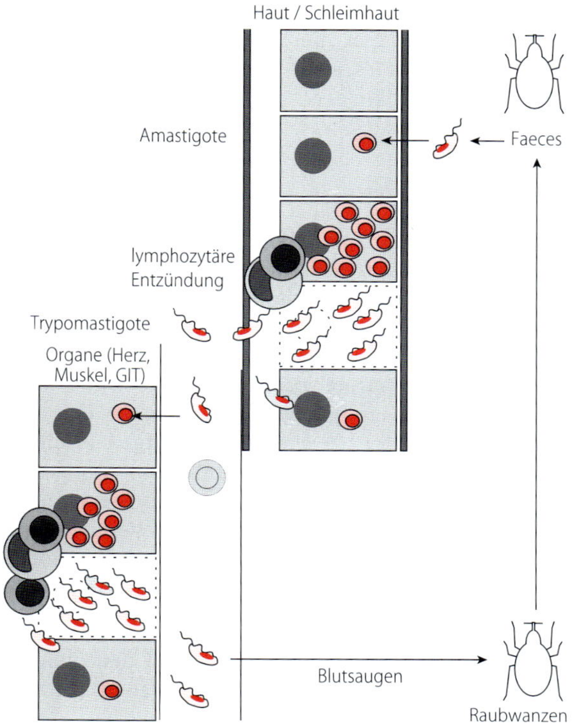

Abb. 1.2. Pathogenese der Chagaskrankheit (Trypanosoma cruzi)

Haut / Schleimhaut

Amastigote

lymphozytäre
Entzündung

Trypomastigote

Organe (Herz,
Muskel, GIT)

Faeces

Blutsaugen

Raubwanzen

Schlafkrankheit. Bei der Schlafkrankheit entsteht nach einer Inkubationszeit von normalerweise 2–3 Wochen zunächst an der Stichstelle eine lokale, relativ schmerzlose, ödematöse Schwellung (Trypanosomen-Schanker) in Verbindung mit einer regionären Lymphknotenschwellung. Nach 2–4 Wochen kommt es in der Phase der Generalisation (febril-glanduläre Phase) zu Fieber, Splenomegalie, Lymphadenitis, Erythembildung, Ödemen, Hyperästhesie und Tachykardie. Die westafrikanische Form (T. brucei gambiense) geht häufig mit einer Schwellung der nuchalen Lymphknoten (Winterbottomsches Zeichen) einher. Die meningo-enzephalitische Phase, die sich bei der ostafrikanischen Form (T. brucei rhodesiense) nach einigen Wochen bis Monaten, bei der westafrikanischen erst nach mehreren Monaten bis einigen Jahren einstellt, ist durch starkes Schlafbedürfnis, aber auch Schlaflosigkeit, Umkehr des Schlaf-Wach-Rhythmus und allgemeine Schwäche gekennzeichnet; sie endet ohne Behandlung mit dem Tod. Ein akuter, tödlicher Verlauf durch Myokarditis ohne das Auftreten einer chronischen Meningitis kommt bei der ostafrikanischen Form vor.

schichten kommt bei der Infektion mit T. brucei rhodesiense vor.

Chagaskrankheit. Bei der Chagaskrankheit kommt es zunächst zur Vermehrung der Erreger in Pseudozysten im Muskelgewebe (besonders Herz) ohne zelluläre Infiltration. Erst im weiteren Verlauf entstehen massive Entzündungsreaktionen mit Beteiligung von Monozyten und Lymphozyten und einer anschließenden Nekrose des Gewebes. Im chronischen Stadium stehen chronische Myokarditis, Kardiomyopathie und Aneurysmabildung und Megabildungen im Gastrointestinaltrakt (besonders Ösophagus und Kolon) im Mittelpunkt. Sie sind durch degenerative Veränderungen der autonomen Nervenzellen in den entsprechenden Ganglien gekennzeichnet; T-Zell-vermittelte Autoimmunreaktionen sind möglicherweise daran beteiligt (Abb. 1.2).

Chagaskrankheit. Die Chagaskrankheit beginnt ebenfalls mit einer lokalen Hautreaktion und Anschwellung der regionalen Lymphknoten. Wenn die Region eines Auges betroffen ist (transkonjunktivale Infektion), führt dieses zur unilateralen Augenlidschwellung mit Konjunktivitis (Romaña-Zeichen). Nach 2–4 Wochen kommt es zur Generalisation mit Fieber, Exanthem, Lymphadenitis und Hepatosplenomegalie. Tachykardie und EKG-Veränderungen sind Ausdruck einer Myokarditis. Die Infektion kann zum Tode führen, es kann zur Spontanheilung kommen, oder sie geht nach einer symptomlosen Latenzzeit in das chronische Stadium über. Die chronische Myokarditis führt zur Myokardinsuffizienz mit Stauungszeichen, Embolien oder zur Aneurysmabildung mit der Gefahr der Myokardruptur und Herzbeuteltamponade. Megabildungen des Herzens (Kardiomyopathie), des Ösophagus, Magens oder Kolons mit entsprechenden Störungen treten regional mit unterschiedlicher Häufigkeit auf und sind Folge der degenerativen Veränderungen des entsprechenden autonomen Nervensystems.

XII

Immunität

Schlafkrankheit. An der Abwehr von T. brucei sind neben einem trypanoziden Serumfaktor Antikörper maßgeblich beteiligt. Es kann sich dadurch eine Teilimmunität ausbilden, die jedoch durch neue Erregervarianten durchbrochen werden kann. Diese beruhen auf Änderungen der Glykocalix, eines schützenden Außenmantels von T. brucei, der sich noch vor Übertragung auf den Menschen in der Tsetsefliege ausbildet. Einzelne Polypeptidketten der Glykocalix sind in hohem Grade variabel. Das beruht auf der Anzahl von Strukturgenen und Rekombinationsmöglichkeiten von Teilstücken derselben. Dadurch entstehen neue Epitopmuster. Während die Erreger mit einem nicht veränderten Muster abgetötet werden, wenn der Wirt dagegen Antikörper gebildet hat, führen diejenigen mit neuen Oberflächenantigenen durch Zweiteilung zu einem erneuten Ansteigen der Parasitämie. Diese zyklischen Variations- und Lysisvorgänge wiederholen sich. Das bedeutet jedoch auch, daß die Entwicklung eines Impfstoffes, der eine protektive Immunantwort induziert, die also gegen alle Erregervarianten gerichtet ist, in nächster Zukunft als aussichtslos erscheinen muß.

Chagaskrankheit. Bei der Chagaskrankheit hingegen schränken die durch den Erreger induzierten Autoimmunmechanismen, die wohl wesentlich an der Pathogenese des chronischen Stadiums beteiligt sind, die Möglichkeit der Impfstoffentwicklung ein. Die Abwehr von T. cruzi wird sowohl von humoralen (antikörperabhängige zellvermittelte Zytotoxizität, ADCC) wie auch zellvermittelten Mechanismen (T-Zellen, aktivierte Makrophagen) getragen.

Labordiagnose

Es werden möglichst während der Fieberphase Blutausstriche und Dicke Tropfen (ggf. nach Anreicherung) angefertigt und nach Giemsa gefärbt. Die Erreger sind im Blut zwischen den Zellen zu finden. Bei der Schlafkrankheit können die Protozoen auch in Ausstrichen aus dem Schanker, von Liquor, Lymphknoten und Knochenmark nachgewiesen werden. Blutausstriche und Dicke Tropfen werden in der akuten Chagaskankheit untersucht. Bei der chronischen Erkrankung läßt man trypanosomenfreie Raubwanzen ungerinnbar gemachtes Patientenblut saugen (Xenodiagnose). Der Kot der

Wanzen wird 1–2 Wochen später auf Trypanosomen untersucht. Für die Labordiagnose beider Erkrankungen gibt es auch Verfahren zum Nachweis spezifischer Antikörper im Serum (IF, EIA, HA).

Therapie

Schlafkrankheit. Im frühen Stadium der Schlafkrankheit wird mit Suramin (z. B. Germanin/Bayer 205) oder Pentamidin behandelt, für die meningoenzephalitische Phase stehen Eflornithin (Difluoromethylornithin, DFMO) oder Melarsoprol- und Nitrofurazonpräparate zur Verfügung. Der Erfolg hängt von der möglichst frühzeitigen Therapie und den, besonders bei den arsenhaltigen Präparaten (Melarsoprol u. ä.) beträchtlichen Nebenwirkungen ab. Eine nach Behandlung mit Melarsoprol auftretende Enzephalopathie, wahrscheinlich auf überlebende, sich nun vermehrende und dadurch eine massive Entzündungsreaktion hervorrufende Parasiten zurückzuführen, kann tödlich verlaufen.

Chagaskrankheit. Das akute Stadium der Chagaskrankheit kann mit den relativ toxischen Nifurtimox oder Benznidazol behandelt werden, deren Wirkung in der chronischen Phase weitaus geringer ist. Über einen positiven Effekt auf die Therapie des akuten Stadiums durch die zusätzliche Gabe von rekombinantem Interferon-γ wurde berichtet.

Prävention

Schlafkrankheit. Die Prävention der Schlafkrankheit stützt sich auf die Abwehr und die Ausrottung der tagaktiven Tsetsefliege. In besonderen Fällen ist eine Chemoprophylaxe mit Pentamidin bei T. brucei gambiense möglich, bei T. brucei rhodesiense erfolgt sie wegen der schwächeren Wirkung des Pentamidins auf diesen Erreger mit Suramin.

Chagaskrankheit. Da sich die T. cruzi übertragenden Raubwanzen tagsüber in Wandspalten aufhalten, bestehen Möglichkeiten zur Eindämmung der Verbreitung der Chagaskrankheit im Ausssprühen der Wohnhäuser mit Insektiziden oder besser durch die Verbesserung der sozialen Verhältnisse, z. B. die Schaffung von Wohnraum ohne Wandspalten. Blutkonserven in Endemiegebieten sollten wegen der Gefahr der Kontamination routinemäßig auf spezifische Antikörper untersucht werden.

XII

XII

1.2 Leishmanien

R. IGNATIUS, K. JANITSCHKE

STECKBRIEF

Leishmanien sind fakultativ intrazelluläre Protozoen, die nur in den übertragenden Insekten begeißelt, im Menschen unbegeißelt vorkommen. Die Infektion manifestiert sich je nach Art des Erregers entweder als Erkrankung des mononukleär-phagozytären Systems (MPS), der Haut oder von Haut und Schleimhaut. Leishman und Donovan entdeckten die Erreger 1903 unabhängig voneinander in Milzpunktaten. Beschreibungen von Krankheiten, die durch Leishmanien verursacht gewesen sein könnten, sind jedoch z. T. Jahrhunderte alt.

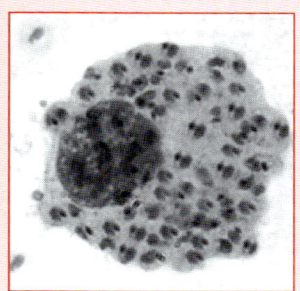

Leishmanien
Amastigot in Makrophagen, entdeckt 1903 von Sir William Boog Leishman und Charles Donovan

1.2.1 Beschreibung

Innerhalb des Systems der Protozoa gehören die Leishmanien zur Überklasse Flagellata. Die taxonomische Zuordnung erweist sich als außerordentlich schwierig, da insbesondere klinisch fließende Übergänge bestehen. Durch molekularbiologische Studien (DNS-Analyse) ist künftig eine fundierte Einteilung zu erwarten. Folgende Gliederung erscheint hier als ausreichend:

- Leishmania (L.) donovani, L. infantum, L. tropica, L. major, L. aethiopica (in der Alten Welt) und
- L.-braziliensis-Komplex, L.-mexicana-Komplex, L. chagasi (in der Neuen Welt).

Morphologie und Aufbau

Im Überträger (Sandmücken der Gattungen Phlebotomus und Lutzomyia) und in Kulturmedien sind die Protozoen 10–20 µm lang, schlank und begeißelt (***promastigote Form***). Im Menschen geht der Erreger in das intrazelluläre Stadium der Leishmanien mit lichtmikroskopisch nicht sichtbarer, rudimentärer Geißelanlage (***amastigote Form***) über.

Entwicklung

Die Entwicklung ist in Abb. 1.3 dargestellt und beschrieben.

Während der Blutmahlzeit nehmen die Phlebotomen Leukozyten mit den amastigoten Stadien der Erreger auf. Die Parasiten durchlaufen dann in begeißelter, promastigoter Form einen Entwicklungszyklus und gelangen in die Mundwerkzeuge der Mücken. Die Leishmanien können dann bei weiteren Stichen wieder auf Menschen übertragen werden. Sofort nach der Inokulierung phagozytieren Makrophagen und Monozyten die übertragenen Parasiten, die sich dabei in die amastigote Form umwandeln. Die Parasiten vermehren sich intrazellulär durch Zweiteilung.

Resistenz gegen äußere Einflüsse

Unter natürlichen Bedingungen kommen Leishmanien nicht außerhalb von Wirt oder Vektor vor. Im Labor können sie unter bestimmten Bedingungen angezüchtet werden.

Vorkommen

Das Auftreten der Leishmaniosen in den Tropen und Subtropen ist an das Vorkommen der Phlebotomen gebunden, die u. a. in primitiv gebauten Häusern und Ställen leben, wo es Vegetation und faulendes organisches Material gibt.

Die Leishmania-Arten der Alten Welt sind in Europa, Afrika und Asien bis nach China verbreitet. Das Verbreitungsgebiet in Südeuropa erstreckt sich vom Mittelmeergebiet nordwärts bis zum Südrand der Alpen. Während einige Leishmania-Arten (L. donovani, L. tropica) ausschließlich den Menschen befallen, dienen andere verschiedene Säugetiere als Erregerreservoire; so v. a. Hunde für L. infantum und L. chagasi, Nagetiere für L. major und L. mexicana und Klippschliefer für L. aethiopica.

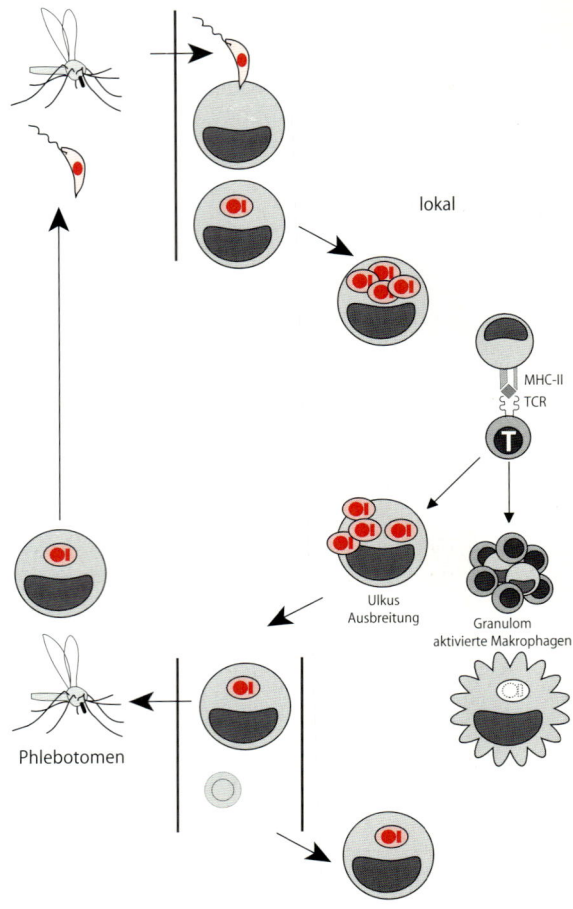

Abb. 1.3. Pathogenese der Leishmaniose

Phlebotomen (Sandmücken) übertragen den Erreger in der promastigoten, begeißelten Form. Im Menschen dringt der Erreger in Makrophagen ein und wandelt sich in die amastigote Form um, die sich intrazellulär durch Zweiteilung vermehrt. Dies findet bei der Haut- bzw. Haut-/Schleimhaut-Leishmaniose im Bereich der Eintrittsstelle, bei der viszeralen Leishmaniose im lokalen Lymphknoten statt. Dringt der Erreger bei letzterer Form in die Blutbahn, wird er hämatogen in Makrophagen an andere Stellen des MPS (Leber, Milz, Knochenmark) verbreitet und vermehrt sich dort ebenfalls. Als intrazelluläre Erreger induzieren Leishmanien eine granulomatöse Entzündungsreaktion, die mit der antigenspezifischen Interaktion von T-Zellen und antigenpräsentierenden Zellen beginnt. In deren Folge entstehen die Krankheitserscheinungen wie Fieber (Freisetzung von IL-1 und TNF-α) und Ulzerationen (Entzündungsreaktion). Bei der nächsten Blutmahlzeit nimmt die Sandmücke infizierte Makrophagen auf, bei der Wanderung vom Darm in die Speicheldrüsen der Mücke wandelt sich die amastigote Form wieder in die infektiöse promastigote Form um und kann damit bei der nächsten Blutmahlzeit wieder übertragen werden

XII

1.2.2 Rolle als Krankheitserreger

Epidemiologie

Es wird mit etwa 12 Mio Infizierten gerechnet; nach WHO-Schätzung beträgt die jährliche Zahl von Neuerkrankungen etwa 2 Mio Fälle.

Übertragung

Die Übertragung erfolgt vektoriell durch den Stich der Sandmücke. Sehr selten wurden Übertragungen durch Bluttransfusion oder Geschlechtsverkehr beschrieben.

Pathogenese

Diese ist generell für Leishmanien ebenfalls in der Abb. 1.3 dargestellt.

Viszerale Leishmaniose (L. donovani, L. infantum, L. chagasi). Zunächst vermehren sich die Parasiten in der Haut und im regionalen Lymphknoten. Belastende Faktoren, wie z.B. zusätzliche Infektionen oder Eiweißmangel, scheinen die Generalisation zu begünstigen. Sie beginnt mit dem Einbruch der Erreger in die Blutbahn. Die weitere Vermehrung erfolgt in den Zellen des MPS (Milz, Leber, Knochenmark, Lymphknoten). Es folgt eine weitgehende Abtötung der Erreger durch die einsetzende zellvermittelte Immunantwort, verbunden mit der Induktion einer granulomatösen Entzündungsreaktion, oder bei unzureichender Immunreaktion eine ungehinderte Vermehrung der Parasiten in den betroffenen Organen ohne zelluläre Reaktion. Hieraus resultieren die typischen Organvergrößerungen, insbesondere von Leber und Milz (Hepatosplenomegalie). Im weiteren Verlauf kommt es zur Panzytopenie durch Hypersplenismus und Knochenmarksuppression und unspezifischer B-Zellstimulation mit polyklonaler IgG-Erhöhung. Die entstehende Immunsuppression prädisponiert für bakterielle Sekundärinfektionen. Im Anschluß an eine viszerale Leishmaniose können erregerbedingte, fleckige oder knotige Hautveränderungen (Post-Kala-Azar-Leishmanoid) auftreten.

Kutane Leishmaniose (L. tropica, L. major, L. aethiopica, L.-mexicana-Komplex). An der Stichstelle entsteht eine papulöse Entzündung, die häufig ulzeriert mit der Bildung trockener oder feuchter, bis in die Subkutis reichender Geschwüre. Diese können verkrustet sein und sind von einem erhabenen rötlichen Rand umgeben, in dem sich infizierte und nichtinfizierte Makrophagen, Lymphozyten und Plasmazellen finden. Die verschiedenen klinischen und histologischen Bilder, von einem anergen Verlauf, ohne zelluläre Infiltration und ohne Ulzeration bis zur hyperergen Reaktion mit ausgeprägter granulomatöser Entzündung und Langerhans-Riesenzellen reichend, werden vom Erreger und der Immunreaktion des Patienten bestimmt.

Mukokutane Leishmaniose (L.-braziliensis-Komplex). In Abhängigkeit von der Art des Parasiten und der Immunantwort des Patienten verläuft die Infektion einerseits als selbstheilende Hautleishmaniose mit ausgedehnter Geschwür- und Narbenbildung, hingegen können auch Monate bis Jahre nach Abheilung der oft multiplen Primärläsionen Spätrezidive an den Schleimhäuten (Nase, Mund, Rachen) auftreten. Sie sind durch ausgeprägte Infiltration von mononukleären Zellen, geringe Parasitendichte und fortschreitende Gewebedestruktion gekennzeichnet.

Klinik

Viszerale Leishmaniose (Kala Azar). Während die Mehrzahl der Fälle subklinisch verläuft, tritt bei einem Teil der Infektionen nach einer Inkubationszeit von mehreren Wochen bis Monaten zunächst remittierendes Fieber auf, später sind es unregelmäßige Fieberperioden. Es kommt zu Milz-, Leber- und Lymphknotenschwellung und Panzytopenie (Leukopenie, Anämie, Thrombopenie). Ikterus, Aszites- oder Ödembildung und Kachexie sowie dunkle Pigmentierung der Haut (Kala Azar) sind weitere Zeichen der Erkrankung. Hinzu können Komplikationen in Form von Bronchopneumonien und Hämorrhagien kommen. Unbehandelt tritt der Tod nach eineinhalb bis zwei Jahren ein. Akute Manifestationen und Reaktivierungen subklinischer Infektionen werden bei Patienten mit Immunsuppression (z.B. AIDS) beobachtet.

Kutane Leishmaniose (u.a. Orientbeule, Chiclero-Ulkus). Einige Wochen bis Monate nach dem Stich entsteht eine Papel, aus der sich ein Ulkus entwickelt. Die Prozesse finden sich meistens an den nicht bedeckten Körperstellen und heilen nach etwa einem Jahr unter Narbenbildung ab. Mitunter kann es zu einem Rezidiv kommen. Je nach Art des Erregers und der Immunantwort des Patienten können das klinische Bild und der Verlauf erheblich variieren. Grundsätzliche Ausnahmen von diesem Verlauf stellen die chronischen, knorpeldestruierenden Infektionen beim Befall des Ohrs durch L. mexicana (Chiclero-Ulkus) und die bei L. mexicana und L. aethiopica geographisch anteilmäßig unterschiedlich auftretenden disseminierenden Infektionen (diffuse kutane Leishmaniose) dar.

Mukokutane Leishmaniose (Espundia). Inkubationszeit und Lokalisation entsprechen denen der kutanen Leishmaniose, jedoch werden häufiger multiple Läsionen gefunden. Auch können die regionären Lymphknoten mitbeteiligt sein. Nach der Selbstheilung der kutanen Läsionen kann es nach etwa zwei Jahren, ausgehend vom Befall der Nase und des Nasenseptums, zu Ulzerationen (typischerweise Zerstörung des Nasenseptums) und Bildung von Granulationsgewebe mit infiltrativer Ausdehnung und polypösen Schleimhautwucherungen kommen. Oropharynx und Larynx können mitbeteiligt sein. Das klinische Bild kann durch erhebliche Verstümmelungen (Tapirnase) bis zur vollkommenen Zerstörung des Gesichts geprägt sein. Todesursachen sind Sekundärinfektionen (z. B. Aspirationspneumonie), Kachexie oder Erstickung bei Pharynxbefall sowie sekundär Suizid.

In seltenen Fällen kann es auch im Rahmen einer viszeralen Leishmaniose, sowohl während der akuten Infektion als auch als Post-Kala-Azar-Leishmanoid, zu mukosalen Läsionen, häufiger oro-pharyngeal, kommen. Im Gegensatz zur Espundia ist das Nasenseptum jedoch in der Regel nicht zerstört, und die Infektion reagiert gut auf eine Antimontherapie.

Immunität

Die Ausbildung der vielen unterschiedlichen, z. T. ineinander übergehenden Verlaufsformen der Leishmaniosen ist sowohl vom Parasiten als auch von der individuellen Immunantwort des Wirtes abhängig. Im Rahmen der viszeralen Leishmaniose tritt eine unspezifische Immunsuppression auf. Der Leishmanin-, aber auch der Tuberkulin-Hauttest ist bei diesen Patienten negativ, Serumantikörper sind nachweisbar. Eine gleichzeitige unspezifische B-Zellstimulation führt zu einer polyklonalen IgG-Vermehrung. Nach erfolgreicher Therapie wird der Leishmanintest positiv, und es besteht ebenso eine lebenslange Immunität wie bei Patienten mit inapparenter Infektion und positivem Hauttest. Wesentliche Mediatoren dieser Immunität sind durch Interferon-γ, das von spezifischen T-Lymphozyten sezerniert wird, aktivierte Makrophagen. Kommt es jedoch zu einer Suppression dieser T-Zell-vermittelten Immunmechanismen (z. B. HIV-Infektion, Kortikosteroidgabe), kann eine inapparente Leishmaniose aktiviert werden. Bei der kutanen Leishmaniose werden neben der normalen Verlaufsform mit zellulär vermittelter Immunantwort, die zur Heilung der Läsionen führt, auch anerge Verläufe mit massiver Vermehrung der Protozoen und geringem oder fehlendem Infiltrat beobachtet. Auch hypererge Verläufe können auftreten. Nach Abheilung der Läsionen besteht in der Regel eine lebenslange Immunität mit positiver DTH-Reaktion. Die immunpathologischen, möglicherweise hyperergen Immunreaktionen, die bei den Spätrezidiven der mukokutanen Form zu den ausgedehnten Schleimhautläsionen führen, sind bislang, auch wegen des Fehlens eines geeigneten Tiermodells, nur unzureichend bekannt.

Labordiagnose

Bei der viszeralen Leishmaniose werden Punktate von Knochenmark, Milz, Leber oder Lymphknoten entnommen, ausgestrichen und nach Giemsa gefärbt oder histologisch aufgearbeitet. Bei Patienten mit Geschwüren der Haut oder der Schleimhaut wird Material vom Rand der Prozesse gewonnen, ausgestrichen und ebenfalls nach Giemsa gefärbt. Die Parasiten sind intrazellulär in myelomonozytären Zellen zu finden, extrazellulär können sie bei Ausstrichpräparaten liegen (Zellen beim Ausstreichen geplatzt). Außerdem kann eine Kultur in Kaninchenblutschrägagar (NNN) angelegt und bei 25–28 °C bebrütet werden. Über 3–4 Wochen ist im flüssigen Überstand des Agars im Nativpräparat oder mit Giemsafärbung nach den promastigoten (begeißelten) Formen zu suchen. Die Erreger der Leishmaniosen der „Neuen Welt" vermehren sich in Kultur oft nur mäßig, so daß auch Tierversuche für die Diagnosestellung notwendig sein können. Der Erregernachweis und die Differenzierung von Stämmen sind durch Isoenzym-Bestimmungen sowie Gensonden und die Polymerase-Kettenreaktion möglich. Eine morphologische Differenzierung der Leishmania-Arten ist nicht möglich.

Bei Verdacht auf viszerale Leishmaniose kann auch auf Serumantikörper untersucht werden (IF, EIA, HA).

Der Hauttest der verzögerten Allergie gegen Leishmanienantigen (Leishmanin-Reaktion) wird insbesondere bei epidemiologischen Fragestellungen eingesetzt.

Therapie

Bei der viszeralen Leishmaniose werden systemisch fünfwertige Antimonpräparate (Pentostam, Glucantime) und, bei Resistenz dagegen, aromatische Diamidine (Pentamidin, Lomidin) oder Amphotericin B angewendet. Daneben kommen Ketokonazol, Allopurinol und Interferon-γ zum Einsatz. Bei der kutanen Leishmaniose können Antimonpräparate oder Interferon-γ lokal injiziert werden. I.a. heilen die Läsionen aber auch spontan ab. Ausgedehntere Prozesse bedürfen einer systemischen Antimon- oder Diamidintherapie. Kleinere Läsionen können auch operativ entfernt werden. Die Therapie der mukokutanen Leishmaniose kann durch parenterale Applikation von Antimonpräparaten versucht werden. Da diese Form jedoch, insbesondere im fortgeschritteneren Stadium, häufig resistent gegen diese Präparate ist, bleibt oft nur die Gabe von Amphotericin B. Plastisch-chirurgische Korrekturen sollten nach einem zeitlichen Sicherheitsabstand durchgeführt werden.

Prävention

Eine Prävention ist durch den Bau von Häusern möglich, die mückenfrei gehalten werden können, weiterhin durch die Vernichtung der Mücken in Schlafräumen und Verhinderung weiterer Einfluges sowie durch die Verwendung engmaschiger Moskitonetze. Zusätzlich sollen die Brutstätten der Insekten (z.B. Abfallhaufen) in Wohngebieten beseitigt und Reservoirtiere (Nager und streunende Hunde) bekämpft werden.

ZUSAMMENFASSUNG: Leishmania

Parasitologie. Flagellaten der Gattung Leishmania, die unbegeißelt im Gewebe vorkommen.

Entwicklung. Übertragung durch Sandmükken, Vermehrung im Menschen durch Zweiteilung.

Epidemiologie. Neben dem Menschen dienen einigen Arten Säugetiere (Hunde, Nagetiere, Klippschlieffer) als Erregerreservoire.

Pathogenese. Viszerale Leishmaniose: von der Infektionsstelle ausgehend Dissemination und Zerstörung der Zellen des MPS. Panzytopenie. Immunsuppression.

Hautleishmaniose: papulöse, ulzerierende Entzündung an der Stichstelle, zelluläre Infiltration im Randwall.

Haut- und Schleimhautleishmaniose: Primärläsion wie bei Hautleishmaniose, Spätrezidive als progressiv gewebedestruierende Geschwüre mit zellulärer Infiltration im Übergangsbereich Haut – Schleimhaut (Nase, Oropharynx), geringe Parasitendichte.

Klinik. Viszerale Leishmaniose: Fieber, Panzytopenie, Milz-, Leber-, Lymphknotenvergrößerung, bakterielle Sekundärinfektion.

Hautleishmaniose: Hautulzera, i.d.R. selbstheilend unter Narbenbildung.

Haut- und Schleimhautleishmaniose: Primärläsion wie bei Hautleishmaniose, Spätrezidive als chronisch infiltrative Ulzerationen mit Granulationsgewebe, oft ausgehend vom Nasenseptum.

Labordiagnostik. Ausstriche entsprechenden Materials, Giemsafärbung, Kultur, Serodiagnostik.

Therapie. Fünfwertige Antimonpräparate, Diamidine, Amphotericin B, Interferon-γ, Allopurinol, Ketokonazol.

1.3 Trichomonas

K. Janitschke

Trichomonas (T.) vaginalis ist ein Protozoon mit mehreren Geißeln. Es ruft eine Entzündung des Urogenitaltraktes bei Frauen und Männern hervor.

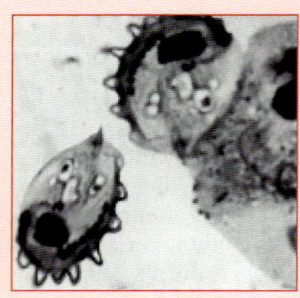

Trichomonas vaginalis
Trophozoit im Vaginalsekret,
entdeckt 1837 von Donné

1.3.1 Beschreibung

Morphologie und Aufbau

Bei diesem Protozoon existiert nur die Flagellatenform. Der Parasit ist oval bis rund, mit einem Durchmesser von 7–30 µm. Er besitzt an einem Pol vier freie Geißeln, eine fünfte verläuft in einer Membranfalte (*undulierende Membran*), tritt jedoch nicht frei aus. Am anderen Pol ragt der Achsenstab heraus, der den Zelleib durchzieht, welcher einen Kern aufweist (Abb. 1.4).

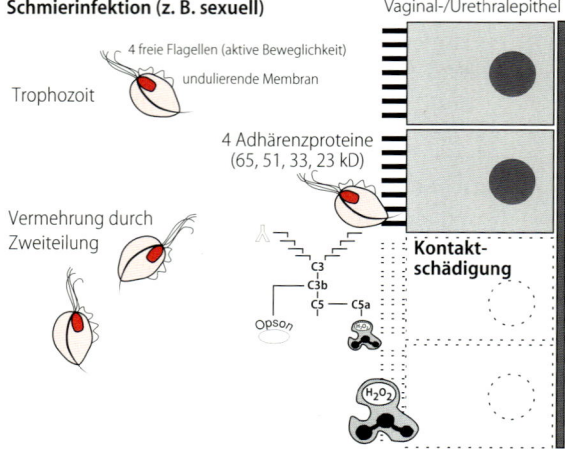

Schmierinfektion (z. B. sexuell)

Vaginal-/Urethralepithel

4 freie Flagellen (aktive Beweglichkeit)

Trophozoit

undulierende Membran

Vermehrung durch Zweiteilung

4 Adhärenzproteine (65, 51, 33, 23 kD)

Kontaktschädigung

C3
C3b
C5 — C5a
Opson

H₂O₂

Abb. 1.4. Pathogenese der Trichomoniasis

Entwicklung

Trichomonaden leben in den Lumina des Urogenitaltraktes und vermehren sich durch Zweiteilung.

Resistenz gegen äußere Einflüsse

Der Parasit stirbt bei trockener Umgebung ab, in gechlortem Wasser lebt er mehrere Stunden.

Vorkommen

Trichomonas kommt weltweit vor.

1.3.2 Rolle als Krankheitserreger

Epidemiologie

Nach WHO-Angaben beträgt die jährliche Inzidenz ca. 200 Mio Fälle. In einigen Gebieten sind 20% aller Frauen im Alter zwischen 16 und 35 Jahren infiziert. Bis zu 40% der Gonorrhoe-Patienten tragen gleichzeitig auch T. vaginalis.

Übertragung

Die Infektion durch Trichomonas wird durch **Geschlechtsverkehr** und unsachgemäße Untersuchungen der Sexualorgane erworben. Andere Übertragungsmöglichkeiten, wie nicht gechlortes Badewasser, Badekleidung, Schwämme, Handtücher, sind von untergeordneter Bedeutung. Während der Geburt kann bei Neugeborenen infizierter Mütter eine zeitlich begrenzte Infektion entstehen. Epidemiologisch wichtig sind die latenten Infektionen, die zur Verbreitung der Erkrankung beitragen.

Pathogenese

Änderungen des normalerweise sauren Scheidenmilieus (optimal für Trichomonaden ist ein pH von 5,5–6,0), z.B. durch Medikamente (Antibiotika, Hormonpräparate), Scheidenspülungen oder das physiologische Vorhandensein von Geschlechtshormonen, begünstigen u.a. die Pathogenese (Abb. 1.4). Dabei sind auch Adhärenzproteine der Trichomonaden von Bedeutung. Es kommt, wahrscheinlich durch Toxine, bei der Frau v.a. zur Entzündung der Scheide und Harnröhre, beim Mann zur Entzündung der Harnröhre und der

XII

Prostata. Die Infektion kann mitunter bis zum Nierenbecken aufsteigen.

Klinik

Bei der Frau kann sich eine Kolpitis und beim Mann vorzugsweise eine Urethritis entwickeln. Die Erkrankung geht unbehandelt in ein chronisches Stadium über, bei dem Phasen mit mildem Verlauf, aber auch Reaktivierungen auftreten können. Dieses Stadium kann jahrelang bestehen bleiben. Regelmäßig ist auch die Urethra befallen, während die Besiedelung von Uterus und Ovar selten ist. Bei der Urethritis des Mannes verlaufen die Phasen der Infektion ähnlich, die Erreger dringen in die Testes und akzessorischen Geschlechtsdrüsen ein.

Immunität

Nachweise von Serumantikörpern wurden durchgeführt, sind aber diagnostisch nicht relevant.

Labordiagnose

Für die native Untersuchung sind bei der Frau Vaginalsekret oder Abstrichmaterial zu gewinnen. Beim Mann ist Urethralsekret oder Prostatasekret zu entnehmen. Das Material muß sofort verarbeitet und im Falle nativer Untersuchung gleich durchgemustert werden. Es kann mit etwas Ringerlösung oder physiologischer Kochsalzlösung verdünnt werden. Die Erreger sind an ihrer wasserflohartigen Bewegung zu erkennen. Eine Eigenbewegung ist die Voraussetzung zur Stellung der Diagnose, auch bei den mitunter rundlich aussehenden Formen. Zum nativen Mikroskopieren sind auch Hell- oder Dunkelfelduntersuchungen geeignet. Nach Giemsafärbung erscheinen der Kern, die Geißeln und der Achsenstab rot, das Zytoplasma blau. Eine Kultur in kommerziellen Medien kann in besonderen Fällen angelegt werden. Trichomonaden können darin nativ nachgewiesen werden.

Therapie

Für die orale und bei der Frau auch vaginale Therapie werden Imidazolpräparate (Metronidazol, Tinidazol, Ornidazol) verwendet. Auch alle Geschlechtspartner eines Patienten müssen behandelt werden. Eine Resistenz der Erreger wird selten beobachtet.

Prävention

Durch Aufklärung über den direkten Infektionsmodus, ferner durch Untersuchung und durch konsequente Partnerbehandlung kann die Übertragung einer Trichomoniasis unterbunden werden.

ZUSAMMENFASSUNG: Trichomonas

Parasitologie. Flagellaten mit mehreren Geißeln und Achsenstab, im Urogenitaltrakt vorkommend.

Entwicklung. Direkt, ohne Zwischenwirte.

Epidemiologie. Fast nur sexuell übertragen.

Pathogenese. Vermehrung, wenn Scheidenmilieu nicht im physiologischen Bereich.

Klinik. Kolpitis mit Ausfluß (Frau), Urethritis (Mann). Bei der Frau aufsteigend bis Ovar. Später chronischer bis latenter Verlauf.

Labordiagnostik. Nativ im Material aus dem Urogenitaltrakt. Kultur.

Therapie. Metronidazol, Ornidazol, Tinidazol.

1.4 Giardia

K. Janitschke

STECKBRIEF

Giardia lamblia ist ein Protozoon mit mehreren Geißeln, das auch als Zyste auftritt. Es ruft die Giardiasis hervor, eine Entzündung des Dünndarmes.

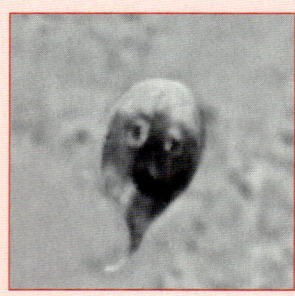

Lamblientrophozoit im Duodenalsekret, entdeckt 1681 von Antoni van Leeuwenhoek, wiederentdeckt 1859 von Wilhelm D. Lambl

1.4.1 Beschreibung

Morphologie und Aufbau

Das Protozoon tritt in zwei Formen auf. Die *Trophozoiten* sind 10–20 μm lang, von birnenförmiger und konvex-konkav gebogener Gestalt, wodurch auf der einen Seite eine saugnapfartige Vertiefung entsteht. Es sind zwei Kerne und acht Geißeln vorhanden. *Zysten* sind 10–14 μm lang, von ovaler Gestalt, besitzen vier Kerne, sichelförmige Mediankörper und Geißelanlagen (Abb. 1.5).

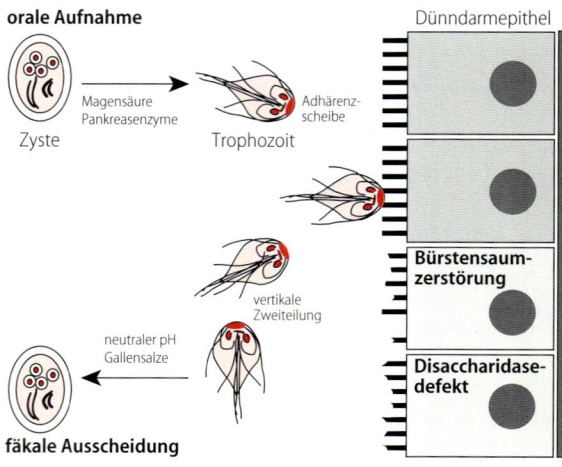

Abb. 1.5. Pathogenese der Giardiasis (Lambliasis)

Entwicklung

Nach der oralen Aufnahme von Zysten wandeln sich diese im Darm in Trophozoiten um und vermehren sich dann stark, wobei die Gallensalze von Bedeutung sind. Etwa eine Woche nach der Infektion sind Trophozoiten und nach 3–4 Wochen die ersten sich daraus bildenden Zysten im Stuhl nachweisbar.

Resistenz gegen äußere Einflüsse

Die mit Stuhl ausgeschiedenen Zysten sind in feuchter Umgebung drei Monate lebensfähig.

Vorkommen

Giardia kommt weltweit vor.

1.4.2 Rolle als Krankheitserreger

Epidemiologie

Der Nachweis schwankt zwischen 1–30%, abhängig von der Umgebung und dem Alter. Typischerweise tritt die Giardiasis von Juli bis Oktober auf und zwar bei Kindern <5 Jahre und bei Erwachsenen zwischen 25 und 40 Jahren.

Übertragung

Die Parasiten werden durch verunreinigte Nahrung und kontaminiertes Wasser (öffentliche Wasserleitungen) sowie bei engem Kontakt (Kind-Kind) übertragen. Auch bei Tieren kann Giardia häufig sein, und es besteht offensichtlich keine hohe Wirtsspezifität. Giardia vom Menschen konnte erfolgreich auf Nagetiere und Katzen übertragen werden. Welche Bedeutung Tiere als Erregerreservoir besitzen, muß jedoch weiter untersucht werden.

Pathogenese

Durch Magensäure und Pankreasenzyme wandeln sich die Zysten in Trophozoiten um. Diese heften sich mit einer Adhärenzscheibe an die Dünndarmwand an. Dabei kommt es zu einer Verminderung des Verhältnisses von Krypten zu Zotten, zu einer

XII

Störung des Enterozytensystems und zu Infiltrationen mit Entzündungszellen. Einflüsse auf die Enzymproduktion (Disaccharidasedefekt) des Darmes sollen die Durchfälle hervorrufen. Auch eine Besiedelung der Gallenblase wird beobachtet. Neben bisher nicht genau aufgeklärten Pathomechanismen des Erregers scheint auch das Immunsystem des Wirtes (humoral und zellulär) einen bedeutenden Einfluß auf die Infektion zu haben (Abb. 1.5, s. S. 764).

Klinik

Die Erreger sind fakultativ pathogen, so daß die Infektion häufig symptomlos verläuft und nach wenigen Wochen spontan verschwindet. Durch die Infektion kann es innerhalb einer Woche nach der Infektion plötzlich zu wäßrigem Durchfall kommen, der von leichtem Fieber, Erbrechen und Oberbauchbeschwerden begleitet ist. Auch Erkrankungen der Gallenwege sind möglich. Der Verlauf kann mitunter chronisch sein, die Symptome verschwinden und treten dann wieder vermehrt auf. Nach ein- bis zweiwöchigem Krankheitsverlauf kann sich für mehrere Monate ein leichter Durchfall mit Flatulenz einstellen.

Immunität

Bei Patienten mit angeborenem Immunglobulin-A-Mangel wird die Infektion häufiger beobachtet, bei AIDS-Patienten jedoch nicht. Spezifische Antikörper können im Serum nachgewiesen werden.

Labordiagnose

Patienten mit rezidivierenden Durchfällen unklarer Genese sollten auf Giardia untersucht werden. Als Untersuchungsmaterial wird Stuhl (frisch oder fixiert) eingesandt. Mittels einer **Stuhlanreicherungsmethode** (**SAF**) können Zysten und seltener Trophozoiten nachgewiesen werden, die aufgrund der charakteristischen Strukturen zu erkennen sind. Bewährt hat sich die Anfärbung von Stuhlpräparaten mit fluoreszierenden Antikörpern.

Bei Patienten ohne Nachweis der Parasiten, aber weiterbestehendem Verdacht, kann Duodenalsaft untersucht werden. Antikörpernachweise im Serum (IF, EIA) sind möglich, jedoch besitzen die direkten Erregernachweise derzeit eine größere Bedeutung.

Therapie

Ein positiver Befund erfordert eine Behandlung mit Imidazolpräparaten (Metronidazol, Ornidazol, Tinidazol).

Prävention

Vermeidung des Verzehrs von Salaten und ungewaschenem Obst in warmen Ländern. Dort sollten nur gekochte Flüssigkeiten oder solche aus originalverschlossenen Flaschen getrunken werden.

Meldepflicht. Der direkte oder indirekte Nachweis von Giardia lamblia ist namentlich meldepflichtig, soweit der Nachweis auf eine akute Infektion hinweist (§ 7 IfSG).

XII

ZUSAMMENFASSUNG: Giardia

Parasitologie. Flagellaten mit mehreren Geißeln, im Darm vorkommend.

Entwicklung. Trophozoiten an der Darmwand, Zysten mit Stuhl ausgeschieden.

Epidemiologie. Übertragung der Zysten durch kontaminierte Nahrung und Wasser.

Pathogenese. Anheftung der Erreger an das Dünndarmepithel und Beeinträchtigung von dessen Enzymproduktion.

Klinik. Häufig symptomlos oder wäßriger Durchfall.

Labordiagose. Stuhlanreicherung, Immunfluoreszenz zur direkten Erregerdarstellung.

Therapie. Metronidazol, Ornidazol, Tinidazol.

1.5 Amöben

K. Janitschke

Amöben sind Protozoen, die im beweglichen Stadium (Trophozoit) formlos sind und sich mit sog. Scheinfüßchen fortbewegen. Die rundlichen Zysten stellen Dauerstadien dar.

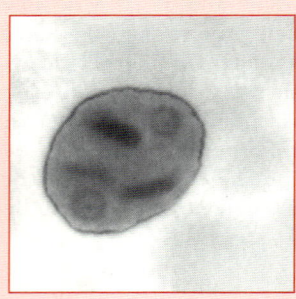

Entamoeba histolytica
Zysten im Stuhl,
entdeckt 1903
von Fritz Schaudinn

Die Amöbiasis ist eine akute oder chronische Erkrankung des Dickdarmes, die durch das Protozoon Entamoeba (E.) histolytica hervorgerufen wird. Des weiteren kann es zur Ausbreitung des Erregers in andere Organe kommen.

Bereits 1925 hatte Brumpt aufgrund epidemiologischer Beobachtungen und Tierversuche sowohl eine virulente als auch eine avirulente Spezies beschrieben, die morphologisch nicht zu unterscheiden sind.

Untersuchungen der Isoenzymmuster der Amöben sowie von deren DNS zeigen, daß E. histolytica nicht eine Art darstellt, sondern zwei Spezies beinhaltet. Die eine ist avirulent und verursacht nur eine symptomlose Darmlumeninfestation (E. dispar), während die andere eine Amöbiasis auslöst, obwohl auch diese Spezies einige Zeit symptomlos im Darmlumen vorkommen kann (E. histolytica).

1.5.1 Beschreibung

Morphologie und Aufbau

Bei E. histolytica sind die zwei folgenden Stadien zu unterscheiden:

Vegetatives Stadium (Trophozoit). Der Trophozoit besitzt keine formgebende äußere Hülle. Bei der fließenden, amöboiden Bewegung wechselt seine Gestalt ständig. An der Oberfläche werden bruchsackartige Scheinfüßchen ausgebildet, die so-

wohl der Fortbewegung als auch der Nahrungsaufnahme durch Umfließen dienen. Der Zelleib besteht aus dem Zytoplasma mit Nahrungsvakuolen und einem Zellkern. Man unterscheidet große Formen (*Magnaformen,* 20–30 µm), die Gewebe auflösen und Erythrozyten enthalten, sowie kleine Formen (*Minutaformen,* 12–18 µm), die nur im Darmlumen leben.

Zystenstadium. Dieses unbewegliche Dauerstadium ist von einer widerstandsfähigen Hülle umgeben, 10–15 µm groß, und besitzt zunächst einen Kern, nach Teilungen im Verlaufe der Reifung zwei und dann vier Kerne.

Entwicklung

Nach oraler Aufnahme von reifen, vier Kerne enthaltenden Zysten wird im Dünn- oder Dickdarm die Zystenmembran eröffnet, und aus der geschlüpften Amöbe kommt es nach Teilung zu acht einzelnen Protozoen, die zur Minutaform werden. Bei der weiteren Zweiteilung können Magnaformen und auch Zysten entstehen (Abb. 1.6).

Resistenz gegen äußere Einflüsse

In feuchter, kühler Umgebung sind die Zysten mehrere Monate infektiös, sterben aber durch Eintrocknung oder höhere Temperaturen (über 55 °C) schnell ab.

Vorkommen

Entamoeba histolytica kommt *weltweit* vor. Erkrankungen treten im wesentlichen nur in tropischen und subtropischen Gebieten, auch bereits südlich der Alpen, auf. In Mitteleuropa können zu etwa 1% (bei Homosexuellen bis 20%) symptomlose Darmlumeninfektionen wahrscheinlich durch E. dispar festgestellt werden. In Mittel- und Nordeuropa sind die aus südlichen Ländern mitgebrachten Infektionen klinisch von Bedeutung.

1.5.2 Rolle als Krankheitserreger

Epidemiologie

Die Seroprävalenz, gemessen am Auftreten spezifischer Antikörper bei invasiver Amöbiasis, liegt in tropischen Regionen zwischen 6% (Mexiko) und

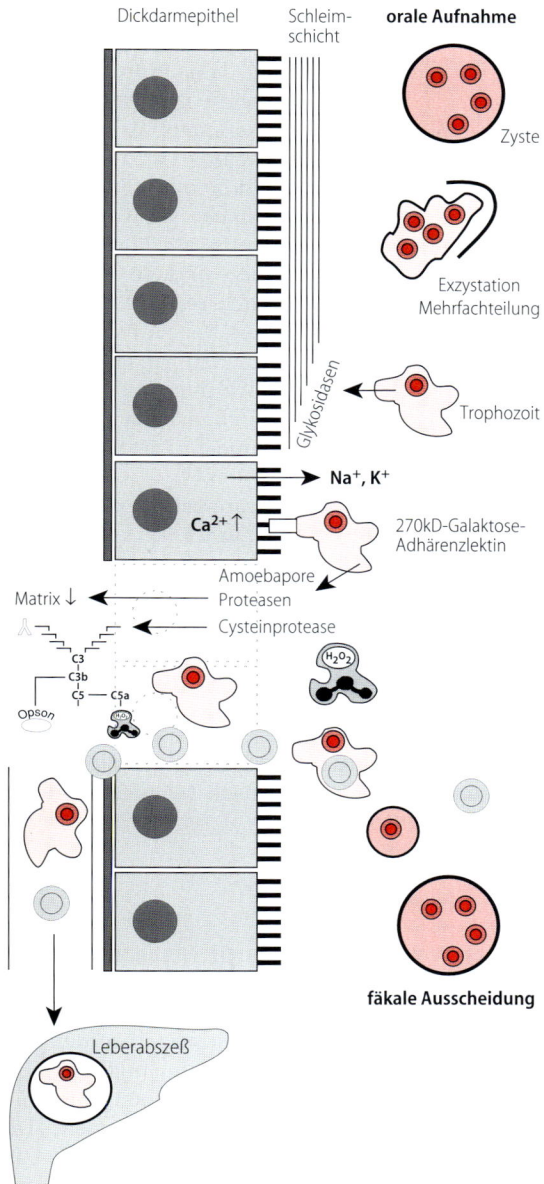

Abb. 1.6. Pathogenese der Amoebiasis

über 80% (Kalkutta). Jährlich erkranken etwa 50 Mio Menschen an einer invasiven Amöbiasis mit bis zu 100 000 Todesfällen. Voraussetzung für das Entstehen einer Amöbiasis sind nicht nur das häufige Vorkommen des Erregers, sondern auch die klimatischen Belastungen, Mangel- und Fehlernährung sowie bakterielle Darminfektionen.

Übertragung

Symptomlose Amöbenträger scheiden Amöbenzysten mitunter in großer Zahl aus, nicht jedoch die an Amöbiasis erkrankten Personen. Durch fehlende oder mangelhafte Toiletten, undichte Wasser- und Abwasserleitungen können die Amöben ins Trinkwasser gelangen, verschmutzte Tanks tragen zur Ausbreitung bei. Über Trinkwasser und Nahrungsmittel (Gemüse, Obst) wird der Erreger auf den Menschen übertragen. Auch Fliegen verbreiten die Amöben-Zysten.

Pathogenese

Invasive intestinale Amöbiasis. Nach der Infektion kommt es zunächst zu einer Adhärenz der Magnaformen an den Epithelzellen der Darmmukosa (Abb. 1.6). Der wichtigste Rezeptor ist dabei ein Oberflächenlektin, mit dem sich die Amöben an die Zellen binden. Anschließend kommt es zur Zytolyse durch ein porenbildendes Protein, „Amoebapore", und Proteolyse durch Proteinasen, wobei anscheinend Zellen mit Effektorfunktion von den Amöben zerstört werden und Komplement als humoraler Effektor spezifisch gehemmt wird. Es entstehen kleine, rötliche Herde mit zentraler Nekrose, später bilden sich größere, rundliche oder ovale Geschwüre. Diese Prozesse dringen in die Tiefe vor, und mitunter führt das zur Perforation der Serosa. Wiederholte Infektionen können eine Narbenbildung mit ödematöser Verdickung der Darmwand (Amöbom) und Verengung des Darmlumens auslösen.

Invasive extraintestinale Amöbiasis. Während der Geschwürbildung können Trophozoiten in Blutgefäße einbrechen und über den Pfortaderkreislauf in die Leber und seltener in andere Organe (Lunge, Milz, Gehirn, Haut) gelangen. In der Leber entstehen Nekrosen von Leberläppchen, aus denen sich mitunter große Abszesse bilden können. Sie treten überwiegend im rechten Leberlappen auf, wobei Absiedlungen möglich sind. Der Eiter ist entweder flüssig oder pastenartig und enthält manchmal Blut oder Gallenpigment, ist jedoch meist frei von Bakterien und Amöben. Diese werden an der Abszeßkapsel gefunden.

Klinik

Bei Darmlumeninfestationen treten keine klinischen Symptome auf. Dringen die Parasiten in die

Darmwand ein oder durch sie hindurch, so kann die Amöbiasis sowohl subklinisch als auch mit schweren Krankheitszeichen und Todesfolge verlaufen.

Invasive intestinale Amöbiasis (Amöbenruhr). Nach einer Inkubationszeit von sehr variablem Zeitlauf – von wenigen Tagen bis zu mehreren Wochen – kommt es zunächst nur zu leichten Schleim- und Blutbeimengungen im Stuhl (himbeergeleeartig). Diese verstärken sich mehr und mehr. Der Stuhl ist bei der Amöbenruhr jedoch selten wäßrig; nur bei fortgeschrittenem Stadium kommen Fieber, Schüttelfrost und Kopfschmerzen hinzu. Es besteht die Gefahr der Kolonperforation und von starken Blutungen aus den Ulzera. Aus diesen können sich knotenartige Amöbome bilden. Nach einer Heilung oder Besserung kann eine viele Jahre anhaltende chronisch-rezidivierende Amöbendysenterie, unterbrochen durch zeitweise Obstipation, bestehen.

Invasive extraintestinale Amöbiasis. Am häufigsten entsteht ein Amöbenleberabszeß. Er manifestiert sich erst mehrere Monate oder Jahre nach einer vorangegangenen intestinalen Amöbiasis. Der Prozeß beginnt schleichend. Fieber, starkes Krankheitsgefühl und Druckschmerz in der Lebergegend sind typische Anzeichen. Es besteht die Gefahr der Ruptur in den Bauchraum.

untersucht. Durch die Bildung sog. Bruchsackpseudopodien können die Erreger erkannt werden. Eine zusätzliche Anfärbung von Präparaten mit Lugolscher Lösung ist hilfreich. Nativ wird auch Schleim-, Biopsie- und Abszeßmaterial untersucht. Ist eine sofortige Untersuchung nicht möglich, können Stuhl, blutiger Schleim oder Endoskopiematerial auch fixiert und später geprüft werden. Wenn Amöben nicht eindeutig als Magnaformen von E. histolytica zu erkennen sind, so ist frischer Stuhl nach Lawless (Säurefuchsin, Fast Green) zu färben. Nur der Nachweis von vegetativen Formen mit phagozytierten Erythrozyten (Magnaformen) ist beweisend für eine invasive intestinale Amöbiasis. Die Differenzierung zwischen avirulenten und virulenten Arten von Entamoeba erfolgt mittels monoklonaler Antikörper.

Bei Verdacht auf eine extraintestinale Amöbiasis werden 5–10 ml Blut ohne Zusatz für serologische Untersuchungen entnommen. Zum Antikörpernachweis werden u. a. der Immunfluoreszenztest, die Hämagglutination und der Enzymimmunoassay eingesetzt. Die Sensitivität und Spezifität des Immunfluoreszenztestes betragen fast 100%. Bei hohen Antikörpertitern ist die extraintestinale Amöbiasis wahrscheinlicher, niedrigere schließen sie jedoch nicht aus. Bei raschem Krankheitsverlauf können erst 8–10 Tage nach Manifestation Antikörper festgestellt werden.

Immunität

Die Amöben scheinen Effektorzellen in hohem Maße zu zerstören und Komplement zu hemmen. Hohe Antikörpertiter werden in der Regel bei der extraintestinalen Amöbiasis beobachtet und können viele Monate nach der Heilung bestehen bleiben.

Neueste Untersuchungen weisen auf die entscheidende Bedeutung von Antikörpern als Schutz vor der Entstehung eines Amöbenleberabszesses hin: Durch passive Immunisierung konnte in einem experimentellen Modell zu über 95% die Amöbenleberabszeßbildung verhindert werden.

Therapie

Bei einer Amöbenruhr können Imidazolpräparate (Metronidazol, Ornidazol, Tinidazol) angewandt werden. Auch die nur im Darmlumen wirksamen Mittel Diloxanide und Paromomycin werden zur Sanierung von Zystenausscheidern eingesetzt. Bei der extraintestinalen Amöbiasis können Nitroimidazole mit Chloroquin kombiniert werden. Die Punktion von Leberabszessen empfiehlt sich nur bei ausgedehnten Prozessen. Personen mit einer Darminfektion können saniert werden, um die mögliche Ausbildung einer extraintestinalen Amöbiasis zu verhindern.

Labordiagnose

Aus frischem Stuhl muß die Untersuchung auf Trophozoiten innerhalb einer halben Stunde erfolgen. Der Stuhl wird mit etwas physiologischer Kochsalzlösung verrührt und sofort mikroskopisch

Prävention

Durch gute Küchen- und Lebensmittelhygiene (v. a. sauberes Wasser, geschältes Obst, Vermeidung von rohen Salaten und Gemüsen) kann einer Amöbiasis vorgebeugt werden.

XII

1.5.3 Verwandte Amöbenarten

Im Darm leben neben E. histolytica und E. dispar auch andere Amöben, die apathogen sind, aber bei der Labordiagnose von diesen differenziert werden müssen (E. coli, E. hartmannii, Endolimax nana, Iodamoeba bütschlii u.a.). Freilebende Amöben der Gattungen Naegleria und Acanthamoeba, die in Wasser und im Boden vorkommen, auch Balamuthia können u.a. zu Meningitis bzw. Enzephalitis führen (Schwimmbadamöbiasis durch Naegleria).

ZUSAMMENFASSUNG: Amöben

Parasitologie. Amöben der Art E. histolytica, im Darm oder in Geweben, dann v.a. in der Leber vorkommend.

Entwicklung. Aus Trophozoiten bilden sich Zysten, die mit Stuhl ausgeschieden werden.

Epidemiologie. Übertragung der Zysten durch kontaminierte Nahrung und Wasser.

Pathogenese. Invasiv intestinal mit Geschwürbildung im Darmepithel; invasiv extraintestinal Abszesse (Leber) mit Fieber.

Labordiagnose. Direktnachweis von Magnaformen im Stuhl (intestinale Amöbiasis) oder Antikörpernachweis (extraintestinale Amöbiasis).

Therapie. Metronidazol, Ornidazol, Tinidazol.

1.6 Plasmodien

R. Ignatius, K. Janitschke

STECKBRIEF

Plasmodien sind Protozoen, die in Erythrozyten und in Leberparenchymzellen vorkommen und durch weibliche Mücken der Gattung Anopheles übertragen werden. Sie gehören zur Klasse der Apicomplexa, stehen also Toxoplasma nahe. Die vier wichtigsten humanpathogenen Arten (Plasmodium (P.) falciparum, P. vivax, P. ovale, P. malariae) sind Auslöser der Malaria.

Der Name „Malaria" leitet sich aus dem Italienischen ab und steht im Zusammenhang mit der Vorstellung von krankmachender „schlechter Luft" in Sumpfgebieten = mal aria. Der Erreger wurde 1880 durch Laveran im menschlichen Blut entdeckt.

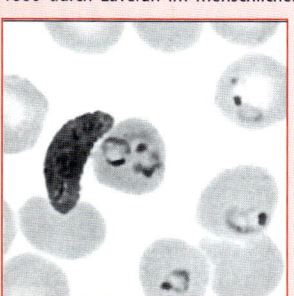

Plasmodium falciparum
Formen im Blut, entdeckt 1880 von Charles Louis Laveran, Übertragung entdeckt 1895 von Ronald Ross

1.6.1 Beschreibung

Morphologie und Aufbau

Plasmodien sind je nach Art und Entwicklungsstadium rundliche bis längliche Protozoen, die im strömenden Blut so groß werden können, daß sie einen befallenen Erythrozyten ausfüllen und z.T. noch vergrößern. Es gibt ein- bis vielkernige Stadien.

Entwicklung

Schizogonie. Gleichzeitig mit der Blutmahlzeit injiziert die Mücke mit dem Speichel Sporozoiten. Diese dringen in Leberparenchymzellen ein und vermehren sich durch ungeschlechtliche Vielteilung (Vorgang: Schizogonie; dadurch entstandenes Stadium: Schizont). Die durch Teilung der Schizonten entstandenen Parasitenformen heißen **Merozoiten** (präerythrozytäre Schizogonie, Gewebeschizogonie). Nach mehreren Tagen gelangen diese aus der Leber in die Blutbahn (Ende der Präpatenzzeit), dringen in Erythrozyten ein (Abb. 1.7) und vermehren sich ebenfalls durch Vielteilung (erythrozytäre Schizogonie, Blutschizogonie). Durch

Zerfall der Erythrozyten werden wieder Merozoiten frei, die ihrerseits andere Erythrozyten befallen. Bei P. vivax und P. ovale können Schizonten auch ohne Bildung von Merozoiten in der Leber persistieren. Diese werden als **Hypnozoiten** bezeichnet. Sie sind Ursache für Rezidive oder Spätmanifestationen einer Malaria (M.) tertiana.

Gamogonie. Je nach Spezies differenzieren sich nach 5–23 Tagen in den Erythrozyten einige Merozoiten in weibliche (Makrogametozyten) und männliche (Mikrogametozyten) Geschlechtsstadien.

Sporogonie. Die Gametozyten werden bei erneutem Stich von der Mücke aufgenommen und vereinigen sich im Magen der Mücke zur Zygote (Ookinet), die die Magenwand durchdringt. In der sich dann außerhalb des Magens bildenden Oozyste entstehen Sporozoiten, die in die Speicheldrüsen der Mücke wandern. In Abhängigkeit von der Temperatur dauert die Entwicklung in der Mücke 1–2 Wochen.

Resistenz gegen äußere Einflüsse

Plasmodien kommen unter natürlichen Bedingungen nur in Wirt oder Vektor vor. Unterhalb von 13 °C und oberhalb von 33 °C findet in der Mücke keine Sporogonie statt; die Temperaturtoleranz innerhalb dieser Grenzen ist von Art zu Art etwas unterschiedlich.

Vorkommen

Während die übertragende Anophelesmücke weltweit vorkommt, beschränkt sich das Verbreitungsgebiet der Plasmodien heutzutage auf die Tropen und Subtropen. Infektionen treten in Süd- und Mittelamerika, Afrika, dem Nahen und Fernen Osten auf. Am weitesten verbreitet sind P. falciparum und P. vivax, während P. ovale vorwiegend in Westafrika vorhanden ist und P. malariae sporadisch in den Malariagebieten vorkommt.

1.6.2 Rolle als Krankheitserreger

Epidemiologie

In Europa konnte die Malaria nach dem Zweiten Weltkrieg ausgerottet werden. Die in Deutschland

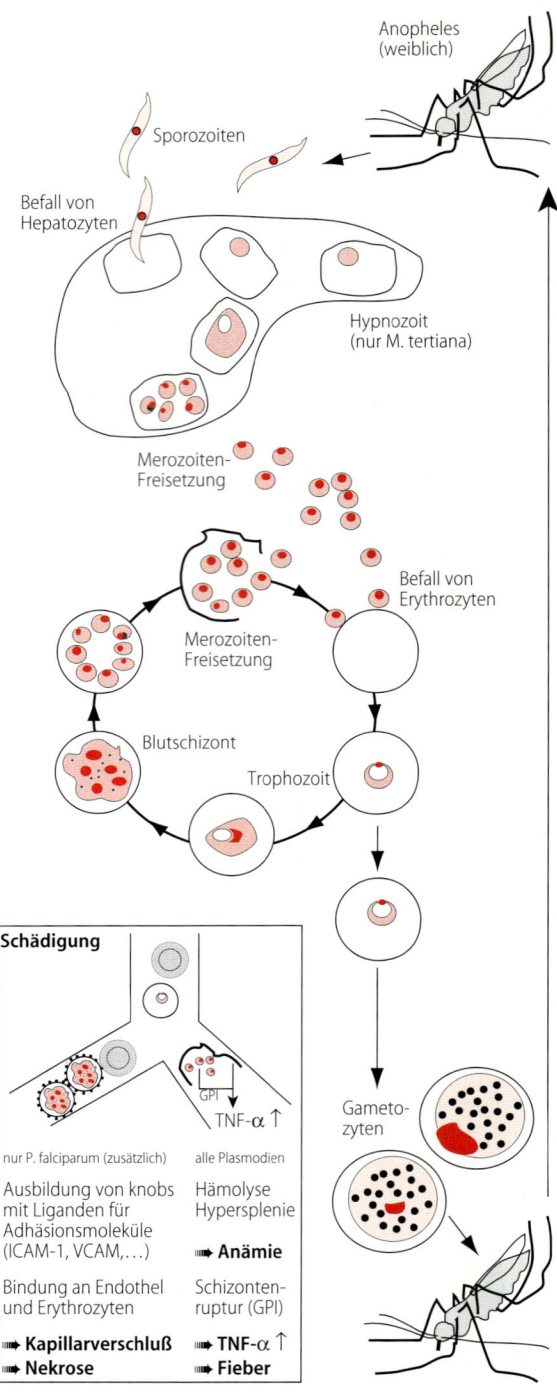

Abb. 1.7. Pathogenese der Malaria

diagnostizierten Fälle sind aus Malariaendemiegebieten mitgebracht worden. Der Grad der Verbreitung in den Endemiegebieten hängt von vielen Faktoren ab, wie u. a. Art und Verbreitung des Vektors, Immunitätslage der Menschen und deren Exposition sowie den Bekämpfungsmaßnahmen.

Dort sind sie jedoch Ursache von jährlich über 200 Mio Neuinfektionen mit 1–2 Mio Todesfällen, die in der überwiegenden Mehrzahl auf Infektionen mit P. falciparum zurückzuführen sind.

Derzeit scheint ein weiteres Zurückdrängen dieser Erkrankung nicht möglich, da die Resistenz der Anophelesmücke gegen Insektizide und der Plasmodien gegen Chemotherapeutika stark zunimmt. Ziel der Bekämpfung ist daher die Senkung der Zahl der Schwererkrankten und der Todesfälle.

Übertragung

Plasmodien werden hauptsächlich vektoriell durch den Stich der weiblichen Anophelesmücke übertragen.

Übertragungen sind auch durch Transfusionen, Injektionen bei Drogenabhängigen, Transplantationen und selten pränatal möglich.

Pathogenese

Klassische Kennzeichen der Malaria, unabhängig von der Art des Parasiten, sind Fieber und Anämie. Das Fieber wird auf den Zerfall befallener Erythrozyten und die Freisetzung endogener Pyrogene zurückgeführt. Findet der Erythrozytenzerfall synchronisiert statt (bei der M. tertiana und M. quartana oft nach einigen parasitären Vermehrungszyklen), kommt es zum klassischen 48- bzw. 72stündlichen Fieberschub. Diese Synchronisation erfolgt nicht bei der M. tropica. Die Anämie, die bei dieser sehr ausgeprägt sein kann, ist einerseits auf den Zerfall befallener Erythrozyten zurückzuführen, andererseits aber wahrscheinlich auch durch Hypersplenismus, Autoantikörper und Myelosuppression bedingt. Die anfallenden Produkte des Erythrozytenzerfalls und des Parasitenstoffwechsels (Malariapigment) führen zur Belastung der Organe des mononukleär-phagozytären Systems (MPS), insbesondere der Milz (Splenomegalie). Der Hypersplenismus kann darüber hinaus auch zu Neutropenie und Thrombopenie führen. Durch die Bindung von befallenen Erythrozyten untereinander, an Rezeptoren von Endothelzellen, aber auch an nichtbefallene Erythrozyten kommt es zu Mikrozirkulationsstörungen und zur Gewebeischämie mit petechialen Blutungen und Nekrosen in den betroffenen Organen, v. a. im Gehirn (zerebrale Malaria), der Lunge und den Nieren, die innerhalb weniger Tage zum Tode führen können (Abb. 1.2). Eine metabolische Enzephalopathie durch erhöhten Glukoseverbrauch und Laktatanfall dürfte zum klinischen Bild der zerebralen Malaria beitragen. Schwere intravasale Autoimmunhämolyse mit Hämoglobinämie und -urie kennzeichnen das Schwarzwasserfieber. Eine unspezifische Suppression der humoralen und zellulären Immunität kann auftreten und die Schwere des Verlaufs anderer Infektionen, z. B. Masern, beeinflussen. Diese Immunalterationen sind möglicherweise auch für das gehäufte Auftreten des EBV-assoziierten Burkitt-Lymphoms in Malariaendemiegebieten verantwortlich. Bei der M. tertiana und M. quartana stehen Fieber, eine, verglichen mit der M. tropica, minder schwere Anämie und Splenomegalie im Vordergrund. Eine Besonderheit stellt die bei einigen Kindern mit M. quartana auftretende Glomerulonephritis mit nephrotischem Syndrom dar. Diese wird durch die Ablagerung von Immunkomplexen, bestehend aus Plasmodienantigen, Immunglobulinen und Komplementkomponenten, ausgelöst.

Klinik

In Abhängigkeit von der Plasmodienart beträgt die Inkubationszeit 8–30 Tage. Erste Anzeichen können Mattigkeit, Appetitlosigkeit, Durchfälle, Erbrechen, Kopf- und Gliederschmerzen sein. Der klassische Malariaanfall, der nur bei M. tertiana und M. quartana auftritt und durch Schüttelfrost, Fieberanstieg und Fieberabfall mit Schweißausbrüchen gekennzeichnet ist, entsteht durch den rhythmischen Zerfall der befallenen Erythrozyten (M.-tertiana-Erreger P. vivax und P. ovale, Fieber alle 48 h, M.-quartana-Erreger P. malariae, Fieber alle 72 h).

Die M. tropica ist die gefährlichste Form. Neben der Splenomegalie bestehen eine oft ausgeprägte Anämie, Thrombozytopenie und ein Ikterus als Ausdruck der Leberbeteiligung. Außer der Milzruptur sind weitere schwere, oft tödlich verlaufende Komplikationen die Entwicklung einer zerebralen Malaria, Lungenödem, Schock und Multiorganversagen, Hypoglykämie (besonders bei Schwangeren) und Nierenversagen. M. tertiana und M. quartana sind durch Fieber, Anämie und Splenomegalie gekennzeichnet; seltene Komplikationen dieser Erkrankungen stellen Milzruptur und bei der M. quartana Glomerulonephritis dar. Bei der M. tertiana können Rezidive noch nach drei Jahren auftreten. Verantwortlich dafür sind in der Leber persistierende Entwicklungsstadien (Hypnozoiten), aus denen sich Merozoiten entwickeln, die in den Blutkreislauf gelangen. Durch persistierende Parasiten im Blut (in der Zahl oft unterhalb der mikroskopischen Nachweisgrenze = subpatent) kann es noch bis zu etwa zwei Jahre nach der Infektion mit P. falciparum und bis zu 50 Jahre nach Infektion mit P. malariae zu Rückfällen (Rekrudeszenz) kommen.

Immunität

Durch eine Plasmodieninfektion kann sich eine Semi-Immunität ausbilden. Dieses ist in Endemiegebieten nur durch ständige Reinfektion möglich. Fällt diese natürliche Boosterung weg, kann es zu einer erneuten Erkrankung kommen. Die nur kurzzeitige Immunität ist sowohl humoral als auch zellulär bedingt. Die Menge der im Blut nachweisbaren Antikörper gegen Plasmodienantigene läßt jedoch keinen Schluß über das mögliche Bestehen einer Immunität zu. Darüber hinaus verleihen Hämoglobinopathien eine gewisse natürliche Resistenz; so sind heterozygote Träger des Sichelzellgens gegen schwere Infektion mit P. falciparum geschützt. Dies beruht auf unwirtlichen Bedingungen in den Erythrozyten für den Parasiten (niedriger pH, geringere Sauerstoffbeladung) und einem schnelleren Abbau befallener Erythrozyten in der Milz und anderen Organen des MPS. Einen Schutz stellt auch das Fehlen des für die Invasion der Merozoiten erforderlichen Rezeptors auf der Erythrozytenoberfläche dar (z. B. Duffy-Antigen für P. vivax). Es wird seit langem versucht, eine Vakzine gegen Sporozoiten, Merozoiten oder, um die Infektkette zu unterbrechen, gegen Gametozyten zu entwickeln. Diese Versuche sind bis heute jedoch nicht erfolgreich verlaufen.

Labordiagnose

Bei Patienten mit Fieber unklarer Genese, die sich in Malariagebieten aufgehalten haben, muß – unabhängig davon, ob diese eine Malariaprophylaxe durchgeführt haben – eine Malaria ausgeschlossen werden! Dieses geschieht, indem man möglichst während einer Fieberphase mehrere Blutausstriche und Dicke Tropfen anfertigt. Die Ausstriche werden mit Methanol fixiert, nach Giemsa gefärbt und gründlich (mindestens 20 min) mit Ölimmersion durchgemustert. Dieses sollte auch geschehen, wenn man schon einige Plasmodien gefunden und bestimmt hat, da auch Mischinfektionen mit verschiedenen Plasmodienarten vorkommen. Die Dikken Tropfen, nichtausgestrichene Tropfen Blut auf einem Objektträger, werden nur gut getrocknet, jedoch vor der Giemsafärbung nicht fixiert. Es kommt dann bei der Färbung zur Hämolyse und Entfärbung der Erythrozyten, so daß mehrere übereinanderliegende Erythrozytenschichten beurteilt werden können. Insbesondere bei niedriger Parasitämie, z. B. bei anbehandelten oder semiimmunen Patienten oder nach Chemoprophylaxe, gewährleistet die Diagnostik aus dem Dicken Tropfen die Möglichkeit der Untersuchung größerer Mengen Blut in kürzerer Zeit, setzt allerdings bei der Beurteilung und Differenzierung der Arten mehr Erfahrung als bei der Beurteilung von Ausstrichen voraus. Bei negativem Ergebnis und weiterbestehendem Verdacht auf Malaria sollten kurzfristig weitere Blutproben entnommen und untersucht werden. Die Differenzierung der vier Spezies erfolgt durch Beurteilung der Größe und Form der befallenen Erythrozyten und der intraerythrozytären Erreger und einer möglicherweise vorhandenen Tüpfelung oder Fleckung. Neben der Speziesdifferenzierung sollte auch die Parasitenzahl pro mm^3 durch Korrelation der Parasiten- und Leukozytenzahl in den Gesichtsfeldern mit der Gesamtleukozytenzahl bestimmt werden, da sie eine Aussage über die Schwere der Erkrankung zuläßt. Serologische Untersuchungen sind wegen des verzögerten Ansteigens der Antikörper im Serum zur Diagnose einer akuten Erkrankung nicht geeignet. Sie kommen v. a. bei Fällen, bei denen trotz starkem Verdacht auf das Vorliegen einer Malaria wiederholt keine Parasiten im Blut nachgewiesen werden können, bei der Untersuchung von Blutspendern und bei arbeitsmedizinischen Untersuchungen von Tropenrückkehrern zur Anwendung. Daneben sind sie unerläßlich zur Diagnostik des malariaassoziierten Tropischen Splenomegaliesyndroms und hilfreich bei der Durchführung epidemiologischer Studien. Es wird v. a. der indirekte Immunfluoreszenztest unter Verwendung von P. falciparum als Antigen eingesetzt. Dieses wird sowohl von homologen als auch von Antikörpern gegen die anderen Spezies erkannt. Maximale Titer werden nach 2–3, z. T. auch bis sechs Wochen nach Infektion gemessen. Ohne Chemotherapie können Titer bei der M. tropica bis zu 2, bei der M. tertiana bis zu 6 und bei M. quartana bis zu 15 Jahren bestehen bleiben. Bei Rezidiven oder Neuinfektionen steigen die Titer rasch wieder an.

Therapie

Zur Anwendung kommen Medikamente, die sich entweder gegen die Schizonten oder Hypnozoiten richten. Während eine schwere M. tropica in der Regel mit einer Kombination von Chinin und Doxycyclin (oder Chinin mit Clindamycin) behandelt wird, erfolgt die Therapie leichterer Erkrankungen mit Mefloquin, Halofantrin oder, wenn keine Chloroquinresistenz vorliegt, auch mit Chloroquin. Bei M. quartana und M. tertiana gibt man Chloroquin, wobei sich bei letzterer obligat eine Behandlung mit Primaquin zur Rezidivprophylaxe durch Eradikation eventueller Hypnozoiten in der Leber anschließt. Ein Glukose-6-Phosphat-Dehydrogenase-Mangel muß vor der Gabe von Primaquin ausgeschlossen werden. Zunehmende Bedeutung hat die Resistenz besonders von P. falciparum gegen ein oder mehrere Therapeutika erlangt. Die Resistenzgrade richten sich nach dem Verbleiben und der Anzahl der Plasmodien im Blut:

- R I – die Erreger sinken unter die mikroskopische Nachweisgrenze und steigen wieder an,
- R II – signifikante Senkung der jedoch kontinuierlich nachweisbaren Parasitämie,
- R III – unbeeinflußte Parasitämie.

Prävention

Die Bekämpfung der Überträger ist wegen der zunehmenden Resistenz der Mücken gegen Insektizide deutlich erschwert worden. Reisende sollten eine Mückenstichprophylaxe durchführen v.a. mittels Moskitonetzen in den Schlafräumen, aber auch durch das Tragen entsprechender Kleidung, die Anwendung von Repellentien und durch das Vermeiden des Aufenthaltes im Freien während der Dämmerung. Zusätzlich kann eine Chemoprophylaxe notwendig sein, deren Ausmaß vom Reisegebiet abhängt. Anhand des Vorkommens von resistenten P.-falciparum-Stämmen unterscheidet die WHO in den Malariagebieten drei verschiedene Zonen (keine, vereinzelte oder verbreitete Chloroquinresistenz), für die jährlich Empfehlungen für die Durchführung einer Chemoprophylaxe herausgegeben werden. Für den Fall des Auftretens von Fieber im Reisegebiet und der Unmöglichkeit des Aufsuchens eines Arztes kann dem Reisenden ein Testkit zur Selbstdiagnose sowie zur Notfallbehandlung ein geeignetes Medikament (stand-by-treatment) mitgegeben werden.

Meldepflicht. Der direkte oder indirekte Nachweis von Plasmodien ist nicht-namentlich meldepflichtig (§7 IfSG).

Parasitologie. Sporozoen der Gattung Plasmodium in Erythrozyten und Leberzellen vorkommend.

Entwicklung. Präerythrozytäre Entwicklung in Leberzellen, dann erythrozytäre Entwicklung im Blut.

Epidemiologie. Übertragung durch Anopheles-Mücken, Mensch einziger Wirt.

Pathogenese. Zerfall der Erythrozyten und Freisetzung endogener Pyrogene. Anämie. Belastung des MPS durch Erythrozytenzerfall und Parasitenstoffwechselprodukte.
   M. tropica: Mikrozirkulationsstörungen, Gewebsanoxie, petechiale Blutungen, Nekrosen. Immunsuppression.
   M. quartana: U.U. Glomerulonephritis.

Klinik. Fieber, Anämie, Splenomegalie. U.U. Milzruptur.

M. tropica: Kein klassischer Fieberanfall, Ikterus, Schock, zerebrale Malaria, Multiorganversagen.
   M. tertiana: U.U. Rezidive durch Hypnozoiten.

Immunität. Erworbene, stammgebundene Semiimmunität.

Labordiagnose. Blutausstriche und Dicke Tropfen, nach Giemsa-Färbung.

Therapie. M. tropica: Je nach Resistenz des Erregers: Chinin plus Doxycyclin, Mefloquin, Halofantrin, Chloroquin.
   M. tertiana: Chloroquin, anschließend Primaquin.
   M. quartana: Chloroquin.

Prävention. Mückenabwehr und Medikamente (je nach Resistenz des Erregers).

XII

1.7 Toxoplasma

K. JANITSCHKE

STECKBRIEF

Toxoplasma (T.) gondii ist ein Protozoon, das als Trophozoit oder Zyste in Geweben vom Menschen und warmblütigen Tieren sowie als Oozyste bei katzenartigen Tieren vorkommt. Es kann vom Tier auf den Menschen übertragen werden (Anthropozoonose). Die Infektion verläuft meistens symptomlos (Toxoplasma-Infektion), seltener mit Krankheitserscheinungen (Toxoplasmose).
   Innerhalb der Protozoa gehört dieser Parasit zur Klasse der Apicomplexa.

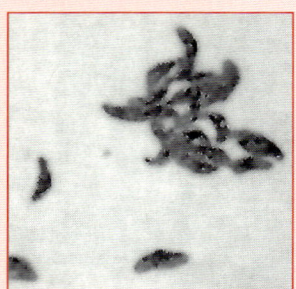

Toxoplasma gondii
gebogene Trophozoiten
(toxon = gr. Bogen),
entdeckt 1908 von
Charles J.H. Nicolle und
Louis H. Manceaux
im Nagetier Gondi

1.7.1 Beschreibung

Morphologie und Aufbau

Toxoplasmen treten in drei Entwicklungsstadien auf.

- Die Tachyzoiten (Trophozoiten) sind sichelförmig gebogene Einzelparasiten in der Länge des Durchmessers eines Erythrozyten.
- Zysten sind runde, 200 µm messende Dauerstadien, die innerhalb der Membran viele Tausende von Einzelparasiten (Bradyzoiten oder Zystozoiten) enthalten.
- Oozysten sind eiförmige, 9×14 µm messende Dauerstadien im Kot von Katzen, die einige Tage nach der Ausscheidung sporulieren und dann zwei Sporozysten mit je vier Sporozoiten enthalten.

Die Parasiten besitzen einen Kern und verschiedene Strukturen, die für das Eindringen in Wirtszellen von Bedeutung sind.

Entwicklung

Der Mensch und Säugetiere infizieren sich durch die **orale Aufnahme** entweder von Zysten (im rohen Fleisch) oder Oozysten (aus Katzenkot). Die Parasiten durchdringen die Darmwand und können sich über den Blut- und Lymphweg in allen Organen und Geweben, vorwiegend im MPS ansiedeln. Dort vermehren sie sich intrazellulär durch ungeschlechtliche Zweiteilung. Dadurch entstehen zunächst Tachyzoiten. Wahrscheinlich durch die Abwehrreaktionen des Wirtes kommt es dann zur Ausbildung von bis zu 200 µm großen *Zysten*, die vorwiegend in der Skelett- und Herzmuskulatur sowie im Gehirn und in der Retina zu finden sind und vermutlich viele Jahre im Gewebe überdauern. Eine Infektion direkt auf dem Blutwege ist intrauterin möglich (pränatale Infektion).

Bei Katzen – der Hauskatze und deren nahen Verwandten (Feliden) – kann es im Darm zusätzlich zu einer geschlechtlichen Vermehrung zur Ausbildung von Oozysten kommen, die mit dem Kot ausgeschieden werden. Katzen fungieren daher als Endwirte für den Parasiten, während andere Säugetiere und der Mensch Zwischenwirte darstellen, in denen keine geschlechtliche Entwicklung des Parasiten stattfindet (Abb. 1.8).

Resistenz gegen äußere Einflüsse

Die Trophozoiten sterben bei Austrocknung sehr schnell ab, während die Zysten im gekühlten Fleisch mehrere Wochen lebensfähig sind, aber bei Tiefgefrierung absterben. Die Oozysten leben im feuchten Erdboden mehrere Jahre und überstehen dabei Frostperioden.

Vorkommen

Die Infektion ist beim Menschen und bei warmblütigen Tieren weltweit verbreitet.

1.7.2 Rolle als Krankheitserreger

Epidemiologie

I. a. nimmt die Durchseuchung beim Menschen mit jedem Lebensjahrzehnt um ca. 10% zu und erreicht in der Altersgruppe der 60–65jährigen bis zu 70%.

Pränatale Infektionen beobachtet man bei etwa 3 auf 1000 Lebendgeburten. Im Jahr 1996 wurden in Deutschland 24 Fälle von angeborener Toxoplasmose gemeldet.

Übertragung

Im Zusammenhang damit steht die Übertragung auf den Menschen (Anthropozoonose). Sie geschieht v. a. durch den Verzehr rohen oder ungenügend erhitzten Fleisches (Hackfleisch) insbesondere vom Schwein. Bei der Arbeit im Erdboden (Spielsand, Gartenarbeit, Landwirtschaft) kann es zur oralen Aufnahme von Toxoplasma-Oozysten aus Katzenkot kommen.

Warmblütige Tiere können sich durch das Fressen toxoplasmazystenhaltigen Fleisches (z. B. Futterfleisch, Nagetiere), durch die Aufnahme von Toxoplasma-Oozysten aus Katzenkot oder z. T. auf pränatalem Wege infizieren. Die Infektionsraten sind teilweise beträchtlich.

Pathogenese

Die Parasiten vermehren sich intrazellulär durch Zweiteilung. Dadurch kommt es zum Platzen der Wirtszellen und dann zur Besiedelung weiterer benachbarter Zellen. Es entstehen Nekroseherde. Bilden sie sich in der Plazenta, kann es zu einer pränatalen Infektion und in deren Folge zu Abort, seltener zur Totgeburt oder schweren Schäden beim Neugeborenen kommen. Eine pathogenetische Bedeutung von Toxinen und Immunkomplexen wird vermutet. Durch allergische Reaktionen können sich nach Auflösung von Zysten eine rezidivierende Retinochorioiditis ausbilden. Auch eine zelluläre Immunschwäche (z. B. AIDS, Transplantationen) führt zu einem Aufgehen von Zysten und in dessen Folge zu einer Reaktivierung der Toxoplasmose (Abb. 1.8).

Klinik

Die Infektion verläuft meistens symptomlos (Toxoplasma-Infektion), seltener mit Krankheitserscheinungen (Toxoplasmose).

Klinisch sind die zwei folgenden Formen zu unterscheiden.

Postnatal erworbene Toxoplasmose. Nach einer Inkubationszeit von ca. 1–3 Wochen kommt es zu leichtem Fieber, Mattigkeit, Stirnkopfschmerzen, Muskel- und Gelenkschmerzen sowie gelegentlich

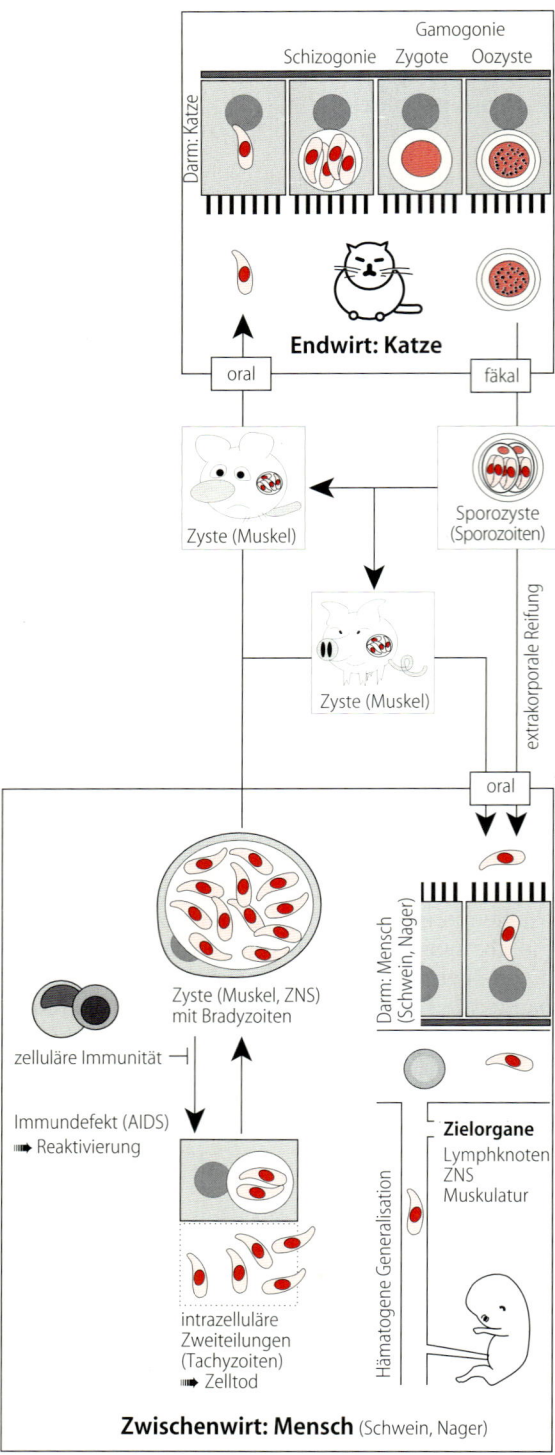

Abb. 1.8. Pathogenese der Toxoplasmose

zu Durchfällen. Die häufigste Organmanifestation ist die zervikale Lymphknoten-Toxoplasmose.

Pränatal erworbene Toxoplasmose (pränatale Toxoplasmose). Erstinfektion während der Schwangerschaft: Infiziert sich eine Frau während der Schwangerschaft *erstmalig* mit Toxoplasmen, so geht in etwa der Hälfte der Fälle der Parasit auf den Föten über. Am Beginn der Schwangerschaft ist das Übertragungsrisiko geringer und nimmt bis zum Ende zu. In Abhängigkeit vom Zeitpunkt und der Intensität der Infektion kann es zum Abort, seltener zur Totgeburt oder zu Symptomen wie Hydrozephalus, intrazerebralen Verkalkungen und Retinochorioiditis kommen. Infektionen am Beginn einer Schwangerschaft führen zu schweren Schäden; finden die Infektionen später statt, so ist das Ausmaß der Veränderungen geringer. Wird ein pränatal infiziertes Kind zunächst klinisch gesund geboren, so können nach Monaten oder Jahren Spätschäden (Entwicklungsstörungen, geistige Retardierung, Augenveränderungen bis hin zur Erblindung) auftreten.

Immunität

Bei einer Toxoplasma-Infektion werden humorale und zelluläre Immunmechanismen ausgelöst. Zirkulierendes Toxoplasma-Antigen und spezifische Antikörper sind im Serum nachweisbar. Antikörper verleihen nur einen sehr geringen Immunschutz. Dieser ist v. a. zellulärer Natur. Das zeigen Versuche, bei denen es gelang, Hamster durch eine Übertragung von Milz- und Lymphknotenzellen infizierter Tiere immun gegenüber einer Toxoplasma-Infektion zu machen. Für die Bedeutung der zellulären Abwehr sprechen auch Erfahrungen mit immunsuppressiver Therapie bei Mensch und Tier. Zahlreiche zytostatische Mittel können die Ausbildung einer Immunität unterdrücken oder verhindern. Wesentliche Bedeutung scheinen verschiedene Zytokine zu besitzen. Behandelt man latent infizierte Mäuse mit Antikörpern gegen Interferon-γ, so kann die Infektion durch Aufgehen der Zysten aktiviert werden. Die v. a. zellulär bedingte Abwehr ist der Grund für die Reaktivierung inaktiver Toxoplasma-Infektionen bei AIDS-Patienten. Bei über 30% von ihnen tritt eine fokale nekrotisierende Enzephalitis, z. T. mit Dissemination in andere Organe auf. Im Unterschied zu immunkompetenten Patienten ist der Verlauf zumeist schwer und tödlich. Durch die Unterdrückung der Immunabwehr bei Transplantationspatienten kann es auch bei diesen zu Reaktivierungen oder klinisch verlaufenden Erstinfektionen kommen, häufig durch das infizierte Spenderorgan. Die Infektion zeigt dann oft das Bild einer Septikämie. In ersten Versuchen wird an Tieren eine Lebendvakzine eingesetzt.

Labordiagnose

Der Nachweis des Erregers ist direkt und indirekt möglich. Zur direkten Untersuchung können Gewebeproben aus verschiedenen Organen (z.B. Lymphknoten, Plazenta), u.a. auch Fruchtwasser verwendet werden. Das Material kann histologisch mit den üblichen klassischen Methoden (z.B. HE-Färbung) oder mit Antikörpern gefärbt werden. Auch eine native Untersuchung von Liquor ist möglich. Eine Polymerase-Kettenreaktion (PCR) kann in ausgewählten Fällen angewandt werden, d.h. bei abzuklärenden Infektionen am Auge, beim ungeborenen Kind und bei immunsupprimierten Patienten (AIDS, Transplantationen). Dazu können das oben aufgeführte Untersuchungsmaterial sowie EDTA-Blut verwendet werden.

Die größere Bedeutung für die Diagnostik einer Toxoplasma-Infektion besitzen Tests auf spezifische Antikörper. Bei einem hohen Prozentsatz der Bewohner Mitteleuropas sind mit zunehmendem Alter Antikörper nachweisbar. Toxoplasma-IgM- und IgA-Antikörper-Nachweise werden zur Differenzierung zwischen einer latenten und aktiven Infektion eingesetzt. Werden diese Antikörper festgestellt, so bedeutet das nicht zwingend, daß auch eine frische Infektion vorliegt. Bei Neugeborenen sind nachgewiesene IgM-Antikörper ein deutlicher Hinweis auf einen pränatalen Übergang des Erregers. Die Tabellen 1.1 und 1.2 geben den aktuellen Stand der Serodiagnostik in der Schwangeren- und in der Kinder-Vorsorge wieder.

Therapie

Es wird i.a. nur die Erkrankung durch Gabe einer Kombination von Sulfonamiden mit Pyrimethamin oder Clindamycin behandelt. Bei einer Erstinfektion während der Schwangerschaft ist eine Behandlung auch ohne Krankheitserscheinungen notwendig. Bis zur 15. Schwangerschaftswoche werden Spiramycin und danach die Kombination Sulfadiazin plus Pyrimethamin gegeben. Zur Vorbeugung einer Störung der Hämatopoese ist zusätzlich zu dieser Kombination Folinsäure zu verabreichen.

Tabelle 1.1. Serologische Toxoplasmosediagnostik in der Schwangerschaft *

Suchtest IgM		Abklärung			Infektion
		Quantifizierung		weiteres	
		IgG	IgM	Vorgehen	
positiv	positiv	niedrig	niedrig	Kontrolle in 2 Wochen	nicht relevant
		hoch	niedrig		abklingend
		hoch	hoch	Beratungslabor	aktiv (Therapie!)
		niedrig	hoch		akut (Therapie!)
	negativ				inaktiv (Immunität)
negativ					keine (Kontrollen alle 8 Wochen)

* Empfehlungen der RKI-Kommission Toxoplasmose und Schwangerschaft 9/97

Tabelle 1.2. Toxoplasmosediagnostik bei Verdacht auf pränatale Infektion*

wann?	Abklärung		für Infektion
Foetus	Fruchtwasser	PCR andere Direktnachweise	Direktnachweis PCR nur mit Zusatzbefunden
	Ultraschall	ab der 22. Schwangerschaftswoche	
U1	Serum	IgG, IgM, IgA (Mutter und Kind)	hohes IgG, persistierend
	Liquor	Direktnachweis	
–U6	Serum	IgG, IgM, IgA	IgM IgA kann positiv sein

* Empfehlungen der RKI-Kommission Toxoplasmose und Schwangerschaft 9/97

Prävention

Verhütungs-Empfehlungen (Expositionsprophylaxe, primäre Prophylaxe) gelten v. a. für *Schwangere*, die nicht mit Toxoplasmen infiziert sind. Es sollte auf den Genuß von rohem oder ungenügend erhitztem Fleisch, insbesondere vom Schwein, verzichtet werden. Katzen dürfen ebenfalls nicht damit gefüttert werden, und ihre Kotkästen sind täglich zu reinigen; dann sind eventuell vorhandene

Oozysten noch nicht infektiös. Bei und nach Gartenarbeit (Oozysten im Erdboden) sind hygienische Grundregeln zu beachten. Katzen sind von Spielsandkisten fernzuhalten. Durch serologische Untersuchungen kann das Risiko einer pränatalen Infektion frühzeitig erkannt und mittels Chemotherapie verhindert werden. Bei AIDS-Patienten ist sowohl die primäre als auch die sekundäre Prophylaxe zu beachten.

Meldepflicht. Der direkte oder indirekte Nachweis von Toxoplasma gondii ist nicht-namentlich meldepflichtig, jedoch nur bei konnatalen Infektionen (§ 7 IfSG).

ZUSAMMENFASSUNG: Toxoplasma

Parasitologie. Intrazelluläres Protozoon der Art Toxoplasma gondii, überwiegend im Gewebe vorkommend.

Entwicklung. Tachyzoiten (Trophozoiten) in der akuten Phase, Zysten (mit Bradyzoiten gefüllt) im Gewebe in der latenten Phase. Oozysten nur im Kot von Katzen.

Pathogenese. Bildung von Nekroseherden, bei Erstinfektion pränatale Übertragung. Reaktivierung bei Immunsuppression.

Klinik. Meistens symptomlos, Lymphknotentoxoplasmose, pränatal: Abort, Totgeburt, Enzephalitis, Hydrozephalus, Retinochorioiditis; Enzephalitis bei AIDS-Patienten.

Immunität. Zellulär bedingt; Reaktivierung bei AIDS.

Labordiagnose. Serodiagnostik, Erregernachweis im Lymphknoten, Liquor.

Therapie. Sulfadiazin plus Pyrimethamin.

Prävention. Insbesondere nicht-immune Schwangere: Kein rohes Fleisch essen, hygienischer Umgang mit Katzen, Antikörperteste zur Erkennung einer Erstinfektion.

1.8 Kryptosporidien

R. Ignatius

STECKBRIEF

Cryptosporidium (C.) parvum ist ein obligat intrazelluläres Protozoon, das bei immunkompetenten Patienten selbstlimitierte, bei abwehrgeschwächten, insbesondere AIDS-Patienten hingegen chronische, z.T. lebensbedrohliche Diarrhoen verursacht. Auch Infektionen der Lunge mit Entwicklung respiratorischer Symptomatik und anderer Organe wurden in immunsupprimierten Patienten beschrieben. Kryptosporidien wurden in Tieren 1907 von dem amerikanischen Parasitologen E. E. Tyzzer entdeckt, die ersten Fälle beim Menschen wurden jedoch erst 1976 beschrieben. Innerhalb der Klasse Apicomplexa und der Ordnung Coccidia stehen sie den Toxoplasmen nahe.

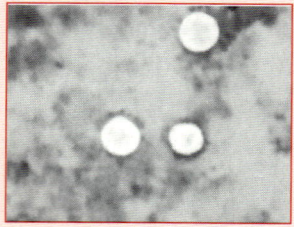

Kryptosporidien
Oozysten im Stuhl, entdeckt 1907 von E. Tyzzer bei Mäusen, 1976 von Meisel und Nime beim Menschen

1.8.1 Beschreibung

Morphologie und Aufbau

Die mit dem Stuhl ausgeschiedenen Oozysten sind rundlich und haben einen Durchmesser von 4–6 μm. Sie enthalten vier Sporozoiten, die im Gegensatz zu anderen verwandten Coccidien (Isospora, Cyclospora) freiliegen und nicht in Sporozysten enzystiert sind. Die relativ dicke, widerstandsfähige Wand der Oozyste führte zur Namensgebung (kryptein, gr. verbergen).

Entwicklung

Nach der oralen Aufnahme der Oozysten werden vier Sporozoiten freigesetzt, die sich im Dünndarm im Bereich der Mikrovilliregion zunächst an die Enterozyten anlagern. Es kommt zur Ausbildung einer parasitophoren Vakuole, bestehend aus je zwei Wirts- und zwei Parasitenmembranen. Die Parasiten liegen so intrazellulär, jedoch extrazytoplasmatisch. Es folgen eine Reifung und Teilung (asexuelle Vermehrung, Schizogonie), und Merozoiten werden ins Darmlumen freigesetzt. Diese befallen zunächst neue Enterozyten (Autoinfektion), im weiteren Verlauf entwickeln sich jedoch auch einige Merozoiten zu sexuellen Formen (Gametozyten). Diese verschmelzen zur Zygote und bilden in der parasitophoren Vakuole infektiöse, d.h. vier reife Sporozoiten enthaltende, Oozysten, jedoch mit unterschiedlicher Wanddicke. Nach Freisetzung ins Darmlumen kann die Wand der dünnwandigen Oozysten rupturieren und so erneut zur Autoinfektion führen, die dickwandigen Oozysten werden mit dem Stuhl ausgeschieden (Abb. 1.9).

Resistenz gegen äußere Einflüsse

Sie sind resistent gegenüber Umwelteinflüssen und bereits bei Ausscheidung infektiös.

Vorkommen

Kryptosporidien kommen weltweit vor und werden entweder als Anthropozoonose von Tieren oder direkt von Mensch zu Mensch übertragen. Die Übertragung der Oozysten erfolgt in der Regel fäkal-oral über die Nahrung oder das Trinkwasser.

1.8.2 Rolle als Krankheitserreger

Epidemiologie

Während die Prävalenz der Kryptosporidiose bei immunkompetenten Patienten mit Diarrhoe in Industrieländern bei bis zu 2% liegt, kann der Anteil der Kryptosporidieninfektionen bei AIDS-Patienten mit Durchfall in Entwicklungsländern auf über 20% ansteigen.

Übertragung

Die Übertragung erfolgt fäkal-oral durch Ingestion von Zysten. Ausreichend für eine Infektion ist möglicherweise schon eine Zahl von 10–100 Oozysten.

Pathogenese

Die Pathogenese der Kryptosporidiose ist bisher weitgehend ungeklärt. Histologisch nachweisbare

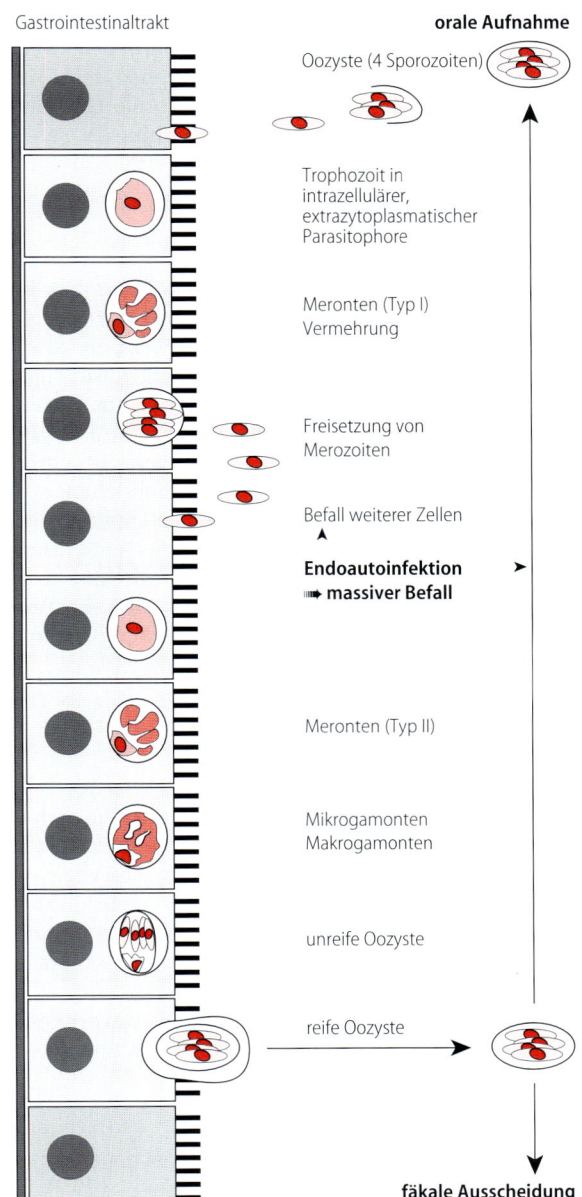

Abb. 1.9. Pathogenese der Kryptosporidiose

Atrophie und Verlust der Mikrovilli, verbunden mit Kryptenhyperplasie und bakterieller Überbesiedlung, könnten zur Malabsorption und Maldigestion beitragen und zum Entstehen einer osmotischen Diarrhoe führen. Die „choleraähnlichen" Diarrhoen legen darüber hinaus die Freisetzung eines bislang jedoch noch nicht nachgewiesenen

Exotoxins in der Folge einer sekretorischen Diarrhoe nahe. In der Lamina propria sind eingewanderte inflammatorische Zellen (Lymphozyten, Makrophagen, Plasmazellen und neutrophile Granulozyten) histologisch nachweisbar (Abb. 1.9, s. S. 779).

Klinik

Nach Aufnahme infektiöser Oozysten kommt es im immunkompetenten Patienten nach einer durchschnittlichen Inkubationszeit von 3–7 Tagen zu einem kurzzeitigen, selbstlimitierten, wäßrigen Durchfall, oder die Infektion verläuft, vom Patienten unbemerkt, latent. Bei Personen mit Immunschwäche (z. B. AIDS) kann es dagegen zu schweren, chronischen Durchfällen mit erheblichen, z. T. lebensbedrohlichen Flüssigkeitsverlusten kommen. Daneben wurden in immunsupprimierten Patienten auch extraintestinale Manifestationen, z. B. Cholezystitis, Hepatitis, Pankreatitis und Erkrankungen der Atemwege, letztere eventuell durch aspirierte Oozysten, beschrieben.

Immunität

Das Auftreten chronischer Verläufe von Kryptosporidiose in Patienten mit T-Zell-, aber auch humoralen Immundefekten weist auf die Beteiligung von T- und B-Lymphozyten bei der Abwehr von Kryptosporidien hin. Neben mukosal sezernierten Antikörpern, die mit der Anheftung von Sporo- und Merozoiten interferieren mögen, scheinen CD4-T-Lymphozyten und Interferon-γ bei der Überwindung der Infektion und der erworbenen Immunität, die vor einer Neuinfektion schützt, von Bedeutung zu sein.

Labordiagnose

Der lichtmikroskopische Nachweis der Oozysten von C. parvum gelingt gut bei Anwendung einer säurefesten Färbung mit Karbolfuchsin und einer Gegenfärbung mit Methylenblau. Die Erreger sind dann auf blauem Untergrund rot angefärbt. Negativfärbungen, in denen die Oozysten im Gegensatz zum Hintergrund ungefärbt erscheinen, sind möglich. Des weiteren kommen direkte und indirekte Immunfluoreszenz sowie der Nachweis von sezernierten Proteinen oder Oozystenoberflächenmolekülen mittels ELISA zur Anwendung.

Therapie

Behandlungsversuche mit Spiramycin, Eflornithin, Azithromycin oder Paromomycin zeigten keine eindeutigen Ergebnisse. Einige Patienten profitieren von einer Therapie mit Octreotid, einem synthetischen Somatostatin-Analogon, welches den auf Grund der sekretorischen Diarrhoe auftretenden exzessiven Flüssigkeitsverlust einzuschränken vermag, selbst jedoch keine antiparasitäre Wirkung besitzt. Auch eine Verbesserung der Immunabwehr, z. B. durch antiretrovirale Therapie, kann den Verlauf der Erkrankung günstig beeinflussen.

Prävention

Patienten mit Immunschwäche sollten Tierkontakte, aber auch Kontakte zu infizierten Patienten meiden. Neben dem Einhalten allgemeiner Hygienevorschriften sollten HIV-Patienten mit einer sehr niedrigen CD4-Zellzahl u. U. abgekochtes bzw. industriell abgefülltes Wasser trinken, da die Oozysten extrem resistent gegenüber Umwelteinflüssen sind und die Infektionsdosis relativ niedrig ist.

Meldepflicht. Der direkte oder indirekte Nachweis von Cryptosporidium parvum ist namentlich meldepflichtig, soweit der Nachweis auf eine akute Infektion hinweist (§ 7 IfSG).

1.8.3 Weitere Kokzidien

Sarcocystis. Der Mensch kann sowohl als Zwischenwirt als auch als Endwirt fungieren.

Im ersten Fall werden reife Oozysten mit kontaminiertem Trinkwasser oder Nahrung aufgenommen, diese entwickeln sich im Darm weiter, und schließlich kommt es zur Absiedlung von asexuellen Stadien im Muskelgewebe. Dies verläuft in der Regel symptomlos.

Im zweiten Fall werden asexuelle Sarkozysten aus dem Muskelgewebe von kontaminiertem Rind- bzw. Schweinefleisch oral aufgenommen und, nach Weiterentwicklung im Darm, reife Oozysten mit dem Stuhl ausgeschieden. Hierbei können kurzzeitig leichte gastrointestinale Beschwerden auftreten.

Isospora belli. Der Mensch stellt den einzigen Wirt dieses fäkal-oral übertragenen Erregers dar. Nach oraler Aufnahme reifer Oozysten mit der Nahrung oder kontaminiertem Trinkwasser ähnelt das klinische Bild der Kryptosporidiose, selten

XII

kann die Erkrankung allerdings auch in immunkompetenten Patienten chronisch oder intermittierend verlaufen. Mittel der Wahl zur Behandlung ist Trimethoprim-Sulfamethoxazol.

Cyclospora cayetanensis. Die Infektion mit diesem erst kürzlich beschriebenen Erreger ähnelt der Kryptosporidiose. Therapeutisch wirksam ist wahrscheinlich Trimethoprim-Sulfamethoxazol.

ZUSAMMENFASSUNG: Kryptosporidien

Parasitologie. Obligat intrazelluläre Protozoen der Art C. parvum, im Dünndarm von Säugetieren und Menschen vorkommend.

Entwicklung. Orale Aufnahme der sehr resistenten Oozysten, Freisetzung von Sporozoiten, Befall und Vermehrung in Enterozyten, Ausscheidung von Oozysten im Stuhl.

Klinik. Selbstlimitierte Diarrhoe oder symptomloser Verlauf bei immunkompetenten Patienten; bei immunsupprimierten Patienten neben chronischer, z.T. lebensbedrohlicher Diarrhoe auch extraintestinale Manifestationen möglich.

Labordiagnose. Untersuchung von Stuhlausstrichen mittels säurefester Färbung oder DIF, ELISA's.

Therapie. Keine spezifische Chemotherapie, symptomatische Therapie mit Octreotid.

1.9 Mikrosporidien

R. Ignatius

STECKBRIEF

Hinter dem Begriff „Mikrosporidien" verbirgt sich eine Gruppe obligat intrazellulärer Protozoen, die gemeinsam der Ordnung Microsporida des Stammes Microspora angehören. Als humanpathogen wurden bislang die Ordnungen Enterocytozoon, Encephalitozoon, Nosema und Pleistophora beschrieben, die ersten zwei davon als opportunistische Erreger v.a. in AIDS-Patienten. Obwohl sie ein Zellkern mit mitotischer Teilung als Eukaryonten ausweist, haben sie die sehr kleine Menge an ribosomaler RNS und das Fehlen von Mitochondrien und Golgi-Membranen mit Prokaryonten gemeinsam. Das läßt auf ein entwicklungsgeschichtlich sehr hohes Alter dieser Protozoen schließen.

Die sehr differenzierten infektiösen Sporen der humanpathogenen Mikrosporidien sind 1–2,5 µm lange, ovale Dauerformen der Parasiten, die sehr resistent gegenüber Umwelteinflüssen sind. Nach oraler, möglicherweise auch inhalativer Aufnahme stimulieren die damit verbundenen Veränderungen der Umwelt (pH, Ionenkonzentrationen) die Ausstülpung des charakteristischen, bis zu diesem Zeitpunkt spiralig aufgewundenen tubulären Polfadens. Durch diese teleskopartige Zellorganelle wird dann das Sporoplasma in die Wirtszelle injiziert. Die Parasiten teilen sich daraufhin intrazellulär (Merogonie), in der Sporogonie erfolgen bei weiterer Teilung eine Verdickung der Zellmembran und die Bildung neuer, infektiöser Sporen. Wenn die Wirtszellmembran rupturiert, werden diese freigesetzten Sporen daraufhin ausgeschieden, können jedoch innerhalb des Wirtes auch neue Zielzellen befallen (Autoinfektion) (Abb. 1.10).

Krankheiten. Während einige Ordnungen bislang nur in Einzelfällen als Krankheitserreger isoliert wurden (Myositis durch Pleistophora, Keratitis durch Nosema), spielen Encephalitozoon und Enterozytozoon bei immunsupprimierten, insbesondere AIDS-Patienten mit einer niedrigen CD4+-Lymphozytenzahl (i.d.R. <100/µl), eine bedeutendere Rolle.

Infektionen mit Enterocytozoon bieneusi, die weitaus häufigsten Manifestationen einer Mikrosporidiose beim Menschen, scheinen nahezu vollständig auf den Darm und die Gallenwege beschränkt zu sein. Nach oraler Aufnahme der Sporen erfolgt der Befall von Enterozyten mit der Gefahr der Aszension der Erreger in die Gallenwege. Die klinische Symptomatik wird durch z.T. schwere, chronische, wäßrige Durchfälle ohne Fieber, aber auch das Auftreten von Cholangitis und Cholezystitis bestimmt. Unklar ist, ob der gele-

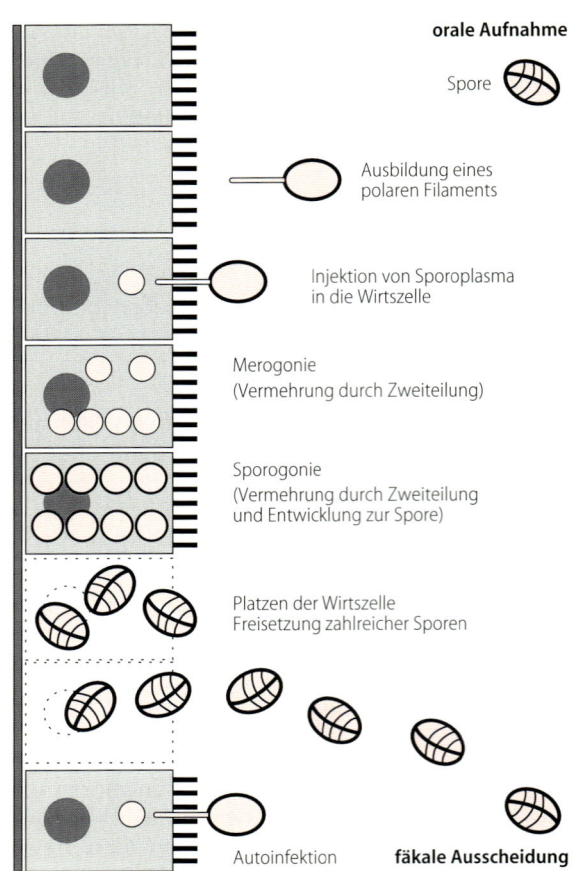

orale Aufnahme

Spore

Ausbildung eines
polaren Filaments

Injektion von Sporoplasma
in die Wirtszelle

Merogonie
(Vermehrung durch Zweiteilung)

Sporogonie
(Vermehrung durch Zweiteilung
und Entwicklung zur Spore)

Platzen der Wirtszelle
Freisetzung zahlreicher Sporen

Autoinfektion   **fäkale Ausscheidung**

Abb. 1.10. Pathogenese der Mikrosporidiose

gentliche Nachweis der Erreger aus dem Respirationstrakt die Aspiration von Darminhalt, eine hämatogene Streuung der Erreger oder eine wirkliche Infektion der Atemwege darstellt. Die histopathologischen Veränderungen reichen von unbeschädigtem Epithel mit minimaler oder fehlender Einwanderung inflammatorischer Zellen bis zu erheblicher Villusatrophie, Kryptenverlängerung, fokalen Nekrosen, auch in der Lamina propria, und ausgeprägter, überwiegend lymphozytärer Infiltration. Im Bereich der Gallenwege wurden sklerosierende Cholangitiden, Papillenstenose und Erweiterung der Gallenwege beschrieben.

Encephalitozoon intestinalis infiziert ebenfalls zunächst wahrscheinlich Enterozyten, besitzt aber im Gegensatz zur vorher genannten Art eine größere Tendenz zur Disseminierung mit Befall insbesondere der Nieren. Die klinischen Symptome und histopathologischen Veränderungen ähneln denen der vorherigen Infektion. Jedoch werden häufiger neutrophile Infiltrate im Bereich der Lamina propria gesehen, und der Erreger konnte auch in anderen Zellen (Makrophagen, Fibroblasten und Endothelzellen) nachgewiesen werden. Bei Disseminierung und Nierenbefall entsteht eine tubulointerstitielle Nephritis, klinisch überwiegt auch in diesen Fällen die Symptomatik der intestinalen Infektion.

Die übrigen humanpathogenen Encephalitozoonspezies (E. cuniculi, E. hellem) schließlich verursachen disseminierte fieberhafte Infektionen (Hepatitis, Peritonitis, Infektionen des Respirationstraktes und der Nieren und ableitenden Harnwege). Die Eintrittspforte für diese Erreger könnte der Respirationstrakt sein, im Darm konnten diese Spezies bislang nicht nachgewiesen werden. Die ebenfalls beschriebene Keratokonjunktivitis scheint eher begleitend im Rahmen dieser systemischen Infektionen durch Schmierinfektion aufzutreten. Histopathologisch fallen inflammatorische Infiltrate durch mononukleäre Zellen, granulomatöse Entzündung, aber auch eingewanderte neutrophile Granulozyten auf. Bei Befall der Nieren entsteht wie bei der Infektion mit E. intestinalis eine tubulointerstitielle Nephritis.

Labordiagnose. Bei intestinaler Infektion eignen sich Stuhl und Duodenalsaft, bei systemischer Infektion Urin zur Diagnostik. Die Sporen sind nach Chromotropfärbung (Trichrom) lichtmikroskopisch oder nach Anfärbung mit optischen Aufhellern (Fluorochromen) fluoreszenzmikroskopisch zu erkennen. Auch Dünndarmbiopsien können lichtmikroskopisch (Färbung nach Giemsa, Warthin-Starry u.a.) untersucht werden. Zur Speziesdiagnose können elektronenmikroskopische, immunologische, biochemische oder molekularbiologische Untersuchungen erforderlich sein.

Therapie. Die hochdosierte Therapie mit Albendazol hat in einigen Patienten mit E.-intestinalis-Infektion zu einer deutlichen klinischen Besserung geführt, Behandlungsversuche mit Metronidazol, Azithromycin oder Atovaquone zeigten keine eindeutigen Ergebnisse. Analog zu anderen Formen der HIV-assoziierten Diarrhoe kann ein Therapieversuch mit Octreotid, einem synthetischen Somatostatin-Analogon ohne eigene antiparasitäre Wirkung, welches den Flüssigkeitsverlust einzuschränken vermag, unternommen werden. Eine Verbesserung der Immunabwehr durch antiretrovirale Therapie sollte versucht werden.

Prävention. Da von einer Mensch-zu-Mensch-Infektion (fäkal-oral, Inhalation oder konjunktivale Schmierinfektion) auszugehen ist, sollten Patienten mit Mikrosporidiose auf die Einhaltung einer sorgfältigen Körperhygiene aufmerksam gemacht werden.

ZUSAMMENFASSUNG: Mikrosporidien

Parasitologie. Obligat intrazelluläre Protozoen verschiedener Spezies. Enterocytozoon bieneusi und Encephalitozoon intestinalis als wichtigste humanpathogene Erreger dieser Gruppe im Darm vorkommend, letztere Spezies von dort auch disseminierend.

Entwicklung. In Enterozyten (E. bieneusi) oder anderen Zellen, Ausscheidung mit dem Stuhl oder Urin.

Klinik. Chronische, wäßrige Diarrhoe, Encephalitozoon-Spezies auch disseminierte Infektionen.

Labordiagnose. Untersuchung von Stuhlausstrichen oder Urinsedimenten (bei Disseminierung) mittels modifizierter Trichromfärbung oder Färbung mit optischen Aufhellern.

Therapie. Behandlungen von Infektionen mit Encephalitozoon intestinalis mit Albendazol, keine spezifische Chemotherapie für übrige Spezies.

Trematoden

K. JANITSCHKE

2.1 Schistosomen

STECKBRIEF

Schistosomen sind Würmer, die zu den Egeln gehören; Schnecken dienen ihnen als Zwischenwirte. In der Bauchfalte des Männchens liegt das Weibchen (Pärchenegel). Die Schistosomiasis (Bilharziose) ist je nach Sitz und Art der Parasiten eine Erkrankung insbesondere des Darmes, der Leber und Milz bzw. der harnableitenden Wege.

Die Schistosomen gehören innerhalb des Stammes der Plattwürmer (Plathelminthes) zur Klasse der Saugwürmer (Trematodes) mit Generationswechsel (Digenea). Die wesentlichsten Arten sind Schistosoma (S.) mansoni, S. japonicum und S. haematobium.

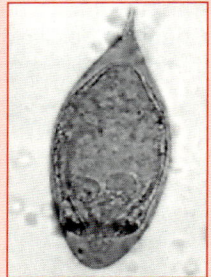

Schistosoma haematobium
Eier im Urin,
entdeckt 1851 von Theodor
Maximilian Bilharz

XII

2.1.1 Beschreibung

Morphologie und Aufbau

Ausgewachsene Schistosomen sind 6–22 mm lange Würmer. Das Männchen ist blattförmig, wobei die äußeren Ränder (Bauchfalten) zu einem Kanal zusammengelegt werden, in dem sich das runde Weibchen befindet (Pärchenegel). Die Würmer besitzen je einen Mund- und Bauchsaugnapf, einen Darmkanal, Geschlechtsorgane und einen Genitalporus. Die Bilharzien sind getrennt geschlechtlich.

Entwicklung

Die geschlechtsreifen Würmer leben je nach Art entweder in den Darm- und Mesenterialvenen und in der Pfortader oder aber in den Venengeflechten des kleinen Beckens (Mensch ist Endwirt). Die Eier gelangen durch Proteolyse entzündlichen Gewebes in das Lumen von Darm bzw. Blase und damit

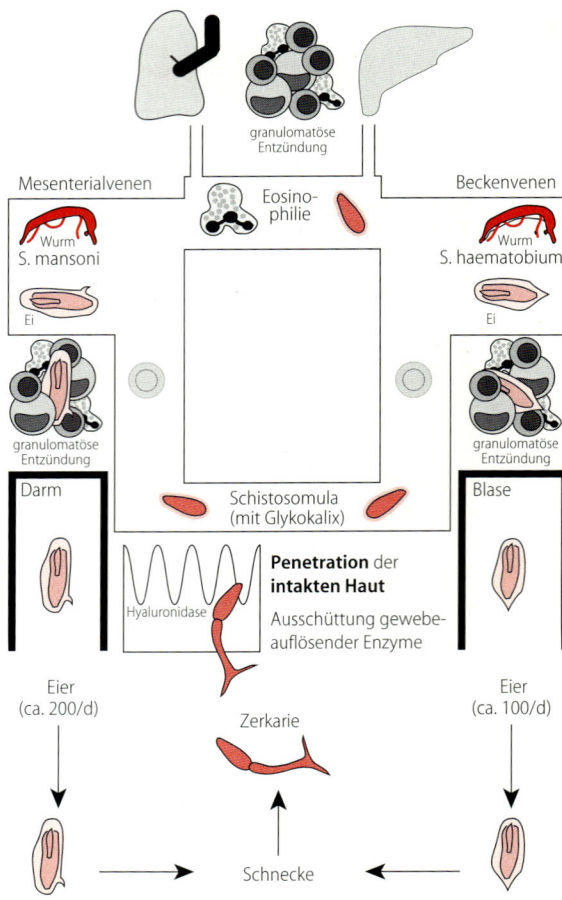

Abb. 2.1. Pathogenese der Schistosomiasis

ins Freie. Im Wasser schlüpft aus dem Ei eine Wimperlarve (*Mirazidium*), die in bestimmte Wasserschneckenarten eindringt und sich darin ungeschlechtlich vermehrt (Schnecke ist Zwischenwirt, Abb. 2.1). Aus diesen Zwischenwirten schlüpfen Gabelschwanzlarven (*Zerkarien*), die sich in die menschliche Haut einbohren, z.B. beim Baden. Dabei verlieren sie den Schwanz und wandern als Schistosomula über die Lunge und das linke Herz in den arteriellen Kreislauf und schließlich in die Zielorgane. 5–8 Wochen nach der Invasion werden die ersten Eier ausgeschieden. Die adulten Würmer können einige Jahre, in Ausnahmefällen Jahrzehnte, überleben.

Die aus Eiern geschlüpften Wimperlarven (Mirazidien) sind 24 und die aus infizierten Schnekken entlassenen Gabelschwanzlarven (Zerkarien) 48 Stunden lebensfähig. Die Schnecken selbst können mehrere Jahre überleben.

Resistenz gegen äußere Einflüsse

Schistosoma-Eier sterben nach Einwirkung von Sonnenlicht und nach Trockenheit schnell ab. Für die Entwicklung und das Schlüpfen der Mirazidien ist Süßwasser unbedingte Voraussetzung.

Vorkommen

Die Verbreitung hängt nicht nur von Wurmträgern, sondern auch vom Vorkommen der artspezifischen Wasserschnecken ab.

S. mansoni ist in Afrika, im Nahen Osten und Südamerika, S. japonicum ist in Teilen des Fernen Ostens verbreitet, S. haematobium kommt vorwiegend in Afrika und in Südwestasien vor.

2.1.2 Rolle als Krankheitserreger

Epidemiologie

Schistosomen zählen zu den häufigsten Krankheitserregern; es wird angenommen, daß über 200 Mio Menschen betroffen sind.

Durch Bewässerungsmaßnahmen hat sich die Bilharziose erheblich ausgebreitet. Voraussetzung ist, daß eihaltiger Stuhl bzw. Harn ins Süßwasser gelangt. Durch die vielfältigen Kontakte des Menschen mit Wasser (barfüßiges Waten, Baden) kommt es zu Erstinfektionen bei Kindern und Reinfektionen bei Jugendlichen und Erwachsenen.

Übertragung

Der Erreger gelangt transkutan in den Körper.

Pathogenese

Durch das Eindringen der Zerkarien entwickeln sich vorübergehende Hautreaktionen (Juckreiz mit Exanthem oder Erythem). Es kann bei wiederholtem Eindringen von Larven zu einer Zerkariendermatitis kommen. 3–10 Wochen nach der Infektion entstehen durch zytotoxische bzw. allergisch wirkende Substanzen, die von den geschlechtsreifen Würmern gebildet werden, fieberhafte Reaktionen, die als *Katayama-Syndrom* bezeichnet werden. Die Schädigungen bei der Bilharziose werden jedoch im wesentlichen durch die Eier verursacht, die mit dem Blut in verschiedene Organe gelangen. Die Eier scheiden Proteine und Glykoproteine aus, und der Wirt reagiert darauf mit *Granulombildung* und granulomatösen Wucherungen je nach Art in der Darm- bzw. Harnblasenwand (Abb. 2.1). Daran sind auch Antikörper und Immunkomplexe des Wirtes beteiligt. Die nicht ausgeschiedenen Eier leben etwa drei Wochen, werden dann aufgelöst oder verkalken. Die betroffenen Gewebe verändern sich fibrös, wodurch es zur portalen und auch pulmonalen Stauung kommen kann. Dieses Endstadium führt zum Tode.

Klinik

Die Schwere der Bilharziose hängt wesentlich von der Stärke des Befalles mit den Würmern und dem Ausmaß der Reaktionen des Wirtes ab. Zunächst kann es zu der beschriebenen Zerkariendermatitis kommen. Etwa 4–7 Wochen nach der Infektion treten weitere klinische Erscheinungen auf, wie Fieber, Mattigkeit, Kopf- und Gliederschmerzen, Urtikaria (Katayama-Syndrom). Nach mehreren Tagen oder Wochen geht das akute in das chronische Stadium über.

Die wesentlichsten Verlaufsformen sind:
- Darm-Bilharziose (S. mansoni, S. japonicum, auch S. haematobium). Kolitis mit flüssigen Stühlen sowie Blut- und Schleimbeimengungen. Im Spätstadium fibröse Verdickungen des Darmes und des Mesenteriums.
- Leber-Milz-Bilharziose (S. mansoni, S. japonicum). Leber- und Milzschwellung, portale Stauung, Aszites.
- Urogenital-Bilharziose (S. haematobium). Hämaturie, Knötchen in der Harnblasenwand, Strikturen und Fisteln der harnableitenden Wege. Es kann zu bakteriellen Sekundärinfektionen und Blasenkarzinom kommen.

Da die Eier mit dem Blutstrom in alle Organe gelangen können, sind überall dort auch Veränderungen und entsprechende klinische Erscheinungen möglich.

Immunität

Der befallene Organismus reagiert auf den Parasiten mit humoralen und zellulären Immunreaktionen. Bei der Bildung von Granulomen um die Eier herum und dem nachfolgenden Gewebezerfall scheinen Immunkomplexe von wesentlicher Bedeutung zu sein. Die Adultwürmer besitzen einen Schutzmechanismus, der darin besteht, daß sie auf ihrer Oberfläche Wirtsantigen binden und somit vom Immunsystem des Wirtes nicht erkannt werden (*Maskierung*). Reinfektionen und Superinfektionen werden v. a. durch zirkulierende Antikörper, die gegen Schistosomula gerichtet sind, begrenzt oder verhindert. Mit Vakzinen gelingt im Tierexperiment eine Immunisierung nur teilweise.

Labordiagnose

Personen, die in den Endemiegebieten mit Süßgewässern (ausgenommen Swimmingpools) in Berührung gekommen sind, sollten untersucht werden. Der direkte Parasitennachweis gelingt frühestens 5–12 Wochen nach der Infektion. Im Stuhl können mittels Anreicherungstechnik Eier von S. mansoni und S. japonicum nachgewiesen werden. In Endemiegebieten wird besonders im Feld die Kato-Methode eingesetzt, die eine Eizählung zuläßt. Harnsediment oder -filtrat wird nativ oder nach Anfärbung mit Jodtinktur auf S.-haematobium-Eier auch quantitativ untersucht. Erbringen diese Untersuchungen keinen Nachweis von Eiern, so ist wiederholt Material zu prüfen. Bei allen Arten kann auch Schleimhautbiopsiematerial mikroskopiert werden. Zum Antikörpernachweis im Serum werden insbesondere der indirekte Immunfluoreszenztest, die passive Hämagglutination und der Enzymimmunoassay eingesetzt. Ein S.-mansoni-Befall kann in ca. 95% der Fälle nachgewiesen werden. Die Empfindlichkeit der Tests schwankt aber in weiten Grenzen, in Abhängigkeit von der Methode, der Dauer und Intensität der Infektion.

Therapie

Patienten mit positivem Einachweis und/oder spezifischen Serumantikörpern müssen behandelt werden. Das Mittel der Wahl ist eine einmalige orale Gabe von Praziquantel. Dieses Medikament wirkt gegen alle Schistosoma-Arten, während Oxamniquin nur bei S. mansoni und Metrifonat nur bei S. haematobium wirksam ist. Durch die Chemotherapie werden die Würmer beseitigt, nicht jedoch die fibrösen Prozesse, die erst nach längerer Zeit teilweise abklingen.

Prävention

Durch striktes Vermeiden von Kontakt mit Süßgewässern (ausgenommen Swimmingpools) in den Endemiegebieten kann eine Schistosomiasis vermieden werden.

Für eine erfolgreiche Bekämpfung der Seuche ist es erforderlich, nicht nur die Wurmträger (Massenbehandlung z. B. mit Praziquantel) zu sanieren, sondern die Schnecken, insbesondere an den Kontaktstellen des Menschen mit dem Wasser, zu bekämpfen. Wichtig ist auch der Bau und die Benutzung von Toiletten, die Heranführung sauberen Wassers und die gesundheitliche Aufklärung über die Erkrankung und die Infektionsquellen.

Mit dem Bau von Toiletten und der Anlage von Wasserleitungen wird entscheidend zur Verringerung der Ausbreitung beigetragen.

2.2 Verwandte Schistosomen und weitere Trematoden

In Wasservögeln (auch Mitteleuropas) leben andere als die obengenannten Schistosomen (z. B. Trichobilharzia). Dringen deren Zerkarien in die menschliche Haut ein, so kann es zu einer vorübergehenden sog. Badedermatitis kommen.

Zahlreiche andere Egelarten können im Menschen parasitieren. Die wichtigsten sind entsprechend ihrer Lokalisation im Körper:

Hauptlokalisation.
- Gallengänge. Fasciola (Großer Leberegel); Dicrocoelium (Kleiner Leberegel); Opisthorchis (Katzenegel – O. felineus); Clonorchis (Chinesischer Leberegel);
- Lunge: Paragonimus (Lungenegel);
- Darm: Fasciolopsis (Riesendarmegel).

Zusammenfassung: Schistosoma

Parasitologie. Trematoden der Arten S. mansoni und S. japonicum im Venengeflecht von Darm und Leber vorkommend, sowie S. haematobium im Venengeflecht der Harnblase.

Entwicklung. Infektion über die Haut durch Zerkarien, adulte Würmer in venösen Blutgefäßen; Larven aus Eiern entwickeln sich in Wasserschnecken zu Zerkarien, die ausgeschieden werden.

Klinik. Granulombildung um die Eier herum, portale Stauung (S. mansoni, S. japonicum), Hämaturie (S. haematobium).

Immunität. Immunkomplexe bei Granulombildung. Teil-Immunität verhindert Re- und Superinfektionen.

Labordiagnose. Anreicherung von Eiern (S. mansoni, S. japonicum), Harnsediment (S. haematobium); Antikörpernachweis.

Therapie. Praziquantel.

Prävention. Kein Baden in Süßgewässern endemischer Gebiete.

3 Cestoden (Bandwürmer)

K. Janitschke

3.1 Adulte Bandwürmer

Bandwürmer (Cestoda) sind gegliedert, haben einen Kopf- und Halsteil und entwickeln sich über End- und Zwischenwirte. Beides kann der Mensch sein. Im Darm des Menschen kommen mehrere geschlechtsreife Bandwurmarten (Adulte) vor. Er kann in verschiedenen Organen aber auch Träger von Bandwurmlarven sein.

Innerhalb des Stammes der Plattwürmer (Plathelminthes) stellen die Bandwürmer eine eigene Klasse (Cestodes) dar.

Der deutsche Name rührt von der bandartigen Gestalt der Würmer her. Sie sind seit Jahrhunderten bekannt. Der Zusammenhang zwischen den adulten Würmern und Larvenstadien (Finnen) wurde in der Mitte des 19. Jahrhunderts festgestellt.

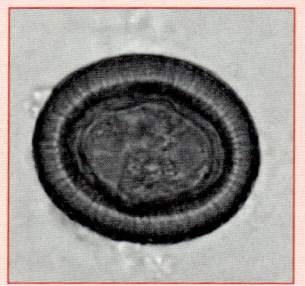

Taenia solium
Ei im Stuhl

STECKBRIEF

XII

3.1.1 Beschreibung

Morphologie und Aufbau

Die geschlechtsreifen Parasiten werden je nach Art von 4 cm bis zu 12 m lang. Der Kopf (*Skolex*) kann Haftorgane besitzen (Hakenkränze, Sauggruben oder Saugnäpfe). An ihn schließt sich der Halsteil an, der die nachfolgende Gliederkette mit den einzelnen Gliedern (*Proglottiden*) produziert. Der Uterus stellt innerhalb der Proglottide einen blinden geschlossenen Schlauch dar, der im Stadium der Geschlechtsreife je nach Art bis zu 25 Seitenäste aufweist. Je nach Art beinhaltet eine Proglottide bis zu 30 000 Eier. Die Bandwürmer besitzen keine Verdauungsorgane (Nahrungsaufnahme durch unmittelbare Diffusion); es befinden sich sowohl männliche als auch weibliche Geschlechtsorgane in jedem Glied.

Für einige Bandwurmarten kann der Mensch auch Larventräger sein. Diese Entwicklungsstadien sind entweder länglich (*zystizerkoid*) oder besitzen die Form eines kleinen Bläschens (Cysticercus, *Finne*).

Entwicklung

Der Mensch kann sich je nach Bandwurmart durch Larven oder auch Eier infizieren. Diese können sich unterschiedlich weit entwickeln. Entsteht daraus ein geschlechtsreifer Bandwurm, so bezeichnet man den Menschen als Endwirt. Ist der Mensch nur Träger von Larven, so fungiert er als Zwischenwirt; in besonderen Fällen kann er aber zugleich End- und Zwischenwirt sein. An Bandwurmeiern, die der Mensch als Endwirt ausscheidet, können sich die Zwischenwirte infizieren (Abb. 3.1).

Rinderbandwurm (Taenia (T.) saginata). Der Mensch (Endwirt) infiziert sich durch den Verzehr rohen, finnenhaltigen Fleisches vom Rind (Zwischenwirt), das bei der amtlichen Fleischuntersuchung nicht als solches erkannt worden war. Die Finne heftet sich mit den Saugnäpfen an der Dünndarmwand an, und der nach 3–4 Monaten nach der Aufnahme geschlechtsreife Wurm beginnt mit der Eiausscheidung. Die Länge des Wurmes kann dabei bis zu 10 m betragen. Die monatelang lebensfähigen Eier gelangen mit ungeklärten Abwässern auf Weiden. So können sich Rinder infizieren. Das ist auch an unhygienischen Autobahnrast- und Campingplätzen möglich.

Schweinebandwurm (T. solium). Der Mensch (Endwirt) infiziert sich durch den Verzehr rohen, finnenhaltigen Fleisches vom Schwein (Zwischenwirt). In Mitteleuropa ist der Wurm wegen der effektiven Fleischbeschau sehr selten, in Teilen von Mittel- und Südamerika, Afrika und Asien häufiger. Die weitere Entwicklung entspricht der des Rinderbandwurmes, unterscheidet sich von ihm aber wesentlich dadurch, daß sich auch Finnen aus oral aufgenommenen Eiern, auch durch Autoinfektion bilden. Diese können aus dem Duode-

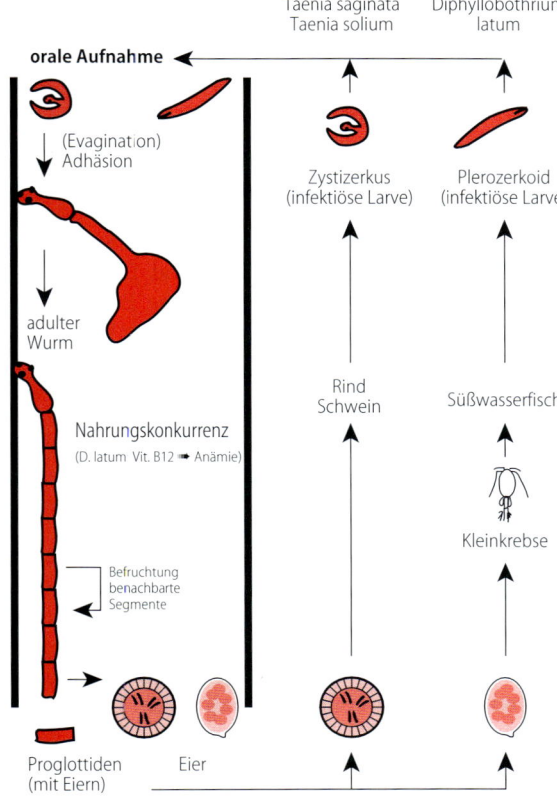

Taenia saginata
Taenia solium

Diphyllobothrium latum

orale Aufnahme ←

(Evagination)
Adhäsion

adulter
Wurm

Nahrungskonkurrenz
(D. latum Vit. B12 → Anämie)

Zystizerkus
(infektiöse Larve)

Plerozerkoid
(infektiöse Larve)

Rind
Schwein

Süßwasserfisch

Kleinkrebse

Befruchtung
benachbarte
Segmente

Proglottiden
(mit Eiern)

Eier

fäkale Ausscheidung

Abb. 3.1. Pathogenese der intestinalen Bandwurmerkrankungen

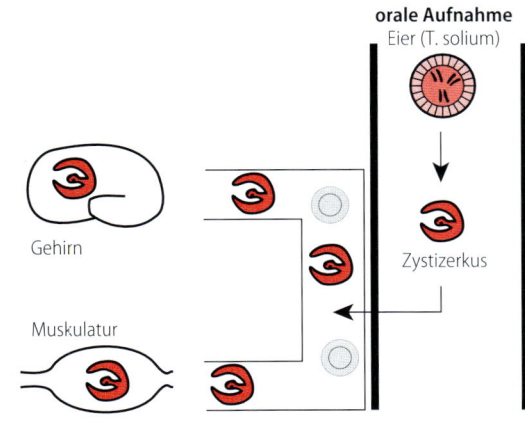

orale Aufnahme
Eier (T. solium)

Gehirn

Zystizerkus

Muskulatur

Abb. 3.2. Pathogenese der Zystizerkose

num über die Blutbahn in verschiedene Organe gelangen und dort zur Zystizerkose (Abb. 3.2) führen (Mensch dann auch Zwischenwirt). Auch in der Größe bestehen Unterschiede. T. solium wird nur 3–4 m lang, die Proglottiden weisen nur 5–12 Seitenäste (T. saginata bis 25) auf.

Fischbandwurm (Diphyllobothrium latum). Der Mensch (Endwirt) infiziert sich durch den Verzehr rohen oder ungenügend erhitzten, larvenhaltigen (Plerozerkoid) Fleisches von Süßwasserfischen. Innerhalb von drei Wochen ist der Wurm geschlechtsreif. Gelangen die Eier über ungeklärte Abwässer in Gewässer, so verläuft die Entwicklung über Larvenstadien in Kleinkrebsen, die von Fischen aufgenommen werden (beide sind die Zwischenwirte).

Zwergbandwurm (Hymenolepis nana). Der Mensch (zugleich End- und Zwischenwirt) infiziert sich durch die Aufnahme von Eiern aus der Umwelt oder auf dem Wege der Autoinfektion. Eine Infektion ist auch durch den zufälligen Verzehr larventragender Zwischenwirte (Flöhe u. a. Insekten) möglich. Die aus den Eiern schlüpfenden Larven entwickeln sich zunächst im Dünndarmepithel zu Zystizerkoiden, gelangen dann in das Dünndarmlumen und werden geschlechtsreif.

Resistenz gegen äußere Einflüsse

Tänieneier besitzen eine dicke, sie schützende Hülle, sie überleben mehrere Wochen. Finnen von T. saginata im Fleisch sterben nach mehrtägigem Durchgefrieren ab.

Vorkommen

Die vorstehend beschriebenen Arten sind mehr oder weniger *weltweit* verbreitet, treten aber in den entwickelten Ländern seltener als in den anderen auf. In Mitteleuropa ist nur der Rinderbandwurm von größerer Bedeutung.

3.1.2 Rolle als Krankheitserreger

Epidemiologie

Bandwurmbefall ist weltweit gesehen häufig; allein mit T. saginata sind ca. 50 Mio Menschen infiziert.

Übertragung

Die Erreger werden oral aufgenommen.

Der Mensch verseucht seine Umwelt mit Bandwurmeiern. Rinder und Schweine werden durch bandwurmtragendes Stallpersonal oder über mit Abwässern besprühte Wiesen und Weiden infiziert (Taenia). Ungeklärte Abwässer, die in natürliche Gewässer gelangen, führen zur Infektion der Fische mit Diphyllobothrium. Durch Schmutz- und Schmierinfektion wird der Zwergbandwurm verbreitet.

Pathogenese

Die pathogenetische Wirkung adulter Bandwürmer ist gering (Abb. 3.1). Sie stellen Nahrungskonkurrenten dar. Durch das Einwandern abgelöster, reifer Proglottiden kann es gelegentlich zu Appendizitis, Cholezystitis oder Pankreatitis kommen. Bei Diphyllobothrium-Befall wird eine Anämie durch Vitamin-B_{12}-Verbrauch beobachtet.

Larven von T. solium können mit dem Blut in verschiedene Organe (u. a. Muskulatur, Leber, Auge, Gehirn) gelangen, sich dort festsetzen, absterben, dabei v. a. starke entzündliche Reaktionen verursachen (Zystizerkose), die wahrscheinlich durch das dabei freiwerdende Bandwurmeiweiß entstehen (Krampfanfälle bei Neurozystizerkose, Erblindung bei Augen-Zystizerkose). Später verkalken die Zystizerken (Abb. 3.2).

Klinik

Die klinische Symptomatik wird von der lokalen Entzündungsreaktion bestimmt. Bei ZNS-Befall können Krampfanfälle, bei Augenbefall Erblindung auftreten.

Der Vitamin-B_{12}-Verbrauch durch den Fischbandwurm kann zur perniziösen Anämie führen; diese äußert sich durch Appetitlosigkeit, Oberbauchschmerzen, Völlegefühl, Mattigkeit, Schwindel, Herzbeschwerden und Ohrensausen, verhältnismäßig selten treten Parästhesien auf.

Immunität

Immunologische Vorgänge sind bisher wenig untersucht worden. Bei der Zystizerkose bilden sich spezifische Antikörper.

Labordiagnose

Zur Untersuchung kommen entweder ganze Bandwürmer oder Glieder sowie Stuhl auf Eier. Da die Würmer im Darm jedoch nur wenige Eier freisetzen, stützt sich die Diagnose im wesentlichen auf den Nachweis von ausgeschiedenen Bandwurmgliedern. Die einzelnen Arten können an den Köpfen bzw. Proglottiden mit der Zahl der Seitenäste erkannt werden. Die Proglottiden des Rinderbandwurms zeigen Eigenbewegung. Stuhl wird durch Anreicherung aufgearbeitet und auf Eier untersucht.

Bei Verdacht auf Zystizerkose (T. solium) wird Serum insbesondere mit dem indirekten Immunfluoreszenztest auf Antikörper und Operationsmaterial nativ oder histologisch auf Larven untersucht. Auch bildgebende Verfahren wie CT tragen zur Diagnostik zerebraler Verkalkungen bei.

Therapie

Bei Bandwurmbefall kann Niclosamid oder Praziquantel angewandt werden. Mit letzterem oder durch Operation wird die Zystizerkose behandelt.

Prävention

Die Bekämpfung des Rinderbandwurmbefalles ist durch die Behandlung der Wurmträger – besonders in landwirtschaftlichen Betrieben –, die Entseuchung der Abwässer, den Bau von Toiletten an Fernstraßen und eine sorgfältige Fleischbeschau möglich. Einer Infektion kann durch den Verzicht auf den Verzehr rohen Fleisches vorgebeugt werden. Gefrierfleisch enthält keine lebenden Larven.

XII

ZUSAMMENFASSUNG: Adulte Bandwürmer

Parasitologie. Bandwürmer (Cestoda) der Arten T. saginata, T. solium, Diphyllobothrium latum, Hymenolepis nana im Darm vorkommend, T. solium als Finne auch in Geweben.

Entwicklung. Orale Aufnahme von Finnen im Fleisch von Zwischenwirten (Rind, Schwein oder Fisch) oder von Eiern bei Hymenolepis.

Klinik. Meistens symptomlos, Anämie bei Diphyllobothrium-Befall, Zystizerkose (zentralnervöse Symptome) bei T. solium.
Labordiagnose. Bandwurmteile im Stuhl, Anreicherung im Stuhl, Antikörpernachweis bei Zystizerkose.

Therapie. Niclosamid, Praziquantel.

Prävention. Umwelthygiene, Vermeidung des Rohfleischverzehrs.

3.2 Echinococcus

K. Janitschke

Echinococcus (E.) ist ein Bandwurm mit 3–5 Gliedern, der im Menschen nur als Larve in verschiedenen Organen vorkommt und dort zu raumfordernden Prozessen führt. Endwirte sind Fleischfresser.

Innerhalb des Stammes der Plattwürmer (Platyhelminthen) gehören die Echinokokken zur gleichen Familie wie die Gattung Taenia.

STECKBRIEF

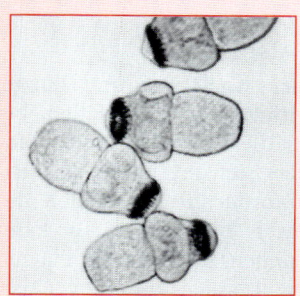

Echinokokken
Protoskolex aus einer Hydatidenzyste, entdeckt 1853 durch von Siebold

3.2.1 Beschreibung

Morphologie und Aufbau

Adulte Würmer (in Fleischfressern): Echinokokken sind 1,4–6 mm lange, drei- bis fünfgliedrige Bandwürmer.

Larvenstadien (Finnen, Metacestoden), u.a. im Menschen: Es handelt sich bei Echinococcus granulosus um eine bis kindskopfgroße Blase (Finne, Hydatide), die von einer Bindegewebskapsel umgeben und mit Flüssigkeit gefüllt ist. An der Innenwand (Keimschicht/germinative Schicht) entstehen durch Knospung zahlreiche Larvenstadien (Kopfanlagen, Protoskolizes). Bei E. multilocularis ist die Finne kleinblasig und wächst tumorartig, infiltrativ. Einen Hakenkranz besitzen schon die Larven beider Arten.

XII

Entwicklung

E. granulosus lebt im Darm vorwiegend des **Hundes** (Endwirt). Eier bzw. mit Eiern gefüllte Bandwurmglieder werden mit dem Kot ausgeschieden. Nehmen Zwischenwirte, wie u.a. Rind, Schaf und der Mensch, die Eier oral auf, so schlüpfen im Darm die Larven aus (Onkosphären), durchdringen die Darmwand und gelangen auf dem Blut- oder Lymphwege am häufigsten in die Leber, seltener in die Lunge oder andere Organe. Dort kommt es zur Ausbildung von Blasen, an deren Innenwand Tausende von Larven knospen (asexuelle Vermehrung). Werden diese vom Hund gefressen, ist der Zyklus geschlossen. Bei E. multilocularis ist v.a. der **Fuchs** Endwirt, selten sind es Hund und Katze. Als Zwischenwirte fungieren verschiedene Mäuse und auch der Mensch (Abb. 3.3).

Resistenz gegen äußere Einflüsse

Die Eier sind zwar gegenüber Austrocknung empfindlich, aber im feuchten Milieu widerstehen sie allen Desinfektionsmitteln und auch tiefen Temperaturen im Winter.

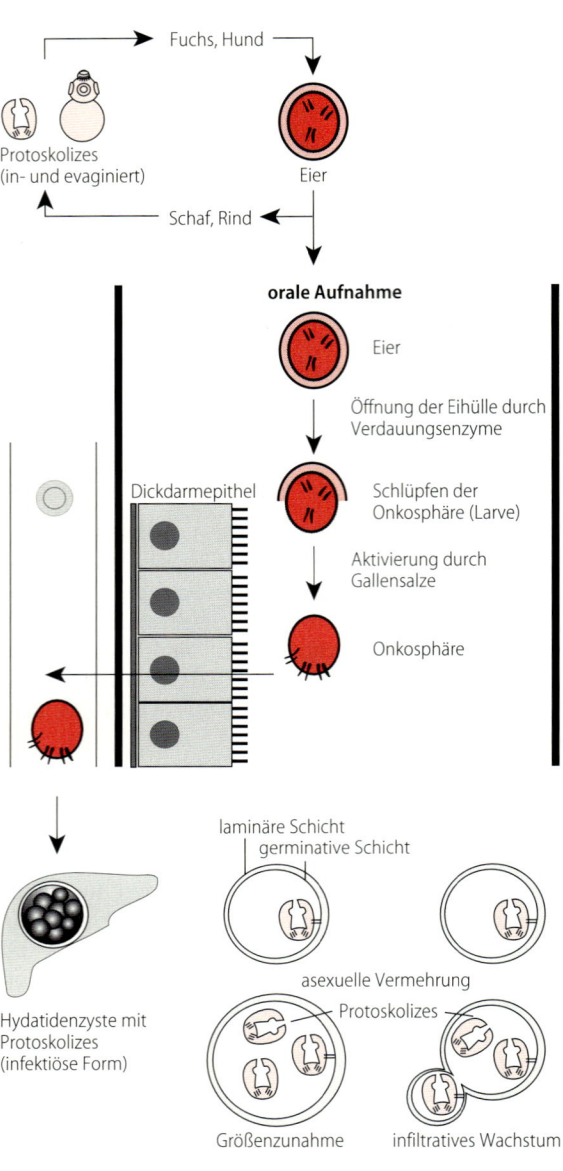

Abb. 3.3. Pathogenese der Echinokokkose

Vorkommen

E. granulosus ist weltweit verbreitet. In Mitteleuropa ist der Parasit relativ selten. Die meisten hier festgestellten Fälle beim Menschen stammen aus dem Mittelmeerraum.

E. multilocularis ist dagegen in der nördlichen Hemisphäre verbreitet. Er kommt in Deutschland

beim Fuchs gebietsweise sehr häufig vor, insbesondere in der Alpenregion und in den Mittelgebirgen sowie in der Rheinebene und bis nach Mecklenburg; Erkrankungen des Menschen werden dagegen selten beobachtet.

3.2.2 Rolle als Krankheitserreger

Epidemiologie

Die Letalität beträgt bei E. granulosus ca. 2–4%. Bei E. multilocularis liegt die Letalität ohne Chemotherapie zwischen 52 und 94%; durch chirurgische und chemotherapeutische Maßnahmen konnte sie auf 10–14% gesenkt werden.

Übertragung

Infektionen kommen durch die orale Aufnahme von Eiern zustande. Infektionsquellen für E. granulosus sind Hunde in südlichen Ländern oder solche, die von dort mitgebracht werden. Infektionen mit E. multilocularis kommen durch direkten Kontakt mit Füchsen (Jäger) oder durch Verzehr von Waldfrüchten zustande, die mit Fuchslosung verunreinigt worden sind.

Pathogenese

Bei E. granulosus werden v. a. Leber und Lunge, seltener jedoch Gehirn und Knochen befallen, bei E. multilocularis fast nur die Leber. Erst nach Monaten oder Jahren machen sich die heranwachsenden Finnen durch raumfordernde, teils auch destruktive Prozesse klinisch bemerkbar. Es kann spontan zu Metastasierungen oder durch Platzen von Blasen zu miliarer Aussaat kommen (Abb. 3.3). Der Grund für das einerseits häufige Vorkommen von E. multilocularis beim Fuchs und dem relativ seltenen Auftreten beim Menschen ist bisher ungeklärt. Es könnte sich um Stammesunterschiede bei den Parasiten und um Abwehrmechanismen beim Menschen (HLA-System) handeln.

Klinik

Die Schwere der Erkrankung hängt von der Echinokokkenart, deren Sitz und Wachstumsgröße der Prozesse ab, jedoch sind klinische Symptome, falls sie auftreten, uncharakteristisch. Bei der Leber-

echinokokkose stehen besonders die Lebervergrö-
ßerung, Oberbauchbeschwerden und Ikterus im
Vordergrund. Bei der Echinokokkose der Lunge
handelt es sich meistens nur um Zufallsbefunde.
Allergische Reaktionen können nach Platzen von
Blasen entstehen.

Immunität

Immunologische Vorgänge sind anscheinend von
untergeordneter Bedeutung. In einigen Fällen können keine Antikörper festgestellt werden. Manchmal wird die Seroreaktion erst nach der Operation
positiv. Durch das lange Persistieren von Antikörpern ist daher kurzfristig keine Aussage über Be-
handlungserfolge möglich.

Labordiagnose

Bei Patienten, v.a. aus den Mittelmeerländern, ist
bei ausgedehnten (auch verkalkten) raumfordernden Prozessen an einen Befall mit E. granulosus
zu denken. Bei Mitteleuropäern mit mehr tumor-
artigen Prozessen kommt E. multilocularis in Betracht. Eine mögliche *Eosinophilie* (bis 15%) ist
ein zusätzlicher Hinweis. Der direkte Parasitennachweis gelingt nach Platzen von Zysten in der
Lunge bzw. Bauchhöhle (Häkchen von Larven im
Sputum bzw. Aszites). Die Punktion von Blasen
zur Diagnostik ist nur mittels spezieller Feinnadel-
technik (PAIR) möglich. In frischem oder fixier-
tem Operationsmaterial können Kopfanlagen und
die Keimschicht der Zystenwand nachgewiesen
werden. Indirekte Parasitennachweise sind durch
serologische Untersuchungen (Immunfluoreszenztest, Enzymimmunoassay, indirekte Hämagglutination) möglich. Antikörper können in ca. 70–100%
der Echinokokkose-Fälle nachgewiesen werden.
Besonders bei E.-granulosus-Befall der Lunge ist
in bis zu 30% der Fälle nicht mit einer nachweisbaren Antikörperbildung zu rechnen. Infektionen
mit Zystizerken von Taenia solium und anderen
Helminthen (z.B. Filarien) führen mitunter zu
Kreuzreaktionen.

Therapie

Die Methode der Wahl ist die *Radikaloperation*.
Ein Platzen der Blasen muß dabei vermieden werden. Große Blasen können punktiert und gespült
werden. Bei inoperablen Fällen bzw. nach miliarer
Aussaat kann eine Langzeittherapie mit Albendazol oder Mebendazol vorgenommen werden. Nach
langjähriger Therapie kommt es bei E. multilocularis gelegentlich zu einer klinischen Besserung und
Hemmung des Parasitenwachstums, bei E. granulosus zu einer Rückbildung der Prozesse.

Prävention

In den Endemiegebieten, insbesondere im Ausland, ist Hundekontakt (E. granulosus) zu vermeiden. Jäger sollten Hygienemaßnahmen beim Umgang mit Füchsen (E. multilocularis) ergreifen,
und in Endemiegebieten sollten keine rohen Waldfrüchte verzehrt werden.

Meldepflicht. Der direkte oder indirekte Nachweis
von Echinococcus sp. ist nicht-namentlich meldepflichtig (§7 IfSG).

ZUSAMMENFASSUNG: Echinococcus

Parasitologie. Kleine Bandwürmer der Arten E. granulosus (Endwirt Hund), E. multilocularis (Endwirt Fuchs). Im Menschen nur Larven in Geweben.

Entwicklung. Nach Aufnahme der Eier von Endwirten massenhafte ungeschlechtliche Entwicklung von Larven. Nach deren Aufnahme durch Endwirte entwickeln sich Adultwürmer in deren Darm.

Pathogenese. Bildung zystischer (E. granulosus) oder tumorartiger Prozesse (E. multilocularis), Zerstörung und Verdrängung von Geweben bzw. Organen.

Klinik. Abhängig von Parasitenart, Sitz und Größe der Prozesse, v.a. in Leber und Lunge, allergischer Schock nach Platzen von Zysten.

Labordiagnose. Zunächst serologisch, Larvennachweis histologisch im Operationsmaterial.

Therapie. Operation, Chemotherapie mit Albendazol, Mebendazol.

Prävention. In Endemiegebieten: Hunde- bzw. Fuchskontakt meiden, keine rohen Waldfrüchte verzehren (E. multilocularis).

XII

4.1 Trichuris

STECKBRIEF

Trichuris trichiura (Peitschenwurm) ist ein Rundwurm, der im Dickdarm vorkommt und gastrointestinale Störungen sowie Anämie hervorrufen kann. Er gehört mit Ascaris und Necator/Ancylostoma zu den häufigsten Darmparasiten des Menschen.

Innerhalb des Unterstammes Rundwürmer (Nematoda) stellen die Trichuridae mit den Trichinellidae eine eigene Ordnung dar.

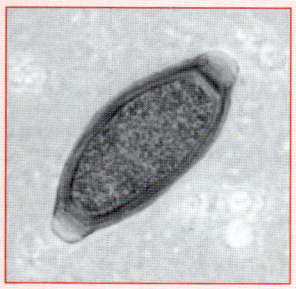

Trichuris trichiura
Ei im Stuhl, bereits 1771 von Linné beschrieben, als Erreger 1901 von Stills

4.1.1 Beschreibung

Morphologie und Aufbau

Trichuris ist rund und wird 3–5 cm lang, wobei das lange Vorderteil fadenförmig und der kürzere Hinterabschnitt dicker sind. Er besitzt, wie alle Nematoda, einen Verdauungskanal und ist getrenntgeschlechtlich.

Entwicklung

In den mit dem Stuhl ausgeschiedenen Eiern (Abb. 4.1) bildet sich innerhalb von 2–4 Wochen eine Larve. Werden diese embryonierten Eier oral aufgenommen, schlüpfen im Dünndarm die Larven aus (Abb. 4.1). Diese dringen dort zunächst in die Wand ein und wandern nach 3–10 Tagen in dessen Lumen zurück. Nach mehreren Häutungen erlangen sie in 2–3 Monaten im Dickdarm die Geschlechtsreife. Etwa 70–90 Tage nach Aufnahme der embryonierten Eier werden neue Eier mit dem Stuhl ausgeschieden. Die mittlere Lebenszeit im Menschen beträgt 3–3½ Jahre.

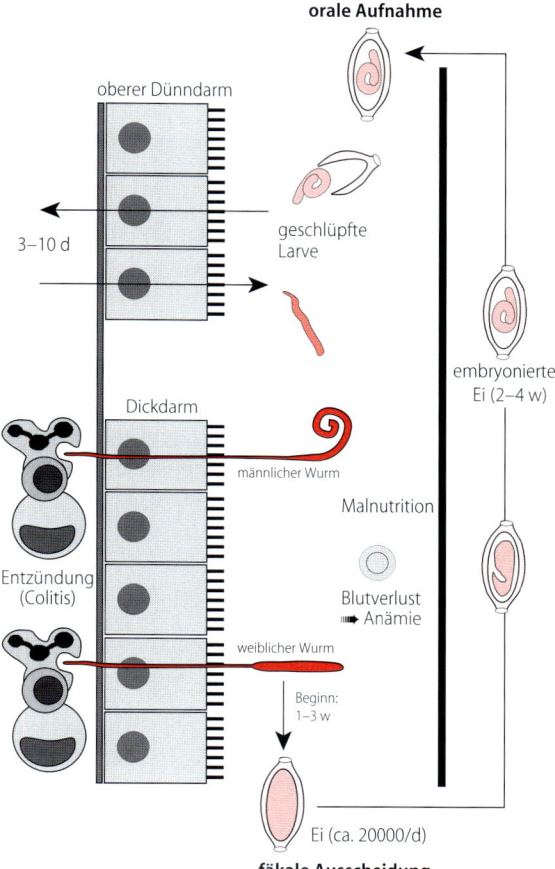

Abb. 4.1. Pathogenese der Trichuriasis

Resistenz gegen äußere Einflüsse

Die mehrschichtige Hülle verleiht dem Ei einen hohen Schutz gegen Umwelteinflüsse. In feuchter Erde kann es jahrelang lebensfähig bleiben.

Vorkommen

Trichuris kommt weltweit vor.

4.1.2 Rolle als Krankheitserreger

Epidemiologie

Die größte Prävalenz findet sich bei 5–15jährigen aus ländlichen Regionen mit mangelhaften Hygienestandards. Morbiditätsdaten sind schwer zu erheben, da nur selten schwere Krankheitsverläufe entstehen.

Übertragung

Die Infektion kommt durch kontaminierte Nahrungsmittel und Wasser zustande. Die Infektionsrate liegt in Deutschland unter 2%.

Pathogenese

Die Würmer dringen mit dem dünnen Vorderteil tief in die Dickdarmschleimhaut ein, die sich dadurch an den Eindringstellen entzündlich verändert. Bei Massenbefall können ausgedehnte entzündliche Prozesse entstehen (Abb. 4.1).

Klinik

Die Ausbildung klinischer Symptome hängt von der Zahl der Würmer ab. Zumeist führt der Befall zu keinen Symptomen. Bei großer Wurmzahl werden verschiedene gastrointestinale Störungen (Dysenterie), Kachexie sowie Anämien beobachtet.

Labordiagnose

Der Einachweis ist im Stuhl mittels Anreicherung möglich.

Therapie

Das Mittel der Wahl ist Mebendazol.

Prävention

Die Prävention umfaßt u.a. die Abwasserbeseitigung, die Bereitstellung sauberen Trinkwassers sowie die Nahrungshygiene.

ZUSAMMENFASSUNG: Trichuris

Parasitologie. Nematode der Art Trichuris trichiura, im Dickdarm vorkommend.

Entwicklung. Direkt, ohne Zwischenwirte.

Klinik. Meistens symptomlos, bei starkem Wurmbefall Dysenterie, Anämie.

Labordiagnose. Anreicherung im Stuhl.

Therapie. Mebendazol.

4.2 Trichinella

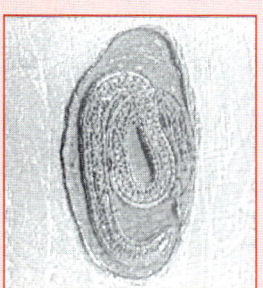

Trichinella spiralis ist ein Rundwurm, der im adulten Stadium im Dünndarm und als Larve in der Muskulatur vorkommt. Die Trichinellose des Menschen manifestiert sich durch Fieber, gastrointestinale Störungen und Ödeme; danach treten Muskelschmerzen auf.

Innerhalb des Unterstammes Nematoda stellen die Trichinellidae mit den Trichuridae eine eigene Ordnung dar.

Trichinella spiralis
Muskeltrichine als Erreger, entdeckt 1860 von Zenker

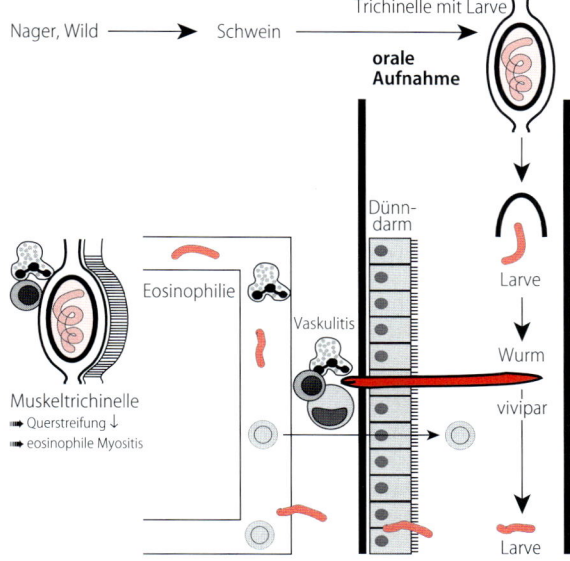

Abb. 4.2. Pathogenese der Trichinellose

4.2.1 Beschreibung

Morphologie und Aufbau

Adulte Trichinen sind rund 1,4–4 mm lang. Die Larven in der Muskulatur messen etwa 1 mm und befinden sich in einer 0,4–0,7 mm dicken Kapsel.

Entwicklung

Der Mensch (End- *und* Zwischenwirt) infiziert sich durch den Verzehr von Fleisch, insbesondere vom *Schwein*, das eingekapselte, lebende Trichinenlarven enthält. Diese werden durch die Verdauung frei, und nach viermaliger Häutung erreichen sie etwa eine Woche nach der Infektion im Dünndarm die Geschlechtsreife (Darmtrichinen). Die Weibchen, die 4–6 Wochen leben, gebären vivipar Trichinenlarven, die die Darmwand durchdringen und in den Blutkreislauf gelangen (Bluttrichinen). Auf dem Blut- und Lymphweg gelangen die Larven in die quergestreifte Muskulatur (Muskeltrichinen). Dort kapseln sie sich ein und verkalken später (Abb. 4.2).

Resistenz gegen äußere Einflüsse

Im Schlachtfleisch überleben die eingekapselten Larven, sterben aber nach mindestens zehntägigem Durchfrieren bei –25 °C ab.

Vorkommen

Trichinen sind *weltweit* verbreitet; sie kommen beim Menschen und bei einer Reihe von Säugetierarten vor. In Deutschland werden Infektionen nur sehr selten beobachtet.

4.2.2 Rolle als Krankheitserreger

Epidemiologie

In entwickelten Ländern ist die Erkrankung aufgrund der Fleischhygiene extrem selten: In Deutschland wurde 1996 nur ein Fall beim Menschen gemeldet, in den USA werden pro Jahr weniger als 100 Fälle bekannt.

Übertragung

Die Übertragung auf den Menschen geschieht durch den Verzehr rohen, infizierten Fleisches insbesondere vom Schwein (Hausschwein, Wildschwein). Schweine erwerben die Infektion durch Fressen von trichinentragenden Ratten und von Fuchskadavern.

Pathogenese

Durch das Eindringen der adulten Trichinenweibchen in die Darmmukosa kommt es zu deren Entzündung. Ödeme und Hämorrhagien entstehen aufgrund einer allergischen Gefäßentzündung (Vaskulitis). In der Skelettmuskulatur führen die Trichinenlarven zur eosinophilen Myositis sowie zur chemischen und strukturellen Änderung der Muskelfasern (Abb. 4.2).

Klinik

Die Ausbildung klinischer Erscheinungen ist von der Anzahl und dem Stamm der aufgenommenen Larven abhängig. Bei stärkerem Befall entsteht eine schwere Erkrankung mit Todesfolge. Nach einer Infektionszeit von 5–10 Tagen zeigt sich die intestinale Phase durch leichtes Fieber, wäßrige Durchfälle, Nausea und Erbrechen. Während der anschließenden extraintestinalen Phase treten Fieber, Ödeme und teilweise Myokarditis, Exantheme und Muskelschmerzen auf. Es kann Heilung eintreten, oder rheumaartige Beschwerden können längere Zeit vorhanden sein.

XII

Immunität

Die Immunreaktionen sind spezifisch in bezug auf die einzelnen Parasitenstadien. Das Absterben der relativ kurzlebigen adulten Trichinen wird durch T-Zell-Aktivierung verursacht. Dadurch entsteht auch ein Schutz gegenüber Reinfektionen. Serumantikörper, Komplement und eosinophile Leukozyten können zur Abtötung junger Larven im Blutstrom beitragen.

Labordiagnose

In der Phase der **Darmtrichinellose** können die Parasiten nur selten nachgewiesen werden. Im ersten Monat nach der Aufnahme kann man eine Bluttrichinellose durch Untersuchung hämolysierten Blutes nach dessen Zentrifugation oder Filtration diagnostizieren. Eine **Muskeltrichinellose** kann durch den direkten Nachweis der Larven in gequetschter (nativ) oder histologisch aufgearbeiteter Muskulatur und indirekt mittels Antikörpernachweises (indirekter Immunfluoreszenztest, Enzymimmunoassay) festgestellt werden.

Therapie

Das Mittel der Wahl ist Mebendazol. Auch Thiabendazol und Albendazol werden eingesetzt.

Prävention

Das Fleisch von Haus- und Wildschwein sowie anderen Tieren, die Träger von Trichinen sein können und das dem Genuß der Menschen dient, unterliegt der **amtlichen Trichinenschau** und ist danach, sofern nicht beschlagnahmt, als trichinenfrei anzusehen. Reisende sind auf das Infektionsrisiko durch den Verzehr rohen, ungenügend erhitzten, getrockneten und gepökelten Schweinefleisches im Ausland (außerhalb der EU) hinzuweisen.

Meldepflicht. Der direkte oder indirekte Nachweis von Trichinella spiralis ist namentlich meldepflichtig, soweit der Nachweis auf eine akute Infektion hinweist (§7 IfSG).

ZUSAMMENFASSUNG: Trichinella

Parasitologie. Nematode der Art Trichinella spiralis, vorkommend je nach Entwicklungsstadium in Darm, Blut, Muskulatur.

Entwicklung. Aufnahme von Trichinenlarven mit Fleisch, Adulte im Darm, Larven im Blut, später sich einkapselnd in Muskulatur.

Pathogenese. Toxine führen zu allergischen Reaktionen, Muskeltrichinen zu Myositis.

Klinik. Fieber, Durchfälle, Ödeme, Myokarditis, später rheumaartige Beschwerden.

Labordiagnose. Larvennachweis im Blut nach Zentrifugation oder Filtration, Larven im Gewebe histologisch, Antikörpernachweis.

Therapie. Mebendazol, Thiabendazol, Albendazol.

Prävention. Trichinenschau von Fleisch (Haus- und Wildschwein), Verzicht auf Rohfleischverzehr außerhalb der EU.

4.3 Strongyloides

STECKBRIEF

Strongyloides stercoralis (Zwergfadenwurm) ist ein Rundwurm, der im Dünndarm vorkommt und sich teils in der Außenwelt entwickelt. Die Strongyloidiasis manifestiert sich durch Enteritis.

Innerhalb des Unterstammes Nematoda stellen die Strongyloididae eine eigene Familie dar.

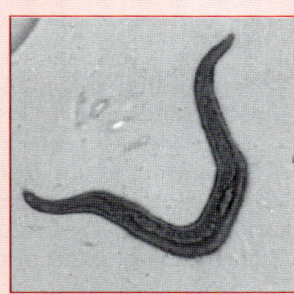

Strongyloides stercoralis
Larve im Stuhl,
entdeckt 1876, Aufklärung
des Zyklus 1933 durch
Faust

4.3.1 Beschreibung

Morphologie und Aufbau

Die Zwergfadenwürmer sind rund 2–3 mm lang.

Entwicklung

Im Darm lebende Weibchen legen parthenogenetisch Eier ab, aus denen sich noch im Darm rhabditiforme Larven entwickeln. Diese können

- sich noch im Stuhl in filariforme Larven entwickeln, die entweder in das Epithel (Endo-Autoinvasion) oder am After in die Haut (Exo-Autoinvasion eindringen oder
- mit dem Stuhl ins Freie gelangen (Abb. 4.3) und sich dort zu filariformen Larven entwickeln.

Aus diesen bilden sich im Freien lebende männliche und weibliche Adulte. Aus den befruchteten Eiern schlüpfen rhabditiforme Larven, die sich zu filariformen entwickeln.

Diese penetrieren die Haut, gelangen mit dem venösen Blut in die Lunge, durchbohren die Alveolen, werden aufgehustet und in den Verdauungstrakt abgeschluckt. Aus diesen entwickeln sich die parthenogenetischen Weibchen (Abb. 4.3).

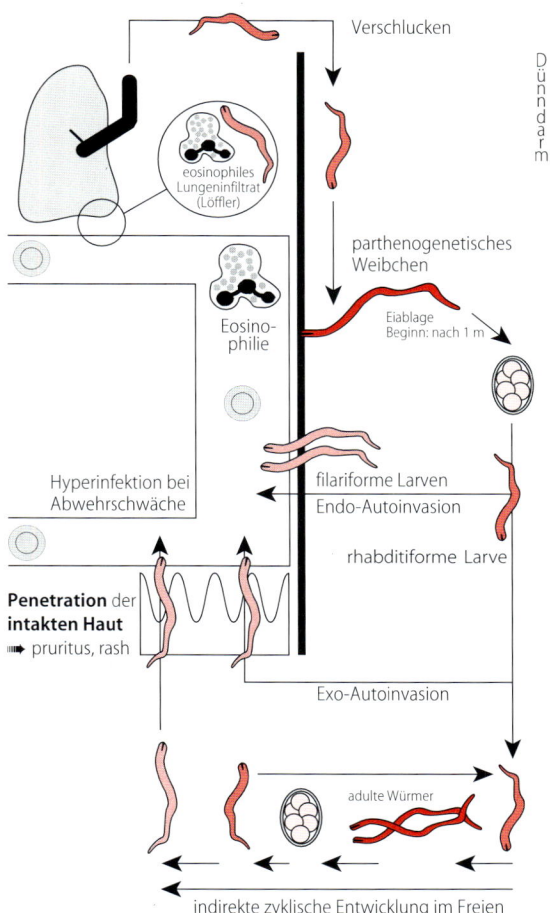

Abb. 4.3. Pathogenese der Strongyloiasis

Resistenz gegen äußere Einflüsse

Die Larven sind im feuchten und warmen Milieu mehrere Wochen lebensfähig.

Vorkommen

Zwergfadenwürmer sind in tropischen und subtropischen Ländern stark verbreitet.

4.3.2 Rolle als Krankheitserreger

Epidemiologie

Es gibt ca. 35–40 Mio infizierte Menschen.

Übertragung

Feuchte Umweltbedingungen begünstigen die endogene und exogene Vermehrung und den Austritt der Larven aus dem Stuhl in die Umgebung. Am häufigsten kommt die Infektion durch Barfußgehen zustande: Die Larven durchdringen die Haut.

Pathogenese

Die Krankheitserscheinungen gehen auf direkte Schädigung durch den Wurm und die durch diesen ausgelöste Immunreaktion zurück. Die molekularen Mechanismen und Virulenzfaktoren sind nur unzureichend bekannt.

Klinik

Durch das Wandern der Larven können Hautveränderungen und ein eosinophiles Lungeninfiltrat entstehen. Beim Darmbefall kommt es zu Ödemen, Blutungen, Eosinophilie und zur Geschwulstbildung. Die Enteritis ist von Bauchschmerzen, Erbrechen und Durchfall begleitet.

Immunität

Eine Immunsuppression (AIDS) kann sowohl die Weiterentwicklung im Gewebe ruhender Larven als auch eine Autoinfektion begünstigen (Dissemination und Hyperinfektion) und daher zum Tode führen (Abb. 4.3).

Labordiagnose

Nachweis von Larven im Stuhl geschieht mittels des direkten Larvennachweises nach Stuhlkonzentration oder mittels des sog. *Larvenauswanderverfahrens*, bei dem Stuhl auf ein Sieb aufgebracht wird, das man in Wasser eintaucht. Die aus dem Stuhl auswandernden Larven werden dann im Wasser nachgewiesen. Auch ein Antikörpernachweis (indirekter Immunfluoreszenztest) im Serum ist möglich.

Therapie

Mittel der Wahl sind Thiabendazol oder Albendazol.

Prävention

Die Prävention umfaßt den Bau von Toilettenanlagen, Vermeidung des Barfußgehens in warmen Ländern sowie die Untersuchung möglicher infizierter Personen und deren Behandlung.

ZUSAMMENFASSUNG: Strongyloides

Parasitologie. Nematode der Art Strongyloides stercoralis, im Dünndarm vorkommend.

Entwicklung. Im Freien und im Darm.

Klinik. Wanderlarven verursachen entzündliche Lungenreaktionen; Adulte im Darm Blutungen und Geschwürsbildungen, schwere Verläufe bei AIDS-Patienten.

Labordiagnose. Mikroskopischer Nachweis nach Konzentration oder Larvenauswanderverfahren aus Stuhl, Antikörpernachweis.

Therapie. Thiabendazol oder Albendazol.

4.4 Ancylostoma und Necator

Ancylostoma duodenale und Necator americanus (Hakenwürmer) sind Nematoden, die den Dünndarm befallen. Sie verursachen blutige Durchfälle und Anämie.

Innerhalb des Unterstammes Nematoda stellen die Ancylostomatidae eine eigene Familie dar.

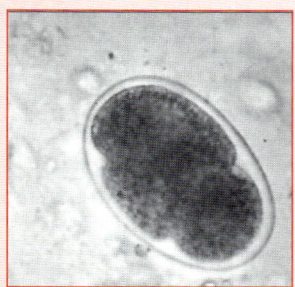

Hakenwurm
Ei im Stuhl,
seit dem Altertum
bekannt, wurde 1889
die perkutane Invasion
von Loos entdeckt

STECKBRIEF

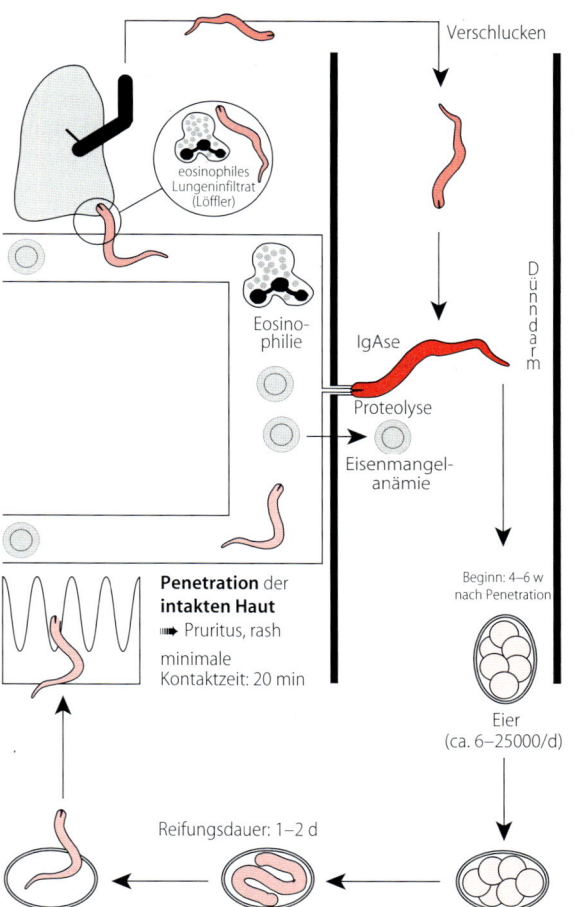

Verschlucken

eosinophiles
Lungeninfiltrat
(Löffler)

Eosino-
philie

IgAse

Proteolyse

Eisenmangel-
anämie

Dünndarm

Beginn: 4–6 w
nach Penetration

Eier
(ca. 6–25000/d)

Penetration der
intakten Haut
➡ Pruritus, rash
minimale
Kontaktzeit: 20 min

Reifungsdauer: 1–2 d

Abb. 4.4. Pathogenese der Hakenwurmerkrankungen

4.4.1 Beschreibung

Morphologie und Aufbau

Die Hakenwürmer sind rund, mit hakenförmigem Vorderende, und werden 5–13 mm lang.

Entwicklung

Nach Absetzen der Eier (Abb. 4.4) mit dem Stuhl entwickelt sich in diesen innerhalb von 1–2 Tagen eine Larve, die schlüpft und nach Durchlaufen von drei Larvenstadien infektionsfähig ist. Nach Kontakt dringen die Larven in die Haut ein und erreichen auf dem Blutweg die Lunge. Sie durchbohren die Alveolarwand, werden aufgehustet, abgeschluckt und erlangen im Darm die Geschlechtsreife, die 5–6 Wochen nach der Infektion eintritt (Abb. 4.4).

Resistenz gegen äußere Einflüsse

Bei Temperaturen unter 13 °C reifen die Eier nicht, es unterbleibt das Schlüpfen der Larve. Die aus den Eiern geschlüpften Larven sind im feuchten und warmen Milieu mehrere Wochen lebensfähig; durch Austrocknung und direktes Sonnenlicht werden sie jedoch zerstört.

Vorkommen

Hakenwürmer sind in warmen Ländern, besonders in feuchten Regionen, sehr stark verbreitet.

4.4.2 Rolle als Krankheitserreger

Epidemiologie

Hakenwurmerkrankungen sind in Endemiegebieten häufig: Man rechnet mit ca. 1 Milliarde infizierter Menschen.

Übertragung

Die Übertragung wird dadurch begünstigt, daß sich infektiöse Larven schnell entwickeln, aus dem Kot in die Umgebung auswandern und perkutan (Barfußgehen) eindringen können.

Pathogenese

Die Schädigungen entstehen durch den Blutverlust durch das Saugen des Wurms und durch die immunologisch bedingte Entzündungsreaktion auf den durchwandernden Wurm (Abb. 4.4).

Klinik

Durch das perkutane Einwandern entstehen Juckreiz, Hautrötung und beim Durchwandern durch die Lunge vorübergehende eosinophile Infiltrate. Während des Blutsaugens an der Darmwand kann es bei massivem Befall zu blutigen Durchfällen, Resorptionsstörungen und starker Eisenmangelanämie kommen. Hakenwurmbefall stellt die häufigste parasitäre Ursache von Eosinophilie und Ei-

senmangelanämie dar. Der Tod kann durch Herzinsuffizienz eintreten.

Labordiagnose

Nachweis der Eier im Stuhl durch Anreicherung sowie der Larven durch das sog. *Larvenauswanderungsverfahren*. Durch die Untersuchung der Mundwerkzeuge können die Hakenwurm- von den Strongyloideslarven unterschieden werden. An larvenhaltigem Stuhl kann man sich infizieren.

Therapie

Die Mittel der Wahl sind Mebendazol oder Pyrantelpamoat.

Prävention

Die Prävention umfaßt den Bau von Toilettenanlagen, Vermeidung des Barfußgehens in Endemiegebieten. Wichtig ist die prophylaktische Untersuchung von Bergarbeitern.

ZUSAMMENFASSUNG: Ancylostoma und Necator

Parasitologie. Nematoden der Arten Ancylostoma duodenale und Necator americanus, im Dünndarm vorkommend.

Entwicklung. Perkutanes Eindringen von Larven, Wanderung über Lunge, Rachen, Darm. Aus mit Stuhl abgesetzten Eiern schlüpfen in die Umwelt Larven.

Klinik. Wanderlarven: Juckreiz, Pneumonie. Adulte: blutige Durchfälle, Anämie.

Labordiagnose. Anreicherung im Stuhl, Larvenauswanderungsverfahren mit Stuhl.

Therapie. Mebendazol, Pyrantelpamoat.

4.5 Enterobius

Enterobius vermicularis (Oxyuris, Madenwurm) ist ein Nematode, der im Enddarm lebt und zur Eiablage aus dem After kriecht; klinisch manifestiert sich das als Analjucken.

Innerhalb des Unterstammes Nematoda stellen die Oxyuridae eine eigene Familie dar.

Enterobius vermicularis
Eier,
seit dem Altertum
bekannt, 1758 von
Linné beschrieben

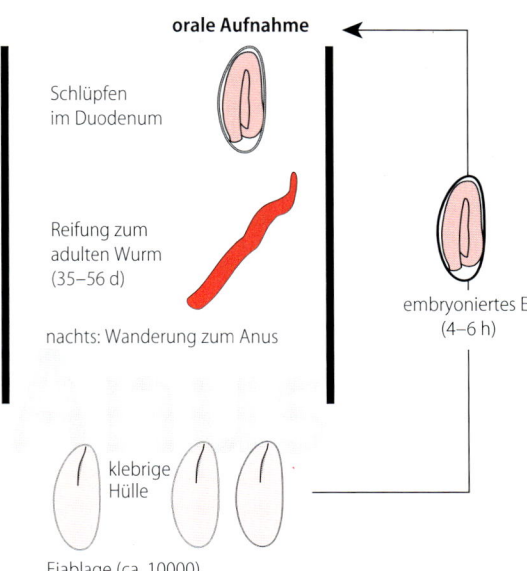

orale Aufnahme

Schlüpfen
im Duodenum

Reifung zum
adulten Wurm
(35–56 d)

nachts: Wanderung zum Anus

embryoniertes Ei
(4–6 h)

klebrige
Hülle

Eiablage (ca. 10000)

Abb. 4.5. Pathogenese der Enterobiasis (Oxyuriasis)

4.5.1 Beschreibung

Morphologie und Aufbau

Die Madenwürmer sind rund, von weißlicher Farbe und je nach Geschlecht 2–13 mm lang.

Entwicklung

Nach oraler Aufnahme embryonierter Eier schlüpfen die Larven im Darmkanal und erlangen in 35–56 Tagen nach mehreren Häutungen die Geschlechtsreife. Nach der Kopulation wandern die Weibchen zum Anus, legen auf der Analhaut meist nachts die Eier ab (ca. 10000) und gehen zugrunde (Abb. 4.5).

Resistenz gegen äußere Einflüsse

Entwickelte Eier sind in kühler und etwas feuchter Umgebung mehrere Wochen lebensfähig.

Vorkommen

Der Madenwurm ist weltweit, besonders in warmen Ländern bei Kindern verbreitet, kommt jedoch auch in Mitteleuropa vor.

4.5.2 Rolle als Krankheitserreger

Epidemiologie

Die Enterobiasis ist die häufigste Wurmerkrankung in gemäßigten Klimazonen. In den USA wird die Fallzahl auf 42 Mio geschätzt.

Übertragung

Die Übertragung geschieht von Mensch zu Mensch und als orale Autoinfektion digital nach Jucken am After. Auch Staub kann Eier enthalten. Die Verbreitung wird dadurch begünstigt, daß die Eier eine klebrige Hülle besitzen und bereits 4–6 Stunden nach der Ablage infektiöse Larven enthalten.

Pathogenese

Der Pathomechanismus des entstehenden Juckreizes ist nicht genau geklärt.

Klinik

Durch die am Anus auskriechenden Weibchen entstehen starker Juckreiz und nach Kratzen entzündliche Hautveränderungen.

Labordiagnose

Ein Madenwurmbefall wird durch Nachweis der Würmer auf dem Stuhl diagnostiziert. Können diese nicht vorgezeigt oder bestimmt werden, kann ein Einachweis erfolgen. Dazu wird ein Klebestreifen morgens auf den After geklebt, abgezogen und mikroskopisch untersucht (Klebestreifenmethode).

Therapie

Mittel der Wahl sind Mebendazol und Pyrviniumembonat.

Prävention

Mittels der o. g. Therapeutika werden nur die Würmer abgetötet. Durch die Kontamination der Umgebung des Afters und auch der Umwelt mit Eiern kommt es häufig zu Reinfektionen. Hygienische Maßnahmen (Händewaschen, Wäsche auskochen) müssen daher ergriffen und Kontaktpersonen (z. B. in Kindergärten) untersucht und gegebenenfalls behandelt werden.

ZUSAMMENFASSUNG: Enterobius

Parasitologie. Nematoden der Art Enterobius vermicularis (Oxyuris), im Dick- und Enddarm vorkommend.

Entwicklung. Aufnahme embryonierter Eier, weibliche Adulte legen Eier am Anus ab, die innerhalb weniger Stunden infektiös sind.

Klinik. Juckreiz am Anus.

Labordiagnose. Adulte auf Stuhl, Einachweis mit Klebestreifenmethode.

Therapie. Mebendazol, Pyrviniumembonat.

Prävention. Hygiene, Umgebungsuntersuchungen und gegebenenfalls Behandlungen.

XII

4.6 Ascaris

Ascaris lumbricoides (Spulwurm) ist ein Nematode, der v. a. im Dünndarm lebt. Klinisch kommt es durch die wandernden Larven zu Lungeninfiltraten und durch die Adultwürmer zu gastrointestinalen Störungen.

Innerhalb des Unterstammes Nematoda stellen die Ascarididae eine eigene Familie dar.

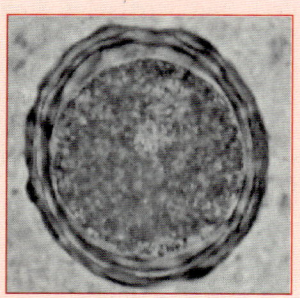

Ascaris lumbricoides
Ei im Stuhl

4.6.1 Beschreibung

Morphologie und Aufbau

Die Spulwürmer sind rund, können bleistiftdick und 15–40 cm lang werden.

Entwicklung

In den mit dem Stuhl ausgeschiedenen Eiern bildet sich in Abhängigkeit vom Außenmilieu innerhalb von 1–2 Monaten eine Larve (Larvenstadium L1), die sich noch im Ei zum infektionsfähigen Stadium (L2) weiterentwickelt. Werden diese embryonierten Eier oral aufgenommen, schlüpfen die Larven, durchbohren die Dünndarmwand und erreichen auf dem Blutwege die Leber und Lunge (L3 und L4). Sie durchdringen die Alveolarwand, gelangen in den Rachen, werden abgeschluckt und erlangen im Dünndarm nach einer weiteren Häu-

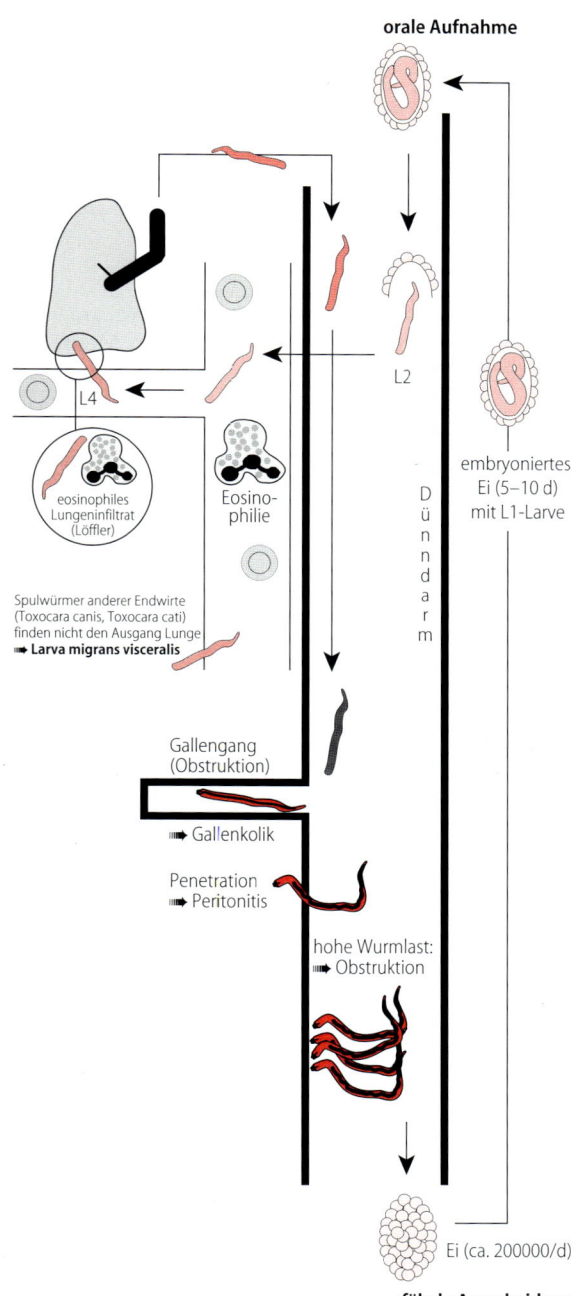

orale Aufnahme

L2

embryoniertes
Ei (5–10 d)
mit L1-Larve

D
ü
n
n
d
a
r
m

L4

eosinophiles
Lungeninfiltrat
(Löffler)

Eosino-
philie

Spulwürmer anderer Endwirte
(Toxocara canis, Toxocara cati)
finden nicht den Ausgang Lunge
➡ **Larva migrans visceralis**

Gallengang
(Obstruktion)

➡ Gallenkolik

Penetration
➡ Peritonitis

hohe Wurmlast:
➡ Obstruktion

Ei (ca. 200000/d)

fäkale Ausscheidung

Abb. 4.6. Pathogenese der Ascariasis (Spulwurmerkrankung)

tung (L5) innerhalb von 6–10 Wochen die Geschlechtsreife. Die adulten Würmer können je nach
Geschlecht bis zu 40 cm lang werden. Der tägliche

Ausstoß eines weiblichen Wurmes beträgt rund
200 000 Eier (Abb. 4.6).

Resistenz gegen äußere Einflüsse

Die mehrschichtige Hülle verleiht dem Ei einen
hohen Schutz gegen Umwelteinflüsse (z. B. Austrocknung): In feuchter Erde kann es jahrelang lebensfähig bleiben.

Vorkommen

Ascaris ist weltweit verbreitet, kommt aber in den
entwickelten Ländern seltener vor.

4.6.2 Rolle als Krankheitserreger

Epidemiologie

Die Ascariasis ist eine der häufigsten Wurmer-
krankungen; weltweit wird mit über 1 Milliarde
Fälle gerechnet.

Übertragung

Die Infektion kommt durch die Aufnahme kontaminierter Nahrungsmittel (Obst, Gemüse) und
Wasser zustande.

Pathogenese

Durch die Wanderung der Larven können vorübergehend entzündliche eosinophile Filtrate in
der Lunge (Löfflersches Syndrom) entstehen.
    Die Störungen im Darm sind zu einem großen
Teil direkt durch den Wurmbefall bedingt (Abb.
4.6).

Klinik

Der Lungenbefall führt zu pneumonieähnlichen
Symptomen (Husten und Temperaturanstieg). Als
allergische Reaktion sind auch asthmaähnliche
Symptome beschrieben. Bei starkem Befall des
Darmes zeigen sich gastrointestinale Störungen bis
hin zu kolikartigen Beschwerden, Wurm-Ileus und
Verlegung des Gallenganges sowie Peritonitis.

XII

Immunität

Auffällig ist eine Eosinophilie, die auf eine TH2-Immunantwort schließen läßt. Jedoch ist die Rolle der humoralen und zellulären Immunreaktionen gegen den Wurm nur unvollständig verstanden.

Labordiagnose

Nachweis der Eier im Stuhl mittels Anreicherung.

Therapie

Das Mittel der Wahl ist Mebendazol.

Prävention

Die Prävention umfaßt u. a. Abwasserbeseitigung, Bereitstellung sauberen Trinkwassers, Nahrungshygiene.

4.6.3 Verwandte Arten

Larven von Toxocara canis und Toxocara cati (Endwirte Hund bzw. Katze) können im Menschen wandern (Larva migrans visceralis), sich nicht zu Adulten entwickeln aber dennoch zur Toxocariasis führen. Nachweis v. a. serologisch.

Anisakis-Arten (Endwirte Robben, Zwischenwirt Hering) führen zur Anisakiasis beim Menschen.

ZUSAMMENFASSUNG: Ascaris

Parasitologie. Nematoden der Art Ascaris lumbricoides, im Dünndarm vorkommend.

Entwicklung. Aufnahme von Eiern, Larven wandern über Leber, Lunge, Rachen, Darm.

Klinik. Lungeninfiltrate durch Wanderlarven, gastrointestinale Störungen durch Adulte.

Labordiagnose. Anreicherung im Stuhl.

Therapie. Mebendazol.

4.7 Filarien

Der Sammelbegriff Filarien (Fadenwürmer) umfaßt verschiedene fadenförmige Nematoden, die durch Insekten übertragen werden. Je nach Wurmart manifestiert sich die Infektion vorwiegend durch Veränderungen der Lymphgefäße, der Haut bzw. der Augen.

Innerhalb der Klasse der Nematodes gehören die Würmer der Gattungen Wuchereria, Brugia, Loa, Onchocerca und weitere zur Ordnung der Filariida (Tabelle 4.1), und Dracunculus zur Ordnung der Dracunculida.

STECKBRIEF

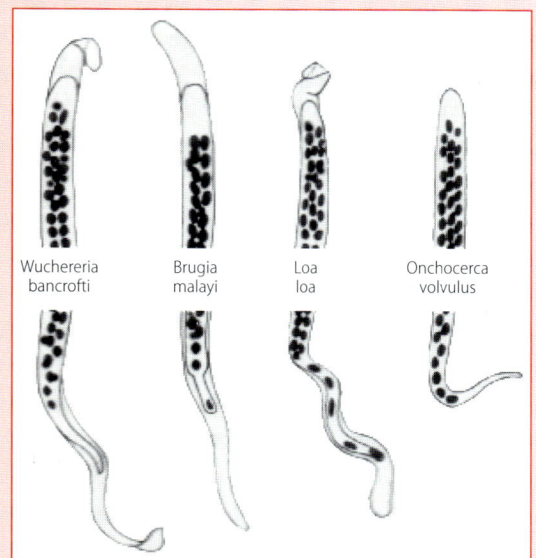

| Wuchereria bancrofti | Brugia malayi | Loa loa | Onchocerca volvulus |

Tabelle 4.1. Filarien: Arten und Überträger

Arten	Vektor	Vorkommen	
		Adulte	Mikrofilarien
Wuchereria Brugia	Stechmücken (Culex, Anopheles, Aedes, Mansonia)	Lymphsystem	Blut
Loa	Fliegen (Chrysops)	Subkutis	Blut
Onchocerca	Kriebelmücken (Simulium)	Subkutis	Haut/Auge

dort die Geschlechtsreife. Die Weibchen setzen embryonierte Eier ab oder gebären Larven (Mikrofilarien), letztere werden beim Saugakt durch die Überträger aufgenommen (Abb. 4.7).

Resistenz gegen äußere Einflüsse

Filarien kommen nicht außerhalb eines Wirtes vor. Gewässer bzw. feuchte Stellen sind aber eine Voraussetzung für die Entwicklung der übertragenden Insekten.

Vorkommen

Filarien sind in tropischen und subtropischen Ländern teilweise stark verbreitet und stellen dort ein erhebliches Problem dar.

4.7.1 Beschreibung

Morphologie und Aufbau

Die runden, fadenförmigen, geschlechtsreifen Würmer werden je nach Art 40–400 mm lang. Die Larven, die als Mikrofilarien bezeichnet werden, können (ausgenommen Onchocerca) durch eine Scheide umgeben sein, die durch Streckung der Eihülle entsteht, und werden 220–330 µm lang.

Entwicklung

Filarien werden als Larven durch den Stich von Insektenarten (u. a. Stech- und Kriebelmücken) übertragen. Die übertragenden Insekten fungieren als Zwischenwirte. Die Larven siedeln sich in bestimmten Organen bzw. Geweben an und erlangen

4.7.2 Rolle als Krankheitserreger

Epidemiologie

Filariosen sind häufig in den Endemiegebieten. Man rechnet mit 250 Mio Patienten, die mit Wuchereria oder Brugia befallen sind.

Onchozerkosen werden mit 20 Mio Fällen in Afrika und 1 Mio Fälle in Amerika angegeben. Nach C. trachomatis gilt Onchocerca volvulus als zweithäufigste Ursache erregerbedingter Erblindung.

Übertragung

Filarien werden vektoriell übertragen (s. o.).

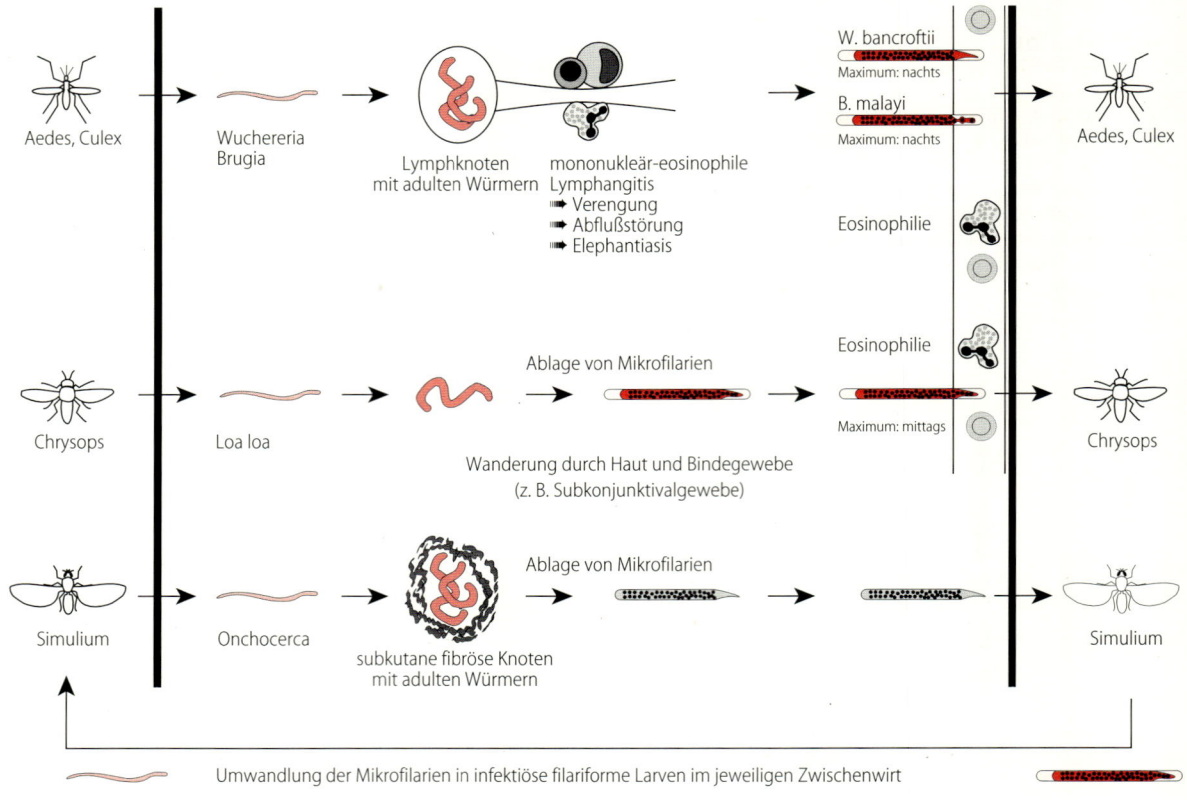

Abb. 4.7. Pathogenese der Filariasis

Pathogenese

Bei den lymphatischen Filariosen (Wuchereria, Brugia, Loa) steht die Wirkung der adulten Würmer im Vordergrund. Sie führen zu Bindegewebsproliferationen sowie Granulombildung und behindern den Lymphabfluß. Bei der Onchozerkose führen absterbende oder tote Mikrofilarien zu teils hyperreaktiven Immunreaktionen (eosinophile Granulome, Phagozyten-Zytotoxizitätsreaktionen).

Klinik

Wuchereria und Brugia. Nach einer Inkubationszeit von mehreren Monaten bis zu einem Jahr kommt es im akuten Stadium zu Fieber, mononukleärer eosinophiler Lymphangitis und in deren Folge zu Schwellungen verschiedener Haut- und Körperteile. Im chronischen Stadium dominieren durch die Blockade der Lymphgefäße ödematöse Schwellungen (Elephantiasis).

Loa. Ödematöse Hautschwellungen, Eosinophilie, juckende Knötchen, Tränenfluß, falls der Wurm unter die Augenbindehaut wandert.

Onchocerca. Ein bis zwei Jahre nach der Infektion treten vorwiegend in der Subkutis fibröse Knoten auf, in denen die aufgeknäuelten Weibchen abgekapselt leben. Es treten Hautveränderungen mit Juckreiz auf. Besonders schwerwiegend sind Hornhauttrübungen mit Iridozyklitis, die zur Erblindung (Flußblindheit) führen.

Labordiagnose

In Blutausstrichen, die nach Giemsa gefärbt werden, sind Mikrofilarien von Wuchereria und Brugia vorwiegend nachts, von Loa dagegen tagsüber nachweisbar. Larven von Onchocerca können in Hautproben festgestellt werden (Abb. 4.7).

Therapie

Diethylcarbamazin wirkt nur gegen die Mikrofilarien, während die Adulten zumeist nicht angegriffen werden. Durch den Zerfall der Larven können allergische Reaktionen auftreten, die entsprechend behandelt werden müssen. Desgleichen kommt Ivermectin zur Anwendung, auch dieses wirkt nur auf die Mikrofilarien und nicht auf die Adultwürmer. Zusätzlich können bei der Onchozerkose die Knoten operativ entfernt werden; Suramin zeigt Wirksamkeit gegen die adulten Stadien.

Prävention

Eine individuelle Prophylaxe gegen Wuchereria und Loa ist durch die Gabe von Diethylcarbamazin möglich. Im Vordergrund steht aber die weiträumige Bekämpfung der Stech- und Kriebelmücken in Gewässern mittels Insektiziden.

4.7.3 Verwandte Arten

Den Filarien nahestehend ist der Medinawurm, Dracunculus medinensis, dessen Weibchen im Unterhautbindegewebe des Menschen leben. Die Übertragung geschieht durch Aufnahme von infizierten Wasserflöhen im Trinkwasser.

ZUSAMMENFASSUNG: Filarien

Parasitologie. Nematoden der Gattungen: Wuchereria, Brugia, Loa, Onchocerca. Je nach Art in Lymphgefäßen oder der Haut lebend.

Entwicklung. Übertragung durch Insekten verschiedener Arten. Larven (Mikrofilarien) im Blut (Wuchereria, Brugia, Loa) oder der Haut (Onchocerca).

Klinik. Lymphangitis und -adenitis (Wuchereria, Loa); Hautschwellungen (Loa); Augenveränderungen (Onchocerca).

Therapie. Diethylcarbamazin, Ivermectin, Suramin.

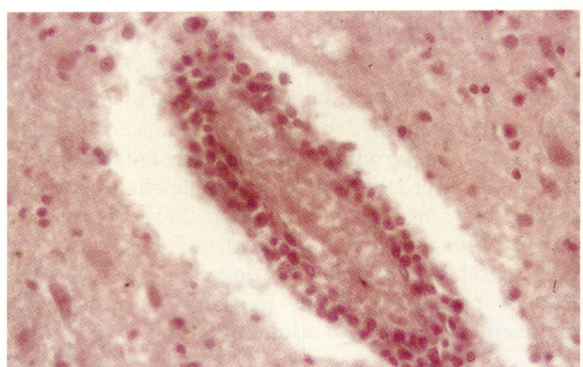

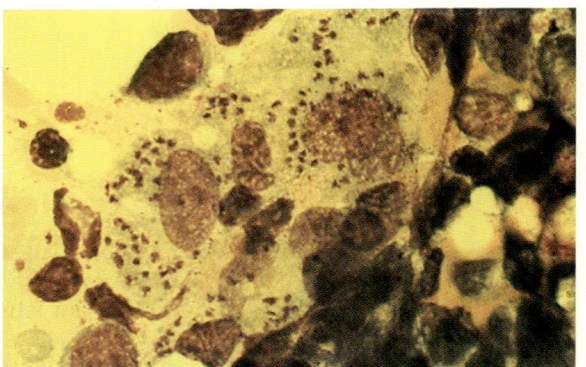

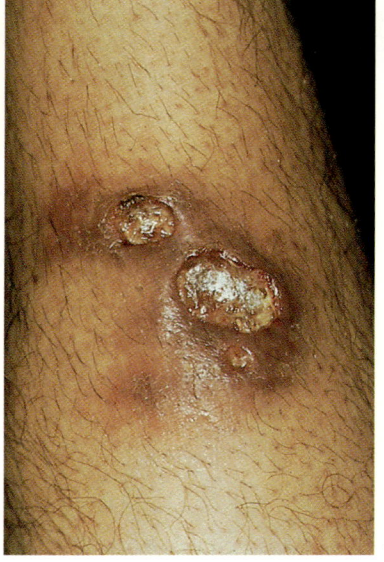

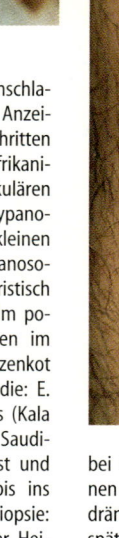

1. Schlafkrankheit – Patient im liquorpositiven Stadium. Tiefes Einschlafen beim Hinsetzen oder während der Mahlzeit ist ein sicheres Anzeichen dafür, daß die Infektion die Blut-Liquorschranke überschritten hat; **2.** Histologie des Gehirns im enzephalitischen Stadium der afrikanischen Trypanosomiasis. Charakteristisch sind die dichten perivaskulären Zellinfiltrate; **3.** Xenodiagnose bei Verdacht auf amerikanische Trypanososomiasis (Chagas-Krankheit). Das Patientenblut wird in einen kleinen Beutel aus Haushaltsfolie eingeschweißt und anschließend trypanosomenfreien Raubwanzen zur Blutmahlzeit angeboten. Charakteristisch ist der abgesetzte Kottropfen nach Beendigung des Saugaktes. Im positiven Fall vermehren sich die aufgenommenen Trypanosomen im Wanzendarm und können 4 Wochen nach Aufnahme im Wanzenkot nachgewiesen werden (Szene aus einer kinematografischen Studie: E. Christophel, St. Scheede, W. Bommer); **4.** Viszerale Leishmaniasis (Kala Azar) – Während eines längeren Aufenthaltes als Ingenieur in Saudi-Arabien und Libyen Erkrankung mit Fieberschüben, Schüttelfrost und Lymphknotenschwellungen. Hepatosplenomegalie (Milztumor bis ins kleine Becken), Leukopenie, Thrombozytopenie, Knochenmarksbiopsie: Zahlreiche Leishmanien in Makrophagen. Deutlicher Antikörpertiter. Heilung mit Pentostam-Infusionen; **5.** Hautleishmaniasis am Unterschenkel

bei einem Studenten nach Abenteuer-Urlaub in Peru. Von verschiedenen Ärzten bereits erfolglos mit Wundsalbe behandelt. In den Wundrändern waren typische Leishmanien nachweisbar. Wegen der Gefahr späterer Metastasierung wurde mit Pentostam-Infusionen behandelt, unterstützt durch eine Paromomycin-Salbe

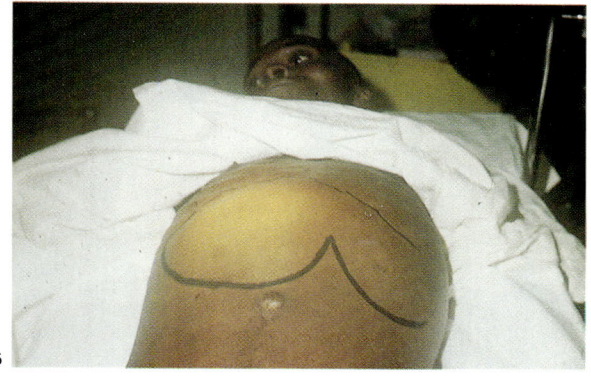

6

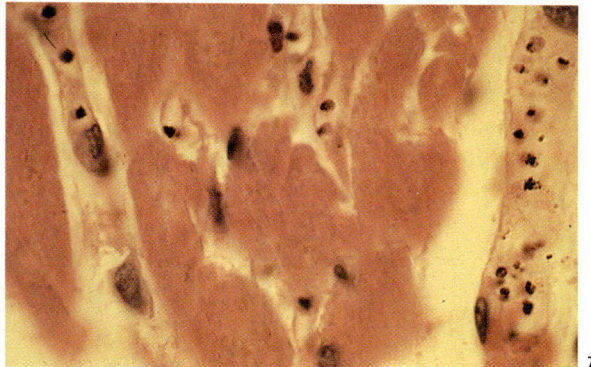

7 a

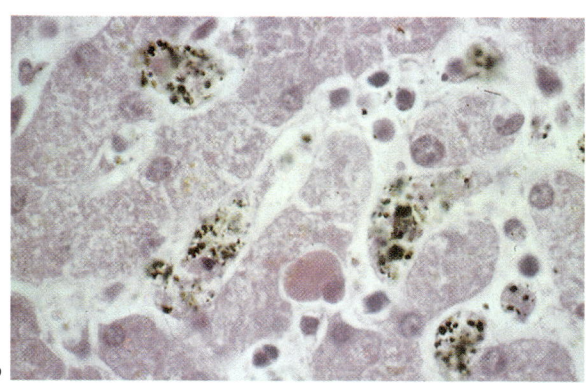

7 b

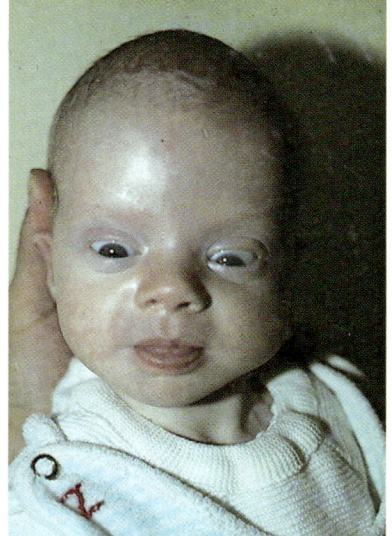

8

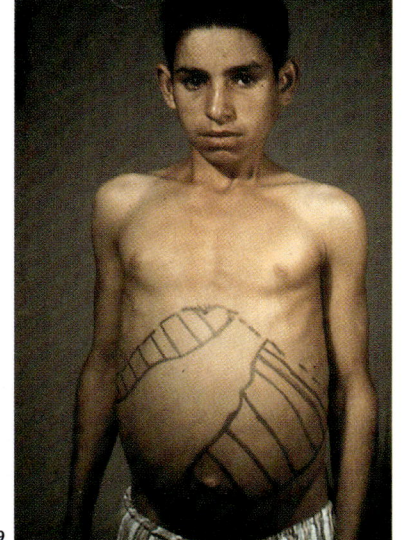

9

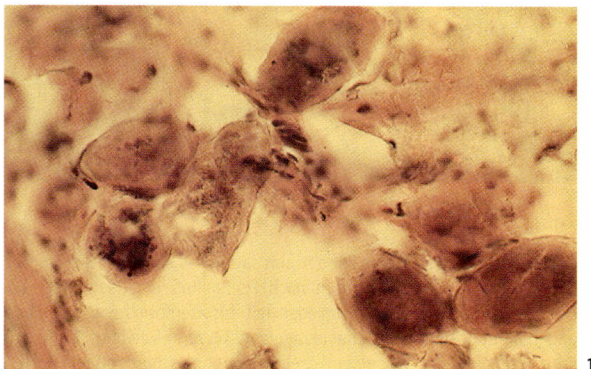

10

6. Amöbiasis – großer Amöben-Leberabszeß bei einem Patienten in Westafrika. Ein chirurgischer Eingriff ist trotz des dramatischen Bildes kontraindiziert. Die oral-medikamentöse Therapie kann ggf. durch gleichzeitige Feinnadelpunktion unter sonographischer Kontrolle unterstützt werden (übliches Vorgehen z. B. in Thailand); **7.** Malaria tropica – postmortale Diagnose einer nicht erkannten Malaria bei einer Studentin nach Afrikaaufenthalt. Nachweis parasitierter Erythrozyten in Kapillaren des Herzmuskels (**a**). Pigmentanreicherungen in den Kupfferschen Sternzellen der Leber bei Malaria tropica (**b**); **8.** Konnatale Toxoplasmose – ausgeprägter Hydrozephalus nach diaplazentarer Infektion mit Toxoplasma gondii: „Sonnenuntergangsphänomen". Im Computertomogramm des Gehirns waren deutliche Verkalkungen nachweisbar; **9.** Ägyptischer Patient mit chronischer Schistosomiasis: Hepatosplenomegalie, Ascites, venöse Kollateralenbildung infolge zunehmender Pfortaderstauung; **10.** Schistosomiasis (S. haematobium) – Inkrustierung der Blasenschleimhaut mit degenerierenden Schistosomeneiern bei einem jungen Ägypter. Chronische Zystitis. Gefahr der malignen Entartung (Blasenkarzinom)

XII

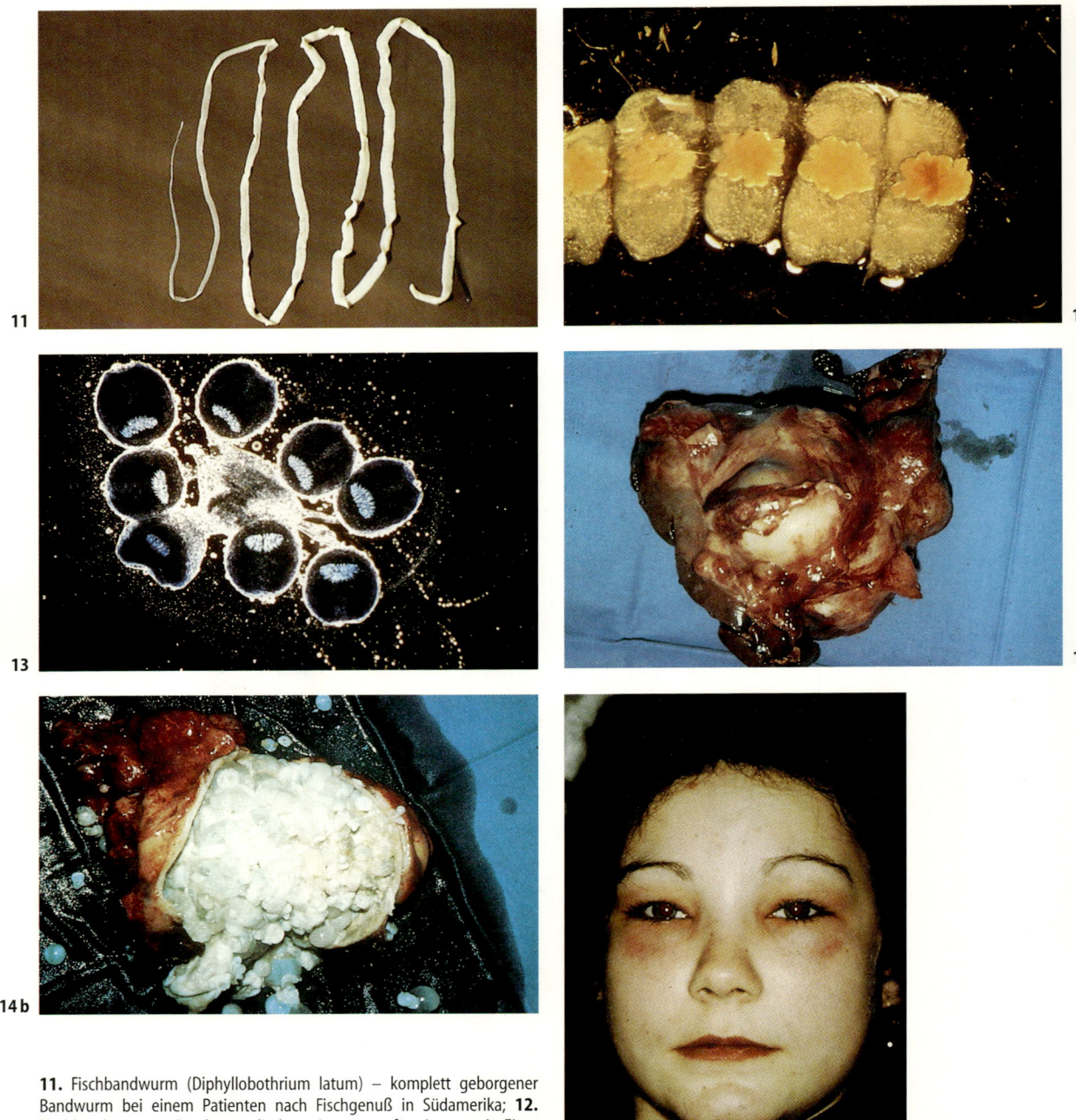

11. Fischbandwurm (Diphyllobothrium latum) – komplett geborgener Bandwurm bei einem Patienten nach Fischgenuß in Südamerika; **12.** Fischbandwurm – Bandwurmglieder mit rosettenförmigem, mit Eiern angefülltem Uterus nach Einwirkung von Glyzerin-Gelatine; **13.** Zystische Echinokokkose bei einem dreijährigen türkischen Jungen. Protoscolices im Punktat einer Leberzyste. Ein Jahr nach der Infektion in der Türkei hatten sich drei große Zysten in der Leber sowie zwei weitere in einer Niere und im Zwerchfell ausgebildet; **14.** Zystische Echinokokkose – Teilresektionspräparat eines Leberlappens mit einer Echinococcuszyste im geschlossenen (**a**) und geöffneten (**b**) Zustand. Patient aus Rumänien; **15.** 20 Jahre alte Patientin mit akuter Trichinellose, die bei sechs Jugendlichen nach Verzehr einer exotischen Fleischdelikatesse aus Ägypten auftrat. Fieber, Augenlid- und Gesichtsödeme, Durchfälle. Bei einem männlichen Patienten der Gruppe konnten lebende Trichinenlarven in einer Wadenmuskelbiopsie demonstriert werden

17

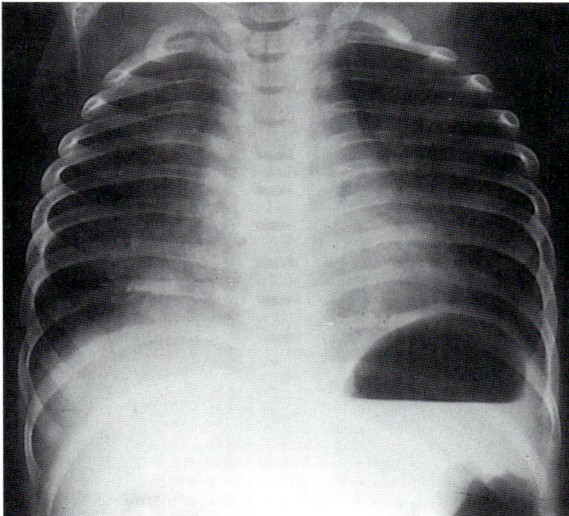

16

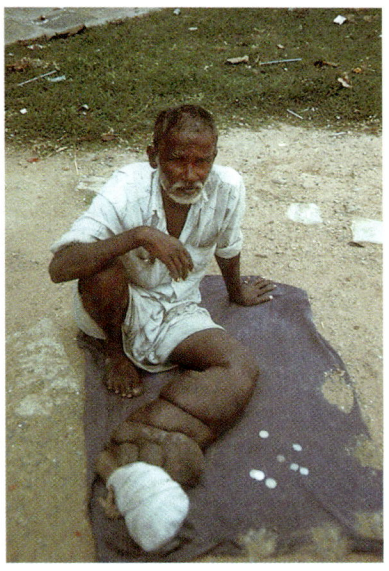

19

18

XII

16. Dieselbe Patientin wie in Tafel XII.15 nach einer dreiwöchigen Therapie mit Mebendazol und Decortin; **17.** Adulte Spulwürmer (Ascaris lumbricoides) aus dem menschlichen Darm (Länge: männlich 15–25 cm, weiblich 20–40 cm); **18.** Flüchtiges eosinophiles Lungeninfiltrat (Löffler-Syndrom) als Ausdruck der Durchwanderung von Ascaridenlarven bei einem 9 Monate alten Säugling; **19.** Filariasis – Elephantiasis des linken Beines durch Infektion mit Brugia malayi, Südindien (Aufnahme: St. M. Wagner)

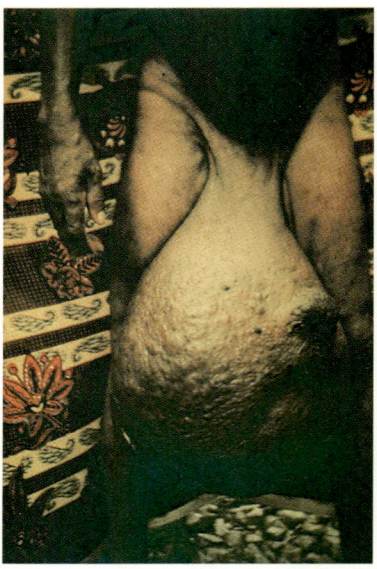

20

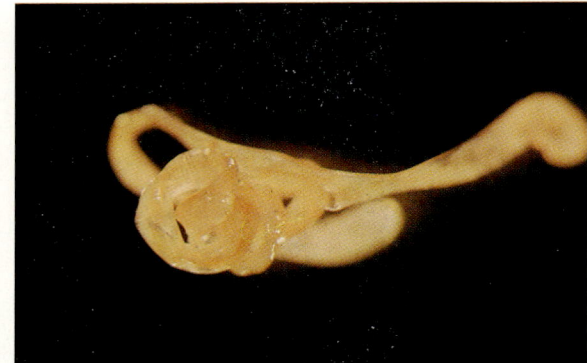

21

22

20. Elephantiasis des Scrotums bei Bancroft-Filariose (Aufnahme: W. Dupont, Lambarene, Gabun/Afrika); **21.** Loiasis – adulte Loa-Filarie nach Exstirpation aus der Augenbindehaut eines afrikanischen Patienten (Operationspräparate M. Kadelbach; Aufnahme: W. Bommer); **22.** Onchozerkose – Wurmknoten bzw. -konglomerate auf der Crista iliaca, am Trochanter und am Steißbein. Typische Hautveränderungen: Xerodermitis, Pseudoichthyose, „Elephantenhaut".
Die Abbildungen 1–20 mit den dazugehörigen Legenden stellte dankenswerterweise Prof. Dr. W. Bommer, Göttingen, zur Verfügung

Grundlagen der antimikrobiellen Chemotherapie

EINLEITUNG

Antimikrobielle Chemotherapie ist eine Heilmethode zur Behandlung von Infektionen. Die Erreger werden selektiv im Wirtsorganismus abgetötet oder an der Vermehrung gehindert, ohne daß die Zellen des Wirts durch die Chemotherapie geschädigt werden (Prinzip der selektiven Toxizität).

1.1 Einteilung antibakterieller Substanzen

Es gibt Antibiotika (gegen Bakterien), Antimykotika (gegen Pilze), Virustatika (gegen Viren), Antiparasitika (gegen Parasiten wie Protozoen) und Anthelminthika (gegen Würmer).

Die früher übliche Unterteilung antibakterieller Substanzen in Antibiotika und Chemotherapeutika wird heute nicht mehr verwendet.

1.2 Historie

Eine gezielte Chemotherapie gegen Infektionen ist erstmals aus Peru 1630 und 1638 berichtet, wo Eingeborene die Malaria erfolgreich mit der Rinde des Chinabaums („quina-quina") behandelten. Im Jahre 1643 wurde in Europa die Chinarinde von Herman van der Heyden (1572–ca. 1650) gegen Malaria tertiana empfohlen. Wirksame Bestandteile sind die China-Alkaloide, allen voran das Chinin.

Paul Ehrlich (1854–1915, Nobelpreis 1908) entwickelte den Gedanken, daß Farbstoffe mit spezifischer Affinität für pathogene Mikroorganismen im Sinne einer „Magischen Kugel" selektiv toxisch auf diese einwirken und sich zur Therapie von Infektionskrankheiten eignen müßten. Nach vielen Versuchen mit Anilinfarben („Ehrlich färbt am längsten") legte er 1891 mit der Anwendung von Methylenblau bei der Malaria den Grundstein für die

moderne Chemotherapie. Zusammen mit seinem japanischen Mitarbeiter Sahachiro Hata (1873–1938) schaffte er mit der Einführung des Salvarsans in die Therapie der Syphilis und anderer Spirochätosen 1910 den endgültigen Durchbruch zu einer gezielten Chemotherapie.

Gerhard Domagk (1895–1964, Nobelpreis 1939) führte die Untersuchungen über die antimikrobiellen Wirkungen von Azofarbstoffen weiter. Mit der Synthese von 2′,4′-Diaminoazobenzol-N4-Sulfonamid (Handelsname Prontosil) gelang 1935 die entscheidende Entdeckung. Es war erstmals möglich, eitrige Infektionen zu heilen.

Alexander Fleming (1881–1955) entdeckte 1928 das Penicillin auf Grund der Beobachtung, daß in der Umgebung einer Kultur von Penicillium notatum auf einem festen Kulturmedium die Vermehrung von Staphylokokken gehemmt war. Es wurde 1939 von Howard Walter Florey (1898–1968), Ernst Boris Chain (1906–1979) und Abraham, dem sogenannten „Oxford-Kreis", in reiner Form dargestellt und 1941 in die Therapie eingeführt (Nobelpreis 1945 an Fleming, Chain und Florey).

Nachdem Domagk 1941 mit dem Sulfathiazol das erste gegen M. tuberculosis wirksame Chemotherapeutikum vorgestellt hatte, entdeckte *Selman Abraham Waksman* (1838–1973, Nobelpreis 1952) 1943 das Aminoglykosid Streptomycin, das 1946 als erstes Antituberkulotikum Eingang in die Therapie fand. Diesem folgte das Isoniazid, das 1952, wiederum von Domagk, vorgestellt wurde.

In rascher Folge fanden dann weitere Substanzklassen und Modifikationen bekannter Substanzen Eingang in die Therapie.

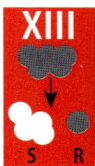

2 Antibakterielle Wirkung

K. MIKSITS, M. P. DIERICH

2.1 Wirktyp

Bakteriostase. Hierunter versteht man die Wirkungsweise einer antibakteriellen Substanz, als deren Folge die Bakterien an der Vermehrung gehindert, aber nicht abgetötet werden. Wird das Antibiotikum von den Bakterien getrennt, können diese sich wieder vermehren (Abb. 2.1).

Bakterizidie. Dies ist die Wirkungsweise, bei der die Bakterien abgetötet werden, so daß nach Entfernen der antibakteriellen Substanz keine erneute Vermehrung stattfinden kann (s. Abb. 2.1). Definitionsgemäß liegt eine klinisch relevante Bakterizidie vor, wenn innerhalb von 6 h nach Einwir-

kungsbeginn mindestens 99% der Bakterien in der Kultur abgetötet sind.

Substanzen, die nur in Vermehrung befindliche Bakterien abtöten, heißen sekundär bakterizid; als primär bakterizid bezeichnete Antibiotika töten dagegen auch ruhende Bakterien ab.

MHK und MBK. Die Meßgrößen, die zur Quantifizierung der Wirkungsweise dienen, sind die minimale Hemmkonzentration (MHK) und die minimale bakterizide Konzentration (MBK), die mittels Reihenverdünnungstests ermittelt werden (s. S. 908 ff., Mikrobiologische Labordiagnose).

Die minimale Hemmkonzentration ist die niedrigste Konzentration eines Antibiotikums, die die Vermehrung eines Bakteriums verhindert.

Die minimale bakterizide Konzentration ist die niedrigste Konzentration eines Antibiotikums, die 99,9% einer definierten Einsaat eines Erregers abtötet [nach einer Einwirkzeit von 6 h (DIN) oder 24 h (NCCLS in den USA)].

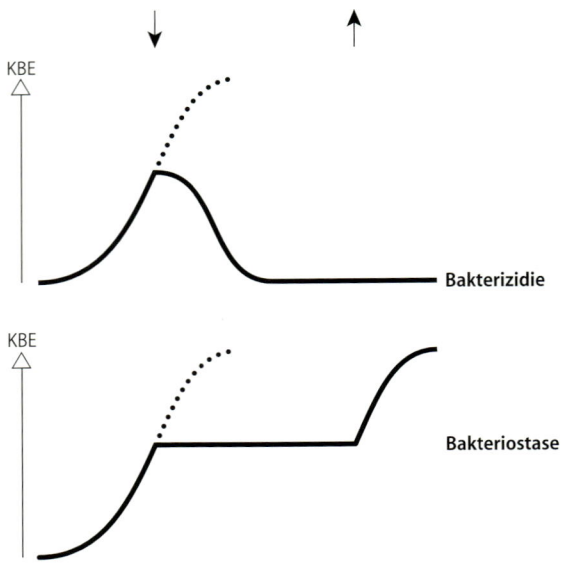

Abb. 2.1. Wirktyp: Bakterizidie und Bakteriostase
Antimikrobielle Chemotherapeutika hemmen die Vermehrung von Mikroorganismen, z.B. Bakterien – Bakteriostase –, oder töten sie ab – Bakterizidie. Nach Zugabe (↓) eines bakteriostatischen Antibiotikums bleibt die Bakterienzahl konstant (im Patienten kann sie durch die körpereigene Abwehr reduziert werden), nach Entfernung (↑) des Antibiotikums kommt es zur erneuten Vermehrung. Diese erneute Vermehrung findet bei bakteriziden Antibiotika nicht statt. KBE = Koloniebildende Einzelheiten

2.2 Wirkungsmechanismus

Die Wirkungsmechanismen antimikrobieller Substanzen lassen sich in Bezug auf ihren Angriffsort in vier Gruppen einteilen.

Störung der Zellwandsynthese. Die Neu-Synthese des Mureinsacculus kann auf verschiedenen Stufen gestört werden (Abb. 2.2). Dadurch fehlt den sich vermehrenden Bakterien das starre Stützkorsett: Die Zelle platzt auf Grund des in ihr herrschenden hohen osmotischen Drucks und stirbt ab. Zellwandsynthesehemmer wirken also sekundär bakterizid.

Störung der Proteinbiosynthese. Die Störung der Proteinbiosynthese erfolgt am Ribosom. Hier können die Anlagerung der tRNS, die Transpeptidierung, die Translokation oder die Ablösung der tRNS gestört sein (Abb. 2.3). Die Folge ist ein bakteriostatischer Effekt. Um wirken zu können, muß ein Proteinbiosynthesehemmer das intrazelluläre

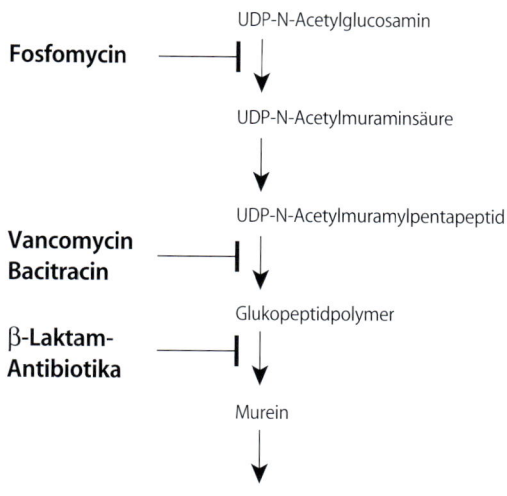

Abb. 2.2. Hemmung der Zellwandsynthese

β-Laktamantibiotika (Penicilline, Cephalosporine, Carbapeneme) hemmen die Transpeptidase, welche die Quervernetzung einzelner Mureinstränge katalysiert. Glykopeptide (Vancomycin, Teicoplanin) und Bacitracin inhibieren die Mureinpolymerisierung, während Fosfomycin seinen Angriffspunkt bei der Bereitstellung der Grundbausteine hat

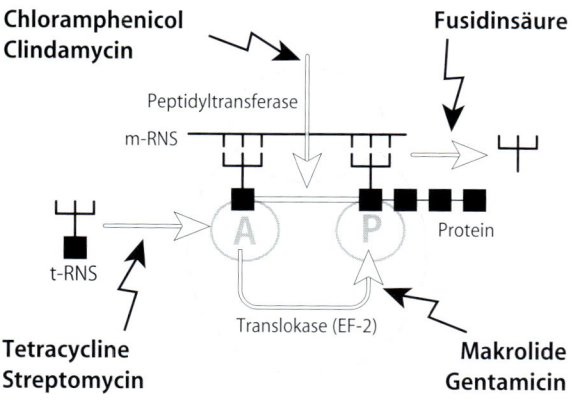

Abb. 2.3. Hemmung der Proteinbiosynthese

Ribosom erreichen, also die gesamte Zellhülle durchdringen.

Störung der Nukleinsäuresynthese. Die Nukleinsäuresynthese kann auf dreierlei Weise gestört werden:

- Folsäureantagonisten verhindern die Bereitstellung von Purinnukleotiden (Abb. 2.4),
- Rifampicin hemmt die RNS-Polymerase, also die Transkription, und

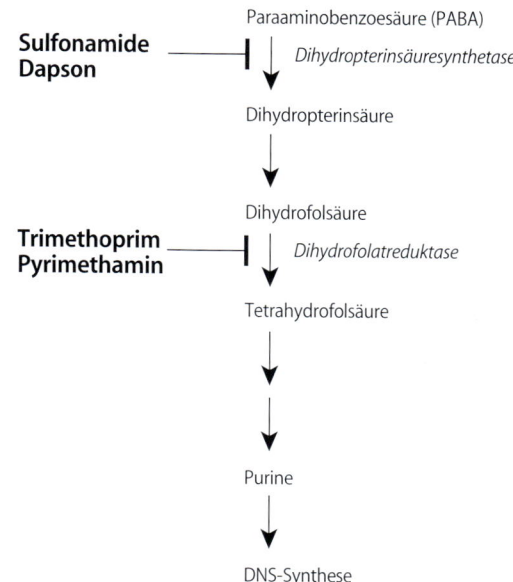

Abb. 2.4. Hemmung der Folsäuresynthese

Sulfonamide und Trimethoprim hemmen an zwei unterschiedlichen Stellen die Folsäuresynthese und damit die Bereitstellung von Purin-Nukleotiden. Durch die kombinierte Gabe, z.B. in Cotrimoxazol (Trimethoprim + Sulfamethoxazol) erhält man eine erhebliche Wirkungssteigerung

- Chinolone hemmen die Gyrase („Gyrasehemmer"), so daß das Supercoiling der DNS gestört wird.

Schädigung der Zytoplasmamembran. Einige Antibiotika schädigen die Zytoplasmamembran. Diese Substanzen, z.B. Polymyxin B, wirken dadurch primär bakterizid.

Postantibiotischer Effekt. In manchen Fällen wirkt die Bakterienhemmung noch nach, auch nachdem das Antibiotikum aus der Umgebung der Bakterien entfernt worden ist. Diese Eigenschaft findet sich bei Aminoglykosiden, Carbapenemen und Fluorochinolonen.

2.3 Wirkungsspektrum

Das Wirkungsspektrum umfaßt die Mikroorganismen, die von dem Chemotherapeutikum gehemmt werden. Es kann breit sein, also viele verschiedene Erreger erfassen (Breitspektrumantibiotika) oder eng, nur wenige Arten umfassend (Schmalspektrumantibiotika).

Breitspektrumantibiotika. Diese kommen dann zum Einsatz, wenn der Erreger noch nicht diagnostiziert wurde (kalkulierte Initialtherapie), oder bei Infektionen mit multiresistenten Erregern, die anders nicht zu behandeln sind (in diesem Sinne auch *Reserveantibiotika*).

So wird beispielsweise die kalkulierte Therapie der akuten Meningitis mit dem breit wirksamen Ceftriaxon durchgeführt, das alle wesentlichen Meningitiserreger erfaßt; die Therapie von MRSA-Infektionen erfordert den Einsatz eines Reserve-

mittels (z. B. Vancomycin oder Fosfomycin), weil hier das sonst übliche Flucloxacillin unwirksam ist.

Schmalspektrumantibiotika. Diese werden dann eingesetzt, wenn der Erreger und seine Empfindlichkeit durch das mikrobiologische Labor bestimmt worden sind. Sie lösen die Breitspektrumantibiotika ab, wodurch eine Resistenz gegen letztere minimiert wird.

Ist z. B. ein Meningitiserreger als penicillinempfindlicher Stamm von S. pneumoniae identifiziert, wird Ceftriaxon durch Penicillin G ersetzt.

EINLEITUNG

Ein Bakterienstamm ist resistent gegen ein Chemotherapeutikum, wenn seine minimale Hemmkonzentration so hoch ist, daß auch bei Verwendung der zugelassenen Höchstdosierung ein therapeutischer Erfolg nicht zu erwarten ist.

3.1 Formen

Natürliche (primäre) Resistenz. Diese beruht auf einer stets vorhandenen genetisch bedingten Unempfindlichkeit einer Bakterienart gegen ein Antibiotikum. Ein Beispiel hierfür ist die Unwirksamkeit von Penicillin G gegen P. aeruginosa.

Erworbene (sekundäre) Resistenz. Die sekundäre Resistenz entsteht durch den Selektionsdruck des Antibiotikums. Entweder kommt es zur Selektion resistenter Varianten, die in jeder Bakterienpopulation in geringer Zahl vorkommen und sich weiterhin vermehren, während die empfindlichen Populationsmitglieder abgetötet werden, oder aber es induzieren die Antibiotika die Produktion von inaktivierenden Enzymen in dem Bakterienstamm, wodurch dessen Resistenz ausgelöst wird. Beispiele hierfür ist die Induktion von β-Laktamasen durch β-Laktamantibiotika. Wird das Infektionsgeschehen durch die resistenten Bakterien aufrechterhalten, so äußert sich dies klinisch als Therapieversagen.

Hieraus folgt: Je häufiger ein Antibiotikum eingesetzt wird, desto wahrscheinlicher entsteht eine Resistenz.

3.2 Genetik der Resistenz

Chromosomenmutation. In einer Bakterienpopulation finden sich mit einer Häufigkeit von 10^{-6} bis 10^{-9} spontane Chromosomenmutationen, die durch Punktmutation oder größere DNS-Veränderungen wie Inversion, Duplikation, Insertion, Deletion oder Translokation zur Resistenz gegen eine oder mehrere antimikrobielle Substanzen führen.

Die Chromosomenmutationen führen neben dem Resistenzerwerb jedoch häufig zusätzlich zu Stoffwechselstörungen bei den Bakterien, so daß sie sich weniger gut vermehren können. Daraus erklärt sich, daß derartige Resistenzen wieder verschwinden, wenn der Selektionsdruck durch das Antibiotikum entfällt.

Übertragbare Resistenz. Die andere Möglichkeit der Resistenzentwicklung besteht in der Aufnahme von DNS, die einen Resistenzfaktor kodiert, durch Transformation, Transduktion und Konjugation.

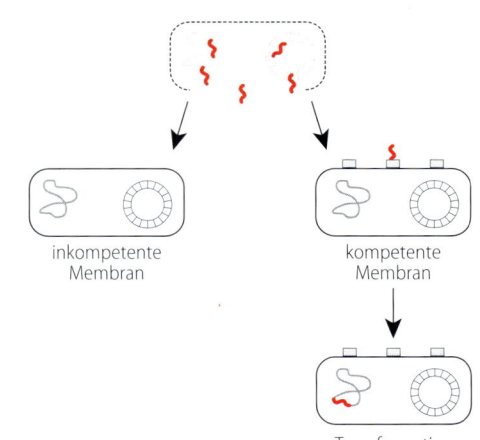

Abb. 3.1. Resistenzerwerb durch Transformation
Durch den Untergang von Organismen wird deren DNS mit Resistenzgenen frei und kann von lebenden Organismen, z. B. Bakterien, aufgenommen werden. Hierzu muß die Membran kompetent für die DNS-Aufnahme sein. Dies kann durch Membranproteine vermittelt werden, die auch eine Auswahl der DNS-Fragmente durchführen können

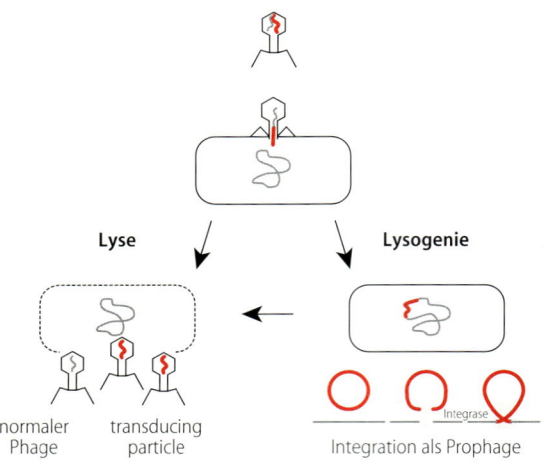

Lyse   **Lysogenie**

normaler
Phage   transducing
particle

Integration als Prophage

Abb. 3.2. Resistenzerwerb durch Transduktion

Bakteriophagen infizieren Bakterien. Sie übertragen ihr Genom. Dies kann zur Produktion neuer Phagen führen, die durch *Lyse* der Wirtszelle freigestetzt werden. Bei dieser Vermehrung können auch sogenannte transducing particles entstehen, die statt des Phagengenoms Teile des Wirtszellgenoms, z. B. ein Resistenzgen, beinhalten (ca. 1‰ der Phagen). Die andere Möglichkeit ist der Einbau des Phagengenoms als Prophage in das Genom des Wirts ohne Neuproduktion von Phagen: *Lysogenie*. Die Integration von Phagen-DNS erfolgt mit einer Integrase. Dies kann zur Ausbildung neuer Eigenschaften durch die Wirtszelle führen, z. B. Resistenz gegen Antibiotika

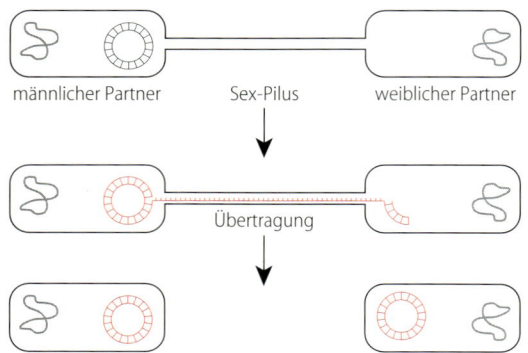

männlicher Partner   Sex-Pilus   weiblicher Partner

Übertragung

Abb. 3.3. Resistenzerwerb durch Konjugation

Bakterien können über Sex-Pili Kontakt mit anderen Bakterien aufnehmen. Durch die hohlen Pili kann ein plasmidgebundenes Resistenzgen (und andere Plasmidanteile) vom „männlichen" auf den „weiblichen" Partner übertragen werden. Trägt das Plasmid neben dem Resistenzgen auch die Information für den Sexpilus, spricht man auch von einem Resistenz-Transfer-Faktor (RTF)

Bei der *Transformation* nimmt der Mikroorganismus freie DNS aus der Umgebung auf. Für diesen Vorgang muß die Zellhülle „kompetent" sein (Abb. 3.1).

Bei der *Transduktion* wird resistenzkodierende DNS durch einen Bakteriophagen übertragen. Diese Art des Resistenzerwerbs gelingt nur, wenn die Phageninfektion lysogen und nicht lytisch ist (Abb. 3.2). Sie ist selten.

Bei der *Konjugation* wird von einem Bakterium ein Sexpilus ausgebildet, durch den Plasmid-DNS vom „männlichen" Partner auf den „weiblichen" übertragen wird (Abb. 3.3). Durch Transposition können Resistenzgene vom Bakterienchromosom mittels eines Transposons auf das Plasmid übertragen werden. Häufig trägt das Plasmid neben der Resistenzinformation auch die für den Sexpilus: Solche Plasmide werden *Resistenz-Transfer-Faktoren* (RTF) genannt. Konjugation findet vorwiegend zwischen gramnegativen Bakterien statt und kann speziesübergreifend sein.

Die plasmidvermittelte Resistenz führt im Gegensatz zur chromosomalen Resistenz nicht zu Stoffwechselstörungen, so daß ihr größere praktische Bedeutung zukommt.

3.3 Resistenzmechanismen (Tabelle 3.1)

Inaktivierende Enzyme. Am häufigsten ist die Bildung inaktivierender Enzyme. Hierzu zählen β-Laktamasen, aminoglykosidmodifizierende Enzyme, Chloramphenicol-Acetyltransferasen und Erythromycin-Esterasen.

β-Laktamasen spalten den β-Laktam-Ring, was zum Wirkungsverlust führt. Abhängig von ihren Substraten und der Hemmbarkeit durch β-Laktamaseinhibitoren werden β-Laktamasen nach Bush eingeteilt (Tabelle 3.2).

β-Laktamasen verursachen die Penicillin-Resistenz von Staphylokokken (Penicillinase) oder die Penicillin- oder Cephalosporin-Resistenz von Enterobakterien.

Aminoglykosidmodifizierende Enzyme werden beim Transport des Antibiotikums durch die Zellwand wirksam. Es kommt zu Phosphorylierung, Acetylierung oder Adenylierung des Aminoglykosids.

Veränderte Zielmoleküle. Eine Modifikation des Zielmoleküls kann zur Folge haben, daß sich das Antibiotikum nicht mehr bindet und damit seine Wirkung nicht mehr entfalten kann. Veränderte Penicillin-Binde-Proteine (PBP) liegen der Resistenz von methicillinresistenten S. aureus (MRSA)

Tabelle 3.1. Genetik der Antibiotikaresistenzmechanismen

	enzymatische Inaktivierung	verändertes Zielmolekül	Permeabilitäts-hemmung	verstärkte Ausschleusung	Überproduktion des Zielmoleküls	Umgehungswege
β-Laktame	P, C	C	C	–	(+)	–
Aminoglykoside	P, C	C	C	–	–	–
Tetracycline	–	P, C	P, C	P, C	–	–
Lincosamine	–	P, C	–	C	–	–
Makrolide	P	P, C	–	C	–	–
Glykopeptide	–	P, C	C	–	–	–
Folsäureantagonisten	–	P, C	C	–	C	P, C
Gyrasehemmer	–	C	–	C	–	–
Chloramphenicol	P	C	P	–	–	–
Rifampicin	–	C	–	–	–	–

P: plasmid-kodiert, C: chromosomal kodiert, –: bisher nicht beschrieben

Tabelle 3.2. β-Laktamasen: Einteilung nach Bush

Gruppe	Eigenschaften	Hemmung durch Clavulansäure
1	Cephalosporinasen	nein
2	Cephalosporinasen/Penicillinasen	ja
2a	Penicillinasen	
2b	Breitspektrum-β-Laktamasen	
2b′	Extended-spectrum-β-Laktamasen (ESBL)	
2c	Carbenicillinasen	
2d	Cloxacillinasen	
2e	Cephalosporinasen	
3	Metalloenzyme	nein
4	Penicillinasen	nein

oder penicillinresistenten Pneumokokken zu Grunde. Die Chinolon-Resistenz von E. coli ist bedingt durch Alterationen der DNS-Gyrase.

Veränderte Permeabilität der Zellhülle. Der Transport hydrophiler Substanzen durch die äußere Membran gramnegativer Bakterien erfolgt durch Porine. Wird der Porinkanal verändert, paßt das Antibiotikum nicht mehr hindurch und gelangt nicht an sein Zielmolekül. Auf einer solchen Veränderung des D2-Porins basiert die Imipenem-Resistenz von P. aeruginosa.

Auch können Transportproteine der Zytoplasmamembran alteriert sein. Diesen Resistenzmechanismus findet man z. B. bei der Aminoglykosidresistenz obligater Anaerobier.

Verstärkte Ausschleusung aus der Zelle. Durch die Induktion von Effluxpumpen in der Zellhülle kann ein eingedrungenes Antibiotikum so schnell aus der Zelle eliminiert werden, daß es ohne Wirkung bleibt. Hierauf beruht die Resistenz von Enterobakterien gegen Tetracycline.

Überproduktion des Zielmoleküls/Umgehungswege. Wird das Zielmolekül überexprimiert, kann die erreichbare Konzentration des Antibiotikums nicht ausreichen, um eine vollständige Inhibition zu bewirken. Die Aktivierung alternativer Stoffwechselwege kann ebenfalls zur Unwirksamkeit eines Antibiotikums führen, obwohl sich eine sonst ausreichende Menge in der Bakterienzelle befindet. Solche Mechanismen spielen bei der Resistenz gegen Folsäureantagonisten eine Rolle.

XIII

4 Pharmakokinetik

P. Dierich

• • •

EINLEITUNG

Die Pharmakokinetik beschreibt die zeitabhängige Veränderung der Konzentration einer Substanz.

Resorption. Die Aufnahme einer Substanz über äußere oder innere Körperoberflächen wird als Resorption bezeichnet. Sie hat entscheidenden Einfluß auf die Applikationsart eines Antibiotikums und läßt Voraussagen bezüglich möglicher Nebenwirkungen zu.

Zum Beispiel wird Vancomycin nicht über den Darm resorbiert. Soll eine systemische Infektion, z. B. eine MRSA-Sepsis, behandelt werden, so muß Vancomycin parenteral (intravenös) gegeben werden, und es muß die Möglichkeit einer Nierenschädigung bedacht werden; ist die Indikation dagegen eine antibiotika-assoziierte Kolitis durch C. difficile, erfolgt die Gabe oral, und es ist nicht mit systemischen Nebenwirkungen wie Nierenschädigung zu rechnen.

Kompartimentierung. Eine Substanz kann sich gleichmäßig oder in den verschiedenen Körperregionen (Kompartimenten) unterschiedlich verteilen.

Cefotiam gelangt nicht in den Liquor; bei einer Meningitis durch E. coli kann es daher nicht eingesetzt werden, selbst wenn der Erregerstamm bei der Sensibilitätsprüfung in vitro eine geringe minimale Hemmkonzentration aufweist, die für die Behandlung einer Pneumonie ausreichen würde.

Um in Wirtszellen befindliche Erreger zu erreichen, muß ein Medikament durch Lipiddoppelmembranen hindurch ins Zellinnere gelangen. Fluorochinolone, Makrolide oder Tetracycline haben diese Eigenschaft, hydrophile Substanzen wie z. B. Penicillin G dagegen nicht.

Ein bedeutendes Kompartiment ist das Plasmaeiweiß. An dieses gebundene Substanzen (*Plasmaeiweißbindung*) stehen zunächst nicht zur Verfügung, sie dissoziieren aber wieder ab, was nach unterschiedlicher Kinetik erfolgt.

Metabolisierung. Eine Metabolisierung findet bei den meisten Antibiotika in verschiedenem Grade statt. Die durch Oxidation, Reduktion, Hydrolyse oder Konjugation entstandenen Abbauprodukte sind z. T. antibakteriell inaktiv und erscheinen in dieser Form im Blut, Urin, in der Galle oder in den Fäzes.

Bei oral verabreichten Substanzen muß ein möglicher „First-pass-Effekt" also eine Metabolisierung in der Leber, bevor der systemische Kreislauf und damit der Infektionsort erreicht werden, berücksichtigt werden.

Manche Präparationen stellen sogenannte „prodrugs" dar, sie werden erst im Organismus in die eigentlich aktive Form umgewandelt.

Elimination. Die Elimination der meisten Antibiotika erfolgt vorwiegend durch die Nieren; einige Antibiotika, z. B. Rifampicin und Ceftriaxon, werden in erster Linie durch die Galle und die Fäzes ausgeschieden. Dabei kann es zu einer Rückresorption im Darm kommen. Dies ist zu bedenken bei Ausscheidungsstörungen, da dann die Gefahr der Kumulation besteht. So ist eine ständige Kontrolle des Plasmaspiegels bei Aminoglykosidtherapie von Patienten mit Niereninsuffizienz angezeigt, um einer Kumulation in den toxischen Bereich vorzubeugen.

Die Dauer der Elimination hat wesentlichen Einfluß auf die Verabreichungsfrequenz einer Substanz. Cefotaxim hat eine Halbwertszeit von etwa einer Stunde, für Ceftriaxon, gleichfalls ein Cephalosporin der dritten Generation, beträgt sie dagegen acht Stunden.

Konzentrations-Zeit-Verlauf – Kinetikkurve. Abhängig von Dosierung und Dosierungsintervall ändert sich das Muster des Konzentrationsverlaufs in einem Kompartiment (Abb. 4.1). Hierbei können

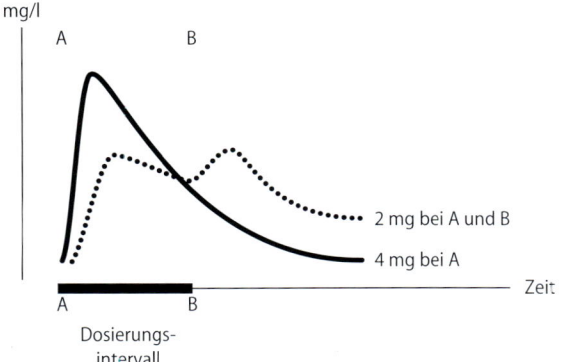

Abb. 4.1. Pharmakokinetik. Kinetikkurve
A und B: Zeitpunkte der Antibiotikagabe

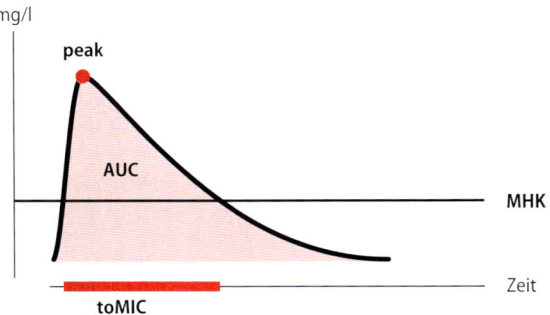

Abb. 4.2. Pharmakokinetik
Eine antimikrobielle Substanz unterliegt einem bestimmten Konzentrations-Zeit-Verlauf (Kinetik). Hierbei lassen sich einige Meßgrößen bestimmen, die zur antimikrobiellen Wirkung in Beziehung gesetzt werden können. Dies sind Dauer der Konzentration über der MHK (toMIC = time over minimal inhibitory concentration), der peak/MHK- und der AUC/MHK-Quotient (AUC = area under curve = Fläche unter der Kurve)

folgende pharmakokinetische Größen bestimmt und für die Beurteilung einer antimikrobiellen Substanz herangezogen werden (Abb. 4.2): Dauer der Konzentration oberhalb der MHK (toMIC = „time over minimal inhibitory concentration"), der peak/MHK-Quotient und AUC/MHK-Quotient (AUC = „area under curve").

5 Applikation und Dosierung

K. Miksits, M. P. Dierich

Applikation. Antimikrobielle Substanzen können oral oder parenteral (intravenös, intramuskulär) oder lokal verabreicht werden. Welcher Weg gewählt wird, hängt von der Substanz und der Indikation ab (s. o.). Eine lokale Gabe von Antibiotika ist nur in wenigen Fällen sinnvoll, etwa bei erregerbedingter Konjunktivitis. Die lokale Applikation birgt, vor allem an der Schleimhaut und der Haut, die Gefahr der Allergisierung. In vielen Fällen, die sich auf erste Sicht für eine lokale Antibiotikatherapie anbieten, eignen sich Desinfektionsmittel besser.

Dosierung. Hier müssen die Empfindlichkeit der Erreger, die Pharmakokinetik und die Verträglichkeit des Antibiotikums sowie die Lokalisation des Krankheitsprozesses berücksichtigt werden. Bei schwer zugänglichen Prozessen muß ein Antibiotikum in der erlaubten Maximaldosis gegeben werden. So muß beispielsweise bei bakterieller Meningitis das relativ schlecht liquorgängige Penicillin G 10- bis 20fach höher dosiert werden, damit eine genügend hohe Liquorkonzentration erzielt wird.

Dosierungsintervall. Bei bakteriostatischen Substanzen muß für eine möglichst dauerhaft über der MHK liegende Konzentration gesorgt werden. Bakterizide Antibiotika wie β-Laktame werden ebenfalls gleichmäßig über den Tag verteilt gegeben (z. B. 3× jeweils im Abstand von acht Stunden). Die Einhaltung gleichmäßiger Intervalle soll während eines längeren Intervalls keine Phasen mit Unterdosierung entstehen lassen. Bei dosisabhängig bakteriziden Substanzen wie Aminoglykosiden und Fluorochinolonen hingegen werden mit einer höheren Spitzenkonzentration auf Kosten einer gleichmäßigeren Konzentrationshöhe bessere Erfolge erzielt. Sollen bei einer schweren Infektion zwei oder drei Antibiotika eingesetzt werden, empfiehlt es sich, diese nicht gleichzeitig, sondern zeitlich versetzt zu geben (z. B. im Abstand von vier Stunden).

Behandlungsdauer. Die Behandlungsdauer hängt vom Krankheitsverlauf und von der Erregerart ab. Sie sollte ausreichend lang, kurz und intensiv sein. Ob die gewählte Therapie wirksam ist, sollte sich innerhalb von 2–3 Tagen erkennen lassen. Eine unnötig lange Behandlung ist durch das Risiko der Selektion von resistenten Bakterien belastet.

Je nach Erkrankung sollte eine Behandlung nach 5–7 Tagen beendet werden können (Angaben hierzu finden sich in der Fachliteratur). Jedoch gibt es für die meisten Infektionen keine Daten, wie lange die Antibiotikatherapie tatsächlich dauern muß. Zu den wenigen Ausnahmen zählen die Therapien der Endokarditis (s. S. 921 ff.), und der H.-pylori-Infektionen (s. S. 308 ff.). Auch ist bei chronischen Infektionen wie der Tuberkulose oder bei Dermatophytosen eine monatelange Behandlung notwendig.

Toxische. Den Antibiotika mit geringer Toxizität (Penicilline, Cephalosporine) stehen potentiell toxische Antibiotika, wie Aminoglykoside und Fluorochinolone, gegenüber, die bei Überdosierung teils reversible, teils irreversible Schäden hervorrufen können.

Praktisch bedeutsam ist die *therapeutische Breite*, der Abstand zwischen therapeutischer und toxischer Dosierung. Sie ist bei β-Laktamantibiotika groß, bei Aminoglykosiden gering; Aminoglykoside müssen daher exakt, ggf. unter laufender Kontrolle der Serumkonzentration, dosiert werden.

Auch bei normaler Dosierung sind toxische Nebenwirkungen möglich, wenn durch eine Störung der Entgiftungsfunktion der Leber oder durch eine Ausscheidungsstörung bei Herz- oder Niereninsuffizienz eine Kumulation des Antibiotikums stattfindet. Intrazellulär wirkende Mittel sind oft hämato- und hepatotoxisch (z. B. Rifampicin, Cotrimoxazol, Isoniazid).

Allergische. Diese kommen vor allem bei der Therapie mit Penicillinen vor, und zwar am häufigsten bei lokaler Anwendung: polymorphe Exantheme, Urtikaria, Eosinophilie, Ödeme, Fieber, Konjunktivitis, Photodermatosen, Immunhämatopathie. Gefürchtet ist der anaphylaktische Schock mit u. U. tödlichem Ausgang.

Vancomycin, Streptomycin und Nitrofurane führen nicht selten zu allergischen Reaktionen. Eine Allergisierung durch andere Antibiotika ist bei einer Allgemeinbehandlung relativ selten, wird aber als Kontaktallergie nach lokaler Anwendung häufiger beobachtet.

Biologische. Sie entstehen durch die Beeinflussung der normalen Bakterienflora auf der Haut oder Schleimhaut. Sie sind besonders häufig unter der Behandlung mit Breitspektrumantibiotika (z. B. Tetracycline). Durch Schädigung der physiologischen Flora kommt es zum Überwuchern von Pilzen (Candida albicans) oder von resistenten Bakterien (z. B. Staphylokokken, P. aeruginosa, Klebsiella), und Sekundärinfektionen werden ausgelöst (z. B. Candida-Stomatitis).

Die antibiotikaassoziierte Enterokolitis kann unter einer Behandlung mit Breitspektrum-Antibiotika auftreten. Sie ist durch das Überwuchern von toxinbildenden Clostridium-difficile-Stämmen bedingt (s. S. 364).

K. MIKSITS, M. P. DIERICH

EINLEITUNG

Ausgangspunkt für die Indikation einer antimikrobiellen Chemotherapie ist immer der kranke Patient: Es wird ein Patient, nicht ein (mikrobiologischer) Laborbefund behandelt.

Der Arzt muß neben mikrobiologischen und pharmakologischen Parametern den Zustand des Patienten berücksichtigen, um die am besten geeignete antimikrobielle Chemotherapie aus der Vielzahl verfügbarer Substanzen auszuwählen. Hierzu muß er sich eine Reihe von Fragen beantworten:

- Ist aufgrund von Anamnese und klinischem Befund eine Infektion anzunehmen (Verdachtsdiagnose), und ist eine antimikrobielle Chemotherapie indiziert?
- Welche Erreger kommen als Ursache in Frage (Erregerspektrum)?
- Welche antimikrobiellen Chemotherapeutika wirken gegen die vermuteten Erreger auch unter Berücksichtigung der lokalen Resistenzsituation (Wirkungsspektrum, Resistenzspektrum)?
- Sprechen pharmakokinetische Gründe oder besondere Eigenschaften des Patienten gegen den Einsatz einer Substanz (Pharmakokinetik, Nebenwirkungen)?
- Wie muß das gewählte Mittel verabreicht werden, damit die MHK rechtzeitig am Infektionsort erreicht bzw. überschritten wird (Dosierung, Applikation)?

Interventionstherapie. Durch die Beantwortung dieser Fragen kalkuliert der Arzt empirisch, ohne Kenntnis des im Einzelfall vorliegenden Erregers, eine wahrscheinlich wirksame Therapie. Diese ist erforderlich, wenn erregerbedingte Krankheiten *sofort* einer Therapie bedürfen und die Ergebnisse der mikrobiologischen Labordiagnostik, die die Informationen für die gezielte Therapie des Einzelfalles liefert (Dauer: meist 2–3 Tage), nicht abgewartet werden können.

Die Interventionstherapie z.B. einer eitrigen Meningitis wird mit Ceftriaxon durchgeführt, weil damit alle relevanten Erreger, z.B. sowohl die penicillin-G-empfindlichen Meningokokken und

Pneumokokken als auch der penicillin-G-resistente H. influenzae, erfaßt werden. Weitere Beispiele sind Peritonitis, Sepsis, Pneumonie, Fieber bei immunsupprimierten Patienten.

Gezielte Therapie. Nach der Identifizierung des Erregers und der Bestimmung seiner Empfindlichkeit gegen antimikrobielle Substanzen kann die Interventionstherapie in die gezielte Therapie überführt werden. Hierbei stellt sich folgende Frage:

- Kann oder muß die Therapie modifiziert werden?

Häufig erlauben es die mikrobiologischen Laborergebnisse, die teuren Breitspektrumantibiotika durch preisgünstigere Mittel mit engem Spektrum zu ersetzen. Dies senkt Nebenwirkungsraten und Kosten und reduziert die Resistenzentwicklung gegen Breitspektrumantibiotika, d.h. deren Wirksamkeit bleibt länger erhalten. Beispiel:

Wird als Meningitiserreger ein penicillin-G-empfindlicher Meningokokkenstamm identifiziert, wird das breit wirksame Ceftriaxon gegen das preiswerte Schmalspektrumantibiotikum Penicillin G ausgetauscht.

Kombinationstherapie. Die gleichzeitige Gabe mehrerer Antibiotika kann aus folgenden Gründen von Vorteil sein:

- Es wird die Selektion resistenter Stämme reduziert. Von 10^6 bis 10^8 Bakterien einer Population ist nur eines gegen eine bestimmte antimikrobielle Substanz resistent; kombiniert man zwei Antibiotika, beträgt die Wahrscheinlichkeit für das Auftreten einer gegen beide Substanzen resistenten Mutante $1:10^{12}$ bis 10^{16}.
- Durch die Kombination von antimikrobiellen Substanzen erhält man eine *Spektrumerweiterung*.

- Ein weiterer Grund für die Kombination von Antibiotika ist das Ausnutzen überadditiver = *synergistischer Effekte*; diese können in Form von Dosisreduktion und damit besserer Verträglichkeit genutzt werden, um bessere Therapieerfolge zu erzielen.

Typischerweise wird ein Synergismus durch die Kombination von β-Laktamantibiotika mit Aminoglykosiden erreicht: Penicillin G stört die Zellwandsynthese und erleichtert dadurch dem Aminoglykosid den Zugang zu seinem Zielmolekül am Ribosom. Dies wird bei der Endokarditistherapie ausgenutzt (s. S. 921 ff.).

Es können jedoch auch antagonistische Effekte auftreten, wenn z.B. durch die Kombination zweier β-Laktamantibiotika die Bildung von β-Laktamasen induziert wird.

Chemoprophylaxe. In einigen Fällen werden antimikrobielle Chemotherapeutika zur Vorbeugung gegen Infektionen eingesetzt. Hierzu zählen die Malaria-Prophylaxe (s. S. 769 ff.), die Pneumocystose-Prophylaxe bei Aidspatienten (s. S. 733 ff.), die Endokarditisprophylaxe (s. S. 921 ff.), die Rifampicingabe an Indexfälle und enge Kontaktpersonen bei Meningokokken- und Haemophilus-Meningitis und die perioperative Prophylaxe.

Die *perioperative Prophylaxe* zielt vor allem darauf ab, Wundinfektionen zu reduzieren; es müssen also insbesondere Staphylokokken und Enterobakterien an der Etablierung gehindert werden. Sie sollte 30 min vor Beginn der Operation (Schnitt) begonnen werden, damit ausreichende Gewebekonzentrationen erreicht werden. Eine einmalige Applikation ist ausreichend, in Ausnahmefällen kann abhängig von der Halbwertszeit nach 4 Stunden eine weitere Dosis gegeben werden. Als geeignetes Mittel für die meisten Fälle gilt Cefazolin; müssen zusätzlich Anaerobier abgedeckt werden (z.B. bei kolorektaler Chirurgie), können Cefoxitin mit Metronidazol oder Clindamycin gegeben werden.

"omnipotente" Breitspektrumantibiotika eingesetzt werden müssen.

Das Erregerspektrum hängt maßgeblich davon ab, ob eine Infektion ambulant oder nosokomial, d.h. im Krankenhaus, erworben wurde. Im Krankenhaus werden multiresistente Problemkeime selektioniert und dominieren das Spektrum. Zum Beispiel sind die häufigsten Erreger ambulant erworbener Pneumonien S. pneumoniae, H. influenzae und Legionellen, während bei nosokomialen Pneumonien Enterobakterien, P. aeruginosa und S. aureus im Vordergrund stehen.

Resistenzspektrum. Die Kenntnis des Resistenzspektrums in einem Krankenhaus, einer Abteilung oder einer Station erlaubt eine weitere Einengung. Ohne die Kenntnis des Resistenzspektrums ist eine kalkulierte Initialtherapie unmöglich; die mikrobiologische Diagnostik liefert die notwendigen Daten.

Entscheidend für das Resistenzspektrum ist die Häufigkeit, mit der ein Antibiotikum zum Einsatz kommt. Dies zeigt sich nicht nur im Vergleich verschiedener Länder oder von ambulanten und nosokomialen Erregern, sondern das Spektrum kann selbst innerhalb eines Krankenhauses von Abteilung zu Abteilung oder von Jahr zu Jahr erheblich variieren.

Antibiogramm. Die Bestimmung der Empfindlichkeit eines Erregers gegen antimikrobielle Substanzen in vitro, das Antibiogramm, erlaubt Rückschlüsse darauf, welche Substanzen in die engere Auswahl als Therapeutikum kommen, und, vor allem, welche Mittel nicht genommen werden dürfen.

Die Kenntnis des Antibiogramms erlaubt die *gezielte* Behandlung: eine breit angelegte kalkulierte Initialtherapie kann in die gezielte Therapie mit einem Schmalspektrumantibiotikum überführt werden.

7.1 Mikrobiologische Parameter

Erregerspektrum. Bei Kenntnis des Erregerspektrums bei einem gegebenen Krankheitsbild wird vermieden, daß bei jedem Infektionsverdacht

7.2 Pharmakologische Parameter

Infektionslokalisation. Die Lokalisation des Infektionsprozesses ist entscheidend bei der Auswahl eines Antibiotikums. Ein Erreger sitzt nicht immer an leicht zugänglichen Orten, sondern kann sich in Kompartimenten befinden, die für ein Medikament schlecht erreichbar sind (ZNS, Gallenwege, Prostata).

Bei einer Meningitis befindet sich der Erreger im Subarachnoidalraum, jenseits der Blut-Liquor-Schranke. Ein solcher Erreger kann in vitro (im Antibiogramm) empfindlich gegen Cefotiam sein; dieses kann bei dem Patienten aber nicht eingesetzt werden, da es keine ausreichende Konzentration im Subarachnoidalraum erreicht.

Befindet sich ein Erreger innerhalb einer Wirtszelle, z.B. Chlamydien, so muß das Antibiotikum nicht nur die Zellhülle des Bakteriums, sondern auch Zellmembranen der Wirtszelle durchdringen können.

Weiterhin können am Infektionsort Bedingungen herrschen, die zu einer Inaktivierung des Medikaments führen. Aminoglykoside sind weniger wirksam in saurem Milieu, wie es in Eiter oder im Sputum herrscht.

Stoffwechselfunktionen. Diese haben einen gewichtigen Einfluß auf die Auswahl und Applikation eines Antibiotikums. Nieren- oder Leberfunktionsstörungen machen häufig eine Dosisanpassung erforderlich. Das gleiche gilt bei Durchführung einer Dialyse.

Interaktionen mit anderen Medikamenten. Während synergistische Wirkungen zweier Antibiotika bei der Therapie erwünscht sind, können antagonistische Kombinationen zu erheblichen Schwierigkeiten führen.

7.3 Patienteneigenschaften

Besondere Eigenschaften des Patienten sind bei der Auswahl der antimikrobiellen Chemotherapie zu berücksichtigen.

Alter, Schwangerschaft, Stillperiode. Das Alter des Patienten hat nicht nur einen Einfluß auf das Erregerspektrum, wie z.B. bei der Meningitis, sondern muß auch im Hinblick auf Nebenwirkungen und im Hinblick auf veränderte Leber- und Nierenstoffwechselleistungen beachtet werden.

Für den Embryo/Fetus sind Penicilline und Cephalosporine ungefährlich, während Chloramphenicol, Erythromycin-Estolat, Tetracycline, Metro-

nidazol, Fluorochinolone, Aminoglykoside, Clindamycin, Nitrofurantoin und Cotrimoxazol in der Schwangerschaft kontraindiziert sind und Vancomycin und Imipenem nur mit großer Vorsicht eingesetzt werden sollen.

Wegen möglicher Störungen der Zahn- und Knochenentwicklung sollen Tetracycline und Fluorochinolone nicht bei Kindern eingesetzt werden.

Bei einem Glukose-6-Phosphat-Dehydrogenase-Mangel ist der Einsatz von Sulfonamiden oder Nitrofurantoin kontraindiziert.

Grundkrankheiten. Grundkrankheiten können eine Kontraindikation darstellen. So werden Substanzen mit nephro- oder hepatotoxischen Nebenwirkungen möglichst nicht bei Nieren- und Leberfunktionsstörungen angewendet.

Allergien. Eine bekannte Allergie gegen eine Substanz schließt deren Gebrauch nahezu aus.

Eine Allergie gegen Penicillin wird bei 1–10% der Patienten gesehen, 0,002% dieser Fälle enden tödlich.

Am gefährlichsten sind IgE-vermittelte Typ-I-Reaktionen (Sofort-Typ, s. S. 124ff.), da sie zum allergischen Schock führen können. Häufiger sind verzögerte Reaktionen (nach mehr als 72 h), deren Mechanismus jedoch nicht im Detail bekannt ist; sie äußern sich meist in Form morbilliformer Exantheme oder als „drug fever".

Ist eine Allergie gegen eine Substanz bekannt, müssen Kreuzallergien bedacht werden. Hat ein Patient gegen Penicillin G allergisch reagiert, so ist zu erwarten, daß er auch gegen andere Penicilline, z.B. Ampicillin, allergisch ist, während die Kreuzallergierate gegen Cephalosporine nur mit ca. 1–2% angenommen wird.

Risiko von Nebenwirkungen. Letztlich muß das Risiko für das Auftreten von Nebenwirkungen gegen das Risiko eines Therapieversagens abgewogen werden. In lebensbedrohlichen Situationen kann der Einsatz eines ansonsten kontraindizierten Medikaments erforderlich sein, wenn es keine Alternativen dazu gibt.

So kann die Behandlung einer Candida-glabrata-Sepsis den Einsatz von Amphotericin B erforderlich machen, selbst wenn der Patient hierdurch ein dialysepflichtiges Nierenversagen erleidet.

Spezielle antimikrobielle Chemotherapie

1.1 Penicillin G und Penicillin V

Penicillin G ist das erste Penicillin, das therapeutisch zur Anwendung kam. Es ist säureempfindlich und muß daher parenteral verabreicht werden. Durch die Bindung an schwerlösliche Salze (Procain-, Benzathin- oder Clemizol-Penicillin) wird eine Depotwirkung erzielt; diese ist für eine intramuskuläre Applikation vorteilhaft. Penicillin V ist säurefest und daher oral applizierbar, besitzt aber eine geringere Aktivität als Penicillin G.

STECKBRIEF

Penicillin G

CH₂—CO—NH ... S CH₃ CH₃ ... O ... N ... COOH

Angriffspunkt für β-Laktamasen

1.1.1 Beschreibung

Wirkungsmechanismus und Wirktyp

Penicillin G wirkt sekundär bakterizid durch Hemmung der Transpeptidase bei der Mureinsynthese; es verhindert also die Quervernetzung der einzelnen Mureinstränge.

Für den Mediziner ist es wichtig zu wissen, daß es in Abhängigkeit von der jeweils gewählten Penicillinkonzentration zu sehr unterschiedlichen Veränderungen der betroffenen Bakterien kommen kann. Es sind drei verschiedene Reaktionen zu berücksichtigen:

Wachstumshemmung. Geringe Penicillindosen, die etwa $0,5\times$MHK entsprechen, führen nur zu einer schwachen Wachstumshemmung. Die Bakterien sterben dabei nicht ab.

Bakteriolyse. Unter lytischen Penicillin-Konzentrationen ($1-5\times$MHK) kommt es bei einem Großteil der betroffenen Bakterien zur Bakteriolyse (*„lytic death"*); dabei entsteht ein lokaler Defekt

der schützenden Zellwand. Dies führt wegen des hohen Innendrucks in der Bakterienzelle zu einem Auslaufen des Zellinhalts. Die Bakteriolyse erfolgt meist während der zweiten Zelltrennung nach Zugabe des Penicillins.

Wie die Bakteriolyse zustandekommt, ist besonders gut bei Staphylokokken untersucht: Dabei bilden die Bakterien zuerst eine doppelt angelegte Querwand aus (= Zellteilung). Mit Hilfe kleiner, lytisch aktiver Zellwand-Vesikel (Murosomen) erfolgt die Zelltrennung durch Perforationen in der Mitte der Querwand.

Nach Penicillinzugabe wird aber nur eine einfache Querwand angelegt; das neu synthetisierte Wandmaterial zur Bildung der zweiten Querwandschicht wird nicht am präsumptiven Ort der nächsten Teilungsebene, sondern an anderen Stellen der Zellwand eingebaut. Wenn zum Zeitpunkt der zweiten Zelltrennung die Murosomen die einfache Querwand in der Teilungsebene perforieren, kommt es wegen des hohen Innendrucks zwangsläufig zur Bakteriolyse. Die penicillininduzierte Bakteriolyse ist also die Folge eines morphogenetischen Fehlers bei der Verteilung des neu synthetisierten Querwandmaterials.

Nichtlytischer Tod. Unter höheren Dosen von Penicillin ($10\times$MHK oder mehr) kommt es häufig zur relativ schnellen Abtötung eines Großteils der Bakterien, und zwar noch *vor* dem Zeitpunkt, zu dem eine Bakteriolyse eintreten kann, also noch vor Beginn der zweiten Zellteilung. Man nennt diesen Mechanismus der bakteriziden Penicillin-Wirkung den nicht-lytischen Tod („non-lytic death").

Hierbei tritt auf noch ungeklärte Weise eine Schädigung der Zytoplasmamembran durch die Reaktion des Penicillins mit den auf der Zytoplasmamembran aufliegenden Penicillin-Bindeproteinen (PBP) ein. Dabei verliert die Zytoplasmamembran ihre Funktion als Permeationsbarriere. Darüber hinaus wird auch ihre Architektur so verändert, daß Zytoplasma-Bestandteile in beachtlichen Mengen austreten. Dieser Verlust an Zellmaterial führt offenbar zum nicht-lytischen Tod unter Penicillin.

XIV

Toleranz. Bei Bakterien, die über längere Zeit lytischen Penicillin-Konzentrationen (1–5×MHK) ausgesetzt worden sind, können Zellen, die der Lyse widerstehen, zellwanddefekte (Sphäroplasten, s. S. 179) oder zellwandfreie (Protoplasten, s. S. 179) Formen bilden. Unter bestimmten Bedingungen werden Bakterien nur am Wachstum gehindert, ohne daß jedoch ein lytisches oder nicht-lytisches Absterben beobachtet wird. Im Unterschied zur Resistenz wird dieses Verhalten als Toleranz bezeichnet. Möglicherweise spielen bei der Toleranz auch Regenerationsvorgänge nach vorangegangener, penicillinbedingter Schädigung eine Rolle.

Wirkungsspektrum

Penicillin G hat eine starke Wirksamkeit gegen Streptokokken-Arten, gegen Diphtheriebakterien, Listerien, Spirochäten, Clostridien und Actinomyces israelii. Es wirkt auch gegen Gonokokken (jedoch ist eine zunehmende Zahl resistenter Stämme zu verzeichnen) und Meningokokken sowie viele gramnegative Anaerobier (z. B. Fusobakterien, nicht aber gegen B. fragilis). Auch Pasteurella multocida und Bacillus anthracis sind meist empfindlich. Die meisten Staphylokokken-Stämme sind resistent, jedoch ist Penicillin G gegen empfindliche Stämme stark wirksam.

Nicht erfaßt werden Enterobakterien, Pseudomonaden, Haemophilus und Enterokokken.

Pharmakokinetik

Aufgrund fehlender Säurestabilität muß Penicillin G parenteral verabreicht werden, Nierenfunktionsstörungen machen eine Dosisanpassung entsprechend der Kreatininclearance erforderlich.

Je nach der verabreichten Dosis werden im Serum und damit auch im Gewebe unterschiedlich hohe Konzentrationen erreicht. Penicillin G hat eine relativ kurze Halbwertszeit (40 min), wird im Körper wenig metabolisiert und überwiegend durch die Nieren ausgeschieden. Da es schlecht fettlöslich ist, diffundiert es nur gering in Nervengewebe, Gehirn und Kammerwasser des Auges. Es dringt nicht in Körperzellen ein und ist daher bei intrazellulären bakteriellen Infektionen ungenügend wirksam.

Penicillin V (Phenoxymethylpenicillin) ist durch Seitenkettenmodifikation relativ stabil gegenüber der Magensäure und kann daher oral appliziert werden. Es wird dabei unvollständig, zu etwa 50%, resorbiert. Die erreichbaren Blutspiegel hängen von der Höhe der Dosierung ab. Die Halbwertszeit beträgt nur 30 min. Penicillin V wird im Organismus stärker metabolisiert als Penicillin G und nur zu 30 bis 50% mit dem Urin in aktiver Form ausgeschieden. Penicillin V wird i. a. gut vertragen und führt relativ selten zu einer Allergie.

Resistenz

β-Laktamasen. Die Resistenz gegen Penicillin G beruht hauptsächlich auf der Bildung von β-Laktamasen. So bilden über 80% aller Stämme von S. aureus Penicillinase.

Veränderte Zielmoleküle. Die Penicillinresistenz von MRSA oder von penicillinresistenten Pneumokokken basiert auf der Bildung veränderter Penicillin-Bindeproteine (PBP), an die sich das Antibiotikum nicht mehr binden kann.

Eine Resistenzentwicklung unter der Therapie ist selten und entwickelt sich nur langsam in mehreren Schritten.

1.1.2 Rolle als Therapeutikum

Indikationen

Hier sind zu nennen: Streptokokkeninfektionen wie Angina tonsillaris, Scharlach, Erysipel und Endocarditis lenta (zusammen mit einem Aminoglykosid); des weiteren Pneumokokken- und Meningokokkeninfektionen, Infektionen durch Penicillin-G-empfindliche Staphylokokken und Gonokokken, außerdem Syphilis und Diphtherie (zusätzlich zur Antitoxingabe). Penicillin G ist auch indiziert bei Tetanus (zusätzlich zur Antitoxingabe), Gasbrand und bei Borrelieninfektionen.

Kontraindikationen

Die wesentliche Kontraindikation ist eine Penicillinallergie.

Anwendungen

Aufgrund fehlender Säurestabilität muß Penicillin G parenteral angewendet werden, Nierenfunktionsstörungen machen eine Dosisanpassung entsprechend der Kreatininclearance erforderlich.

Eine lokale Anwendung sollte wegen der hohen Allergisierungsgefahr nicht erfolgen; intrathekale Gaben sind gefährlich und überflüssig.

Wäßriges Penicillin G. Diese Form ist für die intravenöse Applikation geeignet. Sie kommt zur Anwendung bei allen schweren Infektionen, bei denen Penicillin G indiziert ist, wie Meningitis oder Endokarditis.

Benzathin-Penicillin G (Depot-Penicillin). Diese Koppelung bewirkt, daß nach intramuskulärer Injektion das Penicillin langsam freigesetzt und damit über lange Zeit eine niedrige Konzentration im Blut aufrechterhalten wird. Dies macht man sich bei der Therapie der Syphilis und der Prophylaxe des rheumatischen Fiebers zunutze.

Procain-Penicillin G. Auch hier bildet sich ein schlecht lösliches Salz, das nur für intramuskuläre Injektionen geeignet ist. Das Penicillin wird jedoch schneller und in größerer Menge freigesetzt, so daß alle 12 h eine Applikation erforderlich ist.

Penicillin V. Als oral zu verabreichende Form wird Penicillin V bei minder schweren Infektionen durch penicillinempfindliche Bakterien eingesetzt.

Nebenwirkungen

Allergie. Die häufigsten Nebenwirkungen unter Penicillintherapie sind allergische Reaktionen. Sie treten in bis zu 10% der Fälle auf. Abhängig vom Beginn der Symptomatik unterscheidet man Sofort- (0–1 h nach Gabe), verzögerte (1–72 h nach Gabe) und Spätreaktionen (>72 h nach Gabe). Die Sofortreaktion basiert auf einer IgE-vermittelten Typ-I-Reaktion (s. S. 124 ff.) und äußert sich als Urtikaria oder Anaphylaxie und kann sich bis zum anaphylaktischen Schock steigern. Die Spätreaktionen umfassen Typ-II- und Typ-III-Reaktionen, oder sie sind in ihrer Pathogenese noch ungeklärt und umfassen morbilliforme Exantheme, interstitielle Nephritiden, hämolytische Anämien, Neutro- und Thrombozytopenien, Serumkrankheit, Stevens-Johnson-Syndrom und exfoliative Dermatitiden.

Als Allergene wirken Abbauprodukte des Penicillins, die nach anfallender Menge in Major-Determinanten (95%, Benzylpenicilloyl) und Minor-Determinaten (5%; z.B. Benzylpenicillinat) untergliedert werden.

Besteht anamnestisch der Verdacht auf eine Penicillinallergie, muß vor einer Penicillintherapie geprüft werden, ob der Patient tatsächlich gegen Penicillin allergisch reagiert; hierbei sind jedoch nur Sofortreaktionen zu berücksichtigen. Hierzu werden als Testallergene Penicilloyl-Polylysin (PPL; Major-Determinanten) und Penicillin G (Minor-Determinanten) sowie Kontrollen in die Haut eingebracht.

Im positiven Fall entsteht innerhalb von 15 min eine Quaddel mit Erythem und Juckreiz: Ihr Durchmesser sollte mindestens 0,8 bis 1,2 cm betragen und ihre Größe um mindestens 0,3 cm die Reaktion auf die Negativkontrolle überschreiten.

Beurteilung: 99% der testnegativen Personen entwickeln keine Sofortreaktion bei Penicillingabe.

Neurotoxizität. Seltene Nebenwirkungen sind Myoklonien (besonders bei der Gabe kaliumreicher Präparationen: Hyperkaliämie) und, bei hohen Liquorkonzentrationen, Krampfanfälle.

Jarisch-Herxheimer-Reaktion. Zu Beginn einer Therapie kann es zu Fieber und Schüttelfrost kommen, wenn die Bakterien in den Geweben zerfallen.

Hoigné-Syndrom. Wird Procain- oder Benzathin-Penicillin G intravasal appliziert, können multiple Mikroembolien entstehen, die sich in Bewußtseinsstörungen, Sehstörungen, Schwindel, Parästhesien, Stenokardien und im schlimmsten Fall als Schock manifestieren können.

1.2 Aminopenicilline: Ampicillin/Amoxycillin

Ampicillin ist ein halbsynthetisches Penicillin-Derivat (α-Aminobenzyl-Penicillin) mit erweitertem Spektrum, insbesondere gegen gramnegative Bakterien.

Ampicillin

1.2.1 Beschreibung

Wirkungsmechanismus und Wirktyp

Aminopenicilline wirken wie Penicillin G sekundär bakterizid durch Hemmung der Zellwandsynthese (Hemmung der Transpeptidase).

Wirkungsspektrum

Das Wirkungsspektrum umfaßt Penicillin-G-empfindliche Keime. Ampicillin wirkt aber außerdem auf Enterokokken, H. influenzae (jedoch zunehmend resistente Stämme), M. catarrhalis, E. coli (in 30–50% der Stämme) und P. mirabilis. Resistent sind u. a. Klebsiella, Enterobacter, P. vulgaris, B. fragilis und P. aeruginosa. Die obligat pathogenen Enterobakterien (Salmonellen, Shigellen, Yersinien) sind empfindlich.

Ampicillin ist β-laktamaseempfindlich, so daß es gegen Erreger, die solche Enzyme bilden, z.B. penicillinasebildende Staphylokokken, unwirksam ist.

Pharmakokinetik

Nach oraler Gabe wird Ampicillin nur zu 30–40% resorbiert. Für die aufgenommene Menge beträgt die Halbwertszeit eine Stunde. Die Plasmaeiweißbindung ist niedrig, die Gewebegängigkeit gut. Ampicillin wird im Körper zum Teil metabolisiert und nach oraler Gabe zu 20–30% mit dem Urin ausgeschieden. Nach intravenöser Applikation sind die Serumspiegel höher, ebenso die Harnkonzentrationen. Nach i.v.-Gabe werden 60% der verabreichten Dosis im Harn ausgeschieden.

Durch die Hydroxylierung der Benzen-Seitenkette entsteht das Amoxycillin, das zu über 95% aus dem Gastrointestinaltrakt resorbiert wird.

Resistenz

Die wesentlichen Resistenzmechanismen gegen Ampicillin basieren auf β-Laktamasen und veränderten Penicillin-Bindeproteinen.

1.2.2 Rolle als Therapeutikum

Indikationen

Indikationen für Ampicillin sind Haemophilus-Infektionen (bei nachgewiesener Empfindlichkeit), Enterokokken-Infektionen (v. a. Endokarditis in Kombination mit Gentamicin) sowie Listeriose.

Ampicillin wird auch zur kalkulierten Therapie ambulant erworbener Infektionen des oberen Respirationstrakts eingesetzt (s. S. 943 ff.).

Bei empfindlichen Salmonellen können auch die Salmonellen-Endokarditis, -Osteomyelitis und -Meningitis mit Ampicillin behandelt werden.

Zur oralen Anwendung ist Amoxycillin zu bevorzugen, das wesentlich besser aus dem Magen-Darm-Kanal resorbiert wird. Amoxycillin ist auch bei akuten Harnwegsinfektionen mit empfindlichen Erregern eine therapeutische Alternative.

Kontraindikationen

Eine bestehende Penicillinallergie ist eine Kontraindikation. Bei chronisch-lymphatischen Leukämien treten allergische Reaktionen gegen Ampicillin besonders häufig auf.

Anwendungen

Aufgrund der fehlenden Säurestabilität muß Ampicillin parenteral gegeben werden, während Amoxycillin für die orale Therapie geeignet ist.

Nebenwirkungen

Häufige Nebenwirkungen von Ampicillin sind Hautexantheme, auch Urtikaria und weiche Stühle oder Durchfälle, verbunden mit Brechreiz und Übelkeit. Auch durch Ampicillin kann die pseudomembranöse Enterokolitis durch Clostridium difficile ausgelöst werden.

1.3 Acylaminopenicilline (Ureido-penicilline): Piperacillin, Mezlocillin

Die Acylaminopenicilline (Hauptvertreter: Mezlocillin und Piperacillin) besitzen ein gegenüber Ampicillin erweitertes Wirkungsspektrum gegen gramnegative Stäbchen; insbesondere ist Piperacillin gegen P. aeruginosa wirksam. Sie sind nicht penicillinasefest und können nur parenteral angewendet werden.

Mezlocillin

1.3.1 Beschreibung

Wirkungsmechanismus und Wirktyp

Ureidopenicilline wirken wie Penicillin G sekundär bakterizid durch Hemmung der Zellwandsynthese (Transpeptidasehemmung).

Wirkungsspektrum

Piperacillin und Mezlocillin haben ein erweitertes Spektrum gegen gramnegative Bakterien: Die meisten Enterobakterien sind empfindlich, jedoch gibt es einige resistente Enterobacter-, Serratia- und Klebsiella-Stämme. Piperacillin erfaßt zusätzlich P. aeruginosa. Mezlocillin ist in der Enterokokken-Wirksamkeit dem Ampicillin und Piperacillin überlegen.

Gegenüber penicillinasebildenden Staphylokokken und ampicillinresistenten Haemophilus-Stämmen sind alle Acylaminopenicilline unwirksam.

In Kombination mit Aminoglykosiden wirken sie bei gramnegativen Stäbchen und grampositiven Kokken synergistisch.

Pharmakokinetik

Die Pharmakokinetik von Mezlocillin und Piperacillin ist ähnlich. Die Serumspiegel nach i.v.-Gabe der gleichen Dosis entsprechen sich ungefähr. Die Halbwertszeit beträgt durchschnittlich 1 h. Ein bestimmter Anteil wird im Organismus metabolisiert. Die Gewebegängigkeit ist gut, die Liquorkonzentrationen sind niedrig. Im Urin werden etwa 60% der verabreichten Dosis in aktiver Form ausgeschieden.

Resistenz

Die wesentlichen Resistenzmechanismen gegen Acylaminopenicilline basieren auf β-Laktamasen und veränderten Bindeproteinen.

1.3.2 Rolle als Therapeutikum

Indikationen

Diese umfassen Infektionen der Harnwege, des Genitaltraktes und der Gallenwege durch empfindliche gramnegative Stäbchen oder Enterokokken.

Als Reservemittel eignet sich Piperacillin auch zur Behandlung von nachgewiesenen oder vermuteten P.-aeruginosa-Infektionen (bevorzugt in Kombination mit Tobramycin).

In Kombination mit dem β-Laktamase-Inhibitor Tazobactam kann Piperacillin zur kalkulierten Initial-Behandlung einer schweren Sepsis oder anderer Infektionen mit unbekanntem Erreger verwendet werden, insbesondere auch bei Infektionen im Bauchraum.

Mezlocillin gilt als Mittel der Wahl zur Behandlung von Enterokokkeninfektionen.

Kontraindikationen

Bei bestehender Penicillinallergie sind Acylaminopenicilline kontraindiziert.

Anwendungen

Acylaminopenicilline können nur intravenös verabreicht werden.

Nebenwirkungen

Das Nebenwirkungsspektrum entspricht dem von Penicillin G.

1.4 Isoxazolylpenicilline

Die Isoxazolylpenicilline (Dicloxa- und Flucloxacillin) sind resistent gegen die von Staphylokokken gebildeten β-Laktamasen und werden daher auch als **penicillinasefeste** Penicilline oder Staphylokokken-Penicilline bezeichnet.

Flucloxacillin

1.4.1 Beschreibung

Wirkungsmechanismus und Wirktyp

Isoxazolylpenicilline wirken sekundär bakterizid durch Hemmung der Transpeptidierung der Mureinstränge der Zellwand.

Wirkungsspektrum

Die Modifikation des Penicillin-Gerüsts führt dazu, daß Penicillinase unwirksam wird: Dadurch wird das Spektrum auf penicillinasebildende Staphylokokken erweitert. Gegen penicillin-G-empfindliche Staphylokokken wirken die Isoxazolylpenicilline jedoch schwächer.

Gegen die übrigen grampositiven Bakterien haben sie eine schwächere Aktivität als Penicillin G, und gegen gramnegative Stäbchen sind sie unwirksam.

Pharmakokinetik

Dicloxa- und Flucloxacillin sind weitgehend säurestabil und können oral, aber auch parenteral verabreicht werden. Die Halbwertszeit von Dicloxa- und Flucloxacillin beträgt 45 min. Im Harn werden nach parenteraler Gabe 65% der verabreichten Dicloxacillin-Dosis und 35% der verabreichten Flucloxacillin-Dosis wiedergefunden. Der Unterschied erklärt sich durch die unterschiedliche Metabolisierung im Organismus.

Resistenz

Die Resistenz von Staphylokokken, z.B. MRSA, gegen Isoxazolylpenicilline beruht auf der Expression veränderter Bindeproteine.

1.4.2 Rolle als Therapeutikum

Indikationen

Infektionen durch penicillinasebildende Staphylokokken sind die einzige Indikation.

Kontraindikationen

Hauptkontraindikation ist die Penicillinallergie.

Anwendungen

Isoxazolylpenicilline können abhängig vom Schweregrad der Infektion oral oder parenteral verabreicht werden.

Nebenwirkungen

Nebenwirkungen durch Dicloxa- und Flucloxacillin sind selten und entsprechen denen von Penicillin G. Bei wiederholter i.v.-Gabe kann es zu Phlebitis kommen.

K. Miksits, M. P. Dierich

EINLEITUNG

Cephalosporine sind bizyklische β-Laktamantibiotika mit 7-Aminocephalosporansäure als Grundgerüst. Wie Penicilline wirken sie sekundär bakterizid durch Hemmung der Transpeptidase, also der Quervernetzung einzelner Mureinstränge.

Cephalosporine weisen charakteristische gemeinsame Lücken im Wirkungsspektrum auf: Primär resistent sind Enterokokken, Listerien, Campylobacter, Legionellen, C. difficile, Mykobakterien, Mykoplasmen und Chlamydien sowie methicillinresistente Staphylokokken. Bis auf wenige Spezialsubstanzen wirken Cephalosporine nicht gegen B. fragilis.

Die große Zahl von Cephalosporinen macht eine Einteilung und auch eine strikte Substanzauswahl in der Bevorratung unumgänglich.

Die Einteilung erfolgt nach Generationen gemäß dem zeitlichen Auftreten am Markt. Gleichzeitig spiegelt sie eine zunehmende Spektrumerweiterung gegen gramnegative Stäbchenbakterien, die zuletzt auch P. aeruginosa (Ceftazidim) umfaßt, wider; sie wird jedoch ab der 3. Generation mit einer zunehmenden Wirksamkeitsminderung gegen grampositive Bakterien erkauft.

2.1 Cefazolin (1. Generation)

STECKBRIEF

Cefazolin ist ein parenterales Cephalosporin der 1. Generation mit guter Wirksamkeit im grampositiven Bereich (Staphylokokken, auch Penicillinasebildner) und einigen Lücken bei gramnegativen Stäbchen (auch Enterobakterien).

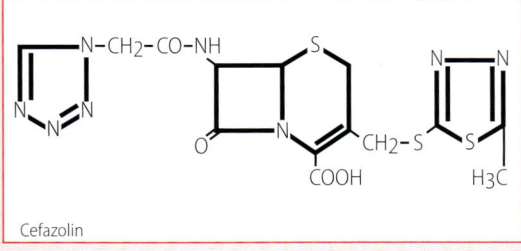

Cefazolin

2.1.1 Beschreibung

Wirkungsmechanismus und Wirktyp

Cefazolin hemmt den Transpeptidierungsschritt bei der Zellwandsynthese und wirkt dadurch sekundär bakterizid.

Wirkungsspektrum

Cefazolin hemmt zahlreiche grampositive und gramnegative Bakterien. Praktisch bedeutsam ist seine gute Wirkung gegen Staphylokokken, und zwar auch gegen Penicillinasebildner.

Pharmakokinetik

Cefazolin kann nur intravenös verabreicht werden, hat eine Serumhalbwertszeit von 94 min und eine Plasmaeiweißbindung von 84%. Die Gewebediffusion ist gut, die Konzentration auch in der Galle ausreichend, nicht jedoch im Liquor.

Resistenz

Die Resistenz beruht auf β-Laktamasen oder veränderten Penicillin-Bindeproteinen.

XIV

2.1.2 Rolle als Therapeutikum

Indikationen

Die Hauptindikation für Cefazolin ist die perioperative Prophylaxe (außer Kolonchirurgie). Darüber hinaus kann es eingesetzt werden bei Penicillinallergie zum Ersatz von Penicillin G oder Flucloxacillin bei Infektionen durch S. aureus.

Kontraindikationen

Cephalosporin-Allergie.

Anwendungen

Cefazolin wird intravenös appliziert. Der Beginn der perioperativen Prophylaxe ist 30 min vor Hautschnitt. Diese wird als Einmalgabe durchgeführt, bei langen Operationen kann nach 4 h eine weitere Dosis verabreicht werden.

Nebenwirkungen

In 1–4% der Fälle treten allergische Reaktionen mit Fieber, Exanthemen oder Urtikaria auf. Seltener als bei Penicillin kann ein anaphylaktischer Schock entstehen. Des weiteren kann es zu einer allergischen, reversiblen Neutropenie und einer stärkeren Blutungsneigung kommen, was Blutbild- und Quick-Wert-Kontrollen erforderlich macht. In seltenen Fällen kann der direkte Coombs-Test positiv ausfallen.

2.2 Cefotiam (2. Generation)

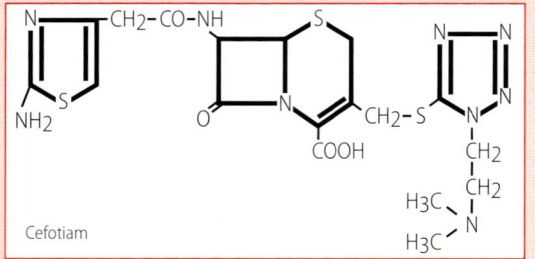

Cefotiam ist ein breit wirksames Basis-Cephalosporin der 2. Generation mit sehr guter Wirksamkeit gegen Streptokokken, Staphylokokken, Neisserien (auch penicillinresistente Gonokokken), H. influenzae und manche Enterobakterien.

Cefotiam

2.2.1 Beschreibung

Wirkungsmechanismus und Wirktyp

Cefotiam hemmt wie andere β-Laktamantibiotika die Transpeptidierung bei der Zellwandsynthese und wirkt dadurch sekundär bakterizid.

Wirkungsspektrum

Im Vergleich zu Cefazolin ist das Spektrum gegen gramnegative Stäbchen deutlich erweitert, z.B. gegen Haemophilus influenzae und Enterobakterien (außer P. vulgaris und Citrobacter); die gute Wirksamkeit gegen Streptokokken und Staphylokokken ist dabei erhalten geblieben.

Pharmakokinetik

Cefotiam wird bei oraler Gabe nicht resorbiert. Die Serumhalbwertszeit beträgt 45 min, die Plasmaeiweißbindung 40%. Die Gewebegängigkeit ist gut, jedoch werden keine ausreichenden Liquorkonzentrationen erreicht.

Resistenz

Die Resistenz gegen Cefotiam beruht hauptsächlich auf der Bildung von β-Laktamasen, aber auch auf veränderten Bindeproteinen.

2.2.2 Rolle als Therapeutikum

Indikationen

Die Hauptindikation ist die kalkulierte Therapie von mittelschweren Organinfektionen durch grampositive und gramnegative Erreger. Hieraus folgt, daß Cefotiam häufig, insbesondere auf Normalstationen im Krankenhaus, zur kalkulierten Therapie eingesetzt wird; in diesem Sinn kann es auch als „Basiscephalosporin" angesprochen werden.

Des weiteren kann es zur *gezielten* Therapie schwerer Infektionen mit empfindlichen Erregern eingesetzt werden.

XIV

STECKBRIEF

Kontraindikationen

Cephalosporinallergie, Vorsicht bei bekannter Penicillinallergie.

Wegen der unzureichenden Liquorgängigkeit darf Cefotiam nicht zur Meningitistherapie eingesetzt werden.

Anwendungen

Cefotiam wird intravenös dreimal täglich, also im Abstand von acht Stunden verabreicht.

Nebenwirkungen

Wie bei anderen Cephalosporinen stellt die Allergie die häufigste Nebenwirkung dar.

2.3 Ceftriaxon, Cefotaxim (3. Generation)

STECKBRIEF

Ceftriaxon und Cefotaxim sind Breitspektrumcephalosporine (Cephalosporine der 3. Generation), die parenteral verabreicht werden. Im Vergleich zu Basiscephalosporinen ist das Spektrum bei Enterobakterien erweitert, im grampositiven Bereich ist die Wirksamkeit eher etwas schwächer.

Ceftriaxon

2.3.1 Beschreibung

Wirkungsmechanismus und Wirktyp

Ceftriaxon und Cefotaxim hemmen die Zellwandsynthese analog zu anderen β-Laktamen und wirken so sekundär bakterizid.

Wirkungsspektrum

Das Spektrum der Drittgenerationscephalosporine ist im Vergleich zu Cefotiam im gramnegativen Bereich erweitert; jedoch besteht eine klinisch relevante Schwäche gegen Enterobacter-Arten, insbesondere E. cloacae, und C. freundii. Die Wirksam-

keit gegen Staphylokokken ist vermindert, oxacillinsensible Stämme werden aber erfaßt.

Ceftriaxon und Cefotaxim sind nicht wirksam gegen P. aeruginosa und weisen die cephalosporintypischen Lücken gegen Legionellen, Listerien und Enterokokken auf.

Gegen typische Meningitiserreger (Pneumokokken, Meningokokken, Haemophilus) und gegen Borrelia burgdorferi sind sie hoch wirksam, ebenso gegen Gonokokken.

Pharmakokinetik

Nach oraler Gabe erfolgt keine Resorption. Nach intravenöser Applikation erreicht Ceftriaxon die höchsten Serumkonzentrationen. Die Halbwertszeit von Ceftriaxon beträgt wegen der hohen Plasmaeiweißbindung 7–8 h, die von Cefotaxim 1 h. Beide Mittel weisen eine gute Gewebegängigkeit auf und erreichen bei Meningitis therapeutisch wirksame Liquorkonzentrationen. Die Hälfte beider Substanzen wird renal eliminiert; Cefotaxim unterliegt einer starken Metabolisierung, während ein großer Anteil von Ceftriaxon in aktiver Form mit der Galle ausgeschieden wird.

Resistenz

Der Hauptresistenzmechanismus beruht auf der Bildung von β-Laktamasen. Eine sekundäre Resistenzentwicklung ist selten.

2.3.2 Rolle als Therapeutikum

Indikationen

Ceftriaxon und Cefotaxim sind Antibiotika für die kalkulierte Initialtherapie schwerer und schwerster Infektionen auf der Intensivstation, so die kalkulierte Therapie schwerer lebensbedrohlicher Allgemein- und Organinfektionen, insbesondere der eitrigen Meningitis; ggf. werden durch Kombination mit Acylaminopenicillinen, Aminoglykosiden oder Metronidazol Spektrumslücken geschlossen.

Die zweite Hauptindikation ist die gezielte Behandlung schwerer Allgemein- und Organinfektionen, wenn der Erreger gegen Substanzen mit weniger breitem Spektrum resistent ist.

Weitere Indikationen sind die Neuroborreliose und die kalkulierte Einmalbehandlung der Gonorrhoe.

Kontraindikationen

Ceftriaxon und Cefotaxim dürfen bei Cephalosporinallergie nicht eingesetzt werden.

Anwendungen

Cefotaxim und Ceftriaxon werden intravenös verabreicht. Cefotaxim muß dreimal, Ceftriaxon nur einmal am Tag gegeben werden.

Nebenwirkungen

Hauptnebenwirkung ist die Allergie. Unter Ceftriaxongabe kann sich passager eine sonographisch nachweisbare Pseudocholelithiasis entwickeln.

2.4 Ceftazidim (3. Generation: Pseudomonas-Cephalosporin)

Ceftazidim ist ein Reserve-Cephalosporin der 3. Generation, das ein breites Spektrum gramnegativer Bakterien, insbesondere P. aeruginosa, abdeckt, gegen Staphylokokken jedoch nur unzureichend wirksam ist.

Ceftazidim

2.4.1 Beschreibung

Wirkungsmechanismus und Wirktyp

Ceftazidim wirkt als β-Laktamantibiotikum ebenfalls sekundär bakterizid durch Hemmung der Transpeptidierung.

Wirkungsspektrum

Im Vergleich zu Cefotaxim ist das Spektrum um P. aeruginosa erweitert (etwa 10× wirksamer). Die Wirksamkeit gegen Staphylokokken ist nur gering.

Wie andere Cephalosporine ist Ceftazidim unwirksam gegen Enterokokken, Listerien, Campylobacter, Legionellen und Anaerobier inkl. C. difficile.

Pharmakokinetik

Die Halbwertszeit im Serum beträgt 2 h, die Serumeiweißbindung 10%. Die Ausscheidung erfolgt unverändert nach glomerulärer Filtration mit dem Urin.

Resistenz

Die Resistenz gegen Ceftazidim kann auf β-Laktamasen oder veränderten Bindeproteinen beruhen.

2.4.2 Rolle als Therapeutikum

Indikationen

Ceftazidim ist ein Reserveantibiotikum zur Behandlung schwerer Infektionen mit vermuteter und nachgewiesener Beteiligung von P. aeruginosa, insbesondere P.-aeruginosa-Meningitis. Hierbei ist es mit einem Aminoglykosid, vorzugsweise Tobramycin, zu kombinieren.

Es wird, ebenfalls zusammen mit einem Aminoglykosid, zur kalkulierten Therapie von Infektionen bei neutropenischen Patienten eingesetzt. Die Staphylokokken- und Anaerobierlücke kann durch Clindamycin geschlossen werden.

Kontraindikationen

Allergie gegen Cephalosporine; selten sind Kreuzallergien mit Penicillinen.

Anwendungen

Ceftazidim wird parenteral verabreicht, angesichts der Indikationen vorzugsweise intravenös alle 12 h. Nach Dialyse muß die Erhaltungsdosis nachgegeben werden.

Nebenwirkungen

Als wesentliche Nebenwirkung kommen Allergien vor.

STECKBRIEF

XIV

K. Miksits, M. P. Dierich

β-Laktamase-Inhibitoren können als Strukturanaloga der β-Laktam-Antibiotika β-Laktamasen hemmen, ohne ausreichende eigene antibakterielle Wirksamkeit zu besitzen. Sie werden nur in Kombination mit β-Laktam-Antibiotika eingesetzt, um sie vor β-laktamasebedingten Inaktivierungen zu schützen.

STECKBRIEF

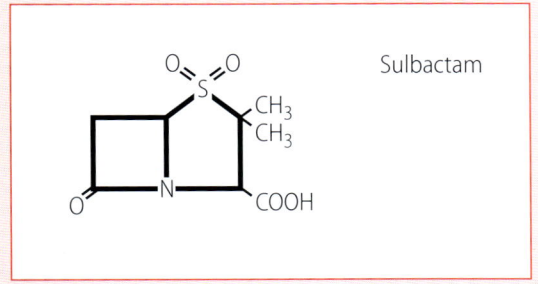

Sulbactam

Clavulansäure und *Sulbactam* hemmen β-Laktamasen der Typen II (2c), III (2b), IV und V (2c, 2d) sowie Typ-I-β-Laktamasen von B. fragilis (2e); *Tazobactam* hemmt zusätzlich Typ-I-Cephalosporinasen (1).

Aminopenicilline werden durch die Kombination mit Sulbactam bzw. Clavulansäure wirksam gegen β-Laktamasen von Staphylokokken, Haemophilus-Arten, M. catarrhalis, N. gonorrhoeae, E. coli, K. pneumoniae, P. mirabilis, P. vulgaris und B. fragilis geschützt; nicht erfaßt werden P. aeruginosa, S. marcescens, Enterobacter-Arten, M. morganii, P. rettgeri sowie einige Stämme von E. coli, K. pneumoniae und oxacillinresistente Staphylokokken.

Die Kombination Piperacillin + Tazobactam wirkt über das Spektrum von Piperacillin hinaus auf β-laktamaseproduzierende Staphylokokken sowie gegen die meisten E.-coli-, Serratia-, K.-pneumoniae-, E.-cloacae-, C.-freundii-, Proteus- und Bacteroidesstämme. Nicht erreicht werden Stämme, deren Resistenzmechanismus nicht auf einer β-Laktamase beruht: z. B. oxacillinresistente Staphylokokken (MRSA), E. faecium oder bestimmte P.-aeruginosa-Stämme.

Aminopenicillin / β-Laktamase - Inhibitor - Kombinationen sind bei leichteren Infektionen durch aminopenicillinresistente Erreger indiziert, deren β-Laktamase durch den Inhibitor gehemmt wird, insbesondere Atemwegs- und Harnwegsinfektionen. Die feste Kombination Piperacillin + Tazobactam ist für intraabdominelle Infektionen, wie Appendizitis, Cholezystitis, Cholangitis oder Peritonitis und andere schwere Infektionen zugelassen. Sulbactam darf frei kombiniert werden mit Piperacillin, Mezlocillin und Cefotaxim.

Ein Nachteil von β-Laktamase-Inhibitoren ist ihre Eigenschaft, β-Laktamasen zu induzieren. Diese ist bei Clavulansäure am stärksten, bei Tazobactam am geringsten ausgeprägt.

XIV

4.1 Imipenem

Imipenem ist das erste Mittel einer neuen Klasse von β-Laktam-Antibiotika mit sehr breitem Spektrum gegen fast alle grampositiven und gramnegativen Bakterien. Es verfügt über eine starke bakterizide Aktivität, auch bei Anaerobiern. Imipenem ist ein Amidinderivat des Thienamycins. Um die renale Inaktivierung des Imipenems zu verhindern, wird Cilastatin mit Imipenem im Verhältnis 1:1 gemischt.

STECKBRIEF

Imipenem

CH_3-CH | OH
$S-CH_2-CH_2-NH-CH=NH$
O N $COOH$

4.1.1 Beschreibung

Wirkungsmechanismus und Wirktyp

Als β-Laktamantibiotikum wirkt Imipenem sekundär bakterizid durch Transpeptidasehemmung.

XIV

Wirkungsspektrum

Imipenem wirkt gegen fast alle grampositiven und gramnegativen Bakterien (einschließlich Enterokokken, Listerien, Pseudomonas aeruginosa und β-laktamasebildende Stämme von Haemophilus, Pneumokokken und Gonokokken). Es wirkt stärker als Clindamycin und Metronidazol gegen B. fragilis und die meisten anderen Anaerobier. Imipenem ist unwirksam gegen einige Dicloxacillin-resistente Staphylokokken und gegen C. difficile, auch gegen Mykoplasmen, Chlamydien und Legionellen. Eine Kreuzresistenz mit Penicillinen und Cephalosporinen ist selten; wenn vorhanden, ist sie nur partiell. Durch den häufigen Gebrauch findet man in letzter Zeit gehäuft resistente P.-aeruginosa-Stämme.

Primär resistent sind S. maltophilia und B. cepacia; diese werden bei verstärktem Einsatz von Imipenem selektioniert und können sich zu Hospitalismuserregern entwickeln.

Pharmakokinetik

Die Pharmakokinetik von Imipenem und Cilastatin ist ähnlich. Imipenem hat eine Halbwertszeit von einer Stunde. Die Gewebegängigkeit ist gut, die Liquorgängigkeit gering. Die Elimination erfolgt renal. Durch Cilastatin wird die renale Rückresorption von Imipenem von 20% auf 70% erhöht.

In die Wirtszellen gelangt Imipenem nicht, so daß es gegen intrazelluläre Erreger (z. B. Salmonellen oder Legionellen) nicht ausreichend wirksam ist.

Resistenz

Eine Resistenz kann auf veränderten Bindeproteinen oder auf β-Laktamasen vom Metalloproteasentyp (von S. maltophilia) beruhen.

Es ist zu beachten, daß Imipenem ein starker β-Laktamase-Induktor ist, so daß gleichzeitig verabreichte andere β-Laktamantibiotika inaktiviert werden können (Antagonismus).

4.1.2 Rolle als Therapeutikum

Indikationen

Imipenem ist ein Reserveantibiotikum („Panzerschrank-Antibiotikum"); es darf nur verwendet werden, wenn andere Alternativen nicht zur Verfügung stehen.

Indikationen sind die kalkulierte Initialtherapie von schweren Infektionen, besonders bei gleichzeitiger Abwehrschwäche, Sepsis, intraabdominellen und gynäkologischen Infektionen, Mischinfektionen, Knochen- und Gelenkinfektionen, nicht jedoch ZNS-Infektionen. Bei schweren P.-aeruginosa-Infektionen ist Imipenem mit einem Aminoglykosid zu kombinieren.

Kontraindikationen

Bei bekannter Penicillinallergie darf Imipenem nicht ohne vorherige Allergieprüfung eingesetzt werden.

Anwendungen

Imipenem wird ausschließlich intravenös verabreicht.

Da Imipenem ein starker β-Laktamase-Induktor ist, ist eine Kombination mit Breitspektrumpenicillinen und Cephalosporinen zu vermeiden (Antagonismus).

Nebenwirkungen

Ernste Nebenwirkungen sind selten. Gastrointestinale Reaktionen, Thrombophlebitis und allergische Reaktionen sind möglich. In 1–2% können zentralnervöse Nebenwirkungen (Krämpfe, Verwirrtheits-zustände, Somnolenz) auftreten, die jedoch nur bei Überschreiten der Normaldosis, bei eingeschränkter Nierenfunktion und bei Vorschädigung des ZNS vorkommen. Eine vorübergehende Verlängerung der Prothrombinzeit kommt in weniger als 2% der Fälle vor. Nierenfunktionsstörungen sind selten.

4.2 Meropenem

Meropenem ist ein neuerer Vertreter der Carbapeneme. Die Zugabe von Cilastatin ist hier nicht mehr erforderlich.

Gegen imipenemresistente P.-aeruginosa-Stämme kann Meropenem noch wirksam sein (umgekehrt gilt dies aber nicht); gegen Enterokokken ist die Wirkung dagegen schlechter.

Die zentralnervösen Nebenwirkungen scheinen deutlich weniger häufig aufzutreten als bei Imipenem (daher ist Meropenem auch für die Therapie von ZNS-Infektionen zugelassen).

Aminoglykoside

K. Miksits, M. P. Dierich

5.1 Gentamicin und Tobramycin

Gentamicin und Tobramycin sind typische Aminoglykosidantibiotika. Sie wirken gegen gramnegative Bakterien und werden bei schweren Infektionen in Kombination mit β-Laktam-Antibiotika eingesetzt.

Tobramycin

5.1.1 Beschreibung

Wirkungsmechanismus und Wirktyp

Aminoglykoside binden sich an das Ribosom und führen zu Fehlablesungen der mRNS. Da sie jedoch bakterizid wirken, müssen noch weitere antibakterielle Effekte existieren. So führt die Bindung der Aminoglykoside an das LPS der äußeren Membran gramnegativer Bakterien zu Formationsänderungen und Löchern in der Zellwand.

Die Kombination mit β-Laktamantibiotika bedingt einen Synergismus: Die Zellwandstörung durch das β-Laktam erlaubt es dem Aminoglykosid, sein Ziel, das Ribosom, besser zu erreichen.

Wirkungsspektrum

Das Wirkungsspektrum von Gentamicin und Tobramycin umfaßt P. aeruginosa, Staphylokokken und Enterobakterien, auch Pasteurellen und Brucellen. Primär resistente Stämme von S. epidermidis, Serratia und P. aeruginosa kommen in zunehmender Häufigkeit vor. Zwischen Gentamicin und Tobramycin besteht eine fast vollständige Kreuzresistenz. Dagegen können Gentamicin-resistente Stämme gegen Amikacin sensibel sein. Gegen Streptokokken, Haemophilus und Anaerobier (Bacteroides-Arten, Clostridien) sind alle Aminoglykoside schlecht wirksam.

Pharmakokinetik

Die Resorption nach oraler Gabe ist gering. In der Regel wird Gentamicin intramuskulär injiziert. Auch eine i.v.-Kurzinfusion ist möglich. Die maximalen Serumspiegel von Gentamicin und Tobramycin werden nach einer Stunde erreicht und sind bei einer Halbwertszeit von 2 h nach ungefähr 6 h auf so niedrige Werte abgefallen, daß eine erneute Gabe ratsam ist. Gentamicin und Tobramycin werden nur gering metabolisiert und zu etwa 90% in aktiver Form mit dem Harn ausgeschieden; dies bedingt bei Niereninsuffizienz eine Akkumulation der Aminoglykoside.

Ausreichende Liquorkonzentrationen werden nicht erreicht.

Resistenz

Aminoglykoside können beim Durchtritt durch die Zellhülle von modifizierenden Enzymen durch Phosphorylierung, Adenylierung oder Acetylierung inaktiviert werden.

Die Resistenz von Enterokokken untergliedert sich in eine Low-level- und eine High-level-Resistenz (MHK $\geqslant$ 500 mg/l). Erstere basiert auf einer Permeationshemmung, bedingt durch einen anaeroben Stoffwechsel der Bakterien, letztere auf veränderten Ribosomen. Liegt eine High-level-Resistenz vor, wirkt das Aminoglykosid nicht, selbst in Kombination mit einem Zellwandsynthesehemmer (β-Laktame, Glykopeptide), z. B. bei der Endokarditistherapie.

5.1.2 Rolle als Therapeutikum

Indikationen

Gentamicin und Tobramycin werden v. a. bei schweren Infektionen durch gramnegative Stäbchen bei Abwehrschwäche in Kombination mit einem zweiten wirksamen Antibiotikum, z. B. mit einem Acylaminopenicillin oder Cephalosporin verwendet.

Gentamicin wird empfohlen zur Endokarditis-Kombinations-Behandlung und zur Monotherapie bei Harnwegsinfektionen durch Bakterien, die gegen andere Antibiotika resistent sind.

Gentamicin wird auch zur lokalen Behandlung von Augeninfektionen eingesetzt.

Kontraindikationen

Aminoglykoside dürfen nicht eingesetzt werden in der Schwangerschaft, bei terminaler Niereninsuffizienz und Vorschädigungen des Vestibular- oder Kochlearorgans. Ebenso ist die gleichzeitige Gabe nephrotoxischer Substanzen (z. B. Cis-Platin) oder schnell wirkender Diuretika wie Furosemid kontraindiziert.

Anwendungen

Gentamicin und Tobramycin werden intravenös verabreicht. Für Spezialindikationen kann Gentamicin auch lokal verabreicht werden: Augeninfektionen, Knocheninfektionen (gentamicinhaltige Kunststoffkugeln zum Einlegen in den Herd, gentamicinhaltiger Knochenzement für Prothesen).

Nebenwirkungen

Gentamicin und Tobramycin haben eine geringe therapeutische Breite und müssen daher vorsichtig dosiert werden.

Als Nebenwirkungen können bei höherer Dosierung und längerer Therapie, v. a. bei eingeschränkter Nierenfunktion (Akkumulation!) eine **Vestibularis-** und eine **Akustikusschädigung** auftreten. Eine Nephrotoxizität wird bei sachgemäß durchgeführter Therapie selten beobachtet, dennoch sollte alle 2–4 Tage eine Kontrolle der Kreatinin-Konzentration im Serum durchgeführt werden.

Bei schneller intravenöser Infusion kann eine neuromuskuläre Blockade mit Atemstillstand entstehen, insbesondere bei gleichzeitiger Medikation mit Anästhetika, Muskelrelaxantien oder Zitratbluttransfusionen (Antidot: Kalziumglukonat).

5.2 Amikacin

Amikacin ist ein Kanamycin-Derivat, das von den meisten aminoglykosidinaktivierenden Bakterienenzymen nicht angegriffen wird.

Amikacin

5.2.1 Beschreibung

Wirkungsmechanismus und Wirktyp

Amikacin hemmt wie andere Aminoglykoside die Proteinbiosynthese am Ribosom. Weitere Mechanismen tragen zur Bakterizidie der Substanz bei.

Wirkungsspektrum

Es hat ein breiteres Spektrum als Gentamicin und Tobramycin und hemmt die meisten gentamicinresistenten Stämme von Enterobakterien und S. aureus. Die Aktivität ist schwächer als die von Gentamicin und Tobramycin, weswegen Amikacin höher dosiert werden muß.

Pharmakokinetik

Amikacin muß parenteral verabreicht werden und hat eine Halbwertszeit von über zwei Stunden. Mehr als 90% der verabreichten Dosis werden im Urin in aktiver Form ausgeschieden.

Resistenz

Amikacin wird nur von wenigen aminoglykosidmodifizierenden Enzymen angegriffen. Daher kann Amikacin gegen gentamicinresistente Bakterien wirksam sein, umgekehrt ist das jedoch nicht der Fall.

5.2.2 Rolle als Therapeutikum

Indikationen

Indikationen sind schwere bakterielle Erkrankungen bei Versagen anderer Aminoglykoside. Amikacin wird nur in Kombination mit geeigneten β-Laktamantibiotika verwendet.

Kontraindikationen

Die Kontraindikationen entsprechen denjenigen von Gentamicin.

Anwendungen

Auch Amikacin muß parenteral angewendet werden.

Nebenwirkungen

Amikacin besitzt wie die anderen Aminoglykoside eine gewisse Ototoxizität, Nephrotoxizität und Neurotoxizität, welche eine exakte Dosierung und Überwachung des Patienten erfordern.

5.3 Streptomycin

Das erste Aminoglykosid, Streptomycin, wurde von Waksman 1944 entdeckt. Es war die erste Substanz, die für die Behandlung der Tuberkulose eingesetzt wurde.

Auch heute wird Streptomycin in der Tuberkulosetherapie eingesetzt. Weitere Indikationen sind die Behandlung der Pest, der Tularämie und von Myzetomen, die durch höhere Bakterien verursacht werden. In einigen Fällen wird es als Kombinationspartner bei der Endokarditistherapie anstatt Gentamicin eingesetzt.

5.4 Spectinomycin

Die den Aminoglykosiden verwandte Substanz Spectinomycin findet Anwendung bei der kalkulierten und gezielten Behandlung der Gonorrhoe.

Die Tetracycline sind bakteriostatisch wirkende Breitspektrumantibiotika mit einem Naphthacen-Ringsystem. Im wesentlichen kommt nur noch Doxycyclin zur Anwendung. Die Derivate Tetracyclin, Oxytetracyclin, Rolitetracyclin, Minocyclin und Doxycyclin unterscheiden sich in der Zusammensetzung der Seitenketten.

STECKBRIEF

Doxycyclin

CH3 OH N(CH3)2

OH

CO—NH2

OH   O   OH O

6.1 Beschreibung

Wirkungsmechanismus und Wirktyp

Sie hemmen die Proteinbiosynthese, indem sie die Anlagerung der tRNS an das Ribosom verhindern. Hierdurch wirken sie bakteriostatisch.

Wirkungsspektrum

Therapeutisch bedeutsam ist die Wirksamkeit auf Mykoplasmen und intrazelluläre Bakterienarten (Chlamydien und Rickettsien). Ein Teil der sporenlosen Anaerobier ist empfindlich. Tetracycline wirken nicht auf P. aeruginosa, Proteus-Arten und S. marcescens. 70–90% der Staphylokokken-Stämme sind empfindlich, auch MRSA. Auch unter hämolysierenden Streptokokken, Pneumokokken und Gonokokken sowie Clostridien und H. influenzae kommen resistente Stämme häufiger vor.

Pharmakokinetik

Doxycyclin wird nach i.v.-Gabe zu 70%, nach oraler Gabe zu 40% mit dem Harn ausgeschieden.

Resistenz

Die Resistenz gegen Doxycyclin beruht auf der Induktion von Effluxpumpen, die das Mittel aus der Bakterienzelle entfernen.

6.2 Rolle als Therapeutikum

Indikationen

Doxycyclin ist das Mittel der Wahl zur Behandlung von Chlamydieninfektionen.

Des weiteren wird es zur Behandlung zahlreicher Anthropozoonosen eingesetzt: Brucellose, Leptospirose, Tularämie, Lyme-Borreliose (außer Neuroborreliose), Rickettsiosen (z.B. Fleckfieber).

Es kann eingesetzt werden zur Behandlung akuter Exazerbationen der chronischen Bronchitis und bei interstitieller Pneumonie durch Mykoplasmen, bei Ornithose und Q-Fieber.

Doxycyclin wirkt bei der nicht-gonorrhoischen Urethritis durch C. trachomatis oder U. urealyticum.

Eine Spezialindikation ist die Malaria tropica durch Chloroquin-resistente Plasmodien, wo es mit Chinin kombiniert wird (s. S. 875 f.).

Kontraindikationen

Tetracycline dürfen nicht in der Schwangerschaft und bei Kindern unter 8 Jahren (Gelbfärbung der Zähne) sowie bei Myasthenia gravis eingesetzt werden.

Anwendungen

Doxycyclin wird normalerweise oral eingenommen, eine intravenöse Gabe ist möglich.

Nebenwirkungen

Als intrazellulär wirksame Antibiotika rufen die Tetracycline nicht selten Nebenwirkungen hervor. Am häufigsten sind Magen-Darm-Störungen; auch

XIV

eine pseudomembranöse Enterokolitis ist möglich. Eine schwere Leberschädigung kann sich bei erheblicher Überdosierung oder durch Kumulation von Tetracyclinen bei Niereninsuffizienz entwickeln. Andere Nebenwirkungen sind Photosensibilisierung, aufgrund seiner kalziumchelierenden Wirkung Gelbfärbung der Zähne (wenn das Mittel während der Zahnbildungsperiode, also bei Kindern bis zum Ende des 7. Lebensjahres gegeben wird), reversible intrakranielle Drucksteigerung, Nierenschädigungen, Ösophagusulzerationen bei oraler Einnahme (daher mit viel Flüssigkeit schlucken), lokale Reizerscheinungen bei i.v.-Gabe.

Tetracycline können zu falsch positiven Reduktionsproben im Urin führen, und damit eine Glukosurie vortäuschen (Pseudoglukosurie).

Orale Kontrazeptiva können bei gleichzeitiger Tetracyclineinnahme unwirksam sein, so daß eine Schwangerschaft entstehen kann.

Clindamycin ist ein Lincosamin-Antibiotikum. Es wirkt bakteriostatisch auf grampositive und obligat anaerob wachsende Bakterien.

Clindamycin

stark metabolisiert und nur zu 30% in aktiver Form mit dem Harn ausgeschieden.

Resistenz

Die Resistenz gegen Clindamycin entsteht durch Veränderungen der Bindungsstellen am Ribosom.

Enterobakterien und Nonfermenter verhindern die Penetration durch ihre Zellhülle; bei einigen Staphylokokken-Stämmen konnte eine inaktivierende Nukleotidyl-Transferase nachgewiesen werden.

7.1 Beschreibung

Wirkungsmechanismus und Wirktyp

Clindamycin wirkt bakteriostatisch durch Störung der Proteinbiosynthese: Es hemmt die Peptidyltransferase.

Wirkungsspektrum

Clindamycin ist ein hochwirksames Staphylokokken- und Anaerobier-Antibiotikum, das auch gegen Pneumokokken, andere Streptokokken und Diphtheriebakterien wirkt. Die Anaerobier-Wirksamkeit bezieht sich auf Bacteroides-, Fusobacterium-, Actinomyces-Arten, Peptostreptokokken und Peptokokken, außerdem Propionibakterien und die meisten C.-perfringens-Stämme. Andere Clostridien-Arten, insbesondere C. difficile, sind resistent, ebenso Enterokokken, Haemophilus, Mykoplasmen und sämtliche aeroben gramnegativen Stäbchen (u. a. Pseudomonas-Arten).

Pharmakokinetik

Clindamycin wird nach oraler Gabe gut resorbiert und kann auch intravenös appliziert werden. Die Halbwertszeit beträgt ca. 3 h. Es hat eine gute Gewebegängigkeit und penetriert gut in den Knochen. Clindamycin wird im Organismus (Leber)

7.2 Rolle als Therapeutikum

Indikationen

Clindamycin wird wegen der Gefahr einer Enterokolitis heute nur bei *Anaerobier-Infektionen* und schweren Staphylokokken-Infektionen bei Penicillin-Allergie oder Dicloxacillin-Resistenz verwendet.

Kontraindikationen

In der Schwangerschaft und in der Stillperiode soll Clindamycin nicht gegeben werden; da die i.v.-Präparation verhältnismäßig viel Benzylalkohol enthält, verbietet sich auch der Gebrauch im ersten Lebensmonat wegen möglicher schwerer Atemstörungen und Angioödemen.

Anwendungen

Clindamycin kann sowohl oral als auch parenteral verabreicht werden.

Nebenwirkungen

Eine gefährliche Nebenwirkung von Clindamycin ist die bei Erwachsenen häufiger als bei Kindern auftretende antibiotikaassoziierte Kolitis, in ihrer schwersten Form die *pseudomembranöse Enterokolitis*, welche durch das Überwuchern clindamycinresistenter toxinbildender C.-difficile-Stämme

ausgelöst werden kann. Es gibt auch leichtere gastrointestinale Störungen, die rasch vorübergehen. Allergische Reaktionen durch Clindamycin sind selten. Nach i.v. Gabe von Clindamycin können ein Ikterus oder pathologische Leberfunktionsproben, bei intravenöser Gabe ein metallischer Geschmack auftreten.

EINLEITUNG

Zu den Makroliden gehören Erythromycin und neuere semisynthetische Derivate wie z.B. Clarithromycin. Diese besitzen einen Laktonring und weisen glykosidische Bindungen an Zucker und/oder Aminozucker auf. Die antibakteriell wirksame Erythromycin-Base ist säurelabil. Therapeutisch verwendet werden die Erythromycin-Base (als magensaftresistente Tabletten), der Ester Erythromycin-Ethylsuccinat und die Salze Erythromycin-Estolat und -Stearat. Aus den Erythromycinsalzen und dem Ester entsteht im Blut die Erythromycin-Base.

8.1 Erythromycin

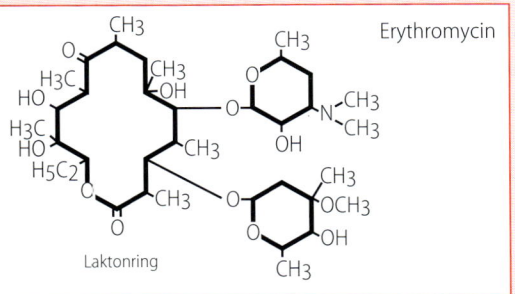

Erythromycin ist die Leitsubstanz der Makrolidgruppe und seit langem in die Therapie eingeführt. Es wirkt vor allem auf grampositive Bakterien und auf Legionellen.

STECKBRIEF

8.1.1 Beschreibung

Wirkungsmechanismus und Wirktyp

Makrolide hemmen die bakterielle Proteinsynthese durch Translokationshemmung und wirken in therapeutischen Konzentrationen bakteriostatisch.

Wirkungsspektrum

Erythromycin wirkt gegen die meisten grampositiven Bakterien (Streptokokken, Staphylokokken, Diphtheriebakterien, Clostridien u.a.), außerdem gegen Bordetella pertussis, Legionellen, Campylobacter jejuni, P. acnes und M. pneumoniae. Es dringt in die Wirtszelle ein und hat daher auch eine Wirkung auf intrazelluläre Bakterien, z.B. Chlamydien, nicht aber C. psittaci.

Pharmakokinetik

Die Resorption der einzelnen Erythromycin-Verbindungen nach oraler Gabe ist unvollständig. Am besten resorbiert werden das Ethylsuccinat und das Estolat. Eine intravenöse Anwendung ist möglich, wird aber oft schlecht vertragen. Die Halbwertszeit beträgt zwei Stunden. Die Gewebepenetration ist gut. Im Körper wird Erythromycin in starkem Umfang metabolisiert, so daß im Harn nach oraler Gabe nur 2–8% der verabreichten Dosis in aktiver Form ausgeschieden werden.

Resistenz

Die Resistenz gegen Erythromycin wird durch Veränderung der Bindungsstellen am Ribosom erreicht.

Enterobakterien und Nonfermenter verhindern die Durchdringung der Zellhülle.

8.1.2 Rolle als Therapeutikum

Indikationen

Diese umfassen *akute Infektionen des Respirationstraktes*, v.a. ambulant erworbene Pneumonien

durch Staphylokokken, Streptokokken, Pneumokokken, M. pneumoniae, C. trachomatis. Erythromycin ist das Mittel der Wahl bei Legionellose und auch bei Keuchhusten in der katarrhalischen Phase.

Des weiteren läßt sich Erythromycin einsetzen bei Hautinfektionen durch empfindliche Keime, Erythrasma und Akne vulgaris.

Es ist wirksam bei Campylobacter-Enteritis, bei Trachom und bei der durch Chlamydien verursachten nicht-gonorrhoischen Urethritis.

Kontraindikationen

Bei Lebererkrankungen soll Erythromycin, insbesondere Estolat, nicht gegeben werden.

Anwendungen

Erythromycin kann oral und in bestimmten Präparationen auch parenteral verabreicht werden.

Nebenwirkungen

An Nebenwirkungen treten insbesondere bei höherer Dosierung gastrointestinale Störungen wie Leibschmerzen, Übelkeit oder dünne Stühle auf. Erythromycin-Estolat kann bei 2–3 Wochen dauernder Therapie infolge Sensibilisierung zu einer intrahepatischen Cholestase mit oder ohne Ikterus, z. T. mit kolikartigen Leibschmerzen führen.

8.2 Neuentwicklungen

Clarithromycin. Clarithromycin wird nach oraler Gabe besser resorbiert. Die Halbwertszeit beträgt fünf Stunden. Daher ist eine zweimal tägliche Verabreichung ausreichend. Clarithromycin hat die gleichen Indikationen wie Erythromycin; günstigere pharmakologische Daten und bessere Verträglichkeit sprechen für seinen Einsatz, die deutlich höheren Kosten dagegen.

Azithromycin. Diese Neuentwicklung zeichnet sich durch ihre hohe Anreicherung in Zellen (inkl. Phagozyten) und Geweben, nämlich bis zum 10- bis 100fachen der Serumkonzentration, aus und ist ähnlich wie Clarithromycin einzuschätzen.

9.1 Vancomycin

Vancomycin ist ein Glykopeptidantibiotikum, das gegen fast alle grampositiven, nicht aber gegen gramnegative Bakterien wirkt. Es ist ein absolutes Reserveantibiotikum zur Behandlung von Infektionen durch oxacillinresistente Staphylokokken und mezlocillinresistente Enterokokken sowie von antibiotikaassoziierten schweren C.-difficile-Kolitiden.

STECKBRIEF

Vancomycin

9.1.1 Beschreibung

Wirkungsmechanismus und Wirktyp

Vancomycin hemmt die Polymerisierung der Mureinstränge und wirkt damit sekundär bakterizid.

Wirkungsspektrum

Vancomycin erfaßt nahezu alle grampositiven Bakterien. In jüngster Zeit haben sich vancomycinresistente Enterokokken-Stämme (VRE) gebildet.

Gegen gramnegative Bakterien und Mykoplasmen ist Vancomycin unwirksam.

Pharmakokinetik

Nach oraler Gabe werden Glykopeptide nicht resorbiert. Vancomycin hat eine Halbwertszeit von 6 h (Kumulation möglich!) und eine Plasmaeiweißbindung von 55%. Während Vancomycin nur sehr schlecht in Gehirn und Knochen gelangt, ist die Penetration in innere Organe, Körperhöhlen und Abszesse gut. Die Ausscheidung erfolgt zu 80–90% über die Nieren; bei Niereninsuffizienz können rasch toxische Serumkonzentrationen erreicht werden.

Resistenz

Die Resistenz gegen Vancomycin beruht auf veränderten Zielmolekülen: Die Mureinstränge resistenter Bakterien tragen statt des üblichen Alanyl-Alanin-Restes ein Pentapeptid, an das sich Vancomycin mit deutlich geringerer Affinität bindet.

Als Resistenzgene wurden bisher beschrieben:
- VanA (Resistenz gegen Vancomycin und Teicoplanin; plasmidkodiert und induzierbar durch beide Glykopeptide),
- VanB (Vancomycin-Resistenz, transposonal, induzierbar durch Vancomycin) und
- VanC (nur Vancomycin-Resistenz, chromosomal).

Im Mai 1996 wurde in Japan erstmalig S. aureus isoliert, der nur eingeschränkt empfindlich (intermediär) gegen Vancomycin war (MHK 8 mg/l), sog. VISA-Stämme.

9.1.2 Rolle als Therapeutikum

Indikationen

Vancomycin ist ein Antibiotikum der letzten Reserve.

Indikationen sind schwere *Staphylokokken-Infektionen*, die wegen Penicillin-Allergie oder Dicloxacillin-Resistenz nicht mit β-Laktam-Antibiotika behandelt werden können, ebenso Infektionen durch hochresistente Korynebakterien (C. jeikeium) oder Enterokokken.

Vancomycin ist das Mittel der Wahl zur kalkulierten Therapie der Endoplastitis (z.B. Infektion künstlicher Herzklappen, Peritonitis bei Peritonealdialyse).

Die orale Gabe ist indiziert bei schwerer pseudomembranöser Enterokolitis durch C. difficile.

Kontraindikationen

Bei akutem Nierenversagen oder bestehender Schwerhörigkeit soll Vancomycin nicht gegeben werden.

Anwendungen

Vancomycin wird parenteral verabreicht. Bei der Therapie einer Endokarditis wird es entweder mit Rifampicin (Staphylokokken) oder Gentamicin (Enterokokken) kombiniert.

Nebenwirkungen

Vancomycin kann zu **allergischen Reaktionen** und **Schwerhörigkeit** (besonders bei Niereninsuffizienz) führen.

9.2 Teicoplanin

Teicoplanin ist dem Vancomycin nahe verwandt; es besteht aus einer Mischung von sechs hochmolekularen Glykopeptiden. Sein Einsatzgebiet entspricht dem von Vancomycin.

Zu Vancomycin besteht keine vollständige Kreuzresistenz; so können S.-epidermidis- und S.-haemolyticus-Stämme gegen Vancomycin empfindlich und gegen Teicoplanin resistent sein, und umgekehrt können Enterokokken resistent gegen Vancomycin, aber empfindlich gegen Teicoplanin sein.

10.1 Cotrimoxazol

STECKBRIEF

In der Kombination von Trimethoprim und einem Sulfonamid hemmt Trimethoprim die bakterielle Folsäuresynthese, aber an einer anderen Stelle als das Sulfonamid. Durch die Kombination wird das Wirkungsspektrum der Einzelsubstanzen verbreitert. Die Kombination von Trimethoprim und Sulfamethoxazol heißt Cotrimoxazol; es gibt aber auch andere Kombinationen, z. B. Berlocombin. Sie wirken synergistisch.

Sulfamethoxazol — Trimethoprim

10.1.1 Beschreibung

Wirkungsmechanismus und Wirktyp

Trimethoprim hemmt die Dihydrofolatreduktase, Sulfamethoxazol die Dihydropteroinsäuresynthetase; dadurch entsteht ein synergistischer Effekt.

Wirkungsspektrum

Trimethoprim ist wirksam gegen viele pathogene Bakterien, jedoch nicht gegen Clostridien, T. pallidum, Leptospiren, Rickettsien, C. psittaci, Tuberkulosebakterien, P. aeruginosa und Mykoplasmen. Teilweise resistent sind auch Staphylokokken, Enterokokken und Pneumokokken, unter den Enterobakterien Klebsiella- und Enterobacter-Arten. Bei H. influenzae kommen resistente Stämme selten vor.

Multipel resistente Bakterien wie MRSA und VISA (S.-aureus-Stämme mit reduzierter Vancomycin-Empfindlichkeit) können empfindlich gegen Cotrimoxazol sein, Enterokokken scheinen Folsäure aus der Umgebung aufnehmen zu können, so daß die Resistenzbestimmung in vitro fälschlicherweise eine Empfindlichkeit anzeigt.

Pharmakokinetik

Cotrimoxazol wird nahezu vollständig aus dem Darm resorbiert, die Serumhalbwertszeit beträgt 12/10 h, die Plasmaeiweißbindung 45/70%. Die Ausscheidung erfolgt im Urin, davon 92/33% in unkonjugierter Form.

Resistenz

Die Resistenz gegen Cotrimoxazol kann auf Permeabilitätsbehinderung, Überproduktion von Zielmolekülen oder Umgehungsstoffwechselwegen beruhen; der häufigste Mechanismus scheint die Veränderung der Zielenzyme zu sein.

10.1.2 Rolle als Therapeutikum

Indikationen

Die Indikationen sind akute und chronische **Harnwegsinfektionen**, chronische **Bronchitis, Sinusitis**, außerdem Wund- und Gallenwegsinfektionen, Prostatitis und Prostataabszeß. Cotrimoxazol kann bei schweren bakteriellen Enteritiden (Ruhr, Cholera, Salmonellosen) nützlich sein.

Eine wichtige Indikation sind die Therapie und Prophylaxe der Pneumocystis-carinii-Pneumonie.

In Zukunft könnte sich Cotrimoxazol als Reservemittel gegen multiresistente Staphylokokken (MRSA, VISA) erweisen.

Kontraindikationen

Cotrimoxazol ist kontraindiziert bei Folsäuremangelanämien, schweren Lebererkrankungen inkl. akuter Hepatitis, im ersten Trimenon und im letzten Monat der Schwangerschaft, bei Früh- und Neugeborenen, bei Glukose-6-Phosphat-Dehydro-

XIV

genase-Mangel, bei bestimmten Hämoglobinanomalien sowie bei hepatischer Porphyrie.

Anwendungen

In der Regel wird Cotrimoxazol oral angewendet, die Behandlung der Pneumocystis-carinii-Pneumonie erfolgt intravenös.

Nebenwirkungen

Als Nebenwirkungen sind eine meist reversible *Hämatotoxizität*, *allergische Reaktionen*, bei i.v.-Gabe auch Venenschmerzen oder Phlebitis beobachtet.

10.2 Dapson

Dapson ist das synthetisch hergestellte Diaminodiphenylsulfon. Es ist das Mittel der Wahl zur Behandlung der Lepra und kann als Alternative gegen Pneumocystis carinii eingesetzt werden.

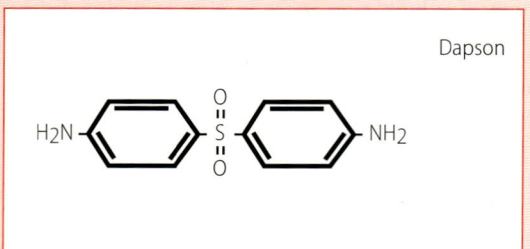

Dapson

10.2.1 Beschreibung

Wirkungsmechanismus und Wirktyp

Wie die Sulfonamide wirkt Dapson durch Hemmung der Dihydropteroinsäuresynthetase als Folsäureantagonist.

Wirkungsspektrum

Dapson ist wirksam gegen M. leprae und andere Mykobakterienarten einschließlich M. tuberculosis, gegen P. carinii, Plasmodien und T. gondii.

Pharmakokinetik

Dapson wird langsam aus dem Darm resorbiert und verteilt sich in die meisten Gewebe und Exkrete einschließlich Plazenta und Muttermilch, nicht jedoch in das Auge. Die Elimination erfolgt zu 80% hepatisch (v. a. Azetylierung, N-Hydroxylierung zu Hydroxylamin(NOH)-Dapson); hierbei ist ein enterohepatischer Kreislauf zu beobachten.

Resistenz

Über Resistenzmechanismen ist bisher nur Unzureichendes bekannt.

10.2.2 Rolle als Therapeutikum

Indikationen

Dapson ist in Kombination mit Clofazimin und Rifampicin Mittel der Wahl zur Behandlung der Lepra. Die zweite Hauptindikation sind Therapie und Prophylaxe der Pneumocystis-carinii-Infektion, wenn das Mittel der Wahl Cotrimoxazol nicht gegeben werden kann, und zwar noch vor Pentamidin.

Kontraindikationen

In der Schwangerschaft und Stillzeit sowie bei bestehender Dapson-Allergie darf das Mittel nicht eingesetzt werden.

Bei Glucose-6-Phosphat-Dehydrogenase-Mangel und Niereninsuffizienz ist besondere Vorsicht geboten (vor der Gabe testen!).

Anwendungen

Dapson wird oral verabreicht.

Nebenwirkungen

Die hauptsächlichen Nebenwirkungen sind Methämoglobinämie, Hämolyse (beide durch NOH-Dapson) und Sulfon-Syndrom (allergische Reaktion mit Fieber, Exanthem und Leberschädigung: Hepatomegalie, Ikterus, Hyperbilirubinämie). Gelegentlich finden sich Leukozytopenie, Hepatitis und Hyperkaliämie.

Schwere Methämoglobinämien (>20% Methämoglobin) können durch intravenöse Gabe von Methylenblau behandelt werden (nicht bei Glucose-6-Phosphat-Dehydrogenase-Mangel!).

10.3 Pyrimethamin

Pyrimethamin hemmt wie Trimethoprim die Dihydrofolatreduktase. Es wird zusammen mit Sulfonamiden (Fansidar = Pyrimethamin + Sulfadoxin) in der Therapie der Toxoplasmose und Malaria sowie zur Malariaprophylaxe eingesetzt. Den knochenmarkstoxischen Nebenwirkungen kann mit der gleichzeitigen Gabe von Folinsäure (Leucovorin) ohne Wirkungsverlust vorgebeugt werden.

Fluorchinolone

K. Miksits, M. P. Dierich

11.1 Ciprofloxacin

STECKBRIEF

Das Fluorchinolon Ciprofloxacin ist ein Abkömmling der Nalidixinsäure; es hemmt die bakterielle DNS-Gyrase. Ein breites Spektrum und sehr gute Gewebegängigkeit sind die Hauptvorteile.

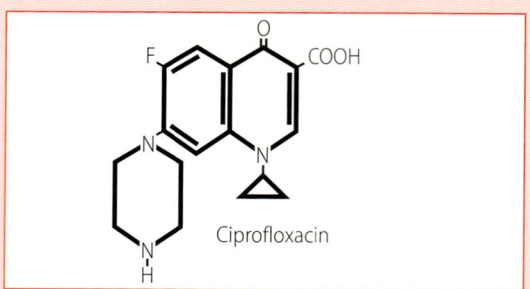

Ciprofloxacin

11.1.1 Beschreibung

Wirkungsmechanismus und Wirktyp

Ciprofloxacin hemmt die bakterielle DNS-Gyrase. Hierdurch wird das Supercoiling der DNS aufgehoben, diese paßt dann räumlich nicht mehr in das Bakterium; des weiteren werden gyrasebedingte Brüche von Doppelstrang-DNS gefördert. Hierdurch wirkt Ciprofloxacin bakterizid.

Wirkungsspektrum

Das Spektrum liegt vornehmlich bei gramnegativen Bakterien und umfaßt Neisserien, Haemophilus, Bordetellen, Enterobakterien (auch enteropathogene Arten) und nichtfermentierende gramnegative Stäbchen einschließlich P. aeruginosa (eingeschränkt), nicht aber S. maltophilia und Burkholderia cepacia.

Die Wirkung gegen grampositive Kokken ist deutlich schlechter, die Aktivität gegen Anaerobier ist beschränkt, und gegen T. pallidum wirkt es nicht ausreichend.

Pharmakokinetik

Ciprofloxacin wird nach oraler Gabe im Vergleich zu anderen Fluorochinolonen schlechter resorbiert. Eine intravenöse Anwendung ist möglich. Die Halbwertszeit beträgt bei den neuen Substanzen etwa 5 h. Die Wiederfindungsrate im Urin ist bei Ciprofloxacin 30–50%. Die neuen Fluorochinolone haben eine ausgezeichnete Gewebegängigkeit, sie erreichen selbst in Phagozyten Konzentrationen von 3–8 mg/l. Die Liquorkonzentrationen betragen etwa 20% der Serumspiegel.

Resistenz

Die Resistenz gegen Ciprofloxacin beruht auf Punktmutationen im Gyrase-Gen, also Veränderungen des Zielmoleküls, oder auf Permeabilitätsstörungen; sie ist meist chromosomal kodiert.

Mit der verbreiteten Anwendung steigt die Anzahl resistenter Bakterien. Dies trifft v. a. auf P. aeruginosa, S. aureus (insbesondere MRSA), koagulasenegative Staphylokokken, S. marcescens und neuerdings E. coli zu.

11.1.2 Rolle als Therapeutikum

Indikationen

Indikationen für Ciprofloxacin sind Organinfektionen durch nachgewiesene oder vermutete empfindliche Erreger, v. a., wenn ein Fluorochinolon das einzige oral wirksame Mittel ist.

Ciprofloxacin ist das Mittel der Wahl zur Behandlung von Salmonelleninfektionen, speziell des Typhus abdominalis.

Ciprofloxacin ist, falls erforderlich, das Mittel der Wahl zur kalkulierten Therapie bakterieller Gastroenteritiden (insbesondere bei systemischer Salmonellose und Shigellose).

Ciprofloxacin wird zur Chemoprophylaxe bei neutrozytopenischen Patienten eingesetzt.

Spezielle Indikationen können Gonorrhoe, Mykoplasmen- und M.-avium-Infektionen sein, außerdem die Legionellose und die Katzenkratzkrankheit durch B. henselae.

Falsche Indikationen sind Infektionen durch grampositive Kokken, also z. B. (S.-aureus-)Osteomyelitis, (Pneumokokken-)Pneumonie oder Weichteilinfektionen.

Kontraindikationen

In der Schwangerschaft und der Stillzeit, bei Kindern in der Wachstumsphase (<18 Jahre) und bei bestehenden zerebralen Anfallsleiden ist Ciprofloxacin (und andere Fluorochinolone) kontraindiziert. Anwendungsbeschränkungen werden für Patienten in höherem Lebensalter (>70 Jahre), bei Niereninsuffizienz, anamnestischen Lebererkrankungen für Patienten mit ZNS-Vorschädigung empfohlen.

Anwendungen

Ciprofloxacin kann sowohl parenteral (intravenös) als auch oral gegeben werden.

Bei P.-aeruginosa-Infektionen sollte wegen der synergistischen Wirkung und der Gefahr einer Resistenzentwicklung Ciprofloxacin mit einem Aminoglykosid oder einem pseudomonaswirksamen β-Laktamantibiotikum (Synergie) kombiniert werden.

Nebenwirkungen

Unter den Nebenwirkungen sind am häufigsten gastrointestinale Reaktionen (selten auch Durchfall!), seltener *zentralnervöse Reaktionen* (Schwindel, Kopfschmerzen, Müdigkeit, Erregtheit, Sehstörungen, Krampfanfälle), außerdem allergische Reaktionen (Exantheme, Juckreiz, Gesichtsödeme) und Kreislaufreaktionen (Blutdruckanstieg, Tachykardie, Hautrötung) zu nennen. Fluorochinolone sollen *nicht* an Kinder und Jugendliche im Wachstumsalter verabreicht werden.

Bei gleichzeitiger Gabe von Ciprofloxacin wird die Elimination von Theophyllin und von Coffein verzögert, und die Blutspiegel dieser Substanzen sind erhöht.

11.2 Ofloxacin

Ofloxacin wird von allen Fluorochinolonen am besten resorbiert, hat eine längere Halbwertszeit und eine geringere Metabolisierungsrate als Ciprofloxacin. Die Interaktion mit Theophyllin und Coffein fehlt.

11.3 Neue Fluorchinolone

Die Entwicklung zahlreicher neuer Fluorchinolone hat zu einer Einteilung in Gruppen geführt: Gruppe I enthält oral anwendbare Substanzen, die bei Harnwegsinfektion indiziert werden (z. B. Nor- und Pefloxacin). Gruppe II umfaßt die Substanzen mit breiter Indikation (z. B. Ciprofloxacin, Fleroxacin). Substanzen der Gruppe III, z. B. Levofloxacin, zeigen in vitro eine höhere Aktivität gegen grampositive Erreger und „atypische" Erreger (Mykoplasmen, Chlamydien), solche der Gruppe IV, z. B. Moxifloxacin, haben zusätzlich eine gewisse Anaerobierwirksamkeit.

K. Miksits, M. P. Dierich

12.1 INH

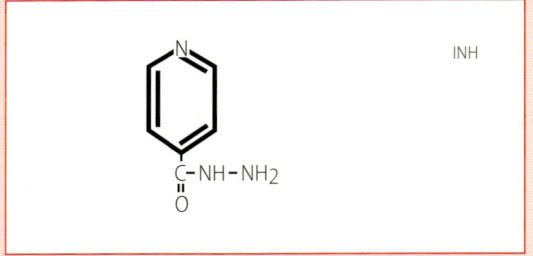

Isoniacinsäurehydrazin (INH) ist ein ausschließlich auf M. tuberculosis bakterizid wirkendes Antituberkulotikum. Es wurde 1952 von Domagk in die Therapie eingeführt.

12.1.1 Beschreibung

Wirkungsmechanismus und Wirktyp

INH hemmt die Nukleinsäure- und Mykolsäuresynthese von M. tuberculosis und wirkt in ausreichender Konzentration bakterizid auf extra- und intrazellulär liegende Bakterien.

Wirkungsspektrum

INH wirkt ausschließlich gegen M. tuberculosis.

Pharmakokinetik

INH wird nach oraler Gabe rasch resorbiert und verteilt sich gut im Gewebe und auch im Liquor, in Makrophagen und erreicht den Fetus. Die Halbwertszeit hängt von der Geschwindigkeit der metabolischen Inaktivierung durch Azetylierung ab; hierbei unterteilt man in Schnell- und Langsaminaktivierer. Bei ersteren beträgt die Halbwertszeit etwa 1 h, bei den anderen ca. 3 h. Die Metaboliten werden renal eliminiert.

Resistenz

In 1–4% der Isolate muß mit einer Resistenz gerechnet werden; in letzter Zeit ist eine deutliche Zunahme resistenter Stämme, z.B. in Rußland, den USA und Estland sowie bei AIDS-Patienten beobachtet worden. Die Resistenzentwicklung wird durch Monotherapie begünstigt.

12.1.2 Rolle als Therapeutikum

Indikationen

Einzige Indikation ist die Tuberkulose (Kombinationstherapie; Prävention nach Exposition).

Kontraindikationen

Bei akuter Hepatitis ist INH kontraindiziert, bei chronischen Leberschäden (z.B. bei Alkoholismus), im Alter und bei Epilepsie ist besonders vorsichtig zu dosieren.

Anwendungen

INH wird in aller Regel oral verabreicht, kann aber auch intravenös gegeben werden.

Nebenwirkungen

Im Vordergrund stehen Störungen des ZNS (z.B. Optikus-Neuritis: Gesichtsfeld prüfen!) und des peripheren Nervensystems (Polyneuropathie), die die gleichzeitige Gabe von Pyridoxin (Vitamin B_6) erfordern; bei gleichzeitiger Gabe von Barbituraten oder Phenytoin (verzögerter Abbau) können Somnolenz und Koordinationsstörungen auftreten.

Des weiteren treten gastrointestinale Störungen, Transaminasenanstiege und Hepatitis, z.T. mit Ikterus (in diesem Fall: sofort absetzen!), Allergien, Blutbildungsstörungen und Blutungsneigungen auf.

12.2 Rifampicin

STECKBRIEF

Rifampicin ist ein sekundär bakterizides Ansamycin-Antibiotikum, dessen Hauptindikationen die Kombinationstherapie der Tuberkulose und Lepra sowie die Meningokokken-Träger-Sanierung sind.

Rifampicin

$$H_3C-O-O-CH-CH-CH-CH-CH=CH-CH=CH-C-C=O$$

(chemische Strukturformel Rifampicin mit den Gruppen CH₃, OH, OCH₃, NH, N-CH₃ etc.)

12.2.1 Beschreibung

Wirkungsmechanismus und Wirktyp

Das Ansamycin Rifampicin wirkt sekundär bakterizid durch Hemmung der bakteriellen RNS-Polymerase.

Wirkungsspektrum

Neben M. tuberculosis werden auch M. leprae, Staphylokokken (auch MRSA), Streptokokken (auch Penicillin-G-resistente Pneumokokken), Enterokokken, Neisserien, Haemophilus, Legionellen, Brucellen und C. trachomatis erfaßt.

Pharmakokinetik

Die Substanz wird oral gut resorbiert. Die lipophile Substanz verteilt sich gut im Gewebe und gelangt auch nach intrazellulär. Etwa 30% werden hepatisch (enterohepatischer Kreislauf), 40% renal eliminert.

Resistenz

Bei schnellwachsenden Bakterien ist mit einer Einschrittresistenz zu rechnen, bei M. tuberculosis entwickelt sich die Resistenz über Wochen und i. a. nur bei Monotherapie.

12.2.2 Rolle als Therapeutikum

Indikationen

Die Hauptindikationen für Rifampicin sind die Kombinationstherapien der Tuberkulose und der Lepra.

Daneben kommt es zum Einsatz als Kombinationspartner für Makrolide bei der Behandlung schwerer Legionellosen und für Vancomycin bei der Endoplastitistherapie.

Rifampicin wird in der Sanierung von Meningokokken- und H.-influenzae-Trägern im Rahmen der Meningitis-Prävention eingesetzt.

Kontraindikationen

Bei bestehender Schwangerschaft, bei akuter Hepatitis und bei schweren Leberstörungen (inkl. Verschlußikterus) ist Rifampicin kontraindiziert.

Anwendungen

Rifampicin wird in der Regel oral eingenommen, intravenöse Gaben sind aber möglich.

Nebenwirkungen

In bis zu 20% der Fälle ist ein Transaminasenanstieg festzustellen; steigen deren Werte über 100 U/l (regelmäßige Kontrollen!), ist mit tödlichen Leberdystrophien zu rechnen und das Mittel daher sofort abzusetzen. Weiterhin ist mit passagerer Neutro- und Thrombozytopenie (regelmäßige Blutbildkontrollen!), gastrointestinalen, zentralnervösen Störungen und allergischen Reaktionen sowie mit Nierenversagen aufgrund interstitieller Nephritis, Tubulusnekrosen oder Rindennekrosen zu rechnen.

Stuhl, Urin, Speichel, Tränenflüssigkeit (Kontaktlinsen) und Schweiß können sich orange verfärben.

XIV

12.3 Ethambutol

Ethambutol ist ein bakteriostatisches Antituberkulotikum, das neben INH und Rifampicin erste Wahl bei der Kombinationstherapie der Tuberkulose ist.

Ethambutol

$$CH_2OH \qquad\qquad CH_2OH$$
$$H-\overset{|}{\underset{|}{C}}-NH-CH_2-CH_2-HN-\overset{|}{\underset{|}{C}}-H$$
$$C_2H_5 \qquad\qquad C_2H_5$$

12.3.1 Beschreibung

Wirkungsmechanismus und Wirktyp

Die Ethylendiamin-Verbindung Ethambutol wirkt auf bisher nicht geklärte Weise bakteriostatisch.

Wirkungsspektrum

Ethambutol wirkt gegen M. tuberculosis und erfaßt einige Stämme vom M. kansasii, M. marinum und M. avium/intracellulare.

Pharmakokinetik

Die orale Resorption ist ausreichend; die Substanz verteilt sich im ganzen Körper und erreicht bei Meningitis eine genügend hohe Liquorkonzentration. Die Elimination erfolgt zu 50% unverändert mit dem Urin, zu 20% mit dem Stuhl; der Rest wird metabolisiert.

Resistenz

Resistente M.-tuberculosis-Stämme kommen in etwa 4% der Fälle, v. a. bei AIDS-Patienten, vor.

12.3.2 Rolle als Therapeutikum

Indikationen

Hauptindikation ist die Kombinationstherapie der Tuberkulose.

Kontraindikationen

Bei Optikusatrophie oder anamnestischer Optikusneuritis darf Ethambutol nicht verabreicht werden.

Anwendungen

Meist wird Ethambutol oral eingenommen, es kann aber auch intravenös gegeben werden. Bei Niereninsuffizienz muß die Dosis reduziert werden.

Nebenwirkungen

Auffälligste Nebenwirkung ist eine retrobulbäre Neuritis nervi optici („Der Patient sieht nichts und der Arzt auch nicht!"). Sie äußert sich zuerst in Störungen des Farbensehens (vierwöchentliche Kontrolle!): Der Grünsinn ist gestört, der Patient sieht zu gelb; es folgen Gesichtsfeldeinschränkungen und schließlich eine Optikusatrophie. Meist ist die Retrobulbärneuritis reversibel, auch wenn die Rückbildung langsam verläuft.

Des weiteren kann die Harnsäurekonzentration ansteigen, so daß es zu Gichtanfällen kommen kann.

Selten sind periphere Neuritiden, zentralnervöse Störungen, Leberfunktionsstörungen und Allergien.

12.4 Pyrazinamid

Pyrazinamid ist ein bakterizides Nikotinamidanalogon, das zur initialen Kombinationstherapie der Tuberkulose eingesetzt wird.

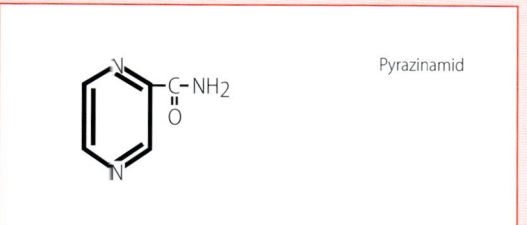

Pyrazinamid

12.4.1 Beschreibung

Wirkungsmechanismus und Wirktyp

Das Pyrazinkarbonsäureamid ist ein synthetisches Analogon von Nikotinamid. Es wirkt bakterizid gegen M. tuberculosis; der Mechanismus ist unbekannt.

Wirkungsspektrum

Pyrazinamid wirkt nur gegen M. tuberculosis. Gegen metabolisch inaktive Populationsmitglieder wirkt es nicht.

Pharmakokinetik

Das Mittel wird oral gut resorbiert und verteilt sich im ganzen Körper, selbst im Liquor werden bei Meningitis therapeutische Konzentrationen erreicht. Pyrazinamid wird hepatisch metabolisiert, und die Metabolite werden renal ausgeschieden.

Resistenz

Eine primäre Resistenz ist selten (<1%), jedoch sind etwa 50% der INH- und Rifampicin-resistenten M.-tuberculosis-Stämme auch gegen Pyrazinamid resistent.

12.4.2 Rolle als Therapeutikum

Indikationen

Einzige Indikation ist die Kombinationstherapie der Tuberkulose; es wird nur in der Initialphase (2 Monate) verabreicht.

Kontraindikationen

Bei schweren Leberschäden und Gicht ist das Mittel kontraindiziert.

Anwendungen

Pyrazinamid wird oral verabreicht. Bei Niereninsuffizienz muß die Dosis reduziert werden. Eine beginnende Leberschädigung erfordert das sofortige Absetzen der Substanz.

Nebenwirkungen

Selten treten Leberstörungen (Ikterus), gastrointestinale Beschwerden, Hyperurikämie (evtl. Gichtanfall), Thrombozytopenie oder eine interstitielle Nephritis sowie Photosensibilisierungen auf.

12.5 Weitere Antituberkulotika

Sekundäre Antituberkulotika sind manche Aminoglykoside (Streptomycin, Amikacin), Paraaminosalicylsäure (PAS), Cycloserin, Prothionamid, Rifabutin und manche Makrolide (Azithromycin, Clarithromycin) sowie Chinolone (Ciprofloxacin u. a.).

12.6 Clofazimin

Clofazimin wirkt schwach bakterizid, der genaue Mechanismus ist nicht genau bekannt, vermutet wird die Entstehung von Sauerstoffradikalen durch die Chelierung von Eisenionen. Das oral verabreichbare Mittel wird zusammen mit Dapson und Rifampicin ausschließlich zur Leprabehandlung und -prävention eingesetzt.

K. Miksits, M. P. Dierich

13.1 Metronidazol

Metronidazol ist ein bakterizides Imidazol, das gegen die meisten Anaerobier, insbesondere B. fragilis und C. difficile, gegen E. histolytica, Trichomonaden und Lamblien zum Einsatz kommt.

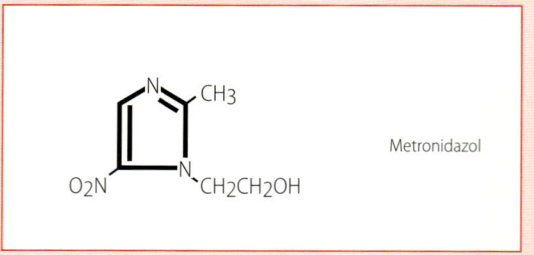

Metronidazol

13.1.1 Beschreibung

Wirkungsmechanismus und Wirktyp

Metronidazol wirkt bakterizid, da kurzlebige Intermediärprodukte oder Radikale die DNS und vielleicht andere Großmoleküle schädigen.

Wirkungsspektrum

Die Protozoen E. histolytica, T. vaginalis und G. lamblia (L. intestinalis) werden von Metronidazol bei niedrigen Konzentrationen gehemmt. Das Mittel wirkt auch gegen alle obligat anaeroben Bakterien (Clostridien und sporenlose Anaerobier) außer gegen Propionibakterien und Aktinomyzeten.

Pharmakokinetik

Nach oraler Gabe ist die Resorption gut, nach rektaler Anwendung gering. Nach intravaginaler Applikation finden sich niedrige Serumspiegel. Bei intravenöser Anwendung gibt es bei wiederholter Gabe keine Kumulation. Die Halbwertszeit von Metronidazol ist 7 h. Die Gewebepenetration ist gut, besonders in Hirn, Leber, Uterus, auch in

Abszeßhöhlen. Hohe Konzentrationen werden in Liquor, Vaginalsekret und Fruchtwasser erreicht. Metronidazol wird in der Leber oxidiert und zu antibakteriell schwach wirksamen Metaboliten konjugiert. Die Wiederfindungsrate im Urin beträgt für Metronidazol 30%.

Resistenz

Eine Resistenz gegen Metronidazol ist selten.

13.1.2 Rolle als Therapeutikum

Indikationen

Die Indikationen sind Trichomoniasis und Vaginose durch Gardnerella vaginalis, Amöbenruhr (alle Formen, auch Leberabszeß), Darminfektionen durch Giardia sowie Anaerobier-Infektionen (z. B. Thrombophlebitis, Organabszesse, intraabdominelle Abszesse, Peritonitis, Endometritis, Puerperalsepsis, fieberhafter Abort, Gangrän). Dabei kombiniert man stets mit einem aerobierwirksamen Breitspektrum-Antibiotikum (Aminoglykosid oder Cephalosporin). Metronidazol gilt als Mittel der Wahl bei leichteren und mittelschweren Formen der antibiotikaassoziierten Kolitis durch C. difficile. Metronidazol wird zur perioperativen Prophylaxe bei großen gynäkologischen Operationen und Dickdarmoperationen verwendet.

Kontraindikationen

Nitroimidazol-Allergie, Schwangerschaft (1. Trimenon: Trichomonastherapie) und Stillzeit sind Kontraindikationen. Bei schweren Leberschäden, Blutbildungsstörungen und Erkrankungen des zentralen und peripheren Nervensystems sollte auf den Einsatz verzichtet werden.

Anwendungen

Metronidazol kann oral oder intravenös gegeben werden. Aufgrund seiner mutagenen und karzino-

genen Wirkungen im Tierversuch sollte die Therapiedauer 10 Tage möglichst nicht überschreiten, und wiederholte Anwendungen sollten vermieden werden.

Nebenwirkungen

In 3% treten gastrointestinale Störungen auf. Bei längerer Therapie und höherer Dosierung kommen eine periphere Neuropathie (mit Parästhesien) sowie zentralnervöse Störungen (Schwindel, Ataxie, Bewußtseinsstörungen, Krämpfe u.a.) vor. Es besteht eine ausgeprägte *Alkoholintoleranz.*

13.2 Fosfomycin

Fosfomycin ist ein Epoxyd-Antibiotikum, das sekundär bakterizid durch Hemmung der Mureinsynthese wirkt. Es ist ein Reserveantibiotikum mit breitem Spektrum und guter Gewebegängigkeit. Das Indikationsgebiet umfaßt Infektionen mit multiresistenten Bakterien, die gegenüber Fosfomycin empfindlich sind, z.B. MRSA und multiresistente P.-aeruginosa-Stämme.

13.3 Fusidinsäure

Fusidinsäure ist ein bakteriostatisches, oberflächenaktives Antibiotikum, das die Proteinbiosynthese durch eine Hemmung der Ablösung der dealkylierten tRNS blockiert. Die Substanz ist wirksam gegen Staphylokokken (auch MRSA), Korynebakterien, Neisserien, Clostridien und B. fragilis, nicht dagegen gegen aerobe gramnegative Bakterien und Streptokokken. Das Einsatzgebiet dieses Reserveantibiotikums sind Staphylokokkeninfektionen, die mit anderen Mitteln nicht zu behandeln sind. Mit einer raschen Resistenzentwicklung auch unter Therapie muß gerechnet werden.

13.4 Nitrofurantoin

Nitrofurantoin ist ein synthetisches Nitrofuran, dessen Wirkungsmechanismus nur unzureichend verstanden ist; es gibt Hinweise auf eine Beeinträchtigung des DNS-Stoffwechsels.

Nitrofurantoin wirkt gegen die meisten Erreger von Harnwegsinfektionen (E. coli, Klebsiella und Enterobacter-Arten, Enterokokken, Staphylokokken). Proteus- und Pseudomonas-Arten sind resistent.

Nitrofurantoin wird rasch und nahezu vollständig im Darm resorbiert.

Die wichtigste Indikation bleibt die *Suppressivtherapie chronisch-obstruktiver Harnwegsinfektionen* bei Patienten mit angeborener oder erworbener Abflußbehinderung der Harnwege, bei denen effektivere und risikoärmere antibakterielle Mittel nicht eingesetzt werden können.

Wegen der Nebenwirkungen (Polyneuropathie, Lungenreaktionen, allergische Reaktionen, Leberreaktionen, Blutbildungsstörungen, eventuell auch eine reversible Hemmung der Spermatogenese) sollte die Anwendung von Nitrofurantoin streng indiziert erfolgen; bei eingeschränkter Nierenfunktion ist es kontraindiziert.

13.5 Chloramphenicol

Chloramphenicol ist ein bakteriostatisches Phenylalanin-Derivat, das die Proteinbiosynthese hemmt, indem es die Anlagerung von tRNS an das Ribosom stört. Es zeichnet sich durch ein breites Spektrum aus, das zahlreiche grampositive und gramnegative Bakterien (außer P. aeruginosa), Anaerobier und sogar Chlamydien, Mykoplasmen und Rickettsien umfaßt. Oral erfolgt praktisch eine vollständige Resorption. Die Substanz verteilt sich ausgezeichnet in Geweben und Zellen; so werden hohe Konzentrationen im Liquor, im Kammerwasser und im Glaskörper erzielt. Das Auftreten lebensgefährlicher Nebenwirkungen beschränkt den Einsatz von Chloramphenicol auf Einzelfälle, in denen andere Mittel versagen.

Die gefährlichste Nebenwirkung ist eine *irreversible aplastische Anämie*; sie wird mit einer Frequenz von 1:10000 bis 1:40000 beobachtet und ist mit einer Letalität von >50% belastet. Daneben kommen reversible Knochenmarksdepressionen vor.

Ebenfalls lebensgefährlich ist das *Gray-Syndrom* bei Früh- und Neugeborenen. Die unreife Leber kann die Substanz nicht ausreichend glukuronidieren, so daß sie toxisch kumuliert. Es stellen sich Hy-

pothermie, Atemstörungen und nicht beherrschbare Kreislaufzusammenbrüche und damit der Tod ein.

Als Indikationen verbleiben lebensbedrohliche intraokuläre Infektionen und schwere Salmonellen-Infektionen, bei denen Ciprofloxacin versagt, sowie einige Fälle von Rickettsiosen, Melioidose und Hirnabszeß.

13.6 Polymyxine: Colistin und Polymyxin B

Colistin (Polymyxin E) und Polymyxin B sind zyklische Polypeptidantibiotika, die als Kationendetergentien die Zytoplasmamembran von Bakterien zerstören und dadurch primär bakterizid wirken. Sie sind wirksam gegen gramnegative Bakterien inkl. P. aeruginosa, sind aber unwirksam gegen Proteus, Neisserien und alle grampositiven Erreger. Die Substanzen werden praktisch nicht resorbiert. Sie können zur Darmdekontamination eingesetzt werden und finden Anwendung als Augen- und Ohrentropfen und in der dermatologischen Behandlung von Wundflächen. Gelegentlich sind sie als einzige Antibiotika noch wirksam gegen multiresistente P.-aeruginosa-Stämme. Sie werden z.B. auch zur Inhalation verwendet.

13.7 Mupirocin

Mupirocin (pseudomonische Säure aus P. fluorescens) ist ein nur lokal anwendbares Antibiotikum, das durch die Hemmung der bakteriellen Isoleucyl-tRNS-Synthetase den Einbau von Isoleucin in Proteine verhindert. Die Substanz wirkt nur gegen Staphylokokken und Streptokokken, speziell S. pyogenes; sie ist unwirksam gegen gramnegative Bakterien, Anaerobier und Enterokokken. Ihre Indikationen sind die Lokalbehandlung von Impetigo und die Sanierung von MRSA-Trägern (Nasensalbe).

13.8 Streptogramine

Streptogramin und das halbsynthetische Präparat Pristinamycin sind Vertreter der neuen Substanz-klasse der Streptogramine. Sie bestehen aus zwei Komponenten, Streptogramin A und B bzw. Pristinamycin II (= Dalfopristin) und Pristinamycin I (= Quinupristin). Wie Makrolide und Clindamycin hemmen sie die Peptidyltransferase und damit die Proteinkettenelongation an der 50S-Untereinheit des Ribosoms; die A-Komponente bewirkt eine Konformationsänderung, die die Bindung der B-Komponente verbessert, wodurch sich eine synergistische Wirkungsverstärkung ergibt, die zur bakteriziden Wirkung des Gemisches führt. Streptogramine wirken gegen grampositive Bakterien inkl. MRSA. Enterobakterien sind aufgrund einer Permeationshemmung primär resistent.

13.9 Oxazolidinone

Oxazolidinone sind eine neue Klasse von Antibiotika. Sie hemmen die Proteinbiosynthese und wirken daher bakteriostatisch. Der genaue Wirkungsmechanismus ist bisher nicht bekannt. Sie binden sich an die 50S-Untereinheit des Ribosoms (dieser Vorgang wird kompetitiv durch Chloramphenicol und Lincosamine z.B. Clindamycin gehemmt). Es wird vermutet, daß die Initiation des 70S-Ribosoms gestört und damit die Proteinbiosynthese in einem frühen Stadium unterbrochen wird. In der klinischen Prüfung sind die Substanzen Linezolid und Eperezolid.

Sie wirken gegen grampositive Bakterien, inkl. methicillinresistente Staphylokokken, vancomycin-resistente Enterokokken und penicillinresistente Pneumokokken, nicht aber gegen gramnegative Bakterien. Ebenso sind sie gegen Mycobacterium tuberculosis und Mycobacterium avium/intracellulare wirksam.

Ihr Einsatzgebiet wird die Behandlung von Infektionen durch multiresistente grampositive Erreger sein.

Sie können sowohl oral als auch parenteral verabreicht werden. Bisher gelten Oxazolidinone als gut verträglich. Unerwünschte Wirkungen sind Kopfschmerzen, Übelkeit und Diarrhoe sowie Verfärbungen der Zunge. Es gibt allergische Reaktionen. Eine leichte Hemmung der Monoaminooxidase wird durch die gleichzeitige Aufnahme von Tyramin gefördert; diese ist daher zu vermeiden (Gefahren: Blutdruckabfall, Verwirrung, Temperaturerhöhung).

14.1 Polyene: Amphotericin B

Polyen-Antimykotika werden aus Kulturen von Streptomyces-Arten isoliert und bestehen aus einem makrozyklischen Laktonring mit einer hydrophoben und einer hydrophilen Seite.

STECKBRIEF

Amphotericin B ist ein parenteral zu verabreichendes Breitbandantimykotikum, bei dem primäre und sekundäre Resistenzen äußerst selten sind. Nachteilig ist seine hohe Nephrotoxizität.

Amphotericin B

14.1.1 Beschreibung

Wirkungsmechanismus und Wirktyp

Amphotericin B wirkt fungizid durch hydrophobe Anlagerung an Ergosterin, einen Bestandteil der Zellmembran der Pilze, wodurch es zu einer Steigerung der Membranpermeabilität und gegebenenfalls zur Zerstörung der Pilzzellwand kommt.

Wirkungsspektrum

Amphotericin B ist ein hochwirksames Antimykotikum, das mit Ausnahme der Dermatophyten gegen nahezu alle Pilzarten wirkt. Es eignet sich zur Therapie von Infektionen durch Candida-Arten, Kryptokokken, Aspergillen, Mucorazeen sowie die außereuropäische Pilze H. capsulatum, B. dermatitidis, C. immitis, P. brasiliensis und S. schenckii.

Pharmakokinetik

Amphotericin B wird nach oraler bzw. lokaler Applikation nicht resorbiert, so daß für die systemische Therapie eine intravenöse Infusion erforderlich ist. Die Gewebegängigkeit ist aufgrund der Membranaffinität gering, so daß in Liquor, Speichel und interstieller Flüssigkeit nur sehr geringe Konzentrationen nachweisbar sind. Bei Meningitis ist die Liquorgängigkeit erhöht. Die Ausscheidung erfolgt nur sehr langsam (Wochen) über die Leber und in geringem Maße über die Nieren.

Resistenz

Neben den Dermatophyten gibt es wenige primär resistente bzw. eingeschränkt empfindliche Pilze. Eine sekundäre Resistenzentwicklung unter der Therapie ist sehr selten, so daß eine Empfindlichkeitsbestimmung in der Regel nicht notwendig ist.

14.1.2 Rolle als Therapeutikum

Indikationen

Amphotericin B ist das Mittel der Wahl bei schweren systemischen Pilzinfektionen, auch bei noch ausstehendem Erregernachweis (Verdacht auf Pilzsepsis). Die Kombination mit Flucytosin kann wegen einer synergistischen Wirkung zur Reduzierung der Amphotericin-B-Dosis (Verminderung der Nebenwirkungen) sinnvoll sein.

Kontraindikationen

Wegen der ausgeprägten Nephrotoxizität darf Amphotericin B weder mit anderen nephrotoxischen Substanzen kombiniert noch bei drohendem Nierenversagen angewendet werden. Bei schwerer Leberfunktionsstörung ist es wegen der Akkumulationsgefahr ebenfalls kontraindiziert.

Anwendungen

Zur systemischen Therapie muß Amphotericin B nach Applikation einer Testdosis mit langsamer Dosissteigerung intravenös infundiert werden. Eine kontinuierliche Kontrolle der Nieren- und Leberfunktion sowie des Blutbildes ist dabei erforderlich. Die lokale Applikation in Form von Tabletten oder Suspensionen erfolgt entweder zur selektiven Darmdekontamination oder Therapie eines Mund- oder Windelsoors.

Die in Liposomen verkapselte Darreichungsform ist besser verträglich und kann in höheren Dosierungen verabreicht werden.

Nebenwirkungen

Im Mittelpunkt steht eine hohe Nephrotoxizität. Durch ausreichende Kochsalzzufuhr kann das Ausmaß der Nierenschädigung vermindert werden.

14.2 Andere Polyene

Nystatin und Natamycin sind ebenfalls Polyen-Antimykotika, die jedoch ausschließlich lokal anwendbar sind. Nystatin eignet sich zur Therapie einer Candidiasis der Haut und Schleimhaut. Natamycin wird bei Hautinfektionen durch Candida-, Microsporum- und Trichophyton-Arten eingesetzt.

14.3 Antimetabolite: Flucytosin (5-Fluorcytosin, 5-FC)

STECKBRIEF

Flucytosin ist ein fungistatisch wirksames Antimykotikum, das wegen der Gefahr von sekundärer Resistenzentwicklung nur in Kombination mit Amphotericin B zur Therapie schwerer systemischer Pilzinfektionen eingesetzt werden sollte.

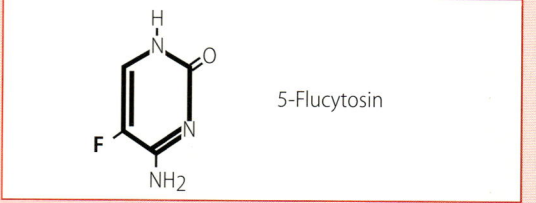

5-Flucytosin

14.3.1 Beschreibung

Wirkungsmechanismus und Wirktyp

Flucytosin wirkt nach Umwandlung in der Pilzzelle in 5-Fluoruracil als Antimetabolit des Cytosins. Durch Störung der Proteinsynthese und Blockade der DNS-Synthese wirkt es auf empfindliche Pilzzellen fungistatisch bis fungizid.

Wirkungsspektrum

Die Wirksamkeit von Flucytosin erstreckt sich auf Candida-Arten, andere Hefen, Kryptokokken und Aspergillen. Flucytosin ist außerdem zur Behandlung einer Chromoblastomykose geeignet.

Pharmakokinetik

Die Verteilung von Flucytosin im Gewebe ist nach parenteraler und oraler Applikation sehr gut und schließt auch die Penetration in den Liquor cerebrospinalis ein. Die Ausscheidung erfolgt vorwiegend renal.

Resistenz

Innerhalb des Wirkungsspektrums kommen primär resistente Stämme relativ häufig vor, so daß vor Therapiebeginn eine Empfindlichkeitsprüfung erfolgen sollte. Unter der Therapie ist die Entwicklung einer sekundären Resistenz möglich, die jedoch durch Kombination mit Amphotericin B und die Einstellung hoher Wirkstoffkonzentrationen im Patienten verzögert werden kann.

14.3.2 Rolle als Therapeutikum

Indikationen

Flucytosin ist in Kombination mit Amphotericin B zur Behandlung schwerer systemischer Pilzinfektionen sowie tiefer Organmykosen mit Candida- und anderen Hefearten, C. neoformans und Aspergillen geeignet. Eine Monotherapie mit Flucytosin ist ausschließlich zur Behandlung einer Chromoblastomykose gerechtfertigt.

Kontraindikationen

Wegen der Knochenmarkstoxizität ist der Einsatz von Flucytosin bei bereits bestehender Knochenmarksdepression kontraindiziert. Weitere Kontraindikationen sind Schwangerschaft sowie Leber- und Niereninsuffizienz.

Anwendungen

Es wird die parenterale Applikation empfohlen, obwohl eine orale Therapie möglich ist. Da die Substanz durch die Darmbakterien des Patienten in ihre Wirkform 5-Fluoruracil umgewandelt wird, kommt es zu einer Verstärkung und Häufung der Nebenwirkungen, wenn größere Mengen Flucytosin in den Darm gelangen.

Nebenwirkungen

Unerwünschte Wirkungen sind vermutlich auf die wirksame Form 5-Fluoruracil zurückzuführen und bestehen in gastrointestinalen Störungen, Leberzellschädigung sowie einer reversiblen Neutro- und Thrombozytopenie. In seltenen Fällen können eine ulzeröse Enterokolitis sowie eine schwere Knochenmarksdepression mit letal verlaufender Agranulozytose auftreten. Das Risiko toxischer Nebenwirkungen nimmt bei länger als vierwöchiger Kombinationsbehandlung mit Amphotericin B deutlich zu.

14.4 Azole: Fluconazol

Azol-Antimykotika sind synthetisch hergestellte Substanzen mit Imidazol- oder Triazol-Grundgerüst, die sich durch unterschiedliche Liganden in ihrem Wirkungsspektrum und ihren Nebenwirkungen unterscheiden. Von den systemisch wirksamen Azol-Antimykotika zeichnen sich die älteren Substanzen Miconazol und Ketoconazol durch erhebliche Nebenwirkungen aus, die auf eine Störung menschlicher Zytochrom-P450-Isoenzyme zurückzuführen sind. Die neueren Substanzen Fluconazol und Itraconazol sind demgegenüber wesentlich besser verträglich.

Fluconazol

14.4.1 Beschreibung

Wirkungsmechanismus und Wirktyp

Die fungizide Wirkung aller Azol-Antimykotika beruht auf einer Blockade der für die Pilze essentiellen Ergosterin-Synthese durch Hemmung eines pilzspezifischen Zytochrom-P450-Isoenzyms, das die Demethylierung des Lanosterols katalysiert.

Wirkungsspektrum

Fluconazol wirkt auf die meisten Candida-Arten, C. neoformans, H. capsulatum, P. brasiliensis, B. dermatitidis und C. immitis.

Pharmakokinetik

Fluconazol ist das bisher einzige gut wasserlösliche Azol-Antimykotikum. Es kann oral und parenteral verabreicht werden und besitzt eine sehr gute Gewebepenetration und Liquorgängigkeit auch bei nicht entzündeten Meningen. Die Ausscheidung erfolgt überwiegend renal in unveränderter Form.

Resistenz

Aspergillen und Dermatophyten sind gegenüber Fluconazol resistent. Von den Candida-Arten sind Candida krusei und Candida lusitaniae häufig primär resistent. Candida glabrata zeigt häufig ebenfalls eine eingeschränkte Empfindlichkeit. Eine sekundäre Resistenzentwicklung von Candida-Arten (auch C. albicans) wird insbesondere bei langdau-

ernder Therapie zunehmend beobachtet, so daß eine Empfindlichkeitsbestimmung unter Umständen erforderlich ist.

14.4.2 Rolle als Therapeutikum

Indikationen

Fluconazol eignet sich zur Therapie oberflächlicher und systemischer Infektionen durch empfindliche Candida-Arten. Es kann außerdem eingesetzt werden zur Nachbehandlung und Rezidivprophylaxe einer Kryptokokken-Meningitis. Wegen seiner guten Verträglichkeit ist es außerdem zur Candida-Prophylaxe bei HIV- und anderen immunsupprimierten Patienten geeignet, wobei die Gefahr einer sekundären Resistenzentwicklung oder Selektion primär resistenter Candida-Arten berücksichtigt werden muß. Fluconazol eignet sich außerdem zur Therapie der Histoplasmose, Coccidioidomykose, Paracoccidioidomykose und Blastomykose.

Kontraindikationen

Bei Säuglingen, in der Schwangerschaft und Stillzeit sowie bei schweren Leberfunktionsstörungen ist Fluconazol kontraindiziert.

Anwendungen

Zur systemischen Therapie kann Fluconazol intravenös oder oral appliziert werden. Fluconazol kann auch in Form von Suspensionen zur lokalen Therapie eines Mundsoors eingesetzt werden. Beim Vaginalsoor ist eine orale Einmaltherapie möglich. Insbesondere bei langdauernder Therapie sollte eine regelmäßige Leberfunktionskontrolle erfolgen.

Nebenwirkungen

Fluconazol ist gut verträglich. Gelegentlich werden Leberfunktionsstörungen, die zum Leberversagen führen können, beobachtet.

14.5 Azole: Itraconazol

Itraconazol ist ein oral zu verabreichendes, systemisch wirksames Breitspektrum-Antimykotikum zur Behandlung schwerer disseminierter Infektionen durch Candida-Arten, Aspergillen und dimorphe außereuropäische Pilze. Es ist auch zur systemischen Behandlung von Dermatomykosen geeignet.

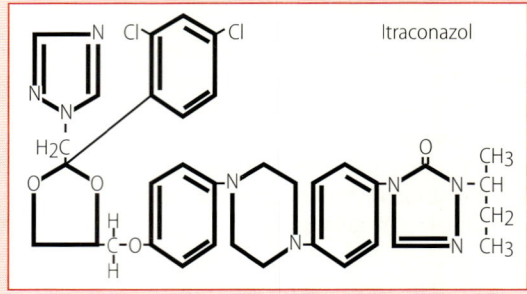

Itraconazol

14.5.1 Beschreibung

Wirkungsmechanismus und Wirktyp

Wie alle Azole wirkt Itraconazol durch Hemmung des Zytochrom-P450-Systems.

Wirkungsspektrum

Itraconazol wirkt auf Candida-Arten, Kryptokokken, Dermatophyten, Histoplasma, Blastomyces, Paracoccidioides, Coccidioides und Sporothrix. Im Gegensatz zu den anderen Azolen besitzt Itraconazol eine gute Wirksamkeit gegenüber Aspergillen und anderen Fadenpilzen wie z. B. Mucor-Arten.

Pharmakokinetik

Itraconazol wird nach oraler Applikation wegen seiner Lipophilie während und nach einer Mahlzeit am besten resorbiert. Es besitzt eine gute Gewebepenetration, jedoch keine Liquorgängigkeit oder Penetration ins Augenkammerwasser. Die Ausscheidung erfolgt nach Metabolisierung in der Leber überwiegend biliär, so daß bei Niereninsuffizienz keine Dosisanpassung erfolgen muß.

Resistenz

Primär resistente Pilze kommen nur selten vor, jedoch ist eine sekundäre Resistenzentwicklung bei Candida-Arten insbesondere bei langdauernder Therapie möglich.

14.5.2 Rolle als Therapeutikum

Indikationen

Itraconazol eignet sich zur Behandlung systemischer Candida-, Cryptococcus- und Aspergilleninfektionen sowie seltener tiefer Mykosen durch andere Fadenpilze. Die Substanz ist außerdem zur Behandlung von schweren Dermatophyteninfektionen sowie Haut- und Schleimhautinfektionen durch Candida-Arten geeignet. Auch Infektionen durch außereuropäische Pilze wie z. B. die Histoplasmose und Blastomykose sind einer Itraconazol-Therapie zugänglich.

Kontraindikationen

Itraconazol ist in der Schwangerschaft und Stillzeit sowie bei Leberfunktionsstörungen kontraindiziert.

Anwendungen

Itraconazol wird oral verabreicht. Bei einer Therapiedauer über einen Monat ist eine regelmäßige Überwachung der Leberfunktion erforderlich.

Nebenwirkungen

Itraconazol ist i. a. gut verträglich.

14.6 Azole: Ketoconazol

Ketoconazol ist ein oral und lokal anwendbares Antimykotikum mit Wirksamkeit gegenüber Candida-Arten, Dermatophyten und den dimorphen außereuropäischen Pilzen. Es besitzt keine Wirksamkeit gegen Kryptokokken und Schimmelpilze und sollte auf Grund der Gefahr letaler Leberschäden bei systemischer Anwendung nur lokal appliziert werden.

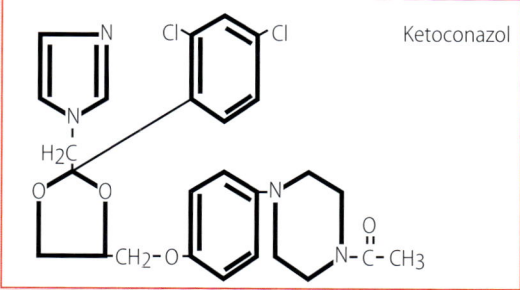

Ketoconazol

STECKBRIEF

14.6.1 Beschreibung

Wirkungsmechanismus und Wirktyp

Wie alle Azole wirkt Ketoconazol durch Hemmung des Zytochrom-P450-Systems.

Wirkungsspektrum

Ketoconazol wirkt gegen Candida-Arten, Dermatophyten, Histoplasma, Blastomyces, Paracoccidioides, Coccidioides und Sporothrix sowie einige Erreger der Chromoblastomykose.

Pharmakokinetik

Ketoconazol ist stark lipophil. Es wird im sauren Magenmilieu in ein besser resorbierbares Hypochlorit umgewandelt. Die Plasmaeiweißbindung von Ketoconazol beträgt 99%, und nur geringe Mengen treten in den Liquor über. Die Ausscheidung erfolgt nach Metabolisierung in der Leber überwiegend biliär.

Resistenz

Kryptokokken und Schimmelpilze sind gegenüber Ketoconazol resistent.

14.6.2 Rolle als Therapeutikum

Indikationen

Die Hauptindikation für Ketoconazol ist die lokale Applikation bei oberflächlichen Mykosen der Haut und Schleimhaut durch Dermatophyten oder Candida-Arten.

Kontraindikationen

In der Schwangerschaft und Stillzeit, bei Kleinkindern, bei Ketoconazol-Allergie sowie bei Patienten mit Leberschädigung ist Ketoconazol kontraindiziert.

Anwendungen

Ketoconazol kann lokal in Form von Creme oder Waschlösung angewendet werden.

Nebenwirkungen

Allgemeine Nebenwirkungen sind gastrointestinale Beschwerden, Hautausschläge, Schwindel, Kopfschmerzen, Somnolenz und Fieber. Daneben können reversible Leberfunktionsstörungen in Form eines Enzymanstiegs oder cholestatischen Ikterus auftreten, die in einer Häufigkeit von 1:10 000 aber auch in eine letal verlaufende schwere Leberschädigung übergehen können.

14.7 Andere Azole

Miconazol. Diese Substanz wirkt auf Candida-Arten, Aspergillen und andere Fadenpilze, Dermatophyten, Histoplasma und Coccidioides und eignet sich zur Lokalbehandlung von Mykosen der Haut und Schleimhaut. Sie wird systemisch nur noch zur Therapie einer Infektion durch P. boydii eingesetzt.

Lokal anwendbare Azole. Das zuerst entwickelte Azol-Antimykotikum überhaupt ist das ausschließlich lokal anwendbare Clotrimazol. *Clotrimazol* und *Econazol* wirken auf Candida-Arten und Dermatophyten, während *Bifonazol, Isoconazol* und *Oxiconazol* darüber hinaus auch auf Schimmelpilze wirken. Die Hauptindikation der lokalen Azole sind Dermatomykosen der Haut und Nägel durch Candida-Arten und Dermatophyten sowie die Schleimhautcandidiasis (z. B. Vaginalsoor).

14.8 Allylamine: Terbinafin, Naftifin

Terbinafin ist ein oral zu verabreichendes, systemisch wirksames Antimykotikum, das ausschließlich auf Dermatophyten wirkt und sich in der Haut, den Hautanhangsgebilden sowie dem Fettgewebe anreichert. Seltene Nebenwirkungen sind gastrointestinale Störungen, Geschmacksstörungen, Allergien und Leberfunktionsstörungen. Terbinafin kann zur Behandlung therapierefraktärer schwerer Dermatophyteninfektionen des Kopfes, der Füße und Nägel eingesetzt werden. Die lokale Applikation zur Therapie von Hautmykosen ist ebenfalls möglich.

Naftifin ist ein ausschließlich lokal anwendbares, gut verträgliches Antimykotikum aus der Gruppe der Allylamine. Es eignet sich in Form von Cremes oder Lotionen zur Therapie von Dermatomykosen durch Sproßpilze, Schimmelpilze und Dermatophyten.

14.9 Ciclopiroxolamin

Ciclopiroxolamin ist ein Lokalantimykotikum mit Wirksamkeit gegen Sproßpilze, Schimmelpilze und Dermatophyten. Es eignet sich auf Grund seiner Penetration in tiefe Hornschichten zur Therapie von Dermatomykosen insbesondere in Form von Nagellack für Onychomykosen. Ciclopiroxolamin ist auch zur Therapie eines Vaginalsoors geeignet.

14.10 Neue Antimykotica

In der Erprobung befinden sich Inhibitoren der Glukan- und der Chitinsynthese.

K. Miksits, M. P. Dierich

EINLEITUNG

Die Vielzahl von Einzelsubstanzen, die bei einzelnen Parasitosen eingesetzt werden, erfordert eine Gliederung, die sich hauptsächlich an den Indikationen und weniger an der chemischen Struktur orientiert.

15.1 Antimalariamittel

STECKBRIEF

Antimalariamittel sind Substanzen, die gegen Plasmodien antimikrobiell wirksam sind.

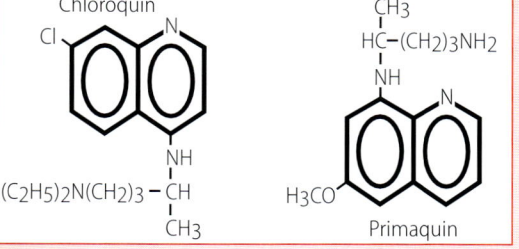

15.1.1 Beschreibung

Wirkungsmechanismus und Wirktyp

Chloroquin. Die Substanz hemmt die Hämpolymerase in den hämoglobinhaltigen Verdauungsvesikeln der intraerythrozytären Schizonten. Dieses Enzym schützt den Parasiten gegen das membrantoxische Hämoglobinabbauprodukt Ferriprotoporphyrin IX, welches nun nicht mehr abgebaut wird.

Chinin. Der genaue Wirkungsmechanismus ist nicht bekannt, jedoch sprechen neuere Untersuchungen dafür, daß, wie durch Chloroquin, die Hämpolymerase gehemmt wird.

Mefloquin. Auch für diese Substanz ist der Wirkungsmechanismus bisher nicht ausreichend geklärt, es wird ein ähnlicher Mechanismus wie bei Chinin angenommen.

Artemisinin. Diese Substanz scheint die Bildung membranschädigender freier Radikale zu fördern.

Halofantrin. Der Mechanismus ist nur unzureichend geklärt, es gibt Hinweise auf die Hemmung der Hämpolymerase, die Hemmung einer Protonenpumpe und auf Mitochondrienschädigung.

Fansidar. Das Kombinationspräparat aus Pyrimethamin und Sulfadoxin hemmt die Folsäuresynthese (s. S. 857 ff.).

Doxycyclin. Das Tetracyclin hemmt die Proteinbiosynthese (s. S. 849 f.).

Primaquin. Die Abbauprodukte des Primaquin führen zu einer Schädigung der mitochondrialen Atmungskette und Pyrimidinsynthese.

Wirkungsspektrum

Abgesehen von der Resistenzentwicklung werden alle Plasmodien erfaßt. Chloroquin, Chinin, Mefloquin, Artemisinin und Halofantrin wirken nur gegen die erythrozytären Schizonten. Primaquin wirkt gegen die Hypnozoiten von P. vivax und P. ovale in der Leber und auch gegen Gametozyten.

Resistenz

Von besonderer Bedeutung ist die Resistenz von P. falciparum gegen Chloroquin. Sie beruht auf der schnelleren Ausschleusung der Substanz aus dem Parasiten (1–2 min vs. >55 min). Eine Kreuzresistenz zu den anderen Antimalariamitteln besteht nicht. Chloroquinresistente P.-falciparum-Stämme finden sich insbesondere im nördlichen Südamerika, im subsaharischen West- und Ostafrika (z. B. Kenia!), in Indien und in Südostasien.

Die Resistenz gegen Mefloquin und Halofantrin ist mit multi-drug-resistance-artigen Genen (mdr-like genes) assoziiert; es besteht eine Kreuzresistenz zwischen Mefloquin, Halofantrin und Artemisinin.

15.1.2 Rolle als Therapeutika

Indikationen

Indikation für Antimalariamittel sind alle Formen der Malaria, Malaria tropica, Malaria tertiana, Malaria quartana.

Das Mittel der Wahl ist Chloroquin. Andere Mittel gegen erythrozytäre Schizonten werden zur Behandlung bei Chloroquin-Resistenz eingesetzt.

Die Indikation für Primaquin beschränkt sich auf die Malaria tertiana, und zwar zur Beseitigung der Hypnozoiten in der Leber, im Anschluß an die Therapie gegen die erythrozytären Formen.

Kontraindikationen

Chloroquin, Mefloquin, Primaquin. Gegenanzeigen sind bestehende Allergie gegen Aminochinoline, Retinopathien/Gesichtsfeldeinschränkungen, Glucose-6-Phosphat-Dehydrogenase-Mangel (intravasale Hämolyse), Myasthenia gravis, Erkrankungen des blutbildenden Systems und die Kombination mit hepatotoxischen Substanzen oder MAO-Hemmern.

In der Schwangerschaft sollten diese Substanzen nicht eingesetzt werden, da Fetusschädigungen entstehen können; jedoch fällt die Nutzen-Risiko-Analyse bei der Indikation Malaria in der Regel zu Gunsten der Medikamentengabe aus. Vor dem Einsatz ist ein Schwangerschaftstest durchzuführen. Bei Mefloquingabe im Rahmen der Malariaprophylaxe ist eine Kontrazeption während der Einnahme plus drei Monate anzuraten.

Chinin. Kontraindikationen sind Tinnitus, Nervus-opticus-Schäden, Glucose-6-Phosphat-Dehydrogenase-Mangel und Myasthenia gravis; Chinidin darf bei ausgeprägter Herzinsuffizienz, Bradykardie, Erregungsleitungsstörungen und Digitalisüberdosierung nicht verwendet werden.

Halofantrin. Die Substanz darf bei QT-Zeit-Verlängerungen nicht eingesetzt werden, in der Schwangerschaft ist eine besonders strenge Indikation einzuhalten, da über das Schädigungspotential keine ausreichenden Daten existieren.

Anwendungen

Die bevorzugte Verabreichung von Antimalariamitteln erfolgt oral. Bei schweren Formen können Chloroquin intramuskulär und Chinin intravenös, aber nicht intramuskulär oder subkutan appliziert werden.

15.2 Mittel gegen Trypanosomen: Suramin, Pentamidin, Melarsoprol, Eflornithin, Nifurtimox

Suramin, Pentamidin, Melarsoprol (Mel B), Eflornithin und Nifurtimox sind Substanzen unterschiedlicher chemischer Klassen, die gegen die Erreger der Schlafkrankheit, Nifurtimox auch gegen den Erreger der Chagaskrankheit, wirksam sind. Sie sind sehr toxisch. Pentamidin wird auch als Ersatzmittel zur Therapie von Pneumocystis-carinii-Infektionen eingesetzt.

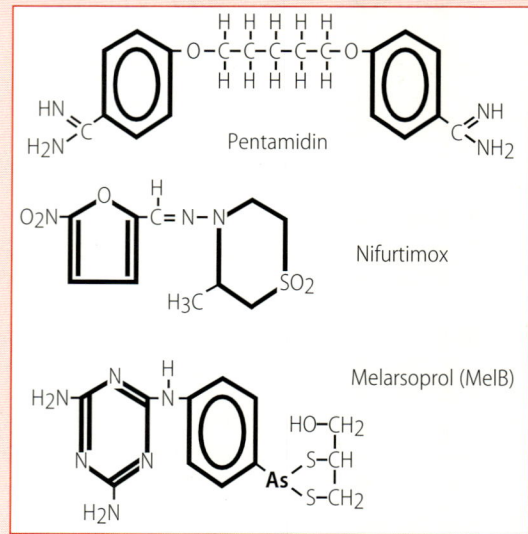

XIV

15.2.1 Beschreibung

Wirkungsmechanismus und Wirktyp

Suramin hemmt Enzyme des parasitären Energiestoffwechsels (Glycerol-3-Phosphat-Oxidase und -Dehydrogenase).

Pentamidin interagiert mit DNS, RNS, Phospholipiden und Proteinen; der genaue Wirkungsmechanismus ist aber nicht bekannt.

Die trivalente Arsenverbindung Melarsoprol wird durch einen Adenosin-Transporter vom Parasiten aufgenommen; die arsenhaltige Substanz könnte dann mit Sulfhydryl-Resten von Strukturproteinen und Enzymen interagieren und damit deren Funktion beeinträchtigen.

Eflornithin hemmt irreversibel die Ornithindecarboxylase, das erste Enzym des Polyamid-Stoffwechselweges; Polyamide sind für Trypanosomen bei Wachstum, Differenzierung und Vermehrung unerläßlich.

Nifurtimox induziert toxische Sauerstoffradikale.

Wirkungsspektrum

Suramin, Pentamidin, Melarsoprol und Eflornithin wirken gegen T. brucei, insbesondere gegen T. brucei gambiense.

Eflornithin wirkt häufig nicht gegen T. brucei rhodesiense (Ostafrikanische Schlafkrankheit).

Nifurtimox erfaßt als einziges Mittel neben der neueren Substanz Benznidazol T. cruzi, aber auch in geringerem Maße T. brucei (Versuch bei Arsenresistenz).

Suramin hat eine Wirkung gegen den adulten Onchocerca volvulus, nicht aber gegen dessen Mikrofilarien.

Pentamidin wirkt auch gegen P. carinii und gegen Leishmanien.

15.2.2 Rolle als Therapeutika

Indikationen

Suramin, Pentamidin und Eflornithin werden zur Behandlung der afrikanischen Schlafkrankheit eingesetzt.

Nifurtimox ist das Mittel der Wahl zur Behandlung der Chagas-Krankheit.

Pentamidin wird als Alternativmedikament bei der Prophylaxe und Therapie der Pneumocystis-carinii-Pneumonie eingesetzt.

Anwendungen

Suramin und Melarsoprol müssen intravenös appliziert werden. Eflornithin kann oral oder intravenös gegeben werden. Nifurtimox wird oral verabreicht. Pentamidin kann parenteral oder als Aerosol verabreicht werden; letztere Applikationsform ist für therapeutische Zwecke aber weniger effektiv.

15.3 Mittel gegen Leishmanien: Fünfwertiges Antimon

Die fünfwertigen Antimonverbindungen Stiboglukonatnatrium und Megluminantimonat werden zur antimikrobiellen Chemotherapie der Leishmaniaseformen eingesetzt.

Natriumstiboglukonat

15.3.1 Beschreibung

Wirkungsmechanismus und Wirktyp

Die Enzyme für die Glykolyse und die Fettsäureoxidation sind bei Leishmanien in Glykosomen organisiert. Antimonpräparate hemmen diese beiden Stoffwechselwege, möglicherweise durch Alteration der Glykosomen. Die Folge ist eine verminderte Produktion von ATP.

Wirkungsspektrum

Das Spektrum umfaßt alle humanpathogenen Leishmanien-Arten, jedoch werden resistente Stämme beobachtet.

15.3.2 Rolle als Therapeutika

Indikationen

Die Hauptindikation ist die Chemotherapie der Leishmaniosen.

Kontraindikationen

Bei bestehender Hepatitis, Pankreatitis oder Myokarditis sollten die Mittel möglichst vermieden werden.

Anwendungen

Die Substanzen werden parenteral, vorzugsweise intravenös verabreicht; bei kutaner Leishmaniose können die Präparate auch in die Läsionen injiziert werden.

Nebenwirkungen

Neben gastrointestinalen Beschwerden, Schwächegefühl, Transaminasenerhöhungen und allergischen Reaktionen können eine Pankreatitis oder Herzrhythmusstörungen auftreten.

15.4 Mittel gegen Filarien: Diethylcarbamazin, Ivermectin

Diethylcarbamazin ist ein Piperazinderivat, das Mikrofilarien abtötet. Ivermectin ist ein makrozyklisches Lakton von Streptomyces avermitilis mit einer breiten Wirksamkeit gegen Rundwürmer inkl. Mikrofilarien.

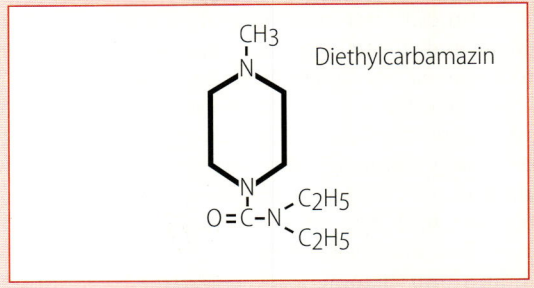

STECKBRIEF

15.4.1 Beschreibung

Wirkungsmechanismus und Wirktyp

Diethylcarbamazin hemmt den Arachidonsäurestoffwechsel und bewirkt, daß wirtseigene Abwehrzellen besser angreifen können.

Ivermectin verstärkt die Öffnung von glutamatabhängigen Chlorid-Kanälen; dies führt zu Lähmung der Pharynxpumpe des Wurms.

Wirkungsspektrum

Das Spektrum umfaßt Mikrofilarien mit Ausnahme von Mansonella perstans (hier: Mebendazol, s. S. 879).

Diethylcarbamazin wirkt nicht gegen adulten Oncocerca volvulus.

Ivermectin hat zusätzlich eine sehr gute Wirksamkeit gegen Strongyloides.

15.4.2 Rolle als Therapeutika

Indikationen

Die Mittel werden zur Behandlung von Filariosen eingesetzt. Gegen Wuchereria und Loa wird Diethylcarbamazin, gegen Onchocerca wird Ivermectin bevorzugt.

Kontraindikationen

Von Ivermectin sind bisher keine keimschädigenden Wirkungen beobachtet worden.

Anwendungen

Beide Substanzen werden oral angewendet.

15.5 Albendazol, Mebendazol, Thiabendazol

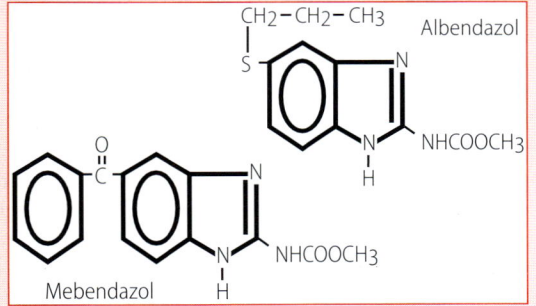

Albendazol, Mebendazol und Thiabendazol sind Benzimidazole mit hoher Wirksamkeit gegen intestinale Rundwürmer.

15.5.1 Beschreibung

Wirkungsmechanismus und Wirktyp

Albendazol und Mebendazol binden sich an das helminthische Tubulin und verhindern die Mikrotubulibildung. Ebenso wird die Glukoseaufnahme blockiert, wodurch die Glykogenspeicher des Wurms verbraucht werden. Der Parasit büßt seine Beweglichkeit ein und stirbt; innerhalb weniger Tage werden die Würmer dann ausgeschieden.

Der Wirkungsmechanismus von Thiabendazol dürfte ähnlich dem der beiden anderen Substanzen sein.

Wirkungsspektrum

Die Benzimidazole sind hochwirksam gegen intestinale Rundwürmer. Sie wirken auch gegen extraintestinale Rundwürmer (Trichinella, Toxocara, Gnathostoma spinigerum), nicht aber gegen Filarien (Ausnahme: Mansonella perstans).

Albendazol erfaßt auch Echinokokken.

15.5.2 Rolle als Therapeutika

Indikationen

Albendazol, Mebendazol und Thiabendazol sind bei intestinalen, aber auch extraintestinalen Rundwurmerkrankungen (Enterobiasis/Oxyuriasis, Ascariasis, Trichiuriasis, Ancylostomiasis, Strongyloidiasis; Trichinose, Larva migrans: kutan, viszeral) indiziert – nicht aber bei Filariosen.

Albendazol ist das Mittel der Wahl zur Chemotherapie der Echinokokkose.

Kontraindikationen

In der Schwangerschaft sind diese Mittel wegen potentieller Teratogenität (im Tierversuch) kontraindiziert.

Thiabendazol sollte nicht bei bestehenden Lebererkrankungen verabreicht werden.

Anwendungen

Die Benzimidazole werden oral verabreicht.

Nebenwirkungen

Albendazol und Mebendazol werden bei kurzfristiger Anwendung gut vertragen, selten treten gastrointestinale Beschwerden auf.

Bei Thiabendazol-Therapie treten dagegen in etwa der Hälfte der Fälle unerwünschte Effekte auf. Häufig sind Unruhe, Übelkeit, Erbrechen und Appetitlosigkeit. Seltener sind allergische Reaktionen, Kreislaufbeeinträchtigungen, Transaminasenerhöhungen und Gallenwegsschädigungen.

15.6 Praziquantel

Praziquantel ist ein heterozyklisches Pyrazinoisochinolin mit breiter Wirksamkeit gegen Trematoden (Egel) und Cestoden (Bandwürmer).

Praziquantel

15.6.1 Beschreibung

Wirkungsmechanismus und Wirktyp

Praziquantel erhöht die Kalzium-Permeabilität des Teguments (Schistosomen) oder setzt Kalzium aus intrazellulären Speichern frei (Hymenolepis). Hierdurch entstehen intrazellulär tetanische Kalzium-Konzentrationen und somit eine Lähmung des Helminthen.

Wirkungsspektrum

Praziquantel erfaßt zahlreiche Egel und Bandwürmer (adulte und Larven), also Schistosomen, Lungen- (Paragonimus), Darm- (z. B. Fasciolopsis) und die Leberegel Clonorchis sinensis und Opisthorchis viverrini, und es ist wirksam gegen Taenien, Diphyllobothrium und Hymenolepis.

Nicht wirksam ist Praziquantel gegen Echinokokken und Fasciola hepatica.

15.6.2 Rolle als Therapeutikum

Indikationen

Praziquantel ist das Mittel der Wahl bei allen Erkrankungen durch Egel und Bandwürmer – mit den folgenden beiden Ausnahmen: Echinokokkose (hier: Albendazol, ggf. Chirurgie) und Infestationen durch Fasciola hepatica (hier: Bithionol).

Kontraindikationen

Bei okulärer Zystizerkose darf Praziquantel nicht angewendet werden. Bei eingeschränkter Leber- und Nierenfunktion, bei Herzrhythmusstörungen und digitalisbedürftiger Herzinsuffizienz ist die Indikation besonders streng zu stellen.

Anwendungen

Praziquantel wird oral verabreicht, die Behandlungsdauer hängt von dem jeweiligen Erreger und seiner Lokalisation ab.

Infektionsdiagnostik

ECM

kDa

83 —

60 —

41 —

31 —

21 —

15 —

1   2   3   4   5   6

EINLEITUNG

Diagnostik und Therapie erregerbedingter Krankheiten erfordern eine enge Zusammenarbeit von Ärzten in der unmittelbaren Patientenbetreuung und im medizinisch-mikrobiologischen Labor (Abb. 1.1).

Bei der klinischen Erhebung der Diagnose einer Infektion spielen die sorgfältige Anamnese und die körperliche Untersuchung durch Inspektion, Palpation, Perkussion und Auskultation eine herausragende Rolle.

Es wird geschätzt, daß aus Anamnese und Befunderhebung bereits 80% der Diagnosen gestellt werden können.

1.1 Anamnese

Die sorgfältig erhobene Anamnese ist der unentbehrliche Ausgangspunkt für die Diagnose jeder erregerbedingten Krankheit.

Hierbei beschreibt der Patient aus subjektiver Sicht seine Beschwerden. Sie sollte systematisch, z. B. mit Hilfe von Anamnesebögen, erhoben werden. In zahlreichen Fällen handelt es sich bei einer Infektion um eine Zweitkrankheit: Hier benötigt ein fakultativ pathogener Erreger *disponierende, infektionsbegünstigende Faktoren.* Nach diesen muß gezielt gefragt werden.

Ebenso ist die Ermittlung der Infektionsquelle von außerordentlicher Bedeutung. Hierbei spielen Tierkontakte, Reisen, enger Kontakt zu bestimmten Gruppen (z. B. Kindergarten, Schule, Krankenhaus) und berufliche Tätigkeit eine Rolle.

Weitere wichtige Anamnesedaten umfassen Fragen nach Schutzimpfungen, Schwangerschaft und Allergien.

Am Ende der Anamnese steht eine *vorläufige Verdachtsdiagnose*, die auf den *subjektiven* Angaben des Patienten (oder als Fremdanamnese von anderen Personen) basiert.

1.2 Körperlicher Befund

Die körperliche Untersuchung (Befunderhebung) dient der *Objektivierung* der Beschwerden: Der Arzt erfaßt den körperlichen Zustand an Hand einheitlicher Kriterien, möglichst mit objektiv meßbaren Parametern, und führt sie einer einheitlichen, medizinischen Nomenklatur zu. Dies dient auch dazu, daß ein anderer Arzt die erhobenen Daten einordnen kann:

Die Beschwerde Atemnot wird z. B. durch die Beobachtung der erschwerten Atmung, einer bläulichen Verfärbung der Akren, das Zählen der Atemfrequenz pro Minute objektiviert und durch die Begriffe Dyspnoe, Zyanose und Tachypnoe der einheitlichen Nomenklatur zugeführt. Die Auskultation von Rasselgeräuschen und die Eruierung einer perkutatorischen Klopfschalldämpfung können erste Hinweise auf eine Ursache der Atemnot, nämlich einer Infiltration in sonst luftgefüllten Räumen der Lunge, liefern.

Die exakte Ursache, im Fall einer Infektion der Erreger, kann durch die körperliche Untersuchung nicht gesichert werden. Damit steht am Ende von Anamnese und körperlicher Untersuchung eine *erhärtete Verdachtsdiagnose*, deren Ursache durch die weitere Diagnostik ermittelt wird.

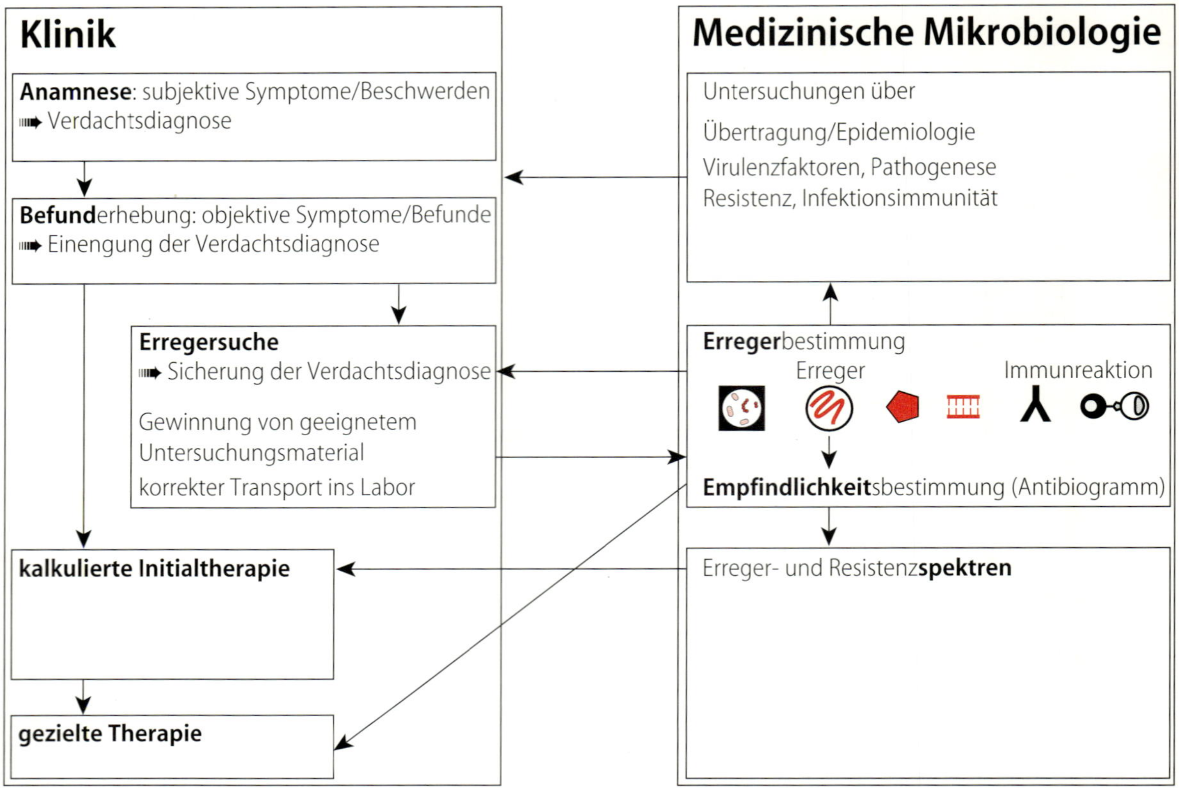

Klinik

Anamnese: subjektive Symptome/Beschwerden
➠ Verdachtsdiagnose

Befunderhebung: objektive Symptome/Befunde
➠ Einengung der Verdachtsdiagnose

Erregersuche
➠ Sicherung der Verdachtsdiagnose

Gewinnung von geeignetem
Untersuchungsmaterial
korrekter Transport ins Labor

kalkulierte Initialtherapie

gezielte Therapie

Medizinische Mikrobiologie

Untersuchungen über

Übertragung/Epidemiologie
Virulenzfaktoren, Pathogenese
Resistenz, Infektionsimmunität

Erregerbestimmung

Erreger   Immunreaktion

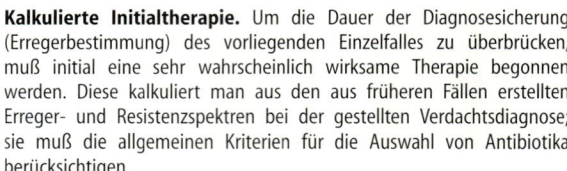

Empfindlichkeitsbestimmung (Antibiogramm)

Erreger- und Resistenz**spektren**

Abb. 1.1. Diagnostik erregerbedingter Krankheiten

Anamnese. In diesem ersten Schritt werden die Beschwerden des Patienten aus dessen *subjektiver* Sicht aufgenommen. Durch gezieltes Nachfragen können weitere relevante Daten erhoben werden. Am Ende der Anamnese steht eine vorläufige Verdachtsdiagnose.

Befund. Durch die körperliche Untersuchung und unterstützt durch apparative Untersuchungen werden die Beschwerden des Patienten *objektiviert* und einer einheitlichen (medizinischen) Nomenklatur zugeführt. Die vorläufige Verdachtsdiagnose wird erhärtet oder sogar weiter eingeengt. Die Verdachtsdiagnose bildet den Angelpunkt für die Ursachensuche (Diagnosesicherung), hier die Bestimmung des Erregers, und die Einleitung therapeutischer und präventiver Maßnahmen.

Erregersuche. Zur Sicherung der Verdachtsdiagnose, also der Umwandlung in eine Diagnose mit Festlegung der Ursache, sind im Fall einer Infektion geeignete Untersuchungsmaterialien zum Erregernachweis auszuwählen, diese in adäquate Weise zu gewinnen und ins Labor zu schicken. Im Labor müssen die geeigneten Methoden für den Erregernachweis ausgewählt werden.

Medizinische Mikrobiologie. Die Aufgabe der Medizinischen Mikrobiologie bestehen in der Erregerbestimmung und Empfindlichkeitsprüfung im *Einzelfall* und in der Erstellung von Erreger- und Resistenz-*spektren* zu einem Krankheitsbild. Diese bilden die Grundlage für die Auswahl geeigneter Diagnosesicherungsmethoden und wirksamer Maßnahmen zur kalkulierten Therapie.

Kalkulierte Initialtherapie. Um die Dauer der Diagnosesicherung (Erregerbestimmung) des vorliegenden Einzelfalles zu überbrücken, muß initial eine sehr wahrscheinlich wirksame Therapie begonnen werden. Diese kalkuliert man aus den aus früheren Fällen erstellten Erreger- und Resistenzspektren bei der gestellten Verdachtsdiagnose; sie muß die allgemeinen Kriterien für die Auswahl von Antibiotika berücksichtigen.

Gezielte Therapie. Sind der Erreger des Einzelfalles und seine Empfindlichkeit gegen antimikrobielle Chemotherapeutika im mikrobiologischen Labor festgestellt worden, kann die kalkulierte Initialtherapie in die gezielte Therapie umgewandelt werden. Entsprechende Laborergebnisse erlauben es, die teuren Breitspektrumantibiotika der kalkulierten Initialtherapie durch preisgünstigere Mittel mit engerem Spektrum zu ersetzen.

Epidemiologie und Grundlagenforschung. Die Entwicklung von Methoden zur Feststellung von Ähnlichkeiten von Erregerstämmen ermöglicht die Ermittlung epidemiologischer Daten und können so zur Aufdeckung von Infektionsquellen und des Erregerreservoirs beitragen. Forschungsarbeiten über Virulenzfaktoren, Pathogenese und Resistenzentwicklung fördern das Verständnis erregerbedingter Krankheiten und befruchten dadurch klinische Diagnostik, Therapie und Prävention.

1.3 Klinisch-chemische Parameter

Während bei anderen Krankheiten klinisch-chemische Parameter der Diagnosesicherung dienen, kommt ihnen im Rahmen der Infektionsdiagnostik nur unterstützende Bedeutung zu. Der Erreger selbst kann durch sie nicht ermittelt werden.

Ein Haupteinsatzgebiet ist die objektive Erfassung von Entzündungsparametern. Hierzu zählen die Granulozytenkonzentration im Blut und die Konzentration von Akut-Phase-Proteinen (z. B. C-reaktives Protein, CRP) und von Zytokinen (z. B. IL-6) im Serum. Einige Parameter eignen sich auch zur Verlaufskontrolle.

1.4 Apparative Untersuchungen

Ebenso einzuordnen sind apparative Untersuchungen, insbesondere bildgebende Verfahren wie Röntgen, Computertomographie oder Sonographie.

Die Röntgenuntersuchung des Thorax (Lungen) objektiviert z. B. die Verdachtsdiagnose einer Pneumonie durch den Nachweis von Infiltraten; mit ihr kann jedoch nicht festgestellt werden, ob die Pneumonie durch Pneumokokken, Staphylokokken oder andere Mikroorganismen ausgelöst wurde.

1.5 Mikrobiologische Diagnosesicherung

Die Sicherung der Verdachtsdiagnose, also die Bestimmung einer definitiven Diagnose einschließlich der auslösenden Ursache, erfolgt im Fall einer Infektion durch Bestimmung des Erregers. Diese mikrobiologische Diagnosesicherung basiert entscheidend auf der klinischen Verdachtsdiagnose, da sich aus dieser die Auswahl und Gewinnung geeigneter Untersuchungsmaterialien und die präzise Fragestellung an das mikrobiologische Labor ableiten. Dies ist notwendig, damit dort die entsprechenden Methoden zum Einsatz gebracht werden und eine geeignete Interpretation der Laborbefunde erfolgen können.

2.1 Prinzipien der Materialgewinnung

Ausgehend von der klinischen Verdachtsdiagnose muß Untersuchungsmaterial gewonnen werden, aus dem sich die Erregerdiagnose stellen läßt. Welches Untersuchungsmaterial geeignet ist, hängt ab von

- der Lokalisation und
- dem Stadium der Erkrankung sowie von
- dem Erreger, der gesucht wird.

Die geeignete Auswahl setzt also Kenntnisse über Erreger(spektren) und die Pathogenese der durch sie verursachten Infektionen voraus.

Wenn Unklarheiten über die Eignung, die Gewinnung, die Lagerung oder den Transport des Untersuchungsmaterials bestehen, so sollte Rücksprache mit einem Mikrobiologen gehalten werden; Hinweise zur Materialgewinnung sind den Verfahrensrichtlinien der Deutschen Gesellschaft für Hygiene und Mikrobiologie (MiQ) oder der American Society for Microbiology (Cumitech No. 1 ff) zu entnehmen. Im Einzelfall können spezielle organisatorische Vorbereitungen vereinbart werden.

Wenn Patienten die Probe selbst gewinnen, müssen sie über die Bedingungen der Materialgewinnung (geeignete Gefäße, Technik der Gewinnung, Transportbedingungen, etc.) genau aufgeklärt werden. Die Einhaltung der notwendigen Abnahmebedingungen und damit die Materialqualität sind in der Regel nicht kontrollierbar.

Menge. Je mehr erregerhaltiges Material ins Labor geschickt wird, desto wahrscheinlicher gelingt ein Erregernachweis. Da Abstriche meist nur wenig Material aufnehmen, sind die volumenreicheren Punktate vorzuziehen. Häufig können durch die mehrfache Gewinnung von Proben die Nachweisquote gesteigert und die Interpretation von Anzuchtergebnissen erleichtert werden.

Während mit einer Blutkultur in weniger als 80% der Sepsisfälle ein Erregernachweis gelingt, kann die Ausbeute mit drei Proben auf über 95% gesteigert werden; der Nachweis von S. epidermidis in einer von mehreren Proben spricht für eine

Kontamination durch Hautflora, der Nachweis in jeder Blutkultur eines Patienten legt eine Rolle als Erreger nahe.

Für den Nachweis einer Infektion durch erregerspezifische Antikörper sollten zwei Proben in ausreichendem Abstand gewonnen werden, um signifikante Titerbewegungen beobachten zu können.

2.2 Arten von Untersuchungsmaterial

Zu unterscheiden sind Untersuchungsmaterialien zum Erregernachweis und zum Nachweis einer spezifischen Immunreaktion (Abb. 2.1).

Für den Nachweis des Erregers selbst, insbesondere, wenn dies durch Anzucht geschieht, ist es bedeutsam, ob das Untersuchungsmaterial aus einer normalerweise sterilen Körperregion stammt, oder ob es aufgrund des Gewinnungsortes oder, bedingt durch die Gewinnung Kolonisationsflora, (Standortflora) enthalten kann.

Unter diesem Aspekt können die Untersuchungsmaterialien in drei Katgorien eingeteilt werden:

Untersuchungsmaterial aus einer normalerweise sterilen Körperregion. Hierzu zählen Blut, Liquor, Blasenpunktionsurin, Gelenkflüssigkeit, Abszeß- oder Empyemmaterial (z. B. Pleurapunktat) und Aszites.

Entscheidend für eine ordnungsgemäße Materialentnahme ist die gründliche chemische Desinfektion der standortflorahaltigen äußeren Hautpartie, durch die die Gewinnung erfolgen soll – sie ist besonders gründlich durchzuführen, da der Patient vor einer Verschleppung von Hautbakterien ins Körperinnere und die Untersuchungsprobe vor Kontamination geschützt werden müssen. Geeignet ist eine primäre Desinfektion mit alkoholischer Jodlösung, gefolgt von einer mit wässriger Alkohollösung zur Entfernung des remanent wirkenden Jods, welches nicht in die Probe gelangen darf.

Durch die sofortige *Überimpfung* des Untersuchungsmaterials in Blutkulturflaschen kann die Anzuchtrate häufig gesteigert werden. Bei diesem

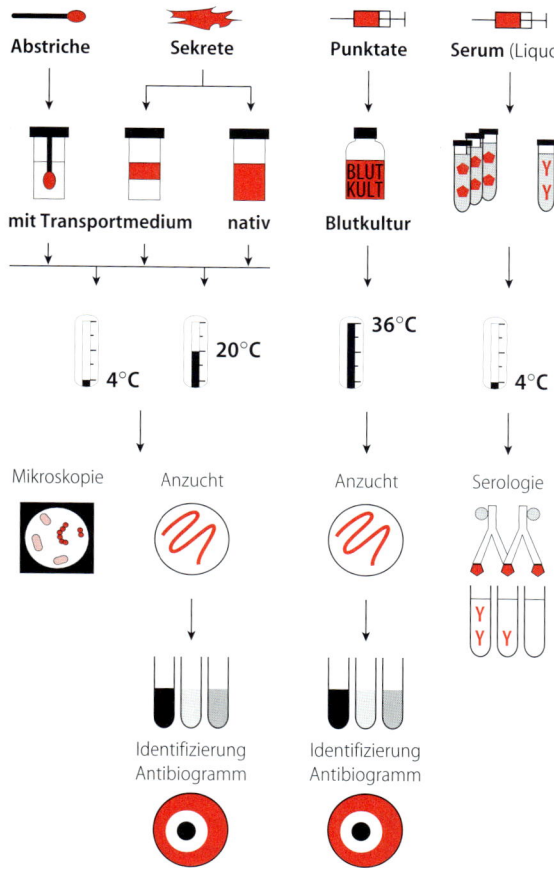

Abb. 2.1. Untersuchungsmaterialien zur Erregerbestimmung
Abstriche und Sekrete für die Erreganzucht werden in bzw. auf ein geeignetes Transportmedium gegeben und schnellstmöglich bei Raumtemperatur (20 °C) ins Labor geschickt; wenn der Transport längere Zeit in Anspruch nimmt oder eine Quantifizierung der Isolate notwendig ist, erfolgen Lagerung und Transport gekühlt bei 4 °C. Punktate aus sterilen Körperregionen werden für die Anzucht von Bakterien und Pilzen in angewärmte Blutkulturflaschen (Kulturmedien) überimpft. Dieses Verfahren führt meist zu einer größeren Erregerausbeute, erlaubt jedoch keine Mikroskopie und ist für bestimmte Mikroorganismen, z.B. Mykobakterien, nicht geeignet. Materialien für die serologische Diagnostik, also Serum und evt. Liquor, werden ohne Transportmedien gekühlt gelagert und transportiert.

Vorgehen ist jedoch dafür Sorge zu tragen, daß ein Teil der Probe in *nativer Form* für eine mikroskopische Untersuchung zur Verfügung steht. Für spezielle Fragestellungen, z.B. Anzucht von Mykobakterien, Antigennachweise oder molekularbiologische Untersuchungen ist ebenfalls natives Material einzusenden.

Gelingt ein Nachweis von Mikroorganismen in derartigen Untersuchungsmaterialien, so ist in der Regel der Infektionserreger gefunden. Allerdings ist eine Kontamination durch Hautflora im Einzelfall nicht völlig auszuschließen.

Da die genannten Untersuchungsmaterialien normalerweise steril sind, kann mit Hilfe eines mikroskopischen Präparates eine erste, schnelle *Verdachtsdiagnose* bezüglich des Erregers gestellt werden. Dabei ist zu beachten, daß erst bei einer Erregerkonzentration von $\geq 10^5$/ml 1 Mikroorganismus pro Gesichtsfeld zu sehen ist. Daher kann ein negativer mikroskopischer Befund nicht mit Erregerfreiheit gleichgesetzt werden. Es ist nur ein positives Ergebnis von Aussagekraft.

Untersuchungsmaterial, das bei der Gewinnung akzidentell oder regelhaft mit Kolonisationsflora (Standortflora) kontaminiert werden kann. Wundsekrete und Wundabstriche können bei der Gewinnung akzidentell mit Haut- oder Schleimhautflora kontaminiert werden. Man versucht, Untersuchungsmaterial aus der Tiefe oder bei größeren Herden vom Rand des Entzündungsherdes abzunehmen, um möglichst viele pathogenetisch relevante Erreger zu gewinnen; dabei sollte das gesunde Gewebe der Umgebung nicht berührt werden, um eine Kontamination der Probe mit der dortigen Standortflora zu vermeiden.

Regelhaft kolonisationsflorahaltig sind Sekrete aus dem tiefen Respirationstrakt oder transurethral gewonnene Urinproben.

Sputum passiert bei der Gewinnung die Schleimhäute von Rachen und Mundhöhle und enthält daher deren Standortflora. Transurethral gewonnene Urinproben (Mittelstrahlurin, Einmalkatheterurin) werden durch die urethrale Standortflora kontaminiert.

Durch Reinigung der äußeren Haut oder der Schleimhaut wird eine Reduktion der Standortflora angestrebt; damit soll das Kontaminationsrisiko gesenkt werden.

Aufgrund der potentiell vorhandenen Standortflora erlaubt ein mikroskopisches Präparat *keine Verdachtsdiagnose* bezüglich eines fakultativ pathogenen Erregers. Lediglich bei spezifisch anfärbbaren obligat pathogenen Erregern ist eine Verdachtsdiagnose möglich.

Bei der Interpretation der Anzuchtergebnisse müssen Erreger von der Kolonisationflora abgegrenzt werden. Hierfür wichtige Kriterien sind
● die Quantifizierung eines Isolats,

- die Abgrenzung von Rein- und Mischkulturen und
- der mehrmalige Nachweis eines identischen Isolats aus verschiedenen Proben.

Untersuchungsmaterial aus Körperregionen mit physiologischer Standortflora. Hierzu zählen Rachenabstriche und Stuhl. In der Regel werden spezielle Erreger gesucht (z. B. A-Streptokokken oder Pilze bzw. obligat pathogene Durchfallerreger wie Salmonellen und Shigellen). Bei der Anzucht im Labor kann mit Hilfe von Selektivkulturmedien (s. u.) das Wachstum der Standortflora unterdrückt werden. Auch hier verhindert die in der Probe enthaltene Standortflora eine Verdachtsdiagnose aufgrund eines mikroskopischen Präparats.

2.3 Transport

Das Untersuchungsmaterial ist sachgemäß zu gewinnen, u. U. geeignet zu lagern und schnellstmöglich in ein mikrobiologisches Labor zu schicken.

2.3.1 Informationsübermittlung zwischen Klinik und Labor

Um das Untersuchungsmaterial sinnvoll und korrekt verarbeiten und beurteilen zu können, benötigt das mikrobiologische Labor bestimmte Informationen auf dem *Begutachtungsauftrag* (Begleitschein).

Obligat sind die *Patientendaten* (damit der Befund und die aus ihm abgeleiteten Konsequenzen dem richtigen Patienten zugeordnet werden) und die Bezeichnung des *Einsenders* (derjenige, der entsprechende Konsequenzen aus dem Befund ziehen muß). Wenn solche Angaben zu dem Untersuchungsmaterial fehlen, ist eine Verarbeitung im Labor nicht sinnvoll.

Das *Untersuchungsmaterial* und ggf. die *Gewinnungstechnik* müssen genau bezeichnet sein, damit eine richtige Verarbeitung und Befundung gewährleistet ist: Gelbliche Flüssigkeiten können z. B. Serum, Urin, Pleuraexsudat sein und werden jeweils völlig unterschiedlich verarbeitet.

Mittelstrahlurin, Katheterurin und Blasenpunktionsurin unterscheiden sich hinsichtlich ihrer mikrobiologischen Verarbeitung und Befundbeurteilung: Während bei Mittelstrahl- und Katheterurin eine Identifizierung und Empfindlichkeitsbestimmung erst bei einer signifikanten Erregerkonzentration ($>10^4$ Erreger/ml) erfolgen, wird jedes Isolat aus Blasenpunktionsurin einer weiteren Untersuchung zugeführt.

Wesentlich ist die Angabe einer genauen *Fragestellung,* da mit einem Untersuchungsmaterial in der Regel viele verschiedene Untersuchungen durchgeführt werden können. Von diesen ist aber in dem jeweils vorliegenden Fall nur eine kleine Auswahl sinnvoll.

Darüberhinaus können Angaben über die Anamnese, das Krankheitsbild (Stadium!), über bestehende Grundkrankheiten und über eine durchgeführte oder geplante antimikrobielle Chemotherapie die Auswahl mikrobiologischer Methoden oder der Testsubstanzen beeinflussen. Untersuchungsmaterialien, die unter einer antimikrobiellen Chemotherapie gewonnen werden, können antimikrobielle Substanzen enthalten, so daß sich die Erreger in vitro nicht mehr vermehren, oder daß lediglich eine in ihrer Zusammensetzung von der Standortflora unterschiedene Flora („Ersatzflora"), die nicht den pathogenetisch relevanten Erreger enthält, angezüchtet wird.

Die wesentlichen Informationen (Patientendaten, Einsender, Materialbezeichnung und Fragestellung) sollten sowohl auf dem *Probengefäß* als auch auf dem Auftrag für mikrobiologische Begutachtung des Untersuchungsmaterials stehen. Weitere wichtige Daten sollen auf dem Antragsformular vermerkt werden.

Für eine schnelle Übermittlung von Befunden ist eine Telefonnummer anzugeben.

2.3.2 Schutz des Untersuchungsmaterials

Die Erreger in den Untersuchungsmaterialien dürfen während des Transports keinen Schaden nehmen („Transportfehler").

Transportgefäße. Die Transportgefäße müssen so beschaffen sein, daß weder für das Untersuchungsmaterial noch für die Umgebung eine Gefahr besteht. Sie müssen in erster Linie (innen) steril und aus unzerbrechlichem Material sein sowie fest verschlossen werden können (und auch sein!), was meist durch einen Schraubverschluß gewährleistet

ist. Zusätzlich wird die Verwendung eines ebenfalls unzerbrechlichen Umhüllungsgefäßes mit saugfähigem Material vorgeschrieben. Für den Postversand ist eine Kennzeichnung als medizinisches Untersuchungsmaterial erforderlich, die auch das Biogefährdungs-Zeichen beinhaltet. Die Details sind in der DIN-Norm 55515 und den Postversandverordnungen geregelt.

Transportmedien. Diese gewährleisten, daß Erreger in der Probe für etwa 48 Stunden am Absterben gehindert werden, bis sie im Labor sachgemäß für die Anzucht angelegt werden können. Transportmedien lassen die Vermehrung von Bakterien nicht zu, sondern halten eine Bakterienpopulation bei etwa gleichbleibender Zusammensetzung vermehrungsfähig.

Abstriche werden in, Sekret auf entsprechende Transportmedien gebracht.

Materialien aus normalerweise sterilen Körperregionen können auch in Kulturmedien (Blutkulturflaschen) transportiert werden. Hierbei beginnt die Vermehrung schon während des Transports, es entfällt aber die Möglichkeit der Quantifizierung (unnötig) und der mikroskopischen Schnelldiagnostik.

Transporttemperatur. Durch die Wahl der sachgemäßen Transporttemperatur wird ebenfalls dafür Sorge getragen, daß Erreger im Untersuchungsmaterial vermehrungsfähig und isolierbar bleiben. Details werden weiter unten bei den einzelnen Materialien besprochen. Prinzipiell gilt folgendes:

- Normalerweise *sterile Materialien* wie Liquor oder Blut sind bei *36°C*, am besten in Blutkulturflaschen (Kulturmedium), zu transportieren, damit auch empfindliche Erreger wie Meningo-

kokken oder Haemophilus influenzae vermehrungsfähig bleiben.
- Sind mit Standortflora *kontaminierte Materialien* zu transportieren oder ist die Quantifizierung fakultativ pathogener Erreger notwendig (z.B. Mittelstrahlurin), muß das Material gekühlt bei *4°C* transportiert werden. Ist ein sofortiger Transport ins Labor gewährleistet ist, kann das Material auch bei Raumtemperatur (20°C) transportiert werden.
- Materialien für *serologische Untersuchungen* (Antikörper- und Antigennachweise) werden in fast allen Fällen bei *4°C* transportiert.
- Materialien für die Anzucht von *Viren* werden bei *4°C* transportiert und gelagert, wobei in einigen Fällen der Zusatz eines Stabilisatormediums erforderlich ist.
- Der Nachweis von *Trophozoiten* erfordert eine ununterbrochene Transporttemperatur von *36°C*.

Der Transport von Materialien für molekularbiologische Untersuchungen richtet sich nach dem jeweiligen Test; hier sollte mit dem Labor der Transport besprochen werden.

Transportdauer. Grundsätzlich ist eine *schnellstmögliche Verarbeitung* des Untersuchungsmaterials im Labor anzustreben.

Eine Transportdauer von nicht mehr als vier Stunden ist optimal. Längere Transportzeiten können zu einer Überwucherung der Probe durch Standortflora führen oder eine Erregerkonzentration verfälschen, so daß die Erregerdiagnose nicht mehr einwandfrei möglich ist. Bei Untersuchungsmaterialien, aus denen eine schnelle mikroskopische Verdachtsdiagnose gestellt werden muß (Liquor bei Verdacht auf eitrige Meningitis), ist eine sofortige Verarbeitung zu gewährleisten.

K. Miksits, E.C. Böttger

EINLEITUNG

Die mikrobiologische Labordiagnose dient der Identifizierung eines Infektionserregers und soll die klinisch gestellte Verdachtsdiagnose in die definitive Diagnose überführen. Für die Bestimmung eines Infektionserregers gibt es zwei methodische Ansätze:
- Nachweis des Erregers bzw. seiner Bestandteile und
- Nachweis der erregerspezifischen Immunreaktion (Abb. 3.1).

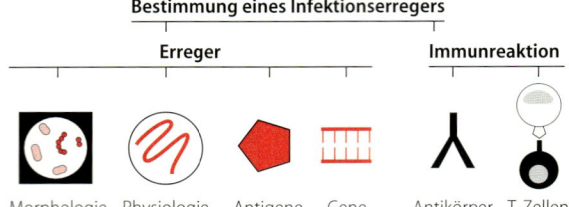

Abb. 3.1. Ansätze für die mikrobiologische Labordiagnose

3.1 Bakteriologische Labordiagnose: Nachweis des Erregers

3.1.1 Nachweis einer charakteristischen Morphologie: Mikroskopie

Der Nachweis eines Erregers beginnt in der Regel mit der mikroskopischen Untersuchung des erregerhaltigen Probenmaterials.

Es ist eine Mindestkonzentration von 10^5 Zellen/ml erforderlich, um 1 Zelle/Gesichtsfeld bei 1000facher Vergrößerung zu finden. Negative mikroskopische Ergebnisse schließen daher das Vorhandensein von Erregern nicht aus, d.h. auch mikroskopisch negative Proben müssen immer kulturell untersucht werden. Darüber hinaus informiert die Mikroskopie über die Art einer Entzündung (Eiter/Granulome, lymphozytär) und, in bestimmten Fällen, über die Qualität des Untersuchungsmaterials. So weisen zahlreiche Epithelzellen (>25/ Gesichtsfeld bei 100facher Vergrößerung) im Sputum auf eine Kontamination mit Speichel/Mund-

flora hin, wodurch die Probe für die Pneumoniediagnostik unbrauchbar wird.

Mikroskop-Einstellungen

Hellfeld-Mikroskopie. Hierbei wird das Licht von oben (Auflicht) oder von unten (Durchlicht) auf das Objekt gelenkt. Dies entspricht der normalen Beleuchtung. Abhängig von der Wellenlänge können Strukturen bis zu einer Größe von 0,2 µm erkannt werden.

Dunkelfeld-Mikroskopie. Die Lichtstrahlen werden vor dem Objekt durch einen Dunkelfeldkondensor so abgelenkt, daß sie nahezu waagerecht (statt senkrecht) auf das Präparat fallen und am Objektiv vorbeigehen. Ins Objektiv fallen nur solche Lichtstrahlen, die durch Beugung am Objekt sekundär entstehen (Huygens-Prinzip). Durch diese Beleuchtungsart kann die Auflösung auf 0,1 µm gesteigert werden. Anwendung: Darstellung von Schraubenbakterien.

Phasenkontrast-Mikroskopie. Diese Beleuchtungsart beruht darauf, daß Licht beim Durchtritt durch ein Objekt eine von der Dichte abhängige Verzögerung erfährt. Dadurch entstehen Phasendifferenzen (Desynchronisierung der Lichtwellenberge und -täler). Durch einen Kondensor mit Ringblende und ein Phasenkontrastobjektiv (mit dickerer Phasenplatte zur weiteren Lichtverzögerung) werden die Phasenunterschiede verstärkt. Objekte höherer Dichte erscheinen dunkler als bei der Hellfeldbeleuchtung.

Fluoreszenz-Mikroskopie. Fluorochrome absorbieren UV- und kurzwelliges sichtbares Licht und

emittieren sichtbares Licht mit längerer Wellenlänge. Hochdruckquecksilber-, Halogen- und Xenon-Lampen können geeignetes kurzwelliges Licht erzeugen. Eine Kombination von Filtern (Hitze-, Rot-, Wellenlängenselektions-Filter) stellt sicher, daß nur die zur Fluoreszenzanregung benötigte Wellenlänge das Objekt erreicht. Dadurch erscheinen die fluoreszierenden Objekte hell auf dunklem Untergrund.

Herstellung mikroskopischer Präparate

Aufbringen von Mikroorganismen. Ein Glasobjektträger wird auf der Unterseite mit Fettstift markiert (Probenbezeichnung, Auftragstelle: etwa fünfpfenniggroß). Eine ausreichend verdünnte Suspension der zu untersuchenden Mikroorganismen wird als dünner Film auf der Oberseite im Bereich der Markierung aufgetragen (eine zu hohe Partikelkonzentration erschwert die Beurteilung von Einzelorganismen; zu dicke Filme platzen beim Färben ab, oder es resultieren aufgrund von Schwierigkeiten bei der Entfärbung im Rahmen komplexer Färbungen Artefakte).

Zur Vorbereitung auf eine Färbung muß die Suspension vollständig lufttrocknen. Für Nativ-Präparate wird die Aufschwemmung sofort mit einem Deckglas belegt.

Fixierung. Vor der Färbung muß das Präparat fixiert werden. Dadurch werden die Mikroorganismen fest mit dem Objektträger verbunden; außerdem werden farbbindende Strukturen an der Zelloberfläche freigesetzt, so daß eine bessere Anfärbung gelingt. Bei der *Hitzefixierung* werden die luftgetrockneten Präparate mit der Präparatseite noch oben dreimal durch die Bunsenbrennerflamme gezogen. Durch diese Erhitzung auf 70–80 °C wird Eiweiß koaguliert, was dem Fixierungseffekt entspricht. Einen gleichartigen Effekt erzielt man durch die Einwirkung von *Methanol* für 5 min.

Gram-Färbung

Anwendung. Die Gram-Färbung ist die wichtigste *komplexe* Färbung in der Medizinischen Mikrobiologie (Abb. 3.2). Sie ist der erste Schritt zur Identifizierung von Bakterien (Tabelle 3.1). In der Diagnostik erlaubt sie eine vorläufige Erregerdiagnose und eine Beurteilung der Materialqualität.

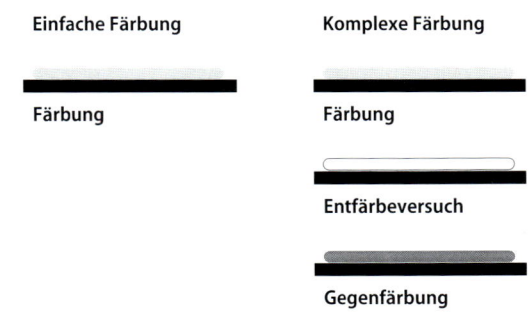

Abb. 3.2. Einfache und komplexe Färbung

Bei einfachen Färbungen (links) wird das Präparat mit *einer* Farbstofflösung für eine bestimmte Zeit überschichtet und nach deren Entfernung mikroskopiert. Komplexe Färbungen werden in den drei Schritten *Färbung – Entfärbeversuch – Gegenfärbung* durchgeführt. Neben Form und Größe lassen sich Aussagen über das Färbeverhalten (Entfärbung ja/nein) treffen.

Tabelle 3.1. Einteilung wichtiger Bakterien an Hand der Gramfärbung

Form	grampositiv	gramnegativ
Kokken	Staphylokokken Streptokokken Enterokokken Peptostreptokokken Peptokokken	Neisserien Veillonellen
Stäbchen	Korynebakterien Listerien Erysipelothrix Laktobazillen Nocardien Bacillus Clostridium	Enterobakterien Pseudomonaden Vibrionen Campylobacter Helicobacter Haemophilus Bordetellen Legionellen Brucellen Francisellen Acinetobacter Aeromonas Plesiomonas Pasteurellen Bacteroides Prevotella Porphyromonas Fusobakterien

Prinzip. Basische Anilinfarbstoffe bilden nach Beizung mit Jod Farbstoffkomplexe, die mit Alkohol aus einem mehrschichtigen Mureinsacculus *nicht* wieder herausgelöst werden können, wohl aber aus einem einschichtigen.

Durchführung. Die erste Färbung erfolgt mit *Gentiana-Violett* oder *Kristallviolett* (2 min) und, nach Abgießen der Farbe, Beizung mit *Jod-Jodkali-Lösung* (Lugol; 2 min). Nach Abspülen der Lösung wird der Entfärbeversuch mit *Alkohol* (Ethanol 96%) angeschlossen (ca. 1 min, bis sich kein Farbstoff mehr löst). Der Alkohol wird mit Wasser entfernt, und es folgt die Gegenfärbung mit *Fuchsin* oder *Safranin* (1 min) der entfärbten Bakterien. Zur Qualitätskontrolle der Färbung werden S. aureus (grampositiv) und E. coli (gramnegativ) eingesetzt.

Aussage. Neben der Form (Kokken, Stäbchen) und der Größe der angefärbten Mikroorganismen läßt sich deren Färbeverhalten (Gramverhalten) beurteilen: Bakterien mit einschichtigem Murein sind *rot (gramnegativ),* solche mit mehrschichtigem Sacculus sind *blau (grampositiv).* Sproßpilze erscheinen ebenfalls blau. Fadenpilze, Schraubenbakterien und Mykobakterien färben sich nur schlecht an. Auch ist eine Beurteilung von Wirtszellen (Leukozyten, Epithelien) möglich. Darüber hinausgehende Aussagen, insbesondere Gattungs- und Speziesdiagnosen, können *nicht* getroffen werden.

Ziehl-Neelsen-Färbung, Auramin-Färbung

Anwendung. Die Ziehl-Neelsen-Färbung ist eine komplexe Färbung für die Diagnostik der Tuberkulose und anderer Infektionen durch Mykobakterien.

Prinzip. Wachsartige Substanzen (langkettige Fettsäuren: Mykolsäuren) in der Zellhülle von Mykobakterien bedingen, daß Phenol-Fuchsin bei 100 °C so fest verankert wird, daß es mit Salzsäure-Alkohol (Ethanol 96%, HCl 3%) nicht wieder entfernt werden kann: *Säurefestigkeit.* Diese Eigenschaft findet sich auch bei anderen Mikroorganismen (z. B. bei Nocardien).

Durchführung. Die erste Färbung erfolgt mit *Phenol-Fuchsin,* das dreimal bis kurz vor den Siedepunkt erhitzt wird. Nach Abkühlung (5 min) und Abspülen der Lösung wird der Entfärbeversuch mit *HCl-Alkohol 3%* angeschlossen (ca. 1 min). Der HCl-Alkohol wird mit Wasser entfernt, und es erfolgt die Gegenfärbung mit *alkalischem Methylenblau* (3 min) zur Anfärbung der entfärbten Strukturen (Kontrastverbesserung). Zur Qualitätskontrolle der Färbung werden Mycobacterium phlei (säurefest) und Corynebacterium xerosis (nicht säurefest) eingesetzt.

Aussage. Neben der Form (Stäbchen) wird das Färbeverhalten (Säurefestigkeit) beurteilt: *säurefeste* Mikroorganismen sind *rot,* die Umgebung blau. Mykobakterien stellen sich als rote (säurefeste) Stäbchen dar. Eine Genus- oder Speziesdiagnose ist mit der Ziehl-Neelsen-Färbung *nicht* möglich.

Im Rahmen der Mykobakteriendiagnostik hat sich die *Auramin-Färbung* bewährt: Hierbei wird Phenol-Fuchsin durch den Fluoreszenz-Farbstoff Auramin (20 min bei Zimmertemperatur) ersetzt. Bei Auflichtbeleuchtung mit kurzwelligem Licht fluoreszieren säurefeste Mikroorganismen auf schwarzem Untergrund und können durch diese Kontraststeigerung leichter gefunden werden. Zweifelhafte Ergebnisse müssen durch Umfärbung nach Ziehl-Neelsen überprüft werden.

Giemsa-Färbung

Anwendung. Die Giemsa-Färbung ist die wichtigste einfache Färbung in der Medizinischen Mikrobiologie. In der bakteriologischen Diagnostik wird sie zum Nachweis von intrazellulären Einschlüssen (Chlamydien) und von Rickettsien verwendet. Auch wird sie zur Beurteilung der Zellen im Untersuchungsmaterial herangezogen.

Prinzip. Durch die Verwendung *gepufferter Färbelösungen* bleiben Zellen gut erhalten und können morphologisch beurteilt werden. Basophile und azidophile Elemente werden unterschiedlich gefärbt (blau bzw. rot).

Durchführung. Methanolfixierte Präparate (oder unfixierte Dicke Tropfen) werden mit frisch angesetzter Giemsagebrauchslösung (1% in Phosphatpuffer pH 7,2) für 30 min überschichtet.

Aussage. Die gesuchten Mikroorganismen werden anhand ihrer charakteristischen Morphologie diagnostiziert. Die Giemsa-Färbung erlaubt eine sehr gute Differenzierung von Wirtszellen im Untersuchungsmaterial und kann daher zur Qualitätsbeurteilung herangezogen werden.

Methylenblau-Färbung

Anwendung. Die Methylenblau-Färbung (Abb. 3.2) ist ein einfaches Verfahren für die schnelle orientierende mikroskopische Untersuchung.

Prinzip. Mit *alkalischer* wäßriger Methylenblau-Lösung lassen sich Mikroorganismen und Zellen leicht anfärben.

Durchführung. Fixierte Präparate werden mit alkalischer wäßriger Methylenblau-Lösung für 5 min überschichtet.

Aussage. Es können *Größe* und *Form* der Mikroorganismen beurteilt werden. Die Form von Bakterien läßt sich besonders gut beurteilen. Genus- und Speziesdiagnosen können nicht gestellt werden. Auch das Vorhandensein von Zellen, z.B. bei Liquordiagnostik, läßt sich einfach und schnell bestimmen.

Nativ-Präparat („wet mount")

Anwendung. Das Nativ-Präparat bietet die einfachste und schnellste Möglichkeit zur Darstellung von Mikroorganismen. Nicht getrocknete, unfixierte Suspensionen von Mikroorganismen werden ungefärbt mikroskopiert.

Prinzip. Die Bestandteile von Mikroorganismen weisen unterschiedliche Lichtbrechungseigenschaften auf, die bei Beleuchtung sichtbar werden. Eine gegenüber der Durchlichtbeleuchtung verbesserte Kontrastierung wird mit der Dunkelfeld- oder der Phasenkontrastdarstellung erreicht (s. S. 890 f.).

Durchführung. Unfixierte Suspensionen werden auf einen Objektträger getropft und mit einem Deckglas abgedeckt. Beim „hängenden Tropfen" wird die Suspension auf ein Deckglas gegeben, das am Rand mit Paraffin benetzt ist; anschließend wird ein Hohlschliffobjektträger mit der Aussparung über den Tropfen gestülpt; durch das Paraffin haften Objektträger und Deckglas aneinander und können umgewendet werden, so daß der Tropfen nun hängt.

Aussage. Die *Größe*, die *Form* und die *Eigenbeweglichkeit* (besonders gut im hängenden Tropfen) der Mikroorganismen können beurteilt werden.

3.1.2 Nachweis erregerspezifischer Stoffwechselleistungen: Anzucht und Identifizierung

Ziele und Ablauf

Reinkultur. Eine Reinkultur besteht aus einem Stamm einer Spezies und enthält nur Abkömmlinge einer einzelnen Ursprungszelle – einen Klon. Das Vorliegen in Reinkultur ist die Voraussetzung für die *Identifizierung* und die *Empfindlichkeitsprüfung* eines Mikroorganismus. Darüber hinaus ist die Reinkultur notwendig bei der Herstellung von Impfstoffen oder Reagenzien.

Isolierung. Durch *fraktioniertes Ausstreichen* bei Primär- und Subkulturen entsteht eine Verdünnung des Impfmaterials entlang dem Impfstrich, so daß am Ende Einzelkolonien entstehen (Abb. 3.3). Durch *Subkultivierung einer Einzelkolonie* auf unbeimpfte Medien können die gesuchten Erreger von anderen Mitgliedern einer Mischflora getrennt und/oder angereichert werden: Man erhält die Reinkultur – das *Isolat* (s. Abb. 3.3).

Primärkultur. Die Anzüchtung oder Primärkultur ist der erste Schritt zur Gewinnung eines Isolats. Untersuchungsmaterial wird auf geeignete Kulturmedien überimpft. Basis-, Selektiv-, Differential- und Anreicherungskulturmedien (s.u.) werden häufig zu einem *Ansatz* kombiniert. Eine sinnvolle Auswahl der Kulturmedien kann nur erfolgen, wenn eine klinische Verdachtsdiagnose gestellt und dem Labor mitgeteilt wurde, da davon sowohl die

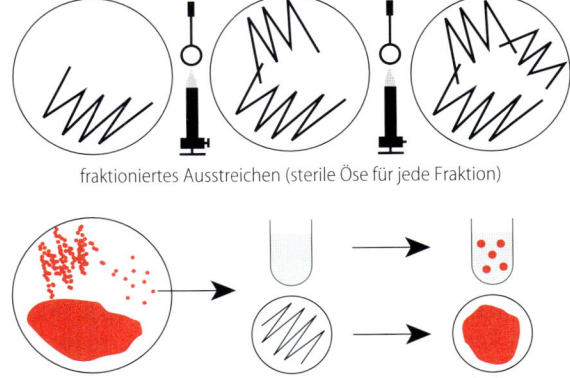

fraktioniertes Ausstreichen (sterile Öse für jede Fraktion)

Einzelkolonien   Subkultur   Isolat

Abb. 3.3. Gewinnung von Reinkulturen

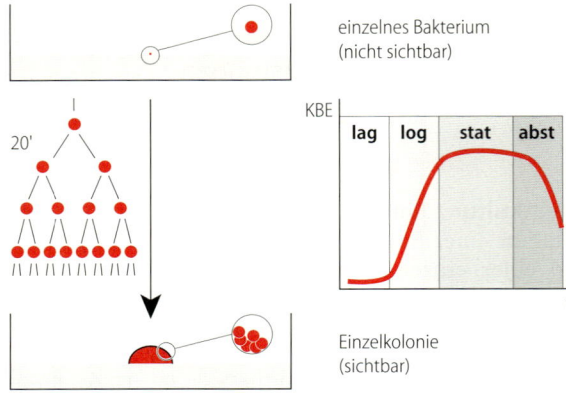

einzelnes Bakterium
(nicht sichtbar)

20'

KBE

| lag | log | stat | abst |

t

Einzelkolonie
(sichtbar)

Abb. 3.4. Anzucht von Bakterien auf künstlichen Kulturmedien

Verarbeitung des Untersuchungsmaterials als auch die Auswahl der benötigten Medien abhängen.

Durch Inkubation bei geeigneten Kulturbedingungen (Temperatur, Sauerstoffgehalt) entstehen durch die Vermehrung der Mikroorganismen *Kolonien* (Abb. 3.4). Eine Kolonie entsteht aus einem einzigen Organismus, ist also ein *Klon*; sie besteht aus ca. 10^8 Einzelorganismen. Je nach Menge der Kolonien entsteht ein *Kolonienrasen*, oder sie verbleiben als *Einzelkolonien*. Anhand der Koloniemorphologie kann der Mikrobiologe entscheiden, ob eine Reinkultur gewachsen ist, oder ob eine Mischkultur vorliegt.

Erregerkonzentration, Grenzzahlen. Bei der Untersuchung von Proben, die bei der Gewinnung mit Haut- oder Schleimhaut(flora) in Kontakt gekommen sind, kann die Bestimmung der Konzentration fakultativ pathogener Mikroorganismen bei der Interpretation des Anzuchtergebnisses helfen. Überschreitet die Konzentration eines Isolats einen bestimmten Wert (Grenzkonzentration, Grenzzahl) deutet dies darauf hin, daß es sich bei dem Isolat um den gesuchten Erreger handelt (s. a. Neuere Infektionsmarker, S. 22).

Bei der Untersuchung transurethral gewonnener Urinproben ist es erforderlich, die Erregerkonzentration im Urin zu bestimmen. Die Quantifizierung erfolgt durch die Anlage einer *Primärkultur* mit einem *definierten Probenvolumen.* Nach Inkubation kann die Anzahl der entstandenen Kolonien (koloniebildende Einheiten = KBE, „colony forming units" = CFU) ins Verhältnis zum ausgeimpften Probenvolumen (ml) gesetzt werden: KBE/ml.

Praktische Anwendung findet das Verfahren auch bei der Untersuchung von Bronchiallavagen.

Anhand von Grenzzahlen für die KBE/ml ergeben sich Hinweise auf den Krankheitswert eines gefundenen Erregers. Auch im Rahmen der Trinkwasser- und Lebensmittelhygiene kommt der Keimzählung eine wichtige Aufgabe zu.

Kulturmedien

Kulturmedien sind artifizielle Substanzkompositionen, die die Züchtung von Mikroorganismen außerhalb ihres natürlichen Standortes ermöglichen. Die einzelnen Bestandteile eines Mediums lassen sich in folgende Gruppen einteilen:

Nährstoffe (Peptone, Proteine, Aminosäuren, Hefe- und Fleischextrakte). Aminostickstoff (1880 von Naegeli als „Pepton" bezeichnet) ist ein essentieller Wachstumsfaktor für chemoorganotrophe Mikroorganismen, wie Bakterien und Pilze. In Fleischextrakten (Infusionen) ist Aminostickstoff in Form wasserlöslicher Peptide und Aminosäuren enthalten; durch Behandlung der Fleischextrakt-Proteine mit Enzymen oder Säuren wird die verfügbare Konzentration von Peptiden und Aminosäuren erhöht.

Energiequellen (Kohlenhydrate). Glukose wird am häufigsten als Energiequelle verwendet, bedarfsweise auch andere Zucker. Zur Ausnutzung substratspezifischer Enzyme wird das Kohlenhydrat in einer Konzentration von 5–10 g/l eingesetzt.

Metalle und Mineralsalze. Spurenelemente und Salze sind häufig in den Präparationen der anderen Mediumbestandteile in ausreichender Menge enthalten, gelegentlich kann eine gesonderte Zugabe erforderlich sein.

Puffersubstanzen. In Kulturmedien muß das pH-Optimum für die gesuchten Mikroorganismen durch Puffer aufrechterhalten werden. Dies gilt besonders, wenn Kohlenhydrate, die zu Säuren abgebaut werden, vorhanden sind. Häufig verwendete Puffer sind Phosphate, Citrate, Acetate und Zwitterionen. Bei der Auswahl des Puffers müssen Interaktionen mit anderen Mediumbestandteilen bedacht werden (z. B. Bindung von essentiellem freien Eisen an Phosphate).

pH-Indikatoren. Es werden Indikatoren (z. B. Phenolrot, Bromthymolblau) verwendet, die pH-Änderungen durch Farbumschlag anzeigen. Da diese Substanzen für Mikroorganismen toxisch sind, werden sie nur in geringer Konzentration eingesetzt.

Selektive Agenzien. Um einen gesuchten Mikroorganismus aus einer Mischung mit anderen zu isolieren, muß jener einen Wachstumsvorteil haben, was durch Substanzen, die die Begleitflora hemmen, erreicht wird. Antibiotika, Farbstoffe, Gallensalze, Metallsalze (Tellurit, Selenit), Tetrathionat und Azid werden häufig eingesetzt.

Gelierende Substanzen. Gelierende Substanzen verleihen Kulturmedien Festigkeit, denn nur auf festen Kulturmedien können die Koloniemorphologie und die Reinheit einer Bakterienkultur überprüft werden. Von herausragender Bedeutung ist Agar-Agar, ein Extrakt aus Seealgen. Seine weite Verbreitung basiert auf speziellen Eigenschaften: Nahezu inert gegen mikrobielle Aktivität, niedrige Toxizität, hohe Schmelz- und Erstarrungspunkte (84 °C, 38 °C, Gelzustand bis 60 °C) und Klarheit.

Je nach Konzentration der gelierenden Substanz unterscheidet man flüssige (Bouillons), halbfeste und feste Kulturmedien (Agarplatten).

Weitere Bestandteile. Für spezielle Zwecke können dem Medium weitere Substanzen zugefügt werden: Wachstumsfaktoren für anspruchsvolle Mikroorganismen (z. B. Hämin, NAD), Redoxpotentialvermindernde Stoffe für Anaerobier (z. B. Thioglykolat, Cystein), Blut zum Nachweis hämolysierender Enzyme.

Zusammensetzung. Die Zusammensetzung eines Kulturmediums hängt von der Aufgabe ab, die es erfüllen soll. Um eine hohe Reproduzierbarkeit der Anzuchtergebnisse zu erzielen, ist ein chemisch exakt definiertes Rezept anzustreben. Komplexe Mediumbestandteile, wie Proteingemische sind oft jedoch nicht exakt definiert.

Kulturmedientypen

Flüssige Kulturmedien (Bouillon). Eine Bouillon dient der Vermehrung/*Anreicherung* von Mikroorganismen. Eine Vermehrung zeigt sich in der Regel durch Trübung des Mediums – Tyndall-Effekt: Lichtbrechung durch die Mikroorganismen in der Flüssigkeit. Abhängig vom Sauerstoffbedürfnis ist die Trübung an der Oberfläche (aerob), in der Tiefe (anaerob) oder im gesamten Medium (fakultativ anaerob) vorhanden (Abb. 3.5). Einzelne Arten

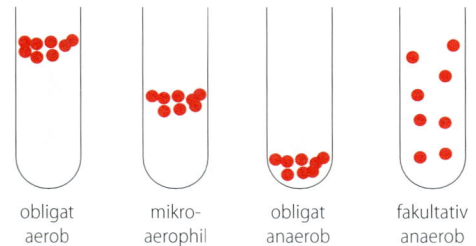

| obligat aerob | mikroaerophil | obligat anaerob | fakultativ anaerob |

Abb. 3.5. Anzucht von Bakterien in flüssigen Kulturmedien

können sich vermehren, ohne eine sichtbare Trübung hervorzurufen (z. B. Haemophilus).

Es entstehen keine beurteilbaren Kolonien wie auf festen Medien. Daher muß zur Feststellung der Koloniemorphologie und der Reinheit der Flüssigkultur eine Überimpfung auf feste Medien erfolgen.

Halbfeste Kulturmedien. Gelartige Kulturmedien mit einem Agargehalt von 0,5–0,75% dienen der Beweglichkeitsprüfung oder zur Induktion von Beweglichkeitsorganellen (Geißeln). Sie können in U-Röhrchen bzw. als Schwärmagar in Petrischalen gegossen werden. U-Röhrchen werden durch Stich an einem Schenkel beimpft; bewegliche Bakterien wandern während der Inkubation in den anderen Schenkel und verursachen auch dort eine Trübung.

Feste Kulturmedien. Agarplatten bilden die Grundlage der mikrobiologischen Erregerdiagnose. Die Medien enthalten 2% Agar und werden in einer Schichtdicke von 3–3,5 mm in Petrischalen gegossen. In Abhängigkeit von der Zusammensetzung des Kulturmediums und den Bebrütungsbedingungen entwickeln sich charakteristische Kolonieformen. Diese bestimmen das weitere Vorgehen bei der Identifizierung.

Basiskulturmedien, Optimalmedien. Diese Medien werden verwendet, um die Erregerausbeute zu maximieren. Sie sind besonders reich an Nährstoffen. Als Spezialkulturmedien können sie für die Anzucht bestimmter Erreger optimiert werden (Tabelle 3.2).

Selektivkulturmedien. Diese Medien sind so zusammengesetzt, daß bestimmte Erreger in der Vermehrung gehemmt werden. Nicht gehemmte Mikroorganismen werden dadurch begünstigt und können so aus einer Mischung heraus selektioniert werden (s. Tabelle 3.2).

Tabelle 3.2. Beispiele für häufig eingesetzte Kulturmedien

Medium	Selektionsprinzip	Ergebnis
Basis-/Optimalkulturmedien		
Blutagar		
Kochblutagar		
Mueller-Hinton-Agar		
Dextrose-Bouillon		
Thioglykolatbouillon		
Hirn-Herz-Bouillon		
Selektivkulturmedien		
Azidagar	Azid	Enterokokken
Endo-/MacConkey-Agar	Gallensalze	Enterobakterien
SS-Agar	Gallensalze	Salmonellen, Shigellen
Wilson-Blair-Agar	Brillantgrün	Salmonellen (S. Typhi)
Tellurit-Agar	Tellurit	Korynebakterien
Sabouraud-Dextrose-Agar	Antibiotika	Pilze
Mannit-Kochsalz-Agar	Salzgehalt	S. aureus
Thayer-Martin-Agar	Antibiotika	Neisserien
BCYE-Agar [1]	Antibiotika	Legionellen
Löwenstein-Jensen-Agar	Malachitgrün	Mykobakterien
Selenit-Bouillon	Selenit	Salmonellen
Tetrathionat	Tetrathionat	Salmonellen
Differentialkulturmedien		
Schafblutagar	Hämolyseformen	α-, β-Hämolyse
Azid-Agar	Esculinspaltung	Schwarzfärbung
Endo-/MacConkey-Agar	Laktosespaltung	Fuchsinfreisetzung
Mannit-Kochsalz-Agar	Mannitspaltung	Gelbfärbung
Tellurit-Agar	Telluritreduktion	Schwarzfärbung

[1] Buffered Charcoal Yeast Extract-Agar

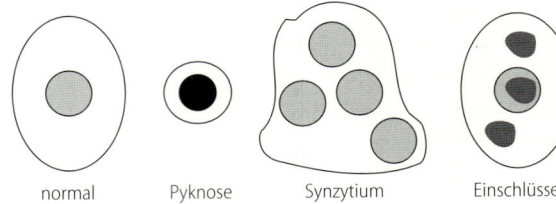

Abb. 3.6. Zytopathische Effekte (CPE) durch Viren

(normal — Pyknose — Synzytium — Einschlüsse)

Differentialkulturmedien. Diese Medien dienen der Prüfung einzelner Stoffwechselleistungen. Sie sind meist so zusammengesetzt, daß ein Mikroorganismus gezwungen wird, einen bestimmten Stoffwechselweg zu beschreiten, sofern er dazu fähig ist (s. Tabelle 3.2).

Für die Identifizierung von Mikroorganismen mittels biochemischer Stoffwechselleistungen muß eine größere Zahl geeigneter Differentialkulturmedien zu einer Reihe zusammengestellt werden. Da der Reaktionsausfall meist anhand eines Farbindikators bestimmt wird, nennt man diese biochemische Typisierung auch **Bunte Reihe** – das klassische Identifizierungsverfahren der Medizinischen Mikrobiologie. Die Kombination der Reaktionsausfälle ergibt für bestimmte Spezies charakteristische Muster.

Zellkultur. In einer Erweiterung des Begriffes können auch Zellkulturen als Kulturmedium bezeichnet werden. Sie dienen der Anzucht obligat intrazellulärer Mikroorganismen, wie Chlamydien oder

Viren. Einige Zellkulturen, z. B. Vero-Zellen, werden auch zum Nachweis von mikrobiellen Toxinen verwendet.

Es werden primäre und permanente Zellkulturen unterschieden. **Primäre Zellkulturen** werden direkt aus zerkleinerten Organstücken oder aus dem Blut gewonnen; sie sind für eine Vielzahl obligat intrazellulärer Erreger empfänglich, jedoch sind sie nur über wenige Passagen weiterzüchtbar und sterben dann ab (Beispiele: Affennierenzellen, Hühnerfibroblasten, humane Amnionzellen, mononukleäre Blutzellen). Von Nachteil ist, daß vorbestehende latente oder persistierende Infektionen der Zellen nicht auszuschließen sind. Fibroblasten u.a. lassen sich unter bestimmten Bedingungen länger, meist etwa 50 mal, als **diploide Zellkultur** passagieren [Beispiele: Humane (embryonale oder fetale) Nieren-, Lungenfibroblasten].

Permanente Zellkulturen können über Jahrzehnte fortgezüchtet werden (Beispiele: HEp-2-, McCoy-, HeLa-, Vero-Zellen). Es sind dies transformierte Zellen.

Eine Vermehrung des Erregers kann durch Nachweis eines zytopathischen Effekts (Abb. 3.6) oder durch Antigennachweis in den Zellen nachgewiesen werden (s. S. 898).

Atmosphärische Vermehrungscharakteristika

Die Fähigkeit von Bakterien, Luftsauerstoff als letztendlichen Elektronenakzeptor zu benutzen, ergibt in Verbindung mit der Oxidationsempfindlichkeit ihres Stoffwechsels ein Ordnungsprinzip, welches für die Züchtung und die Taxonomie Bedeutung hat. Im Labor gibt es hauptsächlich drei Methoden, um anaerobe Verhältnisse herzustellen:

- Zugabe Redoxpotential-reduzierender Substanzen zum Medium (z. B. Thioglykolat),

- Austausch der Luft gegen ein H_2-N_2-CO_2-Gasgemisch in einem luftdicht abgeschlossenen Behälter oder Brutschrank,
- Verbrauch des Luftsauerstoffs in einem luftdicht abgeschlossenen Gefäß durch eine mittels Palladiumkatalysator kontrollierte Knallgas-Reaktion ($2\,H_2 + O_2 \rightarrow 2\,H_2O$).

Obligat aerob. Dies kennzeichnet Bakterien, für die die Verwendung von Luftsauerstoff bei der Energiegewinnung essentiell ist. Die aus der Gärung gewonnene Energie reicht ihnen nicht aus. Sie vermehren sich nur in Gegenwart von Sauerstoff (>2%) oder bei stark positivem Redoxpotential. Ihr Zytochromsystem ist hoch entwickelt.

Typische Beispiele sind Mycobacterium tuberculosis und Pseudomonas aeruginosa.

Obligat anaerob. Dies kennzeichnet Bakterien, die sich nur in Abwesenheit von Sauerstoff (<2%) vermehren. Einige von ihnen bilden in Gegenwart von Sauerstoff über die Flavoenzyme hochgiftige Vorstufen von Wasserstoffsuperoxid, ihnen fehlen jedoch Enzyme, die diese neutralisieren (z.B. Superoxid-Dismutase).

Typische Beispiele sind Bacteroides, Peptostreptokokken und Clostridien. Bei einigen ist die Empfindlichkeit gegen Sauerstoff eingeschränkt: aerotolerant (z.B. Clostridium perfringens).

Fakultativ anaerob. Dies sind Bakterien, die sich unabhängig von der Sauerstoffkonzentration vermehren. Hierzu zählen die meisten Krankheitserreger, z.B. Staphylokokken, Streptokokken und Enterobakterien.

Morphologische Vermehrungscharakteristika

Koloniemorphologie. Das Aussehen der während der Inkubation entstandenen Kolonien auf festen Kulturmedien zieht der Mikrobiologe als erstes Kriterium für die Identifizierung eines Isolats heran. Die Koloniemorphologie ist für bestimmte Mikroorganismen charakteristisch; sie kann zur Unterscheidung verschiedener Bakterien eingesetzt werden. Eine Speziesdiagnose läßt sich jedoch nicht stellen.

Veränderungen des Kulturmediums. Bestimmte Stoffwechselprodukte von Bakterien können die Zusammensetzung des Kulturmediums makroskopisch sichtbar verändern. Dies kann zur Identifizierung herangezogen werden. Hämolysierende Enzyme können die Erythrozyten im Blutagar auflösen, – um die Kolonien entsteht ein Hämolysehof.

Bei der *α-Hämolyse* wird nur ein Teil der Erythrozyten im Hof lysiert; das freiwerdende Hämoglobin wird zu Biliverdin abgebaut – der Hof verfärbt sich grün (Vergrünung). Bei der *β-Hämolyse* sind alle Erythrozyten im Hof lysiert; das Hämoglobin wird zu Bilirubin abgebaut – der Hämolysehof ist durchscheinend.

Die Umsetzung von Kulturmediumbestandteilen kann mit geeigneten Indikatoren durch *Verfärbung* des Mediums nachgewiesen werden: pH-Änderungen nach Fermentation von Zuckern, H_2S-Produktion durch Eisensulfit-Bildung.

Gelatinasebildung führt zur *Verflüssigung* gelatinehaltiger Medien.

Biochemische Identifizierung

Durch die Kombination verschiedener Differentialkulturmedien (Bunte Reihe, s. S. 896) kann eine Speziesdiagnose gestellt werden.

Serologische Identifizierung

Für bestimmte Bakterien erfolgt die Identifizierung durch Objektträgeragglutination mittels bekannter spezifischer Antikörper (s. S. 898). Dieses Verfahren findet Anwendung bei der Identifizierung von Salmonellen (*Kauffmann-White-Schema*) und von β-hämolysierenden Streptokokken (*Lancefield-Gruppen*).

Molekularbiologische Identifizierung

Seit neuerem stehen molekularbiologische Verfahren zur Identifizierung zur Verfügung: Hybridisierung mit Sonden, PCR, RFLP (s. S. 898 ff.).

Lysotypie

Anwendung. Die Lysotypie ist ein Verfahren zur Stammdifferenzierung, das bei der Aufdeckung epidemiologischer Zusammenhänge angewendet wird.

Prinzip. Verschiedene Stämme einer Spezies weisen auf Grund ihres Besatzes mit Phagenrezeptoren jeweils unterschiedliche Empfänglichkeit für Bakteriophagen auf (Phagentyp oder Lysotyp).

Durchführung. Ein Bakterienstamm wird netzartig auf einer Agarplatte ausgestrichen und mit unterschiedlichen Phagen beimpft. Erfolgt eine Infektion des Bakteriums, wird dieses lysiert – sichtbar an einer Aussparung im Bakterienrasen.

Aussage. Ein identisches Lysemuster weist auf die Identität zweier Stämme hin, Unterschiede im Muster schließen jene aus. Die Bestimmung des Lysotyps findet Anwendung bei forensischen Fragestellungen.

Tierversuch

Anwendung. Tierversuche dienen dem Nachweis von Toxinen (Tetanustoxin, Botulinustoxin) oder dem Pathogenitätsbeweis. Ihr Einsatzgebiet ist heute sehr begrenzt, da meist einfachere Verfahren zur Verfügung stehen.

Prinzip. Erreger- oder toxinhaltiges Material wird einem Versuchstier inokuliert, und es wird nach geeigneter Zeit nach spezifischen Veränderungen gesucht.

Durchführung. Tetanus-, Botulinustoxin-Nachweis: Mäuse werden mit 0,5 ml Serum bzw. 0,5 ml Serum + 0,5 ml Antitoxin intraperitoneal inokuliert.

Aussage. Tetanus-, Botulinustoxin-Nachweis: Nach 24–48 h stellt sich bei der „Serum-Maus" eine Wespentaille (Tetanus) oder eine Robbenstellung durch schlaffe Lähmung (Botulismus) ein, nicht aber bei der „Antitoxin-Maus", da diese durch den spezifischen Antikörper geschützt ist.

3.1.3 Nachweis erregerspezifischer Antigene

Dieser erfolgt mit *Antikörpern bekannter Spezifität*. Antigennachweise können direkt aus klinischen Untersuchungsmaterialien (Legionellen, Chlamydien, Pneumokokken, Kryptokokken) geführt oder zur Identifizierung angezüchteter Mikroorganismen verwendet werden. Der Antigennachweis ist von der Vermehrungsfähigkeit des Mikroorganismus und damit von einem komplexen Materialtransport unabhängig. Die häufigsten Antigennachweisverfahren sind in Tabelle 3.3 zusammengefaßt.

3.1.4 Molekularbiologische Nachweisverfahren

E.C. Böttger

Die Verschiedenheit aller Organismen beruht auf Unterschieden der DNS- bzw. RNS-Sequenzen; sämtliche Informationen über Aufbau, Struktur und Aktivität bzw. Funktion eines Organismus sind darin enthalten. Damit eignen sich Sequenzuntersuchungen für eine Vielzahl von Fragestellungen:
- Nachweis von Mikroorganismen (z.B. Chlamydien, Legionellen, Mykobakterien, Mykoplasmen, Bartonellen, HIV, Hepatitis-C-Virus, Herpes-simplex-Virus u.a.).
- Nachweis von Virulenzfaktoren (z.B. Toxine bei Escherichia coli, Staphylococcus aureus, Clostridium difficile).
- Nachweis von Resistenzgenen (z.B. Methicillin-Resistenz bei Staphylococcus aureus, Rifampicin-Resistenz bei Mycobacterium tuberculosis, Vancomycin-Resistenz bei Enterokokken, Zidovudin- und Didanosin-Resistenz bei HI-Viren).
- Epidemiologische Untersuchungen.

Der molekularbiologische Nachweis von Mikroorganismen basiert auf der Kenntnis *erregerspezifischer Nukleotidsequenzen*. Prinzipiell eignet sich eine ganze Reihe von Genen für den Nachweis von Bakterien, besonders jedoch Strukturen wie die ribosomalen Nukleinsäuren (16S- und 23S-rRNS). Ribosomale Nukleinsäuren sind Bestandteil der Ribosomen und finden sich in sämtlichen Lebewesen mit Ausnahme der Viren. Verschiedene Regionen innerhalb des 16S/23S-rRNS Moleküls ändern sich mit unterschiedlichen Mutationsraten, so daß hochkonservierte und variable Bereiche unterschieden werden können. Diese Struktur der ribosomalen Nukleinsäuren erlaubt, Nukleinsäuresequenzen zu definieren, die praktisch jedwede gewünschte taxonomische Spezifität aufweisen, seien es Ordnung, Familie, Gattung oder Art.

DNS ist relativ unempfindlich gegen äußere Einflüsse, die Nachweismethoden sind unabhängig von der Vermehrungsfähigkeit des gesuchten Mikroorganismus.

Für epidemiologische Fragestellungen, z.B. die Aufklärung von Infektketten, ist es notwendig, über Merkmale zu verfügen, die ein Isolat nicht auf artspezifischer, sondern auf stammspezifischer – d.h.

Tabelle 3.3. Labordiagnostische Verfahren zum Nachweis des Erregers oder seiner Bestandteile

Mikroskopische Diagnose

Nachweis charakteristischer morphologischer Merkmale

Nachweis typischer erregerbedingter Veränderungen (Histologie)

Anzucht auf flüssigen und festen Kulturmedien (artifiziell oder Zellkultur)

Basiskulturmedien	Anzucht der meisten Bakterien
Spezialkulturmedien	Anzucht von Mikroorganismen mit speziellen Vermehrungsansprüchen

Selektivkulturmedien	Anzucht bestimmter Bakterien aus einer Mischflora
Differentialkulturmedien	Prüfung bestimmter Stoffwechselleistungen (durch Kombination verschiedener Prüfungen – Bunte Reihe: Identifizierung)
Zellkulturen	Anzucht obligat intrazellulärer Mikroorganismen (Viren, Chlamydien, Rickettsien)

Nachweis mikrobieller Antigene mit BEKANNTEN Antikörpern

Präzipitation	lösliches Antigen + löslicher Antikörper (Präzipitation von Antigen-Antikörper-Komplexen im Äquivalenzbereich der Heidelberger-Kurve)

Agglutination	korpuskuläres Antigen + löslicher Antikörper lösliches Antigen + korpuskulärer Antikörper Latexagglutination: Korpuskel = Latex Hämagglutination: Korpuskel = Erythrozyt

Markierte Antikörper	lösliches Antigen + markierter Antikörper DIF: fluorochrom-markierter Antikörper ELISA: enzym-markierter Antikörper RIA: radioaktiv markierter Antikörper

Nachweis mikrobieller Nukleinsäure

Hybridisierung	Nachweis von Erreger-DNS oder -RNS durch Hybridisierung mit spezifischen markierten Gensonden
In-vitro-Genamplifikationsreaktionen	Amplifizierung (Vermehrung) spezifischer Nukleinsäure mittels geeigneter Oligonukleotide; Nachweis des Amplifikationsprodukts
Restriktionsanalyse	Zerschneiden von DNS (z. B. PCR-Produkt) mittels Restriktionsendonukleasen → charakteristische Fragmentierung (Nachweis durch Gelelektrophorese)
Sequenzierung	Bestimmung der Nukleotidsequenz

klonaler – Ebene charakterisieren. Die Technik der genetischen Typisierung, eine als Restriktionslängenpolymorphismus (s. S. 903 f.) bezeichnete Genanalyse, beruht darauf, daß das Genom an vielen Stellen Mutationen, Insertionen oder Deletionen (d. h. sog. Polymorphismen) aufweist. Aus statistischen Gründen werden durch Mutationen häufig Erkennungsstellen von Restriktionsenzymen bzw. durch Insertionen die Anzahl von Nukleotiden, die ein durch zwei Schnittstellen definiertes Fragment umfaßt, verändert. Mit Hilfe von gelelektrophoretischen Auftrennungsverfahren, eventuell kombiniert mit anschließender Hybridisierung, lassen sich diese genetischen Merkmale sichtbar machen, weil unterschiedlich lange Fragmente jeweils unterschiedliche Wanderungsgeschwindigkeiten in der Elektrophorese aufweisen.

Folgende Verfahren werden eingesetzt (s. a. Tabelle 3.3):

Hybridisierung. Ein bekannter Nukleinsäureabschnitt wird durch molekulare Hybridisierung mit einer basenkomplementären Nukleinsäuresonde (*Sonde*) nachgewiesen. Hybridisierung ist die unter geeigneten Bedingungen stattfindende Bildung eines doppelsträngigen Nukleinsäuremoleküls zweier gegenläufiger einzelsträngiger Nukleinsäuremoleküle (DNS-DNS oder DNS-RNS). Die Bildung dieses doppelsträngigen Nukleinsäuremoleküls beruht auf intermolekularen Wasserstoffbrücken-Bindungen zwischen komplementären Basen der beiden Einzelstränge und setzt somit eine gewisse Ähnlichkeit derselben voraus (identisch bzw. teilidentisch). Das Prinzip der Nukleinsäurehybridisierung macht sich die Basenpaarregel zunutze, wonach ein Adenin mit einem Thymidin bzw. ein Guanin mit einem Cytosin in Wechselwirkung tritt. Dabei stellen zwei (A-T-Paar) bzw. drei (G-C-Paar) Wasserstoffbrücken die bindenden Kräfte zwischen komplementären DNS-Einzelsträngen dar.

Bei Nukleinsäuresonden handelt es sich entweder um klonierte Genfragmente oder um kurze, synthetisch hergestellte Einzelstrang-DNS-Moleküle, sogenannte Oligodesoxyribonukleotide, kurz Oligonukleotide. Derartige Sonden sind mit einer leicht nachweisbaren Markierung versehen.

Meist wird die nachzuweisende Nukleinsäure auf eine feste Phase aufgebracht (Nitrozellulose, Mikrotiterplatte), denaturiert (so daß Einzelstränge vorliegen), fixiert und mit einer in Lösung befindlichen Sonde (= Nachweissonde) hybridisiert

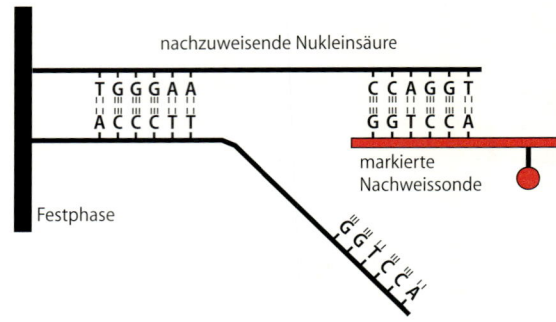

Abb. 3.7. DNS-Hybridisierung (s. Text)

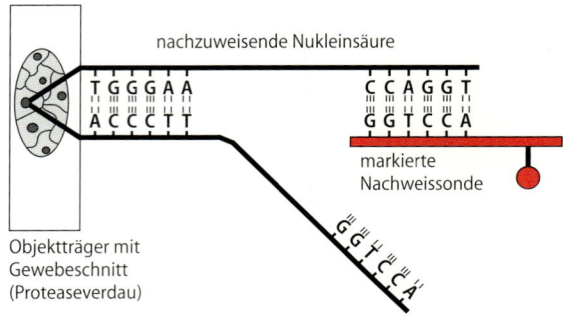

Abb. 3.8. In-situ-Hybridisierung
Die Zellen von auf Objektträgern aufgetragenen Proben werden durch Proteaseverdau aufgeschlossen, um die Nukleinsäure freizulegen. Die nachzuweisende Nukleinsäure wird in Einzelstränge denaturiert.

(Abb. 3.7). Unter geeigneten Denaturierungsbedingungen entstehen aufgrund der Basenpaarung *Hybride* aus Sonden-DNS und nachzuweisender Nukleinsäure; nicht gebundene Sondenmoleküle werden abgewaschen. Die Hybride können anschließend anhand der Markierung nachgewiesen werden. Eine Sonderform dieser Methodik stellt die In-situ-Hybridisierung dar (Abb. 3.8). Umgekehrt kann ein Oligonukleotid an eine feste Phase gebunden werden (= Fängersonde) und erlaubt damit die Isolierung der nachzuweisenden DNS aus einem komplexen Nukleinsäuregemisch (Abb. 3.9).

Genamplifikationsverfahren. Genamplifikationsverfahren sind Nachweisverfahren für kleinste Mengen DNS. Eine bestimmte DNS-Sequenz kann dabei unter einer Vielzahl von anderen erkannt und nach ihrer Amplifikation (= Vervielfältigung) nachgewiesen werden.

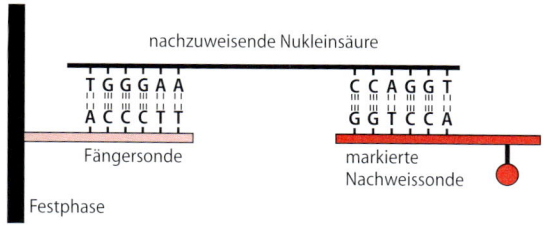

Abb. 3.9. Sandwich-Hybridisierung

Zwei DNS-Sonden, von denen die eine mit einem nachweisbaren Liganden versehen ist, hybridisieren mit unterschiedlichen Sequenzen auf der nachzuweisenden Nukleinsäure. Mittels der Fängersonde, die an eine feste Phase gekoppelt ist, wird die nachzuweisende Nukleinsäure aus einem komplexen Nukleinsäuregemisch isoliert und mittels einer markierten Nachweissonde kenntlich gemacht.

Prinzipiell beruhen die meisten Genamplifikationsverfahren auf einer spezifischen Vermehrung des gesuchten Nukleinsäureabschnitts in vitro. Genamplifikationsverfahren [wie die PCR = „polymerase chain reaction" (Polymerasekettenreaktion), LCR = „ligase chain reaction" (Ligasekettenreaktion), SDA = „strand displacement amplification", TBA = „transcription based amplification", NASBA = „nucleic acid based amplification"] verlaufen nach einem gemeinsamen Prinzip:

- Hybridisierung der nachzuweisenden Nukleinsäure mit einer synthetischen DNS-Sonde bzw. einer Kombination von Sonden.
- Der Einsatz eines oder mehrerer Enzyme, die Nukleinsäuren (DNS oder RNS) synthetisieren bzw. modifizieren.
- Exponentielle Vermehrung der nachzuweisenden Nukleinsäure, da nicht nur diese, sondern auch die in der Reaktion gebildeten Produkte wieder als Matrize dienen.
- Nachweis des gebildeten Produkts.

Methodisch sind bei Genamplifikationsverfahren folgende möglichen Schwachstellen zu beachten und erfordern entsprechende Kontrollen im Testablauf:

- Extraktion der nachzuweisenden Nukleinsäuren aus dem Probenmaterial (besonders problematisch bei Infektionen mit geringen Erregermengen, z. B. Mykobakterien).
- Mögliche Kontamination durch fremde Nukleinsäuren (die außerordentliche Empfindlichkeit derartiger Methoden, die theoretisch einzelne Nukleinsäuremoleküle nachweisen können, beinhaltet andererseits eine extreme Anfälligkeit

für Kontamination = falsch positiver Reaktionsausfall).

- Anwesenheit von Substanzen in der zu untersuchenden Probe, die die Aktivität der eingesetzten Enzyme beeinträchtigen (= falsch negativer Reaktionsausfall).

Das Prinzip von Genamplifikationsverfahren sei an der Polymerasekettenreaktion dargestellt, die das Modell dieser Verfahren ist (Abb. 3.10).

Zunächst wird die üblicherweise in einem Gemisch vorliegende, nachzuweisende DNS durch Hitzeeinwirkung (95 °C) in Einzelstränge denaturiert. Im nächsten Schritt (Hybridisierung) werden zwei zu jeweils einem Strang komplementäre Oligonukleotide an die Einzelstränge hybridisiert. Die Oligonukleotide sind komplementär zum Anfang und zum Ende der gesuchten DNS-Sequenz. Die Hybridisierung erfolgt durch Absenken der Temperatur (beispielsweise auf 50 °C). In der folgenden Polymerasereaktion fungieren diese Oligonukleotide als Starter für die Neusynthese eines jeweils komplementären DNS-Stranges durch die Polymerase (DNS-Polymerasen können ohne derartige Startoligonukleotide nicht mit der Synthese eines komplementären DNS-Stranges beginnen). Die Polymerase-Reaktion erfolgt bei 72–75 °C und führt theoretisch zu einer Verdoppelung der nachzuweisenden DNS-Stränge.

Die drei Schritte Denaturierung, Hybridisierung der Oligonukleotide und Polymerasereaktion laufen bei unterschiedlichen Temperaturen ab und bilden einen sogenannten Amplifikationszyklus. Da als einziger Parameter die Temperatur in Abhängigkeit von der Zeit verändert werden muß, ist dieser Prozeß auf einfache Weise automatisierbar. Durch mehrmalige Wiederholung derartiger Amplifikationszyklen wird das nachzuweisende DNS-Fragment exponentiell vermehrt. Theroretisch können nach 30 Zyklen 2^{30} derartige Fragmente pro Ausgangsfragment erzeugt werden, in der Praxis liegen die Ausbeuten bei 10^{6}–10^{9}.

In der elektrophoretischen Auftrennung der PCR-Produkte stellt sich der Zielabschnitt aufgrund der exponentiellen Vermehrung als charakteristische Bande dar. Eine vorläufige Spezifitätsprüfung kann anhand der Laufweite der Bande erfolgen, eine Bestätigung erfolgt durch Hybridisierung mit spezifischen Sonden oder durch Bestimmung der Nukleotidfolge des Produkts (Sequenzierung).

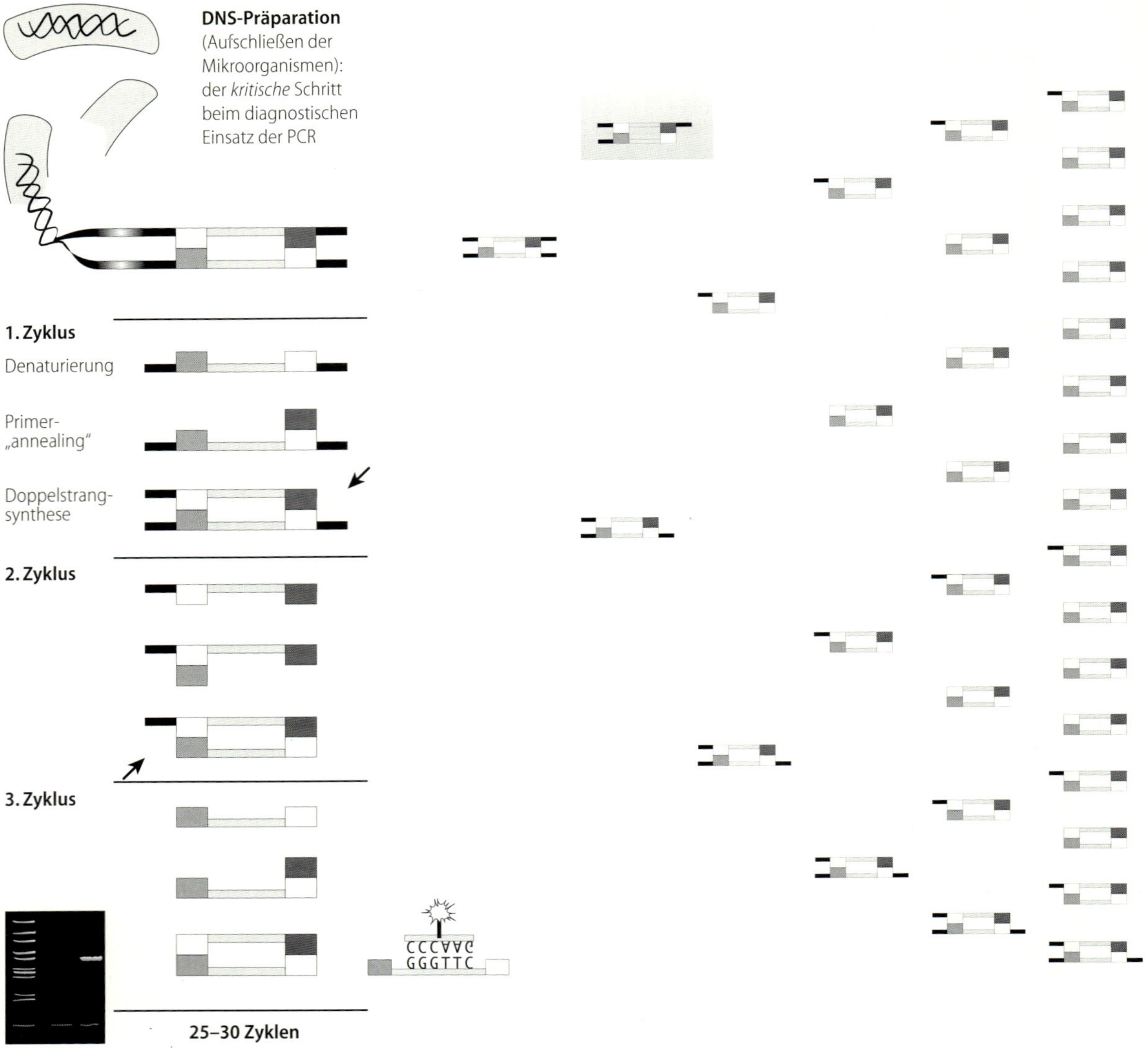

DNS-Präparation
(Aufschließen der
Mikroorganismen):
der *kritische* Schritt
beim diagnostischen
Einsatz der PCR

1. Zyklus

Denaturierung

Primer-
„annealing"

Doppelstrang-
synthese

2. Zyklus

3. Zyklus

```
CCCVVC
GGGTTC
```

25–30 Zyklen

Abb. 3.10. Polymerasekettenreaktion (PCR)

Bei der Polymerasekettenreaktion wird ein *bekannter* (erreger)spezifischer DNS-Abschnitt präferentiell in vitro vermehrt (amplifiziert). Die Spezifität der Reaktion basiert auf der Verwendung von *zwei bekannten* Startsequenzen (Primer), die den erregerspezifischen DNS-Abschnitt flankieren: Ein Primer muß am einen Ende zum 5'–3'-Strang am anderen Ende passen (Abb. links). Die Reaktion besteht aus der mehrfachen Wiederholung von Zyklen, die sich jeweils in drei charakteristische Schritte untergliedern: (1) Denaturierung des DNS-Doppelstrangs bei höherer Temperatur (z. B. 94 °C); (2) Anlagerung der Primer: Das schafft die doppelsträngige Startsequenz für die Resynthese des Doppelstrangs (bei niedriger Temperatur z. B. 37 °C); (3) die thermostabile Taq-Polymerase komplettiert den Doppelstrang von den Startabschnitten (Primeranlagerung) aus (mittlere Temperatur z. B. 68 °C), die Abschnitte vor den Startsequenzen werden *nicht* komplettiert! Nach dem dritten Zyklus sind erstmals kurze Doppelstränge entstanden, die nur aus dem spezifischen Abschnitt und den flankierenden Primersequenzen bestehen. Durch weitere Zyklen werden diese Stücke viel stärker vermehrt als Produkte, die zusätzliche DNS-Abschnitte enthalten (Abb. rechts). Die Bevorzugung ist so groß, daß *nur von dem spezifischen Abschnitt* genug produziert wird, um in der gelelektrophoretischen Auftrennung des Reaktionsgemischs als Bande sichtbar zu werden. Die Beurteilung der Reaktion erfolgt anhand der Bandenlaufweite (erwartete Größe/Ladung) und ggf. einer molekularbiologischen Untersuchung des Produkts (Hybridisierung, Sequenzierung).

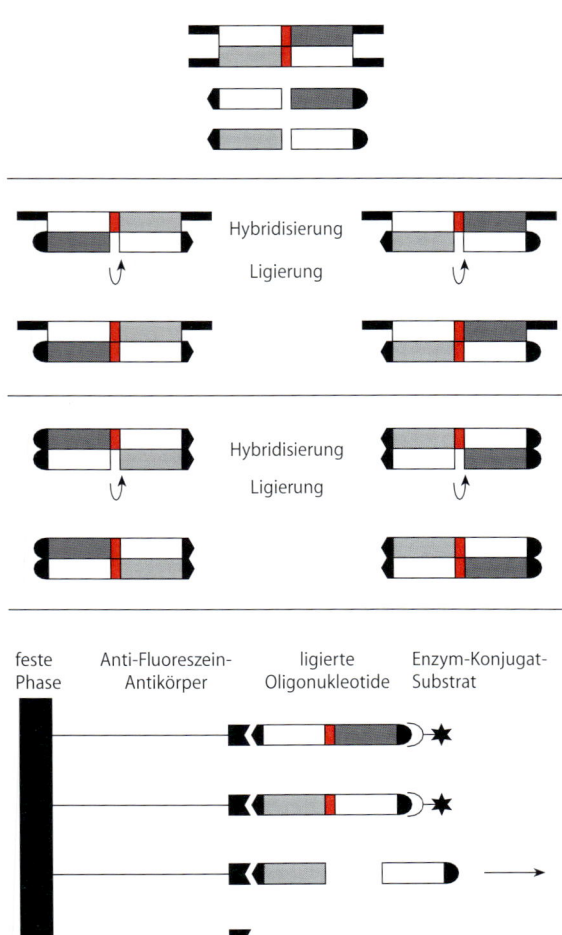

feste Phase | Anti-Fluoreszein-Antikörper | ligierte Oligonukleotide | Enzym-Konjugat-Substrat

Abb. 3.11. Ligasekettenreaktion (LCR)

Bei der Ligasekettenreaktion wird ein kurzer, bekannter DNS-Abschnitt (ca. 50 Basenpaare) in vitro vermehrt. Die Spezifität der Reaktion beruht auf der Verwendung von vier Oligonukleotiden, die komplementär zu dem zu vermehrenden DNS-Abschnitt sind. Die Oligonukleotide sind markiert, z. B. mit Fluoreszein und Biotin. Die Reaktion besteht aus der mehrfachen Wiederholung von Zyklen, die sich in folgende Schritte untergliedern: (1) Hitze-Denaturierung, (2) Hybridisierung der Oligonukleotide, (3) Ligierung der benachbarten Oligonukleotide durch Herstellung einer Phosphodiesterbindung mittels hitzestabiler DNS-Ligase. Die Ligationsreaktion erfolgt nur bei unmittelbar benachbarten Oligonukleotiden, die mit einem einzelsträngigen DNS-Strang hybridisiert sind, da ausschließlich doppelsträngige DNS als Substrat für die DNS-Ligase dient; als Einzelstrang vorliegende Oligonukleotide werden nicht ligiert. Die Beurteilung der Reaktion erfolgt über die Bindung der fluoreszein-markierten DNS an Anti-Fluoreszein-Antikörper, die an einer festen Phase immobilisiert sind, nach Entfernung nicht gebundener markierter Oligonukleotide.

Das Prinzip der Ligasekettenreaktion ist schematisch in Abb. 3.11 dargestellt.

DNS-Sequenzuntersuchungen werden besonders für solche Mikroorganismen eingesetzt, die mittels klassischer biochemischer Methoden nur schwer zu identifizieren sind (Abb. 3.12).

Restriktionslängenpolymorphismus (RFLP). Enzyme, die Nukleinsäurestränge durch Hydrolyse der Phosphordiesterbindung spalten können, werden als Nukleasen bezeichnet. Restriktionsendonukleasen erkennen für das jeweilige Enzym spezifische Sequenzabschnitte auf doppelsträngiger DNS, wobei die Länge dieser Erkennungssequenz zwischen vier und acht Nukleotiden variiert. An einer definierten Position innerhalb dieser Erkennungssequenz erfolgt dann eine Spaltung des Doppelstranges (so erkennt das Restriktionsenzym SmaI die Basensequenz CCC–GGG und spaltet den DNS-Doppelstrang zwischen dem dritten Cytosin und dem ersten Guanin). Nach Spaltung der DNS mit geeigneten Restriktionsenzymen werden die Nukleinsäurefragmente auf einem Agarosegel entsprechend ihrer Größe aufgetrennt (Abb. 3.13). Nach Denaturierung der doppelsträngigen DNS durch Natronlauge wird diese auf eine Nitrozellulosemembran übertragen, so daß nunmehr ein sequenzspezifischer Nachweis von DNS-Fragmenten durch Hybridisierung mit entsprechenden Sonden möglich ist.

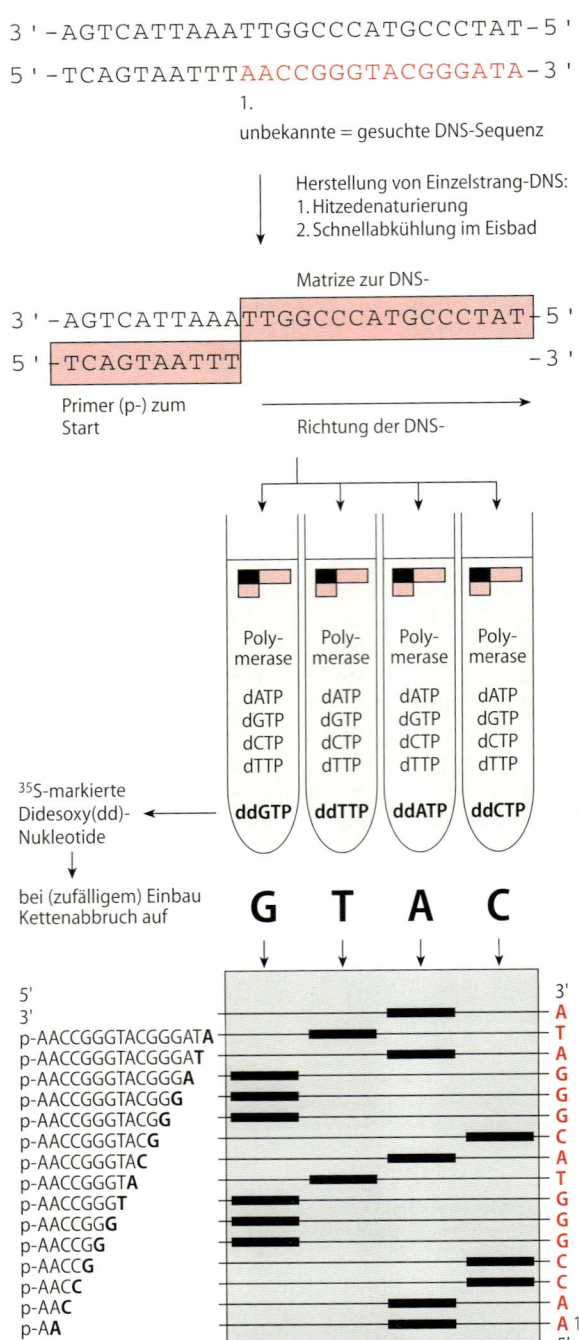

3´-AGTCATTAAATTGGCCCATGCCCTAT-5´

5´-TCAGTAATTTAACCGGGTACGGGATA-3´

1.

unbekannte = gesuchte DNS-Sequenz

Herstellung von Einzelstrang-DNS:
1. Hitzedenaturierung
2. Schnellabkühlung im Eisbad

Matrize zur DNS-

3´-AGTCATTAAATTGGCCCATGCCCTAT-5´

5´-TCAGTAATTT-3´

Primer (p-) zum Start

Richtung der DNS-

Poly-merase | Poly-merase | Poly-merase | Poly-merase

dATP dGTP dCTP dTTP | dATP dGTP dCTP dTTP | dATP dGTP dCTP dTTP | dATP dGTP dCTP dTTP

ddGTP | ddTTP | ddATP | ddCTP

³⁵S-markierte Didesoxy(dd)-Nukleotide

bei (zufälligem) Einbau Kettenabbruch auf

G T A C

5´
3´
p-AACCGGGTACGGGAT**A**
p-AACCGGGTACGGGA**T**
p-AACCGGGTACGGG**A**
p-AACCGGGTACGG**G**
p-AACCGGGTACG**G**
p-AACCGGGTAC**G**
p-AACCGGGTA**C**
p-AACCGGGT**A**
p-AACCGGG**T**
p-AACCGG**G**
p-AACCG**G**
p-AACC**G**
p-AAC**C**
p-AA**C**
p-A**A**
p-**A**

3´
A
A
T
A
G
G
G
C
A
T
G
G
C
C
A
A 1
5´

Gel-Elektrophorese (SDS-PAGE)

XV

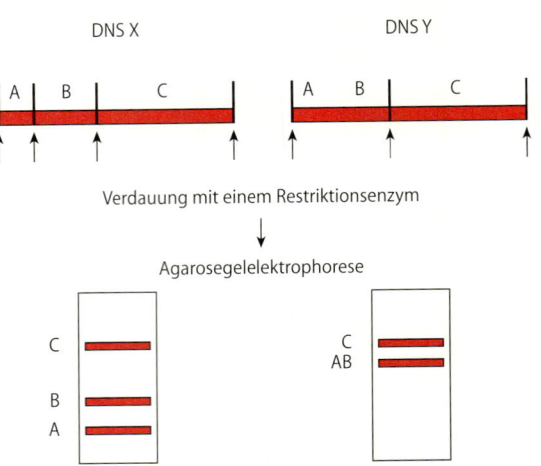

DNS X | DNS Y

A B C | A B C

Verdauung mit einem Restriktionsenzym

Agarosegelelektrophorese

C B A | C AB

Abb. 3.13. Restriktionslängenpolymorphismus (RFPL)

Die DNS kann an bestimmten Schnittstellen von einem Restriktionsenzym erkannt und geschnitten werden (↑). Die entstehenden DNS-Fragmente können elektrophoretisch aufgetrennt werden, wobei die Wanderungsgeschwindigkeit der DNS-Fragmente im Gel umgekehrt proportional zu ihrer Länge ist. Abhängig von der Zahl der Schnittstellen entstehen unterschiedliche Fragmentprofile.

Abb. 3.12. Didesoxy-Methode zur Sequenzbestimmung von DNS

Die DNS, die die zu analysierende Sequenz enthält, wird zunächst zu Einzelsträngen denaturiert. Eine schnelle Abkühlung bewirkt den Erhalt der Einzelstränge, es können sich nur kurze Primer anlagern. Ein solcher Primer ist in dem Ansatz vorhanden, und zwar mit der Sequenz vor dem 5´-Ende des zu untersuchenden DNS-Abschnitts. Diese DNS-Primer-Hybride werden zusammen mit Nukleotiden und DNS-Polymerase auf vier Ansätze verteilt, in denen die Doppelstränge wieder synthetisiert werden sollen (in 3´-Richtung). Zusätzlich zu den normalen Nukleotiden sind in den Ansätzen ³⁵S-markierte Didesoxy-Nukleotide, je eine Sorte pro Ansatz. Werden diese zufällig anstatt der Desoxy-Nukleotide eingebaut, führt dies zum Stop der DNS-Synthese an dieser Stelle. Auf diese Weise entstehen im Verlauf der Neusynthese unterschiedlich lange DNS-Stränge, deren 3´-Ende jeweils ein radioaktives Didesoxynukleotid bildet; beim kürzesten Strang mit Markierung ist das Didesoxy-Nukleotid das erste der gesuchten Sequenz (p-A), beim längsten Strang das letzte Nukleotid der Sequenz. Die unterschiedlich langen Stränge können gelelektrophoretisch getrennt und die radioaktive Markierung photographisch festgestellt werden.

3.2 Bakteriologische Labordiagnose: Nachweis einer erreger-spezifischen Immunreaktion

3.2.1 Allgemeines

Der Nachweis einer erregerspezifischen Immunreaktion kann durch den Nachweis von *Antikörpern* oder von *erregerspezifischen T-Lymphozyten* erfolgen. Letzteres Verfahren ist speziellen Fragestellungen vorbehalten.

Begriffe

Titer. Ein Titer ist der reziproke Wert der höchsten Probenverdünnung, bei der noch ein positiver Testausfall festgestellt werden kann. Ein Agglutinationstiter von 64 bedeutet, daß eine Probe (z. B. Serum) bis 1:64 verdünnt werden kann, und daß dann gerade noch eine sichtbare Verklumpung entsteht. Bei der serologischen Untersuchung werden die Proben meist geometrisch verdünnt (1:1, 1:2, 1:4, 1:8 usw.).

Grenztiter. Als Grenztiter oder Grenzwert wird der Titer bezeichnet, ab dem das Ergebnis eines serologischen Nachweisverfahrens als spezifisch anzusehen ist. Der Grenzwert des TPHA-Tests ist 80; Agglutinationen bei geringeren Serumverdünnungen sind häufig durch unspezifische Faktoren bedingt.

Diagnostischer Titer. Ist ein Titer so hoch, daß allein aus dem Wert auf das Vorliegen einer aktuellen Infektion geschlossen werden kann, so wird er als diagnostischer Titer bezeichnet. Diagnostische Antikörper-Titer sind wegen möglicher großer individueller Unterschiede bei der Antikörperantwort nur eingeschränkt festlegbar.

Titerdifferenz. Eine signifikante Titerdifferenz (Anstieg oder Abfall) liegt erst dann vor, wenn sich zwei Proben um mindestens zwei Titerstufen, d. h. eine vierfache (2^2) Verdünnung, unterscheiden. Kleinere Differenzen sind durch die Fehlerbreite der Testdurchführung bedingt.

Aussagemöglichkeiten

Die Antikörperbildung als eine Antwort des Wirts auf einen Erreger nimmt eine gewisse Reaktionszeit in Anspruch. Antikörper verschwinden nach Bildung wieder, aber mit unterschiedlicher Kinetik – man unterscheidet persistierende und nichtpersistierende Antikörper.

Darüber hinaus können Antikörper adoptiv, z. B. durch Transfusion oder durch passive Immunisierung erworben oder von der Mutter auf den Fetus übertragen worden sein (Leihimmunität). Hieraus folgt, daß eine akute Infektion mit nur einem einmaligen Antikörpernachweis *nicht sicher* diagnostiziert werden kann – Antikörpernachweise sind für die akute Infektionsdiagnostik nicht geeignet, es sei denn, es handelte sich um IgM-AK (s. u.).

Titeranstieg. Die Bildung nachweisbarer Mengen von Antikörpern nimmt bei den meisten Infektionen etwa 8–10 Tage in Anspruch (s. S. 67). Wird eine Serumprobe in der ersten Woche einer Infektion gewonnen, so ist noch keine nachweisbare Menge an Antikörpern vorhanden, obwohl eine Infektion vorliegt. Diese Phase zwischen Infektion und Antikörpernachweisbarkeit heißt *diagnostisches Fenster*; es hat große Bedeutung bei der HIV-Diagnostik, da beispielsweise Blut, das einem HIV-infizierten Spender in der Phase des diagnostischen Fensters entnommen wird, zwar das Virus enthält, und dieses übertragen werden kann, aber die Infektion, also die Übertragungsgefahr, serologisch nicht erkannt werden kann.

Eine Zunahme der Antikörper (Titeranstieg um mindestens das Vierfache = zwei Titerstufen) kann meist nach ca. 10–14 Tagen nachgewiesen werden. Ein Titeranstieg spricht für eine frische, ein Titerabfall für eine abklingende Infektion.

IgM-Antikörper. Bei einer Immunantwort werden zuerst IgM-Antikörper gebildet. Diesen gesellen sich nach einiger Zeit, in der Regel nach 2–3 Wochen, IgG-Antikörper hinzu (Klassenwechsel, s. S. 75 ff.); die IgM-Antikörper verschwinden mit der Zeit. Dies ist von der jeweiligen Infektion abhängig und kann in einzelnen Fällen länger als ein Jahr dauern.

Ein Nachweis erregerspezifischer IgM-Antikörper ist daher ein starker, aber nicht immer ein eindeutiger Hinweis auf eine *akute Infektion* (Neuinfektion, persistierende Infektion oder Reaktivierung).

Eine besondere Bedeutung kommt dem IgM-Nachweis bei der Diagnostik *intrauteriner Infektionen* zu. Aufgrund ihrer Größe können IgM-Antikörper nicht durch die Plazenta auf den Fetus übertreten; alle IgM im fetalen Blut sind daher vom Fetus als Antwort auf seine Infektion gebildet worden.

Titerverlauf. Aus dem zeitlichen Ablauf von Titerbewegungen können prognostische Schlüsse abgeleitet werden. Nichtpersistierende Antikörper verschwinden nach Ausheilen einer Infektion innerhalb eines Zeitraums (z. B. fällt der VDRL-Titer bei Syphilis bei erfolgreicher Therapie innerhalb von sechs Monaten um mindestens drei Stufen ab). Bleiben sie dennoch bestehen, kann dies auf eine ungenügende Therapie oder eine Chronifizierung der Infektion hinweisen. Übertragene oder adoptiv zugeführte Antikörper verschwinden entsprechend ihrer Halbwertzeit. Bleiben über diesen Zeitraum hinaus Antikörper nachweisbar, spricht dies für eine Eigenproduktion (Infektion).

Einflußfaktoren. Der übliche Verlauf der Antikörperkinetik kann durch zahlreiche Einflüsse modifiziert werden. Bei Reinfektionen und rezidivierenden Infektionen (z. B. Chlamydieninfektionen) oder solchen mit langem Verlauf kann häufig kein Titeranstieg und möglicherweise auch keine (neue) IgM-Bildung festgestellt werden. Bei Patienten mit Immundefekten kann die Antikörperbildung gestört sein. Es lassen sich dann trotz der Infektion keine Antikörper nachweisen.

3.2.2 Nachweis erregerspezifischer Antikörper

Der Nachweis erregerspezifischer Antikörper erfolgt mit *bekannten Antigenen*. Diese können durch Präparation aus dem gesuchten Erreger gewonnen oder gentechnisch hergestellt werden. Es kommen einzelne Antigene oder Antigengemische (im Western-Blot aufgetrennt) zum Einsatz.

Die Prinzipien der häufig verwendeten Verfahren sind in Tabelle 3.5 zusammengefaßt.

3.2.3 Nachweis erregerspezifischer T-Zellen

Spezifische T-Zellen können in vitro mittels Proliferationstests oder in vivo mit Intrakutantests nachgewiesen werden.

Zytokinnachweise mittels ELISA liefern heute ebenfalls aussagekräftige Informationen über die T-zell-abhängige Immunantwort.

Proliferationstests

Prinzip. Antigen, antigenpräsentierende Zellen und Lymphozyten werden kokultiviert. Sind erregerspezifische T-Zellen vorhanden, so erkennen sie das präsentierte Antigen und vermehren sich, was anhand des Einbaus von tritiummarkiertem Thymidin in die DNS der proliferierenden Zellen festgestellt werden kann.

Aussage. Sind spezifische T-Zellen vorhanden, hat eine Infektion stattgefunden. Eine Aussage über den Zeitpunkt der Infektion kann nicht getroffen werden, quantitative Angaben sind nicht möglich.

Intrakutantests

Prinzip. Das Antigen wird intrakutan appliziert. Antigenpräsentierende Zellen der Haut verarbeiten und präsentieren das Antigen, das von antigenspezifischen T-Zellen erkannt wird. Diese vermehren sich lokal; es entsteht nach 24–72 h eine Papel (Allergie vom verzögerten Typ, s. S. 126 f.).

Aussage. Sind spezifische T-Zellen vorhanden, hat eine Infektion stattgefunden. Eine Aussage über den Zeitpunkt der Infektion ist nicht möglich.

Anwendung. Die häufigste Anwendung ist die *Tuberkulintestung* im Rahmen der Tuberkulosediagnostik (s. S. 378 ff.).

3.3 Virologische Labordiagnose

Die Besonderheiten der virologischen Diagnostik werden im Abschnitt Allgemeine Virologie (S. 518 ff.) dargestellt.

Tabelle 3.5. Labordiagnostische Verfahren zum Nachweis von Antikörpern mit BEKANNTEN Antigenen

	Präzipitation	lösliches Antigen + löslicher Antikörper (Präzipitation von Antigen-Antikörper-Komplexen im Äquivalenzbereich der Heidelberger-Kurve)
	Agglutination	korpuskuläres Antigen + löslicher Antikörper (aktiv) lösliches Antigen + korpuskulärer Antikörper (passiv) Latexagglutination: Korpuskel = Latex Hämagglutination: Korpuskel = Erythrozyt
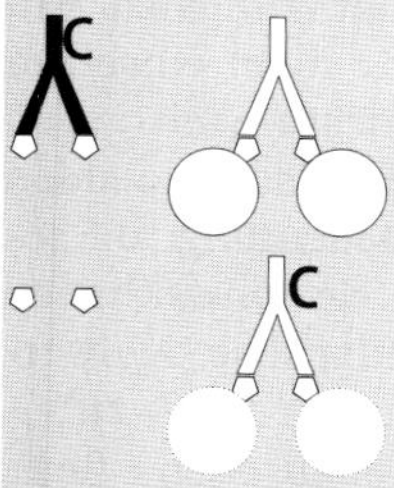	Komplement-Bindungs-Reaktion	lösliches Antigen + löslicher Antikörper → Verbrauch von Komplement Nachweis des Komplementverbrauches durch ein hämolysierendes System (Erythrozyten + Anti-Erythrozyten-Antikörper): Hämolyse bei fehlendem Komplementverbauch
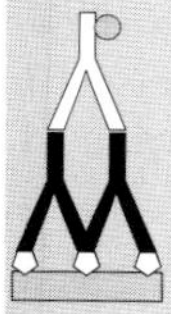	Sandwich-Test	Antigen gebunden an eine feste Phase + gesuchter Antikörper + markierter Anti-Antikörper (anti-human oder klassenspezifisch für IgG, IgM oder IgA) IFT: fluorochrom-markierter Antikörper ELISA: enzym-markierter Antikörper RIA: radioaktiv markierter Antikörper
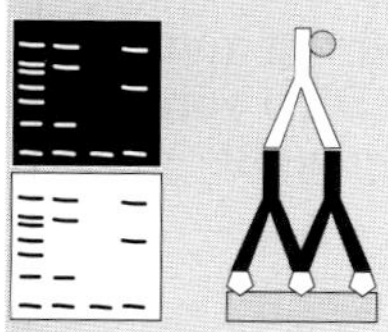	Western-Blot	gelelektrophoretische Auftrennung eines bekannten Antigengemisches und Überführung der Banden auf Nitrozellulose (= Blotten) Zugabe des gesuchten Antikörpers und Nachweis der Antikörperbindung mit dem Sandwichverfahren
	Capture-Test	Anti-Antikörper (anti-human oder klassenspezifisch für IgG, IgM oder IgA), gebunden an einer festen Phase, „fängt" Antikörper (ggf. klassenspezifisch) Spezifitätsnachweis durch Antigenzugabe Nachweis der Antigenbindung mit einem markierten antigenspezifischen Antikörper (anderes Epitop)
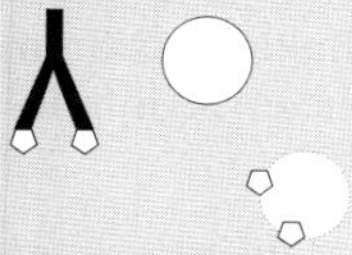	Neutralisations-Test	schädigendes antigenes Agens (Erreger, Toxin) + Zielzelle + neutralisierender Antikörper der neutralisierende Antikörper verhindert die Schädigung (z. B. zytopathische Effekte)
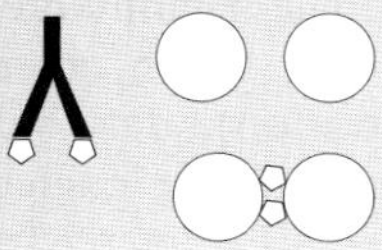	Hämagglutinations-Hemm-Test	antigenes Hämagglutinin + Erythrozyten + Antikörper der Antikörper verhindert die Hämagglutination durch das Antigen

3.4 Mykologische Labordiagnose

Mikroskopie. Aufgrund ihrer Größe können Pilze im Untersuchungsmaterial lichtmikroskopisch erkannt werden; eine Färbung ist nicht unbedingt erforderlich. Das Vorhandensein großer Mengen von Pilzen im Präparat (z. B. von Mund- oder Vaginalschleimhaut) kann auf deren ätiologische Bedeutung hinweisen.

Anzucht und Identifizierung. Der Erregernachweis bei Pilzinfektionen erfolgt hauptsächlich durch Anzucht auf Spezialkulturmedien, z. B. Sabouraud-Dextrose-Agar. Die nachfolgende Differenzierung erfolgt bei Fadenpilzen morphologisch anhand der Fruktifikationsorgane und der Koloniemorphologie, bei den uniformen Sproßpilzen auch durch biochemische Leistungsprüfung.

Antigennachweis. Antigennachweise werden zusätzlich zur Anzucht durchgeführt (Candida, Cryptococcus, Aspergillus).

Nukleinsäurenachweis, Antikörpernachweis. Diese Verfahren spielen zur Zeit nur eine untergeordnete Rolle.

3.5 Parasitologische Labordiagnose

Makroskopie. Da adulte Würmer makroskopisch sichtbar sein können, kann die Identifizierung mit dem bloßen Auge erfolgen.

Mikroskopie. Der Nachweis von Parasiten wird wegen ihres charakteristischen Aufbaus in den meisten Fällen morphologisch – mikroskopisch – geführt. Von herausragender Bedeutung ist hierbei die Giemsa-Färbung (s. S. 892). Wurmeier können mit verschiedenen Verfahren dargestellt werden; das in der Routinediagnostik am häufigsten eingesetzte Verfahren ist die MIF-Anreicherung (MIF: Merthiolat, Jod-Jodkali-Lösung, Formalin).

Nukleinsäurenachweis. Diese Verfahren spielen zur Zeit keine Rolle in der Routinediagnostik.

Antikörpernachweis. Bei einigen Infektionen (Toxoplasmose, Echinokokkose, Amöben-Leberabszeß) haben sich Antikörpernachweise für die Diagnosestellung bewährt.

3.6 Empfindlichkeitsprüfung gegen antimikrobielle Substanzen

3.6.1 Allgemeines

Die Empfindlichkeitsprüfung gegen antimikrobielle Substanzen liefert sowohl Daten für die Behandlung des aktuell erkrankten *Individuums* als auch *epidemiologische* Informationen für die Therapie künftiger Patienten. Sie gibt im individuellen Fall an, welches Antibiotikum der Arzt nicht einsetzen darf (wegen nachgewiesener Unwirksamkeit gegen den Erreger); für die Auswahl des einzusetzenden Mittels hat sie nur hinweisende Bedeutung, da sowohl Pharmakokinetik als auch Nebenwirkungen bedacht werden müssen. Die statistische Auswertung vieler Empfindlichkeitsprüfungen führt zu einer Einschätzung der epidemiologischen Resistenzlage (Resistenzspektren); hieraus und aus der Kenntnis des Wirkspektrums können Hinweise für die kalkulierte Initialtherapie abgeleitet werden (s. S. 828 ff.).

Es ist daher notwendig, daß die Empfindlichkeitsprüfung unter *standardisierten Bedingungen* durchgeführt wird und daß regelmäßig interne und externe Qualitätskontrollen erfolgen. In Deutschland ist diese Standardisierung vom Deutschen Institut für Normung e. V. (DIN) vorgenommen worden (DIN 58940, Beuth Verlag Berlin).

Definitionen

Minimale Hemmkonzentration (MHK). Die minimale Hemmkonzentration ist die niedrigste Konzentration einer antibakteriellen Substanz, die die Vermehrung eines Bakterienstammes unter definierten Bedingungen verhindert.

Minimale bakterizide Konzentration (MBK). Die MBK ist die niedrigste Konzentration einer antibakteriellen Substanz, die einen Bakterienstamm (99,9% der Population unter definierten Bedingungen) abtötet.

Sensibel. Ein Bakterienstamm ist sensibel gegen eine Substanz, wenn deren minimale Hemmkonzentration so gering ist (kleiner oder gleich einer geeignet gewählten Grenzkonzentration), daß bei therapeutisch üblicher Dosierung und geeigneter Indikation am Infektionsort die MHK erreicht

oder überschritten wird und damit ein Therapieerfolg zu erwarten ist.

Intermediär. Ein Bakterienstamm wird als intermediär eingestuft, wenn die MHK des geprüften Chemotherapeutikums in einem Bereich liegt (zwischen 2 Grenzkonzentrationen), für den ohne zusätzliche Berücksichtigung weiterer Kriterien keine Beurteilung hinsichtlich des zu erwartenden Therapieerfolges möglich ist.

Das bedeutet: An leicht zugänglichen Lokalisationen kann der Erreger u.U. bei üblicher Dosierung der Substanz eliminiert werden, an schwer zugänglichen Orten aber u.U. nur mit der zugelassenen Höchstdosierung.

Resistent. Ein Bakterienstamm ist resistent gegen eine Substanz, wenn deren MHK so hoch ist (über einer Grenzkonzentration liegt), daß auch bei Verwendung der zugelassenen Höchstdosierung ein therapeutischer Erfolg nicht zu erwarten ist, d.h. die MHK am Wirkort nicht erreicht wird.

Voraussetzungen und Einflußgrößen

Empfindlichkeitsprüfungen können nur mit *Reinkulturen* sinnvoll durchgeführt werden (s. S. 893).

Das Testergebnis hängt von zahlreichen Parametern ab, die standardisiert sein müssen. Wichtige Einflußgrößen sind das *Kulturmedium,* das *Inokulum* (dünner, nicht konfluierender Rasen) und die *Inkubationsbedingungen* (Dauer: 18 ± 2 h, Temperatur: $36\,^{\circ}$C). Durch regelmäßige interne und externe Qualitätskontrollen (Prüfstämme mit bekannten Ergebnissen, Ringversuche) muß die Einhaltung der Standardbedingungen geprüft werden.

Die Bewertung der Ergebnisse hängt neben den laborinternen Parametern auch von den Dosierungsempfehlungen des Herstellers ab. Diese werden im Rahmen des amtlichen Zulassungsverfahrens festgelegt und sind genormt.

3.6.2 Techniken

Agar- und Bouillonverdünnungstest. Das Antibiotikum wird geometrisch verdünnt; jede Verdünnungsstufe wird mit dem gleichen Inokulum beimpft. Nach der Inkubation wird die Vermehrung anhand der Koloniebildung oder der Trübung bestimmt. Als Ergebnis resultiert die MHK (Abb. 3.14).

Durch Überimpfung der Verdünnungen ohne sichtbares Wachstum auf antibiotikafreie Medien kann die MBK bestimmt werden: Die Verdünnungen, bei denen dann wieder eine Vermehrung erfolgt, haben nicht zur Abtötung ausgereicht (s. Abb. 3.14).

Mikrobouillonverdünnungstest ("Break-point"-Methode). Durch die Festlegung von Konzentrationen, die die Unterscheidungen sensibel, intermediär und resistent erlauben, kann die Verdünnungsreihe erheblich verkürzt werden. Diese Kon-

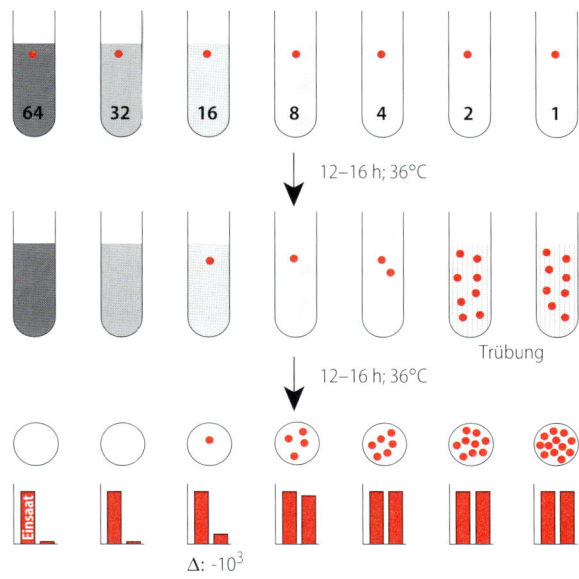

Abb. 3.14. Bestimmung der minimalen Hemm- (MHK) und bakteriziden Konzentration (MBK)

In eine geometrische Verdünnungsreihe des Antibiotikums werden gleiche Bakterienmengen (10^5–10^6/ml) inokuliert. Durch vermehrte Bakterien wird die Bouillon trüb (Schraffur). Die kleinste Konzentration, bei der gerade keine Trübung eintritt, ist die minimale Hemmkonzentration (hier: 4 µg/ml). Durch Überimpfung auf ein antibiotikafreies Medium kann die bakteriostatische von der bakteriziden Wirkung getrennt werden: Abgetötete Bakterien vermehren sich nicht mehr, an der Vermehrung gehinderte, jedoch nicht abgetötete Bakterien können sich wieder vermehren. Die minimale bakterizide Konzentration ist die kleinste Konzentration, bei der eine mindestens tausendfache Reduktion (Faktor 10^3) der Bakterieneinsaat erzielt wird (hier: 16 µg/ml). Die Antibiotikaverdünnungsreihe kann auch in einem bei Gebrauch festen Kulturmedium eingebracht sein (Agardilution); hierbei ist für jede Konzentration eine eigene Agarplatte erforderlich. Der vermehrte Platzbedarf sowie technisch schwierige, quantitative Überimpfungen auf antibiotikafreie Medien sind nachteilig, von Vorteil dagegen ist die Möglichkeit, Bakterien zu testen, deren Vermehrung in flüssigen Medien nicht beurteilt werden kann (z. B. Haemophilus).

zentrationen werden auch als „break-points" bezeichnet. Als Ergebnis resultiert die Einteilung sensibel, intermediär oder resistent (Abb. 3.15).

Agardiffusionstest. Bei diesem routinemäßig am häufigsten zur Anwendung kommenden Test werden antibiotikahaltige Testblättchen auf eine inokulierte Agarplatte aufgebracht. Aus den Blättchen diffundiert das Mittel in den Agar, so daß ein radialer Konzentrationsgradient entsteht. Der

Stamm wird in dem Bereich um das Blättchen, in dem Konzentrationen oberhalb der MHK vorliegen, an der Vermehrung gehindert – es entsteht ein Hemmhof (Abb. 3.16). Gemessen wird der Hemmhofdurchmesser. Eine Beurteilung kann nur dann erfolgen, wenn eine lineare Korrelation zwischen dem Hemmhofdurchmesser und der MHK besteht.

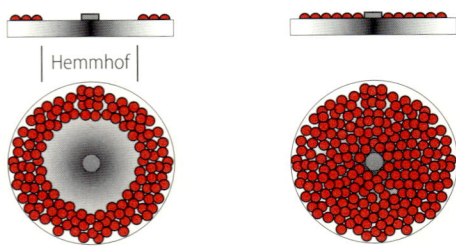

Abb. 3.15. Mikrobouillondilution: Break-point-Testung
Durch die Auswahl einer kleinen Zahl von geeigneten Antibiotikakonzentrationen kann bei reduziertem Raumbedarf eine Zuordnung sensibel – intermediär – resistent erfolgen. Die Durchführung in Mikrotiterplatten erlaubt eine gleichzeitige Testung von über 20 Substanzen – daher ist dieses Verfahren im Routinelabor von großer Bedeutung. Die Festlegung der geeigneten Konzentrationen (break points) ist schwierig; sie erfolgt durch das DIN-Institut.

Abb. 3.16. Agardiffusionstest
Während der Inkubation diffundiert aus einem Blättchen die Testsubstanz in den Agar: Es entsteht ein radialer Konzentrationsgradient. Dieser ist u.a. abhängig von der Zusammensetzung des Mediums, der Umgebungstemperatur und der Beschickungsmenge des Blättchens. Gleichzeitig entstehen Kolonien aus dem aufgeimpften Isolat. Dies wird jedoch gehemmt, wenn die Antibiotikakonzentration (Gradient s.o.) im Agar die MHK des Isolats überschreitet. Es entsteht ein Hemmhof um das Antibiotikumblättchen. Dessen Durchmesser ist abhängig von der MHK des jeweiligen Isolats; eine Zuordnung zu den Beurteilungen sensibel oder resistent ist nur möglich, wenn eine lineare Beziehung zwischen dem Hemmhofdurchmesser und der MHK besteht.

3.7 Treffsicherheit diagnostischer Tests

Aus dem positiven oder negativen Ausfall eines Tests kann nicht mit 100%iger Sicherheit auf das Vorliegen oder Nichtvorliegen einer Infektion geschlossen werden. Falsche Testergebnisse können durch Fehler bei der Materialgewinnung (falsches Material, falscher Entnahmezeitpunkt), ungeeignete Transportbedingungen (zu lange, zu warm/zu kalt), und schlechte Testsysteme (zu geringe Sensitivität und Spezifität, s.u.) bedingt sein.

Um die Aussagefähigkeit eines Tests zu beschreiben, stehen vier mathematische Größen zur Verfügung (Abb. 3.17), die im folgenden erläutert werden.

Sensitivität. Dieser Ausdruck bezeichnet die Wahrscheinlichkeit, mit der ein diagnostisches Verfahren bei einem Infizierten positiv ausfällt. Aus dem Zusammenhang Sensitivität + falsch-negative Testergebnisse = 1 ergibt sich, daß die Sensitivität sinkt, je mehr falsch-negative Ergebnisse entstehen (z.B. durch die Wahl hoher „cut-off"-Werte).

Spezifität. Dieser Ausdruck bezeichnet die Wahrscheinlichkeit, mit der ein diagnostisches Verfahren bei einem Nichtinfizierten negativ ausfällt. Aus dem Zusammenhang Spezifität + falsch-positive Testergebnisse = 1 ergibt sich, daß die Spezifität sinkt, je mehr falsch-positive Ergebnisse entstehen (z.B. durch die Wahl niedriger „cut-off-Werte"). Sensitivität und Spezifität sind testinterne Charakteristika.

Positiver Voraussagewert („positive predictive value": PPV). Dieser Begriff bezeichnet die Wahrscheinlichkeit, mit der ein positiver Testausfall das Vorliegen einer Infektion anzeigt.

Negativer Voraussagewert. Dieser Begriff bezeichnet die Wahrscheinlichkeit, mit der ein nega-

XV

Krankheit

ja   nein

$$\text{Spezifität} = \frac{D}{D + B}$$

$$\text{Sensitivität} = \frac{A}{A + C}$$

$$\text{Prävalenz} = \frac{A + C}{A + B + C + D}$$

$$\text{Falsch-positiv-Rate} = \frac{B}{D + B}$$

$$\text{Positiver Vorhersagewert} = \frac{A}{A + B}$$

$$\text{Falsch-negativ-Rate} = \frac{C}{A + C}$$

$$\text{Negativer Vorhersagewert} = \frac{D}{D + C}$$

T e s t

$+$ A   B

$-$ C   D

Spezifität + Falsch-Positiv-Rate = 1

Sensitivität + Falsch-Negativ-Rate = 1

Die Vorhersagewerte hängen entscheidend von der Prävalenz der Krankheit ab. Bei sinkender Prävalenz sinkt der positive Vorhersagewert, der negative Vorhersagewert nimmt zu. Bei steigender Prävalenz verhalten sich die Werte umgekehrt.

Große *Sensitivitäts*unterschiede haben nur geringe Änderungen des positiven Vorhersagewerts zur Folge, große *Spezifitäts*unterschiede verändern diesen stark: je geringer die Spezifität (durch niedrige cut-off-Werte) desto geringer der diagnostische Wert des Tests.

Je mehr falsch-positive Ergebnisse, desto geringer die Spezifität; je mehr falsch-negative Ergebnisse, desto geringer die Sensitivität. Niedrige cut-off-Werte führen zu mehr falsch-positiven, hohe zu mehr falsch-negativen Ergebnissen.

	Krankheit	
	ja	nein
Test +	10	5
Test −	0	99985

Spezifität: 99.995%
Sensitivität: 100%
Prävalenz: 0,01%

PPV: 66,67%

	Krankheit	
	ja	nein
Test +	50000	3
Test −	0	49997

Spezifität: 99.995%
Sensitivität: 100%
Prävalenz: 50%

PPV: 99,99%

	Krankheit	
	ja	nein
Test +	10	5
Test −	0	99985

Spezifität: 99.995%
Sensitivität: 100%
Prävalenz: 0,01%

PPV: 66,67%

	Krankheit	
	ja	nein
Test +	9	5
Test −	1	99985

Spezifität: 99.995%
Sensitivität: 90%
Prävalenz: 0,01%

PPV: 64,29%

	Krankheit	
	ja	nein
Test +	10	5
Test −	0	99985

Spezifität: 99.995%
Sensitivität: 1C0%
Prävalenz: 0,01%

PPV: 66,67%

	Krankheit	
	ja	nein
Test +	10	90
Test −	0	99900

Spezifität: 99.90%
Sensitivität: 100%
Prävalenz: 0,01%

PPV: 10%

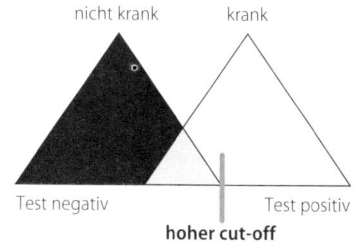

hoher cut-off

viele falsch negative (grau) –
niedrige Sensitivität – hohe Spezifität

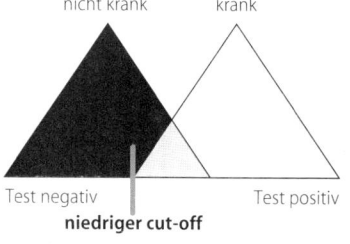

niedriger cut-off

viele falsch positive (grau) –
niedrige Spezifität – hohe Sensitivität

Abb. 3.17. Beschreibung und Bewertung von Labortests. Charakterisierende Größen und deren Zusammenhang (cut-off = Grenze zwischen positivem und negativem Testausfall: Dieser wird vom Benutzer durch Vergleich der Testmeßwerte bei Kranken und einer gesunden Kontrollgruppe festgelegt)

tiver Testausfall das Nicht-Vorliegen einer Infektion anzeigt. Für den klinisch tätigen Arzt sind die Vorhersagewerte von entscheidender Bedeutung, da sie ihm sagen, wie wahrscheinlich eine Infektion anhand des Testergebnisses vorliegt oder ausgeschlossen werden kann.

Die Voraussagewerte hängen neben der Sensitivität und Spezifität des Tests in entscheidendem Maße von der Prävalenz der Infektion ab (s. Abb. 3.17).

Große Differenzen in der Sensitivität haben nur geringe Änderungen des PPV zur Folge, hingegen führen große Spezifitätsunterschiede zu erheblichen Unterschieden des PPV. Umgekehrt führen Differenzen in der Sensitivität zu Unterschieden des negativen Vorhersagewerts. Je geringer die Spezifität (bedingt durch mehr falsch-positive Ergebnisse aufgrund niedriger „cut-off"-Werte), desto geringer der diagnostische Wert des Tests.

Syndrome

EINLEITUNG

Als Sepsis (Septikämie) werden laut H. Schottmüller (Internist, 1867–1937) Krankheitszustände bezeichnet, bei denen aus einem Herd („septischer Herd") konstant oder periodisch Mikroorganismen in die Blutbahn eindringen („septische Generalisation") und dabei klinische Krankheitserscheinungen hervorrufen. Durch Streuung der Sepsiserreger in andere Körperregionen entstehen neue Herde („septische Metastasen"). Die Krankheit besteht also aus der „Trias": Herd – Generalisation – Metastasen (Abb. 1.1). Der Begriff Sepsis wird für Infektionen durch Bakterien oder Pilze verwendet, während beim Auftreten von Viren, Protozoen und Würmern in der Blutbahn von Virämie bzw. Parasitämie gesprochen wird. Auch der Begriff Fungämie für das Vorkommen von Pilzen in der Blutbahn ist üblich. Eine passagere Einschwemmung von Bakterien in die Blutbahn ohne klinische Symptome heißt Bakteriämie.

1.1 Einteilung

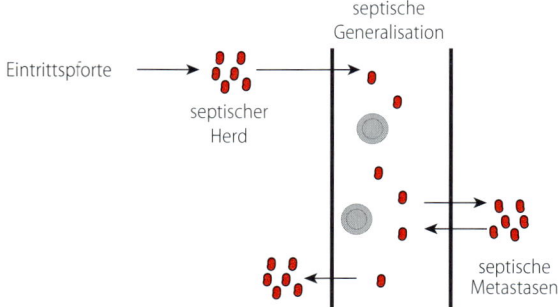

Abb. 1.1. Klassische Sepsis: Herd – Generalisation – Metastasen

Klassische Sepsis. Sie stellt die hämatogene Generalisation einer Lokalinfektion dar. Typische Erreger sind pyogene Kokken und aerobe gram-negative Stäbchen.

Septisches Syndrom. Auf Intensivstationen werden häufig schwere Infektionszustände beobachtet, die alle klinischen Symptome der Sepsis aufweisen, ohne daß ein Erregernachweis in der Blutkultur gelingt. Pathogenetisch liegt diesen Zuständen eine Einschwemmung mikrobieller Toxine in die Blutbahn aus Lokalinfektionsherden zugrunde. Da der Begriff „Sepsis" für Krankheitsbilder mit positiver Blutkultur reserviert ist, wird von einem „septischen Syndrom" gesprochen.

SIRS. Als *„systemic inflammatory response syndrome"* (SIRS) werden im angloamerikanischen Sprachraum alle klinischen Zustände zusammengefaßt, die mit Fieber, Tachykardie, Tachypnoe und Erhöhung laborchemischer Entzündungsparameter einhergehen. Unter dieser Symptomenkonstellation verbergen sich jedoch sehr unterschiedliche, auch nicht mikrobiell verursachte Krankheitsbilder wie z.B. eine akute Pankreatitis, ein Polytrauma oder eine schwere Verbrennung. SIRS ist somit keine Diagnose, sondern die Beschreibung eines klinischen Zustandsbildes, dessen Ursache erst aufgeklärt werden muß.

Septischer Schock. Der septische Schock stellt die schwerste, durch zunächst reversible, später irreversible pathophysiologische Störungen gekennzeichnete Komplikation einer Sepsis dar. In einem hohen Prozentsatz der Fälle verläuft das Schockgeschehen trotz aller Therapiemaßnahmen progredient, um schließlich in ein Nieren-, Lungen- oder Multiorganversagen zu münden. Die Letalität des septischen Schocks liegt bei 70%.

1.2 Epidemiologie

Derzeit wird bei ca. 8 von 1000 Krankenhausaufnahmen die Diagnose Sepsis gestellt. 50–70% dieser Fälle sind nosokomial entstanden. Auf Allgemeinstationen beträgt das Risiko einer nosokomialen Sepsis ca. 0,5%, auf Intensivstationen ca. 2,5%. Mehr als 50% der Sepsisfälle betreffen über 60jährige Patienten. Die Letalität der Sepsis liegt bei etwa 25%.

1.3 Erregerspektrum

Das Keimspektrum aller Sepsisfälle einer Universitätsklinik ist in Tabelle 1.1 wiedergegeben. Grampositive und gramnegative Erreger finden sich mit etwa gleicher Häufigkeit. Das Spektrum variiert in Abhängigkeit von der Eintrittspforte bzw. der zugrundeliegenden Lokalinfektion (Tabelle 1.2).

Eine besondere Situation besteht bei Patienten mit Immundefekten. Da die Abwehr bekapselter Bakterien ein Zusammenwirken von Antikörpern und Komplement voraussetzt, treten Sepsisfälle durch bekapselte Kokken und Stäbchen vorwiegend bei primärem und sekundärem Antikörpermangel auf. Umgekehrt dominiert bei zellulären Immundefekten (Lymphom, AIDS) die Sepsis durch gewisse fakultativ intrazelluläre Erreger (Tabelle 1.3).

Tabelle 1.1. Sepsis: Erregerspektrum (nach Geerdes et al., 1992)

grampositiv	%	gramnegativ	%
Staphylococcus aureus	17,4	Escherichia coli	24,2
Koag.-neg. Staphylokokken	9,5	Klebsiellen	5,1
Enterokokken	7,1	Enterobacter	3,8
Viridans-Streptokokken	5,9	Pseudomonas aeruginosa	3,8
Streptococcus pneumoniae	4,6	Bacteroides fragilis	0,9
andere Streptokokken	3,9	andere	10,0
andere	1,8		
gesamt	49,8	gesamt	46,9

Pilze finden sich in 3,3% der Fälle

Tabelle 1.2. Sepsis: Erregerspektrum nach Sepsisform

Sepsisform	Erreger
Urosepsis	Escherichia coli andere Enterobakterien selten: Pseudomonas-Arten
Venenkathetersepsis	Staphylococcus aureus Koagulase-negative Staphylokokken (Candida)
Postoperative Wundsepsis	Staphylococcus aureus pyogene Streptokokken Enterobakterien
Cholangitische Sepsis	Escherichia coli andere Enterobakterien Enterokokken Anaerobier (Bacteroides, Kokken)
Puerperalsepsis Septischer Abort	Pyogene Streptokokken Staphylococcus aureus Enterobakterien Anaerobier
Sepsis bei Pneumonie Sepsis bei Lungenabszeß	Streptococcus pneumoniae Klebsiellen Anaerobier Staphylococcus aureus (Nocardien: bei Immunsuppression)
Enterogene Sepsis	Salmonellen Campylobacter Yersinien Aeromonas hydrophila

Tabelle 1.3. Sepsis: Erregerspektrum bei Abwehrschwäche

Abwehrdefekt	Erreger
Antikörpermangel Komplementdefekt	Streptococcus pneumoniae Neisseria meningitidis } Kapsel Haemophilus influenzae
Leukozytopenie (z. B. Zytostatikatherapie)	Staphylococcus aureus Pseudomonas aeruginosa Enterobakterien Pilze
Lymphome Kortikoid-Therapie	Listeria monocytogenes Pilze (bes. Candida) Nocardien
AIDS	Salmonellen Mykobakterien Staphylococcus aureus

1.4 Pathogenese

Endotoxin. Der Schockzustand ist das Resultat einer Entgleisung biologischer Abwehrreaktionen, die durch bakterielle Zellwandbestandteile [v. a. das Endotoxin gramnegativer Bakterien] in Gang gesetzt werden. Durch den Lipid-A-Anteil von Endotoxin lassen sich im Tierexperiment nahezu alle Symptome des septischen Schocks hervorrufen (Abb. 1.2).

Makrophagen und Zytokine. Im Mittelpunkt der Wirtsreaktion steht der Blutmonozyt bzw. der Gewebsmakrophage, der nach Stimulation vasoaktive und proinflammatorische Zytokine freisetzt (Abb. 1.2, s. a. S. 29 ff.). Voraussetzung hierfür ist die Bindung des LPS an die Makrophagenoberfläche über einen Serumfaktor, das lipopolysaccharidbindende Protein LBP (s. a. Abb. 3.18, S. 32). Der Tumor-Nekrose-Faktor-α (TNF-α) sowie Interleukin-1 (IL-1) spielen die Hauptrolle (s. a. Abb. 3.26, S. 36); ihre Wirkung wird durch gleichzeitige Freisetzung von Interferon-γ (IFN-γ) und Interleukin-6 (IL-6) verstärkt.

TNF-α und IL-6 wirken synergistisch und rufen Fieber, Blutdruckabfall, eine T- und B-Zellaktivierung sowie eine vermehrte Expression von Adhäsionsmolekülen an Endothelzellen hervor.

Die Ausschüttung von TNF-α, IL-1 und IFN-γ führt unter Mitbeteiligung des Platelet Activating Factors (PAF) zu einer gesteigerten Expression der NO-Synthasen in endothelialen und mononukleären Zellen. Die Produktion von Stickoxid (NO) hat positive Effekte wie beispielsweise Vasodilatation, Verhinderung der Thrombozytenaggregation und Leukozytenadhäsion sowie Verbesserung der Mikrozirkulation. Darüber hinaus hat NO eine direkte bakterizide Wirkung. Eine NO-Überproduktion führt zum hypodynamen septischen Schock, Myokarddysfunktion, Organschädigung und in letzter Konsequenz zum multiplen Organversagen (MODS). Die Bedeutung von NO für die Prognose des Patienten im septischen Schock ist nicht endgültig geklärt.

IL-12, IL-2 und IFN-γ sind wichtig für die Generierung einer Zell-vermittelten Immunantwort. Die Hauptquelle für IL-12 scheinen primär Makrophagen und natürliche Killerzellen (NK) zu sein. IFN-γ kommt von einer Reihe verschiedener Zellen, vorrangig NKs und T$\gamma\delta$-Zellen. Die genannten Zytokine verstärken wiederum die Produktion von TNF-α, IL-1- und IL-16 in Makrophagen und unterstützen so die breite Wirtsreaktion gegen den eindringenden Organismus.

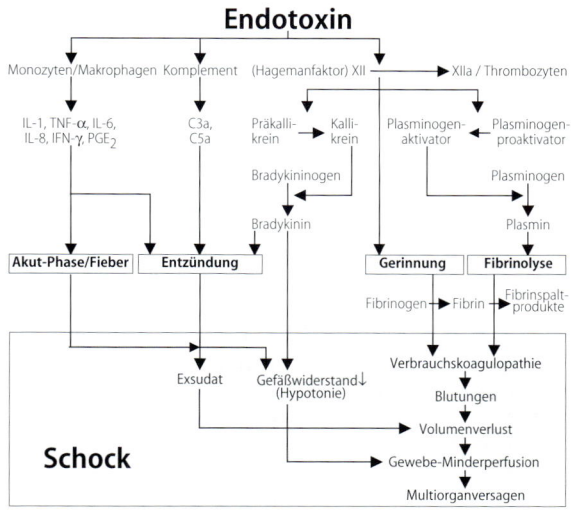

Abb. 1.2. Septischer Schock: Wirkungen von Endotoxin (LPS: Lipid A)

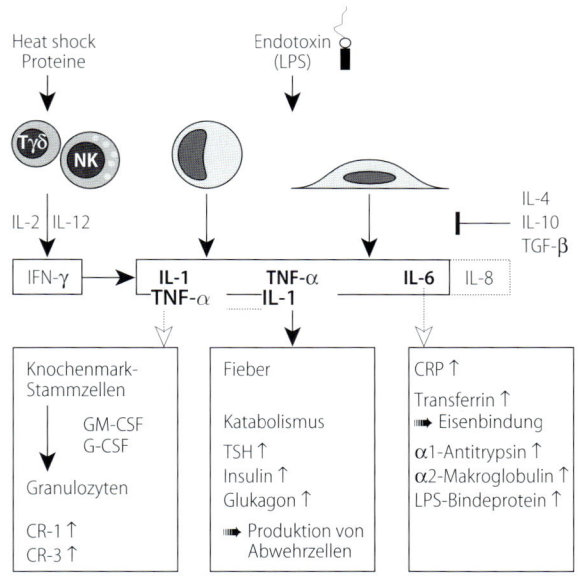

Abb. 1.3. Septischer Schock: Akut-Phase-Reaktion

Komplement. Die Aktivierung von Komplement durch Lipid A führt zu C3a und C5a, die über eine Freisetzung von Histamin aus Gewebsmastzellen Permeabilitätsstörungen in der Gefäßperipherie hervorrufen. Folge ist ein Flüssigkeitsverlust ins Interstitium. C5a aktiviert darüber hinaus neutrophile Granulozyten, die u. a. den plättchenaktivierenden Faktor (PAF) freisetzen. Neben seiner namensgebenden Wirkung induziert PAF die Aggregation und Margination von Leukozyten im Gefäßbett.

Arachidonsäure-Metaboliten. Unter Lipid-A-Einfluß wird Arachidonsäure aus membranständigen Phospholipiden zahlreicher Zellsysteme (u.a. Leukozyten, Pulmonalendothelien) abgespalten und über verschiedene enzymatische Reaktionen zu Leukotrienen und vasoaktiven Prostaglandinen metabolisiert. Eines der entstehenden Produkte ist die stark vasokonstriktorisch wirkende Substanz Thromboxan A_2, die gleichzeitig plättchenaktivierende Eigenschaften besitzt. Ihre Freisetzung in der pulmonalen Strombahn scheint bei der Entwicklung der Sepsislunge („adult respiratory distress syndrome", ARDS) eine wesentliche Rolle zu spielen.

Gerinnungssystem. Einer der am längsten bekannten biologischen Effekte von Lipid A ist die Aktivierung des Gerinnungssystems. Bei überschießender, unkontrollierter Gerinnung kommt es zum Verbrauch von Plättchen und humoralen Gerinnungsfaktoren mit der Folge diffuser Blutungen in Haut und innere Organe („Verbrauchskoagulopathie"). Meist ist auch das Fibrinolysesystem aktiviert (s. Abb. 1.2). Klassisches Beispiel einer durch gramnegative Bakterien induzierten Verbrauchskoagulopathie mit konsekutivem Schock und Einblutung in die Nebennieren ist das Waterhouse-Friderichsen-Syndrom (s. S. 244 ff.).

1.5 Klinik

Typische klinische Symptome der Sepsis sind unregelmäßiges, schubweises Fieber, Schüttelfrost, Hyperventilation, Blutdruckabfall, Tachykardie, Bewußtseinsstörung und Verwirrtheit.

Bei längerem Sepsisverlauf kann eine Splenomegalie auftreten. Abszedierende septische Organmetastasen sprechen für eine Staphylokokkensepsis. Kleine, millimetergroße Hautmetastasen (Osler-Knötchen) sowie Streuherde am Augenhintergrund entwickeln sich besonders häufig bei subakuter bakterieller Endokarditis durch Viridans-Streptokokken.

1.6 Mikrobiologische Diagnostik

Der Schwerpunkt der Sepsisdiagnose ist der Erregernachweis aus dem Blut und aus dem Sepsisherd (Abb. 1.4).

1.6.1 Untersuchungsmaterial

Sofern es der klinische Zustand zuläßt, sollten – vor Einleitung einer antibiotischen Therapie(!) –

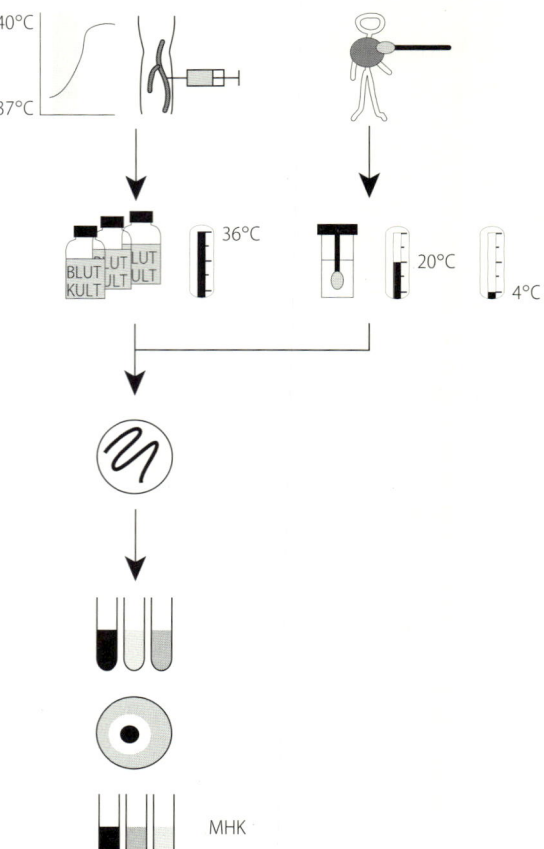

Abb. 1.4. Mikrobiologische Diagnostik bei Sepsis

2–3 Blutkulturen in mehrstündigem Abstand entnommen werden. Obwohl die Wahrscheinlichkeit des Erregernachweises zum Zeitpunkt des Fieberanstieges am größten ist, sollte die Abnahme von Blutkulturen durch das Warten auf einen neuen Fieberschub keinesfalls verzögert werden; ggf. kann in kurzem Abstand an verschiedenen Stellen abgenommen werden. Die Entnahme erfolgt durch aseptische Venenpunktion nach sorgfältiger Hautdesinfektion zweimal mit 70% Alkohollösung. Abgenommen werden in der Regel 10–15 ml Blut in je eine vorgewärmte Flasche zur aeroben bzw. anaeroben Bebrütung.

Bei antibiotisch vorbehandelten Patienten verbessert sich der Erregernachweis, wenn der Abnahme der Blutkultur eine 48stündige Therapiepause vorangeht.

Sofern ein Sepsisherd identifiziert wurde, sollte von diesem Material gewonnen und zur mikrobio-

logischen Untersuchung eingesandt werden (z. B. Abszeßpunktat, Mittelstrahlurin, Trachealsekret, Gelenkpunktat).

Lagerung, Transport. Die beimpften Blutkulturflaschen sollen bis zum Transport ins Labor in einem Brutschrank bei 36 °C aufbewahrt werden. Der Transport ins Labor sollte spätestens am folgenden Tag in einem Wärmebehälter erfolgen. Eine Aufbewahrung im Kühlschrank ist unbedingt zu vermeiden, da sie den Nachweis temperaturempfindlicher Bakterien, z. B. Meningokokken, behindert.

Bei Materialien aus einem Herd richten sich die Lagerungs- und Transportbedingungen nach dem Entnahmeort. Als Leitlinie kann gelten, daß alle Materialien, die über Schleimhäute gewonnen werden (Respirationstraktsekret, Mittelstrahlurin), kühl, Proben aus normalerweise sterilen Körperhöhlen in einer Blutkulturflasche bei 36 °C, die zugehörige Nativprobe zur Mikroskopie kühl gelagert und transportiert werden.

1.6.2 Vorgehen im Labor

Eine mikroskopische Untersuchung der Blutkulturbouillon ist frühestens nach achtstündiger Bebrütung sinnvoll. Abhängig vom verwendeten System erfolgt in bestimmten Intervallen eine Sub- oder Kokultivierung auf festen Kulturmedien. Die Gesamtbebrütungsdauer beträgt üblicherweise sieben Tage und kann zum Nachweis langsam wachsender Erreger bei entsprechendem klinischen Verdacht entsprechend verlängert werden.

1.7 Therapie

Antibiotikatherapie. Unmittelbar nach Abnahme der Blutkulturen sollte mit einer hochdosierten parenteralen Antibiotikatherapie mit bakteriziden Antibiotika begonnen werden. Diese kalkulierte Initialtherapie sollte einerseits den Herd (s. Tabelle 1.2) berücksichtigen, zum anderen jedoch ein

möglichst breites Erregerspektrum erfassen. In der Regel wird zunächst ein breit wirksames Cephalosporin der 3. Generation, z. B. Ceftriaxon, eingesetzt, ggf. mit einem Aminoglykosid bei Pseudomonasverdacht kombiniert. Weitere Möglichkeiten sind: Tazobactam plus Piperacillin, ein Carbapenem oder ein hochdosiertes intravenöses Fluorochinolon.

Nach Eintreffen des bakteriologischen Ergebnisses einschließlich Antibiogramm kann die Therapie gezielt fortgeführt werden.

Herdsanierung. Ein Sepsisherd muß umgehend saniert werden. Intraabdominelle Abszesse lassen sich unter sonographischer Sicht durch Punktion drainieren. Bei pulmonalen Abszessen kann eine alleinige Antibiotika-Therapie versucht werden. Pleuraempyeme werden durch Bülau-Drainage, Gallenblasenempyeme durch Cholezystektomie saniert. Sofern Fremdkörper (Venenkatheter, Ventrikeldrainagen) die Sepsis unterhalten, müssen diese entfernt, Abflußbehinderungen der Harn- und Gallenwege endoskopisch oder operativ behoben werden.

Therapie des septischen Schocks. Neben der üblichen intensivmedizinisch-supportiven Therapie werden vielfach intravenös applizierbare Immunglobulinpräparate eingesetzt, deren therapeutischer Wert jedoch umstritten ist. Der routinemäßige Einsatz von Kortikosteroiden ist abzulehnen. Bei Verbrauchskoagulopathie wird Heparin in niedriger Dosierung als Dauerinfusion verordnet. Möglicherweise kann in Zukunft durch Einsatz spezifischer Zytokinantagonisten eine Unterbrechung der zum Multiorganversagen führenden Reaktionskaskade erreicht werden.

1.8 Prophylaxe

Im ambulanten Bereich läßt sich die Entstehung durch frühzeitige Erkennung und Sanierung von Lokalinfektionen verhindern. Im Krankenhaus senken alle Maßnahmen zur Reduktion nosokomialer Infektionen gleichzeitig auch die Sepsisinzidenz.

ZUSAMMENFASSUNG: Sepsis

Definition. Krankheitszustände, bei denen aus einem Herd („septischer Herd") konstant oder periodisch Mikroorganismen in die Blutbahn eindringen („septische Generalisation") und dabei klinische Krankheitserscheinungen hervorrufen. Durch Streuung der Erreger in andere Körperregionen entstehen neue Herde („septische Metastasen").

Erregerspektrum. Abhängig vom Ausgangsherd. *Häufigste bakterielle Erreger:* S. aureus und E. coli; *bei Endoplastitis:* S. epidermidis und Candida.

Diagnosesicherung. Erregeranzucht aus Blut, Herd und Metastasen. *Blutkulturen:* Gewinnung möglichst früh im Fieberanstieg unter aseptischen Kautelen (zwei vor Beginn der Chemotherapie, danach jeweils am Ende des Dosierungsintervalls mindestens drei Proben).

Chemotherapie. Kalkuliert: Drittgenerationscephalosporin ggf. mit Aminoglykosid, Carbapenem oder i.v. Fluorochinolon.

EINLEITUNG

Die bakterielle Endokarditis ist eine Sepsis-Sonderform, die unbehandelt immer tödlich verläuft. Den Sepsisherd bilden bakteriell besiedelte ulzerös-polypöse Veränderungen der Herzklappen, seltener auch anderer Regionen des Endokards. Von diesen werden Bakterien abgeschwemmt und generalisieren hämatogen, wobei sie sich in verschiedenen Körperregionen ansiedeln.

2.1 Einteilung

Nach ihrem Verlauf unterscheidet man *akute* und *subakute Endokarditiden*, letztere auch als Endocarditis lenta bezeichnet.

2.2 Epidemiologie

Die Häufigkeit der mikrobiellen Endokarditis beträgt etwa ein Fall auf 1000 internistische Krankenhausaufnahmen. Während der letzten Jahre fand eine Verschiebung des Durchschnittsalters um 10–15 Jahre nach oben statt. Am häufigsten sind die Mitralklappen (weibliches Geschlecht bevorzugt), die Aortenklappen (männliches Geschlecht bevorzugt) und Mitral-Aortenvitien befallen. Eine Rechtsherzendokarditis entsteht bevorzugt nach i.v.-Injektion kontaminierter Drogen. Trotz des Rückgangs rheumatischer Vitien als wichtigstem Dispositionsfaktor hat die Gesamthäufigkeit nicht abgenommen. Dafür werden kontaminierte Venenkatheter, Herzschrittmacher, Dialyseshunts und andere Fremdkörper verantwortlich gemacht, die zum Ausgangspunkt für eine nosokomiale bakterielle Endokarditis werden können. Zunehmende Bedeutung erlangen auch die Endokarditiden nach Herzklappenersatzoperationen.

2.3 Erregerspektrum

Nahezu alle pathogenen Bakterienarten einschließlich Rickettsien und Chlamydien sowie Sproßpilze sind als Endokarditiserreger nachgewiesen worden. Streptokokken der Viridansgruppe und nichthämolysierende Streptokokken (zusammen 65–85% der Fälle) sowie Enterokokken (in 5–15%) herrschen bei der subakuten Endokarditis vor. S. aureus (in 5–15%), Enterobakterien (in 2–6%) sowie selten auch Pneumokokken und β-hämolysierende Streptokokken werden vorwiegend bei der akuten Endokarditis angetroffen.

Die Endokarditis nach Herzklappenersatz wird v. a. von S. epidermidis verursacht.

Seltene Endokarditiserreger sind z.B. Hämophile, Brucellen, Gonokokken, Bacteroidesarten, Pseudomonas-Arten, bestimmte Korynebakterien und Erysipelothrix rhusiopathiae sowie die in der HACEK-Gruppe zusammengefaßten Erreger (s. S. 452).

Von einer „abakteriämischen" (= kulturell negativen) Form sollte erst nach mehreren negativen Blutkulturen gesprochen werden. Ursachen können L-Formen, defekte Keime (z.B. Satellitenstreptokokken), Anaerobier (bei fehlender Anaerobiertechnik) oder Coxiellen sein.

2.4 Pathogenese

Die Erreger gelangen im Rahmen passagerer Bakteriämien, z.B. bei Zahnextraktionen, urologischen

Eingriffen, Endoskopien, Entbindungen, Pneumonien oder septischen Prozessen zum Endokard und bleiben dort haften. Die Besonderheit der bakteriellen Endokarditis liegt in einer „lokalen Agranulozytose". Die rasche Verdünnung chemotaktischer Substanzen durch den ständigen Kontakt mit dem Blutstrom verhindert eine Neutrophilen-Immigration, wie sie bei anderen Lokalinfektionen regelmäßig auftritt. Damit entfällt die Chance einer Selbstheilung.

Endocarditis lenta. Die subakute bakterielle Endokarditis entwickelt sich meist an Endokardvorschädigungen, z. B. durch rheumatische Endokarditis, bei angeborenen Vitien, Zustand nach Herzklappenersatz-Operation, degenerativen Endokardläsionen oder dem Mitralklappenprolaps-Syndrom. An der Vorschädigung bilden sich sterile Fibrin-Thromben, die bei einer Bakteriämie von Bakteri-

en besiedelt werden können: Es entsteht eine *Vegetation*. Teile dieser Vegetation können mit dem Blut verschleppt werden. In den Gefäßen wirken sie als Embolus und führen zum Infarkt: Bei einer Aortenklappen-Endokarditis werden die Vegetationen meist in das Endstromgebiet der A. cerebri media verschleppt, so daß es zu Hirninfarkten kommt, teils auch in Form von transitorischen ischämischen Attacken mit vorübergehenden neurologischen Ausfällen.

Akute Endokarditis. Diese kann sich auch an vorher intaktem Endokard ausbilden. Gefährlich ist bei dieser Form eine rasche Zerstörung der Herzklappe. Des weiteren werden die Erreger von der Herzklappe hämatogen gestreut, also septisch metastasiert (s. Sepsis, S. 915 ff.).

Rheumatische Endokarditis. Die rheumatische Endokarditis als immunologisch bedingte A-Streptokokken-Nachkrankheit muß streng von der bakteriellen Endokarditis abgetrennt werden: Die rheumatisch bedingte Klappenschädigung stellt lediglich eine Disposition für eine bakterielle Endokarditis dar.

2.5 Klinik

Die subakute Endokarditis entwickelt sich allmählich und ist oft zunächst nur als „Leistungsknick" erkennbar, während die akute Endokarditis ein rasch progredientes Krankheitsbild ist, das binnen weniger Tage zu Herzinsuffizienz, Nierenversagen und zerebralem Koma führen kann.

Eine eigene Entität stellt die Endokarditis nach Herzklappenersatz dar. Frühformen treten bis zum 60. Tag nach Operation, Spätformen danach auf.

Grundsätzlich muß jedes unklare Fieber bei gleichzeitig bestehenden Herzgeräuschen an eine bakterielle Endokarditis denken lassen. Die Diagnose kann bei uncharakteristischem Verlauf schwierig bis unmöglich sein.

Typisch sind septisch-intermittierende Temperaturen oder zumindest subfebrile Temperaturen bei vorbestehenden Herzgeräuschen. Bei der akuten Endokarditis treten diese evtl. neu auf oder ändern rasch ihren Charakter. Eine septische Milzschwellung kann vorhanden sein. Oslersche Knötchen, linsengroße, schmerzhafte Hautveränderungen, entstehen durch allergische Kapillaritis. Bei

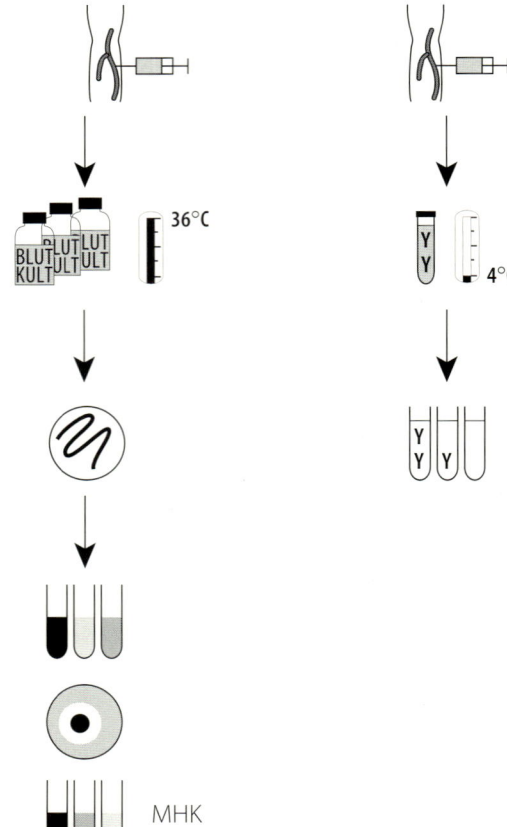

Abb. 2.1. Mikrobiologische Diagnostik bei Endokarditis

der subakuten Form treten in etwa 50% der Fälle Trommelschlegelfinger und Uhrglasnägel auf. Komplikationen sind Herzinsuffizienz infolge Klappenzerstörung oder -perforation, septische Metastasen und Embolien einschließlich Hirnembolien mit Hemiparesen. Die Symptome und Komplikationen der bakteriellen Endokarditis sind in Tabelle 2.1 zusammengefaßt.

Einige *Laborparameter* weisen bei Endokarditis Veränderungen auf:

Die Blutkörperchensenkungsgeschwindigkeit (BSG) ist fast immer beschleunigt: Eine normale BSG schließt eine Endokarditis nahezu aus (Ausnahme: Polyglobulie bei zyanotischen Vitien). Entzündungsparameter wie Leukozytose mit Linksverschiebung, Infektsideropenie mit nachfolgender Infektanämie, C-reaktives Protein und Vermehrung der α-2-Globuline in der Elektrophorese sind meist nachweisbar. Immunkomplexe verursachen oft positive Reaktionen des Rheumafaktortests. Urinbefunde im Sinne der Löhleinschen Herdnephritis sind Mikrohämaturie, geringe Proteinurie und gelegentlich auch Zylindrurie.

Große Bedeutung hat die Echokardiographie (auch transösophageal) zum Nachweis von mikrobiellen Vegetationen oder von Klappenperforationen erlangt.

Tabelle 2.1. Klinik der bakteriellen Endokarditis

Symptome
Fieber, Herzgeräusche (Änderungen beachten!)
Milzschwellung
Osler-Knötchen
Janeway-Läsionen
Entzündungsparameter
Immunkomplexe
Mikrohämaturie und Proteinurie
Vegetationen im Echokardiogramm

Komplikationen
Fortschreitende Herzinsuffizienz durch Klappenzerstörung
akute Herzinsuffizienz bei Klappenperforation
septische Metastasen
Embolien, inkl. Hirnembolien mit Hemiparesen oder zerebralem Koma
Nierenversagen (sekundär zur Herzinsuffizienz)

2.6 Mikrobiologische Diagnostik

2.6.1 Untersuchungsmaterial

Blutkulturen. Schon der Verdacht auf eine bakterielle Endokarditis macht die Anlage von 3–5 Blutkulturen in 4–6-stündigem Intervall erforderlich (Abb. 2.1). Bei bakterieller Endokarditis besteht eine Dauerbakteriämie. Die Abnahme der Blutkulturen braucht sich somit nicht auf den Fieberanstieg zu beschränken.

Die Unterlassung von Blutkulturen bei unklarem Fieber und Vorliegen oder Neuauftreten von Herzgeräuschen stellt einen schweren Fehler dar! Jede Verzögerung der Diagnostik und Therapie erhöht das Risiko irreversibler Komplikationen.

Herzklappengewebe. Im Rahmen einer operativen Sanierung kann Herzklappengewebe gewonnen werden. Dies wird in angewärmten Blutkulturflaschen ins Labor geschickt.

Serum. Einige Endokarditiserreger entziehen sich der Anzuchtdiagnostik, z.B. C. burnetii; man spricht auch von „kulturnegativer" Endokarditis. Hier kann der Nachweis von Antikörpern im Serum wegweisend sein.

2.6.2 Vorgehen im Labor

Neben aeroben Kulturen müssen auch anaerobe angelegt werden; die Auswahl der Kulturmedien muß auch seltene und anspruchsvolle Mikroorganismen berücksichtigen (z.B. HACEK-Gruppe). Die Inkubationsdauer beträgt routinemäßig zwei Wochen und wird bei speziellen Fragestellungen verlängert.

2.6.3 Befundinterpretation

Die mikrobiologischen Befunde bedürfen einer kritischen Interpretation, um Kontaminationen abzugrenzen. Beweisend ist der mehrfache Nachweis identischer Erreger im Zusammenhang mit einem entsprechenden klinischen Bild. Schwierig ist die Interpretation der Anzucht von Bakterien der phy-

siologischen Hautflora, z.B. S. epidermidis (s. hierzu S. 207 ff.).

2.7 Therapie

Eine Heilung ist nur durch *Antibiotika mit In-vivo-Bakterizidie* bzw. durch *operative Entfernung* des Sepsisherds (Herzklappenersatzoperation) erreichbar. Jede andere Therapie, insbesondere die Gabe von Bakteriostatika, führt nicht zur Ausheilung, sondern zum Tod des Patienten!

Bakterizide β-Laktamantibiotika (z.B. Penicilline, Cephalosporine) gewährleisten allein noch keine In-vivo-Bakterizidie. Ruheformen können persistieren. Erst die Kombination mit Aminoglykosiden, z.B. Gentamicin, führt zu einem synergistischen Effekt mit Elimination der Ruheformen.

Kalkulierte Initialtherapie. Nach Abnahme der Blutkulturen muß mit einer kalkulierten Therapie begonnen werden. Diese beruht auf einer nach klinischen Erwägungen gestellten mikrobiologischen Verdachtsdiagnose. So ist bei subakuter Endokarditis nach Zahnextraktion am ehesten mit vergrünenden oder nicht-hämolysierenden Streptokokken zu rechnen, nach urologischer Instrumentation und Eingriffen am Darm mit Enterokokken, bei akuter Endokarditis vorrangig mit S. aureus und bei Klappenersatz-Endokarditis mit S. epidermidis.

Die Soforttherapie wird bei Verdacht auf Viridans-Streptokokken mit täglich 10–20 Mio IE Penicillin G als i.v.-Kurzinfusion zusammen mit Gentamicin (i.v., i.m.), bei Verdacht auf Enterokokken mit mindestens 6 g Ampicillin i.v., zusammen mit Gentamicin (i.v., i.m.) durchgeführt.

Eine Alternative bei der Streptokokken-Endokarditis stellt die 1× tägliche Behandlung mit 2 g Ceftriaxon dar, die über zwei Wochen in Kombination mit einem Aminoglykosid und anschließend über zwei Wochen in Monotherapie durchgeführt wird. Dies ermöglicht bei klinisch stabilen Patienten eine ambulante Nachbehandlung.

Gezielte Therapie. Nach Kenntnis von Erreger und *Antibiogramm* ist gegebenenfalls eine gezielte Korrektur vorzunehmen. Einzelheiten, auch zur Therapiedauer, sind Tabelle 2.2 zu entnehmen.

Therapiekontrolle und Erfolgsbeurteilung. Ein wichtiges Kriterium stellt die *Serumbakterizidie* dar. Unmittelbar vor der nächsten Antibiotikagabe muß das Patientenserum in einer Bouillonverdünnung von ≥ 1:8 für den Bakterienstamm noch bakterizid sein. Anderenfalls empfiehlt sich eine Therapieumstellung! Parameter der Heilung sind Ausbleiben des Fiebers, negative Blutkulturen und Normalisierung der Entzündungsparameter.

Tabelle 2.2. Therapie der bakteriellen Endokarditis

Erreger	Antibiotika	Applikation	Tagesdosis (Erwachsene)	Therapiedauer (Wochen)
Streptokokken (weitere penicillinempfindliche Erreger)	Penicillin G + Gentamicin oder Ceftriaxon + Gentamicin (1–2 mg/kg)	i.v. Kurzinfusion i.v.; i.m. i.v.	10–30 Mill. IE in 3–4 Einzeldosen 2–3×80 mg (1–2 mg/kg) 1×2 g	3–4 2–3 2–4
Enterokokken (Streptokokken mit verminderter Penicillin-G-Empfindlichkeit)	Ampicillin + Gentamicin	i.v. i.v.; i.m.	3×5g 3×80 mg (1–2 mg/kg)	6 3–4
S. aureus, S. epidermidis (Penicillin-G-resistent)	Cefuroxim + Gentamicin	i.v. Kurzinfusion i.v.; i.m.	8–12–16 g in 3–4 Einzelgaben 3×80 mg (1–2 mg/kg)	6 3–4
S. aureus, S. epidermidis (Methicillin-resistent)	Vancomycin + Rifampicin	i.v. oral	2×1 g 2–3×0,3 g	4–6 4–6
Enterobakterien	β-Laktam nach Antibiogramm + Gentamicin oder anderes Aminoglykosid	i.v. Kurzinfusion i.v.; i.m.	je nach Präparat (Maximaldosen!) 3×80 mg (1–2 mg/kg)	6 3–4
Endokarditis ohne Erregernachweis	Wie Enterokokken-Endokarditis			

Chirurgische Therapie. Bei etwa 35% der Fälle von mikrobieller Endokarditis wird die Indikation zur *Klappenersatz-Operation* gestellt, und zwar bei therapieresistenter Herzinsuffizienz infolge gestörter Klappenfunktion, ernsten embolischen Attakken, nicht beherrschbarer Infektion, z. B. bei Sproßpilz- oder Coxiellen-Endokarditis, und den meisten Fällen von Klappenersatz-Endokarditis (alle Frühformen, Spätformen mit Ausnahme der Endokarditis durch Streptokokken mit hoher Penicillinempfindlichkeit).

Sonstige Therapiemaßnahmen. Begleitmedikationen bei Zusatzkrankheiten oder Komplikationen (Herzinsuffizienz, Herzrhythmusstörungen) richten sich nach den üblichen Grundsätzen.

Kontraindiziert sind: Antikoagulantien (Blutungen, Klappenperforation), Kortikosteroide (Abwehrschwäche, Klappenperforation), Eisengaben (freies Transferrin unterstützt die Infektabwehr, gebundenes nicht!) und Bluttransfusionen (gleicher Effekt wie Eisengaben!).

Prognose. Auch bei optimaler Diagnostik und Therapie sterben 10–20% der Patienten mit subakuter und 30–50% bei akuter Endokarditis. Selbst nach mikrobieller Heilung sind noch vitale Bedrohungen möglich, z. B. durch Herzinsuffizienz. Die 5-Jahres-Überlebensrate nach Ausheilung liegt bei 50–60%. Patienten mit durchgemachter bakterieller Endokarditis können in 2–3% pro anno erneut eine bakterielle Endokarditis bekommen, meist durch andere Erreger. Belastbarkeit und berufliche Rehabilitation richten sich nach den hämodynamischen Gegebenheiten.

2.8 Prävention

Eine Endokarditisprophylaxe wird vor häufig zu Bakteriämie führenden Eingriffen an bestimmten Risikogruppen empfohlen. Es ist dabei zwischen hohem Risiko, z. B. früher durchgemachte bakterielle Endokarditis oder Klappenprothesenträger, und mittlerem Risiko, z. B. konnatale oder rheumatische Vitien, zu unterscheiden. Die Prophylaxe wird als perioperative Ein-Dosis-Prophylaxe durchgeführt. Sie richtet sich bei Eingriffen am Oropharynx gegen vergrünende Streptokokken und nichthämolysierende Streptokokken und besteht in Oralpenicillin, Procainpenicillin oder Ampicillin/Amoxycillin. Bei hohem Risiko muß mit Gentamicin kombiniert werden. Bei Eingriffen am Darm oder an der Harnröhre richtet sich die Prophylaxe gegen Enterokokken. Sie besteht in Ampicillin i.v. Die Zugabe von Gentamicin erfolgt bei urologischen und Darm-Eingriffen für beide Risikogruppen. Bei Herzoperationen (Sternotomie) sind Staphylokokken die Zielkeime der Prophylaxe. Deshalb kommen Staphylokokken-Penicilline oder ein Cephalosporin der 2. Generation zum Einsatz.

ZUSAMMENFASSUNG: Bakterielle Endokarditis

Definition. Sonderform der Sepsis: Herd-Vegetationen an Herzklappen (vorgeschädigte Klappen werden bei passageren Bakteriämien besiedelt, Geschwürsbildung, lokale Agranulozytose). Hämatogene Streuung der Erreger (Dauerbakteriämie), embolische Verschleppung von Vegetationsteilen (Infarkt).

Leitsymptome. Fieber (ggf. nur leicht), Herzgeräusche, BSG erhöht.

Erregerspektrum. Nahezu alle Bakterien möglich, sehr selten auch Pilze. Haupterreger:
- *Subakut:* Viridans-Streptokokken, Enterokokken
- *Akut:* S. aureus, P. aeruginosa
- *Klappenersatz:* S. epidermidis.

Diagnosesicherung. Erregeranzucht aus Blut. *Blutkulturen:* Gewinnung unter aseptischen Kautelen (mindestens fünf Proben). *Cave:* Kontaminationen von der Haut (S. epidermidis) erschweren die Beurteilung.

Chemotherapie. β-Laktam-Aminoglykosid-Kombination zunächst kalkuliert, dann gezielt je nach Erreger 2–6 Wochen. *Außerdem:* Bei nicht behandelbarer Infektion: Herzklappenersatz-Operation.

Prävention. Endokarditis-Prophylaxe bei bestimmten Eingriffen oder Risikogruppen; frühzeitige Behandlung von Dispositionen, z. B. akutes rheumatisches Fieber.

EINLEITUNG

Die Meningitis ist eine Entzündung der weichen Hirnhäute. Diese ist von einer zellulären Reaktion im Subarachnoidalraum begleitet. Eitrige Meningitiden sind meist an der Hirnkonvexität („Haubenmeningitis"), lympho-monozytäre Formen, speziell die Meningitis tuberculosa, an der Hirnbasis lokalisiert. Greifen Infektionen auf das Hirnparenchym über, liegt eine Meningoenzephalitis vor, während der gleichzeitige Befall von Hirnhäuten und spinalen Wurzeln als Meningoradikulitis und eine entzündliche Reaktion der Meningen und des Rückenmarks als Meningomyelitis bezeichnet werden.

3.1 Einteilung

Die Einteilung der Meningitiden erfolgt nach dem Erregerspektrum, nach dem Verlauf und nach der zellulären Reaktion. Diese Kriterien gehen häufig, aber nicht immer parallel.

Akute Meningitiden. Eine akute Meningitis entwickelt sich innerhalb weniger Stunden zu einem lebensbedrohlichen Krankheitsbild. Sie wird in der Regel von *eitererregenden Bakterien* hervorgerufen. Die rasch entstehende Entzündung und deren Folgen begründen die akute Gefährlichkeit.

Eine *apurulente Meningitis* ist eine akute bakterielle Meningitis mit niedriger Zellzahl und zumeist hoher Erregerbelastung im Liquor. Verursacht wird die Erkrankung fast immer durch Pneumokokken. Die Prognose ist ungünstig.

Subakute/chronische Meningitiden. Diese Formen dauern Tage, Wochen oder Monate. Sie werden von Mikroorganismen hervorgerufen, die eine vorwiegend *lympho-monozytäre Reaktion* induzieren. Ungeachtet des langen Verlaufs und der oft uncharakteristischen Symptomatik führen sie unbehandelt meist zum Tod. Beispiele sind die *Meningitis tuberculosa*, die *Listerien-* und die *Kryptokokken-Meningitis.*

3.2 Epidemiologie

Im Jahre 1997 wurden in Deutschland insgesamt 4460 Erkrankungen an Meningitis gemeldet. Hierunter waren 808 Meningokokken-Meningitiden, 1178 Meningitiden durch andere Bakterien, 1448 Virus-Meningoenzephalitiden und 1026 übrige Formen.

Die Gesamtletalität liegt zwischen 4–5%, wobei sie bei der Meningokokken-Meningitis mit über 13% am höchsten und bei der Virus-Meningoenzephalitis mit ca. 1% am niedrigsten ist.

Die Meningitisinzidenz wird mit 7–10 Fällen pro 100 000 Personen angegeben. Der Schwerpunkt liegt im Kindesalter; im ersten und zweiten Lebensjahr finden sich viel höhere Inzidenzraten (80–120/100 000). Die zahlenmäßige Häufigkeit einzelner Meningitiserreger entspricht altersunabhängig bei Meningokokken-Meningitis 1–2/100 000, bei Pneumokokken-Meningitis 0,3–1/100 000. Die Haemophilus-influenzae-Meningitis zeigt aufgrund der Schutzimpfung eine stark rückläufige Tendenz.

Typische Epidemiegebiete liegen im subsaharischen Afrika in einem Streifen von Guinea bis Äthiopien (Meningokokkengürtel).

3.3 Erregerspektrum

Akute Meningitis. Es besteht ein Zusammenhang zwischen dem Alter und dem Erregerspektrum (Tabelle 3.1). Bei *Neugeborenen* dominieren E. coli (K1) und B-Streptokokken sowie L. monocytogenes. Haemophilus influenzae Typ B ist wegen der Schutzimpfung stark zurückgegangen (s. S. 314 ff.). Ab dem 5. Lebensjahr treten dann Neisseria meningitidis und Streptococcus pneumoniae in den Vordergrund. Im *Alter* kommt L. monocytogenes als Erreger vor.

Auch *anamnestische Daten* weisen auf bestimmte Erreger hin (Tabelle 3.1). Bei Meningitis nach offenen Schädel-Hirn-Verletzungen (inkl. neurochirurgischer Eingriffe) findet sich häufig S. aureus, bei Liquor-Shunts S. epidermidis (Endoplastitis, s. S. 210 ff.). Geht die Meningitis von einer Infektion im oberen Respirationstrakt aus, so sind Pneumokokken und Haemophilus influenzae Typ B die typischen Erreger. Ein epidemisches Vorkommen deutet auf Neisseria meningitidis hin. Bei Abwehrschwäche ist mit S. aureus, Pseudomonas aeruginosa und Enterobakterien sowie mit Listeria monocytogenes als Erregern zu rechnen; Alkoholiker und Milzexstirpierte sind für Pneumokokken-Infektionen disponiert. Beim Schwimmen in natürlichen Gewässern und bei Abwehrschwäche kann eine primäre *Amöbenmeningitis* durch Naegleria bzw. Acanthamoeba erworben werden.

Subakute/chronische Meningitis. Hier sind Mycobacterium tuberculosis und Cryptococcus neoformans typisch. Die tuberkulöse Meningitis tritt am häufigsten bei Kleinkindern auf, die Kryptokokken-Meningitis ist eine typische Erkrankung von AIDS-Patienten.

Darüber hinaus sind Brucellen, Leptospiren, Treponema pallidum, Campylobacter, Nocardien, Salmonellen und v. a. Borrelia burgdorferi sensu lato (B. garinii) zu beachten. Im Rahmen einer Leptospirose stellt die Meningitis eine Organmanifestation der zyklischen Allgemeininfektion mit limitierter Dauer, d. h. mit Spontanrückbildung im Überlebensfall, dar.

Tabelle 3.1. Meningitis: häufigste Erreger

Anamnese	Erreger
Neugeborene	S. agalactiae (B-Streptokokken) E. coli L. monocytogenes
Kinder	H. influenzae Typ B (Ungeimpfte) N. meningitidis S. pneumoniae
Erwachsene	N. meningitidis S. pneumoniae L. monocytogenes (im Alter)
nach Trauma, OP	S. aureus P. aeruginosa
bei Liquorshunt	S. epidermidis
HNO-Infektion	S. pneumoniae S. pyogenes H. influenzae Typ B (S. aureus)
Alkoholiker	S. pneumoniae (M. tuberculosis)
Abwehrschwäche	C. neoformans (AIDS) M. tuberculosis Amöben
subakuter Verlauf	C. neoformans (AIDS) M. tuberculosis Mumpsvirus Coxsackieviren ECHO-Viren (Polioviren) selten: LCMV, Adenoviren, FSME

3.4 Pathogenese

Eitrige Meningitis

Übertragung. Die typischen Meningitiserreger werden aerogen übertragen und siedeln sich in der Schleimhaut des oberen Respirationstrakts an.

Bei hämatogenen Infektionen dringt der Erreger an anderen Stellen in das Gefäßsystem ein; z. B. werden Borrelia burgdorferi oder FSME-Viren durch den übertragenden Vektor, Ixodes-Zecken, in das Blut inokuliert.

Invasion. Zu den Hirnhäuten gelangen Meningitiserreger auf dem Blutwege oder per continuitatem, ausgehend von sinu-, rhino-otogenen Prozessen oder bei offenen Schädel-Hirn-Verletzungen.

Um von der Schleimhautoberfläche ins Blut zu gelangen, muß der Erreger das Epithel überwinden. Hierzu dienen Invasine (z. B. Opa-, Opc- und Klasse-5-Proteine von Meningokokken: s. S. 244 ff.); deren Wirkung kann durch andere Virulenzfaktoren (bei Meningokokken z. B. durch die

Kapsel) beeinträchtigt werden, so daß ein koordiniertes An- und Abschalten von Virulenzfaktoren für die vollständige Ausbildung der Virulenz postuliert wird.

Für den Übertritt in den Subarachnoidalraum muß der Erreger die Blut-Liquor-Schranke durchdringen. Diese besteht aus dem Endothel der Kapillaren, der Basalmembran und den Ependymzellen (Abb. 3.1). Für einen krankheitsrelevanten Übertritt ist eine ausreichend hohe Erregerkonzentration im Blut erforderlich. Erster Schritt ist die Adhäsion des Erregers an die Endothelzellen (z.B. mittels Fimbrien: S-Fimbrien von E. coli), jedoch sind bisher weder der genaue Mechanismus noch der Ort der Penetration bekannt.

Etablierung. Um sich auf den nasopharyngealen Schleimhäuten zu etablieren, bilden die Erreger einen Schutz gegen das vom Wirt sezernierte IgA und den mukoziliaren Transport aus. So produzieren fast alle bei Meningitis-Patienten isolierten Stämme von Haemophilus influenzae, Neisseria meningitidis und Streptococcus pneumoniae Proteasen, die IgA inaktivieren. Neisseria meningitidis und Haemophilus influenzae scheinen zusätzlich die Epithelzellen und deren Zilien zu schädigen.

In das Blutgefäßsystem eingedrungene Bakterien müssen sich vor der Zerstörung durch das Komplementsystem und Phagozyten schützen. Diese Fähigkeit wird bei den häufigsten Meningitiserregern durch eine Polysaccharidkapsel vermittelt.

Wenn Bakterien einmal den Subarachnoidalraum erreicht haben, ist ihre Überlebenswahrscheinlichkeit groß: In der normalen Zerebrospinalflüssigkeit ist der Gehalt an Immunglobulinen und Komplementfaktoren niedrig. Auch gibt es dort normalerweise kaum Phagozyten.

Schädigung. Die Schädigung bei einer Meningitis beruht hauptsächlich auf der induzierten Entzündungsreaktion und deren pathophysiologischen Folgen (Abb. 3.2).

Bei ausreichender Bakterienquantität im Liquorraum werden durch Bakterienbestandteile wie Muramylpeptide, Endotoxin aus der Zellwand oder Pneumolysin innerhalb weniger Stunden die proinflammatorischen Zytokine TNF-α und IL-1 aus Astrozyten, Makrophagen und Mikroglia freigesetzt, die die Expression von Adhäsionsmolekülen an der Oberfläche der Endothelzellen (früh: CD62, ELAM-1; später: ICAM-1) bewirken und die Adhä-

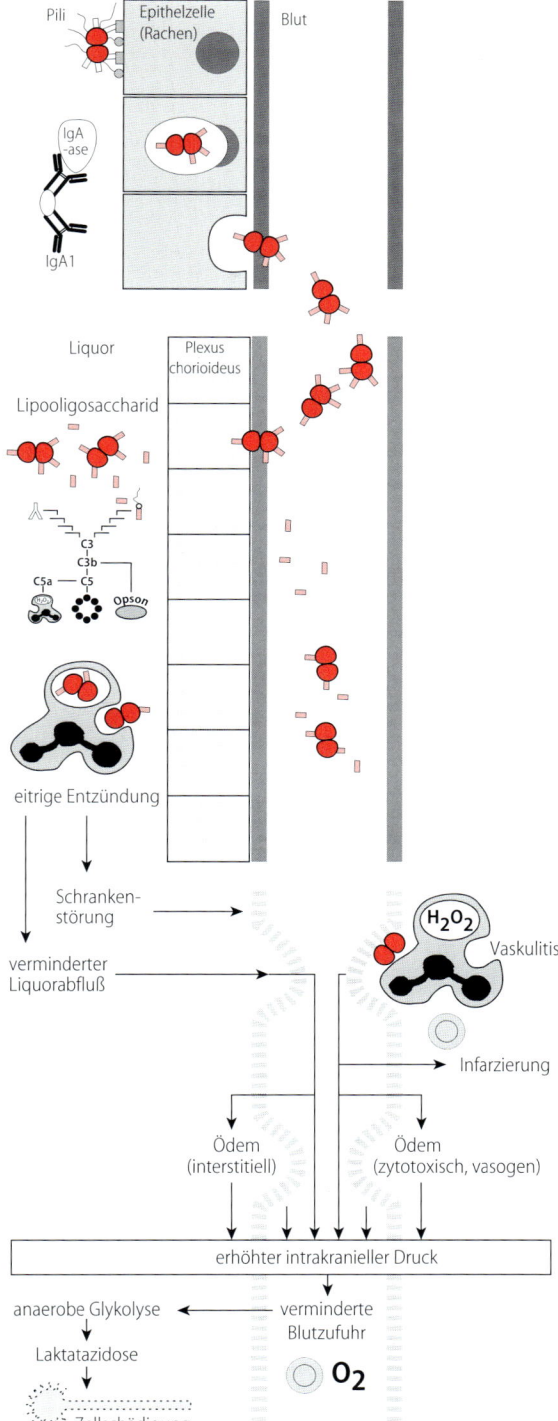

Abb. 3.1. Pathogenese der eitrigen Meningitis

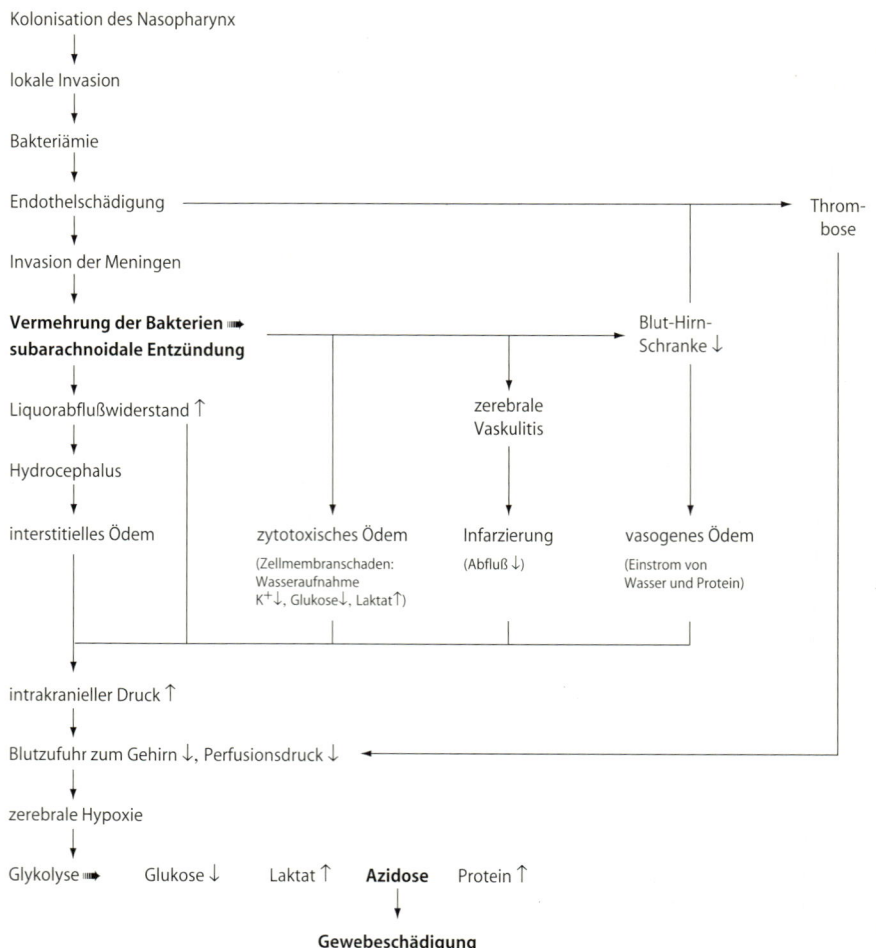

Kolonisation des Nasopharynx

lokale Invasion

Bakteriämie

Endothelschädigung → Thrombose

Invasion der Meningen

Vermehrung der Bakterien ➡ **subarachnoidale Entzündung** → Blut-Hirn-Schranke ↓

Liquorabflußwiderstand ↑   zerebrale Vaskulitis

Hydrocephalus

interstitielles Ödem   zytotoxisches Ödem (Zellmembranschaden: Wasseraufnahme K⁺↓, Glukose↓, Laktat↑)   Infarzierung (Abfluß ↓)   vasogenes Ödem (Einstrom von Wasser und Protein)

intrakranieller Druck ↑

Blutzufuhr zum Gehirn ↓, Perfusionsdruck ↓

zerebrale Hypoxie

Glykolyse ➡ Glukose ↓   Laktat ↑   **Azidose**   Protein ↑

Gewebeschädigung

Abb. 3.2. Pathogenese der eitrigen Meningitis: Schädigungsmechanismen

sion von Leukozyten dramatisch steigern. Darüber hinaus bricht durch vermehrte Durchlässigkeit des Endothels die selektive Permeabilität der Blut-Hirn- und Blut-Liquor-Schranke zusammen. Durch die Freisetzung von IL-1, IL-6, IL-8, „macrophage inflammatory protein" (MIP), „platelet activating factor" (PAF) und von Prostaglandinen (z. B. PGE$_2$) wird der massive Einstrom von Leukozyten in den Subarachnoidalraum gefördert: Es entsteht so eine eitrige Entzündung. Die Leukozyten induzieren ihrerseits lokal eine verstärkte Lipoperoxidation und Radikalfreisetzung sowie die Produktion von Stickstoffmonoxid.

Es entwickelt sich ein *vasogenes Hirnödem*, in dessen Folge eine Beeinträchtigung neuronaler Funktionen, Veränderungen des zerebralen Blut-

flusses und schließlich ein Vasospasmus kleiner Hirngefäße mit konsekutiver Infarktbildung entstehen können.

Eine Steigerung des intrakraniellen Drucks ist nicht ungewöhnlich und kann lebensbedrohliche Ausmaße annehmen. Ursächlich hierfür sind unterschiedliche Mechanismen: Das zunächst vasogene, im Fall von Parenchymschädigungen später auch *zytotoxische Hirnödem* führt zu einer Volumenzunahme des Gehirns.

Durch Verlegung der subarachnoidalen Räume und der Pacchioninischen Granulationen sowie durch eine Viskositätssteigerung des nunmehr eiweißreichen Liquor cerebrospinalis entwickelt sich eine *Liquorabflußbehinderung* mit konsekutivem Anstieg des intrakraniellen Drucks. Kommt es nun

zu einer Umkehr des Liquorflusses, so bildet sich das sog. *interstitielle Hirnödem* heraus, welches durch das Eindringen von Ventrikelliquor in das Hirninterstitium verursacht ist.

Die zerebrovaskuläre Autoregulation ist schon frühzeitig gestört. Dies hat zunächst eine Zunahme des zerebralen Blutflusses und auch des intrakraniellen Blutvolumens (Hirnkongestion) zur Folge.

Hirnödem und entzündliche Gefäßveränderungen bedingen mit Fortschreiten dieses Prozesses eine Abnahme der zerebralen Durchblutung. Es entsteht eine sekundäre ischämische Zellschädigung.

Eine weitere Folge sind eine Umstellung des zerebralen Stoffwechsels auf anaerobe Glykolyse mit der Folge eines *Glukoseabfalls* und einer *Laktatazidose* mit nachfolgender *Enzephalopathie.*

Das bei der Meningitis bestehende Fieber ist auf die Freisetzung von IL-1 und TNF-α zurückzuführen.

Tuberkulöse Meningitis

Die *tuberkulöse Meningitis* ist überwiegend an der Hirnbasis lokalisiert. Sie entsteht, wenn sich Tuberkulome in den Subarachnoidalraum hinein öffnen. Dies kann im Rahmen einer Reaktivierungskrankheit oder bei schlechter Abwehrlage im Rahmen einer Primärtuberkulose geschehen; die erste Form sieht man in der Regel bei Erwachsenen, die zweite bei Kindern v.a. in Entwicklungsländern. Ein direkter Übertritt von M. tuberculosis vom Blut in die Meningen gilt als unwahrscheinlich.

Das Krankheitsbild verläuft als akute oder subakute verkäsende Meningitis. Das gelatineähnliche *Exsudat* findet sich entweder in den basalen Zisternen und in der Sylvius-Fissur, oder die Krankheit bietet das Bild einer proliferativen Meningitis mit massiver Vermehrung der Fibroblasten im Subarachnoidalraum und im befallenen Hirngewebe.

Weitere Merkmale der ZNS-Tuberkulose sind eine *Vaskulitis* der kleinen und mittleren Arterien, die das Exsudat passieren, mit nachfolgenden Gefäßverschlüssen und Infarkten sowie entzündliche Veränderungen der Plexus chorioidei und die Ependymgranulation. Dies ist oft die Ursache eines frühzeitig auftretenden *Hydrozephalus*, wie er sich auch im Gefolge einer ausgedehnten basalen Fibrinanreicherung mit konsekutiver Liquorabflußstörung entwickeln kann.

Meningitis, Vaskulitis und Hydrozephalus können das Gehirnparenchym auf unterschiedliche Weise in Mitleidenschaft ziehen: Die Meningitis ist meist von einer „borderline encephalitis" des benachbarten Hirngewebes begleitet, die sich als Gewebeerweichung mit astrozytär-mikroglialer Reaktion manifestiert. Die Vaskulitis kann Infarkte verursachen. Ein akuter Hydrozephalus führt zu intrakranieller Druckerhöhung mit Durchblutungsstörung und laktatazidotischer Gewebeschädigung (s.o.), ein chronischer unbehandelter Hydrozephalus kann eine Atrophie von grauer und weißer Substanz bedingen.

3.5 Klinik

Die Leitsymptome der eitrigen Meningitis sind akut auftretende *Kopfschmerzen,* eine Schonhaltung mit Nackensteifigkeit (*Meningismus*), Jagdhundstellung (Seitenlage mit angewinkelten Beinen bis zu extremer Hohlkreuzbildung: Opisthotonus) und *Fieber.*

Bei der körperlichen Untersuchung kann der Meningismus objektiviert werden (Kernig-, Brudzinski-, Lasègue-Zeichen); eine länger bestehende intrakranielle Druckerhöhung kann durch Augenhintergrundspiegelung festgestellt werden: Stauungspapille.

Bewußtseinseintrübungen und *Verwirrtheit* können auf den erhöhten intrakraniellen Druck und die laktatazidotische Enzephalopathie zurückgeführt werden.

Petechien (flohbißartige Blutungen) und Ekchymosen (flächige Einblutungen) treten typischerweise bei Meningokokkeninfektionen auf. Auf Mikroembolien der Haut oder Merkmale einer Gerinnungsstörung ist immer zu achten.

Chronische Meningitiden zeigen häufig keine oder nur leichte uncharakteristische Symptome; dadurch kann die Diagnosestellung verzögert werden.

Die klinische Symptomatik der tuberkulösen Meningitis beginnt in den meisten Fällen allmählich mit allgemeinem Krankheitsgefühl, Appetitlosigkeit, Kopfschmerzen, Müdigkeit, Antriebslosigkeit, niedrigem Fieber und Bauchschmerz. Wesensänderungen, Depression und Apathie wie auch Verwirrtheit folgen bald. Etwa zwei Wochen später stellen sich meningitische Symptome kombiniert

mit Lähmungen, Krampfanfällen (bis zu 50%), Hirnnervenausfällen (Nn. III, VI, VII, VIII) und häufig auch Querschnittssyndromen ein. Die Nackensteifigkeit kann exzessive Ausmaße (Opisthotonus) annehmen. Ein akuter Hydrozephalus kann zu plötzlicher Bewußtseinseintrübung mit zerebraler Herniationssymptomatik führen.

3.6 Mikrobiologische Diagnostik

Der Schwerpunkt der Diagnostik liegt im mikroskopischen und kulturellen Nachweis der jeweiligen Erreger.

Die Schritte der mikrobiologischen Diagnostik sind in Abb. 3.3 zusammengefaßt.

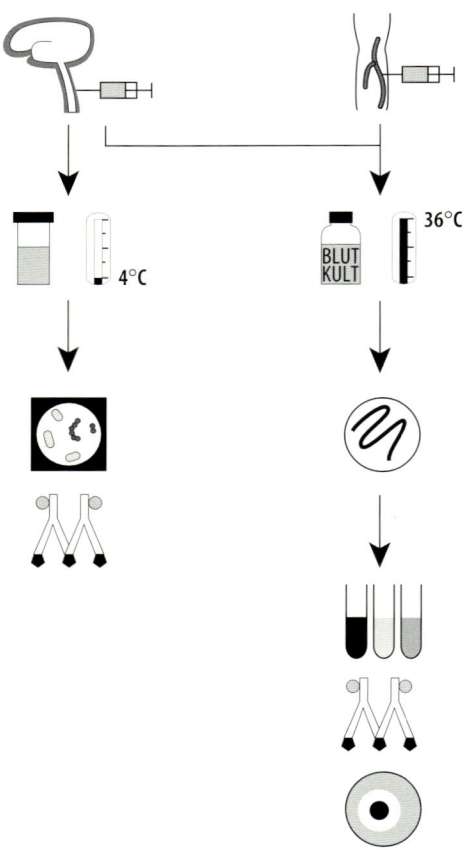

Abb. 3.3. Mikrobiologische Diagnostik bei Meningitis

3.6.1 Untersuchungsmaterial

Alle Untersuchungsmaterialien, die zur Erregeranzucht bestimmt sind, sollen *vor Beginn der antimikrobiellen Chemotherapie* gewonnen werden.

Liquor. Liquor ist das Untersuchungsmaterial der Wahl zur Erregerdiagnostik. Er wird durch aseptische Lumbalpunktion gewonnen (Hautdesinfektion zweimal mit wäßriger Alkohollösung (s. S. 164ff.)). Die Transportbedingungen hängen von der Fragestellung ab. Zur Diagnostik einer akuten eitrigen Meningitis wird ein Teil der Probe in eine Blutkulturflasche überimpft und bei 37°C, der Rest nativ bei 4°C (nur für Mikroskopie und Antigennachweis) *verzögerungsfrei* ins Labor geschickt. Für die Diagnostik subakuter/chronischer Meningitiden wird der Liquor nativ bei 4°C (nicht in Blutkulturen) verschickt; wichtig ist die Angabe der genauen Fragestellung, da sehr unterschiedliche Labormethoden herangezogen werden (Anzucht, Serologie). Für die Diagnostik der tuberkulösen Meningitis sind wegen der geringen Erregerkonzentration mehrfache Probenentnahmen und größere Probenvolumina erforderlich.

Vor der Liquorentnahme sind Kontraindikationen zu beachten: Bei *Blutungsneigung* besteht die Gefahr einer lebensgefährlichen Subarachnoidalblutung. Bei *erhöhtem intrakraniellen Druck* ist eine Einklemmung von regulatorischen Gehirnabschnitten im Foramen magnum zu befürchten; die Einklemmungsgefahr ist besonders groß bei rasch fortschreitendem *Bewußtseinsverlust, fokalen neurologischen Ausfällen, Krampfanfällen* und *Stauungspapille* (Cave! Spätzeichen). Bei Infektionen im Punktionsbereich kann es zu einer Erregereinschleppung kommen.

Blutkulturen. Blutkulturen sollten immer gewonnen werden, außer wenn eine tuberkulöse oder virale Meningitis vermutet wird. Die Gewinnung erfolgt durch aseptische Venenpunktion wie bei der Liquorgewinnung, der Transport (und eine eventuell notwendige Lagerung) bei 37°C.

Material aus einem Ausgangsherd. Wird vermutet, daß die Meningitis von einem Herd (Ohr, Nebenhöhlen, Auge etc.) ausgegangen ist, so ist aus diesem ebenfalls Material zu gewinnen. Die genannten Materialien werden mittels Abstrich oder Punktion gewonnen und bei Zimmertemperatur in Transportmedium verschickt. Rachenabstriche zur

Aufdeckung von Erregerträgern werden nicht mehr empfohlen.

Serum. Für die serologische Diagnostik (insbesondere Neuroborreliose und Neurosyphilis, Antigenbestimmung bei Kryptokokkose) ist Serum zu gewinnen, die Liquorprobe ist zusätzlich zu untersuchen. Der Transport des Serums erfolgt bei 4 °C.

Grampräparat. Das Grampräparat erlaubt in vielen Fällen einen schnellen Hinweis auf den Erreger; es muß bei Verdacht auf eitrige Meningitis immer schnellstmöglich begutachtet werden, u. U. vom behandelnden Arzt. In etwa 90% der Fälle ist der Erreger einer bakteriellen eitrigen Meningitis im Grampräparat zu finden.

Für den speziellen Fall der Amöbenmeningitis darf der Liquor nicht zentrifugiert werden, da dies die Amöbentrophozoiten zerstört – Verdachtsdiagnose angeben!

3.6.2 Vorgehen im Labor

Für Mikroskopie und Anzucht werden native Liquorproben zentrifugiert, um die Erreger anzureichern. Anschließend wird das Zentrifugat zu Präparaten und Kulturen weiterverarbeitet; der Überstand kann für serologische Untersuchungen (Antigen-, Antikörpernachweise) verwendet werden.

Antigennachweis. Für den Nachweis der Antigene von Neisseria meningitidis, Streptococcus pneumoniae, E. coli K1, Haemophilus influenzae Typ B und B-Streptokokken sowie Cryptococcus neoformans im Liquor stehen Agglutinationstests zur Verfügung; mit ihnen ist ebenfalls in ca. 90% der Fälle ein Nachweis zu führen.

Anzucht/Empfindlichkeitsprüfung. Die Anzucht des Erregers in festen und flüssigen Kulturmedien erlaubt die Diagnosesicherung in 90–100% der Fälle; für die Empfindlichkeitsbestimmung ist sie unumgänglich.

Sowohl für das Grampräparat als auch für die Kultur gilt: Ist die Probe unter antimikrobieller Chemotherapie gewonnen worden, sinkt die Nachweisquote um 25–35% ab.

Molekularbiologische Methoden. Für zahlreiche virale und einige bakterielle Erreger wurden in den letzten Jahren zuverlässige Verfahren der DNS- bzw. RNS-Diagnostik (PCR/LCR) eingeführt. Bei Neurotuberkulose gewinnt die PCR zunehmend an klinischer Bedeutung; dieses könnte in naher Zukunft auch für Fälle mit Neuroborreliose und -listeriose zutreffen.

3.6.3 Weitere diagnostische Maßnahmen

Klinisch-chemische Parameter. Neben der mikrobiologischen Begutachtung liefert die klinisch-chemische Untersuchung des Liquors wichtige Informationen (s. Tabelle 3.2). Eine stark erniedrigte Glukosekonzentration und ein erhöhter Laktatwert sprechen für eine eitrige Meningitis, eine stark erhöhte Proteinkonzentration für eine tuberkulöse Meningitis.

Die *allgemeinen Entzündungszeichen* sind sowohl für die Erkennung der entzündlichen Genese des vorliegenden ZNS-Prozesses als auch für die Abgrenzung zwischen bakterieller und viraler Meningitis hilfreich. Leukozytose, Linksverschiebung und BSG-Beschleunigung sprechen für eine bakterielle Infektion. Diese Zeichen können bei Immunsupprimierten fehlen. Ein Anstieg von Leber-, Pankreas- und Muskelenzymen oder harnpflichtigen Substanzen deutet auf begleitende Organkomplikationen hin. Nach Gerinnungsstörungen ist immer zu fahnden; eine Verbrauchskoagulopathie erfordert die unverzügliche Einleitung therapeutischer Maßnahmen.

Bildgebende Verfahren. Zur Notfalldiagnostik akuter ZNS-Entzündungen gehören auch die bildgebenden Verfahren (CT, MRT), z. B. für den Ausschluß oder Nachweis eines Hirnödems mit erhöhtem intrakraniellen Druck.

Herdsuche. Wird vermutet, daß die Meningitis von einem entfernten Ausgangsherd (z. B. Sinusitis, Otitis, Abszesse) ausgeht, so muß dieser identifiziert und einer Behandlung zugeführt werden. Bei Meningitiden im Rahmen zyklischer Allgemeininfektionen (z. B. Tuberkulose, Syphilis) müssen ebenfalls alle Organmanifestationen identifiziert werden, um z. B. Übertragungen zu verhindern.

Tabelle 3.2. Liquorbefunde bei Meningitis

	bakteriell	viral	tuberkulös
Zellen pro ml	>1000	bis 1000	bis 350
Zellbild	Neutrophile	Lymphozyten (initial oft Neutrophile)	„buntes Zellbild"
Gesamteiweiß	↑↑ bis ↑↑	normal bis (↑)	↑↑
Pandy	+ bis ++	negativ bis (+)	++
Farbe	trüb oder eitrig	klar	xanthochrom
Laktat (mmol/l)	8 bis >20	<2,5	2,5 bis 10
Elastase-a1-PI	↑↑	negativ oder (↑)	↑
Glukose (L/S in %)	<50	>60	<20
C-reaktives Protein	↑	n bis ↑	↑
Intrathekale Synthese von Immunglobulinen	zunächst ∅, später manchmal IgA/IgG	∅	oft IgA (IgM, IgG)

3.7 Therapie

Meningitis- oder Enzephalitispatienten gehören wegen der Lebensbedrohlichkeit und der vielfachen, z.T. akut auftretenden Komplikationen auf eine Intensivstation.

Kalkulierte Therapie. Diese ist bei einer akuten eitrigen Meningitis von entscheidender prognostischer Bedeutung. Sie muß unmittelbar *nach* der Materialgewinnung, innerhalb von 30 min nach Diagnosestellung, begonnen werden. Jede Zeitverzögerung verschlechtert die Prognose; bei bestehenden Kontraindikationen muß auf eine Probengewinnung vor Therapiebeginn verzichtet werden.

Ohne Hinweis auf anamnestische Besonderheiten (s. Erregerspektrum) gilt als Mittel der Wahl ein Drittgenerationscephalosporin, z.B. *Ceftriaxon* (initial 1×100 mg/kg, maximal 4 g; ab dem 4. Tag 1× täglich 75 mg/kg). Kann eine Listerienmeningitis nicht ausgeschlossen werden, so sind zusätzlich *Ampicillin* und *Gentamicin* zu geben. Diese Kombination erfaßt nahezu alle bakteriellen Erreger akuter Meningitiden inklusive der Neuroborreliose.

Beim Nachweis säurefester Stäbchen im Liquor ist eine tuberkulostatische Dreifachtherapie mit INH, Rifampicin und Pyrazinamid zu beginnen. Gleiches gilt, wenn der starke klinische Verdacht auf eine tuberkulöse Meningitis besteht.

Beim Nachweis von Sproßpilzen oder von Kryptokokkenantigenen (im Liquor oder Serum) wird eine Therapie mit Amphotericin B plus Flucytosin eingeleitet.

Gezielte Therapie. Sie erfolgt nach Antibiogramm bzw. anhand der gesicherten Diagnose. Falls möglich, ist eine Umstellung auf ein Medikament mit engerem Spektrum empfehlenswert: Ist ein Pneumokokken-Isolat empfindlich gegen Penicillin G, so sollte die Therapie auf Penicillin G umgestellt werden. Cephalosporine der ersten und zweiten Generation penetrieren selbst bei entzündeter Blut-Liquorschranke nicht in ausreichendem Maß in den Liquor und sind daher kontraindiziert.

Antiinflammatorische Therapie. Eine zusätzliche antiinflammatorische Therapie mit Glukokortikoiden wird diskutiert. Schädigungsmindernde Wirkung und gravierende Nebenwirkungen (Blutung) halten sich nach bisheriger Kenntnis in etwa die Waage; bisherige Indikation ist die Haemophilus-influenzae-Meningitis bei Kindern (Verminderung von Gehörschäden): Beginn vor der antimikrobiellen Therapie.

Bei der Behandlung der tuberkulösen Meningitis wird in den ersten vier Wochen Dexamethason (4×4 mg/d) zugesetzt, um die regelmäßig beobachtbare klinische Verschlechterung, bedingt durch Zunahme des Hirnödems, abzumildern.

Chirurgische Therapie und sonstige Maßnahmen. Ausgangsherde wie Schädel-Hirn-Wunden, infizierte Shunts, Herde in Ohr, Nebenhöhlen oder Orbita etc. sind umgehend zu sanieren. Ohne Herdsanierung kann nicht mit einer erfolgreichen Meningitistherapie gerechnet werden.

Die Heparin-Applikation (15 000–30 000 E/d) ist zur Therapie einer disseminierten intravasalen Gerinnung etabliert.

3.8 Prävention

Isolierung. Patienten mit Meningokokken- und Haemophilus-influenzae-Meningitis müssen strikt isoliert werden (s. S. 161 ff.).

Chemoprophylaxe. Für Meningitiden durch Meningokokken und Haemophilus influenzae Typ B wird eine Chemoprophylaxe empfohlen. Das Ziel ist die Beseitigung der Erreger von den Schleimhäuten des oberen Respirationstrakts, also der Übertragungsquelle. Die Prophylaxe besteht in der Gabe von *Rifampicin* an den Indexfall (Erkrankter) und seine engen Kontaktpersonen. Ein vorheriger Nachweis der Trägerschaft bzw. eine Erfolgskontrolle werden nicht empfohlen.

Impfung. Durch Impfungen kann die Inzidenz bestimmter Meningitiden erheblich gesenkt werden. Von der Ständigen Impfkommission (STIKO) werden empfohlen: Haemophilus-influenzae-Typ B- (ab 3. Monat 2× in acht Wochen, Auffrischung im 12. bis 15. Monat als Kombinationsimpfstoff DTP-HiB) und die Neisseria-meningitidis-Typ-A-Impfung (bei Reisen/Aufenthalt in Endemiegebieten).

Eine Impfung gegen den in Deutschland häufiger vorkommenden Meningokokken-Serotyp B gibt es nicht.

Eine Vakzination gegen Pneumokokken fand bisher keine breite Anwendung. Ein gegen 23 Kapseltypen des Erregers wirksamer Polysaccharid-Impfstoff wurde indes bereitgestellt. Sein Einsatz wird im Zusammenhang mit Splenektomie – postoperativ oder besser noch präoperativ – zur Prophylaxe des OPSI-Syndroms empfohlen; auch bei Älteren (>60. LJ) und Immunsupprimierten wird der Impfstoff empfohlen.

Meldung. Namentlich meldepflichtig sind Erkrankung und Tod an Meningokokken-Meningitis und Meningitiden durch andere Erreger. Darüber hinaus ist seit 1997 in einigen Bundesländern, z. B. in Berlin, auch der Krankheitsverdacht bei Meningokokken-Meningitis meldepflichtig.

ZUSAMMENFASSUNG: Bakterielle Meningitis

Definition. Bakteriell bedingte Entzündung der weichen Hirnhäute; lebensbedrohlicher Notfall. Die Erreger gelangen meist hämatogen, aber auch inokulativ oder durch Fortleitung aus einem lokalen Herd in den Subarachnoidalraum. Die dort ausgelöste Entzündungsreaktion führt über Ödembildung zu einer Minderung der Gehirnperfusion, in deren Folge eine metabolische Azidose und damit eine Schädigung der Nervenzellen entstehen.

Leitsymptome. Kopfschmerzen, Meningismus und Bewußtseinseinschränkungen.

Erregerspektrum. Abhängig vom Alter und begünstigenden Faktoren:
- *Akut:* Meningokokken und Pneumokokken
- *Neugeborene:* B-Streptokokken, E. coli und L. monocytogenes
- *Ungeimpfte Kleinkinder:* H. influenzae Typ B
- *Traumatisch:* S. aureus
- *Bei Shunts:* S. epidermidis
- *Subakut:* M. tuberculosis, C. neoformans (AIDS)

Übertragung. Tröpfcheninfektion, die zur Kolonisation des oberen Respirationstrakts führt.

Diagnosesicherung. Anzucht aus dem Liquor und aus Blutkulturen.

Chemotherapie. Kalkuliert Drittgenerationscephalosporin, vorzugsweise Ceftriaxon. Bei Verdacht auf Listerienmeningitis zusätzlich Ampicillin. *Cave:* Basiscephalosporine (Cefotiam) sind aufgrund ihrer mangelhaften Liquorgängigkeit kontraindiziert.

Prävention:
- Impfungen (H. influenzae Typ B, Pneumokokken, Meningokokken)
- strikte Isolierung (Meningokokken-Meningitis)
- Schleimhautsanierung mit Rifampicin bei Indexfall und engen Kontaktpersonen
- Meldung (Erkrankung, Tod, bei Meningokokkenmeningitis auch Verdacht).

4 Augeninfektionen

K. Miksits, K. Vogt*

4.1 Definition

Hordeolum. Beim sogenannten „Gerstenkorn" handelt es sich um eine Infektion der Lidranddrüsen bei Sekretrückstau, die zu einer schmerzhaften lokalen Abszedierung führt.

Konjunktivitis. Hierbei handelt es sich um eine Entzündung der Bindehaut, die erregerbedingt, aber auch toxisch oder im Rahmen einer allergischen Reaktion entstehen kann.

Keratitis. Dies ist eine Entzündung der Hornhaut. Erregerbedingte Keratitiden sind meist bakteriell bedingt. Ulzerierende Keratitiden, z. B. durch invasive Erreger oder im Verlauf progredienter Eiterungen, können zu einer Perforation der Hornhaut führen und dem Erreger den Eintritt in das Augeninnere gewähren (s. Endophthalmitis).

Hypopyon. Hiermit wird eine Eiteransammlung in der vorderen Augenkammer bezeichnet.

Endophthalmitis. Dies ist die in der Regel infektionsbedingte Entzündung des Glaskörpers; sie entsteht meist postoperativ oder nach penetrierenden Traumen, selten als septische Absiedlung. Sie stellt einen Notfall dar, da in kürzester Zeit der Verlust des Auges droht.

Uveitis. Unter einer Uveitis ist eine Entzündung der Aderhaut zu verstehen: Diese besteht aus Iris, Ziliarkörper und Chorioidea. Wegen der direkten Verbindung zur Chorioidea ist die Retina meist in deren Entzündung mit einbezogen. Daher unterscheidet man eine *Uveitis anterior* in Form der Iritis oder Iridozyklitis (unter Einschluß des Ziliarkörpers) und eine *Uveitis posterior* als Chorioiditis, Retinitis oder Chorioretinitis.

Trachom. Chronische Keratokonjunktivitis durch Chlamydia trachomatis Serogruppen A–C, die durch Pannusbildung und narbige Verziehungen die Entstehung von Super- und Zweitinfektionen durch Eitererreger begünstigt.

Flußblindheit. Erblindung nach Befall des Auges durch Onchocerca volvulus, eine Filarie.

Ophthalmia neonatorum. Konjunktivitis bei Neugeborenen meist durch Erreger, die durch Schmierinfektion im Geburtskanal erworben werden: C. trachomatis Typ D–K, N. gonorrhoeae.

4.2 Einteilung

Die Einteilung der Augeninfektionen geschieht nach der Lokalisation in Infektion der äußeren Augenabschnitte (Lider, Tränenwege, Bindehaut), Infektion der vorderen Augenabschnitte (Hornhaut, Vorderkammer) und Infektion der hinteren Augenabschnitte (Regenbogenhaut, Netzhaut, Aderhaut, Endophthalmitis).

4.3 Epidemiologie

In unseren Breitengraden ist die Konjunktivitis das häufigste infektiologische Problem in der Augenheilkunde. Neugeborenen-Konjunktividen sind durch das Vernachlässigen der Credéschen Prophylaxe wieder leicht angestiegen. Zu Keratitiden neigen v. a. Träger weicher Kontaktlinsen. Die Endophthalmitis ist eine seltene (Inzidenz: 0,02%), aber ernstzunehmende Komplikation in der Kataraktchirurgie.

Weltweit gesehen stellen Infektionen des Auges ein erhebliches Problem dar: Das Trachom ist die häufigste erregerbedingte Erblindungsursache: weltweit gibt es ca. 500 Mio Erkrankte (endemisch in Ägypten, China, Indien).

Die Flußblindheit stellt die zweithäufigste Form der erregerbedingten Erblindung dar. Man rechnet mit 18 Mio Personen, die Onchocerca volvulus beherbergen, von denen etwa 350 000 erblindet sind.

---

* (alphabetisch, gleichwertig)

4.4 Erregerspektrum

Konjunktivitis. Typische bakterielle Erreger eitriger Konjunktivitiden sind S. aureus, S. pneumoniae, H. influenzae und M. lacunata. Konjunktivitiden werden durch H. influenzae, N. gonorrhoeae und N. meningitidis verursacht. S. pneumoniae und H. influenzae sind besonders häufig bei Kindern mit Tränenwegsstenosen, wo der Erreger im Tränensack persistiert. Bei Vorschädigungen der Hornhaut kommt auch P. aeruginosa als Erreger in Frage.

Häufig sind Konjunktivitiden oder Keratokonjunktivitiden durch C. trachomatis: die Typen A–C verursachen das Trachom, die Typen D–K die akute Einschlußkörperchenkonjunktivitis bei Erwachsenen und Neugeborenen. Virale Konjunktivitiserreger sind neben HSV Adenoviren (Typ 3: Schwimbadkonjunktivitis, pharyngokonjunktivales Fieber; Typen 8, 19, 29 und 37: epidemische Keratokonjunktivitis) sowie das hochkonjuktagiöse Enterovirus Typ 70 und Coxsackievirus A24 als Erreger der akuten hämorrhagischen Konjunktivitis.

Keratitis. Die typischen Keratitis-Viren sind Adenoviren, Enteroviren und das Herpes-simplex-Virus (HSV), in den meisten Fällen im Rahmen einer Reaktivierung (hierbei ist auch die Bindehaut als Keratokonjunktivitis einbezogen). Typische bakterielle Erreger sind P. aeruginosa, S. aureus und S. pyogenes. Häufig werden die wenig virulenten koagulasenegativen Staphylokokken und vergrünenden Streptokokken angezüchtet, deren Rolle als Erreger im jeweiligen Einzelfall streng überprüft werden muß.

Seltenere Erreger sind Enterobakterien, H. aegyptius, C. diphtheriae, L. monocytogenes, Mykobakterien, B. burgdorferi und C. trachomatis.

Als Pilze findet man Fusarium solani, Aspergillus- und Candida-Arten.

Typische parasitäre Keratitiserreger sind Amöben (Acanthamoeba) und O. volvulus.

Endophthalmitis. Bei operativer Entstehung (v. a. Katarakt-OP: Linsenimplantation) finden sich koagulasenegative Staphylokokken, P. acnes, Streptokokken, S. aureus und H. influenzae, selten gramnegative Stäbchen. Bei traumatischen Formen dominieren Bacillus-Arten, insbesondere B. cereus. Häufig werden auch koagulasenegative Staphylokokken angezüchtet, in weniger als 20% der Fälle findet man gramnegative Stäbchen oder Pilze (C. albicans). Im Fall einer septischen Absiedlung kommen die typischen Sepsiserreger in Frage.

Hyperakute Uveitis. Die Uveitis anterior ist in etwa 10% der Fälle infektionsbedingt durch HSV-1 und VZV (in der Regel begleitet von einer Keratitis), durch CMV und durch T. pallidum.

Die erregerbedingte Uveitis posterior wird am häufigsten verursacht durch C. albicans im Rahmen einer Candidasepsis (30% der Uveitisfälle) und durch T. gondii. Weitere typische Erreger sind CMV (bei bis zu 30% aller AIDS-Patienten), selten T. pallidum, M. tuberculosis, H. capsulatum, HSV, VZV und T. canis.

4.5 Pathogenese

Die Erreger von Konjunktivitiden und Keratiden gelangen meist durch Tröpfchen- oder Schmierinfektion in das Auge. Bei der Endophthalmitis kommen neben der Fortleitung einer Keratitis noch die traumatische oder iatrogene Inokulation im Rahmen von Augenoperationen sowie die septische Absiedlung in Frage. Uveitiden entstehen meist hämatogen im Rahmen einer Sepsis oder einer zyklischen Allgemeininfektion.

Die Erreger siedeln sich mit Hilfe ihrer Virulenzfaktoren am jeweiligen Ort an; auf der Konjunktiva müssen sie sich gegen die antimikrobiellen Substanzen in der Tränenflüssigkeit, z. B. Lysozym oder IgA, etablieren. Die Schädigung beruht meist auf der induzierten Entzündungsreaktion; diese ist bei N. gonorrhoeae besonders stark ausgeprägt und begünstigt die Invasion des Erregers in tiefere Augenschichten. Die Invasivität wird bei P. aeruginosa und B. cereus durch gewebezerstörende Enzyme (Elastase bzw. Lecithinase) bewirkt, so daß diese Erreger besonders rasch in tiefe Augenabschnitte vordringen und das Auge zerstören können (Abb. 4.1).

Die Hornhaut ist eine sehr wirksame, wenn auch bradytrophe Infektionsbarriere. Bei einem Einbruch von Erregern in die vordere Augenkammer können diese sehr schnell auf die hinteren Augenabschnitte übergreifen, da die Komplementkonzentration in der Vorderkammer gering ist.

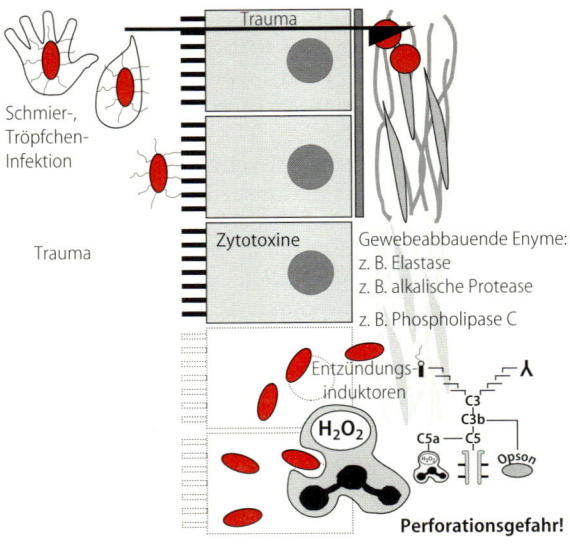

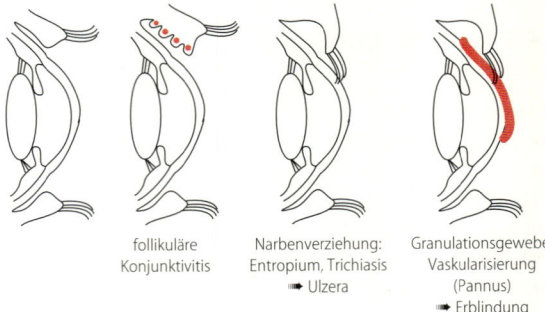

Abb. 4.2. Pathogenese der Trachoms

ger, ein Entropium totale (Verziehung der Augenlider nach innen) und die Entstehung eines vaskulierten Granulationsgewebe (Pannus) führen schließlich zur Erblindung (Abb. 4.2).

4.6 Klinik

Hordeolum. Beim Hordeolum handelt es sich um eine hochrote, schmerzhafte, abgegrenzte Schwellung am Lidrand, evtl. mit eitriger Sekretion. Im weiteren Verlauf kommt es zur Verflüssigung und Entleerung von Eiter.

Konjunktivitis. Leitsymptom der akuten Konjunktivitis ist das „rote Auge". Hinzu kommen leichtere brennende Schmerzen (Fremdkörpergefühl) und abhängig vom Erreger eitriges, mukopurulentes oder seröses Exsudat. Bei viralen und chlamydienbedingten Konjunktivitiden können palpebrale Follikel, bei bakteriellen Formen Papillen an der tarsalen Bindehaut entstehen. Meist beginnen die Beschwerden an einem Auge, jedoch wird innerhalb weniger Tage auch das andere Auge infiziert.

Keratitis. Die Hornhautentzündung zeichnet sich durch starke Schmerzen und eine *Visusverminderung* (Hornhauttrübung durch die Entzündungsreaktion: einwandernde Zellen) aus; häufig besteht gleichzeitig eine Konjunktivitis. Eine Ulzeration der Hornhaut kann sekundär auftreten, besonders häufig bei Trägern weicher Kontaktlinsen. Die im Rahmen der Herpeskeratitis entstehenden Ulzera manifestieren sich als verästelte, dendritische, oberflächliche oder als disciforme, tiefe Form (95% der Fälle sind einseitig lokalisiert). Beim Zoster ophthalmicus durch VZV können die typi-

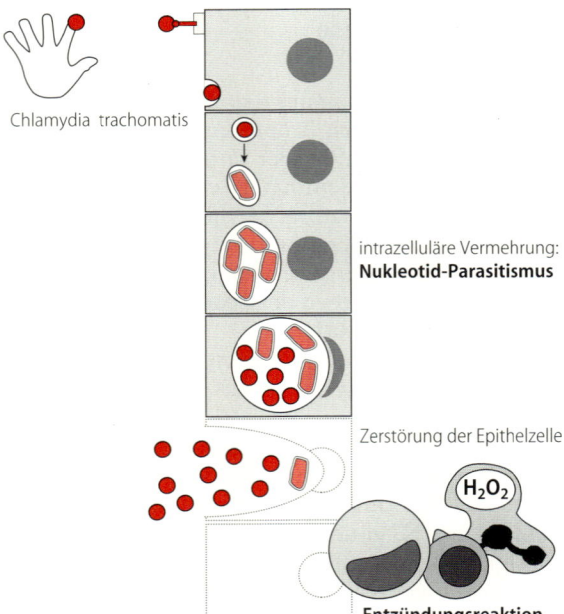

Abb. 4.1. Pathogenese bakterieller Konjunktivitis und Keratitis

Chlamydien und Viren verursachen die Schädigung durch direkte Schädigung der Wirtszelle. Beim Trachom entsteht eine chronische follikuläre Entzündung, die durch Vernarbung eine Trichiasis (Scheuern der Wimpern auf der Hornhaut) und Ulzera bedingt. Superinfektionen durch Eitererre-

schen bläschenartigen Läsionen im Bereich des ersten Trigeminusastes (auch an der seitlichen Nasenwand) streng einseitig beobachtet werden und verursachen unerträgliche Schmerzen.

Endophthalmitis. Leitsymptome sind starke Schmerzen im Auge, Visusminderung sowie supraorbitale Kopfschmerzen und Photophobie. Insbesondere bei einer Infektion über die vorderen Augenabschnitte ist die Bindehaut gerötet, und mitunter ist ein Hypopyon nachweisbar. Abhängig von der Virulenz des Erregers verläuft die Infektion nicht selten perakut mit raschem Verlust des Auges, aber auch chronisch mit nur milder Symptomatik. Letztere findet sich z. B. bei P.-acnes-Infektionen nach Intraokularlinsenimplantation.

Uveitis. Leitsymptome der vorderen Uveitis sind rotes Auge, okuläre Schmerzen, Tränen, Lichtscheu und verengte Pupillen, die zu Verklebungen mit der Linsenvorderfläche führen; häufig besteht gleichzeitig eine Keratitis. Die posteriore Uveitis ist aufgrund der Netzhautschädigung v. a. durch Sehstörungen (Gesichtsfeldausfälle) gekennzeichnet. Schmerzen fehlen jedoch, und der Verlauf ist meist protrahiert. Fundoskopisch lassen sich retinale Läsionen diagnostizieren.

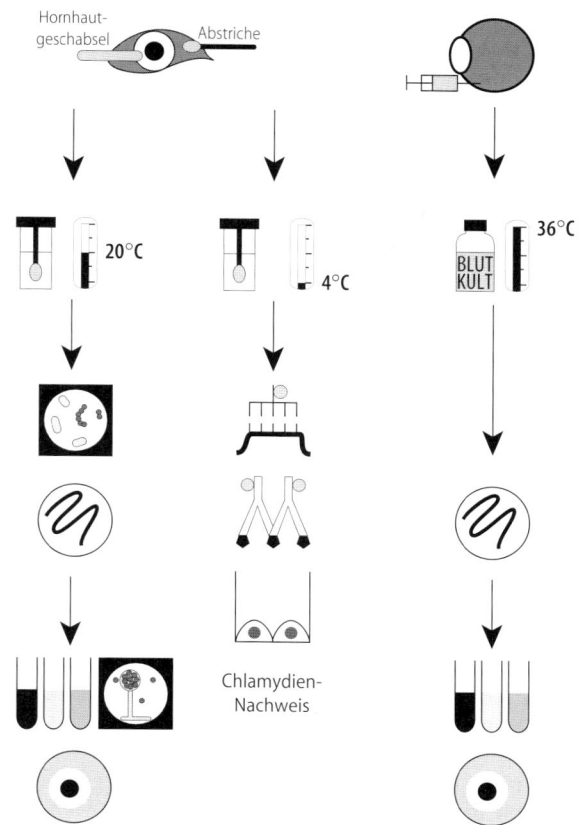

Abb. 4.3. Mikrobiologische Diagnostik bei Augeninfektionen

4.7 Mikrobiologische Diagnostik

4.7.1 Untersuchungsmaterial

Geeignete Materialien zum Erregernachweis sind Sekret/Eiter von der Bindehaut, der Hornhaut oder aus dem Augeninneren. Die Gewinnung erfolgt durch aseptische Punktion oder Abrasio (Hornhaut), mittels Abstrich (schlechter: geringere Probenmenge) oder bei der ophthalmologischen Sanierung (Abb. 4.3).

Bei einer Konjunktivis bei Kontaktlinsenträgern sollte immer daran gedacht werden, die Kontaktlinsenaufbewahrungsflüssigkeit und ggf. die Kontaktlinsen selbst mit zu untersuchen, da sie häufig ein Reservoir für P. aeruginosa und Akanthamöben darstellen.

Bei einer Keratitis ist je nach vermuteten Erreger ein Abstrich oder Hornhautmaterial sinnvoll: Für die Akanthamöbenkeratitis muß in jedem Fall Hornhautmaterial (Geschabsel, Entnahme mit dem Skalpell) gewonnen werden. Die Onchozerkose ist meist schon makroskopisch diagnostizierbar (Filarien unter der Bindehaut sichtbar).

Bei Untersuchungen der vorderen und hinteren Augenabschnitte muß darauf geachtet werden, daß das intraokuläre Material so wenig wie möglich mit der konjunktivalen Standortflora sekundär kontaminiert wird. Bei Verdacht auf Endophthalmitis wird häufig therapeutisch eine Vitrektomie durchgeführt, die mit einer mikrobiologischen Diagnostik kombiniert werden sollte. Vorderkammer- und Glaskörpermaterial sind als mikrobiologischer Notfall zu betrachten und umgehend in das Labor zu transportieren. Parallel sollten bei allen Infektionen der hinteren Augenabschnitte Blutkulturen angelegt sowie virologische Untersuchungen durchgeführt werden.

Der Nachweis von Eitererregern gelingt am besten, wenn das wenige Material, insbesondere Punktat in Blutkulturflaschen überimpft und un-

verzüglich bei 36°C ins Labor transportiert wird. Ist eine mikroskopische Untersuchung zur Einleitung einer kalkulierten Therapie unumgänglich, z.B. bei Verdacht auf Fadenpilz-, Akanthamöben- oder Onchocerca-Infektionen, muß das Material schnellstmöglich nativ ins Labor geschickt werden.

Der Nachweis von Uveitiserregern, die hämatogen ins Auge gelangen, erfolgt bei Verdacht auf Toxoplasmose oder Syphilis durch Nachweis erregerspezifischer Antikörper im Serum oder bei Verdacht auf Sepsis entsprechend den Richtlinien zur Sepsisdiagnostik (Blutkulturen, Herdmaterial).

4.7.2 Vorgehen im Labor

Eitererreger werden durch Anzucht auf festen und flüssigen Kulturmedien mit anschließender Identifizierung und Empfindlichkeitsprüfung diagnostiziert.

C. trachomatis wird mittels LCR nachgewiesen.

Akanthamöben können mikroskopisch (nativ, Uvitex-Präparat) nachgewiesen oder auf Nähragar mit einer Schicht aus E. coli (Amöben bilden „Freßgänge" im E.-coli-Rasen) angezüchtet werden (Hinweis an das Labor, da der Agar vorgewärmt werden muß!).

Bestimmte Fragestellungen werden durch den Nachweis erregerspezifischer Antikörper beantwortet (z.B. Toxoplasmose).

4.7.3 Befundinterpretation

In Binde- und Hornhautabstrichen von Gesunden sind häufig koagulasenegative Staphylokokken, kutane Korynebakterien und Propionibakterien, seltener vergrünende Streptokokken nachweisbar. Ihre Einordnung als Erreger muß daher klinische und mikrobiologische Aspekte im Einzelfall berücksichtigen.

Weniger Schwierigkeiten bereitet dagegen die Beurteilung der Anzucht von Reinkulturen typischer Konjunktivitis-/Keratitis-Erreger wie N. gonorrhoeae, S. pneumoniae, S. aureus, H. influenzae oder P. aeruginosa.

Das Augeninnere ist bei Gesunden steril: Hier muß jeder angezüchtete Mikroorganismus als ursächlicher Erreger betrachtet werden.

Ebenfalls als Erregernachweis zu werten ist der Nachweis von Akanthamöben oder von O. volvulus.

4.8 Therapie

Antimikrobielle Therapie. Die Behandlung von Augeninfektionen erfordert einen Spezialisten. Es muß individuell entschieden werden, ob eine lokale Behandlung ausreichend oder ob (evtl. zusätzlich) eine systemische Behandlung erforderlich ist.

Leichtere bakterielle Infektionen an der Oberfläche können lokal behandelt werden, alle schweren Infektionen und Augenbeteiligungen im Rahmen einer Sepsis oder einer zyklischen Allgemeininfektion erfordern eine systemische Antibiotikagabe.

Zur lokalen antibakteriellen Chemotherapie eignen sich Aminoglykoside, Fluorochinolone, Glykopeptide und Tetracycline, es können sogar Mittel eingesetzt werden, die wegen ihrer Toxizität nicht systemisch gegeben werden (Kanamycin, Colistin, Fusidinsäure); β-Laktamantibiotika sollten wegen der Allergiegefahr nicht lokal gegeben werden.

Die intravitreale oder subkonjunktivale Gabe von Fluorochinolonen, Cephalosporinen der dritten Generation oder Vancomycin bei der Endophthalmitisbehandlung wird ausschließlich durch einen Augenarzt durchgeführt.

Die Therapie von P.-aeruginosa-Infektionen erfordert stets eine Kombinationstherapie, z.B. systemisch Piperacillin + Aminoglykosid, alternativ Ceftazidim oder Ciprofloxacin, lokal ein Aminoglykosid und Ciprofloxacin.

Infektionen durch HSV oder VZV werden mit Aciclovir behandelt.

Bei Keratitiden durch Candida oder Aspergillen ist Amphotericin B das Mittel der Wahl, gegen Fusarien hat sich Natamycin bewährt; eine etablierte Behandlung gegen Amöben existiert nicht, man kann einen Therapieversuch mit der Kombination Natamycin + Aminoglykosid + intravenöses Fluorochinolon über mehrere Monate durchführen.

Antiinflammatorische Therapie. Es muß außerdem entschieden werden, ob eine antiinflammatorische Therapie nit Kortison notwendig ist. Bei Vorliegen einer epithelialen Herpes-Keratitis ist die lokale Kortisongabe kontraindiziert.

Chirurgische Therapie. Eine Endophthalmitis muß i.a. zusätzlich chirurgisch behandelt werden (Vitrektomie = Entfernung des Glaskörpers).

4.9 Prävention

Allgemeine Hygienemaßnahmen. Die Übertragung durch Schmierinfektion kann durch entsprechende Hygienemaßnahmen, z.B. hygienische Händedesinfektion des Fachpersonals, weitgehend unterbunden werden. Gleiches gilt für eine sorgfältige Desinfektion der in der augenärztlichen Untersuchung verwendeten Gerätschaften.

Postoperative Infektionen sind durch sorgfältige Hygiene und atraumatische Operationstechnik zu reduzieren.

Patienten, insbesondere Kontaktlinsenträger, müssen über die möglichen Gefahren durch die Kontaktlinsen und deren Reinigung aufgeklärt und in entsprechende Vorbeugemaßnahmen eingewiesen werden (z.B. regelmäßiger Austausch der Reinigungsflüssigkeit).

Fehlende Hygienemöglichkeiten in unterentwickelten Ländern begünstigen das Auftreten von Augeninfektionen (s. Trachom, S. 442 ff.).

Credé-Prophylaxe. Die Ophthalmia neonatorum kann insbesondere als Gonoblennorrhoe eine große Gefahr für das Auge des Neugeborenen darstellen. Daher wird für jedes Neugeborene das Einträufeln von 5% Silbernitratlösung (Credé-Prophylaxe) empfohlen. Diese ist allerdings nicht aktiv gegenüber Chlamydien. Wirksam sind auch Tetracyclin- oder Makrolid-Augentropfen sowie Polyvidon-Jod-Lösung, werden aber nicht allgemein empfohlen.

In diesem Zusammenhang ist die routinemäßige Abklärung einer Chlamydieninfektion im Rahmen der Schwangerenvorsorge hilfreich; ebenso nützlich wäre eine pränatale Untersuchung darauf, ob die Mutter an einer Gonorrhoe oder an Herpes genitalis leidet.

ZUSAMMENFASSUNG: Augeninfektionen

Definition. Augeninfektionen können die äußeren (Lider, Tränenwege, Bindehaut), die vorderen (Hornhaut, Vorderkammer) oder die hinteren Augenabschnitte (Regenbogenhaut, Netzhaut, Aderhaut, Glaskörper) erfassen.

Klinik. Durch die induzierte Entzündungsreaktion geprägt: Rotes Auge, Schmerzen, Exsudat (Konjunktivitis), Infiltration, Ulzerationen, Virusminderung (Keratitis). Uveitis anterior: Schmerzen, Pupillenverengung, -verklebung. Uveitis posterior: Gesichtsfeldausfälle; häufig ohne Schmerzen und Entzündungszeichen.

Erregerspektrum:
- *Konjunktivitis:* S. aureus, S. pyogenes, H. influenzae, M. lacunata; HSV, Adeno-, Entero- und Coxsackieviren. Hyperakut: H. influenzae, , N. gonorrhoeae, N. meningitidis.
- *Keratitis:* Adeno-, Entero- und Herpesviren; P. aeruginosa, S. aureus, S. pyogenes. Selten: Fusarium, Aspergillus, Candida, Akanthamöben, O. volvulus.
- *C. trachomatis:* Typen A–C führen zum Trachom, Typen D–K zur akuten Einschlußkörperchenkonjunktivitis bei Erwachsenen und Neugeborenen.
- *Endophthalmitis, postoperativ:* koagulasenegative Staphylokokken, P. acnes, S. pyogenes, S. aureus, H. influenzae. *Traumatisch:* Bacillus cereus.
- *Uveitis anterior:* HSV-1, VZV, CMV, T. pallidum.
- *Uveitis posterior:* C. albicans, T. gondii; CMV bei HIV-Patienten.

Übertragung. Tröpfchen- oder Schmierinfektion ins Augeninnere durch Fortleitung; hämatogen oder traumatisch/operativ.

Diagnosesicherung. Schwerpunkt: Anzucht aus Konjunktivalabstrich, Hornhautgeschabsel oder Punktion aus dem Augeninneren. Bei geringen Proben: Entscheidung über die Notwendigkeit eines mikroskopischen Präparates für die Kalkulation der Initialtherapie. Zyklische Allgemeininfektionen mit Manifestationen am Auge: Serologische Diagnostik (z.B. Syphilis, Zytomegalie).

Chemotherapie (vom Augenarzt durchzuführen). Lokale Chemotherapie, in schweren Fällen zusätzlich systemisch. Ggf. antiinflammatorische Therapie mit Kortison, Mydriasis. *Cave:* Bei Endophthalmitis chirurgische Sanierung mit teilweiser oder vollständiger Glaskörperentfernung.

Prävention. Allgemeine Hygiene zur Vermeidung von Schmierinfektionen. Besondere Sorgfalt beim Umgang mit Kontaktlinsen. Reduktion postoperativer Infektionen durch atraumatische Operationstechniken und aseptisches Arbeiten. Credésche Prophylaxe: Vermeidung einer Ophthalmia neonatorum.

5.1 Definition

Zum oberen Respirationstrakt zählen die Atemwege bis zur Epiglottis.

Erkältung, „grippaler Infekt", („common cold"). Hierunter versteht man eine akute Rhinopharyngitis und Katarrh mit leichten Beschwerden und ggf. Fieber.

Otitis media. Die Mittelohrentzündung wird definiert als Ansammlung von Flüssigkeit im Mittelohr (Paukenhöhle) mit akuten Krankheitszeichen. Initial liegt ein seröses Exsudat vor, das bei bakterieller Infektion eitrig werden kann.

Sinusitis. Dies ist eine Infektion der Nasennebenhöhlen (Sinusitis maxillaris = Kieferhöhlenentzündung, Sinusitis ethmoidalis = Keilbeinhöhlenentzündung, Sinusitis frontalis = Stirnhöhlenentzündung).

5.2 Einteilung

Die Einteilung von Infektionen des oberen Respirationstrakts kann unter verschiedenen Aspekten erfolgen.

Bedeutsam ist eine Unterteilung nach der Lokalisation im Hinblick darauf, ob am Ort physiologische Kolonisationsflora vorhanden ist oder nicht.

In den Nasennebenhöhlen und der Paukenhöhle ist eine solche Flora *nicht* vorhanden, jedoch bestehen offene Verbindungen zur Schleimhaut von Mund, Rachen und Nase. Das Erregerspektrum gleicht sich und umfaßt Mitglieder der physiologischen oder pathologischen Kolonisationsflora aus Mund, Nase und Rachen. Im Unterschied dazu sind die bakteriellen Erreger von Infektionen im Bereich des Rachens i.d.R. obligat pathogen (S. pyogenes, C. diphtheriae).

Diese Unterschiede erhellen, daß jeweils andere Diagnose- und Therapiestrategien erforderlich sind; daher werden die bakteriellen Pharyngitiden im Anhang gesondert dargestellt.

5.3 Epidemiologie

Die gemeine Erkältung ist der häufigste Grund für Arztbesuche, Arbeitsausfälle und Abwesenheit von der Schule. Kinder erkranken pro Jahr etwa 6–8mal, Erwachsene erleiden 2–3 Episoden/Jahr.

Die Otitis media ist der häufigste Grund für einen Arztbesuch von Kindern bis zum Alter von drei Jahren: Mindestens eine Episode bei 66%, mindestens drei Episoden bei 33% aller Kinder.

Eine Sinusitis tritt bei 0,5–5% aller Erkältungen als Komplikation auf.

5.4 Erregerspektrum

Erkältung. Die Erkältung wird nahezu ausschließlich durch Viren verursacht: Rhinoviren (mehr als 100 Typen; 40%), Respiratory-Syncytial-Virus (10–15%), Coronaviren (10%), Parainfluenza-, Adeno-, Reo-, Entero- und Influenzaviren.

Otitis media. Die Mittelohrentzündung ist dagegen häufig sekundär durch Bakterien bedingt. Typisch sind S. pneumoniae (40%), H. influenzae (30%), M. catarrhalis (10%), S. pyogenes (3%) und

Tabelle 5.1. Infektionen des oberen Respirationstrakts: Häufige Erreger

Syndrom	Erreger
Otitis media, Sinusitis	S. pneumoniae H. influenzae M. catarrhalis S. pyogenes (S. aureus) (Viren)
Pharyngitis	S. pyogenes C. diphtheriae N. gonorrhoeae T. pallidum Epstein-Barr-Virus (EBV) weitere Viren (z.B. Rhino-, Adenoviren)
Epiglottitis	H. influenzae Typ B

S. aureus (2%). Respiratorische Viren sind in einem Viertel der Fälle nachweisbar (Tabelle 5.1).

Sinusitis. Auch die Nasennebenhöhlenentzündungen weisen ein sehr ähnliches Erregerspektrum auf: S. pneumoniae (30%), H. influenzae (20%), M. catarrhalis (2% überwiegend bei Kindern) und S. pyogenes (4%). Weiterhin findet man als Erreger aerobe gramnegative Stäbchen (10%, nosokomial 75%) und Anaerobier (10%). Viren (Rhino-, Influenza- und Parainfluenzaviren) finden sich in etwa 20% der Fälle (Tabelle 5.1).

Bei chronischen Otitiden und Sinusitiden können zusätzliche Erreger gefunden werden, z. B. Fadenpilze und gramnegative Stäbchenbakterien, wie P. aeruginosa.

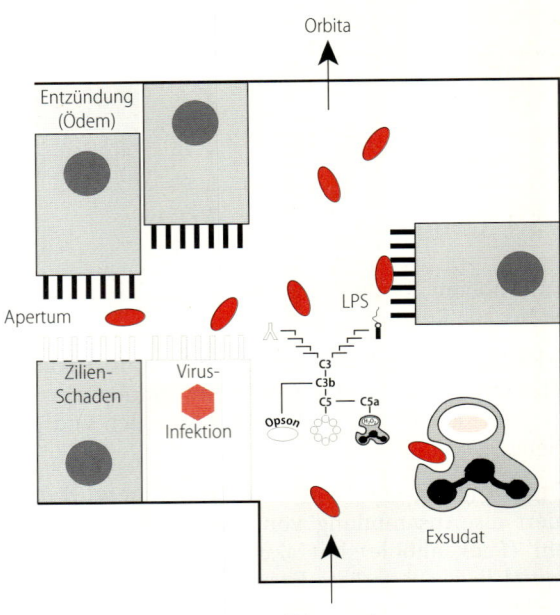

Abb. 5.2. Pathogenese der Sinusitis

5.5 Pathogenese

Erkältung. Die Übertragung erfolgt aerogen oder durch Schmierinfektion (Hände!), die Vermehrung in Epithelzellen. Hierdurch wird die Wirtszelle geschädigt, was zur Störung der muköziliaren Reinigung und zur Disposition zu Superinfektionen

führt. Die Freisetzung von Bradykinin löst die Sekretion von Flüssigkeit („Schnupfen") und den Leukozyteneinstrom aus.

Otitis, Sinusitis. Nach aerogener Übertragung oder Schmierinfektion kolonisieren die Erreger zunächst die Schleimhaut des oberen Respirationstrakts. Begünstigt durch anatomische Verhältnisse, z. B. die gerade, weite, offene Tuba Eustachii bei Kleinkindern oder Belüftungsstörungen durch Verengung eines Nebenhöhlenausgangs und durch Vorschädigung der Schleimhaut (Virusinfektion, Zilien-Noxen), aszendieren die Erreger in die Nebenhöhlen bzw. Paukenhöhle. Dort können sie sich vermehren und eine eitrige Entzündungsreaktion mit Ergußbildung induzieren (Abb. 5.1, 5.2).

Chronische Otitiden und Sinusitiden beruhen auf persistierenden Störungen der lokalen Abwehr.

5.6 Klinik

Erkältung. Nach einer Inkubationszeit von 1–3 Tagen äußert sich die gemeine Erkältung („common cold") durch Halskratzen, verstopfte Nase,

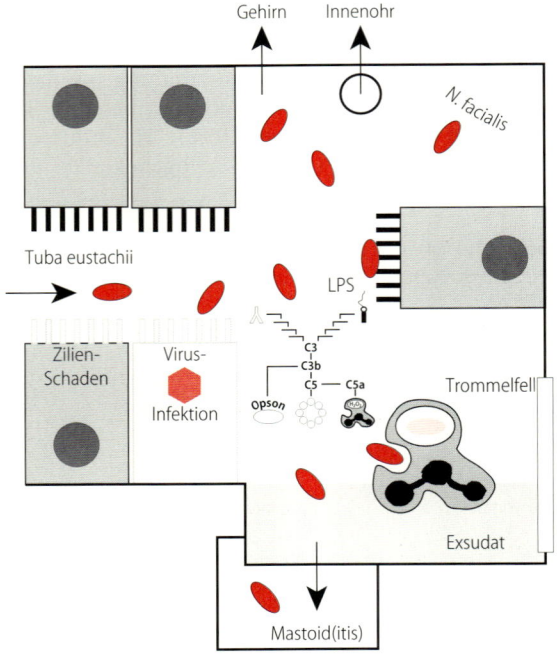

Abb. 5.1. Pathogenese der Otitis media

Schnupfen, gelegentlich Fieber und allgemeines Unwohlsein.

Als Komplikationen können eine Sinusitis, eine Otitis media, eine Bronchitis oder eine Pneumonie entstehen, die im weiteren Verlauf häufig bakteriell superinfiziert werden.

Otitis media. Nach einer Inkubationszeit von 4–6 Tagen entstehen Ohrenschmerzen (Kinder: Ohrengreifen; Tragusdruckschmerz), Fieber und eine Schalleitungsstörung. Das Trommelfell ist gerötet, und es zeigen sich ein Erguß in der Paukenhöhle (Otoskopie) sowie eine verminderte Trommelfellbeweglichkeit (pneumatische Otoskopie).

Als Komplikationen können benachbarte Strukturen befallen werden: Mastoiditis, Hirnabszeß, Meningitis, Labyrinthitis (Schwindel, Nystagmus) und Facialis-Störungen.

Sinusitis. Nach einer Inkubationszeit von 4–6 Tagen macht sich eine bakterielle Sinusitis durch verstopfte Nase, eitrigen Schnupfen, Kopfschmerzen (Lokalisation je nach befallener Nebenhöhle), Fieber und Klopf-/Druckschmerz der Nebenhöhle bemerkbar. Röntgenologisch findet sich eine Verschattung der betroffenen Nasennebenhöhle.

Eine Komplikation ist die Ausbreitung eitriger Infektionen in benachbarte Strukturen: Orbitahöhle und Gehirn (Meningitis, Hirnabszeß).

5.7 Mikrobiologische Diagnostik

Bei der selbstlimitierenden Erkältung ist ein routinemäßer Erregernachweis überflüssig (fehlende Therapiemöglichkeit bei Virusinfektionen). Indikationen zur mikrobiologischen Erregersicherung sind schwere Krankheitsverläufe oder bakterielle Superinfektionen.

5.7.1 Untersuchungsmaterial

Punktate aus der Pauken- bzw. Nebenhöhle (durch das Trommelfell bzw. durch die Nasenhaupthöhle) sind die Untersuchungsmaterialien der Wahl. Ungeeignet sind Abstriche aus dem Gehörgang, der Nase oder dem Nasopharynx, da diese Standortflora enthalten, die den Nachweis des Erregers verhindert.

Die Gewinnung erfolgt durch aseptische Punktion; Lagerung und Transport bei Zimmertemperatur. Stets ist ein Transportmedium zu verwenden. Aseptische Punktate ohne Standortflora (abhängig von der Gewinnungsart) können auch in Blutkulturflaschen bei 37 °C transportiert werden.

Für den Virusnachweis müssen methodenabhängig spezielle Transportmodalitäten eingehalten werden; hier sollte eine Rücksprache mit dem Labor erfolgen.

5.7.2 Vorgehen im Labor

Im Labor erfolgt eine Anlage auf geeigneten Kulturmedien, und es wird ein mikroskopisches Präparat angefertigt. Die Anzucht, Identifizierung und Empfindlichkeitsprüfung der oben genannten Bakterien dauert mindestens zwei Tage.

5.7.3 Befundinterpretation

Pauken- und Nebenhöhlenpunktate sind normalerweise steril. Daher ist jedes Isolat aus Paukenhöhlenpunktat als Erregernachweis zu werten, Kontaminanten aus dem äußeren Gehörgang sind selten.

Bei der Anzucht aus Nasennebenhöhlenpunktat können Kontaminanten von der Nasenschleimhaut häufiger kultiviert werden; bei geeigneter Entnahmetechnik wird die Kontaminationsrate reduziert.

5.8 Therapie

Symptomatische Therapie. Die symptomatische Therapie zielt auf die Abschwellung der Schleimhaut (Achtung: Aspirin kann zur Verlängerung der Rhinovirusausscheidung und zu länger bestehenden Beschwerden führen).

Chemotherapie. Zur kalkulierten Chemotherapie eitriger Infektionen eignen sich Amoxycillin, Oralcephalosporine oder Doxycyclin.

Bei Pilzinfektionen, insbesondere Fadenpilzmykosen, ist Amphotericin B das Mittel der Wahl. In einigen Fällen können auch Azole eingesetzt werden.

Operative Therapie. Bei chronischer Otitis media (Erguß länger als 3 Monate) kann eine chirurgische Therapie (Einsetzung eines Paukenröhrchens) erforderlich werden. Eine Myringotomie kann bei starken Schmerzen bei akuter Mittelohrentzündung zur Entlastung indiziert sein.

Bei chronischer Sinusitis kann ebenfalls eine chirurgische Therapie erwogen werden: Schleimhautausräumung, ggf. mit Knochenentfernung. Jedoch hat diese Therapie eine weniger gute Prognose.

5.9 Prävention

Zur Vorbeugung von Pneumokokkeninfektionen können Disponierte eine Pneumokokkenvakzine erhalten. Die Inzidenz von Infektionen mit bekapselten Haemophilus-influenzae-Stämmen (Typ B) läßt sich ebenfalls durch Schutzimpfung senken.

5.10 Weitere Erkrankungen im oberen Respirationstrakt

Angina tonsillaris. Die Angina tonsillaris ist durch schmerzhafte Schluckbeschwerden, Fieber und Lymphknotenschwellung sowie Eiterstippchen auf den Tonsillen gekennzeichnet. Als Komplikationen sind Scharlach und nichteitrige Nachkrankheiten möglich (s. S. 213 ff.). Rachenabstriche sind das Untersuchungsmaterial der Wahl, sie werden von den Stippchen gewonnen. Der Transport sollte sofort erfolgen, bei Transportverzögerungen ist eine Kühlung (Unterdrückung der Standortflora) erforderlich. Die Streptokokkenangina wird mit Penicillin G/V behandelt. Bei nachgewiesener Infektion durch A-Streptokokken muß der Patient im weiteren Verlauf auf die Entstehung von Nachkrankheiten hin untersucht werden.

Differentialdiagnostisch ist das ebenfalls mit Belägen auf den Tonsillen, Fieber und Lymphknotenschwellungen einhergehende Pfeiffersche Drüsenfieber (infektiöse Mononukleose) durch Epstein-Barr-Virus zu bedenken (s. S. 646 ff.); andere Pharyngitis-Erreger sind in Tabelle 5.1 aufgeführt.

Diphtherie. Die Diphtherie ist durch eine schwere Entzündung von Rachen, Nase und Gaumensegel mit Pseudomembranbildung gekennzeichnet, die absteigend im Respirationstrakt auch zur Verlegung der Atemwege (Krupp) führen und durch Fernwirkungen des Diphtherietoxins v. a. Herz und Niere befallen kann (s. S. 343 ff.). Rachen- und Nasenabstriche sind das Untersuchungsmaterial der Wahl, sie werden unter den Pseudomembranen entnommen. Der Transport sollte sofort erfolgen, bei Transportverzögerungen ist eine Kühlung (Unterdrückung der Standortflora) erforderlich. Bei Diphtherie-Verdacht muß schnellstmöglich Antitoxin verabreicht werden; dies wird unterstützt durch die Gabe von Penicillin G oder Erythromycin zur Verminderung des Erregers und damit der Toxin-Neuproduktion. Die wichtigste Präventionsmaßnahme ist die regelmäßig aufgefrischte Impfung gegen Diphtherietoxin.

Epiglottitis. Die akute Epiglottitis ist ein akutes lebensbedrohliches Krankheitsbild, welches bei kleinen Kindern (<5 Jahre) auftritt. Es wird durch bekapselte Stämme von Haemophilus influenzae Typ B hervorgerufen (s. Tabelle 5.1). Die Pathogenese der Erkrankung ist nicht vollständig geklärt. Der Erreger ist in nahezu allen Fällen in Blutkulturen nachzuweisen, die daher auch das Untersuchungsmaterial der Wahl darstellen. Therapeutisch steht das Freihalten der Atemwege im Vordergrund. Die ebenfalls notwendige Antibiotikatherapie wird z. B. mit Ceftriaxon oder Cefotaxim durchgeführt; diese sollte innerhalb von 12–48 h zur Verbesserung des klinischen Zustandes führen. Einige Autoren empfehlen wie bei der Haemophilus-Meningitis eine Rifampicinprophylaxe für den Indexfall und für enge Kontaktpersonen. Durch die Impfung gegen Haemophilus influenzae Typ B konnte die Inzidenz der Erkrankung massiv gesenkt werden.

Pseudokrupp. Hierbei handelt es sich um eine akute Laryngotracheitis bei Kindern, ausgelöst durch Parainfluenzavirus Typ 3. Die Erkrankung geht mit schwerer Atemnot einher. Die Diagnose kann durch Antikörper- oder Virusnachweis gesichert werden. Spezifische Therapiemaßnahmen stehen nicht zur Verfügung. Es gilt, die Atemwege freizuhalten.

Otitis externa. Die Otitis externa, d. h. Infektion der Ohrmuschel und des Gehörgangs, ist als Infektion der Haut anzusehen. Als Erreger werden daher hauptsächlich S. aureus und S. pyogenes gefunden.

Bei akuter diffuser Otitis externa („Schwimmerohr") und malignen invasiven Formen, die auch in den Knochen und in benachbarte Organe (Meningen, Gehirn) vordringen können, findet sich als Erreger P. aeruginosa, der über eine Reihe von Invasinen verfügt (s. S. 296 ff.). Gerade bei der malignen Otitis ist ein schnelles therapeutisches Eingreifen durch systemische Gaben einer pseudomonaswirksamen Antibiotikakombination oder/und operative Entfernung des nekrotischen Gewebes erforderlich.

ZUSAMMENFASSUNG: Infektionen des oberen Respirationstrakts

Definition. Zu den oberen Respirationstraktinfektionen zählen: Erkältungen (common cold), Pharyngitis und Tonsillitis, Otitis media, Sinusitis, Epiglottitis.

Erregerspektrum:
- *Erkältung:* Viren (Rhino-, Adeno-, Coxsakieviren)
- *Otitis, Sinusitis:* S. pneumoniae, H. influenzae, M. catarrhalis, S. pyogenes, S. aureus (nach vorhergehender Virusinfektion), Aspergillen
- *Pharyngitis:* S. pyogenes (Angina lacunaris), EBV (Pfeiffersches Drüsenfieber), C. diphtheriae (Toxinbildner: Diphtherie), B. pertussis (Keuchhusten), Candida (Soor)
- *Epiglottitis:* H. influenzae Typ B

Diagnosesicherung. Bei therapierefraktären Sinusitiden und Otitiden erforderlich: Punktate (oder Biopsien) aus den Höhlen; Abstriche aus Nase, Nasopharynx oder Gehörgang sind dagegen ungeeignet.

Chemotherapie. Kalkulierte Chemotherapie eitriger Infektionen; Amoxycillin, Oralcephalosporine oder Doxycyclin.

Prävention. Impfungen (Diphtherie, Keuchhusten, H. influenzae Typ B, Pneumokokken). Konsequente Therapie von S.-pyogenes-Infektionen zur Vermeidung von Nachkrankheiten.

6 Pneumonien

K. Miksits, C. Tauchnitz

EINLEITUNG

Eine Pneumonie ist eine Entzündung des Lungengewebes, die ambulant oder nosokomial erworben ist und als Lobär-, Broncho- oder interstitielle Pneumonie verläuft.

6.1 Einteilung

Für die Diagnostik und Therapie von Pneumonien haben sich zwei Einteilungskriterien bewährt: Zum einen werden *alveoläre* und *interstitielle* Pneumonien voneinander unterschieden; erstere spielen sich im Alveolarraum ab, letztere im interstitiellen Bindegewebe. Zu den alveolären Pneumonien gehören die Lobärpneumonie (5%) und die Bronchopneumonie (95%). Zum anderen unterscheidet man *ambulant* und *nosokomial erworbene* Pneumonien. Letztere stehen in ursächlichem Zusammenhang mit einem Krankenhausaufenthalt, die ersteren sind außerhalb des Krankenhauses – ambulant – erworben.

Auch gebräuchlich ist eine Einteilung in primäre, ohne Vorerkrankung, und sekundäre, auf der Grundlage einer Abwehrschwäche entstandene Pneumonien.

6.2 Epidemiologie

Ambulant erworbene Pneumonien machen etwa 1% aller ambulanten Atemwegsinfektionen aus.

Nosokomiale Pneumonien betragen bis zu 15% aller nosokomialen Infektionen, die Letalität erreicht 50% und mehr.

Weltweit gesehen stellen Atemwegsinfektionen, namentlich Pneumonien, die häufigste Todesursache dar.

6.3 Erregerspektrum (Tabelle 6.1)

Ambulant erworbene alveoläre Pneumonien. Der häufigste Erreger dieser Form ist S. pneumoniae, er wird in 50–90% der Erkrankungen diagnostiziert. Weitere Erreger sind H. influenzae und S. aureus. Legionellose-Fälle gehören ebenfalls in diese Gruppe.

Tabelle 6.1. Infektionen des unteren Respirationstrakts: Häufige Erreger

Einteilungskriterium	Erreger
Ambulant erworben	
alveolär	S. pneumoniae
	H. influenzae
	M. catarrhalis
	S. pyogenes
	L. pneumophila
	(S. aureus)
	(Enterobakterien: bei Älteren)
	(P. aeruginosa: bei Mukoviszidose)
interstitiell	M. pneumoniae
	Chlamydien (C. pneumoniae, C. psittaci)
	C. burnetii
	L. pneumophila
	P. carinii
	Viren: Influenzavirus, RSV
Nosokomial erworben	
alveolär	Enterobakterien (E. coli, KES-Gruppe)
	S. aureus
	P. aeruginosa
	L. pneumophila
interstitiell	Viren (CMV)
	L. pneumophila
	P. carinii
	Sproßpilze (z. B. C. albicans)
	Fadenpilze (z. B. A. fumigatus)

Ambulant erworbene interstitielle Pneumonien. Charakteristische Erreger sind M. pneumoniae (etwa 15% der ambulanten Pneumonien), Chlamydien (C. trachomatis bei Neugeborenen, C. pneumoniae bei Erwachsenen, C. psittaci bei Vogelkontakt), selten Legionellen und Viren (Influenza-, Parainfluenza-Viren, Respiratory-Syncytial-Virus; selten, aber schwerwiegend: Adenoviren, Typ 11 und 12, führen zu nekrotisierenden Pneumonien).

Nosokomial erworbene alveoläre Pneumonien. Das Erregerspektrum ist in hohem Maße abhängig von lokalen Faktoren. Häufige Erreger bei Beatmungspneumonien nach dem 4.–5. Beatmungstag sind P. aeruginosa, Enterobakterien (Klebsiella, Enterobacter, Serratia), S. aureus und L. pneumophila.

Disponierende Faktoren. Typische Pneumonieerreger bei AIDS sind P. carinii, Zytomegalievirus und C. neoformans. Granulozytopenie oder Glukokortikoidtherapie disponieren zu invasiven Aspergillosen. Die Glukokortikoidgabe und andere immunsuppressive Therapieformen können darüber hinaus die Entstehung von Pneumocystosen, Zytomegalie- und Nocardienpneumonien und schwere Pneumonien durch Eitererreger begünstigen. Bei Aspirationspneumonien finden sich häufig Anaerobier.

Altersspektrum. Die häufigsten Erreger bei Neugeborenen sind C. trachomatis und B-Streptokokken.

Bei Kindern treten gehäuft Infektionen durch das Respiratory-Syncytial-Virus (RSV), M. pneumoniae und, zwischen dem 5. und 18. Lebensmonat, H. influenzae und Pneumokokken auf.

Jüngere Erwachsene werden vorwiegend von Mykoplasmen und C. pneumoniae infiziert, ältere von Pneumokokken, Legionellen und, im Fall einer maschinellen Beatmung, auch von gramnegativen Stäbchenbakterien und S. aureus.

6.4 Pathogenese

Am Beispiel der Pneumokokken-Pneumonie läßt sich die Pathogenese einer alveolären Pneumonie beschreiben (Abb. 6.1).

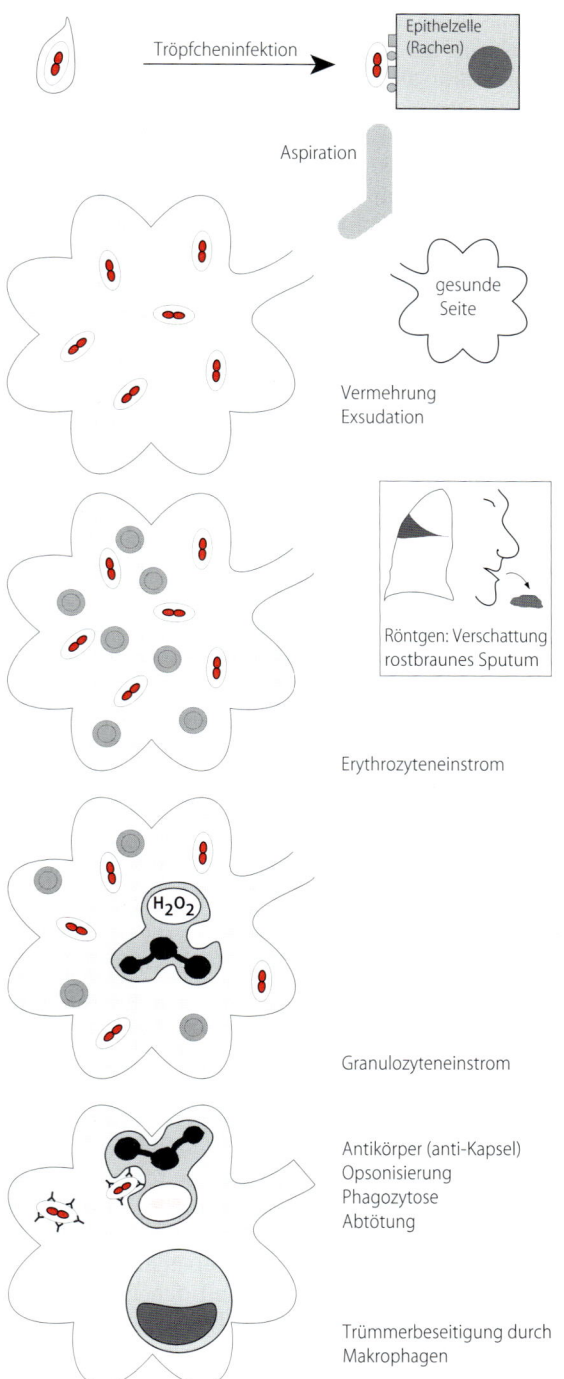

Abb. 6.1. Pathogenese der alveolären Pneumonie

Die Erreger werden aerogen übertragen und siedeln sich auf der Schleimhaut des oberen Respirationstrakts an. Bei 50% der gesunden Erwachsenen lassen sich Pneumokokken als pathologische Kolonisationskeime im Rachen nachweisen. Durch Aspiration gelangt der Erreger in den Alveolarraum; dies kann z.B. durch Schwächung des Hustenreflexes begünstigt sein. Dort verursacht er eine Exsudation in den Alveolarraum, der ein Einstrom von Erythrozyten und später von Granulozyten folgt. Das entzündliche Exsudat schränkt die verfügbare Atemoberfläche ein.

Bei der Pathogenese nosokomialer Pneumonien ist die Erregerquelle von Bedeutung. Enterobakterien entstammen meist dem Gastrointestinaltrakt des Patienten. Andere gramnegative Erreger kommen häufig aus der Umgebung, z.B. aus Beatmungsapparaten. Sie können zu Fehlbesiedlungen des Respirationstrakts führen, z.B. mit P. aeruginosa. Durch Intubation wird ein offener Zugang zum Bronchialsystem geschaffen. Die Schleimhautabwehr (Flimmerepithel, Sekret, Kolonisationsresistenz) wird vom Tubus überlagert und dann in ihrer Funktion gestört – die Erreger gelangen leichter in die Lunge. Bettlägerigkeit stört die Belüftung und die Durchblutung der Lunge, Reinigungsmechanismen des Organs sind behindert – die Erreger können sich leichter etablieren.

6.5 Klinik

Die Symptome leiten sich aus dem Entzündungsgeschehen im Alveolarraum ab. Die exsudationsbedingte Einschränkung der Atemoberfläche führt zu **Atemnot** und ggf. zur **Zyanose**. Entstehen größere Mengen Exsudat, resultiert ein produktiver **Husten**. Der **Auswurf** färbt sich aufgrund der eingeströmten Erythrozyten rostrot, später aufgrund der Granulozyten gelblich (eitrig). Durch die Freisetzung von IL-1 entsteht **Fieber.**

Bei der körperlichen Untersuchung bestehen eine Klopfschalldämpfung und feuchte Rasselgeräusche sowie, bei Lappenbefall, das typische Bronchialatmen. Bei der Lobärpneumonie wird ein ganzer Lungenlappen, bei der Segmentpneumonie werden entsprechende Teile davon infiltriert.

Interstitielle Pneumonien machen sich häufig durch trockenen Husten ohne Auswurf und mäßiggradiges Fieber bemerkbar.

6.6 Mikrobiologische Diagnostik

Die Schritte der mikrobiologischen Diagnostik sind in Abb. 6.2 zusammengefaßt.

Alle Untersuchungsmaterialien für die Erregeranzucht sollen vor Beginn der antimikrobiellen Chemotherapie gewonnen werden.

6.6.1 Untersuchungsmaterial

Sputum. Sputum ist das am leichtesten zu gewinnende Untersuchungsmaterial zur Diagnostik anzüchtbarer Erreger alveolärer Pneumonien. Da bei

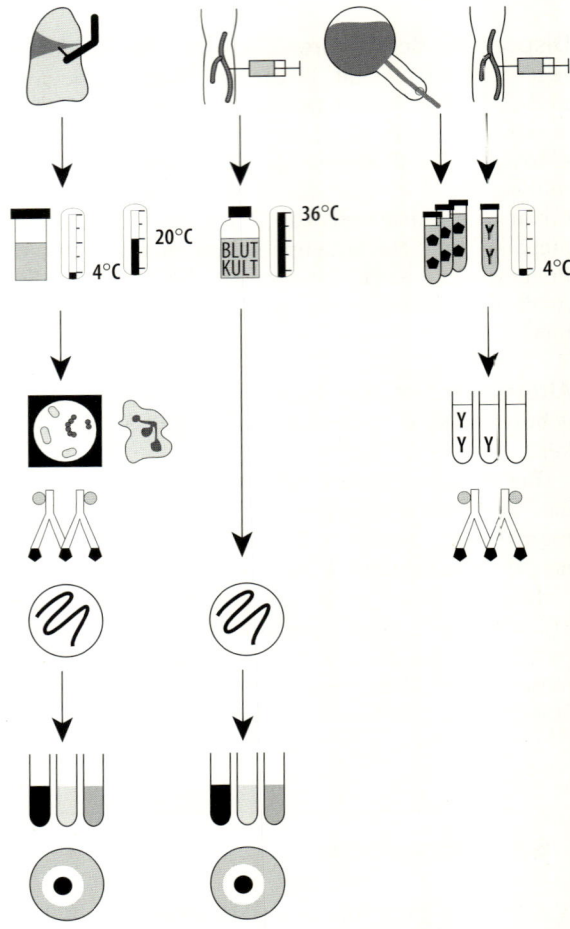

Abb. 6.2. Mikrobiologische Diagnostik bei Pneumonie (Erklärung der Symbole: s. S. 887, Abb. 2.1)

der Gewinnung eine Kontamination durch Mund- und Rachenflora unvermeidlich ist, muß größte Sorgfalt darauf verwendet werden, jene möglichst gering zu halten. Zunächst ist eine gründliche Mundspülung mit Wasser (nicht Desinfektionsmittel) vorzunehmen. Das Sputum muß aus der Tiefe hochgehustet und in ein steriles Gefäß gegeben werden. Es sollte Eiterflocken enthalten. Der Transport ins Labor hat schnellstmöglich zu erfolgen, d.h. bei einer Dauer von weniger als vier Stunden bei Zimmertemperatur, bei längerer Dauer gekühlt (s. Kap. 6.6.2).

Trachealsekret. Dies ist das Material der ersten Wahl bei Intubierten. Nach der Entfernung von oberflächlichen Schleimabsonderungen kann mit einem sterilen Einmalschlauch Sekret aus der Trachea oder den oberen Teilen des Bronchialbaums abgesaugt werden. Bei der Gewinnung ist eine Kontamination durch Mund- oder Rachenflora in der Regel nicht zu vermeiden. Es gelten die gleichen Transportmodalitäten wie für Sputum.

Bronchiallavage. Hat die Untersuchung von Sputum oder Trachealsekret keinen Erregernachweis erbracht oder wird nach Legionella pneumophila oder Pneumocystis carinii gefahndet, so ist die bronchoalveoläre Lavage (BAL) Methode der Wahl. Nach Intubation wird endoskopisch der infizierte Abschnitt des Bronchialsystem aufgesucht und mit ca. 200 ml steriler Kochsalzlösung gespült. Die abgesaugte Spülflüssigkeit wird wie Sputum ins Labor geschickt. Durch die Verwendung spezieller Instrumente („geschützte Bürste") kann die Kontamination durch Standortflora des oberen Respirationstrakts deutlich reduziert werden.

Lungenbiopsie. In lebensbedrohlichen Fällen kann durch transbronchiale oder offene Biopsie Lungengewebe zur Diagnostik entnommen werden.

Blutkulturen. Blutkulturen sollten immer bei Verdacht auf alveoläre Pneumonie angelegt werden. Durch aseptische Punktion gewonnenes Blut wird in einer Blutkulturflasche eingebracht und bei 37 °C transportiert und ggf. gelagert.

Pleurapunktat. Bei exsudativer Begleitpleuritis sollte Pleurapunktat gewonnen werden, da sich der Erreger hier in Reinkultur anzüchten läßt. Die Gewinnung erfolgt durch aseptische Punktion. Transport und ggf. Lagerung sind bei 37 °C vorzunehmen.

Serum. Der serologischen Diagnostik, insbesondere bei interstitiellen Pneumonien, z.B. Mykoplasma-Pneumonien, Q-Fieber und Virus-Pneumonien dient Serum. Nach 14 Tagen ist eine weitere Serumprobe zu gewinnen, um einen Antikörpertiteranstieg festzustellen.

Urin (serologisch). Im Urin lassen sich Legionellenantigene nachweisen.

6.6.2 Vorgehen im Labor

Im Labor werden mikroskopische Präparate angefertigt, und die Sputumprobe auf künstlichen Kulturmedien ausgestrichen. Bronchiallavagen werden quantitativ angelegt und zusätzlich auf Legionellen untersucht. Für den Nachweis von Respiratory-Syncytial-Virus aus dem Rachensekret steht ein Antigen-Schnellnachweis (30 min) zur Verfügung.

Auf spezielle Anfrage werden Spezialuntersuchungen wie die Mykobakteriendiagnostik oder der mikroskopische Nachweis von P. carinii durchgeführt.

6.6.3 Befundbeurteilung

Um die Anzuchtergebnisse aus Respirationstraktssekreten zu bewerten, ist eine mikroskopische Kontrolle der Materialqualität notwendig: Sind mehr als 25 Epithelzellen/Gesichtsfeld bei 100facher Vergrößerung nachweisbar, so ist die Sputumprobe nicht mehr beurteilbar. Bei Bronchiallavagen korreliert die Menge der Flimmerepithelzellen und Alveolarmakrophagen mit dem Spüleffekt: Je besser gespült worden ist, desto mehr dieser Zellen sind nachweisbar.

6.6.4 Weitere diagnostische Maßnahmen

Eine Röntgenuntersuchung des Thorax ist unumgänglich, da Bronchopneumonien der klinischen Diagnostik entgehen können und interstitielle Pneumonien oft klinisch nur spärliche Symptome verursachen. Radiologische Lungenverschattungen können bei Virus- und Mykoplasmenpneumonien nach Rückbildung der klinischen Erscheinungen über Wochen unverändert sichtbar bleiben.

6.7 Therapie

6.7.1 Kalkulierte Therapie

Ambulant erworbene Pneumonien außerhalb des Krankenhauses. Die kalkulierte Therapie ambulant erworbener Pneumonien mit einem Makrolid (Erythromycin, neuere Makrolide) berücksichtigt zwar Mykoplasmen, Chlamydien und Legionellen. Die zunehmende Pneumokokkenresistenz gegenüber Makroliden und deren nicht optimale Wirkung auf H. influenzae legen jedoch die Kombination mit einem Aminopenicillin oder Oralcephalosporin (Gruppe 2/3) nahe.

Ambulant erworbene Pneumonien auf der Normalstation. Bei Patienten, die wegen einer Pneumonie in das Krankenhaus eingeliefert werden, handelt es sich i. d. R. um ältere Patienten mit Begleiterkrankungen, die z. T. mit oralen Antibiotika anbehandelt sind. Bei diesen Pneumonien, die oft auf der Grundlage einer exazerbierten chronischen Bronchitis entstehen, kommen neben den klassischen Erregern der ambulant erworbenen Pneumonie (s. o.) auch häufig Enterobakterien wie E. coli und Klebsiellen vor. Daneben muß bei alten Menschen mit S. aureus gerechnet werden. Diese Patienten sollten daher primär eine parenterale Therapie erhalten, z. B. Cefotiam 1,5 g alle 8 h oder Ceftriaxon 1–2 g alle 24 h bzw. Aminopenicilline in Kombination mit β-Laktamaseinhibitoren. Bei Verdacht auf Legionellen muß mit Makroliden kombiniert werden.

Ambulant erworbene Pneumonien auf der Intensivstation. Kombination eines Cephalosporins der 3. Generation, z. B. Ceftriaxon 2 g alle 24 h und Chinolon oder Makrolid.

Nosokomiale Pneumonie. Insbesondere bei Beatmungspneumonien muß in hohem Maße mit Enterobakterien und Pseudomonas aeruginosa gerechnet werden. Die kalkulierte Therapie erfordert deshalb pseudomonaswirksame Cephalosporine (z. B. Ceftazidim) oder ein Carbapenem, Piperacillin-Tazobactam bzw. ein i. v. Fluorchinolon.

Pneumonien bei Abwehrdefekten. Bei Verdacht auf eine Pneumocystis-carinii-Pneumonie ist eine Behandlung mit Cotrimoxazol i. v. einzuleiten, bei Verdacht auf eine invasive Aspergillose eine Therapie mit Amphotericin B. Pneumonien auf der Grundlage einer exazerbierten chronischen Bronchitis, häufig bei älteren Patienten, können durch Enterobakterien verursacht werden. Dem wird durch den Einsatz von Aminopenicillinen in Kombination mit β-Laktamaseinhibitoren oder von Basiscephalosporinen in der kalkulierten Initialtherapie Rechnung getragen.

6.7.2 Gezielte Therapie

Die gezielte Therapie erfolgt nach Antibiogramm bzw. an Hand der gesicherten bakteriologischen Diagnose. Falls möglich, ist eine Umstellung auf ein Medikament mit engerem Spektrum empfehlenswert.

6.7.3 Symptomatische Therapie

Alle Maßnahmen, die die Belüftung und Durchblutung der Lunge unterstützen, helfen bei der Linderung der Beschwerden und bei der Beseitigung des Erregers, z. B. atemgymnastische Übungen.

6.8 Prävention

Chemoprophylaxe. Eine Chemoprophylaxe kommt v. a. bei abwehrgeschwächten Patienten in Frage. Zur Prophylaxe einer Pneumocystis-carinii-Pneumonie kann dreimal wöchentlich Cotrimoxazol eingenommen werden, bei Allergie dagegen ist eine Pentamidin-Inhalation möglich. Mit Fluconazol (100 mg 2× pro Woche) kann einer Kryptokokkose vorgebeugt werden. Die Inhalation von Amphotericin B senkt die Inzidenz einer pulmonalen Aspergillose.

Schutzimpfung. Bei Disposition zu Pneumokokkeninfektionen kann eine Impfung gegen Pneumokokkenkapselantigene durchgeführt werden (s. S. 223 ff.).

Durch die H.-influenzae-Typ-B-(HiB-)Impfung ließ sich die Inzidenz von Pneumonien bei Kleinkindern durch diesen Erreger erheblich reduzieren.

Eine Schutzimpfung gegen Influenza ist bei allen gefährdeten Personen jährlich empfehlenswert.

6.9 Weitere Infektionen des unteren Respirationstrakts

Bronchitis. Die akute Bronchitis, klinisch v. a. charakterisiert durch Husten, wird hauptsächlich durch Viren verursacht, am häufigsten durch Influenza-, Parainfluenza-, Adeno-, Rhino-, Coronaviren und Respiratory-Syncytial-Virus. Zu den seltenen bakteriellen Erregern gehören M. pneumoniae, B. pertussis und C. pneumoniae.

Anders die akute Exazerbation einer chronischen Bronchitis, die durch Husten und Auswurf über mehr als zwei Monate innerhalb von zwei Jahren definiert ist: Diese wird durch Bakterien, die sich auf dem vorgeschädigten Respirationstrakt ansiedeln, verursacht. Hierzu zählen Pneumokokken, H. influenzae, S. aureus, Enterobakterien und P. aeruginosa. Dementsprechend kommen Aminopenicillin-β-Laktamaseinhibitor-Kombinationen oder Basiscephalosporine in der kalkulierten Therapie zum Einsatz. Die Erregerdiagnose wird durch Anzucht aus den häufig reichlich vorhandenen Respirationstraktsekreten (Sputum; s. o.) gestellt. Sie sollte angesichts der häufiger notwendigen antimikrobiellen Therapie und der damit verbundenen Resistenzentwicklung sowie der Vorschädigung des Patienten durchgeführt werden.

Lungenabszesse. Diese können auf der Basis einer Aspiration oder einer nekrotisierenden Pneumonie sowie als septische Absiedlung entstehen. Bei Aspiration dominieren Anaerobier aus der Mundhöhle (besonders bei schlechter Mund- und Zahnhygiene), bei nekrotisierender Pneumonie S. aureus und bei septischen Metastasen der jeweilige Sepsiserreger, z. B. S. aureus oder E. coli.

Die Diagnose wird hauptsächlich klinisch und radiologisch gestellt. Eine mikrobiologische Erregersicherung ist bei Aspirationsabszessen angesichts des bekannten Erreger- und Resistenzspektrums meist nicht notwendig, Sputumkulturen sind nicht hilfreich und invasive Prozeduren zu risikoreich. Therapeutisch entscheidend ist eine Abszeßdrainage (meist transbronchial), unterstützend wirkt Clindamycin bei Abszessen nach Aspiration.

Als Komplikation kann sich ein Pleuraempyem entwickeln. Hierbei lassen sich die Erreger aus dem Pleurapunktat isolieren, die Drainage des Eiters ist therapeutisch vordringlich.

Tuberkulose. Bei allen unklaren Infektionen der Lunge muß auch an eine Tuberkulose gedacht werden, insbesondere wenn die kalkulierte Chemotherapie nicht wirksam ist (s. S. 378 ff.).

ZUSAMMENFASSUNG: Pneumonien

Definition. Exsudative (alveoläre) oder infiltrative (interstitielle) Entzündung des Lungenparenchyms führen zu einer Minderung der Atemfunktion. Disponierende Faktoren: Abwehrdefekte. Als nosokomiale Infektion vor allem bei Intubation und maschineller Beatmung.

Leitsymptome. Atemnot, Fieber, Husten (Auswurf); feuchte Rasselgeräusche, Klopfschalldämpfung, Röntgenthorax: Infiltrate (Verschattung).

Erregerspektrum:
- *Ambulant erworben, alveolär:* S. pneumoniae (50–90%), H. influenzae, S. aureus, Legionellen
- *Ambulant erworben, interstitiell:* M. pneumoniae, C. pneumoniae, Legionellen, C. psittaci, Coxiellen, Viren (Influenza-, Parainfluenza-, Adenoviren, RSV)
- *Nosokomial:* S. aureus, P. aeruginosa, Enterobakterien (Beatmungspneumonien)
- *Abwehrschwäche:* auch Pilze (Candida, Aspergillen, Pneumocystis).

Diagnosesicherung. Erregeranzucht aus Respirationstraktsekret und ggf. aus Blutkulturen. Speziell bei Erregern interstitieller Pneumonien: Antikörpernachweis (Serum). Legionellenantigen im Urin nachweisbar.

Chemotherapie. *Ambulant* erworben: Makrolid, in Kombination mit einem Aminopenicillin oder Oralcephalosporin. *Nosokomial:* nach Erregerspektrum entsprechend der PEG-Empfehlung, d.h. mit einer auch pseudomonaswirksamen Therapie.

Prävention. Impfungen (Influenza, Pneumokokken); Asepsis bei Beatmeten; Atemgymnastik; Beseitigung disponierender Faktoren; Legionellen: Wasser- und Klimatechnik!

EINLEITUNG

Harnwegsinfektionen sind erregerbedingte entzündliche Erkrankungen der Nieren und ableitenden Harnwege.

Als Harnwegsinfektionen im engeren Sinn sind die Zystitis und die Pyelonephritis abzugrenzen. Diese unterscheiden sich erheblich von Infektionen der Urethra oder Prostata bezüglich der Pathogenese, des Erregerspektrums und des diagnostischen und therapeutischen Vorgehens (für diese s. S. 961).

7.1 Einteilung

Nach Lokalisation. Die Harnwegsinfektionen werden in *untere* – Zystitis – und *obere* – Pyelonephritis – eingeteilt. Bei der Pyelonephritis ist neben dem Nierenbecken auch stets das Nierenparenchym infiziert. Die Hauptgefahr einer akuten Pyelonephritis ist die Urosepsis. Eine wesentliche Komplikation bei chronischer Pyelonephritis ist die fortschreitende und schließlich terminale, dialysepflichtige Niereninsuffizienz.

Kompliziert – unkompliziert. Als unkomplizierte Harnwegsinfektionen werden Zystitiden bei Frauen ohne disponierende Grundkrankheiten bezeichnet. Komplizierte Harnwegsinfektionen sind Infektionen bei Männern, Kindern, Schwangeren, alle Pyelonephritiden und alle Infektionen auf der Basis von Grundkrankheiten wie Obstruktionen der Harnwege, Fremdkörper, z.B. Steine oder Katheter, und nach Nierentransplantation.

Einige Autoren unterscheiden noch unkomplizierte von komplizierten Pyelonephritiden; letztere entstehen auf der Basis von Grundkrankheiten.

7.2 Epidemiologie

Etwa 10–20% aller erwachsenen Frauen haben mindestens einmal eine symptomatische Harnwegsinfektion in ihrem Leben; die Prävalenz einer Bakteriurie bei jungen Frauen beträgt 1–3%. Von diesen werden ca. 25% symptomatisch. Harnwegsinfektionen stellen die häufigste Indikation für eine antimikrobielle Chemotherapie dar. Von Harnwegsinfektionen gehen die meisten Fälle der nosokomialen Sepsis aus (ca. 30%).

Während in den ersten drei Lebensmonaten Harnwegsinfektionen deutlich häufiger bei Knaben auftreten, dominieren bei Kindern und Erwachsenen weibliche Patienten (bis zu 30:1). Jenseits des 65. Lebensjahres gleicht sich der Anteil männlicher Patienten dem der weiblichen an.

7.3 Erregerspektrum

Das Erregerspektrum von Harnwegsinfektionen ist in Tabelle 7.1. zusammengefaßt. Die Erreger entstammen in den meisten Fällen der körpereigenen

Tabelle 7.1. Harnwegsinfektionen (Zystitis, Pyelonephritis): Häufige Erreger

Umstände des Erwerbs	Erreger
ambulant	E. coli Enterokokken S. saprophyticus
nosokomial	E. coli KES-Gruppe Proteus spp Staphylokokken P. aeruginosa Sproßpilze

Flora, insbesondere dem Darm oder einer mit Darmflora fehlbesiedelten Vagina.

Unkomplizierte Harnwegsinfektionen. Der häufigste Erreger ist E. coli (80–90%). Zu rechnen ist auch mit anderen Enterobakterien (Klebsiella-, Proteus-Arten), mit Enterokokken und v. a. bei jungen Frauen mit S. saprophyticus, dem Erreger der „Honeymoon"- oder Deflorations-Zystitis.

Komplizierte Harnwegsinfektionen. Bei komplizierten und insbesondere bei nosokomialen Harnwegsinfektionen bleibt E. coli zwar der häufigste Erreger, jedoch steigt der Anteil von anderen Enterobakterien, Enterokokken und P. aeruginosa am Erregerspektrum an. Katheterassoziierte Infektionen werden häufig von Sproßpilzen und S. epidermidis, aber auch von anderen typischen Harnwegsinfektionserregern verursacht.

7.4 Pathogenese

Die Erreger aszendieren aus der Umgebung der Harnröhrenöffnung, namentlich dem Darmausgang oder einer fehlbesiedelten Vagina, transurethral in die Harnblase und ggf. weiter in die Niere; sie adhärieren, siedeln sich an und vermehren sich (Abb. 7.1).

Dieses Aufsteigen und die Ansiedlung werden durch Virulenzfaktoren der Erreger (z. B. Adhäsine: Typ-1- und P-Fimbrien von E. coli, und Geißeln zur Beweglichkeit) ermöglicht und durch disponierende Faktoren des Wirts begünstigt. Zu diesen gehören die Kürze der weiblichen Harnröhre, alle Störungen des Urinabflusses (intraluminale Steine, äußere Obstruktionen durch Tumoren oder eine hypertrophierte Prostata, Restharn, Urinreflux), Schwangerschaft (Peristaltikhemmung, Dilatation des harnableitenden Systems durch Relaxation, Druck auf Blase und Ureteren) und Diabetes mellitus (Abwehrschwäche). Von besonderer Bedeutung sind Harnblasenkatheter. Diese umgehen die natürlichen Verschlußmechanismen der Harnblase, verhindern die peristaltische Erregerelimination und beeinträchtigen die Kolonisationsresistenz. Darüber hinaus begünstigen sie die Biofilmbildung.

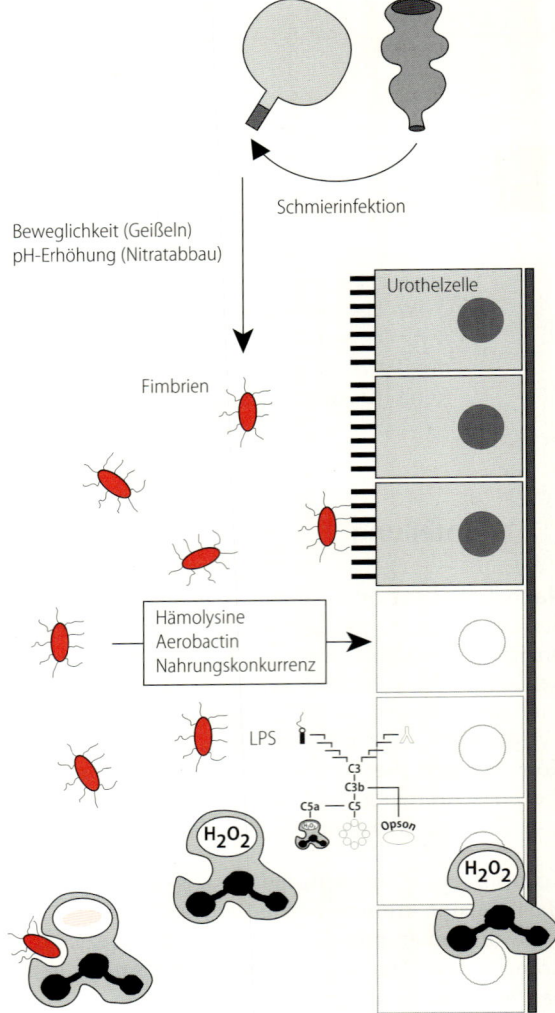

Abb. 7.1. Pathogenese der Harnwegsinfektion

Die angesiedelten Erreger induzieren über ihre Zellwandbestandteile (z. B. LPS) eine eitrige Entzündungsreaktion (Leukozyturie, ggf. Fieber), teilweise scheinen sie auch als Nahrungskonkurrenten der Epithelzellen schädigend zu wirken. Einige, z. B. Proteusarten, produzieren Urease. Diese kann einerseits über eine Alkalisierung des Urins zur Steinbildung beitragen, andererseits steht sie mit der Invasion des Erregers in das Gewebe in Zusammenhang.

7.5 Klinik

Die Leitsymptome der *Zystitis* sind brennende Schmerzen beim Wasserlassen (Dysurie), vermehrter Harndrang (Pollakisurie) und ein suprapubischer Schmerz.

Erst bei einer *Pyelonephritis* kann Fieber hinzutreten. Die Patienten klagen zusätzlich über Schmerzen im Nierenlager, die bei der körperlichen Untersuchung als Klopfschmerz imponieren.

Bei alten Patienten, unter Immunsuppression und bei kleinen Kindern kann die Symptomatik uncharakteristisch sein.

Treten die Beschwerden rezidivierend (Rückkehr des identischen Erregers) oder als Reinfektion auf, müssen disponierende Grundkrankheiten (s.o.) ausgeschlossen werden.

Die Dysurie ist auch ein Leitsymptom der Urethritis, die differentialdiagnostisch abzugrenzen ist.

7.6 Mikrobiologische Diagnostik

Die Schritte der mikrobiologischen Diagnostik sind in Abb. 7.2 zusammengefaßt.

Indikation zur Erregerdiagnostik. Bei einer so häufigen Erkrankung wie der Harnwegsinfektion stellt sich die Frage: In welchen Fällen muß eine mikrobiologische Erregersicherung erfolgen, und wann kann darauf verzichtet werden?

Dies wird, auch unter Berücksichtigung der Kosten, folgendermaßen beantwortet: Bei unkomplizierten, ambulant erworbenen Harnwegsinfektionen kann auf die Diagnostik verzichtet werden, bei allen nosokomialen und allen komplizierten Harnwegsinfektionen sind die Erregeridentifizierung und -sensibilitätsbestimmung anzustreben, ebenso bei Therapieversagen.

7.6.1 Untersuchungsmaterial

Die mikrobiologische Diagnostik von Harnwegsinfektionen ist in besonderem Maße von der sorgfältigen Materialgewinnung und einem ordnungsgemäßen Probentransport abhängig. Werden hier Fehler gemacht, steigt die Zahl der Fehldiagnosen und damit die Gefahr gravierender Komplikationen bis hin

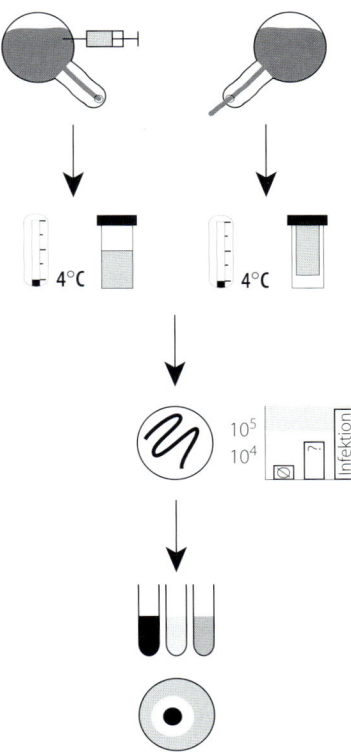

Abb. 7.2. Mikrobiologische Diagnostik bei Harnwegsinfektionen. (Erklärung der Symbole: s. S. 887, Abb. 2.1)

zur chronischen Niereninsuffizienz mit Dialysepflichtigkeit und Nierentransplantation (Immunsuppression).

Die erste Probe sollte vor Beginn einer antimikrobiellen Chemotherapie gewonnen werden. Sind weitere diagnostische Proben erforderlich, z.B. bei Therapieversagen, empfiehlt sich eine Probennahme ca. zwei Tage nach Absetzen der Chemotherapie.

Mittelstrahlurin. Mittelstrahlurin ist das Material der ersten Wahl, da es ohne instrumentellen Eingriff gewonnen werden kann.

Für die korrekte Gewinnung müssen folgende Bedingungen eingehalten werden:
- Die Verweildauer des Urins in der Blase muß mindestens drei Stunden betragen; am besten eignet sich daher Morgenurin.
- Vor der Gewinnung ist die Umgebung der Harnröhrenöffnung mit „einwandfreiem" Wasser dreimal (bei Frauen von ventral nach dorsal) zu reinigen, bei Frauen ist der letzte Reinigungstupfer in die Vagina einzulegen, um Kontaminationen durch Vaginalflora zu vermeiden.

- Nach Verwerfen der ersten 10–20 ml werden ca. 5–10 ml Urin in ein steriles, fest verschließbares Probengefäß gefüllt, ohne den Urinstrahl mit Haut oder Schamhaaren in Verbindung zu bringen, der Rest wird verworfen.
- Das beschriftete Probengefäß wird gekühlt innerhalb von 4 Stunden ins Labor transportiert. Alternativ kann umgehend eine Objektträgerkultur (z.B. „Uricult") beimpft werden: Durch kurzes vollständiges Eintauchen in die Urinprobe und anschließendes Abtropfenlassen wird die Bakterienkonzentration auf den Kulturmedien fixiert; der Kulturmedienträger wird dann sofort bebrütet oder bei Zimmertemperatur ins Labor geschickt.

Blasenpunktat. Ist die Gewinnung von Mittelstrahlurin nicht möglich oder ohne verwertbares Ergebnis, steht als nächste Alternative die Gewinnung von Blasenpunktionsurin zur Verfügung. Dieser wird durch aseptische Punktion gewonnen. Vor der Gewinnung müssen folgende Bedingungen erfüllt und überprüft sein:
- Gefüllte Harnblase;
- keine operativen oder krankheitsbedingten (z.B. Tumor) Veränderungen der lokalen Anatomie,
- keine Blutgerinnungsstörungen,
- keine Infektionen im Bereich der Einstichstelle.

Diese Art der Materialgewinnung ist auch für Kinder und Schwangere geeignet, obwohl diese nie über eine gefüllte Harnblase verfügen.

Katheterurin. Katheterurin ist das Material der Wahl, wenn bereits aus anderen Gründen eine Katheterisierung erfolgt oder geplant ist. Einmalkatheterisierungen zur mikrobiologischen Diagnostik sind aufgrund ihrer erheblichen Infektionsgefahr nur dann indiziert, wenn ohne Mittelstrahlurin oder Blasenpunktat eine Diagnose gestellt werden muß. Bei Schwangeren und Kindern ist die Prozedur kontraindiziert.

Die Gewinnung erfolgt unter aseptischen Bedingungen, der Transport gekühlt innerhalb von vier Stunden. Praktikabler ist die Anlage von Objektträgerkulturen.

Blutkulturen. In 30–40% der Fälle von fieberhafter Pyelonephritis ist der Erreger auch im Blut zu finden. Daher sollten dabei auch Blutkulturen angelegt werden, ebenso bei Verdacht auf eine Urosepsis (s. S. 951 ff.).

7.6.2 Vorgehen im Labor

Im Labor erfolgt eine *quantitative* Anlage der Urinproben; die Verwendung von Objektträgerkulturen entspricht in etwa einer quantitativen Bestimmung. Zusätzlich wird jede Urinprobe auf den Gehalt an antibakteriellen Substanzen geprüft.

7.6.3 Befundinterpretation

Während jede Anzucht von Bakterien aus dem normalerweise sterilen Blasenpunktat als Erregernachweis zu werten ist (Ausnahme: Kontaminanten der Hautflora), bedarf das Anzuchtergebnis transurethral gewonnener Urinproben einer fachkundigen Beurteilung. Hierbei gilt es, die stets vorhandenen Kontaminanten aus der Standortflora der vorderen Urethra von eigentlichen Erregern aus Harnblase und Niere abzugrenzen. Es werden folgende Kriterien herangezogen:

Bakterienkonzentration. Eine Konzentration von $\geq 10^5$ Bakterien/ml Mittelstrahlurin (Kass-Zahl) spricht für eine Zystitis bzw. Pyelonephritis (signifikante Bakteriurie). Bei einer Konzentration unter 10^4/ml liegt in der Regel keine Zystitis oder Pyelonephritis vor.

Diese Art der Bewertung gilt nur dann, wenn die obigen Abnahme- und Transportbedingungen eingehalten und noch keine Antibiotika verabreicht worden sind. Zu kurze Verweildauer, Kontamination bei der Abnahme, falscher Transport oder antimikrobielle Substanzen in der Probe können falsch niedrige oder falsch hohe Bakterienkonzentrationen bedingen und damit die Beurteilung unmöglich machen.

Bei Kindern und unter Antibiotikatherapie können jedoch auch niedrigere Konzentrationen klinische Bedeutung besitzen.

Angezüchtete Mikroorganismen. Harnwegsinfektionen sind zu etwa 95% Monoinfektionen, Mischinfektionen sind selten. Die meisten Infektionserreger sind gramnegative Stäbchenbakterien und die Bestandteile der Urethralflora, v.a. grampositive Kokken. Wird in Reinkultur ein gramnegatives Stäbchen angezüchtet, spricht dies für die Isolierung des Erregers, kultiviert man dagegen eine Mischflora ($\geqslant 3$ verschiedene Arten) muß i.a. eine Kontamination angenommen werden.

Kontrolluntersuchungen. Sind die klinischen Befunde und die Laborergebnisse diskrepant, so müssen Kontrolluntersuchungen durchgeführt werden. Läßt sich ein Ergebnis mit korrekt gewonnenen Proben mehrmals (mindestens $2\times$) reproduzieren, spricht dies mit hoher Wahrscheinlichkeit für seine Richtigkeit.

Werden trotz klinischer Beschwerden keine Erreger gefunden, muß an eine Urethritis gedacht und die entsprechende Diagnostik durchgeführt werden (s. S. 961 ff.). Ebenso sind spezielle, nicht mit der Urin-Routinediagnostik erfaßte Erreger, v. a. M. tuberculosis oder strikt anaerobe Bakterien, in die differentialdiagnostischen Überlegungen einzubeziehen.

7.6.3 Weitere diagnostische Maßnahmen

Zur Beurteilung ist die Kenntnis über das Bestehen einer Leukozyturie (>10 Leukozyten/mm^3) von besonderer Bedeutung („Harnstatus"). Bei einer Harnwegsinfektion besteht in der Regel eine Leukozyturie. Fehlt die Leukozyturie bei signifikanter Bakteriurie, weist dies auf Entnahmefehler hin. Bei Leukozyturie ohne signifikante Bakteriurie ist an eine Urethritis oder an untypische Erreger, z.B. M. tuberculosis, zu denken, sowie an die zahlreichen nicht durch Erreger bedingten Nierenerkrankungen (Glomerulonephritis, Nephrosklerose, Zystennieren, Gichtniere, Kimmelstiel-Wilson-Erkrankung). In diesen Fällen sind Kontrolluntersuchungen unter besonders gründlicher Einhaltung der Entnahmerichtlinien bzw. Spezialuntersuchungen indiziert.

7.7 Therapie

Die Behandlung von Harnwegsinfektionen umfaßt die Therapie der eigentlichen Infektion und die der disponierenden Grundkrankheit(en).

Indikation. Eine Indikation zur antimikrobiellen Chemotherapie stellt jede *symptomatische* Infektion dar. Asymptomatische Infektionen bedürfen in der Regel keiner Chemotherapie, außer bei

Schwangeren, da es bei Harnwegsinfektionen in der Schwangerschaft zu Frühgeburten oder zur Geburt minderentwickelter Kinder kommen kann. Behandelt werden sollte auch bei Diabetes mellitus, allgemeiner Abwehrschwäche, bei bereits eingeschränkter Nierenfunktion und bei Einnierigkeit sowie bei Männern.

Therapieziel. In den meisten Fällen wird eine klinische Heilung bzw. mikrobiologische Sanierung angestrebt. In einigen Spezialfällen kann sich das Therapieziel ändern: Bei Patienten mit Steinen oder Dauerkatheter kann eine mikrobiologische Sanierung nicht erreicht werden. Das Therapieziel ist dann die Beseitigung der klinischen Symptome, insbesondere des Fiebers.

Zur Therapie verwendet man Chemotherapeutika *und* Flüssigkeitszufuhr zur Erhöhung des Harnflusses, z. B. mit sogenannten Blasentees.

7.7.1 Kalkulierte antimikrobielle Chemotherapie

Die kalkulierte Therapie ambulant erworbener Harnwegsinfektionen wird im unkomplizierten Fall mit Trimethoprim-Sulfonamid, in komplizierten Fällen mit einem Fluorchinolon, z.B. mit Ciprofloxacin, durchgeführt. Daneben kommen auch Oralcephalosporine zur Anwendung.

Bei bestehender Schwangerschaft kann ein Aminopenicillin gegeben werden.

In Fällen rezidivierender Harnwegsinfektionen sollten mikrobiologische Ergebnisse vorangegangener Episoden vorliegen; deren Ergebnisse können für die Wahl der kalkulierten Therapie hilfreich sein.

Bei nosokomialen Harnwegsinfektionen muß das ständig aktualisierte lokale Erreger- und Resistenzspektrum berücksichtigt werden.

7.7.2 Gezielte antimikrobielle Chemotherapie

Die gezielte Therapie erfolgt nach dem Vorliegen eines Antibiogramms bzw. an Hand der gesicherten Diagnose.

Unkomplizierte Harnwegsinfektionen werden meist über drei Tage antibiotisch behandelt (bei Cephalosporingabe bis zu einer Woche), bei Pyelo-

nephritis werden 14tägige Zyklen bevorzugt. Nach 48–72 h sollte sich ein Therapieerfolg einstellen, anderenfalls ist an komplizierende Grunderkrankungen, besonders im Bereich des harnableitenden Systems, zu denken.

Eine Kontrolle der bakteriologischen Sanierung sollte 1–2 Wochen nach Abschluß der Chemotherapie erfolgen.

7.7.3 Therapie disponierender Faktoren

Da fast alle Erreger von Harnwegsinfektionen fakultativ pathogen sind, kommt der Behandlung der disponierenden Grundkrankheiten und Faktoren eine besondere Bedeutung zu.

Ohne die Beseitigung harnabflußbehindernder Obstruktionen, intraluminärer Steine, von Tumoren oder einer Prostatahypertrophie ist die Behandlung einer Infektion langfristig erfolglos, und es muß mit Rezidiven gerechnet werden.

Eine bakteriologische Sanierung von Harnwegsinfektionen auf dem Boden eines liegenden Katheters gelingt ohne Katheterentfernung nicht: Hier muß nicht nur die katheterbedingte lokale Ab-

wehrschwäche, sondern auch der Biofilm (auf dem Katheter) beseitigt werden.

Die korrekte Einstellung eines Diabetes mellitus oder die schnelle Beseitigung einer Immunsuppression mindern das Risiko von Harnwegsinfektionen.

Persistierende Harnwegsinfektionen bei nicht behandelbaren Grundkrankheiten, d.h. bei Vorhandensein von Ausheilungshindernissen, können eine langfristige Suppressionstherapie erfordern. Dafür eignet sich z.B. Trimethoprim-Sulfonamid in halber Dosierung.

7.8 Prävention

Eine Chemoprophylaxe wird für Dauerkatheterträger abgelehnt. Eine Prophylaxe bei häufig rezidivierenden Harnwegsinfektionen kommt erst nach erwiesener Ausheilung der vorangegangenen Infektion in Betracht. Man verwendet dabei Nitrofurantoin oder Trimethoprim-Sulfonamid in einem Achtel der therapeutischen Dosis.

 ZUSAMMENFASSUNG: Harnwegsinfektionen

Definition. Zystitis und Pyelonephritis (Nierenbecken und -parenchym); endogene Infektionen (Darmflora aszendierend). *Begünstigend:* Harnabflußhindernisse, Schwangerschaft, Diabetes mellitus und v.a. (transurethrale) Katheter.

Leitsymptome. Zystitis: Dysurie, Pollakisurie, bei Pyelonephritis zusätzlich Fieber und schmerzhafte Nierenlager.

Erregerspektrum. *Ambulant:* E. coli, Enterokokken, S. saprophyticus (Honeymoon-Zystitis). *Nosokomial:* E. coli und andere Enterobakterien, Staphylokokken, P. aeruginosa.

Diagnosesicherung. Anzucht aus Urin (Mittelstrahlurin, Blasenpunktat; Ausnahme: Katheterurin). Da das *Blasenpunktat* steril ist, muß jedes Isolat als Erreger gewertet werden. *Transurethrale Proben* enthalten Standortflora, daher hier quantitative Analyse ($\geq 10^5$/ml). *Wichtig:* Einhaltung der Entnahmerichtlinien (mindestens 3 h Verweildauer in der Blase, Reinigung der Harnröhrenöffnung, Mittelstrahl, gekühlter schneller Transport); besser: Objektträgerkulturen (z.B. Uricult).

Chemotherapie. Trimethoprim-Sulfonamid, Fluorchinolone, Oralcephalosporine.

Prävention. Beseitigung disponierender Faktoren (z.B. Katheter entfernen!).

EINLEITUNG

Genitaltraktinfektionen betreffen die Organe des Genitaltrakts, insbesondere die Urethra, die Vagina, den Uterus, speziell die Cervix uteri, und die Adnexorgane Salpinx und Ovar bzw. Prostata, Hoden und Nebenhoden. Sie werden meist durch sexuell übertragene Erreger ausgelöst.

Sexuell übertragbare Infektionen werden hauptsächlich durch den Geschlechtsverkehr übertragen. Sie manifestieren sich meist, aber nicht ausschließlich, am Genitaltrakt und heißen daher auch Geschlechtskrankheiten.

Geschlechtskrankheiten i.e.S. sind die im Gesetz zur Bekämpfung der Geschlechtskrankheiten aufgeführten vier nicht namentlich meldepflichtigen Infektionen Gonorrhoe, Syphilis, Ulcus molle und Lymphogranuloma venereum.

Aus dem sexuellen Übertragungsweg ergeben sich praktische Konsequenzen: Diagnostik, Therapie und Prävention dürfen nicht auf den Patienten selbst beschränkt bleiben, sondern müssen auch auf den oder die Sexualpartner (als Infektionsquelle oder Infektionsziel) und ggf. auf Neugeborene ausgedehnt werden.

Das wichtigste Standbein der Primärprävention ist die Aufklärung über die Übertragungswege und über geeignete Schutzmaßnahmen (vorwiegend Expositionsprophylaxe).

8.1 Einteilung

Die Einteilung erfolgt üblicherweise primär nach der Lokalisation der Erkrankung und danach nach dem Erreger. Man unterscheidet Urethritis, Vaginitis, Zervizitis, Adnexitis, aufsteigende Genitaltraktinfektionen [„pelvic inflammatory disease" (PID)], Prostatitis, Epididymitis, Orchitis. Abhängig von sexuellen Praktiken können sexuell übertragene Infektionen an anderen Körperstellen entstehen: Proktitis, Pharyngitis.

Sexuell übertragene zyklische Allgemeininfektionen wie Syphilis, Hepatitis B und die HIV-Infektion generalisieren im gesamten Körper und befallen typische Zielorgane (Endothelzellen, Hepatozyten, CD4$^+$-Zellen).

8.2 Epidemiologie

Die jährliche Zahl gemeldeter Gonorrhoefälle in Deutschland beträgt ca. 700. Gleiches gilt für die Syphilis, deren Fallzahl etwa 300 pro Jahr aus-macht. Allerdings muß mit einer ganz erheblichen Dunkelziffer gerechnet werden. Ulcus molle und Lymphogranuloma venereum sind in Deutschland Raritäten.

Über Chlamydieninfektionen liegen nur eingeschränkt Daten vor. Die CDC schätzen für die USA 4 Mio Neuerkrankungen pro Jahr und eine Durchseuchung der sexuell aktiven Bevölkerung von ca. 15%.

Die Durchseuchung mit Hepatitis-B-Virus beträgt ca. 2–4%.

8.3 Erregerspektrum

Das Erregerspektrum von Genitaltraktinfektionen und sexuell übertragbaren Krankheiten ist in Tabelle 8.1 zusammengefaßt. Häufig handelt es sich um obligat pathogene Erreger.

Vaginitis. Die typischen Vaginitiserreger sind Sproßpilze (v.a. C. albicans), Trichomonas vaginalis und Gardnerella vaginalis (in Kooperation mit

Tabelle 8.1. Infektionen des Genitaltrakts und STD: Häufige Erreger

Syndrom	Erreger
Vaginitis	T. vaginalis (Trichomonaden) G. vaginalis C. albicans (Sproßpilze) Herpes-simplex-Viren
Urethritis, Zervizitis, aszendierende Infektionen	N. gonorrhoeae C. trachomatis (D–K) Herpes-simplex-Viren U. urealyticum (Mykoplasmen)
Weitere Lokalinfektionen	H. ducreyi (Ulcus molle) Papillomviren (Tumoren) (Filzläuse)
Zyklische Allgemeininfektionen	T. pallidum (Syphilis) HIV HBV HCV C. trachomatis (L1–L3)

STD = sexually transmitted diseases

verschiedenen obligat anaeroben Bakterien). Daneben finden sich Herpes-simplex-Viren (HSV), Humane Papilloma-Viren (HPV) und in Ausnahmefällen N. gonorrhoeae und C. trachomatis sowie M. tuberculosis, Salmonellen, Aktinomyzeten, Schistosomen, Oxyuren.

Urethritis, Zervizitis, aszendierende Genitaltraktinfektionen. Die typischen Erreger sind N. gonorrhoeae, C. trachomatis (Typ D–K) und Herpes-simplex-Viren (bes. HSV-2). Ebenfalls bedeutsam sind B-Streptokokken (S. agalactiae), Ureaplasmen und Humane Papillomviren. Andere Erreger treten nur gelegentlich oder selten auf; die Rolle von T. vaginalis ist nicht abschließend geklärt.

Seltener kommen unspezifische fakultativ und obligat anaerobe Eitererreger (z. B. Enterobakterien, Staphylokokken, Streptokokken, Bacteroides) als Erreger vor, meist in Mischinfektionen.

Für praktische Zwecke bedeutsam ist das Vorkommen von Doppel- und Mehrfachinfektionen; besonders häufig besteht eine Doppelinfektion durch N. gonorrhoeae und C. trachomatis.

Ektoparasitosen. Sexuell übertragen werden können auch Filzläuse (Phthirus pubis) und die Scabies-Milben (Sarcoptes scabiei).

8.4 Pathogenese

Da es sich meist um definierte Krankheitsentitäten handelt, sei hier auf die speziellen Erregerbeschreibungen verwiesen.

Den meisten Erregern ist gemeinsam, daß sie sich zunächst an der Eintrittsstelle vermehren.

Aszendierende Infektionen, allen voran die Gonorrhoe und die Chlamydien-Infektion, verursachen chronische Entzündungen, die häufig zur Sterilität führen.

8.5 Klinik

Drei Symptome weisen auf Infektionen im Genitaltrakt hin: Lokale Schmerzen, Ausfluß und Läsionen an der Eintrittsstelle des Erregers. Auch hinter einem unerfüllten Kinderwunsch kann sich eine meist symptomlose Genitaltraktinfektion verbergen.

Ulzerierende Läsionen kommen vor bei der Syphilis (Ulcus durum: hart und schmerzlos), dem Ulcus molle (weich und schmerzhaft) und beim Herpes simplex.

Papulöse Läsionen finden sich bei Syphilis, genitalen Warzen und Molluscum contagiosum.

Juckreiz tritt typischerweise bei vaginalem Soor und bei Endoparasitenbefall auf.

8.6 Mikrobiologische Diagnostik

Die Schritte der mikrobiologischen Diagnostik sind in Abb. 8.1 zusammengefaßt.

Indikation zur Erregerdiagnostik. Der Erregernachweis ist immer zu führen, wenn Infektionen mit übertragbaren, obligat pathogenen Erregern nicht auszuschließen sind. Dies ist umso mehr erforderlich, um Infektionsquellen und Übertragungswege aufzudecken und so bisher nicht infizierte Personen vor Ansteckung zu schützen.

Darüber hinaus ist die mikrobiologische Diagnostik die einzige Möglichkeit, Informationen zur gezielten Therapie zu erhalten.

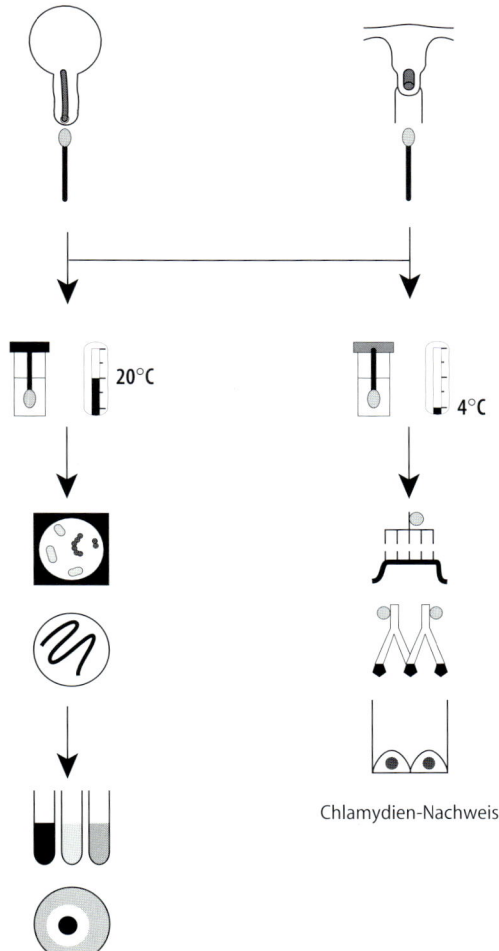

Chlamydien-Nachweis

Abb. 8.1. Mikrobiologische Diagnostik bei Genitaltraktinfektionen (Erklärung der Symbole: s. S. 887, Abb. 2.1)

8.6.1 Untersuchungsmaterial

Die erste Probe sollte vor Beginn einer antimikrobiellen Chemotherapie gewonnen werden. Sind weitere diagnostische Proben erforderlich, z.B. bei Therapieversagen, empfiehlt sich eine Probennahme ca. zwei Tage nach Absetzen der Chemotherapie.

Abstrich. Da es sich bei Genitaltraktinfektionen in der Regel um Lokalinfektionen handelt, muß Material vom Infektionsort gewonnen werden, also Sekret aus Urethra, Vagina, Zervix oder Prostata (nach Prostatamassage aus der Harnröhre oder als Endstrahlurin). Dies gilt auch für aszendierende Genitalinfektionen: Bei einer Adnexitis ist geeignetes Material im Rahmen einer Laparoskopie (oder eines weitergehenden Eingriffs) zu gewinnen, während Zervixabstriche für den Erregernachweis nur unzureichend geeignet sind.

Manche Erreger werden im Labor mit Spezialmethoden, z.B. C. trachomatis mit der Ligasekettenreaktion (LCR), nachgewiesen. Dafür muß das Untersuchungsmaterial mit speziellen Abnahmestecken gewonnen werden (s. S. 900 ff.).

T. pallidum, der Erreger der Syphilis, kann aus Läsionen des Primär- und Sekundärstadiums mikroskopisch nachgewiesen werden. Die Diagnostik erfolgt jedoch für Routinezwecke durch die Serodiagnostik (noch keine sichere AK-Antwort beim PA) (s. S. 400 ff.).

Serum. Die mikrobiologische Sicherung der sexuell übertragbaren zyklischen Allgemeininfektionen erfolgt durch den Nachweis von Antikörpern im Serum und wird im Fall der Hepatitis B und der HIV-Infektion ergänzt durch Antigen- oder Nukleinsäurenachweise.

8.6.2 Vorgehen im Labor

Abstrichmaterialien werden mikroskopisch untersucht und ggf. auf geeignete Kulturmedien überimpft sowie Materialien für den Chlamydiennachweis entsprechenden Spezialuntersuchungen (LCR, Antigennachweis, Zellkultur) zugeführt.

Der mikroskopische Nachweis gramnegativer Diplokokken innerhalb polymorphkerniger Granulozyten spricht für eine Gonorrhoe, umgekehrt schließt ein Fehlen dieses Befundes eine Gonorrhoe nicht aus.

Der Nachweis von Vaginitiserregern, insbesondere von Trichomonaden, erfolgt nativmikroskopisch unmittelbar nach Entnahme des Vaginalsekrets; in demselben Präparat kann das Vorhandensein von Sproßpilzen festgestellt und der Nachweis von Clue cells als Hinweis auf G. vaginalis gewertet werden. Im praktischen Alltag muß daher der entnehmende Arzt die Mikroskopie beurteilen können.

8.7 Therapie

Da die angesprochenen Infektionen fast nie per-akute lebensbedrohliche Krankheitsbilder darstellen, kann mindestens das Ergebnis der mikroskopischen Untersuchung (Nativ-, Grampräparat) abgewartet werden.

Stets gilt: Vor Beginn der Therapie ist Untersuchungsmaterial zur mikrobiologischen Erregersicherung zu entnehmen.

8.7.1 Kalkulierte antimikrobielle Chemotherapie

Die kalkulierte Therapie von Urethritis, Zervizitis und der aszendierenden Genitaltraktinfektionen muß Gonokokken und Chlamydien erfassen. Daher wird im ambulanten Bereich Ceftriaxon mit Doxycyclin kombiniert. Für Dosierungen und Dauer konsultiere man die Spezialliteratur (z.B. Empfehlungen der Fachgesellschaften). Wichtig ist die Partnerbehandlung!

8.7.2 Gezielte antimikrobielle Chemotherapie

Vaginitis. Da die typischen Vaginitiserreger in den meisten Fällen an Hand des Nativpräparats gesichert werden, erfolgt die Therpie gezielt: Bei Soor (reichlich Sproßpilze) werden Antimykotika topisch verabreicht, beim Nachweis von Gardnerella vaginalis bzw. Clue cells gibt man Metronidazol (meist sieben Tage), bei Trichomoniasis ebenfalls Metronidazol (Einmalgabe oder über sieben Tage).

Urethritis, Zervizitis, PID. Die gezielte Therapie von unkomplizierten Gonokokkeninfektionen erfolgt mit 500 mg Ceftriaxon einmalig. Für Chlamydien stehen im Routinelabor keine standardisierten Sensibilitätsprüfungen zur Verfügung: Mittel der Wahl ist Doxycyclin, in der Schwangerschaft ein Makrolid. Infektionen durch Herpes-simplex-Viren werden mit Acyclovir therapiert. Bei Vorliegen unspezifischer Eitererreger wird nach Antibiogramm vorgegangen. Das PID erfordert eine länger dauernde Therapie, z.B. mit 2 g Ceftriaxon i. v.

Syphilis. Für T. pallidum fehlen ebenfalls Testmethoden. Wird eine Syphilis diagnostiziert, so wird mit Penicillin G behandelt.

Ulcus molle. Therapie der Wahl sind Makrolide. Ceftriaxon kann wirksam sein, mit Doxycyclin gibt es zahlreiche Therapieversager.

Lymphogranuloma venereum. Wie bei den Chlamydia-trachomatis-Infektionen durch die Serotypen D–K ist auch gegen die hier ursächlichen Serotypen L1–L3 Doxycyclin das Mittel der Wahl, alternativ bei Schwangeren ein Makrolid.

8.8 Prävention

Der entscheidende Präventionsschritt stellt die Aufklärung der Patienten über den Übertragungsweg dar. Hieraus folgt, daß alle Sexualpartner des Patienten untersucht und ggf. behandelt werden müssen, um Reinfektionen („Ping-Pong-Infektion") zu vermeiden. Ebenso sollen kontagiöse Patienten bis zum Therapieerfolg sexuelle Karenz einhalten oder Kondome benutzen.

Angesichts fehlender Impfungen stellt die Expositionsprophylaxe die beste Vorbeugung dar: Am sichersten geschieht dies durch sexuelle Karenz, Kondome bieten jedoch meist einen ausreichenden Schutz, – Promiskuität steigert dagegen das Risiko.

Da einige Läsionen infektionsrelevante Mengen obligat pathogener Erreger enthalten und diese auch durch Schmierinfektion übertragen werden können, muß sich das medizinische Personal schützen, z.B. durch das Tragen von Untersuchungshandschuhen oder von Schutzbrillen.

Meldepflicht. Der direkte oder indirekte Nachweis von Treponema pallidum und HIV ist nicht-namentlich zu melden (§7 IfSG). Namentlich zu melden ist der direkte oder indirekte Nachweis von Hepatitis-B-Virus und Hepatitis-C-Virus, soweit die Nachweise auf eine akute Infektion hinweisen.

8.9 Weitere Infektionen: Infektionen von Embryo, Fetus und Neugeborenen

In der 1.–14. Schwangerschaftswoche wird das Kind als *Embryo*, von der 15. Woche bis zur Geburt als *Fetus* bezeichnet; im 1. Lebensmonat nach der Geburt spricht man von *Neugeborenen*, danach bis zur Vollendung des ersten Lebensjahres vom *Säugling*.

Infektionen von Embryo und Fetus. Einige Erreger sind in der Lage, während ihrer hämatogenen Generalisation den Embryo bzw. den Fetus zu infizieren und dadurch Aborte, Embryo- oder Fetopathie und Spätschäden zu verursachen (sog. „TORCH"-Untersuchung: T = Toxoplasmose, O = Other, z.B. Syphilis, R = Röteln, C = Cytomegalie, H = Herpes). Dies ist in aller Regel nur dann möglich, wenn die Mutter keine ausreichende Immunität gegen den jeweiligen Erreger besitzt, also in den meisten Fällen im Verlauf einer Erstinfektion.

Der häufigste Erreger von Embryopathien ist das Rötelnvirus (Gregg-Syndrom; s. S. 573 ff.). Fetopathien werden typischerweise von T. gondii (s. S. 774 ff.), T. pallidum (Lues connata; s. S. 400 ff.), L. monocytogenes (Granulomatosis infantiseptica; s. S. 330 ff.), Zytomegalievirus (CMV; s. S. 641 ff.) und Parvovirus B19 (Hydrops fetalis; s. S. 614 ff.) hervorgerufen. Auch das Masernvirus kann Schäden bei Embryo und Fetus verursachen, andere Erreger wurden in Einzelfällen diagnostiziert.

Die Diagnostik von intrauterinen Infektionen umfaßt Untersuchungen bei der Mutter und beim Kind.

Um die Infektionsgefahr von Embryo und Fetus abschätzen zu können, sollte möglichst bei Bekanntwerden der Schwangerschaft der Infektionsstatus (Immunstatus) der Mutter hinsichtlich der typischen Erreger untersucht werden, insbesondere hinsichtlich Rötelnvirus, T. pallidum und T. gondii (Tests zum Nachweis von Infektionen mit diesen Erreger müssen aufgrund ihrer Bedeutsamkeit in der Schwangerendiagnostik vom Paul-Ehrlich-Institut amtlich zugelassen werden). Ist an Hand der Testergebnisse eine ausreichende Immunität der Mutter anzunehmen, ist das Kind nicht durch den jeweiligen Erreger gefährdet, und weitere Maßnahmen in Bezug auf die entsprechende Infektion sind nicht mehr erforderlich. Fehlt dagegen eine Immunität, muß die Mutter engmaschig kontrolliert werden,

Tabelle 8.2. Infektionen von Embryo, Fetus und Neugeborenen: Häufige Erreger

Alter/Stadium des Kindes	Erreger
Embryo	Rötelnvirus
	Masernvirus
Fetus	Zytomegalievirus (CMV)
	Parvovirus B19
	L. monocytogenes
	T. pallidum
	T. gondii
Neugeborene	Herpes-simplex-Viren
	HIV
	HBV
	S. agalactiae (B-Streptokokken)
	E. coli
	L. monocytogenes
	N. gonorrhoeae
	C. trachomatis

ggf. eine Diagnostik beim Kind erfolgen, und u.U. sind Therapie- und Präventionsmaßnahmen notwendig (s. jeweils bei den einzelnen Erregern).

Die Infektionsdiagnostik beim Kind ist aus folgenden Gründen unerläßlich:
- Nicht jede Infektion der Mutter tritt auf das Kind über (z.B. bei einer Toxoplasmose nur jede zweite),
- nicht jede Infektion des Kindes macht sich sofort durch klinisch diagnostizierbare Schäden bemerkbar, sondern unter Umständen erst in Form von Spätmanifestationen Jahre nach der Geburt, und
- für einige Infektionen gibt es Therapiemöglichkeiten, deren Nebenwirkungen jedoch nur bei einer tatsächlichen Infektion des Kindes (oder dem starken Verdacht) akzeptabel sind. Daher sollte die Diagnose auch so früh wie möglich gesichert werden.

Einige Infektionen können bereits intrauterin durch Fruchtwasseruntersuchung festgestellt werden. So läßt sich eine fetale Toxoplasmose durch den PCR-Nachweis von T.-gondii-Nukleinsäure mit einer Sensitivität von über 99% diagnostizieren. Von besondere Bedeutung für die postnatale Diagnostik ist der Nachweis von IgM-Antikörpern, da diese nicht die Plazenta durchdringen können und daher nur vom infizierten Kind stammen können. Als Suchtest dient beim Neugeborenen die Quantifizierung der Gesamt-IgM-Konzentration im Serum. Ist diese

erhöht, spricht dies für eine intrauterine Infektion. In diesem Fall kann dann anschließend mit erregerspezifischen Methoden der tatsächliche Infektionserreger diagnostiziert werden.

Wird eine Infektion gesichert, werden gezielte Therapie- und Präventionsmaßnahmen durchgeführt (s. einzelne Erreger).

Infektionen bei Neugeborenen. Während der Geburt können im Geburtskanal durch Schmierinfektion Erreger auf das Kind übertragen werden, die das Neugeborene kolonisieren oder eine Infektion verursachen (s. Tabelle 8.2).

Die wichtigsten Erreger sind hierbei B-Streptokokken (S. agalactiae), E. coli, L. monocytogenes, Herpes-simplex-Viren, HIV, C. trachomatis (Typen D–K), N. gonorrhoeae und U. urealyticum. Die ersten drei verursachen eine Neugeborenensepsis oder -meningitis, die sich als Early-onset-Syndrom innerhalb der ersten fünf oder als Late-onset-Syndrom ab dem siebten Tag nach Geburt manifestieren. HSV verursacht bei Neugeborenen eine lebensbedrohliche generalisierte Infektion (s. S.

630 ff.). C. trachomatis ist der häufigste Erreger von Pneumonien beim Neugeborenen und verursacht wie N. gonorrhoeae die Ophthalmia neonatorum (s. S. 444 ff. u. 238 ff.). Ureaplasmen können Ursache verschiedener Infektionssyndrome beim Neugeborenen sein (s. S. 436 ff.).

Die Diagnostik beim Neugeborenen erfolgt je nach vermutetem Syndrom; die klinische Symptomatik ist häufig uncharakteristisch, insbesondere bei Frühgeborenen.

Bedeutsam ist die Diagnostik bei der Schwangeren; sie ist die einzige Möglichkeit, gezielte Präventionsmaßnahmen zu ergreifen. Beim Nachweis von B-Streptokokken im Geburtskanal erfolgt perinatal die Gabe von Ampicillin (oder Penicillin G). Das Vorliegen eines Herpes genitalis zum Geburtstermin oder einer HIV-Infektion stellen Indikationen zur Kaiserschnittentbindung dar. Zur Vorbeugung einer Ophthalmia neonatorum wird die Credésche Prophylaxe mit Silbernitratlösung für alle Neugeborenen empfohlen.

ZUSAMMENFASSUNG: Genitaltraktinfektionen und sexuell übertragbare Krankheiten

Genitaltraktinfektionen betreffen die Organe des Genitaltrakts, insbesondere die Urethra, die Vagina, den Uterus, speziell die Cervix uteri, sowie die Adnexorgane Salpinx und Ovar bzw. Prostata, Hoden und Nebenhoden. Sie werden meist durch sexuell übertragene Erreger ausgelöst. Den meldepflichtigen Geschlechtskrankheiten im engeren Sinne, Gonorrhoe, Syphilis, Ulcus molle und Lymphogranuloma venereum, stehen zahlreiche weitere ebenfalls sexuell übertragbare Infektionen gegenüber. Hierzu zählen Infektionen durch C. trachomatis (Typen D–K) und weitere Erreger nichtgonorrhoischer Urethritis, Zervizitis und aszendierender Infektionen sowie zyklische Allgemeininfektionen wie die HIV-Infektion oder die Hepatitis B (beachte: Organmanifestationen außerhalb des Genitaltrakts).

Die häufigsten Erreger lokaler Genitaltraktinfektionen sind C. trachomatis und N. gonorrhoeae sowie Ureaplasmen, B-Streptokokken, Papillomviren und HSV. Typische Vaginitiserreger sind Sproßpilze, T. vaginalis, G. vaginalis (in Kooperation mit obligat anaeroben Eitererregern) sowie HSV und HPV. Das Ulcus molle wird von H. ducreyi, das Lymphogranuloma venereum durch C. trachomatis L1–L3 verursacht. Der Erreger der Syphilis ist T. pallidum.

Die Symptomatik richtet sich nach dem Erreger. Lokalinfektionen äußern sich vorwiegend durch Schmerzen und ggf. durch Ausfluß. Weiterhin können sich makulöse, papulöse und ulzeröse Läsionen bilden.

Die Erregersicherung von Lokalinfektionen erfolgt durch den Erregernachweis aus Genitaltraktsekret. Zyklische Allgemeininfektionen, also insbesondere die Syphilis, werden serologisch gesichert. Bei der Diagnostik ist das Vorkommen von Doppel- und Mehrfachinfektionen zu berücksichtigen.

Die Therapie erfolgt entsprechend dem Erregernachweis. Die kalkulierte Therapie der Gonorrhoe kann mit Ceftriaxon erfolgen, nachgewiesene penicillinempfindliche Stämme können mit Penicillin G behandelt werden. Mittel der Wahl zur Syphilistherapie ist Penicillin G.

Chlamydieninfektionen werden mit Doxycyclin oder einem Makrolid behandelt.

Die Expositionsprophylaxe steht bei der Vermeidung einer Infektion im Vordergrund (Karenz, Kondome). Präventiv bedeutsam ist die Untersuchung und ggf. Therapie der Sexualpartner. Bei Schwangeren ist zu beachten, daß T. pallidum den Fetus infizieren kann und daß Erreger im Geburtskanal (Gonokokken, Chlamydien, B-Streptokokken, HSV) perinatal auf das Neugeborene übertragen werden sowie schwerwiegende lokale und generalisierende Infektionen verursachen können. Daher sind frühzeitig entsprechende Infektionen bei der Mutter zu diagnostizieren und geeignete Therapie- und Prophylaxemaßnahmen einzuleiten.

Meldepflicht. Direkte oder indirekte Nachweise von Treponema pallidum und HIV (nicht namentlich) sowie Hepatitis-B- und Hepatitis-C-Virus (namentlich).

Bakterielle Gastroenteritiden

C. Tauchnitz, K. Miksits

EINLEITUNG

Gastroenteritiden und Enterokolitiden sind Erkrankungen der Schleimhäute des Magen-Darmtraktes, die durch Mikroorganismen oder deren Toxine verursacht werden.

9.1 Einteilung

Nach pathogenetischen Typen. Die Gastroenteritiden lassen sich entsprechend der Pathogenese in drei große Gruppen unterteilen (Abb. 9.1).

Gastroenteritiden vom *Sekretionstyp* spielen sich im oberen Dünndarm ab. Sie sind klinisch durch wäßrige Diarrhoen charakterisiert; der typische Erreger ist V. cholerae.

Der *Penetrationstyp* ist vorwiegend im distalen Dünndarm lokalisiert. Die klinische Symptomatik ist durch die Kombination von Durchfall und Fieber, bedingt durch eine submuköse Entzündung nach Penetration des Darmepithels, gekennzeichnet. Die charakteristischen Erreger sind Enteritis-Salmonellen.

Der *Invasionstyp* findet sich im Kolon. Klinisch ergibt sich das Bild der Ruhr mit blutig-schleimigen Durchfällen und Tenesmen, bedingt durch eine Zerstörung des Epithels; Leiterreger sind Shigellen.

Anamnestisch. Unter Antibiotika-Therapie ist die antibiotikaassoziierte Kolitis (AAC) durch C. difficile charakteristisch. Bei Abwehrgeschwächten, insbesondere bei AIDS-Patienten, treten Durchfallerreger auf, die bei Immungesunden nur in Ausnahmefällen isoliert werden können. Hierzu zählen z. B. Kryptosporidien und Mikrosporidien.

9.2 Epidemiologie

Durchfallerkrankungen sind eine der häufigsten Ursachen für Morbidität und Mortalität der Weltbevölkerung: Allein ca. 5 Mio Kinder versterben pro Jahr an Diarrhoe, wobei Entwicklungsländer am stärksten betroffen sind.

Die Morbidität ist abhängig von Lebensmittel- und Trinkwasserhygiene, persönlicher Hygiene und klimatischen Bedingungen (erhöhte Infektion in warmen Ländern).

In Deutschland wurden 1999 110 000 Fälle von Enteritis infectiosa gemeldet. Es wird geschätzt, daß mit der 10fachen Anzahl, also 1 Mio Erkrankten, gerechnet werden muß.

9.3 Erregerspektrum

Das Erregerspektrum von bakteriell verursachten Gastroenteritiden ist in der Tabelle 9.1 zusammengefaßt. Häufig handelt es sich um obligat pathoge-

Tabelle 9.1. Infektionen des Gastrointestinaltrakts: Häufige Erreger

Diarrhoetyp	Erreger
Sekretionstyp	V. cholerae/El Tor
	EPEC
	ETEC
	EAggEC
	B. cereus
	S. aureus
	G. lamblia
Invasionstyp	Shigellen
	EIEC
	EHEC
	Campylobacter
	E. histolytica
	C. difficile
Penetrationstyp	Salmonellen
	Yersinien

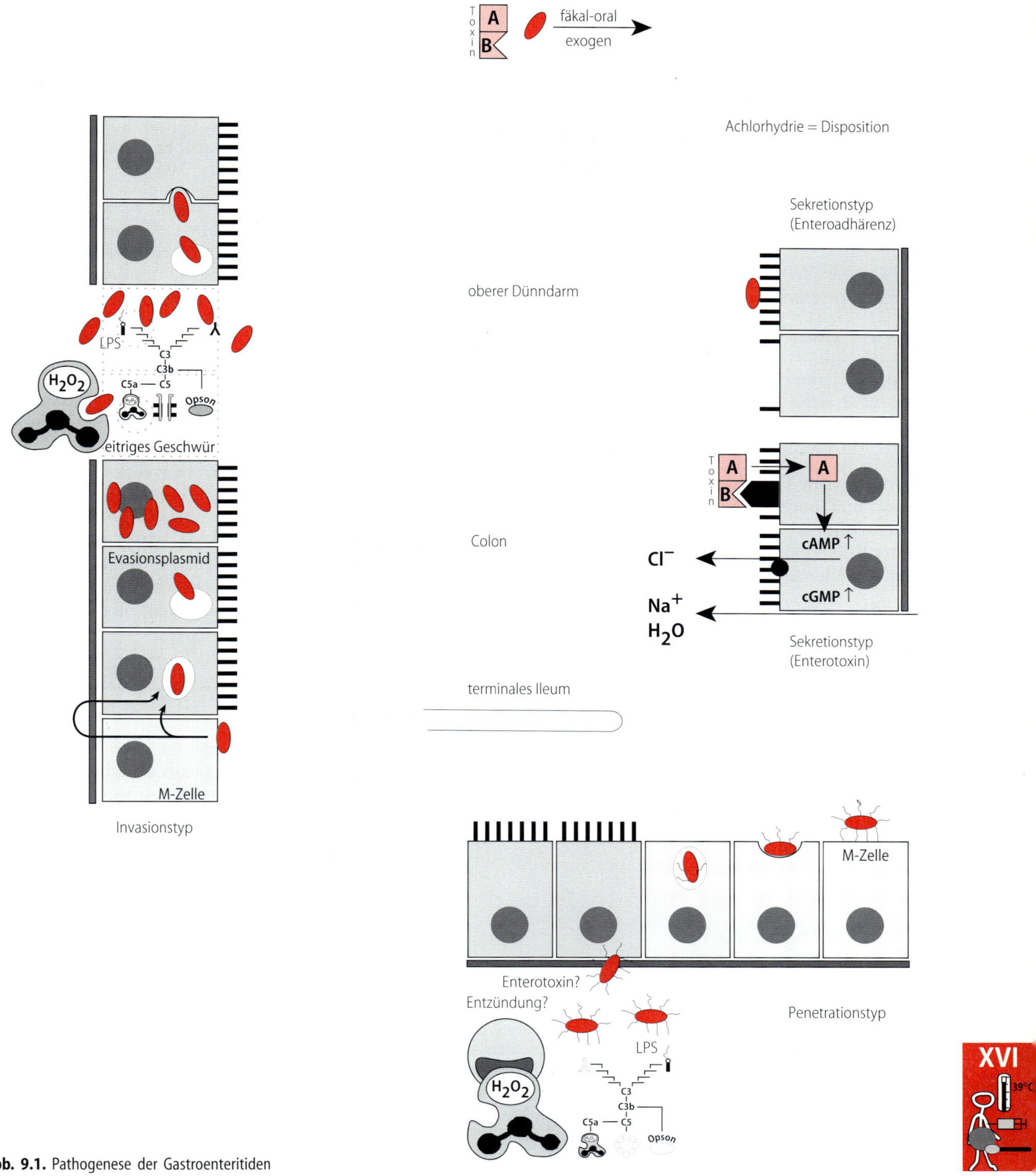

Toxin A B fäkal-oral exogen →

Achlorhydrie = Disposition

Sekretionstyp
(Enteroadhärenz)

oberer Dünndarm

LPS

H_2O_2

C3
C3b
C5a — C5
Opson

eitriges Geschwür

Evasionsplasmid

Colon

Toxin A B → A

cAMP ↑

Cl⁻ ←

cGMP ↑

Na⁺
H_2O ←

Sekretionstyp
(Enterotoxin)

terminales Ileum

M-Zelle

Invasionstyp

M-Zelle

Enterotoxin?
Entzündung?

LPS

H_2O_2

C3
C3b
C5a — C5
Opson

Penetrationstyp

XVI
39°C

Abb. 9.1. Pathogenese der Gastroenteritiden

Sekretionstyp im oberen Ileum (z. B. Cholera), Penetrationstyp im terminalen Ileum (z. B. Salmonellose), Invasionstyp im Kolon (z. B. Shigellose)

Tabelle 9.2. Infektionen des Gastrointestinaltrakts: Häufige virale Erreger

Virus	Anmerkung
Rotaviren	sehr häufig
Adenoviren	häufig
Astroviren	leichte fieberhafte Infektion mit Durchfall
Caliciviren	leichte fieberhafte Infektion mit Durchfall
Coronaviren	leichte fieberhafte Infektion mit Durchfall

ne Erreger. Tabelle 9.2 faßt die häufigsten viralen Erreger zusammen.

Erreger vom Sekretionstyp. Der klassische Erreger ist V. cholerae. Ebenso wirken die anderen enteropathogenen Vibrionen. Hierzu zählen weiterhin zahlreiche obligat pathogene E.-coli-Stämme (ETEC, EPEC, EAggEC) und Erreger von Lebensmittelintoxikationen (S. aureus, B. cereus).

Erreger vom Penetrationstyp. Die typischen Erreger sind Enteritis-Salmonellen und Yersinien (Y. enterocolitica, Y. pseudotuberculosis). Salmonella Enteritidis (Phagentyp 4) stellt den z. Zt. mit Abstand größten Anteil.

Erreger vom Invasionstyp. Bakterien, die diesen Typ verursachen, sind Shigellen, EIEC, EHEC und Campylobacter. E. histolytica verursacht die Amoeben-Ruhr.

Erreger von antibiotikaassoziierter Diarrhoe. Der typische Erreger ist C. difficile.

Erreger von Diarrhoe bei Abwehrschwäche (AIDS). Neben den obigen Durchfallerregern findet man bei AIDS-Patienten auch Mikrosporidien und Kryptosporidien.

9.4 Pathogenese

Übertragung. Die Übertragung erfolgt fäkal oder oral: „Diarrhoe-Erreger ißt und trinkt man."

Sekretionstyp. Der Erreger bewirkt mittels direkter Schädigung der Epithelzelle durch Adhäsion oder Enterotoxine oder indirekt durch Mediatorenfreisetzung eine Sekretion von Elektrolyten in das Darmlumen, denen Wasser folgt.

Am besten ist dies für die Cholera untersucht (s. S. 281 ff.). Die durch Choleratoxin bedingte Öff-

nung von Chloridkanälen führt zur Sekretion von Chlorid-Ionen in das Darmlumen, diesen folgen aus elektrischen Gründen Natrium-Ionen und schließlich osmotisch Wasser. Die hohe Chloridkonzentration im Darmlumen aktiviert den Chlorid-Bikarbonat-Austausch, so daß zusätzlich Bikarbonat sezerniert wird. Darüber hinaus ist die Natrium-Resorption gestört.

Penetrationstyp. Die Erreger, z. B. Salmonellen, adhärieren an Mukosa-Zellen. Sie werden von diesen aufgenommen und, ohne die Epithelzellen zu zerstören, in das submuköse Bindegewebe/Peyer-Plaques geschleust. Dort induzieren sie eine Entzündungsreaktion. Wie der Durchfall entsteht, ist im Detail nicht geklärt, es wird jedoch vermutet, daß die Entzündungsreaktion und Enterotoxine eine Rolle spielen.

Invasionstyp. Nach Durchdringen der Epithelschicht via M-Zellen gelangen Shigellen von basal oder lateral in Vakuolen von Kolonepithelzellen. Dort evadieren sie in das Zytoplasma, wo sie sich vermehren. Hierdurch wird die Epithelzelle schließlich zerstört, und es entsteht eine eitrige Entzündungsreaktion, die sich durch leukozytenhaltige blutig-schleimige Diarrhoen und krampfartige Bauchschmerzen (Tenesmen) auszeichnet.

9.5 Klinik

Das Leitsymptom von Gastroenteritiden ist die Diarrhoe, ein zu häufiger und zu wenig konsistenter Stuhlgang in zu großer Menge (zu oft – zu viel – zu flüssig).

Weitere typische Symptome sind Übelkeit, Erbrechen, Bauchschmerzen, Tenesmen und in einigen Fällen Fieber.

Die wichtigsten Komplikationen sind hypovolämischer Schock und Hypoglykämie, Darmperforation und, beim Vorliegen disponierender Faktoren, Sepsis.

9.6 Mikrobiologische Diagnostik

Die Schritte der mikrobiologischen Diagnostik sind in Abb. 9.2 zusammengefaßt.

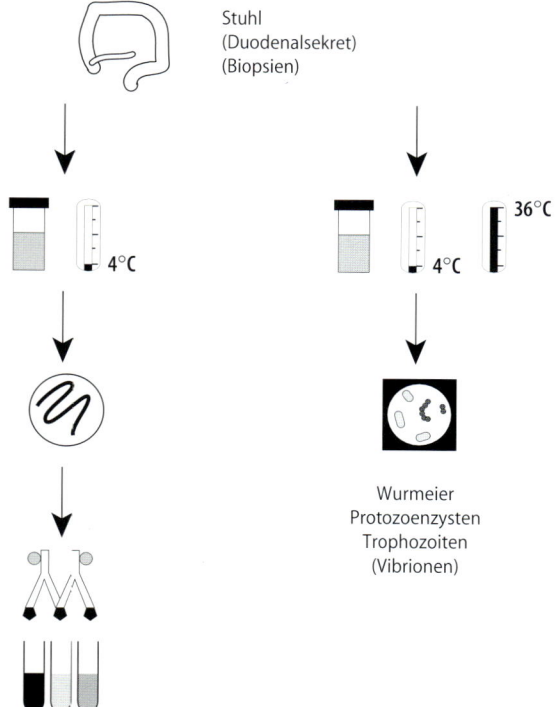

Stuhl
(Duodenalsekret)
(Biopsien)

4°C

4°C

36°C

Wurmeier
Protozoenzysten
Trophozoiten
(Vibrionen)

Abb. 9.2. Mikrobiologische Diagnostik bei Gastroenteritis (Erklärung der Symbole: s. S. 887, Abb. 2.1)

Indikation zur Erregerdiagnostik. Die besonders große Häufigkeit erregerbedingter Durchfallerkrankungen erfordert differenzierte Überlegungen über die Einleitung der mikrobiologischen Erregersicherung auch unter Kosten-Nutzen-Gesichtspunkten.

Ein Erregernachweis sollte durchgeführt werden bei schweren Verläufen, bei blutigen Diarrhoeen oder, wenn der Patient Risikofaktoren für schwere Verläufe und Komplikationen aufweist (z.B. Abwehrschwäche, hohes Alter).

Des weiteren ist der Erregernachweis bei allen Ausbrüchen unumgänglich.

9.6.1 Untersuchungsmaterial

Das Untersuchungsmaterial der Wahl ist Stuhl. Um eine ausreichende Sensitivität zu erreichen, sollten drei unabhängig voneinander gewonnene Proben untersucht werden.

Erreger, die den oberen Dünndarm befallen, lassen sich auch in Erbrochenem oder in Duodenalsekret nachweisen. Letzteres ist besonders für den Lambliennachweis geeignet.

In einigen Fällen läßt sich ein Erreger auch aus Rektalabstrichen anzüchten. Dies kann bei der Suche nach wenig widerstandsfähigen Erregern, z.B. Shigellen, hilfreich sein.

Nahrungsmittel sowie Trink- und Oberflächenwasser werden untersucht, um die Infektionsquelle zu identifizieren oder, um bei Nahrungsmittelvergiftungen (durch präformierte mikrobielle Toxine) den Erreger, z.B. S. aureus oder B. cereus, nachzuweisen.

Wegen des vielfältigen Erregerspektrums und der daher notwendigen Vielzahl von Untersuchungsmethoden muß dem mikrobiologischen Labor die genaue Fragestellung übermittelt werden. Dies gilt in besonderem Maße für die Suche nach speziellen Erregern wie obligat pathogenen E. coli, C. difficile oder Parasiten.

9.6.2 Vorgehen im Labor

Stuhlproben werden auf mehrere feste Kultur- und flüssige Anreicherungsmedien überimpft; hierunter befindet sich eine Reihe von Selektivkulturmedien, die die Abtrennung der Durchfallerreger von der normalen Darmflora erlauben (s. S. 40 f.).

Amöben, Kryptosporidien und Mikrosporidien werden mikroskopisch nachgewiesen.

C.-difficile-Toxine und andere Toxine werden serologisch, z.B. mittels ELISA, nachgewiesen.

9.7 Therapie

Entscheidend ist die Substitution von Wasser und Elektrolyten. Eine antimikrobielle Chemotherapie ist nur in bestimmten Fällen indiziert.

9.7.1 Substitutionstherapie

Je nach Schwere der Erkrankung erfolgt der Ersatz von Flüssigkeit und Elektrolyten oral oder parenteral. Die orale Rehydratation wird z.B. mit der

Elektrolyt-Glukose-Lösung der WHO (3,5 g NaCl, 2,5 g $NaHCO_3$, 1,5 g KCl sowie 20 g Glukose auf 1 Liter Trinkwasser) durchgeführt. Die Glukose erlaubt die Nutzung des Natrium-Glukose-Symports, der durch die Durchfallerreger meist nicht gestört wird; diesen Molekülen folgt das Wasser nach. „Cola und Salzstangen" repräsentiert gut merkbar das Prinzip, wonach mikrobiologisch einwandfreie Flüssigkeit mit Glukose zusammen mit einem salzreichen Nahrungsmittel kombiniert wird. Bananen, kaliumreich, ergänzen die Mixtur ideal, und sind mikrobiologisch akzeptabel, da sie nur geschält gegessen werden.

In schweren Fällen, bei erheblichen Flüssigkeitsverlusten oder Erbrechen, erfolgt die Substitution parenteral.

9.7.2 Antimikrobielle Chemotherapie

Eine antimikrobielle Therapie kann indiziert sein bei Abwehrschwäche, bei schweren Verlaufsformen, bei Shigellose oder Campylobacter-Infektion sowie zur Sanierung von Dauerausscheidern. Sie ist kein Ersatz für die Substitutionstherapie.

Ein Mittel zur kalkulierten Therapie ist Ciprofloxacin. In Fällen einer Kontraindikation können Ampicillin oder Trimethoprim-Sulfonamid eingesetzt werden.

Besteht der Verdacht auf eine antibiotikaassoziierte Kolitis durch C. difficile, werden die auslösenden Antibiotika abgesetzt sowie in leichten und mittelschweren Fällen Metronidazol, in schweren, lebensbedrohlichen Fällen Vancomycin oral verabreicht.

Bei Cholera können durch die Gabe geeigneter Antibiotika (z. B. Ciprofloxacin oder Doxycyclin) die Krankheitsdauer und die Erregerausscheidung verkürzt werden.

9.8 Prävention

Aus dem fäkal-oralen Übertragungsweg folgt, daß Lebensmittel- und Trinkwasser-Hygiene die entscheidenden Ansatzpunkte für die Vermeidung von Gastroenteritiden darstellen. Patienten sollten eine eigene Toilette benutzen.

Meldepflicht. Verdacht auf und die Erkrankung an einer mikrobiell bedingten Lebensmittelvergiftung oder einer akuten infektiösen Gastroenteritis sind namentlich dem zuständigen Gesundheitsamt zu melden. Wenn eine Person, die im Lebensmittelbereich tätig ist, betroffen ist oder zwei oder mehr gleichartige Erkrankungen auftreten, bei denen ein epidemischer Zusammenhang wahrscheinlich ist oder vermutet wird.

ZUSAMMENFASSUNG: Gastroenteritiden

Definition. Infektionen des Darms, in deren Folge eine Diarrhoe entsteht.
Drei pathogenetische Grundtypen:

- *Sekretionstyp:* Im oberen Dünndarm; toxinbedingt, durch Adhärenz werden Elektrolyte und nachfolgend Wasser ins Lumen abgegeben: Wäßrige Diarrhoe (Bsp. Cholera: Choleratoxin führt zur Sekretion von Chlorid, dem elektrisch Natrium, osmotisch Wasser und im Austausch Bikarbonat folgen).
- *Penetrationstyp:* Im unteren Dünndarm; Penetration des Epithels (M-Zellen) und Induktion einer Entzündung in der Lamina propria: Diarrhoe und Fieber (Bsp. Salmonellen-Enteritis).
- *Invasionstyp:* Im Dickdarm; Zerstörung von Epithelzellen: Eitrige, z.T. ulzerierende Entzündung: Ruhr (Bsp. Shigellenruhr).

Leitsymptome. Diarrhoe, Tenesmen, Erbrechen, Übelkeit.

Erregerspektrum. Abhängig von Pathogenese und Lokalisation;

- *Sekretionstyp:* V. cholerae, ETEC, EPEC, EAggEC, S. aureus, B. cereus, C. perfringens.
- *Penetrationstyp:* Salmonellen, Yersinien
- *Invasionstyp:* Shigellen, EIEC, Entamoeba histolytica, Campylobacter

- *Antibiotikaassoziiert:* C. difficile
- Bei AIDS: Kryptosporidien, Mikrosporidien

Übertragung. Fäkal-oral (Durchfallserreger ißt und trinkt man).

Infektionsquellen. Je nach Erreger kolonisierte/infizierte Menschen oder Tiere (Salmonellen, Campylobacter: Geflügel, Eier).

Diagnosesicherung. Anzucht aus dem Stuhl (mindestens drei Proben).

Therapie. Entscheidend: Substitution von Wasser und Elektrolyten; Indikationen zur zusätzlichen Chemotherapie: Schwerer Verlauf, Abwehrschwäche (z.B. AIDS, Alter); *Kalkulierte Chemotherapie:* Ciprofloxacin.

Prävention. Lebensmittelhygiene; allgemeine Hygiene zur Vermeidung von Schmierinfektionen vor allem im Krankenhaus; Isolierung (eigene Toilette; Hände-, Flächendesinfektion).

Meldepflicht. Verdacht auf und Erkrankung an mikrobiell bedingter Lebensmittelvergiftung oder akuter, infektiöser Gastroenteritis (unter bestimmten Bedingungen).

Intraabdominelle Infektionen

C. Tauchnitz, K. Miksits

EINLEITUNG

Entzündungen innerhalb der Peritonealhöhle (Peritonitis) können diffus oder lokalisiert ablaufen. Die diffuse Form zeigt fließende Übergänge zur Sepsis. Lokalisierte Erkrankungen betreffen intraperitoneale Abszesse in den verschiedenen Recessus (z. B. Douglasabszeß, subphrenischer Abszeß) oder abgegrenzte Entzündungen in der Umgebung erkrankter Hohlorgane, z. B. Pericholezystitis, perityphlitische (= periappendizitische) oder perikolische Infiltrate.

Gallenwegsinfektionen können die Gallenblase (Cholezystitis) oder die Gallengänge (Cholangitis) betreffen.

Die Cholezystitis als mikrobielle Gallenblasenentzündung stellt in der Regel ein sekundäres Ereignis dar. Meist geht eine „chemische" Entzündung der Gallenblasenwand infolge Abflußbehinderung voraus.

Die Cholangitis als bakterielle Entzündung der Gallengänge beruht praktisch immer auf einer mechanischen Cholestase.

10.1 Einteilung

Es ist zwischen *primärer* und *sekundärer Peritonitis* zu unterscheiden. Letztere Erkrankungen haben einen Ausgangsherd: Benachbarte Hohlorgane (Perforation, Durchwanderung der Wand), Infektionen in benachbarten Organen (z. B. Leberabszesse), Operationen oder Peritonealdialysekatheter.

10.2 Epidemiologie

Peritonitis. Primäre Peritonitiden machen nur 1–2% der akuten Baucherkrankungen im Kindesalter aus. Vor der Antibiotikaära waren es 10%. Bei Erwachsenen ist jeweils eine Grunderkrankung im Sinne einer Abwehrschwäche disponierend. Die größte Bedeutung hat dabei die dekompensierte, d. h. mit Aszites einhergehende Leberzirrhose. Sekundäre Formen betreffen alle Lebensalter und überwiegen zahlenmäßig ganz erheblich.

Gallenwegsentzündungen. Die Cholezystitis tritt überwiegend bei Gallensteinträgern auf. Deren Häufigkeit steigt mit dem Lebensalter an. In seltenen Fällen kann aber bereits das frühe Kindesalter betroffen sein. Eine eitrige Cholezystitis ohne Cholelithiasis wird z. B. bei parenteraler Ernährung beobachtet.

10.3 Erregerspektrum

Peritonitis. Primäre Peritonitiden werden im Kindesalter besonders durch Pneumokokken und A-Streptokokken hervorgerufen. Bei Erwachsenen muß in erster Linie mit E. coli und nichtsporenbildenden Anaerobiern gerechnet werden. Sehr selten ist eine Peritonitis tuberculosa.

Die Erreger sekundärer Peritonitiden gehören in der Regel zur physiologischen Darmflora. Sie entsprechen somit endogenen Infektionen und stellen so gut wie immer aerob-anaerobe Mischinfektionen dar, wobei die Anaerobier quantitativ überwiegen. Es wird eine gegenseitige synergistische Beeinflussung angenommen. Die Beseitigung einer Komponente senkt tierexperimentell die Letalität.

Neben B. fragilis und P. melaninogenica werden Fusobakterien, Peptokokken, Peptostreptokokken, evtl. auch Sporenbildner, angetroffen. Unter den Aerobiern spielen E. coli, andere Enterobakterien, Enterokokken und vergrünende Streptokokken die größte Rolle. Als Erreger aszendierender Infektio-

nen bei Salpingitis kommen auch Gonokokken in Betracht.

Gallenwegsentzündungen. Häufigste aerobe Erreger sind E. coli und weitere Enterobakterien (z. B. Klebsiella sp., Enterobacter sp., Proteus sp.), ferner Enterokokken- und Streptokokkenarten.

P. aeruginosa findet sich besonders nach endoskopisch-invasiven Maßnahmen am Gallengang. In rund 40% der positiven Proben ist mit Anaerobiern zu rechnen, meist als Mischkultur. Bei gangränöser Cholezystitis erhöht sich die Anaerobierbeteiligung auf 75%. Häufigster anaerober Erreger ist B. fragilis.

Es kommen auch andere Bacteroidesarten, ferner Clostridien (einschließlich C. perfringens), anaerobe Kokken, Fusobakterien und Aktinomyzeten vor. In positiven Blutkulturen finden sich Anaerobier etwas häufiger als in Gallekulturen. In seltenen Fällen werden bei Cholezystitis sogar Pilze wie C. albicans nachgewiesen.

Bei liegenden Sonden und Drains bzw. nach invasiver Endoskopie findet sich v. a. P. aeruginosa.

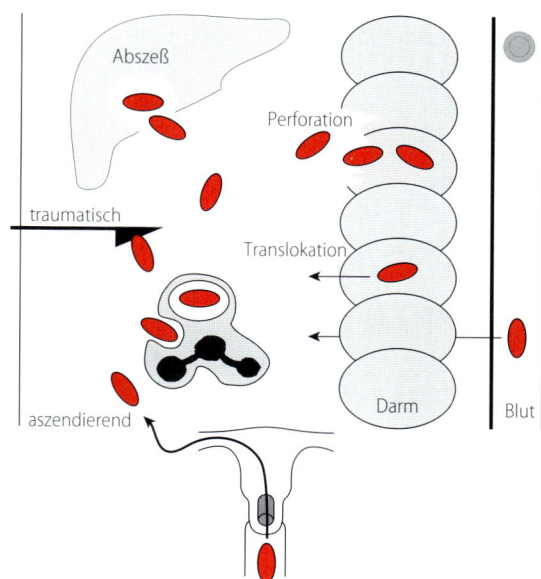

Abb. 10.1. Pathogenese der Peritonitis

10.4 Pathogenese

Peritonitis. Primäre Formen entstehen hämatogen, lymphogen oder aszendierend über die Tuben. Besonders werden Kinder betroffen, weiterhin Erwachsene mit dekompensierter (meist alkoholischer) Leberzirrhose.

Sekundäre Formen beruhen auf intraabdominellen Erkrankungen, z. B. Perforation von Hohlorganen wie Magen, Appendix, Gallenblase oder Kolon, Infektionen in benachbarten Organen (z. B. Nieren-, Leber-, Milzabszesse) oder nach operativen Eingriffen (Abb. 10.1). Eine Sonderform stellt die Peritonitis nach Peritoneal-Dialyse dar. Im Falle perforierter Hohlorgane wie Magen, Duodenum oder Gallenblase kommt zur mikrobiellen noch eine chemische Entzündung hinzu. Beim Ileus bildet sich häufig eine Durchwanderungsperitonitis aus. Freies Hämoglobin fördert, offenbar über seinen Eisengehalt, bedrohliche Verläufe, sofern vermehrungsfähige Bakterien vorhanden sind.

Folge der mikrobiellen und chemischen Einflüsse ist eine erhebliche Flüssigkeitssekretion mit einem Eiweißgehalt über 3 g/dl und zahlreichen Leukozyten, insbesondere Granulozyten.

Gallenwegsentzündungen. Entzündungen der Gallenwege entstehen bei partiellem oder komplettem Verschluß des Gallengangs mit nachfolgender Keimaszension. In bis zu 95% liegt eine *Steinbildung* zugrunde; daneben können auch angeborene Mißbildungen, Tumoren oder Parasiten ursächlich sein. Durch Verschluß des Ductus cysticus entsteht eine Innendruckerhöhung in der Gallenblase mit nachfolgender *„chemischer Entzündung"*, einhergehend mit Wandödem, Ischämie, evtl. Ulzeration, Nekrose, Gangrän und Perforation (Abb. 10.2).

Bei sekundärer bakterieller Besiedlung, deren Wahrscheinlichkeit mit der Dauer der Erkrankung zunimmt, entsteht eine eitrige Cholezystitis. Diese wiederum kann eine Pericholezystitis, Durchwanderungsperitonitis, Gallenblasenempyem und Gallenblasenperforation nach sich ziehen. Ob die Besiedlung durch Keimaszension aus dem Duodenum oder hämatogen über das Pfortaderblut erfolgt, ist noch unklar. Insgesamt ist bei etwa 50% der akuten Cholezystitiden mit bakterieller Superinfektion zu rechnen.

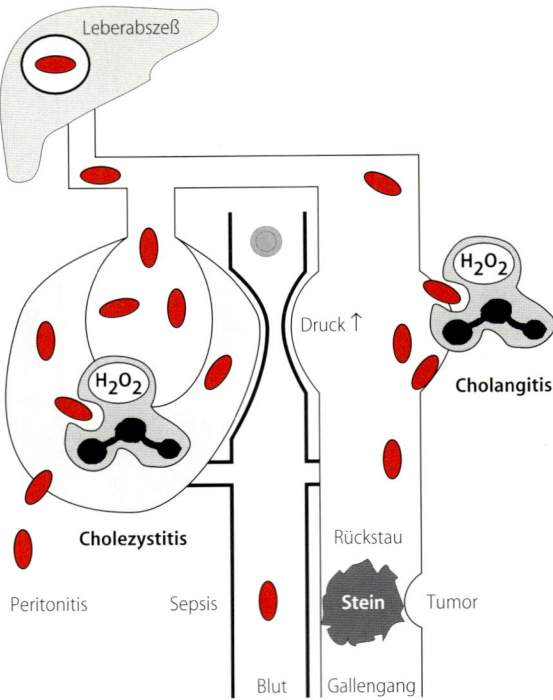

Abb. 10.2. Pathogenese der Cholangitis und Cholezystitis

10.5 Klinik

Peritonitis. Leibschmerzen und Abwehrspannung sind die Kardinalsymptome. Der Schmerz ist bei Perforation eines peptischen Ulkus intensiver als bei perforierter Appendizitis. Übelkeit, Erbrechen, Appetitlosigkeit und Fieber, evtl. mit Schüttelfrost, können hinzutreten.

Komplikation seitens des Darmes ist ein paralytischer Ileus, seitens des Herzkreislaufsystems ein Volumenmangel mit Hämatokrit-Anstieg bis hin zum hypovolämischen Schock. Weiterhin können sich eine respiratorische Insuffizienz und Nierenversagen entwickeln.

Das Vollbild der Erkrankung zeigt die *Facies hippocratica* mit spitzer Nase, tiefliegenden Augen, kühlen Ohren und grau-lividem Hautkolorit. Zur Linderung der Schmerzen werden die Knie angezogen, die Atmung ist flach und beschleunigt. Das *Fieber* kann bis 42 °C steigen. Ein Abfall auf 35 °C kündigt einen septischen Schock an. Gleiches gilt für bedrohlichen Blutdruckabfall bei zunehmender Tachykardie. Bei der Palpation werden starke Schmer-

zen geäußert. Typisch sind Abwehrspannung (reflektorischer Muskelspasmus) und Loslaßschmerz. Die Darmgeräusche schwächen sich oft ab und verschwinden bei paralytischem Ileus. Schmerzen bei rektaler oder vaginaler Untersuchung sprechen für Abszeßbildung im kleinen Becken.

Je nach Abwehrlage und Wirksamkeit der Therapie kann eine diffuse Peritonitis in Heilung übergehen, zur Abszeßbildung führen oder eine Sepsis auslösen. Auf diese Entwicklung nimmt auch die Virulenz der Erreger Einfluß.

Die Prognose hängt vom Alter (schlechter bei Säuglingen und sehr alten Menschen), von Grund- und Begleitkrankheiten sowie vom rechtzeitigen Beginn einer effektiven Therapie ab. Wird diese versäumt, so droht der tödliche Ausgang durch kardiovaskuläre bzw. respiratorische Insuffizienz sowie Nierenversagen.

Differentialdiagnostische Schwierigkeiten ergeben sich mitunter bei Pleuropneumonie, diabetischer Ketoazidose, Pankreatitis und Porphyrie.

Im weißen Blutbild finden sich bei akuter Peritonitis meist Werte zwischen 17 000 und 25 000/mm^3 bei Linksverschiebung. Der Anstieg von Hämatokrit und Kreatinin spricht für Volumenmangel. Bei schweren Verläufen stellt sich bald eine metabolische und respiratorische Azidose ein. Eine Abdomen-Übersichtsaufnahme im Stehen (oder in Seitenlage) informiert über Spiegelbildungen im Dünn- oder Dickdarm bzw. Ansammlung von freier Luft in der Bauchhöhle.

Gallenwegsentzündungen. Zur typischen Symptomatik gehören rechtsseitige Oberbauchbeschwerden, ein Druckschmerz bei der Palpation, Fieber und Leukozytose. Es ist zwischen akuten und chronischen Verläufen zu unterscheiden.

Der Nachweis von Gallensteinen erfolgt in erster Linie sonographisch.

Eine seltene Sonderform stellt die emphysematöse Cholezystitis durch gasbildende Clostridien dar, oft als Mischinfektion mit E. coli. Sie geht häufig mit Gangrän und Perforation einher.

Die akute Cholangitis verläuft mit plötzlichen Fieberschüben, meist mit Schüttelfrost, Ikterus, rechtsseitigen Oberbauchbeschwerden, BSG-Erhöhung, Leukozytose, Anstieg von GPT, γ-GT, alkalischer Phosphatase sowie Urobilinogenvermehrung im Urin.

Der Übergang in die cholangitische Sepsis ist fließend. Diese macht etwa 10% der internistischen Sepsisfälle aus. Es drohen Endotoxinschock und

Multiorganversagen. Daneben gibt es auch chronische Verläufe der bakteriellen Cholangitis mit der Gefahr einer cholangitischen Leberzirrhose.

10.6 Mikrobiologische Diagnostik

Angesichts polymikrobieller Infektionen mit möglicherweise multiresistenten Erregern sowie der nicht unwesentlichen Gefahr einer Sepsis ist bei einer Peritonitis die Erregerdiagnose erforderlich. Sie ist auch bei eitrigen Gallenwegsinfektionen anzustreben.

10.6.1 Untersuchungsmaterial

Mittels Punktion oder Lavage sowie bei der chirurgischen Sanierung läßt sich Peritonealexsudat bzw. Galle für eine mikrobiologische Diagnostik gewinnen; falls nicht anders möglich, kann das Material auch durch Abstrich entnommen werden. Es ist nativ ins Labor zu bringen oder zur Erhöhung der Erregerausbeute in Blutkulturflaschen für aerobe und anaerobe Mikroorganismen zu überimpfen (Abb. 10.3).

Die eitrigen Gallenwegsentzündungen zeigen eine signifikante Bakteriocholie ($\geq 10^5$ Keime/ml bei über 90% aller positiven Gallekulturen).

Bei fieberhaften Verläufen sollten *Blutkulturen* entnommen werden; in 30–50% der Peritonitiden können hieraus Erreger angezüchtet werden.

10.6.2 Vorgehen im Labor

Peritonealexsudat oder Galle werden auf mehrere feste Kultur- und flüssige Anreicherungsmedien überimpft und unter aeroben und anaeroben Bedingungen bebrütet.

Des weiteren wird ein Grampräparat angefertigt. Bei Peritonitis können die Erreger in etwa einem Viertel der Fälle bereits mikroskopisch gesehen werden.

Bei etwa 35% lassen sich zwar Granulozyten im Peritonealexsudat nachweisen, jedoch keine Erreger anzüchten: Man spricht von einem kulturell negativen, neutrozytischen Aszites.

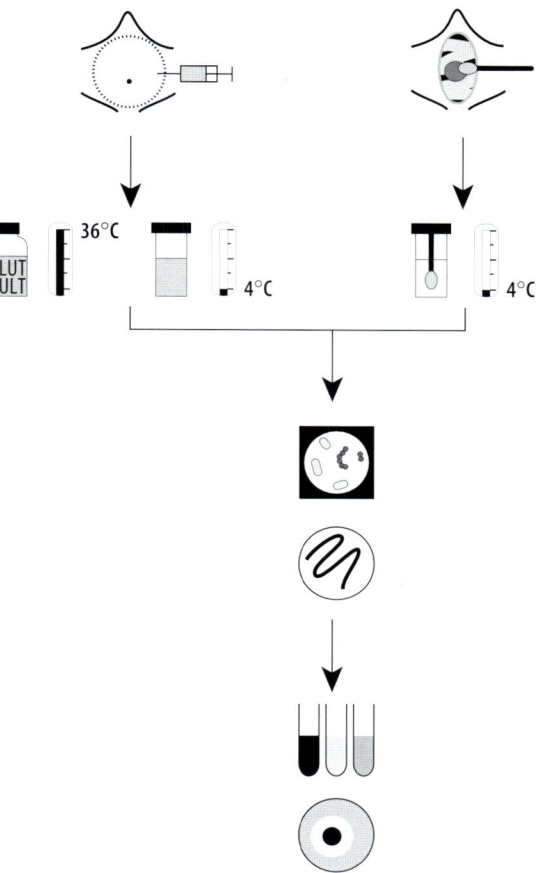

Abb. 10.3. Mikrobiologische Diagnostik bei Peritonitis (Erklärung der Symbole: s. S. 887, Abb. 2.1)

10.7 Therapie

Peritonitis. Sekundäre Peritonitiden bedürfen grundsätzlich einer chirurgischen Behandlung; der Ausgangsherd muß beseitigt werden. Die antimikrobielle Therapie hat nur eine unterstützende Wirkung. Bei primärer Peritonitis kommt ihr die Hauptbedeutung zu.

Entsprechend der polymikrobiellen Flora bei sekundärer Peritonitis muß eine Kombinationstherapie zur Spektrumserweiterung durchgeführt werden. Geeignet sind z.B. Piperacillin/Tazobactam, Ceftriaxon oder Cefotaxim + Metronidazol. Auch moderne intravenöse Fluorchinolone oder Carbapeneme können eingesetzt werden. Bei katheterassoziierter Peritonitis müssen gegen multiresistente

koagulasenegative Staphylokokken wirksame Mittel verwendet werden, z. B. Vancomycin + Rifampicin.

Die Gabe der Antibiotika sollte vorrangig als i. v. Kurzinfusion erfolgen. Die intraperitoneale Anwendung führt fast ebenso rasch zu Blut- und Gewebsspiegeln. Peritonealspülungen im Rahmen der Peritonitisbehandlung sollten ohne Zusätze von Antibiotika erfolgen.

Neben der antibakteriellen Therapie ist auf Flüssigkeits- und Elektrolytersatz, Azidosebekämpfung und Kreislaufstabilisierung zu achten. In vielen Fällen ist neben der Nahrungskarenz auch eine Magenablaufsonde notwendig.

Gallenwegsentzündungen. Solange keine bakterielle Superinfektion vorliegt, kann eine spontane Rückbildung der akuten („chemischen“) Cholezystitis eintreten. In leichten Fällen sollte deshalb unter Einsatz symptomatischer Maßnahmen einige Tage zugewartet werden. Eine antimikrobielle Chemotherapie ist dann nicht erforderlich.

Bei anhaltendem Zystikusverschluß besteht die kausale Therapie in der Cholezystektomie. Diese wird zunehmend als Sofortoperation durchgeführt, d. h. nach 1–3tägiger Operationsvorbereitung im Rahmen des routinemäßigen Operationsprogramms. Bei bestehender Cholangitis werden wegen der hohen Letalität von Gallengangsoperationen zunächst endoskopisch-invasive Verfahren eingesetzt.

Geeignete Chemotherapeutika sind β-Laktamantibiotika wie Ureidopenicilline oder Cephalosporine der 2. und 3. Generation, ferner moderne Fluorchinolone (Ciprofloxacin, Levofloxacin). β-Laktamantibiotika lassen sich synergistisch mit Aminoglykosiden kombinieren. Die Zugabe eines Anaerobiermittels, z. B. Metronidazol, ist, außer bei Piperacillin/Tazobactam oder Carbapenemen erforderlich.

Eine chemotherapeutische Sanierung ist bei fortbestehender Cholangiolithiasis bzw. Obstruktion nicht möglich. Falls eine kausale Korrektur nicht erfolgen kann, kommt eine orale Langzeit-Suppressionsbehandlung in Betracht.

10.8 Prophylaxe

Für postoperative Peritonitiden ist eine Prävention möglich. Bei kolorektalen Eingriffen und anderen intraabdominellen Operationen mit erfahrungsgemäß hohen postoperativen Infektionsraten hat sich die perioperative Ein-Dosis-Prophylaxe mit einem geeigneten β-Laktamantibiotikum und/oder Metronidazol bewährt. Bei der Appendektomie führt bereits die Gabe von 0,5 g Metronidazol als Suppositorium zu einer beträchtlichen Senkung der Infektionsrate.

ZUSAMMENFASSUNG: Intraabdominelle Infektionen

Peritonitiden entstehen durch Perforation intraabdomineller Hohlorgane (z.B. bei Appendizitis), durch Fortleitung lokaler Prozesse, z.B. Abszeßrupturen, Aszension durch den weiblichen Genitaltrakt, traumatisch-inokulativ oder hämatogen bzw. mittels Durchwanderung.

Man unterscheidet primäre und sekundäre, d.h. chirurgische Peritonitiden, welche zahlenmäßig weit überwiegen.

Klinisch manifestiert sich die Peritonitis als „akutes Abdomen". Leitsymptome sind Leibschmerzen und Abwehrspannung. Bei der körperlichen Untersuchung ist ein Loslaßschmerz typisch. Die Peritonitis kann lokalisiert oder diffus sein und zeigt dann Übergänge zur Sepsis.

Das Erregerspektrum richtet sich nach dem Ausgangsherd: Bei Darmperforationen muß mit Mischinfektionen durch Enterobakterien und obligaten Anaerobiern (z.B. B. fragilis) gerechnet werden. Staphylokokken sind die typischen Erreger bei Peritonealdialyse.

Die Sicherung des Erregers erfolgt aus dem Aszitespunktat oder aus dem Peritonealsekret, das bei der meist notwendigen chirurgischen Intervention gewonnen werden kann.

Zur antimikrobiellen Chemotherapie werden breit wirksame Substanzen meist in Kombination eingesetzt (Piperacillin/Tazobactam, Cefotaxim oder Ceftriaxon + Metronidazol, i.v. Fluorchinolone oder Carbapeneme).

Neben der frühzeitigen Behandlung potentieller Ausgangsherde hat sich bei kolorektalen Eingriffen und anderen intraabdominellen Operationen mit erfahrungsgemäß hohen postoperativen Infektionsraten die perioperative Ein-Dosis-Prophylaxe mit einem geeigneten β-Laktamantibiotikum und/oder Metronidazol bewährt.

Arthritis

C. Tauchnitz, K. Miksits

• • •

EINLEITUNG

Unter bakterieller Arthritis wird eine entzündliche Reaktion der Synovia verstanden, die in der Regel mit Eiteransammlung im Gelenkspalt (Empyem) einhergeht und auf die Umgebung (Gelenkkapsel, Knorpel) übergreifen kann.

11.1 Einteilung

Es muß zwischen direkt durch einen Erreger ausgelösten Gelenkinfektionen und Arthritiden im Sinne postinfektiöser Nachkrankheiten unterschieden werden. Bei der ersten Form läßt sich der Erreger direkt im Gelenk nachweisen; hierzu zählen die akuten eitrigen Arthritiden sowie subakute und chronische Arthritiden durch M. tuberculosis, B. burgdorferi oder Pilze.

Bei den als Nachkrankheiten auftretenden reaktiven Arthriden, z. B. dem akuten rheumatischen Fieber, ist der Erreger selbst nicht im Gelenk feststellbar.

11.2 Epidemiologie

Gelenkbeschwerden stellen ein großes gesundheitliches Problem dar. Der Anteil eitriger Arthritiden hieran scheint eher gering zu sein. Neuere prospektive Studien weisen eine Inzidenz von ca. 5/100 000 aus.

11.3 Erregerspektrum

Der häufigste Erreger ist S. aureus. Er spielt in jedem Lebensalter eine bedeutsame Rolle und tritt besonders bei traumatischer Genese auf. Er erreicht bei Erwachsenen einen Anteil von 70%.

N. gonorrhoeae findet sich v. a. bei jüngeren Erwachsenen; in der Altersklasse 20–40 Jahre sind Gonokokken die häufigsten Erreger nichttraumatischer eitriger Arthritiden.

Streptokokkenarten, Enterobakterien und Pseudomonas sp. gehören ebenso wie Anaerobier zu den eher seltenen Arthritis-Erregern. Diese sind an Vorschäden, Grundkrankheiten oder besondere Dispositionen gebunden. Gelenkbefall wird auch im Rahmen einer Meningokokken-Sepsis beobachtet.

Bei Kindern unter zwei Jahren herrscht H. influenzae Typ B vor; durch die HiB-Schutzimpfung konnte die Inzidenz jedoch drastisch reduziert werden. Bei Neugeborenen muß auch mit B-Streptokokken gerechnet werden.

Chronische Monarthritiden können durch M. tuberculosis, atypische Mykobakterien (z. B. M. kansasii) und N. asteroides bedingt sein, ferner durch Pilze wie S. schenckii oder C. albicans nach septischer Streuung.

Weitere typische Arthritiserreger sind B. burgdorferi, der Erreger der Lyme-Borreliose, und, als Auslöser postinfektiöser reaktiver Arthritiden, A-Streptokokken, Yersinien, Salmonellen, Shigellen, Campylobacter und Chlamydien.

Weiterhin gibt es Gelenkbeteiligungen im Rahmen von Virusinfektionen, typischerweise durch Hepatitis-B-Virus, Rötelnvirus (auch Impfstämme), Parvovirus B19 (speziell bei Erwachsenen) und HIV. Weitere Virusinfektionen mit Gelenkaffektionen sind Mumps, Influenza, Pfeiffersches Drüsenfieber und Arbovirusinfektionen.

11.4 Pathogenese

Eine Arthritis entsteht vorwiegend hämatogen im Rahmen einer Sepsis oder einer zyklischen Allgemeininfektion (Abb. 11.1). Seltener ist die direkte Gelenkinfektion, z. B. traumatisch oder nach intraartikulärer Injektion. Vorausgegangene Traumen erleichtern auch das Angehen hämatogener Infektionen.

Ein weiterer Entstehungsweg ist die Fortleitung aus der Umgebung. Bei Kindern unter 1 Jahr kann eine hämatogene Osteomyelitis direkt auf das Gelenk übergreifen.

Bei Erwachsenen liegen der eitrigen Arthritis meist besondere Dispositionen oder Abwehrschwäche zugrunde, z. B. Diabetes mellitus, Hämoblastosen, Kortikosteroid-Anwendung sowie rheumatische oder degenerative Vorschäden am Gelenk.

Die Schädigung beruht hauptsächlich auf der ausgelösten meist eitrigen Entzündungsreaktion. Nur wenige Erreger, z. B. P. aeruginosa, besitzen direkt schädigende Virulenzfaktoren.

Die klassische Form der postinfektiösen Arthritis ist das akute rheumatische Fieber nach A-Streptokokken-Infektion auf der Basis einer allergischen Reaktion vom (Immunkomplex-)Typ III.

11.5 Klinik

90% der eitrigen Arthritiden sind Monarthritiden. Am häufigsten werden Knie- und Hüftgelenke betroffen. Es folgen Sprung-, Ellbogen-, Hand- und Schultergelenke. Meist bestehen Fieber, Gelenkschmerzen und Bewegungseinschränkung. Fast immer liegen Gelenkergüsse vor. Die umgebende Haut zeigt meist eine Rötung, das Unterhautgewebe ist ödematös verdickt.

Arthritiden durch Mykobakterien oder Pilze zeigen oft nur geringe lokale Entzündungszeichen und einen sehr protrahierten Verlauf.

Granulozytenvermehrung und Glukoseverminderung in der Synovialflüssigkeit geben einen Hinweis auf eitrige Arthritis, sind aber nicht spezifisch.

11.6 Mikrobiologische Diagnostik

Die klinische Verdachtsdiagnose sollte mikrobiologisch abgeklärt werden.

Bei entsprechendem Verdacht müssen auch Kulturen auf Mykobakterien und Pilze angelegt werden. Die Lyme-Borreliose wird durch den Nachweis erregerspezifischer Antikörper diagnostiziert.

Postinfektiöser A-Streptokokkenrheumatismus und die anderen immunologisch-reaktiven Arthritiden lassen sich ebenfalls serologisch diagnostizieren.

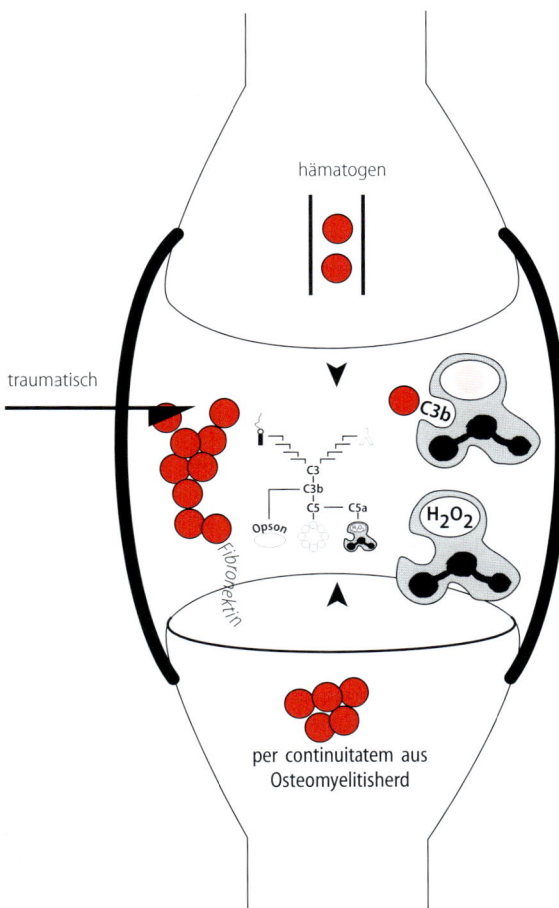

Abb. 11.1. Pathogenese der Arthritis

11.6.1 Untersuchungsmaterial

Das Material der Wahl bei eitriger, tuberkulöser oder pilzbedingter Arthritis ist *Synovialflüssigkeit.* Diese wird durch aseptische Punktion des Gelenks gewonnen und entweder nativ (Mikroskopie, Spezialkulturen) oder in angewärmten Blutkulturflaschen (Anzucht von Eitererregern) ins Labor transportiert (Abb. 11.2).

Bei febrilen Verläufen müssen zusätzlich Blutkulturen mittels aseptischer Venen-Punktion gewonnen werden.

Zur serologischen Diagnostik dient Serum. Es wird ebenfalls durch aseptische Venenpunktion gewonnen und möglichst rasch ins Labor gebracht. Zur Beurteilung des Titerverlaufs ist eine Kontrolle nach etwa 2–3 Wochen durchzuführen.

11.6.2 Vorgehen im Labor

Im Labor erfolgt die Anzucht auf geeigneten Kulturmedien und die mikroskopische Begutachtung bzw. der Nachweis von Antikörpern gegen die oben angegebenen Erreger. Bei Verdacht auf A-Streptokokkenrheumatismus muß neben dem nur wenig sensitiven Antistreptolysintiter noch eine weitere Antikörperuntersuchung, z.B. der Anti-DNase-B-Titer, durchgeführt werden.

Mit Hilfe der PCR kann in 85% der Lyme-Arthritisfälle B.-burgdorferi-DNS in der Synovialflüssigkeit nachgewiesen werden; diese Technik steht aber nur in Speziallaboratorien zur Verfügung.

11.6.3 Befundinterpretation

Mikroskopie. In 35–65% bakterieller Arthritiden findet sich der Erreger bereits im Grampräparat. Die mikroskopische Beurteilung kann nützliche Informationen für die kalkulierte Initialtherapie liefern: So wird durch den Nachweis grampositiver Kokken und Granulozyten eine auch Staphylokokken erfassende Initialtherapie eingeleitet, während der Nachweis semmelförmiger gramnegativer Diplokokken, auch in Granulozyten, den Verdacht auf eine gonorrhoische Arthritis begründet und somit eine kalkulierte Therapie, z.B. mit Ceftriaxon, das optimal gegen Gonokokken wirkt, einzuleiten ist.

Anzucht. Gelenkflüssigkeit ist normalerweise steril, daher ist jedes Isolat zunächst einmal als Erreger anzusehen. Schwierigkeiten in der Kulturbeurteilung bereiten Mikroorganismen der Hautflora (S. epidermidis) oder aus der Umwelt (z.B. aerobe Sporenbildner, Fadenpilze). Diese können als Kontaminanten in die Probe gelangen. S. epidermidis ist als wenig virulenter Erreger auf infektionsbegünstigende Faktoren angewiesen, wie beispielsweise auf Kunststoffimplantate im Gelenk.

In etwa 10% der Fälle ist der Erreger nur in Blutkulturen nachweisbar.

Die Interpretation serologischer Befunde hängt von der eingesetzten Methode und vom jeweiligen Erreger ab. Häufig ist eine Beurteilung nur bei Verlaufskontrolle möglich.

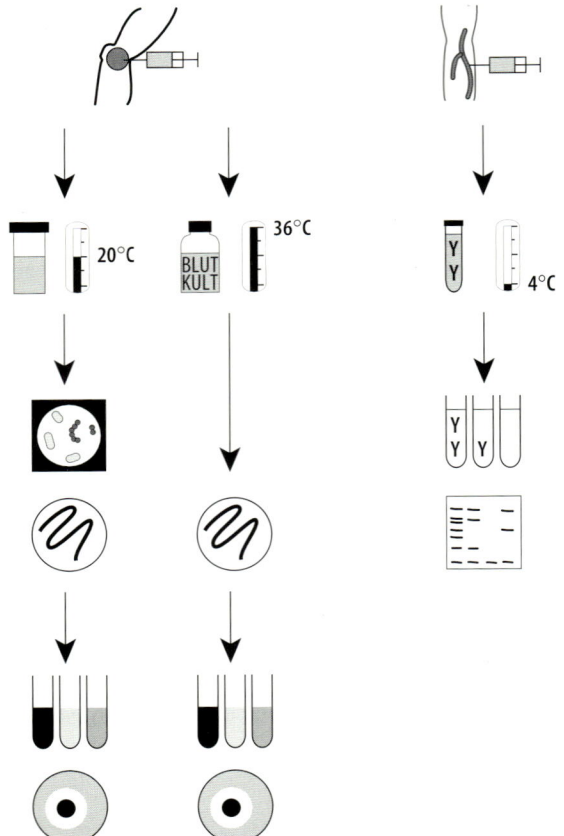

Abb. 11.2. Mikrobiologische Diagnostik bei Arthritis (Erklärung der Symbole: s. S. 887, Abb. 2.1)

11.7 Therapie

Sowohl bei intravenöser als auch bei oraler Zufuhr geeigneter Chemotherapeutika lassen sich ausreichende Spiegel im infizierten Gelenk erreichen. In der Regel wird die Therapie parenteral begonnen und später oral fortgesetzt. Intraartikuläre Zufuhr von Antibiotika ist unnötig und nicht ohne Risiko: Sie kann zu Gelenkreizungen und Superinfektionen führen.

Bei nachgewiesener oder vermuteter Infektion mit S. aureus kommen Staphylokokken-Penicilline, z. B. Flucloxacillin, oder Clindamycin zur Anwendung.

Die kalkulierte Therapie einer gonorrhoischen Arthritis wird z. B. mit Ceftriaxon durchgeführt; sie kann bei nachgewiesener Empfindlichkeit mit Penicillin G fortgesetzt werden.

Gegen H.-influenzae-Arthritis werden Ampicillin oder Cephalosporine der 2. bzw. 3. Generation eingesetzt.

Der Nachweis von Streptokokken erfordert die Gabe von Penicillin G als i.v.-Kurzinfusion.

Zur Behandlung einer Lyme-Arthritis eignen sich Cephalosporine der dritten Generation (z. B. Ceftriaxon), aber auch Ampicillin oder Doxycyclin (s. a. S. 411 ff.).

Erythromycin erreicht im Gegensatz zu Vancomycin nur grenzwertige Konzentrationen in der Gelenkflüssigkeit. Vancomycin eignet sich für Infektionen durch grampositive Kokken, sofern Penicilline (einschl. Staphylokokken-Penicilline) oder Clindamycin nicht eingesetzt werden können.

Bei der Behandlung reaktiver Arthritiden steht die antiinflammatorische Therapie im Vordergrund.

Neben der Chemotherapie können Entlastungspunktionen vorgenommen werden. Bei eitriger Coxitis ist u.U. eine chirurgische Drainage erforderlich. Eine Belastung erkrankter Gelenke ist zu vermeiden. Die völlige Ruhigstellung ist jedoch nicht notwendig. Passive Bewegungsübungen sollen einer Gelenkversteifung vorbeugen.

Bei rechtzeitiger und wirksamer Therapie läßt sich meist eine Heilung ohne Dauerschäden erreichen. Das gilt nicht für die Coxitis Erwachsener. Hier muß in rund 50% der Fälle mit bleibenden Bewegungseinschränkungen und anhaltenden Schmerzen gerechnet werden. Schlechtere Ergebnisse sind auch nach Infektionen durch gramnegative Stäbchenbakterien zu erwarten.

11.8 Prävention

Die Prävention richtet sich vornehmlich gegen disponierende Grundkrankheiten. Reaktiven Arthritiden wird durch eine adäquate Therapie der primären Infektion am besten vorgebeugt.

Der Nachweis bestimmter Krankheitserreger, insbesondere von Gonokokken, oder die Entstehung im Rahmen einer Sepsis erfordert die Suche nach dem Ausgangsherd; bei Gonokokkennachweis müssen auch Sexualpartner untersucht und ggf. behandelt werden.

Vektoriell übertragbaren Infektionen, hier im wesentlichen die Lyme-Borreliose, wird durch Expositionsprophylaxe und schnellstmögliche Entfernung der Zecke vorgebeugt.

11.9 Weitere Infektionen im Gelenkbereich

Implantatinfektionen. Bei <1% der Implantationen von künstlichen Gelenken kommt es zu einer Infektion. Diese entsteht durch Übertragung während der Operation oder postoperativ durch Weiterleitung einer oberflächlichen Wundinfektion oder als hämatogene Absiedlung. Der Implantat-Fremdkörper bietet Erregern eine günstige Ansiedlungsmöglichkeit. Typische Erreger sind S. aureus, koagulasenegative Staphylokokken, Strepto- und Peptostreptokokken sowie Enterobakterien; in etwa 15% der Fälle liegen Mischinfektionen vor. Zur Erregerdiagnostik sind Blutkulturen und Gelenkpunktat zu gewinnen. Verarbeitung und Interpretation entsprechen dem Vorgehen bei anderen Arthritiden.

Als klassische Therapie gilt der Gelenkersatz in zwei Stufen:
- Entfernung der infizierten Prothese und gezielte Antibiotikatherapie über 6–8 Wochen und anschließend
- Implantation einer neuen Gelenkprothese.

Hiermit wird in 80–90% der Fälle eine Erregerelimination erreicht.

Bandscheibeninfektionen (Diszitis). Diese entstehen bei Kindern hämatogen, bei Erwachsenen in der Regel postoperativ. Leitsymptom ist der

Rückenschmerz. Bei Erwachsenen ist die vorangegangene Operationsstelle meist schon abgeheilt. In den meisten Fällen ist S. aureus der Erreger. Bei Erwachsenen finden sich aber auch koagulasenegative Staphylokokken und Enterobakterien. Bedeutsam ist die Abgrenzung einer fortgeleiteten Wirbelkörpertuberkulose. Der Erreger muß daher unbedingt gesichert werden, zumal die Therapie in der mindestens 4–6wöchigen möglichst gezielten Gabe von Antibiotika besteht. Bei Versagen der Antibiotikatherapie muß ein operatives Vorgehen in Erwägung gezogen werden.

Bursitis. Infektionen der Schleimbeutel präpatellar und am Olekranon entstehen häufig auf der Grundlage eines Traumas (z. B. einer intrabursischen Kortikoidinjektion) und äußern sich durch lokale Entzündungszeichen und Fieber. Der typische Erreger ist S. aureus; er wird aus aseptisch gewonnenem Bursapunktat angezüchtet. Die Therapie umfaßt die chirurgische Sanierung und die Gabe staphylokokkenwirksamer Antibiotika.

ZUSAMMENFASSUNG: Arthritis

Arthritiden entstehen hämatogen als Organmanifestation zyklischer Allgemeininfektionen oder als septische Metastasierung, durch traumatische Inokulation (z. B. OP) oder durch Fortleitung aus der Umgebung. Daneben können Arthritiden postinfektiös entstehen.

Die Leitsymptome sind die klassischen Entzündungszeichen Rötung, Schwellung, Schmerz und Überwärmung; die functio laesa macht sich durch die Bewegungseinschränkung bemerkbar. Häufig besteht ein Erguß im Gelenk.

Die häufigsten Erreger eitriger Arthritiden sind S. aureus und bei sexuell aktiven Erwachsenen zwischen 20 und 40 Jahren N. gonorrhoeae. Bei nicht geimpften Kindern ist mit H. influenzae Typ B zu rechnen. Chronische Arthritiden werden durch B. burgdorferi und M. tuberculosis verursacht. Häufige Auslöser reaktiver, d. h. postinfektiöser Arthritiden sind Chlamydien, A-Streptokokken, Salmonellen, Shigellen, Campylobacter und Yersinien. Gelenkbeteiligungen kommen auch bei zahlreichen Virusinfektionen vor.

Die Erregersicherung erfolgt durch Anzucht aus dem Gelenkpunktat. Bei der Borrelien-Arthritis (Lyme-Arthritis) und bei den reaktiven Arthritiden müssen erregerspezifische Antikörper aus dem Serum bestimmt werden.

Bei eitrigen Arthritiden ist abhängig vom Krankheitsstadium eine chirurgische Sanierung notwendig. Die antimikrobielle Therapie richtet sich nach dem jeweiligen Erreger; Ausgangsherde müssen ebenfalls saniert werden. Bei Lyme-Arthritis kann mit einem Drittgenerationscephalosporin oder einem Tetracyclin behandelt werden. Bei der Therapie der reaktiven Arthritis spielt die antiphlogistische Therapie die wesentliche Rolle.

EINLEITUNG

Die Osteomyelitis ist eine Entzündung des Knochenmarks, die durch Störung der Gefäßversorgung zu Knochennekrosen führen kann.

12.1 Einteilung

Es ist zwischen hämatogener und posttraumatisch-postoperativer Osteomyelitis zu unterscheiden. Daneben gibt es Fortleitungen aus der Umgebung, die Osteomyelitis bei arteriellen Durchblutungsstörungen und bei diabetischer Neuropathie.

Eine Sonderform stellt die Osteomyelitis bei Gelenkprothesenimplantaten dar.

Klinisch trennt man akute Formen von chronisch-rezidivierenden Infektionen.

12.2 Epidemiologie

Systematische Erhebungen epidemiologischer Daten zur Osteomyelitis sind in den letzten Jahren nur in geringem Ausmaß erfolgt; über postoperative Osteomyelitiden nach Sternotomie wurden jedoch Daten erhoben: Die Inzidenz wird mit 1–2% beziffert.

12.3 Erregerspektrum

Hämatogene Osteomyelitiden. Der typische Erreger ist S. aureus (80–90%), selten finden sich A-Streptokokken oder andere Streptokokkenarten. Enterobakterien (z. B. E. coli, Salmonellen und Proteus-Arten) erfordern ebenso wie Pseudomonas-Arten eine besondere Disposition. So sind Salmonellen bevorzugte Osteomyelitis-Erreger bei Patienten mit Sichelzellanämie, während bei Drogenabhängigen P. aeruginosa Haupterreger ist. H. influenzae verursacht Osteomyelitiden bei Kleinkindern, jedoch ist die Inzidenz durch die HiB-Impfung stark rückläufig. Bei Neugeborenen finden sich auch B-Streptokokken als Erreger.

Fortgeleitete Osteomyelitiden. Auch bei nichthämatogenen Osteomyelitiden dominiert S. aureus. Häufig sind Mischinfektionen, auch mit Enterobakterien und Anaerobiern wie B. fragilis. Nach Hunde- und Katzenbissen kann eine Osteomyelitis durch P. multocida ausgelöst werden.

Infektionen in der Umgebung von Gelenkimplantaten werden zur Hälfte von Staphylokokken (S. aureus und koagulasenegative Staphylokokken) und zur anderen Hälfte von Streptokokken, Enterobakterien und Anaerobiern verursacht (s. a. Arthritis, S. 980).

Vaskulopathische Osteomyelitiden. Meist liegen Mischinfektionen mit Staphylokokken, Streptokokken und Enterobakterien vor. In jedem dritten Fall sind obligat anaerobe Bakterien beteiligt.

Wirbelkörperosteomyelitiden. Auch hier ist S. aureus die häufigste Infektionsursache. Weiterhin finden sich Enterobakterien (Salmonellen!) und P. aeruginosa. Gleichzeitig sind Wirbelkörper Manifestationsorgane der Tuberkulose.

12.4 Pathogenese

Die Erreger einer Osteomyelitis gelangen entweder direkt oder hämatogen in den Knochen. Abhängig von der Ausstattung mit Virulenzfaktoren siedeln sie sich an und etablieren sich gegen die Wirtsabwehr. Die Schädigung beruht v. a. auf der erreger-

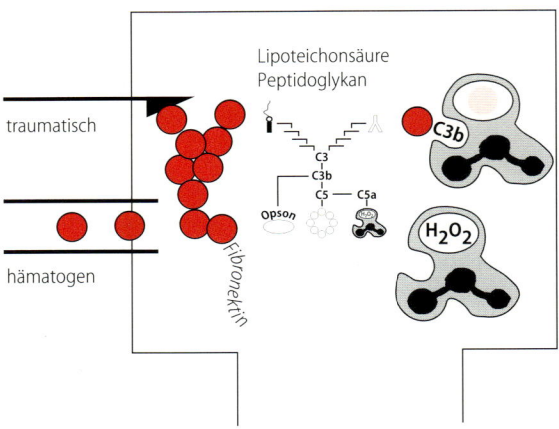

Abb. 12.1. Pathogenese der Osteomyelitis

induzierten Entzündungsreaktion, die zur Gewebe-einschmelzung führt (Abb. 12.1).

Implantatinfektionen können lokal (z. B. während der Operation) oder hämatogen entstehen. Das Implantat begünstigt als locus minoris resistentiae die Ansiedlung der Erreger. Diese führen zu einer lokalen Entzündungsreaktion, in deren Verlauf Gewebe einschmelzen und sich das Implantat lockern kann.

12.5 Klinik

Die Leitsymptome einer Osteomyelitis sind lokalisierte Schmerzen und andere Entzündungszeichen wie Rötung, Schwellung und Überwärmung, die je nach Tiefe des Prozesses mehr oder weniger gut beurteilt werden können.

Die *akute hämatogene Osteomyelitis* betrifft v. a. die langen Röhrenknochen Femur, Tibia und Humerus. Sie beginnt plötzlich mit hohem Fieber, Schüttelfrost, allgemeinem Krankheitsgefühl, örtlichen Schmerzen und Entzündungszeichen. Fistelbildungen zeigen den Übergang in eine chronische Osteomyelitis an. Die BSG ist meist erhöht, ebenso die Leukozytenzahl (Granulozytose und Linksverschiebung) und das CRP.

Die *postoperative Osteomyelitis* kommt in allen Lebensaltern vor, bevorzugt bei älteren Personen. Es erkranken v. a. die langen Röhrenknochen (bei offener Fraktur), die Schädelknochen (nach neurochirurgischen Eingriffen), die Mandibula (nach kieferchirurgischen Maßnahmen) und das Sternum bzw. die Rippenansätze (nach Herzoperationen und anderen thoraxchirurgischen Eingriffen). Die Erkrankung nimmt meist einen chronischen Verlauf mit Fistelsekretion.

Die Osteomyelitiden bei schweren *arteriellen Durchblutungsstörungen* (Raucherbein) gehen mit kühl-zyanotischen Füßen einher. Dagegen sind die Vorfüße bei diabetischem Fußsyndrom warm, die Pulse bleiben meist tastbar. Wegbereitend sind Druckstellen und andere Läsionen, die infolge der gestörten Schmerzempfindung (Neuropathia diabetica) unbeachtet bleiben (s. u.).

Als Sonderform entsteht die *Wirbelkörperosteomyelitis* meist hämatogen, selten posttraumatisch oder fortgeleitet. Die Entzündung beginnt in den Zwischenwirbelscheiben (Diszitis) und geht von dort auf die benachbarten Wirbel über. Am häufigsten sind die Lendenwirbel betroffen. Die meist älteren Patienten klagen über heftige Rückenschmerzen bei jeder Bewegung (85%) und entwickeln Fieber (30%).

Die klinische Verdachtsdiagnose kann röntgenologisch erhärtet werden, jedoch sind frühestens nach zwei Wochen Veränderungen zu erwarten. Spätere Röntgenaufnahmen informieren über Lokalisation und Ausdehnung der Osteomyelitis sowie über den weiteren Verlauf. Mit CT und MRT können die Lokalisation und die Beteiligung der umliegenden Weichteile sehr gut beurteilt werden.

12.6 Mikrobiologische Diagnostik

Der mikrobiologischen Diagnostik kommt ein hoher Stellenwert zu. Die Kenntnis der Erreger ist die Voraussetzung für eine gezielte Chemotherapie.

12.6.1 Untersuchungsmaterial

Untersuchungsmaterial der Wahl sind durch Nadelaspiration oder offene Chirurgie gewonnene *Eiterproben* aus dem Knochen.

Schlechte Ergebnisse werden mit Fisteleiter oder mit oberflächlichen Wundabstrichen erzielt: Hier finden sich häufig Kontaminanten aus der Hautflora. Die Erregernatur der Isolate, abgesehen von S. aureus, muß deshalb durch Vergleich mit Direkt-

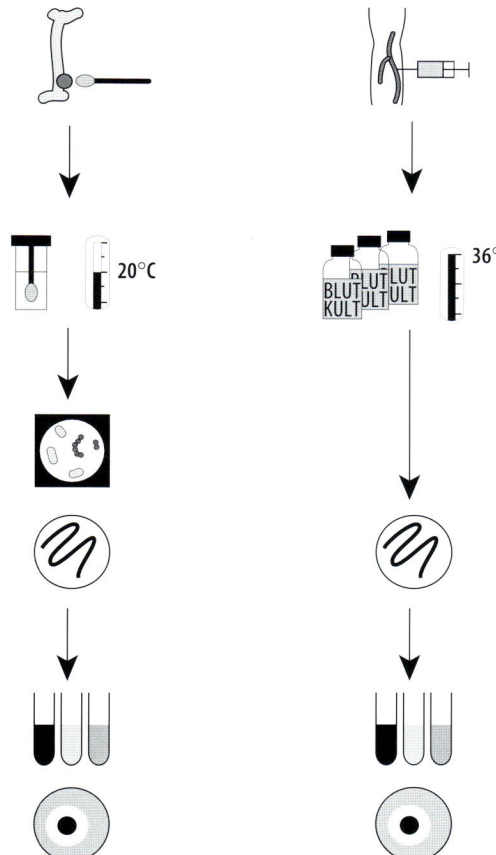

Abb. 12.2. Mikrobiologische Diagnostik bei Osteomyelitis (Erklärung der Symbole: s. S. 887, Abb. 2.1)

material aus dem Knochen abgesichert werden. Der Transport ins Labor erfolgt auf/in Transportmedium bei Zimmertemperatur bzw. bei längerer Dauer gekühlt (Abb. 12.2).

Bei fieberhaften Verläufen sollten zusätzlich *Blutkulturen* angelegt werden.

12.6.2 Vorgehen im Labor

Im Labor werden mikroskopische Präparate angefertigt, und es erfolgt eine Anlage auf geeigneten Kulturmedien. Die Bebrütungsdauer und der Einsatz von Spezialmethoden richten sich nach den gesuchten Erregern.

12.6.3 Befundinterpretation

Knochenaspirat. Werden in dem aseptisch gewonnenen, normalerweise sterilen Material Mikroorganismen nachgewiesen, handelt es sich mit großer Wahrscheinlichkeit um die ätiologisch relevanten Erreger.

Blutkulturen. Bei akuter hämatogener Osteomyelitis wird bei der Hälfte der Patienten der Erreger auch im Blut nachgewiesen. Bei fortgeleiteten Formen gelingt die Anzucht seltener, bei vaskulopathischen Formen nur in Ausnahmefällen. Im Falle von fieberhafter Wirbelkörperosteomyelitis ist der Erreger in 25–50% in Blutkulturen nachweisbar.

12.7 Therapie

Akute hämatogene Osteomyelitiden. Diese sprechen auf eine rasch einsetzende antimikrobielle Therapie meist gut an. Sie sollte mindestens über drei Wochen fortgesetzt werden und richtet sich nach Kulturbefunden einschließlich Antibiogramm oder nach der mikrobiologischen Verdachtsdiagnose. Die Antibiotika werden parenteral verabreicht; eine orale Gabe kommt nur bei besonders günstigen Voraussetzungen wie bekanntem Erreger, leichterer Infektion und guter Compliance in Betracht. Gegen nachgewiesene oder vermutete Stämme von S. aureus empfiehlt sich die i.v. Gabe eines Staphylokokkenpenicillins, evtl. in Kombination mit einem Aminoglykosid, oder eines Cephalosporins der 2. Generation. Clindamycin verfügt über eine sehr gute Staphylokokkenwirkung bei besonders günstigen Knochenspiegeln. Es eignet sich auch für eine orale Langzeitbehandlung.

Ist eine sofortige *kalkulierte Chemotherapie* erforderlich, kann ein staphylokokkenwirksames Antibiotikum evt. mit einem Aminoglykosid kombiniert werden. Nach 48–72 h sollte sich eine deutliche klinische Besserung einstellen.

Bei frühzeitigem Therapiebeginn mit einer wirksamen Substanz und einer Behandlungszeit von mindestens 3 Wochen heilen akute hämatogene Osteomyelitiden fast immer aus.

Chronische Osteomyelitiden. Eine chronische Osteomyelitis, gleich welcher Pathogenese, erfordert meist eine kombinierte chirurgisch-medika-

mentöse Therapie. Mit der Entfernung von Sequestern und Nekrosen steigen die Heilungschancen unter konservativ-medikamentöser Therapie. In günstigen Situationen kann diese auch allein eingesetzt werden. Es empfiehlt sich dann eine Langzeittherapie über Wochen und Monate über den Fistelschluß hinaus. Geeignet sind orale Staphylokokkenpenicilline wie Flucloxacillin, staphylokokkenwirksame Oralcephalosporine, Clindamycin oder Rifampicin (nur in Kombination). Eine Resistenzentwicklung unter der Therapie muß durch mikrobiologische Kontrollen ausgeschlossen werden. Für die Lokalbehandlung ist ein Versuch mit Gentamicin-PMMA-Ketten gerechtfertigt. Spülungen mit antibiotikahaltigen Lösungen haben sich nicht bewährt. Ausgangsherde müssen chirurgisch saniert werden.

Chronische Osteomyelitiden haben unabhängig von ihrer Entstehung eine schlechtere Prognose. Durch die Langzeitanwendung geeigneter Substanzen wird zumindest bei Staphylokokkengenese eine hohe Heilungsrate erreicht. Infektionen durch Pseudomonasarten oder Enterobakterien bringen besondere Probleme mit sich. Ein Versuch mit modernen Fluorchinolonen, z. B. Ciprofloxacin, ist gerechtfertigt. Bei fortbestehender chronischer Osteomyelitis kann sich später ein Fistelkarzinom ausbilden.

12.8 Prävention

Die Prävention stützt sich v. a. auf die Behandlung disponierender Grundkrankheiten und ein optimales Vorgehen bei operativen Eingriffen (schonendes Operieren, Chemoprophylaxe).

12.9 Weitere Infektionen mit Knochenbeteiligung: Der diabetische Fuß

Diabetiker sind auf vielfältige Weise für Infektionen im Bereich des Fußes disponiert. Neben einer allgemeinen Abwehrschwäche spielt hier die eingeschränkte Schmerzempfindung, bedingt durch die periphere Neuropathie, eine entscheidende Rolle: Kleine Verletzungen entstehen öfter (fehlender Schutzreflex) und sind stärker ausgeprägt (schlechtere Heilung).

Leichtere, oberflächliche Infektionen sind oft nur durch einen Erreger bedingt, es dominieren S. aureus und Streptokokken.

Schwerere Infektionen mit Zellulitis und Osteomyelitis sind häufig Mischinfektionen. Beteiligt sind meist S. aureus, Streptokokken, Enterokokken, Enterobakterien (v. a. Proteus-Arten, Klebsiellen, Enterobacter) und P. aeruginosa sowie andere Nonfermenter. In 40–80% der Fälle sind auch Anaerobier nachweisbar: Peptostreptokokken, Clostridien (auch C. perfringens!) und Bacteroidesarten.

Klinisch stehen die klassischen Entzündungszeichen im Vordergrund, allerdings ist das Schmerzempfinden durch die Neuropathie eingeschränkt.

Geeignete Materialien zum Erregernachweis sind Proben aus der Läsion und Blutkulturen. Die optimale Entnahmetechnik für das Wundsekret ist nicht etabliert. Je nachdem, ob man Abstriche, Punktate oder Kürettagematerial kultiviert, gelingt der Erregernachweis in 60–75%. Aus Blutkulturen lassen sich die Erreger in 10–15% der Fälle anzüchten.

Therapeutisch genügt in den meisten Fällen eine antimikrobielle Therapie, jedoch sollte stets auch ein Chirurg in die Therapieplanung einbezogen werden. Zur kalkulierten Therapie leichterer Infektionen eignen sich Clindamycin, Cephalosporine der 2. Generation oder Aminopenicilline + β-Laktamaseinhibitor. Schwerere Infektionen erfordern eine Kombinationstherapie. Das optimale antibiotische Regime ist noch nicht etabliert.

Präventiv steht die Behandlung des Diabetes mellitus im Vordergrund. Der Patient muß angehalten werden, die Füße regelmäßig zu überprüfen. Selbst kleinste Verletzungen müssen konsequent behandelt werden.

ZUSAMMENFASSUNG: Osteomyelitis

Eine Osteomyelitis kann hämatogen (vorwiegend im Kindesalter), posttraumatisch-postoperativ, fortgeleitet oder bei arteriellen Durchblutungsstörungen entstehen. Wichtigster Erreger ist S. aureus, bei ungeimpften Kindern unter 2 Jahren H. influenzae Typ B.

Klinisch ist zwischen akuter und chronischer Osteomyelitis zu unterscheiden. Die akute Osteomyelitis geht mit Fieber, Schüttelfrost und Schmerzen einher. Fistelbildungen zeigen den Übergang in eine chronische Form an.

Die Diagnose wird in erster Linie klinisch gestellt, da Röntgenveränderungen erst nach Wochen nachweisbar sind. Computertomographie und Magnetresonanztomographie sind oft hilfreich. Mikrobiologische Befunde (Blutkulturen, Eiterproben aus dem Knochen) sind Voraussetzung für eine gezielte Therapie. Fisteleiter enthält oft Hautkontaminanten.

Die Therapie der akuten Osteomyelitis besteht in unverzüglicher Antibiotikagabe, anfangs als kalkulierte, nach Eingehen der Befunde als gezielte Therapie. Chronische Formen erfordern meist eine kombinierte chirurgisch-medikamentöse Behandlung. In einigen Fällen genügt auch eine alleinige Chemotherapie, dann aber über Wochen und Monate. Die kalkulierte Therapie richtet sich jenseits des 2. Lebensjahrs gegen S. aureus und besteht in der Gabe von Clindamycin, Cephalosporinen der 2. Genation oder Flucloxacillin. Eine Spülbehandlung mit Antibiotika hat sich nicht bewährt.

Das diabetische Fußsyndrom beruht ganz überwiegend auf einer Neuropathia diabetica. Es entstehen schmerzarme Druckgeschwüre, Weichteilinfektionen und häufig auch Osteomyelitiden. Haupterreger ist S. aureus. Mit einer staphylokokkenwirksamen Therapie, z.B. mit Clindamycin, lassen sich Amputationen in der Regel vermeiden.

EINLEITUNG

Haut- und Weichteilinfektionen umfassen erregerbedingte Erkrankungen der Haut und Subkutis, der Hautanhangsgebilde Nägel, Haar und Haarbalg, von Faszien (Fasziitis) und Muskeln (Myositis).

13.1 Einteilung

Die große Zahl von Ursachen für erregerbedingte Hautveränderungen erschwert eine Einteilung. Ein wichtiges Kriterium ist die Einstufung als Lokalinfektion oder als Manifestation im Rahmen einer zyklischen Allgemeininfektion oder einer Sepsis.

Eitrige Lokalinfektionen der Haut heißen *Pyodermien.* Zeigen diese Infektionen eine Tendenz zur Ausbreitung (flächige Eiterung = *Phlegmone*), werden sie in der Epidermis *Impetigo*, bei Befall der dermalen Lymphgefäße *Erysipel* und bei Einbeziehung des subkutanen Fettgewebes *Zellulitis* genannt; ein Erysipel ist also eine intradermale Phlegmone. Als *Gasphlegmone (Gasödem)* wird eine nekrotisierende Entzündung oberhalb der Faszien bezeichnet, die mit einer Gasbildung im Gewebe einhergeht; sie kann durch Clostridien (v. a. C. perfringens) oder aerob-anaerobe Mischinfektionen bedingt sein. Bei einem tieferen Eindringen können eine *Fasziitis* oder *Myositis* entstehen: Die *nekrotisierende Fasziitis* erfaßt oberflächliche und tiefe Faszien und kann auf die Haut übergehen; sie tritt v. a. an den Extremitäten, aber auch an der Bauchwand oder der Perinealregion auf. Die *Gasgangrän* kann wie die Gasphlegmone mit Gasbildung im Gewebe einhergehen, ist aber zusätzlich mit einer Myonekrose kombiniert; sie wird durch Clostridien (insbesondere C. perfringens, aber auch C. novyi, C. septicum, C. histolyticum) oder seltener durch Mischinfektionen verursacht.

Abszedierende Infektionen betreffen bevorzugt den Haarbalg (Follikel): *Follikulitis* heißen die pustulösen Formen; durch Ausbreitung bis in die Subkutis und Abszeßbildung werden sie zum *Furunkel* oder, bei Befall mehrerer benachbarter Haarbälge, zum *Karbunkel,* der bis zur Faszie reichen kann. *Abszesse* können auch in tieferen Schichten entstehen, z. B. Psoasabszesse (hämatogen, posttraumatisch oder durch Fortleitung aus der Umgebung).

Daneben existieren weitere Läsionstypen, die sowohl bei Lokal- als auch bei systemischen Infektionen vorkommen (s. Klinik).

Paronychie und *Panaritium* bezeichnen Infektionen der paronychalen Falte („Nagelgeschwür").

Weiterhin gültig ist die Einteilung nach Erregern, da es zahlreiche Krankheitsentitäten durch einzelne Erreger oder Erregergruppen gibt (s. Erregerspektrum).

13.2 Epidemiologie

Hautinfektionen mit S. aureus kommen weltweit vor, insbesondere dort, wo die persönliche Hygiene nur unzureichend ist und viele Menschen eng zusammenleben.

Die A-Streptokokkenimpetigo ist hochkontagiös und kann durch Kontakt, z. B. innerhalb der Familien, übertragen werden. Sie wird hauptsächlich bei Kindern im Spätsommer und Herbst in heißen Klimazonen beobachtet. Erysipele treten eher in gemäßigten Klimazonen auf; betroffen sind Kinder und Erwachsene.

13.3 Erregerspektrum

Die Haupterreger von Hautinfektionen sind S. aureus und S. pyogenes (A-Streptokokken). S. aureus verursacht eher lokalisierte Infektionen, z. B. Furunkel und Karbunkel, S. pyogenes dagegen Infektionen mit der Tendenz zur Ausbreitung wie Erysipel oder nekrotisierende Fasziitis („Killer-Streptokokken"). Aber auch S. aureus kann phlegmonöse Entzündungen und Zellulitis hervorrufen. Neben Eiterungen können diese beiden Erreger auch toxinbedingte Hautveränderungen verursachen, so das SSSS (Staphylococcal Scalded Skin Syndrome, Spalthautsyndrom), Scharlach und Toxic-shock-Syndrom.

Eine Vielzahl anderer Bakterien verursacht Lokalinfektionen der Haut. Hierzu gehören C. diphtheriae (Hautdiphtherie), B. anthracis (Hautmilzbrand), E. rhusiopathiae (Schweinerotlauf, Erysipeloid), L. monocytogenes, M. tuberculosis (Hauttuberkulose), M. ulcerans (Buruli-Ulcus, tropische Klimazonen), M. marinum, M. leprae, M. fortuitum und M. chelonae. Invasive Infektionen werden von P. aeruginosa, lecithinasebildenden Clostridien, z. B. C. perfringens, oder A. hydrophila hervorgerufen. Bei Mischinfektionen finden sich auch Enterobakterien und Anaerobier. H. ducreyi manifestiert sich in Form des Ulcus molle ebenfalls an der Haut. Außer Dermatophyten infizieren Candida, M. furfur und andere Pilze die Haut.

Bedeutsame virale Erreger lokaler Hautinfektionen sind HSV (Herpes), VZV (Zoster) oder Coxsackieviren (z. B. Hand-Fuß-Mund-Krankheit).

Auch Erreger von zyklischen Allgemeininfektionen führen zu Organmanifestationen in der Haut: Hierzu zählen die Erreger exanthematischer Kinderkrankheiten (Masern-, Röteln-, Varicella-Zoster-Virus, Parvovirus B19 und Herpesvirus 6), S. Typhi (Roseolen bei Typhus abdominalis), T. pallidum (Syphilis), B. burgdorferi (Erythema chronicum migrans, Acrodermatitis chronica atrophicans), Rickettsien (Fleckfieber), M. tuberculosis (Lupus vulgaris), M. leprae sowie Leishmanien und T. cruzi (Chagas).

Im Rahmen einer Sepsis kann es ebenfalls zu Manifestationen in der Haut kommen. Typischerweise ist dies bei Meningokokkensepsis und bei Endocarditis lenta (v. a. durch vergrünende Streptokokken) der Fall.

13.4 Pathogenese

Als Infektionsquelle von A-Streptokokken kommen gesunde Träger (ca. 1% der Bevölkerung) und Erkrankte in Frage. 20–30% der Bevölkerung tragen S. aureus in den vorderen Nasenabschnitten.

Bei der Vielzahl von Erregern gibt es keine einheitliche, sondern nur eine erregerspezifische Pathogenese.

Die Erreger gelangen entweder durch Schmier- oder Kontaktinfektion in die Haut oder manifestieren sich nach einer hämatogenen Generalisation bei zyklischen Allgemeininfektionen oder einer Sepsis in der Haut.

Die Invasion der Haut hängt von der Ausstattung der Erreger mit Virulenzfaktoren ab: Invasine finden sich v. a. bei S. pyogenes (Hyaluronidase), P. aeruginosa (Elastase, alkalische Protease), lecithinasebildenden Clostridien und Bacillus-Arten.

Die Schädigung basiert hauptsächlich auf der ausgelösten Entzündungsreaktion, die bei den meisten Erregern eitrig verläuft. Zusätzliche Gewebedefekte entstehen durch Invasine.

Hautmanifestationen können aber auch durch die Fernwirkung von Toxinen entstehen: Hierzu zählen makuläre Exantheme mit nachfolgender Schuppung bei Toxic-shock-Syndrom, Blasenbildungen durch Exfoliatine bei SSSS und das Erythem bei Scharlach.

13.5 Klinik

Infektionen an der Haut können sich als einzelne Effloreszenz, als flächenhaft-konfluierende Entzündung oder als Exanthem präsentieren.

Als Läsionstypen treten fleckige Veränderungen (Makeln), z. B. die einfache Rötung (Erythem), Papeln (Knötchen; auch Nodulus), Plaques (flächige Verdickungen), Blasen (Vesikel, Bulla; bei eitrigem Inhalt: Pustel), Schuppungen, Papillome (warzenartige Wucherungen), Erosionen (epidermale Gewebedefekte) und Ulzera (Gewebedefekte bis in die Dermis) auf. Nicht selten finden sich Mischformen, z. B. das makulopapulöse Exanthem bei Masern.

Eine Zuordnung von einzelnen Läsionstypen zu einer bestimmten Pathogenese ist nicht möglich. So geht die Lokalinfektion Impetigo typischerweise

mit einer Blasenbildung einher, sie kann aber auch durch die Fernwirkung von Exfoliatinen (beim SSSS) oder durch lokale Virusinfektionen (HSV, VZV, Coxsackieviren) entstehen.

Ob die Hautveränderungen mit Schmerzen, Fieber oder anderen Beschwerden einhergehen, hängt von der zugrundeliegenden Erkrankung ab: Ein Geschwür etwa kann im typischen Fall schmerzlos sein, wie das Ulcus durum der primären Syphilis, oder schmerzhaft wie das Ulcus molle. Bei einer nekrotisierenden Fasziitis bestehen zunächst Schmerzen. Die Nekrose der Hautnerven führt später zu Schmerzlosigkeit.

13.6 Mikrobiologische Diagnostik

Die mikrobiologische Diagnostik bietet die entscheidende Grundlage für die gezielte Therapie. Insbesondere müssen obligat pathogene Erreger diagnostiziert werden.

13.6.1 Untersuchungsmaterial

Untersuchungsmaterial der Wahl sind durch Nadelaspiration oder offene Biopsie gewonnene Eiterproben oder Bläscheninhalt. Abstriche von der oberflächlichen intakten Haut sind dagegen ungeeignet. Zum Nachweis von Dermatophyten ist Hautgeschabsel erforderlich. Von Wunden oder ulzerierenden Läsionen wird Material vom Rand und aus der Tiefe z.B. mit einem scharfen Löffel gewonnen, nachdem zuvor oberflächliches Sekret und nekrotisches Material entfernt wurde (Abb. 13.1). Aus infizierten Fisteln kann, nach Desinfektion der Fistelöffnung mit Alkohol (z.B: Ethanol 80%), mittels eines Katheters Material abgesaugt werden.

Der Transport ins Labor sollte innerhalb von zwei Stunden erfolgen. Während des Transportes ist das Probenmaterial zu kühlen, da dadurch die quantitative Zusammensetzung der Mikroorganismen am wenigsten beeinflußt wird. Ist mit längeren Transportzeiten zu rechnen, so muß die Probe mit einem Transportmedium verschickt werden. Für Hautgeschabsel wird kein Transportmedium benötigt (Abb. 13.1).

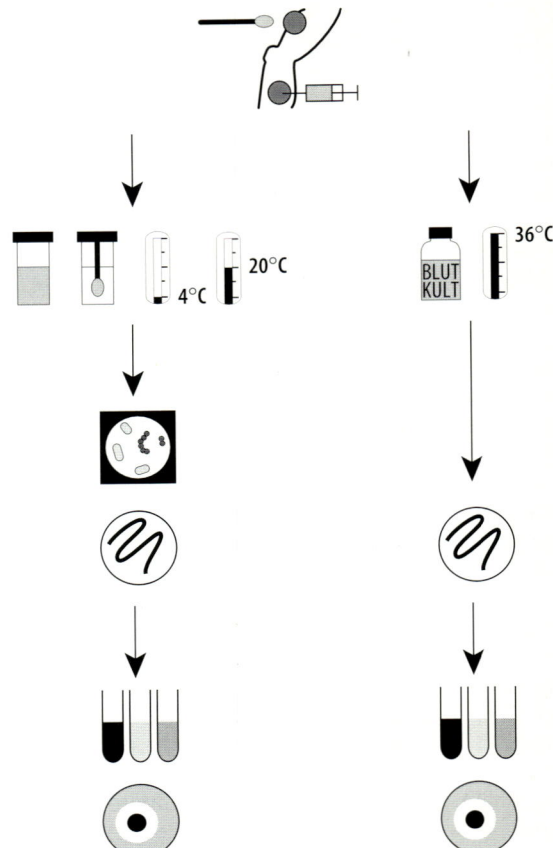

Abb. 13.1. Mikrobiologische Diagnostik bei Infektionen der Haut- und Weichteile (Erklärung der Symbole: s. S. 887, Abb. 2.1)

Der Untersuchungsgang kann sich bei systemischen Infektionen anders gestalten: Insbesondere bei virusbedingten zyklischen Allgemeininfektionen (z.B. Röteln oder Masern) oder bei Syphilis und Lyme-Borreliose erfolgt die Diagnosesicherung durch Antikörpernachweis. Bei einer Hauttuberkulose muß nach weiteren Manifestationen, insbesondere in der Lunge, gesucht werden. Bei einer Sepsis sind Blutkulturen anzulegen, und es muß der Ausgangsherd gefunden werden.

13.6.2 Vorgehen im Labor

Im Labor werden mikroskopische Präparate angefertigt, und es erfolgt eine Anzucht auf geeigneten Kulturmedien. Die Bebrütungsdauer und der Ein-

satz von Spezialmethoden richten sich nach den gesuchten Erregern: Spezielle Verarbeitungsmethoden erfordern z. B. Dermatophyten (Anlage auf Spezialmedien und Kultivierung über mehrere Wochen) oder Mykobakterien (Anzucht auf Spezialmedien bei 37 °C und 32 °C, u. U. wochenlange Inkubation) bzw. PCR!

13.6.3 Befundinterpretation

Die Einordnung des Nachweises obligat pathogener Erreger bereitet keine Schwierigkeiten: Mit der Anzucht von M. tuberculosis oder M. marinum aus einer entsprechenden Hautläsion ist der Erreger gesichert.

Auch der mikroskopische Nachweis und die Anzucht von Dermatophyten sichern eindeutig die Diagnose.

Werden S. aureus oder A-Streptokokken isoliert, ist in aller Regel ebenfalls der Erreger nachgewiesen, insbesondere wenn das klinische Bild zu dem Isolat paßt.

Die Interpretation der Isolierung von typischen Mikroorganismen der Hautflora bereitet Schwierigkeiten, v. a. dann, wenn sie aus ulzerierenden Läsionen angezüchtet werden. Hier können der wiederholte Nachweis und das Vorhandensein von Entzündungszeichen hilfreich sein; allgemein gilt: Je schlechter die Materialabnahme war, desto schwieriger die Interpretation der Anzuchtergebnisse.

13.7 Therapie

Die kalkulierte Therapie eitriger Infektionen muß Streptokokken und Staphylokokken erfassen und kann mit Flucloxacillin, Zweitgenerationscephalosporinen, Clindamycin oder Makroliden durchgeführt werden.

13.8 Prävention

Die primäre Prophylaxe von Hautinfektionen beruht auf allgemeinen Hygienemaßnahmen und frühzeitiger Behandlung kleiner Wunden.

Aufgrund der hohen Kontagiosität der Impetigo müssen die Läsionen sorgfältig verbunden werden; Schul- und Kindergartenbesuche können frühestens 24 h nach Beginn der Antibiotikatherapie wieder zugelassen werden.

Die konsequente antibiotische Behandlung verhindert weitergehende Schäden wie Sepsis oder, bei Infektion durch A-Streptokokken, nichteitrige Nachkrankheiten, speziell die akute Glomerulonephritis. Nur bei einer Häufung nephritogener Stämme (M-Typen 2, 49, 55, 57, 58 und 60) wird für Kontaktpersonen eine Prophylaxe mit Benzathinpenicillin empfohlen. Dieses kommt auch für die Rezidivprophylaxe in Betracht.

13.9 Wundinfektionen

Wunden sind umschriebene Gewebezerstörungen durch Verletzungen (Trauma), Verbrennung, Bisse oder ärztliche Eingriffe (iatrogen). Chirurgisch unterscheidet man saubere Wunden ohne größere Gewebezerstörung und ohne Schleimhautkontakt, kleinere, schwach kontaminierte Wunden mit geringfügigem Kontakt zu Schleimhäuten, Galle oder Urin, und kontaminierte Wunden mit ausgedehntem Kontakt zu Schleimhäuten, infizierter Galle oder Urin. Der Gewebedefekt schädigt die lokale Abwehr, z. B. die mechanische Barrierefunktion, so daß sich Krankheitserreger leichter ansiedeln und etablieren. Die Schädigung durch die Infektion basiert in den meisten Fällen auf der ausgelösten Entzündungsreaktion, jedoch besitzen einige besonders invasive Erreger zusätzliche gewebeabbauende Virulenzfaktoren (z. B. C. perfringens: Lecithinase, P. aeruginosa: Elastase, A-Streptokokken: Hyaluronidase).

Erregerspektrum. Der häufigste Wundinfektionserreger ist S. aureus. Daneben können zahlreiche andere Bakterien Wundinfektionen verursachen, z. B. Streptokokken, Enterobakterien, P. aeruginosa, Clostridien (z. B. C. perfringens) und B. cereus. Bestimmte anamnestische Daten weisen auf be-

stimmte Erreger hin: So sind Infektionen von Verbrennungswunden häufig durch P. aeruginosa verursacht. Wundinfektionen nach Hundebiß werden von P. multocida, Streptokokken (bes. S. intermedius), Neisserien (N. weaveri) und selten durch Eikenella corrodens oder Capnocytophaga canimorsus (dieser führt bei Immunsupprimierten häufig zu Sepsis und Meningitis mit hoher Letalität) ausgelöst. Katzenbisse sind in etwa 50% der Fälle infiziert, meist von P. multocida. Durch Bisse können auch Erreger systemischer Infektionen wie Tollwutvirus, S. moniliformis, der Erreger des Rattenbißfiebers, oder F. tularensis übertragen werden. Durch Katzenkratzer kann B. henselae, der Erreger der Katzenkratzkrankheit, übertragen werden und Läsionen an der Eintrittsstelle sowie eine Lymphadenitis verursachen. Bei ulzerierenden Wunden auf der Grundlage von Durchblutungsstörungen finden sich häufig Mischinfektionen unter Beteiligung von gramnegativen Stäbchenbakterien und Anaerobiern. Wundinfektionen nach Salzwasserkontakt können durch Vibrio vulnificus verursacht werden und alle Schweregrade bis zur Myonekrose erreichen. Bei allen Arten von Wunden, selbst bei Bagatellverletzungen, muß bei Ungeimpften mit der Entstehung eines Wundstarrkrampfs gerechnet werden.

Diagnostik. Die Erregersicherung erfolgt aus Wundsekret vom Rand oder aus der Tiefe der Wunde, das durch Punktion oder mittels Abstrich gewonnen wird. Bei der Gewinnung muß eine Kontamination durch Hautflora vermieden werden, was aber nicht immer gelingt. Der Transport ins Labor erfolgt stets in einem Transportmedium, das auch für Anaerobier geeignet ist, bei längeren Transportzeiten gekühlt. Im Labor werden die Proben mikroskopiert und die Erreger angezüchtet. Ein mikroskopisches Präparat ist v. a. bei fulminanten nekrotisierender Infektionen wie Gasbrand oder nekrotisierende Fasziitis hilfreich, da es schnell Hinweise auf den oder die Erreger bringt. Das Grampräparat liefert auch Hinweise für die Einstufung eines Isolats als Erreger oder Kontaminante aus der Hautflora: Finden sich mikroskopisch zahlreiche Granulozyten, so spricht dies für die ätiologische Relevanz eines angezüchteten Eitererregers.

Therapie. Die Therapie von Wundinfektionen besteht in der chirurgischen Sanierung. Die Antibiotikagabe wirkt unterstützend und sollte in der Phase der kalkulierten Therapie insbesondere S. aureus sicher erfassen.

Prävention. Wundinfektionen wird am besten durch eine adäquate chirurgische Wundversorgung vorgebeugt. Stets, insbesondere bei verschmutzten Wunden, muß ein ausreichender Schutz gegen Tetanus gewährleistet sein. Bei Bissen durch (Wild)Tiere ist immer an die Möglichkeit einer Tollwutexposition zu denken, ggf. sind entsprechende Therapie- und Präventionsmaßnahmen einzuleiten.

ZUSAMMENFASSUNG: Haut- und Weichteilinfektionen

Haut- und Weichteilinfektionen umfassen erregerbedingte Erkrankungen der Haut und Subkutis, der Hautanhangsgebilde Nägel, Haar und Haarbalg, von Faszien (Fasziitis) und der Muskeln (Myositis). Zu den Pyodermien der Haut zählen flächige Eiterungen (Phlegmone), Impetigo, Erysipel und Zellulitis sowie Follikulitis, Furunkel und Karbunkel. Paronychie und Panaritium sind Infektionen der paronychalen Falte („Nagelgeschwür").

Bestimmte Krankheitsentitäten bilden Lokalinfektionen an der Haut (Schweinerotlauf, Milzbrand, Diphtherie, Listeriose). Einige zyklische Allgemeininfektionen bilden Organmanifestationen an der Haut, so die Syphilis, die Tuberkulose oder die virusbedingten exanthematischen Kinderkrankheiten (z.B. Masern, Röteln, Windpocken).

Die häufigsten Erreger unspezifischer lokaler Hautinfektionen sind S. aureus und S. pyogenes. C. perfringens und andere lecithinasebildende Clostridien verursachen Gasbildung im Gewebe und rasch fortschreitende Nekrosen (Gasödem, Gasbrand). Weitere Erreger mit der Fähigkeit zur progredienten Nekrotisierung sind S. pyogenes (Fasciitis necroticans) und P. aeruginosa.

Die Erregerdiagnose bei Lokalinfektionen wird durch Anzucht aus dem Herd gestellt. Bei zyklischen Allgemeininfektionen steht die serologische Diagnose im Vordergrund (Ausnahme Tbc).

Die kalkulierte Therapie eitriger Infektionen muß Streptokokken und Staphylokokken erfassen und kann mit Flucloxacillin, Zweitgenerationscephalosporinen, Clindamycin oder Makroliden durchgeführt werden. Wundinfektionen erfordern stets eine chirurgische Sanierung.

Die primäre Prophylaxe von Hautinfektionen beruht auf allgemeinen Hygienemaßnahmen und frühzeitiger Behandlung kleiner Wunden.

14 Nosokomiale Infektionen

C. Tauchnitz, K. Miksits, A. Kramer

EINLEITUNG

Eine nosokomiale Infektion ist jede durch Mikroorganismen hervorgerufene Infektion, die im zeitlichen Zusammenhang mit einem Krankenhausaufenthalt oder einer ambulanten medizinischen Maßnahme steht, soweit die Infektion nicht bereits vorher bestand (§2 IfSG). Hierzu zählen auch solche Infektionen, die zwar nosokomial erworben wurden, sich aber erst nach Entlassung manifestieren. Eine epidemische Krankenhausinfektion liegt dann vor, wenn Infektionen mit einheitlichem Erregertyp in zeitlichem, örtlichem und kausalem Zusammenhang mit einem Krankenhausaufenthalt nicht nur vereinzelt auftreten. (Nach der Richtlinie für die Erkennung, Verhütung und Bekämpfung von Krankenhausinfektionen, Bundesgesundheitsamt Berlin, 1976.)

Für Infektionen durch Eitererreger kann eine nosokomiale Genese dann angenommen werden, wenn sie sich ca. ab dem 3. Tag des Krankenhausaufenthaltes manifestieren.

Die außerordentliche Bedeutung nosokomialer Infektionen erhellt allein schon aus den zusätzlich anfallenden Kosten zur Versorgung der betroffenen Patienten, etwa 2 Mrd. DM pro Jahr in Deutschland.

Etwa 940 000 Patienten, das sind ca. 6% aller Krankenhauspatienten, erkranken und 15 000–30 000 versterben in der Bundesrepublik Deutschland jährlich an den Folgen einer nosokomialen Infektion. Am häufigsten sind Harnwegsinfektionen (Anteil etwa 40%; 375 000 Patienten), Wundinfektionen (Anteil etwa 25%; 235 000 Patienten), Atemwegsinfektionen (Anteil etwa 25%; 230 000 Patienten) und Sepsis (Anteil etwa 5%; 47 000 Patienten), die mit einer hohen Letalitätsrate, 20–50%, belastet ist.

Des weiteren sind endogene von exogenen Infektionen zu unterscheiden. Etwa 40% der nosokomialen Infektionen sind endogener Natur.

Die Unterscheidung von unvermeidlichen und vermeidbaren Infektionen ist häufig nur schwer möglich, weil meist nicht die Möglichkeit besteht, eine *Infektionskette* aufzuklären und damit den Infektionsweg zu identifizieren. Als unvermeidbar ist sie einzustufen, wenn sie trotz Einhaltung aller bekannter Präventionsmaßnahmen entstanden ist. Nach Studien aus den USA ist etwa ein Drittel der nosokomialen Infektionen vermeidbar.

Nach Art der Übertragung können bei den exogenen Infektionen folgende Formen unterschieden werden:
- Iatrogene Infektionen, verursacht durch diagnostische oder therapeutische Eingriffe, z.T. aufgrund von Hygienemängeln [„Die Hand des Arztes ist der größte Feind der Wunde" (Bier)];
- Umgebungsinfektionen nach Übertragung aus der Gesundheitseinrichtung (z.B. Legionellen aus Warmwassersystemen) oder über Mitarbeiter (Kreuzinfektion);
- apparativ bzw. technisch bedingte nosokomiale Infektionen mit Übertragung durch apparative Ausstattung, Geräte oder Ausrüstungen;
- aus dem ambulanten Bereich in das Krankenhaus eingeschleppte Infektionen.

14.1 Erregerspektrum

Haupterreger sind heute S. aureus (inkl. MRSA), multiresistente Enterobakterien, P. aeruginosa und als Endoplastitiserreger koagulase-negative Staphylokokken. Weiterhin wurde ein Anstieg von Pilzinfektionen, v.a. durch Candida-Arten, aber auch durch Aspergillen und Mukorazeen beobachtet. Dies ist insbesondere auf den langdauernden und hochdosierten Einsatz von Antibiotika und die verlängerte Lebensdauer Immunsupprimierter zurückzuführen. Daneben sind Legionellen, C. difficile und verschiedene Virusarten, z.B. HBV, HCV oder HIV, die durch Blut oder Blutprodukte übertragen werden können, zu beachten.

14.2 Prävention

Zur Verhinderung nosokomialer Infektionen sind primäre, sekundäre und tertiäre Präventionsmaßnahmen erforderlich (s. S. 158 ff.). Einmal gilt es, die infektionsbegünstigenden Faktoren bei den einzelnen Patienten schnellstmöglich zu beseitigen oder zumindest zu reduzieren. Andererseits ist es erforderlich, vermeidbare nosokomiale Infektionen durch Asepsis inkl. Antiseptik und eine geeignete Organisationsstruktur zu verhindern – allem voran steht die Schulung des Personals.

Asepsis. Zur Asepsis (s. S. 159) gehören z.B. die korrekte Durchführung von Aufbereitungs-, Desinfektions- und Sterilisationsmaßnahmen (s. S. 164 ff.), die sorgfältige Indikationsstellung für die Anlage von Blasen- und Venenkathetern einschließlich des korrekten Legens und weiteren Umgangs (z.B. Katheterwechsel nur bei strenger Asepsis, Verwendung geschlossener Harnableitungssysteme), Einhaltung von krankenhaushygienischen Grundsätzen bei maschineller Beatmung und Absaugung sowie eine korrekte Durchführung der Wundversorgung mit Verbandwechseln in No-touch-Technik, bei erforderlicher Wunddrainage geschlossenes System mit 50% Vakuum anstatt Hochvakuum des Redon-Systems.

Von herausragender Bedeutung ist die konsequente Durchführung der hygienischen Händedesinfektion; sie zeigt zugleich die höchste Kosteneffektivität: Niedrige Kosten – hoher Nutzeffekt.

Weitere infektionsverhütende Möglichkeiten sind die Isolierung, z.B. von Patienten mit MRSA, (s. S. 162) und die perioperative Chemoprophylaxe (s. S. 829).

Durch geeignete bauliche Maßnahmen wie die sachgerechte Installation von raumlufttechnischen Anlagen, der Wasserversorgung oder von Schleusen kann der Ausbreitung eines Erregers entgegengewirkt werden.

Organisation. Eine geeignete Organisationsstruktur setzt speziell geschultes Personal, z.B. Hygieneschwestern und hygienebeauftragte Ärzte, sowie eine kompetente interdisziplinäre Hygienekommission voraus.

Es sind detaillierte Hygienepläne zu erstellen, das Personal ist entsprechend zu schulen und zu motivieren („Hygienebewußtsein"). Die Einhaltung der Hygienemaßnahmen muß kontinuierlich überprüft und dokumentiert werden.

Schutz des Personals. Neben den Maßnahmen zum Schutz des Patienten muß auch das Personal vor Infektionen geschützt werden. So wird von der STIKO empfohlen, medizinisches Personal gegen Hepatitis A und B, Diphtherie, Poliomyelitis, Röteln und Varizellen zu impfen. Zugleich sollte der Impfschutz für Tetanus vorhanden sein. Je nach Risikobereich kann für seronegative Frauen im gebärfähigen Alter zusätzlich die Impfung gegen Masern, Röteln und Mumps (letztere ggf. auch für Männer) indiziert sein. Bei epidemiologischer Indikation ist die Grippeschutzimpfung mit dem jeweils aktuellen Impfstamm allen Beschäftigten zu empfehlen.

Weitere Schutzvorkehrungen sind das Tragen von Handschuhen beim Blutabnehmen oder anderweitigen Umgang mit Körperflüssigkeiten oder Ausscheidungen.

Meldepflicht. [Dem Gesundheitsamt ist unverzüglich das gehäufte Auftreten nosokomialer Infektionen, bei denen ein epidemischer Zusammenhang wahrscheinlich ist oder vermutet wird, als Ausbruch nichtnamentlich zu melden (§ 6 IfSG).

Bewertung. Krankenhaushygienische Maßnahmen sind kosten-, personal- und zeitaufwendig. Andererseits lassen sich durch die Verhinderung einer nosokomialen Infektion nicht nur Leiden für den Patienten vermeiden, sondern auch in ganz erheblichem Maße Kosten einsparen.

Es muß daher jede Maßnahme hinsichtlich ihrer präventiven Eignung sowie ihrer Kosteneffizienz laufend überprüft werden.

ZUSAMMENFASSUNG: Nosokomiale Infektionen

Definition. Eine Infektion mit lokalen oder systemischen Infektionszeichen als Reaktion auf das Vorhandensein von Erregern oder ihrer Toxine, die im zeitlichen Zusammenhang mit einem Krankenhausaufenthalt oder einer ambulanten medizinischen Maßnahme steht, soweit die Infektion nicht bereits vorher bestand.

Infektionsspektrum. Harnwegsinfektionen (Blasenkatheter), Wundinfektionen, Pneumonien, Haut- und Weichteilinfektionen, Sepsis (oft intravenöse Verweilkatheter).

Erregerspektrum. Multiresistente gramnegative Stäbchen; Staphylokokken; C. difficile.

Disponierende Faktoren. Hygienemängel, Abwehrlage des Patienten (Grundkrankheiten), therapeutisch bedingte Abwehrschwäche (Katheter), Lebensalter, Erregerwechsel.

Übertragung. Endogene Flora von Haut und Schleimhäuten (Respirations- und Magen-Darm-Trakt); Kontaktinfektionen: Hände des medizinischen Personals.

Diagnosesicherung. Oft durch eine eingeschränkte Abwehr beeinträchtigt. Labormethoden, insbesondere der mikrobiologischen Erregersicherung, sind von großer Bedeutung. Grundlage für die kalkulierte Chemotherapie ist die Erstellung von Erreger- und Resistenzspektren. Aufdeckung von Übertragungswegen und Infektionsquellen durch Stammtypisierungen.

Prävention. Geschultes und motiviertes Personal („Hygienebewußtsein", Hygienepläne); strengste Indikation zur Katheterisierung; perioperative Ein-Dosis-Prophylaxe; Haut-, Schleimhaut- und Wundantiseptik.
Wichtig: Hygienische Händedesinfektion!

Impfempfehlungen der Ständigen Impfkommission am Robert-Koch-Institut (STIKO) – Stand: 2/2000

Impfkalender für Säuglinge, Kinder und Jugendliche
Empfohlenes Impfalter und Mindestabstände zwischen den Impfungen

Impfstoff/ Antigenkombination	Lebensmonat						Lebensjahr	
	Geburt	2	3	4	5	12–15	5–6	11–18
DTaP *			1.	2.	3.	4.		
aP								A
Hib			1.	siehe [1])	2.	3.		
IPV **			1.	siehe [1])	2.	3.		A
HB	siehe [2])		1.		2.	3.		G
MMR ***						1.	2.	G
DT/Td ****							A	A

Um die Zahl der Injektionen möglichst gering zu halten, sollten vorzugsweise Kombinationsimpfstoffe verwendet werden. Impfstoffe mit unterschiedlichen Antigenkombinationen von D/d, T, aP, HB, Hib, IPV sind bereits verfügbar oder in Vorbereitung. Bei Verwendung von Kombinationsimpfstoffen sind die Angaben des Herstellers zu den Impfabständen zu beachten.

[1]) Antigenkombinationen, die eine Pertussiskomponente enthalten, werden nach dem für DTaP angegebenen Schema benutzt.

[2]) Impfschema: 0, 1, 6 Monate; siehe auch Anmerkungen „Postexpositionelle Hepatitis-B-Immunprophylaxe bei Neugeborenen" (S. 11).

A Auffrischimpfung: Erfolgte die letzte Impfung mit entsprechenden Antigenen vor weniger als 12 Monaten, kann der Termin entfallen.

G Grundimmunisierung für alle Kinder und Jugendlichen, die bisher nicht geimpft wurden, bzw. Komplettierung eines unvollständigen Impfschutzes.

* Abstände zwischen erster und zweiter sowie zweiter und dritter Impfung mindestens 4 Wochen; Abstand zwischen dritter und vierter Impfung mindestens 6 Monate.

** Bei Verwendung von IPV-Virelon® nur zweimalige Impfung. Siehe Beipackzettel.

*** Die zweite MMR-Impfung kann bereits vier Wochen nach der ersten MMR-Impfung erfolgen.

**** Ab 6. bzw. 7. Lebensjahr wird zur Auffrischimpfung ein Impfstoff mit reduziertem Diphtherietoxoid-Gehalt (d) verwendet.

Indikations- und Auffrischimpfungen

Impfung gegen	Kategorie	Indikation bzw. Reiseziel	Anwendungshinweise (Beipackzettel/Fachinformationen beachten)
Cholera	R	Auf Verlangen des Ziel- oder Transitlandes; nur noch im Ausnahmefall; eine WHO-Empfehlung besteht nicht	Nach Angaben des Herstellers
Diphtherie	A	Alle Personen ohne ausreichenden Impfschutz • bei fehlender oder unvollständiger Grundimmunisierung • wenn die letzte Impfung der Grundimmunisierung oder die letzte Auffrischimpfung länger als 10 Jahre zurückliegt	Die Impfung gegen Diphtherie sollte in der Regel in Kombination mit der gegen Tetanus durchgeführt werden. Nichtgeimpfte oder Personen mit fehlendem Impfnachweis sollten 2 Impfungen im Abstand von 4–8 Wochen und eine 3. Impfung 6–12 Monate nach der 2. Impfung erhalten Eine Reise in ein Infektionsgebiet sollte frühestens nach der 2. Impfung angetreten werden
	I	Bei Diphtherie-Risiko (Gefahr der Einschleppung, Reisen in Infektionsgebiete) Überprüfung der Impfdokumentation; bei fehlendem Impfschutz ist die Impfung besonders angezeigt für • medizinisches Personal, das engen Kontakt zu Erkrankten haben kann • Personal in Laboratorien mit Diphtherie-Risiko • Personal in Einrichtungen mit umfangreichem Publikumsverkehr • Aussiedler, Flüchtlinge und Asylbewerber aus Gebieten mit Diphtherie-Risiko, die in Gemeinschaftsunterkünften leben, sowie für das Personal dieser Einrichtungen (siehe entsprechende Impfempfehlungen) • Bedienstete des Bundesgrenzschutzes und der Zollverwaltung • Reisende in Regionen mit Diphtherie-Risiko	Eine begonnene Grundimmunisierung wird vervollständigt, Auffrischimpfung in 10jährigen Intervallen. Bei bestehender Diphtherie-Impfindikation und ausreichendem Tetanus-Impfschutz sollte monovalent gegen Diphtherie geimpft werden
	A	Bei Epidemien oder regional erhöhter Morbidität	Entsprechend den Empfehlungen der Gesundheitsbehörden
FSME (Frühsommer-meningo-enzephalitis)	I	Personen, die sich in FSME-Risikogebieten aufhalten oder Personen, die durch FSME beruflich gefährdet sind (z. B. Forstarbeiter)	Grundimmunisierung und Auffrischimpfungen nach Angaben des Herstellers
		Risikogebiete in Deutschland sind zur Zeit insbesondere: Bayern: südlicher Bayerischer Wald, Niederbayern entlang der Donau ab Regensburg (besonders Region Passau) sowie entlang der Flüsse Paar, Isar (ab Landshut), Rott, Inn, Vilz, Altmühl Baden-Württemberg: gesamter Schwarzwald (Gebiet zwischen Pforzheim, Offenburg, Freiburg, Villingen, Tübingen, Sindelfingen); Gebiete entlang der Flüsse Enz, Nagold und Neckar sowie entlang des Ober-/Hochrheins, oberhalb Kehls bis zum westlichen Bodensee (Konstanz, Singen, Stockach) Hessen: Odenwald (Saisonalität beachten: April–November)	Entsprechend den Empfehlungen der Gesundheitsbehörden; Hinweise zu FSME-Risikogebieten veröffentlicht im Epidemiologischen Bulletin des RKI (letzte Fassung: Ausgabe 16/99, 115) sind zu beachten
	R	Aufenthalte in FSME-Risikogebieten außerhalb Deutschlands	

Impfung gegen	Kategorie	Indikation bzw. Reiseziel	Anwendungshinweise (Beipackzettel/Fachinformationen beachten)
Gelbfieber	R	Entsprechend den Impfanforderungen der Ziel- oder Transitländer (tropisches Afrika und Südamerika mit endemischem Gelbfieber), ferner sind die Hinweise der WHO zu Gelbfieber-Infektionsgebieten zu beachten	Einmalige Impfung in den von den Gesundheitsbehörden zugelassenen Gelbfieber-Impfstellen; Auffrischimpfungen in 10jährigen Intervallen
Hepatitis A (HA)	I	1. HA-gefährdetes Personal* medizinischer Einrichtungen, z.B. Pädiatrie und Infektionsmedizin 2. HA-gefährdetes Personal* in Laboratorien (z.B. Stuhluntersuchungen) 3. Personal* in Kindertagesstätten, Kinderheimen u.ä. 4. Personal* in psychiatrischen Einrichtungen oder vergleichbaren Fürsorgeeinrichtungen für Zerebralgeschädigte oder Verhaltensgestörte 5. Kanalisations- und Klärwerksarbeiter 6. Homosexuell aktive Männer 7. Personen mit substitutionspflichtiger Hämophilie 8. Kontaktpersonen zu an Hepatitis A Erkrankten (Riegelungsimpfung) 9. Personen in psychiatrischen Einrichtungen oder vergleichbaren Fürsorgeeinrichtungen für Zerebralgeschädigte oder Verhaltensgestörte 10. Personen, die an einer chronischen Lebererkrankung leiden und keine HAV-Antikörper besitzen	Grundimmunisierung und Auffrischimpfung nach Angaben des Herstellers Eine Vortesung auf HA-Antikörper ist bei vor 1950 Geborenen sinnvoll und bei Personen, die in der Anamnese eine mögliche HA aufweisen bzw. längere Zeit in Endemiegebieten gelebt haben Bei einer aktuellen Exposition von Personen, für die eine Hepatitis A ein besonderes Risiko darstellt, kann zeitgleich mit der ersten Impfung ein Immunglobulin-Präparat gegeben werden
		* Unter „Personal" sind hier medizinisches und anderes Fach- und Pflegepersonal sowie Küchen- und Reinigungskräfte zu verstehen	
	R	Reisende in Regionen mit hoher Hepatitis-A-Prävalenz	
Hepatitis B	I	Präexpositionell: 1. HB-gefährdetes medizinisches und zahnmedizinisches Personal; Personal in psychiatrischen Einrichtungen oder vergleichbaren Fürsorgeeinrichtungen für Zerebralgeschädigte oder Verhaltensgestörte; andere Personen, die durch Blutkontakte mit möglicherweise infizierten Personen gefährdet sind, wie z.B. Ersthelfer, Polizisten, Sozialarbeiter und Gefängnispersonal mit Kontakt zu Drogenabhängigen 2. Dialysepatienten, Patienten mit häufiger Übertragung von Blut oder Blutbestandteilen (z.B. Hämophile), Patienten vor ausgedehnten chirurgischen Eingriffen (z.B. vor Operationen unter Verwendung der Herz-Lungen-Maschine) 3. Patienten mit chronischen Lebererkrankungen, die HBsAg-negativ sind 4. Durch Kontakt mit HBsAg-Trägern in Familie und Gemeinschaft (Kindergärten, Kinderheime, Pflegestätten, Schulklassen, Spielgemeinschaften) gefährdete Personen 5. Patienten in psychiatrischen Einrichtungen oder vergleichbaren Fürsorgeeinrichtungen für Zerebralgeschädigte oder Verhaltensgestörte 6. Besondere Risikogruppen, wie z.B. homosexuell aktive Männer, Drogenabhängige, Prostituierte, länger einsitzende Strafgefangene	Hepatitis-B-Impfung nach den Angaben des Herstellers; im Allgemeinen nach serologischer Vortestung bei den Indikationen 1. bis 6.; Kontrolle des Impferfolges ist für die Indikationen unter 1. bis 4. erforderlich. Auffrischimpfung entsprechend dem nach Abschluß der Grundimmunisierung erreichten Antikörperwert (Kontrolle 1–2 Monate nach 3. Dosis): • bei anti-HBs-Werten <100 IE/L umgehend erneute Impfung (1 Dosis) und erneute Kontrolle • bei anti-HBs-Werten ≥100 IE/L Auffrischimpfung (1 Dosis) nach 10 Jahren (Bei Immundefizienz regelmäßige Kontrollen etwa alle 3–6 Monate) Bei Fortbestehen des Infektionsrisikos Auffrischimpfungen in 10jährigen Intervallen

Impfung gegen	Kategorie	Indikation bzw. Reiseziel	Anwendungshinweise (Beipackzettel/Fachinformationen beachten)
Hepatitis B (HB) (Fortsetzung)	R	Reisende in Regionen mit hoher Hepatitis-B-Prävalenz bei längerem Aufenthalt oder bei zu erwartenden engen Kontakten zur einheimischen Bevölkerung	
		Postexpositionell: • Medizinisches Personal, bei Verletzungen mit möglicherweise erregerhaltigen Gegenständen, z. B. Nadelstichexposition • Neugeborene HBsAg-positiver Mütter	Siehe Immunprophylaxe bei Exposition S. 18 Siehe Anmerkungen zum Impfkalender S. 11
Influenza	I	• Personen über 60 Jahre • Kinder, Jugendliche und Erwachsene mit erhöhter gesundheitlicher Gefährdung infolge eines Grundleidens, wie z. B. chronische Lungen-, Herz-Kreislauf-, Leber- und Nierenkrankheiten, Diabetes und andere Stoffwechselkrankheiten, Immundefizienz, HIV-Infektion • Personen mit erhöhter Gefährdung, z. B. medizinisches Personal, Personen in Einrichtungen mit umfangreichem Publikumsverkehr	Jährliche Impfung, vorzugsweise im Herbst (September–November) mit einem Impfstoff mit aktueller, von der WHO-empfohlener Antigenkombination
	A	Wenn Epidemien auftreten oder auf Grund epidemiologischer Beobachtungen befürchtet werden	Entsprechend den Empfehlungen der Gesundheitsbehörden
Masern	I	Alle ungeimpften Personen in Einrichtungen der Pädiatrie, in Kindertagesstätten, Kinderheimen u. ä.	Einmalige Impfung, vorzugsweise mit MMR-Impfstoff
Meningokokken-Infektionen (Gruppen A, C, W$_{135}$, Y)	I	Gefährdete Personen • z. B. Entwicklungshelfer vor Aufenthalten im Meningitisgürtel Afrikas oder in anderen Gebieten mit Meningitis-Risiko gemäß den Empfehlungen der WHO • in Deutschland auf Empfehlung der Gesundheitsbehörden	Nach Angaben des Herstellers
Mumps	I	Alle ungeimpften Personen in Einrichtungen der Pädiatrie, in Kindertagesstätten, Kinderheimen u. ä.	Einmalige Impfung, vorzugsweise mit MMR-Impfstoff
Pneumokokken-Infektionen	I	• Personen über 60 Jahre • Kinder, Jugendliche und Erwachsene mit erhöhter gesundheitlicher Gefährdung infolge eines Grundleidens, wie z. B. chronische Lungen-, Herz-Kreislauf-, Leber- und Nierenkrankheiten, Diabetes und andere Stoffwechselkrankheiten, Immundefizienz, HIV-Infektion, Erkrankungen der blutbildenden Organe, funktionelle oder anatomische Asplenie, vor Beginn einer immunsuppressiven Therapie, vor Organtransplantation	Nach Angaben des Herstellers Auffrischimpfung frühestens 6 Jahre nach erster Impfung; Kinder unter 10 Jahren frühestens 3 Jahre nach erster Impfung

Impfung gegen	Kategorie	Indikation bzw. Reiseziel	Anwendungshinweise (Beipackzettel/Fachinformationen beachten)
Poliomyelitis	A	Alle Personen bei fehlender oder unvollständiger Grundimmunisierung	Personen mit drei dokumentierten Impfungen gelten als vollständig immunisiert. Ungeimpfte Personen erhalten IPV entsprechend den Angaben des Herstellers. Ausstehende Impfungen der Grundimmunisierung werden mit IPV nachgeholt
	I	Bei Poliomyelitis-Risiko Überprüfung der Impfdokumentation; bei fehlendem Impfschutz ist die Impfung besonders angezeigt für • medizinisches Personal, das engen Kontakt zu Erkrankten haben kann • Personal in Laboratorien mit Poliomyelitis-Risiko • Personen mit engem Kontakt zu Erkrankten • Reisende in Regionen mit Infektionsrisiko (die aktuelle epidemische Situation ist zu beachten, insbesondere die Meldungen der WHO) • Aussiedler, Flüchtlinge und Asylbewerber aus Gebieten mit Polio-Risiko, die in Gemeinschaftsunterkünften leben, sowie das Personal dieser Einrichtungen (siehe entsprechende Impfempfehlungen)	Eine routinemäßige Auffrischimpfung wird nach dem vollendeten 18. Lebensjahr nicht empfohlen Impfung mit IPV, wenn die Impfungen der Grundimmunisierung nicht vollständig dokumentiert sind oder die letzte Impfung der Grundimmunisierung bzw. die letzte Auffrischimpfung länger als 10 Jahre zurückliegt
	A	Bei einem Polio-Ausbruch	Riegelungsimpfung mit OPV entsprechend den Anordnungen der Gesundheitsbehörden
Röteln	I	• Alle ungeimpften Personen in Einrichtungen der Geburtshilfe sowie der Kinder- und Säuglingspflege • Seronegative Frauen mit Kinderwunsch	Einmalige Impfung, vorzugsweise mit MMR-Impfstoff Einmalige Impfung mit Röteln-Impfstoff mit nachfolgender Kontrolle des Impferfolgs
Tetanus	A	Alle Personen bei fehlender oder unvollständiger Grundimmunisierung, wenn die letzte Impfung der Grundimmunisierung oder die letzte Auffrischimpfung länger als 10 Jahre zurückliegt	Die Impfung gegen Tetanus sollte in der Regel in Kombination mit der gegen Diphtherie durchgeführt werden Eine begonnene Grundimmunisierung wird vervollständigt, Auffrischimpfung in 10jährigen Intervallen
	I	Postexpositionell	*
Tollwut	I	Präexpositionell: • Tierärzte, Jäger, Forstpersonal u.a. Personen bei Umgang mit Tieren in Gebieten mit Wildtiertollwut sowie ähnliche Risikogruppen • Personal in Laboratorien mit Tollwutrisiko	Dosierungsschema nach Angaben des Herstellers Personen mit weiterbestehendem Expositionsrisiko sollten regelmäßig eine Auffrischimpfung entsprechend den Angaben des Herstellers erhalten Mit Tollwutvirus arbeitendes Laborpersonal sollte halbjährlich auf neutralisierende Antikörper untersucht werden. Eine Auffrischimpfung ist bei <0,5 IE/ml Serum indiziert
	R	Reisende in Regionen mit hoher Tollwutgefährdung (z.B. durch streunende Hunde)	
	I	Postexpositionell	*

* s. Epidemiologisches Bulletin 2/2000

Impfung gegen	Kategorie	Indikation bzw. Reiseziel	Anwendungshinweise (Beipackzettel/Fachinformationen beachten)
Tuberkulose		Impfung mit dem derzeit verfügbaren BCG-Impfstoff wird nicht empfohlen	
Typhus	R	Bei Reisen in Endemiegebiete	Nach Angaben des Herstellers
Varizellen	I	Seronegative	Nach Angaben des Herstellers
		• Kinder mit Leukämie*	1 Dosis bei Kindern vor dem vollendeten 13. Lebensjahr
		• Kinder mit soliden malignen Tumoren	2 Dosen im Abstand von mindestens 6 Wochen bei Kindern ab 13 Jahren, Jugendlichen und Erwachsenen
		• Kinder mit schwerer Neurodermitis	
		• Kinder vor geplanter Immunsuppression, z.B. wegen schwerer Autoimmunerkrankung, vor Organtransplantation, bei schwerer Niereninsuffizienz	Bei Exposition passive Immunprophylaxe mit Varicella-Zoster-Immunglobulin (0,5 ml/kg KG); Neugeborene, deren Mütter bis zu 7 Tage vor bzw. 2 Tage nach der Geburt an Varizellen erkrankt sind, erhalten unverzüglich Varicella-Zoster-Immunglobulin in gleicher Dosierung
		• Geschwister und Eltern der vorstehend Genannten	
		• medizinische Mitarbeiter, insbesondere der Bereiche Pädiatrie, pädiatrische Onkologie, Schwangerenfürsorge, der Betreuung von Immundefizienten	
		• Frauen mit Kinderwunsch	
		* Unter folgenden Voraussetzungen: klinische Remission mindestens 12 Monate, vollständige hämatologische Remission (Gesamtlymphozytenzahl $\geq$1200/mm^3 Blut)	

A   Impfung mit breiter Anwendung und erheblichem Wert für die Gesundheit der Bevölkerung
I   Indikationsimpfung bei erhöhter Gefährdung von Personen bzw. Angehörigen von Risikogruppen
R   Reiseimpfungen (von der WHO veröffentlichte Informationen über Gebiete mit besonderem Infektionsrisiko beachten)

Gesetz zur Verhütung und Bekämpfung von Infektionskrankheiten beim Menschen (Infektionsschutzgesetz – IfSG) (Auszug)

§7
Meldepflichtige Nachweise von Krankheitserregern

(1) Namentlich ist bei folgenden Krankheitserregern, soweit nicht anders bestimmt, der direkte oder indirekte Nachweis zu melden, soweit die Nachweise auf eine akute Infektion hinweisen:

1. Adenoviren; Meldepflicht nur für den direkten Nachweis im Konjunktivalabstrich
2. Bacillus anthracis
3. Borrelia recurrentis
4. Brucella sp.
5. Campylobacter jejuni
6. Chlamydia psittaci
7. Clostridium botulinum oder Toxinnachweis
8. Corynebacterium diphtheriae, Toxin bildend
9. Coxiella burnetii
10. Cryptosporidium parvum
11. Ebolavirus
12. a) Escherichia coli, enterohämorrhagische Stämme (EHEC)
    b) Escherichia coli, sonstige darmpathogene Stämme
13. Francisella tularensis
14. FSME-Virus
15. Gelbfiebervirus
16. Giardia lamblia
17. Haemophilus influenzae; Meldepflicht nur für den direkten Nachweis aus Liquor oder Blut
18. Hantaviren
19. Hepatitis-A-Virus
20. Hepatitis-B-Virus
21. Hepatitis-C-Virus; Meldepflicht für alle Nachweise, soweit nicht bekannt ist, daß eine chronische Infektion vorliegt

22. Hepatitis-D-Virus
23. Hepatitis-E-Virus
24. Influenzaviren; Meldepflicht nur für den direkten Nachweis
25. Lassavirus
26. Legionella sp.
27. Leptospira interrogans
28. Listeria monocytogenes; Meldepflicht nur für den direkten Nachweis aus Blut, Liquor oder anderen normalerweise sterilen Substraten sowie aus Abstrichen von Neugeborenen
29. Marburgvirus
30. Masernvirus
31. Mycobacterium leprae
32. Mycobacterium tuberculosis/africanum, Mycobacterium bovis; Meldepflicht für den direkten Erregernachweise sowie nachfolgend für das Ergebnis der Resistenzbestimmung; vorab auch für den Nachweis säurefester Stäbchen im Sputum
33. Neisseria meningitidis; Meldepflicht nur für den direkten Nachweis aus Liquor, Blut, hämorrhagischen Hautinfiltraten oder anderen normalerweise sterilen Substraten
34. Norwalk-ähnliches Virus; Meldepflicht nur für den direkten Nachweis aus Stuhl
35. Poliovirus
36. Rabiesvirus
37. Rickettsia prowazekii
38. Rotavirus
39. Salmonella Paratyphi; Meldepflicht für alle direkten Nachweise
40. Salmonella Typhi; Meldepflicht für alle direkten Nachweise
41. Salmonella, sonstige
42. Shigella sp.
43 Trichinella spiralis
44. Vibrio cholerae O1 und O139
45. Yersinia enterocolitica, darmpathogen
46. Yersinia pestis
47. andere Erreger hämorrhagischer Fieber.

Die Meldung nach Satz 1 hat gemäß §8 Abs. 1 Nr. 2, 3, 4 und Abs. 4, §9 Abs. 1, 2, 3 Satz 1 oder 3 zu erfolgen.

(2) Namentlich sind in dieser Vorschrift nicht genannte Krankheitserreger zu melden, soweit deren örtliche und zeitliche Häufung auf eine schwerwiegende Gefahr für die Allgemeinheit hinweist. Die Meldung nach Satz 1 hat gemäß §8 Abs. 1 Nr. 2, 3 und Abs. 4, §9 Abs. 2, 3 Satz 1 oder 3 zu erfolgen.

(3) Nichtnamentlich ist bei folgenden Krankheitserregern der direkte oder indirekte Nachweis zu melden:
1. Treponema pallidum
2. HIV
3. Echinococcus sp.
4. Plasmodium sp.
5. Rubellavirus; Meldepflicht nur bei konnatalen Infektionen
6. Toxoplasma gondii; Meldepflicht nur bei konnatalen Infektionen.

Die Meldung nach Satz 1 hat gemäß §8 Abs. 1 Nr. 2, 3 und Abs. 4, §10 Abs. 1 Satz 1, Abs. 3, 4 Satz 1 zu erfolgen.

§9
Namentliche Meldung

(1) Die namentliche Meldung durch eine der in §8 Abs. 1 Nr. 1, 4 bis 8 genannten Personen muß folgende Angaben enthalten:
1. Name, Vorname des Patienten
2. Geschlecht
3. Tag, Monat und Jahr der Geburt
4. Anschrift der Hauptwohnung und, falls abweichend: Anschrift des derzeitigen Aufenthaltsortes
5. Tätigkeit in Einrichtungen im Sinne des §36 Abs. 1 oder 2; Tätigkeit im Sinne des §42 Abs. 1 bei akuter Gastroenteritis, akuter Virushepatitis, Typhus/Paratyphus und Cholera
6. Betreuung in einer Gemeinschaftseinrichtung gemäß §33
7. Diagnose beziehungsweise Verdachtsdiagnose
8. Tag der Erkrankung oder Tag der Diagnose, gegebenenfalls Tag des Todes
9. wahrscheinliche Infektionsquelle
10. Land, in dem die Infektion wahrscheinlich erworben wurde; bei Tuberkulose Geburtsland und Staatsangehörigkeit
11. Name, Anschrift und Telefonnummer der mit der Erregerdiagnostik beauftragten Untersuchungsstelle
12. Überweisung in ein Krankenhaus beziehungsweise Aufnahme in einem Krankenhaus oder einer anderen Einrichtung der stationären Pflege und Entlassung aus der Einrichtung, soweit dem Meldepflichtigen bekannt
13. Blut-, Organ- oder Gewebespende in den letzten 6 Monaten
14. Name, Anschrift und Telefonnummer des Meldenden
15. bei einer Meldung nach §6 Abs. 1 Nr. 3 die Angaben nach §22 Abs. 2.

Bei den in §8 Abs. 1 Nr. 4 bis 8 genannten Personen beschränkt sich die Meldepflicht auf die ihnen vorliegenden Angaben.

(2) Die namentliche Meldung durch eine in §8 Abs. 1 Nr. 2 und 3 genannte Person muß folgende Angaben enthalten:
1. Name, Vorname des Patienten
2. Geschlecht, soweit die Angabe vorliegt
3. Tag, Monat und Jahr der Geburt, soweit die Angaben vorliegen
4. Anschrift der Hauptwohnung und, falls abweichend: Anschrift des derzeitigen Aufenthaltsortes, soweit die Angabenvorliegen
5. Art des Untersuchungsmaterials
6. Eingangsdatum des Untersuchungsmaterials
7. Nachweismethode
8. Untersuchungsbefund
9. Name, Anschrift und Telefonnummer des einsendenden Arztes beziehungsweise Krankenhauses
10. Name, Anschrift und Telefonnummer des Meldenden.

(3) Die namentliche Meldung muß unverzüglich, spätestens innerhalb von 24 Stunden nach erlangter Kenntnis

gegenüber dem für den Aufenthalt des Betroffenen zuständigen Gesundheitsamt, im Falle des Absatz 2 gegenüber dem für den Einsender zuständigen Gesundheitsamt erfolgen. Eine Meldung darf wegen einzelner fehlender Angaben nicht verzögert werden. Die Nachmeldung oder Korrektur von Angaben hat unverzüglich nach deren Vorliegen zu erfolgen. Liegt die Hauptwohnung oder der gewöhnliche Aufenthaltsort der betroffenen Person im Bereich eines anderen Gesundheitsamtes, so hat das unterrichtete Gesundheitsamt das für die Hauptwohnung, bei mehreren Wohnungen das für den gewöhnlichen Aufenthaltsort des Betroffenen zuständige Gesundheitsamt unverzüglich zu benachrichtigen.

(4) Der verantwortliche Luftfahrzeugführer oder der Kapitän eines Seeschiffes meldet unterwegs festgestellte meldepflichtige Krankheiten an den Flughafen- oder Hafenarzt des inländischen Ziel- und Abfahrtsortes. Die dort verantwortlichen Ärzte melden an das für den jeweiligen Flughafen oder Hafen zuständige Gesundheitsamt.

(5) Das Gesundheitsamt darf die gemeldeten personenbezogenen Daten nur für seine Aufgaben nach diesem Gesetz verarbeiten und nutzen.

§ 10
Nichtnamentliche Meldung

(1) Die nichtnamentliche Meldung nach § 7 Abs. 3 muß folgende Angaben enthalten:
1. Im Falle des § 7 Abs. 3 Nr. 2 eine fallbezogene Verschlüsselung gemäß Absatz 2
2. Geschlecht
3. Monat und Jahr der Geburt
4. erste drei Ziffern der Postleitzahl der Hauptwohnung
5. Untersuchungsbefund
6. Monat und Jahr der Diagnose
7. Art des Untersuchungsmaterials
8. Nachweismethode
9. wahrscheinlicher Infektionsweg, wahrscheinliches Infektionsrisiko

10. Land, in dem die Infektion wahrscheinlich erworben wurde
11. Namen, Anschrift und Telefonnummer des Meldenden
12. Bei Malaria Angaben zur Expositions- und Chemoprophylaxe.

Der einsendende Arzt hat den Meldepflichtigen insbesondere bei den Angaben zu Nummern 9, 10 und 12 zu unterstützen. Die nichtnamentliche Meldung nach § 6 Abs. 3 muß die Angaben nach den Nummern 5, 9 und 11 sowie Name und Anschrift der betroffenen Einrichtung enthalten.

(2) Die fallbezogene Verschlüsselung besteht aus dem dritten Buchstaben des ersten Vornamens in Verbindung mit der Anzahl der Buchstaben des ersten Vornamens sowie dem dritten Buchstaben des ersten Nachnamens in Verbindung mit der Anzahl der Buchstaben des ersten Nachnamens. Bei Doppelnamen wird jeweils nur der erste Teil des Namens berücksichtigt; Umlaute werden in zwei Buchstaben dargestellt. Namenszusätze bleiben unberücksichtigt.

(3) Bei den in § 8 Abs. 1 Nr. 3 und 5 genannten Personen beschränkt sich der Umfang der Meldung auf die ihnen vorliegenden Angaben.

(4) Die nichtnamentliche Meldung nach § 7 Abs. 3 muß innerhalb von 2 Wochen gegenüber dem Robert Koch-Institut erfolgen. Es ist ein vom Robert Koch-Institut erstelltes Formblatt oder ein geeigneter Datenträger zu verwenden. Für die nichtnamentliche Meldung nach § 6 Abs. 3 gilt § 9 Abs. 3 Satz 1 bis 3 entsprechend.

(5) Die Angaben nach Absatz 2 und die Angaben zum Monat der Geburt dürfen vom Robert Koch-Institut lediglich zu der Prüfung verarbeitet und genutzt werden, ob verschiedene Meldungen sich auf dieselbe Person beziehen. Sie sind zu löschen, sobald nicht mehr zu erwarten ist, daß die damit bewirkte Einschränkung der Prüfungen nach Satz 1 eine nicht unerhebliche Verfälschung der aus den Meldungen zu gewinnenden epidemiologischen Beurteilung bewirkt, jedoch spätestens nach zehn Jahren.

AK	Antikörper	MG	Molekulargewicht in Kilodalton (kDa)
Ag	Antigen	MHC	Haupt-Histokompatibilitätskomplex
ATL	Adult T-Cell-Leukemia	M.S.	Multiple Sklerose
BSE	Bovine spongiforme Enzephalopathie	NonA/NonB	NonA/NonB-Hepatitis-Virus
D	Dalton	NNRTI	Non-Nukleosid-Reverse Transkriptase-Inhibitor
DD	Differential-Diagnose		
EBV	Epstein-Barr-Virus	NRTI	Nukleosid-Reverse-Transkriptase-Inhibitor
EM	Elektronenmikroskop		
FSME	Frühsommer-Meningoenzephalitis	ORF	Open reading frame
GBS	Guillain-Barré-Syndrom	PCR (LCR)	Polymerase-Kettenreaktion (Ligase-Kettenreaktion)
HAART	Hochaktive anti-Retrovirus-Therapie		
HAV	Hepatitis A-Virus	PFU	Plaque forming unit
HBs-Gen	Gen für HBsAg	PML	progressive, multifokale Leuko-enzephalopathie
HBV	Hepatitis B-Virus		
HCV, HEV	Hepatitis C-(E)-Virus	PPUM	Potentiell pathogene Umwelt-mykobakterien
HDV	Hepatitis D-Virus		
HHT	Hämagglutinations-Hemmungstest	RE	Restriktionsenzym
HHV-6	Humanes Herpes-Virus 6	RES	Retikulo-endotheliales System
HIV	Human-Immundefizienz-Virus	RSV	Rous-Sarkom-Virus
HPV	Humane Papilloma-Viren	RS-Virus	Respiratory-syncytial-Virus
HSV	Herpes-simplex-Virus	SSPE	Subakute sklerosierende Panenzephalitis
HTLV	Humanes T-Zell-Leukämie-Virus		
IFN	Interferon	SSW	Schwangerschaftswoche
IFT	Immunfluoreszenz-Test	TK	Thymidin-Kinase
IDDM	Insulin dependent Diabetes mellitus	TMV	Tabakmosaik-Virus
kb	Kilobasen	TNF	Tumornekrose-Faktor
kbp	Kilobasenpaare	US	Ultraschall
KS	Kaposi-Sarkom	VZV	Varizella-Zoster-Virus
LCM	Lymphozytäre Choriomeningitis	Wt	Wildtyp
LTR	Long Terminal Repeat (Regulations-elemente der Retro-Viren)	ZMV	Zytomegalie-Virus
		ZTL	Zytotoxische Lymphozyten

Literatur zu Abschnitt I (Einleitung)

Brown JR, Doolittle WF (1997) Archaea and the Prokaryote-to-Eukaryote Transition. Microbiol. Mol. Biol. Rev. 61:456–502

Bulloch W (1938, reprint 1960) History of Bacteriology. Oxford University Press, London

Collard P (1976) The Development of Microbiology. Cambridge University Press, Cambridge

Euzeby JP (1997) List of Bacterial Names with Standing in Nomenclatue: a folder available on the Internet. Int. J. Syst. Bacteriol. 47(2):590–592

Garrity G et al. (2000) Bergey's Manual of Systematic Bacteriology, 2nd ed. Williams & Wilkins, Baltimore

– *Neben dem Int. J. Syst. Bacteriol das maßgebende Werk für die Benennung und Eingruppierung von Bakterien* –

Großgebauer K (1985) Geschichtliches aus der Bakteriologie. Materia Medica Nordmark 37:97–197, 155–165, 206–214

Holt JG (1993) Bergey's Manual of Determinative Bacteriology, 9th ed. Williams & Wilkins, Baltimore

Kandler O (1999) Diversification of Early Life and the Origin of the Three Domains. A Proposal. From Symbiosis to Eukaryotism: Endocytobiology VII. Wagner E et al. (eds.) University of Geneva

McNeill WH (1976) Seuchen machen Geschichte. Udo Priemer, München

Mochmann H, Köhler W (1984) Meilensteine der Bakteriologie. Gustav Fischer, Jena

Skerman VBD, McGowan V, Sneath PHA (eds.) (1980) Approved lists of bacterial names. International Journal of Systematic Bacteriology 30:225–420

Woese CR, Kandler O, Wheelis M (1990) Towards a Natural System of Organisms, Proposal for the Domains Archaea, Bacteria and Eucarya. Proc. Natl. Acad. Sci. 87:4576–4579

Literatur zu Abschnitt II (Infektionslehre)

Collier L, Balows A, Sussmann M (eds.) (1998) Topley & Wilson's Microbiology and Microbial Infections, 9th ed. Arnold, London

Davis BD, Dulbecco R, Eisen HN, Ginsberg HS (eds.) (1990) Microbiology, 4th ed. J.B. Lippincott, Philadelphia

Finlay BB, Falkow S (1997) Common Themes in Microbial Pathogenicity. Microbiol. Mol. Biol. Rev. 61:136–169

– *Übersicht über aktuelle Forschungsansätze auf dem Feld der Virulenzfaktoren* –

Mandell GL, Bennett JE, Dolin R (eds.) (2000) Mandell, Douglas, and Bennett's Principles and Practice of Infectious Diseases, 5th ed. Churchill Livingstone, Philadelphia

– *Das Standardwerk über klinisch orientierte Medizinische Mikrobiologie; sowohl nach Syndromen als auch nach Erregern gegliedert; ausführliche Literaturangaben* –

Mims CA (1990) The Pathogenesis of Infectious Diseases, 3rd ed. Academic Press, London

– *Einführung in die Grundlagen der Medizinischen Mikrobiologie* –

Schaechter M, Medoff G, Eisenstein BI (1993) Mechanisms of Microbial Diseases, 2nd ed. Williams & Wilkins, Baltimore

– *Beispielorientierte Einführung in die Medizinische Mikrobiologie* –

Adhäsion

Nassif X, So M (1995) Interaction of Pathogenic Neisseriae with Nonphagocytic Cells. Clin. Microbiol. Rev. 8:376–388

Neu TR (1996) Significance of Bacterial Surface-Active Compounds in Interaction of Bacteria with Interfaces. Microbiol. Rev. 60:151–166

Norkin LC (1995) Virus Receptors: Implications for Pathogenesis and the Design of Antiviral Agents. Clin. Microbiol. Rev. 8:293–315

– *Gute Übersicht über die Bedeutung von Adhäsinen* –

Schädigung

Bhakdi S, Tranum JJ (1991) Alpha-toxin of Staphylococcus aureus. Microbiol. Rev. 55:733–751

Kotb M (1995) Bacterial Pyrogenic Exotoxins as Superantigens. Clin. Microbiol. Rev. 8:411–426

Spangler BD (1992) Structure and Function of Cholera Toxin and the Related Escherichia coli Heat-Labile Enterotoxin. Microbiol. Rev. 56:622–647

Sears CL, Kaper JB (1996) Enteric Bacterial Toxins: Mechanisms of Action and Linkage to Intestinal Secretion. Microbiol. Rev. 60:167–215

Tekeda Y, Kurazono H, Yamasaki S (1993) Vero Toxins (Shiga-like Toxins) Produced by Enterohemorrhagic Escherichia coli (Verocytotoxin-producing E. coli). Microbiol. Immunol. 37: 591–599

Literatur zu Abschnitt III (Immunologie)

Abbas AK, Lichtman AH, Pober JS (2000) Immunologie. Verlag Hans Huber, Bern

Janeway CA, Travers P (1997) Immunologie. Spektrum Akademischer Verlag, Heidelberg Berlin Oxford

Advances in Immunology, Academic Press Inc. (jährliche Erscheinungsweise)

Annual Reviews of Immunology, Annual Reviews, Palo Alto, CA (jährliche Erscheinungsweise)

Current Opinion in Immunology, Current Biology Ltd., London (monatliche Erscheinungsweise)

Immunological Reviews, Munksgaard International Publishers Ltd. Copenhagen (monatliche Erscheinungsweise)

Immunology Today, Elsevier Trends Journals, London (monatliche Erscheinungsweise)

Literatur zu Abschnitt IV (Prävention)

Bundesgesundheitsamt (1994) Anforderungen der Hygiene an die Infektionsprävention bei übertragbaren Krankheiten. Bundesgesundhbl. Sonderheft/94

Evans AS (1998) Viral Infections of Humans – Epidemiology and Control, 4th ed. Plenum, New York London

Garnes JC, Hospital Infection Control Practices Advisory Committee (1996) Guidelines for Isolation Precautions in Hospitals. Infect. Contr. Hosp. Epidemiol. 17:53–80

Impfempfehlungen der Ständigen Impfkommission (STIKO) am Robert Koch-Institut. Epidemiol. Bull. 2/2000

Mandell GL, Bennett GE, Dolin R (eds.) (2000) Mandell, Douglas, and Bennett's Principles and Practice of Infectious Diseases, 5th ed. Churchill Livingstone, Philadelphia

Nationales Referenzzentrum für Krankenhaushygiene (1998) Definitionen nosokomialer Infektionen (CDC-Definitionen – z. T. ergänzt). Eigenverlag

Robert Koch-Institut (1989–1997) Richtlinien für Krankenhaushygiene und Infektionsprophylaxe. Gustav Fischer Verlag, Stuttgart Jena Lübeck Ulm

Aktuelle epidemiologische Daten werden im Epidemiologischen Bulletin des Robert Koch-Instituts oder im Morbidity and Mortality Weekly Report (MMWR) der Centers for Disease Control (www.cdc.gov) veröffentlicht

Literatur zu Abschnitt V, VI (Bakteriologie)

Allgemeine Literatur

Collier L, Balows A, Sussmann M (eds.) (1998) Topley & Wilson's Microbiology and Microbial Infections. Ninth ed. Arnold, London

Holt JG (1984–1989) Bergey's Manual of Systematic Bacteriology, Vol. 1–4. Williams & Wilkins, Baltimore

Holt JG (1993) Bergey's Manual of Determinative Bacteriology, 9th ed. Williams & Wilkins, Baltimore

– *Neben dem Int. J. Syst. Bacteriol. die maßgebenden Werke für die Benennung und Eingruppierung von Bakterien* –

Mandell GL, Bennett GE, Dolin R (eds.) (2000) Mandell, Douglas, and Bennett's Principles and Practice of Infectious Diseases, 5th ed. Churchill Livingstone, Philadelphia

– *Das Standardwerk über klinisch orientierte Medizinische Mikrobiologie; sowohl nach Syndromen als auch nach Erregern gegliedert; ausführliche Literaturangaben* –

Murray PR, Baron EJ, Pfaller MA, Tenover FC, Yolken RH (eds.) (1999) Manual of Clinical Microbiology, 7th ed. American Society of Microbiology, Washington, DC

Schaechter M, Medoff G, Eisenstein BI (1993) Mechanisms of Microbial Diseases, 2nd ed. Williams & Wilkins, Baltimore

– *Beispielorientierte Einführung in die Medizinische Mikrobiologie* –

Staphylokokken

CDC (1997) Reduced Susceptibility of Staphylococcus aureus to Vancomycin – Japan, 1996. MMWR 46:624–626

CDC (1997) Interim Guidelines for Preventing and Control of Staphylococcal Infection Associated with Reduced Susceptibility to Vancomycin. MMWR 46:626–628, 635

Chambers HF (1997) Methicillin Resistance in Staphylococci: Molecular and Biochemical Basis and Clinical Implications. Clin. Microbiol. Rev. 10:781–791

Crossley KB, Archer GL (1997) The Staphylococci in Human Disease. Churchill Livingstone, New York

Goldmann DA, Pier GB (1993) Pathogenesis of Infections Related to Intravascular Catheterization. Clin. Microbiol. Rev. 6: 176–192

Kloos WE, Bannerman TL (1994) Update on Clinical Significance of Coagulase-Negative Staphylococci. Clin. Microbiol. Rev. 7:117–140

Kluytmans J, van Bekkum A, Verbrugh H (1997) Nasal Carriage of Staphylococcus aureus: Epidemiology, Underlying Mechanisms, and Associated Risks. Clin. Microbiol. Rev. 10:505–520

Kotb M (1995) Bacterial Pyrogenic Exotoxins as Superantigens. Clin. Microbiol. Rev. 8:411–426

Streptokokken

Alonso De Velasco E, Verheul AFM, Verhoef J, Snippe H (1995) Streptococcus pneumoniae: Virulence Factors, Pathogenesis, and Vaccines. Microbiol. Rev. 59:591–603

Baker CJ, Edwards MS (1995) Group B Streptococcal Infections. In: Remington JS, Klein JO (eds.) Infectious Diseases of the Fetus and the Newborn Infant, 4th ed. WB Saunders, Philadelphia

Kotb M (1995) Bacterial Pyrogenic Exotoxins as Superantigens. Clin. Microbiol. Rev. 8:411–426

Paton JC, Andrew PW, Boulnois GJ, Mitchell TJ (1993) Molecular Aspects of the Pathogenicity of Streptococcus pneumoniae: The Role of Pneumococcal Proteins. Annu. Rev. Microbiol. 47:89–115

Schuchat A (1998) Epidemiology of Group B Streptococcal Disease in the United States: Shifting Paradigms. Clin. Microbiol. Rev. 11:497–513

Enterokokken

Murray BE (1990) The Life and Times of the Enterococcus. Clin. Microbiol. Rev. 3:46–65

Jett BD, Huycke MM, Gilmore MS (1994) Virulence of Enterococci. Clin. Microbiol. Rev. 7:462–478

Leclercq R, Courvalin P (1997) Resistance to Glycopeptides in Enterococci. Clin. Infect. Dis. 24:545–556

Neisserien

Britigan BE, Cohen MS, Sparling PF (1985) Gonococcal Infection: a Model of Molecular Pathogenesis. N. Engl. J. Med. 312:1683–1694

De Voe IW (1982) The Meningococcus and Mechanisms of Pathogenicity. Microbiol. Rev. 46:146–190

Meyer TF (1989) Pathogene Neisserien – Modell bakterieller Virulenz und genetischer Flexibilität. Immun. Infekt. 17:113–123

Nassif X, So M (1995) Interaction of Pathogenic Neisseriae with Nonphagocytic Cells. Clin. Microbiol. Rev. 8:376–388

Schoolnik GK (ed.) (1985) The Pathogenic Neisseriae. American Society for Microbiology, Washington, DC

Enterobakterien

Bottone EJ (1997) Yersinia enterocolitica: The Charisma Continues. Clin. Microbiol. Rev. 10:257–276

Brubaker RR (1991) Factors Promoting Acute and Chronic Diseases Caused by Yersiniae. Clin. Microbiol. Rev. 4:309–324

Heesemann J (1990) Enteropathogene Yersinien: Pathogenitätsfaktoren und neue diagnostische Methoden. Immun. Infekt. 18:186–191

Hornick RB, Greisman SE, Woodward TE, DuPont HL, Dawkins AT, Snyder MJ (1970) Typhoid fever: Pathogenesis and Immunologic Control. N. Engl. J. Med. 283:686–691

Johnson JR (1991) Virulence Factors in Escherichia coli Urinary Tract Infection. Clin. Microbiol. Rev. 4:80–128

Keusch GT (ed.) (1991) Workshop on Invasive Diarrhea, Shigellosis, and Dysentery. Rev. Infect. Dis. 13 (Suppl. 4):S219–S365

Law D (1994) Adhesion and its Role in Virulence of Enteropathogenic Escherichia coli. Clin. Microbiol. Rev. 7:152–173

Nataro JP, Kaper JB (1998) Diarrheagenic Escherichia coli. 11:142–201

Orskov I, Orskov F (1985) Escherichia coli in Extraintestinal Infections. J. Hyg. 95:551–575

Paton JC, Paton AW (1998) Pathogenesis and Diagnosis of Shiga Toxin-Producing Escherichia coli Infections. Clin. Microbiol. Rev. 11:450–479

Perry RD, Fetherston JD (1997) Yersinia pestis – Etiologic Agent of Plaque. Clin. Microbiol. Rev. 10:35–66

Rózalski A, Sidorczyk Z, Kotelko K (1997) Potential Virulence Factors of Proteus Bacilli. Microbiol. Mol. Biol. Rev. 61:65–89

Sanders Jr WE, Sanders CC (1997) Enterobacter spp.: Pathogens Poised To Flourish at the Turn of the Century. Clin. Microbiol. Rev. 10:230–241

Tarr PI (1995) Escherichia coli O157:H7: Clinical, Diagnostic, and Epidemiological Aspects of Human Infections. Clin. Infect. Dis. 20:1–10

Wolf MK (1997) Occurrence, Distribution, and Associations of O and H Serogroups, Colonization Factor Antigens, and Toxins of Enterotoxigenic Escherichia coli. Clin. Microbiol. Rev. 10:569–584

Vibrio

Kaper JB, Morris Jr. JG, Levine MM (1995) Cholera. Clin. Microbiol. Rev. 8:48–86. (Erratum Clin. Microbiol. Rev. 8:316)

Rippey SR (1994) Infectious Diseases Associated with Molluscan Shellfish Consumption. Clin. Microbiol. Rev. 7:419–425

Pseudomonas und andere Nonfermenter

Bergogne-Bérézin E, Towner KJ (1996) Acinetobacter spp. as Nosocomial Pathogens: Microbiological, Clinical, and Epidemiological Features. Clin. Microbiol. Rev. 9:148–165

Denton M, Kerr KG (1998) Microbiological and Clinical Aspects of Infections Associated with Stenotrophomonas maltophilia. Clin. Microbiol. Rev. 11:57–80

Döring G, Holder IA, Botzenhard K (eds.) (1987) Basic Research and Clinical Aspects of Pseudomonas aeruginosa. Antibiot. Chemother. 39:1–311

Govan JRW, Deretic V (1996) Microbial Pathogenesis in Cystic Fibrosis: Mucoid Pseudomonas aeruginosa and Burkholderia cepacia. Microbiol. Rev. 60:539–574

Moon RB (1995) Cystic Fibrosis: Pathogenesis, Pulmonary Infections, and Treatment. Clin. Infect. Dis. 21:839–851

Campylobacter

Mishu Allos B, Blaser MJ (1995) Campylobacter jejuni and the Expanding Spectrum of Related Infections. Clin. Infect. Dis. 20:1092–1101

Nachamkin I, Allos BM, Ho T (1998) Campylobacter Species and Guillain-Barré Syndrome. Clin. Microbiol. Rev. 11:555–567

Penner JL (1988) Campylobacter: a Decade of Progress. Clin. Microbiol. Rev. 1:157–172

Helicobacter

Buck GE (1990) Campylobacter pylori and Gastroduodenal Disease. Clin. Microbiol. Rev. 3:1–12

Dunn BE, Cohen H, Blaser MJ (1997) Helicobacter pylori. Clin. Microbiol. Rev. 10:720–741

Haemophilus

Foxwell AR, Kyd JM, Cripps AW (1998) Nontypeable Haemophilus influenzae: Pathogenesis and Prevention. Microbiol. Mol. Biol. Rev. 62:294–308

Sell SH, Wright PF (eds.) (1982) Haemophilus influenzae: Epidemiology, Immunology, and Prevention of Disease. Elsevier, New York

Trees DL, Morse SA (1995) Chancroid and Haemophilus ducreyi: An Update. Clin. Microbiol. Rev. 8:357–375

Bordetella

Friedman RL (1988) Pertussis: The Disease and New Diagnostic Methods. Clin. Microbiol. Rev. 1:365–376

Wardlaw AC, Parton R (eds.) (1988) Pathogenesis and Immunity in Pertussis. John Wiley & Sons, Chichester

Woolfrey BF, Moody JA (1991) Human Infections Associated with Bordetella bronchiseptica. Clin. Microbiol. Rev. 4:243–255

Legionellen

Dowling JN, Saha AK, Glew RH (1992) Virulence Factors of the Family Legionellaceae. Microbiol. Rev. 56:32–60

Winn Jr WC (1988) Legionnaire's Disease: Historical Perspective. Clin. Microbiol. Rev. 1:60–81

Anthropozoonoseerreger ohne Familienzugehörigkeit

Evans ME, Gregory DW, Schaffner W, McGee ZA (1985) Tularemia: A 30 Year Experience with 88 Cases. Medicine 64:251–269

Hof H, Rocourt J, Marget W (eds.) (1988) Listeria and Listeriosis. Infection 16 (Suppl. 2)

Mielke MEA, Held TK, Unger M (1997) Listeriosis. In: Connor DH, Chandler FW, Schwartz DA, Manz HJ,

Lack EE, Pathology of Infectious Diseases. Appleton & Lange, Stamford, Connecticut, pp. 621–634

Mielke MEA, Peters C, Hahn H (1997) Cytokines in the Induction and Expression of T-cell-mediated Granuloma Formation and Protection in the Murine Model of Listeriosis. Immunol. Rev. 158:79–93

Young EJ (1983) Human Brucellosis. Rev. Infect. Dis. 5:821–842

Young EJ (1995) An Overview of Human Brucellosis. Clin. Infect. Dis. 21:283–290

Korynebakterien

Coyle MB, Lipsky BA (1990) Coryneform Bacteria in Infectious Diseases: Clinical and Laboratory Aspects. Clin. Microbiol. Rev. 3:227–246

Funke G, von Graevenitz A, Clarridge III JE, Bernard KA (1997) Clinical Microbiology of Coryneform Bacteria. Clin. Microbiol. Rev. 10:125–159

Aerobe Sporenbildner: Bacillus

Drobniewski FA (1993) Bacillus cereus and Related Species. Clin. Microbiol. Rev. 6:324–338

Errington J (1993) Bacillus subtilis Sporulation: Regulation of Gene Expression and Control of Morphogenesis. Microbiol. Rev. 57(1):1–33

Anaerobe Sporenbildner: Clostridien

Hatheway CL (1990) Toxigenic Clostridia. Clin. Microbiol. Rev. 3:66–98

Johnson S, Gerding DN (1998) Clostridium difficile-Associated Diarrhea. Clin. Infect. Dis. 26:1027–1036

Knoop FC, Owens M, Crocker IC (1993) Clostridium difficile: Clinical Disease and Diagnosis. Clin. Microbiol. Rev. 6:251–265

Rood JI, Cole ST (1991) Molecular Genetics and Pathogenesis of Clostridium perfringens. Microbiol. Rev. 55:621–648

Nichtsporenbildende Anaerobier

Finegold SM (1990) Anaerobic Infections in Human Disease. Academic Press, San Diego

Kasper DL, Onderdonk AB (1990) International Symposium on Anaerobic Bacteria and Bacterial Infections. Rev. Infect. Dis. 12 (Suppl. 2):S121–261

Mykobakterien

Falkinham III JO (1996) Epidemiology of Infection by Nontuberculous Mycobacteria. Clin. Microbiol. Rev. 9:177–215

Hastings RC, Gillis TP, Krahenbuhl, Franzblau SG (1988) Leprosy. Clin. Microbiol. Rev. 1:330–348

Inderlied CD, Kemper CA, Bermudez LE (1993) The Mycobacterium avium Complex. Clin. Microbiol. Rev. 6:
266–310

Schlossberg D (1988) Tuberculosis, 2nd ed. Springer-Verlag, New York

Sepkowitz KA, Raffalli J, Riley L, Kiehn TE, Armstrong D
(1995) Tuberculosis in the AIDS Era. Clin. Microbiol.
Rev. 8:180–199

Wayne LG, Sramek HA (1992) Agents of Newly Recognized
or Infrequently Encountered Mycobacterial Diseases.
Clin. Microbiol. Rev. 5:1–25

Woods GL, Washington II JA (1987) Mycobacteria Other
Than Tuberculosis: Review of Microbiologic and Clinical Aspects. Rev. Infect. Dis. 9:275–294

Aerobe Aktinomyzeten

Beaman BL, Beaman L (1994) Nocardia Species: Host-pa-
rasite Relationships. Clin. Microbiol. Rev. 7:213–264

Lerner PI (1996) Nocardiosis. Clin. Infect. Dis. 22:891–905

McNeil MM, Brown JM (1994) The Medically Important
Aerobic Actinomycetes: Epidemiology and Microbiology. Clin. Microbiol. Rev. 7:357–417

Treponemen

Penn CW (1987) Pathogenicity and Immunology of Treponema pallidum. J. Med. Microbiol. 24:1–9

Schell RF, Muscher DM (eds.) (1983) Pathogenesis and Immunology of Treponemal Infection. Marcel Dekker, New
York

Tramont EC (1995) Syphilis in Adults: From Christopher
Columbus to Sir Alexander Fleming to AIDS. Clin. Infect. Dis. 21:1361–1371

Borrelien

Barbour AG, Hayes SF (1986) Biology of Borrelia species.
Microbiol. Rev. 50:381–400

Sigal LH (1997) Lyme Disease: A Review of it's Immunology
and Immunopathogenesis. Annu. Rev. Microbiol. 15:63–
92

Leptospiren

Farr RW (1995) Leptospirosis. Clin. Infect. Dis. 21:1–8

Rickettsien

Dumler JS, Bakken JS (1995) Ehrlichial Diseases of Humans: Emerging Tick-borne Infections. Clin. Infect.
Dis. 20:1102–1110

Dumler JS, Bakken JS (1998) Human Ehrlichioses: Newly
Recognized Infections Transmitted by Ticks. Annu. Rev.
Med. 49:201–213

Reimer LG (1993) Q Fever. Clin. Microbiol. Rev. 6:193–198

Raoult D, Marrie T (1995) Q Fever. Clin. Infect. Dis.
20:489–496

Raoult D, Roux V (1997) Rickettsioses as Paradigm of New
or Emerging Infectious Disease. Clin. Microbiol. Rev.
10:694–719

Walker DH (ed.) (1988) Biology of Rickettsial Disease.
CRC Press, Boca Raton

Winkler HH (1990) Rickettsia Species (as Organisms). Annu. Rev. Microbiol. 44:131–153

Bartonellen

Anderson BE, Neuman MA (1997) Bartonella spp. as
Emerging Human Pathogens. Clin. Microbiol. Rev.
10:203–219

Maurin M, Raoult D (1996) Bartonella (Rochalimaea)
quintana Infections. Clin. Microbiol. Rev. 9:273–292

Relman DA, Loutit JS, Schmidt TM, Falkow S, Tompkins
LS (1990) The Agent of Bacillary Angiomatosis: An
Approach to the Identification of Uncultured Pathogens.
N. Engl. J. Med. 323:1573–1580

Mykoplasmen, Ureaplasmen

Baseman JB, Tully JG (1997) Mycoplasmas: Sophisticated,
Reemerging, and Burdened by Their Notoriety. Emerg.
Infect. Dis. 3:21–33

Cassel GH, Waites KB, Watson HL, Crouse DT, Harasawa R
(1993) Ureaplasma urealyticum Intrauterine Infection:
Role in Prematurity and Disease in Newborns. Clin.
Microbiol. Rev. 6:69–87

Dybvig K, Voelker LL (1996) Molecular Biology of Mycoplasmas. Annu. Rev. Microbiol. 50:25–57

Taylor-Robinson D (1996) Infections Due to Species of Mycoplasma and Ureaplasma: An Update. Clin. Infect. Dis.
23:671–684

Chlamydien

Barron AL (ed.) (1989) Microbiology of Chlamydia. CRC
Press, Boca Raton

Beatty WL, Morrison RP, Byrne GL (1994) Persistent Chlamydiae: from Cell Culture to a Paradigm for Chlamy-
dial Pathogenesis. Microbiol. Rev. 58:686–699

Fukushi H, Hirai K (1993) Chlamydia pecorum – the Fourth
Species of Genus Chlamydia. Microbiol. Immunol.
37:516–522

Kuo CC, Jackson LA, Campbell LA, Grayston JT (1995)
Chlamydia pneumoniae (TWAR). Clin. Microbiol. Rev.
8:451–461

Moulder JW (1991) Interaction of Chlamydiae and Host
Cells in vitro. Microbiol. Rev. 55:143–190

Weitere Bakterien

Catlin BW (1992) Gardnerella vaginalis: Characteristics,
Clinical Considerations, and Controversies. Clin. Microbiol. Rev. 5: 213–237

Catlin BW (1990) Branhamella catarrhalis: an Organism Gaining Respect as a Pathogen. Clin. Microbiol. Rev. 3:293–320

Murphy TF (1996) Branhamella catarrhalis: Epidemiology, Surface Antigenic Structure, and Immune Response. Microbiol. Rev. 60:267–279

Weber DJ, Wolfson JS, Swartz MN, Hooper DC (1984) Pasteurella multocida Infections. Report of 34 Cases and Review of the Literature. Medicine 63:133 ff.

Literatur zu Abschnitt VII, VIII (Virologie)

Belshe RB (1991) Textbook of Human Virology, 2nd ed. Mosby Year Book, St Louis

Chiron-Behring Impfkodex (1997) Impfungen für Kinder, Erwachsene und Reisende. Chiron-Behring-Werke

Collier L, Oxford J (1993) Human Virology. Oxford University Press, Oxford

Collier L, Balows A, Sussman M (eds.) (1998) Topley & Wilson's Microbiology and Microbial Infections. Ninth ed. Arnold, London

Connor DH, Chandler FW, Schwartz DA, Manz J, Lack EL (1997) Pathology of Infectious Diseases. Appleton and Lange, Stamford, Connecticut

Elgert KD (1996) Immunology. Understanding the Immune System. Wiley-Liss Inc., New York

Falke D (1998) Virologie am Krankenbett. Springer-Verlag, Heidelberg

Fields BN (1996) Virology, 3rd ed. Lippincott-Raven, Philadelphia New York

Levy AJ (1998) HIV and the Pathogenesis of AIDS, 2nd ed. ASM Press, Washington

Modrow S, Falke D (2001) Molekulare Virology, 2. Aufl. Spektrum Akademischer Verlag, Heidelberg

Nathanson N (1996) Viral Pathogenesis, 1. Aufl. Lippincott-Raven, Philadelphia New York

Murphy FA et al. (1995) Virus Taxonomy. Arch Virol (Suppl. 10)

White DO, Fenner FJ (1994) Medical Virology, 4th ed. Academic Press, San Diego

Zuckerman AJ, Banatvala JE, Pattison JR (2000) Clinical Virology, Fourth Edition. Wiley & Sons

Literatur zu Abschnitt IX, X (Mykologie)

Allgemeine Literatur

Chandler FW, Kaplan W, Ajello L (1980) Color Atlas and Textbook of the Histopathology of Mycotic Diseases. Wolfe, London

Espinel-Ingroff A (1996) History of Medical Mycology in the United States. Clin. Microbiol. Rev. 9:235–272

Frey D, Oldfield RJ, Bridger RC (1985) Farbatlas pathogener Pilze. Schlüter, Hannover

Fridkin SK, Jarvis WR (1996) Epidemiology of Nosocomial Fungal Infections. Clin. Microbiol. Rev. 9:499–511

Hogan LH, Klein BS, Levik SM (1996) Virulence Factors of Medically Important Fungi. Clin. Microbiol. Rev. 9: 469–488

deHoog GS, Guarro J (1995) Atlas of Clinical Fungi. Centraalbureau voor Schimmelcultures, Baarn

Kwon-Chung KJ, June, K, Bennett, JE (1992) Medical Mycology, 2nd ed. Lea & Febiger, Philadelphia

Seeliger HPR, Heymer T (1981) Diagnostik pathogener Pilze des Menschen und seiner Umwelt. Lehrbuch und Atlas. Georg Thieme Verlag, Stuttgart, New York

Candida

Hostetter MK (1994) Adhesins and Ligands Involved in the Interaction of Candida spp. with Epithelial and Endothelial Surfaces. Clin. Microbiol. Rev. 7:29–42

Odds FC (1988) Candida and Candidosis, A Review and Bibliography, 2nd ed. Bailliere Tindall, London

Cryptococcus

Mitchell TG, Perfect JR (1995) Cryptococcosis in the Era of AIDS – 100 Years after the Discovery of Cryptococcus neoformans. Clin. Microbiol. Rev. 8:515–548

Aspergillus

Denning DW (1998) Invasive Aspergillosis. Clin. Infect. Dis. 26:781–805

Dermatophyten

Wagner DK, Schulz PG (1995) Cutaneous Defenses against Dermatophytes and Yeasts. Clin. Microbiol. Rev. 8:317–335

Weitzman I, Summerbell RC (1995) The Dermatophytes. Clin. Microbiol. Rev. 8: 240–259

Novicki A (oJ) Darstellung der Beziehung J.L. Schönlein, R. Remak an der Hand überlieferten Schrifttums (Erste Schritte auf dem Gebiet der medizinischen Mykologie). Eigendruck, Würzburg

Pneumocystis carinii

Bartlett MS, Smith JW (1991) Pneumocystis carinii, an Opportunist in Immunocompromised Patients. Clin. Microbiol. Rev. 4:137–149

Stringer JR (1996) Pneumocystis carinii – What is it, exactly? Clin. Microbiol. Rev. 9:489–498

Literatur zu Abschnitt XI, XII (Parasitologie)

Ash LR, Orihel TC (1997) Atlas of Human Parasitology, 4nd ed. American Society Clinical Pathologists (ASCP) Press, Chicago

Cook GC (ed.) (1996) Manson's Tropical Diseases, 20th ed. Saunders, London

Manson-Bahr PH (1987) Manson's Tropical Diseases, 19th ed. Cassell, London

Mehlhorn H (1988) Parasitology in Focus, Facts, and Trends. Springer, Berlin Heidelberg New York Tokyo

Piekarski G (1987) Medizinische Parasitologie in Tafeln, 3. Aufl. Springer, Berlin Heidelberg New York Tokyo

Protozoen

Berman JD (1997) Human Leishmaniasis: Clinical, Diagnostic, and Chemotherapeutic Developments in the last 10 Years. Clin. Infect. Dis. 24:684–703

Bruckner DA (1992) Amebiasis. Clin. Microbiol. Rev. 5:356–369

Current WL, Garcia LS (1991) Cryptosporidiosis. Clin. Microbiol. Rev. 4:325–358

Lindsay DS, Dubey JP, Blagburn BL (1997) Biology of Isospora spp. from Humans, Nonhuman Primates, and Domestic Animals

Marshall MM, Naumovik D, Ortega Y, Sterling CR (1997) Waterborne Protozoan Pathogens. Clin. Microbiol. Rev. 10:67–85
   – Informationen zu Giardia, Amöben, Kryptosporidien und Cyclospora –

Pearson RD, de Queiroz Sousa A (1996) Clinical Spectrum of Leishmaniasis. Clin. Infect. Dis. 22:1–13

Ravdin JI (1995) Amebiasis. Clin. Infect. Dis. 20:1453–1466

Remington JS, McLeod R, Desmonts G (1995) Toxoplasmosis. In: Remington JS, Klein JO Infectious Diseases of the Fetus and the Newborn Infant, 4th ed. WB Saunders, Philadelphia London Toronto Montreal Sydney Tokyo

Stenzel DJ, Boreham PFL (1996) Blastocystis hominis Revisited. Clin. Microbiol. Rev. 9:563–584

Soave R (1996) Cyclospora: An Overview. Clin. Infect. Dis. 23:429–437

Tanowitz HB, Kirchhoff LV, Simon D, Morris SA, Weiss LM, Wittner M (1992) Chagas' Disease. Clin. Microbiol. Rev. 5:400–419

Weber R, Bryan RT, Schwartz DA, Owen RL (1994) Human Microsporidial Infections. Clin. Microbiol. Rev. 7:426–461

Wernsdorfer H, McGregor I (1988) Malaria. Principles and Practice of Malariology. Livingstone, Edinburgh

Wolfe MS (1992) Giardiasis. Clin. Microbiol. Rev. 5:93–100

Zierdt CH (1991) Blastocystis hominis – Past and Future. Clin. Microbiol. Rev. 4:61–79

Helminthen

Capó V, Despommier DD (1996) Clinical Aspects of Infection with Trichinella spp. Clin. Microbiol. Rev. 9:47–54

Mahmoud AAF (1996) Strongyloidiasis. Clin. Infect. Dis. 23:949–953

Literatur zu Abschnitt XIII/XIV (Chemotherapie)

Gilbert DN, Moellering RC, Sande MA (1998) The Sanford Guide To Antimicrobial Therapy, 28th ed. Antimicrobial Therapy, Inc. Vienna, VA

Mandell GL, Bennett JE, Dolin R (eds.) (2000) Mandell, Douglas, and Bennett's Principles and Practice of Infectious Diseases, 5th ed. Churchill Livingstone, Philadelphia
–   Ausführliche Kapitel über antimikrobielle Chemotherapie und Resistenzmechanismen –

Naber KG, Vogel F, Scholz H, und die Expertenkommission der Paul-Ehrlich-Gesellschaft: Adam D, Bauernfeind A, Elies W, Görtz G, Helwig H, Knothe H, Lode H, Petersen E, Stille W, Tauchnitz C, Ullmann U, Wiedemann B (1998) PEG-Empfehlungen: Rationaler Einsatz oraler Antibiotika in der Praxis. Chemother. J. 7:16–26

Reese RE, Betts RF (eds.) (1997) A Practical Approach to Infectious Diseases, 4th ed. Little, Brown & Co., Boston Toronto
–   Ausführliche Kapitel über antimikrobielle Chemotherapie –

Simon C, Stille W (2000) Antibiotika-Therapie in Klinik und Praxis, 10. Aufl. Schattauer, Stuttgart New York
–   Deutsches Standardwerk zur antimikrobiellen Chemotherapie –

Vogel F, Stille W, Tauchnitz C, Stolpmann R (1996) Positionspapier zur Antibiotikatherapie in der Klinik. Chemother. J. 5:23–27

Literatur zu Abschnitt XV (Infektionsdiagnostik)

Barrow GI, Feltham RKF (eds.) (1993) Cowan and Steel's Manual for the Identification of medical bacteria. Cambridge University Press, Cambridge

Burkhardt F (1992) Mikrobiologische Diagnostik. Georg Thieme Verlag, Stuttgart New York

Cowan ST, Steel KJ (1970) Manual for the Identification of Medical Bacteria. Cambridge University Press, Cambridge

Cumitech No 1 ff. American Society for Microbiology, Washington, DC

Isenberg HD (ed.) (1992) Clinical Microbiology Procedures Handbook. American Society for Microbiology, Washington, DC

Mandell GL, Bennett GE, Dolin R (eds.) (2000) Mandell, Douglas, and Bennett's Principles and Practice of Infectious Diseases, 5th ed. Churchill Livingstone, Philadelphia

Mauch H, Lütticken R, Gatermann S (1997 ff.) MiQ Qualitätsstandards in der mikrobiologisch-infektiologischen Diagnostik, im Auftrag der Deutschen Gesellschaft für Hygiene und Mikrobiologie. Gustav Fischer Verlag, Stuttgart Jena Lübeck Ulm
- *Die deutschen Richtlinien für die mikrobiologische Diagnostik: Nachfolger von Burkhardt (1984 ff.) –*

Murray PR, Baron EJ, Pfaller MA, Tenover FC, Yolken RH (eds.) (1999) Manual of Clinical Microbiology, 7th ed. American Society for Microbiology, Washington, DC
- *Das Standardwerk über Labormethoden der Medizinischen Mikrobiologie –*

Literatur zu Abschnitt XVI (Syndrome)

Mandell GL, Bennett GE, Dolin R (eds.) (2000) Mandell, Douglas, and Bennett's Principles and Practice of Infectious Diseases, 5th ed. Churchill Livingstone, Philadelphia
- *Das Standardwerk über klinisch orientierte Medizinische Mikrobiologie; sowohl nach Syndromen als auch nach Erregern gegliedert; ausführliche Literaturangaben –*

Mauch H, Lütticken R, Gatermann S (1997 ff.) MiQ Qualitätsstandards in der mikrobiologisch-infektiologischen Diagnostik, im Auftrag der Deutschen Gesellschaft für Hygiene und Mikrobiologie. Gustav Fischer, Stuttgart

Reese RE, Betts RF (eds.) (1997) A Practical Approach to Infectious Diseases, 4th ed. Little, Brown & Co., Boston Toronto
- *Kurzfassung des Buches von Mandell et al.; klinische Sichtweise –*

Schaechter M, Medoff G, Eisenstein BI (1993) Mechanisms of microbial diseases, 2nd ed. Williams & Wilkins, Baltimore
- *Beispielorientierte Einführung in die Medizinische Mikrobiologie –*

Aktuelle Richtlinien zu Diagnostik, Therapie und Prävention erregerbedingter Krankheiten sind am besten bei den Centers of Disease Control im Internet (www.cdc.gov) abrufbar.
Weitere Informationen können bei der WHO (www.who.ch), den National Institutes of Health – NIH (www.nhi.gov) und beim Robert Koch-Institut (www.rki.de) abgerufen werden.

Sepsis

Bone RC (1993) Gram-negative Sepsis: a Dilemma of Modern Medicine. Clin. Microbiol. Rev. 6:57–68

Goldmann DA, Pier GB (1993) Pathogenesis of Infections Related to Intravascular Catheterization. Clin. Microbiol. Rev. 6: 176–192

Reime LG, Wilson ML, Weinstein MP (1997) Update on Detection of Bacteriemia and Fungemia. Clin. Microbiol. Rev. 10:444–465

Seifert H, Shah P, Ullmann U, Trautmann M, Briedigkeit H, Gross R, Jansen B, Kern W, Reinert R, Rosenthal E, Roth B, Salzberger B, Schrappe M, Spencker F-B, von Stockhausen HB, Steinmetz T (1997) Sepsis – Blutkulturdiagnostik (MiQ 3). Gustav Fischer Verlag, Stuttgart Jena Lübeck Ulm

Wenzel RP, Pinsky MR, Klevitch RJ, Young L (1996) Current Understanding of Sepsis. Clin. Infect. Dis. 22:1–13

Endokarditis

Goldmann DA, Pier GB (1993) Pathogenesis of Infections Related to Intravascular Catheterization. Clin. Microbiol. Rev. 6: 176–192

Seifert H, Shah P, Ullmann U, Trautmann M, Briedigkeit H, Gross R, Jansen B, Kern W, Reinert R, Rosenthal E, Roth B, Salzberger B, Schrappe M, Spencker F-B, von Stockhausen HB, Steinmetz T (1997) Sepsis-Blutkulturdiagnostik (MiQ 3). Gustav Fischer Verlag, Stuttgart Jena Lübeck Ulm

Infektionen des Zentralen Nervensystems

Gray LD, Fedorko DP (1992) Laboratory Diagnosis of Bacterial Meningitis. Clin. Microbiol. Rev. 5:130–145

Lambert HP (1991) Kass Handbook of Infectious Diseases: Infections of the Central Nervous System. Arnold, London

Scheld WM, Whitley AJ, Durack DT (1997) Infections of the Central Nervous System, 2nd ed. Lippincott-Raven, Philadelphia New York

Tunkel AR, Scheld WM (1993) Pathogenesis and Pathophysiology of Bacterial Meningitis. Clin. Microbiol. Rev. 6:118–136

Augeninfektionen

Baum J (1995) Infections of the Eye. Clin. Infect. Dis. 21:479–488

HNO-Infektionen

Pennington JE (ed.) (1989) Respiratory Infections: Diagnosis and Management, 2nd ed. Raven, New York

Pneumonie

Marrie TJ (1994) Community-Acquired Pneumonia. Clin. Infect. Dis. 18:501–515

Pennington JE (ed.) (1989) Respiratory Infections: Diagnosis and Management, 2nd ed. Raven, New York

Peterson LR, Shanholtzer CJ (1988) Using the Microbiological Laboratory in the Diagnosis of Pneumonia. Semin. Respir. Infect. 3:106–112

Sande MA, Hudson LD, Root RK (eds.) (1986) Respiratory Infections. Churchill Livingstone, New York

Harnwegsinfektionen

Bint AJ, Hill D (1994) Bacteriuria of Pregnancy – an Update on Significance, Diagnosis, and Management. J. Antimicrob. Chemother. 33 (Suppl. A):93–97

Gatermann S, Podschun R, Schmidt H, Wittke J-W, Naber K, Sietzen W, Straube E (1997) Harnwegsinfektionen (MiQ 2). Gustav Fischer Verlag, Stuttgart Jena Lübeck Ulm

Kunin CM (1994) Urinary Tract Infections in Females. Clin. Infect. Dis. 18:1–12

Nicolle LE (1994) Urinary Tract Infection in the Elderly. J. Antimicrob. Chemother. 33 (Suppl. A):99–109

Infektionen des Genitaltrakts, sexuell übertragbare Krankheiten

Cassel GH, Waites KB, Watson HL, Crouse DT, Harasawa R (1993) Ureaplasma urealyticum Intrauterine Infection: Role in Prematurity and Disease in Newborns. Clin. Microbiol. Rev. 6:69–87

Spiegel CA (1991) Bacterial Vaginosis. Clin. Microbiol. Rev. 4:485–502

Gastroenteritis

Farthing MJG, Keusch GT (eds.) (1989) Enteric Infection. Raven, New York

Hedberg CW, Osterholm MT (1993) Outbreaks of Foodborne and Waterborne Viral Gastroenteritis. Clin. Microbiol. Rev. 6:199–210

Rippey SR (1994) Infectious Diseases Associated with Molluscan Shellfish Consumption. Clin. Microbiol. Rev. 7:419–425

Johnson S, Gerding DN (1998) Clostridium difficile-Associated Diarrhea. Clin. Infect. Dis. 26:1027–1036

Kaper JB, Morris Jr JG, Levine MM (1995) Cholera. Clin. Microbiol. Rev. 8:48–86 (Erratum Clin. Microbiol. Rev. 8:316)

Sears CL, Kaper JB (1996) Enteric Bacterial Toxins: Mechanisms of Action and Linkage to Intestinal Secretion. Microbiol. Rev. 60:167–215

Intraabdominelle Infektionen

Johnson CC, Baldessarre J, Levinson ME (1997) Peritonitis: Update on Pathophysiology, Clinical Manifestation, and Management. Clin. Infect. Dis. 24:1035–1047

Miksits K, Rodloff AC, Hahn H (1991) Mikrobiologische Aspekte der Peritonitis. Akt. Chir. 26:92–97

Haut- und Weichteilinfektionen

Weinberg A, Swartz M (1987) General Consideration of Bacterial Diseases. In: Fitzpatrick et al (eds.) Dermatology in General Medicine, 3rd ed. McGraw-Hill, New York, pp 2089–2100

Osteomyelitis

Gillespie WJ (1997) Prevention and Management of Infection after Total Joint Replacement. Clin. Infect. Dis. 25:1310–1317

Lamprecht E (1997) Akute Osteomyelitis im Kindesalter. Orthopäde 26:868–878

Lipsky BA (1997) Osteomyelitis of the Foot in Diabetic Patients. Clin. Infect. Dis. 25:1318–1326

Mader JT, Shirtliff M, Calhoun JH (1997) Staging and Staging Application in Osteomyelitis. Clin. Infect. Dis. 25:1303–1309

Mader JT, Mohan D, Calhoun JH (1997) A Practical Guide to the Diagnosis and Management of Bone and Joint Infections. Drugs 54:253–265

Lew DP, Waldvogel FA (1997) Osteomyelitis. N. Engl. J. Med. 336:999–1007

Wall EJ (1998) Childhood Osteomyelitis and Septic Arthritis. Curr. Opin. Pediatr. 10:73–76

Arthritis

Goldenberg DL (1998) Septic Arthritis. Lancet 351:197–202

Mader JT, Mohan D, Calhoun JH (1997) A Practical Guide to the Diagnosis and Management of Bone and Joint Infections. Drugs 54:253–265

Smith JW, Piercy EA (1995) Infectious Arthritis. Clin. Infect. Dis. 20:225–231

Wall EJ (1998) Childhood Osteomyelitis and Septic Arthritis. Curr. Opin. Pediatr. 10:73–76

Nosokomiale Infektionen

Emori TG, Gaynes RP (1993) An Overview of Nosocomial Infections, Including the Role of the Microbiology Laboratory. Clin. Microbiol. Rev. 6:428–442

Robert Koch-Institut (1989–1997) Richtlinien für Krankenhaushygiene und Infektionsprophylaxe. Gustav Fischer Verlag, Stuttgart Jena Lübeck Ulm

Rubin RH, Young LS (1994) Clinical Approach to Infection in the Compromised Host, 3rd ed. Plenum Medical Book Company, New York London

Wenzel RP (1997) Prevention and Control of Nosocomial Infections, 3rd ed. Williams & Wilkins, Baltimore

H

Haarleukoplakie 600
– ACG 651
– orale 609
HACEK-Gruppe 318, 452
Haemophilus 313
– aphrophilus 318, 452
– ducreyi 318
– influenzae 314
– parainfluenzae 318
– paraphrophilus 318
Haffkine-Vakzine 286
Hakenwurm 801
Halofantrin 875
Hämadsorption 521
Hämagglutination 521, 522
– Hemmungstest (HHT) 525, 590
Hämagglutininpartikel 544
Hämin 313
α-Hämolyse 897
β-Hämolyse 212, 897
Hämolysine 200
Hämolytisch-urämisches Syndrom
  (HUS) 261, 277
Hämopoese 50
Hämorrhagie 571, 572
Hämorrhagisches Fieber 685
Hämorrhagisch-urämisches Syndrom
  (HUS) 259
Hamsterkrankheit 585
Händedesinfektion 168
– chirurgische 168
– hygienische 168, 997
Hand-Fuß-Mund-Krankheit 687
Hansen, G. Armauer (1841–
  1912) 391
Hantaan-Virus 572
Hanta-Viren 571
Hantavirus-pulmonary-Syn-
  drom 572
H-Antigene 180
Hapten 65
Harnwegsinfektion 955
Hasenpest (s. auch Tularämie)
  341
Hata, Sahachiro (1873–1938) 817
Haupt-Histokompatibilitäts-Kom-
  plex 94
Haut-Biopsie 581
Hautdesinfektion 168
Hautflora
– residente 168
– transiente (s. auch Anflugflo-
  ra) 168
Hautinfektion 990
Hautmilzbrand 353
HBcAg 661
HBIG 666
HB-Immunglobulin-Präparate
  (HBIG) 666

HBsAg
– Ak-Komplex 663
– Epitopenmuster 661
HBV
– DNS-Synthese 666
– Replikation 662
HBx-Protein 661
HCV 672
– Infektion 674
– RNS 674
HDV 669
Hebra, Ferdinand von
  (1816–1880) 5
Hecht'sche Riesenzellpneumo-
  nie 560
Heidelberger-Kurve 84
Heißluftsterilisation 165
Helfer-T-Zellen 97
– TH1-Zellen 97
– TH2-Zellen 97
Helicobacter 308
– heilmannii 308, 312
– pylori 308
Hellfeld-Mikroskopie 890
Helminthen 741
Hemmhof 910
– Durchmesser 910
Hemmkonzentration, minimale
  (MHK) 908
Henle-Koch'sche-Postulate 7, 21
Henle-Test 650, 654
Heparin 123
Hepatitis 634
– A
– – Ablauf der Infektion 658
– – Virus (HAV) 657
– akute 673
– B
– – aktive Impfung 671
– – passive Impfung 671
– – Virus (HBV) 660
– – – chronisch aktive Hepatitis 666
– – – chronisch-persistierende Hepa-
  titis 666
– – – primäres Leberzellkarzi-
  nom 667
– – – Transaminase 666
– chronische 673
– C-Virus (HCV) 672
– Delta-Virus (HDV) 669
– E-Virus (HEV) 675
– G-Virus (HGV) 675
Herd, septischer 915
Herpangina 537, 687
Herpes
– B-simiae-Virus 630
– Enzephalitis 631
– Gruppe 629
– Keratitis 634
– labialis rezidivans 688

– Meningitis 634
– neonatorum 630, 634
– rezidivans 630
– Sepsis 633
– simplex
– – rezidivans 634
– ulcera 688
– Virus 466
– – humanes 6 629
– – humanes 7 629
– – humanes 8 629
– Zoster (s. auch Gürtelrose) 639
Herpes-simplex-Virus 473, 629
– Diagnose der Herpes-Enzephali-
  tis 635
– Genitaltyp 630
– Infektion 609
– Isolierung des HSV 635
– Labordiagnose 636
– Latenz 632
– Liquordiagnose 635
– Maßnahmen unter der Geburt 636
– Oraltyp 630
– Replikation 473
– Rezidive 634
– serologische Diagnose 635
Heterotrophie 193
HEV 675
Heyden, Herman van der
  (1572–ca.1650) 817
HGV 675
HHT 590
HiB-Meningitis 315
Highdose-Toleranz 664
Himbeerzunge 217
Hirst-Test 525
Histamin 123
Histiozyten 54
Histoplasma capsulatum 726
Histoplasmin 728
Histoplasmose 727
HIV 597, 685
– Enzephalopathie 609
– Genregulation 598
– HIV-1 600
– – Genom 597
– HIV-2 601
– – Genom 597
– Infektion
– – akute 604
– – asymptomatische 605
– – Diagnose 606
– – Klassifikation 605
– – Therapie 606
– Kontagiosität 602
– Replikation 598, 599
– Tierpathogenität 598
HLA-Konstellation 602
Hochrisiko-HPV 619
Hoffmann, Erich (1868–1959) 400